环境化学前沿

（第三辑）

江桂斌　郑明辉　冯玉杰　王亚韡　主编

科 学 出 版 社

北 京

内 容 简 介

环境化学是环境科学的核心组成部分，环境化学主要基于化学理论和方法，结合地学、生物、医学等交叉学科技术，以污染物为研究对象，以解决相关环境问题为目标，是一门研究污染物的生成与释放、环境赋存与归宿、转化与代谢、毒性效应与健康影响及其削减控制的原理与技术学科。经过 40 多年的发展，我国环境化学在学科建设、人才培养、队伍规模、实现国家目标和提升国际影响力等方面均取得了长足进步。环境化学已成为化学的一个重要分支。《环境化学前沿》连续出版物邀请我国环境化学领域著名的专家学者，包括 40 多位“国家杰出青年科学基金”获得者和“长江学者”入选者撰稿。

本书与前两辑内容互为补充，根据学科发展特点及国家重大需求增添了相关内容，比如“双碳”、新污染物监测及管理等，力求反映和代表我国目前环境化学领域的工作特色和主流发展趋势。

本书内容丰富、前瞻性强，可供环境化学、环境科学与工程以及地学、生物、材料、食品、公共卫生、化学品安全等交叉学科领域从事研究的科研人员、研究生和政府部门管理人员阅读和参考。

图书在版编目（CIP）数据

环境化学前沿. 第三辑/江桂斌等主编. —北京：科学出版社，2022.7
ISBN 978-7-03-070928-8

Ⅰ. ①环… Ⅱ. ①江… Ⅲ. ①环境化学–研究 Ⅳ. ①X13

中国版本图书馆 CIP 数据核字（2021）第 261859 号

责任编辑：朱 丽 / 责任校对：何艳萍
责任印制：赵 博 / 封面设计：蓝正设计

科学出版社 出版
北京东黄城根北街 16 号
邮政编码: 100717
http://www.sciencep.com

三河市春园印刷有限公司印刷
科学出版社发行 各地新华书店经销
*
2022 年 7 月第 一 版 开本：889×1194 1/16
2025 年 5 月第三次印刷 印张：62 3/4
字数：2 030 000

定价：398.00 元

(如有印装质量问题，我社负责调换)

《环境化学前沿（第三辑）》编辑委员会

序　言

"十三五"期间，我国环境化学研究面向学科前沿和国家重大需求，坚持科研创新，突出前沿导向，在新污染物发现与监测、大气污染控制、水污染治理、土壤修复、固废处置、纳米技术应用、环境与健康等方面均取得了长足进步。《中华人民共和国国民经济和社会发展第十四个五年规划和2035年远景目标纲要》对"持续改善环境质量"提出了新的要求，如"强化多污染物协同控制和区域协同治理，加强细颗粒物和臭氧协同控制""推进城镇污水管网全覆盖，基本消除城市黑臭水体""推进化肥农药减量化和土壤污染治理，加强白色污染治理""加强危险废物医疗废物收集处理"等，规划也提出了"重视新污染物治理"等新的任务。而我国2030年"碳达峰"，2060年"碳中和"宏伟目标的提出，必将对中国的能源结构模式、工业增长方式、协同排污减排等方面产生广泛与深远的革命性影响。实现"碳中和"，中国和世界都面临着巨大的挑战，但这一目标也为我国社会经济发展方式的转型提供了全面的机遇。目标既定，奋斗可期。我国的环境保护与生态文明建设必将随之迎来新的跨越发展，环境科学也会在基础研究和原始创新方面面临新挑战。

回望过去，跨越进取，成绩斐然。随着国家对科技投入的加大，我国环境化学研究领域发展迅速。全国环境化学大会作为蜚声海内外的重要学术会议之一，在推动国内外环境科学与工程、毒理学与健康、污染防治技术与对策等交叉领域的交流，加快学科建设与人才培养，提升我国环境化学及相关学科的国际影响力和为国家重大需求服务的能力等方面做出了突出贡献。自2002年10月24～27日第一届全国环境化学大会在浙江大学召开以来，已经连续召开了10届，参会人数规模从最初的200人发展到2019年的8100余人，受到了国内外学术界的广泛关注和空前重视。鉴于全国环境化学大会的规模与影响，根据专家建议并结合国内外学术会议成功举办的经验，中国化学会环境化学专业委员会决定，自2017年起编辑出版《环境化学前沿》，总结上届会议以来我国环境化学领域所取得的部分重要成果，展望未来的发展趋势，并将此作为全国环境化学大会的一项成果，奉献给广大读者。以期进一步围绕国家环境保护与健康的重大需求，提高我国环境化学领域的创新能力与国际影响力。

依托第九届全国环境化学大会，由江桂斌和刘维屏教授牵头主编的《环境化学前沿》（第一辑）于2017年10月首印900册，加印1000册。一经推出，受到了广大读者积极响应。很多实验室组织了对书中30个研究专题的学习与讨论，撰写读后体会与思考。2019年，《环境化学前沿》（第二辑）由江桂斌、郑明辉、孙红文和蔡勇教授共同主编。所选内容均由第十届全国环境化学大会各分会负责人和科研骨干牵头、本领域专家学者分工协作而成。作者队伍中包括了40多位"杰青"和"长江学者"。第二辑与第一辑内容互相补充，形成较为完整的前沿方向体系，充分反映了环境化学领域的工作特色和主流方向。第二辑出版后反响热烈，读者普遍认为前两辑的出版对把握环境化学最新前沿以及未来学科发展意义重大。

由于国内疫情影响，原定于2021年8月在哈尔滨举行的第十一届全国环境化学大会推迟至2022年7月底举行，尽管如此《环境化学前沿》（第三辑）的编写工作仍然得到了我国环境化学各个领域专家们的倾心支持。他们扎实的学科基础、学术影响力以及高度的责任感，使得书稿能够在短时间内完成，充分体现了我国环境化学学界的凝聚力、积极的精神风貌和奋勇进取的活力。在此，谨向所有作者的辛勤工作表示诚挚的谢意。和前面两辑相同，本着学术自由、学术民主和学术平等的原则，本书允许不同风格，鼓励各抒己见，强调文责自负。

当前我国环境保护与健康领域依旧面临着十分严峻和复杂的局面。全球化学品登记与使用爆炸式的增长，极大地加重了自然界的环境负荷。工业生产与日常使用的化学品可通过生产、储运、使用等途径排放到环境中，对生物群落和人类造成环境和健康负荷，而各国对正在使用的化学品的毒性认知还不够全面。在为人类社会带来便利和福利的同时，未经严格的环境风险与健康风险评估即使用的化学品对环境管理造成了巨大的被动。《斯德哥尔摩公约》和《水俣公约》分别对持久性有机污染物和汞进行了削减与控制，标志着在全球范围内开展对污染物的控制正成为全人类的共同行动。2020 年 11 月发布的《中共中央关于制定国民经济和社会发展第十四个五年规划和二〇三五年远景目标的建议》中明确提出要“重视新污染物治理”。深入探讨我国经济发展与新污染物风险防控和管理的内在机制，推动环境风险防范体系建设及环境质量管理体系提升，是“十四五”期间的重要战略任务，也是未来改善环境质量，实现可持续发展的重大需求。完善新污染物管理的标准体系，制定新污染物管控名录，加强新污染物风险评估基础研究体系建设，由此建立针对新污染物环境筛查中高通量技术方法体系，探究新污染物的环境过程并识别生物转化，新污染物的“源汇”识别技术以及新污染物的替代产品开发是未来开展新污染物管理的重要方向。而基于多组学研究手段（代谢组、蛋白组、转录组等）的毒性效应及致毒机制，基于构效关系的大数据挖掘及机器学习，基于离体实验（细胞、蛋白等）结合理论计算发展的结构效应关系预测模型，生物毒性快速筛查及暴露风险评估，基于高通量筛查的效应导向技术体系以及新的模型搭建是解析新污染物暴露与人群健康关联的关键内容。

环境污染与健康有着密不可分的关联与因果关系。根据世界银行和 WHO 的统计数据，世界上 70%的疾病和 40%的死亡人数与环境因素有关。我国独有的环境污染特点决定了其健康问题的特殊性，不能照搬国外研究模式和成果解析污染与相关疾病的因果关系。特别是 2020 年开始的全球新冠疫情，值得我们深刻反思。目前仍然在全球存在的疫情正在对整个人类的生命安全和发展产生持续影响，也对环境与健康的内在关联机制提出了前所未有的挑战。环境化学与生命科学的交叉为环境健康研究提供了新的机遇。长远来看，我国的环境健康研究需要聚集和吸引优秀科学家形成集群优势持续攻关，为我国区域疾病高发的环境污染寻因和健康保障技术的研究奠定理论与方法基础。

气候变化是当今人类面临的重大全球性挑战。绿色低碳已成为不可逆转的发展潮流，是应对人类共同危机的根本途径。但我国工业发展还呈现高耗能、高排放、低效率的特点。2020 年 9 月 22 日，我国向国际社会郑重承诺将提高国家自主贡献力度，采取更加有力的政策和措施，二氧化碳排放力争于 2030 年前达到峰值，努力争取 2060 年前实现“碳中和”。这是我国实现可持续发展的内在要求，也是国际社会减碳和实现碳中和的组成部分。发展绿色低碳技术，实施“精准治污、科学治污”是改善我国环境质量的重要举措。实现碳中和与环境保护共赢的战略目标，需要建立气候友好的污染防治政策措施体系，加强环境污染防治与应对气候变化协同能力的建设。因此，即将在哈尔滨举办的第十一届全国环境化学大会以“创新环境科学，低碳环保健康”（innovating environmental sciences，low-carbon protecting environment & health）为主题，围绕环境分析、界面过程、毒理健康，公共卫生、环境安全、污染治理、修复技术、绿色低碳、环境政策等多个领域开展深入而又前瞻的科学探讨。

“十四五”标志着我国进入新发展阶段，也赋予了环境化学新的发展机遇。我国的环境化学学科日益成熟繁荣，研究的水平、深度和广度有了空前的提高，一些研究开始在国际学术界产生重要影响。但整体上，环境化学在学科积累、人才队伍和研究基础等方面与国际环境化学发展水平差距仍然较大，尤其是在研究的原创性、系统综合性、应用性和产业化等方面差距更加明显。

先后十届全国环境化学大会的召开，为我国环境化学学科发展提供了重要的交流平台，对环境化学的跨越式发展的起到了重要助推作用。第十一届全国环境化学大会将是一次里程碑式的大会。本次大会由哈尔滨工业大学承办，冯玉杰教授和王亚韡研究员共同担任组委会主席。大会将继续发扬“创新、参与、合作、前瞻”的会议宗旨，推动环境化学学科更加重视国家需求，更加聚焦国际前沿，更加关注民生目标。大会共设立 57 个分会场，将推动国内外环境科学与工程、毒理学与健康、污染防治技术与对策等交叉领域的交流，加快学科建设与人才培养，提升我国环境化学及相关学科的国际影响力和为国家目标服务的能力。

风雨过后，方见彩虹。“为头，犹云从头，或开始也”。在后疫情时代，环境化学学科的发展面临着新的国际形势和国内形势，本书聚集了专家学者对若干环境化学前沿问题的认识与展望，以及对新的复杂的环境问题交织在一起的挑战的思考。我们应该清醒地认识到，尽管我国环境化学学科取得了空前的成就，但离真正解决我国突出的环境污染问题等尚有很大差距。青年一代应该避免急功近利的思想，着眼国家目标需求的前沿环境问题，立足做长期系统的工作，形成自己的研究特色，成为国家和世界环境化学领域真正有用的人才。因此，我们特别希望通过本书，为广大青年学者在选题方面提供参考，更迫切期待我国青年一代环境化学研究者既具有脚踏实地的品质，又具备放眼全球的格局；既传承学科的优秀精华，也勇于冲破传统思维的桎梏。“鹰击长空，鱼翔浅底，万类霜天竞自由”。

受组织者学识水平之局限，《环境化学前沿》（第三辑）撰稿和修订过程中难免有失偏颇，出现不同学术观点甚至缺点错误。环境化学学科一直是在不断学习中提高的，学科的发展是永无止境的，人们对环境问题的认识也总是随着时间的推移而不断发展和提高。我们希望本书能够对广大环境化学工作者、研究生及环境管理专家有所裨益，若能对读者了解并把握环境化学研究的热点和前沿领域起到抛砖引玉的作用，引起广大读者的广泛兴趣、讨论、争论和批评指正，都是编者期待和深感欣慰之处。

本书成稿过程中，中国科学院生态环境研究中心的郑明辉、王亚韡、蔡亚岐、赵利霞、阴永光研究员，中国科学院大学杭州高等研究院环境学院的张海燕、李灵香玉、朱娜丽副教授等在组织专家审稿、改稿过程中做出了突出贡献；科学出版社为本书的顺利出版提供了便利条件，朱丽及其团队为本书的策划与出版发挥了重要作用。在此一并表示诚挚的感谢。

江桂斌

2022 年初夏于北京

目　录

第1章　原位样品前处理技术在环境分析和毒理学研究中的应用

本章导读

原位样品前处理技术是指直接在所研究体系内部对目标分析物进行萃取、富集和净化的技术。典型的原位样品前处理技术包括固相微萃取技术（solid phase microextraction，SPME）、被动采样器（passive sampler）等，已在非生命环境介质、动植物活体组织、人体样本、单细胞中污染物和内源性小分子代谢物的检测上成功应用。原位样品前处理技术简化了传统的采样过程和样品前处理过程，同时最大程度地保持样品本身的原始状态，即待分析介质的组成和功能，有效地减轻甚至避免对所研究体系中的环境过程或生命活动的扰动。本章将对原位样品前处理技术在有机污染物的检测、污染物作用下生物内源性代谢物的检测、污染物与蛋白亲和作用的识别方面的应用进行介绍；同时，本章也将介绍 SPME 与其他分析技术（全二维气相色谱、敞开式大气压质谱、表面增强拉曼）直接联用等方面的研究进展。

关键词

原位样品前处理，定量方法，有机污染物，内源性代谢物，污染物-蛋白亲和作用

1.1 引　　言

采样和样品前处理是直接影响分析方法灵敏度和分析结果准确性的重要步骤[1]。在传统的分析方法中，样品需要与所处的环境分离，样品的组成及其在原环境中的状态可能被破坏，导致样品中分析物的分布、分配和形态等信息丢失。同时，样品保存和运输过程还可能造成样品污染和目标物的损失。近年来，“原位样品前处理（*in situ* sample pretreatment）”及其相似概念“原位萃取（*in situ* extraction）”得到了一定的发展。例如，被动采样器（passive sampler）被用于研究土壤-大气、沉积物-水体，以及水体-大气界面的物质交换过程，而活体固相微萃取（*in vivo* solid phase microextraction，SPME）技术则被用于揭示生物体内分析物的时空分布情况[2-6]。在这样的样品前处理过程中，样品（如沉积物和动植物组织）无需从其所处的环境中分离，萃取、富集和净化等样品前处理过程被集成为一步，样品前处理过程得以大大简化。另外，样品本身的原始状态（native state），即样品的组成和功能（如土壤、水体、大气所承担的物质交换的环境功能，动植物组织的代谢功能）等受到的影响极小或能够被忽略。

原位样品前处理技术在环境分析领域和环境毒理学研究的优势主要体现在以下几个方面：①降低甚至避免传统的采样和样品前处理过程对所研究体系造成的损伤或干扰，获得反映所研究体系原始状态的信息。例如，不破坏样品中污染物的分配以测得污染物的游离浓度[7]，不造成生物正常生理状态的变化来研究外源活性物质对生物体正常代谢过程的影响[2]。②规避一些易氧化、易挥发的分析物在传统的采样和样品前处理过程中可能损失的风险，获得更准确的分析结果[2,5]。③获得分析物在样品中的动态变化信息[3,6]。传统的采样和样品前处理过程对样品具有不可逆的损耗性，不利于考察样品中分析物的动态变化情况。④简化分析过程和降低分析成本。原位样品前处理技术可以避免样品的存储和运输，且将萃取、富集和净化步骤集成为一步[4]。

目前，原位样品前处理技术已被用于考察环境介质中污染物的时空分布状态、动植物组织中污染物的分布规律、降解动力学过程和内源性代谢物的变化情况。由于 SPME 在萃取游离态有机污染物上具有独特的优势，SPME 在探究污染物与蛋白的亲和作用等方面也展现出巨大的应用前景。此外，原位前处理技术与新型分析技术，包括敞开式大气压质谱（ambient mass spectrometry，AMS）、表面增强拉曼光谱

（surface-enhanced Raman spectroscopy，SERS）的联用也将推动样品前处理技术向更便捷、更高通量的方向发展。

1.2　原位样品前处理技术

1.2.1　SPME 技术与被动采样技术

1）SPME 技术

SPME 技术是一种典型的原位样品前处理技术。该技术利用少量的萃取相材料对样品中分析物进行萃取、富集和净化。SPME 探针的体积小、制备简单、便于携带，一方面可与便携式设备联用完成现场采样和分析，另一方面容易置于不同的环境介质和动植物组织中进行原位样品前处理。近来，除直接与气相色谱（gas chromatography，GC）和液相色谱（liquid chromatography，LC）系统联用外，SPME 探针和刀片萃取装置也实现了与 AMS 直接联用，同时完成样品的脱附和离子化，极大程度地简化样品分析过程。根据目标分析物的理化特性，设计不同的 SPME 萃取相材料以实现目标物的有效富集、并降低基质干扰，这对复杂样品中的痕量污染物或内源性代谢物的分析尤为关键。

2）被动采样技术

被动采样器在环境样品的原位前处理中也有较广泛的应用，主要应用于环境水体、土壤、沉积物、大气采样[8-12]。被动采样器一般选用不同尺寸的聚氨酯、聚甲醛等作为接收相，外部再配备一定的塑料或不锈钢支撑。用于极性有机污染物被动采样的采样器主要包括极性有机化合物综合采样器（polar organic chemical integrative sampler，POCIS）、化学捕集器、梯度扩散薄膜（diffusive gradients in thin film，DGT）；用于非极性有机污染物的采样器包括半透膜装置（semi-permeable membrane device，SPMD）和 Chemcatcher。由于被动采样器的接收相体积大，具有更大的萃取量，可用更长时间跨度的时间加权平均浓度来代替瞬时采样浓度，因此被动采样器通常在环境介质中放置时间较长，可达数天至数月。被动采样器在从样品基质中取出后，选用合适的有机溶剂洗脱接收相萃取到的污染物，经净化和浓缩后再进行检测。SPME 技术通常也被认为是一种被动采样技术，但 SPME 探针通常尺寸小可直接插入 GC 进样口热脱附，或用小体积有机溶剂洗脱而无需再浓缩净化。同样受限于被动采样器的尺寸，常规的被动采样在活体萃取中的应用也较少。

1.2.2　原位样品前处理技术的定量方法

与传统的样品前处理方法不同，原位样品前处理技术为非完全萃取技术，即只萃取目标分析物总量中的很小一部分。这一特征极大地降低了萃取过程对样品整体的扰动，但同时也导致原位样品前处理技术的定量方法相比完全萃取技术更复杂。在原位样品前处理技术中，传统的外标法、标准加入法等均难以保证准确度或不可用。

原位样品前处理技术的定量方法可以分为平衡校正方法和预平衡校正方法两种。当分析物在萃取相和样品基质间达到分配平衡，基于分析物在萃取相和样品基质间的分配系数（K）以及萃取相的体积（V_f）

和分析物在萃取相中的平衡萃取量（n_e），就可以计算出样品中分析物的浓度（如式 1-1 所示）。式 1-1 要求原位样品前处理技术只萃取样品中分析物总量的很小一部分。平衡校正方法在环境被动采样技术中应用较多，但该方法通常需要耗费相当长的时间来达到萃取平衡状态[13,14]。

$$C_s = \frac{n_e}{V_f K} \tag{1-1}$$

$$n = n_e\left(1 - e^{-at}\right) \tag{1-2}$$

式 1-1 和式 1-2 中，C_s 是样品基质中分析物的浓度，n_e 是萃取相中分析物的平衡萃取量，V_f 是萃取相体积，K 是分析物在萃取相和样品间的分配系数，n 是时间 t 内萃取相中分析物的萃取量，a 是动力学常数。

在预平衡校正方法中，研究者普遍认为原位萃取过程遵循一级动力学模型（如式 1-2 和图 1-1 中的萃取动力学曲线所示）[15]。现有的多种定量校正方法主要有动力学校正法（kinetic calibration）[7]、采样速率校正法（sampling-rate calibration）[16,17]和双探针法（dual-probe method）[18]等。其中，使用最多的是动力学校正法。该方法基于萃取过程与脱附过程中的各向同性（isotropy）原则，即分析物和校正物在萃取相和样品基质中的传质速率的大小与传质方向无关，利用预先加载在萃取相中的校正物的脱附过程来预测分析物的萃取平衡状态[19-22]。使用的校正物也称“行为参照物（performance reference compound，PRC）”，理论上 PRC 的物化性质与分析物越接近，预测的萃取平衡状态越准确。另外，PRC 也被用于原位校正萃取过程中不确定因素对萃取动力学过程的影响[23,24]。需要特别指明的是，平衡校正方法可用于测定分析物的游离浓度，而动力学校正方法可以预测平衡状态，因此亦可用于测定分析物的游离浓度。一般认为，游离浓度对于评估污染物的生物可利用性（bioavailability）和毒性相较总浓度更加合适。然而也有研究发现，在一些情况下 PRC 的脱附过程和分析物的萃取过程间的各向同性并不理想[25,26]。

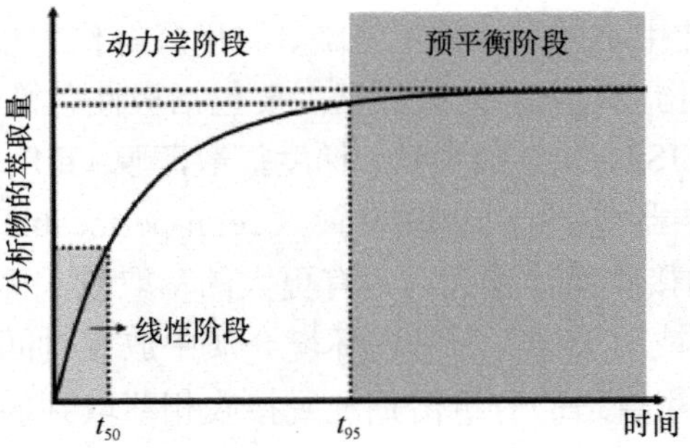

图 1-1　一级动力学模型描述的萃取量随时间的变化情况[15]

t_{50} 和 t_{95} 分别指的是萃取量达到 50%和 95%的平衡萃取量的时间

为保证定量结果的可信度，在建立原位样品前处理技术的定量方法时有以下几个方面需要特别注意：

（1）当采用平衡校正方法时，如何确认到达分配平衡状态，又如何获得可信的分配系数均至关重要[27,28]。

（2）当采用预平衡校正方法时，需进一步确认利用 PRC 能否准确地预测平衡状态以及准确地校正采样速率[25,26]。

（3）复杂样品中的萃取动力学过程相较理想的一级动力学模型要复杂得多[29,30]，分析物结合态的比例、传质的主导方式（对流或扩散）、样品的非均质性对萃取动力学的影响还有待深入探究。

1.3　原位样品前处理技术在环境分析与毒理学研究中的应用

1.3.1　原位样品前处理技术在环境介质中的应用

原位采样技术已被广泛用于大气、水、土壤和沉积物等环境介质中污染物的萃取和富集。该技术在环境介质中的应用对于揭示污染物在环境中的分布形态和迁移规律，评估污染物的生物可利用度均发挥着重要的作用。本章节将着重介绍近两年 SPME 和其他被动采样技术在环境分析上的新应用和突破。

1）SPME 技术

SPME 在环境分析中的发展和应用已相对成熟，目前的主要研究方向包括：①设计功能化材料作为 SPME 萃取相实现对新型环境污染物的选择性萃取，②与便携式设备联用在现场完成样品采样和分析全流程。

新型的吸附剂材料包括金属有机框架（metal organic frameworks，MOFs）、共价有机框架（covalent organic frameworks，COFs）等具有比表面积大、孔隙率高、结构可调控等特点，已成为环境分析领域的研究热点，在解决新型有机污染物的分析难题上起到重要作用[31-33]。例如，全（多）氟化合物（per- and polyfluoroalkyl substances，PFASs）由于具有疏水疏油性，对环境介质中痕量的 PFASs 进行高效富集仍极具挑战。新型吸附剂主要通过静电反应、疏水作用、氢键和氢-氟作用吸附环境中的 PFASs[34-37]，因此通常向功能材料中引入氨基和氟离子可提高对 PFASs 的萃取效率[38,39]。潘丙才教授团队[40]报道了氨基化和氟化的双功能修饰 MIL-101（Cr）作为 SPME 萃取相，对 9 种 PFASs 进行了超灵敏定量分析，方法检测限低至 0.004～0.12 ng/L，可用于真实环境水体中痕量 PFASs 的选择性富集和分析。新型吸附剂材料对其他有机污染物，如有机磷农药[41,42]、有机氯农药[43]、多氯联苯[44]、邻苯二甲酸酯[45]等也展现出较好的萃取效果。

原位采样技术与便携式仪器的联用可在现场完成采样、分析全流程。欧阳钢锋教授团队[46,47]将多种改进的 SPME 原位采样技术（如瓶内萃取、便携电钻辅助原位萃取）与便携 GC-MS 联用，实现对水体中多种持久性有机污染物的原位分析。此外，无人驾驶飞行器近来在环境分析领域的应用越来越多[48]，研发 SPME-无人机采样平台对完成难以到达或危险的采样点的原位采样尤为重要。目前，配备亲水亲脂平衡（hydrophilic-lipophilic balance，HLB）、薄膜-SPME 采样器的无人机，已用于河道中潜在污染物的采样和筛查[49]。

2）被动采样技术

被动采样技术在环境分析领域的应用经过近 20 年的发展越来越成熟和完善。被动采样技术作为一种原位样品前处理技术，已由某一类物质的靶向分析逐渐拓展到广谱的非靶向筛查，以满足识别和鉴定日益新增的环境污染物的需求。在环境水体分析中，DGT 相比 POCIS 等采样器在采样时受水流速的影响较小，DGT 所采集的分析物由无机污染物逐渐扩大至有机污染物。目前梯度扩散有机薄膜（organic diffusive gradients in thin films，oDGT）已用于约 150 种有机污染物的萃取[50]。譬如张昊教授团队[51]在泰晤士河流域对比了 oDGT 和主动采样在分析新型有机污染物上的适应性，尽管 oDGT 的灵敏度不如主动采样，但 oDGT 更适用于浓度波动较大的污染物，并首次报道了有机磷酸酯在该流域的污染状况。Challis 等[52]首次使用 oDGT 对污水处理厂中的有机污染物进行靶向和非靶向筛查，并利用靶向分析获得的平均替代响应因子用于非靶向筛查的污染物半定量分析。王子健研究员团队[53]利用自制的三油酸包埋醋酸纤维素膜（TECAMs）被动采样器在北极海域对多种持久性有机污染物进行了非靶向筛查，发现北极的石油开采、石油燃料排放以及人类居住排放是主要的污染来源。在大气环境采样中，利用被动空气采样器结合高分辨质谱进行非靶向分析已有较多相关工作[54,55]。Yu 等[56]通过被动采样器采集空气颗粒物，利用高分辨质谱对空气颗粒物上的 PFASs 进行了非靶向分析，识别出 34 种新型 PFASs，为更准确评估人体大气颗粒物暴露提供了依据。

1.3.2　SPME 在动植物活体组织中的应用

SPME 技术在动植物活体组织的原位样品前处理中也发挥着重要的作用。SPME 探针体积小，可避免对动植物活体造成严重的损伤，影响其正常的生理活动；并且 SPME 原位样品前处理方法操作简单，可缩短样品前处理时间。活体 SPME 不仅可对动植物体内污染物浓度的动态变化情况进行追踪，还可对内源性小分子代谢物的变化展开研究，以揭示外源性污染物或外部刺激导致的生物响应机制[2,5]。

1）动植物体内有机污染物的检测

SPME 对动植物体内有机污染物的检测已开展较多研究[57-60]。近来，研究者致力于开发新型萃取材料实现对新型污染物的有效萃取。Song 等[60]报道了氨基功能化的 COF（COF-NH_2）通过氢键作用对金鱼组织中的 8 种 PFASs 进行高效的萃取，该方法展现出理想的线性范围、较低的定量限、较高的回收率。Mondal 等[59]将 MIL-101（Cr）NH_2 作为 SPME 探针萃取相，对鱼肌肉中抗生素进行了萃取，该自制探针的萃取效率显著优于 C_{18}、聚二甲基硅氧烷（polydimethylsiloxane，PDMS）、PDMS/二乙烯基苯（divinylbenzene，DVB）和聚丙烯酸（polyacrilate，PA）等商用探针，且重现性较好。

2）动植物体内污染物的富集与降解过程研究

活体 SPME 可用于跟踪污染物在动植物体内的富集、转运和转化/降解等过程。相比传统的匀浆、有机溶剂萃取、样品净化等分析流程，活体 SPME 可对同一生物持续原位采样，减小因个体差异导致的结果偏差[61,62]。欧阳钢锋教授团队[3,63]利用自制的 PDMS 探针对有机磷和有机氯农药在罗非鱼、鲳鱼、木耳菜等动植物中的富集和消除进行了连续采样分析，揭示了农药在动植物体内分布和代谢差异。常规 SPME 探针对极性有机污染物的萃取效果不理想，而极性污染物容易通过植物木质部随蒸腾作用向叶片转运。Qiu 等[64]设计了水膨胀交联聚乙烯吡咯烷酮颗粒作为 SPME 萃取相，用去甲肾上腺素氧化自聚合对萃取相涂层进行改性以提高探针的生物相容性和抗生物淤积性，对强极性的新烟碱农药（$\log K_{ow} = -0.6 \sim 1.3$）在生菜中的分布进行了追踪，发现植物汁液中新烟碱农药水平变化显著。此外，由于 SPME 在样品前处理中可无需有机溶剂，因此对于塑化剂类背景污染较严重的污染物，SPME 也尤为适合[65]。譬如，与超声辅助溶剂萃取（ultrasonic assisted solvent extraction）相比，活体 SPME 萃取鱼排中邻苯二甲酸酯（phthalates，PAEs）的背景污染物更低[66]，SPME 原位萃取可提高方法的分析准确度。

3）在内源性代谢物分析上的应用

内源性代谢物的变化可以直观地反映生物应对外源性污染物或刺激的代谢过程和响应机制。传统的代谢组学分析在采集生物体液或组织时对生物造成巨大的损伤或致死，这可能会造成稳定性差的内源性化合物的损失或前处理过程中导致代谢物的变化。已有研究表明活体 SPME 采集到的内源性代谢物种类比离体分析更多，尤其是一些不稳定的代谢物（如谷胱甘肽、单磷酸腺苷等）[2,5,67]。此外，活体 SPME

采样作为一种低侵入性技术，可在不扰动生命体的生物化学活动前提下，完成内源性代谢物的原位富集采样。譬如，Napylov 等[68]利用 SPME 探针对清醒运动的动物大脑组织特定区域中的氧化脂质进行监测，成功避免了因致死性采样导致的部分氧化脂质浓度变化，为神经科学和药物发现提供了一种高效的新途径。

目前，基于活体 SPME 技术的内源性代谢物检测方法已经被用于研究外源性污染物对生物体造成的代谢变化。混合型（mixed-mode）SPME 探针用于萃取暴露在痕量（1 ng/L 和 10 ng/L）苯并[a]芘（benzo[a]pyrene，BaP）的活鱼肌肉组织中的代谢物，揭示了 BaP 暴露下主要导致鱼体内氨基酸、脂类和渗透调节相关代谢物的变化，表明 SPME 可作为直接监测生物系统中污染物毒理学指标的有力工具[69]。Roszkowska 等[70]对阿尔伯塔油砂开发区域的上游、相邻和下游河流中白亚口鱼（*Catastomus commersonii*）组织进行了活体 SPME 采样，结果表明在该河流不同区域采集的鱼组织样品中，包括二十烷类、亚油酸和脂溶性维生素等在内的多种代谢物水平发生了显著变化。需要注意的是，对活体动物进行原位萃取采样时，研究者需熟悉受试动物的组织器官，以便准确定位完成采样。

相比之下，植物的原位采样则较简单。Risticevic 等[71]首次采用直接浸入式（direct immersion，DI）SPME 对苹果中的内源性代谢物进行萃取，并通过全二维气相色谱串联飞行时间质谱（GC×GC-time-of-flight mass spectrometry，GC×GC-TOF MS）对代谢产物进行识别和鉴定，通过评估果实成熟过程中代谢指纹图谱的变化和比较不同 SPME 采样方式的分析精度，证明 DI-SPME 在活体植物组织中具有较高的重现性和可信度。Liu 等[57]利用富氮多孔聚酰胺材料作为 SPME 探针涂层，对 3 种氨基甲酸酯类药物暴露下大白菜（*Brassica campestris* L. ssp. *chinensis Makino*）中的代谢物进行了筛查，发现硫代葡萄糖苷相关代谢物含量呈现显著的时间依赖性失调。

1.3.3　SPME 在人体样品和细胞代谢研究中的应用

1）在人体样品分析中的应用

人体样品（如血液、尿液、肿瘤组织等）的分析检测是疾病诊断和生物标志物筛查的有效途径，实现人体样品的原位无损伤或低损伤采样和分析对掌握人体健康状态和病理过程至关重要[72]。在临床分析检测中，通常样品数量大、样品体积小、基质复杂，而 SPME 作为一种非完全萃取技术可实现小体积/质量样品的萃取和富集，并且易实现样品的自动化、高通量前处理过程。因此，SPME 技术在人体样品的分析中有着显著的优势。

相比以单一代谢标志物作为一种特定疾病的判别指标，非靶向代谢物分析可以作为更好的诊断标准[72]。其中，人体挥发性有机物是一类重要的代谢物，并有学者提出人体挥发性代谢组（human volatilome），包括约 1800 种挥发性物质[73]。Mochalski 等[74]提出通过 SPME-GC-MS 鉴定皮肤的标志性挥发物质可以用于城市中被困人群的搜救。Silva 等[75]利用顶空 SPME 对血清中希夫碱蛋白加合物释放的 19 种醛进行了测定，方法检测限可低至 0.1～50 μg/L，该方法可促进有关乙醛生物监测的大型非职业环境暴露流行病学研究。为满足痕量代谢物的分析，Nozoe 等[76]通过增大薄膜萃取相的面积、减小薄膜的厚度来增加目标物的萃取量，制备的薄膜微萃取装置可用于分析癌细胞中的挥发性代谢物。

常规的人体样品前处理方法通常需要复杂的流程来降低基质对目标物分析的干扰。SPME 可通过与商品化的 96 孔板联用实现高通量的前处理过程（图 1-2）。譬如利用 SPME 技术对接受重大肝脏切除术的患者血样中抗坏血酸的药动力学进行了检测和跟踪，以判断给药剂量和方式对患者全身纤维蛋白溶解的影响[77]。do Carmo 等[78]则将生物吸附剂作为萃取相制成的薄膜 SPME 与 96-pin 装置连用，对人体尿液中的 4 种雌激素浓度进行了高通量检测，每个样品的前处理时间仅需 1.7 min，极大地缩短了样品前处理的工作量，同时仍可保证较好的分析灵敏度（检测限为 0.3～3 μg/L）和准确度（相对回收率为 71%～105%）。此外，由于 SPME 样品前处理流程简单，可实现人体样本中一些稳定性差的生物标记物的分析[79]。但需要注意的是，SPME 只能通过平衡萃取获得化合物的游离态浓度，如需获得化合物的总浓度，通常需要相应的样品前处理来释放这些结合态的目标物，以提高对强结合性、低浓度目标物的分析灵敏度[80]。

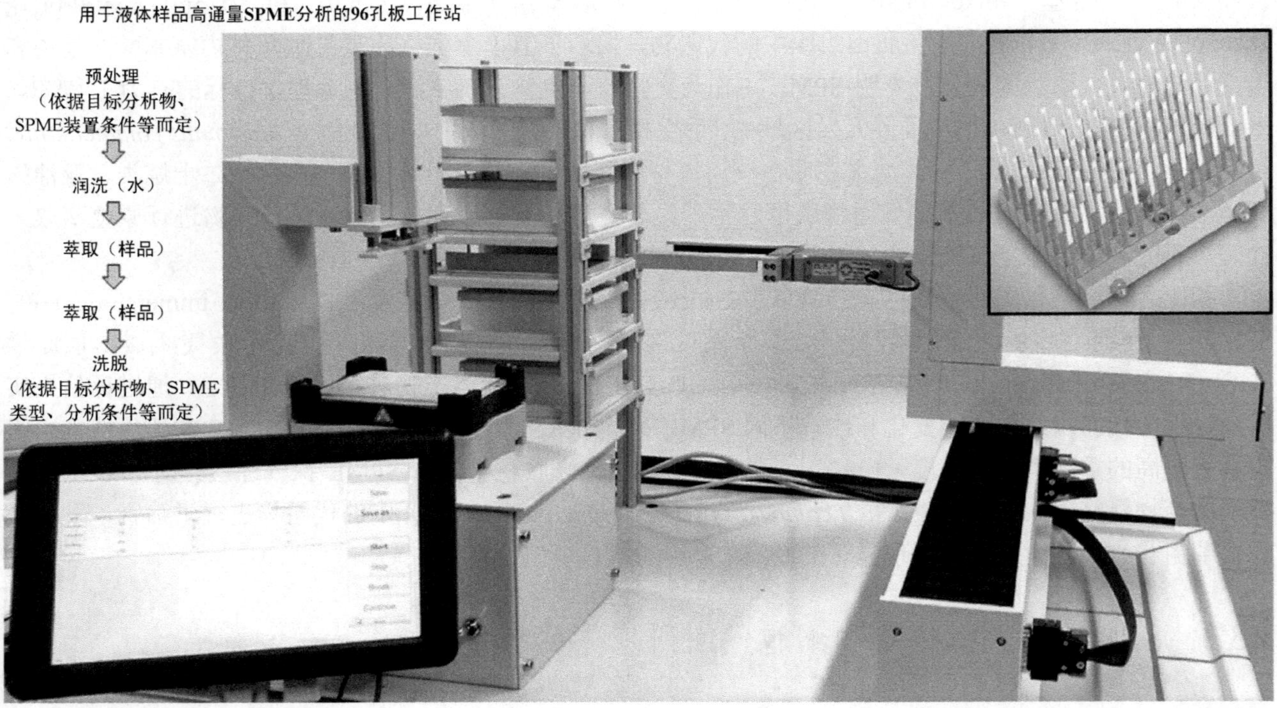

图 1-2　全自动 SPME 处理工作站[72]

SPME 不仅可对小分子有机污染物进行萃取，还可对生物样品中的多肽进行富集。为防止大分子蛋白质在萃取相上的吸附，同时提高 SPME 对多肽的萃取效率，Onat 等[81]将制孔剂高氯酸锂引入萃取相制备了具有纳米尺度不规则性和介孔的薄膜作为萃取相，实现了在生理缓冲液和人血浆中萃取多种在血压调节和电解质平衡中具有重要作用的血管紧张肽。表面流变性分析表明萃取相中的介孔有利于多肽通过聚丙烯腈（polyacrylonitrile，PAN）层的传质，从而使 C_{18}/PAN 能够有效地萃取到多肽[81]。

2）在污染物与蛋白亲和作用检测上的应用

准确定量污染物、药物与蛋白的结合效率对认识其毒动力学、药物动力学非常关键。SPME 在萃取痕量游离态有机小分子上的优势，使得其在研究小分子有机物与蛋白的结合作用方面也发挥着重要的作用。SPME 可在不影响小分子配体-蛋白结合平衡的条件下，通过选择性富集和准确定量游离态配体实现蛋白亲和能力的测定[82]。该方法已较成熟地用于药物等小分子与血清蛋白的亲和作用分析[83-87]。为进一步提高样品的分析效率，Roy 等[88]采用 C_{18} 修饰的 96-pin SPME 高通量自动分析平台测定了多种药物的血浆结合常数，该方法测得的结合常数与文献报道的结果基本一致，与传统的平衡透析和超滤方法相比，该方法可节省更多的时间，具有更高的效率。SPME 在考察药物与蛋白亲和作用时的另一大优势是适合分析疏水性强的复杂分析物，因为这类物质在传统的平衡透析和超滤方法中易与过滤膜非特异性结合影响其准确定量[89]。

此外，SPME 还可通过已知作用位点的配体与未知小分子的竞争作用，实现污染物的结合位点识别。

譬如，Zhao 等[90]利用已知蛋白结合位点的、高亲和性的小分子配体竞争性置换血清蛋白中结合的有机磷农药，通过 PDMS 探针测定置换反应前后的游离态有机磷农药和竞争性配体的浓度变化，结合分子对接模拟，识别了甲基对硫磷和马拉硫磷在血清蛋白中的氨基酸结合位点。与传统的荧光置换反应相比，SPME 在识别污染物与蛋白特异性结合作用时免荧光标记，操作简单，但仍需模拟计算等手段辅助来解析污染物的结合位点。

3）在细胞代谢研究中的应用

细胞作为生命体的基本功能单元，探究污染物对细胞生理功能的影响对揭示污染物的毒性意义重大。通过细胞裂解提取单细胞代谢物可能同时将培养基中的盐和胞内离子萃取出来，影响代谢物在质谱检测时的离子化效率。张新荣教授团队[91]用钨针比较了黄酮衍生物在洋葱细胞核和细胞质中的丰度；Janusz Pawliszyn 教授团队[92]则制备了聚吡咯包覆的不锈钢丝探针，用于检测洋葱细胞中的槲皮黄酮和毛地黄黄酮。栾天罡教授团队[93]报道了一种具有生物相容性的表面修饰 SPME 探针，针尖直径小于 5 μm，可对小型生物（如大型蚤，*Daphnia magna*）进行精确位置的原位采样，甚至可实现单个真核细胞（如 HepG2）的微尺度分析。该探针对脂质类代谢物具有良好的富集能力，并可直接与纳电喷雾电离质谱（nanoESI-MS）耦合进行代谢物鉴定和识别；与传统的脂质代谢组学方法相比，该方法样品前处理简单、样品消耗量少、分析时间短[93]。汪夏燕教授团队[94]设计了一种聚吡咯改性碳纤维纳米探针作为双功能纳米探针，既可以萃取胞浆中的多巴胺又可以对其进行电化学检测，该纳米探针可在保持细胞存活的状态下检测限低至 10 pmol/L，为多巴胺神经毒性及相关药物作用机制的研究提供了一种新的分析方法。

1.4　SPME 技术与其他分析方法联用

SPME 可与多种仪器耦合，最常见的就是将萃取探针直接引入 GC 入口进行热解吸，或经适当的溶剂解吸后进入 LC 系统分析。为适应更多的分析场景和检测目的，譬如为实现对复杂样品更高效的分离，或是为更快速的现场检测，越来越多的研究者开始关注 SPME 与新型分析仪器设备的联用。本节主要介绍 SPME 与 GC×GC、AMS、SERS 联用的相关研究进展。

1.4.1　SPME-GC×GC

为满足 SPME 在新型污染物非靶向筛查和代谢组学中的应用，将 SPME 与 GC×GC 联用可对复杂基质的环境样品和生物样品进行更高效的分离以获得完整的化合物图谱信息。复杂基质的样品往往包含了大量的分析物，一维色谱（如 GC、LC）通常难以满足样品的分离需求，通过顺序串联两个独立的分离过程以完成更高效的分离是现有的可行方法之一。GC×GC 能够对具有结构和功能特异性的目标物提供更有选择性和更高分辨率的分离效果，同时也可实现更大的峰值容量和更灵敏的信号检测。SPME 与 GC×GC 的结合对于复杂样品的完整分析具有独到的优势，比如环境样品和生物样品的代谢组学研究。

顶空（headspace，HS）SPME 由于操作简便且萃取时受基质干扰较小，是复杂样品最主要的萃取方式。Hill 等[95]利用 HS-SPME 技术与 GC×GC-TOF MS 对一种流行病毒株 *Clostridium difficile*（R20291）产生的挥发性物质进行了分析，共检测到 77 种与该毒株生存相关的挥发性物质和 59 种新的挥发性物质，包括直链和支链羧酸和对甲酚。Rocha 等[96]也利用 HS-SPME-GC×GC-TOF MS 对哮喘病患者的尿液进行了代谢物轮廓分析，并对代谢物水平与临床指标进行了偏最小二乘法判别分析，结果显示与肺功能、嗜酸性炎症和非肥胖哮喘的严重程度等临床参数相关的脂质代谢物水平升高。

DI-SPME 与 GC×GC-TOF MS 的联用对于低挥发性和极性目标物分析的可行性已得到验证。Risticevic 等[71]利用 DI-SPME 对苹果中的代谢物进行了原位萃取，然后通过 GC×GC-TOF MS 对 350 种代谢物进行分析，其中约 50%代谢物符合美国食品及药品管理局（FDA）针对靶向代谢物分析的 RSD 不超过 15%的标准。然而，仍需深入的研究来评估在复杂基质中进行原位活体取样过程中可能存在的基质效应。

1.4.2　SPME-AMS 技术

SPME 与 AMS 联用一方面可节省样品分析时间，另一方面可通过 SPME 探针的选择性萃取降低复杂样品中的基质干扰，进一步推动原位样品前处理技术向高效和高通量方向发展。AMS 作为一种新兴的质谱分析技术，可实现样品实时原位、无损化分析，具有操作简便、灵敏度高和特异性好等优点，在食品检测、环境分析、质谱成像、疾病诊断等多个领域具有较高的应用潜力。分析物无需经过耗时的色谱分离过程，在大气压环境下完成离子化。然而，直接利用 AMS 对复杂基质样品进行分析时，可能会面临离子化效率低、难以满足痕量分析需求等困境。由于 SPME 通过萃取相的合理选择可实现分析物的选择性萃取以降低基质干扰，因此 SPME-AMS 可在一定程度上规避上述问题，也是当前环境分析领域的重要发展方向之一。

SPME-AMS 的基本工作流程是先用 SPME 对样品中的分析物进行萃取分离，然后将 SPME 直接放入 AMS 进样口完成样品脱附和离子化，最后进入质谱端检测。现有的 AMS，包括电喷雾解吸电离（desorption electrospray ionization，DESI）、实时直接分析（direct analysis in real time，DART）、大气压光电电离（atmospheric pressure photo ionization，APPI）、介质阻挡层解吸电离（dielectric barrier desorption ionization，DBDI）等，均可与 SPME 联合用于分析物的筛查[97,98]。

Pawliszyn 教授团队[99]将生物相容性较好的 PAN 作为 SPME 刀片萃取相（coated blade）与 ESI 源质谱联用（图 1-3），对牛组织匀浆液中的 105 种兽药进行定量分析，首次在单针样品中实现了正负离子模式的同时检测，并获得了较好的灵敏度和重现性。新型的框架材料与质谱的直接联用对环境污染物也展现出较高的灵敏度。譬如，4 种水稳定性较好的 MOFs [ZIF-8、UiO-66、MIL88-A 和 $Tb_2(BDC)_3$]作为 SPME 萃取相与 nanoESI-MS 联用可实现自来水、雨水、海水等环境水体中全氟辛酸（PFOA）的原位萃取和分析，检出限可达到 11.0 ng/L[39]。如前所述，在萃取材料中引入氟离子可有效提高萃取效率，氟离子功能化的 COF（F-COFs）与 nanoESI-MS 联用可实现环境水体和全血样品中 PFASs 的超灵敏检测，检出限和

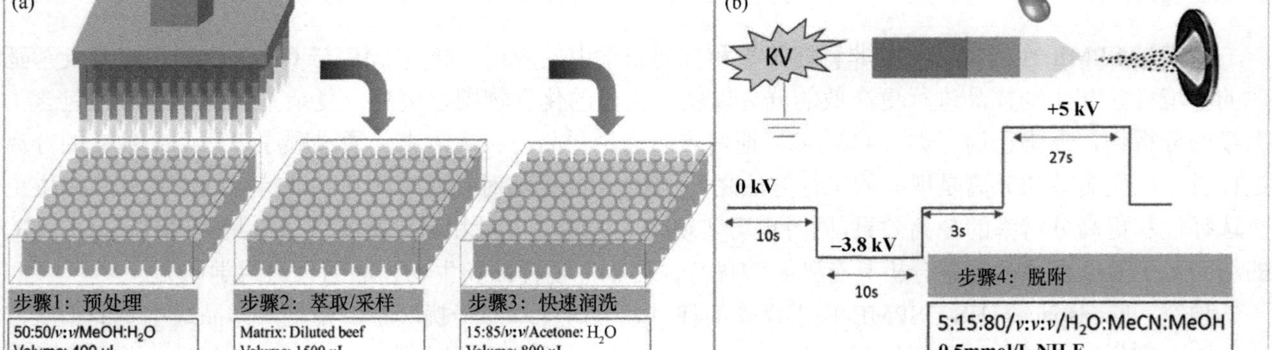

图 1-3　涂敷刀片喷雾（coated blade spray，CBS）与 ESI 源质谱联用示意图[99]

定量限可低至 0.02～0.8 ng/L 和 0.06～3 ng/L[38]。SPME-AMS 还可对非均质样品进行一维浓度分布研究，即沿着 SPME 探针轴的方向绘制样品的浓度梯度。Pawliszyn 教授团队[100]利用 SPME 探针对外源性污染物在多层凝胶中的浓度进行萃取，然后利用 DESI 对探针上的分析物进行分段脱附和离子化，完成样品的浓度梯度分析，并成功应用于小鼠脑组织中污染物的分析。该方法无需对样品进行切片，即可识别分析物的层流分布特征。除固定涂层 SPME 装置可与 AMS 直接联用外，也可采用分散的磁性纳米材料先对样品进行萃取和富集，然后将纳米材料回收、转移至磁性铜片上进行解吸和离子化，该方法成功用于两个污水处理厂各污水处理工艺中 168 种农药的样品分析[101]。

1.4.3　SPME-SERS 分析

SPME 与 SERS 联用能够进一步提高分析效率同时开发现场分析方法。SERS 通过电磁增强和化学增强效应放大待分析物的拉曼信号，由于具有灵敏度高、选择性好、可提供指纹图谱等优点，已成为分析化学、食品与药品分析、环境分析等领域重要的分析手段。但直接 SERS 分析仍受背景干扰的影响，适当的样品前处理对最大化其分析优势尤为重要。SPME-SERS 在环境污染物筛查中的可行性和适用性已经得到证实。

在 SPME-SERS 分析体系中，主要以银纳米作为热点，直接浸入样品中去萃取环境污染物。研究显示该方法对高氯酸盐[102]、有机锡化合物[103]、双酚 A[104]、多环芳烃[105]等均有较好的萃取效果。除贵金属纳米修饰的材料作为 SPME 探针用于 SERS 分析外[106,107]，磁性纳米材料也成功用于溶液中痕量非法化学添加品的检测[108]。由于磁性材料在溶液中的分散性好，相比传统的 SPME 探针，该方法的萃取效率高、平衡时间短。

SPME-SERS 的相关研究工作仍处于早期发展阶段，该方法的分析时间短，而且可以与便携式拉曼光谱仪联用，实现快速的原位现场采样和分析[102,105]。但 SPME-SERS 仍面临校正曲线的线性较差、样品重现性较低、多组分同时分析的适应性差等问题。这些问题是制约该方法在真实环境中的应用与发展的障碍。

1.5　展　望

原位样品前处理技术应用于环境介质、动植物活体和人体样本中有机污染物和内源性代谢物的检测和识别，能够揭示环境污染物在环境中的分布特征和迁移规律，以及污染物在生物体内的富集性和持久性。同时，该技术也可作为探究外源性污染物或外部刺激导致的生物体代谢变化和响应机制的有效手段。目前，原位样品前处理技术在环境分析和污染物毒理学领域的应用仍有较广阔的拓展空间。①新型萃取相的开发和设计仍然是化学与材料科学的前沿热点，一方面是提高有机污染物靶向分析的萃取效率，另一方面是针对非靶向分析的萃取材料设计以满足未知新型污染物的筛查和代谢组学分析要求；②SPME 技术与新分析技术的联用将有望促进样品的高效、高通量和自动化分析，进一步简化样品前处理和分析检测流程；③利用 SPME 技术在萃取游离态小分子上的优势，拓展 SPME 技术在环境毒理学和环境健康分析中的应用，譬如蛋白结合位点的识别、疾病标志物的筛查等。

参 考 文 献

[1]　Ouyang G, Vuckovic D, Pawliszyn J. Nondestructive sampling of living systems using in vivo solid-phase microextraction.

Chemical Reviews, 2011, 111(4): 2784-2814.

[2] Cudjoe E, Bojko B, De Lannoy I, et al. Solid-phase microextraction: A complementary in vivo sampling method to microdialysis. Angewandte Chemie International Edition, 2013, 52(46): 12124-12126.

[3] Xu J, Luo J, Ruan J, et al. In vivo tracing uptake and elimination of organic pesticides in fish muscle. Environmental Science & Technology, 2014, 48(14): 8012-8020.

[4] Zhang X, Oakes K D, Wang S, et al. In vivo sampling of environmental organic contaminants in fish by solid-phase microextraction. TrAC Trends in Analytical Chemistry, 2012, 32: 31-39.

[5] Vuckovic D, De Lannoy I, Gien B, et al. In vivo solid-phase microextraction: Capturing the elusive portion of metabolome. Angewandte Chemie International Edition, 2011, 50(23): 5344-5348.

[6] Zhang X, Oakes K D, Cui S, et al. Tissue-specific in vivo bioconcentration of pharmaceuticals in rainbow trout (oncorhynchus mykiss) using space-resolved solid-phase microextraction. Environmental Science & Technology, 2010, 44(9): 3417-3422.

[7] Cui X, Bao L, Gan J. Solid-phase microextraction (spme) with stable isotope calibration for measuring bioavailability of hydrophobic organic contaminants. Environmental Science & Technology, 2013, 47(17): 9833-9840.

[8] Gong X, Li K, Wu C, et al. Passive sampling for monitoring polar organic pollutants in water by three typical samplers. Trends in Environmental Analytical Chemistry, 2018, 17: 23-33.

[9] Donald C E, Anderson K A. Assessing soil-air partitioning of pahs and pcbs with a new fugacity passive sampler. Science of the Total Environment, 2017, 596-597: 293-302.

[10] Belles A, Alary C, Criquet J, et al. Assessing the transport of pah in the surficial sediment layer by passive sampler approach. Science of the Total Environment, 2017, 579: 72-81.

[11] Liu H H, Bao L J, Feng W H, et al. A multisection passive sampler for measuring sediment porewater profile of dichlorodiphenyltrichloroethane and its metabolites. Analytical Chemistry, 2013, 85(15): 7117-7124.

[12] Zhang X, Saini A, Hao C, et al. Passive air sampling and nontargeted analysis for screening pop-like chemicals in the atmosphere: Opportunities and challenges. TrAC Trends in Analytical Chemistry, 2020, 132: 116052.

[13] Tao Y, Xue B, Yao S. Using linoleic acid embedded cellulose acetate membranes to in situ monitor polycyclic aromatic hydrocarbons in lakes and predict their bioavailability to submerged macrophytes. Environmental Science & Technology, 2015, 49(10): 6077-6084.

[14] Ruge Z, Muir D, Helm P, et al. Concentrations, trends, and air-water exchange of pahs and pbdes derived from passive samplers in lake superior in 2011. Environmental Science & Technology, 2015, 49(23): 13777-13786.

[15] Ouyang G, Pawliszyn J. A critical review in calibration methods for solid-phase microextraction. Analytica Chimica Acta, 2008, 627(2): 184-197.

[16] Petrie B, Gravell A, Mills G A, et al. In situ calibration of a new chemcatcher configuration for the determination of polar organic micropollutants in wastewater effluent. Environmental Science & Technology, 2016, 50(17): 9469-9478.

[17] Ouyang G, Oakes K D, Bragg L, et al. Sampling-rate calibration for rapid and nonlethal monitoring of organic contaminants in fish muscle by solid-phase microextraction. Environmental Science & Technology, 2011, 45(18): 7792-7798.

[18] Musteata F M, De Lannoy I, Gien B, et al. Blood sampling without blood draws for in vivo pharmacokinetic studies in rats. Journal of Pharmaceutical and Biomedical Analysis, 2008, 47(4-5): 907-912.

[19] Apell J N, Gschwend P M. Validating the use of performance reference compounds in passive samplers to assess porewater concentrations in sediment beds. Environmental Science & Technology, 2014, 48(17): 10301-10307.

[20] Zhang X, Oakes K D, Luong D, et al. Kinetically-calibrated solid-phase microextraction using label-free standards and its application for pharmaceutical analysis. Analytical Chemistry, 2011, 83(6): 2371-2377.

[21] Zhou S N, Zhao W, Pawliszyn J. Kinetic calibration using dominant pre-equilibrium desorption for on-site and in vivo sampling by solid-phase microextraction. Analytical Chemistry, 2008, 80(2): 481-490.

[22] Zhou S N, Oakes K D, Servos M R, et al. Application of solid-phase microextraction for in vivo laboratory and field sampling of pharmaceuticals in fish. Environmental Science & Technology, 2008, 42(16): 6073-6079.

[23] Morrison S A, Belden J B. Characterization of performance reference compound kinetics and analyte sampling rate corrections under three flow regimes using nylon organic chemical integrative samplers. Journal of Chromatography A, 2016, 1466: 1-11.

[24] Mazzella N, Lissalde S, Moreira S, et al. Evaluation of the use of performance reference compounds in an oasis-hlb adsorbent based passive sampler for improving water concentration estimates of polar herbicides in freshwater. Environmental Science & Technology, 2010, 44(5): 1713-1719.

[25] Estoppey N, Schopfer A, Fong C, et al. An in-situ assessment of low-density polyethylene and silicone rubber passive samplers using methods with and without performance reference compounds in the context of investigation of polychlorinated biphenyl sources in rivers. Science of the Total Environment, 2016, 572: 794-803.

[26] Bao L J, Wu X, Jia F, et al. Isotopic exchange on solid-phase micro extraction fiber in sediment under stagnant conditions: Implications for field application of performance reference compound calibration. Environmental Toxicology and Chemistry, 2016, 35(8): 1978-1985.

[27] Jalalizadeh M, Ghosh U. In situ passive sampling of sediment porewater enhanced by periodic vibration. Environmental Science & Technology, 2016, 50(16): 8741-8749.

[28] Witt G, Lang S C, Ullmann D, et al. Passive equilibrium sampler for in situ measurements of freely dissolved concentrations of hydrophobic organic chemicals in sediments. Environmental Science & Technology, 2013, 47(14): 7830-7839.

[29] Xu J, Huang S, Wei S, et al. Study on the diffusion-dominated solid-phase microextraction kinetics in semisolid sample matrix. Analytical Chemistry, 2016, 88(18): 8921-8925.

[30] Xu J, Huang S, Jiang R, et al. Evaluation of the availability of bound analyte for passive sampling in the presence of mobile binding matrix. Analytica Chimica Acta, 2016, 917: 19-26.

[31] Ji W, Guo Y S, Xie H M, et al. Rapid microwave synthesis of dioxin-linked covalent organic framework for efficient micro-extraction of perfluorinated alkyl substances from water. Journal of Hazardous Materials, 2020, 397: 122793-122800.

[32] Rocio-Bautista P, Pacheco-Fernandez I, Pasan J, et al. Are metal-organic frameworks able to provide a new generation of solid-phase microextraction coatings?—A review. Analytica Chimica Acta, 2016, 939: 26-41.

[33] Feng J, Feng J, Ji X, et al. Recent advances of covalent organic frameworks for solid-phase microextraction. TrAC Trends in Analytical Chemistry, 2021, 137: 116208-116223.

[34] Liang T, Neumann C N, Ritter T. Introduction of fluorine and fluorine-containing functional groups. Angewandte Chemie International Edition, 2013, 52(32): 8214-8264.

[35] Jiang H, Li X, Wang H, et al. Appropriate molecular interaction enabling perfect balance between induced crystallinity and phase separation for efficient photovoltaic blends. ACS Applied Materials & Interfaces, 2020, 12(23): 26286-26292.

[36] Koda Y, Terashima T, Sawamoto M. Fluorous microgel star polymers: Selective recognition and separation of polyfluorinated surfactants and compounds in water. Journal of the American Chemical Society, 2014, 136(44): 15742-15748.

[37] Guo H, Liu Y, Ma W, et al. Surface molecular imprinting on carbon microspheres for fast and selective adsorption of perfluorooctane sulfonate. Journal of Hazardous Materials, 2018, 348: 29-38.

[38] Hou Y J, Deng J, He K, et al. Covalent organic frameworks-based solid-phase microextraction probe for rapid and ultrasensitive analysis of trace per- and polyfluoroalkyl substances using mass spectrometry. Analytical Chemistry, 2020,

92(15): 10213-10217.

[39] Suwannakot P, Lisi F, Ahmed E, et al. Metal-organic framework-enhanced solid-phase microextraction mass spectrometry for the direct and rapid detection of perfluorooctanoic acid in environmental water samples. Analytical Chemistry, 2020, 92(10): 6900-6908.

[40] Jia Y, Qian J, Pan B. Dual-functionalized mil-101(cr) for the selective enrichment and ultrasensitive analysis of trace per- and poly-fluoroalkyl substances. Analytical Chemistry, 2021, 93(32): 11116-11122.

[41] Pang Y, Zang X, Li H, et al. Solid-phase microextraction of organophosphorous pesticides from food samples with a nitrogen-doped porous carbon derived from g-c3n4 templated mof as the fiber coating. Journal of Hazardous Materials, 2020, 384: 121430-121439.

[42] Amini S, Ebrahimzadeh H, Seidi S, et al. Preparation of polyacrylonitrile/ni-mof electrospun nanofiber as an efficient fiber coating material for headspace solid-phase microextraction of diazinon and chlorpyrifos followed by cd-ims analysis. Food Chemistry, 2021, 350: 129242-129250.

[43] Xin J, Xu G, Zhou Y, et al. Ketoenamine covalent organic framework coating for efficient solid-phase microextraction of trace organochlorine pesticides. Journal of Agricultural and Food Chemistry, 2021, 69(28): 8008-8016.

[44] Guo J X, Qian H L, Zhao X, et al. In situ room-temperature fabrication of a covalent organic framework and its bonded fiber for solid-phase microextraction of polychlorinated biphenyls in aquatic products. Journal of Materials Chemistry A, 2019, 7(21): 13249-13255.

[45] Guo H, Chen G, Ma J, et al. A triazine based organic framework with micropores and mesopores for use in headspace solid phase microextraction of phthalate esters. Microchimica Acta, 2018, 186-192(1): 4.

[46] Hu Q, Liu S, Liu Y, et al. Development of an on-site detection approach for rapid and highly sensitive determination of persistent organic pollutants in real aquatic environment. Analytica Chimica Acta, 2019, 1050: 88-94.

[47] Liu X, Hu Q, Tong Y, et al. Sample bottle coated with sorbent as a novel solid-phase extraction device for rapid on-site detection of btex in water. Analytica Chimica Acta, 2021, 1152: 338226-338233.

[48] Tong Y J, Yu L D, Huang Y, et al. Polymer ligand-sensitized lanthanide metal-organic frameworks for an on-site analysis of a radionuclide. Analytical Chemistry, 2021, 93(26): 9226-9234.

[49] Grandy J J, Galpin V, Singh V, et al. Development of a drone-based thin-film solid-phase microextraction water sampler to facilitate on-site screening of environmental pollutants. Analytical Chemistry, 2020, 92(19): 12917-12924.

[50] Guibal R, Buzier R, Lissalde S, et al. Adaptation of diffusive gradients in thin films technique to sample organic pollutants in the environment: An overview of o-dgt passive samplers. Science of the Total Environment, 2019, 693: 133537-133548.

[51] Wang R, Biles E, Li Y, et al. In situ catchment scale sampling of emerging contaminants using diffusive gradients in thin films (dgt) and traditional grab sampling: A case study of the River Thames, UK. Environmental Science & Technology, 2020, 54(18): 11155-11164.

[52] Challis J K, Almirall X O, Helm P A, et al. Performance of the organic-diffusive gradients in thin-films passive sampler for measurement of target and suspect wastewater contaminants. Environmental Pollution, 2020, 261: 114092-114103.

[53] Gao X, Huang P, Huang Q, et al. Organophosphorus flame retardants and persistent, bioaccumulative, and toxic contaminants in arctic seawaters: On-board passive sampling coupled with target and non-target analysis. Environmental Pollution, 2019, 253: 1-10.

[54] Zhang X, Saini A, Hao C, et al. Passive air sampling and nontargeted analysis for screening pop-like chemicals in the atmosphere: Opportunities and challenges. TrAC Trends in Analytical Chemistry, 2020, 132: 116052-116067.

[55] Mazur D M, Detenchuk E A, Sosnova A A, et al. Gc-hrms with complementary ionization techniques for target and non-target screening for chemical exposure: Expanding the insights of the air pollution markers in moscow snow. Science of

the Total Environment, 2021, 761-772: 144506.

[56] Yu N, Guo H, Yang J, et al. Non-target and suspect screening of per- and polyfluoroalkyl substances in airborne particulate matter in china. Environmental Science & Technology, 2018, 52(15): 8205-8214.

[57] Liu S, Huang Y, Liu J, et al. In vivo contaminant monitoring and metabolomic profiling in plants exposed to carbamates via a novel microextraction fiber. Environmental Science & Technology, 2021, 55(18): 12449-12458.

[58] He X, Majid B, Zhang H, et al. Green analysis: Rapid-throughput analysis of volatile contaminants in plants by freeze-thaw-equilibration sample preparation and spme-gc-ms analysis. Journal of Agricultural and Food Chemistry, 2021, 69(18): 5428-5434.

[59] Mondal S, Xu J, Chen G, et al. Solid-phase microextraction of antibiotics from fish muscle by using mil-101(cr)nh2-polyacrylonitrile fiber and their identification by liquid chromatography-tandem mass spectrometry. Analytica Chimica Acta, 2019, 1047: 62-70.

[60] Song X, Wang R, Wang X, et al. An amine-functionalized olefin-linked covalent organic framework used for the solid-phase microextraction of legacy and emerging per- and polyfluoroalkyl substances in fish. Journal of Hazardous Materials, 2021, 423: 127226-127236.

[61] Liu S, Fang S, Xiang Z, et al. Combined effect of microplastics and ddt on microbial growth: A bacteriological and metabolomics investigation in *Escherichia coli*. Journal of Hazardous Materials, 2021, 407: 124849-124856.

[62] Liu S, Fang S, Huang Y, et al. A heterogeneous pore decoration strategy on a hydrophobic microporous polymer for high-coverage capture of metabolites. Chemical Communication, 2020, 56(52): 7167-7170.

[63] Qiu J, Chen G, Xu J, et al. In vivo tracing of organochloride and organophosphorus pesticides in different organs of hydroponically grown malabar spinach (*Basella alba* L.). Journal of Hazardous Materials, 2016, 316: 52-59.

[64] Qiu J, Ouyang G, Pawliszyn J, et al. A novel water-swelling sampling probe for in vivo detection of neonicotinoids in plants. Environmental Science & Technology, 2019, 53(16): 9686-9694.

[65] Saliu F, Montano S, Hoeksema B W, et al. A non-lethal SPME-LC/MS method for the analysis of plastic-associated contaminants in coral reef invertebrates. Analytical Methods, 2020, 12(14): 1935-1942.

[66] Panio A, Fabbri Corsarini S, Bruno A, et al. Determination of phthalates in fish fillets by liquid chromatography tandem mass spectrometry (lc-MS/MS): A comparison of direct immersion solid phase microextraction (SPME) versus ultrasonic assisted solvent extraction (UASE). Chemosphere, 2020, 255: 127034-127041.

[67] Bessonneau V, Ings J, Mcmaster M, et al. In vivo microsampling to capture the elusive exposome. Scientific Reports, 2017, 7: 44038-44043.

[68] Napylov A, Reyes-Garces N, Gomez-Rios G, et al. In vivo solid-phase microextraction for sampling of oxylipins in brain of awake, moving rats. Angewandte Chemie International Edition, 2020, 59(6): 2392-2398.

[69] Roszkowska A, Yu M, Bessonneau V, et al. Metabolome profiling of fish muscle tissue exposed to benzo[a]pyrene using in vivo solid-phase microextraction. Environmental Science & Technology Letters, 2018, 5(7): 431-435.

[70] Roszkowska A, Yu M, Bessonneau V, et al. In vivo solid-phase microextraction sampling combined with metabolomics and toxicological studies for the non-lethal monitoring of the exposome in fish tissue. Environmental Pollution, 2019, 249: 109-115.

[71] Risticevic S, Souza-Silva E A, Deell J R, et al. Capturing plant metabolome with direct-immersion in vivo solid phase microextraction of plant tissues. Analytical Chemistry, 2016, 88(2): 1266-1274.

[72] Filipiak W, Bojko B. Spme in clinical, pharmaceutical, and biotechnological research—How far are we from daily practice? TrAC Trends in Analytical Chemistry, 2019, 115: 203-213.

[73] De Lacy Costello B, Amann A, Al-Kateb H, et al. A review of the volatiles from the healthy human body. Journal of Breath

Research, 2014, 8(1): 014001-014029.

[74] Mochalski P, Unterkofler K, Teschl G, et al. Potential of volatile organic compounds as markers of entrapped humans for use in urban search-and-rescue operations. TrAC Trends in Analytical Chemistry, 2015, 68: 88-106.

[75] Silva L K, Hile G A, Capella K M, et al. Quantification of 19 aldehydes in human serum by headspace SPME/GC/high-resolution mass spectrometry. Environmental Science & Technology, 2018, 52(18): 10571-10579.

[76] Nozoe T, Goda S, Selyanchyn R, et al. In vitro detection of small molecule metabolites excreted from cancer cells using a tenax ta thin-film microextraction device. Journal of Chromatography B, 2015, 991: 99-107.

[77] Karanicolas P J, Lin Y, Tarshis J, et al. Major liver resection, systemic fibrinolytic activity, and the impact of tranexamic acid. HPB (Oxford), 2016, 18(12): 991-999.

[78] do Carmo S N, Merib J, Carasek E. Bract as a novel extraction phase in thin-film spme combined with 96-well plate system for the high-throughput determination of estrogens in human urine by liquid chromatography coupled to fluorescence detection. Journal of Chromatography B, 2019, 1118-1119: 17-24.

[79] Vuckovic D, Risticevic S, Pawliszyn J. In vivo solid-phase microextraction in metabolomics: Opportunities for the direct investigation of biological systems. Angewandte Chemie International Edition, 2011, 50(25): 5618-5628.

[80] Roszkowska A, Yu M, Bessonneau V, et al. Tissue storage affects lipidome profiling in comparison to in vivo microsampling approach. Scientific Reports, 2018, 8(1): 6980-6989.

[81] Onat B, Rosales-Solano H, Pawliszyn J. Development of a biocompatible solid phase microextraction thin film coating for the sampling and enrichment of peptides. Analytical Chemistry, 2020, 92(13): 9379-9388.

[82] Huq M, Tascon M, Nazdrajic E, et al. Measurement of free drug concentration from biological tissue by solid-phase microextraction: In silico and experimental study. Analytical Chemistry, 2019, 91(12): 7719-7728.

[83] Vuckovic D, Cudjoe E, Musteata F M, et al. Automated solid-phase microextraction and thin-film microextraction for high-throughput analysis of biological fluids and ligand-receptor binding studies. Nature Protocols, 2010, 5(1): 140-161.

[84] Musteata F M, Pawliszyn J. Study of ligand-receptor binding using spme: Investigation of receptor, free, and total ligand concentrations. Journal of Proteome Research, 2005, 4(3): 789-800.

[85] Vuckovic D, Pawliszyn J. Automated study of ligand-receptor binding using solid-phase microextraction. Journal of Pharmaceutical and Biomedical Analysis, 2009, 50(4): 550-555.

[86] Vaes W H J, Urrestarazu Ramos E, Verhaar H J M, et al. Measurement of the free concentration using solid-phase microextraction: Binding to protein. Analytical Chemistry, 1996, 68(24): 4463-4467.

[87] Nazdrajic E, Tascon M, Rickert D A, et al. Rapid determination of tacrolimus and sirolimus in whole human blood by direct coupling of solid-phase microextraction to mass spectrometry via microfluidic open interface. Analytica Chimica Acta, 2021, 1144: 53-60.

[88] Roy K S, Nazdrajic E, Shimelis O I, et al. Optimizing a high-throughput solid-phase microextraction system to determine the plasma protein binding of drugs in human plasma. Analytical Chemistry, 2021, 93(32): 11061-11065.

[89] Reimerova P, Stariat J, Bavlovic Piskackova H, et al. Novel SPME fibers based on a plastic support for determination of plasma protein binding of thiosemicarbazone metal chelators: A case example of dpc, an anti-cancer drug that entered clinical trials. Analytical and Bioanalytical Chemistry, 2019, 411(11): 2383-2394.

[90] Zhao H, Bojko B, Liu F, et al. Mechanism of interactions between organophosphorus insecticides and human serum albumin: Solid-phase microextraction, thermodynamics and computational approach. Chemosphere, 2020, 253: 126698-126706.

[91] Gong X, Zhao Y, Cai S, et al. Single cell analysis with probe esi-mass spectrometry: Detection of metabolites at cellular and subcellular levels. Analytical Chemistry, 2014, 86(8): 3809-3816.

[92] Piri-Moghadam H, Ahmadi F, Gomez-Rios G A, et al. Fast quantitation of target analytes in small volumes of complex

samples by matrix-compatible solid-phase microextraction devices. Angewandte Chemie International Edition, 2016, 55(26): 7510-7514.

[93] Deng J, Li W, Yang Q, et al. Biocompatible surface-coated probe for in vivo, in situ, and microscale lipidomics of small biological organisms and cells using mass spectrometry. Analytical Chemistry, 2018, 90(11): 6936-6944.

[94] Chang Y, Chen Y, Shao Y, et al. Solid-phase microextraction integrated nanobiosensors for the serial detection of cytoplasmic dopamine in a single living cell. Biosensors and Bioelectronics, 2021, 175: 112915-112919.

[95] Rees C A, Shen A, Hill J E. Characterization of the clostridium difficile volatile metabolome using comprehensive two-dimensional gas chromatography time-of-flight mass spectrometry. Journal of Chromatography B, 2016, 1039: 8-16.

[96] Loureiro C C, Oliveira A S, Santos M, et al. Urinary metabolomic profiling of asthmatics can be related to clinical characteristics. Allergy, 2016, 71(9): 1362-1365.

[97] Huang S, Chen G, Ye N, et al. Solid-phase microextraction: An appealing alternative for the determination of endogenous substances—A review. Analytica Chimica Acta, 2019, 1077: 67-86.

[98] Gómez-Ríos G A, Mirabelli M F. Solid phase microextraction-mass spectrometry: Metanoia. TrAC Trends in Analytical Chemistry, 2019, 112: 201-211.

[99] Khaled A, Gomez-Rios G A, Pawliszyn J. Optimization of coated blade spray for rapid screening and quantitation of 105 veterinary drugs in biological tissue samples. Analytical Chemistry, 2020, 92(8): 5937-5943.

[100] Lendor S, Gomez-Rios G A, Boyaci E, et al. Space-resolved tissue analysis by solid-phase microextraction coupled to high-resolution mass spectrometry via desorption electrospray ionization. Analytical Chemistry, 2019, 91(15): 10141-10148.

[101] Rickert D A, Singh V, Thirukumaran M, et al. Comprehensive analysis of multiresidue pesticides from process water obtained from wastewater treatment facilities using solid-phase microextraction. Environmental Science & Technology, 2020, 54(24): 15789-15799.

[102] Zhu S, Zhang X, Cui J, et al. Silver nanoplate-decorated copper wire for the on-site microextraction and detection of perchlorate using a portable raman spectrometer. Analyst, 2015, 140(8): 2815-2822.

[103] Liu Z, Wang L, Bian W, et al. Porous silver coating fiber for rapidly screening organotin compounds by solid phase microextraction coupled with surface enhanced raman spectroscopy. RSC Advances, 2017, 7(6): 3117-3124.

[104] Qiu L, Liu Q, Zeng X, et al. Sensitive detection of bisphenol a by coupling solid phase microextraction based on monolayer graphene-coated Ag nanoparticles on Si fibers to surface enhanced raman spectroscopy. Talanta, 2018, 187: 13-18.

[105] Liu C, Zhang X, Li L, et al. Silver nanoparticle aggregates on metal fibers for solid phase microextraction-surface enhanced raman spectroscopy detection of polycyclic aromatic hydrocarbons. Analyst, 2015, 140(13): 4668-4675.

[106] Chen Y, Zhang Y, Pan F, et al. Breath analysis based on surface-enhanced raman scattering sensors distinguishes early and advanced gastric cancer patients from healthy persons. ACS Nano, 2016, 10(9): 8169-8179.

[107] Li B, Shi Y E, Cui J, et al. Au-coated ZnO nanorods on stainless steel fiber for self-cleaning solid phase microextraction-surface enhanced raman spectroscopy. Analytica Chimica Acta, 2016, 923: 66-73.

[108] Yu S, Liu Z, Wang W, et al. Disperse magnetic solid phase microextraction and surface enhanced raman scattering (dis-mspme-sers) for the rapid detection of trace illegally chemicals. Talanta, 2018, 178: 498-506.

作者：龚新颖 [1]，徐剑桥 [1]，欧阳钢锋 [1]

[1] 中山大学

第2章　基于高分辨质谱非靶向分析的污染物发现

本章导读

大量化学品的不断合成及使用使得环境中的潜在污染物越来越多。基于高分辨质谱的非靶向分析的兴起使得在没有化合物信息的前提下对未知有机污染物进行筛查及识别成为了可能，能够极大地促进环境污染物的早期发现及治理。本章从样品前处理、色谱分离、质谱分析以及数据处理四个方面对非靶向分析的原理、方法及应用进行了综述，并提出非靶向分析目前存在的问题以及未来发展方向。

关键词

高分辨质谱，非靶向分析，未知环境污染物

2.1 引　　言

污染被认为是当今世界人类疾病与死亡的最大环境诱因，全球每年因环境污染引起的死亡高达数百万之众。世界卫生组织的一份报告指出 2012 年全球死于环境污染相关疾病的人数高达 1260 万，占全球死亡人数的 23%[1]。了解与认识环境及人体中的污染物有助于建立科学的化学品管控措施，进而保护环境及人体安全。

长久以来环境污染物的监测分析主要依靠基于色谱-质谱联用技术的靶向分析（target analysis）方法，即依靠标准品进行方法建立、样品检测与定量分析。四极杆（含三重四级杆）与离子阱是用于靶向分析质谱仪中最常配置的质量分析器。基于标准品可以进行精细的样品提取与仪器分析方法的参数优化，因而靶向分析通常具有很高的灵敏度（如达到 pg/g 甚至 fg/g）。然而，随着全世界每年大量新化学品的生产及投入市场，靶向分析逐渐无法满足目前的研究需求。美国《化学文摘》中收录的化学品已超过 1 亿种，仅居住环境中人们所接触到化学品估计也在 3 万～7 万种[2]。依靠靶向分析对样品中所有可能存在的污染物进行监测已经变得越来越不可能，尤其当样品中产生毒性效应的污染物本身化学信息未知时（如新污染物、已知污染物的转化代谢产物等），靶向分析更显得束手无策。

基于高分辨质谱（high resolution mass spectrometry，HRMS）发展起来的非靶向分析技术（nontarget analysis）为环境中大量污染物的同时分析以及新型污染物的识别提供了技术手段。该技术已经在生命科学[3]、石油化工[4]、食品安全[5]以及司法鉴定[6]等众多领域有了一定应用，并从约 2010 年开始用于环境污染物的发现及监测[7]。至今，非靶向技术已经成功在多种环境（如水、土壤、底泥、大气等）及生物样品（如鱼、北极熊、人体血浆等）介质中发现了大量以前未知的环境污染物如多/全氟有机污染物[7,8]、有机氯化物[9]和硝基有机化合物[10,11]，结合毒理或健康效应分析（如效应导向分析方法[12,13]）针对性地发现了环境中具有特异性效应的潜在毒性污染物。这些研究极大地提高了人们对环境中污染物的全面认识，对于环境污染物的早发现、早控制以及污染的预防具有重要意义。

2.2 样品前处理

样品前处理的目的是去除基质并浓缩目标化合物，有效的样品前处理不仅能够提高分析准确度和灵敏度，而且能够延长仪器使用寿命。常规靶向分析中我们是基于目标化合物的标准品进行提取条件和参数的设定和优化，因而可以实现高效和高选择性样品前处理方法的建立。非靶向分析中样品前处理的最大挑战在于对目标物的未知。为了尽可能多地保留可能的特定污染物，目前非靶向分析中样品前处理的一般原则是尽量减少操作步骤、并尽量减轻前处理操作的烈度（如高温、过酸、过碱等）；同时前处理方法建立的基本依据是结构类似的已知污染物，即基于已知污染物的提取方法进行同类型新污染物的发现。同时，样品前处理时应考虑前处理过程中（如使用的试剂、耗材）可能带来的背景污染。例如，对于全氟化合物的发现及检测中，使用含氟材质的前处理耗材可能会导致检测结果的假阳性。

不同类型环境污染物的物化性质差别较大，其水溶性和辛醇-水分配系数（K_{OW}）跨度超过十几个数量级[14]。基于此，最常用的环境样本提取方法为溶剂提取法（solvent extraction）。对于土壤、底泥、灰尘、颗粒物以及冻干的生物组织等固体样本，可采用索氏提取、超声波或微波辅助萃取、加速溶剂萃取等提取方法。样品提取后通常不能直接进行仪器分析，需要根据非靶向分析需求进一步采用固相萃取法（solid phase extraction，SPE）、柱层析或凝胶渗透色谱（gel permeation chromatography，GPC）对提取液进行净化[15]。类似于 SPE 技术，基质分散固相萃取（如 QuEChERS 方法）也被应用于生物样品如鱼肉、蔬菜、水果中污染物非靶向分析的前处理[16,17]。液体样品如环境水样可以直接通过离线或在线 SPE 进行萃取和浓缩[18,19]。此外，固相微萃取、搅拌棒吸附萃取等技术也被应用于尿样、血浆等生物液体样本的非靶向分析[9,20]。

除了依据污染物的极性或分子大小实现样品净化外，近年来一些具有特异选择性的前处理方法也被应用于非靶向分析。例如，利用分子印迹材料特异性保留样品中某类化合物的结构类似物，可实现特定结构类似物的非靶向筛选[21]；蛋白结合方法（pull-down assay）可以提取与目标蛋白具有亲和力的污染物[22]，该方法能有效去除非目标的干扰组分，并可将非靶向分析与效应引导分析相结合，快速找到具有蛋白结合效应的未知污染物。目前大多数的非靶向分析仍然集中在高浓度的商业产品以及污染源样品中。随着分析对象逐渐转向环境生物样品，尤其是背景暴露样品，样品前处理方法的建立变得越来越具有挑战性。

2.3　仪 器 分 析

2.3.1　组分分离

除了少数对高浓度的商业品或者高暴露样品的分析中，研究者们会使用质谱直接进样[23,24]，绝大多数非靶向分析中，尤其是对实际环境样品，都采用了色谱-质谱联用系统[25,26]，以降低样品分复杂程度，利于新化合物的检测及发现。可供选择的色谱技术有液相色谱、气相色谱以及超临界流体色谱[27]。此外，具有更强大的物质分离能力的二维色谱目前也有一定应用[28]。在一些分析中，研究者们也使用了离线的样品分馏及收集方法[23]。

2.3.2　组分分析

1）高分辨质谱基本特点及种类

HRMS 超高的分辨率和质量准确度使得非靶向分析（在没有任何信息的前提下对未知化合物进行识

别即结构判断）成为可能。质量分辨率（resolving power，RP）指的是仪器能够区分两个质量数（即 *m/z*）接近的离子的能力，定义为在某特定质量数处该离子质量数与半峰宽的比值（即 $m/\Delta m$），高 RP 有利于污染物离子与干扰离子之间的区分。质量准确度（mass accuracy，MA）指的是仪器测得质量数与精确质量数之间的差距，以质量差与精确质量数的比值表示（常以百万分之一为单位，parts-per-million，ppm），高 MA 有助于未知化合物分子式的推断。此外，HRMS 还具有较高的扫描速度（scan rate，SR），能够与多种液相色谱进行联用。商业化的 HRMS 根据质量分析器可分为飞行时间（time-of-flight，TOF）、轨道阱（orbitrap）和傅里叶变换离子回旋共振（fourier transform ion cyclotron resonance，FTICR）三种类型。根据不同仪器厂家不同仪器型号，参数各有不同，但整体而言，FTICR 性能最高（如 RP≥1000000，MA≤2 ppm），Orbitrap 次之（如 RP≥100000，MA≤5 ppm），TOF 最低（如 RP≥30000，MA～10 ppm）。相应地，FTICR 成本及维护费用最高且扫描速度最慢（SR 0.3～1 Hz），TOF 使用最广泛且扫描速度最快（SR≥50 Hz）。

2）非靶向分析基本流程

基于高分辨质谱进行非靶向分析的一般步骤如下：①对样品进行全扫描，获得样品中所有可离子化的化合物的 *m/z* 信息；②筛选感兴趣的离子（如具有毒性效应的离子、特定结构的污染物）；③借助软件对高质量精度的离子进行分子式推测；④对该离子进行二级或者多级裂解，进行结构推测；⑤基于商业或者合成标准品或者核磁共振（nuclear magnetic resonance，NMR）等分析技术进行结构确认。其中，步骤②几乎是整个非靶向分析的核心，其要求我们从高达上万甚至十万个测得的质量数中筛选出极少数的几种或几类化合物。近年来，HRMS 仪器功能不断丰富、数据处理软件推陈出新、数据库持续扩充，这些都有利于从海量数据中对特定污染物进行初步筛选。

3）离子源的种类以及参数设置

离子源是质谱的关键部件，它将目标分子离子化后进入质量分析器进行分离并获取质荷比。对于分析环境污染物常用的气相色谱-质谱联用，离子化易于实现，常见电子轰击电离（electron impact ionization，EI）和化学电离（chemical ionization，CI）；而对于液相色谱-质谱联用，需要同时去除大量的溶剂并使目标分子离子化，这一过程需在常压下完成，故称为大气压电离（atmospheric pressure ionization），常见的形式包括电喷雾电离（electrospray ionization，ESI）和大气压化学电离（atmospheric pressure chemical ionization，APCI）等。针对不同性质的化合物可以采用不同的电离方式（图 2-1）。

EI 是气相色谱-质谱的最常用电离方式，离子源中灯丝发射出高能电子（70 eV）“轰击”目标分子而使之电离。由于大多数有机物的电离能在 10 eV 左右，因此轰击过程能够产生大量碎片离子，形成丰富的“指纹”信息，有利于物质结构解析。EI 易于实现且重现性好，相同的碰撞能量下获得的质谱可以与标准谱库进行比对，从而进行物质鉴定。CI 是将离子室中通入反应气（如甲烷），利用高能电子轰击反应气后产生系列离子和热电子，目标分子与这些离子或热电子结合后电离。在环境分析方面，应用较多的化学电离形式为电子捕获负电离（electron capture negative ionization，ECNI；有时亦被称为负化学电离，negative chemical ionization，NCI），这种电离方式对于电子亲合能大于 0.55 eV 的物质（常见如含卤素、氧和硝基的有机物）具有极高的选择性和灵敏度。

大气压电喷雾（ESI）是液相色谱-质谱中使用最为广泛的离子化方式，其原理是通过施加电压（2～4 kV）使溶剂形成带电液滴，并在喷雾气流和高温蒸发下脱去溶剂，使目标分子形成带电离子。ESI 适用于强极性物质的分析，而对于极性偏小、热稳定性较差的物质，则可以使用大气压化学电离和大气压光电离（atmospheric pressure photoionization ionization，APPI）两种电离方式。在 APCI 中，溶剂首先在气流和高温下雾化，目标物形成气相分子后经高压电晕针放电实现离子化。APPI 与 APCI 的工作原理类似，其不同之处在于 APPI 使用紫外灯照射代替电晕针放电的方式使分子电离。ESI、APCI 和 APPI 均属于软电离模式，其中 ESI 能形成多电荷离子，而 APCI 和 APPI 一般只产生单电荷离子，它们均能形成较完整的分子离子，在非靶向分析中有助于推断化合物的分子式。

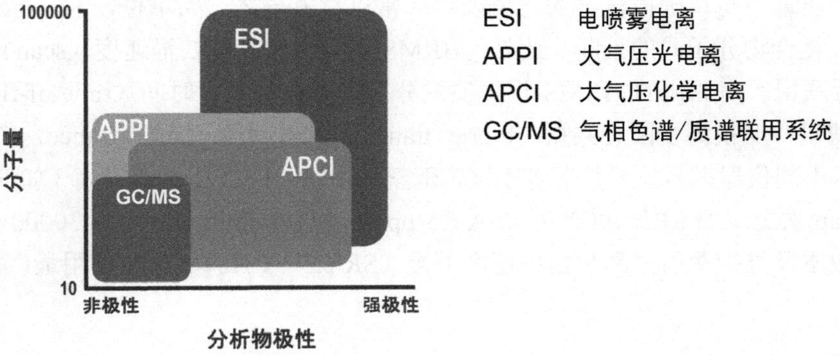

图 2-1　各种电离方式适用的目标物质性质

4）扫描方式

根据仪器型号的不同，HRMS 可进行的扫描方式各有不同。然而，各 HRMS 共有的基本扫描功能为全扫描（full-scan），即进入质谱仪的所有离子不经任何筛选直接被送入高分辨质量分析器进行扫描，以获得样品中各离子的 *m/z* 信息。为了同时获得样品离子的二级信息，工程师们开发了数据依赖的采集方式（data-dependent acquisition，DDA）和数据非依赖的采集方式（data-independent acquisition，DIA），通过与 full-scan 的快速轮流运行，可以额外获得样品中某些（或全部）离子的二级碎片信息。具体而言，DDA 是在每一次 full-scan 结束后，仪器通过四级杆电压控制对 full-scan 中响应最高的 *n* 个离子（*n* 可由用户自行设置，一般为 1～30）进行筛选，送入裂解池进行碎裂，之后将碎片导入高分辨质量分析器中进行扫描，获得这些高响应离子的 MS/MS 信息。根据仪器型号的不同，DDA 可以对多个离子分别进行一一裂解，获得各离子的 MS/MS 谱图，也可以对多个离子同时进行裂解，如此获得一张包含了多个母离子的碎片离子的混合 MS/MS 谱图。比如 Rotander 等人[29]通过对消防员血浆样品进行 full-scan/DDA 分析发现了其中一些高响应信号的新型 PFASs 分子。DDA 只能对全扫描中的高响应离子进行裂解，因而在实际应用中多适合于污染物高暴露的样品。新型 HRMS 仪器在 DDA 分析中可以对重复出现的高响应背景离子进行动态排除或者对人为设定的特定离子进行排除，极大地拓宽了 DDA 分析中能够被选中进行二级碎裂的离子的信号范围。然而，对于基质非常复杂的样品中痕量污染物的识别（如血浆中信号低于内源性生理分子 4 个数量级以上的污染物），DDA 的应用仍然非常局限。

相对于 DDA，DIA 则是忽略全扫描中离子的相对丰度，通过对设定范围内的所有离子进行裂解及扫描获得混合二级碎片信息的谱图的扫描方式。DIA 更适合于基质复杂或者目标污染物响应很低的样品的分析。然而，作为交换，在 DDA 中非常明确的“母离子—子离子”对应关系在 DIA 中将会丢失。即当某 DIA 扫描图谱中出现特征碎片的时候，无法迅速定位该碎片从哪个母离子而来。根据仪器功能的不同，一次全扫描之后，可以对设定范围内的所有离子进行一次 DIA 扫描，也可以将扫描范围细分为多个小的质量范围片段，连续对每个小片段进行一次 DIA 扫描。后者能够降低对特定母离子的寻找难度，同时也有利于减少离子间的相互干扰。然而，由于高分辨质量分析器扫描速度以“秒”计，连续多次 DIA 扫描可能会消耗过多的分析时间，在色谱-高分辨质谱联用分析时可能会出现样品中色谱峰非常窄的物质被漏掉的情况。因此，合理设置 DIA 的区间对于非靶向分析中新化合物的覆盖有重要影响。离子全碎裂模式（all ion fragmentation，AIF）是一种特殊的 DIA，两者的区别在于在 AIF 中无法对所要进行碎裂的离子质量范围进行设置。根据不同仪器，DIA 和 AIF 被赋予了不同的名字，如 Waters 公司的 SNOAR 是一种 DIA，Agilent 公司的 All ion MS/MS 和 Waters 公司的 MS^E 都是 AIF。

2.4 数 据 处 理

2.4.1 数据的提取

基于 HRMS 的非靶向分析提供了检测样品中所有物质的可能，同时也大幅增加了数据分析的工作量，此外，样品中大量基质成分也被记录下来，这些都增加了非靶向分析数据处理的难度。因此，非靶向筛查中数据的提取与分析是发现化合物的关键步骤，现有数据的提取方法包括清单筛查、结构特征导向分析策略及知识导向分析策略。

1）清单筛查策略

清单筛查是一种高效的污染物筛查方法，可以快速筛查清单中的大量污染物。其主要流程是通过设置合理的加合离子以获取清单中污染物的精确质量与同位素分布特征，并在设定的误差范围内，快速检索高分辨质谱数据，得到清单筛查结果。清单筛查中关键步骤是筛查清单的建立，常见的数据库清单见表 2-1。目前研究中清单主要可分为三类，第一类清单是化学品生产或管控清单，包括欧盟 REACH 管控的化学品清单，我国生产化学品清单等，这些化学品在生产使用后可能进入环境中。Gago-Ferrero 等人将监管数据库与清单筛查相结合，在 23000 种瑞士生产数据库中挑选了 160 种使用量较大且容易进入环境中的物质作为清单，通过清单筛查鉴定出 36 种污染物[30]。第二类清单是毒性物质清单，Lin 等人在空气颗粒物样品中，利用 ToxCast 毒性数据库，筛查出了 89 种污染物[31]。第三类是历史研究数据清单，Trego 等人利用之前研究中识别的 327 种卤代化合物建立清单，在海豚中检出了 167 种卤代化合物[32]。目前，欧洲 NORMAN 组织也提供并持续更新各类环境污染物的数据库清单，如全氟化合物、表面活性剂、双酚类、塑料添加剂、农药、药物、化妆品等。美国 EPA 也提供了不同类型的 311 个表单，包含了不同类别或用途的物质。

表 2-1　常见的数据库清单信息

清单名称	物质数量	网站
NORMAN	111769 种	www.norman-network.com/?q=node/236
REACH2017	68679 种	https：//zenodo.org/record/4248826
US EPA Chemicals Dashboard	～80 万种（311 个子清单）	https：//comptox.epa.gov/dashboard/chemical_lists
IECSC	＞45000 种	https：//pubs.acs.org/doi/full/10.1021/acs.est.0c01898
Tox21	7632 种	https：//ncats.nih.gov/tox21
ToxCast	5231 种	https：//comptox.epa.gov/dashboard/chemical_lists/CHEMIN

2）结构特征导向分析策略

由于清单筛查依赖于可获取的清单，污染物种类、范围都基于先验知识，相较于环境中众多未知污染物，覆盖度有限，这也向质谱数据的深度分析提出了挑战。因此，如何高通量、快速解析复杂环境介质中海量的未知污染物成为研究热点。结构特征导向的分析策略是解决上述问题的一种较为成熟的方法，也在实际应用中得到了较好的验证。结构特征包括但不限于同系物结构特征、特征碎片离子、同位素分布等。

同系物法通过连续的特征质量公差和相应的保留时间趋势筛选具有特定结构单元的同系物，一系列前体离子的特征质量差异说明了结构单元的重复性，这可能是潜在的同系物，而对于每一系列同系物，应观察到保留时间随质量增大而上升的趋势。Yu 等[33]应用该方法分析了中国五个选定城市室内和室外空气颗粒物样本，通过 PFAS 同系物分析和可疑筛选，确定了 50 个具有不同置信水平的峰，在已识别的 PFAS 中有 34 个为此前未检出的新型 PFASs。Wang 等[34]应用该方法分析了含氟化学品制造园区废水中的全氟和多氟烷基物质，通过 MATLAB 脚本找到质量差异为 CF_2（49.99681 Da）或 CH_2CF_2（64.01246 Da）单位的潜在 PFAS 同系物。Koelmel 等[35]综合 PFASs 预测谱图、质量亏损、特征离子识别策略，构建自动化 PFASs 识别软件 FluoroMatch。此外，Loos 等[36]还建立了开源的同系物筛查平台，为质谱数据深度挖掘复杂同系物系列提供了工具。

特征碎片离子法是除同系物法外的又一种方法。Liu 等[37]将大体积进样与高效液相色谱和超高分辨率 Orbitrap 质谱相结合，使用源内碎片标记的方法指示具有特征离子的前体离子，将该方法应用于工业废水，发现了 36 个新的 PFAS。Liu 等[38]还应用该方法在北极熊血清中检测到 200 多种新的有机卤素化合物。包括新的多氯联苯（PCB）代谢物和许多以前未检测到的氟化或氯化物质。除全氟化合物以外，Peng 等人[26,39]基于含溴、含碘有机物会在二级谱图中产生特征性的溴离子或碘离子，对含溴，含碘有机物进行识别，最终在环境中识别出大量卤代有机物。Ye 等[40]也基于有机磷阻燃剂的常见子离子碎片，构建了有机磷阻燃剂的非靶向筛查方法，最终在湖泊沉积物样本中识别出 35 种有机磷阻燃剂。

除上述两种方法外还有通过质谱信息中元素同位素分布规律筛查样品中潜在的卤代化合物的方法，即同位素分布法。Léon 等人就基于氯溴化合物的特征性同位素分布开发了 HaloSeeker 平台实现对氯溴化合物的快速筛查，并在沉积物中进行应用，筛查出了 165 个系列的多卤代化合物[41]。Wang 等也利用 HaloSeeker 平台，在室内灰尘样品中识别了 3 种新的溴代有机磷酸三酯[42]。

上述结构特征除单独应用于鉴定外，还可做到多维融合以达到从线到面的鉴定效果，这种基于分子结构多维特征的非靶向识别新技术将成为之后非靶向分析的研究热点。

3）知识导向分析策略

在非靶向分析的实际环境应用中，通常并不需要鉴定样品中所有物质，而需要根据所关注的问题，在数以万计的色谱峰中筛选相关的物质，即以知识导向的分析策略。这一分析策略通常通过以下两种方法实现：

数据特征导向分析策略是从质谱数据本身的特征出发，如选取信号和检出率排名较高的物质进行鉴定，以表征含量较高的污染物。Gago-Ferrero 等[43]对废水样品正负离子模式排名前 25 的高响应物质进行鉴定，最终鉴定了其中的 18 种物质，并首次在废水中发现了乙二醇醚硫酸盐表面活性剂。Kiefer 等[44]选取了地下水样品中高响应、高检出的物质峰进行鉴定，在 6504 个色谱峰中选择了 129 个物质优先鉴定。数据特征导向的方法对于发现高浓度、高检出率的污染物很有帮助，方法的实现难度低，但由于方法较为单一且依赖于后续的鉴定过程，通常与清单筛查、同位素分布排序等方法结合使用[45]。

实验设计导向是结合实验设计和统计分析，识别在不同实验组别中具有统计差异的目标物质峰。Schollée 等[46]为识别潜在的臭氧转化产物，对臭氧化前后的样品中的物质峰进行主成分分析，实现了样品间的良好分离并将 25%的物质峰归类为潜在的转化产物进行鉴定。Chiaia 等[47]通过对不同年代的沉积柱样品中的物质峰进行层次聚类分析后，选取了 460 个随年代稳定增加的优先质量数进行鉴定，发现了逐年增加的杀菌剂抑霉唑。Alygizakis 等[48]为检测随时间具有高波动的化合物，采用多元经验贝叶斯方法，对不同时刻收集的废水样品的色谱峰进行时序分析，选取了 60 种优先化合物进行鉴定，确定了 4 种新型表面活性剂。在对逐渐远离污水处理厂的 10 个地表水样品进行主成分分析和聚类分析后，Lara-Martín 等[49]在 11256 种物质中选取了 527 种污水相关的化合物进行鉴定。总而言之，实验设计导向根据具体的实验目的通过统计检验方法对样品进行差异性检验、时间序列分析和空间分布分析，选取变化显著的物质峰进行鉴定，在实际环境应用中通常有较好的效果。

2.4.2　化合物的鉴定

1）结构鉴定置信水平

化合物的鉴定是非靶向分析的关键，也是分析周期最长的一步。在非靶向分析中，通常不会对样品中所有物质进行准确的结构鉴定。此外，在没有标准品的情况下，非靶向分析对物质的定性判断也并不一定是确定的，因此引入置信等级来进行说明。一般应用的置信度是 Schymanski 等[50]提出的 5 级置信水平，如图 2-2 所示。

其中，Level 5 为经过高分辨质谱分析后提取的感兴趣特征峰，只有精确质量数唯一的信息，无法得到更进一步的判断。识别为 Level 4 的物质，为通过同位素信息和加合物信息的分析后，可确定到唯一分子式的特征峰。识别为 Level 3 的物质，为通过分析谱图及裂解规律后可以鉴定部分结构的特征峰，这一置信度的特征峰可以被确定为某类物质。Level 2 置信水平细分为 Level 2a 和 Level 2b，其中识别为 Level 2a 的物质，是通过将待分析特征峰的谱图与数据库中的已知物质的谱图比对，从而鉴定的特征峰；识别为 Level 2b 的物质，是根据待分析特征峰的谱图，结合裂解规律，推断出完整的物质结构。识别为 Level 1 的物质是经过标准品确定了一级、二级谱图及保留时间的准确结构。

作为置信水平中最高一级鉴定的必要条件，购买或合成标准品对非靶向筛查结果进行验证，可以减少非靶向鉴定的假阳性，从而保证结果的可靠性。

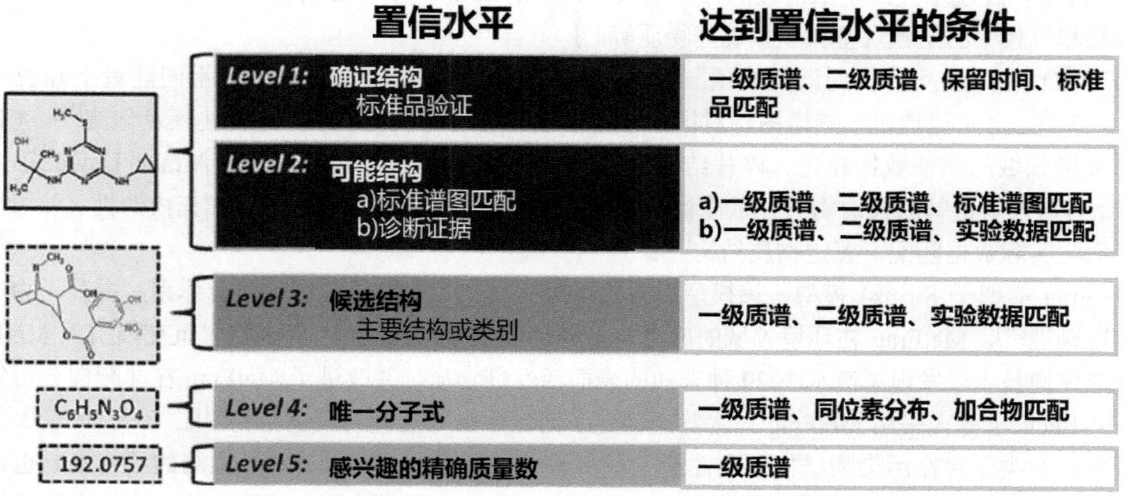

图 2-2　分靶向分析中的鉴别置信水平体系[50]

2）二级谱图库检索

事实上，化合物的结构鉴定都使用标准品达到 Level 1 水平，对于目前的高通量非靶向分析技术仍不现实，标准品合成的时间、金钱成本都是限制化合物鉴定通量的关键因素。鉴于此，基于二级谱图库检索的化合物鉴定策略，已经成为非靶向分析化合物鉴定的主要方法，并成为无标准品下，结构准确鉴定的重要依据（Level 2a）。

目前，可用于匹配的化合物质谱数据库覆盖了代谢组学、环境、法医和食品安全等研究方向，主要包括：Mzcloud(https://www.mzcloud.org)、NIST(https://www.nist.gov)、MassBank(https://massbank.eu/MassBank)、HMDB(https://hmdb.ca)、PubChem（https://pubchem.ncbi.nlm.nih.gov）以及 Metlin（http://metlin.scripps.edu）。

在实际鉴定过程中，一些研究人员将样品二级谱图与数据库二级谱图相比较，除母离子匹配外，有两个或以上的子离子匹配成功即为鉴定成功。例如 Gilbert-López 等人[51]通过匹配两个特定 MRM 离子对橄榄提取物中的农药残留进行鉴定。而更多的研究人员采取谱图相似性打分算法进行快速数据库检索。最常用谱图相似性的计算方法为 dot product（DP）算法，将谱图数据转化为高维向量，向量维度为二级碎片的质量数，向量值为对应的信号强度值，打分值即两个向量夹角余弦值。多数软件在此基础上，进行算法演变，如 MS-DIAL 中二级谱图相似性考虑了 DP、DP reverse 及 Fragment ratio[52]。DP Reverse 即仅考虑参考谱图上的质量数进行余弦值计算，Fragment ratio 是考虑实验谱图中，参考谱图中所有碎片出现的比例。最终，通过设置打分阈值来判断谱图匹配结果。

3）结构预测软件

现有开源质谱数据库往往从内源代谢物、天然产物发展而来，污染物的谱图数量有限。即使在二级谱图库检索的帮助下，非靶向分析仍然存在大量关键特征化合物难以进行结构鉴定，与典型样品中可能存在的化合物数量相比，二级谱图库检索的注释率仍然相对较小。为解决此类问题，目前存在一些结构预测模型，成功应用于未知污染物的结构鉴定（Level 2b 或者 3）。

Sirius4 是一款从谱图到结构的预测模型，该模型可在现有结构数据库中，如 Pubchem，获得质谱所对应的具体结构[53]。Sirius4 平台在环境领域的未知污染物鉴定等方面有诸多应用，如 Mairinger 等人利用 Sirius 平台[54]，发现了废水中水溶性高分子物质处理后的未知产物；Yu 等人[55]利用 Sirius 平台发现了大气颗粒物和气相中的全氟烷基和多氟烷基物质等。

CFM-ID 是一款从结构到谱图的预测模型，该模型可以依据物质结构预测不同能量下碎裂产生的 MS/MS 谱图，并可以通过预测谱图，对样品中所对应的质谱峰或物质结构进行注释及预测[56]。CFM-ID 平台在环境领域的质谱数据补充、碎片结构注释及结构鉴定等方面有应用，如 Arthur David 等人利用 CFM-ID 对对乙酰氨基酚代谢物进行了注释[57]；Abrahamsson 等人利用 CFM-ID 扩充内源性、外源性化合物，从而与实际数据匹配，鉴定物质结构[58]。

MetFrag 类似于 Sirius4 模型，该模型引入保留时间、相关文献等多评价指标体系，提升了物质结构鉴定的准确性[59]。MetFrag 在环境领域的应用与 CFM-ID 类似，Ruttkies 等人将氢氘交换引入 MetFrag，并结合非靶向技术，发现了废水中 29 种未知的表面活性剂物质，并改进了 MetFrag 在非靶向分析领域的应用[60]；Beckers 等人采用 MetFrag 技术筛选鉴定了河流中未知的微污染物结构[61]。

目前，各类平台在污染物结构预测性能上存在不足与局限，研究人员对于预测的结构推断也保持谨慎的态度，一些研究则通过多平台同时预测的方式，选取最优预测结果。但平台的发展极大的降低了非靶向鉴定的难度，对缩短非靶向分析周期具有重要意义，随着污染物质谱数据的增加，结构预测模型未来预期的效能将不断提升。

2.5 应 用 实 例

2.5.1 新型污染物的识别与发现

环境样品基质复杂，赋存化学物质多样，而目前已经发现并登记在册的物质仅是庞大总体中的冰山一角。化学物质中的污染物，无疑更是给环境及人体健康带来了巨大的影响。非靶向技术具有高通量的优势，拓宽了靶向技术的广度及可疑物筛查的清单局限性，已经广泛应用于生物医药、食品安全及各种环境基质中，并成为识别新污染物的有力分析工具。

在众多新污染物中，新型全氟和多氟烷基物质（poly-/perfluoroalkyl substances，PFASs）作为替代品与环境转化产物已经成为全球环境研究的一个关键问题，但目前对于这些全氟烷基物质（PFASs）的环境分布情况仍不清楚。Yu 等人[55]采用了一种新型的空气采样器—低温空气采样器，用来同时收集所有的大气成分。通过 PFASs 同系物分析，共发现了 117 个 PFAS 同系物（38 类），其中 48 个（13 类）被鉴定为 4 级或以上的置信度。并且首次报道了 11 种氯化全氟聚醚醇（3 类）和 4 种氯化全氟聚醚羧酸（2 类）。除此之外，还首次报道了大气中的 12 种氢代全氟烷基羧酸（H-PFCAs）。运用非靶向筛查技术，在水环境中同样发现了 PFASs 的存在。污水处理厂（waste water treatment plant，WWTPs）作为 PFASs 的来源之一，是向环境释放新的 PFASs 过程中的一个重要部分。Wang 等人[62]提出了一种综合的可疑筛查、基于同系物和基于特征离子的非靶向筛选方法。从中国 17 个城市的 17 个污水处理厂收集了废水样品，确定了 13 类（25 个亚类）63 种 PFASs，包括 14 种传统 PFASs 和 49 种新兴 PFASs，该研究首次报告了其中 12 种 PFASs。同时发现，新出现的 PFASs 浓度与国内生产总值有明显的正相关关系，表明在中国的发达地区有更多的传统 PFASs 被替代。随着各种环境基质中 PFASs 被不断检出，它对于人体的暴露也引起越来越多的关注。Li 等人[63]建立并应用了基于 CF_2、CF_2O 和 CH_2CF_2 单位质量差异的可疑和非靶向筛查策略，从 117 个配对的母体和脐带血清中选择潜在的新型 PFASs。19 种新型 PFAS 被确定为高于置信度 3 级，其中 14 种以前没有在人类血清中报道过。新型 PFAS 在孕妇体内的总 PFAS 中占相当大的比例，并能以不可忽略的浓度转移到胎儿体内（即在母体和脐带血清中分别占总 PFAS 强度的 27.9%和 30.3%）。

除 PFASs 外，农药和药品在现代生活中也被广泛使用，并在使用后随废水排放等途径进入环境，在非生物（水解/光解等）和生物（微生物的好氧/厌氧降解）废水处理过程形成大量转化产物（TPs），而 TPs 的结构和潜在风险仍不清楚。Wang 等人[64]用 HPLC-QTOF-MS 对这些化学品进行了可疑和非靶向筛选。通过对中国三家污水处理厂的农药和药品商业数据库进行可疑筛查，确定母体化合物。然后，基于预测诊断离子的可疑和非靶向筛选策略被用来筛选母体化合物的 TPs。初步确定了 50 个 TPs，并对其中 13 个 TPs 结构得到标准品的确认。

作为新污染物，有机磷酸酯（organic phosphate esters，OPEs）也一直备受关注，非靶向筛查技术为发现新 OPEs 提供了新思路。Ye 等人[65]基于超高效液相色谱-Q Exactive 混合四极杆-Orbitrap 高分辨质谱系统开发了一种有效而准确的靶向、可疑和结构特征驱动的筛选策略，用于分析 2019 年从太湖采集的 $n=74$ 个沉积物样品（包括 23 个表面沉积物样品和 51 个沉积物芯样）。在这些分析的样品中，成功地鉴定了 $n=35$ 个 OPE，其中 23 个是首次在该地区报告。由于潜在的健康风险，一些卤代烷基有机磷酸盐三酯阻燃剂在一些国家受到限制，但替代卤代烷基 OPTE 的使用却令人担忧。Wang 等人[42]用高分辨率质谱法全面筛查了室内灰尘中的卤代烷基 OPTEs。通过卤化同位素驱动的非靶向筛查，在华北地区北京的室内灰尘中明确鉴定了一种罕见的氯代烷基 OPTE，即二甘醇双[双（2-氯异丙基）磷酸酯]（DEGBBCPP）（置信度 1 级）。此外，通过对 EPA 的 CompTox Chemicals Dashboard 中的 61 种卤代烷基 OPTEs 的可疑名单进行筛选，初步确定了二甘醇双[双（2-氯乙基）磷酸酯]（DEGBBCEP）和亚乙基双[双（2-氯乙基）磷酸酯]（EBBCEP）（置信度 2 级）。

随着社会的发展，新污染物的数量会越来越多，它们对环境及健康带来的影响尚不可知，因此利用不断改进的非靶向技术进行有效筛查将是做到合理管控的第一步。

2.5.2 优控或关键污染物筛选

面对大量持久排放进入环境的新污染物，如何筛选关键新污染物是开展环境治理的首要问题。在非靶向分析在检测污染物高通量的优势上，开发快速高效的优控或关键污染物筛选技术，对新污染物的环境污染防控具有重要的指导意义。Guo 等人[66]根据相关标准、法案、SCI 文献，构建了包含 1000 多种危险化学品物质清单，并在污染场地固体废弃物样品中成功鉴定出了 6 种危废物质，并对其中 4 种物质进行了标准品验证，为危险固废的快速识别提供了技术手段。Liu 等人[67]根据化工企业的化学品生产和使用情况和危险化学品名录，对相同化工园区 9 家化工企业和污水处理厂的废水进行了调查研究，发现化工企业和污水处理厂废水中分别存在 18 种和 17 种化学物质被列入我国危险化学品名录，并对污水处理厂出水中筛选出的化合物进行溯源分析，建立了 9 家化工企业溯源分析的指示污染物清单（共 41 种物质），为化工园区应急响应和精细化学品管理提供了技术手段。除了危化品环境管理方面，非靶向分析技术结合相关筛选策略在污水处理厂运行监控方面也得到了有益尝试。Qian 等人[68]使用非靶向筛查技术并结合污染物出现频率及去除效率两种筛查指标，对我国 16 个污水处理厂鉴定的 568 种新污染物进行优先排序，筛选出 4 种广泛存在、可指示新污染物去除效果的特征污染物，实现了使用少数化合物对大多数化合物进行监督的目的。

2.5.3 基于特征官能团的污染物识别

官能团是决定有机污染物毒性的重要因素，例如芳香烃经硝基化生成硝基芳香烃后，其致突变性最高可提升五个数量级；由此切入可以对系列具有特定官能团的物种进行高效地“全面”筛选识别。以大气细颗粒物即 $PM_{2.5}$ 中的硝基有机组分为例，其构成分为有机硝酸酯（ONs，硝基通过氧原子与碳骨架相连）和硝基芳香烃（NACs，硝基直接与苯环连接）；其来源包括一次燃烧排放和大气硝基化过程。但是目前对城市地区 $PM_{2.5}$ 中硝基有机组分分子水平的认识极为缺乏，这限制了对其生成机制与健康效应的研究。北京大学团队基于硝基的高电子亲和特征，开发结合电子捕获负电离（ECNI）技术的飞行时间和串联质谱等技术，对北京 $PM_{2.5}$ 中的硝基有机组分进行非靶向筛选识别，并在分子结构鉴定基础上探究其来源以及二次生成机制[10,11]。

研究利用配备 ECNI 的气相色谱-飞行时间质谱（GC-TOF-MS，采用高分辨模式；安捷伦 7890B-7200）对 $PM_{2.5}$ 提取液进行全组分表征，并从中筛选识别 ONs。ONs 捕获热电子后，会碎裂产生 NO_2^-、$[M-NO_2]^-$ 和 $[M-NO_2-H_2]^-$ 三个特征碎片；由此切入从 1360（中位数；范围：725～1829）种物质中筛选出 78 种 ONs，并依据精确分子质量确定其元素组成。根据前体物进行分类，筛选识别的 ONs 可分为以天然源、苯系物和链烯烃前体物，分别为 5、8 和 65 种。研究发现一系列具有均匀保留时间间隔的 ONs，并且在 $[M-NO_2]^-$ 中包含 2 个氧原子，推测这类物质为正构烷烃为基础的邻位羟基硝酸酯。自行合成标准品验证了碳原子数 7、8、10 和 12 的正构烷烃-1-羟基-2-硝酸酯和 2-羟基-1-硝酸酯同分异构体。1-羟基-2-硝酸酯和 2-羟基-1-硝酸酯分别来源于日间 OH·和夜间 NO_3·引发的大气化学反应。测量的同分异构体比值表明，日间 OH·引发的大气化学反应是羟基硝酸酯的主要生成机制，其贡献约 70%。

与 ONs 不同，NACs 在 $PM_{2.5}$ 中浓度极低，难以通过高分辨质谱进行识别。研究由硝基-苯环的亲电-共轭结构切入，将 ECNI 与气相色谱-三重四极杆串联质谱（GC-QQQ-MS；安捷伦 8890-7010B）相结合实现对 NACs 的高通量无标样检测。捕获热电子后，NACs 是唯一能够生成分子离子的硝基有机组分；二次碎裂后产生的 NO_2^-子离子是 *m/z* 46 基团中唯一能够携带负电荷的结构。因此，可以通过检测 NO_2^-的方式对 NACs 进行无标样检测。研究固定监测 NO_2^-子离子，对实际样品中 *m/z* 100～350 的母离子逐一扫描，以对潜在 NACs 进行全组分识别；进而在所有样品对所有潜在 NACs 进行分析。研究共检测到 NACs 类物质 1047 种；其中 128 种由 GC-TOF-MS 获得分子式，25 种经标准品验证。在获取元素组成的 NACs 中，除硝基多环芳烃（NPAHs）外，还检测到二硝基 PAHs、烷基和含氧 NPAHs，后者包括硝基芳香酮/醌/内酯等全新组分。聚类分析结果显示，NACs 具有多种来源，包括二次生成源。2016～2018 年结果较 2012～2013 年一次排放 NPAHs 浓度降低 46.3%～54.8%；但大气二次过程特别是夜间化学的贡献则有所上升。

2.5.4　基于效应导向分析技术的有害污染物识别

非靶向筛查技术筛选优控污染物往往关注高浓度、高丰度的物质，但不一定是高风险的物质，结合效应导向分析（effect-directed analysis，EDA）生物效应测试可以确定具有特定毒性效应的未知化合物，在一定程度上缩小了应用非靶向筛查技术识别有毒物质的筛选范围。近年来，研究人员已运用 EDA 开展了多种区域或条件下的不同环境介质的分析，为特定暴露场景中新型有毒污染物的筛选提供了新的研究思路。

针对美国太平洋西北地区的鲑鱼洄游产卵前突然死亡这一现象，Kolodziej 团队基于液相色谱与高分辨四极杆飞行时间质谱联用系统开发了检测高速公路径流和鱼类组织中有机污染物的可疑和非靶向方法[69]；并进一步对高速公路径流溯源，发现轮胎磨损颗粒渗滤液的化学成分与观察到的毒性水域最相似，初步锁定汽车轮胎中的化学物质有可能是导致鲑鱼死亡的致命毒素[70]。为了确认轮胎中是否存在致毒物质，Tian 等发现轮胎磨损颗粒渗滤液对幼年鲑鱼具有明显的致死作用，通过对毒性组分的高效分离和纯化，利用超高性能液相色谱-高分辨串联质谱鉴定出一种未知化合物-6PPD-醌即为造成鲑鱼大量死亡的贡献化合物，而这种物质在发生暴雨时在雨水中的浓度更高[71]。该研究总体上是应用 EDA 的设计思路，识别了鲑鱼死亡的罪魁祸首，即轮胎生产过程中加入的抗臭氧化剂 6PPD 与臭氧反应形成的 6PPD-醌。

另一研究团队从效应入手来识别有毒物质，但该方法区别于常规的 EDA 筛选。Wilde 团队针对阿肯色州的秃鹰中出现了神秘的大规模死亡现象，围绕诱发死亡的病症即空泡性髓鞘病变，历经 25 年寻找致病物质[72]。在研究初期，他们提出蓝藻产生的强效神经毒素会导致空泡性髓鞘病变的假设，在 2014～2020 年间从多个流域收集的入侵物种植物中筛选出有蓝藻寄生的样品，并分离出蓝藻，以此喂食模式生物，但未发现空泡性髓鞘病变的产生。经实验后发现，蓝藻与入侵优势水生植物共生时会产生一种特殊的代谢物，利用核磁共振光谱确认分子结构、红外光谱确定其化学键与官能团、X 射线衍射调整其结构，确认其分子式为 $C_{17}H_6Br_5N_3$，名为五溴二醇生物碱（AETX）。研究团队进一步利用线虫、斑马鱼、鸡等模式生物，发现 AETX 会导致生物体产生空泡性髓鞘病变的特征，证实了 AETX 的致病作用。这一研究发现蓝藻在接触了环境中源于人类活动的溴化物后会产生蓝藻神经毒素，引发生物体致命性神经病变，且具有生物蓄积性。该研究从另一角度拓展了 EDA 筛选有害物质的思路，对污染物地区有毒物质的识别提供了参考价值。

2.6 展　　望

基于高分辨质谱的非靶向技术如同一台显微镜，借助于其强大的发现能力我们“看见”了大量以前未知的化合物，大大拓宽了我们对潜在环境污染物的认识，对未来环境污染的防治具有极大的促进以及指导作用。目前该新技术本身及其应用中还存在很多挑战：比如，在仪器分析方面，如何综合运用 DDA 以及 DIA 功能，以提高样品中极低响应化合物的覆盖率？不同厂家仪器、不同方法在样品分析中是否存在很大差异？如果是，如何进行标准化？在数据处理方面，如何实现海量数据的快速、准确分析？不同软件在数据处理上的一致性如何？在物质结构鉴定方面，如何深度利用现有质谱谱图，引入机器学习模型与人工智能技术，实现化学物质结构诊断与鉴定的自动化与智能化？在环境应用方面，除了大量进行各种样品中新化合物的识别，如何更好地运用该技术解决以前无法解决的问题？非靶向分析是一种定性分析技术，限制了其在风险分析方面的应用。面对短期内大量涌现的新化合物以及越来越快的化合物发现速度，如何在不进行标准品合成的前提下实现对重点、潜在污染物的快速筛选？对这些问题的深入探索将极大地推动未来非靶向研究的进展，使其更好地服务于环境污染监测与控制。

参 考 文 献

[1] Pruss-Ustun A, Wolf J, Corvalán C F, et al. Preventing disease through healthy environments: A global assessment of the burden of disease from environmental risks. World Health Organization, 2016.

[2] Schwarzenbach R P, Escher B I, Fenner K, et al. The challenge of micropollutants in aquatic systems. Science, 2006, 313(5790): 1072-1077.

[3] Brown S C, Kruppa G, Dasseux J L. Metabolomics applications of FT-ICR mass spectrometry. Mass Spectrometry Reviews, 2005, 24(2): 223-231.

[4] Marshall A G, Rodgers R P. Petroleomics: Chemistry of the underworld. Proceedings of the National Academy of Sciences of the United States of America, 2008, 105(47): 18090-18095.

[5] Oliveira M M, Cruz-Tirado J P, Barbin D F. Nontargeted analytical methods as a powerful tool for the authentication of spices and herbs: a review. Comprehensive Reviews in Food Science and Food Safety, 2019, 18(3): 670-689.

[6] Gallidabino M D, Irlam R C, Salt M C, et al. Targeted and non-targeted forensic profiling of black powder substitutes and gunshot residue using gradient ion chromatography - high resolution mass spectrometry (IC-HRMS). Analytica Chimca Acta, 2019, 1072: 1-14.

[7] Liu Y, D'agostino L A, Qu G, et al. High-resolution mass spectrometry (HRMS) methods for nontarget discovery and characterization of poly- and per-fluoroalkyl substances (PFASs) in environmental and human samples. Trends in Analytical Chemistry, 2019, 121: 115420.

[8] Yu N, Guo H, Yang J, et al. Nontarget discovery of per- and polyfluoroalkyl substances in atmospheric particulate matter and gaseous phase using cryogenic air sampler. Environmental Science & Technology, 2018, 52(15): 8205-8214.

[9] Liu Y, Richardson E S, Derocher A E, et al. Hundreds of unrecognized halogenated contaminants discovered in polar bear serum. Angewandte Chemie International Edition, 2018, 57(50): 16401-16406.

[10] Shi X, Qiu X, Cheng Z, et al. Isomeric identification of particle-phase organic nitrates through gas chromatography and time-of-flight mass spectrometry coupled with an electron capture negative ionization source. Environmental Science & Technology, 2020, 54(2): 707-713.

[11] Shi X, Qiu X, Jiang X, et al. Comprehensive detection of nitrated aromatic compounds in fine particulate matter using gas chromatography and tandem mass spectrometry coupled with an electron capture negative ionization source. Journal of Hazardous Materials, 2021, 407: 124794.

[12] Jiang X, Xu F, Qiu X, et al. Hydrophobic organic components of ambient fine particulate matter ($PM_{2.5}$) associated with inflammatory cellular response. Environmental Science & Technology, 2019, 53(17): 10479-10486.

[13] Jiang X, Han Y, Qiu X, et al. Organic components of personal $PM_{2.5}$ exposure associated with inflammation: Evidence from an untargeted exposomic approach. Environmental Science & Technology, 2021, 55(15): 10589-10596.

[14] Zhang P, Carlsten C, Chaleckis R, et al. Defining the scope of exposome studies and research needs from a multidisciplinary perspective. Environmental Science & Technology Letters, 2021, 8(10): 839-852.

[15] Hajeb P, Zhu L, Bossi R, et al. Sample preparation techniques for suspect and non-target screening of emerging contaminants. Chemosphere, 2022, 287: 132306.

[16] Baduel C, Mueller J F, Tsai H, et al. Development of sample extraction and clean-up strategies for target and non-target analysis of environmental contaminants in biological matrices. Journal of Chromatography A, 2015, 1426: 33-47.

[17] Wang J, Chow W, Wong J W, et al. Non-target data acquisition for target analysis (nDATA) of 845 pesticide residues in fruits and vegetables using UHPLC/ESI Q-Orbitrap. Analytical and Bioanalytical Chemistry, 2019, 411(7): 1421-1431.

[18] Ruff M, Mueller M S, Loos M, et al. Quantitative target and systematic non-target analysis of polar organic micro-pollutants along the river Rhine using high-resolution mass-spectrometry – Identification of unknown sources and compounds. Water Research, 2015, 87: 145-154.

[19] Liu Y, Martin J W. Discovery of C5-C17 poly- and perfluoroalkyl substances in water by in-line SPE-HPLC-Orbitrap with in-source fragmentation flagging. Analytical Chemistry, 2015, 87(8): 4260-4268.

[20] Monteiro M, Carvalho M, Henrique R, et al. Analysis of volatile human urinary metabolome by solid-phase microextraction in combination with gas chromatography-mass spectrometry for biomarker discovery: Application in a pilot study to discriminate patients with renal cell carcinoma. European Journal of Cancer, 2014, 50(11): 1993-2002.

[21] Huang K, Wang X, Zhang H, et al. Structure-directed screening and analysis of thyroid-disrupting chemicals targeting transthyretin based on molecular recognition and chromatographic separation. Environmental Science & Technology, 2020, 54(9): 5437-5445.

[22] Yuan J, Chen L, Chen D, et al. Elevated serum polybrominated diphenyl ethers and thyroid-stimulating hormone associated with lymphocytic micronuclei in Chinese workers from an E-waste dismantling site. Environmental Science & Technology, 2008, 42(6): 2195-2200.

[23] D'agostino L A, Mabury S A. Identification of novel fluorinated surfactants in aqueous film forming foams and commercial surfactant concentrates. Environmental Science & Technology, 2014, 48(1): 121-129.

[24] Place B J, Field J A. Identification of novel fluorochemicals in aqueous film-forming foams used by the US military. Environmental Science & Technology, 2012, 46(13): 7120-7127.

[25] Strynar M, Dagnino S, Mcmahen R, et al. Identification of novel perfluoroalkyl ether carboxylic acids (PFECAs) and sulfonic acids (PFESAs) in natural waters using accurate mass time-of-flight mass spectrometry (TOFMS). Environmental Science & Technology, 2015, 49(19): 11622-11630.

[26] Peng H, Chen C, Saunders D M, et al. Untargeted identification of organo-bromine compounds in lake sediments by ultrahigh-resolution mass spectrometry with the data-independent precursor isolation and characteristic fragment method. Analytical Chemistry, 2015, 87(20): 10237-10246.

[27] Pereira A S, Martin J W. Exploring the complexity of oil sands process-affected water by high efficiency supercritical fluid chromatography/orbitrap mass spectrometry. Rapid Communications in Mass Spectrometry, 2015, 29(8): 735-744.

[28] Hoh E, Dodder N G, Lehotay S J, et al. Nontargeted comprehensive two-dimensional gas chromatography/time-of-flight mass spectrometry method and software for inventorying persistent and bioaccumulative contaminants in marine environments. Environmental Science & Technology, 2012, 46(15): 8001-8008.

[29] Rotander A, Karrman A, Toms L M, et al. Novel fluorinated surfactants tentatively identified in firefighters using liquid chromatography quadrupole time-of-flight tandem mass spectrometry and a case-control approach. Environmental Science & Technology, 2015, 49(4): 2434-2442.

[30] Gago-Ferrero P, Krettek A, Fischer S, et al. Suspect screening and regulatory databases: a powerful combination to identify emerging micropollutants. Environmental Science & Technology, 2018, 52(12): 6881-6894.

[31] Lin Y, Yang J, Fu Q, et al. Exploring the occurrence and temporal variation of ToxCast chemicals in fine prticulate matter using suspect screening strategy. Environmental Science & Technology, 2019, 53(10): 5687-5696.

[32] Trego M L, Hoh E, Kellar N M, et al. Comprehensive screening links halogenated organic compounds with testosterone levels in male delphinus delphis from the Southern California Bight. Environmental Science & Technology, 2018, 52(5): 3101-3109.

[33] Yu N, Guo H, Yang J, et al. Non-target and suspect screening of per- and polyfluoroalkyl substances in airborne particulate matter in China. Environmental Science & Technology, 2018, 52(15): 8205-8214.

[34] Wang Y, Yu N, Zhu X, et al. Suspect and nontarget screening of per- and polyfluoroalkyl substances in wastewater from a fluorochemical manufacturing park. Environmental Science & Technology, 2018, 52(19): 11007-11016.

[35] Koelmel J P, Stelben P, Mcdonough C A, et al. FluoroMatch 2.0-making automated and comprehensive non-targeted PFAS annotation a reality. Analytical and Bioanalytical Chemistry, 2021, https: //doi.org/10.1007/s00216-021-03392-7.

[36] Loos M, Singer H. Nontargeted homologue series extraction from hyphenated high resolution mass spectrometry data. Journal of Cheminformatics, 2017, 9(1): 12.

[37] Barzen-Hanson K A, Roberts S C, Choyke S, et al. Discovery of 40 classes of per- and polyfluoroalkyl substances in historical aqueous film-forming foams (AFFFs) and AFFF-impacted groundwater. Environmental Science & Technology, 2017, 51(4): 2047-2057.

[38] Peng H, Chen C, Cantin J, et al. Untargeted screening and distribution of organo-bromine compounds in sediments of Lake Michigan. Environmental Science & Technology, 2016, 50(1): 321-330.

[39] Peng H, Chen C, Cantin J, et al. Untargeted screening and distribution of organo-iodine compounds in sediments from Lake Michigan and the Arctic Ocean. Environmental Science & Technology, 2016, 50(18): 10097-10105.

[40] Ye L, Meng W, Huang J, et al. Establishment of a target, suspect, and functional group-dependent screening strategy for organophosphate esters (OPEs): “Into the Unknown” of OPEs in the sediment of Taihu Lake, China. Environmental Science & Technology, 2021, 55(9): 5836-5847.

[41] Léon A, Cariou R, Hutinet S, et al. HaloSeeker 1.0: A user-friendly software to highlight halogenated chemicals in nontargeted high-resolution mass spectrometry data sets. Analytical Chemistry, 2019, 91(5): 3500-3507.

[42] Wang L, Kang Q, Jia Y, et al. Identification of three novel chloroalkyl organophosphate triesters in house dust using halogenation-guided nontarget screening combined with suspect screening. Environmental Science & Technology, 2021, 55: 2482.

[43] Gago-Ferrero P, Schymanski E L, Bletsou A A, et al. Extended suspect and non-target strategies to characterize emerging polar organic contaminants in raw wastewater with LC-HRMS/MS. Environmental Science & Technology, 2015, 49(20): 12333-12341.

[44] Kiefer K, Du L, Singer H, et al. Identification of LC-HRMS nontarget signals in groundwater after source related prioritization. Water Research, 2021, 196: 116994.

[45] Hu A, Noble W S, Wolf-Yadlin A. Technical advances in proteomics: new developments in data-independent acquisition. F1000 Research, 2016, 5.

[46] Schollée J E, Bourgin M, Von Gunten U, et al. Non-target screening to trace ozonation transformation products in a wastewater treatment train including different post-treatments. Water Research, 2018, 142: 267-278.

[47] Chiaia-Hernandez A C, Gunthardt B F, Frey M P, et al. Unravelling contaminants in the anthropocene using statistical analysis of liquid chromatography–high-resolution mass spectrometry nontarget screening data recorded in lake sediments. Environmental Science & Technology, 2017, 51(21): 12547-12556.

[48] Alygizakis N A, Gago-Ferrero P, Hollender J, et al. Untargeted time-pattern analysis of LC-HRMS data to detect spills and compounds with high fluctuation in influent wastewater. Journal of Hazardous Materials, 2019, 361: 19-29.

[49] Lara-Martín P A, Chiaia-Hernández A C, Biel-Maeso M, et al. Tracing urban wastewater contaminants into the Atlantic Ocean by nontarget screening. Environmental Science & Technology, 2020, 54(7): 3996-4005.

[50] Schymanski E L, Jeon J, Gulde R, et al. Identifying small molecules via high resolution mass spectrometry: Communicating confidence. Environmental Science & Technology, 2014, 48(4): 2097-2098.

[51] Gilbert-López B, García-Reyes J F, Lozano A, et al. Large-scale pesticide testing in olives by liquid chromatography-electrospray tandem mass spectrometry using two sample preparation methods based on matrix solid-phase dispersion and QuEChERS. Journal of Chromatography A, 2010, 1217(39): 6022-6035.

[52] Tsugawa H, Ikeda K, Takahashi M, et al. A lipidome atlas in MS-DIAL 4. Nature Biotechnology, 2020, 38(10): 1159-1163.

[53] Dührkop K, Fleischauer M, Ludwig M, et al. SIRIUS 4: A rapid tool for turning tandem mass spectra into metabolite structure information. Nature Methods, 2019, 16(4): 299-302.

[54] Mairinger T, Loos M, Hollender J. Characterization of water-soluble synthetic polymeric substances in wastewater using LC-HRMS/MS. Water Research, 2021, 190: 116745.

[55] Allen F, Greiner R, Wishart D. Competitive fragmentation modeling of ESI-MS/MS spectra for putative metabolite identification. Metabolomics, 2015, 11(1): 98-110.

[56] Allen F, Pon A, Wilson M, et al. CFM-ID: A web server for annotation, spectrum prediction and metabolite identification from tandem mass spectra. Nucleic Acids Research, 2014, 42(W1): W94-W99.

[57] David A, Chaker J, Léger T, et al. Acetaminophen metabolism revisited using non-targeted analyses: Implications for human biomonitoring. Environment International, 2021, 149: 106388-106399.

[58] Panagopoulos Abrahamsson D, Wang A, Jiang T, et al. A comprehensive non-targeted analysis study of the prenatal exposome. Environmental Science & Technology, 2021, 55(15): 10542-10557.

[59] Ruttkies C, Schymanski E L, Wolf S, et al. MetFrag relaunched: Incorporating strategies beyond in silico fragmentation. Journal of Cheminformatics, 2016, 8: 3.

[60] Ruttkies C, Schymanski E L, Strehmel N, et al. Supporting non-target identification by adding hydrogen deuterium exchange MS/MS capabilities to MetFrag. Analytical and Bioanalytical Chemistry, 2019, 411(19): 4683-4700.

[61] Beckers L M, Brack W, Dann J P, et al. Unraveling longitudinal pollution patterns of organic micropollutants in a river by non-target screening and cluster analysis. Science of the Total Environment, 2020, 727: 138388-138397.

[62] Wang X, Yu N, Qian Y, et al. Non-target and suspect screening of per- and polyfluoroalkyl substances in Chinese municipal wastewater treatment plants. Water Research, 2020, 183: 115989-116000.

[63] Li Y, Yu N, Du L, et al. Transplacental transfer of per- and polyfluoroalkyl substances identified in paired maternal and cord sera using suspect and nontarget screening. Environmental Science & Technology, 2020, 54(6): 3407-3416.

[64] Wang X, Yu N, Yang J, et al. Suspect and non-target screening of pesticides and pharmaceuticals transformation products in wastewater using QTOF-MS. Environment International, 2020, 137: 105599-105609.

[65] Hollender J, Van Bavel B, Dulio V, et al. High resolution mass spectrometry-based non-target screening can support regulatory environmental monitoring and chemicals management. Environmental Sciences Europe, 2019, 31(1): 42-52.

[66] Guo H, Yu N, Wang X, et al. A rapid high-throughput method for screening environmental toxic and hazardous substances in solid waste. Asian Journal of Ecotoxicology, 2017, 12(3): 336-345.

[67] Liu W, Yao H, Xu W, et al. Suspect screening and risk assessment of pollutants in the wastewater from a chemical industry park in China. Environmental Pollution, 2020, 263: 114493-114501.

[68] Qian Y, Wang X, Wu G, et al. Screening priority indicator pollutants in full-scale wastewater treatment plants by non-target analysis. Journal of Hazardous Materials, 2021, 414: 125490-125502.

[69] Du B, Lofton J M, Peter K T, et al. Development of suspect and non-target screening methods for detection of organic contaminants in highway runoff and fish tissue with high-resolution time-of-flight mass spectrometry. Environmental Science: Processes & Impacts, 2017, 19(9): 1185-1196.

[70] Peter K T, Tian Z, Wu C, et al. Using high-resolution mass spectrometry to identify organic contaminants linked to urban stormwater mortality syndrome in coho salmon. Environmental Science & Technology, 2018, 52(18): 10317-10327.

[71] Tian Z, Zhao H, Peter K T, et al. A ubiquitous tire rubbe' derived chemical induces acute mortality in coho salmon. Science, 2020, 371: 185-189.

[72] Breinlinger S, Phillips T J, Haram B N, et al. Hunting the eagle killer: A cyanobacterial neurotoxin causes vacuolar myelinopathy. Science, 2021, 371(6536): 9050-9058.

作者：韦斯[1]，邱兴华[2]，刘艳娜[3]，杨晓溪[3]，傅建捷[3]，曲广波[3]

[1]南京大学，[2]北京大学，[3]中国科学院生态环境研究中心

第3章　环境稳定同位素技术进展

本章导读

稳定同位素技术指的是基于物质的稳定同位素组成和同位素分馏机理去追溯物质的来源和经历的某些特定环境过程的技术。稳定同位素技术，包括稳定同位素标记，在环境污染物的来源追溯和环境过程示踪方面获得了广泛应用。其中，应用的环境污染物涵盖了无机污染物（如重金属和纳米颗粒物）和有机污染物（如持久性有机污染和抗生素）。稳定同位素技术的两个重要前提条件是不同污染源具有可分辨的同位素组成特征和对源到汇过程中稳定同位素分馏过程的探究。稳定同位素标记是基于富集的稳定同位素而开发的同位素技术。近些年，随着重金属和有机污染物富集同位素标准品的不断开发，稳定同位素标记技术在环境科学领域获得快速发展。本章将针对稳定同位素（标记）技术的基本原理、分析方法及其在环境地球化学领域的典型应用进行较全面的综述，并对未来的研究方向进行展望。

关键词

稳定同位素，同位素标记，同位素分馏，环境污染物，来源示踪

3.1 引　　言

同位素指的是质子数相同、中子数（质量数）不同的一组原子。质量数上的差异会导致同位素之间在物理化学性质方面存在微小的差异，这一因素直接影响着自然界中物质的同位素组成。通过对自然界不同储库中物质的同位素组成特征和相关环境过程中同位素分馏机理的研究，可以示踪自然界中元素的地球化学循环过程。基于以上原理，稳定同位素技术最早在地质学和生态学等领域获得广泛应用。自工业革命以来，人类迅速进入了工业化和城市化的发展轨道，同时，快速发展的负面效应-环境污染问题变得愈发严峻，成为可持续发展的重大阻力。追踪环境中污染物的来源和转化过程，可以为污染防控和毒理学评价提供数据支撑，逐渐成为环境化学领域的研究热点。在此背景下，得益于稳定同位素技术在示踪方面的独特优势，其在环境领域获得快速发展，出现了基于多接收器电感耦合等离子体质谱仪（MC-ICP-MS）的非传统稳定同位素溯源技术、针对有机污染物的单体稳定同位素技术以及稳定同位素标记技术（如稳定同位素探针技术）等多种不同应用方向的稳定同位素技术。应用的环境污染物也已经涵盖了无机污染物（如重金属和纳米颗粒物）和有机污染物（如多环芳烃、农药、抗生素和双酚类污染物）。本章将依托非传统稳定同位素、单体稳定同位素技术和稳定同位素探针技术重点介绍稳定同位素技术在环境科学领域的最新研究进展。

3.2 稳定同位素溯源的基本原理

3.2.1 稳定同位素分馏

同位素是质子数相同，中子数不同的一组原子，它们处于元素周期表的同一位置，但却具有不同的质量数。稳定同位素分馏指的是在反应过程中，不同质量数的同位素以不同比例分配到不同化合物或物

相中的现象，其主要的驱动力为不同质量数的同位素之间存在微小的物理化学性质差异（如热力学性质、扩散及反应速度上的差异等）。在自然界中，稳定同位素分馏以一定的规律发生在环境地球化学的各个过程中，例如氧化还原反应、络合反应、吸附、溶解、沉淀和生物循环等，逐渐造成自然界中的不同储库具有了特定的同位素组成特征。因此，通过同位素分馏研究，可以很好地反推物质的来源和发生的地球化学过程。从影响因素上看，一方面，稳定同位素分馏受到同位素之间质量差异程度的影响；另一方面，稳定同位素分馏还受到元素地球化学行为的影响，例如元素的氧化态数量、成键环境和反应活性等。稳定同位素分馏可以分为质量依赖分馏（mass-dependent fractionation，MDF）和非质量依赖分馏（mass-independent fractionation，MIF），是以是否存在质量依赖效应进行区分的，其中核体积效应和磁效应是导致非质量分馏的主要原因。进一步，质量分馏又可细分为动力学分馏和热力学分馏。动力学分馏通常发生在未达到浓度平衡状态的各种物理化学过程中，轻同位素具有更快的运动速率和反应速率，因此优先富集于反应产物中。而热力学分馏一般发生在已经达到浓度平衡的反应体系中，重同位素通常更倾向于富集在“更强的成键环境”中，比如更低的配位数、更高的氧化态和更短的键长等。

稳定同位素技术在环境污染物的来源和过程示踪方面具有显著优势，因此在环境科学领域获得了广泛关注。来源追溯的前提是不同污染源的同位素组成存在可分辨的差异；此外，污染物从源到汇过程中发生的同位素分馏效应，也是需要严格评价的，在这两点基础之上即可建立同位素溯源模型。除了来源追溯，稳定同位素技术还可用于环境污染物的环境行为研究。进入环境中的污染物会经过溶解、转化、再生成和化学形态变化等一系列环境过程，在这些过程中，通常伴随着相关元素的稳定同位素分馏效应。因此，通过对环境过程中稳定同位素分馏的研究，可以反推污染物的环境行为。

3.2.2　稳定同位素标记

稳定同位素标记技术是以富集的稳定同位素为示踪剂，追踪元素的环境与生物过程的技术。随着富集稳定同位素标准品和高灵敏度检测方法的不断开发，稳定同位素标记技术在多个领域获得了快速发展。在环境科学领域，稳定同位素标记技术的应用对象已经涵盖无机污染物（如重金属）和有机污染物（如持久性有机污染物、抗生素和农药），在污染物的溯源、生物过程示踪、毒性效应评价等方面获得广泛应用。在有机污染物研究方面，通过对目标物质中 C、N 和 O 等元素的标记，可以方便快捷地探究环境因素对相关有机污染物环境过程的影响。其中，稳定同位素探针（stable isotope probing，SIP）是近二十年发展起来的一种新型稳定同位素标记技术，其主要通过向环境样品中添加重稳定同位素标记的目标化合物，经生物利用后，形成可分离检测的富集同位素标记的生物标志物，如 DNA、RNA 和蛋白质等。此外，通过与已有分子生物学手段（如基因组学、转录组学和蛋白质组学）相结合，SIP 技术在有机污染物的微生物降解研究中展示出了强大的应用潜力。

3.3　稳定同位素分析方法最新进展

目前，稳定同位素技术已在环境领域获得广泛应用，但在面对复杂环境样品时，仍存在许多分析方法学上的限制，比如高效分离提取、超痕量分析、抗复杂基质干扰等。瞄准以上分析难题，开发复杂环境样品中更多元素的高精度同位素分析方法，可以为更多实际环境问题的解决提供技术支撑。本节将围绕“非传统（金属）稳定同位素”“单体稳定同位素”和“有机污染物的稳定同位素标记技术”三个部分在分析方法方面的最新进展展开介绍。

3.3.1　非传统（金属）稳定同位素分析方法最新进展

随着现代分析方法和质谱分析技术的不断发展，已有的非传统同位素分析方法被不断改进，低金属含量样品、不同形态金属同位素组成的准确测试成为可能，同时一些新的非传统同位素体系被不断开发，这大大拓展了非传统同位素的应用范围。以下将依次介绍锂、镉、锡、锑、汞这五种金属同位素分析方法的最新进展。

自20世纪中后期以来，锂（Li）同位素测试技术经历了原子吸收光谱（AAS）[1]、中子活化（NA）[2]、电感耦合等离子体质谱（ICP-MS或Quadrupole ICP-MS）[3,4]、离子探针（ion probe）[5]、热电离质谱（TIMS）[6]、多接收电感耦合等离子体质谱（MC-ICP-MS）[7]、纳米二次离子探针质谱（SIMS或NanoSIMS）[8]等不同阶段的发展，最终实现了对不同类型自然样品锂同位素组成的高精度测试。进入21世纪以来，MC-ICP-MS已逐步发展为最常用的锂同位素分析仪器，其测试精度可达0.1‰左右[9]；SIMS微区原位测试精度也能达到1‰左右[10]。同时，进样系统也得到发展，如APEX[11]和Aridus[12]的应用等，即通过冷凝或膜去溶等方式去除进样过程中引入的溶剂，从而显著提高样品的信号强度，使低锂含量样品的高精度分析成为可能。不同类型样品锂同位素测试之前均需对样品中的锂实现近100%的分离纯化，将锂从其他基质分离出来。锂元素纯化主要通过阳离子交换树脂进行色谱分离。目前常用的树脂为Bio-Rad公司生产的AG 50W-X12（200～400目），而树脂柱则多为订制，材质包括PP、石英或特氟龙等。在建立锂的色谱分离流程时，由于锂和钠在固液两相间的分配系数较为接近[13]，因此对样品基质中锂和钠的完全分离成为锂元素分离纯化的关键所在。锂同位素组成主要表示为样品中$^{7}Li/^{6}Li$比值相对于国际标准样品NIST L-SVEC的千分偏差（‰）：$\delta^{7}Li = [(^{7}Li/^{6}Li)_{sample}/(^{7}Li/^{6}Li)_{L\text{-}SVEC} - 1] \times 1000‰$，测试流程主要采用标准-样品交叉法（SSB）。为监控不同类型样品锂同位素的测试精度和准确度，常采用的标准样品包括：海水标样NASS-6、NASS-7，玄武岩标样JB-2、BHVO-2，碳酸锂标样IRMM-016等。

镉（Cd）同位素分析易受样品基质、同质异位素、多原子离子的干扰，而环境样品往往基体复杂且差异巨大。因此，在进行镉同位素测试前，需先根据样品实际情况进行消解和分离纯化。消解是通过高纯度的酸将固/液体样品转化为稳定的溶液状态，当样品中有机质含量较高时，还需添加双氧水去除有机质[14,15]。分离和纯化是借助阴离子交换树脂，通过镉与氯离子形成络合离子，再利用阴离子树脂与络合离子在不同浓度酸中的结合力（分配系数）的差异实现镉和其他基质的分离和纯化[16]。目前，环境样品中镉的分离纯化流程主要有两种：一种是Wombacher等[17]建立的双柱分离法（AG 1-X8结合Eichrom TRU Spec树脂），该法能有效地把镉与干扰元素分开，且镉的回收率达到98%，但由于使用了三种不同的酸，操作流程较为繁琐，且酸的淋洗量大，易引入污染，不利于低镉含量样品的分离纯化；另一种是Cloquet等[18]建立的单柱分离法（AG-MP-1树脂），该法仅利用不同浓度的盐酸就可将镉与干扰元素分离，操作过程简单，镉的回收率大于95%，但针对某些锡含量较高的样品，最后的洗脱液中会存在部分锡残留，需进行二次纯化。近年来，多位学者通过改变树脂和洗脱酸的用量、洗脱顺序以及增加洗脱步骤，对单柱分离法进行了改进[19-21]，同样获得了高精度的镉同位素数据。

锡（Sn）的地壳丰度约为2 ppm，属于微量元素。锡在自然界几乎不以单质形式存在，而主要以氧化物和硫化物等矿物形式存在，如锡石（SnO_2）和黝锡矿（Cu_2FeSnS_4）[22]。锡有两个主要价态，Sn（II）和Sn（IV）。Sn（II）具有强还原性，极易被氧化成Sn（IV），而Sn（IV）在溶液中极易水解而析出形成胶体$Sn(OH)_4$，只在强酸和强碱溶液中存在。锡有十个天然稳定同位素，分别是^{112}Sn（0.97%）、^{114}Sn（0.66%）、^{115}Sn（0.34%）、^{116}Sn（14.54%）、^{117}Sn（7.68%）、^{118}Sn（24.22%）、^{119}Sn（8.59%）、^{120}Sn（32.58%）、^{122}Sn（4.63%）、^{124}Sn（2.79%），是拥有稳定同位素最多的金属元素。在进行锡同位素测试前，同样需要对样品进行前处理。一般使用阴离子交换树脂或特效树脂去除其他元素干扰，目前最常用的是阴离子交换树脂 AG 1-X8 和 TRU 特效树脂。对于元素组成较为简单的样品，如锡石样品，可选用 TRU 树脂单柱完成锡的分离[23-26]，而对于元素组成较为复杂的样品，如地质样品，则使用阴离子交换树脂与特效树脂联用的方式对样品基质做更好地去除[27,28]。锡的第一电离能高达 7.3 eV，一般使用原子化效率较高的 MC-ICP-MS 进行锡同位素测试。与其他元素相比，MC-ICP-MS 上锡的灵敏度较低，表现在雾化器进样速度为 150 μL/min 的条件下，150 ppb 的进样浓度下 ^{120}Sn 的信号仅达到 3～4 V[29]。对比之下，膜去溶的进样方式可明显提高锡的灵敏度，如进样速度在 135 μL/min 的条件下，10 ppb 浓度锡溶液即可使 ^{120}Sn 的信号达到 3～4.5 V[30]。针对锡同位素的质量歧视效应，一般采用 SSB 与锑内标法进行联合校正。Brügmann 等[31]对基于两种标准溶液 NIST SRM 3161a 和 IARM-91D 的锑内标校正结果进行了长期监测，得到的 ln^{123}Sb/^{121}Sb 与 ln^{124}Sn/ln^{120}Sn 的测试曲线斜率与理论斜率仅有微小差别，确定了锑内标校正方法的准确性。

锑（Sb）有两个天然稳定同位素，^{121}Sb（57.213%）和 ^{123}Sb（42.787%）[32]。21 世纪以前，研究者主要从事锑同位素丰度的研究。21 世纪初，随着第二代 MC-ICP-MS 的发展应用，非传统稳定同位素的高精度分析技术越来越成熟，国内外学者也开始了对自然样品中锑同位素的常规研究。特别是近 5 年来，锑同位素已成为一个新兴的研究热点，国内外发表的文章越来越多。同样，对自然样品，需经过前处理步骤，去除样品中的基质干扰，才能在 MC-ICP-MS 上进行锑同位素准确检测。目前常采用色谱柱固相分离对样品进行前处理。Rouxel 等[33]首次采用了 Bio-Rad AG 50-X8 阳离子树脂和自制硫醇棉纤维（TCF）对地质样品及海水中的锑进行了分离纯化。在此基础上，Asaoka 等[34]和 Tanimizu 等[35]改进并建立了仅利用 TCF 进行分离纯化锑的方法，Resongles 等[36]则采用自制硫醇纤维素粉（TCP）来代替 TCF 进行单次提纯。随后，研究人员先后建立了使用市售的硫醇硅胶[37]、带硫醇官能团的硅粉[38]、硫醇树脂[39]代替自制 TCF 或 TCP 的方法。除以上使用带硫醇官能团的材料进行前处理的方法外，Lobo 等[40-42]和 Degryse 等[43]提出了 Dowex AG 50-X8 阳离子树脂和 Amberlite IRA 743 阴离子树脂分离纯化辉锑矿和古代玻璃中锑的方法。近期 Liu 等[44]建立了利用 AG 1-X4 阴离子树脂和 AG 50W-X8 阳离子树脂对土壤和沉积物中的锑进行前处理的方法。锑同位素测试在 MC-ICP-MS 上完成，进样方式主要有四种：①氢化物发生器系统（膜去溶辅助）进样[33,36,38,39]；②常规雾化器雾室进样[34,35,40-43,45,46]；③膜去溶进样[37,45]；④飞秒激光剥蚀进样[47]。针对锑同位素的质量歧视效应，主要的校正方法有：①标准-样品交叉法（SSB）[33,36,38]；②锡内标校正法[34,35]；③SSB 与铟内标校正法[37,40-43,46]；④SSB 与镉内标校正法[39,44]；⑤SSB 与锡内标校正法[45,47]。以上各种方法的锑同位素测试精度大多可达 0.04‰（2SD）。关于锑同位素组成的表达，已有文献中并没有达成统一，但最近的成果多使用千分差的表达方式[37,38,44,45,47]，即：$\delta^{123}\text{Sb} = [(^{123}\text{Sb}/^{121}\text{Sb})_{样品}/(^{123}\text{Sb}/^{121}\text{Sb})_{标准}-1] \times 1000$。虽然目前国际上还没有统一的标准参考物质，但最近研究表明，研究者们正在逐步达成使用同一标准物质（NIST 3102a）作为参考标准的共识。

近年来，汞同位素分析方法取得了进一步发展，汞同位素分馏理论也得到了进一步完善。近期研究人员已针对低汞含量的样品建立了高精度的汞同位素测试方法，例如，水体样品由于汞浓度相对较低，其汞同位素组成测试难度较大，需要先进行预富集，Chen 等[48]率先针对水样汞建立了阴离子交换树脂的预富集和纯化方法，实现了水样中汞同位素组成的准确测试，这一方法被进一步优化并广泛应用于降水[49,50]、河水[51]、冰雪水[52]和海水[53]中的汞同位素组成测试。大气样品由于存在三种不同的汞形态，且浓度通常相对较低，其形态汞同位素组成测试难度也很大，需要针对不同形态的汞建立不同的采样和前处理方法，目前大气颗粒态汞主要通过颗粒采样膜采样、双管式燃烧炉预富集/纯化的前处理方法[54]，而大气气态汞则通过使用碘和氯浸渍活化的活性炭捕集器采样、双管式燃烧炉预富集/纯化的前处理方法[55]，这些方法已在大气汞污染的同位素示踪方面得到了广泛应用[56]。近年来，专门针对形态汞即甲基汞中汞同位素的测试方法也得到了快速发展，包括在线的直接分离检测[57]和离线的消解提取[58]、气相色谱分离[59]、高效液相色谱分离[60]等方法，实现了不同环境样品中甲基汞的同位素组成测试，极大地拓展了汞同位素在示踪环境汞循环方面的应用。

3.3.2 单体稳定同位素分析方法最新进展

近三十年发展起来的单体稳定同位素分析（compound-specific stable isotope analysis，CSIA）技术为研究环境中污染物的溯源、迁移、转化及最终归宿提供了新的技术手段。在环境研究领域，早期的单体稳定同位素研究主要利用单体稳定碳同位素分析（C-CSIA）研究小分子类化合物（氯乙烯、甲基叔丁基醚、单环芳烃如苯系化合物等）的降解转化[61]。这些针对挥发性有机物的单体稳定碳同位素研究对样品前处理的要求不高。为拓展 CSIA 技术在有机污染物环境行为研究中的应用，近年来涌现出一些针对半挥发性、极性有机污染物的 CSIA 的样品处理和仪器分析方法。如 Schreglmann 等人利用固相萃取和制备高效液相色谱建立了分析地下水中除草剂及其代谢产物的纯化方法和单体碳-氮稳定同位素分析方法（C/N-CSIA）[62]。Zeng 等通过多级柱色谱净化，开发了生物（鱼类）和环境介质（沉积物）中的多溴联苯醚（PBDEs）的 C-CSIA 前处理方法[63,64]。Ivdra 等利用超声波辅助萃取，建立了土壤中有机氯农药［六六六（HCH），滴滴涕（DDT）及其代谢产物］的 C-CSIA 分析方法[65]。Torrento 等应用改进的固相萃取技术联合气相/液相色谱同位素比值质谱仪（GC/LC-IRMS），开发了极性和非极性杀虫剂的 C/N-CSIA 方法[66]。

卤代有机污染物是当前环境科学领域重点关注的一类污染物，因此，单体氯/溴同位素分析（Cl/Br-CSIA）已成为当前正在快速发展且极具挑战性的研究方向[67-71]。用于 Cl/Br-CSIA 的仪器主要有同位素比值质谱（IRMS）、气相色谱-四极杆质谱（GC-qMS）和气相色谱高分辨质谱（GC-HRMS）。传统 Cl-CSIA 方法采用离线转化技术将目标化合物的氯元素转化为仅含一个氯原子的简单化合物，如 CsCl 和 CH_3Cl 等，然后用 IRMS 检测氯同位素比值[72-74]。但这类方法的样品前处理过程繁琐，分析成本较高。Shouakar-Stash 等开发了一种免于转化的 Cl-CSIA 方法，用 GC-IRMS 直接监测分析物的特定氯同位素异数体以获得氯同位素比值[75]。但该方法的分析物谱窄，仪器的可获得性低，不利于大范围使用。

近年来，在线氯元素转化技术得到了一定发展。Renpenning 等研发了在线高温转化技术（HTC），并利用 GC-HTC-IRMS 开发了针对挥发性和半挥发性有机氯化合物的 Cl-CSIA 方法，该方法仪器检测限＜15 nmol 氯，分析精度（标准偏差，SD）＜0.3‰。HTC 是一种通用转化技术，在同位素分析领域有良好的应用前景，但目前 GC-HTC-IRMS 仪器数量极少，应用范围因此受限[76]。此外，电感耦合等离子技术（ICP）已应用于在线氯元素离子化，可将气相色谱流出的分析物氯原子转化为 $^{35}Cl^+$和 $^{37}Cl^+$。Horst 等利用 GC-MC-ICPMS 技术建立了挥发性氯代烃化合物的 Cl-CSIA 方法，检测限可达 2～3 nmol 氯，分析精度可达 0.1‰，长期重现性＜0.3‰[77]。该方法目前仍然受限于氯元素在 ICP 上离子化效率低和质谱信号干扰等问题。GC-MC-ICPMS 已应用于 Br-CSIA 研究，对一溴甲烷和一溴苯的溴同位素分析精度＜0.4‰，然而对多溴联苯醚等相对复杂化合物的分析精度较差（1.4‰～1.8‰），检测限亦相对较高（＞40 ng/分析物）[78,79]。

近十年来，GC-qMS 作为一种常规和易获得的仪器已应用于 Cl/Br-CSIA 研究。Sakaguchi-Soeder 等首次利用 GC-qMS 建立了四氯乙烯和三氯乙烯的 CSIA-Cl 方法，对分析物的氯同位素比值分析精度可达 0.4‰[80]。该方法检测目标化合物分子离子和/或碎片离子的特定氯同位素异数体，然后基于氯同位素异素体服从二项分布的假设，根据同位素异数体质谱信号计算得到氯同位素比值。随后，Aeppli 等发展了基于 GC-qMS 检测的 Cl-CSIA 方法，应用具有已知氯同位素组成且与分析物结构完全相同的化合物作为同位素外标，采用分析物和同位素外标交替进样方式检测化合物离子的特定相邻氯同位素异数体，分析了四氯乙烯、DDT、五氯酚的氯同位素比值，分析精度范围为 0.6‰～1.3‰[81]。Bernstein 等[82]及 Heckel 等[83]评估了基于 GC-qMS 和 GC-IRMS 的 Cl-CSIA 方法的精确度和准确度，发现 GC-qMS 在分析精度上可与 GC-IRMS 相媲美，且两种仪器获得的氯同位素比值吻合良好。Zakon1 等基于同样的同位素比值计算方法利用 GC-qMS 建立了溴仿等有机溴化合物的 Br-CSIA 方法，并对比了 GC-qMS 和 GC-MC-ICPMS 的分析结果，发现两种仪器的溴同位素分析精度相近，且实测溴同位素比值具有良好一致性[84]。近期 Huang 等人对 PCBs 和 PBDEs 中 Cl/Br-CSIA 的 GC-qMS 检测方法进行了研究，通过对计算方法、目标物浓度、仪器参数设置等因素的研究，成功建立了基于 GC-qMS 的 PCBs 和 PBDEs 的 Cl-CSIA 和 Br-CSIA 方法，评估了 CSIA 检测过程中内标/外标校正、时间漂移和 ^{13}C 校正对氯和溴同位素比值的影响，获得的氯同位素分析精度范围为 0.08‰～0.68‰，溴同位素分析精度范围为 0.5‰～1.7‰[85]。

低质谱分辨率的 GC-qMS 易于受杂质的干扰。利用 GC-HRMS 进行 Cl/Br-CISA 研究较之于 GC-qMS 有更优越的分析效果。刘咸德等利用气相色谱飞行时间高分辨质谱（GC-TOF-HRMS）测定了大气中六氯苯的氯同位素比值，分析精度范围为 2‰～5‰，可区分距离污染源远近不同采样点的六氯苯的氯同位素比值[86]。目前 GC-qMS 和 GC-TOF-HRMS 的 Cl/Br-CISA 研究普遍基于氯/溴同位素异素体分布服从二项分布的假设进行稳定同位素比值的计算[80]。团簇同位素理论认为多个重同位素取代的同位素异数体在能量上更易于生成，由此导致团簇同位素的非随机分布[87,88]。此外，电子电离源质谱（EI-MS）的离子碎裂过程不可避免存在同位素效应，进一步导致所监测离子的同位素异数体偏离二项分布[89]。针对这一情形，研究人员建议使用全分子离子同位素异数体计算法计算氯/溴同位素比值[90,91]。

气相色谱双聚焦高分辨质谱（GC-DFS-HRMS）具有极高的灵敏度和选择性，在较低进样量（约 0.5 ng/分析物）条件下能为氯原子数≤6 的有机氯化合物的所有分子离子氯同位素异数体提供足够的信号强度[92]。基于 GC-DFS-HRMS 的优异检测性能，Tang 等最近利用该仪器建立了基于全分子离子同位素异数体计算方法的氯代有机污染物的 Cl-CSIA 方法[93]。该研究采用双同位素外标法校正氯同位素比值，对四氯乙烯和三氯乙烯的分析精度可达＜0.30‰，检测限达 0.05 ng/分析物，远低于 GC-IRMS 和 GC-qMS 的检测限。可以预测，采用 GC-DFS-HRMS 和全分子离子同位素异数体计算法的 Cl/Br-CSIA 研究将是单体卤素同位素分析领域前景良好的发展方向。

多氯代有机物的氯同位素异数体可能不服从二项分布，由此可能导致不同源的某种多氯代有机化合物具有相同的氯同位素比值，但它们的氯同位素异数体分布却各异。因此，氯同位素异素体分布可能比氯同位素比值更能胜任多氯代有机物的源识别。近期，Tang 等利用 GC-HRMS 开展了多氯代有机物氯同位素异数体分布指纹分析研究[94]。该研究先用 GC-HRMS 获得分析物的实测氯同位素异数体相对丰度，然后假设该分析物的氯同位素异数体服从二项分布，得到理论氯同位素异数体分布，最后将实测值与理论值之间的差异（ΔA）用于多氯代有机污染物的源识别。该研究方法已成功应用于六种典型多氯代有机污染物（两种氯乙烯和四种多氯联苯）的源识别。研究结果表明 ΔA 分布模式是一种高度化合物特异性的指纹特征，能提供相对于氯同位素比值更为可信的多氯代有机污染物源识别结果。

在色谱质谱检测过程中，分析物在色谱分离与离子化过程中可能发生比现实世界物理化学过程更为显著的同位素分馏。最近，Tang 等对卤代有机物在气相色谱质谱（GC-MS）上的氯/溴同位素效应及其机理进行了系统性研究。卤代有机物在气相色谱分离过程中的氯/溴同位素分馏存在正相、反相和无可观测同位素分馏三种情形，其机理可用双膜模型解释：两种对抗性的同位素效应协同决定同位素分馏的方向和程度[92]。有机氯/溴化合物能在气相色谱上发生协同二维碳-氯/溴反相同位素分馏，且碳同位素分馏与氯/溴同位素分馏呈显著正相关[95]。氯/溴代有机物在电子电离源质谱（EI-MS）的电子轰击离解过程中会产生显著的氯/溴同位素效应，且量级远高于现实环境脱卤反应中的氯/溴同位素效应[31]。离子间和离子内同位素效应理论以及准平衡理论可以解释 EI-MS 上的氯/溴同位素效应，而离子间（分子间）同位素效应公式可以用于揭示离子间（分子间）同位素效应变化规律[90,91]。氯代有机物在 GC-MS/MS 的离子-分子碰撞诱导脱氯反应中能产生能量依赖正相和超大反相氯动力学同位素效应（Cl-KIEs），这种同位素效应罕见于现实脱氯反应，且 Cl-KIEs 随碰撞能呈指数变化，变化范围可达 0.797～1.016[36]。卤代有机物在 EI-MS 的离子化过程中会发生显著攫氢反应，而在攫氢反应中会产生显著的氯/溴同位素效应[37]，可能会影响

Cl/Br-CSIA 的实验结果。此外，在不同类型的 EI-MS 上，氯代有机物呈现出不同的氯同位素效应特征[38]。上述研究对基于 GC-MS 的新型 Cl/Br-CSIA 方法的建立和优化具有重要参考意义。

3.3.3 稳定同位素标记技术在方法学上的新进展

稳定同位素标记技术能够高效地定量研究物质转化路径，并计算各个路径对物质转化的相对贡献[96]，在元素循环[97]、化合物示踪[98]、重大疾病的病因分析[99]以及生物体代谢过程[100]等方面均有应用。在环境领域，稳定同位素标记技术主要应用于有机物转化过程的解析，特别是降解微生物的鉴定及降解机理的探究，该技术与其他分子生物学手段相结合，取得了很多方法学上的进展。

SIP 技术的应用是基于对重同位素标记的环境样品的培养来实现的，当样品中的微生物利用了标记底物，就会同化合成含有重同位素标记的生物标志物（如 DNA、RNA 和 PLFA），通过密度梯度离心后，这部分密度大的生物标志物就会从含有天然丰富的较轻同位素中被分离出来[101]，再对这些生物标志物进行提取、分离及比对等一系列分析，从而鉴定出样品中对目标化合物具有转化功能的特定微生物类群（图 3-1）。理论上生物大分子中的各个元素都可以被标记。在实际应用中 ^{13}C 是最常用的稳定同位素，此外，^{15}N 和 ^{18}O 也有少量应用。根据被标记的生物标志物的不同，SIP 技术主要分为 DNA-SIP、RNA-SIP 和 PLFA-SIP[102]。

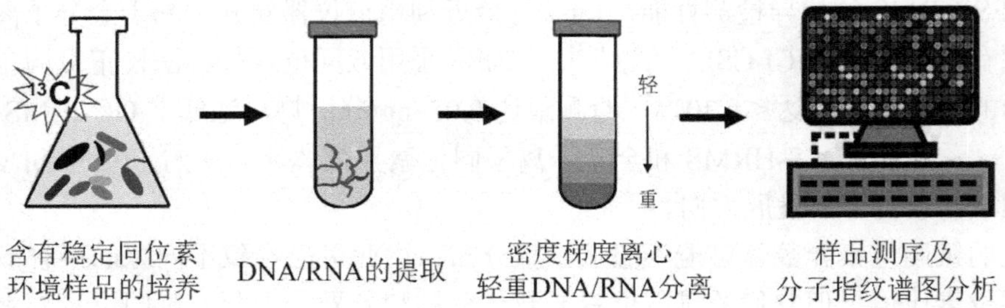

图 3-1 SIP 工作流程示意简图

在 SIP 技术中，以 DNA 作为靶点（即 DNA-SIP）运用最多。一方面，DNA 是生物分类以及潜在功能预测的依据；另一方面，DNA 的扩增和测序技术已经十分成熟，这些都为功能微生物的鉴别提供了保障[103]。随后产生的 RNA-SIP 技术，因 RNA 的合成是转录水平，其灵敏度相较于细胞复制水平的 DNA-SIP 技术更高；此外，RNA-SIP 没有 DNA-SIP 中的高 G+C 含量 DNA 在密度梯度离心过程中发生迁移而产生假阳性的现象，因此出现假阳性结果的概率更低[104]。PLFA-SIP 技术的出现要早于前两者，且其灵敏度更高，对于活性极低的生物体该技术优势明显。但是，由于 PLFA 特异性不高，且对于缺乏 PLFA 图谱的微生物无法进行物种注释，因此该技术只能在较为广泛的分类层面对物种进行分类[105,106]。

随着组学技术的发展和广泛应用，SIP 技术结合各种组学技术产生 SIP-宏基因组学（SIP-metagenomics）、SIP-宏转录组学（SIP-metatranscriptomics）和 SIP-宏蛋白质组学（SIP-metaproteomics）技术，这些技术能更深入地表征环境微生物群落中功能活跃的群体，逐渐成为解决微生物生态学中多种问题的有力工具[107-111]。SIP-宏基因组学/宏转录组学为低丰度的未培养生物基因组的研究提供了可能，并能对物种的代谢能力提供合理的预测。而 SIP-宏蛋白质组学则是基于将重同位素标记于肽段，并结合质谱技术对所涉及的蛋白进行鉴定，从而甄别出执行具体生态功能的生物体的技术。SIP-宏蛋白质组学技术可以通过检测代谢途径的表达，并基于相关蛋白质中的重同位素标记信号的强弱，对基因组信息中预测的功能进行验证，不但实现了微生物群落信息与特定生物地球化学过程的关联，还准确获取了蛋白质丰度和蛋白质-蛋白质相互作用的信息[111-114]。

SIP 与组学技术的联合应用，可以不依赖于生物的培养而实现对特定功能生物群落的甄别，但不能原位研究复杂环境中的单个微生物的功能和活性，而基于 SIP 的单细胞分选拉曼光谱技术（Raman-SIP）使功能微生物的分离和实际应用成为可能[115,116]。拉曼光谱是一种无损检测的方法，当其与 SIP 技术结合后，因为生物大分子（如蛋白质、核酸、脂质和碳水化合物）中的轻原子被较重的稳定同位素取代，从而引起振动能的降低，引起生物体细胞内分子所产生的特征性拉曼信号发生位移（图 3-2）。这些移位的标记条带不仅可用于识别功能微生物，还可以对功能菌的特定活性进行原位定量，如萘降解菌[117,118]、光合固碳菌[119,120]、固氮菌[115,116]，以及其他具有生理活性和代谢活性的功能菌。由于单细胞水平 Raman-SIP 技术避开了纯培养，因此该技术对土壤、海水和河水等重要生态系统中大量未培养微生物的研究，以及这些未培养微生物在全球元素（C、N、H、P 和 S）循环中关键作用的揭示具有重要意义[103]。

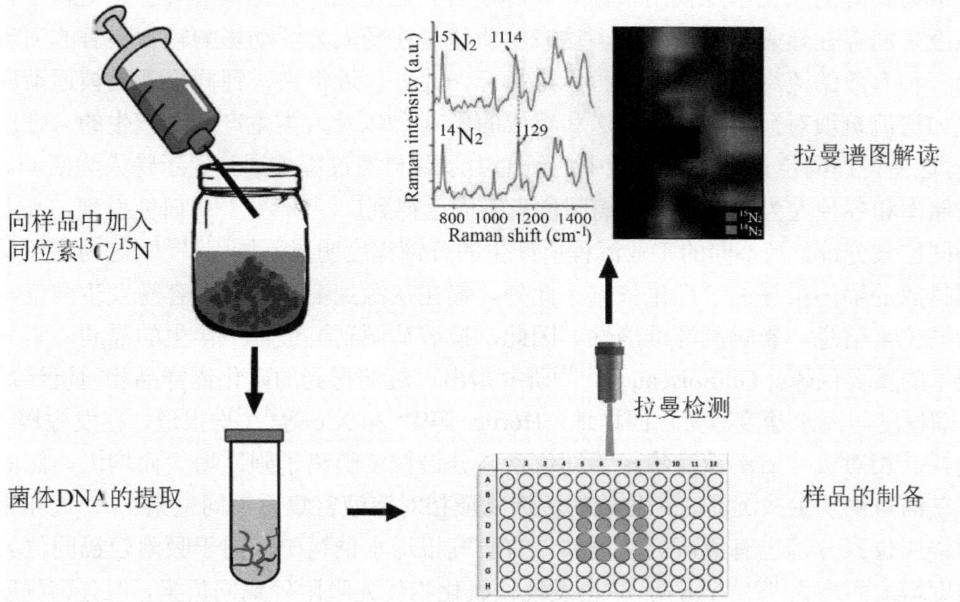

图 3-2　基于拉曼光谱的 SIP 工作示意简图

3.4　稳定同位素技术在环境领域的最新进展

3.4.1　稳定同位素技术在环境金属源解析中的最新进展

新兴的非传统稳定同位素技术在示踪金属物质（尤其重金属污染物）的源-汇关系，以及迁移转化过程方面展示出越来越强大的应用潜力，广泛涉及地球和生命演化、气候变化、环境生态、人类活动等各个领域。应用稳定同位素技术进行源解析的前提是弄清楚各储库和污染源的同位素组成，对实际环境中涉及的物理、化学和生物过程造成的同位素分馏程度和方向有清楚的认识。以下将依次介绍锂、镉、锡、锑、汞这五种金属同位素在源解析中的最新应用进展。

自 20 世纪 80 年代末期，Chan 和 Edmond[121]利用热电离质谱测定了海水、湖水、热液以及蚀变-未蚀变玄武岩等不同地表储库的锂同位素组成开始，锂同位素在地表过程研究中的应用逐渐兴起。近年来，锂同位素已被广泛应用于大陆风化机制及历史演化的研究[122-126]，为认识大陆风化及其对区域、全球气候演化的响应提供了强有力的支撑。大陆风化研究中锂同位素的应用包括多个方向，如原位风化壳[127]、风化机理模拟[128,129]、流域风化[126]、陆地风化演化及其与气候之间的相互响应机制[125]等，其中在示踪流域风化中的应用尤为广泛。在众多世界大河流域，如亚马孙河[126]、恒河-雅鲁藏布江[130]、刚果河[131]、麦肯齐河[132]、长江[133]、黄河[134]等，基于锂同位素的相关研究取得了一系列重要认识。以我国大型河流珠江为例，Song 等[135]发现水体和悬浮物的锂同位素变化范围分别为+16‰～+27‰和–3.8‰～–0.7‰，相较于基岩的锂同位素组成（约为 0‰）分别偏重和偏轻，证实了陆地岩石风化过程中锂发生了显著的同位素分馏，使得水体中相对富集重的 ^{7}Li 同位素。以往研究表明，岩石风化过程中次生矿物的形成使得较轻的 ^{6}Li 被优先利用是导致锂同位素产生分馏的主要机制，也正是由于风化过程中可以发生显著的同位素分馏，使得锂同位素成为良好的风化示踪代用指标。同时该研究还发现，无论是溶解态还是悬浮物锂同位素都与流域风化强度之间存在显著的相关关系，这表明即便是在受人为活动影响较为显著的河流，锂同位素依然可以作为一种有效的流域风化侵蚀过程示踪指标。此外，近年来，锂同位素已被逐渐应用于示踪人为活动影响，如河流筑坝对河流悬浮物输送和组成的影响[28]以及人类生产活动产生的含锂废弃物对水体的污染等[136]。这使得锂同位素在地表环境中的研究由示踪自然过程扩展到了示踪人为活动。

自然地质储库和各种人为污染源中的镉同位素组成已得到广泛研究[137]。研究发现，高温工业过程会导致明显的镉同位素分馏，且不同的工业流程所产生的分馏程度明显不同[138-140]，这为应用镉同位素追踪人为活动过程排放的镉污染提供了理论依据。此外，镉在从源到汇的过程中容易发生同位素分馏，进而丢失污染源的同位素信息，影响溯源准确性。因此，摸清从源到汇过程中伴生的镉同位素分馏效应是镉同位素示踪技术的重要保障。Guinoiseau 等[141]研究指出，沉淀得到的硫化镉样品相对沉淀后溶液富集轻镉同位素，分馏程度与海水盐度有关。同样地，Horner 等[142]和 Xie 等[143]均报道，在发生镉-钙共沉淀时，生成的共沉淀样品相对沉淀后溶液富集轻镉同位素，分馏程度随离子强度增大而增大。然而，最近的一项研究表明，在镉与铁发生共沉淀时，生成的沉淀物质相对溶液富集重镉同位素[144]。近年来，关于矿物吸附过程中的镉同位素分馏也有所研究，例如，有研究报道水钠锰矿倾向于吸附轻镉同位素，并且分馏程度随离子强度增大而增大[145]。Yan 等[144]也发现铁氧化物优先吸附轻镉同位素，但分馏程度不受初始镉浓度、离子强度和 pH 的影响。最新的一项工作表明，轻镉同位素优先与胡敏酸发生络合[146]。综上，可以发现，多个过程均发生了明显的镉同位素分馏。虽然目前已经揭示了镉从源到汇的某些过程中的镉同位素分馏系数，但是镉在环境中的迁移转化受到多组分、多环境条件的综合调控，因此，未来还需要深入研究以阐明镉在多组分、多界面复杂体系中的同位素分馏效应。目前，镉同位素已在环境镉污染源解析方面表现出事半功倍的强大功用，尤其在土壤镉来源解析及其迁移转化过程示踪方面。例如，Zhang 等[147]利用镉同位素解析了湖南某工业区周边表层土壤中镉的来源，发现汽车尾气、水泥厂粉尘、肥料和冶炼厂粉尘对土壤镉的贡献分别为 14%、7%、20%和 59%。Salmanzadeh 等[148]应用镉同位素探究了新西兰一处长期（1952～2015 年）定位施用磷肥土壤中镉的来源，发现施磷肥土壤与对照土壤镉同位素组成存在明显差异，且施磷肥土壤的镉同位素趋向于磷肥中镉同位素，表明含镉磷肥施用是导致土壤镉积累的主要原因，同时作者利用贝叶斯模型对土壤镉来源进行了定量解析，发现原有土壤的镉贡献约占 10%，2000 年使用的磷肥贡献约占 80%，2000 年后使用的磷肥贡献约占 17%。Imseng 等[149]利用镉同位素揭示了瑞士三处耕地土壤中镉的输入输出途径，发现磷肥和有机肥施用是土壤镉的主要来源，而农作物吸收是土壤镉的主要输出途径。Wiggenhauser 等[150]借助放射性和稳定镉同位素，证实通过磷肥进入土壤中的镉有 97%会保留在土壤中，从而导致土壤镉浓度升高。综上可见，镉同位素在镉污染源解析方面具有明显优势，不但能定性解析镉来源，还可以定量地给出排他性的镉来源。

作为一个发展中的新同位素体系，锡同位素目前主要应用在地质样品中。成矿类型对锡同位素组成有着显著影响，如氧化性锡矿矿物 SnO_2，其 $\delta^{120/116}Sn_{SRM\ 3161a}$ 一般在 0～0.5‰之间，硫化物锡矿 Cu_2FeSnS_4 中的锡同位素组成则在–1‰～–0.5‰之间[22,23,26,151]；岩浆分异过程中，锡会随着岩浆演化程度增加而规律性地富集轻同位素（$\Delta^{122/118}Sn_{basaltic\text{-}acidic} = 0.25‰$）[28,152]；同时，锡同位素对反应环境氧化-还原状态变化具有良好的敏感性，Sn（Ⅳ）被还原成 Sn（Ⅱ）的过程可以造成明显的同位素分馏（$\Delta^{124/116}Sn_{IV\text{-}II}= 0.40‰$）[153]。综上所述，地质样品中的锡同位素组成可能受控于多重复杂的地质过程，锡在地球不同储库间的地球化学行为亟待揭晓。

锑同位素的研究还处于初始阶段，目前对于各储库锑同位素的组成和自然环境中的锑同位素分馏机制已有了初步的研究。例如，Sun 等[39]分析了一系列环境标准物质的锑同位素组成，发现不同种类的样品（土壤、水系沉积物、海水、岩石等）具有不同的 $\delta^{123}Sb$ 值范围。Colin 等[38]对生物、环境、地质样品分析后，发现大部分样品中 $\delta^{123}Sb$ 值的变化达 0.92‰。Rouxel 等[33]首次分析了不同地质和环境样品的锑同位素组成，并发现在 Sb（Ⅴ）还原为 Sb（Ⅲ）的过程中产生的分馏达 0.9‰。Dillis 等[46]的研究表明，在辉锑矿加热氧化过程中会导致-0.25‰的同位素分馏，即产物具有更轻的同位素组成。Zhai 等[45]对来自湖南锡矿山的辉锑矿样品进行了分析，发现热液系统中 $\delta^{123}Sb$ 值变化达 1.13‰，且形成时离流体源越远的辉锑矿具有更大的 $\delta^{123}Sb$ 值。Resongles 等[36]报道了受矿业活动影响的表层河水中锑同位素组成变化为 0.17‰，并利用锑同位素对支流向干流输入的锑贡献量进行了估算。Lobo 等[40-42]将锑同位素技术应用于考古学中，分析了世界不同地区辉锑矿中的锑同位素组成，并利用锑同位素示踪古罗马玻璃材料的来源。这些已有成果为基于同位素溯源的研究打下了基础，然而目前对于污染源的同位素组成和造成锑同位素分馏的过程及机制的研究仍然不足，未来仍需更多研究为溯源分析提供可靠的理论依据。

随着分析方法的不断提升和分馏理论的不断完善，汞同位素在汞生物地球化学循环示踪方面展现出更加广泛的应用潜力，尤其以汞同位素非质量分馏为核心，近期研究示踪了不同时空尺度下汞的来源和迁移转化，以及地球史上一些重要的气候变化、构造活动和生物灭绝事件，完善了人类活动和气候变化影响下的汞生物地球化学循环，为理解地球环境和生态演化提供了新的视角。

（1）在古环境重建方面

Shen 和 Chen 等[154,155]率先提出了生物大灭绝事件的汞同位素新证据，通过系统分析五大生物灭绝事件地层界面的汞同位素组成，揭示了不同时期火山活动对区域和全球范围内生物灭绝的影响机制，之后 Sial 和 Chen 等[156]的研究进一步证实了二叠纪-三叠纪交界时火山活动对生物大灭绝的影响，这些研究夯实了金属同位素在古环境及生态演化研究的理论基础；Moynier 和 Chen 等[157]开展了地球早期构造活动的汞同位素研究，通过建立完整的球粒陨石和陆地岩石汞同位素数据库，揭示了地幔汞的收支主要由球粒陨石物质到地球的后期积聚所控制，并给出了钙长辉长无球粒陨石中挥发分损失起源的新证据；Zheng 等[158]开辟了古海洋演化的汞同位素研究新领域，发现海洋沉积物汞同位素与海洋透光带硫化过程有关，揭示了汞同位素与海洋硫循环的耦合机制，为古海洋氧化还原状态的重建和现代硫化水体相关研究提供了新的证据。

（2）在大气环境方面

Huang 和 Chen 等[159,160]开展了大气灰霾颗粒汞污染的同位素示踪，先后发现北京大气颗粒态汞的同位素组成具有显著的季节和昼夜变化规律，揭示出季节变化主要由人为源贡献的变化所引起，而昼夜变化则主要由颗粒上二价汞的光化学还原所产生；随后 Qiu 等[161]继续开展了大气灰霾颗粒汞来源的同位素解析，揭示出北京两次灰霾事件中 $PM_{2.5}$-Hg 的来源和迁移模式显著不同，发现生物质燃烧是北京冬季灰霾颗粒中汞的重要来源，且偶数汞同位素特征表明人为排放的颗粒物有可能还发生了光化学反应，这些研究推动了应用汞同位素示踪雾霾颗粒来源的理论发展；Li 和 Chen 等[162]率先开展了南极地区中山站附近大气颗粒汞的同位素示踪，阐明了大气颗粒态汞同位素组成的季节变化规律，指出春季颗粒态汞同位素组成主要受原位光氧化还原过程影响，而夏季则主要归因于南极高原内陆元素汞被氧化产生的二价汞的随风传输，为极地地区大气汞的同位素示踪研究奠定了基础。

（3）在区域生态方面

Zheng 等[163]系统开展了北美森林汞来源和归趋的同位素示踪，发现大气单质汞是森林生态系统汞的重要来源，且凋落物中的汞是土壤汞的主要来源，为更好地理解汞在大气-森林-土壤界面上的循环提供了新思路。Zhang 等[51]率先开展了我国受人为活动影响显著的大型河流珠江中溶解态汞来源的同位素示踪，揭示出珠江溶解态汞并非直接来自工业和采矿等人为活动，而是主要来自大气降水和表层土壤风化，同时发现了来自电子垃圾就地焚烧所释放的汞输入，证明汞同位素可以成为示踪大型复杂河流系统中汞来源和过程的有力工具。Sun 等[164]利用汞同位素探究了深海汞循环的地球化学过程，通过分析万米以下海沟生物的汞同位素组成，揭示了深海甲基汞主要源自上层海洋，为构建海洋汞循环模型提供了理论基础。Meng 等[165-167]系统开展了我国边缘海中汞来源和迁移的同位素解析，定量计算了海陆交界区域汞的来源和陆源汞的迁移距离，揭示了渤海食物链中甲基汞主要来自沉积物，重建了我国东部海域汞输入通量的年代变化，展示了汞同位素在示踪近海汞循环方面的巨大应用潜力。

3.4.2 单体稳定同位素技术在有机污染物溯源和转化方面的最新进展

CSIA 技术在环境科学研究中的应用主要集中于污染物溯源、判别转化过程、判识降解机理和量化降解效果等方面。目前有关溯源方面的研究较多地集中于环境中多环芳烃（PAHs）的来源解析。如 Yang 等应用 C-CSIA 技术溯源发现上海公路网沿线 7 个农田土壤中 PAHs 的来源包括机动车排放、煤加工和生物质燃烧[168]。Niu 等通过 C-CSIA 分析表明低纬度中国农村地区的 PAHs 主要来自生物质燃烧[169]。Ahad 等通过 C-CSIA 技术确定了萨斯喀彻温省西北部阿萨巴斯卡油砂区以东的湖泊中 PAHs 主要来自于北方森林火灾中的软木燃烧，与油砂区的开采活动无关[170]。此外，Ivdra 等测定了全球多个厂家 HCH 工业品的单体碳、氢和氯同位素组成，为环境中 HCH 的来源解析提供了 HCH 源数据[171]。利用 C-CSIA 对环境中 PCBs 进行溯源的研究只有少量的文献报道。Yanik 等分析了不同 PCBs 工业品和采集自马萨诸塞州的胡萨托尼克河的鸭和草鱼样本中 PCBs 的单体碳同位素组成，确定了胡萨托尼克河的鸭和草鱼体内的 PCBs 污染主要来源于 Aroclor 1260 的输入[172]。Zeng 等分析了中国一处电子垃圾拆解区污染池塘中表层沉积物、鲮鱼和乌鳢体内 PCBs 单体的 $\delta^{13}C$ 值，发现鱼体和沉积物中的 PCBs 具有相似的碳同位素组成模式，表层沉积物中 PCBs 单体的 $\delta^{13}C$ 值可以作为本底值研究 PCBs 在鱼体内的代谢转化过程[173]。Huang 等通过分析沉积柱中 PCBs 的 $\delta^{13}C$ 值，揭示了一受电子垃圾污染池塘中存在的至少两次 PCB 的排放过程[174]。

CSIA 技术的另一个重要应用领域是对污染物生物转化、环境降解及修复效果评估的研究。CSIA 技术在这一方面的应用早期研究对象较单一，主要是分子结构简单且易于提取的化合物[175]。近十年来，在 CSIA 分析技术快速发展的驱动下，该技术在复杂化合物的生物或非生物转化及原位修复的研究逐渐增多。HCHs 作为一类具有较高检出率的有机污染物，成为 CSIA 应用研究的重要研究对象。Chartrand 等通过对污染源及下游地下水中 HCH 的稳定碳同位素检测，发现源场地与下游地下水、不同下游地下水中 HCH 的 $\delta^{13}C$ 均存在显著差异，证实了 HCH 的原位生物降解[176]。Ratti 等对苯胺类化合物光解过程中的 C/N-CSIA 研究表明，间接和直接光降解过程中 C、N 同位素分馏显著不同，为不同降解过程的判别提供了依据[177]。CSIA 技术还在氯苯、乙苯、十氯酮及抗生素磺胺甲噁唑等有机污染物的生物/非生物过程的表征及原位降解评估中得到应用[178-182]。

应用 CSIA 示踪 PCBs 和 PBDEs 的降解转化过程也有陆续报道。已有研究采用 CSIA 技术分析紫外光（UV）和模拟自然光条件下 PBDEs 的稳定碳同位素组成，发现 PBDEs 在光降解过程中存在具有化合物特异性的显著碳同位素分馏现象[183,184]。Huang 等人先后应用 CSIA 分析等多技术相结合的方法揭示沉积环境中 PCBs 和 PBDEs 的原位微生物降解过程，为野外环境中有机污染物的原位降解研究提供了新的分析方法和思路[174,185]。在 PCB 及 PBDEs 的生物转化示踪方面，Luo 等[186]及 Tang 等[187]通过暴露实验，测定了不同鱼类中 PBDE 的单体稳定碳同位素组成，证实了 PBDE 在鱼体内的物种特异性脱溴代谢过程及脱溴过程中有关单体的稳定碳同位素分馏效应。Zeng 等应用 CSIA 技术考察野外水生食物链中 PCBs 和 PBDEs 的碳稳定同位素组成随生物营养级的变化，发现 PCBs 单体 ^{13}C 亏损或者富集均随营养级的增加而强化，而 PBDEs 单体则不存在此现象，表明 PCBs 在两种鱼类中存在相似的代谢途径，而 PBDE 的代谢存在物种差异性[173]。通过测定 PBDEs、PCBs 和 DDT 等化合物在两个人工构建的水生食物链上的单体碳稳定同位素组成及生物富集相关的参数，Tang 等发现反映化合物稳定碳同位素分馏程度的指标（$\Delta\delta^{13}C/\delta^{13}C_{initial}$）与该化合物在鱼体内的清除速率之间存在显著的正相关而与生物放大因子显著负相关；由于生物转化导致的生物放大因子的变化及清除速率的变化均与化合物的分馏程度显著线性正相关。这为量化表征化合物的生物转化速率以及评估生物转化对化合物生物放大效应的影响提供了一个可供测量的指标[188]。

近十年来对映异构体稳定同位素分析（ESIA）结合对映体选择性分析（分析对映体比值，EF 值）已发展成为分析手性有机污染物环境过程的新方法。Badea 等应用 ESIA 成功区分了六六六（*α*-HCH）的好氧和厌氧微生物降解过程[189]。Bashir 等发现 α-HCH 在不同菌株（*Sphingobium indicum strain* B90A 和 *Sphingobium japonicum strain* UT26）降解过程中其异构体的同位素富集因子不同[190]。Zhang 等利用 ESIA 和 EF 相结合的方法发现 *α*-HCH 的不同非生物降解（直接和间接光降解、碱水解、电化学还原和纳米零价铁还原）途径未有明显的对映体组成的变化，但不同过程存在显著的差异性同位素分馏现象，且与其在好氧和厌氧微生物降解过程的同位素分馏不同[191]。Tang 等应用 ESIA 技术研究了手性 PCBs 以及 *o*, *p*'-DDT 在不同鱼体内的手性选择性生物转化过程。发现手性 PCB 单体的手性选择性降解过程存在不同的机理，并存在明显的物种差异性现象[187,188]。

近年来，联合应用多元素（C、H、Cl 和 Br）单体稳定同位素分析（multielement CSIA，ME-CSIA）技术开展有机污染物的降解途径及机理的研究不断增加[192]。Lihl 等借助 C/Cl-CSIA 技术发现氯乙烯（TCE）在微生物厌氧脱氯过程中其碳/氯同位素富集因子比值（$\Lambda_{C/Cl}=\varepsilon_C/\varepsilon_{Cl}$）随降解机理的不同而不同：质子化脱氯过程会导致较大的 $\Lambda_{C/Cl}$，而 Cl-消除脱氯会导致较小的 $\Lambda_{C/Cl}$[193]。Heckel 等研究菌株 *Dehalobacter* sp. Strain（UNSWDHB）和 *Dehalobacter* sp. strain（CF）对四氯甲烷（TCM）的降解时发现，CF 菌株会导致较大的碳同位素分馏和较小的氯同位素分馏，而 UNSWDHB 则相反，说明这两种菌株还原降解 TCM 的途径不同[194]。此外，研究者应用 C/H-、C/N-、C/Cl-、C/Br-CSIA 技术区分不同环境条件或者不同降解过程（生物或者非生物）中氯甲烷、去苯基杀草敏、十氯酮、HCH、二溴乙烯和 PAHs 等多种有机污染物的生物或者非生物降解机理[181,195-199]。目前，基于 ME-CSIA 技术研究持久性有机污染物的研究也有少量报道。如 Huang 等应用 C/Cl-CSIA 技术分析 PCBs 在不同体系的光降解机理，发现在极性、非极性和固相体系中 $\Lambda_{C/Cl}$ 显著不同，并提出 PCB 光转化过程中 PCB 消失的量子效率对同位素效应具有一定的掩盖作用[71]。

常规认为有机污染物的物理过程不存在同位素分馏效应。但目前少量研究表明在污染物的吸附、水-气分配、液相或气相扩散过程中有可能存在显著的 C、H、Cl 稳定同位素组成变化[200]。Marozava 等研究发现传质效应也会显著影响污染物微生物厌氧降解过程中的同位素分馏效应，即污染物浓度增大，传质效应影响减小而同位素分馏增大[201]。这些发现为应用 CSIA 技术示踪自然环境中污染物来源及转化过程提出了更多挑战。此外，CSIA 技术还存在一些明显的缺陷，如 CSIA 技术难以辨别不同化学官能团在化合物转化过程选择的优先程度及化学键的断裂与形成方式；同位素掩盖效应（酶掩盖效应及同位素稀释效应）导致 CSIA 在一定程度上难以表征其转化过程。在这种情况下，位置特异性的同位素组成分析（position-specific isotope analysis，PSIA）或分子内稳定同位素分布分析（intramolecular isotope distribution analysis）为解决上述问题提供了新的思路。

位置特异性同位素分析（PSIA）是对分子中处于不同位置的相同原子的同位素组成进行测试，通过特定位置同位素组成的差异用于反应过程、路径及来源分析。近年来出现与气相色谱联用的在线 PSIA 技术，使高通量 PSIA 成为可能[202]。目前，在线 PSIA 技术主要应用于石油天然气研究领域。例如，Gilbert 等利用在线热解 GC-IRMS 联用技术建立了天然气样品中丙烷和丁烷的碳元素 PSIA（C-PSIA）方法，由于样品纯化、热解、燃烧转化、同位素分析过程均在线完成，省去了费时费力的纯化步骤，显著提高分析效率[203]。Li 等以丙烷为目标分析物，利用在线热解 GC-IRMS 技术，开发了分析天然气中丙烷的位置特异性碳同位素组成的方法；该方法免用繁琐的气体富集纯化步骤，分析效率与灵敏度均相对较高 [204]。

3.4.3 稳定同位素标记技术在环境污染物降解及微生物分析中的应用

随着工农业的飞速发展，多环芳烃（polycyclic aromatic hydrocarbons，PAHs）、抗生素、农药和双酚类化合物等有机化合物大量进入环境[205,206]。这些化合物及其衍生物种类多、难降解，对生态安全和人类健康构成很大威胁[207,208]。环境中的微生物可以利用污染物作为碳源和能源，在完成各项生命过程的同时降解污染物。因此，对降解微生物及其降解机理的研究有助于微生物修复技术的研发。

以往环境中有机污染物生物降解的研究中，很大程度上需依赖传统的分离培养技术。因此，迄今报道的降解菌株数量有限，且在实际环境修复应用中的降解效果也不理想。主要原因是污染物的降解往往不是由单一菌株完成，而是由多个物种组成的菌群协同实现。因此，将微生物群落作为一个功能单位来研究微生物降解更为必要[105]。

随着分子生物学技术在微生物生态学中的应用和发展，SIP 技术和分子生物学手段相结合，广泛应用于有机污染物生物降解过程的研究。SIP 技术已经成为探索有机污染物降解菌及其互作机制的强有力手段[105]。表 3-1 中列出了近五年来 SIP 技术在 PAHs、抗生素、农药和双酚类化合物降解菌鉴定、降解机理和代谢途径研究中的应用情况。

表 3-1 SIP 技术在有机污染物降解菌鉴定、降解机理和代谢途径研究中的应用

污染物	标记元素	环境介质	生物标志物	研究方法	降解菌	参考文献
			多环芳烃（PAHs）			
菲	^{13}C	两种菲污染土壤	DNA	DNA-SIP、16S rRNA 测序	Proteobacteria，Actinobacteria	[209]
菲	^{13}C	活化生物污泥	DNA	DNA-SIP 16S rRNA 测序	Paraburkholderia，Kaistobacter	[210]
菲	^{13}C	PAHs 污染废水	DNA	DNA-SIP 16S rRNA 测序	*Kouleothrix*，*Sandaracinobacter*，*Acinetobacter tandoii* LJ-5	[211]
菲	^{13}C	PAHs 污染废水	DNA	MMI-SIP 16S rRNA 测序	*Pseudomonas*，*Sphingobium*	[212]
菲	^{13}C	PAHs 污染废水	DNA	DNA-SIP 16S rRNA 测序	*Rhodoplanes*，*Ammoniphilus*，*Sporosarcina*，*Hyphomicrobium*	[213]
菲	^{13}C	黑麦草根际土壤	DNA	DNA-SIP 16S rRNA 测序	Alphaproteobacteria，Nitrososphaeria，Actinobacteria，*Sphingobacteriia*	[214]

续表

污染物	标记元素	环境介质	生物标志物	研究方法	降解菌	参考文献
多环芳烃（PAHs）						
菲	^{13}C	10 种不同多环芳烃污染水平的土壤	DNA	DNA-SIP 16S rRNA 测序	*Mycobacterium*	[215]
菲	^{13}C	黑麦草种植土壤	DNA	DNA-SIP、 宏基因组、16S rRNA 测序	Proteobacteria， Actinobacteria Firmicutes	[216]
菲	^{13}C	真菌修复后的菲污染土壤	DNA	DNA-SIP、 16S rRNA 测序	*Sphingomonas*， *Sphingobacterium*， *Acidovorax*， *Massilia*， *Flavobacterium*， *Cupriavidus*， *Aeromicrobium*， Chitinophagaceae	[217]
菲	^{13}C	美国北卡罗来纳州菲污染土壤	DNA	DNA-SIP、 16S rRNA 测序	*Acidovorax carolinensis* sp.	[218]
菲	^{13}C	菲污染砂质土壤	DNA	DNA-SIP、 16S/18S rRNA 测序	真菌： *Crypotococcus*， *Cladosporium* 细菌 *Tremellales*， *Marinobacter*， *Enterococcus*	[219]
菲	^{13}C	菲污染砂质土壤	DNA	DNA-SIP、 16S rRNA 测序	*Xanthomonas*， *Williamsia*， *Gillisia*	[220]
菲	^{13}C	芦苇根际土壤	DNA	DNA-SIP、 16S rRNA 测序	Rhizobiales， Rhodobacterales， Lactobacillales， Enterobacteriales	[221]
菲	^{13}C	黑麦草种植土壤	DNA	DNA-SIP、 宏基因组	22 个 OTU	[222]
农药						
利谷隆（Linuron）	^{13}C	农田土壤	DNA	DNA-SIP、 16S rRNA 测序	*Variovorax*	[223]
利谷隆（Linuron）	^{13}C	农药污染废水	DNA	DNA-SIP、 16S rRNA 测序	*Ramlibacter*	[224]
三氯生（Triclosan）	^{13}C	反应器	DNA	DNA-SIP、 16S rRNA 测序	*Methylobacillus*	[225]
三氯生（Triclosan）	^{13}C	活性污泥	DNA	DNA-SIP、宏基因组、 16S rRNA 测序	*Sphingobium*	[226]
滴滴涕（DDT）	^{13}C	土柱	DNA	DNA-SIP、 16S rRNA 测序	*Streptomyces*， *Streptacidiphilus*， *Dermacoccus*， *Brevibacterium*， *Bacillus*， *Virgibacillus*	[227]

续表

污染物	标记元素	环境介质	生物标志物	研究方法	降解菌	参考文献
			抗生素			
磺胺甲噁唑（SMX）	^{13}C	污水处理厂	DNA	DNA-SIP、16S rRNA 测序	γ-Protobacteria	[228]
磺胺甲噁唑（SMX）	^{13}C	土壤	DNA	DNA-SIP、蛋白质-SIP、16S rRNA 测序	Intrasporangiaceae，Nocardioidaceae，Gaiellaceae，Solirubrobacterales	[229]
			双酚类化合物			
双酚 S（BPS）	^{13}C	电活性混合培养生物膜	DNA	稳定同位素代谢组学（SIAM）、DNA-SIP	电活性微生物	[230]
双酚 A（BPA）	^{13}C	污水处理厂生物反应器	DNA	DNA-SIP、16S rRNA 测序	*Variovorax* spp.，*Pusillimonas*	[231]

菲含有 3 个苯环，具有 PAHs 的典型结构特征，是研究 PAHs 生物降解的模式化合物，因此也被研究得最多[105]。Li 等利用 SIP 技术和高通量测序等分子生物学相结合的方式，对土壤、污泥和废水等复杂环境体系中菲的降解微生物及降解机制进行了一系列的研究，根据 DNA 谱图发现了假单胞菌属（*Pseudomonas*）、鞘酯菌属（*Sphingobium*）和红藻菌属（*Rhodoplanes*）等菲降解菌[213]，还从废水中分离出一株能够强化其他微生物对菲的转化，但自身不参与降解的纯菌 *Acinetobacter tandoii* LJ-5，为菲的生物去除提供了新的思路。此外，Li 等还结合了磁性纳米粒子介导的分离（MMI）方法进一步发展出 MMI-SIP 技术，它比传统 SIP 技术具有更高的分辨率和准确性，可以甄别废水中参与菲代谢的活性微生物，并提供更精确的功能微生物群落结构[212]。此外，Li 等还利用 DNA-SIP 研究种植黑麦草对菲降解的影响，结果发现黑麦草根际的菲生物降解效率显著提高，但在添加黑麦草根分泌物的土壤中菲没有被降解，说明在黑麦草根际形成了活性菲降解菌群[214]。

利谷隆（Linuron）和三氯生（Triclosan）作为常见的农用除草、杀虫类药物，在环境中多有检出。Lerner 等利用 SIP 技术研究了利谷隆的土壤原位降解菌的组成，结果表明利谷隆的降解与多嗜菌属（*Variovorax*）及其代谢基因显著相关，且可能涉及隶属于多嗜菌属的两个菌种之间的协同作用[53]，同时还首次报道了沙壤土杆菌属（*Ramlibacter*）作为除多嗜菌属以外的又一利谷隆降解菌属[224]。Dai 等利用 SIP 技术对不同污水处理系统中的三氯生降解菌进行探究，结果表明系统中甲基芽孢菌属（*Methylobacillus*）是厌氧/好氧系统中的优势菌，也是三氯生生物转化的关键物种，而鞘酯菌属在好氧活性污泥中对三氯生的降解起主导作用。此外，通过对细菌的功能注释发现甲基营养和甲醇氧化是三氯生降解的潜在代谢途径[225,226]。

SIP 技术在以磺胺甲噁唑（SMX）为典型代表的抗生素的生物转化研究中也多有应用。Song 等从活性污泥中分离筛选出一株能够降解 SMX 的菌株 *Arthrobacter* SMK-1，然而该菌株在 ^{13}C 标记层中却并非优势菌，说明 SMX 的降解更多的是由菌群间的协作完成；分子生态网络的构建也得出同样的结论，即与 SMX 降解相关的微生物与其他菌群表现出复杂的网络相关性[228]。Ouyang 等利用 DNA-SIP 和 SIP-宏蛋白质组技术共同证实了 SMX 中的碳可被同化进入放线菌的孢子囊科（Intrasporangiaceae）、诺卡菌科（Nocardioidaceae）和梭菌目（Solirubrobacterales）细菌的蛋白质中，说明这些原位微生物对土壤中的 SMX 转化有重要作用[229]。

双酚类化合物是重要的塑料制品添加剂，被证实具有内分泌干扰毒性，且其中的某些种类更是难以降解，因此利用 SIP 技术寻找双酚类化合物降解菌的研究也日益受到关注。Sathyamoorthy 等利用 DNA-SIP 技术研究了污水处理厂中四种不同富集模式反应器中的 BPA 降解活性组分，结果表明鞘酯菌属（*Sphingobium*）相关细菌在 BPA 或其代谢产物的同化过程中占优势，多嗜菌属（*Variovorax*）和极小单胞菌属（*Pusillimonas*）也参与了 BPA 或其代谢物的转化[61]。Hou 等通过电活性混合培养生物膜强化 BPS 的生物降解，采用稳定同位素辅助代谢组学（SIAM）和 DNA-SIP 技术相结合的方法，研究具有电活性微生物之间的相互作用及其对 BPS 降解的贡献。研究结果表明拟杆菌（Bacteroides）和鲸豚属（*Cetobacterium*）微生物对 BPS 及其代谢产物中的 ^{13}C 具有高效的同化能力。网络分析也表明电活性微生物在 BPS 生物降解中起关键作用[230]。

3.5　展　望

稳定同位素（示踪）技术在环境污染物的来源和过程示踪方面具有独特的优势，因此在环境科学领域获得快速发展。但总体而言，目前该领域的研究尚处于起步阶段，亟需更多研究力量的投入。其未来发展方向主要包括但不限于如下几个方面：

（1）总体上，需要发展更多元素的稳定同位素分析方法，开发更多实际环境体系的应用；针对环境样品同位素分析的两大难点：复杂基质和痕量分析，继续加强对稳定同位素前处理方法的开发与优化；加快相关元素的环境污染源谱数据库的建立并进一步加强对重要环境过程中同位素分馏机理的研究，从而提高同位素示踪能力。

（2）针对 CSIA 技术，开发复杂环境基质中 C、H 和 N 特定化合物的分离提取方法和标准化分析方法；开发高关注度有机污染物的富集同位素标准品；进一步探究色谱质谱分析过程引入的同位素分馏效应，准确评估其对溯源结果的影响；探究位置特异性稳定同位素分析和分子内稳定同位素分布在环境科学领域的应用潜力。

（3）针对 SIP 技术，提高同位素标记化合物的合成效率，扩充同位素标记化合物的种类；加强对基于 SIP 的单细胞拉曼光谱识别技术的研究；进一步提高对 SIP 技术识别出的功能菌的分离培养能力，为 SIP 技术的应用落地提供必要条件。

参 考 文 献

[1] Meier A L. Determination of lithium isotopes at natural abundance levels by atomic absorption spectrometry. Analytical Chemistry, 1982, 54(13): 2158-2161.

[2] Kaplan L, Wilzbach K E. Lithium isotope determination by neutron activation. Analytical Chemistry, 1954, 26(11): 1797-1798.

[3] Grégoire D C, Acheson B M, Taylor R P. Measurement of lithium isotope ratios by inductively coupled plasma mass spectrometry: Application to geological materials. Journal of Analytical Atomic Spectrometry, 1996, 11(9): 765-772.

[4] Misra S, Froelich P N. Measurement of lithium isotope ratios by quadrupole-ICP-MS: Application to seawater and natural carbonates. Journal of Analytical Atomic Spectrometry, 2009, 24(11): 1524-1533.

[5] Chaussidon M, Robert F. $^{7}Li/^{6}Li$ and $^{11}B/^{10}B$ variations in chondrules from the Semarkona unequilibrated chondrite. Earth and Planetary Science Letters, 1998, 164(3-4): 577-589.

[6] Chan L H. Lithium isotope analysis by thermal ionization mass spectrometry of lithium tetraborate. Analytical Chemistry, 1987, 59(22): 2662-2665.

[7] Tomascak P B, Carlson R W, Shirey S B. Accurate and precise determination of Li isotopic compositions by multi-collector sector ICP-MS. Chemical Geology, 1999, 158(1-2): 145-154.

[8] Su B X, Gu X Y, Deloule E, et al. Potential orthopyroxene, clinopyroxene and olivine reference materials for in situ lithium isotope determination. Geostandards and Geoanalytical Research, 2015, 39(3): 357-369.

[9] Huang K-F, You C-F, Liu Y-H, et al. Low-memory, small sample size, accurate and high-precision determinations of lithium isotopic ratios in natural materials by MC-ICP-MS. Journal of Analytical Atomic Spectrometry, 2010, 25(7): 1019-1024.

[10] Li X, Liu Y, Tang Y, et al. In situ Li isotopic microanalysis using SIMS and its applications. Earth Science Frontiers, 2015, 22(5): 160-170.

[11] Zhang X Y. Sedimentary recycling and chemical weathering: a silicon and lithium isotopes perspective. Institut de Physique du Globe de Paris, Université Sorbonne Paris Cité, 2018.

[12] Magna T, Wiechert U H, Halliday A N. Low-blank isotope ratio measurement of small samples of lithium using multiple-collector ICP-MS. International Journal of Mass Spectrometry, 2004, 239(1): 67-76.

[13] Tang Y-J, Zhang H-F, Nakamura E, et al. Lithium isotopic systematics of peridotite xenoliths from Hannuoba, North China Craton: Implications for melt-rock interaction in the considerably thinned lithospheric mantle. Geochimica Et Cosmochimica Acta, 2007, 71(17): 4327-4341.

[14] 苗鑫, 陈林捷, 周飞杨, 等. 高精度镉同位素分析样品消解方法对比研究. 分析测试学报, 2021, 40: 947-953.

[15] Fedyunina N N, Seregina I F, Bolshov M A, et al. Investigation of the efficiency of the sample pretreatment stage for the determination of the Rare Earth Elements in rock samples by inductively coupled plasma mass spectrometry technique. Analytica Chimica Acta, 2012, 713: 97-102.

[16] Rosman K J R, De Laeter J R. The isotopic composition of cadmium in terrestrial minerals. International Journal of Mass Spectrometry and Ion Physics, 1975, 16: 385-394.

[17] Wombacher F, Rehkamper M, Mezger K, et al. Stable isotope compositions of cadmium in geological materials and meteorites determined by multiple-collector ICPMS. Geochimica Et Cosmochimica Acta, 2003, 67(23): 4639-4654.

[18] Cloquet C, Rouxel O, Carignan J, et al. Natural cadmium isotopic variations in eight geological reference materials (NIST SRM 2711, BCR 176, GSS-1, GXR-1, GXR-2, GSD-12, Nod-P-1, Nod-A-1) and anthropogenic samples, measured by MC-ICP-MS. Geostandards and Geoanalytical Research, 2005, 29(1): 95-106.

[19] Li D, Li M L, Liu W R, et al. Cadmium isotope ratios of standard solutions and geological reference materials measured by MC-ICP-MS. Geostandards and Geoanalytical Research, 2018, 42(4): 593-605.

[20] Zhang Y, Wen H, Fan H, et al. Chemical Pre-treatment Methods for Measurement of Cd Isotopic Ratio on Geological Samples. Journal of Instrumental Analysis, 2010, 29(6): 633-637.

[21] Gao B, Liu Y, Sun K, et al. Precise determination of cadmium and lead isotopic compositions in river sediments. Analytica Chimica Acta, 2008, 612(1): 114-120.

[22] Yao J, Mathur R, Powell W, et al. Sn-isotope fractionation as a record of hydrothermal redox reactions. American Mineralogist, 2018, 103(10): 1591-1598.

[23] Haustein M, Gillis C, Pernicka E. Tin isotopy—A new method for solving old questions. Archaeometry, 2010, 52: 816-832.

[24] Balliana E, Aramendia M, Resano M, et al. Copper and tin isotopic analysis of ancient bronzes for archaeological investigation: development and validation of a suitable analytical methodology. Analytical and Bioanalytical Chemistry, 2013, 405(9): 2973-2986.

[25] Mason A H, Powell W G, Bankoff H A, et al. Tin isotope characterization of bronze artifacts of the central Balkans. Journal of Archaeological Science, 2016, 69: 110-117.

[26] Yamazaki E, Nakai S i, Yokoyama T, et al. Tin isotope analysis of cassiterites from Southeastern and Eastern Asia. Geochemical Journal, 2013, 47(1): 21-35.

[27] Friebel M, Schönbächler M, Fehr M A. Sn stable isotope analysis : A new method for Sn separation for geological materials. Goldschmidt Conference abstract# 948, 2015, Sacramento, United States.

[28] Qu Q, Liu G, Henry M, et al. Tin stable isotopes in magmatic-affected coal deposits: Insights in the geochemical behavior of tin. Applied Geochemistry, 2020, 119, 104641.

[29] Mathur R, Powell W, Mason A, et al. Preparation and measurement of cassiterite for Sn isotope analysis. Geostandards and Geoanalytical Research, 2017, 41(4): 701-707.

[30] Wang X, Fitoussi C, Bourdon B, et al. A new method of Sn purification and isotopic determination with a double-spike technique for geological and cosmochemical samples. Journal of Analytical Atomic Spectrometry, 2017, 32(5): 1009-1019.

[31] Bruegmann G, Berger D, Pernicka E. Determination of the tin stable isotopic composition in tin-bearing metals and minerals by MC-ICP-MS. Geostandards and Geoanalytical Research, 2017, 41(3): 437-448.

[32] Berglund M, Wieser M E. Isotopic compositions of the elements 2009 (IUPAC Technical Report). Pure and Applied Chemistry, 2011, 83(2): 397-410.

[33] Rouxel O, Ludden J, Fouquet Y. Antimony isotope variations in natural systems and implications for their use as geochemical tracers. Chemical Geology, 2003, 200(1-2): 25-40.

[34] Asaoka S, Takahashi Y, Araki Y, et al. Preconcentration Method of Antimony Using Modified Thiol Cotton Fiber for Isotopic Analyses of Antimony in Natural Samples. Analytical Sciences, 2011, 27(1): 25-28.

[35] Tanimizu M, Araki Y, Asaka S, et al. Determination of natural isotopic variation in antimony using inductively coupled plasma mass spectrometry for an uncertainty estimation of the standard atomic weight of antimony. Geochemical Journal, 2011, 45(1): 27-32.

[36] Resongles E, Freydier R, Casiot C, et al. Antimony isotopic composition in river waters affected by ancient mining activity. Talanta, 2015, 144: 851-861.

[37] Li S, Deng Y, Zheng H, et al. A new purification method based on a thiol silica column for high precision antimony isotope measurements. Journal of Analytical Atomic Spectrometry, 2021, 36(1): 157-164.

[38] Colin F, Eleonore R, Remi F, et al. A single-step purification method for the precise determination of the antimony isotopic composition of environmental, geological and biological samples by HG-MC-ICP-MS. Journal of Analytical Atomic Spectrometry, 2021, 36(4): 776-785.

[39] Sun G, Wu Y, Feng X, et al. Precise analysis of antimony isotopic composition in geochemical materials by MC-ICP-MS. Chemical Geology, 2021, 582: 120459.

[40] Lobo L, Degryse P, Shortland A, et al. Isotopic analysis of antimony using multi-collector ICP-mass spectrometry for provenance determination of Roman glass. Journal of Analytical Atomic Spectrometry, 2013, 28(8): 1213-1219.

[41] Lobo L, Degryse P, Shortland A, et al. Copper and antimony isotopic analysis via multi-collector ICP-mass spectrometry for provenancing ancient glass. Journal of Analytical Atomic Spectrometry, 2014, 29(1): 58-64.

[42] Lobo L, Devulder V, Degryse P, et al. Investigation of natural isotopic variation of Sb in stibnite ores via multi-collector ICP-mass spectrometry - perspectives for Sb isotopic analysis of Roman glass. Journal of Analytical Atomic Spectrometry, 2012, 27(8): 1304-1310.

[43] Degryse P, Lobo L, Shortand A, et al. Isotopic investigation into the raw materials of Late Bronze Age glass making. Journal of Archaeological Science, 2015, 62: 153-160.

[44] Liu J, Chen J, Zhang T, et al. Chromatographic purification of antimony for accurate isotope analysis by MC-ICP-MS.

Journal of Analytical Atomic Spectrometry, 2020, 35(7): 1360-1367.

[45] Zhai D, Mathur R, Liu S-A, et al. Antimony isotope fractionation in hydrothermal systems. Geochimica Et Cosmochimica Acta, 2021, 306: 84-97.

[46] Dillis S, Van Ham-Meert A, Leeming P, et al. Antimony as a raw material in ancient metal and glass making: provenancing Georgian LBA metallic Sb by isotope analysis. Science and Technology of Archaeological Research, 2019, 5(2): 98-112.

[47] Kaufmann A B, Lazarov M, Kiefer S, et al. In situ determination of antimony isotope ratios in Sb minerals by femtosecond LA-MC-ICP-MS. Journal of Analytical Atomic Spectrometry, 2021, 36(7): 1554-1567.

[48] Chen J, Hintelmann H, Dimock B. Chromatographic pre-concentration of Hg from dilute aqueous solutions for isotopic measurement by MC-ICP-MS. Journal of Analytical Atomic Spectrometry, 2010, 25(9): 1402-1409.

[49] Chen J, Hintelmann H, Feng X, et al. Unusual fractionation of both odd and even mercury isotopes in precipitation from Peterborough, ON, Canada. Geochimica Et Cosmochimica Acta, 2012, 90: 33-46.

[50] Yuan S, Chen J, Cai H, et al. Sequential samples reveal significant variation of mercury isotope ratios during single rainfall events. Science of the Total Environment, 2018, 624: 133-144.

[51] Zhang Y, Chen J, Zheng W, et al. Mercury isotope compositions in large anthropogenically impacted Pearl River, South China. Ecotoxicology and Environmental Safety, 2020, 191, 110229.

[52] Zdanowicz C M, Krummel E M, Poulain A J, et al. Historical variations of mercury stable isotope ratios in Arctic glacier firn and ice cores. Global Biogeochemical Cycles, 2016, 30(9): 1324-1347.

[53] Strok M, Hintelmann H, Dimock B. Development of pre-concentration procedure for the determination of Hg isotope ratios in seawater samples. Analytica Chimica Acta, 2014, 851: 57-63.

[54] Huang Q, Liu Y, Chen J, et al. An improved dual-stage protocol to pre-concentrate mercury from airborne particles for precise isotopic measurement. Journal of Analytical Atomic Spectrometry, 2015, 30(4): 957-966.

[55] Fu X, Heimbuerger L E, Sonke J E. Collection of atmospheric gaseous mercury for stable isotope analysis using iodine- and chlorine-impregnated activated carbon traps. Journal of Analytical Atomic Spectrometry, 2014, 29(5): 841-852.

[56] Yu B, Yang L, Wang L, et al. New evidence for atmospheric mercury transformations in the marine boundary layer from stable mercury isotopes. Atmospheric Chemistry and Physics, 2020, 20(16): 9713-9723.

[57] Bouchet S, Berail S, Amouroux D. Hg compound-specific isotope analysis at ultratrace levels using an on line gas chromatographic preconcentration and separation strategy coupled to multicollector-inductively coupled plasma mass spectrometry. Analytical Chemistry, 2018, 90(13): 7809-7816.

[58] Janssen S E, Johnson M W, Blum J D, et al. Separation of monomethylmercury from estuarine sediments for mercury isotope analysis. Chemical Geology, 2015, 411: 19-25.

[59] Li P, Du B, Maurice L, et al. Mercury isotope signatures of methylmercury in rice samples from the wanshan mercury mining area, China: environmental implications. Environmental Science & Technology, 2017, 51(21): 12321-12328.

[60] Entwisle J, Malinovsky D, Dunn P J H, et al. Hg isotope ratio measurements of methylmercury in fish tissues using HPLC with off line cold vapour generation MC-ICPMS. Journal of Analytical Atomic Spectrometry, 2018, 33(10): 1645-1654.

[61] Schmidt T C, Zwank L, Elsner M, et al. Compound-specific stable isotope analysis of organic contaminants in natural environments: A critical review of the state of the art, prospects, and future challenges. Analytical and Bioanalytical Chemistry, 2004, 378(2): 283-300.

[62] Schreglmann K, Hoeche M, Steinbeiss S, et al. Carbon and nitrogen isotope analysis of atrazine and desethylatrazine at sub-microgram per liter concentrations in groundwater. Analytical and Bioanalytical Chemistry, 2013, 405(9): 2857-2867.

[63] Zeng Y H, Luo X J, Chen H S, et al. Separation of polybrominated diphenyl ethers in fish for compound-specific stable

carbon isotope analysis. Science of the Total Environment, 2012, 425: 208-213.

[64] Zeng Y H, Luo X J, Chen H S, et al. Method for the purification of polybrominated diphenyl ethers in sediment for compound-specific isotope analysis. Talanta, 2013, 111: 93-97.

[65] Ivdra N, Herrero-Martin S, Fischer A. Validation of user- and environmentally friendly extraction and clean-up methods for compound-specific stable carbon isotope analysis of organochlorine pesticides and their metabolites in soils. Journal of Chromatography A, 2014, 1355: 36-45.

[66] Torrento C, Bakkour R, Glauser G, et al. Solid-phase extraction method for stable isotope analysis of pesticides from large volume environmental water samples. Analyst, 2019, 144(9): 2898-2908.

[67] Cincinelli A, Pieri F, Zhang Y, et al. Compound specific isotope analysis (CSIA) for chlorine and bromine: A review of techniques and applications to elucidate environmental sources and processes. Environmental Pollution, 2012, 169: 112-127.

[68] Schmidt T C, Jochmann M A. Origin and fate of organic compounds in water: characterization by compound-specific stable isotope analysis. Annual Review of Analytical Chemistry, 2012, 5: 133-155.

[69] Kuder T, van Breukelen B M, Vanderford M, et al. 3D-CSIA: Carbon, chlorine, and hydrogen isotope fractionation in transformation of ICE to ethene by a dehalococcoides culture. Environmental Science & Technology, 2013, 47(17): 9668-9677.

[70] Wiegert C, Mandalakis M, Knowles T, et al. Carbon and chlorine isotope fractionation during microbial degradation of tetra- and trichloroethene. Environmental Science & Technology, 2013, 47(12): 6449-6456.

[71] Huang C, Zeng Y, Cao Y, et al. Mechanistic aspects regarding the ultraviolet degradation of polychlorinated biphenyls in different media: Insights from carbon and chlorine isotope fractionation. Environmental Science & Technology, 2021, 55(11): 7731-7740.

[72] Halas S, Pelc A. New isotope ratio mass spectrometric method of precise delta Cl-37 determinations. Rapid Communications in Mass Spectrometry, 2009, 23(7): 1061-1064.

[73] Holt B D, Sturchio N C, Abrajano T A, et al. Conversion of chlorinated volatile organic compounds to carbon dioxide and methyl chloride for isotopic analysis of carbon and chlorine. Analytical Chemistry, 1997, 69(14): 2727-2733.

[74] Numata M, Nakamura N, Koshikawa H, et al. Chlorine isotope fractionation during reductive dechlorination of chlorinated ethenes by anaerobic bacteria. Environmental Science & Technology, 2002, 36(20): 4389-4394.

[75] Shouakar-Stash O, Drimmie R J, Zhang M, et al. Compound-specific chlorine isotope ratios of TCE, PCE and DCE isomers by direct injection using CF-IRMS. Applied Geochemistry, 2006, 21(5): 766-781.

[76] Renpenning J, Hitzfeld K L, Gilevska T, et al. Development and validation of an universal interface for compound- specific stable isotope analysis of chlorine (Cl-37/Cl-35) by GC-high-temperature conversion (HTC)-MS/IRMS. Analytical Chemistry, 2015, 87(5): 2832-2839.

[77] Horst A, Renpenning J, Richnow H-H, et al. Compound specific stable chlorine isotopic analysis of volatile aliphatic compounds using gas chromatography hyphenated with multiple collector inductively coupled plasma mass spectrometry. Analytical Chemistry, 2017, 89(17): 9131-9138.

[78] Horst A, Holmstrand H, Andersson P, et al. Compound-specific bromine isotope analysis of methyl bromide using gas chromatography hyphenated with inductively coupled plasma multiple-collector mass spectrometry. Rapid Communications in Mass Spectrometry, 2011, 25(17): 2425-2432.

[79] Holmstrand H, Unger M, Carrizo D, et al. Compound-specific bromine isotope analysis of brominated diphenyl ethers using gas chromatography multiple collector/inductively coupled plasma mass spectrometry. Rapid Communications in Mass Spectrometry, 2010, 24(14): 2135-2142.

[80] Sakaguchi-Soeder K, Jager J, Grund H, et al. Monitoring and evaluation of dechlorination processes using compound-specific chlorine isotope analysis. Rapid Communications in Mass Spectrometry, 2007, 21(18): 3077-3084.

[81] Aeppli C, Holmstrand H, Andersson P, et al. Direct compound-specific stable chlorine isotope analysis of organic compounds with quadrupole GC/MS using standard isotope bracketing. Analytical Chemistry, 2010, 82(1): 420-426.

[82] Bernstein A, Shouakar-Stash O, Ebert K, et al. Compound-specific chlorine isotope analysis: A comparison of gas chromatography/isotope ratio mass spectrometry and gas chromatography/quadrupole mass spectrometry methods in an interlaboratory study. Analytical Chemistry, 2011, 83(20): 7624-7634.

[83] Heckel B, Rodriguez-Fernandez D, Torrento C, et al. Compound-specific chlorine isotope analysis of tetrachloromethane and trichloromethane by gas chromatography-isotope ratio mass spectrometry vs gas chromatography-quadrupole mass spectrometry: method development and evaluation of precision and trueness. Analytical Chemistry, 2017, 89(6): 3411-3420.

[84] Zakon Y, Halicz L, Lev O, et al. Compound-specific bromine isotope ratio analysis using gas chromatography/quadrupole mass spectrometry. Rapid Communications in Mass Spectrometry, 2016, 30(17): 1951-1956.

[85] Huang C, Tian Y, Zeng Y, et al. Chlorine and bromine isotope analysis of polychlorinated biphenyls and polybrominated diphenyl ethers using gas chromatography-quadrupole mass spectrometry. Journal of Chromatography A, 2020, 1634: 461715.

[86] 刘咸德, 李莉, 池逸, 等. 气相色谱-高分辨飞行时间质谱法测定大气中六氯苯的氯同位素丰度比值. 质谱学报, 2016, 37(01): 10-16.

[87] Eiler J M. “Clumped-isotope” geochemistry - The study of naturally-occurring, multiply-substituted isotopologues. Earth and Planetary Science Letters, 2007, 262(3-4): 309-327.

[88] Affek H P. Clumped isotope paleothermometry: Principles, applications, and challenges. Paleontological Society Papers, 2012, 2: 101-114.

[89] Tang C, Tan J, Tang C, et al. Are chlorine isotopologues of polychlorinated organic pollutants binomially distributed? Theoretical evaluation, numerical simulation, experimental evidences and implications for chlorine isotope analysis and source identification. Chemosphere, 2021, 282: 131099.

[90] Tang C, Tan J, Fan Y, et al. Theoretical evaluation of inter-ion and intra-ion isotope effects in fragmentation: Insights into chlorine and bromine isotope effects of halogenated organic compounds occurring in electron ionization mass spectrometry. RSC Advances, 2020, 10(23): 13749-13758.

[91] Tang C, Tan J, Shi Z, et al. Chlorine and bromine isotope fractionations of halogenated organic compounds in fragmentation by gas chromatography-electron ionization high resolution mass spectrometry. Journal of Chromatography A, 2019, 1603: 278-287.

[92] Tang C, Tan J, Xiong S, et al. Chlorine and bromine isotope fractionation of halogenated organic pollutants on gas chromatography columns. Journal of Chromatography A, 2017, 1514: 103-109.

[93] Tang C, Tan J, Tang C, et al. Chlorine isotope analysis of polychlorinated organic pollutants using gas chromatography-high resolution mass spectrometry and evaluation of isotope ratio calculation schemes by experiment and numerical simulation. Journal of Chromatography A, 2021, 1651: 462311.

[94] Tang C, Tan J, Tang C, et al. Characterization of compound-specific chlorine isotopologue distributions of polychlorinated organic compounds by GC-HRMS for source identification. Analytical Chemistry, 2021, 93(25): 8774-8782.

[95] Wade D. Deuterium isotope effects on noncovalent interactions between molecules. Chemico-Biological Interactions, 1999, 117(3): 191-217.

[96] Chahrour O, Cobice D, Malone J. Stable isotope labelling methods in mass spectrometry-based quantitative-proteomics.

Journal of Pharmaceutical and Biomedical Analysis, 2015, 113: 2-20.
[97] Smith C J, Chalk P M. Organic N compounds in plant nutrition: have methodologies based on stable isotopes provided unequivocal evidence of direct N uptake? Isotopes in Environmental and Health Studies, 2021, 57(4): 333-349.
[98] Tian X, Permentier H P, Bischoff R. Chemical isotope labeling for quantitative proteomics//Mass Spectrometry Reviews. New York: John Wiley & Sons Ltd., 2021.
[99] Hark T J, Savas J N. Using stable isotope labeling to advance our understanding of Alzheimer's disease etiology and pathology. Journal of Neurochemistry, 2021, 159(2): 318-329.
[100] Iwasaki T, Miyajima-Nakano Y, Fukazawa R, et al. *Escherichia coli* amino acid auxotrophic expression host strains for investigating protein structure-function relationships. Journal of Biochemistry, 2021, 169(4): 387-394.
[101] Panigrahi S, Velraj P, Rao T S. Functional microbial diversity in contaminated environment and application in bioremediation//Surajit D, Hirak R D. Microbial Diversity in the Genomic Era, Amsterdam: Academic Press, 2019: 359-385.
[102] Cupples A M, Shaffer E A. Chee-Sanford J C, et al. DNA buoyant density shifts during ^{15}N-DNA stable isotope probing. Microbiological Research, 2007, 162(4): 328-334.
[103] Dumont M G, García M H. Stable isotope probing: methods and protocols. Totowa: Humana Press, 2019.
[104] Manefield M, Whiteley A S, Ostle N, et al. Technical considerations for RNA-based stable isotope probing: an approach to associating microbial diversity with microbial community function. Rapid Communications in Mass Spectrometry, 2002, 16(23): 2179-2183.
[105] 宋孟珂，江龙飞，王琰，等. 稳定同位素探针技术在有机污染物生物降解中的应用. 微生物学通报，2014，41(4): 699-711.
[106] Evershed R P, Crossman Z M, Bull I D, et al. ^{13}C-Labelling of lipids to investigate microbial communities in the environment. Current Opinion in Biotechnology, 2006, 17(1): 72-82.
[107] Baran R, Lau R, Bowen B P, et al. Extensive turnover of compatible solutes in cyanobacteria revealed by deuterium oxide (D_2O) stable isotope probing. Acs Chemical Biology, 2017, 12(3): 674-681.
[108] Jehmlich N, Schmidt F, Hartwich M, et al. Incorporation of carbon and nitrogen atoms into proteins measured by protein-based stable isotope probing (Protein-SIP). Rapid Communications in Mass Spectrometry, 2008, 22(18): 2889-2897.
[109] Dumont M G, Radajewski S M, Miguez C B, et al. Identification of a complete methane monooxygenase operon from soil by combining stable isotope probing and metagenomic analysis. Environmental Microbiology, 2006, 8(7): 1240-1250.
[110] Dumont M G, Pommerenke B, Casper P. Using stable isotope probing to obtain a targeted metatranscriptome of aerobic methanotrophs in lake sediment. Environmental Microbiology Reports, 2013, 5(5): 757-764.
[111] Taubert M, Vogt C, Wubet T, et al. Protein-SIP enables time-resolved analysis of the carbon flux in a sulfate-reducing, benzene-degrading microbial consortium. Isme Journal, 2012, 6(12): 2291-2301.
[112] Herbst F A, Bahr A, Duarte M, et al. Elucidation of in situ polycyclic aromatic hydrocarbon degradation by functional metaproteomics (protein-SIP). Proteomics, 2013, 13(18-19): 2910-2920.
[113] Luensmann V, Kappelmeyer U, Benndorf R, et al. In situ protein-SIP highlights Burkholderiaceae as key players degrading toluene by para ring hydroxylation in a constructed wetland model. Environmental Microbiology, 2016, 18(4): 1176-1186.
[114] Pan C, Fischer C R, Hyatt D, et al. Quantitative tracking of isotope flows in proteomes of microbial communities. Molecular & Cellular Proteomics, 2011, 10(4): M110.006049.
[115] Cui L, Yang K, Zhou G, et al. Surface-enhanced Raman spectroscopy combined with stable isotope probing to monitor nitrogen assimilation at both bulk and single-cell level. Analytical Chemistry, 2017, 89(11): 5794-5801.

[116] Cui L, Yang K, Li H Z, et al. Functional single-cell approach to probing nitrogen-fixing bacteria in soil communities by resonance raman spectroscopy with $^{15}N_2$ labeling. Analytical Chemistry, 2018, 90(8): 5082-5089.

[117] Huang W E, Stoecker K, Griffiths R, et al. Raman-FISH: combining stable-isotope Raman spectroscopy and fluorescence in situ hybridization for the single cell analysis of identity and function. Environmental Microbiology, 2007, 9(8): 1878-1889.

[118] Huang W E, Ferguson A, Singer A C, et al. Resolving genetic functions within microbial populations: in situ analyses using rRNA and mRNA stable isotope probing coupled with single-cell raman-fluorescence in situ hybridization. Applied and Environmental Microbiology, 2009, 75(1): 234-241.

[119] Li M, Canniffe D P, Jackson P J, et al. Rapid resonance Raman microspectroscopy to probe carbon dioxide fixation by single cells in microbial communities. ISME Journal, 2012, 6(4): 875-885.

[120] Jing X, Gou H, Gong Y, et al. Raman-activated cell sorting and metagenomic sequencing revealing carbon-fixing bacteria in the ocean. Environmental Microbiology, 2018, 20(6): 2241-2255.

[121] Chan L H, Edmond J M. Variation of lithium isotope composition in the marine environment: A preliminary report. Geochimica Et Cosmochimica Acta, 1988, 52(6): 1711-1717.

[122] Huh Y, Chan L H, Edmond J M. Lithium isotopes as a probe of weathering processes: Orinoco River. Earth and Planetary Science Letters, 2001, 194(1-2): 189-199.

[123] Pistiner J S, Henderson G M. Lithium-isotope fractionation during continental weathering processes. Earth and Planetary Science Letters, 2003, 214(1-2): 327-339.

[124] Kısakűrek B, James R H, W H N B. Li and δ^7Li in Himalayan rivers: Proxies for silicate weathering? Earth and Planetary Science Letters, 2005, 237(3-4): 387-401.

[125] Misra S, Froelich P N. Lithium isotope history of cenozoic seawater: Changes in silicate weathering and reverse weathering. Science, 2012, 335(6070): 818-823.

[126] Dellinger M, Gaillardet J, Bouchez J, et al. Riverine Li isotope fractionation in the Amazon River basin controlled by the weathering regimes. Geochimica Et Cosmochimica Acta, 2015, 164: 71-93.

[127] Zhang J W, Zhao Z Q, Yan Y N, et al. Lithium and its isotopes behavior during incipient weathering of granite in the eastern Tibetan Plateau, China. Chemical Geology, 2021, 8: 559.

[128] Decarreau A, Vigier N, Palkova H, et al. Partitioning of lithium between smectite and solution: An experimental approach. Geochimica Et Cosmochimica Acta, 2012, 85: 314-325.

[129] Vigier N, Decarreau A, Millot R, et al. Quantifying Li isotope fractionation during smectite formation and implications for the Li cycle. Geochimica Et Cosmochimica Acta, 2008, 72(3): 780-792.

[130] Manaka T, Araoka D, Yoshimura T, et al. Downstream and seasonal changes of lithium isotope ratios in the Ganges-Brahmaputra river system. Geochemistry Geophysics Geosystems, 2017, 18(8): 3003-3015.

[131] Henchiri S, Gaillardet J, Dellinger M, et al. Riverine dissolved lithium isotopic signatures in low-relief central Africa and their link to weathering regimes. Geophysical Research Letters, 2016, 43(9): 4391-4399.

[132] Millot R, Vigier N, Gaillardet J. Behaviour of lithium and its isotopes during weathering in the Mackenzie Basin, Canada. Geochimica Et Cosmochimica Acta, 2010, 74(14): 3897-3912.

[133] Wang Q L, Chetelat B, Zhao Z Q, et al. Behavior of lithium isotopes in the Changjiang River system: Sources effects and response to weathering and erosion. Geochimica Et Cosmochimica Acta, 2015, 151: 117-132.

[134] Gou L-F, Jin Z, von Strandmann P A E P, et al. Li isotopes in the middle Yellow River: Seasonal variability, sources and fractionation. Geochimica Et Cosmochimica Acta, 2019, 248: 88-108.

[135] Song Y, Zhang X Y, Bouchez J, et al. Deciphering the signatures of weathering and erosion processes and the effects of river

management on Li isotopes in the subtropical Pearl River basin. Geochimica Et Cosmochimica Acta, 2021, 313: 340-358.

[136] Choi H B, Ryu J S, Shin W J, et al. The impact of anthropogenic inputs on lithium content in river and tap water. Nature Communications, 2019, 10: 5371-5377.

[137] Zhong Q, Zhou Y, Tsang D C W, et al. Cadmium isotopes as tracers in environmental studies: A review. Science of the Total Environment, 2020, 736: 139585.

[138] Fouskas F, Ma L, Engle M A, et al. Cadmium isotope fractionation during coal combustion: Insights from two US coal-fired power plants. Applied Geochemistry, 2018, 96: 100-112.

[139] Wombacher F, Rehkamper M, Mezger K. Determination of the mass-dependence of cadmium isotope fractionation during evaporation. Geochimica Et Cosmochimica Acta, 2004, 68(10): 2349-2357.

[140] Martinkova E, Chrastny V, Francova M. et al. Cadmium isotope fractionation of materials derived from various industrial processes. Journal of Hazardous Materials, 2016, 302: 114-119.

[141] Guinoiseau D, Galer S J G, Abouchami W. Effect of cadmium sulphide precipitation on the partitioning of Cd isotopes: Implications for the oceanic Cd cycle. Earth and Planetary Science Letters, 2018, 498: 300-308.

[142] Horner T J, Rickaby R E M, Henderson G M. Isotopic fractionation of cadmium into calcite. Earth and Planetary Science Letters, 2011, 312(1-2): 243-253.

[143] Xie X, Yan L, Li J, et al. Cadmium isotope fractionation during Cd-calcite coprecipitation: Insight from batch experiment. Science of the Total Environment, 2021, 760: 143330.

[144] Yan X, Zhu M, Li W, et al. Cadmium isotope fractionation during adsorption and substitution with iron (oxyhydr)oxides. Environmental Science & Technology, 2021, 760: 143330.

[145] Wasylenki L E, Swihart J W, Romaniello S J. Cadmium isotope fractionation during adsorption to Mn oxyhydroxide at low and high ionic strength. Geochimica Et Cosmochimica Acta, 2014, 140: 212-226.

[146] Ratie G, Chrastny V, Guinoiseau D, et al. Cadmium isotope fractionation during complexation with humic acid. Environmental Science & Technology, 2021, 55(11): 7430-7444.

[147] Zhang X, Yan Y, Wadood S A, et al. Source apportionment of cadmium pollution in agricultural soil based on cadmium isotope ratio analysis. Applied Geochemistry, 2020, 8: 123.

[148] Salmanzadeh M, Hartland A, Stirling C H, et al. Isotope tracing of long-term cadmium fluxes in an agricultural soil. Environmental Science & Technology, 2017, 51(13): 7369-7377.

[149] Imseng M, Wiggenhauser M, Keller A, et al. Fate of Cd in agricultural soils: A stable isotope approach to anthropogenic impact, soil formation, and soil-plant cycling. Environmental Science & Technology, 2018, 52(4): 1919-1928.

[150] Wiggenhauser M, Bigalke M, Imseng M, et al. Using isotopes to trace freshly applied cadmium through mineral phosphorus fertilization in soil-fertilizer-plant systems. Science of the Total Environment, 2019, 648: 779-786.

[151] Mcnaughton N J, Rosman K J R. Tin isotope fractionation in terrestrial cassiterites. Geochimica Et Cosmochimica Acta, 1991, 55: 499-504.

[152] Badullovich N, Moynier F, Creech J, et al. Tin isotopic fractionation during igneous differentiation and Earth's mantle composition. Geochemical Perspectives Letters, 2017, 5: 24-28.

[153] Wang D, Mathur R, Powell A, et al. Experimental evidence for fractionation of tin chlorides by redox and vapor mechanisms. Geochimica Et Cosmochimica Acta, 2019, 250: 209-218.

[154] Shen J, Chen J, Algeo T J, et al. Evidence for a prolonged Permian-Triassic extinction interval from global marine mercury records. Nature Communications, 2019, 10: 1563-1571.

[155] Shen J, Chen J, Algeo T J, et al. Mercury fluxes record regional volcanism in the South China craton prior to the end-Permian

mass extinction. Geology, 2020, 49(4): 452-456.

[156] Sial A N, Chen J, Korte C, et al. Hg isotopes and enhanced Hg concentration in the meishan and guryul ravine successions: proxies for volcanism across the permian-triassic boundary. Frontiers in Earth Science, 2021, 9: 651224.

[157] Moynier F, Chen J, Zhang K, et al. Chondritic mercury isotopic composition of Earth and evidence for evaporative equilibrium degassing during the formation of eucrites. Earth and Planetary Science Letters, 2020, 551: 116544.

[158] Zheng W, Gilleaudeaua G J, Kah L C, et al. Mercury isotope signatures record photic zone euxinia in the Mesoproterozoic ocean. Proceedings of the National Academy of Sciences of the United States of America, 2018, 115(42): 10594-10599.

[159] Huang Q, Chen J, Huang W, et al. Isotopic composition for source identification of mercury in atmospheric fine particles. Atmospheric Chemistry and Physics, 2016, 16(18): 11773-11786.

[160] Huang Q, Chen J, Huang W, et al. Diel variation in mercury stable isotope ratios records photoreduction of $PM_{2.5}$-bound mercury. Atmospheric Chemistry and Physics, 2019, 19(1): 315-325.

[161] Qiu Y, Gai P, Yue F, et al. Identification of potential sources of elevated $PM_{2.5}$-Hg using mercury isotopes during haze events. Atmospheric Environment, 2021, 247: 118203.

[162] Li C, Chen J, Angot H, et al. Seasonal variation of mercury and its isotopes in atmospheric particles at the coastal Zhongshan Station, eastern Antarctica. Environmental Science & Technology, 2020, 54(18): 11344-11355.

[163] Zheng W, Obrist D, Weis D, et al. Mercury isotope compositions across North American forests. Global Biogeochemical Cycles, 2016, 30(10): 1475-1492.

[164] Sun R, Yuan J, Sonke J E, et al. Methylmercury produced in upper oceans accumulates in deep Mariana Trench fauna. Nature Communications, 2020, 11: 3389-3397.

[165] Meng M, Sun R-y, Liu H-w, et al. An integrated model for input and migration of mercury in Chinese coastal sediments. Environmental Science & Technology, 2019, 53(5): 2460-2471.

[166] Meng M, Sun R-y, Liu H-w, et al. Mercury isotope variations within the marine food web of Chinese Bohai Sea: Implications for mercury sources and biogeochemical cycling. Journal of Hazardous Materials, 2020, 384: 121379.

[167] Meng M, Liu H-w, Yu B, et al. Mercury inputs into eastern China seas revealed by mercury isotope variations in sediment cores. Journal of Geophysical Research: Oceans, 2021, 126: e2020JC016891.

[168] Yang J, Sun P, Zhang X, et al. Source apportionment of PAHs in roadside agricultural soils of a megacity using positive matrix factorization receptor model and compound-specific carbon isotope analysis. Journal of Hazardous Materials, 2021, 403: 123592.

[169] Niu L, Zhou Y, Xu C, et al. Solid fuel combustion as a major contributor of polycyclic aromatic hydrocarbons in rural China: Evidence from emission inventory and congener profiles in tree bark. Environmental Pollution, 2019, 246: 621-629.

[170] Ahad J M E, Jautzy J J, Cumming B F, et al. Sources of polycyclic aromatic hydrocarbons (PAHs) to northwestern Saskatchewan lakes east of the Athabasca oil sands. Organic Geochemistry, 2015, 80: 35-45.

[171] Ivdra N, Fischer A, Herrero-Martin S, et al. Carbon, hydrogen and chlorine stable isotope fingerprinting for forensic investigations of hexachlorocyclohexanes. Environmental Science & Technology, 2017, 51(1): 446-454.

[172] Yanik P J, O'Donnell T H, Macko S A, et al. Source apportionment of polychlorinated biphenyls using compound specific isotope analysis. Organic Geochemistry, 2003, 34(2): 239-251.

[173] Zeng Y H, Luo X J, Yu L H, et al. Using compound-specific stable carbon isotope analysis to trace metabolism and trophic transfer of PCBs and PBDEs in fish from an e-waste site, South China. Environmental Science & Technology, 2013, 47(9): 4062-4068.

[174] Huang C, Zeng Y, Luo X, et al. Tracing the sources and microbial degradation of PCBs in field sediments by a

multiple-line-of-evidence approach including compound-specific stable isotope analysis. Water Research, 2020, 182: 115977.

[175] Liu J, Huang Z, Bu J. Review on compound-specific stable isotope analysis (CSIA) to transformation mechanisms of organic compounds. Environmental Chemistry, 2020, 39(10): 2722-2732.

[176] Chartrand M, Passeport E, Rose C, et al. Compound specific isotope analysis of hexachlorocyclohexane isomers: a method for source fingerprinting and field investigation of in situ biodegradation. Rapid Communications in Mass Spectrometry, 2015, 29(6): 505-514.

[177] Ratti M, Canonica S, McNeill K, et al. Isotope fractionation sssociated with the indirect photolysis of substituted anilines in aqueous solution. Environmental Science & Technology, 2015, 49(21): 12766-12773.

[178] Passeport E, Zhang N, Wu L, et al. Aqueous photodegradation of substituted chlorobenzenes: Kinetics, carbon isotope fractionation, and reaction mechanisms. Water Research, 2018, 135: 95-103.

[179] Alberti L, Marchesi M, Trefiletti P, et al. Compound-specific isotope analysis (CSIA) application for source apportionment and natural attenuation assessment of chlorinated benzenes. Water, 2017, 9(11): 872.

[180] Dorer C, Vogt C, Kleinsteuber S, et al. Compound-specific isotope analysis as a tool to characterize biodegradation of ethylbenzene. Environmental Science & Technology, 2014, 48(16): 9122-9132.

[181] Chevallier M L, Cooper M, Kuemmel S, et al. Distinct carbon isotope fractionation signatures during biotic and abiotic reductive transformation of chlordecone. Environmental Science & Technology, 2018, 52(6): 3615-3624.

[182] Birkigt J, Gilevska T, Ricken B, et al. Carbon stable isotope fractionation of sulfamethoxazole during biodegradation by microbacterium sp strain BR1 and upon direct photolysis. Environmental Science & Technology, 2015, 49(10): 6029-6036.

[183] Rosenfelder N, Bendig P, Vetter W, Stable carbon isotope analysis ($\delta^{13}C$ values) of polybrominated diphenyl ethers and their UV-transformation products. Environmental Pollution, 2011, 159: 2706-2712.

[184] Ren Z, Zeng Y, Luo X, et al. Observable carbon isotope fractionation in the photodegradation of polybrominated diphenyl ethers by simulated sunlight. Chemosphere, 2021: 128950-128950.

[185] Huang C, Zeng Y, Luo X, et al. In situ microbial degradation of PBDEs in sediments from an e-waste site as revealed by positive matrix factorization and compound-specific stable carbon isotope analysis. Environmental Science & Technology, 2019, 53(4): 1928-1936.

[186] Luo X J, Zeng Y H, Chen H S, et al. Application of compound-specific stable carbon isotope analysis for the biotransformation and trophic dynamics of PBDEs in a feeding study with fish. Environmental Pollution, 2013, 176: 36-41.

[187] Tang B, Luo XJ, Zeng YH, et al. Tracing the biotransformation of PCBs and PBDEs in common carp (cyprinus carpio) using compound-specific and enantiomer-specific stable carbon isotope analysis. Environmental Science & Technology, 2017, 51: 2705-2713.

[188] Tang B, Luo X-J, Huang C-C, et al. Characterizing the influence of metabolism on the halogenated organic contaminant biomagnification in two artificial food chains using compound- and enantiomer-specific stable carbon isotope analysis. Environmental Science & Technology, 2018, 52(18): 10359-10368.

[189] Badea S-L, Vogt C, Gehre M, et al. Development of an enantiomer-specific stable carbon isotope analysis (ESIA) method for assessing the fate of alpha-hexachlorocyclohexane in the environment. Rapid Communications in Mass Spectrometry, 2011, 25(10): 1363-1372.

[190] Bashir S, Fischer A, Nijenhuis I, et al. Enantioselective carbon stable isotope fractionation of hexachlorocyclohexane during aerobic biodegradation by *Sphingobium* spp. Environmental Science & Technology, 2013, 47(20): 11432-11439.

[191] Zhang N, Bashir S, Qin J, et al. Compound specific stable isotope analysis (CSIA) to characterize transformation mechanisms of alpha-hexachlorocyclohexane. Journal of Hazardous Materials, 2014, 280: 750-757.

[192] Ojeda A S, Phillips E, Lollar S B. Multi-element (C, H, Cl, Br) stable isotope fractionation as a tool to investigate transformation processes for halogenated hydrocarbons. Environmental Science-Processes & Impacts, 2020, 22(3): 567-582.

[193] Lihl C, Douglas L M, Franke S, et al. Mechanistic dichotomy in bacterial trichloroethene dechlorination revealed by carbon and chlorine isotope effects. Environmental Science & Technology, 2019, 53(8): 4245-4254.

[194] Heckel B, Phillips E, Edwards E, et al. Reductive dehalogenation of trichloromethane by two different *Dehalobacter restrictus* strains reveal opposing dual element isotope effects. Environmental Science & Technology, 2019, 53(5): 2332-2343.

[195] Rodriguez-Fernandez D, Heckel B, Torrento C, et al. Dual element (C-Cl) isotope approach to distinguish abiotic reactions of chlorinated methanes by Fe(0) and by Fe(II) on iron minerals at neutral and alkaline pH. Chemosphere, 2018, 206: 447-456.

[196] Melsbach A, Torrento C, Ponsin V, et al. Dual-element isotope analysis of desphenylchloridazon to investigate its environmental fate in a systematic field study: a long-term lysimeter experiment. Environmental Science & Technology, 2020, 54(7): 3929-3939.

[197] Kuemmel S, Starke R, Chen G, et al. Hydrogen isotope fractionation as a tool to identify aerobic and anaerobic PAH biodegradation. Environmental Science & Technology, 2016, 50(6): 3091-3100.

[198] Liu Y, Liu J, Renpenning J, et al. Dual C-Cl isotope analysis for characterizing the reductive dechlorination of alpha- and gamma-hexachlorocyclohexane by two *Dehalococcoides mccartyi* strains and an enrichment culture. Environmental Science & Technology, 2020, 54(12): 7250-7260.

[199] Woods A, Kuntze K, Gelman F, et al. Variable dual carbon-bromine stable isotope fractionation during enzyme-catalyzed reductive dehalogenation of brominated ethenes. Chemosphere, 2018, 190: 211-217.

[200] Kuntze K, Eisenmann H, Richnow H H, et al. Compound-specific stable isotope analysis (CSIA) for evaluating degradation of organic pollutants: An overview of field case studies. Anaerobic Utilization of Hydrocarbons, Oils, and Lipids, Springer, 2020, 323-360.

[201] Marozava S, Meyer A H, Perez-de-Mora A, et al. Mass transfer limitation during slow anaerobic biodegradation of 2-methylnaphthalene. Environmental Science & Technology, 2019, 53(16): 9481-9490.

[202] Gilbert A. The Organic Isotopologue Frontier. In Annual Review of Earth and Planetary Sciences, Vol 49, 2021, Jeanloz R；Freeman K H, Eds. 2021；Vol. 49: pp 435-464.

[203] Gilbert A, Yamada K, Suda K, et al. Measurement of position-specific C-13 isotopic composition of propane at the nanomole level. Geochimica Et Cosmochimica Acta, 2016, 177: 205-216.

[204] Li Y, Zhang L, Xiong Y, et al. Determination of position-specific carbon isotope ratios of propane from natural gas. Organic Geochemistry, 2018, 119: 11-21.

[205] Samanta S K, Singh O V, Jain R K. Polycyclic aromatic hydrocarbons: environmental pollution and bioremediation. Trends in Biotechnology, 2002, 20(6): 243-248.

[206] Uhlik O, Jecna K, Mackova M, et al. Biphenyl-Metabolizing Bacteria in the Rhizosphere of Horseradish and Bulk Soil Contaminated by Polychlorinated Biphenyls as Revealed by Stable Isotope Probing. Applied and Environmental Microbiology, 2009, 75(20): 6471-6477.

[207] Radajewski S, Ineson P, Parekh N R, et al. Stable-isotope probing as a tool in microbial ecology. Nature, 2000, 403(6770): 646-649.

[208] Radajewski S, McDonald I R, Murrell J C. Stable-isotope probing of nucleic acids: a window to the function of uncultured microorganisms. Current Opinion in Biotechnology, 2003, 14(3): 296-302.

[209] Crampon M, Cebron A, Portet-Koltalo F, et al. Low effect of phenanthrene bioaccessibility on its biodegradation in diffusely

contaminated soil Environmental Pollution, 2017, 225: 663-673.

[210] Li J, Zhang D, Song M, et al. Novel bacteria capable of degrading phenanthrene in activated sludge revealed by stable-isotope probing coupled with high-throughput sequencing. Biodegradation, 2017, 28(5-6): 423-436.

[211] Li J, Luo C, Song M, et al. Biodegradation of phenanthrene in polycyclic aromatic hydrocarbon-contaminated wastewater revealed by coupling cultivation-dependent and -independent approaches. Environmental Science & Technology, 2017, 51(6): 3391-3401.

[212] Li J, Luo C, Zhang G, et al. Coupling magnetic-nanoparticle mediated isolation (MMI) and stable isotope probing (SIP) for identifying and isolating the active microbes involved in phenanthrene degradation in wastewater with higher resolution and accuracy. Water Research, 2018, 144: 226-234.

[213] Li J, Luo C, Zhang D, et al. Autochthonous bioaugmentation-modified bacterial diversity of phenanthrene degraders in PAH-contaminated wastewater as revealed by DNA-stable isotope probing. Environmental Science & Technology, 2018, 52(5): 2934-2944.

[214] Li J, Luo C, Zhang D, et al. Diversity of the active phenanthrene degraders in PAH-polluted soil is shaped by ryegrass rhizosphere and root exudates. Soil Biology & Biochemistry, 2019, 128: 100-110.

[215] Lemmel F, Maunoury-Danger F, Leyval C, et al. DNA stable isotope probing reveals contrasted activity and phenanthrene-degrading bacteria identity in a gradient of anthropized soils. Fems Microbiology Ecology, 2019, 95(12).

[216] Thomas F, Corre E, Cebron A. Stable isotope probing and metagenomics highlight the effect of plants on uncultured phenanthrene-degrading bacterial consortium in polluted soil. Isme Journal, 2019, 13(7): 1814-1830.

[217] Li Q, Li J, Jiang L, et al. Diversity and structure of phenanthrene degrading bacterial communities associated with fungal bioremediation in petroleum contaminated soil. Journal of Hazardous Materials, 2021, 403: 123895.

[218] Singleton D R, Lee J, Dickey A N, et al. Polyphasic characterization of four soil-derived phenanthrene-degrading *Acidovorax* strains and proposal of *Acidovorax carolinensis* sp nov. Systematic and Applied Microbiology, 2018, 41(5): 460-472.

[219] Schwarz A, Adetutu E M, Juhasz A L, et al. Microbial degradation of phenanthrene in pristine and contaminated sandy soils. Microbial Ecology, 2018, 75(4): 888-902.

[220] Liang J, Gao S, Wu Z, et al. DNA-SIP identification of phenanthrene-degrading bacteria undergoing bioaugmentation and natural attenuation in petroleum-contaminated soil. Chemosphere, 2021, 266: 128984.

[221] Lv X, Zhao K, Li H, et al. Niche partition of phenanthrene-degrading bacteria along a Phragmites australis rhizosphere gradient. Biology and Fertility of Soils, 2018, 54(5): 607-616.

[222] Jiang L, Luo C, Zhang D, et al. Shifts in a phenanthrene-degrading microbial community are driven by carbohydrate metabolism selection in a ryegrass rhizosphere. Environmental Science & Technology, 2021, 55(2): 962-973.

[223] Lerner H, Ozturk B, Dohrmann A B, et al. DNA-SIP and repeated isolation corroborate Variovorax as a key organism in maintaining the genetic memory for linuron biodegradation in an agricultural soil. Fems Microbiology Ecology, 2021, 97(5): fiab051.

[224] Lerner H, Ozturk B, Dohrmann A B, et al. Culture-independent analysis of linuron-mineralizing microbiota and functions in on-farm biopurification systems via DNA-stable isotope probing: comparison with enrichment culture. Environmental Science & Technology, 2020, 54(15): 9387-9397.

[225] Dai H, Gao J, Wang S, et al. The key active degrader, metabolic pathway and microbial ecology of triclosan biodegradation in an anoxic/oxic system. Bioresource Technology, 2020, 317: 124014.

[226] Dai H, Gao J, Li D, et al. Metagenomics combined with DNA-based stable isotope probing provide comprehensive insights of active triclosan-degrading bacteria in wastewater treatment. Journal of Hazardous Materials, 2021, 404: 124192.

[227] Xu H J, Bai J, Li W, et al. Mechanisms of the enhanced DDT removal from soils by earthworms: Identification of DDT degraders in drilosphere and non-drilosphere matrices. Journal of Hazardous Materials, 2021, 404: 124006.

[228] Song M, Luo C, Jiang L, et al. The presence of in situ sulphamethoxazole degraders and their interactions with other microbes in activated sludge as revealed by DNA stable isotope probing and molecular ecological network analysis. Environment International, 2019, 124: 121-129.

[229] Ouyang W Y, Su J Q, Richnow H H, et al. Identification of dominant sulfamethoxazole-degraders in pig farm-impacted soil by DNA and protein stable isotope probing. Environment International, 2019, 126: 118-126.

[230] Hou R, Gan L, Guan F, et al. Bioelectrochemically enhanced degradation of bisphenol S: mechanistic insights from stable isotope-assisted investigations. Iscience, 2021, 24(1): 102014.

[231] Sathyamoorthy S, Hoar C, Chandran K. Identification of bisphenol A-assimilating microorganisms in mixed microbial communities using ^{13}C-DNA stable isotope probing. Environmental Science & Technology, 2018, 52(16): 9128-9135.

作者：杨学志[1,6]，孟梅[3]，曾艳红[4]，张文辉[2]，唐才明[5]，陈玖斌[3]，季荣[2]，罗孝俊[4]，刘倩[1]

[1]中国科学院生态环境研究中心环境化学与生态毒理学国家重点实验室，[2]南京大学，[3]天津大学，

[4]中国科学院广州地球化学研究所，[5]东莞理工学院，[6]中国科学院大学杭州高等研究院环境学院

第 4 章　疫情期间的消毒与消毒副产物问题

本章导读

消毒与消毒副产物是环境和市政领域的重要研究话题，在过去几十年中始终是研究的前沿热点之一。消毒工艺是灭活或控制病原体的重要工程手段，在此次新冠肺炎疫情防控中发挥了十分重要的作用。本章综述了新型冠状病毒的污染情况、环境生存力和灭活机制，以及应对疫情的环境消毒技术和实践。对其他的病原微生物、抗性基因等生物污染物的消毒研究成果也进行了介绍。消毒过程中生成的新型消毒副产物不断被检测识别，其毒性效应、生成机制、控制技术也是国内外研究的重点。本章梳理了最近两年国内外学者在消毒与消毒副产物领域的重要研究成果，并提出了今后研究的建议和展望。

关键词

消毒，病原体，新型冠状病毒，消毒副产物，毒理学

4.1 引　　言

消毒（disinfection）是灭活病原体（pathogen），避免产生大规模流行性传染病暴发的最重要手段。19 世纪末 20 世纪初发展起来的氯消毒，大幅降低了伤寒、霍乱、痢疾等介水流行病的发病率，挽救了数千万人的生命，被美国土木工程学会评为人类 20 世纪最伟大的发明之一，至今仍然是国内外城镇自来水厂不可缺少的基本工艺。1974 年，荷兰研究者 Rook 和美国研究者 Bellar 相继在经氯化消毒处理的饮用水中检出了三卤甲烷等对人类健康有毒害效应的物质，将其称为消毒副产物（disinfection by-products，DBPs）。这些 DBPs 是氯等消毒剂与水中的前体物（precursor）反应生成的，对人类有致癌、致畸、致突变等毒害效应，随后引发了研究人员的广泛关注。

经过 100 多年的发展，消毒依然是国内外环境、市政和公共卫生领域研究的重要领域之一。该领域除了消毒技术本身之外，研究目标主要集中在微生物、DBPs 两个部分。其中，微生物方面研究主要涉及病毒、细菌、真菌、原生动物等病原体，关注其生物学特征、环境赋存、检测方法、健康风险、灭活效果和机理等；DBPs 方面研究则关注不同种类 DBPs 的生成机制、分析检测、浓度水平、毒理效应以及控制和削减技术等。

2019 年底暴发的新型冠状病毒疫情是使全世界遭受重大损失的公共卫生事件，也是当前环境和市政领域研究的重点话题。疫情时期对消毒科技提出了新的要求和挑战，主要包括：如何高效消毒处理已经或可能受新冠病毒污染的水、食品、器具、场地、水体、污水、固体废弃物等物品材料来保护公众健康；疫情期间大量使用消杀药剂、器具是否会带来新的环境和生态问题。这些要求和挑战将深刻影响消毒领域的研究和工程实践。

2019 年出版的《环境化学前沿》（第二辑）中列入了第 15 章《饮用水消毒及 DBPs 研究进展》，重点介绍了饮用水消毒方面的科技进展。在此次《环境化学前沿》（第三辑）中，第二次将消毒与 DBPs 话题纳入其中，其范围从饮用水消毒扩大到污水、食品、公共场所等更多领域，重点介绍了 2019 年初以来消毒和 DBPs 相关领域的研究进展，并试图对疫情期间如何深入开展消毒工作并关注其次生风险提出建议和展望。

4.2　微生物风险

环境中的微生物风险主要来源于病毒、细菌、真菌和原生动物，它们可以在环境中生存一段时间，一旦感染人类，则可能造成流行性疾病暴发。因此，微生物风险防控是消毒和公共卫生领域的重中之重，主要关注环境中存在的病毒、细菌、真菌和原生动物，包括其生存力及影响因素、健康风险、监测方法及其灭活机制等。在当下的疫情时代，新型冠状病毒（SARS-CoV-2）无疑是最为关注的病毒代表，因此有关病毒部分的介绍以新冠病毒为主。

4.2.1　新型冠状病毒 SARS-CoV-2

新型冠状病毒肺炎（COVID-19）自 2019 年出现以来，迅速波及全球 100 多个国家，截至 2021 年 8 月 30 日，全球范围内已有累计确诊新冠肺炎病例 216229741 例，累计死亡病例 4496681 例。COVID-19 作为一种急性呼吸道传染病，目前已列入《中华人民共和国传染病预防法》，确定为按照甲类传染病管理的乙类传染性疾病。

1）COVID-19 病原体的基本生物学特征

COVID-19 的病原体是 SARS-CoV-2。SARS-CoV-2 属于 β 属冠状病毒，在电镜下观察，病毒颗粒呈圆形或椭圆形，直径约 60～140nm，外层具有包膜。SARS-CoV-2 为 RNA 病毒，其基因组序列约为 30kb，与 SARS-CoV-1（2003 年）具有 82%同源，目前已知新冠病毒具有 5 个必需基因，分别为核蛋白（N）、包膜蛋白（E）、基质蛋白（M）和刺突蛋白（S）4 种结构蛋白的基因，以及 RNA 聚合酶（RdRp）基因。RNA 由核蛋白（N）包裹构成核衣壳，外围包绕着包膜蛋白（E），包膜蛋白内嵌有基质蛋白（M）和刺突蛋白（S）。

2）环境中 SARS-CoV-2 的污染

根据最新版诊疗指南[1]，新型冠状病毒肺炎的主要传播途径为经呼吸道飞沫传播和接触传播，而气溶胶传播和粪-口途径也有可能是新冠的传播方式，因此，空气、水、物体表面等各种环境介质均可能污染病毒。目前，环境 SARS-CoV-2 的检测主要依靠针对病毒核酸的分子生物学技术，如 RT-PCR、RT-qPCR、巢氏 PCR 等，这些技术可以对病毒核酸污染情况进行评估，但不能证明病毒感染性。为了验证病毒感染性，需要进行细胞空斑实验或测定病毒的组织细胞培养半数感染量（$TCID_{50}$）。

（1）空气

空气是 SARS-CoV-2 传播的主要介质，它通过病人咳嗽、打喷嚏等释放病毒而污染空气。因此，疫情暴发期间，不仅医院病房可以检出感染性 SARS-CoV-2，而且机场、地铁、银行、商场、公共汽车、办公室等公共场所空气中也广泛检出 SARS-CoV-2[2]。

（2）物体表面

密切接触也是 SARS-CoV-2 传播的主要途径。目前，SARS-CoV-2 在大量物体表面广泛检出，如铝、硼硅酸盐玻璃、铜、玻璃、塑料、聚合物纸币、不锈钢、乙烯基、钞票纸、布料、棉花、纸板、人体皮肤、纸张、外科口罩、卫生纸、木材、电话、台式电脑、键盘、电脑鼠标、自助打印机、电视遥控器、样品运输箱手柄和内壁、门把手、床头柜和扶手、地板、枕套、羽绒被、床单、护目镜、防护口罩、进口三文鱼、冷冻食品和冷冻食品外包装的砧板等[2]。Guo 等比较研究了普通病房及 ICU 病房物体表面病毒的污染情况，发现 ICU 病房的病毒污染程度更严重[3]。

（3）水

SARS-CoV-2 可以通过粪便、尿液等排泄物进入污水系统，而污水处理厂对病毒的去除能力不同，因此，SARS-CoV-2 有可能随着污水处理厂出水进入环境水体，而导致病毒传播。目前，美国、澳大利亚、日本、德国、印度等国家的科学家从各种污水及其处理后出水中均检测到 SARS-CoV-2 核酸[2]；Hart 等发现北美和欧洲每升污水中含有 0.15～1.415 亿个病毒基因组[4]；另外，河水也陆续检出 SARS-CoV-2 核酸（意大利、厄尔多瓜、墨西哥），Jurgen 等甚至从地下水、大坝水中检出 SARS-CoV-2 核酸（墨西哥）[5]。目前，还未在饮用水供应系统中检出 SARS-CoV-2 核酸。

尽管没有研究证明，水体中的 SARS-CoV-2 病毒具有感染性，但污水病毒核酸的监测有望成为相关疾病监督的潜在工具。Medema 等在首例确诊病例前三周的污水水样中检出 SARS-CoV-2 核酸，表明污水病毒检测可能可以进行疾病发生的早期预警[6]。近两年，随着越来越多的污水病毒污染数据公布，污水流行病学研究（WBE）将有望表征 SARS-CoV-2 传播动态与趋势、估算感染群体比例，甚至在一定范围内进行感染群体追踪。

3）环境中 SARS-CoV-2 的生存力及其影响因素

SARS-CoV-2 环境生存能力与温度、湿度、日照（紫外线）、酸碱度等多个环境因素有关[2]。

（1）空气

van Doremalen 等发现，SARS-CoV-2 以气溶胶存在 3 小时仍可保持活性，它的半衰期是 1.1～1.2h[2]。空气温度和湿度对病毒存活时间具有较大影响[7]。在相同的相对湿度下，病毒的存活时间随着温度的升高而降低，低温有利于病毒的存活；但在相同温度下，病毒存活时间随着相对湿度的升高会呈现先下降后升高的态势。其中，65%相对湿度下病毒的存活时间最短，而在 40%以下或 80%以上时，病毒的存活时间明显增加。因此，SARS-CoV-2 在低温、空气干燥或极度潮湿等情况下，可以存活更久，而温度提高则不利于病毒存活。尽管如此，气温与 COVID-19 传播速度并无相关性。

（2）物体表面

一般来说，SARS-CoV-2 可以粘附在固体介质表面存活数小时或数天（室温，长达 7d），如 Chin 等将 SARS-CoV-2 接种在各种物体表面后，发现 3h 后，印刷品和薄纸上的病毒滴度可下降 4.7log，而对于木材、布料、玻璃、钞票、不锈钢、塑料、口罩等物体，其病毒滴度则需要 2～7d 降低 3～6log[8]。另外，在 40%相对湿度和 21～23℃条件下，SARS-CoV-2 在塑料表面和不锈钢表面的存活时间分别为 72h 和 24h，而在铜表面，4 小时后即无活病毒检出[2]。Riddell 等报道 SARS-CoV-2 在物体表面的半衰期为 1.7～2.7d（20℃）[9]。因此，WHO 建议物体表面必须用水和消毒剂清洗，确保其消毒正确和持续清洁。

SARS-CoV-2 在物体表面的生存能力与温度、湿度、表面特性等有关[2]。SARS-CoV-2 可以在较低温度下的物体表面存活更长时间，同时 SARS-CoV-2 具有热敏感性，如 SARS-CoV-2 在 4℃下 14d 后，病毒滴度下降 0.7log，而在 70℃下 5min 后灭活，SARS-CoV-2 在 20℃表面持续 1.7～2.7d，在 40℃下持续数小时。另外，季节也与固体表面病毒的生存力有关，SARS-CoV-2 在冬季存活时间最长，可达 21d，而在夏季，表面污染 3d 后，未检测到感染性病毒颗粒。根据物体表面的物理特征，病毒存活时间也不同，如塑料表面 6.8h、铜表面 3.4h、纸板表面 8.45h 和不锈钢表面 5.6h[9]。

（3）水

SARS-CoV-2 在不同水体中的生存能力不同，相比于污水，病毒在自来水中存活时间更长，这可能与污水中含有大量溶剂和去污剂有关，而这些污染物可以帮助减弱病毒活力。Ahmed 等报道 SARS-CoV-2 在 37℃灭菌污水中仅存活 5d，而在 4℃脱氯自来水中的存活时间达 60d[10]；de Oliveira 发现 SARS-CoV-2

在河水和污水的 T99（杀灭 2 log 病毒）分别是 6.4d 和 4.0d[11]。另外，通过计算机模拟，SARS-CoV-2 在污水中的半衰期为 4.8～7.2h（20℃）[4]。

SARS-CoV-2 在水中的生存能力与温度、有机物质等水质参数有关[2]。其中，温度是最关键的影响因素，病毒对温度敏感，较高温度有利于病毒失活，如 Sala-Comorera 等研究发现，具有传染性的 SARS-CoV-2 在 4℃下的河流和海水中的 T90（90%灭活率）分别为 3.8d 和 2.2d，在 20℃下则为 2.3d 和 1.1d[12]；Ahmed 等则发现随着温度升高，SARS-CoV-2 在污水和脱氯自来水的存活时间也呈缩短趋势[10]。有机物质也影响病毒活性，如 Gundy 等发现冠状病毒在一级废水的存活时间比二级废水更久，这可能与病毒吸附到水中悬浮物有关[13]。

粪便 pH 虽然对 SARS-CoV-1 的存活率有显著影响，但当 SARS-CoV-2 悬浮于 pH 3～10 的液体 60min 时，病毒的感染性滴度并没有实质性降低[2]；另外，水质电导率对病毒存活率也没有明显影响。

4）SARS-CoV-2 的灭活机制

病毒分为有包膜病毒和无包膜病毒两类。虽然有包膜病毒对环境和消毒剂的抵抗力比无包膜病毒弱，但不管怎样，现行的消毒剂和灭活方法对两类病毒都行之有效。无包膜病毒的氯灭活 Ct 值为 15 mg·min/L，因此，有包膜病毒 SARS-CoV-2 的灭活 Ct 值应该低于 15 mg·min/L。Fuzawa 发现，轮状病毒灭活与游离氯破坏病毒衣壳，使游离氯接触病毒 RNA 破坏病毒基因组有关[14]。

二氧化氯对不同病毒的杀灭机制不同。Zhu 等人[15]认为，二氧化氯对膜糖蛋白 GP2a 和 GP4 的破坏阻断了猪繁殖与呼吸综合征病毒（PRRSV）与细胞受体之间的相互作用，导致该病毒生命周期的终止；而对于脊髓灰质炎病毒、肠道病毒 71 型和甲型肝炎病毒等肠道病毒，Jin 等则认为病毒失活与基因组内 5′非编码区损伤有关，虽然蛋白质损伤对于病毒灭活很重要，但病毒最终的灭活要取决于核酸的破坏[16]。

UVC 通过蛋白或基因组损伤杀灭病毒，病毒种类不同，UVC 对其灭活机制也不相同。Lo 等研究了 UVC（253.7 nm，500 μW/cm^2）对 SARS-CoV-2 的灭活效果及其机理，发现 UVC 以时间依赖性方式完全灭活 SARS-CoV-2，并在 30s 内将病毒传染性降低 $10^{-4.9}$ 倍，同时，UVC 通过诱导病毒基因组损伤使 SARS-CoV-2 失活，即使 UVC 照射后的病毒完全失去传染性，病毒蛋白不会损伤，且病毒颗粒形态仍保持完整[17]。

目前，SARS-CoV-2 等包膜病毒的臭氧灭活机制还不清楚，但 Cataldo 等认为病毒包膜成分中磷脂化合物的降解和去稳定化可能是冠状病毒失活的重要原因[18]；Tizaoui 等则通过量子化学计算，提供了臭氧攻击 SARS-CoV-2 包膜上的具体蛋白质亚单位和脂质亚单位[19]。

4.2.2　细菌

1）环境介质中的病原细菌及其健康风险

在新冠肺炎疫情全球大流行的背景下，病原细菌及其引发的健康风险需特别关注。常态下，大肠杆菌（*Escherichia coli*）、沙门氏菌（*Salmonella* spp.）、志贺氏菌（*Shigella* sp.）和铜绿假单胞菌（*Pseudomonas aeruginosa*）等是需要重点检测和监测的病原细菌[20,21]。新冠肺炎疫情期间，相关防疫措施可能影响病原细菌的生态位，并引起其赋存规律的改变。研究发现，军团菌（*Legionella*）已成为疫情期间新的“热点”病原细菌，包括美国疾病控制与预防中心的公共建筑，加拿大多伦多以及中国福建的大学建筑的管网供水中均有高频检出该病原细菌的报道[22,23]。显然，新冠肺炎疫情期间形成的特殊环境的影响，及其引发病原细菌相关的健康风险不容忽视。

管网水体滞留，强化消毒和抗生素用量加剧是新冠肺炎疫情期间的典型现象和抗疫措施，它们对病原细菌赋存规律的影响巨大。疫情期间，公共建筑通常面临超过 3 个月的封闭，滞留环境可造成 *E. coli*、分枝杆菌（*Mycobacterium* spp.）和 *Legionella* 等多种病原细菌的丰度显著升高[24,25]。此外，抗生素的用量加剧以及强化消毒等措施有双重作用，一方面是对病原细菌控制的防疫，另一方面也会造成环境耐性（耐药）细菌的风险提高。例如，抗生素抗性基因（antibiotic resistance genes，ARGs）的加剧传播和活的不可培养状态（viable but nonculturable，VBNC）病原菌等健康风险[26,27]。所以，明确疫情期间 ARGs 和病原细菌的赋存规律及其相关健康风险，并发展其控制方法十分重要。

2）环境抗生素抗性基因的传播与扩散及检测方法

细菌抗生素抗性是 21 世纪最严峻的全球公共健康威胁之一，新冠肺炎疫情期间，除了抗生素使用量增加的直接影响，强化消毒措施也可能加剧 ARGs 传播的危险[27,28]。消毒剂及 DBPs 可以通过增加抗性突变和水平基因转移（horizontal gene transfer，HGT）的频率来促进细菌获取抗生素抗性，该风险已在各类消毒剂中被证实，包括紫外辐照、含氯消毒剂及其 DBPs 等[27,29]。以氯消毒为例，典型病原细菌（*E. coli*、*Salmonella* spp.和 *P. aeruginosa* 等）均可能对其产生不同程度的耐药性，即成为消毒残生细菌（disinfection-residual-bacteria，DRB）[30,31]。Jin 等人研究发现，氯消毒后的 DRB 仍具备释放抗性质粒的潜力，且转移抗性质粒的频率较消毒前状态提高了近 550 倍。所以，疫情期间的强化消毒等抗疫措施作为一把双刃剑，其造成细菌抗生素抗性，以及 ARGs 传播和扩散的风险需要在消毒剂的选择和使用中作为重要考量标准之一。

ARGs 的污染水平是反映细菌抗生素抗性的重要指标之一，评估 ARGs 的环境分布及潜在健康风险，需对环境介质中 ARGs 的种类和丰度进行分析。常用的 ARGs 检测技术包括高通量测序、基因芯片、实时荧光定量 PCR（qPCR）和超高通量荧光定量 PCR（HT-qPCR）等[32]。其中，高通量测序技术通过对样品基因组进行测序并结合数据库比对获得样品 ARGs 的信息，目前主流的方法为扩增子测序、宏基因组测序和纳米孔测序，该类技术的优势在于 ARGs 数据库的更新可以完善对已测序样品中 ARGs 污染的认识。此外，纳米孔测序技术由于读长性能优秀，可确定 ARGs 携带宿主病原菌的信息；基因芯片技术是高通量的将特异性 ARGs 探针固定于芯片，通过与标记样品杂交来实现高效、低成本的 ARGs 的检测，其信号观测可结合化学发光和光谱传感器等实现；qPCR 技术是基于已知序列的 ARGs 设计特异性引物，精确检测样品中 ARGs 的含量，在该技术的基础上，将 qPCR 反应体系缩小至纳升，在基因芯片上完成 qPCR 反应，可以实现高通量的 ARGs 检测，即 HT-qPCR 技术。

3）病原细菌在环境中的赋存规律及监测方法

新冠肺炎疫情期间水体滞留会导致水质恶化及细菌滋生[33]。水质恶化包括余氯、溶解氧下降，金属溶出，以及浊度升高等，形成滞留水环境特殊的微生物生态，并可能导致病原细菌的丰度升高。例如，Zhang 等人发现，饮用水管网的水体滞留造成余氯衰减和浊度升高现象，并造成总细菌特别是抗生素抗性细菌（antibiotic resistant bacteria，ARB）丰度增加的风险[34]。如前文所述，疫情期间抗生素的使用加剧以及强化消毒，也均会导致环境耐性细菌的丰度增加[27]，而常规的冲洗操作只能暂时降低病原细菌的水平，管网仍存在病原菌重生长的风险[25]。因此，需要特别关注疫情期间具备环境耐受性的病原细菌类型。

由于长期没有新鲜水体的补充，滞留水体往往呈现贫营养的环境特征，病原细菌极容易被诱导进入 VBNC 状态，也是疫情期间需要特别警惕的一类健康风险。以往病原细菌污染导致介水疾病的事件中，往往会出现无法溯源的情况，即病原细菌通过 VBNC 状态逃避检测，但在病人体内完成复苏，增加了介水传播疾病的暴发和 HGT 的风险[35]。所以，对病原细菌及其 VBNC 状态的检测对于疫情期间介水传播疾病的预防和控制至关重要。常用的病原菌检测技术包括培养法、qPCR、流式细胞术（Flow cytometry，FCM）、高通量测序等。其中，培养法是目前国标检测的统一标准，其优点是操作简单、成本低，但缺点也很明显，耗时长（通常需要 1～2d）且不能检测 VBNC 状态病原细菌；其他方法统称为独立于培养的方法，即可对 VBNC 状态病原细菌进行检测。如 qPCR 和高通量测序技术，可通过对病原细菌特异性序列的分析，获得环境介质中不同类型病原细菌的信息[32]。其缺点是于细菌的活性界定比较局限，可能受到环境DNA影响形成假阳性的结果，需结合PMA等染料才能完成对VBNC病原细菌的定量分析[20]；FCM结合死/活菌染色或酶活催化染色方法可以有效、高通量的界定细菌的活性[36]，但其对于病原细菌的分类比较困难，通过结合病原细菌特异性抗体荧光和微流控技术，可对选定的病原细菌类型进行实时定量的分析。

4）环境中细菌和抗性基因的控制与去除

明确 ARGs 和病原细菌的赋存规律是评价新冠肺炎疫情期间该类健康风险的前提，在此基础上，还需对其进行控制和去除。在水环境中，氯和紫外辐照是目前最常用的消毒方法。其中，氯可破坏细胞壁/膜并进入细菌内部，进而作用 DNA 达到非靶向的杀菌效果[36]。除氯以外，常用的氧化类消毒剂还包括二氧化氯、臭氧、高锰酸钾、高铁酸盐等，其中臭氧消杀因其优秀的氧化性能在新冠肺炎疫情期间被广泛推广。紫外辐照可直接透过细胞膜作用于细菌 DNA，形成嘧啶二聚体并抑制核酸复制过程，间接达到靶向杀菌的效果[37]。

除了以上消毒工艺，高级氧化技术（advanced oxidation processes，AOP）也可用于新冠肺炎疫情期间的病原细菌控制，其原理为通过产生活性自由基（·OH，Cl·，SO_4^-·和 O_2^-·）来破坏细菌结构甚至消除DNA[32]。目前，·OH 的应用最为广泛，芬顿氧化、光催化以及等离子体放电等过程均可产生，其可非靶向灭活细菌和破碎 DNA[38]。除·OH 以外，等离子体放电和紫外/氯联用技术，还可产生活性氯（Cl·，Cl_2和 ClO·）等有效成分，对烷基/烷氧基芳烃和烯烃有特异性的识别功能，即可能靶向与核酸作用而减少细胞其他组分的消耗[36]。类似的，紫外/过硫酸盐、硫化纳米零铁/过硫酸盐等联用技术产生的 SO_4^-·，较·OH具备更强的选择性和更长的存留时间[32]，可特异性作用 *ere*B，*erm*A 和 *erm*B 等 ARGs 达到消除目的[39]。表 4-1 以大肠杆菌（*E. coli*）为例，总结了细菌和 ARGs 的控制技术，为疫情期间的病原细菌及其健康风险的控制提供参考。

表 4-1　细菌及 ARGs 的控制技术总结

消毒技术	剂量 1	杀菌效果（log）	剂量 2	ARGs 降解效果（log）
紫外辐照	9 mW/cm^2	5.5～6.3	60～130 mJ/cm^2	4
氯消毒	2 mg/L	4.5～5.5	37～72（mg×min）/L	4
UV/氯	UV（9 mW/cm^2）/Cl_2（20 mg/L）	7.2～7.3	UV（320 mJ/cm^2）/Cl_2（2 mg/L）	1.6～3.1
UV/二氧化钛	12 mJ/cm^2	5.5～5.8	120 mJ/cm^2	4.7～5.8
UV/过硫酸盐	—	96.65%～99.9%	—	3.4
臭氧	HRT 40 min，0.25 gO_3 $gDOC^{-1}$	3.9	HRT 40 min，0.75 gO_3 $gDOC^{-1}$	4～6
等离子体	—	4.7	—	5.3～5.8
光芬顿	0.5 mmol/L Fe^{2+}，10 mmol/L H_2O_2	6.17	0.5 mmol/L Fe^{2+}，10 mmol/L H_2O_2	6.8～8.6
高铁酸盐	30 μmol/L	6.5	300 μmol/L	4.44

4.2.3 真菌

1）水和废水系统中的真菌及其健康风险

目前，普遍认为真菌也是一种饮用水污染物。丝状真菌普遍存在于饮用水系统中，可在水中繁殖传播，并通过饮水、淋浴摄入等途径对人体健康造成伤害，危及免疫功能低下的人群。部分真菌可造成饮用水存在嗅味（土臭素、2,4,6-三氯苯甲醚和 2-甲基异崁醇等）、浊度升高和肉眼可见物等水质问题。丝状真菌和细菌还可以在饮用水系统内共存，形成跨界生物膜保护致病性微生物免受消毒剂作用[40]。一些真菌在特定条件下会产生次级代谢物-真菌毒素（mycotoxins），并可引起免疫低下人群的急/慢性中毒[41]。虽然管网中的真菌毒素因水体的稀释作用使得其浓度可能较低，但水在配水系统中的长距离传输、余氯的消耗以及某些真菌对消毒的抵抗力都会导致真菌毒素浓度增加到不安全的水平，从而威胁用户身体健康。

2）水中真菌的赋存规律及监测方法

由于真菌耐氯性远高于细菌，真菌在供水管网中表现出显著的再生长趋势，导致供水管网中存在严重的真菌污染。有研究显示某原水中真菌含量可达 200 CFU/100mL，经水厂消毒工艺处理后出厂水中真菌可降至 0 CFU/100mL，但是末梢水污染真菌量可上升到 100 CFU/100mL[42]。同样，Oliveira 等[43]发现供水管网内的真菌含量可达 207 CFU/100mL。Novak Babič 和 Gunde-Cimerman [44]在二次供水系统中发现高丰度的真菌生物量（60 CFU/100mL），分离出的真菌普遍产酸，严重威胁储水箱壁。因此，应加强供水管网末端真菌监测。

目前，水环境中真菌检测在国内外尚无统一标准。常用的真菌监测技术包括培养法、qPCR、高通量测序等。培养法由于其操作简单、成本低，被广泛应用，但该方法耗时长且绝大多数真菌不能被检测；目前普遍应用分子生物学方法来分析水环境中真菌群落组成[45]。

3）水中真菌的控制和灭活

研究人员针对水生真菌的灭活开展了大量的研究。氯消毒目前是水厂采用的主流消毒方法，其被证实可有效的对真菌进行灭活。氯可破坏真菌孢子表明，进而作用 DNA 达到非靶向的杀菌效果。然而，真菌往往表现出较强的氯抗性，氯灭活真菌所需 CT 值远高于细菌[46]。紫外作为一种补充消毒方式，被广泛应用到饮用水消毒。紫外可以通过多种机制灭活真菌孢子，例如细胞壁破坏、DNA 损伤和代谢紊乱等。此外，其他的氧化类消毒方法如二氧化氯和臭氧都对真菌具有较强的灭杀效果（表 4-2）。为了改善使用单一消毒剂对真菌孢子灭活的不足，在实际消毒过程中可采用联合消毒法，如臭氧-氯[47]、紫外-氯[48]、UV-过硫酸钾[49]等，联合消毒在多数情况下都具有较好的协同作用。

表 4-2 真菌消毒技术总结

消毒技术	剂量	去除效果（log）	作用机制
氯	60～258 mg·min/L	4	首先作用于真菌孢子表面，使其细胞的通透性屏障受损，导致胞内特征物质释放，细胞活性完全降低，以致真菌及其孢子死亡
氯胺	120～707 mg·min/L	4	
紫外	100 mJ/cm^2, 100min —	3～4 1.9～5.8	通过细胞壁破坏、DNA 损伤和代谢紊乱等多种机制灭活真菌孢子
二氧化氯	1.8～3 mg·min/L	2～4	破坏细胞壁改变渗透压，损伤细胞膜，从而导致细胞内化合物的泄漏和真菌孢子形状的改变，最终导致真菌孢子死亡

续表

消毒技术	剂量	去除效果（log）	作用机制
臭氧	5.6～6 mg·min/L	2～3	首先攻击细胞壁和膜，增加膜的渗透性，导致真菌孢子的渗透。细胞内物质被臭氧分子和活性氧物质的综合作用氧化，导致孢子死亡
紫外（265、268、265/268 nm、低压）-氯	100 mJ/cm^2 + 2mg, 100min	3～5	UV 和 Cl_2 产生的·OH 可通过氧化细胞膜或细胞壁来损害细胞的完整性，从而使 Cl_2 易于扩散到细胞中，进一步使酶或色素失活
臭氧-氯	1 mg/L（O_3）+ 2 mg/L（Cl_2），10 min	2～2.5	O_3 和 Cl_2 之间的反应促进了·OH 的生成，且臭氧处理迅速改变了细胞膜的通透性，有利于游离氯渗透到孢子中，从而导致更高程度的细胞损伤和细胞内物质泄漏
紫外-过硫酸钾	40～60 mJ/cm^2 + 0.1 mmol/L, 6～10 min	5	UV/PMS 产生的活性自由基可以破坏细胞膜和细胞壁，导致细胞内物质泄漏，并显著改变孢子形状和表面完整性

4.2.4　原生动物

1）水中原生动物及其健康风险

原生动物普遍存在于环境中，能感染人和动物。目前，常见原生动物包括贾第鞭毛虫、隐孢子虫、溶组织内阿米巴、刚地弓形虫等，其中，贾第虫属和隐孢子虫属是危害水质安全的重要水源性寄生原虫，也是导致水传播疾病最常见的微生物之一。我国《生活饮用水卫生标准》（GB5749-2006）规定，贾第鞭毛虫与隐孢子虫为非常规水质检测指标。

隐孢子虫引起急性水样腹泻、呕吐、恶心、发热，严重情况下，导致脱水和死亡。隐孢子虫病对免疫功能低下的个人有害，尤其是儿童（<5 岁）、老年人和免疫缺陷者。Khalil 等估计隐孢子虫病为 2016 年世界第五大疾病，5 岁以下儿童腹泻的最常见原因，造成 48000 多人死亡和 420 万人残疾[50]。贾第鞭毛虫感染可能无症状或导致腹泻，也与肠易激综合征、慢性疲劳和关节疼痛有关，婴儿和儿童感染贾第鞭毛虫可导致发育不良、营养不良。

目前，各种水体均有隐孢子虫和贾第鞭毛虫检出。Daraei 发现，隐孢子虫在所有类型水体中的总体流行率为 36%（95%置信区间：31.4～40.7），其中废水的流行率最高（46.9%），其次是地表水（45.3%），海水最低（0.20%）[51]。另外，公共生活饮用水、景观用水、地下水中的隐孢子虫和贾第鞭毛虫风险也不容乐观。

2）水中原生动物检测技术

水中原生动物检测方法包括显微镜、基于单克隆抗体的免疫学方法（如免疫荧光检测、免疫磁珠分离、侧向流免疫层析技术、流式细胞术、ELISA）、基于 PCR 的分子生物学方法（如 PCR、荧光定量 PCR、数字 PCR）等。近年来，核酸适配体技术得到飞速发展，Iqbal 等将适配体传感器和磁珠结合起来，可检测水中 50 个卵囊[52]；Hassan 等将 R4-6DNA 适配体截断为两个最小适配体并结合到磁珠上，可检测 300 微升污水中的 5 个卵囊。另外，Shrestha 等建立了基于智能手机的显微分析技术，用于筛查水中的贾第鞭毛虫与隐孢子虫卵囊，其效果与商业显微镜方法的性能相当[53]；Li 等建立了适用于微生物超灵敏检测的 CRISPR/Cas12a 免疫传感方法，对于微小隐孢子虫卵囊，其检测线性范围为 6.25～1600 个卵囊/mL，灵敏度达到每个样本单个卵囊[54]；另外，还可利用宏基因组、半导体量子点技术、电化学技术等检测水中原生动物[55]。Panagicta Ligda 还采用机器学习方法，实现了水中贾第鞭毛虫与隐孢子虫的预测，准确率分别为 75%和 69%[56]。

3）水中原生动物的消毒控制

由于隐孢子虫等原生动物卵囊个体很小，难以用常规的颗粒性过滤装置去除，而且对氯气消毒有很强的抵抗力，能在水中存活数月，因此，原生动物的消毒技术受到广泛关注。研究表明，臭氧似乎比氯消毒更有利灭活原虫。Nakada 等发现，相比于原水，臭氧和氯消毒后，贾第鞭毛虫感染风险分别减少 27.5 和 13 倍[57]。另外，利用太阳能消毒技术，也可较好控制水中原生动物污染。García-Gil 等建立了太阳紫外线计算器模型，预估进入水容器的紫外强度，筛选了杀灭隐孢子虫的最适容器材质及其厚度，从而为今后太阳能水消毒技术的应用奠定基础[58]，同时，他还建立了光谱和热协同灭活水中隐孢子虫的动力模型，模型可以预测全世界达到预定消毒效果所需的太阳照射量[59]；Chaúque 等则利用连续流太阳能水消毒系统进行原虫灭活，每 90s 可以处理 1L，为今后太阳能消毒技术大规模公共饮用水供应奠定基础[60]。

4.3　消毒副产物

4.3.1　识别与检测

1）DBPs 识别和检测方法

DBPs 的定性识别和定量分析主要包括三个步骤，即预处理、色谱分离和检测器鉴定。因真实水样中 DBPs 的浓度通常低于分析仪器的检测限（μg/L 甚至 ng/L 水平），且水中的有机物和无机离子对于 DBPs 的识别与检测会造成一定干扰，所以必须对检测水样进行预处理。传统 DBPs 如三卤甲烷（THMs）、卤乙酸（HAAs）、卤乙腈（HANs）等主要利用液液萃取（LLE）的方式进行浓度富集，具有简单高效的特点。常用的萃取剂包括甲基叔丁基醚、环己烷、乙酸乙酯等[61]。但传统的 LLE 富集倍数较低（＜10），对于浓度在 ng/L 级别甚至更低的新型 DBPs 富集效果有限。因此，许多的研究者会采用富集倍数更高的固相萃取（SPE）和 LLE—旋转蒸发等预处理方式。比如，先采用大体积 LLE 将水体中的 DBPs 富集至萃取剂中，再采用旋转蒸发的方式将含有 DBPs 的萃取剂进一步浓缩富集，DBPs 富集倍数可达 1000～4000[62]。SPE 的预处理技术利用固定相选择性吸附水中的微量物质，再将吸附的 DBPs 洗脱至一定体积有机溶剂中，富集倍数可以轻松达到 100 以上，具有有机溶剂使用量小，选择性强的优点[61,63]。

经过预处理后样品，由气相（GC）或液相（LC）等分离系统分离后进入检测器加以检测分析。自从发现第一种 DBP——三氯甲烷以来，气相色谱/质谱（GC-MS）在过去多年中一直被用作发现新 DBPs 的有效工具，主要因为该技术简单明了，可通过比较质谱图与大型质谱库的数据来识别 DBPs。例如，Zhang 等人通过 GC-MS 在消毒后饮用水中发现了一组新的含氮 DBP——氯苯基乙腈[64]，或使用 GC×GC-qMS 实现臭氧消毒水样中溴代 DBPs 的精准分离与识别[65]。目前，GC-MS 和 GC/电子俘获检测器（GC-ECD）等分析方法常用于已知结构的挥发性和半挥发性 DBPs（如 HNM、HAL 和碘化三卤甲烷）的定量分析，具有检测限低，简单方便的优点[61]。然而，在消毒过程中形成的总有机卤素（TOX）中，只有一部分可由 GC-MS 和 GC-ECD 进行鉴定和定量分析。基于 GC 的分析技术无法检测难挥发及高度极性的 DBPs（即含有一个或多个亲水性官能团的 DBPs，如—COOH、—OH、═O、—CHO 和—NH_2 或以分子离子形式存在于水中的 DBPs），而这些 DBPs 可能构成 TOX 的重要部分，因此在过去十年中 LC-MS 和相关技术越来越多地用于极性和难挥发 DBPs 的研究，飞行时间质谱（TOF-MS）等高分辨率质谱由于可提供精准分子质量和准确分子式，在新型 DBPs 的识别检测方面也得到广泛运用。除 LC 和 GC 方法外，离子色谱（IC）可有效分离水中无机 DBPs（如溴酸盐）和高极性 DBPs（如卤乙酸）。因此，基于 IC 原理的检测方法也常用于卤乙酸的检测分析，检测限可达μg/L 水平[66]。

随着检测技术优化，越来越多的新型微量 DBPs 被识别与检测。近两年来发现的新型 DBPs 主要为三大类：①卤代以及非卤代芳香族 DBPs，包括含苯环的卤代多肽[66]，水杨酸等及其衍生物[67]，卤代苯乙腈等[65]和杂环类 DBPs．如卤代吡啶等[68]；②卤代脂环族 DBPs，如卤代环戊烯二酮；③新型卤代脂肪族 DBPs，如卤代甲磺酸等[69]和卤代烯烃酸[70]。这些新型 DBPs 的检测识别不仅进一步揭示了 DBPs 健康风险，更进一步展现了 DBPs 生成路径与生成机制的多样性。目前受关注较多有机 DBPs 的分类及代表物质结构式如图 4-1 所示（其中 X 代表卤素或氢原子基团）。各种新型 DBPs 的检测方法如表 4-3 所示。

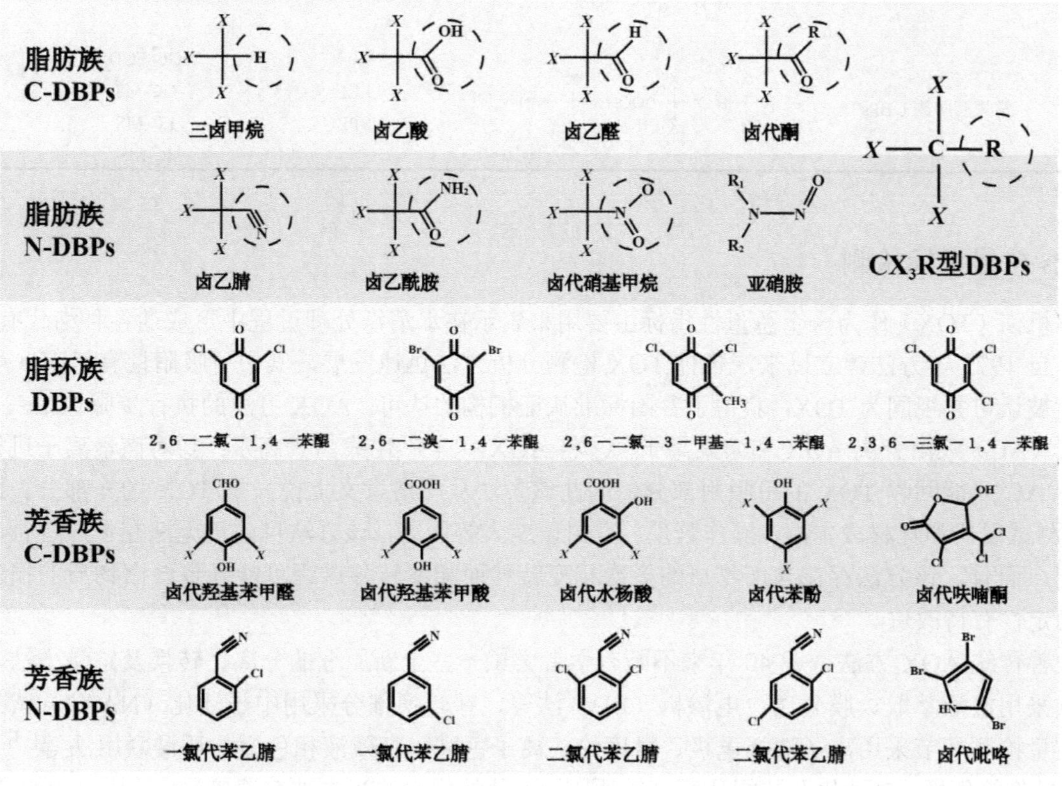

图 4-1　有机 DBPs 的分类及代表物质结构式[71]

表 4-3　新型 DBPs 及其检测方法

类型		典型成分分子式	富集方式	识别方法	参考文献
芳香族 DBPs	卤代苯基 DBPs	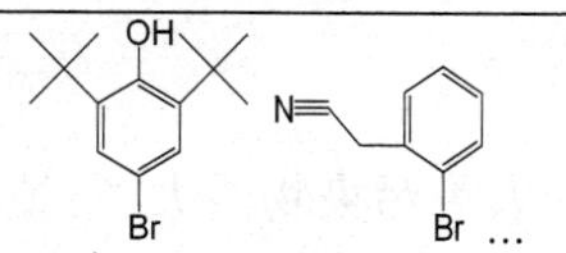	SPE	GC-MS GC×GC-qMS LC-QTof MS	[65，66，72]
	非卤代苯基 DBPs	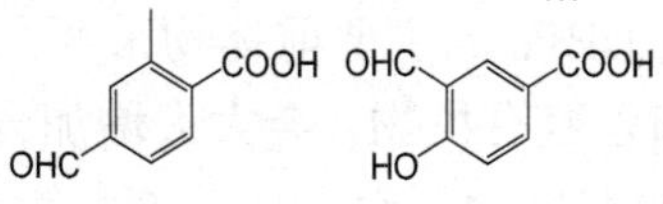	LLE-旋转蒸发	LC-tqMS	[67]
	杂环 DBPs	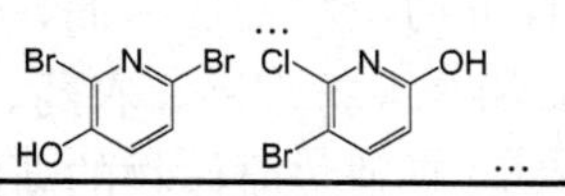	LLE-旋转蒸发	LC-tqMS	[68]

续表

类型		典型成分分子式	富集方式	识别方法	参考文献
脂环族 DBPs	五元脂环族 DBPs	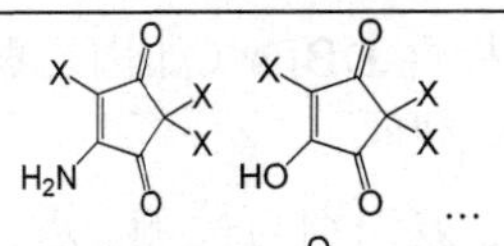	LLE-旋转蒸发	LC-tqMS	[70]
	六元脂环族 DBPs	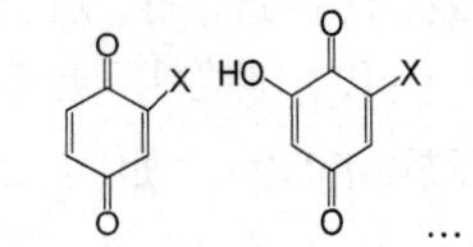	SPE	LC- QTof MS	[73]
脂肪族 DBPs	新型脂肪族 DBPs	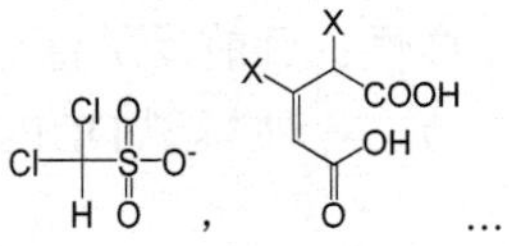	SPE LLE-旋转蒸发	LC-QTrapMS LC-tqMS	[69，70]
	常规脂肪族 DBPs	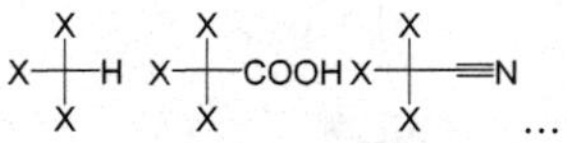	LLE SPE	GC-ECD GC-MS LC-MS IC-MS	[61，66]

2）DBPs 总量指标检测

总有机卤（TOX）作为一个总量性指标主要用来表示在水消毒处理过程中形成的各种卤代有机 DBPs 的总和。自 1973 年方法建立以来，各种 TOX 检测分析方法迅速发展，其中可吸附性有机卤（AOX）方法在逐渐被认可并视同为 TOX，获得了各国标准认证机构的认可。AOX 方法的执行步骤包括三个：①使用活性炭（AC）吸附分离 AOX 和卤素离子；②将 AOX 完全矿化成卤素离子；③对卤素离子进行定量分析。由于 AC 只能回收 TOX 的可吸附部分，因此该方法从严格意义上说只是 TOX 的一部分。此外，由于 AOX 测试仪器和耗材成本高、操作繁琐、空白误差大等原因，该方法目前仍无法在水厂进行广泛而常规的应用。而且，该方法存在含卤物质的多次相变转移而相变转移过程可能导致含卤物质的损失，因此其测试稳定性有待改进。

为改善传统 AOX 方法，近 40 年来不断有学者尝试一些全新原理的分离、转换及定量方法，比如在分离部分采用液液萃取、膜分离、电渗析（ED）法等，在转换部分采用中子活化（NAA）、紫外光解法等，在定量检测环节采用离子选择电极、微库伦、离子色谱、高效液相色谱与质谱联用法等[74]。但考虑到成本、操作简便性、自动化及法规认可度等原因，各种替代方法尚未被普遍接受。从原理上来说，Zhang 和 Bu 等人提出的通过电渗析分离预处理[75]后用真空紫外光解 TOX 脱卤[76]再进行离子色谱分析的办法，不仅可实现多卤素 TOX 同步痕量检测，而且整个样品处理过程始终处于水相而无 TOX 相变转移，因此可望实现更准确和更自动化的 TOX 检测目标。

3）DBPs 前体物识别和检测

原水中的 DBPs 前体物主要来自天然有机物和人为污染物两大类。植被较好的河流往往带有更高的腐殖质类天然有机物，是三卤甲烷、卤乙酸等含碳 DBPs 的主要前体物来源。当水源受到生活污水、工业废水和污水厂尾水影响时，会有较高浓度的氨氮和含氮有机物，会大大增加含氮 DBPs 的前体物。其中，亚硝胺前体物的来源主要是人为排放污染物、天然有机物、水处理药剂、微生物代谢四大类。其中，人为排放污染物又可细分为生活污水、工业废水、药品和个人护理品、农药、胺类化学品等。Bei 等人首次提出并验证了微生物代谢水中氨基酸类含氮有机物生成亚硝胺前体物的新机制，估算这一机制贡献我国水源水中约 30%的 NDMA 前体物[77]。Qiu 等人开展了城市尺度的亚硝胺及前体物的定量化源解析研究，发现上游地表径流、本地污废水排放和湖泊微生物代谢都是重要的 NDMA 及其前体物来源，其中微生物代谢对 NDMA 前体物贡献最高，达到 36%[78]。此外，水处理过程中投加的化学药剂和工程材料以及水厂工艺泄漏的化学材料和生物质也被发现是 DBPs 前体物，在一定程度上可增加饮用水中 DBPs 的生成量[79]。

DBPs 前体物来源多样，成分复杂，很难逐一研究其单个成分。因此，将水中有机物按照亲疏水性、极性、电性、分子量等理化性质进行分级分类，然后分别研究各组分生成 DBPs 的能力，这个研究过程被称为解析（characterization of DBP precursors）。采用树脂解析技术发现含碳 DBPs 前体物多以疏水性为主，特别是腐殖质类天然有机物是其主要来源[80]。采用多种固相萃取小柱富集和分离的极性快速分析法（PRAM）发现水源水、污水中亚硝胺前体物大多同时具有正电性和非极性的特点，这与其具有二烷基胺官能团和非极性分子主体结构有关[81,82]。

此外，还可将上述方法与分子量分布、三维荧光、TOX、总有机氮（TON）分析等手段相结合，结果显示大分子量、荧光光谱偏长波的腐殖质类有机物通常是含碳 DBPs 的主要来源；小分子量、荧光光谱偏短波的蛋白质、氨基酸类有机物通常是含氮 DBPs 的主要来源[83,84]。

Fang 等人采用了包括分子量分布、三维荧光等多种表征手段，在长江流域尺度下开展了 DBPs 前体物解析研究[85]。结果表明，长江上游、中游水中的前体物以陆地来源的高芳香度腐殖质为主要特征，消毒后生成大量三卤甲烷、卤乙酸等规范内 DBPs；长江下游受污水排放等人类活动的影响较为显著，水中前体物主要为微生物来源的蛋白质类生物大分子，消毒后生成大量卤乙腈和卤乙醛等高毒性 DBPs。

4.3.2　毒性和风险

随着毒理学研究的逐渐深入及毒性测试技术的不断进步，研究者们不断揭示 DBPs 对人体和生态环境的危害，DBPs 所引起的健康问题也越来越受到重视。特别是近十年来，关于 DBPs 的流行病学调查、生殖发育毒性、组学研究等的研究报道越来越多。

1）细胞毒性

由于操作简单，细胞毒性测试被广泛用于测试 DBPs 的毒性。目前在细胞毒性测试中常用哺乳动物或人的癌细胞系，其中，中华仓鼠卵巢癌细胞 CHO、人膀胱癌细胞 T24 和人肝癌细胞 HepG2 等在 DBPs 的毒理学研究中应用最为广泛。截至目前，多种常规和新兴 DBPs 对 CHO 细胞的毒性数据较为丰富，已经形成了较为完整的数据库[86]，可以结合饮用水中的检出浓度，对不同类型 DBPs 进行风险评估。

卤代芳香族 DBPs 是一类新兴 DBPs，可能具有比脂肪族 DBPs 更高的毒性。Zhang 等对比了 15 种卤代芳香族 DBPs（包括卤代酚、卤代硝基酚、卤代羟基苯甲醛和卤代羟基苯甲酸）的 CHO 细胞毒性，毒性大小顺序为卤代硝基酚＞卤代酚＞卤代羟基苯甲醛＞卤代羟基苯甲酸，芳香族 DBPs 的亲电/亲核活性及其与过氧化氢酶的相互作用显著影响毒性机理[87]。

许多研究表明碘代 DBPs 比相应的氯代、溴代副产物的细胞毒性更高[86]。Wang 等发现随着消毒剂 HClO 投加量的增加，2-碘代酚、4-碘代酚和 2,4,6-三碘代酚这三种碘代 DBPs 会继续转化为低毒性的碘酸盐（IO_3^-）以及相应的碘代和氯代脂肪族 DBPs，其对青海弧菌 Q67 的急性毒性降低[88]。

含氮 DBPs 虽然在水中含量较低，但其风险较高，日益受到关注。Kim 等利用重组酵母测试了卤乙酸和卤代酰胺的细胞毒性，碘代酰胺（IAM）和溴代酰胺（BAM）细胞毒性最强，其 LC_{50} 值分别为 0.0462 mmol/L 和 0.0537 mmol/L，其次是氯乙酸（LC_{50} = 4.87 mmol/L）和氯代酰胺（5.28 mmol/L），碘乙酸（5.52 mmol/L）和溴乙酸（6.35 mmol/L）[89]。

2）遗传毒性

遗传毒性是指污染物作用于有机体，导致其遗传物质在染色体水平、分子水平和碱基水平受到损伤而造成的毒性作用。由于基因毒性与致癌性密切相关，遗传毒性实验也广泛用于评价 DBPs 的毒性特征。常见的遗传毒性试验有反映 DNA 损伤/修复的彗星实验和 SOS/umu 实验，反应基因突变的 Ames 实验以及表征染色体损伤的微核试验等。近年越来越多的研究表明含氮 DBPs、溴代及碘代 DBPs 的遗传毒性明显高于常规 DBPs。

Zhang 等利用全二维气相色谱从经臭氧处理后水体中分离识别出 8 种新的溴代 DBPs，并利用 CHO 细胞系测试了其遗传毒性和氧化损伤。其中 1-溴-1-苯乙烯、2-溴苯甲醛、3-溴苯甲醛、4-溴苯甲醛、 2，4，6-三溴酚的遗传毒性分别是溴酸盐（IR1.2，540.7 μmol/L）的 7.0、4.1、3.3、1.0 和 2.2 倍，1-溴-1-苯乙烯、2-溴苯甲醛、3-溴苯甲醛、4-溴苯甲醛导致 DNA/RNA 氧化损伤的能力分别比溴酸盐高 9.8、5.4、2.5 和 1.2 倍[65]。Marsà 等利用 T24 细胞测试了氯乙酸（CAA）、溴乙酸（BAA）和碘乙酸（IAA）的急性和慢性（8 周）致癌潜力，发现卤乙酸对 T24 具有显著的遗传毒性（CAA，尾部 DNA 比例 34.78%；BAA，尾部 DNA 比例 35.97%；IAA，尾部 DNA 比例 39.51%），但是在长时间低剂量暴露条件下几乎没有显著的遗传毒性效应（CAA，尾部 DNA 比例 3.64%；BAA，尾部 DNA 比例 2.04%；IAA，尾部 DNA 比例 3.14%），这可能是由于卤乙酸的长期暴露诱导了细胞对氧化损伤的抗性[90]。

3）生殖发育毒性

随着毒理学研究的不断深入，DBPs 所引起的内分泌干扰性、发育毒性、生殖毒性等负面生物效应也越来越受到关注。Chaves 等利用斑马鱼胚胎细胞测试了亚硝胺类、醛类、醇类和酮类等几种新兴 DBPs 的发育毒性，它们的 EC_{10} 值分布在 0.04～9.2 mg/L，比常规 DBPs 如三氯甲烷毒性高得多（三氯甲烷的 EC_{20} 为 84.7 mg/L）[91]。Li 等采用氮吹去除消毒后水样中挥发性 DBPs，发现氮吹前后样品对沙蚕的发育毒性没有显著性差异（$P>0.10$），表明挥发性 DBPs 的发育毒性小，非挥发性芳香类化合物是消毒后水样发育毒性的主要贡献者[92]。

碘代乙酸（IAA）是饮用水中一种非常规 DBPs，Jiao 等发现 IAA 暴露会导致小鼠卵母细胞分裂中期 I（MI）中止和极体排出异常，特别是 IAA 暴露会导致纺锤体组装异常和染色体失调。此外，IAA 暴露后小鼠卵母细胞核的 γ-H2AX 极点数上升，IAA 暴露 14h 后进入细胞分裂中期 II（MII）的卵母细胞往往会有严重的纺锤体形态学和染色体排列损伤。若向暴露体系中添加抗氧化剂 *N*-乙酰-*L*-半胱氨酸（NAC），会减缓 IAA 暴露所引起的卵母细胞 ROS 含量的上升并恢复减数分裂过程，表明 IAA 导致的减数分裂异常主要是因氧化应激所致。可见，IAA 暴露会通过 ROS 水平干扰小鼠卵母细胞形成、干扰纺锤体组装、造成 DNA 损伤导致 MI 阶段停留中断，影响小鼠生殖[93]。

4）DBPs 毒性的组学研究

组学技术，如蛋白质组学、基因组学、转录组学等发展迅速，近年来也逐步用于研究 DBPs 的健康影响和潜在机理。已有研究表明 DBPs 会对小鼠的肝脏、肾脏、肠道微生物群落、血清代谢，以及某些基因或转录相关通路造成显著影响[94,95,96,97]。例如 Zhang 等联合运用高通量测序宏基因组学和基于核磁共振的代谢组学技术评价了三氯乙酰胺（TCAcAm）暴露对肠道和尿液中微生物的毒性效应。高通量测序结果表明 TCAcAm 暴露 90 天后 *Mus musculus* 小鼠后肠道微生物群落组成和功能发生了明显改变，代谢分析结果表明小鼠尿液中大量肠道菌群相关的代谢分子受到了剧烈扰动[94]。他们还发现 TCAcAm 暴露会导致肝脏炎症、体重下降和肝脏转录组和血清代谢的变化[96]。基于基因表达的差异和代谢物的变化，确认了 TCAcAm 暴露导致的影响涉及脂质、外源性物质、氨基酸和能量代谢。综合通路分析表明

TCAcAm 暴露会导致细胞毒性和肝毒性。Deng 等研究发现 BAN 暴露会导致小鼠肝脏和肾脏损伤，超氧化物歧化酶（SOD）和谷胱甘肽过氧化物酶（GSH-P*x*）的活性下降，小鼠肾脏丙二醇（MDA）水平上升，这表明 BANs 暴露诱导了肝脏的氧化应激反应，且毒性随着 α-C 上溴原子数目的增加而升高，揭示了 BAN 暴露会干扰小鼠氨基酸、能量和脂类代谢[95]。

5）流行病学调查

自 1974 年从氯消毒饮水中检出三卤甲烷以来，世界各国相继开展了大量关于 DBPs 的流行病学研究。1991 年，国际癌症研究机构（IARC）报告指出，直肠癌、结肠癌和膀胱癌与饮用氯消毒的水有显著相关性，胃、脑、肺和肝等癌症死亡率也与氯 DBPs 有关。

三卤甲烷和卤乙酸是氯化消毒的饮用水中浓度最高的 DBPs，也被纳入很多国家的饮用水水质标准，检测数据相对丰富，针对该类副产物的健康风险分析也较多。Sun 等研究了包括 6720 个大于 40 岁的成年人多种死亡率与血液中 DBPs 浓度的关系，发现全因死亡率与血液中 TCM 和 TTHMs 四分位浓度具有较强的相关性（$P = 0.02$），风险比率为 1.35（95%置信区间：1.05～1.74）和 1.37（1.05～1.79）[98]。

Evans 等人运用美国的 UCMR4 数据，根据三卤甲烷和卤乙酸的致癌斜率因子和暴露剂量，计算了饮水摄入所造成的致症风险为 7.0×10^{-5}（范围 3.5×10^{-5}～1.3×10^{-4}）。但美国的另一项流行病学调查数据表明，由供水系统中 DBPs 所导致的膀胱癌的发病率约为 3.0×10^{-3}（范围 2.1×10^{-4}～5.7×10^{-3}）。这两项研究所得致癌风险数据之间的巨大差异提示，三卤甲烷和卤乙酸这两类副产物对致癌风险的贡献仅占小部分，而其他 DBPs 对致癌风险的贡献可能会更高，将是今后研究的重点[99]。

此外，华中科技大学近期的一项研究表明，孕妇尿液中三氯乙酸的浓度水平与男性胎儿的双顶径、头围、股骨长度等 B 超测试指标呈负相关关系，而与女性胎儿的这些指标间并无显著相关性（$P = 0.04$、0.05、0.08）。这一结果表明孕晚期暴露三氯乙酸类副产物可能对男性胎儿的发育造成负面影响[100]。

6) 暴露途径和健康风险评价

DBPs 的暴露途径主要包括饮水、食品、洗浴、游泳等途径，通过消化道、皮肤和呼吸道进入人体。其中，饮水暴露是最重要的 DBPs 暴露途径，因此可以通过饮用水中 DBPs 浓度和饮水量估算暴露剂量。Chen 等检测了上海市两个自来水厂出厂水中亚硝胺的平均浓度分别为 35.83 ng/L 和 5.07 ng/L，估算出饮用水中 NDMA 带来的终生致癌风险为 5.58×10^{-5} 和 7.89×10^{-6}，NDEA 的致癌风险为 0 和 3.32×10^{-5}，8 种挥发性亚硝胺的总致癌风险为 8.29×10^{-5} 和 4.49×10^{-5}[101]。

食品加工过程中通常添加氯消毒剂控制食源性病原体，也会生成一定浓度的 DBPs。食品加工消毒和饮用水消毒存在较大差异，主要体现在消毒剂用量大、多变、接触时间较短。但由于食品中有机质含量高，可作为前体物与消毒剂反应，因此食品中的 DBPs 也值得关注。其中，亚硝胺的情况更为特殊，其在食品中往往是加工副产物，而在饮用水中称为 DBPs，因此食品和饮水都是重要的亚硝胺摄入途径。Li 等计算了全国 20 个省份成年居民的外源 NDMA、NDEA 和 TVNA 摄入量（主要包括食品和饮水）分别为 171～425 ng/d、41～140 ng/d 和 373～1028 ng/d。按照全国平均浓度计算，饮水摄入分别占 NDMA、NDEA 和 TVNA 外源摄入量的 13.1%、1.3%和 10.8%，贡献率与谷物、肉类相当，其饮水带来的健康风险不应忽视[102]。

Tovar 等研究了男、女大学生洗浴时吸入三卤甲烷的剂量，并评价了终生癌症风险，男、女生可能患癌的平均风险为 5.6×10^{-5}。灵敏度分析表明对风险升高影响较大的参数为三氯甲烷浓度（灵敏度：男性 33.1%，女性 35.9%）、暴露时间（灵敏度：男性 31.1%，女性 29.9%）以及淋浴房体积（灵敏度：男性 –28.7%，女性 –28.4%）[103]。

游泳池水的消毒过程中往往投入高剂量的消毒剂，且反复投加消毒剂，因此泳池水中 DBPs 的含量较高，且人群暴露途径较多，包括经口摄入、吸入、经皮肤摄入等，对人体健康构成较大风险。Peng 等选取了国内 41 个室内外泳池进行研究，发现 THMs 和 HAAs 是泳池中最主要的 DBPs，总风险指数高于可接受值（10^{-6}），HAAs 对致癌风险的贡献最大；泳池水中的尿素和氨氮限制了 C-DBPs 的产生，但促进了 N-DBPs 的生成[104]。广西南宁的室内泳池中检出卤代苯醌，浓度达到 4.56～45.30 ng/L[105]。鉴于泳池暴露的复杂性，游泳暴露途径及相关的健康风险评价工作需要进一步开展。

4.3.3　生成机制

1）DBPs 的发现和研究历程

自 Rook 于 1974 年发表第一篇关于 DBPs 的论文至今，一直有新的 DBPs 类别被发现[106]，目前已知的 DBPs 类型已超过 700 多种。通常后续发现的 DBPs 通常比早期研究的 DBPs 毒性更大，例如始于 1993 年研究的溴酸盐、溴代乙酸等溴代消毒副产物（Br-DBPs）的毒性较氯代副产物（Cl-DBPs）更高，2000 年后逐步研究的碘代副产物 I-DBPs 比同类的氯代和溴代 DBPs 的毒性要大得多，同时也还会引起嗅味问题。与含碳的 DBPs 相比，各种类型的 N-DBPs 显示出较高的遗传毒性和细胞毒性。例如，二氯乙腈（DCAN）、卤代乙酰胺（HAcAms）、卤代硝基甲烷（HNMs）、亚硝胺（NMAs）等。此外，最近以卤代苯醌为首的高毒性的芳香类 DBPs 也引起了广泛的重视。然而，至今在所有已识别的 DBPs 中，超过 50%在氯化消毒中形成的总有机卤（TOX），和超过 60%在臭氧化饮用水中形成的 DBPs 仍不清楚。随着疫情在全球范围的持续，饮用水消毒面临着生物风险和 DBPs 风险的双重压力，识别新的 DBPs，探索 DBPs 的生成机制进而有效控制其生成将是饮用水消毒长期的目标与命题。

2）三卤甲烷（THMs）、卤乙酸（HAAs）

近年的研究发现，一些微污染物在氯化消毒过程中会生成三卤甲烷。比如，乙酰氨基酚在氯和氯胺消毒过程中可以转化生成三卤甲烷[107]。氯和氯胺与对乙酰氨基酚发生取代、加成反应生成氯代酚，再经过水解、脱羧、开环等生成三氯甲烷。同时，对乙酰氨基酚也可能反应生成乙酰胺，后经加成、取代等反应生成三氯甲烷。此外，藻毒素 2,4-二氨基丁酸也会在氯消毒中生成三卤甲烷，同时也发现了卤乙酸、卤乙腈的生成。水体中 NH_4^+的存在会在氯化过程中生成氯胺，从而降低 THMs 的生成。温度也对 THMs 的生成有一定影响，Domínguez 等人发现夏季配水系统中 THMs 的浓度是冬季的 1.17～1.85 倍。

Guo 等人指出了乙酰磺胺在氯化消毒中生成二氯乙酸（DCAA）和三氯乙酸（TCAA）的路径[108]。乙酰磺胺首先经取代等反应转化为氯代酚中间体，而后开环生成含氯乙酸。

3）含氮 DBPs（N-DBPs）

卤乙腈（HAN）的生成机制主要是以氨基酸和脂肪族伯胺等化合物为前体物的“脱羧途径”和“醛途径”。磺胺甲噁唑是一种典型的胺类有机物，在预氯化中生成有机氯胺，经紫外照射后分解为苯胺类小分子，这些小分子在后氯化中逐步转化为 DCAN[109]。

卤代酰胺（HAMs）的生成机制主要是 HANs 的直接水解、HANs 与 OCl^-的亲核加成反应、醛类与一氯胺生成的甲醇胺进一步转化，以及以含氮消毒剂和氨氮为前体物的反应等。

二氧化氯（ClO_2）作为预氧化剂，通过电子转移、加成和开环等作用活化有机质的酚类结构，在后氯(胺)化过程中生成二氯乙腈（DCAN）和二氯乙酰胺（DCAM）（图 4-2）[110]。

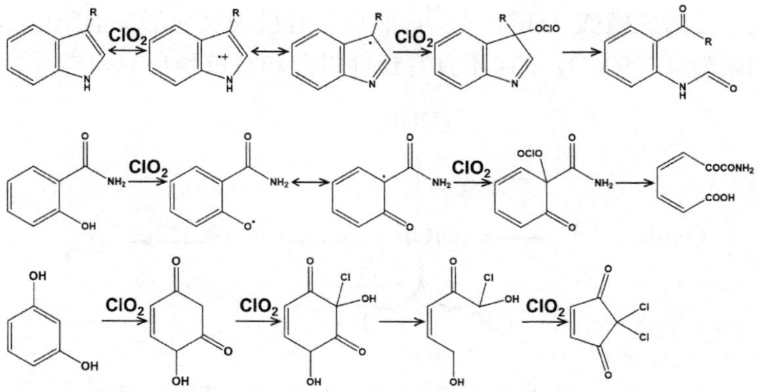

图 4-2　ClO_2 与 3-甲基吲哚、水杨酰胺和间苯二酚的反应路径[5]

三氯硝基甲烷（TCNM）的前体物主要是氨基/硝基化合物，不同的前驱体生成 TCNM 的途径不同，但氨基氯化生成有机氯胺是重要的初始反应过程。Han 等人[111]利用 DFT 计算以甲胺为前体物探究了其氯化过程中 TCNM 的生成机制（式 4-1），甲胺先进行 N-氧化生成硝基甲烷，再 C-氧化生成 TCNM。

$$CH_3NH_2 + HOCl \rightarrow CH_3NCl_2 \rightarrow CH_3NO_2 \rightarrow Cl_3CNO_2 \qquad (4\text{-}1)$$

二甲基亚硝胺（NDMA）亚硝胺的生成机制研究主要集中于 NDMA。有机胺能与氯胺或臭氧生成偏二甲肼（UDMH），UDMH 进一步氧化成 NDMA。Liu 等人通过实验和理论计算发现氯胺化四环素和土霉素会产生 N−Cl 偏二甲肼（UDMH−Cl），并进一步转化为 NDMA，这与之前报道的生成机制基本一致。

除以上常见的 N-DBPs，研究人员利用高分辨质谱在氯（胺）化或臭氧化水体中识别检测出新型的含氮（杂环类）DBPs，如卤代吩嗪、卤代硝基酚、卤代苯乙腈、卤代羟基吡啶等。

紫外/氯胺工艺中产生的自由基会将苯酚转化为多氯代的硝基酚（图 4-3）[112]。苯酚被活性氯取代生成邻位和对位的氯代酚，同时还能与体系中产生的活性氮组分生成 4-亚硝基苯酚。2-氯苯酚和 4-亚硝基苯酚分别与活性氮和活性氯反应转化为 2-氯-4-亚硝基苯酚，进而再被氯取代生成 2,6-二氯-4-亚硝基苯酚，开环后进一步生成 TCNM。

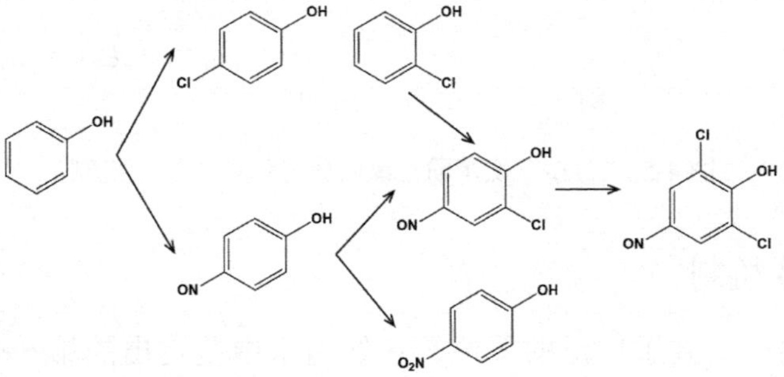

图 4-3　苯酚在氯胺氧化中的反应路径

4）碘代 DBPs（I-DBPs）

饮用水中 I-DBPs 的形成已成为一个重要的问题，与含氯和含溴的 DBPs 相比，I-DBPs 毒性更大，具有不同的前体和形成机制，并且不受管制。饮用水中 I-DBPs 的浓度范围通常从 ng/L 到 μg/L。碘乙酸是迄今为止研究的所有 DBPs 中最具遗传毒性的，而二碘乙酰胺和碘乙酰胺是最具细胞毒性的。天然存在的碘化物、碘酸盐和以碘代造影剂（ICM）为代表的碘代有机物是 I-DBPs 形成的主要来源。如图 4-4 所示，

在消毒过程中 I^-首先被氧化为次碘酸（HOI）[113]，然后与有机物反应形成 I-DBPs。HOI 还可以被氧化剂进一步氧化形成 IO_2^-和碘酸盐（IO_3^-），IO_3^-不具有毒性以及和有机物反应的活性。

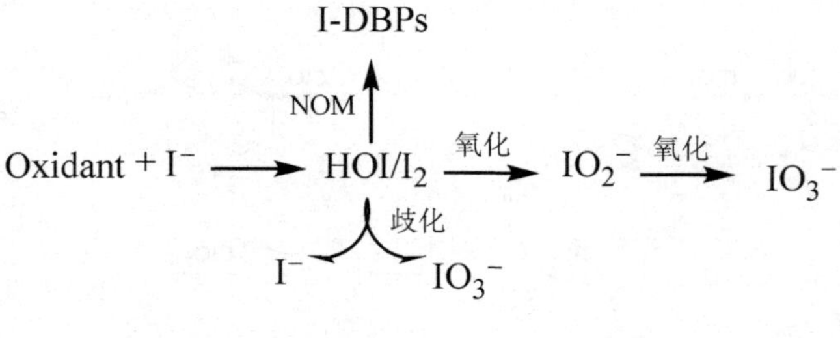

图 4-4　饮用水处理中碘形态的转化

Hu（2018）等人研究了在氯胺化过程中由芳香 I-DBPs 形成 I-THMs 和 HAA 的机制[114]。研究表明，2,4,6-三碘苯酚在氯胺化过程中先转化为 2,6-二碘-4-氨基苯酚、2,6-二碘-4-亚硝基苯酚和 2,6-二碘-4-硝基苯酚等，然后转化为 2,6-二碘-1,4 氢醌，2,6-二碘-1,4 苯醌等中间体并开环裂解，最后在氧化和水解作用下生成碘仿、一碘乙酸和二碘乙酸。其具体的转化机制如图 4-5 所示。

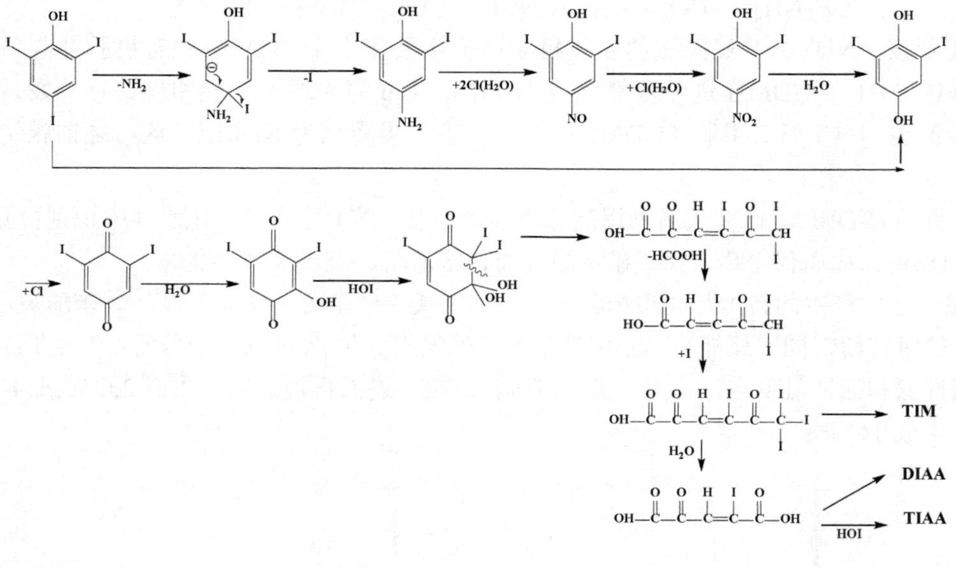

图 4-5　2,4,6-三碘苯酚在氯胺化过程中的转化机制

5）芳香族 DBPs 的生成机制

近年来芳香族消毒副产受到了广泛的关注。在饮用水中鉴定出的第一个芳香族 DBPs 是浓度为 10～150 μg/ L 的卤代呋喃酮。其他新兴的芳香族 DBPs，包括（卤）苯基乙腈卤肽类和卤代吡啶类，近年来也相继得到证实。尽管芳香族 DBPs 的浓度比脂肪族 DBPs 低得多，但它们对总体毒性的贡献不容忽视。

Bull 等人在 2006 年发现水消毒过程中可能生成卤代苯醌类副产物[115]，其反应途径如图 4-6 所示。在 CHO 试验中，卤代苯醌（HBQ）的细胞毒性比某些受监管的 DBPs 高 1000 倍。受控反应表明，氯化产生最高量的二氯苯醌（DCBQ），而预臭氧化会在溴化物存在下增加（二溴苯醌）DBBQ 的形成（图 4-7）。在 pH＜6.8 时，观察到 2,6-DCBQ 是稳定的，但在 pH 7.6 的饮用水中很容易水解形成大部分 3-羟基-2, 6-DCBQ。

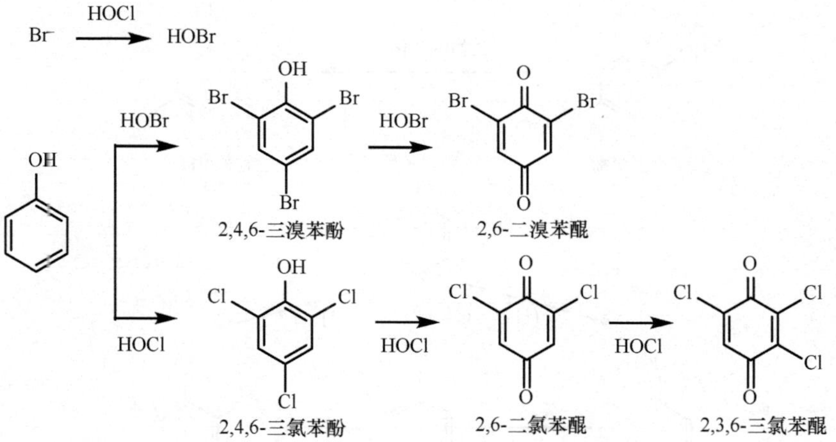

图 4-6　卤代苯醌的生成路径

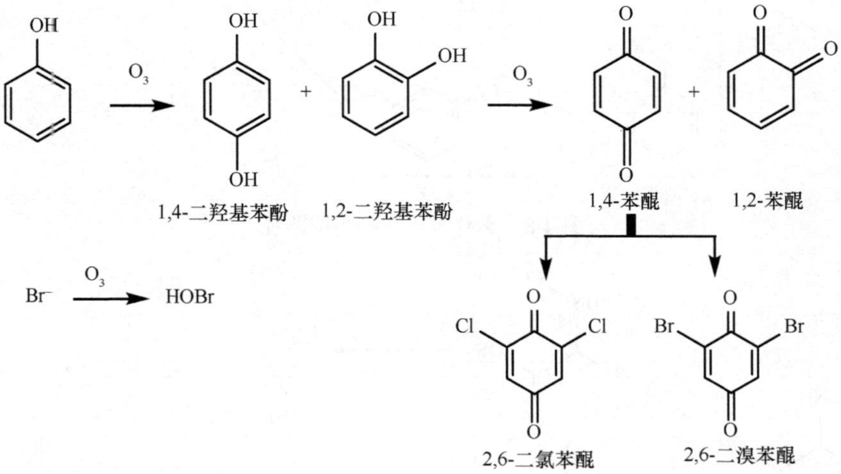

图 4-7　预臭氧后卤代苯醌的生成路径

6）消毒衍生嗅味物质的生成机制

嗅味问题已成为与饮用水质量相关的普遍问题。除了由藻类或微生物引起的典型异味问题外，饮用水消毒产生的异味也是重要的原因之一。氯（胺）化消毒产生的嗅味物质如卤代苯甲醚类、*N*-氯醛亚胺类、碘三卤甲烷类、卤代酚类等通常具有一定的毒性和引起异味的特性。

卤代苯甲醚具有强烈的霉味，其形成途径主要包括：①饮用水处理过程中卤代酚前体的生物甲基化，如微生物 *o*-甲基化 2,4,6-三氯苯酚（2,4,6-TCP）为 2,4,6-三氯苯甲醚（2,4,6-TCA），如图 4-8[116]；②氯化过程中原水中的苯甲醚前体会衍生出各种卤代苯甲醚，如图 4-8。研究表明，卤代苯甲醚的嗅阈值（OTC）极低（0.05～10 ng/L）。

水中的一些小分子蛋白质如异亮氨酸、亮氨酸和苯丙氨酸在氯消毒中会生成[117]具有消毒剂或漂白粉气味的 *N*-氯代亚胺（*N*-chloroaldimines）等物质，其形成途径如图 4-9 所示[118]。*N*-氯代醛亚胺主要包括 *N*-氯异丁亚胺（OTC=0.2μg/L）、*N*-氯-2-甲基丁亚胺（OTC=0.25 μg/L）和 *N*-氯化物-3-甲基丁亚胺（OTC=0.25 μg/L）。这些 DBPs 可以在水中长时间稳定，在 20℃下的半衰期约为 50h。

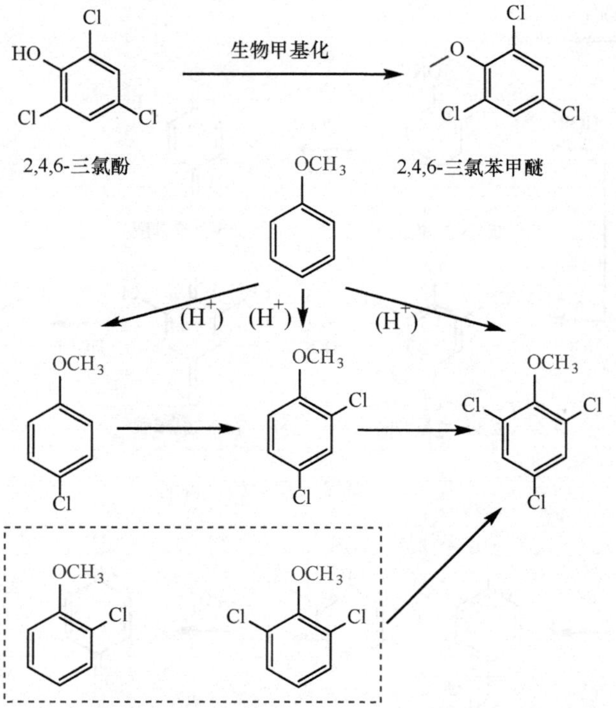

图 4-8 卤代苯甲醚的生成路径

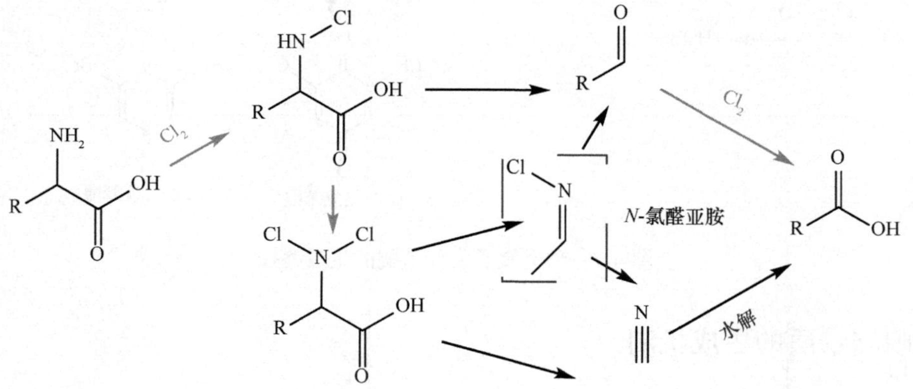

图 4-9 *N*-氯代亚胺的生成路径

I-THMs 具有强烈的药味，气味强度随着结构中碘原子数的增加而增加。卤代酚也是具有酚类和药用气味的气味污染物之一[119]。研究表明，它们在浓度为 0.1 μg/L 时即会产生异嗅。

7）总有机卤素 TOX

总有机卤素（TOX）作为一个综合指标，可以分为总有机氯（TOCl），总有机溴（TOBr）和总有机碘（TOI）。目前通常采用活性炭吸附的方法测定 TOX，也称为可吸附有机卤素（AOX）。Langsa 等人提出了生成 AOBr 的路径，如图 4-10（a）所示[120]。其中 40%的 HOBr 与溶解性有机质（DOM）发生取代反应，生成 AOBr，约 60%的 HOBr 与 DOM 发生氧化反应生成 Br^-，然后 HOCl 又将 Br^-重新氧化为 HOBr，随后与未反应的 DOM 或氯取代的 DOM（Cl-DOM）发生亲电取代生成 AOBr。不同的消毒方式和条件会对 TOX 的生成量造成影响。研究表明，氯胺消毒比氯消毒生成更少的 TOX。Liu 等人则发现，藻类有机质在氯化过程中生成的 TOX 比天然有机质低，其中未知 DBPs 占 TOX 的比例则是藻类有机质（＞70%）

大于天然有机质（50%～60%），可能与有机质的亲疏水性有关。

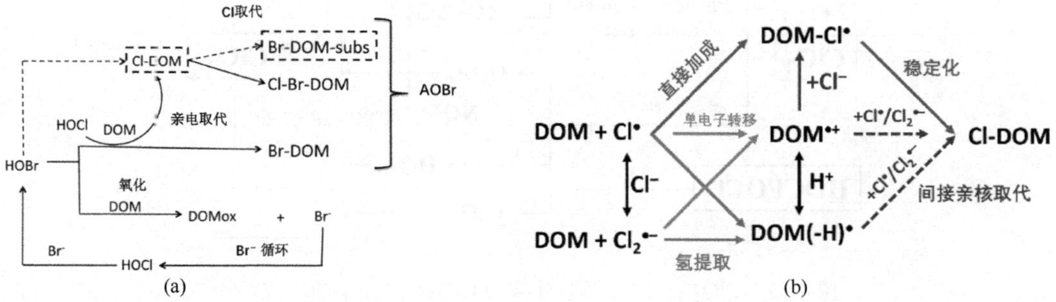

图 4-10　（a）氯消毒过程中 DOM 转化成可吸附有机溴（AOBr）的路径图；（b）氯自由基与 DOM 作用生成 TOCl 的路径图

8）溴酸盐

溴酸盐（BrO_3^-）在国际上被定为 2B 级的潜在致癌物。水中通常不含 BrO_3^-，但普遍含有溴化物（Br^-）。BrO_3^-主要使用臭氧（O_3）消毒，或使用以 O_3、硫酸根自由基（$SO_4^{-}\cdot$）为基础的高级氧化技术处理含 Br^-水体时，由 Br^-被氧化而生成。

在 O_3 消毒及以 O_3 为基础的高级氧化过程（UV/O_3、H_2O_2/O_3 等）中，Br^-可在 O_3 和 HO·的作用下经历 Br·、HOBr/OBr^-、BrO·等中间产物最终转变为 BrO_3^-（如图 4-11 所示）。一方面，Br^-可直接被 O_3 氧化转变为 HOBr/OBr^-，同时，Br^-也可先经 HO·氧化转变为溴自由基（Br·），HOBr/OBr^-继续被 O_3 氧化可生成 BrO_2^-。Br·也可被 O_3 氧化成为溴氧自由基（BrO·）[121]，经由 HOBr/OBr^-被 O_3 氧化而转变为 BrO_2^-，随后，BrO_2^-进一步被氧化则可生成 BrO_3^-。

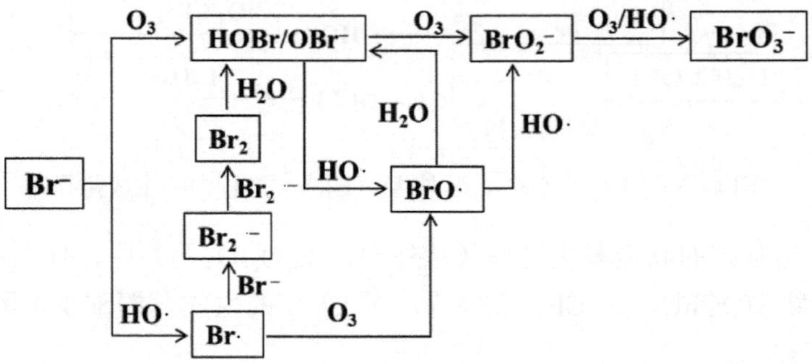

图 4-11　BrO_3^-在 O_3 反应体系的生成路径

9）亚氯酸盐

亚氯酸盐是二氧化氯（ClO_2）消毒过程中产生的典型无机副产物之一，它主要由 ClO_2 从富电子有机物（如酚类、苯胺类、硫醇类污染物、天然有机质等）中获得电子被还原而产生。研究发现，ClO_2 在得电子被还原的同时也可经历加氧过程生成少量的游离氯（HOCl/OCl^-），HOCl/OCl^-在与多羟基酚类（hydroxyphenols）、NOM 反应时可生成 HO·。在紫外光照条件下，HOCl/OCl^-和 ClO_2 可光解产生活性物种，如 ClO·、O（^3P）、HO·等。研究表明，HOCl/OCl^-与 O（^3P）、ClO·与 HO·之间的相互作用会导致 ClO_2^-的生成（如图 4-12）。

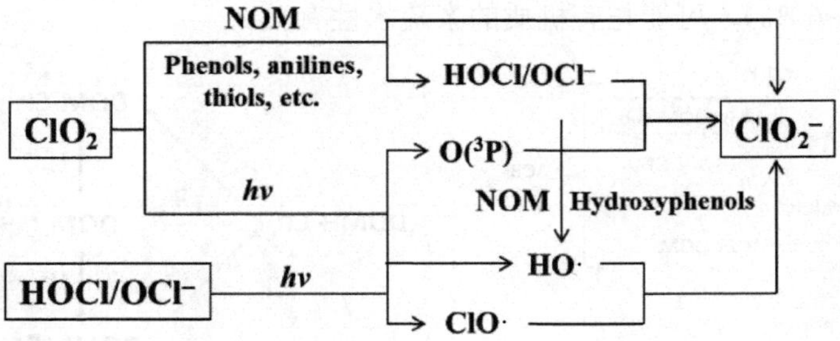

图 4-12　ClO_2^-在 ClO_2 及紫外/氯（ClO_2）过程中的生成路径

10）氯酸盐

氯酸盐（ClO_3^-）生成机制的相关研究较多。在 ClO_2 和 O_3 消毒过程，以及基于 O_3、ClO_2、HOCl/OCl⁻、过硫酸盐的高级氧化等体系中，ClO_3^-均可生成。

ClO_2 消毒过程中，ClO_2 经历加氧过程生成的少量 HOCl/OCl⁻可与 ClO_2 反应生成 ClO_3^-（图 4-13）[122]。在紫外/ClO_2 和紫外/氯体系中，HO·的生成会比单独 ClO_2 和单独 HOCl/OCl⁻过程增多，由此可导致 ClO_3^-的生成量增加。同时，ClO_2 和 HOCl/OCl⁻和光解产生的活性物种 O（^{3}P）也可与 ClO_2^-反应导致 ClO_3^-的生成。

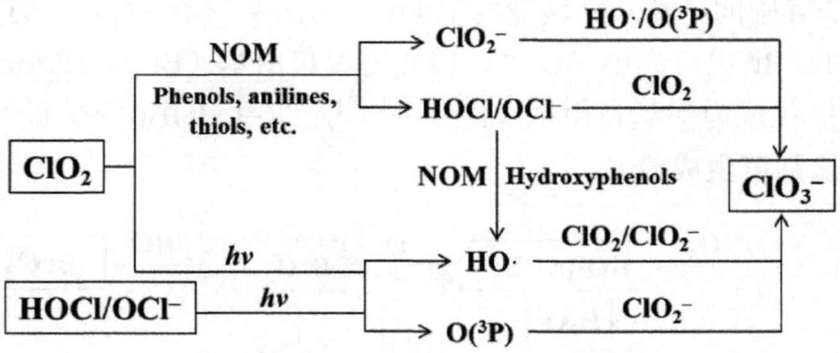

图 4-13　ClO_3^-在 ClO_2、紫外/氯（ClO_2）过程中的生成路径

在 O_3 消毒及以 O_3 为基础的高级氧化过程（紫外/O_3、H_2O_2/O_3 等）中，体系中的 O_3 和 HO·，及 Cl⁻与之反应产生的中间产物 HOCl/OCl⁻、Cl·、ClO·等，对 ClO_3^-的生成发挥重要作用[123,124]，具体归纳如图 4-14。

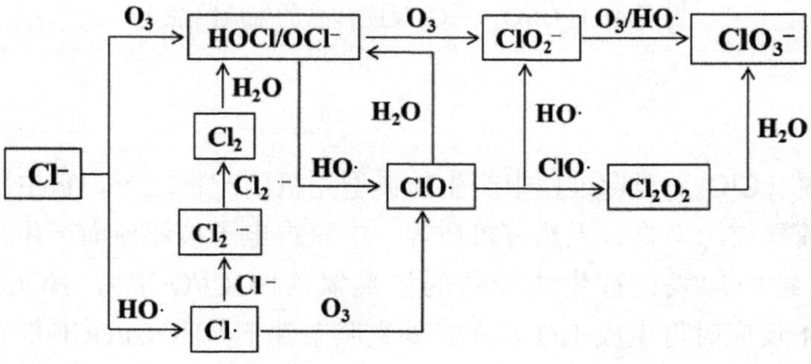

图 4-14　ClO_3^-在 O_3 以及以 O_3 为基础的高级氧化反应中的生成路径

4.3.4　DBPs 生成控制

1）自来水厂

自来水厂控制 DBPs 主要可以从两个途径入手：改进消毒工艺和去除 DBPs 前体物。

不同的消毒工艺生成 DBPs 的种类和浓度有明显差异。其中，游离氯消毒会生成较多的三卤甲烷、卤乙酸、卤乙醛等含碳 DBPs，而生成较少的亚硝胺、碘代 DBPs；氯胺消毒生成的三卤甲烷、卤乙酸等含碳 DBPs 明显少于游离氯消毒，有报道称可减少 50%以上，但会生成相对游离氯更多的亚硝胺等含氮 DBPs 和碘代 DBPs。二氧化氯消毒生成的含碳 DBPs 和含氮 DBPs 都更少，不过会有 70%以上的二氧化氯会转化为亚氯酸盐，限制了其在大型水厂和大型管网中的应用。因此，需要根据当地原水中 DBPs 前体物的种类和浓度，以及管网对剩余消毒剂的要求来选择适合的消毒工艺，或者将游离氯、氯胺、二氧化氯等消毒工艺进行组合。Liao 等人使用短时游离氯后转氯胺的顺序氯化消毒工艺，可以实现 THMs、HAAs 和亚硝胺的综合控制[125]。

优化水处理工艺，去除 DBPs 前体物是更为安全彻底的方式。可以采用的工艺路线包括强化混凝沉淀、臭氧-活性炭深度处理工艺、纳滤膜深度处理。调节原水 pH 至 6.5 以下可以强化混凝沉淀效果，增强对水中天然有机物的去除，进而也减少了 THMs、HAAs 的前体物含量；不过该工艺对亚硝胺前体物的去除效果有限。臭氧氧化、活性炭吸附也对富含 THMs、HAAs 前体物的天然有机物有很好的去除效果，生物降解则对富含亚硝胺、卤代酰胺等含氮 DBPs 前体物的人为污染物和藻类有很好的去除效果[125]。

进水中已经存在的 DBPs，包括从上游汇入的和取水口处预氯化生成的，在自来水厂中也会被部分去除。主要去除机制包括太阳光光解、生物降解、自然挥发等。其中，THMs 有较强挥发性，可以在跌水过程中去除，也可以进行曝气强化去除。卤乙酸可以被生物降解，因此生物活性炭滤池可以部分去除 HAAs。亚硝胺容易被太阳光光解去除，生物降解也有一定的效果，但基本不能通过挥发去除[126]。

2）末端净水方式

末端水处理技术是水质保障的有益和必要补充。虽然其初衷不是为了去除 DBPs，但因为国民物质水平的提高和对健康需求的增加，净水器也已经日益进入千家万户，而净水器对于 DBPs 去除效果如何尚缺乏系统深入的了解。Xiao 等总结了几类常见的末端去除技术并对它们去除常见 DBPs 的能力进行了整理[127]。Wang 等考察了一台公共净水装置运行一年中去除 THMs、HAAs、HALs 及 HANs 四类 DBPs 的效能。结果表明，公共净水装置对 THMs 和 HAAs 的去除效能随活性炭吸附容量的饱和而逐渐下降，但对 HALs 和 HANs 的去除效能始终保持在 100%[128]。净水装置中聚丙烯纤维棉对中四类 DBPs 无明显去除效果；活性炭对四类 DBPs 的去除效能依次为 HALs≈THMs＞HANs＞HAAs；而加热煮沸可通过高温水解、余氯氧化和沸腾挥发效应有效去除 THMs、HALs 和 HANs。

Chen 及 Fang 等研究了循环反渗透（RO）工艺对多种 DBPs 的去除效能，阐明了各种 DBPs 的膜去除机制及归趋，并研究了操作环境对 RO 去除 DBPs 的影响[129,130]。结果表明，闭合循环 RO 对各种 DBPs 的去除率在 60%以上。小分子中性且亲水性物质（如一氯乙醛）能够部分穿透 RO 膜进入净水一侧，小分子中性但憎水性物质（如氯甲烷）可吸附和嵌入在膜表面和内部，而大分子带负电类 DBPs（如卤乙酸）可被 RO 膜截留在废水一侧。其中 RO 对相同卤代程度、不同卤素取代基 DBPs 的去除效能相近；对相同卤素取代基 DBPs 的去除效能随卤代程度的增加而增加。

总体看，末端物理类技术（如吸附和膜过滤）在运行初期均表现出较好的 DBP 去除效果，但它们的长期运行效率有待持续观察。化学类技术（如加热煮沸和高级氧化等）既可以去除 DBPs 也可以产生 DBPs，其中复杂的化学和生物毒性转变过程有待后续厘清。除技术因素外，末端去除方式还存在一些其他非技术瓶颈，如对入口 DBPs 真实浓度水平的了解较为匮乏、DBPs 快速分析方法的不足及对于水源保护、水厂优化之后末端去除技术的认可度不够等[131]。

4.4　应对疫情的环境消毒技术和实践

4.4.1　公共场所中（SARS-CoV-2）的消毒控制

针对 SARS-CoV-2 的高传染性和强致病性，在公共场所，当前防控新冠肺炎疫情最有效的方法就是切断病毒传播途径，做好人员防护和相关环境卫生消毒。

1）人员防护

新型冠状病毒人群普遍易感，控制疫情最重要的是保护好易感人群。

飞沫传播目前认为是新冠肺炎最主要的传播方式，选择合适有效的口罩是预防疫情传播的关键。有研究表明，使用口罩地区的新冠肺炎发病率要显著低于不使用口罩地区[132]。除传统医用口罩外，内含锌、铜颗粒的抗病毒口罩和内含活性炭的强吸附口罩也已获得了应用[133]，均能有效隔绝新冠病毒。而且，手套、护目镜、面罩、防护服等也均能提高个人防护。

新冠病毒防控指南中着重强调了手消毒的重要性[134]，良好的个人卫生习惯能够有效阻断疫情传播[135]。世卫组织报告显示，改善手部卫生习惯能使病原体传播减少 50%。研究表明，60%～70%的酒精和 70%～72%的异丙醇能有效杀灭病毒，而且低浓度酒精与 0.7%磷酸、0.2%过氧乙酸、0.1%柠檬酸、1%乳酸等有机酸混合使用也能有较强的抗病毒能力。同时，酒精洗手液不依赖水就能使用，满足了公共场所消毒的需求，目前已获得了广泛应用。但研究发现，频繁使用含酒精的洗手液会破坏皮肤表面油脂导致皮肤脱水，皮肤长期脱水会引起角质层破裂，这就使得病原体更容易到达皮肤深层引起感染，因此手部卫生的日常清洁应以肥皂洗手为主[136]。肥皂是一种脂肪酸盐，由固体脂肪、润肤剂和凝固剂、表面活性剂、软水剂组成，洗涤时足以破坏病毒的外壳，从而破坏病毒的生存能力。日常手部清洁应使用肥皂或 60%～80%酒精洗手液洗手 20～30 秒以上。

2）环境卫生消毒

环境卫生消毒包括物体表面清洁与消毒、气体清洁通风、垃圾处理等方面。

（1）物体表面清洁与消毒

新冠病毒在公共场所及公共交通工具的物体表面留存，而后通过人体接触引起传播，在不同的物体表面病毒能够存活 1～9 天时间[137]。因此，为防止疫情传播，需要使用合适的消毒剂对公共场所及公共交通工具暴露的物体表面进行常态化消毒擦拭。

首先是物体表面的清洁。停留在物体表面的污垢会降低表面消毒剂的杀菌效果[136]，例如，季铵化合物（QAC）消毒剂带有正电离子，如果在使用 QAC 之前没有除去物体表面的阴离子残留物，QAC 就会发生电中和导致杀菌作用消失，而且 QAC 会与阴离子残留物结合，形成一层能为微生物提供营养的油膜，进而生成生物膜群落。因此，在使用表面消毒剂之前必须对物体表面彻底清洗。

其次是使用表面消毒剂。表面消毒剂价格低廉、使用便捷，能够应用于大多数物体表面，并且能有效破坏新冠病毒的脂膜，目前已被广泛应用于公共场所的疫情防控。一般来说，醇（乙醇、异丙醇）、次氯酸、次氯酸钠、过氧化氢、苯酚、醛、辛酸、季铵化合物（QAC）、柠檬酸与银离子的结合物、碳酸氢钠等是杀灭病毒活性的关键成分[137]。实验发现，60%～70%的乙醇和 70%～72%的异丙醇能有效杀灭病毒，且对人体皮肤几乎无毒性，是目前应用最广泛的表面消毒剂。其他类别的表面消毒剂也有较多应用，如：次氯酸和次氯酸盐，可以选择性地结合微生物膜上的脂质层，增加细胞膜的通透性，破坏细胞完整性；过氧化物和过氧酸，能够诱导产生自由基，这些自由基能氧化脂质、蛋白质和核酸，从而产生杀灭病毒的作用。国务院联防联控机制最新发布的《新冠肺炎疫情期间现场消毒评价要求》对于公共场所和公共交通工具提出的消毒方案为，使用一次性吸水材料蘸取有效氯 5000～10000mg/L 的含氯消毒液完全清除表面污染物，再用有效氯1000mg/L的含氯消毒液或500mg/L的二氧化氯消毒剂进行喷洒或擦拭消毒，喷药量为 100～300mL/m^3，消毒作用 30min 后用清水擦拭干净[134]。

（2）气体清洁通风

新冠病毒的主要传播方式还包括气溶胶传播。空气中直径小于 5μm 的携带病毒的液体颗粒称为气溶胶，健康人吸入数百个颗粒就会被感染[2]，直径 0.5～5μm 的气溶胶能够在空气中悬浮相当长的时间，并在大范围内传播病毒。新冠病毒气溶胶容易在封闭的建筑内形成并维持，因此提高公共场所气体清洁通风，避免人员聚集拥堵，能有效避免气溶胶传播的发生。

通风是指通过自然或机械手段向空间或建筑物提供室外空气的过程。通风能够控制室内空气在一段时间内被清除和替换。通风的主要指导原则是用干净的空气取代受污染的空气，这在清除携带病毒的空气方面起着关键作用，能够有效降低病毒总量，从而降低了室内人员吸入的剂量。通风分为自然通风和机械通风，自然通风概念适用于气候条件有利的发达国家和资源有限国家的医疗设施，因其设施的设计、运行和维护往往不够规范，很难保证场所内的气流量，因此机械通风的方法在公共场所中更加常见。

合理配置通风管道，确保供气口和排气口能有效稀释场所内空气，避免病毒污染的积累。此外，在将室外空气吸入场所内前，需要使用适当的过滤系统对其进行过滤。在做好公共场所内气体通风的同时，也应避免公共场所内的人员聚集，世卫组织建议人与人之间保持 1～2m 的有效间隔[138]，以防止发生气溶胶传播。

需要注意的是，虽然新冠病毒能够通过气溶胶传播，但不建议对城市和社区进行空气消毒[136]，目前没有明显证据表明在空中、道路、车辆和人员上喷洒消毒剂和酒精能够降低患新冠肺炎的风险。而且大量应用消毒试剂会进入污水系统，污染饮用水资源，破坏生态环境，甚至直接危害生物体。

良好的室内空气流通和消毒剂的熏蒸也能有效地防止 SARS-CoV-2 在建筑物内传播。要对通风口进行消毒，建议使用杀菌和降解速度快、降解后没有有害残留物的化学消毒剂，如过氧乙酸、过氧化氢、臭氧或二氧化氯[2,137]。

（3）垃圾处理

固体废物可能是 SARS-CoV-2 的来源之一，被 SARS-CoV-2 污染的表面可能会给鼻子、眼睛或口腔黏膜带来接种风险。有关 SARS-CoV-2 通过城市生活垃圾传播的数据有限，但被诊断为新冠肺炎（在家隔离或治疗）的患者的排泄物极有可能受到 SARS-CoV-2 的污染。相对湿度、可生物降解化合物和食物残渣会导致 SARS-CoV-2 在固体废物中持续存在[139]。

在新冠肺炎疫情期间，公共场所每天会产生大量使用过的个人防护用品和垃圾。有研究发现，在废弃物管理不规范的发展中国家，受污染的固体废弃物可能会传播给垃圾处理工作人员和拾荒者，然后再传播回社区。因此，制定严格的废弃物管理规定在疫情期间尤为重要，其目的在于集中销毁废弃物，防止人员接触废弃物上的残留病原体。目前，高温蒸气消毒、石灰粉、环氧乙烷、微波消毒、高温干热消毒等消毒技术可以有效控制固体废弃物中的 SARS-CoV-2[140]。加强垃圾桶等垃圾盛装容器的清洁，可定期对其进行消毒处理，使用含有效氯 250～500mg/L 的含氯消毒剂进行喷洒或擦拭，也可采用消毒湿巾进行擦拭[137]。

4.4.2 食品冷链

随着国外新冠肺炎疫情的持续发酵，我国进口冷链食品的新冠病毒输入潜在风险不断增大，冷链食品的安全备受关注。研究表明，低温能明显延长病毒的存活时间，其中冠状病毒在冷冻条件下非常稳定，–20℃可存活 2 年[141]。将新冠病毒添加到鸡肉、三文鱼和猪肉等肉制品中并在 4℃标准冷藏和–20℃标准冷冻 21 天后，发现新冠病毒的传染性仍未下降[141]。同时，随着我国对进口冷链食品及其外包装新冠病毒核酸检测力度的加大，北京、大连、青岛等频繁报告有进口冷冻海鲜、冷冻畜禽肉等食品及其包装材料和运输工具检出新冠病毒的案例[142]。因此，进口冷链食品及其外包装已成为跨境远距离运输携带病毒的重要载体。另外，食品冷链物流过程提供的低温与湿润环境，使新冠病毒的存活能力大幅增加，因而也成为新冠病毒“物传人”的重要途径[143,144,145]。基于此，进口食品冷链消毒技术的开发十分关键。

1）冷链消毒方法及其研究进展

为了更有效地防止新冠病毒通过冷链物流传播，我国在加大进口冷链的检测与病毒消杀、快速建立冷链物流新冠病毒传播的快速追踪追溯体系的同时，已全面建立冷链食品新冠病毒的预防控制体系。其中在消毒剂的选择方面，我国《冷链食品生产经营过程新冠病毒防控消毒技术指南》和《公路、水路进口冷链食品物流新冠病毒防控和消毒技术指南》指出，常用消毒剂主要包括：①醇类消毒剂：有效成分为 70%～80%乙醇；②含氯消毒剂：有效成分为 2%～5%有效氯；③过氧化物类消毒剂：包括有效成分为 3%～6%的过氧化氢和有效成分为 15%～21%的过氧乙酸；④季铵盐类消毒剂。

以上消毒剂均可广泛运用于冷链食品装卸、运输等物流过程中食品、集装箱和货物外包装表面的常温消毒过程。而在低温冷藏物体表面消毒方面，这些消毒剂在使用剂量和作用时间上有更为严格的要求[146]。而对于冷冻物体表面消毒，这些氧化剂应采用降低冰点的方法，确保消毒剂不结冰，且须在低温条件下进行消毒效果确认。目前其他的低温消毒技术包括臭氧、脉冲强光、紫外线、电子辐射和纳米材料等新型消毒技术[147,148]。最近研究发现，臭氧和紫外线对新冠病毒灭活有效，且二者在生鲜食品表面及外包装具有良好的消毒效果，同时还能延长贮藏时间，因此可用于疫情下生鲜食品在冷链过程中的消毒[147]。而脉冲强光和电子辐射等其他低温消毒技术对新冠病毒的灭活作用还有待研究。特别是对于新型低温消毒剂的开发和使用，需严格按照《低温消毒剂卫生安全评价技术要求》和《消毒技术规范》，采用载体定量杀菌试验方法，对消毒剂进行低温实验室微生物杀灭试验和模拟现场试验。

2）冷链消毒过程的困难挑战与环境风险

目前我国已在冷链食品入境的口岸查验、交通运输、掏箱入库、批发零售等环节采取了新冠病毒检测和消毒处理等相关措施，但是感染事件频发在低温冷冻食品的流通环节，进行全面有效的冷链消毒处理将大幅降低新冠病毒感染与传播的可能性。然而，目前的消毒过程仍存在一定的困难挑战。此外，由于消毒而带来的环境风险问题也不容忽视。

（1）困难挑战

① 目前基于醇类消毒剂、含氯消毒剂等的常温消毒方法已相对比较成熟。然而，这些消毒剂在全面冷链消毒过程中普遍存在用量大、渗透能力弱、腐蚀能力强等问题。因此，亟需开发新型高效的冷链消毒技术和工艺，以达到彻底消杀病毒的目的。② 消毒过程亟待创新升级，主要包括增加传送消毒区间长度，提高消毒药物喷射压力，以确保达到全面消杀。

（2）环境风险

①过度接触消毒化学品会对人体的生命健康造成潜在的威胁；② 残留的消毒剂进入水体和土壤等环境介质后会对多种生物造成危害[149]，并会诱导耐药菌抗性基因的传播和扩散[27]。

4.4.3 给排水消毒

1）自由氯与一氯胺消毒

自由氯消毒是应用最广泛的消毒技术，具有价格低廉、操作简便、消毒持久等优点。当 HClO 扩散到带负电荷的细菌表面，穿透细胞膜进入细菌内部，氧化破坏细菌的酶系统和膜通透性使细菌死亡[150]。对于病毒，自由氯会导致基因和病毒衣壳蛋白的广泛损伤。据报道在 5-log 灭活 MS2 后，衣壳蛋白剩余几乎被完全破坏，进而导致基因的大量损伤和病毒蛋白质介导的结合或注射等功能的丧失[151]。对于 SARS-CoV-2 病毒，研究报道在 22±3℃，0.5 mg/L 的游离氯浓度下暴露 30 分钟可完全灭活[152]。

一氯胺是由氨与自由氯反应产生的，其味道较小，在管网中的衰减较慢，适合长距离输水，得到了大范围的应用。其消毒主要原理是以分子中缓慢释放出的次氯酸作为活性物质，生成的 DBPs 少于氯化消毒，但需要更长的接触时间。Cromeans（2010）等发现一氯胺实现 4-log 灭活现柯萨奇 B5（CV B5）病毒和埃可 11（Echoviruses 11）病毒分别需要 900 和 1500 mg·min/L 的 Ct 值[153]。

2）二氧化氯消毒

二氧化氯（ClO_2）是一种普遍使用的氯消毒剂替代品，通常需现场制备，适用于中小水厂；对耐一氯胺和紫外灭活的腺病毒具有较高的灭活效果，并且 DBPs 的产量较低。对于轮状病毒投加 0.1 mg/L 的 ClO_2 60 min 后可达到 4 个对数单位的灭活效果（pH 7.2，20℃）优于自由氯消毒[154]。细菌表面带有一定的负电荷，因此对带负电荷的杀菌剂（如 ClO^-）有排斥和抵御的作用。ClO_2 以中性单分子形式存在，进入人体细胞，其杀菌作用不受细胞表面负电影响。从传质方式来看，ClO_2 穿透细胞膜的方式可能是简单的扩散，没有载体蛋白的参与。因此无论细菌的代谢活性如何，二氧化氯都能起到杀菌作用 [155]。

3）臭氧消毒

1893 年，臭氧（O_3）首次用于饮用水的消毒。O_3（E=2.07 V）是氧化性最强的消毒剂之一，适用于几乎所有类型的水传播病原体[156]。除了病原体灭活外，O_3 还适用于色度、嗅味控制以及饮用水中污染物的氧化去除，特别是 O_3 真菌等耐氯微生物也有效。研究表明，O_3 暴露通过脂质过氧化降低了病毒感染性，并破坏了 HAdV-2 的脂质包膜和蛋白壳，同时破坏了 HAdV-2 的 5'-非编码区（5'-NCR）[157]。臭氧消毒通常与氯消毒结合使用，以确保 DWTP 中的持续消毒。目前，O_3-生物活性炭（biological activited carbon，BAC）工艺在我国大中型饮用水厂深度处理工艺中广泛应用，其 O_3 投加量、接触时间控制在 0.5～3.0 mg/L、10 min 左右。

4）紫外（UV）消毒技术

UV 是饮用水处理中常见的消毒方式，病毒基因组损伤是导致 UV_{254} 照射后病毒感染性丧失的主要消毒机制，因为核酸在 240～275 nm 范围内有很强的吸光度[158]。最近，Cheng（2021）等人在 Scopus 数据库筛选收集了来自 115 篇文献的 237 个 UV_{254} 病毒灭活速率常数，建立了 102 种病毒灭活速率的数据库和基于碱基序列的 UV_{254} 病毒灭活预测模型。对于新冠病毒（SARS-CoV-2），保守估计 3 mJ /cm^2 的 UV_{254} 照射剂量能够在纯水体系实现 2-log 的去除[159]。紫外发光二极管（UV-LED）技术具有可定制波长和波长组合、低功率要求、装置体积小、不含汞等优势。研究表明，标称 255～285 nm UV-LED 诱导大肠杆菌灭活速率常数为 0.15～0.81 mJ/cm^2，其中最高值对应于最接近大肠杆菌作用光谱峰值（266 nm）的波长 [160]。不同的波长紫外可以针对不同的关键细胞成分（即蛋白质与核酸），因此多波长结合的 UV-LED 灭活效率更高。

5）组合/联合消毒技术

短时氯消毒加一氯胺的顺序消毒，可以利用游离氯对微生物的快速灭活和氯胺的 DBPs 产量低、保持时间长的优势，因此能有效且经济地实现对微生物和 DBPs 的控制[161]。该工艺可降低三卤甲烷产率 35.8%～77.0%和卤乙酸产率 36.6%～54.8% [161]。将 ClO_2、Cl_2 联合使用，ClO_2 用以替代 Cl_2 进行预氧化处理，可减少 Cl_2 的使用量和 DBPs 的生成量；由于水中余氯的存在使得 ClO_2^- 被氧化生成 ClO_2，这样不仅能够减少 ClO_2^- 的产生量，并且增加了水中剩余 ClO_2 量[162]。先 UV 后氯化的顺序消毒，UV 可以杀灭部分病原体，因此降低了加氯量和 DBPs 生成；在低氯氮比投加量下能有效去除氨氮，还可控制 N-DBPs；还可以提高对一些有机污染物的降解效率。由于 UV 对病原微生物的消毒作用，破坏了一些自身修复和耐氯的功能，因此在后续的氯（胺）化过程中可以获得更有效的病原体灭活。

6）污水厂消毒

在防控新冠肺炎疫情期间，含氯消毒剂被大量使用，在阻断新冠病毒环境传播方面发挥了至关重要的作用，但过量消毒剂也会以余氯的形式通过城市排水系统进入环境水体。一些使用氯消毒的污水处理厂将氯剂量从 1.5 mg/L 增加到 4～5 mg/L。较高浓度余氯本身会直接危害水生生物，余氯还会和水中的有机和无机物质发生化学反应形成各类次 DBPs，造成潜在的水环境次生风险。因此疫情期间生态环境部强调要监测水体的余氯指标。2020 年 2 月 1 日到 3 月 11 日，生态环境部门对 1562 个饮用水源地开展了余氯监测，47 个饮用水源地余氯有检出，但浓度均低于自来水厂出水标准（0.3 mg/L），其他饮用水源地余氯均未检出。楚文海等对上海某污水厂排口上下游水体中余氯进行了布点监测，发现含氯尾水衰减较快，基本不会对城市大型水源地造成影响[163]，但含氯尾水的排放可导致具有硝化作用的微生物的缺失，破坏水中氨氮－亚硝酸盐－硝酸盐循环体系，降低水体自净能力，影响自然水体氮循环过程，对水生环境和水生生物造成危害。

4.4.4 过度消毒的潜在生态影响

许多消毒剂和消毒副产物被证实具有生物毒性，可能造成水环境生态风险[164]。特别是新冠肺炎疫情期间，为了阻止 SARS-CoV-2 的传播，含氯消毒剂被大量应用于环境场所和废水处理。调查显示疫情后地表水体的部分 DBPs 浓度上升，引发了全球关于 DBPs 对淡水生态系统风险的关注。例如，三卤甲烷和卤乙酸可对细菌产生遗传毒性；卤乙酸、卤乙腈、亚硝胺类等 DBPs 对水生生物斑马鱼具有发育毒性[165]。此外，余氯和消毒副产物的协同作用，对水环境局部微生物造成影响，使 DBPs 的生化降解作用大幅下降[93]。

疫情期间污水处理厂含氯尾水排入受纳水体后，下游河水中的三卤甲烷的浓度呈现先上升后下降的趋势。这是由于余氯快速消耗使三卤甲烷持续生成并达到峰值，同时三卤甲烷不断挥发，随时间延长三卤甲烷浓度逐渐降低[166]。此外，虽然卤乙酸、卤乙腈、卤代乙酰胺等 DBPs 在水中的浓度虽低于三卤甲烷，但其毒性高于三卤甲烷。如卤乙腈和卤代乙酰胺的细胞毒性和遗传毒性高出三氯甲烷 2～4 个数量级，是水中主要的毒性贡献物质 [167]，能够影响微生物的正常生命活动[168]。同时，卤乙酸和卤代乙酰胺不易挥发（挥发系数为三卤甲烷的千万分之一），更容易随水流迁移至下游更远的区域。因此，考查水环境及水源地是否受到消毒副产物的影响，不仅要检测三卤甲烷等常规指标，还需关注卤乙酸、卤代乙酰胺等较难挥发的消毒副产物。

作为生态系统的初级生产者，浮游植物的生物量、多样性和结构可直接影响水生态系统的功能。Cui 等人[169]对 17 种常见消毒副产物（包括三卤甲烷、卤乙酸、卤乙腈）在不同生物层级（藻、溞、鱼）和不同种间生物（铜绿微囊藻、斜生栅藻、小环藻）的毒性进行研究，发现低等生物微藻对 DBPs 相对更为敏感，证明了污水排放后的 DBPs 对浮游植物具有较高的风险熵。同时，研究者们也发现水体不同微藻对 DBPs 的耐受性存在较大差异。藻类暴露 DBPs 可能会打破固有的藻间关系，更利于微囊藻水华的发生[170]。上述研究一方面证明了 DBPs 的生态危害，另一方面也提醒后续研究，可以用多种营养级生物更全面客观的评价 DBPs 的生态风险。

有研究表明，污水在再生水厂或污水处理厂中经消毒处理后排入环境可能会对受纳水体的水生生物造成影响[165,167,168]。例如，Lin 等分析了一年间污水处理厂及其受纳河流中 35 种新型污染物（包括 5 种持久性污染物 POPs，5 种药物及个人护理品 PPCPs，7 种内分泌干扰物 EDCs 和 18 种消毒副产物）的赋存情况，并计算了各污染物的风险熵（RQ）。结果表明几种 PPCPs，EDCs 和 HANs 对水生生态具有较高的风险（RQ＞1），其中污水处理厂出水中消毒副产物二氯乙腈的 RQ 值最高能达到 83.8[168]。Li 等也调研了中国东部 5 座城市 12 座氯消毒水厂中 44 种消毒副产物（6 种三卤甲烷，9 种卤乙腈，2 种卤代酮，9 种卤代硝基甲烷，9 种卤乙腈和 9 种亚硝胺）的浓度以及生态风险，发现卤代乙酸（RQ_{HAAs}＞1500）和卤代乙腈（RQ_{DCAN}＞100，RQ_{DBAN}＞90，RQ_{TBAN}＞85）对绿藻具有较高的生态风险[167]。

综上，含氯消毒剂的大规模应用对防控新冠病毒的传播起到了至关重要的作用，但同时不能忽视含氯消毒剂的大量、过度使用可能会对水生态安全构成威胁[164]。由于从未有过如此高强度使用含氯消毒剂的先例，疫情期间余氯和消毒副产物在水环境中的迁移转化过程以及其生态环境效应研究甚少。我国《城镇污水处理厂污染物排放标准》（GB18918－2002）和《地表水环境质量标准》（GB3838－2002）中尚无余氯指标，也无卤乙酸、卤乙腈、卤代乙酰胺等疫情期间亟需关注的消毒副产物指标。因此，在疫情期间高强度消杀背景下，对于余氯和消毒副产物引起的水环境问题以及相应的检测、防控对策，还需要进一步的研究与探讨。

4.5 展　望

经过近几十年的研究，对于消毒过程中微生物的灭活以及消毒副产物的生成等已经有了一定的认识，但是由于微生物的多样性、水质条件的复杂性、消毒副产物生成的不确定性，目前，在消毒机理及调控方面仍然需要进一步深入研究。

1）在微生物方面

近年来定量 PCR、高通量定量 PCR、高通量测序和流式细胞仪等检测手段的普及极大地推动了水和废水、空气等介质中细菌、病毒和原生动物，以及 ARGs 等衍生污染物的赋存和传播扩散规律的研究。提高复杂基底条件下低浓度微生物的检出水平，快速定性定量识别环境中的病原微生物，便捷高效地确定其活性状态等，对于指导开发新型消毒工艺和方法具有重要意义。

在微生物灭活方面，相对于其他病毒，常见消毒技术对 SARS-CoV-2 的灭活效果、影响因素及其灭活机制等研究均处于起步阶段，SARS-CoV-2 的灭活 Ct 值主要参照其他病毒，因此，今后可加强 SARS-CoV-2 的消毒灭活机制及其水质影响因素研究，为有效控制水中 SARS-CoV-2 风险提供指导。同时，应加强对微生物灭活机理的研究，为防控新型未知微生物提供基础数据和支持。另外，消毒技术对抗生素耐药菌传播的影响不容忽视，如何利用消毒技术同时控制水中致病菌及抗生素耐药菌需系统研究。

2）在消毒技术开发方面

基于紫外、电化学、光催化等新型绿色消毒技术及其组合式应用具有广泛的发展潜力。在技术开发过程，需要重点解决材料选择、成本控制等问题，并且需要更多的工程设计为实际应用提供数据支撑。在应用于饮用水消毒时，还需考虑材料的安全性以及与其他处理工艺的兼容性问题。

3）在消毒副产物方面

截至目前，文献报道的 DBPs 达 700 余种，但氯消毒后的饮用水中仍有超过 50%的有机卤代副产物处于未知状态。膀胱癌或生殖发育缺陷等患病风险可能与未知 DBPs 有关，目前对于未知 DBPs 的结构及其毒性风险等方面的认知仍然不足。结合高分辨质谱等技术以及体内/体外/发育毒性等多种毒性评价方法及毒性机理分析，进一步解析未知 DBPs 具有重要意义。

在 DBPs 生成机理和控制方面，对于传统的氯（胺）、二氧化氯、臭氧消毒过程中典型类别的 DBPs（如三卤甲烷、卤乙酸等）的前体物和生成过程等，目前有了比较深入的认识。但是，当消毒工艺与不同的前端处理工艺组合或者耦合时，DBPs 的前体物和生成机制将发生很大变化。此外，各类型氧化性技术（化学预氧化、生物预氧化、臭氧氧化等）在饮用水处理工艺中广泛应用，DBPs 的前体物也将发生显著变化，从而影响后续消毒过程中 DBPs 的生成规律。同时，高级氧化体系中的自由基反应过程也可能会直接生成 DBPs，如溴酸盐、氯酸盐等。后续的研究应考虑全流程水处理工艺中 DBPs 的生成过程。此外，对于污水有机质、藻源有机质等的性质表征以及与消毒剂的反应机制的研究仍需进一步加强。

4）在 DBPs 毒性和风险方面

相比于 THMs、HAAs 等传统 DBPs，含碘 DBPs、含氮 DBPs、卤代芳香族类 DBPs 的毒性效应更为显著。为了更好地模拟和预测 DBPs 的潜在健康风险，需要在模式生物选择方面不断更新和优化。目前多数研究采用细胞系开展毒性研究，今后可较多侧重于研究 DBPs 对人体细胞，以及模型动物的毒性效应。在目前常见的体内测试和体外测试方法基础上，可以结合近年来快速发展的毒理学测试方法，比如基因组学、蛋白质组学、转录组学、代谢组学等组学方法，为 DBPs 的毒理学研究提供技术支撑。消毒副产物摄入对人群健康的影响，如罹患肿瘤、不良生殖结局等方面的流行病学调查研究十分迫切和必要，是评估消毒副产物健康风险的重要依据。此外，在疫情防控期间，高浓度的消毒剂投加是否对生态环境产生潜在危害值得关注。

5）在数据共享方面

建议建立微生物和 DBPs 的数据库，包括微生物的特性、灭活速率；各种 DBPs 的物化性质、毒性、存在水平、检测方法等。同时，基于对消毒的认识，利用机器学习的方法，对新型病原微生物的灭活效果、新型 DBPs 的生成及控制机制等进行预测。在各领域协作方面，因微生物风险和 DBPs 化学风险需同时避免，为减少两种风险此消彼长的情况，建议从系统上研究多个领域方面的相互协作和补充作用，包括水源保护、水厂优化、管网维护及末端控制等方面。

参考文献

[1] 国家卫生健康委员会, 国家中医药管理局. 新型冠状病毒肺炎诊疗方案. 2020.

[2] Liu Z, Skowron K, Grudlewska-Buda K, et al. The existence, spread, and strategies for environmental monitoring and control of SARS-CoV-2 in environmental media. Science of the Total Environment, 2021, 795: 148949.

[3] Guo Z D, Wang Z Y, Zhang S F, et al. Aerosol and surface distribution of severe acute respiratory syndrome coronavirus 2 in hospital wards, Wuhan, China, 2020. Emerging Infectious Diseases, 2020, 26(7): 1586.

[4] Hart O E, Halden R U. Computational analysis of SARS-CoV-2/COVID-19 surveillance by wastewater-based epidemiology locally and globally: Feasibility, economy, opportunities and challenges. Science of the Total Environment, 2020, 730: 138875.

[5] Mahlknecht J, Reyes D A P, Ramos E, et al. The presence of SARS-CoV-2 RNA in different freshwater environments in urban settings determined by RT-qPCR: Implications for water safety. Science of the Total Environment, 2021, 784: 147183.

[6] Medema G, Been F, Heijnen L, et al. Implementation of environmental surveillance for SARS-CoV-2 virus to support public health decisions: Opportunities and challenges. Current Opinion in Environmental Science & Health, 2020.

[7] Morris D H, Yinda K C, Gamble A,et al. Mechanistic theory predicts the effects of temperature and humidity on inactivation of SARS-CoV-2 and other enveloped viruses. Elife,2021,10: e65902.

[8] Kwon T, Gaudreault N N, Richt J A. Environmental stability of SARS-CoV-2 on different types of surfaces under indoor and seasonal climate conditions. Pathogens, 2021, 10(2): 1-8.

[9] Riddell S, Goldie S, Hill A, et al. The effect of temperature on persistence of SARS-CoV-2 on common surfaces. Virol J, 2020, 17(1): 145.

[10] Ahmed W, Bertsch P M, Bibby K, et al. Decay of SARS-CoV-2 and surrogate murine hepatitis virus RNA in untreated wastewater to inform application in wastewater-based epidemiology. Environmental Research, 2020, 191: 110092.

[11] De Oliveira L C, Torres-Franco A F, Lopes B C, et al. Viability of SARS-CoV-2 in river water and wastewater at different temperatures and solids content. Water Research, 2021, 195: 117002.

[12] Sala-Comorera L, Reynolds L J, Martin N A, et al. Decay of infectious SARS-CoV-2 and surrogates in aquatic environments. Water Research, 2021: 117090.

[13] Casanova L, Rutala W A, Weber D J, et al. Survival of surrogate coronaviruses in water. Water Research, 2009, 43(7): 1893-1898.

[14] Fuzawa M, Araud E, Li J, et al. Free Chlorine disinfection mechanisms of rotaviruses and human norovirus surrogate tulane virus attached to fresh produce surfaces. Environmental Science & Technology, 2019, 53(20): 11999-12006.

[15] Zhu Z, Guo Y, Yu P, et al. Chlorine dioxide inhibits the replication of porcine reproductive and respiratory syndrome virus by blocking viral attachment. Infection, Genetics and Evolution, 2019, 67: 78-87.

[16] Jin M, Shan J, Chen Z, et al. Chlorine dioxide inactivation of enterovirus 71 in water and its impact on genomic targets. Environmental Science & Technology, 2013, 47(9): 4590-4597.

[17] Lo C W, Matsuura R, Iimura K, et al. UVC disinfects SARS-CoV-2 by induction of viral genome damage without apparent effects on viral morphology and proteins. Scientific Reports, 2021, 11(1): 1-11.

[18] Cataldo F, Ori O. On the action of ozone on phospholipids, a model compound of the external envelope of pericapsidic viruses like coronavirus. Part 1. Ozone: Science & Engineering, 2020, 42(6): 478-491.

[19] Tizaoui K, Zidi I, Lee K H, et al. Update of the current knowledge on genetics, evolution, immunopathogenesis, and transmission for coronavirus disease 19 (COVID-19). International Journal of Biological Sciences, 2020, 16(15): 2906.

[20] Guo L, Wan K, Zhu J, et al. Detection and distribution of vbnc/viable pathogenic bacteria in full-scale drinking water treatment plants. Journal of Hazardous Materials, 2021, 406: 124335.

[21] Rhoden K, Alonso J, Carmona M, et al. Twenty years of waterborne and related disease reports in Florida, USA. One Health, 2021, 13: 100294.

[22] Maggie F. Coronavirus shutdown causes new risk at CDC: Legionnaire's disease. CNN Health, 2020. https: //edition.cnn.com/2020/08/07/health/coronavirus-legionnaires-water-cdc/index.html.

[23] Muzna, E. Testing results show Legionella outbreak in pipes in a number of buildings on campus. The University of Toronto's Student Newspaper. 2021. https: //thevarsity.ca/2021/05/27/testing-results-show-legionella-outbreak-in-pipes-in-a-number-of-buildings-on-campus/.
[24] De Giglio O, Diella G, Lopuzzo M, et al. Impact of lockdown on the microbiological status of the hospital water network during COVID-19 pandemic. Environmental Research, 2020, 191: 110231.
[25] Hozalski, RM, LaPara, TM, Zhao, XT, et al. Flushing of Stagnant Premise Water Systems after the COVID-19 Shutdown Can Reduce Infection Risk by Legionella and Mycobacterium spp. Environmental Science & Technology, 2020, 54(24): 15914-15924.
[26] Cai Y, Liu J, Li G, et al. Formation mechanisms of viable but nonculturable bacteria through induction by light-based disinfection and their antibiotic resistance gene transfer risk: A review. Critical Reviews in Environmental Science and Technology, 2021: 1-38.
[27] Lu J, Guo J. Disinfection spreads antimicrobial resistance. Science, 2021, 371(6528): 474-474.
[28] Anthony E T, Ojemaye M O, Okoh O O, et al. A critical review on the occurrence of resistomes in the environment and their removal from wastewater using apposite treatment technologies: Limitations, successes and future improvement. Environmental Pollution, 2020, 263: 113791.
[29] Lv L, Jiang T, Zhang S, et al. Exposure to mutagenic disinfection byproducts leads to increase of antibiotic resistance in Pseudomonas aeruginosa. Environmental Science & Technology, 2014, 48(14): 8188-8195.
[30] Wang L, Ye C, Guo L, et al. Assessment of the UV/Chlorine process in the disinfection of pseudomonas aeruginosa: Efficiency and mechanism. Environmental Science & Technology, 2021, 55(13): 9221-9230.
[31] Jin M, Liu L, Wang D, et al. Chlorine disinfection promotes the exchange of antibiotic resistance genes across bacterial genera by natural transformation. The ISME journal, 2020, 14(7): 1847-1856.
[32] Li S, Zhang C, Li F, et al. Technologies towards antibiotic resistance genes (ARGs) removal from aquatic environment: A critical review. Journal of Hazardous Materials, 2021: 125148.
[33] Salehi M, Odimayomi T, Ra K, et al. An investigation of spatial and temporal drinking water quality variation in green residential plumbing. Building and Environment, 2020, 169: 106566.
[34] Zhang M, Xu M, Xu S, et al. Response of the bacterial community and antibiotic resistance in overnight stagnant water from a municipal pipeline. International Journal of Environmental Research and Public Health, 2020, 17(6): 1995.
[35] Bodor A, Bounedjoum N, Vincze G E, et al. Challenges of unculturable bacteria: Environmental perspectives. Reviews in Environmental Science and Bio/Technology, 2020, 19(1): 1-22.
[36] Wang H B, Wu Y H, Luo L W, et al. Risks, characteristics, and control strategies of disinfection-residual-bacteria (DRB) from the perspective of microbial community structure. Water Research, 2021, 204: 117606.
[37] Wang H, Wang J, Li S, et al. Synergistic effect of UV/chlorine in bacterial inactivation, resistance gene removal, and gene conjugative transfer blocking. Water Research, 2020, 185: 116290.
[38] Ahmed Y, Lu J, Yuan Z, et al. Efficient inactivation of antibiotic resistant bacteria and antibiotic resistance genes by photo-Fenton process under visible LED light and neutral pH. Water Research, 2020, 179: 115878.
[39] Zhang Y, Liu H, Xin Y, et al. Erythromycin degradation and ERY-resistant gene inactivation in erythromycin mycelial dreg by heat-activated persulfate oxidation. Chemical Engineering Journal, 2019, 358: 1446-1453.
[40] Afonso T B, Simões L C, Lima N. Occurrence of filamentous fungi in drinking water: their role on fungal-bacterial biofilm formation. Research in Microbiology, 2020, 172(1): 103791.
[41] Mhlongo N T, Tekere M, Sibanda T. Prevalence and public health implications of mycotoxigenic fungi in treated drinking water systems. Journal of water and health, 2019, 17(4): 517-531.

[42] 王钰, 刘明坤, 苗小草, 等. 城市供水系统对水中真菌数量和群落结构的影响. 微生物学通报, 2019, 46(1): 20-28.

[43] Oliveira H, Santos C, Paterson R R M, et al. Fungi from a groundwater-fed drinking water supply system in Brazil. International Journal of Environmental Research and Public Health, 2016, 13(3): 304.

[44] Novak Babic M, Gunde-Cimerman N. Water-transmitted fungi are involved in degradation of concrete drinking water storage tanks. Microorganisms, 2021, 9: 160.

[45] Del Olmo G, Husband S, Briones C S, et al. The microbial ecology of a Mediterranean chlorinated drinking water distribution systems in the city of Valencia (Spain). Science of the Total Environment, 2021, 754: 142016.

[46] Ma X, Bibby K. Free chlorine and monochloramine inactivation kinetics of Aspergillus and Penicillium in drinking water. Water Research, 2017, 120: 265-271.

[47] Liang Z, Xu X, Cao R, et al. Synergistic effect of ozone and chlorine on inactivating fungal spores: Influencing factors and mechanisms. Journal of Hazardous Materials, 2021, 420: 126610.

[48] Wan Q, Wen G, Cao R, et al. Simultaneously enhance the inactivation and inhibit the photoreactivation of fungal spores by the combination of UV-LEDs and chlorine: Kinetics and mechanisms. Water Research, 2020, 184: 116143.

[49] Wen G, Xu X, Zhu H, et al. Inactivation of four genera of dominant fungal spores in groundwater using UV and UV/PMS: Efficiency and mechanisms. Chemical Engineering Journal, 2017, 328: 619-628.

[50] Khalil I A, Troeger C, Rao P C, et al. Morbidity, mortality, and long-term consequences associated with diarrhoea from Cryptosporidium infection in children younger than 5 years: A meta-analyses study. The Lancet Global Health, 2018, 6(7): 758-768.

[51] Daraei H, Oliveri Conti G, Sahlabadi F, et al. Prevalence of Cryptosporidium spp. in water: a global systematic review and meta-analysis. Environmental Science and Pollution Research, 2021, 28(8): 9498-9507.

[52] Hassan E M, Örmeci B, DeRosa M C, et al. A review of *Cryptosporidium* spp. and their detection in water. Water Science and Technology, 2021, 83(1): 1-25.

[53] Shrestha R, Duwal R, Wagle S, et al. A smartphone microscopic method for simultaneous detection of (oo) cysts of Cryptosporidium and Giardia. PLoS Neglected Tropical Diseases, 2020, 14(9): e0008560.

[54] Li Y, Deng F, Hall T, et al. CRISPR/Cas12a-powered immunosensor suitable for ultra-sensitive whole Cryptosporidium oocyst detection from water samples using a plate reader. Water Research, 2021, 203: 117553.

[55] Luka G, Samiei E, Tasnim N, et al. Comprehensive review of conventional and state-of-the-art detection methods of Cryptosporidium. Journal of Hazardous Materials, 2021, 2: 126714.

[56] Ligda P, Claerebout E, Kostopoulou D, et al. Cryptosporidium and Giardia in surface water and drinking water: Animal sources and towards the use of a machine-learning approach as a tool for predicting contamination. Environmental Pollution, 2020, 264: 114766.

[57] Nakada L Y K, Dos Santos L U, Guimarães J R. Pre-ozonation of surface water: An effective water treatment process to reduce the risk of infection by Giardia in drinking water. Environmental Pollution, 2020, 266: 115144.

[58] Garcia-Gil A, Pablos C, Garcia-Muñoz R A, et al. Material selection and prediction of solar irradiance in plastic devices for application of solar water disinfection (SODIS) to inactivate viruses, bacteria and protozoa. Science of the Total Environment, 2020, 730: 139126.

[59] García-Gil Á, Abeledo-Lameiro M J, Gómez-Couso H, et al. Kinetic modeling of the synergistic thermal and spectral actions on the inactivation of Cryptosporidium parvum in water by sunlight. Water Research, 2020, 185: 116226.

[60] Chauque B J M, Benetti A D, Corcao G, et al. A new continuous-flow solar water disinfection system inactivating cysts of Acanthamoeba castellanii, and bacteria. Photochemical & Photobiological Sciences, 2021, 20(1): 123-137.

[61] Ding S, Chu W. Recent advances in the analysis of nitrogenous disinfection by-products. Trends in Environmental Analytical

Chemistry, 2017, 14: 19-27.

[62] Yang M, Zhang X, Liang Q, et al. Application of (LC/)MS/MS precursor ion scan for evaluating the occurrence, formation and control of polar halogenated DBPs in disinfected waters: A review. Water Research. 2019, 158: 322-337.

[63] Zhang D, Bond T, Krasner SW, et al. Trace determination and occurrence of eight chlorophenylacetonitriles: An emerging class of aromatic nitrogenous disinfection byproducts in drinking water. Chemosphere. 2019, 220: 858-865.

[64] Zhang D, Chu W, Yu Y, et al. Occurrence and Stability of Chlorophenylacetonitriles: A New Class of Nitrogenous Aromatic DBPs in Chlorinated and Chloraminated Drinking Waters. Environmental Science & Technology Letters. 2018, 5(6): 394-399.

[65] Zhang X Y, Lu Y, Du Y, et al. Comprehensive GC×GC-qMS with a mass-to-charge ratio difference extraction method to identify new brominated byproducts during ozonation and their toxicity assessment. Journal of Hazardous Materials. 2021, 403: 124103.

[66] Yang M, Liberatore HK, Zhang X. Current methods for analyzing drinking water disinfection byproducts. Current Opinion in Environmental Science & Health. 2019, 7: 98-107.

[67] Jiang J, Han J, Zhang X. Nonhalogenated Aromatic DBPs in Drinking Water Chlorination: A Gap between NOM and Halogenated Aromatic DBPs. Environmental Science & Technology. 2020, 54(3): 1646-1656.

[68] Tang H, Zhong H, Pan Y, et al. A New Group of Heterocyclic Nitrogenous Disinfection Byproducts (DBPs) in Drinking Water: Role of Extraction pH in Unknown DBP Exploration. Environmental Science & Technology. 2021, 55(10): 6764-6772.

[69] Zahn D, Meusinger R, Frömel T, et al. Halomethanesulfonic Acids—A New Class of Polar Disinfection Byproducts: Standard Synthesis, Occurrence, and Indirect Assessment of Mitigation Options. Environmental Science & Technology. 2019, 53(15): 8994-9002.

[70] Liang Q, Gao J, Guo D, et al. Species and formation characteristics of halogenated DBPs in chloramination of tannic acid after biodegradation. Science of the Total Environment. 2021, 781: 146690.

[71] 楚文海, 肖融, 丁顺克, 等.饮用水中的 DBPs 及其控制策略. 环境科学, 2021, 42(11): 5059-5074.

[72] Li J, Zhang H, Wang J, et al. Identification of unknown disinfection byproducts in drinking water produced from Taihu Lake source water. Journal of Environmental Sciences. 2022, 113: 1-11.

[73] Wang W, Moe B, Li J, et al. Analytical characterization, occurrence, transformation, and removal of the emerging disinfection byproducts halobenzoquinones in water. Trends in Analytical Chemistry, 2016, 85: 97-110.

[74] Chen B, Bu Y, Yang J, et al. Methods for total organic halogen (TOX) analysis in water: past, present, and future. Chemical Engineering Journal, 2020, 399: 125675.

[75] Zhang Y, Bu Y, Han J, et al. A facile and green pretreatment method for nonionic total organic halogen (NTOX) analysis in water – Step I. Using electrodialysis to separate NTOX and halides. Water Research, 2018, 145: 631-639.

[76] Bu Y, Song M, Han J, et al. A facile and green pretreatment method for nonionic total organic halogen (NTOX) analysis in water – Step II. Using photolysis to convert NTOX completely into halides. Water Research, 2018, 145: 579-587.

[77] Bei E, Li X, Wu F.H, et al. Formation of N-nitrosodimethylamine precursors through the microbiological metabolism of nitrogenous substrates in water. Water Research, 2020, 183: 116055.

[78] Qiu Y, Bei E, Li X, et al. Quantitative analysis of source and fate of N-nitrosamines and their precursors in an urban water system in East China. Journal of Hazardous Materials, 2021, 415: 125700.

[79] 肖融, 楚文海. 从“源头到龙头”的前体物全过程来源分析消毒副产物的源头控制. 给水排水, 2020, 56(9): 137-145.

[80] Chen C, Zhang X J, Zhu L, et al. Disinfection by-products and their precursors in a water treatment plant in north China: seasonal changes and fraction analysis. Science of the Total Environment, 2008, 397: 140-147.

[81] Liao X B, Bei E, Li S X, et al. Applying the polarity rapid assessment method to characterize nitrosamine precursors and to understand their removal by drinking water treatment processes. Water Research, 2015, 87: 292-298

[82] Chen C, Leavey S, Krasner S W, et al. Applying polarity rapid assessment method and ultrafiltration to characterize NDMA precursors in wastewater effluents. Water Research, 2014, 57: 115-126.

[83] Wang C K, Zhang X J, Wang J, et al. Effects of organic fractions on the formation and control of N-nitrosamine precursors during conventional drinking water treatment processes. Science of the Total Environment, 2013, 449: 295-301.

[84] 叶志伟, 贝尔, 汪隽 等. 水中天然含氮有机物的形成、迁移转化及分布. 环境化学, 2021, 40(1): 185-194.

[85] Fang C, Yang X, Ding S, et al. Characterization of dissolved organic matter and its derived disinfection byproduct formation along the Yangtze River. Environmental Science & Technology, 2021, 55, 12326-12336.

[86] Wagner E D, Plewa M J. CHO cell cytotoxicity and genotoxicity analyses of disinfection by-products: an updated review. Journal of Environmental Sciences, 2017, 58: 64-76.

[87] Zhang Z, Zhu Q, Huang C, et al. Comparative cytotoxicity of halogenated aromatic DBPs and implications of the corresponding developed QSAR model to toxicity mechanisms of those DBPs: Binding interactions between aromatic DBPs and catalase play an important role. Water research, 2020, 170: 115283.

[88] Wang X S, Song H, Zhang J, et al. Chlorination decreases acute toxicity of iodophenols through the formation of iodate and chlorinated aliphatic disinfection byproducts. Water Research, 2021, 194: 116951.

[89] Kim D H, Park C G, Kim Y J. Characterizing the potential estrogenic and androgenic activities of two disinfection byproducts, mono-haloacetic acids and haloacetamides, using in vitro bioassays. Chemosphere, 2020, 242: 125198.

[90] Marsà A, Cortés C, Hernández A, et al. Hazard assessment of three haloacetic acids, as byproducts of water disinfection, in human urothelial cells. Toxicology and applied pharmacology, 2018, 347: 70-78.

[91] Chaves R S, Guerreiro C S, Cardoso V V, et al. Toxicological assessment of seven unregulated drinking water disinfection by-products (DBPs) using the zebrafish embryo bioassay. Science of the Total Environment, 2020, 742: 140522.

[92] Li Y, Jiang J, Li W, et al. Volatile DBPs contributed marginally to the developmental toxicity of drinking water DBP mixtures against *Platynereis dumerilii*. Chemosphere, 2020, 252: 126611.

[93] Jiao X, Gonsioroski A, Flaws J A, et al. Iodoacetic acid disrupts mouse oocyte maturation by inducing oxidative stress and spindle abnormalities. Environmental Pollution, 2021, 268: 115601.

[94] Zhang Y, Zhao F, Deng Y, et al. Metagenomic and metabolomic analysis of the toxic effects of trichloroacetamide-induced gut microbiome and urine metabolome perturbations in mice. Journal of Proteome Research, 2015, 14(4): 1752-1761.

[95] Deng Y, Zhang Y, Lu Y, et al. Metabolomics evaluation of the in vivo toxicity of bromoacetonitriles: One class of high-risk nitrogenous disinfection byproducts. Science of the Total Environment, 2017, 579: 107-114.

[96] Zhang Y, Zhang Z, Zhao Y, et al. Identifying health effects of exposure to trichloroacetamide using transcriptomics and metabonomics in mice (*Mus musculus*). Environmental Science & Technology, 2013, 47(6): 2918-2924.

[97] Yin J, Wu B, Zhang X X, et al. Comparative toxicity of chloro-and bromo-nitromethanes in mice based on a metabolomic method. Chemosphere, 2017, 185: 20-28.

[98] Sun Y, Chen C, Mustieles V, et al. Association of blood trihalomethane concentrations with risk of all-cause and cause-specific mortality in US adults: A prospective cohort study. Environmental Science & Technology, 2021, 55(13): 9043-9051.

[99] Evans S, Campbell C, Naidenko O V. Analysis of cumulative cancer risk associated with disinfection byproducts in United States drinking water. International Journal of Environmental Research and Public Health, 2020, 17(6): 2149.

[100] Deng Y L, Yang P, Cao W C, et al. Urinary biomarker of late pregnancy exposure to drinking water disinfection by-products and ultrasound measures of fetal growth in Wuhan, China. Environmental Research, 2019, 170: 128-133.

[101] Chen Z, Yang L, Huang Y, et al. Carcinogenic risk of N-nitrosamines in Shanghai drinking water: indications for the use of ozone pretreatment. Environmental Science & Technology, 2019, 53(12): 7007-7018.

[102] Li X, Bei E, Qiu Y, et al. Intake of volatile nitrosamines by Chinese residents in different provinces via food and drinking water. Science of the Total Environment, 2021, 754: 142121.

[103] Tovar S S T, Susa M R. Cancer risk assessment from exposure to trihalomethanes in showers by inhalation. Environmental Research, 2021, 196: 110401.

[104] Peng F, Peng J, Li H, et al. Health risks and predictive modeling of disinfection byproducts in swimming pools. Environment International, 2020, 139: 105726.

[105] Wu H, Long K, Lu D, et al. Occurrence and formation of halobenzoquinones in indoor and outdoor swimming pool waters of Nanning City, Southwest China. Environmental Science and Pollution Research, 2019, 26(30): 31537-31545.

[106] Rook J. Formation of haloforms during chlorination of natural waters. Journal Water Treatment and Examination, 1974, 23: 234–243.

[107] Ding S, Chu W, Bond T, et al. Formation and estimated toxicity of trihalomethanes, haloacetonitriles, and haloacetamides from the chlor (am) ination of acetaminophen. Journal of Hazardous Materials, 2018, 341: 112-119.

[108] Guo Y, Liu Z, Lou X, et al. Insights into antimicrobial agent sulfacetamide transformation during chlorination disinfection process in aquaculture water. RSC Advances, 2021, 11(24): 14746-14754.

[109] Zhang T Y, Xu B, Yao S, et al. Conversion of chlorine/nitrogen species and formation of nitrogenous disinfection by-products in the pre-chlorination/post-UV treatment of sulfamethoxazole. Water Research, 2019, 160: 188-196.

[110] Shao K L, Ye Z X, Huang H, et al. ClO_2 pre-oxidation impacts the formation and nitrogen origins of dichloroacetonitrile and dichloroacetamide during subsequent chloramination. Water Research, 2020, 186: 116313.

[111] Han C, Zhao H, Dong M, et al. The formation mechanism of chloropicrin from methylamine during chlorination: A DFT study. Environmental Science: Processes & Impacts, 2019, 21(4): 761-770.

[112] Chen C, Du Y, Zhou Y, et al. Formation of nitro (so) and chlorinated products and toxicity alteration during the UV/monochloramine treatment of phenol. Water Research, 2021, 194: 116914.

[113] Bichsel Y, Von Gunten U. Oxidation of iodide and hypoiodous acid in the disinfection of natural waters. Environmental Science & Technology, 1999, 33(22): 4040-4045.

[114] Hu S, Gong T, Xian Q, et al. Formation of iodinated trihalomethanes and haloacetic acids from aromatic iodinated disinfection byproducts during chloramination. Water Research, 2018, 147: 254-263.

[115] Bull R J. Use of toxicological and chemical models to prioritize DBP research. New York: American Water Works Association, 2006.

[116] Zhang K, Cao C, Zhou X, et al. Pilot investigation on formation of 2, 4, 6-trichloroanisole via microbial O-methylation of 2, 4, 6-trichlorophenol in drinking water distribution system: an insight into microbial mechanism. Water Research, 2018, 131: 11-21.

[117] Freuze I, Brosillon S, Herman D, et al. Odorous products of the chlorination of phenylalanine in water: Formation, evolution, and quantification. Environmental Science & Technology, 2004, 38(15): 4134-4139.

[118] How Z T, Linge K L, Busetti F, et al. Formation of odorous and hazardous by-products from the chlorination of amino acids. Water Research, 2018, 146: 10-18.

[119] Lau S S, Abraham S M, Roberts A L. Chlorination revisited: Does Cl–serve as a catalyst in the chlorination of phenols?. Environmental Science & Technology, 2016, 50(24): 13291-13298.

[120] Langsa M, Heitz A, Joll C A, et al. Mechanistic aspects of the formation of adsorbable organic bromine during chlorination of bromide-containing synthetic waters. Environmental Science & Technology, 2017, 51(9): 5146-5155.

[121] Song R, Westerhoff P, Minear R, et al. Bromate minimization during ozonation. Journal - American Water Works Association, 1997, 89(6): 69-78.

[122] Gan W, Huang S, Ge Y, et al. Chlorite formation during ClO_2 oxidation of model compounds having various functional groups and humic substances. Water Research, 2019, 159: 348-357.

[123] Levanov A V, Isaikina O Y. Mechanism and kinetic model of chlorate and perchlorate formation during ozonation of aqueous chloride solutions. Industrial & Engineering Chemistry Research, 2020, 59(32): 14278-14287.

[124] Levanov A V, Isaikina O Y, Gasanova R B, et al. Kinetics of chlorate formation during ozonation of aqueous chloride solutions. Chemosphere, 2019, 229: 68-76.

[125] Liao X, Chen C, Yuan B, et al. Control of Nitrosamines, THMs, and HAAs in Heavily Impacted Water with O_3 - BAC. Journal - American Water Works Association, 2017, 109(6): E215-E225.

[126] Qiu Y, Bei E, Xie S, et al. Contributions of volatilization, photolysis, and biodegradation to N-nitrosodimethylamine removal in conventional drinking water treatment plants. Science of the Total Environment, 2019, 697: 133993.

[127] Xiao R, Duan Y, Chu W. The effectiveness of household water treatment and safe storage in improving drinking water quality: A disinfection by-product (DBP) perspective. Journal of Water Supply: Research and Technology-Aqua, 2020, 69(8): 785-806.

[128] Wang L, Chen Y, Chen S, et al. A one-year long survey of temporal disinfection byproducts variations in a consumer's tap and their removals by a point-of-use facility. Water Research, 2019, 159: 203-213.

[129] Chen B, Zhang C, Wang L, et al. Removal of disinfection byproducts in drinking water by flexible reverse osmosis: Efficiency comparison, fates, influencing factors, and mechanisms. Journal of Hazardous Materials, 2021, 401: 123408.

[130] Fang C, Wang X, Xiao R, et al. Rejection of chlorinated, brominated, and iodinated trihalomethanes by multi-stage reverse osmosis: Efficiency and mechanisms. Chemosphere, 2021, 268: 129307.

[131] Chen B, Jiang J, Yang X, et al. Roles and knowledge gaps of point-of-use technologies for mitigating health risks from disinfection byproducts in tap water: A critical review. Water Research, 2021: 117265.

[132] Chou R, Dana T, Jungbauer R, et al. Masks for prevention of respiratory virus infections, including SARS-CoV-2, in health care and community settings: a living rapid review. Annals of Internal Medicine, 2020, 173(7): 542-555.

[133] Li D T S, Samaranayake L P, Leung Y Y, et al. Facial protection in the era of COVID - 19: A narrative review. Oral Diseases, 2021, 27: 665-673.

[134] 国务院应对新型冠状病毒肺炎疫情联防联控机制综合组. 新型冠状病毒肺炎防控方案. 2021.

[135] Hirose R, Ikegaya H, Naito Y, et al. Survival of severe acute respiratory syndrome coronavirus 2 (SARS-CoV-2) and influenza virus on human skin: importance of hand hygiene in coronavirus disease 2019 (COVID-19). Clinical infectious diseases: an official publication of the Infectious Diseases Society of America, 2020, 10(5) : 1005.

[136] Rai N K, Ashok A, Akondi B R. Consequences of chemical impact of disinfectants: Safe preventive measures against COVID-19. Critical Reviews in Toxicology, 2020, 50(6): 513-520.

[137] Pradhan D, Biswasroy P, Naik P K, et al. A review of current interventions for COVID-19 prevention. Archives of Medical Research, 2020, 51(5): 363-374.

[138] SanJuan-Reyes S, Gómez-Oliván L M, Islas-Flores H. COVID-19 in the environment. Chemosphere, 2021, 263: 127973.

[139] Carraturo F, Del Giudice C, Morelli M, et al. Persistence of SARS-CoV-2 in the environment and COVID-19 transmission risk from environmental matrices and surfaces. Environmental Pollution, 2020, 265: 115010.

[140] 生态环境部国家市场监督管理总局. 医疗废物处理处置污染控制标准. 北京：中国环境出版集团. 2021.

[141] Han J, Zhang X, He S, et al. Can the coronavirus disease be transmitted from food? A review of evidence, risks, policies and knowledge gaps. Environmental Chemistry Letters, 2021, 19(1): 5-16.

[142] 郑美惠，让蔚清. 冷链食品新型冠状病毒暴露的风险分析及对策. 中国食物与营养, 2021, 27(11): 27-31.
[143] Hu L, Gao J, Yao L, et al. Evidence of foodborne transmission of the coronavirus (COVID-19) through the animal products food supply chain. Environmental Science & Technology, 2021, 55(5): 2713-2716.
[144] Ji W, Li X, Chen S, et al. Transmission of SARS-CoV-2 via fomite, especially cold chain, should not be ignored. Proceedings of the National Academy of Sciences of the United States of America, 2021, 118(11): e2026093118.
[145] Lewis D. Can COVID spread from frozen wildlife? Scientists probe pandemic origins. Nature, 2021, 591(7848): 18-19.
[146] 陈路瑶，章灿明，黄育红，等. 常用消毒剂低温消毒效果观察. 中国消毒学杂志, 2021, 38(4): 245-247.
[147] 李晓燕，孟庆瑶，赵宜范，等. 生鲜食品冷链过程中消毒杀菌技术的研究进展. 食品工业科技, 2021, 42(11): 414-418.
[148] Talebian S, Wallace G G, Schroeder A, et al. Nanotechnology-based disinfectants and sensors for SARS-CoV-2. Nature Nanotechnology, 2020, 15(8): 618-621.
[149] Nabi G, Wang Y, Hao Y, et al. Massive use of disinfectants against COVID-19 poses potential risks to urban wildlife. Environmental Research, 2020, 188: 109916.
[150] Venkobachar C, Iyengar L, Rao A V S P. Mechanism of disinfection: effect of chlorine on cell membrane functions. Water Research, 1977, 11(8): 727-729.
[151] Lodder W J, Buisman A M, Rutjes S A, et al. Feasibility of quantitative environmental surveillance in poliovirus eradication strategies. Applied and Environmental Microbiology, 2012, 78(11): 3800-3805.
[152] Chan J F W, Yuan S, Kok K H, et al. A familial cluster of pneumonia associated with the 2019 novel coronavirus indicating person-to-person transmission: a study of a family cluster. The lancet, 2020, 395(10223): 514-523.
[153] Cromeans T L, Kahler A M, Hill V R. Inactivation of adenoviruses, enteroviruses, and murine norovirus in water by free chlorine and monochloramine. Applied and Environmental Microbiology, 2010, 76(4): 1028-1033.
[154] Xue B, Jin M, Yang D, et al. Effects of chlorine and chlorine dioxide on human rotavirus infectivity and genome stability. Water Research, 2013, 47(10): 3329-3338.
[155] Trinetta V, Morgan M T, Linton R H. Use of high-concentration-short-time chlorine dioxide gas treatments for the inactivation of *Salmonella enterica* spp. inoculated onto Roma tomatoes. Food Microbiology, 2010, 27(8): 1009-1015.
[156] Wolf C, von Gunten U, Kohn T. Kinetics of inactivation of waterborne enteric viruses by ozone. Environmental Science & Technology, 2018, 52(4): 2170-2177.
[157] Sigmon C, Shin G A, Mieog J, et al. Establishing surrogate–virus relationships for ozone disinfection of wastewater. Environmental Engineering Science, 2015, 32(6): 451-460.
[158] Beck S E, Rodriguez R A, Linden K G, et al. Wavelength dependent UV inactivation and DNA damage of adenovirus as measured by cell culture infectivity and long range quantitative PCR. Environmental Science & Technology, 2014, 48(1): 591-598.
[159] Cheng S, Ge Y, Lee Y, et al. Prediction of photolysis kinetics of viral genomes under UV254 irradiation to estimate virus infectivity loss. Water Research, 2021, 198: 117165.
[160] Beck S E, Rodriguez R A, Hawkins M A, et al. Comparison of UV-induced inactivation and RNA damage in MS2 phage across the germicidal UV spectrum. Applied and Environmental Microbiology, 2016, 82(5): 1468-1474.
[161] 陈超，张晓健，何文杰，等. 顺序氯化消毒工艺对卫生学、消毒副产物和生物稳定性的综合控制.环境科学. 2006, 27(1): 74-79.
[162] 唐非，谷康定，丁建东，等. 二氧化氯与氯联合消毒减少消毒副产物. 中国给水排水, 2003, 19(11): 55-58.
[163] 楚文海，沈杰，栾鑫淼，等. 疫情防控期间污水处理厂强化消毒下的水环境次生风险实证研究. 给水排水, 2020, 46(6): 1-5.
[164] Chu W H, Fang C, Deng Y, et al. Intensified disinfection amid COVID-19 pandemic poses potential risks to water quality

and safety. Environmental Science & Technology 2021, 55, (7): 4084-4086.

[165] Heng B, Zhang R, Wang Z, et al. Occurrence and risk assessment of volatile halogenated disinfection by-products in an urban river supplied by reclaimed wastewater. Ecotoxicology and Environmental Safety, 2021, 211: 111912.

[166] 楚文海, 沈杰, 栾鑫淼, 等. 疫情防控期间污水处理厂强化消毒下的水环境次生风险实证研究.给水排水, 2020, 56(06): 1-5,14.

[167] Li Z, Song G, Bi Y, et al. Occurrence and distribution of disinfection byproducts in domestic wastewater effluent, tap water, and surface water during the SARS-CoV-2 pandemic in China. Environmental Science & Technology, 2021, 55(7): 4103-4114.

[168] Lin X, Xu J, Keller A A, et al. Occurrence and risk assessment of emerging contaminants in a water reclamation and ecological reuse project. Science of the Total Environment, 2020, 744: 140977.

[169] Cui H, Chen B, Jiang Y, et al. Toxicity of 17 Disinfection By-products to Different Trophic Levels of Aquatic Organisms: Ecological Risks and Mechanisms. Environmental Science & Technology, 2021, 55, 15: 10534-10541.

[170] Cui H, Zhu X, Zhu Y, et al. Ecotoxicological effects of DBPs on freshwater phytoplankton communities in co-culture systems. Journal of Hazardous Materials, 2022, 421: 126679.

作者：陈超[1]，魏东斌[2]，徐斌[3]，于鑫[4]，陈白杨[5]，楚文海[3]，杨欣[6]，金敏[7]，叶志伟[1]

[1]清华大学，[2]中国科学院生态环境研究中心，[3]同济大学，[4]厦门大学，[5]哈尔滨工业大学（深圳），[6]中山大学，

[7]军事科学院军事医学研究院环境医学与作业医学研究所

第5章　环境代谢组学研究进展

本章导读

代谢组学是研究生物体内源性代谢物随环境因素变化规律的一门学科。近年来，代谢组学借助高通量、高灵敏度与高精确度的现代分析技术和大数据分析平台，实现了对机体代谢物整体组成的动态解析，推动了环境毒理学的发展。代谢组学研究具有全局性和高通量的特征，能够快速、有效地分析多条代谢通路，锁定作用靶点，发现可能的早期生物标志物，通过扰乱的代谢通路上溯功能蛋白及关键调控基因，能够揭示污染物的毒性作用机制。本章综述了基于核磁/质谱的传统代谢组学技术，以及基于质谱成像的空间代谢组学技术在环境毒理学研究中的应用，阐明了代谢组学与蛋白组学，转录组学等结合在毒理学研究中的重要性，综述了多组学整合分析在环境毒理学领域的研究进展。

关键词

代谢组学，高分辨质谱，质谱成像，多组学整合分析，毒性效应与机制

5.1 引　　言

代谢组学是继基因组、转录组及蛋白组之后发展起来的新兴学科，是系统生物学的重要组成部分。代谢组是基因调控和蛋白作用网络的下游，与其他组学相比，更接近于表型[1]。因环境变化或有害化学品暴露而引起的基因、蛋白等上游生物大分子的功能性改变都会最终体现于末端的代谢层面。因此，代谢组能够直接反映细胞对周围环境变化或有害化学品暴露的生物学应答，体现生物体受影响的末端变化。代谢组的变化能够指示生物体内受影响的代谢通路，并有助于阐明有害化学品的毒性作用机制。自环境代谢组学（environmental metabolomics）的概念被正式提出以来[2]，环境代谢组学被越来越多地运用于环境毒理学研究领域[3]。核磁共振（nuclear magnetic resonance，NMR）和质谱（mass spectrometry，MS）以其各自独有的优势成为当前进行环境代谢组学研究的主要仪器平台[4]。特别是液相色谱-质谱联用技术，因其灵敏度高、线性范围宽、代谢物覆盖度高、样品制备简便且能够实现对复杂生物样本中多种代谢物同时进行定性和定量分析的优点[5,6,7]，在环境代谢组领域发挥着越来越重要的作用。近年来，质谱成像技术（mass spectrometryimaging，MSI）、基于离子淌度质谱（ion mobility mass spectrometry，IM-MS）的多维代谢物分析技术等新兴代谢组学技术不断涌现。质谱成像技术能够对生物体内的小分子代谢物进行定性或定量的可视化检测，提供代谢物的空间分布信息[8]。离子淌度质谱能够基于气相中不同离子在电场中迁移速度的差异来对代谢物进行表征，能够提供额外的碰撞截面积（collision cross-section，CCS）信息，从而有效提升对复杂生物样品代谢组的定性和定量分析能力[9]。此外，环境代谢组学与转录组、蛋白组等其他多组学技术的整合应用已逐渐成为环境毒理学领域的研究热点[10,11]。通过多组学技术的整合分析，能够从不同生物学水平（如 mRNA、蛋白质及代谢物）对有害化学物暴露产生的毒性效应及机制进行综合分析。

5.2 核磁/质谱代谢组学研究进展

5.2.1 环境代谢组学概述

随着人类使用的化学品日益增多，进入环境中的化学物质可能成为环境污染物，对生态安全和人类

健康存在潜在威胁。化学品风险评估对保护人类健康具有重要意义，然而传统的化学品风险评估速度已经落后于化学品的发展速度，急需借助于现代分析手段以丰富和发展化学品风险评估技术。利用代谢组学方法评价环境污染物的毒性效应成为了环境毒理学发展的新方向。基于代谢组学的毒理学评价方法可以快速筛选出低剂量环境污染物暴露的早期生物标志物，揭示污染物的毒性作用通路及机制，逐渐成为环境毒理学的研究热点。

代谢组学分析过程一般包括样品提取、样品前处理、化合物分离、定量及定性分析、数据分析和可视化建模。样品的来源较为广泛，包括动物性样品和植物性提取物等。常用的动物性样品有全血、血清、组织、细胞、细胞培养液、尿液、粪便、食物、唾液和脑脊液等。为了同时检测到生物样品中大多数代谢物，并获得可靠和有效的代谢数据，必须使用高灵敏度、高选择性，以及高重现性的分析技术。经过近 20 年的发展，代谢组学的分析手段逐步成熟。核磁共振（NMR）、色谱-质谱联用是目前代谢组学研究中应用最广泛的方法。核磁共振主要应用于非靶向代谢组学的定性和相对定量，其目的是寻找一些对表型分类有贡献的代谢物。这种方法通常适用于生物标志物的发现、诊断，以及做出一些与疾病病理生理学相关的假设；色谱-质谱技术具有灵敏度高、特异性好、定性定量能力强的优点，为未知待测物的定性定量分析提供了可能。不同的代谢组分析技术各有优缺点，研究中分析技术的选择应结合样本特点和最终研究目标进行综合考虑。

5.2.2 基于核磁共振的代谢组学研究

与质谱技术相比，NMR 具有多种优点，如样品前处理简单和无损多组分同步测定，且对某一生物样本的代谢物含量不需要先验知识。NMR 有助于理解体外和体内生理系统，并有助于识别生物标志物。基于 NMR 的代谢组学应用于离体样品、组织和生物流体可以提供接近活体系统（体内）的基本信息，同时，将稳健的质量保证和质量控制检查纳入基于 NMR 的代谢组学试验的设计和执行中，能够确保体外研究的成功外推，提高实验结果的准确性[12]。

基于核磁共振的代谢组学方法与传统毒理学方法相比在揭示毒性机制方面具有显著优势。Hong 等[13]首次使用基于 1H-NMR 的代谢方法对碳量子点（C-dots）的安全性进行系统研究，辅以生化分析和组织病理学，探索 C-dots 在体内的毒性。组织病理学检查显示，C-dots 并没有引起任何明显的组织损伤。生化分析显示，除了血清中白蛋白水平以及肝脏和肾脏中的乙酰胆碱酯酶活性略有降低外，组织和血清中大多数测定的生化参数没有显著变化。核磁共振谱图的正交信号校正偏最小二乘鉴别分析（OSC-PLS-DA）结合相关网络分析表明 C-dots 不仅触发免疫系统，而且干扰细胞膜功能和正常肝脏清除，基于 1H-NMR 的代谢组学方法对 C-dots 在体内的毒性提供了深入的了解。Hani 等[14]研究表明 1H-NMR 代谢组学可以作为一种有效的方法来评估斑马贻贝在水生环境生物监测中的健康状况，斑马贻贝暴露于废水处理厂环境中可能会改变其渗透调节和无氧代谢能力，通过代谢物的筛选，乳酸是一种潜在的生物标志物。

核磁共振代谢组学常用于农药以及药物的毒性效应和机制研究中。Gu 等[15]基于核磁共振的代谢组学方法评估了青春期大鼠代谢扰动中的对映体选择性，基于多变量统计结果，获得了稳定且明显的对映体代谢谱。当大鼠暴露于 R-甲霜灵时，发现显著干扰的代谢途径为：缬氨酸、亮氨酸和异亮氨酸生物合成，酮体合成和降解以及甘油脂代谢。当大鼠暴露于 S-甲霜灵时，受干扰的代谢途径包括：糖酵解，缬氨酸、亮氨酸和异亮氨酸生物合成，甘氨酸、丝氨酸和苏氨酸代谢，酮体的合成和降解，甘油磷脂和甘油脂代谢，这些干扰的代谢途径与肝脏代谢密切相关。Wang 等[16] 基于 1H-NMR 代谢组学等研究了高效氯氟氰菊酯（BC）在不同温度条件下对蜥蜴（*Eremias argus*）的代谢反应变化，通过监测抗氧化酶、相关基因和代谢物的变化阐述 BC 的毒性作用。结果表明，BC 暴露后，在环境温度（25℃）下表现出对蜥蜴肝脏的氧化损伤。热应激（35℃）可加剧 BC 引起的氧化损伤，1H-NMR 代谢组学分析也表明，BC 在热应激下干扰肝脏的能量代谢和氨基酸代谢。Melvin 等[17]将蝌蚪（*Peronii Limnodynastes*）暴露于普通水溶性药物（双氯芬酸、二甲双胍和丙戊酸）的混合物中，使用基于核磁共振波谱的非靶向代谢组学方法，比较了有溶剂和无溶剂暴露下的亚致死性肝毒性。结果表明，在 6.53 μg/L 浓度下，有溶剂和无溶剂暴露组之间观察到亮氨酸、醋酸盐、谷氨酰胺、柠檬酸、糖原、酪氨酸、精氨酸、嘌呤核苷酸和未知代谢物的显著差异。各种其他代谢物在使用载体溶剂方面表现出类似的差异，但相互作用不显著。

在环境污染物的健康风险评估中，基于核磁共振的代谢组学技术也被广泛应用。Locci 等[18]收集了 86 名健康受试者的尿液样本，测量总砷和非消化性尿砷（U-naAs）水平，即亚砷酸盐、砷酸盐、一甲基胂酸盐和二甲基胂酸盐的总和，并进行 1H-NMR 分析，研究了非职业或环境砷暴露人群中尿砷水平与尿核磁共振波谱代谢组学特征之间的相关性，应用对潜在结构的正交投影来探讨代谢组学特征与 U-naAs 水平之间的相关性。尽管研究人群的 U-naAs 水平极低（平均值=6.13±3.17 μg/g 肌酐），但仍确定了与砷相关的尿液代谢组学特征。Maitre 等[19]研究了怀孕期间接触污染物混合物对孕妇内源性代谢的影响。测定了怀孕前三个月的血液样本中的有机氯农药、多氯联苯、酞酸酯、脐血中的汞、怀孕 12 周和 32 周尿液中的重金属、邻苯二甲酸盐、双酚 A。同时测定其尿液的 1H-NMR 代谢谱。通过暴露组-代谢组相关性研究和多变量建模，探讨了暴露与代谢之间的关联。研究发现，污染物种类及浓度与代谢组的变化具有可重复的相关性，这些发现有助于进一步探究污染物对母婴健康以及整个生命过程中的健康的影响。Yan 等[20]研究了新型有机磷阻燃剂 2-乙基己基二苯基磷酸酯（EHDPHP）的环境健康风险，母鼠在围产期暴露于两种剂量（30 和 300 μg/kg bw/day）的 EHDPHP 后，评估了低脂肪饮食（LFD）和高脂肪饮食（HFD）组雄性小鼠后代的代谢稳态。围产期接触 EHDPHP 会导致雄性小鼠后代的体重变化、糖耐量改变和肝损伤，且这些变化具有剂量和饮食特异性。使用基于 1H-NMR 的代谢组学、16S rRNA 测序和 qRT PCR 技术来探索这些特异性变化的原因。结果表明，高剂量组短链脂肪酸和梭状芽孢杆菌的增加可能是剂量特异性的原因，而 HFD 组中嘌呤代谢途径的减弱和谷氨酰胺水平的降低则是饮食特异性的原因。此外，过氧化物酶体增殖物激活受体 γ 基因表达水平的下调可能导致高剂量 HFD 喂养暴露组小鼠体重下降。

活体核磁共振是一种能够在活体内近实时提供生化途径详细信息的现代科学工具，因此很可能成为下一代基于代谢组学开展毒性研究的重要工具。基于活体核磁共振，有可能监测何时/是否发生环境压力，了解“为什么”化学品有毒（受影响的生化途径和毒性作用模式），并区分暂时的通量反应（即恢复内稳态）和生物化学的永久性变化（可能是疾病的前兆）。Anaraki 等[21]首次使用基于高场流动的活体 NMR 方法对小型生物进行全面的代谢评估，研究其代谢组学特征，通过结合 1H 和 13C 1D、2D 和 3D 核磁共振方法，鉴定出 41 种代谢物，包括 20 种常见氨基酸、碳水化合物、甘油三酯、三磷酸腺苷（ATP）和一磷酸腺苷（AMP）、核苷酸和其他代谢物如胆碱和甜菜碱等。活体代谢组学为研究生物体内的分子过程提供了独特的见解，在疾病发展过程研究中具有巨大的潜力。

5.2.3　基于色谱质谱的代谢组学研究

代谢组学为环境毒理学的发展提供了一个前所未有的机会，随着近年来色谱-质谱平台的发展及不断完善，色谱-质谱联用技术在代谢组学的研究中已显示出极大的发展潜力[22]。

1）基于液相色谱质谱联用的研究

液相色谱-质谱联用技术（LC-MS）可提供良好的代谢物覆盖率，是代谢组学研究中应用最广泛的技术平台。质谱的一个固有问题是离子化问题，因为质谱只能检测能被离子化的物质，而不同的离子化方式又会影响化合物检出的类型和数量。目前没有任何一种离子化方式适合于所有代谢物的检测，通常而言，质谱中电喷雾电离（electrospray ionization，ESI）方式可以减少源碎片并提高灵敏度。同时结合正离子和负离子两种检测模式，可以最大化拓展检测范围。在实际样品分析中，基于 LC-MS 的代谢组学采用的策略主要包括非靶向、靶向和拟靶向[23]。

非靶向分析是最经典、应用最广泛的代谢组学方法，通过对样本中所有化合物的综合、全面、无偏性的高覆盖检测，可实现不同样品间代谢特征的比较。因此，样品制备应尽可能保持代谢组提取的完整性，所采用的方法应具有非选择性、快速和可重复性的特点。Galati 等采用基于液相色谱-质谱的非靶向代谢组学方法研究了两种非生物胁迫（机械损伤和臭氧暴露）对防风草代谢平衡的影响，结果发现胁迫条件下叶片中的香豆素和脂肪酰基含量增加，而类黄酮含量降低 [24]。Ji 等使用液相色谱-静电场轨道阱质谱（LC-orbitrap MS）进行了组学研究，以描述四溴联苯醚（BDE-47）对 C57BJ/L 小鼠诱导的代谢变化，探索 BDE-47 暴露对帕金森病（PD）的可能贡献。PD 相关脑区的代谢组学和脂质组学研究结果显示，氧化应激和神经递质产生途径中的代谢物发生了显著变化。总的来说，该研究表明了组学平台在深化环境污染物毒性机制理解方面的强大作用[25]。六价铬 Cr(VI)化合物在工农业生产中应用广泛，被认为是一种常见的环境和职业污染物。Long 等应用超高效液相色谱-质谱（UPLC-MS）的非靶向代谢组学分析了 77 名接触铬酸盐的工人和 62 名对照组血清的代谢变化。生物信息学分析发现 13 种代谢产物显著减少，41 种代谢产物显著增加，涉及精氨酸和脯氨酸代谢以及甘油磷脂代谢。此外，血液中 Cr 水平与精氨酸、PC（18∶2/24∶4）和 PC（14∶0/16∶0）之间存在显著负相关的关系[26]。

靶向分析是对特定代谢途径相关的少数已知靶向分子进行精准定量。靶向分析依赖于串联质谱的高选择性和高灵敏度，使用三重四极杆（QQQ）质谱仪在多反应监测（MRM）模式下检测代谢物的前体离子和特征产物离子。Chen 等对 107 名暴露于多种致癌物的儿童和青少年（9～15 岁）的代谢紊乱情况进行鉴定。测量了 8 种致癌物暴露生物标志物［重金属和以 1-羟基芘为代表的多环芳烃（PAHs）］在尿液中的浓度，以及作为早期健康影响生物标志物的尿液中氧化应激指标和血清中酰基鸟嘌呤的浓度。采用液相色谱-质谱法分析血清代谢组，发现 10 种代谢物的水平变化可能与国际癌症研究分类表中的第 1 级致癌物（As、Cd、Cr、Ni）和第 2 级致癌物（V、Hg、PAHs）的浓度变化有关，这些致癌物能导致氧化应激和扰乱血清酰基肉碱的代谢，与之相关的代谢包括一磷酸肌苷和一磷酸腺苷（嘌呤代谢）、苹果酸和氧谷氨酸（柠檬酸循环），肉碱（脂肪酸代谢）和焦谷氨酸（谷胱甘肽代谢），其中嘌呤代谢改变被认为是儿童和青少年接触致癌物影响的可能机制，这些发现有助于了解儿童和青少年在发育的关键时期暴露于多种工业致癌物对健康的影响[27]。Kou 等对 HCC 1806（乳腺癌细胞）和 MCF-10A（正常乳腺上皮细胞）细胞系的细胞培养基中的 40 种氨基酸及其衍生物进行了分析，发现与癌细胞裂解物中常见的氨基酸上调不同，在乳腺癌细胞的细胞培养基中观察到支链氨基酸的摄取量显著增加，而乙酰蛋氨酸、半胱氨酸谷胱甘肽、谷胱甘肽、半胱氨酸和谷氨酸被癌细胞大量分泌到培养基中[28]。Steinbusch 等使用超高效液相色谱-四极杆飞行时间质谱（UHPLC-QTOF-MS），开发一种创新的、有针对性的尿液代谢组学筛查程序，以加速先天性代谢缺陷（IEM）患者的诊断。该研究建立了基于稳定同位素标记的尿液样本中 258 种诊断代谢物分析方法，分析了来自 15 个先天性代谢异常疾病组中 289 名患者的样本，包括 78 种在线人类孟德尔遗传数据库表型，疾病包括氨基酸、脂肪酸、酮、嘌呤和嘧啶、碳水化合物、卟啉、神经递质、维生素、辅助因子和肌酸代谢紊乱，该筛查程序可以轻松、正确地诊断大多数样本[29]。

结合靶向和非靶向的优势，许国旺课题组提出了拟靶向代谢组学的概念[30]。该方法首先通过高分辨质谱全面获取代谢物的一级和二级质谱信息，从二级质谱中挑选特征离子对，随后在具有 MRM 模式的 QQQ 仪器上对离子对进行靶向采集。拟靶向方法与非靶向分析相比，MRM 模式的数据稳定性高、线性范围宽，能够获得高质量的数据信息，可以关注到更多低丰度代谢物。陈吉平课题组利用拟靶向代谢组学方法对多种环境污染物进行了毒性分析：研究组利用一般病理生理学试验和代谢组学分析，研究环境相关剂量 $PM_{2.5}$ 诱导毒性的季节变化以及与毒性成分的关系，探讨 SD 大鼠对 $PM_{2.5}$ 暴露的反应。一般毒理学分析结果显示，$PM_{2.5}$ 在环境剂量下毒性不明显，但冬季高剂量 $PM_{2.5}$ 对肺部造成严重的组织病理学损伤。代谢组学分析表明，即使在环境相关剂量下，$PM_{2.5}$也会引起显著的代谢紊乱。由于高水平的重金属，$PM_{2.5}$暴露主要影响脂质代谢和谷胱甘肽代谢。此外，冬季$PM_{2.5}$中的多环芳烃、多氯联苯和二噁英等有机化合物含量高，导致大鼠的肺毒性和代谢毒性大于夏季[31]。对短链氯化石蜡（SCCPs）暴露后大鼠血清样品进行了全面的常规毒理学分析及代谢组学分析，结果表明，SCCPs 诱导的毒性是在环境相关剂量下触发的，随着血糖降低和 TCA 循环功能障碍，观察到能量代谢受到抑制；其次，游离脂肪酸的增加表明脂质代谢加快，以弥补低血糖引起的能量不足，多不饱和脂肪酸（PUFA）和由花生四烯酸组成的磷脂的上调，表明炎症发生[32]。同时，利用拟靶向代谢组学方法比较短链氯化石蜡、中链氯化石蜡和长链氯化石蜡的毒性作用，三种氯化石蜡对整体代谢产生类似的影响，在所有氯化石蜡暴露组中观察到磷脂和脂肪代谢的扰动较强，同时长链氯化石蜡对氨基酸跨细胞膜转运产生更强的抑制作用[33]。

2）基于气相色谱质谱的研究

气相色谱-质谱联用技术（GC-MS）兼具检测灵敏度高和分离效果好的优点，且有标准质谱库，但是采用 GC-MS 分析的先决条件是化合物必须具有挥发性和热稳定性。鉴于大多数代谢物是不挥发的，一般需要对样品进行衍生化预处理，衍生化过程中常用双(三甲基硅烷基)三氟乙酰胺（BSTFA）和 *N*-甲基-*N*-(三甲基硅烷）三氟乙酰胺（MSTFA）作为硅烷化试剂。他们能与代谢物反应并将其中的-COOH、-OH、-NH 和-SH 等基团转化成三甲基硅烷。Rodriguez 等[34]应用了基于直接注射质谱（DIMS）和 GC-MS 的代谢组学方法研究了小鼠血清在镉和硒的暴露下能量和氨基酸代谢、磷脂膜降解以及游离脂肪酸发生的代谢改变。Ch 等[35]利用基于气相色谱质谱的代谢组学的方法确定了氯氰菊酯对蚯蚓（腐殖质后隐孢子虫）的毒性作用机制，其暴露于亚致死浓度的氯氰菊酯中，22 种代谢物（主要是脂肪酸、糖和氨基酸）在暴露的蚯蚓中表现出显著的反应，并且这些反应是剂量依赖性的，神经系统代谢主要受碳水化合物和脂肪酸的干扰。Wang 等[36]在大鼠负重游泳实验中，采用基于 GC-MS 的代谢组学方法，结合生化参数评价探讨了草药丹参（RSM）抗疲劳作用的潜在机制，RSM 通过调节运动肌肉中的能量代谢、氧化-抗氧化平衡和内源性代谢产物，提供了良好的抗疲劳效果。这项研究表明，代谢组学分析是评估 RSM 潜在抗疲劳作用和阐明其药理机制的有效工具。

Wang 等[37]采用气相色谱/飞行时间质谱法检测和分析血清代谢物研究甲基苯丙胺（METH）诱导的代谢产物表达失调和代谢紊乱机制，冰毒滥用者的代谢紊乱主要是能量代谢和氨基酸代谢的紊乱，这为寻找生物标志物和冰毒对人类健康的不良影响的机制提供新的见解。Deng 等[38]采用 GC-MS 结合多元统计分析方法，研究了慢性硫化氢中毒大鼠与对照组大鼠尿液中的代谢组差别，与对照组相比，中毒组大鼠尿液中丙氨酸、d-核糖、十四酸、*L*-天冬氨酸、戊二酸、胆固醇、醋酸盐和油酸水平降低，而甘氨酸、d-甘露糖、阿拉伯呋喃糖和丙酸水平升高，这些代谢产物与体内氨基酸代谢以及能量和脂质代谢有关。

Valvi 等[39]使用气相色谱串联质谱（GC-HRMS）表征了内脏和皮下脂肪组织中亲脂性持久性有机污染物（POPs）的负担以及血浆代谢组的相关改变，通路分析表明，组织特异性 POPs（包括 2 种二噁英，11 种有机氯农药和 5 种多溴联苯醚）与氨基酸代谢、脂质和脂肪酸代谢以及碳水化合物代谢途径中的代谢紊乱高度相关。与肝脏相比，大多数测定的 POPs 似乎优先在脂肪组织中累积。血浆代谢通路与组织特异性 POPs 浓度相关的发现有待在人群中进一步研究验证。

Prodhan 等[40]综述了近年来全二维气质联用系统（GC×GC-MS）在代谢组学领域的发展，与一维气相色谱-质谱（GC-MS）相比，GC×GC-MS 可显著提高复杂生物样品的峰容量、分辨率和灵敏度。近十年来，GC×GC-MS 在发现代谢物生物标志物和阐明污染物毒性作用机制方面得到了越来越多的应用。GC×GC 与高分辨率质谱仪耦合的最新发展更将进一步加速相关代谢组学进程。

3）基于多质谱平台联用的研究

代谢组学的多样性和海量代谢物的分离是代谢组学中具有挑战性且亟待解决的问题。迄今为止，还没有一种单一的仪器能够分析所有类型的代谢物。为了实现更好分离以获得更高的峰容量和准确的代谢物定性和定量分析，Prodhan 集成 GC×GC-MS、平行 2DLC-MS(-)和平行 2DLC-MS(+)对大鼠肝脏中提取的极性代谢物进行了分析。整合数据发现，58 种代谢物的丰度水平显著变化。这 58 种代谢物在两个平台上只检测到三种代谢物，在所有三个平台上只检测到两种代谢物。通过人工筛选确认，不同平台测定的代谢物分布差异主要是由于仪器响应不同导致色谱峰形状不良所致。而通路分析表明，整合多个平台的检测分析结果可增加代谢通路分析的可信度[41]。

Walker 等[42]使用液相色谱法和高分辨率质谱法完成了 156 个个体血浆的非靶向、高分辨率代谢组学分析。使用靶向气相色谱-串联质谱法检测六溴联苯-153（PBB-153）和六氯联苯 153（PCB-153）水平，并测试其与代谢组的剂量相关性，在人群血液中可以检测到与 PBB-153 和 PCB-153 暴露后相关的代谢改变，主要体现在脂肪酸代谢紊乱，这与先前在流行病学和机理研究中报告的健康结果一致。Sinclair 等 [43]将 *Simplisetia aequisettis*（一种河口环节动物）单独或作为混合物暴露于亚致死浓度的重金属锌和杀菌剂啶酰菌胺中两周。通过 GC-MS 和 LC-MS 进行代谢组分析，以测量暴露后机体的代谢组反应。共鉴定和量化了 75 种代谢物，包括三羧酸循环、尿素循环和许多其他途径的化合物。结果表明污染物单独暴露和混合暴露，产生的代谢模式不同，混合暴露可能会产生拮抗作用。

5.2.4　基于核磁共振联合质谱的代谢组学研究

单一的检测手段难以满足毒性评价的需求，因此研究者尝试利用多平台相结合的检测技术进行毒性分析，Dargue 等[44]对 22 头雌性长白猪血液中对乙酰氨基酚（acetaminophen，APAP）的代谢命运、毒性以及对内源性代谢的影响进行了评估。利用核磁共振波谱研究 APAP 的代谢命运及其对猪内源性代谢表型的影响。结果表明 APAP 治疗后线粒体功能障碍和肝能量代谢向糖酵解的转换，LC-MS 法用于定量 APAP 及其代谢物，APAP 的主要尿液代谢产物是酚性葡萄糖醛酸苷（APAP-G），其次是由 N-脱乙酰 APAP 形成的对氨基酚葡萄糖醛酸苷（PAP-G），由 *N*-脱乙酰基产生的 PAP 可能是本研究和之前在猪身上观察到的高铁血红蛋白血症和肾毒性的原因。Zhen 等[45]基于细胞代谢组学研究污水处理厂成分对斑马鱼细胞的毒性效应。在实验室暴露 48h 后，分别采用 1H-NMR 和 GC-MS 分析了斑马鱼肝脏细胞提取物中的亲水性和亲脂性代谢物。多元统计分析结果表明，经污水处理厂废水暴露后，细胞代谢物谱发生了明显变化，污水处理厂废水对斑马鱼肝脏细胞的影响包括能量代谢中断、氨基酸总量减少和脂质代谢通路紊乱。总而言之，这项研究证明了基于多平台的代谢组分析是评估复杂污染物混合物生物效应的有效工具。

5.3　质谱成像技术及其研究进展

5.3.1　质谱成像技术的概述

组织和细胞中生物分子的合成和累积具有精准的空间分布，其生理功能与空间分布密切相关，尤其是结构复杂且异质性高的组织或器官。传统组学技术旨在研究组织或细胞中生物分子的整体变化规律，涉及组织匀浆、分子提取、纯化和富集等前处理过程，丢失了生物分子的空间分布信息。质谱成像（MSI）技术最早由美国范德堡大学的 Richard Caprioli 于 1997 年提出，是一种基于质谱研究组织、细胞或亚细胞水平的生物分子分布的影像技术。主要通过激光、高能离子束或带电雾滴直接扫描生物样品，使其表面分子解吸离子化，经质量分析器检测获得样品各像素点的质荷比和离子强度，最后由成像软件结合质谱数据和位置信息重构和可视化组织或细胞中分子的二维或三维空间分布[46]。与传统成像技术相比，质谱成像技术具有以下优点：免荧光或放射性同位素标记；不需要复杂的样品前处理；一次分析可提供数十或数百种分子（元素、小分子代谢物、药物、脂质、多肽和蛋白等）的结构、空间和含量信息。目前，质谱成像已被广泛应用于临床医学、肿瘤学、药学和环境毒理学等多个学科领域。

5.3.2　质谱成像分析流程

质谱成像分析的工作流程分为三个步骤：样品制备、数据采集、数据处理与分析。以小鼠脑组织成像为例，首先收集脑组织并进行冰冻切片，对切片进行预处理；接下来以网格划分的模式进行质谱成像分析，得到各像素点的质谱图；所得质谱数据预处理后进行统计分析和可视化重构（图 5-1）。

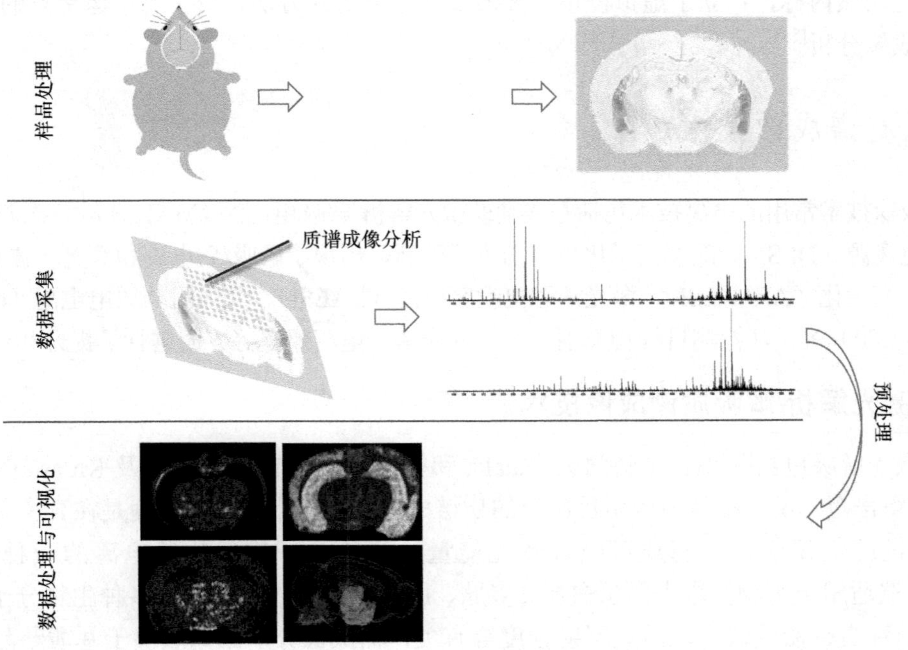

图 5-1　质谱成像分析过程示意图

样品制备是质谱成像分析最关键的步骤。组织形态和组织完整性对信号强度、可检测化合物种类和定位尤为重要，获得新鲜组织后需立即进行冷冻，但快速冷冻会导致组织破裂或切片不成形，可采用铝箔隔离组织与冷冻液。对于多聚甲醛固定石蜡包埋的组织，可在切片后浸泡二甲苯或类似溶剂去除石蜡，但会丢失部分待测物[47]。组织切片是质谱成像分析的关键技术，不当操作或保存会导致组织表面分子降解、移位。冷冻切片是质谱成像分析的首选方法，切片厚度为 5～20 μm。最佳切削温度聚合物（OCT）作为包埋剂会污染组织切片产生离子抑制，故只能作为黏合剂把组织固定在样品托上；对于小体积组织可以采用冰、明胶、羧基纤维素和聚 *N*-(2-羟丙基)甲基丙烯酰胺等代替 OCT 作为包埋介质。在成像分析前，还需根据实验需求对固定在载玻片的切片进行处理，对于蛋白质分子，需用溶剂去除组织表面的盐和脂质，并进行原位酶解；对于难电离化合物，需进行原位衍生化[48]；采用 MALDI 质谱分析时则还需要进行基质喷涂。

对于成像质谱仪而言，离子化技术和质量分析器是关键的两个组成部分。质量分析器已经比较成熟，高质量分辨率和高质量精度是化合物鉴定的必要条件。飞行时间质谱仪具有高灵敏度、高分析速度、多分子同时检测、理论上无质量检测上限等优势，是质谱成像最常用的质量分析器。此外，傅里叶变换离子回旋共振质谱仪和轨道离子阱质谱仪也被应用到质谱成像分析中。根据成像原理和离子化技术，质谱成像技术可以分为探针型和面阵型，面阵型对检测器要求高尚无商业化装置，目前常见是探针型，如基质辅助激光解析/解吸电离质谱成像（MALDI-MSI）、二次离子质谱成像（SIMS）和解吸电喷雾电离质谱成像（DESI-MSI）等。

质谱成像数据是样品表面所有点的质谱数据的总和。海量质谱数据经适当预处理（基线校正、峰提取、峰对齐与峰校正、峰归一化、谱线平滑等）去除背景噪音和系统误差后可进行分子二维或三维可视化；或采用主成分分析、聚类分析、最小偏二乘判别分析、因子分析和人工神经网络等多元统计分析方法对质谱数据进行降维和特征提取[49]。可商用的成像软件包括 SCiLS、HDI、MassImager、MassImager™ 等。以质谱成像数据为基础，通过与组织学染色或在体影像学数据间的多模态融合可实现分子信息与解剖结构间的空间匹配，进而更深入地解读和发现生物分子的功能[50]。此外，生物体各组织以及微区域不同的生化微环境使得生物分子响应有差异，从而限制了质谱成像分析中生物分子的准确定量。Song 等以内源性代谢物为天然内标，建立了虚拟校正定量质谱成像分析新方法，校正每个像素点的相对基质效应，实现准确定量成像分析[51]。

5.3.3　常见质谱成像技术

目前质谱成像技术常用的电离技术包括基质辅助激光解析/解吸电离源（MALDI）、二次离子质谱（SIMS）和解吸电喷雾电离源（DESI）。随着离子化技术的不断革新，出现了解吸/后电离和等离子体新型电离技术，如空气动力辅助离子化（AFADESI）、激光消融电喷雾电离（LAESI）、介质阻挡放电电离（dDBDI）和低温等离子体电离（LTP）等，从检测目标物类别、空间分辨率、电离效率等方面进行了提升和改进[52]。

1）基质辅助激光解析/解吸质谱成像技术

基质辅助激光解吸电离[53]由日本科学家 Tanaka 和德国科学家 Hillenkamp 及 Karas 在 1988 年提出，并于 2002 年获得诺贝尔奖，是目前应用最广泛的质谱成像电离技术。工作原理是在真空条件下用激光束照射基质处理过的组织切片，基质可吸收激光能量，让待分析物气化并电离的一种软电离技术。MALDI-MSI 普遍适用于生物样本表面蛋白质、多肽、脂类、能量代谢产物等多种生物分子成像分析。离子化效率与基质种类、激发波长、激光照射强度等有关，而成像分辨率则取决于基质结晶尺寸和激光光斑尺寸。基质选择和优化是 MALDI-MSI 分析的关键，常用的基质包括 2,5-二羟基苯甲酸、α-氰基-4-羟基肉桂酸、芥子酸、2,5-二羟基苯乙酮、9-氨基吖啶、*N*-(1-萘基)乙二胺二盐酸盐、3,4-二甲氧基肉桂酸和新型纳米材料[54]。然而，添加基质可能会引起待测分子位移、空间匹配错误、低分子量代谢物受干扰和重复性差等问题。成像分析时，基质需均匀喷涂在组织切片上，合适的基质覆盖方式是直接从组织表面获得高质量图谱的重要保证，通常采用喷雾或化学打印机方式进行喷涂。

2）解吸电喷雾电离质谱成像技术

解吸电喷雾电离源是一种常压、常温、敞开式、原位、基本不需要样品前处理也不需要基质辅助的软电离技术，于 2004 年首次提出[55]。在雾化气的带动下，溶剂在高压下形成电喷雾，并以一定角度吹扫样品表面；在与样品表面的分子接触过程中，将部分被分析物分子溶解，并形成次级带电液滴束；次级带电液滴束以合适的角度喷入质谱入口，进而进行检测和分析。DESI-MSI 的成像质量与效果极大地依赖于所用溶剂，不同电喷雾溶剂组成对样品表面分子的溶解和电离存在一定的选择性。成像分辨率主要受喷雾空间分辨率的限制，喷嘴与样品表面、质谱进口之间的距离和角度对分辨率和信号强度有极大的影响。此外，电喷雾液滴到达组织样品表面时存在扩散，比较适合于大组织样品的成像。在常压下多电荷离子不稳定，DESI-MSI 只适合测定分子量低于 2000 Da 的化合物。

3）二次离子质谱成像技术

二次离子质谱是目前空间分辨率最高的质谱成像技术，空间分辨率可达纳米级[56]。工作原理为在高真空环境中，利用聚焦的高能初级离子束（如 Ar^+、Au_3^+、Bi_3^+、C_{60}^+、Ar_{2500}^+和 Au_{400}^+等）轰击样品表面，使得样品表面发生系列物理化学变化，产生的次级离子再进入四极杆或飞行时间质量分析器，进而被检测分析。在 SIMS 生物组织样品成像分析中，需根据需求选择合适的离子束，团簇铋离子（Bi_3^+）束应用最为广泛。冰冻切片可直接用于 SIMS 分析，不用额外处理。研究发现，在样品表面覆盖厚度为纳米级的金或银薄膜或化学基质，可以提高 SIMS 的检测范围和灵敏度[57]。较高分子量生物分子的次级离子产额较低，碎片化严重，大大降低了检测灵敏度和成像分辨率，因此 SIMS 广泛用于生物组织中元素和分子量小于 1000 Da 的疏水性化合物的成像分析。

4）其他质谱成像技术

空气动力辅助离子源（AFAI）[58]是由再帕尔·阿不力孜教授团队于 2011 年自主研发的新型常压敞开式离子化技术，利用空气流实现离子或带电液滴在大气压中的远距离传输，在质谱入口处富集带电液滴，提高离子化效率，扩展待测样品的应用空间。可实现生物组织中约 1500 个代谢物的成像分析，包括胆碱类、多胺类、氨基酸类、肉碱类、核苷类、核苷酸类、有机酸类、碳水化合物类、胆固醇类、胆酸类和脂质类等，并精确表征与识别功能代谢物在组织亚区域的分布特征[59]。激光消融电喷雾电离（LAESI）[60]是将激光解吸和 ESI 结合的常压敞开式离子化方法，被测物先被激光消融解吸后再由电喷雾进行离子化并进入质量分析器进行检测，不需要任何样品前处理，质量检测范围涵盖了小分子到大分子，但被分析体系必须含有一定量的水分。介质阻挡放电电离源（DBDI）[61]由张新荣等于 2007 年提出，其原理为在两放电电极之间放置绝缘介质，施加交流电压于电极，使充满于两电极间的惰性气体或混合气体电离形成稳定的低温等离子体，从而实现对载体上待测物的解吸离子化，DBDI 已应用于氨基酸、代谢物、药物小分子等的分析。低温等离子体（LTP）[62]是一种新型的常压敞开式离子化技术，气体（He、Ar 或空气）在电场放电作用下产生低温（30℃）等离子体，进而喷射到样品表面，使待测物质解吸并离子化。一些新型解吸/后电离和等离子离子化技术不断更新和出现，如红外激光消融亚稳诱导化学电离、激光解吸-真空紫外单光子电离、液相微临界表面取样探针、表面脱附介质阻挡放电电离和微型辉光放电等离子体等[63]，致力于提高空间分辨率、离子化效率、样品传输效率、稳定性和灵敏度等。

5.3.4　质谱成像技术在污染物毒理学研究中的应用

污染物可通过呼吸、饮食摄入和皮肤接触等途径进入体内进而危害人类健康，因此污染物的毒理学研究十分重要，尤其是对于新型污染物。明确污染物及其代谢物在体内的分布，了解其在生物体内的变化过程，是环境毒理学研究的首要任务；在此基础上，确认和描述污染物对生物可能产生的有害作用，阐明其作用机制，预测评定危害程度。传统分析方法无法提供污染物在组织或组织微区内的时空变化规律和原位解析污染物对生物分子的影响。随着科学技术的不断发展和进步，质谱成像技术可通过对污染物及其代谢物和影响的生物分子进行定性、定量和空间定位分析，从而明确污染物体内分布、生物学效应、毒性作用的靶器官和毒性作用机制，已被用于环境毒理学研究中。

1）污染物体内分布特征研究

污染物在体内的吸收、分布、代谢和排泄的空间特征描述和量化对环境毒理学研究至关重要。传统分析方法需要复杂的样品制备，耗时长、样品量大、检测成本高，当组织样品被匀浆和提取后无法了解污染物在生物体内的空间分布。质谱成像技术可实现生物体中污染物及其代谢物的原位可视化分析。Lin 等[64]采用激光解吸电离质谱（LDI-MS）指纹识别技术实现了复杂介质中碳黑颗粒的免标记识别、量化和成像分析，发现不同来源和形态的碳黑颗粒的质谱指纹图谱-小分子区域碳簇阴离子高度一致；基于这些特征峰示踪短期气管滴注暴露 $PM_{2.5}$ 小鼠各组织/器官内碳黑颗粒，发现碳黑主要累积在肺部，且短期内几乎不会转移到其他组织/器官中。Zhang 等[65]利用基质辅助激光解析/解吸质谱成像技术（MALDI-MSI）研究了烟碱类农药在蜜蜂体内的时空分布情况，发现呋虫胺和啶虫脒都能迅速穿透各种生物屏障，分布在蜜蜂的全身部位，但啶虫脒的降解速度远快于呋虫胺所以毒性较低。Gerbig 等[66]利用解吸电喷雾质谱成像法（DESI-MSI）研究了农药在植物叶片表面和茎叶截面上的分布情况，发现土壤施加含有乐果的商用杀虫剂片药，25d 后乐果主要分布在长寿花的运输系统中，而 60d 后乐果则主要分布在叶片截面中。Qin 等[67]基于 LDI-MS 发现氯虫酰胺和偶氮菊酯可从果蔬表面逐渐迁移至果肉区域，且迁移速度与农药辛醇-水分配系数和果树水分含量有关。如氯虫酰胺喷涂 20 min 后仅分布在苹果果皮区域，0.5d 后出现在果肉区域并继续向果核区域迁移；偶氮菊酯喷涂 24 h 后可分布在草莓整个果肉区；黄瓜和辣椒中氯虫酰胺的迁移速度大于偶氮菊酯。

2）污染物毒性研究

高通量组学技术的迅速发展为从分子水平揭示环境剂量污染物的毒性效应和毒性作用机制提供了新的思路和工具。体内代谢物的变化能直接反映污染物的毒性效应。研究生物体、细胞、组织样品中代谢物变化规律的代谢组学可解析代谢物轮廓随污染物暴露时间和剂量的变化规律，确定靶器官/组织、毒性作用过程和生物标志物，从而进行污染物毒理作用机制研究或毒性效应评价。但传统代谢组学分析方法无法提供组织样品中代谢物的时空分布信息，尤其是结构复杂且异质性高的毒性作用靶器官/组织。应运而生的质谱成像技术可对组织中代谢物的种类、含量和空间分布进行精准测定，为传统代谢组学分析提供了全新的可视化视角和多维的信息深度。质谱成像技术已成为污染物效应评估和作用机制探索的新方法。Li 等[68]通过采用 MALDI-MSI 和脂质组学技术研究了 B[a]P 呼吸暴露对 C57BL/6 小鼠肝脏脂质代谢的影响。研究发现肝脏中 16 个结构脂质的空间分布发生了显著变化，且含量均下调；非靶向脂质组学分析进一步证实 B[a]P 可通过扰动肝脏脂质代谢引起肝细胞膜损伤、信号传递系统异常和炎症反应等。Zhao 等[69,70]基于此策略从亚器官水平解析了双酚 S（BPS）诱导小鼠肾脏和脾脏损伤的过程，发现暴露 BPS 后，BALB/c 裸鼠肾皮质、肾髓质和肾盂区域中与炎症相关的脂质均上调，肾皮质区域与细胞膜均一性和稳定性相关的脂质变化趋势迥异；而脾脏髓白质中炎症相关的信号脂质也发生显著变化；推测 BPS 可能主要通过诱导肾脏皮质和脾脏白髓等的组织形态病变和炎症反应从而造成器官损伤。该团队还发现 C57BL/6 孕鼠暴露 $PM_{2.5}$ 后，胎盘中脂质空间分布发生了明显变化，而且胎儿大脑中的脂质标记物显示出特定的空间分布差异，影响脑区与性别有关，推测 $PM_{2.5}$ 通过生物分子在母体-胎盘-胎儿中的综合作用，以性别特异性差异的方式诱导认知和情绪障碍[71]。Liu 等[72]采用常压基质辅助激光解析/解吸质谱成像技术研究了氟虫腈对斑马鱼脂质代谢的影响，研究发现暴露后，斑马鱼体内磷脂含量明显下降，眼睛部位最为明显。

5.3.5　质谱成像技术在药物研究中的应用

药物只有达到靶点部位且预期积累才能发挥作用。明确药物及其代谢物在体内的分布特征和含量信息可以更好地理解药代动力学行为、药理学和毒理学效应。血液中药物或其代谢物水平往往不能准确反映其在器官或器官亚室内的存在水平；而组织匀浆-提取-质谱分析方法缺失了药物分布的空间信息。传统的药物成像分析只关注药物本身，忽视了其对生物分子的影响。综合考察药物及其代谢物和生物分子的时空动态变化，有助于更深入地了解药物的体内过程和变化规律，为其作用机制、药效及毒性的预测与评价提供依据。质谱成像技术无需任何标记可对组织切片中多种生物分子的组成、相对丰度及分布情况进行高通量、全面、快速检测，是药物传递、代谢物及作用机理等方面研究的重要工具。该技术不仅可以提供各组织中药物及其代谢物的空间分布信息和含量，还可提供药物作用位点生物分子的变化规律。

利用质谱成像技术检测药物及其代谢产物在机体中的分布情况，确定药物是否到达作用靶点，从而制定合适的给药方式。自 1999 年首次使用基质辅助激光解析/解吸质谱成像技术（MALDI-MSI）从大鼠体内检测到紫杉醇和螺环哌丁苯，已在生物体内检测到 60 多种药物。Zhang 等[73]采用空气动力辅助解吸电喷雾离子化质谱成像技术（AFADESI-MSI）研究了紫杉醇和紫杉醇前体药在 A549 细胞异种移植裸鼠中的靶向效率和瘤内的分布异质性。研究发现紫杉醇给药初期在动物心、肝、脾、肺、肾、肌肉、肠、胃和肿瘤组织中均有分布，给药后期可在胃肠道中大量积累；紫杉醇前体药具有良好的靶向性，主要分布于肿瘤组织，且积累于肿瘤中未明显分化的区域。Luo 等[74]利用 AFADESI-MSI 研究了抗肿瘤候选新药右旋娃儿藤宁碱［*S*-(+)-deoxytylophorinidine］及其主要代谢物在整体动物体内的动态分布情况，发现尾静脉注射 2 h 后，该药物主要分布在脑、肾上腺和肾脏中，心、肝、肺部位分布较少，其代谢物则主要累积在肠道和胃中。纳米药物载体由于具有高效的释药能力和在靶向治疗方面的广阔前景，基于质谱成像技术同时跟踪纳米载体和药物，并评估纳米载体在体内的原位药物释放具有重要意义。Xue 等[75]利用激光解吸电离质谱成像技术（LDI-MSI）对碳纳米管、AuNPs、黑磷和 MoS2 纳米片负载抗癌药物阿霉素四种纳米载药体系的组织分布和药物释放进行了分析，发现纳米材料大多分布于正常组织而非肿瘤组织，但肿瘤组织中的药物释放多于正常组织，不同组织中载药体系的分布和药物的释放情况也有差异。

质谱成像技术也被用于药物的作用机制研究和药效评价方面的应用。罗志刚等[76]基于 AFADESI-MSI 从内源性代谢物的时空动态变化层面评估了右旋娃儿藤宁碱的药效，发现胆碱与该药物在体内的分布特点一致，在大脑皮层和胃肠腔随药物的分布变化其含量显著提高。Liu 等[77]采用 MALDI-MSI 表征了永久性栓塞大鼠脑组织中磷脂分子的分布，首次发现我国脑血管病领域第一个拥有自主知识产权的新药-丁苯酞能够逆转缺血脑组织中多种磷脂分子如磷脂酰乙醇胺、磷脂酸、磷脂酰丝氨酸和磷脂酰肌醇的异常变化。Tian 等[78]也采用此技术发现百里醌能通过促进瞬时中动脉栓塞小鼠缺血脑组织中葡萄糖有氧氧化，调节细胞内能量代谢，提高磷脂分子水平，增加抗氧化小分子含量，平衡钠钾离子稳态来调节脑损伤区域的异常代谢。Wan 等[79]研究发现 *S*-奥拉西坦可以引起 15 种与葡萄糖有氧氧化等通路有关的代谢小分子变化，可以缓解由脑灌注不足引起的认知功能障碍。

5.4　多组学整合在环境毒理学中的研究进展

5.4.1　多组学整合分析概述

随着分子生物学技术的发展，单纯研究某一层次生物分子（基因、蛋白、代谢物等）的变化，然后通过基因功能分析和相互作用网络寻找生物标志物，已经难以满足系统生物学研究的要求，多组学研究已成为系统生物学的一大研究热点。多组学整合分析主要包括基因组学、转录组学、蛋白组学、代谢组学和微生物组学等分子生物学分析手段，由于各组学信息之间相互联系、互相作用、互为因果，且常存在生物级联反应，因此联合多组学数据可富集和追溯到变化最大、最集中的通路，从基因到 mRNA、蛋白质，再到体内小分子，对整体变化的分子进行综合分析，通过构建代谢通路网络，反映出环境变化对生物组织器官功能和代谢状态的影响，为探索生物调控分子机制、关键标志物以及作用靶点提供新思路和新方法。近年来，多组学在环境毒理学领域的应用越来越广泛，借助多组学技术能够更加全面地发现污染物的潜在毒性效应，尤其是复合暴露的综合毒性；在低剂量暴露下，多组学方法能够更加灵敏地筛查毒性效应，为揭示毒性效应机制提供指引（图 5-2）。

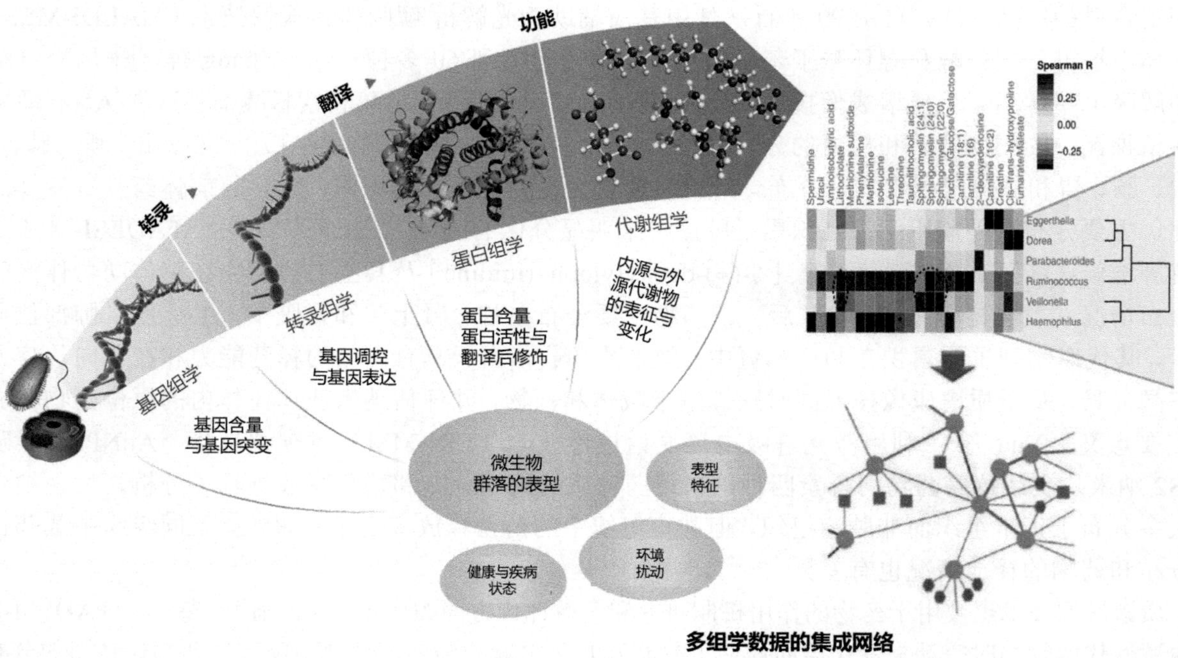

图 5-2　多组学整合对研究生物表型受生理和环境影响的重要性[80]

5.4.2　多组学整合分析工具

多组学整合需要将不同组学数据源进行归一化处理并应用到同一课题中，依赖多种基于高分辨质谱的数据分析平台和多组学整合的分析平台，需要实验科学、分析科学、生物医学、数学和计算科学的密切交叉应用。到目前为止，已经开发了多种软件工具用于多组学数据的集成，旨在利用生化通路、生化本体、生物网络、经验相关分析，整合基因组学、蛋白组学和代谢组学等数据，揭示潜在的生物学关系。多组学分析方法主要分为三大类，包括通路富集分析，生物网络分析和经验相关分析（表 5-1）。

通路富集分析主要是基于生物学通路和生化本体，将生物学领域的知识与基因表达相结合，进行生物学解释。常用 IMPALA、iPEAP、MetaboAnalyst 等工具通过通路富集分析和过表达分析来整合不同的组学数据。生物网络分析是通过构建基因、蛋白、代谢物相互作用的联系，实现数据的计算、分析和可视化。常用的工具包括：SAMNetWeb、pwOmics、Metscape、MetaMapR、Grinn 等。SAMNetWeb、pwOmics 支持集成转录组和蛋白组相互作用数据，以进行生物网络计算、可视化和功能富集分析。Metscape 支持基因到代谢物的网络计算、分析和可视化。MetaMapR 利用 KEGG 和 PubChem 整合复杂的代谢结果并实

表 5-1　多组学数据分析工具的主要特征[81]

工具	输入数据类型	功能	网页链接
		Pathway enrichment analysis 通路富集分析	
IMPALA	基因组学、蛋白组学和代谢组学数据	基因蛋白和代谢物数据集成的整体通路分析	基于网络的应用程序 http：//impala.molgen.mpg.de/
iPEAP	转录组学、蛋白组学、代谢组学和 GWAS 数据	多组学数据整合通路富集分析	基于 Java 的桌面软件 http：//www.tongji.edu.cn/～qiliu/ipeap.html
MetaboAnalyst	转录组学和代谢组学数据	转录组和代谢组数据整合通路分析	基于网络的应用程序 http：//www.metaboanalyst.ca/faces/home.xhtml
		Biological network analysis 生物网络分析	
SAMNetWeb	转录组学与蛋白组学数据	基因、蛋白和转录因子的生物网络集成和通路富集分析	基于网络的应用程序 http：//fraenkel-nsf.csbi.mit.edu/samnetweb/
pwOmics	转录组学和蛋白组学数据	基因、蛋白和转录因子之间的共识网络和时间序列数据分析	R 语言 http：//www.bioconductor.org/packages/release/bioc/html/pwOmics.html
MetaMapR	代谢组数据和质谱数据	计算生化反应、结构相似性、质谱相似性和相关性网络	R 语言和用户界面 http：//dgrapov.github.io/MetaMapR/
Metscape	基因组和代谢组数据	基于代谢通路的代谢网络分析 基于基因表达数据的通路富集分析	基于 Cytoscape 插件的网络软件 http：//metscape.ncibi.org/
Grinn	基因组学、蛋白组学和代谢组学数据	代谢物-蛋白质-基因-通路的构建 基于图形的通路富集集成	R 语言 https：//github.com/kwanjeeraw/grinn
		Empirical correlation analysis 经验相关分析	
WGCNA	任何组学数据	综合分析相关性和网络拓扑结构 层次聚类和基于图形的模块检测 支持降维分析	R 语言 http：//labs.genetics.ucla.edu/horvath/CoexpressionNetwork/Rpackages/WGCNA/
MixOmic	生化领域独立的数据	包含多种多元分析和可视化方法 可用于比较两个混杂数据集 支持多层次分析	R 语言 http：//mixomics.qfab.org/
DiffCorr	生化领域独立的数据	支持两种实验状态下相关模式变化的比较	R 语言 http：//cran.r-project.org/web/packages/DiffCorr/index.html
qpgraph	生化领域独立的数据	支持偏相关和 q 阶偏相关估计 对小样本量和多变量进行了优化	R 语言 http：//www.bioconductor.org/packages/release/bioc/html/qpgraph.html
huge	生化领域独立的数据	高维数据的快速计算 集成数据预处理、邻域筛选、图形估计及模型选择	R 语言 https：//cran.r-project.org/web/packages/huge/index.html

现可视化。Grinn 能够基于生物网络和相关性的方法快速整合基因、蛋白质和代谢物数据并提供动态界面。经验相关分析在多组学整合过程中也非常有用，尤其是在缺乏相关生物化学知识或集成组学与其他元数据如临床数据集时，常用工具有基于 R 语言的 WGCNA、MixOmic、DiffCorr、qpgraph 和 huge，在此基础上，高斯图形模型、偏相关和贝叶斯网络可实现对多组更复杂高维数据集的分析。WGCNA 将相关性的概念扩展到图拓扑度量，将高度连接的基因簇与附加信息联系起来，例如单核苷酸多态性（SNPs）以及蛋白组学和临床数据。MixOmics 通过 SPCA、RCCA 和 SPLS-DA 等方法支持两个高维数据集之间的相

关性分析。通过相关性分析，能够直观地反映显著性差异蛋白/基因和差异代谢物表达模式的差异和相关性。利用相关性系数建立网络互作关系，有助于筛选出处于网络中关键节点位置的显著性差异代谢物和差异蛋白/基因。

5.4.3　多组学技术在有机污染物毒性机制研究中的应用

多组学整合分析的全面性和灵敏性使其在揭示环境污染物毒性效应和机制方面具有优势。Geng 等基于代谢组学、转录组学以及分子对接模拟，揭示了 SCCPs 暴露对大鼠的肝毒性作用机制[82,83,84]。SCCPs 对大鼠的肝毒性首先表现在以氧化磷酸化、糖酵解、糖异生、ATP-ADP-AMP 转化下调为特征的能量代谢抑制，进而减少了诸如氨基酸、葡萄糖和核苷酸等营养物质的主动转运，这可能会诱发一系列生物反应，影响生长，如体重减轻、营养不良。另外，鉴于 SCCPs 与 PPARα 的天然配体（脂肪酸）之间具有结构相似性，该团队通过分子对接模拟验证了 SCCPs 对过氧化物酶体增殖物激活受体 α（PPARα）的激活作用。通过转录组学发现大鼠肝脏中 PPARα 下游 13 个靶基因的表达水平上调，这些基因参与编码与脂肪酸代谢有关的蛋白，促进过氧化物酶体和线粒体脂肪酸 β-氧化，微粒体脂肪酸 ω-氧化和脂肪生成。

全氟己酸（PFH*x*A）作为全氟辛烷磺酸（PFOS）的替代品，近年来受到人们的广泛关注，Jiang 等[85]基于转录组学、蛋白组学和代谢组学，研究了全氟己酸（PFH*x*A）暴露对小鼠的肝损伤。发现肝脏脂肪酸生物合成和降解通路显著上调，这可能是由过氧化物酶体增殖物激活受体（PPAR）信号通路诱导的。这些代谢通路的上调进一步促进氧化应激并诱导肝损伤，主要表现为嘌呤代谢和谷胱甘肽代谢异常。

Huang 等[86]基于蛋白组学和代谢组学研究了三氯生暴露对雄性小鼠下丘脑的代谢干扰作用。10 mg/kg/d 三氯生对大鼠口服暴露 13 周后，下丘脑被分离进行组学分析，发现三氯生暴露干扰了下丘脑的多个通路，包括以糖酵解、TCA 循环、丙酮酸代谢、氧化磷酸化为特征的能量代谢、嘌呤代谢和神经递质释放。这些通路的稳态受损可能导致神经元功能障碍。由于三氯生是一种抗菌物质，并且已广泛应用于消费品和个人护理产品中，所以三氯生对皮肤的潜在健康风险同样值得关注。Liang 等[87]基于代谢组学和脂质组学，研究了三氯生诱导人类永生化表皮细胞 HaCaT 内源性小分子代谢物的变化，在分子水平上探讨了三氯生的皮肤毒性机制。该研究筛查出显著变化的代谢物包括 35 个小分子代谢物和 49 个脂质，发现三氯生暴露促进 HaCaT 细胞嘌呤和谷胱甘肽代谢升高、氨基酸代谢下调和脂质代谢紊乱。细胞内代谢紊乱导致活性氧（ROS）过量产生和氨积累。进而导致氧化损伤，导致细胞毒性，包括炎症和凋亡。

Lee 等[88]采用转录组学、蛋白组学和代谢组学，研究了加湿器消毒剂聚六亚甲基胍磷酸（PHMG-p）对 Wistar 大鼠的肺毒性效应。暴露方式为气管滴注，单次给药（1.5 mg/kg）或 4 周（0.1 mg/kg，每周 2 次）重复给药。组织病理学检查表明，单次注射 PHMG-p 后，大鼠肺泡巨噬细胞聚集，肉芽肿性炎症效应明显；重复给药组可见肺纤维化、慢性炎症、细支气管肺泡间质纤维化。转录组学和蛋白组学共同指示显著变化的生物学过程包括防御反应、炎症反应、应激反应和免疫反应。精氨酸酶 1（Arg1）和脂钙蛋白 2（Lcn2）可作为 PHMG-p 肺毒性的潜在蛋白生物标志物。代谢组学筛查出的差异代谢物中，谷氨酸和胆碱可能是与 PHMG-p 肺损伤相关的内源性代谢物，与蛋白组和转录组揭示的炎症效应密切相关。

Mesnage 等[89]基于代谢组学和蛋白组学，研究了草甘膦除草剂（GBH）对 SD 大鼠的肝毒性。大鼠 4 ng/kg bw/day 的 GBH 制剂给药 2 年后，进行蛋白组学和代谢组学分析。214 个差异表达蛋白主要参与了有机氮代谢和脂肪酸 β 氧化，表现为过氧化物酶体增殖、脂肪变性和坏死。代谢组学分析进一步证实了脂肪酸积累和氧化应激的肝毒性作用机制，筛查出的 55 种差异代谢物主要与脂毒性和氧化压力相关，此外，代谢组学分析提出肝毒性的标志物有 γ-谷氨酰二肽、酰肉碱和脯氨酸衍生物。

Rigaud 等[90]基于蛋白组学和代谢组学，研究了 3 种典型多环芳烃（1-甲基-7-异丙基菲、芘和菲）对虹鳟鱼幼体暴露 7 天和 14 天的心脏毒性。发现 3 种多环芳烃均导致 AHR 受体介导的一相二相代谢酶发生显著变化，1-甲基-7-异丙基菲暴露后，一些与心脏功能有关的蛋白水平，如肌肉收缩、细胞连接或钙稳态发生显著变化。芘暴露促使与铁和血红素代谢有关的蛋白发生了显著变化，菲暴露也使一些蛋白发生变化，但未富集到相应的通路。

Nguyen 等[91]基于转录组学和蛋白组学，研究了 Wistar 大鼠产前暴露于双酚 A（BPA）对子代的影响。妊娠大鼠于胚胎第 3～18d 暴露于 BPA，暴露剂量为 50 和 5000 μg /kg bw/day，对新生大鼠（出生后 1d 和出生后 21d）肝脏进行转录组学和蛋白组学分析。肝脏转录组差异表达基因（DEGs）的主成分分析表明，产前 BPA 暴露可导致新生雌性子代小鼠雄性化。转录组学和蛋白组学都表明，产前暴露于 BPA 会影响子代细胞周期、脂质平衡和激素平衡。该研究团队进一步基于转录组学和脂质组学[92]，研究了大鼠产前暴露于 BPA 对其子代肝脏脂质的扰乱。结果表明出生后第 21d，雌性子代和雄性子代的总脂肪酸、酰肉碱和单酰甘油水平都显著增加；仅雌性子代中发现总胆固醇酯升高，三酰甘油和单半乳糖二甘油降低；另外，雌性子代和雄性子代肝脏磷脂和鞘脂的变化水平相反。该研究进一步筛查了产前 BPA 暴露的潜在基因和代谢生物标志物，也存在性别差异。

Mao 等[93]基于转录组学和代谢组学，研究了 BPA 和 BPS 对 C57BL6J 小鼠胎盘以及胎盘-脑轴的潜在影响。小鼠喂食 BPA 或 BPS 持续 2 周，暴露剂量为 200μg/kg bw/day。然后收集胎盘样本进行组学分析。转录组学结果表明，接触 BPS 引起的胎盘效应与 BPA 几乎相同，13 个基因发生改变，可能影响 Wnt 和趋化因子信号通路、氨基酸代谢以及可能的神经传递。代谢组学分析表明，BPA 和 BPS 暴露显著降低了羟基乙酸和二十二碳六烯酸（DHA）的含量，BPS 暴露对胎盘脂肪酸的影响较大，除了 DHA，十八酸和十六酸的含量显著降低。BPA/BPS 的主要靶点是交界区内的成胶质细胞或滋养层巨细胞。BPA 和 BPS 暴露均导致胎盘 5-羟色胺浓度以及巨大滋养层细胞 5-羟色胺免疫活性降低，多巴胺和 5-羟基吲哚乙酸浓度显著增加，DHA 和雌二醇显著减少。推断这些变化可能通过胎盘-大脑轴直接影响胎儿的大脑发育。

组学技术不仅被应用于研究有机污染物对模式生物的毒性效应和作用机制的，还被应用于揭示模式生物对有机污染物的代谢降解。Yu 等[94]基于基因组学、转录组学和代谢组学，揭示了微生物群体水平和个体水平对 BPA 的代谢途径和能力。组学整合分析表明，鞘氨醇单胞菌能将 BPA 转化为 1-BP 和 2-BP，然后优先降解 1-BP 为 4-DM，再转化为 4-HBD 和 4-HAP。其中，通过基因组学识别出参与 BPA 向 1-BP 或 2-BP 转化的基因。微生物群落中包括降解 BPA 的微生物和能降解 BPA 代谢物的微生物，能使微生物从给定的 BPA 底物中提取最大的碳和能量，比单独的生物降解菌更有利。

Zhang 等[95]基于转录组学和代谢组学，研究了 SD 大鼠暴露于邻苯二甲酸二乙基己酯（DEHP）后雄性子代的发育毒性。雌性大鼠在整个孕期和哺乳期用 600 mg/kg bw/day 的 DEHP 灌胃，对 14 周龄前雄性子代的生长发育情况进行调查。发现母体 DEHP 暴露未改变雄性后代的体重、体长、体脂和体器官比例，但可影响雄性后代的血清生化指标，包括降低血清丙氨酸转氨酶（ALT）、总蛋白（TP）、白蛋白（ALB）、尿素氮（BUN）、肌酐（CREA）水平，还会使胰岛素水平升高，过氧化氢酶（CAT）水平降低；此外，甲状腺素（T4）水平降低，促甲状腺激素（TSH）水平升高。代谢组学共鉴定出 7 种显著变化的代谢物：*L*-别苏氨酸、肌酸、尿酸、视黄酸酯和 *L*-棕榈酰肉碱上调，甘胆酸和 LPC18∶3 下调。转录组学共鉴定出 35 个 DEGs。发育毒性机制表现为胰岛素抵抗、氧化应激和甲状腺功能减退。

Lu 等[96]基于代谢组学和转录组学，揭示了 DEHP 对 MCF-7 细胞的毒性效应和机制。DEHP 在极低剂量下即可诱导 MCF-7 细胞增殖，用 1 mmol/L DEHP 处理细胞 48 h 后进行组学分析。代谢组学鉴定出 8 种差异代谢物（氨基酸、嘌呤、嘧啶和核苷酸）涉及的代谢通路包括核黄素、组氨酸、β-丙氨酸代谢和氮代谢，其中核黄素代谢由于对细胞功能、生长和发育至关重要，被认为是促进 DEHP 细胞增殖的主要因素；组氨酸诱导的三磷酸胞苷合成酶也对癌细胞生长有利；β-丙氨酸可以激活类固醇激素的重要调节因子甘氨酸和 γ-氨基丁酸（GABAA）受体，进而干扰内分泌系统。差异代谢物中的胞嘧啶、*L*-谷氨酰-*L*-缬氨酸和 2-羟基腺嘌呤为 DEHP 暴露后的潜在生物标志物。转录组学发现肿瘤相关的代谢通路对 DEHP 具有较强的代谢应答。多组学整合分析表明，DEHP 对嘌呤代谢的干扰最显著，具体表现在 1-甲基腺苷和 2-羟基腺嘌呤两种代谢物失调，ATP1B2 基因上调。

Chen 等[97]采用环境相关浓度磷酸二苯酯（DPHP）对斑马鱼进行了全生命周期暴露（暴露剂量 0.8、3.9 或 35.6 μg/L），发现暴露于 35.6 μg/L DPhP 120d 后，雄性斑马鱼的体重和体长显著下降，但雌性斑马鱼没有显著影响。为探索 DPHP 暴露对斑马鱼性别差异的分子机制，该团队进一步采用代谢组学和转录组学方法发现长期低水平暴露于 DPHP 可以通过抑制雄性斑马鱼的能量代谢而阻碍其生长。DPHP 暴露后，雄鱼肝脏琥珀酸脱氢酶活性和肉毒碱棕榈酰转移酶含量显著降低，多组学揭示的主要的毒理学机制包括抑制氧化磷酸化、下调脂肪酸氧化和上调磷脂酰胆碱降解。

Wang 等[98]基于转录组学、蛋白组学和代谢组学，研究了磷酸三苯酯（TPHP）对人正常肝细胞（LO2）的毒性效应及机制。暴露剂量为 10^{-6} 和 10^{-4} mol/L。转录组学分析表明，TPHP 暴露对细胞凋亡、癌基因激活、氧化还原稳态、DNA 损伤和修复均有显著影响。蛋白组学分析发现，与细胞凋亡、氧化应激、代谢和膜结构相关的蛋白受到影响。代谢组学分析表明糖酵解、柠檬酸循环、氧化磷酸化、脂质和蛋白质代谢等相关代谢途径也受到明显干扰。综上所述，TPHP 的肝毒性效应主要与细胞凋亡、DNA 损伤、细胞氧化还原失衡、细胞膜有关。

考虑到大多数人处于低浓度环境污染物的混合暴露中，Liu 等[99]基于代谢组学和转录组学，研究了人体内暴露相关水平的 23 种化学物质（双酚类、邻苯二甲酸酯、PCP，阻燃剂等）对乳腺癌细胞 MCF-7 的毒性效应，这种混合物改变了与遗传毒性和核因子 E2 相关因子 2（Nrf2）等途径相关的基因。可能机制为暴露于该混合物的细胞刺激核苷酸的产生，以适应化学损伤和氧化应激后对合成 RNA 和 DNA 增加的需求。通过进一步比较混合物中有无特定污染物的组学分析，评估每种污染物对效应的相对贡献。结果表明，许多化学物质对特定的代谢通路扰乱做出了贡献；2,4-二羟基二苯甲酮（DHB）和 BPA 对观察到的暴露混合效应贡献较大。

纳米材料与相应的大尺寸材料相比，具有更好的化学或物理特性，广泛应用于化妆品、电子产品、运动器材、生物医学和农业等领域中，纳米材料的环境存量增加可能具有生态风险和健康风险。Sun 等[100]基于转录组学、蛋白组学、代谢组学和常规毒理学分析，研究了氧化石墨烯在非致死浓度下对斑马鱼大脑的损伤机制。转录组学和蛋白组学分别检测到 5806 个 DEGs 和 3822 个差异表达蛋白（DEPs）（倍率变化＞1.5）主要与代谢过程、离子结合、肌钙蛋白复合体以及生物膜的生物学过程有关。KEGG 通路富集分析表明，显著干扰代谢通路、MAPK 通路和肌动蛋白细胞骨架。代谢组学检测到 72 种差异代谢物，能量代谢干扰最为显著。该研究揭示了氧化石墨烯通过下调斑马鱼微管蛋白诱导能量代谢紊乱和线粒体损伤的毒理学机制。Zhang 等[101]基于转录组学和蛋白组学，研究了氧化石墨烯和磷酸三苯酯对斑马鱼的联合毒性。在环境相关浓度下（5 mg/L），磷酸三苯酯对斑马鱼胚胎的发育影响可以忽略不计，而联合暴露对斑马鱼胚胎的发育毒性（畸形率、致死率）有显著的放大作用。为了揭示氧化石墨烯促进磷酸三苯酯对斑马鱼发育毒性、细胞凋亡和衰老的潜在分子机制，进行了转录组学和蛋白组学分析，转录组学分析结果表明，联合暴露对与胚胎发育（胚胎骨骼和细胞骨架）和眼睛发育相关的基因表达有协同抑制作用。蛋白组学分析结果表明，联合暴露还抑制了 ABC 体外转运蛋白的表达，从而促进了磷酸三苯酯在斑马鱼胚胎中的生物积累。联合暴露后模式生物 mTOR 信号通路受到显著影响。其中，与发育毒性相关的 cdc42、fen1 和 gmds 的相关蛋白水平下调。联合暴露后 ROS 的过量产生能够促进金属蛋白酶的分泌并加强胶原的降解，进而放大了 TPHP 对斑马鱼的发育毒性。

5.4.4 多组学技术在重金属毒性机制研究中的应用

重金属会随着食物链进入生物体，进而可能对生物体造成不良反应。一些重金属在低含量下是生物必须的微量元素，但是过量存在的重金属可能会阻碍代谢途径，破坏酶功能，诱发 ROS 产生导致氧化应激。此外，重金属胁迫还可能会导致细胞膜和 DNA 损伤、离子泄漏和氧化还原失衡。多组学技术能够帮助揭示与重金属毒性相关的分子机制[102]。Jiang 等[103]结合转录组学和蛋白组学研究了镉（Cd）暴露（3.248 或 44.473 mg/kg 食物）对吉普赛蛾幼虫的易感性，揭示了 Cd 对幼虫易感性的潜在分子机制。低浓度镉暴露没有筛查出与免疫反应相关的 DEGs，而在高浓度镉暴露下大量免疫相关的 DEGs 下调。相比之下，在蛋白水平上两个浓度 Cd 暴露组均造成 Toll 和 Imd 信号通路紊乱。

Chen 等[104]使用 RNA-Seq 转录组分析和 iTRAQ 标记定量蛋白组学方法揭示铅（Pb）对斜纹夜蛾的毒性效应。暴露剂量为 12.5 和 100 mg /kg，低剂量组斜纹夜蛾幼虫上调的基因和蛋白主要与碳水化合物代谢、蛋白质代谢以及脂质代谢有关，而与外源物质降解和代谢相关的细胞色素 P450 酶下调。高剂量 Pb 暴露组幼虫中上调的基因和蛋白主要与代谢解毒有关，包括细胞色素 P450 酶、酯酶、羧酸酯酶、胆碱酯酶以及谷胱甘肽 S 转移酶（GST），而下调的基因和蛋白主要与脂类和蛋白质代谢和合成密切相关。

Li 等[105]人采用转录组学和蛋白组学研究了多种重金属污染对牡蛎的生态毒理学影响。对具有不同金属污染水平的牡蛎种群进行采样，包括对照组（QA 站，最低金属水平）、高 Cd 组（JZ 站，最高 Cd）和高 Zn-Cu-Cr-Ni 组（LFS 站）。三个采样点由于金属污染的不同能够通过主成分分析（PCA）明显分开，进一步使用 RNA-seq 和 iTRAQ 技术研究它们的基因和蛋白差异。与对照组相比，两个污染采样点牡蛎中共筛查出 70 种差异蛋白。两个站点均有的差异蛋白有 8 种，4 个上调的蛋白主要与线粒体和内质网功能有关，4 个下调的蛋白主要与免疫系统和甲硫氨酸合成酶相关。在高镉牡蛎中，观察到遗传毒性相关的通路包括 DNA 复制和转录被扰乱。LFS 站过度积累的 Cu、Zn、Cr 和 Ni 会扰乱牡蛎细胞骨架和染色体相关蛋白，另外，tRNA 生物合成和外泌体活性的上调可能有助于牡蛎抵抗重金属暴露产生的毒性。

Papaioannou 等[106]为评估邻苯二甲酸酯（DEHP、DiNP、BBzP）和重金属（铅、甲基汞、总汞）联合暴露的生物毒性，首先通过人体生物监测数据外推来计算肝脏中化学物质的有效浓度，并将该剂量以及高出十倍的剂量应用于肝细胞模型。通过多组学分析揭示这些化学污染物混合暴露影响的基因、蛋白质和代谢物。结果表明邻苯二甲酸盐和重金属的共同暴露会导致尿素循环紊乱，同时扰乱磷脂酰胆碱的生物合成和磷脂酶代谢稳态，另外，接触邻苯二甲酸盐和金属会干扰与线粒体呼吸相关的生化过程。

Zhou 等[107]整合转录组学、蛋白组学和代谢组学研究砷暴露对非肿瘤源人角质形成细胞（HaCaT）潜在的分子机制。与对照组细胞相比，HaCaT 持续暴露于低水平无机砷（100 nmol/L）28 周后，细胞融合形成多核巨细胞，细胞恶性增殖能力显著增加。砷暴露组 HaCaT 细胞中有 26 个基因发生显著改变。Q-RT-PCR 证实了 6 种氧化应激基因的差异表达。共 12 种蛋白发生显著变化。差异蛋白与氧化应激和致癌作用有关。差异代谢物包括谷胱甘肽、富马酸、柠檬酸、苯丙氨酸和酪氨酸。多组学网络分析表明这些变化与细胞氧化应激、谷胱甘肽代谢、甲硫氨酸循环和 DNA 甲基化、氨基酸合成与代谢、烟酸和烟酰胺代谢、柠檬酸循环（TCA 循环）相关，谷胱甘肽代谢是该网络的关键通路。

微生物还原六价铬 Cr(VI)是目前 Cr(VI)土壤污染修复较为高效的方法之一。Chai 等[108]采用组学方法研究了 *Pannonibacter phragmitetus* 对铬 Cr(VI)生物应答的分子机制。与对照组相比，当暴露于 Cr(VI)时，细菌细胞内的氧化还原平衡被打破，共有 361 种蛋白上调以响应 Cr(VI)暴露，蛋白主要与 Cr(VI)摄取、细胞内还原、ROS 解毒、DNA 修复和 Cr(VI)流出，以及电子转移、群体感应和趋化性相关。基于代谢组鉴定的差异代谢物涉及氨基酸、葡萄糖、脂质和能量代谢等过程。Gao 等[109]采用基因组学、转录组学和代谢组学探索了铅暴露对 C57BL/6 小鼠肠道菌群的功能影响。转录组分析显示铅暴露改变了肠道微生物组轨迹和系统发育多样性。基因组学和代谢组学分析表明，铅暴露干扰的代谢途径包括维生素 E、胆汁酸、氮代谢、能量代谢、氧化应激和防御/解毒机制。这些受干扰的分子和通路可能对铅毒性的分子机制研究具有重要意义。

Zhu 等[110]将杜氏盐藻 GY-H13 在高镉（Cd）浓度（5 mg/L）培养基中连续继代培养 3 个月，然后用代谢组学和转录组学方法分析其分子变化，发现高 Cd 暴露抑制杜氏盐藻的生长速率、光合效率和色素含量，促进 ROS 生成和脂质过氧化。组学分析进一步表明，长期暴露于 Cd 后，细胞中 GSSG/GSH 氧化还原电位降低，氧化磷酸化基因表达增加，TCA 循环活性降低。长期暴露于高 Cd 培养基中，GY-H13 通过多种途径产生氧化剂和抗氧化剂，保持氧化还原动态平衡。

Qiao 等[111]为研究高铜暴露对动物的毒性作用，分别用标准粮（每公斤饲料 11 毫克 $CuSO_4$）和高铜粮（每公斤饲料 250 毫克 $CuSO_4$）饲喂仔猪（每组 7 头），经组织病理学检测和血生化检查发现 250 mg/kg $CuSO_4$ 饲喂显著增加血清肌酐（CREA）水平，并诱导肾小管上皮细胞肿胀。转录组学和代谢组学分析显示高铜粮饲喂猪肾脏中的 804 个基因和 53 个代谢物发生了改变。差异基因和差异代谢物主要参与了甘油磷脂代谢和鞘糖脂代谢。自噬损伤和线粒体凋亡增加在铜诱导的肾脏损伤中起重要作用，是铜肾毒性的重要机制之一。

铀（U）是一种非必需元素，很容易被植物根部吸收和保留，从而导致植物根部受损，而不是转移到植物的其他部位。Lai 等[112] 整合代谢组学、转录组学研究了 U 对蚕豆的毒性作用机制。在不同的浓度（0～25 μmol/L）暴露下，U 在根部和地上部分的积累量分别为 164.34～927.90 μg/pot 和 0.028～0.119 μg/pot。研究发现，U 主要积累在根的细胞壁中，破坏根的微观结构，从而抑制根的生长发育。在非靶向代谢组学中，总共鉴定出 612 种不同的代谢物，包括 309 种显著上调的代谢物和 303 种显著下调的代谢物。使用 RNA-seq 研究，在高浓度 U 处理（25 μmol/L）组鉴定出 4974 个 DEGs，其中 1654 个基因显著上调，3320 个基因显著下调。高浓度 U 对植物根部的毒性作用机制可能是植物矿质营养代谢失衡，胞间连丝和生长素信号转导通路紊乱。

5.5 展　　望

近年来，随着新的分析技术不断出现，代谢组学分析技术在检测灵敏度、代谢物覆盖度、通量及代谢物鉴定的可靠性等方面取得了长足的进步，推动了环境毒理学的发展。然而，受生物样品复杂性及当前技术水平的制约，环境代谢组分析仍存在诸多有待进一步提高的环节。首先，生物体内代谢物种类复杂、数量众多，且理化性质各异、浓度范围跨度大，给代谢组全景式分析带来了巨大的挑战。高分辨质谱具有更高的质量分辨率和质量精度，以及更高的代谢物覆盖度，已成为代谢组领域研究不可或缺的工具。目前，纳流液相色谱-高分辨质谱联用技术（nanoLC-nESI-HRMS）[113]、多维色谱-高分辨质谱联用技术（multi-dimensional LC-HRMS）[114]及直接进样高分辨质谱技术（direct injection-HRMS）[115]等基于高分辨质谱的新技术不断涌现，未来以高分辨质谱为基础的新技术、新方法将成为环境代谢组学研究的重要内容。其次，代谢组规模化定性仍然是当前代谢组学研究的主要难题，单次分析的代谢物覆盖度有限、二级质谱质量参差不齐、不同仪器平台采集的二级质谱差异较大。近几年，基于计算代谢组学的质谱预测方法（*in silico*）发展迅速。例如，利用代谢反应网络的 MetDNA 算法，能够改善二级质谱数据不足的问题，提高未知代谢物的注释效率[116]。未来应发展高效且稳健的代谢物二级质谱预测解析方法，进一步扩大代谢物数据库的广度和深度。另外，由于生物体内代谢物的复杂性和异质性，空间代谢组学研究能够获取高分辨率的组织空间表达图谱，完成组织空间异质性分析；单细胞代谢组学研究能够通过单细胞的代谢谱识别不同细胞亚群的特定代谢特征和需求，解析细胞异质性可能会对健康和疾病产生的重要影响，而在细胞器水平上开展的代谢组学研究，将在毒性机制机理研究中发挥更大优势。最后，如何有效地将代谢组与其他多种高通量的组学数据有效整合将是未来研究的重点之一，为了有效地整合组学平台产生的大量生物化学信息，亟需开发既能处理大型、复杂、高维数据又能将统计和多元分析与生化领域知识相结合的综合组学分析新工具，纳含可扩展且可快速搜索的数据库、机器学习方法和科学应用编程接口，以实现高效的组学数据分析和集成。

参考文献

[1] Horgan R P K, Louise C. 'Omic' technologies: genomics, transcriptomics, proteomics and metabolomics. The Obstetrician & Gynaecologist, 2011, 13(3): 189-195.

[2] Morrison N, Bearden D, Bundy J G, et al. Standard reporting requirements for biological samples in metabolomics experiments: environmental context. Metabolomics, 2007, 3(3): 203-210.

[3] Zhang L J, Qian L, Ding L Y, et al. Ecological and toxicological assessments of anthropogenic contaminants based on environmental metabolomics. Environmental Science and Ecotechnology, 2021, 5: 100081.

[4] Marshall D D, Powers R. Beyond the paradigm: Combining mass spectrometry and nuclear magnetic resonance for metabolomics. Progress in Nuclear Magnetic Resonance Spectroscopy, 2017, 100: 1-16.

[5] Roca M, Alcoriza M I, Garcia-Cañaveras J C, et al. Reviewing the metabolome coverage provided by LC-MS: Focus on sample preparation and chromatography-A tutorial. Analytica Chimica Acta, 2021, 1147: 38-55.

[6] Zhang X W, Li Q H, Xu Z D, et al. Mass spectrometry-based metabolomics in health and medical science: a systematic review. RSC Advances, 2020, 10(6): 3092-3104.

[7] Chen Y H, Xu J, Zhang R P, et al. Methods used to increase the comprehensive coverage of urinary and plasma metabolomes by MS. Bioanalysis, 2016, 8(9): 981-997.

[8] Karlsson OHanrieder J. Imaging mass spectrometry in drug development and toxicology. Archives of Toxicology, 2017, 91(6): 2283-2294.

[9] Zhou Z W, Luo M D, Chen X, et al. Ion mobility collision cross-section atlas for known and unknown metabolite annotation in untargeted metabolomics. Nature Communications, 2020, 11(1): 4334.

[10] Canzler S, Schor J, Busch W, et al. Prospects and challenges of multi-omics data integration in toxicology. Archives of Toxicology, 2020, 94(2): 371-388.

[11] Hartung T, FitzGerald R E, Jennings P, et al. Systems Toxicology: Real World Applications and Opportunities. Chemical Research in Toxicology, 2017, 30(4): 870-882.

[12] Maroli A S, Powers R. Closing the gap between in vivo and in vitro omics: using QA/QC to strengthen ex vivo NMR metabolomics. Nmr in Biomedicine, 2021, e4594.

[13] Hong W, Liu Y, Li M H, et al. In vivo toxicology of carbon dots by H-1 NMR-based metabolomics. Toxicology Research, 2018, 7(5): 834-847.

[14] Hani Y M I, Prud'Homme S M, Nuzillard J M, et al. H-1-NMR metabolomics profiling of zebra mussel (Dreissena polymorpha): A field-scale monitoring tool in ecotoxicological studies. Environmental Pollution, 2021, 270: 116048.

[15] Gu J P, Ji C Y, Yue S Q, et al. Enantioselective Effects of Metalaxyl Enantiomers in Adolescent Rat Metabolic Profiles Using NMR-Based Metabolomics. Environmental Science & Technology, 2018, 52(9): 5438-5447.

[16] Wang Z K, Chen L, Zhang L Y, et al. Thermal effects on tissue distribution, liver biotransformation, metabolism and toxic responses in Mongolia racerunner (Eremias argus) after oral administration of beta-cyfluthrin. Environmental Research, 2020, 185: 109393.

[17] Locci E, Lecca L I, Piras R, et al. Urinary H-1 NMR metabolomics profile of Italian citizens exposed to background levels of arsenic: a (pre)cautionary tale. Biomarkers, 2019, 24(8): 727-734.

[18] Melvin S D, Jones O A H, Carroll A R, et al. H-1 NMR-based metabolomics reveals interactive effects between the carrier solvent methanol and a pharmaceutical mixture in an amphibian developmental bioassay with Limnodynastes peronii.

Chemosphere, 2018, 199: 372-381.

[19] Maitre L, Robinson O, Martinez D, et al. Urine Metabolic Signatures of Multiple Environmental Pollutants in Pregnant Women: An Exposome Approach. Environmental Science & Technology, 2018, 52(22): 13469-13480.

[20] Yan S, Wang D Z, Teng M M, et al. Perinatal exposure to 2-Ethylhexyl Diphenyl Phosphate (EHDPHP) affected the metabolic homeostasis of male mouse offspring: Unexpected findings help to explain dose- and diet-specific phenomena. Journal of Hazardous Materials, 2020, 388: 122034.

[21] Anaraki M T, Lysak D H, Soong R, et al. NMR assignment of the in vivo daphnia magna metabolome. Analyst, 2020, 145(17): 5787-5800.

[22] Misra B B. Metabolomics Tools to Study Links Between Pollution and Human Health: an Exposomics Perspective. Current Pollution Reports, 2019, 5(3): 93-111.

[23] 徐天润，刘心昱，许国旺. 基于液相色谱-质谱联用技术的代谢组学分析方法研究进展. 分析测试学报，2020，39(01): 10-18.

[24] Galati G, Gandin A, Jolivet Y, et al. Untargeted Metabolomics Approach Reveals Diverse Responses of Pastinaca Sativa to Ozone and Wounding Stresses. Metabolites, 2019, 9(7): 153.

[25] Ji F F, Sreenivasmurthy S G, Wei J T, et al. Study of BDE-47 induced Parkinson's disease-like metabolic changes in C57BL/6 mice by integrated metabolomic, lipidomic and proteomic analysis. Journal of Hazardous Materials, 2019, 378: 120738.

[26] Long C M, Hu G P, Zheng P, et al. Analysis of serum metabolome of workers occupationally exposed to hexavalent chromium: A preliminary study. Toxicology Letters, 2021, 349: 92-100.

[27] Chen C H S, Kuo T C, Kuo H C, et al. Metabolomics of Children and Adolescents Exposed to Industrial Carcinogenic Pollutants. Environmental Science & Technology, 2019, 53(9): 5454-5465.

[28] Kou F, Zhu B J, Zhou W B, et al. Targeted metabolomics in the cell culture media reveals increased uptake of branched amino acids by breast cancer cells. Analytical Biochemistry, 2021, 624: 114192.

[29] Steinbusch L K M, Wang P, Waterval H W A H, et al. Targeted urine metabolomics with a graphical reporting tool for rapid diagnosis of inborn errors of metabolism. Journal of Inherited Metabolic Disease, 2021, 44(5): 1113-1123.

[30] Chen S L, Kong H W, Lu X, et al. Pseudotargeted Metabolomics Method and Its Application in Serum Biomarker Discovery for Hepatocellular Carcinoma Based on Ultra High-Performance Liquid Chromatography/Triple Quadrupole Mass Spectrometry. Analytical chemistry, 2013, 85(17): 8326-8333.

[31] Geng N B, Song X Y, Cao R, et al. The effect of toxic components on metabolomic response of male SD rats exposed to fine particulate matter. Environmental Pollution, 2021, 272: 115922.

[32] Geng N B, Luo Y, Cao R, et al. Effect of short-chain chlorinated paraffins on metabolic profiling of male SD rats. Science of the Total Environment, 2021, 750: 141404.

[33] Ren X Q, Geng N B, Zhang H J, et al. Comparing the disrupting effects of short-, medium- and long-chain chlorinated Paraffins on cell viability and metabolism. Science of the Total Environment, 2019, 685: 297-307.

[34] Rodriguez-Moro G, Roldan F N, Baya-Arenas R, et al. Metabolic impairments, metal traffic, and dyshomeostasis caused by the antagonistic interaction of cadmium and selenium using organic and inorganic mass spectrometry. Environmental Science and Pollution Research, 2020, 27(2): 1762-1775.

[35] Ch R, Singh A K, Pandey P, et al. Identifying the metabolic perturbations in earthworm induced by cypermethrin using gas chromatography-mass spectrometry based metabolomics. Scientific Reports, 2015, 5: 15674.

[36] Wang Y Y, Zhou W B, Lyu C M, et al. Metabolomics study on the intervention effect of Radix Salviae Miltiorrhizae extract in exercise-induced exhaustion rat using gas chromatography coupled to mass spectrometry. Journal of Chromatography

B-Analytical Technologies in the Biomedical and Life Sciences, 2021, 1178: 122805.

[37] Wang T W, Xu C Y, Xu S Y, et al. Untargeted metabolomics analysis by gas chromatography/time-of-flight mass spectrometry of human serum from methamphetamine abusers. Addiction Biology, 2021, e13062.

[38] Deng M J, Zhang M L, Sun F, et al. A gas chromatography-mass spectrometry based study on urine metabolomics in rats chronically poisoned with hydrogen sulfide. Biomed Research International, 2015, 295241.

[39] Valvi D, Walker D I, Inge T, et al. Environmental chemical burden in metabolic tissues and systemic biological pathways in adolescent bariatric surgery patients: A pilot untargeted metabolomic approach. Environment International, 2020, 143: 105957.

[40] Prodhan M A I, McClain C, Zhang X, Comprehensive Two-Dimensional Gas Chromatography Mass Spectrometry-Based Metabolomics. Advances in Experimental Medicine and Biology, 2021, 1280: 57-67.

[41] Prodhan M A I, Shi B, Song M, et al. Integrating comprehensive two-dimensional gas chromatography mass spectrometry and parallel two-dimensional liquid chromatography mass spectrometry for untargeted metabolomics. Analyst, 2019, 144(14): 4331-4341.

[42] Walker D I, Marder M E, Yano Y, et al. Multigenerational metabolic profiling in the Michigan PBB registry. Environmental Research, 2019, 172: 182-193.

[43] Sinclair G M, O'Brien A L, Keough M, et al. Metabolite Changes in an Estuarine Annelid Following Sublethal Exposure to a Mixture of Zinc and Boscalid. Metabolites, 2019, 9(10): 229.

[44] Dargue R, Zia R, Lau C H, et al. Metabolism and Effects on Endogenous Metabolism of Paracetamol (Acetaminophen) in a Porcine Model of Liver Failure. Toxicological Sciences, 2020, 175(1): 87-97.

[45] Zhen H J, Ekman D R, Collette T W, et al. Assessing the impact of wastewater treatment plant effluent on downstream drinking water-source quality using a zebrafish (Danio Rerio) liver cell-based metabolomics approach. Water Research, 2018, 145: 198-209.

[46] Buchberger A R, DeLaney K, Johnson J, et al. Mass Spectrometry Imaging: A Review of Emerging Advancements and Future Insights. Analytical chemistry, 2018, 90(1): 240-265.

[47] Ly A, Buck A, Balluff B, et al. High-mass-resolution MALDI mass spectrometry imaging of metabolites from formalin-fixed paraffin-embedded tissue. Nature Protocols, 2016, 11(8): 1428.

[48] 王珊珊, 张强, 郭寅龙. 衍生化技术在 MALDI 质谱成像中的应用进展. 质谱学报, 2021, 1: 1-19.

[49] Verbeeck N, Caprioli R M, Plas R. Unsupervised machine learning for exploratory data analysis in imaging mass spectrometry. Mass Spectrometry Reviews, 2020, 39(3): 245-291.

[50] Zhao C, Guo L, Dong J Y, et al. Mass spectrometry imaging-based multi-modal technique: Next-generation of biochemical analysis strategy. The Innovation, 2021, 2(4): 100151.

[51] Song X W, He J M, Pang X C, et al. Virtual Calibration Quantitative Mass Spectrometry Imaging for Accurately Mapping Analytes Across Heterogenous Bio-tissue. Analytical chemistry, 2019, (91): 2838-2846.

[52] Spengler B. Mass Spectrometry Imaging of Biomolecular Information. Analytical chemistry, 2014, 87(1): 64-82.

[53] Norris J L, Caprioli R M. Analysis of Tissue Specimens by Matrix-Assisted Laser Desorption/Ionization Imaging Mass Spectrometry in Biological and Clinical Research. Chemical Reviews, 2013, 113(4): 2309-2342.

[54] Swales J G, Hamm G, Clench M R, et al. Mass spectrometry imaging and its application in pharmaceutical research and development: A concise review. International Journal of Mass Spectrometry, 2018, 437: 99-112.

[55] Takats Z, Wiseman J M, Gologan B, et al. Mass Spectrometry Sampling Under Ambient Conditions with Desorption Electrospray Ionization. Science, 2004, 306(5695): 471-473.

[56] 蔡乐斯, 夏梦婵, 李展平, 等. 二次离子质谱生物成像. 化学进展, 2021, 33(1): 97-110.

[57] Becker N, Wirtz T. Reduction of matrix effects in polystyrene/poly(methylene methacrylate) blends by metal-assisted secondary ion mass spectrometry. Analytical chemistry, 2012, 84(14): 5920-5924.

[58] He J M, Tang F, Luo Z G, et al. Air flow assisted ionization for remote sampling of ambient mass spectrometry and its application. Rapid Communications in Mass Spectrometry Rcm, 2011, 25(7): 843-850.

[59] He J M, Sun C L, Li T G, et al. A Sensitive and Wide Coverage Ambient Mass Spectrometry Imaging Method for Functional Metabolites Based Molecular Histology. Advanced Science, 2019, 6(1): 1802201.

[60] Nemes P, Vertes A. Laser ablation electrospray ionization for atmospheric pressure, in vivo, and imaging mass spectrometry. Analytical chemistry, 2007, 79(21): 8098-8106.

[61] Guo C A, Tang F, Chen J, et al. Development of dielectric-barrier-discharge ionization. Analytical and Bioanalytical Chemistry, 2015, 407(9): 2345-2364.

[62] Bowfield A, Bunch J, Salter T L, et al. Characterisation of a micro-plasma for ambient mass spectrometry imaging. Analyst, 2014, 139(21): 5430-5438.

[63] 鞠昀, 张洪, 于凯, 等. 质谱成像技术在肿瘤研究中的应用进展. 分析测试学报, 2020, 039(1): 28-34.

[64] Lin Y, Huang X, Liu Y C, et al. Identification, Quantification, and Imaging of the Biodistribution of Soot Particles by Mass Spectral Fingerprinting. Analytical chemistry, 2021, 93(17): 6665-6672.

[65] Zhang Y, Chen D, Du M Y, et al. Insights Into the Degradation and Toxicity Difference Mechanism of Neonicotinoid Pesticides in Honeybees by Mass Spectrometry Imaging. Science of the Total Environment, 2021, 774: 145170.

[66] Gerbig S, Brunn H E, Spengler B, et al. Spatially resolved investigation of systemic and contact pesticides in plant material by desorption electrospray ionization mass spectrometry imaging (DESI-MSI). Analytical and Bioanalytical Chemistry, 2015, 407(24): 7379-7389.

[67] Qin R, Li P, Du M Y, et al. Spatiotemporal Visualization of Insecticides and Fungicides within Fruits and Vegetables Using Gold Nanoparticle-Immersed Paper Imprinting Mass Spectrometry Imaging. Nanomaterials, 2021, 11(5): 1327.

[68] Li F, Xiang B B, Jin Y, et al. Hepatotoxic effects of inhalation exposure to polycyclic aromatic hydrocarbons on lipid metabolism of C57BL/6 mice. Environment International, 2019, 134: 105000.

[69] Zhao C, Yong T, Zhang Y B, et al. Evaluation of the splenic injury following exposure of mice to bisphenol S: A mass spectrometry-based lipidomics and imaging analysis. Environment International, 2020, 135: 105378.

[70] Zhao C, Xie P S, Yong T, et al. MALDI-MS imaging reveals asymmetric spatial distribution of lipid metabolites from bisphenol S-induced nephrotoxicity. Analytical chemistry, 2018, 90(5): 3196-3204.

[71] Zhao C, Xie P X, Yong T, et al. Airborne fine particulate matter induces cognitive and emotional disorders in offspring mice exposed during pregnancy. Science Bulletin, 2020, 6(66): 578-591.

[72] Liu W J, Nie H G, Liang D P, et al. Phospholipid imaging of zebrafish exposed to fipronil using atmospheric pressure matrix-assisted laser desorption ionization mass spectrometry. Talanta, 2020, 209: 120357.

[73] Zhang J, Due Q Q, Song X W, et al. Evaluation of the tumor-targeting efficiency and intratumor heterogeneity of anticancer drugs using quantitative mass spectrometry imaging. Theranostics, 2020, 10(6): 2621-2630.

[74] Luo Z J, He J M, Chen Y, et al. Air flow-assisted ionization imaging mass spectrometry method for easy whole-body molecular imaging under ambient conditions. Analytical chemistry, 2013, 85(5): 2977-2982.

[75] Xue J, Liu H, Chen S, et al. Mass spectrometry imaging of the in situ drug release from nanocarriers. Science Advances, 2018, 4(10): eaat9039.

[76] 罗志刚, 贺玖明, 李铁钢, 等. 基于高分辨质谱技术的整体动物体内药物成像分析新方法研究. 质谱学报, 2017, 04(38): 65-72.

[77] Liu X, Liu R Z, Fu D X, et al. Dl-3-n-butylphthalide inhibits neuroinflammation by stimulating foxp3 and Ki-67 in an

ischemic stroke model. Aging-US, 2021, 13(3): 3763-3778.
[78] Tian F, Liu R Z, Fan C X, et al. Effects of Thymoquinone on Small-Molecule Metabolites in a Rat Model of Cerebral Ischemia Reperfusion Injury Assessed using MALDI-MSI. Metabolites, 2020, 10(1): 27.
[79] Wan L, Liu H H, Jiang H J, et al. (S)-Oxiracetam is the Active Ingredient in Oxiracetam that Alleviates the Cognitive Impairment Induced by Chronic Cerebral Hypoperfusion in Rats. Scientific Reports, 2017, 7(Suppl 2): 10052.
[80] Jansson J K, Baker E S. A multi-omic future for microbiome studies. Nature Microbiology, 2016, 1: 16049.
[81] Wanichthanarak K, Fahrmann J F, Grapov D. Genomic, Proteomic, and Metabolomic Data Integration Strategies. Biomark Insights, 2015, 10(Suppl 4): 1-6.
[82] Geng N B, Ren X Q, Gong Y F, et al. Integration of metabolomics and transcriptomics reveals short-chain chlorinated paraffin-induced hepatotoxicity in male Sprague-Dawley rat. Environment International, 2019, 133(Pt B): 105231.
[83] Gong Y F, Zhang H J, Geng N B, et al. Short-chain chlorinated paraffins (SCCPs) disrupt hepatic fatty acid metabolism in liver of male rat via interacting with peroxisome proliferator-activated receptor alpha (PPARalpha). Ecotoxicology and Environmental Safety, 2019, 181: 164-171.
[84] Gong Y F, Geng N B, Zhang H J, et al. Exposure to short-chain chlorinated paraffins inhibited PPARα-mediated fatty acid oxidation and stimulated aerobic glycolysis in vitro in human cells. Science of the Total Environment, 2021, 772: 144957.
[85] Jiang L L, Hong Y G, Xie G S, et al. Comprehensive multi-omics approaches reveal the hepatotoxic mechanism of perfluorohexanoic acid (PFHxA) in mice. Science of the Total Environment, 2021, 790: 148160.
[86] Huang W, Zhu L, Cao G D, et al. Integrated Proteomics and Metabolomics Assessment Indicated Metabolic Alterations in Hypothalamus of Mice Exposed to Triclosan. Chemical Research in Toxicology, 2021, 34(5): 1319-1328.
[87] Liang Y S, Zhang H N, Cai Z W. New insights into the cellular mechanism of triclosan-induced dermal toxicity from a combined metabolomic and lipidomic approach. Science of the Total Environment, 2021, 757: 143976.
[88] Lee J D, Kim H Y, Kang K, et al. Integration of transcriptomics, proteomics and metabolomics identifies biomarkers for pulmonary injury by polyhexamethylene guanidine phosphate (PHMG-p), a humidifier disinfectant, in rats. Archives of Toxicology, 2020, 94(3): 887-909.
[89] Mesnage R, Renney G, Seralini G E, et al. Multiomics reveal non-alcoholic fatty liver disease in rats following chronic exposure to an ultra-low dose of Roundup herbicide. Scientific Reports, 2017, 7: 39328.
[90] Rigaud C, Eriksson A, Rokka A, et al. Retene, pyrene and phenanthrene cause distinct molecular-level changes in the cardiac tissue of rainbow trout (Oncorhynchus mykiss) larvae, part 2 - Proteomics and metabolomics. Science of the Total Environment, 2020, 746: 141161.
[91] Nguyen H T, Yamamoto K, Iida M, et al. Effects of prenatal bisphenol A exposure on the hepatic transcriptome and proteome in rat offspring. Science of the Total Environment, 2020, 720: 137568.
[92] Nguyen H T, Li L, Eguchi A, et al. Effects on the liver lipidome of rat offspring prenatally exposed to bisphenol A. Science of the Total Environment, 2021, 759: 143466.
[93] Mao J, Jain A, Denslow N D, et al. Bisphenol A and bisphenol S disruptions of the mouse placenta and potential effects on the placenta-brain axis. Proceedings of the National Academy of Sciences of the United States of America, 2020, 117(9): 4642-4652.
[94] Yu K, Yi S, Li B, et al. An integrated meta-omics approach reveals substrates involved in synergistic interactions in a bisphenol A (BPA)-degrading microbial community. Microbiome, 2019, 7(1): 16.
[95] Zhang Y B, Zhang W Y, Fu X H, et al. Transcriptomics and metabonomics analyses of maternal DEHP exposure on male offspring. Environmental Science and Pollution Research, 2018, 25(26): 26322-26329.
[96] Lu Y S, Yao G X, Wang X L, et al. A comprehensive analysis of metabolomics and transcriptomics reveals new biomarkers

and mechanistic insights on DEHP exposures in MCF-7 cells. Chemosphere, 2020, 255: 126865.

[97] Chen Q L, Lian X L, An J J, et al. Life Cycle Exposure to Environmentally Relevant Concentrations of Diphenyl Phosphate (DPhP) Inhibits Growth and Energy Metabolism of Zebrafish in a Sex-Specific Manner. Environmental Science & Technology, 2021. 55(19): 13122-13131.

[98] Wang X Q, Li F, Liu J L, et al. Transcriptomic, proteomic and metabolomic profiling unravel the mechanisms of hepatotoxicity pathway induced by triphenyl phosphate (TPP). Ecotoxicology and Environmental Safety, 2020, 205: 111126.

[99] Liu M, Jia S L, Dong T, et al. Metabolomic and Transcriptomic Analysis of MCF-7 Cells Exposed to 23 Chemicals at Human-Relevant Levels: Estimation of Individual Chemical Contribution to Effects. Environmental Health Perspectives, 2020, 128(12): 127008.

[100] Sun J, Zhou Q X, Hu X G. Integrating multi-omics and regular analyses identifies the molecular responses of zebrafish brains to graphene oxide: Perspectives in environmental criteria. Ecotoxicology and Environmental Safety, 2019, 180: 269-279.

[101] Zhang X L, Zhou Q X, Li X Y, et al. Integrating omics and traditional analyses to profile the synergistic toxicity of graphene oxide and triphenyl phosphate. Environmental Pollution, 2020, 263(Pt A): 114473.

[102] Parihar P, Singh S, Singh R, et al. An Integrated Transcriptomic, Proteomic, and Metabolomic Approach to Unravel the Molecular Mechanisms of Metal Stress Tolerance in Plants. In: Plant-Mental Irtteractions, Srivastava S, Srivastava A K, Supras anna P Eds. Cham: Springer, 2019.

[103] Jiang D, Wu S, Tan M T, et al. The susceptibility of Lymantria dispar larvae to Beauveria bassiana under Cd stress: A multi-omics study. Environmental Pollution, 2021, 276(7): 116740.

[104] Chen J, Guo Y S, Huang S M, et al. Integration of transcriptome and proteome reveals molecular mechanisms underlying stress responses of the cutworm, Spodoptera litura, exposed to different levels of lead (Pb). Chemosphere, 2021, 283(51): 131205.

[105] Li Y L, W W X. Integrated transcriptomics and proteomics revealed the distinct toxicological effects of multi-metal contamination on oysters. Environmental Pollution, 2021, 283: 117533.

[106] Papaioannou N, Distel E, Oliveira E D, et al. Multi-omics analysis reveals that co-exposure to phthalates and metals disturbs urea cycle and choline metabolism. Environmental Research, 2020, 192(6): 110041.

[107] Zhou Y Y, Wang Y F, Su J, et al. Integration of microRNAome, proteomics and metabolomics to analyze arsenic-induced malignant cell transformation. Oncotarget, 2017, 8(53): 90879-90896.

[108] Chai L Y, Ding C L, Li J W, et al. Multi-omics response of Pannonibacter phragmitetus BB to hexavalent chromium. Environmental Pollution, 2019, 249: 63-73.

[109] Gao B, Chi L, Mahbub R, et al. Multi-Omics Reveals that Lead Exposure Disturbs Gut Microbiome Development, Key Metabolites and Metabolic Pathways. Chemical Research in Toxicology, 2017, 30(4): 996.

[110] Zhu Q L, Zhang M M, Bao J J, et al. Physiological, metabolomic, and transcriptomic analyses reveal the dynamic redox homeostasis upon extended exposure of Dunaliella salina GY-H13 cells to Cd. Ecotoxicology and Environmental Safety, 2021, 223: 112593.

[111] Qiao N, Yang Y Y, Liao J Z, et al. Metabolomics and transcriptomics indicated the molecular targets of copper to the pig kidney. Ecotoxicology and Environmental Safety, 2021, 218(213): 112284.

[112] Lai J L, Liu Z WLuo X G. A metabolomic, transcriptomic profiling, and mineral nutrient metabolism study of the phytotoxicity mechanism of uranium. Journal of Hazardous Materials, 2020, 386: 121437.

[113] Danne-Rasche N, Rubenzucker SAhrends R. Uncovering the complexity of the yeast lipidome by means of nLC/NSI-MS/MS. Analytica Chimica Acta, 2020, 1140: 199-209.

[114] Wang S Y, Zhou L N, Wang Z C, et al. Simultaneous metabolomics and lipidomics analysis based on novel heart-cutting

two-dimensional liquid chromatography-mass spectrometry. Analytica Chimica Acta, 2017, 966: 34-40.

[115] Sarvin B, Lagziel S, Sarvin N, et al. Fast and sensitive flow-injection mass spectrometry metabolomics by analyzing sample-specific ion distributions. Nature Communications, 2020, 11(1): 3186.

[116] Shen X T, Wang R H, Xiong X, et al. Metabolic reaction network-based recursive metabolite annotation for untargeted metabolomics. Nature Communications, 2019, 10(1): 1516.

作者：耿柠波[1]，李芳[2]，张保琴[1]，宫玉峰[1]，张海军[1]，罗茜[2]，陈吉平[1]，蔡宗苇[3]

[1]中国科学院大连化学物理研究所，[2]中国科学院深圳先进技术研究院，[3]香港浸会大学

第 6 章　同步辐射技术推进环境化学研究

本章导读

同步辐射光源以其特有的高亮度、高准直性、良好的相干特性以及从远红外到硬 X 射线范围的连续光谱等性质，被广泛用于生命科学、环境科学、凝聚态物理和材料科学等领域。同步辐射技术的发展为从分子水平上深入研究污染物的复杂环境过程提供了可能和契机，如 X 射线吸收光谱（XAS）、微束 X 射线荧光分析（μ-XRF）、扫描透射 X 射线显微分析（STXM）等技术可以原位分析污染物的赋存状态。同步辐射技术具有高空间分辨率和高元素敏感性，可对样品直接检测且取样量少，实现对样品的原位无损分析，在复杂基质的环境样品分析中具有不可替代的作用。同步辐射技术为推进环境化学的发展提供了前所未有的机遇。本章综述了同步辐射技术在环境领域中的应用，为利用同步辐射技术解决环境污染问题提供思路。

关键词

同步辐射光源，吸收光谱技术，微区成像技术，生态毒理，环境过程

6.1 引　　言

近年来，环境领域的研究越来越关注污染物的时空分布、生态毒理、界面反应以及迁移转化。环境污染物会与有机质、矿物界面等发生反应而形成络合物，影响其迁移转化、环境归趋和生态毒性。在自然环境中，微生物参与的污染物的环境过程更为复杂，包括吸附/解吸、扩散/沉降、配位/螯合、溶解/沉淀、氧化/还原和吸收/转化等一系列环境生物地球化学过程。在上述反应过程中，污染物化学价态的变化、吸附脱附反应、矿物晶相的溶解、与水溶液进行的化学交换以及新矿物相的形成等是研究的焦点。然而，在研究复杂的多介质界面反应过程中，由于不能直接看到反应如何发生，所以只能根据整个反应体系的变化进行推测。由于缺乏合适的技术手段，原位研究亚微米、纳米尺度上的环境化学过程面临巨大的挑战。

传统的实验室光谱技术以及显微镜技术缺乏敏感性，如红外光谱、核磁共振谱等无法满足高空间分辨要求，电子显微术虽具备优异的空间分辨特性，但很难获取样品化学成分的信息，且一般无法应用于含水或辐射损伤敏感的样品。同步辐射是速度接近光速的带电粒子在做曲线运动时沿轨道切线方向发出的电磁辐射（也叫同步光）。同步辐射较之常规光源有许多突出的优点。其最突出的优点是高亮度，与传统 X 射线光源相比，同步辐射光源强度提高 3～10 个数量级，光源准直性高。亿倍的光强提供了空前的分辨率（空间分辨、时间分辨、能量分辨），所观测到的实验结果是常规光源无法获取的[1]。此外，同步辐射光源频谱宽，具有从远红外、可见光、紫外到 X 射线范围内的连续光谱，可从其中得到任何所需波长的光。同步辐射的光源特征为研究环境中痕量、复杂的物质化学结构提供了先进手段，使环境化学与界面科学的研究更加深入，为推进环境领域的发展提供了新机遇。

本章将综述同步辐射技术在环境领域的应用进展，系统阐述同步辐射技术在分子水平上推进复杂环境化学过程研究的方法，同时对同步辐射技术的未来发展趋势及在环境领域的应用进行展望。

6.2　同步辐射的发展及中国的贡献

6.2.1　同步辐射的应用进展

同步辐射技术的发展促进环境化学与界面科学的研究更加深入。基于 X 射线谱学技术的高化学态分辨能力以及高空间分辨成像能力，可在介观尺度研究固体、液体、软物质（如水凝胶）等多种形态的物质，也可以开展污染物与生物大分子（蛋白质、核酸等）的相互作用、微生物体及微生物–矿物相互作用、组织–金属相互作用，以及污染物的空间分布和化学形态分布等化学分析研究。对于环境界面重金属及有机污染物的研究，X 射线谱学技术可以给出污染物化学结构及官能团这两个根本描述。电子在化学反应中起着非常重要的作用，污染物分子的电子结构及能级位置决定着污染物在自然环境中的行为及迁移转化规律，X 射线吸收光谱结合成像技术能够原位提供污染物分子中电子所处位置的信息。这使 X 射线谱学技术在环境污染物分子的研究中具有不可替代的作用。

在 Web of Science 以“Synchrotron + Environment”为关键词进行检索，截至 2020 年已有 3500 多篇文章发表，引用数达 9 万多次（图 6-1）。近十年，在领域内有数千篇高水平工作发表在环境领域主流期刊 *Environmental Science & Technology*（*EST*）和 *Geochimica et Cosmochimica Acta*（*GCA*）上（图 6-2）。同步辐射技术的广泛应用推进了人们在分子水平上对污染物环境生物地球化学循环的认识，对于解决环境污染问题具有现实意义。

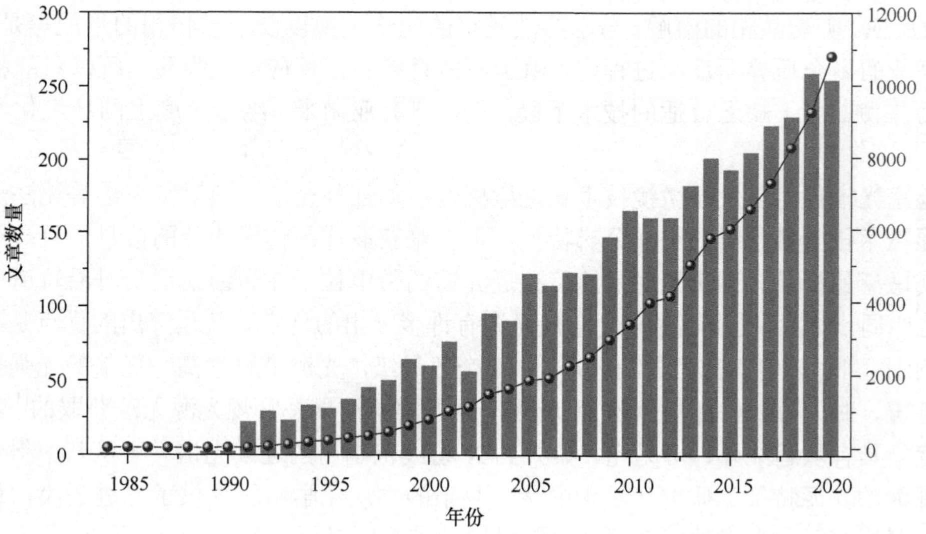

图 6-1　在 Web of Science 以“Synchrotron + Environment”为关键词检索的文章发表数和引用数

6.2.2　同步辐射技术

同步辐射技术是用同步辐射光源轰击样品，激发样品中各元素的特征 X 射线，或与样品发生交互作

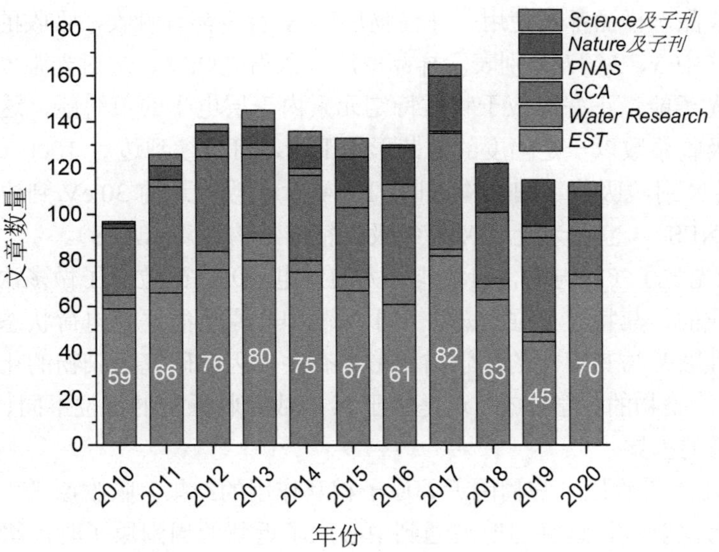

图 6-2　2010～2020 年知名期刊发表关于同步辐射技术在环境领域研究中应用的文章数量

用时产生各种信号，然后接收探测和分析相应信号，从而获得被轰击样品的化学组成、原子价态及结构组成等相关信息[2]。同步辐射光与物质的相互作用主要有吸收、衍射、散射、光电子和荧光。基于同步辐射的光源特征，同步辐射实验技术主要分为三大类：光谱学、成像和散射（或衍射）[3]。应用于环境领域的同步辐射技术主要有：扩展 X 射线吸收精细结构（EXAFS）、X 射线吸收近边结构（XANES）、同步辐射 X 射线荧光分析（XRF）、X 射线衍射（SXRD）、扫描透射 X 射线显微术（STXM）、X 射线小角散射（SAXS）、红外光谱技术（IR）、X 射线光电子能谱（XPS）、X 射线断层摄影术（CT）、X 射线磁圆二色技术（XMCD）、广角 X 射线散射（WAXS）等技术。其中，EXAFS、XANES、XRF 是环境领域应用最为广泛的同步辐射技术，发表文章数分别占比 36%、40%、10%（图 6-3）。

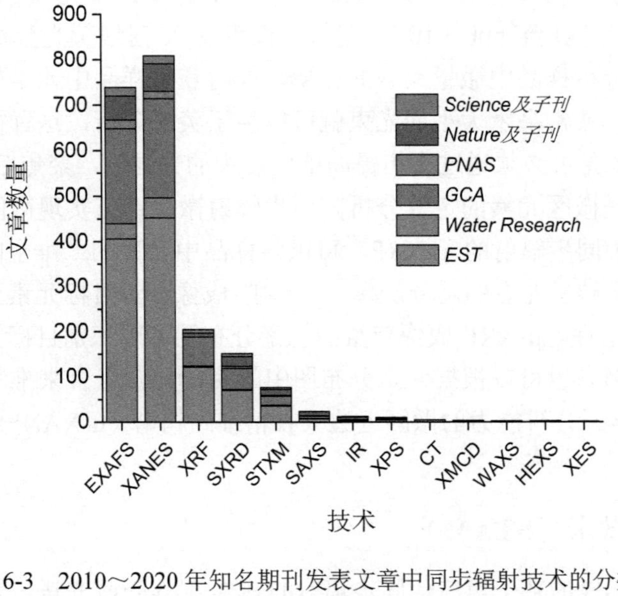

图 6-3　2010～2020 年知名期刊发表文章中同步辐射技术的分类

1）X 射线吸收精细结构（XAFS）

基于同步加速器的 X 射线吸收光谱已成为许多学科研究的主流技术[4]。该技术不受样品形态的限制，粉末、溶液、晶态、非晶态样品都可使用。任何物质对 X 射线都有吸收，吸收的大小由该物质的吸收系数μ表示：$\mu_x=\ln I_0/I$，式中 x、I_0、I 分别表示样品厚度、入射光强度、透射光强度。在特定能量位置上，吸收系数陡增，此时光子能量正好对应于物质特定元素内壳层电子的束缚能，这个位置称为元素的吸收边。在边的高能侧，吸收系数以一定幅度的振荡形式下降，可延续到边后 1000 eV。该振荡从边后 50～1000 eV 区间称为扩展 X 射线吸收精细结构光谱（EXAFS）；吸收边前 30 eV 到边后 50 eV 称为 X 射线吸收近边结构光谱（XANES），也称为近边 X 射线吸收精细结构（NEXAFS）。

XANES 是由低能光电子（被电离，但动能不大的光电子）在配位原子做多次散射后再回到吸收原子与出射波发生干涉形成的，其特点是强振荡，用于探测中心原子的局部电荷状态、配位结构和磁矩等信息。环境污染物的毒性通常与其存在的化学结构形态有关。因此研究污染物的化学价态是非常重要的。XANES 可以用于判定污染物的化学价态。这是由于 X 射线吸收原子的价位不同、吸收原子周围的配位场不同，均会引起吸收谱的差异。

EXAFS 的产生是由于吸收原子与周围近邻原子相互作用的结果。吸收原子内层电子激发将产生向外发射的光电子波，称为出射波。这种出射波遇到中心原子近邻的周围原子时，将受到散射而产生背散射波。由于出射波与背散射波的频率相同，它们将在中心吸收原子处发生干涉，按照相位关系，合成波被增强或减弱，即光电子末态波函数随能量的变化发生增强或减弱，导致吸收系数出现起伏振荡的变化。EXAFS 提供邻近原子的配位距离、配位数、配位原子种类和无序度因子等信息，已被广泛用于研究表面分子的吸附状态、晶体内局部周期不规则的排列状况、非晶体的平均结构、有机分子和生物分子内特定元素周围的原子排列等。

2）微束硬 X 射线荧光分析（μ-XRF）

环境样品具有非均一性，通常 X 射线吸收光谱主要获取样品中元素的平均信息，掩盖了重要的空间变量化学信息。因此，通过调节 X 射线光斑尺寸将 XAFS 和 XRF 结合形成同步辐射微探针技术，非常适用于研究复杂环境样品中元素的微区分布和分子形态。利用同步辐射进行 X 射线荧光分析，可以大大提高微量元素分析的灵敏度和空间分辨率。对于生物样品，在空间上可以达到单层以至单个细胞的水平，探测限可以达到 ppm（10^{-6}）甚至 ppb（10^{-9}）量级。微束硬 X 射线荧光分析（μ-XRF）是基于硬 X 射线的一种荧光分析，可以分析样品中微量元素的含量，同时获得样品中元素的二维甚至三维空间分布信息。由于同步辐射光源强，通常毫米大小的光束就可以用于荧光分析，这种微光光束可以通过调节狭缝大小获得。因此要得到微米光束必须通过聚焦提高单位面积的光强度，聚焦后的光束才可用于微区分析。微区荧光分析的主要任务是微区元素的定量分析。同步辐射微探针可实现微区非破坏性、对样品无损伤的元素空间分布分析。基于同步辐射的 μ-XRF，可以将样品中元素的二维空间分布图像化，得到直观的元素分布图，其具有几百个纳米左右的高分辨率。μ-XRF 成像是对目标元素分布不均的样品进行空间分辨 XAFS 光谱分析的先决条件。μ-XRF 成像获得的元素分布图可以识别目标元素的局部区域状态。目标元素的矿物结合态和化学形态也可以根据元素分布图中阐明的元素组合来推断。在获得空间分布图像的同时，可以结合具有高化学态分辨能力的微区近边吸收精细结构谱（μ-XANES），原位分析样品的元素组分、化学特性和物质结构。

3）扫描透射 X 射线显微术（STXM）

STXM 是近年来发展起来的基于第三代同步辐射的软 X 射线吸收光谱技术，主要针对目标元素在吸收边附近的吸收差异来获取图像和图谱信息的显微分析技术。X 射线显微术的衬度是来自 X 光子与样品中电子的相互作用，采用透射 X 射线吸收成像的原理，STXM 能够实现纳米级高空间分辨的三维成像，同时能提供一定的化学信息。软 X 射线主要测量能量在 1.5 keV～4 keV 的 K 吸收边元素和第五周期元素的 L 边。软 X 射线显微术可以利用元素对不同波长 X 射线的吸收差异来研究元素在样品中的分布。在某个波长附近，入射 X 光能量的很小改变会导致某种元素吸收发生很大的变化，而其他元素的吸收变化很小，这个波长就是这种元素的吸收边。对于同一样品，用某一元素吸收边两侧波长的 X 射线分别进行透射成像，由于该元素对 X 射线的吸收差异会获得两张不同的图像。如果将这两张图像进行适当的计算处理即可得到样品中该元素的定量图谱。

此外，将近边吸收精细结构谱学（NEXAFS）和显微成像技术结合起来的光谱显微术是 X 射线显微术的一种非常有意义的方法。利用 X 射线近边吸收结构谱可以区分同一元素的不同化学结合状态，进而获得不同化合物的分布情况。在软 X 射线扫描透射显微镜中，利用波带片对软 X 射线进行聚焦，用波带片聚焦的光斑对样品进行扫描，光斑的大小表征了 STXM 的分辨率，透射的 X 射线强度记录为样品位置的函数。X 射线显微术使用 X 射线吸收光谱法以高空间分辨率对异质样品进行分析。我国上海同步辐射装置（SSRF）的软 X 射线谱学显微光束线站就是利用了 STXM 实验技术，可实现 30 nm 的空间分辨率。

6.2.3　同步辐射光源聚焦的环境元素

同步辐射光源的元素特异性在复杂环境样品的分析中发挥了重要作用。X 射线吸收边（K、L 边）具有原子特征，可以调节 X 射线的能量，对不同元素的原子周围环境分别进行研究。在环境领域的研究中，同步辐射光源聚焦的明星元素有铁、砷、硫和铀等（图 6-4），这与其在环境中的丰度和多变的化学形态密切相关，成为环境研究的焦点。

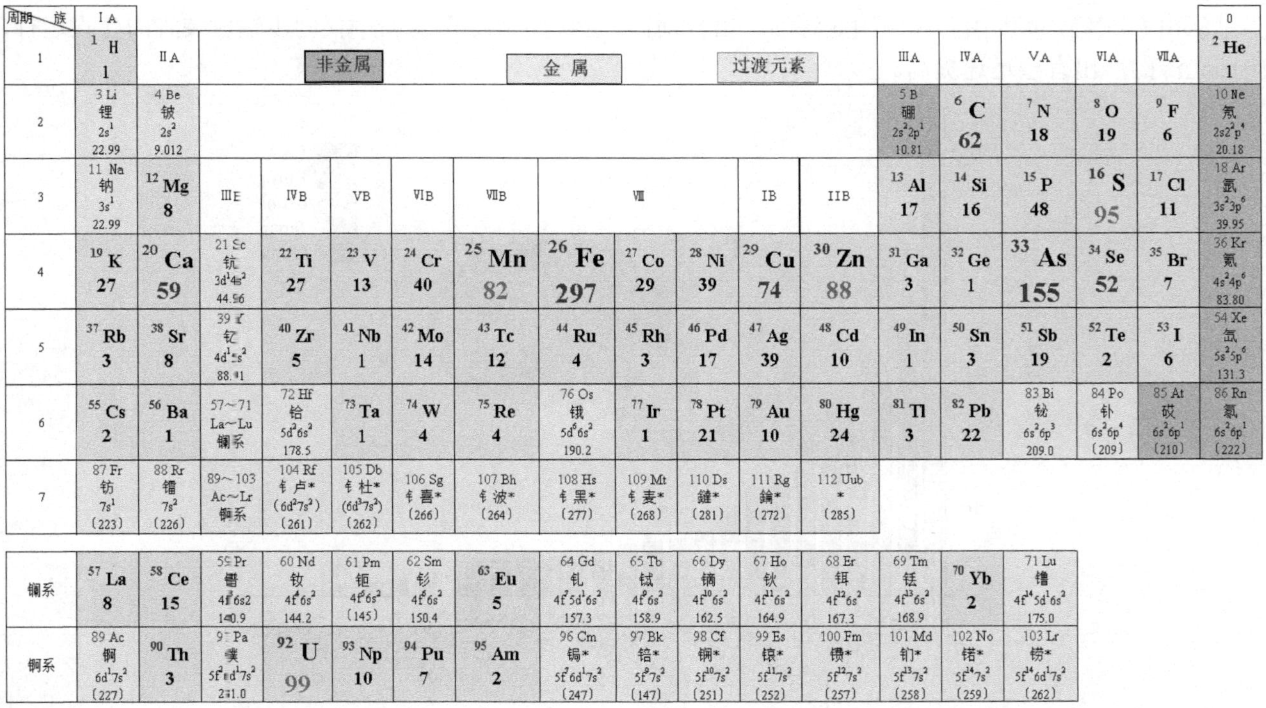

图 6-4　2010～2020 年知名期刊发表文章中同步辐射光源应用的元素

图中各元素下方数字表示文章篇数

6.2.4　同步辐射装置

同步辐射装置是利用同步辐射光源开展多学科研究活动的大型科学实验装置，基本构造由电子枪、直线加速器、增强器、储存环、光束线、实验站等部分组成。目前世界上同步辐射装置总数已近 70 座，主要分布在美国、欧洲以及日本等地区[3]。同步辐射是速度接近光速的带电粒子在做曲线运动时沿轨道切线方向发出的电磁辐射（也叫同步光）。在开始时，同步辐射是用作高能物理实验的同步加速器或电子储存环运转时的一种副产物，现在把这种既作高能物理实验又作高能辐射源的兼用装置称为第一代同步辐射源，北京同步辐射装置（BSRF）即属此类。为了摆脱第一代设计的束缚，专用于同步辐射的电子储存环应运而生，称为第二代同步辐射源。合肥国家同步辐射实验室（NSRL）是我国第一台以真空紫外和软 X 射线为主的专用同步辐射光源，属于第二代光源。第二代源比第一代性能有大幅度提高，从而使同步辐射技术得到了飞速发展。随着技术的发展和插入件的发明，利用插入件可在电子储存环的某一区段改变其原设计的固有特性，如改变所发辐射的能量与波长、改变亮度与偏振性等，使发射具有特定需要的辐射成为可能，这就产生了第三代同步辐射源。上海同步辐射光源（SSRF）属于第三代光源。目前正在北京怀柔区建设的高能同步辐射光源（HEPS）作为第四代同步辐射光源，将是我国拥有的第一台高能量同步辐射光源。

同步辐射装置的建设为相关科学研究的开展提供了先进的综合研究平台。图 6-5 总结了近十年各光源线站在环境领域研究中的文章产出，可以看出，产出最多的是美国斯坦福同步辐射实验室（SSRL），其次是美国阿尔贡国家实验室的先进光子源（APS）和欧洲同步辐射装置（ESRF），中国 BSRF 和 SSRF 光源的产出位列第五、六位。总结各国同步辐射光源的文章产出可知，美国光源的产出占领域内文章数的半壁江山（45%），欧洲国家和中国光源的产出分别占 23%和 16%。随着新一代同步辐射装置的建设运行，中国光源的产出有望迅速提高。

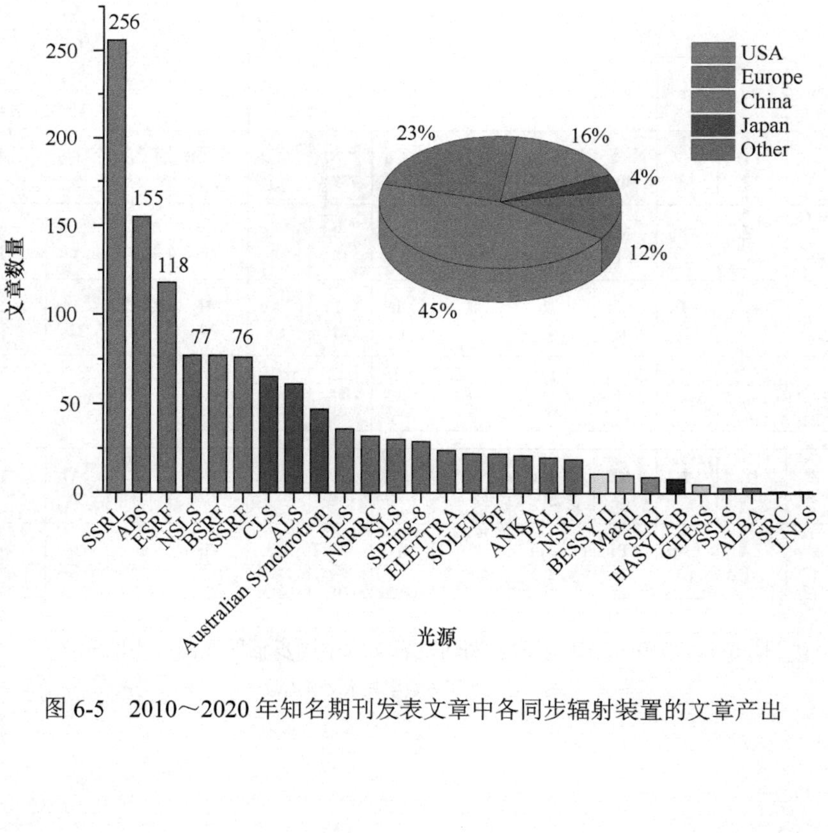

图 6-5　2010～2020 年知名期刊发表文章中各同步辐射装置的文章产出

6.2.5　中国同步辐射在环境领域的贡献

在利用同步辐射技术研究环境领域的关键科学问题中，中国科研人员和中国同步辐射装置发挥了举足轻重的作用。如图 6-6 所示，近十年高水平综合类期刊 *Science* 及子刊、*Nature* 及子刊和 *PNAS* 发表的环境领域的文章中，中国科研人员的贡献呈逐年上升趋势。在环境领域知名期刊 *EST*、*Water Research* 和 *GCA* 上发表的文章数亦呈稳定增长趋势，从 2010 年的 6%达到 2020 年的 22%，说明中国科研人员在该领域内的贡献不容忽视，有望在未来环境领域的研究中突飞猛进，解决我国环境污染问题。

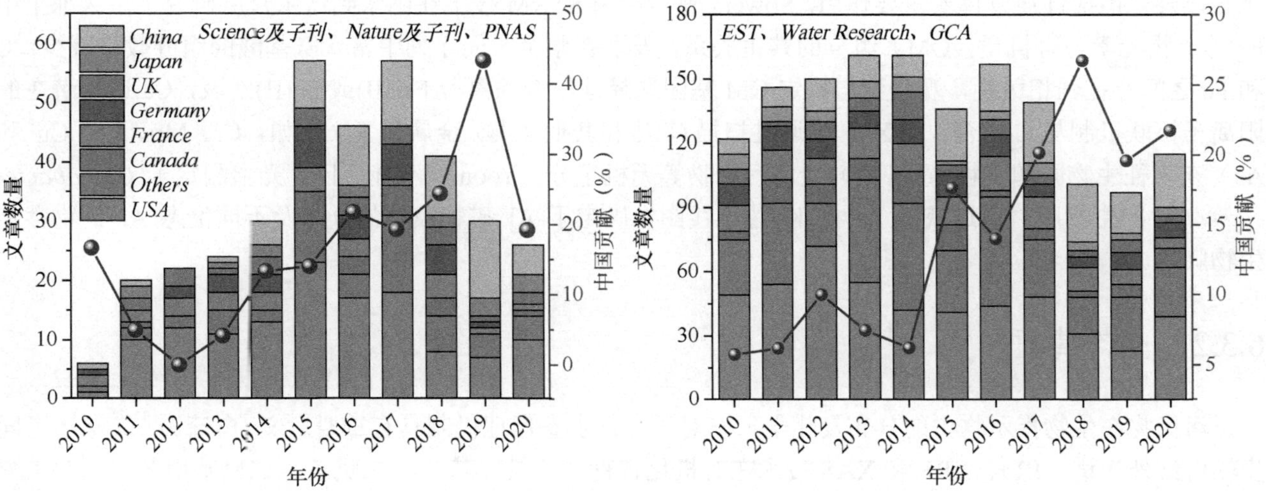

图 6-6　2010～2020 年知名期刊发表文章中各国的文章产出及中国的贡献

6.3　同步辐射技术在环境领域的应用

同步辐射技术在环境领域的主要应用有五个方面：环境污染监测、生态毒理、污染迁移转化、动态原位反应过程、单原子催化表征等。

6.3.1　环境污染监测

同步辐射技术的发展为从微观角度更灵敏地反映环境污染状况提供了前所未有的机遇。白琦锋等[5]综述了“同步辐射技术在环境污染监测及生态毒理研究中的应用”，总结了 XAS、XRF 和 STXM 技术对水体、大气和极地环境的生物样品中微量元素 As、Hg、Cr、Zn、Pb、Ni 等的分析，用于指示环境污染。环境污染物的化学形态对其迁移归趋和生物有效性具有重要意义。Hurtarte 等[6]基于 P 的 $L_{2,3}$ 边 XANES 谱提出了一种量化土壤中磷物种的方法，实现了对土壤和农工业副产品中的有机和无机磷物种的定量分析。O'Day 等[7]利用 P 的 K 边 XANES 谱结合 ^{31}P 的核磁共振波谱（NMR）研究了大气悬浮颗粒物（PM）中磷的化学形态，表明高海拔地区的样品中，有机磷占主导地位（总磷的 65%～100%），其中以单酯磷和二酯磷为主，比例大致相同，无机磷比例较低；相比之下，低海拔 PM 中存在有机磷和无机磷，有机磷约占总磷的 30%～60%。Bauer 等[8]利用原位 SAXS 技术探测了环境压力和浓度（～10^6 cm^{-3}）条件下的气溶胶纳米粒子，发现 SAXS 能够测量初级粒子和聚集体。

Myneni 等[9]利用 STXM 研究了水溶液中腐殖质的团聚结构及腐殖质在矿物界面的吸附，为腐殖质在水溶液中团聚过程的本质提供了第一个直接证据，表明腐殖质在水溶液中不仅仅是一种结构状态，同时也表明配位阳离子和矿物的存在对腐殖质的团聚结构起着非常重要的影响。应用 STXM 技术可研究纳米尺度土壤样品中有机物分子的 C、N 和 O 官能团。通过 C 的 XANES 光谱，可以分辨不同 C 的官能团，比如芳香族 C 官能团、羧基、酮和脂肪族 C 官能团等。Russell 等[10]利用 STXM 具有化学敏感性这一优势，获得了有机分子不同功能性的分布图，同时用这种方法可以将有机分子与无机组分比如钾和钙等联系起来。这一研究首次提供了关于气溶胶颗粒上表面活性羧酸的信息，对于预测气溶胶的水吸附特性，生长以及光散射性质发挥着重要作用。Sowers 等[11]利用 STXM 技术在纳米到微米尺度研究了永久冻土中 Fe 等矿物元素与有机质（OM）组分的共生关系，发现在整个时间序列中富含氨基酸的组分数量减少，C 和 Fe 之间存在强相关性，观察到与特定 OM 基团选择性结合的离散 Fe(III)或 Fe(II)区域，Ca 通过潜在的阳离子桥联机制与 C 结合。STXM 可通过扫描 C 边和其他（类）金属元素（比如，Cr、Mn、Fe、Cu 和 As）来表征生物膜和矿物–重（类）金属污染物等无机组分。Yoon 等[12]使用 C 光谱测定了 *Caulobacter cresentus* 的生物膜，通过获得 Al 的 K 边堆栈图像确定了 Al 矿物胶体的分布及不同价态 Al 矿物存在生物膜中。

6.3.2 生态毒理

污染物在生物指示物中的分布及化学形态对研究其生态毒理机制具有重要意义。白琦锋[5]等综述了同步辐射红外光谱（IR）、XRF 和 XAS 技术在有机化合物（四氯二苯并-*p*-二噁英、二硝基甲苯、苯并三唑等）、重金属元素（As、Hg、Cr、Cu、Pb、Zn、La 等）生物毒性研究方面的应用进展。Gherase 等[13]综述了同步辐射技术探测人体组织中微量元素的进展，从细胞、组织、器官水平总结了 XAS 和 XRF 技术对人体内 As、Fe、Cu、Zn、Hg、Pb、Gd、P 等元素的分析。

1）砷

砷（As）是环境中普遍存在的类金属污染之一，具有致癌性，研究其在人体、动物或植物内的积累及毒性机理具有重要意义。Cui 等[14]研究了高砷地区居民指甲中砷的分布与化学形态。μ-XRF 结果表明，As 在指甲横断面呈三层结构分布，在横断面外层和内层浓度较高，中间浓度较低；μ-XANES 结果显示，指甲和头发中砷主要与硫结合［$As(Glu)_3$］，经线性拟合后 $As(Glu)_3$ 含量分别达到 69%～76%和 54%～64%，表明指甲和头发中的砷易于富集在富含巯基的角质层。Yin 等[15]利用 As 的 XAS 谱研究了人体肠道菌群对 As(V)吸附针铁矿和黄钾铁矾的代谢能力，发现黄钾铁矾和针铁矿上吸附态 As(V)的释放分别发生在小肠和结肠消化液中；相比黄钾铁矾，针铁矿结肠消化液中发现更多的 As(V)和 Fe(III)还原；结合高效液相色谱-电感耦合等离子体质谱进行形态分析，发现针铁矿孵育后，液体和固相 As(III)分别占总 As 的 43.2%和 8.5%，而几乎所有生成的 As(III)都在黄钾铁矾的结肠消化液中。van der Ent 等[16]利用 X 射线荧光微区断层扫描(XRF-μCT)研究了蜈蚣草组织内不同细胞类型中砷的分布和化学形态，揭示了砷在植物轴和小羽片维管束周围的内皮层和中柱鞘中的定位；二维 X 射线吸收谱(2D XANES)成像揭示了砷在不同组织中的形态分布，表明 As(V)存在于维管束中，As(III)存在于内皮层和中柱鞘中。

2）汞

汞(Hg)是一种剧毒非必需元素，尤其是甲基汞，广泛存在于各类环境介质和食物链（尤其是鱼类）中，是生态环境研究领域的热点之一。James 等[17]利用 Hg 的 L_3 边高能分辨荧光检测 X 射线吸收光谱（HERFD-XAS）对猫 717 小脑样品进行复查，发现汞主要以含硫有机金属汞形式存在，另有少量相与 β-HgS 非常相似。Song 等[18]利用 Hg 的 L_3 边 EXAFS 谱研究了汞甲基化细菌的细胞膜硫醇官能团(Mem-RSH)与 Hg(II)形成的配合物结构，表明 5%的 Mem-RSH 与 Hg(II)形成二配位的 $Hg(Mem\text{-}RS)_2$ 结构，其余 95%的 Mem-RSH 参与连接 Hg(II)-配合物，结合低分子量硫醇，如半胱氨酸(Cys)、Hg(Cys)(Mem-RS)、或与相邻的膜 O/N 官能团结合，如 Hg（Mem-RSRO）。Thomas 等[19]研究了硫还原地杆菌细胞膜表面硫醇对 Hg(II)的吸附和甲基化作用，发现表面硫醇对 Hg(II)的甲基化无显著影响，Hg 的 L_3 边 HERFD-XAS 谱表明在添加 Cys 产生高浓度甲基汞条件下，存在大量与细胞相连的 $Hg\text{-}S_3/S_4$ 物种，在低浓度甲基汞条件下，$Hg\text{-}S_2$ 占主要形态。Wang 等[20]利用纳米活性炭(NAC)作为土壤修复剂来减少水稻对汞的吸收，基于 Hg 的 L_3 边和 S 的 K 边 XAS 谱研究发现，NAC 诱导土壤中 Hg-有机质的结合向纳米 HgS 发生转化，可能与 NAC 将亚砜还原为还原态硫有关，汞形态转化降低了汞在水稻植株组织中的生物积累（15%～63%）。

3）其他元素

Ye 等[21]利用 μ-XRF 研究了锡矿山地区居民头发和指甲中锑的分布，发现与砷分布在头发和指甲的根部不同，锑分布呈不均匀离散状。Johnson 等[22]利用 XRF 结合生物矿物沉积年代学，研究了裂尾鱼生命周期中有毒硒暴露的来源、生命阶段和持续时间，发现由于母体转移和幼鱼进食受污染的猎物导致的高硒暴露产生脊柱畸形。Stonehouse 等[23]利用 μ-XRF 和 XANES 研究了硒在大麻中的分布，表明硒主要富集在大麻叶片维管系统和种子胚中，以 C−Se−C 形式富集（叶片中为 57%～75%，种子中为 86%以上）。Liu 等[24]利用 XRF 在组织和器官水平上研究了镧和铈在稀土元素超富集植物铁芒萁中的分布，表明 La 和 Ce 主要与 Mn 在羽片和小羽片中共定位，在坏死斑中浓度最高，纹理中浓度较低；在小羽片、中脉、轴和匍枝的横截面上，La、Ce 和 Mn 在表皮、维管束和中柱鞘中富集，Mn 主要分布在皮层和叶肉中。Chen 等[25]利用 Cu 的 K 边 XNAES 谱研究了 Cu^{2+}作用下菠菜根系对多环芳烃（PAH）的吸收，发现 PAH-Cu 络合物的形成降低了 PAH 的疏水性及其在溶解性有机碳上的吸附，从而提高了植物对 PAH 的吸收。Gu 等[26]利用 μ-XRF 和 XANES 研究了稻米中镉的分布和化学形态，表明大米中的 Cd 主要以 Cd-硫醇络合物的形式存在（66%～92%），可能是 Cd 与富含硫醇的蛋白质结合，其余以 Cd -羧基化合物和 Cd -组氨酸形式存在；μ-XRF 元素分布图显示了两种不同的 Cd 分布模式，一种是在全粒中均匀分布，另一种是在外层组织（糊粉层和外部淀粉质胚乳）中优先分布，这一结果对人类饮食中镉的生物利用性具有重要意义。

6.3.3　污染迁移转化

同步辐射技术为研究污染物的化学形态和迁移转化等提供了更加灵敏和准确的分析方法。李院霞等[27]基于同步辐射技术对环境介质如土壤、植物体内汞的分布蓄积、含量和化学形态分析方面的优势，综述了“同步辐射 X 射线荧光和吸收技术在环境汞污染研究中的应用”。夏星等[28]综述了“基于同步辐射技术研究土壤铁氧化物固定重金属分子机制的进展”。同步辐射技术在环境界面化学研究中的广泛应用促进了分子水平对污染物界面吸附和迁移转化的理解。

1）硬 X 射线

EXAFS 是研究污染物界面吸附结构的十分有力的手段，对于研究重金属在矿物表面的配位结构和微观吸附机理显示出独特的优势。Yan 等[29]利用掠入射 EXAFS（GI-EXAFS）研究了 As(V)在金红石 TiO_2(110)单晶表面的吸附结构，借助于 GI-EXAFS 技术对表面结构的灵敏分析，发现存在砷的共边共角三齿配位结构。Hu 等[30]利用 EXAFS 谱研究了 As(III)和 Cd 在 TiO_2 表面的络合结构，发现与 Cd 相比，As(III)与 TiO_2 表面有较强的亲和力，形成了以 As(III)为桥联分子的三元表面络合结构 Cd–As(III)–TiO_2，且 Cd 与 As(III)的先后吸附顺序不会影响此表面络合物的分子结构。Yan 等[31]利用 EXAFS 研究了 Sb 在 TiO_2 高能{001}晶面的吸附构型，发现 Sb(III)和 Sb(V)均以双齿双核的吸附构型存在；Sb 的 $L_{2,3}$ 边 XANES 谱表明，吸附过程存在分子轨道的杂化，Sb 与 TiO_2 表面形成了轨道能量匹配的新键，其引起的能量变化是形成稳定 Sb–O–Ti 络合结构的反应驱动力。

Bandaru 等[32]利用 As 的 K 边 XAS 谱研究了空气阴极辅助铁电絮凝过程中 As(III)的去除，发现反应过程中 Fe(II)和 As(III)的快速完全氧化促进砷的去除。Li 等[33]利用 Fe 的 K 边 EXAFS 谱研究了碳酸盐对铁矿物转化的影响，发现碳酸盐促进了水铁矿向赤铁矿的转化并阻碍针铁矿的形成。Eberle 等[34]利用 As 和 S 的 XAS 谱研究了泥炭地中还原态硫与砷的结合，发现 pH 控制砷-硫的结合和砷的移动性；在酸性条件下，硫化物或多硫化物的添加导致硫代亚砷酸盐与有机碳结合从而保留大量的砷，但在中性至碱性 pH 下，砷解吸转化为流动性更强的硫代砷酸盐从而促进砷释放。Ye 等[35]利用 XAS 研究了土著微生物介导的硫循环对 As 和 Sb 迁移转化的影响，发现砷在厌氧条件下释放，而锑在好氧条件下释放；As 的释放是由于硫酸盐还原菌（SRB）介导产生了溶解态的硫代砷酸盐，而 Sb 的释放主要是因为 Sb(III)氧化为流动性更强的 $Sb^{V}(OH)_6^-$所致。Zhou 等[36]利用 Cd 的 K 边 XAS 研究了硫还原地杆菌还原水铁矿过程中天然有机质（NOM）对 Cd 迁移行为的影响，结果表明，随着 NOM 浓度的增加，Cd 负载的水铁矿的还原速率和程度都有所提高，微生物还原后水铁矿并未转化，但 Cd-有机质的比例增加，表明在还原条件下，NOM 可通过抑制水铁矿转化和形成 Cd-有机质重新捕获 Cd，从而降低 Cd 的流动性。

Gonzalez 等[37]利用 U 的 L_3 边和 As 的 K 边 XAS 谱研究了酸性和中性 pH 条件下，铀、砷、碳酸氢盐和钙的水溶液反应性，发现形成 U–As–Ca–和 U–Ca–固体如砷钙铀矿[$Ca(UO_2)_2(AsO_4)_2·10H_2O$]和深黄铀矿[$Ca(UO_2)_6O_4(OH)_6·8\ H_2O$]，上述矿物在 pH=3 条件下稳定存在，但在 pH=7 存在 10 mmol/L 碳酸氢盐和钙时发生溶解。Asta 等[38]利用 U 的 L_3 边 XAFS 研究了 UO_2(s)的溶解机制，发现亚硝酸盐及硫杆菌促进 UO_2 的溶解，溶解后氧化态 U(VI)在 UO_2 表面形成络合结构。Dewey 等[39]利用 XAFS 发现 Fe(II)均相还原溶液中钙-铀酰-碳酸盐物种（$[CaUO_2(CO_3)_3]^{2-}$和 $Ca_2UO_2(CO_3)_3$）的过程受动力学限制，而溶液 Fe(II)促进水铁矿表面催化的 U(VI)还原，生成的还原态 U(V)进入水铁矿体相。Townsend 等[40]研究了硫化过程对水铁矿表面吸附态 U(VI)形态转化的影响，XAS 结果表明，在硫化反应过程中，存在不稳定的 U(VI)-过硫络合物中间物种，其中过硫配体在铀酰基团的平面上与其配位。Vettese 等[41]利用 U 的 M_4 边高能分辨荧光检测 X 射线吸收光谱（HERFD-XAS）和 L_3 边 EXAFS 谱研究了希瓦氏菌 MR-1 还原 U(VI)的中间物种，发现 MR-1 通过单电子转移还原 U(VI)形成 U(V)中间体，歧化形成 U(VI)和 U(IV)，且还原后固相中存在显著的 U(V)。Sánchez-Castro 等[42]研究了寡养单胞菌 Br8 对 U 的生物矿化，表明菌株 Br8 具有高磷酸酶活性介导了正磷酸盐的释放，从而生物沉淀铀，U 的 L_3 边 EXAFS 表明，磷酸铀沉淀结构与钙铀云母类似。

Lin 等[43]利用 Se 的 K 边 XAS 谱研究了硒在石膏中的截留机制，发现 Se^{4+}和 Se^{6+}掺杂的石膏经 γ 射线辐照后出现五种硒中心氧自由基：SeO_2^-(I)、SeO_2^-(II)、SeO_2^-(III)、SeO_3^- 和 $HSeO_4^{2-}$，其中 SeO_2^-(I)、SeO_2^-(II)、SeO_2^-(III)的存在表明 SeO_3^{2-}取代了石膏结构中的 SO_4^{2-}，SeO_3^- 和 $HSeO_4^{2-}$的存在表明 SeO_4^{2-}

置换 SO_4^{2-}。Ma 等[44]利用 Se 的 XANES-EXAFS 谱研究了硒与掺杂高炉矿渣（BFS）和粉煤灰（FA）的三元水泥（CEM-V/A）的相互作用，发现 Fe^0 的加入明显增强水泥对亚硒酸盐的还原能力，亚硒酸盐在水泥中的固定机制包括非氧化还原内/外层络合以及 FeSe/Se（0）的还原沉淀。Zhu 等[45]研究了磷酸盐对亚硒酸在大肠杆菌中生物转化的影响，Se 的 XANES 结果表明，随着磷酸盐水平升高，内化的 Se 从 Se^0 转化为有毒的有机硒。

Yang 等[46]利用 XANES 和 STXM 技术研究了 Cr(III)在有机质-水铁矿沉淀颗粒（OFC）上的固定机制，发现当 Fe/C 摩尔比≥0.3 时，共沉淀法和吸附法固定了大部分 Cr(III)，Cr(III)主要与水铁矿结合，有机碳负载增加了 Cr(III)与有机质结合；STXM 证实了 Cr(III)与水铁矿的结合并探测到羧基是有机质组分上固定 Cr(III)的结合位点。该团队进一步研究发现在相对较高 pH 值下，更多的 Cr(III)与 OFC 的水铁矿结合，随碳负载的提高和 pH 的降低，Cr(III)吸附受到抑制，其原因是负载碳阻断水铁矿上的结合位点[47]。Maloubier 等[48]通过 Pu 的 L_3 边 XAS 谱研究了 NOM 对包气带中 Pu(V)迁移行为的影响，发现 NOM 的存在促进了 Pu(V)的还原，且通过形成三元表面–NOM–Pu 络合结构显著降低了 Pu 的迁移性。Chen 等[49]利用 μ-XRF 和 μ-XANES 研究了 Pb(II)在水铁矿-菌复合物中的空间分布及配位结构，发现 Pb(II)与细菌的相互作用优先于与矿物组分的相互作用，单核双齿羟基–Pb 配合物、单齿单核羧基–Pb 配合物和磷基–Pb 配合物分别促进了 Pb(II)与矿物和细菌组分的内层结合。Zhou 等[50]将 Pb 掺入 $PbZr(PO_4)_2$ 双正磷酸盐结构用于稳定铅，基于 EXAFS 研究发现 Pb 被插入到六方晶结构中，并与氧四配位，通过 Zr–O–P 和 Pb–O–P 键的连接改变提高了结构稳定性，同时抑制了磷的释放。

2）软 X 射线

Luo 等[51]利用 As 的 L_3 边 XANES 谱结合 STXM 技术研究了硫还原菌对 TiO_2 表面吸附态 As(V)迁移转化的影响，发现 SO_4^{2-} 还原产生的 S^{2-} 将部分 As(V)还原为 As(III)，TiO_2 表面同时存在不同形态的砷分布。Cheng 等[52]利用 XAS 谱研究了猪粪热解过程中 Cu、P 和 S 的形态转化，发现 82%以上的 Cu 主要以 Cu(I)-S 和 Cu(I)-硫醇配合物形式存在，在 300°C 低温热解过程中转化为稳定的 $Cu(I)_2S$，并在 500°C 高温热解时部分氧化脱硫转化为 Cu(II)络合物；猪粪中约 58%的 P 以 $CaHPO_4$ 和鸟粪石的形式存在，在热解过程中逐渐转化为稳定的钙络合物，如羟基磷灰石。Li 等[53]利用 P 和 Fe 的 K 边 XANES 谱量化了不同污泥陈化阶段中铁和磷形态的转化及产酸共发酵过程中磷的回收，发现利用铁促进共沉淀法和吸附法可有效去除废水中的磷，并可通过产酸共发酵和微生物还原食物垃圾，从污泥中提取和回收磷。Wang 等[54]利用 XAS 研究了污泥水热厌氧消化处理过程中 Fe、P 和 S 的形态转化，结果表明，水热低温处理形成蓝铁矿 $[Fe_3(PO_4)_2]$，高温处理析出更多的红磷铁矿（$FePO_4$）；随后厌氧消化过程中，微生物还原红磷铁矿及含 Fe(III)物质形成蓝铁矿，同时磷释放到溶液中并吸附到其他矿物上，处理过程对铁的硫化作用较弱，硫主要以黄铁矿（FeS_2）、零价硫（S^0）、硫醇（$S^{0.5+}$）和硫酸盐（S^{6+}）形式存在。Campos-Pereira 等[55]利用 S 的 K 边 XANES 谱研究了全氟烷基化合物（PFASs）在水铁矿表面的吸附机制，表明磺化官能团未参与形成内层络合结构，表面电荷在 PFASs 的吸附中起主要作用。Hestrin 等[56]研究了岩火有机质（PyOM）与氨气（NH_3）的相互作用，N 的 XANES 谱结合 NMR 谱显示，NH_3-N 与 PyOM 之间形成多种共价键，其中超过 10%的共价键含有杂环结构。

6.3.4 动态原位反应过程

基于同步辐射的动态现场原位（operando）反应体系模拟了反应的动态过程，不仅在时空分辨水平直接提供了反应过程中结构的变化信息，还将结构的动态演化与迁移过程相联系，在研究真实条件下的反应机理方面具有独特优势。Deng 等[57]基于 X 射线衰减原理利用微流控反应池构建了现场原位同步辐射实验，以酸性流体通过 Eagle Ford 页岩的非均质岩石表面来模拟反应性压裂流动；X-CT 成像显示，方解石优先溶解，形成厚度为 200～500 μm 的蚀变层，孔隙度为 63%～68%，比未反应页岩的比表面积高 10 倍以上；μ-XRF 和 μ-XANES 定量结果表明，多达 0.5 wt%的 As(I)存在于砷黄铁矿，1.2 wt%的 As(V)与水铁矿结合。Yu 等[58]将电化学反应池与原位 XAFS 相结合，研究了 AuFe@FeOx 电极传感器检测 Sb 过程中 Sb 的形态转化，发现在电沉积阶段（t = 15 min），Sb(III)在电极表面被还原为 Sb(0)；在阳极溶出阶段（t = 30 min），电极表面积累的 Sb(0)进一步被氧化为 Sb(III)和 Sb(V)。Hirsch 等[59]利用原位 HERFD-XANES 和价核 X 射线发射光谱（vtc XES）研究了单斜 $La_2O_2CO_3$ 晶体在氧气和水蒸气存在下对 CO_2 的电化学响应，发现 CO_2 直接与 La 位点发生反应，改变 $La_2O_2CO_3$ 电传感器的电阻，基于电传感器在空气和 CO_2 中电阻的差异及电阻在 X 射线照射下存在的能量依赖关系，设计 X 射线交替照射实现 CO_2 的电响应测试。Angel 等[60]利用基于同步辐射的原位 X 射线衍射和散射技术研究了绿锈阴离子交换过程中的反应机制，表明纳米级和微米级绿锈的整体交换过程可以看作是一个简单的阴离子（Cl^--SO_4^{2-}）交换机制，没有溶解-再结晶或层间化过程。

6.3.5　单原子催化表征

污染物的催化降解是环境治理的重要手段。近年来，单原子催化剂由于其高选择性和高反应活性在污染物的高效催化降解中凸显优势，是关注度最高的催化剂之一。对单原子催化剂的表征是同步辐射技术的另一重要应用。Yin 等[61]利用 Fe 的 K 边 EXAFS 研究了铁单原子负载的 SBA-15 催化剂，表明单原子 Fe 通过取代 Si-OH 的 H 形成 Si–O–Fe 配位插入 SBA-15 的孔中，其中 Fe 由 4 个 O 原子配位形成 FeO_4 结构，这一类芬顿催化剂在催化氧化水杨酸和苯酚中表现出高反应活性。Li 等[62]研究了钴负载的多孔氮掺杂石墨烯催化材料，利用 Co 的 K 边 EXAFS 发现单原子钴以 CoN_4 的配位结构锚定在载体上，是一种具有高活性且稳定的类芬顿催化剂，可通过活化过一硫酸盐实现对难降解有机污染物双酚 A 的高效催化氧化。Xu 等[63]利用 Cu 的 K 边 EXAFS 证实了铜单原子负载的氮化碳（Cu-C_3N_4）催化材料，其在中性 pH 条件下可活化过氧化氢产生羟基自由基，实现工业废水中有机污染物的高效催化降解。Xia 等[64]利用 Ni 的 K 边 EXAFS 研究了镍负载的石墨烯量子点催化剂，发现存在 Ni–N/C 键，但未发现 Ni–Ni 和 Ni–O–Ni 键，说明 Ni 以单原子形式负载，具有高效的 CO_2 电还原效率。Gu 等[65]利用 W 的 L_3 边 EXAFS 表征了钨负载的氧化石墨烯材料，表明存在 W-O/N 配位结构，未发现 W-W 键，说明 W 以单原子形式存在，其在氮还原中表现出高催化活性。Wang 等[66]利用 Mo 的 K 边 EXAFS 研究了钼单原子纳米酶（Mo_{SA}–N_x–C），发现 Mo 单原子的配位数调节其类过氧化物酶特异性，其中 Mo_{SA}–N_3–C 催化剂通过均裂反应表现出专属的类过氧化物酶行为，而 Mo_{SA}–N_2–C 和 Mo_{SA}–N_4–C 催化剂则具有不同的异裂反应途径。同步辐射 EXAFS 技术已被广泛应用于 Fe、Co、Ni、Mo、Cu、Pt、Cr、Mn 等单原子催化剂的表征[67,68]，在确定单原子结构中具有不可替代的作用。

6.4　结论与展望

同步辐射 X 射线光谱技术从分子水平揭示了复杂环境基质中污染物的时空分布、微观结构、反应过程等信息，推进了环境化学与污染防治的研究进展。随着对环境化学与界面科学研究手段要求的提高和对同步辐射 X 射线光谱技术的深入了解和广泛应用，将使得同步辐射在环境领域的研究中呈现出更大的优势，也是未来解决环境污染问题的重要机遇。同步辐射在环境化学领域的未来发展趋势有以下三个方面：

（1）高亮度的高能光源。环境污染物的痕量监测需要进一步提高新一代光源的性能和稳定性，“更亮、更快、更强”的第四代同步辐射光源是大势所趋。此外，新型能量探测器的改进及研制有望进一步提高同步辐射光对痕量元素的分辨率和灵敏度。

（2）高时空分辨成像能力。环境基质复杂，污染物元素的空间分布差异巨大。在纳米尺度识别污染物的精细结构信息，需要更亮的光源和更小的光斑。随着技术的进步，提高时间/能量分辨率，设计更高空间分辨的成像设备将为复杂环境污染物的研究提供新可能。

（3）operando 反应过程监测。operando 是对反应过程进行实时表征。目前虽然能够“看见”所观察物质的分子结构，但捕捉其变化过程，特别是在真实反应体系下的变化过程，依然有很大挑战。捕捉反应过程中的分子结构变化要求高时间分辨率，不仅需要更亮的高能光源，同时要求高精度和快速应答的分析仪器。此外，未来 operando 反应系统的设计应更趋于模拟真实环境反应状态，研究多介质界面反应过程；目前 operando 在气-固相体系有了较好的应用，相比之下，液相反应的研究较少，而大部分环境领域研究多涉及液-固界面反应。

参 考 文 献

[1] 马礼敦，杨福家. 同步辐射应用概论. 上海：复旦大学出版社, 2001.

[2] 杨传铮，程国峰，黄月鸿. 同步辐射的基本知识—第四讲：同步辐射中的光谱术及其应用(一). 理化检验：物理分册, 2009, 45: 248-252.

[3] 李富荣，石含之，徐爱平，等. 同步辐射技术在农产品及其产地土壤重金属研究中的应用. 农产品质量与安全, 2020, 52-58.

[4] Bertsch P M, Hunter D B. Applications of synchrotron-based X-ray microprobes. Chemical Reviews, 2001, 101: 1809-1842.

[5] 白琦锋，王文华，袁涛. 同步辐射技术在环境污染监测及生态毒理研究中的应用. 生态学杂志, 2012, 1855-1861.

[6] Hurtarte L C C, Amorim H C S, Kruse J, et al. A Novel approach for the quantification of different inorganic and organic phosphorus compounds in environmental samples by P L-2, L-3-edge X-ray absorption near-edge structure (XANES) spectroscopy. Environmental Science & Technology, 2020, 54: 2812-2820.

[7] O'day P A, Nwosu U G, Barnes M E, et al. Phosphorus speciation in atmospherically deposited particulate matter and implications for terrestrial ecosystem productivity. Environmental Science & Technology, 2020, 54: 4984-4994.

[8] Bauer P S, Amenitsch H, Baumgartner B, et al. In-situ aerosol nanoparticle characterization by small angle X-ray scattering at ultra-low volume fraction. Nature Communications, 2019, 10: 7.

[9] Myneni S C B, Brown J T, Martinez G A, et al. Imaging of humic substance macromolecular structures in water and soils. Science, 1999, 286: 1335-1337.

[10] Russell L M, Maria S F, Myneni S C B. Mapping organic coatings on atmospheric particles. Geophysical Research Letters, 2002, 29: 101.

[11] Sowers T D, Wani R P, Coward E K, et al. Spatially resolved organomineral interactions across a permafrost chronosequence. Environmental Science & Technology, 2020, 54: 2951-2960.

[12] Yoon T H, Johnson S B, Benzerara K, et al. In situ characterization of aluminum-containing mineral-microorganism aqueous suspensions using scanning transmission X-ray microscopy. Langmuir, 2004, 20: 10361-10366.

[13] Gherase M R, Fleming D E B. Probing trace elements in human tissues with synchrotron radiation. Crystals, 2020, 10: 12.

[14] Cui J, Shi J, Jiang G, et al. Arsenic levels and speciation from ingestion exposures to biomarkers in Shanxi, China: Implications for human health. Environmental Science & Technology, 2013, 47: 5419-5424.

[15] Yin N, Cai X, Zheng L, et al. In vitro assessment of arsenic release and transformation from As(V)-sorbed goethite and jarosite: The influence of human gut microbiota. Environmental Science & Technology, 2020, 54: 4432-4442.

[16] Van Der Ent A, De Jonge M D, Spiers K M, et al. Confocal volumetric mu XRF and fluorescence computed mu-tomography reveals arsenic three-dimensional distribution within intact pteris vittata fronds. Environmental Science & Technology, 2020, 54: 745-757.

[17] James A K, Nehzati S, Dolgova N V, et al. Rethinking the minamata tragedy: What mercury species was really responsible? Environmental Science & Technology, 2020, 54: 2726-2733.

[18] Song Y, Adediran G A, Jiang T, et al. Toward an internally consistent model for Hg(II) chemical speciation calculations in bacterium-natural organic matter-low molecular mass thiol systems. Environmental Science & Technology, 2020, 54: 8094-8103.

[19] Thomas S A, Mishra B, Myneni S C B. Cellular mercury coordination environment, and not cell surface ligands, influence bacterial methylmercury production. Environmental Science & Technology, 2020, 54: 3960-3968.

[20] Wang J, Shaheen S M, Anderson C W N, et al. Nanoactivated carbon reduces mercury mobility and uptake by oryza sativa l: mechanistic investigation using spectroscopic and microscopic techniques. Environmental Science & Technology, 2020, 54: 2698-2706.

[21] Ye L, Qiu S, Li X, et al. Antimony exposure and speciation in human biomarkers near an active mining area in Hunan, China. Science of the Total Environment, 2018, 640: 1-8.

[22] Johnson R C, Stewart A R, Limburg K E, et al. Lifetime chronicles of selenium exposure linked to deformities in an imperiled migratory fish. Environmental Science & Technology, 2020, 54: 2892-2901.

[23] Stonehouse G C, Mccarron B J, Guignardi Z S, et al. Selenium metabolism in hemp (Cannabis sativa L.)-potential for phytoremediation and biofortification. Environmental Science & Technology, 2020, 54: 4221-4230.

[24] Liu W S, Van Der Ent A, Erskine P D, et al. Spatially resolved localization of lanthanum and cerium in the rare earth element hyperaccumulator fern dicranopteris linearis from China. Environmental Science & Technology, 2020, 54: 2287-2294.

[25] Chen J, Xia X, Chu S, et al. Cation-pi Interactions with coexisting heavy metals enhanced the uptake and accumulation of polycyclic aromatic hydrocarbons in spinach. Environmental Science & Technology, 2020, 54: 7261-7270.

[26] Gu Y, Wang P, Zhang S, et al. Chemical speciation and distribution of cadmium in rice grain and implications for bioavailability to humans. Environmental Science & Technology, 2020, 54: 12072-12080.

[27] 李院霞，史雪倩，李红，等. 同步辐射 X 射线荧光和吸收谱技术在环境汞污染研究中的应用进展. 生态毒理学报，2018, 13: 30-38.

[28] 夏星. 基于同步辐射技术研究土壤铁氧化物固定重金属分子机制的进展. 应用生态学报，2019, 30: 348-358.

[29] Yan L, Hu S, Duan J, et al. Insights from arsenate adsorption on rutile (110): grazing-incidence X-ray absorption fine structure spectroscopy and DFT+U study. The Journal of Physical Chemistry A, 2014, 118: 4759-4765.

[30] Hu S, Yan L, Chan T, et al. Molecular insights into ternary surface complexation of arsenite and cadmium on TiO_2. Environmental Science & Technology, 2015, 49: 5973-5979.

[31] Yan L, Song J, Chan T, et al. Insights into antimony adsorption on {001} TiO_2: XAFS and DFT study. Environmental science & technology, 2017, 51: 6335-6341.

[32] Bandaru S R S, Van Genuchten C M, Kumar A, et al. Rapid and efficient arsenic removal by iron electrocoagulation enabled with in situ generation of hydrogen peroxide. Environmental Science & Technology, 2020, 54: 6094-6103.

[33] Li Y, Yang M, Pentrak M, et al. Carbonate-Enhanced transformation of ferrihydrite to hematite. Environmental Science & Technology, 2020, 54: 13701-13708.

[34] Eberle A, Besold J, Kerl C F, et al. Arsenic fate in peat controlled by the pH-dependent role of reduced sulfur. Environmental Science & Technology, 2020, 54: 6682-6692.

[35] Ye L, Meng X, Jing C. Influence of sulfur on the mobility of arsenic and antimony during oxic-anoxic cycles: Differences and competition. Geochimica Et Cosmochimica Acta, 2020, 288: 51-67.

[36] Zhou Z, Muehe E M, Tomaszewski E J, et al. Effect of natural organic matter on the fate of cadmium during microbial ferrihydrite reduction. Environmental Science & Technology, 2020, 54: 9445-9453.

[37] Gonzalez E J, Meza I, Burns A J, et al. Effect of Bicarbonate, Calcium, and pH on the reactivity of As(V) and U(VI) mixtures. Environmental Science & Technology, 2020, 54: 3979-3987.

[38] Asta M P, Beller H R, O'day P A. Anaerobic Dissolution Rates of U(IV)-Oxide by abiotic and nitrate-dependent bacterial pathways. Environmental Science & Technology, 2020, 54: 8010-8021.

[39] Dewey C, Sokaras D, Kroll T, et al. Calcium-uranyl-carbonato species Kinetically Limit U(VI) reduction by Fe(II) and Lead to U(V)-bearing ferrihydrite. Environmental Science & Technology, 2020, 54: 6021-6030.

[40] Townsend L T, Shaw S, Ofili N E R, et al. Formation of a U(VI)-Persulfide Complex during Environmentally Relevant Sulfidation of Iron (Oxyhydr) oxides. Environmental Science & Technology, 2020, 54: 129-136.

[41] Vettese G F, Morris K, Natrajan L S, et al. Multiple Lines of Evidence Identify U(V) as a Key Intermediate during U(VI) Reduction by Shewanella oneidensis MR1. Environmental Science & Technology, 2020, 54: 2268-2276.

[42] Sanchez-Castro I, Martinez-Rodriguez P, Jroundi F, et al. High-efficient microbial immobilization of solved U(VI) by the Stenotrophomonas strain Br8. Water Research, 2020, 183: 11.

[43] Lin J, Chen N, Feng R, et al. Sequestration of Selenite and Selenate in Gypsum ($CaSO_4$ center dot 2H(2)O): Insights from the Single-Crystal Electron Paramagnetic Resonance Spectroscopy and Synchrotron X-ray Absorption Spectroscopy Study. Environmental Science & Technology, 2020, 54: 3169-3180.

[44] Ma B, Fernandez-Martinez A, Wang K, et al. Selenite Sorption on Hydrated CEM-V/A Cement in the Presence of Steel Corrosion Products: Redox vs Nonredox Sorption. Environmental Science & Technology, 2020, 54: 2344-2352.

[45] Zhu T T, Tian L J, Yu H Q. Phosphate-Suppressed Selenite Biotransformation by Escherichia coli. Environmental Science & Technology, 2020, 54: 10703-10711.

[46] Yang J, Xia X, Liu J, et al. Molecular Mechanisms of Chromium(III) Immobilization by Organo-Ferrihydrite Co-precipitates: The Significant Roles of Ferrihydrite and Carboxyl. Environmental Science & Technology, 2020, 54: 4820-4828.

[47] Xia X, Yang J, Yan Y, et al. Molecular Sorption Mechanisms of Cr(III) to Organo-Ferrihydrite Coprecipitates Using Synchrotron-Based EXAFS and STXM Techniques. Environmental Science & Technology, 2020, 54: 12989-12997.

[48] Maloubier M, Emerson H, Peruski K, et al. Impact of Natural Organic Matter on Plutonium Vadose Zone Migration from an NH4Pu(V)O2CO3(s) Source. Environmental Science & Technology, 2020, 54: 2688-2697.

[49] Chen H, Tan W, Lv W, et al. Molecular Mechanisms of Lead Binding to Ferrihydrite-Bacteria Composites: ITC, XAFS, and mu-XRF Investigations. Environmental Science & Technology, 2020, 54: 4016-4025.

[50] Zhou Y, Zhang J, Liao C, et al. Pb Stabilization by a New Chemically Durable Orthophosphate Phase: Insights into the Molecular Mechanism with X-ray Structural Analysis. Environmental Science & Technology, 2020, 54: 6937-6946.

[51] Luo T, Tian H, Guo Z, et al. Fate of Arsenate Adsorbed on Nano-TiO_2 in the Presence of Sulfate Reducing Bacteria. Environmental Science & Technology, 2013, 47: 10939-10946.

[52] Cheng Y, Luo L, Lv J, et al. Copper Speciation Evolution in Swine Manure Induced by Pyrolysis. Environmental Science & Technology, 2020, 54: 9008-9014.

[53] Li R H, Cui J L, Hu J H, et al. Transformation of Fe-P Complexes in Bioreactors and P Recovery from Sludge: Investigation by XANES Spectroscopy. Environmental Science & Technology, 2020, 54: 4641-4650.

[54] Wang Q, Zhang C, Patel D, et al. Coevolution of Iron, Phosphorus, and Sulfur Speciation during Anaerobic Digestion with Hydrothermal Pretreatment of Sewage Sludge. Environmental Science & Technology, 2020, 54: 8362-8372.

[55] Campos-Pereira H, Kleja D B, Sjostedt C, et al. The Adsorption of Per- and Polyfluoroalkyl Substances (PFASs) onto Ferrihydrite Is Governed by Surface Charge. Environmental Science & Technology, 2020, 54: 15722-15730.

[56] Hestrin R, Torres-Rojas D, Dynes J J, et al. Fire-derived organic matter retains ammonia through covalent bond formation. Nature Communications, 2019, 10: 8.

[57] Deng H, Fitts J P, Tappero R V, et al. Acid Erosion of Carbonate Fractures and Accessibility of Arsenic-Bearing Minerals: In Operando Synchrotron-Based Microfluidic Experiment. Environmental Science & Technology, 2020, 54: 12502-12510.

[58] Yu Y, Du J, Chan T, et al. Core-Shell AuFe@FeO -CFC as Electrochemical Sensor for Trace Antimony Analysis. Sensors and Actuators B: Chemical, 2020, 319: 128322.

[59] Hirsch O, Kvashnina K O, Luo L, et al. High-energy resolution X-ray absorption and emission spectroscopy reveals insight into unique selectivity of La-based nanoparticles for CO_2. Proceedings of the National Academy of Sciences of the United States of America, 2015, 112: 15803-15808.

[60] Agnel M I, Grangeon S, Fauth F, et al. Mechanistic and Thermodynamic Insights into Anion Exchange by Green Rust. Environmental Science & Technology, 2020, 54: 851-861.

[61] Yin Y, Shi L, Li W, et al. Boosting Fenton-Like Reactions via Single Atom Fe Catalysis. Environmental Science & Technology, 2019, 53: 11391-11400.

[62] Li X, Huang X, Xi S, et al. Single cobalt atoms anchored on porous N-doped graphene with dual reaction sites for efficient fenton-like catalysis. Journal of the American Chemical Society, 2018, 140: 12469-12475.

[63] Xu J, Zheng X, Feng Z, et al. Organic wastewater treatment by a single-atom catalyst and electrolytically produced H_2O_2. Nature Sustainability, 2021, 4: 233-241.

[64] Xia C, Qiu Y, Xia Y, et al. General synthesis of single-atom catalysts with high metal loading using graphene quantum dots. Nature Chemistry, 2021.

[65] Gu Y, Xi B, Tian W, et al. Boosting Selective Nitrogen Reduction via Geometric Coordination Engineering on Single-Tungsten-Atom Catalysts. Advanced Materials, 2021, 33.

[66] Wang Y, Jia G, Cui X, et al. Coordination Number Regulation of Molybdenum Single-Atom Nanozyme Peroxidase-like Specificity. Chem, 2021, 7: 436-449.

[67] Chen F, Wu X L, Shi C, et al. Molecular Engineering toward Pyrrolic N-Rich M-N-4 (M = Cr, Mn, Fe, Co, Cu) Single-Atom Sites for Enhanced Heterogeneous Fenton-Like Reaction. Advanced Functional Materials, 2021, 31.

[68] Weon S, Huang D, Rigby K, et al. Environmental Materials beyond and below the Nanoscale: Single-Atom Catalysts. ACS ES&T Engineering, 2021, 1: 157-172.

作者：景传勇[1]，阎莉[1]

[1]中国科学院生态环境研究中心，[1]环境化学与生态毒理学国家重点实验室

第7章 天然有机质的环境行为和效应

本章导读

天然有机质广泛分布于土壤和水生生态系统中，在全球碳循环和污染物环境归趋过程中起着关键作用。天然有机质是生态系统的重要储碳形式，其化学组成和储存环境显著影响其固碳能力。天然有机质也是环境污染物的重要载体和反应催化剂，显著影响环境污染物的环境归趋和效应。高分辨率质谱、先进核磁共振谱、同步辐射、纳米二次离子质谱等现代分析仪器与技术的发展为该方向上的研究提供了新的契机。通过在分子水平或微纳米尺度对天然有机质的结构进行解析，可以更深入地研究环境中有机质的来源、形成和转化过程，提高人们对天然有机质生态环境功能的认识。天然有机质对污染物的吸附影响其在环境中的迁移性和生物可利用性。天然有机质吸附污染物的能力受其化学结构、空间构型和黑碳/溶解性黑碳组分的影响。现有的吸附预测模型主要包括线性自由能模型、两相体系模型和机器学习模型。天然有机质反应活性较强，具有氧化还原和光化学活性，可介导污染物的氧化还原和光转化过程。研究天然有机质对污染物环境分配和转化的影响对全面认识天然有机质的生态环境效应、准确预测污染物的环境归趋都具有重要意义。本章将针对天然有机质的分子表征技术及其在生态环境研究中的应用，天然有机质与污染物的相互作用机制及预测模型进行综述，主要聚焦于这两个领域近期的研究进展。

关键词

天然有机质，结构表征，吸附，转化，光化学，有机污染物，预测模型

7.1 引　　言

天然有机质（NOM）主要是由动植物残体经微生物分解和转化及系列地球化学过程积累而形成，也有部分来自火成过程。其广泛分布于土壤和水生生态系统中，在全球碳循环和污染物环境归趋过程中起着关键作用。NOM 是生态系统的重要储碳形式，其化学组成和储存环境显著影响其周转速率和固碳能力。NOM 也是地表环境污染物的重要载体，影响环境污染物的分配传输和生物有效性。同时，NOM 具有氧化还原和光化学活性，可介导污染物的转化降解反应。NOM 与污染物之间的相互作用会显著影响其环境迁移、转化和归趋过程，继而影响其环境效应。因此，NOM 的环境行为和效应研究一直是环境化学和环境地球化学领域研究的热点问题。

随着现代分析仪器与技术的快速发展，人们已经能够实现在分子水平或微纳米尺度表征 NOM。高分辨质谱和核磁共振谱（NMR）分析技术不断地发展和升级，成为 NOM 分子结构解析的关键技术手段。NMR 技术还可用于解析有机污染物与 NOM 之间的共价键合作用。随着 NOM 中有机分子的定性定量分析技术不断成熟，生物标志物在 NOM 研究中的应用不断扩展，逐渐成为研究环境中有机质来源、形成过程和生态系统演变的重要工具。同步辐射谱学和纳米二次离子质谱技术的发展为研究微区尺度上 NOM 的化学组成提供了强大的手段。这些现代分析技术在生态环境研究中的应用极大地提高了人们对 NOM 生态环境功能的认识。未来，NOM 结构解析方法的发展将进一步帮助人们揭示 NOM 的化学多样性、空间异质性和时间动态性。

NOM 在污染物的环境归趋中扮演着极为重要的角色。NOM 富含芳香基团、羧基、羟基等活性功能基团，以及黑碳和溶解性黑碳等组分，可作为天然吸附剂和载体，影响污染物在环境中的迁移性和生物可利用性。NOM 吸附污染物的能力受到其化学结构、空间构型和黑碳/溶解性黑碳组分的共同影响。目前，人们已建立了一系列 NOM 的吸附预测模型，包括线性自由能模型、两相体系模型和机器学习模型。

这些模型各有其优缺点和适用范围。NOM 具有氧化还原和光化学活性，可介导污染物的氧化还原和光转化过程。研究 NOM 对污染物环境分配和转化的影响对全面认识 NOM 的生态环境效应、准确预测污染物的环境归趋都具有重要意义。

7.2　天然有机质的分子表征技术及其在生态环境研究中的应用

天然有机质（NOM）不仅广泛存在于地表各圈层，而且深度参与了大气、水、土壤等各环境介质中的众多关键环境地球化学过程，例如全球碳/氮循环、温室气体排放、污染物迁移转化等。自 1786 年 Achard 采用 NaOH 从土壤中提取出腐殖质（被认为是土壤有机质的主要成分，但近些年受到质疑）以来，人们对于 NOM 的研究一直持续至今并且热度有增无减。特别是由于温室气体排放带来的全球气候变化受到全球关注，中国又提出“碳达峰、碳中和”目标，将碳收支提高到前所未有的重要高度，可以预见在未来一段时期关于生态系统的固碳功能将受到特别关注。NOM 是生态系统的重要储碳形式，但由于其化学组成和结构的复杂性以及其对环境变化的敏感性导致目前对其固碳能力和其他环境功能的认识受到限制[1]。长期以来，科学家针对 NOM 的元素/同位素组成、分子量分布、酸碱特性、光学特性、氧化还原特性、官能团特征等各种物理化学特征发展了一系列的分析方法，对于认识 NOM 的组成和生态环境功能起到了重要的推动作用。特别是最近几十年来，随着现代分析仪器与技术的快速发展，一些技术能够实现在分子水平或微纳米尺度表征 NOM，这些技术的广泛应用必将极大提高我们对 NOM 化学结构及其生态环境功能的认识。本节将重点综述近年来 NOM 分子表征技术及其在生态环境研究中应用的进展。

7.2.1　核磁共振波谱分析及其应用

核磁共振（NMR）是原子核在外加磁场作用下自旋能级跃迁而产生的一种物理过程，通过对化合物的 NMR 波谱解析即可获得 NOM 结构信息。1963 年 Barton 和 Schnitzer 首次将 ^{1}H NMR 应用于腐殖酸的化学结构表征[2]，随后研究人员根据不同的需求发展了多种不同的技术，使得 NMR 逐渐成为 NOM 结构表征的主流技术。就分析元素而言，运用于 NOM 表征的主要是 ^{1}H、^{13}C NMR 和 ^{15}N NMR；从分析样品的状态来讲，可分为液体 NMR 和固态 NMR；而根据分析维度又可分为一维 NMR 和多维 NMR。上述不断发展和升级的 NMR 分析方法在 NOM 结构表征方面的应用，在人们对 NOM 化学结构的认知进程中发挥了不可替代的作用。目前为止 NMR 仍然是解析 NOM 化学结构最重要的技术手段之一[3,4]。

由于 NOM 中 H 和 C 的元素丰度最高，^{1}H 和 ^{13}C NMR 是最常用的手段。^{1}H NMR 主要用于表征 NOM 水或有机试剂可溶性组分，因为在溶液中各种各向异性相互作用被分子的快速布朗运动所平均，可以很容易地获得高分辨的 NMR 谱图，通过对信号化学位移的分析便可确定对应的化学基团及结构。但是对于 NOM 这类复杂的混合物，高分辨往往导致 ^{1}H NMR 谱图过于复杂难以解析，通过 ^{1}H-^{13}C 二维 NMR 能够更加精准的解析 NOM 的化学结构特征。Hertkorn 等人利用 ^{1}H -^{13}C NMR 鉴定出不同深度的海洋溶解性有机质（DOM）中均存在大量羧基化脂环族分子（carboxyl-rich alicyclic molecules，CRAM），并认为这类物质可能是海洋中顽固有机质（refractory organic matter，ROM）的主要成分[5,6]。对于固态 NOM 样品，强烈的 ^{1}H-^{1}H 同核偶极相互作用使得 ^{1}H NMR 谱的谱峰严重展宽，导致无法分辨不同化学基团的共振信号，因此限制了 ^{1}H NMR 在固态有机质结构表征中的应用。而通过多脉冲及高速魔角旋转（MAS）下的

^{13}C-^{1}H 交叉极化（CP）结合高效多脉冲质子偶极去耦技术可以获得高分辨的 ^{13}C NMR 谱，因此 ^{13}C 交叉极化/魔角旋转（CP/MAS）技术被广泛用于固态有机质的结构表征[7]。这一技术在过去几十年已经被广泛用于研究不同生态系统土壤有机质、大气有机气溶胶、水体有机质等的有机碳官能团组成，成为利用 NMR 解析有机碳结构最常用的方法。但是利用该方法进行定量分析时也存在一个缺陷，即存在旋转边带（spinning side bands，SBs）效应。直接极化/魔角旋转（DP/MAS）技术可以有效避免旋转边带效应，大大提高了定量分析的可靠性[8]。除此之外，还有一些其他的技术如 DP/PASS（phase-adjusted sideband suppressing）、CP/TOSS（total side band suppressing）等也被用于消除旋转边带效应，但是这些技术在提高定量准确度的同时也需要付出时间代价，其耗时通常比 CP/MAS 高出数倍[9]。因此，直到今天 ^{13}C CP/MAS NMR 仍然被大量研究所应用。Hall 和 Ye 等人[10]利用美国国家生态观测网络站点的表层矿质土壤，结合 ^{13}C CP/MAS NMR 和分子混合模型（molecular mixing model）定量解析了森林、草地和灌木等生态系统土壤中糖类、脂质、蛋白质、木质素和黑碳类组分的相对丰度。结果表明土壤有机碳中的这些化学组分在不同生态系统中的相对丰度差异很大，但每种组分的总体平均丰度相似，相关性分析表明木质素和蛋白质之间以及糖类和黑碳之间均呈现显著负相关（图 7-1）。以上结果表明大陆尺度上的土壤有机碳分子组成之间存在一定的权衡关系，同时该研究还发现土壤铁铝氧化物和 pH 能够很好的解释土壤有机碳化学组成的变化。

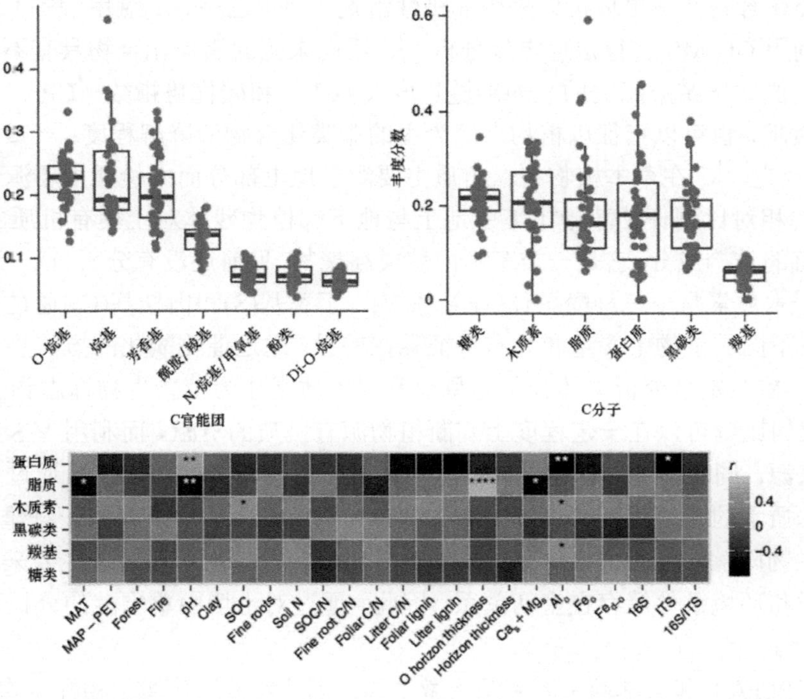

图 7-1　^{13}C CP/MAS NMR 表征不同生态系统类型土壤有机质中官能团组成比例及其与环境因素之间的相关性[10]

除了表征 NOM 的化学结构，NMR 技术还被用来研究有机污染物与 NOM 之间的共价键合作用。通常采用 C 和 H 以外的元素（如 ^{15}N、^{9}F 等）对有机污染物标记，然后利用相应元素的 NMR 分析考察污染物与 NOM 中的有机官能团是否发生共价作用[11]。例如，Thron 等利用 ^{15}N NMR 研究了 ^{15}N 标记芳香胺与腐殖质之间的相互作用，结果表明苯胺可以和腐殖质中醌或其他羰基发生亲核加成反应形成苯胺醌、苯胺酰亚胺、亚胺和杂环氮等结构[12]，研究发现磺胺类药物和 NOM 之间也存在类似的反应[13]。

7.2.2 生物标志物分析及其应用

生物标志物（biomarker）是环境和地质体中记载着原始生物母质分子结构信息的有机化合物[14]。生物标志物最初被应用于油气勘探，包括油源对比、油气运移以及沉积环境判别等，后来随着色谱-质谱技术的出现，有机分子的定性定量技术不断成熟，生物标志物的应用领域不断扩展，在生态学、环境科学和生命科学等领域起到重要的指示和示踪作用。如前所述，NOM 是动植物残体分解和生物代谢产生的有机物质的集合体，其中必然存在大量原始生物母质分子，这些分子的含量可指示 NOM 的来源，而其化学特征和同位素组成往往蕴含着 NOM 的环境演化信息[15]。因此，生物标志物为研究环境中有机质来源、形成过程和生态系统演变提供了一种新的技术途径。

植物和微生物是 NOM 的两大主要来源，因此植物源生物标志物和微生物源生物标志物是 NOM 研究中最重要的两类生物标志物。作为生物标志物需要具备来源明确和化学性质稳定这两大基本要素[16]。对于植物而言，脂质类化合物、木质素和单宁酸化学性质稳定且具有相对明确的来源，因此常被用作植物生物标志物[14,16]。难降解的脂质类化合物主要来自植物的蜡质、角质和木栓质等组织。蜡质主要分布于高等植物的叶片，角质主要分布于高等植物地上部分的表皮，而木栓质则是树皮、木质部及根系的重要组成部分。脂类化合物及其单体可以采用非极性溶剂（如正己烷、二氯甲烷等）或碱性条件下水解进行分离提取，并利用 GC-MS 进行定性定量分析[17]。不同来源的脂质化合物具有不同的碳链长度、含氧基团等结构特征。脂肪族蜡质脂类的平均碳链长度（ACL）和碳优势指数（CPI）可指示植物和微生物来源脂类的相对贡献，也可以指征以植物来源为主的脂类化合物的降解程度：一般 CPI 随 NOM 的降解而降低，ACL 则反之[18]。在草本植物中，角质主要源于地上部分而木栓质主要源于地下部分，因此可利用二者脂单体的相对比例评估草地土壤中地上与地下部植物残体对土壤有机质的贡献[19]。木质素是陆地维管植物特有的结构成分，它是一类苯基丙烷类高聚物，目前还没有分析方法能够测定其绝对含量。从基本结构上讲，木质素是由三种酚单体[香兰基(V)、丁香基(S)和肉桂基(C)]通过醚键和碳碳键相互连接形成的，它们在不同的植物中含量和分布特征存在差异。通过催化氧化的方法将木质素分解成结构单体，然后利用 GC-MS 定量分析单体分子是目前利用木质素作为植物生物标志物的主要策略[20]。利用 V/S/C 占总有机碳的比例可以在一定程度上判断植物源有机质的贡献，而利用 V/S/C 之间的比值可以判断 NOM 的植物来源。同时，木质素酚单体的醇基团经氧化后形成酸，因此可通过木质素单体的酸醛比来估算 NOM 中木质素的分解程度[21]。单宁酸在维管植物组织中的含量仅次于纤维素、半纤维素和木质素，它难以被微生物降解，因此是土壤有机质的重要组成部分。由于单宁酸主要来源于树叶和果实，其产量与植被、物候和环境条件等存在密切关系，因此，通过对土壤中单宁酸的分析可获得有机质来源及气候环境等信息[22]。

磷脂脂肪酸（PLFA）和氨基糖主要来源于微生物，因此常被用作微生物标志物分子。PLFA 在细菌死后会迅速分解，主要用于活微生物的标志物，相反氨基糖主要作为微生物残体的标志物[23]。PLFA 是构成微生物细胞膜的重要物质，具有结构多样性同时又具有高度的生物专一性，不同的微生物具有不同结构的 PLFA，因此可以用来指示微生物的群落结构[24]。例如，微生物中真菌、革兰氏阳性菌和革兰氏阴性菌细胞膜上的 PLFA 具有不同的支链位置或双键，因此可以据此判断不同的微生物来源有机质[16]。此外，当外界生存环境改变时，微生物会改变细胞膜上的 PLFA 成分来响应生存环境的变化，因此 PLFA 也可用来评估土壤微生物的生理活性及其对外界环境胁迫的响应。氨基糖包括氨基葡萄糖（GluN）、氨基半乳糖、甘露糖胺和胞壁酸（MurN），是细菌、真菌和放线菌细胞壁的重要组成部分，但未在植物体中被发现[14]。它们是微生物残体中相对稳定的成分，可以通过微生物残体进行累积，因此通过氨基糖的含量和丰度可在一定程度上反映微生物残体对 NOM 的贡献[25]。此外，GluN 主要来源于真菌的细胞壁，而 MurN 主要来源于革兰氏阳性菌，因此，GluN 与 MurN 的比值可用于评估土壤有机质中真菌和细菌残体的相对贡献以及二者对于有机质转化的作用[26]。植物与微生物残体是土壤有机碳的主要来源，二者在土壤中的积累直接影响着土壤碳库的动态变化。但是，受分析手段的限制，植物与微生物残体在土壤中的分布格局及积累机制尚不清楚，在近几年引起了较大的学术争议。Ma 等人借助中-蒙温带草地样带，利用木质素酚类和氨基糖作为标志物表征了植物木质素和微生物残体在土壤中的相对丰度，发现在温带草地的表层土壤中氨基糖和木质素酚类与水分条件表现出截然不同的关系，即随着湿润度的增加，木质素的降解增强、积累减少，而氨基糖的积累增强。通过进一步整合全球草地数据发现，木质素酚类标志物含量与土壤有机碳含量呈负相关，而氨基糖标志物与土壤有机碳含量则呈正相关（图 7-2）[27]。

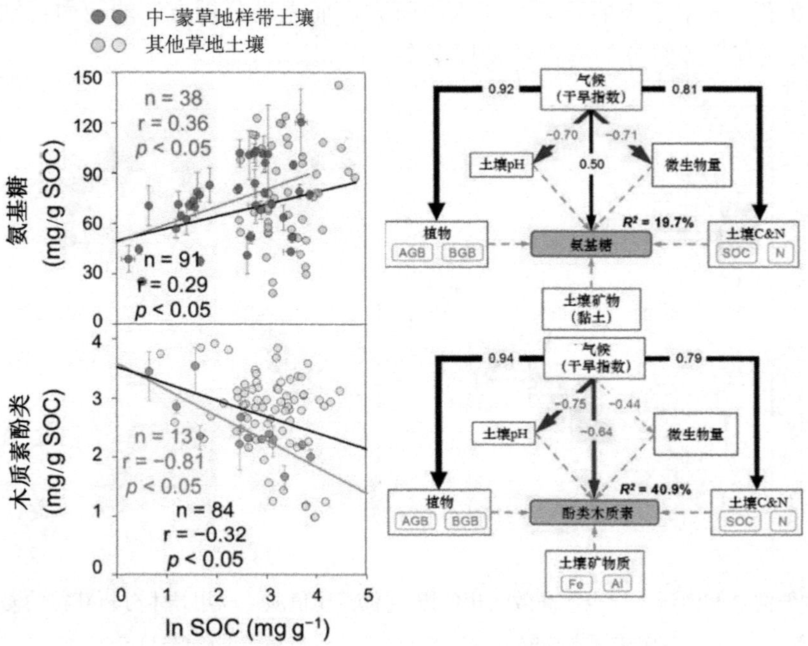

图 7-2　全球草地土壤中氨基糖和木质素与土壤有机碳的相关关系以及影响（改自文献[27]）

除了生物残体及其生物降解转化产物，大气、水体和土壤中还大量存在着生物质和化石燃料不完全燃烧产生的黑碳（BC）。一般而言，BC 的化学结构稳定且难以被微生物降解，是持久性有机碳中的重要组分。在某些发生过自然大火的森林土壤有机碳中 BC 的比例可能高达 50%[28]。除了自然过程，煤炭燃烧排放和人造生物炭（biochar）的使用也是导致环境中 BC 含量增加的重要原因。然而，环境中的 BC 很难直接定量，利用 BC 氧化产生的分子标志物苯多羧酸（BPCA）进行间接定量成为目前应用最为广泛的一种方法[29]。BPCA 法的基本原理是 BC 的稠环芳香结构在高温高压环境下经浓硝酸氧化后会断裂生成仅含一个苯环的化合物，原来相连苯环的碳-碳 π 键被断开氧化成羧基形成一系列仅含有一个苯环的苯多羧酸和硝基苯多羧酸，通过气相或者液相色谱测定苯多羧酸和硝基苯多羧酸的含量，利用苯多羧酸和硝基苯多羧酸的碳含量与 BC 含量之间的转换关系即可换算得到 BC 的含量[30]。溶解性黑碳（DBC）作为 BC 的一种形态，具有高迁移性，是河流向海洋输送陆源有机碳中的重要组成部分。Jaffe 等采用 BPCA 法分析了来自全球 27 条主要河流和湿地的 174 份表层水中的 DBC，发现 DBC 浓度与溶解性有机碳（dissolved organic matter，DOC）之间存在良好的线性关系，进而利用二者之间的线性方程估算出地球上河流每年向海洋输送的 DBC 高达 2700 万吨，约占河流输送溶解有机碳的 10%[31]。由于 DBC 来源于稳定性的 BC，因而被认为可能是包括海洋在内的水体中持久性有机碳的重要组分[32]。Wagner 等人利用 BPCA 法和高效液相色谱-同位素比值质谱联用技术（HPLC-IRMS）分析了全球部分大洋和河流样品中两种分子标记物苯六羧酸（B6CA）和苯五羧酸（B5CA）的 $\delta^{13}C$ 值。结果显示海洋中的 DBC 比主要河流输出的 DBC 中 ^{13}C 丰度高约 6‰，同时二者之间 ^{13}C 同位素分布特征也存在明显区别（图 7-3）[33]。这些差异表明大多数河流 DBC 在到达大洋之前已经被去除，因此，作者认为海洋中的 DBC 可能主要来源于与海洋浮游植物同位素特征相似的其他来源而非河流输送[33]。最近 Qi 等人利用 $\delta^{13}C$ 和 ^{14}C 同位素分析，系统研究了中国大陆主要河流（长江、黄河、珠江、黑龙江）及台湾地区 2 条山区河流、黄海、东海以及西北太平洋马里亚纳海沟水体中 DBC 的分布及其碳同位素特征，并结合实验室长周期 BC 溶解和微生物降解实验证实，发现河流输送的 DBC 主要来源于陆地植被不完全燃烧产生的 BC，它们具有相对年轻的 ^{14}C 年龄，且可以被细菌吸收分解，因此并不能代表水体中 DOC 的持久性有机碳组分[34]。由此可见，关于海洋 DBC 的认识目前还充满争议，未来还需要更系统深入的研究，而先进分析方法的应用特别是特定化合物同位素分析将在未来持久性有机碳组分的解析中发挥重要作用。

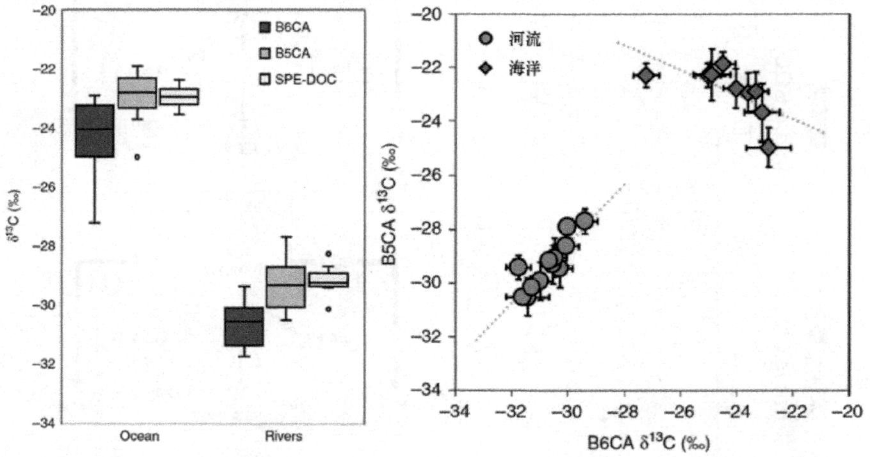

图 7-3　全球主要海域和河流采样点，高效液相色谱-同位素比值质谱联用技术分析获得的海水和河水中苯多羧酸标志物的 $\delta^{13}C$ 分布特征（改自参考文献[33]）

7.2.3　高分辨质谱分析及其应用

天然有机质包含生物分子及其降解转化产物，因此其分子组成极其复杂，解析 NOM 的分子组成是质谱分析技术的巨大挑战。高分辨质谱技术在近几十年来得到飞速发展，1981 年 Nicolet 仪器公司推出了世界首台商业化傅里叶变换离子回旋共振质谱仪（FT-ICR MS），近 30 年的时间里，作为 FT-ICR MS 核心部件的磁体已经由最初 1.2 特斯拉（T）的电磁体发展到如今 21T 的超导磁体[35]。与之同样快速发展的是质谱的质量分析器和离子源技术，以大气压电喷雾离子化（ESI）技术为代表的软电离技术联合具有超高分辨率的 FT-ICR MS，为 NOM 分子组成解析提供了强有力工具。1997 年，William T. Cooper 教授和 FT-ICR MS 发明人 Alan G. Marshall 教授合作成功将 FT-ICR MS 用于河流富里酸和腐殖酸的分子表征[36]，从而为有机质研究开启了一扇新的大门。2005 年，首款商业化 Orbitrap 质谱仪推出，成为继 FT-ICR MS 之后第二款能够用于有机质分子表征的质谱仪器。目前，高分辨质谱分析已经发展成为 NOM 特别是 DOM 研究中广泛采用的方法。通过在 Web of Science 上的关键词搜索，1997 年以来相关研究共发表 487 篇 SCI 论文，且主要发表在 2010 年以后，特别是 2018 年以后发文量增速明显加快，近四年的发文量占全部文章的 57.5%（图 7-4）。487 篇论文中中国人参与的论文数量达 195 篇，多于美国（176 篇）和德国（146 篇）。其中在 2018 年以前中国人仅发文 27 篇，而在此之后中国人参与的论文数量达到 168 篇，是美国（82 篇）的二倍和德国（57 篇）的近三倍。由此可见，高分辨质谱分析有机质近年来在我国快速普及并得到了广泛应用。近年来，我国学者在水体、大气和土壤等各相关领域均开展了大量工作。

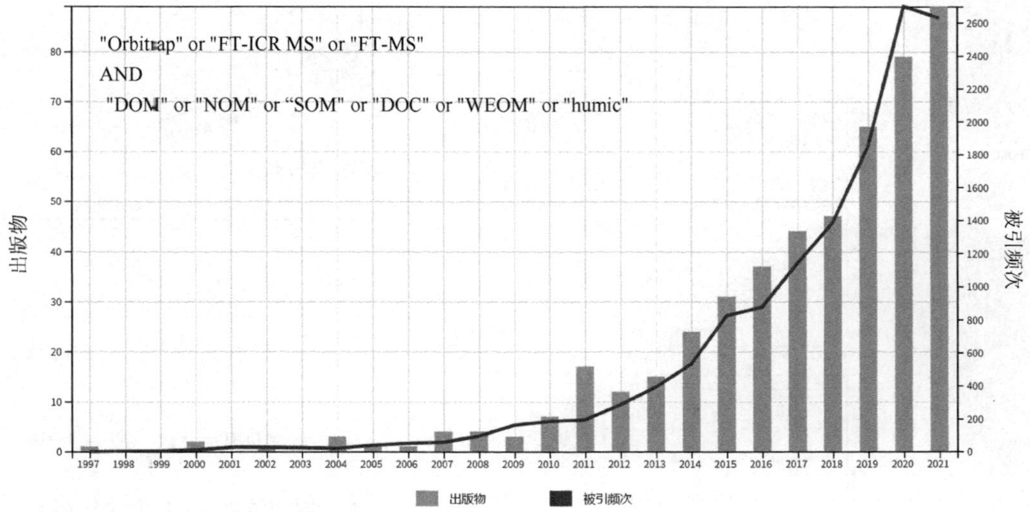

图 7-4　Web of Science 搜索关于高分辨质谱分析天然有机质的论文统计

一套典型高分辨质谱分析 NOM 的流程如图 7-5 所示，包括样品的采集和提取、净化浓缩、高分辨质谱分析和数据处理。对于水体样品来说采集相对简单，但是土壤样品中 NOM 的采集和提取却十分关键。不同的提取方法会直接影响最终的质谱分析结果，这是由于不同提取方法的选择性导致的。由于铁氧化物对于土壤有机质的稳定性具有重要影响，因此越来越多的研究试图揭示铁氧化物的固碳机制。通常所采用的方法是利用还原性试剂（如盐酸羟胺、连二亚硫酸钠等）还原溶解不同结晶态铁，进而分析其所释放的有机质。Lv 等人利用 FT-ICR MS 分析了还原性试剂提取土壤有机质过程中对 NOM 分子组成的影响，结果发现盐酸羟胺或连二亚硫酸钠均能够与有机质中的羰基、醛基等官能团反应生成富含 N 或 S 的杂原子分子，因而采用还原性试剂提取的土壤有机质不能够真实反映铁氧化物结合有机质的特征（图 7-6）[37]。这一研究也提示我们在选择提取试剂或方法时需要首先考虑方法或者试剂对于有机质本身的影响。

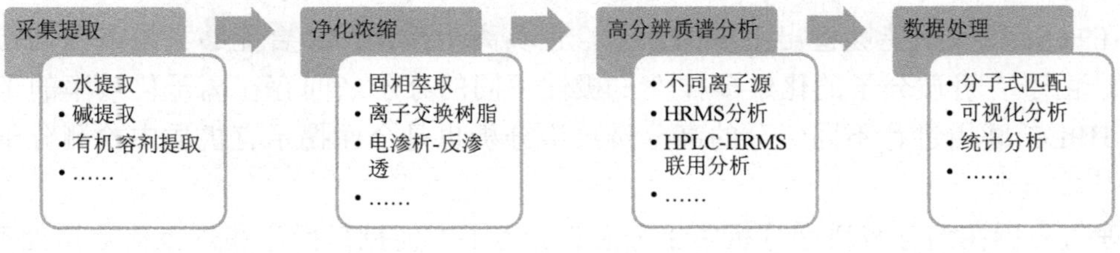

图 7-5　高分辨质谱分析有机质的流程图

净化和浓缩主要是用于去除样品中的盐分以及对有机碳进行富集，目前最常用的方法是利用商品化的固相萃取（SPE）小柱进行处理，不同的 SPE 柱具有不同特性，在选择 SPE 材料时需要考虑样品特性和分析目的。Li 等人研究了 24 种商用 SPE 材料对 DOM 的选择性，对于河流 DOC 回收率在 20%～90%，普遍高于海洋 DOC（10%～50%）。总体而言，PPL、ENV 和 HLB 等聚合物型吸附剂具有较高的 DOC 提取效率。不同样品之间 DOC 回收率的差异主要源自 DOM 分子组成的差异，其次是盐度等因素。因此采用多种不同类型 SPE 材料联合处理可降低 DOM 分子的损失[38]。

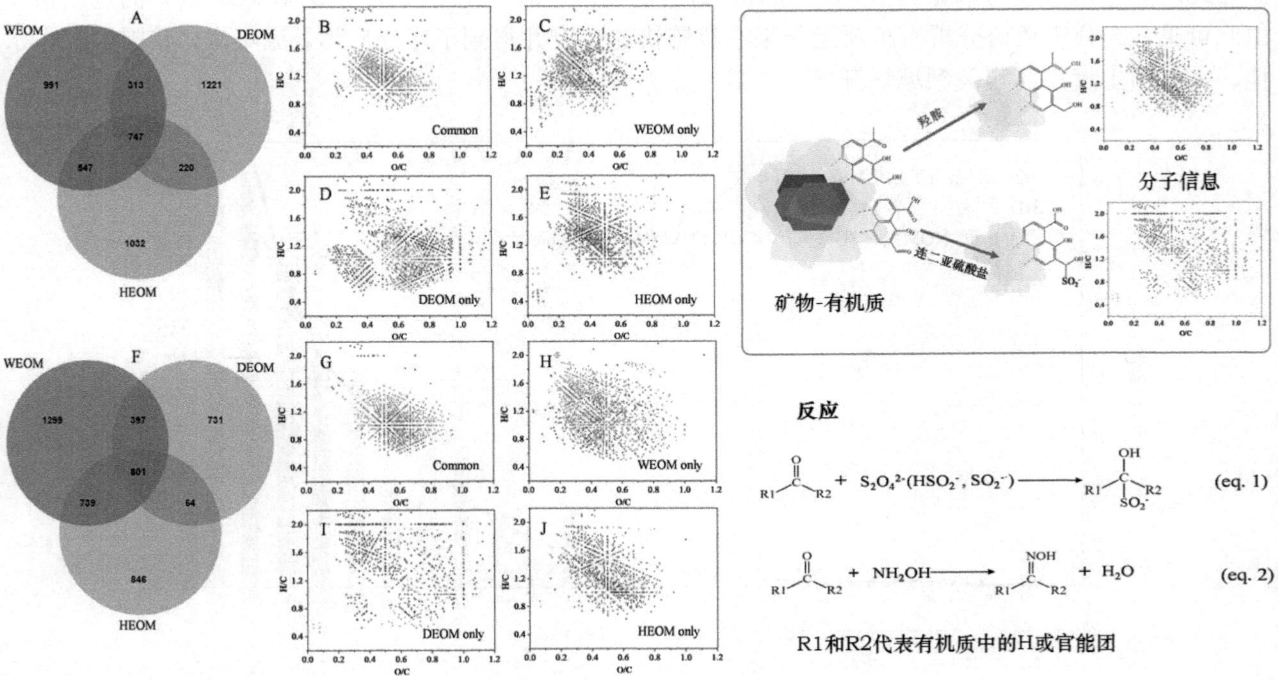

图 7-6 FT-ICR MS 表征分析盐酸羟胺（HEOM）、连二亚硫酸钠（DEOM）和水（WEOM）提取土壤有机质分子组成上的差异，盐酸羟胺和连二亚硫酸钠均与有机质发生反应产生赝相分子（引自参考文献[37]）

样品的高分辨质谱分析需要选择合适的离子源，常用的电离技术包括电喷雾电离（ESI）、大气压化学电离（APCI）、大气压光电离（APPI）、基质辅助激光解吸电离（MALDI）、激光解吸电离（LDI）等[39]。ESI 是目前 FT-ICR MS 分析多数有机质样品最常用的离子源，但是对于一些少数特殊样品 ESI 并不是最佳选择。例如，大气颗粒物中含有大量极性较弱的多环芳烃类化合物，它们在 ESI 下的离子化效率较弱不利于质谱检测，而采用 APCI 或 APPI 源能够提高弱极性分子的离子化效率[40]。LDI 电离源被成功用于有机质粉末样品的直接分析，未来可能在原位分析和固相有机质样品的直接分析上有一定的应用潜力[41]。除了离子源，正负离子模式也是需要考虑的问题，DOM 由于富含酸性官能团更容易在负离子模式下去质子化形成$[M-H]^-$，因此通常采用负离子模式进行分析，但是碱性官能团（如胺）在正离子模式下易于质子化，更适合正离子模式。以根系分泌物为例，由于其富含含氮化合物，其在+ESI 模式下能够检出更多的分子，正负离子模式的结合能够大幅度提高检出分子的化学多样性[42]。由于有机质分子的化学多样性，极性不同的分子之间存在离子化效率的干扰，通过离线分级或与 HPLC 联用进行不同级分的高分辨质谱分析也是全面揭示有机质中检测分子化学多样性的有效手段[43]。

数据处理与分析在高分辨质谱分析中十分关键。为了方便批量操作和规范化数据处理流程，目前各国学者开发了多款分子式匹配和数据可视化软件或程序，如 Formularity[44]、MFAssignR[45]、ICBM-OCEAN [46]、KairosMS[47]、UltraMassExplorer[48]、NOMDBP code[49]等。这些程序的开发有利于数据处理的标准化，并且为批量数据的处理节省了大量时间。由于涉及大量分子式数据，多元统计分析在高分辨质谱数据分析中的运用越来越广泛。特别是随着生物信息学、代谢组学等的发展，很多相关领域的统计分析方法被用于有机质高分辨质数据的分析。Yang 等人利用 FT-ICR MS 和 16S rRNA 测序技术研究了青藏高原不同盐度湖泊中微生物群落对陆源 DOM 输入的响应，结果显示隶属于 *Alphaproteobacteria*，*Actinobacteria*，*Bacteroidia*，*Bacilli*，*Gammaproteobacteria*，*Halobacteria*，*Planctomycetacia*，*Rhodothermia*，

Verrucomicrobiae 的 66 个操作分类单元（OTUs）与 CHO 分子的降解有关，其中隶属于 *Actinobacteria*，*Alphaproteobacteria*，*Bacteroidia* 和 *Gammaproteobacteria* 的 OTUs 与 CHOS 分子的降解高度相关。网络分析的结果显示湖泊中陆源 DOM 的转化是一个多菌种之间的协同过程，涉及多个微生物种群之间的合作（图 7-7）[50]。

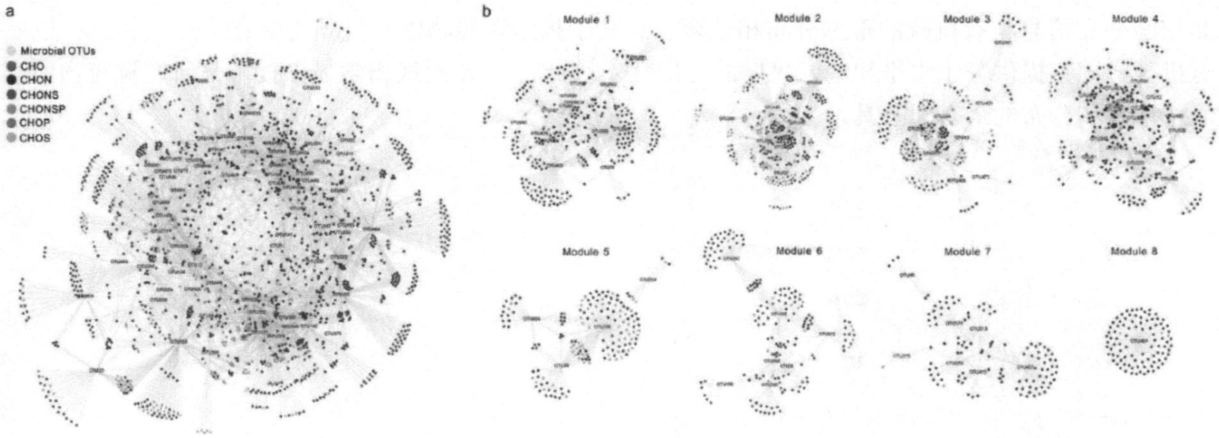

图 7-7　湖泊微生物 16S rRNA 基因序列分类单元（OTUs）和 DOM 分子式之间网络关系分析[50]

大量且丰富的有机质高分辨质谱数据为进行各种不同分析提供了机会，也为从分子水平评价不同来源 NOM 的特征及迁移转化等生物环境地球化学行为以及有机质对环境变化的反馈机制等提供了可能。但是十分值得注意的是，一些关于有机质高分辨质谱解析 NOM 与环境因子之间关系的研究过分强调了统计意义上的相关性而忽视了其内在关联性，因此一些学者提出在进行相关研究需要考虑天然有机质的复杂性和高分辨质谱技术在解析 NOM 分子组成方面的局限性[51]。高分辨质谱虽然能够在一定程度上解析 NOM 中部分分子组成，但仍有大量有机组分不能被分析，还有部分化合物在提取、样品前处理、离子化过程、质谱分析以及分子匹配等过程中损失，特别是由于样品浓度差异、基质效应和分子内在特性导致高分辨质谱很难对其进行定量分析，也就是说质谱峰的强度高低并不一定代表该分子的浓度大小。因此在研究中需要考虑仪器分析局限性带来的不确定性，避免对结果的过度解释。

7.2.4　显微成像技术及其应用

越来越多的证据表明土壤有机质的稳定性主要取决于外部环境而非以前认为的腐殖质的化学稳定性[52]，其中矿物的保护作用起到了非常关键的作用[53]。研究认为与矿物紧密结合的有机质（MAOM）具有比颗粒态有机质（particulate organic matter，POM）更强的稳定性，是土壤中持久性有机碳的主要贡献者[54,55]。然而传统的有机碳表征方法都需要将有机质从土壤中提取，破坏了有机质与矿物之间的关系。固体 NMR 虽然能够表征固体有机质样品，但是需要通过 HF 处理去除土壤中的磁性矿物组分，因此也无法反映真实 MAOM 的存在状态。另一方面，土壤颗粒上有机质的分布存在高度异质性，基于提取或整体样品的分析方法无法体现这种异质性，因此需要能够在空间尺度上表征不同有机碳分布的方法。

基于同步辐射光源的软 X 射线谱学显微技术结合了扫描透射 X 射线显微镜（STXM）约 10 nm 的空间分辨率和 X 射线近边吸收精细结构谱学（NEXAFS）对吸收原子配位环境的高分辨能力，可以实现样品在纳米尺度上不同有机碳形态的显微成像[56]。利用“水窗”波段（波长 2.3～4.4 nm）的软 X 射线对水的高穿透性，还能够实现含水样品的直接分析。图 7-8 展示了不同有机碳标志物的 C 1s NEXAFS 谱[57]，由此可见典型的有机碳结构（如芳香碳、脂肪碳、羧基、蛋白质等）具有明确的指纹特征，因此可以根据吸收峰的位置对有机碳的存在形态进行定性分析。除碳以外，该技术还可以获得 K 边或 L 边吸收能量在 100～2000 eV 范围内的其他元素（N、Fe、Al、Ca 等）的形态及其空间分布。不同地球化学元素的形态和空间分布信息与有机碳的形态分布相结合，有助于揭示颗粒物中有机碳的赋存位点及其赋存机制，为有机碳的固存提供分子水平和纳米尺度的证据[58]。因此，软 X 射线谱学显微技术是研究颗粒物中有机质原位形态和分布的最有力工具。

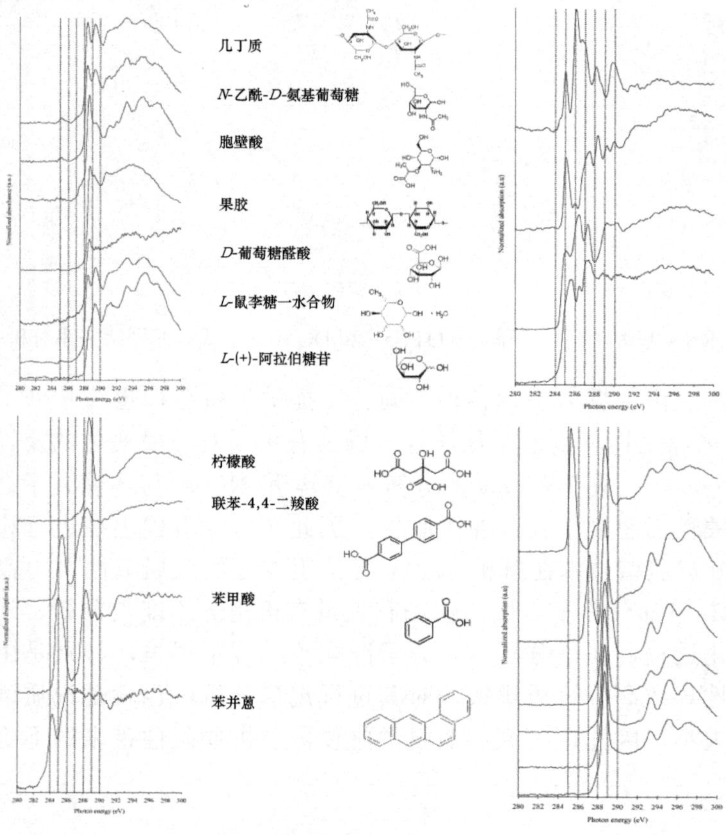

图 7-8　典型生物标志物的 C 1s NEXAFS 谱（引自参考文献[57]）

利用 STXM-NEXAFS 技术，研究人员开展了不同来源土壤团聚体、矿物-有机质复合体、矿物-微生物团聚体、大气颗粒物等样品中有机碳形态和分布的研究。Asano 等人[59] 联合利用 SEM、TEM 和 STXM-NEXAFS 等技术分析了土壤中 0.2～2 μm 细颗粒上有机碳的形态、分布和矿物结构（图 7-9），结果表明结晶度高的矿物表面较无定型的矿物表面有机碳的丰度低，有机质中的酰胺基、羧基基团更易于富集在无定型的矿物表面，并且纳米级的无定型矿物-有机复合体在结晶态矿物大颗粒之间充当“黏合剂”，进而形成土壤团聚体。该研究从纳米尺度上解析了无定型矿物对有机碳的固定作用及其在土壤团聚体形成中的作用，为揭示矿物结合态有机质的持久性机制提供了分子水平的微观证据。这一研究结果还表明，即使是在微米尺度上土壤的矿物组成和有机碳的分布仍然是高度异质的，因此在研究有机碳微区分布时同样需要考虑矿物的异质性。如果仅关注有机碳本身，可能会忽视矿物组成和结构差异导致的影响。

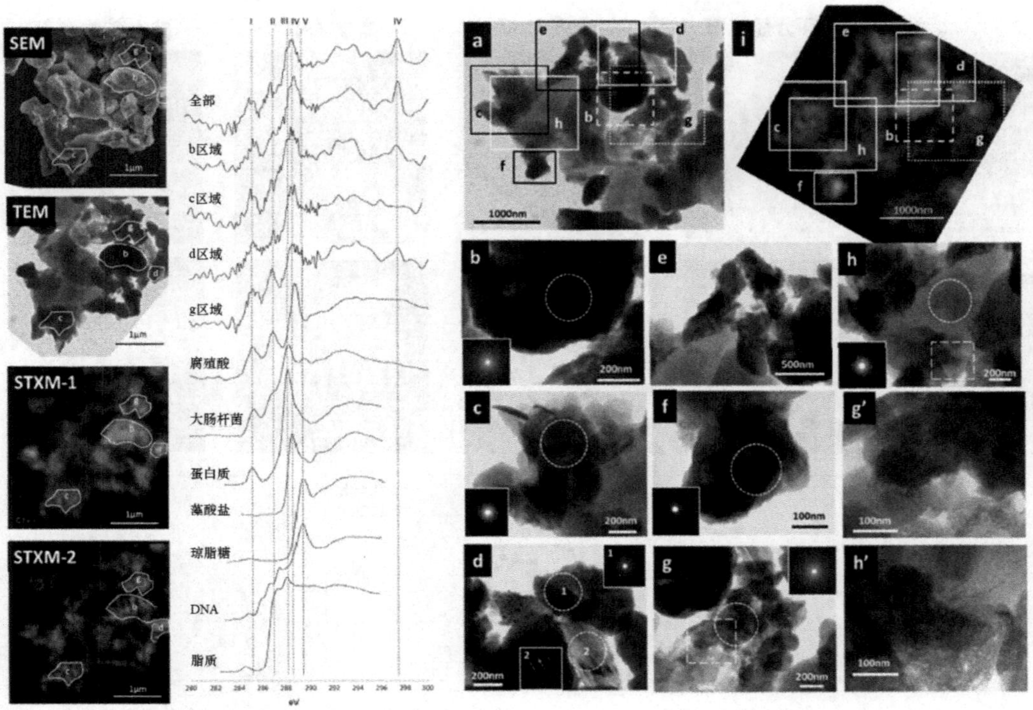

图 7-9　STXM-NEXAFS 揭示土壤团聚体中不同形态有机碳的显微成像（左），相同区域的扫描和透射电镜成像以及典型颗粒的选区衍射（右）（引自参考文献[59]）

STXM-1：C（绿色），铁（红色），钾（蓝色）；STXM-2：酰胺和羧基碳（绿色），脂肪碳（蓝色），芳香碳（红色），扫封底二维码查阅

除了软 X 射线谱学技术，基于同步辐射光源的傅里叶变换红外显微技术（SR-FTIR）也具有微米级的空间分辨率，并且该技术在未来有望实现纳米级的空间分辨率。目前该技术已经被用于环境/地质样品中有机碳的原位形态和成像分析[60]。与 STXM-NEXAFS 相比，该技术具有相对较低的空间分辨率和灵敏度且不具有金属形态分析能力，但是它通过逐点或者阵列式扫描兴趣区域中不同空间位点的 FT-IR 谱图，可以快速获得有机碳和矿物表面基团的分布图。另外 SR-FTIR 不需要真空测试环境，因此对制样的要求更低，更方便与其他技术进行联合分析。通常，不同有机碳基团和矿物表面基团的特征吸收波长如下：～2922 cm^{-1} 代表（C-H）脂肪碳、～1589 cm^{-1} 代表（C=C）芳香碳、～3695 cm^{-1} 代表高岭土表面羟基、～915 cm^{-1} 代表（Al-C）铝氧化物、～690 cm^{-1} 代表（Fe-O）铁氧化物等。通过解析不同有机碳与特征矿物之间在空间分布上的相关性，可用于探究土壤团聚体中有机碳的赋存位点及其与矿物之间的相互作用机制[61,62]。值得注意的是 FT-IR 对于有机碳官能团的特异性较 NEXAFS 和 ^{13}C NMR 差，且真实环境样品往往存在较强的背景干扰和谱峰重叠现象，这对于红外特征峰的识别提出了挑战，Xiao 等人提出了利用 SR-FTIR 结合二维相关光谱分析（2-DCOS）的策略，可在一定程度上解决 FTIR 谱峰重叠和特征识别的问题[63]。但是在利用 SR-FTIR 进行有机官能团和矿物表面基团的识别时仍然需要十分谨慎，最好结合其他方法进行辅助验证，例如借助同步辐射微区 X 射线荧光（μ-XRF）提供元素分布信息可帮助确认矿物组成。此外，对于一些具有显著红外吸收特征的污染物，可利用 SR-FTIR 技术揭示其在环境介质中的微区分布及其与矿物-有机质的相互关系。Cheng 等人利用 SR-FTIR 揭示了多环芳烃（PAHs）污染土壤中 PAHs 在土壤团聚体中的分布特征，以及在利用热脱附修复后土壤团聚体中 PAHs 分布的变化（图 7-10）[64]，研究发现污染土壤经过热脱附后土壤团聚体仍有大量 PAHs 热点区域，相对于赋存于黏土矿物上的 PAHs 芳香碳有机质上的 PAHs 更难以去除。同时，热脱附不但对污染物产生影响，也改变了土壤中有机质的微区分布特征。

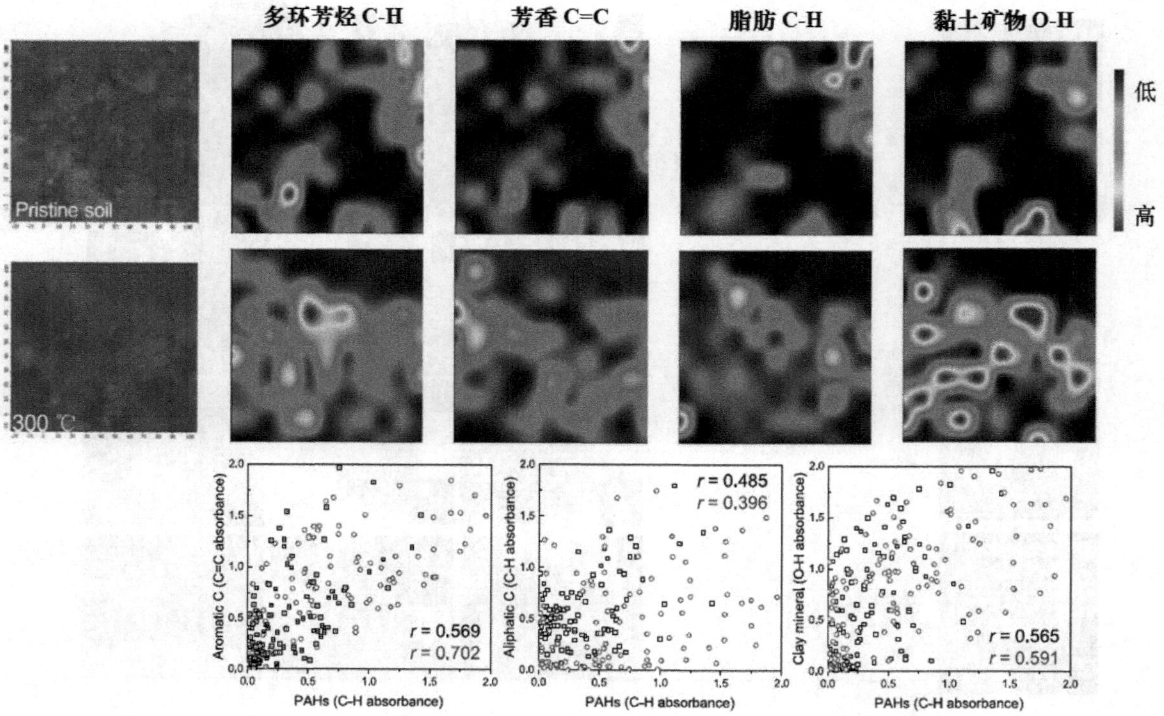

图 7-10　同步辐射 FT-IR 表征 PAHs 污染的原始土壤团聚体和经过 300℃热脱附处理后的土壤团聚体中 PAHs、芳香碳、脂肪碳和黏土矿物特征基团的微区分布，以及它们之间的相关性，扫描步长（10 × 10）μm^2 [64]

纳米离子探针又称为纳米二次离子质谱（NanoSIMS），以铯离子（Cs^+）或子氧离子（O^-）轰击样品表面产生的具有指纹特征的次级离子谱为检测基础，既可提供样品表面元素同位素信息，也可提供化学组分信息，而且具有极高的空间分辨率（Cs^+源束斑小于 50nm，O^-源束斑小于 200nm）。近年来这一技术被成功用于揭示不同环境样品中有机碳氮的微区分布[65-68]。Vogel 等人利用 ^{15}N 和 ^{13}C 标记和非标记的凋落物孵育土壤 45 d，通过 NanoSIMS 以铯离子作为离子源分析了土壤颗粒物表面 $^{12}C^-/^{13}C^-$，$^{12}C^{14}N^-/^{12}C^{15}N^-$等的微区分布，发现新鲜有机质更容易富集在有机质-矿物复合体表面而不是裸露的矿物表面，表明包覆在矿物表面的老化有机质能够为新鲜有机质提供更多的结合位点，从土壤团聚体水平加深了对土壤固定有机质的认识[69]。然而 Kopittke 等人利用同样的技术，在更长时间（365 d）孵育实验中却发现了完全相反的结果，他们观察到微生物分解产生的富含 $^{15}N^-$的产物主要分布在未被有机质覆盖的矿物表面（图 7-11）[70]。如此截然不同的结果可能存在以下两方面的原因：一是两个研究中土壤矿物组成存在差异，导致不同矿物和有机质的不同结合方式；二是不同的孵育时间导致有机质在矿物表面的分布产生差异。

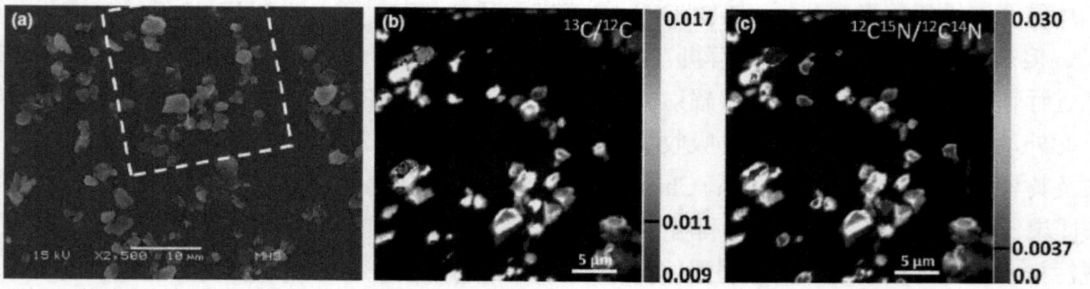

图 7-11　^{13}C 和 ^{15}N 标记植物凋落物孵育 365 天土壤颗粒 SEM 图片（a）；NanoSIMS 表征土壤颗粒表面 $^{13}C^-/^{12}C^-$分布（b）；$^{12}C^{15}N^-/^{12}C^{14}N^-$分布（c）[70]

随着研究的深入，人们一直在探究如何在更小的尺度下观察研究有机质在颗粒物上的分布特征。最近 Possinger 等人采样冷冻电镜的扫描透射成像结合电子能量损失谱（cryo-STEM-EELS）在纳米尺度上探究了有机碳和氮在矿物-有机质复合体微结构中的分布（图 7-12）[68]。研究发现有机-矿物微界面的有机质不是呈浓度梯度的而是无序分布的，其中存在一些不规则的富碳区域，且有机碳和氮在两种无机-无机和有机-有机界面的形态和富集特征完全不同。在有机-有机界面检测到数纳米尺寸的富碳层，其中烷基 C 和 N 分别增加了 4%和 7%，而在有机-无机界面，N 和氧化态 C 的富集分别为 88%和 33%。两种界面上 N 的富集均高于 C，表明有机质中的富 N 残基对于有机碳的固存至关重要[71]。该研究为从更小尺度研究土壤或其他环境介质中有机碳的固存机制提供了新方法。特别值得注意的是环境介质本身存在高度的异质性，如何保障微区成像分析结果的可靠性和代表性是今后相关研究需要思考的问题，这也是目前基于显微成像研究的局限性，通过大量微区观察将结果进行统计分析可能是行之有效的方法之一。

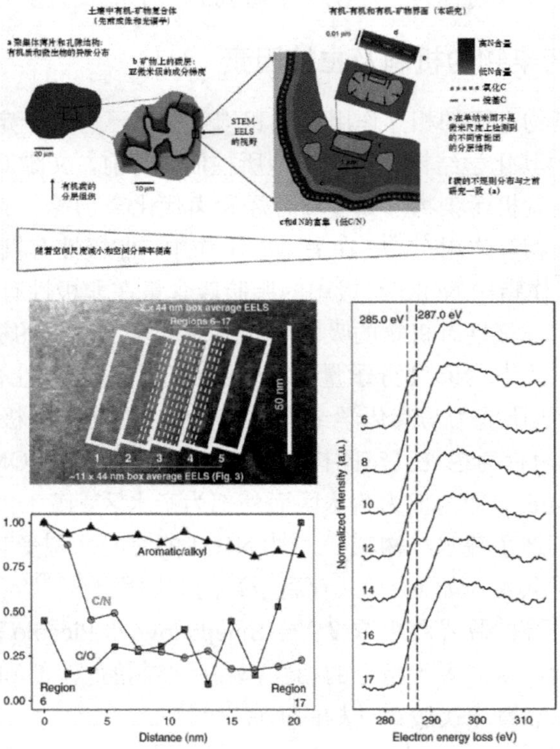

图 7-12　有机-有机和有机-矿物相互作用界面的概念模型图（上）；STEM-EELS 展示有机-有机界面有机碳和氮的分布特征（下）（引自参考文献[68]）

7.3　天然有机质与污染物的相互作用机制及预测模型

天然有机质（NOM）是水体和土壤系统中最为活跃的化学组分之一，在污染物的环境过程和归趋中扮演着极为重要的角色。NOM 富含芳香基团、羧基、羟基等活性功能基团，以及黑碳（BC）和溶解性黑碳（DBC）等特殊组分，可作为天然吸附剂和载体，影响污染物在环境中的迁移性和生物可利用性。目前，NOM 的吸附预测模型包括线性自由能模型、两相体系模型和机器学习模型。这些模型各有优缺点，具有不同的适用范围。NOM 具有氧化还原和光化学活性，可作为反应物、促进剂或抑制剂，参与污染物的环境氧化还原和光转化过程，影响其环境归趋。研究 NOM 对污染物环境分配和转化的影响对全面认识 NOM 的生态环境效应、准确预测污染物的环境归趋都具有重要意义。本节将综述近期 NOM 对污染物吸附和转化行为影响机制与预测模型的研究进展。

7.3.1　天然有机质对有机污染物的吸附机制与预测

有机污染物在环境介质上的吸附行为控制着其环境分配、传输和反应活性，显著影响污染物的迁移、归趋和生物可利用性。非极性有机污染物在环境中主要的赋存介质为土壤、底泥和水体环境中的有机相，包括 NOM 和 BC。NOM 的含量、组成和结构显著影响非极性有机污染物在环境介质中的赋存形态和分配规律。有机污染物的有机碳标化分配系数（K_{OC}）是污染物迁移积累模型的核心参数。如何准确、快速地评估有机污染物在 NOM 上的吸附行为是环境科学研究的一个重要科学问题。

1）天然有机质吸附有机污染物的机制及主控因素

我们对 NOM 与有机污染物之间的相互作用机制和构效关系已有了一定的认识[72-74]。NOM 对非极性有机污染物的吸附能力主要由其化学结构和空间构型所控制。目前，文献对其主控因素的认识仍有差异。一些研究指出 NOM 对非极性有机污染物（如多环芳烃和卤代化合物等）的吸附能力与其芳香性正相关，这主要归因于范德华力和 π-π 相互作用[72-78]。在另一些工作中，非极性有机物吸附与 NOM 芳香性之间的相关性却并不显著[79,80]。有工作指出 NOM 组成中的脂肪族含量在非极性有机物的吸附中作用显著，甚至超越其芳香性的重要性[79,80]。非极性有机物的吸附亲和力通常与 NOM 的极性指标[如(O+N)/C]成反比，表明疏水性分配的主导作用[74,78,81]。NOM 分子量的增大会促进其对非极性有机物的吸附[72,81]。综合来看，NOM 对非极性有机污染物的吸附能力与其化学结构（芳香性、脂肪族、极性、分子量）密切相关。

NOM 对有机污染物的吸附行为也受其空间构型的影响。研究发现 NOM 分子可在水溶液中形成类胶束结构（pseudomicellar structure），即内部为疏水区而外部为亲水区，疏水内部区域被亲水外部区域屏蔽，为疏水性有机污染物的分配创造了疏水结构域[74,82-86]。NOM 的空间构型受其化学结构（如芳香性/脂肪性、极性和分子量）以及溶液化学条件（如 pH、共存离子）的共同影响[83,85,87-90]。Tombácz 等人发现具有较大烃含量的腐殖酸组分具有较高的临界胶束浓度[87]。Šmejkalová和 Piccolo 基于扩散核磁共振谱的结果提出腐殖质的空间结构主要是由疏水芳香族组分的相互作用所控制的[90]。低 pH 可减少极性基团之间的排斥作用并促进疏水微区的结合，有利于类胶束结构的形成[85,88,89]。

除了化学结构和空间构型外，NOM 中的一些特殊组分（如 BC 和 DBC）也对其吸附有机污染物的能力有显著的影响。BC 是一类具有孔道结构的硬质碳，其可有效吸附有机污染物，是土壤和底泥吸附非线性的重要来源。BC 孔结构对其吸附量和吸附可逆性具有显著影响。研究表明苯酚在模板合成的微孔碳上吸附是完全可逆的，这是由于微孔碳具有刚性，形状规则和互通的孔道结构[91]。研究发现生物炭吸附嘧霉胺的可逆性随着孔径增加而增强，可能是由于大孔径提升了孔道的可及性[92]。水溶性有机质组分含量越低的 BC 对五氯酚的吸附能力越强[93]。相反，木炭上加载腐殖酸会导致多环芳烃的解吸动力学变慢，增加吸附不可逆性[94]。也有学者将有机物在 BC 上的不可逆吸附归因于吸附导致的 BC 孔道变形[95]。

DBC 是黑碳连续体（black carbon continuum）中可溶解于水的组分，其含量约占淡水体系可溶性有机质库的 10.6%[96]。Tang 等率先证实了 DBC 对非极性有机污染物有较好的吸附能力[97]。他们考察了生物质 BC 溶出 DBC 对多环芳烃的吸附行为，发现多环芳烃在 DBC 上的标化分配系数（K_{OC}）与其正辛醇-水分配系数（K_{OW}，有机物的疏水性指标）具有良好的线性正相关性，这表明 DBC 吸附非极性有机污染物的方式与以往研究较多的腐殖类 NOM 相似，都是以疏水分配作用为主。虽然作用机制相似，但 DBC 吸附非极性有机污染物的能力远高于腐殖类 NOM[98]，其吸附多环芳烃和氯苯的 K_{OC} 比腐殖类 NOM 高近一个数量级。DBC 对非极性有机污染物的强吸附能力与其独特的分子结构密不可分。与腐殖类 NOM 相比，DBC 是一类相对简单、均一的有机混合物，其大部分组分为羧基取代的芳香化合物。借由芳香基团间的疏水作用和羧基间的分子间氢键作用，这些羧基芳香化合物容易聚合形成类胶束结构（图 7-13b、c），而类胶束结构内部较为致密的疏水域对有机污染物具有更高的分配能力[85,99]。DBC 另一个重要的结构特征是其含有丰富的羧基、羟基等极性官能团，因此 DBC 可通过氢键、静电作用等方式吸附极性有机污染物，也可与重金属污染物发生配位作用。

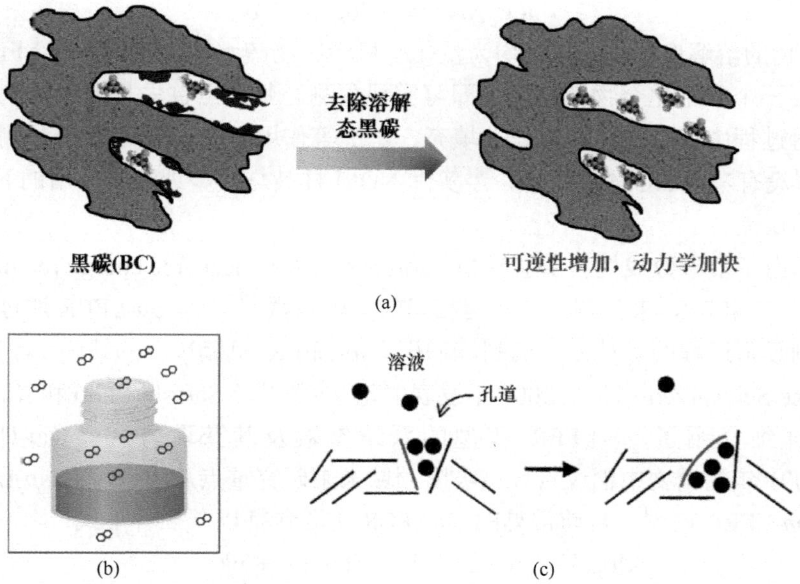

图 7-13　溶解态黑碳（DBC）对黑碳（BC）孔道结构及有机污染物吸附性能的影响（a）；“墨水瓶”孔道结构（b）、孔道变形引发不可逆吸附的示意图（c）

Wang 等人发现 BC 中的少量 DBC 组分是其吸附不可逆性的重要来源。研究发现去除 BC 中的 DBC 组分后，BC 对硝基苯、阿特拉津等有机污染物的吸附提高了 11%～60%，且增强效果与污染物分子大小正相关[100]。同时，BC 吸附污染物的速率明显变大、不可逆性降低。这表明 DBC 的存在是导致 BC 对有机污染物非理想吸附（吸附慢和不可逆）的重要原因之一。DBC 对 BC 有机污染物吸附行为的影响主要源于其对 BC 孔道的堵塞效应降低了 BC 孔道内吸附位点的开放性和可利用性，进而影响 BC 对有机污染物的吸附速率和吸附能力（图 7-13a）。为了进一步模拟 NOM 在 BC 非理想吸附中的作用，Wang 等在有序中孔碳表面修饰了氨基官能团，并借此引入溶解性腐殖酸，考察了修饰前后中孔炭对硝基苯和阿特拉津的吸附性能。结果显示，经氨基和腐殖酸修饰后，中孔炭对污染物的吸附动力学变慢、吸附不可逆性增加，印证了 NOM 对 BC 表面非理想吸附的促成作用。NOM 堵塞在 BC 孔道内侧时可形成“墨水瓶”孔道结构（图 7-13b）；而有机污染物分子离开这种孔道时所需的活化能远高于进入时[101]，造成污染物在 BC 上吸附的不可逆性。此外，NOM 具有较高的柔性，与有机污染物作用后容易发生形变，导致其与 BC 中刚性组分形成的孔道产生不可逆变形（图 7-13c），这也会引发 BC 对有机污染物的不可逆吸附。

2）天然有机质吸附有机污染物的预测模型研究

NOM 吸附有机污染物的有机碳标化分配系数（K_{OC}）是环境模型和风险评估的重要参数之一。由于 NOM 和有机污染物结构复杂多样，K_{OC} 数据测定工作量大，成本高。因此，亟需建立和验证高精确度的 NOM 吸附预测模型。目前，NOM 吸附预测模型主要包括单参数线性自由能模型、多参数线性自由能模型、两相体系模型和机器学习模型。

20 世纪 70 年代，学者建立了单参数线性自由能模型（single-parameter linear free energy relationship，*sp*-LFER）用于预测有机污染物的吸附行为[102]。*sp*-LFER 将有机污染物在 NOM 上的吸附过程简化为污染物分子在 NOM-水两相间的分配过程。因此，NOM 和污染物的疏水性是控制吸附过程的关键因子。*sp*-LFER 假设给定地域中 NOM 的疏水性差异不大，吸附作用的强弱主要取决于污染物的疏水性。*sp*-LFER 的常见形式如式 7-1 和式 7-2：

$$\log K_{OC} = a \log K_{OW} + b \tag{7-1}$$

$$\log K_{OC} = a \log S + b \tag{7-2}$$

式中，S 为有机污染物的溶解度；K_{OW} 和 S 均为量化有机污染物疏水性的指标。*sp*-LFER 优点是简单，可操作性强。其只需要一个常用化合物性质参数即可实现预测。其缺点首先是吸附机制单一，只考虑了疏水分配作用。当吸附过程中存在界面吸附、孔填充、氢键等作用时，*sp*-LFER 的预测结果会出现较大偏差。其次，由于模型没有考虑 NOM 的性质，当实际 NOM 样品与模型训练时使用的 NOM 性质差异较大时，也会带来显著的误差。

Abraham 等人提出了多参数线性自由能模型（polyparameter linear free energy relationship，*pp*-LFER），也称线性溶剂能模型（LSER），来预测分子在两相间的分配系数[103-105]。*pp*-LFER 通过采用多个分子结构参数来精确量化控制吸附过程的多种分子机制，克服了 *sp*-LFER 机制单一的缺陷，具有更广的适用范围。Kai-Uwe Goss 和 Rene Schwarzenbach 在 2001 年发表的论文[106]以及 Satoshi Endo 和 Kai-Uwe Goss 在 2014 年发表的综述[107]详细介绍了 *pp*-LFER 模型的系统参数及其获取方式。Kai-Uwe Goss 和 Rene Schwarzenbach 在 2001 年的论文中倡议将环境吸附领域未来研究重点从改进现有 *sp*-LFER 模型转向采用和发展更具潜力的 *pp*-LFER 模型。目前常见的 *pp*-LFER 主要包括以下三种形式：

$$\log K = c + eE + sS + aA + bB + vV \tag{7-3}$$

$$\log K = c + eE + sS + aA + bB + lL \tag{7-4}$$

$$\log K = c + vV + sS + aA + bB + lL \tag{7-5}$$

式中，E、S、A、B、L、V 是有机污染物的分子结构参数；S 为溶剂的极性和极化率，代表溶剂和溶质之间的偶极-偶极作用力；A 为溶剂氢键供体性质；B 为溶剂氢键受体性质；E 为溶剂的过量摩尔折射率；L 为正十六烷-空气分配系数的常用对数形式；V 为 Mc Gowan 特征分子体积。常见有机污染物的分子结构参数可通过公开数据库中查询获取，如 UFZ-LSER 数据库[108]。新型有机污染物的分子结构参数可以通过实验测量或计算模拟的方式获取[107]。公式中的 c、s、a、b、v、l 称为系统参数。系统参数是基于大量已知有机污染物的分子结构参数和实测 K_{OC} 数据，采用多元线性回归的方法拟合所得，可以在一定程度上反映分配相（如 NOM）的性质。由于各类 NOM 对应的 *pp*-LFER 模型公式差异显著，单一模型公式仍然无法体现 NOM 的异质性，目前已存在的 *pp*-LFER 模型主要针对泥炭土（pahokee peat），Aldrich 腐殖酸（aldrich humic acid），水体腐殖酸（suwannee river fulvic acid）和一系列土壤有机质。

sp-LFER 和 *pp*-LFER 模型已在环境领域得到了较为广泛应用。在实际应用中，通常认为 LFER 模型的均方根误差（RMSE）控制在一个数量级之内即可接受[107]。*pp*-LFER 模型对实际环境吸附预测的最佳精度 RMSE 大约在 0.5 个对数单位[107]。这部分难以克服的误差主要来源于 NOM 相的异质性。LFER 模型对于给定污染物在不同土壤、底泥和水体 NOM 上的吸附 K_{OC} 预测值都是相同的。而现实情况下，污染物在不同 NOM 上吸附的 K_{OC} 值相差可在一个数量级以上[109]。因此，将 NOM 的性质作为参数融入模型是进一步提升模型预测精度的重要途径。近期，文献报道了一种利用双水相体系测定有机质疏水性的新方法[110]。双水相体系是由两种溶于水的物质在特定浓度下自发形成互不相溶的两相体系[111]。影响 NOM 在双水相体系中分配系数的主要因素是其疏水性[112]。以聚乙二醇-柠檬酸钾双水相体系为例，NOM 组分会在两相间分配，其中疏水组分倾向于进入聚乙二醇相，通过紫外检测分析上下相的吸光度比值即可测定 NOM 的双水相分配系数（K_{ATPS}），测定流程如图 7-14。该方法速度快，操作简易，不依赖大型设备，

具有低成本的优势。

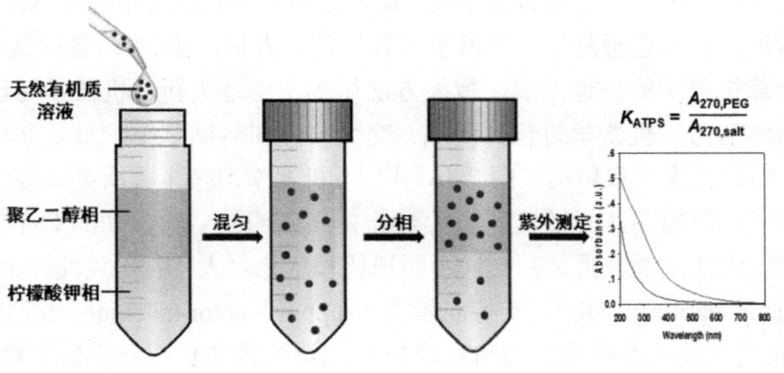

图 7-14　聚乙二醇-柠檬酸钾双水相体系测定天然有机质分配系数流程图[112]

研究发现 NOM 在双水相体系中的分配系数（K_{ATPS}）与表征有机质疏水性的参数（O+N）/C 和芳香碳含量具有良好的线性关系，说明 K_{ATPS} 是表征有机质疏水性的可靠指标[112]。结合表征有机质疏水性的 K_{ATPS} 和有机化合物疏水性的 K_{OW}，文献通过理论推导得到了 NOM 吸附预测的新模型——两相体系模型[113]。两相体系模型的公式为：

$$\log K_{OC} = c \log [K_{ATPS} / (K_{ATPS} + V_s/V_{PEG})] + a \log K_{OW} + b \tag{7-6}$$

式中，V_s 为两相体系中柠檬酸钾相的体积；V_{PEG} 为聚乙二醇相的体积。系数 *a*，*b*，*c* 可通过实测数据拟合获得。两相体系模型可以同时考虑有机质和有机污染物的性质，因此其预测的 RMSE 相较于 *sp*-LFER 和 *pp*-LFER 吸附预测模型更小，预测精度有了较大提升（图 7-15）[113,114]。

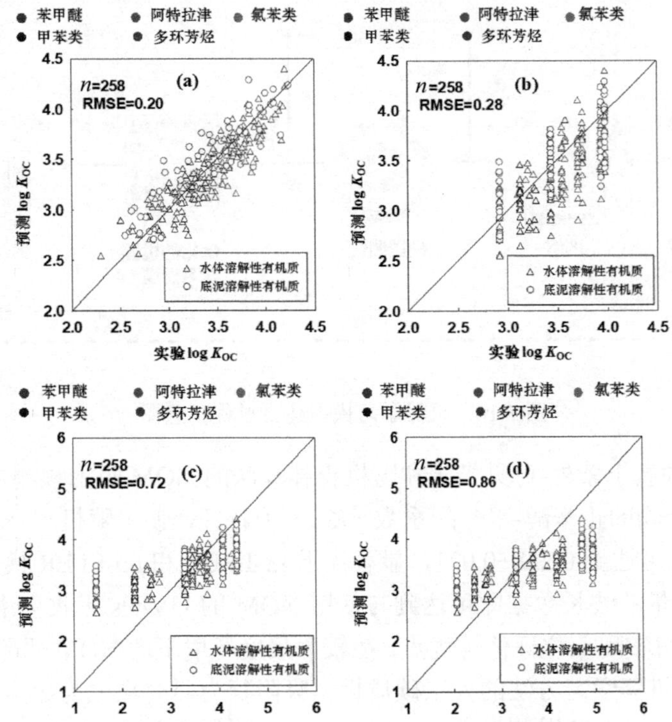

图 7-15　水体和底泥溶解性有机质对疏水性有机污染物吸附的 log K_{OC} 实验值与两相体系模型预测的 log K_{OC}（a），*sp*-LFER 模型预测的 log K_{OC}（b），*pp*-LFER 模型预测的 log K_{OC} 比较（c）、（d）[114]

目前，NOM 吸附行为的预测模型多基于有机污染物-NOM 作用机制解析，核心思想是抓主要矛盾。数据驱动研究的思路则与知识驱动研究显著不同。其关键环节是有机污染物和 NOM 性质的定量描述，并形成高质量的大数据集，核心思想是通过机器学习算法解析有机污染物/天然有机质性质与吸附行为之间的复杂关系。随着计算机科学的快速发展，智能方法得到了创造更新，机器学习已成为研究热点，为众多研究领域注入了新的活力。机器学习包括训练、交叉验证和测试三个阶段，在环境领域中通常用于解决四类问题：分类、回归、降维和聚类（图 7-16）[115]。机器学习技术具有处理复杂非线性关系的强大能力，无需依赖规则原理和理想条件假设就可以从数据中学习到输入-输出间的潜在关系，取代复杂且昂贵的实验测试方法以实现快速定量分析，并允许不断迭代和优化。人工神经网络（artificial neural network，ANN）、深度学习（deep learning，DL）、支持向量机（support vector machine，SVM）、随机森林（random forest，RF）等算法常用于处理非线性分类和回归分析。ANN 和 DL 都是模仿生物神经网络的行为特征，进行分布式并行信息处理分类，具有准确度高、容错性强、非线性关系处理能力强的优点。DL 具有更复杂的结构，并且通常比 ANN 具有更高的预测精度；但 DL 依赖于大量数据来训练网络，且更容易过拟合[116]。SVM 可实现线性或非线性分类，特别适用于中小型复杂数据集的分类，能够避免 ANN 难以解决的局部最小问题，但存在内存消耗大、对缺失数据敏感的缺点。RF 是以决策树为基本单元，通过集成学习的思想将多棵树集成的算法，可以在完成分类或回归分析的同时评估变量的重要性，训练快速且可调难度小，但容易发生过拟合和产生属性偏好。机器学习方法目前已被应用于 NOM 的来源追踪、成分分析、吸附行为预测等方面的研究中。使用中需要根据预测模型的目标需求、现有数据集的大小以及不同机器学习方法的特点进行选择与应用。

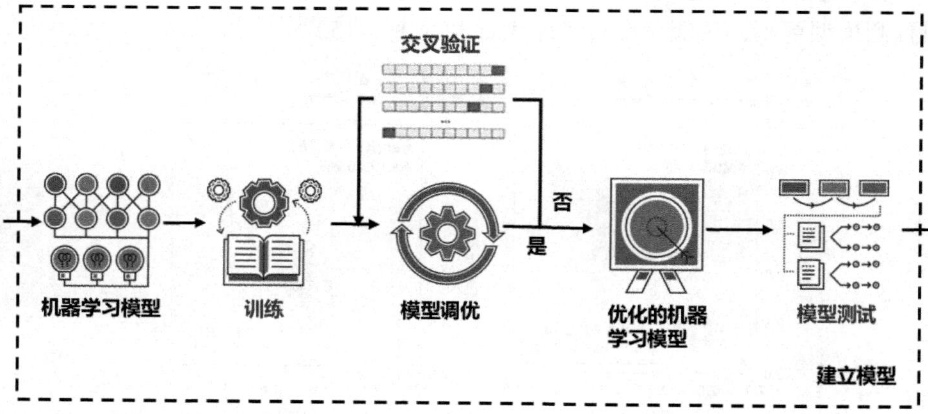

图 7-16　机器学习模型建立过程示意图

崔鹤等[117]提出了一种基于紫外-可见光谱和随机森林算法的 NOM 吸附预测模型。该模型以 NOM 的紫外-可见光谱和有机化合物的正辛醇-水分配系数（K_{ow}）为特征，使用随机森林算法预测 K_{oc}。随机森林模型在验证集上的 RMSE 可达到 0.258±0.021，显著优于 *sp*-LFER 和 *pp*-LFER 模型（图 7-17）。进一步通过特征选择，使用较少数量的波长数据即可达到与使用 NOM 的 UV-vis 吸收全谱相近的预测效果。该模型具备成本低、通量高和可实现原位评估等优点，在较大尺度环境下的 NOM 吸附行为评估中具备良好的应用前景。近年来，基于机器学习方法的人工碳质材料吸附行为研究也成为热点。ANN 在生物炭吸附重金属行为预测上表现出良好的效果[112,118,119]。El Hanandeh 等[120]以金属离子浓度、溶液 pH、接触时间、温度和粒径为输入特征，基于 ANN 模型预测了在单一溶质和多溶质体系中生物炭对 Pb^{2+}、Cu^{2+} 和 Ni^{2+} 的吸附行为，模型结果表现出了高预测精度。Sigmund 等[121]从 2005～2019 年公开发表的文献中收集数据形成数据集，以吸附剂的比表面积、元素含量和溶质的 Abraham 参数为描述符，采用 20 个隐藏层的前馈神经网络，对可电离有机化合物吸附到碳质吸附剂上的 Freundlich 拟合参数 log K_F 和 n 进行了建模和预测，log K_F 的预测 R^2 大于 0.98，n 的预测 R^2 大于 0.91。Zhang 等[122]建立了基于神经网络和 *pp*-LFER 的 *NN*-LFER 模型，通过采用余弦相似度方法进行源数据处理，引入吸附剂的关键描述符，显著提高了吸附的预测精度（RMSE=0.23～0.31）。

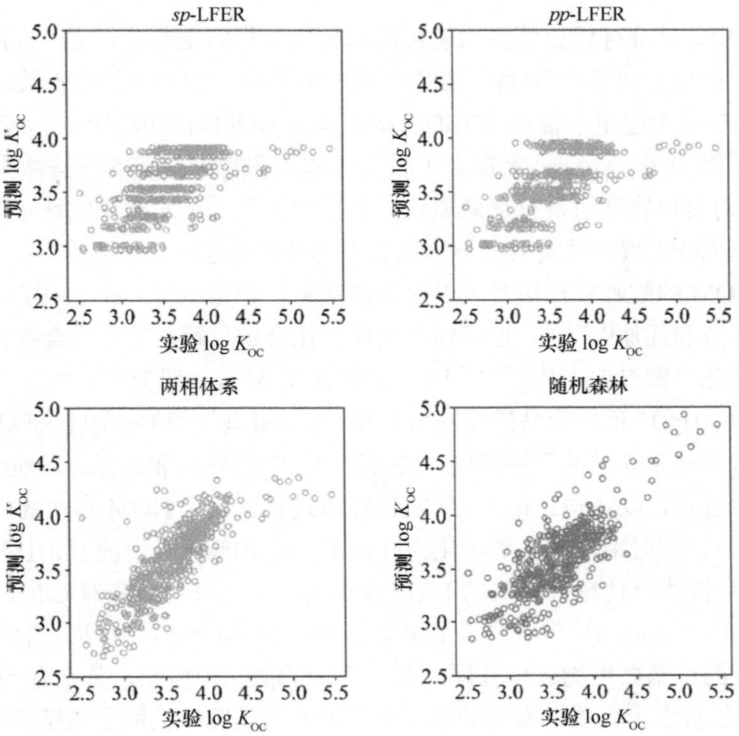

图 7-17　*sp*-LFER 模型，*pp*-LFER 模型，两相体系模型以及随机森林模型实测值与模型预测值对比[117]

上述吸附预测模型各有其优缺点，在使用时可根据实际情况灵活选择。*sp*-LFER 模型参数简单易得，但由于模型只有一个变量，无法很好地将有机质性质和多种分子间相互作用纳入考量，很难准确预测不同地域性质差异显著的有机质吸附能力，也不适用多种吸附机制控制的吸附过程。尽管如此，在 NOM 性质差异不大且对象有机污染物性质较为相近的评估中，*sp*-LFER 可以提供可接受的预测值。*pp*-LFER 采用了多个参数，可以同时考虑有机污染物与 NOM 之间的复杂相互作用，从而具有较广的适用范围。其缺点是未考虑 NOM 的性质差异，同时多参数拟合过程对实测数据量的要求较高。此外，新型有机物的分子结构参数的获取成本较高。*pp*-LFER 适合在 NOM 性质差异不大的情况下使用，适用范围广，预测准确性高。相较于上述两类线性自由能模型，两相体系模型可以同时考虑有机质和有机污染物的异质性，其参数简单易得，使用简便，预测准确性较高，尤其适用于 NOM 异质性较强的吸附评估。两相体系模型的缺点是机制单一，仅适用于以疏水分配为主要作用力的吸附预测。机器学习模型在给定验证组数据集中通常预测最为准确。其缺点是模型训练需要大量的实测数据，模型可解释性不强，并且适用范围受训练集数据质量和数量的影响显著。

7.3.2　天然有机质对污染物转化行为的介导效应

NOM 对污染物的吸附作用会进一步改变污染物的反应活性，间接影响污染物的环境转化行为[123-126]。与此同时，作为天然环境中最为活跃的化学组分之一，NOM 具有独特的氧化还原和光化学活性，因而可扮演电子传递载体、反应物、光敏剂等角色，直接参与污染物在环境中的氧化还原和光转化过程。研究 NOM 对污染物环境转化行为的介导作用有助于全面理解 NOM 的生态环境效应，也可为污染物环境归趋的预测提供一定理论依据。

1）天然有机质对污染物氧化还原转化过程的介导

NOM 的醌呼吸作用是其介导污染物生物氧化还原转化过程的主要途径之一。在厌氧环境中，细菌等微生物可将其细胞膜上的电子传递给 NOM，在细胞膜两侧形成跨膜质子浓度梯度，并产生能量供其自身生长代谢。由于在这一过程中起电子传递作用的关键结构是 NOM 中的醌类组分，因此该过程又被称为醌呼吸[127]。Lovely 等[128]首次在 *Nature* 上报道了在土壤和沉积物中发现的一些微生物能够利用腐殖质类 NOM 作为电子受体，对有机物和氢进行厌氧氧化，并指出了该过程对污染物环境转化行为的潜在影响，继而引出了一系列关于 NOM 醌呼吸及其介导污染物生物转化过程的研究工作。

现有研究表明，NOM 的醌呼吸作用既可以促进铁锰矿物的还原溶解和 Fe(III)、As(V)、Hg(II)、高氯酸盐等无机污染物的释放和还原[129-136]，也可以影响卤代化合物、硝基芳香化合物、偶氮化合物等多类有机污染物的氧化还原转化（图 7-18）[136-144]。Lovely 等在其 *Nature* 研究随后的工作中发现微生物可通过 NOM 的醌呼吸作用，将 Hg(II)还原为易挥发的 Hg(0)[127]。Cai 等[145]研究发现，以腐殖酸为代表的 NOM 可作为电子穿梭体促进含砷水铁矿的还原溶解，并导致 As(V)的释放和还原。Zhou 等[146]研究了 NOM 介导的水铁矿微生物还原过程，以及与之相关的 Cd(II)释放过程。在无 NOM 存在的情况下，水铁矿中只有 3%～4%的 Fe(III)被还原，同时由于水铁矿转化为纤铁矿，约 61%预吸附的 Cd(II)被释放至溶液中；加入 NOM 后，其作为电子穿梭体促使超过 35%的 Fe(III)被还原，但由于 NOM 对 Cd(II)的络合作用，Cd 释放过程受到了极大抑制。Cervantes 等[140]研究了土壤腐殖酸和 NOM 模型化合物（蒽醌双磺酸盐，AQDS）作为终端电子受体介导的甲苯微生物氧化过程，经过 2 周的微生物培养，分别有 50%和 85%的甲苯被矿化为 CO_2。Zhao 等[147]从富含蛋白质、木质纤维素和木质素的堆肥中提取了腐殖质类 NOM，并培养了来自不同堆肥环境的腐殖质还原微生物（HRM），研究这些微生物利用 NOM 作为电子受体，对五氯酚的还原性脱氯过程；结果表明，五氯酚可以被来自不同堆肥的 HRM 脱氯，NOM 的添加提高了微生物的

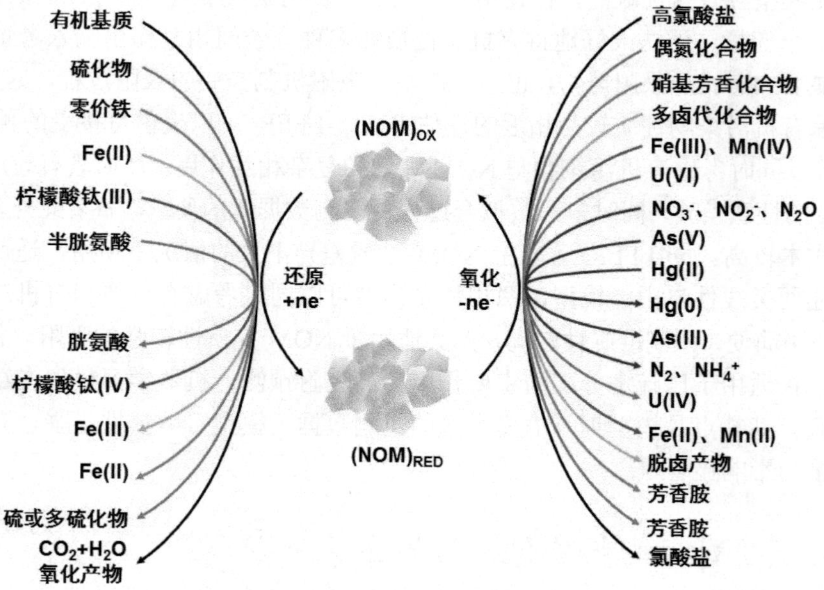

图 7-18 天然有机质（NOM）作为电子传递载体介导的氧化还原过程

脱氯效率，但没有影响其脱氯途径。除了醌呼吸，NOM 也可以通过其他方式影响污染物的生物氧化还原过程。例如，Fritzsche 等[148]研究了 NOM 对硫还原地杆菌还原水铁矿过程的影响。他们从厌氧土柱中提取 NOM 电子受体的能力很低，但仍可以通过在水铁矿上的吸附抑制其生物还原过程，也可以通过共沉淀等促进 Fe(III)的生物还原。

与醌呼吸作用介导的生物转化类似，NOM 也可以借由醌类结构的电子传递能力，影响污染物的非生物氧化还原过程，如：硫化物对硝基芳香化合物、氯代烃、Fe(III)等污染物的还原[149-151]。除醌类结构外，NOM 中的酚类、羧酸类组分也具有较高的氧化还原活性，可作为反应物，参与污染物在环境中的氧化还原转化过程。例如：酚类、羧酸类可作为电子供体，直接还原环境中的 Cr(VI)、As(V)等氧化性金属污染物[152,153]；也可作为反应中间体，通过与污染物的氧化耦合（cross-coupling）促进多种有机污染物在铁、锰矿物表面的氧化性转化[154,155]。

2）天然有机质对污染物光化学转化过程的介导

NOM 在污染物的环境光化学过程中发挥着关键作用。NOM 的结构中包含苯环、羰基、羧基等发色基团[156]，能够吸收太阳光，通过光敏化反应产生三线激发态（$^3NOM^*$）、单线态氧（$^1O_2$）、超氧自由基（$O_2^-\cdot$）、双氧水（H_2O_2）、羟基自由基（·OH）、水合电子（e-aq）以及有机自由基等一系列光活性物种[157-160]，这些活性物种往往具有较强的反应活性，能与环境中的污染物反应，参与污染物的环境光转化过程[161-164]。

$^3NOM^*$是 NOM 吸收光受激发后生成的单线态（$^1NOM^*$）经系间窜越生成。环境中的酚类和 O_2 是较强的 $^3NOM^*$淬灭剂，也是影响 $^3NOM^*$稳态浓度的主要因素。$^3NOM^*$在环境中的稳态浓度往往能达到 10^{-14}～10^{-12} mol/L[157]。早期的研究认为 $^3NOM^*$的能量范围为 170～250 kJ/mol [165]，但最近一些研究显示约 20%～65%的 $^3NOM^*$能量可能高于 250 kJ/mol [166]。只有当 $^3NOM^*$能量高于污染物的激发态时，$^3NOM^*$才可能通过能量转移过程氧化污染物。Zepp 等最早预测了 $^3NOM^*$与水体中多环芳烃、硝基芳香化合物、双酮等含共轭双键污染物的能量转移反应[167]。至今，大量研究报道显示，$^3NOM^*$可参与酚类、内分泌干扰物、药物和抗生素等多种有机污染物，以及 As（V）、Sb（III）等重金属污染物的环境光化学过程[168-172]。由于丰度和反应活性均较高，且可诱发其他系列活性物种的产生，$^3NOM^*$是目前 NOM 光化学行为研究中最受关注的光活性物种。在开展相关研究时，使用较多的 $^3NOM^*$探针和淬灭剂有以 2，4，6-三甲基苯酚（TMP）为代表的酚类和 1,3-戊二烯、山梨醇等二烯烃两类[173-175]。二者与 $^3NOM^*$的反应原理不同，酚类探针与 $^3NOM^*$之间的反应为电子转移，而二烯烃和 $^3NOM^*$之间则发生能量传递[175]。因此一些已知三线激发态能量（ET）的二烯烃类探针可被用于估测 $^3NOM^*$的能量分布[157,173]。

$^1O_2$ 主要产生于 $^3NOM^*$与 O_2 间的能量转移，过程效应约为 30%～50%。天然环境中 $^1O_2$ 的稳态浓度一般在 10^{-15}～10^{-13} mol/L[157]，可在许多污染物环境光化学过程中起重要作用，包括酚类、内分泌干扰物、多氯联苯等有机污染物，以及 Hg、Fe 等重金属[169,170,176-180]等。不同来源的 NOM 的 $^1O_2$ 产生能力有所差异，量子产率约为 10^{-2} [181]。Latch 和 McNeill 在 *Science* 上指出在 NOM 结构内部的疏水微环境中，$^1O_2$ 浓度会比平均浓度高 2～3 个数量级[182]。因而，多氯联苯等疏水性有机污染物更易与 NOM 疏水微区内的高浓度 $^1O_2$ 接触而发生降解[183]。研究中常采用糠醇（FFA）作为 $^1O_2$ 稳态浓度的探针化合物[175]，β-胡萝卜素、NaN_3 等作为其淬灭剂[174]。$^1NOM^*$和 $^3NOM^*$也可通过电荷转移过程形成具有双自由基特征的分子内复合物（$NOM^{+/-}$），并进一步与 O_2 反应生成 $O_2^-\cdot$。$O_2^-\cdot$在水环境中的稳态浓度约为 10^{-10}～10^{-8} mol/L [183,184]，其中约一半可歧化为 H_2O_2[185]。在大多数情况下，$O_2^-\cdot$促进污染物的光氧化过程[169][186]，但也有少数研究指出 $O_2^-\cdot$可还原某些污染物光转化反应的中间体，从而抑制污染物的光转化[187]。目前常使用 XTT 等染料鉴定环境中的 $O_2^-\cdot$[159]。NOM 从激发态回落到基态的过程会产生 e-aq，在 300～400 nm 光吸收范围内的量子产率约为 10^{-5}～10^{-4}。研究表明，e-aq 可在抗生素、偶氮染料、全氟化合物等污染物的降解过程中发挥重要作用[188-190]。目前 e-aq 主要通过激光闪光光解等手段进行测定[189,191]。NOM 的光化学过程也可产生·OH，

但产生机制至今仍不明晰，可能来源于 ^{3}NOM*与水分子的反应[192]。在 300～400 nm 波长范围内，NOM 产生·OH 的量子产率约为 10^{-5}～10^{-4} [193,194]。·OH 在水环境中的稳态浓度一般在 10^{-18}～10^{-16} mol/L[161]，可参与药物、抗生素、阻燃剂等污染物的光化学氧化反应[171,195,196]，但一般不作为主要活性物种。目前的研究常用对氯苯甲酸（*p*-CBA）和对苯二甲酸（TPA）作为探针化合物来测定·OH 的稳态浓度[197,198]，异丙醇、乙醇、叔丁醇等醇类作为淬灭剂[170,174,199]。总体而言，NOM 产生 ^{3}NOM*和 $^1O_2$ 的量子产率远高于其他光活性物种，因此介导这两类活性物种的产生可能是其作为光敏剂影响环境污染物间接光解行为的主要途径。

除了通过光敏化反应促进污染物的光转化，NOM 也会通过光屏蔽效应，与污染物竞争光子，抑制其光转化。Kochany 和 Maguire 等[200]最早观测到了这一现象，他们发现 NOM 使异丙甲草胺的光解半衰期提高了 2～3 倍。对自身即可发生光降解的污染物而言，其光转化过程受 NOM 光敏化和光屏蔽双重作用的调控，最终效应与 NOM 结构和浓度相关。NOM 的芳香醛/酮含量越高，光敏化性能一般越强；但芳香性高的 NOM 吸光性也高，因此光屏蔽效应也会更明显[201]。通常情况下，低浓度 NOM 呈促进效应，高浓度 NOM 呈抑制效应[164,202,203]。

在金属纳米颗粒物这类新型污染物的光化学过程中，NOM 呈现出更多重的作用。以纳米银（nAg）的光转化过程为例，一方面，NOM 会通过产生光活性物种加速 nAg 的光氧化溶解，产生 Ag(I)[204,205]；另一方面，Ag(I)可以被 NOM 还原，在太阳光照下形成新的 nAg [205-209]。水体中的商业含金属颜料（如镉系颜料、铬酸铅颜料）可在光照下快速释放有害重金属，这种释放可归因于光生空穴和颜料晶格间的反应[210,211]。NOM 可通过三个途径影响镉系颜料的光溶解过程，光屏蔽效应、光敏化效应，以及作为电子供体对光生空穴产生淬灭效应。NOM 对含金属颜料光溶解的整体影响取决于上述三个效应的相互作用。对镉系颜料而言，由于自身电子空穴分离效率高，它可通过光生空穴和颜料晶格之间的快速反应实现直接光氧化溶解，因此 NOM 主要通过光屏蔽和淬灭光生空穴抑制其光氧化过程[212]。相反地，对铬酸铅这种电子空穴分离效率低的颜料，NOM 在淬灭光生空穴的同时促进了电子空穴分离，反而提高了光生电子对颜料的光还原溶解[213]。

3）天然有机质结构特性对其介导效应的影响

NOM 对污染物环境转化过程的影响效应取决于自身结构特性。在介导污染物氧化还原转化的过程中，NOM 的氧化还原性能是预测其介导效率的关键参数。目前，NOM 的氧化还原能力常用电子接受能力（EAC）和电子提供能力（EDC）来衡量，主流的评价方法包括化学法和电化学法两大类。其中电化学法是近年来新兴起来的 NOM 氧化还原能力研究方法，它以电极作为电子供体或受体，可有效避免传统化学法需外加氧化/还原剂、反应耗时、副反应多等问题[214-216]。苏黎世大学的 Sander 课题组基于电化学法测定了一系列 NOM 的氧化还原能力，发现其还原能力（EDC）与 NOM 中的酚羟基官能团呈显著正相关，而氧化能力（EAC）与 NOM 中的芳香度呈显著正相关[217,218]。Zheng 等[219]最近比较了不同来源 NOM 的氧化还原能力，指出黑碳源 NOM 普遍具有比标准腐殖质类 NOM 更高的 EDC 和更低的 EAC。所有 NOM 的 EDC 与酚基含量间存在很强的正相关性，这意味着即便来源不同，但几种 NOM 中主要的给电子结构都为酚类。与此相一致，Lv 等人结合 FT-ICR-MS 技术，发现分布在 van Krevelen 图中多酚区域的分子特别是中等含氧量的多酚类分子（O/C：0.4～0.67）与 EDC 呈显著的正相关，此外分子的等价双键值（DBE）也与 EDC 呈显著的正相关[220]。

NOM 的光化学活性主要受其芳香性、含氧官能团性质、分子量等因素的影响。NOM 的光吸收性能与其芳香性正相关[221]。目前的研究显示，NOM 光敏化产生 ^{3}NOM*和 $^1O_2$ 的性能受芳香醛/酮发色团和分子量的影响[222-224]。Dalrymple 等[223]较早对 NOM 结构与其光化学活性的关系展开了定量研究，发现 NOM 产生 $^1O_2$ 的性能与其分子量负相关，他们同时提出紫外-可见吸收光谱参数 E_2/E_3 可用于预测 NOM 产生这种活性物种的量子产率。Du 等[181]最近研究了黑碳源 NOM 和腐殖质类 NOM 在结构和光化学性质方面的差异，发现黑碳源 NOM 具有较低的平均分子量和较高的芳香性，因而 $^1O_2$ 量子产率显著高于腐殖质类 NOM；该研究指出除 E_2/E_3 外，光谱学参数 $S_{275\text{-}295}$ 也可以预测不同 NOM 的 $^1O_2$ 量子产率。McCabe 等[225]选取了 DOM 组成、气候、湿地分类和流域特征作为预测因子，通过构建多元线性回归模型，研究影响自然湿地环境中 ^{3}NOM*量子产率的主要因素。结果表明，^{3}NOM*量子产率主要取决于 NOM 组成，尤其是 NOM 分子量，因此外源流入的大分子量 NOM 的 ^{3}NOM*量子产率较低，而降解后的外源 NOM 和内源 NOM 可产生高效的 ^{3}NOM*前体。除量子产率外，不同 NOM 产生的 ^{3}NOM*能量分布也不相同。Zhou 等[173]用化学探针测定了多种 NOM 产生的 ^{3}NOM*能量分布，发现陆源 NOM 主要生成低能 ^{3}NOM*（94 kJ/mol ≤ E_T ≤ 250 kJ/mol），而高能 ^{3}NOM*（＞250 kJ/mol）在内源 NOM 和污水/废水有机质中占主导地位。McNeill 等[226]进一步指出，多环芳烃类和醌类 ^{3}NOM*能量较低，而芳香酮和含羰基结构则多产生高能量 ^{3}NOM*。与 ^{3}NOM*和 $^1O_2$ 的生成过程不同，有报道指出较低分子量和较低芳香性的 NOM 可更有效地光敏化产生 H_2O_2[227]。然而，这种趋势在另一些样品中并不明确[223,228]。

NOM 光化学活性的差异会进一步导致其介导污染物光降解的效能不同。目前该方面的研究较为有限，有学者尝试将污染物的降解速率常数与 NOM 的结构参数相关联，取得了一些初步成果。例如，Richard 等[229]发现腐殖类 NOM 中的低分子量组分可更有效地促进 2,4,6-三甲基苯酚和非草隆的光降解。Batista 等[230]研究了不同 NOM 对磺胺甲基嘧啶光降解过程的影响，发现磺胺甲基嘧啶光降解速率与 ^{3}NOM*稳态浓度以及不同 NOM 生成 ^{3}NOM*的速率常数相关。Zhou 等[170]最近的研究也发现，17β-雌二醇的光降解速率与 ^{3}NOM*稳态浓度线性正相关，且受其和 NOM 的结合态浓度影响。他们同时指出，分子量越小、芳香性越高的 NOM，产生 ^{3}NOM*的能力越高，因此诱导 17β-雌二醇光降解的能力越强。

7.4 展　　望

近年来，天然有机质（NOM）的环境行为和效应研究获得了长足的发展。NOM 分析表征技术的快速发展深化了人们对 NOM 化学结构和功能多样性的理解。人们对 NOM 与污染物间的相互作用机制和主控因素也有了一定的认识，建立了相应的数学模型量化其环境行为。然而，NOM 的环境行为与效应研究目前仍有许多问题亟待解决。

未来，NOM 结构解析方法的主要挑战是如何揭示其化学多样性、空间异质性和时间动态性。高分辨质谱为认识 NOM 的分子多样性提供了重要研究手段，但是目前仍处于初步探索阶段。相关研究进展主要体现在广度而在研究深度上有所欠缺，如何更进一步实现从分子表征到结构识别是未来研究的重大挑战和机遇。近年来，代谢组学的快速发展不仅提供了强大的化合物质谱数据库，也为 NOM 中化合物的非靶向分析提供了更多技术手段，为天然有机质组学的发展提供了新机遇。同步辐射谱学技术、高分辨电镜、纳米二次离子质谱等的发展为研究微区尺度上 NOM 的化学组成提供了强大的手段。但相关研究目前仅局限于前沿探索，NOM 的化学多样性以及环境介质的复杂多样性必然导致微尺度下 NOM 分布和组成的差异性，需要联合多种手段才能揭示 NOM 在微尺度下空间异质性分布的本质，进而将微观机制用于宏观现象的解释。NOM 的化学多样性导致其环境敏感性，因此其组成必然是高度动态的，需要发展能够原位快速表征 NOM 化学组成和性质的方法，进而实现动态监测。目前，关于时间尺度上 NOM 行为和效应的研究集中在月、年甚至地质时间，缺乏从微时间尺度上对 NOM 动态的考察。

目前研究已初步揭示了 NOM 与污染物之间发生吸附和反应的机制和主控因子，并在此基础上建立了预测模型。然而，现有工作主要还是基于模型 NOM 开展，相应理论和模型在实际应用中的适用性有待改善。由于对 NOM 结构多样性的考虑不足，导致在评估 NOM 对污染物分配、迁移和转化行为的影响过程中产生较大误差。当前基于机制解析的 NOM 吸附预测模型虽然简洁、可解释性强，但低复杂度的线性模型在准确量化环境体系中 NOM 和污染物之间复杂作用关系时存在较大困难。随着硬件算力和算法技术的快速发展，未来基于数据的吸附模型在求解此类复杂问题中体现出极大优势。机器学习方法在 NOM 的环境行为与效应研究中具有重要的应用潜力，其在复杂数据分析中的优势已被应用于 NOM 的来源解析和吸附行为预测等领域。其主要问题是相关基础数据较为缺乏，不足以支撑机器学习模型的构建和优化。未来仍需进一步形成高质量的大数据集，发展适合的算法对 NOM 环境行为和效应进行建模，提高机器学习模型预测能力和可解释性。

参考文献

[1] 吴丰昌, 王立英, 黎文, 等. 天然有机质及其在地表环境中的重要性. 湖泊科学, 2008, (1): 1-12.

[2] Barton D, Schnitzer M. A new experimental approach to the humic acid. Nature, 1963, 198: 217-218.

[3] Kogel-Knabner I, Rumpel C. Advances in molecular approaches for understanding soil organic matter composition, origin, and turnover: A historical overview. Advances in Agronomy, 2018, 149: 1-48.

[4] Simpson A J, Simpson M J, Soong R. Nuclear magnetic resonance spectroscopy and its key role in environmental research. Environmental Science & Technology, 2012, 46 (21): 11488-11496.

[5] Hertkorn N, Benner R, Frommberger M, et al. Characterization of a major refractory component of marine dissolved organic matter. Geochimica et Cosmochimica Acta. 2006, 70 (12): 2990-3010.

[6] Hertkorn N, Harir M, Koch B P, et al. High-field NMR spectroscopy and FTICR mass spectrometry: powerful discovery tools for the molecular level characterization of marine dissolved organic matter. Biogeosciences, 2013, 10 (3): 1583-1624.

[7] Mao J, Cao X, Olk D C, et al. Advanced solid-state NMR spectroscopy of natural organic matter. Progress in Nuclear Magnetic Resonance Spectroscopy. 2017, 100: 17-51.

[8] Ikeya K, Watanabe A. Application of 13C ramp CPMAS NMR with phase-adjusted spinning sidebands (PASS) for the quantitative estimation of carbon functional groups in natural organic matter. Analytical and Bioanalytical ChemistryAnalytical Chemistry, 2016, 408: 651-655.

[9] Simpson A J, Simpson M J, Soong R. Nuclear magnetic resonance spectroscopy and its key role in environmental research. Environmental Science & Technology, 2012, 46 (21): 11488-11496.

[10] Hall S J, Ye C L, Weintraub S R, et al. Molecular trade-offs in soil organic carbon composition at continental scale. Nature Geoscience, 2020, 13 (10): 687-691.

[11] Mazzei P, Piccolo A. Interactions between natural organic matter and organic pollutants as revealed by NMR spectroscopy. Magnetic Resonance in Chemistry, 2015, 53 (9): 667-678.

[12] Thorn K A, Pettigrew P J, Goldenberg W S. Covalent binding of aniline to humic substances .2. N-15 NMR studies of nucleophilic addition reactions. Environmental Science & Technology, 1996, 30 (9): 2764-2775.

[13] Jones M W, Coppola A I, Santin C. et al. Fires prime terrestrial organic carbon for riverine export to the global oceans. Nature communications, 2020, 11, (1): 2791.

[14] 冯晓娟, 王依云, 刘婷, 等. 生物标志物及其在生态系统研究中的应用. 植物生态学报, 2020, 44 (4): 384-394.

[15] 潘根兴, 丁元君, 陈硕桐, 等. 从土壤腐殖质分组到分子有机质组学认识土壤有机质本质. 地球科学进展, 2019, 34 (5): 451-470.

[16] Amelung W, Brodowski S, Sandhage-Hofmann A, et al. Combining biomarker with stable isotope analyses for assessing the transformation and turnover of soil organic matter. Advances in Agronomy, 2008, 100: 155-250.

[17] Bi X H, Sheng G Y, Liu X H, et al. Molecular and carbon and hydrogen isotopic composition of n-alkanes in plant leaf

waxes. Organic Geochemistry, 2005, 36 (10): 1405-1417.

[18] Wiesenberg G L B, Dorodnikov M, Kuzyakov Y. Source determination of lipids in bulk soil and soil density fractions after four years of wheat cropping. Geoderma, 2010, 156 (3-4): 267-277.

[19] Ma T, Dai G H, Zhu S S, et al. Distribution and preservation of root- and shoot-derived carbon components in soils across the Chinese-mongolian grasslands. Journal of Geophysical Research-Biogeosciences, 2019, 124 (2): 420-431.

[20] Otto A, Simpson M J. Evaluation of CuO oxidation parameters for determining the source and stage of lignin degradation in soil. Biogeochemistry, 2006, 80 (2): 121-142.

[21] Thevenot M, Dignac M F, Rumpel C. Fate of lignins in soils: A review. Soil Biology & Biochemistry. 2010, 42 (8): 1200-1211.

[22] Kraus T E C, Dahlgren R A, Zasoski R J. Tannins in nutrient dynamics of forest ecosystems - a review. Plant and Soil, 2003, 256 (1): 41-66.

[23] Liang C, Schimel J P, Jastrow J D. The importance of anabolism in microbial control over soil carbon storage. Nature Microbiology, 2017, 2: 17105.

[24] Domeignoz-Horta L A, Pold G, Liu X J A, et al. Microbial diversity drives carbon use efficiency in a model soil. Nature communications. 2020, 11, (1): 3684.

[25] Liang C, Amelung W, Lehmann J, et al. Quantitative assessment of microbial necromass contribution to soil organic matter. Global Change Biology, 2019: 25 (11): 3578-3590.

[26] Glaser B, Turrion M B, Alef K. Amino sugars and muramic acid - biomarkers for soil microbial community structure analysis. Soil Biology & Biochemistry, 2004, 36 (3): 399-407.

[27] Ma T, Zhu S, Wang Z, et al. Divergent accumulation of microbial necromass and plant lignin components in grassland soils. Nature communications.Nature Communications, 2018, 9 (1): 3480.

[28] 韩永明，曹军骥. 环境中的黑碳及其全球生物地球化学循环. 海洋地质与第四纪地质. 2005, 25 (1): 125-132.

[29] 海婷婷，陈颖军，王艳，等. 环境介质中黑碳定量方法的研究进展. 环境科学与技术. 2013, 36 (12): 153-159.

[30] Kappenberg A, Blasing M, Lehndorff E, et al. Black carbon assessment using benzene polycarboxylic acids: Limitations for organic-rich matrices. Organic Geochemistry, 2016, 94: 47-51.

[31] Jaffe R, Ding Y, Niggemann J, et al. Global charcoal mobilization from soils via dissolution and riverine transport to the oceans. Science, 2013, 340 (6130): 345-347.

[32] Coppola A I, Wiedemeier D B, Galy V, et al. Global-scale evidence for the refractory nature of riverine black carbon. Nature Geoscience, 2018, 11 (8): 584: .

[33] Wagner S, Brandes J, Spencer R.G M, et al. Isotopic composition of oceanic dissolved black carbon reveals non-riverine source. Nature Communications, 2019, 10 (1): 5064.

[34] Qi Y, Fu W, Tian J, et al. Dissolved black carbon is not likely a significant refractory organic carbon pool in rivers and oceans. Nature Communications, 2020, 11: 5051.

[35] Cooper W T, Chanton J C, D'Andrilli J, et al. A history of molecular level analysis of natural organic matter by fticr mass spectrometry and the paradigm shift in organic geochemistry. Mass Spectrometry Reviews, 2021: 1-25.

[36] Fievre A, Solouki T, Marshall A G, et al. High-resolution Fourier transform ion cyclotron resonance mass spectrometry of humic and fulvic acids by laser desorption/ionization and electrospray ionization. Energy & Fuels, 1997, 11 (3): 554-560.

[37] Lv J T, Huang Z Q, Christie P, et al. Reducing reagents induce molecular artifacts in the extraction of soil organic matter. ACS Earth and Space Chemistry, 2020, 4 (11): 1913-1919.

[38] Li Y, Harir M, Uhl J, et al. How representative are dissolved organic matter (DOM) extracts? A comprehensive study of sorbent selectivity for DOM isolation. Water Research, 2017, 116: 316-323.

[39] Kurek M R, Poulin B A, McKenna A M, et al. Deciphering dissolved organic matter: ionization, dopant, and fragmentation insights via Fourier transform-ion cyclotron resonance mass spectrometry. Environmental Science & Technology, 2020, 54 (24): 16249-16259.

[40] Xu C, Gao L, Zheng M, et al. Nontarget screening of polycyclic aromatic compounds in atmospheric particulate matter using ultrahigh resolution mass spectrometry and comprehensive two-dimensional gas chromatography. Environmental Science & Technology, 2021, 55 (1): 109-119.

[41] Solihat N N, Acter T, Kim D, et al. Analyzing solid-phase natural organic matter using laser desorption ionization ultrahigh resolution mass spectrometry. Analytical ChemistryAnalytical Chemistry, 2019, 91 (1): 951-957.

[42] Miao Y X, Lv J T, Huang H L, et al. Molecular characterization of root exudates using Fourier transform ion cyclotron resonance mass spectrometry. Journal of Environmental Sciences, 2020, 98: 22-30.

[43] Patriarca C, Bergquist J, Sjoberg P J R, et al. Online HPLC-ESI-HRMS method for the analysis and comparison of different dissolved organic matter samples. Environmental Science & Technology, 2018, 52 (4): 2091-2099.

[44] Tolic N, Liu Y, Liyu A, et al. Formularity: Software for automated formula assignment of natural and other organic matter from ultrahigh-resolution mass spectra. Analytical ChemistryAnalytical Chemistry, 2017, 89 (23): 12659-12665.

[45] Schum S K, Brown L E, Mazzoleni L R. MFAssignR: Molecular formula assignment software for ultrahigh resolution mass spectrometry analysis of environmental complex mixtures. Environmental Research, 2020: 110114.

[46] Merder J, Freund J A, Feudel U, et al. ICBM-OCEAN: Processing ultrahigh-resolution mass spectrometry data of complex molecular mixtures. Analytical Chemistry, 2020, 92 (10), 6832-6838.

[47] Gavard R, Jones H E, Palacio Lozano D C, et al. KairosMS: A new solution for the processing of hyphenated ultrahigh resolution mass spectrometry data. Analytical Chemistry, 2020, 92 (5): 3775-3786.

[48] Motohiro N, Taku A, Youhei Y. Distribution and sources of dissolved black carbon in surface waters of the chukchi sea, bering sea, and the North Pacific Ocean. Frontiers in Earth Science, 2017, 5: 34.

[49] 朱永官，欧阳纬莹，吴楠，等. 抗生素耐药性的来源与控制对策.中国科学院院刊, 2015, 30 (04): 509-516.

[50] Yang J, Jiang H, Liu W, et al. Potential utilization of terrestrially derived dissolved organic matter by aquatic microbial communities in saline lakes. ISME Journal, 2020, 14 (9): 2313-2324.

[51] D'Andrilli J, Fischer S J, Rosario-Ortiz F L. Advancing critical applications of high resolution mass spectrometry for DOM assessments: Re-engaging with mass spectral principles, limitations, and data analysis. Environmental Science & Technology, 2020, 54 (19): 11654-11656.

[52] Schmidt M W I, Torn M S, Abiven S, et al. Persistence of soil organic matter as an ecosystem property. Nature, 2011, 478 (7367): 49-56.

[53] Hemingway J D, Rothman D H, Grant K E, et al. Mineral protection regulates long-term global preservation of natural organic carbon. Nature, 2019, 570 (7760): 228-231.

[54] Cotrufo M F, Ranalli M G, Haddix M L, et al. Soil carbon storage informed by particulate and mineral-associated organic matter. Nature Geoscience, 2019, 12 (12): 989.

[55] Lavallee J M, Soong J L, Cotrufo M F. Conceptualizing soil organic matter into particulate and mineral-associated forms to address global change in the 21st century. Global Change Biology, 2020, 26 (1): 261-273.

[56] Chao W, Fischer P, Tyliszczak T, et al. Real space soft x-ray imaging at 10 nm spatial resolution. Optics Express, 2012, 20 (9): 9777-9783.

[57] Solomon D, Lehmann J, Kinyangi J, et al. Carbon (1s) NEXAFS spectroscopy of biogeochemically relevant reference organic compounds. Soil Science Society of America Journal, 2009, 73 (6): 1817-1830.

[58] Solomon D, Lehmann J, Harden J, et al. Micro- and nano-environments of carbon sequestration: Multi-element stxm-nexafs

spectromicroscopy assessment of microbial carbon and mineral associations. Chemical Geology, 2012, 329: 53-73.

[59] Asano M, Wagai R, Yamaguchi N, et al. In search of a binding agent: Nano-scale evidence of preferential carbon associations with poorly-crystalline mineral phases in physically-stable, clay-sized aggregates. Soil Systems, 2018, 2: 32.

[60] Lehmann J, Kinyangi J, Solomon D. Organic matter stabilization in soil microaggregates: Implications from spatial heterogeneity of organic carbon contents and carbon forms. Biogeochemistry, 2007, 85 (1): 45-57.

[61] Wan D, Ye T H, Lu Y, et al. Iron oxides selectively stabilize plant-derived polysaccharides and aliphatic compounds in agricultural soils. European Journal of Soil Science, 2019, 70 (6): 1153-1163.

[62] Arachchige P S P, Hettiarachchi G M, Rice C W, et al. Sub-micron level investigation reveals the inaccessibility of stabilized carbon in soil microaggregates. Scientific Reports, 2018, 8 (1): 16810.

[63] Xiao J, Wen Y L, Dou S, et al. A new strategy for assessing the binding microenvironments in intact soil microaggregates. Soil & Tillage Research, 2019, 189: 123-130.

[64] Cheng Y, Sun H, Yang E T, et al. Distribution and bioaccessibility of polycyclic aromatic hydrocarbons in industrially contaminated site soils as affected by thermal treatment. Journal of Hazardous materials, 2021, 411: 125129.

[65] Rennert T, Handel M, Hoschen C, et al. A NanoSIMS study on the distribution of soil organic matter, iron and manganese in a nodule from a Stagnosol. European Journal of Soil Science, 2014, 65 (5): 684-692.

[66] Mueller C W, Kolbl A, Hoeschen C, et al. Submicron scale imaging of soil organic matter dynamics using NanoSIMS - From single particles to intact aggregates. Organic Geochemistry, 2012, 42 (12): 1476-1488.

[67] Ghosal S, Weber P K, Laskin A. Spatially resolved chemical imaging of individual atmospheric particles using nanoscale imaging mass spectrometry: Insight into particle origin and chemistry. Analytical Methods, 2014, 6 (8): 2444-2451.

[68] Xiao J, Wen Y L, Li H, et al. In situ visualisation and characterisation of the capacity of highly reactive minerals to preserve soil organic matter (SOM) in colloids at submicron scale. Chemosphere, 2015, 138: 225-232.

[69] Vogel C, Mueller C W, Hoschen C, et al. Submicron structures provide preferential spots for carbon and nitrogen sequestration in soils. Nature Communications, 2014, 5: 2947.

[70] Kopittke P M, Hernandez-Soriano M C, Dalal R C, et al. Nitrogen-rich microbial products provide new organo-mineral associations for the stabilization of soil organic matter. Global Change Biology, 2018, 24 (4): 1762-1770.

[71] Possinger A R, Zachman M J, Enders A, et al. Organo-organic and organo-mineral interfaces in soil at the nanometer scale. Nature Communications, 2020, 11 (1): 6103.

[72] Chin Y P, Aiken G R, Danielsen K M. Binding of pyrene to aquatic and commercial humic substances: The role of molecular weight and aromaticity. Environmental Science & Technology, 1997, 31 (6): 1630-1635.

[73] Gauthier T D, Seitz W R, Grant C L. Effects of Structural and Compositional Variations of Dissolved Humic Materials on Pyrene Koc Values. Environmental Science & Technology, 1987, 21 (3): 243-248.

[74] Kopinke F D, Georgi A, Mackenzie K. Sorption of pyrene to dissolved humic substances and related model polymers. 1. Structure - Property correlation. Environmental Science & Technology, 2001, 35 (12): 2536-2542.

[75] Wang H B, Zhang Y J. Mechanisms of interaction between polycyclic aromatic hydrocarbons and dissolved organic matters. Journal of Environmental Science and Health - Part A Toxic/Hazardous Substances and Environmental Engineering, 2014, 49 (1): 78-84.

[76] Uhle M E, Chin Y P, Aiken G R, et al. Binding of polychlorinated biphenyls to aquatic humic substances: The role of substrate and sorbate properties on partitioning. Environmental Science & Technology, 1999, 33 (16): 2715-2718.

[77] Laor Y, Farmer W J, Aochi Y, et al. Phenanthrene binding and sorption to dissolved and to mineral-associated humic acid. Water Research, 1998, 32 (6): 1923-1931.

[78] Jin J, Sun K, Wang Z, et al. Characterization and phenanthrene sorption of natural and pyrogenic organic matter Fractions.

Environmental Science & Technology, 2017, 51 (5): 2635-2642.

[79] Eriksson J, Frankki S, Shchukarev A, et al. Binding of 2, 4, 6-trinitrotoluene, aniline, and nitrobenzene to dissolved and particulate soil organic matter. Environmental Science & Technology, 2004, 38 (11): 3074-3080.

[80] Ilani T, Schulz E, Chefetz B. Interactions of organic compounds with wastewater dissolved organic matter: Role of hydrophobic fractions. Journal of Environmental Quality, 2005, 34 (2): 552-562.

[81] Chiou C T, Malcolm R L, Brinton T I, et al. Water solubility enhancement of some organic pollutants and pesticides by dissolved humic and fulvic acids. Environmental Science & Technology, 1986, 20 (5): 502-508.

[82] Conte P, Piccolo A. Conformational arrangement of dissolved humic substances. Influence of solution composition on association of humic molecules. Environmental Science & Technology, 1999, 33 (10): 1682-1690.

[83] Sutton R, Sposito G. Molecular structure in soil humic substances: the new view. Environmental Science & Technology, 2005, 39 (23): 9009-9015.

[84] Pan B, Ghosh S, Xing B. Nonideal binding between dissolved humic acids and polyaromatic hydrocarbons. Environmental Science & Technology, 2007, 41 (18): 6472-6478.

[85] Pan B, Ghosh S, Xing B. Dissolved organic matter conformation and its interaction with pyrene as affected by water chemistry and concentration. Environmental Science & Technology, 2008, 42 (5): 1594-1599.

[86] Marschner B, Winkler R, Jödemann D. Factors controlling the partitioning of pyrene to dissolved organic matter extracted from different soils. European Journal of Soil Science, 2005, 56 (3): 299-306.

[87] Tombácz E. Colloidal properties of humic acids and spontaneous changes of their colloidal state under variable solution conditions. Soil Science, 1999, 164 (11): 814-824.

[88] Guo J, Ma J. AFM study on the sorbed NOM and its fractions isolated from River Songhua. Water Research, 2006, 40 (10): 1975-1984.

[89] Pace M L, Reche I, Cole J J, et al. pH change induces shifts in the size and light absorption of dissolved organic matter. Biogeochemistry, 2012, 108 (1-3): 109-118.

[90] Šmejkalová D, Piccolo A. Aggregation and disaggregation of humic supramolecular assemblies by NMR diffusion ordered spectroscopy (DOSY-NMR). Environmental Science & Technology, 2008, 42 (3): 699-706.

[91] Ji L, Liu F, Xu Z, et al. Zeolite-templated microporous carbon as a superior adsorbent for removal of monoaromatic compounds from aqueous solution. Environmental Science & Technology, 2009, 43 (20): 7870-7876.

[92] Yu X, Pan L, Ying G, et al. Enhanced and irreversible sorption of pesticide pyrimethanil by soil amended with biochars. Journal of Environmental Sciences, 2010, 22 (4): 615-620.

[93] Peng P, Lang Y H, Wang XnM. Adsorption behavior and mechanism of pentachlorophenol on reed biochars: pH effect, pyrolysis temperature, hydrochloric acid treatment and isotherms. Ecological Engineering, 2016, 90: 225-233.

[94] Zhou Z, Sun H, Zhang W. Desorption of polycyclic aromatic hydrocarbons from aged and unaged charcoals with and without modification of humic acids. Environmental Pollution, 2010, 158 (5): 1916-1921.

[95] Braida W J, Pignatello J J, Lu Y, et al. Sorption hysteresis of benzene in charcoal particles. Environmental Science & Technology, 2003, 37 (2): 409-417.

[96] Jaffe R, Ding Y, Niggemann J, et al. Global charcoal mobilization from soils via dissolution and riverine transport to the oceans. Science, 2013, 340 (6130): 345-347.

[97] Tang J, Li X, Luo Y, et al. Spectroscopic characterization of dissolved organic matter derived from different biochars and their polycylic aromatic hydrocarbons (PAHs) binding affinity. Chemosphere, 2016, 152: 399-406.

[98] Fu H, Wei C, Qu X, et al. Strong binding of apolar hydrophobic organic contaminants by dissolved black carbon released from biochar: A mechanism of pseudomicelle partition and environmental implications. Environmental Pollution, 2018, 232:

402-410.

[99] Wu J, Zhang H, He P J, et al. Insight into the heavy metal binding potential of dissolved organic matter in MSW leachate using EEM quenching combined with PARAFAC analysis. Water Research, 2011, 45 (4): 1711-1719.

[100] Wang B, Zhang W, Li H, et al. Micropore clogging by leachable pyrogenic organic carbon: A new perspective on sorption irreversibility and kinetics of hydrophobic organic contaminants to black carbon. Environmental Pollution, 2017, 220, Part B: 1349-1358.

[101] Xing B, Pignatello J J, Gigliotti B. Competitive sorption between atrazine and other organic compounds in soils and model sorbents. Environmental Science & Technology, 1996, 30 (8): 2432-2440.

[102] Chiou C T, Peters L J, Freed V H. A physical concept of soil-water equilibria for nonionic organic compounds. Science, 1979, 206 (4420): 831-832.

[103] Abraham M H, Poole C F, Poole S K. Classification of stationary phases and other materials by gas chromatography. Journal of Chromatography A, 1999, 842 (1-2): 79-114.

[104] Abraham M H Hydrogen-Bonding. 31. Construction of a scale of solute effective or summation hydrogen-bond basicity. Journal of Physical Organic Chemistry, 1993, 6 (12): 660-684.

[105] Abraham M H, Doherty R M, Kamlet M J, et al. Linear solvation energy relationships: An analysis of contributions of dipolarity polarizability, nucleophilic assistance, electrophilic assistance, and cavity terms to solvent effects on tert-butyl halide solvolysis rates. Journal of the Chemical Society-Perkin Transactions 2, 1987, (7): 913-920.

[106] Goss K U, Schwarzenbach R P. Linear free energy relationships used to evaluate equilibrium partitioning of organic compounds. Environmental Science & Technology, 2001, 35 (1): 1-9.

[107] Endo S, Goss K U. Applications of polyparameter linear free energy relationships in environmental chemistry. Environmental Science & Technology, 2014, 48 (21): 12477-12491.

[108] Ulrich N, Endo S, Brown T N, et al. UFZ-LSER Database, v 3.2 [online]. In helmholtz centre for environmental research: leipzig, Germany, 2017.

[109] Schwarzenbach R P, Gschwend P M, Imboden D M. Environmental organic chemistry. New York: John Wiley & Sons, 2016.

[110] Fu H Y, Liu K, Alvarez P J J, et al. Quantifying hydrophobicity of natural organic matter using partition coefficients in aqueous two-phase systems. Chemosphere, 2019, 218: 922-929.

[111] Freire M G, Claucio A F M, Araujo J M M, et al. Aqueous biphasic systems: a boost brought about by using ionic liquids. Chemical Society Reviews, 2012, 41 (14): 4966-4995.

[112] Fu H, Liu K, Alvarez P J J, et al. Quantifying hydrophobicity of natural organic matter using partition coefficients in aqueous two-phase systems. Chemosphere, 2019, 218: 922-929.

[113] Liu K, Fu H Y, Zhu D Q, et al. Prediction of apolar compound sorption to aquatic natural organic matter accounting for natural organic matter hydrophobicity using aqueous two-phase systems. Environmental Science & Technology, 2019, 53 (14): 8127-8135.

[114] Liu K, Kong L, Wang J, et al. Two-phase system model to assess hydrophobic organic compound sorption to dissolved organic matter. Environmental Science & Technology, 2020, 54 (19): 12173-12180.

[115] Guo H N, Wu S B, Tian Y J, et al. Application of machine learning methods for the prediction of organic solid waste treatment and recycling processes: A review. Bioresour Technol, 2021, 319: 124114.

[116] Li L, Rong S, Wang R, et al. Recent advances in artificial intelligence and machine learning for nonlinear relationship analysis and process control in drinking water treatment: A review. Chemical Engineering Journal, 2021: 405.

[117] 崔鹤, 刘昆, 瞿晓磊. 基于紫外-可见光谱和机器学习方法的溶解性有机质吸附预测模型研究. 南京大学学报(自然科

学版), 2021, 57 (3): 356-363.

[118] Yang Y, Lin X, Wei B, et al. Evaluation of adsorption potential of bamboo biochar for metal-complex dye: equilibrium, kinetics and artificial neural network modeling. International Journal of Environmental Science & Technology, 2013, 11 (4): 1093-1100.

[119] Nath B K, Chaliha C, Kalita E. Iron oxide permeated mesoporous rice-husk nanobiochar (IPMN) mediated removal of dissolved arsenic (As): chemometric modelling and adsorption dynamics. Journal of Environmental Management, 2019, 246: 397-409.

[120] El Hanandeh A, Mahdi Z, Imtiaz M S. Modelling of the adsorption of Pb, Cu and Ni ions from single and multi-component aqueous solutions by date seed derived biochar: Comparison of six machine learning approaches. Environmental Research, 2021, 192: 110338.

[121] Sigmund G, Gharasoo M, Huffer T, et al. Deep learning neural network approach for predicting the sorption of ionizable and polar organic pollutants to a wide range of carbonaceous materials. Environmental Science & Technology, 2020, 54 (7): 4583-4591.

[122] Zhang K, Zhong S, Zhang H. Predicting aqueous adsorption of organic compounds onto biochars, carbon nanotubes, granular activated carbons, and resins with machine learning. Environmental Science & Technology, 2020, 54 (11): 7008-7018.

[123] Cornelissen G, Gustafsson O, Bucheli T D, et al. Extensive sorption of organic compounds to black carbon, coal, and kerogen in sediments and soils: Mechanisms and consequences for distribution, bioaccumulation, and biodegradation. Environmental science & technology, 2005, 39 (18): 6881-6895.

[124] Hassett J P. Chemistry - Dissolved natural organic matter as a microreactor. Science, 2006, 311 (5768): 1723-1724.

[125] Oh S Y, Chiu P C. Graphite-and soot-mediated reduction of 2, 4-dinitrotoluene and hexahydro-1, 3, 5-trinitro-1, 3, 5-triazine. Environmental science & technology, 2009, 43 (18): 6983-6988.

[126] 阴永光, 李雁宾, 马旭, 等. 天然有机质介导的汞生物地球化学循环: 结合作用与分子转化. 化学进展, 2013, 25 (12): 2169-2177.

[127] Lovley D R, Fraga J L, Blunt-Harris E L, et al. Humic substances as a mediator for microbially catalyzed metal reduction, 1998, 26 (3): 152-157.

[128] Lovley D R, Coates J D, Blunt-Harris E L, et al. Humic substances as electron acceptors for microbial respiration. Nature, 1996, 382 (6590): 445-448.

[129] Cai X L, ThomasArrigo L K, Fang X, et al. Impact of organic matter on microbially-mediated reduction and mobilization of arsenic and iron in arsenic(V)-bearing ferrihydrite. Environmental science & technology, 2021, 55 (2): 1319-1328.

[130] Fredrickson J K, Kostandarithes H M, Li S W, et al. Reduction of Fe(III), Cr(VI), U(VI), and Tc(VII) by Deinococcus radiodurans R1. Applied and Environmental Microbiology, 2000, 66 (5): 2006-2011.

[131] Fritzsche A, Bosch J, Sander M, et al. Organic matter from redoximorphic soils accelerates and sustains microbial fe(III) reduction. Environmental science & technology, 2021, 55 (15): 10821-10831.

[132] Lovley D R, Coates J D, BluntHarris E L, et al. Humic substances as electron acceptors for microbial respiration. Nature, 1996, 382 (6590): 445-448.

[133] Lovley D R, Fraga J L, Coates J D, et al. Humics as an electron donor for anaerobic respiration. Environmental Microbiology, 1999, 1 (1): 89-98.

[134] Tratnyek P G, Scherer M M, Deng B L, et al. Effects of natural organic matter, anthropogenic surfactants, and model quinones on the reduction of contaminants by zero-valent iron. Water Research, 2001, 35 (18): 4435-4443.

[135] Zhou Z, Muehe E M, Tomaszewski E J, et al. Effect of natural organic matter on the fate of cadmium during microbial ferrihydrite reduction. Environmental Science & Technology, 2020, 54 (15): 9445-9453.

[136] 陈蕾, 超峰, 王郑, 等. 天然有机质对环境污染物的转化过程的介导作用. 生态环境学报, 2013, 22 (07): 1244-1249.

[137] Bai Y N, Wang X N, Wu J, et al. Humic substances as electron acceptors for anaerobic oxidation of methane driven by ANME-2d. Water Research, 2019, 164: 114935.

[138] Borch T, Inskeep W P, Harwood J A, et al. Impact of ferrihydrite and anthraquinone-2, 6-disulfonate on the reductive transformation of 2, 4, 6-trinitrotoluene by a gram-positive fermenting bacterium. Environmental science & technology, 2005, 39 (18): 7126-7133.

[139] Bradley P M, Chapelle F H, Lovley D R. Humic acids as electron acceptors for anaerobic microbial oxidation of vinyl chloride and dichloroethene. Applied and Environmental Microbiology, 1998, 64 (8): 3102-3105.

[140] Cervantes F J, Dijksma W, Duong-Dac T, et al. Anaerobic mineralization of toluene by enriched sediments with quinones and humus as terminal electron acceptors. Applied and Environmental Microbiology, 2001, 67 (10): 4471-4478.

[141] Cervantes F J, Mancilla A R, Rios-del Toro E E, et al. Anaerobic degradation of benzene by enriched consortia with humic acids as terminal electron acceptors. Journal of Hazardous Materials, 2011, 195: 201-207.

[142] Chi M M, Su X L, Sun X J, et al. Microbial analysis and enrichment of anaerobic phenol and p-cresol degrading consortia with addition of AQDS. Water Science and Technology, 2021, 84 (3): 683-696.

[143] Kwon M J, Finneran K T. Microbially mediated biodegradation of hexahydro-1, 3, 5-trinitro-1, 3, 5-triazine by extracellular electron shuttling compounds. Applied and Environmental Microbiology, 2006, 72 (9): 5933-5941.

[144] Zhao X Y, Tan W B, Dang Q L, et al. Enhanced biotic contributions to the dechlorination of pentachlorophenol by humus respiration from different compostable environments. Chemical Engineering Journal, 2019, 361: 1565-1575.

[145] Cai X, ThomasArrigo L K, Fang X, et al. Impact of organic matter on microbially-mediated reduction and mobilization of arsenic and iron in arsenic(V)-bearing ferrihydrite. Environmental Science & Technology, 2021, 55 (2): 1319-1328.

[146] Zhou Z, Muehe E M, Tomaszewski E J, et al. Effect of natural organic matter on the fate of cadmium during microbial ferrihydrite reduction. Environmental Science & Technology, 2020, 54 (15): 9445-9453.

[147] Zhao X, Tan W, Dang Q, et al. Enhanced biotic contributions to the dechlorination of pentachlorophenol by humus respiration from different compostable environments. Chemical Engineering Journal, 2019, 361: 1565-1575.

[148] Fritzsche A, Bosch J, Sander M, et al. Organic matter from redoximorphic soils accelerates and sustains microbial Fe(III) reduction. Environmental Science & Technology, 2021, 55 (15): 10821-10831.

[149] Chen J, Gu B H, Royer R A, et al. The roles of natural organic matter in chemical and microbial reduction of ferric iron. Science of the Total Environment, 2003, 307 (1-3): 167-178.

[150] Curtis G P, Reinhard M. Reductive dehalogenation of hexachloroethane, carbon-tetrachloride and bromoform by anthrahydroquinone disulfonate and humic-acid. Abstracts of Papers of the American Chemical Society, 1992, 203: 84-Envr.

[151] Schwarzenbach R P, Stierli R, Lanz K, et al. Quinone and iron porphyrin mediated reduction of nitroaromatic compounds in homogeneous aqueous-solution. Environmental science & technology, 1990, 24 (10): 1566-1574.

[152] Jiang J, Bauer I, Paul A, et al. Arsenic redox changes by microbially and chemically formed semiquinone radicals and hydroquinones in a humic substance model quinone. Environmental science & technology, 2009, 43 (10): 3639-3645.

[153] Sarkar B, Naidu R, Krishnamurti G S R, et al. Manganese(II)-catalyzed and clay-minerals-mediated reduction of chromium(VI) by citrate. Environmental science & technology, 2013, 47 (23): 13629-13636.

[154] Bialk H M, Simpson A J, Pedersen J A. Cross-coupling of sulfonamide antimicrobial agents with model humic constituents. Environmental science & technology, 2005, 39 (12): 4463-4473.

[155] Polubesova T, Chefetz B. DOM-affected transformation of contaminants on mineral surfaces: a review. Environmental Science & Technology, 2014, 44 (3): 223-254.

[156] Kulovaara M, Corin N, Backlund P, et al. Impact of UV254-radiation on aquatic humic substances. Chemosphere, 1996, 33

(5): 783-790.

[157] Zepp R G, Schlotzhauer P F, Sink R M. Photosensitized transformations involving electronic energy transfer in natural waters: role of humic substances. Environmental Science & Technology, 1985, 19 (1): 74-81.

[158] Niu X Z, Liu C, Gutierrez L, et al. Photobleaching-induced changes in photosensitizing properties of dissolved organic matter. Water Research, 2014, 66: 140-148.

[159] Fu H, Liu H, Mao J, et al. Photochemistry of dissolved black carbon released from biochar: reactive oxygen species generation and phototransformation. Environmental Science & Technology, 2016, 50 (3): 1218-1226.

[160] Du Z, He Y, Fan J, et al. Predicting apparent singlet oxygen quantum yields of dissolved black carbon and humic substances using spectroscopic indices. Chemosphere, 2018, 194: 405-413.

[161] Vione D, Minella M, Maurino V, et al. Indirect photochemistry in sunlit surface waters: photoinduced production of reactive transient species. Chemistry, 2014, 20 (34): 10590-606.

[162] Li Y, Wei X, Chen J, et al. Photodegradation mechanism of sulfonamides with excited triplet state dissolved organic matter: a case of sulfadiazine with 4-carboxybenzophenone as a proxy. Journal of Hazardous Materials, 2015, 290: 9-15.

[163] Xie X, Hu Y, Cheng H. Mechanism, kinetics, and pathways of self-sensitized sunlight photodegradation of phenylarsonic compounds. Water Research, 2016, 96: 136-47.

[164] Dabic D, Babic S, Skoric I. The role of photodegradation in the environmental fate of hydroxychloroquine. Chemosphere, 2019, 230: 268-277.

[165] Niu X Z, Liu C, Gutierrez L, et al. Photobleaching-induced changes in photosensitizing properties of dissolved organic matter. Water Research, 2014, 66: 140-148.

[166] Zhou H X, Yan S W, Lian L S, et al. Triplet-state photochemistry of dissolved organic matter: triplet-state energy distribution and surface electric charge conditions. Environmental science & technology, 2019, 53 (5): 2482-2490.

[167] Zepp R G, Schlotzhauer P F, Sink R M. Photosensitized transformations involving electronic-energy transfer in natural-waters - role of humic substances. Environmental science & technology, 1985, 19 (1): 74-81.

[168] Calisto V, Domingues M R M, Esteves V I. Photodegradation of psychiatric pharmaceuticals in aquatic environments – Kinetics and photodegradation products. Water Research, 2011, 45 (18): 6097-6106.

[169] Buschmann J, Canonica S, Lindauer U, et al. Photoirradiation of dissolved humic acid induces arsenic(III) oxidation. Environmental Science & Technology, 2005, 39 (24): 9541-9546.

[170] Zhou Z, Chen B, Qu X, et al. Dissolved black carbon as an efficient sensitizer in the photochemical transformation of 17beta-estradiol in aqueous solution. Environmental Science & Technology, 2018, 52 (18): 10391-10399.

[171] Guerard J J, Miller P L, Trouts T D, et al. The role of fulvic acid composition in the photosensitized degradation of aquatic contaminants. Aquatic Sciences, 2009, 71 (2): 160-169.

[172] Buschmann J, Canonica S, Sigg L. Photoinduced oxidation of antimony(III) in the presence of humic acid. Environmental science & technology, 2005, 39 (14): 5335-5341.

[173] Zhou H, Yan S, Lian L, et al. Triplet-state photochemistry of dissolved organic matter: triplet-state energy distribution and surface electric charge conditions. Environmental Science & Technology, 2019, 53 (5): 2482-2490.

[174] Han X, Li Y, Li D, et al. Role of free radicals/reactive oxygen species in MeHg Photodegradation: importance of utilizing appropriate scavengers. Environmental Science & Technology, 2017, 51 (7): 3784-3793.

[175] Rosario-Ortiz F L, Canonica S. Probe compounds to assess the photochemical activity of dissolved organic matter. Environmental Science & Technology, 2016, 50 (23): 12532-12547.

[176] Ge L, Chen J, Qiao X, et al. Light-source-dependent effects of main water constituents on photodegradation of phenicol antibiotics: mechanism and kinetics. Environmental Science & Technology, 2009, 43 (9): 3101-3107.

[177] Chen Y, Liang Q, Zhou D, et al. Photodegradation kinetics, products and mechanism of timolol under simulated sunlight. Journal of Hazardous Materials, 2013, 252-253: 220-226.

[178] Chen L, Shen C F, Zhou M M, et al. Accelerated photo-transformation of 2, 2 ', 4, 4 ', 5, 5 '-hexachlorobiphenyl (PCB 153) in water by dissolved organic matter. Environmental Science and Pollution Research, 2013, 20 (3): 1842-1848.

[179] Garg S, Ito H, Rose A L, et al. Mechanism and kinetics of dark iron redox transformations in previously photolyzed acidic natural organic matter solutions. Environmental science & technology, 2013, 47 (4): 1861-1869.

[180] Zhang T, Hsu-Kim H. Photolytic degradation of methylmercury enhanced by binding to natural organic ligands. Nature Geoscience, 2010, 3 (7): 473-476.

[181] Du Z Y, He Y S, Fan J N, et al. Predicting apparent singlet oxygen quantum yields of dissolved black carbon and humic substances using spectroscopic indices. Chemosphere, 2018, 194: 405-413.

[182] Latch Douglas E, McNeill K. Microheterogeneity of singlet oxygen distributions in irradiated humic acid solutions. Science, 2006, 311 (5768): 1743-1747.

[183] Sharpless C M, Blough N V. The importance of charge-transfer interactions in determining chromophoric dissolved organic matter (CDOM) optical and photochemical properties. Environmental Science-Processes & Impacts, 2014, 16 (4): 654-671.

[184] Petasne R G, Zika R G. Fate of superoxide in coastal sea-water. Nature, 1987, 325 (6104): 516-518.

[185] Zhang Y, Yin Y, Feng L, et al. Characterizing chromophoric dissolved organic matter in Lake Tianmuhu and its catchment basin using excitation-emission matrix fluorescence and parallel factor analysis. Water Research, 2011, 45 (16): 5110-5122.

[186] 郜超，李雁宾，阴永光，等. 天然水体中可溶性有机质的自由基光化学行为. 化学进展, 2012, 24 (07): 1388-1397.

[187] Li Y, Pan Y, Lian L, et al. Photosensitized degradation of acetaminophen in natural organic matter solutions: The role of triplet states and oxygen. Water Research, 2017, 109: 266-273.

[188] Wojnárovits L, Pálfi T, Takács E, et al. Reactivity differences of hydroxyl radicals and hydrated electrons in destructing azo dyes. Radiation Physics and Chemistry, 2005, 74 (3): 239-246.

[189] Huang L, Dong W, Hou H. Investigation of the reactivity of hydrated electron toward perfluorinated carboxylates by laser flash photolysis. Chemical Physics Letters, 2007, 436 (1): 124-128.

[190] Jeong J, Song W, Cooper W J, et al. Degradation of tetracycline antibiotics: Mechanisms and kinetic studies for advanced oxidation/reduction processes. Chemosphere, 2010, 78 (5): 533-540.

[191] Zepp R G, Hoigne J, Bader H. Nitrate-induced photooxidation of trace organic chemicals in water. Environmental Science & Technology, 1987, 21 (5): 443-450.

[192] Vione D, Falletti G, Maurino V, et al. Sources and sinks of hydroxyl radicals upon irradiation of natural water samples. Environmental science & technology, 2006, 40 (12): 3775-3781.

[193] Dong M M, Rosario-Ortiz F L. Photochemical Formation of Hydroxyl Radical from Effluent Organic Matter. Environmental science & technology, 2012, 46 (7): 3788-3794.

[194] Nakatani N, Hashimoto N, Shindo H, et al. Determination of photoformation rates and scavenging rate constants of hydroxyl radicals in natural waters using an automatic light irradiation and injection system. Analytica Chimica Acta, 2007, 581 (2): 260-267.

[195] Zeng C, Ji Y, Zhou L, et al. The role of dissolved organic matters in the aquatic photodegradation of atenolol. Journal of Hazardous Materials, 2012, 239-240: 340-347.

[196] Guerard J J, Chin Y. P. Photodegradation of ormetoprim in aquaculture and stream-derived dissolved organic matter. Journal of Agricultural and Food Chemistry, 2012, 60 (39): 9801-9806.

[197] Elovitz M S, von Gunten U. Hydroxyl radical/ozone ratios during ozonation processes. I. Science & Engineering, 1999, 21 (3): 239-260.

[198] Guo Y, Zhan J, Yu G, et al. Evaluation of the concentration and contribution of superoxide radical for micropollutant abatement during ozonation. Water Research, 2021, 194: 116927.

[199] Tai C, Li Y, Yin Y, et al. Methylmercury photodegradation in surface water of the florida everglades: importance of dissolved organic matter-methylmercury complexation. Environmental Science & Technology, 2014, 48 (13): 7333-7340.

[200] Bachman J, Patterson H H. Photodecomposition of the carbamate pesticide carbofuran: kinetics and the influence of dissolved organic matter. Environmental science & technology, 1999, 33 (6): 874-881.

[201] Wenk J, von Gunten U, Canonica S. Effect of dissolved organic matter on the transformation of contaminants induced by excited triplet states and the hydroxyl radical. Environmental science & technology, 2011, 45 (4): 1334-1340.

[202] Liu W, Jin L, Chen K, et al. Inhibitory effects of natural organic matter on methyltriclosan photolysis kinetics. RSC Advances, 2018, 8 (38): 21265-21271.

[203] Liu H, Zhu X, Zhang X, et al. Photodegradation of oxytetracycline in the presence of dissolved organic matter and chloride ions: importance of reactive chlorine species. Water, Air, & Soil Pollution, 2019, 230 (10): 235.

[204] Grillet N, Manchon D, Cottancin E, et al. Photo-Oxidation of Individual Silver Nanoparticles: A Real-Time Tracking of Optical and Morphological Changes. Journal of Physical Chemistry C, 2013, 117 (5): 2274-2282.

[205] Yu S J, Yin Y G, Chao J B, et al. Highly dynamic PVP-coated silver nanoparticles in aquatic environments: chemical and morphology change induced by oxidation of Ag-0 and reduction of Ag+. Environmental science & technology, 2014, 48 (1): 403-411.

[206] Adegboyega N F, Sharma V K, Siskova K, et al. Interactions of aqueous Ag+ with fulvic acids: mechanisms of silver nanoparticle formation and investigation of stability. Environmental science & technology, 2013, 47 (2): 757-764.

[207] Hou W C, Stuart B, Howes R, et al. Sunlight-driven reduction of silver ions by natural organic matter: formation and transformation of silver nanoparticles. Environmental science & technology, 2013, 47 (14): 7713-7721.

[208] Yin Y G, Liu J F , Jiang G B. Sunlight-induced reduction of ionic Ag and Au to metallic nanoparticles by dissolved organic matter. ACS Nano, 2012, 6 (9): 7910-7919.

[209] Yin Y G, Shen M H, Zhou X X, et al. Photoreduction and stabilization capability of molecular weight fractionated natural organic matter in transformation of silver ion to metallic nanoparticle. Environmental science & technology, 2014, 48 (16): 9366-9373.

[210] Liu H, Gao H, Long M, et al. Sunlight promotes fast release of hazardous cadmium from widely-used commercial cadmium pigment. Environmental Science & Technology, 2017, 51 (12): 6877-6886.

[211] Gao H, Wei P, Liu H, et al. Sunlight-mediated lead and chromium release from commercial lead chromate pigments in aqueous phase. Environmental Science & Technology, 2019, 53 (9): 4931-4939.

[212] Liu H T, Gao H, Long M, et al. Sunlight promotes fast release of hazardous cadmium from widely used commercial cadmium pigment. Environmental science & technology, 2017, 51 (12): 6877-6886.

[213] Gao H, Wei P Y, Liu H T, et al. Sunlight-mediated lead and chromium release from commercial lead chromate pigments in aqueous phase. Environmental science & technology, 2019, 53 (9): 4931-4939.

[214] Schwierz N, Horinek D, Sivan U, et al. Reversed hofmeister series-the rule rather than the exception. Current Opinion in Colloid & Interface Science, 2016, 23: 10-18.

[215] Tian R, Yang G, Li H, et al. Activation energies of colloidal particle aggregation: Towards a quantitative characterization of specific ion effects. Physical Chemistry Chemical Physics, 2014, 16 (19): 8828-8836.

[216] Schwierz N, Horinek D, Sivan U, et al. Reversed Hofmeister series—The rule rather than the exception. Current Opinion in Colloid & Interface Science, 2016, 23: 10-18.

[217] Aeschbacher M, Sander M, Schwarzenbach R P. Novel electrochemical approach to assess the redox properties of humic

substances. Environmental Science & Technology, 2010, 44 (1): 87-93.

[218] Aeschbacher M, Graf C, Schwarzenbach R P, et al. Antioxidant properties of humic substances. Environmental Science & Technology, 2012, 46 (9): 4916-4925.

[219] Zheng X, Liu Y, Fu H, et al. Comparing electron donating/accepting capacities (EDC/EAC) between crop residue-derived dissolved black carbon and standard humic substances. Science of the Total Environment, 2019, 673: 29-35.

[220] Lv J T, Han R X, Huang Z Q, et al. Relationship between molecular components and reducing capacities of humic substances. ACS Earth and Space Chemistry, 2018, 2 (4): 330-339.

[221] Boyle E S, Guerriero N, Thiallet A, et al. Optical properties of humic substances and CDOM: relation to structure. Environmental science & technology, 2009, 43 (7): 2262-2268.

[222] Cavani L, Halladja S, Ter Halle A, et al. Relationship between photosensitizing and emission properties of peat humic acid fractions obtained by tangential ultrafiltration. Environmental science & technology, 2009, 43 (12): 4348-4354.

[223] Dalrymple R M, Carfagno A K, Sharpless, C M. Correlations between dissolved organic matter optical properties and quantum yields of singlet oxygen and hydrogen peroxide. Environmental science & technology, 2010, 44 (15): 5824-5829.

[224] Golanoski K S, Fang S, Del Vecchio R, et al. Investigating the mechanism of phenol photooxidation by humic substances. Environmental science & technology, 2012, 46 (7): 3912-3920.

[225] McCabe A J, Arnold W A. Multiple linear regression models to predict the formation efficiency of triplet excited states of dissolved organic matter in temperate wetlands. Limnology and Oceanography, 2018, 63 (5): 1992-2014.

[226] McNeill K, Canonica S. Triplet state dissolved organic matter in aquatic photochemistry: reaction mechanisms, substrate scope, and photophysical properties. Environmental Science-Processes & Impacts, 2016, 18 (11): 1381-1399.

[227] Scully N, McQueen D, Lean D. Hydrogen peroxide formation: the interaction of ultraviolet radiation and dissolved organic carbon in lake waters along a 43–75 N gradient. Limnology and Oceanography, 1996, 41 (3): 540-548.

[228] Zhang Y, Del Vecchio R, Blough N V. Investigating the Mechanism of Hydrogen Peroxide Photoproduction by Humic Substances. Environmental Science & Technology, 2012, 46 (21): 11836-11843.

[229] Richard C, Trubetskaya O, Trubetskoj O, et al. Key role of the low molecular size fraction of soil humic acids for fluorescence and photoinductive activity. Environmental science & technology, 2004, 38 (7): 2052-2057.

[230] Batista A P S, Teixeira A C S C, Cooper W J, et al. Correlating the chemical and spectroscopic characteristics of natural organic matter with the photodegradation of sulfamerazine. Water Research, 2016, 93: 20-29.

作者：瞿晓磊[1]，吕继涛[2]，付翯云[1]，张淑贞[2]，周东美[1]，朱东强[3]

[1]南京大学环境学院，[2]中国科学院生态环境研究中心，[3]北京大学城市与环境学院

第 8 章　农用化学品环境化学与毒理学研究进展

本章导读

农用化学品（agrochemicals）的使用可以促进食用农产品的生产和安全，在保障农业持续高速发展和食品安全中起着重要作用。随着农用化学品用量的增大，这类化合物对生态环境、人民健康、食品安全、出口贸易等均产生了一定的危害。在可预见的将来农用化学品用量和种类会越来越多，它们的不可替代性与环境污染、食品安全的矛盾，使得对农用化学品的风险评估与管理成为必然趋势。本文将对近年来我国科学家对农用化学品环境残留与时空分布特征、污染水平、生物有效性、生殖健康毒性、微生物消解机制、致毒分子机制及手性农药环境安全等方面的研究进行综合介绍。

关键词

农药，残留特征，手性，环境安全，健康风险

8.1 引　　言

农用化学品（agrochemicals）是指农业中使用的化学产品。在大多数情况下，农用化学品是指包括杀虫剂、除草剂、杀真菌剂和杀线虫剂在内的农药。它还可能包括合成肥料、激素和其他化学生长剂，以及动物粪便为原料的浓缩品等。中国是发展中的一个农业大国，同时农业生产环境多样，生态环境非常脆弱，农业病虫害也十分严重，为了解决占世界20%以上人口的食物问题，必须维持高水平的农业生产，保障粮食等农作物的产量。同时，为与世界发展趋势同步，我国农业的发展方向必将是优质、安全、高产、高效。在我国农业发展中，食品安全是重大战略问题，而农用化学品作为重要的农业生产资料，既承担着为农作物生产保驾护航的作用，同时也影响农产品的质量安全，具有十分重要、不可忽视的作用和影响。

根据统计分析，每年通过施用化学农药挽回的粮食损失约占全球总产量的 30%。和美国相比，我们的农药使用量是他们的两倍，他们的利用率是 60%，而我们只有 38%，但我国农药绝对使用量已经从 90 万吨下降到 80 万吨左右。传统农药和高毒农药等在农药使用结构比例迅速下降。环境友好的绿色农药和生态农药正取代传统的有机磷农药等高毒农药。当前，除一些特殊业务上还有大约 2%的高毒农药在使用，98%的农药品种基本上是安全的。所以说，环境友好、高效低毒、低风险的农用化学品已经成为发展的必然趋势。

我国农用化学品污染现状复杂，既有被禁用多年的有机氯、有机磷类老农药问题，也有现用的大量新农药、新农用化学品的环境安全问题。因此，农用化学品环境化学与毒理学的研究涉及对传统老农药和新型农用化学品的环境行为、残留特征水平、生态与健康风险等多方面的研究。同时，要考虑农用化学品在空间结构上的复杂性，它们往往具有异构体（isomers），即存在化学结构多样性，而不同异构体之间的环境行为和生态风险也不同。本章我们将重点介绍我国科学家在农用化学品环境化学与环境风险方面的最新研究进展。

8.2　农药环境残留特征及其生态风险

8.2.1　我国主要流域新烟碱类农药时空分布及生态风险

新烟碱类农药是一类和尼古丁相关的神经毒性杀虫剂。这种杀虫剂源于植物源农药烟碱，属于新型系统性、内吸型杀虫剂。不同于传统杀虫剂，新烟碱类农药最显著的特征就是内吸性。在作物生长过程中新型烟碱类农药会被不断吸收，最终遍布作物的根、茎、叶、花粉甚至果实，从而达到非常高效的杀虫效果。作为系统性农药，新型烟碱类农药确实在杀虫效果方面表现卓越，但是从环境健康角度，该类农药会造成作物和人类环境的普遍污染，从而对生态和人类健康产生潜在威胁。新烟碱类农药具有较大的水溶性，容易通过地表径流迁移到水体中，已有一些研究报道了此类农药在地表水中的残留浓度。然而，中国并没有对水体环境中新烟碱类农药污染进行过大尺度的研究，也缺少对地表水中此类农药来源的解析。

Chen 等以近些年来我国广泛使用的 9 种新烟碱类农药：吡虫啉（imidacloprid，IMI）、啶虫脒（acetamiprid，ACE）、噻虫嗪（thiamethoxam，THIA）、噻虫胺（clothianidin，CLO）、噻虫啉（thiacloprid，THI）、氟啶虫酰胺（flonicamid，FLO）、烯啶虫胺（nitenpyram，NIT）、氯噻啉（imidaclothiz，IMID）和呋虫胺（dinotefuran，DIN））为研究对象，于 2016 年的旱季和雨季采集了长江流域和中国东部主要河流入海口的水样，并测定了新烟碱类农药的残留浓度。在此基础上，分析了 9 种新烟碱类农药在本研究范围内的时空分布特征及流入近海的量；通过修正后的质量守恒模型（modified mass balance approach）对长江流域新烟碱类农药的非点源排放量进行估算；通过物种敏感度分布曲线法（species sensitivity distribution，SSD）得到新烟碱类农药污染引起的对淡水水生动物的风险阈值，并评估了我国东部主要河流入海口该类农药的水生生态风险。

研究结果显示，新烟碱类农药在长江流域旱季和雨季的总残留浓度均值分别为 990 ng/L 和 390 ng/L。其中，DIN 和 NIT 是检出浓度最高的两种化合物，它们在长江流域旱季的浓度均值分别为 470 ng/L 和 190 ng/L，雨季的浓度均值分别为 430 ng/L 和 150 ng/L。长江流域地表水中的新烟碱类农药残留浓度存在明显的季节差异，旱季显著高于雨季。长江干流采集的河流样品中新烟碱类农药的浓度显著高于支流样品中的浓度。通过修正后的质量守恒模型估算，发现长江流域中新烟碱类农药的主要来源是沿岸农业活动过程中的非点源排放输入，其次为上游河流和支流或湖泊的输入；长江中下游的非点源排放输入要大于上游；每年总计约有 1190 吨新烟碱类农药通过径流进入东海，其中非点源排放源的输入占 91.3%；DIN 是 9 种新烟碱类农药中在长江流域中通量最大的化合物，在旱季和雨季排入东海的质量分别为 412 吨和 271 吨；NIT 是通量第二大的新烟碱类农药，全年的入海通量达到 363 吨；长江流域近几年来农业活动中使用的新烟碱类农药的类别发生了改变，由传统的 IMI 和 ACE 向新型商业化使用的 DIN 和 NIT 转变的趋势[1]。

而对中国东部主要河流河口新烟碱类农药残留浓度的空间分布及生态风险研究中则发现，9 种新烟碱类农药在水体中旱季的总浓度均值为 343 ng/L，雨季的总浓度均值为 174 ng/L。在东部河流河口中 NIT 在两个季节的残留水平均是 9 种新烟碱类农药中最高的，在旱季和雨季的浓度分别为 105 ng/L 和 55 ng/L。IMI 在水体中旱季和雨季的浓度均值分别为 40 ng/L 和 34 ng/L。DIN 和 NIT 是中国东部河流新烟碱类农药相对贡献最多的两种，其浓度贡献分别为 48.6%和 38.2%。中国东南部地区、黄河流域和海南省检出的新烟碱类农药多为传统种类（IMI、ACE）。IMID、DIN 和 NIT 在中国东北部地区、长江流域和珠江流域检出较多，表明不同地区的农药使用模式存在差异。每年排入东部海域的新烟碱类农药总负荷达到了 1256 吨。通过 SSD 方法，得到新烟碱类农药对水生生物的急性毒性阈值和慢性毒性阈值分别为 362 ng/L 和 58 ng/L。对比此阈值，发现有 27%的样品浓度超过急性毒性阈值，84%的样品浓度超过慢性毒性阈值[2]。目前，中国东部沿海地表水体中新烟碱类农药污染对水生动物的生态风险普遍存在，应该予以重视。

8.2.2　广州市城市与农村区域土壤-地表水-沉积物系统中的新烟碱农药残留分布与生态风险

作为珠江流域的重要城市，广州市也大量使用新烟碱类农药，使得农田和地表水环境存在潜在的生态健康风险。Zhang 等人在广州市的 7 个功能区采集 104 个土壤样本和 29 对溪水-底泥样本。测定发现土壤中 5 种新烟碱类农药总浓度为 0.003～229 ng/g dw，地表水中的浓度为 7.94～636 ng/L，沉积物中的浓度为 0.017～31.3 ng/g dw[3]。农田区域的土壤中新烟碱类农药残留水平最高，其次是商业用地、交通用地、居民区、工业用地、教育用地和公园（从高到低）。农业用地和商业用地中吡虫啉（IMI）是污染浓度最高的新烟碱类农药，而其余五种区域中啶虫脒（ACE）是污染浓度最高的化合物。29 对溪中的溪水-底泥样本中噻虫嗪（THIA）和 ACE 的残留浓度最高。研究还发现，农村区域的土壤、地表水、沉积物中的新烟碱类农药污染浓度高于城市区域。相对于土壤和沉积物，新烟碱类农药倾向于在地表水中聚集。此研究还通过暴露评估计算，发现广州市的新烟碱类农药污染存在显著的土壤和水生生物的生态风险，尤其具有较高的慢性毒性。这项研究为快速发展的中国珠江三角洲区域新型农药污染评估提供了有效的基础数据，为未来新型农药的管控和生态治理提供了科学建议。

8.2.3　中国浙江省非作物植物花粉和蜂蜜中新烟碱类农药残留特征及暴露风险

蜜蜂在全球农业产业中发挥着至关重要的作用，大约 35%的作物直接依赖蜜蜂来完成授粉[4]。在过去几年中，美国、加拿大乃至全球的越冬蜜蜂群数量急剧下降，这种现象被称为蜂群崩溃综合症（colony collapse disorder，CCD）[5]。最近的研究表明，花粉和蜂蜜中的新烟碱类农药（由蜜蜂收集）可能对蜜蜂构成风险。然而，作为蜜蜂花粉主要来源的非作物中新烟碱类农药的综合残留和时空变化的数据非常有限，尤其是在中国。基于此，Tang 等人采用了一种基于相对效能因子的新型评估方法，计算了连续三个月在浙江省 12 个站点的非作物植物中收集的花粉和蜂蜜样品中 7 种新烟碱类的综合残留。结果表明新烟碱类农药在花粉中和蜂蜜中的综合浓度范围分别为从未检出（not detected，ND）到 34.93 ng/g 和 ND 至 8.51 ng/g。ACE 的检出率最高，为 41.7%，其次是 CLO（33.3%）和 DIN（22.2%）。浙江省边缘地区 4 月份吡虫啉等效毒性浓度（IMI_{RPF}）最高，而浙江省中部地区的 IMI_{RPF} 在 5 月份相对高于其他两个月。在空间变化方面，临安、桐庐和浦江的花粉样品的污染变化相对严重。对于蜂蜜样品，空间变异呈现单一趋势，温州出现峰值，这可能与当地气候和耕作方式有关。这一基本信息将有助于了解新烟碱类农药对蜜蜂觅食习性的影响。不仅如此，该研究还应用 REX 模型来表征花粉或蜂蜜中新烟碱类农药对蜜蜂的风险评估。总的来讲，这里提供的数据不仅提供了来自非作物植物的花粉和蜂蜜中新烟碱类农药的时空变异分析，而且提醒我们应该通过这种潜在的暴露途径更多关注蜜蜂的风险[6]。

8.2.4 浙江省农田土壤和地表水中拟除虫菊酯农药残留特征及分配规律

拟除虫菊酯杀虫剂，是一类改变天然除虫菊酯化学结构衍生合成的杀虫剂。由于其较高的杀虫活性、较低的哺乳动物毒性、容易降解、环境友好等优点，拟除虫菊酯杀虫剂受到十分广泛而高频的使用，是目前应用广泛的农用杀虫剂，仅次于新烟碱类杀虫剂。其在食品、环境介质中普遍残留，人类主要通过食物摄入途径暴露。拟除虫菊酯已被划为内分泌干扰物清单的一员，因此以其内分泌干扰效应为核心的健康风险不容忽视。由于农业活动中的广泛使用，其在农田土壤和地表水中的残留污染不容小觑。然而，目前还缺乏在区域尺度上探讨此类农药在我国农田土壤和地表水中的污染状况与迁移规律，不利于区域尺度上对此类农药使用和环境污染的宏观调控。

Tang 等人从 2015～2017 年在浙江、江苏、江西和广东四个省份的 644 个农田中采集了地表土和地表水样品，测定了 7 种拟除虫菊酯杀虫剂的残留浓度[7]。七种测定的化合物分别为：氯氰菊酯（cypermethrin，CYP）、高效氯氟氰菊酯（lambda-cyhalothrin，CYH）、联苯菊酯（bifenthrin，BIF）、氟氯氰菊酯（cyfluthrin，CYF）、氰戊菊酯（fenvalerate，FENV）、溴氰菊酯（deltamethrin，DEL）和甲氰菊酯（fenpropathrin，FENP）。研究发现，拟除虫菊酯杀虫剂在四个省的农田土壤和地表水中被广泛检出。土壤中拟除虫菊酯杀虫剂的总浓度均值广东省最高（62.98 ng/g），浙江省最低（17.90 ng/g），三年的浓度不存在显著差异（$P<0.05$）；BIF 在土壤中的残留浓度最高[(12.14 ± 5.24)ng/g]，DEL 的残留浓度最低[(3.05 ± 2.03) ng/g]。地表水样品的测定结果中同样发现广东省的拟除虫菊酯杀虫剂浓度最高，为（17.21 ± 13.72）μg/L，其余三个省残留浓度分别为（8.94 ± 1.98）μg/L（浙江省）、（9.11 ± 2.75）μg/L（江苏省）和（3.72 ± 0.80）μg/L（江西省）；对比三年拟除虫菊酯杀虫剂在地表水中的总残留浓度均值，发现没有显著差异（$P<0.05$）；旱季此类杀虫剂在地表水中的残留浓度显著高于雨季（$P<0.05$）；BIF 残留浓度在 7 种拟除虫菊酯杀虫剂中显著最高（$P<0.05$）。另外，利用广义线性模型，定量研究了季节、作物类型、降雨量、温度等因素对拟除虫菊酯杀虫剂在土壤和地表水中的残留水平及土壤和地表水之间分配系数的影响关系。发现，种植作物类型和季节显著与拟除虫菊酯杀虫剂的残留浓度相关（$P<0.05$）。对比不同因素的作用，其中作物类型是影响拟除虫菊酯杀虫剂在农田土壤和地表水中残留与分配的最重要因素（贡献 55%以上），其次是季节差异。此项研究从区域尺度上探明了拟除虫菊酯杀虫剂在我国农田土壤和地表水中的残留水平和分布差异，揭示了不同环境因素对此类农药污染分布、迁移转化的影响规律，为区域尺度对于此类新型农药防控提供了科学的基础数据支撑。

8.2.5 农田有机氯农药残留水平变化趋势与陆生小型哺乳动物的生殖健康

有机氯农药（organochlorine pesticides，OCPs），包括滴滴涕（dichlorodiphenyltrichloroethane，DDTs）、六六六（hexachlorocyclohexane，HCHs）等，是 20 世纪后半叶施用量最大的杀虫剂品类。由于其环境持久性和生物毒性的特点，20 世纪 70 年代开始逐渐被各个国家禁止，我国 1983 年开始禁止此类杀虫剂在农田中施用。虽然已经被禁止超过 30 年，有不少研究表明 OCPs 在多种环境介质中依然有残留检出。然而，目前还未有基于长期野外研究关于 OCPs 在陆生哺乳动物体内的残留变化趋势及生态效应的研究报道。虽然实验室暴露试验下已经证实了 OCPs 对陆生哺乳动物具有生殖毒性，但自然环境因素影响下，OCPs 对陆生哺乳动物的种群和生殖能力的影响研究尚缺乏。Chen 等基于 1983 年依赖对中国华北农田黑线仓鼠种群近 30 年的调查研究和样本收集，分析了 OCPs 在其体内的长时间残留变化趋势，旨在评估我国 20 世纪 80 年代 OCPs 禁用政策实施以来其在动物体内的残留变化趋势及其对动物繁殖力的影响[8]。

Chen 等测定了 1983～2010 年期间 OCPs 在黑线仓鼠体内的残留浓度。发现 OCPs 残留浓度不断降低。

OCPs 总浓度从 1983 年的 2900 ± 740 ng/g 降低到 2010 年的（25.2 ± 6.88）ng/g，平均半衰期为 5.08 年，和报道中 OCPs 在人体中的半衰期接近。从野外证实了 OCPs 禁止可显著降低陆生哺乳动物体内残留水平。此外，本研究基于近 30 年的野外种群的连续观测和调查数据，获得了黑线仓鼠的种群密度、怀孕率、幼崽率和生殖器官状况等生物指标。发现 1983 年后，华北平原农田黑线仓鼠的种群密度显著降低，生殖力显著逐渐恢复/增加，气温显著增加，降水量基本保持不变。并且，OCPs 残留浓度和 7 种生殖能力指标呈显著负相关关系，说明黑线仓鼠生殖力的恢复可能是由于 OCPs 暴露浓度随时间增加降低所导致的。

先前的研究已证实黑线仓鼠的生殖能力受到种群密度、气温和降水的共同影响[9,10]。该研究利用广义线性模型定量评估了近 30 年来黑线仓鼠的生殖能力与 OCPs 残留浓度的关系，结果发现，OCPs 残留浓度与 7 种生殖能力指标呈显著负相关，且对于生殖能力的影响贡献最大，证实了 1983 年以后黑线仓鼠生殖能力的恢复得益于我国禁止 OCPs 农药使用。该研究揭示了我国持久性有机污染物在野外陆生哺乳动物体内残留及其生态毒性变动规律，证实了我国的持久性有机污染物（persistent organic pollutants，POPs）控制政策对于生态恢复发挥了重要作用。

8.3　农药的人体污染负荷及健康风险

我国农用化学品残留特征非常复杂，人群长期暴露于有机氯类、有机磷类、新烟碱类、拟除虫菊酯类杀虫剂及多种杀菌剂中，随着新型农药的使用，其在环境中的检出率也逐年增加。同时在不同的环境介质农田土、水体、大气中都能检测到多种农药残留。人群可以通过饮食、呼吸、皮肤接触等多种途径摄入农药，农药所引起的人群健康风险效应也由此成为环境健康的热点。

就农药种类而言，环境中残留的农药主要包括两大来源，第一是以 DDTs 和 HCHs 为主的已经被禁用的农药品种，但由于这类农药的持久性特性而在环境中长期存在；第二类是以拟除虫菊酯类、新烟碱类等为代表的新型农药，由于大量使用也造成很高的环境检出率。针对不同来源的农药及其复合效应造成的生态安全和人群健康问题及风险管理还有待进一步完善。

8.3.1　DDTs

DDTs 是最早被《斯德哥尔摩公约》认定的 POPs，它们在环境中能长期滞留，有生物放大效应和可蓄积性。1983 年我国禁用 DDTs 后，人体暴露负荷逐步降低，但其低剂量暴露健康风险问题如：内分泌干扰作用、与肿瘤的相关性等依然存在。

徐晨烨[11]等以长期居住在浙江省舟山嵊泗岛上的 106 对海岛母婴人群为研究对象，采集并分析母初乳及脐带血清样本中六种 DDTs 及其代谢产物的暴露水平。结果发现总 DDTs 在母初乳和脐带血清中的浓度分别为（1.93 ± 1.98）μg/g bw 和（1.38 ± 3.66）μg/g bw，主要来源为历史工业源的残留，但也有来自三氯杀螨醇生产及其他新 DDTs 来源的影响。各组分之间存在显著的正相关性（$P<0.01$），指示着不同 DDTs 组分在人体中暴露途径和代谢方式具有相似性。孕妇年龄和孕前身高体重指数是母体长期暴露累积 DDTs 的重要影响因素。在初乳和脐血样本中，(+)-*o*, *p*'-DDT 相对于(-)-*o*, *p*'-DDT 会优先富集，(-)-*o*, *p*'-DDD 相对于(+)-*o*, *p*'-DDD 会优先富集。多元线性回归拟合结果显示，*p*, *p*'-DDT 和 *p*, *p*'-DDD 的产前暴露浓度每增加 1 μg/g(脂重)，新生儿的出生体重分别会增加 0.088 kg（$R = 0.088$，95% CI: -0.004，0.172，$P = 0.041$）和 0.250 kg（R=0.250，95% CI：0.014，0.486，$P = 0.038$）。计算得到新生儿通过哺乳每日摄入 DDTs 的总含量为（8.33 ± 7.34）μg/（kgbw·d），有 25%的新生儿超过了 WHO 所颁布的每日可耐受剂量。因此

该地区新生儿在母乳喂养时，存在着一定的 DDTs 暴露风险。

8.3.2　HCHs 中国人群母婴暴露风险

HCHs 是一种广谱性的有机氯杀虫剂，从 20 世纪 40 年代开始用，后因其环境持久性被世界各国禁用，尽管 HCHs 已经禁用约 30 年，HCHs 在全球不同环境介质和人群样品中一直有很高的检出率，HCHs 对全球环境和人类的影响仍十分显著。

Yin 等以湖北省武汉市第一医院妇产科为采样点，于 2015 年 11 月～2016 年 3 月间对 79 名健康志愿者孕妇进行了详细的问卷调查，并采集了母静脉血、脐带血和胎盘样品[12]。β-HCH 是主要的被检出化合物之一，其中值浓度占母静脉血、脐血和胎盘样品中总 HCH 浓度的 43.5%、45.6%和 58.3%。对于 α-HCH 而言，在大约 2/3 样品的母静脉血血清、脐带血血清及胎盘中的 EF 值低于 0.5，显示出(-)-α-HCH 富集的趋势。

通过对 HCHs 的跨胎盘转运效率的计算发现，HCHs 基于脂重校正浓度计算的 R_{cm} 为 0.34～0.79，该结果表明了在脐带血和母静脉血中，有大约 60%浓度的 HCH 污染物能够跨过胎盘进入子宫，从而对胎儿造成直接暴露。使用基于脂重和湿重的 R_{cm} 与母婴对的体征、社会学信息及生活习惯进行 Pearson 相关性分析，结果显示，少数因素与 R_{cm} 显著相关，然而潜在影响因素与浓度比例之间并不存在普遍的显著相关，β-HCH 的 R_{cm} 与孕期体重增加、流产次数相关；在生活习惯方面，研究还发现 α-HCH，γ-HCH 的转运率与膳食习惯相关。但 Patayova 等人报告的重要因素：吸烟习惯和饮酒习惯，在该研究中并未发现与转运效率存在相关性，说明这些差别可能是由于西方与东方人生活方式上的巨大差异导致的。

8.3.3　农药的母乳喂养膳食暴露风险

母乳作为新生儿最早也是最主要的食物来源，对新生儿的健康发育具有重要影响。母乳具有营养成分均衡、含有丰富免疫物质及益生菌等对新生儿成长、发育及免疫能力具有积极作用的因子，这些因子的相互协同作用能为婴儿提供被动保护，调节肠道黏膜发育及免疫应答等。随着现代工业的发展，人类在日常生活中不可避免的接触到各种污染物。妊娠期妇女作为易感人群，更容易受污染物的影响并通过母乳喂养的方式直接或间接的影响婴儿的健康发育。

有研究表明，印度母乳中 DDT 与 DDE 的脂重含量分别为 679.6 ng/g lw 和 2597.1 ng/g lw，远超世界卫生组织设立的 0.05mg/kg 的每日摄入量上限[13]。Kuang 等人报告浙江省金华地区的婴儿每日经母乳摄入的 HCB、β-HCH、DDE 的水平低于中国卫生部和世界粮农组织的规定限值，但高于加拿大卫生部的推荐值[14]。Kao 等人报告母乳中的 *p*, *p*'-DDT 等典型农药的暴露水平与儿童的认知发育和语言能力有关[15]。Xu 等人在嵊泗群岛的母乳样品中发现总 DDXs 的量为 1.384±3.66 μg/g lw，未发现出生结局与 DDXs 具有统计学上的相关性[16]。Tang 等人发现这批母乳样品中的 HCH 浓度水平与肠道微生物的水平具有相关性[17]。研究结果表明，通过母乳喂养能够对婴儿的发育、成长过程产生影响[18]。因此，在母乳中存在的农药可能存在潜在的健康风险，母乳喂养对于胎儿的健康发育十分重要，母乳喂养对胎儿发育的益处远远超过其带来的风险[19-21]。我国卫生部和世界卫生组织强烈推荐所有新生儿均完全使用母乳喂养。虽然从外源性物质摄入风险方面看，使用替代喂养方案对减少胎儿的健康风险有好处，但是由于母乳喂养的优势远远大于其可能带来的风险和负面健康影响[19,20]。在将来的研究中，应进行大规模、多中心的人体生物个体监测项目，扩充人体生物个体监测的暴露水平数据库，从而进一步探索经母乳喂养的膳食暴露途径造成的外源性物质暴露水平，并揭示进一步探索这种暴露对婴儿发育、成长阶段的影响和机制。

8.3.4　拟除虫菊酯杀虫剂暴露健康风险

Ye 等在浙江省杭州市招募 463 名 9～16 岁男孩，测定了这些男孩的随机尿液样品中 18 种拟除虫菊酯共同代谢产物 3-苯氧基苯甲酸（3-phenoxybenzoic acid，3-PBA）和氟氯氰菊酯特异性代谢产物 4-氟-3-苯氧基苯甲酸（4-fluro-3-phenoxybenzoic acid，4-F-3-PBA）的含量，以反映拟除虫菊酯杀虫剂的内暴露水平。同时测定了尿样中促性腺激素黄体生成素（lutenizing hormone，LH）和卵泡刺激素（follicle-stimulating hormone，FSH）的浓度（FSH 和 LH 是调控性成熟的关键激素），反映青春期发育状况。采用国际儿科通用的 tanner 分级，包括生殖器发育阶段（genital Stage 1～5，G1～G5）和睾丸体积（testis volume，TV），来评估男孩青春期发育程度[22]。结果显示，男孩尿液样本中 3-PBA 的检出率达 98.7%，尿液中 3-PBA 的几何均值浓度为 1.12 μg/L（0.97 μg/g 肌氨酸酐），表明这些男孩普遍暴露于拟除虫菊酯杀虫剂。而男孩尿液样本中 4-F-3-PBA 检出率仅为 4.8%，表明这些男孩较少暴露于氟氯氰菊酯这一拟除虫菊酯。使用男孩尿液中 3-PBA 浓度与有机食品摄入频率或室内杀虫剂使用进行 spearman 相关性分析，结果显示，家居杀虫剂的使用与尿液中 3-PBA 的浓度没有显著的相关性（$P = 0.210$），而有机食品的摄入与尿液中 3-PBA 的浓度呈现显著的负相关（$P = 0.009$）。这表明拟除虫菊酯杀虫剂暴露可能主要来源于当地的农业施用和被污染的食物。采用多元线性回归模型发现男孩尿液中 3-PBA 浓度和促性腺激素浓度存在正相关（$P<0.001$），3-PBA 对数浓度每增加 10%，LH 和 FSH 对数浓度分别升高 2.4%和 2.9%。采用多元 logistic 回归模型分析发现，男孩尿液样品中 3-PBA 浓度与青春期发育等级呈显著正相关。男孩尿液中 3-PBA 对数浓度每增加 1 个单位，男孩处于 G3 和 G4 发育阶段的比值比（odds ratio，OR）与 G1 相比分别增加 275%和 280%（$P<0.05$）。而男孩尿液中 3-PBA 对数浓度每增加 1 个单位，男孩睾丸体积在 12～19 mL 的 OR 值相对于 TV＜4 mL 增加了 132%（$P<0.05$）。该研究首次报道了拟除虫菊酯杀虫剂暴露与男孩促性腺激素水平以及男孩青春期发动时间提前有显著正相关性。

Ye 等还评估了浙江杭州 305 名 9～15 岁女孩的拟除虫菊酯暴露水平[23]。女孩尿液样本中 3-PBA 的检出率为 88.52%，女孩尿液中 3-PBA 含量的几何平均值为 1.11 μg/L（1.42 μg/g 肌氨酸酐）。表明这些女孩广泛暴露于拟除虫菊酯杀虫剂。拟除虫菊酯暴露水平与女孩青春期发育的相关性结果却表明，这类杀虫剂是女孩青春期性成熟延迟的环境风险因子[23]。采用多元 logistic 回归模型分析发现，女孩尿液样品中 3-PBA 浓度与青春期发育等级呈显著负相关。女孩尿液中 3-PBA 对数浓度每增加 1 个单位，女孩处于乳房 Tanner 分级第三阶段（breast Stage 3，B3）的 OR 值与 B1 相比减小 45% [OR = 0.55（95%CI：0.31～0.98），$P=0.042$]。而女孩尿液中 3-PBA 对数浓度每增加 1 个单位，女孩处于生殖器毛发 Tanner 分级第二阶段（pubic hair Stage 2，P2）的 OR 值相较于 P1 减小 44% [OR = 0.56（95%CI：0.36～0.90），$P= 0.015$]。采用二元 logistic 回归模型发现，女孩尿液中 3-PBA 浓度与初潮情况呈显著负相关。女孩尿液中 3-PBA 对数浓度每增加 1 个单位，以初潮为标志的青春期启动的 OR 值减小 49% [OR = 0.51（95%CI：0.28～0.93），$P= 0.029$]。

有动物实验研究表明，拟除虫菊酯的暴露会使成年雌性动物卵巢功能受损，从而导致卵巢功能减退（primary ovarian insufficiency，POI）的类似症状[24,25]。Li 等人首次报道了拟除虫菊酯暴露与女性 POI 风险的流行病学关系[26]。研究者在浙江省招募了 172 名 POI 患者和 247 名健康女性作为对照，测定了拟除虫菊酯的代谢物 3-PBA 和 4-F-3-PBA 的尿液浓度，以及 FSH、LH 和抗苗勒管激素（anti-Mullerian hormone，AMH）的血清浓度。结果显示，拟除虫菊酯的常见代谢产物 3-PBA 在病例组中检出率为 89.0%，对照组为 88.3%。病例尿样中 3-PBA 的几何平均值为 0.372 μg/L（0.535 μg/g 肌氨酸酐），显著高于对照组（0.251 μg/L、0.390 μg/g 肌氨酸酐）。采用非条件 logistic 回归模型分析拟除虫菊酯代谢物与 POI 和 POI 相关的激素之间的关系。更高的 3-PBA 的尿液水平与 POI 风险的增加显著相关[OR = 2.344（95% CI：1.193～4.607），

P=0.013]。研究揭示了拟除虫菊酯暴露与中国妇女 POI 风险之间的正相关关系，说明了这种杀虫剂在环境暴露的低浓度下可能对育龄妇女的生殖健康构成风险。

鉴于拟除虫菊酯杀虫剂的使用量仍在逐年增长，普通人群普遍暴露于拟除虫菊酯杀虫剂，有些暴露水平甚至超过上述研究范围，关于现有环境浓度下拟除虫菊酯杀虫剂暴露对儿童及成人的安全评估和机制研究十分重要。上述研究结果提示需要对拟除虫菊酯杀虫剂暴露对儿童青春期启动和女性生殖健康的潜在影响给予更多的关注，开展拟除虫菊酯杀虫剂更加深入的健康风险评估，为这类农药的监测和管理提供科学依据。

8.3.5 新型烟碱类农药人群膳食暴露风险

现有的少数研究已经表明烟碱类农药会对哺乳动物生殖造成不良影响，并且会诱导甲状腺肿瘤的发生，因此开展该类化合物的风险评估非常重要。Zhang 等人从暴露评估方法，人群暴露水平与潜在健康风险三个角度，全面的评估了该类化合物潜在健康风险，相关研究成果均发表在环境主流期刊上，并受到美国鸟类保护学会（ABC）报道。

暴露评估是风险评估的基础和重要前提，目前有关新型烟碱类农药的研究主要集中在对蜜蜂和鸟类的影响，对哺乳动物和人类的研究非常之少，甚至连基本的暴露途径和暴露数据都无法得知。这主要是由于：第一，一直以来我们认为该类化合物对哺乳动物影响很小，忽视了这类农药的潜在风险；第二，由于新型烟碱类农药种类众多（仅我国使用和销售的就有 9 种），很多环境和果蔬样本中都检出超过 3 种以上新型烟碱类农药，而且这类污染物毒性大小不一，这给统一评价这类新型污染物的残留特征和风险增加了难度。针对这一情况，Zhang 等人从二噁英毒性当量值得到启发，以其中新型烟碱类农药中毒理学数据最丰富的吡虫啉为基准，结合新型烟碱类农药人群参考摄入剂量值，计算出 9 种新型烟碱类农药的效能因子，率先提出了整合新型烟碱类农药残留浓度的新方法。并且利用此方法，成功地得到了世界上 8 个国家新型烟碱类农药吸入、摄入暴露途径的相对暴露浓度。该研究不但为新型烟碱类农药暴露评估提供了切实的方法，而且为后续新型烟碱类农药风险评估打下了坚实的基础[27]。

不同于传统杀虫剂，新型烟碱类农药作为系统性、内吸性杀虫剂，在作物生长过程中将会被不断地吸收，最终使其遍布作物的根、茎、叶、花粉甚至果实，从而达到非常高效的杀虫效果。因此，施用过该类杀虫剂的果蔬并不能使用传统的清洗、去皮等方法达到削减残留量的目的，加之其较长的生物半衰期，这更加增加了人群暴露的可能性，针对这一情况，Lu 等人共收集 200 余个中国杭州学龄儿童日常食用果蔬样品和美国国会大厦餐厅的果蔬样品，利用前期建立的整合暴露评估方法，考察和比较了中美人群日常消费的 68 种果蔬的食用部分中 7 种新型烟碱类农药残留水平，甄别了新型烟碱类农药人群饮食暴露途径。研究结果显示：目前人们食用的大部分果蔬已普遍受到这类农药的污染，主要以 IMI 与 THIA 为主，其中中国杭州果蔬样本中 IMI 检出率更是高达 100%，本研究率先提出了果蔬来源的新型烟碱类农药为人群饮食暴露的主要途径[28]。

通过前期工作可知，新型烟碱类农药已在我们日常饮食中无处不在，但是由于缺乏对这类新型污染物的重视，有关其对人群潜在风险的研究目前还是空白。Zhang 等人选取了 68 名中国杭州学龄儿童为研究对象，利用 24 小时饮食回顾调查法，连续 8 周收集该目标人群摄入的果蔬样品和饮食信息，确定了杭州市学龄儿童日常果蔬消耗种类和消耗量，结合随机采样模型，利用机器学习方法，在考虑了可能存在性别选择性的基础上，对水果、蔬菜中新型烟碱类农药摄入风险进行了评价，并且基于我国新型烟碱类农药使用的特点，分别开展男性学龄儿童和女性学龄儿童饮食新型烟碱类农药风险评估。研究结果显示：新型烟碱类农药在我国学龄儿童中饮食暴露非常普遍，但不存在性别选择性差异。通过随机采样模型得到：目前该类化合物并不存在饮食暴露风险，但是由于新型烟碱类农药用量逐年增加，其潜在健康风险还需要持续监测[29]。

8.3.6 农药代谢产物毒性效应评价

农药在环境介质和生物体内会发生复杂的转化过程，并可以与环境中其他物质发生相互作用，形成数量众多、结构多样的中间代谢产物，进而对生态和人群造成二次危害。但农药中间代谢产物的风险几乎是未知的，而在农药风险评估和管理中更是一个盲点。特别是我国目前农药风险评价体系、限量标准还未充分考虑农药次生代谢风险的问题。

通常认为农药的降解是一个解毒过程，但有研究发现部分农药代谢产物的毒性效应没有减弱甚至加强。Ji 等以 4 种典型的农药（吡丙醚、马拉松、苯霜灵、噁唑禾草灵）为目标化合物，通过化学制备合成 21 种代谢产物，随后对比评价了农药母本化合物与代谢产物的毒性效应。实验表明 4 种农药代谢产物表现出了与母本化合物相当甚至更高的细胞毒性效应[30]。Lu 等人的研究也发现氟虫腈及其代谢产物（砜化氟虫腈）在 10^{-5} mcl/L 浓度下都表现出显著的细胞毒性效应[31]。滴滴涕（DDT）的主要代谢产物 DDE 也被证实具有细胞毒性并诱导 PC12 神经细胞发生凋亡。DDE 还能通过 TNFα 信号通路介导斑马鱼胚胎的神经元细胞凋亡[32]。百菌清的代谢产物（4-羟基百菌清）甚至表现出了比母本化合物更强的斑马鱼胚胎毒性效应[33]。

农药代谢产物在内分泌干扰效应方面也有所展开。在检测目标化合物中，吡丙醚及 9 种代谢产物表现出了雌激素受体干扰效应（包括激动和拮抗效应）；吡丙醚的 2 种代谢产物、马拉松及其代谢产物表现出了微弱的糖皮质激素受体拮抗效应[30]。氟虫腈及砜化氟虫腈在报告基因系统中表现出了雌激素受体拮抗效应，她们的 RIC_{20}（抑制 20%活性浓度）值分别为 6.4×10^{-7} mol/L 和 9.8×10^{-7} mol/L[31]。4-羟基百菌清除了表现出与母本化合物相当的雌激素受体激动效应外，还表现母本化合物不具备的甲状腺激素受体拮抗效应。鉴于目前在农药代谢产物方面健康风险效应评价的确实，亟需弥补相应漏洞以完善农药风险评价的体系。

8.3.7 复合污染评价

在真实环境中农药与其他污染物共同存在，农药与其他污染物存在复杂的相互作用，明确联合作用对于精准的农药风险管理非常重要。

Zhang 等检测了 43 种常用农药及农药代谢产物对盐皮质激素受体（MR）的干扰作用，并对其干扰机制进行了初步探索[34]。目标农药对 MR 均不存在显著的激动作用。而其中 16 种化合物，包括 4 种拟除虫菊酯农药（氯氰菊酯、联苯菊酯、苄氯菊酯、氰戊菊酯）、4 种有机氯农药（*o*, *p*′-DDT、*p*, *p*′-DDT、*p*, *p*′-DDE 和甲氧滴滴涕）、2 种有机磷农药（乙酸甲胺磷、乐果），酰胺类除草剂甲草胺、三嗪除草剂特丁津、三嗪除草剂莠去津代谢产物、氨基甲酸酯类杀菌剂代森锌、苯基吡唑类杀虫剂氟虫腈，能显著地减弱醛固酮对 MR 转录活性的激活，具有盐皮质激素拮抗作用。进一步实验发现，这 16 种 MR 拮抗剂显著抑制了人血管平滑肌细胞中的盐皮质激素响应基因碱性磷酸酶（alkaline phosphatase）的表达，并干扰了 MR 介导的醛固酮在肝癌细胞 SMMC-7721 中抑癌作用。联合暴露实验中，这 16 种 MR 拮抗剂混合物在低浓度下即可表现出明显的 MR 拮抗作用。与相加作用模型、独立作用模型方程式预测值比对，联合暴露的拮抗作用符合相加模型。MR 核转移实验结果表明，抑制醛固酮诱导的 MR 核转移是化合物干扰 MR 转录活性的重要机制之一。

8.4　农药生物有效性与环境行为

农药生物有效性是影响农药生态风险评估的关键因子，受土壤类型、农药理化性质、环境因素及生物体的综合影响。农药生态风险评估方法主要归为两类，第一是基于毒性效应的生物评估手段，如生物测试和生物调查；第二是基于环境中农残暴露量的商值法，通过对比农药环境浓度与其效应浓度（如半数致死浓度或质量基准）来预测其潜在风险，如毒性当量法（toxic unit，TU）。目前，商值法多使用环境介质中农药的总浓度为暴露浓度，结果可能高估农药毒性，其主要原因是忽略了生物有效性。生物有效性是指可被生物利用，进而产生效应的部分。生物有效性对污染物环境行为和毒性效应的重要性已被广泛认可，但其定义在不同研究领域仍存在一定的分歧。2008 年国际标准化组织（international standardization organization，ISO）[35]在土壤质量标准中将生物有效性定义为三步动态过程。第一步是环境可利用性（environmental availability）或生物可给性（bioaccessibility），即污染物的结合态与自由态之间的相互交换过程；第二步是环境生物可利用性（environmental bioavailability），即污染物穿过生物膜，被生物体吸收的过程；第三步是毒性生物可利用性（toxicological bioavailability），即污染物的生物累积，及其在作用靶位产生的毒性效应，涉及生物体内污染物的迁移（transportation）、分配（distribution）、代谢（biotransformation）和排出（elimination）等动力学过程。据该定义可见，环境中农药残留的生物有效性受多方面因素影响，包括环境介质的性质（如土壤、沉积物中有机碳含量和类型、颗粒粒径分布等）[36,37]、农药的理化性质（如疏水性、平面性等）[38]、受体生物的生理特性（如生活习性、生命周期、个体特征等）[39]、环境因素（如温度等）[40]。常见的生物有效性的测定方法包括数学模型预测[36]、生物测试、化学仿生模拟萃取等，其中仿生模拟萃取主要为基于平衡分配理论的被动采样技术和基于吸附-解吸的非耗竭式萃取技术[41]，前者用于测定表征化学活性的自由溶解态浓度，后者用于测定在特定条件下潜在可利用的生物可给浓度[42]。

环境中农药生物有效性的差异可能显著改变其毒性，导致风险评价误差。利用生物有效浓度代替传统的环境总浓度或有机碳（organic carbon，OC）标准化浓度来计算 TU，是降低毒性评价不确定性的有效方法。现用农药，如拟除虫菊酯类农药等，对很多非靶标水生生物毒性较强，商值法评价结果显示这些农药是水体沉积物对底栖无脊椎动物毒性的主要来源之一，在水生态风险评价中需重点关注[43]。以沉积物中拟除虫菊酯类农药的毒性评价为例，其对底栖无脊椎动物毒性较强，如氯氰菊酯对钩虾的半数致死浓度（LC_{50}）为 0.38 μg/g OC，美国加州和我国珠江三角洲城市水体沉积物中氯氰菊酯的有机碳标准化浓度普遍高估其对钩虾的致死率[43]。生物有效毒性当量，即利用被动采样技术测定的沉积物孔隙水中氯氰菊酯的自由溶解态浓度代替有机碳标准化浓度，可显著提高商值法预测沉积物中氯氰菊酯对底栖动物毒性的准确性[39,44]。已有农药的毒性阈值[如 LC_{50} 和半数最大效应浓度（EC_{50}）等]多是基于环境总浓度，单纯采用上述生物有效毒性当量只能从相关性上提高毒性预测的准确性。建立基于生物有效性的农药毒性阈值，有利于直接地预测毒性效应，如基于 Tenax 萃取测定的生物可给浓度设定了沉积物中氯菊酯对摇蚊幼虫全生命周期毒性的 LC_{50} 和 EC_{50}[45]；基于固相微萃取测定的自由溶解态浓度测定了水中 DDTs 及其降解产物、氯菊酯、联苯菊酯、七氟菊酯和毒死蜱等常见农药对摇蚊幼虫和钩虾急性毒性的 LC_{50} 和 EC_{50}[46]。2012 年美国环保署发布了利用被动采样技术监测沉积物中有机污染物的指南[47]，为开展结合生物有效性的农药风险评价提供了标准方法。

8.4.1　传统的农药在不同环境介质中生物有效性研究

长期以来，环境中农药生物有效性的评价大都是基于污染物在环境基质中的总浓度而进行的，忽视了总浓度与农药可被生物体吸收程度之间的相关性，从而高估其生物有效性[48]。由于环境基质的形态与理化性质存在差异，农药在不同基质中的生物有效性需采用不同的评价体系。

1）水体中农药生物有效性评价

环境水体中呈结合态的农药不易于被生物富集，而只有真正自由态游离的部分才能被生物体吸收，因此水中农药的游离自由态浓度（C_{free}）与其在生物体内的富集有着极其密切的关系。利用基于平衡分配理论的被动采样法能够准确分析水中农药的 C_{free}，进而预测其生物有效性[49]。通过固相微萃取（SPME）技术测定的农药 C_{free} 与其对水生生物的致死率之间存在较高的相关性，即 SPME 能够有效表达农药在环境水体中的生物有效性[50,51]。有研究采用聚二甲基硅氧烷（PDMS）纤维作为被动采样材料，成功建立 PDMS-SPME 法考察美国南加州河流不同深度（2、10、20、35m）下有机氯农药 DDE 的 C_{free}，发现 *p*, *p*′-DDE 和 *o*, *p*′-DDE 的 C_{free} 分别为＜0.073～2.6 ng/L 及＜0.043～0.26 ng/L，且随着水体深度的增加，C_{free} 呈现出逐渐增加的趋势[52]。PDMS-SPME 法也被认为是一种标准方法，用于验证其他方法对 C_{free} 测定的准确性。

由于强疏水性农药到达吸附平衡是一个长期的过程，为降低采集时间，提高评价方法的实用性，薛佳莹等构建了新型聚乙烯薄膜-特征参考物校正法（PE-PRC）测定水中 8 种拟除虫菊酯类农药的 C_{free}[53]。以 PE 薄膜为采样材料，2 种拟除虫菊酯类农药同位素标记物 d5-联苯菊酯和 ^{13}C6-*cis*-氯菊酯为 PRC，拟合 PE 薄膜上拟除虫菊酯类农药的吸附及 PRC 的解吸附动态，利用同位素校正法快速测定农药的 C_{free}。经过 7 天的暴露研究，发现 2015 及 2016 年美国加州橘子郡索尔特河及和伍德河中甲氰菊酯、联苯菊酯、氯菊酯的 C_{free} 分别为 2.14～6.08 ng/L、2.41～12.4 ng/L 和 1.56～7.88 ng/L，表明该类农药在河流中的存在具有广泛性，其中联苯菊酯的生物有效性更加显著。方法的检出限为 1 ng/L，相比于传统 SPME 法具有较高的灵敏度，能够快速、准确地评估环境水体中拟除虫菊酯类农药的生物有效性[54]。

2）底泥中农药生物有效性评价

环境底泥的理化性质如酸碱度、溶解有机质（DOM）含量等因素对农药的赋存形式具有显著影响，因而底泥中农药生物有效性的评价体系较为复杂[55]。研究认为，与底泥结合的农药不易被生物吸收，只有孔隙水中游离自由态的农药才能被生物利用。因此，原位孔隙水中农药浓度是评估底泥中农药生物有效性及环境风险的有效参数[56]。Maruya 等对美国加州圣地亚哥地区河流底泥中 OCPs 的生物有效性及暴露风险进行研究。将 SPME 采样器及纳斯塔线虫同时暴露于底泥中，考察 28 天后有机氯农药在孔隙水中 C_{free}、孔隙水中总浓度及线虫体内富集浓度间的相互关系。结果表明 C_{free} 与生物体内富集浓度之间的对数相关性为 1∶1，底泥孔隙水中的 C_{free} 对于农药生物有效性的预测起到重要的指示作用[57]。

也有理论认为，底泥中 DOM、颗粒物等物质含量较高，仅考虑孔隙水中 C_{free} 无法准确评估底泥中农药的生物有效性。部分被 DOM 及颗粒物吸附或结合的农药会通过动态吸附-解吸作用，再次溶解于孔隙水中，增加农药被生物体吸收的可能性，利用 C_{free} 作为权衡参数则会低估底泥中农药的暴露风险。Delgado-Moreno 等于 2013 年提出了稳定同位素稀释法（IDM），向底泥-水体系中添加 ^{14}C-联苯菊酯，48h 达到分配平衡状态时，比对联苯菊酯与 ^{14}C 同位素在底泥-水相中的分配比例，揭示联苯菊酯在不同地区的底泥体系中可被吸收利用的程度为 30.4%～57.2%。同时，24 h 的生物暴露结果显示，联苯菊酯在摇蚊幼虫体内的富集浓度与底泥-水体系中的生物可利用浓度具有较强的线性关系（$R = 0.88$），进而证明 IDM 在底泥体系中农药生物有效性预测方面的应用价值。IDM 充分考虑底泥基质中可交换部分对于农药生物有效性的贡献，消除仅考虑自由态浓度所产生的误差，是一种新型且更为准确的底泥体系生物有效性评价模式[58]。

8.4.2　农药的母胎传递行为与机制

人体内靶标器官处（如器官、胎儿等）的靶位暴露水平是能够决定、启动负面健康影响途径的实际暴露浓度，对于靶位暴露水平的研究具有重要的环境意义，也对于了解污染物的生物有效性有着重要作用。对于新生儿而言，其发育期污染物的来源主要为两个暴露途径：宫内暴露及产后的膳食暴露。初生的新生儿的唯一膳食来源为母初乳。巴克假说认为发育中的环境因素对个体发育和健康有重要的作用。发育阶段的胎儿或新生儿对外源性物质的暴露更加敏感，即使是极小量的外源性物质暴露都可能引发在将来的生命中不可逆的健康危害。因此，对胎儿及新生儿的污染物母婴传递机制的研究是十分重要的。

在产前暴露场景中，由合体滋养层、细胞滋养层和毛细管内皮细胞组成的胎盘小叶是母胎物质交换的唯一场所。母静脉血中的污染物通过胎盘屏障，直接进入胎血循环。对于产后暴露场景，新生儿的营养摄入途径为母初乳，母初乳中所携带的污染物通过消化道吸收，通过肝门静脉后进入新生儿体循环系统。其中，小分子物质的主要吸收场所为小肠黏膜上皮。因此农药跨胎盘上皮、肠道上皮过程中复杂的结构多样性特征是影响农药对胎儿产生健康效应的关键因素。

胎盘是母体循环与胎血循环进行物质交换的结构，是外源性物质进入胎血循环的唯一途径[59,60]。胎盘膜能够维护内外环境的相对稳定，并对营养物质、药物、代谢物等进出胎血循环起到选择作用，在保护脆弱的发育期胎儿受到外源性物质侵害中起到重要的作用。滋养层细胞直接浸润于母体血液循环中，外来物质以母体血液循环为载体与其发生直接接触，是外来物质进入胎盘的关键部分，是选择性运输的关键屏障。物质的跨膜转运行为主要取决于其分子的大小和脂溶性，一般认为脂溶性较大、分子量较小的物质容易通过胎盘进入胎血循环[61,62]。然而近期的研究发现物质的物理化学性质并不是决定跨膜转运的唯一影响因素，其跨膜转运行为可能是一个复合的过程，其机制可能包括通过细胞间隙或者细胞膜的被动扩散、胞吞胞饮、受体或转运蛋白介导的主动运输作用及易化扩散作用[63]。滋养层细胞不仅是一个机械屏障，也是一个具有选择性的生物膜屏障，复合转运机制的影响可能一方面增强胎儿对营养物质的摄取，另一方面增加了胎儿对外源性有害物质的暴露。因此对外源性有害物质的跨胎盘转运机制的研究是十分重要的。

Yin 等人对成组的母静脉血-胎盘-脐血样品中的有机氯农药（OCPs）的跨胎盘运输行为进行了调查[64]，发现 OCPs 的脂重浓度在三种样品中母静脉血＞脐血＞胎盘，其中 β-HCH 和 *p, p'*-DDE 为主要存在的污染物种类；胎次和污染物浓度呈显著负相关，年龄等其他因素亦与污染物在体内暴露状况相关；手性污染物 α-HCH，*o, p'*-DDD 和 *o, p'*-DDT 在三种生物样品中均呈非外消旋，其中 $EF_{α\text{-HCH}}<0.5$，$EF_{o,p'\text{-DDD}}<0.5$，$EF_{o,p'\text{-DDT}}>0.5$，在成组样品中，虽然差异不显著，但仍能观察到 $ΔEF_{α\text{-HCH}}<0$，而 $ΔEF_{o,p'\text{-DDD}}$ 和 $ΔEF_{o,p'\text{-DDT}} \approx 0$；有机氯农药的转运效率发现与胎次和流产次数显著相关；有机氯农药 HCH 和 DDT 呈现不同的跨胎盘转运速率特征，HCH 的 $R_{cm}<1$，而 DDT 的 $R_{cm} \approx 1$。不同污染物转运效率与污染物的物理化学性质有关，相对亲水污染物更容易被阻滞，较少进入子宫脐血循环；胎盘两侧污染物浓度值比率≠1，证明有除自由扩散外的其他转运机制参与物质运输。

进一步的，Yin 等人应用体外模型对 OCPs 的跨胎盘转运的机制进行研究，通过搭建单层 Bewo 细胞膜模型，并使用近环境浓度的污染物进行单一暴露和共暴露的手段，发现各化合物在转运实验进行至 180 分钟时达到浓度平衡，HCH 在实验中表现出较 DDT 高的 AP-BL 方向的表观转运效率；外排方向表现出较摄入方向高的转运效率；$PDR_{DDT}>PDR_{HCH}$，代表 HCH 较难通过胎盘绒毛膜上皮细胞膜；ABC 转运蛋白族抑制剂及代谢抑制剂能够显著地降低 OCP 跨 BeWo 细胞膜的转运效率。这些发现和结果首次证实了 OCP 跨胎盘转运过程是多种转运蛋白参与的主动运输及亲脂性物质跨磷脂双分子层被动扩散运输的结果[65]，从分子水平阐明了 OCP 跨胎盘转运的机制。

8.4.3　基于 EDA 和 TIC 的农药生物有效性研究

登记使用的农药种类繁多，然而常规监测化合物数量有限，而且环境中还存在其他类污染物，常以混合物存在，形成复合污染现状。常规监测的污染物可能并不是关键致毒物，导致商值法难以有效解释观测到的不良效应，因此，迫切需要开展毒性识别研究，找准关键致毒物质，为后续开展污染评价、管理和修复等工作提供方向。目前常用的毒性识别方法包括美国环保署提出的毒性鉴别评价（toxicity identification evaluation，TIE）[66]和欧盟提出的效应导向分析（effect directed analysis，EDA）[67]。其中，TIE 将污染物划分成三大类（有机物、重金属和氨氮），选择合适手段改变不同类污染物的生物有效性后，对比处理前后测试样品的毒性，确定致毒物类别，再通过靶标分析鉴别主要致毒物；EDA 特别针对有机污染物，通过反复分离和毒性测试，以效应为导向，通过对简化后的毒性组分开展靶标分析和非靶标筛查，获得关键致毒物信息；最后利用标准品测试等方法进行毒性确认。环境污染物的生物有效性存在差异，可能给致毒物识别带来偏差甚至误判，增加治理成本，资源浪费且效果不佳。近年来，研究者们呼吁在致毒物识别过程中考虑污染物的生物有效性，并已取得了一些进展[68-70]。

传统 TIE 的毒性鉴别步骤中通常测定污染物的总浓度，而忽略生物有效性。Yi 等[71]利用基于耗竭式提取浓度的全沉积物 TIE，发现珠三角城市水体沉积物中常见农药（氯氰菊酯、氯氟氰菊酯、溴氰菊酯和氟虫腈及其降解产物）和重金属（铬、铜、镍、铅和锌）皆对摇蚊幼虫致死可能有重要贡献；然而，当利用 Tenax 提取和 BCR 分级提取获得农药和重金属的生物有效浓度重新评价时，研究结果排除了生物有效性低的溴氰菊酯、铬和铜的毒性贡献。可见，考虑生物有效性有助于精简致毒物清单、找准关键物质。类似地，沉积物 EDA 中通常采用耗竭式提取方法获得总污染物溶液，再通过溶剂加标至毒性测试体系。其中，沉积物提取和毒性测试加标步骤中均需要考虑污染物的生物有效性。Li 等利用大体积 XAD 萃取技术提取沉积物中生物可给部分污染物，并结合小体系活体生物测试，以摇蚊幼虫致死率为毒性终点，建立 EDA 方法，发现广州市内河涌沉积物中 3 种拟除虫菊酯（氯氰菊酯、氯菊酯和联苯菊酯）和 3 种多环麝香（万山麝香、佳乐麝香和吐纳麝香）分别贡献了 17%～35%和 32%～73%的毒性[72]。Qi 等利用聚二甲基硅氧烷膜（PDMS）为载体，通过基于平衡分配的被动加标法将沉积物提取液加标至生物测试体系，在 EDA 的生物测试阶段考虑生物有效性，以摇蚊幼虫的酶活性变化为毒性终点，发现珠江广州段沉积物中除氯氰菊酯等常规监测的杀虫剂外，杀菌剂烯酰吗啉和除草剂克草丹也是该区域沉积物对摇蚊幼虫毒性的主要贡献者之一[73]。

8.5　农药毒性效应的分子机制研究进展

农药毒性效应的分子机制研究近年来主要集中在对生殖发育毒性分子机制相关研究方面。农药母本就有 80 多种能干扰人或野生生物的内分泌系统，长期暴露对生殖发育造成很大威胁。我国农药污染现状复杂，既有被禁用多年的 POPs 类老农药，也有现用的大量新农药。我们总结了近两年我国拟除虫菊酯、甲霜灵等对非靶标生物毒性机制的最新研究成果。

8.5.1　拟除虫菊酯毒性机制研究进展

拟除虫菊酯类农药具有类雌激素效应和抗雄激素活性，也是一类典型的内分泌干扰物。Liu 等以原代培养的大鼠卵巢颗粒细胞为体外研究模型，探究联苯菊酯暴露对黄体生成素诱导的排卵相关基因表达及PGE2合成的影响，并进一步评估体内短期腹腔注射联苯菊酯对大鼠排卵相关基因表达的影响[25]。体外细胞实验发现，联苯菊酯显著抑制了LH诱导的排卵相关基因的表达，包括P450scc、StAR、PR、AREG、EREG、TGF-β1、C/EBPβ、RUNX1、p21、cyclin E1、CYP19a1、SULT1E1和PTGS2。体内动物实验发现联苯菊酯对大鼠排卵相关基因的表达与体外有类似的内分泌干扰作用。联苯菊酯抑制大鼠卵巢颗粒细胞LH诱导的前列腺素E2（PGE2）的分泌。联苯菊酯通过激活PKA介导的信号通路抑制大鼠卵巢颗粒细胞LH诱导PTGS2基因的表达。该研究首次发现联苯菊酯通过抑制PTGS2基因启动子的转录活性，抑制PTGS2基因表达，从而抑制PGE2的分泌，提示联苯菊酯可能会增加雌性排卵功能障碍的风险。

联苯菊酯属于典型的Ⅰ型拟除虫菊酯，它其中一个手性中心在碳环丙烷羧酸酯结构的1号碳原子上。Liu等通过分离获得2个联苯菊酯异构体的高纯度样品，并以它们为目标化合物，以原代培养的大鼠卵巢颗粒细胞为体外研究模型，对比评价它们在干扰卵巢功能中的对映体选择性[74]。结果显示，联苯菊酯对哺乳动物排卵期基因表达的影响具有显著的对映体选择性，且1*S*-*cis*-联苯菊酯相对于1*R*-*cis*-联苯菊酯对围排卵期基因表达有更强的干扰作用。该研究首次发现联苯菊酯异构体干扰大鼠卵巢细胞内孕酮和PGE2合成具有对映体选择性。该研究进一步揭示了1*S*-*cis*-联苯菊酯通过PKC通路扰乱大鼠卵巢细胞孕酮和PGE2的合成，并通过在1*S*-*cis*-联苯菊酯和PKC蛋白之间形成的氢键得以证明。联苯菊酯异构体内分泌干扰卵巢激素合成的对映体选择性的结果表明，在评估哺乳动物的生殖健康风险时必须考虑手性农药的对映体选择性。

Ye等探究了在中国最为广泛使用的氯氰菊酯暴露对下丘脑-垂体-性腺生殖轴（hypothalamic-pituitary-gonadal axis，HPG）调控的雄性小鼠青春期启动的影响机制[75]。低剂量的氯氰菊酯暴露［0.5、5和50 μg/（kgd）］显著诱导雄性小鼠青春期启动日龄减小，以及雄鼠血清中促性腺激素、卵泡刺激素（follicle-stimulating hormone，FSH）和性激素睾酮分泌的增加，且呈剂量效应关系。体内与体外原代细胞培养实验结果发现，氯氰菊酯暴露不影响下丘脑促性腺激素释放激素（gonadotropin releasing hormone，GnRH）基因的表达，但高浓度氯氰菊酯暴露（5000 μg/L）显著缩短GnRH脉冲释放间隔时间。氯氰菊酯暴露显著诱导体内和体外培养的垂体促性腺细胞中黄体生成素和FSH水平升高，以及促性腺激素亚基基因（CGα、黄体生成素β和FSHβ）表达的上调。氯氰菊酯暴露诱导睾丸间质细胞中睾酮水平升高，以及甾体激素合成相关基因StAR和CYP11A1表达的上调。氯氰菊酯通过在高浓度下干扰下丘脑神经元钠离子通道，低浓度下作用于垂体促性腺细胞和睾丸间质细胞的钙离子通道调控HPG轴的激素分泌，从而促进雄性性成熟。该研究表明拟除虫菊酯对生殖轴上的下丘脑、垂体和睾丸三个靶器官作用敏感程度的差异性，决定于作用不同的离子通道。

Li等以小鼠垂体瘤细胞系LβT2细胞为研究模型，进一步探究氯氰菊酯暴露影响垂体促性腺激素合成的分子机制[76]。研究发现，氯氰菊酯能够诱导LβT2细胞中FSHβ、黄体生成素β和Cgα基因表达以及FSH和黄体生成素蛋白合成与分泌。氯氰菊酯能够通过作用LβT2细胞膜上的L型Ca^{2+}通道和胞质内钙库上的Ca^{2+}-ATP酶，使细胞中Ca^{2+}浓度上升，从而通过PKC激活c-Raf，进而使ERK1/2发生磷酸化作用。氯氰菊酯能够通过Ca^{2+}/PKC/ERK1/2通路上调Egr-1、c-Fos、c-Jun转录因子的表达，启动FSHβ、黄体生成素β和Cgα的转录，诱导LβT2细胞中FSH和黄体生成素的合成与分泌。由此可见，氯氰菊酯通过两条不同通路调控Ca^{2+}稳态，随后激活PKC/c-Raf/ERK1/2/IEGs信号促进FSHβ、黄体生成素β和Cgα基因表达，诱导小鼠垂体促性腺细胞合成促性腺激素。

8.5.2　甲霜灵毒性机制研究进展

甲霜灵是一种内吸性杀菌剂，主要是通过对RNA聚合酶Ⅰ的抑制进而对体内蛋白质的合成造成干扰，最终达到杀菌目的，保护和治疗农作物[77]。虽然甲霜灵是一种低毒杀菌剂，但是随着其使用量的逐年增加，它在环境及食品中的残留也可能随之增加。已有研究表明，农药会通过干扰肠道菌群的方式而使宿主产生肥胖、炎症、心脏和心血管疾病等病症[78]，而甲霜灵作为一种农用抗生素，关于它对肠道菌群的影响还处于未知阶段。

张怡等[79]将幼年 SD 大鼠暴露于甲霜灵 14 天后，研究甲霜灵对大鼠血常规、血液生化、炎症因子、肠道菌群、代谢表型的影响。结果显示，*R*-甲霜灵的暴露使大鼠嗜碱性粒细胞 BASO 和嗜酸性粒细胞 EOS 显著增加，同时刺激血清中 IL-1β、IL-6、IgE 水平增加，IFN-γ 水平下降，这些结果显示 *R*-甲霜灵暴露可能引起过分的 Th2 激活，导致 Th1/Th2 失衡，从而可能引发包括比如过敏性鼻炎、过敏性气喘及异位性皮肤炎在内的嗜酸细胞过敏疾病。采用基于 16S rRNA 的高通量测序技术，研究了甲霜灵暴露后大鼠肠道菌群的变化。结果显示，*R*-甲霜灵暴露显著降低了幼年大鼠肠道菌群的多样性和丰度。其中 *R*-甲霜灵的暴露使大鼠肠道内丁酸盐产生菌（*Ruminococcaceae* 和 *Lachnospiraceae*）的相对丰度下降，结合血常规和炎症因子指标的变化，推测 *R*-甲霜灵会促进大鼠的炎症反应。此外，我们还发现肠屏障保护菌的相对丰度也在 *R*-甲霜灵暴露后显著下降，表明 *R*-甲霜灵可能会造成肠屏障功能的损伤，从而可能促进机体的全身炎症反应。采用基于 1H-NMR 检测的代谢组学方法，并与多元统计分析相结合，研究了甲霜灵暴露后，大鼠血清代谢表型的变化。结果表明，*R*-甲霜灵暴露对大鼠体内 3 条代谢通路具有显著的干扰效应，分别为缬氨酸、亮氨酸和异亮氨酸的合成通路，酮体的合成和降解通路，以及甘油酯的代谢通路。相比之下，*S*-甲霜灵对大鼠代谢扰动的效应更为强烈，共干扰了 6 条代谢通路，分别为糖酵解通路，缬氨酸、亮氨酸、异亮氨酸的合成通路，甘氨酸、丝氨酸、苏氨酸的代谢通路，酮体的合成和降解通路，甘油磷脂的代谢通路，以及甘油酯的代谢通路。这些研究表明甲霜灵的摄入可能会引起机体的炎症反应、改变肠道菌群正常的组成和结构，造成体内代谢紊乱。

8.5.3　氟虫腈水生毒性机制研究进展

氟虫腈是一类高效低毒的苯基吡唑类杀虫剂，广泛用于农作物害虫和卫生害虫的防治。虽然该农药对哺乳类的毒性较低，但它对蜜蜂和水生生物的毒性却很大。Qian 等研究了低剂量（40 μg/L）氟虫腈对斑马鱼的神经毒性及表观遗传修饰的影响。结果显示，低剂量氟虫腈对斑马鱼具有神经毒性，具体表现为氟虫腈诱导斑马鱼出现焦虑样行为，提高了斑马鱼的游动速度，导致斑马鱼在光周期刺激下运动失调[80]。结合 Gene Ontology 和 KEGG 的 MeDIP-Seq 分析显示，*R*-氟虫腈干扰了斑马鱼的五条信号通路（MAPK、钙信号传导、神经活性配体-受体相互作用、嘌呤代谢和胞吞作用）。对暴露在氟虫腈的斑马鱼进行 DNA 甲基化的研究发现，氟虫腈可以显著增加斑马鱼的 DNA 整体甲基化。为了进一步验证基因表达和 DNA 甲基化之间的关系，随后采用 qRT-PCR 对 10 个高甲基化基因进行了基因表达的检测，结果发现氟虫腈抑制了这些基因的表达，表明氟虫腈诱导的高甲基化部分导致运动相关基因的下调，从而导致了斑马鱼胚胎和幼鱼的异常行为。

8.5.4　新烟碱类农药暴露与蜜蜂候群症风险

新烟碱类农药已被证实是引起蜂群崩溃失调症现象（colony CCD）的风险因素之一。研究调查发现它会损害蜜蜂的繁殖和行为能力，例如影响蜂群的觅食活动，抑制呼吸链电子传递，降低蜜蜂胸部和头部 ATP 的生成水平。此外，由于新烟碱农药毒作用靶点是烟碱乙酰胆碱受体（nAChRs），当 nAChRs 被激活后，能够引起大黄蜂体内线粒体去极化。

在越冬时，蜜蜂会在蜂巢内抱团，形成一个集群紧密地挤在一起，以减少热量的散失，并在整个冬季不断地抖动胸腔飞行肌，以保持最佳的蜂巢温度由蜂团中心往外传递，使整个蜂群在冬季生存，这是一个高度依赖能量的活动。考虑到蜜蜂重要的体温调节机制和冬季 CCD 的发生，即大量的成年蜜蜂突然从蜂巢中消失，推测出蜂群的线粒体功能发生了障碍，特别是线粒体 DNA（mtDNA）损伤，是导致蜜蜂 CCD 发病的一条合理途径。实验证明越冬蜜蜂 mtDNA 的累积损伤造成的能量代谢紊乱，可能会对蜂群越冬产生不良的影响。该结果率先从线粒体损伤角度，提出了 CCD 的可能机制，为后续 CCD 确切分子机制研究提供了方向[81]。

8.6 手性农药环境安全研究进展

含有手性中心的农药称为手性农药（chiral pesticides），其分子的不对称引起的异构现象类似左手是右手的镜像一样所形成的异构体称为对映异构体。早在 2010 年，从用量而言手性农药在我国使用占比已经超过了 40%，对生态安全和人类健康造成了潜在威胁[82]。手性农药环境安全的对映体差异研究一直是环境科学的研究热点。

8.6.1 三唑类农药对映体选择性环境行为及毒性差异

三唑类杀菌剂是目前世界上应用最广泛的杀菌剂品种，目前商品化的三唑类杀菌剂品种共 31 种，其中 26 种（占比 84%）为手性农药，比如三唑酮、腈菌唑、丙环唑、戊唑醇和苯醚甲环唑等手性杀菌剂是我国典型的应用品种。除烯唑醇和烯效唑外，目前绝大部分三唑类手性杀菌剂仍以外消旋体形式（等量的左旋体和右旋体的混合物）销售和使用。而手性农药中无活性或低活性对映体成分的存在不仅增大了农药的使用量，甚至会对非靶标生物带来负面的影响，从而带来诸多隐患。

1）三唑类农药在植物中的对映体选择性行为

植物体内是一个大的手性环境，手性农药在植物中的吸收、转运、代谢往往也会存在立体选择性。Dong 等人针对苯醚甲环唑在设施蔬菜（黄瓜和番茄）中的对映体选择性行为展开了研究，结果发现苯醚甲环唑在黄瓜和番茄果实中均存在选择性降解现象，且 4 个立体异构体在黄瓜果实中的降解速率顺序为：*SS*-苯醚甲环唑＞*RR*-苯醚甲环唑＞*RS*-苯醚甲环唑＞*SR*-苯醚甲环唑，而在番茄果实内的降解速率顺序为：*RR*-苯醚甲环唑＞*SS*-苯醚甲环唑＞*RS*-苯醚甲环唑＞*SR*-苯醚甲环唑，高风险体 *SS*-苯醚甲环唑在黄瓜中被优先降解，而在番茄中优先累积[83,84]。三唑酮和己唑醇立体异构体在蔬菜中同样存在选择性降解现象，三唑酮转化后的高风险体 *RS*-三唑醇仅在番茄中被优先累积，在黄瓜中较少累积[85]，而高风险体(-)-己唑醇在番茄和黄瓜中均被优先积累，高风险体 *R*-粉唑醇在黄瓜中富集而在番茄和葡萄（*vitis vinifera* L.）中优先被代谢[86]。此外，Dong 等人还开展了不同施药方式对手性三唑类杀菌剂对映体选择性行为的影响研究，结果表明相对于喷雾这一施药方式，在灌根施药方式下手性腈菌唑在植物中选择性降解和富集强度更大[87]；程有普等人对丙环唑 4 个立体异构体在水稻上的立体选择性行为进行研究，发现 4 个立体异构体在植株不同部位选择性程度不同，在水稻嫩株中选择性降解现象最明显，其次是植株老秆，在水稻粒和水稻壳中基本不存在选择性降解现象[88,89]。由此可见，三唑类手性农药在作物中的立体选择性降解行为与作物种类、施药方式、作物部位等因素密切相关，推测其选择性降解代谢行为可能在特定条件下与植物本身参与代谢过程的生物酶系之间具有密切关系[90]，但目前尚缺乏深入的机制研究。

2）三唑类农药在土壤中的对映体选择性行为

Li 等人开展了三唑酮和己唑醇在温室土壤中的选择性降解行为研究，发现(+)-*S*-三唑酮被优先降解，导致(-)-*R*-三唑酮相对富集；(-)-己唑醇在土壤中被优先降解，造成(+)-己唑醇的富集。进一步考察了腈苯唑在土壤室内培养过程中的立体降解代谢情况，结果发现，在有氧和无氧条件下，腈苯唑在酸性长沙土和碱性廊坊土壤中均存在着明显的立体选择性降解现象，且(-)-腈苯唑的降解速率大于(+)-腈苯唑，从而导致(+)-腈苯唑在土壤中的相对富集，并且有氧条件下腈苯唑降解的立体选择性要大于其在无氧条件下的降解选择性，而在酸性土壤中的立体选择性均大于碱性土壤中的选择性。腈苯唑的降解过程均伴随着手性代谢产物 RH-9129 和 RH-9130 对映体的生成。腈苯唑在土壤中转化成代谢产物的过程存在着明显的立体选择性，且在不同的土壤中有着不同的转化规律。在廊坊碱性土中，4 个对映体生成浓度的大小顺序依次为(-)-RH-9129＞(+)-RH-9129＞(-)-RH-9130＞(+)-RH-9130；但是在长沙酸性土中，其大小顺序则为(-)-RH-9129＞(+)-RH-9129＞(+)-RH-9130＞(-)-RH-9130。结果均表明(-)-RH-9129 是生成量最多的代谢产物对映体。在有氧或无氧条件下，RH-9129 和 RH-9130 的对映体在两种不同性质土壤中也存在着明显的立体选择性降解规律。选择性降解规律如下：4 个对映体降解速率顺序依次为：(+)-RH-9130＞(+)-RH-9129＞(-)-RH-9130＞(-)-RH-9129；(+)-RH-9130 和(+)-RH-9129 被优先降解，造成(-)-RH-9130 和(-)-RH-9129 在土壤中被累积[91-93]。

程有普等人在室内条件下考察了三种水稻土中丙环唑异构体的立体选择性降解行为，发现有氧和无氧培养条件下，丙环唑四种光学异构体的降解均符合一级动力学降解规律，在有氧条件下，丙环唑(-)A 和(-)B 优先降解，海南水稻土表现最为明显，而浙江水稻土中丙环唑 A 对映体的选择性降解能力相对较弱。无氧条件下，丙环唑对映体间降解速率差异很小，整个降解过程未显现或仅表现出微弱的对映体选择性，丙环唑(+)A 和(+)B 优先降解，与有氧条件下的降解行为正好相反，而在灭菌条件下的降解过程中未发现对映体选择性降解现象[88,94]。

8.6.2　手性农药毒性效应的对映体差异

1）三唑类农药对非靶标生物的对映体毒性差异

针对三唑类手性农药的对映体生物效应，以往研究更多地关注其对靶标生物的活性差异，而对非靶标生物的毒性差异的报道相对较少。Dong 等人开展了苯醚甲环唑立体异构体对斜生栅藻（*scenedesmus obliquus*）、大型溞（*daphnia magna straus*）及斑马鱼（*danio rerio*）的毒性差异研究，结果发现苯醚甲环唑 4 个立体异构体对 3 种供试生物均存在毒性差异，且毒性大小表现出一致顺序：*SS*-苯醚甲环唑＞*SR*-苯醚甲环唑＞*RR*-苯醚甲环唑＞*RS*-苯醚甲环唑[83,84]。该研究团队同时开展了三唑酮、三唑醇、腈菌唑和戊唑醇对斜生栅藻、大型溞、斑马鱼的立体选择性毒性研究，结果发现 *SR*-三唑醇对斜生栅藻的毒性为 *SS*-三唑醇的 8.2 倍；*R*-戊唑醇毒性是 *S*-戊唑醇毒性的 5.9 倍；腈菌唑对映体之间毒性相差倍数不大，但二者消旋体毒性是单个对映体的 6～7 倍，可能是由于不同对映体混合导致的增毒效应所致[91,95,5]。还开展了丙环唑 4 个立体异构体对斜生栅藻和大型溞的毒性差异研究，结果表明对斜生栅藻毒性最低的 EC50 值是最高值的 2.25 倍（72 h）和 2.13 倍（96 h），对大型溞毒性最低的 48 h-EC_{50} 值仅为最高值的 1.48 倍[88, 94]。此外开展了粉唑醇及其对映体对非靶标大型溞生物的急性毒性差异研究，结果显示，毒性大小顺序为：(-)-*R*-粉唑醇＞rac-粉唑醇＞(+)-*S*-粉唑醇，毒性最高的 *R*-体是 rac-粉唑醇毒性的 1.56 倍，是 *S*-体毒性的 4.65 倍[96]。由此可见，三唑类手性农药对映体对斜生栅藻、大型溞及斑马鱼等非靶标生物往往存在着毒性差异，并且沿着水生食物链由低到高，对映体间的毒性差异逐渐减小[90]。

2）手性农药内分泌干扰效应的对映体选择性

随着手性农药使用量的增加，手性农药在生态安全和环境行为中的对映体选择性受到了越来越多的关注。然而，手性农药在内分泌干扰效应中的对映体选择性研究仍然十分有限。Song 等[97]首先利用 MTS 实验检测 9 种手性农药及其对映体的细胞毒性，在无细胞毒性浓度下对细胞进行质粒共转染、暴毒和双荧光报告基因检测雌激素和甲状腺激素干扰效应。然后通过 E-screen 和 T-screen 分别对雌激素和甲状腺激素干扰效应的对映体选择性进一步验证。最后，利用分子对接模拟揭示化合物结构和功能之间的关系。报告基因结果显示，*R*-(-)-*o*, *p*′-DDT 与 *R*-(+)-*o*, *p*′-DDD 具有 ERα 介导的雌激素激动效应，其 REC20 值分别为 3.21×10^{-7} mol/L 和 8.5×10^{-8} mol/L。*S*-(+)-*o*, *p*′-DDT、*S*-(-)-*o*, *p*′-DDD、(+)-heptachlor、*R*-(-)-fipronil 和 1*R*-*cis*-*αS*-*β*-cypermethrin 具有 ER*α* 介导的雌激素拮抗效应，其 *R*-IC20 值分别为 4.7×10^{-7} mol/L、5.02×10^{-7} mol/L、9.33×10^{-8} mol/L、7.94×10^{-8} mol/L 和 6.63×10^{-7} mol/L。*R*-(-)-myclobutanil 和 1*R*，3*R*-cis-αS-cyhalothrin 具有甲状腺激素受体（thyroid hormone receptor，TR）β 介导的甲状腺激素拮抗效应，其 RIC_{20} 值分别为 6.04×10^{-8} mol/L 和 7.47×10^{-8} mol/L。E-screen 和 T-screen 验证实验和报告基因结果基本一致，说明了这 7 种手性农药在内分泌干扰效应中确实存在对映体选择性差异。分子对接的结果显示，大部分有干扰效应的对映体得分要比无干扰效应的对映体高，表明产生对映体选择性差异的部分原因是手性结构和激素受体特异性结合的结果。这也将有助于更好地理解手性农药在内分泌干扰效应中的对映体选择性分子机制。

氯菊酯(Permethrin，PEM)外消旋体及其异构体暴毒雄性斑马鱼 48 h 后，vtg 基因转录水平明显升高，(-)-*trans*-PEM 对斑马鱼体内 *vtg 1* 和 *vtg 2* 基因表达的诱导比(+)-*trans*-PEM 高 2.6 倍和 1.8 倍。在斑马鱼雄鱼模型中，PEM 的 4 个对映异构体[(-)-*trans*-PEM、(+)-*trans*-PEM、(+)-*cis*-PEM、(-)-*cis*-PEM)]中，(-)-*trans*-PEM 的类雌激素活性最强，表明 PEM 在内分泌干扰效应中具有明显的对映选择性。来自斑马鱼和酵母双杂交实验模型中的 PEM 雌激素活性评价结果也得到了相似的对映选择性效应[98]。

PEM 及其对映异构体对斑马鱼胚胎-幼鱼 7 天连续暴露后，发现 PEM 及其对映异构体均诱导了 *vtg1*、*esrα* 和 *cyp19b* 基因的表达，PEM 对映异构体之间也存在显著差异。在 *trans*-PEM 对映异构体暴露中，1000 ng/L 暴露水平下，(-)-*trans*-PEM 诱导 *vtg1*、*esrα* 和 *cyp19b* 的表达变化的倍数分别是(+)-*trans*-PEM 的 3.2 倍、1.8 倍、1.5 倍。对于 *cis*-PEM 异构体，(+)-*cis*-PEM 诱导 *cyp19b* 的表达倍数是(-)-*cis*-PEM 的 1.5 倍。在 PEM 的 4 个对映异构体中，(-)-*trans*-PEM 的雌激素活性也是最强的[99]。

陆颖冲等以 JEG-3 细胞为模型，发现 PEM 的外消旋体及其对映体对内分泌干扰相关基因[促性腺释放激素（GnRHⅠ，GnRHⅡ）]及其受体基因（GnRHR）、胆固醇来源的雌激素合成以及胎儿在怀孕期间母体免疫的相关基因（HLA-G）的干扰影响的大小分别为：1*R*-*cis*-PEM、1*S*-*trans*-PEM＞1*S*-*cis*-PEM、1*R*-*trans*-PEM[100]。

氯氰菊酯（cypermethrin，CYP）是一类已被认定为内分泌干扰物的手性农药。其不同的手性异构体在生物活性、毒性、代谢通路、生物累积性及环境行为方面具有巨大的差异。另一方面，由于对 CYP 手性异构体这方面特性研究的缺乏导致了对此类化合物的分析评估非常困难。Ji 等通过分离获得 4 种 CYP 异构体的高纯度样品，并以他们为目标化合物对比评价它们在内分泌干扰效应方面的手性差异。利用双荧光报告基因系统评价了 CYP 的 4 种手性异构体由多种核受体介导的内分泌干扰效应[101]。随后检测了 H295R 细胞内类固醇激素分泌及相关基因的表达水平来验证报告基因的实验结果。报告基因的结果显示 1*R*-*cis*-α*S*-CYP 表现出了糖皮质激素、盐皮质激素及甲状腺激素拮抗效应，其 RIC_{20} 值分别为 9.22×10^{-7}、3.33×10^{-7} 及 4.47×10^{-7} mol/L。1*R*-*trans*-α*S*-CYP 则表现出了雄激素激动效应和雌激素拮抗效应，其 REC_{20} 和 RIC_{20} 值分别为 1.07×10^{-4} mol/L 和 4.78×10^{-6} mol/L。qRT-PCR 及激素分泌检测的结果也显示 1*R*-*cis*-α*S*-

CYP 和 1*R*-*trans*-α*S*-CYP 会扰乱 H295R 细胞内相应类固醇激素分泌及相关基因的表达水平。本实验的实验结果可以帮助我们更全面地了解手性 CYP 的生态健康风险，并为手性农药的使用及绿色农药的研发提供理论依据。

3）手性农药对映体选择性种间 CYP450 代谢差异研究

已有研究关注到，由于不同物种对进入其体内的手性化合物的对映体选择性降解存在明显的种间差异，导致其在不同物种体内呈现不同浓度和 ER 值，从而造成的急慢性毒性效应也会存在种间差异，但没有深入探讨，关于手性农药对映选择性种间代谢差异的原因，研究甚少[102-104]。谢维等的研究发现，不同的手性农药在同种物种细胞内代谢时，细胞内主要的 CYP450 酶的诱导情况是不一样的，且同种手性农药在不同物种细胞体内代谢时，诱导的 CYP450 酶的种类也存在种间差异，添加特异性的 CYP450 抑制剂后，这些诱导的酶活性可以得到相应的抑制[105]。甲霜灵经 4 种物种细胞代谢后，两种对映异构体的残留和 ER 值的情况变化存在明显的种间差异。HepG2、H4IIE 和 LMH 细胞选择性代谢 S-甲霜灵，L8824 细胞选择性代谢 R-甲霜灵。并且，添加上述酶活实验中被诱导的 CYP450 酶的特异性抑制剂后，这些差异和变化都得到了相应的抑制。由于不同的物种细胞对手性农药存在对映选择性种间代谢差异，使得手性农药在不同物种体内呈现不同的浓度和 ER 值，进而可能对这些物种细胞造成不同的毒性作用，所以在评价手性农药的生态风险时应充分考虑对映异构体的种间代谢差异。

4）高效氯氰菊酯手性对映体毒性

高效氯氰菊酯（cypermethrin，CYP）是一类典型的Ⅱ型拟除虫菊酯，主要用于控制农业、林业、园艺和室内害虫。CYP 具有 3 个手性碳原子，因此存在 4 对手性对映体（8 个立体异构体）。关于 CYP 手性对映体的健康风险评价已部分展开[106]。

农药健康风险效应的评价主要基于毒理学评价展开。Liu 等利用网纹水蚤（*ceriodaphnia dubia*）评价了 CYP 对映体间的毒性差异，结果表明 1*R*-*cis*-α*S*-CYP 和 1*R*-*trans*-α*S*-CYP 的毒性显著高于其余对映体[106]。CYP 对 HepG2 细胞的细胞毒性也具有手性差异。(1*S*，3*R*，α*R*)-CYP 对 HepG2 细胞活性的抑制能力显著高于(1*R*，3*S*，α*S*)-CYP。流式细胞检测表明细胞周期和凋亡方面的趋势与细胞活性一致。结合 IPA（ingenuity pathway analysis）分析发现，暴露后 HepG2 细胞内细胞周期和凋亡的相关基因表达和相关信号通路方面的差异是细胞毒性手性差异的潜在诱因[107]。

内分泌干扰效应是健康风险评价的热点方向。Song 等利用双荧光报告基因系统评价了 α-CYP 在雌激素活性方面的立体选择性。荧光活性表明(1*R*，3*R*，α*S*)-CYP 仅表现出了雌激素干扰效应，E-screen 分析和分子对接模型进一步验证了(1*R*，3*R*，α*S*)-CYP 的抗雌激素效应[97]。Ji 等更加全面地评价了 CYP 在内分泌干扰效应方面的立体选择性。结果表明，(1*R*，3*R*，α*S*)-CYP 具有糖皮质激素受体、盐皮质激素受体和甲状腺激素受体的拮抗效应；而(1*R*，3*R*，α*S*)-CYP 表现出了雄激素受体激动效应和雌激素受体拮抗效应。此外，(1*R*，3*R*，α*S*)-CYP 和(1*R*，3*R*，α*S*)-CYP 还能通过非受体介导的途径造成内分泌干扰效应。这两个异构体可以通过改变类固醇激素合成相关基因的表达水平从而改变 H295R 细胞的激素分泌水平[101]。

代谢扰动是近年来兴起的健康风险评价方向之一。有研究利用基于核磁共振（nuclear magnetic resonance，NMR）的代谢组学分析结合代谢小分子及代谢通路鉴定评价了 CYP 对 H295R 细胞代谢扰动相关的对映体差异。NMR 分析通过检测(1*R*，3*R*，α*S*)-CYP 处理组的细胞上清液，筛选出了 10 个差异表达的代谢产物（丙氨酸、缬氨酸、亮氨酸、异亮氨酸、天冬氨酸、精氨酸、乳酸、乙酸、乙醇、葡萄糖）及 2 条显著扰动的代谢通路（丙酮酸代谢通路及丙氨酸、天冬氨酸和谷氨酸代谢通路）[108]。明确手性农药健康风险的手性差异有助于更全面的评价手性农药的健康风险，从而更科学地指导手性农药的制备和使用。

8.7 非农药类农用化学品的环境安全

8.7.1 我国农田土壤中邻苯二甲酸酯化合物的残留及健康风险

邻苯二甲酸酯化合物（phthalates，PAEs）是目前土壤中残留浓度最高的持久性有毒物质[109]。由于其对人体潜在的健康风险，近几年我国学者已经对 PAEs 的污染状况开展了相关调查研究。然而目前尚未对农田土壤中多种 PAEs 在全国范围内的浓度水平、污染分布以及所引起的健康风险进行研究和评价。

牛丽丽等的研究结果表明我国农田土壤中 15 种 PAEs 的总浓度在 75.0～6369 μg/kg 范围内，污染主要集中在我国的福建、广东和新疆三省。在这些化合物中，DEHP[Bis（2-Ethylhexyl）phthalate]含量最高，平均含量占到了总 PAEs 的 71.5%[110]。相关性分析和主成分分析结果表明，我国农田土壤中 PAEs 的主要来源为农用膜的使用，其次为土壤增肥农业活动的影响。在健康风险评价中，所有土壤样品中 PAEs 对人体的非致癌性风险指数均小于 1，致癌性风险水平小于 1×10^{-4}，说明对人体没有危害或危害较小。总体上，我国农田土壤中 PAEs 的污染为轻度污染，其通过各种途径对人体产生的致癌性和非致癌性风险均在可接受水平上。

8.7.2 我国农田土萃取液内分泌干扰效应评价

我国农田土壤中检出许多典型的内分泌干扰物（endocrine disrupting chemicals，EDCs），研究表明这些 EDCs 可以与 AR、ER 作用，然而关于 EDCs 与孕激素受体（progesterone receptor, PR）、糖皮质激素受体（glucocorticoid receptor, GR）、盐皮质激素受体（mineralocorticoid receptor, MR）作用的研究相对较少，土壤环境中还存在很多未知的污染物，生物学的方法评价土壤提取的内分泌干扰效应，可综合评价包含未知污染物的总体内分泌干扰效应情况，因此更利于了解土壤中 EDCs 的生态风险。

刘瑞等经过研究发现，79%土壤提取物样品具有类雌激素活性，雌二醇当量（EEQ）的范围为 0～7.34 ng EEQ/kg soil（dw），平均值为 1.94 ng EEQ/kg soil（dw），其中东北、北方以及东南部分地区的土壤样品类雌激素活性较高，然而只有 16%的土壤样品有抗雌激素活性，它莫西芬当量（ER 拮抗剂，TEQ）的范围为 0～1535.71 μg TEQ/kg soil（dw），平均值为 28.37 μg FEQ/kg soil（dw），贵州、山西、西藏等地的土壤样品抗雌激素活性显著较高[111]。而 30%土壤提取物样品具有类雄激素活性，二氢睾酮当量（DEQ）的范围为 0～105.68 ng DEQ/kg soil（dw），平均值为 6.88 ng EEQ/kg soil（dw），山东、浙江、云南等地区的土壤类雄激素活性较高。54%土壤样品表现出抗雄激素活性，氟他胺当量（AR 拮抗剂，FEQ）范围为 0～410.17μg FEQ/kg soil（dw），平均活性是 141.01 μg FEQ/kg soil（dw），在中部、东南沿海和西南一些地方的土壤样品具有较高的抗雄激素活性。

结果还显示 32%土壤提取物样品具有类孕激素活性，孕酮当量（PEQ）的范围为 0～2070.28ng PEQ/kg soil（dw），平均值为 43.10 ng PEQ/kg soil（dw），其中福建漳州的土壤提取物表现出非常高的类孕激素活性。73%土壤提取物样品具有抗孕激素活性，米非司酮当量（PR 拮抗剂，REQ）范围为 0～12.58 μg REQ/kg soil（dw），平均抗孕激素活性值为 2.65 μg REQ/kg soil（dw），除辽宁、天津、新疆外，全国的土壤提取物样品普遍存在抗孕激素活性。并且，有 35%土壤提取物样品具有类糖皮质激素活性，皮质醇当量（HEQ）

范围为 0～148.15 ng HEQ/kg soil（dw），平均值为 18.31 ng HEQ/kg soil（dw），上海、江苏、辽宁等地的土壤样品类糖皮质激素效应较显著；59%土壤提取物样品具有抗糖皮质激素活性，米非司酮当量（GR 拮抗剂，REQ）范围在 0～12.26 μg REQ/kg soil（dw）之间，平均抗糖皮质激素活性值为 3.23 μg REQ/kg soil（dw），南方地区土壤样品的抗糖皮质激素活性较北方高，东部较西部高。

72%和 78%的土壤提取物样品分别具有类盐皮质激素活性和抗盐皮质激素活性，其中醛固酮当量（AEQ）范围为 0～25.64 ng AEQ/kg soil（dw），平均类盐皮质激素活性为 1.82 ng AEQ/kg soil（dw），螺内脂当量(MR 拮抗剂，SEQ)范围为 0～87.7 μg SEQ/kg(dw)，平均抗盐皮质激素活性值为 27.82 μg SEQ/kg（dw），全国各地的土壤样品广泛存在类/抗盐皮质激素活性。

8.7.3　农药助剂壬基酚聚氧乙烯醚及其代谢物在稻田土壤系统中的迁移转化和积累

壬基酚聚氧乙烯醚（NPEOs）是一种性质稳定、应用广泛的非离子型表面活性剂，其主要代谢物壬基酚具有难降解、高毒性和强生物累积特性。关于壬基酚聚氧乙烯醚和代谢物壬基酚在稻田土壤系统中的迁移、转化和累积方面还未见相关研究报道。

周杭等人建立了壬基酚单氧乙烯醚（NP1EO）、壬基酚二氧乙烯醚（NP2EO）和壬基酚（NP）在土壤、水稻根、水稻茎叶、稻米和稻壳中的同步检测方法，该检测方法中，通过对实际样品的检测，表明该检测方法适用于同时检测土壤和根茎叶中的 NP、NP1EO 和 NP2EO[112]。结果表明 NP2EO 在不同添加浓度、不同土壤和不同温度下的降解均符合一级动力学方程。低初始浓度、适宜的温度（37℃）、较高的有机质含量及碱性条件可加快土壤中 NP2EO 的降解速率。NP 在不同添加浓度、不同土壤和不同淹水条件下的降解均符合一级动力学方程。一定范围内土壤含水量能促进 NP 在土壤中的降解；土壤的酸碱性和有机质含量对 NP 在土壤中的降解速率影响较小；在不淹水条件下 NP 在土壤中的降解速率明显快于淹水条件。

而 NP、NP1EO 和 NP2EO 在稻田土壤、水稻根和茎叶中均有不同程度的分布和累积，在不同施药浓度条件下，三者在不同基质内的最终残留量均较低降解规律为：NP2EO 逐渐降解为 NP1EO，NP1EO 逐渐降解为 NP；在不同施药浓度条件下，NP、NP1EO 和 NP2EO 在稻田土壤、水稻根和茎叶之间均发生迁移，且浓度对其迁移的影响所遵循的规律为：三者均在低浓度条件下主要由根向茎叶中迁移，而高浓度下主要由土壤向根中迁移；NP 和 NP2EO 的终残主要分布于根和茎叶中，而 NP1EO 主要分布于土壤和根中；不同施药浓度对三者在水稻各组分中的终残影响不大；在米中均未检出 NP1EO 和 NP2EO，只有在中高浓度下 NP 有微量检出。

8.7.4　人用抗生素通过影响肠道菌群增大三嗪除草剂农药的生物可利用率

抗生素被认为是人类医学史上最伟大的发明之一，许多疾病的治疗都离不开抗生素。人类的抗生素使用量巨大，据调查，2003 年欧洲人类消耗抗生素约 3440 吨，2010～2011 年美国人用抗生素的使用量约为 3290 吨，2013 年中国人用抗生素的使用量约为 77760 吨[113]。此外，由于抗生素的广泛使用，鸡肉、牛肉、牛奶等畜牧产品里也存在抗生素残留[114-116]，抗生素可通过食物链传递到人类身上[117]。抗生素的使用直接影响肠道菌群，抗生素不仅会使肠道菌群数量减少，还会改变肠道菌群的结构，导致菌群多样性减少[118,119]。近年来，肠道菌群受到了广泛关注，研究表明肠道菌群和糖尿病、炎症性肠病、自闭症、肝病、肿瘤等许多疾病有关[120-122]，并且抗生素对肠道菌群的扰动还可能影响外源化合物在宿主体内的代谢转化[123]。例如，肠道菌群 *Eggerthella lenta* 可以代谢心脏病药物地高辛，降低地高辛的治疗效果[124]。肠道菌群还会改变乙酰氨基酚的代谢途径，影响其代谢物的组成[125]。然而，以往关于抗生素影响外源化合物代谢的研究大多集中于研究抗生素与医用药物的相互作用，对农药等环境污染物影响的研究几乎空白。人类可能通过直接或间接的方式接触农药，但目前人们对于抗生素是否会影响农药在人体中代谢及其影响机理的了解严重不足。当人们正在服用或者服用了一段时期的抗生素后，又通过其他途径摄入了农药，这些农药在人体内的代谢、分布等行为是否会受到抗生素的影响，以及抗生素扰动的肠道菌群在这个过程中发挥了什么样的作用，这些问题都十分值得关注。

1）氨苄青霉素对三嗪除草剂生物利用率的影响

氨苄青霉素是使用最广泛的抗生素之一[126]。将大鼠经口暴露三嗪除草剂后，血液中的三嗪除草剂浓度在 10 min 左右就达到了峰值，说明这些三嗪除草剂在大鼠体内可较快被吸收进入血液。与未接触氨苄青霉素的对照组大鼠相比，灌胃氨苄青霉素 3 天的大鼠血液中三嗪除草剂的峰值浓度 C_{max} 更高。口服生物利用率是反映外源化合物通过经口给药方式被吸收进入血液循环的速度与程度，浓度-时间曲线下面积（AUC）是表征口服生物利用率的最重要指标。通过计算大鼠血液中三嗪除草剂浓度-时间的 AUC，结果显示灌胃氨苄青霉素 3 天的大鼠血液中三嗪除草剂的 AUC 较对照组提高了 3.31%～55.60%，其中嗪草酮、莠灭净和特丁津的 AUC 显著高于对照组（$P<0.05$）。灌胃氨苄青霉素 7 天的大鼠血液中的三嗪除草的 AUC 也增长了 52.10%～93.15%，说明氨苄青霉素的使用会增大三嗪除草剂的生物利用率，进而可能增大三嗪除草剂的健康危害风险。

2）混合抗生素对三嗪除草剂生物利用率的影响

单一的抗生素使用显著增大了莠灭净、嗪草酮和特丁津在大鼠体内的生物利用率，更广谱的抗生素使用是否会对三嗪除草剂的生物利用率产生影响却未明确。选取混合抗生素对大鼠进行 14 天灌胃，14 天后灌胃 2 mg/kgbw 和 20 mg/kgbw 的混合三嗪除草剂。结果表明，相较于对照组，无论是 2 mg/kgbw 还是 20 mg/kgbw 浓度的三嗪除草剂在混合抗生素处理的大鼠体内的 C_{max} 和 AUC 都显著大于对照组大鼠的，AUC 的增长率分别在 44.78%～151.43%（2 mg/kgbw）和 39.42%～94.92%（20 mg/kgbw）范围内。该结果表明 14 天的混合抗生素诱导使 5 种三嗪除草剂在大鼠体内的生物利用率都显著增大了，进而也暗示了更为广谱、疗程更长的抗生素使用可能会更显著地增大农药的健康危害风险。

3）在大鼠肝微粒体中抗生素对三嗪除草剂代谢的影响

抗生素可以直接影响肠道菌群，但也可能同时影响宿主的其他生理功能。肝脏是哺乳动物最大的解毒器官，可以代谢多种外源化合物。在抗生素处理的大鼠中，抗生素是否影响了大鼠的肝代谢功能进而提高农药的生物利用率是未知的。采用肝微粒体外实验对抗生素是否影响三嗪除草剂的代谢进行考察。外源化合物在体内的代谢过程通常经过Ⅰ相和Ⅱ相代谢，肝微粒体中含有丰富的Ⅰ相和Ⅱ相代谢酶；以往的研究也表明三嗪除草剂的代谢主要由Ⅰ相代谢中的细胞色素 P450 酶和Ⅱ相代谢中的谷胱甘肽转移酶主导[127-129]。在肝微粒体体外代谢实验中，与没有加入抗生素的对照组相比，混合抗生素的加入对肝微粒体中三嗪除草剂的代谢没有显著影响，说明抗生素可能不会直接抑制三嗪除草剂的代谢而导致其在大鼠血液中浓度的提高，可能通过其他途径影响了三嗪除草剂的生物利用率。

4）肠道菌群对三嗪除草剂生物利用率的影响

由于抗生素可能对除了肠道菌群以外的生理过程产生影响，混合抗生素诱导的大鼠模型无法阐明抗生素是否通过影响肠道菌群提高了三嗪除草剂的生物利用率。采用菌群转移技术，将抗生素诱导模型大鼠和正常大鼠的肠道菌群转移至相对无菌大鼠中，形成菌群严重缺失（DM）组和正常有菌（NM）组大鼠，使肠道菌群成为唯一的实验变量，随后再将大鼠灌胃混合三嗪除草剂。结果显示，在菌群移植之前，两组大鼠的菌群数量相近，香农指数和菌群组成也没有明显差异（BAT *vs* BNT）。但在菌群转移之后，DM 组大鼠的菌群数量没有发生显著改变，而 NM 组大鼠的菌群数量与转移之前相比显著增加，使得 NM 组大鼠的菌群数量比 DM 组大鼠的显著增加；同时 NM 组大鼠的香农指数也显著提高；通过 PCoA 分析可以发现 NM 组与 DM 组大鼠的肠道菌群组成明显不同（AAT *vs* ANT），这些结果说明该方法成功地使 NM 组与 DM 组大鼠的菌群产生了巨大差异，相对于转移了正常大鼠菌群的 NM 组大鼠，转移了抗生素诱导大鼠菌群的 DM 组大鼠的肠道菌群数量大大减少。

在菌群严重缺失的大鼠（DM 组）体内，三嗪除草剂（2 mg/kgbw）的 AUC 均显著大于正常有菌大鼠（NM 组）的 AUC，这表示肠道菌群的缺失会增大三嗪除草剂在大鼠体内的生物利用率，证明了抗生素改变的肠道菌群是增大三嗪除草剂生物利用度的原因之一，抗生素可通过影响肠道菌群增大三嗪除草剂的暴露风险。

5）肠道菌群影响三嗪除草剂生物利用率的机制

外源化合物的口服生物利用率往往取决于其在宿主体内的吸收和代谢。对菌群转移之后三嗪除草剂给药之前的大鼠（DM 组的 AAT 和 NM 组的 ANT）肝脏代谢酶表达和小肠黏膜的蛋白质组学进行了研究，考察菌群严重缺失的大鼠在肝代谢和小肠吸收方面是否发生了改变。

检测了大鼠肝脏中 8 种典型的三嗪除草剂代谢酶 CYP1A2、CYP2C11、CYP2D2、CYP2E1、CYP3A1、CYP3A2、CYP3A11、GSTYc2、GSTM2 的 mRNA 表达。结果显示，菌群严重缺失组（DM 组）大鼠肝中的 CYP1A2、CYP2C11、CYP2D2、CYP2E1、CYP3A1、GSTYc2、GSTM2 代谢酶表达显著低于正常有菌组（NM 组）大鼠，这与前人的研究结果相似。Selwyn 等人曾经报道 90-day-old 的雄性无菌小鼠肝脏中的 Cyp3a family 中的 Cyp3a11 和 Cyp3a44 相较于普通小鼠显著下调[130]，包括 Gsta1、Gstp1、Gstp2、Gstm3 在内的 GSH 的 mRNA 表达也下降[131]。Kuno 等人也发现无菌小鼠肝细胞膜上的 Cyp2b10、Cyp2c29、Cyp3a11 和 Cyp4a12a 比 SPF 小鼠（specific-pathogen-free mice）显著下调[132]。此结果说明代谢酶 mRNA 表达的下调可能减缓了三嗪除草剂在 DM 组大鼠体内的代谢，进而导致了三嗪除草剂在 DM 组大鼠体内生物利用率的升高。

小肠是外源化合物的主要吸收场所。采用采用非标记定量的蛋白组学技术（label-free proteomics）对大鼠回肠末端肠上皮黏膜细胞的蛋白表达图谱进行研究，共找出了 77 个在菌群严重缺失组（DM 组）和正常有菌组（NM 组）大鼠之间存在显著性表达差异的蛋白，77 个显著差异蛋白中有 14 个蛋白含量显著下调，63 个蛋白含量显著上调，其中，编号（accession number）为 Q64319 的 Slc3a1 蛋白是一种摄入性转运体蛋白，为溶质载体蛋白家族（solute carrier family，SLC）家族的一员，这类蛋白除了可以吸收营养物质外，还被证明具有参与外源化合物转运的功能[133]。虽然 DM 组大鼠的 Slc3a1 蛋白表达相较 NM 组大鼠的显著上调，但未发现其他和外源化合物吸收转运相关的蛋白出现显著变化。

8.8 展　望

我国是农用化学品使用大国，同时也是农用化学品生产大国。随着农用化学品种类数量的增加和暴露途径的多样化，及我国生态文明建设、食品安全、农药化肥减量等要求的提升，农用化学品环境化学与安全管理将迎来新的挑战和机遇。首先，围绕国家的重大病虫害防控、环境安全、食品安全的重大问题，研发更高效、更环保、更安全的绿色农药和生态农药为主的相关农业化学品是势在必行。目前，我国农药的利用率已提高到38.8%，农药绝对使用量从90万吨下降到80万吨左右。传统农药和高毒农药等在农药使用结构的比例上迅速下降。环境友好的绿色农药和生态农药正取代传统的有机磷农药等高毒农药。因此，进一步聚焦我们的国民经济需求，凝练出农用化学品系统的研究方向，进行科研的协同创新也是大势所趋。其次，我国农用化学品的管理主要以农药风险管理为主，除农药外农用化学品的种类和数量远大于农药，未来应利用计算机辅助化合物风险评价技术，结合化合物有害结局路径评估原则等开展农用化学品风险评估与管理的研究，以明确农用化学品在不同环境中的限量标准。再者，未来也应注重农用化学品的残留对生态系统影响的定量研究，尤其是生物种群变化。最后，我国农用化学品面源污染较为严重，其时空分布特征、源解析及危害潜能需要借鉴其他学科的方法技术，并开展大数据分析，实现农用化学品最优化的使用和管理模式。

参 考 文 献

[1] Chen Y, Zang L, Liu M, et al. Ecological risk assessment of the increasing use of the neonicotinoid insecticides along the east coast of China. Environment International, 2019, 127: 550-557.

[2] Chen Y, Zang L, Shen G, et al. Resolution of the ongoing challenge of estimating nonpoint source neonicotinoid pollution in the Yangtze River Basin Using a Modified Mass Balance Approach. Environmental Science & Technology, 2019, 53(5): 2539-2548.

[3] Zhang C, Yi X, Chen C, et al. Contamination of neonicotinoid insecticides in soil-water-sediment systems of the urban and rural areas in a rapidly developing region: Guangzhou, South China. Environment International, 2020, 139: 105719.

[4] Klein A, Vaissiere B, Cane J, et al. Importance of pollinators in changing landscapes for world crops. Proceedings of the Royal Society B-Biological Sciences, 2007, 274(1608): 303-313.

[5] Chen M, Collins E, Tao L, et al. Simultaneous determination of residues in pollen and high-fructose corn syrup from eight neonicotinoid insecticides by liquid chromatography-tandem mass spectrometry. Analytical and Bioanalytical Chemistry, 2013, 405(28): 9251-9264.

[6] Tang T, Wang C, Dai W, et al. An integrated assessment and spatial-temporal variation analysis of neonicotinoids in pollen and honey from noncrop plants in Zhejiang, China. Environmental Pollution, 2019, 250: 397-406.

[7] Tang T, Wu R, Zhang L, et al. Distribution and partitioning of pyrethroid insecticides in agricultural lands: Critical influencing factors. Environment International, 2021, 156: 106736.

[8] Chen Y, Yan C, Sun Z, et al. Organochlorine pesticide ban facilitated reproductive recovery of Chinese striped hamsters. Environmental Science & Technology, 2021, 55(9): 6140-6149.

[9] Yan C, Xu L, Xu T, et al. Agricultural irrigation mediates climatic effects and density dependence in population dynamics of Chinese striped hamster in North China Plain. Journal of Animal Ecology, 2013, 82(2): 334-344.

[10] Yan C, Xu T, Cao X, et al. Temporal change in body mass of two sympatric hamster species and implications for population dynamics. Canadian Journal of Zoology, 2014, 92(5): 389-395.

[11] 徐晨烨. 典型环境持久性有机污染物的母婴人群暴露与新生儿健康风险评价. 杭州: 浙江大学, 2018.

[12] Yin S, Tang M, Chen F, et al. Environmental exposure to polycyclic aromatic hydrocarbons (PAHs): The correlation with and impact on reproductive hormones in umbilical cord serum. Environmental Pollution, 2017, 220(Pt B): 1429-1437.

[13] Mehta R, Sreenivasa M, Mathew M, et al. A mixed-methods study of pesticide exposures in Breastmilk and Community & Lactating Women's perspectives from Haryana, India. Bmc Public Health, 2020, 20(1): 1877.

[14] Kuang L, Hou Y, Huang F, et al. Pesticides in human milk collected from Jinhua, China: Levels, influencing factors and

health risk assessment. Ecotoxicology and Environment Safety, 2020, 205: 111331.

[15] Kao C, Que D, Bongo S, et al. Residue levels of organochlorine pesticides in breast milk and its associations with cord blood thyroid hormones and the offspring's neurodevelopment. International Journal of Environmental Research and Public Health, 2019, 16(8): 1438

[16] Xu C, Yin S, Tang M, et al. Environmental exposure to DDT and its metabolites in cord serum: Distribution, enantiomeric patterns, and effects on infant birth outcomes. Science of the Total Environment, 2017, 580: 491-498.

[17] Tang M, Xu C, Chen K, et al. Hexachlorocyclohexane exposure alters the microbiome of colostrum in Chinese breastfeeding mothers. Environmental Pollution, 2019, 254(Pt A): 112900.

[18] Lutter C, Iyengar V, Barnes R, et al. Breast milk contamination in Kazakhstan: implications for infant feeding. Chemosphere, 1998, 37(9-12): 1761-1772.

[19] Hernik A, Goralczyk K, Strucinski P, et al. Characterising the individual health risk in infants exposed to organochlorine pesticides via breast milk by applying appropriate margins of safety derived from estimated daily intakes. Chemosphere, 2014, 94: 158-163.

[20] Ribas-Fito N, Cardo E, Sala M, et al. Breastfeeding, exposure to organochlorine compounds, and neurodevelopment in infants. Pediatrics, 2003, 111(5 Pt 1): e580-e585.

[21] Lehmann G, LaKind J, Davis M, et al. Environmental chemicals in breast milk and formula: exposure and risk assessment implications. Environmental Health Perspectives, 2018, 126(9): 96001.

[22] Ye X, Pan W, Zhao S, et al. Relationships of pyrethroid exposure with gonadotropin levels and pubertal development in Chinese boys. Environmental Science & Technology, 2017, 51(11): 6379-6386.

[23] Ye X, Pan W, Zhao Y, et al. Association of pyrethroids exposure with onset of puberty in Chinese girls. Environmental Pollution, 2017, 227: 606-612.

[24] Liu J, Yang Y, Zhuang S, et al. Enantioselective endocrine-disrupting effects of bifenthrin on hormone synthesis in rat ovarian cells. Toxicology, 2011, 290(1): 42-49.

[25] Liu J, Yang Y, Yang Y, et al. Disrupting effects of bifenthrin on ovulatory gene expression and prostaglandin synthesis in rat ovarian granulosa cells. Toxicology, 2011, 282(1-2): 47-55.

[26] Li C, Cao M, Ma L, et al. Pyrethroid pesticide exposure and risk of primary ovarian insufficiency in Chinese women. Environmental Science & Technology, 2018, 52(5): 3240-3248.

[27] Zhang Q, Li Z, Chang C, et al. Potential human exposures to neonicotinoid insecticides: A review. Environmental Pollution, 2018, 236: 71-81.

[28] Lu C, Chang C, Palmer C, et al. Neonicotinoid residues in fruits and vegetables: An integrated dietary exposure assessment approach. Environmental Science & Technology, 2018, 52(5): 3175-3184.

[29] Zhang Q, Lu Z, Chang C, et al. Dietary risk of neonicotinoid insecticides through fruit and vegetable consumption in school-age children. Environment International, 2019, 126: 672-681.

[30] Ji C, Song Q, Chen Y, et al. The potential endocrine disruption of pesticide transformation products (TPs): The blind spot of pesticide risk assessment. Environment International, 2020, 137. 8

[31] Lu M, Du J, Zhou P, et al. Endocrine disrupting potential of fipronil and its metabolite in reporter gene assays. Chemosphere, 2015, 120: 246-251.

[32] Wang C, Zhang Q, Qian Y, et al. p, p'-DDE induces apoptosis through the modulation of tumor necrosis factor alpha in PC12 cells. Chemical Research in Toxicology, 2014, 27(4): 507-513.

[33] Zhang Q, Ji C, Yan L, et al. The identification of the metabolites of chlorothalonil in zebrafish (Danio rerio) and their embryo toxicity and endocrine effects at environmentally relevant levels. Environmental Pollution, 2016, 218: 8-15.

[34] Zhang J, Yang Y, Liu W, et al. Potential endocrine-disrupting effects of metals via interference with glucocorticoid and mineralocorticoid receptors. Environmental Pollution, 2018, 242(Pt A): 12-18.

[35] International Standardization Organization (ISO). Soil quality - Requirements and guidance for the selection and application of methods for the assessment of bioavailability of contaminants in soil and soil materials. ISO 17402: 2008. 2008.

[36] Di Toro D, McGrath J, Hansen D, et al. Technical basis for the equilibrium partitioning method for establishing sediment quality criteria. Environmental Toxicology and Chemistry, 1991, 11: 1541-1583.

[37] Zhang J, You J, Li H, et al. Particle-scale understanding of cypermethrin in sediment: Desorption, bioavailability, and bioaccumulation in benthic invertebrate Lumbriculus variegatus. Science of the Total Environment, 2018, 642: 638-645.

[38] Lipnick R L. Structure-activity relationships. In Rand, G.M. ed. Fundamentals of aquatic toxicology, effects, environmental fate, and risk assessment, 2nd ed. Boca Raton, FL: CRC Press. 1995: 609-655.

[39] Li H, Sun B, Chen X, et al. Addition of contaminant bioavailability and species susceptibility to a sediment toxicity assessment: application in an urban stream in China. Environmental Pollution, 2013, 178: 135-141.

[40] Osterauer R, Kohler H. Temperature-dependent effects of the pesticides thiacloprid and diazinon on the embryonic development of zebrafish (Danio rerio). Aquatic Toxicology, 2008, 86(4): 485-494.

[41] You J, Harwood A, Li H, et al. Chemical techniques for assessing bioavailability of sediment-associated contaminants: SPME versus Tenax extraction. Journal of Environmental Monitoring, 2011, 13(4): 792-800.

[42] Reichenberg F, Mayer P. Two complementary sides of bioavailability: accessibility and chemical activity of organic contaminants in sediments and soils. Environmental Toxicology and Chemistry, 2006, 25(5): 1239-1245.

[43] Li H, Cheng F, Wei Y, et al. Global occurrence of pyrethroid insecticides in sediment and the associated toxicological effects on benthic invertebrates: An overview. Journal of Hazardous materials, 2017, 324(Pt B): 258-271.

[44] You J, Pehkonen S, Weston D, et al. Chemical availability and sediment toxicity of pyrethroid insecticides to Hyalella azteca: application to field sediment with unexpectedly low toxicity. Environmental Toxicology and Chemistry, 2008, 27(10): 2124-2130.

[45] Du J, Pang J, You J. Bioavailability-based chronic toxicity measurements of permethrin to Chironomus dilutus. Environmental Toxicology and Chemistry, 2013, 32(6): 1403-1411.

[46] Ding Y, Landrum P, You J, et al. Use of solid phase microextraction to estimate toxicity: relating fiber concentrations to toxicity--part I. Environmental Toxicology and Chemistry, 2012, 31(9): 2159-2167.

[47] Burgess R. Guidelines for using passive samplers to monitor organic contaminants at superfund sediment sites； EPA/600/R-11/115. US Environmental Protection Agency: 2012.

[48] Escher B, Hermens J. Internal exposure: linking bioavailability to effects. Environmental Science & Technology, 2004, 38(23): 455A.

[49] Cui X, Mayer P, Gan J. Methods to assess bioavailability of hydrophobic organic contaminants: Principles, operations, and limitations. Environmental Pollution, 2013, 172: 223-234.

[50] Xu Y, Spurlock F, Wang Z, et al. Comparison of five methods for measuring sediment toxicity of hydrophobic contaminants. Environmental Science & Technology, 2007, 41(24): 8394-8399.

[51] Leslie H, Oosthoek A, Busser F, et al. Biomimetic solid-phase microextraction to predict body residues and toxicity of chemicals that act by narcosis. Environmental Toxicology and Chemistry, 2002, 21(2): 229-234.

[52] Zeng E, Tsukada D, Diehl D, et al. Distribution and mass inventory of total dichlorodiphenyldichlorothylene in the water column of the Southern California Bight. Environmental Science & Technology, 2005, 39(21): 8170-8176.

[53] Xue J, Liao C, Wang J, et al. Development of passive samplers for in situ measurement of pyrethroid insecticides in surface water. Environmental Pollution, 2017, 224: 516-523.

[54] Chen M, Collins E, Tao L, et al. Simultaneous determination of residues in pollen and high-fructose corn syrup from eight neonicotinoid insecticides by liquid chromatography-tandem mass spectrometry. Analytical and Bioanalytical Chemistry, 2013, 405(28): 9251-9264.

[55] Delgado-Moreno L, Wu L, Gan J. Effect of dissolved organic carbon on sorption of pyrethroids to sediments. Environmental Science & Technology, 2010, 44(22): 8473-8478.

[56] Harwood A, Landrum P, Lydy M. Can SPME Fiber and Tenax Methods Predict the Bioavailability of Biotransformed Insecticides? Environmental Science & Technology, 2012, 46(4): 2413-2419.

[57] Maruya K, Lao W, Tsukada D, et al. A passive sampler based on solid phase microextraction (SPME) for sediment-associated organic pollutants: Comparing freely-dissolved concentration with bioaccumulation. Chemosphere, 2015, 137: 192-197.

[58] Delgado-Moreno L, Gan J. A stable isotope dilution method for measuring bioavailability of organic contaminants. Environmental Pollution, 2013, 176: 171-177.

[59] Jauniaux E B G, Moscoso G, Hustin J. Development of the early huamn placenta : A morphometric study. Placenta, 1991, 12(3): 269-276.

[60] Gammill H S, Peterson S E, Nelson J L. Maternal-Fetal Cell Trafficking and Microchimerism. Maternal-Fetal Cell Trafficking and Microchimerism: 2011.

[61] Myohanen K, Vahakangas K. Foetal exposure to food and environmental carcinogens in human beings. Basic & Clinical Pharmacology & Toxicology, 2012, 110(2): 101-112.

[62] Autrup H. Transplacental transfer of genotoxins and transplacental carcinogenesis. Environ Health Perspect, 1993, 101 Suppl 2: 33-38.

[63] Nanovskaya T, Nekhayeva I, Hankins G, et al. Effect of human serum albumin on transplacental transfer of glyburide. Biochemical Pharmacology, 2006, 72(5): 632-639.

[64] Yin S, Zhang J, Guo F, et al. Transplacental transfer of organochlorine pesticides: Concentration ratio and chiral properties. Environment International, 2019, 130 104939.

[65] Yin S, Zhang J, Guo F, et al. Transplacental transfer mechanism of organochlorine pesticides: An in vitro transcellular transport study. Environment International, 2020, 135: 105402.

[66] Ho K, Burgess R, Mount D, et al. Sediment Toxicity Identification Evaluation (TIE): Phase I, II, and III Guidance Document. 2007.

[67] Brack W, Ait-Aissa S, Burgess R, et al. Effect-directed analysis supporting monitoring of aquatic environments--An in-depth overview. Science of the Total Environment, 2016, 544: 1073-1118.

[68] Burgess R, Ho K, Brack W, et al. Effects-directed analysis (EDA) and toxicity identification evaluation (TIE): Complementary but different approaches for diagnosing causes of environmental toxicity. Environmental Toxicology and Chemistry, 2013, 32(9): 1935-1945, 1969.

[69] You J, Li H. Improving the accuracy of effect-directed analysis: the role of bioavailability. Environmental Science-Processes & Impacts, 2017, 19(12): 1484-1498.

[70] Li H, Zhang J, You J. Diagnosis of complex mixture toxicity in sediments: Application of toxicity identification evaluation (TIE) and effect-directed analysis (EDA). Environmental Pollution, 2018, 237: 944-954.

[71] Yi X, Li H, Ma P, et al. Identifying the causes of sediment-associated toxicity in urban waterways in South China: incorporating bioavailabillity-based measurements into whole-sediment toxicity identification evaluation. Environmental Toxicology and Chemistry, 2015, 34(8): 1744-1750.

[72] Li H, Yi X, Cheng F, et al. Identifying organic toxicants in sediment using effect-directed analysis: a combination of bioaccessibility-based extraction and high-throughput midge toxicity testing. Environmental Science & Technology, 2019, 53(2): 996-1003.

[73] Qi H, Li H, Wei Y, et al. Effect-directed analysis of toxicants in sediment with combined passive dosing and in vivo toxicity testing. Environmental Science & Technology, 2017, 51(11): 6414-6421.

[74] Liu J, Yang Y, Zhuang S, et al. Enantioselective endocrine-disrupting effects of bifenthrin on hormone synthesis in rat ovarian cells. Toxicology, 2011, 290(1): 42-49.

[75] Ye X, Li F, Zhang J, et al. Pyrethroid insecticide cypermethrin accelerates pubertal onset in male mice via disrupting hypothalamic-pituitary-gonadal axis. Environmental Science & Technology, 2017, 51(17): 10212-10221.

[76] Li F, Ma H, Liu J. Pyrethroid insecticide cypermethrin modulates gonadotropin synthesis via calcium homeostasis and ERK1/2 signaling in LβT2 mouse pituitary cells. Toxicological Sciences, 2018, 162(1): 43-52.

[77] Sukul P, Spiteller M. Metalaxyl: persistence, degradation, metabolism, and analytical methods. Reviews of Environmental Contamination & Toxicology, 2000, 164: 1.

[78] Claus S, Guillou H, Ellero-Simatos S. The gut microbiota: a major player in the toxicity of environmental pollutants? Biofilms and Microbiomes, 2017, 2: 11.

[79] 张怡. 手性农药甲霜灵对大鼠肠道菌群和代谢表型的影响. 杭州: 浙江工业大学, 2018.

[80] Qian Y, Ji C, Yue S, et al. Exposure of low-dose fipronil enantioselectively induced anxiety-like behavior associated with DNA methylation changes in embryonic and larval zebrafish. Environmental Pollution, 2019, 249(JUN.): 362-371.

[81] Lu C, Chang C, Lemos B, et al. Mitochondrial Dysfunction: A Plausible Pathway for Honeybee Colony Collapse Disorder (CCD). Environmental Science & Technology Letters, 2020, 7: 254-258.

[82] Ying Z, Li L, Lin K, et al. Enantiomer separation of triazole fungicides by high-performance liquid chromatography. Chirality, 2010, 21(4): 421-427.

[83] Dong F, Li J, Chankvetadze B. Chiral triazole fungicide difenoconazole: absolute stereochemistry, stereoselective bioactivity, aquatic toxicity, and environmental behavior in vegetables and soil. Environmental Science & Technology, 2013, 47: 3386-3394.

[84] 李晶. 三唑类手性杀菌剂苯醚甲环唑的立体选择性生物活性与环境行为研究. 北京: 中国农业科学院, 2012.

[85] Li Y, Dong F, Liu X, et al. Chiral fungicide triadimefon and triadimenol: Stereoselective transformation in greenhouse crops and soil, and toxicity to Daphnia magna. Journal of Hazardous Materials, 2014, 265(30): 115-123.

[86] Li Y, Dong F, Liu X, et al. Studies of enantiomeric degradation of the triazole fungicide hexaconazole in tomato, cucumber, and field soil by chiral liquid chromatography–tandem mass spectrometry. Chirality, 2013, 25(3): 160-169.

[87] Dong F, Cheng L, Liu X, et al. Enantioselective analysis of triazole fungicide myclobutanil in cucumber and soil under different application modes by chiral liquid chromatography/tandem mass spectrometry. Journal of Agricultural and Food Chemistry, 2012, 60(8): 1929-1936.

[88] 程有普. 手性农药丙环唑立体异构体稻田环境行为及其生物活性, 毒性研究. 沈阳: 沈阳农业大学, 2014.

[89] Cheng Y, Dong F, Liu X, et al. Stereoselective separation and determination of the triazole fungicide propiconazole in water, soil and grape by normal phase HPLC. Analytical Methods, 2013, 5: 755-761.

[90] 董丰收, 李晶, 李远播, 等. 手性三唑类杀菌剂立体生物活性、生态毒性及选择性富集研究进展. 中国科学: 生命科学, 2016, 46(005): 613.

[91] 李远播. 几种典型手性三唑类杀菌剂对映体的分析, 环境行为及其生物毒性研究. 北京: 中国农业科学院, 2013.

[92] Li Y, Dong F, Liu X, et al. Environmental behavior of the chiral triazole fungicide fenbuconazole and its chiral metabolites: enantioselective transformation and degradation in soils. Environmental Science & Technology, 2012, 46(5): 2675-2683.

[93] Li Y, Dong F, Liu X, et al. Simultaneous enantioselective determination of fenbuconazole and its main metabolites in soil and water by chiral liquid chromatography/tandem mass spectrometry. Journal of Chromatography A, 2011, 1218(38): 6667-6674.

[94] Pan X, Cheng Y, Dong F, et al. Stereoselective bioactivity, acute toxicity and dissipation in typical paddy soils of the chiral fungicide propiconazole. Journal of Hazardous Materials, 2018, 359(OCT.5): 194-202.

[95] Li Y, Dong F, Liu X, et al. Enantioselectivity in tebuconazole and myclobutanil non-target toxicity and degradation in soils. Chemosphere, 2015, 122: 145-153.

[96] 陶燕. 粉唑醇的立体降解行为及其对映体毒性、活性差异研究. 北京: 中国农业科学院, 2015.

[97] Song Q, Zhang Y, Yan L, et al. Risk assessment of the endocrine-disrupting effects of nine chiral pesticides. Journal of Hazardous Materials, 2017: 338: 57-65.

[98] Jin Y, Wang W, Xu C, et al. Induction of hepatic estrogen-responsive gene transcription by permethrin enantiomers in male adult zebrafish. Aquatic Toxicology, 2008, 88(2): 146-152.

[99] Jin Y, Chen R, Sun L, et al. Enantioselective induction of estrogen-responsive gene expression by permethrin enantiomers in embryo-larval zebrafish. Chemosphere, 2009, 74(9): 1238-1244.

[100] 陆颖冲. 四种手性农药对甾体类激素代谢影响的对映体选择性. 杭州: 浙江工业大学, 2011.

[101] Ji C, Yu C, Yue S, et al. Enantioselectivity in endocrine disrupting effects of four cypermethrin enantiomers based on invitro models. Chemosphere, 2019, 220(4): 766-773.

[102] Schneiderheinze J, Armstrong D, Berthod A. Plant and soil enantioselective biodegradation of racemic phenoxyalkanoic herbicides. Chirality, 1999, 11(4): 330-337.

[103] Wang M, Zhang Q, Cong L, et al. Enantioselective degradation of metalaxyl in cucumber, cabbage, spinach and pakchoi. Chemosphere, 2014, 95(1): 241.

[104] Borga K, Bidleman T. Enantiomer fractions of organic chlorinated pesticides in arctic marine ice fauna, zooplankton, and benthos. Environmental Science & Technology, 2005, 39(10): 3464-3473.

[105] 谢维. 三种手性农药对映体选择性种间 CYP450 代谢差异研究. 杭州: 浙江大学, 2015.

[106] Liu W, Gan J, Lee S, et al. Isomer selectivity in aquatic toxicity and biodegradation of cypermethrin. Journal of Agricultural & Food Chemistry, 2004, 52: 6233-6238.

[107] Ji C, Magnuson J, Zhang W, et al. New insight into the enantioselective cytotoxicity of cypermethrin: imbalance between cell cycle and apoptosis. Journal of Hazardous Materials, 2021, 403: 123893.

[108] Ji C, Yu C, Zhu J, et al. Four cypermethrin isomers induced stereoselective metabolism in H295R cells. Chirality, 2020, 32(8): 1107-1118.

[109] Cai Q, Mo C, Wu Q, et al. The status of soil contamination by semivolatile organic chemicals (SVOCs) in China: A review. Science of the Total Environment, 2008, 389(2-3): 209-224.

[110] 牛丽丽. 我国农田土壤和周边树皮中持久性有毒物质的残留特征及健康风险. 杭州: 浙江大学, 2015.

[111] 刘瑞. 全国农田土壤内分泌干扰效应的生态风险评价. 杭州: 浙江大学, 2017.

[112] 周杭. 农药助剂壬基酚聚氧乙烯醚及其代谢物壬基酚在稻田土壤系统中的迁移转化与累积. 杭州: 浙江工业大学, 2017.

[113] Zhang Q, Ying G, Pan C, et al. Comprehensive Evaluation of Antibiotics Emission and Fate in the River Basins of China: Source Analysis, Multimedia Modeling, and Linkage to Bacterial Resistance. Environmental Science & Technology, 2015, 49(11): 6772-6782.

[114] Kimera Z, Mdegela R, Mhaiki C, et al. Determination of oxytetracycline residues in cattle meat marketed in the Kilosa district, Tanzania. Onderstepoort Journal of Veterinary Research, 2015, 82(1): 1-5.

[115] Zheng N, Wang J, Han R, et al. Occurrence of several main antibiotic residues in raw milk in 10 provinces of China. Food Additives & Contaminants Part B-Surveillance, 2013, 6(2): 84-89.

[116] Muriuki F, Ogara W, Njeruh F, et al. Tetracycline residue levels in cattle meat from Nairobi salughter house in Kenya. Journal of Veterinary Science, 2001, 2(2): 97-101.

[117] Manyi-Loh C, Mamphweli S, Meyer E, et al. Antibiotic use in agriculture and its consequential resistance in environmental sources: Potential public health implications. Molecules, 2018, 23(4): 795.

[118] Jakobsson H, Jernberg C, Andersson A, et al. Short-term antibiotic treatment has differing long-term impacts on the human throat and gut microbiome. Plos One, 2010, 5(3): e9836.

[119] Jernberg C, Loefmark S, Edlund C, et al. Long-term ecological impacts of antibiotic administration on the human intestinal microbiota. Isme Journal, 2013, 7(2): 456-456.

[120] Wen L, Ley R, Volchkov P, et al. Innate immunity and intestinal microbiota in the development of Type 1 diabetes. Nature, 2008, 455(7216): 1109-1110.

[121] Qin J, Li Y, Cai Z, et al. A metagenome-wide association study of gut microbiota in type 2 diabetes. Nature, 2012, 490(7418): 55-60.

[122] Morgan X, Tickle T, Sokol H, et al. Dysfunction of the intestinal microbiome in inflammatory bowel disease and treatment. Genome Biology, 2012, 13(9): R79.

[123] Koppel N, Rekdal V, Balskus E. Chemical transformation of xenobiotics by the human gut microbiota. Science, 2017, 356: 6344.

[124] Haiser H, Gootenberg D, Chatman K, et al. Predicting and Manipulating Cardiac Drug Inactivation by the Human Gut Bacterium Eggerthella lenta. Science, 2013, 341(6143): 295-298.

[125] Clayton T, Baker D, Lindon J, et al. Pharmacometabonomic identification of a significant host-microbiome metabolic interaction affecting human drug metabolism. Proceedings of the National Academy of Sciences of the United States of America, 2009, 106(34): 14728-14733.

[126] Brauer R, Ruigomez A, Downey G, et al. Prevalence of antibiotic use: a comparison across various European health care data sources. Pharmacoepidemiology and Drug Safety, 2016, 25: 11-20.

[127] Bleeke M, Smith M, Casida J. Metabolism and toxicity of metribuzin in mouse liver. Pesticide Biochemistry and Physiology, 1985, 23(1): 123-130.

[128] Lang D, Rettie A, Bocker R. Identification of enzymes involved in the metabolism of atrazine, terbuthylazine, ametryne, and terbutryne in human liver microsomes. Chemical Research in Toxicology, 1997, 10(9): 1037-1044.

[129] Joo H, Choi K, Hodgson E. Human metabolism of atrazine. Pesticide Biochemistry and Physiology, 2010, 98(1): 73-79.

[130] Selwyn F, Cheng S, Bammler T, et al. Developmental Regulation of Drug-Processing Genes in Livers of Germ-Free Mice. Toxicological Sciences, 2015, 147(1): 84-103.

[131] Selwyn F, Cui J, Klaassen C. RNA-Seq Quantification of hepatic drug processing genes in germ-free mice. Drug Metabolism and Disposition, 2015, 43(10): 1572-1580.

[132] Kuno T, Hirayama-Kurogi M, Ito S, et al. Effect of intestinal flora on protein expression of drug-metabolizing enzymes and transporters in the liver and kidney of germ-free and antibiotics-treated mice. Molecular Pharmaceutics, 2016, 13(8): 2691-2701.

[133] Fujiwara R, Takenaka S, Hashimoto M, et al. Expression of human solute carrier family transporters in skin: possible contributor to drug-induced skin disorders. Scientific Reports, 2014, 4: 5251.

作者：陈源琛[1]，张全[1]，季晨杨[2]，刘璟[3]，尹杉杉[2]，虞云龙[3]，
方华[3]，游静[4]，周志强[5]，王鹏[5]，花日茂[6]，吴祥为[6]，刘维屏[3]，赵美蓉[1]

[1]浙江工业大学，[2]浙江树人学院，[3]浙江大学，[4]暨南大学，[5]中国农业大学，[6]安徽农业大学

第 9 章　核化学与放射化学技术研究进展

本章导读

核化学和放射化学是保障国家核安全以及核能可持续发展的基础性学科之一。在我国核能快速发展的新形势下，新型核能资源的开发、乏燃料后处理、放射性废物处理与处置等核燃料循环化学研究日益活跃。随着科学技术的不断发展，离子加速器、反应堆、各种类型的探测器和分析设备、以及计算机技术等的发展，核化学与放射化学研究的范围和成果在不断扩展和增加，如核安全、环境放射化学、放射分析化学、放射性药物与标记化合物等，研究成果对于国防建设、核能发展、核技术应用等方面具有重要支撑作用。本章总结了近年来国内在基础和理论放射化学、核能应用放射化学、核应急医学救治技术和核技术应用领域所取得的研究进展，并对未来的研究方向及研究重点进行了展望。

关键词

核化学，放射化学，放射分析化学，放射性药物

9.1 引　　言

随着世界经济的高速发展和人们对环境的关注，对洁净核能的利用需求日益迫切。因此，国际上对新型核能资源的开发、乏燃料后处理、放射性废物处理与处置等核燃料循环化学研究日益活跃。核化学是用化学方法或化学与物理相结合的方法研究原子核及核反应的学科。主要研究核性质、核结构、核转变的规律以及核转变的化学效应、奇特原子化学，同时还包括有关研究成果在各领域的应用。放射化学是研究放射性物质，以及与原子核转变过程相关的化学问题的化学分支学科。主要研究天然放射性元素和人工放射性元素的化学性质和核性质，其提取及制备、纯化的化学过程和工艺的基础问题。因此，核化学与放射化学包括核化学与放射分析化学、核燃料循环化学、环境放射化学、药物化学与标记化合物等。本文对这些领域最新学术成果的梳理总结，为深入研究核能的可持续发展提供参考。

9.2 基础和理论放射化学

9.2.1 锕系金属富勒烯的分子与电子结构研究

苏州大学谌宁研究团队合成了一系列锕系金属富勒烯化合物，从分子结构上证实了锕系金属原子/金属团簇可以被封装于高强度的纳米碳笼中（图 9-1）。发现了内嵌锕系金属原子与富勒烯纳米结构之间存在着由 4 电子转移效应导致的相互作用，揭示了锕系金属富勒烯内嵌结构稳定的本质，为锕系金属与纳米碳材料的相互作用提供了更深层的认知[1,2]。

9.2.2 限域配位环境下锕系化学键的研究

苏州大学谌宁研究团队利用富勒烯碳笼内的限域化学环境，在国际上率先获得了含有锕系金属-金属

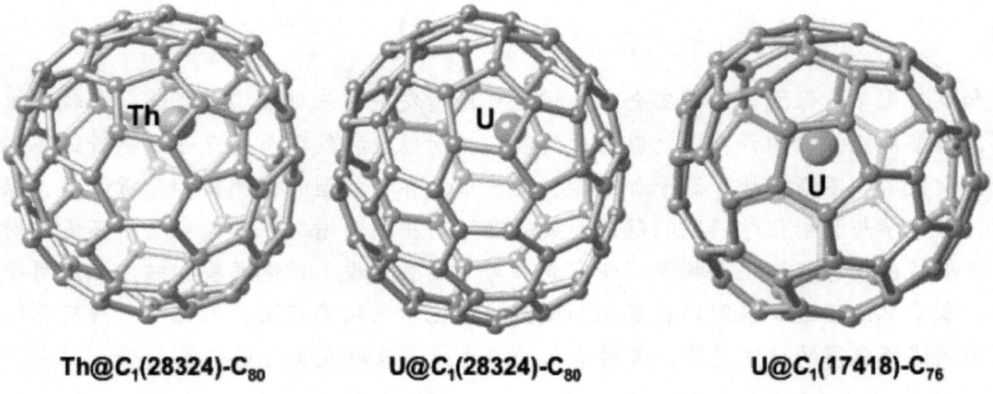

图 9-1　三种新型锕系金属内嵌富勒烯化合物的晶体结构图[2]

键，轴向 U=C 双键等重要锕系化学键的分子化合物（图 9-2），回答了这些化学键在凝聚态下是否稳定存在的科学问题。发现了富勒烯特殊的配位环境对锕系金属团簇的稳定作用，为以锕系金属富勒烯为模型分子进行锕系金属团簇与锕系化学键的电子结构研究奠定了实验和理论基础[3-6]。

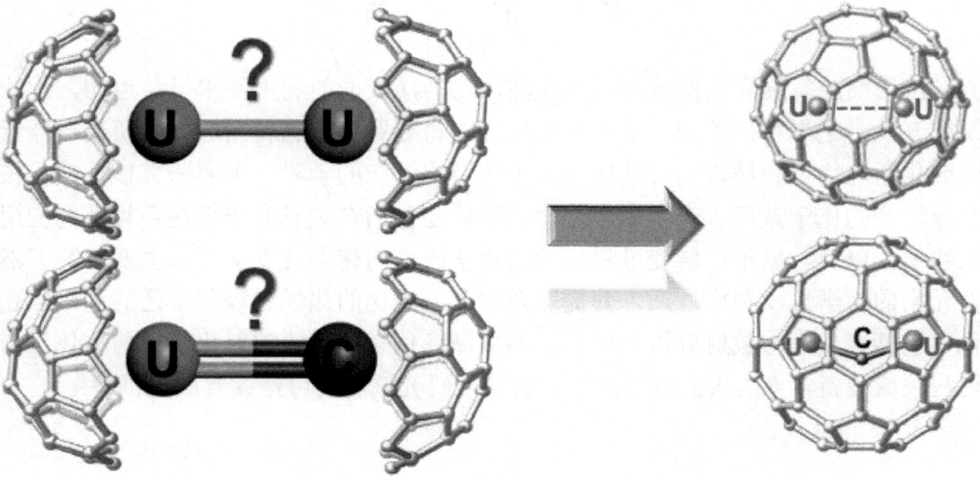

图 9-2　纳米碳笼限域条件下稳定 U-U 键与 U=C 键

9.2.3　超铀元素固体化学研究

如图 9-3，苏州大学王殳凹研究团队合成了国内首个钚元素晶体，同时也是国际上首例五价钚的冠醚类化合物，首次在实验上得到固体中五价钚的电荷跃迁谱，阐明了五价钚的成键性质[7]。在此基础上，制备了首例介稳态三价钚冠醚配合物[8]，被国际权威学术新闻媒体 *ChemistryViews* 作为亮点推介。该系列工作为介稳态超铀元素的合成与制备提供了可行思路，标志着国内超铀固体化学的起步。

9.2.4　核素固化与稳定性研究

西南科技大学段涛研究团队在锆石固化和石榴石固化方面取得了一系列的研究进展[9,10]。研究发现钇铁石榴石中三价和四价锕系元素的固溶极限分别为 36.14%和 29.5%。浸出试验结果表明，在中性和碱性

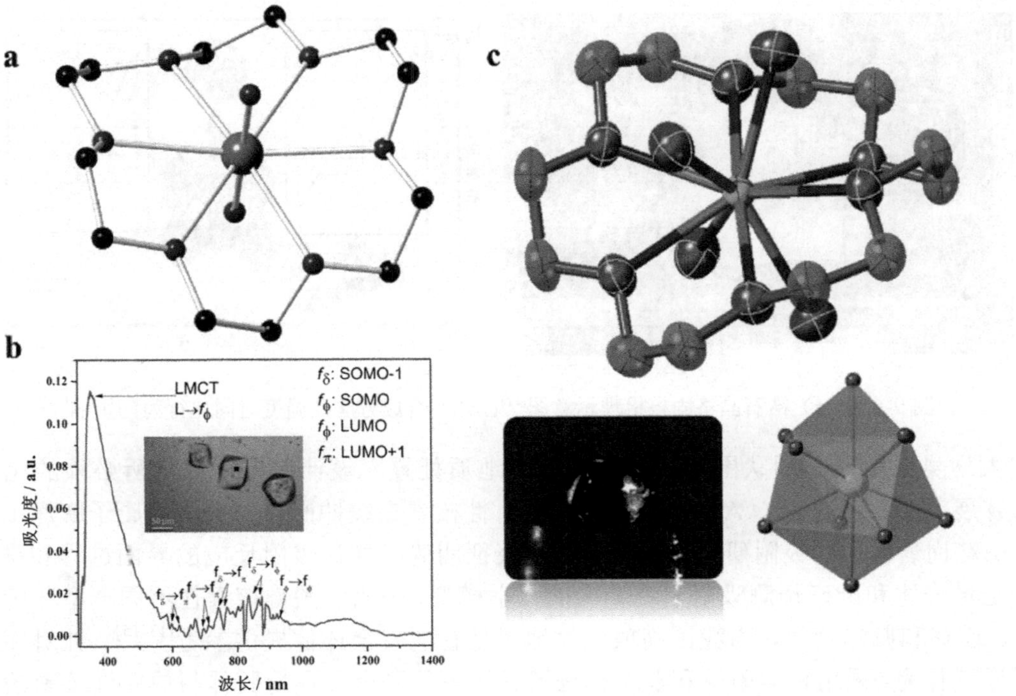

图 9-3　国内首个钚元素晶体化合物结构及成键信息[7]

环境中，元素的标准化浸出率(L_{Ri})为 10^{-6}～10^{-5}g/m^2。然而，在酸性环境中标准化浸出率约为 10^{-3} g/(m^2·d)。酸浸加速了石榴石基体的溶解，但仍为单石榴石相，未形成新相。并采用微波（图 9-4a）和熔盐（图 9-4b）合成方法分别在短时间内和低温下成功合成单一物相的钇铁石榴石人工矿物固化体。

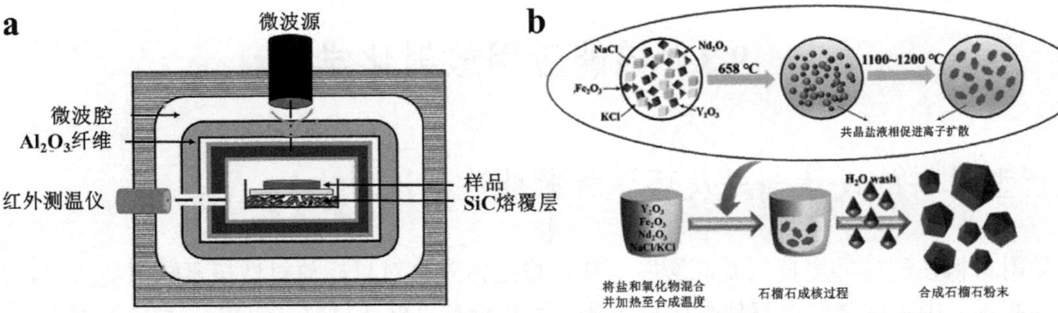

图 9-4　（a）微波合成示意图[9]；（b）熔盐合成示意图[10]

锆石被认为是固化锕系核素的候选基材之一，主要研究内容及结果如下：①人工矿物固化体合成方法研究：采用高温固相法、微波烧结及溶胶-凝胶等方法，以锆石为基材，开展了锕系核素的固化处理研究。研究结果表明，采用微波烧结、溶胶-凝胶等方法可以快速高效合成锆石基固化体。②锆石对核素的固化行为研究：以锆石为固化基材对锕系核素（三价、四价及混合价态）进行了固化处理研究，探明了 $ZrSiO_4$ 对模拟锕系核素的晶格固化机理（图 9-5a），合成方法及温度对核素固化行为的影响（图 9-5b）。③锆石固化体的化学稳定性研究：在模拟地址处置库环境下，采用 MCC-1 方法对固化体化学温度性进行了研究。研究结果表明，锆石基固化体具有良好的化学稳定性。④锆石固化体的辐照稳定性研究：在模拟地址处置库环境下，借助离子加速辐照实验，开展了固化体辐照稳定性研究。研究发现，固化体具有良好的抗辐照能力[11,12]。

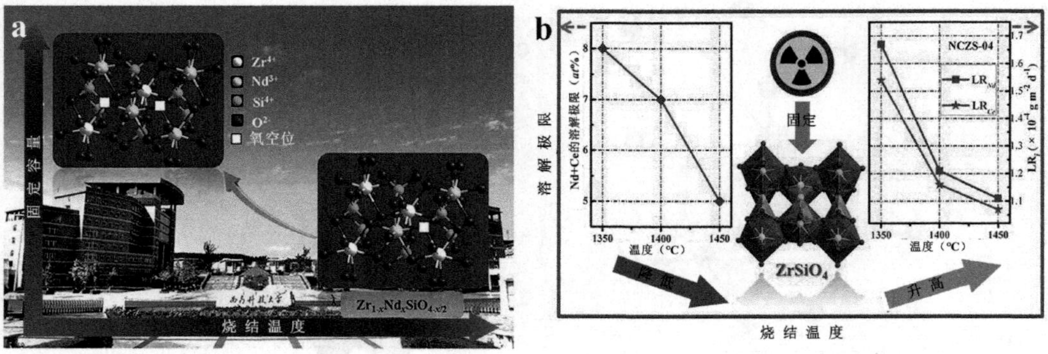

图 9-5　(a) 锆石晶格固核机理示意图[11]；(b) 合成方法及温度对固化行为的影响[12]

兰州大学吴王锁研究团队围绕我国高放废物地质处置库设计和安全评价所必须的化学参数和化学模型，开展了 U、Np、Eu、Am、Se 等关键放射性核素在缓冲回填材料（高庙子膨润土）以及天然屏障（北山花岗岩）上的吸附研究，通过光谱学表征明确了核素吸附反应的界面过程和微观机制，构建了可以定量描述和准确预测吸附宏观数据的化学模型，阐明了关键核素在不同类型环境介质中的滞留、分布、迁移和归趋规律，为我国高放废物地质处置的安全评估提供参考[13-15]。针对环境胶体控制关键核素迁移行为，采用柱实验法和非对称场流分馏系统开展了环境胶体与放射性核素的共迁移行为和机制研究，揭示了关键核素与环境胶体的相互作用机制，阐明了不同环境条件下环境胶体控制核素迁移的规律，明确了胶体稳定性对于核素迁移的主控作用，构建了考虑胶体相作用的核素迁移模型。相关成果为放射性污染物的迁移机制、修复治理提供理论基础和技术支持，为处置库的安全评价和核环境安全提供重要的参考[16-18]。

9.3　核能应用放射化学

9.3.1　新型材料的设计合成及环境放射性污染治理

传统吸附材料在酸性环境特别是高酸度下往往稳定性差且对目标放射性核素吸附能力弱，是该领域亟待突破的瓶颈。中科院高能所石伟群研究团队利用共价有机框架材料（COFs）稳定性好且可设计等优点，通过引入对锕系离子具有强结合能力的磷酸酯基团，并以质子化能力相对较弱的腙键为连接子，针对性构筑了基于腙键骨架的新型二维磷酸酯功能化 COFs 材料。该材料表现出优异的耐酸性及化学和辐射稳定性，即使在强酸性条件下，对铀、钚等主要锕系核素仍然保持极高的吸附效率和吸附选择性，实现了高酸度下固相吸附剂对锕系核素的高效高选择性提取分离，为发展设计新型锕系固相吸附材料指明了新方向[19]。团队进一步将 COFs 制备与伽玛射线辐射接枝相结合，研制出咪唑阳离子修饰的功能 COFs 材料。该材料对 TcO_4^-及其类似物吸附速度快、吸附能力强、选择性好。通过控制伽玛射线辐照时间，实现了 COFs 孔道中咪唑阳离子含量的可控调节，从而实现了材料对 TcO_4^-吸附量的精准调控（图 9-6）。更重要的是，所得 COFs 材料具有超稳定的多孔纳米纤维状结构，以其为填料的分离柱经过 4 个吸附–解吸循环后，对 TcO_4^-类似物的去除率依然高达 99.98%[20]。本工作是将 COFs 材料用于动态柱分离放射性核素的首例报道，在展现其实际产业化应用潜力的同时，也将固相吸附技术在放射性核素分离去除中的实际应用向前推动了一大步。

图 9-6　辐射法制备功能性 COFs 材料并将其用于 TcO_4^-的高效动态柱分离[20]

如图 9-7，苏州大学王殳凹研究团队设计合成了一系列含疏水性空腔、氢键网络以及 $^{99}TcO_4^-$选择性识别位点的阳离子金属有机框架材料（MOFs），突破了传统树脂材料辐照稳定性差和部分现有吸附材料选择性低的瓶颈，实现了 $^{99}TcO_4^-$的选择性富集[21-23]。通过“软硬酸碱”理论构筑了碱稳定的二维阳离子 MOF 材料，率先达成强碱性条件下 $^{99}TcO_4^-$的选择性吸附[24]。基于大齿共轭单体设计合成出一系列耐强酸、耐辐照的阳离子有机聚合物（CPNs），率先实现了强酸性条件下对 $^{99}TcO_4^-$的分离富集[25]。通过对近 20 种小分子共轭反应基元的正交组合，研发出目前对 $^{99}TcO_4^-$具有最高负载容量的吸附材料 SCU-CPN-2[26]。首次将阳离子共价有机框架材料（COFs）应用于 $^{99}TcO_4^-$的分离，并通过分子动力学可视化模拟 $^{99}TcO_4^-$在材料中的吸附行为，为乏燃料后处理中 $^{99}TcO_4^-$的高效分离以及放射性污染水体的深度净化提供了理论依据和研究基础[27]。

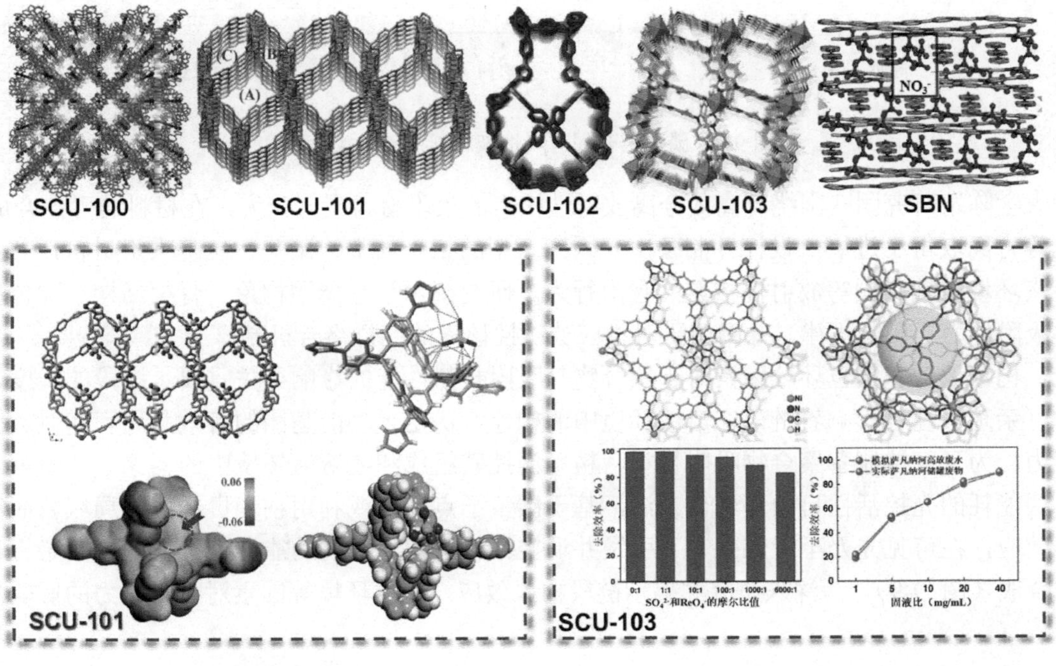

图 9-7　用于治理 $^{99}TcO_4^-$的污染物的阳离子 MOFs 材料[21-24]

苏州大学王殳凹研究团队基于软硬酸碱匹配原理，选用极硬的四价锆离子和共轭有机膦酸配体制备出了一系列膦酸锆金属有机框架材料，克服了 MOFs 材料极酸环境下的稳定性问题（图 9-8）。该类材料在强酸性或高离子强度条件下仍能选择性去除溶液中的铀酰离子，同时利用分子动力学模拟揭示了该材料吸附铀酰的机理。该工作为设计合成高稳定多孔晶体材料用于乏燃料后处理等极端条件下的核素分离及环境放射性污染防治开辟了新路径[28]。将对铀酰离子具有高亲和力和还原性能的多酸活性单元引入到金属有机框架中，设计合成了一例高稳定的多酸基有机框架材料。基于配位络合、化学还原和光催化还原等多种机制的协同作用，有效提升了对铀的选择性和吸附容量[29]。利用锆簇的络合缺位设计合成了一种对 U（VI）具有选择性吸附功能的高光敏活性 MOF（PN-PCN-222）。可见光照下的吸附协同光催化还原使得吸附容量达到 1289.3 mg/g，且未饱和。无论是高浓度还是低浓度，吸附协同光催化还原的方式几乎均可完全去除其中的铀酰，这是常规单一吸附或还原方式所无法实现的[30]。

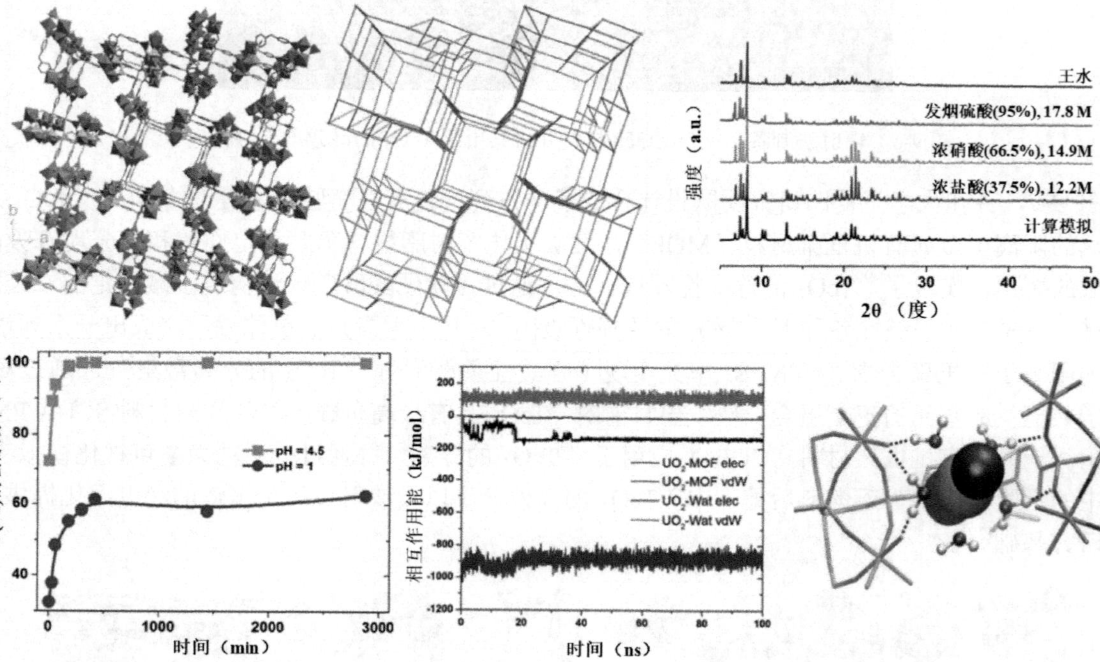

图 9-8　膦酸锆金属有机框架材料用于铀去除[28]

清华大学陈靖研究团队围绕可高效分离放射性核素的吸附材料展开研究，在材料的可控合成、表/界面功能化等方面取得了进展，设计并制备出一系列新型的聚合物基、碳基、硅基吸附材料，并系统研究了其对溶液环境中铀、镅等放射性核素的吸附行为。研究揭示了官能团构象、骨架结构、配位环境等因素对材料吸附能力的影响规律，并阐明了对相应放射性核素的配位络合机制。

首先，构象效应和配位环境因素对于聚合物基吸附材料性能的影响至关重要。链段的长度、组成、拓扑结构、亲疏水性等影响着链段在溶液环境中的构象，决定了功能基团的有效利用率和对放射性核素的络合能力。为了可控制备聚合物吸附材料，精确调控其组成和在溶液环境中的构象，本研究团队建立了高效、低能耗的光控活性自由基聚合方法，基于碳量子点催化或利用纳米贵金属的局域表面等离子体共振增强效应，在可见光乃至近红外光下引发并调控聚合过程，实现功能性聚合物、嵌段聚合物吸附材料的可控合成（图 9-9），为深入研究并揭示链段构象效应、配位环境等因素对吸附能力的影响规律奠定了基础[31,32]。

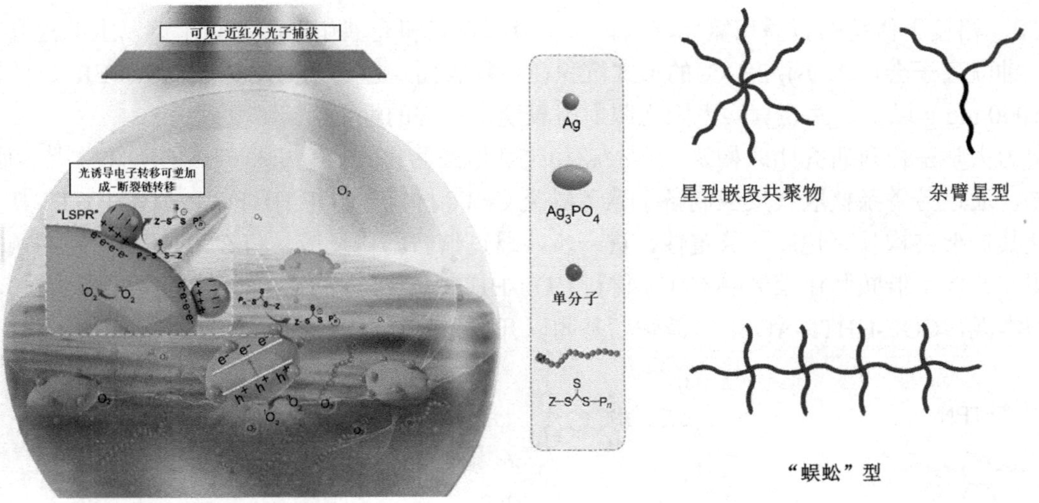

图 9-9　基于局域表面等离子共振增强效应的光控聚合反应制备不同结构的聚合物吸附材料[31]

其次，首次结合仿生多巴胺化学、金属-多酚化学建立适应性广泛的材料表/界面功能化方法，实现了基于各种具有惰性表面的碳基、硅基等材料制备性能优良的放射性核素吸附材料（图 9-10）[33-35]。研究揭示了“聚多巴胺”、金属-多酚网络聚合物等功能涂层对铀酰等放射性核素离子的吸附行为和配位化学机理，“聚多巴胺”、金属-多酚网络聚合物等功能涂层增强了材料的亲水性和结构稳定性，其结构中丰富的活性反应基团提供了一个理想的二次功能化平台，由此进一步实现基于任意载体材料制备聚合物复合型吸附材料，极大地增加了各种载体材料表面官能团的数目，显著提升了对放射性核素的吸附效率。

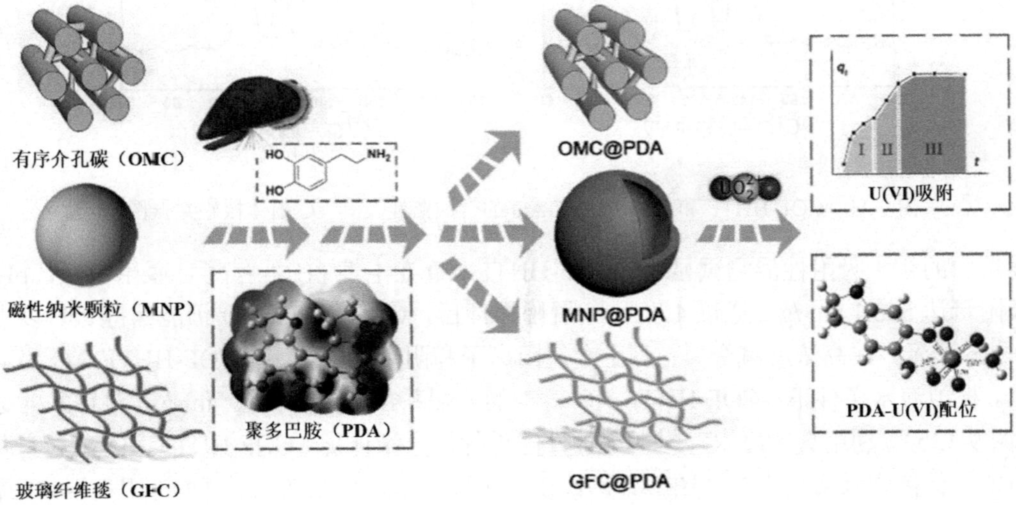

图 9-10　利用仿生多巴胺化学制备铀吸附材料[35]

9.3.2　海水提铀材料的设计及其性能研究

海水提铀是一种潜力巨大的非常规铀资源的开采方式，但是由于海水盐度高、铀浓度极低以及体系过于复杂的原因，常压的吸附法的提取容量不够高。因此清华大学陈靖研究团队提出一种光催化辅助吸附海水提铀（SUPER）的方法以提高提取容量。首先通过熔盐法合成具有吸附和光催化双功能的氮化碳材料 CN550，相较于传统的石墨相氮化碳，该材料吸附性能和光催化性能都有十倍以上的提升。在可见光照射下，铀酰离子会以$(UO_2)_2\cdot 2H_2O$ 的形式沉积在材料表面。在真实海水体系，SUPER 法的铀提取容量可达到 1000 mg/g 以上，并在真实太阳光照射下表现出优秀的性能[36]。

华北电力大学王祥科研究团队构筑了一种超稳定性偕胺肟化共价有机框架（COFs）材料[37]。如图 9-11a 所示，首先，通过芳香亲核取代反应制备了聚芳醚类 COFs 材料（COF-HHTF），COF-HHTF 具有芳醚桥接结构，使其框架结构具有超高的稳定性。进一步，通过偕胺肟化反应，将 COF-HHTF 中的氰基转化成偕胺肟基团，合成了偕胺肟化聚芳醚 COFs 材料 COF-HHTF-AO。化学结构表征证实（图 9-11），偕胺肟化过程成功实现，COF-HHTF-AO 中的偕胺肟基团以开环形式存在。

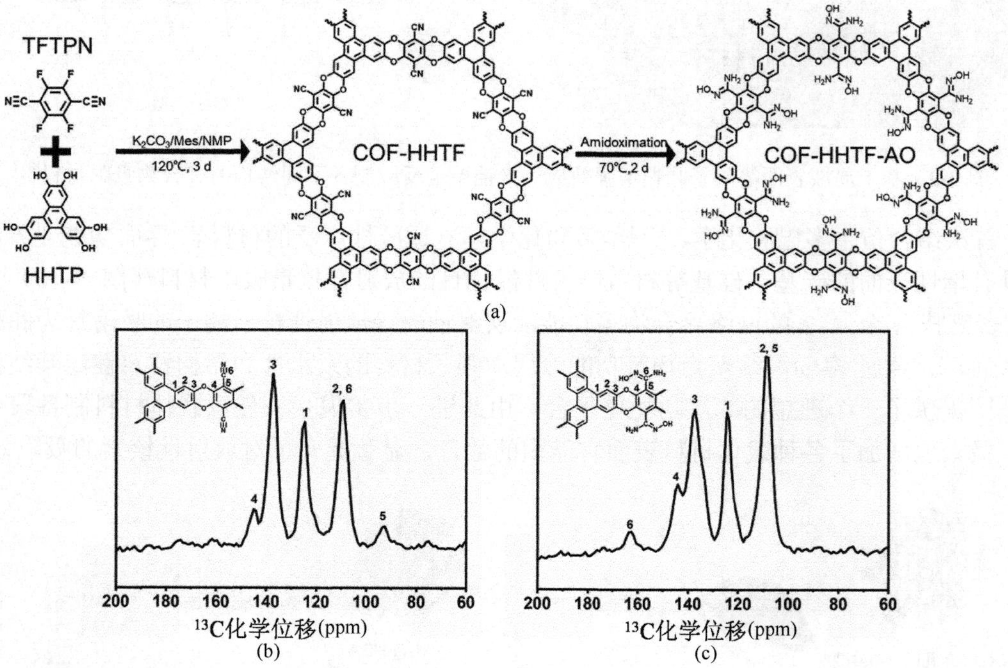

图 9-11　COF-HHTF 和 COF-HHTF-AO 的合成路线及其 ^{13}C 固体核磁共振图[37]

在水溶液中的初步吸附性能测试显示，COF-HHTF-AO 在中性 pH 具有高 U 吸附效率，pH = 6 时其最大饱和吸附量达 550.1 mg /g。通过 4 次吸附/脱附循环后，COF-HHTF-AO 仍能保持 95%以上的高吸附率。如图 9-12a 显示，在高浓度碱金属、碱土金属阳离子和阴离子干扰下，COF-HHTF-AO 仍显示出高铀酰吸附效率。模拟海水条件下，COF-HHTF-AO 对铀的分配系数达到 4.3×10^5 mL/g，对铀酰的选择性是钒的 2.9 倍（图 9-12b）。利用真实海水对材料提铀性能进行进一步评价，COF-HHTF-AO 在真实海水配制的铀酰溶液中依旧保持高吸附动力学（图 9-12c）。在真实海水中，经过 25 天，COF-HHTF-AO 提铀量可达 5.12 mg/g，远高于其他竞争离子（图 9-12d）。值得注意的是，COF-HHTF-AO 对铀的吸附量是钒吸附量的 1.61 倍。本工作首次报道了一例相对于钒具有更高铀选择性的 COF 类材料，且 COF-HHTF-AO 的海水提铀量在已报道材料中名列前茅。

更重要的是，基于 COFs 材料明确的化学结构，对偕胺肟功能化材料对铀和钒的吸附机制进行了深入探讨。利用密度泛函理论，考虑海水条件下铀和钒的存在形式，对 COF-HHTF-AO 与铀和钒的作用结构进行了模拟优化，计算了不同作用方式下的结合能和键长信息。如图 9-13 所示，铀酰与偕胺肟具有配位相互作用，同时与碳酸根具有静电相互作用。其中，含双碳酸根的配位模型结合能最高，为最稳定结构。而 HVO_4^{2-}和 $H_2VO_4^-$两种钒酸根物种可能与偕胺肟通过羟基或氨基发生氢键相互作用。与 $H_2VO_4^-$相比，HVO_4^{2-}与偕胺肟的作用更强，且通过羟基形成氢键的作用方式更具优势。通过比较铀和钒与

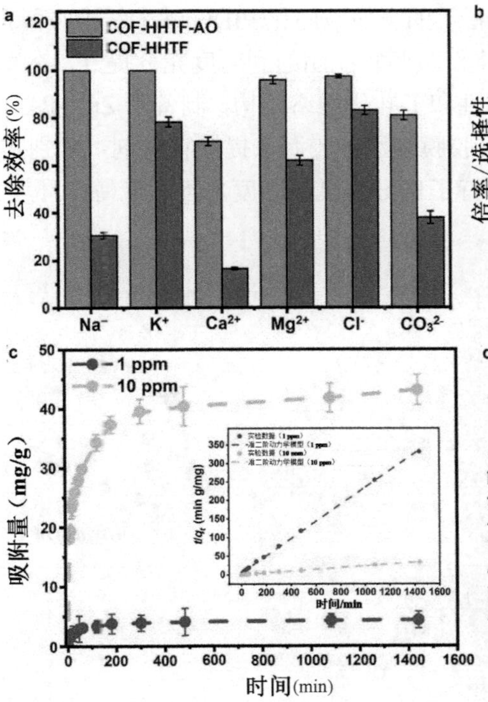

图 9-12　COF-HHTF-AO 对铀的吸附选择性评价和在真实海水配置的铀酰溶液中的吸附动力学及真实海水中对不同竞争性金属离子的吸附量对比[37]

COF-HHTF-AO 最优作用结构的结合能，发现 COF-HHTF-AO 对铀酰离子具有更大的吸附能力。差分电荷密度分析结果证实了这一结果。结合 COF 材料的结构优势，创新性地揭示了铀酰离子和钒酰离子与偕胺肟的作用机制差异，为基于分子水平的新型高性能海水提铀材料的设计开发奠定了理论基础。

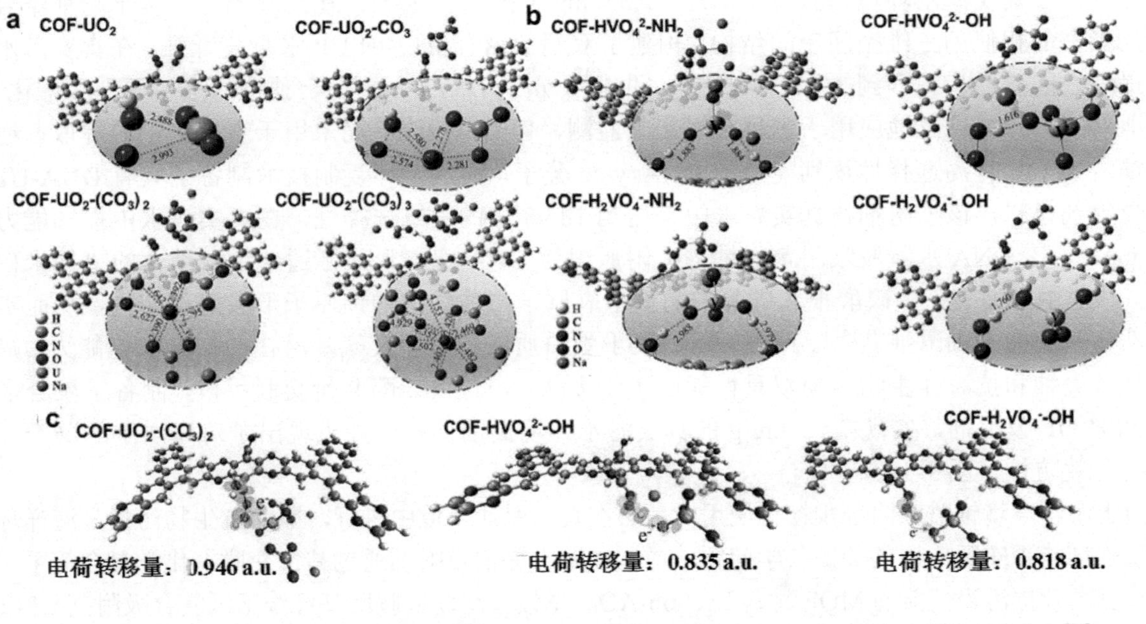

图 9-13　COF-HHTF-AO 与铀酰和钒酸根离子的不同结合模型及其最佳结构的差分电荷密度分布[37]

海南大学王宁研究团队通过溶液气纺技术，制备了的全偕胺肟化 PIDO 纳米纤维吸附剂，并通过造孔技术，制备了 SMON-PAO 多孔偕胺肟纳米纤维，将偕胺肟官能团的利用度充分提升，在真实海水环境中实现了高 9.59 mg/g[38,39]。此外，基于水凝胶高亲水性和多孔化网络结构，制备了 Zn^{2+}-PAO 聚合超分子水凝胶、戊二醛聚合共价交联高强度 PAO PNM 水凝胶膜等水凝胶海水提铀吸附剂，分别实现了高达 9.23 mg/g 和 9.35 mg/g 真实海水环境提铀性能，并保持了良好的机械强度，可适应海洋环境的应用[40,41](图 9-14)。

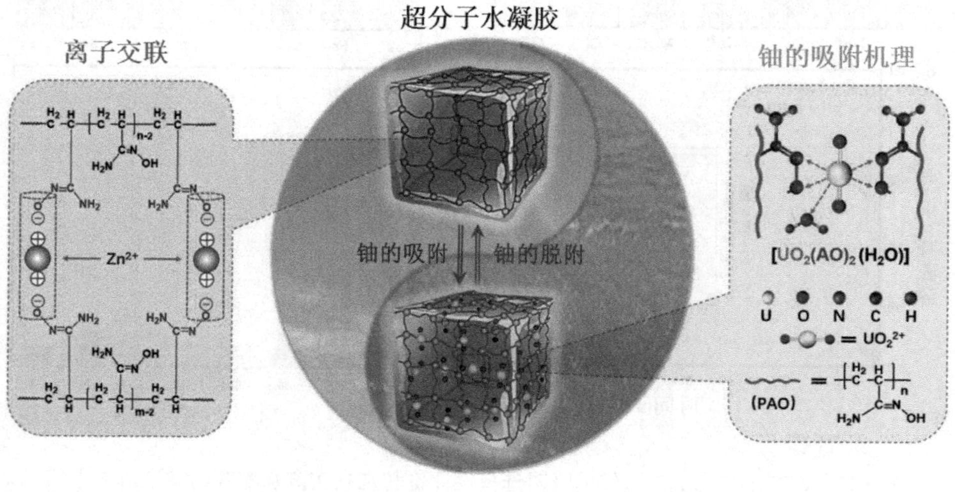

图 9-14　超分子聚合肟基水凝胶制备及选择性铀酰吸附机理示意图[41]

海水中有着复杂的干扰金属离子，会对海水提铀吸附剂的提铀性能产生严重的干扰。传统的偕胺肟官能团对海水钒酰离子的吸附性能甚至优于对海水铀酰的吸附性能，故而迫切需要开发高选择性海水提铀吸附剂。受生物大分子高选择性铀酰识别能力启发，通过应用具有超高铀酰选择性的超铀结合蛋白 SUP 和蛛丝蛋白构建嵌合蛋白，并经过仿生纺丝技术，制备了蛛丝蛋白-SUP 嵌合蛋白 SSUP 水凝胶纤维，在真实海水环境中获得了高达 12.33 mg/g 提铀性能[42]；在此基础上，基于超铀结合蛋白与蛛丝蛋白的相似的三维空间空间结构，构建了双超铀结合蛋白 DSUP 水凝胶纤维，在真实海水环境中的提铀性能进一步提升到 17.45 mg/g[43]。生物大分子 DNAzyme 由于独特的金属识别和催化 DNA 单链剪切能力，被广泛地应用于多种金属离子监测，但 DNAzyme 尚未用于金属离子的提取。通过使用对铀酰离子具有高选择性识别能力的 DNAzyme 分子，通过滚环复制技术制备了具有 DNA-UEH 水凝胶吸附剂材料，该吸附剂在真实海水中有达到 18.98 倍的铀钒选择性，在真实海水中提铀能力达到 6.06 mg/g。该 DNA 水凝胶吸附剂的铀酰吸附原理为 DNA 双链形成了适合铀酰结合的“纳米口袋”结构，该“纳米口袋”中磷酸根和羰基中的五个氧原子与铀酰中的铀原子形成配位结构，从而实现高选择性高亲和力的铀酰捕获[44]。此外，受启发于蛋白质中的羧基及氨基潜在的铀酰配位能力，筛选了一种具备提铀和抗海洋生物污损双重性能的生物多肽，通过戊二醛共价交联手段，制备了聚合多肽水凝胶 PPH-OP 吸附剂，实现 7.12 mg/g 的真实海水环境提铀性能，并表现出了对海洋中的藻类、混合菌群的有效防控（图 9-15）[45]。

由于海洋环境铀酰吸附剂规模化应用时务必在真实海洋环境中进行，因而抗生物污损是海洋环境中铀酰吸附剂能否实际应用的关键科学问题。通过在海水提铀吸附剂通过共价交联、化学复合等手段，制备了具有高效抗污损性能的 MOF 材料 UiO-66-AO、季铵盐交联偕胺肟基纤维素纸复合吸附剂 CP-PAO、

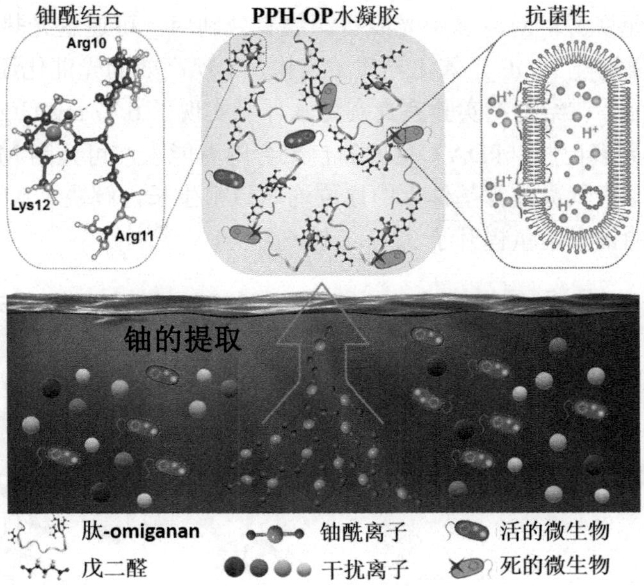

图 9-15　海水提铀-抗海洋生物污损双功能聚合肽水凝胶海水提铀及抗污损机理[45]

胍基聚合偕胺肟吸附剂 AOP@PPLA 等多种吸附剂材料，可实现海水中多种污损生命体的有效防控[46-48]。另外，通过在 PAO 纳米纤维吸附剂中复合黑磷纳米片制备了海水提铀吸附剂 BP-PAO，得益于黑磷的光热-光电-光催化性能产生的活性氧自由基抗污损三重性能，实现了对多种海洋污损的有效防控和提铀性能的有效提升，将真实海水提铀性能提升了 50%，达到了 11.76 mg/g 的真实海水提铀性能（图 9-16）[49]。

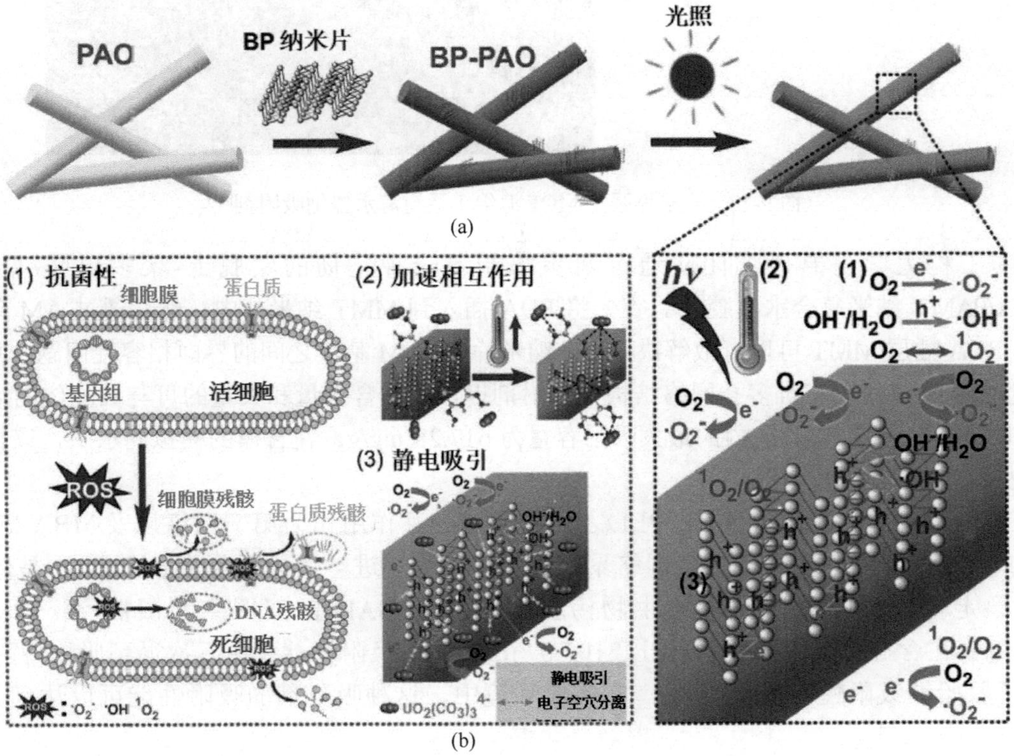

图 9-16　黑磷复合肟基纳米纤维制备及光诱导光热-光电-光催化三重效应示意图[49]

海洋中有着丰富的光照资源，对海洋中光照资源的有效利用，可通过光热等性能实现海水提铀性能和提铀动力学的提升。首次构建 MOF 光催化异质结结构，实现高效的光催化还原提铀能力，并具备良好的海洋微生物污损防控性能。该结构在实验室真实海水环境实现了 6.77 mg-U/g-Ads 的吸附量，同比暗场条件提升了 55%[50]。依靠聚多巴胺（PDA）良好的自聚合附着能力，可充当 MOF 成核位点，实现 MOF 在多孔碳化海绵和木质纤维素气凝胶等基体上的原位均匀致密生长，解决了 MOF 吸附剂的可回收问题，与暗场条件相比，光场下的铀吸附量提升了 32%以上（图 9-17）[51]。

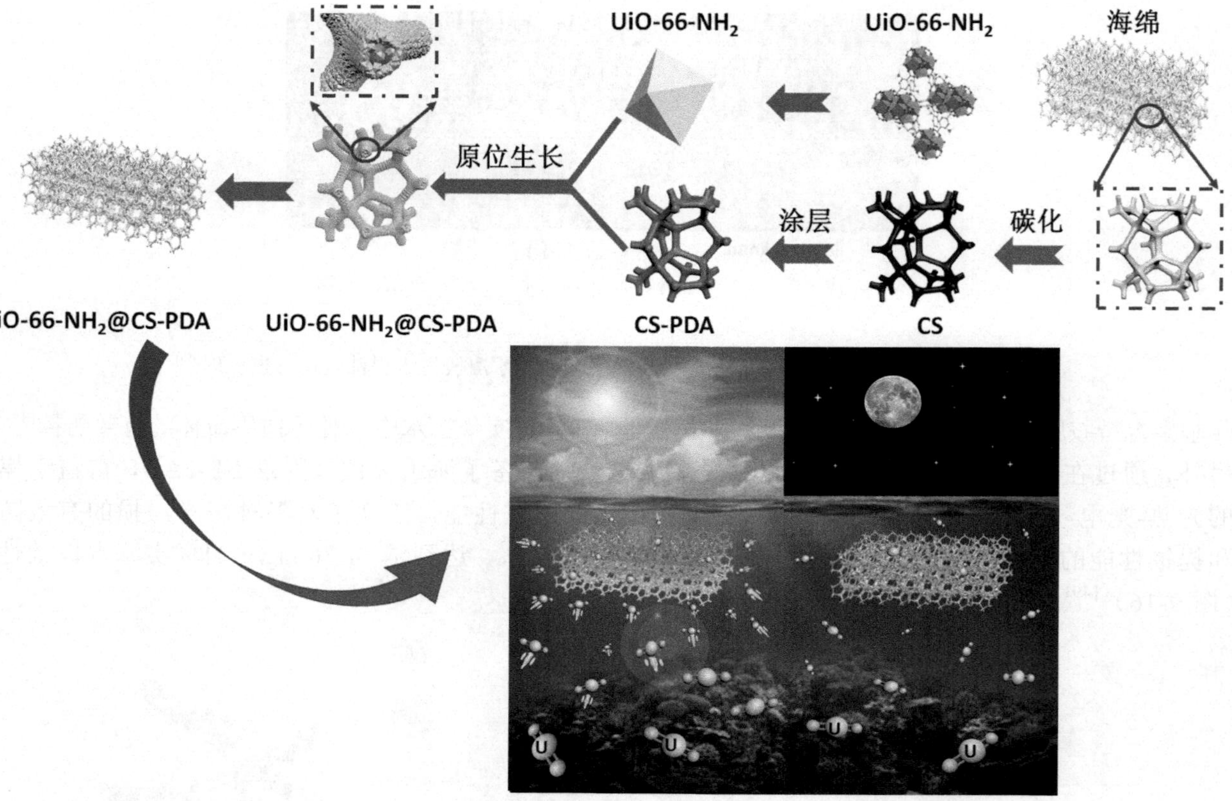

图 9-17 光热增强型 MOF 海绵多通道海水提铀吸附剂[51]

哈尔滨工程大学王君研究团队通过两步法制备一种坚韧的蒙脱土-聚多巴胺/聚丙烯酰胺（MMT-PDA/PAM）纳米复合水凝胶[52]。首先将 PDA 插入到 MMT 纳米片中，然后通过 AM 单体进行自由基聚合。PDA 插层 MMT 可以有效解决 MMT 纳米片和 PAM 基质之间的界面相容性问题，并改善水凝胶的机械性能和稳定性。三维多孔网络结构为吸附剂提供了高含水量和大量的可与铀配位的活性位点。在 pH=6.5 时，吸附剂在 30 min 内的最大吸附容量为 617.28 mg/g。在含藻的模拟海水中，该材料对铀的吸附量可达 2130 μg/g（图 9-18）。

通过带相反电荷的聚合物（SA 和 PEI）之间的静电相互作用作为第一网络以及 MBA 交联的 PAM 链作为第二网络，形成平衡电荷的双网络聚电解质水凝胶。进一步模板化生长 ZIF-67 晶体，从而构建具有水稳定性、分级孔隙率且抗生物污损的 ZIF-67/SAP$_{0.45}$ 双网络水凝胶[53]。平衡带电的 ZIF-67/SAP$_{0.45}$ 在含硅藻的环境中显示出 2107.87 μg/g 的铀吸附性能。在五次循环吸附-解吸过程后，依旧保持了原始铀吸附性能的 74.69%。在实海环境中，这种吸附剂的吸附性能可以达到 6.99 mg/g（图 9-19）。

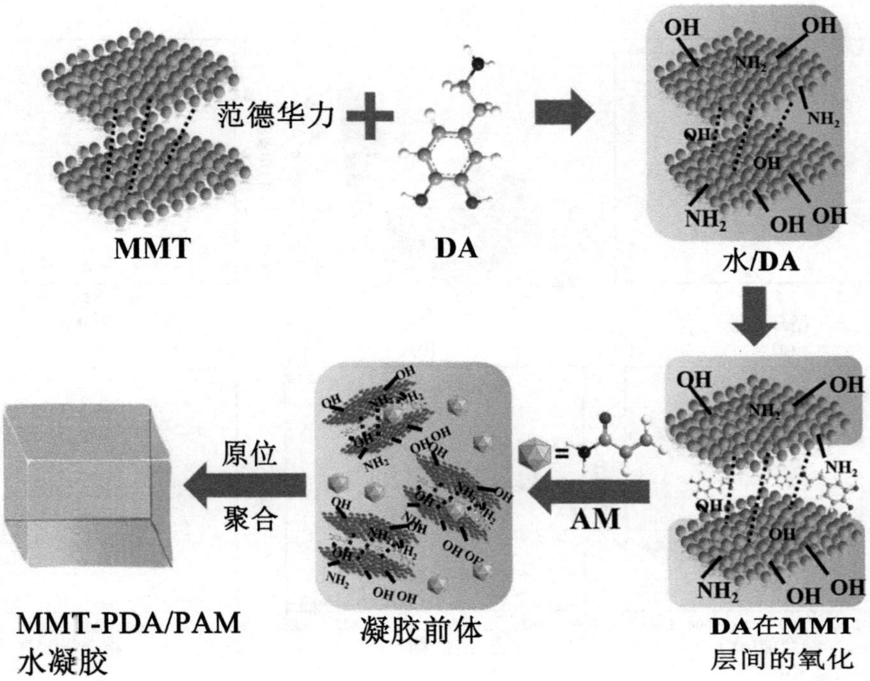

图 9-18　聚多巴胺修饰蒙脱土掺杂的聚丙烯酰胺水凝胶制备示意图[52]

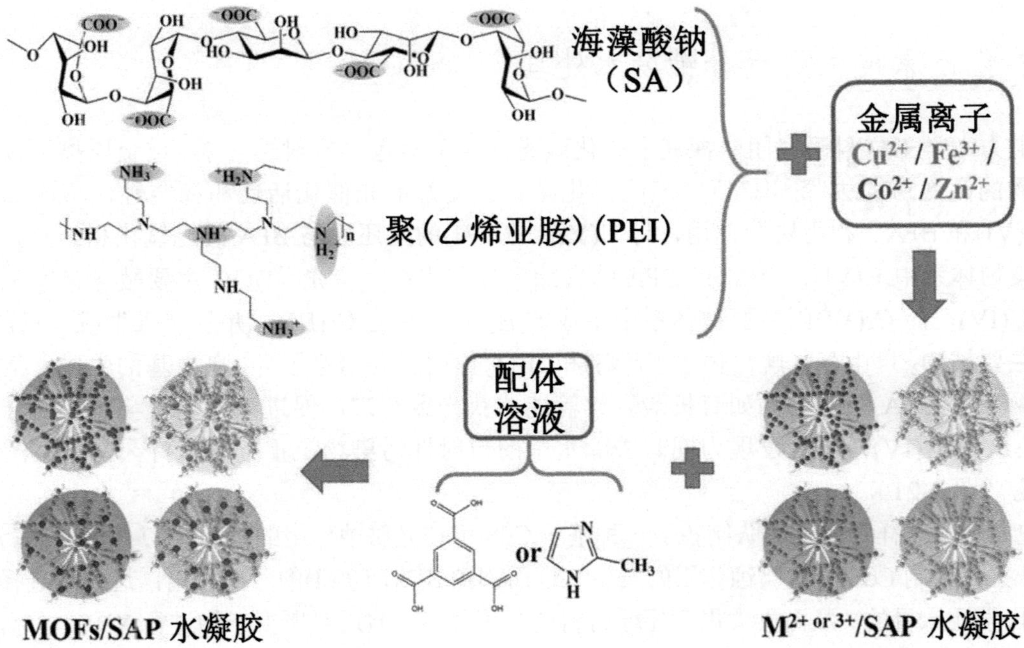

图 9-19　ZIF-67/SAP 吸附材料制备示意图[53]

受聚乙烯的启发构筑一种具有超高力学性能和多层多孔结构的新型偕胺肟化乙烯-丙烯酸共聚物球（EAA-AO）[54]，通过热碱乙醇水溶液实现对材料结构的调节，将致密薄膜结构转变为多层多孔，在人工放射性废水吸附容量高达 3.20 mg/g，改善偕胺肟基吸附剂较差机械性能，不利于从酸性模拟放射性核废水中吸附铀的弊端（图 9-20）。

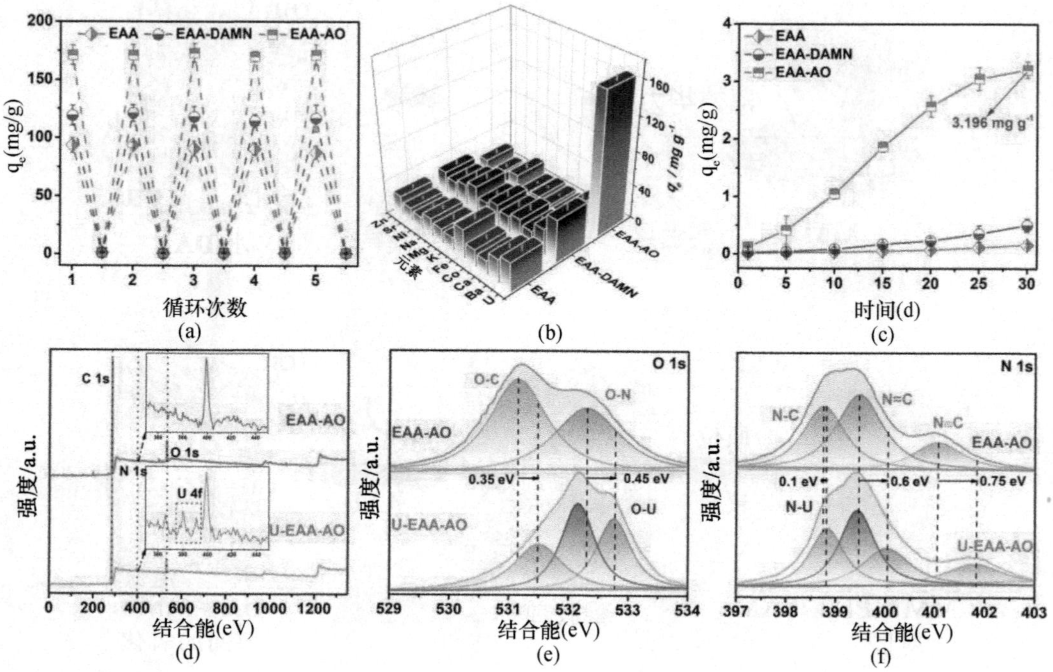

图 9-20　材料吸附性能研究（a～c），吸附前后 XPS 分析（d～f）[54]

9.3.3　催化还原技术用于含铀废水处理

华北电力大学王祥科研究团队探究了氮化碳光催化剂对包含放射性元素、重金属离子以及持久性有机污染物的高效协同去除[55]。研究表明氮化碳具有良好的光催化活性和稳定性，可高效协同去除 U(VI)、Cr(VI)和 BPA。利用协同作用，将 U(VI)、Cr(VI)的光还原与 BPA 的光氧化相结合，使氮化碳对复合污染物体系中 U(VI)、Cr(VI)、BPA 的去除率显著提高。首先，U(VI)主要被导带产生的光生电子还原为 U(IV)，而 Cr(VI)则主要被体系中生成的 H_2O_2 还原为 Cr(III)，并且同时生成大量的 O_2^-·自由基。BPA 主要被 O_2^-·自由基降解。由于 Cr(VI)和 H_2O_2 作用显著增强了 O_2^-·自由基的生成，从而促进了 BPA 的降解，而 BPA 及其产物如有机酸、醇等能捕获光致空穴，促进光致电子与空穴的分离，促进了 U(VI)还原为 U(IV)。这些发现为同时去除水中的放射性污染物、重金属和持久性有机污染物提供了基础理论（图 9-21）。

华北电力大学王祥科研究团队制备了一种基于 CdS 可控光腐蚀作用的 CdS/SnO_2/$CdCO_3$ 三元复合物，通过光的开关，控制 CdS 的光腐蚀作用的发生，进而调控 S^{2-}对 U(VI)的还原作用，达到高选择、可控的 U(VI)的光化学还原目的。从而大大提高还原材料的利用效率。通过对所得产物进行 XRD、红外、吸收光谱的表征可以看出，印证了复合材料的组分以及强的可见光吸收性能。在不同溶液体系中进行的光电流测试说明，材料在水溶液中有很强的稳定性，只有当溶液中含有氧化性的 U(VI)存在且在光照条件下，才会发生 CdS 的腐蚀。结合对材料进行电化学、光学以及光电化学的研究结果，提出了催化还原过程中的电子转移的机理，认为光照使得 CdS 产生光生电子和空穴，光生电子可分别跃迁到 $CdCO_3$ 和 SnO_2 上对六价铀进行还原。其中，CdS→$CdCO_3$→SnO_2 的路径最优。这主要是由于实验中发现 CdS 不能很好地吸附 U，而 SnO_2 吸附铀的性能很好，$CdCO_3$ 则扮演了一个介于二者之间的良好桥梁的角色（图 9-22）。此外，CdS 中的二价硫离子的氧化过程（光腐蚀）是光还原过程发生的必要条件。没有光腐蚀，就不会发生光还原。这种分工协作的催化剂的设计理念，对于新型光催化材料的设计具有很好的参考价值，提供了新的思路[56]。

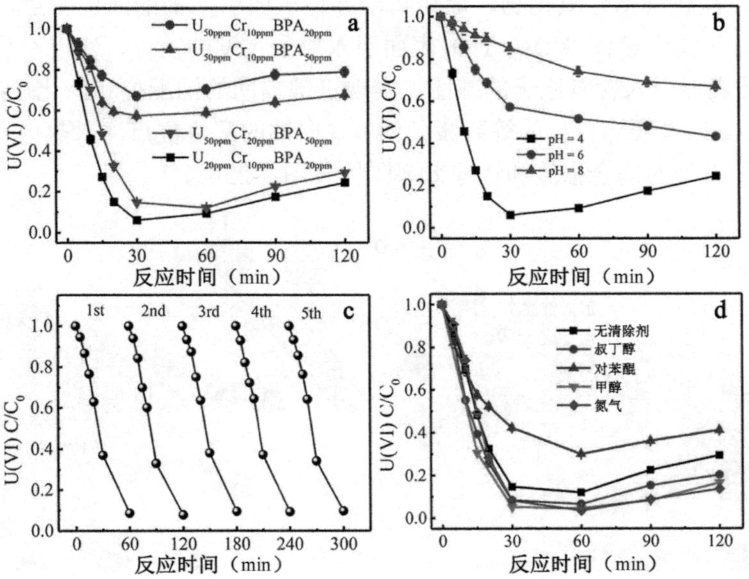

图 9-21　氮化碳在不同反应条件下对 U(VI)的去除、循环反应实验以及自由基淬灭实验[55]

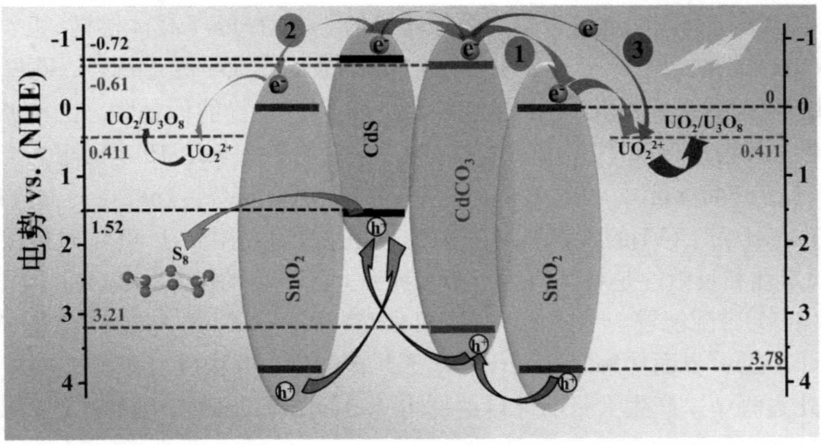

图 9-22　电子、空穴传输路径机理图[56]

西南科技大学段涛研究团队在光催化对铀的还原方面取得了一系列的研究进展。研究发现光催化材料吸附光还原过程很大程度上取决于光催化剂的物理和化学性质和能带结构[57,58]。将额外的富氮基团引入 C_3N_4 以形成 C_3N_{4+x} 伴随着能带边缘的移动，可以获得带隙较窄的 C_3N_5 为 1.66 eV，从而将光响应范围扩展到 747 nm。然而，缺陷容易发生强载流子复合并阻碍光电子迁移影响光化学效率。通过调整两种材料之间的相对带隙并进一步定制它们的能级以形成具有交错能带的肖特基异质结，是克服单一半导体光催化活性有限的有效方法。因此，根据能带弯曲理论定制了基于 C_3N_5 的异质结结构，协同吸附光还原技术显著提高了 U(VI)的光还原去除能力，并能有效克服竞争离子与辐照的影响（图 9-23a）。

同时，西南科技大学竹文坤研究团队还围绕光催化还原铀的异质结材料及半导体的表面重构方向取得了系列进展。主要成果包括：①设计并制备了具备肖特基结特性或交错能带结构的吸附剂-半导体异质结构，包括生物质炭-MoS_2、石墨烯-MoS_2，氧化石墨烯-C_3N_4 等，将半导体的光电子转移到包含吸附剂上，进而结合吸附法的大量配位位点优势，以及光催化法速率快、对可溶性和非还原性离子选择性强的优势，实现铀的快速、高效富集分离[59-61]。②针对异质结体系电子转移导致的能量损失和还原率不高的问题，利用表面重构的方式，在传统惰性氧化物、硫化物半导体表面引入铀的配位位点，实现铀的吸附、还原一体化[62,63]。例如在氧化物半导体 WO_3、TiO_2 表面引入原子尺度的空位，实现空位对铀的缺陷捕获；在 CdS_xTe_{1-x}、VO_2 半导体表面引入含氢原子的基团，实现氢键辅助的铀配位和催化还原等。③利用 Cu 基高熵合金、Ag 纳米晶、Te 纳米线等材料的等离激元效应，向铀的配位位点注入热电子，增加配位位点的负电荷，增强铀在配位位点处的键合强度和还原效率[64,65]（图 9-23b）。

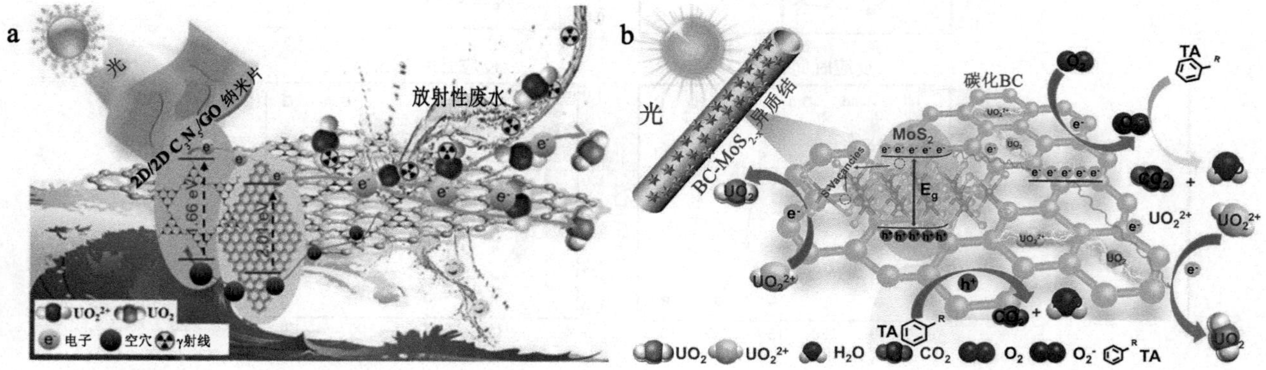

图 9-23　（a）光催化还原 U(Ⅵ)的机理[58]，（b）生物质炭-MoS_2 异质结对铀的光催化还原机理[59]

绍兴文理学院胡保卫研究团队通过合成 β-酮胺连接的 COF-TpPa-1 载体材料，并与无毒、成本低廉的催化剂溴氧铋（BiOBr）相结合[66]。研究表明，TpPa-1 比表面积大、孔道规整、孔壁上富含杂原子活性位点、π-π 共轭层层堆积结构（有利于电子传递与运输），以及极好的稳定性，在沸水以及酸碱环境中均表现出良好的稳定性。其中，TpPa-1 与 BiOBr@TpPa-1 复合材料在长达 10 小时可见光照射下，保持稳定的 U(Ⅵ)去除能力。反应 540 min 后，BiOBr 对 U(Ⅵ)的去除率为 65%，TpPa-1 对 U(Ⅵ)的去除率为 82%，而（5%）BiOBr@TpPa-1 对 U(Ⅵ)的去除率高达 91%，并且反复使用长达 40 小时仍保持很高的去除率。COFs 复合材料的稳定性和长效性是将其应用于海水提铀尤为重要的因素。BiOBr@TpPa-1 复合材料高效去除 U(Ⅵ)可归因为：①带隙能进一步降低，提高可见光利用率（$E_{g\,\mathrm{BiOBr@TpPa\text{-}1}}$=1.78 eV）；②无机 BiOBr（2D）与有机 TpPa-1（2D）界面接触时，强化 π 电子共轭杂化，并构成 II 型异质结，降低光生载流子的复合效率；③光催化过程中，产生大量活性自由基团（$\cdot O_2^-$），有助于 U(Ⅵ)的固定。

9.3.4　多孔框架材料用于乏燃料后处理中几类关键核素的污染治理

苏州大学王殳凹研究团队针对易迁移的铯，设计并构筑了首例锕系三重互锁阴离子金属有机骨架。该结构不仅具有良好的水稳定性、热稳定性，而且具有良好的辐照稳定性。孔道中游离的阳离子可被 Cs^+ 交换，从而有效阻滞 Cs^+ 的迁移。该研究充分证明了通过富芳香环有机配体构筑的稳定锕系 MOFs，可作为潜在的高放废物固化新材料[67]。此外，首次发现含软、硬基团的膦酸锆材料在强酸条件下对 ^{90}Sr 具有优异的选择性吸附性能，可去除海水中 90%的 ^{90}Sr。通过单晶衍射的原位表征结合理论计算，揭示了材料对 Sr 的软硬协同两步去除机理（图 9-24）。本工作通过离子交换和层间氟原子的协同螯合，实现了复杂水体环境下 Sr 的选择性吸附分离，为核能放射性污染控制材料的设计提供了新思路[68]。

苏州大学王殳凹研究团队首次研究了共价有机框架（COFs）材料在模拟的真实后处理废气环境下，同时对低浓度碘单质、甲基碘具有吸附去除效果。在目前已报道的材料中，SCU-COF-2 具有在静态条件下对 CH_3I 最高的吸附容量（1.45 g /g）和动态穿透条件下对 I_2 最高的吸附容量（0.98 g /g）。

该研究证实了 SCU-COF-2 在高湿高温环境下，对后处理模拟尾气中的 I_2/CH_3I 具有深度净化能力，表明该类 COFs 材料在处理核事故或乏燃料后处理中放射性碘或有机碘的紧急泄漏方面具有极大的实用价值[69]（图 9-25）。

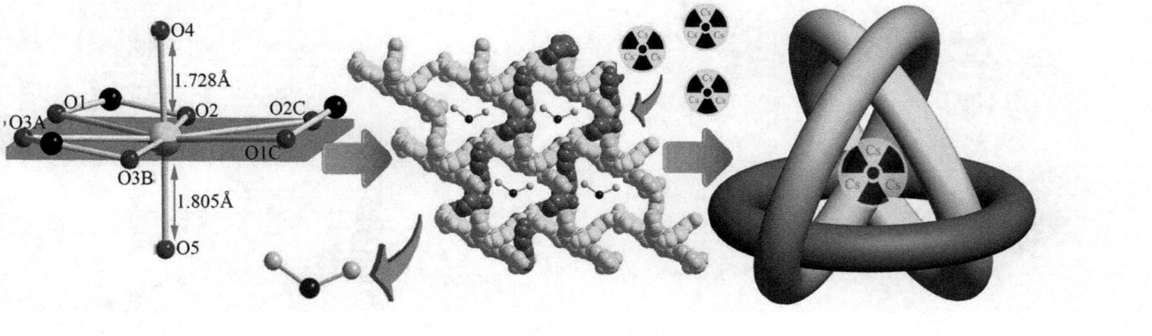

图 9-24　锕系三重互锁阴离子金属有机骨架[67]

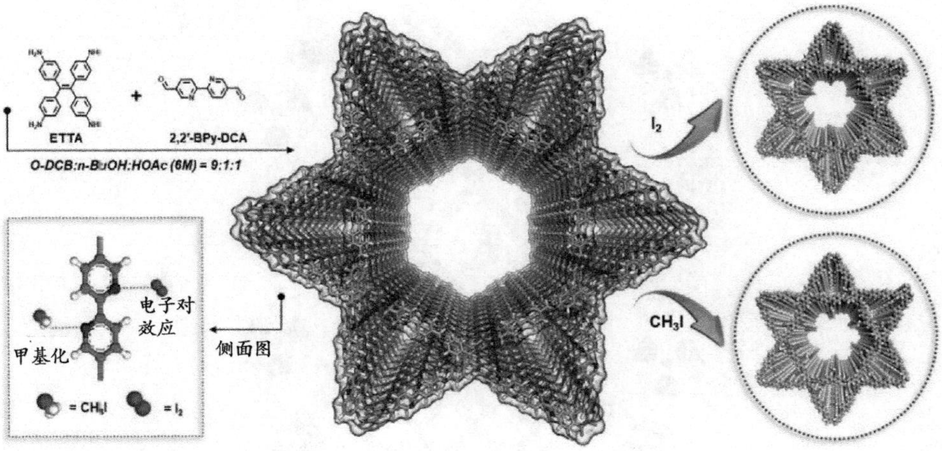

图 9-25　富氮型共价有机框架材料对低浓度碘单质及甲基碘的吸附去除[69]

分离固化放射性碘对于乏燃料后处理和环境污染防治具有重要的科学价值和现实意义。近年来，西南科技大学段涛研究团队在碘的吸附固化方面取得了一系列的研究进展[70-73]。研究发现铋基负载的多孔材料能快速捕获碘单质，相比于其他功能材料（银掺杂沸石类材料、MOFs 材料等）对碘的捕获具有成本低、材料易合成且毒性低、吸附容量高等特点。同时，铋基材料的固化相 BiI_3 和 Bi_5O_7I 具有较好的热力学稳定性，在强还原性地下水环境中比 AgI 固化相更稳定，是一种新型高效的碘的固化体。基于前期研究基础，团队系统地开展了关于铋基多孔材料对碘吸附性能的研究，提出“吸附-固定-固化”一体化的新思路（图 9-26a）。以商用沸石、介孔硅、活性炭等为载体，采用浸渍、离子交换、惰性气体还原、热处理等方法宏量制备铋基多孔吸附材料，用于放射性碘的分离固化。团队联合中国兵器装备集团自动化研究所自主研制碘动态吸附装置（图 9-26b），模拟实际工况条件，开展铋基多孔吸附材料的实际应用性能研究，成功搭建碘吸附材料、碘气溶胶模拟工况性能评价平台。

具有不饱和金属配位点的含钍 MOFs 用于阻滞放射性废气的扩散（图 9-27），并实现 Xe/Kr 的高效分离。苏州大学放射化学团队设计并合成了具有超大笼状孔道的含钍金属-有机骨架 SCU-11，该结构中钍的配位模式为罕见的双帽四棱柱结构。SCU-11 对水蒸气的吸附高达 234 cm^3/g，可作为潜在的放射性废气氚治理材料。材料的氙吸附量高达 3.17 mmol/g，Xe/Kr 的分离比为 5.7。该成果为治理典型气态放射性核素供了新材料，为阻滞坑道中放射性氡、射气以及重水堆中氚水的吸附提供了新的研究思路[74]。

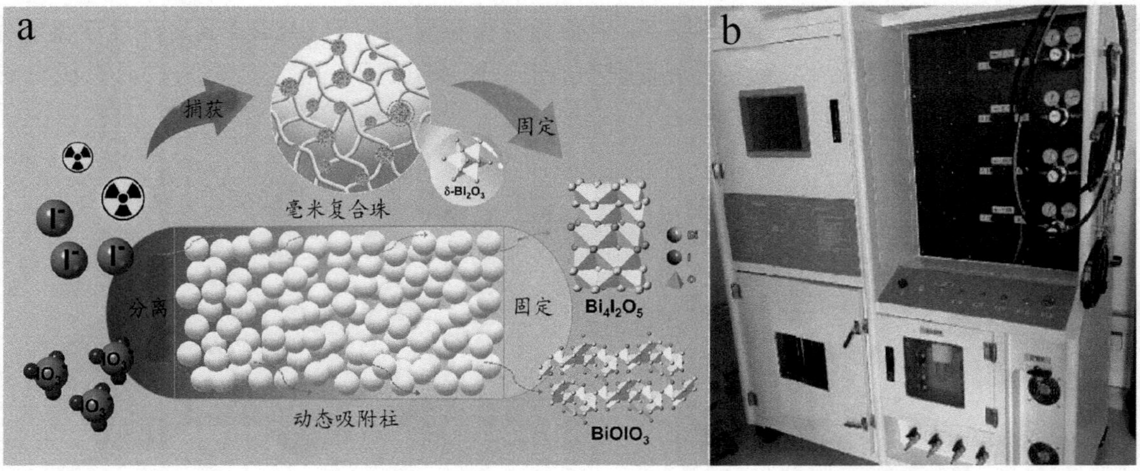

图 9-26　（a）铋基多孔材料对碘的吸附机理图[70]，（b）碘动态吸附装置

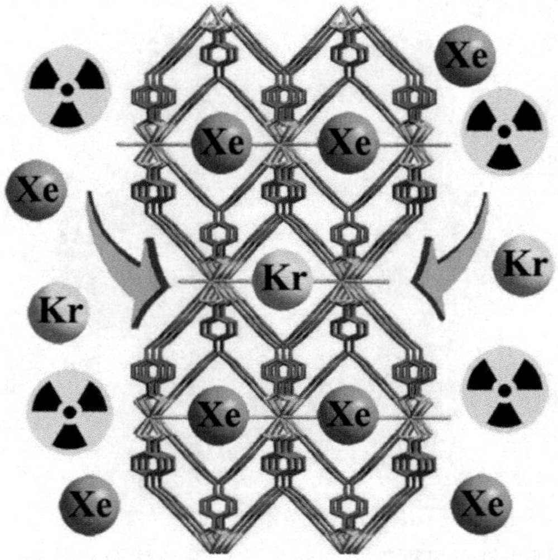

图 9-27　不饱和金属配位点的含钍 MOFs 用于阻滞放射性废气的扩散[74]

四川大学马利建研究团队首先采用溶剂热法合成了共价有机框架材料 TFB-TAPA 和 TFP-TAPA，随后以碘代正丁烷为烷基化试剂，通过多元烷基化策略进一步调控 TFB-TAPA 和 TFP-TAPA 的孔尺寸，制备得到孔径均一化的亚纳米孔 COF 材料 TFB-TAPA-Bu 和 TFP-TAPA-Bu（图 9-28）。首次将该类材料应用于氙/氪的富集和分离。研究表明，随着压力的增加，制备的四种材料对氙和氪的吸附量逐渐增加。其中，孔径不均一的 TFB-TAPA 和 TFP-TAPA 对 Xe/Kr 的吸附效果较差。而多元烷基化调控得到的孔径均一的 TFB-TAPA-Bu 和 TFP-TAPA-Bu 则对 Xe/Kr 表现出较好的吸附性能。并且，由于 TFP-TAPA-Bu 具有更大的孔体积，其吸附性能更加突出，在 298 K、1.0 bar 下对氙的吸附量达到 85.6 cm^3/g，对 Xe/Kr 的筛分选择性高达 9.7，明显优于此前报道的 MOF、多孔有机笼等吸附材料，在 Xe/Kr 吸附分离领域具有很大的应用潜力[75]。

9.3.5　新型核素分离检测流程开发

苏州大学王殳凹研究团队针对后处理过程中三价镧锕分离这一关键难题，系统研究了镧系元素及次锕系元素与几类无机盐的结晶条件、晶体结构，率先发现了能够识别不同镧系锕系元素的晶格系统，并由此发展了一种用于乏燃料后处理的新型选择性结晶分离策略[76]（图 9-29）。

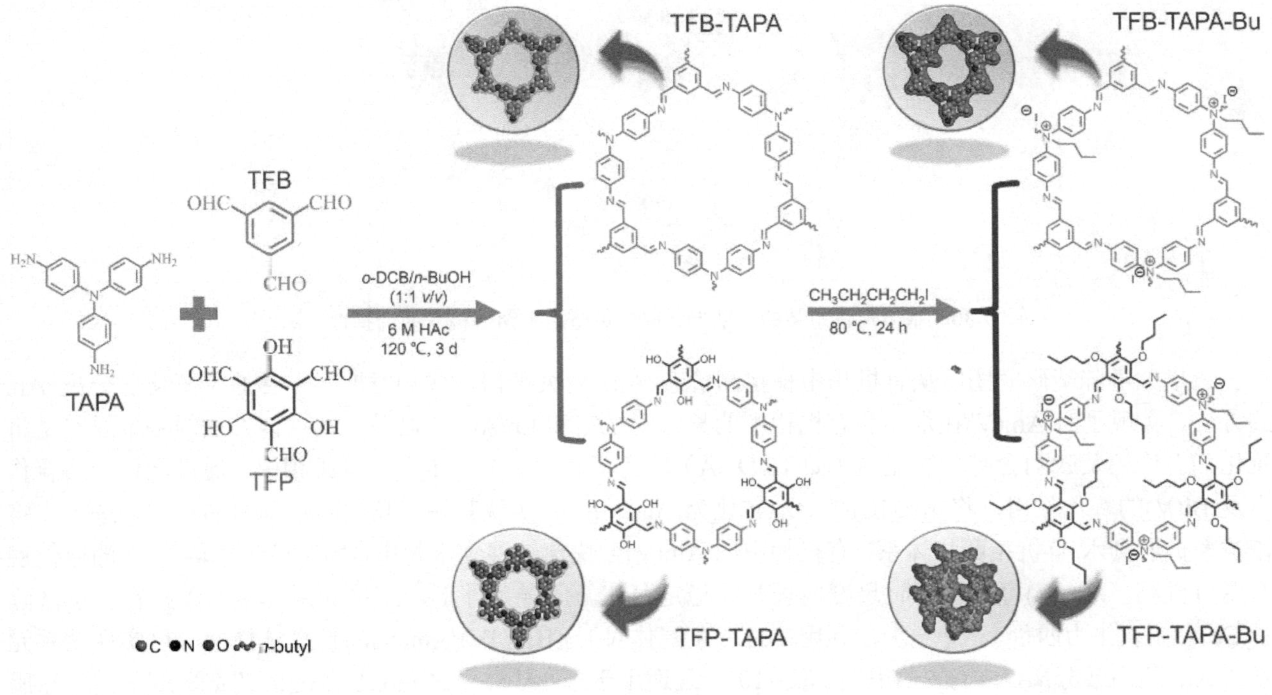

图 9-28　亚纳米孔 COF 材料的制备示意图[75]

中科院高能所石伟群研究团队在多年锕系配位超分子研究的基础上，首次提出了一种采用配位组装纳米团簇作为萃合物种态的锕系元素分离新范式（actinide nano-extraction）如图 9-30 所示，即使用大环邻苯三酚[4]芳烃作为萃取剂，在水相/有机相界面捕获螯合铀酰离子，并原位组装形成铀酰配位纳米笼，实现铀酰离子的高效萃取分离[77]。研究表明，每个配位纳米笼是由 6 个邻苯三酚[4]芳烃大环和 24 个铀酰离子组装而成，多种组分在组装过程中具有多价协同效应（multivalent cooperativity），可以实现铀酰离子的高选择性和高效性。这一基于配位组装纳米团簇萃合物的锕系分离新思路是超分子组装理念在放射化学和核素分离领域的重要应用，代表了一种全新的核素分离方法，有望解决传统核素萃取分离中存在的选择性较低的难题，也为未来更多锕系分离化学新理念和方法的提出提供了重要参考。

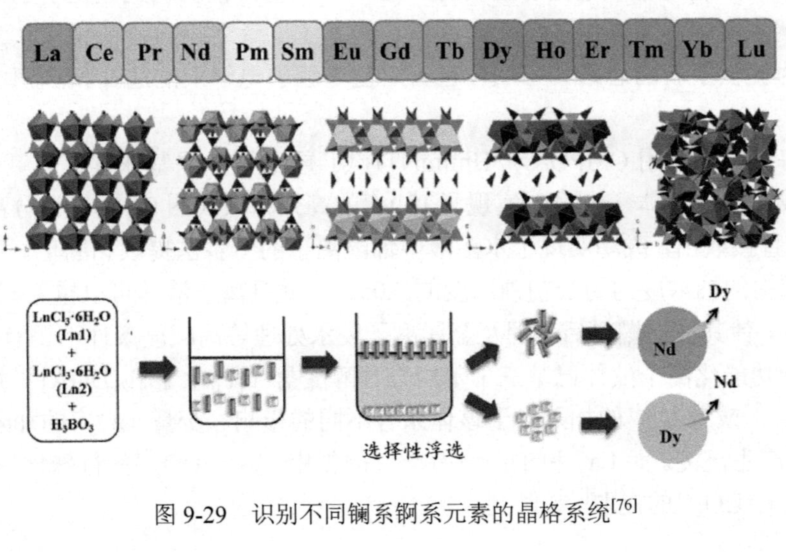

图 9-29　识别不同镧系锕系元素的晶格系统[76]

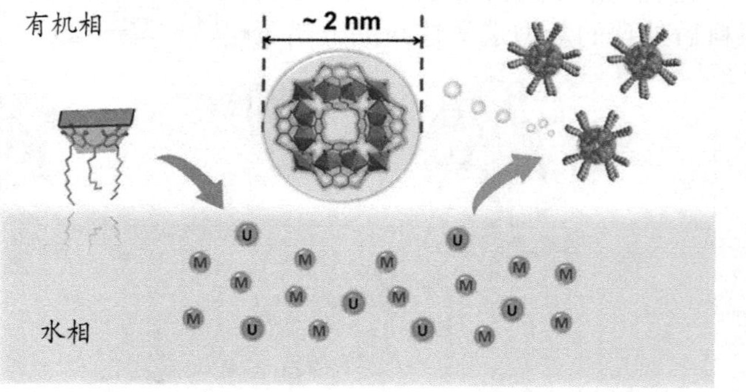

图 9-30　基于配位组装的“纳米萃取”策略用于锕系核素的选择性分离[77]

清华大学陈靖研究团队从有机相中稳定高价态 Am 为突破口，成功发展了一种原位氧化和分离 Am 的方法，实现了对 Am(V)在水相和有机相中的长时间稳定和 Ln/Am 的高效分离。该方法的基本思路是将氧化剂五价铋负载到含有功能配体（如 TODGA）的有机相中。进一步在该有机相中，通过配体的络合作用及 Bi(V)的氧化作用，将 Am(III)高效地转化为 Am(V)，并实现其在较长时间尺度内的稳定。进一步将该体系扩展到水/有机相两相体系，有机相中的 Am(V)会快速转移到水相中，同时通过萃取/氧化的原位动态调节机制，Am(V)可以在小时尺度内长时间稳定存在。同样条件下，三价镧系元素均维持在三价（除了 Ce 会被氧化为四价）。进一步，利用 TODGA 配体对 Ln(III，IV)/Am(V)的超高选择性，可实现镧系元素和 Am 的高效分离，单级分离因子超过 10^4，且适用于不小于 1～14 mol/L 硝酸的超宽酸度范围，克服了以前工作中高价 Am 不稳定、分离因子低、操作条件苛刻等不利因素。

熔盐电化学技术是当前重要的放射性核素分离技术。在电化学技术中，电解质的组成（通常为氯化物或氟化物）对电解产率和电流效率影响很大，这是因为同一镧系元素离子在不同熔盐中的电化学性质存在较大差异。然而，引起这种差异的原因目前鲜有讨论。近年来，中科院高能物理研究所石伟群研究团队围绕不同体系中镧系元素的电化学性质差异开展了系统研究。例如通过在氯化物熔盐中引入氟离子，结合电化学、Raman 光谱、X 射线吸收精细结构（XAFS）谱和第一性原理（FP）模拟等方法，深入研究了三价镧系[Ln(III)]离子的电化学性质与配位结构变化。研究发现，氟离子具有很强的配位能力，可引起 Ln(III)还原电位的负移或还原过程的改变，还会造成配合物结构发生扭曲，对称性减弱，导致拉曼光谱信号的减弱或消失。研究还发现，氟离子和氯离子与 Ln(III)的配位存在竞争关系，二者的竞争使 Ln(III)的配位构型不断发生改变，从而导致电化学性质的变化[78]。该工作首次从配位化学的角度并结合先进谱学手段，系统研究了镧系离子在熔盐中的电化学性质，揭示了二者之间的内在联系，为深入理解熔盐中金属离子的电化学行为提供了新的思路和方法，也为熔盐电解中电解质的选择和沉积电位的调控提供理论指导。

北京大学沈兴海研究团队用 CMPO-$C_2OHmimNTf_2$（1-羟乙基-3-甲基咪唑双三氟甲基磺酰亚胺）体系通过超分子组装形成宏观组装体（MSA）实现了 UO_2^{2+}的高效萃取（图 9-31）。该分离系统无需反萃，形成的 MSA 样品可以直接取出，成功实现了水溶液中铀酰离子的一步法提取和固化。整个过程中几乎不产生放射性废物（水相中的铀浓度约为最初铀浓度的 0.05%，并且离子液体可以重新利用）。该体系对高酸度具有良好的适应性，使其在乏燃料后处理及金属离子废水处理等高酸度条件下仍有很好的应用前景[79]。此外，还制备了一种功能化离子液体己基三丁基鳞二甘醇酸盐（$[P_{6,4,4,4}]_2[DGA]$）并在水溶液中构筑了囊泡体系。UO_2^{2+}，La^{3+}或者 Th^{4+}的加入对于该体系有不同的影响。少量 UO_2^{2+}的加入能够诱导囊泡形成大尺度聚集体，进而产生沉淀。而 La^{3+}和 Th^{4+}没有类似的作用。鉴于 UO_2^{2+}的特殊性质，$[P_{6,4,4,4}]_2[DGA]$-水体系可以被用来进行 UO_2^{2+}的提取[80]。

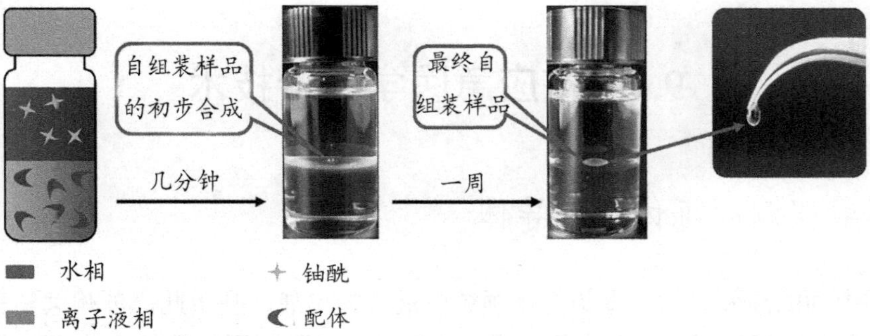

图 9-31　铀的宏观超分子自组装萃取方法[79]

酸性条件下，环境和生物体内痕量的铀酰检测一直是困扰人们的问题。因此南华大学王宏青研究团队设计合成了 P2[81]和 USC-001[82]，利用 P2 共轭聚合物的线性功能放大信号实现了环境样品中痕量铀酰的检测，其检测限为 7.4×10^{-9} M；利用 USC-001 的生物相容性和水溶性实现了酸性和溶剂水比例高（THF：H_2O，$v/v = 5:95$，pH = 4.5）时的环境样品和细胞中铀酰检测，并提出了不同水比例的荧光机理（图 9-32）。

Th^{4+}是水溶性的，含 Th^{4+}的样品是含水的，而采用有机小分子荧光法测定钍时，存在着其体系有机溶剂含量较高，不利于检测。另一方面 UO_2^{2+}、镧系和锕系等元素对 Th^{4+}的检测总存在干扰。针对上述问题 N1′，N3′-bis [(3-hydroxynaphthalen -2-yl) methylene] malonohydrazide（Hn）被设计合成，在 CH_3OH：H_2O（$V/V = 2:8$，pH = 7.2）体系中可有效检测 Th^{4+}并消除 UO_2^{2+}、镧系和锕系等元素的干扰。Hn 虽然可以消除 UO_2^{2+}、镧系和锕系等元素的干扰，但检测体系的 pH = 7.2。Th 在 pH＞3.5 时，其主要的种态是 $Th(OH)_3^+$和 $Th(OH)_2^{2-}$，当 pH＜2 时，其主要种态是 Th^{4+}。为此南华大学王宏青研究团队设计合成得到了 BH-TPE。该化合物在 pH=2 的 CH_3OH∶H_2O =7∶3（V/V）实现了对水溶液和细胞中的 Th^{4+}的荧光检测，其检测限为 2×10^{-8} mol/L，并且消除了 UO_2^{2+}、V^{4+}、Fe^{3+}、Ga^{3+}和其他金属离子的干扰，提出了荧光机理[83]（图 9-33）。

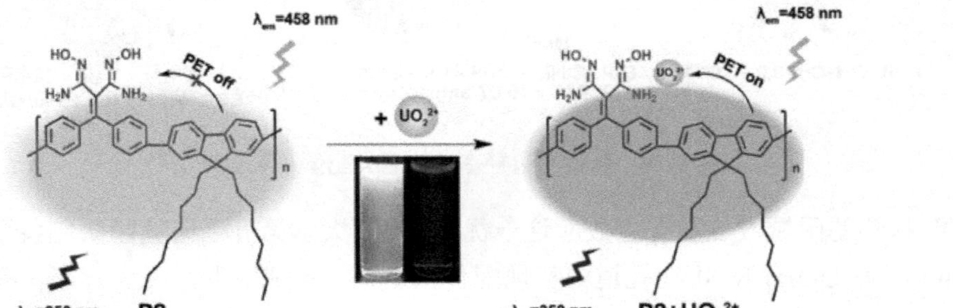

图 9-32　P2 对铀酰的传感机理[81]

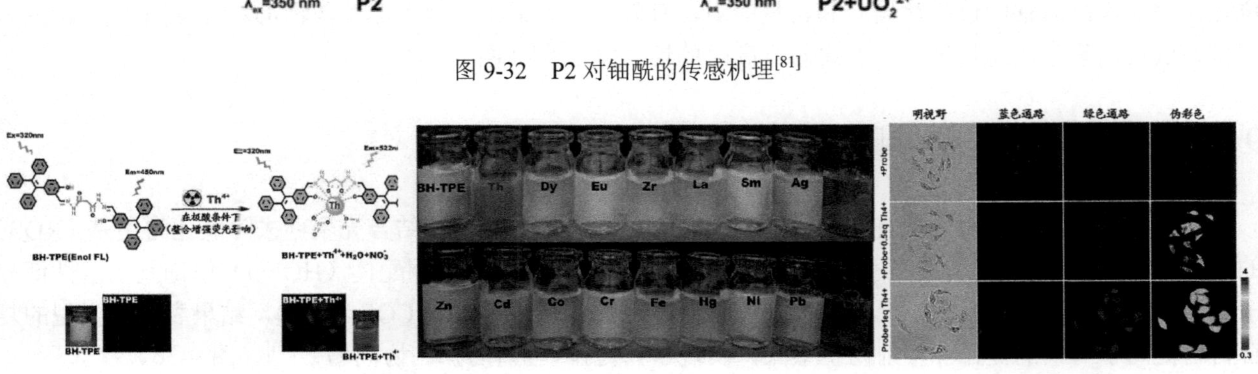

(a)　(b)　(c)

图 9-33　（a）BH-TPE 对 Th^{4+}的荧光机理；（b）BH-TPE 与 Th^{4+}可视荧光；（c）BH-TPE 对 Th^{4+}细胞荧光成像[83]

9.4 核应急医学救治技术

9.4.1 含铀辐射探测闪烁体和半导体

如何实现骨骼中铀的高效去除一直是促排领域内最大的挑战，基于此，苏州大学王殳凹研究团队突破了传统配体设计思路，通过弱化分子内氢键设计并制备了三种新型四齿羟基吡啶酮类配体（图 9-34），优选出高亲合力配体-5LIO-1-Cm-3,2-HOPO，具有显著的骨骼中铀的促排效果，相比于目前报道的最优促排剂，5LIO-(Me，3，2-HOPO)骨骼促排铀效率提升了近 6 倍，是目前世界范围内报道的对铀综合促排效果最优的促排剂，在核应急方面具有极强的可行性和很好的应用前景，有望为我国核能安全高效发展提供重要的核应急防护保障[84]。

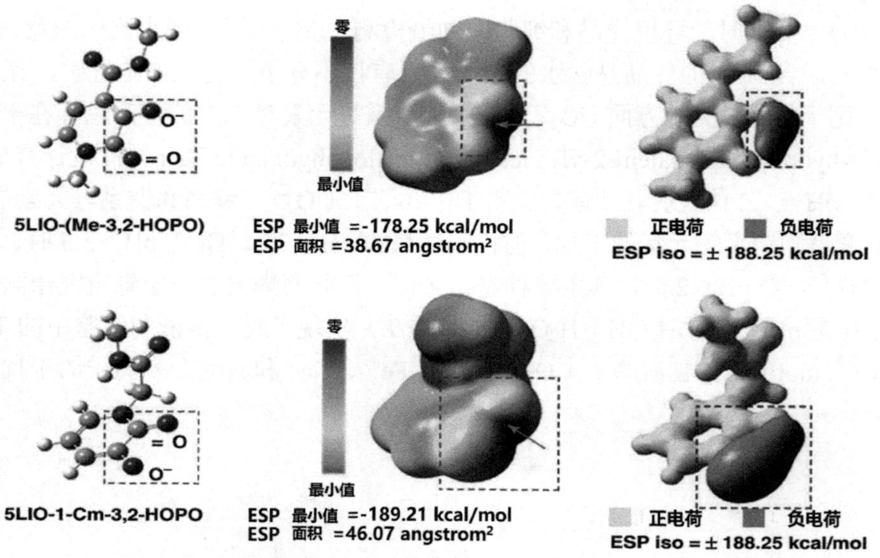

图 9-34　新型四齿羟基吡啶酮类配体及络合机理[84]

基于 MOF 材料的限域效应和孔道效应这一优势，苏州大学第五娟研究团队制备了羧酸功能化的纳米 MOF 材料[UiO-66-(COOH)$_4$]，可在孔道中实现配体预组织，形成对锕系元素离子具有选择性识别能力的位点，进而提高对铀的选择性结合和富集能力，有效改善了临床用锕系促排药物-DTPA 离子选择性差、促排率低等问题，成功拓展出一类崭新且高效的铀促排剂[85]（图 9-35）。

9.4.2 放射性核素辐射防护剂

苏州大学王殳凹研究团队首次提出了“促排+辐射防护”的概念，结合壳聚糖去除氧化自由基（ROS）的能力和 HOPO 对锕系元素的强螯合力，将现阶段最优的羟基吡啶酮配体（HOPO）修饰到水溶性低分子量壳聚糖（COS）纳米颗粒上，获得了生物相容性优的辐射防护剂 COS-HOPO，结果表明该类型的复合材料提高了对铀的促排和辐射防护效果，实现了“促排+辐射防护”协同增效[86]（图 9-36）。

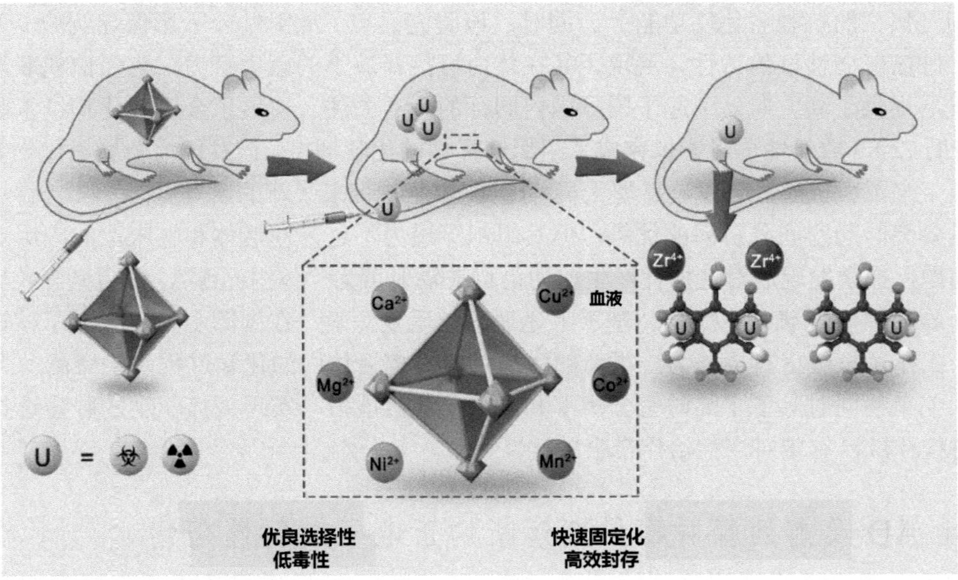

图 9-35　基于 MOF 材料的促排剂[85]

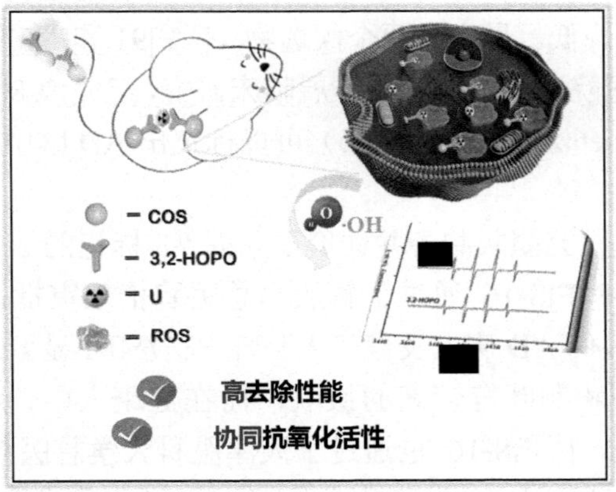

图 9-36　“促排+辐射防护”协同增效[86]

9.4.3　含钍放射性废物的核药物资源化利用

北京大学刘志博研究团队立足药物分子生物半衰期和核素衰变半衰期的组合优化，发展了一系列创新型诊疗核药物，探索了核药物在临床的新应用：①将一类新型含硼氨基酸放射性探针（^{18}F-硼氨酸）成功用于脑部肿瘤的临床诊断。相比常规放射性影像探针 ^{18}F-葡萄糖，^{18}F-硼氨酸在恶性胶质瘤摄取高（SUV=2.8～3.2），在健康脑组织摄取低（SUV=0.1～0.2），在脑部肿瘤的诊断上有显著优势[87]。同期配发了主编评述，指出 ^{18}F-硼氨酸的提出为氨基酸类放射性药物的发展提供了新思路；②发现了抗体核药物可以调节肿瘤免疫[88]；③发展了放射性影像导航的硼中子俘获治疗。结合硼-10 热中子截面高的核物理特性，将硼氨酸成功用于硼中子俘获治疗[89]。同时，发现富硼纳米载体也可用于 PET/BNCT 诊疗一体化。因其硼含量高，循环时间长，硼递送效率显著高于小分子硼药[90,91]。

在国际上首次报道了基于脱硅反应的活体化学，提出了“探测/激活一体化”的理念。该策略赋予了硼氨酸等影像探针激活功能，实现了放射性分子影像引导的肿瘤靶向的前药可控释放和蛋白功能靶向激活，揭示了细胞焦亡的抗肿瘤免疫功能[92]。同时，该研究证实了放射性分子影像导航的“双靶向”剪切系统效率高、肿瘤靶向性好的特性，展现了其在体内可控释放上的巨大潜力，为蛋白偶联药物等前药及载药体系的发展提供了新方向，引起了国际国内同行的广泛关注。发展了金属氟化物纳米晶驱动的活体脱硅化学，借助 Zr-89 放射性分子影像完成了组织选择性的化学调控。该发现为金属氟化物等经典无机材料领域的发展带来了新机遇，为发展新型无机-有机前体药物带来了新的启发[93]。

光激活具备高时间空间分辨率的优势，但其组织穿透力不足，在活体和临床上的应用受到了限制。为解决上述问题，探索发现放射性探针产生的切伦科夫辐射可为“体内光源”，作为概念验证，实现了切伦科夫辐射介导的肿瘤光动力治疗[94]。基于上述理念与反复探索，在国际上率先报道了核辐射介导的活体剪切化学，揭示了核辐射有望作为一类新的激活手段调控活体内的化学过程及生命活动[95]。与传统激活手段相比，该策略同时具备了高时空分辨率和高组织穿透能力，实现放疗驱动的肿瘤选择性荧光分子激活及前药可控释放，有望对癌症治疗带来关键性突破。

9.4.4　用于 AD 及前列腺肿瘤早期诊断的正电子放射性药物

北京师范大学崔孟超研究团队筛选了 110 多个对称及非对称双脎类分子，它们与 Aβ 斑块具有很好的亲和性和选择性。由于它们的脂溶性较低，在小鼠及灵长类动物脑部的清除率比目前 FDA 批准的[^{18}F]AV-45 快，非特异摄取明显降低。最终有两个候选物（[^{18}F]91 和[^{18}F]92）在解放军总医院、安徽省立医院和福州医科大学第一附属医院通过伦理审批开展临床研究，已完成 80 多例临床显像，其中与[^{11}C]PIB 的对比研究显示，[^{18}F]92（Florbetazine，氟贝他嗪）可以标记出 AD 脑中的 Aβ 斑块，与健康人呈现明显差异[96]。

近期，北京师范大学崔孟超研究团队制备并评价了系列 ^{18}F 标记的 2-苯基喹喔啉衍生物，可以特异性识别脑中 Tau 蛋白沉积，其中[^{18}F]S-16 通过了解放军总医院伦理审批，与已报道的[^{18}F]THK-5317 及[^{11}C]PIB 同时对比，已完成 20 多例 AD 病人及健康人脑部 PET/MRI 显像。[^{18}F]S-16 可有效进入大脑，在 AD 患者 Tau 蛋白浓集的海马和颞叶有较高的摄取；而在健康人中，[^{18}F]S-16 的白质非特异摄取比[^{18}F]THK-5317 明显降低。此外，[^{18}F]S-16 也通过了天津医科大学总医院伦理审批（ClinicalTrials ID: NCT03620552），完成了 80 多例不同疾病及健康人脑部 PET/CT 显像，每位受试者都进行了[^{11}C]PIB、[^{18}F]S-16 和[^{18}F]FDG 三种示踪剂扫描。[^{18}F]S-16 高摄取脑区及[^{18}F]FDG 低代谢脑区（红色箭头）高度重合，且均与患者的临床症状高度相关，为医生诊断 AD 提供了重要帮助和切实可行的工具，已作为院内制剂使用[50]。

将[^{18}F]DCFPyL 中的吡啶环替换为亲脂性较高的喹啉环，并在喹啉环的不同位置连接 EuK 药效团，共设计了三种显像剂。以[^{18}F]DCFPyL 为标准，从细胞实验到小鼠成像，再到食蟹猴显像，最后进行临床研究对比了四种显像剂的亲脂性对它们在不同物种体内的分布与排泄特征的影响。结果表明，小鼠体内的分布与排泄特征与显像剂的亲脂性无关，也与显像剂在人体内的分布排泄特征差异较大，而食蟹猴与人体的分布和排泄特征较为匹配，并且受显像剂的亲脂性影响较大：高亲脂性促使显像剂经肝排泄，并使肾脏排出显像剂的速度减缓。这一结论将有助于 PSMA 靶向药物的结构设计和优化。此外，经过筛选得到了一种喹啉类 PSMA 显像剂[^{18}F]8c，能高亲和的靶向 PSMA 阳性病灶（Ki = 4.58 nmol/L），初步临床研究表明其对前列腺癌的检出能力和[^{18}F]DCFPyL 相似，并且注射后 1 h 内很少排入膀胱，输尿管和膀胱显影程度低，人体内分布和排泄特征与[^{18}F]PSMA-1007 相似（图 9-37）。该显像剂有望在前列腺癌诊断中，提供高盆腔区域诊断和降低“假阳性”的 PET 图像，具有较高的诊断效能[97]。

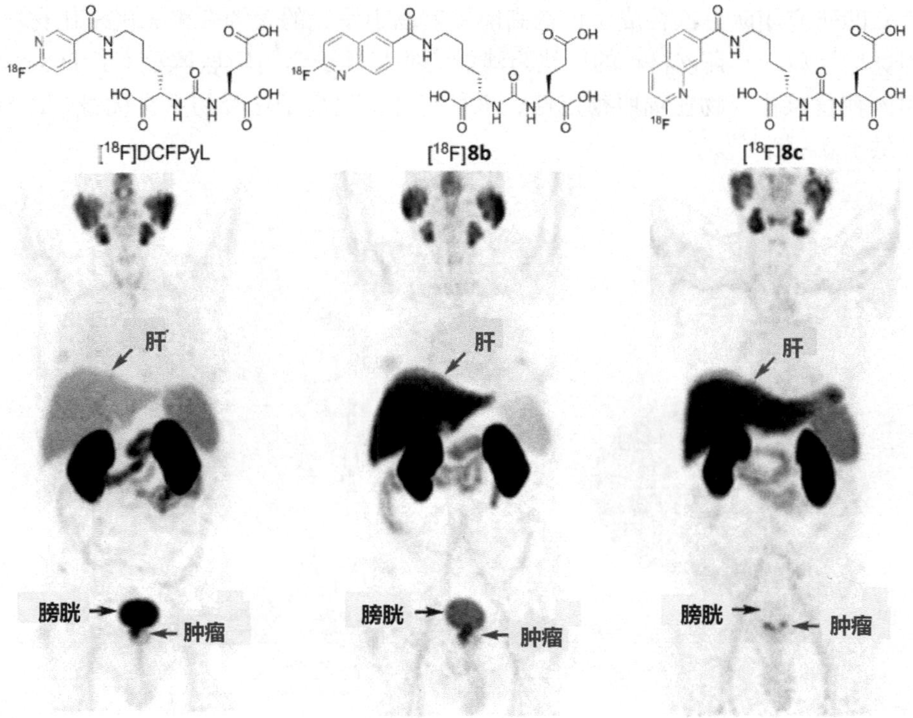

图 9-37　两种喹啉类 PSMA 显像剂和[18F]DCFPyL 的前列腺癌患者 PET 显像对比[97]

9.5　核技术应用

9.5.1　含铀辐射探测闪烁体和半导体

苏州大学王殳凹研究团队设计合成了三维含铀酰金属有机骨架材料（MOFs）（图 9-38），并将其用于电离辐射剂量测定领域。X 射线或 γ 射线辐照均能使该化合物产生自由基，促使铀酰荧光淬灭。通过建立辐照剂量率与荧光淬灭的函数关系，发现该化合物对 X 射线和 γ 射线的剂量检测下限显著优于商用化学剂量剂。该工作首次开辟了锕系光电功能材料在探测领域的应用[98]。

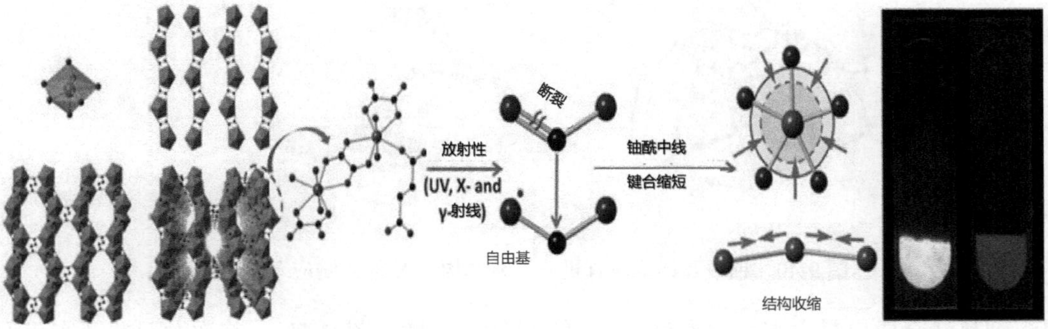

图 9-38　含铀金属有机骨架材料剂量计示意图[98]

苏州大学王殳凹研究团队首次合成了可在高能辐射场中发光的含铀有机无机杂化材料 SCU-9，证实了铀元素具有闪烁体性质，并且该材料的射线阻滞能力明显优于商用闪烁体 CsI ：Tl（图 9-39）。有机无机杂化晶格的引入使得该化合物在辐照稳定性、水稳定性上比离子化合物更具优势。该材料为发展新型辐射探测材料提供了新思路[99]。

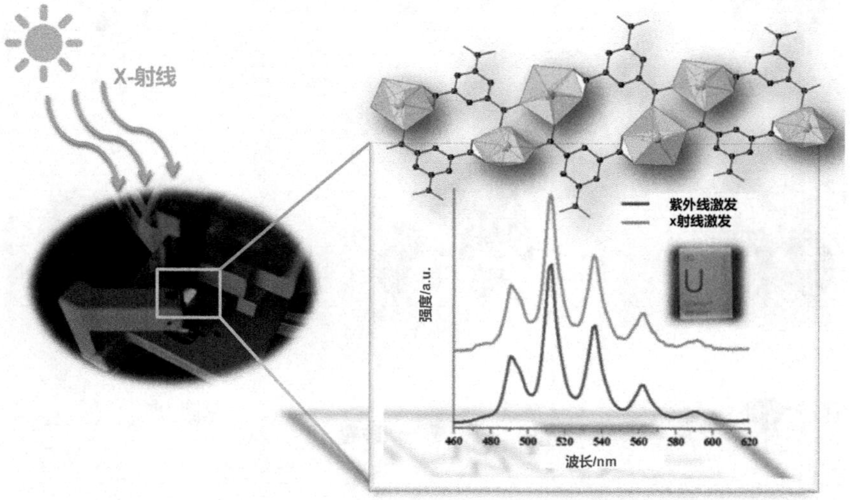

图 9-39 含铀闪烁体有机无机杂化材料开发示意图[99]

通过铀酰离子平面六配位和原位形成的二齿柔性配体巧妙地合成了罕见的 M_4L_6 八面体型分子笼，利用三维互锁铀金属有机分子笼元素组成、结构特点和延展特性，将 MOC 材料引入辐射探测领域并且实现良好的 X 射线探测性能[100]（图 9-40）。

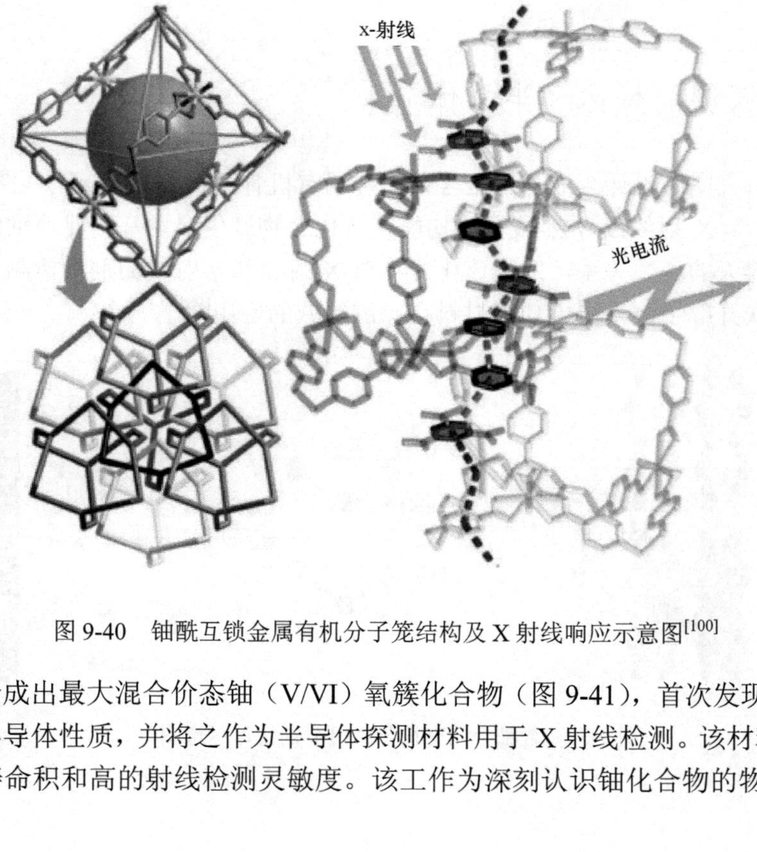

图 9-40 铀酰互锁金属有机分子笼结构及 X 射线响应示意图[100]

利用溶剂热法合成出最大混合价态铀（V/VI）氧簇化合物（图 9-41），首次发现并证实该混合价态铀氧簇化合物的本征半导体性质，并将之作为半导体探测材料用于 X 射线检测。该材料具有较高的开关比、可观的电荷迁移率寿命积和高的射线检测灵敏度。该工作为深刻认识铀化合物的物理特性和开发功能研究提供了新的思路[101]。

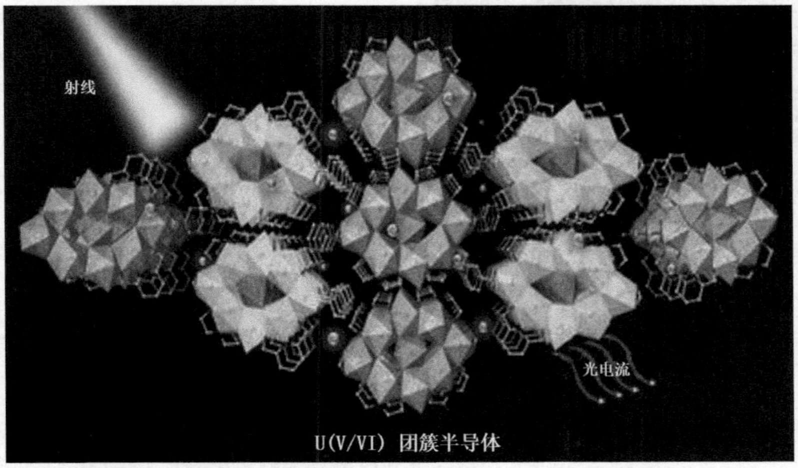

图 9-41　V/VI 混合价态 U 簇结构和光电响应示意图[101]

9.5.2　新型 MOFs 半导体及柔性辐射探测材料

苏州大学王殳凹研究团队利用 Tb^{3+}与导电配体合成一例半导体金属有机框架材料 SCU-12，并首次将其用于高能 X 射线探测中。该材料表现出高的射线探测灵敏度[23.8 μC/ (Gy_{air}·cm^2）]，与商用非晶 Se 材料相当。同时，该材料对 X 射线的探测下限可达 0.705 μGy_{air}/s，为目前多晶探测器记录值[102]（图 9-42）。

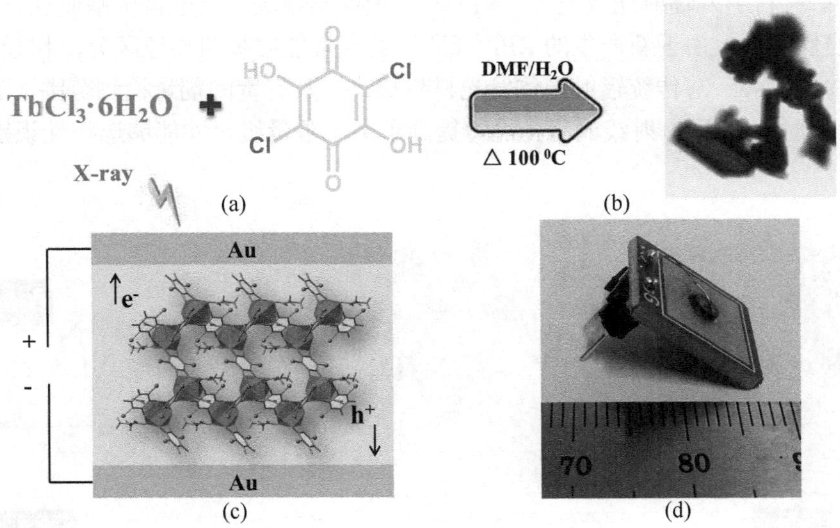

图 9-42　（a）半导体金属有机框架 SCU-12 合成路线；（b）SCU-12 晶体示意图；（c）SCU-12 多晶探测器示意图；（d）多晶探测器实物[102]

将半导体 MOF 材料 SCU-13 与高分子复合制备了一例柔性探测材料，有效地克服了以往高压制备多晶器件晶界耗散载流子的缺陷，显著提升载流子迁移效率，从而获得多晶压制器件所不具备的探测性能。在不同弯曲角度、弯折次数下柔性探测器性能保持稳定，并且成功完成柔性工况下的像素成像[103]（图 9-43）。

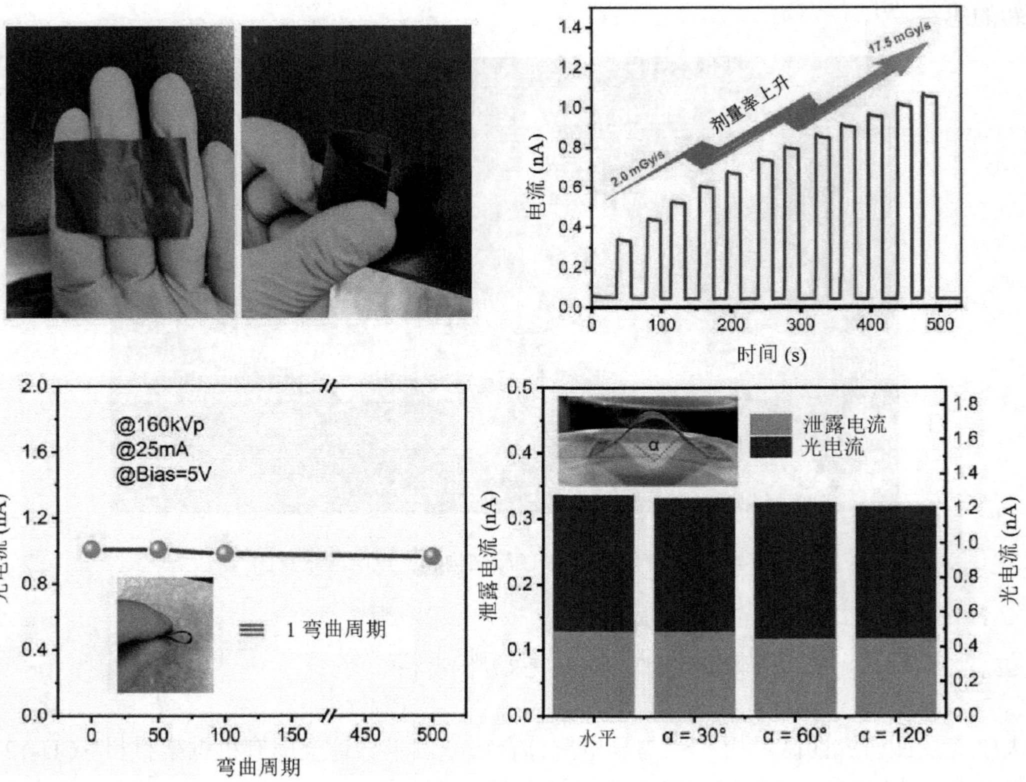

图 9-43　基于半导体 MOF 的柔性膜设计和柔性工况下的探测性能[103]

首次将 MOFs 材料引入辐射光致发光（RPL）剂量探测领域。基于自由基原理，该材料探测信号能与剂量呈良好的线性关系。由于新产生的 RPL 峰和原荧光峰能够被明显地区分，相较于典型的淬灭型剂量计有着明显的本征优势。与传统辐射光致发光材料相比，具有宽的剂量检测范围（0.1～3600 Gy），信号至少可维持 30 小时，对于 X 射线的阻止能力提高了两个数量级，并能够选择性识别探测高能射线[104]（图 9-44）。

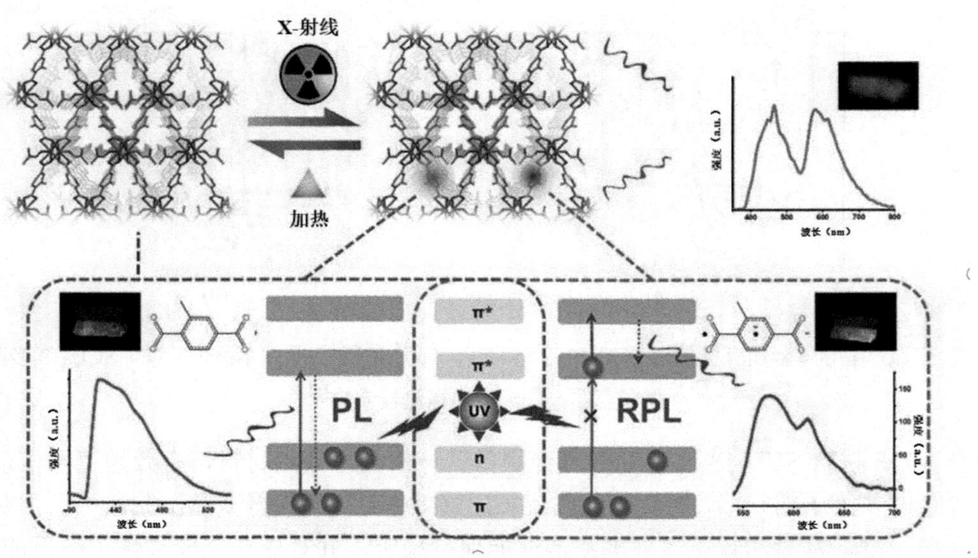

图 9-44　MOF 材料用于 RPL 剂量计及机理解释示意图[104]

9.5.3　辐射合成

苏州大学王殳凹研究团队首次将电子束辐射用于新型结晶多孔材料的合成。利用电子束辐射产生的辐射能，在室温常压下快速合成一系列共价有机框架（COFs）材料。具有耗能低、可规模化生产等优势[105]（图 9-45）。

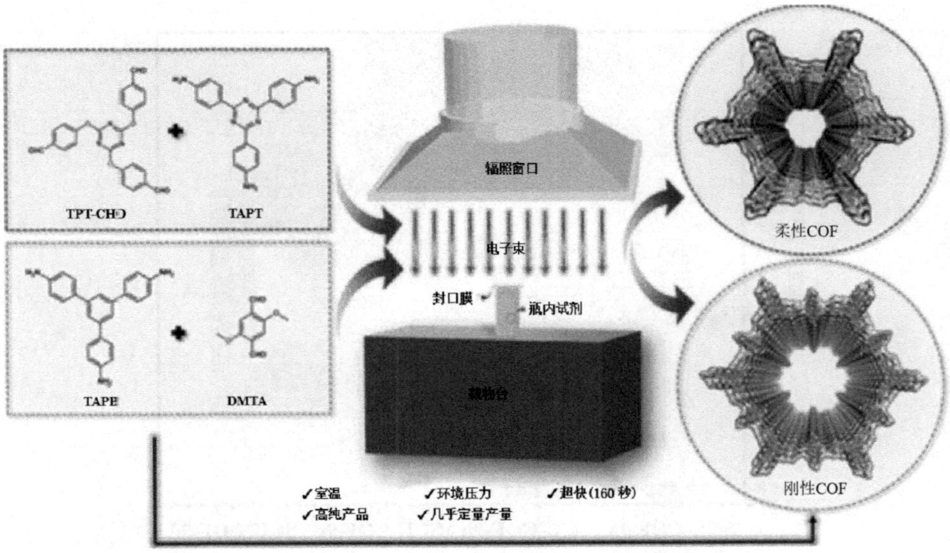

图 9-45　电子束辐射合成共价有机框架示意图[105]

通过电子束辐射，在室温常温下快速合成富缺陷无机沸石分子筛材料（图 9-46）。结构中大量缺陷的存在，有效提升该沸石分子筛材料对二氧化碳的吸附能力和对重金属离子的去除能力[106]。

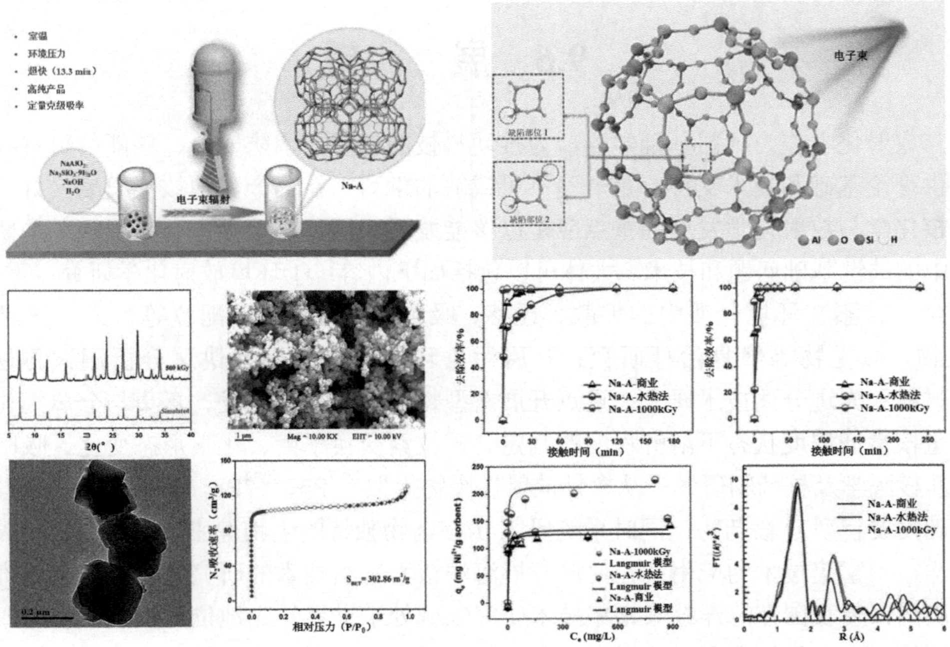

图 9-46　电子束辐射合成富缺陷无机沸石分子筛材料[106]

9.5.4　功能材料的同位素效应

苏州大学王殳凹研究团队首次利用同位素效应（氘代）用于显著提高新型共价有机框架材料（COFs）的光致荧光性能（图 9-47）。提出“自下而上”和“原位”合成的方法率先合成出一例具有同位素效应的共价有机框架材料，相比于不具有同位素效应的共价有机框架材料，其固态光致荧光性能显著提升 19 倍[107]。

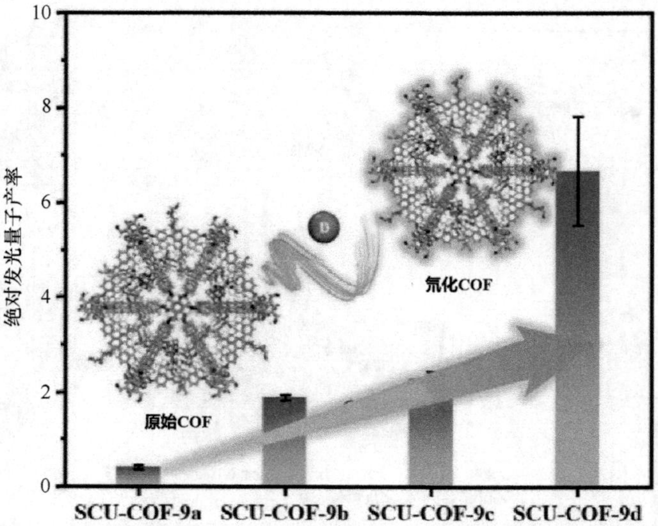

图 9-47　功能材料的同位素效应[107]

9.6　展　　望

核化学与放射化学作为一门基础学科，为推动科技的进步、国防安全、核能的可持续发展、核技术的应用等提供理论基础和技术支持，是一门不可或缺的学科。在当今我国核能发展又好、又快、又安全的形势下，核化学与放射化学发展的重点应是以核能发展、国防安全为中心开展相关的研究，解决核能可持续发展中的关键基础问题和技术。大体可以包括如下内容：①环境放射化学研究：重点开展长寿命、高毒性、多价态核素在环境介质中的扩散、迁移、吸附、氧化还原、配位等行为，开展放射性污染环境化学、生物、微生物等修复治理研究；开展污染环境放射性核素快速分析测试方法与技术研究。②先进分离材料和先进分离技术研究：重点开展新型特效分离材料研发、富集与分离纯化一体化技术研究；开展痕量核素低浓度状态下溶解程度的判定、同位素交换平衡、化学形态变化、吸附和胶体等基础研究。③创新核医学及核药物研发：从含钍放射性废物提取 ^{212}Pb、^{224}Ra，解决我国医用核素供应问题，并以此为基础发展新型 α 核药物，同时系统研究 α 核药物独特的生物健康效应，引领相关领域走向世界前沿。④海洋核素富集技术的应用：在南海开展海洋核素富集技术的研究及应用将有效推进海洋核素富集技术实际应用，使我国在海洋核素富集技术研究领域处于世界领先地位，实现对南海海洋资源的高效利用，为我国核能产业及核军事工业提供核资源供给，保障我国能源及国防安全，为解决我国核燃料战时安全的重大“卡脖子”问题做出巨大贡献。

参 考 文 献

[1] Wang Y, Morales-Martinez R, Zhang X, et al. Unique four-electron metal-to-cage charge transfer of Th to a C_{82} fullerene cage: complete structural characterization of Th@C_{3v}(8)-C_{82}. Journal of the American Chemical Society, 2017, 139(14): 5110-5116.

[2] Cai W, Abella L, Zhuang J, et al. Synthesis and characterization of non-isolated-pentagon-rule actinide endohedral metallofullerenes U@C_1(17418)-C_{76}, U@C_1(28324)-C_{80}, and Th@C_1(28324)-C_{80}: low-symmetry cage selection directed by a tetravalent ion. Journal of the American Chemical Society, 2018, 140(51): 18039-18050.

[3] Zhang X, Li W, Feng L, et al. A diuranium carbide cluster stabilized inside a C_{80} fullerene cage. Nature Communications, 2018, 9(1): 2753.

[4] Zhuang J, Morales-Martínez R, Zhang J, et al. Characterization of a strong covalent Th^{3+}-Th^{3+} bond inside an I_h(7)-C_{80} fullerene cage. Nature Communications, 2021, 12(1): 2372.

[5] Zhang X, Wang Y, Morales-Martínez R, et al. U_2@I_h(7)-C_{80}: Crystallographic characterization of a long-sought dimetallic actinide endohedral fullerene. Journal of the American Chemical Society, 2018, 140(11): 3907-3915.

[6] Zhuang J, Abella L, Sergentu D C, et al. Diuranium(IV) carbide cluster U_2C_2 stabilized inside fullerene cages. Journal of the American Chemical Society, 2019, 141(51): 20249-20260.

[7] Wang Y, Hu S X, Cheng L, et al. Stabilization of plutonium(v) within a crown ether inclusion complex. CCS Chemistry, 2020, 2(4): 425-431.

[8] Li K, Hu S, Zou Q, et al. Synthesis and characterizations of a plutonium(III) crown ether inclusion complex. Inorganic Chemistry, 2021, 60(12): 8984-8989.

[9] Zhang S, Wang L, Xu B, et al. Rapid synthesis of Nd-doped $Y_3Fe_5O_{12}$ garnet waste forms by microwave sintering. Ceramics International, 2021, 47(15): 21924-21933.

[10] Zhang S, Xu B, Cheng J, et al. Phase evolution and chemical stability of Nd-doped $Y_3Fe_5O_{12}$ waste forms synthesized in molten salt at a low temperature. Journal of the American Ceramic Society, 2021, 1-13.

[11] Ding Y, Li Y, Jiang Z, et al. Phase evolution and chemical stability of the Nd_2O_3-ZrO_2-SiO_2 system synthesized by a novel hydrothermal-assisted sol-gel process. Journal of Nuclear Materials, 2018, 510: 10-18.

[12] Ding Y, Pan H, Li J, et al. Structure evolution and aqueous durability of the Nd_2O_3-CeO_2-ZrO_2-SiO_2 system synthesized by hydrothermal-assisted sol-gel route: A potential route for preparing ceramics waste forms. Journal of Nuclear Materials, 2021, 519: 217-228.

[13] Gao P, Zhang D, Jin Q, et al. Multi-scale study of Am(III) adsorption on Gaomiaozi bentonite: Combining experiments, modeling and DFT calculations. Chemical Geology, 2021, 581: 120414.

[14] Wei X, Sun Y, Pan D, et al. Adsorption properties of Na-palygorskite for Cs sequestration: Effect of pH, ionic strength, humic acid and temperature. Applied Clay Science, 2019, 183: 105363.

[15] Ma F, Jin Q, Li P, et al. Experimental and modelling approaches to Am(III) and Np(V) adsorption on the Maoming kaolinite. Applied Geochemistry, 2017, 84: 325-336.

[16] Xu Z, Niu Z, Pan D, et al. Mechanisms of bentonite colloid aggregation, retention, and release in saturated porous media: Role of counter ions and humic acid. Science of the Total Environment, 2021, 793: 148545.

[17] Wei X, Pan D, Xu Z, et al. Colloidal stability and correlated migration of illite in the aquatic environment: The roles of pH,

temperature, multiple cations and humic acid. Science of the Total Environment, 2021, 768: 144174.

[18] Sun Y, Pan D, Wei X, et al. Insight into the stability and correlated transport of kaolinite colloid: Effect of pH, electrolytes and humic substances. Environmental Pollution, 2020, 266: 115189.

[19] Yu J, Yuan L, Wang S, et al. Phosphonate-decorated covalent organic frameworks for actinide extraction: A breakthrough under highly acidic conditions. CCS Chemistry, 2019, 1: 286-295.

[20] Wang Y, Xie M, Lan J, et al. Radiation controllable synthesis of robust covalent organic framework conjugates for efficient dynamic column extraction of $^{99}TcO_4^-$. Chem, 2020, 6(10): 2796-2809.

[21] Sheng D, Zhu L, Xu C, et al. Efficient and selective uptake of TcO_4^- by a cationic metal–organic framework material with open Ag^+ sites. Environmental Science & Technology, 2017, 51(6): 3471-3479.

[22] Zhu L, Sheng D, Xu C, et al. Identifying the recognition site for selective trapping of $^{99}TcO_4^-$ in a hydrolytically stable and radiation resistant cationic metal–organic framework. Journal of the American Chemical Society, 2017, 139(42): 14873-14876.

[23] Zhu L, Xiao C, Dai X, et al. Exceptional perrhenate/pertechnetate uptake and subsequent immobilization by a low-dimensional cationic coordination polymer: overcoming the hofmeister bias selectivity. Environmental Science & Technology Letters, 2017, 4(7): 316-322.

[24] Shen N, Yang Z, Liu S, et al. $^{99}TcO_4^-$ removal from legacy defense nuclear waste by an alkaline-stable 2D cationic metal organic framework. Nature Communications, 2020, 11(1): 5571.

[25] Li J, Dai X, Zhu L, et al. $^{99}TcO_4^-$ remediation by a cationic polymeric network. Nature Communications, 2018, 9(1): 3007.

[26] Li J, Chen L, Shen N, et al. Rational design of a cationic polymer network towards record high uptake of $^{99}TcO_4^-$ in nuclear waste. Science China Chemistry, 2021, 64(7): 1251-1260.

[27] He L, Liu S, Chen L, et al. Mechanism unravelling for ultrafast and selective $^{99}TcO_4^-$ uptake by a radiation-resistant cationic covalent organic framework: a combined radiological experiment and molecular dynamics simulation study. Chemical Science, 2019, 10(15): 4293-4305.

[28] Zheng T, Yang Z, Gui D, et al. Overcoming the crystallization and designability issues in the ultrastable zirconium phosphonate framework system. Nature Communications, 2017, 8(1): 15369.

[29] Zhang H, Liu W, Li A, et al. Three mechanisms in one material: Uranium capture by a polyoxometalate–organic framework through combined complexation, chemical reduction, and photocatalytic reduction. Angewandte Chemie International Edition, 2019, 58(45): 16110-16114.

[30] Li H, Zhai F, Gui D, et al. Powerful uranium extraction strategy with combined ligand complexation and photocatalytic reduction by postsynthetically modified photoactive metal-organic frameworks. Applied Catalysis B: Environmental, 2019, 254: 47-54.

[31] Jiang J, Ye G, Lorandi F, et al. Localized surface plasmon resonance meets controlled/living radical polymerization: An adaptable strategy for broadband light-regulated macromolecular synthesis. Angewandte Chemie International Edition, 2019, 58(35): 12096-12101.

[32] Jiang J, Ye G, Wang Z, et al. Heteroatom-doped carbon dots (CDs) as a class of metal-free photocatalysts for PET-RAFT polymerization under visible light and sunlight. Angewandte Chemie International Edition, 2018, 130(37): 12213-12218.

[33] Liu Y, Jia J, Liu Z, et al. Competitive binding-modulated metal–phenolic assemblies for adaptable nanofilm engineering.

Chemistry of Materials, 2021, 33(12): 4733-4744.

[34] Yu B, Ye G, Zeng Z, et al. Mussel-inspired polydopamine chemistry to modulate template synthesis of 1D metal-organic framework superstructures. Journal of Materials Chemistry A, 2018, 6(43): 21567-21576.

[35] Wu F, Pu N, Ye G, et al. Performance and mechanism of uranium adsorption from seawater to poly(dopamine)-inspired sorbents. Environmental Science & Technology, 2017, 51(8): 4606-4614.

[36] Liu S, Wang Z, Lu Y, et al. Sunlight-induced uranium extraction with triazine-based carbon nitride as both photocatalyst and adsorbent. Applied Catalysis B: Environmental, 2021, 282: 119523.

[37] Cheng G, Zhang A, Zhao Z, et al. Extremely stable amidoxime functionalized covalent organic frameworks for uranium extraction from seawater with high efficiency and selectivity. Science Bulletin, 2021, 66(19): 1994-2001.

[38] Yuan Y, Zhao S, Wen J, et al. Rational design of porous nanofiber adsorbent by blow-spinning with ultrahigh uranium recovery capacity from seawater. Advanced Functional Materials, 2019, 29(2): 1805380.

[39] Wang D, Song J, Wen J, et al. Significantly enhanced uranium extraction from seawater with mass produced fully amidoximated nanofiber adsorbent. Advanced Energy Materials, 2018, 8(33): 1802607.

[40] Shi S, Qian Y, Mei P, et al. Robust flexible poly(amidoxime) porous network membranes for highly efficient uranium extraction from seawater. Nano Energy, 2020, 71: 104629.

[41] Yan B, Ma C, Gao J, et al. An ion-crosslinked supramolecular hydrogel for ultrahigh and fast uranium recovery from seawater. Advanced Materials, 2020, 32(10): 1906615.

[42] Yu Q, Yuan Y, Feng L, et al. Spidroin-inspired, high-strength, loofah-shaped protein fiber for capturing uranium from seawater. Angewandte Chemie International Edition, 2020, 132(37): 16131-16135.

[43] Yuan Y, Yu Q, Wen J, et al. Ultrafast and highly selective uranium extraction from seawater by hydrogel-like spidroin-based protein fiber. Angewandte Chemie International Edition, 2019, 131(34): 11911-11916.

[44] Yuan Y, Liu T, Xiao J, et al. DNA nano-pocket for ultra-selective uranyl extraction from seawater. Nature Communications, 2020, 11: 5708.

[45] Yuan Y, Yu Q, Cao M, et al. Selective extraction of uranium from seawater with biofouling-resistant polymeric peptide. Nature Sustainability, 2021, 4(8): 708-714.

[46] Yuan Y, Yu Q, Yang S, et al. Ultrafast recovery of uranium from seawater by bacillus velezensis strain UUS-1 with innate anti-biofouling activity. Advanced Science, 2019, 6(18): 1900961.

[47] Gao J, Yuan Y, Yu Q, et al. Bio-inspired antibacterial cellulose paper-poly(amidoxime) composite hydrogel for highly efficient uranium(VI) capture from seawater. Chemical Communications, 2020, 56(28): 3935-3938.

[48] Li Z, Yu Z, Wu Y, et al. Self-sterilizing diblock polycation-enhanced polyamidoxime shape-stable blow-spun nanofibers for high-performance uranium capture from seawater. Chemical Engineering Journal, 2020, 390: 124648.

[49] Yuan Y, Niu B, Yu Q, et al. Photoinduced multiple effects to enhance uranium extraction from natural seawater by black phosphorus nanosheets. Angewandte Chemie International Edition, 2020, 59(3): 1220-1227.

[50] Zhou K, Yang F, Li Y, et al. Synthesis and evaluation of fluorine-18 labeled 2-phenylquinoxaline derivatives as potential tau imaging agents. Molecular Pharmaceutics, 2021, 18(3): 1176-1195.

[51] Liu T, Zhang X, Wang H, et al. Photothermal enhancement of uranium capture from seawater by monolithic MOF-bonded carbon sponge. Chemical Engineering Journal, 2021, 412: 128700.

[52] Bai Z, Liu Q, Zhang H, et al. Mussel-inspired anti-biofouling and robust hybrid nanocomposite hydrogel for uranium extraction from seawater. Journal of Hazardous Materials, 2020, 381: 120984.

[53] Bai Z, Liu Q, Zhang H, et al. Anti-biofouling and water—stable balanced charged metal organic framework-based polyelectrolyte hydrogels for extracting uranium from seawater. ACS Applied Materials & Interfaces, 2020, 12(15): 18012-18022.

[54] Wang Y, Lin Z, Liu Q, et al. Ultra-high mechanical property and multi-layer porous structure of amidoximation ethylene-acrylic acid copolymer balls for efficient and selective uranium adsorption from radioactive wastewater. Chemosphere, 2021, 280: 130722.

[55] Wang H, Guo H, Zhang N, et al. Enhanced photoreduction of U(VI) on C_3N_4 by Cr(VI) and bisphenol A: ESR, XPS, and EXAFS investigation. Environmental Science & Technology, 2019, 53(11): 6454-6461.

[56] Zhang Y, Zhu M, Zhang S, et al. Highly efficient removal of U(VI) by the photoreduction of $SnO_2/CdCO_3/CdS$ nanocomposite under visible light irradiation. Applied Catalysis B: Environmental, 2020, 279: 119390.

[57] Wu L, Yang X, Chen T, et al. Three-dimensional C_3N_5/RGO aerogels with enhanced visible-light response and electron-hole separation efficiency for photocatalytic uranium reduction. Chemical Engineering Journal, 2022, 427: 131773.

[58] Meng Q, Yang X, Wu L, et al. Metal-free 2D/2D C_3N_5/GO nanosheets with customized energy-level structure for radioactive nuclear wastewater treatment. Journal of Hazardous Materials, 2022, 422: 126912.

[59] Chen T, Liu B, Li M, et al. Efficient uranium reduction of bacterial cellulose-MoS_2 heterojunction via the synergistically effect of Schottky junction and S-vacancies engineering. Chemical Engineering Journal, 2021, 406: 126791.

[60] Chen T, Li M, Zhou L, et al. Harmonizing the energy band between adsorbent and semiconductor enables efficient uranium extraction. Chemical Engineering Journal, 2021, 420: 127645.

[61] Chen T, Zhang J, Ge H, et al. Efficient extraction of uranium in organics-containing wastewater over g-C_3N_4/GO hybrid nanosheets with type-II band structure. Journal of Hazardous Materials, 2020, 384: 121383.

[62] Gong X, Tang L, Zou J, et al. Introduction of cation vacancies and iron doping into TiO_2 enabling efficient uranium photoreduction. Journal of Hazardous Materials, 2022, 423: 126935.

[63] Dong C, Qiao T, Huang Y, et al. Efficient photocatalytic extraction of uranium over ethylenediamine capped cadmium sulfide telluride nanobelts. ACS Applied Materials & Interfaces, 2021, 13(10): 11968-11976.

[64] Yu K, Jiang P, Yuan H, et al. Cu-based nanocrystals on ZnO for uranium photoreduction: Plasmon-assisted activity and entropy-driven stability. Applied Catalysis B: Environmental, 2021, 288: 119978.

[65] Jiang P, Yu K, Yuan H, et al. Encapsulating Ag nanoparticles into ZIF-8 as an efficient strategy to boost uranium photoreduction without sacrificial agents. Journal of Materials Chemistry A, 2021, 9(15): 9809-9814.

[66] Zhong X, Liang W, Lu Z, et al. Highly efficient enrichment mechanism of U(VI) and Eu(III) by covalent organic frameworks with intramolecular hydrogen-bonding from solutions. Applied Surface Science, 2020, 504: 144403.

[67] Wang Y, Liu Z. Li Y, et al. Umbellate distortions of the uranyl coordination environment result in a stable and porous polycatenated framework that can effectively remove cesium from aqueous solutions. Journal of the American Chemical Society, 2015, 137(19): 6144-6147.

[68] Zhang J, Chen L, Dai X, et al. Distinctive two-step intercalation of Sr^{2+} into a coordination polymer with record high ^{90}Sr uptake capabilities. Chem, 2019, 5(4): 977-994.

[69] He L, Chen L, Dong X, et al. A nitrogen-rich covalent organic framework for simultaneous dynamic capture of iodine and methyl iodide. Chem, 2021, 7(3): 699-714.

[70] Zhao Q, Chen G, Wang Z, et al. Efficient removal and immobilization of radioactive iodide and iodate from aqueous solutions by bismuth-based composite beads. Chemical Engineering Journal, 2021, 426: 131629.

[71] Tian Z, Chee T S, Zhu L, et al. Comprehensive comparison of bismuth and silver functionalized nickel foam composites in capturing radioactive gaseous iodine. Journal of Hazardous Materials, 2021, 417: 125978.

[72] Wang Z, He Y, Zhu L, et al. Natural porous wood decorated with ZIF-8 for high efficient iodine capture. Materials Chemistry and Physics 2021, 258: 123964.

[73] Zhao Q, Zhu L, Lin G, et al. Controllable synthesis of porous Cu-BTC@polymer composite beads for iodine capture. ACS Applied Materials & Interfaces, 2019, 11(45): 42635-42645.

[74] Wang Y, Liu W, Bai Z, et al. Employing an unsaturated Th^{4+} site in a porous thorium-organic framework for Kr/Xe uptake and separation. Angewandte Chemie International Edition, 2018, 57(20): 5783-5787.

[75] Jia Z, Yan Z, Zhang J, et al. Pore size control via multiple-site alkylation to homogenize sub-nanoporous covalent organic frameworks for efficient sieving of xenon/krypton. ACS Applied Materials & Interfaces, 2021, 13(1): 1127-1134.

[76] Yin X, Wang Y, Bai X, et al. Rare earth separations by selective borate crystallization. Nature Communications, 2017, 8(1): 14438.

[77] Mei L, Ren P, Wu Q Y, et al. Actinide separation inspired by self-assembled metal–polyphenolic nanocages. Journal of the American Chemical Society, 2020, 142(39): 16538-16545.

[78] Jiang S, Lan J, Wang L, et al. Competitive coordination of chloride and fluoride anions towards trivalent lanthanide cations (La^{3+} and Nd^{3+}) in molten salts. Chemistry – A European Journal, 2021, 27(45): 11721-11729.

[79] Chen B, Wu K, Yang Y, et al. A uranium capture strategy based on self-assembly in a hydroxyl-functionalized ionic liquid extraction system. Chemical Communications, 2019, 55(48): 6894-6897.

[80] Feng S, Shen X, Supramolecular assembly of ionic liquid induced by UO_2^{2+}: a strategy for selective extraction-precipitation. Radiochimica Acta, 2020, 108(10): 757-767.

[81] Hu Q, Zhang W, Yin Q, et al. A conjugated fluorescent polymer sensor with amidoxime and polyfluorene entities for effective detection of uranyl ion in real samples. Spectrochimica Acta Part A: Molecular and Biomolecular Spectroscopy, 2021, 244: 118864.

[82] Zheng M, Yin Q, Wang D, et al. A fluorescent probe of uranyl for acid and high water system and imaging in living cells. Microchemical Journal, 2021, 167: 106302.

[83] Liu B, Tan Y, Hu Q, et al. A new ratiometric and colorimetric fluorescent Th^{4+} probe under extreme acidity and cell imaging. Sensors and Actuators B: Chemical, 2019, 296: 126675.

[84] Wang X, Dai X, Shi C, et al. A 3, 2-hydroxypyridinone-based decorporation agent that removes uranium from bones in vivo. Nature Communications 2019, 10(1): 2570.

[85] Wang X, Chen L, Bai Z, et al. In vivo uranium sequestration using a nanoscale metal-organic framework. Angewandte Chemie International Edition, 2021, 60(3): 1646-1650.

[86] Shi C, Wang X, Wan J, et al. 3, 2-hydroxypyridinone-grafted chitosan oligosaccharide nanoparticles as efficient decorporation agents for simultaneous removal of uranium and radiation-induced reactive oxygen species in vivo.

Bioconjugate Chemistry, 2018, 29(11): 3896-3905.

[87] Li Z, Kong Z, Chen J, et al. ^{18}F-Boramino acid PET/CT in healthy volunteers and glioma patients. European Journal of Nuclear Medicine and Molecular Imaging, 2021, 48(10): 3113-3121.

[88] Ren J, Xu M, Chen J, et al. PET imaging facilitates antibody screening for synergistic radioimmunotherapy with a ^{177}Lu-labeled αPD-L1 antibody. Theranostics, 2021, 11(1): 304-315.

[89] Li J, Shi Y, Zhang Z, et al. A metabolically stable boron-derived tyrosine serves as a theranostic agent for positron emission tomography guided boron neutron capture therapy. Bioconjugate Chemistry, 2019, 30(11): 2870-2878.

[90] Li L, Dai K, Li J, et al. A boron-10 nitride nanosheet for combinational boron neutron capture therapy and chemotherapy of tumor. Biomaterials, 2021, 268: 120587.

[91] Li L, Li J, Shi Y, et al. On-demand biodegradable boron nitride nanoparticles for treating triple negative breast cancer with boron neutron capture therapy. ACS Nano, 2019, 13(12): 13843-13852.

[92] Wang Q, Wang Y, Ding J, et al. A bioorthogonal system reveals antitumour immune function of pyroptosis. Nature, 2020, 579(7799): 421-426.

[93] Duan D, Dong H, Tu Z, et al. Desilylation induced by metal fluoride nanocrystals enables cleavage chemistry in vivo. Journal of the American Chemical Society, 2021, 143(5): 2250-2255.

[94] Duan D, Liu H, Xu Y, et al. Activating TiO_2 nanoparticles: Gallium-68 serves as a high-yield photon emitter for cerenkov-induced photodynamic therapy. ACS Applied Materials & Interfaces, 2018, 10(6): 5278-5286.

[95] Fu Q, Li H, Duan D, et al. External-radiation-induced local hydroxylation enables remote release of functional molecules in tumors. Angewandte Chemie International Edition, 2020, 59(48): 21546-21552.

[96] Zhou K, Li Y, Yang F, et al. ^{18}F-labeled azine derivatives as potential Aβ imaging agents for diagnosis of Alzheimer's disease. Journal of Labelled Compounds and Radiopharmaceuticals, 2019, 62(Suppl. 1): S409.

[97] Zhang X, Wu Y, Zeng Q, et al. Synthesis, preclinical evaluation, and first-in-human pet study of quinoline-containing PSMA tracers with decreased renal excretion. Journal of Medicinal Chemistry, 2021, 64(7): 4179-4195.

[98] Xie J, Wang Y, Liu W, et al. Highly sensitive detection of ionizing radiations by a photoluminescent uranyl organic framework. Angewandte Chemie International Edition, 2017, 56(26): 7500-7504.

[99] Wang Y, Yin X, Liu W, et al. Emergence of uranium as a distinct metal center for building intrinsic X-ray scintillators. Angewandte Chemie International Edition, 2018, 57(26): 7883-7887.

[100] Cheng L, Liang C, Liu W, et al. Three-dimensional polycatenation of a uranium-based metal-organic cage: Structural complexity and radiation detection. Journal of the American Chemical Society, 2020, 142(38): 16218-16222.

[101] Zhang M, Liang C, Cheng G D, et al. Intrinsic semiconducting behavior in a large mixed-valent uranium(V/VI) cluster. Angewandte Chemie International Edition, 2021, 60(18): 9886-9890.

[102] Wang Y, Liu X, Li X, et al. Direct radiation detection by a semiconductive metal-organic framework. Journal of the American Chemical Society, 2019, 141(20): 8030-8034.

[103] Liang C, Zhang S, Cheng L, et al. Thermoplastic membranes incorporating semiconductive metal-organic frameworks: An advance on flexible X-ray detectors. Angewandte Chemie International Edition, 2020, 59(29): 11856-11860.

[104] Liu H, Qin H, Shen N, et al. Emergence of a radical-stabilizing metal–organic framework as a radio-photoluminescence dosimeter. Angewandte Chemie International Edition, 2020, 59(35): 15209-15214.

[105] Zhang M, Chen J, Zhang S, et al. Electron beam irradiation as a general approach for the rapid synthesis of covalent organic frameworks under ambient conditions. Journal of the American Chemical Society, 2020, 142(20): 9169-9174.

[106] Chen J, Zhang M, Shu J, et al. Electron beam irradiation-induced formation of defect-rich zeolites under ambient condition within minutes. Angewandte Chemie International Edition, 2021, 60(27): 14858-14863.

[107] Yuan M, Ma F, Dai X, et al. Deuterated covalent organic frameworks with significantly enhanced luminescence. Angewandte Chemie International Edition, 2021, 60(39): 21250-21255.

作者：王祥科[1]，于淑君[1]，王殳凹[2]，第五娟[2]，谌宁[2]，石伟群[3]，陈靖[4]，刘志博[5]，沈兴海[5]，吴王锁[6]，崔孟超[7]，马利建[8]，王宁[9]，袁益辉[9]，段涛[10]，王君[11]，王宏青[12]，胡保卫[13]

[1]华北电力大学，[2]苏州大学，[3]中国科学院高能物理研究所，[4]清华大学，[5]北京大学，[6]兰州大学，[7]北京师范大学，[8]四川大学，[9]海南大学，[10]西南科技大学，[11]哈尔滨工程大学，[12]南华大学，[13]绍兴文理学院

*通讯联系人：xkwang@ncepu.edu.cn

第 10 章　砷锑的生物地球化学循环研究进展

本章导读

砷锑环境污染严重威胁人类健康。砷与锑同属元素周期表中 15 族（第 V 主族），是从非金属向金属的过渡元素。两者兼具非金属和金属性质，在自然界中常以+3、+5 价态的阴离子形式存在，形态复杂多样。砷与锑的形态决定其赋存状态和释放过程，而理解砷与锑的迁移转化机制是解决砷锑污染问题的根本。环境中砷与锑的形态转化是由微生物驱动的，因而砷与锑在微生物诱导下的形态转化，一直是环境砷、锑相关研究的主流前沿热点。本章综述了微生物驱动下砷与锑形态转化的最新研究，阐述了锑-铁-硫耦合的地球化学循环机制，并提出了砷与锑生物地球化学的研究展望。

关键词

砷，锑，微生物，形态转化，释放机制

10.1 引 言

作为同族元素，砷与锑具有相同的价电子数目，有相似的物理化学性质，比如常见价态为+3、+5 价，但两者不同的电子组态，砷 $4s^24p^3$、锑 $5s^25p^3$，使其与氧配位形成的含氧阴离子结构有显著差异，其中三价砷和三价锑都是三角锥 C_{3v} 对称结构，五价砷为正四面体 T_d 对称结构，五价锑为正八面体 O_h 对称结构。结构的差异使锑与砷在环境中的赋存形态、形态转化及归趋有显著差异。比如固相沉积物对+3、+5 价砷锑的扣留能力不同，对砷而言五价砷酸盐更易被固相吸附；而对锑而言五价锑酸盐却更易释放至水中随之迁移。

10.2 微生物介导下砷的形态转化

10.2.1 砷的形态与毒性

类金属砷（arsenic，As）是自然界中普遍存在的一种环境毒素。它既可以通过自然过程，如岩石风化、热液喷发等发生；也可以通过人为活动，如矿山开采、地下水抽取、化石燃料燃烧和含砷饲料、农药使用等过程产生[1-3]。暴露于环境中的砷存在多种化学形态，包括不同价态的无机砷和有机砷，而砷的不同化学结构决定了它的迁移性、生物有效性和毒性。研究发现，无机砷[As(III)、As(V)]和有机砷之间的毒性差异非常明显，三价有机砷[Mas(III)和 DMAs(III)]的毒性要高于五价有机砷，甚至大于无机砷的毒性[4]。砷形态转化主要是由微生物驱动的，围绕微生物介导的砷形态转化相关研究一直热度不减，本章节将重点讨论近年来被报道的分子机制及环境过程。

10.2.2 砷的生物氧化

相比于 As(III)，As(V)更易于与矿物质（例如水铁矿和氧化铝）结合，因此具有较低的迁移率和生物利用度[5]。砷氧化菌（AsOB）编码的砷氧化酶 AioAB 可以介导 As(III)氧化，通过降低其毒性，迁移率和生物有效性来减弱砷污染的危害，这对 As 污染环境的修复和管理具有重要意义[6,7]。研究发现，AsOB 在好氧及厌氧条件均能发挥 As(III)氧化功能，在好氧条件下，以氧气作为电子受体[6]，而厌氧条件下利用硝酸盐接受电子[8]。之前对于硝酸盐依赖性的 As(III)氧化细菌（NAsOB）的了解主要基于分离得到的单菌株，从而缺乏对于此类菌株较为全面的了解。近期，Zhang 等人利用 DNA-稳定同位素标记探测（DNA-SIP）与 16S rRNA 扩增子及宏基因组测序相结合的手段对石门雄黄矿区砷污染土壤的 NAsOB 的群落组成及代谢进行了深入研究[9]。发现并鉴定了多种新的 NAsOB，包括 *Azoarcus*，*Pseudomonas Rhodanobacter* 等，增加了我们对砷污染环境中 NAsOB 多样性的认识。与此同时发现了很大比例的 *aioAB* 基因被注释到未分类的微生物群体，这充分说明，我们对于 AsOB 群体的了解仍然十分有限。因此，从不同的生境中分离出更多的 AsOB，将有利于我们充分了解 AsOB 的砷解毒机制，从而帮助我们制定更为有效的砷污染的生物修复策略。

除了亚砷酸盐氧化酶 AioAB，微生物参与的 As(III)氧化还可以由与其亲缘关系较远的 ARX 催化进行。由 *arxAB* 基因编码的 ARX 最初是在一个碱性盐底分离的菌株 *Alkalilimnicola ehrlichii* MLHE-1 中定义的[10]。随后在从盐碱环境中分离的光合细菌的基因组中也发现了 *arx* 基因，包括 *Ectothiorhodospira* sp. PHS-1 和 *Ectothiorhodospira* sp. BSL-9 [11]。有意思的是，研究发现这些菌株能够将亚砷酸盐氧化与厌氧光合作用耦合起来，而在反应过程中起关键作用的就是 *arxA* 基因[11,12]。然而迄今为止，仅发现少数亚砷酸盐氧化菌具有 *arx* 基因，并且主要集中在从高盐度高 pH 的湖泊中分离的 γ-变形菌。最近，在温泉微生物席中分离到一株新型亚砷酸盐氧化菌株 *betaproteobacterium* M52 [13]。基因组分析及比对结果显示，菌株 M52 是分离到的第一个具有 *arx* 基因的 β-变形杆菌，也是第一个低盐环境拥有长插入 *arxA* 基因的微生物。关于菌株 M52 的特殊性及其在亚砷酸盐氧化中发挥的作用有待进一步探索。菌株 M52 的发现，启示我们 As(III)氧化的机制仍然存在着未知之处，比如未知 As 氧化菌的探索、*arx* 基因的分布问题、长插入 *arxA* 基因的功能、耦合 As 氧化代谢等一系列问题。

10.2.3　砷的生物还原

在厌氧条件下，*arrAB* 基因编码的异化砷呼吸还原酶完成 As(V)到 As(III)的转化。*ArrAB* 是由一个大的催化亚基（ArrA）和一个小的催化亚基（ArrB）组成的二聚体[14]。在一些微生物的基因组中，*arr* 操纵子还含有 *arrC*，*arrD*，*arrS* 和 *arrR*，它们分别编码了膜结合的 As(V)还原酶亚基 ArrC，As(V)还原酶的分子伴侣 ArrD，敏感组氨酸激酶 ArrS 和转录调节因子 ArrR [15]。由于还原生成的 As(III)具有更高的毒性和移动性，从而会增加 As 暴露的风险。近期，针对浙江省 11 个垃圾填埋场收集的 29 个样品进行分析，从砷功能基因的角度研究了砷转化行为。研究发现，*arrA* 基因是导致垃圾填埋场砷转化和迁移的关键因素[16]。

另外，为了应对毒性较高的 As(III)，几乎每个砷抗性微生物都相应的进化出了可用于 As(III)解毒的 *ArsB* 与 *Acr3* 外排系统[17,18]。由 *arsC* 介导的还原解毒机制，在厌氧或好氧条件下均可发挥功能，成为目前研究最多的砷解毒和抗性机制[19,20]。近期，Jia 等人在砷超累积蕨类植物 *Pteris vittata* 的根中又分离到一株砷还原菌 *Bacillus* strain PVR-YHB1-1 [21]。培养结果发现，菌株 PVR-YHB1-1 能够耐受高达 25 mmol/L 的 As(V)且具有高效率的 As(V)还原能力。其基因组中两个与砷代谢相关的 *ars* 操纵子 *arsRacr3arsCDA* 和 *arsRKacr3arsC* 对其功能发挥至关重要。菌株 PVR-YHB1-1 的发现为更好地理解 *arsC* 在砷的还原转化及砷抗性机制中的作用提供了新的依据。后来，Chrysostomou 等人在缺乏 *arsC* 的大肠杆菌突变细胞中发现，谷胱甘肽 *S*-转移酶 B（GstB）直接将 As(V)还原为 As(III)，这些酶都使用小分子蛋白，如谷胱甘肽（Grx）、还原型谷胱甘肽（GSH）或硫氧还蛋白（Trx）偶联作为电子供体[22]。

已有研究表明，在好氧条件下，砷还原菌（AsRB）利用 *ars* 基因将 As(V)还原为 As(III)，在 *aio* 基因催化作用下，AsOB 可以将 As(III)氧化为 As(V)。关于环境样品的微生物群落分析发现，在砷污染环境中，砷还原菌和砷氧化菌常常是共存的[23,24]。然而，当两类菌共存时，如何影响砷的迁移转化过程还不太清楚。围绕这个问题，Ye 等人研究了好氧条件下，AsRB 和 AsOB 共存时，针铁矿上吸附态砷的生物转化过程[25]。结果发现，AsOB 主导着溶解态砷的形态，而针铁矿上吸附态 As 的形态则由携带 *ars* 基因的 AsRB 控制。这一发现，也进一步解释了尽管具有 *ars* 基因的细菌在环境中广泛分布，但在好氧条件下，As（V）仍然是含氧水中的主要形态，该研究加深了我们对好氧环境中砷的生物转化的认识。

10.2.4　砷的甲基化

无机砷向有机砷的转化是通过 *S*-腺苷甲硫氨酸甲基转移酶（ArsM）实现的，它能够将 As(III)甲基化为单甲基亚砷酸盐[MAs（III）]、二甲基亚砷酸盐[DMAs（III）] 或气态的三甲基亚砷酸盐[TMAs（III）][26]。这些甲基化物种中的三价砷可被氧化为五价。虽然砷甲基化过程被认为是微生物的一种解毒机制[26]，但在甲基化过程中产生的三价甲基砷化合物比相应的五价甲基砷甚至无机 As(III)毒性更大。事实上，在原始大气氧化之前，*arsM* 基因便可能在微生物中进化并广泛分布了[27-29]。由于缺乏氧气，微生物天然代谢产生的高毒性的三价甲基砷酸盐[MAs(III)]，能够稳定存在，因此被认为是一种原始抗生素[29,30]。近年来研究发现，这种稳定存在的高毒性 MAs(III)，迫使环境中的微生物进化出了多样化的抗性策略。

能够将高毒性物质快速、高效的排出体外是一种立竿见影的解毒策略。2015 年，Chen 等人在 *Campylobacter jejuni* 中发现了第一个将三价有机砷特异性外排的系统，ArsP 渗透酶，它能够依赖 NADH 氧化供能，特异性外排 MAs(III)和 Rox(III)[31]。随后，Shi 等人在 *Agrobacterium tumefaciens* GW4 鉴定得到一种不同的砷外排蛋白 ArsK，除了对 Rox(III)和 MAs(III)有排出效果，还可作用于 As(III)和 Sb(III)，但是 ArsK 的表达对于 As(V)和 DMAs(III)的抗性是非必需的[32]。最近，一种新的砷的外排蛋白 ArsG，在细菌 *Shewanella putrefaciens* 200 中被发现，研究显示 ArsG 能够外排 HAPA(III)和 *p*AsA(III)等含砷有机化合物[29]，在洛克沙胂和硝基苯砷的抗性机制中发挥作用。

10.2.5　有机砷的生物转化

通过功能基因介导砷的形态转化，将高毒性的有机砷转化为低毒性的无机砷，对于微生物来说是一种行之有效的解毒途径。例如，ArsI 是一种非血红素铁依赖的双加氧酶，由它编码的去甲基系统通过断裂 C-As 键将甲基化 MAs(III)转化为 As(III)[33]，或者通过 ArsM 编码的砷甲基化系统，将 MAs(III)转化为挥发性的终产物 TMAs(III)，进而排出体外[34]。而对于生产生活中使用较多、危害更为广泛的洛克沙胂和硝基苯砷的解毒机制研究仍然较少。2016 年 Chen 等人发现 *Shewanella putrefaciens* 200 能够将 Rox(III)和 Nit(III)逐步转化为 HAPA(III)和 *p*AsA(III)，最终通过断裂 C-As 键，转化为无机砷[35]。通过高效液相色谱（HPLC）与电感耦合等离子质谱（ICP-MS）连用技术可解析降解过程及中间产物。最近，通过对菌株 *S. putrefaciens* 200 基因组分析发现了一个新的与砷相关的操纵子 *arsREFG*。经功能验证发现，ArsE 和 ArsF 协同负责将 Rox(III)和 Nit(III)还原为 HAPA(III)和 *p*AsA(III)，随后经外排渗透酶 ArsG 排出体外[29]。ArsE，ArsF 和 ArsG 协同催化的偶联降解途径，拓展了我们对微生物抵御洛克沙胂和硝基苯砷毒害的分子机制的了解。同时阐明 *S. putrefaciens* 对有机砷生物转化机制也为砷污染物降解修复提供了新思路。此外 Huang 等人在 *Enterobacter* strain CZ-1 代谢 Rox(III)过程中发现了一种新的 Rox(III)降解机制[36]。在好氧条件下，菌株 CZ-1 能够将 Rox(III)降解转化为以 *N*-乙酰基-4-羟基-m-胂酸（*N*-AHPAA）和 3-氨基-4-羟基苯基胂酸（3-AHPAA）为主的稳定型含砷化合物和新型含硫砷物种（$AsC_9H_{13}N_2O_6S$）。菌株 CZ-1 在内的 *Enterobacter*

属是一种常见的微生物区系，其广泛分布于水、土壤和胃肠道等环境中。因此，CZ-1 有关 Rox(III)降解机制的发现，对于了解 *Enterobacter* 属微生物在 Rox 转化中的作用、评估 ROX 的环境风险具有重要环境意义。

微生物介导的 MAs(III)氧化是另一重要的细胞解毒过程[37]。鉴于 MAs(III)的高毒性，其相关的解毒途径显得尤为重要，因此可能存在其他未知的 MAs(III)氧化酶。Chen 等人研究发现，在 MAs(III)氧化酶 ArsH 的催化下，能够将 MAs(III)氧化成低毒性的 MAs(V)[37]。近期更多不同类型的 MAs(III)氧化酶被鉴定报道。Zhang 等人从砷污染土壤中分离得到一株具有 MAs(III)抗性细菌 *Ensifer adhaerens* ST2 [38]。经过全基因组分析及分子生物学手段验证发现，*arsV* 基因编码了一种全新的 MAs(III)氧化酶。更为惊喜的是，在 NADPH、FAD 或 FMN 存在条件下，ArsV 蛋白既能将 MAs(III)氧化成 MAs(V)，又能将 Sb(III)氧化成 Sb(V)。进一步通过对 5 份稻田土的深度基因组分析显示，*arsV* 类似基因在细菌门分类水平上广泛分布，包括 *Chloroflexi*、 *Actinobacteria*、*Firmicutes* 和 *Proteobacteria*。因此 ArsV 和 ArsH 在土壤中 MAs(III)的氧化中具有类似作用，此外在受 Sb 污染的土壤中，ArsV 在氧化 Sb(III)以降低其毒性方面具有更大的优势。从活性污泥中分离得到的 *Sphingobacterium wenxiniae* LQY-18^{T} 能够代谢产生一种全新的 MAs(III)氧化酶 ArsU。研究发现，ArsU 功能的发挥有赖于其两个保守半胱氨酸之间形成的二硫键与硫氧还蛋白（TrxA）和硫氧还蛋白还原酶（TrxB）偶联形成的催化循环反应[39]。这与 ArsH 和 ArsV 的氧化机制是不同的，ArsU 并非黄素单加氧酶，它的氧化活性是非 FMN 和 FAD 依赖的。无独有偶，在分离自制药厂底泥的细菌 *Enterobacter* sp. Z1 中，Shi 等人发现了一种新的有机砷氧化机制。菌株 Z1 编码的 NemA 具有氧化 MAs(III)、洛克沙胂［Rox(III)］、硝基苯砷［Nit(III)］等多种有机砷，并兼具还原 Cr(IV)的强大功能。研究表明，NemA 是一种新的三价有机砷氧化酶，它的表达受到三价有机砷选择性阻遏因子 NemR 的调控，此外 Cr(IV)、Nit(III)、Rox(III)等物质能够诱导 *nemA* 基因的表达[4]。ArsV 和 ArsU 的发现，极大地扩展了我们对 MAs(III)氧化酶多样性的认识，增加了对于 MAs(III)氧化机制的了解。而 ArsV 与 NemA 的鉴定，为研究环境有毒化合物的氧化还原耦联过程提供了基础，同时也为复合型环境污染的治理提供了新的思路。

另一方面，大气氧化后，三价有机砷在氧气作用下发生非酶促氧化，从而甲基砷酸盐[MAs(V)] 和二甲基砷酸盐[DMAs(V)]成为环境中的主要物种[27]。由于 MAs(V)较低的毒性和较高的生物有效性，从而为一些微生物提供了进化优势。这些微生物通过不断还原 MAs(V)、再生 MAs(III)，并将其作为抗生素来杀死竞争对手、缓解生存压力。例如，细菌 *Burkholderia* sp. MR1 [40]和 *Pseudomonas putida* KT2440[29]能够将 MAs(V)还原为 MAs(III)。然而目前关于参与 MAs(V)还原的基因/酶尚不清楚，有待我们进一步的探索。

10.3 锑的生物地球化学循环

10.3.1 锑在自然界中的主要形态

与砷相同，锑在自然界中主要以三价[Sb^{III}-O 即 $Sb^{III}(OH)_3$]和五价[Sb^{V}-O 即 $Sb^{V}(OH)_6^-$]无机含氧酸根离子形式存在，好氧时以 Sb^{V}-O 为主，厌氧时以 Sb^{III}-O 为主[41]。在硫酸盐还原环境中即还原态硫（HS^-）存在时，$Sb^{III}(OH)_3$ 中的羟基可被巯基所取代，生成硫代锑酸盐（Sb-S，即 $H_{3-x}Sb^{III}S_3^{x-}$和 $H_{3-x}Sb^{V}S_4^{x-}$）[42-45]。与砷相比，锑的原子半径更大，与硫的亲和能力更强，因而 $Sb^{V}(OH)_6^-$也可与 HS^-直接反应，生成 Sb-S。

Sb-S 与铁氧化物等矿物的亲和能力远弱于 Sb^{V}-O 和 Sb^{III}-O，因而 Sb-S 的形成常会导致锑从固相释放至水中[42]。

与砷类似，无机锑酸盐可在生物作用下转化为甲基锑。19 世纪 80 年代，Andreae 等人首次报道了天然水体中存在氢化锑（SbH_3）、一甲基锑（MMSb）和二甲基锑（DMSb）[46]。随后又在河流沉积物，地热水和海水中发现了甲基锑。但与有机砷相比，我们对甲基锑还知之甚少，微生物介导锑的甲基化机制还是一片空白。

10.3.2 微生物介导锑的形态转化

1）锑的生物氧化

微生物在锑的氧化过程中起着重要作用，可将 Sb^{III}-O 氧化为 Sb^{V}-O 的微生物被称为锑氧化菌（SbOB，即 antimonite oxidizing bacteria）。SbOB 在环境中存在广泛，迄今，研究人员已在多个属水平筛选到锑氧化菌，包括 *Agrobacterium*、*Azoarcus*、*Azospira*、*Brevundimonas*、*Comamonas*、*Ensifer*、*Pseudomonas*、*Stenotrophomonas* 和 *Variovorax* 等[47-49]。

SbOB 介导的锑氧化机制可分为两大类：①酶促反应；②代谢物诱导。酶促反应可由锑氧化蛋白 AioAB 或 AnoA 诱导。研究发现两者均可在体内或体外氧化 Sb^{III}-O 至 Sb^{V}-O，但只有 *anoA* 基因可被 Sb^{III}-O 诱导表达，*aioAB* 基因只能被 As^{III}-O 诱导表达[50,51]。此外，AioAB 介导的 Sb^{III}-O 氧化过程常与硝酸盐（NO_3^-）还原耦合进行，产生的能量将无机碳还原为有机碳，实现化能自养[47]。近期研究人员运用 DNA-SIP 手段发现稻田土中存在丰度较高的 NO_3^-还原依赖的化能自养型 SbOB，揭示了此类菌群在生物固碳中的重要贡献[48]。

有趣的是，研究人员将 SbOB 中的 *aioA* 基因敲除后，发现 Sb^{III}-O 的氧化程度并未大幅度降低，意识到存在另外的锑氧化途径。*katA* 基因编码的蛋白 KatA 可清除胞内活性氧（ROS），后续研究发现敲除了 *katA* 基因的 SbOB 获得更快的 Sb^{III}-O 氧化能力，证明了胞内 ROS 参与 Sb^{III}-O 的氧化过程[50]。

与 Sb^{V}-O 相比，Sb^{III}-O 更易被铁氧化物或土壤沉积物吸附，以及与沉积物中的天然有机质络合，因而 Sb^{V}-O 的更易释放至水体，随之迁移。SbOB 将 Sb^{III}-O 氧化至 Sb^{V}-O 的过程常伴随着锑从沉积物中释放至水体[52]。

2）锑的生物还原

厌氧环境中，Sb^{V}-O 可被还原为 Sb^{III}-O，从而导致锑从液相扣留至固相中。锑的还原过程主要是由锑还原菌（SbRB，即 antimonate reducing bacteria）介导的。2014 年，Kulp 等学者发现微生物锑还原是一个异化呼吸过程，因为 Sb^{V}-O 的还原伴随着乳酸或醋酸这种电子供体的消耗[53]。同年，两株单菌 SbRB，*Bacillales*. MLFW-2 和 *Sinorhizobium*. JUK-1 被分离得到[54]。随后，研究人员在锑矿区富集得到 SbRB 菌群，可在 72 h 内将 2 mmol/L Sb^{V}-O 完全还原为 Sb^{III}-O，揭示了 SbRB 的分布广泛性[55]。此外，已报道的 SbRB 兼有硫酸盐还原功能，如添加硫酸盐，Sb^{III}-O 与 HS^-会生成 $Sb^{III}_2S_3$ 沉淀[53,55]。

直至近几年，研究人员才在 Sb^{V}-O 的还原机制上取得一定突破。2019 年学者们利用基因组学和转录组学发现二甲基亚砜还原酶（DMSO）家族中的 *sbrA*[56]和 *anrA* 基因[57]在 Sb^{V}-O 作为电子受体时，表达量显著增强，推测其可能参与 Sb^{V}-O 的呼吸还原过程。直至 2020 年，Liying Wang 等首次确认了砷呼吸还原酶 ArrAB 同时为 Sb^{V}-O 还原酶。她们运用体内-体外酶催化实验，及基因敲除-互补验证确定了 ArrAB 可介导 Sb^{V}-O 的还原，且此还原过程由 *luxS* 基因通过群体感应机制调控[58]，ArrAB 是第一个被证实的 Sb^{V}-O 还原酶，同时也验证了微生物在还原砷锑上有相通之处。此外，某些微生物的胞外分泌物（EPS）

也被证实可还原 Sb^{V}-O。EPS 中的苯胺、半缩醛羟基和酚醛羟基可能参与了 Sb^{V}-O 的还原[59]。

3）锑的甲基化

迄今为止，已在丝状真菌 *S. brevicaulis*，产甲烷古菌和原核细菌中发现多种甲基锑物种，包括一甲基锑（MMSb）、二甲基锑（DMSb）和三甲基锑（TMSb），但直至现在锑的生物甲基化机制仍不明确。有学者发现在砷存在的情况下，锑的生物甲基化作用被大大增强。例如，短链球菌、黄杆菌属和腐殖质隐球菌在砷存在下对锑的生物甲基化作用增强。因而，猜测锑的生物甲基化可能与砷的甲基化过程机制类似，但此推论还需更多的实验证据。

10.3.3　锑-铁耦合生物地球化学

1）微生物铁还原作用促使锑的释放或固定

含铁矿物作为自然界中砷锑的重要吸附载体，铁相的还原溶解是导致砷锑从固相释放至水体的主要原因之一。砷-铁耦合释放过程已经研究得相对成熟，锑-铁耦合生物地球化学近几年才受到了较大关注。Cheng Yao 等检测到在氧化还原电位（*E*h）低于-344 mV 时，河流沉积物中的 Sb^{V}-O 与二价铁[Fe(II)]会同时释放入水体[60]。Liying Wang 等发现添加电子传递体（AQDS，蒽醌-2,6-二磺酸二钠盐）可促进铁矿物的还原溶解，从而促进锑的释放（图 10-1）[55]。

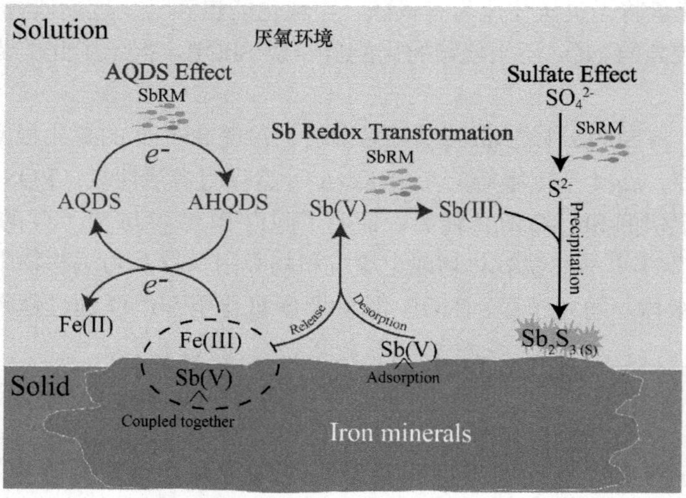

图 10-1　厌氧环境下，锑还原菌群（SbRM）介导的 Sb-Fe-S 耦合迁移转化过程[55]

与之相悖，Burton 等发现微生物 Fe(III)还原并未促进 Sb^{V}-O 的释放，反倒会促其被扣留至固相。原因是还原态 Fe(II)诱导了铁相的转化，催化二次铁矿的生成。八面体结构的 Sb^{V}-O 可替代铁，嵌入至新生成的铁矿物中[61]。两项研究结论不同的本质原因可能是河水的停留时间不足以造成二次铁矿的形成，而在静水环境中，如湿地沉积物、水稻田等，二次铁矿的扣留效应可能会更加显著。

另一方面，Sb^{V}-O 的存在也会影响 Fe(II)诱导的铁相转化过程。研究发现，当 Sb：Fe(III)摩尔比低于 0.016 时，水铁矿被转化为针铁矿；而在摩尔比为 0.08 时，水铁矿被转化为六方纤铁矿和少量针铁矿。作为亚稳型铁矿，六方纤铁矿的存在被归因于 Sb^{V}-O 可稳定六方纤铁矿[62]。此外，吸附于针铁矿上的 Sb^{V}-O 也可阻碍 Fe(II)催化的针铁矿重结晶过程[63]。Sb^{V}-O 对铁相转化的影响可能是由于其占据了铁相表面的吸附位点，抑制了 Fe(II)的吸附以及 Fe(II)与铁矿物结构中的 Fe(III)的电子交换。

2）铁矿物诱导锑的氧化还原转化

锑与铁作为变价元素，铁矿物与吸附其表面的锑之间存在界面电子传递过程，从而导致锑的价态变化。吸附在铁矿物上的 Sb^{III}-O 可在光催化作用下氧化为 Sb^{V}-O，研究人员发现羟基自由基（·OH）、二氯自由基（$\cdot Cl_2^-$）和超氧自由基（$O_2\cdot$）是氧化 Sb^{III}-O 的主要媒介[64-67]。此外，光催化氧化过程中，氧气并非必需，在 Fe(III)存在下，无氧条件下仍检测到了 70%的 Sb^{III}-O 被氧化，其氧化机制主要是电子通过配体-金属电荷转移（LMCT）途径从 Sb^{III} 转移至 Fe（III）中[64]。

有些研究发现在黑暗条件下，某些还原态铁矿物如还原态绿脱石[68]、黄铁矿[66]，也可将其吸附的 Sb^{III}-O 氧化为 Sb^{V}-O，但氧化态铁矿物却未观测到氧化 Sb^{III}-O 的现象[64,68]。大部分学者将还原态铁矿物介导的氧化现象归因于其矿物表面吸附的氧气，却无法解释氧化态铁矿物不能氧化 Sb^{III}-O 的现象。

另一些研究则认为在厌氧黑暗条件下，还原态铁矿物如磁铁矿、马基诺矿[69]和绿锈[70]可将 Sb^{V}-O 还原为 Sb^{III}-O。有争议的是，绿锈还原 Sb^{V}-O 的能力后来又被否定了[71]。此外，高浓度的 Fe(II)（≥10 mmol/L）被一些学者认为可将部分 Sb^{V}-O 还原为 Sb^{III}-O[72,73]，与之相悖的是 Karimian 等在 20 mmol/L Fe(II)溶液中，却未检测到 Sb^{V}-O 的还原现象[74]。总体而言，目前关于铁矿物诱导下锑的氧化还原过程的研究结论还存在一些矛盾，需要读者客观认识。

10.3.4　锑-硫耦合生物地球化学

与砷类似，锑作为亲硫元素，其生物地球化学循环常与硫循环耦合在一起。辉锑矿（Sb_2S_3）是自然界中锑的主要赋存形态。研究人员利用扩展 X 射线吸收精细结构（EXAFS）谱检测到泥炭地中 Sb^{III} 与天然有机质中的巯基配位，形成 Sb^{III}-S-C_{org} 的构型[75]。Besold 等在泥炭地有机质中添加还原态硫（HS^-），发现锑的配位环境由 Sb^{III}-O-C_{org} 向 Sb^{III}-S-C_{org} 的构型转变，且更多的锑被扣留至固相沉积物中，导致溶解态锑浓度降低[76]。此现象与热力学计算结果是一致的，如图 10-2 所示，在硫酸盐还原环境中，还原态硫（HS^-）可与锑形成硫化锑（$Sb^{III}{}_2S_3$）沉淀。$Sb^{III}{}_2S_3$ 的沉淀可有效去除水中的锑，已有研究报道利用生物硫酸盐还原作用修复水体锑污染[77]。由热力学计算可知，$Sb^{III}{}_2S_3$ 更易在酸性低 HS^- 环境中形成，因此，维持反应器的酸性环境（pH～6）及低 HS^- 浓度（μmol/L 级别）是提高锑去除能力的关键。

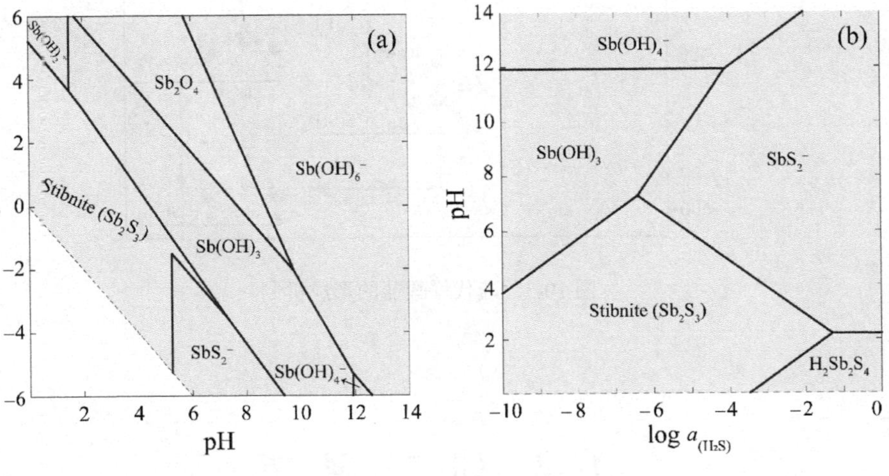

图 10-2　锑的形态随 pH 以及 pe（a）或还原态硫（HS^-）活度（b）而变化，锑的活度设为 1 μmol/L[42]

HS^-在碱性条件下可与锑反应生成溶解性硫代锑酸盐（Sb-S，图 10-2）。Sb-S 可分为三价的 Sb^{III}-S 和五价的 Sb^{V}-S，由于 Sb^{III}-S 不稳定，极易氧化为 Sb^{V}-S，目前自然界中检测到的主要为 Sb^{V}-S。Sb^{V}-S 已在多个热泉水体中检测到[43-45]，但由于其形态多样、极易转化、检测方法不成熟等问题，关于 Sb-S 的研究还比较有限。

Li Ye 等首次发现硫酸盐还原菌（SRB）可通过介导溶解态硫代锑酸盐的生成从而极大地促进锑的释放。在 SRB 存在下，释放到水体中的锑含量大概是非生物对照组的三倍，且主要是以四硫代锑酸盐（$H_{3-x}Sb^{V}S_4^{x-}$）的形式存在[42]。随后，在矿区实际沉积物的原位培养实验中，进一步发现在砷与锑共存环境中，HS^-会优先与砷反应生成硫代砷酸盐，抑制 Sb^{V}-S 的生成。此抑制作用可能是由于溶解性有机物（DOM），其浓度高达 200 mg/L。DOM 易与锑络合，从而阻止巯基的取代，抑制了 Sb-S 的形成[78]。

检测形态多样且“变幻莫测”的 Sb-S 是一大难点。之前研究其形成过程与形态分布大多依赖溶度积的计算及理论预测。随着现代检测技术的高速发展，高分辨质谱仪可能是解析 Sb-S 的有力武器。如图 10-3 所示，傅里叶变换离子回旋共振质谱（FT-ICR MS）被用来探索 Sb^{V}–S 的形成机制，并首次提出 $Sb^{V}(OH)_6^-$ 可通过直接的巯基取代反应生成 Sb^{V}–S。FT-ICR MS 检测到六配位和五配位的 Sb^{V}-S 中间体。六配位硫代锑酸盐的存在表明第一步是巯基逐步取代 $Sb^{V}(OH)_6^-$上的羟基，从而生成六配位的硫代锑酸盐。由于位阻效应，六配位的硫代锑酸盐并不稳定，它会进一步脱去一分子的硫化氢，生成五配位的硫代锑酸盐。五配位的硫代锑酸盐会再次通过脱去反应生成稳定的四配位的硫代锑酸盐。这个由 $Sb^{V}(OH)_6^-$生成硫代锑酸盐的过程是消耗质子的反应，因而是 pH 依赖的反应。这个硫化反应使得 Sb(V)由六配位的八面体结构转变为四配位的四面体结构。这种结构和形态的改变使得硫代锑酸盐与铁氧化物的亲和力不强，从而导致了锑释放到水体中[42]。

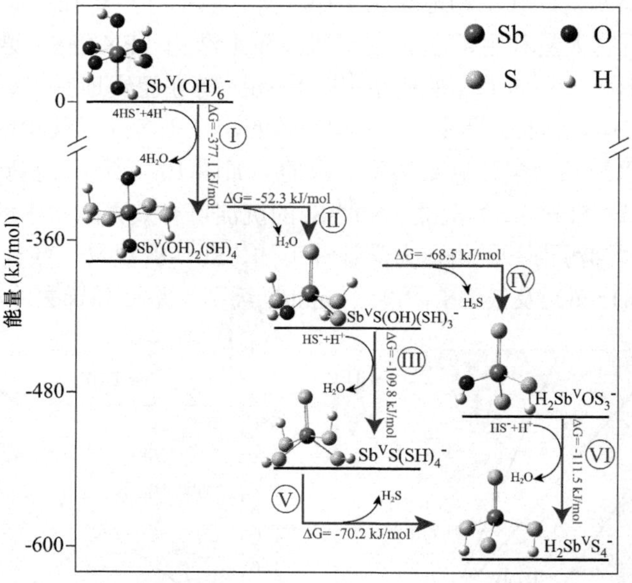

图 10-3　硫代锑酸盐的形成机制

10.4 研 究 展 望

砷锑污染问题是国际环境研究的热点与难点之一，理解其生物地球化学循环过程是砷锑污染防治的根本。环境中砷锑的形态转化与迁移归趋主要是由微生物主导的，其分子层面的驱动机制，以及砷锑与碳、氮、铁、硫等其他元素的耦合关系，还有待进一步深入研究和探索。

首先，不同砷锑形态的检测分析方法是认识砷锑生物地球化学循环的基石。目前已有多种检测手段可实现对砷形态的精准分析，也成功运用了现代色谱质谱手段发现了多种砷的新形态。但与砷相比，锑的分析方法研究尚有不足。环境中新形态锑，如有机锑鲜有报道。建立高效有针对性的锑形态分析方法是今后重点研究的方向。

其次，砷锑的生物转化是由不同环境生物体的一系列酶催化的。然而，由于可培养手段的限制，我们对于微生物介导的砷锑的形态转化机制的了解还十分有限。我们一方面期待全基因组测序结果揭示参与砷锑代谢的基因被发现和鉴定，也寄希望于免培养的手段，在二代乃至三代测序技术的逐渐成熟的同时，帮助我们更全面的了解不同环境、不同生态位下的砷锑功能微生物的多样性、砷锑功能基因的异质性。同时，未来将倾向于融合分析化学、微生物学、分子生物学和基因组学等多学科技术手段；开发将砷生物地球化学循环与代谢组学数据相结合的建模方法，实现水、沉积物和土壤乃至大气中砷的形态动态预测，从而突破砷锑污染修复瓶颈，更好服务人类社会。

最后，相比于砷的研究，锑的生物地球化学循环研究尚存在大量空白。我们对环境中锑的形态认识仍很欠缺，特别是有机锑的结构和转化过程还知之甚少。此外，关于微生物诱导锑形态转化的功能基因及其分子机制的研究也需进一步探索。另一方面，由于锑比砷金属性更强，其与碳、硫的耦合循环过程会更加紧密且复杂。锑的同位素分析应该是理清这种复杂耦合关系，明确锑污染来源，以及理解锑环境过程的“一大武器”。

参 考 文 献

[1] Chu J W, Mao J S, He M C. Anthropogenic antimony flow analysis and evaluation in China. Sci Total Environ, 2019, 683: 659-667.

[2] Shi Y L, Chen W Q, Wu S L, et al. Anthropogenic cycles of arsenic in mainland China: 1990-2010. Environ Sci Technol, 2017, 51: 1670-1678.

[3] Polizzotto M L, Kocar B D, Benner Sh G, et al. Near-surface wetland sediments as a source of arsenic release to ground water in Asia. Nature, 2008, 454: 505.

[4] Shi K X, Radhakrishnan M, Dai X L, et al. NemA catalyzes trivalent organoarsenical oxidation and is regulated by the trivalent organoarsenical-selective transcriptional repressor NemR. Environ Sci Technol, 2021, 55: 6485-6494.

[5] Oremland R S, Stolz J F. The ecology of arsenic. Science, 2003, 300: 939-944.

[6] Cai L, Rensing C, Li X Y, et al. Novel gene clusters involved in arsenite oxidation and resistance in two arsenite oxidizers: Achromobacter sp SY8 and Pseudomonas sp TS44. Appl Microbiol Biotechnol, 2009, 83: 715-725.

[7] Michel C, Jean M, Coulon S, et al. Biofilms of As(III)-oxidising bacteria: Formation and activity studies for bioremediation process development. Appl Microbiol Biotechnol, 2007, 77: 457-467.

[8] Zhang J, Zhou W X, Liu B B, et al. Anaerobic arsenite oxidation by an autotrophic arsenite-oxidizing bacterium from an arsenic-contaminated paddy soil. Environ Sci Technol, 2015, 49: 5956-5964.

[9] Zhang M M, Li Z, Haggblom M M, et al. Characterization of nitrate-dependent As(III)-oxidizing communities in arsenic-contaminated soil and investigation of their metabolic potentials by the combination of DNA-stable isotope probing and metagenomics. Environ Sci Technol, 2020, 54: 7366-7377.

[10] Oremland R S, Hoeft S E, Santini J A, et al. Anaerobic oxidation of arsenite in Mono Lake water and by facultative, arsenite-oxidizing chemoautotroph, strain MLHE-1. Appl Environ Microbiol, 2002, 68: 4795-4802.

[11] Hoeft M S, Boren A, Hernandez-Maldonado J, et al. Arsenite as an electron donor for anoxygenic photosynthesis: Description of three strains of ectothiorhodospira from Mono Lake, California and Big Soda Lake, Nevada Life-Basel, 2017,

7: 14.

[12] Zargar K, Hoeft S, Oremland R, et al. Identification of a novel arsenite oxidase gene, arxA, in the haloalkaliphilic, arsenite-oxidizing bacterium alkalilimnicola ehrlichii strain MLHE-1. J Bacteriol, 2010, 192: 3755-3762.

[13] Ospino M C, Kojima H, Fukui M. Arsenite oxidation by a newly isolated betaproteobacterium possessing arx genes and diversity of the arx gene cluster in bacterial genomes. Front Microbiol, 2019, 10: 1210.

[14] Afkar E, Lisak J, Saltikov C, et al. The respiratory arsenate reductase from Bacillus selenitireducens strain MLS10. FEMS Microbiol Lett, 2003, 226: 107-112.

[15] Van L R, Nitschke W, Duval S, et al. Arsenics as bioenergetic substrates. Biochim. Biophys. Acta Bioenerg, 2013, 1827: 176-188.

[16] Hu L F, Nie Z Y, Wang W J, et al. Arsenic transformation behavior mediated by arsenic functional genes in landfills. J Hazard Mater, 2021, 403: 123687.

[17] Lin Y F, Walmsley Adrian R, Rosen B P. An arsenic metallochaperone for an arsenic detoxification pump. Proc Natl Acad Sci U. S. A., 2006, 103: 15617-15622.

[18] Ghosh M, Shen J, Rosen B P. Pathways of As(III) detoxification in Saccharomyces cerevisiae. Proc Natl Acad Sci U. S. A., 1999, 96: 5001-5006.

[19] Saltikov C W, Newman D K. Genetic identification of a respiratory arsenate reductase. Proc Natl Acad Sci U. S. A., 2003, 100: 10983-10988.

[20] Mukhopadhyay R, Rosen B P. Arsenate reductases in prokaryotes and eukaryotes. Environ Health Perspect, 2002, 110: 745-748.

[21] Jia M R, Tang N, Cao Y, et al. Efficient arsenate reduction by As-resistant bacterium Bacillus sp. strain PVR-YHB1-1: Characterization and genome analysis. Chemosphere, 2019, 218: 1061-1070.

[22] Chrysostomou C, Quandt E M, Marshall N M, et al. An alternate pathway of arsenate resistance in E. coli mediated by the glutathione S-transferase GstB. ACS Chem Biol, 2015, 10: 875-882.

[23] Wang X, Rathinasabapathi B, de Oliveira L M, et al. Bacteria-mediated arsenic oxidation and reduction in the growth media of arsenic hyperaccumulator pteris vittata. Environ Sci Technol, 2012, 46: 11259-11266.

[24] Corsini A, Cavalca L, Crippa L, et al. Impact of glucose on microbial community of a soil containing pyrite cinders: Role of bacteria in arsenic mobilization under submerged condition. Soil Biol Biochem, 2010, 42: 699-707.

[25] Ye L, Wang L Y, Jing C Y. Biotransformation of adsorbed arsenic on iron minerals by coexisting arsenate-reducing and arsenite-oxidizing bacteria. Environ Pollut, 2020, 256: 113471.

[26] Qin J, Rosen B P, Zhang Y, et al. Arsenic detoxification and evolution of trimethylarsine gas by a microbial arsenite S-adenosylmethionine methyltransferase. Proc Natl Acad Sci U. S. A., 2006, 103: 2075-2080.

[27] Chen S C, Sun G X, Yan Y, et al. The great oxidation event expanded the genetic repertoire of arsenic metabolism and cycling. Proc Natl Acad Sci U. S. A., 2020, 117: 10414-10421.

[28] Chen J, Rosen B P. The arsenic methylation cycle: How microbial communities adapted methylarsenicals for use as weapons in the continuing war for dominance. Front Environ Sci, 2020, 8: 43.

[29] Chen J, Yoshinaga M, Rosen B P. The antibiotic action of methylarsenite is an emergent property of microbial communities. Mol Microbiol, 2019, 111: 487-494.

[30] Li J J, Pawitwar S S, Rosen B P. The organoarsenical biocycle and the primordial antibiotic methylarsenite. Metallomics, 2016, 8: 1047-1055.

[31] Chen J, Madegowda M, Bhattacharjee H, et al. ArsP: A methylarsenite efflux permease. Mol Microbiol, 2015, 98: 625-635.

[32] Shi K X, Li C, Rensing C, et al. Efflux transporter arsK is responsible for bacterial resistance to arsenite, antimonite, trivalent

roxarsone, and methylarsenite. Appl Environ Microbiol, 2018, 84: e01842-18.

[33] Yoshinaga M, Rosen B P. A lyase for degradation of environmental organoarsenical herbicides and animal husbandry growth promoters. Proc Natl Acad Sci U. S. A., 2014, 111: 7701-7706.

[34] Ajees A A, Rosen B P. As(III) S-adenosylmethionine methyltransferases and other arsenic binding proteins. Geomicrobiol J, 2015, 32: 570-576.

[35] Chen J, Rosen B P Organoarsenical biotransformations by Shewanella putrefaciens. Environ Sci Technol, 2016, 50: 7956-7963.

[36] Huang K, Peng H Y, Gao F, et al. Biotransformation of arsenic-containing roxarsone by an aerobic soil bacterium Enterobacter sp. CZ-1. Environ Pollut, 2019, 247: 482-487.

[37] Chen J, Bhattacharjee H, Rosen B P. ArsH is an organoarsenical oxidase that confers resistance to trivalent forms of the herbicide monosodium methylarsenate and the poultry growth promoter roxarsone. Mol Microbiol, 2015, 96: 1042-1052.

[38] Zhang J, Chen J, Wu Y F, et al. Oxidation of organoarsenicals and antimonite by a novel flavin monooxygenase widely present in soil bacteria. Environ Microbiol, 2021, DOI: 10.1111/1462-2920.15488.

[39] Chen J, Zhang J, Rosen B P. Organoarsenical tolerance in Sphingobacterium wenxiniae, a bacterium isolated from activated sludge. Environ Microbiol, 2021, DOI: 10.1111/1462-2920.15599.

[40] Yoshinaga M, Cai Y, Rosen B P. Demethylation of methylarsonic acid by a microbial community. Environ Microbiol, 2011, 13: 1205-1215.

[41] Filella M, Belzile N, Chen Y W. Antimony in the environment: A review focused on natural waters II. Relevant solution chemistry. Earth-Sci Rev, 2002, 59: 265-285.

[42] Ye L, Chen H Z, Jing C Y. Sulfate-reducing bacteria mobilize adsorbed antimonate by thioantimonate formation. Environ Sci Technol Letters, 2019, 6: 418-422.

[43] Planer-Friedrich B, Scheinost A C. Formation and structural characterization of thioantimony species and their natural occurrence in geothermal waters. Environ Sci Technol, 2011, 45: 6855-6863.

[44] Planer-Friedrich B, Forberg J, Lohmayer R, et al. Relative abundance of thiolated species of As, Mo, W, and Sb in hot springs of Yellowstone National Park and Iceland. Environ Sci Technol, 2020, 54: 4295-4304.

[45] Guo Q H, Planer-Friedrich B, Luo L, et al. Speciation of antimony in representative sulfidic hot springs in the YST Geothermal Province (China) and its immobilization by spring sediments. Environ Pollut, 2020, 266: 115221.

[46] Andreae M O, Asmode J F, Foster P, et al. Determination of antimony(III), antimony(V), and methylantimony species in natural waters by atomic absorption spectrometry with hydride generation. Anal Chem, 1981, 53: 1766-1771.

[47] Terry L R, Kulp T R, Wiatrowski H, et al. Microbiological oxidation of antimony(III) with oxygen or nitrate by bacteria isolated from contaminated mine sediments. Appl Environ Microbiol, 2015, 81: 8478-8488.

[48] Zhang M M, Li Z, Häggblom M M, et al. Bacteria responsible for nitrate-dependent antimonite oxidation in antimony-contaminated paddy soil revealed by the combination of DNA-SIP and metagenomics. Soil Biol Biochem, 2021, 156: 108194.

[49] Li J X, Wang Q, Li M S, et al. Proteomics and genetics for identification of a bacterial antimonite oxidase in Agrobacterium tumefaciens. Environ Sci Technol, 2015, 49: 5980-5989.

[50] Li J X, Wang Q, Oremland R S, et al. Microbial antimony biogeochemistry: Enzymes, regulation, and related metabolic pathways. Appl Environ Microbiol, 2016, 82: 5482-5495.

[51] Wang Q, Warelow T P, Kang Y S, et al. Arsenite oxidase also functions as an antimonite oxidase. Appl Environ Microbiol, 2015, 81: 1959-1965.

[52] Arsic M, Teasdale P R, Welsh D T, et al. Diffusive gradients in thin films reveals differences in antimony and arsenic

mobility in a contaminated wetland sediment during an oxic-anoxic transition. Environ Sci Technol, 2018, 52: 1118-1127.

[53] Kulp T R, Miller L G, Braiotta F, et al. Microbiological reduction of Sb(V) in anoxic freshwater sediments. Environ Sci Technol, 2014, 48: 218-226.

[54] Abin C A, Hollibaugh J T. Dissimilatory antimonate reduction and production of antimony trioxide microcrystals by a novel microorganism. Environ Sci Technol, 2014, 48: 681-688.

[55] Wang L Y, Ye L, Yu Y Q, et al. Antimony redox biotransformation in the subsurface: Effect of indigenous Sb(V) respiring microbiota. Environ Sci Technol, 2018, 52: 1200-1207.

[56] Shi L D, Wang M, Han Y L, et al. Multi-omics reveal various potential antimonate reductases from phylogenetically diverse microorganisms. Appl Microbiol Biotechnol, 2019, 103: 9119-9129.

[57] Abin C A, Hollibaugh J T. Transcriptional response of the obligate anaerobe Desulfuribacillus stibiiarsenatis MLFW-2(T) to growth on antimonate and other terminal electron acceptors. Environ Microbiol, 2019, 21: 618-630.

[58] Wang L Y, Ye L, Jing C Y. Genetic identification of antimonate respiratory reductase in Shewanella sp. ANA-3. Environ Sci Technol, 2020, 54: 14107-14113.

[59] Zhou L, Li A, Ma F, et al. Sb(V) reduced to Sb(III) and more easily adsorbed in the form of $Sb(OH)_3$ by microbial extracellular polymeric substances and core-shell magnetic nanocomposites. ACS Sustainable Chem Eng, 2019, 7: 10075-10083.

[60] Yao C, Che F F, Jiang X, et al. Study on antimony mobility in a contaminated shallow lake sediment using the diffusive gradients in thin films technique. Chemosphere, 2021, 267: 128913.

[61] Burton E D, Hockmann K, Karimian N, et al. Antimony mobility in reducing environments: The effect of microbial iron(III)-reduction and associated secondary mineralization. Geochim Cosmochim Acta, 2019, 245: 278-289.

[62] Hockmann K, Karimian N, Schlagenhauff S, et al. Impact of antimony(V) on iron(II)-catalyzed ferrihydrite transformation pathways: A novel mineral switch for feroxyhyte formation. Environ Sci Technol, 2021, 55: 4954-4963.

[63] Burton E D, Hockmann K, Karimian N. Antimony sorption to goethite: Effects of Fe(II)-catalyzed recrystallization. ACS Earth Space Chem, 2020, 4: 476-487.

[64] Kong L H, He M C, Hu X Y. Rapid photooxidation of Sb(III) in the presence of different Fe(III) species. Geochim Cosmochim Acta, 2016, 180: 214-226.

[65] Kong L H, He M C. Mechanisms of Sb(III) photooxidation by the excitation of organic Fe(III) complexes. Environ Sci Technol, 2016, 50: 6974-6982.

[66] Kong L H, Hu X Y, He M C. Mechanisms of Sb(III) oxidation by pyrite-induced hydroxyl radicals and hydrogen peroxide. Environ Sci Technol, 2015, 49: 3499-3505.

[67] Yan L, Chan T S, Jing C Y. Mechanistic study for stibnite oxidative dissolution and sequestration on pyrite. Environ Pollut, 2020, 262: 114309.

[68] Ilgen A G, Foster A L, Trainor T P. Role of structural Fe in nontronite NAu-1 and dissolved Fe(II) in redox transformations of arsenic and antimony. Geochim Cosmochim Acta, 2012, 94: 128-145.

[69] Kirsch R, Scheinost A C, Rossberg A, et al. Reduction of antimony by nano-particulate magnetite and mackinawite. Mineral Mag, 2008, 72: 185-189.

[70] Mitsunobu S, Takahashi Y, Sakai Y. Abiotic reduction of antimony(V) by green rust ($Fe_4(II)Fe_2(III)(OH)_{12}SO_4 \cdot 3H_2O$). Chemosphere, 2008, 70: 942-947.

[71] Mitsunobu S, Takahashi Y, Sakai Y, et al. Interaction of synthetic sulfate green rust with antimony(V). Environ Sci Technol, 2009, 43: 318-323.

[72] Karimian N, Burton E D, Johnston S G, et al. Humic acid impacts antimony partitioning and speciation during iron

(II)-induced ferrihydrite transformation. Sci Total Environ, 2019, 683: 399-410.

[73] Zegeye A, Carteret C, Mallet M, et al. Effect of Sb on precipitation of biogenic minerals during the reduction of Sb-bearing ferrihydrites. Geochim Cosmochim Acta, 2021, 309: 96-111.

[74] Karimian N, Johnston S G, Burton E D. Antimony and arsenic behavior during Fe(II)-induced transformation of jarosite. Environ Sci Technol, 2017, 51: 4259-4268.

[75] Besold J, Eberle A, Noel V, et al. Antimonite binding to natural organic matter: Spectroscopic evidence from a mine water impacted peatland. Environ Sci Technol, 2019, 53: 10792-10802.

[76] Besold J, Kumar N, Scheinost Andreas C, et al. Antimonite complexation with thiol and carboxyl/phenol groups of peat organic matter. Environ Sci Technol, 2019, 53: 5005-5015.

[77] Arulmani S R B B, Dai J X, Li H, et al. Efficient reduction of antimony by sulfate-reducer enriched bio-cathode with hydrogen production in a microbial electrolysis cell. Sci Total Environ, 2021, 774: 145733.

[78] Ye L, Meng X G, Jing C Y. Influence of sulfur on the mobility of arsenic and antimony during oxic-anoxic cycles: Differences and competition. Geochim Cosmochim Acta, 2020, 288: 51-67.

作者：景传勇[1]，叶丽[2]

[1]中国科学院生态环境研究中心，环境化学与生态毒理学国家重点实验室，[2]山东大学环境科学与工程学院

第 11 章　铁环境化学研究进展

本章导读

铁是地壳中丰度最高的过渡金属元素，其环境友好且氧化还原性质活泼，在生物地球化学循环过程中扮演着重要角色。铁的价态丰富，有 0、+2、+3、+6 等价态，丰富的价态及低廉的价格为基于铁氧化还原过程的环境污染控制技术开发提供了众多可能，相关研究也是环境及地球化学领域的前沿热点之一。本章主要围绕近两年来零价铁、铁矿物、高铁酸盐、铁循环与污染物迁移转化、铁与微生物耦合及其废水处理技术等铁环境化学及相关污染控制技术的最新研究进展进行了介绍。

关键词

零价铁，铁矿物，高铁酸盐，铁循环，微生物耦合，环境修复，污染控制

11.1　引　　言

铁的化学性质活泼，它的氧化还原过程是众多生物地球化学循环及环境污染物迁移转化的驱动力。丰富的铁化学过程也为开发基于铁氧化还原过程的环境污染控制技术提供了契机，该方面的研究是当前环境化学和地球化学领域的研究热点之一。截至目前，根据铁的常见价态（如 0、+2、+3、+6 等），人们已成功开发出了多种基于零价铁、二价铁、三价铁或六价铁的除污染技术。在这些技术中，有的已得到较大规模的工程应用，如零价铁还原修复受污染土壤或地下水技术、三价铁混凝技术等。然而尽管如此，鉴于铁环境化学过程的复杂性，人们对诸如制约普通零价铁反应活性及选择性的根本原因、六价铁氧化污染物的原理、铁与微生物的耦合作用机制等还存在疑问。因此围绕这些问题，本章将系统总结近两年来人们在零价铁改性与应用、六价铁氧化技术原理与强化、铁与微生物耦合作用新机制等方面的研究进展。此外，随着人们对铁环境化学过程认识程度的加深，铁循环与环境污染物的迁移转化行为变得更加明晰；一些基于铁氧化还原过程的环境污染控制新技术不断被开发出来，如二价铁矿物活化氧气降解污染物技术、含氧酸根修饰零价铁及其污染控制技术等，本章也将对此部分进展做简要介绍。

11.2　零价铁与污染控制及环境修复

11.2.1　零价铁的活性改性策略

零价铁（ZVI）表面铁氧化物层阻碍着铁核电子向外传输的效率，析氢和氧还原副反应的存在降低了 ZVI 的电子利用效率，这些问题制约着 ZVI 在环境污染物控制中的应用。发展可行的改性策略有望解决上述难题，是实现 ZVI 工程化应用的关键。

1）物理改性策略

物理改性策略主要借助物理手段对 ZVI 进行改性处理，在 ZVI 处理污染物过程中引入超声[1]、磁场[2]等手段来调控 ZVI 使用过程中的腐蚀行为及电子迁移，进而改善 ZVI 的活性。例如，关小红团队通过弱

磁场在反应体系中引入洛伦兹力和磁场梯度力。前者可以调控带电粒子运动方向，进而加速相关粒子的传质过程；后者可以影响顺磁性物质的迁移，进而阻止致密钝化膜形成，从而提高零价铁的活性和稳定性[1]。近年来，有研究者开发了一种新的、基于低温冷冻处理的 ZVI 物理改性方法 [3]，该方法通过在 ZVI 表面构造出丰富的活性区域来提高 ZVI 的反应活性，为 ZVI 物理改性提供了新的思路。

2）化学改性策略

化学改性策略包括 ZVI 使用过程中的化学调控和 ZVI 原料直接化学改性。在 ZVI 使用过程中，反应体系中加入还原剂（如 Fe^{2+}）[4]或氧化剂[5]可减缓钝化层的形成并加速 ZVI 的腐蚀，进而提高 ZVI 处理污染物的效率。另外，对 ZVI 原料进行化学预处理（如酸洗[6]、硫化[7] 和含氧酸根修饰[8,9]）可改善 ZVI 易钝化、电子选择性低等问题。例如，张礼知课题组采用机械球磨/草酸修饰法在 ZVI 表面构造出了 $FeC_2O_4·2H_2O$ 层，增强了 ZVI 的质子传导率，从而加速了 Cr（VI）的还原去除[8]。

11.2.2　零价铁在水污染控制方面的研究进展

由各类工业排放及人类活动产生的重金属及有机污染物废水，对生态环境和公众健康都造成极大威胁。零价铁独特的核壳结构赋予它吸附重金属离子与有机污染物的能力。更为重要的是，零价铁具有优越的电子传递性能，可以通过还原、分子氧活化氧化等途径将吸附在表面的重金属离子与有机污染物固化或矿化，是重要的环境功能材料。

1）零价铁去除重金属污染物

零价铁表面的铁氧化物壳层是一把“双刃剑”[10]，一方面，氧化层的存在能够避免零价铁核被过度腐蚀，并为重金属离子提供吸附位点；另一方面在使用过程中表面致密的氧化层不断变厚，进而阻碍铁核内电子向外传输，抑制铁核与吸附在表面重金属之间的电子置换，导致零价铁出现钝化失活的现象。

近期，张礼知课题组利用磷酸根对纳米零价铁（nZVI）进行壳层改性[11]，通过简易磷酸化方法可合成出具有径向裂纹的纳米零价铁（CnZVI）。径向纳米裂纹可作为界面电子/离子传输通道，促进表面吸附的 Ni(II)通过氧化层向内扩散，在铁核与氧化层界面处发生内部电子置换；同时铁核内电子向外传输，在外表面与吸附的 Ni(II)发生表面电子置换。基于 Kirkendall 效应，铁离子与镍离子发生相对扩散，并在铁核内部凝聚形成完整的 Kirkendall 空洞，Ni(II)最终以 Ni^0 纳米颗粒的形式被固定于 CnZVI 的氧化层中（图 11-1）。此外，CnZVI 可快速去除 Cu(II)、Hg(II)、Cr(VI)等重金属离子，还能用于实际电镀废水处理，同时将 Ni(II)与 Cu(II)处理至达标排放，展现出良好的工程应用前景。

2）零价铁去除有机污染物

零价铁处理有机污染物主要通过还原与氧化矿化两种途径。ZVI 具有强的给电子性能，利用零价铁还原有机污染物实现治理的策略被应用到各个领域。例如，ZVI 可以将氯代有机物还原脱氯，降低了氯代有机污染物的毒性。为了进一步提高处理效率，近来有研究者在 ZVI 中添加催化加氢组分制备 Fe 基双金属，降低脱氯反应的活化能[12]。除还原途径外，零价铁还可通过活化分子氧、活化双氧水及过硫酸盐等途径产生自由基等活性氧化物种，进而氧化破坏有机污染物，实现有机污染物的矿化降解。近年发展的纳米零价铁活化分子氧体系能氧化降解有机污染物并实现其矿化，受到环境化学研究者的广泛关注[13]。活化分子氧体系中引入少量有机或无机配体亦可提高活性氧物种产生效率，从而增强有机污染物降解性能。

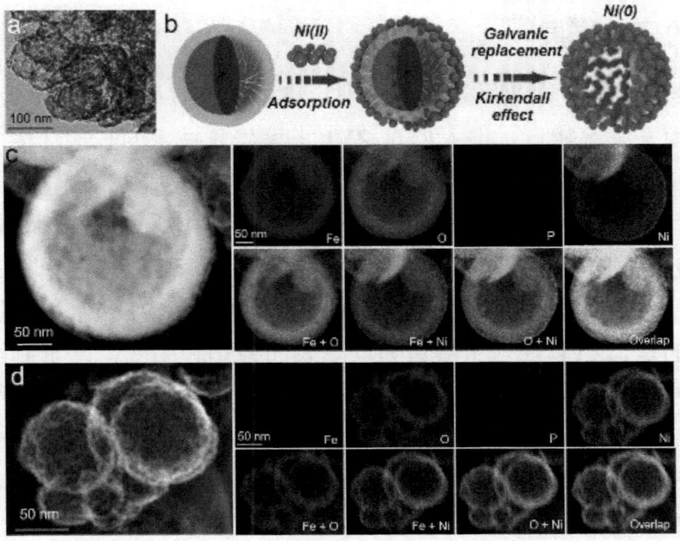

图 11-1　nZVI 与 CnZVI 去除 Ni（II）机理示意图及反应后样品元素空间分布可视化图像[11]

（a）Ni 纳米颗粒被固定于 CnZVI 中的 TEM 图像；（b）CnZVI 去除 Ni（II）机理示意图；（c）、（d）反应后 nZVI 与 CnZVI 元素空间分布图像

11.2.3　零价铁在地下水和土壤修复方面的研究进展

1）零价铁修复地下水的研究进展

零价铁在污染地下水修复方面极具潜力[14,15]，但 ZVI 易与水发生析氢反应、易钝化、目标污染物选择性低，限制了 ZVI 在地下水污染修复中的应用。研究者发现硫化处理可显著提高 ZVI 的反应活性和使用寿命，还能抑制 Fe^0 和水之间的析氢反应，提高电子利用率[7,16]。通过控制硫化条件，可调控硫化 ZVI 中硫含量与形态，实现地下水污染物的选择性去除。近来，徐江等人发现 FeS 和 FeS_2 均可存在于"一步法"制备的硫化纳米零价铁中[17]，通过调控 S 的含量与形态可显著提升零价铁的寿命、三氯乙烯反应活性和选择性（图 11-2）。此外，使用不同 S 试剂（$Na_2S_2O_4$ 或 Na_2S）也可调控 S 的形态，从而影响硫化零价铁的理化性质和反应活性[18]。这些工作为实现污染地下水的高效修复提供了思路，未来有必要针对不同应用场景展开深入研究。

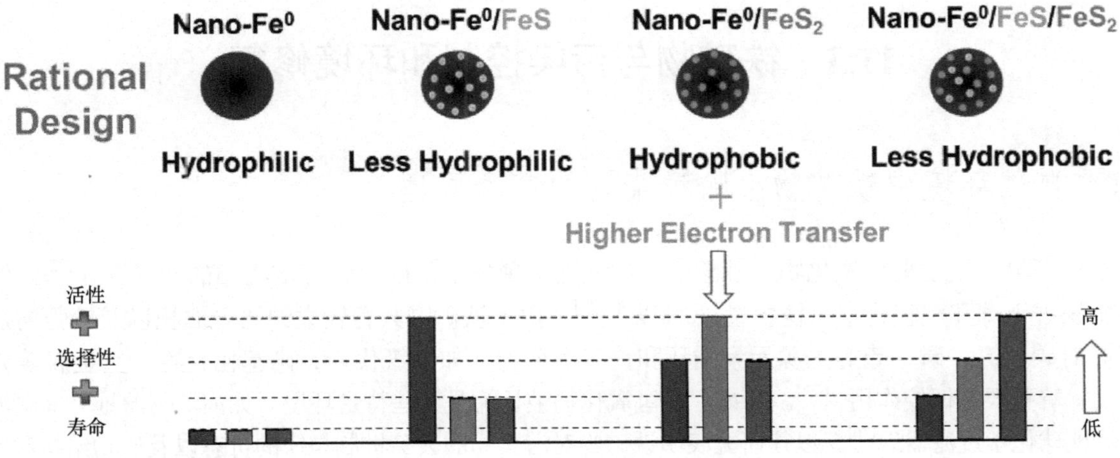

图 11-2　硫化纳米零价铁结构与性能关系[17]

2）零价铁修复土壤的研究进展

ZVI 可通过吸附、共沉淀及氧化还原等方式处理土壤中多种有机及重金属污染，ZVI 修复土壤技术具有土壤结构破坏小和环境友好等特点，但人们对 ZVI 土壤修复技术的长期环境安全性认识不足，特别是公众对农业用地的 ZVI 修复策略较为敏感，致使相关技术推广受到限制。鉴于此，浙江大学林道辉团队以水稻为模式作物，详细调查了 nZVI 修复五氯酚（PCP）污染土壤中同时进行水稻生产的过程[19]（图 11-3）。结果表明，经过 nZVI 处理后的土壤可增产水稻并降低谷物中 PCP 含量，同时提高了土壤中 PCP 的去除率。该项研究不仅明确了 nZVI 在水稻生产中的安全性，还阐明了 nZVI 和水稻对促进根际微生物降解 PCP 的协同作用。需要注意的是，ZVI 注入土壤后易发生表面钝化和团聚，严重制约其修复效果，有必要采取措施提高 ZVI 在土壤中的稳定性和迁移性[20]。例如，刘文课题组等用羧甲基纤维素修饰增强 nZVI 在土壤中的稳定性和活性，从而显著提高了土壤中硝基苯污染物的处理效率[21]。选择生物炭或羟甲基纤维素等可以提供养分的大分子为 ZVI 的修饰剂，可以促进土著微生物的生长并提高土壤修复效果，这将是未来 ZVI 修复土壤有待深入研究的方向。

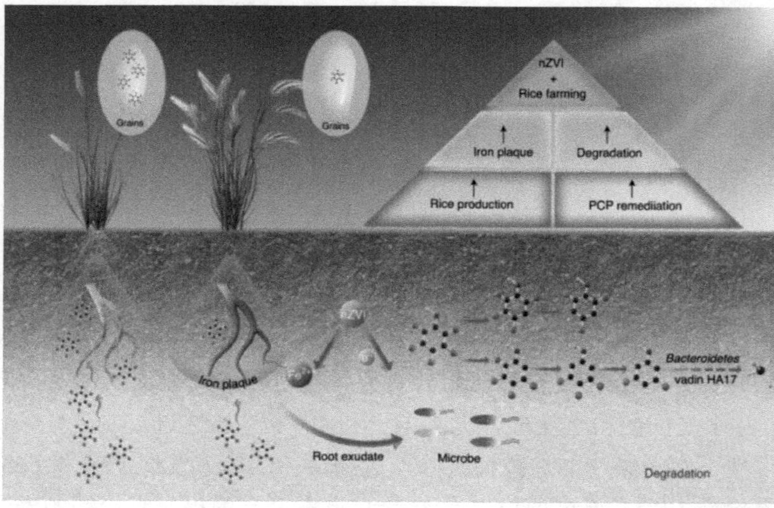

图 11-3　纳米零价铁同步修复土壤与作物安全生产示意图[19]

11.3　铁矿物与污染控制和环境修复

11.3.1　自然环境中铁矿物去除污染物的基本原理

在自然环境中铁主要以氧化物、硅酸盐、碳酸盐、磷酸盐及硫化物等矿物相的形式存在[22]，例如：黏土矿中铁占土壤和沉积物中总铁含量 50%以上[23]。由于铁矿物具有较大的比表面积以及较强的反应活性，因此对碳、氮、磷、硫等生源元素循环和许多污染物（如：氯代烃、硝基化合物、重金属等）的迁移转化发挥着重要的调控作用[24-29]。譬如，铁氢氧化物被认为是某些特定环境（如河流与湿地之间过渡带）的“生物地球化学过滤器”[30]。以往研究表明铁矿物对污染物的去除机制与铁的价态以及矿物结构和类型密切相关，通常 Fe(II)矿物还原活性较强，可以作为电子供体有效还原转化污染物（图 11-4a）[25,26]；而 Fe(III)

矿物反应活性相对较弱，但是其比表面积大，对有机质和痕量金属具有较强的亲和力，因此可以通过吸附络合、表面沉淀以及结构掺入等机制去除污染物（图 11-4b）[27]。不同类型铁矿物由于铁周围配位原子、配位方式、空间构型、表面形貌以及活性位点不同，因此反应活性显著不同。譬如，虽然不同类型的 Fe(II)矿物均能还原转化卤代烃，但是还原速率相差几个数量级[31]；生物成因的 Fe(III)氢氧化物的结构和化学合成的 2 线水铁矿类似，然而前者对五价砷的吸附去除能力更高[32]。当前，虽然人们对于不同类型铁矿物去除污染物的差异已有了一定的认识，但是这种差异的内在机制，以及矿物界面氧化还原过程的微观认识仍然较为薄弱。

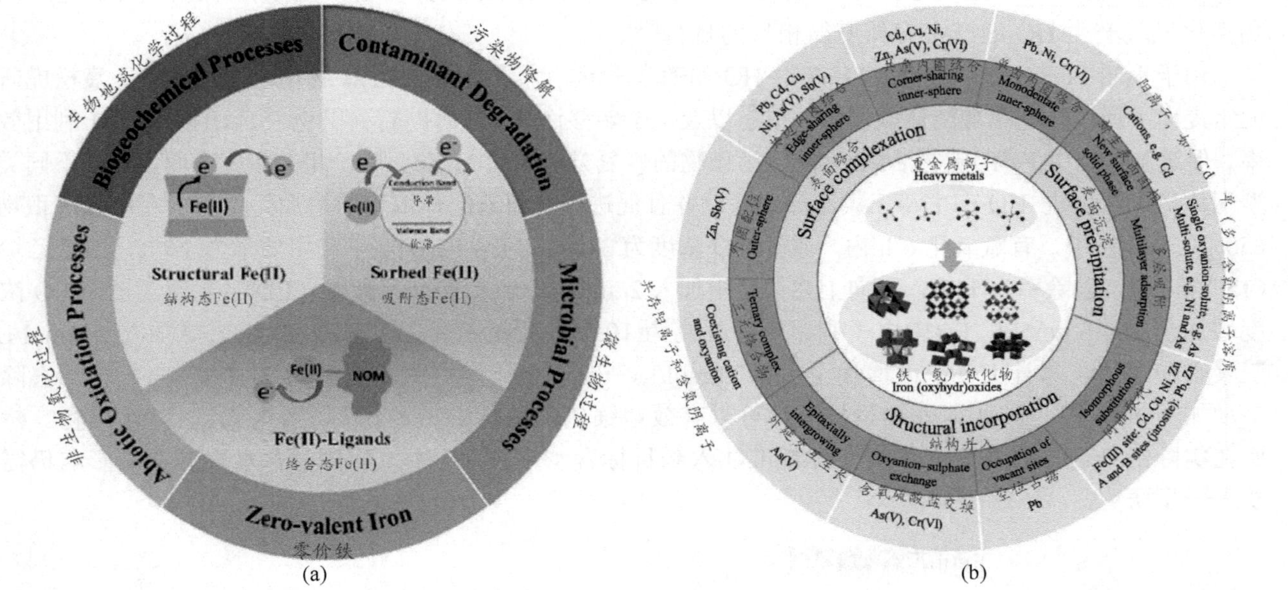

(a)　(b)

图 11-4　（a）Fe(II)[26]和（b）Fe(III)[27]矿物相关环境过程与机制

除了价态、铁矿物结构和类型外，环境条件（如：氧化还原条件）也可以强烈地影响铁矿物对污染物的去除作用与机制。Fe(II)矿物通常赋存于无氧环境，具有很强的还原活性，因此以往研究仅限于其对污染物的还原作用，然而近年来研究发现在 O_2 扰动的情况下，Fe(II)矿物能活化 O_2 产生活性氧物种（包括 O_2^-·，H_2O_2 和 HO·等），从而对污染物产生氧化效应[33-37]。例如：在无氧条件下，黄铁矿以还原脱氯机制去除三氯乙烯[38]，而在有氧条件下则转变为 HO·氧化[39]；类似的，对于还原态含铁黏土矿物，有研究发现其在中性条件下可以活化 O_2 产生 HO·降解三氯乙烯[40]和 1，4-二噁烷[41]。进一步，国际环境修复公司 CDM Smith 于 2018 年报道，含 Fe(II)矿物的沉积物在有氧条件下产生 HO·导致的氧化作用，可将三氯乙烯的化学降解半衰期从无氧条件下的 60 年缩短至 3 个月[34]；周东美研究组于 2021 年报道，水稻田土壤中活性 Fe(II)矿物曝氧氧化产生的 HO·可以有效降解多环芳烃[35]。这些发现说明，由 Fe(II)矿物和 O_2 反应产生 HO·所引起的氧化效应可能是氧化还原动态环境（如水位波动带）中污染物去除的一种重要机制。

11.3.2　基于 Fe(II)矿物活化 O_2 降解有机污染物的修复方法

地下环境中 Fe(II)储量丰富，而大气中含有大量的 O_2，因此基于 Fe(II)矿物活化 O_2 降解有机污染物被认为是一种有望用于修复污染土壤和地下水的新方法[26,33-35,42]。但是以往研究表明不同类型和不同区域的沉积物活化 O_2 产生 HO·的能力以及对污染物的去除效率存在显著差异 [33,35,43]，因此应用该方法修复污染物场地可能存在一定的不确定性。为了阐明沉积物中 Fe(II)矿物类型、Fe(II)微观结构与活性氧产生以及污染物降解之间的关系，袁松虎研究组探究了不同赋存条件的含 Fe(II)矿物沉积物与活化氧气产生 HO·和苯酚降解之间的关系。研究发现沉积物中表面吸附态和矿物结构态 Fe(II)HO·产生和苯酚降解起主要贡献，而其他 Fe(II)物种贡献很小(图 11-5a)[42]；类似地，周东美研究组报道在水稻田土壤曝氧氧化过程中，只有离子可交换态 Fe(II)、表面吸附态 Fe(II)以及低结晶度矿物结构态 Fe(II)可以贡献 HO·产生[35]。不同 Fe(II)矿物活化 O_2 产生 HO·的能力与 Fe(II)活性有关，通常 Fe(II)活性越高，其活化 O_2 产生 HO·的效率越低[42]。因此鉴于含水层最常见六配位结构 Fe(II)反应活性的规律为≡Si(IV)O-Fe(II)＜≡Al(III)O-Fe(II)＜≡Fe(III)O-Fe(II)＜≡Fe(II)O-Fe(II)＜≡HO-Fe(II)＜≡O-Fe(II)，这些矿物活化氧气产生 HO·的产率大体遵循相反的规律[42]。

由于不同 Fe（II）矿物活化 O_2 产生 HO·的效率不同，为了提高 Fe(II)矿物电子利用效率，袁松虎研究组提出了通过外源添加配体以调控铁形态以及电子转移途径，从而提高沉积物中 Fe(II)矿物电子利用效率、促进沉积物中 Fe(II)矿物活化 O_2 降解污染物的修复方法（图 11-5b）[44]。相关研究表明，加入不同类型配体均可以促进 HO·产生和三氯乙烯去除，并且促进程度随着配体浓度的增加而增加。在单独沉积物（50 g/L）体系中，有氧氧化 6 h 内，累计 HO·浓度为 31 μmol/L，Fe(II)电子利用效率为 1.7%，三氯乙烯（15 μmol/L）去除率为 13%，而向上述体系中加入 2 mmol/L 乙二胺四乙酸钠（EDTA）后，累计 HO·浓度增加至 204.6 μmol/L，Fe(II)电子利用效率提高为 10.5%，三氯乙烯去除率增加至 31%；加入 2 mmol/L 三聚磷酸盐后，累计 HO·浓度增加至 189.7 μmol/L，Fe(II)电子利用效率提高为 11.3%，三氯乙烯去除率增加至 80%[44]。因此，外源添加配体可以有效地强化沉积物中 Fe(II)矿物活化 O_2 去除污染物。然而在实际污染场地修复中如何将配体精准注入到目标含水层，以及注入配体对含水层潜在的影响仍需要进一步研究。

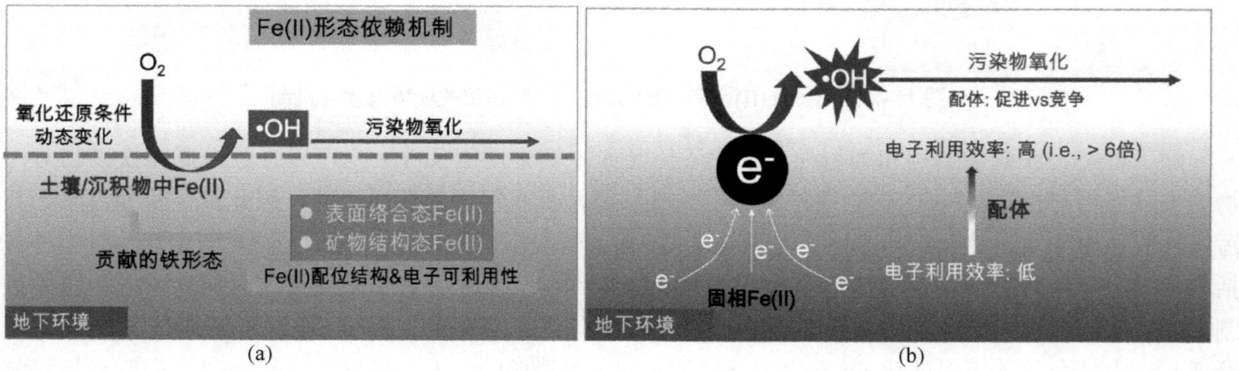

图 11-5　（a）HO·产生与 Fe(II)形态的依赖关系[42]和（b）配体调控沉积物中 Fe(II)矿物电子利用效率机理示意图[44]

11.3.3　基于 Fe(II)矿物修复污染土壤/地下水的研究展望

地下环境通常处于无氧条件，因此在热力学上有利于 Fe(II)矿物的形成和稳定[24]。前人基于 Fe(II)矿物具有强还原活性的特征开发了一系列修复方法，主要包括 Fe(II)矿物直接还原去除污染物，以及 Fe(II)矿物活化化学氧化剂或 O_2 产生活性中间体氧化去除污染物[26,28,31,42,44–46]。由于不同类型和不同赋存条件的土壤/沉积物中 Fe(II)矿物种类和含量不同，因此其去除污染物的效率也显著不同。例如：Sedlak 研究组报道不同区域沉积物中铁矿物活化 H_2O_2 降解苯酚的效率可相差数十倍[47]。因此，在应用上述方法修复污染土壤和地下水时，调控土壤/沉积物中 Fe(II)矿物的含量、活性和电子利用效率是保证修复效果的必要条件。对于土壤/沉积物中 Fe(II)矿物含量的调控，目前已经有研究报道注入还原剂(如抗坏血酸)可以使

Fe(III)被还原为 Fe(II)，从而活化 H_2O_2 去除有机污染物[48]。实际上，自然环境中铁还原微生物介导的 Fe(III)还原是 Fe(II)再生的重要途径[24]，因此适当地向地下环境注入有机碳刺激铁还原微生物还原 Fe(III)矿物是一种有效提高土壤/沉积物中 Fe(II)矿物含量的方法。对于 Fe(II)矿物活性和电子利用效率的调控，外源添加有机/无机配体被已经证实是一种可行的方法。然而不同类型配体对 Fe(II)矿物电子利用效率调控作用与机制不同，并且部分有机配体可以和污染物竞争消耗活性物种（如 HO·）[44]，因此需要根据实际场地地球化学条件来优化加入配体类型和剂量。值得注意的是，当污染场地中存在重金属复合污染时，添加配体需要谨慎处理，因为配体可能通过竞争吸附和配体交换等途径[49]导致已经吸附在铁矿物表面的重金属离子释放到地下水中。

11.4 高铁酸盐的技术原理与强化

高铁酸盐[Fe(VI)]是+6 价铁的含氧酸盐，其同时具有氧化、吸附、絮凝、杀菌、消毒等多种功能。在过去的 20 年里，Fe(VI)因其功能多样、环境友好等特性而备受关注，基于 Fe(VI)的污染控制技术也日益成熟。近两年来，人们对 Fe(VI)氧化污染物的特性又有了更深入的认识，各种强化 Fe(VI)去除污染物的方法得到了进一步的发展，Fe(VI)技术也得到应用。因此，本节将主要围绕近两年来的研究进展进行介绍。

11.4.1 Fe(VI)氧化特性及强化氧化研究

1）Fe(VI)氧化污染物的反应动力学

一般认为，Fe(VI)和大多数有机物和无机物的反应遵循二级反应动力学模型，如式（11-1）所示。

$$-\frac{\mathrm{d}[\mathrm{S}]_t}{\mathrm{d}t} = k_{\mathrm{app}}[\mathrm{Fe(VI)}]_t[\mathrm{S}]_t \tag{11-1}$$

式中，k_{app} 表示 Fe(VI)氧化目标污染物的表观二级反应速率常数；$[Fe(VI)]_t$ 和 $[S]_t$ 分别表示反应 t 时刻 Fe(VI)和目标污染物的浓度。由于 Fe(VI)在水溶液中不稳定，易发生自分解，通过实验测定 k_{app} 时，往往会对式 11-1 作积分处理。例如：在测定 Fe(VI)氧化新型有机污染物（EOC）的 k_{app} 时，可利用反应过程中目标有机污染物（EOC）的浓度变化［–ln（[EOC]/[EOC]$_0$）］和 Fe(VI)暴露量（mmol/L·s）之间的线性关系来计算 Fe(VI)与目标有机污染物之间的表观二级反应速率常数（式 11-2）。

$$k_{\mathrm{app}} = -\frac{\ln\left(\frac{[\mathrm{EOC}]}{[\mathrm{EOC}]_0}\right)}{\int_0^t [\mathrm{Fe(VI)}]\mathrm{d}t} \tag{11-2}$$

但是 Zhu[50]和 Wang[51]等人发现在 pH ＝ 8.0 的硼酸缓冲溶液中，利用式 11-2 计算所得的 k_{app} 会随着 $[EOC]_0/[Fe(VI)]_0$ 的改变而变化。并且-ln（[EOC]/$[EOC]_0$）与 Fe(VI)暴露量的比值还可能会随着反应的进行而不断增大或不断减小，即呈现自加速现象和自减速现象（图 11-6）。自加速现象会随着反应 pH 的升高和 $[EOC]_0/[Fe(VI)]_0$ 的降低而变得更加明显，而自减速现象则相反。上述现象表明 Fe(VI)对污染物的氧化并不遵循简单的二级反应动力学，该过程中 Fe(VI)不是唯一的活性氧化物种。

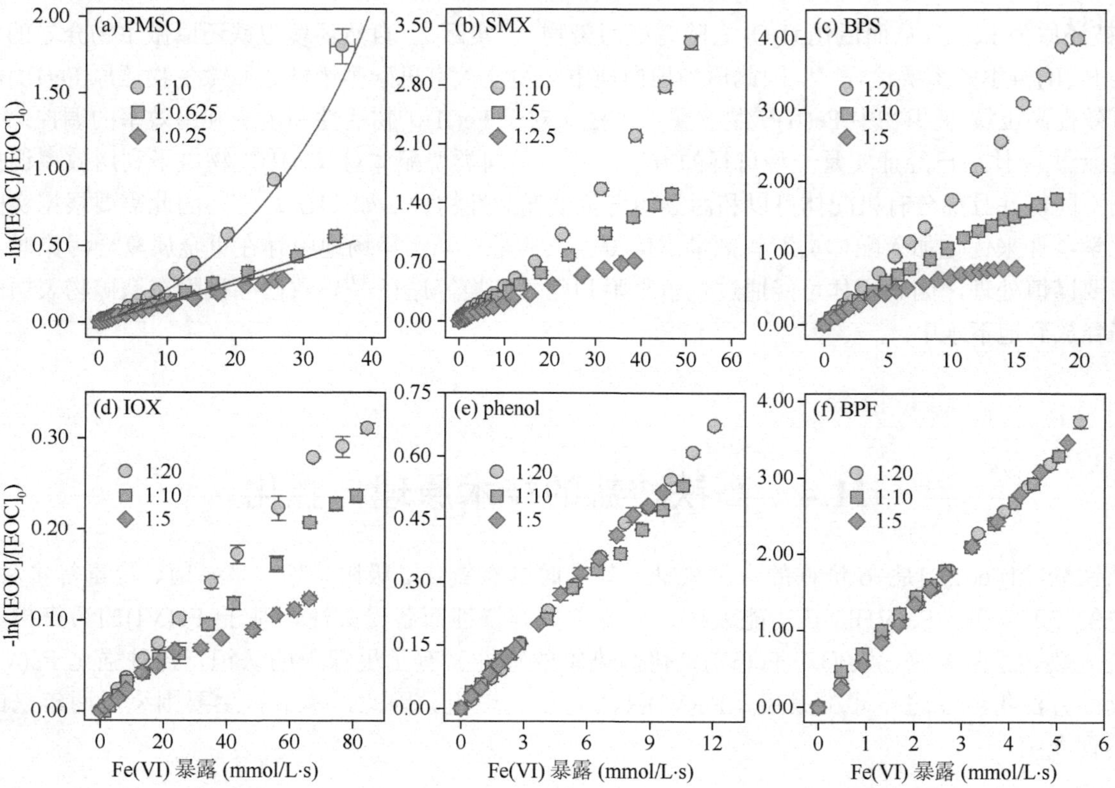

图 11-6　pH 8.0 条件下 Fe(VI)氧化不同浓度有机物的动力学

$[Fe(VI)]_0 = 50\ \mu mol/L$，10 mmol/L 硼酸缓冲

（a）甲基苯基亚砜（PMSO）；（b）磺胺甲噁唑（SMX）；（c）双酚 S；（d）碘海醇（IOX）；（e）苯酚（phenol）；（f）双酚 F（BPF）

根据 Lee 等人[52]的报道，Fe(VI)自分解过程中生成的产物有 Fe(V)、Fe(IV)、Fe(III)、Fe(II)、H_2O_2 和 O_2。考虑到 Fe(II)与 H_2O_2 共存时可能产生 HO·，反应体系中可能的活性氧化物种有 HO·、Fe(V)和 Fe(IV)。通过进一步的指针化合物实验、产物分析实验、竞争动力学实验以及动力学模型拟合，Zhu[50] 等人发现在 pH 7.5～9.0 的范围内 Fe(VI)氧化污染物时反应体系中的活性氧化物种包括 Fe(VI)、Fe(V)和 Fe(IV)等。因此，在 Fe(VI)体系中目标污染物的氧化动力学应该用式 11-3 来表示（以 Fe(VI)氧化 EOC 为例）。

$$-\ln\left(\frac{[EOC]}{[EOC]_0}\right) = k_{real}\int_0^t [Fe(VI)]dt + k_{Fe(V)}\int_0^t [Fe(V)]dt + k_{Fe(IV)}\int_0^t [Fe(IV)]dt \tag{11-3}$$

式中，k_{real}、$k_{Fe(V)}$、$k_{Fe(IV)}$ 分别表示了 Fe(VI)、Fe(V)和 Fe(IV)氧化目标污染物的二级反应速率常数。由此可知，-ln（$[EOC]/[EOC]_0$）与 Fe(VI)暴露量的比值应如式 11-4 所示。考虑反应过程中的某一瞬态，即式 11-4 中 dt 无限趋近于 0，可推得式 11-5。利用该式可以计算反应过程中某一时刻目标 Fe(VI)氧化 EOC 的 k_{app}。由于在反应过程中 pH 保持不变，即 k_{real}、$k_{Fe(V)}$、$k_{Fe(IV)}$ 均为定值，k_{app} 和反应过程中的 Fe(V)/Fe(IV) 与 Fe(VI)的浓度比有关。

$$k_{app} = \frac{-\ln\left(\frac{[EOC]}{[EOC]_0}\right)}{\int_0^t [Fe(VI)]dt} = k_{real} + \frac{k_{Fe(V)}\int_0^t [Fe(V)dt + k_{Fe(IV)}\int_0^t [Fe(IV)]dt}{\int_0^t [Fe(VI)]dt} \tag{11-4}$$

$$k_{app} = k_{real} + \frac{k_{Fe(V)}[Fe(V)] + k_{Fe(IV)}[Fe(IV)]}{[Fe(VI)]} \tag{11-5}$$

2）Fe(VI)氧化污染物的速率常数的测定

由于在 Fe(VI)氧化污染物的过程中 Fe(VI)并不是反应体系中单一的氧化剂，Fe(VI)氧化污染物的真实速率常数(k_{real})并不能根据-ln([EOC]/[EOC]$_0$)与 Fe(VI)暴露量的比值计算而得。即之前的大量研究都高估了 Fe(VI)的真实氧化能力。为了得到 Fe(VI)氧化污染物的速率常数，应当屏蔽反应过程中原位生成的 Fe(V)/Fe(IV)对污染物氧化的贡献。Zhu 等人[50]在研究中发现，Fe(VI)基本不能氧化咖啡因(CAF)，而其却可以被 Fe(V)/Fe(IV)迅速降解。当目标污染物与过量 CAF 共存时，CAF 会与目标污染物竞争 Fe(V)/Fe(IV)，从而减少 Fe(V)/Fe(IV)对目标污染物氧化的贡献并降低计算所得的 k_{app} 值。上述实验结果为 k_{real} 测定方法的建立提供了一个新思路，即：选取一种过量的有机物 A 作为 Fe(VI)氧化污染物 B 过程中 Fe(V)/Fe(IV)的淬灭剂，以此屏蔽 Fe(V)/Fe(IV)对目标污染物 B 氧化的贡献，进而根据-ln([EOC]/[EOC]$_0$)与 Fe(VI)暴露量的比值计算 k_{real}。

在使用上述方法测定 Fe(VI)氧化污染物的速率常数时仍需注意以下几点：①应当进行两组以上的实验验证所测得的反应速率常数，且不同组的实验应采用不同初始浓度的淬灭剂。若两组实验所测得的 k_{app} 相近且反应过程中不出现自加速和自减速现象，则说明淬灭剂对 Fe(V)/Fe(IV)的屏蔽效果较好，测定所得的 k_{app} 值可以看作 Fe(VI)氧化目标污染物的真实速率常数；若两组实验所测得的 k_{app} 值相差较大，则应该继续加大淬灭剂的浓度进行实验，直至在两组不同浓度的淬灭剂存在的情况下得到较为相近的 k_{app} 值。②在测定 Fe(VI)氧化有机污染物的 k_{app} 时，淬灭剂在液相色谱上的峰不应与目标有机污染物 B 的峰重叠。并且由于实验中所加入的淬灭剂浓度较高，在使用液相色谱仪测定目标有机污染物 B 的浓度时应避免淬灭剂的谱图影响 B 谱图峰面积的测量。③淬灭剂与 Fe(VI)的反应速率不宜过大，应避免 Fe(VI)浓度下降过快导致的测量误差增大。④常温下，淬灭剂在水中应有较高的溶解度，能够通过提高淬灭剂的浓度达到较好的淬灭效果。

3）Fe(VI)氧化污染物过程中 Fe(V)/Fe(IV)的贡献及影响因素

利用 Fe(VI)氧化污染物的真实速率常数及 Fe(VI)氧化污染物的表观速率常数可以计算出 Fe(VI)氧化污染物过程中 Fe(V)/Fe(IV)对污染物氧化的总贡献。Wang 等人[51]在研究中发现，Fe(V)/Fe(IV)对污染物氧化的贡献之和与反应条件、目标污染物的种类密切相关，并且其随时间的变化和表观速率常数随时间的变化基本一致。在 Fe(VI)氧化磺胺甲噁唑、碘海醇、双酚 S 以及 PMSO 的过程中，Fe(V)/Fe(IV)的贡献之和总是远大于 Fe(VI)对污染物氧化的贡献；而在 Fe(VI)氧化苯酚和双酚 F 的过程中，Fe(V)/Fe(IV)的贡献之和小于 Fe(VI)对污染物氧化的贡献。根据反应动力学模型计算结果以及反应过程中不同目标污染物与 Fe(VI)浓度变化的规律，作者提出 Fe(V)、Fe(IV)的浓度与 Fe(VI)浓度的比值随反应时间的变化是造成 Fe(VI)氧化污染物过程中 Fe(V)/Fe(IV)的贡献之和与 k_{app} 值随反应时间而改变的重要原因。此外，Fe(V)/Fe(IV)氧化目标污染物及反应中间产物的速率也会影响反应过程中 Fe(V)、Fe(IV)的浓度与 Fe(VI)浓度的比值，从而影响 k_{app} 随反应时间的变化规律。这项工作表明，Fe(VI)氧化污染物过程中 Fe(V)/Fe(IV)的贡献之和可以反映出特定反应条件下 Fe(V)/Fe(IV)对污染物氧化的重要性，其对于以目标污染物为导向的 Fe(VI)活化方法的开发具有重要指导意义。

11.4.2　强化高铁酸盐氧化污染物的研究进展

鉴于 Fe(VI)的选择性和不稳定性，其在某些反应条件下可能对污染物的去除不完全。因此近两年来，研究者们围绕传统 Fe(VI)技术的缺陷开展了系列提升 Fe(VI)氧化效能的工作，并取得了显著进展。

Pan 等人[53]发现在碱性条件下，不同种类的碳材料（水热炭、氧化石墨烯、还原氧化石墨烯、石墨和富勒烯等）对 Fe(VI)氧化降解有机污染物都有一定的促进作用。结合傅里叶变换红外光谱和指针化合物实验，作者提出 Fe(V)/Fe(IV)是反应体系中的主要活性氧化剂。Tian 等人[54]使用生物炭活化 Fe(VI)降解抗生素、药物及个人护理品等新型有机污染物，其研究表明，在 pH 8.0 的条件下，生物炭的加入使得 Fe(VI)氧化有机污染物的速率提高了 3～14 倍，TOC 的去除率提高了 2.4～8 倍。同时，生物炭的加入还有助于降低实际水处理过程中生成的卤代副产物的浓度。淬灭剂实验、指针化合物实验、电子自旋共振（ESR）实验表明，生物炭促进 Fe(VI)降解有机污染物主要是由于其可以诱导 Fe(VI)原位产生 Fe(V)/Fe(IV)。高活性的 Fe(V)/Fe(IV)不仅可以快速氧化有机污染物，还可以破坏生物炭的物理结构、扩大生物炭的比表面积，进而提高生物炭对目标有机物及氧化副产物的吸附能力。与之前报道的碳纳米管（CNT）[55]相比，生物炭的制备更为简便、经济，并且其可以多次循环利用而不会带来潜在的环境风险，因此其具有更高的实际应用价值。

除此之外，研究发现金属离子也有助于 Fe(VI)对污染物的去除。Viktor 等人[56]发现，Al^{3+}、Fe^{2+}和 Mn^{2+}都有助于 Fe(VI)对水中 Se(IV)的去除，其中 Mn^{2+}的促进效果最好。作者认为，Se(IV)可以被 Fe(VI)氧化为 Se(VI)，随后 Se(VI)被 γ-Fe_2O_3-Mn(II)纳米配合物还原为不溶性 Se(0)而吸附在 Fe-Mn 颗粒表面，最后通过沉淀去除。Zhang 等人[57]探究了多种金属离子包括 Fe^{3+}、Ca^{2+}、Al^{3+}、Sc^{3+}、Co^{2+}以及 Ni^{2+}对 Fe(VI)氧化有机污染物的影响。作者发现，在初始 pH 9.0 的反应条件下，当 Fe^{3+}与 Fe(VI)的初始摩尔比为 2.0 时，Fe^{3+}对 Fe(VI)氧化有机污染物具有最显著的促进效果。Fe^{3+}的加入可以快速诱导 Fe(V)/Fe(IV)的生成，进而大大提升 Fe(VI)氧化有机污染物的速率。

11.4.3　高铁酸盐的应用进展

当前，高铁酸盐在地表水、生活污水、特种废水以及有机微污染废水处理领域已有较多的应用案例。地表水和生活污水中主要的污染物包括有机污染物和氨氮，而高铁酸盐的强氧化性和强混凝特性可以有效矿化和去除地表水和生活污水中的有机物、氨氮和磷等。例如，Dong 等人[58]采用 Fe(Ⅵ)来对高藻水进行预氧化处理，发现通过提高 Fe(Ⅵ)浓度和延长处理时间可以显著增强水体中藻细胞和藻类有机物的去除（图 11-7）。此外，Fe(Ⅵ)预氧化还可以显著降低后续氯化处理产生的消毒副产物[58]。

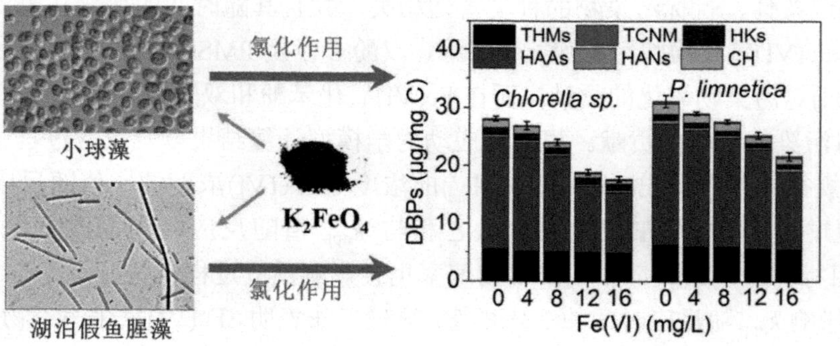

图 11-7　Fe(Ⅵ)预氧化抑制藻细胞浓度和氯化消毒副产物的形成机理[58]

饮用水消毒在保护人类免受水传播病原体侵害方面发挥着至关重要的作用，高铁酸盐协同余氯作为消毒剂可以有效灭活多种细菌和病毒。研究发现，经过 Fe(VI)的预氧化后，氯化过程中的余氯衰减速率有所增加，但 Fe(VI)预氧化可以显著抑制后续卤代消毒副产物的产生[59]。宏基因组测序和基因比对分析表明 Fe(Ⅵ)可以有效抑制弧菌属、沙门氏菌属、志贺氏菌属、埃希氏菌属等多种病原菌的增殖，且 Fe(Ⅵ)和余氯对不同病原菌具有特异性的灭活机制[60]（图 11-8）。

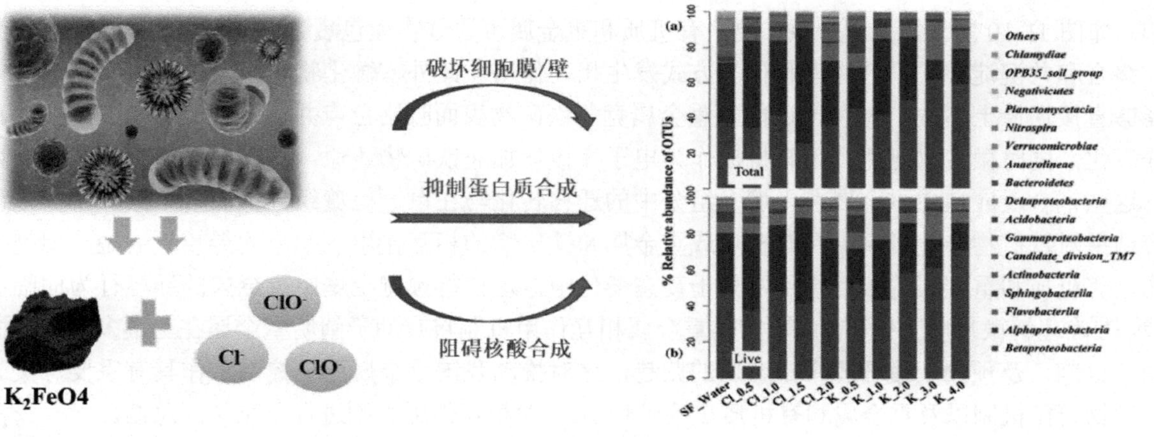

图 11-8　氯协同高铁酸盐消毒杀菌机理图（引自参考文献[60]）

在工程应用方面，有研究发现，高铁酸盐可有效去除油田废水中的石油烃等有机质并降低水体黏度，Fe(VI)还原产物 Fe(III)也可以通过吸附共沉淀作用进一步去除污染物。李聪团队自行研发了高铁酸钾电化学原位发生装置并开展了相关的中试验证研究（图 11-9）[61-63]。中试实验结果表明电化学原位发生装置可以持续产生 K_2FeO_4 进而氧化降解油田废水中的有机物，经过 20 min 的处理，油田废水的 COD 去除率可达 32%，脱色、降黏效果显著。

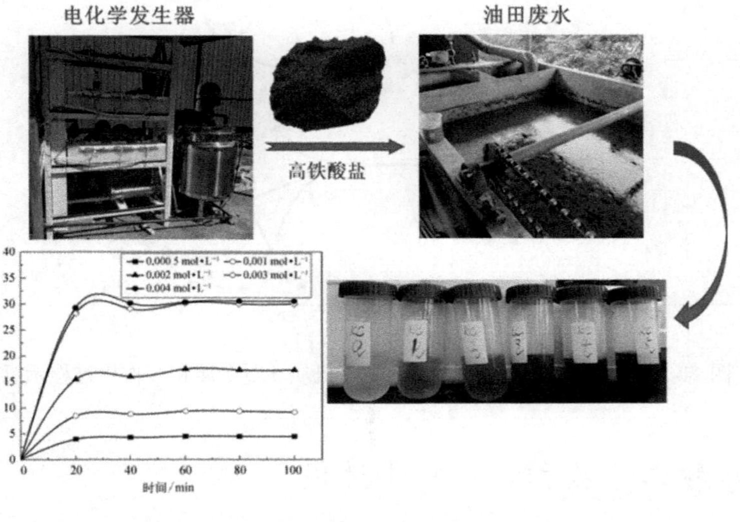

图 11-9　高铁酸盐处理油田污水的中试研究

11.5　铁循环与环境污染物迁移转化

铁矿物是土壤氧化物中最为活跃的组分之一。在不同环境条件下，铁矿物形态、价态、结构和表面特性的变化使其在环境污染物迁移和转化过程中扮演着极其重要的角色。有机质作为土壤重要的组成之一，其在调节土壤健康、污染物行为和生物地球化学循环方面起着重要作用。在铁矿物转化过程中，环境中有机质的存在常对铁氧化物的溶解和重结晶以及晶体生长等过程起调控作用[64-68]。通常，在受污染的土壤环境中，重金属的迁移和生物毒性取决于其形态，其一般受到土壤组分（如铁矿物和有机质）的影响。如图 11-10 所示，土壤中铁矿物、有机质和重金属可通过物理包裹、吸附解吸、氧化还原、溶解沉淀、络合和共沉淀等一系列物理和化学方式发生相互作用。此外，微生物作为土壤的重要组成部分，不但能够直接还原土壤铁矿物[64]，还能与重金属竞争铁矿物表面吸附位点并将矿物上解吸的重金属直接还原或氧化，同时微生物还能利用有机质作为电子穿梭体加速铁矿物还原，从而间接影响重金属的环境行为，这些耦合反应造成重金属在土壤多组分中的迁移转化与在单一土壤组分中显著不同。目前，已有的研究结果对铁矿物转化机制以及有机质或重金属和铁矿物的相互作用机制阐述得较为清楚，但是土壤铁矿物、有机质和重金属的相互作用常处于动态变化中，这使得预测土壤中重金属的环境行为面临巨大的挑战。准确理解微尺度下铁矿物-有机质-重金属相互作用机制将有助于阐明重金属在土壤多组分界面反应的分子机制，及预测土壤环境中重金属的归趋，这对推动我国重金属污染控制工作具有重要意义。本节就铁矿物转化机制以及重金属和有机质在铁矿物-水界面相互作用机制进行了系统的总结。

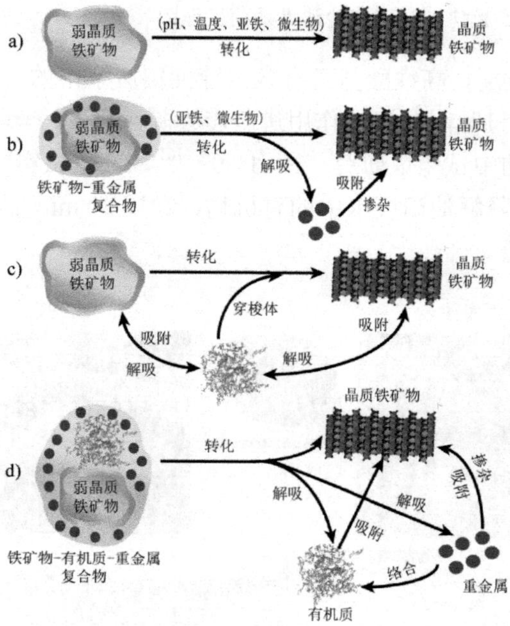

图 11-10　土壤铁矿物转化及其界面有机质和重金属相互作用过程示意图

11.5.1　土壤铁矿物非生物和生物转化过程

土壤环境中，结晶度较弱的水铁矿通常作为晶质铁矿物的前驱体，其一般可通过热脱水和脱羟基等方式最终转化为赤铁矿和磁赤铁矿。铁矿物间相互转化机制主要分为溶解再结晶或者直接固相转化。溶解再结晶机制是弱晶质铁矿物先溶解，产生 $Fe(OH)^{2+}$和 $Fe(OH)_2^+$等羟基铁离子，然后再通过聚合作用形成晶质铁氧化物；固相直接转化机制是弱晶质铁矿物通过脱水和结构重排直接转化为晶质铁氧化物。目前，亚铁催化铁矿物发生相变的研究备受关注。在铁矿物转化过程中，亚铁的活性和浓度是决定亚铁催化铁矿物转化程度和路径的关键因素。当亚铁和弱晶质铁矿物共存时，亚铁能够催化结晶度较差和热力学不稳定的矿物发生转化，该转化机制是亚铁和弱晶质铁矿物表面发生电子转移，使得疏松多孔的弱晶质铁矿物发生溶解再结晶或者直接固相转化，从而生成其他晶质铁氧化物。

越来越多的研究表明，微生物介导下铁的地球化学循环过程极其重要，该过程广泛存在于湿地系统、沉积物、地球深处的含水层以及淹水水稻土等厌氧环境中，这是自然界铁代谢的重要途径之一[69–73]。铁循环过程大致可分为铁氧化和铁还原两大过程，其中微生物介导的铁氧化过程主要分为以下四个部分：①微生物利用氧气氧化亚铁；②厌氧光能自养铁氧化菌介导的亚铁氧化；③微生物矿化；④硝酸盐还原亚铁氧化。微生物介导的铁还原过程包括以下五个部分：①分泌螯合剂促进铁矿物的溶解；②通过细菌附属物的黏附和铁矿物直接发生相互作用；③细胞色素和铁还原酶参与的铁矿物还原；④微生物分泌具有氧化还原活性的电子穿梭体促使铁矿物还原；⑤通过微生物膜中的辅酶因子实现电子传递。

在适当的条件下，周围环境的改变促使铁矿物发生相互转化。但是在实际土壤环境中，铁矿物的转化产物受到转化温度、pH、铁氧化物界面性质、亚铁离子、微生物、金属离子、土壤团聚体和有机质等多重因素的影响，使得铁矿物的转化机制较为复杂，而土壤铁矿物的相变势必会对与之相关的元素或物质循环和迁移产生一定的影响[74]。因此，在分子水平上理解控制土壤和沉积物中铁元素和铁矿物循环的生物地球化学过程有助于深刻认识上述影响。

11.5.2　土壤有机物对铁矿物转化过程的影响机制

有机质（如富里酸、胡敏酸和胡敏素）作为土壤中有机物的重要组成部分，可通过物理保护和化学保护作用被土壤团聚体固定，从而形成有机-无机复合体。通常稳定性高的团聚体中的铁氧化物能通过络合作用固定更多的有机碳，吸附在土壤团聚体表面的有机碳也可进一步充当配位体来促成大团聚体的形成，增强了土壤团聚体的张力强度，提高了自身的稳定性，从而抑制团聚体中无定形态铁矿物的非生物和生物转化。此外，与铁矿物结合的有机碳的性质、种类和含量也会显著影响土壤团聚体中铁氧化物的转化。Chen 等[75]通过亚铁催化水铁矿-有机质的共沉淀转化实验发现，有机质添加量与水铁矿的转化速率呈反比。此外，有机质的加入还能够与亚铁直接络合，降低铁矿物在溶解和再结晶过程中亚铁和三价铁电子转移的速率，有机质所含芳香族官能团能直接吸附在铁氧化物上，阻碍水铁矿或纤铁矿的成核作用。在实际厌氧的土壤环境中，相比于铁矿物，铁还原微生物更容易与土壤有机质接触，有机质中含有的醌基官能团或微生物分泌的细胞色素 c 能够充当电子穿梭体[64,76]，进而弥补微生物和铁矿物之间由于距离原因而导致的铁还原反应过程受阻的程度。因此，有机质的加入能够改变微生物还原铁矿物的速率和程度，同时反应过程中产生的亚铁还能促使铁矿物发生转化。目前大多数研究主要集中在有机质具体如何影响铁矿物的表面反应以及相互作用动力学，而在多组分土壤体系中，有机质和铁矿物的反应是一个动态过程，通常是多种结合机制同时存在并交互作用，这些反应过程会显著影响有机质对土壤重金属的络合。阐明有机质和土壤铁矿物相互作用对理解土壤铁矿物的转化、准确预测土壤碳库和全球气候变化以及土壤重金属环境行为至关重要。

11.5.3　土壤铁矿物界面重金属反应机制

重金属在铁矿物-水界面上的吸附作用可分为非专性吸附和专性吸附。通常，铁矿物具有较高活性的表面点位，与之共存的重金属能够被铁矿物吸附，这使得铁矿物在固定土壤重金属方面起着关键作用。有研究表明，土壤铁矿物能够有效地去除环境中的砷、铀和铬等高毒性重金属和有机污染物。近几年，高分辨光谱和电子显微镜技术的发展极大地促进了重金属在环境中迁移转化机制的研究。其中，应用较为广泛的是利用同步辐射技术从分子水平阐明重金属和铁矿物的微观结合机制。Hu 等[66,67]借助同步辐射技术揭示多重因素影响下模拟系统中铁氧化物固定重金属的分子机制。此外，球差校正电子显微技术的发展使得能够从原子尺度阐明铁矿物和重金属的微观反应机制，直观地呈现吸附在铁矿物表面和铁矿物晶格内部重金属的分布。

铁矿物转化作为土壤中最为活跃的生物地球化学过程之一，该反应通常也会影响表面结合的金属或类金属等元素的环境效应。当铁矿物发生转化时，与之共存的重金属会在铁矿物表面发生吸附解吸、氧化还原、共沉淀和掺杂等一系列反应，进而控制土壤变价元素（如铬和砷）和稳定价态金属（如锌、铜和铅）的环境行为。研究发现，在水铁矿转化过程中，溶液中存在的铅或砷可掺杂进入新形成的赤铁矿或纤铁矿晶格内部[66-68]；当初始矿物为热力学更加稳定的赤铁矿或针铁矿时，反应过程中出现的二价铁不能催化其转化为其他二次矿物，但是却能在原始的赤铁矿或针铁矿颗粒上观察到该铁矿物的重新生长。此外，土壤中铁还原菌的存在也能够显著影响环境中重金属的归趋。研究发现，希瓦氏菌能够将弱晶质铁矿物还原为二价铁，生成的二价铁进一步催化铁矿物发生重结晶，与之共存的类金属砷能掺杂至磁铁矿或蓝铁矿晶格内部[77]。总体而言，已有的研究结果表明，铁矿物转化会显著影响重金属的形态分布，进而影响其在土壤中的迁移与转化。目前重金属和铁矿物相互作用的研究主要集中在表面络合、吸附解吸和氧化还原等方面，这些研究通常集中于单个反应过程，缺乏对环境中多组分动态耦合反应过程的理解。因此，在未来的研究中应考虑各环境要素间的相互作用，特别是生物和非生物之间的相互作用对重金属环境行为的影响，这可能为未来降低水稻土中重金属的有效性提供重要的理论指导。

11.5.4　土壤铁矿物-有机质相互作用下的重金属反应机制

铁矿物转化（水解、成核、沉淀和重结晶）使得与之相关联的重金属和有机质释放进入溶液中或通过物理包裹和共沉淀作用被重新固定。由于溶解性有机质广泛存在于沉积物和土壤环境中，通常在自然界中铁矿物和有机质会以有机质-矿物复合体的形式存在，这使得重金属在土壤环境中的作用机制较为复杂，造成该现象的主要原因可能是：①吸附在矿物表面的有机质通过配体交换和螯合等方式使得重金属更加牢固地吸附在矿物上，从而抑制了重金属在环境中的迁移；②有机质与原本吸附在矿物上的重金属竞争矿物表面的吸附位点，减弱了重金属与矿物的吸附作用，同时有机质还能作为电子穿梭体，加速铁矿物还原溶解，从而增加了重金属的迁移和生物可利用性。Qiao 等[78-80]通过微宇宙培养实验发现在受砷污染的土壤中添加核黄素、天然有机质（如富里酸、胡敏酸和胡敏素）和生物质炭均能促进铁还原，增加溶液中砷的浓度。由此可知，反应体系中有机质的出现对铁矿物的转化和重金属的迁移具有显著的影响。此外，Hu 等[66-68]通过球差校正显微镜等手段系统研究了水铁矿-有机质-重金属反应体系中，有机碳及重金属砷、铜和铅的环境行为。研究发现，胡敏酸的加入能够减缓水铁矿的转化速率，促使转化产物含有更多疏松多孔的结构，进而增加了重金属铅和有机质在水铁矿上的固定（图 11-11）。综上所述，有机质的存在会一定程度地影响铁矿物转化，从而促进或者抑制铁矿物对重金属的固定。

由于土壤类型多样，反应条件过于复杂，导致很难评估重金属的环境行为，因此，为了准确预测重金属在土壤中的形态分布以及动力学行为，不同类型的模型被发展起来，用以帮助了解土壤中重金属的迁移和转化规律。Yang 等[81,82]基于化学实验结果建立了简单的动力学模型，该模型可用于描述不同类型土壤老化过程中重金属铬的形态变化。值得注意的是，虽然已发表的研究对重金属形态的预测结果令人满意，但这些模型未考虑矿物-有机质界面反应以及三元络合物的形成和微生物存在情况下对重金属形态变化的影响。基于上述考虑，Shi 等[77]研究了在铁矿物-重金属-有机质反应体系中，铁矿物转化过程中砷和有机质的命运，发展的耦合定量模型可用于预测砷在不同铁矿物上的分布及其由铁矿物表面的释放动力学；近期，Lin 等[83]基于微生物能够竞争铁矿物表面的吸附位点，诱导砷发生解吸这一理论，发展了一个耦合定量模型，用于预测微生物介导的砷还原和不同形态砷在铁氧化物上的非线性吸附和解吸动力学。以上模型的发展可为将来预测实际土壤铁矿物-有机质-微生物共存体系中重金属的迁移和生物可利用性提供理论基础和指导。

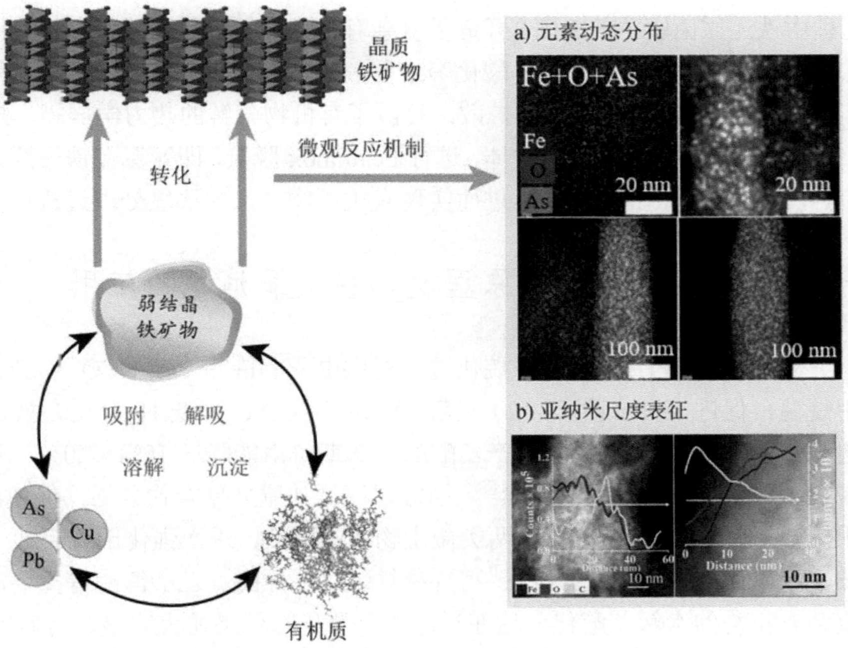

图 11-11　铁矿物、有机质和重金属耦合反应及微观观测手段[66]

11.6　铁与微生物耦合及其废水处理技术

质子还原产氢充当电子供体过去一直被认为是零价铁强化微生物代谢复杂有机物的主要机理。然而，随着微生物生态学和分子生物技术的发展，该机理已无法满足研究者们对复杂有机物微生物代谢核心机制［种间氢气传递（interspecies hydrogen transfer，IHT）］的认识。同时，铁的环境化学行为（如价态变化等）同样影响着微生物种群和功能。例如，当厌氧体系内存在 Fe(III)时，异化铁还原可富集铁还原菌——直接氧化复杂有机物/氨氮并将产生的电子通过胞外电子传递至 Fe(III)，进而实现同步脱碳除氮。本章将对目前零价铁及其氧化物强化有机废物（水）处理过程中微生物代谢新原理进行简要介绍。

11.6.1　引言

微生物代谢复杂有机物通常需经水解、酸化、产氢产乙酸和产甲烷等过程。然而，这些过程却受限于体系内 H_2 分压：H^+作为电子受体氧化有机物在热力学上不能自发进行（$2H^+ + 2e^- = H_2$，$\Delta G^{o\prime} = +79.1$ kJ/mol，pH = 7），因此需 H_2 利用型微生物持续消耗 H_2 以维持体系内较低的 H_2 分压（$<10^{-4}\sim10^{-5}$ atm），才能保证复杂有机物分解顺利进行[84]。耗氢产甲烷菌是体系内 H_2 消耗的主要微生物，其对环境变化敏感，易代谢受阻，导致 H_2 分压升高，无法完成 IHT，最终导致厌氧过程失败。近年来，研究者们发现，向厌氧系统中投加 Fe^0 可将耗氢产甲烷菌的丰度提高近 20%；且产气中 H_2 含量不会因质子还原产氢而增加，相反却可降低 85%[85]。然而，这种由 Fe^0 促进的 IHT 机制尚不清楚。此外，当体系内存在少量溶解氧或 NO_x^-时，Fe(II)极易被氧化为 Fe(III)；生成的 Fe(III)可为铁还原菌的富集提供能量支持，并驱动一种全新的种间电子交换方式——直接种间电子传递（direct interspecies electron transfer，DIET）[86]。铁还原菌可通过该方式直接氧化复杂有机物，并将产生的电子通过导电纳米菌丝或外膜细胞色素传递给电子受体端

微生物。显然，这种由铁还原菌驱动的 DIET 开辟了复杂有机物厌氧降解新路径，与其他传统方式相比具有以下优势：① 复杂有机物分解无需水解、酸化等过程，可被 DIET 微生物直接互养代谢，提高了复杂有机物降解速率；② 电子传递无需借助 H_2 扩散，突破了有机物分解的热力学屏障，提高了有机质转化效率。此外，异化铁还原还可以氨氮为电子供体，进行 Feammox 脱氮，即氨氮在铁还原菌作用下被 Fe(III)氧化[NH_4^+ + Fe(III)→ N_2 + NO_x^- + Fe(II)][87]，进而实现有机废物（水）厌氧处理过程中同步脱碳除氮。

11.6.2　铁促进厌氧种间氢气传递原理及其在厌氧消化的应用

Fe^0 作为电子供体，可直接为 H_2 利用型甲烷化过程提供电子（$4Fe^0 + 8H^+ + CO_2 = 4Fe^{2+} + CH_4 + 2H_2O$），进而富集耗氢产甲烷菌，促进 IHT（图 11-12），其意义如下：①Fe^0 降低 H_2 分压，推动有机物分解反应向右进行。以丙酸为例，Fe^0 可促使丙酸分解产乙酸的吉布斯自由能降低 10%～20%，突破了产氢产乙酸的热力学屏障，减少了厌氧反应器内丙酸积累[88]。②Fe^0 可增加胞外聚合物分泌，促使污泥颗粒更密实，缩短产酸菌与产甲烷菌之间距离，增强 H_2 在两类微生物间的扩散，进而强化厌氧启动，有助突破污水厌氧系统启动周期长、颗粒化困难的难题。③Fe^0 可提高铁氧化还原酶、乙酸激酶等重要产酸酶活性 2～34 倍，从而可加快复杂有机物的水解、酸化，这在污泥厌氧消化时效果尤为明显，有研究显示零价铁的加入可分别提高污泥产甲烷量和污泥减量率 43.5%和 12.2%[85]。

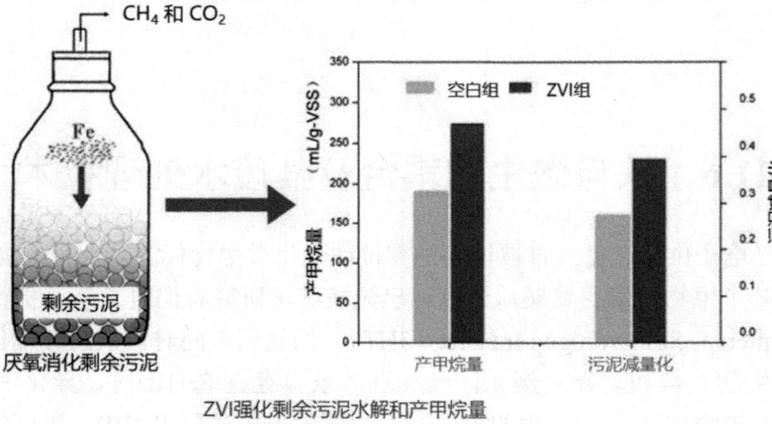

图 11-12　Fe^0 促进厌氧 IHT 原理示意图

11.6.3　异化铁还原偶联复杂有机物降解过程中直接种间电子传递机制

建立 DIET 需借助铁还原菌及其胞外电子传递作用。但在常规厌氧体系内，铁还原菌丰度不高，远低于沉积物和土壤，导致 DIET 不明显。在投加不同类型 Fe(III)氧化物（如磁铁矿、赤铁矿、水铁矿等）的厌氧系统内，铁还原菌丰度可提高 4.6 倍，难降解有机物去除速率可提高 40%以上[89]。此外，体系内还能富集形成多种具备优良有机物分解能力的新型 Fe(III)还原菌。据此，人们发现并提出了异化铁还原偶联复杂有机物分解原理，其意义如下：在含有 Fe(III)氧化物的厌氧系统内，①异化铁还原可富集铁还原菌，驱动复杂有机物分解；②铁还原菌与产甲烷菌可形成有效的 DIET 产甲烷，厌氧性能迅速得以提升；③异化铁还原可形成导电铁矿物（如磁铁矿等），充当电子“导管”，促进 DIET（图 11-13）[90]。

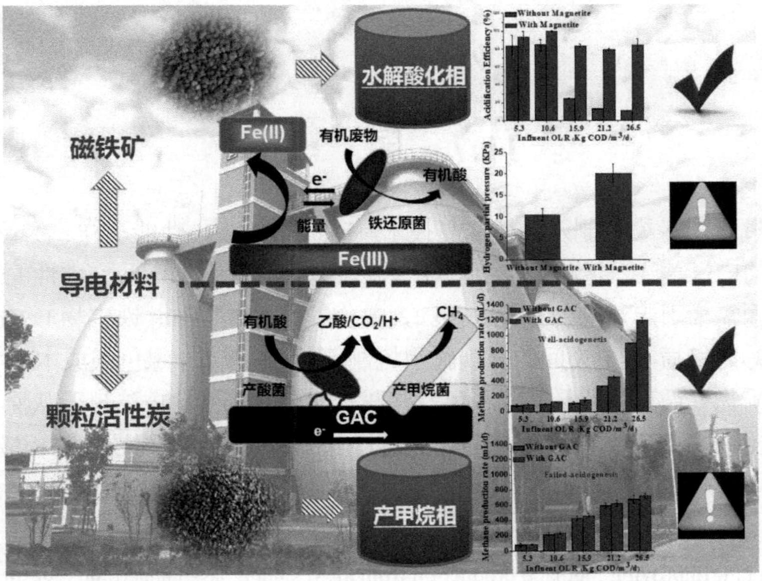

图 11-13　异化铁还原偶联复杂有机物厌氧降解示意图

11.6.4　废水生物脱氮过程中潜在的铁循环机制

受启发于自然水体中 NO_x^-依赖型 Fe(II)氧化，当体系内存在少量 NO_x^-时，异化铁还原生成的 Fe(II)可重新被氧化为 Fe(III)，进行 Feammox 脱氮，即氨氮在铁还原菌作用下被 Fe(III)氧化。在污泥厌氧消化系统中，Feammox 使氨氮去除率达 20%～69.5%，有效减轻高氨氮对产甲烷菌的抑制[91]。另一方面，NO_x^-带来的 Fe(III)/Fe(II)循环，持续推动氨氮与 NO_x^-的反应，形成无需厌氧氨氧化菌的类 Anammox，实现复杂有机物降解过程中的同步脱氮[92]。在此基础上，周期性注入微量溶解氧气替代 NO_x^-，能更有效地将 Fe(II)氧化为 Fe(III)并重新参与 Feammox 脱氮，实现无硝化细菌的氨氮氧化。如图 11-14 所示，通过构建并维持 Fe(III)/Fe(II)循环可形成持续的异化铁还原，而铁还原菌的富集又可持续参与有机物矿化和脱氮过程。

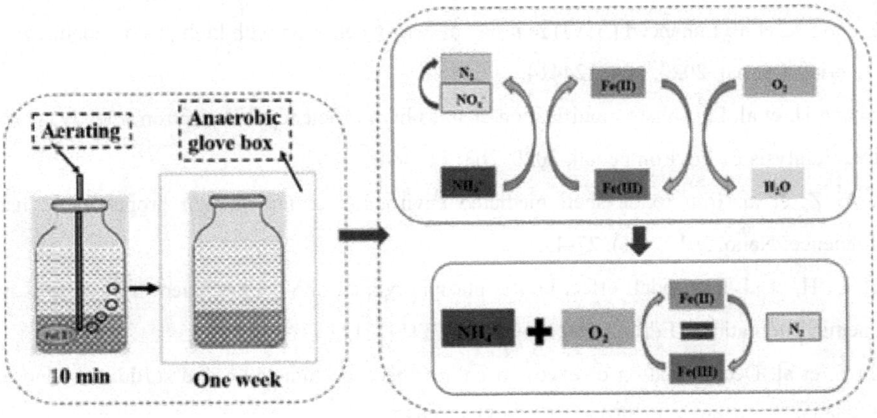

图 11-14　废水生物脱氮过程中铁循环示意图

11.7　展　　望

基于铁氧化还原过程的污染控制及环境修复技术具有成本低廉、功能多样、绿色友好等特点，其应用前景广阔，受到人们的广泛关注。近年来，人们在该领域也相继取得了一些突破性的进展，然而尽管如此，该领域仍存在一些问题需要引起足够的重视。例如，零价铁易腐蚀板结、铁矿物 Fe(II)/Fe(III)循环困难、高铁酸盐制备成本高、铁-有机质-微生物间的微观作用机制不明等。因此，绿色低成本地实现零价铁的功能化、因地制宜发展高效铁矿物铁循环策略、开发绿色高铁酸盐的制备及活化方法以及从原子或分子水平阐明铁-有机质-微生物的相互作用仍是目前铁环境化学领域亟待解决的关键科学问题或工程应用关键。

参 考 文 献

[1] Li L, Li Z, Song K, et al. Improving methane production from algal sludge based anaerobic digestion by co-pretreatment with ultrasound and zero-valent iron. Journal of Cleaner Production, 2020, 255: 120214.

[2] Li J X, Sun Y K, Zhang X Y, et al. Weak magnetic field enables high selectivity of zerovalent iron toward metalloid oxyanions under aerobic conditions. Journal of Hazardous Materials, 2020, 400: 123330.

[3] Hu Y, Peng X, Ai Z H, et al. Liquid nitrogen activation of zero-valent iron and its enhanced Cr(VI) removal performance. Environmental Science & Technology, 2019, 53(14): 8333-8341.

[4] Fan P, Sun Y K, Zhou B X, et al. Coupled effect of sulfidation and ferrous dosing on selenate removal by zerovalent iron under aerobic conditions. Environmental Science & Technology, 2019, 53(24): 14577-14585.

[5] Guo X J, Yang Z, Dong H Y, et al. Simple combination of oxidants with zero-valent iron (ZVI) achieved very rapid and highly efficient removal of heavy metals from water. Water Research, 2016, 88: 671-680.

[6] Wu B, Jia H C, Yang Z, et al. Enhanced removal of selenate from mining effluent by H_2O_2/HCl-pretreated zero-valent iron. Water Science and Technology, 2018, 78(11): 2404-2413.

[7] Cai S, Chen B, Qiu X, et al. Sulfidation of zero-valent iron by direct reaction with elemental sulfur in water: Efficiencies, mechanism, and dechlorination of trichloroethylene. Environmental Science & Technology, 2021, 55(1): 645-654.

[8] Hu Y, Zhan G, Peng X, et al. Enhanced Cr(VI) removal of zero-valent iron with high proton conductive $FeC_2O_4·2H_2O$ shell. Chemical Engineering Journal, 2020, 389: 124414.

[9] Li M, Mu Y, Shang H, et al. Phosphate modification enables high efficiency and electron selectivity of nZVI toward Cr(VI) removal. Applied Catalysis B: Environmental, 2020, 263: 118364.

[10] Mu Y, Jia F, Ai Z, et al. Iron oxide shell mediated environmental remediation properties of nano zero-valent iron. Environmental Science: Nano, 2017, 4(1): 27-45.

[11] Li M, Shang H, Li H, et al. Kirkendall effect boosts phosphorylated nZVI for efficient heavy metal wastewater treatment. Angewandte Chemie International Edition, 2021, 60(31): 17115-17122.

[12] He F, Li Z, Shi S, et al. Dechlorination of excess trichloroethene by bimetallic and sulfidated nanoscale zero-valent iron. Environmental Science & Technology, 2018, 52(15): 8627-8637.

[13] 穆毅，贾法龙，艾智慧，等. 纳米零价铁活化分子氧原理及降解有机污染物性能增强策略. 化学学报，2017，75(6): 538-543.

[14] Guan X H, Sun Y K, Qin H J, et al. The limitations of applying zero-valent iron technology in contaminants sequestration and the corresponding countermeasures: The development in zero-valent iron technology in the last two decades

(1994-2014). Water Research, 2015, 75: 224-248.
[15] Fu F, Dionysiou D D, Liu H. The use of zero-valent iron for groundwater remediation and wastewater treatment: A review. Journal of Hazardous Materials, 2014, 267: 194-205.
[16] Xu J, Li H, Lowry G V. Sulfidized nanoscale zero-valent iron: Tuning the properties of this complex material for efficient groundwater remediation. Accounts of Materials Research, 2021, 2(6): 420-431.
[17] Xu J, Avellan A, Li H, et al. Sulfur loading and speciation control the hydrophobicity, electron transfer, reactivity, and selectivity of sulfidized nanoscale zerovalent iron. Advanced Materials, 2020, 32(17): 1906910.
[18] Xu J, Avellan A, Li H, et al. Iron and sulfur precursors affect crystalline structure, speciation, and reactivity of sulfidized nanoscale zerovalent iron. Environmental Science & Technology, 2020, 54(20): 13294-13303.
[19] Liu Y Z, Wu T, White J C, et al. A new strategy using nanoscale zero-valent iron to simultaneously promote remediation and safe crop production in contaminated soil. Nature Nanotechnology, 2021, 16(2): 197-205.
[20] Mondal A, Dubey B K, Arora M, et al. Porous media transport of iron nanoparticles for site remediation application: A review of lab scale column study, transport modelling and field-scale application. Journal of Hazardous Materials, 2021, 403: 123443.
[21] Cai Z, Fu J, Du P, et al. Reduction of nitrobenzene in aqueous and soil phases using carboxymethyl cellulose stabilized zero-valent iron nanoparticles. Chemical Engineering Journal, 2018, 332: 227-236.
[22] 胡敏，李芳柏. 土壤微生物铁循环及其环境意义. 土壤学报, 2014, 51(4): 683-698.
[23] Favre F, Stucki J W, Boivin P. Redox properties of structural Fe in ferruginous smectite. A discussion of the standard potential and its environmental implications. Clays and Clay Minerals, 2006, 54(4): 466-472.
[24] Melton E D, Swanner E D, Behrens S, et al. The interplay of microbially mediated and abiotic reactions in the biogeochemical fe cycle. Nature Reviews Microbiology, 2014, 12(12): 797-808.
[25] Borch T, Kretzschmar R, Kappler A, et al. Biogeochemical redox processes and their impact on contaminant dynamics. Environmental Science & Technology, 2010, 44(1): 15-23.
[26] Huang J, Jones A, Waite T D, et al. Fe(II) redox chemistry in the environment. Chemical Reviews, 2021, 121(13): 8161-8233.
[27] Shi M, Min X, Ke Y, et al. Recent progress in understanding the mechanism of heavy metals retention by iron (oxyhydr)oxides. Science of the Total Environment, 2021, 752: 141930.
[28] Gong Y Y, Tang J C, Zhao D Y. Application of iron sulfide particles for groundwater and soil remediation: A review. Water Research, 2016, 89: 309-320.
[29] Neumann A, Hofstetter T B, Lussi M, et al. Assessing the redox reactivity of structural iron in smectites using nitroaromatic compounds as kinetic probes. Environmental Science & Technology, 2008, 42(22): 8381-8387.
[30] Ratie G, Vantelon D, Lotfi Kalahroodi E, et al. Iron speciation at the riverbank surface in wetland and potential impact on the mobility of trace metals. Science of the Total Environment, 2019, 651(Pt 1): 443-455.
[31] He Y T, Wilson J T, Su C, et al. Review of abiotic degradation of chlorinated solvents by reactive iron minerals in aquifers. Ground Water Monitoring and Remediation, 2015, 35(3): 57-75.
[32] Sowers T D, Harrington J M, Polizzotto M L, et al. Sorption of arsenic to biogenic iron (oxyhydr)oxides produced in circumneutral environments. Geochimica et Cosmochimica Acta, 2017, 198: 194-207.
[33] Tong M, Yuan S, Ma S, et al. Production of abundant hydroxyl radicals from oxygenation of subsurface sediments. Environmental Science & Technology, 2016, 50(1): 214-221.
[34] Schaefer C E, Ho P, Berns E, et al. Mechanisms for abiotic dechlorination of trichloroethene by ferrous minerals under oxic and anoxic conditions in natural sediments. Environmental Science & Technology, 2018, 52(23): 13747-13755.

[35] Chen N, Huang D, Liu G, et al. Active iron species driven hydroxyl radicals formation in oxygenation of different paddy soils: Implications to polycyclic aromatic hydrocarbons degradation. Water Research, 2021, 203: 117484.

[36] Guo H, Ren Y, Liu Q, et al. Enhancement of arsenic adsorption during mineral transformation from siderite to goethite: Mechanism and application. Environmental Science & Technology, 2013, 47(2): 1009-1016.

[37] Ardo S G, Nelieu S, Ona-Nguema G, et al. Oxidative degradation of nalidixic acid by nano-magnetite via Fe^{2+}/O_2-mediated reactions. Environmental Science & Technology, 2015, 49(7): 4506-4514.

[38] Lee W, Batchelor B. Abiotic reductive dechlorination of chlorinated ethylenes by iron-bearing soil minerals. 1. Pyrite and magnetite. Environmental Science & Technology, 2002, 36(23): 5147-5154.

[39] Pham H T, Kitsuneduka M, Hara J, et al. Trichloroethylene transformation by natural mineral pyrite: The deciding role of oxygen. Environmental Science & Technology, 2008, 42(19): 7470-7475.

[40] Liu X, Yuan S, Tong M, et al. Oxidation of trichloroethylene by the hydroxyl radicals produced from oxygenation of reduced nontronite. Water Research, 2017, 113: 72-79.

[41] Zeng Q, Dong H, Wang X, et al. Degradation of 1, 4-dioxane by hydroxyl radicals produced from clay minerals. Journal of hazardous materials, 2017, 331: 88-98.

[42] Xie W, Yuan S, Tong M, et al. Contaminant degradation by·OH during sediment oxygenation: Dependence on Fe(II) species. Environmental Science & Technology, 2020, 54(5): 2975-2984.

[43] Liao P, Yu K, Lu Y, et al. Extensive dark production of hydroxyl radicals from oxygenation of polluted river sediments. Chemical Engineering Journal, 2019, 368: 700-709.

[44] Xie W, Zhang P, Liao W, et al. Ligand-enhanced electron utilization for trichloroethylene degradation by ·OH during sediment oxygenation. Environmental Science & Technology, 2021, 55(10): 7044-7051.

[45] Pi L, Cai J, Xiong L, et al. Generation of H_2O_2 by on-site activation of molecular dioxygen for environmental remediation applications: A review. Chemical Engineering Journal, 2020, 389: 123420.

[46] Tsitonaki A, Petri B, Crimi M, et al. In situ chemical oxidation of contaminated soil and groundwater using persulfate: A review. Critical Reviews in Environmental Science and Technology, 2010, 40(1): 55-91.

[47] Pham A L, Doyle F M, Sedlak D L. Kinetics and efficiency of H_2O_2 activation by iron-containing minerals and aquifer materials. Water Research, 2012, 46(19): 6454-6462.

[48] Hou X, Huang X, Li M, et al. Fenton oxidation of organic contaminants with aquifer sediment activated by ascorbic acid. Chemical Engineering Journal, 2018, 348: 255-262.

[49] Zhang P, Yao W, Yuan S. Citrate-enhanced release of arsenic during pyrite oxidation at circumneutral conditions. Water Research, 2017, 109: 245-252.

[50] Zhu J, Yu F, Meng J, et al. Overlooked role of Fe(IV) and Fe(V) during organic contaminants oxidation by Fe(VI). Environmental Science & Technology, 2020, 54: 9702-9710.

[51] Wang S, Deng Y, Shao, B, et al. Three kinetic patterns for the oxidation of emerging organic contaminants by Fe(VI): The critical roles of Fe(V) and Fe(IV). Environmental Science & Technology, 2021, 55: 11338-11347.

[52] Lee Y, Kissner R, von Gunten U. Reaction of ferrate(VI) with ABTS and self-decay of ferrate(VI): Kinetics and mechanisms. Environmental Science & Technology, 2014, 48(9): 5154-5162.

[53] Pan B, Feng M, McDonald T J, et al. Enhanced ferrate(VI) oxidation of micropollutants in water by carbonaceous materials: Elucidating surface functionality. Chemical Engineering Journal, 2020, 398: 125607.

[54] Tian S, Wang L, Liu Y, et al. Degradation of organic pollutants by ferrate/biochar: Enhanced formation of strong intermediate oxidative iron species. Water Research, 2020, (183): 116054.

[55] Sun S, Jiang J, Qiu L, et al. Activation of ferrate by carbon nanotube for enhanced degradation of bromophenols: Kinetics,

products, and involvement of Fe(V)/Fe(IV). Water Research, 2019, 156: 1-8.

[56] Viktor Z, Wang L, Ma J. Promotional effect of Mn(II)/K_2FeO_4 applying onto Se(IV) removal. Journal of Hazard Materials, 2020, 384: 121264.

[57] Zhang X, Feng M, Luo C, et al. Effect of metal ions on oxidation of micropollutants by ferrate(VI): Enhancing role of Fe^{IV} species. Environmental Science & Technology, 2021, 55(1): 623-633.

[58] Dong F, Liu J, Li C. Ferrate(VI) pre-treatment and subsequent chlorination of blue-green algae: Quantification of disinfection byproducts. Environment international, 2019, (133): 105195.

[59] Li C, Luo F, Dong F. Chlorine decay and trihalomethane formation following ferrate(VI) preoxidation and chlorination of drinking water. Chemosphere, 2017, (187): 413-420.

[60] Li C, Luo F, Dong F. Bacterial community structure and microorganism inactivation following water treatment with ferrate(VI) or chlorine. Environmental Chemistry Letters, 2017, (15): 525-530.

[61] 李聪，高乃云，马艳，等. 一种高铁酸钾固体的制备方法. CN102161513 A. 2011.

[62] Zhang T, Dong F, Luo F. Degradation of sulfonamides and formation of trihalomethanes by chlorination after pre-oxidation with Fe(VI). Journal of Environmental Sciences, 2018, (73): 89-95.

[63] Li C, Li X, Graham N. The aqueous degradation of bisphenol A and steroid estrogens by ferrate. Water Research, 2008, (42): 109-120.

[64] Hu S, Wu Y, Li F, et al. Fulvic acid-mediated interfacial reactions on exposed hematite facets during dissimilatory iron reduction. Langmuir, 2021, 37(20): 6139-6150.

[65] Hu S, Wu Y, Shi Z, et al. Quinone-mediated dissimilatory iron reduction of hematite: Interfacial reactions on exposed {001} and {100} facets. Journal of Colloid and Interface Science, 2021, 583: 544-552.

[66] Hu S, Lu Y, Peng L, et al. Coupled kinetics of ferrihydrite transformation and As(V) sequestration under the effect of humic acids: A mechanistic and quantitative study. Environmental Science & Technology, 2018, 52(20): 11632-11641.

[67] Hu S, Liang Y, Liu T, et al. Kinetics of As(V) and carbon sequestration during Fe(II)-induced transformation of ferrihydrite-As(V)-fulvic acid coprecipitates. Geochimica et Cosmochimica Acta, 2020, 272: 160-176.

[68] Lu Y, Hu S, Wang Z, et al. Ferrihydrite transformation under the impact of humic acid and Pb: Kinetics, nanoscale mechanisms, and implications for C and Pb dynamics. Environmental Science: Nano, 2019, 6(3): 747-762.

[69] Tong H, Liu C, Hao L, et al. Biological Fe(II) and As(III) oxidation immobilizes arsenic in micro-oxic environments. Geochimica et Cosmochimica Acta, 2019, 265: 96-108.

[70] Tong H, Zheng C, Li B, et al. Microaerophilic oxidation of Fe(II) coupled with simultaneous carbon fixation and As(III) oxidation and sequestration in karstic paddy soil. Environmental Science & Technology, 2021, 55(6): 3634-3644.

[71] Chen D, Liu T, Li X, et al. Biological and chemical processes of microbially mediated nitrate-reducing Fe(II) oxidation by Pseudogulbenkiania sp. strain 2002. Chemical Geology, 2018, 476: 59-69.

[72] Chen G, Chen D, Li F, et al. Dual nitrogen-oxygen isotopic analysis and kinetic model for enzymatic nitrate reduction coupled with Fe(II) oxidation by Pseudogulbenkiania sp. strain 2002. Chemical Geology, 2020, 534: 119456.

[73] Liu T, Chen D, Li X, et al. Microbially mediated coupling of nitrate reduction and Fe(II) oxidation under anoxic conditions. FEMS Microbiology Ecology, 2019, 95(4): 258.

[74] Liu C, Zhu Z, Li F, et al. Fe(II)-induced phase transformation of ferrihydrite: The inhibition effects and stabilization of divalent metal cations. Chemical Geology, 2016, 444: 110-119.

[75] Chen C, Kukkadapu R, Sparks D L Influence of coprecipitated organic matter on $Fe^{2+}_{(aq)}$-catalyzed transformation of ferrihydrite: Implications for carbon dynamics. Environmental Science & Technology, 2015, 49(18): 10927-10936.

[76] Liu T, Luo X, Wu Y, et al. Extracellular electron shuttling mediated by soluble c-type cytochromes produced by shewanella

oneidensis MR-1. Environmental Science & Technology, 2020, 54(17): 10577-10587.

[77] Shi Z, Hu S, Lin J, et al. Quantifying microbially mediated kinetics of ferrihydrite transformation and arsenic reduction: Role of the arsenate-reducing gene expression pattern. Environmental Science & Technology, 2020, 54(11): 6621-6631.

[78] Qiao J, Li X, Li F, et al. Humic substances facilitate arsenic reduction and release in flooded paddy soil. Environmental Science & Technology, 2019, 53(9): 5034-5042.

[79] Qiao J, Li X, Li F, et al. Effect of riboflavin on active bacterial communities and arsenic-respiring gene and bacteria in arsenic-contaminated paddy soil. Geoderma, 2021, 382: 114706.

[80] Qiao J, Yu H, Wang X, et al. The applicability of biochar and zero-valent iron for the mitigation of arsenic and cadmium contamination in an alkaline paddy soil. 2019, 1: 203-212.

[81] Yang Y, Yuan X, Chi W, et al. Modelling evaluation of key cadmium transformation processes in acid paddy soil under alternating redox conditions. Chemical Geology, 2021, 581: 120409.

[82] Yang Y, Peng Y, Yang Z, et al. Thekinetics of aging and reducing processes of Cr(VI) in two soils. Bulletin of environmental contamination and toxicology, 2019, 103(1): 82-89.

[83] Lin J, Hu S, Liu T, et al. Coupled kinetics model for microbially mediated arsenic reduction and adsorption/desorption on iron oxides: Role of arsenic desorption induced by microbes. Environmental Science & Technology, 2019, 53(15): 8892-8902.

[84] Stams A J M, Plugge C M. Electron transfer in syntrophic communities of anaerobic bacteria and archaea. Nature Reviews Microbiology, 2009, 7(8): 568-577.

[85] Feng Y, Zhang Y, Quan X, et al. Enhanced anaerobic digestion of waste activated sludge digestion by the addition of zero valent iron. Water Research, 2014, 52: 242-250.

[86] Rotaru A E, Shrestha P M, Liu F, et al. A new model for electron flow during anaerobic digestion: Direct interspecies electron transfer to Methanosaeta for the reduction of carbon dioxide to methane. Energy & Environmental Science, 2014, 7(1): 408-415.

[87] Yang Y, Zhao Z, Zhang Y. Anaerobicammonium removal pathway driven by the Fe(II)/Fe(III) cycle through intermittent aeration. Environmental Science & Technology, 2021, 55(11): 7615-7623.

[88] Meng X, Zhang Y, Li Q, et al. Adding Fe^0 powder to enhance the anaerobic conversion of propionate to acetate. Biochemical Engineering Journal, 2013, 73: 80-85.

[89] Tang Y, Li Y, Zhang M, et al. Link between characteristics of Fe(III) oxides and critical role in enhancing anaerobic methanogenic degradation of complex organic compounds. Environmental Research, 2021, 194: 110498.

[90] Kato S, Hashimoto K, Watanabe K. Microbial interspecies electron transfer via electric currents through conductive minerals. Proceedings of the National Academy of Sciences, 2012, 109(25): 10042-10046.

[91] Yang Y, Zhang Y, Li Y, et al. Nitrogen removal during anaerobic digestion of wasted activated sludge under supplementing Fe(III) compounds. Chemical Engineering Journal, 2018, 332: 711-716.

[92] Yang Y, Xiao C, Yu Q, et al. Using Fe(II)/Fe(III) as catalyst to drive a novel anammox process with no need of anammox bacteria. Water Research, 2021, 189: 116626.

作者：张礼知[1,2]，贾法龙[1]，袁松虎[3]，张鹏[3]，关小红[4,5]，孙远奎[4]，王舒畅[5]，邵彬彬[5]
李聪[6]，张云澍[6]，章凯[6]，王鲁[7]，刘同旭[8]，胡世文[8]，张耀斌[9]，赵智强[9]
[1]华中师范大学，[2]上海交通大学，[3]中国地质大学（武汉），[4]华东师范大学，[5]同济大学
[6]上海理工大学，[7]哈尔滨工业大学，[8]广东省生态环境技术研究所，[9]大连理工大学

第 12 章　我国近海海洋污染的现状、问题与对策

本章导读

海岸带与近海是陆海相互作用最强烈的地带，蕴含着巨大的生物、油气、空间资源，同时也是受人类影响最大的海域。作为陆源污染物的汇聚地，近海环境污染问题由来已久，大量陆地污染随径流、大气、海上工程等进入海洋，加之近海特殊的水文环境，使得近海污染物具有种类复杂、浓度低、影响范围广等特点。我国近海海域环境状况不容乐观，河口、海湾和部分近海海域存在着不同程度的海水富营养化、重金属污染等环境问题，有效的海洋污染物总量控制、污染物识别与监测、海洋环境灾害预警、污染与生境修复在近海环境保护中必不可少。本章对近海主要污染物种类、近海污染物分析监测方法、我国近海污染现状及近海污染危害与对策等进行简要介绍，为全面认识我国近海海洋污染情况和海岸带科学发展发现提供思路。

关键词

近海海洋污染，污染物识别，污染物检测，海洋监测技术，样品前处理技术，海洋污染对策，新型污染物

12.1 我国海岸带和近海污染问题概述

12.1.1 海岸带与近海

海岸带与近海是陆地向海洋延伸的陆海相互作用最强烈的地带。联合国环境规划署在“千年生态系统评估”中对海岸带的定义是：海洋与陆地的界面，向海洋延伸至大陆架的中间，在大陆方向包括所有受海洋因素影响的区域；具体边界为位于平均海深 50 m 与潮流线以上 50 m 之间的区域，或者自海岸向大陆延伸 100km 范围内的低地，包括珊瑚礁、高潮线与低潮线之间的区域、河口、滨海水产作业区，以及水草群落。近海则没有明确的定义，多指离岸较近，受人类活动影响较大的海域。近海与海岸带受人类活动高度影响，是复杂、动态、脆弱和敏感的地球关键带。我国有 18000 km 的大陆海岸线和 14000 km 的岛屿海岸线，其中大陆 11 个沿海省市和自治区以 13%的陆地国土面积集中了全国 50%以上的大城市、40%的中小城市、42%的人口和 60%以上的国内生产总值（gross domestic product，GDP），沿海省市相对内陆省份面积小，但占据大比重的 GDP、外资和出口额。现在的海岸带与近海已成为经济最发达、开放度最高、发展活力最盛的区域，既是经济发展的“驱动带”，又是社会发展的“繁荣带”。改革开放以来，我国海洋经济总量占 GDP 比例逐年增大，尤其是近几年，海洋经济已然成为推动整体经济发展的重要动能之一，为国民经济快速稳定增长做出了巨大贡献。但是，伴随着海洋经济的快速发展，海洋生态环境污染问题也越来越严重，正引起全球高度关注。

12.1.2 近海海洋污染与生态风险

随着近海资源持续的开发利用和社会经济的发展，人类活动对近海生态环境的干扰和破坏程度不断增加。水产养殖、石油开采、港口建设等在给人们带来大量资源和巨大经济效益的同时，也随之带来了一系列的海洋污染问题。加之大量的生活生产废水、固废大量倾倒入海洋，部分污染物随着大气沉降进

入海洋，使近海海洋生态环境日益恶化。近海富营养化加剧，赤潮频发，石油泄漏时有发生，各种金属污染和水产养殖污染日益严重，海洋的自净能力远不足以净化所有污染物，部分海域生境退化，水生生物多样性大大降低，这种竭泽而渔的做法严重影响到人类社会的可持续发展。

1）水体富营养化

近海海水富营养化是全球性普遍存在的问题[1]，世界上一半以上的人口居住在距离海岸 60 km 以内，90%以上的渔业依赖于河口和近岸栖息地，另外从陆地表面输出到溪流和河流中的营养物质，有很大一部分最终会进入海洋。营养负荷会造成多种影响：高水平的叶绿素、海藻过度生长、有害藻华、生物丰度/多样性降低、水体透明度降低等，高水平的细菌、真菌活动甚至会导致水体缺氧[2]。陆地输入，特别是河流输入，是中国近海水域最重要的外部营养源。我国三大河流——黄河、长江和珠江，其入海溶解无机氮浓度/通量从 20 世纪 80 年代后开始迅速上升，进入 21 世纪后基本维持高水平波动，入海溶解无机磷从 20 世纪 90 年代的 0.5 μmol/L 上升至现在的 2 μmol/L 左右[3]。不同营养物水平的非同步变化导致了近岸水域营养物质结构的变化，即 N/P 比例普遍增加，Si/N 普遍降低，以黄海为例，从 1980～2000 年，N/P 从 5 上升至 20，Si/N 从 2 降至 1，Si/P 呈 V 型变化，90 年代中期最低[4]。由于近海营养物质水平的增加和结构的改变，浮游植物的组成发生变化，从而导致生态系统的其他变化，如有害藻华、缺氧和底栖动物的损失等。

有害藻华和海水缺氧是沿海富营养化所导致的生态灾害。我国 90 年代后期赤潮受灾地区明显增加，21 世纪赤潮发生频率和面积迅速增加，但是近几年赤潮年发生频次逐渐减少，受影响面积急剧减少，长期来看，我国近海有害藻华物种已呈现出“多样化、小型化和有害化”的演变趋势[5]。与沿海富营养化密切相关的另一个生态环境问题是河口和沿海水域的缺氧，严重缺氧会导致海洋生态系统和渔业资源崩溃[6]。近几十年来，长江口缺氧面积呈逐渐增加的趋势，珠江口底部溶解氧也呈下降趋势。此外，与底水缺氧相关的底水酸化问题是沿海富营养化的间接不利后果之一，也可能对沿海生态系统产生不利影响[7]。值得注意的是，近几年我国近海水母数量呈增加趋势，局部海域连续多年出现水母暴发，该现象也被认为与近海富营养化密切相关[8]。

2）重金属

重金属由于易生物富集、具有高毒性、持久性、难降解等特点，已被公认为对环境产生重大危害的污染物。人类活动产生的大量含重金属污染物以废水、废气粉尘、废渣等形式，通过地表径流、大气沉降、海洋倾废等方式汇入海洋。海洋中的部分重金属，即使在较低的浓度也会直接或间接危害海洋生物，进而损害海洋生态系统健康，甚至通过食物链放大还会对人体健康构成极大威胁[9]。我国南部沿海地区海水重金属污染更为严重，部分海域水体重金属浓度超过 10 μg/L，重金属污染严重的海域多集中在大型河流入海口，随着离岸距离的增加，重金属浓度存在逐渐降低的趋势。南海沉积物中 Pb 和 Cr 的含量相对较高，渤海沉积物中 Pb、As、Cd 含量相对较高，珠江三角洲经济区和环渤海（海湾）经济区污染严重[10]。总体而言，我国金属及非金属的污染状况相对严重，防治和管理有毒金属污染已成为近年来政府项目的重点目标之一。

3）持久性有毒污染物

持久性有毒污染物（persistent toxic pollutants，PTPs）毒性大，在环境中持续时间长，可远距离传播，对生物和环境存在巨大威胁。PTPs 种类繁多，其环境行为、生物积累和生态毒性是近 20 年来研究的热点，多环芳香烃、有机氯农药（DDT、六六六）、多氯联苯、二噁英等研究较多。我国近海 PTPs 污染存在很大的空间差异，大部分海区 PTPs 浓度很低[11]，目前针对近海 PTPs 污染情况的研究均处于研究层面，政府职能部门很少对其进行长期、规律性的监测。

4）新型污染物

新型污染物，是指在环境中新发现的污染物，或者早前已经认识但新近才引起关注的污染物，越来越多的研究已经证明该类污染物及其对人体健康和生态环境具有很大危害。随着人们对环境与健康研究的不断深入，越来越多污染物开始引起人们的关注，目前研究较多的新型污染物主要包括医药和个人护理用品、表面活性剂、增塑剂、杀虫剂、阻燃剂、纳米材料、微塑料等。近几年我国政府职能部门开始将海洋微塑料纳入常规监测项目，2020 年中国海洋生态环境状况公报中指出，我国海洋漂浮微塑料主要为纤维、碎片、颗粒和线，成分主要为聚对苯二甲酸乙二醇酯、聚丙烯和聚乙烯。

5）复合污染

海洋作为陆源污染物的汇集地，海水及沉积物中的复合污染也是不容忽视的近海污染问题。复合污染相比单一污染物，往往具有较高的生物毒性，目前针对复合污染的研究也多集中于两种或两种以上污染物对生物的联合毒性研究。考虑到近海主要的污染物种类，针对海水的复合污染研究多集中于重金属-重金属、POPs-重金属联合毒性[10]，此外，微纳塑料作为一种新型污染物备受关注，由于微纳塑料具有大的表面积和强的疏水性，对于环境有机污染物和重金属污染物具有较强的吸附力，涉及微纳塑料的复合污染研究成为热点[12]。

12.1.3　近海海洋分析监测

人类在开发海洋的同时，更应该注重海洋的保护，而海洋保护离不开海洋环境监测技术。可以说海洋监测是海洋事业的基础，通过海洋环境监测能够全面、及时、准确掌握海洋环境的变化规律及人类活动对海洋环境的影响，为海洋的开发、管理和保护提供科学依据和技术支撑。海洋环境监测是海洋环境预测预报、减灾防灾的基础工作，是预防和改善海洋环境污染的有效手段，同时也是海洋资源开发的技术支撑。只有做好海洋环境监测工作，切实保护好关乎人类未来的海洋，才能真正做到人类社会的可持续发展。

海洋环境监测常规监测，主要包括海洋水文气象观测、海水分析、沉积物分析和生物监测四大部分。海洋水文气象参数主要包括水文参数、海上大气物理信息以及海洋与大气相互作用的一些参数，具体有：透明度、水色、浊度、温度、盐度、电导率、水压、流速、流向、潮位、波高、波向、气压、气温、湿度、降水、风速、风向等。海水分析、沉积物分析中大部分参数需要监测每个参数的具体数值，但也有部分参数，监测某一类污染物或参数的总量也具有重要意义，如化学需氧量（chemical oxygen demand，COD）、生化需氧量（biological oxygen demand，BOD）、总磷、总氮、环境总毒性等。表 12-1 所示为海洋生态环境监测的主要参数。

表 12-1　海洋生态环境监测的主要参数

水质参数	重金属和类金属	汞、铜、铅、镉、锌、铬、砷、硒等
	有机污染物	油类污染物、多氯联苯、双对氯苯基三氯乙烷、多环芳烃、有机锡、丁基锡、酞酸酯类化合物、酚类、化学耗氧量、生物耗氧量、总有机碳等
	无机阴离子	硫化物、氰化物、
	营养盐	氨氮、亚硝酸盐、硝酸盐、有机氮、无机磷、有机磷、硅酸盐
	其他	透明度、pH、溶解氧、生化学耗氧量、油类、赤潮毒素等;

续表

沉积物参数	重金属和类金属	汞、铜、铅、镉、锌、铬、砷、硒等
	有机污染物	油类污染物、多氯联苯、双对氯苯基三氯乙烷、多环芳烃、有机碳等
	无机阴离子	硫化物
	其他	含水量、氧化还原电位
生物参数	生物体内污染物	汞、铜、铅、锌、石油烃、有机氯农药等
	浮游生物调查	浮游动植物的种类组成、数量、丰度、生物多样性等
	底栖生物调查	生物种类、生物量、个体大小、年龄结构、性别比例、栖息密度、丰度、生物多样性等
	叶绿素	叶绿素 a 等
	赤潮毒素	麻痹性贝毒、腹泻性贝毒、神经性贝毒、记忆缺失性贝毒、西加鱼毒等

12.1.4　近海海洋环境问题与发展趋势

伴随着人口增长和经济发展，人地矛盾日益突出，近海环境问题在类型、规模、结构、性质等方面都发生了深刻的变化，资源、污染、生态和灾害四大类型环境问题同时存在，近海海岸带区域生态服务功能部分丧失，可持续发展能力持续减弱，陆海统筹一体的环境保护工作面临着严峻的形势。主要体现在以下四个方面：①环境污染持续加重。陆源污染是我国近海环境污染的最主要部分，占到近岸海域和近海污染排放总量的 80%以上，其中河流污染排放又占到陆源污染排放的 80%以上。这些陆源污染排放主要集中在近岸海域及河口区，部分海域新型环境污染问题已开始显现，构成了对海洋生物和沿海公众健康新的威胁。区域周边石油开采和石油化工生产中的石油烃、金矿开采和冶炼带来的重金属（砷、汞、镉、铅等）、盐化工产生的卤代阻燃剂（多溴联苯醚，PBDEs）等污染物，通过大气、径流等途径进入海岸带环境。陆源输入污染严重，污染物种类复杂，致使近海水体呈现出极为复杂的复合污染现状。②生态退化尚未遏制。海岸带区域大规模、快速的人工围填海、建堤筑坝及海洋工程改变了海湾水动力条件，降低了水域环境容量，改变了海岸带物质迁移转化、生物地球化学循环、与食物链能量传递过程，导致生物多样性锐减、环境容量持续降低、滨海湿地、滩涂等具有典型性、代表性的海洋生态系统均不同程度地出现退化和破坏。③海洋资源利用粗放。近年来，水利工程和用海建设项目的增多以及过度捕捞等不合理生产活动，导致渔业资源逐年衰退，优质经济鱼类数量显著减少；另外，沿海地区不合理开发利用活动也造成岸线和海域空间资源的严重浪费，自然岸线持续减少。④灾害压力持续加大。海洋生态灾害和环境突发事件持续增多，我国近海石油资源丰富，陆上采油与海上采油并行发展，也给近海环境造成了更大威胁，海上溢油风险也相对较大。高密度的海水养殖区、大面积的农田施肥和生活生产废水入海，导致近海海水富营养化严重，赤潮、绿潮等生态灾害频发，不断威胁着海洋生态安全和公众用海需求。

针对我国近海目前面临的主要问题，近海功能区保护研究应针对已存在的近海环境污染、生态退化、灾害频发等问题，强化入海污染防治监管，实施海岸带生态修复，加强海岸带功能区生态保护与建设，完善近海生态环境监测，贯彻“以防为主，防治结合，综合治理”的方针，重新认识人在自然中的地位与作用，调整人与自然之间的关系。根据海岸带污染控制和生态保护的需求，主要研究重点应包括：①海洋污染物总量控制技术；②污染物识别与监测技术；③海洋环境灾害预警、应急处置与损害评估技术；④污染与生境修复技术。

（1）海洋污染物总量控制技术

根据近海污染物的主要来源，开展入海污染控制。主要包括陆源入海污染控制，包括生活污水、工业废水、农用废水及固体废弃物集中处置等；海上污染控制，包括水产养殖污染控制、船舶污染控制和油气开采污染控制等；海上工程污染控制，包括围海造田、人工岛屿、海底隧道、核电站等海上工程污染控制。通过发展污染分区识别技术、污染扩散和水交换数值模拟技术、容量评估技术、污染物总量控制技术等，从源头控制入海污染物总量，实现近海环境的保护。

（2）污染物识别与监测技术

海洋中各类污染物相互作用，致使单一和复合污染物的识别、检测及其迁移转化研究具有很大挑战。研究入海污染物，特别是复合污染物的分析技术、分类识别，水动力过程的交换、迁移、转化和归宿，发展单一和复合污染物的快速检测和在线监测技术及仪器，对于了解近海环境污染现状、生态环境威胁及后续的污染治理和近海环境保护具有重要意义。

（3）海洋环境灾害预警、应急处置与损害评估技术

针对我国近海主要环境灾害——海上溢油风险和赤潮/绿潮风险，加强溢油和赤潮/绿潮的监测、监视和预警，建立近岸海域环境与赤潮监测监视预警网络，并对重点近岸海域，水产养殖区和江河入海口水域进行特殊监测和严密监视，加强近海环境灾害预警能力；对于已发生的环境灾害，发展快速有效且环境友好的应急处置技术，特别是针对溢油和赤潮/绿潮的化学、生物应急处置技术及其与物理方法的联合应用研究，是降低灾害影响的有效手段；海洋环境灾害损害评估技术则对事故定责、赔偿以及灾害后的污染和生态修复至关重要。

（4）污染与生境修复技术

对于海岸带污染修复，加强近海环境主要污染物的物理、化学、生物或是相结合的技术研究，发展高效、经济且环境友好的污染治理手段；对于海岸带生态修复关键技术研究主要包括河口水系生态系统恢复、人工鱼礁生物恢复和护滩技术和海岸带湿地的生物恢复技术，根据地带性规律、生态演替及生态位原理选择适宜的先锋植物，构造种群和生态系统，实行土壤、植被与生物同步分级恢复，以逐步使生态系统恢复到一定的功能水平。

海岸带及其典型生态功能区受海陆双重影响，环境复杂，敏感多变，目前我们对海岸带生态系统的认识仍有局限性，单一生态因子的研究无法满足复杂海岸带污染控制和环境保护的需求，多领域的综合控制与治理仍处于探索阶段，且任重道远。

12.2　近海环境主要污染物污染现状

12.2.1　营养盐

1）营养盐迁移转化路径与生态影响

营养盐是海洋中浮游生物生长繁殖必不可缺的物质，其主要包括无机氮、活性磷酸盐、活性硅酸盐等成分。营养盐在海水中的浓度和组成不仅影响着海洋初级生产力，而且对浮游植物的群落结构具有调节作用，进而影响海洋生态系统结构。浮游植物在真光层中从海水中吸收营养盐以满足其生长繁殖需求，同时，在生长发育和新陈代谢过程中产生排泄物或残骸，经细菌分解重新以营养盐的形式释放到水体中，再通过水体通风、上升流、涡旋等重新回到真光层[13,14]，供浮游植物再次利用（图 12-1）。然而，随着经济的高速发展，含氮、磷、有机物的生活、工业和渔业污水大量涌入水体，导致藻类和其他植物迅速繁

殖，导致生态系统原有的生物结构、机能产生失衡[15]，导致沿海海域暴发赤潮、绿潮、水母暴发、低氧、海洋酸化等一系列生态灾害，严重阻碍生态、渔业、经济的发展。

造成水体发生富营养化的营养元素的来源主要有以下几个方面（图 12-1）：①陆源输入：在沿海和河口地区，陆源输入很可能占总营养来源的大多数。研究表明，河流养分负荷的变化可能会改变世界各地沿海大陆架地区营养物质的分布和组成，从而对沿海生态系统产生影响，尤其是含有高浓度营养盐的农业用水、生活污水、工业废水等被直接或简单处理后排放入海或通过地表径流汇入近海。自 1960 年以来，全球农业扩张所引起的化学肥料的广泛使用，以及社会经济发展和人口密度增长所产生的各种工业、生活废水的排放，使得大量氮、磷营养盐以不同的形式随陆地径流汇入海洋，导致海水中养分的浓度和成分发生了巨大的变化[16]，仅在 1960～2000 年之间，美国东北部海域的氮流量增加了 6～8 倍[17]，墨西哥湾的氮流量增加了 4～5 倍[18]，从欧洲河流流向北海地区的氮流量增加了 6～20 倍[19]，我国胶州湾的磷酸盐、硝酸盐和氨氮、无机氮浓度分别增加了 1.4 倍、4.3 倍、4.1 倍和 3.9 倍[20]，这些营养物质的输入加剧了沿海富营养化的问题，②大气沉降：除河流输入之外，大气沉积也被证明是海洋营养输入的重要途径，其营养元素来源包括化石燃料、生物质燃料燃烧、农业、工业排放，以及在较小程度上的自然过程，如火山活动和土壤、水体的微生物挥发。这些气体致使空气中混杂着大量氮磷等化合物，随着大气沉降或降雨这一自然活动导致营养元素沉降到水体中。在全球范围内，大气沉降的氮为世界海洋贡献约 40 Tg/a，而河流输入总量约为 30Tg/a[21]，超过了河流输入影响。受物质燃烧影响的空气中，大气气溶胶和雨水中营养盐的平均浓度增加 3～8 倍。大气直接沉降对海岸生态系统的相对强度从受河流输入影响最严重的水域的约 5%到河流输入相对较低水域的大于 30%不等[22]。③水产养殖污染：水产养殖业的扩张导致近岸海域营养盐的增加。鱼类或其他培养物种只保留饲料中约 20%～30%的氮和较小部分的磷，而剩余的营养物质以溶解和固体废物的形式释放到水中[23]。即使非投饵养殖方式的贝类养殖，曾一度被认为是可持续发展的水产养殖方式，也在近年来出现了诸多负面效应，不合理的养殖模式导致贝类富集的有机质超过生态系统自净能力，增加了沉积物中的有机质，使养殖区水体富营养化加剧，对海域生态系统平衡造成严重威胁。④内源释放：内源性营养盐释放和溶出也是水体中氮、磷负荷的重要来源。底泥沉积物是水生态系统中氮、磷营养元素富集和循环的重要场所，是上覆水中营养盐的源和汇，其中的污染物、有机质在不同环境条件诸如温度、DO、pH、水力扰动等环境因素或沉积物中氮磷含量分布、间隙水氮磷浓度及生物扰动等内部因素的作用下，使得沉积物富集的氮、磷营养盐重新释放到水体中，导致上覆水中氮磷含量增加，使水环境受到威胁。

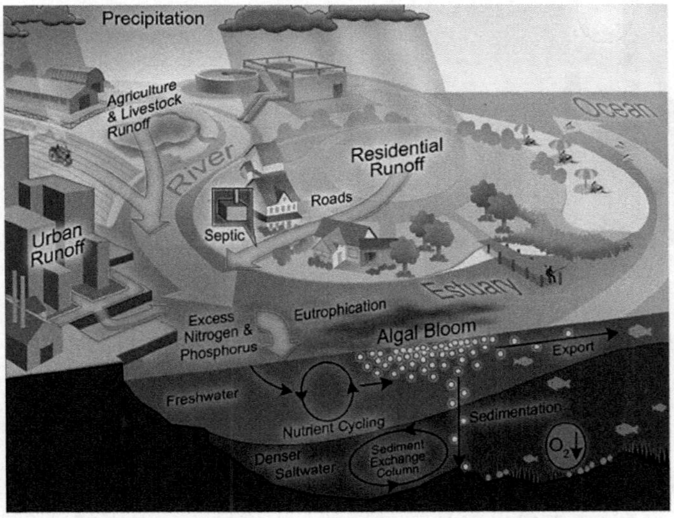

图 12-1　营养盐迁移转化路径以及生态影响[22]

目前，由人为营养投入引起的沿海富营养化是对全球海岸带和近海生态系统健康的最大威胁之一。在全球范围内，沿海流域输入的人为营养物质估计24%到达沿海生态系统，以此导致的海岸带和近海的富营养化问题已成为困扰世界沿海国家的主要环境问题之一，也成为海洋生态环境科学研究的热点。

2）我国近海营养盐污染现状

我国近海主要分为渤海区、黄海区、东海区和南海区四大海域，沿海区域具有经济发达、人口稠密、污染严重、污染物排放量大等特点，对海洋的生态环境造成较大的压力[24]。参照2018年海洋生态环境质量公报，我国水质状况存在近岸差、离岸优的特点，尤其是入海排污口邻近海域环境质量总体较差，导致污染超标的主要指标为无机氮和磷酸盐，其含量也以近岸高、离岸低的特点呈水平分布。

近十年来，无机氮和磷酸盐污染趋势呈逐渐向好的改善趋势，未达到一类水质标准的海域面积及劣四类水质标准的海域面积均呈现不同程度的减少，其中，未达到无机氮一类水质标准的海域面积由2012年的15万平方千米降低至2017年以来的9万平方千米以下，未达到磷酸盐一类水质标准的海域面积也由2012年的11万平方千米降低至2019年以来的6万平方千米以下，降幅均在40%左右。

综合分析近几年我国四大海域的富营养化情况（EI评价法），东海富营养化最为严重，黄海轻、中度富营养化相对较重，但重度营养化区域较少，渤海和南海的富营养化总量相对较轻，但南海的中、重度富营养化区域较渤海面积大（图12-2），其主要分布区域与无机磷和活性磷酸盐的空间分布相一致，重度富营养化海域多位于辽东湾、渤海湾、江苏沿岸、长江口、杭州湾、珠江口等近岸海域。

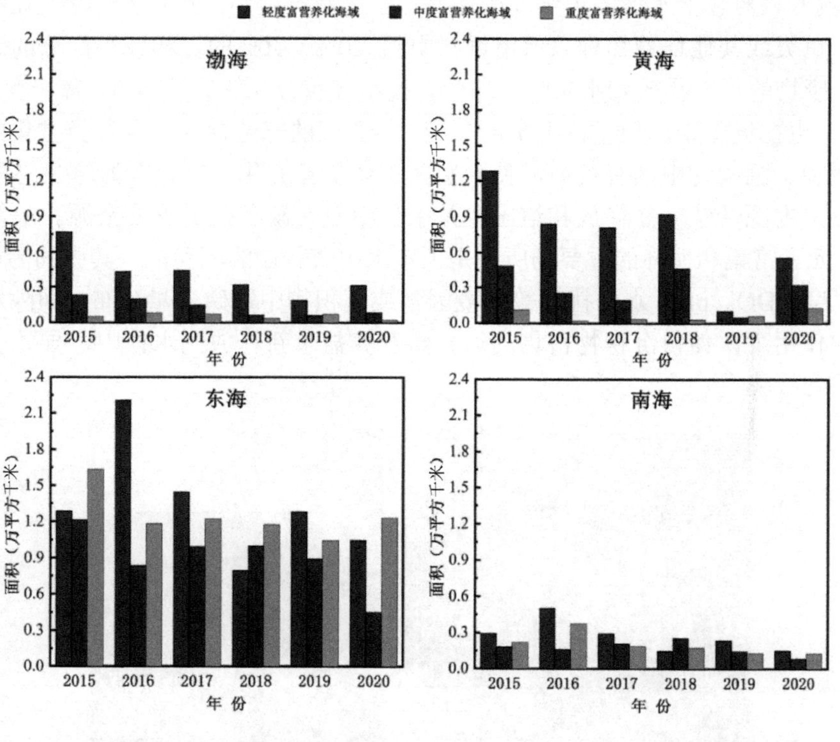

图12-2　2015～2020年我国管辖海域富营养化状况（数据来源于《中国海洋环境状况公报》(2015-2020)）

*富营养化状态依据富营养化指数（EI）计算结果确定，该指数计算公式为EI = [COD]×[DIN]×[DIP]×106/4500，COD、DIN、DIP的单位均为mg/L，EI≥1则为富营养化，其中1≤EI≤3为轻度富营养化，3<EI≤9为中度富营养化，EI>9为重度富营养化。

赤潮的发生与营养盐富集引起的沿海富营养化密切相关。据统计，在20世纪60年代之前，中国的沿岸水域很少发生赤潮，直到90年代也仅是零星记录，规模较小，很少超过几百平方千米[25,26]。21世纪后，我国近海赤潮呈现先增后减的趋势（图12-3），2001～2006年，近海赤潮面积和发生频率大幅增加，每年记录的赤潮都在 50～80 次，赤潮面积可达数千甚至上万平方千米，持续时间可以长达一个月以上。2007 年以后则明显减少，每年的赤潮次数不足 80 次。2002～2017 年，我国共发生赤潮 1177 次，经分析，渤海区赤潮面积变化与营养盐和总氮显著正相关，东海区赤潮面积变化与营养盐、总磷、总氮和亚硝酸盐显著相关，赤潮次数与营养盐、总磷和总氮显著相关；南海区赤潮面积变化则与污染物入海量和 COD 显著正相关[27]。2018 年以来，全国海域赤潮发现次数和累计面积都较往年有所降低，且相对稳定，这与近几年营养盐超标区域减少有关。绿潮主要发生在黄海南部海岸，均为浒苔（*Ulva polifera*）绿潮，近十年以来，除 2019 年暴发严重外，最大分布面积和最大覆盖面积均呈先上升后下降的趋势。但据报道，2021 年黄海浒苔灾害规模远超往年，创历史最大值①。

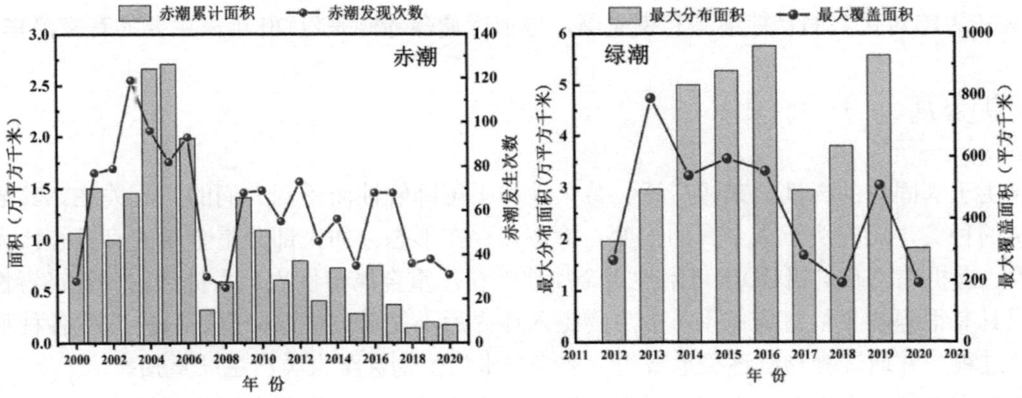

图 12-3　我国赤潮与绿潮暴发情况年际变化分析②

渤海作为我国内海，约有 18%的海域面积呈富营养化状态，主要分布在辽东湾、渤海湾、莱州湾、滦河口等近岸海域。渤海赤潮高发季节为每年的 5～7 月，赤潮范围远大于其他月份，3 个月份的赤潮数量和面积分别占到渤海全年赤潮总量的 65.4%和 80.1%，8 月至 10 月赤潮次数持续减少，进入秋冬季后则极少发生[25]。渤海海域的有害藻华原因种以甲藻、海金藻、定鞭藻和针胞藻为主，近年来，抑食金球藻形成的褐藻也成为具有代表性的有害藻华种[26]。

黄海是典型的半封闭陆架边缘海，赤潮频次在四大海域里是最小的，且具有波动下降趋势，主要分布在黄海北部、江苏沿岸等近岸海域。2002～2012 年发生赤潮 100 次，而 2012～2017 年赤潮仅发生 24 次，且多集中于山东海域和大连海域。每年的 5～9 月份为赤潮高发季节，其中 8、9 月份赤潮数量较高，5 月份赤潮累计面积达到最大[25]。黄海以浒苔绿潮和铜藻金潮等大型藻华为典型的有害藻华现象[28]，绿潮暴发是南海特有的现象，自 2007 年以来，浒苔绿潮于每年的 5～9 月在我国黄海海域周期性大规模暴发。

东海作为富营养化最严重的海域，其赤潮发生频率、面积和损失均远高于其他三个海区，占全国所有赤潮总量的 39%～73%，例如 2016 年东海暴发赤潮 37 次，占全国各海区总数（68）的一半以上，受赤潮影响的海域面积达 5714 km^2，是渤海、黄海、南海赤潮面积的 3 倍以上③。东海污染水域主要分布在长江口、杭州湾、象山港、三门湾、三沙湾等近岸海域，其赤潮在春季和夏季出现明显的峰值特征[25,29]，春季（5 月和 6 月）达到顶峰，其赤潮数量和面积分别占到全年赤潮总量的 71.8%和 84.0%[25]。20 世纪，东海赤潮的年平均频率小于 10，21 世纪后赤潮的频率和面积迅速增加，2003 年赤潮次数达到最高值 86

① www.chinairn.com/hyzx/20210705/113200626. shtml
② 数据来源于《中国海洋环境状况公报》(2012-2020)
③ 数据来源于《2016 年中国海洋环境状况公报》

次，2004 年赤潮面积达到最大值 17900 km^2。2004 年至 2010 年东海赤潮发生次数和面积迅速下降，2011～2018 年，赤潮发生次数在 15～42 次/a 之间波动，处于较稳定的状态，赤潮发生面积除 2016 年较高外，均在 1100～2515 km^2/a 之间波动[30]。近 20 年，东海原甲藻和米氏凯伦藻等有毒有害甲藻形成的大规模赤潮是东海典型的有害藻华现象[26]。

南海海域赤潮波动性相对平缓，主要分布在珠江口、钦州湾、大风江口等近岸海域，高发年份在 2001～2007 年和 2010～2012 年，年均 10 次左右，赤潮面积相对较小，多数不超过 500 km^2。赤潮季节变化不很明显，赤潮面积在 6 月和 9 月出现峰值，其他月份无差异[25]。南海赤潮生物存在着明显的季节演替现象，1993～1999 年赤潮微藻的优势种为蓝藻门的红海束毛藻、铁氏束毛藻和甲藻门的夜光藻，2000～2007 年逐渐演替为金藻门的球形棕囊藻、蓝藻门的微囊藻、甲藻门的异弯藻以及硅藻门的中肋骨条藻，而 2007～2013 年占绝对优势的是棕囊藻和夜光藻，球形棕囊藻赤潮是近 20 年来主要的有害藻华种[26]。

12.2.2　重金属

重金属由于其固有的毒性、来源广泛、持久性和不可降解性而受到人们的广泛关注。其危害不仅取决于重金属的种类，还取决于重金属的浓度、价态和存在形态。如大部分重金属的有机态比无机态毒性大（有机汞、有机锡、有机铅等），可溶性重金属比颗粒态重金属毒性大，六价铬比三价铬毒性大等。另外，重金属具有很强的生物富集作用，被生物摄入体内后不能通过生物降解，只能发生各种形态的相互转化和迁移过程，并通过食物链逐级地富集，最终对水生生物甚至人类产生严重损害。

近海中的重金属主要有两个来源：天然来源和人为来源。天然来源主要包括地壳岩石风化和海底火山喷发，随着地表径流或大气干湿沉降进入近海。人为来源主要包括生活废水、部分化石燃料的燃烧、重金属冶炼及其他工业生产排放的废气废水等通过干湿沉降、地表径流等进入近海[31]。其中，陆源输入是近海重金属污染的主要来源。海水中的重金属可通过物理化学过程以颗粒物的形式沉至海底，也可被生物摄入体内，经食物链传递，最终随生物遗骸沉入海底；而沉积物中的重金属元素部分经生物矿化、早期成岩等过程脱离地球化学循环过程，部分重金属则经物理化学及生物过程，重新进入上层水体，造成二次污染。

在全球范围内，关于重金属的研究大多集中在欧洲和亚洲。尽管几十年来人们都知道重金属污染是最严重的环境问题之一，但随着工业化和城市化的发展，中国金属和准金属的生产和消费量仍在显著增加，特别是在沿海地区[32,33,37]。沿海地区的重金属浓度因当地经济发展、污染源和地理条件而异[32,34]。总体上，中国南方海水和沉积物中重金属浓度高于北方[35,36]（表 12-2）。此外，与海水中的金属污染状况一致，中国主要流域的金属沉积量也呈自北向南增加的趋势，依次为珠江＞黄河＞海河和辽河，且这些流域对沿海重金属沉积贡献了很大比例。

表 12-2　中国沿海地区水体和沉积物中金属浓度[33]

		样品点	Cd	Pb	Hg	As	Cr	参考文献
水体（μg/L）	渤海	金州湾	0.92 ^{a}	0.61 ^{a}	0.03 ^{a}	2.19 ^{a}		[38]
		辽东湾	1.04 ^{a}	4.91 ^{a}				[36]
		渤海湾	0.20 ^{a}	4.43 ^{a}	0.05 ^{a}			[35]
	黄海	黄海	0.08 ^{a}	0.37 ^{a}	0.00 ^{a}			[39]
		黄河	0.68 ^{a}	0.51 ^{a}		0.92 ^{a}		[40]
		长江	0.09 ^{a}	1.34 ^{a}	0.01 ^{a}	3.05 ^{a}	4.54 ^{a}	[41]
	东海	罗源湾	0.04～1.0	0.35～1.70		1.41～2.98		[42]
	南海	汕头	0.23～0.42	0.2～5.9		1.2～1.2		[43]
		大鹏湾	0.08 ^{a}	0.34 ^{a}				[44]

续表

		样品点	Cd	Pb	Hg	As	Cr	参考文献
水体（μg/L）	南海	香港	0.05 a	0.24 a				[45]
		珠江口	0.20 a	3.08 a		4.71 a		[46]
		南海	0.04～0.91	0.03～10.2		0.20～2.3	0.31～0.86	[47]
		三亚湾	0.07～0.69	1.98～14.0			0.17～4.38	[48]
沉积物（mg/kg dw）	渤海	金州湾	248.00 a	753.00 a	–	397.00 a	60.60 a	[49]
		辽东湾	0～9.7	6.7～131	–	–	–	[50]
		渤海湾	0.22 a	34.70 a	–	–	101.00 a	[51]
		海河口	0.4～2.1	21.7～78.9	–	–	63.2～155	[52]
	黄海	天鹅湖潟湖	0.23～0.52	23.1～45.9			33.8～52.0	[32]
		榕城湾	0.07～0.28	17.4～51.1	–	–	23.5～48.6	[32]
		黄海	0.10 a	16.30 a	0.02 a	6.90 a	–	[53]
		黄河	0.27～1.43	1.21～20.69	–	–	87.84～169.70	[54]
	东海	东海	–	10～49	–	–	–	[55]
		长江口	0.23 a	27.00 a	10.10 a	–	86.00 a	[56]
		杭州湾	0.04～8.4	2.0～175	–	–	–	[57]
		罗源湾	0.12～0.2	28.2～32.2	0.04～0.08	9.0～13.7	33.4～37.7	[58]
		泉州湾	0.28～0.89	34.3～100.9		17.7～30.2	51.1～121.7	[59]
		厦门	1.74～17.2	1.24～5.49	–	–	0.10～1.16	[60]
		汕头	0.30～1.8	35.6～64.9	–	–	36.1～74.2	[61]
	南海	大亚湾	18.68～89.58	–	5.15～9.73	14.82～44.69	0.002～0.114	[62]
		大鹏湾	0.20 a	9.40 a	0.03 a	–	24.00 a	[44]
		深圳湾	1.2～6.6	12.0～63.0	–	–	40.0～168	[63]
		香港	0.00～3.5	17.1～90.7	–	–	10.5～41.6	[64]
		珠江口	–	54.70 a	–	–	107.00 a	[65]
		海陵湾	0.1～0.4	16.8～56.1	0.01～0.10	–	–	[66]
		北海	–	7.00 a	<0.04	<3	9.00 a	[67]
		南海	0～3.5	2～1088	0.01～0.63	0.7～42.3	8～437	[68]
		三亚湾	0.13 a	17.50 a	–	7.10 a	12.40 a	[69]

a 代表均值；dw 代表干重

12.2.3　有机污染物

随着工农业的飞速发展，大量的有机合成化学品被研发和使用，并通过各种途径排放到环境介质中，在海水和沉积物中富集，或通过生物积累或生物放大作用对环境生物和人类健康造成潜在危害。目前，近海环境中有多种类型有机污染物被广泛检出，主要包括持久性有毒污染物（PTPs）、医药与个人护理用品（PPCPs）等。这些有机污染物大都具有生物活性和蓄积性，尤其部分化合物可能具有显著的内分泌干扰效应。

1）持久性有毒污染物

PTPs 具有持久性、长距离迁移性、生物积累性和生物毒性等特性，成为备受关注的全球性环境污染物[70,71]。其中，PAHs、多溴联苯醚（PBDEs）和 OCPs 作为三类典型的 PTPs，广泛存在于大气、地表水、土壤、海洋和生物体等各种介质中。由于其半挥发性，土壤、水和植物中的 PTPs 极易经过蒸发和植物蒸腾挥发到大气环境中或者重新沉降到地面，最终通过地表径流、大气输送等途径进入近海中，也可以经过食物链进入海洋生物甚至人类的身体。而由于其对生物降解和化学降解具有很强的抵抗能力，分析结构十分稳定，会长期的滞留在各类环境介质中。

国内外大量文献报道了 PTPs 在近海环境中的污染状况。吕敏等人[72,73]系统研究了我国 14 个典型潮间带表层沉积物中的 PAHs 和 OCPs 的分布规律，发现我国潮间带表层沉积物中 PAHs 浓度范围为 2.311～1031.687 ng/g，以三环和四环为主；OCPs 浓度范围为 0.051～4141.711 ng/g，以 DDTs 和 HCHs 为主。此外，我国潮间带沉积物中 PAHs 和 OCPs 在从南到北的纵向空间上均存在显著的差异（$P<0.05$），其中九龙江口污染最为严重，浓度显著高于其他 13 个潮间带，且几乎所有样品均呈现中至高风险。潮间带中 PAHs 和 OCPs 主要通过河流输入，其中 OCPs 主要来源为工业 DDT、工业 HCH 和林丹的历史使用，但也存在工业 DDT 和工业 HCH 的近期使用；PAHs 有 40.2%来源于煤和化石燃料的燃烧，33.8%来源于秸秆、木材或煤的燃烧，26%是未燃烧和燃烧的混合源；这与我国煤和石油消费量占整个能源消费量的比例分别为 38.9%～88.5%和 7.0%～34.4%相吻合。进一步通过搜集了人口、城市化水平等 34 个与 PAHs 排放相关的人类活动因素，并对其进行了降维分析，得到 6 个主成分。结合温度和降雨气候参数，以及沉积物基本参数如总有机碳含量，通过结构方程模型发现 TOC 和城市化水平对标准化 PAHs 影响不同：对高分子 PAHs 呈现正影响，对低分子 PAHs 呈现负影响；人类活动各因素对高分子 PAHs 与低分子 PAHs 影响及程度不同：人口及经济总量对高分子 PAHs 影响最大，其他如工业结构空气质量、废弃排放、人均石油消费量、传统能源占比均能影响高分子 PAHs，说明调整工业结构、较少废气排放、发展清洁能源均能降低潮间带中高分子 PAHs 的水平；而相比之下，城市化水平对低分子 PAHs 影响最大，另外，传统能源占比也显著影响低环 PAHs，说明发展清洁能源也能降低 PAHs 的水平。总之，该研究证明人类活动对潮间带 PAHs 的分布和沉积具有关键影响，而潮间带 PAHs 的污染特征反之可用于指示区域工业化和城市化水平，研究结果为其他潮间带区域 PAHs 水平的预测与评估提供指导。

唐建辉等人[74,75]的研究表明黄海 PBDEs 的污染程度高于东海，水体中 BDE-209 和十溴二苯乙烷（2,2′,3,3′,4,4′,5,5′,6,6′-Decabromobibenzyl，DBDPE）的浓度范围分别为 0.11～35.68 pg/L 和 n.d.～199.11 pg/L，分布特征为近岸高，远岸较低。环渤海沿岸表层沉积物中 PBDEs 总量（Σ_{10}PBDEs）的浓度范围在 0.446～26.8 ng/g dw 之间，中值为 1.02 ng/g dw，底栖生物中 PBDEs（Σ_9PBDEs）的浓度范围为 0.053～9.90 ng/g dw，中值为 1.25 ng/g dw；沉积物中 BDE-209 为最主要的单体，平均丰度达到 90.5%，生物体中主要以低溴代 BDEs 为主，其中单体 BDE-47 的含量最高，平均丰度范围为 43.2%～49.7%[76]。根据 Jing 等[77]对大连湾及辽东湾表层水体的研究，辽东湾水体中 OCPs 平均含量为 41.94 ng/L，显著高于大连湾中的含量(4.52 ng/L)。Hu 等[78]的报道表明，渤海沉积物中 HCHs 和 DDTs 的含量范围分别为 0.16～3.17 ng/g 和 0.24～5.67 ng/g，在临近港口的采样点含量较高。

2）医药与个人护理用品

PPCPs 作为一种新型环境污染物，药品主要有消炎药、镇痛药、降压药、降脂药、抗惊厥药品、抗生素等，个人护理用品主要有防晒剂、防腐剂、抑菌剂等。在人们生产和使用的过程中，由于不能完全被吸收和利用，因此会通过污水处理厂出水排放、地表径流等途径进入环境中[79]。环境中的 PPCPs 多数以 ng/L～μg/L 浓度水平存在，由于人类日常生活和生产中的大量使用，它们以持续输入的形式长期存在环境中，成为一种具有持久性的污染物质[80]。虽然 PPCPs 在环境中浓度较低，但其生物降解过程缓慢、具有一定生物富集性和环境持久性，具有一定的生态健康风险。

大量文献报道了 PPCPs 在海水、沉积物和生物样品中的污染状况。海水中检出频率最高的 PPCPs 包括红霉素、磺胺甲噁唑、甲氧苄啶等抗生素、抗癫痫药卡马西平、咖啡因、消炎止痛药布洛芬和对乙酰氨基酚[75]。其中，红霉素检出的最高浓度为 1900 ng/L [81]，非甾体抗炎药（NSAID）的最大浓度范围为

0.7～6100 ng/L [82-84]。此外，相关的研究表明，北美（美国）、南美、英国和法国、西班牙、近东（黎巴嫩）和亚洲（中国）的海洋沉积物也受到了 PPCPs 的污染，并且发现海洋沉积物中的浓度低于在河流沉积物中的浓度[85]。例如，在中国河流沉积物中检测到磺胺二甲嘧啶和三氯生的浓度分别高达 248 ng/g dw[86] 和 1329 ng/g dw[87]。相比之下，在海洋沉积物中磺胺二甲嘧啶和三氯生的最大浓度为 3.24 ng/g dw 和 400 ng/g dw [88]。在北美洲、南美洲、欧洲、亚洲和澳大利亚沿海地区的生物体中也检测出了 PPCPs。其中，在比利时 Oostende 码头的贻贝中，检测出水杨酸的最高浓度为 490 ng/g dw，对乙酰氨基酚为 115 ng/g dw [89]。在中国大连沿海地区双壳贝类中的磺胺嘧啶浓度为 19.9 ng/g ww [90]。

12.2.4　微/纳米污染物

陆源输入是近海环境中颗粒类污染物主要来源，具有潜在的生态和健康威胁性。本部分着重介绍工程纳米材料（ENMs）、微纳米塑料（MPs/NPs）等典型热点新兴污染物。

1）工程纳米材料

工程纳米材料（ENMs）是指人造纳米材料。ENMs 因其新颖的物理化学特性、独特的光学和电学性能和优异的催化性能而被广泛应用于生活的各个领域，包括航空航天、能源、化学和涂料、环境保护和生物医药等。随着 ENMs 产业的迅速发展和广泛使用，ENMs 的环境归趋和生物效应引起了极大的关注。ENMs（例如，金属、金属氧化物和碳质）在水环境中的检出浓度较低，通常不会诱发急性毒性效应，但对于整个生命周期都暴露于其中的水生生物来说，其长期蓄积毒性是不容忽视的。另外 ENMs 在复杂的环境和生物体中会经历一系列潜在的转化过程，并显著改变 ENMs 胶体稳定性、表面化学性质、生物利用度和生物相容性，进而影响其环境行为和生物学效应[91]。

2）微纳米塑料

微纳米塑料（MPs/NPs）是海洋环境中最典型的 ENMs。海洋塑料污染是目前第二大海洋污染问题。每年有 4.8～12.7 t 的塑料以宏观垃圾和微粒的形式进入海洋[[92]]。工业化程度高和人口密度高的近海区域 MPs 浓度高达 8.6×10^3 个/m^3，检出的塑料材质主要有聚乙烯、聚苯乙烯、聚氯乙烯和聚丙烯等。微塑料的高排放性、难降解性和易迁移性近海生态安全和沿海人类健康构成潜在的威胁。误食的 MPs/NPs 进入近海海洋生物体内可导致消化道阻塞、器官损伤、发育迟缓，最终死亡；MPs/NPs 对生物群落多样性和生态系统的结构和功能造成不利影响；可通过食物链传递到高营养级生物体内，引发潜在的人类毒性风险。MPs/NPs 具有大的表面积和强的疏水性，对于环境有机污染物（HOC）和重金属污染物具有较强的吸附力。另外，MPs/NPs 在环境中易发生迁移，并伴随着 HOC 吸附/解吸过程，且半衰期较长，因而成为 MPs/NPs 的特洛伊木马效应。与其他污染物的相互作用会并改变 MPs/NPs 和 HOCs 的环境行为和生物毒性[76,93]。此外，环境转化过程中塑料添加剂（如增塑剂和增塑剂等）的浸出，也会造成水体污染，诱发一系列不利的生态学效应[94,95]。组合暴露产生的协同作用、拮抗作用、增强作用暗示 MPs/NPs 具有复杂的环境和人类健康风险。

12.3　海岸带和近海污染物分析与监测

海岸带和近海的污染问题已相当严重，认知近海海洋污染现状，加强近海环境保护已迫在眉睫。针对不同的近海环境参数需要不同的分析与监测方法，其中营养盐主要检测氨氮、NO_3^-、NO_2^-、磷酸盐、硅酸盐，具体分析监测方法见《海洋环境分析监测技术》[31]一书，该部分只针对重金属、持久性有毒污染物、医药与个人护理品、微塑料、纳米颗粒六大类污染物的分析监测方法进行介绍。另外，由于各类污染物在海水中的浓度普遍偏低，需要更为先进的检测技术，因此另对先进样品前处理与检测技术进行介绍。

12.3.1　重金属

1）前处理方法

消解是样品前处理的主要过程，也是影响重金属检测结果准确性的主要因素。传统的电热板消解法适用广泛、操作简便、设备便宜，对于有机质含量较高的沉积物和生物样品，还可以使用干灰化法利用高温除去样品中的有机质。但这些方法酸消耗量大，消解时间长，易挥发的元素容易损失。近年来全自动石墨消解和微波消解技术的应用，大大提升了固体样品前处理的自动化程度。全自动石墨消解原理为常压湿法消解，程序控制加酸、加热、定容等步骤自动完成，适合大批量样品的分析。微波消解法利用微波加热的方式在高温高压下更快更彻底地消解样品，避免了挥发性组分的损失，提高了准确度和精密度，同时具有高效安全、酸消耗量小的优点，在重金属检测样品前处理中得到广泛应用。

2）检测技术

重金属的检测技术主要包括光谱技术、质谱技术和电化学技术三类。光谱技术主要包括原子吸收光谱法（atomic absorption spectroscopy，AAS）、原子荧光光谱法（atomic fluorescence spectrometry，AFS）、原子发射光谱法（atomic emission spectroscopy，AES）等，这类技术检测灵敏度高，其中 AAS 技术已经趋近成熟，广泛应用于重金属检测中，在《海洋监测规范》[96]中多采用原子吸收光谱法作为海洋环境中汞、铜、铅、镉、锌、铬等重金属检测的标准方法。电化学技术具有程序简单、设备经济、分析时间短等优势[97]，然而，与光谱技术相比，电化学技术存在灵敏度低、检出限高的缺点，往往需要改进设计如与不同的生物传感电极相结合，通过修饰电极材料来提高其灵敏度和检测限[98]。阳极溶出伏安法同时具有检测灵敏度高、选择性良好、简单快速的优点，已被广泛应用于痕量重金属的检测分析[99]。质谱技术常用的方法是电感耦合等离子体质谱法（inductively coupled plasma mass spectrometry，ICP-MS），该方法对于具有单一组分的物质有较强鉴别能力，灵敏度高，检出限低，是目前测定痕量金属、超痕量金属和重金属形态分析最有效的方法之一，但由于仪器昂贵，很少用于分析海水等容易堵塞仪器造成干扰的高盐样品。

12.3.2　持久性有毒污染物

1）前处理方法

（1）海水样品

目前常用的海水中持久性有毒污染物（persistent toxic pollutants，PTPs）的提取富集方法主要有液液萃取（liquid liquid extraction，LLE）、固相萃取（solid phase extraction，SPE）和固相微萃取（solid phase micro-extraction，SPME）。液液萃取，是在液体混合物中加入与其不相混溶的溶剂，利用目标物在两种溶剂中的溶解度差异达到分离或提取的目的。该方法操作简单，样品适用广泛，是最常见的一种萃取方式。固相萃取技术以液相色谱分离机制为基础，采用选择性吸附和选择性洗脱的方式对样品进行富集、分离和纯化，具有富集倍数高、有机溶剂用量少、易大批处理等优点，但萃取效果不稳定，样品处理时间较长。固相微萃取是一种利用装有涂层的熔融石英纤维作为固定相来富集目标物的萃取技术，将采样、萃取、浓缩、进样集于一体，无需使用有机溶剂，便于携带，可以对样品进现场采集和富集，易于自动化。但也具有涂层性质较不稳定，使用寿命短，目标物对涂层具有选择性等缺点。

（2）沉积物和生物样品

由于沉积物和生物样品基质复杂，为了从样品中完全提取出所有目标物，消除共存干扰，提高分析方法的性能，需要在分析前对样品进行预处理。样品经自然风干或冷冻干燥后研磨过筛，去除样品中的植物根茎、底栖生物残骸等杂质。经典的索氏提取法由于提取效率高，被美国环保局和美国国家海洋和大气管理局（NOAA）推荐用于提取沉积物样品中的有机污染物[100]，但索氏提取法存在耗时、耗溶剂等缺点。近十年来，现代萃取技术如超声辅助提取（ultrasonic assisted extraction，UAE）、微波辅助提取（microwave-assisted extraction，MAE）、超临界流体萃取（supercritical fluid extraction，SFE）和加压液体萃取（pressurized liquid extraction，PLE）等[101-104]，这些方法可以减少有机溶剂的消耗，缩短提取时间，具有提取效率高、可实现连续和自动化的优点，因而得到了广泛应用。近年来，研究人员尝试将液液萃取与样品净化过程相结合的 QuEChERS（quick, easy, cheap, effective, rugged, safe）方法应用于沉积物和生物样品的前处理过程[105,106]。该方法操作简便，大大节省前处理时长，有效去除多种杂质对分析物的干扰，自 2003 年 Anastassiades 等[107]提出以来在农药等有机污染物残留分析中应用广泛。

2）检测技术

色谱法是目前环境中 PTPs 检测分析的主流技术，常见的检测方法有气相色谱-质谱（GC-MS）、气相色谱-火焰离子化检测器（GC-FID）、气相色谱-电子捕获检测器（GC-ECD）、高效液相色谱-质谱（HPLC-MS）等。GC-MS 兼具气相色谱高效、快速分离和质谱准确定性、灵敏检测等的特性，适用于挥发性或半挥发性物质的痕量分析，是国内外学者分析测定环境介质中的多环芳烃（polycyclic aromatic hydrocarbons，PAHs）、有机氯农药（organochlorine pesticides，OCPs）等 PTPs 的常用方法。

12.3.3　医药与个人护理用品（PPCPs）

1）前处理方法

环境中医药与个人护理用品（pharmaceutical and personal care products，PPCPs）含量较低，且基质复杂，样品需要先进行富集净化处理。目前环境水样中 PPCPs 检测分析的前处理方法主要有固相萃取（SPE）、固相微萃取（SPME）和液液萃取（LLE）。固相萃取方法是水样 PPCPs 富集提取最常采用的方法，萃取柱常用 HLB 柱。沉积物和生物固体样品的处理包括风干或冻干、研碎、抽提、浓缩、分离、净化等。常用提取方法与 PTS 类似，但提取溶剂会不同，后续通常会与 SPE 技术相结合，使用 HLB 柱或强阴离子交换（SAX）和 HLB 的结合进一步净化[108]。生物样品还需加入有机溶剂或酸类物质沉淀蛋白。近年来，有研究学者开始将 QuEChERS 方法用于沉积物和生物样品中 PPCPs 的处理[109]，根据目标物和基质的不同，萃取体系及吸附材料往往也需进行调整优化[105]。此外，近年来基质固相分散（matrix solid-phase dispersion，MSPD）等新型方法亦得到逐步应用[110]。

2）仪器检测方法

环境中 PPCPs 的检测分析技术主要采用色谱和质谱联用技术，LC-MS/MS 灵敏度和选择性高，检测限低至 ng/L 级，可以实现 PPCPs 的高通量测定，在 PPCPs 的检测分析中应用广泛。GC-MS 或 GC-MS/MS

常用于检测挥发或半挥发的 PPCPs，如合成麝香等类，也常用于基质干扰较大的沉积物样品。

12.3.4 抗性基因

常见的抗性基因（antibiotic resistance genes，ARGs）检测方法主要包括基于细菌培养的方法、聚合酶链式反应（PCR）技术以及宏基因组学。

1）基于微生物的细菌培养法

细菌耐药性的传统研究方法主要是基于微生物的细菌培养法，利用细菌的抗性表型评价其抗性大小，通过鉴定细菌的种属类型确定 ARGs 的宿主特征。但因环境中存在很多不可培养的微生物，这种方法一般会低估微生物的种类。

2）PCR 技术

利用分子生物学技术可以解析环境中的微生物，包括不可培养的微生物，是目前检测环境中 ARGs 的主流手段。其主要包括聚合酶链式反应（PCR）、荧光定量 PCR 以及宏基因组学等多种分子生物学手段。

PCR 技术是一项 DNA 体外合成扩增技术，以母链 DNA 为模板，以特定引物为延伸起点，快速特异地在体外扩增特定目的 DNA 片段。其中母链 DNA 通常利用细胞抽提法和直接溶解法获得，与细胞抽提法相比，试剂盒法可直接裂解细胞将 DNA 释放到溶液中，操作便捷，提取率高，是目前常用的 DNA 提取法。PCR 技术以其简便、快速、灵敏、特异的特点，能将目的基因扩增放大几百万倍，目前已在 ARGs 研究中得到了广泛应用。PCR 技术发展的一个重要里程碑是多重 PCR，在同一个 PCR 反应体系中，加入多对引物，同时扩增多个不同靶区域的 DNA 片断，是检测环境中不同 ARGs 的一种快速、简便的方法。荧光定量 PCR 技术是在 PCR 反应体系中加入荧光染料或特异性荧光探针，利用荧光信号积累实时监测整个 PCR 进程，弥补了 PCR 技术不能准确定量的不足，成为环境中 ARGs 研究的重要工具。

3）宏基因组学

宏基因组学直接采用 shortgun 测序的方法对环境 DNA 进行分析，构建和更新基因组数据库，后续依赖现有基因组数据库利用基因组学策略对序列进行对比鉴定，研究环境样品中全部微生物的基因组以及群落结构和功能。宏基因组学的一个关键优势是能够对抗生素抗性基因进行无偏性分类，基于高通量测序的宏基因组学方法已经成为研究整个微生物群抗性分布的流行工具[111]。随着基因组数据规模的不断扩大，正确理解和选择高效精准的宏基因组分析工具至关重要。

12.3.5 微塑料

1）前处理方法

样品采集是测定环境中微塑料的第一个关键步骤。由于微塑料在近海环境中分布不均匀，如潮汐线上的沉积物中会堆积较多的微塑料，采样区域和深度在很大程度上决定了微塑料的分析结果，因此为了使所采集到的样品更具代表性和可比性，一般会在划分的一定面积区域内采集大量样品[112]。海水样品采集主要使用拖网，网目尺寸过小可能会被沉积物或浮游生物堵塞，最合适和广泛接受的尺寸约为 300 μm，小于 300 μm 的颗粒可以通过使用水泵或其他散装取水技术获得[113]。另外，采样时间、拖网速度、采样深度都应标准化，有学者建议采集表层 0.5 m 深度的水体，使用网目尺寸为 333 μm 的拖网持续采集 30 min，在不堵塞拖网的前提下过滤的水量在 100 m^3 以上[114,115]；取样方法是进行海滩微塑料调查时常用的方法，海滩沉积物通常使用铲、勺等不锈钢工具在高潮线附近采集，常见的采样深度为 5 cm，采样面积为 25 cm^2[113]。海洋表层沉积物的采集主要采用抓斗式取样器和箱式取样器。体积较大的生物主要取其胃肠道或软组织进行分析，体积较小的生物不适合进行解剖，故而整体分析。采集的样品需要在实验室进行分离提取。

通常采用密度分离的方法将微塑料从样品中分离出来。在分离过程中使用氯化钠、溴化钠、碘化钠、氯化锌或碘化锌等高浓度的盐溶液来使微塑料悬浮，盐溶液的选择需要考虑微塑料颗粒的大小[116]。研究学者以密度分离为基础开发出一些简便高效的分离浮选装置，实现了微塑料的半自动分离，回收率达 90%以上[117,118]。对于含有丰富有机质的沉积物和生物样品，需要对其进行消解处理，利用 H_2O_2、芬顿试剂、KOH、HNO_3、NaClO 和 HCl 等去除有机质，但这种方法会影响生物样品中微塑料的回收率。研究发现，使用具有消化能力的酶作为生物样品的预处理剂更为合适，Courtene-Jones 等人[119]发现胰蛋白酶的降解率最高，0.3125%的胰蛋白酶消解效率可达 88%。近年来的一些研究中出现了油分离、磁分离、静电分离、溶剂萃取分离等新兴的分离方法，这些方法具有成本低、快速、环境友好等优点，但对仪器要求较高，分离效率与微塑料的特性密切相关，很少应用于环境中微塑料的检测[120]。

2）检测技术

传统的微塑料鉴定和定量方法是通过目测或借助光学显微镜观察，但这类方法主观性强，准确性不可靠，扫描电子显微镜（SEM）可以提供高分辨率图像。目前运用较为普遍的分析鉴定方法包括傅里叶变换红外光谱（FTIR）和拉曼光谱等，可以进行多参数分析，所需样本量小，效率大大提高。FTIR 是目前鉴定沉积物和水样中微塑料最常用的方法[121]，不同的 FTIR 技术已被用于微塑料的表征，如衰减全反射 FTIR（attenuated total reflection-ftir，ATR-FTIR）适用于不规则的微塑料[119]；微型 FTIR 以高空间分辨率采集红外信号，在表征复合成分样品方面具有很大潜力[122]。热裂解气相色谱-质谱技术（Py-GC/MS）可以获得大分子的结构信息，是鉴定微塑料的强有力工具，但该方法对样品具有破坏性，适用于测定样品中塑料的总量，无法鉴定其形态特征。由于与光谱技术的互补性，Py-GC/MS 常作为显微镜、FTIR 等的补充技术[123]。另外，动态光散射技术（dynamic light scattering，DLS）也被应用于海洋生物中微塑料的检测，Gigault 等[124]将光反应器与 DLS 连接研究不同条件下海洋微塑料的光降解。

12.3.6　纳米颗粒

1）前处理方法

采集的环境样品需要经过沉淀、离心和过滤等步骤进行初步分离，沉淀和离心在去除密度较大的矿物颗粒方面比较高效，微滤孔径一般大于 0.1 μm，由于操作简便，是最常见的初步分离技术[31]。对于小于 1 μm 的塑料颗粒，通常使用主动和被动分离的色谱技术，主动分离技术如场流分离技术（field-flow fractionation，FFF），将外部场应用于微流体环境中分离分散颗粒，而被动分离如流体动力色谱（hydrodynamic chromatography，HDC）则利用流体动力和表面张力分离液体中的颗粒，其中沉降场流分离技术广泛应用于在连续流体中高效分离和表征各种纳米颗粒，在微塑料分离中有较好的应用前景[125]。上述技术也应用到纳米微塑料的分离中，但分离效率待进一步提高。

2）检测技术

纳米颗粒存在于从胶束到金属（氧化物）、从合成聚合物到大型生物分子的各种化学成分中。每一种材料都具有完全不同的化学特征，可以通过多种方法进行分析，包括光谱学、X 射线、荧光、拉曼光谱和固体核磁共振。然而，纳米颗粒的行为通常在很大程度上取决于它们的尺寸。因此，通过纳米颗粒的表征，研究其大小、形状、表面电荷和孔隙率是充分了解和预测其行为的基础步骤，为此，人们设计了多种表征方法。表 12-3 列出了目前主要的纳米颗粒表征技术。

表 12-3　主要纳米颗粒表征技术[31]

技术	NPs 状态	参数	优点	缺点
透射电子显微镜（TEM）	高真空	粒径：＜1nm～＜1μm 粒级分布：基于数值形状：二维投影	亚纳米分辨率 粒子内部结构信息	高能光束，非常昂贵
扫描电子显微镜（SEM）	高真空或低压	粒径：2～3 nm～＞10 μm 粒级分布：基于数值形状：二维投影	单粒子分辨率 能束比 TEM 低使用方便	穿透深度有限
原子力显微镜（AFM）	干燥或液态	粒径：10～20nm（横向），＜1nm（纵向） 粒级分布：基于数值形状：三维投影	兼容不同样品和检测环境	样品需要沉积在坚硬的表面 低通量
X 射线衍射（XRD）	干燥	微晶尺寸：1～100 nm	快速 提供晶体结构信息	没有关于颗粒大小的信息
小角度 X 射线散射（SAXS）	干燥或悬浮	粒径：旋转半径（1 nm～1μm） 粒级分布：基于强度形状：模拟	灵敏度高 适用于干燥和悬浮颗粒	为了拟合数据，需要对粒子形态有一定的了解
质谱（MS）	干燥或悬浮	粒径：0.1～50 nm 粒级分布：基于数值成分	提供元素组成信息	样品电离（可能影响粒子稳定性）
气体吸附	干燥	表面积孔隙体积 孔隙大小分布：1～50 nm	兼容分散和聚集的样品	需要样品脱气，没有粒子形态的信息
动态光散射（DLS）	悬浮	粒径：流体力学半径（5 nm～10μm） 粒级分布：基于强度	快速提供纳米粒子在溶液中的行为信息	偏向较大的悬浮粒子 没有粒子形状的信息
静态光散射（SLS）	悬浮	粒径：旋转半径（5 nm～1μm） 粒级分布：基于强度	溶液中粒子的分子量和旋转半径	偏向较大的悬浮粒子
纳米颗粒追踪（NTA）	悬浮	粒径：流体力学半径（3 nm～1μm） 粒级分布：基于数值浓度	单粒子分辨率 适用于高分散样品	样品需要稀释 粒子高度散射
电泳光散射	悬浮	电动电势	快速 通常与 DLS 结合	从电泳迁移率间接估计 zeta 电位基于集成
分析超速离心法（AUC）	悬浮	粒径：流体力学半径（1 nm～＜1μm） 粒级分布：基于粒子数质量和密度	高灵敏度 兼容多模式粒子数	设备成本高 用户使用技能要求高
尺寸排阻色谱（SEC）	悬浮、多孔结构	粒径：1 nm～200nm 粒级分布：基于粒子数	提供高度单分散的样品片段 与工业环境兼容	由于颗粒-固相相互作用，绝对尺寸量化可能具有挑战性
场流分离（FFF）	悬浮	粒径：1 nm～50μm 粒级分布：基于粒子数	高度可调（可以使用不同的累积力）提供高度单分散的样品片段	样品的回收率和实验参数的选择具有挑战性
荧光相关光谱法（FCS / FCCS）	悬浮	粒径：1 nm～1μm 粒级分布：根据荧光标记	荧光检测提供选择性	样品能用荧光标记
电阻脉冲传感（TRPS）	悬浮（导电溶液）	粒径：50nm～10 μm 粒级分布：基于数值形状、浓度和电动电势	可以调节检测范围单粒子分辨率提供表面电荷信息	需要导电溶液 需要校准

另外，还有一些能够表征纳米颗粒的特殊性质及其行为的新兴技术。原位液电池透射电镜（*in situ* liquid-cell TEM）是为了克服 TEM 不能应用于溶液这一主要缺点而发展起来的。这项技术使得获得纳米

粒子的成核和生长，以及它们的相互作用成为可能。原子分辨率透射电子显微镜（AR-TEM）使动态过程的研究成为可能，并提供了在分子水平上以原子灵敏度实时监测的方法。电子低温显微镜（electron cryo-microscopy，Cryo-EM）可以直接成像无法无损干燥的生物纳米颗粒；电子断层扫描（electron tomography）是研究纳米颗粒三维结构的首选技术，但存在统计性差、效率低、重建三维图像考验实验人员的技术水平等缺点。超分辨率显微镜（super-resolution microscopy），或称纳米显微镜，其空间分辨率超出光学显微镜的传统衍射极限，成为细胞和组织生物学研究的重要工具。单分子荧光显微镜（single molecule fluorescence microscopy）可以获得纳米材料相互作用和多孔体系的信息；纳米机械谐振器（nanomechanical resonators）是一种基于纳米力学的质谱技术，能够对单个完整的纳米粒子的质量进行表征，而不管样品的电离状态如何，都可以在兆到千兆道尔顿范围内测量中性粒子的质量，这是标准质谱方法无法实现的。

12.3.7　先进样品前处理与检测技术

以上 12.3.1～12.3.6 节按污染物分类，较为全面详尽介绍了其样品前处理方法和检测技术，涵盖传统和新兴技术。要保证检测的快速有效，需要在样品的制备阶段高效省时，因此保证目标污染物的有效提取富集极为重要，对痕量污染物排除基质干扰并对其进行富集是准确检测的关键。显然，一方面需要发展高效的样品前处理材料、方法与技术，耦联色谱/质谱或光谱等仪器技术实现（超）痕量分析和监测；另一方面需要大力发展简单、快速、实时的分析和监测方法，实现现场分析和监测。本小节首先总结了几种典型的样品快速前处理/制备技术，然后提及了几类主要的近海/海岸带环境污染分析和监测技术。

样品的快速前处理/制备，可利用微波或超声波辅助、SPE、磁固相萃取、分散液液微萃取等技术实现，或结合功能材料作为吸附剂，用于萃取富集 PAHs、PCBs、OCPs、重金属等各种目标污染物。

例如，Hu 等[126]开发了一种快速且高灵敏、基于 SPME 采样技术和便携式 GC-MS 的现场检测方法，用于检测广州猎德河水中的 PCBs、OCPs 和 PAHs 三类 POPs。SPME 采用了自制的取样装置，直接在水中进行 20 min 的取样，随即将 SPME 纤维导入便携式 GC-MS 进样口。10 min 即可得到检测结果，与实验室 GC-MS 的比对结果一致，验证了该方法的可行性。这种现场快速采样技术可极大缩短采样时间，提高检测效率；这种现场检测方法不仅可以避免样品污染、样品瓶干扰、检测物在储存和运输过程中的损失，还可以避免时间延迟问题，确保了测量结果的准确、可靠。欧阳刚锋等总结了 SPME 等原位样品前处理技术及其理论，并介绍了原位样品前处理技术在环境分析中的应用[115]。

采用计算机和试验设计方法，进行体系设计、条件优化和结果处理等，是实现快速检测的一个重要途径。例如，Fattahi 等[127]利用离子印迹技术制备了一类新型的分级硅基印迹介孔聚合物，将其用于微固相萃取（μSPE）同时选择性萃取 Cd 和 Pb 离子。采用采用 Box Behnken 设计和响应曲面法（RSM）进行了快速、可靠的条件优化。确定该方法的最佳试验条件后，成功应用于河流水体和鱼类样品中 Cd(II)和 Pb(II)的检测。

由于地域、时间等的限制，人们往往对正在发生的大型环境污染事件后知后觉。网络遥感技术，是指非接触、远距离探测目标物，并将其测得的数据通过网络处理从而监测目标物浓度。其中，可通过实时监测包括河流流域的重金属污染情况、海洋深处的海洋辐射污染情况、大气上空的卤代烃污染、室内室外颗粒物 $PM_{2.5}$ 的污染等情况，实现远程检测和操控。例如，栾坤祥等[128]使用水下机器人在选定区域进行河段水样采集，紫外可见分光光度法结合光度仪（UV-Vis）对重金属多组分微量元素浓度进行检测。结果显示，该河域的中游地区无重金属污染，上游和下游地区重金属含量略高、受污染情况轻微。该方法采集检测的含量数据准确、可靠、真实可信。

Lee 等[129]研制了一种对海洋辐射污染进行现场监测的系统。该系统将实时性现场伽玛能谱与便携式探测器的 CsI（Tl）晶体和 PIN 二极管由无人驾驶的水面飞行器携带，并用蒙特卡罗模拟方法估计了均匀点源及其检测性能分布。通过模拟、试验和现场测试，证实该方法操作性、可行性高，可用于原位海洋辐射监测。Kuyper 等[130]利用自动吸收解吸系统-气相色谱-质谱仪（ADS-GC-MS）在南非开普点海域的海洋边界层对甲基碘（CH_3I）、溴型（$CHBr_3$）、二溴甲烷（CH_2Br_2）和甲基溴（CH_3Br）进行了高频原位测量。2017 年 1 月至 11 月期间测得的结果显示，对受人为影响的海洋气团和清洁海洋气团，$CHBr_3$ 和 CH_2Br_2 混合比例无统计学差异。CH_3I 的混合比例具有很强的季节性变化，在南方夏秋月份比冬春月份含量更高。这是在开普点记录的第一次多卤烃测量，是迄今为止最长的时间序列。

DLLME 集采样、萃取和富集于一体，使用的有机溶剂非常少（仅微升级），有效克服了传统液液萃取有机溶剂消耗量大的缺点，具有环境友好、萃取效率高、样品/试剂消耗低、操作简便等优势。Temerdashev 等[131]以 50 μL 氯仿为萃取剂、500 μL 乙腈为分散剂，采用 DLLME 成功富集多种不同类型的海岸带沉积物中的 20 种 PAHs，结合 GC-MS 进行含量测定。Erarpat 等[132]建立了一种检测鱼和贻贝样品中丁基锡化合物的方法，该方法采用涡旋辅助 DLLME 结合 GC-MS 检测。Kermani 等[133]采用 MSPE-DLLME 组合富集，结合 GC-MS，浓缩和测定了土壤、水样中的莠去津；检出限低至 0.01～0.05 μg/L，样品前处理技术联用更有利于复杂样品分析。

材料科学的发展为解决样品前处理发展瓶颈提供了重要手段，新型功能性聚合物材料的制备及其在样品前处理中的应用成为研究热点。主要的新型功能性聚合物材料，包括碳纳米材料、金属纳米粒子、分子印迹聚合物（molecularly imprinted polymers，MIPs）、金属有机骨架（metal-organic frameworks，MOFs）、共价有机骨架材料（covalent organic frameworks，COFs）及复合材料等。MIPs 又称“人工锁”，是通过模拟抗原-抗体或酶-底物相互作用，获得在空间结构和结合位点上与模板分子完全匹配的聚合物材料[134]。所以，MIPs 也被称为“人工抗体”或“塑料抗体”，具有选择性高、制备简单、稳定性高、应用普遍等优势。例如，Lian 等[135]以咖啡因和己酮可可碱为虚拟模板，采用双模板印迹策略制备了 MIPs 微球，并建立分子印迹固相萃取（MISPE）方法，用于从培养的微小亚历山大藻样品中选择性分离膝沟藻毒素（GTX1，4）。Zhao 等[136]提出了一种基于磁 MIPs（MMIPs）的新型吸附剂的制备策略，构建了磁性印迹固相萃取-荧光分光光度法（MMIP-SPE-FL）联用技术，用于海水样品中土霉素的灵敏测定。

MOFs 是由含氧、氮等的多齿有机配体（大多是芳香多酸和多碱）和金属离子或团簇通过配位键自组装形成的具有分子内孔隙的配位聚合物。Hashemi 等[137]研究了一种 Co-MOF 材料在海水样品中孔雀石绿（MG）、罗丹明 B（RB）、甲基橙（MO）和酸性红 18（AR）染料的移液尖端 SPE（PT-SPE）中的应用，然后用 HPLC-PDA 对其进行测定。该方法 LODs 低（0.09～0.38 ng/mL）、容易处理和具有较为满意的回收率（>97%）。该技术具有足够的简单性和灵敏度，可用于这种复杂介质中染料的常规分析。Mahmoud 等[138]以柑橘皮副产物为原料制备果胶水凝胶，以氯化钙为交联剂，通过原位合成法将其与 Fe-TAC MOFs 结合形成果胶水凝胶复合物。其有效性从自来水、海水和工业废水样品中同时去除水中 Cd（VI）（分别为 99.73%、99.87%和 99.87%）和 Pb（II）（分别为 99.02%、98.55%和 98.55%）得到了证实。

COFs 是一类由有机分子组成以共价键连接的结晶性多孔高分子材料，这类材料有很优异的特性，骨架之间有很强的共价作用力。Cui 等[139]开发了一系列稳定且亲水的苯并噁唑基 COFs 用于提取海水中的铀，得到铀的吸附量是铀提取中主要干扰金属钒的 19.2 倍，表明该类 COFs 是光增强靶向铀回收的高效吸附剂。Pan 等[140]研制了一种由巯基功能 COFs 和石墨烯组成的插层复合材料构成的电化学传感器，用于实际沿海水样中金属离子 Cd（II）、Pb（II）、Cu（II）和 Hg（II）的测定。Bi 等[141]在室温下以可控方式合成了一种海胆状硫醇和硫醚功能化的磁性 COFs 核壳纳米复合材料，建立了 HPLC-ICP-MS 测定 IHg、MeHg 和 EtHg 的 MSPE 萃取方法。吸附和解吸过程均可在 5 min 内完成，成功用于自来水、地表水、地下水、海水和鱼类样品中汞的形态分析。

此外，固相萃取膜盘法是将固体吸附剂（膜）固定在圆盘上，水样快速抽滤过膜盘，目标化合物被吸附在膜片上，用适当的溶剂洗脱后测定。与固相萃取小柱法相比，由于固相萃取膜盘的吸附剂截面积很大，在处理大体积水样时具有不易堵塞、高流速、处理时间短等特点，在大体积水样中微量组分的富集处理中有明显优势[142]。尽管固相萃取膜盘法在海水中藻毒素的富集研究仍较少，但是，由于固相萃取膜盘法处理水样速度极快、操作简单，适用于在调查船上现场对大体积海水样品中微量组分的快速富集，富集完成后将固相萃取膜片冷冻保存即可，可以解决因海水样品体积大而不易在调查船上长期冷冻保存和运输的难题[142]。因此，随着不同吸附材质固相萃取膜盘的商品化，该技术在海水藻毒素富集应用中非常有前景。

尽管这些新型的吸附材料和技术仍处于研究阶段，还未实现商品化生产，仍不适于建立标准化富集方法和进一步推广，但是发展绿色萃取技术和富集材料是大势所趋。例如绿色化印迹技术已引起广泛研究兴趣[143]。先进样品前处理技术的发展充满挑战与机遇，必将推进海洋污染物的富集和检测研究。

鉴于近海和海岸带环境重要的生态效应，发展高效、灵敏、快速和准确的检测技术来探究其污染现状，对近海和海岸带环境安全的早期预警与污染防治工作的即时开展具有重要意义。现已发展多种检测技术用于近海/海岸带环境分析和监测，主要包括：电化学生物传感器检测技术，基于纳米材料的光学传感分析（主要包括纳米比色分析、纳米荧光分析、表面增强拉曼散射分析），基于分子探针的成像分析（主要包括污染物分析、环境胁迫分析），基于微纳流控芯片的污染物分析等高新技术和方法研究等；研发光学监测技术与仪器设备主要指，基于光学成像的海洋生物原位监测技术，基于光度分析的原位监测技术，基于荧光分析的监测技术，基于光谱法的水体石油烃类污染物在线监测技术研发，基于激光诱导击穿光谱法的监测技术，海洋牧场多水层溶解氧在线监测系统，多水层水质环境多参数原位在线监测系统等。典型的研究示例，可参考骆永明等的《海岸带生态环境与可持续管理》一书的第一篇“海岸带环境分析和监测”[144]和陈令新团队的《纳米分析方法与技术》一书[145]。

12.4　海岸带和近海的污染危害、问题及其对策

12.4.1　我国近海海洋污染的危害

随着我国开采海洋资源的力度、规模越来越大，虽然能在社会发展过程中起到一定的促进作用，但是却严重污染了海洋生态环境。水体富营养化、重金属、持久性有机污染物和新兴污染物直接危害海水资源、海洋生态，污染存续周期长导致海洋生态难以自我恢复，严重的海洋污染会损害人类的财产利益，经过一定时间的积累，甚至还可能危害人类的健康。其中，以海水富营养化、重金属为主的海洋污染物对海洋水体与海洋生态有严重影响，新兴污染物、持久性有机污染物等由于蓄积和“三致”效应通过食物链的逐级放大作用对人类健康造成严重威胁。

1）海水富营养化的危害

随着我国工农业及城市化发展，大量陆源污染物的输入使近海富营养化程度剧增，而旺盛的海水养殖作业亦造成局部养殖海区严重的富营养化与酸化，最终使得海岸带海域赤潮、绿潮、水母等生态灾害频发。海水富营养化不仅能产生一些污染效应，如使水体散发臭味，增加水体的色度，降低水体的溶解氧含量，向水体释放有毒物质，还会对水生生物、群落结构及生态系统产生生态效应[146]。当赤潮生物开

始暴发性增殖时，会消耗水体中大量的二氧化碳，使海水的 pH 逐渐升高，影响其他海洋生物的正常生长与繁殖。当大量的赤潮生物聚集时，会遮蔽海面，严重降低海水的透明度，导致海洋生物（尤其是海藻和底栖动物等）无法获取充足的阳光，可严重危害海洋生物的生存，同时产生的黏液与毒素会附着并进入鱼类和贝类等动物的身体，导致其呼吸困难和死亡。在赤潮的消亡阶段，死亡的赤潮生物被需氧微生物分解，会大量消耗海水中的氧气，使海水中的溶解氧大大降低，造成海洋生物缺氧窒息死亡，同时在分解过程中会产生氨有毒有害物质，危害水体环境和海洋生物的健康。一些有毒赤潮生物分泌的毒素尽管不会直接导致海洋动物死亡，但是可以通过食物链和长期累积过程严重危害人类和其他生物体的健康，例如"贝毒"。赤潮毒素根据毒素传递媒介和中毒症状的不同，可分为以下五大类[147]：麻痹性贝类毒素（paralytic shellfish toxins，PSTs/PSP）、腹泻性贝类毒素（diarrhetic shellfish toxins，Dsts/DSP）、神经性贝类毒素（neurotoxic shellfish toxins，Nsts/NSP）、记忆缺失性贝类毒素（amnesic shellfish toxins，Asts/ASP）、西加鱼毒素（ciguatera fish toxins，Cfts/CFP）等；按化学结构可将生物毒素分为八大类，原多甲藻酸类毒素（azaspirzcids，Azas）、短裸甲藻毒素（brevetoxins，Btxs）、环亚胺类毒素（cyclicimines）、软骨藻酸毒素类（domoic acids，Das）、大田软海绵酸类毒素（okadaic acid，Oas）、扇贝毒素（pectenotoxins，Ptxs）、石房蛤毒素（saxitoxins，Stxs）和虾夷扇贝毒素（yessotoxins，Ytxs）。赤潮的浮游微藻产生的神经毒素会影响鸟类、海洋哺乳动物和海龟等并最终危害人类健康。

2）新型污染物的危害

目前报道的微塑料毒性研究主要包括细胞毒性、生殖毒性、免疫反应、影响铁的吸收、其他效应、复合暴露效应等威胁和疑似威胁人类健康[148,149]。联合国粮食及农业组织（Food and Agriculture Organization of the United Nations，FAO）和欧盟食品安全局（European Food Safety Authority，EFSA）都对食品中微塑料的含量进行过调查，在双壳类 [长牡蛎（*Crassostreagigas*）和青蛤（*Cyclinasinensis*）]、鱼类[大西洋鲱（*Clupeaharengus*）和大西洋鳕（*Gadusmorhua*）]、其他无脊椎动物[短沟对虾（*Penaeussemidulacatus*）和褐虾（*Crangoncrangon*）]、蜂蜜、啤酒、食盐中都含有微塑料，并且污染水平较高。

同为新型污染物，抗生素与抗性基因亦是当今全球公共健康、食品安全和经济发展的最大威胁之一。美国疾病预防控制中心 2019 年最新发布的北美耐药菌威胁报告里列出了包括碳青霉烯抗性不动杆菌、耳念珠菌、艰难梭菌、碳青霉烯抗性肠杆菌、耐药淋病奈瑟氏菌在内的 5 种紧急威胁耐药菌，以及数十种严重威胁和疑似威胁的其他耐药菌。2016 年进行的调查显示，全球每年有不少于 70 万名患者死于耐药菌感染，据估计至 2050 年全球将上升到 1000 万人[150]。

抗生素对人的呼吸、消化和生殖系统存在危害，甚至可能造成胎儿畸形、器官功能异常等问题。抗生素暴露会降低早产儿肠道菌群数量，使肠道菌群多样性下降，可能与早产儿 2 岁时发生过敏性疾病相关[151,152]，而从婴儿肠道分离出的耐药病菌艰难梭菌（*Clostridium difficile*）可引起伪膜性结肠炎[153]。抗生素的过高含量对成年人的健康也将造成威胁，其中，最常见的不良反应是胃肠道反应以及关节痛、肌腱病变或断裂[154]，神经和精神症状，呼吸道感染、基因突变和癌症[155]，司帕沙星和格列帕沙星胁迫下，可引起心律失常[156]，曲瓦沙星胁迫可产生严重的肝毒性[157]，加替沙星可引起血糖紊乱，严重的感染可使患者发生低血糖和高血糖[158]。与大部分的新兴污染物相同，持久性有机机污染物已被证实具有致癌、致畸致突变的"三致"效应并可以通过食物链和长期累积过程严重危害人类和其他生物体的健康。

12.4.2 我国近海海洋污染对策

我国近海海域污染防治与生态保护修复的统筹谋划和顶层设计，需要对目标海域的容量、生态等特点进行评估与计算，结合“全国-海区-湾区-地区”四个层级社会、经济发展状况，整合出行之有效的污染源头控制方案，以此为基础推进规划、标准、环评、监测、执法、应急、督察、考核等领域的统筹衔接，建立陆海生态环境保护一体化设计和实施的工作机制，达到立治有体、施治有序的目的。

1）容量评估

海洋环境容量研究不仅可以揭示自然环境的内在属性，而且可以为环境质量的分析、评价和环境区划提供科学资源，其主要含义主要分为以下几类：① 环境容量是污染物容许排放的总量与相应的环境标准浓度的比值；② 环竟容量代表着环境自净同化的能力；③ 环境容量是指不危害环境的最大容许纳污能力；④ 环境容量是环境标准与本底值确定的基本环境容量和自净同化能力确定的变动 CE 之和[159]。海洋环境容量大小主要取决于海域本身具备的大小、位置、自净能力、生物种群等条件和人们对特定海域环境功能的规定。

海洋环境容量及污染物分配模型主要内容有：① 通过历史资料收集、实地调研及现场勘察等方式，开展目标区域的地质地形、海洋特质、沿岸土地利用、人口、社会经济等方面的基础状况调查，并分析主要环境问题与成因分析；② 选择评估对象，以 COD_{Cr}、氨氮和总磷等多项总量控制因子为例，通过被评估海域入海口的工业、第三产业、养殖业等点源污染负荷，降雨径流非点源（面源）等污染负荷进行调查核算，同时分析区域污染来源；③ 以目标海域沿岸城市的国民经济发展水平和社会发展、环保等相关规划为参考，在集成大气污染数据、海水水质数据、海洋空间利用数据、土地利用数据、生态环境规划资料及相关经济社会数据，综合 GIS 空间分析、空间统计分析、高斯烟羽模型、多维状态空间模型、生态足迹法等多种数学模型，进行研究区承载力状态评价和不同情景模拟预警研究，计算我国目标海域受纳水体水质对排放源的响应关系，结合混合区的确定，计算目标海域的环境容量[160]。根据目标海域环境容量制定污染物总量控制与污染负荷削减方案，为流域环境管理提供决策依据，对推动陆海统筹的总量控制具有积极意义。

2）源头控制

2018 年，我国国家海洋生态环境管理职能划入新组建的生态环境部，打破了陆海分割管理的界限，为陆海统筹系统推进海洋生态环境质量改善奠定了基础。据不完全统计，近岸海域的主要污染物 70%以上来自陆源排污。因此，在海洋污染治理基础上，加强陆源污染物向近岸海域排放的管理，统筹陆地与海洋保护，把海洋环境保护与陆源污染防治结合起来，做好生态保护修复和污染防治，是我国当前海洋环境污染治理的基础。强化陆海规划统筹、推进陆海功能协调、加强陆海标准衔接、统筹陆海治理行动、统一督察考核执法。以陆海统筹的规划体系优化沿海产业布局，推进产业升级；规范海洋开发秩序，推进海洋产业健康发展；建立流域海域相衔接的分区管理体系，推进陆海生态环境功能的衔接；以近海海洋环境污染物总量控制为指导，实行入海污染物联防联控，构建“流域-河口-近海”污染防治的联动机制，做到从源头控制污染物入海[161]。

近海海洋环境污染物总量控制是以目标海域环境容量为基础，在计算得到环境容量并预留安全余量后，得到目标海域总的污染物允许排放量，综合考虑公平、效益与可行性等因素，将污染物允许排放量分配到沿岸内各个行政区域[162]，进而从源头控制海洋污染。

近海海洋环境污染物总量控制是改善近海海洋环境质量，实现水体生态环境良性循环的根本途径之一，而以目标海域环境容量为基础制定科学、合理、公正的近海环境污染物总量分配方案则是实施近海海洋环境保护的关键内容。污染物总量分配是指根据研究区域内污染源的地理位置、排放量、排放方式、排放污染物种类、污染源管理、技术和经济承受能力以及区域其他因素制定污染负荷优化分配方案，其实质是确定各排污者利用环境资源的权利和削减污染物的义务，即利益的分配和矛盾的协调，为实现我国近海海洋污染的源头控制提供数据支持。

3）源趋研究

海洋环境质量是海洋资源可持续开发利用不可忽视的重要因素，基于长时间序列数据的趋势分析将提高人们对于海洋环境长期演变的认识。关于趋势分析的方法有多种，根据量化程度可以分为定性分析和统计检验。定性分析主要依据所考查因子随时间的变化趋势图进行分析[163]。相较于定性分析，统计检验具有严谨的统计学基础，能够给出趋势变化的显著性水平。以氨氮，总磷等为例，韩飞通过对星子水文监测断面近二十几年的氨氮，总磷等营养盐含量指标进行系统分析，引入 Mann-Kendall 法和 R/S 分析法来探寻其变化趋势。大量的研究成果显示，通过对目标水域的不同污染物进行趋势分析可以为采取有效措施防止区域水体富营养化提供科学依据[164]。

4）防治结合

我国自 21 世纪以来的海洋环境污染处理工作，立足于大系统的观念出发，致力于做到整体规划，防治并举，以防为重。通过产业结构调整，开展清洁生产、资源循环，把污染挡在生产和地域的上游。以海洋中的赤潮为例，赤潮的形成机理十分复杂，且尚无有效的手段能阻止赤潮的发生，只能通过从源头上减少水体富营养化的发生、监测和预报赤潮尽可能减少赤潮的危害[164]。

张燕基于《中国海洋环境质量公报》(2001—2015 年)，采用 Mann-Kendall 法对中国管辖的近海海域不同水质等级海域面积、赤潮发现次数、赤潮发现面积以及河流入海污染物排放量等数据进行变化趋势分析，数据为采取有效措施防止区域赤潮的发生提供科学依据。传统的赤潮监测主要依靠船只调查和岸滨人工观测。常规船只监测赤潮需要对采样进行生物、化学分析。飞机等飞行物监测的费用高且受天气限制，数据覆盖面小，同步性差。卫星遥感技术为赤潮的快速、大范围连续监测提供了重要手段。常用的赤潮监测方法有叶绿素浓度法、波段比值法、赤潮指数法等。姜德娟基于中分辨率成像光谱仪（MODIS）数据，分析发现叶绿素浓度异常法、波段比值法、红波段差值法、Kareniabrevis 指数法等应用到渤海赤潮遥感监测中，可较好地监测到赤潮[165]。

由于赤潮的发生机制尚未清楚，治理赤潮灾害主要采取“预防为主，防治结合”的策略。目前治理技术大都处于理论或实验室阶段，主要治理技术包括物理法、化学法、生物法[166]。物理法是利用物理手段以达到消灭或驱散赤潮生物的方法，主要包括隔离、机械搅动、超声波、紫外线、过滤以及吸附等。物理法方法简单，无二次污染，但是对密度低、底层的赤潮生物效果不佳，且成本太高，不宜大面积使用。因此，物理法的实际可操作性不高，一般作为应急措施。化学法是利用化学药剂和絮凝物来抑制或杀死赤潮生物。该方法操作简单、见效快，是目前使用最广泛的方法。但是，要注意化学方法在药效持久力、对非赤潮生物的影响、药物残留、二次污染等方面存在的问题。生物法是利用生物之间的相互作用以达到抑制或消灭赤潮的目的。该方法材料选择广阔，不会对环境造成污染，但必须充分考虑所选择的生物对海域生态系统的影响。其主要原理有发挥生物间的竞争关系、拮抗作用和利用溶藻细菌以达到抑制赤潮的作用。

现阶段，近海海域环境污染已经成为了我国生态环境发展的重要阻力，而海水环境的治理工作又是一项复杂的系统工程，在我国现代经济社会快速发展的进程中，我们应以科学的容量评估技术为基础，充分分析我国水污染防治工作的现状以及存在的问题，并制定出科学合理并行之有效的容量控制措施与污染修复措施，不断提升海水污染的处理效率和处理质量，加快我国水资源污染治理的进程，从而实现我国环境保护事业的健康发展。

12.4.3　我国近海污染治理（以石油修复为例）

对于已严重污染的海域，采用人为干预的生物、生态及工程技术，逐步恢复污染的海洋生态环境结构和功能，是保护近海环境的末端方式。其中海洋溢油是一种典型的极端海洋污染情况，也是最需要人为干预的突发环境灾害。在石油泄漏事故的初期，大多会采用一些应急措施，如机械回收、投放吸油材料等，即使用各种围油栏拦截溢油，再施放撇油器或收油机回收，或者采用喷洒化学分散剂、投放吸油材料等物理化学方法进行应急处理，但这些方法仅对漂浮于海水表层的石油具有明显效果，对沉积物中的石油污染基本无效，且对石油的修复不彻底或容易产生二次污染。

生物修复技术是人们通过现代生物技术手段在天然的环境下强化污染物降解的一项污染治理工程技术。该技术与其他污染治理技术相比，最显著的优势在于能够使污染物在被污染的河道、海洋、下水、土壤中原位或现场得到生物净化处理，并且安全长效。在生物修复中，由于微生物对环境要求较低、繁殖速度快、不易造成生物入侵等优势，微生物修复在污染物的生物修复中被广泛应用。本节以渤海海域沉积物石油污染微生物修复工程示范为案例，介绍一种海洋离岸沉积物污染修复的典型方法、操作方式以及修复后的效果评估方案，主要包括微生物菌剂研制、菌剂生产、菌剂投放及修复后跟踪监测与评估四部分。

1）安全高效的石油降解菌剂的研制

微生物菌剂研制优先使用环境风险低的土著微生物菌株，从溢油海域沉积物中筛选的土著菌种，能够有效避免外来菌株的入侵，减少对修复海域生态结构和功能的改变。应充分考虑微生群落间的协同作用，筛选最大降解效率的菌种组合，并对菌株的安全性进行评估，包括小鼠急性毒性、海洋生物急性毒性等。菌剂研制过程中，菌株的载体、吸附和包覆手段也是研究的重点，针对不同的溢油阶段，选择密度不同的载体，通过絮凝剂等添加剂的添加，可以有效减少菌剂在投放过程中的逸散与损失，同时减少投放菌株对非污染海域的影响。

2）菌剂生产

菌剂生产主要包括菌液的生产、菌液的混合与吸附、菌剂存储和有效菌株检测等内容。在菌液生产过程中需要保证无杂菌的高纯度种子液，并对每一批次生产的菌株进行浓度、纯度、有效活性鉴定，合格的菌液及时进行冷库贮存。待菌液发酵到一定数量时，开始菌液的沸石吸附以及聚谷氨酸包裹工作，菌剂生产过程中需要分批次抽检菌剂的有效活菌数。

3）菌剂投放

海上施工费用高、容错率低等限制了海洋溢油事故的污染治理的研究、应用与发展。在菌剂投放前需要进行完整的投放模拟实验，包括数值模拟和实验室内投放模拟。根据数值模拟和实验室投放模拟结果，可以确定菌剂的包装大小以及菌剂的投放范围，同时最大程度提高海上施工的安全性与可行性。为保证项目的菌剂投放和石油修复效果，可通过空中遥感监控、水面摄像及水下监控等多种方式对投放过程、投放工程量和投放效果进行监视监控，既能够保障项目顺利进行，又能为未来相关项目的实施提供更多参考和方法。

4）修复效果评估

修复效果评估需要包括至少各 1 次的投放前的本底调查和投放后的跟踪监测，为更好了解目标海域的修复效果，最好在菌剂投放后的不同时间段设置 2 次及以上的跟踪监测。主要监测内容包括常规水质参数（DO、磷酸盐、总磷、无机氮、总氮等）、表层水和沉积物中的石油类浓度、地层水和沉积物中的细菌总数、修复前后的石油降解菌株相对丰度、修复前后的微生物群落多样性和丰度等。

12.5　结论与展望

在“海洋强国”建设的国家战略背景下，保护海洋环境已然成为国家的急迫需要和长远需求。其中，近海海洋和海岸带污染的防治成为海洋环境保护和我国环境治理的重中之重。目前，我国的环境污染问题初步得到有效遏制，但陆海环境污染物种类繁多、环境基质复杂和污染隐蔽性等问题仍然突出：从重金属、有机污染物（PTPs、PPCPs 等）、海水富营养化危害到新型污染物（工程纳米材料、微纳米塑料、阻燃剂和增塑剂等），从海水、污/废水、沉积物到生物样品等，从单一到复合污染等。在继续使用传统样品前处理方法结合经典检测/监测技术的同时，还需要持续大力发展先进前处理及分析监测技术。此外，由于大气污染物可随气团远距离输送至海洋上空，以干湿沉降方式进入海洋，对海洋环境和生态系统产生影响，因此海洋污染防治需陆海空联动[168,169]。以分析监测为基础，进行容量评估、源头控制和源趋研究，然后防治结合、多方位综合控制和治理。

（1）加强公众的海洋环境保护意识，营造海洋环境保护的社会氛围[170]；

（2）优化海洋产业结构，科学合理开发海洋资源[171]；

（3）全面提升海洋科技创新能力，加快海洋污染监测和治理进程[172,173]；

（4）积极推动海洋环保技术产业化的进程；

（5）加强监管和加大对海洋环保的执法力度[174]；

（6）建立健全海洋综合管理体制，确保海洋的健康可持续发展[175]。

海洋污染的监测和防治任重而道远，我们需要重视海洋污染问题、科学合理利用海洋资源、全面提升海洋科技创新能力、积极发展海洋环保产业、加大执法力度、建立健全综合管理体制等，推动海洋绿色、健康、可持续发展[168,169]。展望未来，相信通过大家的不懈努力，我们有信心和决心早日实现蓝色透明、海阔鱼跃的海洋梦。

参 考 文 献

[1] Smith V H. Eutrophication of freshwater and coastal marine ecosystems - A global problem. Environmental Science and Pollution Research, 2003, 10(2): 126-139.

[2] Ferreira J G, Bricker S B, Simas T C. Application and sensitivity testing of a eutrophication assessment method on coastal systems in the United States and European Union. Journal of Environmental Management, 2007, 82(4): 433-445.

[3] Wang B D, Xin M, Wei Q Sh, et al. A historical overview of coastal eutrophication in the China Seas. Marine Pollution Bulletin, 2018, 136: 394-400.

[4] Wei Q, Yao Q, Wang B, et al. Long-term variation of nutrients in the southern Yellow Sea. Continental Shelf Research, 2015, 111: 184-196.

[5] 于仁成, 刘东艳. 我国近海藻华灾害现状、演变趋势与应对策略. 中国科学院院刊, 2016, 31(10): 1167-1174.

[6] Breitburg D, Levin L A, Oschlies A, et al. Declining oxygen in the global ocean and coastal waters. Science, 2018, 359(6371): 230.

[7] Zhai W D, Zhao H D, Zheng N, et al. Coastal acidification in summer bottom oxygen-depleted waters in northwestern-

northern Bohai Sea from June to August in 2011. Chinese Science Bulletin, 2012, 57(9): 1062-1068.

[8] Sun S. Challenges in the jellyfish bloom research. Advances in Earth Science, 2012, 27(3): 257-261.

[9] Bastami K D. Distribution and ecological risk assessment of heavy metals in surface sediments along southeast coast of the Caspian Sea. Marine Pollution Bulletin, 2014, 81(1): 262-267.

[10] Manzoor R, Zhang T W, Zhang X J, et al. Single and combined metal contamination in coastal environments in China: current status and potential ecological risk evaluation. Environmental Science and Pollution Research, 2018, 25(2): 1044-1054.

[11] Zhang P, Song J, Yuan H. Persistent organic pollutant residues in the sediments and mollusks from the Bohai Sea coastal areas, North China: An overview. Environment International, 2009, 35(3): 632-646.

[12] Ji Y, Wang Y, Shen D, et al. Revisiting the cellular toxicity of benzo[a]pyrene from the view of nanoclusters: size- and nanoplastic adsorption-dependent bioavailability. Nanoscale, 2021, 13(2): 1016-1028.

[13] 韩亚静. 山东半岛沿岸典型海域及黄海硅酸盐时空变化及其影响机制. 济南: 山东大学, 2020.

[14] Deutsch C, Thomas W. Nutrient Ratios as a Tracer and Driver of Ocean Biogeochemistry. Annual Review of Marine Science, 2011, 4(1): 113-141.

[15] 杨晶晶. 富营养化和海洋酸化对典型浮游植物群落生理生态特征的影响. 杭州: 浙江大学, 2017.

[16] Glibert P M, Harrison J, Heil C, et al. Escalating Worldwide use of Urea – A Global Change Contributing to Coastal Eutrophication. Biogeochemistry, 2006, 77(3): 441-463.

[17] Howarth R W, Anderson D, Cloern J, et al. Nutrient Pollution of Coastal Rivers, Bays, and Seas. Issues in Ecology, 2000, 7: 1-15.

[18] Rabalais N N, Turner R E, Dortch Q, et al. Nutrient-enhanced productivity in the northern Gulf of Mexico: past, present and future. Hydrobiologia, 2002, 475(1): 39-63.

[19] Vitousek P M, Aber J D, Howarth R W, et al. Human alteration of the global nitrogen cycle: Sources and consequences. Ecological Applications, 1997, 7(3): 737-750.

[20] 沈志良. 胶州湾营养盐结构的长期变化及其对生态环境的影响. 海洋与湖沼, 2002, (03): 322-331.

[21] Paerl H W. Connecting Atmospheric Nitrogen Deposition to Coastal Eutrophication. Environmental Science & Technology, 2002, 36(15): 323-323.

[22] Malone T C, Newton A. The Globalization of Cultural Eutrophication in the Coastal Ocean: Causes and Consequences. 2020, 7(670): 1-30.

[23] Wang J J, Yu Z G, Wei Q Sh, et al. Long-Term Nutrient Variations in the Bohai Sea Over the Past 40 Years. 2019, 124(1): 703-722.

[24] 张善发, 王茜, 关淳雅, 等. 2001—2017 年中国近海水域赤潮发生规律及其影响因素. 北京大学学报(自然科学版), 2020, 56(06): 158-169.

[25] 皓 郭, 丁德文, 林凤翱, 等. 近 20a 我国近海赤潮特点与发生规律. 海洋科学进展, 2015, 33(4): 547-558.

[26] 于仁成, 吕颂辉, 齐雨藻, 等. 中国近海有害藻华研究现状与展望. 海洋与湖沼, 2020, (4): 768-788.

[27] 张善发, 王茜, 关淳雅, 等. 2001—2017 年中国近海水域赤潮发生规律及其影响因素. 北京大学学报(自然科学版), 2020, 56(06): 1129-1140.

[28] Su M L, Zhang J, Hong T C, et al. Factors influencing nutrient dynamics in the eutrophic Jiaozhou Bay, North China. Progress in Oceanography, 2005, 66(1): 66-85.

[29] Tian R, Lin Q, Li D, et al. Dataset for atmospheric transport of nutrients during a harmful algal bloom. Data in Brief, 2020,

31: 105839.

[30] 张海霞. 2017 年长江口及邻近海域的营养盐一分布，调控及富营养化生态效应趋势评估. 济南：山东大学, 2020.

[31] 陈令新，王巧宁，孙西艳. 海洋环境分析监测技术. 北京：科学出版社, 2018.

[32] Huang L, Pu X, Pan J F, et al. Heavy metal pollution status in surface sediments of Swan Lake lagoon and Rongcheng Bay in the northern Yellow Sea. Chemosphere, 2013, 93(9): 1957-1964.

[33] Manzoor R, Zhang T, Zhang X, et al. Single and combined metal contamination in coastal environments in China: current status and potential ecological risk evaluation. Environmental Science and Pollution Research, 2018, 25(2): 1044-1054.

[34] Pan K, Wang W X. Trace metal contamination in estuarine and coastal environments in China. Science of The Total Environment, 2012, 421: 3-16.

[35] Mao T Y, Dai M X, Peng SH T, et al. Temporal-Spatial Variation Trend Analysis of Heavy Metals (Cu, Zn, Pb, Cd, Hg) in Bohai Bay in 10 Years. Journal of Tianjin University, 2009, 42(9): 817-825.

[36] Wan L, Wang N B, Zhou Z, et al. Comprehensive assessment of the situation of water quality of liaodong bay in summer. Transactions of Oceanology and Limnology, 2007, (4): 87-92.

[37] Lu Y, Yuan J, Lu X, et al. Major threats of pollution and climate change to global coastal ecosystems and enhanced management for sustainability. Environmental Pollution, 2018, 239: 670-680.

[38] Wang J, Liu R H, Yu P, et al. Study on the Pollution Characteristics of Heavy Metals in Seawater of Jinzhou Bay. 18th Biennial Isem Conference on Ecological Modelling for Global Change and Coupled Human and Natural System. 2012: 1507-1516.

[39] 贺志鹏，宋金明，张乃星，等. 南黄海表层海水重金属的变化特征及影响因素. 环境科学, 2008, (05): 1153-1162.

[40] Tang A, Liu R, Ling M, et al. Distribution Characteristics and Controlling Factors of Soluble Heavy Metals in the Yellow River Estuary and Adjacent Sea. International Conference on Ecological Informatics and Ecosystem Conservation. 2010: 1193-1198.

[41] Yin S, Wu Y, Xu W, et al. Contribution of the upper river, the estuarine region, and the adjacent sea to the heavy metal pollution in the Yangtze Estuary. Chemosphere, 2016, 155: 564-572.

[42] Wang J, Liu R, Ling M, et al. Heavy Metals Contamination and its Sources in the Luoyuan Bay. International Conference on Ecological Informatics and Ecosystem Conservation. 2010: 1188-1192.

[43] Zhang L, Shi Z, Zhang J, et al. Spatial and seasonal characteristics of dissolved heavy metals in the east and west Guangdong coastal waters, South China. Marine pollution bulletin, 2015, 95(1): 419-426.

[44] Huang X, Zhang S, Huoo Z. Heavy metal distribution in seawater in dapeng bay of shenzhen and the pearl river estuary. Transactions of Oceanology and Limnology, 2005, 0(4): 38-44.

[45] Chan K M. Concentrations of copper, zinc, cadmium and lead in rabbitfish (*Siganus oramin*) collected in Victoria Harbour, Hong Kong. Marine pollution bulletin, 1995, 31(4-12): 277-280.

[46] Zhang D, Zhang X, Tian L, et al. Seasonal and spatial dynamics of trace elements in water and sediment from Pearl River Estuary, South China. Environmental Earth Sciences, 2013, 68(4): 1053-1063.

[47] Li J, Li J, Zheng L, et al. Distribution of Heavy Metals in the Mid-South Part of South China Sea Water. Environmental Monitoring in China, 2013, 29(3): 65-71.

[48] Yang J H, Jiang S Y, Wang X R, et al. Heavy metals in coastal waters from Sanya Bay, Hainan Island: Implication for human impact on the estuarine coastal environments. Journal of Coastal Research, 2004: 171-178.

[49] Zhang Y, Wang L, Hou C, et al. Pollution evaluation on heavy metals in surface sediments in Jinzhou Bay. Marine Environmental Science, 2008, 27(3): 258-260.

[50] Zhou X, Wang E, Liu X, et al. Environmental geochemistry of heavy metals in bottom sediments of the river mouths in Liaodong Bay. Geochimica, 2004, 33(3): 286-290.

[51] Gao X, Li P. Concentration and fractionation of trace metals in surface sediments of intertidal Bohai Bay, China. Marine pollution bulletin, 2012, 64(8): 1529-1536.

[52] Liu L, Li F, Xiong D, et al. Heavy metal contamination and their distribution in different size fractions of the surficial sediment of Haihe River, China. Environmental Geology, 2006, 50(3): 431-438.

[53] He Z, Song J, Zhang N, et al. Variation characteristics and ecological risk of heavy metals in the south Yellow Sea surface sediments. Environmental Monitoring and Assessment, 2009, 157(1-4): 515-528.

[54] Ren J, Shang Z, Tao L, et al. Multivariate analysis and heavy metals pollution evaluation in yellow river surface sediments. Polish Journal of Environmental Studies, 2015, 24(3): 1041-1048.

[55] Fang T H, Li J Y, Feng H M, et al. Distribution and contamination of trace metals in surface sediments of the East China Sea. Marine Environmental Research, 2009, 68(4): 178-187.

[56] Zhao X, Barlow J, Taylor B L, et al. Abundance and conservation status of the Yangtze finless porpoise in the Yangtze River, China. Biological Conservation, 2008, 141(12): 3006-3018.

[57] Che Y, He Q, Lin W Q. The distributions of particulate heavy metals and its indication to the transfer of sediments in the Changjiang Estuary and Hangzhou Bay, China. Marine pollution bulletin, 2003, 46(1): 123-131.

[58] Lin J J. Concentrations and distribution of heavy metals in surface sediment of Luoyuan Bay, Fujian Province. Journal of Oceanography in Taiwan Strait, 2008, 27(3): 362-366.

[59] Yu R, Yuan X, Zhao Y, et al. Heavy metal pollution in intertidal sediments from Quanzhou Bay, China. Journal of Environmental Sciences, 2008, 20(6): 664-669.

[60] Lin C, Liu Y, Li W, et al. Speciation, distribution, and potential ecological risk assessment of heavy metals in Xiamen Bay surface sediment. Acta Oceanologica Sinica, 2014, 33(4): 13-21.

[61] Qiao Y, Huang C. A study on concentration and distribution characteristics of heavy metals in surface sediment of the Shantou Estuary in China. Acta Oceanologica Sinica, 2009, 31(1): 106-116.

[62] Yang J, Cao L, Wang J, et al. Speciation of Metals and Assessment of Contamination in Surface Sediments from Daya Bay, South China Sea. Sustainability, 2014, 6(12): 9096-9113.

[63] Zuo P, Wang Y, Cheng J, et al. Distribution characteristics of heavy metals in surface sediments and core sediments of the Shenzhen Bay in Guangdong Province, China. Acta Oceanologica Sinica, 2008, 30(4): 71-79.

[64] Liang Y, Wong M H. Spatial and temporal organic and heavy metal pollution at Mai Po Marshes Nature Reserve, Hong Kong. Chemosphere, 2003, 52(9): 1647-1658.

[65] Yu X, Yan Y, Wang W X. The distribution and speciation of trace metals in surface sediments from the Pearl River Estuary and the Daya Bay, Southern China. Marine pollution bulletin, 2010, 60(8): 1364-1371.

[66] Qiu Y, Zhu L, Li M, et al. Distribution Characteristics of Heavy Metals and Grain Size of Sediments from Hailing Bay. Marine Science Bulletin, 2004, 23(6): 49-53.

[67] Vane C H, Harrison I, Kim A W, et al. Organic and metal contamination in surface mangrove sediments of South China. Marine pollution bulletin, 2009, 58(1): 134-144.

[68] Wang S L, Xu X R, Sun Y X, et al. Heavy metal pollution in coastal areas of South China: A review. Marine pollution bulletin, 2013, 76(1-2): 7-15.

[69] Qiu Y W, Yu K F, Zhang G, et al. Accumulation and partitioning of seven trace metals in mangroves and sediment cores from

three estuarine wetlands of Hainan Island, China. Journal of Hazardous Materials, 2011, 190(1-3): 631-638.

[70] Yan S, Wang D, Teng M, et al. Perinatal exposure to low-dose decabromodiphenyl ethane increased the risk of obesity in male mice offspring. Environmental Pollution, 2018, 243: 553-562.

[71] Meng J, Hong S, Wang T, et al. Traditional and new POPs in environments along the Bohai and Yellow Seas: An overview of China and South Korea. Chemosphere, 2017, 169: 503-515.

[72] Lv M, Luan X, Liao C, et al. Human impacts on polycyclic aromatic hydrocarbon distribution in Chinese intertidal zones. Nature Sustainability, 2020, 3(10): 878-884.

[73] Lv M, Luan X, Guo X, et al. A national-scale characterization of organochlorine pesticides (OCPs) in intertidal sediment of China: Occurrence, fate and influential factors. Environmental Pollution, 2020, 257: 113634.

[74] Zhen X, Tang J, Liu L, et al. From headwaters to estuary: Distribution and fate of halogenated flame retardants (HFRs) in a river basin near the largest HFR manufacturing base in China. Science of The Total Environment, 2018, 621: 1370-1377.

[75] Liu L, Zhen X, Wang X, et al. Spatio-temporal variations and input patterns on the legacy and novel brominated flame retardants (BFRs) in coastal rivers of North China. Environmental Pollution, 2021, 283: 117093.

[76] Yao W, Xue W, Guo W, et al. Occurrence and Bioaccumulation of Polybrominated Diphenyl Ethers (PBDEs) in Surficial Sediment and Benthic Organism in the Bohai Sea. Asian Journal of Ecotoxicology, 2016, 11(2): 413-420.

[77] Lu J, Zhao Y, Xu H, et al. Contamination of organochlorine pesticides (OCPs) in aquaculture water in Dalian Bay and Liaodong Bay, north China Sea. Journal of Fishery Sciences of China, 2002, 9(1): 73-77.

[78] Hu L, Zhang G, Zheng B, et al. Occurrence and distribution of organochlorine pesticides (OCPs) in surface sediments of the Bohai Sea, China. Chemosphere, 2009, 77(5): 663-672.

[79] Heberer T. Occurrence, fate, and removal of pharmaceutical residues in the aquatic environment: a review of recent research data. Toxicology Letters, 2002, 131(1-2): 5-17.

[80] Oaks J L, Gilbert M, Virani M Z, et al. Diclofenac residues as the cause of vulture population decline in Pakistan. Nature, 2004, 427(6975): 630-633.

[81] Minh T B, Leung H W, Loi I H, et al. Antibiotics in the Hong Kong metropolitan area: Ubiquitous distribution and fate in Victoria Harbour. Marine pollution bulletin, 2009, 58(7): 1052-1062.

[82] Jiang J J, Lee C L, Fang M D. Emerging organic contaminants in coastal waters: Anthropogenic impact, environmental release and ecological risk. Marine pollution bulletin, 2014, 85(2): 391-399.

[83] Togola A, Budzinski H. Multi-residue analysis of pharmaceutical compounds in aqueous samples. Journal of Chromatography A, 2008, 1177(1): 150-158.

[84] Weigel S, Berger U, Jensen E, et al. Determination of selected pharmaceuticals and caffeine in sewage and seawater from Tromso/Norway with emphasis on ibuprofen and its metabolites. Chemosphere, 2004, 56(6): 583-592.

[85] Zeng X, Mai B, Sheng G, et al. Distribution of polycyclic musks in surface sediments from the Pearl River Delta and Macao coastal region, South China. Environmental Toxicology and Chemistry, 2008, 27(1): 18-23.

[86] Yang J F, Ying G G, Zhao J L, et al. Simultaneous determination of four classes of antibiotics in sediments of the Pearl Rivers using RRLC-MS/MS. Science of The Total Environment, 2010, 408(16): 3424-3432.

[87] Zhao J L, Ying G G, Liu Y S, et al. Occurrence and risks of triclosan and triclocarban in the Pearl River system, South China: From source to the receiving environment. Journal of Hazardous Materials, 2010, 179(1-3): 215-222.

[88] Liang X, Chen B, Nie X, et al. The distribution and partitioning of common antibiotics in water and sediment of the Pearl River Estuary, South China. Chemosphere, 2013, 92(11): 1410-1416.

[89] Wille K, Kiebooms J A L, Claessens M, et al. Development of analytical strategies using U-HPLC-MS/MS and LC-ToF-MS for the quantification of micropollutants in marine organisms. Analytical and Bioanalytical Chemistry, 2011, 400(5): 1459-1472.

[90] Na G, Fang X, Cai Y, et al. Occurrence, distribution, and bioaccumulation of antibiotics in coastal environment of Dalian, China. Marine pollution bulletin, 2013, 69(1-2): 233-237.

[91] Abbas Q, Yousaf B, Amina, et al. Transformation pathways and fate of engineered nanoparticles (ENPs) in distinct interactive environmental compartments: A review. Environment International, 2020, 138: 105646.

[92] Klein E Y, Van Boeckel T P, Martinez E M, et al. Global increase and geographic convergence in antibiotic consumption between 2000 and 2015. Proceedings of the National Academy of Sciences of the United States of America, 2018, 115(15): 3463-3470.

[93] Liu J, Ma Y, Zhu D, et al. Polystyrene Nanoplastics-Enhanced Contaminant Transport: Role of Irreversible Adsorption in Glassy Polymeric Domain. Environmental Science & Technology, 2018, 52(5): 2677-2685.

[94] Capolupo M, Sorensen L, Jayasena K D R, et al. Chemical composition and ecotoxicity of plastic and car tire rubber leachates to aquatic organisms. Water Research, 2020, 169: 115270.

[95] Gardon T, Huvet A, Paul P I, et al. Toxic effects of leachates from plastic pearl-farming gear on embryo-larval development in the pearl oyster Pinctada margaritifera. Water Research, 2020, 179: 115890.

[96] 全国海洋标准化技术委员会. 海洋监测规范 第 4 部分: 海水分析. 北京: 中国标准出版社, 2007.

[97] Pujol L, Evrard D, Groenen S K, et al. Electrochemical sensors and devices for heavy metals assay in water: the French groups' contribution. Frontiers in chemistry, 2014, 2: 19.

[98] Gumpu M B, Krishnan U M, Rayappan J B. Design and development of amperometric biosensor for the detection of lead and mercury ions in water matrix-a permeability approach. Analytical and Bioanalytical Chemistry, 2017, 409(17): 4257-4266.

[99] Yao X Z, Guo Z, Yuan Q H, et al. Exploiting Differential Electrochemical Stripping Behaviors of Fe3O4 Nanocrystals toward Heavy Metal Ions by Crystal Cutting. ACS Applied Materials & Interfaces, 2014, 6(15): 12203-12213.

[100] Agency U E P. Method 3540C: Soxhlet extraction. Washington, DC, 1996.

[101] Lin F, Han B, Ding Y, et al. Distribution characteristics, sources, and ecological risk assessment of polycyclic aromatic hydrocarbons in sediments from the Qinhuangdao coastal wetland, China. Marine pollution bulletin, 2018, 127: 788-793.

[102] Miyawaki T, Tobiishi K, Takenaka S, et al. A Rapid Method, Combining Microwave-Assisted Extraction and Gas Chromatography-Mass Spectrometry with a Database, for Determining Organochlorine Pesticides and Polycyclic Aromatic Hydrocarbons in Soils and Sediments. Soil & Sediment Contamination, 2018, 27(1): 31-45.

[103] Rezaee M, Yamini Y, Moradi M, et al. Supercritical fluid extraction combined with dispersive liquid-liquid microextraction as a sensitive and efficient sample preparation method for determination of organic compounds in solid samples. Journal of Supercritical Fluids, 2010, 55(1): 161-168.

[104] Soliman Y S, Alansari E M A, Sericano J L, et al. Spatio-temporal distribution and sources identifications of polycyclic aromatic hydrocarbons and their alkyl homolog in surface sediments in the central Arabian Gulf. Science of The Total Environment, 2019, 658: 787-797.

[105] Miossec C, Lanceleur L, Monperrus M. Adaptation and validation of QuEChERS method for the simultaneous analysis of priority and emerging pollutants in sediments by gas chromatographymass spectrometry. International Journal of Environmental Analytical Chemistry, 2018, 98(8): 695-708.

[106] Vittoria B M, Postigo C, Guillem A N, et al. Analysis of 52 pesticides in fresh fish muscle by QuEChERS extraction followed

by LC-MS/MS determination. Science of The Total Environment, 2019, 653: 958-967.

[107] Anastassiades M, Lehotay S J, Stajnbaher D, et al. Fast and easy multiresidue method employing acetonitrile extraction/partitioning and "dispersive solid-phase extraction" for the determination of pesticide residues in produce. Journal of AOAC international, 2003, 86(2): 412-431.

[108] Meng Y, Liu W, Liu X, et al. A review on analytical methods for pharmaceutical and personal care products and their transformation products. Journal of Environmental Sciences, 2021, 101: 260-281.

[109] Lu M, Chen L. Advances in sample pretreatment techniques for analysis of antibiotics in the coastal environment. Chinese journal of chromatography, 2020, 38(1): 95-103.

[110] Soares K L, Sunyer C A, Barbosa S C, et al. Rapid and cost-effective multiresidue analysis of pharmaceuticals, personal care products, and antifouling booster biocides in marine sediments using matrix solid phase dispersion. Chemosphere, 2021, 267: 129085.

[111] Lee K, Kim D W, Cha C J. Overview of bioinformatic methods for analysis of antibiotic resistome from genome and metagenome data. Journal of Microbiology, 2021, 59(3): 270-280.

[112] Zhou Q, Zhang H, Li Y, et al. Progress on microplastics pollution and its ecological effects in the coastal environment. Chinese Science Bulletin, 2015, 60(33): 3210-3220.

[113] Mai L, Bao L J, Shi L, et al. A review of methods for measuring microplastics in aquatic environments. Environmental Science and Pollution Research, 2018, 25(12): 11319-11332.

[114] Directive S F. Guidance on monitoring of marine litter in European seas. Luxembourg doi, 2013, 10: 99475.

[115] 江桂斌, 郑明辉, 孙红文, 等. 环境化学前沿(第二辑) 北京: 科学出版社, 2019.

[116] Quinn B, Murphy F, Ewins C. Validation of density separation for the rapid recovery of microplastics from sediment. Analytical Methods, 2017, 9(9): 1491-1498.

[117] Coppock R L, Cole M, Lindeque P K, et al. A small-scale, portable method for extracting microplastics from marine sediments. Environmental Pollution, 2017, 230: 829-837.

[118] Wessel C C, Lockridge G R, Battiste D, et al. Abundance and characteristics of microplastics in beach sediments: Insights into microplastic accumulation in northern Gulf of Mexico estuaries. Marine pollution bulletin, 2016, 109(1): 178-183.

[119] Courtene J W, Quinn B, Murphy F, et al. Optimisation of enzymatic digestion and validation of specimen preservation methods for the analysis of ingested microplastics. Analytical Methods, 2017, 9(9): 1437-1445.

[120] He D, Zhang X, Hu J. Methods for separating microplastics from complex solid matrices: Comparative analysis. Journal of Hazardous Materials, 2021, 409: 124640.

[121] Hanvey J S, Lewis P J, Lavers J L, et al. A review of analytical techniques for quantifying microplastics in sediments. Analytical Methods, 2017, 9(9): 1369-1383.

[122] Harrison J P, Ojeda J J, Romero G M E. The applicability of reflectance micro-Fourier-transform infrared spectroscopy for the detection of synthetic microplastics in marine sediments. Science of The Total Environment, 2012, 416: 455-463

[123] Hendrickson E, Minor E C, Schreiner K. Microplastic Abundance and Composition in Western Lake Superior As Determined via Microscopy, Pyr-GC/MS, and FTIR. Environmental Science & Technology, 2018, 52(4): 1787-1796.

[124] Gigault J, Pedrono B, Maxit B, et al. Marine plastic litter: the unanalyzed nano-fraction. Environmental Science-Nano, 2016, 3(2): 346-350.

[125] Huppertsberg S, Knepper T P. Instrumental analysis of microplastics-benefits and challenges. Analytical and Bioanalytical Chemistry, 2018, 410(25): 6343-6352.

[126] Hu Q, Liu S, Liu Y, et al. Development of an on-site detection approach for rapid and highly sensitive determination of persistent organic pollutants in real aquatic environment. Anal Chim Acta, 2019, 1050: 88-94.

[127] Fattahi M, Ezzatzadeh E, Jalilian R, et al. Micro solid phase extraction of cadmium and lead on a new ion-imprinted hierarchical mesoporous polymer via dual-template method in river water and fish muscles: Optimization by experimental design. J Hazard Mater, 2021, 403: 123716.

[128] 栾坤祥，马秀冬．智能水下航行器对海洋重金属污染状况的检测研究．舰船科学技术, 2017, 39(16): 187-189.

[129] Lee S, Lee J S, Kim H S, et al. In-situ remotely controllable ocean radiation monitoring system. Journal of Instrumentation, 2020, 15(06): 06027.

[130] Kuyper B, Lesch T, Labuschagne C, et al. Volatile halocarbon measurements in the marine boundary layer at Cape Point, South Africa. Atmospheric Environment, 2019, 214: 116833.

[131] Temerdashev Z A, Musorina T N, Chervonnaya T A. Determination of polycyclic aromatic hydrocarbons in soil and bottom sediments by gas chromatography–mass spectrometry using dispersive liquid–liquid microextraction. Journal of Analytical Chemistry, 2020, 75(8): 1000-1010.

[132] Erarpat S, Bodur S, Öz E, et al. Determination of butyltin compounds in fish and mussel samples at trace levels by vortex assisted dispersive liquid-liquid microextraction-gas chromatography mass spectrometry. Journal of Food Composition and Analysis, 2019, 82: 103248.

[133] Kermani M, Sereshti H, Nikfarjam N. Application of a magnetic nanocomposite of cross-linked poly(styrene/divinylbenzene) as an adsorbent for the magnetic dispersive solid phase extraction-dispersive liquid–liquid microextraction of atrazine in soil and aqueous samples. Analytical Methods, 2020, 12(14): 1834-1844.

[134] Chen L, Wang X, Lu W, et al. Molecular imprinting: perspectives and applications. Chemical Society Reviews, 2016, 45(8): 2137-2211.

[135] Lian Z, Wang J. Selective isolation of gonyautoxins 1, 4 from the dinoflagellate Alexandrium minutum based on molecularly imprinted solid-phase extraction. Marine Pollution Bulletin, 2017, 122(1-2): 500-504.

[136] Zhao M, Wang J, Lian Z. Fluorescence assay of oxytetracycline in seawater after selective capture using magnetic molecularly imprinted nanoparticles. Marine Pollution Bulletin, 2021, 163: 111962.

[137] Hashemi S H, Kaykhaii M, Jamali Keikha A, et al. Application of response surface methodology for optimization of metal-organic framework based pipette-tip solid phase extraction of organic dyes from seawater and their determination with HPLC. BMC Chemistry, 2019, 13(1): 59.

[138] Mahmoud M E, Mohamed A K. Novel derived pectin hydrogel from mandarin peel based metal-organic frameworks composite for enhanced Cr(VI) and Pb(II) ions removal. International Journal of Biological Macromolecules, 2020, 164: 920-931.

[139] Cui W R, Zhang C R, Xu R H, et al. Low Band Gap Benzoxazole-Linked Covalent Organic Frameworks for Photo-Enhanced Targeted Uranium Recovery. Small, 2021, 17(6): 2006882.

[140] Pan F, Tong C, Wang Z, et al. Nanocomposite based on graphene and intercalated covalent organic frameworks with hydrosulphonyl groups for electrochemical determination of heavy metal ions. Mikrochim Acta, 2021, 188(9): 295.

[141] Bi R, Li F, Chao J, et al. Magnetic solid-phase extraction for speciation of mercury based on thiol and thioether-functionalized magnetic covalent organic frameworks nanocomposite synthesized at room temperature. Journal of Chromatography A, 2021, 1635: 461712.

[142] 陈军辉，吴丹妮，何秀平，等．海洋水环境中藻毒素的检测技术及分布研究进展．海洋科学进展, 2019, 37(3): 355-373.

[143] Arabi M, Ostovan A, Li J, et al. Molecular Imprinting: Green Perspectives and Strategies. Advanced Materials, 2021, 33(30):

e2100543.
[144] 骆永明, 韩广轩, 秦伟, 等. 海岸带生态环境与可持续管理. 北京: 科学出版社, 2021.
[145] 陈令新, 王莎莎, 周娜. 纳米分析方法与技术. 北京: 科学出版社, 2015.
[146] 王晓婷, 黄健, 刘云, 等. 不同氮浓度对红色赤潮藻(*Akashiwo sanguinea*)生长, 孢囊形成和生源要素组成的影响. 海洋与湖沼, 52(3): 8.
[147] Casadei E, Albert J. Food and Agriculture Organization of the United Nations. Encyclopedia of Food Sciences & Nutrition, 2003, 1(2): 2587-2593.
[148] Trevisan R, Voy C, Chen S, et al. Nanoplastics Decrease the Toxicity of a Complex PAH Mixture but Impair Mitochondrial Energy Production in Developing Zebrafish. Environmental Science and Technology, 2019, 53(14): 8405-8415.
[149] Le L L, Liu M T, Song Y, et al. Polystyrene (nano)microplastics cause size-dependent neurotoxicity, oxidative damage and other adverse effects in Caenorhabditis elegans. Environmental Science-Nano, 2018, 5(8): 2009-2020.
[150] Li X X, Tao L. Clostridioides Difficile Infection: A Global Threat to Public Health due to Mass Antibiotic Use. Science, 2021, (3): 40-42.
[151] 应文跃, 徐慧松. 抗生素暴露对早产儿肠道菌群及 2 岁时过敏性疾病的影响. 中国微生态学杂志, 2020, 32(12): 28-32.
[152] Tao L, Tian S, Zhang J, et al. Sulfated glycosaminoglycans and low-density lipoprotein receptor contribute to Clostridium difficile toxin A entry into cells. Nature Microbiology, 2019, 4(10): 1.
[153] 李星星, 陶亮. 艰难梭菌感染——抗生素滥用引发的全球公共健康威胁. 科学, 73(3): 4.
[154] Simonson W. Antibiotic stewardship: Revisiting quinolone antibiotics. Geriatric nursing (New York, NY), 2017, 38(2): 152.
[155] Zhang Y, Xu M, Liu X, et al. Regulation of biochar mediated catalytic degradation of quinolone antibiotics: Important role of environmentally persistent free radicals. Bioresource Technology, 2021, 326: 124780.
[156] Cornett E, Novitch M B, Kaye A D, et al. Macrolide and fluoroquinolone mediated cardiac arrhythmias: clinical considerations and comprehensive review. Postgraduate Medicine, 2017, 129(7): 715-724.
[157] Mitsugi R, Itoh T, Fujiwara R. MicroRNA-877-5p is involved in the trovafloxacin-induced liver injury. Toxicology Letters, 2016: 34-43.
[158] El G S, Azar S T. Dysglycemia associated with quinolones. Primary Care Diabetes, 2015, 9(3): 168-171.
[159] 张永良. 水环境容量基本概念的发展. 环境科学研究, 1992, 5(3): 3.
[160] 丁冬冬. 陆海统筹区域资源环境承载力研究. 南京: 南京大学, 2019.
[161] 姚瑞华, 张晓丽, 刘静, 等. 陆海统筹推动海洋生态环境保护的几点思考. 2020, 48(7): 4.
[162] 赵骞, 王卫平, 杨永俊, 等. 河流和海洋污染物总量分配研究述评. 中国人口・资源与环境, 2014, 24(163): 82-86.
[163] 谭上进, 朱小山, 周进, 等. 深圳近岸海域环境状况近 10a 变化趋势. 海洋环境科学, 2014, 033(001): 154-160.
[164] 韩飞, 王华, 赵义君, 等. 基于 Mann-Kendall 法和 R/S 分析法的星子站氨氮、总磷变化趋势分析. 山东化工, 2019, 048(011): 176-181.
[165] 张燕, 隋传国, 张瑞瑾, 等. 基于 Mann-Kendall 法的中国海洋环境质量变化趋势分析. 环境污染与防治, 2019, 041(002): 201-205.
[166] 詹慧玲, 饶小珍. 赤潮的危害, 成因和防治研究进展. 生物学教学, 46(7): 3.
[167] 纪灵, 陈福, 刘昌文, 等. 海洋污染监测在海洋环境保护中的地位与作用. 海洋开发与管理, 2004, (3): 48-50.
[168] Bellou N, Gambardella C, Karantzalos K, et al. Global assessment of innovative solutions to tackle marine litter. Nature Sustainability, 2021, 4(6): 516-524.
[169] Willis K A, Serra G C, Richardson K, et al. Cleaner seas: reducing marine pollution. Reviews in Fish Biology and Fisheries,

2021, https: //doi.org/10.1007/s11160-021-09674-8.
[170] 叶蔚，叶茵. 粤港澳大湾区海洋污染防治合作机制研究. 合作经济与科技, 2021, (2): 6-9.
[171] 王淼，胡本强，辛万光，等. 我国海洋环境污染的现状、成因与治理. 中国海洋大学学报(社会科学版), 2006, (5): 1-6.
[172] 傅志宏. 海洋污染的来源及治理研究. 当代化工研究, 2020, 22: 85-86.
[173] 陈亮. 我国海洋污染问题、治现状及对策建议. 环境保护, 2016, (5): 65-68.
[174] 杨红生. 海洋牧场构建原理与实践. 北京：科学出版社, 2017, 03.
[175] 陈倩. 海洋污染问题及防治对策. 环境与发展, 2019, 31(5): 36-38.

作者：陈令新[1]，吕敏[1]，王巧宁[1]，李金花[1]，王虹丹[1]，孙西艳[1]，
纪云霞[1]，郭晓彤[1]，宋乐慧[1]，王运庆[1]，付龙文[1]，王晓艳[2]
[1]中国科学院烟台海岸带研究所，[2]滨州医学院

第 13 章　暴露组学与食品安全

本章导读

风险评估是食品安全的科学基础，膳食暴露评估是各国制订食品安全标准和措施的基础，其科学性和准确性直接影响这些管理标准和措施的合理性、有效性，每个国家必须自己开展。伴随暴露组学概念的出现，暴露科学新理论及其在我国的实践成为食品安全研究的重中之重。在国家重点研发计划“食品安全关键技术研发”支持下，由国家食品安全风险评估中心牵头完成了“食品污染物暴露组解析和总膳食研究”。该项目聚焦当前我国热点关注的食品中化学污染物的膳食暴露，生命早期典型化学污染物的人体暴露情况和规律，探讨中国膳食中不同年龄-性别组风险因子差异；研究暴露组学相关的内外暴露谱；构建人体典型化学危害物外暴露与内暴露关联的解析平台，挖掘人体暴露与效应标志物并构建健康效应的量化关系为我国热点化学污染物的食品安全管理政策法规提供直接的科学依据和数据支持。本章将对该项目中获得的重要研究成果进行简要介绍。

关键词

总膳食研究，生命早期暴露，生物可及性和生物利用率，生物标志物，暴露效应关系

13.1 引　　言

人类生存发展和生活中无时无刻不暴露于各种外界影响。然而，传统的暴露科学多聚焦于识别不同环境介质中有害因素和有益因素的存在水平和形态，以及由此造成的暴露水平的测量。这种方式很少考虑个体自身因素和状态对暴露因素的反应及其与健康状态的关系，因而难以准确认识环境因素对人群健康的影响，归纳澄清暴露因素在健康中的作用。也就制约了为保障人群健康而制定有效的管控措施。如何正确收集和有效使用与日俱增的化学品的暴露信息，客观准确评价暴露水平和影响因素，将外暴露与内暴露进行关联研究，已经成为当今暴露科学领域亟待解决的重大科学问题[1]。一方面，由于大多数环境污染物进入人体的主要途径是膳食暴露，因此污染物膳食暴露评估的有效性和准确性以及针对新兴污染物的时效性都面临巨大挑战。另外，在食品安全风险评估中具有关键意义的健康指导值的制定策略也面临重大变革。以往基于动物实验获得健康指导值的方式由于实验的暴露剂量与人群实际暴露水平差异明显和种属差异造成的不确定度较大等原因越来越受到质疑。近年来，基于实际暴露场景下的人群流行病学研究结果正日益成为污染物暴露的健康指导值制定的主要依据。

13.2 外暴露解析与中国总膳食研究

13.2.1 污染物膳食暴露评估方法

食品中化学污染物暴露量评估主要有 3 种方式：总膳食研究、个别食品的选择性研究、双份饭研究。其中，总膳食研究在市场上采集食物样品，经过烹调、加工后测定食品样品中化学污染物的含量，结合研究本身膳食调查得到的食物消费量数据进行计算从而获得暴露量，这种方式考虑了烹调和加工的影响，

所获得的暴露量接近实际摄入情况，适合一个国家或地区大面积的人群研究。因此，我国居民环境化学污染物的膳食外暴露评估研究采用了总膳食研究。

目前，国际上膳食污染物暴露评估模型主要可分为确定性暴露评估模型（或点评估模型）和概率性暴露评估模型。确定性暴露评估适用于化学物的筛检性研究，该方法的不足主要体现在暴露评估结果不能整合真实膳食暴露情况下的人群变异性信息。概率性暴露评估模型通过构建暴露概率分布取值，而不是确定性暴露评估模型中的单一点值。概率评估技术的优势是化学物的暴露概率可通过更为复杂的方式进行描述，可定量地描述人群化学物膳食暴露的变异性和不确定性，从而实现了更为精细的评估。变异性主要是由于观察人群中不同个体摄入食物的时间、种类和空间地理位置均会存在差异，从而导致个体间污染物摄入量会存在变异性。变异性是人群化学物膳食摄入的特有属性，不能避免，增加样本含量只能减少变异误差的估计，而不能减少变异性。但可通过构建概率评估模型，进行蒙特卡罗模拟，量化人群个体间的变异性。不确定性是指在膳食暴露评估过程中，由于相关知识的缺乏，无法直接获取每一个体不同食物的真实膳食摄入量，测量值与真实值间会存在差距。但通过增加膳食调查的样本量，会提高对人群膳食化学物摄入量的了解，能够减少相应不确定性。目前，国际上膳食暴露评估可采用 Bootstrap 方法量化模型参数的不确定性[1]。概率评估方法是对所评价的化学物在食品中存在概率与污染水平(浓度)及相关水平的消费量进行模拟，这种方法需要对数据库中食品污染物浓度和食物消费量足够抽样，评价才有意义。因为通过科学的抽样，能将食物中某化学物浓度与实际含有该物质的食物消费量结合起来研究，从而提供了一个真实的暴露评价基础来估计人群某物质的暴露量是否超过规定的安全阈值。

第六次中国总膳食研究中除了覆盖省份由上次的 20 个省（市、自治区）进一步扩展到 24 个省（市、自治区）外，最显著的差别是在继续使用点评估模型的基础上首次应用概率评估模型对热点污染物的膳食暴露进行全人群的评估。概率评估采用蒙特卡罗方法，从 24 个省（市、自治区）不同类食品的污染物数据集中随机抽取每种食物的浓度，并与消费量数据集随机抽取的某人日消费食物匹配相乘，累加一天当中的所有食物，通过若干次迭代（10 万次），得出人群膳食摄入量的经验分布，根据人口学信息描述摄入量，如匹配个体体重后计算体重调整后的摄入量。此外，还按性别和年龄进行了分组描述。人群摄入量的描述除了 P50 外，主要考察高端百分位数，例如 P95 和 P99 的人群暴露及其可信区间。通过比较人群分布和健康指导值获得了污染物暴露水平高于健康指导值的人群比例和构成。同时获得了不同暴露水平人群的各类食品对暴露量的贡献率。这些结果对于了解这些热点化学污染物对我国一般人群的暴露情况和健康风险提供了及时准确的信息，并为相关食品安全政策法规的制定提供了科学的依据。

13.2.2　第六次中国总膳食研究

第六次中国总膳食研究现场工作在各省（市、自治区）疾病预防和控制中心的配合下，在全国 24 个省（市、自治区）开展消费量数据核查、膳食聚类、样品采集及样品制备等工作，具体省份包括黑龙江省、辽宁省、河北省、北京市、吉林省、山西省、陕西省、河南省、宁夏回族自治区、内蒙古自治区、青海省、甘肃省、上海市、福建省、江西省、江苏省、浙江省、山东省、湖北省、四川省、广西壮族自治区、湖南省、广东省和贵州省（图 13-1）。本次中国总膳食研究消费量数据全部来源于 2010～2012 年全国营养监测膳食消费量调查，共包含全国 24 个省（市、自治区）2 岁以上调查对象近 50000 人。各省上交原始消费量调查数据后，由东南大学负责消费量数据的审核与修正。其中审核内容包括食物编码错误或缺失，消费量数据异常，逻辑关系不合理，重复数据及缺失值问题等。审核后的数据返回各省进行修改与筛选，最终形成符合中国总膳食工作要求的消费量数据库。按照中国总膳食研究要求，各省份食物聚类后一般分为 13 大类，即谷类及其制品、豆和坚果类及其制品、薯类及其制品、肉类及其制品、蛋类及其制品、水产类及其制品、乳类及其制品、蔬菜类及其制品、水果类及其制品、糖类、饮料与水、含酒精饮料、调味品与烹调用油。本次中国总膳食研究共收集食物混样 288 种共 5700 余份，食物单样近 3000 份。

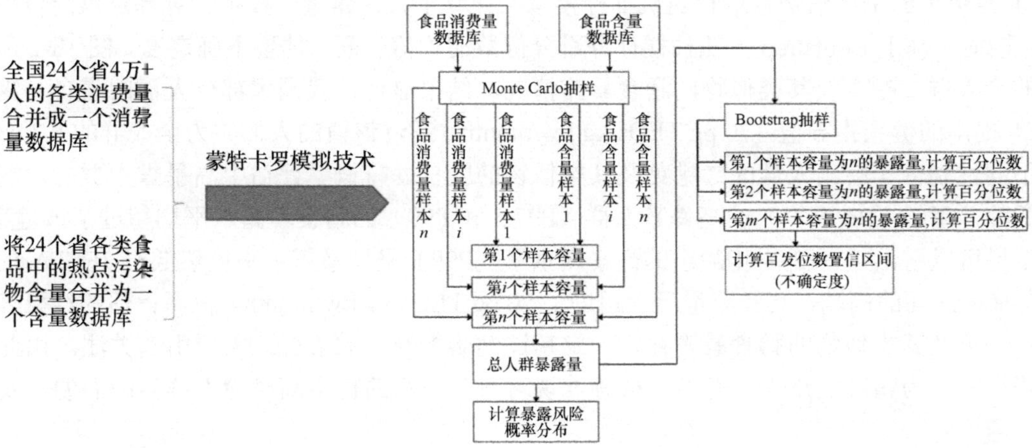

图 13-1　中国总膳食研究污染物概率暴露评估流程

该研究重点针对二噁英类物质、镉、高氯酸盐、全氟烷基化合物、溴代二苯醚、氯丙醇及其酯、丙烯酰胺、多环芳烃类物质、生物毒素、双酚类物质和邻苯二甲酸酯类物质等热点化学污染物和氯化石蜡、多氯萘、全氟辛烷磺酸替代物、新烟碱类农药、氟虫腈及其代谢物，新兴溴代阻燃剂和有机磷酸酯类阻燃剂等新兴污染物开展膳食暴露评估研究。通过点评估，获得了当前我国居民对这些化学污染物的膳食暴露情况和趋势。结合膳食调查结果，采用更精细的概率评估模型，获得全人群和不同性别组的学前儿童（2～6）、少年（7～12）、青少年（13～19）、成人（20～50）、中老年（51～65）和老年组（>65）年龄居民的热点污染物的膳食暴露水平分布及其变异性。根据不同暴露水平研究了热点污染物膳食暴露的食物贡献谱，发现了针对各热点污染物需要重点关注的食品类别，为相关食品安全精准管控提出了科学的建议。

13.2.3　我国居民二噁英及其类似物膳食暴露

由于篇幅所限，本节以我国居民二噁英及其类物膳食暴露的点评估和概率评估结果为例，简要介绍我国当前污染物膳食暴露评估方法的进展和应用。

采用 GC-HRMS 结合同位素稀释技术分别对第六次全国总膳食研究的四类动物性食品样品（肉类、蛋类、水产类、乳类）中 PCDD/Fs 和 dl-PCBs 的含量进行了分析测定。PCDD/Fs 各组分含量最高的是 OCDD，平均含量（几何均数，下同）为 0.27 pg/g。dl-PCBs 各组分含量最高的为 PCB-118，次之为 PCB-105，再次为 PCB-77，分别为 2.84 pg/g、0.71 pg/g、0.47 pg/g。以 TEF2005 和 UB 估计折算 TEQ 后，水产样品、肉类、蛋类和乳类中总二噁英及其类似物的含量分别为 0.14 ± 0.07 pg TEQ/g（均数±标准差，下同）、0.08 ± 0.04 pg TEQ/g、0.06 ± 0.07 pg TEQ/g、0.03 ± 0.02 pg TEQ/g。以营养学概念“标准人”代表我国成年普通居民，采用点评估方法开展膳食暴露评估研究。我国普通居民经膳食摄入二噁英及其类似物的暴露量为 7.04±4.74 pg TEQ/kg bw/month（均数±标准差，下同），范围为 1.34～19.11 pg TEQ/kg bw/month，远低于 JECFA 规定 PTMI，表明在平均消费水平上我国居民经由膳食摄入二噁英及其类似物所致可能健康风险较低。与第 4 次全国总膳食研究和第 5 次全国总膳食研究结果相比，在全国平均水平上，第 6 次全国总膳食研究中我国居民膳食摄入二噁英及其类似物暴露水平分别下降 56.2%和 50.9%，但在一些地区如辽宁和广西两地的膳食暴露水平呈现一个反弹趋势，有必要对这些地区的重点食品中二噁英及其类似物污染状况加强关注。

研究中基于蒙特卡罗的思想，进行随机抽样，通过对 24 个省 4 种动物性食品的二噁英及其类似物含量与全国 4 万余个的个体消费量进行随机抽样模拟，计算个人暴露量，模拟计算暴露风险概率分布，体现变异度。同时，基于 Bootstrap 方法抽样计算百分位数的置信区间，体现不确定度。图 13-2 展示了概率评估获得的全人群二噁英及其类似物的膳食暴露情况。结果显示，我国大部分人群的膳食暴露水平均未达到 JECFA 提出的健康指导值，70 pg TEQs/kg bw/month，超过该值的人群约为全人群的 0.34%。表 13-1 中展示了不同性别低年龄组人群的二噁英及其类似物的膳食暴露概率评估中高暴露人群的情况。但是不论男女的低龄儿童组（2～6 岁）的高暴露人群（P97.5 和 P99）的膳食暴露水平均超过了该健康指导值。另外，从结果可以看出 7～12 岁年龄组的高暴露水平（P99）平均暴露水平虽然低于 JECFA 的健康指导值，但是在置信区间的高端，其暴露量已经超过了 70 pg TEQs/kg bw/month。概率评估的结果表明我国儿童人群中二噁英及其类似物的膳食暴露存在一定超过健康指导值的情况，需要引起关注。由此可见通过概率评估获得的更为精准的结果，有助于准确发现对于污染物的特定高风险人群，因而便于及时采取正确的相应措施。

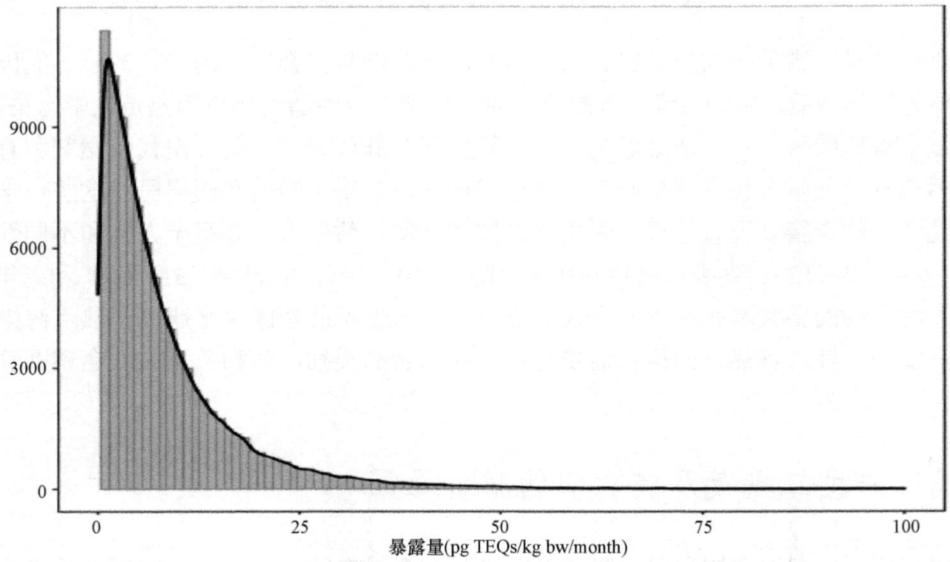

图 13-2　全人群二噁英及其类似物的膳食暴露水平分布

表 13-1　我国居民二噁英及其类似物膳食暴露概率评估高暴露结果（单位：pg TEQs/kg bw/month）

年龄组（岁）	P95	P97.5	P99
		男性	
2～6	58.62 [53.59～62.39]	71.94 [66.56～77.14]	89.78 [82.96～104.57]
7～12	41.03 [39.63～43.12]	50.34 [47.30～53.14]	65.31 [60.13～75.97]
		女性	
2～6	66.74 [58.14～71.48]	93.51 [80.4～101.44]	119.54 [105.54～143.08]
7～12	38.56 [36.37～40.91]	50.39 [46.14～55.06]	65.63 [59.73～72.31]

根据概率评估的结果发现，如图 13-3 所示，我国居民二噁英及其类似物的膳食暴露中不同类别食品的贡献率随着暴露水平增加变化明显，特别是蛋类和水产的贡献率变化非常显著。在低暴露水平

人群中，蛋类贡献率非常显著，而水产品的贡献很低。但是在高暴露人群中水产品成为贡献率最高的食品类别，而蛋类食品的贡献率降至四类食品中的最低。这一结果显示对于二噁英及其类似物的暴露，水产品和肉类是需要优先关注的食品类别。而不同性别年龄组的结果提示了奶制品在低龄儿童中的贡献率高于其他年龄组。这个结果表明对于儿童这个敏感人群，奶制品消费带来的风险需要引起足够的重视。

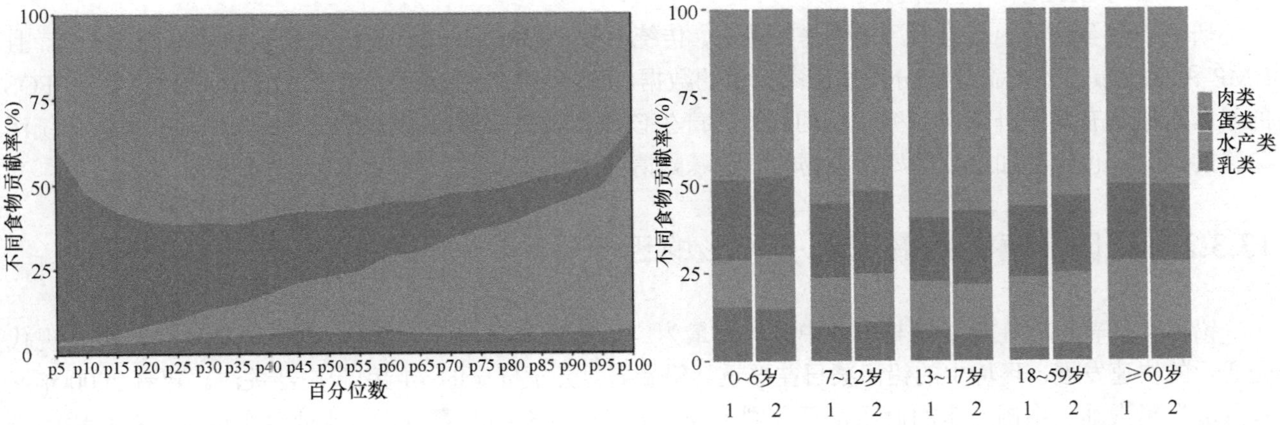

图 13-3　不同类别食品对全人群和不同性别年龄人群二噁英及其类似物膳食暴露的贡献率

13.3　生命早期内暴露解析与 POPs 履约生物监测研究

13.3.1　产前热点污染物暴露水平和影响因素

随着城市化和工业化进程的不断加快，我国环境污染问题日益突出，传统污染物如农药存在广泛污染，新型污染物如全氟化合物（PFASs）等层出不穷。人类生命早期不可避免面临多种环境污染物暴露，特别是胎儿时期各个组织器官处于快速生长期，这个时期对于外源污染物的影响更为敏感，更容易产生不良健康效应。而且这些健康效应有可能产生终生的影响。了解我国敏感人群典型污染物暴露水平现状及影响因素对制定优先污染物管控策略具重要参考意义，但目前尚缺乏相关系统研究。

为了了解我国人群产前污染物暴露水平和影响因素，上海交通大学公卫学院在山东莱州湾建立出生队列（LWBC），共招募 773 名孕妇，收集孕晚期母血、尿和脐血、2 岁子尿，测定多种典型环境污染物包括 PFASs、有机磷农药（OPs）、拟除虫菊酯农药（PYRs）、多溴二苯醚（PBDEs）、三氯生（TCS）和双酚 A（BPA）水平，并通过调查问卷研究孕妇各污染物水平的影响因素。

研究人群的结果表明母血清和脐血清检测的 10 种 PFASs 检出率均≥70%。其中 PFOA 含量最高（中位数浓度：42.83 ng/mL），其次是 PFOS（4.55 ng/mL），远高于美国、加拿大等国，而 PFOS 浓度接近或低于其他国家报道浓度。孕妇 PFASs 的暴露水平与其年龄、摄入鱼类肉类、蔬菜水果的频次有关联。在 6 种全氟羧酸中和 3 种全氟磺酸中观察到随碳链增长胎盘通透性逐渐下降的趋势。孕妇尿中 OPs 的甲基类代谢物 DMP、DMTP 和乙基类代谢物 DEP、DETP 肌酐校正后中位数为 21.26、2.17、11.19、1.82 μg/g，两年的随访结果显示 2 岁幼儿尿样中为 32.55、3.74、14.81、3.93 μg/g。孕妇尿中 PYRs 的代谢产物 3PBA 中位数水平为 1.28 μg/g。与国内外研究相比，本研究 OPs 和 PYRs 暴露水平总体较高，夏秋季水平高于春冬季水平，但未发现与人口学因素间的关联；孕妇血清中∑8PBDEs浓度几何均数为23.01 ng/g lipid，在PBDEs各同族体中，BDE-153检出率最高（94.50%），高于国内其他地区以及日韩等国水平。产妇年龄和产次与产妇血清中BDE-47水平之间存在显著的正相关关系；母尿中TCS肌酐校正后中位数浓度0.67 μg/g，远低于国外同类研究报道水平。未发现人口学特征与孕期TCS暴露水平间的关联；孕妇尿液BPA肌酐矫正后中位数浓度为1.05 μg/g，接近墨西哥裔美国女性水平。夏季收集尿液样本和孕妇食用鱼类频次增加与BPA水平呈正相关。

研究表明孕妇体内各典型污染物暴露普遍。传统污染物OPs、PYRs在LWBC孕妇体内普遍检出，且DMP和DEP暴露水平高于部分发达国家报道的数据，仍需继续关注；新型污染物PFASs中PFOA与PFOS的暴露水平具有与国外同类研究相反的趋势，产生该分布特点的原因也值得进一步探讨。在关注传统污染物的同时，也应更加重视新型污染物的产前暴露情况。

13.3.2 我国儿童铅的暴露水平和影响因素

铅是一种普遍存在于环境与工业中且应用最为广泛的重金属。近半个世纪以来，随着工业化和现代交通业的快速发展，环境中的铅污染日益严重。铅暴露对儿童健康的影响引起广泛关注。随着2000年逐步淘汰含铅汽油，中国儿童的血铅水平急剧下降。大多数现有的儿童血铅水平研究主要集中在与铅污染相关的热点地区以及城市地区，而缺少农村地区的数据。由于缺乏系统的全国调查，中国当代全国儿童血铅水平的确切值仍然未知。为了更好地了解我国儿童的铅暴露整体情况，为我国儿童铅中毒防治提供科学依据，上海交通大学开展了全国性的横断面研究。

该研究于2013年开始，采用多阶段分层整群随机抽样方法，在中国15个省份的88个区县，共招募31373名0～6岁儿童，收集静脉血，测定血铅水平，并通过调查问卷研究儿童血铅水平的影响因素。从全国范围来看，中国0～6岁儿童血铅水平几何均数为26.7μg/L，其中8.6%的中国儿童样本血铅水平超过50 μg/L。我国儿童血铅水平的性别、民族、年龄分布规律如下：少数民族儿童血铅水平（几何均数：27.7μg/L）高于汉族（几何均数：26.6μg/L）；男童血铅水平（几何均数：27.2μg/L）高于女童（几何均数：25.9μg/L）；36～84月龄儿童血铅水平（几何均数：27.9 μg/L）高于0～36月龄儿童（几何均数：25.7 μg/L）。从地区分布来看，华中地区儿童血铅水平（25.5 μg/L）显著低于华东地区（26.6 μg/L）和西部地区（27.3 μg/L）。城乡水平分析表明，大城市城区儿童血铅水平（几何均数：24.2μg/L）显著低于中小城市城区（几何均数：27.4μg/L）和农村地区（几何均数：27.5μg/L）。在考虑社会人口因素时，多变量逻辑回归分析表明，与远离道路的家庭相比，靠近道路的家庭中的儿童的血铅水平更有可能超过27 μg/L（OR：1.11，95% CI：1.03，1.20）。同时，与使用天然气或电力的家庭相比，使用煤炭和生物质燃料的家庭中的儿童的血铅水平更有可能超过27 μg/L，OR值分别为1.88（95% CI：1.76，2.02）和1.35（95% CI：1.22，1.49）。

随着国家努力降低铅暴露风险，例如禁止使用含铅汽油、搬迁或关闭重污染工厂以及推广清洁能源，本研究证实中国当代儿童血铅水平显著低于汽油无铅化前及既往报道的儿童血铅水平，我国儿童静脉血血铅水平几何均数为26.7 μg/L，8.6%的受试儿童BLL超过50 μg/L。但与发达国家相比，我国0～6岁儿童血铅水平仍相对高，这表明有必要采取更多措施进一步降低中国儿童的暴露。同时，研究结果为进一步修订中国儿童铅中毒预防指南提供了重要证据。

13.3.3 6～17岁儿童、青少年邻苯二甲酸酯及其代谢产物暴露特征分析

邻苯二甲酸酯（phthalate acid esters，PAEs）是一类重要的环境内分泌干扰物，作为增塑剂被广泛应

用于各种商品、药品及个人护理产品之中。呼吸吸入、膳食摄入、皮肤接触是 PAEs 类污染物进入生物体的主要方式。进入体内的 PAEs 及其代谢产物可干扰机体的生殖系统、内分泌系统、呼吸系统、神经系统等并产生不良健康后果。6～17 岁儿童、青少年正处于青春期前和青春期生长发育的重要阶段，生殖系统及激素水平对 PAEs 暴露更为敏感。因此，开展此阶段儿童、青少年体内 PAEs 的暴露研究具有十分重要的意义。北京市预防医学研究中心依托 2017 年北京市儿童与乳母营养健康监测项目采集的 576 份儿童、青少年尿样，采用 UPLC-MS/MS 联用技术测定人群普遍暴露的 7 种 PAEs 原形（DBP、DCHP、DEHP、DEP、DINP、DMP 和 BBzP）及其代谢产物，共计 19 种污染物。应用 SPSS20.0 软件进行统计分析，掌握儿童、青少年阶段 PAEs 的机体负荷。

结果显示所研究的儿童、青少年人群尿液中检测的 19 种 PAEs 及其代谢产物的检出率均≥83.3%，∑DBP、∑DCHP、∑DEHP、∑DEP、∑DINP、∑DMP 和∑BBzP 的检出率均为 100%，其中∑DBP 含量最高（平均浓度为 519.506 ng/mL），其次为∑DEHP（199.732 ng/mL）、∑DINP（84.611 ng/mL）、∑DEP（78.327 ng/mL）、∑DMP（75.215 ng/mL）、∑BBzP（8.529 ng/mL）和∑DCHP（4.479 ng/mL），与国内外报道的趋势相一致。6～12 岁儿童尿液中∑DBP、∑DCHP、∑DEHP、∑DEP、∑DINP、∑DMP 和∑BBzP 的含量水平均显著高于 13～17 岁青少年尿液中的含量水平（$P<0.001$）。城区儿童青少年尿液中 7 种 PAEs 及其代谢产物含量水平显著高于郊区（$P<0.001$）。

PAEs 及其代谢产物污染对人群健康的潜在危害已经成为全球性的重要公共卫生问题，针对儿童青少年各典型 PAEs 暴露普遍，且城区和郊区人群，儿童和青少年人群呈现不同的暴露特点，需要进一步摸清人群的污染本底，探讨产生不同暴露特点的影响因素；同时针对该类物质的生殖健康损害，应进一步开展作用机制探讨。

13.3.4　母乳 POPs 监测-斯德哥尔摩公约履约成效评估

母乳样品中二噁英及其类似物各组分的检出率普遍较高，除少数组分如 OCDF、1,2,3,4,7,8,9-HpCDF、1,2,3,7,8,9-HxCDF 和 PCB-81 外，其余组分几乎全部检出（92%～100%）。∑PCDD/Fs 含量为 127.40±104.34 pg/g lw（均值±标准差，nd=0，下同），范围为 29.98～510.30 pg/g lw，显著低于∑DL-PCBs 含量（1171.0±1029.4 pg/g lw，范围 354.0～9137.0 pg/g lw）。按 TEQ 计，母乳样品中∑PCDD/Fs 平均含量为 4.38±1.83 pg TEQ/g lw（TEF1998，nd=0，下同），范围为 1.75～10.09 pg TEQ/g lw，∑DL-PCBs 平均含量为 1.39±1.13 pg TEQ/g lw，范围为 0.08～9.60 pg TEQ/g lw。二噁英及其类似物的总量平均值为 5.77±2.69 pg TEQ/g lw。

各地区样品中二噁英及其类似物含量差别较大，最低的为山东泰安、青海互助和甘肃微县样品，含量分别为 2.32 pg TEQ/g lw、2.33 pg TEQ/g lw 和 2.34 pg TEQ/g lw，最高的为江西丰城，为 16.78 pg TEQ/g lw。从分布上看，东南沿海工业化和城镇化程度较高的地区的母乳样品中含量较高，如上海、浙江、江苏、广东等，而西北地区含量较低，如内蒙古、甘肃、青海等。

对于二噁英及其类似物总量，与 2009～2012 年第二次全国母乳监测相比，2016～2019 年第三次全国母乳样品中含量出现下降趋势，全国平均水平由 6.71 pg TEQ/g lw 下降至 5.77 pg TEQ/g lw，下降 13.8%。具体到各个省（市、自治区），除江西上升 25.7%和广东保持不变外，其余省份普遍下降，范围为 5.0%～40.3%。与 2007 年第一次全国母乳监测相比，2016～2019 年全国母乳中平均含量（5.78 pg TEQ/g lw）仍高于 2007 年含量（5.41 pg TEQ/g lw），就各省（市、自治区）而言，辽宁、河北、陕西、河南、上海、湖北、广西等地母乳中 2016～2019 年含量已经低于 2007 年样品中含量，下降约 7.7%～32.9%，但黑龙江、宁夏、福建、江西、四川等地 2016～2019 年母乳中含量仍高于 2007 年样品中含量，上升约 9.8%～55.0%。具体见图 13-4。总体上而言，全国范围内，从 2007～2019 年母乳中二噁英及其类似物含量呈先上升而后下降趋势，说明我国履行斯德哥尔摩公约工作成效还是比较显著的，通过十余年的努力已经扭转了这类污染物人体暴露上升的趋势，切实保护了我国居民健康。不过同时也提示了一些地区，如江西的居民二噁英及其类似物含量自2007年以来一直呈现连续增加趋势，需要重点关注。

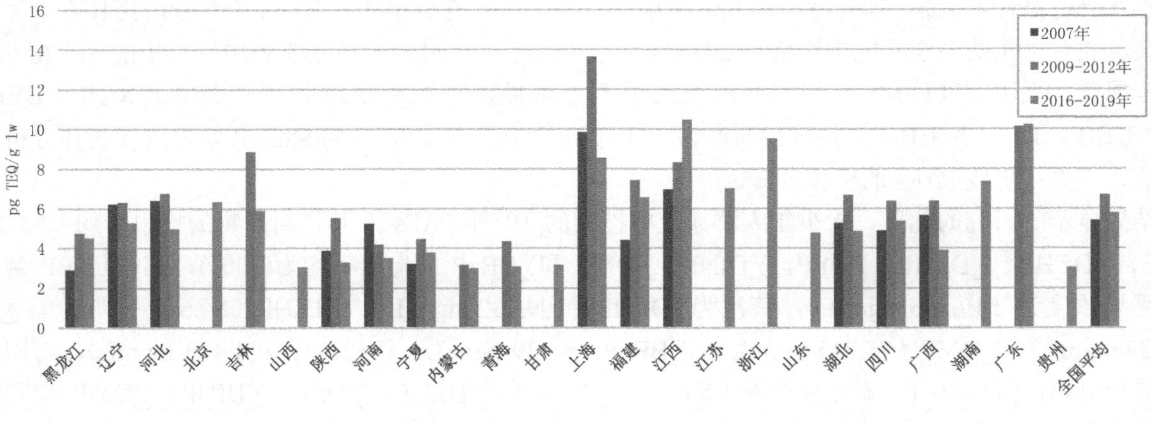

图13-4　2007～2019年全国母乳中二噁英及其类似物含量变化

对于多溴代二苯醚（PBDE），7种组分（BDE-28、47、99、100、153、154、183）在几乎全部样品中检出，检出率为98%～100%。不同PBDEs在母乳样品中含量差别巨大。其中，BDE-153含量最高，中位数为542.2 pg/g lw，再次为BDE-183，中位数为153.8 pg/g lw。∑7PBDEs的含量为1158.0±600.0 pg/g lw（均数±标准差，下同），范围为422.8～3795.2 pg/g lw，中位数为1013.4 pg/g lw。

母乳中∑7PBDEs含量最高为湖南怀化，含量是3795.2 pg/g lw，次之为广东增城，为3026.8 pg/g lw，最低的河南禹州为442.8 pg/g lw，次之是宁夏沙坡头样品为440.6 pg/g lw。各省平均水平而言，广东、江西、福建和湖南是4个含量最高的省，分别为1885.9 pg/g lw、1916.9 pg/g lw、1943.6 pg/g lw和1952.8 pg/g lw。最低的为宁夏，含量为508.7 pg/g lw。总体上，东南沿海地区母乳中含量较高，而西北及中部地区含量较低。

之前研究结果显示第2次（2009～2012年）全国母乳样品中PBDEs含量与第1次（2007年）全国母乳样品中含量相当，平均含量分别为1459.8 pg/g lw和1466.7 pg/g lw 。2016～2019年第三次全国监测与之前两次相比，在平均水平上，略有下降，约21.0%。

13.4　重要风险因子生物利用率研究

生物可及性（bioaccessibility）是指污染物在胃肠道消化过程中，从基质（如食物等）释放到胃肠液中的比例（图13-5），即基质中污染物可能被人体吸收的最大比例[2]；而生物利用率（bioavailability）是指通过消化道吸收，最终到达血液或淋巴组织内（即内循环）的污染物占摄入总量的比例。目前，各国进行人群污染物膳食暴露评估时，均基于食品中污染物的总剂量（即外暴露剂量），而非污染物被机体摄入后经过消化、吸收而到达组织产生毒性作用的剂量（即内暴露剂量）。这可能过高或过低估计了食品中化学污染物的健康风险，因为化学污染物存在的形态不同其毒性大不相同，且食品中的污染物可能无法完全被人体利用[3]。因此，开展食品中化学污染物的生物可及性和生物利用率研究，对于准确、客观评估食品中化学污染物的健康风险具有重要意义。

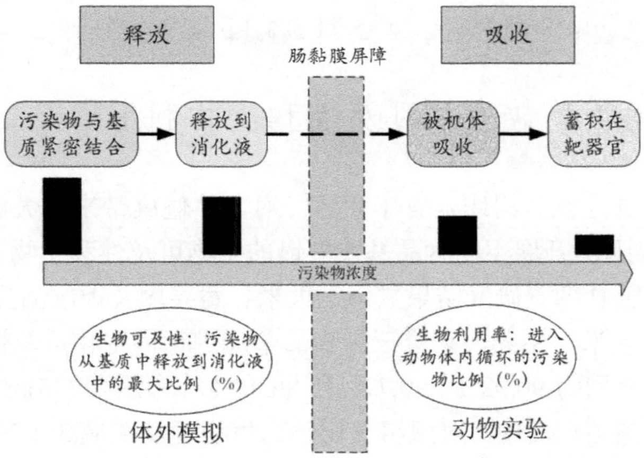

图 13-5　生物可及性和生物利用率

13.4.1　食品中典型持久性有机污染物的生物可及性和生物利用率

膳食摄入是持久性有机污染物（POPs）最主要的暴露途径。食品基质会影响 POPs 在胃肠道内的释放，因此在膳食暴露评估中应特别注意食物中其他成分对 POPs 生物可及性的影响。浙江省疾病预防控制中心的研究人员以口腔作为消化起点，小肠作为消化终点，采用荷兰公共卫生研究院（RIVM）体外消化模型，测定了油炒和水煮两种烹饪方式下牛肉、鸡蛋、鲫鱼、奶粉、大米和青菜等食品中的 17 种二噁英（PCDD/Fs）、18 种多氯联苯（PCBs）和 10 种多溴二苯醚（PBDEs）等 POPs 的生物可及性。发现油炒方式下，POPs 的生物可及性（尤其是植物源性食品大米和白菜）可大幅提升 2～10 倍 [4]。

为探索不同食物基质（脂肪、蛋白质、碳水化合物等）对 POPs 生物可及性的影响机制，研究人员以类二噁英多氯联苯（DL-PCBs）为例，对未经烹饪的六类植物源性食品（小麦、黄豆、花生仁、胡萝卜、番薯和大白菜）进行了研究。实验发现，DL-PCBs 的生物可及性为：小麦粉 19.8%～28.1%、黄豆 15.8%～19.7%、花生仁 66.8%～80.5%、番薯 15.4%～29.1%、胡萝卜 20.4%～28.5%和大白菜 19.2%～24.4%。通过制备不同油脂、碳水化合物、蛋白质比例的食品成分，比较了不同食品基质对 DL-PCBs 生物可及性的影响，研究发现食品基质是影响 DL-PCBs 的生物可及性的重要因素，脂肪含量高的食品（花生仁）中 DL-PCBs 的生物可及性相对较高，这与烹饪实验的结论吻合，说明脂肪对 DL-PCBs 的生物可及性有着重要的影响。研究同时发现，在脂肪与碳水化合物、蛋白质的联合作用中，生物可及性与蛋白质和油脂含量的比值呈负相关，蛋白质成分可能对生物可及性有干扰作用。研究结果表明，带壳小麦中 DL-PCBs 的生物可及性最低，在 7.1%～11.5%之间；小麦粉中 DL-PCBs 的生物可及性提高到 19.8%～28.1%，平均约提高了 1 倍。在消化过程中，膳食纤维可能会与胆汁盐和磷脂结合，抑制了酶的活性，从而降低污染物的生物可及性。小麦壳含有丰富的膳食纤维和植物酸盐，膳食纤维主要由纤维素组成，在人体不易被吸收和消化，这可能是带壳小麦中 DL-PCBs 的生物可及性显著低于小麦粉的原因。

研究人员还通过动物实验研究测定了典型 POPs 的生物利用率。他们将实验动物（SD 大鼠）整体视为蓄积库，实验期间饲喂动物的污染物总量作为“灌胃总量”，收集试验期间动物所有的排泄物（粪便、尿液）和剖杀后的各组织器官，测定排泄物中污染物的总量作为“排泄总量”。以排泄物为终点根据下面公式计算生物利用率：生物利用率（%）=（灌胃 POPs 总量–排泄 POPs 总量）× 100 /灌胃 POPs 总量。发现，当以粪便为终点时，对照组、低剂量暴露组和高剂量暴露组 PCDD/Fs 的生物利用率（以毒性当量 TEQ 计）分别为 78.4%（♀）～80.2%（♂），70.2%（♂）～80.1%（♀）和 60.6%（♂）～72.0%（♀）；对照组、低剂量暴露组和高剂量暴露组 PCBs 的生物利用率（以毒性当量 TEQ 计）分别为 79.0%（♂）～82.7%

（♀），76.2%（♂）～83.8%（♀）和 65.7%（♂）～71.3%（♀）。

13.4.2　食品中镉与高氯酸盐生物可及性和生物利用率

镉通过食物链进入人体并且在各组织器官中积蓄，对人体健康带来重大威胁。我国成人平均每周镉暴露水平高于发达国家[5]。因此，开展不同食品基质中镉的生物可及性和生物利用率研究对镉的膳食暴露风险评估具有重要意义。总膳食调查研究结果显示，大米、蔬菜以及肉制品为人群镉暴露的主要来源[5]。武汉轻工大学的科研人员对大米、生菜、猪肾三种食品基质进行镉生物可及性研究，结果表明大米、猪肾和生菜中镉的生物可及性分别为 90.92%、90.77%和 86.48%，说明经过口腔及胃肠道消化后，大部分食品中镉均可从食品相中转移到消化液中。对照组氯化镉的生物可及性最高（99.28%）。由于猪肾和生菜中分别含有大量的蛋白质和膳食纤维等易与镉螯合的成分存在，两者的镉的生物可及性与氯化镉组相比显著性降低（$P<0.05$）。

基于 Caco-2 细胞模型的猪肾、生菜和大米三种典型食品基质中镉的体外生物利用率研究结果表明，3 种食品基质中镉的体外生物利用率分别为：大米（23.72%±0.78%）＞生菜（13.90%±1.67%）＞猪肾（13.22%±1.66%）。猪肾、生菜组镉的体外生物利用率非常显著低于氯化镉组（$P<0.01$），大米组则显著低于氯化镉组（$P<0.05$）。氯化镉对照组体外生物利用率达到 27.56%±1.99%。结果表明不同食品基质均对镉体外生物利用率有显著影响。膳食来源性镉在体外消化吸收模型中相比于氯化镉更难被肠道转运，提示食品基质中镉在人体肠道较离子镉更难以被转运吸收。

小鼠 21 天镉暴露研究不同食品基质中镉的体内生物利用率结果表明，氯化镉组和猪肾、生菜、大米等食品组中镉的体内生物利用率分别为 13.70%±1.58%、7.80%±0.53%、8.45%±0.76%、10.95%±1.69%。氯化镉组中镉的体内生物利用率均高于各食品基质组，且与猪肾和生菜组相比具有非常显著的差异（$P<0.01$）。体内实验结果也表明食品基质中镉与氯化镉相比不易被机体吸收利用。

高氯酸盐能竞争性抑制甲状腺对碘的吸收[6]，人类长期接触存在潜在的健康风险。目前针对高氯酸盐的人群暴露评估也都是基于样品中高氯酸盐总浓度进行，显然这种方式扩大了高氯酸的生物有效剂量，影响了风险评估的准确性[7]。当前对高氯酸盐的生物利用率研究鲜有报道，因此研究不同食品基质对高氯酸盐体内外生物利用率的影响具有重要价值。武汉轻工大学的研究人员通过 RIVM 消化模型研究热点食品粮谷、乳制品、肉制品、蔬菜类和豆制品中高氯酸盐的体外生物可及性[7]。结果表明，与对照组相比，高氯酸盐在奶粉、大米、生菜中的生物可及性显著减低（$P<0.05$）。五种食品包括生菜、大米、奶粉、猪肉和大豆中高氯酸盐的生物可及性依次为：68.23%±2.06%、68.27%±3.45%、58.70%±2.86%、97.37%±1.98%、81.83%±0.50%，其生物可及性大小关系依次为：猪肉＞大豆＞大米＞生菜＞奶粉。

采用 Caco-2 模型评估不同食品基质中高氯酸盐体外生物利用率。结果显示高氯酸盐在五种热点食品中体外生物利用率大小依次为：大米（37.90%±1.9%）＞生菜（34.50%±1.0%）＞奶粉（26.2%±1.3%）＞猪肉（12.15%±12.62%）＞大豆（9.73%±1.05%）。其中猪肉和大豆组高氯酸盐体外生物利用率非常显著低于对照组（$P<0.01$），并且奶粉组结果也显著低于对照组（$P<0.05$）。

考虑到高氯酸盐在食品中含量水平普遍较低，采用食品天然含量的高氯酸盐进行小鼠饮食暴露，易导致组织样本含量检测误差较大，造成体内生物利用率测量的不确定度增大。采用食品基质加标法进行五种热点食品基质中高氯酸盐体内生物利用率的研究表明，奶粉和大豆组高氯酸盐体内生物利用率显著低于高氯酸盐标品添加的饲料对照组（$P<0.05$），其他食品基质组测得的体内生物利用率均与对照组无显著差别。五种热点食品中高氯酸盐体内生物利用率从大到小依次为：生菜＞猪肉＞大米＞奶粉＞大豆。测得的高氯酸盐体内生物利用率变化范围为（18.01±4.53）%～（45.60±7.11）%。而给予 5 mg/kg 高氯酸盐标准溶液处理的小鼠获得的体内生物利用率可达 93.53%±6.55%[8,9]。由此表明不同的食品基质对高

氯酸盐的生物利用率有较大影响。

对比体内外试验结果可知，不同食品基质中高氯酸盐的体内生物利用率明显高于体外生物利用率。这是由于在人体消化道中，高氯酸盐随着消化液和食物进入胃和小肠，而高氯酸盐从食物中释放出来后会迅速被小肠上皮细胞吸收，使得消化液中高氯酸盐的浓度减少，从而促使高氯酸盐从食品基质中释放出来，导致体外模型所得生物利用率可能低于体内实际生物利用率。

13.4.3 海产品中不同形态砷化合物的生物可及性和生物利用率

砷是一种强毒性元素，广泛存在于各类食品中。人类易受砷毒性的影响，长期暴露于砷会引起多种疾病包括癌症、神经毒性和皮肤损伤等[10]。由于生物转化和生物积累作用，海产品通常同时含有多种不同形态的砷化合物和较高浓度的总砷量[11]。目前，海产品的消费已经成为人体内砷暴露的主要来源。许多研究已经表明[12,13]，不同种类的海产品所含有的砷形态以及其浓度大不相同。大部分海产品包括贝/虾类和鱼类都含有 As^{5+}、As^{3+}、一甲基砷（MMA）、二甲基砷（DMA）、砷甜菜碱（AsB）以及 2 种不同砷糖中的 2 种以上、甚至全部 7 种砷形态，并以 AsB 为主要砷形态。有些贝/虾类和鱼类中总砷浓度可高达 50μg/g dw。

近期，福州大学科研人员的研究发现[13]，不同海产品中不同形态砷的生物可及性大不相同。海产品中的 As^{3+}在肠胃消化过程中有部分会被氧化成 As^{5+}，因此很难准确获得不同海产品中 As^{5+}和 As^{3+}各自的生物可及性。更加实际可行的方法是把 As^{5+}和 As^{3+}这两种毒性最强的砷形态看做一个整体（无机砷，iAs），获得不同海产品中的无机砷生物可及性。海产品中其他砷形态在肠胃消化过程中形态保持不变，因此可以准确获得它们各自的生物可及性。不同种类或个体的贝/虾和鱼海产品被发现有相似的无机砷（强毒性砷形态）、AsB（主要砷形态）和总砷的生物可及性，贝/虾和鱼类海产品的无机砷生物可及性约为 92%、AsB 的生物可及性约为 87%、而总砷的生物可及性约为 81%（图 13-6）。利用上述无机砷、AsB 和总砷的生物可及性，可以更加准确评估贝/虾和鱼类海产品由来的砷内暴露水平以及其健康风险。

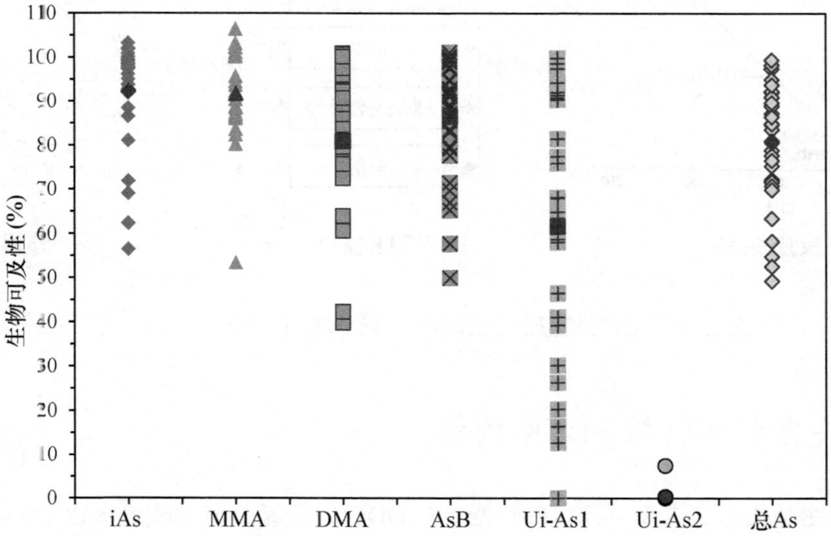

图 13-6 不同海产品中不同形态砷的生物可及性，红色标记为平均值

研究人员利用动物实验详细研究了藻类海产品中不同形态砷在动物体类的代谢变化以及其残留，以期为更加准确评估海产品中砷的健康风险提供依据[14]。发现，藻类海产品中的 As^{5+}在动物体内代谢过程中有一部分被甲基化成 MMA 和 DMA，降低了毒性。藻类海产品中的无机砷和 DMA 可在动物体内残留，

它们的生物利用率分别约为 50%和 20%。而藻类中的主要砷形态（2 种砷糖）没有在小鼠体内残留，完全通过粪便被排出体外，即 2 种砷糖的生物利用率几乎为 0。按总砷计算，藻类中总砷的生物利用率约为 5%。海产品中砷的形态分析以及不同形态砷的生物可及性和生物利用率研究对于更加准确、客观评估海产品由来的砷内暴露水平以及海产品中砷的健康风险，保证海产品的安全消费具有重要意义。目前有关海产品中不同形态砷的生物可及性和生物利用率研究仍处于开始阶段，存在研究不够系统、有些砷形态数据缺乏等问题。特别是关于不同形态砷化合物的体内生物利用率研究仍然十分稀少。

13.5　基于 PBTK 的内外暴露关联机制研究

PBTK 应用于风险评估可促进污染物毒性在种间的外推和暴露的内外剂量关联，有效减少风险评估中的不确定性。对于食品污染物，建立人群暴露限值和食品污染限值是保障人群健康的重要措施。其中，剂量-反应关系评定是风险评估中的重要一环。传统的限值标准制定通常以动物实验中毒性特定阈值作为关键剂量点，包括未观察到有害效应的剂量（NOAEL）、最低有害效应剂量（LOAEL）等，然而该值受到实验动物、剂量选择等诸多因素的影响，且从动物剂量外推到人群存在不确定性。近年来，食品污染物的剂量-反应关系往往通过流行病学研究中的暴露水平与人群效应，基于 Hill 模型、指数模型等多种数学模型推导基准剂量（BMD）及基准剂量下限值（BMDL），以此作为效应关键阈值。采用 PBTK 模型实现化合物内剂量阈值与外暴露水平的关联（图 13-7），结合 PBTK 模型中的不确定系数推导人群外暴露限值[15]。

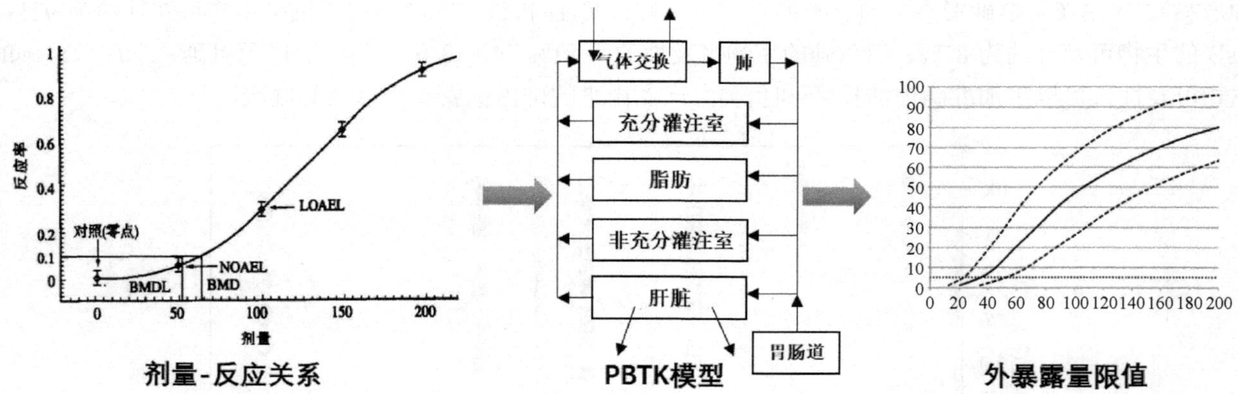

图 13-7　PBTK 模型在食品污染物外暴露限值标准建立中的应用

13.5.1　二噁英类化合物的 PBTK 模型

二噁英类化合物是指多氯二苯并-对-二噁英（PCDDs）、多氯二苯并呋喃（PCDFs）和二噁英类多氯联苯（dl-PCBs）三类芳香族杂环化合物。人类主要通过膳食暴露途径摄入二噁英同系物。由于二噁英或类二噁英类化学物质具有高度脂溶性，其代谢和储存主要通过肝脏和脂肪组织，约占二噁英体内负担的 80%。二噁英的 PBTK 模型主要考虑肝脏、脂肪组织、血液以及身体的其他部分四个隔室，并描述了在较高的二噁英摄入水平下，肝酶的诱导作用导致二噁英清除率的增加和半衰期的减少（图 13-8）。PBTK 模型的主要分配系数和代谢参数最初来自于动物实验，并通过人群数据更新了参数的分布，然而其多为欧美人群，有必要进行基于中国人群数据的参数优化。通过贝叶斯-马尔可夫链蒙特卡洛模拟方法，通过人群的内外暴露数据，对身体负荷分配到肝脏的最小比例（%）、身体负荷分配到肝脏的最大比例（%）、肝脏分布比例达到最大值一半时的二噁英浓度（ng/kg）、二噁英吸收率（%）、胃肠道消除速率常数（mouth-1）、肝脏消除逗率常数（mouth-1）这几个重要参数进行优化，得到参数的后验分布，并可以结合蒙特卡洛模拟方法得到人群水平的估计。

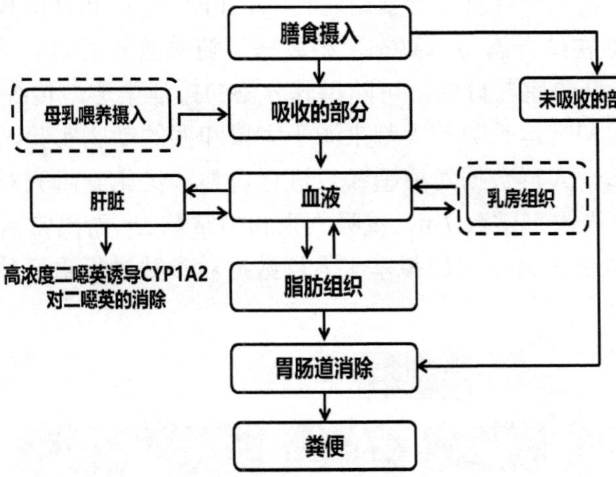

图 13-8 二噁英 PBTK 模型结构示意图

13.5.2 高氯酸盐的 PBTK 模型

高氯酸盐在自然界的分布极其广泛。人体的高氯酸盐暴露途径主要为膳食和饮用水摄入，然后在体内会被迅速吸收并从胃肠进入血液。大量研究表明高氯酸盐在体内不被代谢，生物半衰期很短不会在体内蓄积，超 90%会在 48h 内以原体的形式通过尿液排出体外[16]。高氯酸盐暴露可导致甲状腺功能减退以及新陈代谢和神经系统问题[17]。高氯酸盐的 PBTK 模型主要包括甲状腺、肾脏、肝脏、脂肪、胃、肠道、皮肤、肺、其他组织以及血液循环系统。其中甲状腺、胃和皮肤含钠碘转运蛋白，因此用多个子隔室描述高氯酸根离子在其中的主动和被动转运，而用单隔室的被动扩散描述其他组织。并且模型还包括了高氯酸盐与血浆蛋白之间的可逆结合，以及血浆和红细胞之间的被动扩散。根据其毒代动力学特点以高氯酸盐原体为指标优先选择尿液、血液、甲状腺三个隔室作为重要研究位点。模型中使用的大鼠生理相关参数从文献中获得，组织分配系数由经验公式计算，并以化合物组织因子 k_{Tissue} 和化合物吸收因子 k_{Scaling} 校正。相关动力学参数通过高氯酸盐高、低剂量单次灌胃 SD 大鼠后经 UHPLC-MS/MS 定量检测得到的数据集进行拟合优化。研究使用高氯酸盐 PBTK 模型基于日常膳食暴露特点对大鼠最大静脉浓度和最大尿液日排出量这两个指标进行内外暴露关联分析，构建了模拟高氯酸盐日常外暴露量与体内含量水平的关联模型，为评估污染物健康风险提供数学工具及理论支持。

13.5.3 全氟化合物的 PBTK 模型

全氟烷基和多氟烷基化合物（perfluoroalkylated and polyfluoroalkylated substances，PFASs）是一类由 4～14 个碳原子为烷基链，其中氢原子全部被氟所取代的新型持久性有机污染物（persistent organic pollutants，POPs）。PFASs 的暴露途径主要包括膳食、饮用水摄入和皮肤接触等，在肠道内被吸收可能通过阴离子转运途径。通过与人血白蛋白和其他血浆蛋白的非共价结合，PFASs 易于吸收并在全身分布[18]。

血浆、肝、肾等是 PFASs 的主要蓄积器官。研究表明目前暴露最为广泛的两种 PFASs 全氟辛酸（perfluorooctanoic acid，PFOA）和全氟辛烷磺酸（perfluorooctane sulfonates，PFOS）在体内不生成次级代谢产物[19]。尿液排泄是 PFASs 消除的主要途径。胆汁和粪便的排泄也有助于消除 PFASs，其过程受到肝肠循环的影响。PFASs 具有非常缓慢的消除速率（按年数量级），而在动物中半衰期短得多（约几天），这可能是由于肝肠循环和肾脏可饱和的重吸收过程引起的[20]。PFASs 可通过胎盘屏障在孕期直接由母体转运给胎儿，胎儿出生后哺乳也是一种重要的暴露途径[21]。PFASs 的 PBTK 模型主要考虑经胃肠道与皮肤吸收后，PFASs 在血浆中存在结合态与游离态，游离态可随血液分配到肝脏、肾脏、脂肪和其他组织等隔室，并且考虑妊娠期的胎儿隔室与分娩后可随母乳分泌的排泄渠道。传统 PFASs 的 PBTK 模型组织血浆分配系数、血浆游离常数和转运系数等大都来源于大鼠和猴的动物实验，由此外推到人将产生一定的不确定性。因此，有必要基于人群数据对模型参数进行调整和优化。研究对模型参数计算灵敏度，选择高灵敏度的四个参数最大重吸收率常数 *T*mc、重吸收亲和力常数 *K*t、游离常数 Free 及胎盘转运系数 PT，采用近似贝叶斯计算-马尔可夫链蒙特卡洛模拟基于人群数据对参数进行重新估计，为 PBTK 模型应用于人提供了基础验证（图 13-9）。

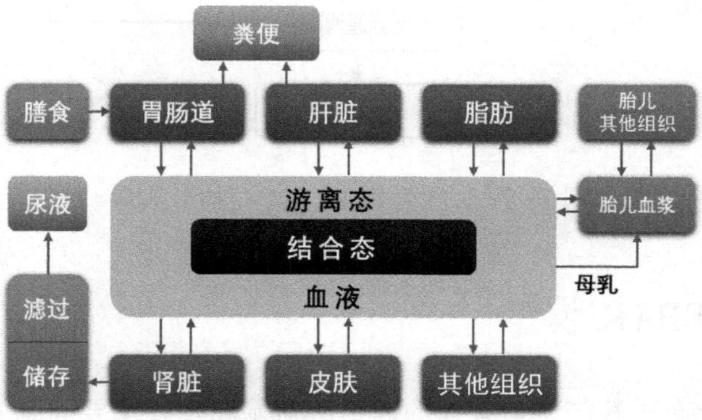

图 13-9　全氟化合物 PBTK 模型结构示意图

13.5.4　双酚类物质多暴露途径的 PBTK 模型

双酚 A（ bisphenol A，BPA）是一种环境内分泌干扰物，由于其广泛的暴露以及具有类雌激素效应等毒性，在欧盟、美国、中国等相继限制或禁止使用。与此同时，双酚 S（bisphenol S，BPS）、双酚 F（bisphenol F，BPF）以及双酚 AF（bisphenol AF，BPAF）等双酚类物质（bisphenols，BPs）作为 BPA 的新型替代物用量不断增加。人群主要通过经口、经皮肤途径广泛暴露于 BPs，所造成的潜在健康危害受到越来越多的关注。构建 BPs 多暴露途径的生理毒代动力学模型（physiologically based toxicokinetic model，PBTK），并将其应用于混合暴露风险评估正不断发展。BPs 在人体内无明显蓄积性，大部分在小肠、肝脏的葡萄糖醛酸转移酶和（或）硫酸转移酶催化下代谢生成结合型产物。体内 BPs 原型及其代谢产物主要经尿液排出体外。BPs 的 PBTK 模型包括胃、小肠、肝脏、皮肤、脑、脂肪等十个腔室，BPs 的代谢产物 Bisphenol-G 和 Bisphenol-S 因研究显示潜在毒性低被描述为单室，BPs 及其代谢物均经尿液排泄（图 13-10）。既往研究构建和验证了人体经口暴露于 BPA 的 PBTK 模型。Karrer 等[22]通过定量构效关系计算获得 BPs 的皮肤腔室分配系数，从体外皮肤试验[23]、人体皮肤暴露试验[24]中提取 BPA 经皮肤接触热敏纸和护肤品的吸收分数与吸收半衰期，构建并验证了经口、皮肤双途径暴露的人体 BPA 的 PBTK 模型；并通过体外酶代谢试验获得 BPS、BPF 和 BPAF 的代谢参数，引用 BPA 的皮肤吸收参数，初步构建 BPs 经口、皮肤双途径暴露 PBTK 模型。然而 BPs 各物质理化性质存在差异，有必要对经皮肤暴露的模型参数进行补充、调整和优化。研究通过实施人体皮肤暴露试验获得以模拟护肤品为媒介的 BPF 和 BPAF，以热敏纸为媒介的 BPS 经皮肤暴露的吸收分数和吸收半衰期。BPs 多暴露途径的 PBTK 模型的构建为 BPs 混合暴露的健康风险评估提供支持[25]。

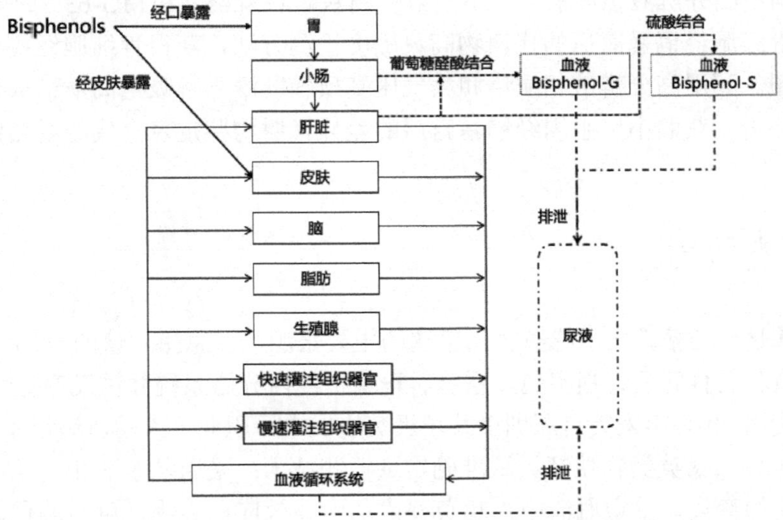

图 13-10　人体经口、经皮肤途径暴露于 BPs 的 PBTK 模型结构

13.6　风险因子与代谢标志物表征研究

以人体暴露生物标志物为核心的暴露-效应关系及风险评估新技术，可以为食品安全预警、高关注度食品污染物基准剂量限值制修订提供技术支撑。构建相关化学危害物在人体的内外暴露解析表征平台和生物标志物确证数据库，不仅可以精准反映食品污染物和内分泌干扰物与其相关的人体健康效应关系，还能为下一步各类疾病干预措施提供早期诊断解析技术支持，同时为进行食品安全风险评估等措施提供重要的科学基础。由北京师范大学-香港浸会大学联合国际学院、上海交通大学和深圳市疾病预防控制中心组成的科研团队通过建立特异性强、灵敏度高和覆盖面广的非靶向代谢组学解析技术，构建以人体暴露生物标志物识别和鉴定为核心的暴露-效应关系及风险评估新技术，结合动物模型与人体样本，筛查热点食品污染物与内分泌干扰物所引起疾病的早期诊断生物学标志物与效应标志物，表征体内主要受影响的代谢通路，并基于此建立靶向代谢组学解析技术，进一步监控这类物质及其代谢产物在体内的分布与随时间和其他条件变化所引起的浓度变化，获得受影响的代谢通路及相关疾病的诊断标志物信息。重点研究镉、二噁英、氯丙醇酯、多溴二苯醚、高氯酸盐等内分泌干扰物在人体内的暴露特征、代谢途径和效应标志物的表征技术。构建与人体糖脂代谢异常、甲状腺功能异常和肾脏及骨骼损伤效应以及雌雄性激素效应密切相关的代谢性生物标志物数据库。

13.6.1　镉

已有研究表明，镉容易通过植物吸收进入食物链[26,27]，进入人体后，体内半衰期长达 10～30 年并引发骨质疏松、肝肾功能受损、肠道系统疾病等问题[28,29]。研究团队利用 2018 年采集自四川省某污染区和对照区居民的尿液和血液样本，使用高分辨液相质谱建立了镉暴露下人体尿液和血液样本中与肝肾损伤相关的健康效应标志物检测技术，获得效应标志物的鉴定表、相关性分析表、ROC 曲线图、代谢通路图。

同时研究人员利用高分辨液相质谱对经不同浓度镉暴露后 Saos-2 和 MG-63 两种骨细胞进行非靶向代谢组学分析，建立骨细胞经镉暴露后的代谢物高灵敏度检测方法，获得骨细胞经镉暴露后的差异代谢物鉴定表和代谢通路图。利用高分辨液相质谱和大气压基质辅助激光解吸电离质谱成像进行代谢组学、脂质组学和质谱成像分析，获取小鼠组织经镉暴露后的差异代谢物鉴定表、代谢通路图和异常脂质的质谱成像表征图。

13.6.2 二噁英类物质

动物性食品通常是人类暴露于二噁英类污染物的主要来源，占总摄入量的 90%。长期暴露于二噁英类污染物可导致生殖和发育问题、损害免疫系统、干扰神经内分泌系统并诱发癌症[30]。深圳市疾病预防控制中心研究团队利用 2018 年采集自深圳市某垃圾焚烧发电厂职业工人的血清样本，使用 HRGC-HRMS 建立了一体化血清样品二噁英类物质超灵敏准确定量检测技术；采用基于非靶向质谱技术的代谢组学方法，分析血清代谢谱的变化，鉴定血清中二噁英暴露的潜在效应标志物及可能的代谢通路；采用基于质谱技术的脂质组学的研究方法，包括非靶向脂质组学，靶向脂肪酸以及酰基辅酶 A 的定量测定，分析血清中的脂质组的变化，发现与二噁英暴露相关的潜在标志物，以及相关的代谢通路。

13.6.3 高氯酸盐与多溴二苯醚

多溴二苯醚和高氯酸盐等污染物与甲状腺疾病等代谢综合征的发病密切相关，通过流行病学追踪其进入人体的途径以及特定暴露人群中的累积水平和健康效应关系，可以发现动物与人体内的代谢物水平变化与这些污染物的暴露水平显著相关[31,32]。深圳市疾病预防控制中心的研究人员采用甲状腺乳头状癌的病例对照流行病学研究方法，采集患者人群的血液与尿液样本，分别采用 LC-MS/MS 技术和 HRGC-HRMS 技术，建立尿液中高氯酸盐与血清中多溴二苯醚人体暴露水平表征技术。进而采用非靶向质谱技术进行代谢组学和脂质组学分析，鉴定甲状腺肿瘤人群效应标志物及可能的代谢通路。

13.7 基于 BMDL 的热点污染物健康影响研究

13.7.1 化学污染物对人群健康的影响

化学污染物健康风险评估时，常常缺乏基于人群的暴露效应关系，从而增加不确定度。近年来，湖北省疾病预防控制中心、华中科技大学和首都医科大学组成的研究团队围绕典型化学污染物（二噁英、全氟烷基化合物、溴代阻燃剂、镉和高氯酸盐）与人群健康的关系，在湖北应城、山东寿光和广东深圳等地开展相关研究。通过分析化学污染物与各种健康效应之间的剂量-反应关系，探讨人群化学污染物接触的基准剂量，为确定人类可接受的化学污染物水平提供可靠的参考依据。

研究人员在湖北应城建立了出生队列，开展生命关键周期二噁英（PFDD/Fs）及全氟化合物（PFASs）暴露对健康影响的研究。分析了孕早期 PFDD/Fs 暴露与新生儿生长发育指标的关系（n=287），发现孕早期 PFDD/Fs 总毒性当量（经过自然对数转换后）每增加一个单位，女婴出生体重可能降低 45g。孕早期 PFDD/Fs 暴露可能影响产妇甲状腺功能（n=298），二噁英总毒性当量高暴露可能与 FT3 降低有关，且存在剂量反应关系。

同时，研究人员分析了孕早期 PFASs 暴露与新生儿生长发育指标关系，孕早期母亲血 PFOS＞6.7ng/mL 时，女婴出生体重随浓度每增加一个自然对数单位出生体重降低 77g。研究人员在河南出生队列研究中发现脐血全氟辛酸（PFOA）和全氟己烷磺酸盐（PFHxS）高暴露与婴儿出生时身长减少相关[33]。上海闵行出生队列发现母亲妊娠期 PFASs 暴露可能会增加 6 月龄女婴精细动作和解决问题能区发育问题/延迟的发生风险[34]。通过分析母亲孕早期 PFASs 暴露与母亲中期健康相关指标关系，发现孕早期 PFASs 高暴露与孕中期 TSH、TT3、TT4 浓度降低有关，发现孕期 PFASs 浓度与谷丙转氨酶（ALT）、白球比（A/G）、前白蛋白（PA）、谷氨酰转肽酶（GGT）和岩藻糖苷酶（AFU）浓度呈正相关，但均未发现剂量效应关系；提示孕期 PFASs 暴露可能会影响母亲甲状腺和肝功能。

山东寿光职业队列主要研究职业暴露溴代阻燃剂与健康关系的研究，发现职业工人处在长期溴代阻燃剂高暴露状态，且存在健康危害[35]。十溴二苯醚（BDE-209）水平每升高 10 倍，tT4 水平则升高 8.6nmol/L。此外，血清 BDE-209 每升高 10 倍，tT3 水平则升高 0.11 nmol/L。血清十溴二苯乙烷（DBDPE）水平每升高 10 倍，tT4 水平则升高 4.73 nmol/L。血清 DBDPE 每升高 10 倍，tT3 水平则升高 0.046 nmol/L。研究结果提示职业暴露 DBDPE 和 BDE-209，可能影响甲状腺功能[36]。

课题组以同济深圳队列为基础，开展高氯酸盐和镉对人群健康影响的研究。通过分析高氯酸盐暴露对甲状腺功能的影响（n=2672），经自然对数转换后的高氯酸盐浓度每增加一个单位，TSH 水平上升 0.151 mIU/L，FT4 水平下降 0.182 pmol/L，TT3 水平下降 0.097 nmol/L，TT4 水平下降 1.887 nmol/L。基于广义相加模型绘制平滑曲线，随着高氯酸盐浓度的升高，TSH 水平呈显著上升趋势，FT4、TT3 和 TT4 的水平呈下降趋势，FT3 则先缓慢上升后呈下降趋势，提示高氯酸盐暴露可能是甲状腺功能减退的危险因素。此外，还分析了镉暴露水平与肾脏损伤相关指标的关联性（n=3064），发现尿镉浓度与 MALB、AMG、NAG 呈现显著的正相关（P＜0.005），经自然对数转换后的尿镉浓度每增加一个单位，MALB 水平上升 0.872 mg/g Cr，AMG 水平上升 0.629 mg/g Cr，NAG 水平上升 0.320 mg/g Cr，研究结果提示镉暴露可能引起人体肾功能损伤。

13.7.2　基准剂量方法

基准剂量方法（BMD）是指通过剂量-反应曲线获得的使某种反应增加到某个特定水平的剂量反应分析方法[37]。达到特定水平的剂量为 BMD，该特定剂量水平所对应的反应称为基准反应（benchmark response，BMR），并以 BMD 的统计学 95%可信区间下限（bench- mark dose lower confidence limit，BMDL）为 POD，校正不确定性系数后得出参考剂量。BMD 法消除了实验设计时的随机性误差，使得 BMD 值对实验剂量的依赖性降低；可以与某个明确的反应水平联系起来，能更好地在毒理学判断（选择 BMR）的基础上对研究进行分析；同时不同实验均能提供针对符合某个反应终点的反应水平上的作用剂量，使得同一反应水平的不同实验之间具有可比性；充分利用所有的剂量-反应资料，并且通过 BMDL 来说明数据的变异性及不确定性，结果更加可靠[38]。

BMD 法包括以下步骤[39]：①选择用于 BMD 建模的数据。从数据库中一个或多个毒性实验中选择一组或多组效应指标，计量资料直接采用其观察值，计数资料采用各组的有害效应发生率和样本量。②选择 BMR。BMR 应为接近可测得风险的较低点，常用的 BMR 有 1%、5%和 10%。③选择可用的剂量反应模型。根据数据类型和用于建模的反应特性来选择合适的模型。BMD 法使用多个模型来拟合相同的数据集，并从中获得与数据资料拟合度最好的模型。④确定 BMD 和 BMDL 值。可以从拟合优度、模型平均化或者得出最低 BMDL 的模型等方面选择最佳 BMD 模型[40]。目前应用比较广泛的 BMD 分析软件包括美国环保署（USEPA）开发的 BMDS 软件（https：//www.epa.gov/bmds）和荷兰国家公共卫生和环境研究院（RIVM）开发的 PROAST 软件包（https：//www.rivm.nl/en/proast）。

13.7.3　应用 BMD 法进行镉致肾损伤风险评估

镉暴露累积的主要脏器为肝脏、肾脏、肌肉、皮肤和骨骼等。慢性镉暴露导致的毒性效应主要是肾小管重吸收受损，而该损伤的效应指标常以尿液中低分子蛋白的排泄量增加表示，包括 *β*2-微球蛋白（*β*2-microglobulin，*β*2-MG）、α1-微球蛋白（*α*1-microglobulin，*α*1-MG）、视黄醇结合蛋白（retinol binding protein，RBP）、*N*-乙酰-*β*-氨基葡萄糖苷酶（*N*-acetyl-*β*-glucosidase，NAG）等。现行的镉暂定每月可容许摄入量（provisional tolerable monthly intake，PTMI）是以尿液中 β2MG 浓度增加为关键效应指标建立的。2009 年，欧洲食品安全局结合以 HILL 模型构建的剂量-反应关系与镉毒代动力学（toxicokinetics，TK）模型，建立 2.5μg/kg bw 的镉每周容许摄入量标准（PTWI）[41]。2011 年，联合国粮农组织/世界卫生组织食品添加剂联合专家委员会（JECFA）基于相同的数据库重新进行了评估，提出 PTMI 为 25 μg/kg bw 的限值标准[42]。

项目组基于四川、广东、湖南和江西四省的镉内外暴露、肾损伤效应指标检测数据，采用 EFSA 推荐的 Hill 模型对尿镉与 4 项效应指标进行剂量反应关系拟合，使用 BMDS 软件建立 Hill 模型的剂量-反应关系，计算各指标对应的尿镉 BMD 和 BMDL 值，拟合结果如表 13-2。选择 BMD 最低的 *β*2-MG 作为敏感效应指标，结合拟合的 TK 模型，评估对应的膳食镉摄入量安全限值。使用@Risk 软件（Version 7.6，Palisade software，USA）模拟不同性别人群尿镉水平维持在安全阈值下所对应的人群膳食镉暴露量累积频率分布图。为保证人群中 95%处于尿镉安全阈值内，选取 5%人群达到该阈值时所对应的膳食镉暴露量作为安全限值。选取 BMDL5（1.10μg/g Cr）作为安全阈值，每日可容许摄入量限值（TDI）为 0.40 μg/kg bw/d，即 PTMI 为 12 μg/kg bw/month。

表 13-2　不同效应指标下尿镉的 BMD 与 BMDL 值　（μg/g Cr）

效应指标	BMD5	BMDL5	BMD10	BMDL10
*β*2-MG	1.89	1.10	3.86	2.26
NAG	1.84	1.38	3.67	2.79
*α*1-MG	2.04	1.17	4.08	2.39
RBP	9.24	4.49	13.53	7.85

近几年，BMD 法在风险评估领域的应用越来越广泛，世界卫生组织（WHO）、美国环境保护署（EPA）[40]、欧洲食品安全局（EFSA）均[43]提出使用 BMD 法，并且制定出一系列的 BMD 法应用指导手册来进行推广。我国关于 BMD 法的研究和应用的报道尚不多[44-46]，多见于职业暴露或高暴露人群健康危害研究，为制定化学物暴露限值提供科学依据。BMD 法可作为一种有效的评估手段，广泛应用于我国的化学污染物健康风险评估领域。

13.8　展　　望

当前，化学合成工业的发展虽然方便了我们的生活，但同时带来了潜在的环境污染问题，最终影响食品安全。党的十九届五中全会已明确将新型污染物治理纳入国民经济和社会发展第十四个五年规划。国际上普遍认为，新型污染物是指：未被纳入常规监测，但有可能进入环境并导致已知或潜在的负面生态或健康效应的化学物质，有可能成为未来法规管理对象。当前，在美国化学学会化学文摘社（Chemical Abstracts Service，CAS）注册的化学物质已经超过 1.5 亿个，并且在以每分钟几十个的速度增长。随着贸易全球化，这些化学物质可能通过环境污染或食品接触材料等各个途径进入食品，从而危害人类健康。同时，随着一些化学物质的环境和人类健康危害被认识而被限制使用，一些新的化学替代物出现，而我们对这些新型替代物的存在状况、膳食污染情况、人群暴露特征、毒性效应及作用机制等知之甚少。加强食品中新型化学危害物的识别、监测和健康风险评估研究，对进一步完善食品安全监管技术体系，提升食品安全主动保障能力具有重要意义。

参 考 文 献

[1] 吴永宁等. 膳食暴露评估技术与总膳食研究. 北京: 化学工业出版社, 2019.

[2] Collins D, Craggs M, Garcia-Alcega S, et al. Towards a unified approach for the determination of the bioaccessibility of organic pollutants. Environment International, 2015, 78: 24-31.

[3] Moreda-Piñeiro J, Alonso-Rodríguez E, Romarís-Hortas V, et al. Assessment of the bioavailability of toxic and non-toxic arsenic species in seafood samples. Food Chemistry, 2012, 130: 552-560.

[4] Shen H, Starr J, Han J, et al. The bioaccessibility of polychlorinated biphenyls (PCBs) and polychlorinated dibenzo-p-dioxins/furans (PCDD/Fs) in cooked plant and animal origin foods. Environment International, 2016, 94: 33-42.

[5] Song Y, Wang Y, Mao W, et al. Dietary cadmium exposure assessment among the Chinese population. PLoS One, 2017, 12: e177978.

[6] Tonacchera M, Pinchera A, Dimida A, et al. Relative potencies and additivity of perchlorate, thiocyanate, nitrate, and iodide on the inhibition of radioactive iodide uptake by the human sodium iodide symporter. Thyroid, 2004, 14: 1012-1019.

[7] Liu X, Zhang H, Tian Y, et al. Bioavailability evaluation of perchlorate in different foods in vivo: comparison within vitro assays and implications for human health risk assessment. Journal of Agricultural and Food Chemistry, 2021, 69: 5189-5197.

[8] Smith D J, Hakk H, Larsen G L. Tissue distribution, elimination, and metabolism of sodium [36Cl]perchlorate in lactating goats. Journal of Agricultural & Food Chemistry, 2006, 54: 8829.

[9] Cheng Q, Liu F, Smith P N, et al. Perchlorate distribution, excretion, and depuration in prairie voles and deer mice. Water Air & Soil Pollution, 2008, 192: 127-139.

[10] Wei B G, Yu J P, Yang L S, et al. Arsenic methylation and skin lesions in migrant and native adult women with chronic exposure to arsenic from drinking groundwater. Environ Geochem Health, 2017, 39: 89-98.

[11] Ma Z L, Lin L D, Wu M J, et al. Total and inorganic arsenic contents in seaweeds: absorption, accumulation, transformation and toxicity. Aquaculture, 2018, 497: 49-55.

[12] Qiu Z Q, Lv Z M, Wang K T, et al. Species distribution characteristics of arsenic in shellfish seafood collected from Fujian Province of China. J. Food Compos. Anal., 2018, 72: 132-140.

[13] Lin C, Ping M L, Zhang X, et al. In vitro bio-accessibility and distribution characteristic of each arsenic species in different

fishes and shellfishes/shrimps collected from Fujian of China. Journal of Hazardous Materials, 2021, 420: 126660.

[14] Wu YC, Zhang H, Wang KT, et al. Metabolic and residual characteristic of different arsenic species contained in laver during mouse digestion. Science of the Total Environment, 2021, 793: 148434.

[15] European Food Safety Authority (EFSA). Scientific Opinion of the Panel on Contaminants in the Food Chain on a request from the European Commission on cadmium in food. EFSA J., 2009, 980: 1-139.

[16] Agency for Toxic Substances and Disease Registry (ATSDR), Toxicological profile for perchlorates. Atlanta, GA, United States Department of Health and Human Services, Public Health Service. 2008.

[17] Tonacchera M, Pinchera A, Dimida A, et al. Relative potencies and additivity of perchlorate, thiocyanate, nitrate, and iodide on the inhibition of radioactive iodide uptake by the human sodium iodide symporter. Thyroid, 2004, 14 (12): 1012-1019.

[18] Forsthuber M, Kaiser A M, Granitzer S, et al. Albumin is the major carrier protein for PFOS, PFOA, PFHxS, PFNA and PFDA in human plasma. Environ. Int., 2020, 137: 105324.

[19] Knutsen H K, Alexander J, Barregård L, et al. Risk to human health related to the presence of perfluorooctane sulfonic acid and perfluorooctanoic acid in food. EFSA J., 2018, 16 (12): 5194.

[20] Li Y, Fletcher T, Mucs D, et al. Half-lives of PFOS, PFHxS and PFOA after end of exposure to contaminated drinking water. Occup. Environ. Med., 2018, 75 (1): 46-51.

[21] Yang L, Li J, Lai J, et al. Placental transfer of perfluoroalkyl substances and associations with thyroid hormones: Beijing prenatal exposure study. Sci. Rep., 2016, 6: 21699.

[22] Karrer C, Roiss T, von Goetz N, et al. Physiologically based pharmacokinetic (PBPK) modeling of the bisphenols BPA, BPS, BPF, and BPAF with new experimental metabolic parameters: comparing the pharmacokinetic behavior of BPA with its substitutes. Environ. Health Perspect., 2018, 126 (7): 077002.

[23] Demierre A L, Peter R, Oberli A, et al. Dermal penetration of bisphenol A in human skin contributes marginally to total exposure. Toxicol. Lett., 2012, 213 (3): 305-308.

[24] Biedermann S, Tschudin P, Grob K. Transfer of bisphenol A from thermal printer paper to the skin. Anal. Bioanal. Chem., 2010, 398 (1): 571-576.

[25] European Food Safety Authority (EFSA). Scientific opinion on the risks to public health related to the presence of bisphenol A (BPA) in foodstuffs. EFSA J., 2015, 13 (1): 3978.

[26] Guan S, Palermo T, Meliker J. Seafood intake and blood cadmium in a cohort of adult avid seafood consumers. Int. J. Hyg Environ. Health, 2015, 218: 147-152.

[27] Yan J, Huo J, Li R, et al. Benchmark dose estimation of urinary and blood cadmium as biomarkers of renal dysfunction among 40-75-year-old non-smoking women in rural areas of southwest China. J. Appl. Toxicol., 2019, 39: 1433-1443.

[28] Akerstrom M, Barregard L, Lundh T, et al. The relationship between cadmium in kidney and cadmium in urine and blood in an environmentally exposed population. Toxicol. Appl. Pharmacol., 2013, 268: 286-293.

[29] Wang J, Zhu H, Liu X, et al. N-acetylcysteine protects against cadmiuminduced oxidative stress in rat hepatocytes. J. Vet. Sci., 2014, 15: 485-493.

[30] World Health Organization (WHO). Dioxins and their effects on human health. http: //www.who.int/en/news-room/fact-sheets/detail/dioxins-and-their-effects-on-human-health/. 2016.

[31] Liang Y S, Tang Z, Jiang Y S, et al. Serum metabolic changes associated with dioxin exposure in a Chinese male Cohort. Environment International, 2020, 143(105984): 1-9.

[32] Jeanneret F, Tonoli D, Hochstrasser D, et al.Evaluation and identification of dioxin exposure biomarkers in human urine by high-resolution metabolomics, multivariate analysis and in vitro synthesis. Toxicology Letters, 2016, 240(1): 22-31.

[33] Cao W, Liu X, Liu X, et al. Perfluoroalkyl substances in umbilical cord serum and gestational and postnatal growth in a

Chinese birth cohort. Environment International, 2018, 116: 197-205.
[34] 谢珍珍，何更生，栾敏，等. 妊娠期全氟化合物暴露与婴儿神经行为发育关联的队列研究. 环境与职业医学, 2020, 37(06): 530-538.
[35] Wang D, Chen T, Fu Z, et al. Occupational exposure to polybrominated diphenyl ethers or decabromodiphenyl ethane during chemical manufacturing: Occurrence and health risk assessment. Chemosphere, 2019, 231: 385-392.
[36] Zhao X, Chen T, Wang D, et al. Polybrominated diphenyl ethers and decabromodiphenyl ethane in paired hair/serum and nail/serum from corresponding chemical manufacturing workers and their correlations to thyroid hormones, liver and kidney injury markers. Science of the Total Environment, 2020, 729: 139049.
[37] Barnes D G, Daston G P, Evans J S, et al. Benchmark Dose Workshop: criteria for use of a benchmark dose to estimate a reference dose. Regul Toxicol Pharmacol, 1995, 21(2): 296-306.
[38] 彭辉，李巧芳，殷健，等. 基准剂量法在长期暴露毒性评价中的研究进展. 军事医学, 2016(40): 851-855.
[39] Jensen S M, Kluxen F M, Ritz C. A review of recent advances in benchmark dose methodology. Risk Analysis, 2019, 39(10): 2295-2315.
[40] US EPA. Benchmark dose technical guidance, EPA/100/R-12/001 June 2012. Washington (DC): risk assessment forum, US Environmental Protection Agency EPA). https: //www.epa.gov/ sites/ production/files/2015-01/documents/benchmark_dose_guidance.pdf. 2012.
[41] EFSA. Cadmium in food - scientific opinion of the panel on contaminants in the Food Chain. 2009.
[42] WHO. Evaluation of certain food additives and contaminants: seventy-third [73rd] report of the Joint FAO/WHO Expert Committee on Food Additives. 2011.
[43] Hardy A, Benford D, Halldorsson T, et al. Update: use of the benchmark dose approach in risk assessment. EFSA Journal, 2017, 1: 15.
[44] 肖健秋，杨建洪，黄建军，等. 地方性氟中毒病区人群氟性骨损伤致病风险评价. 实用预防医学, 2014, 21(11): 1313-1316.
[45] 谷君明. 基准剂量法在职业铅接触与健康损害的剂量-反应关系研究中应用. 南京：中南大学, 2012.
[46] 郑光. 职业铅接触致神经传导速度改变的风险评估. 上海：复旦大学, 2010.

作者：[1]李敬光，张磊，吕冰，[2]范赛，[3]田英，[3]颜崇淮，[4]付凤富，[5]沈海涛，
[6]宫智勇，[7]章宇，[8]何更生，[9]蔡宗苇，[10]张建清，[3]张亚琼，[11]闻胜，[12]刘烈刚，[1]吴永宁
[1]国家食品安全风险评估中心，[2]北京市预防医学研究中心，[3]上海交通大学，[4]福州大学，
[5]浙江省疾病预防控制中心，[6]武汉轻工大学，[7]浙江大学，[8]复旦大学，
[9]北京师范大学-香港浸会大学联合国际学院，[10]深圳市疾病预防控制中心，
[11]湖北省疾病预防控制中心，[12]华中科技大学

第 14 章　大气环境化学研究进展

本章导读

本章针对大气环境化学的最新前沿进展进行介绍，主要内容包括大气 HONO 的最新研究进展、挥发性有机物及中等挥发性有机物的氧化机制、大气高氧化度有机分子、大气新粒子形成、海洋气溶胶、生物质燃烧排放 HULIS 的分子组成和吸光特性、灰霾期间硫酸盐的快速生成机制和环境污染控制 8 部分内容，这些都是目前大气环境化学领域研究的热点和重点，由相关领域的具有重要国际影响力的科学家围绕近两年最新研究成果编写，有助于读者把握前沿动态，并对大气环境化学的认识更为深入。

关键词

大气化学，环境化学，二次颗粒物，有机污染物，化学机制

14.1 引　　言

大气环境化学是研究对环境有重要影响的大气组分在大气环境中的化学行为的科学[1]。近年来，随着空气污染和气候变化的日趋严重，大气环境化学领域发展迅速，并受到社会各界人士的广泛关注。气态亚硝酸（HONO）作为大气羟基自由基（OH·）的重要前体物，对大气氧化性和二次颗粒物的形成都具有重要贡献，是大气重要氧化剂来源。挥发性有机化合物（VOCs）经过复杂的大气氧化反应形成的二次有机气溶胶（secondary organic aerosol，SOA）是大气细颗粒物的重要组成部分。中等挥发性有机物（intermediate volatile organic compounds，IVOCs）的饱和蒸气压介于挥发性有机物和难挥发性有机物之间，主要存在于气相，少量分配在颗粒相，是重要的 SOA 前体物。在这些挥发性有机化合物的光化学反应中会快速形成大气高氧化度有机分子（highly oxygenated organic molecules，HOMs），HOMs 一般具有较低的挥发度，对大气 SOA 的形成具有重要作用。进一步，气态分子通过相互作用形成气溶胶临界核（成核阶段），并继续增长到较大尺寸（＞2～3 nm）的粒子（增长阶段），形成新粒子。新粒子形成是大气气溶胶粒子的重要来源[2,3]。除此以外，大气中还存在直接排放的天然气溶胶，其中，海洋飞沫气溶胶（sea spray aerosol，SSA）是直接从海洋排放的一次颗粒物质，主导着海洋边界层的气溶胶质量，是大气中最丰富的天然气溶胶之一，也可为大气化学的发生提供重要场所。环境大气中类腐殖质（humic-like substances，HULIS）是有机物颗粒中未被完全识别而组成又极其复杂的一类水溶性组分，生物质燃烧等低温、不完全燃烧过程会排放高浓度的 HULIS[4,5]，影响大气颗粒物的吸湿性质。硫酸盐作为大气 $PM_{2.5}$ 中的主要化学成分之一，理解和阐明硫酸盐生成机制，可以为我国大气二次颗粒物污染的治理提供科学支撑。可以看出，从气态前体物氧化到形成新粒子，进一步通过化学反应或直接排放导致颗粒物的形成，进而引起灰霾的产生。因此，从源头上控制 VOCs 的排放能够有效地抑制 O_3 和二次粒子的生成，降低光化学烟雾和灰霾的发生频率，成为我国大气污染防控的关键手段之一。

14.2 大气 HONO 的研究进展

气态亚硝酸（HONO）作为大气羟基自由基（OH·）的重要前体物，一直是研究的热点。关于 HONO 的研究主要涉及：外场观测、模型模拟、实验室模拟、理论计算等。测量 HONO 的仪器主要包括飞行时

间化学电离质谱仪（TOF-CIMS）、选择性离子流动管质谱仪（SIFT-MS）、长光程吸收光度计（LOPAP）、非相干宽带腔增强吸收光谱（IBBCEAS）等。通过对比观测发现这些仪器测量的 HONO 时间序列和变化特征表现出一致性，在绝对浓度上表现出一些差异[6]。另外，Xu 等建立了一种利用 MARGA（monitor for AeRosols and gases in ambient air）测量 HONO 数据的校正方法[7]，Jordan 等利用 IBBCEAS 测量 HONO 和 NO_2 并验证了该系统的准确性[8]。湿化学法 LOPAP 仍然是外场观测和实验室研究中 HONO 测量的主流仪器，广泛应用。近年来，在城区、郊区、农村、海边等不同环境条件下开展了外场观测研究，通过数据分析、实验室验证以及模型模拟等方法得到一些新的研究进展。

14.2.1 NO_2 的表面非均相反应是 HONO 的重要来源

在北京城区外场观测中，发现 NO_2 在气溶胶表面非均相反应对 HONO 具有重要贡献。利用 IBBCEAS 系统结合中国科学院大气物理所 325 米气象观测塔吊舱平台同时测量 HONO 和 NO_2 的垂直浓度变化。不同污染水平下，气溶胶和地表对夜间 NO_2 非均相产生的 HONO 贡献不同。在清洁期间，NO_2 在地表的非均相摄取主导 HONO 的产生，气溶胶表面的非均相反应是霾期夜间 HONO 的重要来源[9]。2019 年 6～7 月在北京的观测中，发现与 NO 与 OH 的均相反应相比，NO_2 的非均相转化是夜间 HONO 形成的主要途径，NO_2 在气溶胶表面的光增强转换可能是白天 HONO 的潜在来源[10]。北京秋冬季的观测结果表明 HONO 与颗粒物之间存在潜在的化学联系[11,12]。2018 年 5 月 18～31 日，在中国西部关中盆地的西安和咸阳同时开展了 HONO 的外场观测研究，明确 NO_2 在气溶胶表面的反应是 HONO 的重要来源。咸阳地区还存在其他表面促进非均相转化形成 HONO，并且非均相过程的相对贡献大于西安地区，两个地点之间存在局地排放和输送过程的影响[13]。其他城市如石家庄城区[14]、郑州城区[15]等的外场观测也确定了 NO_2 非均相反应对 HONO 贡献的重要性。在 2017 年冬季和 2018 年春季泰山（华北平原的最高峰）山顶的观测中，发现 NO_2 在气溶胶表面的光增强非均相转化对高海拔地区 HONO 的产生起着重要作用，HONO 光解在泰山自由基化学中起主要作用[16]。此外，外场观测也发现 NO_2 非均相化学转化过程与相对湿度（RH）、气溶胶比表面积、气溶胶含水量和酸度等参数有关[17,18]。在 2016 年 5～6 月韩国首尔城市地区，利用 Box-MCM（结合 MCM 机理的箱式模型）和人工神经网络模型模拟了 HONO 浓度与相关影响因素之间的关系，发现 NO_x 浓度、气溶胶表面积和 RH 是主要影响因素[19]。2015 年 12 月在长江三角洲南京典型工业区的观测结合 Box-MCM 模型模拟，表明白天的 HONO 主要是由于气溶胶表面 NO_2 的光增强反应产生，而 NO_2 在地表的非均相反应主导了夜间 HONO 的形成。灰霾期间，$PM_{2.5}$ 水平的升高可以提供更多的非均相反应位点，促进 NO_2 向 HONO 的转化[20]。

由于 NO_2 的非均相反应对 HONO 的贡献非常重要，不同的表面、环境条件都会对这一过程产生影响，争议较多。因此，实验室也开展了相关的模拟研究。利用流动管反应装置模拟，发现在紫外光下，NO_2 在实际的城市污垢表面上的非均相化学对城市大气中的 HONO 总水平做出重要的贡献，NO_2 的摄取系数可以表示为：γ=（7.4±3.3）$\times10^{-7}$+（5.5±0.6）$\times10^{-8}\times$RH%[21]。脂肪酸是室外和室内颗粒物中普遍存在的表面活性剂，MI-SPI-TOFMS（membrane inlet single-photon ionization time-of-flight mass spectrometry）实验显示无机盐可以影响 NO_2 在脂肪酸表面的非均相转化，并促进大气中 HONO 和含氮有机化合物的形成[22]。实验室涂覆流动管模拟实验发现 SO_2 在环境条件下可以极大地促进 NO 在 MgO 颗粒上的非均相转化进而生成 NO_2 和 HONO，相比新鲜气溶胶，NO 在被 SO_2 老化的 MgO 颗粒表面上的摄取系数提高了 2～3 个数量级，基于光谱表征和密度泛函理论计算，确定了 NO 吸附和氧化的活性位点为硫酸盐，生成的 NO_2 与表面亚硫酸盐进一步反应生成 HONO 和硫酸盐[23]。提高温度和 NO_2 的浓度可显著促进 NO_2 在玉米上通过非均相反应形成的 HONO，在 313K、40ppbvNO_2 和 40%RH 条件下，玉米叶片表面 HONO 的排放速率最高达到（5.6±0.8）$\times10^9$molecules /（$cm^2\cdot s$）[24]。利用 IBBCEAS 系统发现 NO_2 和 HNO_3 吸附在干墙表面，在光照和黑暗条件下均可产生 HONO。当相对湿度＜70%时，石膏表面 HONO 的产量随 RH 的增加而增加，表面吸附的硝酸盐水解产生 NO_2，进一步 NO_2 的非均相水解产生 HONO，这种水解反应主要发生在表面吸附水的第一层[25]。采用不同流动管反应器进行了一系列模拟实验，测定了无机颗粒、海水和城市污垢表面对 NO_2 的摄取系数，城市污垢在 NO_2 向 HONO 的日间转化过程中起着重要作用，有助于解释城市受污染地区未知的日间 HONO 来源，在 5%RH 和 70%RH 条件下摄取系数分别为 1.9×10^{-6} 和 5.8×10^{-6}[26]。利用流动烟雾箱研究了 NO_2、VOCs（甲苯和己烷）和紫外线照射条件下沥青表面 HONO 的形成，沥青表面 NO_2 向 HONO 转化的一级速率为 $1.2\times10^{-4}s^{-1}$，在首尔道路污染物浓度升高的情况下，沥青路面的贡献可能占日间 HONO 的 13%[27]。

14.2.2　农业活动对 HONO 排放的影响

农村施肥等农业活动，以及土壤性质（含水量、温度、微生物等）都会对 HONO 的形成产生影响。生态中心牟玉静课题组开发了一套基于双开顶动态箱和湿化学方法测量土壤 HONO 排放通量的系统。华北平原农村土壤的通量研究发现农业土壤是 HONO 的重要来源，且施肥后显著加速了 HONO 排放[28]。在华北平原农村地区进行冬季综合外场观测，结合 Box-MCM 模拟，发现 HONO 对 OH 生成的主导贡献使得 HONO 在提高大气氧化能力中发挥了重要作用，导致了硝酸盐和二次污染的形成[29]。2017 年 6 月，华北平原望都夏季农田施肥后有强烈的 HONO 排放，对区域 O_3 污染的影响显著[30]。中国科学院安徽光机所秦敏课题组也开展了 HONO 和 NO_x 通量的研究。降雨前和降雨后的后期，HONO 和 NO 通量的最大值出现在上午，然后逐渐减小，HONO 通量与温度没有相关性。但在降雨后的早期，HONO 和 NO 通量在上午逐渐增加，下午达到最大值，HONO 通量与温度的相关系数为 R=0.78。降水前后 HONO 与 NO 的相关系数达到 0.60，说明 HONO 与 NO 的同源性，新鲜土壤样品的 HONO 通量与外场观测值的量级相同。结果表明，作物生长阶段的土壤排放是大气 HONO 的一个重要来源[31]。土壤在高含水量下排放的 HONO 是由微生物将硝酸盐还原为亚硝酸盐驱动的，高持水能力下 HONO 的排放是一个普遍现象，HONO 排放与硝酸盐还原菌种类有关[32]。利用统计年鉴的城市活动数据，结合机器学习算法，包括线性回归、反向传播神经网络、广义回归神经网络和随机森林，中国小麦、水稻、玉米和大豆秸秆的露天焚烧释放的 HONO 排放因子平均为 0.10、0.25、0.98 和 0.97 g/kg，HONO 排放强度高的区域主要集中在两个主要农业区（华北平原和东北地区），低强度区域主要分布在西部地区[33]。通过集成机器学习算法绘制 2006～2017 年中国日均 HONO 浓度空间分布，HONO 热点主要分布在京津冀、珠江三角洲、长江三角洲和四川盆地，与对流层 NO_2 柱浓度和硝酸盐水平的分布一致，硝酸盐浓度、城市面积、NO_2 柱浓度是影响 HONO 浓度的重要变量，而耕地、森林和草地对 HONO 浓度的影响较小，表明人为排放的前体物通过非均相过程产生 HONO 的作用显著[34]。光照条件下，土壤表层释放的 HONO、NO_2 和 NO 与环境条件有关，在 0～320W/m^2 范围内，HONO、NO_2 和 NO 通量随辐照强度的增加呈线性增加，HONO、NO_2 和 NO 通量在 RH=55%时出现最大值。在 278～338K 范围内，随着温度的升高，HONO 和 NO 通量增加，而 NO_2 通量降低。HONO 和 NO_2 通量值在 pH 为 8 时达到最大值，而 NO 通量值在 pH 为 2 和 8 时达到最大值，亚硝酸盐向 HONO 的转化、HONO 的解吸附、硝酸盐的光解以及未知氮物种的光化学过程可能是光辐照下土壤排放 HONO、NO_2 和 NO 的主要原因[35]。2014 年夏季在河北望都农村的观测和 box 模型模拟中，输入 HONO 的源（NO_2 非均相转化、光增强转化、吸附态硝酸和颗粒相硝酸盐的光解、酸置换以及土壤排放），NO_2 光增强转化和颗粒态硝酸盐的光解是 HONO 形成的两个主要机制，但相关的不确定度使其重要性几乎可以忽略不计。施肥过程中土壤亚硝酸盐是 HONO 的重要来源，中午时占模拟 HONO 的 80.6%。在生物质燃烧的某些阶段，显著促进了 NO_2 向 HONO 的非均相转化。农村地区的 NO_2 非均相反应和施肥后土壤中酸置换的直接释放是 HONO 的重要来源[36]。

14.2.3　HONO 的其他来源

1）直接排放

汽车尾气排放是夜间 HONO 形成的重要来源[10]。北京城区冬季超过 50%的 HONO 可能与交通排放有关，包括直接排放、OH 与汽车排放的 NO 反应[37]。Liao 等开发了一种新型便携式在线车辆 HONO 排气测量系统，中国 III、IV 和 V 控制标准的 HONO 排放因子分别为 1.85±1.17 g/kg、0.59±0.25 g/kg 和 0.15±0.14 g/kg。利用 HONO 与 NO_x 排放的比值来推断 HONO 排放可能会导致 HONO 源计算的不确定性较高[38]。

2）硝酸盐光解

利用流动管和原位漫反射傅里叶变换红外光谱全面研究了硝酸盐在不同矿物氧化物上的光解过程，TiO_2 表面的光解活性明显高于 Al_2O_3 和 SiO_2，产物主要为 NO_2 和 HONO，并且它们的产率与硝酸盐的阳离子碱度或颗粒物的酸度有关。因此，在复杂的空气污染条件下，硝酸盐的光解可以加速，进一步加速灰霾发展[39]。同时，溶解的脂肪族有机物促进了硝酸盐光解产生超氧化物和 HONO[40]。

3）NO_2 在海洋表面的非均相反应

复旦大学研究团队在中国东海近海进行的船上观测，发现本地船只排放物及陆上工业排放物对 HONO 形成有影响，夜间船只直接排放贡献了 18%的 HONO 浓度，其他 HONO 来自海面和颗粒物表面 NO_2 的光反应[41]。与车辆排放相比，船舶排放具有较高的 HONO 排放因子，排放的高浓度颗粒物为 NO_2 的转化提供了较大的表面[42]。在 2016 夏季中国渤海 HONO 观测研究中，发现气温高的时候海气交换促进 HONO 排放增加，HONO 可能来自海洋微层中含氮化合物的光化学转化[43]。在农村沿海站点的观测发现夏季非均相转化效率更高，生物质燃烧过程可以增强气溶胶表面的非均相反应产生 HONO，但同时也会削弱光反应产生 HONO 的途径[44]。在中国北方沿海的观测中，发现海洋表面微层很可能是 NO_2 的多相转化和含氮化合物的光解形成 HONO 的介质，海洋来源的 HONO 对 OH 和 O_3 的产生都有重要贡献[45]。

4）SO_2 和 NO_2 在颗粒物表面的非均相协同反应

NO_2 与 SO_2 的非均相反应可以生成硫酸盐并产生 HONO 释放到大气中去[46,47]。Ge 等[48]进一步研究，发现 NH_3 在高湿以及体系中存在种子气溶胶的条件下，可以显著促进 HONO 的生成，NO_2 在 NaCl 上的非均相摄取系数为 2.0×10^{-5}～1.7×10^{-4}。从头算分子动力学模拟也证实了这一反应的可能性[49]。2016 年 12 月北京雾霾期间的观测，发现 SO_2 被 NO_2 氧化过程中 HONO 浓度升高，气溶胶的 pH、离子强度具有重要影响[50]。另外，实验室和外场观测也发现在特定的条件下 HONO 可以进一步促进硫酸盐的生成[51-55]，但提出的机制也不尽相同，需进一步研究。

5）高层大气 HONO 新的未知来源

中国科学院化学所葛茂发课题组利用中国科学院大气物理所 325m 气象观测塔，于 2018 年 4～5 月开展了 8m、120m 和 240m 三个代表高度同时 HONO 连续多日的外场观测研究。结合耦合 RACM2（regional atmospheric chemistry mechanism version 2）机理的箱式模型，发现北京城市地表附近 HONO 的主要来源是 NO_2 的非均相反应，而地表和气溶胶表面对这一非均相来源的贡献相当，但是当大气污染加重时，气溶胶表面成为 NO_2 转化的主要场所。对于北京城市 120m 和 240m 的高层大气，夜间 NO_2 在气溶胶表面的反应仍是 HONO 的重要生成途径，然而到了白天 HONO 在正午前后出现强烈的未知来源，它不仅与光照强度密切相关，而且还消耗大气 OH 自由基[56]。这一研究结果揭示了城市地区不同高度的大气化学微观机理存在明显差异，尤其城市上空可能存在新的氧化机制，对城市地区大气氧化性研究具有重要意义。

6）其他 HONO 的生成机制

其他的 HONO 来源主要包括邻硝基苯酚的光解[57]、CO_2 催化 HONO 形成[58]、NO 和·Cl 自由基在水存在下氧化反应生成 HONO[59]、清晨露珠蒸发时的临时 HONO 源[60]、1-丁烯的光化学氧化生成 HONO 等[61-63]。

14.2.4　室内 HONO 的研究

室内 HONO 由于对人体健康的直接影响而受到关注，玻璃窗、石膏墙、室内表面污垢、空调、烹饪、地板等均会对 HONO 浓度有显著影响。光照下，NO_2 与吸附在玻璃窗上污垢的非均相反应产生 HONO，厨房玻璃板对 NO_2 的摄取系数从 RH=0%时的 2.3×10^{-6} 显著增加到 RH=90%时的 4.1×10^{-6}，与客厅和卧室相比，厨房白天产生了大量的 HONO[64]。芴是多环芳烃（PAHs）的主要成分，流动管实验发现 NO_2 在芴和芴/Na_2SO_4 组成的固体薄膜上的光增强非均相转化形成 HONO，进而对城市和室内大气产生影响[65]。用化学电离质谱对室内 HONO 进行了一个月的连续测量，烹饪、地板漂白剂、空调使用、通风对 HONO 浓度有显著影响[66]。室内 HONO 光催化诱导形成 OH 自由基[67]，其氧化产物的空间分布基本上局限在 HONO 光解的范围内，而氧化产物则相对均匀地分布在整个房间，随着光照面积的增加，室内总 OH 的产生增多，从而增加了氧化产物的浓度，OH 和 HO_2 的空间分布因人造光的类型（例如荧光和白炽灯）不同而不同，这是由于光子通量随光源和光源距离的不同而不同，HO_2 的生成速率和换气速率对产物浓度有显著影响[68]。

14.2.5　HONO 对大气氧化性的影响

将室内、生物质燃烧、交通和土壤排放以及气溶胶和地表的非均相反应耦合到 WRF-Chem 模型中，使 O_3、OH 和 HO_2 的月平均浓度分别增加了 5%～44%、5%～>150%和 5%～>200%，二次有机气溶胶（SOA）月平均浓度增加了 1～3μg/m^3，加剧了霾污染事件[69]。另外在京津冀地区的模拟，发现 HONO 来源导致 HO_x 在冬季重霾和非霾日（尤其是重霾日）的主要产量和损失率显著提高，重霾期间的 SOA 提升了 5～25μg/m^3[70]。在珠三角郊区，将四个机理（RH 增强非均相反应、光增强非均相反应、硝酸盐光解、表面吸附的硝酸和硝酸盐光解）放到 CMAQ（community multiscale air quality）模型中，RH 和光增强贡献了 72%HONO 浓度，加入 HONO 四个机理后，相比不加入其他 HONO 机理，O_3 浓度提升了 73%，总硝酸盐（NO_3^-+HNO_3）提升了 67%，大大改善了 O_3、$PM_{2.5}$ 的评估[71]。研究也表明，在较高的 HONO 浓度下，HONO 可光解生成 OH 自由基，增强了 O_3 的光化学生成，进一步增强了大气氧化能力[72-74]。在冬季，高气溶胶浓度和高 HONO 浓度可以协同作用，HONO 化学在秋季和冬季发挥了更重要的作用，在白天主导 OH 的生成，多相和/或水机制可能是灰霾期间大气二次污染物和 HONO 形成的原因，HONO 与颗粒物之间可能存在协同作用[75]。

HONO 是大气自由基 RO_x（OH，HO_2，RO_2）的主要贡献者[76-78]，在清洁天贡献 65%，污染天贡献 86%[79]。HONO 是野火烟雾的主要自由基来源，在早期（<3 h）野火羽流演化过程中，HONO 光解是 HO_x 自由基（HO_x = OH + HO_2）的主要贡献者[80]，另外，通过比较主要生态系统区域（热带稀树草原、草原、灌木林地、热带和温带林区）HONO 和 NO_2 的变化，发现全球三分之二的新鲜火羽流中·OH 自由

基的产生是由 HONO 排放造成的，并加速了臭氧的产生，这种高温过程产生的 HONO 对大气成分有重要影响，可提高区域内臭氧水平至 7ppb[81]。中国西南地区的研究表明 HONO 在清晨促进·OH 自由基浓度快速增加，加速 VOCs 氧化和 O_3 的产生[82]。从日出到日落，$ClNO_2$ 和 HONO 的作用导致·Cl 和·OH 自由基的持续产生，并形成额外的 O_3、PAN、含氧 VOCs 和 SOA[83]。没有 HONO 数据约束的模型会大大低估城市大气中大气氧化能力（AOC）、·OH 自由基和 O_3 产率[10]，HONO 的光解作用促进有机气溶胶和硝酸盐气溶胶的形成[32]。在京津冀地区，用 WRF-CHEM 研究了 HONO 的来源对 SOA 生成的贡献，非均相 HONO 来源显著增强了近地面 SOA 的形成[69,70,84]。同时，研究也表明 HONO 影响健康风险，例如 HONO 污染与哮喘之间的存在一定的相关关系[85]。

14.3　挥发性有机物及中等挥发性有机物的氧化机制

二次有机气溶胶（secondary organic aerosol，SOA）是灰霾的重要组成部分，Huang 等[86]对中国四大城市重霾期间外场观测的研究发现 SOA 是有机气溶胶和 $PM_{2.5}$ 的重要组成部分。挥发性有机化合物（VOCs）经过复杂的大气氧化反应形成的 SOA 是大气细颗粒物的重要组成部分。按照来源可将 VOCs 分为生物源 VOCs（BVOCs）和人为源 VOCs（AVOCs）。从全球范围内来看，BVOCs 由于其排放量大（1000 Tg/yr）、与大气氧化剂（OH·、O_3、NO_3·等）的反应活性高等成为 SOA 的主要贡献者（67%～95%）[87-90]。人为污染物，包括氮氧化物（NO_x）、SO_2、NH_3/胺、一次气溶胶等会参与到 BVOCs 的气相氧化以及颗粒相反应中，从而改变 BVOCs 的 SOA 生成潜势、化学组成、光学性质、形貌等。

近年来，外场观测和实验室研究皆表明中等挥发性有机物（intermediate volatile organic compounds，IVOCs）是重要的 SOA 前体物[91,92]。中等挥发性有机物的饱和蒸气压介于挥发性有机物和难挥发性有机物之间。IVOCs 主要存在于气相，少量分配在颗粒相。Wang 等[93]和 Tang 等[94]总结了 IVOCs 的重要研究进展，包括 IVOCs 的来源、测量技术、实验室研究以及模型模拟研究等。IVOCs 的主要来源包括一次排放（一次源主要包括化石燃料的燃烧和蒸发、生物质燃烧、挥发性化学产品等人为源排放，以及动植物及微生物等生物源排放）和二次光化学反应生成。目前我国国标中仍缺少 IVOCs 的具体定义，Wang 等[93]将中等挥发性有机物定义为 298 K 下饱和蒸气压在 0.01～10 Pa 的有机化合物，大致相当于 C12～C20 直链烷烃的饱和蒸气压范围。IVOCs 一旦被释放到空气中，其主要通过与大气氧化剂发生氧化反应而被转化降解。长链烷烃是 IVOCs 的重要组成部分。图 14-1 展示了 C2～C20 正构烷烃在 298 K 下的饱和蒸

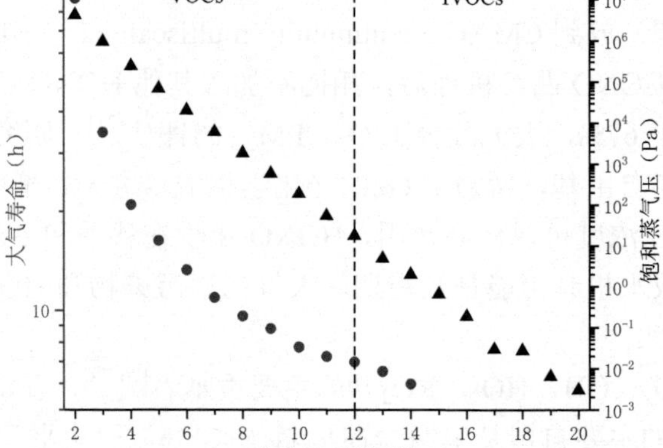

图 14-1　C2～C20 正构烷烃在 298 K 下的饱和蒸气压（三角形）及大气寿命（圆形）

气压及其与 OH 自由基、Cl 原子反应的大气寿命（烷烃与 O_3 和 NO_3 自由基反应缓慢，可以忽略不计）。除了甲烷的大气寿命较长（约 9 年），VOCs 中正构烷烃的大气寿命在 7 小时（正十一烷）～3.6 天（乙烷），IVOCs 中的长链烷烃（≥C12）与 OH 自由基和 Cl 原子反应速率更快，具有更短的大气寿命，并且 SOA 产率更高；它们在大气中的浓度也不可忽视，因此 C12 以上的中等挥发性有机物是 SOA 重要的二次来源。因此除加强 VOCs 的研究外，还需要特别关注中等挥发性有机物的实验室模拟研究、外场观测以及模式模拟。

14.3.1　长链烷烃的实验室研究

长链烷烃是重要的 IVOCs。直链、支链和环烷烃等长链烷烃生成 SOA 的产率随碳原子数的增加而增加[95-100]，对于给定的碳原子数，SOA 产率遵循环烷烃＞直链烷烃＞支链烷烃的顺序[95,101,102]，该顺序主要由烷氧自由基中间体的分解程度和所得产物的性质决定的[95]。近年来，Lamkaddam 等[103]的研究表明湿度可降低高 NO_x 条件下正十二烷烃生成 SOA 的产率，因为水含量的增加会使低挥发性产物的酸催化脱水反应速率变慢。Docherty 等[104]研究了一系列正构烷烃（C10～C17）在 NO_x 存在下被 OH 自由基氧化生成 SOA 的化学组分。该研究在第一、第二和多代产物中选取代表性物种，使用高分辨气溶胶质谱测量了它们对 SOA 质量浓度的相对贡献。Wang 等[98]研究了 Cl 原子引发的 C8～C12 正构烷烃的 SOA 产率，与以往 OH 自由基氧化相比，Cl 原子与上述烷烃反应生成 SOA 产率会更高。

Li 等[105]研究了温度对 OH 自由基氧化正十二烷生成 SOA 组分的影响，通过分析颗粒物组成发现低温下易于生成二聚体、三聚体和四聚体，而室温下产物的聚合程度明显偏低，如图 14-2 所示。Li 等[106]还研究了三种不同结构的 C12 烷烃（环十二烷、己基环己烷、2-甲基十一烷）在不同温度下生成的 SOA 组分的差异，室温下环十二烷有明显的四聚体生成，但己基环己烷和 2-甲基十一烷的聚合度只到达三聚。但在低温环境下，这三种 C12 烷烃生成的 SOA 的聚合程度都能达到四聚。以上研究结果说明温度对 IVOCs 氧化生成 SOA 的产率以及化学组分均有重要的影响。

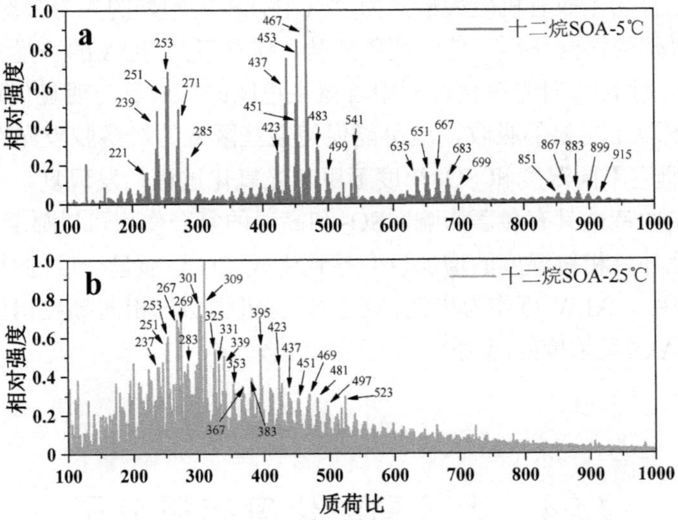

图 14-2　OH 自由基氧化的正十二烷在不同温度条件下生成的 SOA 的质谱图

（a）低温条件和（b）室温条件

Li 等[107]在室外烟雾箱中进一步研究了两种人为源前体物 1,3,5-三甲苯和正十二烷混合后被 OH 自由基氧化生成的 SOA 的产率及化学组成，发现混合后的 SOA 的质量浓度均大于基于 1,3,5-三甲苯与正十二烷单独反应的 SOA 产率的线性相加值。混合前体物生成的 SOA 中具有两种前体物单独被氧化生成的 SOA

中所不具有的一些产物。因此 SOA 产率的增加可能是由于两种前体物反应生成的中间体相互反应导致的。该研究结果说明在复合污染条件下有机物的氧化反应过程会更加复杂，以后需加强该方面的研究。

14.3.2 生物源与人为源挥发性有机物的实验室研究

Xu 等对生物源-人为源相互作用的实验室模拟以及外场观测进行了综述，发现不同人为污染物对不同 BVOCs 的 SOA 生成有着不同程度的影响，并且与单一污染物的影响不同，两种污染物的共存还会存在着复合作用[108]。在此基础上，他们以 γ-萜烯和 β-蒎烯为研究对象，开展了一系列烟雾箱模拟实验[109,110]。研究发现，NO_2 对两种单萜烯臭氧化 SOA 的生成都具有促进作用，但该促进作用在 β-蒎烯臭氧化过程中更加显著。对于 β-蒎烯，SO_2 对其臭氧化 SOA 产率的促进作用在 SO_2 与 β-蒎烯初始浓度比值为 1.3 时可达到 200%，低于同浓度水平下 NO_2 的促进作用（>300%），但高于 NH_3 引发的 SOA 产率的提高（38%）。在一定的 SO_2 浓度下，NO_2 浓度的增加能够协同增加气溶胶产率，但是 NH_3 却对气溶胶生成产生了抑制作用。利用高分辨质谱分析颗粒物组成发现，NO_2 和 SO_2 的存在使得这些单萜烯成为大气中含氮和含硫化合物的潜在贡献者。对于 γ-萜烯的研究发现，SO_2 在 SOA 生成中的作用还与湿度有关[111]。湿度和 SO_2 共同影响了克里吉中间体的反应路径、气溶胶液态水含量（ALW）及酸度等从而引发 SOA 产率对湿度的非线性依赖。同时相对湿度的提高增强了有机硫酸酯的生成，并且高相对湿度条件下还有利于高氧态有机硫酸的生成。

而在城市地区，AVOCs 在 SOA 的生成中发挥着重要作用，并且受到环境条件的影响。以芳香化合物为例，Jiang 等指出提升 NO_x 浓度可诱导 OH 自由基浓度的升高，从而促进呋喃 SOA 的形成[112]。Yang 等则发现 1,3,5-三甲苯 SOA 的质量浓度与 NO_x 浓度呈非线性关系，高浓度 NO_x 的存在会显著抑制 SOA 的产生[113]。这归因于 RO_2 自由基倾向于同 NO 反应生成 NO_2 和 RO 自由基，RO 自由基则分解为高挥发性的小分子化合物，不利于 SOA 的产生。与 NO_x 不同，SO_2 对 SOA 形成的作用较为单一，其可引发酸性无机硫酸盐的生成，从而通过酸催化的非均相反应显著提高芳香化合物形成 SOA 的产率。值得注意的是，SO_2 的存在会促进芳香化合物生成有机硫酸酯，为大气中有机硫酸酯的人为来源提供新可能。当 SO_2 与 NH_3 复合时，两种无机气体的协同作用，使二次硫酸盐、铵盐以及 SOA 的产量大大增加，加深了二次气溶胶形成的复杂性[114]。同时 NH_3 对光氧化过程中含氮生色团的形成具有明显促进作用，有机产物在近紫外区域和可见光范围内表现出明显的吸收，这可能促使某些区域的气溶胶吸光性增强，并增强气候辐射强迫[115]。Zhang 等模拟研究不同湿度和 SO_2 浓度下甲苯光氧化过程，发现复杂的大气环境条件对二次有机气溶胶的化学组成和光学特性具有显著影响，SO_2 和高湿的复合作用可以显著提高甲苯生成 SOA 的光吸收效率和消光效率。此外，相对湿度的增加也会导致生成 SOA 质量浓度的升高[116]。高湿度环境下，无机盐会驱动 ALW 的产生。ALW 可作为极性、水溶性有机物由气相向颗粒相分配的媒介，促进非均相反应的发生，以促进 SOA 质量浓度的增加[112]。

14.4 大气高氧化度有机分子

近年来，随着大气痕量气体检测手段的不断进步，大气高氧化度有机分子（highly oxygenated organic molecules，HOMs）逐渐成为研究热点。高氧化度有机分子指在气相条件下通过过氧自由基的自氧化反应所生成的具有六个及以上氧原子的有机分子[117]。高氧化度有机分子一般具有较低的挥发度，能在大气中由挥发性有机化合物的光化学反应快速生成，所以对大气二次有机气溶胶的形成具有重要作用。大气中的高氧化度有机分子最早于 2009 年在芬兰的北方森林地区被观测到[118]。随后，学者围绕高氧化度有机分子的检测、形成机制、大气影响等一系列问题开展了大量相关研究[117]。

大气中高氧化度有机分子的浓度极低，这对检测仪器的检测限提出了很高的要求。同时，高氧化度有机分子的低挥发度使得其在采样过程中的壁损十分显著，相应地对检测仪器的进样管设计也是一个重大的挑战。其中，由于通常不进行预富集，气态高氧化度有机分子的高时间分辨率在线测量对测量技术的要求最为严格：一般采用经典的 Eisele 式硫酸采样方法以使得采样损失最小化[119]，通过化学电离质谱仪实现[120]。颗粒相的高氧化度有机分子一般则通过热脱附的方式使之相变成气态分子，使用化学电离质谱仪进行测量[121]。高氧化度有机分子的离线测量可以通过使用高效液相色谱等技术来实现[122]。由于高氧化度有机分子构型极其复杂且相应标物缺乏，目前尚无十分有效的可以分离其同分异构体并获取结构信息的方式，这有待新分析技术的发展。

大量的实验研究和量子化学计算表明挥发性有机化合物等与大气中氧化剂反应后生成烷基过氧自由基，能够在大气条件下以较大的反应速率发生自氧化反应。近年来，自氧化反应在大气条件下的发生才被确认，给出了挥发性有机化合物的新氧化途径。自氧化反应即烷基过氧自由基首先进行分子内的氢原子迁移，该氢原子与原有过氧自由基团结合，形成烷基羟基过氧官能团；此后一个氧气分子会快速地连接到氢原子离开的位点，形成一个新的烷基过氧自由基。故而这个新的烷基过氧自由基比初始的烷基过氧自由基在分子式上多了两个氧原子，氧化程度更高[120,123,124]。新的烷基过氧自由基一方面可能再次发生自氧化反应，另一方面可以通过各类终结反应生成稳定的终结产物。这些终结产物绝大多数属于高氧化度有机分子。一般认为，特定结构过氧自由基的自氧化反应的速率很快，同时受温度影响较大，温度越高自氧化反应速率越快。例如，在异戊二烯氧化体系中的过氧自由基自氧化速率在 24 ℃条件下可高达 3.7 s^{-1}[125]。不同构型的烷基过氧自由基的自氧化反应速率差别也很大。

单萜烯的臭氧化反应是一个被深入研究的体系，同时也被证明是一个高氧化度有机分子的重要生成源[120,126]。羟基自由基引发的单萜烯和异戊二烯的氧化反应也被证明可以生成高氧化度有机分子，尽管分子内含有桥环双键的单萜烯的高氧化度有机分子产率会更低一些[126-129]。学者通过量子化学计算来估算单萜烯各个位点的自氧化反应速率，从而评估该反应是否在各氧化途径之中具有竞争力[130]。此外，环己烯因为有着与单萜烯相似却又更为简单的结构，所以常常被研究者选取作为单萜烯的类比物质来研究单萜烯的氧化机制[131]。也有研究者通过使用氘原子置换分子内的特定氢原子来证明其实验机制[120]。此外，其他生物源挥发性有机化合物（例如异戊二烯或倍半萜烯等[123,125,132]）和其他氧化剂（如硝酸根自由基或氯原子[133,134]等）的氧化反应都被证明可以生成高氧化度有机分子。

相比而言，针对人为源排放的芳香类有机化合物的研究则较为稀少。目前，羟基自由基引发的部分芳香烃有机化合物生成高氧化度有机分子的摩尔产率已被报道，其中苯氧化生成的高氧化度有机分子摩尔产率为 0.2%～14.0%，甲苯为 0.1%，二甲基苯为 1.0%～1.7%，乙苯为 0.2%，1，3，5-三甲基苯为 0.6%，萘为 1.8%，联苯为 2.5%，但是具体产率仍有较大争议[135,136]。学者使用化学电离飞行时间质谱仪在线测量分析了氧化流动管内芳香烃氧化的产物，测定了苯、甲苯、二甲基苯、三甲基苯、萘等物质氧化生成的高氧化度有机分子[136-138]，为将来进一步建立各类芳香烃的高氧化度有机分子产物的指纹图谱建立了基础。烟雾箱实验进一步证明，随着羟基暴露的不断增强，芳香烃化合物的高氧化度有机分子产物的产率也在增长，这说明多代氧化反应在生成高氧化度有机分子的过程中也很重要。

一氧化氮可以与烷基过氧自由基发生终结反应，与自氧化反应等争夺烷基过氧自由基。所以，在氮氧化物浓度较高的情况下，自氧化反应的重要性将会降低，高氧化度有机分子的形成也会被遏制。流动管实验证明，在引入氮氧化物之后，芳香烃化合物的氧化产物中出现了大量含氮有机化合物，其中部分甚至含有两个氮原子，同时不含氮的高氧化度有机分子显著减少[139]。目前我国城市大气白昼期间氮氧化物浓度、尤其是一氧化氮浓度变化较大，所以城市大气中各时间段内自氧化反应的重要性有所不同[140]。

可以预料随着我国城市大气质量的提高，氮氧化物浓度的减少，自氧化反应的重要性会不断提高。

已有实验结果证明，不同前体物所生成的高氧化度有机分子虽然分子式相同或相近，或者氧碳比一样，但是其挥发度却大不相同，常温下的饱和蒸气压可以有数个数量级的差别[141]。芳香烃化合物氧化反应生成的高氧化度有机分子比萜烯类化合物氧化反应生成的高氧化度有机分子具有更低的挥发度，表明前者更有利于二次有机气溶胶的形成。

与生物源挥发性有机化合物反应体系的研究结果一样[142]，学者在实验室研究中观测到了大量由芳香烃化合物生成的二聚体高氧化度有机分子[138]（图 14-3）。这些分子的挥发度较一般的高氧化度有机分子更低，对二次气溶胶的生成贡献更大。这些二聚体的碳原子数目等于两个单体的碳原子数目之和，被认为是两个过氧桥环自由基通过积聚反应生成的。流动管实验表明这一复杂过氧自由基的积聚反应反应速率达到了（1.4～2.6）$\times 10^{-10}$ cm^3/（molecule·s），大大超过了短碳链过氧自由基的积聚反应速率（～10^{-13} cm^3/（molecule·s）[143]。目前积聚反应的速率测量，仅仅局限于 1,3,5-三甲基苯氧化体系、α-单萜烯氧化体系和 α-单萜烯与异戊二烯的混合氧化体系中[142-144]；而初步的实验结果表明，一般越是复杂的过氧自由基，发生积聚反应的速率越快[144]，但这一理论还需要更多的实验结果加以证实。这些实验室结论说明我国城市大气中广泛存在的芳香烃有机化合物可以生成大量的高氧化度有机分子，从而在一定条件下导致大气颗粒物乃至灰霾污染的形成。

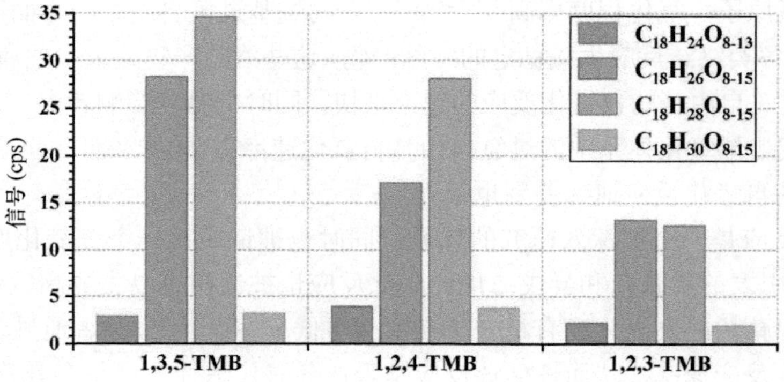

图 14-3　羟基自由基引发的三甲基苯氧化实验所产生的二聚体高氧化度有机分子

14.5　大气新粒子形成

大气气溶胶对区域空气质量、全球气候和人类健康产生重要影响，其形成机制引起了人们的极大关注[145]。新粒子形成过程是大气气溶胶粒子的重要来源，主要由气态分子通过相互作用形成气溶胶临界核（成核阶段），进而继续增长到宏观可测尺寸的粒子（增长阶段）。其中，气溶胶成核阶段是新粒子形成的关键[145,146]。然而，由于大气环境的复杂性和研究方法的局限性，可参与气溶胶成核的物质组分及其成核机制尚不尽明确。相关学者通过实验室研究、理论模拟以及外场观测等方式对新粒子形成机制进行了大量的探索。本节将对近两年新粒子形成的相关研究进展进行介绍。

14.5.1　内陆地区的新粒子形成

大量实验和理论研究均表明，硫酸（SA）与大气新粒子形成事件密切相关，通常被认为是新粒子形成过程中的关键物种[145-147]。另外研究表明，大气中的碱性物质，如甲胺（MA）、二甲胺（DMA）、三甲胺（TMA）和氨（A）等可以有效增强 SA 驱动的大气新粒子形成[1]。

2020 年，蒋靖坤研究团队的外场观测结果表明[148]，北京城市地区观察到的 1.5 nm 粒子的成核速率（$J_{1.5}$）明显高于清洁环境中的成核速率，而二者增长速率没有显著差异。其中，$J_{1.5}$ 和大气新粒子形成频率均有明显的季节变化，冬季最大，夏季最小，而观察到的增长速率随季节变化不显著。此外，该工作指出，环境温度是驱动 $J_{1.5}$ 季节变化的控制因素。相比之下，CS（condensation sink）和日最大 SA 浓度在大气新粒子形成期间没有明显的季节变化。2021 年，该研究团队的外场观测结果还表明[149]，SA-胺成核机制是北京城市地区主要的气溶胶成核机制。较高的气溶胶浓度导致较高的 CS，进而限制了 SA-胺团簇的浓度和新粒子形成速率。该研究总结了 SA 浓度、胺浓度和气溶胶浓度的协同效应，阐明了不同条件下 SA-胺成核的控制因素。

在一定的大气条件下，DMA 的排放伴随着高浓度 A 的排放。因此，A 可能参与了基于 SA-DMA 的新粒子形成。然而，DMA 和 A 的主要来源可能不同，从而导致不同大气条件下基于 SA-DMA-A 的成核机制不同。张秀辉研究团队[150]采用高水平量子化学计算和大气团簇动力学模型（atmospheric cluster dynamics code，ACDC）模拟相结合的方案，研究了不同大气条件下 SA-DMA-A 三元成核机制。研究发现，在 DMA 浓度相对较高的工业源附近，SA-DMA 二元成核是大气新粒子形成的主要成核机制。然而，在远离 DMA 强排放源的区域，SA-DMA-A 三元成核对气溶胶团簇形成的贡献较大。另外，蒋靖坤研究团队[151]通过测量北京典型大气新粒子形成过程中中性团簇和离子团簇的化学组分，并结合烟雾箱实验结果和量子化学计算结果，揭示了城市大气环境中的团簇特征及其与大气新粒子形成的关系。研究发现，在北京秋、冬季节的新粒子生成期间，气溶胶团簇主要由 SA、有机胺和 A 组成，而在清洁大气环境新粒子形成中发挥作用的高度氧化有机物组分较少。同时，观测研究发现，在团簇粒径增大的过程中，A 在团簇中所占比例逐渐增加，有机胺所占比例则逐渐减少（图 14-4）。此外，该研究进一步指出，在北京的典型大气环境下，除 DMA 外，A 等其他碱性分子也在团簇的生长过程中起着作用，特别是对于粒径较大的团簇。

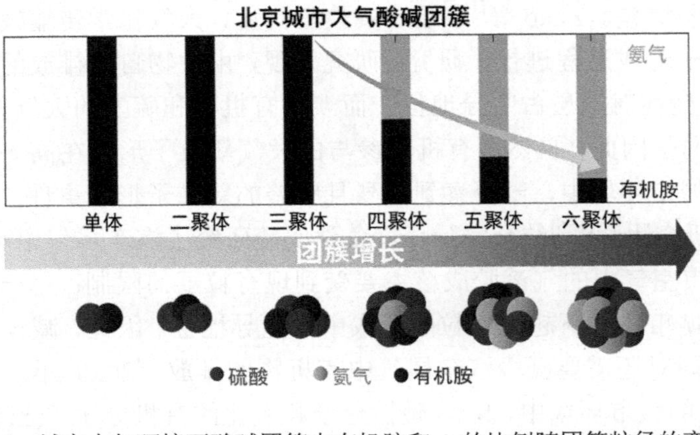

图 14-4　城市大气环境下酸碱团簇中有机胺和 A 的比例随团簇粒径的变化[151]

硝酸（NA）在大气中分布广泛，含量丰富，是大气中除 SA 外另一种重要的无机酸。2018 年，张秀辉研究团队通过理论研究发现，NA 可参与清洁寒冷的较高对流层中 SA-A 的成核过程[152]。2020 年，Donahue 等人发表在 *Nature* 杂志上的 CLOUD 实验研究证实了该观点，并发现硝酸和氨蒸气可凝结到直径为几纳米的新粒子上，促使粒子快速增长[153]。张秀辉研究团队 2021 年进一步理论研究发现[154]，在污染的大气边界层中，NA 可对 SA-DMA 气溶胶成核过程有促进作用。在常见温度 280K，含较高浓度的 NA 和 DMA 和较低浓度的 SA 的污染边界层中，NA 可广泛参与 SA-DMA 团簇的形成，并对团簇形成速率有近 76%的贡献（图 14-5）。NA 的参与可使 SA-DMA 体系的团簇形成速率和团簇数浓度均约提高两个数量级。尤其是，在目前对 SO_2 排放有效管控的背景下，NA 对大气气溶胶成核过程和大气污染边界层中颗粒物污染的促进作用变得越来越显著。该研究表明，有效管控大气中含氮污染气体排放对进一步减少大气边界层中的颗粒物污染具有重要意义。

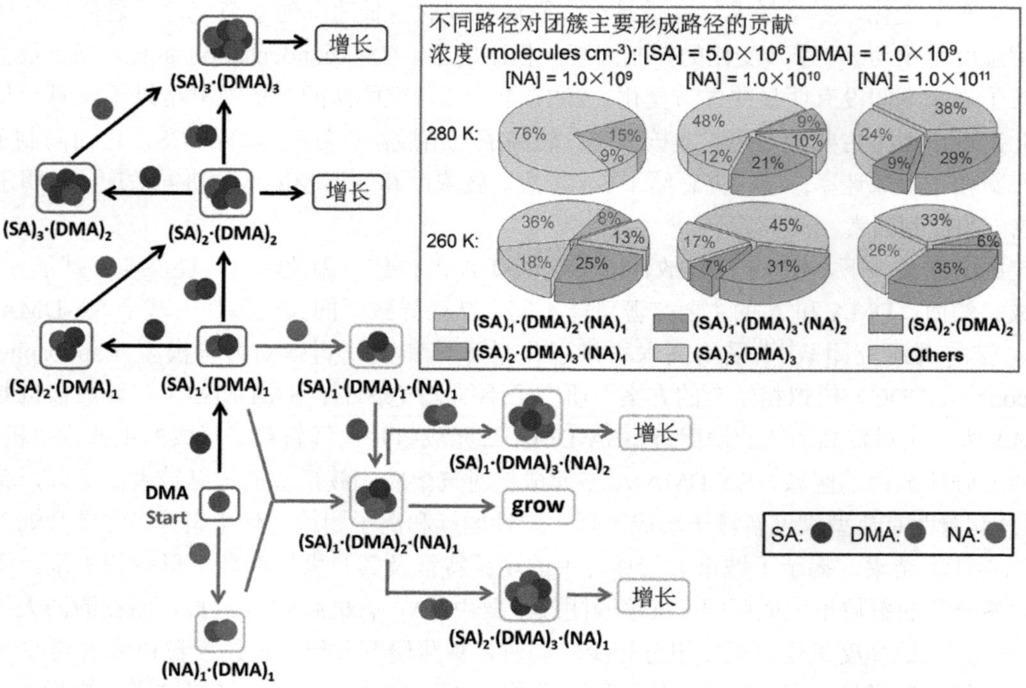

图 14-5　NA 在边界层中参与 SA-DMA 成核的路径[154]

在热带地区高空持续观察到的大量超细颗粒可能是全球云凝结核的一个重要来源。然而，这些粒子的来源及形成过程仍不清楚。Zhao 等[155]通过实验室测量、大气化学传输模型模拟和外场观测对亚马孙对流层中大气新粒子形成过程进行了研究。研究发现，由生物自然排放的有机物驱动的大气新粒子形成在 13 km 以上的较高对流层占主导地位，而涉及有机物和硫酸的大气新粒子形成在 8～13 km 之间的对流层占主导地位。因此，自然源有机物参与的大气新粒子形成在高海拔未工业化的环境中有关键作用。在受污染的城市环境中，已观察到强烈且频繁的新粒子形成事件，但其主要成核机制仍存在争议。2020 年，胡敏研究团队[156]结合实际环境条件实验研究了汽车尾气中超细颗粒的成核与增长。结果表明，一方面，城市空气中的气溶胶成核主要受到现有粒子的限制；另一方面，汽车尾气光氧化产生的丰富的有机物在城市条件下超细颗粒的形成中占主导地位。因此，减少超细颗粒物不仅需要减少一次颗粒物的排放，同时还需要减少汽车尾气中有机物的排放。2020 年，鄢超等的外场观测研究结果表明[157]，在受污染的城市环境中，SA、碱性分子和氧化的有机分子（oxidized organic molecules，OOMs）在大气新粒子形成中协同发挥作用。SA 和碱性分子的快速聚集触发了大气新粒子形成事件，而 OOMs 进一步帮助新形成的颗粒的生长。2019 年，陈景文研究团队[158]理论研究了哌嗪（PZ）对基于 SA 的新粒子形成的增强潜力（图 14-6）。结果表明，PZ 在稳定 SA 团簇方面与一元胺类似，浓度在 ppt 水平上可促进基于 SA 的大气新粒子形成，且促进强度大于 DMA。当$(PZ)_1(SA)_1$团簇形成后，其主要通过逐步添加 SA 或 PZ 单体，然后添加$(PZ)_1(SA)_1$团簇的方式来增长。参与基于硫酸的新粒子形成是 PZ 的一个重要去除途径，可降低 PZ 发生氧化反应生成致癌性亚硝胺的产率，进而降低 PZ 的环境危害。

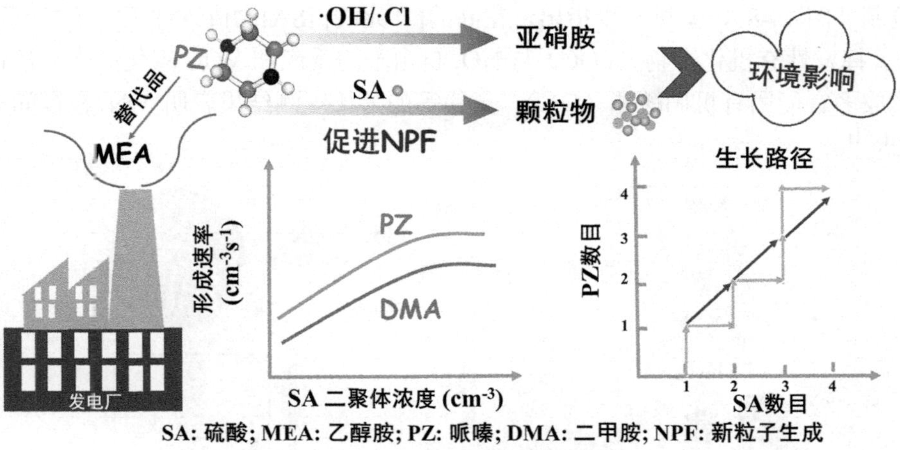

图 14-6　PZ 参与并促进基于 SA 的新粒子形成[158]

大气中含有大量的醇类物质，但因为考虑到醇类与主要成核前体物（例如 SA 和 DMA）的结合能力较弱，一般认为其在大气新粒子形成过程中所起的作用较小。2019 年，张秀辉研究团队通过理论研究发现[159]，在 SA、DMA 或水的催化下，特别是在干燥且含有大量醇类的高污染地区，甲醇（MO）与 SO_3 之间的催化反应可以将 MO 转化为挥发性较低的物质——硫酸甲酯（MHS），而这个物质通常被认为具有好的成核潜力。然而，模拟结果表明，MHS 的生成与 SA 的生成是两个平行竞争的过程，即 MHS 的生成会在一定程度上抑制大气中 SA 的形成。通过对比进一步发现，MHS 的成核能力不如 SA。综合考虑 SA 和 MHS 的竞争形成反应及其参与成核机制进行模拟研究表明，大气中大量 MO 的存在，可使新粒子形成速率降低两个数量级。因此，大气中大量醇类物质的存在会在一定程度上通过抑制 SA 的形成而进一步抑制新粒子形成过程，这种抑制作用表明，在大气模拟中需要考虑醇类物质与 SO_3 之间的催化反应，以便从 SO_2 来源更准确地预测 SA 的浓度（图 14-7），进而更准确的计算新粒子形成速率以及客观评估大气中醇类物质对新粒子形成的潜在作用。

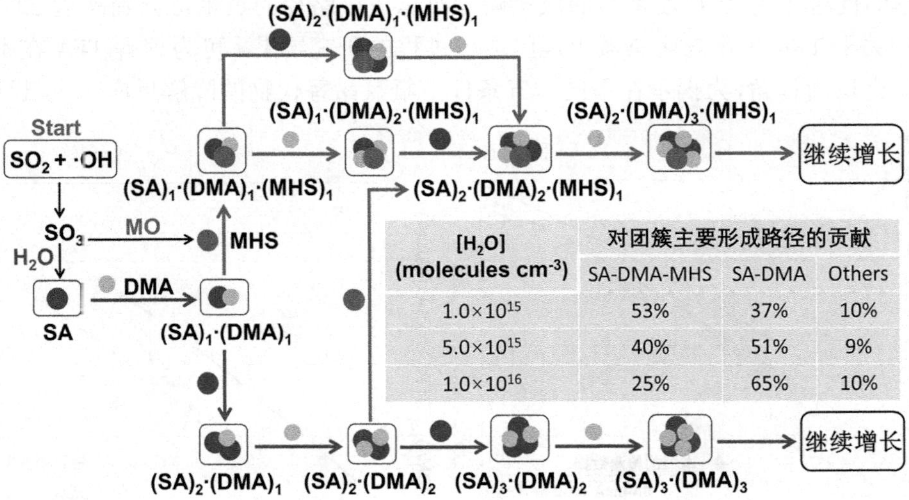

图 14-7　SA-DMA-MHS、SA-DMA 成核路径的对比[159]

二元羧酸在大气中广泛存在，但一直缺乏其参与气溶胶成核外场观测的证据。2020 年，胡敏研究团队[160]于冬季在华北平原的一个农村地区进行了综合测量，在低 SA 水平下观察到出乎意料的高成核速率，但已知的 SA-A 和 SA-DMA 机制都不能完全解释该现象。在此基础上，该研究团队提出了二元酸参与新粒子成核的新机制（图 14-8），并进一步指出，在高的[二元酸]/[SA]比值条件下，该机制可能在成核过程中占主导。此外，挥发性有机化合物（VOC）与 NO_3 自由基的反应和 VOC 氧化产生的活性中间体与 NO_x 的反应可导致形成多官能团有机硝酸酯（ON）。黄伟等的外场观测结果表明 ON 在夜间大气新粒子形成中发挥潜在作用[161]。

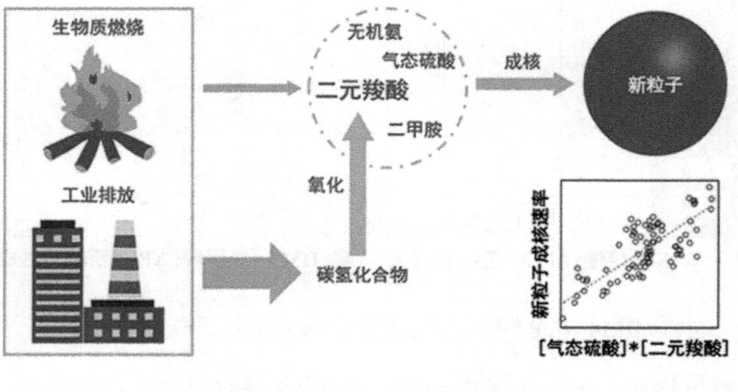

图 14-8　二元酸可以参与新粒子成核的机制[160]

三氟乙酸（TFA）是新型制冷剂氟氯昂替代物的降解产物，可在不同的大气环境中广泛存在。王琳研究团队与张秀辉研究团队[162]通过外场观测与理论模拟相结合，研究了 TFA 在气溶胶成核中的作用机制。研究表明，TFA 可促进污染城市大气中 SA-DMA 的成核过程（图 14-9）。由于不同的大气条件（成核前体物浓度、相对湿度和温度）可影响大气中的气溶胶成核过程，但不同的大气条件如何影响 TFA 在 SA-DMA 成核机制中的作用尚不清楚。张秀辉研究团队[163]进一步理论研究了不同城市地区 TFA 对粒子形成速率的影响作用（图 14-10），并系统阐明了成核前体物的浓度和温度对 TFA 在 SA-DMA 成核机制中作用的影响规律。研究发现，含 TFA 的团簇的增长趋势可随着温度的降低而增加。在相对较低温度(260 K)、较低 SA 浓度(1.0×10^6 molecules/cm^3)、较高 TFA 浓度(1.0×10^8 molecules/cm^3)和较高 DMA 浓度(1.0×10^9 molecules/cm^3)条件下（如冬季、较高的大气边界层和远离含硫污染物工业来源的大城市），TFA 对粒子形成速率的促进作用及 TFA 参与的成核路径对总成核路径的贡献可分别高达 227 倍和 95%。该研究丰富了前期关于 TFA 可参与污染城市地区成核过程的研究结果，可为理解 TFA 在不同大气环境成核机制中的作用提供新视角，为揭示在不同大气条件下氟氯昂替代物的降解反应对大气环境的潜在影响提供理论线索。

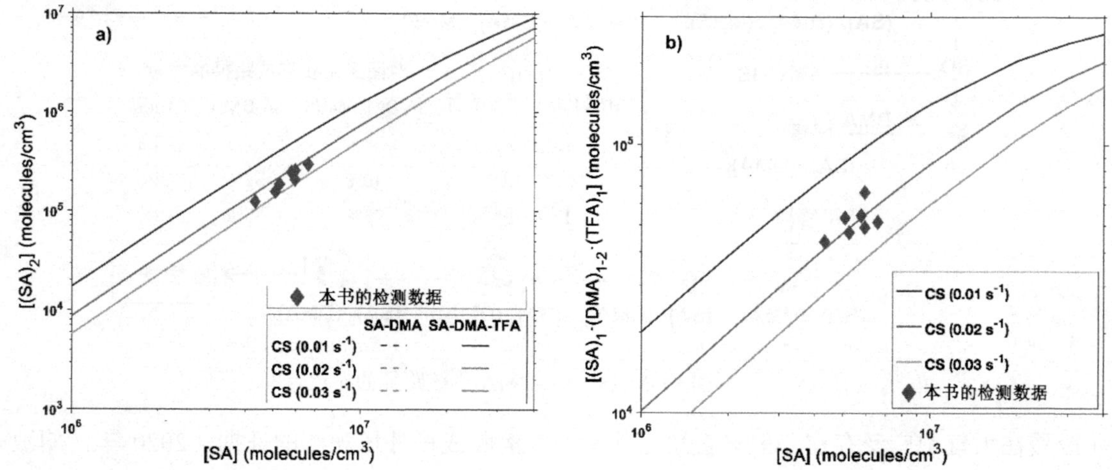

图 14-9　不同 SA 浓度时理论模拟（线）与大气外场检测(菱形)$(SA)_2$ 和$(SA)_1\cdot(DMA)_{1\text{-}2}\cdot(TFA)_1$ 的浓度[162]

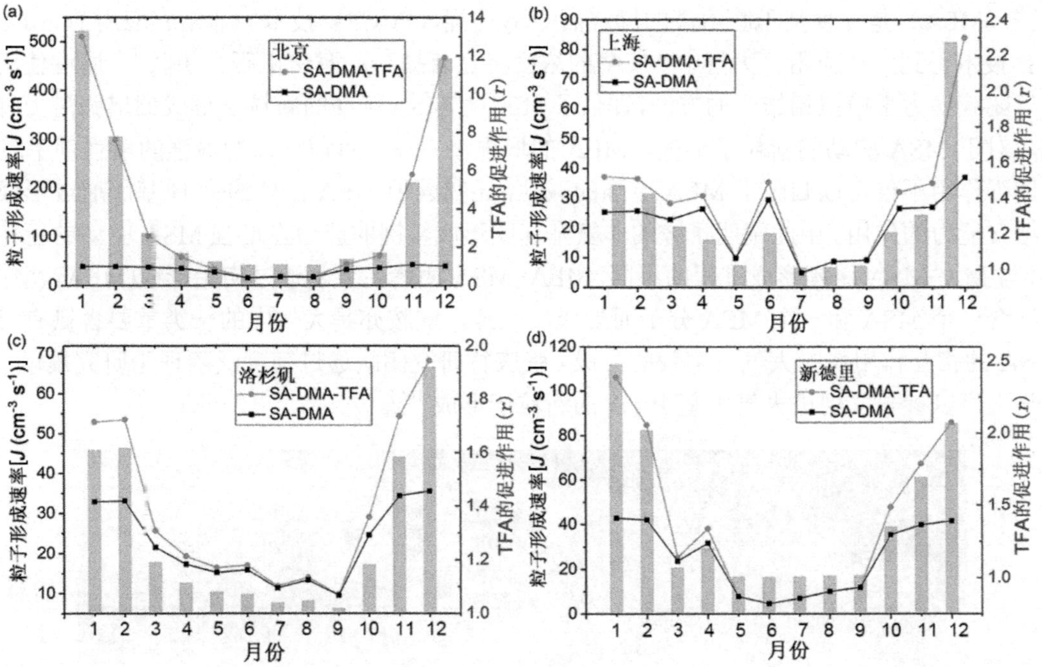

图 14-10　不同城市地区，TFA 参与 SA-DMA 成核的粒子形成速率（J，$cm^{-3}\ s^{-1}$）及 TFA 对 SA-DMA 粒子形成速率的增强强度（R，$R = J_{SA\text{-}DMA\text{-}TFA}/J_{SA\text{-}DMA}$）[163]

有机硫化物主要来自海洋、森林、农业活动，甚至人类呼吸，有机硫化物的氧化是甲磺酸（MSA）的主要来源。MSA 的大气浓度约为 10^5～10^7molecules/cm^3，约为 SA 浓度的 10%～100%。在典型大气条件下 MSA–H_2O 的二元体系的新粒子形成效率较低，MSA 对大气新粒子形成的贡献在很大程度上依赖于其他物种的增强效应，尤其是来自大气中的碱性分子。谢宏彬研究团队[164]通过使用理论计算方法对比研究了 DMA 和 MA 对 MSA 驱动的新粒子形成的增强能力（图 14-11）。结果表明，在团簇大小达 $(DMA)_2(MSA)_2$ 时，DMA–MSA 团簇比相应的 MA–MSA 团簇更稳定，说明胺的碱性在初始团簇形成中占主导地位。研究发现，DMA 的甲基在大于 $(DMA)_2(MSA)_2$ 团簇中存在显著的空间位阻，使得 DMA 形成氢键能力弱于 MA，因此，含 MA 的团簇比含 DMA 的团簇更容易生长。该研究表明，几种胺可以在团簇生长阶段发挥各自的优势，协同增强 MSA 驱动的大气新粒子形成。

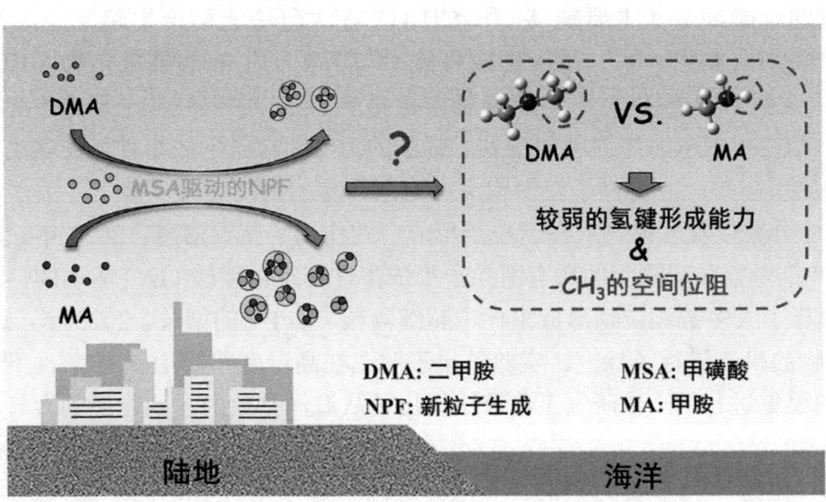

图 14-11　DMA 和 MA 对增强 MSA 驱动新粒子形成的结构效应[164]

乙醇胺（MEA）是一种基于胺溶液的燃烧后 CO_2 捕捉（PCCP）技术中非常有应用前景的捕捉试剂。一旦 PCCP 技术得到广泛应用，大气中 MEA 的浓度将显著提高。谢宏彬研究团队[165]通过使用量子化学计算和大气团簇动力学模拟相结合的方法，评估了 MEA 对 MSA 驱动的新粒子形成的增强潜力（图 14-12）。结果表明，对于 MSA 驱动的新粒子形成，MEA 的增强潜力高于目前已知的最强的增强剂甲胺（MA）。这种高的增强作用不仅可以归因于 MEA 更强的碱性，还归因于 MEA 额外的−OH 基团通过形成额外的氢键来增加结合能力的作用。由此阐明了胺的非氨基基团形成氢键的能力在增强 MSA 驱动的新粒子形成中的重要性。与 MA−MSA 团簇形成过程的不同，MEA−MSA 团簇主要是通过初始形成 $(MEA)_1(MSA)_1$ 团簇，然后交替结合一个 MSA 和一个 MEA 分子而形成。此外，酰胺亦是大气中的一类重要含氮有机污染物，可通过与 SA 的相互作用影响大气气溶胶的形成。张庆竹研究团队通过密度泛函理论研究发现，酰胺分子在一定程度上可以参与并促进大气中基于 SA 的新粒子形成[166]。

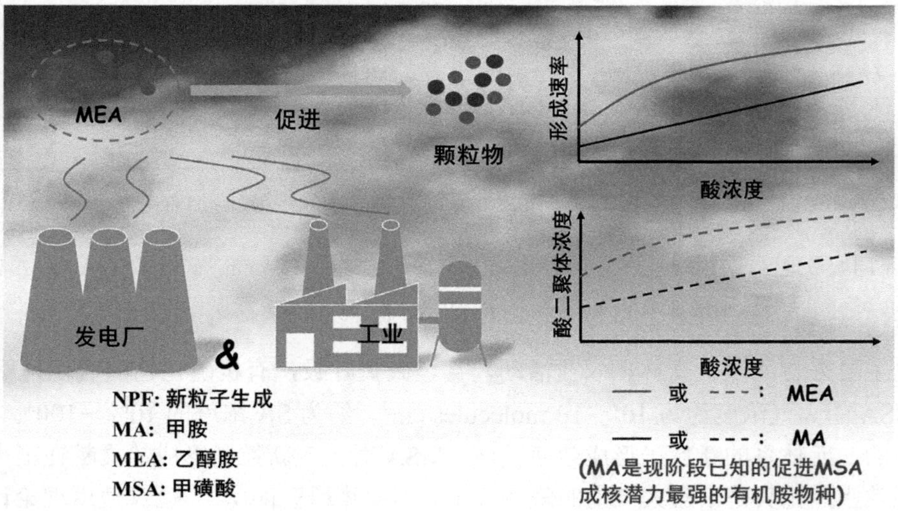

图 14-12　MEA 增强 MSA 驱动的新粒子形成[165]

14.5.2　海洋地区

海洋生物释放的含碘物质（主要是 I_2 和 CH_2I_2）在大气中光解产生碘原子，碘原子随即和 O_3、OH 自由基等氧化性物质发生一系列反应生成可能参与新粒子生成的碘氧化物（$I_2O_{3\sim5}$）和碘的含氧酸（$HIO_{1\sim3}$）[145]。大量研究表明[167,168]，含碘物质在海洋地区的大气新粒子形成中起着重要作用。2019 年，余欢研究团队[169]在中国东海岸地区观察到了强烈的大气新粒子形成事件，证实了该地区的新粒子形成事件是由含碘物质引起的，并提供了在中国沿海地区严重的大气污染环境下，关于气溶胶中的含碘物质的种类、粒子尺寸分布以及含碘物质在新粒子形成中的作用的重要信息。2020 年，Baccarini 等研究发现[170]，北冰洋 2018 年考察队观测到的所有新粒子形成事件都是由碘酸（IA）驱动的，而 SA 的贡献很小。IA 在很大程度上解释了大多数颗粒物形成事件中超细颗粒（UFP）的增长。2020 年，Martin 等[171]对碘氧化物形成大气颗粒物的机制进行了探究。实验结果表明，在高湿度和低 HO_x 的条件下，气粒转化是通过碘氧化物（I_xO_y）的聚集进行的。该研究工作首次提出了从海洋排放的含碘物质到大气粒子的热力学有利的转化机制。

亚碘酸（HIO_2）作为一类重要的碘的含氧酸，逐渐引起了研究者们的广泛关注。2021 年，何旭成等[172]利用云室进行实验研究发现，HIO_2 和 IA 分子可通过重复连续加入参与中性团簇成核过程。并且，

HIO_2可以稳定HIO_3的不带电团簇。而IO_3^-离子诱导成核主要涉及 IA 的连续加入过程。在相似的大气条件下，IA 粒子的成核速率甚至超过了 SA-A 体系新粒子成核速率。此外，该研究指出在相对原始和干净的区域，在 SA 或者 A 的浓度相对比较低的情况下，含碘物质的成核机制可能有重要的气候效应。尤其是，在人为硫排放将会越来越少的背景下，含碘物质参与形成颗粒物可能变得更加重要。

陈景文研究团队与余欢研究团队等[173]合作研究发现，在沿海区域 A 不仅可与 IA 发生相互作用形成团簇，而且还可通过催化I_2O_5水解来对团簇形成做出贡献（图 14-13）。在氨浓度高于 10^{10} molecules/cm^{3}的条件下，模拟的粒子形成速率远高于连续添加 IA 并随后脱水机制的粒子形成速率，并且该机制可以很好地解释中国浙江沿海地区观测到的团簇形成速率。张秀辉研究团队[174]通过量子化学计算和 ACDC 模拟相结合的研究方案，对 IA 体系、IA-SA 和 IA-A 二元体系的成核过程进行了系统的研究，揭示了在清洁海岸地区 IA 的自成核机制以及和受污染的海岸地区 SA 和 A 对 IA 成核的影响。研究发现，在清洁海洋地区，IA 分子之间主要通过卤键和氢键形成稳定的、能够继续增长的团簇。而在受污染的海岸地区，SA 和 A 的浓度较高。SA 分子可以通过与 IA 分子形成卤键和氢键的方式稳定 IA 团簇，并且可以极大地促进团簇的形成速率。IA-SA 二元成核对团簇形成的贡献较大，并且随着温度的降低而增大。因此，在受污染的海岸地区，IA-SA 二元成核是重要的成核机制。A 分子可以通过质子转移的方式稳定 IA 团簇。当 IA 和 A 浓度都较高时，A 可以促进 IA 的成核，而当 IA 浓度低于 A 时，A 对 IA 的成核则呈现一定的抑制作用。IA-A 二元成核对团簇形成的贡献可随温度的降低而增大。因此，在受污染的海岸地区，IA-A 二元成核是不可忽视的成核机制。

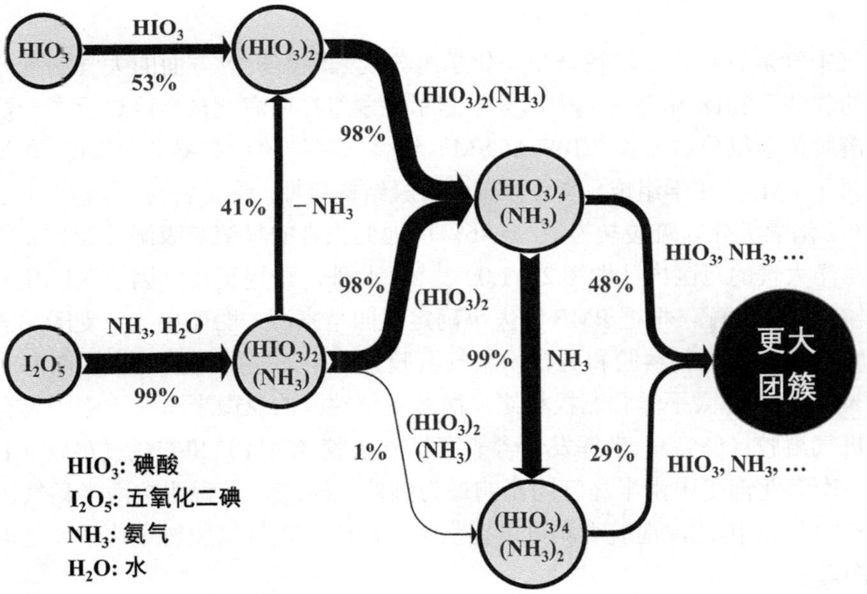

图 14-13　在 $T = 278.15$K，c（IA）= 10^8 molecules/cm^3，c（A）= 5.3×10^{10} molecules/cm^3 和 c（I_2O_5）= 10^5 molecules/cm^3 条件下，ACDC 模拟的 IA-A 团簇的成核路径[173]

含硫物种对海洋地区气溶胶的形成有着深远的影响。甲基亚磺酸（MSIA）作为海洋中最重要的有机硫成分之一，已经受到了人们的关注。然而，其在新粒子形成中的潜在作用仍未在分子水平上得到完全阐明。张秀辉研究团队[175]利用量子化学计算与 ACDC 模拟相结合，研究了不同大气条件（不同温度和前驱体浓度）下 MSIA 对成核过程的影响。研究发现，一方面，MSIA 可以通过促进 SA 与 DMA 之间的质子转移，提高 SA-DMA 团簇的热力学稳定性；另一方面，MSIA 可以提高基于 SA-DMA 团簇的形成速率。此外，MSIA 不仅可通过“催化”机制促进小团簇的生长，而且可直接参与临界团簇的形成。该研究表明，

MSIA 对较低 DMA 浓度和较高 MSIA 浓度的地区的成核起着重要作用。

2020 年，Beck 等[176]在两个不同环境的北极站点都观察到了新粒子的形成事件。研究发现，在 Svalbard 地区，气溶胶主要是通过 SA 和 A 的离子诱导成核，而随后的增长机制则与季节有关。春季主要通过 SA 和 MSA 冷凝增长，而在夏季则是通过高度氧化有机物冷凝生长。相比之下，在 Villum 周围的冰覆盖区域，观察到由 IA 驱动的新粒子形成，但其浓度不足以使成核粒子生长到云凝结核大小。

14.6 海洋气溶胶

海洋约占地球表面的 71%，海洋飞沫气溶胶（sea spray aerosol，SSA）是直接从海洋排放的一次颗粒物质，主导着海洋边界层的气溶胶质量，是大气中最丰富的天然气溶胶之一，对辐射平衡和全球气候变化具有重大贡献。据估计，全球 SSA 的年排放量约为 0.02～1×10^{12} kg/a[177]。这种优势使 SSA 成为气候变化的重要参与者。随着国内外专家学者对海洋气溶胶的产生途径、粒径分布、化学成分、混合状态和大气转化越来越感兴趣，揭示 SSA 的物理、化学以及光学特性对于提高气候模型的准确性和更好的了解气候变化至关重要。

14.6.1 海洋气溶胶的外场观测研究

针对海洋大气中气溶胶颗粒的粒径分布、化学组分及来源解析等方面的大气测量分析增加了我们对海洋气溶胶特性的理解。2018 年夏季，中山大学赵军课题组在南海北部地区进行了一次舰载巡航活动，利用飞行时间气溶胶化学组分监测仪（ToF-ACSM）结合云凝结核计数器（CCNc）和扫描电迁移率粒径谱仪（SMPS）测量了 PM_1 的化学组成、粒径分布和云凝结核活性。结果表明，气溶胶粒子呈现 60～80 nm 为中心的单峰分布，化学组分以硫酸盐为主（～46%）。他们报告的气溶胶吸湿性参数 κ 的平均值约为 0.4，这在城市和偏远海洋大气的范围内（即 0.2～1.0）[178]。此外，采用正矩阵因子（PMF）分析模型进一步进行了亚微米颗粒的来源分配，根据 PMF 的大小确定了四个来源：船舶尾气、受船舶影响的海洋一次气溶胶、受陆地影响的海洋二次气溶胶和混合积聚气溶胶。其中，船舶排放对中国南海的气溶胶质量具有显著影响，约占 44%。与北太平洋和北极相比，南海北部地区的亚微米海洋气溶胶具有高度氧化性，由低挥发性含氧有机气溶胶（68%），半挥发性含氧有机气溶胶（21%）和类烃气溶胶（11%）组成。气团的后向轨迹显示，南海北部受中南半岛气团影响最为频繁（64.7%），说明中南半岛气团污染对南海北部夏季大气有显著影响[179]。因此，巡航观测可以提供关于海洋大气气溶胶物理化学特性的宝贵数据，以便更好地了解其来源。

关于海洋气溶胶中水溶性有机物（WSOM）的来源和组成的分子水平上的研究取得了一定的成果。Bao 等利用超高分辨傅里叶变换离子回旋共振质谱（FT-ICR-MS），在中国近海和西北太平洋收集的海洋气溶胶中鉴定了约 1 万个分子式。尽管分子组成差别很大，但主要有四个不同的来源，包括海洋生物来源，二次有机气溶胶，土壤衍生的有机物质以及生物质和化石燃料燃烧衍生的多环芳烃和不饱和化合物。特别地，西北太平洋（受海洋影响）气溶胶富含海洋飞沫衍生的有机物，其分布广泛，可能与海洋生物活动有关；而中国近海海洋气溶胶表现出更高的有机硫酸盐比例[180]。这项研究为西北太平洋上空的海洋气溶胶提供了详细的分子组成和来源信息，可用于了解沉积在海面的 WSOM 的组成。天津大学傅平青课题组在从中国南海到东印度洋的一次巡航期间采集了海洋气溶胶样品并进行了二元羧酸和相关化合物的研究。在研究中发现，草酸（C2）是优势二酸，其次是丙二酸（C3）和琥珀酸（C4）；当气团来自陆地区域时，二元羧酸的浓度要高于来自偏远海洋区域的气团；并且发现从海洋表面释放的生物挥发性有机化合物的氧化和随后的光化学氧化是其主要贡献者[181]。

近年来，极地地区海盐气溶胶的研究也受到越来越多的关注，特别是高分辨走航观测技术的突破和应用，为极地地区海洋气溶胶的生成机制及环境行为研究提供了有力的保障。Yan 等[182,183]利用自主搭建的高分辨走航观测系统，首次在南大洋开展气态和颗粒态甲基磺酸（MSA）的同步观测，发现南大洋上空气态 MSA 在海洋生源硫循环中的作用被严重低估，揭示气态和颗粒态 MSA 在大气中存在可逆过程，并揭示了 MSA 在细颗粒表面的生成具有选择性，为探究二甲基硫（DMS）的氧化及 MSA 的生成提供了新的认知。此外，在极地地区，海冰的消融也是影响生物源海洋气溶胶生成的重要因素。Yan 等研究发现，南大洋海冰覆盖率从 85%下降到 30%时，海盐粒子的排放量增加了约 30%，同时海冰消融使得生源气体释放量增加导致了生源气溶胶含量增大[184]。中国科学技术大学谢周清课题组开展了从南极到北极的全球海洋边界层海盐气溶胶时空分布特征的长期观测（2008～2018 年），观测范围包括北冰洋、白令海、西北太平洋、东印度洋以及南大洋等海域。基于观测结果，发现北冰洋的海盐气溶胶浓度的年变化趋势与海冰覆盖变化趋势一致；白令海的海盐气溶胶浓度的年变化趋势与海表面温度的变化趋势一致；并且不同纬度海区的海盐气溶胶浓度有显著差异。通过将观测结果与 GEOS-Chem 模型模拟对比，发现模型普遍低估了海盐气溶胶的浓度，特别是南大洋地区，低估了 60%以上。进一步的研究发现，这种低估与海-气温差显著相关，提出海表大气的稳定是影响不同区域海盐气溶胶浓度差异的主要原因[185]。这项研究获得了大量的高质量观测结果和发现，将促进野外观测和实验室模拟开发适合的模型参数，对于揭示海盐的海气排放具有重要意义。

我国学者对沿海地区大气细颗粒物的观测研究也取得了实质性的进展。山东大学杜林课题组以青岛为例，分析了 2019 年冬季 $PM_{2.5}$ 中的水溶性无机离子和水溶性有机化合物的化学组成。分析发现 NO_3^-、NH_4^+和 SO_4^{2-}占总离子质量的 78%，其中 NO_3^-占主导；$[NO_3^-]/[SO_4^{2-}]$的值高达 2.42 ± 0.84，说明移动源在当地污染物排放中起着重要作用。通过平行因子分析模型，在 WSOC 中鉴定出 6 种类型的荧光团，均为类腐殖质物质。冬季腐殖化指数、生物指数和荧光指数分别为 1.66 ± 0.34、0.51 ± 0.44 和 1.09 ± 0.78，表明青岛 WSOC 以陆源有机质为主。总体而言，虽然研究区靠近海洋，但陆源对 $PM_{2.5}$ 的贡献，尤其是汽车尾气和煤炭燃烧的贡献，仍远高于海洋源。中国海洋大学姚小红团队就青岛地区 2014～2018 年的季节性平均 $PM_{2.5}$ 浓度进行了分析，其中 2015 年冬季浓度最高，而青岛本地排放量平均仅贡献了 25%，来自北部和西部的远程传输几乎占了一半[186]。研究还表明，交通运输贡献对空运轨迹很敏感，并依此提出了青岛市短期空气质量改善中基于交通轨迹的有效排放控制的建议。

14.6.2　海洋气溶胶产生的实验室模拟研究

海洋气溶胶的产生可以分为一次海盐气溶胶和二次海洋气溶胶。风应力会引起波浪破碎，将气泡夹带到海洋表面。气泡破裂时产生的膜滴和射滴是 SSA 颗粒的主要来源[187]。膜滴粒径一般小于 1 μm，主要集中在 0.2 μm；在形成膜滴的过程中，气泡跃出海面时在海面上留下空穴，周围海水迅速填充使其内部压力释放而形成大小在 1～25 μm 的射滴；当强风（大于 10 m/s）掠过海面时，气流与海水之间的摩擦力直接导致海水表面裂解而产生粒径较大（20 μm 以上）的裂滴，但裂滴在大气中的停留时间极短，在大气化学和气溶胶-气候相互作用的研究中一般不考虑。而二次海洋气溶胶主要是通过气粒转化形成，海水向大气排放的二甲基硫、异戊二烯等挥发性有机物（VOCs）会被 OH 自由基、臭氧等大气氧化剂氧化，形成硫酸盐二次气溶胶和二次有机气溶胶[188]。最新的研究表明，二次海洋气溶胶对于海洋大气云凝结核的贡献可能要大于一次海盐气溶胶[189]。

目前，不同的研究者已经开发了几种基于实验室的生成海洋飞沫气溶胶颗粒的方法。包括将空气推过烧结玻璃过滤器（称为气泡破裂法）；加压雾化器，将骤降的瀑布或射流撞击到海水表面（称为射流瀑布法）；以及在较大的通道内产生波浪，通过激起的波浪产生海洋飞沫气溶胶颗粒（称为破碎波）。海表风速、盐度、气温、水温、生物活度以及海水表面活度都是影响海盐粒子气溶胶组成特征及混合状态的重要因素。研究表明，无机成分如 Na^+、Cl^-、SO_4^{2-}等是海盐粒子气溶胶的主要成分，但是在生产力较高的海域，有机成分如一元/二元羧酸、糖类以及生物碎片等，也对海盐粒子气溶胶贡献很大[190]。如 O'Dowd 等研究表明：北大西洋夏季藻类暴涨期泡沫破碎产生的颗粒物中有机成分高达 63%，然而在冬季低生产力时期有机组分占比仅为 15%[191]。复旦大学王笑非等对海盐气溶胶的化学组成进行了详细的研究，发现亚微米级海盐气溶胶的有机物主要由脂类物质组成[192]。这些物质由浮游植物产生，且不易溶于水，聚集在水气界面上。在气泡破裂时，脂类物质便可富集在海盐气溶胶中。海水中的细菌可以通过生物酶对这些脂类物质快速分解，因此海水中生物酶可以控制海盐气溶胶的有机质含量。Zhou 等发现[193]，不仅海浪可以产生海盐气溶胶，雨水撞击海面也可以产生气泡，从而产生大量的海盐气溶胶。

山东大学杜林课题组自主搭建了一套气泡破裂式-海洋气溶胶发生器（图 14-14），并对其包括气体流速、烧结玻璃过滤器的水下深度、孔径和孔径跨度以及水的盐度等在内的参数进行表征，探讨了不同的有机物（丙二酸，*D*-果糖和丙二酸钠）对 SSA 生成的影响。研究结果表明，丙二酸能促进海洋飞沫气溶胶颗粒的生成；*D*-果糖能促进海洋飞沫气溶胶的产生，并显著增加几何平均粒径，这可能与其玻璃态的性质导致的颗粒溶胀有关；而丙二酸钠不仅能显著提高 SSA 的产量，还改变其形态[194]。将不同条件下产生的海洋飞沫气溶胶与文献中的相关测量结果进行比较，结果表明，烧结玻璃过滤器产生的海洋飞沫气溶胶颗粒符合真实海洋环境中膜滴产生的亚微米级海洋飞沫气溶胶。在此基础上，还设计了一套射流式-海洋气溶胶发生器（图 14-14），并探究了不同分子量的人工合成表面活性剂聚乙二醇（PEG）对亚微米 SSA 性质的影响。结果发现，PEG 的加入会抑制 SSA 的生成，并增大几何平均粒径；但高浓度的 PEG_{600} 会促进 SSA 的生成，这说明聚合物的分子量和浓度会影响 SSA 的生成效率。透射电镜图像显示，加入 PEG 可显著改变 SSA 中盐核的结构。PEG 在 SSA 中表现出明显的富集现象（EF = 92.9～133.4）。Sha 等也使用射流式-海洋飞沫气溶胶模拟装置测定了全氟烷基物质（PFAAs）的水浓度对其在 SSA 中粒径分辨的富集的影响。结果发现，在各种尺寸的 SSA 中，它们的质量都与模拟装置中 PFAAs 水浓度呈很强的线性关系，但水浓度变化对富集因子几乎没有影响[195]。

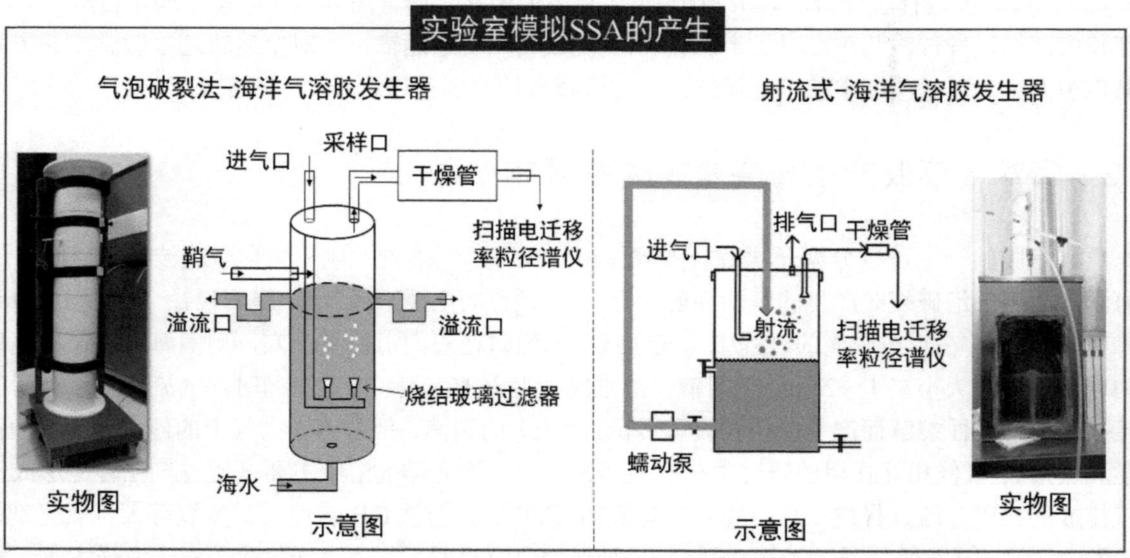

图 14-14　两种实验室模拟产生海洋飞沫气溶胶的装置实物图和示意图

二次海洋气溶胶一般被认为主要是由海水中的浮游植物和细菌向大气中排放的 DMS 氧化后形成的硫酸和甲基磺酸二次气溶胶。最近，Veres 等发现 DMS 的氧化产物 HPMTF（hydroperoxymethyl thioformate）也可以形成二次气溶胶[196]。Mayer 等利用流动管反应器研究了二次海洋气溶胶的生成，他们发现二次海洋气溶胶的化学组分主要是硫酸铵和少部分有机物，气溶胶的产率、化学组分和云凝结核性质与海水中的叶绿素含量有强的相关性[197]。

14.6.3　海洋气溶胶的表面化学研究

被表面活性有机物包裹的 SSA 通常具有“反胶束”结构，它由有机分子形成的疏水表面和一个水相内核构成（图 14-15）。表面有机膜的分子组成和排列的紧密程度会影响其对水分子和痕量气体的透过性，从而改变气溶胶的吸湿特性、云凝结核活性、辐射吸收和散射以及与大气气体的反应性等。通过对 SSA 表面有机膜的实验室模拟和界面特性的红外光谱研究，可以获得其气-液界面上表面活性分子之间、表面活性分子和液相离子之间，以及水溶性有机物之间的相互作用等关键化学过程的信息，进而探讨有机膜对 SSA 大气过程的影响。

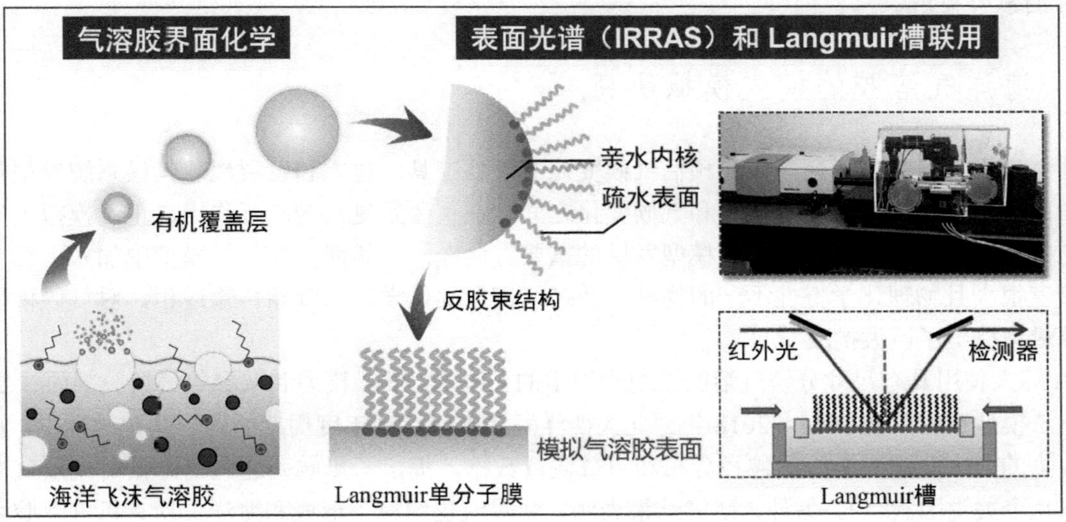

图 14-15　表面光谱法在模拟气溶胶表面有机膜及界面化学反应中的应用

表层海水是有机物最重要的汇和传输媒介。Cheng 等报道了溶解性有机污染物如全氟辛酸通过与单分子层的相互作用，从而实现亲水性有机物在气溶胶表面有机膜中的富集，这种掺杂可促进其海-气传输以及向内陆和极地地区的转移；全氟羧酸的引入还会改变有机膜在 SSA 界面的排布，进而影响发生在界面的一系列非均相化学过程[198]。同时，这项研究结果也说明了 SSA 在持久性、水溶性和表面活性物质全球输运中的作用。此外，Cheng 等[199]还探究了甾醇对 SSA 表面特性的影响，结果发现，甾醇分子的引入会使本来高度有序的硬脂酸（SA）单层发生膨胀，且由于甾醇较大的疏水部分会导致链堆积更加松散。不同烷基链长度、头基和海盐对于 SSA 表面单分子膜相行为和分子堆积的影响也得到了进一步的研究[200]。Carter-Fenk 等通过结合表面敏感的红外反射吸收光谱和全原子分子动力学模拟对驱动藻酸盐共吸附到海表微层的二价阳离子桥连相互作用进行了详细的实验和计算表征，结果发现，Ca^{2+}最大限度地诱导了藻酸盐共吸附到单层，而 Mg^{2+}由于其强水合倾向对海藻酸盐的共吸附作用较弱，单独的 Na^{+}不能促进藻酸盐的共吸附[201]。这些结果也为研究 SSA 中多糖富集的潜在机制提供了重要的物理和化学见解。

SSA 的形成过程不仅有海盐和有机物的参与，同时也伴随着大量生物酶、细菌和病毒等活性物质的海-气传输。预计这些物质也会深刻影响 SSA 界面的化学组分和特性。Xu 等揭示了洋葱伯克霍尔德菌脂肪酶掺入到海洋气溶胶有机涂层的潜势及引起的界面特性的变化。根据表面压-面积（π-A）曲线的结果，当注入脂肪酶溶液之后观察到曲线向分子面积增大的方向移动，这表明脂肪酶能够掺入到硬脂酸膜中引起单层扩张，且这种扩张现象在酸性条件（pH = 2.5）下更为明显。红外反射吸收光谱（IRRAS）的结果表明，随着酶浓度的增加，硬脂酸的亚甲基伸缩振动峰的强度和有序性降低，说明含有更多的 *gauche* 构型[202]。这种由酶分子掺入引起的膨胀和紊乱现象会促进气溶胶对水的吸收，继而影响海洋气溶胶的反应性和光散射等特性。

表面光谱方法也已经成功应用到实验室小型原位处理藻华的研究。SSA 的组成和寿命是由海-气界面的分子和生物复杂性驱动的。Rogers 等通过耦合表面成像和光谱技术探究了海洋藻华过程中相关生物过程的界面结构变化。表面特异性和频振动光谱结果显示，随着藻华的发展，表面水分子的 OH 键摇摆振动强度显著降低，这与海-气界面上有机分子的分配和取代水一致。特别地，观察到在 3500～3600 cm^{-1} 出现一个新的宽带，这是由于水与表面活性生物物质之间的弱氢键相互作用引起的。IRRAS 进一步证实了表面有机分子的存在，随着时间的推移，观察到烷基振动模式的增强和蛋白质的酰胺带的出现[203]。同时，这项研究通过跟踪小规模实验室海洋藻华的界面变化也提供了揭示 SSA 组成的时间复杂性的额外见解。

14.6.4　海洋气溶胶的模式模拟研究

地球气候系统模型是预测气候和预估气候变化的重要工具，建立和发展地球气候系统模型是国内外地球科学研究的前沿领域。大气化学和气候变化之间存在重要且复杂的相互作用，正确模拟大气化学过程及其与气候的相互作用是当前气候模型发展的重要方向之一。然而，在气候模型中加入上百个生命时间尺度跨度很大且物理化学特性不一的物种，并在线模拟其化学、沉降和传输过程，对气候模型的复杂度和计算量都提出了巨大挑战。

Croft 等人使用具有尺寸分辨气溶胶微观物理学的 GEOS-Chem 模型和双参数气溶胶剖面（TOMAS）微物理算法模型解释了在 2015～2018 年西北大西洋海洋生物活动年度周期的四个关键时期中，从船舶和飞机上收集的北大西洋气溶胶的粒径分布和组分测量数据，提出了影响西北大西洋低对流层气溶胶数量和大小的几个关键因素[204]。另外，研究结果表明，低对流层的粒子形成和海洋二次有机气溶胶生长的协同作用对在大西洋西北部具有显著区域辐射效应的云凝结核大小的粒子有很大贡献。

Horowitz 等运用 GEOS-Chem 全球化学传输模型在两种排放情景（212 和 569 Tg/a）下，模拟了作为对流层反应性卤素最大来源的海盐气溶胶在热带海洋边界层中的排放，并量化其对大气化学和辐射强迫的影响。他们发现，额外的海盐会导致全球对流层臭氧负荷减少 3%～6%，同时会使甲烷增加 3%～6%，总的来说，额外海盐的化学效应对地球能量平衡的净影响接近于零，但可能对热带沿海地区的表面臭氧污染有潜在影响[205]。

北京大学张霖团队历时近 5 年，完成了大气化学模型 GEOS-Chem 与国家气候中心开发的 BCC-CSM 气候系统模型的在线耦合，开发了全球大气环流-化学模型 BCC-CSM-Chem v1.0，标记着在我国气候模型实现在线模拟全球复杂大气化学过程的一个重要进展。该模型包括了海盐和矿物粉尘排放的空间分布，其年排放总量分别为 3963 和 1347 Tg，与先前的预测一致[206]。该模型模拟的对流层一氧化碳、二氧化氮、甲醛、二氧化硫、气溶胶光学厚度也与观测结果有较好的吻合，体现了 BCC-CSM-Chem v1.0 模型对大气动力和化学均具有良好的模拟能力，具有广泛的应用前景，如应用于未来尤其是长时间尺度大气化学情景和空气质量预测等。

14.7　生物质燃烧排放 HULIS 的分子组成和吸光特征

外场观测和实验室模拟研究均表明，生物质燃烧是大气 HULIS 的重要来源[207,208]。生物质燃烧等低温、不完全燃烧过程会排放高浓度的 HULIS[4,5]。不同生物质种类、含水量和燃烧条件下，生物质燃烧排放 HULIS 的浓度水平和吸光特性存在差异[209,210]。生物质燃烧排放 HULIS-C 占水溶性有机碳（water-soluble organic carbon，WSOC）的 36%～66%[211,212]，HULIS 是生物质燃烧排放 WSOC 中的主要吸光组分[212]。在生物质燃烧影响下，大气颗粒物在 400 nm 波长的吸光增加 2 个数量级[213]，生物质燃烧烟羽的传输对 1～12 km 对流层大气内的 BrC 有重要影响[214,215]。

14.7.1　HULIS 的提取和测量技术

1）HULIS 的提取

大气 HULIS 的组成复杂，目前还难以对其所有组分进行分离和测量，其定义也多是基于提取和分离方法的操作定义。基于 HULIS 极性、分子量或酸性等性质与其他组分的差异可以对 HULIS 进行分离，通常运用的分离和提取方法包括离子交换色谱法（ion exchange chromatography，IEC）、固相萃取法（solid phase extraction，SPE）、反相液相色谱法（reversed phase liquid chromatography，RPLC）和空间排阻色谱法（size exclusion chromatography，SEC）等。目前运用最为广泛的是基于分子间极性差异对不同组分进行分离的固相萃取法，固相萃取过程通常可以有效去除离子和极性较强的低分子量有机酸，进而分离得到分子量较大、极性较低的 HULIS 组分[216]。

固相萃取过程运用的固相萃取小柱包括：C-18（ENVI-18）、HLB、XAD 和 DEAE 等不同型号。C-18 柱是在硅胶上键合十八烷基作为固定相颗粒物的萃取柱，适用于非极性到中等极性化合物的分离；HLB 柱是由亲水单体（*N*-乙烯吡咯烷酮）和亲脂单体（二乙烯基烷）按照一定比例聚合而成，具有亲水性和疏水性的特点，对极性化合物有优异的保留能力；XAD 树脂吸附分离是根据有机组分的极性差异进行富集分离的方法，也是国际腐殖酸协会推荐的标准方法之一。Fan 等对不同固相萃取小柱分离得到的 HULIS 组分进行分析，发现 ENVI-18、HLB、XAD-8 小柱均可以分离得到较纯的 HULIS 组分，且具有重现性好、回收率高、检测限低的优点[217,218]。不同 SPE 小柱分离得到的 HULIS 组分在化学组成和结构上有很高的相似性，但并不完全相同，如 HLB-M 分离的组分中含更多的 O-C-H 基团；XAD-8 分离的组分中含更多的疏水基团和芳香环结构的物种。但 DEAE 提取的 HULIS 组分中存在一定量的盐的残留，可能限制了后续分析手段的选择，而不及其他三种填充柱对类腐殖质的分离能力。

2）HULIS 浓度的测量

HULIS 浓度的定量方法主要包括：重量法（gravimetry）、紫外-可见光谱法（UV-Vis）、总有机碳分析法（total organic carbon，TOC）和蒸发光散射检测法（evaporative light-scattering detection，ELSD）。

重量法由于需要将提取物氮吹后测量质量差，操作费时且需要较大样品量，样品量较小时会存在较大误差。UV-Vis 是基于 HULIS 在特定波长下的吸光性进行定量分析，通常用萨旺尼河黄腐酸（suwannee river fulvic acid，SRFA）或北欧黄腐酸（nordic aqueous fulvic acid，NAFA）作为标准物质，利用 HULIS 的吸光组分进行定量。但 HULIS 与标准物质在 240 nm、250 nm、285 nm 或者更长波段（＞300nm）的吸光性存在差别，HULIS 可能因此被低估[219]。

TOC 法是利用 TOC 分析仪对 HULIS 中的碳进行分析，即 HULIS-C，再通过乘以一个 HULIS/HULIS-C 系数得到 HULIS 的总质量浓度。这种方法由于操作较为简单，并可以与有机碳（OC）、元素碳（EC）和水溶性有机碳（WSOC）等含碳组分进行比较，因此被广泛应用。这种方法的不确定性主要来源于 HULIS-C 与 HULIS 的质量转化系数（1.81～2.5）[220,221]。固相萃取法提取的 HULIS 组分这一系数在 1.8～2.3 的范围内：如城市地区 1.81[221]，乡村地区 1.93[222]，乡村收获季节 1.94[216]，热带地区的生物质燃烧 2.04[223]，广州城市地区 1.89～2.28[224]。由于质量转化系数的不确定性，TOC 方法的测量结果不适用于不同提取方法或不同环境下 HULIS 浓度的比较。

蒸发光散射检测器是一种质量检测器，该方法的特点是响应值仅与被测量物质浓度有关，而与被分析物官能团和光学性质等无关。Emmenegger 等（2007）首次运用 ELSD 方法对 HULIS 组分进行定量分析[225]；Lin 等（2010）研究表明，运用 ELSD 方法定量分析时，其响应值不受待测物结构的影响，且该方法可以直接用于大气颗粒物中低浓度 HULIS 的测量[14]。ELSD 方法不仅消除了前溶剂峰的干扰，而且可进行梯度洗脱，流动相及挥发性较强的低分子化合物在蒸发器内挥发，测量基线平稳。ELSD 方法对 HULIS 浓度进行直接测量，无需乘以质量转化系数进行换算，适用于结构未知或缺乏标准物质的化合物总质量的测量；但该方法的测量结果无法直接用于与其他含碳组分间的比较，使其应用不及 TOC 方法广泛。

3）HULIS 分子组成和吸光特性的表征

超高分辨率质谱与软电离源相结合为在分子水平上识别和分析 HULIS 中复杂的分子组成提供了有效手段。高分辨率质谱与气相色谱、液相色谱、紫外光谱等分离或分析手段中的一种或几种串联还可以将有机物按照不同分子量、极性等进行分离，对不同组分进行识别、定量或对某些性质进行分析。

HULIS 的紫外光谱图与腐殖酸类似，都是随着向长波方向移动，吸收逐渐减弱；但与腐殖酸相比，HULIS 吸光随波长的增加衰减更快，在可见光区的吸收很弱[226]。基于不同官能团在特定波长的吸光，光谱分析可以对不同官能团结构进行识别和测量。

高分辨率质谱可以一次测量出上千种有机物，结合色谱技术等，还可以将有机物按照不同分子量、极性等进一步分离、识别并定量。因此通过联用的方法可以获取目标分子的信息，进一步探究 HULIS 的来源和生成机制。目前较为先进的技术是将高分辨率质谱与高效液相色谱的分离功能及二极管阵列检测器的连续波长吸光测量功能相结合，对 HULIS 进行分物种的分离、识别和定量[227]；该技术对 HULIS 的理化性质表征有明显优势，在分离吸光物种后，得到单个物种在连续波长下的吸收光谱，还可以对目标分子进行光吸收和化学组成的同步测量[228]。

14.7.2 生物质燃烧排放 HULIS 的分子组成和吸光特性

HULIS 是生物质燃烧排放碳质气溶胶中的重要组分。中国作为农业大国，收获季节存在大量的秸秆露天燃烧现象。研究表明，中国每年有 110～158 Tg，即 17%～26%的农作物秸秆被直接露天焚烧处理。其中两种主要的粮食作物是玉米和小麦。

玉米和小麦秸秆燃烧的 OC 排放因子为 4.6 g/kg 和 3.9 g/kg，有机碳中 57%和 68%为水溶性组分，其中 HULIS-C 占 WSOC 的 53%和 46%。低分子量有机酸是水溶性有机物的重要组分，定量的低分子量有机酸占总 WSOM 质量的 0.84%（玉米秸秆）和 0.88%（小麦秸秆）。乙酸、甲酸、丁二酸、草酸的排放因子分别为 13.3±13.9 mg/kg、4.1±3.3 mg/kg、8.8±10.6 mg/kg、2.2±1.1 mg/kg（玉米秸秆）和 13.0±14.5 mg/kg、4.7±5.3 mg/kg、9.9±13.5 mg/kg 和 3.1±1.9 mg/kg（小麦秸秆）；丙酸和甲磺酸的浓度低于离子色谱检测限，未被检出（图 14-16）。

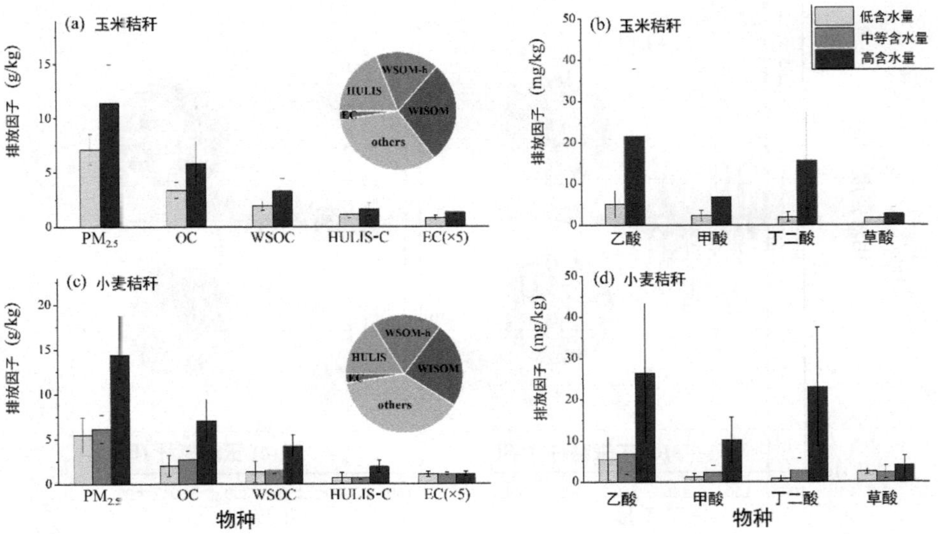

图 14-16　（a，b）玉米秸秆和（c，d）小麦秸秆燃烧排放 $PM_{2.5}$、OC、WSOC、HULIS-C、EC 和低分子量有机酸的排放因子，饼图表示玉米或小麦秸秆燃烧排放 $PM_{2.5}$ 中主要碳质组分的占比[229]

1）生物质燃烧排放 HULIS 的分子组成特征

结合实验室模拟和实地采样，对秸秆燃烧排放 HULIS 中的含氮有机物（nitrogen-containing organic compounds，NOCs）开展研究。实验室模拟生物质燃烧排放，收集的颗粒物未经老化，为新鲜排放的一次颗粒有机物（fresh BBOA）；在秸秆燃烧活动下风向约几千米的采样点收集颗粒物样品，为实际大气条件下老化的有机气溶胶（aged BBOA）。通过对新鲜和老化 BBOA 中检测到 HULIS 物种的精细化分析，在实验室模拟样品中检测到的物种来源于一次排放；在实地采样中检测到而实验室样品中未检出的物种则为生物质燃烧排放组分的氧化二次生成，即老化的 BBOA。

生物质燃烧排放有机物的水平和特征可能受燃料种类、燃烧状态影响，为选取具有代表性的生物质燃烧一次排放样品，将不同生物质秸秆（玉米、小麦）种类、燃烧状态下排放含氮有机物（NOCs）的组成进行了全面对比分析（图 14-17）。两种秸秆燃烧排放 NOCs 谱图表现出很高的相似性，电喷雾正离子（ESI+）模式下在两种秸秆燃烧排放样品中均被检测到的 NOCs 物种占 80%～97%，电喷雾负离子（ESI–）模式下占比为 77%～99%。

为排除实地采集的老化 BBOA 样品中其他大气来源的影响，将实地 BBOA 样品的分子谱图与清洁天样品的分子谱图进行全面比对，如果检测到的分子离子强度低于清洁天样品中强度的 10 倍，则认为可能来自其他大气来源，在老化 BBOA 分子谱图中予以剔除。

正离子模式下检测到的 CHON+物种与负离子模式下检测到的 CHON-物种相比具有更低的 O/C 比和 O/N 比，CHON+物种主要为还原性或低氧化态 NOCs；CHON-物种则主要为较高氧化态的 NOCs。实验室模拟和实地采集 BBOA 样品中的 $CHON^{+}$物种在 VK 图和质谱图中均有很高程度的重合；这些还原性和低氧化态 CHON+物种主要来源于生物质燃烧一次排放。

实验室模拟和实地采集 BBOA 样品中的 CHON–物种在 VK 图中则分布在不同区域（图 14-18），仅有 9 个分子离子峰在两个样品中同时被检测到。实验室模拟燃烧一次排放的主要为低氧化态的 CHON–物种，而实地采集的老化 BBOA 样品中则检测到大量高氧化态 CHON–物种，这表明生物质燃烧烟羽老化过程中生成高氧化态 NOCs。

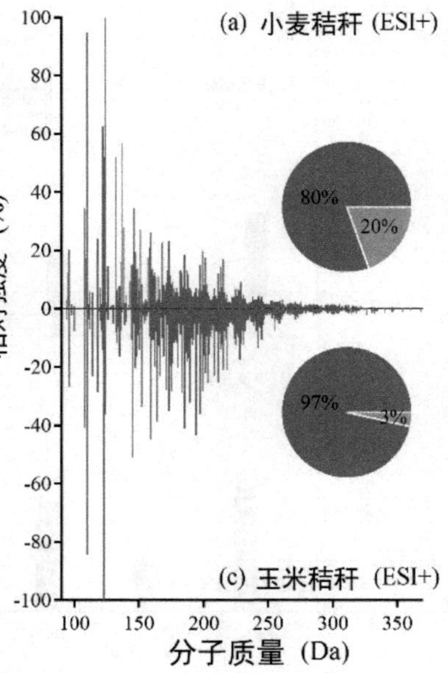

图 14-17　小麦和玉米秸秆燃烧一次排放含氮有机物（NOCs）的质谱图比较[231]

图中绿色表示在玉米秸秆和小麦秸秆燃烧排放中均被检测到的物种，灰色表示仅在对应样品中检测到的物种。饼图表示两种生物质燃烧中共同被检测到的物种和仅在对应样品中被检测到物种的强度占比

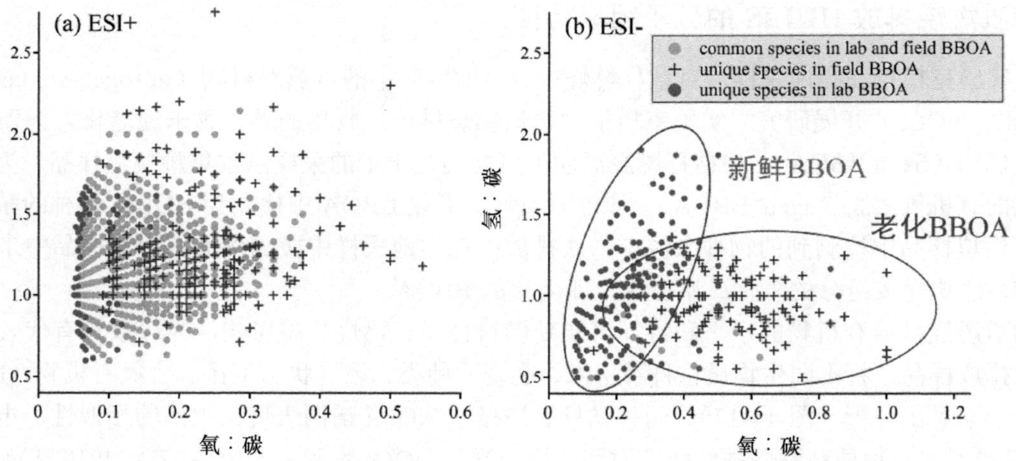

图 14-18　生物质燃烧排放新鲜（fresh BBOA）和老化（aged BBOA）有机气溶胶中 CHON 类组分的 VK 图[231]

2）生物质燃烧排放 HULIS 的吸光特性

秸秆等生物质燃烧会排放大量的 BrC。BrC 的吸光水平随波长的增加逐渐降低，非水溶性组分（WISOC）、WSOC 和 HULIS-C 在 300 nm 波长的吸收系数是 400 nm 波长下的 4.5、15.2、11.2 倍（玉米秸秆）和 4.8、9.2、10.6 倍（小麦秸秆）。以 300～450 nm 波长范围内的 AAE 值表征不同有机碳组分的吸光对波长的依赖性。有机碳组分 WISOC、WSOC 和 HULIS-C 的 AAE 值分别为 5.8～5.9、8.6～11.3、8.9～10.2（玉米秸秆）和 5.7～6.0、8.1～9.0、9.0～10.5（小麦秸秆），平均 AAE 值表示在图 14-19 中。水溶性 BBOA 组分（WSOC、HULIS）的吸光比非水溶性组分（WISOC）表现出更强的波长依赖性，随波长更快衰减。

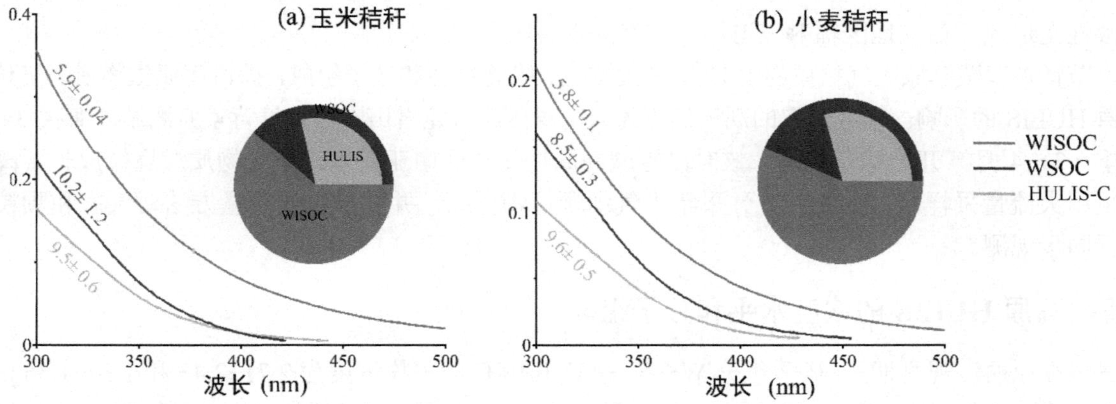

图 14-19　玉米秸秆和小麦秸秆燃烧排放 BrC 组分（WSOC、HULIS-C 和 WISOC）的紫外-可见光谱及各碳质组分在 300 nm 波长下吸光的相对贡献[229]

非水溶性有机碳是秸秆燃烧排放 BrC 中最主要的吸光组分，在 300～400 nm 波长范围内对 BrC 总吸光的贡献为 61%～84%（玉米秸秆燃烧）和 57%～72%（小麦秸秆燃烧）。尽管 WISOC 对 BBOA 的质量贡献低于 WSOC，但由于 WISOC 更高的质量吸收效率（MAE），对总吸光的贡献超过 WSOC。在 300 nm 波长下，WISOC 的 MAE_{300} 是 WSOC 的 1.6 倍和 1.7 倍；由于 WSOC 吸光随波长更快衰减，365 nm 波长下，WISOC 的 MAE_{365} 是 WSOC 的 2.5 倍和 2.2 倍（图 14-20）。

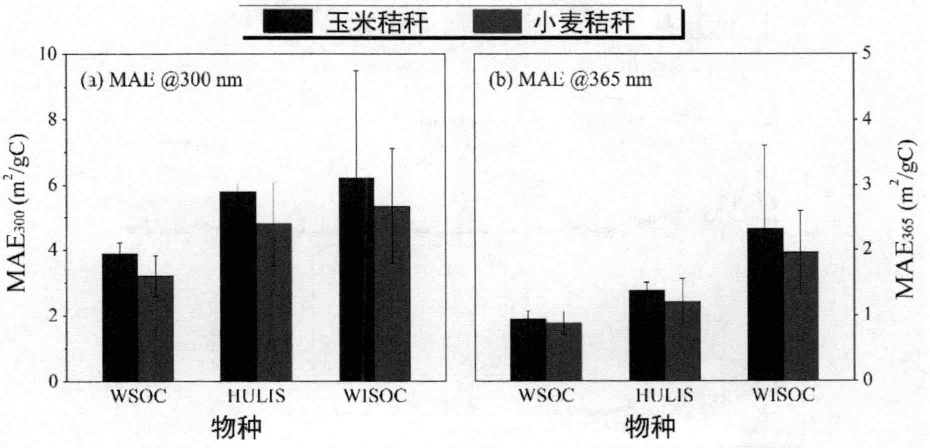

图 14-20　玉米秸秆和小麦秸秆燃烧排放 BrC 组分（WSOC、HULIS-C 和 WISOC）在 300 nm 和 365 nm 波长下的质量吸收效率（MAE）[229]

水溶性组分中，HULIS、高极性 WSOC 对 BrC 总吸光的贡献分别为 16%～28%、1%～10%（玉米秸秆燃烧）和 17%～29%、12%～15%（小麦秸秆燃烧）。虽然 HULIS 与高极性 WSOC 的质量占比相当，但由于 HULIS 有更高的吸光能力，是水溶性 BrC 中主要的吸光贡献组分。相对生物质燃烧排放 EC 在 300-700nm 波长范围内的太阳光能吸收，WISOC 为 25%，高于水溶性组分 WSOC（10%）和 HULIS（4%）。

14.7.3　生物质燃烧传输对青藏高原 HULIS 的影响

青藏高原是中国最大、世界海拔最高的高原，被称为“第三极”。季风前期，南亚生物质燃烧传输至青藏高原，对大气颗粒物污染、BrC 吸光及区域辐射强迫产生重要影响。对青藏高原 BrC 化学组成认识的局限性是造成评估该地区辐射强迫不确定性的重要因素之一。

本节针对青藏高原大气颗粒物中 HULIS 的浓度、吸光特性和分子组成，探讨南亚生物质燃烧传输对青藏高原 HULIS 的影响。研究选取的观测站点为云南省丽江玉龙雪山国家大气背景监测站，海拔 3410 米，在春季（3～4 月）开展综合观测，该时段青藏高原往往会受南亚或东南亚生物质燃烧排放长距离传输影响。采用大流量采样器（武汉天虹）采集大气细颗粒物样品，并基于在线测量方法对气态和颗粒态污染物进行同步观测。

1）青藏高原 HULIS 的浓度水平和分子组成

青藏高原丽江观测期间，碳质组分 WSOC 和 HULIS-C 的平均浓度为 2.71±2.43 和 1.34±1.36 μg C/m^3，对总 OC 的贡献分别为 87%和 40%，时间序列展示在图 14-21 中。观测期间 WSOC 和 HULIS-C 的浓度高于以往青藏高原的报道结果（0.30～1.66，0.15～0.23 μg C/m^3），这主要是由于观测期间站点受到南亚生物质燃烧传输的影响。OC、WSOC、HULIS-C 与生物质燃烧示踪物左旋葡聚糖和 K^+表现出很强的正相关关系，表明了生物质燃烧传输对碳质气溶胶的显著影响[230,231]。

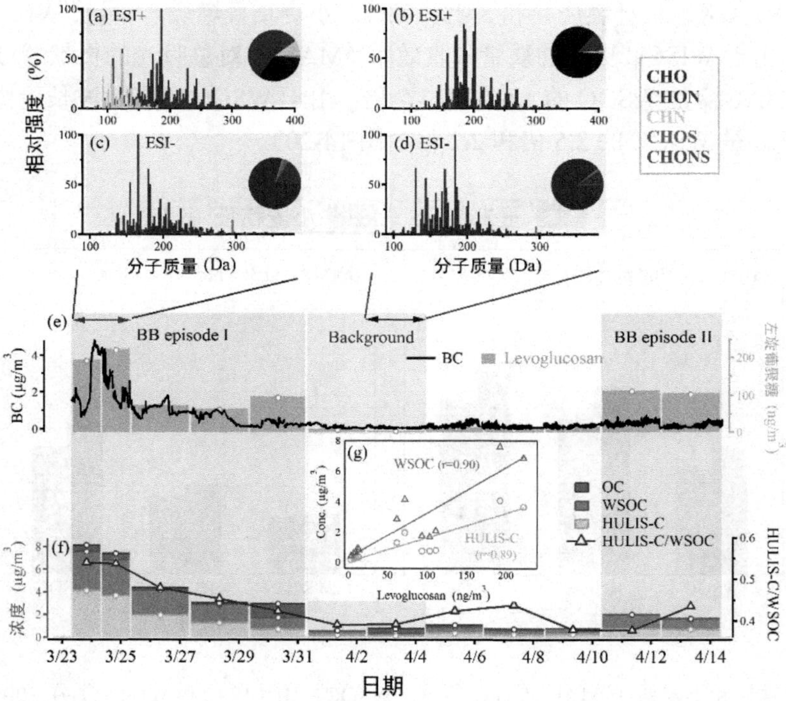

图 14-21　青藏高原观测期间碳质组分（OC、WSOC、HULIS-C、BC）和左旋葡聚糖的时间序列和相关性；生物质燃烧影响期间和清洁时段 HULIS 的质谱图及各物种类别的占比。图中灰色阴影标注为生物质燃烧影响时段，蓝色阴影标注为较清洁时段[231]

观测期间共发生两次明显的生物质燃烧影响的污染过程，在图 14-21 中以灰色阴影标注。污染时段，生物质燃烧示踪物均明显升高（图 14-21，表 14-1），生物质燃烧时段的 BC、左旋葡聚糖浓度与清洁时段浓度在 0.05 水平上呈显著差异，表明了这些时段存在明显的生物质燃烧影响。后向轨迹分析结果表明这些时段气团经过火点密集区域，将南亚生物质燃烧排放污染物传输到青藏高原采样点。3 月 31 日～4 月 4 日观测到最低的左旋葡聚糖和 BC 浓度，且气团未途经火点密集区域，表明生物质燃烧传输的影响较小，因此选取该时段为清洁对照时段。

表 14-1　生物质燃烧影响时段和清洁时段黑碳（BC）、左旋葡聚糖、K^+浓度和 f_{60} 的变化

污染过程	BC（μg/m³）	左旋葡聚糖（ng/m³）	K^+（μg/m³）	f_{60}（$\times10^{-3}$）
清洁时段	0.08±0.05	5.25±2.31	0.04±0.02	5.33±1.5
生物质燃烧影响过程 I	1.14±1.03	128.39±73.88	0.26±0.14	9.33±3.25
生物质燃烧影响过程 II	0.27±0.15	107.17±5.42	0.07±0.03	9.86±5.12

污染过程 I 生物质燃烧的影响比过程 II 更显著，污染过程 I 的气团来源于缅甸北部的生物质燃烧区域，过程 II 同时受到源于缅甸北部和印度气团的影响，火点分布不及过程 I 那样密集。研究表明，季风前期南亚的农作物秸秆燃烧会排放大量有机气溶胶[232,233]。不同生物质燃料的左旋葡聚糖/K^+比值存在差异，农作物秸秆燃烧排放颗粒物中的这一比值通常低于 1[234,235]。本研究中，生物质燃烧影响时段左旋葡聚糖/K^+比值为 0.81，进一步证实了南亚秸秆燃烧传输对青藏高原的影响。生物质燃烧传输的显著影响下，污染过程 I 中 OC、WSOC、HULIS 浓度增加至清洁时段的 10 倍、19 倍和 26 倍，HULIS-C 对 WSOC 和 OC 的贡献升高至 54%和 50%。

为深入分析生物质燃烧影响下青藏高原大气颗粒有机物化学组成的变化，对清洁时段和生物质燃烧影响下 HULIS 的分子组成质谱图进行了对比，如图 14-21（a～d）所示。识别到的所有分子按照其元素组成主要分为 ESI+模式下检测到的 CHO+、CHN+和 CHON+物种，及 ESI–模式下检测到的 CHO–、CHON–、CHOS–和 CHONS–物种。

清洁天样品中，CHO 类物种是正离子和负离子模式下检测到的 HULIS 中的主要物种，对总物种数的贡献在 50%以上，对检测到的物种总强度的贡献高于 80%。生物质燃烧影响下，HULIS 中的含氮有机物（NOCs）显著增加，包括 CHN+、CHON+和 CHON–类物种。其中，正离子模式下检测到的 NOCs 物种（CHN+、CHON+）对 HULIS 中总物种数和总强度的贡献增加至清洁样品中的 1.8～3.5 倍和 2.1～4.9 倍；负离子模式下检测到的 NOCs 物种（CHON–）在质谱图中的相应强度显著升高，对总强度的贡献为清洁样品的 1.8～3.1 倍（表 14-2，表 14-3）。

表 14-2　正离子模式（ESI+）下检测到的 HULIS 主要物种类别的数量和强度占比

污染过程	主要物种类别的数量				强度占比（%）			
	CHO	CHN	CHON	其他	CHO	CHN	CHON	其他
清洁时段	263	13	220	17	85.68	0.95	12.39	0.98
生物质燃烧影响过程 I	233	67	740	29	33.76	9.77	55.13	1.33
生物质燃烧影响过程 II	303	34	391	10	71.14	3.23	25.40	0.23

表 14-3　负离子模式（ESI-）下检测到的 HULIS 主要物种类别的数量和强度占比

污染过程	主要物种类别的数量					强度占比（%）				
	CHO	CHON	CHOS	CHONS	其他	CHO	CHON	CHOS	CHONS	其他
清洁时段	350	177	40	9	12	88.97	9.01	1.18	0.61	0.23
生物质燃烧影响过程 I	302	173	37	23	2	79.25	16.42	2.88	1.43	0.02
生物质燃烧影响过程 II	415	208	46	35	1	63.09	27.57	3.61	5.68	0.05

2）生物质燃烧传输对 HULIS 分子组成的影响

为准确分析新鲜和老化的生物质燃烧排放污染物传输对青藏高原颗粒态含氮有机物的影响，将生物质燃烧影响的青藏高原颗粒有机物样品的分子谱图与新鲜和老化生物质燃烧样品进行了全面比对。

含氮杂环有机物（CHN+）是生物质燃烧影响下正离子模式下识别到的重要含氮有机物。在识别到的67个CHN+物种中，57个物种在实验室模拟生物质燃烧一次排放样品中也被检测到，表明这些含氮杂环类物种来源于生物质燃烧一次排放。含氮杂环物种是生物质燃烧排放的重要含氮组分，可以在燃烧过程中由植物纤维素的热解转化生成或燃烧一次排放产物在烟羽中生成。

生物质燃烧传输影响的青藏高原样品和实验室模拟样品中CHN+物种分子谱图在图14-22中进行了比较。CHN+物种以含2个氮原子的物种主导，且大部分来源于生物质燃烧一次排放。其中60%的2N–生物碱物种的芳香性指数大于0.5，表明芳香环结构的存在，即含氮杂环类生物碱；咪唑、吡嗪、嘧啶、氮杂吲哚同系物均为其中重要组分。含3～5个氮原子的生物碱物种的芳香性指数均大于0.5，表明同样存在含氮杂环结构。

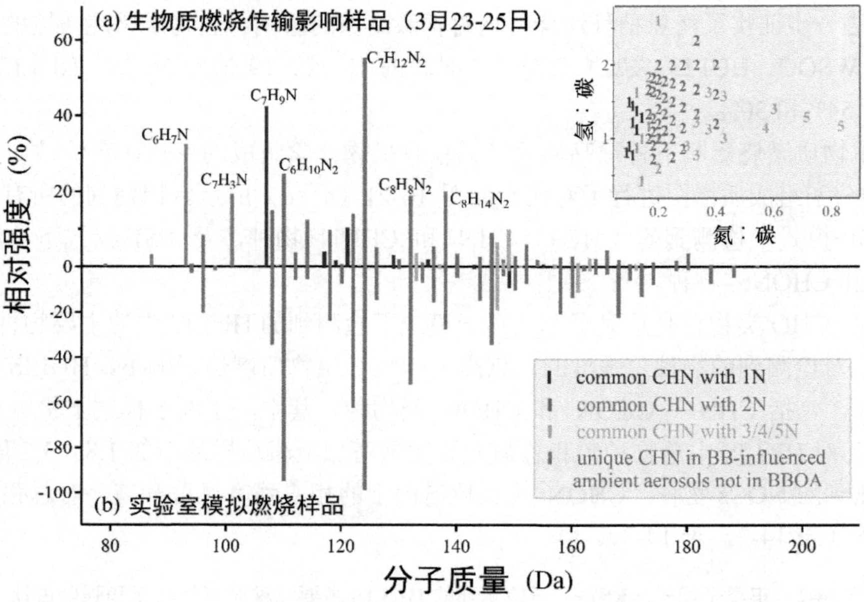

图14-22　生物质燃烧影响下青藏高原大气样品中的含氮碱基类物种（CHN类物种）与生物质燃烧一次排放的CHN物种的谱图比对及VK图[231]

图中不同碳数的CHN物种分别以不同颜色表示，灰色表示未在生物质燃烧一次排放样品中检出的物种

分布于VK图左下角的CHON+物种主要来源于生物质燃烧一次排放，二次生成的贡献很低（图14-23、图14-24）。生物质燃烧一次排放的CHON+物种有较高的不饱和度，一个分子的AI值高于0.67通常可以认为其存在稠合芳香环结构。图14-23（a）中分布在区域A中的分子为AI≥0.67的稠合芳香烃，这些物种可能与生物质燃烧排放BrC吸光物种有关。此外，区域A中物种的O/N比较低（O/N＜2）且包含1～4个氮原子，表明这些组分中可能存在类似生物碱的含氮杂环结构；可能对BrC吸光和活性氧物种的生成存在重要影响。

高氧化态的含氮有机物主要来源于生物质燃烧二次生成，即老化的BBOA（图14-23、图14-24），这些物种在质谱图中的强度和占比也显著高于其他物种，表明南亚生物质燃烧长距离传输过程中老化，并对青藏高原有机气溶胶产生重要影响。来源于老化BBOA的氧化性NOCs物种中，95%物种的O/N比大于3，表明这些物种中含有等氧化性含氮基团，这些氧化性NOCs物种是生物质燃烧二次生成的重要组分。硝基芳香化合物（如硝基邻苯二酚、甲基-硝基邻苯二酚）可以由生物质燃烧排放的甲酚、邻苯二酚、甲基-邻苯二酚等VOCs前体物在NO_x存在条件下氧化生成。

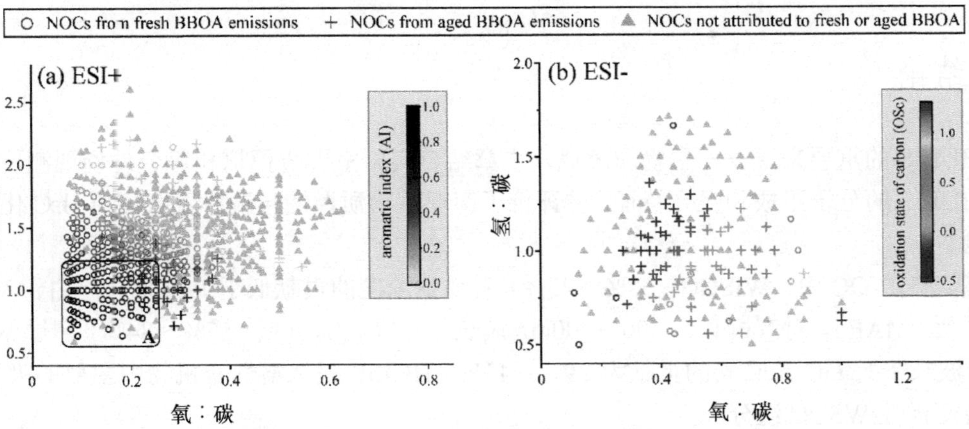

图 14-23　生物质燃烧影响下青藏高原大气样品（3 月 23～25 日）中 CHON 类物种的 VK 图[231]

图中分别以“○”“+”和“▲”表示生物质燃烧一次排放、二次生成物种及未在生物质燃烧排放中识别到的物种；图（a）中的标识以芳香性指数（AI）染色，区域 A 为 AI≥0.67 的 CHON 物种，图（b）中的标识以碳氧化态（OSc）染色

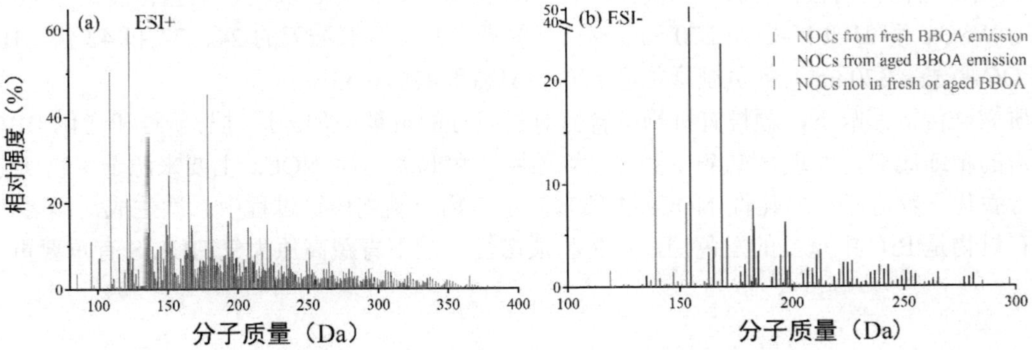

图 14-24　生物质燃烧影响下青藏大气样品（3 月 23～25 日）中 CHON 类物种的质谱图[231]

图中绿色、蓝色和灰色分别表示来源于一次、二次 BBOA 和未在生物质燃烧排放中识别的物种

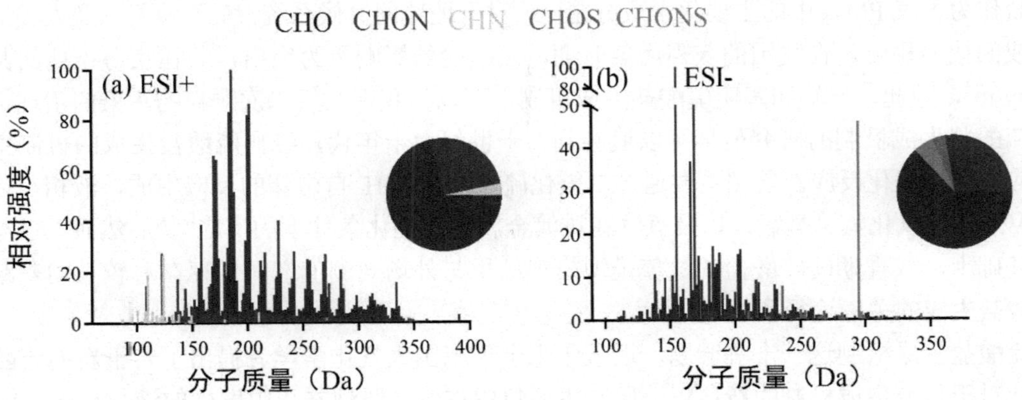

图 14-25　生物质燃烧影响过程 II（4 月 10～12 日）HULIS 的质谱图及不同物种类别的占比[231]

青藏高原观测期间两次生物质燃烧影响过程 NOCs 的变化存在差异，污染过程 I，正离子模式下检测到的还原性 NOCs（CHN+、CHON+）物种的增加更显著，而污染过程 II，负离子模式下检测到的氧化性 NOCs 增加更显著（图 14-21，图 14-25）。这表明，过程 I 更多地受到生物质燃烧一次排放的影响，而过程 II 受长距离传输的老化生物质燃烧排放的影响更显著。

14.7.4 结论

针对 HULIS 的重要来源——生物质燃烧，本章结合实验室燃烧模拟和综合外场观测，探究了生物质燃烧排放 HULIS 的分子组成和吸光特征，并评价了南亚生物质燃烧传输对青藏高原 BrC 化学组成和吸光的重要影响。

秸秆燃烧排放 OC 中，WISOC（32%～43%）对质量浓度的贡献低于 WSOC；但由于 WISOC 更高的质量吸收系数（MAE），对有机碳在 300～400nm 波长下总吸光的贡献（57%～84%）超过 WSOC。WSOC 在 300 nm 波长下对 OC 总吸光的贡献为 39%～43%，HULIS 是水溶性有机物中主要的吸光组分，MAE 值高于其他高极性 WSOC 组分。

青藏高原丽江观测期间，碳质组分 WSOC 和 HULIS-C 的平均浓度为 2.71±2.43 μg C/m^3 和 1.34±1.36 μg C/m^3，对总 OC 的贡献分别为 87%和 40%。火点分布、后向轨迹、生物质燃烧示踪物的变化均表明观测期间受到南亚生物质燃烧排放传输的影响。在生物质燃烧传输的显著影响下，OC、WSOC 和 HULIS 浓度增加至清洁时段的 10、19 和 26 倍，HULIS-C 对 WSOC 和 OC 质量浓度的贡献升高 54%和 50%；OC、WSOC 和 HULIS-C 在 370 nm 波长下的吸光升高至清洁天的 24、27 和 42 倍，HULIS-C 对 WSOC 和 OC 吸光（370 nm）的贡献增加至 52%～61%和 42%～55%。

生物质燃烧传输影响下，颗粒有机物中含氮有机组分的贡献增加。通过与新鲜和老化 BBOA 中 BrC 分子组成谱的精细比对，发现含氮杂环生物碱等还原性和低氧化性 NOCs 主要来源于生物质燃烧一次排放；硝基芳香化合物等较高氧化性 NOCs 主要来源于生物质燃烧传输过程中二次生成，即老化 BBOA。这些含氮有机物是 BrC 中重要的发色团，对生物质燃烧影响下青藏高原大气 HULIS 有重要贡献。

14.8 灰霾期间硫酸盐的快速生成机制

硫酸盐作为大气 $PM_{2.5}$ 中的主要化学成分之一，对于地球的气候系统，空气质量以及人类健康都有着诸多直接或间接的影响。在我国的灰霾污染时期，硫酸盐的影响更为突出，其在重污染期间其浓度可以高达 100 $\mu g/m^3$，因此，理解和阐明硫酸盐生成机制，可以为我国大气二次颗粒物污染的治理提供科学支撑。关于硫酸盐生成机制的研究最早可以追溯到二十世纪七十年代，经典硫酸盐生成的机制主要包括气相氧化反应和液相氧化反应。气相主要通过二氧化硫气体与 OH 自由基的反应生成，液相反应包括云或雾中 S（IV）与过氧化氢、臭氧，以及氧气在过渡金属离子催化条件下的反应[236]。然而，在综合考虑上述机理的基础上，灰霾期间硫酸盐的数值模型模拟结果与外场观测值之间仍存在着较大的差距，表明仍然缺失硫酸盐生成的关键途径和机制[47]。

针对硫酸盐生成机制这一未解谜题，近五年来全球范围大气化学学者提出了若干新的硫酸盐生成机制，或者针对于传统生成机制的新认识。研究主要集中在气溶胶液态水中发生的液相反应。He 等[237]、Cheng 等[47]、Wang 等[238]提出二氧化氮在气溶胶液态水中氧化 S（IV）为我国硫酸盐生成的主要途径，Liu 等[239]基于传统的气溶胶液态水中过氧化氢氧化 S（IV）途径，证实离子强度对于该反应的促进效果，推论过氧化氢氧化途径是硫酸盐生成的重要贡献途径。Ye 等[240]观察到高湿条件下含有腐殖酸和过渡金属离子的气溶胶在光照条件下可生成过氧化氢，其对灰霾期间硫酸盐生成具有重要贡献。另外，Song 等[241]提出 S（IV）会与甲醛在气溶胶液态水中发生反应，生成的产物羟甲基磺酸盐（HMS）在使用离子色谱作为测量手段时无法与硫酸盐有效区分，外场结果高估大气颗粒物中的硫酸盐浓度。

然而，上述发生在气溶胶液态水中的液相反应有着诸多的限制因素。首先，通常情况下气溶胶液态水含量（AWC）在几十到几百 ug/m^3 的范围内，这一含量相较于云水（含量大致为 0.05～3 g/m^3）[236]小了三到四个数量级，发生在气溶胶液态水中的液相反应受限制于如此小的反应体积，无法大量生成硫酸盐。其次，气溶胶液态水通常呈酸性，在灰霾污染条件下 pH 大约在 3～5[242]，这一条件限制了气态 SO_2 的溶解度，最后，这些反应在氧化 SO_2 或 S（IV）生成硫酸盐的过程中会消耗大量的氧化剂，然而在灰霾时期这些氧化剂的量很难满足和保持高浓度硫酸盐的生成[243]。

Xue 等[244]和 Wang 等[55]提出发生在云水或雾水中的氮氧化物（NO_2，HONO 等）氧化 S（IV）反应对于硫酸盐的生成具有重要的贡献，然而灰霾事件通常发生在静稳的天气条件下，伴随着稳定的大气层结构以及较弱的湍流扩散。数值模型模拟结果也同样显示云雾水中 S（IV）氧化反应对于灰霾时期硫酸盐含量贡献甚微[11]，云雾水中的 S（IV）氧化反应无法解释灰霾污染时期硫酸盐的爆发式增长。

Wang 等[245]所开展的接近真实大气环境条件下的烟雾箱实验模拟指出，在低温高湿条件下，气溶胶锰离子可以快速催化氧化 SO_2 生成硫酸盐，且高离子强度会大幅增强反应的发生。该反应速率相比传统液相反应高 2～3 个量级，且区别于传统液相反应，表界面反应在实际大气环境条件的约束下，仍具有较高的硫酸盐生成速率。为进一步区分液相反应和非均相反应对硫酸盐生成的影响，Wang 等[245]还详细研究了单个气溶胶上的反应，发现硫酸盐的生成速率随气溶胶粒径减小而增大，证实该过程为发生在气溶胶表界面的催化反应（图 14-26）。此外，从外场结果上看，通过膜采样和单颗粒采样等方式得到的外场样品在分析中均发现硫酸盐和锰元素共存的现象，且单颗粒物样品还证实锰元素与硫酸盐处于均匀内混状态，这说明锰和硫酸盐的生成具有重要联系。同时，在华北地区灰霾时期，通过细颗粒物膜采样分析还发现锰离子与硫酸盐的浓度变化趋势相同，具有良好的相关性。该研究有效阐明了我国灰霾期间硫酸盐爆发增长的化学机制。为进一步治理大气颗粒物污染提供了科学支撑，同时也为大气化学领域中气溶胶表界面反应提供了重要启示。

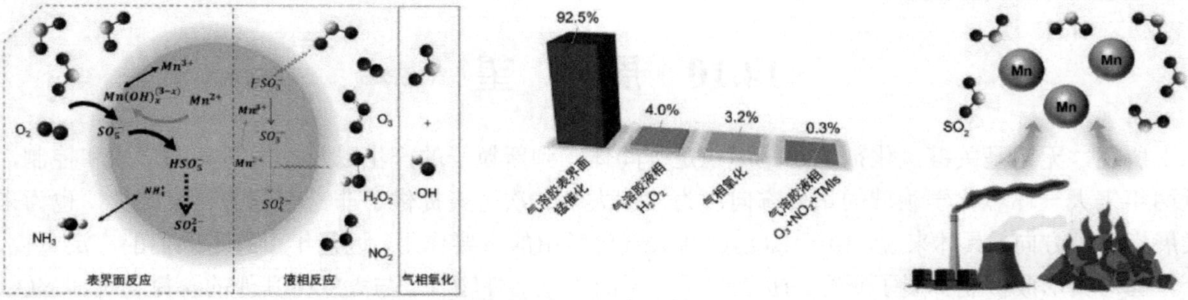

图 14-26　气溶胶表界面锰催化原理及模拟结果

14.9　环境污染控制

挥发性有机物（VOCs）在我国排放量巨大，其是大气化学过程中的关键前体物，在 O_3（光化学烟雾的主要标志物）和二次粒子（主要为 $PM_{2.5}$）等的形成过程中的作用日益显著。因而，从源头上控制 VOCs 的排放能够有效地抑制 O_3 和二次粒子的生成，降低光化学烟雾和雾霾的发生频率，成为我国大气污染防控的关键因素之一。

近年来，中国科学院化学研究所团队在 VOCs 消除方面取得了较为系统的研究成果，通过酸碱相互作用、缺陷效应、界面电子效应等发展了高效消除 VOCs 的催化剂体系，建立了催化剂结构与催化活性间的构效关系。在界面效应研究方面，基于团队早期研究的界面强相互作用（I-SMSI），进一步探究 Pd 物种在 ZrO_2 催化剂的落位情况，研究发现 Pd 物种优先吸附、稳定在单斜 ZrO_2 表面丰富的 Bronsted 酸位点并形成强相互作用（B-SMSI），并诱导电子从贵金属转移到界面处形成带正电荷的贵金属，从而加快了氧物种在活性位的解离和迁移，提高了甲苯的催化氧化活性，这与 I-SMSI 效应存在明显的差异[246]。在缺陷效应研究方面，以 ZIF-67 为模板合成具有丰富表面缺陷的 MnO_x/Co_3O_4 催化剂，利用 Mn 物种的掺杂引起 Co_3O_4 晶格畸变，进而产生高度暴露的表面缺陷，从而提高催化剂的氧化还原能力和晶格氧的移动性，提高了甲苯的催化氧化性能[247]。通过在 CeO_2-Co_3O_4 载体上引入 Ag 物种，增强载体中的界面电子转移，导致 Co_3O_4 表面暴露更多的 Co^{3+}和丰富的氧空位，提高了氧物种的低温还原性和迁移率，且有助于活性氧快速生成，而苯氧化过程中消耗的氧空位也可以得到持续稳定的补偿，从而显著提升钴基氧化物催化剂对苯的催化活性[248]。以 Mn-MOF-74 为模板合成 Ce 掺杂的 MnO_x-CeO_2-MOF 催化剂。利用 Mn-MOF-74 丰富的孔结构的限域作用显著提高 Ce 物种的分散度且与 MnO_x 形成强的相互作用，进而赋予催化剂优异的低温还原性、丰富的表面氧空位和表面 Mn^{4+}物种，使该催化剂表现出最佳的甲苯催化氧化性能[249]。

设计高效催化剂的关键是深入了解其反应机理。有鉴于此，Yeung King Lun 等构筑了 Pt@CeBDC MOF 衍生的具有独特 1D 纳米结构的 Pt@CeO_2−BDC 催化剂，并结合原位 Raman-在线 FTIR 技术研究了该催化剂用于甲苯催化氧化的反应机理。研究发现，Pt-CeO_2 界面在低温时可产生还原的 Ce^{3+}位点并形成吸附的过氧根物种，该过氧根物种可通过 L-H 机理将甲苯氧化成苯甲酸盐物种，而随着反应温度的增加，晶格氧发挥的作用愈加重要，该反应进而通过 MvK 机理促进甲苯转化为 CO_2 和 H_2O [250]。Liu 等通过调控碳氮层中的氮空位来稳定金属 Pt 纳米粒子，以活化吸附氧增强其亲电子能力，提高整体催化剂的甲苯催化性能、稳定性和抗水性[251]。

14.10 展　望

综上所述，无论是关键氧化剂，还是不稳定中间体，到新粒子的产生以及二次污染的形成和控制，都是近两年来大气环境化学领域的重要方向，为控制大气二次污染提供了非常有利的科技支撑，也为未来的发展指明了方向。具体来说，由于 HONO 在大气化学中的重要作用，近几年引起了人们的广泛重视，从多个方面对其形成机制开展了研究。HONO 是重要的含氮活性物种，与大气中其他的含氮物种如 NO_x、HNO_3、硝酸盐、NH_3 之间存在复杂的相互转化关系。因此，未来应该发展多种含氮活性物种的同时外场观测研究，开展这些物种之间的闭合实验，厘清他们之间的相互关系及对大气二次颗粒物和氧化性的作用机制。实际环境中大量 IVOCs 还未能识别，需要分离度和分辨率更高的仪器，尤其是时间分辨率高的在线测量仪器，鉴别更多的 IVOCs 种类来更新排放清单，进而为实验室研究和模型模拟提供依据。截至目前有关 IVOCs 反应机制的认识还十分匮乏，尤其是缺少 IVOCs 中脂肪醛、酮、羧酸、酯、醚类以及杂环化合物等物质的实验数据。目前已有的 IVOCs 的实验室研究更多的是气相反应研究，少有非均相反应、SOA 老化和 SOA 光学性质的研究；除了考查 NO_x 水平、SO_2、种子、氧化剂浓度、温度和湿度等环境条件的影响外，还需考虑不同前体物存在时的相互作用，以使实验室结果逐步接近于实际大气。在利用模型模拟时，考虑不同地区的差异。例如沿海地区的 Cl 原子浓度比其他地区高，而环境污染严重的内陆城市则是臭氧占主导地位。实际的外场观测已在中国城市大气中观测到了相当量的 HOMs[252,253]，包括生物源挥发性有机化合物所生成的 HOMs 和人类源芳香类有机化合物生成的 HOMs。然而，HOMs 的浓度定量和挥发度估算仍存在一定争议，在大气之中对新粒子生成及后续颗粒物生长的贡献暂时难被定量化估计。但是可以肯定的是，由于其特殊的物理化学性质，HOMs 的大量生成是我国出现大气颗粒物污染问题的一个可能原因。近两年在内陆和海洋地区的气溶胶新粒子形成机制的研究取得了重要进展。但由于当前实时外场检测技术的局限性和大气环境的复杂性，对不同大气条件下，可参与气溶胶成核的成分及其成核机制还缺乏系统了解。一方面，考虑到不同类型的物质所含官能团不同，并且低分子量和高分子量的相同类型物质在成核能力方面也会有所不同，因此含有不同官能团及具有不同分子量的物质参与的成核机制及其呈现的规律需要进一步确认；另一方面，考虑到大气中多种类型的物质共存，在不同大气条件下多种物质协同参与的成核机制也有待进一步研究。值得一提的是，大气复合污染条件下，不同组分之间除通过氢键、卤键等弱作用力形成团簇外，化学活性较高的组分间还可能发生化学反应。不同大气条件下，包含复杂化学反应的成核机制当前还了解较少。因此，大气中重要的化学反应引发的成核机制研究将来需要进一步开展。对于海洋气溶胶的研究，关于海水特性（包括物理参数、化学组成、生物活性等）与海洋气溶胶形成、排放和大气转化之间的联系，还有诸多科学问题亟待挖掘和了解。例如，不同的物理产生机制如何影响海洋气溶胶的化学成分；海洋气溶胶中特定有机化合物的类别如何随海水的生物地球化学状态而变化；实验室研究中哪些模型化合物可以更好地帮助了解海洋气溶胶的物理化学特性；如何在全球尺度模型中更好地参数化海洋气溶胶通量，包括一些有机成分，来最准确地反映海洋气溶胶中有机物的富集和气候影响；海洋排放的气相有机物在形成新的气溶胶或促进现有气溶胶生长方面的作用等等。未来研究需要融合卫星、航测、观测站点等多元观测数据，并有效结合实验室模拟分析相关的物理化学过程的结果，从而帮助改进和完善全球气候模型。近年有关硫酸盐生成机制的研究已经取得了重要进展，如发现了气溶胶表界面锰催化反应，但是这一反应机制并没有完善的中间物检测结果支撑，也缺乏量化计算反应通道之类的机理证据。首先目前缺乏检测表界面上的自由基物种的有效手段，其次对于量化计算，气液界面相较于均相反应更为复杂，这极度加大了量化计算的困难程度，且目前适用于该类体系的方法也较为有限。但如果可以将两条途径打通，则不仅仅可以解释验证气溶胶表界面锰催化反应这一条机理，更可以广泛应用于大气化学反应过程中，从而更好的认识更多大气化学反应过程的机理。此外，由于外场发现硫酸盐和部分有机气溶胶等有很好的相关性，现阶段我国协同污染的问题也较为突出，所以探索各类污染物的协同机制对于硫酸盐的研究可能大有裨益。当前环境污染控制取得了一定的突破性进展，但仍存在一些关键性的问题需要关注。首先在碳中和背景下，大气污染物与二氧化碳排放具有同根同源性，应该统筹采取“同效”措施，有利于两者之间协同控制，实现污染物的资源化利用。其次，在减污降碳协同控制的同时，牵住以降碳为源头的治理措施，提高污染治理水平，突出治理路径协同、治理工程协同和治理体系协同等三个方面，构建清晰的环境污染控制理论。

参 考 文 献

[1] 唐孝炎, 张远航, 邵敏. 大气环境化学. 北京: 高等教育出版社, 2017.

[2] Zhang R Y, Khalizov A, Wang L, et al. Nucleation and growth of nanoparticles in the atmosphere. Chemical Reviews, 2012, 112(3): 1957-2011.

[3] Kulmala M, Kontkanen J, Junninen H, et al. Direct observations of atmospheric aerosol nucleation. Science, 2013, 339(6122): 943-946.

[4] Andreae M O, Gelencser A. Black carbon or brown carbon? The nature of light-absorbing carbonaceous aerosols. Atmospheric Chemistry and Physics, 2006, 6: 3131-3148.

[5] Aurell J, Gullett B K. Emission factors from aerial and ground measurements of field and laboratory forest burns in the Southeastern US: $PM_{2.5}$, black and brown carbon, VOC, and PCDD/PCDF. Environmental Science & Technology, 2013, 47(15): 8443-8452.

[6] Crilley L R, Kramer L J, Ouyang B, et al. Intercomparison of nitrous acid (HONO) measurement techniques in a megacity (Beijing). Atmospheric Measurement Techniques, 2019, 12(12): 6449-6463.

[7] Xu Z, Liu Y L, Nie W, et al. Evaluating the measurement interference of wet rotating-denuder-ion chromatography in measuring atmospheric HONO in a highly polluted area. Atmospheric Measurement Techniques, 2019, 12(12): 6737-6748.

[8] Jordan N, Osthoff H D. Quantification of nitrous acid (HONO) and nitrogen dioxide (NO_2) in ambient air by broadband cavity-enhanced absorption spectroscopy (IBBCEAS) between 361 and 388 nm. Atmospheric Measurement Techniques, 2020, 13(1): 273-285.

[9] Meng F H, Qin M, Tang K, et al. High-resolution vertical distribution and sources of HONO and NO_2 in the nocturnal boundary layer in urban Beijing, China. Atmospheric Chemistry and Physics, 2020, 20(8): 5071-5092.

[10] Li Y, Wang X, Wu Z, et al. Atmospheric nitrous acid (HONO) in an alternate process of haze pollution and ozone pollution in urban Beijing in summertime: Variations, sources and contribution to atmospheric photochemistry. Atmospheric Research, 2021, 260: 105689.

[11] Zhang W, Tong S, Ge M, et al. Variations and sources of nitrous acid (HONO) during a severe pollution episode in Beijing in winter 2016. Science of the Total Environment, 2019, 648: 253-262.

[12] Jia C, Tong S, Zhang W, et al. Pollution characteristics and potential sources of nitrous acid (HONO) in early autumn 2018 of Beijing. Science of the Total Environment, 2020, 735: 139317.

[13] Li W, Tong S, Cao J, et al. Comparative observation of atmospheric nitrous acid (HONO) in Xi'an and Xianyang located in the GuanZhong basin of western China. Environmental Pollution, 2021, 289: 117679.

[14] Liu Y, Ni S, Jiang T, et al. Influence of Chinese New Year overlapping COVID-19 lockdown on HONO sources in Shijiazhuang. Science of the Total Environment, 2020, 745: 141025.

[15] Hao Q, Jiang N, Zhang R, et al. Characteristics, sources, and reactions of nitrous acid during winter at an urban site in the Central Plains Economic Region in China. Atmospheric Chemistry and Physics, 2020, 20(11): 7087-7102.

[16] Jiang Y, Xue L K, Gu R R, et al. Sources of nitrous acid (HONO) in the upper boundary layer and lower free troposphere of the North China Plain: insights from the Mount Tai Observatory. Atmospheric Chemistry and Physics, 2020, 20(20): 12115-12131.

[17] Liu Y L, Nie W, Xu Z, et al. Semi-quantitative understanding of source contribution to nitrous acid (HONO) based on 1 year of continuous observation at the SORPES station in eastern China. Atmospheric Chemistry and Physics, 2019, 19(20): 13289-13308.

[18] Song S, Nenes A, Gao M, et al. Thermodynamic modeling suggests declines in water uptake and acidity of inorganic aerosols in Beijing winter haze events during 2014/2015–2018/2019. Environmental Science & Technology Letters, 2019, 6(12): 752-760.

[19] Gil J, Kim J, Lee M, et al. Characteristics of HONO and its impact on O-3 formation in the Seoul Metropolitan Area during the Korea-US air quality study. Atmospheric Environment, 2021, 247: 118182.

[20] Zheng J, Shi X, Ma Y, et al. Contribution of nitrous acid to the atmospheric oxidation capacity in an industrial zone in the Yangtze River Delta region of China. Atmospheric Chemistry and Physics, 2020, 20(9): 5457-5475.

[21] Liu J P, Li S, Mekic M, et al. Photoenhanced uptake of NO_2 and HONO formation on Real Urban Grime. Environmental Science & Technology Letters, 2019, 6(7): 413-417.

[22] Deng H, Liu J, Wang Y, et al. Effect of inorganic salts on N-containing organic compounds formed by heterogeneous reaction of NO_2 with oleic acid. Environmental Science & Technology, 2021, 55(12): 7831-7840.

[23] Liu C, Wang H, Ma Q, et al. Efficient conversion of NO to NO_2 on SO_2-Aged MgO under atmospheric conditions.

Environmental Science & Technology, 2020, 54(19): 11848-11856.

[24] Marion A, Morin J, Gandolfo A, et al. Nitrous acid formation on Zea mays leaves by heterogeneous reaction of nitrogen dioxide in the laboratory. Environmental Research, 2021, 193: 110543.

[25] Pandit S, Mora Garcia S L, Grassian V H. HONO Production from gypsum surfaces following exposure to NO_2 and HNO_3: Roles of relative humidity and light source. Environmental Science & Technology, 2021, 55(14): 9761-9772.

[26] Yu C, Wang Z, Ma Q, et al. Measurement of heterogeneous uptake of NO_2 on inorganic particles, sea water and urban grime. Journal of Environmental Sciences, 2021, 106: 124-135.

[27] Kim D, Kim J, Lee M, et al. Assessment of daytime HONO emission source from asphalt surface to urban air. Applied Sciences-Basel, 2021, 11(4): 1930.

[28] Xue C, Ye C, Zhang Y, et al. Development and application of a twin open-top chambers method to measure soil HONO emission in the North China Plain. Science of the Total Environment, 2019, 659: 621-631.

[29] Xue C, Zhang C, Ye C, et al. HONO budget and its role in nitrate formation in the rural North China plain. Environmental Science & Technology, 2020, 54(18): 11048-11057.

[30] Xue C, Ye C, Zhang C, et al. Evidence for strong HONO emission from fertilized agricultural fields and its remarkable impact on regional O_3 pollution in the summer North China plain. Acs Earth and Space Chemistry, 2021, 5: 340-347.

[31] Tang K, Qin M, Fang W, et al. An automated dynamic chamber system for exchange flux measurement of reactive nitrogen oxides (HONO and NO_x) in farmland ecosystems of the Huaihe River Basin, China. Science of the Total Environment, 2020, 745: 140867.

[32] Wu D, Horn M A, Behrendt T, et al. Soil HONO emissions at high moisture content are driven by microbial nitrate reduction to nitrite: tackling the HONO puzzle. The ISME Journal, 2019, 13(7): 1688-1699.

[33] Cui L, Li R, Fu H, et al. Nitrous acid emission from open burning of major crop residues in mainland China. Atmospheric Environment, 2021, 244: 117950.

[34] Cui L, Wang S. Mapping the daily nitrous acid (HONO) concentrations across China during 2006–2017 through ensemble machine-learning algorithm. Science of the Total Environment, 2021, 785: 147325.

[35] Yang W J, Yuan H, Han C, et al. Photochemical emissions of HONO, NO_2 and NO from the soil surface under simulated sunlight. Atmospheric Environment, 2020, 234: 117596.

[36] Liu Y, Lu K, Li X, et al. A comprehensive model test of the HONO sources constrained to field measurements at rural North China Plain. Environmental Science & Technology, 2019, 53(7): 3517-3525.

[37] Liu Y, Zhang Y, Lian C, et al. The promotion effect of nitrous acid on aerosol formation in wintertime in Beijing: The possible contribution of traffic-related emissions. Atmospheric Chemistry and Physics, 2020, 20(21): 13023-13040.

[38] Liao S, Zhang J, Yu F, et al. High gaseous nitrous acid (HONO) emissions from light-duty diesel vehicles. Environmental Science & Technology, 2021, 55(1): 200-208.

[39] Ma Q, Zhong C, Ma J, et al. Comprehensive study about the photolysis of nitrates on mineral oxides. Environmental Science & Technology, 2021, 55(13): 8604-8612.

[40] Wang X K, Dalton E Z, Payne Z C, et al. Superoxide and nitrous acid production from nitrate photolysis is enhanced by dissolved aliphatic organic matter. Environmental Science & Technology Letters, 2021, 8(1): 53-58.

[41] Cui L L, Li R, Fu H B, et al. Formation features of nitrous acid in the offshore area of the East China Sea. Science of the Total Environment, 2019, 682: 138-150.

[42] Guo Y L, Wang S S, Gao S, et al. Influence of ship direct emission on HONO sources in channel environment. Atmospheric Environment, 2020, 242: 117819.

[43] Wen L, Chen T, Zheng P, et al. Nitrous acid in marine boundary layer over eastern Bohai Sea, China: Characteristics, sources, and implications. Science of the Total Environment, 2019, 670: 282-291.

[44] Gu R, Zheng P, Chen T, et al. Atmospheric nitrous acid (HONO) at a rural coastal site in North China: Seasonal variations and effects of biomass burning. Atmospheric Environment, 2020, 229: 117429.

[45] Yang J, Shen H, Guo M Z, et al. Strong marine-derived nitrous acid (HONO) production observed in the coastal atmosphere of northern China. Atmospheric Environment, 2021, 244: 117948.

[46] Su H, Cheng Y F, Poschl U. New multiphase chemical processes influencing atmospheric aerosols, air quality, and climate in the anthropocene. Accounts of Chemical Research, 2020, 53(10): 2034-2043.

[47] Cheng Y F, Zheng G J, Wei C, et al. Reactive nitrogen chemistry in aerosol water as a source of sulfate during haze events in China. Science Advances, 2016, 2(12): e1601530.

[48] Ge S S, Wang G H, Zhang S, et al. Abundant NH_3 in China enhances atmospheric HONO production by promoting the heterogeneous reaction of SO_2 with NO_2. Environmental Science & Technology, 2019, 53(24): 14339-14347.

[49] Wang G Y, Ma S R, Niu X L, et al. Barrierless HONO and HOS(O)(2)-NO_2 formation via NH_3-Promoted oxidation of SO_2 by NO_2. Journal of Physical Chemistry A, 2021, 125(12): 2666-2672.

[50] Bloss W J, Kramer L, Crilley L R, et al. Insights into air pollution chemistry and sulphate formation from nitrous acid (HONO) measurements during haze events in Beijing†. Faraday Discussions, 2020, 226: 223-238.

[51] Wang G, Zhang R, Gomez M E, et al. Persistent sulfate formation from London Fog to Chinese haze. Proceedings of the National Academy of Sciences of the United States of America, 2016, 113(48): 13630-13635.

[52] Chen T Z, Chu B W, Ge Y L, et al. Enhancement of aqueous sulfate formation by the coexistence of NO_2/NH_3 under high ionic strengths in aerosol water. Environmental Pollution, 2019, 252: 236-244.

[53] Gen M S, Zhang R F, Huang D D, et al. Heterogeneous oxidation of SO_2 in Sulfate production during nitrate photolysis at 300 nm: Effect of pH, relative humidity, irradiation intensity, and the presence of organic compounds. Environmental Science & Technology, 2019, 53(15): 8757-8766.

[54] Gen M S, Zhang R F, Huang D D, et al. Heterogeneous SO_2 oxidation in sulfate formation by photolysis of particulate nitrate. Environmental Science & Technology Letters, 2019, 6(2): 86-91.

[55] Wang J, Li J, Ye J, et al. Fast sulfate formation from oxidation of SO_2 by NO_2 and HONO observed in Beijing haze. Nature Communications, 2020, 11(1): 2844.

[56] Zhang W, Tong S, Jia C, et al. Different HONO sources for three layers at the urban area of Beijing. Environmental Science & Technology, 2020, 54: 12870-12880.

[57] Nitta Y, Schalk O, Igarashi H, et al. Real-Time probing of an atmospheric photochemical reaction by ultrashort extreme ultraviolet pulses: Nitrous acid release from o-nitrophenol. Journal of Physical Chemistry Letters, 2021, 12(1): 674-679.

[58] Xia D, Zhang X, Chen J, et al. Heterogeneous formation of HONO catalyzed by CO_2. Environmental Science & Technology, 2021, 55(18): 12215-12222.

[59] Zhao X, Shi X, Ma X, et al. Simulation verification of barrierless HONO formation from the oxidation reaction system of NO, Cl, and Water in the atmosphere. Environmental Science & Technology, 2021, 55(12): 7850-7857.

[60] Ren Y G, Stieger B, Spindler G, et al. Role of the dew water on the ground surface in HONO distribution: a case measurement in Melpitz. Atmospheric Chemistry and Physics, 2020, 20(21): 13069-13089.

[61] Chai J, Miller D J, Scheuer E, et al. Isotopic characterization of nitrogen oxides (NO_x), nitrous acid (HONO), and nitrate (pNO_3^-) from laboratory biomass burning during FIREX. Atmospheric Measurement Techniques, 2019, 12(12): 6303-6317.

[62] Martins-Costa M T C, Anglada J M, Francisco J S, et al. The aqueous surface as an efficient transient stop for the reactivity

of gaseous NO_2 in liquid water. Journal of the American Chemical Society, 2020, 142(50): 20937-20941.

[63] Chen L, Huang Y, Xue Y, et al. Atmospheric oxidation of 1-butene initiated by OH radical: Implications for ozone and nitrous acid formations. Atmospheric Environment, 2021, 244: 118010.

[64] Liu J P, Deng H F, Lakey P S J, et al. Unexpectedly high indoor HONO concentrations associated with photochemical NO_2 transformation on glass windows. Environmental Science & Technology, 2020, 54(24): 15680-15688.

[65] Liu J P, Deng H F, Li S, et al. Light-enhanced heterogeneous conversion of NO_2 to HONO on solid films consisting of fluorene and fluorene/Na_2SO_4: An impact on urban and indoor atmosphere. Environmental Science & Technology, 2020, 54(18): 11079-11086.

[66] Wang C, Bottorff B, Reidy E, et al. Cooking, bleach cleaning, and air conditioning strongly impact levels of HONO in a house. Environmental Science & Technology, 2020, 54(21): 13488-13497.

[67] Young C J, Zhou S, Siegel J A, et al. Illuminating the dark side of indoor oxidants. Environmental Science-Processes & Impacts, 2019, 21(8): 1229-1239.

[68] Won Y, Waring M, Rim D. Understanding the spatial heterogeneity of indoor OH and HO_2 due to photolysis of HONO using computational fluid dynamics simulation. Environmental Science & Technology, 2019, 53(24): 14470-14478.

[69] Zhang J, An J, Qu Y, et al. Impacts of potential HONO sources on the concentrations of oxidants and secondary organic aerosols in the Beijing-Tianjin-Hebei region of China. Science of the Total Environment , 2019, 647: 836-852.

[70] Zhang J, Chen J, Xue C, et al. Impacts of six potential HONO sources on HO_x budgets and SOA formation during a wintertime heavy haze period in the North China Plain. Science of the Total Environment, 2019, 681: 110-123.

[71] Fu X, Wang T, Zhang L, et al. The significant contribution of HONO to secondary pollutants during a severe winter pollution event in southern China. Atmospheric Chemistry and Physics, 2019, 19(1): 1-14.

[72] Tie X X, Long X, Li G H, et al. Ozone enhancement due to the photodissociation of nitrous acid in eastern China. Atmospheric Chemistry and Physics, 2019, 19(17): 11267-11278.

[73] Shi X W, Ge Y F, Zheng J, et al. Budget of nitrous acid and its impacts on atmospheric oxidative capacity at an urban site in the central Yangtze River Delta region of China. Atmospheric Environment, 2020, 238: 117725.

[74] Xing C, Liu C, Hu Q, et al. Vertical distributions of wintertime atmospheric nitrogenous compounds and the corresponding OH radicals production in Leshan, southwest China. Journal of Environmental Sciences, 2021, 105: 44-55.

[75] Ge Y, Shi X, Ma Y, et al. Seasonality of nitrous acid near an industry zone in the Yangtze River Delta region of China: Formation mechanisms and contribution to the atmospheric oxidation capacity. Atmospheric Environment, 2021, 254: 118420.

[76] Lu K, Fuchs H, Hofzumahaus A, et al. Fast photochemistry in wintertime haze: consequences for pollution mitigation strategies. Environmental Science & Technology, 2019, 53(18): 10676-10684.

[77] Tan Z F, Lu K D, Hofzumahaus A, et al. Experimental budgets of OH, HO_2, and RO_2 radicals and implications for ozone formation in the Pearl River Delta in China 2014. Atmospheric Chemistry and Physics, 2019, 19(10): 7129-7150.

[78] Liu J, Liu Z, Ma Z, et al. Detailed budget analysis of HONO in Beijing, China: Implication on atmosphere oxidation capacity in polluted megacity. Atmospheric Environment, 2021, 244: 117957.

[79] Ma X, Tan Z, Lu K, et al. Winter photochemistry in Beijing: Observation and model simulation of OH and HO_2 radicals at an urban site. Science Of the Total Environment, 2019, 685: 85-95.

[80] Peng Q, Palm B B, Melander K E, et al. HONO emissions from Western U.S. wildfires provide dominant radical source in fresh wildfire smoke. Environmental Science & Technology, 2020, 54(10): 5954-5963.

[81] Theys N, Volkamer R, Müller J F, et al. Global nitrous acid emissions and levels of regional oxidants enhanced by wildfires.

Nature Geoscience, 2020, 13: 681-686.

[82] Yang Y, Li X, Zu K, et al. Elucidating the effect of HONO on O_3 pollution by a case study in southwest China. Science of the Total Environment, 2021, 756: 144127.

[83] Sommariva R, Crilley L R, Ball S M, et al. Enhanced wintertime oxidation of VOCs via sustained radical sources in the urban atmosphere. Environmental Pollution, 2021, 274: 116563.

[84] Xing L, Wu J, Elser M, et al. Wintertime secondary organic aerosol formation in Beijing–Tianjin–Hebei (BTH): contributions of HONO sources and heterogeneous reactions. Atmospheric Chemistry and Physics, 2019, 19(4): 2343-2359.

[85] Ohyama M, Nakajima T, Minejima C, et al. Association between indoor nitrous acid, outdoor nitrogen dioxide, and asthma attacks: results of a pilot study. International Journal of Environmental Health Research, 2019, 29(6): 632-642.

[86] Huang R-J, Zhang Y, Bozzetti C, et al. High secondary aerosol contribution to particulate pollution during haze events in China. Nature, 2014, 514(7521): 218-222.

[87] Hodzic A, Kasibhatla P S, Jo D S, et al. Rethinking the global secondary organic aerosol (SOA) budget: stronger production, faster removal, shorter lifetime. Atmospheric Chemistry and Physics, 2016, 16(12): 7917-7941.

[88] Farina S C, Adams P J, Pandis S N. Modeling global secondary organic aerosol formation and processing with the volatility basis set: Implications for anthropogenic secondary organic aerosol. Journal of Geophysical Research: Atmospheres, 2010, 115: D09202.

[89] Kelly J M, Doherty R M, Amp, et al. The impact of biogenic, anthropogenic, and biomass burning volatile organic compound emissions on regional and seasonal variations in secondary organic aerosol. Atmospheric Chemistry and Physics, 2018, 18(10): 7393-7422.

[90] Guenther A B, Jiang X, Heald C L, et al. The model of emissions of gases and aerosols from nature version 2.1 (MEGAN2.1): an extended and updated framework for modeling biogenic emissions. Geoscientific Model Development, 2012, 5(6): 1471-1492.

[91] Robinson A L, Donahue N M, Shrivastava M K, et al. Rethinking organic aerosols: Semivolatile emissions and photochemical aging. Science, 2007, 315(5816): 1259-1262.

[92] Zhao Y, Hennigan C J, May A A, et al. Intermediate-volatility organic compounds: a large source of secondary organic aerosol. Environmental Science & Technology, 2014, 48(23): 13743-13750.

[93] Wang K, Wang W, Liu X, et al. Research progress of intermediate volatility organic compounds. Environmental Chemistry, 2021, 40(10): 2960-2978.

[94] Tang R, Wang H, Liu Y, et al. Constituents of atmospheric semi-volatile and intermediate volatility organic compounds and their contribution to organic aerosol. Progress in Chemistry, 2019, 31(1): 180-190.

[95] Lim Y B, Ziemann P J. Effects of Molecular structure on aerosol yields from OH radical-initiated reactions of linear, branched, and cyclic alkanes in the presence of NO_x. Environmental Science & Technology, 2009, 43(7): 2328-2334.

[96] Lim Y B, Ziemann P J. Products and mechanism of secondary organic aerosol formation from reactions of n-alkanes with OH radicals in the presence of NO_x. Environmental Science & Technology, 2005, 39(23): 9229-9236.

[97] Presto A A, Miracolo M A, Donahue N M, et al. Secondary organic aerosol formation from high-NO_x photo-oxidation of low volatility precursors: n-Alkanes. Environmental Science & Technology, 2010, 44(6): 2029-2034.

[98] Wang D S, Hildebrandt Ruiz L. Chlorine-initiated oxidation of n-alkanes under high NO_x conditions: Insights into secondary organic aerosol composition and volatility using a FIGAERO-CIMS. Atmospheric Chemistry and Physics Discussions, 2018, 18(21): 15535-15553.

[99] Lambe A T, Onasch T B, Croasdale D R, et al. Transitions from functionalization to fragmentation reactions of laboratory

secondary organic aerosol (SOA) generated from the oh oxidation of alkane precursors. Environmental Science & Technology, 2012, 46(10): 5430-5437.

[100] Jordan C E, Ziemann P J, Griffin R J, et al. Modeling SOA formation from OH reactions with C_8–C_{17} n-alkanes. Atmospheric Environment, 2008, 42: 8015-8026.

[101] Loza C L, Craven J S, Yee L D, et al. Secondary organic aerosol yields of 12-carbon alkanes. Atmospheric Chemistry and Physics, 2014, 14(3): 1423-1439.

[102] Tkacik D S, Presto A A, Donahue N M, et al. Secondary organic aerosol formation from intermediate-volatility organic compounds: cyclic, linear, and branched alkanes. Environmental Science & Technology, 2012, 46(16): 8773-8781.

[103] Lamkaddam H, Gratien A, Pangui E, et al. Role of relative humidity in the secondary organic aerosol formation from high-NO_x photooxidation of long-chain alkanes: n-dodecane case Study. ACS Earth and Space Chemistry, 2020, 4(12): 2414-2425.

[104] Docherty K S, Yaga R, Preston W T, et al. Relative contributions of selected multigeneration products to chamber SOA formed from photooxidation of a range (C_{10}–C_{17}) of n-alkanes under high NO_x conditions. Atmospheric Environment, 2021, 244: 117976.

[105] Li J, Wang W, Li K, et al. Temperature effects on optical properties and chemical composition of secondary organic aerosol derived from n-dodecane. Atmospheric Chemistry and Physics, 2020, 20(13): 8123-8137.

[106] Li J, Wang W, Li K, et al. Effect of chemical structure on optical properties of secondary organic aerosols derived from C_{12} alkanes. Science of the Total Environment, 2021, 751: 141620.

[107] Li J, Li H, Li K, et al. Enhanced secondary organic aerosol formation from the photo-oxidation of mixed anthropogenic volatile organic compounds. Atmospheric Chemistry and Physics, 2021, 21: 7773-7789.

[108] Xu L, Du L, Tsona N T, et al. Anthropogenic effects on biogenic secondary organic aerosol formation. Advances in Atmospheric Sciences, 2021, 38(7): 1053-1084.

[109] Xu L, Yang Z, Tsona N T, et al. Anthropogenic-biogenic interactions at night: Enhanced formation of secondary aerosols and particulate nitrogen- and sulfur-containing organics from beta-pinene oxidation. Environmental Science & Technology, 2021, 55(12): 7794-7807.

[110] Xu L, Tsona N T, You B, et al. NO_x enhances secondary organic aerosol formation from nighttime γ-terpinene ozonolysis. Atmospheric Environment, 2020, 225(15): 117375.

[111] Xu L, Tsona N T, Du L. Relative humidity changes the role of SO_2 in biogenic secondary organic aerosol formation. Journal of Physical Chemistry Letters, 2021, 12(30): 7365-7372.

[112] Jiang X, Tsona N T, Jia L, et al. Secondary organic aerosol formation from photooxidation of furan: effects of NO_x and humidity. Atmospheric Chemistry and Physics, 2019, 19(21): 13591-13609.

[113] Yang Z, Tsona N T, Li J, et al. Effects of NO_x and SO_2 on the secondary organic aerosol formation from the photooxidation of 1, 3, 5-trimethylbenzene: A new source of organosulfates. Environmental Pollution, 2020, 264: 114742.

[114] Yang Z, Xu L, Tsona N T, et al. SO_2 and NH_3 emissions enhance organosulfur compounds and fine particle formation from the photooxidation of a typical aromatic hydrocarbon. Atmospheric Chemistry and Physics, 2021, 21(10): 7963-7981.

[115] Jiang X, Lv C, You B, et al. Joint impact of atmospheric SO_2 and NH_3 on the formation of nanoparticles from photo-oxidation of a typical biomass burning compound. Environmental Science: Nano, 2020, 7(9): 2532-2545.

[116] Zhang W, Wang W, Li J, et al. Effects of SO_2 on optical properties of secondary organic aerosol generated from photooxidation of toluene under different relative humidity conditions. Atmospheric Chemistry and Physics, 2020, 20(7): 4477-4492.

[117] Bianchi F, Kurten T, Riva M, et al. Highly oxygenated organic molecules (HOM) from gas phase autoxidation involving peroxy radicals: A key contributor to atmospheric aerosol. Chemical Reviews, 2019, 119(6): 3472-3509.

[118] Ehn M, Junninen H, Petäjä T, et al. Composition and temporal behavior of ambient ions in the boreal forest. Atmospheric Chemistry and Physics, 2010, 10(17): 8513-8530.

[119] Eisele F L, Tanner D J. Measurement of the gas phase concentration of H_2SO_4 and methane sulfonic acid and estimates of H_2SO_4 production and loss in the atmosphere. Journal of Geophysical Research, 1993, 98(D5): 9001-9010.

[120] Ehn M, Thornton J A, Kleist E, et al. A large source of low-volatility secondary organic aerosol. Nature, 2014, 506(7489): 476-479.

[121] Lopez-Hilfiker F D, Mohr C, Ehn M, et al. A novel method for online analysis of gas and particle composition: description and evaluation of a filter inlet for gases and aerosols (FIGAERO). Atmospheric Measurement Techniques, 2014, 7(4): 983-1001.

[122] Mutzel A, Poulain L, Berndt T, et al. Highly oxidized multifunctional organic compounds observed in tropospheric particles: a field and laboratory study. Environmental Science & Technology, 2015, 49(13): 7754-7761.

[123] Crounse J D, Nielsen L B, Jørgensen S, et al. Autoxidation of organic compounds in the atmosphere. The Journal of Physical Chemistry Letters, 2013, 4(20): 3513-3520.

[124] Jorgensen S, Knap H C, Otkjaer R V, et al. Rapid hydrogen shift scrambling in hydroperoxy-substituted organic peroxy radicals. Journal of Physical Chemistry A, 2016, 120(2): 266-275.

[125] Teng A P, Crounse J D, Wennberg P O. Isoprene peroxy radical dynamics. Journal of the American Chemical Society, 2017, 139(15): 5367-5377.

[126] Jokinen T, Sipila M, Richters S, et al. Rapid autoxidation forms highly oxidized RO_2 radicals in the atmosphere. Angewandte Chemie International Edition, 2014, 53(52): 14596-14600.

[127] Krechmer J E, Coggon M M, Massoli P, et al. Formation of low volatility organic compounds and secondary organic aerosol from isoprene hydroxyhydroperoxide low-NO oxidation. Environmental Science & Technology, 2015, 49(17): 10330-10339.

[128] Jokinen T, Berndt T, Makkonen R, et al. Production of extremely low volatile organic compounds from biogenic emissions: Measured yields and atmospheric implications. Proceedings of the National Academy of Sciences of the United States of America, 2015, 112(23): 7123-7128.

[129] Rissanen M P, Kurten T, Sipila M, et al. Effects of chemical complexity on the autoxidation mechanisms of endocyclic alkene ozonolysis products: From methylcyclohexenes toward understanding alpha-pinene. Journal of Physical Chemistry A, 2015, 119(19): 4633-4650.

[130] Berndt T, Richters S, Jokinen T, et al. Hydroxyl radical-induced formation of highly oxidized organic compounds. Nature Communications, 2016, 7: 13677.

[131] Rissanen M P, Kurten T, Sipila M, et al. The formation of highly oxidized multifunctional products in the ozonolysis of cyclohexene. Journal of the American Chemical Society, 2014, 136(44): 15596-15606.

[132] Richters S, Herrmann H, Berndt T. Different pathways of the formation of highly oxidized multifunctional organic compounds (HOMs) from the gas phase ozonolysis of caryophyllene. Atmospheric Chemistry and Physics, 2016, 16(15): 9831-9845.

[133] Wang Y, Riva M, Xie H, et al. Formation of highly oxygenated organic molecules from chlorine-atom-initiated oxidation of alpha-pinene. Atmospheric Chemistry and Physics, 2020, 20(8): 5145-5155.

[134] Nah T, Sanchez J, Boyd C M, et al. Photochemical aging of alpha-pinene and beta-pinene secondary organic aerosol formed from nitrate radical oxidation. Environmental Science & Technology, 2016, 50(1): 222-231.

[135] Garmash O, Rissanen M P, Pullinen I, et al. Multi-generation OH oxidation as a source for highly oxygenated organic molecules from aromatics. Atmospheric Chemistry and Physics, 2020, 20(1): 515-537.

[136] Molteni U, Bianchi F, Klein F, et al. Formation of highly oxygenated organic molecules from aromatic compounds. Atmospheric Chemistry and Physics, 2018, 18(3): 1909-1921.

[137] Mehra A, Wang Y, Krechmer J E, et al. Evaluation of the chemical composition of gas- and particle-phase products of aromatic oxidation. Atmospheric Chemistry and Physics, 2020, 20(16): 9783-9803.

[138] Wang Y, Mehra A, Krechmer J E, et al. Oxygenated products formed from OH-initiated reactions of trimethylbenzene: autoxidation and accretion. Atmospheric Chemistry and Physics, 2020, 20(15): 9563-9579.

[139] Tsiligiannis E, Hammes J, Salvador C M, et al. Effect of NO on 1, 3, 5-trimethylbenzene (TMB) oxidation product distribution and particle formation. Atmospheric Chemistry and Physics, 2019, 19(23): 15073-15086.

[140] Tan Z, Lu K, Jiang M, et al. Daytime atmospheric oxidation capacity in four Chinese megacities during the photochemically polluted season: A case study based on box model simulation. Atmospheric Chemistry and Physics, 2019, 19(6): 3493-3513.

[141] Wang M, Chen D, Xiao M, et al. Photo-oxidation of aromatic hydrocarbons produces low-volatility organic compounds. Environmental Science & Technology, 2020, 54(13): 7911-7921.

[142] Zhao Y, Thornton J A, Pye H O T. Quantitative constraints on autoxidation and dimer formation from direct probing of monoterpene-derived peroxy radical chemistry. Proceedings of the National Academy of Sciences of the United States of America, 2018, 115(48): 12142-12147.

[143] Berndt T, Scholz W, Mentler B, et al. Accretion Product Formation from Self- and Cross-Reactions of RO_2 Radicals in the Atmosphere. Angewandte Chemie International Edition, 2018, 57(14): 3820-3824.

[144] Berndt T, Mentler B, Scholz W, et al. Accretion product formation from ozonolysis and oh radical reaction of alpha-pinene: mechanistic insight and the influence of isoprene and ethylene. Environmental Science & Technology, 2018, 52(19): 11069-11077.

[145] Zhang R, Khalizov A, Wang L, et al. Nucleation and growth of nanoparticles in the atmosphere. Chemical Reviews, 2012, 112(3): 1957-2011.

[146] Kulmala M, Kontkanen J, Junninen H, et al. Direct observations of atmospheric aerosol nucleation. Science, 2013, 339(6122): 943-946.

[147] Chu B, Kerminen V-M, Bianchi F, et al. Atmospheric new particle formation in China. Atmospheric Chemistry and Physics, 2019, 19(1): 115-138.

[148] Deng C, Fu Y, Dada L, et al. Seasonal Characteristics of New Particle Formation and Growth in Urban Beijing. Environmental Science & Technology, 2020, 54(14): 8547-8557.

[149] Cai R, Yan C, Yang D, et al. Sulfuric acid–amine nucleation in urban Beijing. Atmospheric Chemistry and Physics, 2021, 21(4): 2457-2468.

[150] Li H, Ning A, Zhong J, et al. Influence of atmospheric conditions on sulfuric acid-dimethylamine-ammonia-based new particle formation. Chemosphere, 2020, 245: 125554.

[151] Yin R, Yan C, Cai R, et al. Acid-Base Clusters during Atmospheric New Particle Formation in Urban Beijing. Environmental Science & Technology, 2021, 55(16): 10994-11005.

[152] Liu L, Li H, Zhang H, et al. The role of nitric acid in atmospheric new particle formation. Phys Chem Chem Phys, 2018, 20(25): 17406-17414.

[153] Wang M, Kong W, Marten R, et al. Rapid growth of new atmospheric particles by nitric acid and ammonia condensation. Nature, 2020, 581(7807): 184-189.

[154] Liu L, Yu F, Du L, et al. Rapid sulfuric acid-dimethylamine nucleation enhanced by nitric acid in polluted regions. Proceedings of the National Academy of Sciences of the United States of America, 2021, 118(35): e2108384118.

[155] Zhao B, Shrivastava M, Donahue N M, et al. High concentration of ultrafine particles in the Amazon free troposphere produced by organic new particle formation. Proceedings of the National Academy of Sciences of the United States of America, 2020, 117(41): 25344-25351.

[156] Guo S, Hu M, Peng J, et al. Remarkable nucleation and growth of ultrafine particles from vehicular exhaust. Proceedings of the National Academy of Sciences of the United States of America, 2020, 117(7): 3427-3432.

[157] Yan C, Yin R, Lu Y, et al. The Synergistic Role of Sulfuric Acid, Bases, and Oxidized Organics Governing New - Particle Formation in Beijing. Geophysical Research Letters, 2021, 48(7): e2020GL091944.

[158] Ma F, Xie H B, Elm J, et al. Piperazine Enhancing Sulfuric Acid-Based New Particle Formation: Implications for the Atmospheric Fate of Piperazine. Environmental Science & Technology, 2019, 53(15): 8785-8795.

[159] Liu L, Zhong J, Vehkamaki H, et al. Unexpected quenching effect on new particle formation from the atmospheric reaction of methanol with SO_3. Proceedings of the National Academy of Sciences of the United States of America, 2019, 116(50): 24966-24971.

[160] Fang X, Hu M, Shang D, et al. Observational Evidence for the Involvement of Dicarboxylic Acids in Particle Nucleation. Environmental Science & Technology Letters, 2020, 7(6): 388-394.

[161] Huang W, Saathoff H, Shen X, et al. Chemical Characterization of Highly Functionalized Organonitrates Contributing to Night-Time Organic Aerosol Mass Loadings and Particle Growth. Environmental Science & Technology, 2019, 53(3): 1165-1174.

[162] Lu Y, Liu L, Ning A, et al. Atmospheric Sulfuric Acid - Dimethylamine Nucleation Enhanced by Trifluoroacetic Acid. Geophysical Research Letters, 2020, 47(2): e2019GL085627.

[163] Liu L, Yu F, Tu K, et al. Influence of atmospheric conditions on the role of trifluoroacetic acid in atmospheric sulfuric acid-dimethylamine nucleation. Atmospheric Chemistry and Physics, 2021, 21(8): 6221-6230.

[164] Shen J, Elm J, Xie H B, et al. Structural Effects of Amines in Enhancing Methanesulfonic Acid-Driven New Particle Formation. Environmental Science & Technology, 2020, 54(21): 13498-13508.

[165] Shen J, Xie H B, Elm J, et al. Methanesulfonic Acid-driven New Particle Formation Enhanced by Monoethanolamine: A Computational Study. Environmental Science & Technology, 2019, 53(24): 14387-14397.

[166] Ma X, Sun Y, Huang Z, et al. A density functional theory study of the molecular interactions between a series of amides and sulfuric acid. Chemosphere, 2019, 214: 781-790.

[167] Saiz-Lopez A, Plane J M, Baker A R, et al. Atmospheric chemistry of iodine. Chemical Reviews, 2012, 112(3): 1773-1804.

[168] Sipila M, Sarnela N, Jokinen T, et al. Molecular-scale evidence of aerosol particle formation via sequential addition of HIO_3. Nature, 2016, 537(7621): 532-534.

[169] Yu H, Ren L, Huang X, et al. Iodine speciation and size distribution in ambient aerosols at a coastal new particle formation hotspot in China. Atmospheric Chemistry and Physics, 2019, 19(6): 4025-4039.

[170] Baccarini A, Karlsson L, Dommen J, et al. Frequent new particle formation over the high Arctic pack ice by enhanced iodine emissions. Nature Communications, 2020, 11(1): 4924.

[171] Gomez Martin J C, Lewis T R, Blitz M A, et al. A gas-to-particle conversion mechanism helps to explain atmospheric particle formation through clustering of iodine oxides. Nature Communications, 2020, 11(1): 4521.

[172] He X C, Tham Y J, Dada L, et al. Role of iodine oxoacids in atmospheric aerosol nucleation. Science, 2021, 371(6529): 589-595.

[173] Xia D, Chen J, Yu H, et al. Formation Mechanisms of Iodine-Ammonia Clusters in Polluted Coastal Areas Unveiled by Thermodynamics and Kinetic Simulations. Environmental Science & Technology, 2020, 54(15): 9235-9242.

[174] Rong H, Liu J, Zhang Y, et al. Nucleation mechanisms of iodic acid in clean and polluted coastal regions. Chemosphere, 2020, 253: 126743.

[175] Ning A, Zhang H, Zhang X, et al. A molecular-scale study on the role of methanesulfinic acid in marine new particle formation. Atmospheric Environment, 2020, 227: 117378.

[176] Beck L J, Sarnela N, Junninen H, et al. Differing Mechanisms of New Particle Formation at Two Arctic Sites. Geophysical Research Letters, 2021, 48(4): e2020GL091334.

[177] De Leeuw G, Andreas E L, Anguelova M D, et al. Production flux of sea spray aerosol. Reviews of Geophysics, 2011, 49: RG2001.

[178] Cai M F, Liang B L, Sun Q B, et al. Effects of continental emissions on cloud condensation nuclei (CCN) activity in the northern South China Sea during summertime 2018. Atmospheric Chemistry and Physics, 2020, 20(15): 9153-9167.

[179] Liang B, Cai M, Sun Q, et al. Source apportionment of marine atmospheric aerosols in northern South China Sea during summertime 2018. Environmental Pollution (Barking, Essex : 1987), 2021, 289: 117948-117948.

[180] Bao H Y, Niggemann J, Luo L, et al. Molecular composition and origin of water-soluble organic matter in marine aerosols in the Pacific off China. Atmospheric Environment, 2018, 191: 27-35.

[181] Yang J, Zhao W Y, Wei L F, et al. Molecular and spatial distributions of dicarboxylic acids, oxocarboxylic acids, and alpha-dicarbonyls in marine aerosols from the South China Sea to the eastern Indian Ocean. Atmospheric Chemistry and Physics, 2020, 20(11): 6641-6660.

[182] Yan J, Jung J, Zhang M, et al. Uptake selectivity of methanesulfonic acid (MSA) on fine particles over polynya regions of the Ross Sea, Antarctica. Atmospheric Chemistry and Physics, 2020, 20(5): 3259-3271.

[183] Yan J P, Jung J Y, Zhang M M, et al. Significant underestimation of gaseous methanesulfonic acid (MSA) over Southern Ocean. Environmental Science & Technology, 2019, 53(22): 13064-13070.

[184] Yan J P, Jung J Y, Lin Q, et al. Effect of sea ice retreat on marine aerosol emissions in the Southern Ocean, Antarctica. Science of the Total Environment, 2020, 745: 140773.

[185] Jiang B, Xie Z Q, Lam P K S, et al. Spatial and temporal distribution of sea salt aerosol mass concentrations in the marine boundary layer from the Arctic to the Antarctic. Journal of Geophysical Research-Atmospheres, 2021, 126(6): e2020JD033892.

[186] Gao Y, Shan H Y, Zhang S Q, et al. Characteristics and sources of $PM_{2.5}$ with focus on two severe pollution events in a coastal city of Qingdao, China. Chemosphere, 2020, 247: 125861.

[187] Wang X F, Deane G B, Moore K A, et al. The role of jet and film drops in controlling the mixing state of submicron sea spray aerosol particles. Proceedings of the National Academy of Sciences of the United States of America, 2017, 114(27): 6978-6983.

[188] Hallquist M, Wenger J C, Baltensperger U, et al. The formation, properties and impact of secondary organic aerosol: Current and emerging issues. Atmospheric Chemistry and Physics, 2009, 9(14): 5155-5236.

[189] Quinn P K, Coffman D J, Johnson J E, et al. Small fraction of marine cloud condensation nuclei made up of sea spray aerosol. Nature Geoscience, 2017, 10(9): 674-679.

[190] Vignati E, Facchini M C, Rinaldi M, et al. Global scale emission and distribution of sea-spray aerosol: Sea-salt and organic enrichment. Atmospheric Environment, 2010, 44(5): 670-677.

[191] O'dowd C D, Facchini M C, Cavalli F, et al. Biogenically driven organic contribution to marine aerosol. Nature, 2004, 431(7009): 676-680.

[192] Wang X F, Sultana C M, Trueblood J, et al. Microbial control of sea spray aerosol composition: A tale of two blooms. Acs Central Science, 2015, 1(3): 124-131.

[193] Zhou K L, Wang S R, Lu X H, et al. Production flux and chemical characteristics of spray aerosol generated from raindrop impact on seawater and soil. Journal of Geophysical Research-Atmospheres, 2020, 125(13): e2019JD032052.

[194] Lv C, Tsona N T, Du L. Sea spray aerosol formation: Results on the role of different parameters and organic concentrations from bubble bursting experiments. Chemosphere, 2020, 252: 126456.

[195] Sha B, Johansson J H, Benskin J P, et al. Influence of water concentrations of perfluoroalkyl acids (PFAAs) on their size-resolved enrichment in nascent sea spray aerosols. Environmental Science & Technology, 2021, 55(14): 9489-9497.

[196] Veres P R, Neuman J A, Bertram T H, et al. Global airborne sampling reveals a previously unobserved dimethyl sulfide oxidation mechanism in the marine atmosphere. Proceedings of the National Academy of Sciences of the United States of America, 2020, 117(9): 4505-4510.

[197] Mayer K J, Wang X F, Santander M V, et al. Secondary marine aerosol plays a dominant role over primary sea spray aerosol in cloud formation. Acs Central Science, 2020, 6(12): 2259-2266.

[198] Cheng S M, Du L, George C. Understanding the interfacial behavior of yypical perfluorocarboxylic acids at surfactant-coated aqueous interfaces. Journal of Geophysical Research-Atmospheres, 2020, 125(13): 032182.

[199] Cheng S M, Li S Y, Tsona N T, et al. Alterations in the surface properties of sea spray aerosols introduced by the presence of sterols. Science of the Total Environment, 2019, 671: 1161-1169.

[200] Cheng S M, Li S Y, Tsona N T, et al. Insights into the headgroup and chain length dependence of surface characteristics of organic-coated sea spray aerosols. ACS Earth and Space Chemistry, 2019, 3(4): 571-580.

[201] Carter-Fenk K A, Dommer A C, Fiamingo M E, et al. Calcium bridging drives polysaccharide co-adsorption to a proxy sea surface microlayer. Physical Chemistry Chemical Physics, 2021, 23(30): 16401-16416.

[202] Xu M L, Tsona N T, Cheng S M, et al. Unraveling interfacial properties of organic-coated marine aerosol with lipase incorporation. Science of the Total Environment, 2021, 782: 146893.

[203] Rogers M M, Neal J F, Saha A, et al. The ocean's elevator: Evolution of the air-seawater interface during a small-scale algal bloom. ACS Earth and Space Chemistry, 2020, 4(12): 2347-2357.

[204] Croft B, Martin R V, Moore R H, et al. Factors controlling marine aerosol size distributions and their climate effects over the northwest Atlantic Ocean region. Atmospheric Chemistry and Physics, 2021, 21(3): 1889-1916.

[205] Horowitz H M, Holmes C, Wright A, et al. Effects of sea salt aerosol emissions for marine cloud brightening on atmospheric chemistry: Implications for radiative forcing. Geophysical Research Letters, 2020, 47(4): e2019GL085838.

[206] Lu X, Zhang L, Wu T W, et al. Development of the global atmospheric chemistry general circulation model BCC-GEOS-Chem v1.0: model description and evaluation. Geoscientific Model Development, 2020, 13(9): 3817-3838.

[207] Laskin A, Laskin J, Nizkorodov S A. Chemistry of Atmospheric Brown Carbon. Chemical Reviews, 2015, 115(10): 4335-4382.

[208] Mohr C, Lopez-Hilfiker F D, Zotter P, et al. Contribution of Nitrated Phenols to Wood Burning Brown Carbon Light Absorption in Detling, United Kingdom during Winter Time. Environmental Science & Technology, 2013, 47(12): 6316-6324.

[209] Chakrabarty R K, Gyawali M, Yatavelli R L N, et al. Brown carbon aerosols from burning of boreal peatlands: microphysical properties, emission factors, and implications for direct radiative forcing. Atmospheric Chemistry and Physics, 2016, 16(5): 3033-3040.

[210] Wang Y J, Hu M, Wang Y, et al. Characterization and Influence Factors of $PM_{2.5}$ Emitted from Crop Straw Burning. Acta Chimica Sinica, 2016, 74(4): 356-362.

[211] Fan X J, Wei S Y, Zhu M B, et al. Comprehensive characterization of humic-like substances in smoke $PM_{2.5}$ emitted from the combustion of biomass materials and fossil fuels. Atmospheric Chemistry and Physics, 2016, 16(20): 13321-13340.

[212] Park S S, Yu J. Chemical and light absorption properties of humic-like substances from biomass burning emissions under controlled combustion experiments. Atmospheric Environment, 2016, 136: 114-122.

[213] Bluvshtein N, Lin P, Flores J M, et al. Broadband optical properties of biomass-burning aerosol and identification of brown carbon chromophores. Journal of Geophysical Research-Atmospheres, 2017, 122(10): 5441-5456.

[214] Liu J, Scheuer E, Dibb J, et al. Brown carbon aerosol in the North American continental troposphere: sources, abundance, and radiative forcing. Atmospheric Chemistry and Physics, 2015, 15(14): 7841-7858.

[215] Washenfelder R A, Attwood A R, Brock C A, et al. Biomass burning dominates brown carbon absorption in the rural southeastern United States. Geophysical Research Letters, 2015, 42(2): 653-664.

[216] Lin P, Huang X F, He L Y, et al. Abundance and size distribution of HULIS in ambient aerosols at a rural site in South China. Journal of Aerosol Science, 2010, 41(1): 74-87.

[217] Fan X J, Song J Z, Peng P A. Comparison of isolation and quantification methods to measure humic-like substances (HULIS) in atmospheric particles. Atmospheric Environment, 2012, 60: 366-374.

[218] Fan X J, Song J Z, Peng P A. Comparative study for separation of atmospheric humic-like substance (HULIS) by ENVI-18, HLB, XAD-8 and DEAE sorbents: Elemental composition, FT-IR, H-1 NMR and off-line thermochemolysis with tetramethylammonium hydroxide (TMAH). Chemosphere, 2013, 93(9): 1710-1719.

[219] Pavlovic J, Hopke P K. Chemical nature and molecular weight distribution of the water-soluble fine and ultrafine PM fractions collected in a rural environment. Atmospheric Environment, 2012, 59: 264-271.

[220] Polidori A, Turpin B J, Davidson C I, et al. Organic $PM_{2.5}$: Fractionation by polarity, FTIR spectroscopy, and OM/OC ratio for the Pittsburgh aerosol. Aerosol Science and Technology, 2008, 42(3): 233-246.

[221] Salma I, Ocskay R, Chi X G, et al. Sampling artefacts, concentration and chemical composition of fine water-soluble organic carbon and humic-like substances in a continental urban atmospheric environment. Atmospheric Environment, 2007, 41(19): 4106-4118.

[222] Kiss G, Varga B, Galambos I, et al. Characterization of water-soluble organic matter isolated from atmospheric fine aerosol. Journal of Geophysical Research-Atmospheres, 2002, 107(D21): 8339.

[223] Salma I, Meszaros T, Maenhaut W, et al. Chirality and the origin of atmospheric humic-like substances. Atmospheric Chemistry and Physics, 2010, 10(3): 1315-1327.

[224] Song J Z, He L L, Peng P A, et al. Chemical and isotopic composition of humic-like substances (HULIS) in ambient aerosols in Guangzhou, South China. Aerosol Science and Technology, 2012, 46(5): 533-546.

[225] Emmenegger C, Reinhardt A, Hueglin C, et al. Evaporative light scattering: A novel detection method for the quantitative analysis of humic-like substances in aerosols. Environmental Science & Technology, 2007, 41(7): 2473-2478.

[226] Salma I, Ocskay R, Lang G G. Properties of atmospheric humic-like substances - water system. Atmospheric Chemistry and Physics, 2008, 8(8): 2243-2254.

[227] Teich M, Van Pinxteren D, Wang M, et al. Contributions of nitrated aromatic compounds to the light absorption of water-soluble and particulate brown carbon in different atmospheric environments in Germany and China. Atmospheric Chemistry and Physics, 2017, 17(3): 1653-1672.

[228] Noziere B, Kalberer M, Claeys M, et al. The Molecular Identification of Organic Compounds in the Atmosphere: State of the Art and Challenges. Chemical Reviews, 2015, 115(10): 3919-3983.

[229] Wang Y J, Hu M, Xu N, et al. Chemical composition and light absorption of carbonaceous aerosols emitted from crop

residue burning: influence of combustion efficiency. Atmospheric Chemistry and Physics, 2020, 20(22): 13721-13734.

[230] Zheng J, Hu M, Peng J F, et al. Spatial distributions and chemical properties of PM2.5 based on 21 field campaigns at 17 sites in China. Chemosphere, 2016, 159: 480-487.

[231] Wang Y J, Hu M, Lin P, et al. Enhancement in Particulate Organic Nitrogen and Light Absorption of Humic-Like Substances over Tibetan Plateau Due to Long-Range Transported Biomass Burning Emissions. Environmental Science & Technology, 2019, 53(24): 14222-14232.

[232] Rajput P, Sarin M M, Rengarajan R, et al. Atmospheric polycyclic aromatic hydrocarbons (PAHs) from post-harvest biomass burning emissions in the Indo-Gangetic Plain: Isomer ratios and temporal trends. Atmospheric Environment, 2011, 45(37): 6732-6740.

[233] Singh N, Mhawish A, Deboudt K, et al. Organic aerosols over Indo-Gangetic Plain: Sources, distributions and climatic implications. Atmospheric Environment, 2017, 157: 59-74.

[234] Cheng Y, Engling G, He K B, et al. Biomass burning contribution to Beijing aerosol. Atmospheric Chemistry and Physics, 2013, 13(15): 7765-7781.

[235] Liu X Y, Zhang Y L, Peng Y R, et al. Chemical and optical properties of carbonaceous aerosols in Nanjing, eastern China: regionally transported biomass burning contribution. Atmospheric Chemistry and Physics, 2019, 19(17): 11213-11233.

[236] Seinfeld J H P S N. Atmospheric chemistry and physics: from air pollution to climate change. New York: John Wiley & Sons, 2016.

[237] Cable M L, Hoerst S M, He C, et al. Identification of primary amines in Titan tholins using microchip nonaqueous capillary electrophoresis. Earth and Planetary Science Letters, 2014, 403: 99-107.

[238] Wang G, Zhang R, Gomez M E, et al. Persistent sulfate formation from London Fog to Chinese haze. 2016, 113(48): 13630-13635.

[239] Liu T, Clegg S L, Abbatt J P D. Fast oxidation of sulfur dioxide by hydrogen peroxide in deliquesced aerosol particles. Proceedings of the National Academy of Sciences of the United States of America, 2020, 117(3): 1354-1359.

[240] Ye C, Chen H, Hoffmann E H, et al. Particle-Phase Photoreactions of HULIS and TMIs Establish a Strong Source of H_2O_2 and Particulate Sulfate in the Winter North China Plain. Environmental Science & Technology, 2021, 55(12): 7818-7830.

[241] Song S J, Gao M, Xu W Q, et al. Possible heterogeneous chemistry of hydroxymethanesulfonate (HMS) in northern China winter haze. Atmospheric Chemistry and Physics, 2019, 19(2): 1357-1371.

[242] Liu M, Song Y, Zhou T, et al. Fine particle pH during severe haze episodes in northern China. Geophysical Research Letters, 2017, 44(10): 5213-5221.

[243] Cheng C, Li M, Chan C K, et al. Mixing state of oxalic acid containing particles in the rural area of Pearl River Delta, China: implications for the formation mechanism of oxalic acid. Atmospheric Chemistry and Physics, 2017, 17(15): 9519-9533.

[244] Xue J, Yu X, Yuan Z, et al. Efficient control of atmospheric sulfate production based on three formation regimes. Nature Geoscience, 2019, 12(12): 977-982.

[245] Wang W, Liu M, Wang T, et al. Sulfate formation is dominated by manganese-catalyzed oxidation of SO_2 on aerosol surfaces during haze events. Nature Communication, 2021, 12(1): 1993.

[246] Yang X, Ma X, Yu X, et al. Exploration of strong metal-support interaction in zirconia supported catalysts for toluene oxidation. Applied Catalysis B: Environmental, 2020, 263: 118355.

[247] Han D, Ma X, Yang X, et al. Metal organic framework-templated fabrication of exposed surface defect-enriched Co_3O_4 catalysts for efficient toluene oxidation. Journal of Colloid and Interface Science, 2021, 603: 695-705.

[248] Ma X, Xiao M, Yang X, et al. Boosting benzene combustion by engineering oxygen vacancy-mediated $Ag/CeO_2-Co_3O_4$

catalyst via interfacial electron transfer. Journal of Colloid and Interface Science, 2021, 594: 882-890.

[249] Sun H, Yu X, Ma X, et al. MnO_x-CeO_2 catalyst derived from metal-organic frameworks for toluene oxidation. Catalysis Today, 2020, 355: 580-586.

[250] Wang Q, Li Y, Serrano-Lotina A, et al. Operando investigation of toluene oxidation over 1D Pt@CeO_2 derived from Pt cluster-containing MOF. Journal of the American Chemical Society, 2021, 143(1): 196-205.

[251] Gan T, Yang J, Morris D, et al. Electron donation of non-oxide supports boosts O_2 activation on nano-platinum catalysts. Nature Communications, 2021, 12(1): 2741.

[252] Yan C, Yin R, Lu Y, et al. The Synergistic Role of Sulfuric Acid, Bases, and Oxidized Organics Governing New - Particle Formation in Beijing. Geophysical Research Letters, 2021, 48(7): 1-12.

[253] Brean J, Harrison R M, Shi Z, et al. Observations of highly oxidized molecules and particle nucleation in the atmosphere of Beijing. Atmospheric Chemistry and Physics, 2019, 19(23): 14933-14947.

作者：葛茂发[1]，佟胜睿[1]，胡敏[2]，王琳[3]，王炜罡[1]，杜林[4]，张秀辉[5]，
郭郁葱[1]，于晓琳[1]，王宇炜[3]，王玉珏[2]，张欣然[1]，项往[1]，徐名兰[4]，李晓[2]，王珂[1]
[1]中国科学院化学研究所，[2]北京大学，[3]复旦大学，[4]山东大学，[5]北京理工大学

第 15 章　大气污染健康危害的流行病学和毒理学进展

本章导读

大气污染是我国最重要的环境问题和公共卫生问题之一。认识大气污染的健康危害是解决环境健康问题和制定公共卫生安全策略的基础，是实现生态文明建设和可持续发展战略国策的保障。近几十年来，全球范围内大量的研究提供了大气污染健康危害的流行病学研究证据，并进一步阐释了涉及的生理和分子机制。最新研究提示，大气污染还可能影响新型冠状病毒肺炎的传播、流行和死亡。流行病学研究通过直接回答大气污染与人体健康的关系，提供大气污染危害性的最直接科学依据。毒理学研究以实验室研究为基础，对探究大气污染健康危害的致病机制具有重要意义。本章的主要目的是对大气污染健康危害的流行病学研究以及毒理学研究成果和进展进行相对全面的综述，以期为未来的研究提供思路和方向，为优化环境管理、制定标准和风险交流提供科学依据。

关键词

大气污染，健康危害，流行病学研究，毒理学机制

15.1 大气污染健康危害的流行病学研究进展

15.1.1 大气污染的急性健康效应

流行病学研究证实，空气污染物浓度短期波动可对人群健康造成影响，常表现为死亡率、发病率的增加，以及亚临床指标的改变等。近年来，各领域研究者对空气污染，尤其是颗粒物和臭氧的急性健康效应关注度高涨，并采用了大量时间序列研究、定群研究和病例交叉研究等方法探究其对心肺系统等的影响。

1）大气污染对人群死亡的急性影响

既往流行病学研究表明，短期暴露于空气污染物与人群全死因死亡、心血管系统疾病死亡、呼吸系统疾病死亡等之间存在显著关联。

（1）大气污染对人群全死因死亡的急性影响

作为近年来社会各界的讨论热点，颗粒物对人群的急性健康影响得到研究者的广泛关注。已有大量流行病学研究证实，短期暴露于颗粒物与人群死亡风险增加有关。例如在我国一项全国性时间序列研究中，研究人员收集并分析了2013～2015年间272个城市逐日死亡人数与污染物浓度之间的关联，发现细颗粒物（空气动力学直径≤2.5μm，$PM_{2.5}$）和粗颗粒（2.5μm≤空气动力学直径≤10μm，$PM_{2.5\text{-}10}$）的浓度每升高10 μg/m^3，人群非意外死亡率可分别增加0.22%和0.23%，且$PM_{2.5\text{-}10}$的效应不受$PM_{2.5}$、CO和O_3的影响[1,2]。在全球水平上，Liu C等利用时间序列研究综合评估了大气颗粒物暴露对24个国家或地区共652个城市中居民逐日死亡率的影响，发现可吸入颗粒物（空气动力学直径≤10μm，PM_{10}）和$PM_{2.5}$浓度的2天滑动平均值（lag 01天）每增加10 μg/m^3，人群每日总死亡率分别增加0.44%和0.68%[3]。现有研究证据关于颗粒物短期暴露引起死亡风险增加的结论较为一致，Orellano P等基于196篇文献的综合分析结果显示，与PM_{10}和$PM_{2.5}$相关的总死亡风险分别为1.0041（95% CI：1.0034，1.0049）和1.0065（95% CI：1.0044，1.0086），提示短期暴露于颗粒物可显著增加人群死亡风险[4]。不同研究中颗粒物与死

亡率之间的暴露反应关系特征存在差异，一般而言，当颗粒物浓度处于较低水平时，其浓度每增加一个单位，相应死亡率的增长更明显。例如在我国 272 城市时间序列研究中，研究者发现 $PM_{2.5}$ 与死亡的暴露反应关系曲线在 $PM_{2.5}$ 浓度低于 70 μg/m^3 时陡峭，浓度位于 70～200 μg/m^3 区间内时较平缓，当浓度超过 200 μg/m^3 时置信区间变宽；而 $PM_{2.5\text{-}10}$ 与死亡之间的暴露反应关系几乎为线性[1,2]。全球水平颗粒物浓度与死亡率之间的暴露反应关系曲线如图 15-1 所示，可以发现，死亡率随 PM_{10} 及 $PM_{2.5}$ 浓度的增加而增加，暴露反应关系曲线在 PM_{10} 及 $PM_{2.5}$ 浓度分别低于 40 μg/m^3 和 20 μg/m^3 时更为陡峭，且其变化值在颗粒物浓度低于当前标准限值时仍然显著，反映了颗粒物致死效应的无阈值特性，提示应尽可能降低大气颗粒物浓度，以保护居民健康。颗粒物暴露对死亡的急性影响效应因其粒径及组分差异而不同[3]。为了探究不同粒径大小颗粒相关的死亡负担，Hu K 等收集了 2013～2017 年间浙江省 11 个城市中的每日死亡人数，以及 PM_{10}、$PM_{2.5}$、PM_1（空气动力学直径≤1μm）的浓度，并分析暴露与死亡之间的关联，研究结果显示，PM_{10}、$PM_{2.5}$、PM_1 的浓度每增加 10 μg/m^3，人群每日总死亡风险分别为 1.0064（95% CI：1.0034，1.0094）、1.0061（95% CI：1.0034，1.0089）和 1.0060（95% CI：1.0038，1.0083），且分别有 3.08%、2.53% 和 2.39%的死亡率可归因于 PM_{10}、$PM_{2.5}$ 和 PM_1 短期暴露，即由短期暴露于 $PM_{2.5}$ 或 PM_{10} 造成的急性死亡中，可通过 PM_1 解释的死亡人数占据了较大部分，提示小粒径颗粒物的毒性影响可能更强[5]。目前有关不同粒径颗粒物效应比较的研究数量仍然较少，且研究结论并不总是一致，未来还需大量研究去探索可能存在的规律。此外，也有一些研究发现了颗粒物不同组分与居民急性死亡风险之间的关联。例如 Achilleos S 等对 2015 年 7 月前发表的文章进行荟萃分析发现，$PM_{2.5}$ 浓度每增加 10 μg/m^3，人群急性死亡风险增加 0.89%，多个 $PM_{2.5}$ 组分包括有机碳、黑烟、元素碳、硫酸根、钠、硅与总死亡之间存在显著关联[6]。类似地，Michikawa T 等在日本东京开展了一项病例交叉研究，研究结果显示，居民非意外死亡率的增加与 $PM_{2.5}$ 组分中的元素碳、有机碳、硝酸盐、硫酸盐、铵和钾有关[7]。由于颗粒物的不同组分常代表着不同的污染来源，探究影响居民健康的关键组分，追溯其来源，进而加以控制，对未来保护居民健康具有重要意义。

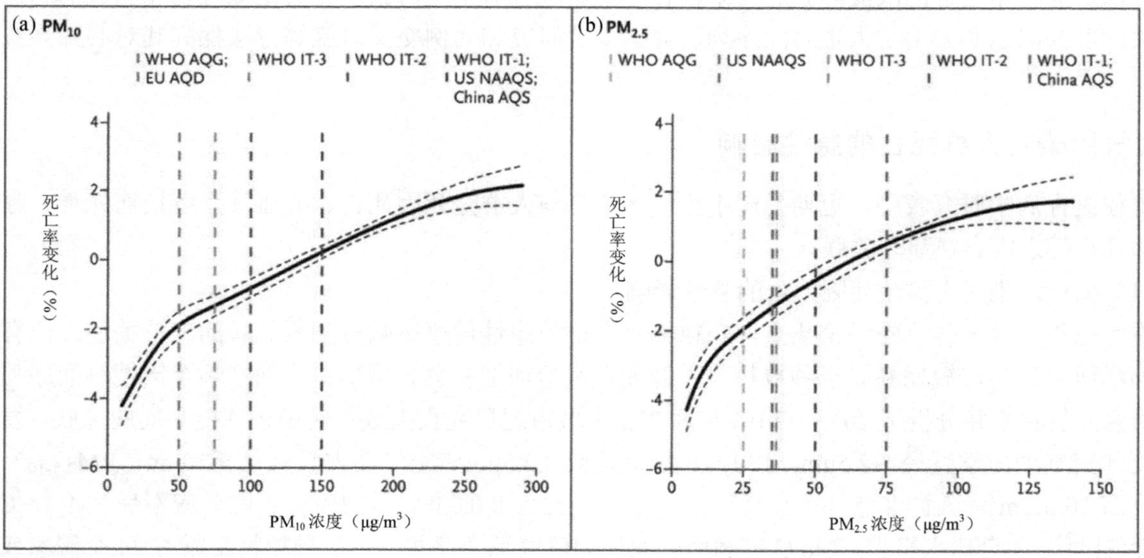

图 15-1 全球 652 个城市中 PM_{10} 和 $PM_{2.5}$ 与总死亡人数之间的累积暴露反应关系曲线[3]

臭氧（O_3）作为光化学反应的二次产物，具有一定的急性毒性作用，近年来，研究者对 O_3 的关注度也迅速上升。目前，有关臭氧急性暴露引起死亡率上升的研究结论较为一致。Orellano P 等所开展的 Meta 分析结果显示，O_3 相关的总死亡风险为 1.0043（95% CI：1.0034，1.0052）[4]。不同地区 O_3 相关急性死亡效应存在一定的差异。例如，在我国 272 个城市的时间序列研究中[8]，全国平均水平的臭氧 8 h 最大浓度每增加 10 μg/m^3，每日非意外死亡风险将增加 0.24%。Di Q 等在美国老年人的研究中发现，暖季 O_3 浓度每增加 10 ppb，相应死亡风险增加 0.51%[9]。为探究全球水平 O_3 浓度对死亡率的急性影响，Vicedo-Cabrera A M 等采用时间序列研究方法分析了 1985～2015 年间 20 个国家共 406 个城市的每日死亡人数与 O_3 浓度变化之间的关联，发现 lag01 天的 O_3 浓度每增加 10μg/m^3，人群每日总死亡风险为 1.0018（95% CI：1.0012，1.0024）[10]。当 O_3 水平高于最大背景值浓度（70 μg/m^3）时，短期暴露于 O_3 的超额死亡率为 0.26%，对应此 406 个城市中每年的超额死亡人数为 8203 例；当 O_3 高于 WHO 指导值（100 μg/m^3）时，短期暴露于 O_3 的超额死亡率为 0.20%，对应超额死亡人数为 6262 例；而当 O_3 浓度在欧洲（120 μg/m^3）、美国（140 μg/m^3）以及中国（160 μg/m^3）标准阈值之上时，相应的超额死亡率分别为 0.14%，0.09%和 0.05%。如图 15-2 所示，O_3 的急性死亡效应在不同国家间的变异较大，例如英国、南非、爱沙尼亚和加拿大等国家的风险值高于 1.0020，而墨西哥和西班牙则低于 1.0008。

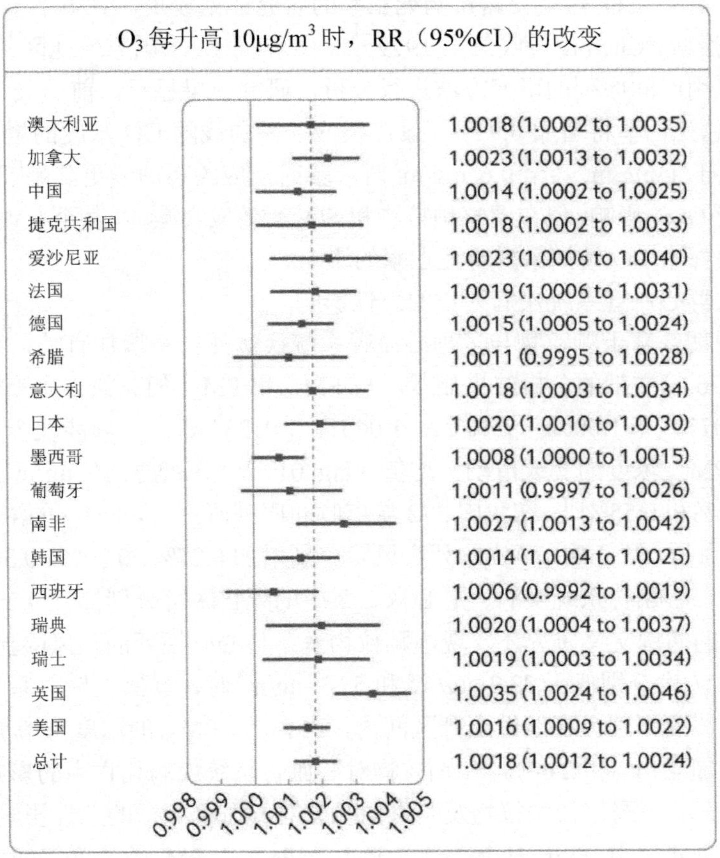

图 15-2　不同国家臭氧 8 h 最大值每增加 10 μg/m^3 相应死亡率变化情况[10]

除颗粒物和臭氧外，我国标准空气污染物还包括二氧化氮（NO_2）、二氧化硫（SO_2）和一氧化碳（CO），既往也有流行病学研究发现了它们与急性死亡风险增加之间的关联。其中，NO_2 是形成光化学烟雾的重要前体物质，且其主要来源为城市机动车尾气，可对居民健康产生较大影响。例如在我国 272 城市时间序列研究中，Chen R 等发现，NO_2 浓度每升高 10 μg/m^3，相应的总死亡率增加 0.9%，该效应不受其他污染物的影响，且效应值在我国南方城市，老年人及女性群体中更强[11]。为探究全球水平 NO_2 浓度对死亡率的影响，Meng X 等收集了 1973～2018 年间 22 个国家或地区共 398 个城市中的每日居民死亡人数和 NO_2 浓度，进行时间序列研究分析发现，lag1 天（死亡前 1 天）的 NO_2 浓度每增加 10 μg/m^3，相应总死亡人数将增加 0.46%，且 NO_2 与每日死亡人数之间的暴露反应关系曲线表现为线性无阈值[12]。目前，有关 NO_2 对急性死亡影响的研究结论较为一致，Orellano P 等人基于 196 篇文献的分析结果显示，与 NO_2 相关的总死亡风险为 1.0072（95% CI：1.0059，1.0085）；Wang M 等基于 67 篇文献的综合分析发现，NO_2 的浓度每增加 10 ppb，总死亡率将相应增加 1.58%[4,13]。空气中 SO_2 与酸雨的形成有关，其对人体健康的影响主要表现为对呼吸道的刺激作用，现有研究关于 SO_2 短期暴露对死亡的影响尚无定论。例如，Wang L 等在我国 272 个城市中开展的时间序列研究提示，当 lag01 天的 SO_2 浓度每升高 10 μg/m^3 时，人群总死亡率增加 0.59%；该效应与 $PM_{2.5}$、CO 和 O_3 水平无关，但可能受到 NO_2 影响。此外，该研究还发现，SO_2 的效应在温暖季节更明显，且更易对老年人以及低教育水平人群的健康造成损害[14]。Orellano P 等人对 67 篇探究 SO_2 短期暴露与死亡率之间关联的文章进行分析发现，SO_2 浓度的 24 h 均值和 1 h 均值每增加 10 μg/m^3，相应总死亡风险分别为 1.0059（95% CI：1.0046，1.0071）和 1.0016（95% CI：0.9930，1.0102），SO_2 的浓度与死亡风险之间的暴露反应关系曲线总体表现为线性无阈值[15]。空气中 CO 的主要来源是燃料的不完全燃烧，目前，有关 CO 短期暴露影响死亡率的研究证据较少，且多不一致。为探究全球水平上 CO 暴露对死亡的急性影响，Chen K 等收集了 1979～2016 年间 18 个国家或地区共 337 个城市的每日 CO 浓度和死亡人数，并采用时间序列的研究方法进行分析，研究结果显示，前一天（lag 1 天）的 CO 浓度每增加 1mg/m^3，相应总死亡率将增加 0.91%，暴露反应关系曲线随 CO 浓度的增加而上升，且不存在明显阈值，在 CO 浓度低于 1 mg/m^3 甚至 0.6 mg/m^3 时，暴露反应关系曲线更陡峭[16]。在该研究中，CO 与死亡率之间的关联不受 O_3 的影响，但在调整颗粒物和 SO_2 后效应会减弱，甚至在调整 NO_2 后效应会消失。未来还需更多的研究去探索 CO 短期暴露对死亡率的影响。

（2）大气污染对人群心血管系统疾病死亡的急性影响

既往研究表明，短期暴露于颗粒物与多种心血管系统疾病死亡率增加有关，且研究结论较为一致。Orellano P 等人基于 196 篇文献的分析结果显示，与 PM_{10} 和 $PM_{2.5}$ 相关的心血管疾病风险分别为 1.0060（95% CI：1.0044，1.0077）和 1.0092（95% CI：1.0061，1.0123）[4]。一项涉及全球 652 个城市的时间序列研究提示，PM_{10} 和 $PM_{2.5}$ 浓度的 2 天滑动平均值（lag 01 天）每增加 10 μg/m^3，人群每日心血管疾病死亡率将分别增加 0.36%和 0.55%[3]。在我国 272 城市时间序列研究中，$PM_{2.5}$ 的浓度每升高 10 μg/m^3，人群心血管系统疾病、高血压、冠心病、卒中的死亡风险分别增加 0.27%、0.39%、0.30%和 0.23%[1]；$PM_{2.5\text{-}10}$ 的浓度每升高 10 μg/m^3，心血管系统疾病、冠心病、卒中的死亡率可分别提升 0.25%、0.21%和 0.21%[2]。Liu Y 等在湖北省展开的病例交叉研究还发现，颗粒物暴露与心肌梗死的亡风险显著增加相关，当 lag01 天的 $PM_{2.5}$ 浓度和 PM_{10} 浓度分别低于 33.3 μg/m^3 和 57.3 μg/m^3 时，暴露反应关系呈陡峭上升趋势，当浓度分别大于该值时，曲线变平坦；在线性上升区间内，$PM_{2.5}$ 和 PM_{10} 的浓度每增加 10 μg/m^3，相应的心肌梗塞死亡风险分别增加 4.14%和 2.67%[17]。颗粒物对心血管系统疾病死亡率的影响可能因其粒径及组分不同而存在差异。目前有关不同粒径颗粒物及其不同组分对心血管死亡的急性影响研究数量仍相对较少。在广州市的一项时间序列研究中，Lin H 等发现，PM_{10}、$PM_{2.5}$、PM_1 的浓度每增加一个 IQR，相应心血管系统疾病的超额死亡风险分别为 6.10%、6.11%和 6.48%，而 $PM_{2.5\text{-}10}$ 和 $PM_{1\text{-}2.5}$ 与心血管死亡之间无显著关联；对于 $PM_{2.5}$ 的不同组分，有机碳、元素碳、硫酸根、硝酸根和铵每增加一个 IQR，心血管疾病超额死亡风险分别为 1.13%、2.77%、2.21%、1.98%和 3.38%[18]。Wang C 等探究 $PM_{2.5}$ 组分与死亡率的关联发现，有机碳、硫酸盐、氨、钾、铜、砷和铅可能与上海市心血管疾病死亡率增加有关[19]。而 Michikawa T 等人的研究提示，$PM_{2.5}$ 组分中的元素碳、有机碳、硝酸盐、硫酸盐、铵和钾可能与心血管疾病死亡率的升高有关，而元素碳、硫酸盐、铵则与冠心病死亡率呈正相关[7]。在 Achilleos S 等的荟萃分析中，黑烟、元素碳、铵根、硝酸根、氯和钙与心血管死亡之间存在显著关联。总体而言，颗粒物中的有机碳、元素碳等成分可对心血管系统疾病死亡造成较大影响[6]。

短期暴露于 O_3 与心血管系统疾病死亡之间存在一定关联。在我国 272 个城市的时间序列研究中[8]，全国平均水平的臭氧 8 h 最大浓度每增加 10 μg/m^3，心血管系统疾病、高血压、冠脉疾病和卒中的每日死亡风险分别增加 0.27%、0.60%，0.24%和 0.29%。Zhang J 等收集了 2015～2017 年间江苏省 17 个城市的每日心血管疾病死亡人数和污染物浓度，使用时间序列的研究方法进行分析发现，O_3 浓度每增加 10 μg/m^3，相应的心血管疾病死亡风险增加 0.983%，且该效应在调整 $PM_{2.5}$、NO_2 和 CO 后仍然稳定[20]。而在 Raza A 等的研究中，O_3 浓度的 2 日均值每增加 10 μg/m^3，相应心血管疾病死亡风险增加 0.7%，其中，曾因心梗住院患者的心血管死亡风险将增加 1.8%，提示既往心血管疾病患者是臭氧急性心血管危害效应的易感人群。目前，针对 O_3 的急性心血管效应研究数量仍较少，未来还需要更多的研究证据[21]。

既往研究还发现了短期暴露于其他气态污染物与心血管系统疾病死亡之间的关联。例如，Meng X 等的一项涉及全球 398 个城市的时间序列研究发现，lag1 天（死亡前 1 天）的 NO_2 浓度每增加 10 μg/m^3，心血管疾病人数将增加 0.37%[12]。而 Chen R 等人在我国 272 城市时间序列研究中发现，NO_2 浓度每升高 10 μg/m^3，相应总心血管疾病、高血压、冠心病、卒中分别增加 0.9%、1.4%、0.9%、0.9%。NO_2 暴露还与心肌梗死的死亡风险显著增加相关[11]。Liu Y 等发现，NO_2 浓度与心肌梗塞死亡人数之间的暴露反应关系近似线性，lag01 天的 NO_2 的浓度每增加 10 μg/m^3，相应的心肌梗塞死亡风险增加 1.46%，且 NO_2 与心肌梗塞之间的关联在老年人中更强[17]。现有研究中关于 NO_2 急性心血管死亡效应的证据较为一致。Wang M 等基于 67 篇在 2021 年 6 月前发表的文献进行综合分析，发现 NO_2 的浓度每增加 10 ppb，心血管死亡率增加 1.72%（95% CI：1.41%，2.04%），从而证实了 NO_2 暴露对心血管疾病发病风险的急性影响[13]。然而，目前有关 SO_2 短期暴露影响心血管系统疾病死亡率的研究证据相对较少。Wang L 等对 272 个城市的健康数据进行分析后，发现 lag01 天的 SO_2 浓度每升高 10 μg/m^3，人群总心血管疾病、高血压、冠心病、卒中的死亡率分别增加 0.70%、0.64%、0.65%和 0.58%，且这种联系不受 $PM_{2.5}$、CO 和 O_3 影响，但与 NO_2 的暴露水平有关；分层分析结果显示，SO_2 的效应在温暖季节中更强，且更易损伤老年人以及低教育水平人群健康[14]。未来还需其他研究证据支持 SO_2 的急性心血管危害效应。也有部分研究发现了短期暴露于 CO 与心血管系统疾病死亡风险增加之间的关联。Liu C 等在我国 272 城市时间序列研究中发现，2013～2015 年间我国 CO 年平均浓度为 1.20 mg/m^3，lag01 天的 CO 浓度每增加 1 mg/m^3，心血管疾病，冠心病和卒中的死亡风险分别增加 1.12%、1.75%和 0.88%，其中 CO 与心血管疾病和冠心病之间的关联不受其他标准污染物的影响，且 CO 与心血管疾病死亡之间的暴露反应关系不存在阈值[11]。此外，Lee K K 等收集了并筛选了 26 篇于 2018 年 9 月 30 日之前发表的探究 CO 短期暴露与心肌梗塞死亡率之间关联的文章，进行荟萃分析发现，CO 浓度每增加 1 mg/m^3，相应心肌梗塞死亡风险为 1.052（95% CI：1.017，1.089）[22]。目前有关 CO 急性心血管健康效应的研究数量仍相对较少，且证据多不一致，同样需要更多的研究加以探索。

（3）大气污染对人群呼吸系统疾病死亡的急性影响

既往有不少研究表明，短期暴露于颗粒物可引起慢性非传染性呼吸系统疾病死亡率的增加。例如，一项涉及全球 652 个城市的时间序列研究提示，PM_{10} 浓度和 $PM_{2.5}$ 浓度的 2 天滑动平均值（lag 01 天）每增加 10 μg/m^3，则人群每日呼吸系统疾病死亡率分别增加 0.47%和 0.74%[3]。在我国 272 城市时间序列研究中，$PM_{2.5}$ 浓度每升高 10 μg/m^3，人群呼吸系统疾病以及慢性阻塞性肺疾病（COPD）的死亡风险分别增加 0.29%和 0.38%；$PM_{2.5\sim10}$ 的浓度每升高 10 μg/m^3，相应呼吸系统疾病以及 COPD 的死亡率可分别提升 0.26%和 0.34%[1,2]。短期暴露于颗粒物可能导致哮喘死亡风险增加。Liu Y 等对 2013～2018 年间湖北省的哮喘死亡数据进行病例交叉分析，发现 lag 3 天（死亡前 3 天）的 $PM_{2.5}$ 浓度每增加一四分位间距（47.1 μg/m^3），则哮喘死亡风险提升至 1.07（95% CI：1.01，1.12）[23]。颗粒物暴露对呼吸系统疾病死亡的急性影响与其粒径大小有关。例如，Li P 等在上海市的研究发现，COPD 死亡率的增加主要与粒径小于 0.5μm 的颗粒物显著相关，且该效应表现出随颗粒物粒径减小而增大的趋势[24]。颗粒物对呼吸系统的急性健康损害还与其组分有关。例如 Achilleos S 等的荟萃分析发现，$PM_{2.5}$ 组分中的黑烟与呼吸系统死亡之间存在显著关联[6]。类似地，Michikawa T 等所开展的研究提示，居民呼吸系统疾病死亡率的增加与 $PM_{2.5}$ 组分中的元素碳、有机碳、硝酸盐有关[7]。目前有关颗粒物粒径和组分的呼吸系统急性死亡效应研究数量仍较少，未来也需要加大该领域的投入。

目前有关 O_3 急性暴露影响呼吸系统健康的研究数量较少，但也有证据显示 O_3 急性暴露可能与呼吸系统死亡有关。例如 Li M 等在广州的研究发现，lag 03 天（4 天滑动平均值）的 O_3 浓度每增加 10 μg/m^3，相应呼吸系统疾病死亡风险增加 0.78%，且 COPD 患者人群更加易感[25]。Liu Y 等在湖北省开展了一项病例交叉研究[23]，发现哮喘死亡风险增加与短期 O_3 暴露显著相关，其 lag3 天（死亡前 3 天）的浓度每增加一个四分位间距（52.9 μg/m^3），哮喘死亡风险提升至 1.09（95% CI：1.01，1.18）。

既往一些研究发现了 NO_2 短期暴露影响呼吸系统死亡的证据。Meng X 等在全球 398 个城市开展了一项时间序列研究，其结果提示，lag1 天（死亡前 1 天）的 NO_2 浓度每增加 10 μg/m^3，呼吸系统疾病死亡人数将增加 0.47%[12]。在我国 272 城市时间序列研究中，NO_2 浓度每升高 10 μg/m^3，总呼吸系统疾病以及 COPD 的死亡率分别增加 1.2%和 1.6%[11]。此外，Liu Y 等在湖北省的研究发现，lag 03 天的 NO_2 浓度（4 天滑动平均值）每增加一个 IQR（26.3 μg/m^3），哮喘死亡风险为 1.11（95% CI：1.01，1.22）[23]。现有研究关于 NO_2 对呼吸系统疾病死亡急性影响的结论较为一致，Wang M 等基于 67 篇文献的综合分析结果显示，NO_2 的浓度每增加 10 ppb，呼吸系统死亡率将增加 1.72%（95% CI：1.41%，2.04%）。短期暴露于 SO_2 也可影响呼吸系统死亡风险[13]。例如 Wang L 等基于 272 城市研究数据进行分析发现，lag01 天的 SO_2 浓度每升高 10 μg/m^3，人群总呼吸系统疾病、COPD 的死亡率分别增加 0.55%和 0.69%[14]。Orellano P 等基于 67 篇文献的系统综述发现，SO_2 浓度的 24 h 均值每增加 10 μg/m^3，相应呼吸系统疾病死亡风险为 1.0067（95% CI：1.0025，1.0109）；SO_2 浓度的 1 h 均值每增加 10 μg/m^3，相应呼吸系统疾病死亡风险为 1.0052（95% CI：1.0013，1.0091）[15]。目前关于 SO_2 短期暴露引起呼吸系统疾病死亡风险增加的证据数量仍有限，未来还需要其他研究证据加以佐证。现有流行病学研究关于 CO 暴露影响呼吸系统疾病死亡的证据尚为稀少。Chen R 等在中国 3 城市时间序列研究中发现，CO 急性暴露与呼吸系统死亡之间的关联不显著；在 Liu Y 等的研究中，也未发现 CO 与哮喘死亡之间的显著关联。未来的研究也需要加大对 CO 急性健康效应的关注[23,26]。

2）大气污染对人群发病的急性影响

大量流行病学研究表明，空气污染物的短期暴露可影响人体多个系统的健康，使其发病风险增加。短期暴露于空气污染物与居民发病风险之间存在不同程度的正向关联，常表现为门诊、急诊或住院人次的增加。例如，Gu J 等人利用时间序列研究方法分析 2013～2017 年，我国 252 个城市共 387 家医院的入院数据与污染物短期暴露之间的关联发现，$PM_{2.5}$ 短期暴露与内分泌、营养、代谢疾病，神经系统疾病，循环系统疾病，呼吸系统疾病，消化系统疾病，肌肉骨骼和结缔组织疾病，以及泌尿生殖系统疾病住院之间存在较强的关联，且 $PM_{2.5}$ 与入院之间的暴露反应关系不存在明显阈值[27]。Wang X 等[28]的研究表明，lag 01 天的 PM_{10} 和 $PM_{2.5}$ 浓度每增加 10 μg/m^3，则救护车呼叫总次数将分别增加 0.25%和 0.30%。目前，环境流行病学领域研究较多的是空气污染对心血管系统和呼吸系统疾病发病风险的影响。

（1）大气污染对人群心血管系统疾病发病的急性影响

既往研究提供了短期暴露于颗粒物引起多种心血管疾病发病风险增加的证据，主要表现为入院人次的增加。例如 Tian Y 等在中国 184 个城市进行的一项时间序列研究发现，2014～2017 年间，全国 $PM_{2.5}$ 平均水平每增加 10μg/m^3，心血管疾病、缺血性心脏病、心衰、心律失常以及缺血性卒中的入院人数将分别增加 0.26%、0.31%、0.27%、0.29%和 0.29%，而出血性卒中的入院人数变化不显著[29]。总体而言，心血管疾病入院人数与 $PM_{2.5}$ 浓度之间的暴露-反应关系曲线是非线性的，当 $PM_{2.5}$ 浓度在 50 μg/m^3 以下时，ER 曲线斜率较陡峭，当 $PM_{2.5}$ 浓度在 50～250 μg/m^3 区间时，ER 曲线斜率稍微平缓，当 $PM_{2.5}$ 浓度高于

250 μg/m³ 时，ER 曲线斜率则表现平坦。此外，与 $PM_{2.5}$ 浓度高于 15 μg/m³ 相比，$PM_{2.5}$ 浓度为 15～25 μg/m³，25～35 μg/m³，35～75 μg/m³，以及高于 75 μg/m³ 时，心血管疾病入院率可分别增加 1.1%、1.9%、2.6% 和 3.8%。不同粒径的颗粒物暴露对心血管系统住院人次的急性影响特征存在差异。例如 Tian Y 等[29]利用城镇职工医疗保险系统（UEBMI）收集 2014～2017 年间中国 172 个城市每日因缺血性卒中入院的人数及污染物浓度，进行时间序列研究分析发现，$PM_{2.5-10}$ 浓度每增加 10 μg/m³ 时，缺血性卒中的入院率将增加 0.91%。$PM_{2.5-10}$ 与缺血性卒中入院人数之间的暴露反应关系曲线近似线性，且在浓度处于较低水平（＜200 μg/m³）时较为平缓，处于高浓度时曲线较为陡峭。该效应在调整 $PM_{2.5}$ 之后仍然显著，且在 $PM_{2.5-10}$ 水平较低及温、湿度较高的城市中效应更强。此外，也有研究发现了颗粒物短期暴露与急诊人次增加之间的关联。例如 Xu Q 等收集了 2013 年北京市 10 家医院每日因心血管疾病急诊入院的人次及污染物浓度，分析结果显示，lag 3 天（前三天）的 $PM_{2.5}$ 浓度每增加 10 μg/m³，相应心血管疾病急诊人次可增加 0.14%，lag01 天的 $PM_{2.5}$ 浓度每增加 10 μg/m³，相应缺血性心脏病和心律失常的急诊人次可分别增加 0.56%和 0.81%，lag0 天（当天）的 $PM_{2.5}$ 浓度每增加 10 μg/m³，心衰的急诊风险将增加 1.21%[30]。

目前有关臭氧影响心血管疾病发病风险的研究证据相对较少且不一致。Gu J 等在我国 252 个城市的时间序列研究发现，O_3 短期暴露水平每增加 10 μg/m³，相应心血管疾病入院人次增加 0.05%（95% CI：–0.01%，0.11%）[27]。而在我国石家庄市的一项时间序列研究中，2013～2016 年（入院前 6 天，lag 6 天）臭氧浓度每增加 10 μg/m³，高血压入院率将增加 0.40%[31]。臭氧与高血压入院之间的暴露-反应曲线在臭氧浓度＜150 μg/m³ 时陡峭，之后趋于平坦。此外，台北的一项病例交叉研究[32]发现，凉爽季节（＜23℃）与温暖季节（＞23℃）急性暴露于臭氧时，高血压入院的 ORs 分别为 1.2（95% CI：1.03，1.4）与 1.2（95% CI：1.02，1.42）；在温暖季节对 PM_{10}、SO_2、CO 进行调整后仍可观察到显著作用，而在凉爽季节纳入除 SO_2 之外的其他气态污染物后，臭氧的水平与高血压入院之间的联系仍然具有统计学意义，表明臭氧短期暴露对高血压影响的独立效应。

短期暴露于其他污染物也可引起心血管系统疾病发病风险增加，但研究数量相对较少。例如，Tian Y 等基于时间序列研究分析缺血性卒中与空气污染之间的关联发现，2014～2016 年间中国 172 个城市因缺血性卒中的住院人数超过 200 万，大气中 SO_2 和 NO_2 的浓度每增加 10 μg/m³，以及 CO 每增加 1 mg/m³，当天的住院人数将分别增加 1.37%、1.82%和 3.24%，其中 SO_2 和 NO_2 的效应在双污染物模型中仍然保持稳健[32]。此外，以上效应在空气污染水平更低和温度更高的城市，以及老年人群中的效应更强。以上发现还需大量研究进行佐证。

（2）大气污染对人群呼吸系统疾病发病的急性影响

一些流行病学研究提供了短期暴露于颗粒物与呼吸系统疾病急诊及住院风险增加之间存在关联的证据。Wang X 等的研究显示，lag 01 天的 PM_{10} 浓度每增加 10 μg/m³，则呼吸系统疾病导致的救护车呼叫次数将提升 0.46%[28]。此外，Strosnider H M 等发现，$PM_{2.5}$ 浓度每增加 10 μg/m³，儿童、65 岁以下成人和 65 岁以上成人的呼吸系统疾病急诊风险分别为 1.024（95% CI：1.018，1.029），1.008（95% CI：1.004，1.012）和 1.002（95% CI：0.996，1.007）[33]。在我国 252 城市时间序列研究中，$PM_{2.5}$ 浓度每增加 10μg/m³ 时，呼吸系统疾病住院百分比改变为 0.34%[27]。Tian Y 等在我国 172 个城市的时间序列研究则发现，$PM_{2.5}$ 和 PM_{10} 的浓度每增加 10 μg/m³ 时，肺炎入院率将分别增加 0.31%和 0.19%，且该效应在温、湿度较高的城市，以及老年人群中更强[34]。此外，Nhung N T T 等对 17 篇文章进行综合分析发现，PM_{10} 和 $PM_{2.5}$ 的浓度每增加 10 μg/m³，相应的儿童肺炎住院率分别增加 1.5%和 1.8%[35]。相比于心血管系统，颗粒物短期暴露影响呼吸系统疾病发病的证据相对较少，但结论仍较一致。

还有部分研究发现了臭氧短期暴露与呼吸系统疾病发病风险增加之间的关联。例如，在我国 252 城市时间序列研究中，O_3 浓度每增加 10 μg/m³ 时，居民呼吸系统疾病发病率增加量为 0.26%[27]。在 Strosnider H M 等人的研究中，O_3 浓度每增加 20 ppb，儿童、65 岁以下成人和 65 岁以上成人的呼吸系统疾病急诊风险分别为 1.017，1.051 和 1.033[33]。Nhung N T T 等对既往文献进行系统综述发现，O_3 每增加 10 ppb，儿童肺炎住院风险增加 1.7%[35]。Zheng X 等在对 67 篇文献进行 Meta 分析后发现，O_3 的 24 h 均值或 8 h 最大值浓度每增加 10 μg/m^3，则哮喘急诊或住院风险提升至 1.008（95% CI：1.005，1.011）；而 O_3 的 1 小时最大浓度每增加 10 μg/m^3，则哮喘急诊或住院风险升高到 1.017（95% CI：0.973，1.063）[36]。现有关于臭氧短期暴露对呼吸系统发病风险影响的研究数量仍相对较少，且结论有待证实。

目前有关其他气态污染物暴露与呼吸系统疾病发病风险之间关联的证据也仍然有限且尚存在争议。例如，Zheng X 等的研究提示，NO_2、SO_2 的 24 h 均值每增加 10 μg/m^3 时，哮喘急诊或住院风险分别为 1.014（95% CI：1.008，1.020）和 1.010（95% CI：1.001，1.020），而 NO_2、SO_2 的 1 h 最大浓度每增加 10 μg/m^3 时，哮喘急诊或住院风险分别为 0.999（95% CI：0.966，1.033）和 1.003（95% CI：0.992，1.014）[36]。在 Nhung N T T 等的系统综述中，SO_2 和 NO_2 每增加 10 ppb，儿童肺炎住院风险分别增加 2.9% 和 1.4%，CO 每增加 1000 ppb 则儿童肺炎住院风险增加 0.9%[35]。其他气态污染物短期暴露对呼吸系统疾病发病的影响同样值得未来研究者的关注。

3）大气污染对人群亚临床指标的急性影响

空气污染物急性暴露除了与呼吸道疾病、心血管疾病等发病率和死亡率相关外，还会引起机体亚临床指标的改变。目前研究较多的亚临床指标主要包括肺功能、血压、心率变异性等。此外，空气污染短期暴露还涉及循环系统生物标志物以及表观遗传学的改变。

（1）大气污染对心血管系统相关亚临床指标的急性影响

心率变异性是反映心脏自主神经张力的敏感指标，临床研究通常用心率变异性指标的降低提示副交感神经对心脏控制作用的减弱。既往有大量流行病学研究证实了颗粒物暴露与心率变异性指标下降之间的关联，但对不同指标的影响可能存在差异。Niu Z 等对 33 篇于 2019 年 1 月之间发表的定群研究文章进行综合分析发现，$PM_{2.5}$ 浓度每增加 10 μg/m^3，全部窦性心搏 RR 间期（SDNN）、相邻心跳间期差值均方的平方根（rMSSD）、高频（HF）和低频（LF）分别下降 0.92%、1.47%、2.17%和 1.52%，亚组分析结果显示，短期暴露于 $PM_{2.5}$ 与亚洲人、健康人群以及 40 岁以上人群的心率变异性下降有关[37]。Wang F 等人[38]综合分析 9 篇关于 $PM_{2.5}$ 短期暴露影响心率变异性的文章发现，$PM_{2.5}$ 浓度每增加 10 μg/m^3，55 岁以上老年人的 SDNN、RMSSD、LF 和 HF 分别下降 0.39%、1.20%、2.31%和 1.87%。个别流行病学研究提出臭氧对心率变异性也有一定的急性影响。为探究臭氧短期暴露与心率变异性变化之间的关联，Wang C 等人在 32 名健康大学生中进行了一项随机双盲交叉试验，使其随机暴露于臭氧(20ppb)和清洁空气中 2 h，并经历 2 周的洗脱期，发现急性臭氧暴露可使极低频（VLF）、HF 和 rMSSD 分别下降 4.61ms^2 和 9.48ms^2 和 6.45ms [39]。由于相关研究证据数量有限，未来的研究者也可进一步对臭氧与心率变异性急性变化之间的关联加以探究。还有少量研究也发现了其他气态物短期暴露与心率变异性之间的关联。例如在 Shutt R H 等[40]的研究中，CO 每变化一个 IQR（0.30 ppb），LF 和 SDNN 将分别下降 3.78ms^2 和 1.09ms，NO_2 每变化一个 IQR（4.30 ppb），SDNN 和 rMSSD 分别下降 6.41ms 和 6.02ms；SO_2 每变化一个 IQR（4.60 ppb），LF、SDNN 和 rMSSD 分别下降 1.07ms^2、4.08ms 和 3.41ms。气态污染物对心率变异性的急性影响也还需要大量证据加以支持。

血压与多种不良心血管结局相关，因此流行病学研究常以血压为代表，研究空气污染对循环系统的健康影响。既往有大量研究证实颗粒物短期暴露可引起血压上升。为了探究 $PM_{2.5}$ 急性暴露与成人血压之间的关联，Guan T 等人从中国高血压调查数据库中提取了 2013～2015 年间共 479842 人的收缩压（SBP）与舒张压（DBP）数据，研究发现，$PM_{2.5}$ 浓度每增加 10 μg/m^3，SBP 与 DBP 将分别增加 0.035（95% CI：0.020，0.049）mmHg 和 0.001（95% CI：–0.008，0.011）mmHg。分层分析结果显示，SBP 与 $PM_{2.5}$ 的关联只在中国南方和北方地区显著，DBP 与 $PM_{2.5}$ 的关联只在中国西南地区显著[41]。Yang H 等于 2016 年在苏州市的 6～17 岁儿童中进行一项横断面研究发现，lag06 天的 $PM_{2.5}$ 浓度每增加 10 μg/m^3，SBP 和 DBP 分别增加 0.20 mmHg 和 0.49 mmHg；lag06 天的 PM_{10} 浓度每增加 10 μg/m^3，SBP 和 DBP 则分别增加 0.14 mmHg 和 0.32 mmHg [42]。以上效应在女性中更明显，低龄、肥胖和低体重也是 PM 诱导的血压增高的易感因素。颗粒物的对血压值的影响还与其组分有关，上海市 28 名慢性阻塞性肺疾病患者中进行的一项定群研究发现，$PM_{2.5}$ 浓度每增加一个 IQR（19.1 μg/m^3），可分别引起 SBP 与 DBP 增加 1.90mmHg 和 1.23mmHg，其中主要发挥作用的颗粒物组分为有机碳、元素碳、硝酸根和铵根[43]。部分流行病学研究发现了短期臭氧暴露与血压改变之间的关联。例如 Song J 等在健康成人中进行的一项重复测量研究发现，lag1 天（测量前一天）的 O_3 浓度每增加 10 μg/m^3，相应收缩压和平均动态血压将分别增加 9.2 mmHg 和 7.2 mmHg [44]。Zheng X 等在东北 7 城市研究中首次探究了 O_3 暴露对中国儿童血压的影响，并发现 lag 04 天（5 天滑动平均值）的 O_3 浓度增加一个 IQR（53.0 μg/m^3），血压身高的风险为 2.77（95% CI：1.94，3.95），且收缩压将增加 3.29（95% CI：2.86，3.72）mmHg [45]。短期暴露于其他气态污染物与血压之间也可能存在关联。例如 Yang B 等对研究空气污染与血压之间关联的文献进行系统综述发现，短期暴露于 2 可使收缩压显著增加 0.75（95% CI：0.34，1.15）mmHg，短期暴露于 NO_2 和 2 可分别使舒张压增加 0.28（95% CI：0.15，0.41）mmHg 和 0.64（95% CI：0.15，1.13）mmHg [46]。由于相关研究数量仍较少，有关气态污染物暴露对血玉的急性影响研究还需研究者的大量关注。

此外，也有少部分研究探索了空气污染对血管损伤指标，如颈动脉内-中膜厚度（CIMT）、脉搏波速度（PWV）、反射波增强指数（AIx）等的影响。例如，Ranzani O T 等在印度南部的一项研究发现，$PM_{2.5}$ 浓度每增加 10 μg/m^3，将引起 CIMT 增加 0.026 mm，颈动脉-PWV 增加 0.069 m/s 以及 AIx 增加 0.8%[47]。在伦敦市的一项随机交叉试验中，Sinharay R 等安排 60 岁以上人群随机在伦敦商业街和公园中步行 2 小时，并对颗粒物、超细颗粒物、NO_2、黑碳等进行测量，研究结果显示，在公园中步行后 26 小时可引起 PWV 和 AIx 下降，在商业街步行则相反[48]。对 COPD 患者来说，暴露于 NO_2 和超细颗粒物可引起 PWV 和 AIx 显著增加；而对健康参与者来说，PWV 和 AIx 的增加与黑碳和超细颗粒物暴露之间存在显著关联。

（2）大气污染对呼吸系统相关亚临床指标的急性影响

肺功能是评价空气污染及其他有害因素对呼吸系统不良影响，和反映肺部疾患的早期效应指标。大量流行病学研究证据指出，颗粒物短期暴露可引起肺功能下降。例如 Chen C 等于 2014～2016 年间在中国 4 城市共 334 名 7～11 岁的健康儿童中进行了重复肺功能测量，使用混合效应模型进行分析发现，短期暴露于大气 PM_{10} 和 $PM_{2.5}$ 与肺功能测量值下降有关，lag 01 天的 PM_{10} 浓度每增加一个 IQR（144 μg/m^3）相应用力肺活量（FVC）、 第 1 秒用力呼气量（FEV1）、呼气流速峰值（PEF）和 75%FVC 时的用力呼气流量（V75，或 FEF25）将分别下降 2.56%、5.46%、4.23%和 7.35%；lag 01 天的 $PM_{2.5}$ 浓度每增加一个 IQR（66 μg/m^3）相应 FVC、 FEV1 和 FEF25%将分别下降 1.38%、2.15%和 2.54%[49]。对气态污染物进行调整后，颗粒物的效应会变得更强，且女孩中的效应强于男孩。颗粒物暴露对肺功能的急性效应受多种因素的影响。Yoda Y 等的研究发现，相较于春季，颗粒物对健康成人肺功能的影响效应在秋季更强[50]。Amazouz H 等则发现，暴露于草地花粉和空气污染对肺功能的影响具有联合作用，且哮喘患儿中的效应更强。为探究颗粒物不同组分对肺功能的影响，Ng C F S 等招募了 35 名哮喘成人，并获取了他们在 2014～2016 年春季时期的每日 PEF，分析其与颗粒物 27 种成分之间的关联，研究结果显示，燃料燃烧和交通来源的硫酸根可以显著引起 PEF 下降，lag01 天的硫酸根每增加一个 IQR（3.7 μg/m^3），相应可引起 PEF 下降 0.38%，而 lag1 天的燃料燃烧和交通来源的 $PM_{2.5}$ 每增加一个 IQR（2.64 μg/m^3），相应可引起 PEF 下降 0.33%[51,52]。该研究未发现 $PM_{2.5}$ 质量浓度和金属成分与肺功能下降之间的关联。臭氧暴露也可对肺部健康造成损害，引起肺功能降低，但相关研究证据较为有限。在 Zhang J 等的研究中，O_3 的 8h 最大值每增加 10 μg/m^3，相应可引起儿童 FVC 下降 21.09%。Zhang J 等在老年人群中的研究则发现，个体水平 O_3 的 24 小时均值每增加 10 μg/m^3，相应可引起老人 FVC 和 FEV1 分别下降 0.13L 和 0.11L [20]。

也有少量研究发现了其他气态污染物短期暴露对肺功能的影响。例如 Gao N 等在北京的研究发现，短期暴露于 NO_2、SO_2 和 CO 与 COPD 患者的 FVC%下降有关[53]。Jiang Y 等在 40 名健康大学生中进行的定群研究发现，NO_2 浓度每增加 10ppb，相应 lag2 天（2 天后）的 FVC、FEV1 和 PEF 将分别增加 0.12%、0.37%和 0.67%[54]。

呼出气一氧化氮（FeNO）是常用的反映呼吸道炎症的指标。为探究空气污染物对 FeNO 的急性影响，Chen X 等收集了 27 篇相关文献并进行综合分析发现，PM_{10}、$PM_{2.5}$、NO_2 和 SO_2 短期暴露浓度每增加 10 μg/m^3，相应 FeNO 将显著增加 3.20%，2.25%，4.90%和 8.28%，黑碳每增加 1 μg/m^3，FeNO 将增加 3.42%，O_3 与 FeNO 之间的关联不显著[55]。目前流行病学研究较多的是颗粒物短期暴露对 FeNO 的影响。Chen X 等在北京市的一项研究发现，短期暴露于 $PM_{2.5}$、黑碳、超细颗粒物均可引起 FeNO 增高，且该效应可受血糖代谢的影响[56]。Zhang Q 等在上海市的一项定群研究发现，颗粒物组分中的元素碳、有机碳、钾、铁、锌、钡、铬、硒和铅与 FeNO 升高之间存在显著关联[57]。现有关于气态污染物暴露引起 FeNO 急性改变的研究仍较少，但也有证据显示了气态污染物与 FeNO 之间可能存在关联。例如 Day D B 等人的研究中，O_3 的 24 小时浓度每增加 10ppb，FeNO 将增加 18.1%；Niu Y 等发现，O_3 浓度每增加 10ppb，FeNO 水平可增加 3.89%[58] [59]。Jiang Y 等在健康大学生中的研究还发现，NO_2 浓度每增加 10ppb，相应 lag1 天（1 天后）的 FeNO 将增加 2.82%[54]。

短期暴露于空气污染物可对居民造成多系统，尤其是心血管系统和呼吸系统的危害，使得亚临床指标发生改变，以及引起居民死亡率或发病率增加等，未来还需要更多的研究去探索大气污染影响居民健康的特征，寻找易感人群，以便有针对性的提出防护措施，保护人群健康。

15.1.2　大气污染的慢性健康效应

空气污染对公众健康的带来的负面影响已被广泛讨论。人类健康影响范围从恶心、呼吸困难或皮肤刺激到癌症，还包括先天缺陷、儿童严重发育迟缓以及免疫系统活动减少，从而导致多种疾病。空气污染的慢性健康效应研究一般采用横断面研究和队列研究两种方法。横断面研究是指通过比较不同空气污染物浓度地区人群的健康状况来获得空气污染物暴露对人群健康影响的资料。该种生态学研究方法具有一定的局限性，对混杂因素如吸烟、肥胖等较难控制，亦难以明确暴露与健康效应之间的时序关系，因此对横断面研究结果的评价需慎重。队列研究是将特定人群分为暴露于某因素与非暴露于某因素的两种人群或不同暴露水平的几个亚群，追踪观察其各自的发病结局，比较两组或各组的发病率或死亡率，从而判断暴露因子与发病有无因果关联及关联大小。队列研究具有暴露与健康效应时序关系明确、能在个体水平控制混杂因素的优点，是目前国际上公认的评价空气污染对人群健康影响的方法。

1）大气污染对人群死亡的慢性影响

目前许多研究都研究了空气污染与各类疾病死亡风险的关联。例如前瞻性队列研究得出的结果，不仅包含上述的急性健康效应，还包括大气污染对人群长期慢性积累的影响，如增加人群慢性疾病的病死率，因此可以较全面地反映空气污染对人群健康的影响，对因果关系的判定和相关环境空气质量标准的修订、制订等亦具有重要价值。

（1）大气污染对全死因死亡的慢性影响

一些研究探究了空气污染与全因死亡率的关系。CPS-Ⅱ是一项前瞻性研究，在 1982 年由 77000 名志愿者在美国所有 50 个州、哥伦比亚特区和波多黎各招募了近 120 万名参与者。该研究使用 Cox 比例风险回归模型来探究 O_3（2002～2004）、$PM_{2.5}$（1999～2004）和 NO_2（2006）浓度与全因死亡率之间的关联。其中，单一污染物模型结果提示，O_3、$PM_{2.5}$ 和 NO_2 浓度与全因死亡率之间存在显著正相关性。

在针对 $PM_{2.5}$ 调整的双污染物模型中，O_3 与全死因（每 10 ppb 的风险比，1.02；95% CI，1.01～1.04），结果在进一步调整 NO_2 后保持不变。结果还表明在多污染物模型中 $PM_{2.5}$（近源和区域）和 NO_2 与死亡率呈正相关[60]。Fatemeh Kazemiparkouhi 等对 2000～2008 年间 2220 万美国医疗保险受益人的长期 O_3 暴露与全因死亡率之间的关联进行分析；该研究使用年龄-性别-种族分层对数线性回归模型模拟了 O_3 与死亡率之间的关联，并根据居住地进行了调整[61]。结果发现长期 O_3 暴露与死亡率增加之间存在一致的关联；其中，当暖季 O_3 平均值增加 10 ppb 时，全因死亡率的风险增加 0.4%。在一项研究中，Wei Y G 等分析了 2000～2012 年期间居住在马萨诸塞州的 65 岁以上的医疗保险受益人的 38 亿人日随访。该研究实施了参数广义倾向评分调整方法，其动机是同时评估长期和短期暴露于环境 $PM_{2.5}$、臭氧和二氧化氮与全因死亡率之间的因果关系[62]。研究发现长期 $PM_{2.5}$、臭氧和二氧化氮暴露都与死亡风险增加有关。具体而言，每 1000 万人日，长期 $PM_{2.5}$ 暴露每增加 1 μg/m^3 与 35.4（95% CI：33.4、37.6）超额死亡相关；长期臭氧暴露每增加十亿分之一（ppb）与 2.35（95% CI：1.08，3.61）超额死亡相关；长期 NO_2 暴露量每增加 1 ppb，与 3.24（95% CI：2.75、3.77）额外死亡相关。研究结果表明，即使空气污染水平低于国家标准，也与死亡率存在因果关系。该研究直接估计了与多次空气污染暴露相关的死亡人数，这对公共卫生具有更大的重要性。

（2）大气污染对心血管系统疾病死亡的慢性影响

人们针对空气污染与心血管疾病死亡率的关系也进行了研究。Richard B Hayes 等[63]调查了来自美国国立卫生研究院-AARP 饮食和健康研究的 565477 名年龄在 50～71 岁的男性和女性的环境 $PM_{2.5}$ 暴露与特定原因心血管疾病死亡率的关系。在 7.5×10^6 人年的随访期间，使用国家死亡指数确定了 41286 例心血管疾病死亡，包括 23328 例缺血性心脏病（IHD）和 5894 例中风死亡。研究结果表明 $PM_{2.5}$（总体范围 2.9～28.0 μg/m^3）每增加 10 μg/m^3，则缺血性心脏病死亡率增加 16%，其风险比（HR）提升至 1.16（95%CI：1.09～1.22）。卒中死亡率增加 14%（HR 1.14；95%CI：1.02～1.27）。类似地，Fatemeh Kazemiparkouhi 等人对 2000～2008 年间 2220 万美国医疗保险受益人的长期 O_3 暴露与特定原因死亡率之间的关联进行分析[61]，发现当暖季 O_3 平均浓度增加 10 ppb 时，心血管死亡率的风险增加 0.5%。此外，一项前瞻性队列研究对 1990～1991 年间来自中国 45 个地区的 189793 名 40 岁或以上的男性进行了分析，探索空气污染物对心血管疾病死亡率之间的关联[64]。该研究使用 Cox 比例风险回归模型用于估计 CVD 死亡率的风险比。结果显示 $PM_{2.5}$ 每增加 10μg/m^3，CVD 死亡率 HR 为 1.09（1.08，1.10）。1998 年 7 月至 2001 年 12 月，香港特别行政区卫生署长者健康服务共招收了 66820 名受试者，该研究拟合了 Cox 比例风险模型来估计空气污染物与健康终点之间的关联[5]。研究结果提示，当 $PM_{2.5}$ 每提升 10 μg/m^3 时，心血管疾病死亡率的风险比提升至 1.06（95%CI：1.02、1.10）。Jeongeun Hwang 等人用韩国行政数据，调查生活在空气污染严重的行政区是否与疾病死亡风险增加有关[65]。使用的每个地区的 IHD、CVD、肠外营养（PN）和慢性下呼吸道（CLRD）的年龄调整死亡率是同一研究期间的平均值。该研究在调整了混杂因素（包括海拔、人口密度、高等教育率、吸烟率、肥胖率和人均地区生产总值）后，进行多变量 β 回归分析以估计空气污染物浓度与死亡率之间的关联。结果表明对于 IHD，较高的 SO_2 浓度与较高的死亡率显著相关，而其他空气污染物则没有相关性。对于 CVD，SO_2 和 PM_{10} 浓度与较高的死亡率显著相关。对于 PN，O_3 浓度与较高的死亡率呈显著正相关，而 SO_2、NO_2 和 PM_{10} 浓度呈显著负相关。对于 CLRD，O_3 浓度与死亡率增加有关，而 CO、NO_2 和 PM_{10} 浓度呈负相关。结论表明长期暴露于高浓度 SO_2 与全韩国、首都和非首都地区以及城市和农村地区的高死亡率显著且一致地相关。

（3）大气污染对呼吸系统疾病死亡的慢性影响

还有一些研究探究了空气污染和呼吸系统死亡率的关联。一项前瞻性研究利用 Cox 比例风险回归模型，探究 O_3（2002～2004）、$PM_{2.5}$（1999～2004）和 NO_2（2006）平均浓度与特定原因死亡率之间的关联。其中，单一污染物模型提示 O_3、$PM_{2.5}$ 和 NO_2 浓度与特定原因死亡率之间存在显著的正相关。在针

对 $PM_{2.5}$ 调整的两种污染物模型中，O_3 与呼吸死亡率（HR，1.12；95% CI，1.08，1.16），结果在进一步调整 NO_2 后保持不变。这项大规模前瞻性研究的结果表明，长期环境中的 O_3 会增加呼吸死亡的风险[60]。Fatemeh Kazemiparkouhi 等发现长期 O_3 暴露与死亡率增加之间存在一致的关联[61]，当暖季 O_3 平均暴露水平增加 10 ppb 时，呼吸系统疾病死亡率及肺癌死亡率的风险分别增加 3.0%和 1.5%，且长期暴露于 O_3 导致的死亡风险增加对于呼吸相关疾病（包括所有呼吸系统和 COPD）、CHF 和肺癌死亡率来说是最强和最一致的。然而，由于亚洲空气污染物的浓度远高于北美和欧洲研究报告的浓度，因此需要对亚洲空气污染物的长期影响进行研究。一项前瞻性队列研究对 1990～1991 年间对来自中国 45 个地区的 189793 名 40 岁或以上的男性健康数据进行分析，探索大气污染物对呼吸系统疾病死亡率的效应。该研究中，1990 年、1995 年、2000 年和 2005 年年平均 $PM_{2.5}$ 的水平是使用基于卫星的估计、化学传输模型模拟和为 2013 年全球疾病负担（GBD）研究开发的地面测量的组合来估计的。研究使用 Cox 比例风险回归模型用于估计慢性阻塞性肺疾病（COPD）和肺癌死亡率的风险比（HR）。研究还评估了浓度-反应关系的形状，并将风险估计值与综合暴露-反应（IER）函数预测的风险估计值进行了比较，后者结合了之前西欧和北美队列研究对死亡风险的估计值。结果显示 $PM_{2.5}$ 每增加 10μg/m^3，COPD 死亡率 HR 为 1.12（1.10，1.13）和肺癌 1.12（1.07，1.14）。结论表明在中国，长期暴露于 $PM_{2.5}$ 与肺癌和 COPD 死亡率相关[64]。香港是亚洲众多高密度、高层建筑城市之一，空气污染问题严重。1998 年 7 月至 2001 年 12 月，香港特别行政区卫生署长者健康服务共招收了 66820 名受试者，占香港 65 岁以上老年人口的 9%。该研究拟合了 Cox 比例风险模型来估计空气污染物与健康终点之间的关联[5]。研究结果提示，当 $PM_{2.5}$ 每增加 10 μg/m^3，则呼吸系统疾病死亡率风险比上升至 1.01（95%CI：0.96，1.06）。

2）大气污染对人群发病的慢性影响

空气污染物的长期暴露会增加人群心脑血管疾病、呼吸系统疾病和神经退行性疾病等的患病风险。

（1）大气污染对心血管系统疾病发病的慢性影响

一些研究探究了空气污染与心血管疾病发病率的关系。在 1993 年或 1999 年招募的由 23423 名护士组成的全国性丹麦护士队列中，研究者确定了截至 2014 年 12 月 31 日 1078 例中风病例（944 例缺血性和 134 例出血性），并获得了每个参与者自 1970 年以来的完整居住地址历史和空气污染物的年平均值。研究使用以年龄为基础时间尺度的 Cox 比例风险回归模型来估计空气污染与整体、缺血性和出血性卒中发生率之间的关联，并根据进入研究的时间（1993 年或 1999 年）进行调整。结果发现，年平均 $PM_{2.5}$ 与整体卒中发生率之间存在统计学显著关联，其中每 IQR 增加 3.9 μg/m^3 的 HR（95% CI）为 1.12（1.01～1.25），调整噪声后的估计值相似（HR 1.13，95% CI，1.01～1.25）。在完全调整后的模型中，PM_{10}、NO_2 和 NOx 年平均值每增加 3.3、8.0 和 11.0μg/m^3 的 IQR 的 HR（95% CI）分别为 1.05（0.97，1.13）、1.05（0.97，1.13）、1.02（0.99，1.06），在调整噪声后保持不变。在这项针对丹麦女护士的全国性队列研究中，研究发现长期暴露于空气污染与中风发病率之间存在正相关[66]。另一项使用了来自全国丹麦护士队列的 22882 名女护士的数据，探究了 PM_{10}、NO_2 和 NO_x 与心肌梗塞发病率之间的关系。在 22882 名女性中，641 名在平均 18.6 年的随访期间发生了心肌梗塞，其中 121 名（18.9%）是致命的[67]。研究发现长期暴露于 $PM_{2.5}$、PM_{10}、NO_2 和 NO_x 与总体心肌梗塞发生率之间没有关联，但观察到 $PM_{2.5}$ 和 PM_{10} 与致命心肌梗塞呈正相关。一些亚洲国家针对长期颗粒物空气污染与心律失常之间的关系进行了探究。Jenyu Zhang 等人对 2002～2016 年在韩国首尔和水原参加定期健康检查的 178780 名男性和女性进行了一项前瞻性队列研究，旨在评估颗粒物（PM）空气污染与心律失常及其亚型发生风险之间的前瞻性关联[68]。该研究使用具有时变暴露和协变量的合并逻辑回归模型探究长期 PM 空气污染与心律失常之间的关联。在完全调整模型中，心律失常发生前 12 个月、36 个月和 60 个月的 PM_{10} 平均暴露水平每增加 10 μg/m^3，则心律失常的优势比（OR）分别提升至 1.15（1.09，1.21）、1.12（1.06，1.18）和 1.14（1.08，1.20）；相应地，心律失常发生前 12 个月和 36 个月的 $PM_{2.5}$ 平均暴露水平每增加 10 μg/m^3，则心律失常的 OR 分别提升至 1.27（1.15，1.40）和 1.10（0.99，1.23）。PM_{10} 与发生心动过缓和房性过早收缩的风险增加有关。$PM_{2.5}$ 与发生心动过缓和右束支传导阻滞的风险增加有关。结论表明在这项针对韩国中年男性和女性的大型前瞻性研究中，长期暴露于 $PM_{2.5}$ 和 PM_{10} 与心律失常风险增加有关，尤其是心动过缓、房性早搏和 RBBB。这种关联在老年参与者、酗酒者中更强。中国老年人口多，中风风险高，疾病负担重。很多研究已经探究了空气污染与中风死亡率或住院率之间的关联。然而，针对空气污染对中风后生存率的不利影响的研究却很少。Gongbo Chen 等使用了中国第一个基于国家医院的卒中前瞻性登记队列，其中包括 2007～2008 年期间就诊的 12291 名缺血性卒中患者[69]。使用 Cox 比例风险模型研究空气污染与缺血性中风后存活率之间的关联。结果发现 PM_1 和 $PM_{2.5}$ 暴露与致命性缺血性中风事件之间存在显著关联。PM_1 和 $PM_{2.5}$ 每增加 10 μg/m^3 相应的 HR（风险比）和 95%CI（置信区间）分别为 1.05（1.02，1.09）和 1.03（1.00，1.06）。并且在男性、老年人和肥胖个体中观察到更高的风险比。这项研究结果提示我们在中国，改善空气质量可能有利于人们从中风中康复。

（2）大气污染对呼吸系统疾病发病的慢性影响

还有大量研究探究了空气污染与呼吸系统疾病发病率的关系。在欧洲空气污染影响队列研究（ESCAPE）中，Ole Raaschou-Nielsen 等分析了 17 项欧洲队列研究的数据，这些研究具有广泛的暴露水平，以调查住宅的环境空气污染（特别是颗粒物）与肺癌风险是否相关[70]。研究使用 Cox 回归模型调整潜在混杂因素进行队列分析和随机效应模型进行荟萃分析。随访期间（平均 12.8 年），共诊断出 2095 例肺癌病例。荟萃分析显示肺癌风险与 PM_{10} 之间存在统计学上显著的关联（每 10μg/m^3 的风险比 1.22 [95% CI 1.03～1.45]）。对于 $PM_{2.5}$，HR 为 1.18（0.96～1.46）每 5 μg/m^3PM_{10} 和 $PM_{2.5}$ 的增量与肺腺癌的 HR 分别为 1.51（1.10，2.08）和 1.55（1.05，2.29）。在 1985～1994 年间进行的一项连续横断面研究中，研究者调查了生活在德国莱茵-鲁尔盆地的 4757 名妇女[71]。研究旨在调查长期暴露于空气污染对 55 岁女性呼吸道症状和肺功能的影响。COPD 和肺功能受 PM_{10} 和交通相关暴露的影响最大。PM_{10} 的五年平均值（四分位距）增加 7 μg/m^3 与 FEV1 下降 5.1%（95% CI：2.5%，7.7%）、FVC 降低 3.7%（95% CI：1.8%，5.5）相关，COPD 的优势比（OR）为 1.33（95% CI：1.03，1.72）。居住在距离繁忙道路不到 100m 的女性的肺功能也显著下降，COPD 的可能性是住得较远的女性的 1.79 倍（95% CI：1.06，3.02）。结论表明长期接触 PM_{10}、NO_2 和居住在主要道路附近可能会增加患 COPD 的风险，并对肺功能产生不利影响。

（3）大气污染对其他系统疾病发病的慢性影响

新兴研究表明空气污染与神经退行性疾病有关。在加拿大安大略省进行了一项基于人群的队列研究，以评估空气污染暴露是否与痴呆症有关[72]。研究使用了多级空间随机效应 Cox 比例风险模型，调整了个体和背景因素，例如糖尿病、脑损伤和收入并且进行了各种敏感性分析。结果发现 $PM_{2.5}$ 与痴呆发病率之间呈正相关，$PM_{2.5}$ 每增加一个四分位范围，风险比为 1.04（95% CI：1.03，1.05）。同样，NO_2 与痴呆发病率增加有关（HR = 1.10；95%CI：1.08，1.12）。但没有发现 O_3 与痴呆发病率的关联。Farhad Salimi 等人使用来自新南威尔士州研究的约 240000 名队列成员的数据，对长期暴露于 $PM_{2.5}$ 和 NO_2 浓度以及帕金森患病率进行了横断面分析[73]。该研究使用基于卫星的土地利用回归模型估计参与者居住地址的 $PM_{2.5}$ 和 NO_2 的年平均浓度。在调整了一系列个体和区域水平的协变量后，使用逻辑回归来量化这些污染物与医生诊断的帕金森之间的关联。结果表明该队列的年平均 $PM_{2.5}$ 和 NO_2 浓度分别为 5.8 和 11.9 μg/m^3，并且与帕金森呈正相关，但在统计学上没有显著相关性；其中，当 $PM_{2.5}$ 每增加 1 μg/m^3，帕金森发病的优势比提升至 1.01（95% CI：0.98，1.04）；而当 NO_2 每增加 5 μg/m^3，帕金森发病的优势比提升至 1.03（95% CI：0.98，1.08）。

3）大气污染对人群亚临床指标的慢性影响

已有研究报道空气污染可引起机体一些亚临床指标如肺功能指标和血压等改变，进而诱导相关疾病

的发生。据研究介绍，空气污染引起的亚临床肺部炎症会导致压力信号和气道中体液介质的释放，这些信号会传到循环中，然后导致其他组织和器官的功能障碍和老化。

（1）大气污染对心血管系统相关亚临床指标的慢性影响

既往研究表明长期空气污染暴露会造成呼吸系统亚临床指标损伤。Mohammad Vossoughi 等研究了长期暴露于来自交通和工业的颗粒物和 NO_2 对呼出气冷凝物（EBC）和诱导痰（IS）中炎症标志物水平的影响的横断面分析，该研究包括 2008/2009 年基于人群的 SALIA 队列的 402 名老年妇女[74]。NO 衍生物、白三烯（LT）B4 和肿瘤坏死因子-α（TNF-α）显示出最强的关联。LUR 模拟 NO_2 中 9.42 μg/m^3（四分位距）的增加与 EBC 中可测量的 LTB4 水平（值高于检测限的水平）相关（优势比：1.38，95% CI：1.02，1.86），如以及 LTB4 在 IS（百分比变化：19%，95% CI：7%，32%）。发现长期接触来自交通和工业来源的空气污染物与 EBC 和 IS 中几种炎症标志物的增加有关。研究得出结论，长期暴露于空气污染可能会导致老年女性人群下呼吸道炎症标志物的变化。虽然以往研究表明空气污染物与心血管和呼吸系统疾病有关，但目前尚不清楚暴露于当代空气污染物浓度是否与肺气肿的进展有关。一项在 2000～2018 年间进行的队列研究中，对美国 6 个大都市区的 5780 名参与者进行了中位随访 10 年的研究[75]。该研究旨在评估环境臭氧、细颗粒物、氮氧化物和黑碳暴露与通过计算机断层扫描（CT）成像和肺功能评估的肺气肿百分比变化之间的纵向关联。研究结果表明 O_3、$PM_{2.5}$、NO_x 的环境浓度和研究基线时的黑碳与每 10 年肺气肿百分比的增加显著相关［O_3：0.13/3ppb（95%CI：0.03，0.24）；$PM_{2.5}$：0.11/2 μg/m^3（95% CI：0.03，0.19）；NO_x：0.06ppb（95% CI：0.01，0.12）；黑碳：每 0.2μg/m^3 0.10（95% CI：0.01，0.18）］。随访期间的环境 O_3 和 NO_x 浓度，也与肺气肿百分比增加显著相关。环境 O_3 浓度，在基线和随访期间与每 10 年 1 秒内用力呼气量的更大下降显著相关［基线：13.41 mL/3 ppb（95% CI：0.7，26.1）；随访：18.15 mL/3 ppb（95% CI：1.59，34.71）］。这是第一项评估长期暴露于空气污染物与 CT 上肺气肿百分比进展之间的关系的纵向研究，该研究是在一个大型的、基于社区的多民族队列中进行的。该研究的其他优势包括样本量大、随访时间长，以及通过队列特定监测和先进的统计模型对住宅室外空气污染浓度进行了精细评估。

（2）大气污染对呼吸系统相关亚临床指标的慢性影响

长期暴露于空气污染会对人体心血管亚临床指标造成损伤。其中冠心病是全球主要的死亡原因，动脉粥样硬化是临床冠心病最常见的形式，可以通过 CT 上冠状动脉钙（CAC）的无创测量进行评估。毒理学研究表明，空气污染可能引发或加速动脉粥样硬化，促进斑块不稳定和破裂。Hou 等在中国招募了怀疑患有 CHD 并在 2015 年 9 月至 2017 年之间进行心脏 CT 的参与者。该研究旨在调查长期暴露于空气污染或靠近交通是否与亚临床动脉粥样硬化的风险增加有关，并利用 CCTA 来识别冠状动脉斑块表型，包括斑块成分、斑块易损性和管腔狭窄，以试图进一步了解发病机制[76]。$PM_{2.5}$ 和 NO_2 浓度与非钙化斑块分别增加 5.0%（95%CI：0.3，9.9%，$PM_{2.5}$ 每增加 15 μg/m^3）、12.0%（95%CI：2.5，22.5%NO_2 每增加/20 μg/m^3）相关。O_3 浓度每增加 5μg/m^3 与钙化斑块增加 12.2%（95%CI：2.2，23.2%，per O_3）和管腔狭窄增加 12.8%（95%CI：0.9，26.2%）有关。该研究结果表明长期暴露于空气污染与更大的斑块体积和管腔狭窄以及斑块脆弱性增加以及斑块破裂和侵蚀的风险相关。不过该研究专注于动脉粥样硬化患者，因此研究结果可能仅与污染暴露对 CHD 影响的高危人群相关。越来越多的队列研究表明，长期暴露于空气污染与心血管疾病有关。美国心脏协会最近完成的一项空气污染综述表明，吸入颗粒物会加速或增强动脉粥样硬化的发展，并引发临床缺血事件，增加的颈动脉内膜中层厚度是亚临床动脉粥样硬化的重要指标。该研究于 2009～2011 年在台湾台北市对 689 名 35～65 岁的志愿者进行了 CIMT 测量，应用由欧洲空气污染影响队列研究（ESCAPE）开发的土地利用回归模型来估计每个受试者 1 年平均暴露于与交通相关的 PM_{10}、$PM_{2.5}$，以及 $PM_{2.5}$ 吸收水平（$PM_{2.5}$ abs）、NO_2 和 NO_x 的水平。多变量回归分析显示，$PM_{2.5}$ abs 每增加 1.0×10^{-5} /m，最大左侧 CIMT 的平均百分比增加为 4.23%（95% CI：0.32，8.13）；PM_{10} 每增加 10 μg/m^3 左侧 CIMT 的平均百分比增加 3.72%（95% CI：0.32，7.11）；NO_2 每增加 20μg/m^3 左侧 CIMT 的平均百分比增加 2.81%

（95% CI：0.32，5.31）；NO_x 每增加 10μg/m^3 左侧 CIMT 的平均百分比增加 0.74%（95% CI：0.08，1.41）。右侧 CIMT 的关联不明显，$PM_{2.5}$ 质量浓度与结果无关。结论表明长期暴露于交通相关空气污染的 $PM_{2.5}$ abs、PM_{10}、NO_2 和 NO_x 与中年人的亚临床动脉粥样硬化呈正相关[77]。在中国，关于长期暴露于各种细颗粒物（$PM_{2.5}$）成分与 CVD 亚临床结果之间的关联的证据有限。Du 等对 5852 名中国成年人开展研究，探讨 $PM_{2.5}$ 及其成分与血压（BP）、空腹血糖和心脏电生理（ECG）特性的关联[78]。结果显示长期暴露于 $PM_{2.5}$ 与空腹血糖、舒张压（DBP）和 ECG 测量值的增加显著相关。与其他 $PM_{2.5}$ 成分相比，OM 增加与空腹血糖升高相关性更强。同时，与 BC 和 SO_4^{2-} 相比，NO_3^-、NH_4^+ 和 OM 的 IQR 增加与 DBP 和 ECG 参数有更强的关联。该研究的发现可能为 $PM_{2.5}$ 对 CVD 影响的生物学途径提供线索。关于长期空气污染暴露对高血压影响的研究尚无定论，发展中国家农村地区的证据很少。在此背景下，Li 等研究了空气污染暴露与高血压和血压的关联，以及它们对中国农村成年人的影响[79]。研究者研究了来自中国中部五个农村地区的队列的 39259 名参与者。使用基于卫星的时空模型评估了个人暴露于 $PM_{2.5}$ 和 PM_{10} 和 NO_2 的情况。应用混合效应回归模型来探究长期暴露于空气污染与高血压和四种血压成分测量值的关联，包括 SBP、DBP、平均动脉压（MAP）和脉压（PP）。结果表明，$PM_{2.5}$、PM_{10} 和 NO_2 每增加 1 μg/m^3，调整后的高血压比值比为 1.029（95%CI：1.001，1.057）、1.015（95%CI：1.001、1.029）和 1.069（95% CI：1.038，1.100）。这三种空气污染物还与 SBP（PM_{10} 除外）、DBP 和 MAP 升高有关。空气污染对高血压的影响在男性、吸烟者、饮酒者、高脂肪饮食者和高强度体力活动者中更为明显。结论表明长期暴露于 $PM_{2.5}$、PM_{10} 和 NO_2 与中国农村成年人的血压升高和高血压有关，并且这种关联受到多种行为因素的影响。

国内外许多研究已表明，长期暴露于空气污染会增加人群心血管疾病、呼吸系统疾病以及各种癌症的发病风险及死亡率。目前也有不少研究探究了空气污染对人体造成危害的机制。为了有效地控制空气污染对人体健康的危害，提高人群健康水平，可制定相关国家政策控制大气污染，并根据不同疾病的自然史，采取相应的措施，从而有效阻止相关疾病的发生、发展或恶化。

15.1.3　大气污染健康效应的干预研究

受政策主导的干预措施可以显著改变地区内人群的污染暴露水平，其中，2008 年北京奥运会期间强有力的空气质量改善政策就是一个典型例子。这种罕见的短期干预措施为探索空气污染物对人群健康的影响提供了良好条件。此外，个体防护措施也可通过减少吸入空气中污染物浓度、抑制其对人体造成损伤的途径等方式，有效降低包括颗粒物在内的空气污染物对人体健康的危害。

1）大气污染健康效应的群体水平干预研究

2008 年北京奥运会期间，中国北京市空气质量得到大幅好转；自 2008 年至今，常有文献利用北京奥运会前后空气质量的变化，研究各类污染物对人群健康的影响。

（1）大气污染对人群发病和死亡的影响

空气中颗粒物及各类气态污染物水平升高，可能导致人群呼吸系统和心血管系统发病率和死亡率升高。Li 等人开展的一项生态学研究结果提示，相较于基准期（2008 年 6 月 1～30 日），奥运会期间（2008 年 8 月 8 日～9 月 17 日）每日因哮喘而就诊的人次减少了 41.6%，其风险降低至 0.58（95%可信区间：0.52，0.65）。此外，研究者提出，当臭氧浓度高于 70ppb 时，哮喘就诊的相对风险显著降低[80]。一项研究提示，奥运会期间空气质量上升，心血管系统疾病死亡率下降。该研究分析了 2008 年北京奥运会期间及前后空气颗粒物的变化情况和心血管系统死亡率之间的关系，发现在暴露当天，PM_{10}、$PM_{2.5}$、NO_2 每增加 1 四分位间距，则心血管疾病死亡率分别改变 2.7%（95%CI：0.5，5.1%）、4.2%（95%CI：0.7，7.9%）

以及 6.9%（95%CI：2.8，11.2%）；滞后 1 天时，PM_{10}、$PM_{2.5}$、NO_2 每增加 1 四分位间距，则心血管疾病死亡率分别改变 4.2%（95%CI：1.8，6.7%）、6.4%（95%CI：2.9，10.0%）以及 6.9%（95%CI：2.8，11.1%）；而当滞后 1～5 天时，PM_{10}、$PM_{2.5}$、NO_2 的移动平均值每增加 1 四分位间距，则心血管疾病死亡率分别改变 3.6%（95%CI：1.0，6.3%）、4.8%（95%CI：1.5，8.2%）以及 6.2%（95%CI：0.6，12.1%）。这项研究还发现，在女性、老年人和因脑血管病而死亡者中，空气污染物的效应更为明显[81]。有研究指出，2008 年北京奥运会期间，随着 $PM_{2.5}$ 排放减少，归因于附着在 $PM_{2.5}$ 上的多环芳烃的癌症死亡人数从 12.2～964 人每百万人降低至 6.5～518 人每百万人，癌症风险降低了 46%[82]。

空气污染还可能与不良妊娠结局之间存在关联。Huang 等人利用 2008 年北京奥运会期间和奥运会前污染物水平的变化，探索 PM_{10} 和 NO_2 与出生结局之间的关联。该研究分析了 50，874 对母子的妊娠结局，发现在足月儿中，NO_2 每提升 10μg/m^3，则出生体重减少 13.78g（95%CI：6.43，21.12g）。然而，该研究未观察到 PM_{10} 与出生体重之间的显著关联。此外，PM_{10} 与 NO_2 均无法预测早产风险[83]。类似地，另一项研究也针对 PM_{10}，NO_2，CO，2 与出生体重之间的关联进行了分析，研究发现，怀孕第 8 个月时，$PM_{2.5}$、CO、2 和 NO_2 每提升 1 四分位间距，则出生体重分别降低 18g（95%CI：–32，–3g）、17 g（95%CI：–28，–6g）、23 g（95%CI：–36，–10g）和 34 g（95%CI：–70，3g）；相对于 2007 年或 2009 年 8 月间处于第 8 个月的婴儿，在 2008 年 8 月（奥运会期间）处于第 8 个月的婴儿，其出生体重提升 23 g（95%CI：5，40g）[84]。

（2）大气污染对亚临床指标的影响

空气污染不仅能在心血管系统、呼吸系统疾病乃至不良妊娠结局等多种疾病的发病率和死亡率上产生效应，还能在更广泛的层面上影响人群的亚临床指标水平。肺功能指标，如用力肺活量、第一秒用力肺活量、呼吸峰流速等，临床上常用于评估肺通气功能障碍程度及类型，并可作为哮喘等疾病的诊断、病情评价指标。心率及心率变异性则多用于评估心脏工作的潜能；心率变异性是描述逐次心跳之间时长和震动频率微小差异的参数，在静息状态下，当其处于正常范围内时，心率变异性越高，意味着心脏应对紧急情况的储备越充分，当心率变异性降低时，心肌梗死、心源性猝死、冠心病、心力衰竭等心脏疾病的风险提高。Rich 等分别测定了奥运会期间和奥运会结束后 128 名志愿者的心率变化，发现滞后 24～47 小时的 $PM_{2.5}$、硫酸盐、二氧化硫和滞后 72～95 小时的元素碳与心率成正比关系，当上述污染物升高 1 四分位间距时，心率改变范围为从 1.01/min（95%CI：1.00，1.02/min）到 1.02/min（95%CI：1.00，1.04/min）[85]。而 Mu 等测量了奥运会期间及奥运会前后空气污染物水平，发现相比于奥运会前后的平均水平，奥运会期间 PM_1，$PM_{2.5}$，PM_7 以及 PM_{10} 的浓度均不足前者一半。此外，他们还发现，奥运会期间，201 名北京居民的呼吸峰流速增大，且在奥运会结束后，志愿者的呼吸峰流速仍较奥运会开始前更高；其中，奥运会前呼吸峰流速大于 400L/min 的志愿者比例为 30%，而奥运会期间则提升至 49.4%，在奥运会结束后降低至 33.4%。分层分析提示，女性、年轻人和不吸烟者在奥运会期间平均呼吸峰流速升高幅度相对更大，分别升高 17.2L/min、17.8L/min 及 17.3L/min[86]。类似地，Wu 等分析了奥运会前（2008 年 5 月 26 日～6 月 19 日）、奥运会期间（8 月 11 日～9 月 5 日）、奥运会后（10 月 27 日～11 月 13 日）及紧随其后的冷季（2009 年 2 月 24 日～3 月 11 日）间 $PM_{2.5}$ 和 CO 水平与 9 名出租车司机的心率变异性指标之间的关联。该研究发现，就整体而言，空气污染物水平上升，则心率变异性下降，例如，$PM_{2.5}$ 的 30 分钟移动平均值每上升 1 四分位间距，则 rMSSD 显著下降 2.1%（95%CI：0.4，3.7%）；然而，CO 与 rMSSD 之间却呈正相关关系，CO 的 2 小时移动平均值每升高 1 四分位间距，则 rMSSD 显著增加 2.7%（95%CI：0.8，4.7%）。Wu 等认为，污染物与心率变异性之间的关系具有强烈的个体异质性，因此，他们根据 $PM_{2.5}$ 和 CO 对心率变异性效应的正负向反应情况，将 9 名司机分为正反应组及负反应组：若污染物对大部分心率变异性都起增加作用，则分入正反应组，反之则分入负反应组。此时，各组内部在不同阶段的心率变异性平均改变幅度增大，其中，在负反应组内部，当 $PM_{2.5}$ 的 30 分钟移动平均值提升 1 四分位间距时，rMSSD 显著下降 3.1%（95%CI：1.2，4.9%）[87]。

（3）大气污染对分子生物学指标的影响

有证据显示，空气污染可能与包括炎性反应、氧化应激反应以及凝血反应相关的多种分子生物学指标变化相关。

一项研究通过比较奥运会期间和奥运会前后的空气中醛类污染物水平差异，发现交通污染、工业燃烧、石油燃烧及植物燃烧所导致的醛类污染可显著提升肺部炎症生物标志物（白细胞酸碱度、白细胞亚硝酸盐及呼出气一氧化氮）水平，而系统性氧化应激生物标志物（8-异前列腺素）与交通污染和工业燃烧污染关系最为密切[88]。Huang 等分别分析了奥运会前、中、后三期的污染物浓度和 125 名健康志愿者呼出气一氧化氮、呼出气冷凝物标志物（氢离子、亚硝酸盐、硝酸盐以及 8-异前列腺素）和尿中 8-羟基脱氧鸟苷含量，以探索空气污染物与人体炎性反应的关系。研究发现，对于呼出气一氧化氮，$PM_{2.5}$、SO_4^{2-}、元素碳、SO_2、CO 和 NO_2 可在滞后 24 小时内显著增加其水平，其改变量范围为 10%～75%。对于亚硝酸盐，$PM_{2.5}$、SO_4^{2-}、元素碳、OC、SO_2、CO 和 NO_2 均可显著提升其水平，最高可分别提升 21.9%、11.1%、26.7%、13.7%、20.5%、15.7%以及 22.2%。然而，值得注意的是，臭氧与呼出气一氧化氮水平和亚硝酸盐水平呈负相关关系。空气污染物与 8-异前列腺素的高水平状态（高于第 75 百分位值）相关，其中，滞后 3 天时 $PM_{2.5}$、SO_2 以及滞后 4 天时 $PM_{2.5}$、SO_4^{2-}、元素碳、有机碳、一氧化碳和臭氧与高水平的 8-异前列腺素显著正相关[89]。然而，也有研究对奥运会期间血液内炎性生物标志物的改变趋势提出了不同意见。Guo 等人发现，奥运会后 2 个月，17 位哮喘患者的细胞因子 TNF-α、IL-6、IL-8、IL-10 以及血浆脂多糖结合蛋白水平相较于奥运会期间两个月时显著降低，此外，去甲肾上腺素水平也出现显著降低，可能提示了空气污染对炎症反应的影响具有一定滞后性[90]。而 Rich 等人分别测定了奥运会期间和奥运会结束后 128 名志愿者的 C 反应蛋白、纤维蛋白原、血管性血友病因子、可溶性 CD40 配体、可溶性 p 选择素、白细胞计数、心率以及血压的变化情况，发现多种炎症生物标志物水平都显著降低，其中，白细胞计数下降的变化范围为 76/μL（95%CI：-120，-30/μL）～170/μL（95%CI：-310，-30/μL），提示空气污染可能引起炎症水平升高[85]。

空气污染物可能促进机体内的氧化应激反应。Rönkkö 等人分析了中国南京在 2014 年的青年奥运会期间及前后的大气颗粒物与氧化应激细胞因子之间的关联。在此研究中，研究员分别在 2014 年 5～6 月、8 月以及 10～11 月期间收集颗粒物和血清样本，结果提示，颗粒物浓度升高时，血清中肿瘤坏死因子-α、白介素-6 以及白介素-1β 浓度升高，并进一步引起细胞周期的 G1/G0 期阻滞、细胞代谢活性降低；此外，$PM_{0.2}$ 与亚 G1/G0 期细胞数量增加有关，$PM_{0.2}$ 升高，则 DNA 降解、细胞凋亡更明显[91]。

空气污染可能与人体内凝血反应水平之间存在正相关关系。Rich 等人分别测定了奥运会期间和奥运会结束后 128 名志愿者的心血管系统标志物的水平，发现 $PM_{2.5}$，元素碳、有机碳、硫酸盐、一氧化碳、二氧化氮及臭氧升高时，可溶性 CD40 配体水平均显著增加，增加幅度的范围从 0.055ng/mL（95%CI：0.030，0.081 ng/mL）～0.18 ng/mL（95%CI：0.14，0.21ng/mL）；其中，臭氧与可溶性 CD40 配体的关联最强，在滞后 24 小时，当臭氧水平升高 1 四分位间距，则可溶性 CD40 配体水平下降 0.13 ng/mL（95%CI：0.18，0.076ng/mL）。此外，该研究还发现，相较于奥运会前，血管性血友病因子显著上升，其上升幅度范围为 4.80%（95%CI：2.78，6.83%）到 7.51%（95%CI：5.20，9.83%），其中，$PM_{2.5}$、硫酸盐、二氧化氮以及元素碳与血管性血友病因子关联最强。类似地，滞后 48-71 小时期间，当污染物水平上升 1 四分位间距时，纤维蛋白原的变化范围为 0.019 g/L（95%CI：0.006，0.038g/L）到 0.049 g/L（95%CI：0.010，0.088 g/L）[85]。在另一项类似的研究中，Altemose 等利用奥运会期间北京市内较低的空气污染水平，分析发现石油燃烧来源的空气内醛类污染与凝血生物标志物（血管性血友病因子及可溶性 CD62 配体）存在正相关关联[88]。

2）大气污染健康效应的个体水平干预研究

（1）基于净化器的个体干预研究

空气净化器多安置于家庭、公司、工厂内，吸附、分解或转化包括 $PM_{2.5}$、PM_{10} 以及花粉等空气污染物，以达到净化一定区域内空气的效果。

空气净化器对呼吸系统具有一定保护作用。一项随机交叉实验显示，在家庭内安置空气净化器后，可显著减少因 $PM_{2.5}$ 导致的哮喘的用药指数。该研究共纳入三十名患有哮喘的小学生，随机分为 A、B 两组，一组使用真空气净化器，而另一组使用未安装过滤器的假空气净化器；所有空气净化器都安置在客厅内，研究者认为，小学生一天中大部分时间都停留在客厅内。实验中，前三周 A 组使用真净化器，而 B 组使用假净化器，在经历 2 周的洗脱后，A、B 两组交换所使用的净化器，继续测量 3 周。结果发现，真空气净化器开启后，$PM_{2.5}$ 水平显著下降，哮喘症状评分没有显著改变，但药物评分则显著下降，肺功能无显著改变[92]。Park 等在一项韩国多中心随机双盲对照研究也得出了相近的结论。在该研究中，44 名志愿者被随机地平均分配在两组内，分别使用真、假空气净化器，并要求志愿者自行记录每日的症状和药物使用情况。使用真空气净化器的一组内，卧室内 $PM_{2.5}$ 平均水平显著降低了 51.8%，而 PM_{10} 水平则显著下降 53.2%；此外，相对于使用假净化器的一组，使用真净化器的一组暴露于高浓度颗粒物的时间也显著减少。使用真、假净化器的志愿者报告的症状相似，但真净化器组的药物评分在第 3 周时开始下降，在 6 周时得到显著改善，降低了 26.3%；使用真净化器组的志愿者药物使用量同样有所下降，研究开始前，真净化器组志愿者药物使用量约为假净化器组志愿者的 1.26 倍，但在第 6 周时，药物使用量显著降至假净化器组志愿者的 0.67 倍[93]。Li 等在中国陕西省榆林市开展了一项与韩国实验类似的随机双盲实验，通过在卧室内安置真、假空气净化器，并利用问卷衡量过敏症状，分析空气净化器对哮喘的影响。在 4 周的研究期间，志愿者被要求晚上停留在卧室内，且志愿者被禁止服用抗组胺药、类皮质醇激素以及白三烯受体拮抗剂，除非志愿者出现严重症状且对生活造成重大影响。该研究发现，在 4 周随访结束时，真、假净化器组中，较实验开始时，哮喘症状评分都出现显著下降，但真净化器组评分低于假净化器组[94]。Cui 等在一项双盲随机对照试验中，纳入 71 名健康上海地区的医学生和护理学学生，并在其宿舍内安置真、假空气净化器，并测量其 $PM_{2.5}$、颗粒物数浓度、臭氧以及二氧化氮的暴露水平。研究者每日测定志愿者的肺活量和潮式呼吸肺活量，发现相较于假净化器组，使用真净化器的组室内平均 $PM_{2.5}$ 水平降低 72.4%，平均颗粒物数浓度降低 59.2%，其中，减少的平均颗粒物数主要为超细颗粒物。与假净化器组比较，使用真净化器的志愿者呼吸阻抗与呼吸阻力分别显著下降 7.1%（95%CI：2.4，11.9%）和 7.4%（95%CI：2.4，12.5%），小气道阻力下降 20.3%（95%CI：0.1，40.5%）。该研究并未观察到大气道阻力、用力肺活量、第一秒最大呼气量、最大呼气中期流量的显著差异[95]。此外。有研究显示，家庭内安置空气净化器后，可显著降低室内燃烧所引起的空气污染物水平，从而减少支气管肺发育不良儿童的住院风险。然而，该研究通过问卷收集家庭中吸烟、室内燃烧源情况及是否安置空气净化器，可能需要进一步研究以确认空气净化器的实际效应[96]。

此外，空气净化器还可能提升心血管系统健康水平。在 Cui 等开展的随机双盲交叉实验中，研究者每日测定志愿者的脉搏波、收缩压、舒张压、心率等心血管功能，然而并未观察到脉搏波传导速度、血压、脉压以及心率变化的显著性差异；分层分析后，研究者发现在干预结束后 24 小时，女性脉压降低了 3.3%（95%CI：0.8，7.4%），但未观察到男性脉压的显著改变[95]。Morishita 等的随机临床试验结果提示，空气净化器可显著降低老年人的血压水平。该研究纳入 40 名老年志愿者，将其随机分为三组，分别采用无滤芯的空气净化器、低效空气净化器和高效空气净化器对空气进行净化。每段干预期持续 3 天，干预期与干预期之间间隔 1 周洗脱期。每次干预期结束后，研究者测量志愿者肱动脉的收缩压和舒张压、脉搏波传导速度以及心率变异性。该研究中，相较于无滤芯空气净化器组，使用低效空气净化器和高效空

气净化器组的平均 $PM_{2.5}$ 暴露水平分别显著降低 31%及 53%。同时，3 天干预期结束后，使用任意空气净化器组的志愿者血压都显著降低，收缩压降低 3.2 mmHg（95%CI：0.2，6.1mmHg），而舒张压降低 1.5 mmHg（95%CI：0.2，3.3 mmHg）；然而，未能观察到低效空气净化器组和高效空气净化器组之间血压的显著差异。此外，研究者还发现，使用任意空气净化器组的志愿者脉压显著降低 1.9 mmHg（95%CI：0.01，3.7mmHg），但未发现空气净化器使用与主动脉压、脉搏波传导速度以及心率变异性等指标之间的显著关联。空气净化器在肥胖的志愿者中干预效应更强：在 3 天干预期结束后，肥胖志愿者收缩压降低了 7.5 mmHg（95%CI：3.1，12.0 mmHg），舒张压降低 2.9 mmHg（95%CI：0.2，5.6 mmHg）；而对于非肥胖志愿者，其收缩压降低 0.4 mmHg（95%可信区间：–3.7，4.5 mmHg），舒张压降低 0.6 mmHg（95%CI：–3.1，2.0 mmHg）[97]。

多项研究在分子层面上探索了空气净化器保护人体健康的机制。Li 等探讨了大气颗粒物暴露与机体血清代谢物变化之间的关系。在该随机双盲交叉试验中，研究员于调查对象的宿舍里分别先后放置真空气净化器、假空气净化器（无过滤网）9 天，期间间隔 12 天洗脱期。干预期内，使用空气净化器个体 $PM_{2.5}$ 暴露水平为 24.3 μg/m³，使用假空气净化器（移除过滤网）则为 53.1 μg/m³。每段干预期结束时，研究者测量两组志愿者的血压、血清代谢物（葡萄糖、氨基酸、脂肪酸）、氧化应激生物标志物（超氧化物歧化酶、丙二醛、8-异前列腺素 F2α、8-羟基脱氧鸟苷）、炎症反应生物标志物（可溶性 CD40 配体、C 反应蛋白、白介素-1β，白介素-6，肿瘤坏死因子-α 和细胞间黏附因子-1）、压力激素（胰岛素、促肾上腺皮质激素释放激素、促肾上腺皮质激素）和胰岛素抵抗情况。结果显示，相较于假空气净化器组，真净化器组志愿者的收缩压和舒张压均明显下降；与真净化器组比较，无滤膜净化器组的志愿者收缩压提升 2.61%，且 $PM_{2.5}$ 每升高 10μg/m³，收缩压增加 0.86%（95% CI：0.10，1.62%），但未观察到舒张压出现显著改变。与真净化器组相比，假净化器组胰岛素、血糖和胰岛素抵抗水平，血清葡萄糖、氨基酸、脂肪酸、脂质代谢水平，以及氧化应激生物标志物（8-羟基脱氧鸟苷、丙二醛、8-异前列腺素-F2α、超氧化物歧化酶）水平和炎症生物标志物（可溶性 CD40 配体、C 反应蛋白、白介素-1β）水平亦较高。因此，研究者提出，较高水平的 $PM_{2.5}$ 暴露可诱导与下丘脑-垂体-肾上腺和交感神经-肾上腺髓质轴的激活一致的代谢改变，而使用空气净化器可减弱 $PM_{2.5}$ 的健康损害[98]。Cui 等开展的随机双盲交叉实验中，在 71 名健康上海地区的医学生和护理学学生宿舍内安置真、假空气净化器，并测量其 $PM_{2.5}$、颗粒物数浓度、臭氧以及二氧化氮的暴露水平，并在干预期结束时立即测量其血管性血友病因子、可溶性 CD62 配体、白介素-6 以及尿液中丙二醛水平。然而，该研究并未观察到上述测量指标的显著差异。然而，值得注意的是，干预结束后 24 小时，真净化器组内血管性血友病因子显著下降 17.5%（95%CI：3.4，38.5%），这可能提示了空气净化器健康效应可在脱离洁净环境后持续若干小时。此外，该研究还发现，不同性别对空气污染的反应不同：干预结束后 24 小时，男性血管性血友病因子降低 42.4%（95%CI：17.4，67.4%）、白介素-6 下降 22.6%（95%CI：0.4，44.9%），然而，在女性志愿者中并未观察到显著差异[95]。

（2）基于口罩的个体干预研究

符合标准的口罩可在个体层面通过吸附的方式，减少吸入空气内颗粒物和气态污染物水平，相较于空气净化器，口罩的优点在于便于携带。

研究提示，口罩可能降低空气污染物对呼吸系统及心血管系统亚临床指标的影响。Jiang 等采用双盲随机交叉实验方法，在北京地区募集了 52 名志愿者，随机分入两组，分别前后佩戴真、假 N95 口罩后，在校园内按照固定路线步行 30 分钟。研究者在步行前、步行后 30 分钟、步行后 3 小时以及步行后 5 小时分别测定志愿者肺功能，发现相较于佩戴假口罩组，佩戴真口罩组在步行后 30 分钟、步行后 3 小时以及步行后 5 小时的第一秒用力肺活量分别显著提高 2.95%（95%CI：0.27，3.87%）、2.80%（95%CI：1.00，4.63%）、2.87%（95%CI：1.07，4.70%）[99]。Shi 等在中国上海地区开展了一项随机交叉实验，在该实验中，24 名志愿者随机分为两组，每组先后佩戴颗粒过滤式呼吸防护口罩 48 小时，两个干预期之间的洗脱期为 3 周，并在每次干预期的后 24 小时内测量志愿者 24 小时连续动态心电图及动态血压。研究发现，佩戴口罩的志愿者心率变异性指标水平较高，血压和炎性生物标志物水平较低。其中，佩戴口罩的志愿者 HF、HF/LF、rMSSD 和 pNN50 显著高于未佩戴口罩的志愿者，分别提升了 12.5%（95%CI: 3.8，21.2%）、7.8%（95%CI：3.5，12.1%）、10.9%（95%CI：1.8，20.0%）和 22.1%（95%CI：3.6，40.7%）。此外，相较于无口罩组，口罩组的收缩压显著降低 2.7 mmHg（95%CI：0.1，5.2 mmHg）[100]。类似地，另一项交叉对照实验研究针对佩戴口罩对颗粒物和血压、心率变异性之间效应的干预作用进行探索。在此研究中，40 名健康大学生被要求在 9：00～13：00 间乘坐地铁，这些大学生随机分配入两个组内，先后佩戴口罩，以评估口罩对地铁颗粒物的健康效应的干预作用。研究者测量了志愿者整个地铁乘坐期间的心率变异性参数及动态血压。研究结果显示，相较于未佩戴口罩的志愿者，佩戴口罩的志愿者 HF、rMSSD、pNN50 出现显著上升，分别增加了 21.1ms^2（95%CI：15.7，26.9ms^2）、6.1ms（95%CI：3.9，8.4ms）、15.0%（95%CI：9.0，22.6%）；同时，LF/HF 和心率则显著下降，分别显著下降 15.1（95%CI：–18.9，–11.4）、0.5bpm（95%CI：–1.1，–0.03bpm）[101]。

除亚临床指标外，口罩还能减少分子指标的异常改变幅度。Shi 等开展的上海随机交叉实验中，要求志愿者先后佩戴颗粒过滤式呼吸防护口罩 48 小时，两个干预期之间的洗脱期为 3 周。每次干预期结束后测量血液中内皮素-1、*p* 选择素、血管细胞黏附分子-1、纤维蛋白原及血管性血友病因子。该研究结果提示，佩戴口罩可降低血液中炎性生物标志物水平，但这种关联并不显著。其中，纤维蛋白原下降 3.0%（95%CI：–23.6，17.7%），*p* 选择素下降 18.9%（95%CI：–50.7，12.8%），血管细胞黏附分子-1 下降 15.6%（95%CI：36.2，5.0%），内皮素下降 8.6%（95%CI：–22.8，5.6%），血管性血友病因子下降 9.5%（95%CI：–30.1，11.1%）[100]。Guan 等的研究也得出了相似的结论。2013～2014 年间，Guan 等人通过 15 名北京地区健康大学生，开展了一项随机双盲交叉对照实验。在该实验中，志愿者被随机分配成 2 组，一组佩戴具有过滤器的真口罩，而另一组佩戴没有过滤器的假口罩，并沿繁忙交通道路行走 2 小时；经过 1 个月的洗脱后，2 组志愿者交换口罩防护情况，再次沿同样的繁忙交通道路行走 2 小时。研究者在每次干预阶段之前、干预结束后 15 分钟、干预结束后 6 小时以及干预结束后 24 小时进行健康测试，测量其呼出气一氧化氮、呼出气冷凝液中细胞因子（白介素-1α，白介素-1β，白介素-2，白介素-6，白介素-8，肿瘤细胞因子-α）、尿丙二醛、尿肌酐。研究结果提示，2 小时步行后，所有指标水平均有所上升，然而，相较于假口罩组的志愿者，真口罩组志愿者在干预结束后 15 分钟平均呼出气一氧化氮上升幅度显著减少 38.3%，而在干预结束后 6 小时及 24 小时内，两组呼出气一氧化氮水平均下降，且不再具有显著差异。相似地，相较于真口罩组，假口罩组在干预结束后 6 小时呼出气冷凝液中白介素-1α、白介素-1β 分别显著升高 82.4%、91.4%，且干预结束后 24 小时肿瘤坏死因子-α 显著升高 112.5%[102]。

（3）基于鱼油的个体干预研究

作为膳食补充剂，鱼油可减少 $PM_{2.5}$ 对心血管系统的损伤，这或许是因为 $PM_{2.5}$ 通过升高血压、促进炎症反应和胰岛素抵抗等方式影响心血管健康，而鱼油可以拮抗这些反应。Lin 等的随机双盲对照实验显示，额外在膳食上补充鱼油有利于人体炎症水平下降。该研究中，70 名中国上海地区的健康大学生被随机分入两组，4 个月内，实验组每天服用 2 粒深海鱼油胶囊，而对照组每天服用 2 粒外观相同的葵花籽油胶囊。每粒深海鱼油胶囊含有 60%的 Omega-3 脂肪酸，而葵花籽油胶囊中含有 14.4%棕榈酸、16.0%油酸以及 57.6%亚油酸。颗粒物浓度水平通过宿舍楼顶的 Grimm 仪器采集，而二氧化硫、二氧化氮、一氧化碳和臭氧数据通过附近的固定监测站点获取。干预进行 2 个月后，在第 3～4 个月，每隔 2 周安排一次随访，测量志愿者健康指标：炎性标志物（C 反应蛋白、白介素-6、肿瘤坏死因子-α），凝血生物标志物（血管性血友病因子、纤维蛋白原），内皮功能标志物（内皮素-1，E 选择素、内皮细胞一氧化氮合酶），氧化应激生物标志物（氧化性低密度脂蛋白、脂质过氧化），胰岛素抵抗水平（空腹血糖、空腹胰岛素），神经内分泌应激激素（促皮质素释放激素、促肾上腺皮质激素、皮质醇、血清素）。这一结果显示，鱼油对

多种 $PM_{2.5}$ 导致的健康损伤具有保护作用。此外，在安慰剂组中，$PM_{2.5}$ 暴露水平与多种健康指标（包括 3 种炎症生物标志物（C 反应蛋白、白介素-6、肿瘤坏死因子-α），2 种凝血生物标志物（血管性血友病因子、纤维蛋白原），3 种内皮功能标志物（内皮素-1、E 选择素、内皮细胞一氧化氮合酶），1 种氧化应激生物标志物（氧化性低密度脂蛋白），4 种神经内分泌应激激素（促皮质素释放激素、促肾上腺皮质激素、皮质醇、血清素）以及胰岛素抵抗）相关，但鱼油组并未观察到此类显著关联。因此，鱼油很可能减弱了 $PM_{2.5}$ 的损伤效应[103]。另一项相似的研究发现鱼油可以减弱颗粒物与皮肤炎症之间的关联。研究发现，安慰剂组中，志愿者皮肤表面细胞内白介素-1α 和白介素-1Ra 与 $PM_{2.5}$ 浓度显著相关，类似地，皮肤表面细胞内羰基蛋白、谷胱甘肽也与 $PM_{2.5}$ 暴露水平之间存在显著关联；然而，鱼油组中，这些关联都有所减弱，且不再显著[104]。相应地，Jiang 等人的研究指出，相较于对照组，服用鱼油的志愿者的过氧化物酶、丙二醇分别显著降低 5.92%、16.33%，而总抗氧化能力显著升高 8.89%[105]。

总体而言，降低区域内空气污染水平，或采用空气净化器、口罩、口服鱼油等防护措施可以减弱空气污染造成的呼吸系统、心血管系统等方面的健康损伤。然而，目前采用干预方法对大气污染健康危害的探索尚不充分，其作用特征和影响机制仍需进一步探索，从而实现空气污染健康危害的精准预防，以帮助政府制定有效防治策略，指导个体采取恰当的防护措施。

15.2　大气污染健康危害的毒理学研究进展

15.2.1　大气污染的毒理学效应

1）大气污染对吸系统的影响

（1）大气污染与呼吸系统损伤

大气颗粒物暴露能够通过 Nrf2 信号通路，Nrf2/NLRP3 信号通路，以及 ETS-1/NF-κB 信号通路引起肺部炎性-免疫等损伤效应[106-109]。而 $PM_{2.5}$ 诱导的氧化损伤则主要由冶金粉尘和交通排放的生物可及的/生物可利用的 Fe、Ni 和 Co 等过渡金属引起[110]。颗粒物上硝酸盐暴露则能影响与呼吸功能显著相关的机体昼夜节律、鞘脂代谢、免疫反应和溶酶体等生物学过程[111]。大气污染中的多环芳烃（PAHs）能够影响肺组织中炎症、免疫、表皮-内皮功能以及肺发育等多种生物学过程，这种生物反应可能在分子水平上由 PAHs 与芳香烃受体（AhR）结合引起，但也可能通过与 β 肾上腺素能受体的相互作用引起。此外，活性多环芳烃代谢物或活性氧（ROS）可能直接干扰参与信号转导的离子转运体和酶[112]。柴油机尾气颗粒（DEP）暴露则能抑制气道表面黏液分泌，增加粘液黏稠度，增加小鼠的哮喘症状[113,114]。此外，还有研究发现 $PM_{2.5}$ 和/或空气污染通过诱导肺组织氧化应激、炎症和重塑以及右心室肥大，促进心力衰竭的发生[115]。臭氧（O_3）是我国近年来浓度快速上升并呈现出蔓延态势的大气污染物。O_3 暴露则能诱导肺中性粒细胞大量增殖，并通过产生中性粒细胞胞外陷阱（NETs）促进癌细胞转移并扩散[116]。对 O_3 暴露后的气道组织和气道巨噬细胞进行转录组测序分析后发现，对于气道组织，O_3 暴露造成上皮屏障功能、解毒过程和细胞增殖相关的基因表达发生改变，而对于气道巨噬细胞，O_3 暴露影响了与先天免疫信号、细胞因子产生和细胞外基质重塑相关的基因表达[117]。有机粉尘提取物增加了 OVA 致敏小鼠气道炎症细胞和趋化介质的释放[118]。

（2）大气污染孕期暴露与呼吸系统损伤

越来越多的研究表明孕期可能是污染物暴露引起子代呼吸系统损伤的重要敏感窗口期。有证据表明，接近 WHO 推荐的颗粒物指南水平的子宫内超细颗粒物暴露会抑制子代对尘螨等过敏原的早期免疫反应，进而使新生儿易患呼吸道感染类疾病并影响长期肺部健康[119]。也有研究人员开展了类似的工作。孕期细颗粒物暴露造成胎儿发育晚期顶臀径降低，干扰肺的远端肺上皮和间充质分化，导致完整的气管环减少，并抑制了妊娠晚期肺发育相关基因（Nkx2.1、Tbx4、Tbx5 和 Sox9）的表达[120]。此外，孕期 $PM_{2.5}$ 暴露还能导致子代出低出生体重、肺泡化程度降低、血管生成减少、分泌蛋白和表面活性蛋白的产生受到抑制，以及子代肺部炎症增加等支气管肺发育不良症状，并具有明显的性别差异；而这些改变能够随着子代小鼠的发育而逐渐恢复到正常水平[121]。其他学者指出 O_3 孕期暴露能够增加子代气道炎症和 OVA-IgE 等哮喘症状，并且与子代脾脏 NK 细胞和母体免疫系统受损有关[94,122]。子宫内烟草烟雾暴露改变感染呼吸道合胞病毒的新生小鼠的肺部炎症、病毒清除和 CD8+T 细胞反应[123]。

（3）大气污染复合暴露与呼吸系统损伤

虽然污染物限值仍然是基于单一污染物暴露而制定，但是在实际暴露场景下，多种污染物的复合暴露可能是引起呼吸系统疾病的重要诱因。炭黑颗粒（CB）和 O_3 联合暴露可能通过氧化剂-TSLP-IL-13 轴引起小鼠肺组织炎性和呼吸功能降低，而这种改变相比于单一污染物暴露更为严重[124]。类似的，大鼠暴露于交通源污染物（TRAP，包含 PM_1 和气态污染物）并进行蛋白质组学研究后发现，PM_1 和气态污染物能够引起大鼠肺组织氧化应激、细胞代谢、钙信号、炎症反应和肌动蛋白动力学等生物学过程改变，特别是在亚慢性暴露于 PM_1 条件下，PM_1 的存在能特异性地增强了氧化应激和炎症反应，并抑制了葡萄糖代谢和肌动蛋白细胞骨架信号通路[125]。甲醛和低温共同暴露会加剧过敏性哮喘，瞬时受体电位 M 型离子通道 8（TRPM8）和瞬时受体电位 A 型离子通道 1（TRPA1）参与了这一过程[126]。CBs-Ni 共暴露暴露后，未检测到明显的自噬和溶酶体功能障碍或肺毒性，同时镍从肺组织中完全清除，生化指标恢复到正常范围[127]。还有研究探讨了其他因素与大气污染物暴露下对呼吸系统的损伤效应。柴油机尾气颗粒（DEP）暴露诱导典型的气道中性粒细胞增多、DC 募集和促炎细胞因子产生。然而，剧烈运动导致呼吸模式的改变。这两种触发因素的结合导致紧密连接表达的失调，这表明在污染环境中的剧烈运动可引起气道生理学和完整性的重要变化[128]。一项意大利的研究发现与该国其他地区相比，其北部地区 SARS-CoV-2 传播速度更快，死亡率更高，推测肥胖可能是烟雾所致肺损伤的影响因素，这两个因素同时存在可以更好地解释病毒更高的毒性[129]。

2）大气污染对心血管系统的影响

环境污染是当今世界上导致过早死亡和残疾的最大原因之一。《2015 年全球疾病、伤害和风险因素负担研究》（GBD 2015）估计了 1990 年至 2015 年期间 195 个国家 79 个风险因素造成的疾病负担，将空气污染确定为全球疾病负担的主要原因，特别是在低收入和中等收入国家[130]。空气污染与心血管疾病（cardiovascular disease，CVD）的发生密切相关，众多研究发现空气污染，尤其是常见的一些大气污染物（PM_{10}，$PM_{2.5}$ 以及 O_3）会增加人群的 CVD 住院率和死亡率，以及促进慢性病的发展[131-134]。近年来，$PM_{2.5}$ 作为大气污染物的重要成分之一被广泛关注和研究，其对 CVD 发病率和死亡率的贡献不容小觑，阐明其对心血管系统疾病的机制对于防治 $PM_{2.5}$ 诱导的心血管疾病具有重要意义[135]。2013 年以来，我国实行了严格的排放管控措施，虽然颗粒物浓度明显下降，臭氧（O_3）污染形势却依然严峻。近年来发现在 2015～2019 年期间我国各地的每日最大 8 小时平均 O_3 浓度值增加了 1.9 ± 3.3 mg/m^3/a，超过 70%的监测点呈现正向上升趋势，19.4%的监测点呈现＞5 mg/m^3/a 的趋势[136]。本文针对大气污染物对心血管系统疾病的健康危害及其可能机制进行综述，为我国大气污染的环境健康保护提供理论支撑。

（1）大气污染对心脏发育和功能的影响

研究发现 $PM_{2.5}$ 暴露可引起小鼠心脏功能障碍，心脏代谢紊乱，心脏收缩功能改变等一系列与心脏生长和发育相关的功能和指标发生变化[137-139]。Zhang 等对雌性中年和老年小鼠进行 $PM_{2.5}$ 暴露的研究中发现中年小鼠对 $PM_{2.5}$ 更敏感，暴露后其表现出心脏生长缓慢、心功能不全、线粒体结构和功能异常以及心脏代谢紊乱[137]。发生改变的代谢机制包括碳水化合物代谢、脂肪酸代谢、氨基酸代谢、核苷酸代谢以及烟酸和烟酰胺代谢。并推测心脏代谢紊乱可能是 $PM_{2.5}$ 诱导中年小鼠心功能不全和线粒体结构破坏的重要原因。还有研究发现 $PM_{2.5}$ 以时间剂量依赖的形式诱导小鼠心肌肥厚和纤维化从而导致其心脏收缩功能降低，小鼠心肌肥厚可能受 PI3K/Akt/FoxO1 信号调节，心肌纤维化可能是由于巨噬细胞活化引起的炎性浸润所致[140]。Xing 等[139]对不同区域 $PM_{2.5}$ 暴露雌性老年小鼠的实验研究中发现太原组小鼠的血压升高，左室前壁和后壁厚度增加，心肌细胞核质比降低，心脏收缩功能降低。研究其机制发现心肌肥大标志物心钠素（ANP）等和炎性细胞因子 TNF-α 和 IL-6 的 mRNA 表达水平显著升高，心肌中的 IL-6/JAK2/STAT3/β-MHC 信号通路被激活。

Garcia 等[141]将怀孕的 Sprague-Dawley 大鼠在妊娠第 10 天（GD10）或第 20 天（GD20）暴露于过滤空气或 O_3（0.3 或 1.0 ppm）中（4 小时），并在足月进行纵向功能评估和分子终点。GD10 时的 0.3 ppm O_3 暴露导致了在 GD20 暴露的母鼠中不明显的几个晚期心血管结局，包括子宫动脉阻力指数升高、心输出量和卒中量减少，母体心脏中的蛋白质组学特征是在代谢和线粒体功能中起关键作用的蛋白质减少，而磷酸化蛋白质组学变化与心肌病反应相关的途径一致。由此推测发育中的胎盘是吸入 O_3 的间接靶点，在特定的妊娠期暴露 O_3 可能诱发母体心血管系统异常。

（2）大气污染对动脉粥样硬化的影响

动脉粥样硬化是一种慢性炎症疾病，是血管壁对各种损伤的一种异常反应，具有经典炎症变性、渗出及增生的特点。$PM_{2.5}$ 暴露会引起动脉粥样硬化前体物质水平增高，Guan 等人发现 $PM_{2.5}$ 暴露可导致大鼠脑血管活性氧（ROS）、烟酰胺腺嘌呤二核苷酸磷酸氧化酶（NOX）活性的水平升高，超氧化物歧化酶（SOD）活性降低；同时，Nrf2 和 NQO-1 的转录水平上调，最终导致暴露组大鼠脑血管氧化损伤和颅内动脉粥样硬化[142]。此外，Long 等也在体内和体外实验研究中发现并证实了 $PM_{2.5}$ 通过诱导 MAPK/ERK 信号通路激活和 ROS 生成使得血管通透性增加[143]。还有研究发现小鼠暴露于 $PM_{2.5}$ 降低内皮祖细胞（EPC）的丰度和损害其功能，并阻碍后肢缺血后 EPC 介导的血管恢复[144]。$PM_{2.5}$ 短期和长期暴露会通过 TLR4/MyD88/NFκB 通路增加动脉粥样硬化模型小鼠不同阶段的斑块易损性[145]。同样，煤源性 $PM_{2.5}$ 可能通过 MAPK 信号通路相关蛋白的磷酸化，增加小鼠血清中动脉粥样硬化相关蛋白的表达水平，从而加剧小鼠动脉粥样硬化的形成[146]。可见，$PM_{2.5}$ 在生物机体动脉粥样硬化的形成和加剧中有一定贡献。

（3）大气污染对其他心血管疾病的影响

$PM_{2.5}$ 暴露引起的心血管系统疾病还包括心衰，心肌梗塞以及一些与心脏代谢相关的疾病如高血压、胰岛素抵抗等[147-151]。如 $PM_{2.5}$ 还可触发 Nrf2 介导的氧化反应，阻碍激活 JNK 介导的信号通路，导致产生肝脏胰岛素抵抗[152]。在体外实验中也发现，$PM_{2.5}$ 暴露通过 IL-6/HIF-1α 信号通路破坏血管内皮细胞屏障功能[153]，还可通过自噬诱导的 FHL2 上调激活小鼠主动脉内皮细胞中的 NF-κB 通路来促进 IL-6 的产生并激活与免疫相关的途径[154]。

Tian 等研究了急性暴露于不同浓度 O_3 的不同性别大鼠的心脏毒性，并探讨其潜在机制[155]。研究发现急性臭氧暴露可引起大鼠阵发性室性心动过速，且臭氧暴露后雌性和雄性大鼠心脏组织中炎症因子的变化大于氧化应激。O_3 暴露 6h 不会导致急性心肌细胞坏死，但以线粒体依赖的方式促进心肌细胞凋亡，可通过影响 caspase-9 和 XIAP 之间的平衡来调节 caspase-3 依赖的心肌细胞凋亡。Tong 等发现补充鱼油（FO）和橄榄油（OO）可减轻机体对吸入的臭氧的心血管反应[156]。评估心脏组织中与炎症、内皮功能和心脏功能相关的 microRNAs（miRNA），发现 FO 和 OO 可以减弱臭氧暴露后部分 miRNA 的上调或下调。

O_3 暴露对某些疾病模型小鼠的心血管系统影响更加显著，有研究发现臭氧暴露可对高血压大鼠产生不利影响，还会加重糖尿病和高脂饮食小鼠心血管损伤风险[157,158]。

3）大气污染对神经系统的影响

众所周知，大气污染是众多疾病的罪魁祸首，污染物主要包括环境颗粒物、SO_2、氮氧化物等，越来越多的研究提示暴露于大气污染与多种神经系统疾病的发生发展存在重要的联系[159]。

（1）大气污染对神经发育障碍的影响

神经发育障碍（NDD）是一组异质性疾病，其特点是大脑发育改变，主要表现为认知功能障碍、精神运动缺陷和活动过度等，研究表明，大气污染与神经发育障碍的风险增加相关。NO_2 孕期暴露对后代小鼠的神经发育具有性别特异性，对于怀孕的 C57BL/6J 小鼠，整个孕期都暴露于 NO_2（2.5 ppm，5 h/d），并在出生后第 1、7、14 和 21 天处死后代，发现产前 NO_2 吸入会导致雄性后代神经发育相关生物过程和细胞成分的持续破坏，显著损害断奶雄性后代的认知功能，其中载脂蛋白 E（ApoE）是导致产前暴露引起的雄性特异性神经功能障碍的关键因素之一，而雌性后代并未受到影响[160]。交通是产生大气污染物的重要污染源之一，将发育阶段的大鼠直接暴露于交通相关的空气污染（TRAP）后，TRAP 组 CA1 海马中的小胶质细胞浸润增加，齿状回中的星形胶质细胞增生显著减少，在雄性大鼠中，TRAP 显著增加海马神经发生，而在雌性大鼠中，TRAP 增加颗粒细胞层宽度，升高抗炎细胞因子 IL-10，使其表现出侧脑室容积减少，调节神经发育[79,161]。而且，暴露组表现出与 Pax6、Tbr2 和 Tbr1 神经源性通路的上调的相关性，可能会破坏神经发生和祖细胞自我更新之间的时间平衡，并导致皮质发育后期神经发生减少[162]。$PM_{2.5}$ 暴露可以导致未成熟和成熟大鼠的突触更少、突触后密度更薄、活动区更短，并且还降低了突触素（SYP）、生长相关蛋白-43（GAP43）和突触后密度的表达 - 95（PSD95），破坏结构突触可塑性，从而损害情绪和认知发展[163]。大气污染还可以通过其他微量成分导致神经毒性，在颗粒物的帮助下，苯并（a）芘（BaP）已成为一种广泛分布的环境污染物，除了众所周知的致癌性之外，BaP 暴露还与神经功能障碍风险增加之间的机制关联，BaP 可以通过其代谢产物苯并芘二醇环氧化物（BPDE）激活增强环氧合酶-2（COX-2），在体外和小鼠体内模型造成神经元损伤，导致不良的神经行为[164]。

（2）大气污染对神经退行性疾病的影响

神经退行性疾病是大脑和脊髓细胞神经元丧失的疾病状态，大气污染是神经退行性疾病的重要健康风险因素之一，大气污染暴露已被证明与神经退行性疾病病理标志物（例如 α-突触核蛋白或 β-淀粉样蛋白或磷酸化 tau 蛋白）的表达增加有关。研究发现，$PM_{2.5}$ 暴露会导致神经退行性 tau 病变，$PM_{2.5}$ 可以诱导雄性 C57BL/6J 小鼠中枢和外周胰岛素抵抗（IR）的发生以及伴随的高胰岛素血症，从而加剧 IRS-1/AKT/GSK-3β 信号通路的紊乱，使得胰岛素靶向器官中的胰岛素信号传导障碍，磷酸化 tau 的产生并导致 tau 病变的发展，最终可能诱导神经退行性疾病发生的几率，而胰岛素信号通路可能是神经退行性 tau 病变的潜在治疗靶点[165]。与上述结果相一致，有研究表明，$PM_{2.5}$ 暴露还可以引起淀粉样蛋白 β 肽产生和 tau 蛋白磷酸化，学习和记忆能力下降，从而引起认知功能障碍[166,167]。吸入 $PM_{2.5}$ 可诱导帕金森（PD）小鼠黑质氧化应激和凋亡，自噬和线粒体自噬的关键标志物变化，进而发生线粒体介导的神经元凋亡，加重 PD 症状的行为异常[168]。在慢性神经退行性过程中，O_3 会诱导短期的全身性 Th17 /IL-17A 效应和海马组织中 IL-17A 的增加，调节中枢神经系统和全身炎症[169]。交通可以使空气中产生大量的颗粒物，进一步通过嗅觉和/或三叉神经绕过血脑屏障，直接进入小鼠大脑，损害认知水平[170]，构成慢性神经伤[171]。

（3）大气污染对其他神经系统相关疾病的影响

大气污染与其他神经相关疾病也密切相关。NO_2 是一种常见的室内外空气污染物，研究表明，吸入 NO_2 与焦虑和抑郁风险增加有关，且具有性别特异性，将成年 C57BL/6J 小鼠暴露于 NO_2（2.5 ppm，5 h/d）中 4 周后，发现 NO_2 吸入扰乱催乳素（Prl）的抗炎活性，损伤雄性小鼠髓鞘超微结构，导致男性前额叶皮层和小脑中的信号转导相关基因异常表达，进而诱导部分小鼠精神障碍，并在雄性小鼠中发现了焦虑和抑郁样行为，但在雌性小鼠并没有明显变化[172]。同样，妊娠期 $PM_{2.5}$ 暴露也可能通过抑制细胞凋亡、氧化损伤、神经炎症和 caspase-1 介导的炎症小体激活，导致小鼠神经行为缺陷[173]，包括焦虑和抑郁样行为。而且，暴露于环境空气污染会导致自闭症（ASD），如吸入 $PM_{2.5}$ 的大鼠 OXTR 蛋白水平、过氧化氢酶活性（CAT）和 GSH 浓度降低，表现出重复/受限的行为和不良的社交互动[174]。短期或长期暴露在空气污染中，还会增加中风的风险[175]。

15.2.2 大气污染物的毒理学机制

近年来，许多研究对大气污染物的毒理学机制进行了广泛探索，本综述选取报道较多的机制进行重点介绍。

1）氮氧化物的毒性机制

NO_x 作为一种主要的大气污染物而受到人们的广泛关注。2020 年公布的《第二次全国污染源普查公报》指出，2017 年全国大气 NO_x 总排放量 1785.22 万吨。NO_2 作为强氧化性气态污染物主要通过呼吸作用进入机体，其中 40%被鼻腔吸收，60%以上直接作用于呼吸道深部的支气管及肺泡[176]。因此 NO_2 对呼吸系统的危害往往引起人们更多的关注，近年来大脑等机体其他器官也成了 NO_2 攻击的目标。因此阐明污染物与健康效应的暴露-反应关系的生物学机制尤为重要。

（1）炎性机制

炎性反应是机体对于有害刺激产生的一种复杂的生物反应，是涉及免疫细胞和分子介质等在内的一种保护性反应。炎性反应的作用是清除损坏的坏死细胞和组织，并启动组织修复。但是，异常的炎性反应同样可以造成不同程度的自我损伤[177]。暴露研究表明，NO_2 作用的主要靶点是终末细支气管，活化炎症细胞，导致各种炎性因子的释放，诱发肺部炎症反应，继而通过系统炎性损伤机体其他组织器官[178]。神经胶质细胞是介导中枢神经系统炎性发生的重要因子，主要包括小胶质细胞和星型胶质细胞[179]。有研究发现，大气污染物接触可增加脑部小胶质细胞的数量和活性，在胶质细胞密集区域炎性因子表达水平较高[180]。此外，大脑中数量最多星形胶质细胞同样可以被大气污染物激活，引发炎性反应[181]，从而介导中枢神经系统疾病的发生。

利用塔斯马尼亚一项纵向研究队列研究 NO_2 暴露和促炎细胞因子之间的关系，结果发现血清 IL-6 是 NO_2 与心血管风险之间的因果通路，提示全身炎症可能是 NO_2 暴露与心血管疾病之间的机制[182]。此外，一项体内研究表明雄性大鼠暴露于 NO_2 中可引起肺部炎症反应和 Th1/Th2 失衡，并且可加重卵清蛋白（OVA）致敏大鼠的肺部炎症并伴随着炎症细胞浸润、黏液分泌过多和胶原蛋白沉积增加[183]，这些发现说明炎性可能是 NO_2 相关呼吸系统疾病的机制。

（2）氧化应激

除炎性反应外，氧化应激也是 NO_2 诱导肺部以及机体其他组织器官损伤研究最广泛的机制。氧化应激是指机体在遭受有害刺激时，体内活性氧自由基（ROS）或活性氮自由基（RNS）大量产生，超过了内源性的抗氧化能力，使得氧化-还原系统失衡，造成细胞及组织损伤的过程[184]。ROS 包括超氧阴离子（$O_2^-\cdot$）、过氧化氢（H_2O_2）、羟基自由基（OH·）、一氧化氮（NO）等，主要由线粒体的氧化磷酸化、细胞内酶促和非酶促反应产生[185]。在氧化应激下，细胞膜和脂蛋白中含有多不饱和脂肪酸（PUFA）的磷脂和胆固醇酯很容易通过自由基诱导的脂质过氧化（lipid peroxidation，LPO）过程被氧化，形成氧化产物。NO_2 毒性的主要机制是细胞膜的脂质过氧化和自由基对结构和功能分子的各种作用[178]。此外，与其他器官相比，脑组织代谢率高，自身 ROS 产生量大，含有高浓度反应性铁离子及不饱和脂肪酸，其内源性抗氧化剂（如维生素 C、抗氧化酶）等活性低，抗氧化能力薄弱，因此中枢神经系统对过量的 ROS 异常敏感，极易发生氧化损伤而发生病变[186,187]。

将雌性 BALB/c 小鼠暴露于腰果壳燃烧产生的废气中，经分析腰果壳燃烧产生的废气主要是 CO，CO_2，SO_2，NO_x，小鼠每日暴露于废气中 3h，一周暴露 5 天，连续暴露 6 周；发现暴露于废气中的小鼠塌陷的肺泡分数面积、肺泡平均线性截距、支气管收缩指数均增加，并且抗氧化酶 SOD 和 CAT 的活性以及亚硝酸盐含量都有显著变化[188]。此外，也有研究发现 NO_2 急性暴露诱导大鼠早期可逆的线粒体 ROS 产生，而心脏功能评估显示可逆的左心室功能障碍；相反，在暴露三周后，心脏线粒体发生功能障碍，表现为三磷酸腺苷（ATP）合成和氧化磷酸化的改变以及线粒体 ROS 的增加，此外，还促进了冠状动脉的内皮功能障碍[189]，提示上述变化可能是 NO_2 暴露造成心脏疾病的机制。还有一项研究对成年大鼠进行了模拟汽车尾气的暴露后出现记忆缺陷，表现出类似焦虑和抑郁的行为，同时还伴有高水平的血清皮质酮、CRP 和 TNF-α（氧化应激和炎症标志物）和较低的总抗氧化能力，表明模拟汽车尾气暴露通过促氧化剂含量诱导大脑易感区的氧化炎症[190]，提示氧化应激和炎性可能是 NO_2 暴露造成神经系统疾病的机制。一项研究遗传学在哮喘儿童对空气污染的呼吸反应中作用的报道在全基因组水平上研究了 NO_2 和 CO 暴露对肺功能基因的影响，结果发现宿主肺功能对长期暴露于 NO_2 的反应与参与细胞粘附、氧化应激、炎症和代谢途径的基因有关[191-193]。

（3）表观遗传

表观遗传是指 DNA 序列不发生变化，但基因表达却发生了可遗传的改变[194]，主要包括 DNA 甲基化、组蛋白修饰、RNA 干扰和染色质重塑等[195]。其中 DNA 甲基化与人类老化、氧化应激、癌症和心血管疾病等密切关系，已经成为表观遗传学和表观基因组学的重要研究内容。国外一项研究表明，几种与交通相关的空气污染（TRAP），包括颗粒物（PM）、黑碳（BC）、臭氧（O_3）、氮氧化物（NO_x）和多环芳烃（PAHs）会调节表观遗传标记 DNA 甲基化，通常在暴露后出现低甲基化状态，这些变化会反过来影响炎性、恶化肺部疾病[196]。近期一项研究指出，5-氮杂胞苷（一种去甲基化剂）对由慢性 NO_2 暴露诱导非炎症性大鼠肺气肿模型进行去甲基化干预后，可以减轻肺功能下降和缺氧有效改善肺气肿，并略微增强免疫功能，表明去甲基化剂在预防和治疗由空气污染物 NO_2 引起的肺气肿方面具有治疗潜力[197]。

2）$PM_{2.5}$ 的毒性机制

$PM_{2.5}$ 能够吸附较多的重金属和有毒物质，进而通过肺泡周围的毛细血管直接进入肺泡和血液系统[198]，并随血液循环至全身，导致心肺系统及其他多组织器官损伤。明确 $PM_{2.5}$ 的毒性机制是厘清暴露导致特定损伤及不良结局的关键渠道。

（1）炎性机制

$PM_{2.5}$ 因其粒径小，可随呼吸作用进入到肺泡及肺组织深入的细支气管内并沉积。肺泡巨噬细胞作为肺组织免疫系统的第一道屏障，会吞噬进入肺泡或肺间质的外源性物质，当其在过度激活时，则会释放一系列炎症因子，随之造成炎症反应，甚至影响免疫功能，而负载于颗粒物上的一些成分，通过气血屏障进入血液循环，引起全身性炎症反应，最终造成多器官损伤[199]。

有研究发现，在 $PM_{2.5}$ 暴露的小鼠肺组织中，可经常性的观察到白细胞浸润，且中性粒细胞和巨噬细胞显著增加，同时 IL-17 通路的表达发生了改变，表明 $PM_{2.5}$ 在造成肺受损时，肺固有淋巴细胞（ILCs）会增加早期免疫病理[200]。Yan 等发现，1 周龄 BALB/c 小鼠单独暴露于 $PM_{2.5}$ 会增加树突状细胞（DC）的数量，但减少了抗原提呈细胞表达 PD-L1 和 Treg 细胞，若将其共同暴露于 $PM_{2.5}$ 和屋尘螨（HDM），同样降低了 PD-L1 的表达，血清 IL-4、IL-5 和 IL-13 的表达则会显著升高，并增加了炎性细胞的浸润，且 PD-L1 过表达会逆转这种趋势，这些结果说明，$PM_{2.5}$ 暴露影响新生小鼠 PD-L1 的表达，干扰免疫耐受的建立，进而导致气道过敏性炎症[201]。

$PM_{2.5}$ 暴露严重加重了存在左心衰的小鼠的肺炎症、血管重塑和右心室肥厚，同时，$PM_{2.5}$ 可诱导大鼠心肌细胞 IL-6 和 TNF-α 的显著增加[115,202]。Kumarathasan 等人发现，小鼠暴露于高浓度 $PM_{2.5}$ 环境后，肺泡灌洗液中的炎性细胞含量增加，血浆内皮素-1（ET-1）及其前体大内皮素-1（bet1）的表达水平升高，影响了血管收缩和血管舒张之间的平衡，同时，血红素加氧酶-1（HO-1）基因表达及内源性一氧化碳的产生增加，对心血管造成有害影响[203]。

大气污染暴露是可能导致血脑屏障的打开和免疫系统的外周细胞流入大脑，这是中枢神经系统炎症过程的病理机制之一[204]。因此，大气污染引起的外周炎症过程可能会转移到中枢神经系统并参与神经毒性。暴露于环境粉尘 PM 会增加大鼠脑部的炎症反应和氧化应激，从而增加脑水肿和血脑屏障（BBB）通透性，诱导记忆障碍和海马长时程增强（LTP）缺乏[205]。在动物模型中，PM 会诱导中枢神经系统发育的中断和成体神经发生的紊乱从而导致神经毒性，最近的研究表明，妊娠期 PM 暴露不仅会影响胚胎神经发育，还会通过激活小胶质细胞和神经炎症，干扰神经源性/胶质生成事件、髓鞘形成和突触发生来干扰出生后大脑的生长和成熟[206]。小胶质细胞激活和炎症可能在大脑对交通相关 PM 的反应中发挥重要作用，小胶质细胞复合暴露于 PM 而导致的细胞毒性、氧化应激、脂质过氧化、炎症、活化、自噬和细胞凋亡，进一步进行体内确认，SD 大鼠全身持续 3 个月和 6 个月暴露于交通相关的 PM（空气动力学直径＜1 μm 的 PM）后观察到细胞活力降低，二氯二氢荧光素（DCFH）、乳酸脱氢酶（LDH）和硫代巴比妥酸反应性物质（TBARS）增加，显著刺激了白细胞介素（IL-6）和可溶性肿瘤坏死因子（TNF-α）的产生[207]。

（2）氧化应激

$PM_{2.5}$ 暴露可通过激活氧化应激信号通路导致肺损伤。Ren 等人详细研究了大鼠暴露于 $PM_{2.5}$ 后，超氧化物歧化酶（SOD）活性明显被抑制，丙二醛（MDA）、诱导型一氧化氮合酶（iNOS）、肿瘤坏死因子-α（TNF-α）、白细胞介素-6（IL-6）、白细胞介素-1β（IL-1β）水平显著升高，同时可观察到大鼠肺组织病理结构的损伤。停止 $PM_{2.5}$ 暴露后，随着恢复时间的延长，$PM_{2.5}$ 处理组的氧化应激状态减弱。然而当再次暴露于相同剂量的 $PM_{2.5}$ 时，高剂量 $PM_{2.5}$ 组大鼠 IL-6、IL-1β、TNF-α、MDA 和 iNOS 水平显著升高，SOD 和 GSH-Px 活性显著受到抑制，且肺组织病理结构损伤较严重。这些结果表明，$PM_{2.5}$ 可诱导大鼠肺部氧化应激，一旦停止暴露，损伤可逐渐恢复，但也增加了大鼠肺组织的易感性[208]。另外，将支气管上皮细胞暴露于 $PM_{2.5}$ 可通过诱导氧化应激反应上调 IL-6、IL-8 和环氧合酶-2（COX-2）的表达[209]。氧化应激可通过增强脂质过氧化和细胞膜通透性而加重肺损伤。有证据表明，$PM_{2.5}$ 可通过诱导肺组织脂质过氧化的产生，促进铁死亡，进而损伤肺组织[210]。

Niu 等将人支气管上皮细胞（16HBE）作为暴露模型，暴露于北京地区 $PM_{2.5}$ 后检测到活性氧（ROS）、丙二醛（MDA）和血红素加氧酶（HO-1）水平升高，谷胱甘肽（GSH）水平降低，表明 16 HBE 细胞发生了严重的氧化应激，微核率升高，彗星检测指标（γ-H2AX 和 8-OH-dG）增加，DNA 损伤明显增强，伴随着 8-氧鸟嘌呤 DNA 糖基化酶（OGG1）、X 射线修复交叉互补基因 1（XRCC1）和聚（ADP-核糖）聚合酶 1（PARP1）表达的增加，这些结果表明 $PM_{2.5}$ 可能是通过氧化应激和 DNA 损伤的共同作用而造成 16HBE 细胞的毒性效应[211]。Ren 等人研究发现，将斑马鱼母体暴露于 PM，将会引起其胚胎心脏缺陷，具体机制为：AHR 介导了过量活性氧（ROS）的产生，影响心脏发育（nkx2.5，sox9b）、氧化应激（nrf2a，nrf2b，gstp1，gstp2，sod2，ho1，cat）和凋亡（p53，bax）相关基因 mRNA 表达的变化，导致 DNA 损伤和细胞凋亡，从而促进 $PM_{2.5}$ 诱导的心脏发育毒性[212]。

国内外研究表明，空气污染引起的最突出影响是氧化应激，而特定区域的氧化应激会损伤中枢神经系统。啮齿动物模型显示，妊娠/早期暴露于 PM 后会触发神经递质失衡和氧化应激，并且可能因伴随的线粒体功能障碍而加剧，妊娠期 PM 暴露（通过代谢活跃的新生儿大脑中的线粒体损伤加强）不仅影响神经发育，而且可能使大脑对随后的认知损伤敏感[213]。$PM_{2.5}$ 暴露后小鼠更加焦虑，空间学习记忆能力受损，$PM_{2.5}$暴露组的超氧化物歧化酶（SOD）和白蛋白降低，纤溶酶原阶段增加，蛋白质表达和转录组学测试的结果表明，小鼠接触$PM_{2.5}$ 6个月后可能会激活 PI3K/AKT/FoxO1 通路。此外，$PM_{2.5}$引起的早期损伤可能会在以后的时间点恢复，并随着暴露时间的增加再次显示出明显的损伤[214]。性别可能在调节大气污染暴露诱导的神经毒性易感性中发挥重要作用，细颗粒物暴露14周后，通过分析不同脑区，例如海马体（HI）和嗅球（OB）的促炎细胞因子（IL-1α、IL-1β、IL-6、TNF-α）、nNOS、HO1、NR2A 和 NR2B 的表达以及丙二醛（MDA）水平，发现长期暴露于超细颗粒物会导致海马 NMDA 受体亚基的表达发生改变，且雄性小鼠比雌性小鼠更容易诱发氧化应激及神经炎症[215]。亚慢性 O_3 暴露后特定大脑区域的氧化应激（OS）增加，暴露组大鼠的额叶皮层（FC）、小脑（CB）、纹状体（STR）和海马体（HIP）的 OS 测量结果表明，与生命阶段相关的 ROS 产生增加，抗氧化稳态机制略有下降，乌头酸酶活性降低，蛋白质羰基增加，O_3的影响暴露是大脑区域特异性的，STR 更敏感[216]。

（3）表观遗传

Shi 等在体外对人支气管上皮细胞（BEAS-2B）进行全基因组 DNA 甲基化和 RNA 转录分析，发现$PM_{2.5}$诱导全基因组 DNA 甲基化和转录变化，差异甲基化的 CpG 位于与 CpG 岛相连的基因启动子区域，结合 DNA 甲基化和转录数据的综合分析表明，差异甲基化明显倾向于转录改变，表明$PM_{2.5}$诱导的 DNA 甲基化和 RNA 转录改变与肺损伤及炎症反应相关[217]。Jiang 等发现，暴露于 $PM_{2.5}$ 中可提取有机物（EOM）的斑马鱼胚胎心脏诱导了广泛的全基因组 DNA 甲基化变化，其中转录起始位点上游区域的 DNA 高甲基化峰变化最显著，同时降低了参与调控 DNA 甲基化的基因（Dnmt1、Dnmt4、Uhrf1 和 Tet2）表达水平[218]。

miRNA 调节是颗粒物诱导恶性肿瘤和呼吸系统疾病的潜在机制之一。有研究利用实时动物吸入模型发现，$PM_{2.5}$暴露8周后，小鼠血清中发现38个差异 miRNA，其中13个与肺癌相关的 miRNA 在小鼠血清和肺中一致。CRK、NR2F2、VIM、RASSF1、CCND2、PRKCA、SIRT1、CDK6、MAP3K7、HIF1A、UBE2V2、ATG10、BAX、E2F1、RASSF5 和 CTNNB1 等13个失调 miRNA 的靶基因可能参与了肺癌的发生发展途径，同时伴随着小鼠肺组织病理改变、ROS 和 DNA 损伤明显增加[219]。在中国中等规模城市（宝鸡）采集的 $PM_{2.5}$ 暴露于 Balb/C 雄性小鼠8周，mRNA-seq 与 miRNA-seq 的综合分析显示，肺组织差异表达基因富集于免疫通路，包括B细胞受体信号和细胞黏附分子（CAMs），RT-qPCR 检测到的参与免疫途径的基因及相应 mRNA 表达谱与转录组检测到的表达谱一致，揭示了 miRNA 调控的相关表观遗传机制参与调控$PM_{2.5}$对呼吸系统的不利影响[220]。

另外，有研究表明，组蛋白乙酰化在$PM_{2.5}$暴露诱导的心血管事件中发挥重要作用，特别是在心肌肥厚过程中。该团队在怀孕小鼠整个妊娠期暴露$PM_{2.5}$，在后代中，新生儿和成年心脏的超微结构都有明显的破坏，且小鼠成年后心脏出现心肌肥大，具体表现为$PM_{2.5}$暴露组 p300、组蛋白乙酰转移酶（CBP）和乙酰化组蛋3赖氨酸9（H3K9ac）水平升高，心脏 GATA 结合蛋白4（GATA4）、心肌细胞增强因子2C（Mef2c）的 mRNA 水平以及 α-MHC、β-MHC 等经典肥大基因 mRNA 水平均显著升高。$PM_{2.5}$处理组中，GATA4 和 Mef2c 启动子区附近的 H3K9ac 水平升高，p300/CBP 与 GATA4 和 Mef2c 启动子的结合亲和力明显增强[221]。

（4）信号通路异常

细胞中所有的生命活动均受到信号通路的调控，$PM_{2.5}$可通过多种途径影响细胞的炎症反应，氧化应激，代谢与凋亡等，如 NF-κB 信号通路，MAPK 信号通路，PI3K/AKT 信号通路，Wnt3a/β-catenin 信号通路以及 JAK/STAT 信号通路等，最终造成毒性效应。$PM_{2.5}$暴露通过抑制 PI3K/Akt 和 MAPK 信号通路抑制肺炎球菌诱导的趋化因子和 CXCR3 的产生，长期暴露于$PM_{2.5}$可抑制肺炎球菌诱导的促炎细胞因子的产生，有利于肺炎球菌感染，并加剧肺部发病机制[222]。可溶性$PM_{2.5}$提取物通过激活 BEAS-2B 细胞的 NF-κB 和 MAPK 信号通路诱导氧化应激，并增强促炎因子表达，同时降低气道屏障功能[223]。在对小鼠

持续的 $PM_{2.5}$ 处理过程中，嗜酸性粒细胞通过 JAK/STAT6 通路的磷酸化调控募集，继而加重 ova 诱导的小鼠肺哮喘[224]。肺癌细胞（A549）经 $PM_{2.5}$ 处理后分泌的外泌体中含有高水平的 Wnt3a，这些外泌体激活了 A549 细胞中的 β catenin 信号，虽然其对 A549 细胞的迁移和侵袭没有影响，但会通过 Wnt3a/β-catenin 途径促进 A549 细胞的增殖[225]。母体 $PM_{2.5}$ 暴露会增加低出生体重的风险，并影响肺泡发育，其潜在的分子机制可能与 TLR4/NF-κB 信号通路有关[226]。

Wang 等人以高脂血症大鼠为实验对象，研究 $PM_{2.5}$ 暴露对心血管系统的影响及其诱发心血管事件的机制。实验发现，$PM_{2.5}$ 暴露促进高脂血症大鼠的高凝状态，显著升高血压和心率，降低心率变异性，使心肌损伤恶化。具体机制表现为：上调心肌 c-Jun NH2-末端激酶（JNK）和 P53 的磷酸化水平，导致下游效应蛋白 Bax 表达升高，Bcl-2 表达降低，然后升高 caspase3 水平，导致心肌细胞凋亡，表明 $PM_{2.5}$ 暴露于高脂血症大鼠触发心肌细胞凋亡的过程中，JNK/P53 通路起关键作用[227]。

（5）微生物稳态

有数十亿微生物定植于人类肠道，微生物组变化不仅与肺功能变化相关[228]，越来越多的证据表明，肠道微生物群和大脑之间存在双向联系，称为微生物群-肠道-脑轴[229]。肠道菌群失调已被证实与神经退行性疾病有关，例如帕金森氏病（PD）、阿尔茨海默病（AD）和精神疾病有关[230,231]。在肠道中，大气污染成分通过改变其自然组成并通过 ROS 生成和核因子 NF-κB 激活在体内诱导慢性促炎趋势，从而对肠道菌群产生负面影响，除了慢性炎症外，PM 暴露还会导致肠道通透性增加，这与结肠上皮中紧密连接蛋白的破坏有关[232,233]。将 BALB/c 小鼠使用多功能气溶胶浓缩系统（VACES）暴露于过滤空气（FA）或浓缩的环境 $PM_{2.5}$（CPM）2 个月后，发现亚慢性暴露于高浓度 $PM_{2.5}$ 会导致显著的肺和肠道损伤，以及全身炎症反应，$PM_{2.5}$ 暴露显著降低了肠道微生物群的丰富度和组成，导致肠道和肺的生态失调[234]。另一项研究通过气管内滴注进行 $PM_{2.5}$ 暴露，结果发现在门和属水平上，主坐标分析（PCoA）和主成分分析（PCA）都表明微生物群组成存在明显的分离，β 多样性分析进一步证实了这一点，其中拟杆菌门被显著降低，埃希氏菌、拟杆菌属、阿克曼氏菌属和颤杆菌克属显著升高，表明通过气管内滴注暴露于 $PM_{2.5}$ 会恶化胃肠（GI）道并显著改变肠道微生物群的结构和组成，显著改变了肠道微生物群的多样性和群落[235]。当肠道和粪便中细菌群落的多样性发生明显变化时，$PM_{2.5}$ 会严重引起 AD 小鼠肠道和大脑的组织病理学变化和炎症，将 APP/PS1 转基因小鼠在真实世界全身吸入 $PM_{2.5}$ 环境中暴露 8 周，收集大脑和肠道组织通过 HE 染色评估组织病理学变化并检测肠道、大脑和血清中的 TNF-α 和 IL-6 水平以及大脑中的 Aβ-42 水平，对肠道和粪便样本进行 16S rRNA 基因测序[236]。结果表明，$PM_{2.5}$ 显著加重促炎细胞因子水平升高和 AD 小鼠肠和脑的病理损伤，Shannon、Simpson、Chao1 和 ACE 指数的估计值反映了细菌群落的多样性和丰富度变化，PCA 和 NMDS 揭示了 $PM_{2.5}$ 对肠道和粪便细菌群落的不良影响。

3）臭氧的毒性机制

近年来，由于人类活动排放量的增加，对流层中的 O_3 浓度呈现持续增长的趋势[170]。尤其是在中国，自 2013 年国家清洁空气行动计划实施以来，其他几种大气污染物如 $PM_{2.5}$ 和 NO_2 的浓度迅速下降，而全国 1000 多个站点中的 O_3 浓度有 50%呈上升趋势[237]。2019 年新冠肺炎疫情的发生更加提高了人们对 O_3 的关注：由于疫情导致世界大部分地区进入封锁状态，使得其他几种大气污染物的浓度大幅下降，而 O_3 浓度不减反增[238,239]。2020 年，O_3 已成为我国“十四五”治理重点。大量研究表明 O_3 暴露与多种疾病的发生发展相关，包括呼吸系统疾病、心血管疾病、慢性肾疾病、糖尿病、癌症、凝血和自主神经功能障碍等，而老年人、患有高血压、心脑血管疾病和慢性呼吸道疾病的人群更容易受到 O_3 的影响[119,216,237,240]。虽然已有大量研究证明了 O_3 的健康危害，但其引起健康风险和疾病的具体过程和作用机制尚未完全清楚，亟需更多的科学研究和论证，以下将就近年来人们对于 O_3 与氧化应激、炎性、表观遗传和微生物稳态之间关系的研究进展进行讨论。

（1）炎性机制

研究表明 O_3 可以引发气道、肺部炎症[241,242]，加重哮喘，影响心脏功能，导致皮肤炎症增加[243-247]。O_3 暴露可诱导瞬时受体电位通道 6（TRPC6）介导的细胞间黏附分子-1（ICAM-1）的表达和中性粒细胞对人气道上皮细胞的黏附，TRPC6 还可以通过 NF-κB 的激活影响中性粒细胞炎症，从而促进炎症介质的转录[241]。暴露于 O_3 后释放的表面活性蛋白 D 可刺激 NK 细胞产生干扰素(IFN)-γ，从而启动 IFN-γ、IL-12 反馈回路[241]。Toll 样受体（TLRs）、下游衔接蛋白髓样分化因子 88（MyD88）以及含有接头蛋白（TIRAP）的 Toll-白介素 1 受体结构域参与 O_3 引发机体的炎症反应过程，O_3 能够通过 MyD88 在正常表达 Tlr4 的 C3H/HeOuJ 小鼠中诱导 TLR4 信号，TLR4 可通过配体结合被激活，随后招募包括 MyD88 在内的衔接蛋白，MyD88 依赖性途径通过多种信号转导途径（包括 MAPK、NF-κB 和 AP-1）发出信号，以诱导细胞因子基因表达，从而促进 O_3 引发的炎症反应[241]。热休克蛋白 70（HSP70）是一种下游介质，在 O_3 介导的 TLR4 效应中发挥作用，且 O_3 诱导的氧化应激反应可能与 NLRP3 炎症小体的激活有关[241]。急性和慢性暴露于 O_3 中的小鼠均通过激活 ROS 和 NLRP3 炎症小体，并通过 caspase 激活和释放高度炎症介质 IL-1β 以及 IL-1α 诱导肺部炎症；尿酸晶体在损伤时引起 NLRP3 依赖性肺部炎症，因此不排除损伤期间形成的晶体可能导致臭氧诱导的炎症[241]。Hu 等人研究表明，O_3 暴露会引起人血浆中炎性标志物 IL-1β、IL-2、IL-6、IL-8、IL-17A、IFN-γ、TNF-α、IL-4 和 IL-10 表达的变化[248]。用 1ppm O_3 对小鼠染毒 1h，4h 后 CXCL1，CCL2/MIP-2 和 IL-6 的表达增加，6h 后支气管肺泡灌洗液（BALF）中的巨噬细胞和中性粒细胞增加，24h 后肺的炎性反应进一步增强，中性粒细胞和间质巨噬细胞增加[242]。研究发现将囊性纤维化跨膜电导调节因子（CFTR）功能障碍细胞暴露于 O_3 会以 NF-κB 依赖的方式诱发促炎细胞因子的产生[249]。暴露于 0.2 ppm 的 O_3 1h 后，人角质细胞的 ASC、caspase-1、IL-18 和 NLRP1 的表达均有所增加，暴露于 0.4 ppm 的 O_3 6h 后，人表皮组织的 ASC、caspase-1 和 IL-18 的表达均有所增加，人皮肤外植体的 ASC、IL-18 和 NLRP1 的表达均有所增加，其中 H2O2 和 4HNE 介导了炎性因子的激活[246]。研究表明，孕期小鼠暴露于 O_3 会导致哮喘子代 BALF 中的中性粒细胞和巨噬细胞增加，并加剧 Th2 免疫失衡[243]。

（2）氧化应激

O_3 作为一种强氧化剂，会诱导机体发生氧化应激[250]。生物吸入 O_3 后与气道表面的第一层细胞（如气道上皮细胞、肺泡上皮细胞以及气道巨噬细胞）接触，这些细胞会释放活性氧和其他炎症介质包括细胞因子和脂质，来抵抗对气道上皮细胞的氧化损伤[241]。Cai 等研究表明，O_3 通过增加谷胱甘肽过氧化物酶（GSH-Px）、超氧化物歧化酶（SOD）、过氧化氢酶（CAT）和降低丙二醛（MDA）来减轻人神经母细胞瘤细胞氧化损伤[251]。Kodavanti 等研究表明，将 4、12 和 24 月龄大鼠暴露于 0.25 或 1ppm 的 O_3，每天暴露 6h，每周 2 天，持续 13 周，会引起大鼠脑部不同程度的氧化应激：12 月龄大鼠的 NADH 泛醌氧化还原酶（UBIQ-RD）活性降低（$p \leqslant 0.001$），24 月龄大鼠则增加（$p = 0.004$）[250]。1ppm O_3 暴露会引起 24 月龄大鼠额皮质（FC）中的总抗氧化物（TAS）水平显著降低（$p = 0.002$），4 月龄大鼠小脑（CB）中的 TAS 显著升高（$p \leqslant 0.001$）[250]。0.25ppm O_3 暴露会引起 12 月龄大鼠海马区（HIP）的 TAS 和 SOD 显著降低（$p<0.001$），24 月龄大鼠 HIP 的 TAS 显著升高（$p<0.005$）[250]。Hu 等研究表明，人群暴露于室内 O_3（3.0～10.0 ppb）会引起尿液中 MDA 的上升[248]。He 等发现，O_3 暴露会引起尿液中 MDA 和 8-羟基脱氧鸟苷（8-OHdG）的上升[252,253]。有研究表明 O_3 暴露会引起皮肤氧化应激：暴露于 O_3 后，小鼠表皮的脂质过氧化增加 10 倍[254]；O_3 暴露后人皮肤 MDA 显著升高[255]。

（3）表观遗传

研究表明 O_3 暴露会导致 ICAM1 启动子区域 DNA 甲基化程度降低，ICAM1 启动子区 DNA 甲基化程度降低 1%，则血液 ICAM1 蛋白表达增加 0.7%[256]。妊娠早期暴露于 O_3 会导致胎儿 LINE1 DNA 甲基化程度较低，而妊娠晚期暴露于 O_3 会导致胎儿 LINE1 DNA 甲基化程度较高，这些变化可能与 DNA 甲基化相关酶的表达有关[256]。研究发现，O_3 暴露会导致沿海地区人群脐血（$p = 0.00612$）和大陆人群胎盘（$p = 0.00028$）基因 DNA 甲基化程度的降低有关[257]。该研究还发现了 9 个与 O_3 暴露相关的差异甲基化区：RNF39、CYP2E1、PM20D1、RNF39、ZNF442、PTPRH、SLC25A44、F11R 和 STK38[257]。孕期暴露于 O_3 会导致女性新生儿 PM20D1 启动子的甲基化水平降低，此外，O_3 暴露会影响 CpG 甲基化程度[257]。Gomez 等发现 hsa-miR-223-3p 表达的变化与 O_3 暴露后的痰中中性粒细胞数目相关（$p<0.01$）[258]。Chen 等研究表明，O_3 暴露与 miRNA-150 和 miRNA-155 表达的变化有关[259]。Bind 等发现短期暴露于 O_3 可能会改变健康个体的表观基因组（PLSCR1、HCAR1 和 LINC00336 DNA 甲基化发生改变），这些个体的表观基因组对同样的 O_3 暴露具有不同的反应性[260]。

（4）微生物稳态

作为一种强氧化气体，O_3 会影响机体微生物稳态。Hu 等人研究表明 O_3 暴露会干扰口腔微生物稳态，影响口腔微生物的 α-多样性；暴露于 O_3 会导致口腔变形菌门丰度降低 3.1%（95% CI：–4.0%，–2.2%），厚壁菌门丰度增加 3.3%（95% CI：2.3%，4.3%），变形菌门与厚壁菌门的比例下降 0.9（95% CI：–1.5，–1.4）[222]。而变形菌门和厚壁菌门及其比例可能是短期环境 O_3 暴露的潜在标志物，以及气道炎症或肺功能下降的指标[222]。Zhao 等人发现 O_3 暴露与鼻咽微生物群失调有关[261]。此外，还有研究表明肠道微生物变化可以影响 O_3 诱导的气道高反应性以及支气管肺泡灌洗液中的中性粒细胞数量，并且对于雄性小鼠的影响更加明显[262,263]。

15.3 大气污染对新型冠状病毒肺炎影响的研究进展

15.3.1 大气污染对新型冠状病毒肺炎影响的人群流行病学研究

流行病学研究表明，空气污染短期暴露还可以影响 COVID-19 在人群中的传播、流行。例如，Zhu R 等人在中国 120 个城市的研究发现，lag0～14 天（15 天的滑动平均值）的 $PM_{2.5}$、PM_{10}、NO_2 以及 O_3 浓度每增加 10 μg/m^3，相应新型冠状病毒肺炎的每日确诊人数将分别增加 2.24%（95% CI：1.02，3.46），1.76%（95% CI：0.89，2.63），6.94%（95% CI：2.38，11.51）和 4.76%（95% CI：1.99，7.52），而 SO_2 浓度每增加 10 μg/m^3，相应新型冠状病毒肺炎的每日确诊人数将减少 7.79%（95% CI：1.01，14.57）[264]。Yao Y 等人将 2020 年 7 月 10 日之前武汉市每日因 COVID-19 死亡人数与每日颗粒物浓度进行关联后，进行时间序列研究分析发现，在时间尺度上，PM_{10} 和 $PM_{2.5}$ 的浓度越高，COVID-19 的病死率也会相应越高[265]。我国 49 个城市的研究发现，颗粒物暴露对 COVID-19 疾病严重程度具有显著的影响，$PM_{2.5}$ 和 PM_{10} 浓度每增加 10 μg/m^3，可分别引起 COVID-19 病死率增加 0.24%和 0.26%[266]。

此外，长期空气污染暴露水平也可能影响 COVID-19 的死亡率。在英格兰的这项全国性研究中，Garyfallos Konstantinoudis 等人在考虑了混杂和空间自相关后，调查了在整个第一波流行期间长期暴露于空气污染对 COVID-19 死亡率的影响[267]。该研究纳入了截至 2020 年 6 月 30 日向英国公共卫生部（PHE）报告的所有 COVID-19 死亡病例，使用贝叶斯分层泊松对数线性模型来独立研究 COVID-19 死亡与 NO_2 和 $PM_{2.5}$ 的关联。这是英格兰第一项调查 2014～2018 年长期暴露于 NO_2 和 $PM_{2.5}$ 对 LSOA 水平的 COVID-19 死亡率影响的全国性研究。未经调整的模型表明，长期暴露于 NO_2 和 $PM_{2.5}$，NO_2 和 $PM_{2.5}$ 每增加 1 μg/m^3，COVID-19 死亡风险就会增加。空间相对风险具有很强的空间模式，并且对于不同的污染物是相同的，这可能突出了疾病传播的影响。

15.3.2　大气污染对新型冠状病毒肺炎影响的机制学研究

有研究发现空气污染暴露和潜在的特发性肺纤维化（IPF）会增加 SARS-CoV-2 感染和 COVID-19 疾病严重程度的风险。这种疾病分析可以通过上调肺成纤维细胞中的血管紧张素转换酶 2（ACE2）和跨膜丝氨酸蛋白酶 2（TMPRSS2）介导，并可能通过阻断 IL-8/CXCR1/2 通路来预防[122,268,269]。多重免疫组化分析显示，暴露于 PM 可增加 ACE2 和 TMPRSS2 分子在肺组织细胞同一部位的表达，此外，图像细胞仪分析显示这些蛋白在肺泡 2 型细胞和巨噬细胞 SARS-CoV-2 的潜在靶点表达增加[270]。类似的一项预印本文献发现，暴露于 O_3 的小鼠肺外气道、肺实质和肺泡巨噬细胞中的 TMPRSS2 蛋白和 TMPRSS2 转录物显著升高，肺泡巨噬细胞和薄壁组织中有大部分已知的 SARS-CoV-2 宿主易感基因表达上调[271]。香烟烟雾暴露后，则同样能够激活 ACE2，增加 SARS-CoV-2 感染风险[272]，使用 AHR 激动剂（包括 FICZ 和 OMP）治疗可通过 AHR 激活降低 ACE2 的表达，从而抑制哺乳动物细胞中的 SARS-CoV-2 感染[273]。

15.4　本 章 小 结

流行病学研究证据表明，暴露于大气污染数小时至数周即可触发呼吸系统和心血管系统相关的死亡和发病事件。长期累积暴露（如几年）增加相关疾病的发病和死亡风险比短期暴露更大。呼吸系统和心血管系统相关的亚临床指标，如肺功能、肺部炎性、血压和心率变异性等在大气污染暴露后也出现不同程度的急慢性损伤。分子流行病学研究和毒理学研究发现了很多可信的病理学机制，包括炎性反应、氧化应激、表观遗传、微生物稳态等，这些发现具有生物学上的合理性，增强了流行病学研究的证据强度。此外，一些研究还发现了大气污染暴露与其他疾病的关联，如神经精神类疾病、不良出生结局和新型冠状病毒肺炎等，目前此类研究数量较少，还需要更多的证据的支持。

参 考 文 献

[1] Chen R, Yin P, Meng X, et al. Fine particulate air pollution and daily mortality. A nationwide analysis in 272 Chinese cities. Am J Respir Crit Care Med, 2017, 196(1): 73-81.

[2] Chen R, Yin P, Meng X, et al. Associations between coarse particulate matter air pollution and cause-specific mortality: a nationwide analysis in 272 Chinese cities. Environ Health Perspect, 2019, 127(1): 17008.

[3] Liu C, Chen R, Sera F, et al. Ambient particulate air pollution and daily mortality in 652 Cities. N Engl J Med, 2019, 381(8): 705-715.

[4] Orellano P, Reynoso J, Quaranta N, et al. Short-term exposure to particulate matter (PM(10) and PM(2.5)), nitrogen dioxide (NO(2)), and ozone (O(3)) and all-cause and cause-specific mortality: Systematic review and meta-analysis. Environ Int, 2020, 142: 105876.

[5] Hu K, Guo Y, Hu D, et al. Mortality burden attributable to PM(1) in Zhejiang province, China. Environ Int, 2018, 121(Pt 1): 515-522.

[6] Achilleos S, Kioumourtzoglou M A, Wu C D, et al. Acute effects of fine particulate matter constituents on mortality: A systematic review and meta-regression analysis. Environ Int, 2017, 109: 89-100.

[7] Michikawa T, Yamazaki S, Ueda K, et al. Effects of exposure to chemical components of fine particulate matter on mortality in Tokyo: A case-crossover study. Sci Total Environ, 2021, 755(Pt 1): 142489.

[8] Yin P, Chen R, Wang L, et al. Ambient ozone pollution and daily mortality: a nationwide study in 272 Chinese cities. Environ Health Perspect, 2017, 125(11): 117006.

[9] Di Q, Dai L, Wang Y, et al. Association of short-term exposure to air pollution with mortality in older adults. JAMA, 2017, 318(24): 2446-2456.

[10] Vicedo-Cabrera A M, Sera F, Liu C, et al. Short term association between ozone and mortality: global two stage time series study in 406 locations in 20 countries. BMJ, 2020, 368: m108.

[11] Liu C, Yin P, Chen R, et al. Ambient carbon monoxide and cardiovascular mortality: a nationwide time-series analysis in 272 cities in China. Lancet Planet Health, 2018, 2(1): e12-e18.

[12] Meng X, Liu C, Chen R, et al. Short term associations of ambient nitrogen dioxide with daily total, cardiovascular, and respiratory mortality: multilocation analysis in 398 cities. BMJ, 2021, 372: n534.

[13] Wang M, Li H, Huang S, et al. Short-term exposure to nitrogen dioxide and mortality: A systematic review and meta-analysis. Environ Res, 2021, 202: 111766.

[14] Wang L, Liu C, Meng X, et al. Associations between short-term exposure to ambient sulfur dioxide and increased cause-specific mortality in 272 Chinese cities. Environ Int, 2018, 117: 33-39.

[15] Orellano P, Reynoso J, Quaranta N. Short-term exposure to sulphur dioxide (SO_2) and all-cause and respiratory mortality: A systematic review and meta-analysis. Environ Int, 2021, 150: 106434.

[16] Chen K, Breitner S, Wolf K, et al. Ambient carbon monoxide and daily mortality: a global time-series study in 337 cities. Lancet Planet Health, 2021, 5(4): e191-e199.

[17] Liu Y, Pan J, Fan C, et al. Short-term exposure to ambient air pollution and mortality from myocardial infarction. J Am Coll Cardiol, 2021, 77(3): 271-281.

[18] Lin H, Tao J, Du Y, et al. Particle size and chemical constituents of ambient particulate pollution associated with cardiovascular mortality in Guangzhou, China. Environ Pollut, 2016, 208(Pt B): 758-766.

[19] Wang C, Hao L, Liu C, et al. Associations between fine particulate matter constituents and daily cardiovascular mortality in Shanghai, China. Ecotoxicol Environ Saf, 2020, 191: 110154.

[20] Zhang J, Sun H, Chen Q, et al. Effects of individual ozone exposure on lung function in the elderly: a cross-sectional study in China. Environ Sci Pollut Res Int, 2019, 26(12): 11690-11695.

[21] Raza A, Dahlquist M, Lind T, et al. Susceptibility to short-term ozone exposure and cardiovascular and respiratory mortality by previous hospitalizations. Environ Health, 2018, 17(1): 37.

[22] Lee K K, Spath N, Miller M R, et al. Short-term exposure to carbon monoxide and myocardial infarction: A systematic review and meta-analysis. Environ Int, 2020, 143: 105901.

[23] Liu Y, Pan J, Zhang H, et al. Short-term exposure to ambient air pollution and asthma mortality. Am J Respir Crit Care Med, 2019, 200(1): 24-32.

[24] Peng L, Xiao S, Gao W, et al. Short-term associations between size-fractionated particulate air pollution and COPD mortality in Shanghai, China. Environ Pollut, 2020, 257: 113483.

[25] Li M, Dong H, Wang B, et al. Association between ambient ozone pollution and mortality from a spectrum of causes in Guangzhou, China. Sci Total Environ, 2021, 754: 142110.

[26] Chen R, Pan G, Zhang Y, et al. Ambient carbon monoxide and daily mortality in three Chinese cities: the China air pollution and health effects study (CAPES). Sci Total Environ, 2011, 409(23): 4923-4928.

[27] Gu J, Shi Y, Zhu Y, et al. Ambient air pollution and cause-specific risk of hospital admission in China: A nationwide time-series study. PLoS Med, 2020, 17(8): e1003188.

[28] Wang X, Leng M, Liu Y, et al. Different sized particles associated with all-cause and cause-specific emergency ambulance

calls: A multicity time-series analysis in China. Sci Total Environ, 2021, 783: 147060.

[29] Tian Y, Liu H, Xiang X, et al. Ambient coarse particulate matter and hospital admissions for ischemic stroke. Stroke, 2019, 50(4): 813-819.

[30] Xu Q, Wang S, Guo Y, et al. Acute exposure to fine particulate matter and cardiovascular hospital emergency room visits in Beijing, China. Environ Pollut, 2017, 220(Pt A): 317-327.

[31] Song J, Lu M, Lu J, et al. Acute effect of ambient air pollution on hospitalization in patients with hypertension: A time-series study in Shijiazhuang, China. Ecotoxicol Environ Saf, 2019, 170: 286-292.

[32] Tian Y, Liu H, Zhao Z, et al. Association between ambient air pollution and daily hospital admissions for ischemic stroke: A nationwide time-series analysis. PLoS Med, 2018, 15(10): e1002668.

[33] Strosnider H M, Chang H H, Darrow L A, et al. Age-specific associations of ozone and fine particulate matter with respiratory emergency department visits in the United States. Am J Respir Crit Care Med, 2019, 199(7): 882-890.

[34] Tian Y, Liu H, Wu Y, et al. Ambient particulate matter pollution and adult hospital admissions for pneumonia in urban China: A national time series analysis for 2014 through 2017. PLoS Med, 2019, 16(12): e1003010.

[35] Nhung N T T, Amini H, Schindler C, et al. Short-term association between ambient air pollution and pneumonia in children: A systematic review and meta-analysis of time-series and case-crossover studies. Environ Pollut, 2017, 230: 1000-1008.

[36] Zheng X Y, Orellano P, Lin H L, et al. Short-term exposure to ozone, nitrogen dioxide, and sulphur dioxide and emergency department visits and hospital admissions due to asthma: A systematic review and meta-analysis. Environ Int, 2021, 150: 106435.

[37] Niu Z, Liu F, Li B, et al. Acute effect of ambient fine particulate matter on heart rate variability: an updated systematic review and meta-analysis of panel studies. Environ Health Prev Med, 2020, 25(1): 77.

[38] Wang F, Liang Q, Sun M, et al. The relationship between exposure to PM(2.5) and heart rate variability in older adults: A systematic review and meta-analysis. Chemosphere, 2020, 261: 127635.

[39] Wang C, Lin J, Niu Y, et al. Impact of ozone exposure on heart rate variability and stress hormones: A randomized-crossover study. J Hazard Mater, 2021, 421: 126750.

[40] Shutt R H, Kauri L M, Weichenthal S, et al. Exposure to air pollution near a steel plant is associated with reduced heart rate variability: a randomised crossover study. Environ Health, 2017, 16(1): 4.

[41] Guan T, Xue T, Wang X, et al. Geographic variations in the blood pressure responses to short-term fine particulate matter exposure in China. Sci Total Environ, 2020, 722: 137842.

[42] Yang H B, Teng C G, Hu J, et al. Short-term effects of ambient particulate matter on blood pressure among children and adolescents: A cross-sectional study in a city of Yangtze River delta, China. Chemosphere, 2019, 237: 124510.

[43] Lin Z, Niu Y, Chen R, et al. Fine particulate matter constituents and blood pressure in patients with chronic obstructive pulmonary disease: A panel study in Shanghai, China. Environ Res, 2017, 159: 291-296.

[44] Song J, Zhu J, Tian G, et al. Short time exposure to ambient ozone and associated cardiovascular effects: A panel study of healthy young adults. Environ Int, 2020, 137: 105579.

[45] Zeng X W, Qian Z M, Vaughn M G, et al. Positive association between short-term ambient air pollution exposure and children blood pressure in China-Result from the Seven Northeast Cities (SNEC) study. Environ Pollut, 2017, 224: 698-705.

[46] Yang B Y, Qian Z, Howard S W, et al. Global association between ambient air pollution and blood pressure: A systematic review and meta-analysis. Environ Pollut, 2018, 235: 576-588.

[47] Ranzani O T, Milà C, Sanchez M, et al. Personal exposure to particulate air pollution and vascular damage in peri-urban South India. Environ Int, 2020, 139: 105734.

[48] Sinharay R, Gong J, Barratt B, et al. Respiratory and cardiovascular responses to walking down a traffic-polluted road

compared with walking in a traffic-free area in participants aged 60 years and older with chronic lung or heart disease and age-matched healthy controls: a randomised, crossover study. Lancet, 2018, 391(10118): 339-349.

[49] Chen C, Li C, Li Y, et al. Short-term effects of ambient air pollution exposure on lung function: A longitudinal study among healthy primary school children in China. Sci Total Environ, 2018, 645: 1014-1020.

[50] Yoda Y, Takagi H, Wakamatsu J, et al. Stronger association between particulate air pollution and pulmonary function among healthy students in fall than in spring. Sci Total Environ, 2019, 675: 483-489.

[51] Ng C F S, Hashizume M, Obase Y, et al. Associations of chemical composition and sources of PM(2.5) with lung function of severe asthmatic adults in a low air pollution environment of urban Nagasaki, Japan. Environ Pollut, 2019, 252(Pt A): 599-606.

[52] Amazouz H, Bougas N, Thibaudon M, et al. Association between lung function of school age children and short-term exposure to air pollution and pollen: the PARIS cohort. Thorax, 2021, 76(9): 887-894.

[53] Gao N, Xu W, Ji J, et al. Lung function and systemic inflammation associated with short-term air pollution exposure in chronic obstructive pulmonary disease patients in Beijing, China. Environ Health, 2020, 19(1): 12.

[54] Jiang Y, Niu Y, Xia Y, et al. Effects of personal nitrogen dioxide exposure on airway inflammation and lung function. Environ Res, 2019, 177: 108620.

[55] Chen X, Liu F, Niu Z, et al. The association between short-term exposure to ambient air pollution and fractional exhaled nitric oxide level: A systematic review and meta-analysis of panel studies. Environ Pollut, 2020, 265(Pt A): 114833.

[56] Chen X, Han Y, Chen W, et al. Respiratory inflammation and short-term ambient air pollution exposures in adult Beijing residents with and without prediabetes: a panel study. Environ Health Perspect, 2020, 128(6): 67004.

[57] Zhang Q, Wang W, Niu Y, et al. The effects of fine particulate matter constituents on exhaled nitric oxide and DNA methylation in the arginase-nitric oxide synthase pathway. Environ Int, 2019, 131: 105019.

[58] Day D B, Xiang J, Mo J, et al. Association of ozone exposure with cardiorespiratory pathophysiologic mechanisms in healthy adults. JAMA Intern Med, 2017, 177(9): 1344-1353.

[59] Niu Y, Chen R, Xia Y, et al. Personal ozone exposure and respiratory inflammatory response: the role of DNA methylation in the arginase-nitric oxide synthase pathway. Environ Sci Technol, 2018, 52(15): 8785-8791.

[60] Turner M C, Jerrett M, Pope C A, 3rd, et al. Long-term ozone exposure and mortality in a large prospective study. Am J Respir Crit Care Med, 2016, 193(10): 1134-1142.

[61] Kazemiparkouhi F, Eum K D, Wang B, et al. Long-term ozone exposures and cause-specific mortality in a US Medicare cohort. J Expo Sci Environ Epidemiol, 2020, 30(4): 650-658.

[62] Wei Y, Wang Y, Wu X, et al. Causal Effects of Air Pollution on Mortality Rate in Massachusetts. Am J Epidemiol, 2020, 189(11): 1316-1323.

[63] Hayes R B, Lim C, Zhang Y, et al. $PM_{2.5}$ air pollution and cause-specific cardiovascular disease mortality. Int J Epidemiol, 2020, 49(1): 25-35.

[64] Yin P, Brauer M, Cohen A, et al. Long-term fine particulate matter exposure and nonaccidental and cause-specific mortality in a large national cohort of Chinese men. Environ Health Perspect, 2017, 125(11): 117002.

[65] Hwang J, Kwon J, Yi H, et al. Association between long-term exposure to air pollutants and cardiopulmonary mortality rates in South Korea. BMC Public Health, 2020, 20(1): 1402.

[66] Amini H, Dehlendorff C, Lim Y H, et al. Long-term exposure to air pollution and stroke incidence: a danish nurse cohort study. Environ Int, 2020, 142: 105891.

[67] Cramer J, Jørgensen J T, Hoffmann B, et al. Long-term exposure to air pollution and incidence of myocardial infarction: A danish nurse cohort study. Environ Health Perspect, 2020, 128(5): 57003.

[68] Zhang Z, Kang J, Hong Y S, et al. Long-term particulate matter exposure and incidence of arrhythmias: A cohort study. Journal of the American Heart Association, 2020, 9(22): e016885.

[69] Chen G, Wang A, Li S, et al. Long-term exposure to air pollution and survival after ischemic stroke. Stroke, 2019, 50(3): 563-570.

[70] Raaschou-Nielsen O, Andersen Z J, Beelen R, et al. Air pollution and lung cancer incidence in 17 European cohorts: prospective analyses from the European Study of Cohorts for Air Pollution Effects (ESCAPE). The Lancet Oncology, 2013, 14(9): 813-822.

[71] Schikowski T, Sugiri D, Ranft U, et al. Long-term air pollution exposure and living close to busy roads are associated with COPD in women. Respir Res, 2005, 6(1): 152.

[72] Chen H, Kwong J C, Copes R, et al. Exposure to ambient air pollution and the incidence of dementia: A population-based cohort study. Environ Int, 2017, 108: 271-277.

[73] Salimi F, Hanigan I, Jalaludin B, et al. Associations between long-term exposure to ambient air pollution and Parkinson's disease prevalence: A cross-sectional study. Neurochem Int, 2020, 133: 104615.

[74] Vossoughi M, Schikowski T, Vierkötter A, et al. Air pollution and subclinical airway inflammation in the SALIA cohort study. Immun Ageing: 2014, 11(1): 5.

[75] Wang M, Aaron C P, Madrigano J, et al. Association between long-term exposure to ambient air pollution and change in quantitatively assessed emphysema and lung function. JAMA, 2019, 322(6): 546-556.

[76] Hou Z H, Wang M, Xu H, et al. Ambient air pollution, traffic proximity and coronary atherosclerotic phenotype in China. Environ Res, 2020, 188: 109841.

[77] Su T C, Hwang J J, Shen Y C, et al. Carotid intima-media thickness and long-term exposure to traffic-related air pollution in middle-aged residents of Taiwan: A cross-sectional study. Environ Health Perspect, 2015, 123(8): 773-778.

[78] Du X, Zhang Y, Liu C, et al. Fine particulate matter constituents and sub-clinical outcomes of cardiovascular diseases: A multi-center study in China. Sci Total Environ, 2021, 759: 143555.

[79] Patten K T, González E A, Valenzuela A, et al. Effects of early life exposure to traffic-related air pollution on brain development in juvenile Sprague-Dawley rats. Transl Psychiatry, 2020, 10(1): 166.

[80] Li Y, Wang W, Wang J. Impact of air pollution control measures and weather conditions on asthma during the 2008 Summer Olympic Games in Beijing. International Journal of Biometeorology, 2011, 55(4): 547-554.

[81] Su C, Hampel R, Franck U, et al. Assessing responses of cardiovascular mortality to particulate matter air pollution for pre-, during- and post-2008 Olympics periods. Environmental Research, 2015, 142: 112-122.

[82] Jia Y, Stone D, Wang W, et al. Estimated reduction in cancer risk due to PAH exposures if source control measures during the 2008 Beijing Olympics were sustained. Environ Health Perspect, 2011, 119(6): 815-820.

[83] Huang C, Nichols C, Liu Y, et al. Ambient air pollution and adverse birth outcomes: a natural experiment study. Population Health Metrics, 2015, 13: 17.

[84] Rich D, Liu K, Zhang J. Differences in birth weight associated with the 2008 Beijing Olympics air pollution reduction: results from a natural experiment. Environ Health Perspect, 2015, 123(9): 880-887.

[85] Rich D, Kipen H, Huang W, et al. Association between changes in air pollution levels during the Beijing Olympics and biomarkers of inflammation and thrombosis in healthy young adults. JAMA, 2012, 307(19): 2068-2078.

[86] Mu L, Deng F, Tian L. Peak expiratory flow, breath rate and blood pressure in adults with changes in particulate matter air pollution during the Beijing Olympics: a panel study. Environmental Research, 2014, 133: 4-11.

[87] Wu S, Deng F, Niu J. The relationship between traffic-related air pollutants and cardiac autonomic function in a panel of healthy adults: a further analysis with existing data. Inhalation Toxicology, 2011, 23(5): 289-303.

[88] Altemose B, Robson M, Kipen H, et al. Association of air pollution sources and aldehydes with biomarkers of blood coagulation, pulmonary inflammation, and systemic oxidative stress. Journal of Exposure Science & Environmental Epidemiology, 2017, 27(3): 244-250.

[89] Huang W, Wang G, Lu S, et al. Inflammatory and oxidative stress responses of healthy young adults to changes in air quality during the Beijing Olympics. American Journal of Respiratory and Critical Care Medicine, 2012, 186(11): 1150-1159.

[90] Gao J, Xu X, Ying Z, et al. Post-effect of air quality improvement on biomarkers for systemic inflammation and microparticles in asthma patients after the 2008 Beijing Olympic Games: a pilot study. Inflammation, 2017, 40(4): 1214-1224.

[91] Rönkkö T, Hirvonen M, Happo M, et al. Inflammatory responses of urban air PM modulated by chemical composition and different air quality situations in Nanjing, China. Environmental Research, 2021, 192: 110382.

[92] Lee G, Kim J, Kim S, et al. Effects of indoor air purifiers on children with asthma. Yonsei Medical Journal, 2020, 61(4): 310-316.

[93] Park K, Sim D, Lee S, et al. Effects of air purifiers on patients with allergic rhinitis: a multicenter, randomized, double-blind, and placebo-controlled study. Yonsei Medical Journal, 2020, 61(8): 689-697.

[94] Fu L, Yang X, Liu X, et al. Prenatal O(3) exposure increases the severity of OVA-induced asthma in offspring. Ecotoxicol Environ Saf, 2020, 188: 109867.

[95] Cui X, Li F, Xiang J. Cardiopulmonary effects of overnight indoor air filtration in healthy non-smoking adults: A double-blind randomized crossover study. Environment International, 2018, 114: 27-36.

[96] Rice J M-M S, Collaco J. Indoor air pollution sources and respiratory symptoms in bronchopulmonary dysplasia. The Journal of Pediatrics, 2020, 222: 85-90.

[97] Morishita M, Adar S, D'Souza J. Effect of portable air filtration systems on personal exposure to fine particulate matter and blood pressure among residents in a low-income senior facility: a randomized clinical trial. JAMA Intern Med, 2018, 178(10): 1350-1357.

[98] Li H, Cai J, Chen R, et al. Particulate matter exposure and stress hormone levels: a randomized, double-blind, crossover trial of air purification. Circulation, 2017, 136(7): 618-627.

[99] Jiang M, Meng X, Qi L. The health effects of wearing facemasks on cardiopulmonary system of healthy young adults: A double-blinded, randomized crossover trial. International Journal of Hygiene and Environmental Health, 2021, 236: 113806.

[100] Shi J, Liu Z, Chen R. Cardiovascular benefits of wearing particulate-filtering respirators: a randomized crossover trial. Environmental Health Perspectives, 2016, 125(2): 175-180.

[101] Yang X, Jia X, Dong W. Cardiovascular benefits of reducing personal exposure to traffic-related noise and particulate air pollution: A randomized crossover study in the Beijing subway system. Indoor Air, 2018, 28(5): 777-786.

[102] Guan T, Hu S, Han Y. The effects of facemasks on airway inflammation and endothelial dysfunction in healthy young adults: a double-blind, randomized, controlled crossover study. Particle and Fibre Toxicology, 2018, 15(1): 30.

[103] Lin Z, Chen R, Jiang Y. Cardiovascular benefits of fish-oil supplementation against fine particulate air pollution in China. Journal of the American College of Cardiology, 2019, 73(16): 2076-2085.

[104] Lin Z, Niu Y, Jiang Y. Protective effects of dietary fish-oil supplementation on skin inflammatory and oxidative stress biomarkers induced by fine particulate air pollution: a pilot randomized, double-blind, placebo-controlled trial. The British Journal of Dermatology, 2021, 184(2): 261-269.

[105] Jiang Y, Wang C, Lin Z. Alleviated systemic oxidative stress effects of combined atmospheric oxidant capacity by fish oil supplementation: A randomized, double-blinded, placebo-controlled trial. Ecotoxicology and Environmental Safety, 2019, 184: 109598.

[106] Jiang M, Li D, Piao J, et al. Nrf2 modulated the restriction of lung function via impairment of intrinsic autophagy upon

real-ambient PM(2.5) exposure. J Hazard Mater, 2021, 408: 124903.

[107] Chu C, Zhang H, Cui S, et al. Ambient $PM_{2.5}$ caused depressive-like responses through Nrf2/NLRP3 signaling pathway modulating inflammation. J Hazard Mater, 2019, 369: 180-190.

[108] Chen Y C, Chuang T Y, Liu C W, et al. Particulate matters increase epithelial-mesenchymal transition and lung fibrosis through the ETS-1/NF-κB-dependent pathway in lung epithelial cells. Part Fibre Toxicol, 2020, 17(1): 41.

[109] Huff R D, Carlsten C, Hirota J A. An update on immunologic mechanisms in the respiratory mucosa in response to air pollutants. The Journal of Allergy and Clinical Immunology, 2019, 143(6): 1989-2001.

[110] Zhao Z, Luo X S, Jing Y, et al. In vitro assessments of bioaccessibility and bioavailability of PM(2.5) trace metals in respiratory and digestive systems and their oxidative potential. J Hazard Mater, 2021, 409: 124638.

[111] Zhang J, Cheng H, Wang D, et al. Revealing consensus gene pathways associated with respiratory functions and disrupted by PM2.5 nitrate exposure at bulk tissue and single cell resolution. Environ Pollut, 2021, 280: 116951.

[112] Låg M, Øvrevik J, Refsnes M, et al. Potential role of polycyclic aromatic hydrocarbons in air pollution-induced non-malignant respiratory diseases. Respiratory Research, 2020, 21(1): 299.

[113] Shi R, Su W W, Zhu Z T, et al. Regulation effects of naringin on diesel particulate matter-induced abnormal airway surface liquid secretion. Phytomedicine: International Journal of Phytotherapy and Phytopharmacology, 2019, 63: 153004.

[114] de Homdedeu M, Cruz M, Sanchez-Díez S, et al. The immunomodulatory effects of diesel exhaust particles in asthma. Environ Pollut, 2020, 263(Pt A): 114600.

[115] Yue W, Tong L, Liu X, et al. Short term $PM_{2.5}$ exposure caused a robust lung inflammation, vascular remodeling, and exacerbated transition from left ventricular failure to right ventricular hypertrophy. Redox Biology, 2019, 22: 101161.

[116] Rocks N, Vanwinge C, Radermecker C, et al. Ozone-primed neutrophils promote early steps of tumour cell metastasis to lungs by enhancing their NET production. Thorax, 2019, 74(8): 768-779.

[117] Tovar A, Smith G J, Thomas J M, et al. Transcriptional Profiling of the Murine Airway Response to Acute Ozone Exposure. Toxicological Sciences: An Official Journal of the Society of Toxicology, 2020, 173(1): 114-130.

[118] Warren K J, Dickinson J D, Nelson A J, et al. Ovalbumin-sensitized mice have altered airway inflammation to agriculture organic dust. Respiratory Research, 2019, 20(1): 51.

[119] Rychlik K A, Secrest J R, Lau C, et al. In utero ultrafine particulate matter exposure causes offspring pulmonary immunosuppression. Proceedings of the National Academy of Sciences of the United States of America, 2019, 116(9): 3443-3448.

[120] Yue H, Ji X, Li G, et al. Maternal exposure to PM(2.5) affects fetal lung development at sensitive windows. Environ Sci Technol, 2020, 54(1): 316-324.

[121] Yue H, Ji X, Ku T, et al. Sex difference in bronchopulmonary dysplasia of offspring in response to maternal PM(2.5) exposure. J Hazard Mater, 2020, 389: 122033.

[122] Li H H, Liu C C, Hsu T W, et al. Upregulation of ACE2 and TMPRSS2 by particulate matter and idiopathic pulmonary fibrosis: a potential role in severe COVID-19. Part Fibre Toxicol, 2021, 18(1): 11.

[123] Cheemarla N R, Uche I K, McBride K, et al. In utero tobacco smoke exposure alters lung inflammation, viral clearance, and CD8(+) T-cell responses in neonatal mice infected with respiratory syncytial virus. American Journal of Physiology Lung Cellular and Molecular Physiology, 2019, 317(2): 212-221.

[124] Majumder N, Goldsmith W T, Kodali V K, et al. Oxidant-induced epithelial alarmin pathway mediates lung inflammation and functional decline following ultrafine carbon and ozone inhalation co-exposure. Redox Biology, 2021, 46: 102092.

[125] Jheng Y T, Putri D U, Chuang H C, et al. Prolonged exposure to traffic-related particulate matter and gaseous pollutants implicate distinct molecular mechanisms of lung injury in rats. Part Fibre Toxicol, 2021, 18(1): 24.

[126] Wu Y, Duan J, Li B, et al. Exposure to formaldehyde at low temperatures aggravates allergic asthma involved in transient receptor potential ion channel. Environmental Toxicology and Pharmacology, 2020, 80: 103469.

[127] He W, Peng H, Ma J, et al. Autophagy changes in lung tissues of mice at 30 days after carbon black-metal ion co-exposure. Cell Proliferation, 2020, 53(7): e12813.

[128] Decaesteker T, Vanhoffelen E, Trekels K, et al. Differential effects of intense exercise and pollution on the airways in a murine model. Part Fibre Toxicol, 2021, 18(1): 12.

[129] Lubrano C, Risi R, Masi D, et al. Is obesity the missing link between COVID-19 severity and air pollution. Environ Pollut, 2020, 266(3): 115327.

[130] Forouzanfar M H, Afshin A, Alexander L T, et al. Global, regional, and national comparative risk assessment of 79 behavioural, environmental and occupational, and metabolic risks or clusters of risks, 1990–2015: a systematic analysis for the Global Burden of Disease Study 2015. The Lancet, 2016, 388(10053): 1659-1724.

[131] Klompmaker J O, Hart J E, James P, et al. Air pollution and cardiovascular disease hospitalization - Are associations modified by greenness, temperature and humidity. Environmental International, 2021, 156: 106715.

[132] Rajagopalan S, Al-Kindi S G, Brook R D. Air pollution and cardiovascular disease: JACC state-of-the-art review. Journal of The American College of Cardiology, 2018, 72(17): 2054-2070.

[133] Cohen A J, Brauer M, Burnett R, et al. Estimates and 25-year trends of the global burden of disease attributable to ambient air pollution: an analysis of data from the Global Burden of Diseases Study 2015. The Lancet, 2017, 389(10082): 1907-1918.

[134] Franklin B A, Brook R, Arden Pope C. Air pollution and cardiovascular disease. Current Problems in Cardiology, 2015, 40(5): 207-238.

[135] Chen H, Zhang Z, van Donkelaar A, et al. Understanding the joint impacts of fine particulate matter concentration and composition on the incidence and mortality of cardiovascular disease: A component-adjusted approach. Environmental Science & Technology, 2020, 54(7): 4388-4399.

[136] Maji K J, Namdeo A. Continuous increases of surface ozone and associated premature mortality growth in China during 2015-2019. Environmental Pollution, 2021, 269: 116183.

[137] Zhang Y, Ji X, Ku T, et al. Ambient fine particulate matter exposure induces cardiac functional injury and metabolite alterations in middle-aged female mice. Environmental Pollution, 2019, 248: 121-132.

[138] Qin G, Xia J, Zhang Y, et al. Ambient fine particulate matter exposure induces reversible cardiac dysfunction and fibrosis in juvenile and older female mice. Particle and Fibre Toxicology, 2018, 15(1): 27.

[139] Xing Q, Wu M, Chen R, et al. Comparative studies on regional variations in $PM_{2.5}$ in the induction of myocardial hypertrophy in mice. Science of the Total Environment, 2021, 775: 145179.

[140] Su X, Tian J, Li B, et al. Ambient PM2.5 caused cardiac dysfunction through FoxO1-targeted cardiac hypertrophy and macrophage-activated fibrosis in mice. Chemosphere, 2020, 247: 125881.

[141] Garcia M, Salazar R, Wilson T, et al. Early gestational exposure to inhaled ozone impairs maternal uterine artery and cardiac function. Journal of Toxicological Sciences, 2021, 179(1): 121-134.

[142] Gondalia R, Baldassari A, Holliday K M, et al. Methylome-wide association study provides evidence of particulate matter air pollution-associated DNA methylation. Environ Int, 2019, 132: 104723.

[143] Long Y M, Yang X Z, Yang Q Q, et al. $PM_{2.5}$ induces vascular permeability increase through activating MAPK/ERK signaling pathway and ROS generation. Journal of Hazardous Materials, 2020, 386: 121659.

[144] Haberzettl P, Conklin D J, Abplanalp W T, et al. Inhalation of fine particulate matter impairs endothelial progenitor cell function via pulmonary oxidative stress. Arteriosclerosis, Thrombosis, and Vascular Biology, 2018: 38: 131-142.

[145] Geng J, Liu H, Ge P, et al. $PM_{2.5}$ promotes plaque vulnerability at different stages of atherosclerosis and the formation of

foam cells via TLR4/MyD88/NFκB pathway. Ecotoxicology and Environmental Safety, 2019, 176: 76-84.

[146] Wang S, Wang F, Yang L, et al. Effects of coal-fired PM(2.5) on the expression levels of atherosclerosis-related proteins and the phosphorylation level of MAPK in ApoE(-/-) mice. BMC Pharmacology & Toxicology, 2020, 21(1): 34.

[147] Chen H, Burnett R T, Copes R, et al. Ambient fine particulate matter and mortality among survivors of myocardial infarction: Population-based cohort study. Environmental Health Perspectives, 2016, 124(9): 1421-1428.

[148] Shao Q, Liu T, Korantzopoulos P, et al. Association between air pollution and development of atrial fibrillation: A meta-analysis of observational studies. Heart & Lung, 2016, 45(6): 557-562.

[149] Liu H, Tian Y, Song J, et al. Effect of ambient air pollution on hospitalization for heart failure in 26 of China's largest cities. The American Journal of Cardiology 2018, 121(5): 628-633.

[150] Brook R D, Sun Z, Brook J R, et al. Extreme Air Pollution Conditions Adversely Affect Blood Pressure and Insulin Resistance: The Air Pollution and Cardiometabolic Disease Study. Hypertension (Dallas, Tex: 1979), 2016, 67(1): 77-85.

[151] Shah A S, Lee K K, McAllister D A, et al. Short term exposure to air pollution and stroke: systematic review and meta-analysis. British Medical Journal, 2015, 350: h1295.

[152] Xu J, Zhang W, Lu Z, et al. Airborne PM2.5-induced hepatic insulin resistance by Nrf2/JNK-mediated signaling pathway. International Journal of Environmental Research and Public Health, 2017, 14(7): 787.

[153] Dai J, Sun C, Yao Z, et al. Exposure to concentrated ambient fine particulate matter disrupts vascular endothelial cell barrier function via the IL-6/HIF-1alpha signaling pathway. FEBS Open Bio, 2016, 6(7): 720-728.

[154] Xia W R, Fu W, Wang Q, et al. Autophagy induced FHL2 upregulation promotes IL-6 production by activating the NF-κB pathway in mouse aortic endothelial cells after exposure to $PM_{2.5}$. International Journal of Molecular Sciences, 2017, 18(7): 1484.

[155] Tian L, Chu N, Yang H, et al. Acute ozone exposure can cause cardiotoxicity: Mitochondria play an important role in mediating myocardial apoptosis. Chemosphere, 2021, 268: 128838.

[156] Tong H, Snow S J, Chen H, et al. Fish oil and olive oil-enriched diets alleviate acute ozone-induced cardiovascular effects in rats. Toxicology and Applied Pharmacology, 2020, 409: 115296.

[157] Liang T, Niu J, Zhang S, et al. Effects of high-temperature heat wave and ozone on hypertensive rats. International Journal of Biometeorology, 2020, 64(7): 1039-1050.

[158] Snow S J, Henriquez A R, Thompson L C, et al. Pulmonary and vascular effects of acute ozone exposure in diabetic rats fed an atherogenic diet. Toxicology and Applied Pharmacology, 2021, 415: 115430.

[159] Costa L G, Cole T B, Dao K, et al. Effects of air pollution on the nervous system and its possible role in neurodevelopmental and neurodegenerative disorders. Pharmacol Ther, 2020, 210: 107523.

[160] Yan W, Yue H, Ji X, et al. Prenatal NO(2) exposure and neurodevelopmental disorders in offspring mice: Transcriptomics reveals sex-dependent changes in cerebral gene expression. Environ Int, 2020, 138: 105659.

[161] Morris-Schaffer K, Merrill A K, Wong C, et al. Limited developmental neurotoxicity from neonatal inhalation exposure to diesel exhaust particles in C57BL/6 mice. Part Fibre Toxicol, 2019, 16(1): 1.

[162] Cole T B, Chang Y C, Dao K, et al. Developmental exposure to diesel exhaust upregulates transcription factor expression, decreases hippocampal neurogenesis, and alters cortical lamina organization: relevance to neurodevelopmental disorders. J Neurodev Disord, 2020, 12(1): 41.

[163] Liu J, Yang C, Yang J, et al. Effects of early postnatal exposure to fine particulate matter on emotional and cognitive development and structural synaptic plasticity in immature and mature rats. Brain Behav, 2019, 9(12): e01453.

[164] Li N, Chen G, Liu F, et al. Associations between long-term exposure to air pollution and blood pressure and effect modifications by behavioral factors. Environ Res, 2020, 182: 109109.

[165] Wei W, Chen M, Li G, et al. Atmospheric PM(2.5) aspiration causes tauopathy by disturbing the insulin signaling pathway. Ecotoxicol Environ Saf, 2019, 169: 301-305.

[166] Park S K, Kang J Y, Kim J M, et al. Ecklonia cava Attenuates PM(2.5)-Induced Cognitive Decline through Mitochondrial Activation and Anti-Inflammatory Effect. Mar Drugs, 2021, 19(3): 131.

[167] Zhang H, D'Agostino C, Forman H J, et al. Urban air pollution nanoparticles from Los Angeles: recently decreased neurotoxicity. Journal of Alzheimer's disease : JAD, 2021, 82(1): 307-316.

[168] Wang Y, Li C, Zhang X, et al. Exposure to $PM_{2.5}$ aggravates Parkinson's disease via inhibition of autophagy and mitophagy pathway. Toxicology, 2021, 456: 152770.

[169] Solleiro-Villavicencio H, Rivas-Arancibia S. Systemic Th17/IL-17A response appears prior to hippocampal neurodegeneration in rats exposed to low doses of ozone. Neurologia (Barcelona, Spain), 2019, 34(8): 503-509.

[170] Nephew B C, Nemeth A, Hudda N, et al. Traffic-related particulate matter affects behavior, inflammation, and neural integrity in a developmental rodent model. Environ Res, 2020, 183: 109242.

[171] Maher B A. Airborne magnetite- and iron-rich pollution nanoparticles: potential neurotoxicants and environmental risk factors for neurodegenerative disease, including alzheimer's disease. Journal of Alzheimer's Disease: JAD, 2019, 71(2): 361-375.

[172] Li D, Ji S, Guo Y, et al. Ambient NO_2 exposure sex-specifically impairs myelin and contributes to anxiety and depression-like behaviors of C57BL/6J mice. Journal of Hazardous Materials, 2021, 416: 125836.

[173] Wang X, Wang T, Sun L, et al. B-vitamin supplementation ameliorates anxiety- and depression-like behavior induced by gestational urban PM2.5 exposure through suppressing neuroinflammation in mice offspring. Environmental Pollution, 2020, 266: 115146.

[174] Emam B, Shahsavani A, Khodagholi F, et al. Effects of PM(2.5) and gases exposure during prenatal and early-life on autism-like phenotypes in male rat offspring. Part Fibre Toxicol, 2020, 17(1): 8.

[175] Kim S Y, Kim J H, Kim Y H, et al. EXPRESS: Short- and long-term exposure to air pollution increases the risk of stroke. Int J Stroke, 2021: 17474930211042118.

[176] Postlethwait E M, Bidani A. Reactive uptake governs the pulmonary air space removal of inhaled nitrogen dioxide. Journal of Applied Physiology (Bethesda, Md : 1985), 1990, 68(2): 594-603.

[177] Ferrero-Miliani L, Nielsen O H, Andersen P S, et al. Chronic inflammation: importance of NOD2 and NALP3 in interleukin-1beta generation. Clinical and Experimental Immunology, 2007, 147(2): 227-235.

[178] Samoli E, Aga E, Touloumi G, et al. Short-term effects of nitrogen dioxide on mortality: an analysis within the APHEA project. The European Respiratory Journal, 2006, 27(6): 1129-1138.

[179] 赵典，唐伟，王威. 空气污染致中枢神经系统炎症的细胞机制研究进展. 国际神经病学神经外科学杂志，2014, 41(4): 363-365.

[180] Calderón-Garcidueñas L, Solt A C, Henríquez-Roldán C, et al. Long-term air pollution exposure is associated with neuroinflammation, an altered innate immune response, disruption of the blood-brain barrier, ultrafine particulate deposition, and accumulation of amyloid beta-42 and alpha-synuclein in children and young adults. Toxicologic Pathology, 2008, 36(2): 289-310.

[181] Calderón-Garcidueñas L, Mora-Tiscareño A, Ontiveros E, et al. Air pollution, cognitive deficits and brain abnormalities: a pilot study with children and dogs. Brain and Cognition, 2008, 68(2): 117-127.

[182] Perret J L, Bowatte G, Lodge C J, et al. The Dose-Response Association between Nitrogen Dioxide Exposure and Serum Interleukin-6 Concentrations. Int J Mol Sci, 2017, 18(5): 1015.

[183] Han M, Ji X, Li G, et al. NO(2) inhalation enhances asthma susceptibility in a rat model. Environ Sci Pollut Res Int, 2017,

24(36): 27843-27854.

[184] 孙万良, 游华, 魏丽, 等. 氧化应激在放射性肺损伤机制中的作用进展. 医学综述, 2014, 20(4): 587-590.

[185] 耿军伟, 于涵, 林枝, 等. 动物细胞中活性氧的生成及代谢. 生命科学, 2015, 27(5): 609-617.

[186] Kedar N P. Can we prevent Parkinson's and Alzheimer's disease. Journal of Postgraduate Medicine, 2003, 49(3): 236-245.

[187] Pajović S B, Saicić Z S, Spasić M B, et al. The effect of ovarian hormones on antioxidant enzyme activities in the brain of male rats. Physiological Research, 2003, 52(2): 189-194.

[188] Serra D S, de Souza K C L, Naidu S T, et al. Lung injury caused by exposure to the gaseous fraction of exhaust from biomass combustion (cashew nut shells): a mice model. Environ Sci Pollut Res Int, 2020, 27(9): 9568-9581.

[189] Karoui A, Crochemore C, Harouki N, et al. Nitrogen dioxide inhalation exposures induce cardiac mitochondrial reactive oxygen species production, impair mitochondrial function and promote coronary endothelial dysfunction. Int J Environ Res Public Health, 2020, 17(15): 5526.

[190] Kochi C, Salvi A, Atrooz F, et al. Simulated vehicle exhaust exposure induces sex-dependent behavioral deficits in rats. Environmental Toxicology and Pharmacology, 2021, 86: 103660.

[191] Ierodiakonou D, Coull B A, Zanobetti A, et al. Pathway analysis of a genome-wide gene by air pollution interaction study in asthmatic children. Journal of Exposure Science & Environmental Epidemiology, 2019, 29(4): 539-547.

[192] Kim J S, Chen Z, Alderete T L, et al. Associations of air pollution, obesity and cardiometabolic health in young adults: The Meta-AIR study. Environ Int, 2019, 133(Pt A): 105180.

[193] Zhang Z, Wang J, Xu G, et al. Inhalation of sodium hydrosulfide (NaHS) alleviates NO(2)-induced pulmonary function and hematological impairment in rats. Life Sciences, 2019, 232: 116650.

[194] Deans C, Maggert K A. What do you mean, "epigenetic". Genetics, 2015, 199(4): 887-896.

[195] 江桂斌. 前言. 环境化学, 2011, 30(1): 1-4.

[196] Rider C F, Carlsten C. Air pollution and DNA methylation: effects of exposure in humans. Clinical Epigenetics, 2019, 11(1): 131.

[197] Zhang Z, Wang J, Liu F, et al. Non-inflammatory emphysema induced by NO(2) chronic exposure and intervention with demethylation 5-Azacytidine. Life Sciences, 2019, 221: 121-129.

[198] Noh J, Sohn J, Cho J, et al. Short-term effects of ambient air pollution on emergency department visits for asthma: An assessment of effect modification by prior allergic disease history. Journal of Preventive Medicine and Public Health = Yebang Uihakhoe chi, 2016, 49(5): 329-341.

[199] Kalymbetova T V, Selvakumar B, Rodríguez-Castillo J A, et al. Resident alveolar macrophages are master regulators of arrested alveolarization in experimental bronchopulmonary dysplasia. The Journal of Pathology, 2018, 245(2): 153-159.

[200] Jeong S, Park S A, Park I, et al. $PM_{2.5}$ Exposure in the respiratory system induces distinct inflammatory signaling in the lung and the liver of mice. Journal of Immunology Research, 2019, 2019: 3486841.

[201] Yan L I, Gong C, Ying L, et al. PM2.5 affects establishment of immune tolerance in newborn mice by reducing PD-L1 expression. Journal of Biosciences, 2019, 44(2): 41.

[202] Luo C M, Feng J, Zhang J, et al. 1, 25-Vitamin D3 protects against cooking oil fumes-derived PM2.5-induced cell damage through its anti-inflammatory effects in cardiomyocytes. Ecotoxicol Environ Saf, 2019, 179: 249-256.

[203] Kumarathasan P, Blais E, Saravanamuthu A, et al. Nitrative stress, oxidative stress and plasma endothelin levels after inhalation of particulate matter and ozone. Part Fibre Toxicol, 2015, 12: 28.

[204] Picca A, Calvani R, Coelho-Junior H J, et al. Mitochondrial dysfunction, oxidative stress, and neuroinflammation: intertwined roads to neurodegeneration. Antioxidants (Basel, Switzerland), 2020, 9(8): 647.

[205] Hajipour S, Farbood Y, Gharib-Naseri M K, et al. Exposure to ambient dusty particulate matter impairs spatial memory and

hippocampal LTP by increasing brain inflammation and oxidative stress in rats. Life sciences, 2020, 242: 117210.
[206] Boda E, Rigamonti A E, Bollati V. Understanding the effects of air pollution on neurogenesis and gliogenesis in the growing and adult brain. Current opinion in pharmacology, 2020, 50: 61-66.
[207] Bai K J, Chuang K J, Chen C L, et al. Microglial activation and inflammation caused by traffic-related particulate matter. Chemico-biological Interactions, 2019, 311: 108762.
[208] Ren H, Lu J, Ning J, et al. Exposure to fine particulate matter induces self-recovery and susceptibility of oxidative stress and inflammation in rat lungs. Environ Sci Pollut Res Int, 2020, 27(32): 40262-40276.
[209] Xu Z, Wu H, Zhang H, et al. Interleukins 6/8 and cyclooxygenase-2 release and expressions are regulated by oxidative stress-JAK2/STAT3 signaling pathway in human bronchial epithelial cells exposed to particulate matter ≤2.5 μm. Journal of applied toxicology : JAT, 2020, 40(9): 1210-1218.
[210] Guohua F, Tieyuan Z, Xinping M, et al. Melatonin protects against PM2.5-induced lung injury by inhibiting ferroptosis of lung epithelial cells in a Nrf2-dependent manner. Ecotoxicol Environ Saf, 2021, 223: 112588.
[211] Niu B Y, Li W K, Li J S, et al. Effects of DNA damage and oxidative stress in human bronchial epithelial cells exposed to PM(2.5) from Beijing, China, in winter. Int J Environ Res Public Health, 2020, 17(13): 4874.
[212] Ren F, Ji C, Huang Y, et al. AHR-mediated ROS production contributes to the cardiac developmental toxicity of PM2.5 in zebrafish embryos. Sci Total Environ, 2020, 719: 135097.
[213] Morris R H, Counsell S J, McGonnell I M, et al. Early life exposure to air pollution impacts neuronal and glial cell function leading to impaired neurodevelopment. BioEssays, 2021: e2000288.
[214] Song L, Pan K, Du X, et al. Ambient PM(2.5)-induced brain injury is associated with the activation of PI3K/AKT/FoxO1 pathway. Environ Sci Pollut Res Int, 2021, 7: 1-13.
[215] Ehsanifar M, Montazeri Z, Taheri M A, et al. Hippocampal inflammation and oxidative stress following exposure to diesel exhaust nanoparticles in male and female mice. Neurochem Int, 2021, 145: 104989.
[216] Kodavanti P R S, Valdez M, Richards J E, et al. Ozone-induced changes in oxidative stress parameters in brain regions of adult, middle-age, and senescent Brown Norway rats. Toxicol Appl Pharmacol, 2021, 410: 115351.
[217] Shi Y, Zhao T, Yang X, et al. $PM_{2.5}$-induced alteration of DNA methylation and RNA-transcription are associated with inflammatory response and lung injury. Sci Total Environ, 2019, 650(Pt 1): 908-921.
[218] Jiang Y, Li J, Ren F, et al. $PM_{2.5}$-induced extensive DNA methylation changes in the heart of zebrafish embryos and the protective effect of folic acid. Environ Pollut, 2019, 255(Pt 3): 113331.
[219] Ning J, Li P, Zhang B, et al. miRNAs deregulation in serum of mice is associated with lung cancer related pathway deregulation induced by $PM_{2.5}$. Environ Pollut, 2019, 254(Pt A): 112875.
[220] Dai S, Wang Z, Yang Y, et al. Assessment on the lung injury of mice posed by airborne PM(2.5) collected from developing area in China and associated molecular mechanisms by integrated analysis of mRNA-seq and miRNA-seq. Ecotoxicol Environ Saf, 2021, 224: 112661.
[221] Wu X, Pan B, Liu L, et al. In utero exposure to $PM_{2.5}$ during gestation caused adult cardiac hypertrophy through histone acetylation modification. Journal of cellular biochemistry, 2019, 120(3): 4375-4384.
[222] Chen Y W, Huang M Z, Chen C L, et al. $PM_{2.5}$ impairs macrophage functions to exacerbate pneumococcus-induced pulmonary pathogenesis. Part Fibre Toxicol, 2020, 17(1): 37.
[223] Zhao C, Wang Y, Su Z, et al. Respiratory exposure to PM2.5 soluble extract disrupts mucosal barrier function and promotes the development of experimental asthma. Sci Total Environ, 2020, 730: 139145.
[224] Yang Y, Li X, An X, et al. Continuous exposure of PM2.5 exacerbates ovalbumin-induced asthma in mouse lung via a JAK-STAT6 signaling pathway. Advances in Clinical and Experimental, 2020, 29(7): 825-832.

[225] Xu H, Jiao X, Wu Y, et al. Exosomes derived from PM2.5-treated lung cancer cells promote the growth of lung cancer via the Wnt3a/β-catenin pathway. Oncology reports, 2019, 41(2): 1180-1188.

[226] Tang W, Li Z, Huang Y, et al. In utero exposure to fine particles decreases early birth weight of rat offspring and TLR4/NF-κB expression in lungs. Chemical Research in Toxicology, 2021, 34(1): 47-53.

[227] Wang Q, Gan X, Li F, et al. $PM_{2.5}$ Exposure induces more serious apoptosis of cardiomyocytes mediated by caspase3 through JNK/ P53 pathway in hyperlipidemic rats. International Journal of Biological Sciences, 2019, 15(1): 24-33.

[228] Wang L, Cheng H, Wang D, et al. Airway microbiome is associated with respiratory functions and responses to ambient particulate matter exposure. Ecotoxicol Environ Saf, 2019, 167: 269-277.

[229] Cryan J F, O'Riordan K J, Cowan C S M, et al. The microbiota-gut-brain axis. Physiological Reviews, 2019, 99(4): 1877-2013.

[230] Checa-Ros A, Jeréz-Calero A, Molina-Carballo A, et al. Current evidence on the role of the gut microbiome in ADHD pathophysiology and therapeutic implications. Nutrients, 2021, 13(1): 249.

[231] Hoffman K W, Lee J J, Corcoran C M, et al. Considering the microbiome in stress-related and neurodevelopmental trajectories to schizophrenia. Frontiers in Psychiatry, 2020, 11: 629.

[232] Sochocka M, Donskow-Łysoniewska K, Diniz B S, et al. The gut microbiome alterations and inflammation-driven pathogenesis of alzheimer's disease-a critical review. Molecular Neurobiology, 2019, 56(3): 1841-1851.

[233] Li N, Yang Z, Liao B, et al. Chronic exposure to ambient particulate matter induces gut microbial dysbiosis in a rat COPD model. Respiratory Research, 2020, 21(1): 271.

[234] Ran Z, An Y, Zhou J, et al. Subchronic exposure to concentrated ambient PM2.5 perturbs gut and lung microbiota as well as metabolic profiles in mice. Environ Pollut, 2021, 272: 115987.

[235] Liu Y, Wang T, Si B, et al. Intratracheally instillated diesel PM(2.5) significantly altered the structure and composition of indigenous murine gut microbiota. Ecotoxicol Environ Saf, 2021, 210: 111903.

[236] Fu P, Bai L, Cai Z, et al. Fine particulate matter aggravates intestinal and brain injury and affects bacterial community structure of intestine and feces in Alzheimer's disease transgenic mice. Ecotoxicol Environ Saf, 2020, 192: 110325.

[237] Ongono J S, Béranger R, Baghdadli A, et al. Pesticides used in Europe and autism spectrum disorder risk: can novel exposure hypotheses be formulated beyond organophosphates, organochlorines, pyrethroids and carbamates? - A systematic review. Environ Res, 2020, 187: 109646.

[238] Liu F, Wang M, Zheng M. Effects of COVID-19 lockdown on global air quality and health. Science of the Total Environment, 2021, 755(Pt 1): 142533.

[239] Venter Z S, Aunan K, Chowdhury S, et al. COVID-19 lockdowns cause global air pollution declines. Proceedings of the National Academy of Sciences of the United States of America, 2020, 117(32): 18984-18990.

[240] Li A, Mei Y, Zhao M, et al. The effect of ambient ozone on glucose-homoeostasis: A prospective study of non-diabetic older adults in Beijing. Science of the Total Environment, 2021, 761: 143308.

[241] Wiegman C H, Li F, Ryffel B, et al. Oxidative stress in ozone-induced chronic lung inflammation and emphysema: A facet of chronic obstructive pulmonary disease. Frontiers in Immunology, 2020, 11: 1957.

[242] Sokolowska M, Quesniaux V F J, Akdis C A, et al. Acute respiratory barrier disruption by ozone exposure in mice. Frontiers in Immunology, 2019, 10: 2169.

[243] Liu X, Fu L, Yang X, et al. Exposure to O_3 during pregnancy and offspring asthma induced by OVA: Sensitive window identification. Environmental Pollution, 2021, 270: 116297.

[244] Huang J, Song Y, Chu M, et al. Cardiorespiratory responses to low-level ozone exposure: The inDoor Ozone Study in childrEn (DOSE). Environment International, 2019, 131: 105021.

[245] Wang C, Lin J, Niu Y, et al. Impact of ozone exposure on heart rate variability and stress hormones: A randomized-crossover

study. Journal of hazardous materials, 2021, 421: 126750.

[246] Ferrara F, Pambianchi E, Pecorelli A, et al. Redox regulation of cutaneous inflammasome by ozone exposure. Free Radical Biology and Medicine, 2020, 152: 561-571.

[247] Custodio V, Rubio C, Paz C. Prenatal ozone exposure induces memory deficiencies in newborns rats. Frontiers in Molecular Neuroscience, 2019, 12: 244.

[248] Gomez J L, Chen A, Diaz M P, et al. A network of sputum microRNAs is associated with neutrophilic airway inflammation in Asthma. Am J Respir Crit Care Med, 2020, 202(1): 51-64.

[249] Pompilio A, Di B G. Ambient air pollution and respiratory bacterial infections, a troubling association: epidemiology, underlying mechanisms, and future challenges. Critical Reviews in Microbiology, 2020, 46(5): 600-630.

[250] Kodavanti P R S, Valdez M, Richards J E, et al. Ozone-induced changes in oxidative stress parameters in brain regions of adult, middle-age, and senescent Brown Norway rats. Toxicology and Applied Pharmacology, 2021, 410: 115351.

[251] Cai H A, Tao X, Zheng L J, et al. Ozone alleviates ischemia/reperfusion injury by inhibiting mitochondrion-mediated apoptosis pathway in SH-SY5Y cells. Cell Biology International, 2020, 44(4): 975-984.

[252] He L, Lin Y, Wang X, et al. Associations of ozone exposure with urinary metabolites of arachidonic acid. Environment International, 2020, 145: 106154.

[253] Hu X, He L, Zhang J, et al. Inflammatory and oxidative stress responses of healthy adults to changes in personal air pollutant exposure. Environ Pollut, 2020, 263(A): 114503.

[254] Araviiskaia E, Berardesca E, Bieber T, et al. The impact of airborne pollution on skin. Journal of the European Academy of Dermatology and Venereology, 2019, 33(8): 1496-1505.

[255] Curpen S, Francois-Newton V, Moga A, et al. A novel method for evaluating the effect of pollution on the human skin under controlled conditions. Skin Research & Technology, 2020, 26(1): 50-60.

[256] Rider C F, Carlsten C. Air pollution and DNA methylation: effects of exposure in humans. Rider and Carlsten Clinical Epigenetics, 2019, 11(1): 131.

[257] Ladd-Acosta C, Feinberg J I, Brown S C, et al. Epigenetic marks of prenatal air pollution exposure found in multiple tissues relevant for child health. Environment International, 2019, 126: 363-376.

[258] Gomez J L, Chen A, Diaz M P, et al. A network of sputum microRNAs is associated with neutrophilic airway inflammation in asthma. American Journal of Respiratory and Critical Care Medicine, 2020, 202(1): 51-64.

[259] Chen H, Xu Y, Rappold A, et al. Effects of ambient ozone exposure on circulating extracellular vehicle microRNA levels in coronary artery disease patients. Journal of Toxicology and Environmental Health-Part A-Current Issues, 2020, 83(9): 351-362.

[260] Bind M C, Rubin D B, Cardenas A, et al. Heterogeneous ozone effects on the DNA methylome of bronchial cells observed in a crossover study. Scientific Reports, 2020, 10(1): 15739.

[261] Zhao H, Chen S, Yang F, et al. Alternation of nasopharyngeal microbiota in healthy youth is associated with environmental factors: implication for respiratory diseases. International Journal of Environmental Research, 2020, 31: 1-11.

[262] Brown T A, Tashiro H, Kasahara D I, et al. Early life microbiome perturbation alters pulmonary responses to ozone in male mice. Physiological Reports, 2020, 8(2): e14290.

[263] Kasahara D I, Wilkinson J E, Cho Y, et al. The interleukin-33 receptor contributes to pulmonary responses to ozone in male mice: role of the microbiome. Respiratory research, 2019, 20(1): 197.

[264] Zhu Y, Xie J, Huang F, et al. Association between short-term exposure to air pollution and COVID-19 infection: Evidence from China. Sci Total Environ, 2020, 727: 138704.

[265] Yao Y, Pan J, Liu Z, et al. Temporal association between particulate matter pollution and case fatality rate of COVID-19 in

Wuhan. Environ Res, 2020, 189: 109941.

[266] Yao Y, Pan J, Wang W, et al. Association of particulate matter pollution and case fatality rate of COVID-19 in 49 Chinese cities. Sci Total Environ, 2020, 741: 140396.

[267] Konstantinoudis G, Padellini T, Bennett J, et al. Long-term exposure to air-pollution and COVID-19 mortality in England: A hierarchical spatial analysis. Environ Int, 2021, 146: 106316.

[268] Nicole W. Air of Uncertainty: Can We Study Pollution and COVID-19 in the Midst of a Pandemic. Environ Health Perspect, 2020, 128(11): 114005.

[269] Duval J F L, van Leeuwen H P, Norde W, et al. Chemodynamic features of nanoparticles: Application to understanding the dynamic life cycle of SARS-CoV-2 in aerosols and aqueous biointerfacial zones. Advances in colloid and interface science, 2021, 290: 102400.

[270] Sagawa T, Tsujikawa T, Honda A, et al. Exposure to particulate matter upregulates ACE2 and TMPRSS2 expression in the murine lung. Environ Res, 2021, 195: 110722.

[271] Vo T, Paudel K, Choudhary I, et al. Ozone exposure upregulates the expression of host susceptibility protein TMPRSS2 to SARS-CoV-2. bioRxiv, 2020.

[272] Smith J C, Sausville E L, Girish V, et al. Cigarette smoke exposure and inflammatory signaling increase the expression of the SARS-CoV-2 receptor ACE2 in the respiratory tract. Developmental cell, 2020, 53(5): 514-529.e3.

[273] Tanimoto K, Hirota K, Fukazawa T, et al. Inhibiting SARS-CoV-2 infection in vitro by suppressing its receptor, angiotensin-converting enzyme 2, via aryl-hydrocarbon receptor signal. Sci Rep, 2021, 11(1): 16629.

作者：阚海东[1]，桑楠[2]

[1] 复旦大学，[2] 山西大学

第 16 章　纳米颗粒与植物的交互作用

本章导读

随着纳米技术的发展，纳米颗粒（nanoparticles，NPs）在日常生活用品、医学诊断和治疗、动植物学研究、农业可持续发展等方面应用越来越广泛。研究 NPs 进入环境后的行为和毒性效应，评估其健康风险已经成为环境科学研究领域中非常重要的内容。本章聚焦于典型 NPs 和植物的交互作用，探讨了植物对 NPs 的吸收、迁移和转化行为，及 NPs 对植物的影响。

关键词

纳米颗粒，植物，迁移，转化，毒性效应

16.1 引　　言

纳米颗粒（nanoparticles，NPs）是指三维空间尺度至少有一个维度小于 100 nm 的颗粒。NPs 因具有小尺寸效应、量子效应、表面与界面效应、宏观量子隧道效应，在纳米电子器件、航空航天、化妆品、医学诊断和治疗、生物技术等领域有广泛的应用[1-3]。随着纳米技术的不断发展，各种新型的纳米材料也在不断地被研制出来，其中，三个维度尺寸都在 2～10 nm 的 NPs 被称为量子点（quantum dots，QDs）[4]。QDs 由Ⅱ-Ⅵ族或Ⅲ-Ⅴ族元素组成，大多具有核壳结构，具有稳定、长寿命的荧光，由于荧光的激发和发射波长可受量子点的组成和大小进行调控[5,6]，在荧光标记、可视化负载、检测探针等方面具有很好的应用潜力[7-9]。此外，人工合成的 NPs 在农业活动中也具有广阔的应用前景。很多 NPs 易于进行功能化修饰，尺寸小于植物细胞壁孔隙尺寸，易于突破植物细胞壁对污染物的限制（5～20 nm），从而被植物吸收进入体内[10,11]，能被应用于农业新型农药[12]、靶向给药[13,14]、病虫害防治[15,16]、作物健康状况监测[17-19]、植物细胞学研究[20,21]、植物基因工程[22,23]等领域。例如，单壁碳纳米管（single-walled carbon nanotubes，SWCNTs）能用于制备监测植物健康相关小分子的智能传感器[24,25]。氧化铜纳米颗粒（CuO NPs）因为兼具铜基的抗菌性能和 NPs 的大比表面积和高反应活性，已经被应用在商业化农药产品中，且产量还在不断增加[26,27]。而纳米材料安全、高效的农业应用，是以 NPs 与植物的相互作用机制研究为前提的。因此研究 NPs 在植物中的归趋和生物效应，是在全球气候变化和我国人口增长的压力下，建立可持续、高效的农业系统，保障食品充足与安全的重大需求。

随着性能优良的 NPs 被产业化生产，以及在工业、生活和农业中的大量使用，各种 NPs 会通过污水排放、污水灌溉、农业直接应用、大气沉降等方式进入环境和自然生态系统，特别是进入食物链的 NPs 还有可能伴随生物放大效应，对动物和人体健康造成潜在威胁。在铜绿假单胞菌中积累的硒化镉量子点（CdSe QDs）可以在捕食该细菌的原生动物嗜热四膜虫体内累积，该食物链中四膜虫体内 Cd 浓度被生物放大至细菌中的 5 倍[28]。NPs 已经被认为是对环境和人类健康具有巨大潜在风险的新型污染物。植物作为食物链的起始端，对环境中的 NPs 具有吸收、代谢、累积等作用，是 NPs 环境归趋的重要环节。例如，在工业催化、玻璃抛光等领域应用广泛的二氧化铈纳米颗粒（CeO_2 NPs）[29]进入土壤后，能够被生菜吸收，并随食物链累积在蜗牛体内[30]。土壤中的 CeO_2 NPs 也能被萝卜根部吸收，并迁移至叶片，其中萝卜的根部作为可食用部分，其累积的 NPs 直接对人体健康造成了潜在威胁[31]。由此可见，研究 NPs 在植物中的吸收、迁移和转化等行为，也对正确评估 NPs 的环境与健康风险具有重要意义。

对于 NPs 与植物交互作用的研究，大多围绕特定 NPs 在某种植物中发生的具体迁移、转化行为和给植物带来的生理变化展开，研究方法和手段多样。利用电感耦合等离子体质谱仪（ICP-MS）或电感耦合等离子体发射光谱仪（ICP-OES）可以研究金属纳米颗粒的组成元素在植株中的整体分布状况；利用尺寸排阻色谱可以将植物组织中的 NPs 与溶解产生的离子分离，定量分析植物组织中的颗粒态目标物；利用透射电子显微镜（TEM）或扫描透射电子显微镜（STEM）结合能谱仪（EDS）对植物组织中的 NPs 进行形貌表征和元素组成分析；利用 X 射线吸收近边光谱分析仪（XANES）对植物组织中的目标元素进行形态分析，可以研究 NPs 的转化产物；利用同步辐射微聚焦 X 射线荧光光谱仪（μ-XRF）、软 X 射线扫描透射显微镜（STXM）或激光剥蚀电感耦合等离子体质谱（LA-ICP-MS）进行化学组成或元素分布的成像研究，可以直观地观测 NPs 对植物体内营养元素组成及分布的影响。

目前关注较多的典型 NPs 包括：金属及金属氧化物纳米颗粒（如 CeO_2 NPs、CuO NPs、ZnO NPs、TiO_2 NPs、AgNPs 等）、碳纳米颗粒（SWCNTs）、多壁碳纳米管（multiwalled carbon nanotubes，MWCNTs）等、微纳塑料、半导体纳米颗粒[CdSe QDs、碲化镉量子点（CdTe QDs）]等。实际应用中，为了避免 NPs 团聚，增加其水溶性和生物相容性，NPs 的表面通常会进行有机涂层包覆改性和基团修饰。常用的有机包覆包括疏水的油胺（oleylamine，OA）、亲水的聚丙烯酸-聚乙二醇[poly (ethylene glycol) of poly (acrylic acid)，PAA-EG]、聚乙二醇-氨基($PEG-NH_2$)、聚乙二醇-羧基（PEG-COOH）、壳聚糖（chitosan，Cs）、聚丙烯酸（PAA）和聚乙烯亚胺（polyethylenimine，PEI）等[32,33]。NPs 在植物中的吸收、迁移、转化行为及其生物效应，与 NPs 的组成、尺寸、表面修饰的亲疏水性、表面电荷、植物种类等诸多因素有关。本章重点探讨了 NPs 不同的植物行为、生物效应，及其分子机制。

16.2　纳米颗粒的植物吸收与迁移

植物对 NPs 的吸收主要有两种途径，通过土壤或水环境从根部进入植物，以及通过大气沉降或者喷洒农药从叶片进入（图 16-1）[34]。进入植物后，NPs 会向周围组织、其他植物器官迁移。吸收和迁移行为决定了 NPs 在植物中的组织分布和生物累积。

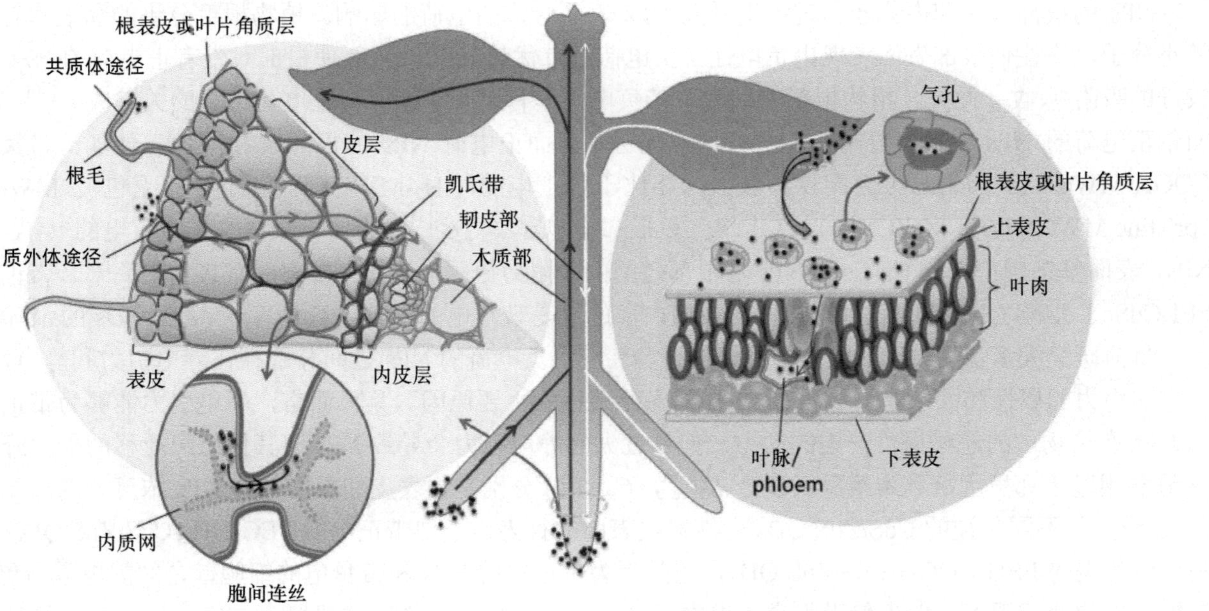

图 16-1　NPs 通过植物根部、叶片吸收和转运的途径示意图[34]

16.2.1 植物根部对纳米颗粒的吸收与植物体内迁移

1）纳米颗粒在植物根部的吸附、吸收和内化迁移

土壤或水环境中存在的 NPs，首先通过质体流动或扩散等方式迁移至植物根际，或者植物的根通过不断的生长扩大根际范围与 NPs 接近，进入根际的 NPs 进而在根表皮吸附和保留，才有可能被根部吸收。Deng 等通过 STEM 观察发现，TiO_2 NPs 会扩散并通过机械黏附覆盖在暴露后的水稻植株根表面，发生累积[35]。因此，NPs 在根表皮的保留是根部吸收行为的关键步骤之一。根部与周围土壤环境竞争对 NPs 的吸附和保留的过程，受到根际土壤理化性质、根表面理化性质和 NPs 表面电荷等因素的影响。

根际土壤的理化性质影响着 NPs 与土壤颗粒之间的吸附力，进而对 NPs 的生物有效性产生影响[29]。土壤中不同的黏土矿物理化性质存在差异，对 NPs 的吸附作用力不同，高岭土对 CeO_2 NPs 的吸附显著强于沙土的吸附[36]。而这种吸附力的差异，也与 NPs 自身的性质，如表面电荷等有关。高分辨透射电子显微镜（HRTEM）和原子力显微镜（AFM）的检测结果显示，CeO_2 NPs 在负电荷占优势的高岭土表面的吸附作用力主要是强静电作用，带正电荷的和中性的 CeO_2 NPs 在高岭土表面的吸附较强，而带负电荷的 CeO_2 NPs 在高岭土表面的亲和力较弱[37]。土壤中有机质的含量也影响 NPs 的生物有效性，在有机质含量高的土壤中，菜豆对 CeO_2 NPs 的转运因子（地上部植物中元素含量与地下部植物中同种元素含量的比值）显著高于有机质含量低的土壤[38]。

根表面的理化性质对 NPs 在植物根表皮的保留和进一步的吸收也有影响。三种红树（*K. obovata*、*A. marina* 和 *A. corniculata*）的根表面成分中（N + O）/C 比例的不同使其与油胺包被的 OA-CdS/ZnS QDs 的结合能力有所不同，也使三种红树对 OA-CdS/ZnS QDs 的根部保留存在差异[32]。再如，根系表面在渍水环境中沉积生成的铁膜（iron plaque）会影响金属基纳米颗粒的植物吸收行为。在 100 mg/L CuO NPs 处理下，铁膜的存在显著降低了水稻根和茎中的铜含量，分别比无铁膜的根和茎中的铜含量降低了 89% 和 78%[39]。

NPs 的根部吸收和内化迁移过程也受到 NPs 表面修饰的电荷的影响。植物根毛分泌的黏液和有机酸等小分子，往往使根部表面表现出负电性（负电荷占有优势）[34]，从而使根部对带有正电荷的 NPs 具有较好的吸附/吸收。此外，植物根部的细胞壁带负电，具有果胶等能够与正电荷结合的关键成分[40]，与表面带正电荷的 NPs 之间存在静电引力，同样促进了表面正电荷 NPs 的根部吸附/吸收。例如，带负电的 COOH-MWCNTs 因为与根之间斥力较大，相比于带正电的 NH_2-MWCNTs 和中性的无包被 MWCNTs（pristine MWCNTs，p-MWCNTs），在水培大豆根部细胞富集更少[41]。相比于表面修饰带负电的 PAA-CeO_2 NPs，表面修饰带正电的 Cs-CeO_2 NPs 与根部之间的吸附力更强，使其在根部的富集量更高[42]。带正电的 PEI-CdSe/CdZnS QDs 被吸收到扦插杨树枝根内部的量是带负电的 PAA-EG-CdSe/CdZnS QDs 的 10 倍[43]。

目前研究大多认为，带负电的根系细胞壁与带正、负电荷的 NPs 之间分别存在静电引力和静电斥力。静电作用力的属性和大小是影响 NPs 在根部内化迁移的主要原因。具体而言，静电引力能够为带正电荷的 NPs 在植物内的迁移提供一定的动力，但是过大的静电引力会导致 NPs 向其他组织迁移的能力降低。Li 等利用基于弗罗因德利希模型（$C_s = K_f C_e^n$，C_s 和 C_e 分别是根表皮和根内部的 NPs 浓度）的分配系数（K_f）研究了不同包被的 CdS/ZnS QDs 在红树根表面的行为，发现带正电的 PEG-NH_2-CdS/ZnS QDs 的 K_f 高于带负电的 PEG-COOH-CdS/ZnS QDs，正是因为带正电的 NPs 和带负电的细胞壁之间静电吸引更强，在根表皮的保留更多，但也使吸收进入根内的量更少[32]。此外，根冠边缘脱离的细胞以及分泌的黏液等物质有助于植物捕获并累积 NPs，但其对 NPs 的吸附力过强时，会使 NPs 固着在根表面，难以进入根内部，影响 NPs 的植物吸收过程。例如，带正电的 AuNPs 能够诱导拟南芥根冠上的边缘细胞产生更多的黏

液，从而被牢固吸附在根表面，使其难以转移到根组织内部；而带负电荷的 AuNPs 不能被黏液牢固吸附，因此更多的带负电荷的 AuNPs 被转移到根内部的质外体中，被拟南芥吸收[44]。表面带正电的纳米塑料 NH_2-PS 能够诱使拟南芥根部分泌更多的草酸，并产生聚集，使其相比于表面负电的纳米塑料，更难以穿透根组织，不容易被根部吸收[45]。

NPs 在根部的吸收与迁移过程还与 NPs 表面修饰的亲/疏水性有关，亲/疏水性影响 NPs 相关的传输通道，还直接决定了 NPs 和根表面、细胞壁等不同部位的亲/疏水结合力的大小。有研究显示，无论是带正电荷还是负电荷，相比于疏水表面的 CdS/ZnS QDs，更多的亲水性包被的 CdS/ZnS QDs 可以通过根系水分和养分途径向红树根内部迁移[32]。然而，Sharma 等却观测到不同的结果：相比于亲水性包被的 Cs-CuSe NPs，疏水性包被的 OA-CuSe NPs 在番茄根部的吸收能力更强。研究者利用 AFM 对 NPs 和根系之间的黏附力进行了测定，结果表明 OA-CuSe NPs 和根系表面之间的黏附力更强；疏水表面的 NPs 在番茄根系的渗透效率更高，推测是因为其穿透脂质表面的能力更强[33]。因此，NPs 亲/疏水性对其行为的影响，同电荷的影响一样，是复杂过程的综合结果。

NPs 被植物根部吸收、穿过根表皮后，向临近组织迁移的途径主要包括两种：质外体途径和共质体途径。质外体途径是指，NPs 穿过细胞壁孔，不穿过细胞膜，在细胞壁之间或在细胞壁与细胞膜之间的空隙中迁移。由于细胞壁孔隙尺寸的限制，只有特定粒径范围的 NPs（5～20 nm）能够通过质外体途径在植物体内迁移[46,47]。共质体途径是指 NPs 经过细胞膜内的区域从一个细胞不断转移至另一个细胞的过程。在共质体途径中，NPs 除了穿透细胞壁之外，还能够穿过细胞膜进入细胞质区域，也可能通过胞间连丝进一步被转运至相邻细胞[34]。研究显示，胞间连丝很可能是 NH_2-MWCNTs 通过大豆叶片厚壁组织细胞壁的通道[41]。因此，能够通过该途径迁移的 NPs 大小受到胞间连丝的内径尺寸限制（3～50 nm）。NPs 跨膜转运存在多种可能机制，包括水通道蛋白[48]、离子通道[34]、内吞作用（通过细胞膜内陷来摄取细胞外物质[32]）或直接穿透细胞膜等。比如，SWCNTs 可通过内吞作用进入烟草细胞[49]；而 MWCNTs 则能够直接穿过玉米或大豆的细胞壁和细胞膜进入到细胞质中[41]。此外，超过植物细胞尺寸限制的 NPs 也能够被植物吸收，被认为是 NPs 通过诱导细胞壁结构变化，形成更大的孔隙，从而使大尺寸的 NPs 得以内化。

研究 NPs 在植物细胞中的分布，可以确定其在植物中的迁移是属于质外体还是共质体途径。例如，Ullah 等利用 TEM 和 STEM 结合 EDS 分析，发现硫化铅纳米颗粒（PbS NPs）暴露后，大量 NPs 存在于玉米幼苗根部表皮内侧的皮层组织的细胞壁内和细胞间隙中，这说明 PbS NPs 能够通过质外体途径从根表面向根部中心区域迁移；而在细胞质中亦观察到 PbS NPs 的存在，指示了共质体途径也是同时存在的，说明 PbS NPs 可以通过这两种途径从水培玉米幼苗的根部进入植物[46]。类似的，研究者利用 TEM 研究发现，CuO NPs 出现在根皮层细胞间隙和细胞内，说明 CuO NPs 也能通过质外体途径和共质体途径从水培暴露溶液迁移至凤眼莲的根部[50]。利用激光扫描共聚焦显微镜（CLSM）等手段可以研究具有荧光的 NPs 的迁移路径。研究发现，荧光标记的带负电的纳米塑料被拟南芥根部成熟区的根毛吸收，并通过质外体途径内化到中柱[45]。不同的迁移途径，能量消耗也不同。NPs 穿过细胞壁孔隙的过程是非代谢、非能量消耗的被动过程，内吞作用等生化过程则是消耗能量的主动过程[32]。

2）纳米颗粒从根部向地上部分的转运

被植物根部吸收的 NPs 大多通过皮层内侧的维管组织（图 16-1）从根部向地上部分转运，而在进入维管组织前需要穿过凯氏带这一屏障。凯氏带是皮层组织的最内一层内皮层，是排列紧密并伴随细胞壁带状增厚的细胞。双子叶植物的凯氏带会在细胞的径向壁、横向壁上发生增厚；单子叶植物的凯氏带则是在此基础上发生五面壁增厚，即径向壁和横壁及内切向壁均增厚，只有外切向壁仍然保持薄壁。凯氏带的形成使根吸入的溶质不能通过质外体途径穿过细胞壁间隙，只能通过内皮层的原生质体，保证了根的选择性吸收。因此，凯氏带成为质外体途径迁移的 NPs 向植物根部中心维管柱迁移的一道屏障。例如，CNTs 能够被土培玉米的次生根吸收，但大部分都被凯氏带拦截，累积在凯氏带细胞内部，没有继续向内转运[51]。能够通过共质体途径迁移的 NPs 则能够更加容易穿过凯氏带进入维管柱组织。

根顶端分生组织和侧根连接处常常是通过质外体途径迁移的 NPs 进入维管柱的途径。根顶端分生组织细胞分裂迅速，凯氏带发育不完全。NPs 可以通过根顶端分生组织，避开凯氏带的拦截，到达维管柱。此外，侧根的凯氏带是断开的，也可以使 NPs 在不进入共质体的条件下进入维管柱。μ-XRF 的测定图像显示，经 CeO_2 NPs 暴露的黄瓜根尖、主根和侧根连接处 Ce 信号比较强，说明 CeO_2 NPs 很有可能通过根尖或侧根的凯氏带间隙进入黄瓜根部维管柱组织[42]。

植物体内的长距离运输主要是通过维管系统完成的。根部维管柱位于内皮层内侧，主要包括木质部和韧皮部。其中，木质部主要负责自下而上（从根到茎、叶）疏导水分和无机盐；韧皮部主要负责自上而下（从叶、茎到根）输导有机养料[34]。现有研究大多认为，NPs 是通过维管柱系统完成从根部到茎部的运输。例如，PbS NPs 能从水培玉米幼苗的根部向上迁移至茎部，在茎部的细胞壁中、细胞间隙和细胞质中都能观测到 PbS NPs[46]。中性、带正电荷或带负电荷的 MWCNTs 在玉米和大豆两种植株中，都能够从根部经过木质部和韧皮部中的传导组织转移到茎和叶；叶中主要出现在木质部，因此 MWCNTs 的转运途径有可能和水的蒸腾作用途径类似[41]。

NPs 的元素组成影响其在植物中的归趋。通过 EDS 检测暴露后的水稻和大麦组织中的颗粒，发现 ZnO NPs 能够到达植株的根部和茎部，Y_2O_3 NPs 只出现在根部，掺杂铕的 $Y_2O_3(Eu@Y_2O_3)$ 和 TiO_2 在水稻和大麦组织中都没有检测到。这可能是由于 Zn 本身是植物的营养元素，更容易被植物吸收[52]。

NPs 表面修饰的电荷属性影响其从根向茎的迁移。与根部吸收 NPs 的过程相似，NPs 与植物组织中的特征物质（如细胞壁中的果胶）相互作用的属性与强弱，决定了 NPs 在植物组织中的转运能力。例如，相比于表面带负电的 PAA-CeO_2 NPs，表面带正电的 Cs-CeO_2 NPs 因为与黄瓜根表面之间有强吸附力，Ce 从根向茎迁移的比例更低[42]。相反的，在水培大豆植株中，利用 TEM 观察发现，大量聚集的带正电的 NH_2-MWCNTs 出现在叶片细胞中，而中性的 p-MWCNTs 和带负电的 COOH-MWCNTs 在大豆叶片细胞中只有零星分布。这说明带正电荷的 MWCNTs 在大豆植株中向上迁移的能力更强[41]。

NPs 表面修饰的亲水性能对其在植物内部的长距离运输同样有重要影响。一般认为，亲水性的表面修饰有助于 NPs 在植物内部的转运。在 ZnO NPs 表面增加亲水性 PEG 包被，PEG-ZnO NPs 能够迁移至禾本科和葫芦科幼苗的叶部，而未修饰的 ZnO NPs 只能迁移至植物的茎部[52]。

NPs 的粒径是其迁移行为的重要影响因素。粒径为 9 nm 的 ZnO NPs 能够快速被玉米幼苗根部吸收并到达茎部；而粒径为 40 nm 的 ZnO NPs 只能累积在根部[53]。经过 10 天水培暴露的禾本科和葫芦科植株中，粒径 20 nm 和 270 nm 的 ZnO NPs 都能被植物根部吸收，不能到达叶部，但粒径较小的 20 nm ZnO NPs 在茎部的检出率较 270 nm 的 ZnO NPs 高[52]。

在复合污染的情况下，NPs 的迁移累积情况还可能受到共存的其他污染物的影响。有研究显示，Cd^{2+} 的存在显著增加了 CeO_2 NPs 在大豆根部和位置较低的老叶中的累积。这是因为 Cd^{2+} 破坏了 CeO_2 NPs 诱导大豆根部形成的根表面质外体屏障，导致 CeO_2 NPs 向根内部渗透增多[54]。

16.2.2　植物叶片对纳米颗粒的吸收与植物体内迁移

很多新型纳米农药的作用方式都是喷洒在作物叶片上。NPs 在植物叶片上的吸附/吸收，进一步通过叶肉转运到维管系统并运输到植物其他部位，以及 NPs 的表面特性对这些过程的影响，都是设计纳米农药需要参考的关键信息。

NPs 进入叶片主要有两种途径，气孔吸收途径和角质层吸收途径。气孔是植物叶片表皮组织上的小孔，一般由成对的保卫细胞组成，是植物进行体内外气体交换的重要场所。气孔在叶片上的分布因植物而异。浮水植物只在上表皮分布，陆生植物叶片的上下表皮都有分布，阳生植物在叶下表皮分布较多。通过气孔被吸收至叶片内部的 NPs 大小受到气孔的尺寸限制（10～100 μm），而气孔的尺寸还与叶片上的气孔密度和气孔孔径周期有关。叶表面的气孔保卫细胞具有亲水性或两亲性，因此，具有亲水性表面的 NPs 大多通过气孔吸收途径进入叶片[55]。对于浮水植物凤眼莲，CuO NPs 能通过与溶液接触的叶片气孔进入植物[50]。

角质层是叶片上的蜡质多孔层，覆盖在叶表皮上，功能是防止水分流失，保护植物免受病原菌感染。角质层吸收途径又分为两种途径：一种是非极性表面的 NPs 通过渗透扩散穿过亲脂性角质层的亲脂性途径；另一种是极性表面的 NPs 穿过角质层上的极性孔隙的亲水性途径。角质层吸收途径也存在尺寸限制，大概为 0.6～4.8 nm[34]。

NPs 穿过角质层后，将到达表皮和叶肉组织。NPs 在这些叶片内部组织中的迁移过程也包括质外体途径和共质体途径。NPs 与这些组织结构中的功能基团相互作用，决定了其向临近组织的迁移能力，进一步可能会影响其向叶片维管系统的转运[55]。NPs 迁移至韧皮部后，可能会发生自上至下、即从叶向根的长距离运输[34]。

NPs 的大小、表面包被的理化性质会对其叶片吸收和植物体内的迁移产生影响。Avellan 等[55]针对颗粒尺寸（3、10、50 nm）和表面包被[亲水性的柠檬酸（Cit）或两亲性的聚乙烯吡咯烷酮（PVP）]对 AuNPs 在小麦叶片的吸收和从叶片到根际的迁移行为的影响进行了系统地研究。表面涂层的性能影响 NPs 在叶片表面的附着强度和位置。PVP-AuNPs 因为具有两亲特性，在叶片表面附着较多，大部分与角质层结合，少部分位于气孔保卫细胞。Cit-AuNPs 因为具有亲水性表面，与叶片表面结合较少。经过 7 天暴露，PVP-AuNPs 能够被叶片表皮完全吸收，但是会被限制在叶肉细胞中，难以迁移至叶片维管柱组织。Cit-AuNPs 难以被叶片表皮有效吸收。但是被叶片气孔吸收的少量 Cit-AuNPs 则能够被转运至叶片韧皮部。两种包被的 AuNPs 在叶肉细胞中的行为差异，一是由于 PVP-AuNPs 表面的两亲特性和电荷密度会影响其与细胞膜的相互作用，降低其流动性；二是由于大分子有机物和两种包被的 AuNPs 表面结合的能力不同，影响 AuNPs 的细胞吸收和植物迁移行为。Cit-AuNPs 上包被的柠檬酸通过羧基键与 AuNPs 结合，但其结合力较弱，很容易被其他分子取代，如硫醇、胺、大分子聚合物、抗体和蛋白质等，AuNPs 表面结合更多的有机分子有助于增加其在植物组织中的可迁移性。而 PVP 与 AuNPs 表面形成羰基键，结合力强，相对分子质量高，难以被其他有机物取代，在植物细胞中的可移动性较差。对于从叶片转运至根际的过程，包被的影响并不显著。PVP-AuNPs 和 Cit-AuNPs 都能被运输至茎部（～10%～30%）和根部（～10%～25%），并发生累积，进一步被释放至根际土壤。AuNPs 的大小对从叶片到根际的转运过程也存在一定影响。相比于小尺寸 AuNPs（3 nm），大尺寸 AuNPs（10 nm 和 50 nm）更容易被转运至根部，这可能是由于大尺寸的 NPs 通过胞吞作用可以诱导更多的细胞摄取。但是 50 nm 的 AuNPs 不能从根部渗出至根际，这可能是由于根细胞的筛分作用抑制其从根部渗出。Hu 等[56]发现 NPs[包括碳量子点（CDs）、CeO_2 NPs 和 SiO_2 NPs]的粒径和 ζ 电势影响其向玉米、棉花叶片细胞和细胞器的传递。带正电荷（ζ 电势＞15 mV）、粒径小于 20 nm（棉花）或 11 nm（玉米）的 NPs，表现出更高的叶面传递效率，能够传递至保卫细胞（100%）、细胞外空间（90.3%）和叶绿体（55.8%）。

16.2.3　纳米颗粒在植株中的组织分布和亚细胞分布

NPs 在整株植物各个组织中的分布，是 NPs 在植物中经吸收、迁移和转化等多种过程之后的结果。了解 NPs 的植物亚细胞分布和组织分布，有助于明晰 NPs 的环境归趋，评估农作物可食用部分对人类健康的潜在风险。根系暴露 NPs 的情况下，由于根系和 NPs 直接接触，一般 NPs 在植物根部的浓度最高，地上茎部或叶片中的浓度次之，地上果实或籽粒中的浓度最低。经 AgNPs 暴露的水稻，根中的浓度超过茎中浓度的 500 倍[57]。经过 MWCNTs 暴露的玉米植株，在根部和叶片木质部能检测到较多颗粒，但是在茎中只能观察到很少的 MWCNTs，表明 MWCNTs 从根向茎迁移的过程比较快[41]。NPs 在同一植物组织的不同部位也存在分布差异。CuO NPs（500 mg/kg）能够迁移至水稻的籽粒，XRF 检测发现 CuO NPs 能够转移并累积至糠和糊粉层中，但是不能到达中间的精米部分[58]。

不同 NPs 在同一种植物中的分布情况很有可能是不同的。经过 400 mg/kg CeO_2 NPs 暴露后的玉米植株，根部 Ce 浓度高达 111 ± 17 mg/kg；茎部浓度（1.24 ± 0.50 mg/kg）远低于根部；叶片和玉米穗轴中的浓度则和空白组没有显著性差异。与之不同的是，400 mg/kg ZnO NPs 暴露后，玉米植株根、茎、叶中 Zn 浓度虽然呈依次递减趋势，但含量均很高，分别为 1153 ± 122 mg/kg、262 ± 31 mg/kg 和 147 ± 16 mg/kg。玉米穗轴中的 Zn 含量也很高。在未成熟的和完全成熟的穗轴中 Zn 的浓度分别为 316 ± 52 mg/kg 和 127 ± 24 mg/kg[59]。玉米秸秆部分（茎、叶和穗轴）可作为牛饲料使用，其中高浓度的 ZnO NPs 有可能会因食物链放大效应导致人类摄入高水平 Zn。

NPs 在植物中的亚细胞分布，在不同暴露情境下也不尽相同。TiO_2 NPs 暴露后，水稻根部细胞中能观测到 NPs，主要在细胞膜内外两侧聚集，并未在细胞器周围附着[35]。有研究将长春花细胞原生质体直接暴露于 MWCNTs，发现 MWCNTs 能够直接穿透细胞膜进入原生质体，较短的 MWCNTs（＜100 nm）靶向迁移至细胞核、液泡和色素体，甚至能够进入液泡或深入细胞核[60]。CuO NPs 在拟南芥的根部可以被隔离至液泡中，这被认为是植物细胞对许多有毒污染物的有效解毒途径[27]，也是植物对有毒污染物的耐受机制之一。

NPs 的亚细胞分布也受 NPs 表面电荷和植物种类等因素的影响。带负电荷的细胞膜对于表面带电荷的 NPs 有一定的选择倾向性，基于 NPs 和各个亚细胞结构的亲和力不同，使其在植物细胞中的最终归趋各异。暴露于 NH_2-MWCNTs 的玉米植株，在其根部细胞中，大量带正电荷的 NH_2-MWCNTs 被吸附在细胞膜表面和某些细胞器表面，而表面带负电的 COOH-MWCNTs 则被细胞膜排斥，分散在细胞质中，中性的 p-MWCNTs 的分布则二者兼有，部分产生聚集，部分在细胞质中分散。但 MWCNTs 在叶细胞中的分布则基本没有电荷差异性现象，三种表面电荷的 MWCNTs 在叶部的细胞壁、细胞膜和细胞质中均有分布。植物种类不同，植物细胞对 NPs 的电荷选择性有不同的表现。在上述三种 MWCNTs 暴露后的大豆幼苗的根部，利用 TEM 观察到少量呈聚集状态的中性的 p-MWCNTs 和带负电的 COOH-MWCNTs，没有观察到带正电荷的 NH_2-MWCNTs；在大豆幼苗的叶部，带正电的 NH_2-MWCNTs 主要出现在细胞壁比较厚的厚壁细胞中。在纤维型厚壁细胞中，NH_2-MWCNTs 主要附着在细胞内纤维物质的周围；在石细胞型厚壁细胞中，NH_2-MWCNTs 形成了附着在细胞膜内侧的簇状结构。中性的 p-MWCNTs 和带负电的 COOH-MWCNTs 在大豆细胞中较少出现[41]。

16.2.4　脂质交换包膜穿透模型

NPs 在植物中的迁移和亚细胞分布，涉及 NPs 在植物体内每一道屏障（根表皮、叶角质层、细胞壁、细胞膜、细胞器膜等）上的跨越传输过程，也有研究者发展出相应数学模型来预测 NPs 的转运行为。

脂质交换包膜穿透模型（lipid exchange envelope penetration，LEEP）是 Wong 等[61]根据 SWCNTs 被叶绿体捕获的行为，发展出的 NPs 穿透简单广义膜过程的数学模型。该模型从物理和数学的角度解释了 NPs 的尺寸和电荷在其中的影响。LEEP 模型将 NPs 穿透叶绿体膜的整个过程分为多个子过程，对每个子过程中粒子的位移和电势等均用数学公式进行描述，最后整合成完整的跨膜机制。子过程包括：NPs 在叶绿体外部的对流和扩散、脂质膜的软化、NPs 和脂质相互作用、脂质膜形成孔隙、NPs 被完全包裹在脂质膜内。LEEP 提出了 NPs 粒径对应的跨膜电位阈值，只要高于此阈值，该粒径的 NPs 就可以穿过脂质膜。LEEP 表明，NPs 能否自发穿透脂质膜，取决于粒径和表面 ζ 电位的绝对值大小，而不是 ζ 电位的正/负符号（图 16-2）。

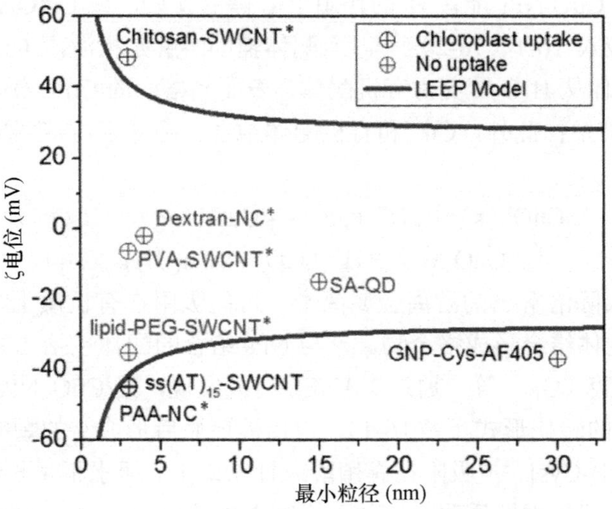

图 16-2　LEEP 模型的粒径和 ζ 电位阈值曲线[61]

图中的点是多种 NPs 能否穿透叶绿体脂质膜的实验结果，在两条曲线中间的 NPs 不能穿透叶绿体膜，曲线上下两侧的 NPs 可以穿透脂质膜并被限制在叶绿体内

16.3　纳米颗粒的植物转化

NPs 在植物根际和植物体内会经历多种价态变化和形态转变，包括溶解为离子、离子被氧化或还原、离子和配体结合形成络合物或沉淀、颗粒直接和有机配体结合等。

当 NPs 暴露在环境中，环境中的分子能自发地选择性吸附到 NPs 的表面，形成“分子冠（corona）”。例如，NPs 与植物根际的腐殖质或天然有机质等非生物源分子相互作用，形成“环境冠（environmental corona）”[62,63]；根系分泌或细胞活动排出的代谢分子（蛋白质、多糖、核酸等胞外聚合物）能在 NPs 表面形成“生态冠（ecological corona，eco-corona）”[64,65]；进入植物内部的 NPs 会与内源的大分子（蛋白质、脂质等代谢物质）结合，形成“生物分子冠（biomolecular corona）”[66]。分子冠能改变 NPs 表面的理化性质、水动力学特征和表面电势，赋予 NPs 独特的生物学性质[67]。蛋白冠（protein corona）和脂冠（lipid corona）是研究较多的典型分子冠。

16.3.1　纳米颗粒在植物体外的转化

1）纳米颗粒在植物根际的转化

NPs 在植物根表面会发生多种转化行为，进而影响其在植物中的吸收、迁移和累积等行为。植物根系周围的水/土壤环境因为植物根系分泌物而酸化，促进金属纳米颗粒溶解出游离金属离子[68]。Shang 等利用膜透析装置研究发现，25 mg/L CuO NPs 在没有玉米根系分泌物存在、有根系分泌物存在、有分泌物中的小分子部分（分子量小于 3 kDa）存在时，72 h 后的溶解率分别为 11.0%、13.9%和 12.8%，表明玉米根系分泌物能够促进 CuO NPs 的溶解，且分泌物中对溶解过程有贡献的主要是小分子部分[26]。根系分泌物对 NPs 的溶解，一方面是质子促进溶解，另一方面是配体辅助溶解。植物根部能分泌小分子酸性化合物，在酸性根际土壤中，CuO NPs 能在 H^+的作用下溶解生成 Cu^{2+}或 $Cu(OH)^+$，这一溶解作用还将有助于铜的进一步转化（见反应式 16-1、16-2）[58]。而配体辅助溶解是指游离 Cu^{2+}和根系分泌物中的有机配体结合，使 Cu 的表面配位体从 H_2O 转变为有机配体，表面晶格中的 Cu-O 键极化、弱化和断裂，使有机配体容易将 Cu^{2+}带入到溶液中；此外，Cu^{2+}和有机配体结合，降低了溶液环境中游离 Cu^{2+}浓度，进一步促进了 CuO NPs 的溶解。

$$CuO\text{（s）} + 2H^+\text{（aq）} \leftrightarrow Cu^{2+}\text{（aq）} + H_2O\text{（l）} \quad (16\text{-}1)$$

$$CuO\text{（s）} + H^+\text{（aq）} \leftrightarrow Cu(OH)^+\text{（aq）} \quad (16\text{-}2)$$

金属纳米颗粒在植物根际溶解出的游离金属离子，可能吸附在有机质上，或者发生氧化还原反应，进一步生成其他颗粒或与配体结合形成络合物。常与 NPs 络合的配体包括乙酸（Ac）、柠檬酸（Cit）、磷酸、半胱氨酸（Cys）和草酸（Ox）等。通过 XANES 研究发现，经 CuO NPs（500 mg/kg）暴露后的水稻根际土壤中存在多种 Cu 的转化形式（表 16-1），包括被还原后形成新的颗粒（Cu_2S 和 Cu_2O）、被还原后与配体半胱氨酸结合[Cu(I)-Cys]、被吸附在腐殖酸或针铁矿上。而水稻生长过程中，土壤灌溉条件的改变会导致氧化还原电位等土壤化学性质改变，从而影响 NPs 的存在形式。从幼苗期到抽穗期，土壤一直保持水淹状态，CuO 和吸附在腐殖酸上的 Cu 占有很高的比例；随着水淹时间的延长，这两种形式的 Cu 分别从 23.5%和 71.5%降低至 16.4%和 41.9%。在分蘖期（经过 21 天水淹过程之后），34.7%的 Cu 以 Cu_2S 的形式存在；在水淹时期的最后（抽穗期），13.1%的 Cu 转化为 Cu(I)-Cys，说明在水淹期间 Cu 的还原过程的发生。在水淹过程结束后，成熟期使用干燥-水淹交替的方式，CuO 的形式已经不存在了，吸附在腐殖酸上的 Cu 的比例降低至 13.7%；CuO 和吸附在腐殖酸上的 Cu 转化为 Cu_2S（48.8%）和吸附在针铁矿上的 Cu（37.8%）[58]。此外，Huang 等利用纳米等温滴定量热计（nITC），从热力学的角度研究发现 CuNPs 在人工合成的根系分泌物（包括糖、有机酸、氨基酸和酚酸）中会发生一系列相似的转化。CuNPs 表面发生溶解产生 Cu^{2+}，进一步生成混合配体螯合产物；同时 CuNPs 表面产生的 CuO 被去除。利用 X 射线光电子能谱（XPS）证实 Cu^{2+}进一步被还原生成 Cu^+和 Cu^0。CuNPs 和人工合成根系分泌物的强相互作用会影响 CuNPs 在黄瓜幼苗中的迁移。在添加人工合成分泌物的土壤中，CuNPs 向黄瓜幼苗的地上部分（叶片）转运会显著减少[69]。

表 16-1　XANES 分析 Cu 的各种形态在各样品中占 Cu 元素总量的比例（%）[58]
（经 500 mg/kg CuO NPs 暴露后的土壤和水稻组织样品）

土壤样品	CuO	吸附在腐殖酸上的 Cu	Cu_2S	Cu_2O	吸附在针铁矿上的 Cu	Cu(I)-Cys
幼苗期土壤	23.5	71.5	0	5.5	0	0
分蘖期土壤	14.9	50.8	34.7	0	0	0
抽穗期土壤	16.4	41.9	28.6	0	0	13.1
成熟期土壤	0	13.7	48.8	5.4	37.8	0
植物样品	**CuO**	**Cu-Cit**	**Cu-Ac**	**Cu_2O**	**Cu(I)-Cys**	**Cu(I)-Ac**
根部	15.0	48.1	0	15.7	21.2	0
茎部	6.2	54.6	0	0	20.3	19.0
叶片	18.4	34.6	21.5	0	25.4	0
糠	29.2	37.1	0	0	8.90	24.7
谷粒	0	0	25.0	42.1	10.5	22.4

CeO_2 NPs 和纳米零价铁（nanoscale zerovalent iron，nZVI）在植物根际也存在多种转化形式。水培黄瓜根际的 CeO_2 NPs，在有机酸和还原性物质的作用下，被还原为 Ce^{3+}。部分 Ce^{3+}进一步和营养液中的磷酸根（PO_4^{3-}）结合，在根表面形成 $CePO_4$ 沉淀。游离的 Ce^{3+}能够伴随 CeO_2 NPs 进入根部，发生进一步转化。CeO_2 NPs 转化为 $CePO_4$ 沉淀的过程是发生在根表面，而不是溶液中。因为在根部（包括表面吸附部分），Ce 元素的组成包括 CeO_2 NPs（66%）和 $CePO_4$（34%）；而在暴露后的残留溶液中，CeO_2 NPs 占 97.2%，$CePO_4$ 只占 2.7%[68]。进而通过不同的暴露方式，包括正常水培暴露、短时间暴露（少部分根暴露 3 h 后，将暴露的根剪掉）和叶柄注射暴露，证明了黄瓜根表面是 CeO_2 NPs 被还原为 Ce^{3+}的场所，且根系分泌物的作用至关重要[70]。CeO_2 NPs 在土培水稻的根际环境中能转化为 $CePO_4$ 和乙酸络合产生 $Ce(Ac)_3$。和有氧（无水淹）条件相较，在稻田缺氧（水淹）条件下，土壤 pH 值和氧化还原电位较低，更多的 CeO_2 NPs 在根际和水稻植株中转化为 Ce(III)[71]。nZVI 在黄瓜的根分泌物（有机酸、质子和代谢物等）的作用下，能够发生溶解、氧化/还原等多种转化过程。因为根际酸化，nZVI 还可以形成稳定的铁-有机络合物（如柠檬酸铁），并在植物内部沿着木质部从根部向茎部进行转运[72]。

2）纳米颗粒在植物根际形成生态冠

在根际，NPs 与根系分泌的活性大分子结合形成生态冠，会显著影响 NPs 的植物吸收、迁移、累积行为和毒性效应。

通过傅里叶变换红外光谱（FTIR）测定发现，与玉米根系分泌物混合孵育增强了 CuO NPs 在 1096、1226、1604、2942 和 3296 cm^{-1} 波长处的峰值强度，表明含有羟基、醚键、羧基、酚羟基、酯基、酰胺等官能团的化学物质增多。这说明玉米根系分泌物被吸附到 CuO NPs 表面，改变了 CuO NPs 表面的化学性质。CuO NPs 表面主要吸附根系分泌物中的大分子成分（分子量大于 10 kDa），形成的生态冠抑制了 NPs 的聚集行为；分散良好的 CuO NPs 与根表面的接触增加，促进了根组织对 CuO NPs 的吸收，显著增加了 Cu 在根系中的积累。相应的，CuO NPs（25 mg/L）对玉米植株暴露 7 天后产生的毒性也因玉米根系分泌物的存在而增强，结果显示，玉米植株的生长速率从 4.82%降低至 1.18%[26]。

我们的研究也发现水稻、南瓜、大豆三种农作物根系分泌物中的蛋白质等大分子物质（分子量大于 3 kDa）能够结合到黑磷纳米片（black phosphorus nanosheets，BPNSs）的表面，形成生态冠，而体系中大分子浓度和 Ca^{2+}浓度的增加会促进生态冠的形成，可能增加其对植物的可利用度[73]。

16.3.2　纳米颗粒在植物体内的转化

1）纳米颗粒在植物内部的溶解

NPs 的溶解通常是其在植物体内发生转化的第一步。但是目前对此的研究还不多，主要原因是将植物体内的 NPs 和溶解产生的离子进行分离并保证各形态在分离的过程中不会发生转化还较为困难。Yang 等[57]利用双同位素示踪的方法，成功将植物中的 NPs 及其解离的离子态化合物的 ICP-MS 的信号加以区分，研究了 AgNPs 在水稻植株内部的溶解行为。将水稻植株同时暴露于 $^{107}AgNO_3$ 和 ^{109}AgNPs（浓度均为 50 μg/L，14 天），在茎中检测到比初始比例高的 Ag^+，说明 AgNPs 在水稻茎中存在转化为 Ag^+的过程。

商品化 NPs，为保证良好的分散性和稳定性，往往在表面包被有机配体，NPs 表面的有机配体也有可能在植物体内发生溶解。经过 2 天暴露，PEI-CdSe/CdZnS QDs 和 PAA-EG-CdSe/CdZnS QDs 在扦插杨树枝中都会发生部分配体溶解、金属内核聚集、荧光“红移”的现象。暴露 11 天后，PEI-QDs 聚集体的荧光未发生改变；而 PAA-EG-QDs 则因表面配体不稳定，聚集体的荧光完全消失[43]。由此可见，表面配体的溶解行为直接影响了 NPs 的植物体内行为。

2）纳米颗粒在植物内部形成生物分子冠

NPs 被植物吸收到体内，表面形成生物分子冠，会影响 NPs 的植物细胞识别、摄取、储存及分布[66]。受限于现有的研究和分析方法，相关研究还比较少。Prakash 等[74]和 Kurepa 等[75]发现 AuNPs 和 TiO_2 NPs 在离体植物组织中形成了生物分子冠。Borgatta 等[66]则通过活体暴露研究了 CuO NPs 在南瓜木质部中形成生物分子冠的过程。虽然木质部汁液中碳水化合物含量较高，能与 NPs 形成生物分子冠，但 CuO NPs 的生物分子冠的主要成分还是蛋白质。而蛋白质与 CuO NPs 表面的结合具有选择性，蛋白冠中最丰富的蛋白质并非木质部汁液中含量最丰富的蛋白质。此外，蛋白质和 CuO NPs 的相互作用是不可逆的，而碳水化合物和 CuO NPs 相互作用是可逆的。

3）纳米颗粒在植物中转化生成其他颗粒

金属纳米颗粒在植物中溶解产生的离子，倾向于转化生成稳定性好、迁移能力弱的颗粒态物质，这也是植物抵御外来离子胁迫的自我保护机制之一。这个过程常伴随着金属离子的还原过程，金属离子在具有还原活性的分子（如抗坏血酸、还原性糖等抗氧化剂和还原酶）的作用下，生成反应活性减弱的低价态离子。常见的有以下几种情况。

（1）生成金属硫化物颗粒

金属纳米颗粒很容易与含硫醇的生物分子（半胱氨酸等）反应，生成金属硫化物颗粒。金属硫化物解离常数低，稳定性好，因此，形成金属硫化物一般被认为是金属纳米颗粒在植物中的解毒机制[50]。现有研究大多认为，颗粒溶解成离子是形成金属硫化物颗粒的必要条件。来自小分子（如 *L*-半胱氨酸、*L*-蛋氨酸）的硫醇比蛋白质（如血清）能更有效地形成硫化物。金属硫嘌呤可以通过结合细胞质中的 NPs 参与硫化过程[50]。植物中的还原性糖（葡萄糖和果糖等）在离子转化形成硫化物颗粒的过程中可能起到重要作用[46]。

CuO NPs 在水培暴露的凤眼莲根部、露出水的叶子和水淹的叶子中都能转化生成 Cu_2S 颗粒，分别占各组织中铜元素的 7.6%、24.5%和 3.7%。在硫化过程中还伴随 Cu（II）转化成 Cu（I）的还原过程。在 CuO NPs 从根转移至露出水的叶子的过程中，CuO 比例下降，Cu_2S 比例升高，说明在根–叶运输过程中，CuO NPs 的硫化过程增强[50]。

（2）生成金属氧/氯化物颗粒

除了硫醇分子外，含 O 和富电子取代结构的生物分子也可以作为电子供体使金属元素发生还原反应并生成氧化物颗粒。在凤眼莲的水淹叶片中，CuO NPs 被还原，转化生成了 Cu_2O 颗粒(3.8%)[50]。在水稻根部和籽粒中，CuO NPs 也能被还原转化生成 Cu_2O[58]（表 16-1）。

*n*ZVI 在黄瓜根际较低的 pH 条件下形成铁-有机复合物；复合物进入黄瓜体内后，因木质部和叶片细胞中 pH 变化，复合物溶解，生成铁的氧化物或氢氧化物沉淀。通过近边缘 X 射线吸收精细结构（NEXAFS）分析，Fe 在黄瓜根部的形态包括 41%的柠檬酸铁和 59%的铁的氧化物和氢氧化物（包括 γ-FeOOH、α-FeOOH 和 γ-Fe_2O_3）；在茎部，柠檬酸铁和铁的氧化物及氢氧化物分别占 Fe 元素组成的 60%和 40%[72]。

此外，金属元素还能形成氯化物沉淀。在水培暴露的拟南芥根中，CuO NPs 被还原为 Cu(Ⅰ)Cl 颗粒，并被隔离至液泡中。通过 TEM-EDS 观测发现根部细胞液泡中的沉淀主要由 Cu 和 Cl 组成，进一步结合 HRTEM 的电子衍射和晶面间距测量，确认液泡中观测到的沉淀是 CuCl 颗粒[27]。

（3）形成金属磷酸盐沉淀

稀土元素离子（rare earth ions，RE^{3+}）容易被 PO_4^{3-}捕获，形成不溶性 $REPO_4$ 沉淀（溶度积为 10^{-24}～10^{-26}）。因此，CeO_2 NPs 在水培黄瓜根表面和根内部细胞间隙也能够形成 $CePO_4$ 沉淀。研究者通过 TEM

在暴露后的黄瓜根表面和根部细胞间隙观察到 CeO_2 NPs 团聚体和针状沉淀集群。针状沉淀集群经 EDS 分析发现主要由 Ce 和 P 元素组成，原子比例接近 1；进一步结合 STXM 成像和 XANES 手段确认针状沉淀是 $CePO_4$[68]。

4）纳米颗粒或其溶解的离子与配体络合

NPs 或其在植物内部溶解生成的离子能与有机或无机配体络合形成多种络合物或螯合物。在凤眼莲根部，CuO NPs 或其溶解的 Cu^{2+}能络合生成 Cu-Ac（14.2%）、Cu-Cit（3.9%）和 $Cu_2(OH)PO_4$（8.7%）。在凤眼莲露出水的叶子中，检测到了 $Cu_2(OH)PO_4$（24.3%）；在淹水的叶子中检测到 Cu-Cit（3.8%）和 Cu-Ac（18.2%）[50]。CuO NPs 在水稻中也能形成络合物(表 16-1)，以 Cu-Cit 为主，Cu 的还原过程伴随发生。在水稻的根、茎、糠中，有大约 1/3 的 Cu(Ⅱ)被还原成 Cu(I)，而 Cu(I)还会进一步发生络合反应。在根、茎、叶中，Cu(I)主要生成 Cu(I)-Cys，这可能是植物螯合素对于重金属胁迫的解毒过程。在水稻籽粒中，大量的 Cu(Ⅱ)被还原成 Cu(I)，占 Cu 总量的 75%；其中包括 Cu_2O（42.1%）、Cu(I)-Cys（10.5%）和 Cu(I)-Ac（22.4%）[58]。CeO_2 NPs 在黄瓜茎部和叶部有机酸（如柠檬酸）的作用下，可溶解为 Ce^{4+}，然后在还原性物质（如抗坏血酸）的作用下被还原为 Ce^{3+}，再与含羧基的物质结合形成铈的羧化物[如 $Ce(CH_3COO)_3$]。黄瓜茎部含有 CeO_2 NPs（86.4%）和铈的羧化物（13.6%）；在叶部含有 CeO_2 NPs（78.5%）和铈的羧化物（21.5%）[68]。

植株中转化产物的生成量与 NPs 表面包被、NPs 形状有关。将黄瓜暴露于 CeO_2 NPs，从 Ce 的绝对量来看，在根中，表面带正电的 Cs-CeO_2 NPs 产生的 Ce(Ⅲ)远多于表面带负电的 PAA-CeO_2 NPs，这是由于表面带正电的 Cs-CeO_2 NPs 在根表面被吸附较多。在茎中，PAA-CeO_2 NPs 产生的 Ce(Ⅲ)却比 Cs-CeO_2 NPs 略多，这是因为表面带正电的 Cs-CeO_2 NPs 从根向茎的迁移效率低[42]。Zhang 等研究发现不同形状（棒状、八面体、立方体、不规则形状）的 CeO_2 NPs 在黄瓜植株根部均能转化为 $CePO_4$、Ce-Ac、Ce-O*x*，在茎部的转化产物主要为 $CePO_4$。但棒状 CeO_2 NPs 比其他形状 CeO_2 NPs 在黄瓜植株中转化为 Ce(Ⅲ)的速度更快，使其在根部和茎部生成的 Ce(Ⅲ)比其他三种形状的 CeO_2 NPs 多大约 40%。棒状 CeO_2 NPs 在植物根系分泌物的模拟溶液中也表现出比其他形状 CeO_2 NPs 更高的转化率，说明棒状 CeO_2 NPs 比其他形状具有更高的化学反应活性[76]。

5）纳米颗粒生成其他化学物质

硒纳米颗粒（SeNPs）通过水培暴露水稻植株（10 μmol/L），能够迅速被同化为硒代氨基酸的形式，在根和茎中分别占 6.31%、95.18%。此外，硒代胱氨酸和甲基硒代半胱氨酸也被少量检出，分别占 0.93% 和 0.97%[48]。

采用同位素标记方法探究发现，石墨烯（fewlayer graphene，FLG）被水稻吸收后，可被降解转化产生 $^{14}CO_2$，而降解过程主要发生于茎叶部分。对暴露后的水稻叶片进行电子自旋共振光谱（ESR）分析，发现大约 9%的 ^{14}C-FLG 在叶片中与·OH 反应，从而被降解为 $^{14}CO_2$[77]。

16.4　纳米颗粒对植物的生物效应

NPs和植物之间的作用是交互的。NPs在环境中的赋存、形态受到植物的影响，植物也会因为NPs的暴露而引发一系列的生物效应。植物受到NPs的影响是多层次、多方面的，种子的萌发、植物的生长、形态和产量、植物的生理功能（如植物光合作用、营养价值等）以及植物体内的酶和基因等都可能对NPs

暴露有所响应[29,78,79]。这些效应对NPs的敏感度不同，有时NPs的暴露可能并不能引起肉眼可见的生长状况和形态等的变化，但在生理功能指标、基因和蛋白的层面已经发生了响应。此外，这些响应与NPs在植物系统中的赋存形态和浓度有直接关系，有的NPs在低浓度表现出对植物有利的促进作用，而在高浓度时对植物存在抑制作用。

16.4.1　纳米颗粒对种子萌发的影响

NPs 暴露对植物种子萌发的影响，可以作为判断其植物效应的指标之一。TiO_2 NPs（50 mg/L）暴露导致豌豆种子的发芽率降低约 16%[80]。但在某些情况下，NPs 可以作为种子的激发剂，促进种子的萌发。ZnO NPs（10 mg/L）能显著提高小麦种子萌发性能（发芽率、发芽势或发芽速率、萌发幼苗的根茎长度）和活力指数（活力指数Ⅰ=发芽率×幼苗长度；活力指数Ⅱ=发芽率×幼苗干重），还增强了种子的水分吸收能力和 α-淀粉酶的活性[81]。在一些环境条件的胁迫下，种子的萌发会受到抑制，但加入适当的 NPs，可以缓解这种抑制作用。例如，SeNPs 和 ZnO NPs 能够通过下调脱落酸和上调赤霉素水平的方式，提高两种油菜种子在盐胁迫条件下的发芽率[82]。用种子发芽率评估 NPs 的生物效应，肉眼就可观测，较为直观、便捷，成本也低，但不够灵敏，特别是对于尺寸小、数量多的种子的萌发，观测误差率高。

16.4.2　纳米颗粒对植物的形态、生长和产量的影响

NPs 对植物形态的改变，是其植物效应最直接的表观证据。CuO NPs（50 mg/L）暴露导致凤眼莲的根部形态改变。根冠和分生区造成严重破坏，细胞排列紊乱，根尖伸长区也被破坏[50]。纳米塑料的暴露使拟南芥的长势受到不利影响，肉眼可见植株地上部分高度降低，茎叶数量减少[45]。施用较高水平的 Al_2O_3 NPs（50、250、500 mg/L）可使大麦根系逐渐减少[83]。

植物的生长情况、果实或籽粒的产量能够反映植物的健康状况，常见的表征植物生长情况的指标包括：植物各部位或整体的干重、鲜重、长度等。

某些 NPs 对植物的生长和产量会产生负面作用。CuO NPs（50 mg/L）暴露 8 天后凤眼莲根和茎的鲜重显著降低，说明 CuO NPs 对根和茎的生长均有显著的抑制作用，而 CuO NPs 的抑制作用要强于 CuO 颗粒晶体和 Cu^{2+}（0.30 mg/L）[50]。CuO NPs 对水稻植株也存在较强的毒性。CuO NPs（500、1000 mg/kg）导致水稻从分蘖期开始，植株长度和生物量降低，籽粒的产量也显著降低；与对照组相比，500 mg/kg CuO NPs 处理组的籽粒鲜重显著降低至对照组的 6.51%[58]。5 和 50 mg/L 的 CuO NPs 会使杜鹃的生物量分别下降 9%和 18%；相比之下，0.5、5 和 50 mg/L 的 CdS QDs 会使杜鹃的生物量显著下降 16%、31%和 44%，显然，CuO NPs 对杜鹃植株的毒性低于 CdS QDs[84]。CeO_2 NPs（800 mg/kg）和 ZnO NPs（800 mg/kg）分别能使玉米的产量下降 38%、49%[59]。纳米塑料对拟南芥的生长具有抑制作用。Sun 等[45]通过多个指标（根长、茎长、鲜重）的测定，发现带正电荷的纳米塑料（NH_2-PS）比带负电的纳米塑料（SO_3H-PS）对植物的生长和幼苗的发育的抑制作用更强。

也有一些 NPs 能够促进植物生长，提高植物的抗逆特性[85]。有时同一种 NPs，对不同的植物会有不同的作用。MWCNTs 在相同剂量下（50.0 mg/L），虽然会抑制大豆幼苗的生长，但能够刺激玉米幼苗生长，玉米幼苗的蒸腾量和植株干重均显著高于对照组[41]。CeO_2 NPs（10、50 和 100 mg/kg）能促进萝卜新鲜生物量的积累[31]。此外，CeO_2 NPs 在水稻植株中表现出“低浓度（100 mg/kg）具有促进作用，高浓度（500 mg/kg）具有毒害作用”的现象。水淹条件、低浓度暴露时，水稻根部干重增加 22%，根长和茎长分别增加 35%和 38%；但在高浓度条件下，根部和茎部干重分别降低 14%和 34%[71]。TiO_2 NPs 暴露于

香菜植株时也产生了类似的现象，50 mg/L 的剂量会使香菜生物量增加，而 400 mg/L 的剂量会使生物量和根系含水量显著下降[86]。

16.4.3　纳米颗粒对植物光合作用的影响

光合作用是植物固定碳、发展生物量和产生氧气的重要生理过程。该过程易受环境污染物的干扰[29]，可通过相对叶绿素含量、光系统Ⅱ（PSII）的最优量子产率（F_v/F_m）、光化学效率（ΦPSII）等参数进行评估。其中 F_v/F_m 是常用的指示环境胁迫的指标，胁迫导致 PSII 受损，使 F_v/F_m 降低。

有些 NPs 会抑制植物的光合作用。ZnO NPs（800 mg/kg）暴露 20 天之后，玉米的净光合作用降低 12%，相对叶绿素含量降低 10%[59]。带正电荷的纳米塑料（NH_2-PS）（1.0 g/kg）会使拟南芥的叶绿素含量显著降低[45]。而有些 NPs 可以增强光合作用。CeO_2 NPs 经常展现出促进植物光合作用的特性。有研究显示，CeO_2 NPs 在拟南芥的叶绿体内能够清除活性氧物质（reactive oxygen species，ROS），增强植株的光合作用，但不同表面电荷、不同 Ce^{3+}/Ce^{4+}比例的 CeO_2 NPs 对拟南芥植株的影响不同。表面负电的 PAA-CeO_2 NPs（低 Ce^{3+}/Ce^{4+}比例，35.0%）可提高拟南芥的光合作用，与空白组植物相比，PSII 量子产率提高了 19%，碳同化率提高了 67%，Rubisco 羧化率提高 61%。但高 Ce^{3+}/Ce^{4+}比值（60.8%）的 PAA-CeO_2 NPs 会提高叶片总体 ROS 水平，无法阻止拟南芥的 DNA 氧化损伤，也不能缓解光合作用所受的胁迫[87]。不同剂量的 CeO_2 NPs（10、50 和 100 mg/kg）暴露 40 天后，萝卜的光合作用也得到了提高，相对叶绿素含量分别比对照提高 12.5%、12.9%和 12.2%[31]。对于水稻植株，低浓度 CeO_2 NPs（100 mg/kg）使相对叶绿素含量增加 40%，ΦPSII 增加 11%，促进了水稻的光合作用；而高浓度 CeO_2 NPs（500 mg/kg）导致叶绿素含量降低 20%，F_v/F_m 降低 17%，ΦPSII 降低 18%，抑制了光合作用[71]。SWCNTs 也能促进植物的光合作用[88]。

16.4.4　纳米颗粒对植物营养成分的影响

NPs 暴露可能导致植物组织中营养元素或营养物质的分布改变，对植物的营养价值产生影响。应用 μ-XRF 研究发现 CeO_2 NPs 可以改变玉米籽粒中 Ca 的分配[59]。玉米果实中的 Cu、K、Mn 和 Zn 等元素主要分布在籽粒插入穗轴处，而 Ca 和 Fe 则随机分布在籽粒的其他部位。和空白对照组相比，CeO_2 NPs 处理的玉米籽粒的中心部位的 Ca 明显减少，而玉米穗轴中 Ca 的浓度并没有差异，说明穗轴到籽粒的 Ca 转运减少，这可能会改变玉米的品质。施用 TiO_2 NPs 可以促进了营养元素 K、Ca、Mg、Fe、Mn、Zn 和 B 在香菜地上部分的积累，这种促进作用在较高的浓度（400 mg/L）下也依然保持[86]。

某些 NPs 暴露会改变植物代谢及营养物质水平。CuNPs 暴露后，黄瓜果实中的 5 种必需氨基酸（缬氨酸、亮氨酸、异亮氨酸、苏氨酸和酪氨酸）的含量升高，2 种必需氨基酸（赖氨酸和蛋氨酸）含量降低；肌醇、柠檬酸等内源代谢物下调；一些糖类（木糖、果糖）、氨基酸（甘氨酸、脯氨酸）、有机酸（苯甲酸、戊二酸）和脂肪酸（辛酸、亚麻酸）上调。由此可见，CuNPs 能使瓜果中的营养物质发生变化[89]。有时，植物暴露于 NPs，表型尚未发生变化，但植物代谢和营养成分已经改变。CeO_2 NPs 通过叶片喷洒暴露菠菜植株 3 周（0.3、3 mg/株），表型参数（叶绿素荧光、光合色素含量、植物生物量、脂质过氧化和膜透性）都没有受到显著影响。但是，代谢组学分析显示，低剂量 CeO_2 NPs（0.3 mg /株）诱导菠菜叶片的代谢重编程，产生了积极的防御反应，但重要的生物学通路均没有下调。然而，与低剂量相比，高剂量 CeO_2 NPs 引发了更多的代谢变化，扰乱了菠菜根的氮代谢，显著下调多种氨基酸、糖类和有机酸[90]。相比于表型指标，分析植物的代谢变化能够更灵敏地评估 NPs 的植物效应。

16.4.5 纳米颗粒诱导植物活性氧生成以及抗氧化酶的调控

植物在受到胁迫时，可能会诱导产生 ROS（包括 $O_2^{-}\cdot$、H_2O_2 和·OH），过量的 ROS 导致植物细胞受到氧化损伤。抗氧化酶，包括超氧化物歧化酶（superoxide dismutase，SOD）和过氧化氢酶（catalase，CAT）等，在植物受到氧化胁迫时活性增加，通过清除 ROS、减缓植物氧化损伤来提高植物对内源或外源胁迫的耐受性[29]。而植物受到氧化胁迫，发生脂质过氧化时会生成丙二醛（malondialdehyde，MDA）[31]。除此之外，脯氨酸也是植物受到氧化胁迫的一个标志。因此，通过测定抗氧化酶的活性、MDA 或脯氨酸的含量，可以间接评估植物受到的氧化胁迫程度。

NPs 作为一种外源物质，很容易引起植物的氧化损伤。CuO NPs 在拟南芥中能诱导超氧自由基（$O_2^{-}\cdot$）的显著积累，引起植物的氧化应激，导致多不饱和脂肪酸（polyunsaturated fatty acids，PUFA）减少，脂肪酸饱和度提高[27]。PUFA 的过氧化作用被认为是毒性发展的一个关键前提，因为它会导致膜脂组成的改变，从而导致膜特性的改变，进而破坏细胞功能，甚至导致细胞凋亡。而相比于带负电的纳米塑料（SO_3H-PS），带正电荷的纳米塑料（NH_2-PS）在拟南芥根部可以诱导更高含量的 ROS（H_2O_2 和 $O_2^{-}\cdot$）的积累，更强烈地抑制植物的生长[45]。

但是不乏能够减缓植物氧化损伤的 NPs。很多研究都报道低浓度 CeO_2 NPs 能够清除植物体内的自由基，对植株产生有利影响。球形 CeO_2 NPs（表面带负电荷、粒径小于 11 nm、低 Ce^{3+}/Ce^{4+}比例）在拟南芥的叶绿体内能够清除 ROS 物质，增强植株的光合作用[87]。CeO_2 NPs 能提高萝卜抗氧化酶系统的活性，避免自由基对萝卜根和叶的损害[31]。在水淹的条件下，低浓度的 CeO_2 NPs（100 mg/kg）导致根系脯氨酸含量降低 33%，说明根系氧化损伤胁迫减少；根部和茎部的 SOD 和 CAT 活性提高，说明水稻的耐受性提高，水稻的生长得到改善。高浓度的 CeO_2 NPs（500 mg/kg）使得水稻根部 MDA 含量增加 40%，根系中脯氨酸的积累增加，对水稻产生负面影响[71]。

16.4.6 纳米颗粒诱导植物基因损伤

植物基因损伤是 NPs 带给植物的深层次改变。虽然不是肉眼可见的变化，但是诱变的基因损伤累积会导致植物基因组的不稳定，进而导致植物生长减缓，引发植物疾病。DNA 氧化损伤是由氧源自由基（主要是·OH）攻击核苷酸库中游离的嘌呤、嘧啶或完整的双链 DNA 产生，可能会导致 DNA 分子的碱基修饰、DNA 单/双链的断裂、链间交联、链内交联等。碱基修饰产物，会引起 DNA 复制时碱基的错误配对及编码，进而导致基因突变。鸟嘌呤因为具有最低的还原电位，C8 位容易受到氧自由基攻击，产生碱基修饰产物 8-羟基脱氧鸟嘌呤（8-hydroxy-2 deoxyguanosine，8-OHdG）或 8-羟基鸟嘌呤（7,8-dihydro-8-oxoguanine，8-OH-Gua）。常见的 DNA 氧化损伤产物还包括 2,6-二氨基-4-羟基-5-甲酰胺嘧啶（2,6-diamino-4-hydroxy-5-formamidopyrimidine，FapyGua）和 4,6-二氨基-5-甲酰胺嘧啶（4,6-diamino-5-formamidopyrimidine，FapyAde）[91]。FapyGua 是由 8-OH-Gua 进一步反应得到；FapyAde 是腺嘌呤的氧化损伤产物。8-OHdG、8-OH-Gua、FapyGua 和 FapyAde 都是 DNA 氧化损伤的重要标志物。

CuO NPs 暴露会导致萝卜、多年生黑麦草和一年生黑麦草的基因产生氧化损伤。测定组织中氧化损伤 DNA（8-OH-Gua、FapyGua 和 FapyAde）的积累水平，结果表明，在 1000 mg/L 暴露浓度下，萝卜幼苗中三种 DNA 氧化损伤（FapyAde、FapyGua 和 8-OH-Gua）积累量分别比空白对照组增加约 220%、260% 和 450%。在有效剂量范围内，三种 DNA 氧化损伤均呈现线性相关的剂量-效应关系。从诱导氧化损伤的机制上看，在低浓度（低于 500 mg/L）时，CuO NPs 溶解产生的 Cu^{2+}通过芬顿反应将 H_2O_2 转化为·OH，从而引起 DNA 的氧化损伤；而在高浓度（高于 500 mg/L）时，CuO NPs 本身则是产生氧化损伤的主要原因。此外，CuO NPs 对不同植物的氧化损伤程度会有所不同，黑麦草的 DNA 氧化损伤较萝卜低，黑麦草中 FapyGua 和 8-OH-Gua 的累积水平比同剂量的萝卜处理组低 2 倍，FapyAde 比萝卜低 10 倍[91]。Zhang 等通过测定 8-OHdG 来评估水稻的 DNA 氧化损伤情况。低浓度 CeO_2 NPs（100 mg/kg）暴露的水稻根部和茎部产生的 DNA 氧化损伤比空白对照组低，而高浓度 CeO_2 NPs（500 mg/kg）在水淹条件下，茎部产生的 DNA 氧化损伤增加[71]。

有时，NPs 的暴露没有引起表观指标的显著变化或 DNA 损伤，但是却显著改变了某些基因的表达，影响植物的内在生理。研究发现，Al_2O_3 NPs 和 ZnO NPs（500 mg/L）对大麦种子的萌发没有显著影响，但是却能显著改变转录因子和水通道蛋白基因表达[83]。

NPs 暴露诱导植物产生 DNA 损伤，发生累积，进一步抑制植物的生长，可能对植物的生存能力产生深远的代际影响[91]。

16.5　展　望

随着纳米技术的不断进步，各种新型纳米材料的涌现，其环境行为和生物效应越来越引起人们的关注，虽然已经有一些研究关注纳米材料与植物之间的交互作用，但 NPs 的植物迁移、转化和效应还有很多地方尚不明确，需要深入研究。① 现有 NPs 的植物体内迁移研究多局限于各组织中的元素总量测定，对颗粒态材料在组织、细胞、亚细胞的原位定位研究还相对缺乏。② NPs 在根际能结合植物分泌的生物分子形成生态冠、在植物内部则有可能与体内生物大分子相互作用形成生物分子冠。对 NPs 表面结合的生物分子表征及其对 NPs 植物行为的影响，尚需更多的关注。因此，亟待发展植物组织内部具有生物分子冠的 NPs 的分离与分析技术。③ NPs 转运、转化的植物生理机制尚不明晰。比如哪些植物中的活性分子、酶参与 NPs 的转运、转化过程，植物细胞壁、细胞膜、胞间连丝等对于 NPs 的尺寸限制机制，NPs 穿过植物细胞膜的机制（穿透、胞吞作用、通过水通道蛋白的作用等）等都还需要深入探讨。④ 新型 NPs 的数量与日俱增，针对每一种 NPs 都开展相应的植物行为研究是不现实的，因此，通过机器学习[92]、数学模型[61]等手段对于 NPs 在植物中转运和转化等内在规律进行研究，进而对 NPs 的行为进行有效预测，是十分必要的。

参 考 文 献

[1] Pulido-Reyes G, Leganes F, Fernández-Piñas F, et al. Bio-nano interface and environment: A critical review. Environmental Toxicology and Chemistry, 2017, 36(12): 3181-3193.

[2] Zhao J, Chen L, Li D, et al. Large-area patterning of full-color quantum dot arrays beyond 1000 pixels per inch by selective electrophoretic deposition. Nature Communications, 2021, 12(1): 4603.

[3] Liu Q, Zhou Q, Jiang G. Nanomaterials for analysis and monitoring of emerging chemical pollutants. TrAC Trends in Analytical Chemistry, 2014, 58: 10-22.

[4] 李鸿程, 周群芳, 刘伟, 等. 量子点毒性效应的研究进展. 中国科学 B 辑: 化学, 2008, 38(5): 396-403.

[5] Michalet X, Pinaud F F, Bentolila L A, et al. Quantum dots for live cells, in vivo imaging, and diagnostics. Science, 2005, 307(5709): 538.

[6] Soenen S J, Manshian B B, Himmelreich U, et al. The performance of gradient alloy quantum dots in cell labeling. Biomaterials, 2014, 35(26): 7249-58.

[7] Medintz I L, Uyeda H T, Goldman E R, et al. Quantum dot bioconjugates for imaging, labelling and sensing. Nature

Materials, 2005, 4: 435-446.

[8] Erland L A E, Yasunaga A, Li I T S, et al. Direct visualization of location and uptake of applied melatonin and serotonin in living tissues and their redistribution in plants in response to thermal stress. Journal of Pineal Research, 2019, 66(1): e12527.

[9] Santana I, Wu H, Hu P, et al. Targeted delivery of nanomaterials with chemical cargoes in plants enabled by a biorecognition motif. Nature Communications, 2020, 11(1): 2045.

[10] Schwab F, Zhai G, Kern M, et al. Barriers, pathways and processes for uptake, translocation and accumulation of nanomaterials in plants – Critical review. Nanotoxicology, 2016, 10(3): 257-278.

[11] Hubbard J D, Lui A, Landry M P. Multiscale and multidisciplinary approach to understanding nanoparticle transport in plants. Current Opinion in Chemical Engineering, 2020, 30: 135-143.

[12] Nadiminti P P, Sharma H, Kada S R, et al. Use of Mg–Al nanoclay as an efficient vehicle for the delivery of the herbicide 2, 4-dichlorophenoxyacetic acid. ACS Sustainable Chemistry & Engineering, 2019, 7(12): 10962-10970.

[13] Lowry G V, Avellan A, Gilbertson L M. Opportunities and challenges for nanotechnology in the agri-tech revolution. Nature Nanotechnology, 2019, 14(6): 517-522.

[14] Ashfaq M, Verma N, Khan S. Carbon nanofibers as a micronutrient carrier in plants: efficient translocation and controlled release of Cu nanoparticles. Environmental Science: Nano, 2017, 4(1): 138-148.

[15] Ocsoy I, Paret M L, Ocsoy M A, et al. Nanotechnology in plant disease management: DNA-directed silver nanoparticles on graphene oxide as an antibacterial against *Xanthomonas perforans*. ACS Nano, 2013, 7(10): 8972-8980.

[16] Yao K S, Li S J, Tzeng K C, et al. Fluorescence silica nanoprobe as a biomarker for rapid detection of plant pathogens. Advanced Materials Research, 2009, 79-82: 513-516.

[17] Li J, Wu H, Santana I, et al. Standoff optical glucose sensing in photosynthetic organisms by a quantum dot fluorescent probe. ACS Applied Materials & Interfaces, 2018, 10(34): 28279-28289.

[18] Wu H, Nißler R, Morris V, et al. Monitoring plant health with near-infrared fluorescent H_2O_2 nanosensors. Nano Letters, 2020, 20(4): 2432-2442.

[19] Giraldo J P, Wu H, Newkirk G M, et al. Nanobiotechnology approaches for engineering smart plant sensors. Nature Nanotechnology, 2019, 14(6): 541-553.

[20] Dong R, Li Y, Li W, et al. Recent developments in luminescent nanoparticles for plant imaging and photosynthesis. Journal of Rare Earths, 2019, 37(9): 903-915.

[21] Yu G, Tan Y, He X, et al. CLAVATA3 dodecapeptide modified CdTe nanoparticles: a biocompatible quantum dot probe for in vivo labeling of plant stem cells. PLoS One, 2014, 9(2): e89241.

[22] Kwak S-Y, Lew T T S, Sweeney C J, et al. Chloroplast-selective gene delivery and expression in planta using chitosan-complexed single-walled carbon nanotube carriers. Nature Nanotechnology, 2019, 14(5): 447-455.

[23] Torney F, Trewyn B G, Lin V S Y, et al. Mesoporous silica nanoparticles deliver DNA and chemicals into plants. Nature Nanotechnology, 2007, 2(5): 295-300.

[24] Giraldo J P, Landry M P, Kwak S Y, et al. A ratiometric sensor using single chirality near-infrared fluorescent carbon nanotubes: Application to in vivo monitoring. Small, 2015, 11(32): 3973-3984.

[25] Wong M H, Giraldo J P, Kwak S-Y, et al. Nitroaromatic detection and infrared communication from wild-type plants using plant nanobionics. Nature Materials, 2016, 16: 264.

[26] Shang H, Guo H, Ma C, et al. Maize (*Zea mays L.*) root exudates modify the surface chemistry of CuO nanoparticles: Altered aggregation, dissolution and toxicity. Science of the Total Environment, 2019, 690: 502-510.

[27] Yuan J, He A, Huang S, et al. Internalization and phytotoxic effects of CuO nanoparticles in *Arabidopsis thaliana* as revealed by fatty acid profiles. Environmental Science & Technology, 2016, 50(19): 10437-10447.

[28] Werlin R, Priester J H, Mielke R E, et al. Biomagnification of cadmium selenide quantum dots in a simple experimental microbial food chain. Nature Nanotechnology, 2011, 6(1): 65-71.

[29] Prakash V, Peralta-Videa J, Tripathi D K, et al. Recent insights into the impact, fate and transport of cerium oxide nanoparticles in the plant-soil continuum. Ecotoxicology and Environmental Safety, 2021, 221: 112403.

[30] Ma Y, Yao Y, Yang J, et al. Trophic transfer and transformation of CeO_2 nanoparticles along a terrestrial food chain: influence of exposure routes. Environmental Science & Technology, 2018, 52(14): 7921-7927.

[31] Gui X, Rui M, Song Y, et al. Phytotoxicity of CeO_2 nanoparticles on radish plant (*Raphanus sativus*). Environmental Science and Pollution Research, 2017, 24(15): 13775-13781.

[32] Li R, Sun H, Wang S, et al. Retention of CdS/ZnS quantum dots (QDs) on the root epidermis of woody plant and its implications by benzo[a]pyrene: evidence from the in situ synchronous nanosecond time-resolved fluorescence spectra method. Journal of Agricultural and Food Chemistry, 2018, 66(4): 814-821.

[33] Sharma S, Muddassir M, Muthusamy S, et al. A non-classical route of efficient plant uptake verified with fluorescent nanoparticles and root adhesion forces investigated using AFM. Scientific Reports, 2020, 10(1): 19233.

[34] Lv J, Christie P, Zhang S. Uptake, translocation, and transformation of metal-based nanoparticles in plants: recent advances and methodological challenges. Environmental Science: Nano, 2019, 6(1): 41-59.

[35] Deng Y, Petersen E J, Challis K E, et al. Multiple method analysis of TiO_2 nanoparticle uptake in rice (*Oryza sativa L.*) plants. Environmental Science & Technology, 2017, 51(18): 10615-10623.

[36] Zhang W, Schwab A P, White J C, et al. Impact of nanoparticle surface properties on the attachment of cerium oxide nanoparticles to sand and kaolin. Journal of Environmental Quality, 2018, 47(1): 129-138.

[37] Guo B, Jiang J, Serem W, et al. Attachment of cerium oxide nanoparticles of different surface charges to kaolinite: Molecular and atomic mechanisms. Environmental Research, 2019, 177: 108645.

[38] Majumdar S, Peralta-Videa J R, Trujillo-Reyes J, et al. Soil organic matter influences cerium translocation and physiological processes in kidney bean plants exposed to cerium oxide nanoparticles. Science of The Total Environment, 2016, 569-570: 201-211.

[39] Peng C, Chen S, Shen C, et al. Iron plaque: A barrier layer to the uptake and translocation of copper oxide nanoparticles by rice plants. Environmental Science & Technology, 2018, 52(21): 12244-12254.

[40] Szatanik-Kloc A, Szerement J, Cybulska J, et al. Input of different kinds of soluble pectin to cation binding properties of roots cell walls. Plant Physiology and Biochemistry, 2017, 120: 194-201.

[41] Zhai G, Gutowski S M, Walters K S, et al. Charge, size, and cellular selectivity for multiwall carbon nanotubes by maize and soybean. Environmental Science & Technology, 2015, 49(12): 7380-7390.

[42] Liu M, Feng S, Ma Y, et al. Influence of surface charge on the phytotoxicity, transformation, and translocation of CeO_2 nanoparticles in cucumber plants. ACS Applied Materials & Interfaces, 2019, 11(18): 16905-16913.

[43] Wang J, Yang Y, Zhu H, et al. Uptake, translocation, and transformation of quantum dots with cationic versus anionic coatings by *Populus deltoides* × *nigra* Cuttings. Environmental Science & Technology, 2014, 48(12): 6754-6762.

[44] Avellan A, Schwab F, Masion A, et al. Nanoparticle uptake in plants: gold nanomaterial localized in roots of *Arabidopsis thaliana* by X-ray computed nanotomography and hyperspectral Imaging. Environmental Science & Technology, 2017, 51(15): 8682-8691.

[45] Sun X, Yuan X, Jia Y, et al. Differentially charged nanoplastics demonstrate distinct accumulation in *Arabidopsis thaliana*. Nature Nanotechnology, 2020, 15(9): 755-760.

[46] Ullah H, Li X, Peng L, et al. In vivo phytotoxicity, uptake, and translocation of PbS nanoparticles in maize (*Zea mays L.*) plants. Science of The Total Environment, 2020, 737: 139558.

[47] Wang P, Lombi E, Zhao F J, et al. Nanotechnology: a new opportunity in plant sciences. Trends in Plant Science, 2016, 21(8): 699-712.

[48] Wang K, Wang Y, Li K, et al. Uptake, translocation and biotransformation of selenium nanoparticles in rice seedlings (*Oryza sativa L.*). Journal of Nanobiotechnology, 2020, 18(1): 103.

[49] Liu Q, Chen B, Wang Q, et al. Carbon nanotubes as molecular transporters for walled plant cells. Nano Letters, 2009, 9(3): 1007-1010.

[50] Zhao J, Ren W, Dai Y, et al. Uptake, distribution, and transformation of CuO NPs in a floating plant *Eichhornia crassipes* and related stomatal responses. Environmental Science & Technology, 2017, 51(13): 7686-7695.

[51] Wang X, Liu Y, Zhang H, et al. The impact of carbon nanotubes on bioaccumulation and translocation of phenanthrene, 3-CH_3-phenanthrene and 9-NO_2-phenanthrene in maize (*Zea mays*) seedlings. Environmental Science: Nano, 2016, 3(4): 818-829.

[52] Nishiyama K, Koshimae Y, Ueda Y, et al. Uptake of metal (Zn, Y, Ti) oxide nanoparticles by poaceae and cucurbitaceae plants based on metal properties and surface conditions. The Journal of Physical Chemistry B, 2021, 125(7): 1755-1759.

[53] Lv Z, Sun H, Du W, et al. Interaction of different-sized ZnO nanoparticles with maize (*Zea mays*): Accumulation, biotransformation and phytotoxicity. Science of The Total Environment, 2021, 796: 148927.

[54] Rossi L, Zhang W, Schwab A P, et al. Uptake, accumulation, and in planta distribution of coexisting cerium oxide nanoparticles and cadmium in *Glycine max* (L.) Merr. Environmental Science & Technology, 2017, 51(21): 12815-12824.

[55] Avellan A, Yun J, Zhang Y, et al. Nanoparticle size and coating chemistry control foliar uptake pathways, translocation, and leaf-to-rhizosphere transport in wheat. ACS Nano, 2019, 13(5): 5291-5305.

[56] Hu P, An J, Faulkner M M, et al. Nanoparticle charge and size control foliar delivery efficiency to plant cells and organelles. ACS Nano, 2020, 14(7): 7970-7986.

[57] Yang Q, Shan W, Hu L, et al. Uptake and transformation of silver nanoparticles and ions by rice plants revealed by dual stable isotope tracing. Environmental Science & Technology, 2019, 53(2): 625-633.

[58] Peng C, Xu C, Liu Q, et al. Fate and transformation of CuO nanoparticles in the soil–rice system during the life cycle of rice plants. Environmental Science & Technology, 2017, 51(9): 4907-4917.

[59] Zhao L, Sun Y, Hernandez-Viezcas J A, et al. Monitoring the environmental effects of CeO_2 and ZnO nanoparticles through the life cycle of corn (*Zea mays*) plants and in situ μ-XRF mapping of nutrients in kernels. Environmental Science & Technology, 2015, 49(5): 2921-2928.

[60] Serag M F, Kaji N, Gaillard C, et al. Trafficking and subcellular localization of multiwalled carbon nanotubes in plant cells. ACS Nano, 2011, 5(1): 493-499.

[61] Wong M H, Misra R P, Giraldo J P, et al. Lipid exchange envelope penetration (LEEP) of nanoparticles for plant engineering: A universal localization mechanism. Nano Letters, 2016, 16(2): 1161-1172.

[62] Baalousha M, Afshinnia K, Guo L. Natural organic matter composition determines the molecular nature of silver nanomaterial-NOM corona. Environmental Science: Nano, 2018, 5(4): 868-881.

[63] Tan Z, Yin Y, Guo X, et al. Natural organic matter inhibits aggregation of few-layered black phosphorus in mono- and divalent electrolyte solutions. Environmental Science: Nano, 2019, 6(2): 599-609.

[64] Wheeler K E, Chetwynd A J, Fahy K M, et al. Environmental dimensions of the protein corona. Nature Nanotechnology, 2021, 16(6): 617-629.

[65] Junaid M, Wang J. Interaction of nanoplastics with extracellular polymeric substances (EPS) in the aquatic environment: A special reference to eco-corona formation and associated impacts. Water Research, 2021, 201: 117319.

[66] Borgatta J R, Lochbaum C A, Elmer W H, et al. Biomolecular corona formation on CuO nanoparticles in plant xylem fluid.

Environmental Science: Nano, 2021, 8(4): 1067-1080.

[67] Monopoli M P, Åberg C, Salvati A, et al. Biomolecular coronas provide the biological identity of nanosized materials. Nature Nanotechnology, 2012, 7(12): 779-786.

[68] Zhang P, Ma Y, Zhang Z, et al. Biotransformation of ceria nanoparticles in cucumber plants. ACS Nano, 2012, 6(11): 9943-9950.

[69] Huang Y, Zhao L, Keller A A. Interactions, transformations, and bioavailability of nano-copper exposed to root exudates. Environmental Science & Technology, 2017, 51(17): 9774-9783.

[70] Ma Y, Zhang P, Zhang Z, et al. Where does the transformation of precipitated ceria nanoparticles in hydroponic plants take place? Environmental Science & Technology, 2015, 49(17): 10667-10674.

[71] Zhang P, Guo Z, Monikh F A, et al. Growing rice (*Oryza sativa*) aerobically reduces phytotoxicity, uptake, and transformation of CeO_2 nanoparticles. Environmental Science & Technology, 2021, 55(13): 8654-8664.

[72] Dwivedi A D, Yoon H, Singh J P, et al. Uptake, distribution, and transformation of zerovalent iron nanoparticles in the edible plant *Cucumis sativus*. Environmental Science & Technology, 2018, 52(17): 10057-10066.

[73] Wei L, Zhang Q, Hou X, et al. Species-dependent eco-corona dictates the aggregation of black phosphorus nanosheets: the role of protein and calcium. Environmental Science: Nano, 2021.

[74] Prakash S, Deswal R. Analysis of temporally evolved nanoparticle-protein corona highlighted the potential ability of gold nanoparticles to stably interact with proteins and influence the major biochemical pathways in *Brassica juncea*. Plant Physiology and Biochemistry, 2020, 146: 143-156.

[75] Kurepa J, Shull T E, Smalle J A. Metabolomic analyses of the bio-corona formed on TiO_2 nanoparticles incubated with plant leaf tissues. Journal of Nanobiotechnology, 2020, 18(1): 28.

[76] Zhang P, Xie C, Ma Y, et al. Shape-dependent transformation and translocation of ceria nanoparticles in cucumber plants. Environmental Science & Technology Letters, 2017, 4(9): 380-385.

[77] Huang C, Xia T, Niu J, et al. Transformation of ^{14}C-labeled graphene to $^{14}CO_2$ in the shoots of a rice plant. Angewandte Chemie International Edition, 2018, 57(31): 9759-9763.

[78] Ma X, Geisler-Lee J, Deng Y, et al. Interactions between engineered nanoparticles (ENPs) and plants: phytotoxicity, uptake and accumulation. Science of The Total Environment, 2010, 408(16): 3053-3061.

[79] Miralles P, Church T L, Harris A T. Toxicity, uptake, and translocation of engineered nanomaterials in vascular plants. Environmental Science & Technology, 2012, 46(17): 9224-9239.

[80] Basahi M. Seed germination with titanium dioxide nanoparticles enhances water supply, reserve mobilization, oxidative stress and antioxidant enzyme activities in pea. Saudi Journal of Biological Sciences, 2021.

[81] Rai-Kalal P, Jajoo A. Priming with zinc oxide nanoparticles improve germination and photosynthetic performance in wheat. Plant Physiology and Biochemistry, 2021, 160: 341-351.

[82] El-Badri A M, Batool M, Wang C, et al. Selenium and zinc oxide nanoparticles modulate the molecular and morpho-physiological processes during seed germination of *Brassica napus* under salt stress. Ecotoxicology and Environmental Safety, 2021, 225: 112695.

[83] Akdemir H. Evaluation of transcription factor and aquaporin gene expressions in response to Al_2O_3 and ZnO nanoparticles during barley germination. Plant Physiology and Biochemistry, 2021, 166: 466-476.

[84] Zhang D, Hua T, Xiao F, et al. Uptake and accumulation of CuO nanoparticles and CdS/ZnS quantum dot nanoparticles by *Schoenoplectus tabernaemontani* in hydroponic mesocosms. Ecological Engineering, 2014, 70: 114-123.

[85] Zhao L, Lu L, Wang A, et al. Nano-biotechnology in agriculture: Use of nanomaterials to promote plant growth and stress tolerance. Journal of Agricultural and Food Chemistry, 2020, 68(7): 1935-1947.

[86] Hu J, Wu X, Wu F, et al. Potential application of titanium dioxide nanoparticles to improve the nutritional quality of coriander (*Coriandrum sativum L.*). Journal of Hazardous Materials, 2020, 389: 121837.

[87] Wu H, Tito N, Giraldo J P. Anionic cerium oxide nanoparticles protect plant photosynthesis from abiotic stress by scavenging reactive oxygen species. ACS Nano, 2017, 11(11): 11283-11297.

[88] Giraldo J P, Landry M P, Faltermeier S M, et al. Plant nanobionics approach to augment photosynthesis and biochemical sensing. Nature Materials, 2014, 13(4): 400-408.

[89] Zhao L, Hu J, Huang Y, et al. ^{1}H NMR and GC-MS based metabolomics reveal nano-Cu altered cucumber (*Cucumis sativus*) fruit nutritional supply. Plant Physiology and Biochemistry, 2017, 110: 138-146.

[90] Zhang H, Lu L, Zhao X, et al. Metabolomics reveals the "invisible" responses of spinach plants exposed to CeO_2 nanoparticles. Environmental Science & Technology, 2019, 53(10): 6007-6017.

[91] Atha D H, Wang H, Petersen E J, et al. Copper oxide nanoparticle mediated DNA damage in terrestrial plant models. Environmental Science & Technology, 2012, 46(3): 1819-1827.

[92] Wang X, Liu L, Zhang W, et al. Prediction of plant uptake and translocation of engineered metallic nanoparticles by machine learning. Environmental Science & Technology, 2021, 55(11): 7491-7500.

作者：魏琳丰[1]，刘稷燕[1]

[1]中国科学院生态环境研究中心

第 17 章　纳米材料的环境效应与应用研究进展

本章导读

纳米材料释放到环境后，其物理化学形态会受到环境因素的作用而发生改变，影响其环境归趋和效应。本章侧重介绍了人工纳米材料环境行为与效应的最新研究进展，包括：大气中磁性颗粒物和黑碳的赋存状态与溯源；磁性颗粒物和黑碳的人体暴露健康风险；水环境中纳米材料的赋存特征；天然有机质等环境因素对水体中纳米材料迁移（如沉积）转化行为（如团聚、溶解或硫化）的影响；纳米材料对水生生物的毒性效应及其作用机理；土壤中纳米材料的分析方法；环境因素对土壤中纳米材料物理化学转化的影响；纳米材料在多孔介质中的迁移过程和规律；纳米材料对土壤生物的毒性效应及生物响应机制。此外，本章还总结了近年来人工纳米材料应用在大气、水、土壤等污染治理以及环境分析方面的最新进展，并指出纳米材料的环境效应与应用研究存在的不足及未来的重点发展方向。

关键词

人工纳米材料，形态转化，环境因素，生物效应，环境应用

17.1 引　　言

随着纳米技术的快速发展，人工纳米材料被大量生产和使用，并在此过程中不可避免地被释放到环境中，其赋存特征、环境行为和生物效应已引起人们广泛关注。此外，人为活动也可导致大量的次生纳米级颗粒物进入到环境中，如化石燃料燃烧释放的黑碳。这些纳米材料进入大气、水、土壤等环境，累积到一定程度后将成为环境污染物，亟需明确其环境赋存状态和分布水平，而且温度、光照、酸碱性、无机盐、天然有机质、矿物等环境条件会显著改变纳米颗粒的物理化学形态，并影响其生物效应和环境健康风险。此外，纳米尺度赋予纳米颗粒很多不同寻常的独特性能，使得纳米材料被逐渐应用于大气、水、土壤等污染治理及环境分析领域。关于纳米材料的环境效应与应用已有大量研究，本章将简要介绍纳米材料的环境效应与应用研究的最新亮点工作，以期为后续的相关研究提供参考。

17.2 大气中的纳米颗粒物

随着经济和工业化的快速发展，大气污染问题愈发严重，已成为影响生态环境和人体健康的重要因素。2015 年全球范围内的数据显示，大气污染已成为第 5 大健康风险因素（前 4 名分别是高血压、吸烟、高血糖和高血脂），每年导致全球 420 万人死亡，占到全死因的 7.6%[1]。空气中悬浮的颗粒物是造成大气污染的重要元凶，其中，纳米尺寸颗粒物的成分和来源非常复杂，且可以通过呼吸道直接进入人体血液循环系统，因此已引起广泛关注。空气中大部分纳米颗粒是由气态前驱体转化而来（占比约为 74%），称为二次颗粒物；其他的纳米颗粒物主要为天然纳米颗粒物（如黏土颗粒）和人为活动排放的纳米颗粒物（如黑碳），称为一次颗粒物[2]。从全球能源结构来看，化石燃料燃烧引起的大气污染问题仍将是 21 世纪不可回避的环境焦点问题；从健康效应的角度出发，化石燃料燃烧排放的纳米颗粒物（如磁性颗粒物和黑碳等）一直是人们重点关注的大气污染物。基于以上背景，本章选择含铁磁性颗粒物和黑碳这两种重要污染物，重点介绍它们在大气中的赋存、来源以及毒理与健康效应方面的最新进展。

17.2.1　赋存状态与分析

1）磁性颗粒物

磁性颗粒物的磁学特征主要源于磁性颗粒内部原子中所有电子轨道磁矩和自旋磁矩的矢量和。通常，相较于天然磁性颗粒物，人为排放的磁性颗粒物具有更强的磁性。随着工业化的发展，化石燃料燃烧排放了大量的强磁性颗粒物进入到大气中，比如磁铁矿颗粒（Fe_3O_4）和赤铁矿颗粒（Fe_2O_3），进而导致大气颗粒物的磁性增强，通过多种磁学参数的组合可以评估大气颗粒物磁性特征的变化规律。主要的磁学参数有磁化率（magnetic susceptibility）、饱和等温剩磁（saturation isothermal remanent magnetisation）、频率磁化率、非滞后剩磁等。磁化率指的是磁化强度和磁场强度的比值，可以用来指示磁性矿物的含量，由磁化率仪测得；饱和等温剩磁指的是样品在 1 T 磁场强度下得到的剩磁，由旋转磁力仪测定。依据以上磁性参数，可以获得大气颗粒物中磁性颗粒物的赋存水平。此外，磁性参数还可用于甄别磁性颗粒物的来源，比如大气颗粒物中来自不同排放源的一次颗粒的磁性特征具有显著差异（饱和磁化强度顺序为：钢铁尘＞电厂颗粒＞其他工业源＞居民部门＞水泥源＞交通源）[3]；汽车尾气与刹车磨损产生的磁性颗粒物的磁滞特征也具有显著差异[4,5]。

除了磁学特征，通过高分辨透射电镜（TEM）也可直接鉴定大气中磁性颗粒的种类。基于 TEM，可以获得未知纳米颗粒物的形貌、粒径、高分辨晶格特征、电子衍射图谱及元素组成等信息，基于这些信息可以判断未知颗粒物的种类[6,7]。例如 Yang 等[8]基于高分辨透射电镜发现道路尘中含有多种类型的含铁纳米颗粒物，比如磁铁矿（Fe_3O_4）、赤铁矿（Fe_2O_3）、针铁矿[FeO(OH)]和水铁矿（氢氧化铁类矿物）。其中，磁铁矿纳米颗粒的特征晶格间距为 4.80 Å 和 2.96 Å，分别对应磁铁矿的（111）和（220）晶面；而赤铁矿颗粒的特征晶格间距为 3.70 Å、2.71 Å、2.52 Å、2.28 Å、2.21 Å，分别对应赤铁矿颗粒的（012）、（104）、（110）、（006）和（113）晶面[8]。基于同一鉴定方法，Zhang 等[9]从北京地区 $PM_{2.5}$ 中识别出大量的磁铁矿纳米颗粒（Fe_3O_4）；Lu 等[10]从人体胸腔积液和血液样本中识别出大量球形磁铁矿纳米颗粒物。

通过磁分离方法，可以从大气细颗粒物（$PM_{2.5}$）中定量提取磁性颗粒物。$PM_{2.5}$ 中含有多种类型的磁性颗粒物，例如磁铁矿、磁赤铁矿、赤铁矿、零价铁和铁盐等，但 $PM_{2.5}$ 样品通常采集于大气采样膜上，很难将全部的磁性颗粒洗脱到溶液中，因此限制了 $PM_{2.5}$ 样品中磁性颗粒物的定量分析。为了解决这一难题，Zhang 等[9]开发了基于 KOH 溶液的碱熔法，可以完全消解掉石英采样膜而不影响磁性颗粒物的性质；进一步，基于 2 mol/L 醋酸消解液溶解掉大多数其他磁性物质，从而实现磁铁矿纳米颗粒的选择性提取。基于这一新颖的提取方法，Zhang 等解析了 2016 年北京地区 $PM_{2.5}$ 中磁铁矿纳米颗粒的赋存水平、化学成分及潜在健康风险，结果显示，北京地区大气磁铁矿颗粒物的日均浓度处于 30.5～162 ng/m^3 之间，年均浓度为 75.5 ± 33.2 ng/m^3，且与多种微量金属元素共存（如 Mg、Cr、Mn、Co、Ni、Cu、Zn 和 Pb）。通过暴露模型评估，2016 年北京地区年轻人、孩童和老人的磁铁矿颗粒日均肺沉积量分别为 3.3～8.3、5.9～15 和 7.2～18 ng/kg bw/day。目前，通过大气传播途径，人为源排放的磁性颗粒物已进入多种环境介质，并被广泛检出，如植物叶片灰尘[11-13]、表层土壤[14,15]、湖泊底泥[16,17]等。

2）黑碳

黑碳（black carbon）通常指的是无定形的强吸光碳质颗粒物，由化石燃料、生物质燃料和生物燃料等不完全燃烧产生。黑碳的主要结构为纳米尺度碳小球组成的链状或分枝状的聚集体，其粒径与燃烧材料和燃烧条件相关。黑碳的生成过程中，部分有机物（如多环芳烃）和无机物（如氯化钾）易被吸附在其表面，形成包裹层，进入大气后，在光照环境下，包裹层内的化学物质会发生复杂的化学转化，进而改变黑碳的物理化学性质，这一过程称为黑碳的老化过程。黑碳具有较强的吸收太阳辐射能力，可以有效地影响地球辐射平衡，增加极地地区冰雪融化速度，并可提升全球温度[18,19]；此外，黑碳对人体健康的影响也不容忽视[20,21]。

目前，已有多种设备可对黑碳进行定性定量分析。TEM 可以对直径小于 0.2 μm 的纳米颗粒进行形貌和化学成分鉴定，因此广泛应用于大气单颗粒研究。例如 Li 等[22-24]使用 TEM 研究了城市、郊区、乡村等不同背景下黑碳的赋存状态，发现黑碳通常呈核壳结构，即大部分的黑碳被部分或全部包裹于二次气溶胶中。近年来，单颗粒黑碳光度计（single particle soot photometer）也被广泛应用于黑碳气溶胶的研究，其使用 1064 nm 的红外激光蒸发黑碳气溶胶，然后通过光学信息获得黑碳的数浓度和粒径等信息，缺点是不能进行黑碳的化学成分分析。为了解决化学成分检测的难题，黑碳气溶胶质谱仪（soot-particle AMS）应运而生，其独特的热解析模块可将难熔黑碳完全蒸发，进而通过质谱仪获得黑碳的组分信息。在源解析方面，碳分析仪结合同位素质谱仪分析，成为重要的黑碳源解析技术，如近期 Li 等[25]使用碳分析仪结合碳同位素分析，研究了喜马拉雅-青藏高原地区黑碳气溶胶的来源。黑碳经大气暴露，可通过呼吸系统进入人体，因此开发生物样本中黑碳的定性定量分析方法，是评价其毒理与健康效应的重要前提。近期，Lin 等[26]基于激光解吸电离质谱（MALDI-TOF）开发了大气颗粒物中黑碳的定量分析方法，并克服生物碳基质干扰，首次建立了生物样本中黑碳的质谱成像分析方法。Hannelore 等[27]基于飞秒脉冲多光子激光扫描显微镜开发了流体和细胞水平黑碳的定量分析方法。

黑碳的老化过程是影响其生态环境效应的重要因素[28,29]。经燃烧源排出的黑碳在长距离输送过程中会经历多个老化过程，比如吸附气态有机物、与其他颗粒物碰撞，以及持续氧化过程等[30]。光化学氧化是黑碳老化的重要途径，其中，黑碳可以高效吸收可见光和红外光，为老化过程中的光化学反应提供能量。近十年，在黑碳光化学反应机制方面，取得了一些重要进展。2010 年，Monge 等[31]报道了光照可以显著增强黑碳表面的非均相反应，比如显著提高 NO_2 向 HONO 的转化速率，证明了黑碳表面的光化学反应可能在灰霾事件中起到重要作用。2012 年，Han 等[32]研究了光照条件下黑碳表面的有机物与氧气的反应过程，结果显示，在可见光的照射下与氧气进行反应，多环芳烃和脂肪烃等表面有机碳转化为醌类、酮类、醛类、内酯类和酸酐类等含氧有机物，这些含氧有机物可显著增强黑碳的吸水能力，进而可在云或冰成核过程中起到更为重要的作用。从这一工作开始，研究人员普遍认为，黑碳的光化学老化主要是黑碳中的有机碳部分吸收可见光导致的。2018 年，Li 等[33]首次研究了元素碳对黑碳光化学老化过程的影响，结果显示，尽管元素碳本身是化学惰性的，但其可以通过吸收光照能量显著提高有机碳的光化学反应速率，起到类似催化剂的作用；此外，相比于有机碳仅能吸收可见光，元素碳可以同时吸收红外光和可见光，大大提高了光照吸收效应。

17.2.2　溯源研究

1）磁性颗粒物

目前，对于磁性颗粒物的溯源研究，多集中在人为源的贡献比重研究，以期理清大气中磁性颗粒的主要人为排放源，为未来的污染防控提供参考。如图 17-1 所示，基于磁性参数和已报道的大气排放源的排放量数据，Li 等[3]估算了 2014 年全球范围内不同燃烧源排放的磁性颗粒物的贡献，结果显示钢铁工业源（包括制钢、制铁以及钢铁烧结等行业）的贡献最大，占比达到了 81.2%，电厂飞灰的贡献次之，占比为 12.7%，而其他源（包括交通源、居民部分、其他工业源、水泥工业）的贡献比重较小，仅为 6.1%。从 2017 年中国的数据来看，磁性颗粒的主要贡献源与世界范围内的情况基本一致，钢铁工业源和电厂飞灰的贡献比重分别达到了 76.8%和 10.8%。在另一个研究中，基于 Pd 这一汽车尾气催化剂元素，Zhang

等[9]估算了汽车尾气源对北京地区 $PM_{2.5}$ 中磁铁矿颗粒物的贡献比重（接近 50%）。近期，Gonet 等[34]综述了与交通工具相关的含铁磁性颗粒物的来源，包括柴油汽油燃烧，刹车片和轮胎磨损，道路尘再悬浮，地铁、火车、飞机和轮船尾气等，这些不同来源排放的磁性颗粒物的形貌、粒径和化学组成差异很大，表明可能具有不同的毒理学效应。针对局部污染区域，Gonet 等[4]指出，英国两个典型城市繁忙街道路旁的灰尘中，汽车刹车片磨损是磁铁矿纳米颗粒的主要贡献源，占比超过 68%。需要指出的是，自然界中同时存在大量的天然源磁性颗粒物，甄别环境中磁性颗粒物的人为源和天然源可为污染防控和暴露风险评估提供数据支撑。从磁性颗粒物的种类来看，人为源和天然源的磁性颗粒物含有多种相同成分，如磁铁矿和赤铁矿等[35]。从形貌特征来看，燃烧源排放的磁性颗粒物经过高温熔融过程后多为规则的圆球状，而其他人为源的颗粒（如刹车片磨损、轨道磨损等）多呈不规则形貌，与天然源磁性颗粒物相似[9]。因此，通过以上常规表征很难实现人为源和天然源磁性颗粒的甄别。综上，对于大气磁性颗粒物的人为排放研究，已取得诸多成果，但由于磁性颗粒物来源的复杂性，如何准确区分人为源和天然源磁性颗粒物，仍然存在溯源方法学上的限制，未来仍需投入更多研究力量。

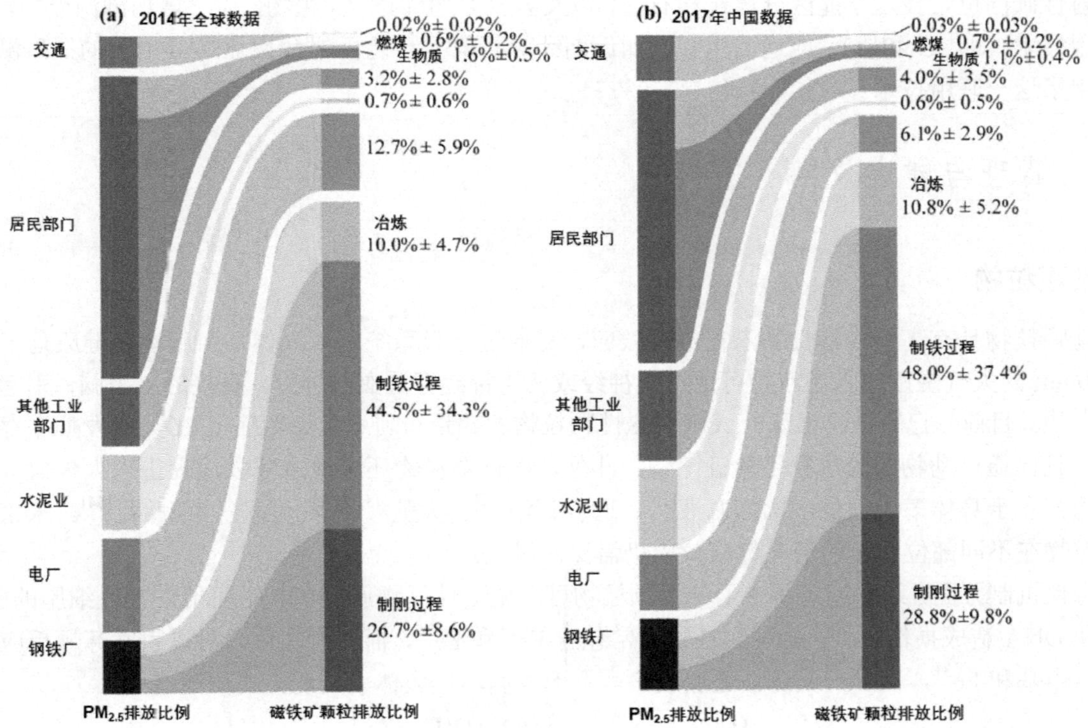

图 17-1　不同燃烧源 $PM_{2.5}$ 排放量及其磁性颗粒物排放贡献的相对分布：（a）全球范围内；（b）中国大陆范围内[3]

2）黑碳

黑碳的主要排放源为化石燃料燃烧和生物质燃烧，其中，化石燃料又分为石油和煤炭，生物质可分为 C3 植物（如稻秆、麦秆和豆秆等）和 C4 植物（如玉米秸秆）。黑碳是大气细颗粒物的重要成分，质量比重可以高达 10%[36]。黑碳排放源的准确量化可以为污染防控提供数据支撑，是大气科学研究领域的热点。目前黑碳溯源方法主要有两种，包括传统溯源方法（如排放清单法）和碳同位素溯源法。排放清单法指的是通过环境调查，获得各个主要排放源的排放量，进而推断某一地区甚至全国、全球的黑碳排放量数据。比如 Bond 等[37,38]构建了全球黑碳排放清单体系，结果显示，1996 年黑碳的全球排放量为 800 万吨，其中，室外燃烧、生物燃料和化石燃料对黑碳的贡献比重分别为 42%、20%和 38%；10 年后，2006

年黑碳的全球排放量为 750 万吨。除了排放源清单法，黑碳的传统溯源方法还包括正定矩阵因子分解法（PMF）和化学质量平衡模型法（CMB）。PMF 法一般需要很多的样品数量才具有统计学意义，且排放源种类的划分具有较强主观性，导致其结果具有较大不确定性。而 CMB 法需要建立有代表性的源谱数据库，而源谱存在显著的地域差异，大大增加了应用难度。

近些年，碳同位素溯源法获得快速发展。碳同位素包含稳定碳同位素^{12}C 和^{13}C，以及放射性碳同位素^{14}C。2009年，印度洋“棕色云”起源问题的解决是碳同位素溯源的一个重要应用案例[39]。国际大气科学界的一个重要争议在于 PMF 源解析结果显示生物质燃烧源对“棕色云”的贡献为10%～40%，而排放清单源解析结果显示生物质燃烧源的贡献比重更大，为50%～90%。Gustafsson 等[39]基于放射性碳同位素溯源技术解析了“棕色云”中黑碳的来源：生物质为46%，化石燃烧为54%，从而调和了这一重大学术争议。需要指出的是，稳定碳同位素溯源技术和放射性碳同位素溯源技术具有不同的优势。稳定碳同位素技术可以区分 C4植物、煤炭和石油，但 C3植物的碳同位素组成范围很宽，涵盖了石油和煤炭的特征值。放射性碳同位素技术可以区分化石燃料和植物，但由于石油和煤炭都不含^{14}C，而植物含有近乎相等的^{14}C，导致放射性碳同位素技术不能区分煤炭和石油，以及区分 C3植物和 C4植物。为了增加溯源能力，双碳同位素联用技术（即^{13}C 和^{14}C）应运而生。例如近期针对西藏[25]、北极[40]和南亚[41]等地区的黑碳溯源研究普遍采用了这一联用技术。

17.2.3　毒理与健康效应

1）磁性颗粒物

磁性颗粒物具有高反应活性和潜在毒性效应，易通过呼吸系统进入人体，引起潜在健康危害。粒径小于 200 nm 的大气磁性纳米颗粒物可通过嗅神经或三叉神经穿透血脑屏障，直接进入大脑，引起神经毒性效应[42,43]。目前，已有证据显示，大脑中磁性颗粒物的数量与阿尔兹海默症（AD）的发病率存在相关性[44-48]，且已通过动物实验进行了验证[49,50]。此外，磁性颗粒物还可通过呼吸途径进入人体血液循环系统，进而分布于身体多个部位，比如血液[10]、胸腔积液[10]、大脑[43,51,52]、心脏[53]和胎盘[54]。未来，磁性纳米颗粒物在不同部位引起的潜在健康效应仍需深入研究。

在毒性机制方面，细胞或组织中的磁性颗粒物可产生活性氧物质（ROS），可能对神经细胞的磷脂膜、蛋白质和 DNA 造成损伤[55,56]。磁性颗粒物通常包含 Fe^{2+}和 Fe^{3+}，而 Fe^{2+}在体内可以引发芬顿反应[57]，产生羟基自由基和 Fe^{3+}，而 Fe^{3+}又可被还原成 Fe^{2+}，形成循环反应体系，反应式如下：

$$H_2O_2 + Fe^{2+} \longrightarrow HO\cdot + OH^- + Fe^{3+}$$

$$Fe^{3+} + O_2\cdot \longrightarrow Fe^{2+} + O_2$$

羟基自由基可以导致炎症反应，提高体内氧化应急水平，进而导致相关疾病[49]。例如，许多研究报告指出，脑组织中赋存的磁性颗粒物可以引起高龄斑块的生成，提高 β 淀粉样蛋白纤维的赋存水平，而 β 淀粉样蛋白可以进一步产生 ROS，直接引起氧化性脑损伤，进而可能导致阿尔兹海默症的发生[47,58]。除了正常的大脑组织，目前磁性颗粒物还被发现广泛赋存于其他脑组织中，如大脑肿瘤组织[59,60]和海马体组织[61]。此外，大气磁性颗粒物通常伴生多种重金属元素和有机污染物，如 Pt、Pd、Ce、Pb、Mn、多环芳烃（PAHs）等[9,10]，可能引起更复杂的复合毒性效应。

2）黑碳

黑碳是大气细颗粒物的重要组分，其暴露毒理学效应一直是人们研究的热点问题。国际癌症研究机构（IARC）已将黑碳认定为 2B 类致癌物，长期暴露于黑碳气溶胶可能会提高患癌风险。单个黑碳气溶胶的粒径普遍小于 100 nm，能够经呼吸系统进入血液，继而经全身循环系统沉积于某些器官。近期，Saenen 等[62]研究了比利时 289 个儿童尿液样品中黑碳的赋存情况，结果显示所有儿童的尿液样本中皆检测出了黑碳，平均浓度为 98.2×10^5 particles/mL；此外，尿液中黑碳的赋存浓度与儿童的室内黑碳暴露浓度存在正相关关系，一般而言，居住在繁忙街道两边的儿童尿液中具有更高的黑碳浓度。为了揭示大气污染对胎儿造成的潜在健康效应，Bové 等[63]研究了胎盘中黑碳颗粒的赋存情况，结果显示所有胎盘样品中皆检测到了大量黑碳的赋存，高暴露地区母亲的胎盘中黑碳的赋存浓度可以达到 2.09×10^4 particles/mm^3；值得注意的是，黑碳可在胎盘中胎儿一侧累积，证明黑碳颗粒可以穿透胎盘屏障，可能对胎儿的早起发育造成负面健康影响。

流行病学的相关研究表明，空气中黑碳的浓度水平与呼吸系统疾病[64]和心血管疾病的发生存在相关性。例如，Rosa 等[65]研究发现黑碳可能是大气细颗粒物中对肺部造成毒性效应的重要组分。Jiang 等[64]研究了上海地区儿童哮喘病的发病率与空气中黑碳浓度之间的关系，结果显示黑碳暴露可以提高儿童哮喘病的发病率。毒理学相关研究表明，黑碳可通过引起氧化应激和炎症反应[66]、诱导基因变异[67]等多种机制来引起机体损伤。但是，也有研究指出，黑碳本身的毒性效应不大，其与多种重金属（如 Pb、Hg、Cd 等）和有机污染物（如 PAHs）的复合毒性效应需要引起更大的关注[68,69]。

17.3　水环境中的纳米材料

随着纳米技术快速发展，纳米材料（NMs）正被广泛生产与应用，并在其使用、处理和处置等过程中被不可避免地释放到水体。水环境中 NMs 的赋存状态和迁移转化不仅直接影响水生生物安全，还会与水环境中存在的污染物相互作用，引起更加广泛的水环境风险，最终影响生态安全与人群健康。目前水环境中 NMs 的赋存状态、迁移转化与生态风险仍存在较多未知，亟需进一步开展相关研究，深入了解 NMs 的水环境行为与风险，为评估 NMs 的水环境安全提供科学依据，促进纳米技术的可持续健康发展。

17.3.1　赋存状态与分析

水环境中 NMs 的来源主要包括局部点源排放（如城市污水处理厂排放出水）和生活的弥散排放（如防晒霜等个人护理品使用过程中的释放）[70,71]。水环境是一个相当复杂的体系，含有天然有机质和矿物等成分。NMs 在水体中的赋存、迁移转化等环境行为不仅受排放源的影响，也与水体的 pH、溶解氧、天然有机质、矿物等密切相关。例如，Hortin 等[72]发现氧化铜纳米颗粒在碱性水体中释放铜离子的行为主要受溶解性有机质的影响，且水体中铜离子浓度与有机碳含量呈正相关。

由于水体基质的复杂性以及水环境中 NMs 的浓度相对较低，其赋存状态分析通常需要科学高效的样品前处理技术和分析方法，以实现对水环境中 NMs 的分布水平与化学形态等赋存特征的准确描述，为科学评估 NMs 环境安全性提供可靠依据。选择性富集/分离前处理技术（如浊点萃取）串联离线或在线尺寸/浓度定量分析是前些年被普遍使用的分析方法[73]，但富集/分离前处理过程存在改变纳米颗粒物理性状的可能，进而影响分析结果的可靠性。例如，Wang 等[74]采用水、焦磷酸钠和氢氧化钠等溶剂提取河水中 TiO_2-NPs，报道了美国哥伦比亚市和洛杉矶市两处河水中 TiO_2-NPs 浓度为 5～150 μg/L，但该分析技术利用强酸消解定量分析 Ti 浓度，无法获得河水中 TiO_2-NPs 的尺寸分布。近些年随着分析手段的进步，直接分析环境水样中纳米颗粒的尺寸分布与赋存浓度成为可能（图 17-2）。目前常用的分析技术是单颗粒电感耦合等离子体质谱（sp-ICP-MS）。环境水样经过滤（0.45 μm）或稀释后串联到 sp-ICP-MS 可准确地测定

Au、Ag、TiO_2 和 CeO_2 等 NMs 的尺寸分布和赋存浓度，通过优化进样量以及分散方式，能够实现 ng/L 的检测限（0.05～10 ng/L）[75-78]。基于 sp-ICP-MS 分析技术，Sanchis 等[71]报道了西班牙巴塞罗那区域主要河流中 Ag、TiO_2 和 CeO_2 等 NMs 的赋存浓度分别为 17.9×10^6～45.1×10^6 Ag-NPs/L，23.2×10^6～298×10^6 TiO_2-NPs/L 和 18.1×10^6～278×10^6 CeO_2-NPs/L，且 Ag-NPs、TiO_2-NPs 和 CeO_2-NPs 的颗粒尺寸分别为 10～50 nm、20～100 nm 和 15～85 nm。Azimzada 等[79]利用 sp-ICP-MS 分析了全球 13 个国家（加拿大、荷兰、美国、瑞士、德国、意大利、法国、英国、中国、以色列、黎巴嫩、巴西、阿塞拜疆、摩洛哥）地表水（河水、湖水、海水、雨水、溪水）中 Ag、TiO_2 和 CeO_2 等 NMs 的分布水平，结果显示 Ag-NPs 浓度从未检出，而 TiO_2-NPs 和 CeO_2-NPs 的浓度为 10^4～10^7 NPs/L，且其颗粒尺寸分别为 30～50 nm 和 8～21 nm。上述工作为分析水环境中 NMs 的赋存特征奠定了科学可靠的研究基础。

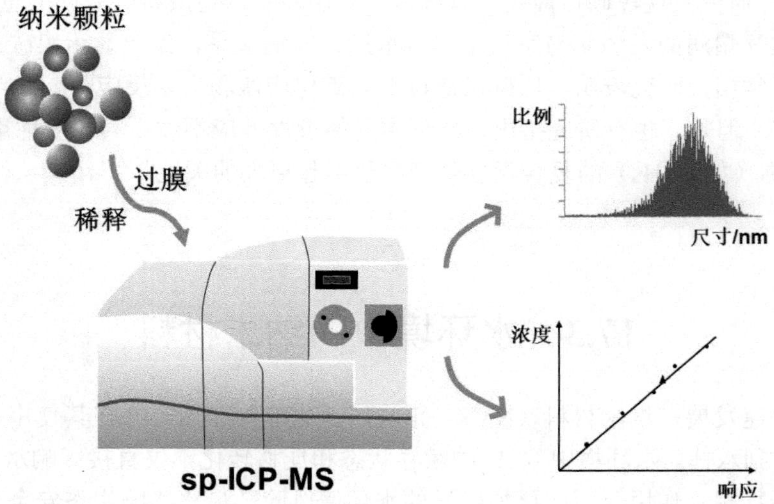

图 17-2　sp-ICP-MS 用于分析水体中纳米颗粒的尺寸分布与赋存浓度

17.3.2　转化与迁移

NMs 进入水环境后将发生一系列复杂的物理化学作用，其在水环境中的转化与迁移行为除了受 NMs 自身物理化学性质的影响，也取决于水体的 pH、溶解氧、无机盐、光照、天然有机质等环境因素。表面修饰是调控 NMs 理化性质最常用的方式之一，通过配体结合等方式，可有效改变 NMs 的表面电荷。研究表明，表面负电荷（羧基化聚乙二醇）或电中性（聚乙二醇）修饰的纳米金在河水中具有较好的分散性，基本不发生团聚作用，而表面正电荷（胺化聚乙二醇）修饰的纳米金非常容易发生均相团聚行为，主要是由于正电荷纳米金更容易吸附水体中天然有机质，在表面形成的生态冠诱导了纳米金团聚作用[80]，但该生态冠却显著减弱了纳米金与水体中天然矿物的非均相团聚作用[81]。颗粒尺寸是 NMs 的一个重要理化性质，研究显示铂纳米颗粒尺寸越小越容易发生团聚作用，其主要原因是小颗粒具有更大的比表面积[82]。除了尺寸，形貌也是 NMs 的重要理化性质，相比于纳米线和纳米片，纳米棒三氧化钼在氯化钙水溶液中更容易发生团聚作用，但当水体中出现天然有机质时，纳米棒三氧化钼的团聚现象有了显著减弱[83,84]。

天然有机质是水环境中重要的大分子物质，其成分复杂，对 NMs 转化的影响也各不相同[85]。根据分子量大小将天然有机质分为 4 组（＜3kDa、3～10 kDa、10～30 kDa、30～100 kDa），分子量＜3kDa 的组分加剧了水铁矿纳米颗粒的团聚作用，但其余 3 个组分均显著提高了水铁矿纳米颗粒在水中的分散性[86]。

最近的研究显示，NMs 对于水体中天然有机质不同分子量组分的吸附表现出明显的晶面依赖性，其中分子量＜3kDa 的组分最明显[87]。富里酸被证实能显著减弱 NMs 的均相团聚和熔融作用，提高 NMs 在水体中的稳定性[88]。腐殖酸吸附在 NMs 表面后增强了 NMs 的静电排斥，同样显著降低了 NMs 在水体中的团聚和沉降作用[89]。上述结论基本都是在实验室模拟水体中获得，其结果与 NMs 在真实环境水体中发生的迁移转化行为存在较大的差异，主要表现为 NMs 进入天然水体后很容易在微生物和天然矿物等作用下发生非均相团聚和沉降作用，天然有机质的影响相对较小[90]。微生物中重点考察了藻类细胞对 NMs 稳定性的影响，发现藻类细胞引起了铜纳米颗粒的非均相团聚作用，大幅降低了颗粒物表面积，进而显著削弱了铜纳米颗粒的铜离子溶出速率[91]。

最近研究表明，水体中 Ca^{2+}、Mg^{2+}等无机离子能显著减弱纳米金通过表面吸附天然有机质而引起的团聚作用[77]。相反，重金属 Pb^{2+}通过表面架桥作用加剧了纳米二氧化钛表面吸附腐殖酸而引起的团聚作用[92]。由于阴阳离子浓度改变引起水体离子强度的变化显著影响了氧化石墨烯的团聚作用，高盐度（30‰）条件下氧化石墨烯的团聚和沉降作用非常明显[93]。水体中其他污染物（如 As^{3+}、表面活性剂）也能够显著影响 NMs 的稳定性，导致 NMs 发生团聚和沉降作用[94,95]。水体酸碱性也是影响 NMs 在水环境中发生转化的重要因素。相比较酸性水体，中性或弱碱性水引起了氧化石墨烯表面形成 $CaMg(CO_3)_2$，进而加剧了氧化石墨烯的团聚作用[96]。

水环境中 NMs 除了不可避免地发生团聚、沉降等物理转化外，也能发生化学形态转化，例如纳米银在污水处理系统中转化成纳米硫化银[97]。NMs 的化学形态转化同样受 NMs 的理化性质和环境因素影响。水环境中纳米银转化成纳米氯化银和纳米硫化银的速率均受纳米银颗粒尺寸的影响，表现出颗粒尺寸越大，转化速率越小[98]。水铁矿在水环境中硫化物作用下能释放铁离子并快速转化成硫化铁纳米簇，经团聚作用后发生沉降，但水体中天然有机质增强了硫化铁纳米簇的分散性[99]。天然水体中纳米银在黑暗下吸附天然有机质后维持化学形态稳定，但光照下天然有机质产生活性氧，导致纳米银氧化释放银离子，其在光照体系中生成的超氧自由基作用下转化成纳米银，实现水环境中纳米银-离子银-纳米银的化学形态循环[100]。纳米氧化锌在紫外光照射下也能发生化学形态转化，导致其形貌和晶体结构发生剧烈变化，并释放大量锌离子[101]。除了天然有机质，水体中胞外聚合物也能加剧纳米银的银离子释放，并促进纳米银向纳米硫化银的形态转化[102]。此外，胞外聚合物能够吸附到纳米硫化汞表面，增加水体中纳米硫化汞的分散性，促进纳米硫化汞的甲基化作用[103]。

17.3.3　生态毒理效应

水环境中 NMs 与水生生物之间不可避免地发生相互作用，影响水生生物的正常生理机能，进而引起 NMs 的生态毒性效应。颗粒尺寸、形貌、表面修饰、晶体结构等理化性质能显著影响 NMs 的生态毒理效应[104-108]。以纳米氧化铜为例，无论急性还是慢性毒性测试均表现出纳米氧化铜尺寸越小，对大型溞的毒害越强，相应的 EC_{50} 值越低[109]。相比于表面修饰，颗粒尺寸能够更显著地影响纳米银对斑马鱼（*Danio rerio*）的毒性效应[110]。研究表明，淡水藻（*Chlorella vulgaris*）对正电荷表面修饰纳米银的吸收速率常数是带负电纳米银的 20 倍，导致前者更容易在藻类体内被生物累积[111]。此外，修饰 NMs 的表面官能团在 NMs 发生形态转化过程中被释放到水环境，加剧了 NMs 对水生生物的毒害作用[112]。随着藻类的出现，水体中赤铁矿纳米颗粒表现出较好的分散性，显著降低了大型溞通过藻类摄入而吸收累积赤铁矿纳米颗粒，进一步机制研究证实藻类引起大型溞滤水作用减弱，进而影响了对赤铁矿纳米颗粒的摄入[113]。基于聚集诱导发光成像技术串联 ICP-MS 元素分析，Zhang 和 Wang 等[114]证实银离子是纳米银对藻类产生毒害作用的首要因素，表现出纳米银颗粒尺寸越小，银离子的释放速率越快，释放量越大，进而对藻类的毒性越强。同时，藻类累积的纳米银将随食物链被大型溞吸收富集于肠道内，且累积量受纳米银表面修饰所影响，具体表现为柠檬酸修饰纳米银的累积量远小于荧光基团修饰的纳米银[115]。即使水体中纳米银含量为环境浓度（如 0.2 μg/L），其仍然引起水生生物的氧化损伤[116]，且该损伤在水生生物（如大型溞）的代际更新中仍被观察到[117]。氧化铜、氧化锌、氧化铈等金属氧化物 NMs 对水生生物的毒性效应也表现出金属离子的高度依赖性[118-120]。最近的研究发现，并非全部 NMs 都对水生生物表现出生态毒性，水体中硅纳米颗粒通过释放硅酸反而可以减轻植物叶片的枯萎病，大幅提升作物产量[121]。

水体的 pH、溶解氧、无机盐、天然有机质等环境因素也影响 NMs 对水生生物的毒性效应。研究表明，降低水体 pH 显著增强了纳米二氧化钛对贻贝（*Mytilus coruscus*）的毒性，大幅削弱了贻贝的捕食和代谢功能[122]。相比较 OECD 标准培养溶液，天然水体培养的藻类对 NMs 暴露具有更强的适应能力，使得藻类对 NMs 的敏感度显著降低，这主要归功于天然水体中溶解性有机质吸附于 NMs 表面形成了生态冠，减少了 NMs 的金属离子溶出[123-125]。类似地，水环境中天然有机质通过吸附在纳米铂表面形成生态冠，大幅降低了纳米铂的生物有效性，显著减少蜗牛对纳米铂的吸收累积量[126]。水体中腐殖酸和富里酸也显著降低了斑马鱼对纳米银的富集系数，而且还有效抑制了斑马鱼肠道中纳米银释放银离子[127]。藻酸盐和壳聚糖能吸附到纳米氧化铈表面形成冠，但并未影响淡水贝壳（*Dreissena polymorpha*）对纳米氧化铈的吸收累积，进一步利用代谢组技术分析表明吸附藻酸盐的纳米氧化铈扰乱了贝壳的能量代谢和渗透调节[128]。最近，Ortega 等[129]以聚丙烯酸表面修饰的纳米二氧化钛为 NMs 模型，证实了其对金鱼（*Carassius auratus* L.）的免疫系统具有显著损伤。

除了 NMs 表面吸附大分子物质形成冠，化学形态转化也能影响 NMs 的生态毒理效应[130]。纳米银经污水处理系统培养后再暴露于大型溞，结果显示大型溞的生殖功能未受任何影响，究其原因主要是纳米银在污水系统中与硫化物相互作用，转化成了纳米硫化银，抑制了银离子释放[117]。纳米零价铁经氧化作用转化成纳米四氧化三铁后导致雌性日本青鳉性腺的氧化损伤，表现出了明显的生殖毒性[131]。纳米氧化锌经磷酸化作用转化成氧化锌-磷酸锌的核-壳结构后锌离子释放被完全抑制，因此其对斑马鱼胚胎的毒性效应显著降低，但纳米氧化锌与水合氧化铁作用后其形貌没有任何变化，且锌离子释放量也没有受到显著影响，导致其对斑马鱼胚胎的毒害程度没有变化[132]。

水环境除了基质复杂容易影响 NMs 的生态毒理效应，多种污染物共存对 NMs 毒性的影响也不可忽视。最新研究表明，水体中纳米零价铁能够显著影响斑马鱼对铬的吸收累积，当水环境中纳米零价铁具有较高的分散性时，其显著增加了斑马鱼（20 天暴露）对水体中铬的富集，此过程中纳米零价铁作为载体促进了斑马鱼对铬的吸收，显示出了特洛伊木马效应；而且载体作用受纳米零价铁的氧化程度影响，氧化程度越高，载体作用越明显，导致斑马鱼对铬的累积量越大[133]。

综上所述，NMs 对水生生物的毒性效应是多样化的，与 NMs 自身物化性质有关，同时也受多种环境因素影响，需要综合考虑上述因素以实现科学可靠地评估 NMs 的水生态毒理效应，为纳米材料的安全使用和纳米技术的可持续健康发展提供科学基础。

17.4 土壤中的纳米材料

纳米材料（NMs）在生产、使用、废弃等生命周期中，可通过多种途径进入环境。随着 NMs 生产和使用量的增加，不可降解或缓慢降解的 NMs 将在土壤中逐渐累积。此外，一些 NMs 由于具有优良的吸附性能和反应活性，已被应用于土壤污染和地下水修复工程，导致高浓度 NMs 直接进入土壤环境。近年来，NMs 在环境中的浓度呈直线上升的趋势。土壤中 NMs 的迁移转化不仅会直接影响土著生物，还会与土壤组分和广泛存在的污染物相互作用，产生复杂的生物生态效应，影响土壤生态安全和人群健康。目前 NMs 在土壤中的环境行为与生态效应仍存在大量未知，需进一步发展土壤中 NMs 的分析检测技术，为阐明 NMs 在土壤中的迁移转化规律及其对土壤生态系统的影响提供技术支持，以促进纳米科技的持续健康发展。

17.4.1　赋存状态与分析

土壤介质是一个极其复杂的环境体系，固/液/气/生物多相共存。土壤中 NMs 的来源主要包括局部高浓度的人为直接排放和低浓度的间接排放，如纳米农药和修复使用 NMs 的排放、含 NMs 的废水处理厂污泥、弥漫性排放（干沉降和湿沉积）等[134]。NMs 在土壤中的赋存、迁移和转化等环境行为不仅受排放源的影响，也与土壤离子强度、pH、有机质、天然纳米颗粒性质等有关[135-138]。例如，Ag NMs 在土壤中的传输距离和生物有效性分别取决于土壤结构和有机质含量[137,138]。目前，关于土壤中 NMs 的赋存和归趋等环境行为的研究相对较少，其主要原因是缺乏土壤中 NMs 赋存水平和形态的分析表征技术。

了解土壤中 NMs 的总量、生物可利用浓度、颗粒尺寸、种类以及团聚形态等信息对于评估 NMs 的生态风险具有重要意义。由于土壤基质的复杂性和土壤中 NMs 的浓度相对较低，其测量和分析经常受其他颗粒（主要是土壤天然颗粒）和元素的干扰。例如，土壤中 Fe 和 Ti 的背景含量较高，严重影响土壤中痕量铁/钛基 NMs 的分析[139,140]。为了减少土壤环境因子对 NMs 形态和含量分析的影响，急需开发纳米材料的样品制备、预浓缩的前处理方法以及能够区分 NMs 与背景天然颗粒的分析方法。目前常用的土壤中 NMs 的分离方法是结合溶剂萃取和尺寸分离（图 17-3）。采用水、焦磷酸钠和碳酸氢钠等溶剂可以有效地萃取分散在土壤中的 Ag、Au、Fe、CuO、TiO_2 和 CeO_2 等 NMs，通过优化萃取剂的浓度、用量以及分散方法（振荡或超声），可显著提高土壤中 NMs 的萃取效果，然后采取自然沉降、过膜或离心等对分散的颗粒进行粒度分级[140-144]。对未达到检测限的痕量 NMs，可采取浊点萃取等方法进一步浓缩和净化后测定[145]。

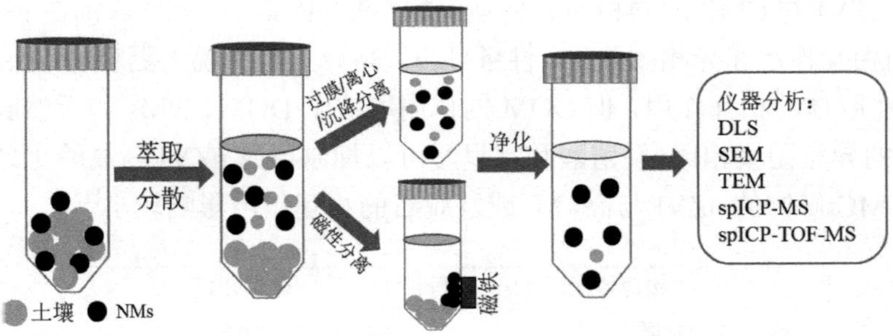

图 17-3　土壤中 NMs 分离分析常用方法

常规的纳米颗粒表征手段如扫描电子显微镜（SEM）、透射电子显微镜（TEM）和动态光散射技术（DLS）等仅适用于简单基质中高含量 NMs 的分析，对于复杂土壤基质中痕量 NMs 的分析具有局限性。高通量分析技术-单颗粒电感耦合等离子体质谱（spICP-MS）是纳米计量学研究的有力工具，其可快速、灵敏、实时地测量颗粒的尺寸和数量[146,147]，已被应用于土壤等复杂基质中金属基 NMs（Ag、Au、Fe、CuO 等）的分析[137,139,141,143]。然而，使用 spICP-MS 鉴别 NMs 与土壤天然纳米颗粒仍存在挑战，需要结合相关的样品前处理方法。Li 等[139]采用溶剂萃取、磁性分离手段并结合 spICP-MS 技术，分析了土壤中的纳米零价铁（nZVI）颗粒，表明磁性分离可显著降低土壤中背景铁离子以及非磁性、弱磁性的天然铁胶体对含铁 NMs 分析的干扰。基于 NMs 和天然纳米颗粒在单颗粒多元素比例的差异，Praetorius 等[148]提出利用电感耦合等离子体飞行时间质谱（spICP-TOF-MS）进行单颗粒多元素指纹分析，鉴别了土壤中

的 CeO_2 NMs 和天然含 Ce 纳米颗粒。以上研究为分析土壤环境等复杂介质中的 NMs 奠定了一定的研究基础。

17.4.2　转化与迁移

NMs 在土壤中迁移转化取决于 NMs 性质及其与土壤组分的物理、化学、生物相互作用（图 17-4）。进入土壤的 NMs 首先会发生团聚作用，降低 NMs 的总表面积、界面自由能和环境中的反应活性；NMs 形成的大团聚体会迅速沉降，限制 NMs 在土壤中的迁移和生物可利用性[149,150]。NMs 在土壤溶液中的分散性和稳定性主要取决于溶液化学性质。土壤溶液 pH 是决定胶体表面 ζ 电位的主要因素，高 ζ 电位（负或正）有利于 NMs 悬浮液的稳定。当土壤溶液 pH 接近 NMs 的零电荷点时，NMs 悬浮液易团聚沉降[151,152]。溶液中离子强度（IS）可以通过压缩 NMs 胶体表面双电层降低 NMs 之间的静电斥力，促进 NMs 共团聚沉降[152]。除了对胶体双电层的压缩外，土壤溶液中阳离子还可以与 NMs 表面官能团相互作用，影响 NMs 悬浮液的稳定性[153]。土壤溶液中溶解性有机质（DOM）吸附在 NMs 表面可以通过静电排斥、空间位阻和溶剂化作用增加 NMs 悬浮液的稳定性[154-156]。与大分子量 DOM 组分相比，低分子量 DOM 组分由于空间位阻效应较弱，对 NMs 分散悬浮的能力较差[154]。NMs 在土壤环境中的浓度通常很低，土壤中 NMs 会与具有相反表面电荷的天然胶体（特别是黏土矿物）形成异相团聚体。土壤溶液 pH 和 NMs 浓度可以调控 NMs 与广泛分布的黏土矿物颗粒（CMPs）的界面作用和异相团聚。例如，在中性和碱性条件下，路易斯酸碱作用控制着 nZVI 与黏土矿物界面反应，而在酸性条件下，静电作用、路易斯酸碱反应和范德华力作用共同影响两者的界面反应；碱性条件下，nZVI 与黏土矿物的团聚主要以边吸附为主，而中性和酸性条件下两者团聚同时存在边、面吸附；中性条件下，nZVI 浓度相对较低时以小团聚体形式主要吸附在黏土矿物边缘，随着 nZVI 浓度的增加，小团聚体进一步吸附桥联更多 nZVI，形成大团聚体，并逐渐延伸到黏土矿物面上[135]。NMs 和 CMP 之间的胶体行为和异相团聚还与 NMs 和 CMP 的性质有关。小粒径的 nZVI 与 CMP 的异相团聚更强；羧甲基纤维素（CMC）修饰在 nZVI 表面会抑制 nZVI 与 CMPs 之间的界面相互作用和异相团聚；中性条件下，高岭土比蒙脱土更容易与 nZVI 相互作用。DOM 可以抑制 NMs 与天然胶体的相互作用，但 DOM 的作用取决于 DOM、NMs 和天然胶体的性质[157-159]。与裸露 nZVI 和蒙脱土的异相团聚相比，腐殖酸和富里酸可以抑制裸露 nZVI 与高岭土之间的界面相互作用；腐殖酸和富里酸对 CMC 修饰的 nZVI 与高岭石或蒙脱石的相互作用影响较小[158]。

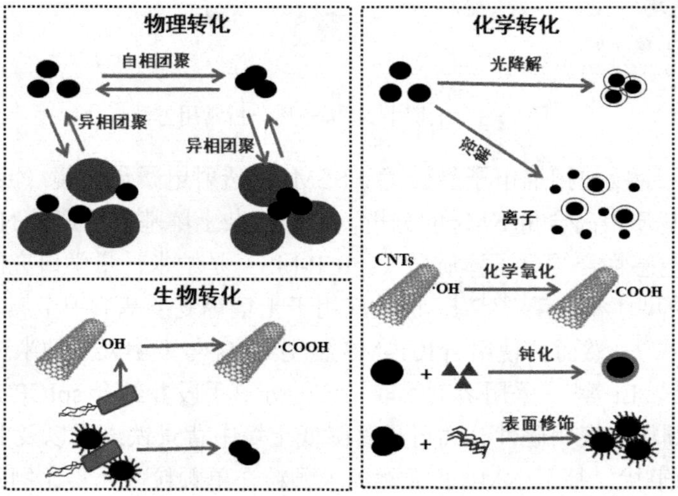

图 17-4　NMs 在土壤环境中的转化过程

溶解和氧化是 NMs 在环境中转化的关键过程，对 NMs 的迁移、分布和生物可利用性具有重要影响[149,160,161]。碳基 NMs 在土壤环境中通常非常稳定[162]，但商业 CNTs 中的金属杂质会释放到土壤溶液中[163]。提高溶液 pH 会降低生物炭胶体中金属的溶解，但会促进溶解性有机碳（DOC）的释放；高 IS 有利于总溶解金属/类金属的释放，但会降低 DOC-金属/类金属络合体的比例[164,165]。小粒径的金属基 NMs 具有更大的比表面积，易溶解[166]。与碳基 NMs 相似，溶液 pH 和 IS 对金属基 NMs 的溶解同样具有显著的影响。随着 IS 增加或 pH 降低，ZnO NMs 溶解增加[167,168]。NMs 的溶解还与其表面化学性质有关。高浓度阴离子配体（Cl^-）与溶解的 Ag^+离子反应沉淀后形成 Ag-AgCl 胶体核，会阻止 Ag NMs 进一步溶解[167,169]。DOM 与 NMs 相互作用可以钝化 NMs 表面并阻止其溶解，但该作用与 NMs 的性质有关。例如，ZnO NMs 表面吸附 DOM 后可以显著降低 Zn^{2+}离子的释放[168,170]，但 DOM 会以可溶性 Fe-DOM 络合物的形式增强 nZVI 在溶液中释放铁离子[166,171]。土壤中发生的化学氧化可以改变 NMs 的理化性质，如化学氧化增加 CNTs 的比表面积和羧基，露出管端，破坏侧壁，扰乱电子结构，减少 CNTs 中金属催化剂和非晶态碳[172]。nZVI 可以被土壤溶液中水和氧分子氧化形成磁铁矿、磁赤铁矿和赤铁矿[173]。在紫外或可见光的照射下，分散的 MXenes 薄片首先在边缘或缺陷处氧化并逐渐演变到其他区域，形成 TiO_2 纳米晶体；吸附的 K^+离子和有机化合物可以抑制 MXene 薄片被活性氧氧化[174]。NMs 进入土壤系统后也可能发生生物转化，大量研究已经证实 NMs 可进入生物细胞[175-178]，胞内外生物酶可以催化转化 NMs。DOM 与铁的络合作用以及 nZVI 表面吸附的 DOM 组分中醌类化合物具有电子转移中介作用，可以加速 nZVI 中核心 Fe^0 的氧化[166]；DOM 组分吸附在 nZVI 表面可以通过影响核心 Fe^0 与溶解氧和水分子反应进而改变 nZVI 的氧化产物[179,180]。

研究 NMs 在土壤中的迁移行为对 NMs 的环境风险评价和应用具有重要意义。NMs 可穿透土壤颗粒间隙，比常规颗粒物具有更大的迁移范围。由于土壤溶液可以调控 NMs 和土壤颗粒的表面性质，因此土壤溶液的性质和 NMs 的性质会是 NMs 在土壤中迁移的重要影响因素（图 17-5）。布朗扩散、截留和重力沉降是土壤颗粒捕获胶体粒子的主要机制[149]。目前有关 NMs 土壤迁移的研究大都采用模型多孔介质（如玻璃珠、石英砂以及砂岩填充柱）。NMs 在多孔介质填充柱中的滞留主要是因为 NMs 的同相/异相团聚、沉积以及孔隙堵塞[181]。多孔介质表面通常带负电荷，因此高负电性的 NMs 在多孔介质中更易迁移，而低 pH 和高 IS 不利于 NMs 的迁移[181]。多孔介质的理化性质（如尺寸和孔隙度）、冲洗条件也会影响 NMs

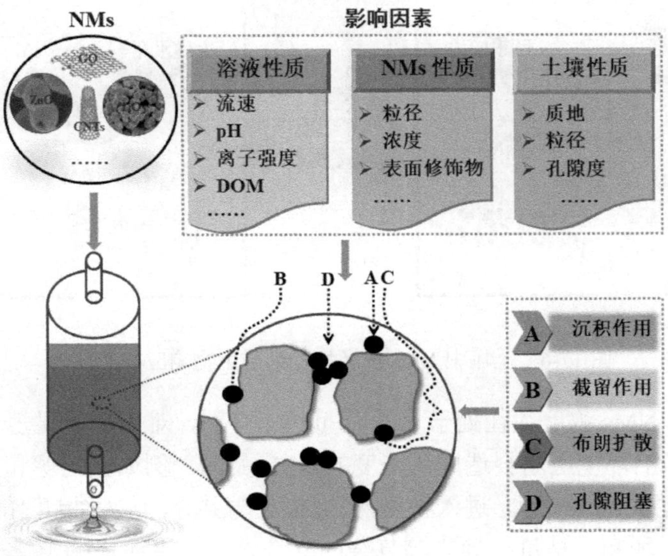

图 17-5　NMs 在多孔介质中迁移机理及影响因素

与颗粒之间的相互作用，从而影响 NMs 的迁移[181-183]。随着砂粒尺寸的增大，CNTs 在砂柱中的流动性也会增加；土壤质地控制土壤中 CNTs 迁移，而土壤有机质影响较小[182]；与均质柱相比，大孔隙显著增强石英砂和土壤中 $nCeO_2$ 的迁移能力[183]；高流速和高 CNTs 浓度有利于 CNTs 的迁移。土壤中 DOM 可以通过影响 NMs 表面电荷、粒径和团聚作用等影响 NMs 与多孔介质之间的相互作用。土壤有机质对带负电荷 CNTs 迁移的影响较小，但可以增加带正电荷 CNTs 在多孔介质中的截留量。此外，NMs 与有机污染物在土壤颗粒表面吸附位点的竞争作用可以增强它们在石英砂柱中的迁移能力[184]。

17.4.3　生态毒理效应

土壤环境的复杂性导致土壤中 NMs 的生态毒理效应与水环境等其他介质存在很大差异，表现出物理-化学-生物多因素共同作用的特征。例如，NMs-土壤组分间的相互作用导致相同浓度的 NMs 在土壤中的毒性往往低于其在水环境中的毒性[185]。另一方面，土壤生物会在群落、个体、生理生化及分子水平等响应土壤 NMs 污染，并反过来影响 NMs 的生物生态效应（图 17-6）。锐钛矿、P25（80%锐钛矿和 20%金红石）和金红石等 3 种不同晶型纳米二氧化钛（$nTiO_2$）在土壤中的生物可利用态浓度很低，对线虫生理指标的毒性效应没有表现出明显的晶型差异，但存在剂量-效应关系[186]。5000 mg/kg $n\mathrm{TiO_2}$ 暴露能影响母代线虫的生存和运动，并显著诱导以 ROS 增加为特征的氧化应激；$nTiO_2$ 的致死和氧化损伤作用可能会逐渐筛选出抗氧化应激能力较强的子代，其胰岛素样（IIS）信号通路上游关键基因 daf-*2*、age-*1* 和 skn-*1* 对 $nTiO_2$ 的氧化损伤和毒性作用产生积极响应，从而提高后代线虫的耐受性和寿命，减弱了 $nTiO_2$ 对后代线虫的毒性效应，但同时导致了线虫子代在母代子宫内提前孵化的不利影响。由此可见，阐明土壤中 NMs 生态毒理效应及机制，不仅需要关注 NMs 性质、剂量等因素，还需要着重考虑 NMs 在真实土壤环境中与环境组分及生物间的相互作用。

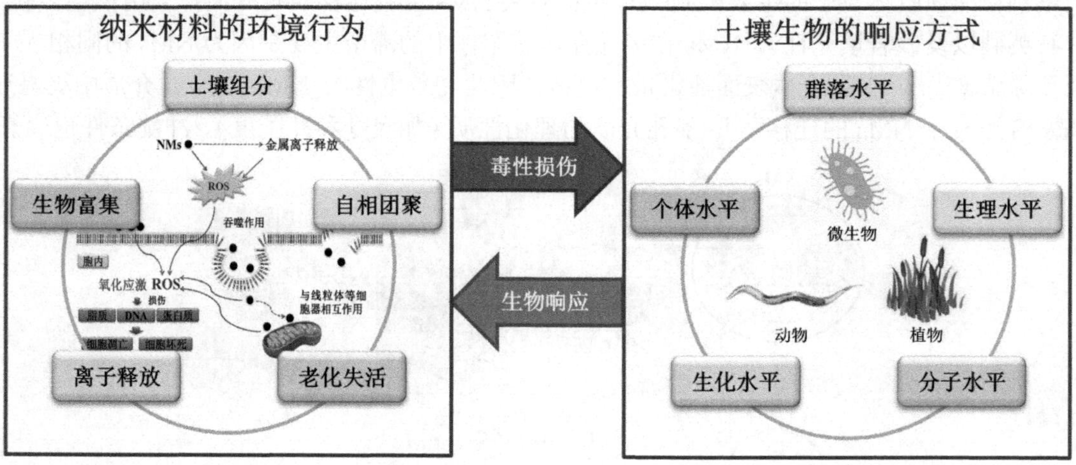

图 17-6　土壤中 NMs 的环境行为与生物响应间的关系

在实际土壤环境中，NMs 浓度往往处于 ng/kg～μg/kg 级别，难以引起显著的生态毒理效应；但是在局部区域，一些纳米技术的环境应用会造成高浓度的 NMs 暴露。例如在土壤和地下水修复工程中，需要将 g/L 浓度的 nZVI 直接注入土壤[185]。进入土壤的 NMs 会与共存污染物相互作用，对土壤微生物群落、动物、植物等产生协同、加和、拮抗、独立等复杂的联合效应，进而影响土壤生态安全和人群健康。因此，NMs 与共存污染物的复合生物效应是关系到纳米技术应用安全性的重要现实问题，也是 NMs 环境效应研究领域的前沿和热点。

土壤生物系统主要由微生物、动物和植物组成，不同生物对 NMs 和污染物复合暴露具有不同的响应。微生物是土壤生态系统中重要的“分解者”，其对污染胁迫的响应主要包括生物降解、抗氧化、解毒等。目前普遍认为单一 NMs 暴露对土壤微生物群落的影响较小[187]，而真实条件下 NMs 与污染物复合暴露影响土壤微生物群落结构的研究仍较缺乏。相关研究表明，添加 nZVI 后，氯化乙烯污染土壤中脱氯化物属的微生物丰度显著增加，并增强微生物对氯化乙烯的脱氯作用[188]。CNTs 和环丙沙星（CIP）联合暴露对 *E. coli* 的生长抑制和氧化损伤作用均表现出显著的拮抗效应[189]。NMs-污染物复合暴露能够通过调节土壤微生物代谢通路并影响其对共存污染物的抵抗能力。CIP 能降低细菌的表面疏水性和 CNTs 的生物累积；CNTs 不会显著影响 CIP 的生物有效浓度和生物累积量，但能通过减轻 CIP 对 DNA 回旋酶活性的抑制作用，缓解 CIP 对含氮化合物代谢、氧化还原酶活性和铁硫团簇转移蛋白成熟相关的基因表达的干扰。由此可见，CNTs 和 CIP 对细菌代谢通路具有截然不同的调节方式，共同暴露下它们对细菌的影响可能由于作用通路间的相互作用而抵消。

NMs 可对土壤动物如线虫、蚯蚓的存活、生长、行为、生殖造成一定的不利影响，但也可能诱导蚯蚓、线虫产生抗氧化、解毒等与缓解毒性和抵抗污染物密切相关的保护性响应。例如，Hou 等[190]研究了土壤中不同粒径（20 nm、100 nm 和 3 μm）nZVI 与五氯酚（PCP）对线虫的复合毒性，发现小粒径 nZVI 能显著降低 PCP 对线虫生理、生化水平的毒性效应，其机理主要是复合暴露下线虫增加了胶原蛋白、谷胱甘肽、半胱氨酸等还原性生物分子的分泌，从而显著缓解了 PCP 的氧化损伤作用。单一暴露下，25 mg/kg 有机磷阻燃剂磷酸三(1,3-二氯异丙基)酯（TDCIPP）或 2500 mg/kg nTiO_2 均会影响蚯蚓营养代谢、细胞凋亡以及 DNA 损伤的相关基因表达；然而，nTiO_2 与 TDCIPP 复合暴露会抑制蚯蚓营养吸收的相关通路，导致肌肉生长基因表达异常[191]。以上复合毒性研究结果表明，不同物种对 NMs 和污染物的生物学响应机理存在差异，而这些受影响的信号通路间的关系是决定复合效应类型的关键因素。

NMs 的植物毒性通常存在剂量-效应关系，高剂量下表现出毒性损伤，而低剂量无毒甚至促进植物生长。因此，通过调控 NMs 在修复污染土壤过程中的添加量不仅可以避免 NMs 造成生态毒性，还可以助力农业生产。例如，Liu 等[192]研究了不同尺寸 nZVI（20 nm、50 nm、100 nm 及微米尺寸）、二价铁离子及不同浓度 100 nm nZVI 与 PCP 对水稻的复合毒性效应，发现 100 mg/kg 100 nm nZVI 可显著促进植物体根、茎、叶的生长发育，增加植物体叶绿素含量，降低 PCP 对水稻的毒性损伤，提升水稻产量及品质。一方面，100 mg/kg nZVI 通过促进水稻根部铁膜的形成，阻碍 PCP 及其代谢产物向植物体内迁移；另一方面，在 nZVI 及水稻根际微生物的协同作用下，土壤中 PCP 可通过邻位/间位/对位取代持续降解为 3, 5-DCP，进一步缓解了 PCP 对水稻的毒性效应。然而，1000 mg/kg nZVI 处理会显著降低水稻茎部及叶片组织中铁含量并引起缺铁症状，如生物量降低、叶绿素水平下降，其原因可能为高浓度 nZVI 能抑制水稻体内活性铁的传递。多氯联苯 PCBs（1 mg/kg）和 100 nm nZVI（0、10、100、1000 mg/kg）复合暴露对紫花苜蓿的生长没有明显的抑制效应，但 nZVI 在紫花苜蓿根表形成的铁沉积可以调节植物根际氨基酸代谢过程，重塑土壤微生物的结构和功能，提高具有 PCBs 代谢功能的降解菌丰度，降低土壤中 PCBs 的浓度和对紫花苜蓿的潜在毒性[193]。

综上所述，NMs 对土壤生态系统的影响是多维的，科学评判其与共存污染物的复合生态效应，需要综合考虑多种土著微生物、动植物的生物响应与相互作用。当前对土壤中 NMs 生态毒理效应的研究还较为缺乏，需要系统并深入阐明土壤生物在不同水平对 NMs 暴露的响应机制、NMs 与共存污染物的相互作用规律、土壤理化性质等影响因素的作用机制，这是科学认识 NMs 土壤生物生态效应的关键，也是保障纳米科技持续健康发展的科学基础。

17.5　纳米材料的环境应用进展

17.5.1　在大气污染治理中的应用

随着工业化和城市化进程的加速，人类使用大量化石燃料并向大气排放二氧化碳（CO_2）、氮氧化物（NO_x）、挥发性有机污染物（VOCs）等，导致全球空气污染严重。在中国，近年来光化学污染、雾霾天气，以及沙尘暴天气等频繁出现。为控制大气污染、应对极端天气，大量科研人员对这些废气的捕捉、消减和转化方法进行了研究。众多金属、金属氧化物、金属硫化物和纳米材料已被用于 CO_2、NO_x、VOCs 等的光/电/热催化转化技术。

1）基于 NMs 的催化剂用于 CO_2 还原和转化

将多余的 CO_2 转化成具有附加值的化学品（如甲酸、甲醇和甲烷），对缓解碳排放带来的全球变暖问题、同时增加可持续能源具有重要意义，因此今后很长一段时间内 CO_2 的高效利用将成为研究重点。含有 Au，Ag，Zn 等金属催化剂能将 CO_2 转化成 CO，含有 Co，Pb，Sn，Bi 等金属催化剂能将 CO_2 转化为甲酸，含有 Cu 等金属催化剂能将 CO_2 转化为多种碳化学品[194,195]。通过热解途径将铜原子分散到氮掺杂碳基质中制得的 Cu/N-C 材料，能够将 CO_2 电还原成乙醇（法拉第效率 55%）或将 CO 电还原成乙醇或乙烯等产品（法拉第效率 80%）[196]。关于一系列 M/N-C（M=Mn，Fe，Co，Ni，Cu，Zn）催化剂研究发现，除了 Cu/N-C 和 Zn/N-C，室温下金属前体与氮掺杂碳基质互相作用，导致金属在非原位条件下呈（亚）纳米级别的金属氧化物团簇。在 CO_2 还原反应中，Cu/N-C 中的 Cu 原子大部分形成 Cu^0 团簇，而 Mn/、Fe/、Co/和 Ni/N-C 催化剂则保持金属氢氧化物结构为主[197]。还有研究通过部分碳化策略，合成具有 N_2O_2 配位结构的负载在碳量子点上的铜单原子催化剂 CuN_2O_2。由于碳量子点相比其他碳载体有更多的边缘结构，Cu 单原子主要为固定在边缘，同时氧配体的引入，使得该催化剂展现了新的催化活性。相比高温煅烧得到的 MN_xC_4，CuN_2O_2 能够将 CO_2 深度还原为甲烷，同时具有 78%的法拉第效率和极高的产物选择性[198]。金属有机框架（metal organic framework，MOF）由金属离子或金属簇与桥连的有机配体通过自组装相互连接形成的晶态多孔材料，具有在宽可见光范围内可调光吸收性质、改进的电子-空穴（e-h）分离，均匀分布的催化活性位点等优点。有研究通过对超过 30 万种 MOF 材料的理论计算，筛选出不同类别的具有强 CO_2 结合位点、不受水分影响的 MOF 材料，并合成了两种具有强疏水性吸附基团的 MOF，验证发现在湿气体中它们对 CO_2 保持高选择性，且性能优于某些沸石和活性炭等商业材料[199]。基于 MOF 的复合光催化剂也受到了广泛关注。为促进光催化 CO_2 还原反应，Co(BDC)MOF 被用作非均质体 CdS 感光剂和分子助催化剂$[Co(bpy)3]^{2+}$的桥梁，得益于 CdS/MOF 和 MOF/溶液界面的高效电荷转移，中间的 MOF 层作为反应平台，加速了固-液-气三相反应的电荷和质量动力学，并进一步保护光敏剂免受光腐蚀，从而使得 CO_2 还原为 CO 的选择性达到 92.5%，产率达 22 μmol/h[200]。有研究将 TiO_2 负载在铬对苯二酸酯型的 MOF（MIL-101）特定孔道里，使得 TiO_2 和 MOF 中金属团簇间协同作用，实现电子的快速转移和催化反应的快速进行，该复合材料在 350 nm 波长下光催化 CO_2 转化效率高达 12 mmol/（g·h）[201]。

2）基于 NMs 的催化剂用于 NO_x 等的消除

NO_x（包括 NO、NO_2）是形成光化学烟雾、雾霾以及酸雨的关键因子之一，主要来源于火力发电厂等固定源和柴油汽车等移动源排放。NO_x的排放控制对提高空气质量具有重要意义。以NH_3还原NO_x的选择性催化还原（SCR）技术是目前控制NO_x的主流技术。含有金属氧化物（如VO_x，MnO_x，CrO_x，CeO_2，Fe_2O_3，CuO 等）材料和金属离子交换沸石（如 Cu-ZSM-5，Fe-ZSM-5，Cu-CHA，Cu-SSZ-13 等）是在NH_3-SCR 技术中应用较为广泛的两类催化剂。燃煤电厂烟道气中存在碱金属/碱土金属、磷和重金属会使一些催化剂失活以及柴油车尾气存在宽温度范围等特点，这就要求新型NH_3-SCR 催化剂应具有操作温度窗口宽（强酸性和优良的氧化还原性能）、低温下耐SO_2/H_2O性能强、耐碱/重金属/磷/HCl 性能强和高温水热稳定性强特点[202]。使用V_2O_5/TiO_2作为NH_3-SCR 催化剂时，形成的硫酸氢铵（ABS）会堵塞催化剂孔隙从而导致催化剂失活。有研究者将V_2O_5/TiO_2和 H-Y 沸石进行简单的物理混合，利用 H-Y 沸石捕获微孔中的 ABS 从而有效地保护钒活性位点。该混合催化剂能够在 220℃（低于 ABS 露点温度）的低温下稳定运行，在 ABS 被沸石捕获后，通过 350℃加热分解捕获的 ABS 使催化剂再生循环，持续保持耐硫性[203]。还有研究者以偏钒酸铵（NH_4VO_3）和偏钨酸铵为原料，采用草酸法合成了晶格中部分钒（V）被钨（W）原子取代的氧化钒材料（W-V），钒位是氨的氧化还原位，钨位是氨吸附的酸位。3.5 mol% W-V 催化剂对 NO 的转化效率最高，且具有耐水性。由于在湿态下 3.5 mol% W-V 催化剂的酸位转变为布朗斯特（Brønsted）酸位，仍具有高的反应活性，对含有 10 vol%水分的湿气中 NO 转化率高达 93%左右。当 W 掺杂量超过 3.5 mol%时有WO_3相形成，氧化还原位点数量减少，其对 NO 的转化率降低。随着钨含量的增加，尽管酸位点数量增加，但活性降低[204]。采用水热法制备的具有纳米管结构的$CeTiO_x$（$CeTiO_x$-T）具有非晶态结构、更大的比表面积、更多的表面 Brønsted 酸量和化学吸附氧。该催化剂在NH_3-SCR 应用方面表现出优异的催化活性和对SO_2和H_2O的耐受性以及稳定性，在 180～390℃范围内可以实现 98%以上的 NO 转化率，N_2选择性为 100%[205]。此外，纳米材料在光催化氧化NO_x方面也有广泛的应用。利用原位表面还原方法制备出的 Bi-$BiPO_4$复合纳米光催化材料，应用于催化氧化 NO 反应能够促进O_2的吸附活化与活性自由基的生成。相较于几乎没有可见光活性的$BiPO_4$，Bi-$BiPO_4$对 NO 的可见光去除率为 32.8%，并能保持良好的稳定性[206]。在室温下合成的负载有氮（N）掺杂碳量子点（CQDs）的 MOF 复合材料[N/CQDs-MIL-125(Ti)]，对 NO 的可见光去除率约高达 49%。CQDs 的引入拓宽了材料的光吸收范围至整个可见光区，同时增强了 MIL-125(Ti)的电子分离效率，N 元素掺杂能够强化 CQDs 上的转化特性，进一步提高了 NO 的去除率。N/CQDs-MIL-125(Ti)在光反应阶段存在Ti^{4+}-NO 向Ti^{3+}-NO 转化的过程，是毒副产物NO_2被抑制产生的关键所在[207]。类似地，通过水热反应和NH_3流动热处理法制备的氮掺杂$La_2Ti_2O_7$纳米晶体用于光催化氧化NO_x，其催化效果有所提高。主要是由于氮的掺杂增强了$La_2Ti_2O_7$在可见光区域的吸收范围（从 338nm 拓展至 560nm）和强度，提高了其对 NO 的光氧化催化活性[208]。

3）基于 NMs 的催化剂用于 VOCs 消除

VOCs 是形成对流层臭氧、过氧乙酰硝酸盐（PAN）和二次有机气溶胶等污染的重要因素，也会导致雾霾和光化学烟雾。而且，大部分 VOCs 本身往往有毒有害，能够致畸致癌。基于 NMs 的催化氧化技术是消除 VOCs 的有效方法。目前用于 VOCs 催化降解的 NMs 催化剂主要包括贵金属负载 NMs 和金属氧化物 NMs。贵金属（如 Pd、Pt、Au、Ru、Ag 等）负载催化剂通常被用于脂肪族烃、含氧 VOCs 和芳香族 VOCs，金属氧化物（如CoO_x，MnO_x，CeO_x，AlO_x，LaO_x，ZnO_x，NiO_x，CuO_x等）催化剂被用于含氯 VOCs 和含硫 VOCs 的降解[209]。一些材料如 C、$CaCO_3$、Al_2O_3等仅提供表面和孔结构以均匀分散活性物质。有研究利用废弃物蛋壳作为支撑物，通过简单浸渍方法将纳米银均匀地负载到蛋壳表面上，该材料被用于苯的催化氧化，相比纯纳米银的催化活性有所提高，且在使用 200 h 后仍具有较好稳定性[210]。另一些材料如CeO_2、SnO_2、Co_3O_4等本身对 VOCs 的氧化具有一定的催化活性，负载贵金属后的复合材料催化效果往往更优。负载有 0.5wt%的 Pd 纳米颗粒的三维有序多孔氧化铈复合材料（0.5%Pd_{NP}/3D-CeO_2）

大大降低苯转化反应温度，在 187℃便可催化降解 90%苯，并能持续使用 150 h[211]。单原子催化剂能够更有效地利用贵金属，显现出更好的催化效果。通过聚乙烯醇保护降解途径使得单原子 Pt 负载在三维有序多孔氧化铁（3D-Fe_2O_3）材料上，Pt 单原子负载量为 0.25wt%Pt1/3D-Fe_2O_3 对苯燃烧的催化活性好于 Pt 纳米颗粒负载的 3D-Fe_2O_3 催化剂（0.25wt%Pt_{NP}/3D-Fe_2O_3），$T_{90\%}$为 198℃，空速为 20000 mL/（g·h），且具有更好的防水性能[212]。类似合成方法制备的 0.98wt%Ru/3D-SnO_2 催化剂被用于三氯乙烯或甲苯的氧化，催化转化 90% 1000ppmv 的三氯乙烯[空速（每小时单位质量催化剂上通过的反应物的质量）40000 mL/（g·h）]所需反应温度为 300℃[213]。制备方法不同也会影响材料的催化活性。一步溶剂热法制得的负载有 Ag 的 Co_3O_4 催化剂（Ag/Co_3O_4）具有更多的表明活性氧和晶格缺陷以及低温还原能力，对苯氧化的催化效果顺序为 2% Ag/Co_3O_4＞1% Ag/Co_3O_4＞2% Ag/Co_3O_4-I（浸渍法制得的负载有 Ag 的 Co_3O_4 催化剂）＞Co_3O_4。2% Ag/Co_3O_4 催化降解 90%苯温度（$T_{90\%}$）为 201℃[214]。

除了热驱动的催化氧化，基于 NMs 的光催化降解在 VOCs 消除方面的应用前景也十分广阔。在 200 mW/cm^2 光照强度下，负载有 1%Pt 的氧化锰催化剂能够催化转化 90%甲苯［空速 30000 mL/（g·h）］。由于 Pt 的引入促进了 MnO 的结晶化并提高了表面晶格氧的移动性，Pt/MnO 比纯 MnO 具有更好的光热催化稳定性[215]。$LaFeO_3$ 和 PdO_x 的复合材料对全光谱入射光转化率和吸收光转化率均高于单 $LaFeO_3$，PdO_x 的引入大大提高了光致载流子的分离效率，并将光电效应的有效光谱从紫外扩展到可见光区域。在全波段光谱照射下，10%PdO_x-$LaFeO_3$ 对甲苯的消除率和矿化率分别达到 52.9%和 40.2%[216]。

17.5.2　在水污染治理中的应用

水资源是生命体赖以生存的基础。水体污染不仅导致疾病和死亡等风险性因素增加，而且导致世界范围内可饮用水资源不断减少，是威胁整个生物圈安全和影响人类生产、生活的全球性问题。水体中污染物种类繁多，主要包含重金属等无机污染物、有机污染物、病原菌等生物污染物。不同污染物间的物理化学性质差异但又相互关联性的存在，给水体污染治理带来极大挑战。传统水污染处理技术主要包括微过滤、化学沉淀、絮凝和混凝、生物法、化学氧化、光催化、离子交换、膜分离、吸附、电化学等。传统一级和二级水处理技术发展逐渐成熟，但其效率低，针对新型的环境污染现象，如微污染、复合污染等仍缺乏有效手段，使其难达到饮用水使用标准。近年来，纳米技术及纳米材料的发展，给水污染治理技术带来了新的机遇。

纳米材料具有较大比表面积和量子效应，结构和性质多样性，因而具备独特的吸附性能和反应活性。通过尺寸、形态和化学结构的调控，纳米材料结合传统水污染治理，可以赋予水处理系统优异的催化、吸附、电化学和抗菌等性能，已成为在环境领域中极其重要的一类材料，如何通过各类纳米材料的结合制备出高性能的去污复合纳米材料从而达到大规模的应用是目前纳米材料在水污染治理应用中的热点方向。碳基、金属基、黏土基等纳米材料及其复合材料已被广泛用于水污染治理。其中，纳米复合材料，由于其优良的综合性能，特别是其性能的可设计性，在水污染治理中具有更广泛的应用前景[217]。纳米吸附剂、纳米催化剂、纳米膜及纳米马达是各类纳米材料在水污染治理中的主要的作用形式（图 17-7）。

纳米吸附剂是纳米材料在水污染治理中应用最广泛的作用形式。常见的报道是碳基（如炭黑、石墨、氧化石墨烯）或碳基复合纳米吸附剂。碳基/碳基复合纳米材料对环境友好，同时具有较大的比表面积、强表面疏水性、良好的电子传导性，能高效吸附多类疏水性有机污染物，包括除草剂、多环芳烃、多氯联苯、多溴联苯醚、全氟化合物等，在有机污染物的吸附/降解去除技术中具有巨大应用潜力[218-220]，同时对 Pb、Cr、Hg 等重金属离子也有很好的吸附去除效果[221]。如以豌豆荚为原料制备的纳米球形生物炭被用于与淀粉水凝胶复合，从而制备出了新型生态友好型和可持续型纳米吸附剂，不仅可以有效吸附去

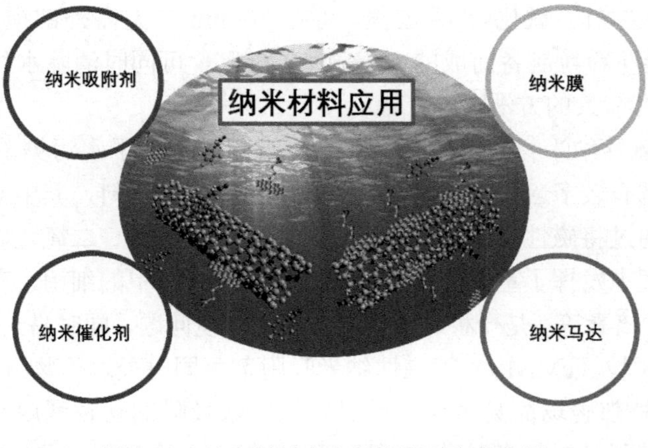

图 17-7　纳米材料在水污染治理中的应用

除萘普生药物，而且对重金属离子铬（Ⅵ）有很好的吸附去除效果[218]。金属基/金属基复合纳米材料（如含铁氧化物、锰、镁、锌、钛、铝、铈氧化物等）常被用于水体中重金属污染物的去除[222,223]。通过与碳基纳米材料的复合可制备出具有高效的表面和水力特性的新型纳米吸附剂，使大规模去除水体污染物，特别是重金属离子成为可能[223]。此外，黏土基等纳米材料也多被用作水体污染物的吸附剂。如海洋沉积物经碾磨成纳米颗粒后，可直接用于盐水中Ⅶ价锰离子的吸附去除[224]；埃洛石纳米管经纳米 Fe_2O_3 修饰后有效增强了其对磷酸盐的吸附效能，在水体富营养化污染治理中有较大应用潜力[225]。

相比于传统催化剂，纳米光催化剂具有更大的比表面积和体积比，能有效地在材料表面产生氧化物质，具有更高的光催化活性，可有效去除水体中有机氯、偶氮染料、活性药物、芳烃类、二氯苯酚、全氟化合物等[226-232]，金属基纳米材料如纳米金属氧化物（如 TiO_2、Fe_2O_3、SiO_2、ZnO、Al_2O_3、In_2O_3 等）、零价基金属、半导体和一些双金属类纳米材是构成纳米催化剂的主体。其中，纳米 TiO_2 由于其物理化学稳定、成本低廉、环境友好、可再利用等原因，是现有材料中最优秀的纳米催化剂之一，被广泛应用于废水中有机污染物的催化去除。因为自身毒性、回收率低等缺点，金属基纳米材料往往通过加入磁性材料或复合碳材料、聚合物和陶瓷等材料形成纳米复合材料，参与水体污染物的催化去除[233,234]。

纳米膜是由不同的纳米纤维形成的一种用于分离或去除水相纳米颗粒或其他污染物的特殊膜。目前水污染治理中纳米膜的应用主要集中于纳米材料复合聚合物基膜，即利用各类纳米材料组合式复合于不同的聚合物基膜上制备多功能膜，兼具过滤、吸附、催化或消杀等一项或多项功能。如通过掺杂表面改性，将沸石、氧化铝、TiO_2、纳米银、CNTs 等具有杀菌功能的纳米材料掺杂到聚合物超滤膜中，聚合物超滤膜表面形成亲水性和抗污性的放大膜，具备高亲水性、高孔隙率、高抗污性，在有效拦截去除有机物、重金属等污染物的同时可消杀病原菌，防止膜堵塞和膜污染[235-239]。在纳米复合膜中引入一些纳米光催化剂，使其适合于不同污染物的降解，显著提高了滤膜去除水体污染物的效能：高选择性，高分解率，更大的耐污性。如 TiO_2 纳米粒子兼具杀菌和光催化特性，掺杂了 TiO_2 的纳米膜/薄膜可用于水体中不同微生物的灭活和有机污染物的降解[237]；将铁镍氧化物纳米颗粒引入到聚合物膜中，与原膜相比，不仅使纯水透过率提高了一倍多，而且对铅和白蛋白的截留去除率也提高了近一倍[240]。

纳米马达是一种能够转化环境中的能量（化学能、电能、光能等）为运动能的纳米尺寸的装置，可以到达人工操作不能企及的微观体系进行特定的任务。因为纳米马达可以根据需要选用不同的纳米材料、制备方法来设计结构组分，且驱动方式（如化学染料驱动、超声驱动、磁场驱动、光能驱动等）多样，同时可定时定向定点控制其运动方向，因此在水污染治理中展现出重要的应用潜力，如油滴和微塑料去除、有机污染物降解等[241-243]。如还原氧化石墨烯水凝胶结合富孔氧化锰 MnO_2 从而形成一种基于气泡驱动的纳米马达，通过吸附-氧化-解吸过程，可在 30 min 内无需外部搅拌去除水体中 90%以上的有机燃料[241]。基于向日葵花粉粒制备而成的中空微纳“潜艇”，可同时清除水体中的有油滴和微塑料，为水修复应用提供了一种很有前景的方法[244]。

在各类纳米材料中，磁性纳米材料及其复合材料是近年来被用于水污染治理的热点材料，在上述 4 种纳米材料的作用形式中都有较多应用。磁性复合材料是一种多相材料，其中至少一个组成相是磁性纳米粒子。通常磁性复合材料通过将磁性纳米粒子嵌入各种材料如聚合物、二氧化硅、碳等基体材料中制备而成。磁性纳米材料在水处理中发挥了重要作用，可吸附催化降解水中的细菌、有机污染物、藻类、泄漏的石油、重金属离子和放射性核素等，是一种可用作处理多重环境问题，同时易于回收处理的材料[245-250]。如基于壳聚糖包覆磁性纳米颗粒（cMNPs）的磁性纳米吸附剂可同时处理生物炼制废水中三种重金属和 26 种酚类化合物，并可通过外部磁场简易操作完成对磁性纳米吸附剂回收利用[245]；TiO_2 纳米催化剂通过 Fe_3O_4 负载及 N 掺杂，改善了其对护理品药物低降解率的缺点，同时提高了回收率[231]；在远程磁导引的帮助下，表面沉积有磁催化纳米颗粒 FeNPs 的炭黑微电机被用于去除海水中自由漂浮和表面活性剂稳定的油滴，而不需要进一步的表面改性[243]。

总体而言，在水污染治理应用中，基于纳米材料的纳米吸附剂、纳米催化剂、纳米膜具有高效、省时、低能耗、环境友好等优点，但相比传统方法，它成本偏高，且尚未达到大规模商业化应用的水平。同时，如何去除处理水中溶解的纳米粒子也是我们今后需要考虑的方向。

17.5.3　在土壤污染治理中的应用

土壤是环境中有机、无机污染物等重要的汇，其治理一直是环境修复领域的难点。传统土壤修复技术主要包括固化、稳定化、电动、淋洗、热脱附等物理化学修复，以及基于微生物、动物、植物固定、富集、降解的生物修复。物理化学修复具有快速和效果好等优点，但其成本高、存在二次污染，且不利于后续的土壤恢复。生物修复技术具有环境友好的优势，但易受污染物浓度和环境条件的限制，存在修复效率低、周期长等缺点。近年来，纳米材料（NMs）由于粒径小、活性强，其对环境中污染物具有很好的去除效果，碳基、金属基和黏土基等 NMs 已被用于污染土壤修复[251,252]。碳基 NMs（生物炭、活性炭、碳纳米管、石墨烯、富勒烯等）通常具有高孔隙率、巨大的比表面积、π电子共轭结构等，可富集和固定土壤中的污染物；同时，碳 $1s^2$、$2s^2$、$2p^2$ 轨道的电子杂化可以促进微生物与污染物分子之间的电子转移，提高碳基 NMs 吸附污染物的降解[251]。金属基 NMs 包括零价铁（nZVI）、铁（氢）氧化物、二氧化钛（$nTiO_2$）、氧化锌、氧化铜等，可在土壤多孔介质中迁移并对污染物进行氧化还原降解。黏土基 NMs（硅、沸石、羟基磷灰石、层状双氢氧化物等）具有良好的土壤相容性，在缓解重金属对植物胁迫方面表现出巨大的潜力[252]。最新研究表明，NMs 不仅可以通过物理化学作用直接去除和固定污染物，还可以联合土壤生物协同修复污染土壤，有效地克服传统修复技术的缺陷[253,254]。

NMs 主要通过吸附、氧化还原和高级氧化等过程抑制污染物活性或者将污染物转化为低毒、无毒产物。吸附作用是 NMs 自发发生的表面现象，通过降低表面吉布斯自由能与污染物紧密结合[255]。通常，碳基 NMs 可以通过范德华力、静电吸附和π-π作用吸附固定污染物，金属基和黏土基 NMs 主要通过表面络合、离子交换和共沉淀等与污染物相互作用。生物炭及其复合 NMs 可以吸附固定土壤中重金属[256-261]；纳米磷灰石与重金属 Pb 可结合形成低溶解度的 $Pb_{10}(PO_4)_6Cl_2$（$K_{sp}=10^{-60}\sim10^{-85}$），在固定重金属的同时能减缓营养元素磷的释放，降低了水体富营养化的风险[262]。氧化还原过程是利用 NMs 的电子转移作用将有毒化污染物转化为低毒/无毒产物，减少污染物的生态危害。例如，nZVI 可将土壤中 Cr(VI)还原为 Cr(III)，降低 Cr(VI)的生物毒性[263]。高级氧化工艺主要用于去除土壤中的有机污染物，包括光催化、活化过硫酸盐等。$nTiO_2$ 是一种典型光催化剂，可用于降解土壤中的有机污染物，但其太阳能利用率低（＜5%），因

此 $nTiO_2$ 在土壤污染修复应用中仍处于起步阶段[264]。由于 $SO_4^{-}\cdot$ 比 HO·具有更长的寿命和更好的选择性，铁基 NMs 活化过硫酸盐被广泛地用于去除土壤中有机污染物[265,266]。

纳米-生物联合修复技术是近年来发展的一种新兴技术，但目前主要局限于极少数纳米-微生物协同修复体系[254]。事实上，土壤动物和植物同样具有用于构建纳米-生物协同修复技术的潜力。Hou 等[190]研究了不同粒径和表面改性的 nZVI 与线虫协同修复五氯酚（PCP）污染土壤的效果，发现 20 nm nZVI 可显著降低 PCP 对线虫的毒性，而线虫则将 nZVI 对土壤 PCP 的去除率（3 天）从 37.8%提升至 76.9%。nZVI 和 PCP 复合暴露会促进线虫分泌胶原蛋白、谷胱甘肽（GSH）、半胱氨酸（Cys）等还原性生物分子，这些生物分子会在线虫表面形成一层还原性屏障，缓解 PCP 对线虫的氧化损伤；线虫表皮外侧的胶原蛋白分子可与 nZVI 相互作用并促进 nZVI 在线虫体表富集，而表皮下方的 GSH 和 Cys 可通过还原溶解 nZVI 表面的氧化壳层，促进 Fe^0 内核的电子向 PCP 转移，强化 nZVI 的还原脱氯作用（图 17-8）。基于上述机制进一步构建并优化的 nZVI-线虫-Cys 协同修复体系可将 PCP 去除效率提升 2.1 倍并降低 nZVI 用量至单一 nZVI 修复技术的 48.5%，这为发展经济高效的纳米-生物协同修复技术提供了范例[190]。

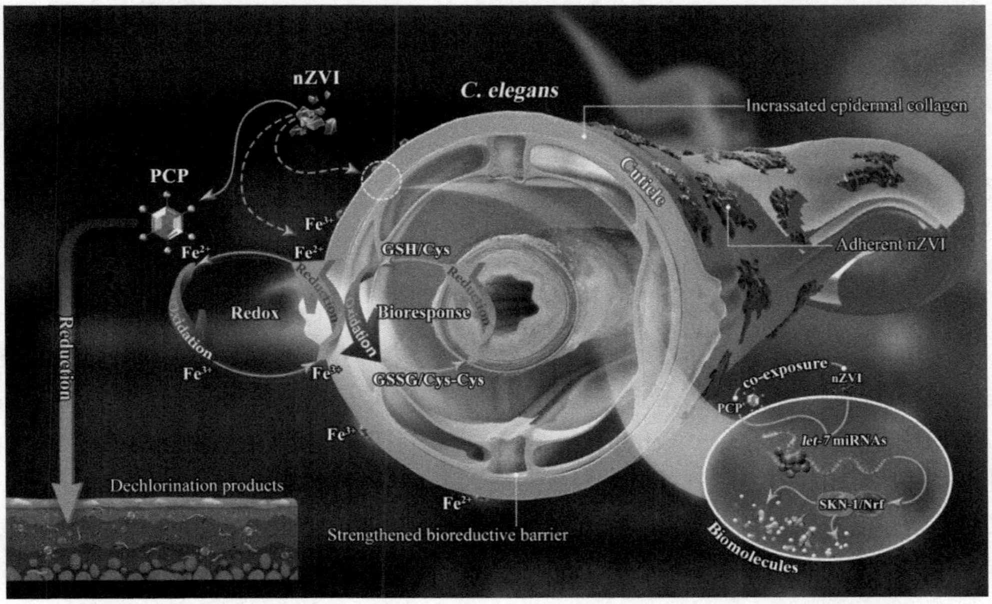

图 17-8　线虫与 nZVI 的界面相互作用及其对 PCP 的协同去除作用机理[190]

NMs 与土壤植物及根际微生物的互作同样可以产生协同去除污染物的效果，并能促进作物的安全生长。Liu 等[267]对 nZVI 在 PCP 污染农田土壤中水稻的边生产边修复应用进行了 140 天的全周期评价（图 17-9）。100 mg/kg nZVI（100 nm）处理 PCP（100 mg/kg）污染土壤后，水稻籽粒的产量提高了 47.1%，籽粒中 PCP 的含量降低了 83.6%，土壤 PCP 去除率从 49.9%增加至 83.9%，其原因为 nZVI 促进水稻根系铁膜的形成并重建了根际微生物群落。水稻根系铁膜可以抑制 PCP 及其降解产物向植物体内迁移，降低了水稻籽粒中的 PCP 含量；根际显著增加的还原细菌 *Bacteroidetes_vadin* HA17 促进了土壤中 PCP 的降解；nZVI 和水稻根系分泌物可促进根际环境中的电子传递，增强土壤微生物对有机质的利用，进而实现对 PCP 的邻位、间位及对位脱氯。Wu 等[268]研究了 nZVI 联合紫花苜蓿协同修复多氯联苯（PCBs）污染的土壤，发现 nZVI 可通过影响植物根际生物化学活动而显著提高根际微生物对土壤 PCBs 的降解作用；与紫花苜蓿修复相比，nZVI 联合紫花苜蓿对 PCB28 和 PCB180 的去除率分别从 66.7%和 38.5%增加至 93.1%和 52.3%。

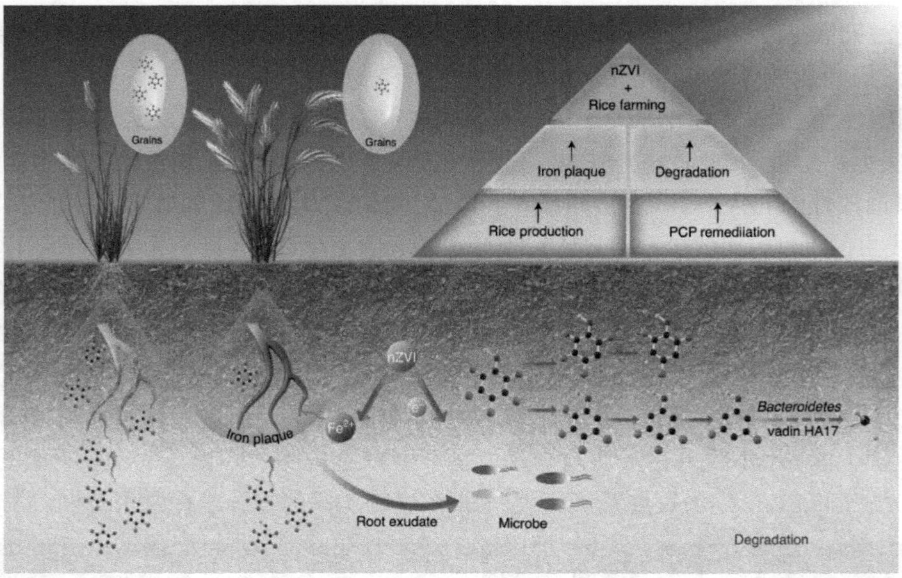

图 17-9　nZVI 在水稻安全生长与协同修复 PCP 污染土壤中的作用与机制[267]

17.5.4　在环境分析中的应用

样品前处理包括样品中目标物的分离和预浓缩，是分析复杂环境样品中（超）痕量污染物的关键步骤。金属有机骨架、共价有机骨架（covalent organic framework ，COF）等 NMs 具有优异的吸附能力、大比表面积、多孔结构以及易于改性和功能化等特点，在固相萃取（solid phase extraction，SPE）、分散固相萃取（dispersive solid-phase extraction，DSPE）、磁固相萃取（magnetic solid phase extraction，MSPE）和固相微萃取（solid phase micro-extraction，SPME）等吸附提取技术方面有着广泛应用和广阔前景。基于 MOF 和 COF 等原始材料及其功能化材料、复合材料和衍生材料的吸附提取技术已被用于多环芳烃（PAHs）、农药、金属离子等污染物的分离和预浓缩。这里将着重介绍 NMs 在 MSPE 和 SPME 方面的最新应用。

1）基于磁性纳米材料（magnetic nanomaterials，MNMs）的 MSPE

基于功能化 MNMs 作为吸附剂的 MSPE 除了预浓缩污染物，还可利用外部磁场将其从样品基质中分离出来和轻松快速回收，具有省时、省力、省试剂、萃取效率高、特异性高等优点。MNMs 的磁性核心元素主要包括 Fe，Co，Ni 和其氧化物（Fe_3O_4，γ-Fe_2O_3）及钴铁氧体（$CoFe_2O_4$），其中 Fe_3O_4 由于 Fe^{2+} 具有作为电子供体的潜力因而其应用最为广泛。为防止裸露的磁性纳米颗粒在使用过程中发生团聚，近年来采用不同材料与磁性纳米颗粒复合或/和对材料表面进行功能化修饰策略，常用的材料包括碳纳米管（CNTs）、石墨烯/氧化石墨烯（G/GO）、MOFs、COFs、层状双氢氧化物（LDHs）、表面活性剂、核酸适配体、分子印迹聚合物（MIPs）、受限访问的材料（RAMs）[269]。

一种磁性 COF 复合材料[Fe_3O_4@COF（Tp-NDA）]被用作 MSPE 的磁性吸附剂，用于从湖水、茶叶、咖啡和炸鸡中提取 PAHs，可重复使用 10 次。后续联用带紫外检测器的高效液相色谱进行检测，PAHs 的检测限和定量限分别为 0.05～0.25 mg/L 和 0.17～0.83 mg/L，回收率为 74.6%～101.8%，相对标准偏差低于 4.2%[270]。以 3，3'-二氨基联苯胺（DAB）和 1，3，5-三甲酰间苯三酚（Tp）为构建单元制备的核-壳结构的磁性 COF 复合材料（M-TpDAB）被作为吸附剂，在高效液相色谱分析前对茶饮料和水样中苯脲类除草剂进行了简单高效的预浓缩，使得苯脲类除草剂检出限分别低至 0.30～0.50 ng/mL 和 0.05～0.15 ng/mL[271]。聚苯胺改性的磁性埃洛石纳米管材料（MHNTs@PANI）由天然材料埃洛石通过用聚苯胺涂覆磁性 HNTs 制备而成，利用 π-π 共轭作用及分析物与 PANI 之间的疏水相互作用从啤酒样品中提取 PAHs（包括芴、菲、蒽、芘、苯并[a]蒽和芘），随后采用气相色谱-质谱检测。该方法检测限范围为 1.64～14.2 ng/L，加标回收率范围为 78.8%～114.6%[272]。类似地，利用分析物与 MOF 配体之间的 π-π 和疏水作用，以磁性 MOF 复合材料（Fe_3O_4@TGA@TMU-6）作为吸附剂的 MSPE 被用于提取环境水样中的一些有机磷农药（伏杀磷、毒死蜱和丙溴磷），联用 HPLC-UV 分析，所建立方法对伏杀磷、毒死蜱和丙溴磷的检出限（*s*/*n*=3）分别为 0.5、1 和 0.5 μg/L。对于 25 mL 水样，仅需要 2mg Fe_3O_4@TGA@TMU-6，比之前报道用于有机磷农药提取所需材料量大大减少[273]。原位合成方法制备的分子筛型咪唑啉骨架/磁性层状双氢氧化物（Fe_3O_4@LDH/ZIF）与一些内分泌干扰物之间存在氢键、π-π 相互作用和静电相互作用，被应用于从牛奶样品中富集四种内分泌干扰物（EDCs），EDCs 在 Fe_3O_4@LDH/ZIF 上的平衡吸附量（Qe，mg/g）高达 47.4～138.8 mg/g。联用超高效液相色谱-串联质谱（UHPLC-MS/MS）分析 EDCs 的检出限低至 3～15 ng/L[274]。

基于 MNMs 的 MSPE 方法在重金属离子的分离和富集方面也有应用。采用 SiO_2 包覆磁性 Fe_3O_4 木屑生物炭，并进一步用阳离子表面活性剂十六烷基三甲基溴化铵（CTAB）进行功能化，该复合材料（MAGBC/SiO_2/CTAB）被用于分离和富集水体和多种水果样品中的 Cu^{2+}、Cd^{2+}和 Pb^{2+}，最大吸附量分别为 123.7、80.0 和 118.5 mg/g。联用火焰原子吸收分光光度法对 Cu^{2+}、Cd^{2+}、Pb^{2+}的检出限（LOD）分别为 0.24、0.62、1.55 μg/L[275]。通过应用磷酰胺修饰的 Ag 包覆的柠檬酸- Fe_3O_4 复合材料，使一步磁分离海水和地下水中的铀（U）成为可能。材料表面修饰的磷酰胺和柠檬酸分子对 U（VI）离子协同萃取机制使该复合材料对 U（VI）具有高选择性。该复合材料 pH 在 6.5～8 范围内能高效定量萃取 U（VI），最大负荷量（Q_m）为 108.7 mg/g，达到 Q_m 值所需的平衡时间为 120 秒，且能够循环使用 5～6 次[276]。

2）基于 NMs 的 SPME

多种纳米材料已被作为 SPME 涂层。有研究者将卟啉基 COF 物理涂覆在不锈钢针上，利用卟啉基 COF 与 PAHs 之间的 π-π 堆积相互作用，成功应用于水和土壤样品中 PAHs 的顶空固相微萃取（HS-SPME）[277]。通过苯-1，3，5-三甲醛与 1，3，5-三（4-氨基苯基）苯缩合合成的亚胺基 COF 也被用于从蜂蜜样品中萃取 PAHs[278]。通过 ZIF-67 的简单热处理获得的 MOF 衍生的氮掺杂碳纳米管笼（N-CNTC）具有独特的氮掺杂活性位点和富含碳的纳米管，以 N-CNTC 涂覆的纤维已被应用于福建省六个城市的河水样品中多氯联苯的提取。与商业纤维和传统的碳纳米管涂层纤维（15 nm）以及实心氮掺杂碳涂层纤维相比，以 N-CNTC 为吸附剂涂层的 SPME 纤维对多氯联苯表现出更好的提取性能，主要是由于其相互作用、丰富的活性位点和空心笼结构[279]。通过对四联苯和均苯三甲酰氯之间的简易弗瑞德-克拉夫茨缩合反应合成的介孔共价有机聚合物（COP）具有中空纳米球结构、永久介孔、大表面积以及高热和化学稳定性，也被用作 SPME 涂层，可有效预浓缩一些 PAHs 及其硝化和氧化衍生物[280]。基于共价三嗪的框架（CTF）作为涂层的 SPME 纤维也被用于从各种蜂蜜样品中提取一些 PAHs[281]。

涂层的制造工艺也会显著影响 SPME 纤维的萃取性能。制备方法的简便性和涂层的坚固性是近年来 NMs-SPME 研究追逐的两大挑战。在室温下通过 TPB 和 DMTP 之间的席夫碱反应在不锈钢纤维上原位生长 COF 晶体 TPB-DMTP，随后，通过简单的浸涂方法在 COF 涂层上覆盖超薄的聚酰亚胺（PI）层，以提高纤维的稳定性。制备得到的 PI@TPB-DMTP SPME 纤维与气相色谱-负化学离子质谱（GC-NCI-MS）联用，可用于测定水样中超痕量多溴二苯醚（PBDEs），检测限低至 0.0083～0.019 ng/L[282]。三氟甲基 COF（CF_3-COF）可在室温下轻松合成，并用于 SPME。与无定形聚合物涂层、不含氟 COF 涂层和市售的 SPME 涂层相比，CF_3-COF 涂层对全氟和多氟烷基物质（PFASs）的提取性能有所提高，与 UPLC-MS 联用所建立的方法具有出色的灵敏度，对牛奶和奶粉中的 PFASs 的检测限分别在 0.1～0.7 pg/g 范围和 0.2～0.8 pg/g 范围[283]。以 TFPB 和 BD 作为单体，在室温下在氨基修饰的不锈钢纤维上原位生长制备出新型 COF（TFPB-BD）纤维，成功应用于水产品中痕量多氯联苯的预浓缩。相比商业化的 SPME 纤维（30 μm PDMS 涂层纤维和 65 μm PDMS/DVB 涂层纤维），即使薄得多的 TFPB-BD 涂层纤维显示出更大的增强因子（萃取后进样和不经萃取直接进样的分析物灵敏度比值）。这主要归因于 TFPB-BD 和多氯联苯之间的 π-π 堆积作用和疏水作用以及空间位阻效应，且这种分析物与 TFPB-BD 芳香框架之间的 π-π 堆积作用和疏水作用使得该纤维同样适用于其他芳香型有毒有机污染物[284]。还有研究者通过原位电合成方法，以 1,2,4,5-苯四羧酸作为配体和硝酸铜作为金属离子源，在阳极氧化不锈钢丝上制备了基于铜金属-MOF[Cu(btec) 0.5DMF]的 HS-SPME 纤维涂层，并将该纤维用于尿样中甲基苯丙胺的预浓缩[285]。通过碳化氮化石墨碳（g-C_3N_4）模板化 MOF（NH_2-MIL-125）制备出氮掺杂 MOF 基多孔碳[C-(C_3N_4@MOF)]，然后通过溶胶-凝胶技术将 C-(C_3N_4@MOF)涂覆在不锈钢线上，作为 SPME 纤维涂层，用于从不同的水果和蔬菜样品中提取 14 种有机磷农药。该 SPME 与 GC-MS 联用所建立方法对 14 种有机磷农药的检测限（$LOD_{S/N=3}$）在 0.23～7.5 ng/g 范围内，加标回收率在 82.6%～118%，相对标准偏差（RSD）2.8%～11.7%。该纤维可以重复使用 100 次以上，提取效率仍没有显著降低[286]。以聚多巴胺为中介将 COF（TpBD）连接在不锈钢丝上作为 SPME 纤维，用于烤肉样品中痕量 PAHs 的提取，一根 TpBD 黏合纤维可以承受至少 200 次循环[287]。

17.6　展　　望

目前，针对大气中纳米颗粒物的种类、赋存及来源，已开展了较深入的研究，但在毒理及健康效应方面仍需开展更加广泛而深入的研究，比如尽管流行病学数据揭示了某些特定大气纳米颗粒物与疾病之间的相关性，但基于毒理学实验的直接证据仍然非常缺乏，亟需开展相关研究；另外，大气纳米颗粒物穿透人体屏障（如血脑屏障）的机制，以及赋存于人体不同部位的大气纳米颗粒物的健康效应仍不清楚，需开展相关体内体外模拟实验。环境浓度的人工纳米材料在真实环境中的迁移转化行为及生态风险亟需进一步开展相关研究，如土壤和水体中的天然有机质、矿物等的影响需要深入探索其发生机制，尤其是这些复杂的环境基质如何影响环境浓度的人工纳米材料对土壤和水体中生物的毒性效应及其作用机理亟需阐述清楚，以此科学合理地评估纳米材料的环境健康风险。

纳米材料在大气、水和土壤污染治理方面显示出了巨大的应用潜力并取得了长足的进展。然而，针对目前的应用现状，仍需合成更多高效、易处理及环保的改性纳米材料来满足环境污染治理中低成本化及商业化的需求挑战，如建立新颖创新的合成方法，以降低纳米材料的生产成本、提高其催化性能；应用天然材料基质，提高环境友好性；利用改进磁性纳米材料，提高回收率，降低成本等。同时，针对这些施用的纳米材料，其潜在的环境毒性和生物安全问题及其机制方面的一些重要和关键问题也需要进行系统和全面的评价，对其毒性进行综合评价是确保其安全应用的关键。新型杂化吸附材料的合成通常采用先进的纳米结构材料，如基于 MOFs，COFs 的复合材料，而开发更有效的吸附材料并引入到不同的萃取方法，同时提高这些技术的自动化，是今后基于纳米材料的样品前处理的一个趋势。

参 考 文 献

[1] Cohen A J, Brauer M, Burnett R, et al. Estimates and 25-year trends of the global burden of disease attributable to ambient air pollution: an analysis of data from the Global Burden of Diseases Study 2015. The Lancet, 2017, 389(10082): 1907-1918.

[2] Hochella M F, Mogk D W, Ranville J, et al. Natural, incidental, and engineered nanomaterials and their impacts on the Earth system. Science, 2019, 363: 8299.

[3] Li S, Zhang B, Wu D, et al. Magnetic particles unintentionally emitted from anthropogenic sources: iron and steel plants. Environmental Science & Technology Letters, 2021, 8(4): 295-300.

[4] Gonet T, Maher B A, Kukutschová J. Source apportionment of magnetite particles in roadside airborne particulate matter. Science of the Total Environment, 2021, 752: 141828.

[5] Vojtíšek-Lom M, Vaculík M, Pechout M, et al. Effects of braking conditions on nanoparticle emissions from passenger car friction brakes. Science of the Total Environment, 2021, 788: 147779.

[6] Yang Y, Chen B, Hower J, et al. Discovery and ramifications of incidental Magnéli phase generation and release from industrial coal-burning. Nature Communications, 2017, 8(1): 1-11.

[7] Yang Y, Colman B P, Bernhardt E S, et al. Importance of a nanoscience approach in the understanding of major aqueous contamination scenarios: case study from a recent coal ash spill. Environmental Science & Technology, 2015, 49(6): 3375-3382.

[8] Yang Y, Vance M, Tou F, et al. Nanoparticles in road dust from impervious urban surfaces: distribution, identification, and environmental implications. Environmental Science: Nano, 2016, 3(3): 534-544.

[9] Zhang Q, Lu D, Wang D, et al. Separation and tracing of anthropogenic magnetite nanoparticles in the urban atmosphere. Environmental Science & Technology, 2020, 54(15): 9274-9284.

[10] Lu D, Luo Q, Chen R, et al. Chemical multi-fingerprinting of exogenous ultrafine particles in human serum and pleural effusion. Nature Communications, 2020, 11(1): 1-8.

[11] Hofman J, Maher B A, Muxworthy A R, et al. Biomagnetic monitoring of atmospheric pollution: a review of magnetic signatures from biological sensors. Environmental Science & Technology, 2017, 51(12): 6648-6664.

[12] Hofman J, Wuyts K, Van Wittenberghe S, et al. On the link between biomagnetic monitoring and leaf-deposited dust load of urban trees: Relationships and spatial variability of different particle size fractions. Environmental Pollution, 2014, 189: 63-72.

[13] Fusaro L, Salvatori E, Winkler A, et al. Urban trees for biomonitoring atmospheric particulate matter: An integrated approach combining plant functional traits, magnetic and chemical properties. Ecological Indicators, 2021, 126: 107707.

[14] Górka-Kostrubiec B, Magiera T, Dudzisz K, et al. Integrated magnetic analyses for the discrimination of urban and industrial dusts. Minerals, 2020, 10(12): 1056.

[15] Gonet T, Maher B A, Nyirő-Kósa I, et al. Size-resolved, quantitative evaluation of the magnetic mineralogy of airborne brake-wear particulate emissions. Environmental Pollution, 2021, 288: 117808.

[16] Alokhina T. In Magnetic particles in the sediments of the south Ukraine rivers as the marker of the technogenic impact on the hydroecosystems. E3S Web of Conferences. Paris: EDP Sciences, 2021: 00048.

[17] Narayana A, Ismaiel M, Priju C. An environmental magnetic record of heavy metal pollution in Vembanad lagoon, southwest coast of India. Marine Pollution Bulletin, 2021, 167: 112344.

[18] Gul C, Mahapatra P S, Kang S, et al. Black carbon concentration in the central Himalayas: Impact on glacier melt and potential source contribution. Environmental Pollution, 2021, 275: 116544.

[19] Xu H, Ren Y A, Zhang W, et al. Updated global black carbon emissions from 1960 to 2017: Improvements, trends, and drivers. Environmental Science & Technology, 2021, 55: 7869-7879.

[20] Singh N, Mhawish A, Banerjee T, et al. Association of aerosols, trace gases and black carbon with mortality in an urban pollution hotspot over central Indo-Gangetic Plain. Atmospheric Environment, 2021, 246: 118088.

[21] Janssen N A, Hoek G, Simic-Lawson M, et al. Black carbon as an additional indicator of the adverse health effects of airborne particles compared with PM_{10} and $PM_{2.5}$. Environmental Health Perspectives, 2011, 119(12): 1691-1699.

[22] Li W, Shao L. Transmission electron microscopy study of aerosol particles from the brown hazes in northern China. Journal of Geophysical Research: Atmospheres, 2009, 114: D09302.

[23] Wang Y, Pang Y, Huang J, et al. Constructing shapes and mixing structures of black carbon particles with applications to optical calculations. Journal of Geophysical Research: Atmospheres, 2021, 126(10): e2021JD034620.

[24] Xu L, Fukushima S, Sobanska S, et al. Tracing the evolution of morphology and mixing state of soot particles along with the movement of an Asian dust storm. Atmospheric Chemistry and Physics, 2020, 20(22): 14321-14332.

[25] Li C, Bosch C, Kang S, et al. Sources of black carbon to the Himalayan–Tibetan Plateau glaciers. Nature Communications, 2016, 7(1): 1-7.

[26] Lin Y, Huang X, Liu Y, et al. Identification, Quantification, and imaging of the biodistribution of soot particles by mass spectral fingerprinting. Analytical Chemistry, 2021, 93(17): 6665-6672.

[27] Bové H, Steuwe C, Fron E, et al. Biocompatible label-free detection of carbon black particles by femtosecond pulsed laser microscopy. Nano Letters, 2016, 16(5): 3173-3178.

[28] Huang X, Ding A, Wang Z, et al. Amplified transboundary transport of haze by aerosol–boundary layer interaction in China. Nature Geoscience, 2020, 13(6): 428-434.

[29] Zhang R, Khalizov A F, Pagels J, et al. Variability in morphology, hygroscopicity, and optical properties of soot aerosols during atmospheric processing. Proceedings of the National Academy of Sciences of the United States of America, 2008, 105(30): 10291-10296.

[30] Zhang D, Zhang R. Laboratory investigation of heterogeneous interaction of sulfuric acid with soot. Environmental Science & Technology, 2005, 39(15): 5722-5728.

[31] Monge M E, D'Anna B, Mazri L, et al. Light changes the atmospheric reactivity of soot. Proceedings of the National Academy of Sciences, 2010, 107(15): 6605-6609.

[32] Han C, Liu Y, Ma J, et al. Key role of organic carbon in the sunlight-enhanced atmospheric aging of soot by O_2. Proceedings of the National Academy of Sciences, 2012, 109(52): 21250-21255.

[33] Li M, Bao F, Zhang Y, et al. Role of elemental carbon in the photochemical aging of soot. Proceedings of the National Academy of Sciences of the United States of America, 2018, 115(30): 7717-7722.

[34] Gonet T, Maher B A, Airborne. Vehicle-derived Fe-bearing nanoparticles in the urban environment: A review. Environmental Science & Technology, 2019, 53(17): 9970-9991.

[35] Kermenidou M, Balcells L, Martinez-Boubeta C, et al. Magnetic nanoparticles: An indicator of health risks related to anthropogenic airborne particulate matter. Environmental Pollution, 2021, 271: 116309.

[36] Cao J, Lee S, Ho K, et al. Characteristics of carbonaceous aerosol in Pearl River Delta Region, China during 2001 winter period. Atmospheric Environment, 2003, 37(11): 1451-1460.

[37] Bond T C, Streets D G, Yarber K F, et al. A technology-based global inventory of black and organic carbon emissions from combustion. Journal of Geophysical Research: Atmospheres, 2004, 109: D14203.

[38] Bond T C, Doherty S J, Fahey D W, et al. Bounding the role of black carbon in the climate system: A scientific assessment. Journal of Geophysical Research: Atmospheres, 2013, 118(11): 5380-5552.

[39] Gustafsson Ö, Kruså M, Zencak Z, et al. Brown clouds over South Asia: biomass or fossil fuel combustion? Science, 2009, 323(5913): 495-498.

[40] Winiger P, Barrett T, Sheesley R, et al. Source apportionment of circum-Arctic atmospheric black carbon from isotopes and

modeling. Science Advances, 2019, 5(2): eaau8052.

[41] Dasari S, Andersson A, Stohl A, et al. Source quantification of South Asian black carbon aerosols with isotopes and modeling. Environmental Science & Technology, 2020, 54(19): 11771-11779.

[42] Haghani A, Johnson R, Safi N, et al. Toxicity of urban air pollution particulate matter in developing and adult mouse brain: Comparison of total and filter-eluted nanoparticles. Environment International, 2020, 136: 105510.

[43] Maher B A, Ahmed I A, Karloukovski V, et al. Magnetite pollution nanoparticles in the human brain. Proceedings of the National Academy of Sciences, 2016, 113(39): 10797-10801.

[44] Hautot D, Pankhurst Q, Khan N, et al. Preliminary evaluation of nanoscale biogenic magnetite in Alzheimer's disease brain tissue. Proceedings of the Royal Society of London. Series B: Biological Sciences, 2003, 270(suppl_1): S62-S64.

[45] Pankhurst Q, Hautot D, Khan N, et al. Increased levels of magnetic iron compounds in Alzheimer's disease. Journal of Alzheimer's Disease, 2008, 13(1): 49-52.

[46] Collingwood J, Mikhaylova A, Davidson M, et al. In High-resolution X-ray absorption spectroscopy studies of metal compounds in neurodegenerative brain tissue, Journal of Physics: Conference Series, IOP Publishing, 2005; 009.

[47] Telling N D, Everett J, Collingwood J F, et al. Iron biochemistry is correlated with amyloid plaque morphology in an established mouse model of Alzheimer's disease. Cell Chemical Biology, 2017, 24(10): 1205-1215.

[48] Schraufnagel D E, The health effects of ultrafine particles. Experimental & Molecular Medicine, 2020, 52(3): 311-317.

[49] Vogel C F, Charrier J G, Wu D, et al. Physicochemical properties of iron oxide nanoparticles that contribute to cellular ROS-dependent signaling and acellular production of hydroxyl radical. Free Radical Research, 2016, 50(11): 1153-1164.

[50] Coccini T, Pignatti P, Spinillo A, et al. Developmental neurotoxicity screening for nanoparticles using neuron-like cells of human umbilical cord mesenchymal stem cells: example with magnetite nanoparticles. Nanomaterials, 2020, 10(8): 1607.

[51] Hammond J, Maher B A, Ahmed I A, et al. Variation in the concentration and regional distribution of magnetic nanoparticles in human brains, with and without Alzheimer’s disease, from the UK. Scientific Reports, 2021, 11(1): 1-13.

[52] Calderón-Garcidueñas L, Torres-Jardón R, Franco-Lira M, et al. Environmental nanoparticles, SARS-CoV-2 brain involvement, and potential acceleration of Alzheimer’s and Parkinson’s diseases in young urbanites exposed to air pollution. Journal of Alzheimer's Disease, 2020, (Preprint): 1-25.

[53] Calderón-Garcidueñas L, González-Maciel A, Mukherjee P S, et al. Combustion-and friction-derived magnetic air pollution nanoparticles in human hearts. Environmental Research, 2019, 176: 108567.

[54] Liu N M, Miyashita L, Maher B A, et al. Evidence for the presence of air pollution nanoparticles in placental tissue cells. Science of the Total Environment, 2021, 751: 142235.

[55] Maher B, González-Maciel A, Reynoso-Robles R, et al. Iron-rich air pollution nanoparticles: An unrecognised environmental risk factor for myocardial mitochondrial dysfunction and cardiac oxidative stress. Environmental Research, 2020, 188: 109816.

[56] Kruszewski M, Grzelak A. Nanoparticle toxicity and reactive species: An overview. Toxicology, 2021, 2: 11-21.

[57] Yan N, Zhang J. Iron metabolism, ferroptosis, and the links with Alzheimer’s disease. Frontiers in neuroscience, 2020, 13: 1443.

[58] Teller S, Tahirbegi I B, Mir M, et al. Magnetite-Amyloid-β deteriorates activity and functional organization in an in vitro model for Alzheimer’s disease. Scientific Reports, 2015, 5(1): 1-16.

[59] Kobayashi A, Yamamoto N, Kirschvink J. Studies of inorganic crystals in biological tissue: magnetite in human tumor. Journal of the Japan Society of Powder and Powder Metallurgy, 1997, 44(3): 294-300.

[60] Brem F, Hirt A M, Winklhofer M, et al. Magnetic iron compounds in the human brain: a comparison of tumour and

hippocampal tissue. Journal of the Royal Society Interface, 2006, 3(11): 833-841.

[61] Dobson J, Grassi P. Magnetic properties of human hippocampal tissue—evaluation of artefact and contamination sources. Brain Research Bulletin, 1996, 39(4): 255-259.

[62] Saenen N D, Bové H, Steuwe C, et al. Children's urinary environmental carbon load. A novel marker reflecting residential ambient air pollution exposure? American Journal of Respiratory and Critical Care Medicine, 2017, 196(7): 873-881.

[63] Bové H, Bongaerts E, Slenders E, et al. Ambient black carbon particles reach the fetal side of human placenta. Nature Communications, 2019, 10(1): 1-7.

[64] Hua J, Yin Y, Peng L, et al. Acute effects of black carbon and $PM_{2.5}$ on children asthma admissions: a time-series study in a Chinese city. Science of the Total Environment, 2014, 481: 433-438.

[65] Rosa M J, Yan B, Chillrud S N, et al. Domestic airborne black carbon levels and 8-isoprostane in exhaled breath condensate among children in New York City. Environmental Research, 2014, 135: 105-110.

[66] Mordukhovich I, Lepeule J, Coull B A, et al. The effect of oxidative stress polymorphisms on the association between long-term black carbon exposure and lung function among elderly men. Thorax, 2015, 70(2): 133-137.

[67] Colicino E, Giuliano G, Power M C, et al. Long-term exposure to black carbon, cognition and single nucleotide polymorphisms in microRNA processing genes in older men. Environment International, 2016, 88: 86-93.

[68] Jiang N, Wen H, Zhou M, et al. Low-dose combined exposure of carboxylated black carbon and heavy metal lead induced potentiation of oxidative stress, DNA damage, inflammation, and apoptosis in BEAS-2B cells. Ecotoxicology and Environmental Safety, 2020, 206: 111388.

[69] Ali M U, Siyi L, Yousaf B, et al. Emission sources and full spectrum of health impacts of black carbon associated polycyclic aromatic hydrocarbons (PAHs) in urban environment: a review. Critical Reviews in Environmental Science and Technology, 2020: 1-40.

[70] Bolanos-Benitez V, McDermott F, Gill L, et al. Engineered silver nanoparticle (Ag-NP) behaviour in domestic on-site wastewater treatment plants and in sewage sludge amended-soils. Science of the Total Environment, 2020, 722: 137794.

[71] Sanchis J, Jimenez-Lamana J, Abad E, et al. Occurrence of cerium-, titanium-, and silver-bearing nanoparticles in the Besos and Ebro rivers. Environmental Science & Technology, 2020, 54: 3969-3978.

[72] Hortin JM, Anderson AJ, Britt DW, et al. Copper oxide nanoparticle dissolution at alkaline pH is controlled by dissolved organic matter: influence of soil-derived organic matter, wheat, bacteria, and nanoparticle coating. Environmental Science: Nano, 2020, 7: 2618-2631.

[73] Hartmann G, Baumgartner T, Schuster M. Influence of particle coating and matrix constituents on the cloud point extraction efficiency of silver nanoparticles (Ag-NPs) and application for monitoring the formation of Ag-NPs from Ag^+. Analytical Chemistry, 2014, 86: 790-796.

[74] Wang J, Nabi MM, Mohanty SK, et al. Detection and quantification of engineered particles in urban runoff. Chemosphere, 2020, 248: 126070.

[75] Hendriks L, Ramkorun-Schmidt B, Gundlach-Graham A, et al. Single-particle ICP-MS with online microdroplet calibration: toward matrix independent nanoparticle sizing. Journal of Analytical Atomic Spectrometry, 2019, 34: 716-728.

[76] Petersen EJ, Bustos ARM, Toman B, et al. Determining what really counts: modeling and measuring nanoparticle number concentrations. Environmental Science: Nano, 2019, 6: 2876-2896.

[77] Barbero F, Mayall C, Drobne D, et al. Formation and evolution of the nanoparticle environmental corona: The case of Au and humic acid. Science of the Total Environment, 2021, 768: 144792.

[78] Mehrabi K, Kaegi R, Gunther D, et al. Emerging investigator series: automated single-nanoparticle quantification and

classification: a holistic study of particles into and out of wastewater treatment plants in Switzerland. Environmental Science: Nano 2021, 8: 1211-1225.

[79] Azimzada A, Jreije I, Hadioui M, et al. Quantification and characterization of Ti-, Ce-, and Ag-nanoparticles in global surface waters and precipitation. Environmental Science & Technology, 2021, 55: 9836-9844.

[80] Surette M C, Nason J A. Nanoparticle aggregation in a freshwater river: the role of engineered surface coatings. Environmental Science: Nano, 2019, 6: 540-553.

[81] Oney D M, Nason J A. Natural organic matter surface coverage as a predictor of heteroaggregation between nanoparticles and colloids. Environmental Science: Nano, 2021, 8: 687-697.

[82] Sikder M, Wang J, Poulin B A, et al. Nanoparticle size and natural organic matter composition determine aggregation behavior of polyvinylpyrrolidone coated platinum nanoparticles. Environmental Science: Nano, 2020, 7: 3318-3332.

[83] Fanourakis S K, Pena-Bahamonde J, Rodrigues D F. Inorganic salts and organic matter effects on nanorods, nanowire, and nanoplate MoO_3 aggregation, dissolution, and photocatalysis. Environmental Science: Nano, 2020, 7: 3794-3804.

[84] Tegenaw A, Sorial G A, Sahle-Demessie E, et al. Role of water chemistry on stability, aggregation, and dissolution of uncoated and carbon-coated copper nanoparticles. Environmental Research, 2020, 187: 109700.

[85] Clavier A, Praetorius A, Stoll S. Determination of nanoparticle heteroaggregation attachment efficiencies and rates in presence of natural organic matter monomers. Monte Carlo modelling. Science of the Total Environment, 2019, 650: 530-540.

[86] Li Z, Shakiba S, Deng N, et al. Natural organic matter (NOM) imparts molecular-weight-dependent steric stabilization or electrostatic destabilization to ferrihydrite nanoparticles. Environmental Science & Technology, 2020, 54: 6761-6770.

[87] Shen Z, Zhang Z, Li T, et al. Facet-dependent adsorption and fractionation of natural organic matter on crystalline metal oxide nanoparticles. Environmental Science & Technology, 2020, 54: 8622-8631.

[88] Hoffmann K, Christl I, Kaegi R, et al. Effects of natural organic matter (NOM), metal-to-sulfide ratio and Mn^{2+} on cadmium sulfide nanoparticle growth and colloidal stability. Environmental Science: Nano, 2020, 7: 3385-3404.

[89] Feng Y, Huynh KA, Xie Z, et al. Heteroaggregation and sedimentation of graphene oxide with hematite colloids: Influence of water constituents and impact on tetracycline adsorption. Science of the Total Environment, 2019, 647: 708-715.

[90] Slomberg DL, Ollivier P, Miche H, et al. Nanoparticle stability in lake water shaped by natural organic matter properties and presence of particulate matter. Science of the Total Environment, 2019, 656: 338-346.

[91] Arenas-Lago D, Monikh FA, Vijver MG, et al. Interaction of zero valent copper nanoparticles with algal cells under simulated natural conditions: Particle dissolution kinetics, uptake and heteroaggregation. Science of the Total Environment, 2019, 689: 133-140.

[92] Wang D, Wang P, Wang C, et al. Effects of interactions between humic acid and heavy metal ions on the aggregation of TiO_2 nanoparticles in water environment. Environmental Pollution, 2019, 248: 834-844.

[93] Adeleye AS, Ho KT, Zhang M, et al. Fate and transformation of graphene oxide in estuarine and marine waters. Environmental Science & Technology, 2019, 53: 5858-5867.

[94] Fernando I, Qian T, Zhou Y. Long term impact of surfactants & polymers on the colloidal stability, aggregation and dissolution of silver nanoparticles. Environmental Research, 2019, 179: 108781.

[95] Neil C W, Wu X, Kim D, et al. Arsenite oxyanions affect CeO_2 nanoparticle dissolution and colloidal stability. Environmental Science: Nano, 2021, 8: 233-244.

[96] Zeng Z, Wang Y, Zhou Q, et al. New insight into the aggregation of graphene oxide in synthetic surface water: Carbonate nanoparticle formation on graphene oxide. Environmental Pollution, 2019, 250: 366-374.

[97] Steinhoff B, Muller J, Mozhayeva D, et al. Investigation of the fate of silver and titanium dioxide nanoparticles in model wastewater effluents via selected area electron diffraction. Environmental Science & Technology, 2020, 54: 8681-8689.

[98] Potter P M, Navratilova J, Rogers K M, et al. Transformation of silver nanoparticle consumer products during simulated usage and disposal. Environmental Science: Nano, 2019, 6: 592-598.

[99] Noel V, Kumar N, Boye K, et al. FeS colloids - formation and mobilization pathways in natural waters. Environmental Science: Nano, 2020, 7: 2102-2116.

[100] Rong H, Garg S, Waite T D. Impact of light and suwanee river fulvic acid on O_2 and H_2O_2 mediated oxidation of silver nanoparticles in simulated natural waters. Environmental Science & Technology, 2019, 53: 6688-6698.

[101] Li M, Liu F, Wang S, et al. Phototransformation of zinc oxide nanoparticles and coexisting pollutant: Role of reactive oxygen species. Science of the Total Environment, 2020, 728: 138335.

[102] Yang Y, Zheng S, Li R, et al. New insights into the facilitated dissolution and sulfidation of silver nanoparticles under simulated sunlight irradiation in aquatic environments by extracellular polymeric substances. Environmental Science: Nano, 2021, 8: 748-757.

[103] Zhang Z, Si R, Lv J, et al. Effects of extracellular polymeric substances on the formation and methylation of mercury sulfide nanoparticles. Environmental Science & Technology, 2020, 54: 8061-8071.

[104] Abtahi S M H, Trevisan R, Giulio R D, et al. Implications of aspect ratio on the uptake and nanotoxicity of gold nanomaterials. NanoImpact, 2019, 14, 100153.

[105] Pulido-Reyes G, Briffa S M, Hurtado-Gallego J, et al. Internalization and toxicological mechanisms of uncoated and PVP-coated cerium oxide nanoparticles in the freshwater alga *Chlamydomonas* reinhardtii. Environmental Science: Nano, 2019, 6: 1959-1972.

[106] Salas P, Odzak N, Echegoyen Y, et al. The role of size and protein shells in the toxicity to algal photosynthesis induced by ionic silver delivered from silver nanoparticles. Science of the Total Environment, 2019, 692: 233-239.

[107] Barreto A, Dias A, Duarte B, et al. Biological effects and bioaccumulation of gold in gilthead seabream (*Sparus aurata*) - Nano versus ionic form. Science of the Total Environment, 2020, 716: 137026.

[108] Nogueira D J, Vaz V P, Neto O S, et al. Crystalline phase-dependent toxicity of aluminum oxide nanoparticles toward *Daphnia magna* and ecological risk assessment. Environmental Research, 2020, 182: 108987.

[109] Santos-Rasera J R, Neto A S, Monteiro R T R, et al. Toxicity, bioaccumulation and biotransformation of Cu oxide nanoparticles in *Daphnia magna*. Environmental Science: Nano, 2019, 6: 2897-2906.

[110] Liu H, Wang X, Wu Y, et al. Toxicity responses of different organs of zebrafish (*Danio rerio*) to silver nanoparticles with different particles sizes and surface coatings. Environmental Pollution, 2019, 246: 414-422.

[111] Zhang J, Xiang Q, Shen L, et al. Surface charge-dependent bioaccumulation dynamics of silver nanoparticles in freshwater algae. Chemosphere, 2020, 247: 125936.

[112] Rippner D A, Lien J, Balla H, et al. Surface modification induced cuprous oxide nanoparticle toxicity to duckweed at sub-toxic metal concentrations. Science of the Total Environment, 2020, 722: 137607.

[113] Liu Y, Guo W, Zhao Y, et al. Algal foods reduce the uptake of hematite nanoparticles by downregulating water filtration in Daphnia magna. Environmental Science & Technology 2019, 53: 7803-7811.

[114] Zhang L, Wang W. Dominant role of silver ions in silver nanoparticle toxicity to a unicellular alga: Evidence from luminogen imaging. Environmental Science & Technology, 2019, 53: 494-502.

[115] Yan N, Wang W. Novel imaging of silver nanoparticle uptake by a unicellular alga and trophic transfer to *Daphnia magna*. Environmental Science & Technology, 2021, 55: 5143-5151.

[116] Mylona Z, Panteris E, Kevrekidis T, et al. Silver nanoparticle toxicity effect on the seagrass *Halophila stipulacea*. Ecotoxicology and Environmental Safety, 2020, 189: 109925.

[117] Hartmann S, Louch R, Zeumer R, et al. Comparative multi-generation study on long-term effects of pristine and wastewater-borne silver and titanium dioxide nanoparticles on key lifecycle parameters in *Daphnia magna*. NanoImpact, 2019, 14: 100163.

[118] Falfushynska H I, Gnatyshyna L L, Ivanina A V, et al. Bioenergetic responses of freshwater mussels Unio tumidus to the combined effects of nano-ZnO and temperature regime. Science of the Total Environment, 2019, 650: 1440-1450.

[119] Wang L, Huang X, Sun W, Too H. A global metabolomic insight into the oxidative stress and membrane damage of copper oxide nanoparticles and microparticles on microalga *Chlorella vulgaris*. Environmental Pollution 2020, 258: 113647.

[120] Schymura S, Rybkin I, Uygan S S S, et al. Dissolution-based uptake of CeO_2 nanoparticles by freshwater shrimp – a dual-radiolabelling study of the fate of anthropogenic cerium in water organisms. Environmental Science: Nano, 2021, 8: 1934-1944.

[121] Kang H, Elmer W, Shen Y, et al. Silica nanoparticle dissolution rate controls the suppression of Fusarium wilt of watermelon (*Citrullus lanatus*). Environmental Science & Technology, 2021, in press.

[122] Shang Y, Wu F, Wei S, et al. Specific dynamic action of mussels exposed to TiO_2 nanoparticles and seawater acidification. Chemosphere, 2020, 241: 125104.

[123] Joonas E, Aruoja V, Olli K, et al. Environmental safety data on CuO and TiO_2 nanoparticles for multiple algal species in natural water: Filling the data gaps for risk assessment. Science of the Total Environment, 2019, 647: 973-980.

[124] Passarelli C, Cui X, Valsami-Jones E, et al. Environmental context determined the impact of titanium oxide and silver nanoparticles on the functioning of intertidal microalgal biofilms. Environmental Science: Nano, 2020, 7: 3020-3035.

[125] Chakraborty D, Ethiraj K R, Chandrasekaran N, et al. Mitigating the toxic effects of CdSe quantum dots towards freshwater alga *Scenedesmus obliquus*: Role of eco-corona. Environmental Pollution, 2021, 270: 116049.

[126] Sikder M, Croteau M, Poulin B A, et al. Effect of nanoparticle size and natural organic matter composition on the bioavailability of polyvinylpyrrolidone-coated platinum nanoparticles to a model freshwater invertebrate. Environmental Science & Technology, 2021, 55: 2453-2461.

[127] Xiao B, Wang X, Yang J, et al. Bioaccumulation kinetics and tissue distribution of silver nanoparticles in zebrafish: The mechanisms and influence of natural organic matter. Ecotoxicology and Environmental Safety, 2020, 194: 110454.

[128] Torre C D, Maggioni D, Nigro L, et al. Alginate coating modifies the biological effects of cerium oxide nanoparticles to the freshwater bivalve *Dreissena polymorpha*. Science of the Total Environment, 2021, 773: 145612.

[129] Ortega VA, Boyle D, Hodgkinson J W, et al. Polymer-coated TiO_2 nanoparticles bioaccumulate, immunoactivate and suppress pathogenic Mycobacterium chelonae clearance when intravenously injected into goldfish (*Carassius auratus* L.). Environmental Science: Nano, 2021, 8: 1910-1926.

[130] Silva P V, van Gestel C A M, Verweij R A, et al. Toxicokinetics of pristine and aged silver nanoparticles in *Physa acuta*. Environmental Science: Nano, 2020, 7: 3849-3868.

[131] Yang C, Kung T, Chen P. Differential alteration in reproductive toxicity of medaka fish on exposure to nanoscale zerovalent iron and its oxidation products. Environmental Pollution, 2019, 252: 1920-1932.

[132] Lee G, Lee B, Kim K. Mechanisms and effects of zinc oxide nanoparticle transformations on toxicity to zebrafish embryos. Environmental Science: Nano, 2021, 8: 1690-1700.

[133] Jiang D, Hu X, Jin X, et al. Oxidized nanoscale zero-valent iron changed the bioaccumulation and distribution of chromium in zebrafish. Chemosphere, 2021 263: 128001.

[134] Wigger H, Kgi R, Wiesner M, et al. Exposure and possible risks of engineered nanomaterials in the environment-current knowledge and directions for the future. Reviews of Geophysics, 2020, 58: e2020RG000710.

[135] Wang Y, Yang K, Chefetz B, et al. The pH and concentration dependent interfacial interaction and heteroaggregation between nanoparticulate zero-valent iron and clay mineral particles. Environmental Science: Nano, 2019, 6(7): 2129-2140.

[136] Wang Y, Liu Y, Su G, et al. Transformation and implication of nanoparticulate zero valent iron in soils. Journal of Hazardous Materials, 2021, 412: 125207-125207.

[137] Cornelis G, DooletteMadeleine T, McLaughlin M, et al. Retention and dissolution of engineered silver nanoparticles in natural soils. Soil Science Society of America Journal, 2012, 76(3): 891.

[138] Schlich K. and Hund-Rinke K, Influence of soil properties on the effect of silver nanomaterials on microbial activity in five soils. Environmental Pollution, 2015, 196: 321-330.

[139] Li P, Lv F, Xu J, et al. Separation and analysis of nanoscale zero-valent iron from soil. Analytical Chemistry, 2021, 93(29): 10187-10195.

[140] Yi Z, Loosli F, Wang J, et al. How to distinguish natural versus engineered nanomaterials: insights from the analysis of TiO_2 and CeO_2 in soils. Environmental Chemistry Letters, 2020, 18(1): 215-227.

[141] Bland G, and Lowry G, Multistep method to extract moderately soluble copper oxide nanoparticles from soil for quantification and characterization. Analytical Chemistry, 2020, 92(14): 9620-9628.

[142] Li L, Wang Q, Yang Y, et al. Extraction method development for quantitative detection of silver nanoparticles in environmental soils and sediments by single particle inductively coupled plasma mass spectrometry. Analytical Chemistry, 2019, 91(15): 9442-9450.

[143] Hadri H, Louie S, and Hackley V. Assessing the interactions of metal nanoparticles in soil and sediment matrices - a quantitative analytical multi-technique approach. Environmental Science: Nano, 2018, 5(1): 203-214.

[144] Hong A, Tang Q, Khan A, et al. Identification and speciation of nanoscale silver in complex solid matrices by sequential extraction coupled with inductively coupled plasma optical emission spectrometry. Analytical Chemistry, 2021, 93(4): 1962-1968.

[145] Hadri H, Hackley V. Investigation of cloud point extraction for the analysis of metallic nanoparticles in a soil matrix. Environmental Science: Nano, 2017, 4(1): 105-116.

[146] Degueldre C, Favarger P, Rossé R, et al. Uranium colloid analysis by single particle inductively coupled plasma-mass spectrometry. Talanta, 2006, 68(3): 623-628.

[147] Sanchís J, Jiménez-Lamana J, Abad E, et al. Occurrence of cerium-, titanium-, and silver-bearing nanoparticles in the Besòs and Ebro Rivers. Environmental Science & Technology, 2020, 54(7): 3969-3978.

[148] Praetorius A, Gundlach-Graham A, Goldberg E, et al. Single-particle multi-element fingerprinting (spMEF) using inductively-coupled plasma time-of-flight mass spectrometry (ICP-TOFMS) to identify engineered nanoparticles against the elevated natural background in soils. Environmental Science: Nano, 2017, 4(2): 307-314.

[149] Lin D, Tian X, Wu F, et al. Fate and transport of engineered nanomaterials in the environment. Journal of Environmental Quality, 2010, 39: 1896-1908.

[150] Quik J, Stuart M, Wouterse M, et al. Natural colloids are the dominant factor in the sedimentation of nanoparticles. Environmental Toxicology and Chemistry, 2012, 31: 1019-1022.

[151] Zhang L, Zhang Y, Lin X, et al. The role of humic acid in stabilizing fullerene (C60) suspensions. Journal of Zhejiang University-Science A, 2014, 15: 634-642.

[152] Lin D, Liu N, Yang K, et al. The effect of ionic strength and pH on the stability of tannic acid-facilitated carbon nanotube

suspensions. Carbon 2009, 47: 2875-2882.

[153] Zeng Z, Wang Y, Zhou Q, et al. New insight into the aggregation of graphene oxide in synthetic surface water: Carbonate nanoparticle formation on graphene oxide. Environmental Pollution, 2019, 250: 366-374.

[154] Li T, Lin D, Li L, et al. The kinetic and thermodynamic sorption and stabilization of multiwalled carbon nanotubes in natural organic matter surrogate solutions: the effect of surrogate molecular weight. Environmental Pollution, 2014, 186: 43-49.

[155] Lin D, Xing B, Tannic acid adsorption and its role for stabilizing carbon nanotube suspensions. Environmental Science & Technology, 2008, 42: 5917-5923.

[156] Lin D, Li T, Yang K, et al. The relationship between humic acid (HA) adsorption on and stabilizing multiwalled carbon nanotubes (MWNTS) in water: effects of HA, MWNT and solution Properties. Journal of Hazardous Materials, 2012, 241: 404-410.

[157] Han Z, Zhang F, Lin D, et al. Clay minerals affect the stability of surfactant-facilitated carbon nanotube suspensions. Environmental Science & Technology, 2008, 42: 6869-6875.

[158] Wang Y, Liu Y, Yang K, et al. Reciprocal interference of clay minerals and nanoparticulate zero-valent iron on their interfacial interaction with dissolved organic matter. Science of the Total Environment, 2020, 739: 140372.

[159] Lu Y, Yang K, Lin D. Transport of surfactant-facilitated multiwalled carbon nanotube suspensions in columns packed with sized soil particles. Environmental Pollution, 2014, 192: 36-43.

[160] Wang Y, Lin D. The interaction between nano zero-valent iron and soil components and its environmental implication. Progress in Chemistry 2017, 29: 1072-1081.

[161] Lin D, Jing J, Tian X, et al. Environmental behavior and toxicity of engineered nanomaterials. Chinese Science Bulletin, 2009, 54: 3590-3604.

[162] Sigmund G, Jiang C, Hofmann T, et al. Environmental transformation of natural and engineered carbon nanoparticles and implications for the fate of organic contaminants. Environmental Science: Nano, 2018, 5: 2500-2518.

[163] Tian X, Zhou S, Zhang Z, et al. Metal impurities dominate the sorption of a commercially available carbon nanotube for Pb(II) from water. Environmental Science & Technology, 2010, 44: 8144-8149.

[164] Hameed R, Cheng L, Yang K, et al. Endogenous release of metals with dissolved organic carbon from biochar: Effects of pyrolysis temperature particle size and solution chemistry. Environmental Pollution, 2019, 255: 113253.

[165] Fang J, Cheng L, Hameed R, et al. Release and stability of water dispersible biochar colloids in aquatic environments: effects of pyrolysis temperature particle size and solution chemistry. Environmental Pollution, 2020, 260: 114037.

[166] Wang Y, Yang K, Lin D. Nanoparticulate zero valent iron interaction with dissolved organic matter impacts iron transformation and organic carbon stability. Environmental Science: Nano, 2020, 6: 2129-2140.

[167] Zhang L, Li J, Yang K, et al. Physicochemical transformation and algal toxicity of engineered nanoparticles in surface water samples. Environmental Pollution, 2016, 211: 132-140.

[168] Li M, Lin D, Zhu L. Effects of water chemistry on the dissolution of ZnO nanoparticles and their toxicity to Escherichia coli. Environmental Pollution, 2013, 173: 97-102.

[169] Lin D, Ma S, Zhou K, et al. The effect of water chemistry on homoaggregations of various nanoparticles: specific role of Cl- ions. Journal of Colloid and Interface Science, 2015, 450: 272-278.

[170] Li M, Zhu L, Lin D. Toxicity of ZnO nanoparticles to Escherichia coli: mechanism and the influence of medium components. Environmental Science & Technology, 2011, 45: 1977-1983.

[171] Liu T, Lo I. Influences of humic acid on Cr(VI) removal by zero-valent iron from groundwater with various constituents: implication for long-term PRB performance. Water Air and Soil Pollution, 2011, 216: 473-483.

[172] Zhang L, Wang M, Fang J, et al. The Effect of oxidation on physicochemical properties and aqueous stabilization of multiwalled carbon nanotubes: comparison of multiple analysis methods. Science China-Chemistry, 2016, 59: 1498-1507.

[173] Lei C, Zhang L, Yang K, et al. Toxicity of iron-based nanoparticles to green algae: effects of particle size crystal phase oxidation state and environmental aging. Environmental Pollution, 2016, 218: 505-512.

[174] Shen S, Ke T, Rajavel K, et al. Dispersibility and photochemical stability of delaminated mxene flakes in water. Small, 2020, 16(36): 2002433.

[175] Middepogu A, Hou J, Gao X, et al. Effect and mechanism of TiO_2 nanoparticles on the photosynthesis of Chlorella pyrenoidosa. Ecotoxicology and Environmental Safety, 2018, 161: 497-506.

[176] Zhang S, Deng R, Lin D, et al. Distinct toxic interactions of TiO_2 nanoparticles with four coexisting organochlorine contaminants on algae. Nanotoxicology, 2017, 11: 1115-1126.

[177] Gao X, Zhou K, Zhang L, et al. Distinct effects of soluble and bound exopolymeric substances on algal bioaccumulation and toxicity of anatase and rutile TiO_2 nanoparticles. Environmental Science: Nano, 2018, 5: 720-729.

[178] Zhang L, Lei C, Yang K, et al. Cellular response of chlorella pyrenoidosa to oxidized multi-walled carbon nanotubes. Environmental Science-Nano, 2018, 5(10): 2415-2425.

[179] Liu A, Liu J, Han J, et al. Evolution of nanoscale zero-valent iron (NZVI) in water: microscopic and spectroscopic evidence on the formation of nano- and micro-structured iron oxides. Journal of Hazardous Materials, 2017, 322: 129-135.

[180] Dong H, Li L, Wang Y, et al. Aging of zero-valent iron-based nanoparticles in aqueous environment and the consequent effects on their reactivity and toxicity. Water Environment Research, 2019, 92: 646-661.

[181] Lu Y, Xu X, Yang K, et al. The effects of surfactants and solution chemistry on the transport of multiwalled carbon nanotubes in quartz sand-packed columns. Environmental Pollution, 2013, 182: 269-277.

[182] Lu Y, Yang K, Lin D. Transport of surfactant-facilitated multiwalled carbon nanotube suspensions in columns packed with sized soil particles. Environmental Pollution, 2014, 192: 36-43.

[183] Fang J, Wang M, Lin D, et al. Enhanced transport of CeO_2 nanoparticles in porous media by macropores. Science of the Total Environment, 2016, 543: 223-229.

[184] Fang J, Shen B, Cheng L, et al. Oxytetracycline increases the mobility of carbon nanotubes in porous media. Science of the Total Environment, 2018, 628: 1130-1138.

[185] Lei C, Sun Y, Tsang, D, et al. Environmental transformations and ecological effects of iron-based nanoparticles. Environmental Pollution, 2018, 232: 10-30.

[186] Hu C, Hou J, Zhu Y, et al. Multigenerational exposure to TiO_2 nanoparticles in soil stimulates stress resistance and longevity of survived C. elegans via activating insulin/IGF-like signaling. Environmental Pollution, 2020, 263: 114376.

[187] Asadishad B, Chahal S, Akbari A, et al. Amendment of agricultural soil with metal nanoparticles: Effects on soil enzyme activity and microbial community composition. Environmental Science & Technology, 2018, 52(4): 1908-1918.

[188] Kocur C, Lomheim L, Molenda O, et al. Long term field study of microbial community and dechlorinating activity following carboxymethyl cellulose-stabilized nanoscale zero valent iron injection. Environmental Science & Technology, 2016, 50: 7658-7670.

[189] Deng R, Gao X, Hou J, et al. Multi-omics analyses reveal molecular mechanisms for the antagonistic toxicity of carbon nanotubes and ciprofloxacin to Escherichia coli. Science of the Total Environment, 2020, 726: 138288.

[190] Hou J, Hu C, White J C, et al. Nano-zoo interfacial interaction as a design principle for hybrid soil remediation technology. ACS Nano, 2021, 15: 14954-14964.

[191] Zhu Y, Wu X, Liu Y, et al. Synergistic growth inhibition effect of TiO_2 nanoparticles and tris(1, 3-dichloro-2-propyl)

phosphate on earthworms in soil. Ecotoxicology and Environmental Safety, 2021, 208: 111462.

[192] Liu Y, Wu T, White J C, et al. A new strategy using nZVI to simultaneously promote remediation and safe crop production in contaminated soil. Nature Nanotechnology, 2021, 16: 197-205.

[193] Wu T, Liu Y, Yang K, et al. Synergistic remediation of PCB-contaminated soil with nanoparticulate zero-valent iron and alfalfa: targeted changes in the root metabolite-dependent microbial community. Environmental Science: Nano, 2021, 8(4): 986-999.

[194] Li D, Kassymova M, Cai X, et al. Photocatalytic CO_2 reduction over metal-organic framework-based materials. Coordination Chemistry Reviews, 2020, 412: 213262.

[195] Zhang S, Mo Z, Wang J, et al. Ultra-stable oxygen species in Ag nanoparticles anchored on g-C_3N_4 for enhanced electrochemical reduction of CO_2. Electrochimica Acta, 2021, 390: 118131.

[196] Karapinar D, Huan N T, Sahraie N R, et al. Electroreduction of CO_2 on single-site copper-nitrogen-doped carbon material: Selective formation of rthanol and reversible restructuration of the metal sites. Angewandte Chemie-International Edition, 2019, 58(42): 15098-15103.

[197] Li J, Zitolo A, Garcés-Pineda F A, et al. Metal oxide clusters on nitrogen-doped carbon are highly selective for CO_2 electroreduction to CO. ACS Catalysis, 2021, 11(15): 10028-10042.

[198] Cai Y, Fu J, Zhou Y, et al. Insights on forming N, O-coordinated Cu single-atom catalysts for electrochemical reduction CO_2 to methane. Nature Communications, 2021, 12(1): 586.

[199] Boyd P G, Chidambaram A, Garcia-Diez E, et al. Data-driven design of metal-organic frameworks for wet flue gas CO_2 capture. Nature, 2019, 576, 253-256.

[200] Mu Q, Su Y, Wei Z, et al. Dissecting the interfaces of MOF-coated CdS on synergized charge transfer for enhanced photocatalytic CO_2 reduction. Journal of Catalysis, 2021, 397: 128-136.

[201] Jiang Z, Xu X, Ma Y, et al. Filling metal-organic framework mesopores with TiO_2 for CO_2 photoreduction. Nature, 2020, 586: 549-554.

[202] Han L, Cai S, Gao M, et al. Selective catalytic reduction of NO_x with NH_3 by using novel catalysts: State of the art and future prospects. Chemical Reviews, 2019, 119(19): 10916-10976.

[203] Song I, Lee H, Jeon S W, et al. Simple physical mixing of zeolite prevents sulfur deactivation of vanadia catalysts for NO_xremoval. Nature Communications, 2021, 12(1): 901.

[204] Inomata Y, Kubota H, Hata S, et al. Bulk tungsten-substituted vanadium oxide for low-temperature NO_x removal in the presence of water. Nature Communications, 2021, 12: 557.

[205] Zhang Z, Li R, Wang M, et al. Two steps synthesis of $CeTiO_x$ oxides nanotube catalyst: Enhanced activity, resistance of SO_2 and H_2O for low temperature NH_3-SCR of NO_x. Applied Catalysis B: Environmental, 2021, 282: 119542.

[206] Chen M, Li X, Huang Y, et al. Synthesis and characterization of Bi-$BiPO_4$ nanocomposites as plasmonic photocatalysts for oxidative NO removal. Applied Surface Science, 2020, 513: 145775.

[207] Chen M, Wei X, Zhao L, et al. Novel N/carbon quantum dot modified MIL-125(Ti) composite for enhanced visible-light photocatalytic removal of NO. Industrial & Engineering Chemistry Research, 2020, 59(14): 6470-6478.

[208] Wang J, Asakura Y, Hasegawa T, et al. High-concentration N-doped $La_2Ti_2O_7$ nanocrystals: Effects of nano-structuration and doping sites on enhancing the photocatalytic activity. Chemical Engineering Journal, 2021, 423: 130220.

[209] Guo Y, Wen M, Li G, et al. Recent advances in VOC elimination by catalytic oxidation technology onto various nanoparticles catalysts: A critical review. Applied Catalysis B-Environmental, 2021, 281: 119447.

[210] Guo Y, Yang D P, Liu M, et al. Enhanced catalytic benzene oxidation over a novel waste-derived Ag/eggshell catalyst.

Journal of Materials Chemistry A, 2019, 7(15): 8832-8844.

[211] Guo Y, Gao Y, Li X, et al. Catalytic benzene oxidation by biogenic Pd nanoparticles over 3D-ordered mesoporous CeO_2. Chemical Engineering Journal, 2019, 362: 41-52.

[212] Yang K, Liu Y, Deng J, et al. Three-dimensionally ordered mesoporous iron oxide-supported single-atom platinum: Highly active catalysts for benzene combustion. Applied Catalysis B: Environmental, 2019, 244: 650-659.

[213] Yu X, Dai L, Deng J, et al. Catalytic performance and intermediates identification of trichloroethylene deep oxidation over Ru/3DOM SnO_2 catalysts. Journal of Catalysis, 2021, 400: 310-324.

[214] Ma X, Yu X, Ge M. Highly efficient catalytic oxidation of benzene over Ag assisted Co_3O_4 catalysts. Catalysis Today, 2021, 376: 262-268.

[215] Yu E, Li J, Chen J, et al. Enhanced photothermal catalytic degradation of toluene by loading Pt nanoparticles on manganese oxide: Photoactivation of lattice oxygen. Journal of Hazardous Materials, 2020, 388: 121800.

[216] Gao J, Tang L, Shen Z, et al. Efficient solar-light conversion for optimizing the catalytic ozonation of gaseous toluene with PdOx-$LaFeO_3$. Applied Catalysis B: Environmental, 2021, 288: 120004.

[217] Vishnu D, Dhandapani B, Panchamoorthy G K, et al. Comparison of surface-engineered superparamagnetic nanosorbents with low-cost adsorbents of cellulose, zeolites and biochar for the removal of organic and inorganic pollutants: a review. Environmental Chemistry Letters, 2021, 19 (4): 3181-3208.

[218] Mohamed A K, Mahmoud M E. Nanoscale Pisum sativum pods biochar encapsulated starch hydrogel: A novel nanosorbent for efficient chromium (VI) ions and naproxen drug removal. Bioresource Technology, 2020, 308: 123263.

[219] Rambabu K, AlYammahi J, Bharath G, et al. Nano-activated carbon derived from date palm coir waste for efficient sequestration of noxious 2, 4-dichlorophenoxyacetic acid herbicide. Chemosphere, 2021, 282: 123263.

[220] Fraga T J M, da Silva L F F, Ferreira L, et al. Amino-Fe_3O_4-functionalized multi-layered graphene oxide as an ecofriendly and highly effective nanoscavenger of the reactive drimaren red. Environmental Science and Pollution Research, 2020, 27 (9): 9718-9732.

[221] Mahmoud M E, Abou-Ali S A A, Elweshahy S M T. Efficient and ultrafast removal of Cd(II) and Sm(III) from water by leaves of Cynara scolymus derived biochar. Materials Research Bulletin, 2021, 141: 111334.

[222] Tavares D S, Lopes C B, Almeida J C, et al. Spinel-type ferrite nanoparticles for removal of arsenic(V) from water. Environmental Science and Pollution Research, 2020, 27 (18): 22523-22534.

[223] Mahmoud M E, Khalifa M A, Al-sherady M A, et al. A novel multifunctional sandwiched activated carbon between manganese and tin oxides nanoparticles for removal of divalent metal ions. Powder Technology, 2019, 351: 169-177.

[224] Mahmoud M E, El-Said G F, Rashedy I R K, et al. Assembly and implementation of an eco-friendly marine nanosediment for adsorptive removal of heptavalent manganese: Adsorption isotherm, thermodynamic and kinetics studies. Powder Technology, 2020, 359: 247-260.

[225] Almasri D A, Saleh N B, Atieh M A, et al. Adsorption of phosphate on iron oxide doped halloysite nanotubes. Scientific Reports 2019, 9(1): 3232.

[226] Ali N, Ahmad S, Khan A, et al. Selenide-chitosan as High-performance Nanophotocatalyst for Accelerated Degradation of Pollutants. Chemistry-an Asian Journal, 2020, 15 (17): 2660-2673.

[227] El-Sheikh M A, Hadibarata T, Yuniarto A, et al. Role of nanocatalyst in the treatment of organochlorine compounds - A review. Chemosphere, 2021, 268: 128873.

[228] Malmir M, Mosayebi A, Sheikhpour M. High nitrate removal by ZnO/AgI nanophotocatalyst using graphene-based compounds. Desalination and Water Treatment, 2019, 165: 124-133.

[229] Kouchakpour F, Chaibakhsh N, Naeemi A S. Efficient removal of cytotoxic drugs from wastewater by single-stage combined photocatalysis-algae treatment process. Environmental Technology, 2021, 42 (20): 3178-3190.

[230] Aghaei M, Sajjadi S, Keihan A H. Sono-coprecipitation synthesis of ZnO/CuO nanophotocatalyst for removal of parathion from wastewater. Environmental Science and Pollution Research, 2020, 27 (11): 11541-11553.

[231] Kumar A, Khan M, Fang L P, et al. Visible-light-driven N-TiO_2@SiO_2@Fe_3O_4 magnetic nanophotocatalysts: Synthesis, characterization, and photocatalytic degradation of PPCPs. Journal of Hazardous Materials, 2019, 370: 108-116.

[232] Rahman M M, Huang D Y, Ewulonu C M, et al. Preparation of multifunctional cellulosic fabric based on graphene/TiO2 nanocoating. Cellulose, 2021, 28 (2): 1153-1165.

[233] Rafiee E, Pami N, Zinatizadeh A A, et al. A new polyoxometalate-TiO_2 nanocomposite for efficient visible photodegradation of dye from wastewater, liquorice and yeast extract: Photoelectrochemical, electrochemical, and physical investigations. Journal of Photochemistry and Photobiology A-Chemistry, 2020: 386: 112145.

[234] Zhuang Y, Wang X C, Zhang L L, et al. Fe-Chelated polymer templated graphene aerogel with enhanced Fenton-like efficiency for water treatment. Environmental Science-Nano, 2019, 6 (11): 3232-3241.

[235] Gokulakrishnan S A, Arthanareeswaran G, Laszlo Z, et al. Recent development of photocatalytic nanomaterials in mixed matrix membrane for emerging pollutants and fouling control, membrane cleaning process. Chemosphere, 2021, 281: 130891.

[236] Moradi E, Ebrahimzadeh H, Mehrani Z, et al. The efficient removal of methylene blue from water samples using three-dimensional poly (vinyl alcohol)/starch nanofiber membrane as a green nanosorbent. Environmental Science and Pollution Research, 2019, 26: 35071-35081.

[237] Karagoz S, Kiremitler N B, Sakir M, et al. Synthesis of Ag and TiO_2 modified polycaprolactone electrospun nanofibers (PCL/TiO_2-Ag NFs) as a multifunctional material for SERS, photocatalysis and antibacterial applications. Ecotoxicology and Environmental Safety, 2020, 188: 109856.

[238] Fuwad A, Ryu H, Malmstadt N, et al. Biomimetic membranes as potential tools for water purification: Preceding and future avenues. Desalination, 2019, 458: 97-115.

[239] Nawaz H, Umar M, Ullah A, et al. Polyvinylidene fluoride nanocomposite super hydrophilic membrane integrated with Polyaniline-Graphene oxide nano fillers for treatment of textile effluents. Journal of Hazardous Materials, 2021, 403: 123587.

[240] Raviya M R, Gauswami M V, Raval H D. A novel Polysulfone/Iron-Nickel oxide nanocomposite membrane for removal of heavy metal and protein from water. Water Environment Research, 2020, 92 (11): 1990-1998.

[241] Song L B, Li C Q, Chen W, et al. Highly efficient MnO_2/reduced graphene oxide hydrogel motors for organic pollutants removal. Journal of Materials Science, 2020, 55 (5): 1984-1995.

[242] Minh T D, Ncibi M C, Srivastava V, et al. Micro/nano-machines for spilled-oil cleanup and recovery: A review. Chemosphere, 2021, 271: 129516.

[243] Singh A K, Bhuyan T, Maity S, et al. Magnetically Actuated Carbon Soot Nanoparticle-Based Catalytic CARBOts Coated with Ni/Pt Nanofilms for Water Detoxification and Oil-Spill Recovery. ACS Applied Nano Materials, 2020, 3 (4): 3459-3470.

[244] Sun M, Chen W, Fan X, et al. Cooperative recyclable magnetic microsubmarines for oil and microplastics removal from water. Applied Materials Today, 2020, 20: 100682.

[245] Kumar A K R, Saikia K, Neeraj G, et al. Remediation of bio-refinery wastewater containing organic and inorganic toxic pollutants by adsorption onto chitosan-based magnetic nanosorbent. Water Quality Research Journal of Canada, 2020, 55 (1): 36-51.

[246] Gallo-Cordova A, Lemus J, Palomares F J, et al. Superparamagnetic nanosorbent for water purification: Assessment of the adsorptive removal of lead and methyl orange from aqueous solutions. Science of the Total Environment, 2020, 711: 134644.

[247] Gautam R K, Tiwari I. Humic acid functionalized magnetic nanomaterials for remediation of dye wastewater under ultrasonication: Application in real water samples, recycling and reuse of nanosorbents. Chemosphere, 2020, 245: 12553.

[248] Gautam P K, Shivalkar S, Banerjee S. Synthesis of M. oleifera leaf extract capped magnetic nanoparticles for effective lead Pb (II) removal from solution: Kinetics, isotherm and reusability study. Journal of Molecular Liquids, 2020, 305: 112811.

[249] Karimi H, Rajabi H R, Kavoshi L. Application of decorated magnetic nanophotocatalysts for efficient photodegradation of organic dye: A comparison study on photocatalytic activity of magnetic zinc sulfide and graphene quantum dots. Journal of Photochemistry and Photobiology A-Chemistry, 2020, 397: 112534.

[250] Malakootian M, Nasiri A, Asadipour A, et al. A facile and green method for synthesis of ZnFe2O4@CMC as a new magnetic nanophotocatalyst for ciprofloxacin removal from aqueous media. MethodsX, 2019, 6: 1575-1580.

[251] Qian Y, Qin C, Chen M, et al. Nanotechnology in soil remediation - applications vs. implications. Ecotoxicology and Environmental Safety, 2020, 201: 110815.

[252] Mukhopadhyay R, Sarkar B, Khan E, et al. Nanomaterials for sustainable remediation of chemical contaminants in water and soil. Critical Reviews in Environmental Science and Technology, 2021, 51: 1-50.

[253] Song B, Xu P, Chen M, et al. Using nanomaterials to facilitate the phytoremediation of contaminated soil. Critical Reviews in Environmental Science and Technology, 2019, 49(9): 791-824.

[254] Gong X , D Huang, Liu Y , et al. Remediation of contaminated soils by biotechnology with nanomaterials: bio-behavior, applications, and perspectives. Critical Reviews in Biotechnology, 2018, 38(3): 455-468.

[255] Sadegh H, Ali G A M, Gupta V K, et al. The role of nanomaterials as effective adsorbents and their applications in wastewater treatment. Journal of Nanostructure in Chemistry 2017, 7(1): 1-14.

[256] Lin L, Li Z, Liu X, et al. Effects of Fe-Mn modified biochar composite treatment on the properties of As-polluted paddy soil. Environmental Pollution, 2019, 244: 600-607.

[257] Pan D, Liu C, Yu H, et al. A paddy field study of arsenic and cadmium pollution control by using iron-modified biochar and silica sol together. Environmental Science and Pollution Research, 2019, 26(24): 24979-24987.

[258] Igalavithana A, Kwon E, Vithanage M, et al. Soil lead immobilization by biochars in short-term laboratory incubation studies. Environmental International, 2019, 127: 190-198.

[259] Lyu H, Gong Y, Tang J, et al. Immobilization of heavy metals in electroplating sludge by biochar and iron sulfide. Environmental Science and Pollution Research, 2016, 23(14): 14472-14488.

[260] O'Connor D, Peng T, Li G, et al. Sulfur-modified rice husk biochar: A green method for the remediation of mercury contaminated soil. Science of the Total Environment, 2018, 621: 819-826.

[261] Rizwan M, Imtiaz M, Zhu J, et al. Immobilization of Pb and Cu by organic and inorganic amendments in contaminated soil. Geoderma, 2021, 385(4): 114803.

[262] Deng R, Huang D, Xue W, et al. Eco-friendly remediation for lead-contaminated riverine sediment by sodium lignin sulfonate stabilized nano-chlorapatite. Chemical Engineering Journal, 2020, 397: 125396.

[263] Xue W, Huang D, Zeng G, et al. Performance and toxicity assessment of nanoscale zero valent iron particles in the remediation of contaminated soil: A review. Chemosphere, 2018, 210: 1145-1156.

[264] Zhou Z, Zhang Y, Wang H, et al. Enhanced photodegradation of pentachlorophenol in a soil washing system under solar irradiation with TiO_2 nanorods combined with municipal sewage sludge. Microporous and Mesoporous Materials, 2015, 201: 99-104.

[265] Zhang H, Liu X, Lin C, et al. Peroxymonosulfate activation by hydroxylamine-drinking water treatment residuals for the degradation of atrazine. Chemosphere, 2019, 224: 689-697.

[266] Wang J, Liao Z, Ifthikar J, et al. Treatment of refractory contaminants by sludge-derived biochar/persulfate system via both adsorption and advanced oxidation process. Chemosphere, 2017, 185: 754-763.

[267] Liu Y, Wu T, White J, et al. A new strategy using nanoscale zero-valent iron to simultaneously promote remediation and safe crop production in contaminated soil. Nature Nanotechnology, 2020, 16(2): 197-205.

[268] Wu T, Liu Y, Yang K, et al. Synergistic remediation of PCB-contaminated soil with nanoparticulate zero-valent iron and alfalfa: targeted changes in the root metabolite-dependent microbial community. Environmental Science: Nano, 2021, 8(4): 986-999.

[269] Faraji M, Shirani M, Rashidi-Nodeh H. The recent advances in magnetic sorbents and their applications. Trac-Trends in Analytical Chemistry, 2021, 141.

[270] Wu H, Li D, Zhao B, et al. Magnetic covalent organic framework nanocomposites as a new adsorbent for the determination of polycyclic aromatic hydrocarbons in water and food samples. Analytical Methods, 2021, 13(25): 2847-2856.

[271] Guo L, Liu J, Li J, et al. A core-shell structured magnetic covalent organic framework as a magnetic solid-phase extraction adsorbent for phenylurea herbicides. Journal of Chromatography A, 2021, 1651: 462301.

[272] Shi Z, Pang W, Chen M, et al. Polyaniline-modified magnetic halloysite nanotube-based magnetic micro-solid-phase extraction for the analysis of polycyclic aromatic hydrocarbons in beer samples by gas chromatography-mass spectrometry. Food Analytical Methods, 2021, 14(4): 761-772.

[273] Shakourian M, Yamini Y, Safari M. Facile magnetization of metal–organic framework TMU-6 for magnetic solid-phase extraction of organophosphorus pesticides in water and rice samples. Talanta, 2020, 218: 121139.

[274] Di X, Wang H, Guo X, et al. Magnetic layered double hydroxide/zeolitic imidazolate framework-8 nanocomposite as a novel adsorbent for enrichment of four endocrine disrupting compounds in milk samples. Journal of Hazardous Materials, 2022, 421: 126753.

[275] Duran C, Ozdes D Application of magnetic Fe_3O_4 alnus glutinosa sawdust biochar/SiO_2/CTAB as a new sorbent for magnetic solid phase extraction of heavy metals from fruit and waters samples. International Journal of Environmental Analytical Chemistry, 2021, 5: 1-19.

[276] Saha A, Neogy S, Shafeeq P P M, et al. Rapid and selective magnetic separation of uranium in seawater and groundwater using novel phosphoramidate functionalized citrate-Fe_3O_4@Ag nanoparticles. Talanta, 2021, 231: 122372.

[277] Yu C, Wu F, Luo X, et al. Porphyrin-based covalent organic framework coated stainless steel fiber for solid-phase microextraction of polycyclic aromatic hydrocarbons in water and soil samples. Microchemical Journal, 2021, 168: 106364.

[278] Yang X, Zhang S, Wang J, et al. Modulated construction of imine-based covalent organic frameworks for efficient adsorption of polycyclic aromatic hydrocarbons from honey samples. Analytica Chimica Acta, 2020, 1134: 50-57.

[279] Guo Y, He X, Huang C, et al. Metal-organic framework-derived nitrogen-doped carbon nanotube cages as efficient adsorbents for solid-phase microextraction of polychlorinated biphenyls. Analytica Chimica Acta, 2020, 1095: 99-108.

[280] Ma R, Wang W, Wang Z, et al. Mesoporous covalent organic polymer nanospheres for the preconcentration of polycyclic aromatic hydrocarbons and their derivatives. Journal of Chromatography A, 2020, 1624: 461217.

[281] Wang W, Zhang S, Li Z, et al. Construction of covalent triazine-based frameworks and application to solid phase microextraction of polycyclic aromatic hydrocarbons from honey samples. Food Chemistry, 2020, 322: 126770.

[282] Song I, Lee H, Jeon S W, et al. Simple physical mixing of zeolite prevents sulfur deactivation of vanadia catalysts for NO_x removal. Nature Communications, 2021, 12: 901.

[283] Sun X, Ji W, Hou S, et al. Facile synthesis of trifluoromethyl covalent organic framework for the efficient microextraction of per-and polyfluorinated alkyl substances from milk products. Journal of Chromatography A, 2020, 1623: 461197.

[284] Guo J X, Qian H L, Zhao X, et al. In situ room-temperature fabrication of a covalent organic framework and its bonded fiber for solid-phase microextraction of polychlorinated biphenyls in aquatic products. Journal of Materials Chemistry A, 2019, 7(21): 13249-13255.

[285] Shokrollahi M, Seidi S, Fotouhi L. In situ electrosynthesis of a copper-based metal-organic framework as nanosorbent for headspace solid-phase microextraction of methamphetamine in urine with GC-FID analysis. Microchimica Acta, 2020, 187(10): 548.

[286] Pang Y, Zang X, Li H, et al. Solid-phase microextraction of organophosphorous pesticides from food samples with a nitrogen-doped porous carbon derived from g-C_3N_4 templated MOF as the fiber coating. Journal of Hazardous Materials, 2020, 384: 121430.

[287] Ma T T, Shen X F, Yang C, et al. Covalent immobilization of covalent organic framework on stainless steel wire for solid-phase microextraction GC-MS/MS determination of sixteen polycyclic aromatic hydrocarbons in grilled meat samples. Talanta, 2019, 201: 413-418.

作者：李灵香玉[1]，杨学志[1]，朱娜丽[1]，张海燕[1]，林道辉[2]，闫兵[3]

[1] 国科大杭州高等研究院环境学院，[2] 浙江大学环境与资源学院，[3] 广州大学大湾区环境研究院

第18章　纳米毒理学研究进展

本章导读

人工活动的激增与纳米产业的发展加剧了微纳米颗粒物的环境释放与暴露，颗粒物引发的毒性效应受到极大关注。除了已知的大气微细颗粒物，人工合成的纳米材料以及惰性高分子材料环境降解生成的细颗粒物（微纳米塑料等）是当前最主要的三类环境颗粒污染物。环境纳米毒理学研究对于新型微纳米颗粒物环境健康危害的防护，纳米产品生命周期过程中的暴露风险管控具有重要的指导性。与传统小分子污染物相比，纳米颗粒物独特的环境生物学行为是毒理学研究的主要挑战。本章将系统介绍纳米颗粒一些独特的致毒机制，纳米颗粒理化性质与毒性效应的相互关系，纳米毒理学计算及预测模型的构建，纳米毒性效应的化学本质，环境与生物转化对纳米颗粒毒性的影响。

关键词

生物转化，生物界面，毒理学机制，构效关系，纳米，颗粒物，催化毒理学

18.1 引　　言

纳米颗粒是指某一空间尺度在 1～100 nm 的物质，属于近几年颇受关注的一类新型污染物。有别于传统的小分子污染物（如氮/硫氧化物，有机磷，有机氯，溴代阻燃剂，重金属等）及宏观尺度的废弃物（如工业、生活垃圾等），纳米颗粒的空间维度介于非生命的生物大分子和最小生命单元（病毒）之间。这一特殊的空间尺度使纳米颗粒表现出独特的环境生物学行为[1]。例如，纳米颗粒和病毒具有相似的细胞摄取路径与细胞内分布[2]；纳米颗粒在生命体系中又具有类似生物大分子（抗原、抗体）的免疫活性[3]；纳米颗粒高比表面积与表面活性使其极易吸附环境介质的无机、有机及生物分子[4,5]。这些特殊的环境生物学行为使传统的毒理学研究策略并不能完全适用于纳米颗粒。因此，纳米毒理学研究在毒性机制、检测方法、计算模拟、构效关系等方面都具有相当的挑战性。

目前，环境介质中已经发现的纳米颗粒物主要包括三类：大气细颗粒物、人工纳米材料以及惰性高分子材料环境降解生成的细颗粒物（微纳米塑料等）。大气细颗粒物是指大气中以气溶胶形态存在的各种固态或液态颗粒物的总称。固态大气颗粒物可分为一次颗粒物和二次颗粒物两种：一次颗粒物是由天然或人为污染源释放到大气中的颗粒物，例如土壤粒子、海盐粒子、燃烧烟尘等；二次颗粒物是由大气中某些污染气体组分（如二氧化硫、氮氧化物、碳氢化合物等）通过光化学、催化氧化等反应转化生成的颗粒物，例如，近几年受到广泛关注的 $PM_{2.5}$，PM_{10} 等[6]。液态颗粒污染物主要指生物气溶胶，主要由病毒、细菌、真菌、内毒素等组成，是微生物传播的主要途径。近期，随着 COVID-19 引发的全球健康危机，生物气溶胶的环境扩散、传播、转化及毒性机制也成为了环境化学领域新的研究热点。伴随着纳米产业的发展，人工纳米材料是另外一种激增的环境颗粒污染物。截至 2021 年 9 月，已有 9335 种商用纳米产品被纳米科技产品数据库收录（https://product.statnano.com/）。人工纳米材料的产量从 2010 年的 21000 吨增加到 2020 年的 58000 吨[1]。在纳米材料或纳米产品的生产、加工、运输、消费、回收等生命周期过程中释放的纳米颗粒已在环境空气、水体及土壤中被检出[1]，进入环境生物体（人、动物、植物、微生物等）内，与细胞、组织发生相互作用。Arturo A. Keller 等人发现美国旧金山湾区大气中存在 ZnO，TiO_2，CeO_2 的纳米颗粒物，并分析了其分布情况[7]，我国北京大气中也检测到了 370 ng/m^3 的含铅纳米颗粒物[8]。近年来已有大量案例显示，纳米生命周期中释放的颗粒在人体内引发了严重的副作用并导致慢性疾病的发生。强生（Johnson & Johnson）公司自 2003 年对患者使用其新一代 DePuy 髋关节移植物后，陆续收到

超过 12000 例关于其产品引发关节损伤的案例报道。研究发现，其产品的设计存在严重缺陷，人造关节在使用过程中会缓慢释放金属纳米颗粒物，引发关节炎症和骨溶解症。2008 年我国一塑料涂敷工厂的七名女工罹患急性肺损伤，并在其胸腔积液中检出疑似纳米颗粒物。鉴于其严重的健康危害，欧盟率先在 2017 年把 TiO_2 列入二类致癌物，2020 年将碳纳米管列入 SIN 清单，将限制或禁止在欧洲使用。惰性高分子材料环境降解生成的微纳米颗粒物，例如微塑料，是第三类重要的环境颗粒污染物。当前人类已经进入"塑料时代"，每年全球塑料的总产量超过 3 亿吨[9]。塑料污染主要源于工业、农业生产过程中废弃塑料的直接排放，以及垃圾回收处理过程中的二次排放（尾水、污泥）。环境释放的塑料废弃物约有 80%通过淡水径流的方式直接进入海洋[10]。近期，在深海海底已经发现大量塑料垃圾[11]。塑料垃圾的自然降解性差，只能通过降解与分裂，形成小片段塑料，并进一步在紫外辐射的辅助下通过光氧化降解形成微米塑料（0.1～5000 μm）[12-14]。微米塑料也可在环境介质中进一步分解成纳米塑料。微纳米塑料主要通过风力、河流、洋流等进行远距离迁移，并在陆地、淡水、海洋环境中广泛积累[15,16]。

暴露途径对纳米颗粒的生物分布有很大的影响。大气细颗粒物主要通过呼吸暴露于陆生动物的肺组织，在呼吸道及肺泡内沉积，引发毒性效应。人工纳米颗粒的暴露途径主要取决于其生命周期过程，可能通过呼吸（空气释放的颗粒物）、皮肤接触（纳米护肤及纺织品等）、饮食（纳米食品及包材）、血液（纳米药物）暴露于环境生物[1]。例如，呼吸暴露的纳米颗粒主要的作用靶器官是肺组织；静脉注射的纳米金和银主要在肝脏和脾脏中迅速积累[17]，而氧化石墨烯则主要积累在肝脏和肺部[18]。微纳米塑料粒径小、比表面积大、降解缓慢，易被食物链底部的生物摄取，并通过生物食物链的累积传递进入植物及海洋生物体内，并最终经口暴露进入人体。通过 ^{14}C 标记，发现纳米塑料可以被拟南芥植物吸收、转运，其毒性效应与表面电荷直接相关[19]。纳米颗粒的表面活性使其极易与环境或生物介质发生相互作用。纳米颗粒的吸附性能可以改变传统重金属离子、无机、有机小分子污染物的迁移、转化及生物摄取规律。纳米颗粒在生物体内的转化则直接影响其毒性通路的分子起始事件[1]。苏州大学李瑞宾研究团队发现稀土纳米颗粒被细胞摄取进入溶酶体后，能够掠夺生物分子（磷脂、蛋白、核酸等）的磷酸基团转化为海胆状结构，导致溶酶体损伤，蛋白酶释放、自噬小体累积、激活促炎因子释放[20-22]。中科院国家纳米中心的陈春英研究团队发展了一系列先进的同步辐射技术，利用同步辐射微束 X 射线荧光、X 射线近边吸收结构谱学、软 X 射线透射成像 nanoCT 等，原位分析了 MoS_2 纳米颗粒的生物转化，发现 MoS_2 纳米颗粒进入血液后会吸附载脂蛋白 E，介导了 MoS_2 在肝脏 Kupffer 细胞和脾脏红髓巨噬细胞中的富集，并进一步降解生成钼酸根离子，参与钼酶中钼辅因子的生物合成，增加钼黄素酶的活性[23]。近期，越来越多的研究表明纳米颗粒的生物转化及毒性效应主要取决于其理化性质。中科院生态环境中心刘思金研究团队系统探索了氧化石墨烯理化性质对其毒性效应的影响，发现氧化石墨烯的尺寸、表面官能团及氧化状态会影响其毒性效应[3,24]；相比小尺寸氧化石墨烯的胞吞，大尺寸氧化石墨烯倾向于和细胞膜结合，激活炎症信号通路，促使巨噬细胞的 M1 型转化；聚乙二醇和聚丙烯酰胺表面官能团修饰可以有效减低氧化石墨烯的毒性。此外，纳米颗粒的表面缺陷和活性，特别是催化活性对毒性的影响也受到了关注。鉴于纳米颗粒丰富多样的理化性质，纳米颗粒的精准界定往往需要多个定量描述符，成为纳米毒性-理化性质相互关系，即构效关系探索的一个关键瓶颈问题。这一问题催生了大数据分析及机器学习方法在纳米毒性构效关系探索和预测模型构建中的应用。针对纳米金属氧化物可能引发的免疫毒性，基于所构建的数据库和量子化学计算，开发了预测纳米金属氧化物肺部炎症效应的机器学习模型，该模型的预测准确率达 90%以上[25]。借助该预测模型，可以识别金属氧化物诱导炎症效应的关键细胞事件。南开大学胡献刚教授研究团队构建了 40 种纳米材料、50 种表面修饰和 21 种影响因素的小型纳米材料蛋白冠数据库，通过优化机器学习，采用随机森林算法，结合数据库内部数据和细胞实验双重验证，实现了纳米材料蛋白冠中功能蛋白的准确预测以及功能性蛋白冠介导的细胞识别，解决了定量预测纳米材料蛋白冠形成及其生物效应的难题[26]。

纳米颗粒因具有丰富的理化性质，以及独特的细胞摄取、代谢、清除机制，其环境健康效应受到广泛关注，其毒性机制是环境健康毒理学关注的焦点问题之一。流行病学和动物研究表明大气细颗粒物和部分人工纳米颗粒可诱发呼吸系统疾病（肺炎、肺纤维化、哮喘等）、心脑血管疾病、发育毒性，甚至具有致癌风险。了解纳米颗粒的毒理学机制对于保护敏感人群以及发展安全绿色的纳米技术具有重要的意义。目前为止，已发现的纳米颗粒细胞毒理学机制主要包括：活性氧释放引发的细胞凋亡，铁代谢异常导致的细胞铁死亡，Caspase-1 激活引发的免疫细胞焦亡，膜表面 Toll 样受体及 NF-κB 信号通路激活，溶酶体损伤介导的 NLRP3 炎性小体激活，自噬流异常，致基因突变等。通常重金属纳米颗粒可通过溶解释放金属离子或表面氧化还原反应，引发细胞活性氧、线粒体损伤、细胞色素 C 释放、钙离子内流增加、细胞凋亡；由于免疫细胞，特别是巨噬细胞是外源性纳米级刺激物主要的防御细胞，对纳米颗粒的摄取量巨大，溶酶体消化处理后可能造成膜损伤、CathepsinB 释放、NLRP3 炎性小体组装、Caspase-1 激活、切割 pro-IL-1β 释放成熟的 IL-1β 分子或切割活化 GSDMD 引发细胞焦亡[20,22,27]；碳基纳米颗粒（如，石墨烯、氧化石墨烯、炭黑、多壁碳纳米管）极易与细胞膜表面的 Toll 样受体结合，激活 NF-κB 信号通路，诱发细胞炎症因子的释放[3]；一维不易降解的纳米管、纳米线（如，单壁碳纳米管）则会影响细胞有丝分裂，导致基因突变[28]。实验室模拟暴露研究表明，纳米塑料可以被贻贝、浮游动物、鱼类等水生生物摄入或吸附，表现出显著的毒性和危害。其主要的致毒机制包括膜损伤、活性氧产生、DNA 损伤、细胞孔堵塞等。例如，实验室合成的 50 nm 聚苯乙烯纳米塑料会引起海洋生物细胞活性氧的生成，诱发细胞凋亡[29]；同时对牡蛎在浮游阶段的配子和胚胎均具有毒性[30]；还可以引起海胆胚胎基因表达水平的改变[31]。聚苯乙烯和聚碳酸酯纳米塑料对鱼类免疫系统具有显著影响，包括刺激初级颗粒的脱落、氧化应激和中性粒细胞胞外陷阱[32]。斑马鱼在暴露并摄入聚苯乙烯纳米塑料 7 天后，肝脏出现炎症和脂质堆积[33]，并在肝、心脏、胰腺、大脑等组织器官和胚胎、幼虫中发现了塑料纳米颗粒[34,35]。另外，纳米塑料颗粒能够穿越模型生物体肠道或肺部屏障进入体液循环系统，在肝脏等组织器官中积累，引发显著的毒性效应。

综上，纳米毒性效应受暴露途径、颗粒物理化性质、生物转化等因素的影响。毒性效应与理化性质相互关系的探索对于风险预测模型的构建、纳米颗粒的安全性设计具有重要的指导意义。纳米颗粒在不同环境介质、不同环境生物体内毒性效应的分析比较，可以为纳米颗粒环境污染防护策略的制定提供必要的理论依据。本前瞻综述中，我们将对以上各个方面展开系统的回顾和论述，展望未来纳米毒理学研究的新思路与新方向。

18.2　人工纳米材料的生物转化及其效应

18.2.1　前言

近年来，越来越多的人工纳米材料因其独特的性质，在光电、医药、建筑、能源、环保等诸多领域都显示出了广泛的应用前景[36,37]。随着人工纳米材料的广泛应用，对暴露人体的风险也逐渐增加，但同时新型纳米医药也成为了当今重点研究和发展的方向，因此不论是被动暴露还是主动给药，人工纳米材料的生物安全性都成为了一个关系到纳米科技可持续发展的基础性问题[38]。

纳米材料复杂多变的理化性质决定了其生物学效应的多样性，纳米材料进入生物体系中后，可能受生物环境中各种因子和生物大分子之间的相互作用，发生不同的转化。而生物转化是引发毒性效应分子机制的重要起因。因此，越来越多的研究开始关注纳米材料生物转化对其生物效应的影响和改变。本章总结了近年来有关人工纳米材料在生物体内的分布规律及主要生物转化类型，并探讨了生物转化与纳米材料生物效应的构效关系。

18.2.2　人工纳米材料的生物分布、再分布和代谢

进入血液内循环的纳米材料，可以随着血液流动分布到机体不同的组织和器官。人工纳米材料的生物分布受诸多因素的影响，包括暴露途径、纳米材料理化性质、纳米材料介入的生物微环境等[39]。暴露途径主要包括静脉注射、口服、呼吸和皮肤给药等，其中静脉注射最为常见。对于其他的暴露途径，最终也会通过机体不同的吸收和代谢途径进入血液循环中[40,41]。进入血液循环的纳米材料可以与血液中丰富的蛋白质分子进行结合，进一步分布、代谢和清除。从生理学角度讲，血管内皮细胞的形态会显著影响纳米材料在生物体内的迁移和分布，例如肺部的毛细血管通常具有连续的形态特征，仅允许小分子和小颗粒（<3 nm）通过毛细血管传输；而肝脏和脾脏的窦内皮毛细血管具有较大的孔隙空间，可以允许当量粒径小于 60 nm 的细颗粒通过[42]。因此，根据窦内皮毛细血管在不同组织和器官内的分布规律，肝脏和脾脏被认为是纳米材料分布速度最快、分布量最大的器官。据估计，进入血液的纳米材料约有含量的 30%～90%左右累积在肝脏[43]。

对于纳米材料的体内分布研究表明，不同纳米材料的性质，例如形貌、尺寸、组成、表面官能团修饰等不同，也会影响其进入血液循环后的分布。

1）形貌

形貌是决定吸收、分布和累积的关键因素之一。以碳纳米材料为例，虽都以 C 元素为主，但不同类型的材料间的形貌差异却很大：如二维片层结构的石墨烯类材料（graphene），细长管状结构的碳纳米管类材料（carbon nanotube），球状结构的富勒烯类材料（fullerene），还有如碳纳米角（carbon nanohorn），碳纳米带（carbon nanoribbon），纳米钻石（carbon nanodiamond）等[44,45]。

不同形貌的碳纳米材料分布规律也有显著差别。如，Zhang 等通过尾静脉注射方式给大鼠暴露同位素标记的氧化石墨烯（graphene oxide，GO），发现 48 小时内 GO 信号主要累积在肺部，其次分别是肝脏和脾脏，随着时间的改变，大部分器官的信号都有明显减弱的趋势，除了肝脏和脾脏，说明 GO 材料主要是被网状内皮系统的单核吞噬细胞截留并进行下一步代谢和清除[46]；而 Zhan 等同样用尾静脉注射方式给大鼠暴露同位素标记的多壁碳纳米管（MWCNTs），发现 MWCNTs 主要累积在肝脏，其次是肺部和脾脏，而且还通过组织学染色发现，碳纳米管主要累积在肝脏肝窦壁中的肝巨噬细胞，即 Kupffer 细胞中[47]；Li 等观察了通过尾静脉注射方式给小鼠暴露富勒烯（fullerene）后的体内分布，结果显示富勒烯主要累积在小鼠肺部，但是肝脏和肾脏的含量相差不多，而脾脏中的含量并不多，但是随着时间变化，肺部、肝脏和肾脏的含量都显著下降，但是脾脏中的含量几乎没有变化[48]。

以上结果均说明不同的材料因其形貌不同，可能会改变其穿透和驻留不同组织器官的能力。同时值得注意的是，不同形貌的材料与细胞的相互作用方式会影响细胞对其的吞噬能力，这也会极大影响材料与组织内细胞的相互作用，改变材料的驻留时间[49]。机体内的单核细胞和巨噬细胞大部分存在于肝脏、脾脏、淋巴结和骨髓中，共同构成了网状内皮系统（reticuloendothelial system，RES）[49]。基于这些巨噬细胞的吞噬作用，纳米材料比较容易被吞噬、滞留在这些器官中。肝脏是 RES 系统中主要的器官，纳米材料如果被非 RES 细胞吞噬，则可以通过胆汁代谢清除；如果被 Kupffer 细胞吞噬的颗粒会累积在细胞内，因此通常认为肝脏是纳米材料累积的器官之一[50]。而另一个 RES 系统重要器官脾脏中，巨噬细胞排列在红髓骨小梁旁边，可以过滤和吞噬血液中的纳米材料。因此，不同形貌的材料在不同的器官中累积量及代谢清除规律不同[51]。

2）尺寸

尺寸是决定分布的关键因素之一，前面提到材料的尺寸和组织血管结构决定了纳米材料的分布和累积。一般来说，纳米材料的粒径大于 10 nm 就可避免肾脏的过滤作用而清除，并可穿透不同组织。同时也有研究提出，虽然 10～20 nm 的纳米材料可以穿透内皮组织进入器官，但是也会被肾小球过滤排出[50]。例如，较大尺寸的纳米氧化铁颗粒（IONPs）可以更快地累积在肝脏和脾脏，且在血液中的循环时间较短，而小尺寸的 IONPs 会增加淋巴结对颗粒的摄取，增加血液循环时间。Bourrinet 等比较了粒径 30 nm 和 80 nm 的 IONPs 在大鼠体内的分布规律，结果显示：30 nm 的 IONPs 主要累积在脾脏（37%～46% ID）和淋巴结（5%～11% ID），24 小时后，肝脏才有一定的累积（25% ID）；而 80 nm 的 IONPs 主要累积在肝脏（注射 1 小时后 ID 为 83%）。同时，小尺寸的 IONPs 在血液中的循环时间更长，半衰期为 97～222 分钟，大尺寸的 IONPs 的半衰期只有 6 分钟[52]。研究还发现，50 nm 和 100 nm 的微塑料微球可以在肝脏、脾脏、血液和骨髓中检测到，但是大于 100 nm 的微塑料微球就无法进入骨髓[53]。对 GO 而言，Liu 等分别使用大尺寸（1～5 μm）和小尺寸（100～500 nm）的 GO 暴露 ICR 小鼠，观察 180 min 内不同 GO 的分布规律。结果显示：小尺寸的 GO 随着时间快速累积在肝脏，随后又会被清除，其次含量较高是肺部；对于大尺寸的 GO 会快速累积在肺部，肝脏中的含量要远低于肺部，但肺部的累积量会随着时间降低，而肝脏中的含量没有明显变化[18]。这些研究结果都表明不同尺寸的纳米颗粒在体内分布规律的不同。

另有研究指出，粒径小于 5 nm 的纳米材料可以穿透内皮细胞间的空隙，并穿透血脑屏障（blood brain barrier，BBB）进入大脑[54]，但很多文献报道，可穿透血脑屏障进入大脑的纳米材料粒径都大于 5 nm，穿透屏障、进入大脑的途径不仅是穿透内皮细胞的紧密连接，还有其他途径，例如细胞内吞和外排作用、细胞表面受体介导的吞噬作用等（图 18-1）[55,56]。不同尺寸的纳米材料不仅影响细胞对其吞噬作用途径，也会影响纳米材料的跨膜转运能力和速率。此外，脾脏的内皮细胞间隙宽度约为 200 nm，可过滤老化或受损的红细胞，也可过滤血液循环中的纳米材料，考虑到内皮细胞间缝隙的大小，粒径大于 200 nm 的纳米颗粒更有可能穿透脾脏的内皮血管并被巨噬细胞吞噬，进而积累在脾脏[51]。这表明不同粒径的纳米材料分布受不同组织器官结构的影响，细胞摄入的途径和过程也同样影响纳米材料在不同组织中的分布规律。

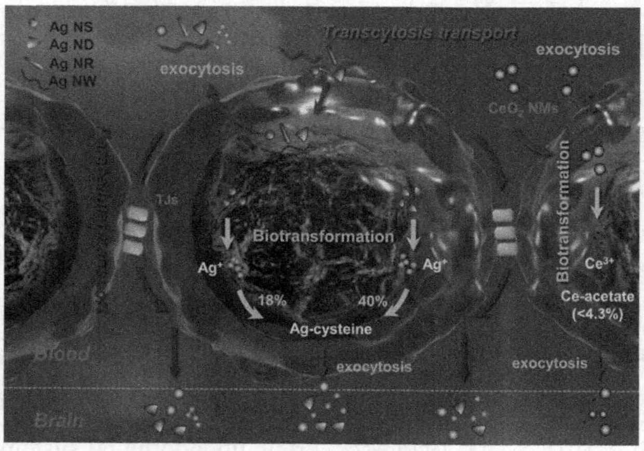

图 18-1　银纳米材料和二氧化铈纳米材料穿透血脑屏障的不同转化途径[55]

3）组成

不同化学组成的纳米材料在生物体内的代谢行为也是影响生物分布的重要因素之一。例如，50 nm 的金纳米颗粒（Au nanoparticles，AuNPs）暴露大鼠 24 小时后，肝脏、脾脏和肺部的积累量相差不多，肾脏的含量却很低[17]。同样 50 nm 的铜纳米颗粒（Cu nanoparticles）暴露大鼠 24 小时后，颗粒主要集中在肝脏，其次是肾脏，脾脏和肺部的累积量相当，但都低于肝脏。脾脏和肺部的累积量在 24 小时达到最高值，随后开始清理代谢，但肝脏的代谢要慢一些，在 48 小时达到峰值随后下降[57]。对于更复杂组成的材料，如粒径 50 nm 的二氧化硅外壳包裹的 $NaYF_4$：Yb，Er 上转换纳米颗粒（upconversion nanoparticles，UCNPs），暴露小鼠 24 小时之后，主要累积在肝脏和脾脏中，尤其是累积在肝实质细胞中[58]。这都说明尽管尺寸和形貌相似，不同化学组成的纳米材料和细胞作用的方式、在各种组织和器官中的分布、滞留以及代谢不尽相同。

4）表面修饰

纳米材料的表面修饰会影响材料在生物介质中的亲疏水性、表面电荷分布等理化性质，并进一步影响材料与细胞、组织之间的相互作用。因此纳米材料的表面修饰会很大程度上影响其分布规律。常见的亲水性聚合物修饰纳米材料（如 PVA、PEG、PAA 等）可以提高材料的生物相容性、吸收效果；而亲脂性聚合物修饰可增加其肠壁穿透能力，常用于口服药物的修饰[59,60]。

Cherukuri 等在单壁碳纳米管（SWCNTs）上修饰了 Pluronic F108 并研究了其在兔子体内的生物分布和代谢动力学，结果显示 Pluronic F108-SWCNTs 主要积累在肝脏，且有很短的血液半衰期（$t_{1/2} = 1$ h）[61]。另一项研究，在 SWCNTs 上修饰了吐温 80 并研究其在大鼠体内分布，结果显示吐温 80 修饰的 SWCNTs 对肝脏、肺和脾脏表现出很高的亲和力，并能稳定存在于这些器官中 28 天[62]。Liu 等研究了 PEG 修饰的 SWCNTs 中，PEG 长度对 SWCNTs 生物分布的影响，结果显示一方面 PEG 尺寸越长，SWCNTs 在血液中的半衰期就会越长，即在体内循环周期增加；另一方面，虽然不同长度 PEG 修饰的 SWCNTs 在肝脏中累积最多，但是修饰的 PEG 长度越长，肝脏中含量越少[63]。不同表面修饰的 SWCNTs 材料不仅会影响其与血液中蛋白质的相互作用，也会影响其被细胞吞噬的方式和能力，进而改变其在生物体内的分布规律。

不同的表面修饰还可改变材料的表面电荷分布，进而改变纳米材料的生物分布规律。细胞膜的磷脂双分子层带负电，因此带正电的纳米材料可以很容易进入细胞，增加细胞摄入量；但同时也会损伤细胞膜从而导致细胞毒性和免疫反应。Elci 研究了表面电荷对 AuNPs 在生物体内各器官分布的影响，发现带正电的 AuNPs 在器官中累积量大于带负电荷的 AuNPs，带正电的 AuNPs 会在肾小球累积，而中性的 AuNPs 会累积在肾动脉，说明肾脏对不同表面电荷的材料清除能力和机理不同。在脾脏中，表面带正电和负电的 AuNPs 主要集中在脾脏红髓，而中性的 AuNPs 更多集中在白髓区域和边缘[64]。

在纳米医学领域，可利用表面修饰增加纳米材料在某一器官或者组织的聚集，这一概念被广泛应用于肿瘤靶向治疗上。例如，利用蛋白或者肽段修饰纳米材料，如转铁蛋白（transferrin）[65,66]、叶酸（folic acid）[67,68]等，可以显著增加肿瘤组织对纳米材料的富集以及肿瘤细胞的摄入[69-71]。以转铁蛋白为例，因为大部分肿瘤细胞表面都会高表达转铁蛋白受体（transferrin receptor），因此转铁蛋白修饰的纳米药物会更多与肿瘤细胞表面的转铁蛋白受体结合，进而增加肿瘤细胞的摄入，以达到靶向杀伤清除肿瘤细胞的目的[72]。另有研究指出，虽然纳米药物表面修饰了转铁蛋白，也可能在进入血液内循环后因为与其他蛋白的结合形成“蛋白冠”（protein corona），而失去了纳米药物的肿瘤靶向作用（图 18-2）[73]。

众所周知，纳米材料的不同物理化学性质（形貌、尺寸，组成、表面性质等）影响其生物分布和代谢动力学行为，进而影响纳米材料在体内的累积、相容性和安全性。不同的理化性质可决定机体吸收、血液循环、生物分布和靶向组织的累积，这在纳米材料的设计和制备上都应重点考虑。在大多数情况下，这些因素并不是单独存在的，而是共同决定着纳米材料的在生物体内的归趋，因此需要从综合的角度出发评价纳米材料的生物安全性。

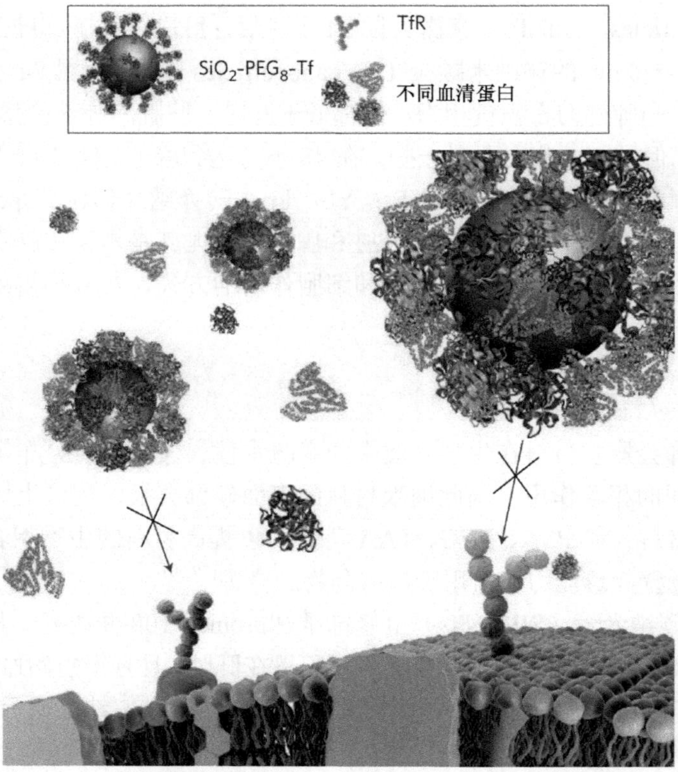

图 18-2　蛋白冠的修饰可能影响官能化纳米材料的靶向分布能力[73]

18.2.3　人工纳米材料在生物介质中理化性质的改变

纳米材料进入生物环境后，可与生物介质中存在的各种阳离子（如 Na^+、Ca^{2+}、Mg^{2+}、Fe^{3+}等）、阴离子（如 CO_3^{2-}、NO_3^-等）、蛋白质或肽段、核酸分子等多种物质相互作用，导致其表面电荷、疏水性以及表面修饰等物理化学性质发生改变，进而使纳米材料的胶体稳定性、生物分布及代谢，以及与细胞相互作用和毒性发生改变。因此，越来越多的研究开始关注人工纳米材料在生物介质中的转化行为，以及相应的生物效应改变，这对于评价人工纳米材料的生物安全性，尤其是长期效应，具有十分重要意义。

1）团聚和絮凝

进入生物介质中的纳米材料因为其表面较高的表面能，更容易发生团聚现象。尤其是在不同的生物介质中（如血液、组织间液、消化液等），不同的离子强度、蛋白质含量以及不同的 pH 等因素，都会显著影响纳米材料的胶体稳定性[74]。团聚的纳米材料可能会改变尺寸和形貌，例如，在血液中吸附大量蛋白质形成蛋白冠后，纳米材料可以增加自身的生物相容性和血液循环周期[75]；但也有些纳米材料团聚在组织间隙或细胞内，降低巨噬细胞对其吞噬和清除的能力，最终诱导炎症反应[76,77]。因此，明确纳米材料在生物体内的胶体稳定性对于评价纳米材料在机体内的生命周期十分重要。

血液中含有大量的无机盐离子和蛋白质，纳米材料在血液循环中与其会发生团聚并影响其进一步的分布。Qi 等人研究发现，在生物体系中，氧化石墨烯 GO 和不同还原剂制备的还原氧化石墨烯（reduced graphene oxide，RGO），表面含氧官能团呈现出不同的团聚形态，如维生素 C 还原的 RGO 表面含有大量羧基基团（-COOH），会与生物介质中的 Ca^{2+}和 Mg^{2+}离子形成桥连作用，进而团聚成大片的片层结构；而水合肼还原的 RGO 含氧量较少，含氧官能团主要是羟基，则不会发生桥连作用，而是在高离子强度下会形成大块的块状结构；不同的团聚形态会影响材料的有效比表面积，改变材料的对蛋白的吸附能力。值得注意的是，团聚形态和表面吸附蛋白冠的组成，会进一步影响材料在血液中的分布和细胞的摄入机制[78]。

由于纳米材料进入机体内后发生团聚现象是不可避免的，很多研究利用这个现象设计和制备相应的纳米材料，以达到材料进入靶向部位后团聚、自组装成目的材料，从而达到定位和治疗的效果。Perrault 等利用这个原理，在粒径 30 nm 的 AuNPs 上修饰了 PEG、生物素、以及带荧光标示的链霉亲和素，以保证材料的胶体稳定性、生物相容性以及荧光信号。实验结果显示，制备的复合 AuNPs 可以在小鼠体内长时间循环存在，而单独的 AuNPs 以及荧光亲和素都会被快速清除排出；通过组织切片可以显示，进入肿瘤内的复合 AuNPs 会发生明显的团聚现象，放大荧光信号，尤其是在整个生物背景下突出了肿瘤内的荧光信号，可以实现很好的靶向成像效果[79]。类似的原理也被应用在聚合物纳米材料的设计中，Meyer 等人利用弹性蛋白（elastin）、*N*-异丙基丙烯酰胺（NIPAAm）和丙烯酰胺（AAm）合成的纳米材料，使肿瘤部位因炎症比周围组织温度（37℃）升高，约为 42℃，而这种纳米材料在 37℃的体内循环时是游离分散的，很容易被机体清除代谢，但是到达肿瘤部位后就会受到温度的刺激交联絮凝成团、固定在肿瘤部位，可以达到靶向输送药物的效果[80]。

由于纳米材料在生物介质中的团聚现象很常见，为了避免材料出现严重团聚并且累积在组织器官中无法被清除，目前很多研究在设计纳米材料时都会在表面增加亲水官能团修饰或者增加空间位阻，尽量减少材料团聚带来的分布不均匀、代谢困难等问题。但是纳米材料在复杂的生物环境中，很容易改变表面理化性质，尤其是电荷分布和空间位阻效应，进而影响材料的胶体稳定性；另外在考虑纳米材料暴露风险的时候，也应该特别注意到材料稳定性带来的生物效应。

2）溶解和降解

生物环境中复杂的环境条件，如温度、pH、生物酶等，都会对纳米材料的稳定性造成影响。特别对于金属基纳米材料，评价金属离子的释放效率是考察其生物安全性的重点。

银纳米材料是全球产量最高的纳米材料之一，被广泛应用于医疗器械、化妆品、食品包装、电子、家用电器等诸多领域。银纳米材料进入生物体、被细胞摄取后，很容易在细胞内转化为银离子，或转化为其他形式的银，游离出的银离子会导致溶酶体膜和细胞膜破损、线粒体功能障碍、活性氧（ROS）的产生，使细胞内蛋白质和核酸的损伤，抑制细胞增殖进而致细胞死亡[81]。为了避免这种溶解效应带来的生物毒性，因此在设计和制备银纳米材料时都应在表面做各种修饰和保护。值得注意的是，在生物环境中这些表面修饰分子也可能会丢失、解吸，导致银纳米材料的裸露，而释放出银离子[82,83]。

与银纳米材料转化形式相似的还有氧化锌（ZnO）和氧化铜（CuO）纳米材料，二者广泛应用于电池、催化剂、食品包装等领域。研究表明，ZnO 纳米颗粒进入生物介质中很快会转化并释放 Zn^{2+}离子，并通过 XANES 观察，Zn^{2+}离子可以和介质中的有机分子形成络合物，如锌-磷酸根（Zn-phosphate）、锌-半胱氨酸复合物（Zn-cysteine like complexes）等；类似的，CuO 纳米颗粒进入生物介质中也会很快溶解并释放 Cu^{2+}离子，并且与有机分子形成铜-半胱氨酸复合物（Cu-cysteine）、铜-组氨酸复合物（Cu-histidine）和铜-乳酸复合物（Cu-citrate）等。毒性实验也证明了 ZnO 和 CuO 纳米颗粒的毒性成分主要是溶解释放出来的 Zn 和 Cu 离子而不是颗粒本身[84]。

利用纳米材料在生物环境中的降解转化，也可以实现靶向输送药物的效果，即在某一种内源性刺激下，完整的纳米药物分解并释放出来药物。例如肿瘤微环境中 pH 的显著变化（7～4.5），可以利用聚乳酸（PLA）或者聚乳酸-乙醇酸（PLGA）的包裹或者连接，这些分子之间可以形成在酸性环境下易水解的化学键（如酯键），达到靶向肿瘤释放药物的效果。近年来，利用纳米材料自身降解的特性应用于纳米药物设计也有很多研究。如 Shao 等设计了 PLGA 包裹的黑磷量子点，PLGA 包裹不仅可以保护黑磷量子点进入生物体系后不提前降解，还可控制其在近红外光照射下的降解速率。研究显示，PLGA 包裹的黑磷量子点不仅在生物体系中可稳定存在，还具有良好的光热效应，特别是通过 EPR 效应累积在肿瘤部位后，黑磷量子点可以在近红外光刺激下产生光热效应，利用高温杀死肿瘤细胞，同时黑磷可以打破 PLGA 外壳与生物分子发生反应，降解成磷酸根而不产生机体无法清除的纳米药物残留，达到无毒无害的治疗目的[85]。

3）氧化还原反应

生物体内的代谢大多通过氧化还原反应及复杂的电子转移过程。进入机体的纳米材料通常具有较高的表面能，很容易与生物环境中的分子发生氧化还原反应。上文提到的溶解和降解就是一种氧化还原反应，本节重点介绍非金属基纳米材料的氧化还原反应。

石墨烯类、碳纳米管类等碳基纳米材料，近年来被广泛应用于能源、催化、生物等多个领域，其中在生物医药领域尤其展现出了良好的应用前景。氧化石墨烯 GO 表面含有如羟基、环氧基、羰基和羧基等多种含氧官能团，具有良好的水溶性和生物相容性，因此被广泛应用于载药和疾病诊疗。Kotchey 等发现辣根过氧化物酶（horseradish peroxidase，HRP）可以降解 GO，在低浓度过氧化氢的情况下（～40 μmol/L），HRP 可以氧化降解石墨烯，通过电镜可观察到，HRP 在 GO 表面上形成孔洞，这个现象在 HRP 单独存在下是无法得到的。通过拉曼光谱、紫外-可见光谱、电子顺磁共振、傅里叶变换红外光谱、透射电子显微镜、扫描电镜对酶的氧化进行了表征，发现 HRP 是结合到 GO 表面而致其破损[86]。

除了氧化石墨烯，碳纳米管也有类似的报道。Allen 等发现，辣根过氧化物酶 HRP 可以氧化碳纳米管，机理研究发现：单独 HRP 的是无法氧化碳纳米管的，而当反应体系中存在血红素或三氯化铁时，因芬顿反应的催化作用产生过氧化氢自由基，进而与碳纳米管发生氧化反应产生 CO_2[87]。除碳基纳米材料外，四氧化三铁、锰氧化物等过渡金属纳米材料也会在生物介质中发生氧化还原反应。在生物系统中，电子转移和传递是生物代谢的基础，因此纳米材料的氧化还原反应是不可避免的。

纳米材料进入生物体系后，可能会发生各种各样的转化，不管是团聚、降解、还是与生物大分子相互作用，都会改变其本身的理化性质和进入体内前设计的特性，因此在评价纳米材料生物毒性时，尤其是评价材料长期生物安全性，需考虑材料转化前后的毒性区别，考察其理化性质改变可能带来的影响。

4）人工纳米材料在细胞内及亚细胞结构中的分布和转化

普遍认为细胞摄入的纳米材料会积累在溶酶体中，并在溶酶体中降解、转化，也有进入溶酶体后会破坏溶酶体膜而进入细胞质中，即“溶酶体逃逸现象”（lysosomal escape）[88,89]。纳米材料通过细胞的内吞作用进入到细胞，吞噬了纳米材料的脂质小泡将纳米材料运送到溶酶体中。溶酶体含有大量的生物酶且 pH 为酸性（pH～4.5），可以酶解或者水解纳米材料。目前有一些靶向 DNA 或其他细胞器的纳米药物，利用“溶酶体逃逸现象”使得药物不会在溶酶体内降解释放到细胞质中，达到完成后续的治疗效果。“溶酶体逃逸现象”有不同的机制：如利用双亲性的肽段对材料进行修饰达到膜穿孔，破坏溶酶体膜[90]；利用质子海绵效应，进入溶酶体内部后释放质子，破坏溶酶体内部渗透压，破坏溶酶体结构[91]；使用与溶酶体膜相似的表面修饰包裹纳米材料，有利于材料通过与膜结构的融合逃逸溶酶体[92]；利用激光等条件诱发颗粒释放穿透肽、活性氧或者释放光热效应达到破坏溶酶体膜的效果，将纳米颗粒释放到细胞组织中[93]。

金纳米材料因为自身的惰性而被认为是一种稳定、安全的纳米材料，被广泛应用于生物医学领域。据报道，进入细胞内的金纳米颗粒 AuNPs 会积累在溶酶体中，并且阻止自噬体-溶酶体融合和溶酶体降解。

Balfourier 等对初级成纤维细胞捕获的 AuNPs 的生物转化进行了长达 6 个月的监测，通过电子显微镜成像和转录组学研究，揭示了不同尺寸 AuNPs 在成纤维细胞的溶酶体中降解过程，提出了两个降解阶段的机理：第一步是由 NADPH 氧化酶介导的强氧化反应，使小尺寸的 AuNPs 降解；第二步是在溶酶体内发生的金元素再结晶，这一过程可生成矿化纳米结构，即自组装的纳米叶子结构。这揭示了金纳米材料在细胞内的转化周期，并提出了金属硫蛋白参与的体内矿化纳米结构自组装的机制[94]。

碳基纳米材料富勒烯（C70）已被证明是肥大细胞（MC）介导的过敏性炎症的有效抑制剂。Dellinger 等人观察了 C70 在肥大细胞内的分布，结果显示：细胞摄入的 C70 主要集中在内质网和溶酶体中，在线粒体中也有少量的存在。暴露 7 天后，细胞内仍能检测到 C70 的信号，并且还是集中于内质网、溶酶体和线粒体中[95]。类似的，Xu 等人观察了多壁碳纳米管 MWCNTs 在小鼠精子细胞中的分布，同样发现也集中分布于线粒体，且会导致线粒体 DNA 损伤[96]。这表明不同的纳米材料进入细胞内的分布和生物行为差异，可能会导致不同的毒性效应，改变细胞的损伤和死亡方式。

5）生物转化对纳米材料生物效应的改变

纳米材料发生转化后，其与细胞相互作用的方式、能力和行为都有可能发生改变，不仅会影响材料自身的毒性，还会影响材料在生物体内的分布、归趋和代谢。

进入生物环境中，大量的有机酸和离子可能导致氧化石墨烯 GO 的氧化还原反应。例如，Qi 等研究了 GO 在肺微环境中的转化及生物效应。结果显示：在肺泡细胞间隙液（Gamble's solution）和模拟溶酶体液（artificial lysosomal fluid，ALF）中孵育 5 天后，GO 会被还原成还原氧化石墨烯 RGO；而通过小分子模拟实验，证实这种还原是由于生物介质中的柠檬酸根起作用，主要作用于环氧基并还原成羟基；进一步实验发现，虽然两种生物介质中 GO 都会被还原成 RGO，但是两种 RGO 的表面含氧官能团种类和数量是有差别的，这导致其进一步团聚的形貌不同，并影响 RGO 与肺巨噬细胞的相互作用。Gamble-GO 表面主要是羟基为主，会形成片层堆叠的团聚态，而 ALF-GO 表面主要是羧基为主，与介质中的二价 Ca 离子形成桥连和大片层的团聚态，这导致肺巨噬细胞可以吞噬 Gamble-GO 但是无法吞噬 ALF-GO，最终导致不同的毒性结局：吞噬进入细胞的 Gamble-GO 会诱导产生 ROS 使细胞死亡；而无法被吞噬的 ALF-GO 会贴附在巨噬细胞膜表面，通过 TLR-4 通路诱导细胞产生严重的炎症反应，从而改变肺部炎性微环境[97]。Hu 等人也发现在人血液中 GO 会受到血液中自由基的氧化降解，孵育 14 天后 GO 片层出现明显的空洞，对比转化前后 GO 的细胞毒性，发现转化后的 GO 会诱导细胞产生更强的 ROS，使细胞内染色体产生明显的团聚，这是细胞自噬的重要表观特征；不同的研究都显示出转化前后 GO 的生物毒性发生了明显改变（图 18-3）[98]。

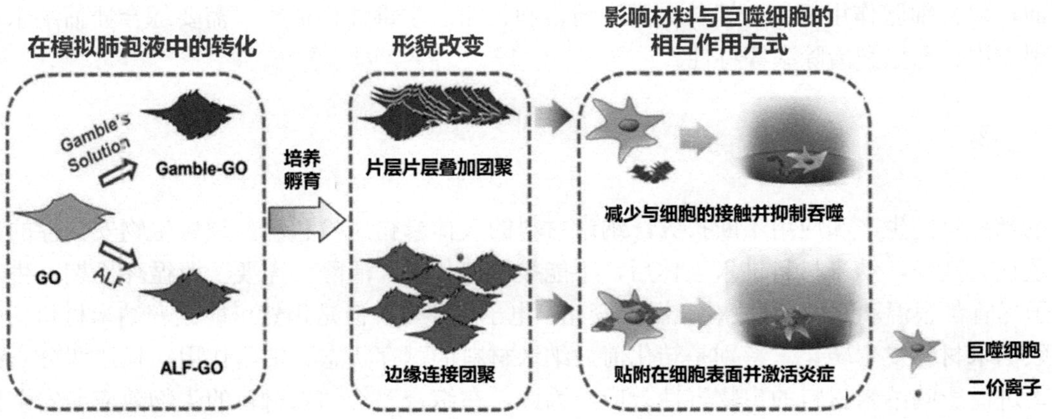

图 18-3　肺泡液中的生物转化过程对氧化石墨烯形态与毒性的影响示意图[98]

纳米银、纳米氧化锌和纳米氧化铜等纳米材料的毒性作用主要体现在进入生物介质中，尤其是细胞溶酶体内后溶解并释放离子，诱导 ROS 产生和 DNA 损伤等。一些金属基纳米材料比较稳定，但是由于表面性质不同可能影响其与生物大分子的相互作用，进而影响细胞摄入的多少。Qi 等研究表明：镉基纳米材料（CdSe 和 CdS）暴露的晶面会影响材料与蛋白质分子的相互作用。CdSe 和 CdS 纳米材料有着不同含量的{100}或{101}晶面；而其他物理化学性质，如形貌、尺寸、表面电荷和比表面积等都是相似的。形成在 CdSe 纳米材料表面的蛋白冠通过 SDS-PAGE 和 LC-MS/MS 等手段进行了分析，发现两种 CdSe 纳米材料的蛋白冠组成有着很大的区别，尤其是{100}晶面含量高的 CdSe 纳米材料对转铁蛋白（transferrin）有着明显的选择吸附倾向，通过进一步的模型分子实验、密度泛函理论（DFT）和分子动力学模拟计算得到了证实，转铁蛋白更容易结合在 CdSe 材料的{100}晶面（图 18-4）。因此根据{100}晶面对转铁蛋白的倾向性吸附这一特性，利用癌细胞表面转铁蛋白受体高表达，可以增加癌细胞对 CdSe 材料的摄入，这对晶体纳米材料在靶向治疗和生物显影等方面的应用有着重要意义[99]。

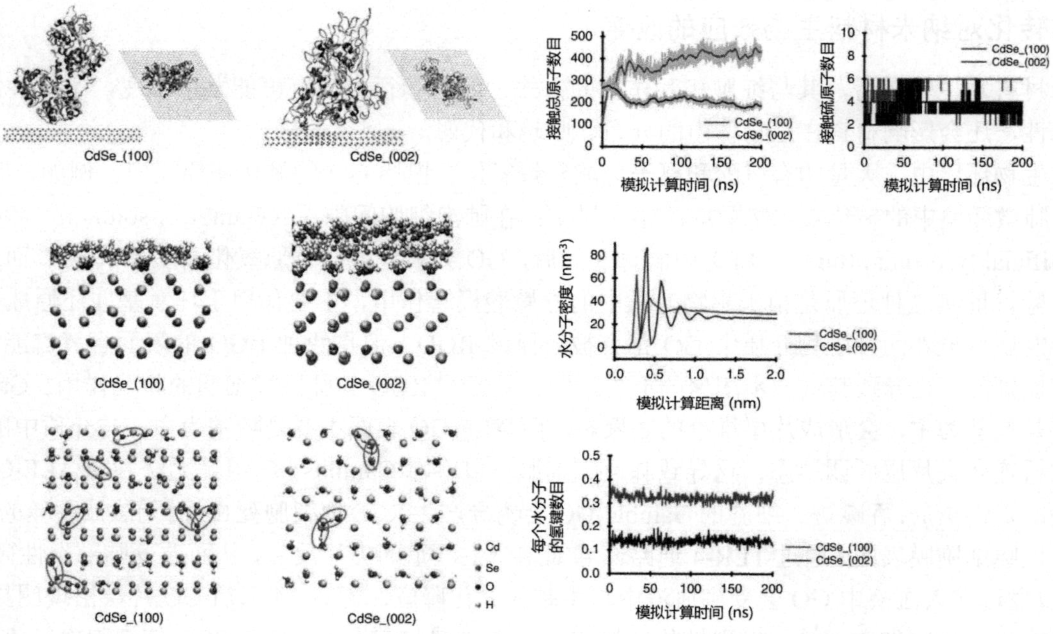

图 18-4　CdSe 不同晶面与转铁蛋白相互作用的分子动力学模拟计算[99]

纳米技术的加速发展已经将生物安全性作为开发新纳米材料应用的必要条件，在评价纳米材料的毒性机制方面，包括细胞作用机制、遗传、表观遗传和代谢组学毒性特征等，需要综合评估纳米材料转化后的潜在副作用、毒性和清除率等特性。

18.2.4　小结

随着纳米材料的生产和应用不断扩大，纳米材料的人体暴露风险和医药领域生物安全性的评价也越来越得到重视。其中，纳米材料进入人体后，不能被快速代谢和清除，需要一段循环周期。生物环境中的影响因子尽管都很温和，如 pH 变化、温度变化、电子转移等，但是仍然可能改变纳米材料初始的设计状态，导致纳米材料发生转化。特别是转化前后纳米材料的赋存状态、细胞作用、代谢和分布都有可能发生改变，进而影响纳米材料的生物毒性效应。因此，在综合评价纳米材料的生物效应和安全性时，应该特别关注其在生物体系中的转化。

未来研究发展中，对纳米材料的生物转化研究还需要进一步改进和细化：①建立评价方法学和实验平台，实现动态追踪和原位表征纳米材料在生物体系中的转化过程；②完善材料和生物体系构效关系，不同材料具有不同的理化性质，需要统一标准，建立和完善一套具有普适性的材料信息库；③综合动态的生物效应评价体系，详细厘清纳米材料进入人体内后的分布动力学和规律，明确纳米材料在不同微环境中的转化以及其响应的生物毒性效应。

18.3　纳米-生物界面作用的影响因素及生物效应

在纳米材料的生物医学应用与环境健康等研究领域，纳米-生物界面作用（nano-bio interface interactions）一直备受关注。由于极高的比表面积与多样的表面形貌，纳米材料的表面性质非常活跃，易于发生多种化学与生物反应。因此，在纳米材料的表面，生物分子及细胞组分可通过不同机制与纳米材料作用，进而诱发各种生物效应，如氧化应激、炎症激活、遗传物质损伤、细胞死亡等。基于上述原因，我们将简要概述纳米材料的表面物理化学特性、表界面化学反应及纳米—生物界面作用机制，并对未来可能的科学问题和研究挑战进行展望。

18.3.1　纳米材料的表面性质

1）化学成分

化学成分是纳米材料进行分类的重要维度之一。因为，构成纳米材料的原子或分子的物理化学性质，是决定其表面性质与生物效应的基础因素。在环境健康领域，纳米银（Ag NPs）是一大类研究较多的纳米材料。典型的纳米银，包括单质银（Ag NPs）、氧化银（Ag_2O NPs）、硫化银（Ag_2S NPs）、硒化银（Ag_2Se NPs）等，会体现出显著的性质差异，进而影响其环境行为与生物效应。例如，一项近期的研究表明，对于同为 9 nm 的 Ag、Ag_2S 和 Ag_2Se 纳米球，其表面等离子体共振峰最大值分别为 415、330 和 375 nm，且抑菌能力 Ag NPs＞Ag_2Se NPs＞Ag_2S NPs[100]。在废水环境中，Ag NPs 则很容易转化为 Ag_2S NPs，由于后者的溶解度较低，会导致毒性显著下降[101]。并且，随 Ag NPs 硫化程度的增加，其释放银离子的能力也会降低，对大肠杆菌的生长抑制效应也随之减弱[102]。

2）晶型

晶体的微观结构由原子三维周期性规则排列组成，而非晶体则通过无规则堆积形成。因此，原子不同的空间构型的有序排布即为晶型，决定了纳米材料的晶面类型。即便纳米材料的化学成分一致，也可能呈现出不同的晶型与晶面。在自然界中，二氧化钛（TiO_2）存在三种晶型，即金红石型、锐钛矿型和板钛矿型，其导电性、硬度、稳定性等性质各不相同。目前，研究较多的锐钛矿型和金红石型 TiO_2 均由钛氧八面体的基本晶体结构组成，且呈现出多种活性晶面，如锐钛矿{001}、{101}和{100}面和金红石{110}和{111}面等[103]。不同晶面的原子结构、能级结构和表面能均存在差异。近期多项研究证实，TiO_2 NPs 的晶型与其细胞作用能力强弱具有潜在关联。例如，据报道，人胸膜间皮细胞（MeT-5A）更容易摄入锐钛矿型 TiO_2 NPs，而非金红石型，且前者更容易导致细胞毒性[104]。另一项研究同样发现，相较于金红石型 TiO_2 NPs，锐钛矿型 TiO_2 NPs 更容易激活机体免疫细胞的炎症反应，分泌更多的炎症因子。此外，金红石型 TiO_2 NPs 比锐钛矿型 TiO_2 NPs 更易导致细胞氧化应激、细胞周期紊乱和凋亡[105]。

3）形貌

纳米颗粒的形状和尺寸直接决定了其表面形貌特征。以球形金纳米颗粒（Au NPs）为例，其半径越小，比表面积和表面曲率越大，导致不同粒径的金纳米球体现出截然不同的表面活性。据报道，对于 PEG 修饰的金纳米球，随粒径增大，其吸附血清中高密度脂蛋白（HDL）的能力越强。对于 20 nm 纳米金球，其表面吸附的蛋白仅含 5%的 HDL，而 120 nm 纳米金球吸附的 HDL 高达 73%[106]。此外，有研究通过比较粒径为 40 nm 左右的金纳米球、金纳米棒和金纳米星，发现金纳米棒和金纳米星更易于引起胰蛋白酶的三维构象变化[107]。当纳米颗粒与细胞发生作用时，颗粒的尺寸和形状会直接影响细胞膜的形变及包裹速度等因素，进而决定纳米颗粒被细胞摄入的效率[108]。例如，我们的研究发现，金纳米球的粒径和金纳米棒的长宽比均会影响细胞对 Au NPs 的内化和摄入能力[109]（图 18-5）。另一项研究也证实，相较于 74 nm ×14 nm 金纳米棒，直径为 74 nm 和 14 nm 金纳米球的细胞摄入量分别增加了 500%和 375%[110]。

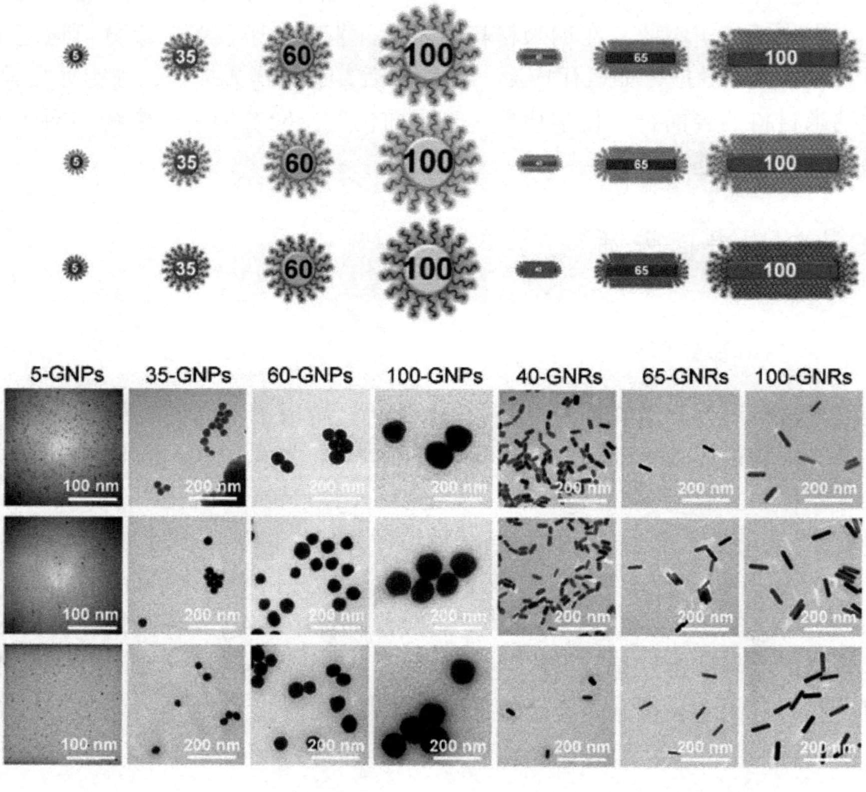

图 18-5　不同形状、粒径和表面修饰的金纳米颗粒[109]

4）表面修饰

基于各种实际应用目的，为控制纳米颗粒的稳定性、表面活性、生物相容性等指标，通常会利用物理或化学手段对其进行表面修饰和改性，获得性能更优异的纳米材料。例如，通过有机小分子、高分子聚合物、多肽/蛋白、核酸对纳米颗粒进行表面修饰，可获得具有不同表面官能团、亲疏水性、电性和生物活性的纳米材料[111]。例如，聚乙二醇（PEG）是应用最为广泛的一类高分子聚合物，可有效降低纳米颗粒对免疫相关蛋白的吸附，避免被内皮网状系统摄取。据报道，PEG 的链长可影响纳米颗粒表面的蛋白吸附，相较于 350～1000 Da PEG，550 Da PEG 修饰的金纳米颗粒对人血浆中的白蛋白和转铁蛋白具有更强的吸附能力[112]。此外，不同表面修饰可显著影响纳米颗粒的细胞作用、体内行为与生物效应。我们此前的研究表明，聚乙二醇（PEG）和聚丙烯酸（PAA）可有效降低免疫球蛋白（IgG）在氧化石墨烯（GO）表面的吸附，削弱细胞膜作用，减少细胞摄入，改善 GO 的生物相容性，对肝脏、肺脏的损伤更小（图 18-6）[24]。同样，相较于 PMA 和聚乙烯吡咯烷酮（PVP），PEG 修饰的金纳米颗粒的蛋白吸附能力更弱，细胞摄入能力和毒性更低，体内循环时间更长[109]。

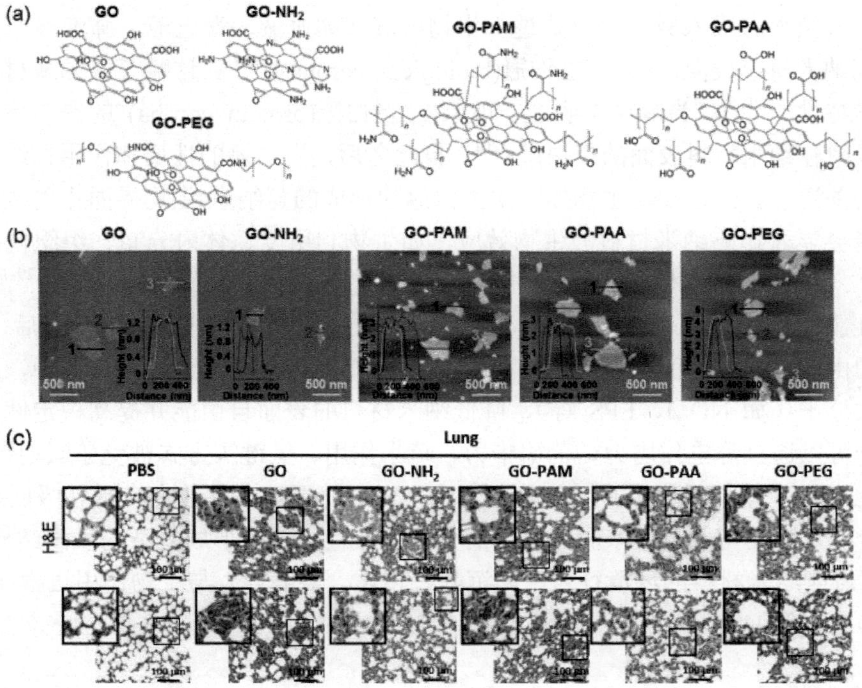

图 18-6　(a) 原始态 GO 及不同表面修饰 GO 衍生物（GO–NH_2、GO–PAM、GO–PAA 和 GO–PEG）的化学结构示意图；(b) GO 及其衍生物的 AFM 表征图；(c) 经过 1 mg/kg GO 材料暴露 14 天后，小鼠肺部的组织病理学变化[24]

18.3.2　纳米材料的表界面化学反应

目前，化学法最常被用于纳米材料的实验室制备。在自然环境或生物体中，具有氧化还原性的物质也有助于纳米材料的生成。例如，在阳光照射下，水环境中的天然有机质（NOM）可以将 Ag^+还原，生成 Ag NPs[113]。多种微生物已被成功用于细胞内或细胞外 Ag NPs 的绿色合成[114]。人源细胞内的还原性分子也会促使 Au NPs 的生成[115]。因此，在特定条件下，在纳米颗粒表面也可能会发生多种化学反应，影响其表面组分及形貌。例如，在氧气、紫外线等环境因素作用下，纳米材料表面可能被氧化，进而导致化学成分改变或纳米颗粒溶解。据报道，在紫外线照射下，PVP 修饰的银纳米颗粒会溶解，释放出 Ag^+，而溶解有机碳（DOC）的存在，可将 Ag^+还原形成约 5nm 的银纳米颗粒，同时减少对大型溞的毒性效应[116]。另有研究发现，铁纳米颗粒在空气中高度不稳定，可被迅速氧化为 γ-Fe_2O_3、α-Fe_2O_3 和 Fe_3O_4。而磁铁矿（Fe_3O_4）可被氧化为赤磁铁矿（γ-Fe_2O_3），导致纳米颗粒的表面电荷变化，并影响其环境行为[117]。纳米材料的表面配体也可能被氧化。据报道，在紫外线作用下，金纳米颗粒表面的 PVP 配体吡咯烷酮中的氨基可被氧化为琥珀酰亚胺，改变其在水中的稳定性[118]。此外，一些纳米材料具有优异的催化活性，如金、铂、钯等贵金属纳米材料具有类过氧化物酶、类氧化酶、类超氧化物歧化酶等类酶活性。利用上述类酶活性，可以促进自由基生成，达到催化污染物分解[119]、抑制病原微生物[120]、杀伤肿瘤细胞[121,122]等目的。相反，利用氧化铈等纳米材料清除自由基的特性，还可用于抗氧化或增强环境耐受性等目的[123]。

18.3.3　纳米-生物界面作用机制

1）蛋白/环境冠

当纳米材料通过摄入、吸入或其他方式进入生物体液（如血液、淋巴液、肺泡液）后，体液内的生物大分子会吸附到纳米材料表面，形成“生物冠(biological corona)”[124]。这赋予了纳米材料不同于原始态颗粒的新的生物学特性[108,125]，为解释说明这一现象，“蛋白冠(protein corona)”的概念被提出，旨在描述生物体液环境中吸附在纳米材料表面的蛋白层[126]。自此之后，蛋白冠的性质和作用在纳米医学与环境健康等领域一直备受关注。目前已知，生物体液中蛋白冠的形成的与纳米-生物界面作用紧密有关，并且蛋白分子的生理功能会显著影响纳米材料的生物效应，如生物利用度、体内分布、组织代谢、免疫反应及毒性终点等[127,128]。此外，纳米材料还可以与生物体液中的其他生物大分子发生作用[129-132]。

相较于“生物冠”“环境冠（environmental corona）”主要指纳米材料进入自然环境后，在环境条件下，其表面吸附形成的由环境大分子所组成的结构（图 18-7）[133]。例如，在天然水环境中，纳米材料表面易于吸附环境有机大分子（如 NOM、EPS 等），降低纳米材料的表面自由能并提高稳定性。在纳米材料的表面，环境大分子可以通过静电作用力、范德华力、疏水作用、氢键等方式被竞争吸附[134]。在纳米材料的环境迁移与转化过程中，“环境冠”的组分并非一成不变。随环境条件改变，最初吸附到纳米材料表面丰度较高的环境分子，随后可能会被亲和力更高的分子所取代，最终形成复杂的表面结构与组分[135]。此外，“环境冠”还可影响纳米材料的环境行为（如沉降、转化、溶解等）与生物作用过程（如细胞膜黏附、膜受体作用、细胞内化等）[136]。

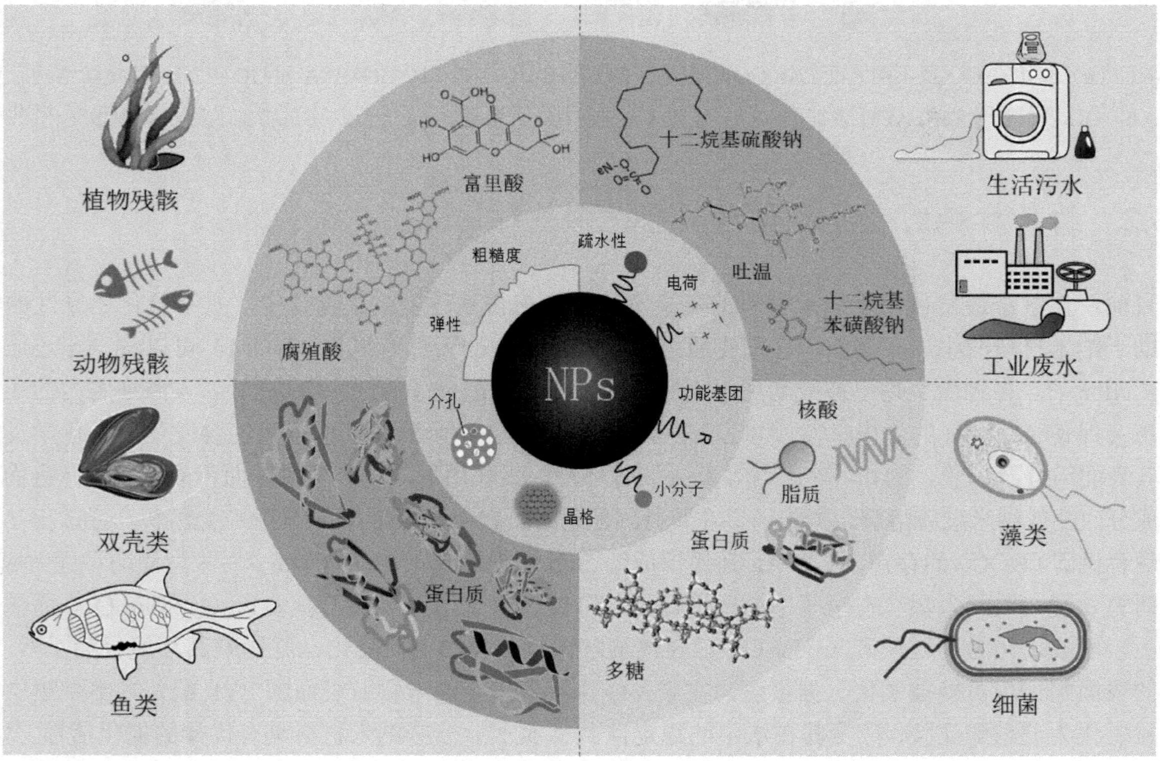

图 18-7　纳米颗粒表面吸附生态环境大分子的示意图[133]

2）细胞膜黏附

纳米材料在细胞膜表面的黏附是与细胞发生作用的前提。通常，在生理条件下，细胞膜磷脂双分子层的磷酸基团与糖蛋白唾液酸的羧基带负电荷。因此，表面带有正电荷的纳米材料往往会与细胞膜发生更强的黏附作用[137]。尽管如此，在不同环境条件下，纳米材料的表面性质会发生改变，进而影响其细胞膜黏附作用的强弱。例如，血清白蛋白或腐殖酸的吸附会覆盖 SiO_2 NPs 表面的 Si—OH 和 Si—O—Si 基团，削弱 SiO_2 NPs 与磷脂之间的相互作用[138]。近期的一项研究发现，NOM 吸附可以改变阳离子聚合物功能化的金刚石纳米粒子（DNP）的表面电荷和流体动力学特性，进而影响 DNP 对细胞膜的附着能力[139]。相反，NOM 吸附也可能会促进磷脂双分子层对 NPs 的黏附作用[140]。

3）膜受体作用

膜受体是一类具有识别和结合专一配体功能的细胞表面分子，负责激活和启动一系列生化反应。当纳米材料与细胞膜接触后，可能会作用于多种膜受体分子，进而诱发生物效应。例如，有研究发现膜蛋白会显著影响 TiO_2 NPs 与细菌膜之间的相互作用[141]。我们前期的研究也证实，氧化石墨烯（GO）可以作用于细胞膜表面的整合素（intergrin），抑制其下游的 FAK-Rho-ROCK 信号通路，引起细胞骨架坍塌与细胞膜损伤（图 18-8）[142]。此外，GO 还可作用于巨噬细胞膜表面的 Toll 样受体（如 TLR-4、TLR-9），激活其下游的 NF-κB 信号通路，引起巨噬细胞的 M1 极化，分泌炎症因子（如 TNF-α、IL-6）[3]。另有研究发现，还原氧化石墨烯量子点（rGOQDs）可以通过干扰芳烃受体（AhR）产生生殖毒性，进而导致斑马鱼胚胎出现心囊水肿、脊柱弯曲、卵黄管囊肿等病变[143]。另一项研究发现，经 DNA 适配体 AS1411 表面修饰后，星形和球形金纳米颗粒具有不同的配体-受体识别能力，其中前者通过表面 AS1411 适配体与 MCF-7 细胞膜过表达核仁素受体具有更强结合能力[144]。

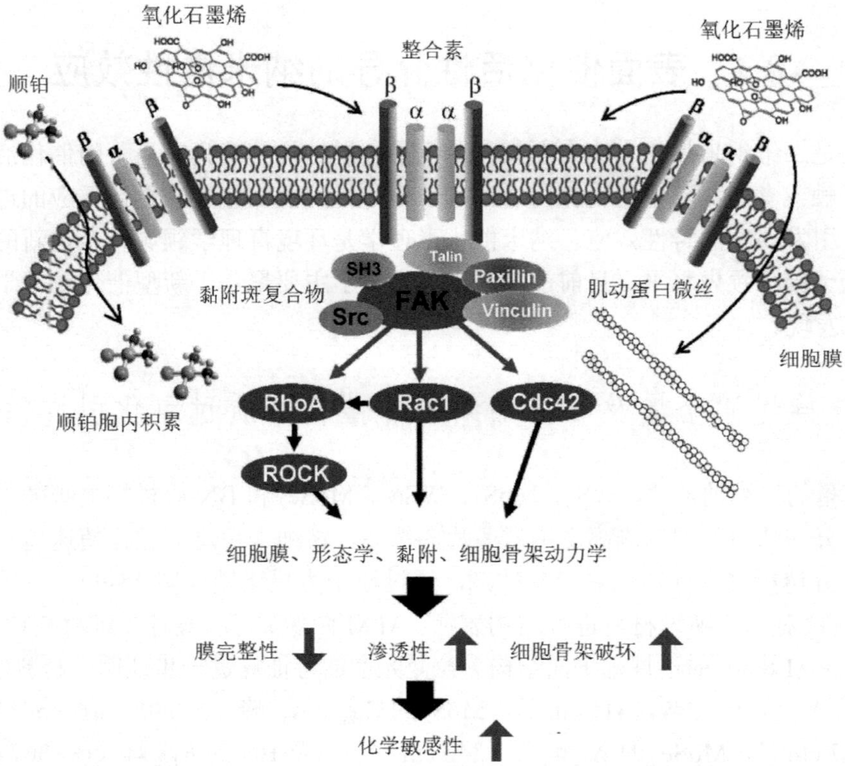

图 18-8　GO 作用于 intergrin–FAK–Rho–ROCK 信号通路引起细胞膜和细胞骨架损伤的机理示意图[142]

4）细胞内化

纳米材料黏附于细胞膜表面后，可通过多种机制被细胞内化和摄取，进而诱发细胞损伤，如氧化应激、信号通路激活、遗传物质破坏等。例如，胞吞作用是通过质膜的变形运动将细胞外的纳米颗粒内化，并转运至酸性内体或溶酶体降解的过程[145]。胞吞作用可分为吞噬作用、胞饮作用及受体介导的内吞作用，而纳米材料的表面性质会显著影响上述作用过程。例如，CuO NPs 可以穿过铜绿微囊藻细胞壁孔以及质膜内化[146]，而富里酸（FA）的吸附会增强 CuO NPs 的细胞内化。此外，有研究发现，牛血清白蛋白（BSA）可以增加小窝蛋白介导的细胞内吞作用，并促使 Ag NPs 转运到酸性细胞囊泡内[147]。同时，多项研究证实，蛋白冠的形成可有效降低 NPs 的细胞内化和毒性效应[148]。

18.3.4　小结

纳米-生物界面作用的揭示对于理解纳米材料的环境健康风险至关重要。尽管目前对纳米材料通过界面作用诱发生物效应的过程形成了初步认识，但仍有诸多科学问题尚未得到解答，有待探索：①纳米材料的表面理化性质与化学反应活性天差地别，诱发生物效应的种类、途径和机制缺乏充分认知，需要开展系统研究；②纳米-生物界面作用研究仍缺少足够的有效手段，亟待开发更多原位、高灵敏、高分辨、高通量的分析技术方法，从微观水平揭示作用过程；③在自然环境或生物体内，纳米材料表面可能发生复杂的界面反应过程，如吸附、取代、转化、溶解、氧化还原等，上述过程影响纳米材料表界面反应活性与生物效应的机理亟需阐述；④纳米材料诱发生物效应的分子靶点、信号通路与调控机制仍需深入探索，在分子水平上理解纳米-生物界面作用机理。

18.4　表面催化活性介导的纳米毒性效应

纳米颗粒特别是二维纳米片的高比表面积和单元子片层结构使其具有显著的催化活性。这些二维纳米片与环境介质接触或者进入环境生物体内后，其催化特性可能加速某一生化反应的进程，破坏生物体的新陈代谢平衡，引发严重的毒性效应。纳米催化毒理学是环境毒理学领域一个全新的研究方向，我国在该方面的研究处于国际领先水平。目前，纳米催化毒理学主要聚焦于新型催化毒理学机制的探索，取得了以下重要研究发现。

18.4.1　二维硫族过渡金属及石墨烯纳米片催化脂质过氧化引发铁死亡

为了获得高质量的二维纳米片，WS_2、MoS_2、WSe_2、$MoSe_2$ 和 BN 原材料被研磨并分散在 F68 聚醚水溶液中，通过充分的超声处理以剥离出纳米薄片。然后，将纳米片悬液进行超速离心，收集含有纳米片的上清液，并充分透析去除残留的聚醚分散剂。通过原子力显微镜（图 18-9）、拉曼光谱仪、纳米粒度及 Zeta 电位分析仪对二维纳米材料进行结构表征。AFM 图像显示，五种二维材料均具有直径为 16～264 nm、厚度为 0.3～1.8 nm 的不规则平面结构。拉曼光谱的特征峰进一步证明了材料的二维层状结构，例如，WS_2 的 E_{2g}，A_{1g} 峰（～347，416 cm^{-1}），MoS_2 的 E_{12g}，A_{1g} 峰（～380，407 cm^{-1}），WSe_2 的 E_{12g}，A_{1g} 峰（～252，257 cm^{-1}），$MoSe_2$ 的 A_{1g} 峰（～242 cm^{-1}），以及 BN 的 E_{12g} 峰（～1367 cm^{-1}）。五种材料在去离子水和细胞培养基中的表面电荷和水合粒径显示纳米片在水中均带负电，Zeta 电位范围为−5.8 ～

25.9 mV。在不同的介质中具有相似的水合粒径，在去离子水中为 90～128 nm，在 RPMI1640 培养基中为 96～134 nm，在 BEGM 培养基中为 92～135 nm。除 WSe_2 外，其他四种材料在 RPMI1640 培养基中孵育 48 h 后仍表现出良好的分散稳定性。

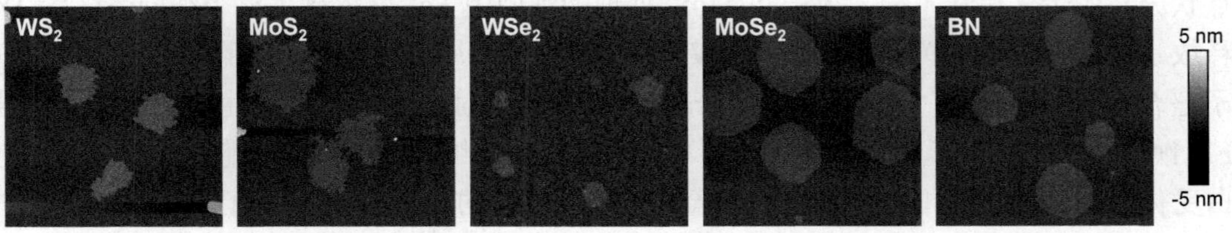

图 18-9　原子力显微镜表征二维纳米片

这些纳米片被暴露于 BEAS-2B 呼吸道上皮细胞和 THP-1 巨噬细胞，以评估其毒性效应。首先，通过测定内源性 ATP 水平评估了二维材料对细胞能量代谢的影响。ATP 实验表明，WS_2 和 MoS_2 引发了 BEAS-2B 和 THP-1 细胞剂量和时间依赖的细胞死亡，而 BN、$MoSe_2$ 和 WSe_2 对细胞活性影响不大。200 μg/mL 的 WS_2 和 MoS_2 暴露 48 小时后，分别引发了 57.3%和 43.8%的细胞死亡。通过 MTS 法检测了细胞物质代谢过程中脱氢酶的活性，进一步证实了纳米片的毒性效应。时差显微镜动态观测了细胞死亡过程的形态变化。阿霉素（DOX）作为凋亡诱导剂，用 TNF-α 和环己亚胺（CHX）作为坏死诱导剂。结果显示，WS_2 处理后的细胞更倾向于募集在纳米颗粒周围，凝聚、融合合并最终破裂，这与坏死的形态学变化相似。然而，常规的坏死和凋亡抑制剂，Nec-1 与 Z-VAD-FMK 未能改善 MoS_2/WS_2 诱导的细胞毒性（图 18-10），可能涉及其他的毒性机制。

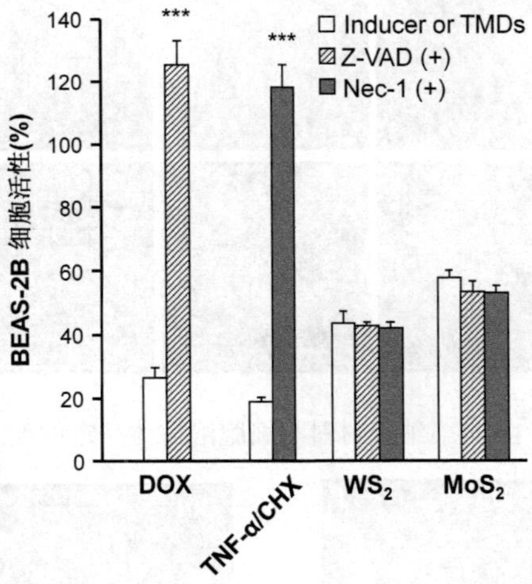

图 18-10　凋亡和坏死抑制剂对纳米片细胞毒性的影响

为了解析具体的作用机制，首先考察了 MoS_2 和 WS_2 释放的金属离子与毒性效应的相互关系。将 BEAS-2B 细胞分别暴露于纳米片离心后的上清液和沉淀颗粒后，细胞活性测试表明颗粒物溶解释放的金属离子对细胞活性影响很小，纳米片是导致其毒性的主要组分。接下来，利用透射电子显微镜（TEM）观测了纳米片在细胞内的分布，发现其主要聚集在类囊泡的亚细胞器中。共聚焦荧光显微镜进一步证实，这些类囊泡结构是溶酶体，WS_2 和 MoS_2 纳米片与溶酶体共定位（图 18-11）。纳米片很可能通过胞吞的过程进入细胞溶酶体。细胞松弛素 D 是一种细胞肌动蛋白单体聚合抑制剂用于阻断细胞对纳米颗粒的内吞作用，对细胞处理后，纳米片的毒性效应明显减低，证实了内吞机制在 WS_2 和 MoS_2 诱导细胞死亡中的关键作用。这些结果表明溶酶体可能是细胞毒性效应发生的主要场所。为了解析溶酶体中的分子起始事件（MIE），对纳米片在溶酶体模拟液（PSF）中物理化学性质的变化（表面积、氧化电位、表面电荷和溶解度）以及它们与溶酶体间的相互作用进行了系统考察。考虑到溶酶体是铁代谢的重要场所，非荧光的 FeRhoNox-1 被用于检测细胞中的还原性 Fe^{2+}，该底物可以特异性地与 Fe^{2+} 反应激发红色荧光。与对照组细胞中点状分布的荧光信号不同，WS_2 和 MoS_2 处理的细胞中 Fe^{2+} 弥散到了整个细胞浆（图 18-12a）。还原性铁释放是铁死亡通路的关键上游信号，WS_2 和 MoS_2 纳米片很可能诱发细胞铁死亡。为了证明这一点，铁离子螯合剂 deferiprone（DFP）和 deferasirox（DFX）对胞质中的还原性铁进行螯合，结果显示 DFP 和 DFX 预处理显著改善了 MoS_2 和 WS_2 的毒性效应，表明纳米片引发的细胞死亡存在铁依赖性，并在转铁蛋白受体基因沉默细胞中得到了进一步验证。还原活性的亚铁离子可以通过 Fenton 反应催化活性氧（ROS）生成，氧化不饱和脂质。BODIPY 581/591 C11 被用于检测细胞内脂质的过氧化程度，该试剂可与过氧化脂质反应，发生荧光发射峰的转移，从 590 nm（红色）蓝移至 510 nm（绿色）。结果显示，MoS_2 和 WS_2 处理使 BEAS-2B 细胞发生显著的脂质过氧化，观测到大量发射绿色荧光的细胞（图 18-12b）。氧化脂质的特异性抑制剂 ferrostatin-1（Fer-1）处理细胞后，细胞活性提高了 24%～47%，进一步证实了氧化脂质在纳米片引发细胞死亡中的关键作用。Western Blotting 则表明 WS_2 和 MoS_2 纳米片处理可以减低谷胱甘肽过氧化物酶 4（GPX4）的表达，从而避免产生的过氧化脂质被细胞清除，加剧了细胞铁死亡（图 18-12c）。此外，氧化石墨烯（GO）也发现可以与细胞膜结合[149]。GO 表面的碳自由基使其具有催化氧化的性能，能够氧化不饱和脂肪链使其与氧气发生反应转化为过氧化脂质，进一步诱发细胞膜损伤，细胞活性减低，可能进一步引发铁死亡。总之，二维纳米片可以通过与细胞膜结合或者胞吞进入细胞溶酶体，引发膜损伤、二价铁释放，脂质过氧化，GPX4 下调，细胞铁死亡（图 18-12d）。

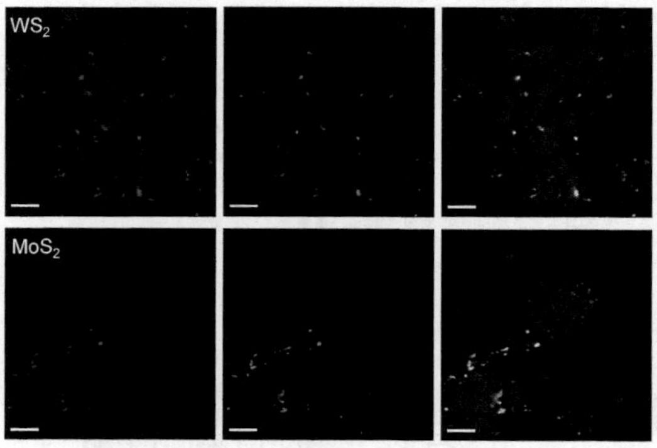

图 18-11 纳米材料与细胞溶酶体共定位观测

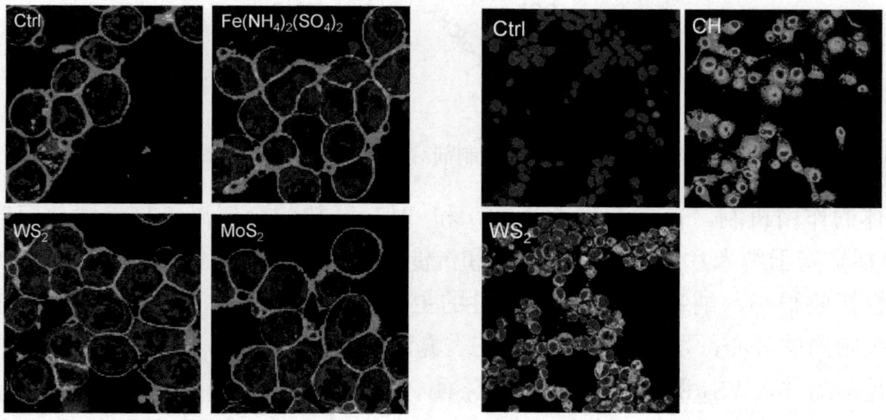

(a) (b)

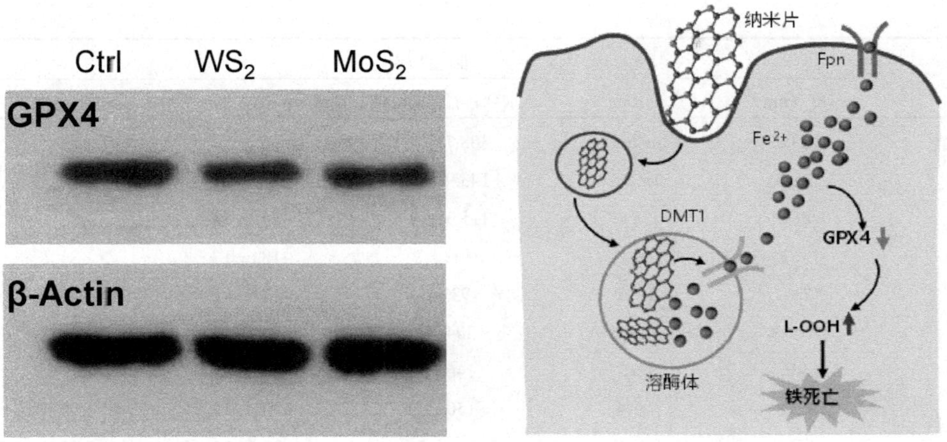

(c) (d)

图 18-12 纳米片引发细胞铁死亡过程

（a）细胞内亚铁离子释放；（b）细胞脂质过氧化；（c）细胞内 GPX4 表达下调；（d）纳米片引发细胞铁死亡机制

电子顺磁共振光谱（EPR）可以检测到金属原子的未配对电子，高分辨电镜则显示 WS_2 和 MoS_2 纳米片表面具有丰富的原子空穴。这些结构特征可能使其具有一定的催化活性。为了验证这一猜测，两种纳米片被暴露于不饱和磷脂后，均能催化不饱和磷脂与氧气发生氧化反应，生成氧化磷脂，具有类脂质过氧化酶的活性。这种表面催化活性可能是诱发铁死亡的关键理化性质。为此，制备 20 种不同表面活性的纳米片材料库，对其理化性质（如表面电荷、尺寸、表面缺陷等）进行了定量表征以便于纳米片毒性的构效关系分析（表 18-1）。纳米片的催化活性通过其原子缺陷，也即 S/Se 与 W/Mo 的表面原子比进行评估。Pearson 相关性分析表明，表面原子比与细胞活性有很强的相关性，相关系数$|r|$为 0.89。为了进一步验证表面催化活性在铁死亡中的作用，甲醇和 NaS_2 被用于两种纳米片原子缺陷的修复，修饰后的纳米片分别表示为 ss-WS_2 和 me-MoS_2。细胞内的生物相容性测试表明，修饰后的纳米片具有与原始纳米片相似的细胞摄取量，但是对溶酶体的损伤较小，Fe^{2+}释放减少以及细胞活性改善。铁死亡效应及相应的构效关系最终在动物体内进行了进一步验证。将 WS_2、MoS_2、$MoSe_2$、ss-WS_2 和 me-MoS_2 通过口咽滴注的方式暴露于小鼠肺组织 40 小时后，处死小鼠以收集支气管肺泡灌洗液（BALF），并检查 TMD 对细胞和细胞因子的影响。首先，在肺泡巨噬细胞中检到了 GPX4 表达量的下调、溶酶体 Fe^{2+}的释放和脂质过氧化，验证了铁死亡机制。与 ss-WS_2 和 me-MoS_2 处理组相比，未修饰纳米片处理显著提高了 BALF 中的中性粒细胞数，引发促炎细胞因子包括 LIX、TNF-α 和 IL-1β 的释放。H&E 染色显示 me-MoS_2 和 ss-WS_2 没有引发显著的组织炎症，而未修饰 MoS_2 和 WS_2 引起了显著的肺部炎症，表现为由于免疫细胞募集而引起的细胞核密度增加（图 18-13）。所有这些动物实验结果都很好地验证了细胞内的铁死亡机制及构效关系。

表 18-1 纳米片材料库定量表征

TMD	理化性质					细胞活性（%）
	厚度（nm）	直径（nm）	水合粒径（nm）	Zeta 电位（mV）	表面原子比	
WS_2	211±8	384±9	189.7±0.4	−20.7±0.4	1.77	108.4
	90±3	178±5	139.5±3.2	−24.5±1.5	1.82	117.4
	40±2	108±3	120.2±0.4	−24.7±1.3	1.75	108.7
	2±1	10±2	94±2	−6±0.3	1.21	54.6
	2±1	12±1	96±1	−7.2±2	1.77	89.2

续表

TMD	理化性质					细胞活性（%）
	厚度（nm）	直径（nm）	水合粒径（nm）	Zeta 电位（mV）	表面原子比	
MoS_2	153±6	407±2	308.7±1.8	−25.4±1.2	1.71	113.9
	79±3	199±5	143.9±0.2	−24.8±0.8	1.70	114.2
	49±3	175±1	115.3±0.9	−27.5±0.4	1.53	91.5
	3±1	9±3	91±1	−18.6±0.3	1.31	57.3
	3±1	10±2	93±2	−17.5±1.0	1.65	101.2
WSe_2	202±8	304±6	204±4	−20.7±0.4	1.65	105.3
	140±4	92±2	146±4	−27.8±0.7	1.71	116.9
	42±8	78±4	150±5	−20.3±0.2	1.60	99.9
	16±4	62±6	106±0.5	−23.5±0.1	1.61	96.2
	2±1	14±3	94±1	−24.2±0.3	1.64	99.4
$MoSe_2$	160±2	232±2	349±9	−21.5±0.3	1.73	100.5
	91±7	113±9	152±1	−20.9±0.1	1.80	112.9
	39±7	73±9	145±3	−20.4±0.2	1.81	115.3
	21±4	50±1	120±5	−20.2±0.2	1.71	98.4
	2±1	16±4	123±2	−18.7±0.4	1.68	92.8
相关系数	0.51	0.48	0.38	−0.64	0.89	NA

不同于细胞凋亡、坏死、焦亡等程序性死亡机制，铁死亡是近年来新发现的一种铁代谢相关的死亡机制。研究表明铁死亡与神经退行性疾病（如帕金森病、中风等）及肿瘤等疾病密切相关。铁死亡的主要生物学特征是二价铁或酯氧合酶催化不饱和脂肪酸发生脂质过氧化，同时伴随着谷胱甘肽抗氧化系统核心调控酶 GPX4 的降低。目前，铁死亡的机制主要包括 GPX4 失活、二价铁离子释放、脂质过氧化等[150]。细胞铁死亡诱发剂的发现具有重要的药理和毒理学价值。该研究对二维纳米材料在生物医学、电子器械等领域应用中可能的人体暴露危害提出了警示，也为铁死亡诱发剂的发现及生物医学应用提供了新思路[151]。

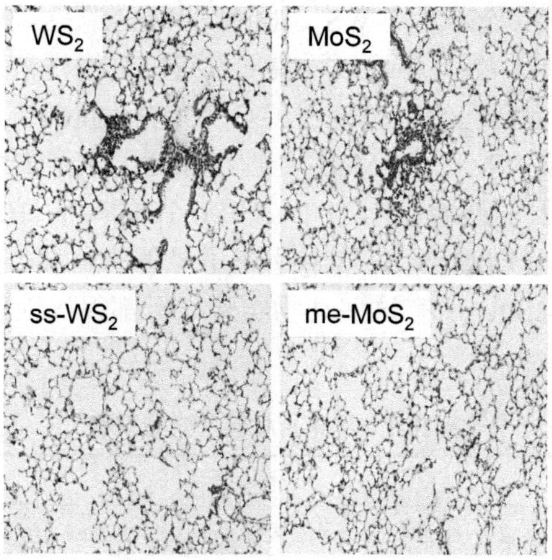

图 18-13　纳米片修饰前后引发的肺部炎症

18.4.2　具有类脱氢酶活性的 SnSe 纳米片干扰细胞内三羧酸循环引发细胞死亡

在评价 SnSe 细胞毒性中，研究发现 SnSe 纳米片能够引发显著的细胞死亡，但是没有检测到代谢活性的相应减低。考虑到传统的细胞代谢活性检测试剂盒是以脱氢酶活性作为评价指标，SnSe 很有可能具有脱氢酶的活性从而干扰了细胞代谢活性检测结果。为了证明这一假设，多种比色法脱氢酶检测试剂被用于检测二维 SnSe 的催化活性。由于天然脱氢酶能够催化氢原子从醇、乙二醇、甘油、醛和酸等物质上的转移，我们特意选择了 6 种代表性的脱氢酶检测试剂，包括乳酸脱氢酶（LDH）、乙醇脱氢酶（ADH）、甘油 3-磷酸脱氢酶（GFDH）、苹果酸脱氢酶（MDH）、醛脱氢酶（ALDH）和葡萄糖-6-磷酸脱氢酶（G6PDH）。这些检测试剂盒由不同的显色底物组成，一旦接收到转移的氢，则显示出显著的比色变化。结果显示，SnSe 在反应 2h 后，使 LDH、ADH、MDH 和 GPDH 检测试剂发生明显的颜色变化，说明 SnSe 可以催化乳酸（LA）、醇、苹果酸（MA）和甘油 3-磷酸的氢转移。为了进一步验证这一效应，利用液相色谱-串联质谱（LC-MS/MS）对 LA 和 MA 的脱氢产物丙酮酸（PA）和草酰乙酸（OAA）进行了分析检测。结果显示 SnSe 催化的 LA 反应产物在 1.5 min 出现了一个显著的峰，该峰与 LA 脱氢产物，PA 标准品的 MS/MS 保留时间和碎片离子（*m/z* 86.9/32.0）一致（图 18-14）。同样，在 SnSe 介导的 MA 脱氢催化反应中也可以检测到脱氢产物 OAA，在 1.12 分钟的保留峰与 OAA 标准品的 MS/MS 谱图（*m/z* 130.9/87.0）相同。这些 LC-MS/MS 数据与比色分析中的观察结果一致，证明 SnSe 纳米片在生理条件下能够催化脱氢反应。

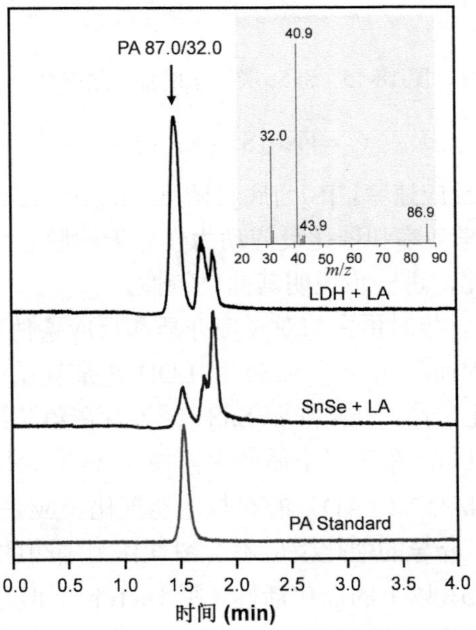

图 18-14　LC-MS 检测 SnSe 催化脱氢产物

除了能在生理条件下催化反应外，天然蛋白酶的另外两个重要特征，即特异性和高效性。SnSe 是否具有相似的特性值得进一步探索。酶的特异性是指一种特定的酶只能催化一种特定的反应或一种特定的化学键或一种官能团。为评估这一特性，系统比较了包含 25 种人工纳米材料的脱氢催化活性，包括过渡金属氧化物（Fe_2O_3、Fe_3O_4、SiO_2、ZnO、Al_2O_3、CuO、MnO_2、Mn_3O_4、TiO_2、SnO_2），稀土氧化物（Gd_2O_3、Y_2O_3、CeO_2、La_2O_3），二维材料（石墨烯氧化物、SnSe、BN、MoS_2、$MoSe_2$、WS_2、WSe_2），碳纳米管，碳纳米纤维（CNF）和贵金属（Ag、Au）。6 种天然脱氢酶作为阳性对照。结果表明在 25 种不同组成和形貌的纳米材料中，SnSe 纳米片是唯一具有脱氢酶活性的材料（图 18-15）。SnSe 的类酶活性，即单位时间内转化底物的摩尔数，被用于评估其催化效率，并与天然酶进行了比较。在生理条件下，蛋白质浓度在 200 μg/mL 时天然酶通常具有 10～500 mU/mL 的酶活性，200 μg/mL 的 SnSe 纳米片能够模拟 108.50 mU/mL 的 LDH，175.10 mU/mL 的 ADH，91.35 mU/mL 的 MDH 和 30.91 mU/mL 的 GPDH 酶活性。这些结果表明，SnSe 可以特异性催化含有 1-(*R*)-2-(*R*′)-乙醇基团的化合物中的氢原子脱氢。为了进一步考察 SnSe 介导的脱氢反应动力学，检测了不同底物浓度下的催化反应速率，以获得反应动力学曲线，并与 LDH 进行了比较。结果显示，SnSe 的反应动力学可用米氏方程进行拟合：

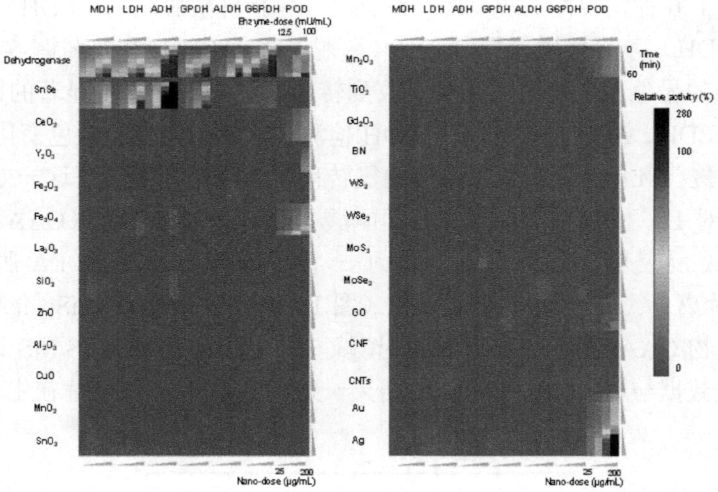

图 18-15　SnSe 类脱氢酶催化选择性

$$v_0 = V\text{max}[\text{S}]/(K\text{m}+[\text{S}])$$

其中，v 为反应速率，$V_{\max}$ 为最大反应速率，[S]为底物浓度，K_{m} 为米氏常数（图 18-16a）。这些数据表明，SnSe 作为一种脱氢纳米酶，其酶学效率和催化反应动力学与天然脱氢酶相当。此外，SnSe 的形态和元素组成在催化反应前后没有明显变化，进一步说明其催化特性。

由于 SnSe 纳米片是无机材料，相对蛋白酶对反应介质和反应条件可能具有更强的耐受性，在生命体系中可能具有持久的催化活性。因而，比较了 SnSe 和 LDH 在重复循环使用、辅酶参与和不同反应条件下（pH、温度和有机溶剂）的催化活性。结果显示 SnSe 纳米片在第二次和第四次循环使用中分别保持了 84.6%和 64.7%的催化活性，但是 LDH 在第二个循环中已损失 86.2%的活性，在第三个循环中几乎完全失活。天然脱氢酶通常需要辅酶（NAD^+或 FAD）的参与才能催化反应底物，而 SnSe 纳米片显示出不依赖于 NAD^+的催化活性，这表明 SnSe 介导的催化反应不会消耗作为辅酶的 NAD^+。此外，LDH 仅在 4～37℃，pH 7 和 0～60%有机溶剂中维持 75%以上的催化活性（图 18-16b）。但是，SnSe 可在更广泛的反应条件下维持 75%以上的脱氢催化活性，如温度高达 60 ℃，pH 2～11 和 100%含量的有机溶剂。

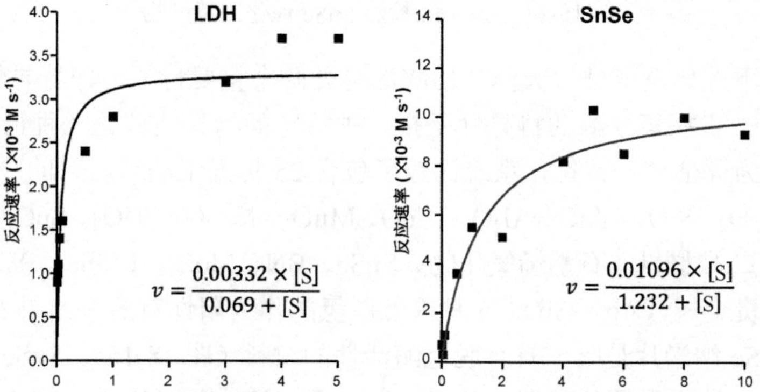

(a)

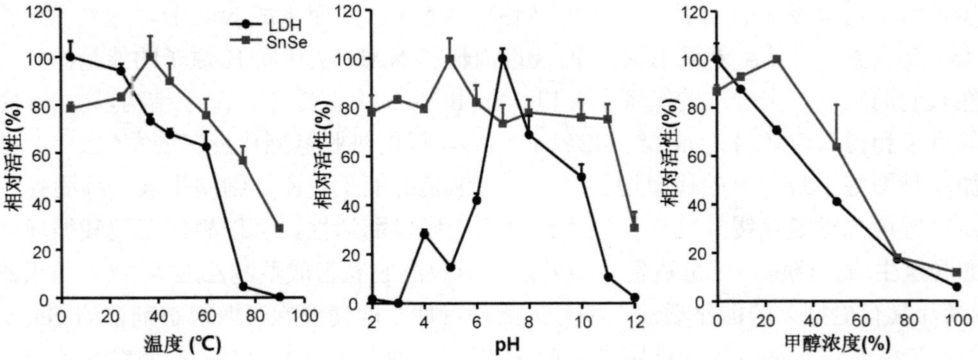

(b)

图 18-16　SnSe 与 LDH 催化性能比较

（a）SnSe 与 LDH 的反应动力学曲线；（b）不同反应条件下 SnSe 与 LDH 催化活性比较

为了确定影响脱氢纳米酶活性的关键元素，比较了纳米 CdSe 和 SnS 与 SnSe 的催化活性。结果表明，CdSe 和 SnS 不能催化 LA 的脱氢反应，说明脱氢催化效应需要 Sn 和 Se 元素的结合。为了考察 SnSe 形貌对催化活性的影响，比较了 SnSe 微球（10 nm）和不同层数的纳米片（1.5 nm、30 nm、80 nm、185 nm）的催化活性。结果表明单原子层（1.5 nm）和球形 SnSe 粒子分别具有最高和最低的催化活性，且 SnSe 纳米片的催化活性随着层数的增加而显著减弱。此外，SnSe 纳米片的表面化学性质对其催化活性也有显著影响，表面带负电荷的小尺寸 SnSe 纳米片具有最高的催化活性。这些结果表明，脱氢反应可能发生在 SnSe 原子层与液相界面处。为了深入了解 SnSe 类脱氢酶活性的机制，计算了在 SnSe 存在下 LA 转化为 PA 的反应能量分布，反应过程如式 18-1：

$$\mathrm{LA} + \mathrm{NAD}^+ \rightarrow \mathrm{PA} + \mathrm{NADH} + \mathrm{H}^+ \qquad (18\text{-}1)$$

考虑到 SnSe 纳米片可能包含 Sn 和 Se 原子空位，因而构建了 3 种包含 36 个原子的 SnSe 纳米片模型，包括无空位、Sn 空位和 Se 空位结构，分别表示为 SnSe-I、II 和 III，并计算了这些纳米片使 LA 脱氢所需的能量。结果显示，具有 Sn 原子空位的 SnSe 纳米片催化 LA 脱氢所需要的能垒最低，约 4.4 kcal/mol，应该是催化反应的最佳结构。这一结果与另一实验数据相吻合，即 Se^{2-}离子处理可以钝化 Sn 空位，从而抑制 SnSe 的脱氢催化活性。其催化脱氢机制可能包括四步（图 18-17）。首先，LA 分子吸附在 SnSe 表面，产生物理吸附结构。其次，极性羟基的 H 原子从 LA 吸附物转移到表面的 Se 原子；同时，羟基的 O 原子与 Sn 空位成键，形成中间结构。第三步，LA 的 α-H 转移到另一个 Se 原子上，LA 以 PA 的形式脱离表

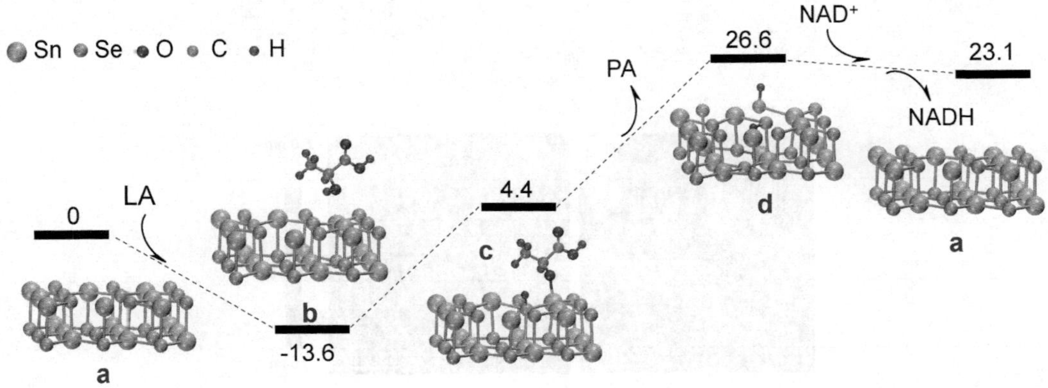

图 18-17　SnSe 模拟乳酸脱氢酶反应过程

面。最后一步是两个化学吸附的 H 原子从表面转移到 NAD^+，从而生成 NADH。理论上，决定脱氢酶催化效率的两个关键因素是从 LA 剥离 H 原子的能量消耗和 NAD^+从获取 H 原子的能量消耗。因此，优异的脱氢酶活性只能局限于一个合适的氢亲和窗口。Sn 和 Se 的元素配位、二维结构以及 Sn 空位可能有助于构建理想的氢亲和窗口值（EH，ads 约–42 kcal/mol），以促进脱氢催化反应的发生。

三羧酸循环是细胞中最重要的代谢途径之一，与细胞的能量代谢、细胞生长、细胞死亡等过程密切相关。上述研究发现二维硒化锡（SnSe）纳米片具有类脱氢酶活性，可以模拟三羧酸循环中关键的脱氢酶，催化乳酸脱氢生成丙酮酸、乙醇脱氢生成乙醛、苹果酸脱氢生成草酰乙酸等[152]。与天然的脱氢酶不同，SnSe 纳米片具有更持久的催化活性、不易失活等特性。即使细胞摄取很小剂量的 SnSe 纳米片也会严重干扰细胞三羧酸代谢过程，致使细胞内 NADH 累积，触发还原性应激，导致细胞死亡，但是具体的死亡机制尚是一未解谜题。此外，通过计算纳米材料的氢吸附能及脱氢过程中的反应能垒，发现二维纳米材料表面的原子空穴与其催化活性具有很强的相关性。该研究发现表明细胞内代谢速率提升、能量累积也会触发细胞死亡。同时，从工业生产角度而言，纳米脱氢酶的发现降低了脱氢酶工业应用的产成本，也为未来非生物介质模拟三羧酸代谢循环提供了可能性。

18.4.3　M-C-N 石墨烯纳米片具有类 NADPH 氧化酶活性，诱发细胞免疫响应

还原型烟酰胺腺嘌呤二核苷酸磷酸氧化酶（NADPH oxidase，NOX）是一种主要在免疫细胞中表达、具有 6 个亚基的跨膜复合酶。该复合酶的胞内亚基可以将 NADPH 转化为 $NADP^+$，通过跨膜区域将电子转移至胞膜 gp91phox 亚基，利用其血红素活性位点，将 O_2 分子转化为超氧自由基。NOX 在机体免疫中至关重要，多种外源性刺激物均可通过 NOX 酶诱发免疫响应。根据 NOX 活性位点和电子传递的结构特征，我们猜测 Fe-N 掺杂的二维石墨烯材料（Fe-N doped graphene，FeNGR）具有 NOX 酶类似的 Heme 活性位点，可能具有 NOX 酶的催化活性（图 18-18a）。在 1050 ℃下，将醋酸铁、ZIF-8 和 1，10-邻二氮杂菲充分混合，热解即可合成 FeNGR。利用原子力显微镜（AFM）、拉曼光谱、^{57}Fe-穆斯堡尔谱和扩展 X 射线吸收精细结构谱（EXAFS）对纳米材料进行了表征。AFM 图像显示，FeNGR 具有不规则的平面结构，直径为 300～400 nm，厚度为 1.2～1.5 nm 的单原子片层结构，与石墨烯（GR）结构相似（图 18-18b）。

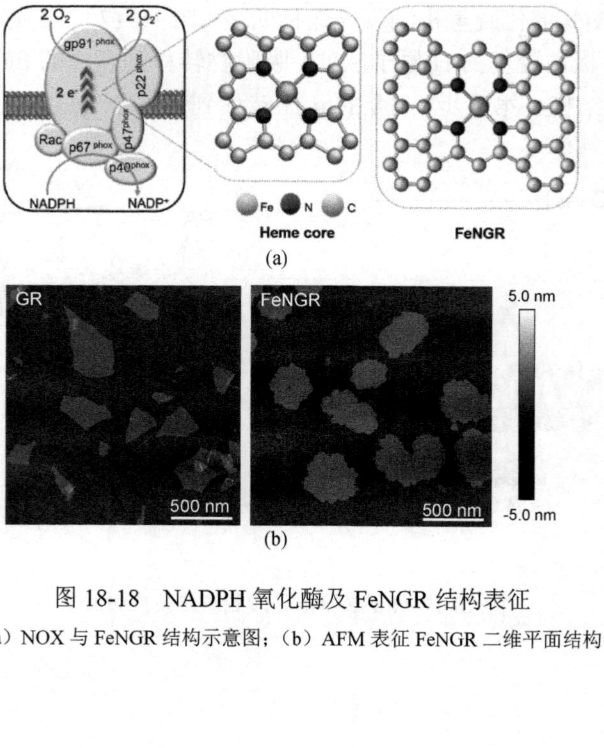

图 18-18　NADPH 氧化酶及 FeNGR 结构表征

（a）NOX 与 FeNGR 结构示意图；（b）AFM 表征 FeNGR 二维平面结构

拉曼光谱在 1328 和 1600 cm^{-1} 处分别检测到 GR 晶格的典型 D 和 G 吸收峰。利用 EXAFS 和 ^{57}Fe-穆斯堡尔谱鉴定了铁在 FeNGR 中的结构和局部配位环境。其 ^{57}Fe-穆斯堡尔 K 边傅里叶变换谱在 1.5 Å 处有一个主峰，在 2～3 Å 处有一个次峰。前者是由金属中心第一配位壳层的轻原子（O、N、C）反向散射引起的，后者与金属中心第二配位球层的轻原子反向散射有关。4 个平面内 N 原子与 1 或 2 个 O 原子作为轴向配体时，FeNGR 的 FT-EXAFS 谱拟合最好，Fe 的总配位数（CN）为 5 或 6。Fe-O 和 Fe-N 的平均键长分别为 2.01 和 1.99 Å。Fe 2p X 射线光电子能谱（XPS）在 FeNGR 中识别出了 Fe^{2+}和 Fe^{3+}的存在，而 N 1s XPS 信号在～399.5 eV 处也检测到了 M-Nx 的氮。综上所述，EXAFS、穆斯堡尔谱和 XPS 结果证明铁在 FeNGR 中的局部结构为平面 Fe-N4（可能在轴向上有一或两个 O），与血红素核心催化结构非常类似。

鉴于 NOX 酶能够催化 NADPH 转化为 $NADP^+$并产生超氧化物，通过检测磷酸盐缓冲溶液（PBS）中的 $NADP^+$和自由基生成可以评估 FeNGR 的酶活性。NADPH 与 FeNGR 或原始 GR 在空气中供给 O_2 孵育 2 小时后，收集反应混合物的上清液，检测其 UV-*vis* 光谱，并将其与 NADPH 和 $NADP^+$两种标品的测定结果进行比较。结果显示在 340 nm 处吸收峰显著降低，与 NADPH 浓度成正比，表明 FeNGR 可以催化 NADPH 的转化。高效液相色谱（HPLC）进一步分析了 FeNGR 催化的反应混合物，结果没有检测到 NADPH 的信号，但明显有 $NADP^+$峰出现（图 18-19）。然后我们利用 NADP+峰面积估算 FeNGR 催化 NADPH 转化的效率。NADPH 转化率可达 92.5%。同时，利用酶活单位（U）评估了 FeNGR 溶液（100 μg/mL）在 30 分钟反应中的催化活性。结果表明，FeNGR 的类酶活性达到了 490 mU。2′, 7′-二氯二氢荧光素（H2DCF）检测了 FeNGR 催化 NADPH 脱氢过程中产生的超氧化物。结果显示，与 GR 催化的荧光信号相比，由 FeNGR 催化 NADPH 氧化产生的 DCF 荧光增加了 5 倍。电子顺磁共振（EPR）分析表明 DMPO-HO_2·的形成，这是由 FeNGR 催化 NADPH 氧化过程中捕获剂 DMPO 和超氧化物形成的一种加合物（图 18-19）。同时，FeNGF 相比蛋白过氧化物酶对反应介质和条件更耐受。过氧化物酶仅在 4～60 ℃、pH 3～11、0～80%含量的有机溶剂中才能维持 80%以上的活性，而 FeNGR 在 90 ℃、pH 1～12、甲醇浓度为 0～100%的条件下，催化活性仍高达 85%。

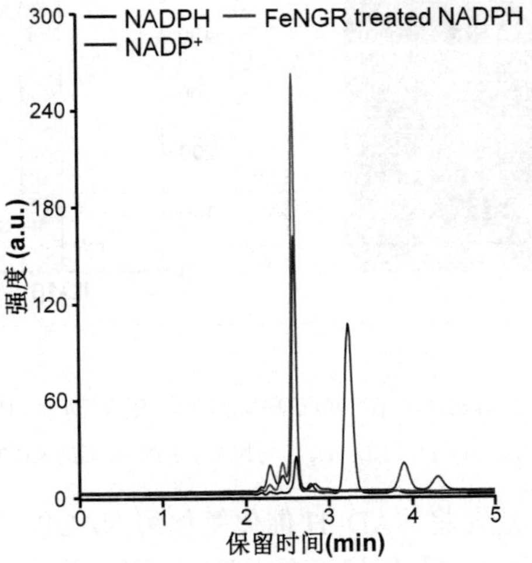

图 18-19　液相色谱检测 FeNGR 催化 NADPH 脱氢产物

NOX 是一种跨膜酶，作为一种上游信号蛋白复合物，为后续的免疫反应产生超氧化物。为了验证 FeNGR 被细胞摄入后是否可以模拟 NOX 在 THP-1 细胞中的生物学功能，首先考察了 FeNGR 在 THP-1、A549 和 NIH-3T3 三种细胞系中的生物相容性。ATP 检测结果显示，FeNGR 在较广的剂量范围（0～100 μg/mL）内对细胞活性没有影响。利用透射电子显微镜（TEM）和共聚焦激光扫描显微镜（CLSM）观察了 FeNGR 的细胞分布。结果显示，在 THP-1 细胞的细胞膜上可以看到电子密度增强的 FeNGR 团聚体，能量色散 X 射线（EDX）分析证实了铁元素在这些团块中的存在。为了进一步探索 FeNGR 与细胞膜之间相互作用，用异硫氰酸荧光素（FITC）标记 FeNGR，用 Alexa Fluor 594 偶联的麦胚凝集素（WGA）标记细胞膜进行了共聚焦显微镜观测。结果显示，FITC 标记的 FeNGR 和 WGA 标记的细胞膜重合在一起。这些结果表明，FeNGR 的细胞分布与 NOX 相似。接下来，在细胞层面考察了 FeNGR 产生超氧化物自由基的能力，这是 NOX 在免疫反应中的关键功能。将 FeNGR 掺入 THP-1 细胞膜并标记为 THP-1+FeNGR，二氢乙啶（DHE）染色显示由 FeNGR 催化产生的超氧化物。结果表明，与未处理的 THP-1 细胞相比，THP-1+FeNGR 细胞中可检测到大量与超氧化物相关的信号，显示强烈的红色荧光（图 18-20a）。通过敲低（KD）细胞 NOX 酶 gp91phox 亚基的表达，减少超氧化物的产生，进一步证明了 FeNGR 与超氧化物自由基产生之间的强相关性。流式细胞分析结果显示，THP-1 细胞中加入 FeNGR 可以使超氧化物的生成增加 47%，而 gp91phox-KD 细胞中加入 FeNGR 则使这一比例从 30%增加到 113%。产生的超氧自由基可进一步激活 THP-1 细胞的免疫信号通路，释放 TNF-α、IL-1β、IL-6 等免疫细胞因子。检测结果显示，暴露于 Alum 的 gp91phox-KD 细胞中没有细胞因子的生成，而在 KD 细胞中加入 FeNGR 则诱发了 TNF-α、IL-1β 和 IL-6 的产生。这一结果表明，NOX 缺乏确实导致 THP-1 细胞对刺激的适应性免疫应答失效。然而，在 gp91phox-KD 细胞中加入 FeNGR 能够恢复其免疫活性，并在 Alum 暴露后诱发较高水平的细胞因子（图 18-20b）。此外，NOX 抑制剂 VAS2870 进一步验证了上述结果。VAS2870 可显著降低 Alum 刺激 THP-1 细胞中 IL-1β 的产生，而对 THP-1+FeNGR 细胞的作用有限，这说明 FeNGR 的酶活性不受已知 NOX 抑制剂的影响。

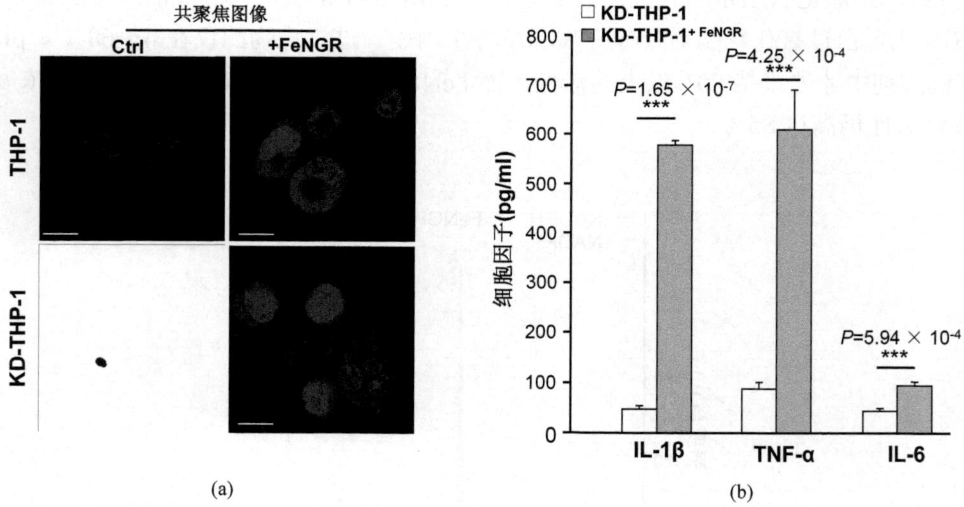

图 18-20　FeNGR 在 NOX 缺陷细胞中的生物学功能评估

（a）细胞内超氧化物的共聚焦成像检测；（b）KD-THP-1 与加入了 FeNGR 后的 KD-THP-1 中细胞因子的释放量比较

综上，研究发现 Fe-NGR 确实能够将 NADPH 催化氧化为 $NADP^+$[153]。FeNGR 可以替代细胞内 NOX 的生物学功能，在 NOX 缺陷的细胞中，催化超氧自由基的生成，激活下游免疫响应，释放促炎因子白介素 IL-1β、IL-6 及 TNF-α 等（图 18-21）[153]。该研究预示金属掺杂石墨烯纳米材料可能与环境介质中的免疫刺激原有极强的协同毒性效应。金属掺杂石墨烯是一种潜在的半导体材料，被释放到环境中，可能吸附环境介质中的微生物组分，如鞭毛蛋白，核酸分子等，被环境生物体摄取与免疫细胞发生相互作用，FeNGR 的类 NADPH 氧化酶特性可能指数级放大免疫毒性。

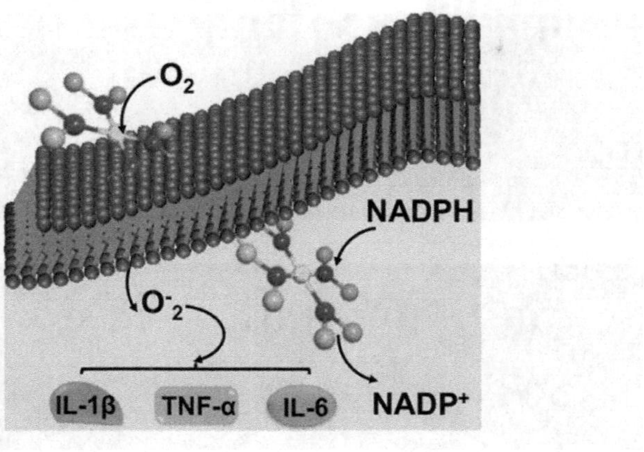

图 18-21　FeNGR 模拟 NOX 催化活性激活免疫响应示意图

18.4.4　纳米抗菌剂与细菌耐药性进化

细菌耐药性已成为世界范围内的重大公共卫生安全问题。世界卫生组织的全球报告表明全球每年死于耐药菌的人数约为 70 万人，预计到 2050 年细菌耐药性将导致约 3 亿人过早死亡。诱导细菌耐药性进化的主要原因是抗生素在医药、农业、水产养殖、畜牧业等领域的滥用及环境释放。但非抗生素抗菌剂（如消毒剂、日用抗菌剂等）对细菌耐药性进化的影响也越来越引起人们重视。这类抗菌剂使用量巨大，细菌暴露频繁；目前没有采取有效管控措施；是环境与健康的重大隐患。特别是它们具有环境暴露时间长、剂量低，细菌进化隐蔽、缓慢、复杂，细菌形成耐药机制不清等特点、难点。

我们选择了应用最为广泛的纳米二氧化钛（nTiO_2），石墨烯（GO），AgNPs 作为研究对象，模拟环境暴露特点设计了研究体系，对细菌进行了长达 400 多天的低剂量暴露和多重评估。研究结果阐明了代表性纳米颗粒诱导细菌耐药性、致病性形成机制，甄别了诱导细菌进化的原因。

nTiO_2表面产生的微量羟基自由基（·OH）诱导细菌耐药性、致病性进化。nTiO_2抑菌特性是其光照产生活性氧（ROS），在黑暗条件下它们几乎无毒性效应甚至可作为食品添加剂，因此人体暴露以黑暗条件、低剂量、长期为特征，该条件下共生肠道细菌的进化研究几近空白。我们将 *E.coli* 暴露于5 mg/L nTiO_2（远小于嚼一片口香糖后体内浓度）400天后，观察到细菌形貌发生明显改变：细菌变长（即丝状化）、细胞壁增厚、生物膜增加（图18-22）。这些形貌特征是细菌应对环境胁迫的典型适应性形变：细菌丝状化不仅改变了形貌，还涉及复杂的网络调节以克服胞内的氧化应激并提高存活率。细菌细胞壁增厚有利于维持结构完整性，生物膜的形成是细菌应对不利环境产生耐受性的一种普遍形貌特征。同时，进化后的细菌鞭毛合成明显，运动性增强60%以上（图18-23）。

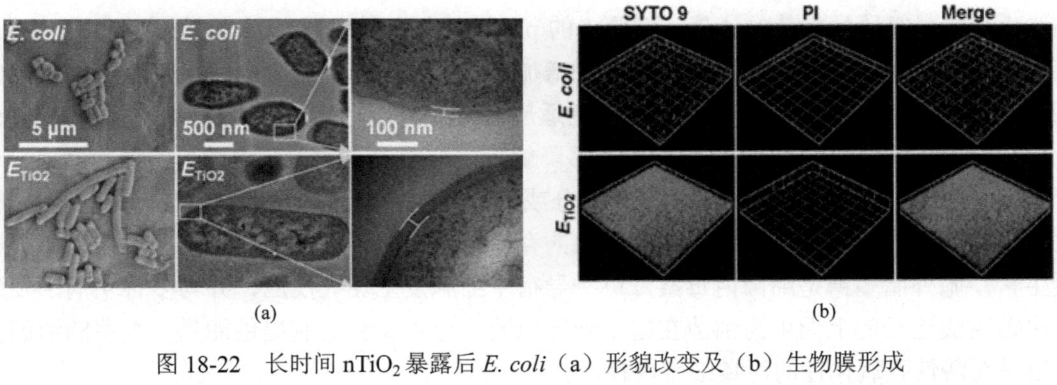

(a)　　(b)

图 18-22　长时间 nTiO_2 暴露后 *E. coli*（a）形貌改变及（b）生物膜形成

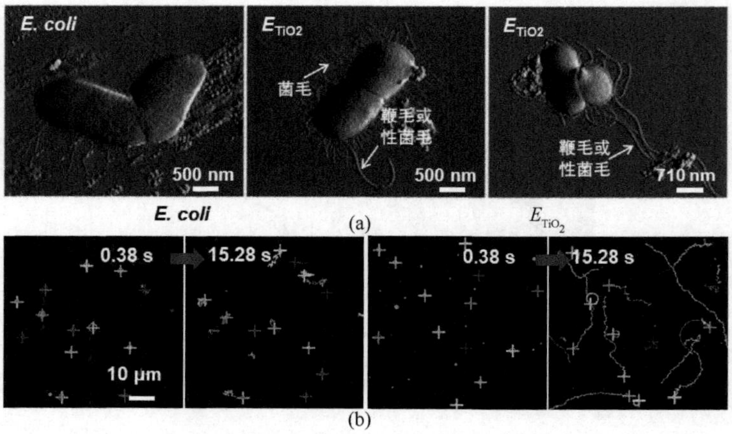

图 18-23　（a）AFM 图像显示 E_{TiO_2} 鞭毛长度增加；（b）细菌的运动性增加

形貌及性能的改变使得进化后的细菌耐药性及致病性都显著增加，对不同种类的抗生素都显示出高的耐药性：对青霉素、卡那霉素和环丙沙星的 MIC50 分别增加了 1.5、3.9 和 3.6 倍。致病性增加表现为：对人体巨噬细胞黏附能力增加 7 倍，在细胞里存活率增加 72 倍，小鼠感染死亡率增加 25%。细菌的丝状化可以促进细菌对细胞和小鼠肠道的黏附，并增加在其在小鼠肠道中的停留时间。较厚的细菌细胞壁可以提高其在细胞内的存活和对抗生素治疗的耐药性。生物膜形成可显著产生耐药性，增加细菌在宿主细胞内的存活，导致长期感染。细菌的运动性可以促进细菌对宿主细胞的黏附及定殖，鞭毛合成及相关的内毒素释放引起宿主细胞发生更严重炎症反应。

什么原因诱导细菌耐药进化呢？我们排除了大量的其他因素，发现黑暗条件下 $nTiO_2$ 表面缺陷产生的微量·OH 是诱导细菌耐药进化的主要因素，同时在不同来源、粒径、晶型结构（锐钛矿、金红石和 P25）的样品中均可检测出·OH，说明这是 $nTiO_2$ 普遍的结构特征。目前大多数研究关注亚致死剂量下抗生素选择性进化共生细菌，导致细菌耐药性、致病性增加。我们的结果表明，由于纳米颗粒独特的结构活性，那些人们每天接触的、通常被认为是人体健康安全的纳米颗粒（如纳米抗菌剂）所诱导的细菌不利进化同样值得关注。

GO 黏附细胞膜激活 Cpx 包膜胁迫响应是诱导细菌耐药进化的主要机理。GO 具有多重杀菌机制，是另一类有广泛应用前景的纳米抗菌材料。当前研究多集中在它们如何高效杀菌，细菌如何针对 GO 适应性进化、并由此衍生耐药性却无人知晓。同样长期（400 天）、低剂量（5 mg/L）暴露后，*E. coli* 释放毒力因子胞外蛋白酶的量及种类都显著增加，从 3 种增加到 28 种，另一种毒力因子胞外脂多糖的释放也显著增加，同时生物膜合成增加（图 18-24）。这些特征都有利于有效减少 GO 对细菌包膜的黏附。同时，细菌细胞膜的组成成分发生改变，饱和脂肪酸与不饱和脂肪酸的比率降低，导致膜流动性和渗透性均增加。这与细菌的代谢发生改变有关，进化后的细菌糖酵解和戊糖磷酸途径上调，三羧酸循环代谢下调，乳酸在细胞内积累量是原始细菌的 4 倍，细胞内的 pH 从 7 左右下降到 5～6 的范围。

细菌生理生化状态的改变导致其致病性显著增加：黏附到巨噬细胞表面和侵入巨噬细胞内的进化后细菌分别比原始细菌增加了 2.7 和 5.2 倍。细菌的适应性生理特征能够很好地解释其对人体细胞侵染能力增加的原因。细菌分泌的 Clp 和 Lon 蛋白酶能够降解宿主细胞内对细菌产生胁迫的细胞因子，增加胞内细菌的存活。DegP 蛋白酶可降解宿主细胞基质成分或干扰宿主细胞的信号传导促进细菌的传播感染。FtsH 介导的内膜蛋白水解作用促进细菌在巨噬细胞内的存活。生物膜可增加细菌黏附、侵袭和胞内存活，并且耐受抗生素。胞外脂多糖是细菌内毒素，可诱导宿主细胞发生炎症反应，并与多种疾病的发病有关。糖酵解和戊糖磷酸途径的上调可为细菌在宿主细胞内的快速生长和复制提供能量。细菌的耐酸及耐氧化性使得其更易在酸性强氧化性的巨噬细胞内存活。

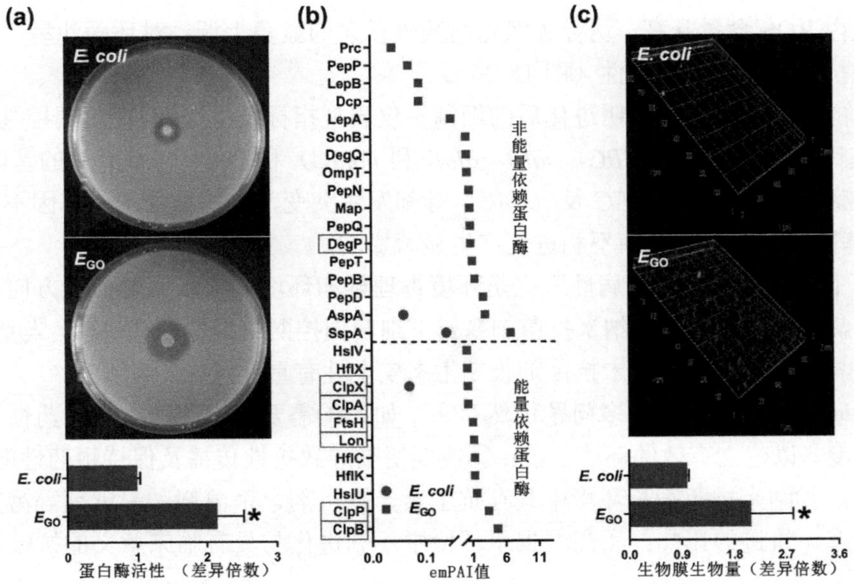

图 18-24　（a，b）长期 GO 暴露后 *E. coli* 释放胞外蛋白酶的数量及种类均增加；（c）生物膜形成增加

GO 抑菌的机理多重，那诱导细菌耐药进化的因素是什么？我们发现石墨烯的片状结构易与细菌细胞膜黏附，细菌通过双组分信号传递系统感应到黏附后，启动 Cpx 包膜胁迫响应及后续多效调控，如蛋白酶、胞外脂多糖和生物膜合成，改变细胞膜结构等（图 18-25）。Cpx 双组分系统调控是细菌应对外界胁迫恢复细菌内膜稳态的有效策略。值得强调的是，Cpx 还共调控细菌耐药性通路，所以氧化石墨烯也诱导了细菌形成耐药。尤其值得注意的是尽管关于 GO 长期暴露下细菌适应性进化的研究非常少，且不同研究中采用了不同种类革兰氏阴性菌和不同性质、暴露浓度的 GO，暴露时间也不尽相同，但几乎都观察到了细菌蛋白酶释放和生物膜形成增加，说明了细菌细胞被膜应激系统可能是细菌适应 GO 暴露的一种普遍存在的响应机制。

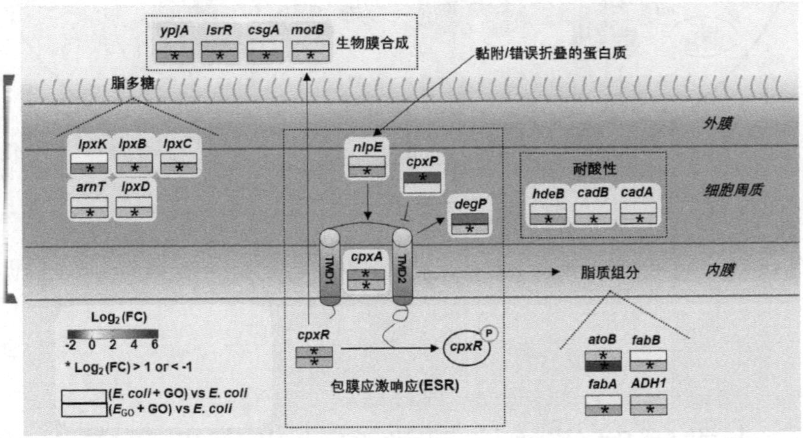

图 18-25　GO 暴露激活 Cpx 相关的包膜应激响应

AgNPs 诱导胞内氧化胁迫、多重耐药外排泵上调导致细菌耐药进化。AgNPs 是应用最为广泛的纳米抗菌剂，AgNPs 的长期低剂量暴露如何导致细菌耐药性、致病性进化？暴露于 0.02 mg/L 的 AgNPs 200 天后，*E. coli* 通过上调铜离子外排泵对 AgNPs、Ag^+及铜离子的 MIC50 均增加了 2.4、1.7 及 2.0 倍。细菌的主要代谢（即氮代谢、三羧酸循环和碳代谢）和能量产生（即氧化磷酸化）过程均显著上调，由于

呼吸链被干扰细胞内 ROS 含量升高，诱导了多重耐药外排泵的显著上调，对环丙沙星、卡那霉素、庆大霉素等不同种类的抗生素都产生耐受性（图 18-26）。

尤其值得注意的是基因组分析表明进化后的细菌不仅表型指标发生改变，在总调控基因（*purL*，*ropS*）、SOS 诱变有关的基因（即 *lexA*，*recABC*，*polB*，*dinB* 和 *umuC*）和 DNA 修复有关的基因（即 *mutSYMT* 和 *uvrAB*）、氧化应激基因（*oxyR katEG* 及 *sodAC*）等都发生突变，表明细菌呈现基因不稳定特征，特别是 *rpoS* 等总调控基因的突变将对细菌不利进化产生显著影响。

环境胁迫暴露下细菌耐药性、致病性进化是环境毒理学和环境化学研究的前沿方向，是关系到人类健康的重大问题。解析长期、低剂量纳米抗菌剂暴露下细菌调控网络的适应性进化，与耐受性、耐药性、致病性进化的共通与差异，对评估纳米抗菌剂长期生态安全性有重要意义。

目前这方面的研究刚刚起步，许多问题仍然存在，如：①需要确定驱动细菌耐药性进化的最低纳米抗菌剂环境暴露浓度，以建立有效的环境监控；②需要明晰导致抗性传播及保持耐药性的最低环境浓度，以达到有效的去除；③纳米抗菌剂与环境中共存抗生素、杀虫剂、杀菌剂、消毒剂等污染物共同作用对细菌耐药性进化效率、轨迹的影响；④需要揭示环境中不利进化与具有临床意义的抗性及致病性之间的联系。

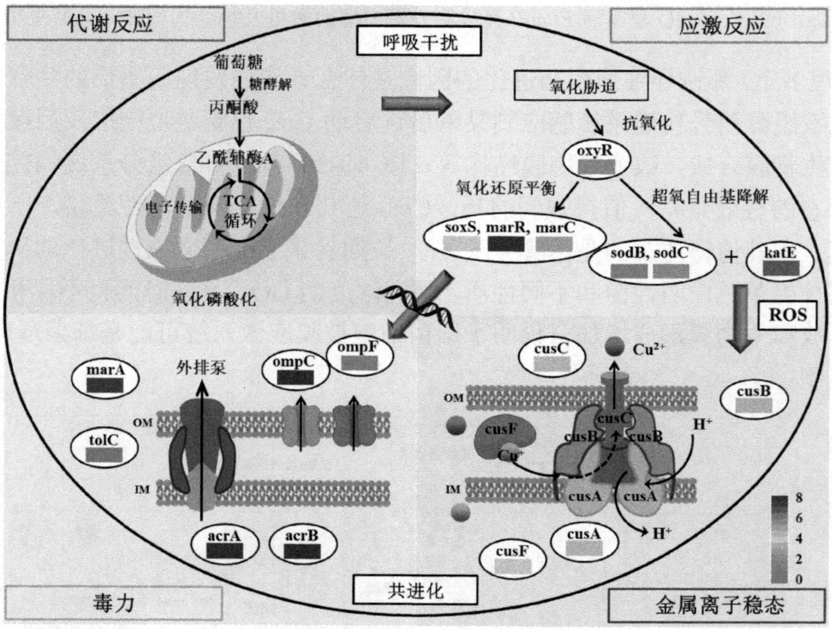

图 18-26　AgNPs 的长期低剂量暴露对 *E. coli* 生理变化影响及耐药性改变的机理

18.5　大数据时代的信息学在纳米毒理研究中的应用

18.5.1　前言

纳米材料独特的理化性质使其在诸多领域都得到了广泛应用，截至 2021 年 8 月，已上市纳米产品多达 5189 件（数据源自 https://nanodb.dk/en/）。如此多的纳米产品，引发了人们对其生物安全性的高度关注。

早在 2003 年，*Nature* 杂志就发文呼吁人们关注纳米材料对环境和人类健康的潜在影响[154]，自此，纳米毒理研究在全球蓬勃开展。截至 2021 年 8 月，发表纳米毒理相关文献已超 10 万篇（数据源自 web of science），海量实验数据也随之发表，因此，纳米毒理研究已然进入大数据时代。全球知名咨询公司麦肯锡，如是描述大数据带来的影响："数据，已经渗透到当今每一个行业和业务职能领域，成为重要的生产因素。人们对于海量数据的挖掘和运用，预示着新一波生产率增长和消费者盈余浪潮的到来[155]。"因此，如何从海量的纳米毒性大数据中挖掘有用信息，已成为纳米毒理研究新的发展方向和研究热点[156,157]。

大数据时代的纳米科学研究催生了一个新的研究领域—纳米信息学[158,159]，与化学信息学类似，纳米信息学旨在将数据（data）转换为信息（information），将信息转化为知识（knowledge），并将其特定应用于纳米科学研究。近些年，以机器学习和深度学习为代表的人工智能的快速发展，为纳米信息学注入了新的活力[160,161]。通过运用人工智能与信息科学领域的先进方法和工具，纳米信息学可以实现纳米毒理大数据的提取、转换与共享，揭示数据的实质与内在联系，促进纳米毒理研究的知识创新[162]。与其他新兴学科一样，纳米信息学也面临诸多挑战，例如数据库构建、纳米描述符开发等[163]。2018 年，欧洲和美国诸多研究人员共同编写了名为 *EU US Roadmap Nanoinformatics 2030* 一书[164]，详细介绍了纳米信息学目前所面临的挑战以及未来的发展方向。在本节内容，我们将对大数据和人工智能的一些基本概念以及纳米生物效应数据库构建现状做相关介绍，并讨论如何更好地利用数据库和人工智能方法促进纳米毒性大数据到关键信息的转换。基于此，我们希望未来纳米毒理研究也能如其他领域一样，享受大数据带来的红利，使其更好地服务于纳米安全评估和下一代纳米材料设计。

18.5.2　大数据和人工智能简介及其应用

随着计算机和互联网技术的发展和普及，人类产生和创造的数据量呈爆炸式增长。目前，大数据已在物理学、生物学、环境生态学等领域以及军事、金融、通讯、互联网、信息等行业得到越来越广泛的应用。例如在公共卫生领域，互联网巨头谷歌公司的工程师们通过分析 5000 万条美国人最频繁检索的词条和美国疾控中心在 2003～2008 年间季节性流感传播时期的数据，在 2009 年甲型 H1N1 流感爆发数周之前就预测了冬季流感的传播，预测结果与甲型 H1N1 流感爆发一两周后的美国疾控中心的官方数据的相关性高达 97%[165]。通过对大数据的全面感知、收集、整理、分析和共享，将为人类提供一种全新看待和改造世界的方法。如何通过对大数据的挖掘与分析，实现从数据（data）到有效信息（information）的转变，并最终转化为知识（knowledge），已成为各个领域重要的研究前沿和热点。人工智能的快速发展，尤其是深度学习的出现，则为大数据挖掘和应用提供了有效的工具和手段。如图 18-27 所示，以大数据和人工智能等为主导的技术革新正引领第四次工业革命[166]。

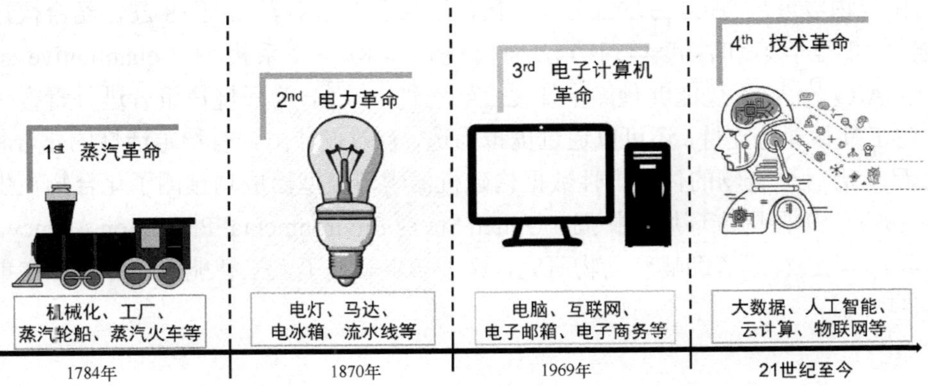

图 18-27　四次工业革命：蒸汽革命、电力革命、电子计算机革命、技术革命

在药物开发、新材料设计、医疗诊断等领域，以大数据驱动的人工智能方法都表现出了强大的实力，并取得了诸多令人瞩目的研究成果。2019 年 9 月 2 日，香港-英科智能公司利用生成强化学习构建了一种人工智能系统，该系统利用 ZINC 数据库（https://zinc.docking.org/）以及 ChEMBL 数据库（https://www.ebi.ac.uk/chembl/）中的化合物大数据进行训练，仅在 21 天内就设计出六种全新 DDR1 抑制剂，其中四种通过生化检测证实具有活性，两种通过细胞测定证实具有活性，实验人员在小鼠模型中测试了其中一种先导化合物，证明其具备良好的药物代谢动力学性质[167]。该研究表明人工智能可以显著缩短小分子设计耗时，极大提高药物研发效率。在最近的 2021 年 7 月 15 日，两大人工智能预测蛋白质结构算法 AlphaFold2 和 RoseTTAFold 同日开源，并分别登上 *Nature*[168]和 *Science*[169]。AlphaFold 和 RoseTTAFold 的出现破解了五十年之久的蛋白质分子折叠问题，同时证明了人工智能对于科学发现，尤其是基础科学研究的影响。

1）小分子毒性数据库

在过去的几十年里，基于组合化学和高通量筛选技术的发展，毒性数据的数量和规模迅速增长，证明了人工智能在毒理学研究中也大有可为。作为一种新的合成策略，组合化学为快速创造大量有机或无机化合物提供了强大的工具，这些化合物已被用作发现新药物和先进功能材料的宝贵来源。组合化学的进步也刺激了高通量筛选技术的发展。通过使用自动化设备，高通量筛选可在生物体、细胞或分子水平上快速测试数千到数百万种化合物的生物活性或毒性。最近几年，高通量筛选在毒理学研究中越来越受欢迎，因为它可以快速测试物质的毒性并大大降低实验测试的成本。高通量筛选在毒理学方面的一项重要工作是由美国国家毒理学计划（national toxicology program，NTP）、美国环保署国家计算毒理学中心（National Center for Computational Toxicology，NCCT）和美国国立卫生研究院（National Institutes of Health，NIH）化学基因组学中心（Chemical Genomics Center，NCGC）于 2008 年启动的名为 Tox21（the toxicology in the 21st century program）的大型合作项目。该计划的主要目的是采用一系列体外高通量筛选测试来快速评估化合物的毒性，并将有限的测试资源优先用于可能对人类健康和环境构成最大危害的化学品。截至 2018 年，Tox21 计划已为大约 8500 种化学品生成了超过 1.2 亿条数据条目。另一种毒性数据的主要来源是现有数据库和文献，专利、会议报告、政府机构等也共同构成了毒性数据的宝贵来源。然而，来自多个来源的数据集被称为非结构化数据，它们在化学名称、实验条件甚至毒性终点方面可能存在显著差异。因此，在构建机器学习或深度学习模型之前，确保数据质量是至关重要的。

根据数据库应用目的，目前存在的数据库大致可以分为两大类：①综合数据库（例如 PubChem 和 ChEMBL）；②基于特定目的的数据库（例如 LTBK 和 EcoTox）。大多数数据库由专门机构负责更新和定期维护，并且数据量也随着上述高通量筛选测试和数据收集而迅速增加。例如，从 2008～2021 年 8 月，PubChem 中的化合物数量从 2560 万增加到 1.1 亿，增加了四倍多。如图 18-28，结合快速增长的毒性数据，并利用各种机器学习和深度学习方法来构建定量构效关系模型（quantitative structure-activity relationships，QSAR）[170]，不仅能够预测未知化合物毒性[171,172]，为环境决策者进行毒害污染物的生态风险管控提供预测工具和理论支持，还可以通过虚拟筛选，有效设计出具有特定活性的化合物[173,174]。例如，Huang 等利用近 1 万种化合物的体外毒性数据构建机器学习模型，成功预测了化合物在生物体内所产生的毒性[175]。2019 年，美国国家环境保护局（United States Environmental Protection Agency，U.S. EPA）宣布将在 2035 年前停止进行或资助哺乳动物研究，这进一步彰显了人工智能等计算方法在毒理学研究中的重要性和必要性[176]。

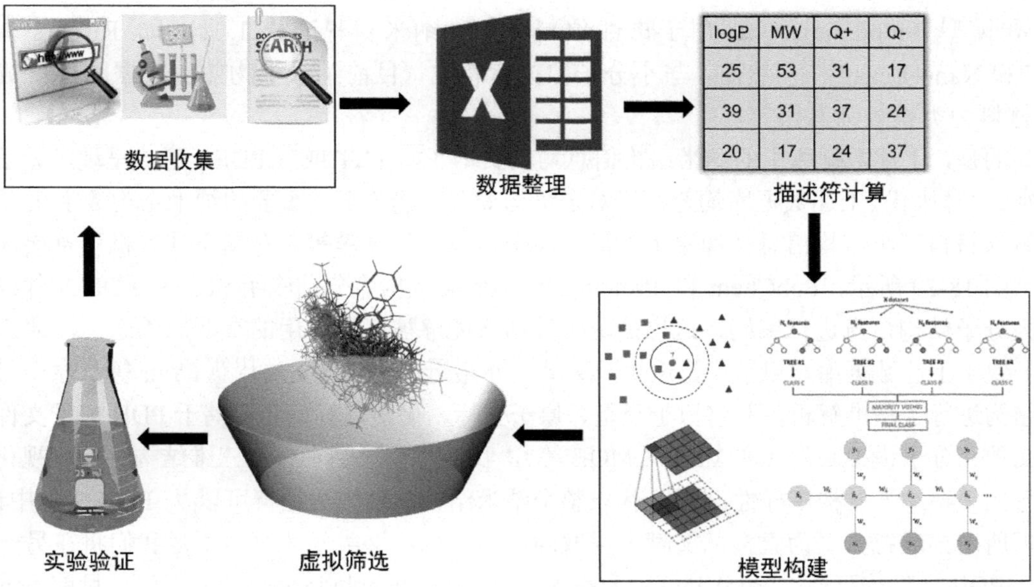

图 18-28　QSAR 基本流程

一个完整的定量构效关系建模，主要包含以下几个步骤：①从现有数据库、实验室数据、文献等来源收集所需数据；②对不同来源的数据进行处理，包括实验条件校对、单位统一、化合物结构检查等；③计算化合物描述符，如亲疏水性、分子量、电荷等；④利用机器学习方法，如 *k* 近邻、随机森林、卷积神经网络、循环神经网络等构建模型；⑤构建虚拟化合物库，并利用机器学习模型筛选所需性质化合物；⑥实验验证

2）纳米生物效应数据库

相比于小分子，纳米结构的复杂性导致了纳米毒性预测进展相对缓慢。总体来看，人工智能应用于纳米毒理研究，所面临的两个主要挑战为：①可用数据库数量和规模都很小；②缺乏可表征纳米材料整体结构的纳米描述符[157,170]。在本章节，我们将主要讨论纳米生物效应数据库现状及其在纳米毒理研究中的应用，关于纳米描述符我们将在另一章节详细论述。在前文我们讲到，目前的人工智能是由大数据驱动的，然而大多数纳米毒理研究的局限性在于所使用的建模数据集规模较小，通常小于 50 种纳米材料。例如，Puzyn 等在 *Nature Nanotechnology* 发文利用多元线性回归方法和量子化学描述符构建机器学习模型，预测 17 种金属氧化物纳米颗粒所引起的大肠杆菌毒性[177]。事实上，目前广泛用于机器学习的数据集只有几十个，大量的研究使用了由少数实验室生成的相同数据集。因此，如何弥补纳米毒性大数据和可用数据集之间的差距，是目前人工智能应用于纳米毒理研究所面临且亟需解决的首要问题。

早在 2006 年，美国国家癌症研究所（National Cancer Institute，NCI）发起了一个名为 caNanoLab 的数据库[178]，该数据库旨在通过收集和分析纳米生物效应数据来满足纳米技术在癌症诊断和治疗方面的需求。caNanoLab 包括约 1378 种纳米材料物理化学特征（如尺寸、溶解度等）、体外毒性（如细胞毒性、免疫毒性等）以及体内毒性（如血液清除率、LC_{50} 等）在内的诸多纳米毒性相关数据。但是，由于含有某些专有数据，caNanoLab 数据库并未完全公开。最近，作为解决纳米材料和纳米技术安全问题的欧盟资助项目论坛，欧盟纳米安全中心（EU NanoSafety Cluster）提议构建大规模纳米材料数据库以实现透明的数据共享和数据分析，并创建计算纳米毒理学模型以支持纳米安全评估[162,179]。在该平台下，研究人员已经开发了多个纳米材料数据库，例如 eNanoMapper[180]和 NanoREG[181]。其中，eNanoMapper 是一个综合数据库，由欧盟第七框架计划（the 7th framework program for European research，EU FP7）主导构建[182]，旨在开发纳米毒性数据管理的计算框架。eNanoMapper 包含三个主要部分：①本体（ontology），即纳米安全研究中常用的词汇术语；②数据（data），包含纳米材料理化性质和生物效应等数据；③模型（modeling），即用于毒性预测的各种纳米材料建模工具，如 RRegrs[183]、Jaqpot Quattro[184]和 Nano-Lazar[185]。然而，与小分子数据库相比，目前纳米生物效应数据库不仅数量少，所包含纳米材料种类也极为有限。

更重要的是，上述数据库中的纳米结构信息均以文本（如 TXT 或者 PDF）形式呈现，无法被计算机读取和识别。具体来讲，上述数据库均忽略了对定量构效关系建模至关重要的纳米结构数字化（图 18-29），也就是将纳米材料三维结构信息（如原子类型、原子坐标、化学键等）存储于计算机可直接读取的电子文件中。如图 18-29 所示，PubChem 和 Protein Data Bank 数据库分别应用 SDF 和 PDB 文件格式对小分子和生物大分子结构信息进行编码，这也是两个数据库能够被广泛应用的重要原因之一。缺乏纳米结构数字化也导致了上述数据库难以被广泛应用，为此，在最近的一项研究中[186]，Yan 等从原子尺度对纳米材料三维结构进行了精准解析，并将原子类型、原子坐标、化学键等信息存储于 PDB 电子文件中。利用这些电子文件和分子模拟软件（如 VMD、MOE 等），我们可以对纳米材料三维结构进行可视化分析，从原子尺度直接了解纳米结构多样性。此外，代表整个纳米结构的纳米描述符可以从 PDB 文件中计算出来，而以前建模所用描述符大多为直接从文献中提取的实验信息，这类描述符的不足我们将在另一章节详细论述。所有 PDB 文件均可通过 PubVINAS 数据库（http://www.pubvinas.com/）下载，目前，该数据库包含了近千种纳米材料三维结构电子文件，以及相应的理化性质和生物活性等实验信息。更重要的是，数据库接受用户上传自己生成的 PDB 文件和相关纳米生物效应数据，以此可保持数据库的持续更新和不断扩大。

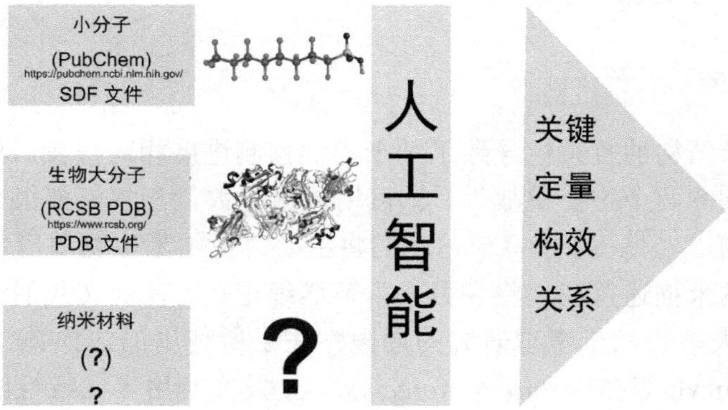

图 18-29　化合物（小分子、生物大分子、纳米材料）三维结构精准解析，即化合物结构数字化，是化合物定量构效关系模型构建的必要前提

目前被广泛使用的小分子数据库（如 PubChem）、生物大分子数据库（如 PDB）均包含小分子或生物大分子三维结构电子文件，如 SDF 文件和 PDB 文件，然而，对于纳米材料，尚缺少一个包含纳米材料三维结构电子文件的纳米生物效应数据库

作为首个包含纳米结构电子文件的纳米生物效应数据库，PubVINAs 为精准定量纳米构效关系构建奠定了基础。例如，Wang 等[187]利用数据库中 34 种不同表面配体修饰的金纳米颗粒三维结构和 k 近邻机器学习，构建定量构效关系模型，对氧化应激、细胞摄入等生物效应进行了准确预测，并利用所训练模型进一步筛选出了 7 种具有所需生物效应的纳米颗粒，其预测值和实验值基本吻合。此外，利用数据库中的纳米材料三维结构，Liu 等[188]探究了 $PM_{2.5}$ 中关键致毒组分的定量结构-毒性关系，通过分析所构建的机器学习模型，发现含 Pb^{2+}的结构特征是导致细胞炎症的重要影响因素。近年，端到端深度学习的出现，为定量构效关系模型的构建提供了一种新的研究思路，端到端深度学习可从输入数据中直接提取结构特征，而无需描述符计算。在先前的研究中，因纳米材料三维结构的缺失，端到端深度学习仅被应用于小分子定量构效关系模型构建，PubVINAs 则为端到端深度学习应用于纳米生物效应预测提供了数据支持。Yan 等人[189]利用 PubVINAs 数据库中的纳米材料三维结构图像和人脸

识别技术（即卷积神经网络），构建端到端深度学习模型，对纳米材料的多种理化性质和生物效应进行了成功预测。

3）纳米材料免疫反应的精准预测

纳米材料由于其优越的特性，在人们的社会生活中，得到了越来越广泛的应用。然而纳米材料的生物毒性是一个不可忽略的问题，这关乎人类健康与环境风险[190]。近年来，机器学习（machine learning）技术迅速发展，给纳米毒理学带来了新的研究思路。传统的动物实验往往昂贵且耗时耗力，而机器学习模型可以迅速、高通量、低成本地分析、预测纳米材料的毒性，例如，基于机器学习的定量构效关系（QSAR）模型能将纳米材料的化学、物理和几何特性与它们的生物学效应联系起来，是研究纳米材料毒性一个有价值的工具[191]。

Furxhi 等建立了一种预测纳米颗粒体外神经毒性的随机森林（random forest）分类模型。作者收集了 36 篇文章的 895 条数据，采用多种归一化方法对数据进行预处理，采用合成少数过采样 T 技术（SMOTE）对数据集进行重新采样，以消除有毒/无毒实例数目的不平衡，减小预测偏差。建立的随机森林模型通过基于混淆矩阵的评估指标进行评估，使用数据集以外的纳米颗粒毒性数据验证模型的可靠性。这是第一个用于体外系统中纳米颗粒引起的神经毒性预测的组织特异性机器学习工具[192]。随着工程纳米材料（ENPs）在各个领域的广泛使用，它们的健康风险也成为了焦点问题，对生物代谢途径的干扰反映了 ENPs 的生物效应，Peng 等结合机器学习模型和代谢组学，利用 ENPs 的 9 种特性，预测了 33 种 ENPs 诱导的代谢通路紊乱，并通过动物实验验证了模型的准确性。模型具有很好的鲁棒性，即使对数据库外的其他 ENPs 进行预测，准确率也能达到 75%以上[193]。除了急性毒性，纳米材料的遗传毒性也受到了重视，Halder 等提出了一种基于微扰理论机器学习的定量结构-毒性关系（PTML-QSTR）模型，来预测金属氧化物纳米材料在不同的实验条件下的遗传毒性。用三种描述符对金属氧化物 NMs 进行了表征，第一类描述符是从化学元素周期表中计算出来的，包括摩尔体积、电负性、极化率和原子半径；第二类描述符包含量子化学性质，由 MOPAC 软件计算，包括生成热、总能量、电子能、HOMO 和 LUMO 能量、偶极矩等；第三类的描述符为简单的零维和一维构造描述符，使用 Dragon 软件计算，如摩尔质量、原子数、非氢原子数、氧原子数、非氢键数量等。在开发纳米材料毒性模型时，面对的一个问题是收集的文献数据中实验条件变化极大，PTML-QSTR 建模方法克服了这个问题，将所有的实验条件结合到一个单一的独特模型中，成功地区分基因毒性和非基因毒性样本，预测准确率达到了 96%以上[194]。

免疫系统是一个复杂的生物网络，它能保护身体免受病原体的侵害，当机体接触到外来物质时，免疫系统会产生免疫反应，纳米材料一旦进入人体，就会不可避免地影响人体免疫系统，如诱导免疫刺激或免疫抑制。目前，纳米粒子诱导免疫反应的分子机制尚未完全确定，机器学习的迅速发展，为预测纳米粒子复杂的免疫反应和体内药代动力学提供了新的思路。纳米免疫相互作用相关的论文约有 10 万篇，利用自然语言处理算法可以迅速从文献中挖掘数据建立数据库。利用机器学习模型可以建立纳米粒子的定量构效关系，预测纳米免疫反应，揭示纳米免疫相互作用的基本机制（图 18-30）[195]。最近，胡献刚团队提出了一种基于树的随机森林特征重要性和特征网络交互分析策略（TBRFA），该策略不仅可以准确预测纳米颗粒的肺免疫反应和肺负荷，还可以构建特征交互网络来帮助解释 NMs 的作用（图 18-31）。肺免疫反应的数据集包含 1620 个样本，16 个特征和 12 个毒性标签，肺负荷数据集包含 301 个样本，16 个特征和 3 个负荷标签，两个数据集的特征相同，包含了纳米颗粒的特征、实验动物特性和实验条件。为了消除尺寸效应，平衡特征的权重，在模型训练之前对数据集进行了 z 分数归一化和字符变量编码。使用全部的 16 个特征建立模型，比较三种机器学习方法：人工神经网络（ANN），支持向量机（SVM），随机森林（RF）的性能，结果显示，与支持向量机和人工神经网络相比，随机森林在处理复杂系统中的异构数据时具有较高的准确性和可靠性。随机森林模型通过将每个特征排除后的均方误差（MSE）变化，对特征的重要性进行排序，但是 MSE 的增加会受到数据集质量的影响，使用 MSE 的增值作为分析特征重要性的唯一标准，可能会错误地识别优势特征。TBRFA 使用多个指标进行多方向特征重要性分析，将 MSE 结合其他 3 个指标，即节点纯度增加、平均最小深度和 P 值，综合筛选重要特征，成功克服了单一指标与小数据集的重要性偏差问题。所有模型的 TBRFA 结果表明，恢复时间和暴露剂量是影响免疫应答和器官负荷的主要因素。TBRFA 还通过计算条件最小深度，得到特征间两两相互作用强度的排序，揭示了隐藏的相互作用因素，并绘制了特征与特征之间的相互作用网络，提高了模型的可解释性[106]。

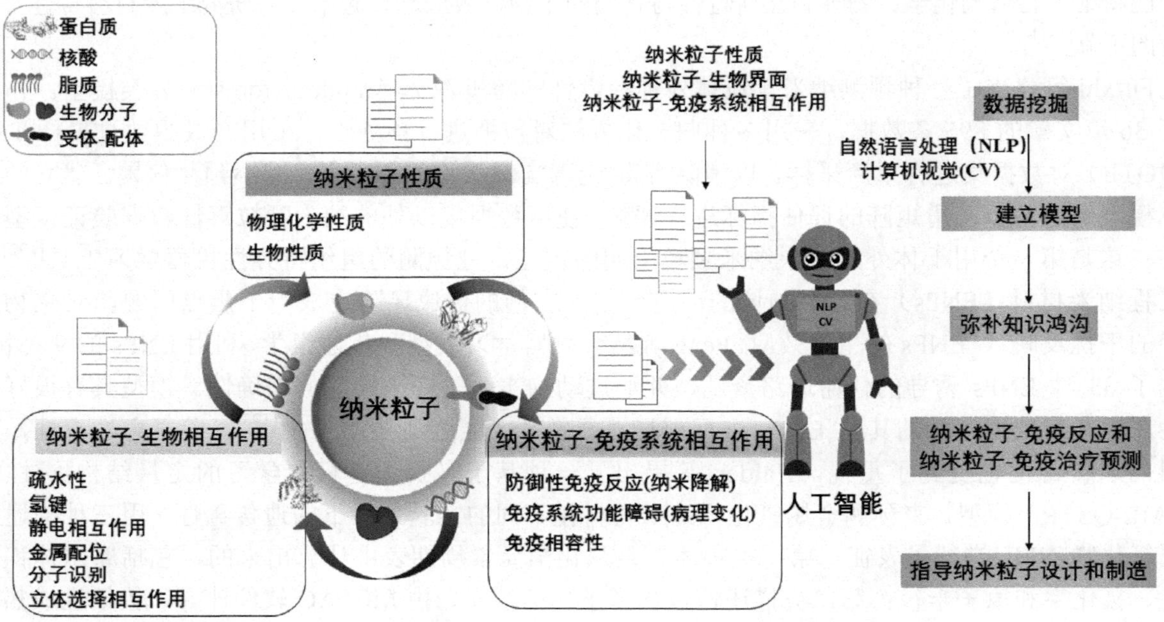

图 18-30　机器学习用于预测纳米粒子引起的免疫反应[195]

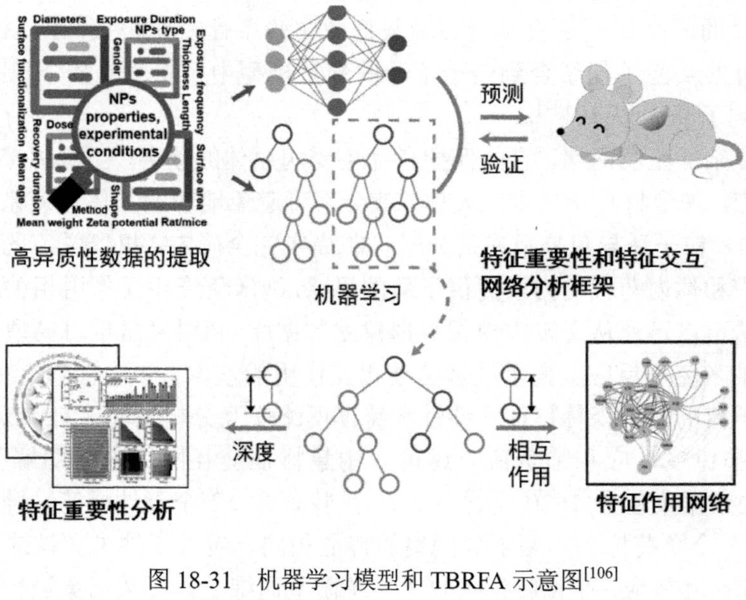

图 18-31　机器学习模型和 TBRFA 示意图[106]

4）纳米材料蛋白冠形成的精准预测

在体外纳米毒性系统中，细胞-纳米颗粒（NP）相互作用导致表面吸附、摄取，并改变细胞和细胞核的表型和化学性质，可以作为氧化应激、遗传毒性和致癌性的指标。Singh 等人提出使用紧密连接蛋白 ZO-1 介导的细胞/细胞核表型改变的量化值，即细胞形状指数（CSI）和核面积因子（NAFs），作为 NP 和细胞相互作用的指标。作者将 Madin-Darby 犬肾（MDCK）上皮模型细胞系与多种纳米材料进行了暴露，通过机器学习算法对细胞图像进行处理，提取了 CSI 和 NAF 的特异性变化，随后，使用 Pearson 和 Kendall 相关函数来解码和交叉验证纳米材料对 CSI 和 NAF 的影响。用于验证的机器学习算法，成功地预测了细胞和细胞核的形状，在纳米药物和纳米产品的设计生产中，CSI 和 NAF 可以广泛用于定义纳米材料的安全性[196]。

纳米颗粒（NP）在进入血液或与细胞外基质接触时，会与许多蛋白质相互作用并形成蛋白质冠，对蛋白质冠的研究对于设计理想和安全的纳米颗粒至关重要，Ban 等使用随机森林模型，成功预测了蛋白冠的功能组成（图 18-32）。作者共挖掘和分析了 652 条不同的纳米颗粒蛋白冠的数据，包含 8 个定性特征（NP 类型、NP 形状、未修饰 NP、表面修饰 NP、修饰类型、色散介质、培养等离子体源、培养基）和 13 个定量特征（尺寸、色散介质、pH、zeta 电位、提取多分散性指数、培养血浆浓度、培养 NP 浓度、培养时间、培养温度、离心速度、离心时间、离心温度、离心重复次数），这 21 个因子涵盖了与蛋白质冠的形成相关的主要问题。在这些特征中筛选出 10 个重要且独立的特征，建立随机森林模型。为了避免过拟合，采用 10 折交叉验证对模型性能进行评估。原始数据集随机分成 10 份，使用 9 份作为训练集训练模型，剩余的 1 份作为测试集评估模型的性能，此过程重复进行 10 次，采用相关系数（R^2）和均方根误差（RMSE）来衡量模型性能。经实验验证，模型对复杂冠状细胞的功能蛋白组成（如免疫蛋白、补体蛋白、载脂蛋白）进行了精确预测，R^2 均较好（>0.80）。此外，该方法还成功预测了功能冠蛋白介导的细胞识别（如巨噬细胞对细胞的摄取和细胞因子的释放）。该工作流程提供了一种方法，可以准确和定量地预测决定细胞识别和纳米毒性的蛋白质冠的功能组成，从而克服局限性和不确定性，指导广泛的纳米颗粒的合成和应用。

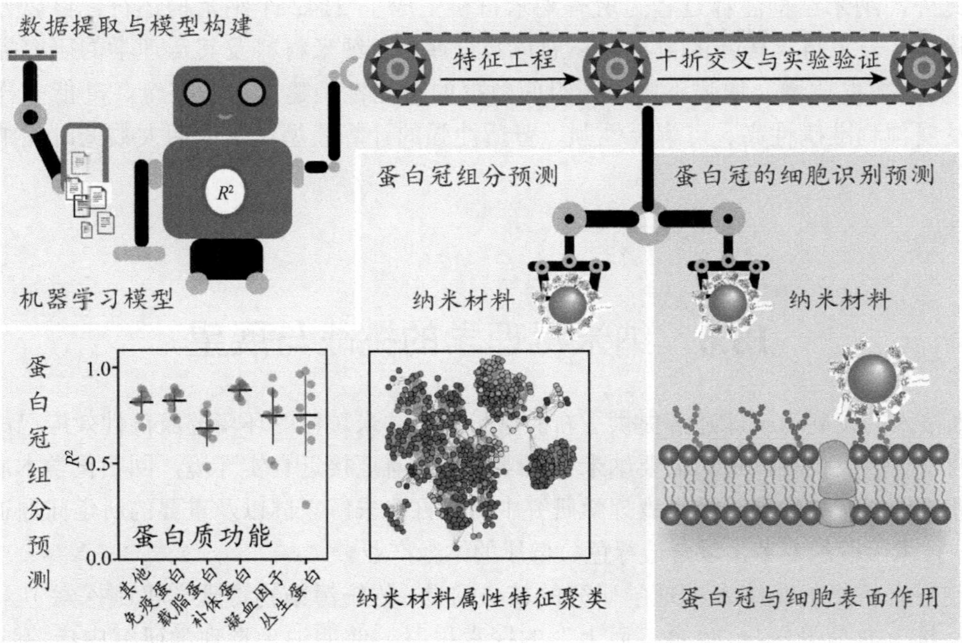

图 18-32　机器学习预测蛋白冠的功能组成示意图[197]

18.5.3　小结

经过近二十年的发展，纳米毒理研究已经进入大数据时代。然而，纳米毒性数据和可用数据库之间的不平衡，以及缺乏纳米材料三维结构解析手段，导致机器学习和深度学习等人工智能方法在应用于纳米毒理研究时，难以建立起有效的定量构效关系预测模型。为解决上述瓶颈，Chen 等人[198]呼吁利用纳米组合化学和高通量筛选，为机器学习生成高质量的纳米生物效应数据。作为首个包含纳米材料三维结构电子文件的纳米生物效应数据库，PubVINAs 为精准定量纳米构效关系构建奠定了基础。但是目前该数据库依然处于初级阶段，所包含的纳米结构种类相对较少，难以像 PubChem 和 Protein Data Bank 数据库那样被广泛应用。因此，我们希望在未来通过解析更多纳米材料三维结构，尤其是大粒径纳米材料，以及加入纳米-生物体系相互作用图像、组学数据等信息，该数据库可真正加速纳米毒理学大数据到关键构效关系的转换，并在未来有效服务于纳米毒理研究，促进下一代环境友好纳米材料设计。

机器学习算法往往依赖大量的数据进行训练，数据的数量和质量在很大程度上决定了机器学习算法的性能，数据决定了模型的上限。在使用机器学习对纳米毒理的研究中，研究人员经常遇到数据不足和数据质量低的问题。数据挖掘技术和 meta 分析是解决问题的有效方法。meta 分析方法通过搜集和整理大量的文献，从已发表的研究中提取与纳米材料毒理的相关数据，然后通过机器学习算法对这些数据进行分析，以发现纳米材料的特性与其毒性之间的关系。例如，Oh 等利用 meta 分析研究含镉量子点的细胞毒性，从已发表的 307 篇文献中提取了 1741 个含镉半导体量子点和细胞毒性的数据样本，使用这些样本建立随机森林模型预测细胞毒性[199]。Labouta 等使用 meta 分析研究了已发表的 2896 个有机/无机纳米材料的细胞毒性数据。此外，有许多研究者致力于构建高质量、开放的数据库，数据库包含大量相对标准的数据，这也是一种好的解决方法。闫兵教授与朱浩教授等建立了一个公开的大型纳米材料数据库（http://www.pubvinas.com/），包含 11 种类型的 705 种独特的纳米材料，并包含适合直接计算建模的结构注释。每一种纳米材料都有多达六种物理化学性质或生物活性，所有的纳米结构都被注释并转化为蛋白质数据库文件。此外，纳米结构注释过程为所有纳米材料生成了 2142 个纳米描述符，可以方便地用于建立机器学习模型，未来将上传新的数据以扩展该数据库，为纳米材料及其毒理学的研究提供了一个公共资源[188]。提高数据质量、增强不同课题组间数据的可比性、建立参数齐全、功能多样、开放共享的数据库，发展预测准确性高、可解释性强、普适性强的计算模型，是近期大数据时代纳米毒理研究的重要内容。

18.6　纳米毒理学的挑战与展望

尽管纳米技术的发展为全球经济提供了新的增长点，纳米颗粒的环境健康毒性效应已成为纳米技术可持续发展的一个巨大挑战，迫切需要纳米毒理学研究向着更接近真实环境，回归化学本质，准确定量描述，系统理论化的方向发展。纳米毒理学研究中尚有许多未解之谜以及重要的科学问题迫切需要研究思路的创新，技术手段的变革，以营造绿色、健康的纳米产业。

毒性机制探索将仍然是纳米毒理学研究的核心问题。传统污染物毒理学机制探索中采用了终点毒性指标检测反推上游信号转导，“自下而上”的探索思路。前期纳米毒理学研究中借鉴这一成熟策略使纳米毒理学认知有了迅速的增长，发现了许多类似传统污染物的致毒机制，例如活性氧生成、免疫响应、致基因突变等。但是，这一研究思路也存在一定的瓶颈，主要问题是很难发现纳米颗粒所特有的、或全新的致毒机制，可能导致我们对纳米颗粒的安全性评估存在盲区。纳米毒理学机制研究的突破可能发生在以下两个方面：①生物学检测新技术的引入将有助于从更微观的层面，在单细胞、原位、单颗粒物层面动态分析具体的生物学效应，有助于在时间和空间维度捕获更细微的信息。目前，生物检测技术的发展日新月异，越来越多的检测技术，如单细胞分析、空间基因组学等为生物学研究提供了强大的助力。目前，鲜有将这些先进检测技术推广应用于纳米毒理学研究。②改变研究思路，采用“自上而下”的策略将有助于准确解析毒性通路中的分子起始事件，顺流而下发现更有趣的毒性效应。纳米颗粒由于具有可视化的空间尺度，可以通过显微技术（透射电镜、扫描电镜、原子力显微镜、超分辨荧光显微镜等）追踪其在细胞内的转运过程，从而为准确定位分子起始事件发生的场所提供了可能性。

目前，对于纳米毒性效应产生的化学本质尚缺乏全面的认识。颗粒物在纳米-生物界面的转化会显著改变其物理化学性质，这个过程通常涉及毒性通路的分子起始事件。不同的暴露途径可能导致不同的纳米-生物作用界面，在不同的生物介质中（支气管肺泡灌洗液、唾液、血清、胃肠液、血液等）与微生物（细菌和真菌），细胞发生相互作用，影响一系列生物分子，例如脂质、蛋白质、氨基酸、肽、核酸等。与传统的小分子污染物不同，纳米颗粒是具有高比表面积、多个结构单元、介于微观与宏观的组装体。纳米颗粒的高表面活性使其热力学性质极不稳定。因此，在环境、生物介质中可能通过聚集、溶解、吸附、氧化还原、重结晶过程达到新的热力学稳定态。未来纳米毒理学研究更趋向于回归到具体的化学变化，发展不同的检测技术分析纳米颗粒环境生物转化对生物分子丰度和结构的影响；发现驱动纳米颗粒转化的热力学过程；解析导致纳米颗粒转化的关键理化性质。

颗粒物尺寸、形貌、比表面积、表面电荷、官能团、亲水性等常规理化性质对毒性效应影响的认识已相对比较清楚。但是，受限于已有的纳米-生物表征技术，大部分已经发现的毒性相关性质可能并不是本质的因素。事实上，纳米颗粒的多种理化性质紧密联系，很难实现单一性质的改变。例如，纳米颗粒尺寸的增加必然导致比表面积的减小、表面活性减低、水相分散性变差等。如何在这些相关性极强的理化性质中捕捉到真正驱动毒性通路分子起始事件的具体性质是纳米毒理学构效关系研究中一个极具挑战性的难题。近期，纳米颗粒的表面催化性能受到极大关注。研究表明，纳米颗粒催化特性导致的毒性效应可能更持久，并且可能与环境污染物具有显著的协同毒性效应。纳米催化毒理学研究方兴未艾，许多未解之谜值得进一步深入探索。未来纳米催化毒理学研究的热点领域包括：①新型纳米催化毒理学机制；②纳米颗粒环境催化的协同毒性；③催化毒理学检测新方法；④纳米催化毒性效应的活性位点解析。对纳米催化毒性机制的深入探索，有助于推动绿色环境纳米技术及纳米医学的发展[200,201]。

尽管在实际环境中已检测到不同纳米颗粒的存在，毒理学实验测试的纳米颗粒还是以人工合成纳米颗粒为主，并不能完全模拟真实环境中存在的纳米颗粒。如何使毒理学研究更接近环境纳米颗粒的真实状态，是未来纳米毒理学研究的一个重要科学问题。解决该问题面临两个关键的技术挑战：①如何检测纳米颗粒在环境中的真实存在状态；②如何实验模拟环境纳米颗粒的暴露。真实环境中的纳米颗粒由于其组成的多样性及复杂性，对分析检测技术提出了巨大的挑战，特别是单颗粒分析技术。发展针对纳米尺度颗粒物的分离、多组分检测技术将为实验模拟环境纳米颗粒提供必要的参考数据，使纳米颗粒毒理学检测结果准确反映真实环境。

纳米毒理学研究将有助于指导纳米颗粒的安全性设计，推动纳米技术的可持续发展。对于纳米毒理学机制的解析可以发现特征毒性标志物。借助组合化学策略，构建不同理化性质的纳米材料库，对毒性标志物进行高通量定量检测，发展定量构效关系模型，寻找引发毒性效应的关键理化性质将为纳米颗粒精准的安全性设计提供重要的理论指导（图 18-33）。相比近期欧盟禁止或限制二氧化钛、碳纳米管使用的环境健康管控措施，纳米颗粒的安全性设计是更主动的环境健康危害防控策略。安全性设计需满足两个必要条件：①不影响纳米颗粒在某一类产品中的实用性能；②显著改善毒性纳米颗粒的环境生物相容性。基于目前已经解析的部分纳米毒性构效关系，纳米颗粒的形貌控制、元素掺杂、表面涂敷及表面钝化将是纳米颗粒安全性设计的有效策略。全球已生产制造了多种纳米产品，纳米原材料的安全性设计对于控制纳米产品生命周期过程的环境健康风险具有重要意义。

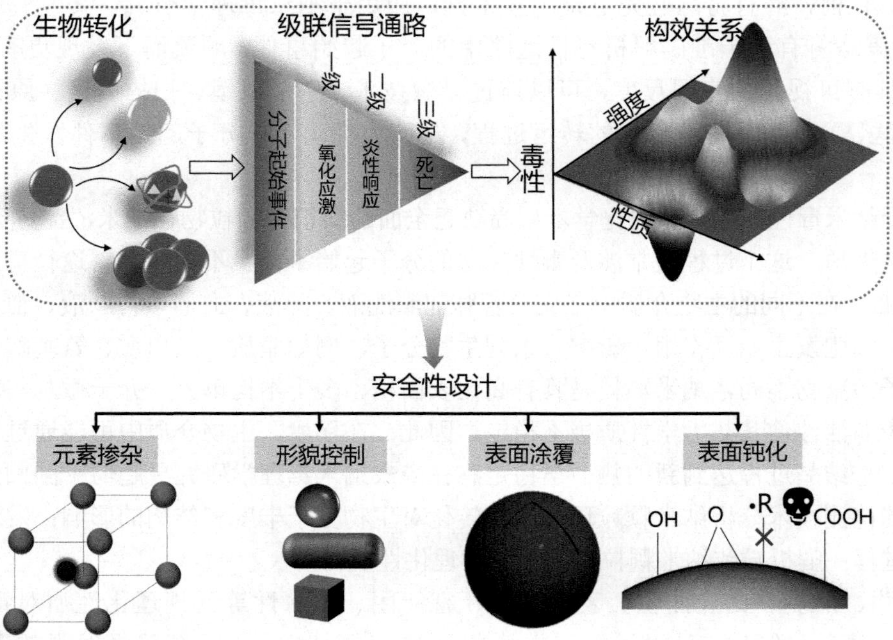

图 18-33　纳米颗粒安全性设计思路：生物转化-毒性通路-构效关系-安全性修饰

参 考 文 献

[1] Cai X, Liu X, Jiang J, et al. Molecular mechanisms, characterization methods, and utilities of nanoparticle biotransformation in nanosafety assessments. Small, 2020, 16: 1907663.

[2] Li J W, Wang J F, Yan Y G, et al. Understanding the role of hydrophobicity arrangement in cellular uptake of synthetic virus-like nanoparticles. Chem Phys Lett, 2021, 766: 138336.

[3] Ma J, Liu R, Wang X, et al. Crucial role of lateral size for graphene oxide in activating macrophages and stimulating pro-inflammatory responses in cells and animals. ACS Nano, 2015, 9: 10498-10515.

[4] You M T, You X Q, Hu J R, et al. Carbon nanotubes influence the toxic effects of chloramphenicol and tetracycline on cyanobacterium Synechocystis sp. in different ways. Environ Sci-Nano, 2021, 8: 634-646.

[5] Martinez-Alvarez I, Le Menach K, Devier M H, et al. Uptake and effects of graphene oxide nanomaterials alone and in combination with polycyclic aromatic hydrocarbons in zebrafish. Sci Total Environ, 2021, 775: 145669.

[6] Wu Y, Guo Y, Song H, et al. Oxygen content determines the bio-reactivity and toxicity profiles of carbon black particles. Ecotoxicol Environ Saf, 2018, 150: 207-214.

[7] Garner K L, Suh S, Keller A A. Assessing the risk of engineered nanomaterials in the environment: development and application of the nanofate model. Environ Sci Technol, 2017, 51: 5541-5551.

[8] Cai J, Wang J, Zhang Y, et al. Source apportionment of Pb-containing particles in Beijing during January 2013. Environ Pollut, 2017, 226: 30-40.

[9] Eisentraut P, Dümichen E, Ruhl A S, et al. Two birds with one stone—fast and simultaneous analysis of microplastics: microparticles derived from thermoplastics and tire wear. Environmental Science & Technology Letters, 2018, 5: 608-613.

[10] Jambeck J R, Geyer R, Wilcox C, et al. Marine pollution. Plastic waste inputs from land into the ocean. Science, 2015, 347: 768-771.

[11] Song X K, Lyu M X, Zhang X D, et al. Large plastic debris dumps: new biodiversity hot spots emerging on the deep-sea floor. Environmental Science & Technology Letters, 2021, 8: 148-154.

[12] Hernandez L M, Yousefi N, Tufenkji N. Are there nanoplastics in your personal care products? Environmental Science & Technology Letters, 2017, 4: 280-285.

[13] Lambert S, Wagner M. Characterisation of nanoplastics during the degradation of polystyrene. Chemosphere, 2016, 145: 265-268.

[14] Wagner S, Reemtsma T. Things we know and don't know about nanoplastic in the environment. Nature Nanotechnology, 2019, 14: 300-301.

[15] Nanoplastic should be better understood. Nat Nanotechnol, 2019, 14: 299.

[16] Dawson A L, Kawaguchi S, King C K, et al. Turning microplastics into nanoplastics through digestive fragmentation by Antarctic krill. Nat Commun, 2018, 9: 1001.

[17] De Jong W H, Hagens W I, Krystek P, et al. Particle size-dependent organ distribution of gold nanoparticles after intravenous administration. Biomaterials, 2008, 29: 1912-1919.

[18] Liu J H, Yang S T, Wang H, et al. Effect of size and dose on the biodistribution of graphene oxide in mice. Nanomedicine (Lond), 2012, 7: 1801-1812.

[19] Sun X D, Yuan X Z, Jia Y, et al. Differentially charged nanoplastics demonstrate distinct accumulation in Arabidopsis thaliana. Nat Nanotechnol, 2020, 15: 755-760.

[20] Li R, Ji Z, Chang C H, et al. Surface interactions with compartmentalized cellular phosphates explain rare earth oxide nanoparticle hazard and provide opportunities for safer design. ACS Nano, 2014, 8: 1771-1783.

[21] Li R, Ji Z, Dong J, et al. Enhancing the imaging and biosafety of upconversion nanoparticles through phosphonate coating. ACS Nano, 2015, 9: 3293-3306.

[22] Li R, Ji Z, Qin H, et al. Interference in autophagosome fusion by rare earth nanoparticles disrupts autophagic flux and regulation of an interleukin-1beta producing inflammasome. ACS Nano, 2014, 8: 10280-10292.

[23] Cao M, Cai R, Zhao L, et al. Molybdenum derived from nanomaterials incorporates into molybdenum enzymes and affects their activities in vivo. Nat Nanotechnol, 2021, 16: 708-716.

[24] Xu M, Zhu J, Wang F, et al. Improved in vitro and in vivo biocompatibility of graphene oxide through surface modification: poly(Acrylic Acid)-functionalization is superior to PEGylation. ACS Nano, 2016, 10: 3267-3281.

[25] Huang Y, Li X, Xu S, et al. Quantitative structure-activity relationship models for predicting inflammatory potential of metal oxide nanoparticles. Environ Health Perspect, 2020, 128: 67010.

[26] Ban Z, Yuan P, Yu F, et al. Machine learning predicts the functional composition of the protein corona and the cellular recognition of nanoparticles. Proc Natl Acad Sci U S A, 2020, 117: 10492-10499.

[27] Mirshafiee V, Sun B, Chang C H, et al. Toxicological profiling of metal oxide nanoparticles in liver context reveals pyroptosis in kupffer cells and macrophages versus apoptosis in hepatocytes. ACS Nano, 2018, 12: 3836-3852.

[28] Sargent L M, Hubbs A F, Young S H, et al. Single-walled carbon nanotube-induced mitotic disruption. Mutat Res, 2012, 745: 28-37.

[29] Canesi L, Ciacci C, Bergami E, et al. Evidence for immunomodulation and apoptotic processes induced by cationic

polystyrene nanoparticles in the hemocytes of the marine bivalve Mytilus. Mar Environ Res, 2015, 111: 34-40.
[30] Tallec K, Huvet A, Di Poi C, et al. Nanoplastics impaired oyster free living stages, gametes and embryos. Environ Pollut, 2018, 242: 1226-1235.
[31] Della Torre C, Bergami E, Salvati A, et al. Accumulation and embryotoxicity of polystyrene nanoparticles at early stage of development of sea urchin embryos Paracentrotus lividus. Environmental Science & Technology, 2014, 48: 12302-12311.
[32] Greven A C, Merk T, Karagoz F, et al. Polycarbonate and polystyrene nanoplastic particles act as stressors to the innate immune system of fathead minnow (Pimephales promelas). Environ Toxicol Chem, 2016, 35: 3093-3100.
[33] Lu Y, Zhang Y, Deng Y, et al. Uptake and accumulation of polystyrene microplastics in zebrafish (Danio rerio) and toxic effects in liver. Environmental Science & Technology, 2016, 50: 4054-4060.
[34] Pitt J A, Kozal J S, Jayasundara N, et al. Uptake, tissue distribution, and toxicity of polystyrene nanoparticles in developing zebrafish (Danio rerio). Aquat Toxicol, 2018, 194: 185-194.
[35] Mattsson K, Johnson E V, Malmendal A, et al. Brain damage and behavioural disorders in fish induced by plastic nanoparticles delivered through the food chain. Sci Rep, 2017, 7: 11452.
[36] Lowry G V, Avellan A, Gilbertson L M. Opportunities and challenges for nanotechnology in the agri-tech revolution. Nat Nanotechnol, 2019, 14: 517-522.
[37] Paunovska K, Loughrey D, Sago C D, et al. Using large datasets to understand nanotechnology. Adv Mater, 2019, 31: 1902798.
[38] Song W, Anselmo A C, Huang L. Nanotechnology intervention of the microbiome for cancer therapy. Nat Nanotechnol, 2019, 14: 1093-1103.
[39] Zhang A, Meng K, Liu Y, et al. Absorption, distribution, metabolism, and excretion of nanocarriers in vivo and their influences. Adv Colloid Interface Sci, 2020, 284: 102261.
[40] Liang X, Wang H, Grice J E, et al. Physiologically based pharmacokinetic model for long-circulating inorganic nanoparticles. Nano Lett, 2016, 16: 939-945.
[41] Su C, Liu Y Z, Li R Z, et al. Absorption, distribution, metabolism and excretion of the biomaterials used in Nanocarrier drug delivery systems. Adv Drug Deliver Rev, 2019, 143: 97-114.
[42] Chrastina A, Massey K A, Schnitzer J E. Overcoming in vivo barriers to targeted nanodelivery. Wiley Interdiscip Rev Nanomed Nanobiotechnol, 2011, 3: 421-437.
[43] Zhang Y N, Poon W, Tavares A J, et al. Nanoparticle–liver interactions: Cellular uptake and hepatobiliary elimination. Journal of Controlled Release, 2016, 240: 332-348.
[44] Saleem J, Wang L, Chen C. Carbon-based nanomaterials for cancer therapy via targeting tumor microenvironment. Adv Healthc Mater, 2018, 7: 1800525.
[45] Cui X J, Xu S X, Wang X Y, et al. The nano-bio interaction and biomedical applications of carbon nanomaterials. Carbon, 2018, 138: 436-450.
[46] Zhang X Y, Yin J L, Peng C, et al. Distribution and biocompatibility studies of graphene oxide in mice after intravenous administration. Carbon, 2011, 49: 986-995.
[47] Zhan L, Yan X G, Xiao Y Z, et al. Biodistribution of co-exposure to multi-walled carbon nanotubes and graphene oxide nanoplatelets radiotracers. Journal of Nanoparticle Research, 2011, 13: 2939-2947.
[48] Li J, Yang W, Cui R, et al. Metabolizer in vivo of fullerenes and metallofullerenes by positron emission tomography. Nanotechnology, 2016, 27: 155101.
[49] Xia T, Zhu Y, Mu L, et al. Pulmonary diseases induced by ambient ultrafine and engineered nanoparticles in twenty-first

century. Natl Sci Rev, 2016, 3: 416-429.

[50] Longmire M, Choyke P L, Kobayashi H. Clearance properties of nano-sized particles and molecules as imaging agents: considerations and caveats. Nanomedicine-Uk, 2008, 3: 703-717.

[51] Moghimi S M, Hunter A C, Murray J C. Long-circulating and target-specific nanoparticles: theory to practice. Pharmacol Rev, 2001, 53: 283-318.

[52] Bourrinet P, Bengele H H, Bonnemain B, et al. Preclinical safety and pharmacokinetic profile of ferumoxtran-10, an ultrasmall superparamagnetic iron oxide magnetic resonance contrast agent. Invest Radiol, 2006, 41: 313-324.

[53] Yu M, Yang Y, Zhu C, et al. Advances in the transepithelial transport of nanoparticles. Drug Discov Today, 2016, 21: 1155-1161.

[54] Cruz L J, Stammes M A, Que I, et al. Effect of PLGA NP size on efficiency to target traumatic brain injury. J Control Release, 2016, 223: 31-41.

[55] Guo Z, Zhang P, Chakraborty S, et al. Biotransformation modulates the penetration of metallic nanomaterials across an artificial blood-brain barrier model. Proc Natl Acad Sci U S A, 2021, 118: 2105245118.

[56] Bharadwaj V N, Nguyen D T, Kodibagkar V D, et al. Nanoparticle-based therapeutics for brain injury. Adv Healthc Mater, 2018, 7: 1700668.

[57] Tang H, Xu M, Zhou X, et al. Acute toxicity and biodistribution of different sized copper nano-particles in rats after oral administration. Mater Sci Eng C Mater Biol Appl, 2018, 93: 649-663.

[58] Zhou M, Ge X, Ke D M, et al. The bioavailability, biodistribution, and toxic effects of silica-coated upconversion nanoparticles in vivo. Front Chem, 2019, 7: 218.

[59] Biju V. Chemical modifications and bioconjugate reactions of nanomaterials for sensing, imaging, drug delivery and therapy. Chem Soc Rev, 2014, 43: 744-764.

[60] Blum A P, Kammeyer J K, Rush A M, et al. Stimuli-responsive nanomaterials for biomedical applications. J Am Chem Soc, 2015, 137: 2140-2154.

[61] Cherukuri P, Gannon C J, Leeuw T K, et al. Mammalian pharmacokinetics of carbon nanotubes using intrinsic near-infrared fluorescence. P Natl Acad Sci USA, 2006, 103: 18882-18886.

[62] Yang S T, Guo W, Lin Y, et al. Biodistribution of pristine single-walled carbon nanotubes in vivo. J Phys Chem C, 2007, 111: 17761-17764.

[63] Liu Z, Davis C, Cai W, et al. Circulation and long-term fate of functionalized, biocompatible single-walled carbon nanotubes in mice probed by Raman spectroscopy. Proc Natl Acad Sci U S A, 2008, 105: 1410-1415.

[64] Elci S G, Jiang Y, Yan B, et al. Surface charge controls the suborgan biodistributions of gold nanoparticles. ACS Nano, 2016, 10: 5536-5542.

[65] Yuan M, Qiu Y, Zhang L, et al. Targeted delivery of transferrin and TAT co-modified liposomes encapsulating both paclitaxel and doxorubicin for melanoma. Drug Deliv, 2016, 23: 1171-1183.

[66] Daniels T R, Bernabeu E, Rodriguez J A, et al. The transferrin receptor and the targeted delivery of therapeutic agents against cancer. Biochim Biophys Acta, 2012, 1820: 291-317.

[67] Mansoori G A, Brandenburg K S, Shakeri-Zadeh A. A comparative study of two folate-conjugated gold nanoparticles for cancer nanotechnology applications. Cancers (Basel), 2010, 2: 1911-1928.

[68] Bahrami B, Mohammadnia-Afrouzi M, Bakhshaei P, et al. Folate-conjugated nanoparticles as a potent therapeutic approach in targeted cancer therapy. Tumour Biol, 2015, 36: 5727-5742.

[69] Wang M, Thanou M. Targeting nanoparticles to cancer. Pharmacol Res, 2010, 62: 90-99.

[70] Bahrami B, Hojjat-Farsangi M, Mohammadi H, et al. Nanoparticles and targeted drug delivery in cancer therapy. Immunol Lett, 2017, 190: 64-83.

[71] Brannon-Peppas L, Blanchette J O. Nanoparticle and targeted systems for cancer therapy. Adv Drug Deliver Rev, 2012, 64: 206-212.

[72] Choi C H, Alabi C A, Webster P, et al. Mechanism of active targeting in solid tumors with transferrin-containing gold nanoparticles. Proc Natl Acad Sci U S A, 2010, 107: 1235-1240.

[73] Salvati A, Pitek A S, Monopoli M P, et al. Transferrin-functionalized nanoparticles lose their targeting capabilities when a biomolecule corona adsorbs on the surface. Nat Nanotechnol, 2013, 8: 137-143.

[74] Qi Y, Xia T J, Li Y, et al. Colloidal stability of reduced graphene oxide materials prepared using different reducing agents. Environ Sci-Nano, 2016, 3: 1062-1071.

[75] Park S J. Protein–nanoparticle interaction: corona formation and conformational changes in proteins on nanoparticles. Int J Nanomedicine, 2020, 15: 5783-5802.

[76] Wu Y, Wang F, Wang S, et al. Reduction of graphene oxide alters its cyto-compatibility towards primary and immortalized macrophages. Nanoscale, 2018, 10: 14637-14650.

[77] Falahatia M, Attar F, Sharifi M, et al. A health concern regarding the protein corona, aggregation and disaggregation. Biochimica et Biophysica Acta (BBA) - General Subjects, 2019, 1863: 971-991.

[78] Qi Y, Chen W S, Liu F F, et al. Aggregation morphology is a key factor determining protein adsorption on graphene oxide and reduced graphene oxide nanomaterials. Environ Sci-Nano, 2019, 6: 1303-1309.

[79] Perrault S D, Chan W C. In vivo assembly of nanoparticle components to improve targeted cancer imaging. Proc Natl Acad Sci U S A, 2010, 107: 11194-11199.

[80] Meyer D E, Shin B C, Kong G A, et al. Drug targeting using thermally responsive polymers and local hyperthermia. Journal of Controlled Release, 2001, 74: 213-224.

[81] McShan D, Ray P C, Yu H. Molecular toxicity mechanism of nanosilver. J Food Drug Anal, 2014, 22: 116-127.

[82] Ge L, Li Q, Wang M, et al. Nanosilver particles in medical applications: synthesis, performance, and toxicity. Int J Nanomedicine, 2014, 9: 2399-2407.

[83] Shao Z, Guagliardo P, Jiang H, et al. Intra- and intercellular silver nanoparticle translocation and transformation in oyster gill filaments: coupling nanoscale secondary ion mass spectrometry and dual stable isotope tracing study. Environ Sci Technol, 2021, 55: 433-446.

[84] Ivask A, Scheckel K G, Kapruwan P, et al. Complete transformation of ZnO and CuO nanoparticles in culture medium and lymphocyte cells during toxicity testing. Nanotoxicology, 2017, 11: 150-156.

[85] Shao J, Xie H, Huang H, et al. Biodegradable black phosphorus-based nanospheres for in vivo photothermal cancer therapy. Nat Commun, 2016, 7: 12967.

[86] Kotchey G P, Allen B L, Vedala H, et al. The enzymatic oxidation of graphene oxide. ACS Nano, 2011, 5: 2098-2108.

[87] Allen B L, Kotchey G P, Chen Y, et al. Mechanistic investigations of horseradish peroxidase-catalyzed degradation of single-walled carbon nanotubes. J Am Chem Soc, 2009, 131: 17194-17205.

[88] S X, Z O B, T O C, et al. Targeting receptor-mediated endocytotic pathways with nanoparticles: rationale and advances. Adv Drug Deliv Rev, 2013, 65: 121-138.

[89] M S R, S M I, A M W, et al. Endocytosis and the recycling of plasma membrane. J Cell Biol, 1983, 96: 1-27.

[90] T L M, C H W, Y C F, et al. Mechanism and kinetics of pore formation in membranes by water-soluble amphipathic peptide. Proc Natl Acad Sci U S A, 2008, 105: 5087-5092.

[91] Zhang X Q, Cai S S, He Y M, et al. Enzyme-triggered deshielding of nanoparticles and positive-charge mediated lysosomal escape for chemo/photo-combination therapy. J Mater Chem B, 2019, 7: 4758-4762.

[92] C B, P T, P N, et al. Rab7: a key to lysosome biogenesis. Mol BiolCell, 2000, 11: 467.

[93] Perez-Hernandez M, Del Pino P, Mitchell S G, et al. Dissecting the molecular mechanism of apoptosis during photothermal therapy using gold nanoprisms. ACS Nano, 2015, 9: 52-61.

[94] Balfourier A, Luciani N, Wang G, et al. Unexpected intracellular biodegradation and recrystallization of gold nanoparticles. Proc Natl Acad Sci U S A, 2020, 117: 103-113.

[95] Dellinger A, Zhou Z, Norton S K, et al. Uptake and distribution of fullerenes in human mast cells. Nanomedicine-Uk, 2010, 6: 575-582.

[96] Xu C, Liu Q, Liu H, et al. Toxicological assessment of multi-walled carbon nanotubes in vitro: potential mitochondria effects on male reproductive cells. Oncotarget, 2016, 7: 39270-39278.

[97] Qi Y, Liu Y, Xia T, et al. The biotransformation of graphene oxide in lung fluids significantly alters its inherent properties and bioactivities toward immune cells. Npg Asia Mater, 2018, 10: 385-396.

[98] Hu X G, Li D D, Mu L. Biotransformation of graphene oxide nanosheets in blood plasma affects their interactions with cells. Environ Sci-Nano, 2017, 4: 1569-1578.

[99] Qi Y, Zhang T, Jing C, et al. Nanocrystal facet modulation to enhance transferrin binding and cellular delivery. Nat Commun, 2020, 11: 1262.

[100] Delgado-Beleno Y, Martinez-Nunez C E, Cortez-Valadez M, et al. Optical properties of silver, silver sulfide and silver selenide nanoparticles and antibacterial applications. Mater Res Bull, 2018, 99: 385-392.

[101] Levard C, Hotze E M, Lowry G V, et al. Environmental transformations of silver nanoparticles: impact on stability and toxicity. Environ Sci Technol, 2012, 46: 6900-6914.

[102] Reinsch B C, Levard C, Li Z, et al. Sulfidation of silver nanoparticles decreases Escherichia coli growth inhibition. Environ Sci Technol, 2012, 46: 6992-7000.

[103] Liu G, Yang H G, Pan J, et al. Titanium dioxide crystals with tailored facets. Chem Rev, 2014, 114: 9559-9612.

[104] Hattori K, Nakadate K, Morii A, et al. Exposure to nano-size titanium dioxide causes oxidative damages in human mesothelial cells: The crystal form rather than size of particle contributes to cytotoxicity. Biochem Biophys Res Commun, 2017, 492: 218-223.

[105] Wu J, Sun J, Xue Y. Involvement of JNK and P53 activation in G2/M cell cycle arrest and apoptosis induced by titanium dioxide nanoparticles in neuron cells. Toxicol Lett, 2010, 199: 269-276.

[106] Jang G J, Jeong J Y, Kang J, et al. Size Dependence Unveiling the Adsorption Interaction of High-Density Lipoprotein Particles with PEGylated Gold Nanoparticles in Biomolecular Corona Formation. Langmuir, 2021, 37: 9755-9763.

[107] Wang G, Wang W, Shangguan E, et al. Effects of gold nanoparticle morphologies on interactions with proteins. Mater Sci Eng C Mater Biol Appl, 2020, 111: 110830.

[108] Nel A E, Madler L, Velegol D, et al. Understanding biophysicochemical interactions at the nano-bio interface. Nat Mater, 2009, 8: 543-557

[109] Xu M, Soliman M G, Sun X, et al. How entanglement of different physicochemical properties complicates the prediction of in vitro and in vivo interactions of gold nanoparticles. ACS Nano, 2018, 12: 10104-10113.

[110] Chithrani B D, Ghazani A A, Chan W C. Determining the size and shape dependence of gold nanoparticle uptake into mammalian cells. Nano Lett, 2006, 6: 662-668.

[111] 马明昊, 徐明, 刘思金. 氧化石墨烯的表面化学修饰及纳米-生物界面作用机理. 化学学报, 2020, 78: 877-887.

[112] Cui T, Ma Y, Yang J Y, et al. Protein corona-guided tumor targeting therapy via the surface modulation of low molecular weight PEG. Nanoscale, 2021, 13: 5883-5891.

[113] Zhang Z, Yang X, Shen M, et al. Sunlight-driven reduction of silver ion to silver nanoparticle by organic matter mitigates the acute toxicity of silver to Daphnia magna. J Environ Sci (China), 2015, 35: 62-68.

[114] Sharma V K, Yngard R A, Lin Y. Silver nanoparticles: green synthesis and their antimicrobial activities. Adv Colloid Interface Sci, 2009, 145: 83-96.

[115] Anshup A, Venkataraman J S, Subramaniam C, et al. Growth of gold nanoparticles in human cells. Langmuir, 2005, 21: 11562-11567.

[116] Poda A R, Kennedy A J, Cuddy M F, et al. Investigations of UV photolysis of PVP-capped silver nanoparticles in the presence and absence of dissolved organic carbon. Journal of Nanoparticle Research, 2013, 15: 1673.

[117] Demangeat E, Pedrot M, Dia A, et al. Colloidal and chemical stabilities of iron oxide nanoparticles in aqueous solutions: the interplay of structural, chemical and environmental drivers. Environ Sci-Nano, 2018, 5: 992-1001.

[118] Louie S M, Gorham J M, Tan J, et al. Ultraviolet photo-oxidation of polyvinylpyrrolidone (PVP) coatings on gold nanoparticles. Environ Sci Nano, 2017, 4: 1866-1875.

[119] Zhang P, Shao C, Zhang Z, et al. In situ assembly of well-dispersed Ag nanoparticles (AgNPs) on electrospun carbon nanofibers (CNFs) for catalytic reduction of 4-nitrophenol. Nanoscale, 2011, 3: 3357-3363.

[120] Tian X, Sun Y, Fan S, et al. Photogenerated charge carriers in molybdenum disulfide quantum dots with enhanced antibacterial activity. ACS Appl Mater Interfaces, 2019, 11: 4858-4866.

[121] Meng X, Li D, Chen L, et al. High-performance self-cascade pyrite nanozymes for apoptosis-ferroptosis synergistic tumor therapy. ACS Nano, 2021, 15: 5735-5751.

[122] Ming J, Zhu T, Yang W, et al. Pd@Pt-GOx/HA as a novel enzymatic cascade nanoreactor for high-efficiency starving-enhanced chemodynamic cancer therapy. ACS Appl Mater Interfaces, 2020, 12: 51249-51262.

[123] Wu H H, Shabala L, Shabala S, et al. Hydroxyl radical scavenging by cerium oxide nanoparticles improves Arabidopsis salinity tolerance by enhancing leaf mesophyll potassium retention. Environ Sci-Nano, 2018, 5: 1567-1583.

[124] Kelly P M, Aberg C, Polo E, et al. Mapping protein binding sites on the biomolecular corona of nanoparticles. Nat Nanotechnol, 2015, 10: 472-479.

[125] Lynch I, Dawson K A. Protein-nanoparticle interactions. Nano Today, 2008, 3: 40-47.

[126] Cedervall T, Lynch I, Lindman S, et al. Understanding the nanoparticle-protein corona using methods to quantify exchange rates and affinities of proteins for nanoparticles. Proc Natl Acad Sci U S A, 2007, 104: 2050-2055.

[127] Fleischer C C, Payne C K. Nanoparticle-cell interactions: molecular structure of the protein corona and cellular outcomes. Acc Chem Res, 2014, 47: 2651-2659.

[128] Ke P C, Lin S, Parak W J, et al. A decade of the protein corona. ACS Nano, 2017, 11: 11773-11776.

[129] Hu Q, Bai X, Hu G, et al. Unveiling the molecular structure of pulmonary surfactant corona on nanoparticles. ACS Nano, 2017, 11: 6832-6842.

[130] Zhang X, Pandiakumar A K, Hamers R J, et al. Quantification of lipid corona formation on colloidal nanoparticles from lipid vesicles. Anal Chem, 2018, 90: 14387-14394.

[131] Chetwynd A J, Lynch I. The rise of the nanomaterial metabolite corona, and emergence of the complete corona. Environ Sci-Nano, 2020, 7: 1041-1060.

[132] Chetwynd A J, Zhang W, Thorn J A, et al. The nanomaterial metabolite corona determined using a quantitative metabolomics approach: a pilot study. Small, 2020, 16: 2000295.

[133] Xu L, Xu M, Wang R, et al. The crucial role of environmental coronas in determining the biological effects of engineered nanomaterials. Small, 2020, 16: 2003691.

[134] Adeleye A S, Keller A A. Interactions between algal extracellular polymeric substances and commercial TiO_2 nanoparticles in aqueous media. Environ Sci Technol, 2016, 50: 12258-12265.

[135] Wang Z Y, Zhang L, Zhao J, et al. Environmental processes and toxicity of metallic nanoparticles in aquatic systems as affected by natural organic matter. Environ Sci-Nano, 2016, 3: 240-255.

[136] Kim J Y, Kim K T, Lee B G, et al. Developmental toxicity of Japanese medaka embryos by silver nanoparticles and released ions in the presence of humic acid. Ecotoxicol Environ Saf, 2013, 92: 57-63.

[137] Duran N, Duran M, de Jesus M B, et al. Silver nanoparticles: A new view on mechanistic aspects on antimicrobial activity. Nanomedicine-Uk, 2016, 12: 789-799.

[138] Wei X, Qu X, Ding L, et al. Role of bovine serum albumin and humic acid in the interaction between SiO_2 nanoparticles and model cell membranes. Environ Pollut, 2016, 219: 1-8.

[139] Mensch A C, Hernandez R T, Kuether J E, et al. Natural organic matter concentration impacts the interaction of functionalized diamond nanoparticles with model and actual bacterial membranes. Environ Sci Technol, 2017, 51: 11075-11084.

[140] Bo Z, Avsar S Y, Corliss M K, et al. Influence of natural organic matter (NOM) coatings on nanoparticle adsorption onto supported lipid bilayers. J Hazard Mater, 2017, 339: 264-273.

[141] Huang G, Ng T W, An T, et al. Interaction between bacterial cell membranes and nano-TiO_2 revealed by two-dimensional FTIR correlation spectroscopy using bacterial ghost as a model cell envelope. Water Res, 2017, 118: 104-113.

[142] Zhu J, Xu M, Gao M, et al. Graphene oxide induced perturbation to plasma membrane and cytoskeletal meshwork sensitize cancer cells to chemotherapeutic agents. ACS Nano, 2017, 11: 2637-2651.

[143] Zhang J H, Sun T, Niu A, et al. Perturbation effect of reduced graphene oxide quantum dots (rGOQDs) on aryl hydrocarbon receptor (AhR) pathway in zebrafish. Biomaterials, 2017, 133: 49-59.

[144] Choo P, Liu T, Odom T W. Nanoparticle shape determines dynamics of targeting nanoconstructs on cell membranes. J Am Chem Soc, 2021, 143: 4550-4555.

[145] Doherty G J, McMahon H T. Mechanisms of endocytosis. Annu Rev Biochem, 2009, 78: 857-902.

[146] Wang Z, Li J, Zhao J, et al. Toxicity and internalization of CuO nanoparticles to prokaryotic alga Microcystis aeruginosa as affected by dissolved organic matter. Environ Sci Technol, 2011, 45: 6032-6040.

[147] Wang X R, Liang D Y, Wang Y, et al. Effects of organic matter on uptake and intracellular trafficking of nanoparticles in Tetrahymena thermophila. Environ Sci-Nano, 2019, 6: 2116-2128.

[148] Minghetti M, Schirmer K. Effect of media composition on bioavailability and toxicity of silver and silver nanoparticles in fish intestinal cells (RTgutGC). Nanotoxicology, 2016, 10: 1526-1534.

[149] Li R, Guiney L M, Chang C H, et al. Surface oxidation of graphene oxide determines membrane damage, lipid peroxidation, and cytotoxicity in macrophages in a pulmonary toxicity model. ACS Nano, 2018, 12: 1390-1402.

[150] Zheng H, Jiang J, Xu S, et al. Nanoparticle-induced ferroptosis: detection methods, mechanisms and applications. Nanoscale, 2021, 13: 2266-2285.

[151] Xu S, Zheng H, Ma R, et al. Vacancies on 2D transition metal dichalcogenides elicit ferroptotic cell death. Nat Commun, 2020, 11: 3484.

[152] Gao M, Wang Z, Zheng H, et al. Two-dimensional tin selenide (SnSe) nanosheets capable of mimicking key dehydrogenases in cellular metabolism. Angew Chem-Int Edit, 2020, 59: 3618-3623.

[153] Wu D, Li J, Xu S, et al. Engineering Fe-N doped graphene to mimic biological functions of NADPH oxidase in cells. J Am Chem Soc, 2020, 142: 19602-19610.

[154] Colvin V L. The potential environmental impact of engineered nanomaterials. Nat Biotechnol, 2003, 21: 1166-1170.

[155] Yin S, Kaynak O. Big data for modern industry: challenges and trends [point of view]. Proceedings of the IEEE, 2015, 103: 143-146.

[156] Winkler D A. Role of artificial intelligence and machine learning in nanosafety. Small, 2020, 16: 2001883.

[157] Singh A V, Ansari M H D, Rosenkranz D, et al. Artificial intelligence and machine learning in computational nanotoxicology: unlocking and empowering nanomedicine. Adv Healthc Mater, 2020, 9: 1901862.

[158] Panneerselvam S, Choi S. Nanoinformatics: emerging databases and available tools. Int J Mol Sci, 2014, 15: 7158-7182.

[159] Maojo V, Fritts M, de la Iglesia D, et al. Nanoinformatics: a new area of research in nanomedicine. Int J Nanomedicine, 2012, 7: 3867-3890.

[160] Shatkin J A. The future in nanosafety. Nano Lett, 2020, 20: 1479-1480.

[161] Brown K A, Brittman S, Maccaferri N, et al. Machine learning in nanoscience: big data at small scales. Nano Lett, 2020, 20: 2-10.

[162] Fadeel B, Farcal L, Hardy B, et al. Advanced tools for the safety assessment of nanomaterials. Nat Nanotechnol, 2018, 13: 537-543.

[163] Barnard A S, Motevalli B, Parker A J, et al. Nanoinformatics, and the big challenges for the science of small things. Nanoscale, 2019, 11: 19190-19201.

[164] Lobaskin V, Puzyn T, Verheyen G. EU US roadmap nanoinformatics 2030. 2018, EU Nanosafety Cluster.

[165] Ginsberg J, Mohebbi M H, Patel R S, et al. Detecting influenza epidemics using search engine query data. Nature, 2009, 457: 1012-1014.

[166] Syam N, Sharma A. Waiting for a sales renaissance in the fourth industrial revolution: Machine learning and artificial intelligence in sales research and practice. Industrial marketing management, 2018, 69: 135-146.

[167] Zhavoronkov A, Ivanenkov Y A, Aliper A, et al. Deep learning enables rapid identification of potent DDR1 kinase inhibitors. Nat Biotechnol, 2019, 37: 1038-1040.

[168] Jumper J, Evans R, Pritzel A, et al. Highly accurate protein structure prediction with AlphaFold. Nature, 2021, 596: 583-589.

[169] Baek M, DiMaio F, Anishchenko I, et al. Accurate prediction of protein structures and interactions using a three-track neural network. Science, 2021, 373: 871-876.

[170] Muratov E N, Bajorath J, Sheridan R P, et al. QSAR without borders. Chem Soc Rev, 2020, 49: 3525-3564.

[171] Sheffield T Y, Judson R S. Ensemble QSAR modeling to predict multispecies fish toxicity lethal concentrations and points of departure. Environ Sci Technol, 2019, 53: 12793-12802.

[172] Cheng W, Ng C A. Using machine learning to classify bioactivity for 3486 per- and polyfluoroalkyl substances (PFASs) from the OECD list. Environ Sci Technol, 2019, 53: 13970-13980.

[173] Kim B, Lee S, Kim J. Inverse design of porous materials using artificial neural networks. Sci Adv, 2020, 6: eaax9324.

[174] Kotsias P C, Arus-Pous J, Chen H M, et al. Direct steering of de novo molecular generation with descriptor conditional recurrent neural networks. Nat Mach Intell, 2020, 2: 254.

[175] Huang R, Xia M, Sakamuru S, et al. Modelling the Tox21 10 K chemical profiles for in vivo toxicity prediction and mechanism characterization. Nat Commun, 2016, 7: 10425.

[176] Grimm D. EPA plan to end animal testing splits scientists. Science, 2019, 365: 1231.

[177] Puzyn T, Rasulev B, Gajewicz A, et al. Using nano-QSAR to predict the cytotoxicity of metal oxide nanoparticles. Nat

Nanotechnol, 2011, 6: 175-178.

[178] Gaheen S, Hinkal G W, Morris S A, et al. caNanoLab: data sharing to expedite the use of nanotechnology in biomedicine. Comput Sci Discov, 2013, 6: 014010.

[179] Oomen A G, Bos P M, Fernandes T F, et al. Concern-driven integrated approaches to nanomaterial testing and assessment--report of the NanoSafety Cluster Working Group 10. Nanotoxicology, 2014, 8: 334-348.

[180] Jeliazkova N, Chomenidis C, Doganis P, et al. The eNanoMapper database for nanomaterial safety information. Journal, 2015, 6: 1609-1634.

[181] Jantunen A P K, Gottardo S, Rasmussen K, et al. An inventory of ready-to-use and publicly available tools for the safety assessment of nanomaterials. NanoImpact, 2018, 12: 18-28.

[182] Lewandowski I, Clifton-Brown J, Trindade L M, et al. Progress on optimizing miscanthus biomass production for the European bioeconomy: results of the EU FP7 Project OPTIMISC. Front Plant Sci, 2016, 7: 1620.

[183] Tsiliki G, Munteanu C R, Seoane J A, et al. RRegrs: an R package for computer-aided model selection with multiple regression models. J Cheminform, 2015, 7: 46.

[184] Chomenidis C, Drakakis G, Tsiliki G, et al. Jaqpot quattro: a novel computational web platform for modeling and analysis in nanoinformatics. J Chem Inform Model, 2017, 57: 2161-2172.

[185] Helma C, Rautenberg M, Gebele D. Nano-lazar: read across predictions for nanoparticle toxicities with calculated and measured properties. Front Pharmacol, 2017, 8: 377

[186] Yan X, Sedykh A, Wang W, et al. Construction of a web-based nanomaterial database by big data curation and modeling friendly nanostructure annotations. Nat Commun, 2020, 11: 2519.

[187] Wang W, Sedykh A, Sun H, et al. Predicting nano-bio interactions by integrating nanoparticle libraries and quantitative nanostructure activity relationship modeling. ACS Nano, 2017, 11: 12641-12649.

[188] Liu G, Yan X, Sedykh A, et al. Analysis of model $PM_{2.5}$-induced inflammation and cytotoxicity by the combination of a virtual carbon nanoparticle library and computational modeling. Ecotoxicol Environ Saf, 2020, 191: 110216.

[189] Yan X, Zhang J, Russo D P, et al. Prediction of nano–bio interactions through convolutional neural network analysis of nanostructure images. ACS Sustainable Chemistry & Engineering, 2020, 8: 19096-19104.

[190] Furxhi I, Murphy F, Mullins M, et al. Machine learning prediction of nanoparticle *in vitro* toxicity: A comparative study of classifiers and ensemble-classifiers using the copeland index. Toxicol Lett, 2019, 312: 157-166.

[191] Fourches D, Pu D, Tassa C, et al. Quantitative nanostructure-activity relationship modeling. ACS Nano, 2010, 4: 5703-5712.

[192] Furxhi I, Murphy F. Predicting *in vitro* neurotoxicity induced by nanoparticles using machine learning. Int J Mol Sci, 2020, 21: 5280.

[193] Peng T, Wei C, Yu F, et al. Predicting nanotoxicity by an integrated machine learning and metabolomics approach. Environ Pollut, 2020, 267: 115434.

[194] Halder A K, Melo A, Cordeiro M. A unified in silico model based on perturbation theory for assessing the genotoxicity of metal oxide nanoparticles. Chemosphere, 2020, 244: 125489.

[195] Feng R, Yu F, Xu J, et al. Knowledge gaps in immune response and immunotherapy involving nanomaterials: Databases and artificial intelligence for material design. Biomaterials, 2021, 266: 120469.

[196] Singh A V, Maharjan R S, Kanase A, et al. Machine-learning-based approach to decode the influence of nanomaterial properties on their interaction with cells. ACS Appl Mater Interfaces, 2021, 13: 1943-1955.

[197] Ban Z, Yuan P, Yu F B, et al. Machine learning predicts the functional composition of the protein corona and the cellular recognition of nanoparticles. P Natl Acad Sci USA, 2020, 117: 10492-10499.

[198] Cai P, Zhang X, Wang M, et al. Combinatorial nano-bio interfaces. ACS Nano, 2018, 12: 5078-5084.

[199] Oh E, Liu R, Nel A, et al. Meta-analysis of cellular toxicity for cadmium-containing quantum dots. Nat Nanotechnol, 2016, 11: 479-486.

[200] Wang W, Kong Y, Jiang J, et al. Engineering the protein corona structure on gold nanoclusters enables red-shifted emissions in the second near-infrared window for gastrointestinal imaging. Angew Chem-Int Edit, 2020, 59: 22431-22435.

[201] Zheng H, Ji Z, Roy K R, et al. Engineered graphene oxide nanocomposite capable of preventing the evolution of antimicrobial resistance. ACS Nano, 2019, 13: 11488-11499.

18.1 节作者：李瑞宾[1]，刘思金[2]

[1]苏州大学放射医学与辐射防护国家重点实验室，[2]中国科学院生态环境研究中心

18.2 节作者：戚豫[1]，陈誉才[1]，闫旭[1]，刘思金[1]

[1]中国科学院生态环境研究中心

18.3 节作者：徐明[1,2,3]，徐立宁[1,2]，马明昊[1,2]，陈嘉浩[1,2,3]

[1]中国科学院生态环境研究中心，[2]中国科学院大学，[3]国科大杭州高等研究院

18.4 节作者：李文杰[1]，孙瑞[2]，张秋荣[3]，李明珠[3]，李瑞宾[1]，张承东[2]

[1]苏州大学放射医学与辐射防护国家重点实验室，[2]北京师范大学环境学院，[3]南开大学环境科学与工程学院

18.5 节作者：闫兵[1]，朱浩[2]，胡献刚[3]，闫希亮[1]，贾玉莹[3]

[1] 广州大学大湾区环境研究院，[2] 罗格斯大学计算与综合生物中心，

[3]南开大学环境科学与工程学院

18.6 节作者：李瑞宾[1]，刘思金[2]

[1]苏州大学放射医学与辐射防护国家重点实验室，[2]中国科学院生态环境研究中心

第 19 章　新污染物的生态毒理效应

本章导读

新污染物一般是指由人类活动产生的，尚无法律法规和标准予以规定的一类污染物。随着工业的快速发展和化学品的大量使用，一些不易降解、不易代谢、具有强隐蔽性的新污染物如有机磷酸酯、新溴代阻燃剂等在环境中不断积累，对公众健康及生态环境的危害正在逐步显现。已有研究表明，环境新污染物会导致不同生物的器官损伤、神经行为缺陷、生殖发育障碍、内分泌激素失调等，并具有一定程度的致癌、致突变效应。本章将对环境新污染物的生态毒性效应及其毒性机制进行简要介绍。

关键词

新污染物，生态毒理效应，有机磷酸酯，新溴代阻燃剂，抗生素，昼夜节律

19.1 引　　言

随着工业和生产水平的高速发展，新污染物在环境中被不断发现。有机磷酸酯（organophosphorous-esters，OPEs）和新型溴代阻燃剂（novel brominated flame retardants，NBFRs）作为新型阻燃剂被广泛生产和使用，随着包括多溴联苯醚在内的传统阻燃剂逐步受控和禁用，作为溴代阻燃剂主要代替品的OPEs 和 NBFRs 产量大幅增长，因其良好的阻燃性能，被大量用于电子产品、纺织品、建筑材料、家具、包装行业等领域。这些阻燃剂主要以掺杂的方式添加，容易通过磨损、挥发和浸出等途径引入环境，释放到各种环境介质中，并通过饮食摄入、呼吸吸入、皮肤接触等方式进入人体，对环境和人体健康的负面影响不容忽视。已有大量研究报道了各类环境介质中的 OPEs，但对生物体中的 OPEs 研究仍较少。近来有研究指出，部分生物体内 OPEs 的浓度高于其环境背景值，说明 OPEs 可能具有一定的生物富集和放大效应。实验室研究表明在水生生物体内，其生物积累因子的对数值（log BAFs）与 OPEs 的 log K_{ow} 之间呈显著正相关性，说明疏水性对 OPEs 的生物富集起重要作用，而在实际水生和沉积物环境中情况更加复杂，log BAFs 与 OPEs 的 log K_{ow} 相关性不大或只存在弱相关性[1-3]。实际环境系统中如栖息地、摄食行为、污染物在生物体内的代谢和清除等，可能是影响 OPEs 生物积累的重要因素。类似地，OPEs 的生物放大效应也显示不同的结果，这可能与食物链结构、生物生长速率、物质的物理化学性质、物质在生物体中的降解、环境参数等相关。最近研究表明 OPEs 会被植物根系吸收富集在体内，OPEs 的根系吸收过程与机理由 OPEs 理化性质和植物生理共同决定。通过植物水培实验研究发现，OPEs 在植物根部的富集系数（root concentration factor，RCF）随其 log K_{ow} 的增加而增加，亲水性强的 OPEs 会随着蒸腾流进入植物根系，且蒸腾作用越强的植物对 OPEs 吸收速率越大；而亲脂性强的 OPEs 会与转运蛋白结合被根系吸收，OPEs 根系吸收速率与根系中的非特异性转运蛋白（non-specific lipid transfer protein，nsLTP）的结合能成正比，表明植物对 OPEs 的吸收能力随 log K_{ow} 的增加而增大。对于 OPEs 的生物分布与代谢效应，相关研究结果差异较大，OPEs 在生物体内快速地代谢转化很可能是影响其生物富集作用的主要因素[30,31,32]。一般而言，作为传统化合物的替代品，与多溴联苯醚（polybrominated biphenyls，PBDEs）、全氟辛酸（perfluorooctanoic acid，PFOA）、全氟辛烷磺酸（perfluorooctane sulfonates，PFOS）、双酚 A 等相比，新污染物可能具有较低的毒性。然而越来越多的证据显示，这些新的阻燃剂也可能对生物体的甲状腺内分泌系统、生殖内分泌系统、神经系统、肝脏肾脏、心血管系统及免疫系统等造成损伤[31,32,50]。

除去遗传性疾病，环境污染是造成人类健康危害的最主要因素，发达国家工业化中后期出现的污染导致的健康问题已在我国集中显现。新污染物暴露产生的健康危害尚缺乏有效的理论和方法，暴露途径和暴露剂量不清，污染物与生物分子交互作用的毒性通路干扰机制研究亟需新方法与新模型的支撑。在环境暴露与健康危害研究中，目前的生态毒理学研究重点关注于内分泌干扰、发育、繁殖、免疫和致癌等传统的毒性作用，鲜有研究关注环境污染物对生物体昼夜节律系统的影响。生物节律是控制生理网络和表达相应生态反应的基本机制，昼夜节律的破坏会导致生物行为和运动的紊乱，昼夜节律系统受到干扰会导致生物体多种生理功能包括细胞分裂、激素分泌、营养代谢、睡眠/觉醒、繁殖和行为在内的众多生理生化和行为过程紊乱，是一个重要的毒性终点。目前，针对昼夜节律开展的研究主要集中于生物体节律过程调控和分子机制。近期研究发现，一些环境污染物也能够干扰生物体的昼夜节律。这些可以影响昼夜节律系统的化合物被称为昼夜节律干扰物。现有文献中揭示的昼夜节律干扰效应物质主要可以分为四大类：类固醇激素、杀虫剂/杀菌剂、神经类药物和重金属等。其中，环境类固醇激素，尤其是环境糖皮质激素的昼夜节律干扰效应最为显著。目前在斑马鱼中鉴定出 40 个节律基因，主要包括 6 大类核心节律基因家族。和哺乳动物类似，这些昼夜节律基因构成了斑马鱼昼夜节律分子调控主网络，包括一个核心异二聚体（clock/arntl）和数个正/负反馈回路。除核心节律基因外，生物体中还存在众多能够受到核心节律基因调控的非节律基因，这种现象从单细胞微生物如蓝藻到哺乳动物中普遍存在[225,230,231]。作为昼夜节律系统核心的 clock/arntl 异二聚体，能够通过结合基因上游启动子区特异性 DNA 序列，调控众多下游非节律基因的表达水平，调节包括细胞周期、DNA 损伤、细胞自噬、代谢和解毒、繁殖和行为学等在内的众多生理生化过程。除了光照、温度、缺氧等因素，已有研究表明环境污染物能够强烈干扰生物机体的昼夜节律系统，如环境糖皮质激素和孕激素类物质、杀虫剂除草剂、神经类药物及重金属等。此外，一些新污染物如双酚 A（BPA）和邻苯二甲酸酯也被证明能够引起鱼类昼夜节律分子调控网络的紊乱。如低剂量 BPA 亦可以影响生物体核心节律基因 *per2* 和 *cry1* 的表达，邻苯二甲酸二丁酯（DBP）抑制金鱼的抗氧化酶系统，引起 DNA 氧化损伤，进而改变褪黑素的分泌并改变斑马鱼的节律行为。目前对环境污染物的昼夜节律干扰效应研究仍处于起步阶段，对大多数的环境物质仍缺乏相关关注，昼夜节律干扰作用分子机制亦不明确。相关研究认为环境污染物干扰昼夜节律的作用机制与类固醇激素受体、芳烃受体 AhR，神经内分泌调节相关。并且目前对环境污染物昼夜干扰作用的研究尚停留于无脊椎动物和鱼类，对哺乳动物特别是对人类的研究十分有限。代表性脊椎动物斑马鱼研究已从基因层面和行为学层面揭示了环境污染物质具有影响生物体昼夜节律的潜能，同时也有研究表明，环境中的重金属和小分子能够影响人类昼夜节律和睡眠系统[323]，然而环境污染物是否能对哺乳动物产生同样的影响仍有待阐明。人类时刻暴露在大量环境污染物中，其相关暴露情况与环境健康效应亟需进一步研究揭示。

现有研究资料显示，新污染物的毒性作用机制与传统污染物相似，甚至更为复杂，主要包括：①经典内分泌干扰途径，即通过干扰下丘脑-垂体-甲状腺/性腺（hypothalamus pituitary thyroid/gonad，HPT/HPG）轴等导致内分泌干扰效应。例如，十溴二苯乙烷（decabromodiphenyl ethane，DBDPE）、磷酸三苯酯（triphenyl phosphate，TPHP）、三（1,3-二氯-2-丙基）磷酸盐[tris（1,3-dichloro-2-propyl）phosphate，TDCIPP]、6∶2 氯化聚氟醚磺酸（chlorinated polyfluorinated ether sulfonate，Cl-PFESA）、双酚 F（bisphenol F，BPF）等可通过干扰脱碘酶甲状腺激素合成与代谢、通过甲状腺激素转运蛋白（transthyretin，TTR）及甲状腺素结合球蛋白（thyroxine-binding globulin，TBG）干扰甲状腺激素的转运、影响 HPT 轴的负反馈调控机制引起甲状腺激素紊乱，最终导致甲状腺内分泌系统功能异常。②经典受体途径与非基因组途径。内分泌干扰效应的经典受体途径是指污染物与细胞核内的激素受体发生作用，表现出促进或抑制效应。新溴代阻燃剂 2,3,4,5-四溴-苯二羧酸双(2-乙基己基)酯[bis(2-ethylhexyl)-3,4,5,6- tetrabromo-phthalate，TBPH]、有机磷酸酯类(TPHP、TDCIPP)、双酚 A 替代物(BPS、BPF、BPAF 等)均已被证实可通过雄激素受体（androgen receptors，ARs）或雌激素受体（estrogen receptors，ERs）引起生殖内分泌干扰效应。近期研究表明，新污染物（如 BPS 等）还可能通过非基因组途径，如细胞膜上的少量受体和 G 蛋白耦联受体（G protein-coupled receptors，GPRs）激活细胞内信号通路，产生内分泌干扰作用。这一作用机制有助于解释环境污染物为何在很低的剂量下即可对内分泌系统产生影响[122]。③表观遗传修饰改变。近期研究发现新污染物（如 OPEs、NBFRs 等）可以对生物体表观遗传学水平（如 DNA 甲基化和组蛋白修饰等）产生影响。此外，也有研究表明，新污染物暴露引起的母代表观遗传学水平的改变，可以传递给未暴露子代，从而对后代的生长发育等过程产生更为深远的影响，这一发现为揭示新污染物传代毒性的分子机制提供了依据。④直接效应与间接效应。最近的研究成果发现 NBFRs、OPEs 等新污染物诱导神经毒性的机制可分为直接和间接两种途径，其中直接途径包括通过诱导氧化损伤和细胞凋亡、干扰神经信号转导，如神经递质、Ca^{2+}稳态等对神经细胞的增殖、分化、迁移及生理功能造成直接损伤；间接途径包括由甲状腺和生殖内分泌干扰效应等而导致的神经发育异常及神经功能障碍等[130]。此外，最近的研究表明，新污染物可能通过对血脑屏障结构和功能的损伤，干扰血脑屏障微界面的平衡，从而间接影响神经系统的相关功能。

抗生素是改变人类历史进程的化学品之一，然而由于长期使用与排放、污水处理厂的不完全去除等原因，使其成为新的环境污染物。抗生素对环境的潜在危害与风险，在发光菌、无脊椎动物、鱼类等多种受试生物得到广泛研究，这些研究大多数集中在急性毒性，而且相应的半数致死浓度（LC_{50}）也都在 mg/L 的水平。近期，流行病学与实验室研究均表明，抗生素的大量使用与肥胖相关联，抗生素成为新的环境诱胖剂，其潜在机理与健康风险亟待系统研究。抗生素的使用与排放具有持续性，其环境降解速率较低，导致其在环境中具有假持久性，因而具有低浓度、长期暴露的特征。与此同时，抗生素能够穿透胎盘屏障、通过脐带从孕期母体传递到胎儿体内，也可通过母乳从哺乳期母亲传递到婴儿体内；还能够通过食物以及抗生素滥用等途径对儿童、成年人、老年人等不同年龄段的人群产生持续性的长期暴露[187-190]。已有研究表明，抗生素具有跨世代传递与跨世代毒性效应。研究表明，磺胺嘧啶（SD）、磺胺吡啶（SP）、磺胺甲噁唑（SMX）、磺胺甲嘧啶（SMZ）等磺胺抗生素对秀丽线虫具有跨世代毒性效应，其中 SMX 对秀丽线虫的行为和生长均产生了与暴露浓度、暴露时间的依赖性，而在 SD、SP、SMZ 效应中，身体弯曲频率（BBF）表现出更强的敏感性。秀丽线虫的后代与母代相比，部分效应得以恢复，但部分效应更加严重，结果表现出了磺胺抗生素的世代间可传递的效应。抗生素一代暴露、多代残留的毒性效应研究中，秀丽线虫的后代表现出一定的修复能力，但最终表现出与母代（F0）相似的抑制效应。并且磺胺抗生素诱胖效应也表现出对暴露世代的显著依赖，即多世代的连续暴露对抗生素的诱胖效应有显著影响。SMZ 导致秀丽线虫后代的代谢紊乱效应，还扰乱了其发育、生殖和行为等方面。目前对于抗生素的绝大多数研究几乎从零开始探索其毒性效应，因此表观效应的类别、生化指标的选择、分子机制的探索多沿用其他环境污染物毒性效应研究的成果和方法，潜在机制研究的相关结论目前也尚未超越经典环境污染物（例如 POPs 等）的作用机制范畴，因此对于新污染物的生态毒性效应研究尚需开展针对性、前瞻性、系统性、深入性的毒性效应与机制研究。

本章主要介绍了新污染物的生态毒性效应及其毒性机制。研究新污染物的毒性效应和揭示其毒性作用机制，科学评价新污染物对生态环境和人体健康的潜在风险，是环境毒理学研究领域的前沿课题，也是国家的重大需求。然而，由于污染物种类、结构和性质的差异性，环境暴露的复杂性，生物体内在调控机制的多样性，迫切需要明确污染物的作用靶点以及由此引起的有害结局，这使得新污染物毒性与机制研究面临巨大挑战。

19.2　有机磷酸酯的生态毒性

19.2.1　有机磷酸酯的概述

作为使用最广泛的有机磷阻燃剂，OPEs是由磷酸基团的氢被取代的一类磷酸衍生物。大部分OPEs阻燃剂是以磷为支架，由中心磷酸分子骨架和三个取代基构成的磷酸三酯（organophosphate triesters，tri-OPEs），并可以进一步水解生成二酯（organophosphate diesters，di-OPEs），它们的基本分子结构如图 19-1 所示。根据OPEs结构中酯键的不同，大致可将其分为烷基有机磷酸酯（alkyl-OPEs）、芳基有机磷酸酯（aryl-OPEs）和卤代烷基有机磷酸酯（halogenated-OPEs）三种类型，其中氯代有机磷酸脂（chlorinated-OPEs）是最主要的卤代有机磷阻燃剂[1]。物理化学性质是影响污染物的环境行为和健康风险的重要因素，不同OPEs的物理化学性质差异较大。一般随着OPEs分子量的增大，其辛醇-水分配系数（octanol-water partition coefficient，K_{ow}）有增大的趋势，蒸汽压逐渐减小。例如，磷酸三甲酯（trimethyl phosphate，TMP）是分子量最小的OPE，极性最大（log K_{ow}最小，为–0.65），亲水性很强（水溶解度为 500 g/L），蒸汽压可达到 113 Pa，易挥发；分子量较大的磷酸三异辛酯[tris（2-ethylhexyl）phosphate，TEHP]极性相对更小（log K_{ow}为 9.49），难溶于水（水溶解度为 6.0×10^{-4} g/L），不易挥发。蒸汽压较高的挥发性OPEs[如磷酸三（2-氯乙基）酯，TCEP]更容易排放到空气中[2]；Alkyl-OPEs和aryl-OPEs由于具有较高的相对分子质量，疏水性更强，容易吸附在沉积物和土壤上[2,3]；chlorinated-OPEs易溶于水，对水生动物具有较大的潜在威胁[2,4]。另外，OPEs在水体中的溶解度与pH条件有关。在中性条件下，大部分的OPEs不易水解；但在碱性或含有磷酸酯酶的条件下，OPEs的水解速度加快[5]。在评估OPEs的环境行为和健康风险时应充分考虑其性质差异，表 19-1 列出了常见OPEs全称、缩写及其理化性质。

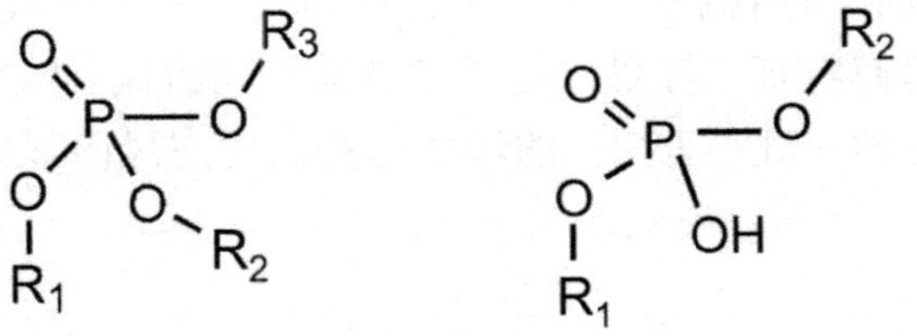

tri-OPEs　　　　di-OPEs

图 19-1　OPEs 的结构通式：R_1、R_2、R_3 分别代表不同或相同的取代基

有机磷酸酯在降低聚合物可燃性或提高聚合物可塑性方面表现突出，已被广泛应用于各种家具和工业产品中。根据欧洲阻燃剂协会（European flame retardants association，EFRA）统计，2006 年，OPEs 在西欧的产量大约为 93000t/a，比 2005 年提高了 7.1%[6]。在中国，2007 年 OPEs 年产量为 70000t，到 2012 年使用量达到 179000t，并且预计以每年 15%的速度增加[7,8]。大多数 OPEs 以物理添加而非化学键合的方式应用于油漆、家具、电子产品、建筑材料等产品中，导致 OPEs 很容易释放进入环境。目前在水、大气、土壤、沉积物等环境介质、野生动物及人体内均检测到不同浓度的 OPEs[1,9]。OPEs 在环境中的迁移转化行为、毒性效应及其作用机制引起研究者的重视。

表 19-1　常见 OPEs 及其理化性质

中文	英文	缩写	分子量	溶解度（mg/L）25℃	蒸气压（mmHg）25℃	$\log K_{ow}$	$\log K_{oc}$	$\log K_{oa}$	污泥吸附比例（%）
磷酸三甲酯	imethyl phosphate	TMP	140.8	5.00E+05	0.85	-0.65	0.88	5.88	1.76
磷酸三乙酯	Triethyl phosphate	TEP	182.2	5.00E+05	16.5E-02	0.87	1.68	6.63	1.78
磷酸三丙酯	Tripropyl phosphate	TPP	224.2	6.45E+03	2.31E-02	2.35	2.47	6.42	2.05
磷酸三正丁酯	Tri-n-butyl phosphate	TNBP	266.3	7.35	3.49E-03	3.82	3.27	9.21	29.80
磷酸三异丁酯	Tri-iso-butyl phosphate	TIBP	266.3	16.2	1.28E-02	3.60	3.04	7.48	15.30
磷酸三(2-丁氧乙基)酯	Tris(2-butoxyethyl)phosphate	TBOEP	398.5	1.10E+03	1.23E-06	3.00	5.66	13 .0	19.80
磷酸三(2-乙基己基)酯	Tris(2-ethylhexyl)phosphate	TEHP	434.6	0.60	6.07E-07	9.49	6.35	14.90	93.30
磷酸三(2-氯乙基)酯	Tris(2-chloroethyl)phosphate	TCEP	285.5	7.00E+03	3.91E-04	1.63	2.47	7.42	1.86
磷酸三(2-氯异丙基)酯	Tris(2-chloroisopropyl)phosphate	TCIPP	327.5	1.20E+03	5.64E-05	2.89	3.10	8.20	3.27
磷酸三(1,3-二氯 2-丙基)酯	Tris(1,3-dichloro-2-propyl)phosphate	TDCIPP	430.9	7.00	2.86E-07	3.65	3.96	10.60	16.70
磷酸三苯酯	Triphenyl phosphate	TPHP	326.2	1.90	4.72E-07	4.70	3.71	8.45	60.10
2-乙基己基二苯磷酸酯	2-Ethylhexyl diphenyl phosphate	EHDPP	362.4	1.90	3.34E-05	6.30	4.20	8.92	89.80
叔丁基苯基磷酸二苯酯	Bisphenol A bis(diphenyl phosphate)	BDP	692.6	1.09E-07	2.06E-08	10.0	10.5	21.70	93.20
磷酸三甲苯酯	Trimethylphenyl phosphate	TMPP	（由 TpCP、TmCP、ToCP 三种异构体组成的混合物）						
磷酸三对甲苯酯	Tri-p-cresyl phosphate	TpCP	368.3	0.30	3.49E-08	6.34	4.21	12.00	92.36
磷酸三邻甲苯酯	Tri-o-cresyl phosphate	TmCP	368.3	0.36	1.21E-02	5.11	4.67	9.59	80.20
磷酸三间甲苯酯	Tri-m-cresyl phosphate	ToCP	368.3	0.02	1.09E-07	6.34	4.67	8.81	92.36

注：数据由美国环保局 EPI Suit e™工具桢拟而得（https：//www.epa.gov/tsca-screen in g-tools）；K_{ow}：辛醇-水分配系数（octanol-water partition coefficient）；K_{oc}：土壤有机质吸附系数（soil adsorption coefficient）；K_{oa}：辛醇-空气分配系数（octanol-air partition coefficient）。

研究表明，OPEs 可以在生物体内发生富集，并产生氧化损伤、发育毒性、内分泌干扰作用、生殖毒性、神经毒性、肝脏毒性、皮肤刺激、甚至癌症等潜在健康风险[10]。但是整体而言，关于 OPEs 的环境行为和环境风险等方面的研究还不够全面和深入。本章阐明了 OPEs 在水生生物中的富集和放大效应、在植物中的富集过程和作用机制及其对生物体的内分泌干扰效应和作用机制，揭示了 OPEs 在普通人群以及孕妇体内的暴露特征、母婴传递规律及其影响机制，围绕目前存在的问题及未来的研究方向进行了讨论和展望，为学科评估 OPEs 的环境趋势、生态风险以及人体健康效应提供更加准确全面的依据。

19.2.2　有机磷酸酯在水生生物中的富集与放大效应

1）有机磷酸酯的生物富集

OPEs 属于中度至高度疏水性化合物（$\log K_{ow}$：−0.65～9.49），水体和沉积物中的 OPEs 可能会通过食物摄入和皮肤渗透等途径进入水生生物体内，并在水生生物体内发生积累。据研究，OPEs 在瑞典、加拿大、美国、马尼拉湾、比利时、中国等地多种水生生物中均检出[11-14]。可能受到城市化及周边地区工业化程度高的影响，珠江三角洲主要河流中鲮鱼、罗非鱼和清道夫体内 OPEs 浓度范围为 2.3～30 ng/g ww，高于我国太湖、韩国洛东河和加拿大湖体中水生生物的 OPEs 含量[12,15-17]。Hou 等人研究了 OPEs 在鲫鱼和泥鳅不同组织中的分布情况，结果表明肝脏中 OPEs 的浓度高于肠道和肾脏中的浓度[18]。

对于 OPEs 在水生生物体内的富集特征，Wang 等人在实验室条件下研究了 OPEs 在斑马鱼中的生物富集，其生物积累因子的对数值（log BAFs）与 OPEs 的 log K_{ow} 之间呈显著正相关性，说明疏水性对 OPEs 的生物富集起重要作用[19]。但在实际水环境中，Hou 等人对北京河流中 OPEs 在麦穗鱼、鲫鱼及泥鳅中的生物积累效应的研究表明，OPEs 的 log BAFs 与其 log K_{ow} 之间只存在弱的相关性（$r^2 = 0.41$，$p < 0.01$）[18]。Wang 等人对太湖水生生物中 OPEs 富集特征的研究表明，对于浮游生物，OPEs 的 log BAFs 在 log K_{cw} 为 3.65～5.73 的范围内均随 log K_{ow} 的增加而增加，然后趋于平稳[20]。浮游生物中极低的脂含量（0.32%脂含量基于湿重）以及磷酸三(2-氯异丙基)酯(TCIPP)和磷酸三(2-氯乙基)酯（TCEP）较低的疏水性，使得其在浮游生物中含量低于检出限。当 log K_{ow} 从 3.65 增加到 5.73，随水交换进入浮游生物中的 OPEs 量增加，而排出的量减少，使得浮游生物中 OPEs 的积累量随 log K_{ow} 的增加而增加。随着 log K_{ow} 进一步增加，其进入浮游生物的阻力增大，且对于极其疏水的化合物，交换将趋于平稳。对于底栖无脊椎动物和鱼类，OPEs 的 log BAF 在 log K_{ow} 为 1.44～9.49 的范围内随 log K_{ow} 的增加而增加，但由于大部分强疏水的化合物会吸附在水体悬浮颗粒物上，其生物有效性随之降低，导致 TMPP（log K_{ow} 为 6.34）和 TEHP（log K_{ow} 为 9.49）的 log BAF 值略低于该回归曲线[20]。Zhao 等人对 OPEs 在太湖中鱼体及浮游生物中累积规律的研究表明低聚类有机磷酸酯阻燃剂 BDP[双酚 A 双(二苯基磷酸酯)，bisphenol A bis (diphenyl phosphate)，log K_{ow} 为 10.0]的 BAFs 大于单体类 OPEs[21]（图 19-2）。在对洛东江和珠江三角洲中鱼类对 OPEs 的生物富集的研究中则并没有发现 OPEs 的 log BAFs 与其 log K_{ow} 之间存在相关性[17,22]。而 Bekele 等人在莱州湾海水水生生物中也发现 OPEs 的 log BAFs 与 log K_{ow} 之间呈显著正相关性[23]。这些结果表明，实际水生系统中环境更加复杂，与水生生物相关的诸多因素，如栖息地、摄食行为、污染物在生物体内的代谢和清除等，也可能是影响 OPEs 生物积累的重要因素。

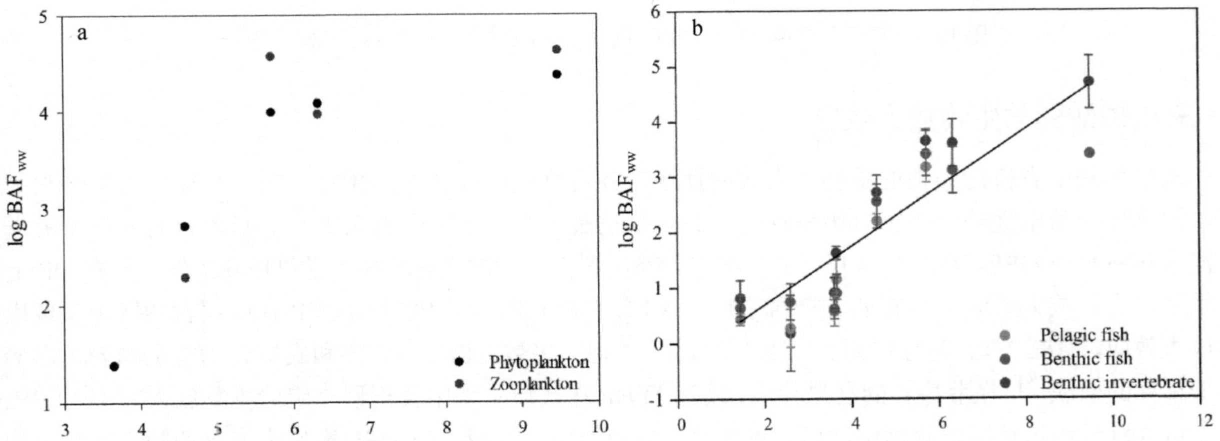

图 19-2　浮游生物（a）、鱼类和底栖无脊椎动物（b）中 OPEs 的 log BAF 与其 log K_{ow} 之间的关系[20]

对于沉积物中 OPEs 的生物有效性，Giulivo 等人在欧洲萨瓦河和阿迪杰河流域鱼体的研究表明，TNBP、TCEP 和 TMPP 在鱼体内的 BSAF（biota-sediment accumulation factor）小于 1[24]。相似的，Choi 等人发现在韩国海岸采集的双壳类中，TEP、TCEP、TMPP、EHDPP 和 TEHP 的 BSAF 也小于 1[25]。Zhang 等人对北部湾养殖水生生物（虾、蟹和牡蛎）研究表明，虾和蟹的生物富集因子在 OPEs 为 log $K_{ow} < 7$ 的范围内随 log K_{ow} 的增加而增加[26]。Wang 等人研究表明，底栖无脊椎动物中 OPEs 的 log BSAF 与其 log K_{ow} 呈抛物线关系，log BSAF 先在 log K_{ow} 为 1.44～5.73 的范围内随着 log K_{ow} 的增加而增加，随后随 log K_{ow} 的增加而减小（图 19-3）[20]。这是因为生物对沉积物中有机化合物的积累是有机化合物从沉积物上解吸和从孔隙水中吸收共同作用的结果，此外生物还可以通过摄入沉积物颗粒来吸收沉积物上结合

的有机化合物。极疏水化合物很难从沉积物中解吸，使得其生物有效性非常低。生活在底部沉积物中并以沉积物颗粒为食的底栖无脊椎动物可能比鱼类更适合用来评估沉积物中 OPEs 的生物有效性。相似地，Bekele 等人发现在莱州湾无脊椎动物和底栖鱼类中，OPEs 的 BSAF 为 0.1～0.7，且在 log K_{ow} 小于 4.59 时，随 log K_{ow} 的增加而增加；而当 log K_{ow} 大于 4.59 时，随 log K_{ow} 的增加而降低[23]。Zhao 等人对 BDP 的研究表明，其在底栖生物中的 BSAF 小于 log K_{ow} 在 2～5 之间的单体类 OPEs 的 BSAF[21]。不同研究之间 OPEs 的 BSAF 差异性受水生生物种类、沉积物和水体理化性质等因素的影响。

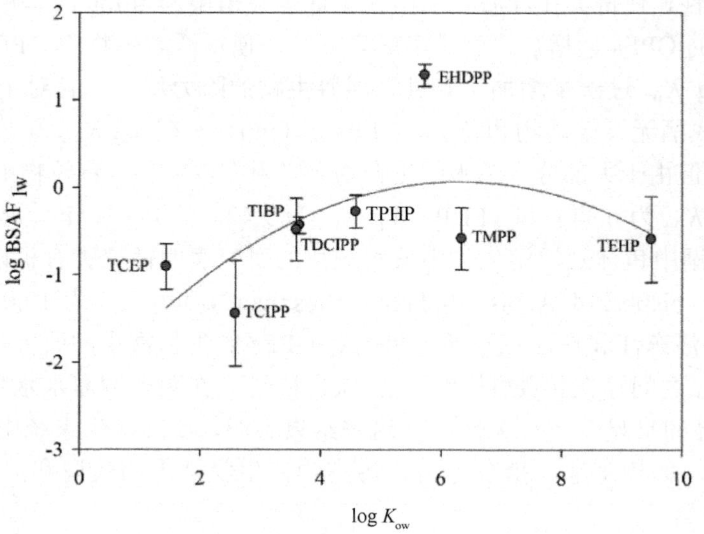

图 19-3　底栖无脊椎动物中 OPEs 的 log BSAF 与其 log K_{ow} 之间的关系[20]

2）有机磷酸酯的生物放大效应

水生生物中有机污染物的生物放大效应使得对其进行风险评估更加困难。对于污染物的生物放大效应，除物质的疏水性外，生物对污染物的代谢转化也是一个重要的影响因素[27]。目前已有一些研究调查了淡水和海水中 OPEs 的生物放大效应。在安大略湖和伊利湖的食物链中，除 TBOEP 外，所有 OPEs 均未呈现出生物放大效应[28]。在西方斯凯尔特河河口，TBOEP、TCIPP 和 TCEP 在底层食物链中呈现出生物放大效应，且其 TMF 值分别为 3.5、2.2 和 2.6，其他大多数 OPEs 在表层和底层食物链上均表现出随食物链稀释的效应[29]。在菲律宾的马尼拉湾，只有 TPHP 在底层生物中会出现一定的生物放大效应[13]。Wang 等人对太湖竺山湾鱼类食物网中 OPEs 生物放大效应的研究表明，EHDPP 表现出显著的随食物链生物放大的趋势，TMF 为 3.61；TCEP、TCIPP、TDCIPP 和 TIBP（log K_{ow} 为 1.44～3.65）的 log C_{biota} 和生物营养级之间未发现显著相关性；TPHP（log K_{ow} 为 4.59）和 TMPP（log K_{ow} 为 6.34）的 log C_{biota} 和生物营养级之间只呈现出微弱的正相关性[20]。这可能是因为除疏水性外，物质在生物体内的代谢转化也对化合物的生物放大效应具有重要的影响。例如，虽然 TMPP 的 log K_{ow} 在 5～8 范围内，推测其易于生物放大，但其在鲫鱼（营养级=3.9）、鲶鱼（营养级=4.4）和黄颡鱼（营养级=5.0）的肝脏 S9 中稳定的生物代谢削弱了其生物放大的潜力。相似的，Zhao 等人对太湖浮游生物-底栖生物-鱼类食物链上 OPEs 的生物放大效应的研究也表明，TCIPP、TDCIPP 和 TMPP 均呈现显著的随食物链稀释的效应[16]。但 Bekele 等人对莱州湾海洋食物链的研究表明 TEP、TNBP、TCIPP、TDCIPP、TBOEP、TEHP、CDPP 和 TMPP 的 log C_{biota} 和生物营养级之间呈显著正相关性；TMP、TPrP、TIBP、TPeP、THP、TCEP、TPHP、EHDPP 和 TPPO 的浓度随生物营养级的增加而增加，但相关性不显著。对于非氯代 OPEs，其 TMF 为 1.06～2.52，对于氯代 OPEs，其 TMF 为 1.17～1.84，对于芳香基取代的 OPEs，其 TMF 为 1.75～2.03[23]。这些有差异的结果表明 OPEs 的生物放大效应可能受到许多因素的影响，如食物链结构、生物生长速率、物质的物理化学性质、物质在生物体中的降解、环境参数等。

19.2.3 有机磷酸酯在植物中的富集过程与机制

再生水（reclaimed water）灌溉和污泥农用可能会导致其中未被降解的 OPEs 进入农田土壤中，进而被植物根系吸收富集在体内[30]。OPEs 的根系吸收过程与机理由 OPEs 理化性质和植物生理共同决定（图 19-4）。通过植物水培实验研究发现，OPEs 在植物根部的富集系数（root concentration factor，RCF）随其 $\log K_{ow}$ 的增加而增加[31,32]。不仅如此，Liu 等[32]发现不同理化性质 4OPEs 的根系吸收与富集存在不同机理，亲水性强的 OPEs 会随着蒸腾流进入植物根系，且蒸腾作用越强的植物对 OPEs 吸收速率越大；而亲脂性强的 OPEs 会与转运蛋白结合被根系吸收，OPEs 根系吸收速率与根系中的非特异性转运蛋白（non-specific lipid transfer protein，nsLTP）的结合能成正比，表明植物对 OPEs 的吸收能力随 $\log K_{ow}$ 的增加而增大[31]。OPEs 进入植物根部后，亲脂性强的 OPEs 一部分会进入脂肪组织中蓄积[32]，另一部分会被细胞壁吸附[33]。导致亲脂性强的 OPEs 难以向上迁移，因此亲脂性强的 OPEs 主要富集在植物根部。亲水性较强的 OPEs 会随蒸腾流经木质部运输向植物地上部迁移，当其 $\log K_{ow}<4$ 时，OPEs 的迁移能力最强[32]；而当 OPEs 的 $\log K_{ow}$ 继续增加其向上运输能力显著降低[34,35]。此外，OPEs 不仅可通过木质部迁移，还可通过韧皮部进行迁移，且 $\log K_{ow}$ 越低、水溶性越强越容易迁移[32]。

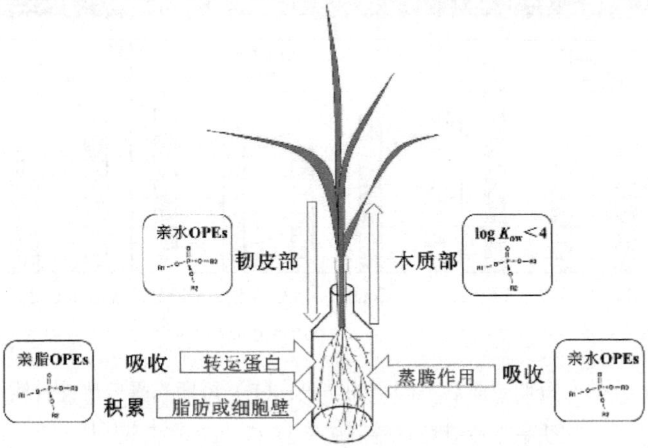

图 19-4　OPEs 的根系吸收积累与迁移机制

19.2.4 有机磷酸酯的内分泌干扰毒性效应与机制

内分泌干扰物（endocrine-disrupting chemicals，EDCs）主要通过与雌激素受体（oestrogen receptor-alpha，ERα）、雄激素受体（androgen receptors，AR）等核受体结合，影响正常内分泌系统功能并引起异常症状。OPEs 是一类典型的 EDCs，其内分泌干扰作用已经被越来越多的研究报道。由于 OPEs 化学结构复杂，其毒性效应不尽相同。研究表明，相比于其他两种 OPEs，alkyl-OPEs 具有更高内分泌干扰风险[36-38]。Tan 等人通过对 4000 多个化合物的结构特征及其与核受体的相互作用进行分析，发现 EDCs 初级和次级碎片主要影响化合物与核受体的结合，三级碎片主要影响作用类型（激动剂、抑制剂、或者混合）[39]，但是目前关于 OPEs 构效关系的研究还不够具体和全面。关于 OPEs 内分泌干扰效应的研究主要涉及下丘脑-垂体-性腺（hypothalamic-pituitary-gonadal，HPG）轴，下丘脑-垂体-甲状腺（hypothalamic-pituitary-thyroid，HPT）以及生长激素（growth hormone，GH）轴等方面。

OPEs 对 HPG 轴的干扰是目前报道比较多的一种毒性效应。研究发现，TMPP、TPHP 和 TDBPP 等 9 种 OPEs 可能通过与雌激素受体（ER）、糖皮质激素受体（GR）、矿皮质激素受体（MR）以及雄激素受体（AR）相互作用干扰类固醇生成[38]。部分 OPEs 可以显著改变斑马鱼体内雌激素水平[40]。EHDPHP 是目前在环境中检出较高的一种芳基阻燃剂，Li 等人通过将日本青鳉鱼暴露于不同浓度 EHDPHP，发现雄鱼交配行为和生殖能力被显著抑制，酵母双杂交实验结果进一步揭示了 AR 拮抗可能是 EHDPHP 生殖毒性的潜在作用机制[41]。TPHP 是另一种环境中广泛存在的 aryl-OPE。Li 等人通过将孵化后的青鳉鱼在不同浓度的 TPHP 中暴露 100 天，发现卵巢发育迟缓显著（发病率为 11.9%～37.8%）和产卵量降低的现象，卵黄原蛋白（vtg）的转录水平显著下调，揭示了 TPHP 暴露导致卵巢发育迟缓潜在机制。此外，17β-E2 在高暴露组中显著降低，进一步揭示了 ER 拮抗可能是 TPHP 抑制 vtg 转录和产生雌性生殖毒性的主要因素（图 19-5）[42]。人体流行病学研究发现 OPEs 的潜在雌激素效应与男性催乳激素水平的升高和精子质量的下降高度相关[40]，进一步证明了 OPEs 对 HPG 轴的潜在内分泌干扰效应。

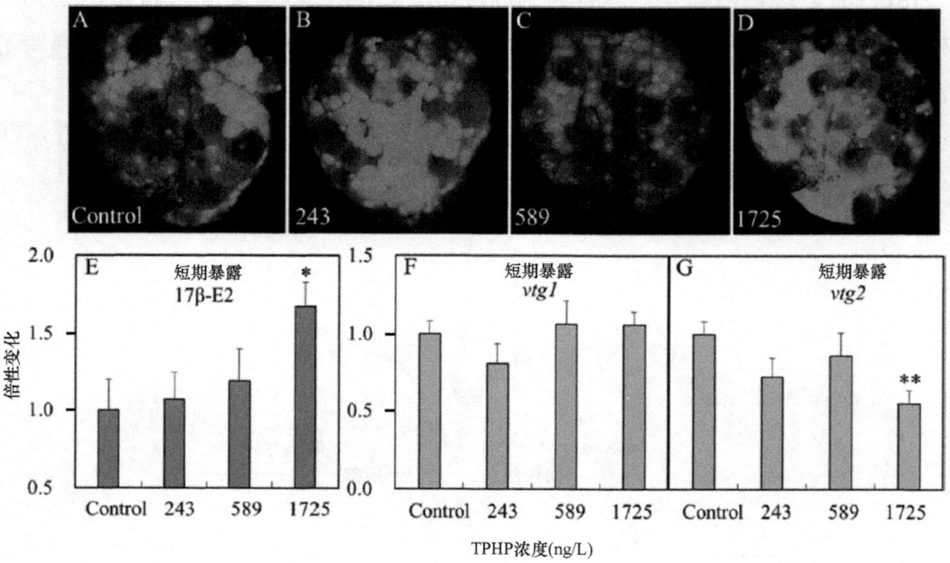

图 19-5　TPHP 暴露的影响：（A～D）短期暴露后不同组的卵巢；（E）短期暴露后雌性青鳉血浆 17β-E2 水平；（F，G）短期暴露后雌性青鳉肝脏 *vtg1* 和 *vtg2* 的表达[42]

值得注意的是，部分 OPEs 易于发生水解产生 di-OPEs，而其潜在健康风险可能高于对应的 tri-OPEs，但是目前关于 di-OPEs 的内分泌干扰效应及其他健康风险的研究还比较匮乏。Zhang 等人研究了三种主要 OPFRs 代谢物（BCIPP、BDCIPP 和 DPHP）的内分泌干扰作用。结果显示三种代谢物对大鼠雌激素受体（ERα）和人皮质激素受体（MR）有激动作用，BCIPP 具有内分泌干扰作用，且具有比其他两种 di-OPEs 更强的 ERα 结合能力。体内研究结果表明三种 di-OPEs 都可以导致斑马鱼仔鱼畸形，且下丘脑-垂体-肾上腺皮质和下丘脑-垂体-性腺轴均受损，而 BCIPP 的影响最大（图 19-6）[43]。此外，Li 等人发现 EHDPHP 在日本青鳉鱼体内有较高的转化率，转化产物 5-OH-EHDPHP 的抗雄激素效应是 EHDPHP 的三倍以上[41]（图 19-7）。因此，除了 tri-OPEs，di-OPEs 的生态环境健康风险不容忽视。

甲状腺内分泌干扰作用与人体 OPEs 暴露水平的相关性已有相关报道。Yao 等人通过测定 380 名孕妇产前尿液中 OPE 代谢物（mOPEs）、游离三碘甲状腺原氨酸（FT3）、游离甲状腺素（FT4）、促甲状腺激素（TSH）以及 8-羟基-2-脱氧鸟苷（8- OHDG）和丙二醛（MDA）以及 308 名新生儿足跟血 TSH 水平，发现妊娠期暴露于 OPEs 对母亲和胎儿的甲状腺功能有破坏作用，并指出这可能是由 DNA 损伤和脂质过

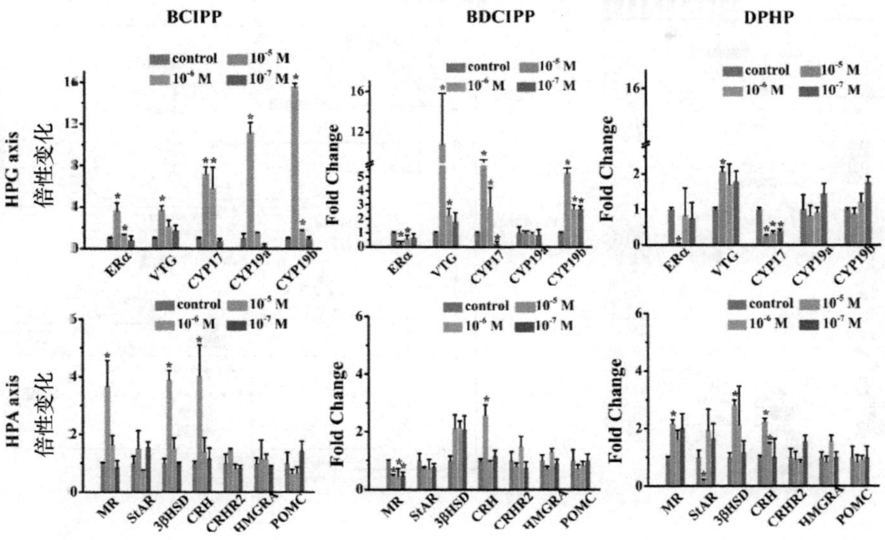

图 19-6　有机磷阻燃剂的三种代谢产物暴露 96 hpf 后，下丘脑-垂体-性腺（HPG）轴和下丘脑-垂体-肾上腺（HPA）轴 12 个相关基因的表达[43]

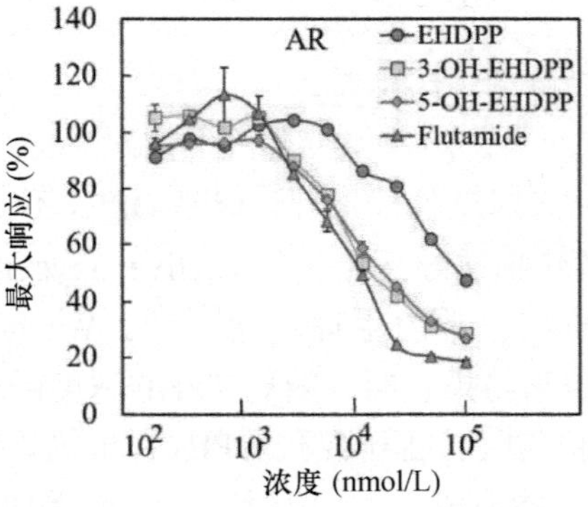

图 19-7　EHDPP 及其代谢物的 AR 拮抗活性与氟他胺比较[41]

氧化应激介导的[44]。Wang 等报道人体 EHDPHP 暴露水平与 FT4 显著正相关，说明其对甲状腺功能有干扰作用[45]。在其他动物体内发现类似现象，例如，Poutasse 等人通过对 78 只猫血浆中 FT4，总 T4（TT4）、总 T3（TT3），TSH 浓度与阻燃剂浓度进行比较，发现 TDCIPP 浓度与 TT4、FT4 水平显著相关。但是目前关于 OPEs 对于甲状腺系统影响的深入机制研究还比较匮乏。

HPT 轴是生物体内分泌调节系统之一，甲生长激素轴（GH）与 HPT 轴类似，是由下丘脑、垂体、生长激素共同调控。OPEs 对生物体生长发育方面的影响与其对于生长激素轴的干扰有关。例如，Zhang 等人对孵化 5 天的鲫鱼进行连续 90 天的 TDCIPP 暴露，结果显示鲫鱼的生长发育受到显著抑制。结合体外实验以及模拟计算等研究结果，最终揭示了 TDCIPP 对鲫鱼的生长抑制是通过与鲫鱼生长激素释放激素受体蛋白结合，干扰生长激素释放激素对 ghs 表达的刺激，进而导致垂体细胞 *gh1* 和 *gh2* mRNA 水平的下降[46]。值得一提的是，生物体表现出的毒性效应通常是多种调控机制共同作用的结果，所以 OPEs 对生物体生长发育的影响机制可能并不单一。例如，Ren 等人将成年斑马鱼暴露于 TDCIPP 90 天并对子代的生长发育和甲状腺功能进行研究，发现 TDCIPP 可以从成年鱼转移到后代，并导致子代斑马鱼 T4 的显著降低、T3 显著升高，HPT/GH/IGF 轴相关基因或蛋白表达异常。结果表明 TDCIPP 对斑马鱼生长发育的影响是 HPT 轴和 GH/IGF 轴受干扰共同作用的结果（图 19-8）[47]，但是目前对 OPEs 在多调控系统之间的联合调控机制和潜在作用规律还知之甚少。

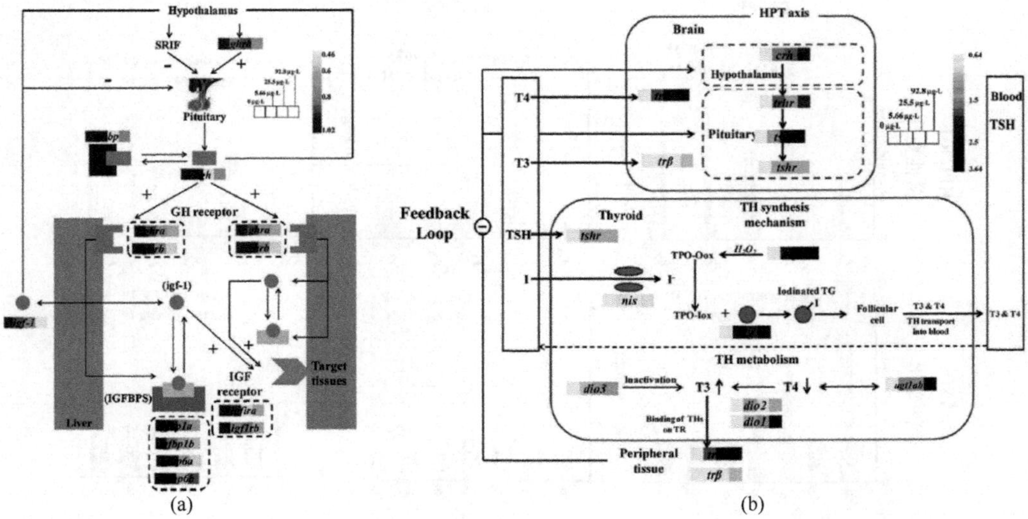

图 19-8　斑马鱼幼体暴露于 5.66、25.5 和 92.8 μg/L TDCIPP 后，其 HPT 轴（a）及其 GH/IGF 轴（b）上的浓度依赖效应和毒性途径[47]

19.2.5　有机磷酸酯对植物的毒性效应

目前，大多数研究主要关注 OPEs 对动物的毒性，但是 OPEs 不仅对动物产生毒害，也会对植物产生不良影响。OPEs 对植物的毒性主要包括诱导活性氧（reactive oxygen species，ROS）的产生、引起膜系统受损、引起细胞凋亡以及影响植物正常的生理代谢[48-50]。Wang 等发现 TPHP 会显著抑制小球藻（*Chlorella vulgaris*）的生长，代谢组学结果表明，随着 TPHP 浓度的增加，小球藻的呼吸作用显著提高，细胞渗透压增加，并引起膜系统的损伤[49]。由于氯代 OPEs 在植物体内相比于烷基取代和苯环取代 OPEs 更稳定，不容易转化[31,51]，对植物可能造成更大的损害。Wang 等研究发现，当斜生栅藻（*Scenedesmus obliquus*）暴露于 10 μg/L 的 TDCPP 时，不仅会抑制其细胞的生长，引起膜系统损伤，还会干扰藻类的脂质代谢通路，增强一氧化氮信号[50]。氯代 OPEs 不仅对藻类有危害，也会影响高等植物的生理功能。Liu 等研究发现 TCEP、TCPP 和 TDCPP 使小麦叶绿素 b 含量显著下降，导致植物光合作用减弱，诱导小麦产生过量 ROS，引起膜系统的脂质过氧化和膜损伤，进而激发抗氧化酶含量的升高[48]。通过代谢组学手段发现氯代 OPEs 会干扰小麦氨基酸代谢（丙氨酸、天门冬氨酸和谷氨酸代谢）、能量代谢（乙醛酸和二羧酸代谢和三羧酸循环）和苯丙氨酸代谢。

19.2.6　有机磷酸酯的人体暴露与胎盘转运

1）有机磷酸酯的人体暴露

（1）有机磷酸酯的外暴露

OPEs 被广泛地添加到建筑材料、装修材料、电子设备和电器中，在中国、美国、瑞典、挪威、埃及等多地室内灰尘中广泛检出，且其浓度水平普遍高于其他有机卤代阻燃剂，使得室内灰尘吸入、摄入及手-口接触成为人体暴露 OPEs 的重要来源[52-56]。国内对室内灰尘中 OPEs 的研究主要集中在广州、上海、北京及电子垃圾拆解地区等地，研究表明受家装材料和塑料制品的影响，室内灰尘中 OPEs 水平高于室外灰尘；气相中 OPEs 水平可能大于颗粒相；室内灰尘中氯代 OPEs 的含量较高，非氯代烷基取代 OPEs 的含量则较低；温度越高时，如夏季，OPEs 含量越高；室内家具、电子产品等越多，OPEs 含量越高；通风有利于降低室内环境中 OPEs 的水平；电子垃圾拆解地区灰尘中 OPEs 的生物有效性小于普通地区的灰尘。但是人体通过室内灰尘对 OPEs 的暴露量一般均小于风险阈值[57,58]。

OPEs 是一类人工合成的添加剂，因此不存在自然来源。室外环境中的 OPEs 主要来源于室内空气及城市交通释放。虽然人体通过室外灰尘对 OPEs 的暴露水平小于室内灰尘，但是对河南省新乡市 $PM_{2.5}$ 中 OPEs 的研究表明其污染水平受河南和山东两省的影响，空气质量较差时 $PM_{2.5}$ 中 OPEs 的含量大于空气质量较好的时候。用相对吸收法估算人体通过皮肤对 OPEs 的暴露量要低于通过空气吸入 OPEs 的暴露量，而通过渗透法估算的皮肤暴露量则远大于呼吸吸入 OPEs 的量[59]。对京津冀地区大气中 OPEs 的研究表明，温度、相对湿度和悬浮颗粒物水平是影响 OPEs 时空分布的主要因素，且天津市是该地区 OPEs 污染最为严重的地区[60]。

（2）有机磷酸酯的内暴露

环境中 OPEs 通过呼吸吸入、手-口接触、皮肤接触以及直接摄入等方式进入人体。在人体的尿液、血液、乳汁等介质中均检测到 OPEs 或其代谢产物（mOPEs）的存在。2014 年 Dodson 等人第一次分析了美国加利福尼亚州 16 个成年居民尿液中的 6 种 mOPEs，并提出 TCEP、TCIPP、TDCIPP、TPHP 和 TBOEP 可能的代谢产物及尿液中用来指示其暴露量的指示物分别是 BCEP、TCEP、BCIPP、BCIPHIPP、BDCIPP、DPHP、OH-DPHP、BBOEP、TBOEP-M1（2-丁氧乙基，2-羟基乙基磷酸二酯）、BBOEHEP、3OH-TBOEP[66]。Su 等人还尝试了用葡糖苷酸与 OH-TPHP 的结合产物来作为 TPHP 的生物指示物进行研究，结果表明 p-OH-TPHP 葡糖苷酸结合物与 DPHP 呈显著正相关性，可以作为 TPHP 的生物指示物[67]。Van den Eede 等人研究了澳大利亚居民尿液中 mOPEs 与年龄的相关性，其中 DPHP，BCIPHIPP 和 BDCIPP 检出率均高于 95%，且表明 BCIPHIPP 可以作为 TCIPP 的代谢标志物[68]。

根据各国学者对尿液中 mOPEs 含量与其周围环境及暴露行为关系的研究发现，室内灰尘、空气、手-口接触、饮食、运动场泡沫等可能是人体对 OPEs 暴露的重要来源[61-63,69-71]。一般儿童尿液中 mOPEs 含量高于成人，尿液中 mOPEs 含量与性别有关。如 Ospina 等人对 2013～2014 年美国普通人群尿液中 mOPEs 的研究表明，6～11 岁孩童尿液中 BCEP 的含量显著高于其他人，女性尿液中 DPHP 和 BDCIPP 的含量显著高于男性[72]；Sun 等人对上海人群尿液中 mOPEs 的研究也表明尿液中 DPHP 和 DNBP 的浓度随年龄增加而明显降低[73]；但是 He 等人对澳大利亚孩童尿液中 9 种 OPEs 和 11 种 mOPEs 的测定表明虽然尿液中 TCEP、BCEP、TEHP 和 DNBP 的含量随年龄的增加而降低，但是 BMPP 的含量随年龄增加而增加；虽然女性尿液中 DPHP 的含量明显高于男性，但其 TEHP 含量明显低于男性[69]。这与不同物质对人体的暴露量及在人体内的代谢与排泄速率有关。

对人体血液中 OPEs 及其代谢产物的研究相对较少。Li 等人研究了中国潍坊人体血清中的 OPEs，除 ToCP 和 TpCP 外，其余 OPEs 均可在血液中检出，TCEP 含量比其他 OPEs 高 1～2 个数量级，TNBP 和 TmCP 的浓度比 TBOEP 和 TPHP 的稍高，且在年轻人中 TCEP 和 TBOEP 含量最高[74]。Ma 等人对山东潍坊居民血清中 OPEs 的研究也表明其以 TCEP 为主（占 82%），且 TCEP 和 TNBP 的浓度具有显著正相关性，表明其具有相似的用途和暴露途径[75]。自 2011～2015 年，潍坊市居民血清中 TCEP 的含量有增加趋势，而 TNBP、TPHP 和 TMPP 的含量则在降低，表明含氯 OPEs 比不含氯 OPEs 更容易在人体内积累。Zhao 等人对深圳市普通居民全血中 OPEs 的研究表明 TNBP、EHDPP、TCIPP、TBOEP、TEP 和 TPHP 的检出率均高于 90%，浓度中位值分别为 37.8、1.22、0.71、0.54、0.49 和 0.43 ng/mL，且人体内 OPEs 含量与鞘脂类平衡有关[76]。Wang 等人对河北省普通居民的研究表明全血中 OPEs 为 0.94～4.37 ng/mL，其中 EHDPP 为主要化合物（38～2.55 ng/mL），其次为 TPHP（38～1.24 ng/mL）和 TCEP（38～0.92 ng/mL）。经一室毒代动力学模型估算人体对 OPEs 的内暴露水平，表明 TPHP、TCEP 和 TCIPP 的内暴露水平为经外暴露途径暴露水平的 1～30 倍，但其对人体的致癌和非致癌效应均可忽略不计[77]。

此外，人类头发、指甲等作为非侵入性的指示人体污染物暴露水平的重要介质，可以提供人体对污染物的综合暴露信息。如 Liu 等人对印第安纳大学布卢明顿校区 50 对头发、手指甲、脚指甲和血清样本中 OPEs 的研究表明，在头发、手指甲和脚指甲中 OPEs 的含量高于 PBDEs 和其他溴代阻燃剂，但 OPEs 在血清中未检出，头发和指甲中 OPEs 的浓度与血清中 OPEs 含量不存在相关性[78]。Kucharska 等人对头发、灰尘中的 OPEs 和尿液中的 mOPEs 进行了研究，发现儿童头发中 TBOEP 的含量和灰尘中的含量呈显著相关性，头发中 TDCIPP 的含量与尿液中相应代谢产物 BDCIPP 的含量呈显著相关性，且在儿童中的相关性大于成人[79]。这说明头发对人体 OPEs 暴露具有一定的指示作用，但对此方面的研究还不够清晰。He 等人对重庆城乡居民的头发和街道灰尘中的 OPEs 进行了分析，发现城市居民头发中 OPEs 的浓度显著高于农村，在农村地区居民头发中 OPEs 的含量与灰尘中含量呈较弱的相关性，但在城市地区居民头发中 OPEs 的含量与灰尘中含量则具有显著相关性，表明在城市地区街道灰尘可能是人体 OPEs 暴露的重要来源[80]。Qiao 等人对广州学生的头发中 OPEs 的分析表明，使用头发评估人体 OPEs 暴露时，头发片段的选取非常重要[81]。

总体而言，OPEs 在人体内半衰期较短，且容易随尿液排出。Wang 等人应用体外-体内外推法和体内样品的验证，探索了普通人群中 OPEs 的暴露特征、清除速率和半衰期。结果表明 TPHP、TCEP 和 TDCIPP 的肾清除速率分别为 68.9、50.9 和 33.3 mL/(kg·d)，OPEs 在人体内的清除速率不仅受 OPEs 在体内代谢速率的影响，还受 OPEs 与血浆蛋白结合能力的影响。TBOEP、TNBP、TPHP、TCIPP、TCEP 和 TDCIPP 在人体内的半衰期分别为 3.75、4.76、9.58、15.2、17.4 和 53.8 天，含氯的烷基取代的 OPEs 的半衰期长于芳香基取代的和不含氯的烷基取代的 OPEs 的半衰期[82]。

2）有机磷酸酯的人体胎盘转运

目前对于 OPEs 在母婴之间传递的研究还非常有限，斑马鱼、大鼠等动物试验的研究发现部分 OPEs 能从母体传递到子代[83,84]。Ding 等人在我国东部人类胎盘中检出 OPEs，其 OPEs 为 34.4～862 ng/g lw，以 TCEP 为主，其次是 TBOEP 和 TPHP。但是不论是单个 OPEs 还是总 OPEs 含量与胎盘中的脂质含量均不存在显著相关性。胎盘中 OPEs 的含量除与母亲饮食习惯有微弱的相关性，与母亲的其他特征无关[85]。Zhao 等人用怀孕初期流产孕妇的绒毛膜绒毛（包含胚胎）和子宫蜕膜研究了 OPEs 在人体内向子代的转移[86]，结果表明绒毛膜绒毛中 EHDPP、TNBP、TPHP 和 TCEP 的含量高于母体子宫蜕膜中的含量。OPEs 在绒毛膜绒毛中的含量与子宫蜕膜中含量的比值与 OPEs 的 log K_{ow} 呈显著正相关性，但是这并不是依赖于 OPEs 的亲脂作用，而可能依赖于其与甲状腺素转运蛋白（TTR）的结合。K_{ow} 值较高的 OPEs 与 TTR 的结合更紧密，使得其在绒毛膜绒毛中的含量更高。同样，mOPEs（DPHP、DNBP 和 BCEP）在绒毛膜绒毛中的含量也高于子宫蜕膜。绒毛膜绒毛中 DPHP/TPHP 与 DPHP/EHDPP 比子宫蜕膜中低，这可能是因为不成熟的胚胎代谢能力有限，及绒毛膜绒毛暴露的 TPHP 和 EHDPP 水平更高。而绒毛膜绒毛中 DNBP/TNBP 和 BCEP/TCEP 比子宫蜕膜中高，这可能是由绒毛膜绒毛中过低的 TNBP 和 TCEP 水平所导致的，但是这仍然不能解释为什么 TCEP 和 TNBP 在绒毛膜绒毛与子宫蜕膜之间的比值大于 1。Wang 等人探究了 OPEs 在孕妇体内的暴露特征及经胎盘转运效率，测定了我国湖北省 63 对成对母血和脐带血中 OPEs 和 mOPEs 的污染水平及污染特征[87]。结果表明 ToCP 是母血和脐带血中重要的 OPEs。含苯环的 OPEs，如 ToCP 和 TPHP 的经胎盘转运效率（分别为 1.61 和 1.06）大于烷基取代的 OPEs（0.66～0.90）。log K_{ow} 在 1.63～4.70 范围内的 OPEs 经胎盘转运效率（C/M）小于或等于 1.0，且与其疏水性呈显著正相关性（$p = 0.022$），表明这些化合物主要通过被动扩散作用透过胎盘膜，且疏水性在其经胎盘过程中起重要作用（图 19-9）。但是胎盘上的 TTR 会促进 log K_{ow} 为 6.34 的 ToCP 从母体向胎儿侧的转运，使其经胎盘转运效率高达 1.61。OPEs 的经胎盘转运效率与 OPEs 与 TTR 的结合强度呈显著正相关性，表明胎盘上 TTR 介导的主动运输在 OPEs 经胎盘转运过程中也起重要作用。母血和脐带血中 mOPEs 的水平显著低于血液中 OPEs 的水平。脐带血中的 mOPEs 不只是由母体中的 mOPEs 通过胎盘转运进入的，还可能受胎儿对 OPEs 代谢和对 mOPEs 排泄的影响。

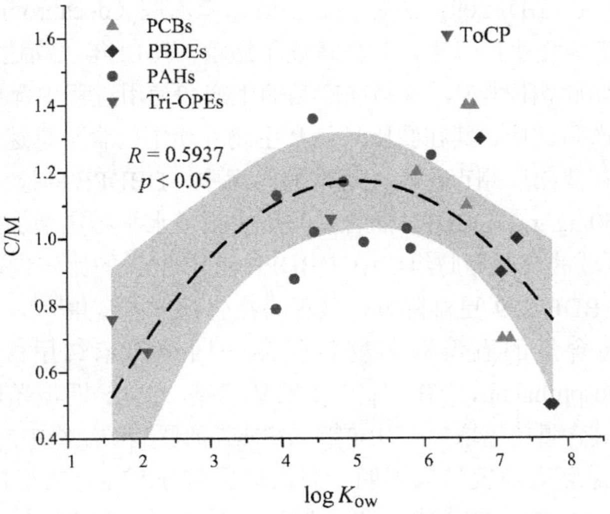

图 19-9　OPEs、PCBs、PBDEs 和 PAHs 的 C/M 比值及其 $\log K_{ow}$ 值的相关性[87]

19.2.7　展望

本章介绍了 OPEs 在水体生物、植物体内的富集和放大过程及其机制，对生物体的内分泌干扰作用及其机制、对植物的毒性效应以及人体暴露和胎盘转运规律，相关方面的研究已经取得一定程度的进展，但是还存在一定的局限性：

（1）关于 OPEs 的植物吸收和富集主要集中在根部，而叶面可以直接吸收大气中的污染物，因此需要关注 OPEs 的叶片吸收途径和机理；

（2）OPEs 对植物毒性和影响的研究还不够深入，亟需利用转录组、蛋白组学、脂质组等多种组学的方法从分子水平阐明其对植物的影响；

（3）关于 OPEs 的内分泌干扰效应研究集中于磷酸三酯，目前对于 di-OPEs 的内分泌干扰效应及其作用机制还知之甚少；

（4）对 OPEs 内分泌干扰方面的研究多停留于表观效应，对于深入作用机制及潜在构效关系方面的研究还有待加强；

（5）在 OPEs 母婴传递规律方面应进一步探究 OPEs 代谢产物的经胎盘转运规律及对胎儿的不良影响；全面评估 OPEs 的健康风险。

19.3　新溴代阻燃剂的神经内分泌毒性效应

19.3.1　新溴代阻燃剂概述

随着多溴联苯醚（poly-brominated diphenyl ethers，PBDEs）等传统溴代阻燃剂（brominated flame retardants，BFRs）的管控和禁用，其替代品得到大量生产和使用。目前市场上作为替代产品的溴代阻燃剂约有三十余种，被统称为新型溴代阻燃剂（novel brominated flame retardants，NBFRs）。以十溴联苯醚（decabrominated diphenylether，BDE209）的替代品十溴二苯乙烷（decabromodiphenylethane，DBDPE）为例，我国自 2005 年开始工业化生产以来，其产量逐年递增，2012 年已高达 25000 吨[88,89]。与传统溴代阻燃剂类似，NBFRs 也是添加型阻燃剂，容易在产品的生产和使用过程中释放到环境中。

随着 NBFRs 的大量生产和使用，其在我国环境和生物介质中的含量迅速增加，某些种类的含量甚至已经超过传统 BFRs。例如在我国广州市污水处理厂的污泥中，DBDPE 的检出范围为 680～27400 ng/g，远高于 BDE-209（200～2150 ng/g），DBDPE 的含量与历史报道水平相比增加了 10～100 倍[90]。一项长期监测结果显示，我国南海区域的海豚脂肪组织中 DBDPE/BDE-209 的比例也在逐年升高[91]。近期的研究证实，DBDPE 在环境中比 BDE-209 更难降解，且更易在生物体内富集[92]。自从在我国南海地区的海洋哺乳动物体内检测到较高含量的五溴联苯醚替代品—四溴邻苯二甲酸双(2-乙基己基)酯 [bis (2-ethylhexyl)-3,4,5,6-tetrabromo-phthalate，TBPH]和 2-乙基己基-2,3,4,5-四溴苯酸(2-ethylhexyl-2,3,4,5-tetra-bromobenzoate，TBB)之后，其含量快速增加。2014 年 TBPH 在海豚脂肪组织中的检出含量高达 3859 ng/g lw，成为最主要的 NBFRs[91]。总膳食研究结果表明，我国居民对 NBFRs 的每日摄入量也已经超过了传统 BFRs。最近的一项研究指出，DBDPE 在人乳汁和血清中的检出范围分别为 2.45～21.8 ng/g lw 和＜LOD～1590 ng/g lw[93,94]，表明我国居民面临着越来越高的 NBFRs 暴露风险。

可以预见，随着越来越多的生产和使用，NBFRs 在我国环境介质、野生动物和人类体内的含量会越来越高。因此，开展 NBFRs 的毒性效应和作用机制研究，对于保护生态系统及人类健康具有重要意义。

19.3.2　NBFRs 的甲状腺内分泌干扰效应

脊椎动物的甲状腺内分泌系统由下丘脑-垂体-甲状腺（HPT）轴调控，在机体的生长发育、代谢、繁殖等过程中发挥着重要的作用。前期研究证实，PBDEs 能够与 T3、T4 竞争结合甲状腺激素运载蛋白（transthyretin，TTR）和甲状腺激素受体（thyroid receptors，TRs）等，从而干扰甲状腺激素的内稳态平衡和相关功能。由于一些 NBFRs 在结构上与 PBDEs 具有相似性，研究人员推测其很有可能具有甲状腺内分泌干扰效应，因此围绕这方面开展了一些体外和体内的研究工作。

1）离体研究

体外实验可以提高化合物毒性测试的效率，减少实验动物的使用，因此许多学者使用离体细胞以及体外动力学模拟等方法探究 NFBRs 的甲状腺内分泌干扰活性。目前筛选的指标主要涉及受体途径（如甲状腺激素受体）以及非受体途径[95,96,100]。

大鼠垂体肿瘤（GH3）细胞增殖实验（即 T-screen）能筛选化合物对 TR 的激动或拮抗作用，是评价污染物甲状腺干扰效应的良好模型。例如在 T-screen 的研究发现，2,4,6-三溴苯（2,4,6-tribromophenol，TBP）和 T3 一样可以诱导 GH3 细胞增殖，而甲状腺激素受体拮抗剂 1-850 可以抑制这种效应，表明 TBP 可能具有 TRs 激动效应[97]。GH3.TRE-Luc 细胞系是将甲状腺激素反应元件（thyroid hormone response element，TRE）和荧光素酶（luciferase，Luc）报道基因转染到 GH3 细胞中构建而成的细胞系。在该细胞系中，TR 经 T3 作用，可诱导 Luc 产生化学发光信号，其检测污染物的甲状腺激素干扰活性更加稳定和高效。使用该细胞系，研究者探究了 TBB、TBPH 及其代谢产物 2,3,4,5-四溴苯甲酸（2,3,4,5-tetra-bromo benzoic acid，TBBA）和四溴邻苯二甲酸单(2-乙基己基)酯[mono (2-ethylhexyl) tetrabromophthalate，TBMEPH]的甲状腺内分泌干扰活性。结果显示，以上四种阻燃剂均具有抗甲状腺激素活性，其中 TBPH 的抗甲状腺激素活性最高，其 IC_{50} 为 0.1 μmol/L，其次是 TBBA、TBMEPH 和 TBB，IC_{50} 分别为 22.8,

32.3 和 37.5 μmol/L[95]。还有研究人员通过离体实验和计算机模拟相结合的手段探究了五溴乙苯（pentabromoethylbenzene，PBEB）与 TRs 的作用机制。双荧光素酶报告基因检测结果表明，PBEB 可抑制 TRβ 的活性（$IC_{50} = 9.82 \times 10^{-7}$ mol/L）；分子动力学模拟结果显示，PBEB 可诱导 TR 配体结合域的螺旋 11（H11）和 H12 的相对重新定向[96]。此外，有学者通过吸附竞争实验，发现 TBP 与人类 TTR 具有很强的结合能力（$IC_{50} = 0.0048$ μmcl/L），表明 TBP 可能影响甲状腺激素的转运[98]。以人肝脏亚细胞组分肝脏微粒体和肝脏细胞液为对象，研究者探究了 DBDPE、1,2-双（2,4,6-三溴苯氧基）乙烷[1,2-bis（2,4,6-tribromophenoxy）ethane，BTBPE]、TBB、TBPH 和 β-1,2-二溴-4-（1,2-二溴乙基）-环己烷 [β-1,2-dibromo-4-（1,2-dibromoethyl）cyclohexane，β-TBECH]等 5 种 NBFRs 对 DIO 以及 SULT 酶活力的影响。研究表明，在检测的 5 种 NBFRs 中，只有 DBDPE 具有抑制外环及内环脱碘酶活性的能力，其半抑制效应浓度 IC_{50} 分别为 160 nmol/L 以及 100 nmol/L [99]。在一项以大鼠肝脏微粒体为对象的研究中，也发现 TBPH 的代谢产物 TBMEHP 可显著抑制脱碘酶（Dio1 和 Dio2）活性[100]。上述离体研究结果表明，NBFRs 可能通过受体（TRs）和非受体（TTR、DIOs、SULT 等）途径引起甲状腺内分泌干扰效应。

2）活体研究

（1）对鱼类甲状腺内分泌系统的影响

NBFRs 一般具有高的疏水性，再水体中的含量一般较低，但可通过食物链积累，因此食物暴露是重要途径。一项研究将虹鳟经食物途径暴露于低剂量 BTBPE，结果显示，肝脏中的甲状腺激素脱碘酶活性、血液中 T3 和 T4 的含量均没有显著改变，甲状腺也没有发生明显的组织损伤[101]，表明低剂量 BTBPE 并没有显著的甲状腺内分泌干扰效应。相对食物暴露途径而言，较多的研究是采用水体暴露方式。我国学者以斑马鱼胚胎为对象，研究了 DBDPE 对仔鱼的甲状腺内分泌干扰效应，发现 30、100 以及 300 nmol/L DBDPE 暴露组斑马鱼仔鱼体内的 T3 和 T4 含量显著上升，且甲状腺激素运载蛋白 TTR 的表达以及 HPT 轴相关基因的转录水平发生显著改变，表明 DBDPE 具有甲状腺内分泌干扰效应，且表现为甲状腺机能亢进[102]。在一项对 TBP 的研究中，将斑马鱼胚胎暴露于 TBP 6 天后，发现斑马鱼仔鱼体内的 T4 含量显著升高，HPG 轴相关基因，如促肾上腺皮质激素释放激素基因（corticotropin releasing hormone，*crh*），促甲状腺激素释放激素基因（thyrotropin releasing hormone，*trh*），促甲状腺激素基因 β（thyroid stimulating hormone beta，*tshβ*）以及 *dio1*、*dio2*、*dio3a/b*、*trα*、*trβ* 等基因都发生了显著改变，TTR 的基因转录水平以及蛋白表达水平均显著上升，表明 TBP 可诱导甲状腺内分泌干扰效应[103]。在另一项经食物暴露途径的长期暴露研究中，研究者以质量比约为 1∶1 的 TBB 和 TBPH 混合物（FM550）处理罗非鱼，发现在 400 ng/g 剂量下可引起罗非鱼血清中的 T3 和游离三碘甲状腺原氨酸（FT3）含量显著降低，而 T4 和游离四碘甲状腺原氨酸（FT4）含量显著升高，表明 FM550 不仅促进甲状腺激素的分泌和合成，而且抑制 T4 向 T3 的转化[104]。以上研究表明，许多 NFBRs 能通过影响鱼类 HPT 轴相关基因的表达以及改变甲状腺激素的水平，而产生甲状腺内分泌干扰效应。

（2）对鸟类甲状腺内分泌系统的影响

目前关于 NFBRs 对鸟类甲状腺内分泌干扰效应的研究较少。有学者将四溴双酚 A 双（2,3-二溴烯丙基）醚 [TBBPA-bis（2,3-dibromopropyl ether），TBBPA-BDBPE]以及 BTBPE（均为 10、50、100 ng/g 卵重）显微注射到第 5 天的美洲隼（*Falco sparverius*）受精卵中，然后人工孵化至受精后 28 天，检测其甲状腺激素水平，肝脏脱碘酶活性以及甲状腺组织病理学变化。结果显示，雌性的 DIO2 活性在高剂量 BTBPE 暴露组显著下降，然而雄性无明显变化，表明雌性对 BTBPE 更敏感[105]。但之前对虹鳟的研究显示，BTBPE 并未影响脱碘酶的活性以及甲状腺激素的水平，这种差异可能与 BTBPE 的暴露浓度、暴露方式以及受试生物的物种、生命阶段等多种因素有关。在另一项研究中，分别将 TBB 和 TBPH（均为 10、50、100 ng/g 卵重）显微注射到第 5 天的美洲隼受精卵中，然后暴露 23 天，发现 TBB 暴露使雌性和雄性的甲状腺肿大、腺体胶质含量和 T4 水平降低，但脱碘酶活性在雄性中升高，在雌性中降低；而 TBPH 暴露减少了腺体胶质并且增加了氧化压力[106]。将成年美洲隼从配对前四周开始通过食物途径暴露于 β-1,2-dibromo-4-(1,2-dibromoethyl) cyclohexane（β-TBECH）（0.239 ng/g bw/d）直到幼隼孵化（即持续暴露 82 天）。结果显示，雄性求偶期总 T4（TT4）水平降低，游离 T4（FT4）水平升高，但雌性甲状腺激素水平无显著变化[107]。上述研究表明，NFBRs 对鸟类的甲状腺内分泌干扰效应存在性别差异。

（3）对哺乳动物甲状腺内分泌系统的影响

目前关于 NFBRs 对哺乳动物的甲状腺内分泌干扰效应的研究中，DBDPE 的甲状腺干扰效应最受关注。有学者将雄性大鼠经口暴露于 DBDPE（5、50、500 mg/kg bw/d）28 天后，发现所有剂量组大鼠其甲状腺组织结构和超微结构以及 HPT 轴的基因表达均发生变化，且最高剂量组大鼠血清 FT3 显著下降，而 TSH、TRH 显著增加，表明 DBDPE 暴露可破坏甲状腺功能，导致甲状腺功能减退[108]。在另一项研究中，BALB/c 小鼠经口暴露于 DBDPE（200 mg/kg bw/d）30 天后，血清中 TSH、TT3 以及 FT3 显著降低，而 TT4 和 FT4 水平虽呈现下降趋势但无统计学差异；进一步研究发现 DBDPE 对甲状腺激素水平的干扰可能与芳烃受体（aryl hydrocarbon receptor，AhR）和组成型雄甾烷受体（constitutive androstane receptor，CAR）信号通路有关[109]。以上研究显示，DBDPE 可以干扰哺乳动物的甲状腺内分泌系统，具体影响差异可能与暴露持续时间和剂量有关。此外，其他 NBFRs 也被证实可以干扰哺乳动物的甲状腺内分泌系统。有学者将大鼠经口暴露于 PBEB（0.2、2、20 mg/kg bw/d）28 天后，通过转录组学分析发现各个剂量组大鼠甲状腺中与 THs 的合成、转运及调控相关的信号通路均受到影响；同时雌性大鼠甲状腺的重量显著下降、组织结构发生改变（甲状腺滤泡数量减少），并伴随着 T3 水平的显著降低和 TSH 水平的显著升高[96]。另一研究将小鼠以皮下注射的方式暴露于 TBP（40、250 mg/kg/d）20 天后，发现 TBP 能抑制甲状腺的功能（表现为甲状腺滤泡肥大、甲状腺上皮细胞减少、甲状腺活性指数降低），显著降低小鼠血清中的 T3 和 T4 含量，并改变甲状腺组织中 *dio1*、*dio2*、*gh*、*tshβ* 和 *thrβ* 的转录水平，表现出抗甲状腺激素活性[110]。妊娠期大鼠（妊娠日 18 和 19 天）被灌喂 TBMEHP（200 和 500 mg/kg/d）2 天后，其血清中 T3 的含量显著下降但 T4 含量无显著变化[100]。F344 大鼠经口暴露于 1250 mg/kg/d TBECH 28 天后，雌性大鼠血清中 T3、T4 水平显著升高，而雄性大鼠无变化，表明 TBECH 对哺乳动物甲状腺激素水平的干扰具有性别差异[111]。

根据上述研究结果，NFBRs 可能通过以下途径干扰生物体的甲状腺内分泌系统（图 19-10）：①与甲状腺激素核受体 TR 相互作用，影响各个靶器官相关信号通路下游基因的表达；②影响甲状腺激素的转运，与甲状腺激素竞争性结合 TTR，影响甲状腺激素在血液中的循环过程；③影响甲状腺激素的代谢，如影响脱碘酶、磺基转移酶等影响甲状腺激素的代谢清除过程；④直接作用于甲状腺组织，使甲状腺发生组织病理学的改变，从而影响甲状腺合成和分泌；⑤影响 HPT 轴基因的表达，引起甲状腺内分泌紊乱；⑥影响 AhR、CAR 及其调控的代谢酶 CYP1A 和 CYP2B，干扰甲状腺激素的代谢和清除过程，影响甲状腺激素稳态。

3）流行病学研究

我国学者从中国北方最大的 DBDPE 生产基地采集了 322 份血液样本，其中 133 份来自 DBDPE 生产厂职业工人，169 份来自附近食品厂的非职业暴露居民，探究了血液中 DBDPE 含量与甲状腺激素水平的相关性。结果显示，血清中 DBDPE 与甲状腺球蛋白抗体（thyroglobulin antibody，TG-Ab）以及甲状腺过氧化物酶抗体（thyroid peroxidase antibody，TPO-Ab）浓度呈显著正相关。在 DBDPE 职业暴露工人中，血清 DBDPE 检出水平与甲状腺活性的变化有关，主要是 TT4、TT3、TPO-Ab 和 TG-Ab 增加[112]。有学

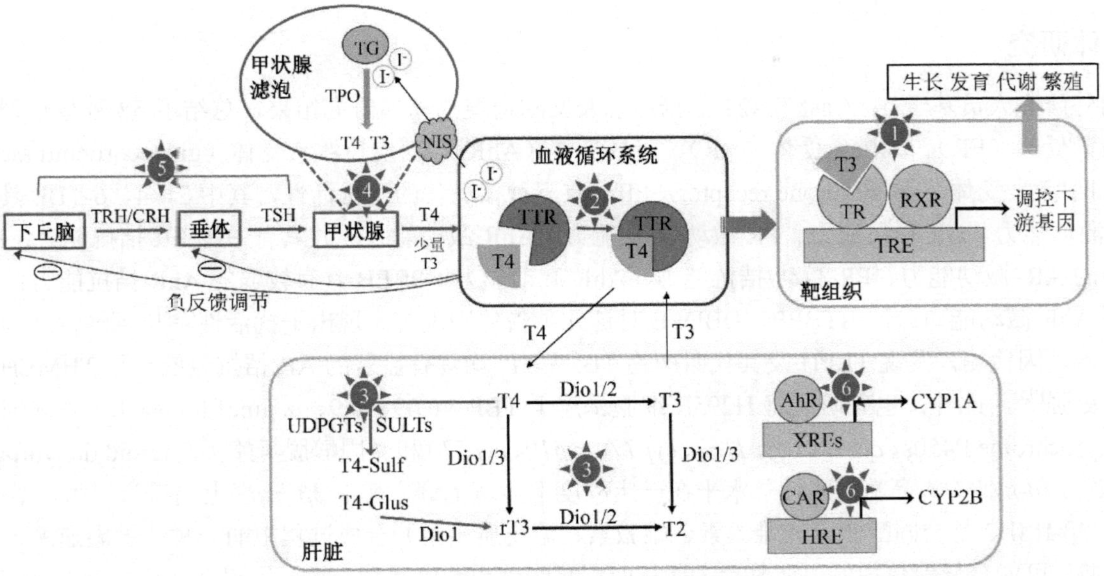

图 19-10　NFBRs 造成甲状腺内分泌干扰效应的可能作用途径

TRH，促甲状腺激素释放激素；CRH，促肾上腺皮质激素释放激素；TSH，促甲状腺激素；NIS，钠碘转运体；TG，甲状腺球蛋白；TPO，甲状腺过氧化物酶；T4，四碘甲腺原氨酸；T3，三碘甲腺原氨酸；TTR，甲状腺素运载蛋白；Dio1/2/3，I/II/III 型脱碘酶；rT3，反式三碘甲腺原氨酸；T2，二碘甲腺原氨酸；UDPGTs，尿苷二磷酸葡萄糖醛酸转移酶；SULTs，磺基转移酶；TR，甲状腺激素受体；TRE，甲状腺激素应答原件；RXR，维甲酸 X 受体；AhR，芳烃受体；CAR，组成型雄烷受体；HRE，激素应答原件；XREs，外源性物质应答原件；CYP1A/2B，细胞色素 P450 酶 1A/2B。

者检测了 DBDPE 化工生产厂工人血清、头发和指甲样本中 DBDPE 的含量，发现头发样品中 DBDPE 含量与血清中 FT3 和 TT3 呈显著正相关[113]。此外，研究者从主要的 BRF 生产地山东省莱州湾非职业暴露居民中采集了 172 份血液样本（男性 118 名，女性 54 名），检测了血清中五种 NFBRs（PBEB、PBT、HBB、BTBPE 以及 DBDPE）的含量水平，并分析了血清中 NFBRs 水平与甲状腺损伤标志物（TT4、FT4、TT3、FT3、TSH、TG-AB 和 TPO-AB）之间的相关性。结果显示，血清 DBDPE 水平升高与 TT3 水平降低相关，而血清 PBEB 水平与 TT3 水平升高相关[93]。2017～2018 年，有研究通过被动空气采样器测定了阿巴拉契亚中部农村家庭室内空气中 NFBRs 的水平，并通过让居民佩戴硅胶腕带，对手腕中 NFBRs 的含量进行检测，同时测定了这些家庭居民的甲状腺功能指标（FT4、FT3 和 TSH），通过进行相关性分析探究 NFBRs 暴露对居民甲状腺功能的影响。结果显示，NFBRs 的含量与激素水平的相关性具有性别差异，表现为女性的 HBB 水平与 FT4 呈显著的负相关，PBEB、TBE 和 TBPH 含量与 FT3 呈显著的正相关[114]。然而之前的一项研究显示，中国南方儿童血清中 TBB 浓度与 FT4 呈负相关，但与 FT3 无关，而 TBPH 浓度与两者均无显著相关性[115]。美国学者曾招募了 62 名男性生殖障碍患者（18～54 岁），研究了其生活环境粉尘中的 TBPH、TBB 和 BTBPE 含量与血液中 FT4、TT3 和 TSH 等激素含量相关性，结果表明患者生活环境粉尘中 TBPH 和 BTBPE 的含量与患者血液中的 T3 含量呈现正相关[116]。以上调查结果表明，环境中 NFBRs 的污染水平与人类甲状腺功能异常可能有一定的相关性。但由于调查样本有限，调查人群与研究方法也不相同，NFBRs 对人类的甲状腺内分泌系统的影响还需要进一步深入研究。

19.3.3　NBFRs 的生殖内分泌干扰效应

脊椎动物的生殖内分泌系统由下丘脑-垂体-性腺（hypothalamus-pituitary-gonad，HPG）轴调控。前期大量研究表明，环境污染物可以与性激素受体结合影响其信号通路的调控过程，也可以通过干扰类固醇激素的合成过程影响性激素水平和内稳态平衡，引起生殖功能异常[88,100,117]。

1）离体研究

国外研究人员基于ToxCast/Tox21数据库以及文献报道的离体研究结果，总结了52种替代型阻燃剂对雌激素受体（ER）、雄激素受体（AR）、芳烃受体（AhR）、糖皮质激素受体（glucocorticoid receptor，GR）和孕激素受体（progesterone receptor，PR）共五种核受体的干扰活性，其中2，4，6-TBP具有较弱的ER激动能力、GR拮抗能力、PR激动/拮抗能力、AhR激动能力，并具有中等ER拮抗能力；HBB具有较弱的AR激动能力、PR激动/拮抗能力、AhR激动能力；PBEB具有较弱的AhR拮抗能力；PBT具有中等AhR激动能力；而BTBPE、DBDPE对这几种受体则没有表现出干扰活性[118]。研究人员采用AR荧光报告基因检测，发现TBPH及其代谢产物TBMEHP均具有显著的AR拮抗效应，且TBMEHP的拮抗活性更强[95]。此外，也有研究将H295R细胞暴露于TBP（0.09、0.9、9 μmol/L）48 h，发现细胞色素P450（cytochrome P450s、*cyp11a*、*cyp11b2*、*cyp17*、*cyp19*、*cyp21*）和类固醇脱氢酶类（steroid dehydrogenase、*3β-hsd2*、*17β-hsd1/4*）等基因的转录水平在一定程度上显著上调，其中*3β-hsd2*上调最为显著，最高达20倍[119]。3β-HSD2是类固醇激素（雌激素、雄激素、糖皮质激素）合成过程中的一种关键限速酶，若该酶受到影响，可能会导致体内雌、雄激素失衡从而影响生殖内分泌系统。将小鼠睾丸间质细胞（Leydig cell）暴露于TBPH和TBMEHP 24 h可显著降低培养基中睾酮（T）的含量[101]。将小鼠卵母细胞暴露于DBDPE（0、10、20、50、100 μmol/L）14 h后，发现中期II卵母细胞透明带硬度显著增加，纺锤体形态异常，GV期卵母细胞生发泡破裂、第一极体排出和受精率均显著降低，这可能与线粒体分布异常、线粒体功能障碍导致的ATP供应不足进而导致卵母细胞氧化损伤、自噬和凋亡有关[120]。以上研究表明，NBFRs也可能通过受体（Ers、ARs等）和非受体（类固醇激素合成限速酶、氧化损伤等）介导的途径引起生殖内分泌干扰效应。

2）活体研究

（1）对鱼类生殖内分泌系统的影响

我国学者将受精后2小时斑马鱼胚胎暴露于0.3、3 μg/L的TBP直至受精后120天，发现雌鱼血清中睾酮（T）、雌二醇（E2）含量以及肝脏卵黄蛋白原（VTG）基因的转录水平显著降低，与类固醇激素合成相关的细胞色素芳香化酶类（*cyp19a/b*）和类固醇脱氢酶类（*3β-hsd*、*17β-hsd*）基因的转录水平均显著下降，而雄鱼血清中睾酮、雌二醇含量以及肝脏中卵黄蛋白原基因的转录水平均显著升高，与类固醇激素合成相关酶类基因（*3β-hsd*、*17β-hsd*、*cyp17*、*cyp19a*、*cyp19b*）的转录水平则均显著上升；两个剂量的TBP暴露均导致雄性个体数量显著高于雌性，且雌鱼的产卵量显著下降，表明TBP在环境剂量下可导致鱼类的生殖内分泌干扰效应[121]。国外研究人员将青鳉暴露于TBPH、TBB的混合物FM550中21天后，发现雌性青鳉的累积产卵量显著下降，肝脏中*erβ*转录水平显著降低，而*vtg*转录水平显著升高；雄性青鳉性腺中*erα*、*erβ*和*arα*的转录水平均显著降低，同时胆固醇合成蛋白、胆固醇转运蛋白和性激素类固醇生成蛋白基因（*cyp 17*和*3β-hsd*）的转录水平显著降低。上述结果表明，FM 550中的NBFRs可能通过HPG轴影响青鳉体内性激素的合成，并通过性激素受体途径影响其调控的相关功能，如VTG的合成[122]。在一项长期暴露的研究中，研究者以黑头呆鱼暴露为对象，研究了BTBPE、TBBPA-BDBPE、BEH-TEBP、TBB四种NBFRs在体内的积累和清除，以及对性腺指数等的影响。检测结果显示，黑头呆鱼脂肪组织中BTBPE的积累含量为16～4203 ng/g，TBBPA-BDBPE的含量为1000 ng/g，其他两种NBFRs均未检出；BEH-TEBP、BTBPE暴露组雌、雄鱼的肝脏指数显著增大；BTBPE暴露组雌、雄鱼的性腺指数在暴露结束后未出现显著变化，但经过恢复期后雌鱼的性腺指数显著下降[123]。在另外一项以虹鳟为对象的实验中，研究者分析了BTBPE和TBB 28的积累，结果显示，在体内检测到BTBPE和TBB的含量分别为每日暴露剂量的76%和2%，表明BTBPE具有生物蓄积性，而TBB容易被代谢或排出体外；进一步转录组学分析结果显示，TBB 暴露组虹鳟肝脏中仅有一个基因的转录水平发生变化，而 BTBPE 暴露组虹鳟肝脏中有 33 个基因的转录水平发生了变化，这些基因涉及免疫系统、氧化损伤和生殖内分泌系统，提示 BTBPE 可能影响 VTG 的合成以及卵母细胞的发育和成熟[124]，同时，引起生物学效应与生物积累能力直接相关。以上研究表明，NBFRs 在鱼类体内的蓄积和代谢行为有很大差异，这可能在某种程度上解释了它们对鱼类生殖内分泌干扰效应的差异。

（2）对鸟类及哺乳动物生殖内分泌系统的影响

研究人员将成年美洲隼从配对前四周开始通过食物暴露于环境相关剂量的 β-TBECH（0.239 ng/gbw/d），发现暴露组雌鸟产卵数量显著减少，所产卵的重量也显著降低；尽管雄鸟精巢重量与对照组相比没有显著变化，也没有明显的组织病理学损伤，但其后代的受精率与对照组相比显著降低；产卵量和受精率的降低导致暴露组的后代显著减少，且后代中雄性的比例显著降低[125]。而继续将亲代美洲隼暴露至幼隼孵化（即持续暴露 82 天），β-TBECH 暴露组雄鸟体内的睾酮水平在求偶早期和中期较对照组分别升高了 85%和 30%，且睾酮的水平与其求偶行为具有显著相关性；而雌鸟体内睾酮的水平在交配期较对照组显著降低 17%，雌二醇降低 20%但较对照组无统计学差异，且雌鸟体内性激素的水平与生殖行为及生殖能力没有显著相关性。该研究表明，环境相关剂量 β-TBECH 暴露可以影响美洲隼体内的性激素水平和求偶行为，导致繁殖能力降低[107]。以注射方式将妊娠期大鼠（GD18-19）暴露于 TBMEHP（200 mg/kg 和 500 mg/kg），发现可引起胎鼠精巢中多核生殖细胞（MNGs）增加，但并不影响胎鼠的性激素水平[126]。在另一项研究中，将妊娠期 Wister 大鼠经口暴露于 FM550（300、1000 μg/kg/day）10 天后，采集胎盘与胎鼠前脑组织进行转录组学分析，结果显示，胎盘中与生殖内分泌、免疫响应和神经递质相关的信号通路受到影响，胎鼠脑部 5-羟色胺和维甲酸 X 受体/维甲酸受体在胎盘和胚胎脑部均显著降低，表明上述信号通路的跨代传递受到影响，这可能与后代脑部神经内分泌信号的紊乱有关[127]。

19.3.4　NBFRs 的神经毒性效应

外源性污染物诱导神经毒性的机制可分为直接和间接两种途径[128]。污染物直接影响中枢神经系统（central nervous system，CNS）的一个重要前提是能够穿过血脑屏障（blood-brain-barrier，BBB），从而对神经元造成直接暴露和损伤（图 19-11）。尽管已检测到很多污染物可以在脑部蓄积[129]，但尚无直接证据显示它们是否可以通过 BBB 进入脑实质。一旦污染物穿过 BBB，对神经细胞造成直接暴露并超过其毒性阈值，则很有可能通过诱导氧化损伤和细胞凋亡、干扰神经信号转导，如神经递质、Ca^{2+}稳态等影响神经细胞的增殖、分化、迁移及生理功能，最终引起神经毒性。另一方面，某些污染物本身并不能穿过 BBB，但可能通过改变紧密连接蛋白和跨膜转运蛋白等影响 BBB 的通透性，干扰小分子物质在 BBB 界面的运输过程，间接地引起神经元功能障碍、神经炎症和神经变性等[130-132]。此外，污染物诱导神经毒性的间接途径还包括由甲状腺内分泌干扰效应等而导致的神经发育异常及神经功能障碍等[128,133,134]。

1）离体研究

以神经母细胞瘤细胞（SH-SYSY）为对象，研究了三(2,3-二溴丙基)异氰尿酸酯[tris (2，3-dibromopropyl) isocyanurate，TBC]的毒性效应，发现 TBC 可引起细胞内氧化应激水平升高、细胞凋亡增加，且这种效应具有剂量依赖性[136]。此外，TBC 暴露也可诱导人胶质瘤细胞（U251）凋亡的发生，且呈剂量依赖性增加[137]。这些结果表明，TBC 可能通过诱导氧化损伤和细胞凋亡等途径影响神经细胞的正常功能。离体实验显示，β-TBECH 可以降低大鼠浦肯野神经元动作电位活性，且这种效应具有剂量-效应关系（EC_{50}= 396 nmol/L）[138]。通过分子对接模拟计算，有研究发现 HBB 和 PBB 均能与乙酰胆碱酯酶（acetylcholinesterase，AChE）的氨基酸残基 TRP304 形成 π-π 相互作用，与 PHE313 形成卤素键，HBB

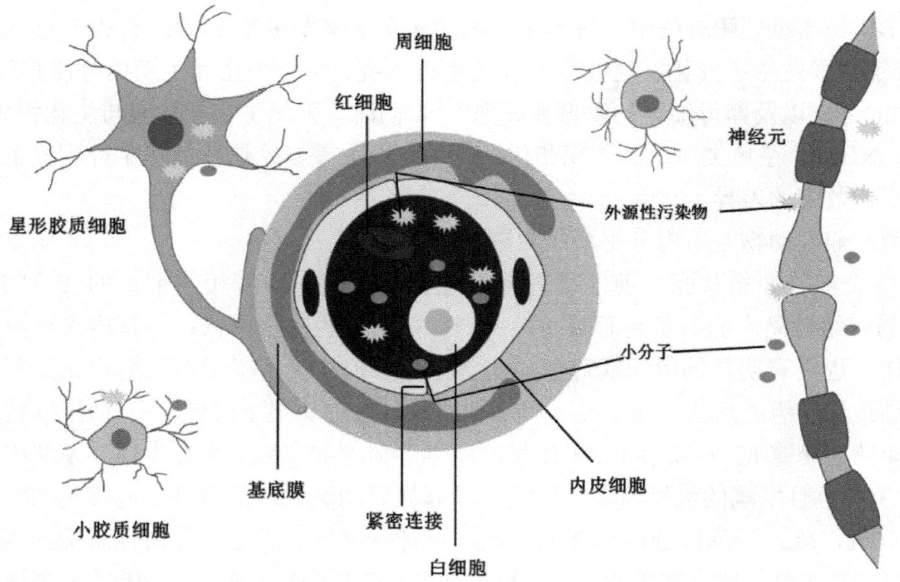

图 19-11　外源性污染物穿过血脑屏障诱导神经毒性的作用机制

污染物可能直接穿过血脑屏障接触神经元、星形胶质细胞、小胶质细胞等并对其造成损伤；也可能通过紧密连接蛋白和转运蛋白等影响小分子在血脑屏障界面的运输，干扰神经系统的内稳态平衡，从而引起神经毒性（图改自文献[135]）

和 PBB 与 AChE 形成最优复合物的结合自由能分别–24.3 kcal/mol 和–23.4 kcal/mol[134]。乙酰胆碱酯酶是神经系统中胆碱能信号传导的最重要生物标志物，能够快速水解神经递质乙酰胆碱，从而终止对突触后膜的兴奋作用，保证神经信号在生物体内正常传递。因此，HBB 和 PBB 可能通过与 AChE 结合，影响中枢神经系统的早期发育，以及运动行为和认知功能等，即有可能对中枢神经系统造成直接损害。

此外，有限的研究报道了 NBFRs 对血脑屏障结构和功能的影响。一项研究发现 TBB 和 TBPH 对人脐静脉内皮细胞（HUVECs）的活力具有较弱的抑制效应（EC_{50}＞200 mg/L），但二者的代谢产物 TBBA 和 TBMEHP 对 HUVECs 细胞活力具有更显著的影响（EC_{50} 值分别为 47.3 和 8.6 μg/mL）[139]。我们近期的一项研究表明，TBPH（1～200 μmol/L）暴露 48 h 对人脑微血管内皮细胞（hCMEC/D3）活力无显著影响，但却可以促进荧光素钠在离体模型界面的渗透，表明 TBPH 在不影响血管内皮细胞活力的前提下，增加了 BBB 的通透性。进一步通过分子对接研究发现，TBPH 可与血脑屏障中的紧密连接蛋白 claudin 1、ZO-3 和跨膜转运蛋白 P-糖蛋白（P-glycoprotein）结合，其结合自由能分别为–104.3 kcal/mol，–191.4 kcal/mol 和–194.1 kcal/mol（图 19-12）。上述研究表明，TBPH 等 NBFRs 对血管内皮细胞的毒性效应较低，但可能通过与紧密连接蛋白和跨膜转运蛋白等结合造成对 BBB 结构和功能的破坏。

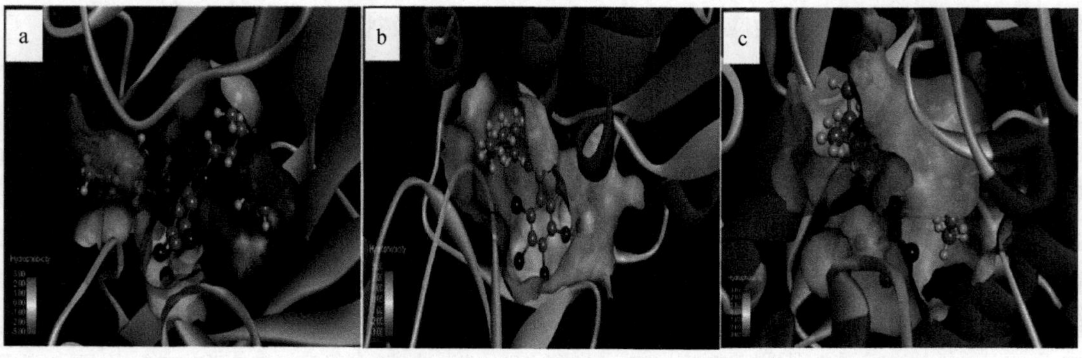

图 19-12　TBPH 与 claudin 1（a）、ZO-3（b）和 P-glycoprotein（c）的结合构象

2）活体研究

目前，关于 NBFRs 可以穿过血脑屏障的研究中，绝大多数是根据其理化性质及化学分析结果推测而来。如根据 log K_{ow} 和分子极性推测，有研究认为 TBECH 可以穿过血脑屏障进入脑组织[140]。也有研究发现 HBB 在海豚脑部的蓄积含量远高于脂肪组织中，因此推断 HBB 可以穿过血脑屏障[141]。上述推论仍缺乏直接的证据，难以确定它们是否可以通过 BBB 进入大脑，从而对 CNS 造成直接暴露而引起神经毒性。但已有不少研究证实，NBFRs 可以通过影响早期神经发育、神经递质和信号传导，以及内分泌干扰等途径，导致生物体神经功能异常。

（1）对鱼类的神经毒性效应

我国学者近期的研究表明，NBFRs 短期暴露对斑马鱼胚胎的发育毒性较低，如 DBDPE（291 μg/L）、TBPH（1412 μg/L）、HBB（300 μg/L）和 PBB（1181 μg/L）早期暴露对斑马鱼的孵化率、死亡率和畸形率均未产生明显影响[102,134,142]。也有实验研究了 DBDPE 早期暴露对斑马鱼仔鱼自主运动和触摸反应等行为的影响，结果显示，仅在高浓度 DBDPE（1000 μg/kg）暴露后，斑马鱼仔鱼在 120 hpf 时自由游泳距离明显减小，但中枢神经系统发育相关基因（*α1-tubulin* 和 *gap43*）的转录水平没有明显变化[143]。结合前文所述，DBDPE 可能通过间接途径，如甲状腺内分泌干扰，通过紧密连接增加血脑屏障通透性等引起斑马鱼仔鱼神经行为异常。在其他 NBFRs 对鱼类的神经毒性研究方面，我国学者分别以 HBB（300 μg/L）和 PBB（100，300 μg/L）暴露早期发育阶段斑马鱼，发现二者均可引起斑马鱼仔鱼运动行为异常，表现为持续 10 min 光照条件下的自由游泳活力显著下降，且光暗交替周期内的平均游泳速度也明显降低[134]。同时，斑马鱼仔鱼体内与早期神经发育相关的 α-微管蛋白（α-tubulin）、髓鞘碱性蛋白（myelin basic protein，*mbp*）和生长相关蛋白（growth associated protein，*gap43*），以及调控突触蛋白Ⅱa（synapsin IIa，*syn2a*）和胶质纤维酸性蛋白（glial fibrillary acidic protein，*gfap*）的基因和蛋白表达水平发生改变；多巴胺（dopamine，DA），γ-丁氨酸（gamma amino butyric acid，GABA），肾上腺素（epinephrine，Ep）和 5-羟吲哚乙酸（5-hydroxyindoleacetic acid，5-HIAA）等神经递质的含量未发生明显变化，但是乙酰胆碱明显上升，胆碱含量下降，这可能是由于 AChE 活性受到抑制[134]。在胆碱系统中，乙酰胆碱（ACh）是一种重要的神经递质，在调节运动和认知功能中发挥重要作用[144]。由此可见，HBB 和 PBB 可能通过与乙酰胆碱酯酶发生作用影响乙酰胆碱和胆碱的含量，进而影响神经递质，引起仔鱼运动行为异常。

（2）对哺乳动物的神经毒性效应

在对哺乳动物的研究中发现，经 TBC（5 和 50 mg/kg/day）长期暴露的成年雄性 SD 大鼠表现出认知功能障碍以及焦虑行为，这可能与下丘脑氧化应激及炎症反应齿回区和海马区神经元受损、海马区凋亡相关蛋白表达水平升高及神经发生相关蛋白表达水平降低有关[144]。在另一项研究中，TBC（0.5mg/kg）短期暴露（7 天）可引起大鼠脑部活性氧（ROS）水平升高，但并未破坏脑部的抗氧化防御机制[137]，表明低浓度 TBC 短期暴露对大鼠神经系统的影响较小。DBDPE（5、50、500 mg/kg bw/d）经口暴露雄性 SD 大鼠 28 天，并未对下丘脑-垂体的神经元结构造成明显损伤，表明 DBDPE 的神经毒性较低[108]。此外，在对阻燃剂复合物（FM 550）的研究中发现，其神经毒性可能与生殖内分泌干扰有关。例如，将围产期 Wister 大鼠暴露于 FM 550（100、1000 μg/d）后，在青春期和成年后表现出焦虑行为，且这种影响具有性别差异[145]。围产期草原田鼠经皮下注射 FM 550（500、1000 和 2000 μg/20μL），雌性幼鼠表现出更多的焦虑行为[146]。早期发育阶段经口暴露于 FM 550（100、300 和 1000 μg/d）的雄性和雌性大鼠的行为变化也表现出差异性[134]。研究指出，FM550 暴露可引起大鼠脑部神经内分泌信号的紊乱，主要与胎盘和胚胎大脑之间 5-羟色胺和维甲酸 X 受体/维甲酸受体信号中断有关[127]。

在后续研究中，需要建立有效方法来验证哪些 NBFRs 可以穿过血脑屏障，对中枢神经系统造成直接暴露和损伤。同时进一步明确 NBFRs 的主要作用靶点，有助于更深入的揭示 NBFRs 诱导神经毒性的直接和间接作用机制。

19.3.5 NBFRs 对脂质代谢过程的影响

肝脏是生物体内物质代谢的主要场所，同时稳定的代谢过程也是维持肝脏正常的结构和生理学功能的重要保障。近期研究表明，NBFRs 可影响肝脏的脂质代谢，增加代谢性疾病的风险[117,118]。研究发现 TBPH 可通过过氧化物酶体增殖物激活受体（peroxisome proliferator activated receptor，PPAR）介导并引起下游信号通路，干扰脂质代谢，同时表观遗传修饰（如 DNA 甲基化）和肠道微生物种群改变在这一过程中也起到重要作用（图 19-13）。

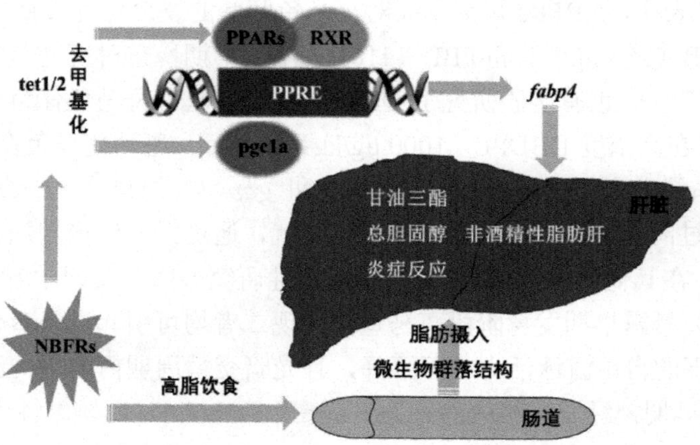

图 19-13　NBFRs 对脂质代谢的影响

PPARs：过氧化物酶体增殖物激活受体；RXR：维甲酸 X 受体；PPRE：过氧化物酶体增殖物响应元件；pgc1a：过氧化物酶体增殖物激活受体 C 辅激活因子 1A；*fabp4*：脂肪酸结合蛋白 4；tet1/2：易位甲基胞嘧啶双加氧酶

在一项离体实验中，以 TBPH（10 μmol/L）或 TBMEHP（50 μmol/L）暴露小鼠胚胎前脂细胞(NIH 3T3-L1)七天，发现可显著诱导细胞内脂肪的累积，但二者的诱导效应均低于邻苯二甲酸酯[di (2-ethylhexyl) phthalate，DEHP]的代谢产物[mono (2-ethylhexyl) phthalate，MEHP]；进一步研究表明，以 TBMEHP 暴露 3T3-L1 细胞 24 h 后可以显著促进 PPARγ 的下游调控基因脂肪酸结合蛋白 4(fatty acid binding protein，*fabp4*)的表达；而将 3T3-L1 细胞中的 PPARγ 敲降后，TBMEHP 则不能再促进 Fabp4 的表达，同时脂肪累积效应也被显著抑制，表明 TBMEHP 诱导的脂肪累积过程是由 PPARγ 及其下游信号通路调控的[100]。

我国学者以斑马鱼为对象，研究了 TBPH 对脂质代谢的影响和机制。通过分子对接发现，TBPH 及其主要代谢产物 TBMEHP 均能与斑马鱼 PPARγ 结合，活性位点和结合方式与 PPARγ 激动剂罗格列酮相似[142]。以 TBPH 和 TBMEHP（浓度均为 0、0.2、2、20、200、2000 nmol/L）暴露早期发育阶段斑马鱼，发现二者均能通过易位甲基胞嘧啶双加氧酶（tet methylcytosine dioxygenase 1/2，tet1/2）去甲基化途径，显著降低 72 hpf 仔鱼 PPARγ 启动子区的 DNA 甲基化水平，从而促进 *pparγ* 基因的高表达；同时 PPARγ 调控的脂质代谢相关基因的表达也上调，引起脂质的转运和代谢过程加速，导致仔鱼体内甘油三酯、总胆固醇及中性脂肪等主要脂质含量显著下降。此外，TBPH 及 TBMEHP 暴露还导致 120 hpf 仔鱼体内的 ATP 含量升高，仔鱼运动速度显著加快，这与作为能量来源的脂质含量的下降一致，表明仔鱼脂质代谢受到干扰后能量平衡也受到了影响[142]。在此基础上，以成年斑马鱼为对象，进一步研究了 TBPH 暴露引起脂质代谢和发生非酒精性脂肪肝，分别采用投喂正常饲料（normal-fat diet，NFD）和高脂饲料（high-fat diet，HFD），同时将雌性斑马鱼暴露于 TBPH（0.02、2.0 μmol/L）。研究结果显示，暴露两周即引起肝脏中甘油三酯（triglyceride，TG）的过度累积，使肝细胞出现脂质化变性；而当同时饲喂高脂饲料，导致肝脏中 TG 的含量进一步增加，脂质化变性程度加剧，并引起肝脏出现炎症反应，最终表现为非酒精性脂肪肝症状。进一步研究发现，斑马鱼肝脏 *pparγ*、*pparaa*、*pparab* 以及调控的脂质合成代谢相关基因的表达均显著升高，且在这一过程中，过氧化物酶体增殖物激活受体 C 辅激活因子 1A（peroxisome proliferator-activated receptor-C coactivator-1A，PGC-1A）发挥关键作用。研究发现，*pgc1a* 基因启动子区的主动去甲基化引起 *pgc1a* 基因转录水平显著升高，从而调控 PPARs 信号以及下游与脂质代谢有关的基因表达[119]。

在对哺乳动物的研究中也发现，将围产期小鼠通过食物暴露于 DBDPE 将会影响其后代的脂质代谢，增加肥胖的风险，并且提高饲料中脂肪的含量将会进一步加强此效应。DBDPE 暴露能够影响子代小鼠的甘油三酯和嘌呤合成、胆汁的分泌、以及糖类的代谢，最终导致子代的肥胖，且与 TBPH 相似的是，DBDPE 暴露也会使得小鼠的 *pparγ* 基因显著上调并改变其下游基因的表达水平，以此增强子代小鼠的脂肪酸摄取和脂肪储存[147]。代谢组学研究显示，DBDPE 会导致小鼠体内环腺苷酸、乳酸、尿苷等代谢产物增加，硫铵含量下降，提示 DBDPE 可能影响脂肪酸合成、嘌呤合成和碳水化合物代谢，影响线粒体功能和食欲，导致肥胖[147]。除此之外，增加饲料中脂肪的含量还会导致 α-葡萄糖和糖原显著减少，这可能是因为随着肝脏中脂质的增加，肝脏通过促进线粒体解耦联减少脂质异位沉积，进而减少糖的异生作用[148]。

此外，有研究表明，NBFRs 对代谢功能的影响也可能与肠道微生物有关。外源性污染物的摄入很有可能改变肠道微生物的群落结构，进而引起的代谢途径的变化，最终导致宿主代谢功能障碍[150]。在最近一项研究中，分别将投喂正常饲料和高脂饲料的雌性斑马鱼暴露于 TBPH（0.02，2.0 μmol/L）六周后，发现投喂正常饲料的斑马鱼肠道中微生物多样性升高，而投喂高脂饲料的斑马鱼肠道微生物的微生物多样性显著降低[151]。聚类分析结果表明，投喂 NFD 的斑马鱼暴露于 TBPH 后，其肠道微生物组成会向投喂 HFD 的斑马鱼肠道微生物转化。另外，尽管饲喂不同脂质含量饲料的斑马鱼肠道微生物的多样性变化出现了差异，但 TBPH 暴露后，厚壁菌门的相对丰度均出现了显著性提升，成为丰度最高的菌群[151]。肠道微生物种群中厚壁菌门相对丰度的增加是肥胖患者和肥胖模型大鼠中的典型表现[150]。因此，TBPH 能通过改变肠道微生物组成诱导肥胖，且高脂饮食会加剧肥胖的发展。

19.3.6　展望

随着 NBFRs 使用量的持续增加，预计其在环境介质、野生动物以及人类体内的含量会进一步升高。目前已有的证据显示，部分 NBFRs 具有环境持久性、生物蓄积性和远距离迁移等持久性污染物（POPs）的基本特征。近年来的毒理学研究结果也证实了许多 NBFRs 具有内分泌干扰和神经毒性。因此，我们需要密切关注 NBFRs 的环境污染问题及其对生态系统和人类健康的潜在风险。然而目前对 NBFRs 的毒性效应和作用机制的研究非常有限。鉴于其急性毒性一般较低，所以研究思路上应从相对高风险毒性、急性危害向长期暴露的风险转变，需要关注能引起代谢紊乱的相关疾病，研究毒性-分子靶点-扰动代谢等不可见的毒性效应和机制，优化和开发具有环境持久性性和毒性（PTS）特征的新化学污染物的环境和健康风险的暴露危害、风险评估技术，进一步提高准确性和实用性。从尺度上，有必要开展区域和流域生态学水平的研究。此外，需要关注污染物在生物体内的生物转化过程和代谢产物解析，以及引起的效应和机制分析与验证，更加深入揭示污染物致毒机制。鉴于环境的复杂性，需要进行低剂量下多种污染物复合暴露的慢性毒性的方法学研究以及在食物链中的积累传递规律，揭示生态毒性效应和机制。通过建立深度学习和复杂网络分析方法和技术，整合环境大数据和毒理学大数据，综合评价新阻燃剂污染物的生态环境风险。

19.4　抗生素诱发肥胖效应与机制

19.4.1　抗生素成为新的环境诱胖剂及其潜在机制

近期，流行病学与实验室研究均表明，抗生素的大量使用与肥胖相关联[152,153]。特别是孕期使用抗生素与儿童肥胖之间的关系受到广泛关注和讨论，儿童早期抗生素暴露对儿童代谢和生长具有潜在影响[154]。Popovic 等人的一项回顾性队列研究发现，如果母亲在怀孕期间服用抗生素，3 岁儿童肥胖的风险更高[155]。在另一项针对丹麦学童的队列研究中，Mueller 等人报告了在产前暴露于抗生素的 7～16 岁儿童中较高的校正肥胖患病率[156]。一项希腊产前和婴儿抗生素暴露与儿童生长、肥胖的母婴队列研究发现早期抗生素的使用与儿童的加速生长和肥胖有关[157]。另外，有研究显示中国 5 岁儿童孕期抗生素使用与儿童肥胖有关[156]。对韩国成人全身的抗生素进行监测发现，长期使用全身抗生素的成人肥胖风险明显高于非使用者[158]。在实验室的动物实验研究中发现，在断奶时对幼鼠进行抗生素（即青霉素、万古霉素、两者的联合、金霉素或不使用抗生素）的暴露，在没有增加食物摄入量的情况下，STAT 小鼠的脂肪量和体脂百分比显著高于对照组小鼠[159]。因此，抗生素成为新的环境诱胖剂，其潜在机理与健康风险亟待系统研究。

1）抗生素干扰脂代谢紊乱诱胖效应研究模式生物

脂肪代谢的变化是肥胖效应产生的直接原因，主要表现为有机体能量代谢失衡倾向于增加现有脂肪细胞的脂肪储存量，这种结果源自脂肪合成与脂肪分解的紊乱[160,161]。脂肪酸是脂肪（三酰基甘油，TG）合成的必要环节，脂肪酸合成由乙酰辅酶 A 羧化酶（ACC）、脂肪酸合成酶（FAS）、脂肪酸去饱和酶（FAD）等酶催化进行；脂肪酸的降解或氧化为乙酰辅酶 A（ACA）的过程由酰基辅酶 A 合成酶（ACS）、脂肪酸转运蛋白（FATP）、肉碱棕榈酰转移酶（CPT）、乙酰辅酶 A 氧化酶（ACO）等关键酶或蛋白催化进行。与此同时，脂代谢的调控过程，还涉及胰岛素信号通路调控的糖脂代谢的影响。

在采用秀丽线虫、黑腹果蝇为受试生物的研究中发现，磺胺甲噁唑（磺胺抗生素）能够在环境浓度水平显著促进三酰基甘油、脂肪酸的积累，该积累源自抗生素对 ACC、FAS、FAD 等促进脂肪合成的酶的刺激作用以及对 ACS、FATP、CPT 等促进脂肪降解的酶或蛋白的较弱刺激效应甚至是抑制效应（图 19-14），并且伴随葡萄糖、乳酸、丙酮酸、糖原、胆固醇等能量形式的变化，这种生化水平的普遍干扰作用涉及调控脂细胞生成的 *srebp* 基因、AMPK 以及胰岛素信号通路的调控作用[162,163]。

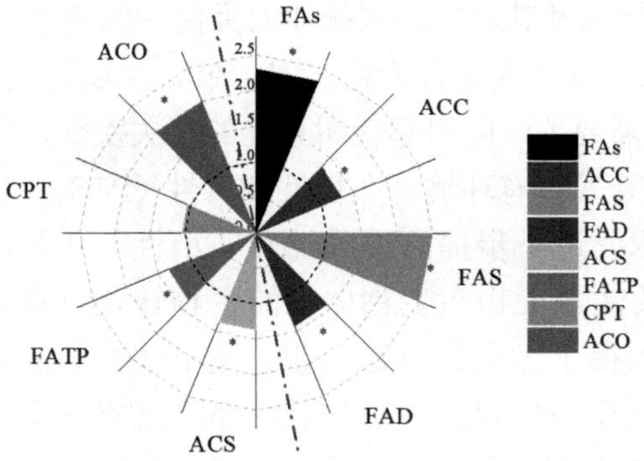

图 19-14　磺胺抗生素对脂肪酸积累作用源自脂合成强于脂降解

2）抗生素扰乱节律、伴随脂代谢紊乱诱发肥胖

规律作息、充足睡眠是健康的必要基础。然而随着工业化和城市化的进程，传统的生活方式正在改变，快节奏、高压力的学习生活方式使得现代青少年睡眠时间不断减少[164]。同时睡眠时间与肥胖的发生呈 U 型相关[165]。研究发现成人每晚平均睡眠时间为 7.7 h 时体质量指数（BMI）最低，而睡眠时间低于 7.7 h 和高于 7.7 h 时 BMI 均升高[166]，同时有研究表明，儿童睡眠时间与肥胖之间呈现线性负相关，与睡眠时间大于 11 小时的儿童相比睡眠时间为 9.0～9.4 h 的儿童肥胖发生风险增加 2.42 倍[167]。睡眠不足会导致瘦素、脂联素水平降低，内脂素、促炎因子水平升高，还会对新型脂肪因子视黄醇结合蛋白 4（RBP4）产生影响[168]。所以，长期节律失衡、睡眠不足与青年肥胖症流行密切相关。

黑腹果蝇（*Drosophila melanogaster*）是一种成熟的昼夜节律模型，最近已成为研究代谢调节的强大模型[169]。黑腹果蝇从蛹到成虫的羽化过程表现出群体节律特征，那些错过时机的蛹必须等待下一个特定时机才能开始羽化过程[170]。学者将黑腹果蝇暴露于 SMX（0、0.1、1.0 和 10.0 μg/L），观察其对果蝇昼夜节律（以羽化节律为代表）和脂类代谢的影响[162]，研究结果表明，相比于对照组，0.1 μg/L SMX 暴露使上午羽化（AM）成年果蝇的比例降低至 31%，延长了从幼虫到蛹的时间。实验结果表明，环境浓度 SMX 显著干扰了果蝇的节律。SMX 增加了下午羽化（PM）成年果蝇的体重（0.1 μg/L SMX 暴露比对照组高 48.4%，1.0 μg/L SMX 比对照组高 21.1%）。这些结果表明，SMX 对昼夜节律的干扰确实伴随着对幼虫和成虫的致肥胖作用。对 0.1 μg/L SMX 暴露后的幼虫、AM 和 PM 成虫进行研究（图 19-15）表明，相比于 AM 成虫，PM 成虫中受影响代谢指标更多，且幅度更大，进一步表明，具有昼夜节律紊乱的成年 PM 蝇的糖脂代谢紊乱增加，导致代谢物质的积累明显高于 AM 成虫。SMX 对参与脂质代谢靶基因表达的结果表示在 AMP 激活的蛋白激酶和胰岛素/IGF-1 信号通路中，SMX 在 AM 成虫中上调了 6 个基因，在 PM 成虫中上调了 9 个基因，包括 *srebp*、*fas*、*Ilp3*、*InR* 等相关基因。

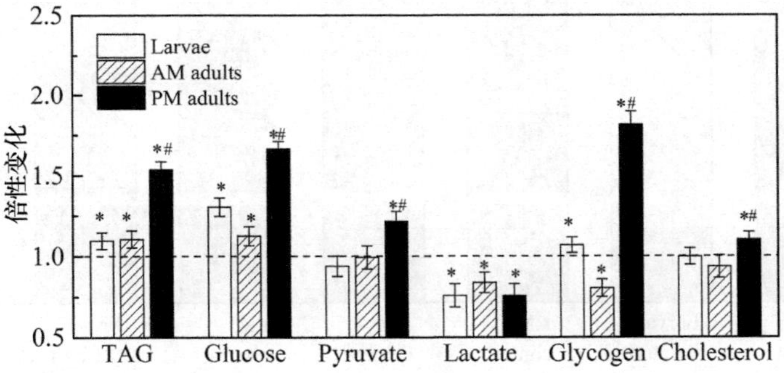

图 19-15　抗生素干扰黑腹果蝇的孵化节律、紊乱脂代谢、促成甘油三脂积累、诱发肥胖

3）抗生素干扰肠道菌诱发肥胖

肠道菌群可以看作是寄居在宿主体内的微生物器官，对宿主生理有着重要的影响。最新的证据显示肠道微生物在调节宿主和环境之间发挥重要作用[171]，健康的肠道微生物群对正常的代谢功能和体内平衡至关重要[172]。肠道微生物通过多种途径影响宿主代谢和肥胖，例如通过产生肠道微生物衍生的代谢物短链脂肪酸被发现与脂质代谢相关。此外，肠道微生物还能调节宿主免疫系统，调节胆汁酸水平，影响宿主的消化和代谢[173]。肠道菌群会随着饮食变化或者接触抗生素而不断波动。微生物群组成的改变，特别是在生命早期，可能通过实质性地改变宿主的新陈代谢，影响体内平衡和中枢食欲机制而引起肥胖和糖尿病[172]。已经有研究证实肠道微生物或者生态失调都会伴随肥胖的产生。例如，有研究表明与正常体重的成年人相比，肥胖成年人的肠道微生物多样性减少，菌群组成改变[171]。此外，肥胖个体的微生物基因

丰富度较低，特定的细菌群丰富或减少。在小鼠的研究中发现，在摄入相同的热量时，无菌小鼠比常规小鼠更瘦，并且无菌小鼠在高脂肪饮食中对体重增加有抵抗力。

近期研究发现，肠道菌变化与肥胖密切相关。流行病学调查表明，与正常人群相比，肥胖人群肠道中硬壁菌门/拟杆菌门的比值（F/B）显著增加，肠道菌种多样性也显著降低[174-176]。在实验室的动物实验研究中发现，在断奶时对幼鼠进行抗生素暴露，显著增加了小鼠的脂肪量和体脂百分比，同时伴随厚壁菌门/拟杆菌门比值（F/B）增加，毛螺旋菌科丰度增加，同时菌群的代谢发生显著变化[159]。抗生素也能够诱发大肠杆菌等变形菌门以及各菌种多样性的变化[177-179]，导致宿主体重增加、诱发肥胖[175,176,180]。抗生素耐药基因可以改变胰岛素敏感性，提高炎症细胞因子，改变短链脂肪酸代谢和胆汁酸的产生，所有这些都代表了微生物群诱导肥胖的潜在机制[181]。

采用黑腹果蝇暴露于 0.1 μg/L 磺胺甲噁唑（SMX）的研究[162]表明，在幼虫中暴露于 SMX 的幼虫中硬壁菌门（Firmicutes）的比例增加（64%），成为优势种，超过了对照中主要的变形杆菌（图 19-16）。与同期对照相比，SMX 使 AM 和 PM 成虫的 F/B 分别增加了 79.6 倍和 5.8 倍，这些结果支持以下假设：抗生素暴露直接影响肠道细菌的定殖，特别是在生命的早期阶段。

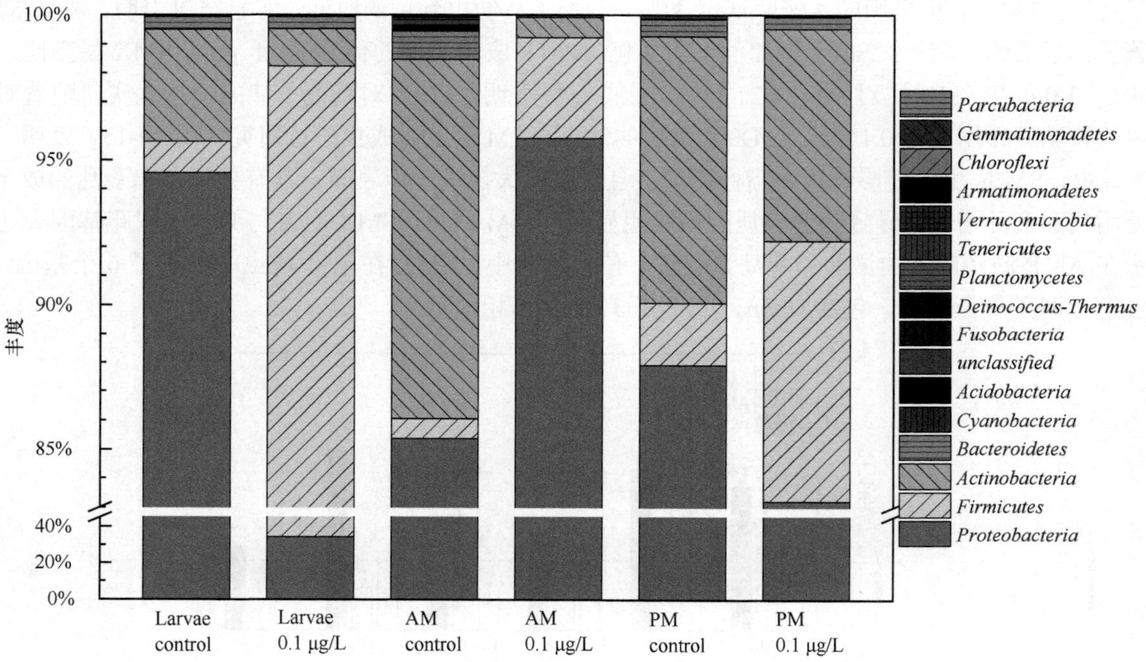

图 19-16　抗生素显著干扰黑腹果蝇肠道菌群结构

4）抗生素诱发饱腹感迟滞促成肥胖

饮食过量往往发生在脂肪代谢紊乱之前。目前，关于诱胖剂干扰饮食调控的研究较少，仅在少数几项动物实验中提及。BoudaliaS 等的动物实验结果显示，妊娠期 Wistar 大鼠双酚 A（BPA，环境诱胖剂）暴露可增加 F2 代幼鼠对甜味食物的偏好及 F2 代成年鼠对咸味及脂肪食物的偏好，而摄食量及水量无显著变化[182]。LiuY 等发现 BPA、BPF 及 BPS 单一或联合暴露均可显著抑制水蚤的摄食行为[183]。对于诱胖剂干扰饮食的机制研究则更少，He 的研究称，三丁基锡暴露导致雌性大鼠下丘脑食源性神经肽表达显著增加，这可以用来解释雌性食物摄入量的增加，但在雄性大鼠中未观察到此变化[184]。总之，对于环境诱胖剂影响神经改变进食行为及其机制还有待进一步的研究。

采用秀丽线虫探索红霉素（ERY）诱胖效应的研究表明，0.1 μg/L 的 ERY 脂肪积累比对照组高 17.4%。

此外，ERY 显著刺激了甘油三脂（TAG）含量，比对照组高 25.7%。总的来说，ERY 确实促进了线虫体内脂肪和甘油三酯的累积。对饮食的研究表明，0.1μg/L 的 ERY 可以提高线虫的进食量，并刺激其咽泵泵送速率到每分钟 205 次，比对照组高出 25.5%。对咽泵的刺激解释了过度摄食和体内脂肪的积累。更详细的测量结果表明，ERY 显著降低了线虫的饱腹静止比例，从对照组的 67%降至 36.7%，并且还缩短了线虫饱腹静止的持续时间。此外，ERY 对线虫的运动行为并没有显著的影响，这暗示着线虫在能量消耗不变的情况下花费更多的时间进行摄食，这种饮食和运动之间的不平衡为脂肪累积提供了条件（图 19-17）。线虫的进食受神经系统的调节，其中五羟色胺（5-HT）激活 Gsa 通路，释放乙酰胆碱（ACh）以刺激咽部泵送；同时，类 TGFβ 调控通路（例如 *daf-7*）也已通过调控神经活性、神经递质的方式对饮食进行负调控[185,186]。实验结果表明，ERY 上调了相关基因，激活了 Gsa 信号通路，解释了过度饮食。而 ERY 对 *daf-7* 的下调降低了 TGFβ 对进食行为的负调控，解释了进食增加和饱腹静止的减少。此外，ERY 还干扰了线虫脂肪代谢通路中多种关键酶，使得脂肪偏向积累而不是分解。总之，ERY 一方面通过干扰神经系统而导致线虫饱腹感受阻和过量进食，另一方面导致脂类代谢失衡，并且这两个方面相关影响关联。

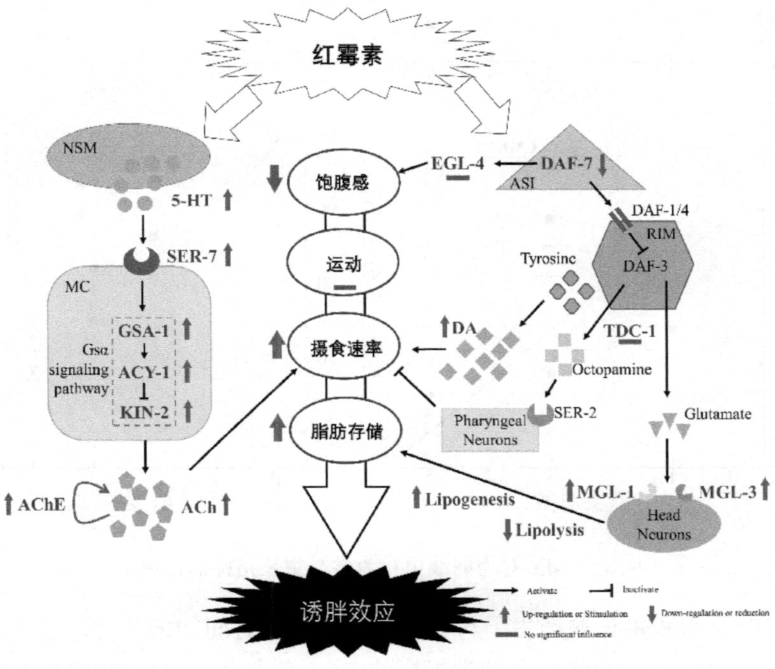

图 19-17　红霉素显著干扰秀丽线虫的饱腹感反馈与脂代谢，诱发肥胖

19.4.2　环境抗生素跨世代传递与长期毒性效应

1）抗生素的跨世代传递与跨世代毒性效应

抗生素的使用与排放具有持续性，因其环境降解速率较低，导致其在环境中具有假持久性，因而产生低浓度、长期暴露的特征。与此同时，抗生素能够穿透胎盘屏障、通过脐带从孕期母体传递到胎儿体内，也可通过母乳从哺乳期母亲传递到婴儿体内；还能够通过食物以及抗生素滥用等途径对儿童、成年人、老年人等不同年龄段的人群产生持续性的长期暴露[187-190]。因此，抗生素的跨世代效应亟需关注。

针对磺胺嘧啶（SD）、磺胺吡啶（SP）、磺胺甲噁唑（SMX）、磺胺甲嘧啶（SMZ）等磺胺抗生素，采用秀丽线虫开展的跨世代毒性效应研究表明[191,192]，SMX 暴露后，母代 P0 表现出相对于空白的最小值（图 19-18），不同运动学指标的数值分别是 BBF：37.8%（EC_{50} =2197.8 μg/L），RM：12.7%（EC_{50} = 213.1 μg/L）和 OT：45.8%（EC_{50} = 3893.0 μg/L）。子代（F1）对不同的运动学指标的缺陷分别是：BBF：55.8%（EC_{50} = 42698.2 μg/L），RM：24.1%（EC_{50} = 264.4 μg/L）以及 OT：48.5%（EC_{50} = 15415.1 μg/L）。SMX 最高浓度暴露中，P0 的生长 P0 表现出相对于空白的最低值为 70.1%（$EC_{50}>1\times10^5$ μg/L），F1 也表现出最严重的损伤，其体长相对于空白组秀丽线虫的比值为 60.7%（$EC_{50}>1\times10^5$ μg/L）。

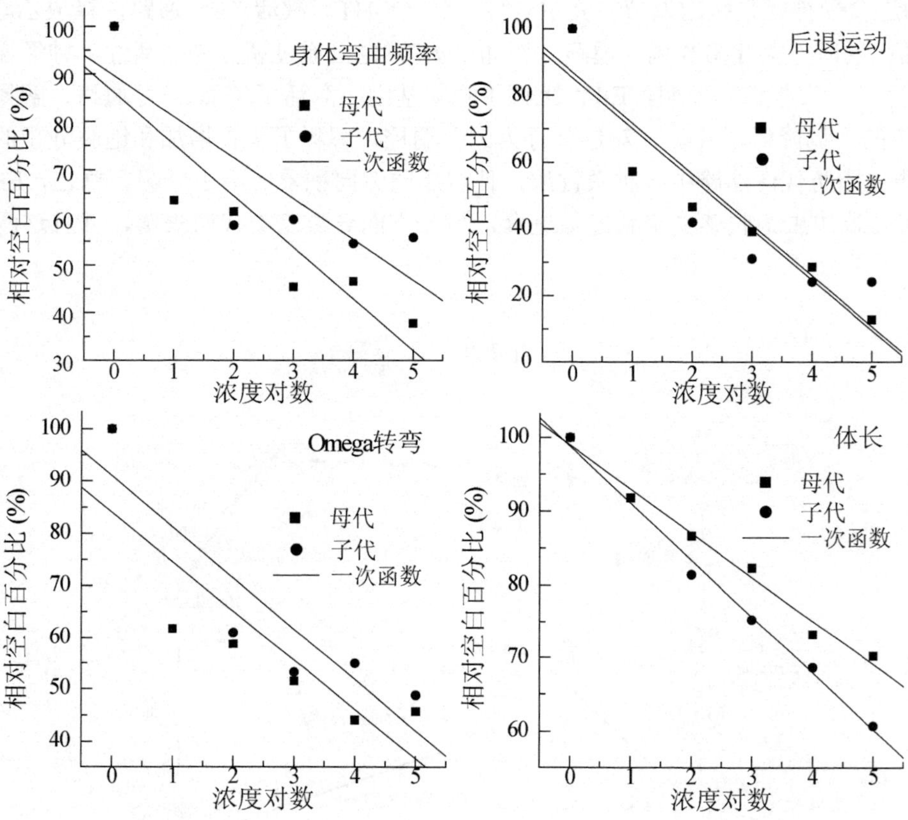

图 19-18　SMX 对秀丽线虫行为学与生长指标的传递毒性

SMX 对秀丽线虫的行为和生长均产生了与暴露浓度、暴露时间的依赖性。行为学指标的数据表现出与现有研究的相关性。SMX 对秀丽线虫运动学指标的 EC_{50} 值与 *L. gibba* 的多种亚致死指标所表现出的 EC_{50} 值相近[193]。SMX 导致的行为学损伤在大型蚤（*D. magna*）和网纹水蚤（*C. dubia*）的研究中也有所报道[194,195]。还有的报道曾证明，SMX 能够穿透人类的胎盘屏障，而且 SMX 还能够与甲氧苄啶（trimethoprim）共同作用而导致骨髓中微核的增加[196]。这些研究也都表明了 SMX 对行为与生长产生影响的可能性。而且，行为学指标表现出比生长更为敏感的效应，这也与文献报道相一致[197,198]。

在 SD、SP、SMZ 效应中，身体弯曲频率（BBF）表现出更强的敏感性，该结果与 SMX 效应中倒退运动（RM）具有更强敏感性的结果不同。这种不同可能源自不同磺胺抗生素的结构差异。磺胺甲噁唑（SMX）含有由 1 个氧原子、1 个氮原子组成的五元环，但是 SD、SP、SMZ 含有由 1 或 2 个氮原子组成的六元环。这些不同的化学结构可能导致不同磺胺抗生素与线虫运动神经元的作用不同、继而产生不同的行为学结果[191]。

秀丽线虫的后代与母代相比，部分效应得以恢复，部分效应更加严重，结果表现出了磺胺抗生素的世代间可传递的效应。世代间效应的产生，可能是因为暴露时间涵盖了产生子代（精子、卵子、受精卵、胚胎等）的全过程[199]，因此生殖系统很可能是产生世代间毒性效应的关键通路。已有研究表明，量子颗粒[200]、石墨纳米血小板[201]、二氧化硅纳米颗粒[202]以及荧光纳米金刚石[203]都能够从肠道系统进入生殖系统，继而产生从母代到胚胎、新生幼虫的传递。与纳米颗粒相比，磺胺抗生素具有更小的尺寸（与对氨基苯甲酸盐相似，约 0.67 nm × 0.23 nm），可能具有更强的穿透、转运能力。与此同时，在胎盘和乳液中都检出抗生素[204-206]，表明抗生素能够产生母代-子代之间的传递性，其长期环境与健康危害要持续关注。

2）抗生素一代暴露、多代残留的毒性效应

秀丽线虫进行暴露的同时，母代（F0）受到直接暴露，子一代（F1）受到胚胎暴露，子二代（F2）受到生殖细胞系暴露，子三代（F3）才是脱离暴露的第一代[207,208]。秀丽线虫雌雄同体的特性，使其能够完美地进行跨世代效应的研究（图 19-19）。以磺胺甲噁唑为抗生素代表，采用秀丽线虫的多世代残留效应研究表明[209]，寿命随着暴露浓度的增加逐渐减少，致死率相应增加。每一个世代中的半数致死时间（LT_{50}）都表现出随着暴露浓度增加逐渐减少的明显趋势（图 19-20）。而且，LT_{50} 表现出显著的世代变化。在 400 μmol/L SMX 暴露中，LT_{50} 数值在 F0～F6 各个世代中的相对空白百分比（POC）数值分别是 62%、37%、49%、47%、72%、78%和 66%。该结果表明，F1～F3 中的寿命比 F0 更短，并且 F1 的寿命最短，表现处最强的致死性；F4～F6 线虫表现出一定的修复能力，最终表现出与 F0 相似的抑制效应。

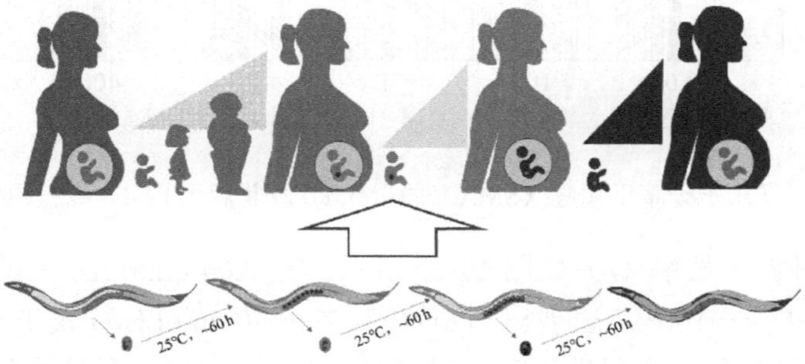

图 19-19　秀丽线虫（雌雄同体比率为 99.5%）是研究抗生素跨世代效应的优势模式生物

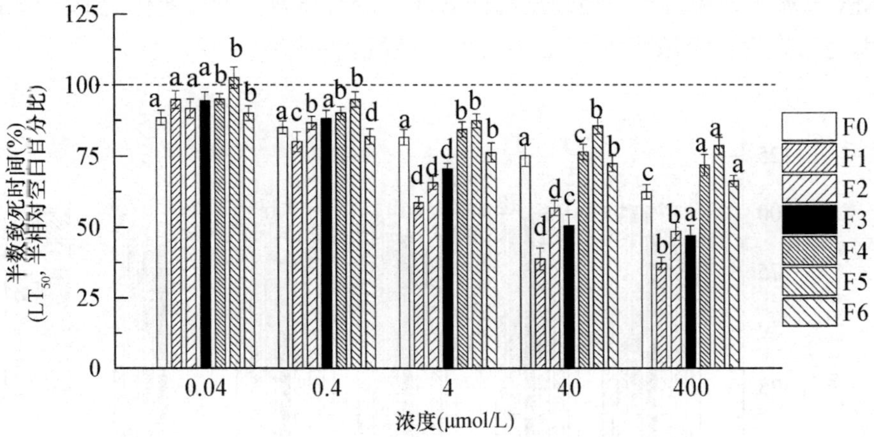

图 19-20　暴露于磺胺甲噁唑（SMX）的母代 F0 及其后代 F1～F6 线虫的半数死亡时间（LT_{50}）

生殖的研究结果表明，F0 中 0.04、0.40、4.0 μmol/L 暴露后，总生殖量的 POC 分别为 160%、133%、114%，表现出刺激效应；40.0、400.0 μmol/L 暴露后，总生殖量表现出抑制效应。这种依赖于暴露浓度的效应变化，表明 SMX 对 F0 的生殖量产生了显著的毒物兴奋效应（hormesis），并且该效应在 F1、F5

中也显著存在。从世代变化的角度看，0.04 μmol/L SMX 暴露中，F0～F6 各世代线虫生殖量 POC 数值分别为 160%、146%、76%、95%、85%、108%和 95%（图 19-21）。该结果表明生殖量在 F0 受到刺激、在 F1 表现出的刺激效应有所减弱，在 F2 中表现为抑制效应、在 F3 中抑制效应有所减弱，在 F4 中抑制效应增强，在 F5 又转变为刺激效应，在 F6 中转变为抑制效应。这种随着世代发生的变化表明秀丽线虫在各个世代之间尝试进行毒性效应的恢复。在 0.40 和 4.0μmol/L SMX 暴露中，秀丽线虫表现出相似效应：F0 中生殖量表现出的刺激效应，在 F1 中减少、在 F2 中变为抑制效应；在 F3～F6 中抑制效应波浪式减少。在 40.0 和 400.0 μmol/L SMX 中，F0 中生殖量表现出的抑制效应，在 F1 中减弱、在 F2 中增强，在 F3～F6 中的抑制效应表现为波浪式减少。值得注意的是，在所有的浓度组中，F2 中的生殖量受到的抑制效应最强。

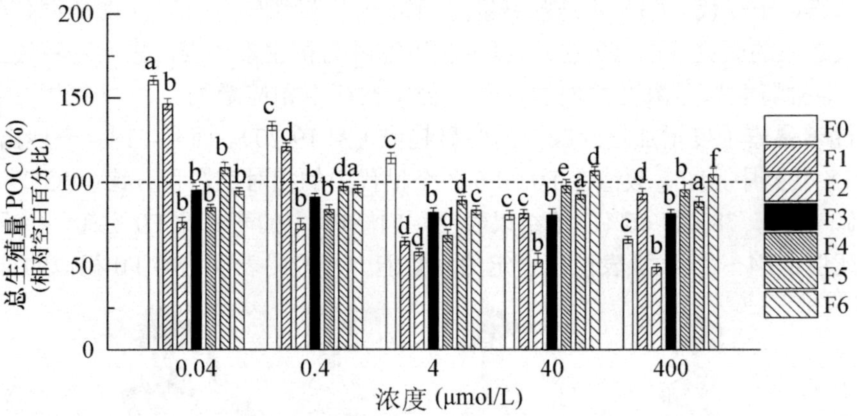

图 19-21 暴露于磺胺甲噁唑（SMX）的母代 F0 及其后代 F1-F6 线虫的生殖总量

F0～F6 各世代中的种群生长率（*r*）如图 19-22 所示。在 0.04 μmol/L，*r* 的 POC 数值基本与空白相似，*r* 的 POC 数值在 F2 中小于 100%，表现出抑制效应。在 0.40 μmol/L，*r* 的 POC 数值在 F0 中为 112%，在 F2 中为 87%，在随后的世代中表现出与空白相似的水平。换言之，种群生长在各世代间表现出 U-型变化规律。在 4.0 和 40.0 μmol/L SMX 暴露下，种群生长表现出相似的 U-型变化，在 F2 中数值最低。在 400.0 μmol/L SMX 暴露下，种群生长表现出抑制效应，没有显著的世代变化规律，但是最低的数值依然出现在 F2 中。总之，在每一个浓度中，F2 中表现出最显著的抑制效应。

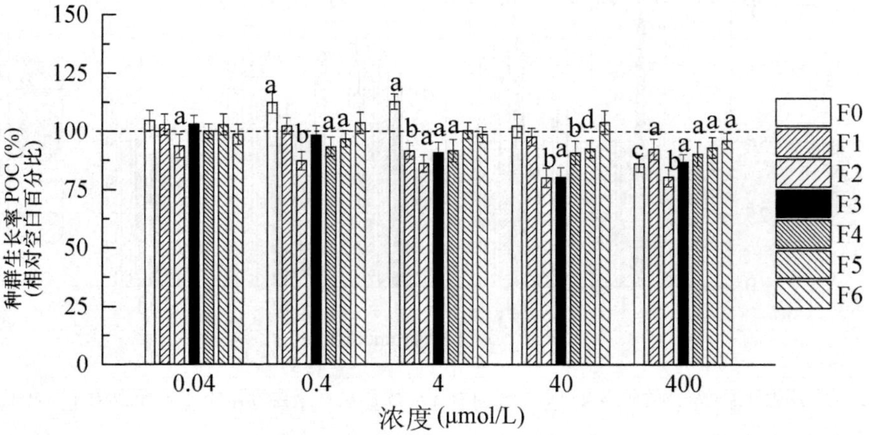

图 19-22 暴露于磺胺甲噁唑（SMX）的母代 F0 及其后代 F1-F6 线虫的种群生长率

采用 L2/L3 线虫的研究结果表明，F0 中的寿命都显著减少。但是在之前采用 L4 线虫的研究结果表明，相同浓度的 SMX 增加了寿命[210]。这种因为不同生命阶段导致的不同结果，可能是因为 L3 线虫具有更强的敏感性[211]，也为未来研究中分析生命阶段的影响提供了基础。本研究对 L2/L3 线虫进行 96 h 的暴露，涵盖了精子、卵子、胚胎形成的全过程[199]，继而使 F1、F2 分别经历胚胎暴露、生殖细胞系暴露。值得注意的是，在所有的世代中，F1 线虫表现出最短的寿命，F2 线虫表现出最少的生殖量。该结果进一步表明胚胎和生殖细胞系暴露对后代寿命与生长的重要影响[212]。

在未经过任何暴露的 F3 以及后续的 F4～F6 世代中，线虫的寿命与生长都受到显著的抑制效应。该结果证实 SMX 产生了多世代残留效应。该结果证明了关键生命阶段暴露对后代行为与健康的重要影响[213]，也证明了磺胺抗生素具有诱发非靶生物产生驯化或适应性响应的能力。因此，抗生素的生态危害，不能局限在其对抗性细菌的作用中[214]，也应该关注它们对细菌宿主的毒性效应。

研究表明，早期环境暴露对后代产生的效应中，表观遗传调控（例如组蛋白甲基化）发挥了关键作用[213,215]。采用拟南芥的研究表明，磺胺抗生素（例如 SMZ）能够显著增加组蛋白甲基化水平[216]。同时，秀丽线虫的组蛋白甲基化对生殖细胞发育过程中形成表观遗传基因至关重要[217]。因而，我们推测表观遗传效应能够解释上述多世代残留效应，尚需进一步研究。

值得注意的是，SMX 对生殖总量和初始生殖量产生了毒物兴奋效应。前期研究表明，秀丽线虫的生殖与寿命之前存在此消彼长的交互作用[218,219]。这种交互作用在多种生物效应以及秀丽线虫的多世代效应[208]中多有报道。然而，我们的研究效应中并没有发现这种交互作用。产生这种差异的原因，很可能是本研究并没有能量限制条件，该条件往往是生命体征之间产生交互作用的前提[220]。值得注意的是，我们在 0.04、40.0 和 400.0 μmol/L 暴露结果中，发现了初始生殖量与生殖时间之间的互补关系。这种互补关系在鞣酸减少了初始生殖量、但未减少总生殖量的结果中已有涉及[221]。生物体如何调整了这些生存策略，尚需进一步研究。

19.4.3　抗生素多世代诱胖效应

1）磺胺甲噁唑多世代诱胖效应

磺胺抗生素诱胖效应也表现出对暴露世代的显著依赖，即多世代的连续暴露对抗生素的诱胖效应有显著影响。围绕磺胺甲噁唑（SMX）、以秀丽线虫为模式生物、为期 11 代连续暴露（F0～F10）的研究结果表明[163]，脂肪酸（FAs）在 F0～F4 的倍数变化分别为 2.3、2.2、1.8、1.7 和 1.3（图 19-23）。结果表明，FAs 在 F0～F4 受到刺激，并随着世代的增加而减弱。在 FAs 合成方面，ACC 在 F0，F3，F4 和 F8 中受到刺激，与其他世代的对照水平相似。同时，FAD 在 F0、F1、F3、F4、F6 和 F8 中表现出刺激，而在 F10 中表现出抑制作用。在 FAs 消耗方面，乙酰辅酶 A 合成酶（ACS）在 F0、F1、F3～F5 和 F8～F9 中被刺激，并且在 F2、F6 和 F10 中被抑制。主成分分析（PCA）和 Spearman 相关分析结果表明，FAS 与 FAs 呈平行关系，且呈显著正相关，支持了 FAS 在 FAs 积累中的重要作用。同时，在 PCA 结果中，FATP 与 FAs 相去甚远，支持 FATP 在 FAs 消费中的作用。同时，ACS、ACC、CPT、乙酰辅酶 A 氧化酶（ACO）和 FAD 对 FAs 的积累有相似的贡献，但不是必需的。相关基因表达水平检测结果显示，在 F0 中，SMX 上调胰岛素信号通路中 *ins-1* 和 *daf-16* 的表达，分别是对照的 1.8 倍和 2.1 倍。同时，SMX 对 F0～F2 的 daf-2 表达无明显影响，但上调了 F3～F5 和 F7～F10 中 daf-2 的表达。此外，如预期的那样，SMX 暴露在 F0 中显著上调了 NHR-49 的表达，达到对照的 3.2 倍；共 11 代暴露的世代中，9 代表现为上调。

进一步的表观遗传学结果表明，SMX 可显著诱导 H3K4me3 水平，增加 H3K4me3 结合位点的结合基因[163]。例如，SMX 在 F10 和 T13 中产生的 H3K4me3 结合基因是对照组的 3 倍。H3K4me3 普遍参与受

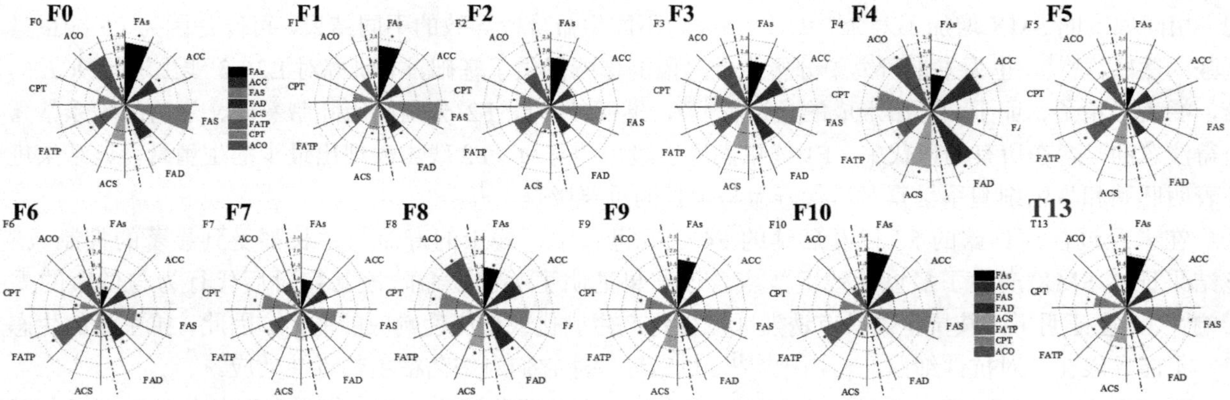

图 19-23　SMX 多世代暴露对秀丽线虫脂代谢干扰作用

试生物体对环境压力多世代的反应，因此 H3K4me3 可能成为未来研究环境污染物长期影响的生物标志物之一。F0 代线虫与对照组的基因本体（GO）分析显示：其中有 34 个基因的富集倍数变化大于 1.50，它们与脂质代谢有关，包括磷脂、甘油和甘油磷脂的代谢和生物合成过程，以及脂质修饰和磷酸化。在 T13 线虫的 GO 分析结果中，与 F10 线虫相比，有 96 个上调基因和 67 个下调基因。综上所述，SMX 对 F10 代的影响主要集中在脂质代谢方面，而对 T13 代的影响除代谢紊乱外，主要表现在发育、生殖和行为等方面。

19.5　新污染物的昼夜节律干扰效应

19.5.1　鱼类的昼夜节律系统

昼夜节律是生物体内一种重要的内在计时机制，调控着包括细胞分裂、激素分泌、营养代谢、睡眠/觉醒、繁殖和行为在内的众多生理生化和行为过程，从而保证生物体的行为、体内生理生化过程与 24 小时的昼夜循环一致[222]。昼夜节律系统基因首先发现于果蝇，随后被证明在不同物种中高度保守。昼夜节律是光照、温度和氧气等外界环境因素和内部基因驱动共同作用的结果。其中，光照是最重要的影响因素[223]。然而，即使在无外界环境因素调控的情况下，生物体也能够依靠内在驱动保持特定的昼夜节律[224]。

从低级单细胞藻类到高级哺乳生物体中都存在内源性昼夜节律，调节着生物体各项生命活动。研究表明生物体的关键节律基因也相当保守。调节昼夜节律的基本原理在各类生物体内大体相同，但由于进化过程中的全基因组复制事件，鱼类节律基因具有更多亚型且具有更多的功能多样性，即亚功能化和新功能化[225,226]。截止目前，斑马鱼（*Danio rerio*）、大西洋鳕鱼（*Gadus morhua*）、虹鳟鱼（*Oncorhynchus mykiss*）等硬骨鱼中均鉴定出多种类型节律基因[225-229]，关于昼夜节律干扰效应的研究也多数是以斑马鱼为模型。因此，本章节重点阐释斑马鱼的昼夜节律系统，同时兼顾描述其他鱼类和哺乳动物的昼夜节律网络。

基于目前对人类和啮齿动物昼夜节律分子调控网络的认知和 Ensembl GRCz11 斑马鱼基因组数据库，我们开展了斑马鱼全基因组的同源比对，共鉴定出 40 个节律基因（图 19-24）。这主要包括 6 大类核心节律基因家族，即 *clock*、*arntl*、*per*、*cry*、*nr1d* 和 *ror* 基因。和哺乳动物类似，这些昼夜节律基因构成了斑马鱼昼夜节律分子调控主网络，包括一个核心异二聚体（clock/arntl）和数个正/负反馈回路。其中，周期基因（*per*）和隐花色素基因（*cry*）是最重要的负反馈调节基因，共同构成核心负反馈回路。Clock/arntl

二聚体可识别*per*和*cry*基因启动子的E-box序列，诱导其转录。同时，Per和Cry蛋白结合会抑制Clock/arntl二聚体的转录，从而形成负反馈调节机制。此外，核受体基因 *nr1d* 和 *ror* 也参与 Clock/arntl 二聚体的转录调控，前者为负反馈调节，后者为正反馈调节[225,230,231]。

除 22 个关键节律基因外，基于最新的研究我们进一步鉴定出了 18 个参与昼夜节律调控但具体功能尚未完全解析的节律基因，如 *nfil3*、*bhlhe40*、*dbp*、*hlf* 和 *tef* 基因家族。Nfil3，也称为 e4bp4，是一种亮氨酸拉链转录因子。在斑马鱼中 Nfil3 家族共有 6 个同源基因。其中 Nfil3-1 在脊椎动物中高度保守，而 nfil3-2 和 nfil3-3 仅存在于硬骨鱼中[232]。Nfil3 能够与 *dbp*、*hlf* 和 *tef* 基因相互作用，调控生物体脂质吸收和代谢等生物学过程。bhlhe40 和 bhlhe41 编码螺旋-环-螺旋蛋白超家族类转录因子。其产物可通过与 Clock/Arntl 异源二聚体竞争 DNA 结合来抑制自身表达[233,234]。斑马鱼的 bhlhe40 和 bhlhe41 与哺乳动物同系物具有高度序列相似性，并抑制斑马鱼 Clock /arntl 二聚体的水平[235]。

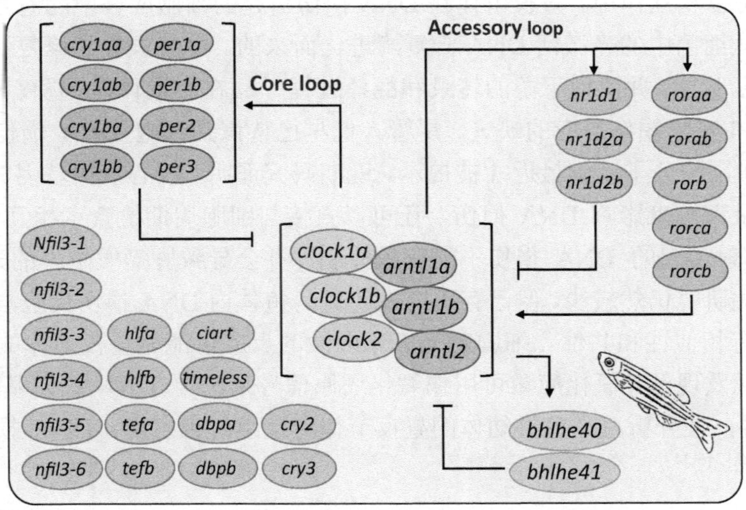

图 19-24 斑马鱼昼夜节律调控系统和核心正负反馈调控途径

经同源比对共确定 40 个斑马鱼主要节律调控基因

19.5.2 昼夜节律与生理生化过程调控

除核心节律基因外，生物体中还存在众多能够受到核心节律基因调控的非节律基因。这种现象从单细胞微生物如蓝藻到哺乳动物中普遍存在[236,237]。作为昼夜节律系统核心的 Clock/arntl 异二聚体，能够通过结合基因上游启动子区特异性 DNA 序列，即 E-Box 元件（E-box elements），调控众多下游非节律基因的表达水平。如 Hatanaka 等通过染色质免疫共沉淀、基因芯片结合生物信息学分析，在 BALB/c 小鼠基因组中筛查到了大量的 E-Box 序列，下游基因直接参与调节众多的生理生化过程，如生物大分子的合成与代谢、能量平衡、免疫调节、激素合成及 DNA 复制和转录过程等[238]。在本节，我们将重点介绍目前研究相对清晰的细胞周期调控、DNA 损伤、细胞自噬、代谢和解毒、繁殖和行为学 5 个方面。

1）细胞周期调控

细胞增殖和分裂过程受到昼夜节律时钟的调节，这一现象已被证明在生物体中高度保守。节律基因参与控制细胞周期相关基因的转录水平，如有丝分裂关键调节因子细胞周期蛋白 CDC2 激酶。细胞内昼夜节律系统可以直接控制增殖细胞（如再生的肝细胞）中的细胞分裂周期。在再生肝脏以及持续增殖的组织（如皮肤、骨髓、黏膜）中，节律基因的表达特征与细胞周期事件的发生紧密关联。昼夜节律振荡现象在许多干细胞依赖的胚胎和成体发育过程中存在，如造血祖细胞迁移、毛囊周期、骨重塑、神经发生和再生肌发生过程[239]。

昼夜节律对细胞周期的调节同样适用于水生生物，如斑马鱼。暴露于光/暗循环的斑马鱼培养细胞增值过程能够呈现明显的节律性。即使在转移到恒定光照条件后这一现象仍能够持续存在。在斑马鱼Z3 细胞系中，昼夜节律和细胞周期时钟共享独特的光反应通路。光照能够诱导转录激活因子 AP-1 活性，进而控制特定节律基因的表达过程[240]。在斑马鱼胚胎中，细胞周期的节律性可以从受精后第 4 天观察到[241]。此外，在斑马鱼成鱼肠道、上皮、心脏和尾鳍中，均可发现类似现象[225,242]。

2）DNA 损伤

昼夜节律和 DNA 损伤反应是细胞对环境调控和适应的两种调节机制。在生理条件下，这两种机制既可以相互独立，又可以相互作用。昼夜节律在 DNA 损伤引起的细胞应答中起着重要作用。昼夜节律转录抑制因子 CRY 是从细菌中的光激活 DNA 修复酶进化而来的。尽管失去了修复活性，其仍能通过翻译后修饰影响细胞 DNA 损伤，并协调下游的转录和翻译过程[243]。在小鼠体内，昼夜节律核心基因 PER 和 CRY 功能丧失会导致 DNA 损伤反应的缺失。尽管人们早已认识到细胞 DNA 损伤反应与昼夜节律之间的联系，但这种相互作用的分子基础最近才被揭示。近期研究证明，核心节律基因 PER1 不仅可以通过细胞周期相关基因的转录调控来影响 DNA 损伤，还可以直接与细胞周期检查点相互作用[244]。实验表明，mPER2 突变小鼠对辐射引起的 DNA 损伤不能有效控制，并会导致肿瘤发生率的升高[245]。

目前对鱼类的相关研究仍然较少，但已有研究表明斑马鱼体内 DNA 损伤反应与昼夜节律调控信号之间和哺乳动物之间具有相似性和共性。细胞对光氧化应激的反应可能是昼夜节律的进化起源。最近在斑马鱼中进行的一项研究发现，光氧化应激可用作氧化还原信号来诱导 DNA 修复基因（*phr*）和节律基因（*cry1a*）的表达。同时，在分析海洋鱼类幼体的昼夜节律转录组时也发现，DNA 损伤相关基因与昼夜节律基因的表达高度同步[246,247]。

3）细胞自噬

细胞自噬是一种与溶酶体相关的细胞内物质降解的动态过程，因其在很多发育和疾病过程中起着重要作用，近年来备受关注。自噬过程在哺乳动物和斑马鱼中均被证明受到昼夜节律系统的调节。昼夜节律紊乱能够导致自噬失调，并导致代谢紊乱。研究表明，自噬过程在肝脏、心脏和骨骼肌等小鼠组织器官中均显示出强烈的昼夜节律[248]。在肝脏特异性 *ARNTL* 基因敲除的小鼠中，自噬相关基因的表达受到显著干扰，自噬过程受到显著的抑制，表明自噬受到了昼夜节律系统调控[249]。此外，昼夜节律系统中的核心核受体基因 *NR1D1* 和 *NR1D2* 同样能够影响自噬过程。其并不直接参与调控，但可作为细胞保护因子阻断自噬过程[250]。

在斑马鱼中，核心节律基因同样能够调节自噬过程。斑马鱼 nr1d1 突变体研究表明，nr1d1 对维持斑马鱼自噬过程至关重要[251]。此外，昼夜节律与自噬之间的关系也在其他鱼类中得到证实。如用 nr1d1 激动剂处理罗非鱼导致肌肉中昼夜节律和自噬基因的节律性表达发生显著变化，如 atg4c、atp6v1d、lc3a 和 ulk1a 等基因 mRNA 水平显著下调[252]。

4）代谢和解毒

生物体新陈代谢过程受昼夜节律系统调控。昼夜节律系统紊乱会导致严重的代谢疾病，如肥胖和糖尿病等[253]。流行病学研究显示，倒班工作与代谢综合征间存在紧密的联系。夜间活跃和进食引起人类行为和昼夜节律不同步，会降低体内瘦素水平、升高葡萄糖和胰岛素浓度[254]。此外，小鼠实验也证实昼夜节律基因突变会使小鼠更易发生代谢综合征和肥胖[255]。

在哺乳动物和水生生物的肝脏中均能够观察到营养吸收、胆固醇生物合成和能量代谢过程的节律性变化[256,257]。此外，多种类型的膜转运蛋白、细胞色素 P450（尤其 I 相和 II 相代谢酶）以及抗氧化酶也存在昼夜节律表达现象[258-260]。在虹鳟鱼肝脏中进行的实验不但表明与碳水化合物和脂质代谢相关的酶转录本丰度存在节律特征，并且这种特征在没有光/暗循环和食物供应的情况下依然可以持续存在[261]。同样，大西洋鲑鱼体内的脂质代谢、生理应激和抗氧化酶基因的表达同样存在节律变化特征，并进一步影响鱼类的生长发育、脂质平衡以及对周围环境的适应性[228,260,262]。

5）繁殖与行为学

自然界中动物的繁殖往往会表现出昼夜节奏和季节性节奏。能否实现与时间同步是动物繁殖成功的重要因素之一。在动物的繁殖行为中，排卵、产卵、精子发生以及性行为均具有昼夜周期和年度周期性变化，并且这种节律易受光照和温度的影响[263]。下丘脑-垂体-性腺轴控制着生殖和类固醇激素的产生。有证据显示，松果体在这一过程中起着重要的调控作用，尽管调控机制尚不明确。在河豚中，间脑中编码亲吻肽和促性腺激素释放激素及其受体基因的表达均表现出周期震荡，具有明显的季节性和昼夜节律性，表明它们受褪黑激素、昼夜节律系统和温度等共同调节。同时，这一周期性调节对河豚精确定时产卵具有重要作用[264]。同样，斑马鱼多种类固醇激素合成、性腺发育及产卵行为的关键基因表达也具有昼夜节律变化，如芳香化酶基因 *cyp19a1a*、醛固酮合成酶基因 *cyp11b* 和抗苗勒氏管激素基因 *amh*[265]。

除繁殖行为外，生物体多数日常活动如进食、运动等均表现出昼夜或夜间行为节律。光照和温度在其中发挥了关键作用。在非哺乳类脊椎动物如斑马鱼中，褪黑激素的生物合成发生在视网膜和松果体中[266,242]。鱼类的松果体具有感光性，包含驱动褪黑激素合成节律的内在昼夜节律振荡器[225,242]。此外，松果体介导鱼类的活动节律和睡眠状态，并能够调节多种运动行为和生理功能[266]。

在明暗循环条件下培养的斑马鱼，会在白天进行高强度活动。而将其转移至全黑暗或者全光照等恒定条件下时，这种昼夜节律运动仍然被遵循。这一过程可持续长达 10 天。并且，运动节律的周期具有温度补偿性[267,268]。此外，行为、生理和分子层面的研究表明，昼夜节律也会在多个层次影响斑马鱼的视觉系统，包括视觉敏感性、褪黑激素合成以及光感受器相关基因的表达[269-271]。节律基因突变体斑马鱼幼鱼会展现出运动节律紊乱。在明/暗条件下，nr1d1 和 per1b 突变体斑马鱼均展现出多动症症状。而在黑暗条件下，nr1d1 突变体斑马鱼的昼夜节律相位可延迟半小时，同时节律周期缩短 0.25h，表明 nr1d1 在维持运动节律方面发挥着重要作用[251]。

19.5.3　影响昼夜节律调节的环境因素

光照是调节生物体昼夜节律最重要的环境信号。光照可通过视觉系统和交感神经将信号传给松果体，改变松果体分泌的褪黑素含量，从而协调体内其他激素系统，使它们与昼夜节律周期同步[272,273]。光照与昼夜节律周期无法同步与肥胖、糖尿病、抑郁症和代谢紊乱等疾病紧密相关。如夜间暴露于明亮光线会导致昼夜节律紊乱，增加乳腺癌、代谢和睡眠障碍等健康问题的风险。

在水生生物研究方面，光照作为调控水生动物生长发育、能量代谢及繁殖等生命活动的重要环境因子之一，其变化直接或间接影响水生动物的生理过程。因此，研究光周期变化对水生生物尤其是鱼类的影响一直是十分令人关注的领域。光周期处理能够提高鱼类的生长速度、促进性腺发育成熟，如目前开展广泛的针对大西洋鲑鱼（*Salmo salar*）、松江鲈鱼（*Trachidermis fasciatus*）、罗非鱼（*Oreochromis niloticus*）等相关研究[274,275]。Ridha 和 Cruz 在研究光照周期对罗非鱼生长繁殖的影响时发现，增加光周期（18 L：6 D）能够显著提高罗非鱼的繁殖能力，同时能够促进罗非鱼产卵的同步性[276]。

在分子层面，通过构建转基因 *nr1d1*：VNP 斑马鱼，人们首次在单细胞水平上观察到了斑马鱼体内昼夜节律，并发现报告基因表达从松果体光感受器开始，随后扩散到其他大脑区域细胞。即使在松果体内，nr1d1 也存在异质性表达现象[277]。近期，Li 等通过对斑马鱼幼鱼连续 48h 转录组分析进一步发现，有近 17%（>2856 个）的基因（包括节律基因和非节律基因）存在光周期同步的昼夜节律振荡现象，涉及核糖体合成、溶酶体、蛋白酶体功能及氧化磷酸化等众多重要的生物体生理生化过程[258]。

温度是影响生物体昼夜节律的另一个重要因素。生物体昼夜节律系统对温度的变化非常敏感。仅仅1～2℃的微小温度变化就可以引起部分昆虫、蜥蜴和脊椎动物如硬骨鱼类的生物钟相位的改变[278,279]。以往研究表明光照对生物体昼夜节律系统的影响远比温度重要，而近期针对部分生物开展的相关研究动摇了这种观点[280]。目前对温度诱导机制的研究仍然有限。在果蝇中，cry 和 per 蛋白均在其中发挥着重要的作用。给与野生果蝇 37℃热刺激，能够检测到 cry 与 per-timless 之间显著相互作用。而当温度降至30℃时，则相应信号无法检测到。并且，研究发现热刺激对 cryb 突变体果蝇无效[281]。

温度同样会改变斑马鱼的昼夜节律周期，影响斑马鱼幼体的发育[282]。在无光照的条件下，在斑马鱼幼体和体外培养的斑马鱼原代细胞中均能够发现温度依赖型的昼夜节律周期现象。并且，温度对不同节律基因表达的影响具有特异性且存在一定的温度补偿效应[278]。Lahiri 等利用转基因 *per1b*：luc 斑马鱼进一步研究发现，温度周期能够显著同步节律基因 *per1b* 和 *aanat2* 表达特征，并同步细胞周期节律[283]。

缺氧信号通路与昼夜节律系统也存在明确相互作用。昼夜节律调控着众多非节律基因的表达，这包括缺氧诱导因子 HIF-1，以及缺氧信号通路的其他一些下游基因。同时，氧气水平也制约着生物体昼夜节律的周期变化。缺氧信号能够减缓昼夜节律周期和降低振荡幅度来反向调节时钟[284-286]。研究表明，HIF-1IC 会与 Clock-arntl 二聚体竞争性结合节律基因 *per1* 和 *per2* 的启动子区的 E-BOX 区域，从而显著削弱 per 和 cry 转录的昼夜节律振荡幅度[287,288]。在斑马鱼幼体和体外培养细胞中，缺氧条件同样会造成 *per1* 基因表达振荡幅度的降低[287]。Per2 和 Cry1 也具有类似的现象[287,288]。

和哺乳动物相比，鱼类中存在更多类型的缺氧诱导因子，呈现出更为复杂的缺氧信号通路与昼夜节律系统相互作用模式。如在斑马鱼中，Chilov 等已经鉴定出六种缺氧转录因子，包括 hif1a、hif1b、hif2a、hif2b、hif3a 和 hif3b[289]。同样的现象也在野生鲫鱼（*common carp*）、虹鳟鱼（*rainbow trout*）等鱼类中发现。这一现象主要是源于鱼类在进化过程中两次重要的基因组复制事件[290]。

19.5.4　环境类固醇激素的昼夜节律干扰效应

环境类固醇激素作为经典的内分泌干扰物能够强烈干扰生物机体的昼夜节律系统，特别是环境糖皮质激素和孕激素类物质。内源性糖皮质激素由肾上腺产生，促肾上腺皮质激素缺乏会引起皮质醇水平的降低。糖皮质激素的产生和分泌呈现明显的时间节律[291,292]。大脑中的昼夜节律起搏器调节下丘脑-垂体-肾上腺轴的日常节律和自主神经系统活动，这两者都影响肾上腺糖皮质激素的释放。同时，糖皮质激素的减少或缺乏，引起大脑中 *PER1*、*PER2*、*NR1D1* 和 *ARNTL1* 时钟基因节律性下降。因此，使用外源合成的地塞米松能够增强这些节律行为[293]。

研究证明环境糖皮质激素能够造成哺乳动物和鱼类的昼夜节律紊乱[294,295]。地塞米松暴露犬外周血细胞导致 PER1 mRNA 表达量增加，且存在时间剂量效应关系[296]。Balsalobre 等证明地塞米松暴露小鼠能够诱导 PER1、PER2 等多种节律基因在肝脏、肾脏、心脏等组织器官中表达特征的变化[297]。Zhao 等人的研究中发现，斑马鱼成鱼暴露于典型环境皮质激素氟氢可的松，其大脑的昼夜节律网络能够发生显著的变化。昼夜节律调控的主要节律基因 *per1a* 和 *nr1d1* 的 mRNA 水平、F1 代斑马鱼胚胎的心跳速率、胚胎孵化率和幼鱼的游动行为均受到显著影响[229]。

糖皮质激素受体在糖皮质激素引起的鱼类昼夜节律紊乱中起着核心作用（图 19-24）。在斑马鱼和金鱼等鱼类的节律基因启动子区域均发现存在糖皮质激素反应元件（GRE）[298,299]。研究表明，环境糖皮质激素如地塞米松、氟氢可的松等能够通过与糖皮质激素受体结合，识别 *per1a*、*nr1d2a* 基因启动子区特异性 GRE 反应元件，从而开启下游节律基因的表达和调控作用[82]。同时，糖皮质激素受体介导了糖皮质激素和 Clock/arntl 异二聚体的相互作用[300]。

环境孕激素、雌激素也能够干扰生物体的昼夜节律。成年斑马鱼暴露于孕酮和屈螺酮 21 天，能够显著改变大脑中昼夜节律分子调控网络，抑制 *per1b* 和 *nr1d2b* 等核心节律基因表达[301,302]。斑马鱼在慢性暴露于地屈孕酮（DDG）后，转录组学分析能够发现对光刺激的响应、光周期和节律基因的显著富集。DDG 能够显著增强 *clocka*、*arntl2* 和 *nifil3-5* 的转录水平，而降低 *cry5*、*per1b* 和 *nr1d2b* 的转录水平[303]。类似的，斑马鱼暴露于雌二醇能够上调昼夜节律基因（*clock*、*arntl* 和 *nr1d1*）的表达水平，同时增加斑马鱼游动行为[304]。乙炔雌二醇和炔诺孕酮的混合物显著诱导下丘脑-垂体-肾上腺轴基因和昼夜节律基因的表达，与单一化学物质暴露相比，暴露于两种混合物显著增强对斑马鱼的影响[305]。因此，可以发现，环境糖皮质激素和孕激素类物质对昼夜节律基因转录水平和节律行为改变最为有效，而雄激素尚未发现明显效应。这一现象为环境类固醇激素的毒作用模式（图 19-25）和潜在环境风险提供了新的见解[304]。

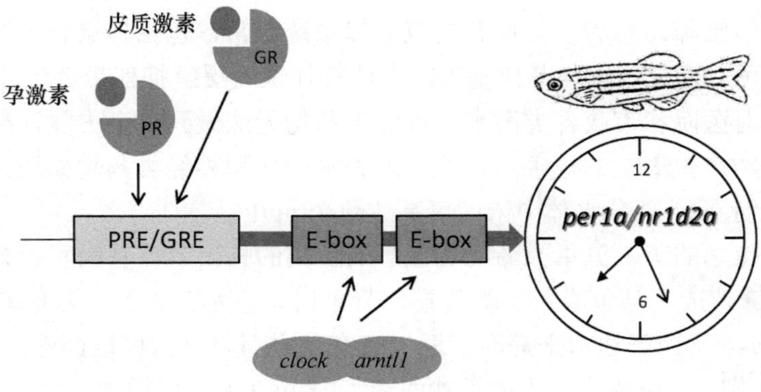

图 19-25 环境类固醇激素（孕激素、皮质激素）核受体途径介导的昼夜节律干扰效应分子机制

19.5.5 杀虫剂除草剂的昼夜节律干扰效应

研究表明常用生物杀灭剂如噻虫胺等新烟碱类杀虫剂、氟酰胺类杀菌剂及阿特拉津除草剂等均能干扰生物体的昼夜节律系统。将环境浓度的新烟碱类杀虫剂噻虫胺、噻虫嗪添加到蜜糖中作为觅食蜂（*Apis mellifera ligustica*）食物暴露数天，可在蜜蜂大脑中检测到噻虫胺、噻虫嗪的高浓度富集。同时蜜蜂的节律行为发生显著的变化，包括延长活跃时间、降低睡眠时长等。并且，新烟碱农药和光照刺激具有加和毒性作用。此外，噻虫胺能够直接激活昆虫钙离子依赖的节律神经元，影响生物体节律行为，损伤蜜蜂的导航、记忆和社会性行为[306]。

氟酰胺是一种综合防治农业病害的杀菌剂，对水生生物剧毒。由于其使用广泛、不易降解，在不同地区水体中均可检出，浓度可高达 230 μg/L。Yang 等人用氟酰胺对斑马鱼胚胎进行为期四天的处理，发现其能改变 *clock1a*、*clock2*、*arnt1a* 和 *arntl2* 在内的核心节律基因 mRNA 水平，并致斑马鱼生长激素和多巴胺激素浓度水平显著降低。这与暴露过程观察到的胚胎发育抑制和游泳行为紊乱现象相一致。这些影响可能主要归因于 clock1a 表达水平的显著增加[307]。

氯咪巴唑作为一种抗真菌活性成分被广泛应用于个人护理样品中，并随着生活用水进入到水生环境。研究发现氯咪巴唑可以调节细胞色素 P450（CYP450）酶，并扰乱雄激素和雌激素的平衡[308]。斑马鱼暴露于氯咪巴唑，导致昼夜节律相关基因 *cry1a*、*clock1a*、*arntl2*、*nr1d1*、*nr1d2a* 和 *nr1d2b* 的转录水平均显著降低。同时，昼夜节律的改变可能会间接影响氧化还原系统的运行。低剂量氯咪巴唑抑制斑马鱼胚胎中活性氧相关基因 *ucp2* 和 *bcl2* 的表达水平。另一种用于防治谷类短斑病和穗裂病的杀菌剂氟托拉尼高浓度（0.125～2 mg/L）下也可诱导水生生物昼夜节律紊乱，导致斑马鱼一系列核心节律基因如 *clock1a*、*arntl1a*、*arntl2*、*per1b* 和 *cy1aa* 等表达水平的显著降低[307]。

除草剂对生物昼夜节律的影响研究近期也有报道。一种广泛使用的除草剂阿特拉津被证明可引发鱼类昼夜节律紊乱。暴露斑马鱼于 3 μg/L 的阿特拉津 6 天会显著影响其节律行为，降低节律幅度、改变节律周期（平均延迟为 1 小时）[309]。此外，除草剂二嗪农暴露黑腹果蝇，可导致其昼间行为模式被完全破坏，且节律运动强度显著降低，同时显著降低其负趋地性反应和跳跃行为[310]。

19.5.6　神经类药物的昼夜节律干扰效应

神经内分泌系统在生物体昼夜节律的产生和维持方面发挥着重要的作用[311]。越来越多的证据表明，神经内分泌系统紊乱会影响昼夜节律分子调控通路，并影响情绪、睡眠、激素和神经递质的日常节律表达模式。研究发现，情绪障碍患者往往伴有昼夜节律系统异常，包括体温、激素分泌、睡眠状态的节律性改变。而抗抑郁药可以通过改变与节律基因的表达特征快速缓解抑郁患者生理状态[312]。

由于污水处理厂对医院和市政各类污水中神经类药物无法做到完全去除，导致其在环境水体中广泛存在，进而对水生生物产生潜在的危害。目前，地表水中典型神经类药物如地西泮、卡马西平和文拉法辛的浓度一般在 ng/L 水平，部分水体中浓度可高达数个 μg/L[313-315]。

广泛应用于治疗焦虑的苯二氮卓类药物能够影响鱼类的昼夜节律基因和行为学的变化。短期暴露于 273 ng/L 地西泮即能够造成斑马鱼成鱼和幼鱼昼夜节律相关基因表达水平的变化，如 *nr1d4b*、*per1*、*cry2b* 和 *nr1d1*。其中，*nr1d4b* 基因表达水平提高了近 10.5 倍。并且，高浓度地西泮（273 μg/L）暴露会导致胚胎游泳行为过度活跃[316]。环境浓度水平的奥沙西泮（1.8 μg/L）可以增加野生欧洲鲈鱼（*Perca fluviatilis*）的活动行为和摄食率，并降低其社会行为[317]。

Melvin 等将雄性食蚊鱼（*Gambusia holbrooki*）暴露于 1、10 和 100μg/L 抗抑郁药氟西汀、舍曲林和文拉法辛 7 天后，发现氟西汀和舍曲林并不会对食蚊鱼的节律行为造成影响，而 100 μg/L 文拉法辛显著抑制食蚊鱼节律行为。在混合暴露条件下，1μg/L 的混合物即能够显著改变食蚊鱼节律行为[318]。并且，文拉法辛可干扰虹鳟鱼神经内分泌系统，影响压力和摄食反应 [319]。相似现象也在斑马鱼研究中发现。将斑马鱼胚胎短期暴露于 0.1～10 μg/L 的三种抗抑郁药阿米替林、氟西汀和米安色林后，发现斑马鱼节律基因 *per2* 和 *nr1d1* 的基因表达均受到显著抑制[320]。Fuertes 等利用转录组学分析了环境浓度下地西泮、卡马西平和普萘洛尔单一和混合暴露情况下对甲壳类动物大型蚤（*Daphnia magna*）发育和繁殖的影响，发现昼夜节律系统、神经递质合成和繁殖是受影响最严重的三个信号通路[321]。

一种用于治疗嗜睡病、睡眠紊乱的觉醒促进剂莫达非尼也能够显著影响斑马鱼的节律行为。短期暴露斑马鱼于 10 mg/kg 的莫达非尼会显著改变斑马鱼幼鱼的睡眠-觉醒活动，延长清醒时间、增加清醒程度，并且这种影响主要存在于夜间观察情况下[322]。

19.5.7　重金属的昼夜节律干扰效应

多种类型金属元素，尤其重金属，能够与生物体昼夜节律信号通路相互作用，影响生物昼夜节律系统稳态[323]。如淡水小龙虾（*Astacus astacus*）的心功能具有明显的昼夜节律现象。其暴露于重金属环境下，会导致心功能节律性的丧失，甚至死亡[324]。Kazuhito 等人对长期暴露于铅、锌、铜等金属元素的男性金属铸造工人进行跟踪检测，发现工人血浆、尿液中 Pb、Cd 和 Zn 的含量也存在显著的昼夜节律变化，并受到肌酐节律、红细胞节律的影响[325]。

以锰为例，作为地壳中最丰富的元素之一，无论是采矿、焊接等高浓度环境暴露，还是日常环境的长时间累积，锰都可能对生物体健康产生影响。神经退行性疾病被普遍认为受到重金属如锰暴露的影响[326]，在阿尔茨海默症（AD）、帕金森症（PD）和亨廷顿症（HD）患者中均被观察到昼夜节律紊乱现象的存在，如睡眠障碍。锰干扰昼夜节律的分子机制尚不清楚，但大脑和肝脏都是锰的毒性作用靶点。小鼠经锰暴露后，下丘脑和肝脏中 *CRY1*、*PER1* 和 *PER2* 基因表达都会受到显著影响 [327]。锰暴露引起的血清肝功酶活性的改变也具时间差异性，并导致生物代谢节律紊乱[328]。此外，锰能够提高慢性肝病、肝硬化、脂肪肝和丙型肝炎患者的睡眠障碍风险。

铅具有很强的神经毒性，同时也能够显著干扰生物体的昼夜节律系统。1 mg/L 铅暴露黑头呆鱼（*Pimephales promelas*）28 天，会导致黑头呆鱼大脑中的去甲肾上腺素、香草扁桃酸、高香草酸和羟基吲哚乙酸等各种神经递质的节律性变化特征发生明显改变[329]。此外，铅和镉具有联合毒性效应，扰乱斑马鱼幼体的节律行为和节律基因的表达[330]。

金属元素铜和锂也是昼夜节律干扰物。Kim 等人研究了不同浓度铜离子暴露对红雕鱼（*Pagrus major*）昼夜节律的影响，发现当铜离子浓度大于 30 μg/L 时，会显著干扰昼夜节律相关基因如 *per2*、*cry1* 的表达水平，从而对鱼类昼夜节律系统产生有害影响[331]。暴露于环境浓度的氧化铜纳米颗粒的成年斑马鱼节律基因 *per2*、*cry2a* 和 *cry5* 能够受到显著的上调，同时斑马鱼表现出节律行为失调。长期（30 天）处于锂暴露下的金鱼（*Carassius auratus*）的昼夜节律系统会出现不同程度的减慢和紊乱[332]。Xiao 等将斑马鱼幼体暴露于250 mg/L LiCl的环境中，发现LiCl会影响多种信号转导通路和免疫反应，诱导昼夜节律紊乱[333]。此外，锂会影响神经肽 Y 和褪黑激素受体的表达以及间歇性缺氧/复氧过程，对组织发育和再生造成不利影响[333]。

19.5.8　其他新污染物的昼夜节律干扰效应

一些应用广泛的塑料增塑剂如双酚 A（BPA）和邻苯二甲酸酯也被证明能够引起鱼类昼夜节律分子调控网络的紊乱。作为典型的内分泌干扰物，BPA 的生殖发育毒性一直受到广泛关注。近年来研究发现，低剂量 BPA 亦可以影响生物体节律基因的表达。Choi 等短期暴露金鱼于 10 μg/L BPA 后，发现金鱼脑和肝脏组织中核心节律基因 *per2* 和 *cry1* 表达受到了显著的抑制 [334]。相似的，短期 BPA 暴露会导致青鳉鱼的核心节律基因 *clock*、*per2*、*cry1* 和 *arntl1* 表达紊乱，尤其在肌肉和皮肤组织中 [335]。Poopal 等报道高剂量邻苯二甲酸二庚酯（DHpP）和邻苯二甲酸二异癸酯（DIDP）暴露成年斑马鱼 15 天，会诱导斑马鱼游动节律行为的显著改变，抑制游动强度和频率 [336]。此外，3 μg/L 邻苯二甲酸二丁酯（DBP）即会抑制金鱼的抗氧化酶系统，引起 DNA 氧化损伤，进而改变褪黑素的分泌并改变斑马鱼的节律行为[337]。

蓝藻爆发时期会产生多种类型藻毒素，可导致生物肝脏代谢功能紊乱和昼夜节律失调。微囊藻毒素-LR 通过污染的水体，影响水生生物及人体健康。肝脏转录组学数据分析显示，长期暴露于 5 μg/L 微囊藻毒素-LR 的青鳉鱼，肝脏内昼夜节律信号通路受影响最大，其次是氨基酸代谢、脂质代谢和能量产生等多种代谢途径。其中 *per* 和 *cry* 基因家族的多个成员均受到显著的抑制，并诱导 *arntl* 基因的上调。同时，卵黄蛋白原和卵壳前体蛋白水平显著降低，这与青鳉鱼繁殖力降低和胚胎孵化率下降现象一致。昼夜节律紊乱可能是造成肝脏代谢功能紊乱和生殖障碍的一大诱因[338]。另外一种蓝藻毒素 CP1020 具有相似的作用模式。经转录组分析，暴露于 100 μg/L 和 1000 μg/L CP1020 的斑马鱼幼鱼受影响最显著的通路包括昼夜节律、DNA 损伤修复和多种代谢通路。其中 *nr1d1*、*per1a* 和 *cry5* 基因表达均受到显著抑制，*nr1d1* 基因转录水平只有对照组的 6.3% [339]。

多氯联苯暴露也可引发生物体昼夜节律的变化。大规模工业生产和使用致使高富集性的多氯联苯类物质环境污染广泛，并引发多种毒性效应如致癌性、免疫毒性和神经毒性等。近年来研究发现，PCB 还会对鱼类和哺乳动物的昼夜节律系统产生干扰。如 PCB153 短期暴露导致斑马鱼胚胎的核心时钟基因转录水平的强烈改变，包括隐花色素基因（*cry1aa*、*cry1ab* 和 *cry1bb*）和 per 家族基因（*per1a*、*per1b*、*per2* 和 *per3*）等。同时，胰岛素耐受、氨基酸代谢和核糖体合成过程也受到显著的影响。同时，1 μmol/L PCB153 短期暴露能够显著诱导斑马鱼的节律行为学改变，降低节律周期和振幅[340]。在哺乳动物中也有类似的结果报道。暴露于低剂量 PCB126（0.1 mg/kg 体重）的小鼠，肝脏中核心节律基因（*ARNTL1*、*CLOCK*、*CRY1* 和 *PER2*）在多个暴露时间节点均发生显著的表达水平的变化[341]。

19.5.9　展望

昼夜节律控制着包括行为、繁衍在内的几乎所有生命过程。除明暗周期循环和温度外，最新的研究发现环境污染物也能够对生物的昼夜节律造成影响[343-345]。本章节简述了近年研究中所揭示的包括环境类固醇激素、生物杀灭剂、神经类药物和重金属在内的 30 余种天然和人工的环境污染物对昼夜节律系统的影响，描述了结构各异的环境污染物对昼夜节律核心基因和昼夜节律行为等的干扰作用（图 19-26），表明昼夜节律是环境污染物质的一个重要毒理学终点。目前对环境污染物的昼夜节律干扰效应研究仍处于起步阶段，对大多数的环境物质仍缺乏相关关注，昼夜节律干扰作用分子机制亦不明确。相关研究认为环境污染物干扰昼夜节律的作用机制与类固醇激素受体、芳烃受体 AhR，神经内分泌调节相关。此外，目前大多数研究通常将核心节律基因转录水平的改变和运动行为改变作为孤立参数研究。两者之前的联系及其作用机制，以及对代谢、发育和细胞增殖等其他相关终点的影响评估也是未来研究的重点。

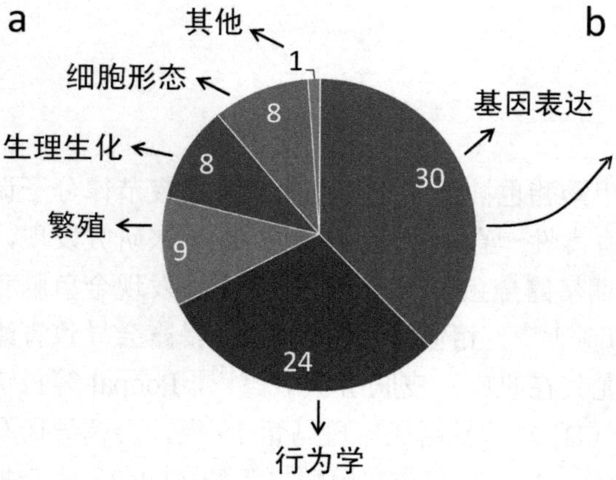

1.类固醇激素	2.重金属	5.其他类型物质
• Progesterone • Drospirenone • Dydrogesterone • Medroxyprogesterone acetate • Norgestrel • Dienogest • Fludrocortisone acetate • Triamcinolone acetonide • Clobetasol propionate • Corticosterone • Betamethasone • Flumethasone • Estradiol • Ethinylestradiol	• Lithium • Cadmium ($CdCl_2$) • Copper sulfate • Copper chloride • Cu nanoparticles **3.神经类药物** • Fluoxetine • Amitriptyline • Mianserin • Diazepam **4.杀菌剂** • Thifluzamide • Flutolanil • Climbazole	• Cyanopeptolin • Microcystin-LR (藻毒素) • PCB153 (多氯联苯) • Bisphenol A (塑化剂)

图 19-26　环境污染物对鱼类昼夜节律系统的干扰作用特征总结

（a）不同类型作用靶点（颜色代表节律基因表达、行为学变化、繁殖能力、生理生化特征和细胞形态等靶点类型，数字是靶点个数）。（b）能够显著改变鱼类昼夜节律核心调控基因表达水平的污染物类型。共包括环境污染物 30 种，含环境类固醇激素 14 种、重金属 5 种、神经类药物 4 种、杀菌剂 3 种、藻毒素 2 种

转录组学、蛋白质组学和代谢组学等大规模组学分析、基因敲入和敲除策略、转基因动物等多种新兴生物技术的应用和融合也为昼夜节律干扰研究提供了新的技术手段。例如，借助转基因斑马鱼（*nr1d1*：VNP）结合延时成像和 3D 重建，Wang 等人首先在单细胞水平上揭示了斑马鱼幼鱼脑中 *nr1d1* 的表达顺序，即从松果体的光感受器开始，扩散到斑马鱼其他大脑区域细胞[277]。另一研究则将一种新的行为传感器与在线监测系统（OMS）相结合建立了能够有效反映斑马鱼对不同压力源实时反应行为的评估方法，从而为环境污染物质的昼夜干扰效应提供了一种新评估手段[346]。

CRISPR-Cas9 等分子生物学技术的应用也为环境污染物昼夜节律干扰机制研究提供了新的平台。开

发和利用昼夜节律异常的突变体模式生物能够有效探索环境刺激与昼夜节律的相互作用，例如光刺激与关键核心节律基因 *per* 和 *timeless* 之间的相互作用[347]。并且，一些非传统昼夜节律模式动物如洞穴鱼也为研究昼夜节律提供了新的思路和方向。利用分子遗传学方法比较洞穴鱼与暴露于日常光线变化的鱼类能够进一步加深对我们对环境刺激与昼夜节律相互作用的认识[348]。例如，洞穴鱼 *P. andruzzii* 的行为振荡周期受进食而非光周期调节，通过功能分析比较洞穴鱼和模式生物斑马鱼，进一步确定了两种新型的视网膜外光感受器 Opn4m2 和 TMT-视蛋白[349]。

如前所述，目前对环境污染物昼夜干扰作用的研究尚停留于无脊椎动物和鱼类，对哺乳动物特别是对人类的研究十分有限。已有的药理学研究表明，小分子也能够影响人类的昼夜节律。例如糖皮质激素和地西泮等药物都能够干扰昼夜节律、导致睡眠紊乱。重金属如锂和镉也被报道能够影响人体昼夜节律系统，并干扰神经递质受体的节律性表达[350]。小分子药物的给药时间优化实验也发现了昼夜节律能够通过影响药物代谢酶等表达水平，影响生物体对药物的敏感性和药物疗效。代表性脊椎动物斑马鱼研究已从基因层面和行为学层面揭示了环境污染物质具有影响生物体昼夜节律的潜能，然而环境污染物是否能对哺乳动物产生同样的影响仍有待阐明。

与此同时，基因的昼夜节律变化也为环境毒理学毒性评估实验设计和结果分析提出了挑战。生物体内多种基因和生理生化参数功能都表现出昼夜节律震荡，因而采样时间点和采样持续时间都有可能产生干扰作用，造成假阳性或假阴性的结果。在目前的环境毒理学研究中，采样时间点和采样持续时间通常不被视为实验设计和结果分析讨论中的重要参数，因此在未来研究中，特别是对于具有昼夜节律变化的终点评估，需要对采样时间进行优化和控制，或者通过多时间点采样系统评估化学物质对这些终点的影响[229]。

综上所述，昼夜节律是环境污染物的一个重要毒性作用终点。目前环境污染物的昼夜节律干扰效应研究尚处于起步阶段。未来研究应重点关注于更多环境物质昼夜节律干扰效应潜能的评估和背后的分子机制。而目前的高通量行为学技术，组学技术和基因敲除等分子生物学技术手段的发展为相关研究的快速展开奠定了良好基础。同时，对于本身具有昼夜节律或受到昼夜节律影响的毒性终点，如何合理设计控制采样时间是获得可靠有效的数据重要前提，而目前的环境毒理学实验中多忽略这方面的影响。因此，生物体基因和生理生化功能的昼夜节律变化也对传统环境毒理学的实验设计和数据分析提出了挑战，需要在未来的研究中给予关注。

参 考 文 献

[1] Hou R, Xu Y P, Wang Z J. Review of OPFRs in animals and humans: absorption, bioaccumulation, metabolism, and internal exposure research. Chemosphere, 2016, 153: 78-90.

[2] Wang R, Tang J, Xie Z, et al. Occurrence and spatial distribution of organophosphate ester flame retardants and plasticizers in 40 rivers draining into the Bohai Sea, north China. Environmental Pollution, 2015, 198: 172-178.

[3] Van der Veen I, De Boer J. Phosphorus flame retardants: properties, production, environmental occurrence, toxicity and analysis. Chemosphere, 2012, 88(10): 1119-1153.

[4] Reemtsma T, Quintana J B, Rodil R, et al. Organophosphorus flame retardants and plasticizers in water and air I. Occurrence and fate. TrAC Trends in Analytical Chemistry, 2008, 27(9): 727-737.

[5] Iché-Tarrat N, Barthelat J C, Rinaldi D, et al. Theoretical studies of the hydroxide-catalyzed P−O cleavage reactions of neutral phosphate triesters and diesters in aqueous solution: examination of the changes induced by H/Me substitution. The Journal of Physical Chemistry B, 2005, 109(47): 22570-22580.

[6] Pantelaki I, Voutsa D. Organophosphate flame retardants (OPFRs): A review on analytical methods and occurrence in wastewater and aquatic environment. Science of The Total Environment, 2019, 649: 247-263.

[7] Li J, Xie Z, Mi W, et al. Organophosphate Esters in Air, Snow, and Seawater in the North Atlantic and the Arctic. Environmental Science & Technology, 2017, 51(12): 6887-6896.

[8] Li X, Zhao N, Fu J, et al. Organophosphate Diesters (Di-OPEs) Play a Critical Role in Understanding Global Organophosphate Esters (OPEs) in Fishmeal. Environmental Science & Technology, 2020, 54(19): 12130-12141.

[9] Salamova A, Hermanson M H, Hites R A. Organophosphate and halogenated flame retardants in atmospheric particles from a European Arctic site . Environmental Science & Technology, 2014, 48(11): 6133-6140.

[10] Bekele T G, Zhao H, Yang J, et al. A review of environmental occurrence, analysis, bioaccumulation, and toxicity of organophosphate esters. Environmental Science and Pollution Research, 2021.

[11] Sundkvist A M, Olofsson U, Haglund P. Organophosphorus flame retardants and plasticizers in marine and fresh water biota and in human milk. Journal of environmental monitoring, 2010, 12(4): 943-951.

[12] McGoldrick D J, Letcher R J, Barresi E, et al. Organophosphate flame retardants and organosiloxanes in predatory freshwater fish from locations across Canada. Environmental Pollution, 2014, 193: 254-261.

[13] Kim J W, Isobe T, Chang K H, et al. Levels and distribution of organophosphorus flame retardants and plasticizers in fishes from Manila Bay, the Philippines . Environmental Pollution, 2011, 159(12): 3653-3659.

[14] Malarvannan G, Belpaire C, Geeraerts C, et al. Organophosphorus flame retardants in the European eel in Flanders, Belgium: Occurrence, fate and human health risk. Environmental Research, 2015, 140: 604-610.

[15] Liu Y E, L X J, Huang L Q, et al. Organophosphorus flame retardants in fish from Rivers in the Pearl River Delta, South China. Science of the Total Environment, 2019, 663: 125-132.

[16] Zhao H, Zhao F, Liu J, et al. Trophic transfer of organophosphorus flame retardants in a lake food web. Environmental Pollution, 2018, 242(Pt B): 1887-1893.

[17] Choo G, Cho H S, Park K, et al. Tissue-specific distribution and bioaccumulation potential of organophosphate flame retardants in crucian carp. Environmental Pollution, 2018, 239: 161-168.

[18] Hou R, Liu C, Gao X, et al. Accumulation and distribution of organophosphate flame retardants (PFRs) and their di-alkyl phosphates (DAPs) metabolites in different freshwater fish from locations around Beijing, China. Environmental Pollution 2017, 229: 548-556.

[19] Wang G, Chen H, Du Z, et al. In vivo metabolism of organophosphate flame retardants and distribution of their main metabolites in adult zebrafish. Science of The Total Environment, 2017, 590-591: 50-59.

[20] Wang X, Zhong W, Xiao B, et al. Bioavailability and biomagnification of organophosphate esters in the food web of Taihu Lake, China: impacts of chemical properties and metabolism. Environment Intertional, 2019, 125: 25-32.

[21] Zhao H, Liu L, Li Y, et al. Occurrence, bioaccumulation, and trophic transfer of oligomeric organophosphorus flame retardants in an aquatic environment. Environmental Science & Technology Letters, 2019, 6(6): 323-328.

[22] Zhang Y, Zheng X, Wei L, et al. The distribution and accumulation of phosphate flame retardants (PFRs) in water environment. Science of The Total Environment, 2018, 630: 164-170.

[23] Bekele T G, Zhao H, Wang Q, et al. Bioaccumulation and trophic transfer of emerging organophosphate flame retardants in the marine food webs of Laizhou Bay, north China. Environmental Science & Technology, 2019, 53(22): 13417-13426.

[24] Giulivo M, Capri E, Kalogianni E, et al. Occurrence of halogenated and organophosphate flame retardants in sediment and fish samples from three European river basins. Science of Total Environment, 2017, 586: 782-791.

[25] Choi W, Lee S, Lee H K, et al. Organophosphate flame retardants and plasticizers in sediment and bivalves along the Korean coast: occurrence, geo graphical distribution, and a potential for bioaccumulation. Mar Pollut Bull 2020, 156: 111275.

[26] Zhang R, Yu K, Li A, et al. Occurrence, phase distribution, and bioaccumulation of organophosphate esters (OPEs) in mariculture farms of the Beibu Gulf, China: A health risk assessment through seafood consumption. Environmental

Pollution, 2020, 263(Pt B): 114426.

[27] Zheng G W, Hu J. Intrinsic Clearance of Xenobiotic Chemicals by Liver Microsomes: Assessment of Trophic Magnification Potentials. Environmental Science & Technology, 2016, 50(12): 6343-6353.

[28] Greaves A K, Letcher R J, Chen D, et al. Retrospective analysis of organophosphate flame retardants in herring gull eggs and relation to the aquatic food web in the Laurentian Great Lakes of North America. Environmental research, 2016, 150: 255-263.

[29] Brandsma S H, Leonards P E, Leslie H A, et al. Tracing organophosphorus and brominated flame retardants and plasticizers in an estuarine food web. Science of Total Environment, 2015, 505: 22-31.

[30] Wan W, Zhang S, Huang H, et al. Occurrence and distribution of organophosphorus esters in soils and wheat plants in a plastic waste treatment area in China. Environmental Pollution, 2016, 214: 349-353.

[31] Wan W, Huang H, Lv J, et al. Uptake, Translocation, and Biotransformation of Organophosphorus Esters in Wheat (Triticum aestivum L.). Environmental Science & Technology, 2017, 51(23): 13649-13658.

[32] Liu Q, Wang X, Yang R, et al. Uptake Kinetics, accumulation, and long-distance transport of organophosphate esters in plants: impacts of chemical and plant properties. Environmental Science & Technology, , 2019, 53(9): 4940-4947.

[33] Gong X, Wang Y, Pu J, et al. The environment behavior of organophosphate esters (OPEs) and di-esters in wheat (Triticum aestivum L.): Uptake mechanism, in vivo hydrolysis and subcellular distribution. Environment Intertional, 2020, 135: 105405.

[34] Wang Q, Zhao H, Xu L, et al. Uptake and translocation of organophosphate flame retardants (OPFRs) by hydroponically grown wheat (*Triticum aestivum L.*). Ecotoxicology and Environmental Safety, 2019, 174: 683-689.

[35] Hu B, Jiang L, Zheng Q, et al. Uptake and translocation of organophosphate esters by plants: Impacts of chemical structure, plant cultivar and copper. Environment Intertional, 2021, 155: 106591.

[36] Li Y, Wang C, Zhao F, et al. Environmentally relevant concentrations of the organophosphorus flame retardant triphenyl phosphate impaired testicular development and reproductive behaviors in Japanese medaka (Oryzias latipes). Environmental Science & Technology Letters, 2018, 5(11): 649-654.

[37] Cao LY, Ren X M, Li C H, et al. Organophosphate esters bind to and inhibit estrogen-related receptor γ in cells. Environmental Science & Technology Letters, 2018, 5(2): 68-73.

[38] Zhang Q, Wang J, Zhu J, et al. Potential Glucocorticoid and Mineralocorticoid Effects of Nine Organophosphate Flame Retardants. Environmental Science & Technology, 2017, 51(10): 5803-5810.

[39] Tan H, Wang X, Hong H, et al. Structures of endocrine-disrupting chemicals determine binding to and activation of the oestrogen receptor α (ERα) and androgen receptor (AR). Environmental Science & Technology, 2020, 54(18): 11424-11433.

[40] Liu X S, Ji K, Choi K. Endocrine disruption potentials of organophosphate flame retardants and related mechanisms in H295R and MVLN cell lines and in zebrafish. Aquatic Toxicology, 2012, 114-115(3): 173-181.

[41] Li Y, Kang Q, Chen R, et al. 2-ethylhexyl diphenyl phosphate and its hydroxylated hetabolites are anti-androgenic and cause adverse reproductive outcomes in male Japanese medaka (*Oryzias latipes*) . Environmental Science & Technology, 2020, 54(14): 8919-8925.

[42] Li Y, Chen R, He J, et al. Triphenyl phosphate at environmental levels retarded ovary development and reduced egg production in Japanese medaka (Oryzias latipes). Environmental Science & Technology, 2019, 53(24): 14709-14715.

[43] Zhang Q, Yu C, Fu L, et al. New Insights in the Endocrine Disrupting Effects of Three Primary Metabolites of Organophosphate Flame Retardants. Environmental Science & Technology, 2020, 54(7): 4465-4474.

[44] Yao Y, Li M, Pan L, et al. Exposure to organophosphate ester flame retardants and plasticizers during pregnancy: Thyroid endocrine disruption and mediation role of oxidative stress. Environment Intertional, 2021, 146: 106215.

[45] Wang S, Romanak K A, Hendryx M, et al. Association between thyroid function and exposures to brominated and

organophosphate flame retardants in rural central appalachia. Environmental Science & Technology, 2020, 54: 325-334.

[46] Zhang Y, Yi X, Huang K, et al. Tris(1, 3-dichloro-2-propyl)phosphate reduces growth hormone expression via binding to growth hormone releasing hormone receptors and Inhibits the growth of crucian carp. Environmental Science & Technology, 2021, 55(12): 8108-8118.

[47] Ren X, Wang W t, Zhao X s, et al. Parental exposure to tris(1, 3-dichloro-2-propyl) phosphate results in thyroid endocrine disruption and inhibition of growth in zebrafish offspring. Aquatic Toxicology, 2019, 209: 132-141.

[48] Liu Q, Liu M, Wu S, et al. Metabolomics reveals antioxidant stress responses of wheat (*triticum aestivum L.*) exposed to chlorinated organophosphate esters. Journal of Agricultural and Food Chemistry, 2020, 68(24): 6520-6529.

[49] Wang L, Huang X, Lim D J, et al. Uptake and toxic effects of triphenyl phosphate on freshwater microalgae Chlorella vulgaris and Scenedesmus obliquus: Insights from untargeted metabolomics. Science of The Total Environment, 2019, 650(Pt 1): 1239-1249.

[50] Wang L, Huang X, Laserna A K C, et al. Metabolomics reveals that tris(1, 3-dichloro-2-propyl)phosphate (TDCPP) causes disruption of membrane lipids in microalga Scenedesmus obliquus. Science of The Total Environment, 2020, 708: 134498.

[51] Liu Q, Wang X, Zhou J, et al. Phosphorus Deficiency Promoted Hydrolysis of Organophosphate Esters in Plants: Mechanisms and Transformation Pathways. Environmental Science & Technology, 2021, 55(14): 9895-9904.

[52] Kim U J, Wang Y, Li W, et al. Occurrence of and human exposure to organophosphate flame retardants/plasticizers in indoor air and dust from various microenvironments in the United States. Environment Intertional, 2019, 125: 342-349.

[53] Tao F, Sellstrom U, de Wit C A. Organohalogenated Flame Retardants and Organophosphate Esters in Office Air and Dust from Sweden. Environmental Science & Technology, 2019, 53(4): 2124-2133.

[54] Cao Z, Xu F, Covaci A, et al. Distribution patterns of brominated, chlorinated, and phosphorus flame retardants with particle size in indoor and outdoor dust and implications for human exposure. Environmental Science & Technology, 2014, 48(15): 8839-8846.

[55] Cequier E, Ionas A C, Covaci A, et al. Occurrence of a broad range of legacy and emerging flame retardants in indoor environments in Norway. Environmental Science & Technology, 2014, 48(12): 6827-6835.

[56] Abdallah M A, Covaci A. Organophosphate flame retardants in indoor dust from Egypt: implications for human exposure. Environmental Science & Technology, 2014, 48(9): 4782-4789.

[57] Guo H, Zheng X, Ru S, et al. Size-dependent concentrations and bioaccessibility of organophosphate esters (OPEs) in indoor dust: A comparative study from a megacity and an e-waste recycling site. Science of The Total Environment, 2019, 650(Pt 2): 1954-1960.

[58] Hu Y J, Bao L J, Huang C L, et al. A comprehensive risk assessment of human inhalation exposure to atmospheric halogenated flame retardants and organophosphate esters in an urban zone. Environmental Pollution, 2019, 252(part B): 1902-1909.

[59] Cao Z G, Zhao L C, Zhang, Y C, et al. Influence of Air Pollution on Inhalation and Dermal Exposure of Human to Organophosphate Flame Retardants: A Case Study During a Prolonged Haze Episode. Environmental Science & Technology, 2019, 53(7): 3880-3887.

[60] Zhang W W, Wang P, Li Y M, et al. Spatial and temporal distribution of organophosphate esters in the atmosphere of the Beijing-Tianjin-Hebei region, China. Environmental Pollution, 2019, 244: 182-189.

[61] Poma G, Sales C, Bruyland B, et al. Occurrence of organophosphorus flame retardants and plasticizers (PFRs) in Belgian foodstuff and estimation of the dietary exposure of the adult population. Environmental Science & Technology, 2018, 52(4): 2331-2338.

[62] Kim U J, Kannan K. Occurrence and Distribution of Organophosphate Flame Retardants/Plasticizers in Surface Waters, Tap

Water, and Rainwater: Implications for Human Exposure. Environmental Science & Technology, 2018, 52(10): 5625-5633.

[63] He C, Wang X, Tang S, et al. Concentrations of Organophosphate Esters and Their Specific Metabolites in Food in Southeast Queensland, Australia: Is Dietary Exposure an Important Pathway of Organophosphate Esters and Their Metabolites?. Environmental Science & Technology, 2018, 52(21): 12765-12773.

[64] Li J, Zhao L, Letcher R J, et al. A review on organophosphate ester (OPE) flame retardants and plasticizers in foodstuffs: levels, distribution, human dietary exposure, and future directions. Environment International, 2019, 127: 35-51.

[65] Ding J, Deng T, Xu M, et al. Residuals of organophosphate esters in foodstuffs and implication for human exposure. Environmental Pollution, 2018, 233: 986-991.

[66] Dodson R E, Van den Eede N, Covaci A, et al. Urinary biomonitoring of phosphate flame retardants: levels in California adults and recommendations for future studies. Environmental Science & Technology, 2014, 48(23): 13625-13633.

[67] Su G, Letcher RJ, Hongxia Yu c, D M G, et al. Determination of glucuronide conjugates of hydroxyl triphenyl phosphate (OH-TPHP) metabolites in human urine and its use as a biomarker of TPHP exposure. Chemosphere, 2016, 149: 314-319.

[68] Van den Eede N, Heffernan A L, Aylward L L, et al. Age as a determinant of phosphate flame retardant exposure of the Australian population and identification of novel urinary PFR metabolites. Environment International, 2015, 74: 1-8.

[69] He C, Toms L L, Thai P, et al. Urinary metabolites of organophosphate esters: concentrations and age trends in australian children. Environment International, 2018, 111: 124-130.

[70] Carignan C C, Fang M, Stapleton H M, et al. Urinary biomarkers of flame retardant exposure among collegiate U.S. gymnasts. Environment International, 2016, 94: 362-368.

[71] Meeker J D, Cooper E M, Stapleton H M, et al. Urinary metabolites of organophosphate flame retardants: temporal variability and correlations with house dust concentrations. Environmental Health Perspectives, 2013, 121(5): 580-585.

[72] Ospina M, Jayatilaka N K, Wong LY, et al. Exposure to organophosphate flame retardant chemicals in the US general population: Data from the 2013-2014 National Health and Nutrition Examination Survey . Environment International, 2018, 110: 32-41.

[73] Sun Y, Gong X, Lin W, et al. Metabolites of organophosphate ester flame retardants in urine from Shanghai, China. Environmental Research, 2018, 164: 507-515.

[74] Li P, Jin J, Wang Y, et al. Concentrations of organophosphorus, polybromobenzene, and polybrominated diphenyl ether flame retardants in human serum, and relationships between concentrations and donor ages. Chemosphere, 2017, 171: 654-660.

[75] Ma Y, Jin J, Li P, et al. Organophosphate ester flame retardant concentrations and distributions in serum from inhabitants of Shandong, China, and changes between 2011 and 2015. Environmental Toxicology and Chemistry, 2017, 36(2): 414-421.

[76] Zhao F, Wan Y, Zhao H, et al. Levels of blood organophosphorus flame retardants and association with changes in human sphingolipid homeostasis. Environmental Science & Technology, 2016, 50(16): 8896-8903.

[77] Wang X, Shan G, Zhu L. Estimation of internal human daily intakes of organophosphate esters using one-compartment toxicokinetic model in the whole blood from Hebei Province, China. Environmental Research, 2020, 186: 109493.

[78] Liu L Y, He K, Hites R A, et al. Hair and nails as noninvasive biomarkers of human exposure to brominated and organophosphate flame retardants. 2016, 50(6): 3065-3073.

[79] Kucharska A, Cequier E, Thomsen C, et al. Assessment of human hair as an indicator of exposure to organophosphate flame retardants. Case study on a Norwegian mother-child cohort. Environment Intertional, 2015, 83: 50-57.

[80] He M J, Lu J F, Ma J Y, et al. Organophosphate esters and phthalate esters in human hair from rural and urban areas, chongqing, china: concentrations, composition profiles and sources in comparison to street dust. Environmental Pollution, 2018, 237: 143-53.

[81] Qiao L, Zheng X B, Zheng J, et al. Analysis of human hair to assess exposure to organophosphate flame retardants: Influence of hair segments and gender differences. Environmental Research, 2016, 148: 177-183.

[82] Wang X L, Liu Q, Zhong WJ, et al. Estimating renal and hepatic clearance rates of organophosphate esters in humans: Impacts of intrinsic metabolism and binding affinity with plasma proteins. Environment International, 2020, 134: 105321.

[83] Ahmed E, Ahmed S J, Salah Soliman, et al. Whole-body autoradiographic disposition, elimination and placental transport of [14C] Tri-o-cresyl phosphate in mice. Journal of Applied Toxicology, 1993, 13(4): 259-267.

[84] Yu P, Jia Y, Su G, et al. Parental transfer of tris(1, 3-dichloro-2-propyl) phosphate and transgenerational inhibition of growth of zebrafish exposed to environmentally relevant concentrations. Environmental Pollution, 2017, 220(Pt A): 196-203.

[85] Ding J, Xu Z, Huang W, et al. Organophosphate ester flame retardants and plasticizers in human placenta in Eastern China. Science of The Total Environment, 2016, 554-555: 211-217.

[86] Zhao F, Chen M, Gao F, et al. Organophosphorus Flame Retardants in Pregnant Women and Their Transfer to Chorionic Villi. Environmental Science & Technology, 2017, 51(11): 6489-6497.

[87] Wang X, Chen P, Zhao L, et al. Transplacental Behaviors of Organophosphate Tri- and Diesters Based on Paired Human Maternal and Cord Whole Blood: Efficiencies and Impact Factors. Environmental Science & Technology, 2021, 55(5): 3091-3100.

[88] Xiong P, Yan X T, Zhu Q Q, et al. A Review of Environmental Occurrence, Fate, and Toxicity of Novel Brominated Flame Retardants. Environmental Science & Technology, 2019, 53(23): 13551-13569.

[89] Yu G, Bu Q W, Cao Z G, et al. Brominated flame retardants (BFRs): A review on environmental contamination in China. Chemosphere, 2016, 150: 479-490.

[90] Wu Q H, Li H Y, Kuo D T F, et al. Occurrence of PBDEs and alternative halogenated flame retardants in sewage sludge from the industrial city of Guangzhou, China. Environmental Pollution, 2017, 220: 63-71.

[91] Zhu B Q, Lai N L S, Wai T C, et al. Changes of accumulation profiles from PBDEs to brominated and chlorinated alternatives in marine mammals from the South China Sea. Environment International , 2014, 66: 65-70.

[92] He M J, Luo X J, Chen M Y, et al. Bioaccumulation of polybrominated diphenyl ethers and decabromodiphenyl ethane in fish from a river system in a highly industrialized area, South China. Science of The Total Environment, 2012, 419: 109-115.

[93] Zhao X Z, Chen T, Yang B, et al. Serum levels of novel brominated flame retardants (NBFRs) in residents of a major BFR-producing region: Occurrence, impact factors and the relationship to thyroid and liver function. Ecotoxicology and Environmental Safety, 2021, 208: 111467.

[94] Shi Z X, Zhang L, Li J G, et al. Novel brominated flame retardants in food composites and human milk from the Chinese Total Diet Study in 2011: Concentrations and a dietary exposure assessment. Environment International, 2016, 96: 82-90.

[95] Klopcic I, Skledar G, Masic L P, et al. Comparison of in vitro hormone activities of novel flame retardants TBB, TBPH and their metabolites TBBA and TBMEPH using reporter gene assays. Chemosphere, 2016, 160: 244-251.

[96] Lu L P, Wu H, Cui S X, et al. Pentabromoethylbenzene Exposure Induces Transcriptome Aberration and Thyroid Dysfunction: In Vitro, in Silico, and in Vivo Investigations. Environmental Science & Technology, 2020, 54(19): 12335-12344.

[97] Lee D, Kim K, Lee J H , et al. A brominated flame retardant, 2, 4, 6-tribromophenol, induces thyroid marker Dio1 expression in GH3 cell. Reproductive Toxicology, 2015, 56: 21-22.

[98] Hamers T, Kamstra J H, Sonneveld E, et al. In vitro profiling of the endocrine-disrupting potency of brominated flame retardants. Toxicology Science, 2006, 92(1): 157-173.

[99] Smythe T A, Butt C M, Stapleton H M, et al. Impacts of Unregulated Novel Brominated Flame Retardants on Human Liver Thyroid Deiodination and Sulfotransferation. Environmental Science & Technology, 2017, 51(12): 7245-7253.

[100] Springer C, Dere E, Hall S J, et al. Rodent thyroid, liver, and fetal testis toxicity of the monoester metabolite of bis-(2-ethylhexyl) tetrabromophthalate (tbph), a novel brominated flame retardant present in indoor dust. Environmental Health Perspectives, 2012, 120(12): 1711-1719.
[101] Tomy G T, Palace V P, Pleskach K, et al. Dietary exposure of juvenile rainbow trout (Oncorhynchus mykiss) to 1, 2-bis(2, 4, 6-tribromophenoxy)ethane: Bioaccumulation parameters, biochemical effects, and metabolism. Environmental Science & Technology, 2007, 41(14): 4913-4918.
[102] Wang X C, Ling S Y, Guan K L, et al. Bioconcentration, Biotransformation, and Thyroid Endocrine Disruption of Decabromodiphenyl Ethane (DBDPE), A Novel Brominated Flame Retardant, in Zebrafish Larvae. Environmental Science & Technology, 2019, 53(14): 8437-8446.
[103] Fu J J, Guo Y Y, Wang M, et al. Bioconcentration of 2, 4, 6-tribromophenol (TBP) and thyroid endocrine disruption in zebrafish larvae. Ecotoxicology and Environmental Safety, 2020, 206: 111207.
[104] Guo Z, Tao Y, Chen M, et al. Effects of Brominated Flame Retardants TBB and TBPH Mixture on Thyroid Hormones and Physiological-biochemical Indexes in Tilapia Serum. Asian Journal of Ecotoxicology, 2019, 14(5): 219-226.
[105] Eng M L, Karouna-Renier N K, Henry P F P, et al. In ovo exposure to brominated flame retardants Part II: Assessment of effects of TBBPA-BDBPE and BTBPE on hatching success, morphometric and physiological endpoints in American kestrels. Ecotoxicology and Environmental Safety, 2019, 179: 151-159.
[106] Goodchild C, Karouna-Renier N K, Henry P F P, et al. Thyroid disruption and oxidative stress in American kestrels following embryonic exposure to the alternative flame retardants, EHTBB and TBPH. Environment International, 2021, 157: 106826-106826.
[107] Marteinson S C, Palace V, Letcher R J, et al. Disruption of thyroxine and sex hormones by 1, 2-dibromo-4-(1, 2-dibromoethyl)cyclohexane (DBE-DBCH) in American kestrels (*Falco sparverius*) and associations with reproductive and behavioral changes. Environmental Research, 2017, 154: 389-397.
[108] Wang Y, Chen T, Sun Y, et al. A comparison of the thyroid disruption induced by decabrominated diphenyl ethers (BDE-209) and decabromodiphenyl ethane (DBDPE) in rats. Ecotoxicology and Environmental Safety, 2019, 174: 224-235.
[109] Sun R B, Shang S, Zhang W, et al. Endocrine Disruption Activity of 30-day Dietary Exposure to Decabromodiphenyl Ethane in Balb/C Mouse. Biomedical and Environmental Sciences, 2018, 31(1): 12-22.
[110] Lee D, Ahn C, Hong E J, et al. 2, 4, 6-Tribromophenol Interferes with the Thyroid Hormone System by Regulating Thyroid Hormones and the Responsible Genes in Mice. International Journal of Environmental Research and Public Health, 2016, 13(7): 697.
[111] Curran I H A, Liston V, Nunnikhoven A, et al. Toxicologic effects of 28-day dietary exposure to the flame retardant 1, 2-dibromo-4-(1, 2-dibromoethyl)-cyclohexane (TBECH) in F344 rats. Toxicology, 2017, 377: 1-13.
[112] Chen T, Yu D, Yang L, et al. Thyroid function and decabromodiphenyl ethane (DBDPE) exposure in Chinese adults from a DBDPE manufacturing area. Environment International, 2019, 133: 105179.
[113] Zhao X, Chen T, Wang D, et al. Polybrominated diphenyl ethers and decabromodiphenyl ethane in paired hair/serum and nail/serum from corresponding chemical manufacturing workers and their correlations to thyroid hormones, liver and kidney injury markers. Science of The Total Environment, 2020, 729: 139049.
[114] Wang S R, Romanak K A, Hendryx M, et al. Association between Thyroid Function and Exposures to Brominated and Organophosphate Flame Retardants in Rural Central Appalachia. Environmental Science & Technology, 2020, 54(1): 325-334.
[115] Guo L C, Xiao J P, Zhang Y H, et al. Association between serum polybrominated diphenyl ethers, new flame retardants and thyroid hormone levels for school students near a petrochemical complex, South China. Chemosphere, 2018, 202: 476-482.

[116] Johnson P I, Stapleton H M, Mukherjee B, et al. Associations between brominated flame retardants in house dust and hormone levels in men. Science of the Total Environment, 2013, 445: 177-184.

[117] Yan Z F, Jin X W, Liu D Q, et al. The potential connections of adverse outcome pathways with the hazard identifications of typical organophosphate esters based on toxicity mechanisms. Chemosphere, 2021, 266: 128989.

[118] Bajard L, Negi C K, Mustieles V, et al. Endocrine disrupting potential of replacement flame retardants-Review of current knowledge for nuclear receptors associated with reproductive outcomes. Environment International, 2021, 153: 106550.

[119] Ding L, Murphy M B, He Y H, et al. Effects of brominated flame retardants and brominated dioxins on steroidogenesis in H295R human adrenocortical carcinoma cell line. Environmental Toxicology and Chemistry, 2007, 26(4): 764-772.

[120] Shi F, Qiu J, Zhang J, et al. The toxic effects and possible mechanisms of decabromodiphenyl ethane on mouse oocyte. Ecotoxicology and Environmental Safety, 2021, 207: 111290.

[121] Deng J, Liu C S, Yu L Q, et al. Chronic exposure to environmental levels of tribromophenol impairs zebrafish reproduction. Toxicology and Appli ed Pharmacology, 2010, 243(1): 87-95.

[122] Saunders D M V, Podaima M, Codling G, et al. A mixture of the novel brominated flame retardants TBPH and TBB affects fecundity and transcript profiles of the HPGL-axis in Japanese medaka. Aquatic Toxicology , 2015, 158: 14-21.

[123] de Jourdan B P, Hanson M L, Muir D C G, et al. Fathead Minnow (Pimephales Promelas Rafinesque) Exposure to Three Novel Brominated Flame Retardants in Outdoor Mesocosms: Bioaccumulation and Biotransformation. Environmental Toxicology and Chemistry, 2014, 33(5): 1148-1155.

[124] Giraudo M, Douville M, Letcher R J, et al. Effects of food-borne exposure of juvenile rainbow trout (Oncorhynchus mykiss) to emerging brominated flame retardants 1, 2-bis(2, 4, 6-tribromophenoxy)ethane and 2-ethylhexyl-2, 3, 4, 5-tetrabromobenzoate. Aquatic Toxicology, 2017, 186: 40-49.

[125] Marteinson S C, Letcher R J, Graham L, et al. The Flame Retardant beta-1, 2-Dibromo-4-(1, 2-dibromoethyl)cyclohexane: Fate, Fertility, and Reproductive Success in American Kestrels (*Falco sparverius*). Environmental Science & Technology, 2012, 46(15): 8440-8447.

[126] Acconcia F, Pallottini V, Marino M. Molecular Mechanisms of Action of BPA. Dose-Response, 2015, 13(4).

[127] Rock K D, Horman B, Phillips A L, et al. EDC IMPACT: Molecular effects of developmental FM 550 exposure in Wistar rat placenta and fetal forebrain. Endocrine Connections, 2018, 7(2): 305-324.

[128] Dong L Y, Wang S T, Qu J Z, et al. New understanding of novel brominated flame retardants (NBFRs): Neuro (endocrine) toxicity. Ecotoxicology and Environmental Safety, 2021, 208: 11570.

[129] Knudsen G A, Sanders J M, Birnbaum L S. Disposition of the emerging brominated flame retardant, bis(2-ethylhexyl) tetrabromophthalate, in female Sprague Dawley rats: effects of dose, route and repeated administration. Xenobiotica, 2017, 47(3): 245-254.

[130] Hong X S, Chen R, Hou R, et al. Triphenyl Phosphate (TPHP)-Induced Neurotoxicity in Adult Male Chinese Rare Minnows (Gobiocypris rarus). Environmental Science & Technology, 2018, 52(20): 11895-11903.

[131] Zhong X L, Kang J M, Qiu J H, et al. Developmental exposure to BDE-99 hinders cerebrovascular growth and disturbs vascular barrier formation in zebrafish larvae. Aquatic Toxicology, 2019, 214: 105224.

[132] Argaw A T, Zhang Y T, Snyder B J, et al. IL-1 beta regulates blood-brain barrier permeability via reactivation of the hypoxia-angiogenesis program. The Journal of Immunology, 2006, 177(8): 5574-5584.

[133] Baldwin K R, Phillips A L, Horman B, et al. Sex Specific Placental Accumulation and Behavioral Effects of Developmental Firemaster 550 Exposure in Wistar Rats. Scientific Reports, 2017, 7: 7118.

[134] Chen X P, Guo W, Lei L, et al. Bioconcentration and developmental neurotoxicity of novel brominated flame retardants, hexabromobenzene and pentabromobenzene in zebrafish. Environmental Pollution, 2021, 268: 115895.

[135] Obermeier B, Daneman R, Ransohoff R M. Development, maintenance and disruption of the blood-brain barrier. Nature Medicine, 2013, 19(12): 1584-1596.

[136] Dong Z J, Hu Z P, Zhu H B, et al. Tris-(2, 3-dibromopropyl) isocyanurate induces depression-like behaviors and neurotoxicity by oxidative damage and cell apoptosis in vitro and in vivo. The Journal of Toxicological Sciences, 2015, 40(6): 701-709.

[137] Feng W, Li Y, Zhang J, et al. Tris-(2, 3-dibromopropyl)Isocyanurate Induced Oxidative Stress in the Human Neuronal Cell Lines and in Rat Brains. Journal of Beijing Institute of Technology, 2018, 27(03): 468-476.

[138] Stojak B L, van Ginkel R A, Ivanco T L, et al. Acute beta-tetrabromoethylcyclohexane (beta-TBECH) treatment inhibits the electrical activity of rat Purkinje neurons. Chemosphere, 2019, 231: 301-307.

[139] Chen Y, Guo M F, Liu R Y, et al. Effects of novel brominated flame retardants and metabolites on cytotoxicity in human umbilical vein endothelial cells. Chemosphere, 2020, 253: 126653.

[140] Kharlyngdoh J B, Pradhan A, Asnake S, et al. Identification of a group of brominated flame retardants as novel androgen receptor antagonists and potential neuronal and endocrine disrupters. Environment International, 2015, 74: 60-70.

[141] Baron E, Hauler C, Gallistl C, et al. Halogenated Natural Products in Dolphins: Brain-Blubber Distribution and Comparison with Halogenated Flame Retardants. Environmental Science & Technology 2015, 49(15): 9073-9083.

[142] Guo W, Hang J, Wu S, et al. Bis(2-ethylhexyl)-2, 3, 4, 5-tetrabromophthalate Affects Lipid Metabolism in Zebrafish Larvae via DNA Methylation Modification. Environmental Science & Technology, 2020, 54(1): 355-363.

[143] Jin M Q, Zhang D, Zhang Y, et al. Neurological responses of embryo-larval zebrafish to short-term sediment exposure to decabromodiphenylethane. Journal of Zhejiang University Science B, 2018, 19: 400-408.

[144] Bertrand D, Wallace TL. A Review of the cholinergic System and terapeutic approaches to treat brain disorders. Current Topics in Behavioral Neurosciences, 2020, 45: 1-28.

[145] Patisaul H B, Roberts S C, Mabrey N, et al. Accumulation and Endocrine Disrupting Effects of the Flame Retardant Mixture Firemaster (R) 550 in Rats: An Exploratory Assessment. Journal of Biochemical and Molecular Toxicology, 2013, 27(2): 124-136.

[146] Gillera S E A, Marinello W P, Horman B M, et al. Sex-specific effects of perinatal FireMaster (R) 550 (FM 550) exposure on socioemotional behavior in prairie voles. Neurotoxicology and Teratology, 2020, 79: 106840.

[147] Yan S, Wang D Z, Teng M M, et al. Perinatal exposure to low-dose decabromodiphenyl ethane increased the risk of obesity in male mice offspring. Environmental Pollution, 2018, 243: 553-562.

[148] Shulman G I. Ectopic Fat in Insulin Resistance, Dyslipidemia, and Cardiometabolic Disease REPLY. New England Journal of Medicine, 2014, 371(23): 2237-2238.

[149] Guo W, Lei L, Shi X J, et al. Nonalcoholic Fatty Liver Disease Development in Zebrafish upon Exposure to Bis(2-ethylhexyl)-2, 3, 4, 5-tetrabromophthalate, a Novel Brominated Flame Retardant. Environmental Science & Technology 2021, 55(10): 6926-6935.

[150] Sonnenburg E D, Smits S A, Tikhonov M, et al. Diet-induced extinctions in the gut microbiota compound over generations. Nature, 2016, 529(7585): 212-U208.

[151] Zhou Y, Guo W, Lei L, et al. Bis(2-ethylhexyl)-tetrabromophthalate induces zebrafish obesity by altering the brain-gut axis and intestinal microbial composition. Environmental Pollution, 2021, 290: 118127.

[152] Bailey L C, Forrest C B, Zhang P, et al.Association of antibiotics in infancy with early childhood obesity. JAMA Pediatrics, 2014, 168: 1063-1069.

[153] Scott F , Horton D B, Mamtani R, et al.Administration of antibiotics to children before age 2 years increases risk for childhood obesity. Gastroenterology, 2016, 151: 120-129.

[154] Popovic M, Rusconi F, Zugna D, et al. Prenatal exposure to antibiotics and wheezing in infancy: a birth cohort study. European Respiratory Journal, 2016, 47, 810-817.

[155] Cox L M, Blaser M J. Antibiotics in early life and obesity. Nature Reviews Endocrinology, 2015, 11: 182-190.

[156] Zhuang C, Liao X, Fu M, et al.Association between the use of antibiotics during pregnancy and obesity in 5-year-old children. Translational Pediatrics, 2021, 10: 1686-1691.

[157] Margetaki K, Stratakis N, Roumeliotaki T, et al. Prenatal and infant antibiotic exposure and childhood growth, obesity and cardiovascular risk factors: The Rhea mother-child cohort study, Crete, Greece. Pediatric Obesity, 2021, e12843.

[158] Park S Y, Ustulin M, Park S, et al.Systemic antibiotics and obesity: Analyses from a population-based cohort. Journal of Clinical Medicine, 2021, 10: 2601.

[159] Cho I, Yamanishi S, Cox , et al. Antibiotics in early life alter the murine colonic microbiome and adiposity. Nature, 2012, 488, 621-628.

[160] Kimura K D, Tissenbaum H A, Liu Y X, et al. daf-2, an insulin receptor-like gene that regulates longevity and diapause in Caenorhabditis elegans. Science 1997, 277: 942-946.

[161] Chen R, Yu Z, Yin D. Multi-generational effects of lindane on nematode lipid metabolism with disturbances on insulin-like signal pathway. Chemosphere, 2018, 210: 607-614.

[162] Yu Z, Shen J, Li Z, et al. Obesogenic effect of sulfamethoxazole on Drosophila melanogaster with simultaneous disturbances on eclosion rhythm, glucolipid metabolism and microbiota. Environmental Science & Technology, 2020, DOI: 10.1021/acs.est.9b07889,

[163] Li Z, Yu Z, Cui C, et al. Multi-generational obesogenic effects of sulfomethoxazole on Caenorhabditis elegans through epigenetic regulation. Journal of Hazardous Materials, 2020, 382: 121061.

[164] 马冠生, 崔朝辉, 胡小琪, 等. 中国居民的睡眠时间分析. 中国慢性病预防与控制 2006, 1: 68-71.

[165] Marshall N S, Glozier N, Grunstein R R. Is sleep duration related to obesity? A critical review of the epidemiological evidence. Sleep Medicine Reviews, 2008, 12: 289-298.

[166] Taheri S, Lin L, Austin D , et al. Short Sleep Duration Is Associated with Reduced Leptin, Elevated Ghrelin, and Increased Body Mass Index. PLoS medicine, 2005, 1: e62.

[167] Jiang F, Zhu S, Yan C, et al. Sleep and Obesity in Preschool Children. The Journal of Pediatrics, 2009, 154: 814-818.

[168] 程欣, 黄徐根, 陈会康, 等. 青少年肥胖流行促成因素分析. 中国学校卫生 2019, 40, 1597-1600.

[169] Baker K D, Thummel C S. Diabetic larvae and obese flies - Emerging studies of metabolism in Drosophila. Cell Metabolism, 2007, 6: 257-266.

[170] Brett W, J J A. o. t. E. S. o. A. Persistent Diurnal Rhythmicity in Drosophila Emergence, 1955, 48: 119-131.

[171] Lee C J, Sears C L, Maruthur N. Gut microbiome and its role in obesity and insulin resistance. Ann N Y Acad Sci, 2020, 1461: 37-52.

[172] Torres-Fuentes C, Schellekens H, Dinan T G, et al. The microbiota–gut–brain axis in obesity. The Lancet Gastroenterology & Hepatology, 2017, 2: 747-756.

[173] Cao S Y, Zhao C N, Xu X Y, et al. Dietary plants, gut microbiota, and obesity: Effects and mechanisms. Trends in Food Science & Technology, 2019, 92: 194-204.

[174] Ferrer M, Ruiz A, Lanza F, et al. Microbiota from the distal guts of lean and obese adolescents exhibit partial functional redundancy besides clear differences in community structure. Environmental Microbiology, 2012, 15: 211-226.

[175] Muñoz-Garach A, Cornejo-Pareja I. M, et al. Gut microbiota, its importance in obesity. Encyclopedia of Endocrine Diseases, Second Edition 2019, 1 (DOI: 10.1016/B978-0-12-801238-3.65351-5),

[176] van de Wouw M, Schellekens H, Dinan T G, et al. Microbiota-gut-brain axis: modulator of host metabolism and appetite.

Journal of Nutrition, 2017, 147: 727-745.

[177] Reijnders D, Goossens G H, Hermes G D A, et al. Effects of gut microbiota manipulation by antibiotics on host metabolism in obese humans: a randomized double-blind placebo-controlled trial. Cell Metabolism, 2016, 24: 63-74.

[178] Thompson J A, Oliveira R A, Djukovic A, et al. Manipulation of the quorum sensing signal AI-2 affects the antibiotic-treated gut microbiota. Cell Reports, 2015, 10: 1861-1871.

[179] Mikkelsen K H, Frost M, Bahl M I, et al. Effect of antibiotics on gut microbiota, gut hormones and glucose metabolism. PLoS ONE, 10(11): e0142352 2015, 10: e0142352.

[180] Dreyer J L, Liebl A L. Early colonization of the gut microbiome and its relationship with obesity. Human Microbiome Journal, 2018, 10: 1-5.

[181] Wilkins A T, Reimer R A. Obesity, Early Life Gut Microbiota, and Antibiotics. Microorganisms, 2021, 9: 248.

[182] Sofiane B, Raymond B, Claire C, et al. A multi-generational study on low-dose BPA exposure in Wistar rats: Effects on maternal behavior, flavor intake and development. Neurotoxicology & Teratology, 2014, 41: 16-26.

[183] Liu Y, Yan Z, Zhang L, et al. Food up-take and reproduction performance of *Daphnia magna* under the exposure of Bisphenols. Ecotoxicology and Environmental Safety, 2019, 170: 47-54.

[184] He K, Zhang J, Chen Z. Effect of tributyltin on the food intake and brain neuropeptide expression in rats. Endokrynologia Polska, 2014, 65: 485-490.

[185] Song B m, Avery L. Serotonin activates overall feeding by activating two separate neural pathways in Caenorhabditis elegans. The Journal of Neuroscience, 2012, 32: 1920-1931.

[186] Greer E R, Pérez C L, Van Gilst M R, et al. Neural and molecular dissection of a C. elegans sensory circuit that regulates fat and feeding. Cell Metabolism, 2008, 8: 118-131.

[187] Wang Q, Duan Y J, Wang S P, et al. Occurrence and distribution of clinical and veterinary antibiotics in the faeces of a Chinese population. Journal of Hazardous Materials, 2020, 383: 121129.

[188] Zhang J, Liu X, Zhu Y, et al. Antibiotic exposure across three generations from Chinese families and cumulative health risk. Ecotoxicology and Environmental Safety, 2020, 191: 110237.

[189] Anadón A, Martínez-Larrañaga M R, Ares I., Castellano V, et al. Drugs and chemical contaminants in human breast milk. In: Reproductive and Developmental Toxicology, 2017, DOI: 10.1016/B978-0-12-804239-7.00005-6, 67-98.

[190] Zeng X, Zhang L, Chen Q, et al. Maternal antibiotic concentrations in pregnant women in Shanghai and their determinants: A biomonitoring-based prospective study. Environment International, 2020, 138: 105638.

[191] Yu Z, Zhang J, Chen X, et al. Inhibitions on the behavior and growth of the nematode progeny after prenatal exposure to sulfonamides at micromolar concentrations. Journal of Hazardous Materials, 2013, 250-251: 198-203.

[192] Yu Z Y, Jiang L, Yin D Q. Behavior toxicity to Caenorhabditis elegans transferred to the progeny after exposure to sulfamethoxazole at environmentally relevant concentration. Journal of Environmental Science - China , 2011, 23: 294-300.

[193] Brain R, Johnson D, Richards S M, et al. Microcosm evaluation of the effects of an eight pharmaceutical mixture to the aquatic macrophytes Lemna gibba and Myriophyllum sibiricum. Aquat. Toxicol. 2004, 70: 23-40.

[194] Kim Y, Choi K Jung J, et al. Aquatic toxicity of acetaminophen, carbamazepine, cimetidine, diltiazem and six major sulfonamides, and their potential ecological risks in Korea. Environment International, 2007, 33: 370-375.

[195] Isidori M, Lavorgna M, Nardelli A, et al. Toxic and genotoxic evaluation of six antibiotics on non-target organisms. Science of The Total Environment, 2005, 346: 87-98.

[196] IARC. Sulfamethoxazole, IARC monographs on the evaluation of carcinogenic risk to humans. International Agency for Research on Cancer, World Health Organization, 2001, 79: 361-378.

[197] Wang D, Shen L, Wang, Y. The phenotypic and behavioral defects can be transferred from zinc-exposed nematodes to their

progeny. Environmental Toxicology Pharmaceutical, 2007, 24: 223-230.
[198] Wang D, Wang Y. Nickel sulfate induces numerous defects in Caenorhabditis elegans that can also be transferred to progeny. Environmental Pollution, 2008, 151: 585-592.
[199] Hill R, Egydio de Carvalho C, Salogiannis J, et al. Genetic flexibility in the convergent evolution of hermaphroditism in Caenorhabditis Nematodes. Developmental Cell, 2006, 10: 531-538.
[200] Qu Y, Li W, Zhou Y L, et al.Full assessment of fate and physiological behavior of quantum dots utilizing Caenorhabditis elegans as a model organism. Nano Letters, 2011, 11: 3174-3183.
[201] Zanni E, de Bellis G, Bracciale M P, et al. Graphite nanoplatelets and Caenorhabditis elegans: insights from an in vivo model. Nano Letters, 2012, 12: 2740-2744.
[202] Pluskota A, Bossinger E H O, von Mikecz A. In Caenorhabditis elegans nanoparticle-bio-interactions become transparent: silica-nanoparticles induce reproductive senescence. PLoS ONE, 2009, 4: e6622.
[203] Mohan N, Chen C S, Hsieh H H, et al. In vivo imaging and toxicity assessments of fluorescent nanodiamonds in Caenorhabditis elegans. Nano Letters, 2010, 10: 3694-3699.
[204] de Faria L V, Lisboa T P, da Silva C N, et al. Electrochemical methods for the determination of antibiotic residues in milk: A critical review. Analytica Chimica Acta 2021, 1173: 338569.
[205] Noergaard M, Jensen P B, Gotfredsen D R, et al. Therapeutic concentration of ciprofloxacin and transfer across the human term placenta. American Journal of Obstetrics and Gynecology 2021, 225: 670.e1-670.e9.
[206] Taddio A, Ito S, Einarson T R, et al. Effect of counseling on maternal reporting of adverse effects in nursing infants exposed to antibiotics through breast milk. Reproductive Toxicology 1995, 9: 153-157.
[207] Skinner M K. What is an epigenetic transgenerational phenotype? F3 or F2. Reproductive Toxicology, 2008, 25: 2-6.
[208] Yu Z, Zhang J, Yin D. Multigenerational effects of heavy metals on feeding, growth, initial reproduction and antioxidants in Caenorhabditis elegans. PLoS ONE, 2016, 11: e0154529.
[209] Yu Z, Sun G, Liu Y, et al. Trans-generational influences of sulfamethoxazole on lifespan, reproduction and population growth of Caenorhabditis elegans. Ecotoxicology and Environmental Safety, 2017, 135: 312-318.
[210] Liu S, Saul N, Pan B, et al. The non-target organism *Caenorhabditis elegans* withstands the impact of sulfamethoxazole. Chemosphere, 2013, 93: 2373-2380.
[211] Yu Z Y, Chen X X, Zhang J, et al. Transgenerational effects of heavy metals on L3 larva of Caenorhabditis elegans with greater behavior and growth inhibitions in the progeny. Ecotoxicology and Environmental Safety, 2013, 88C: 178-184.
[212] Hanna M, Wang L, Audhya A. Worming our way in and out of the C. elegans germline and developing embryo. Traffic, 2013, 14: 471-478.
[213] Burton T, Metcalf N B. Can environmental conditions experienced in early life influence future generations? Proc R Soc B, 2014, 281: 20140311.
[214] Daniel D S, Lee, S M, Dykes G A, et al. Public health risks of multipledrug-resistant Enterococcus spp. in Southeast Asia. Appl Environmental Microbiol, 2015, 81: 6090-6097.
[215] Ho D H, Burggren W W. Epigenetics and transgenerational transfer: a physiological perspective. Journal of Experimental Biology, 2010, 213: 3-16.
[216] Zhang H M, Deng X Y, Miki D, et al. Sulfamethazine suppresses epigenetic silencing in Arabidopsis by impairing folate synthesis. Plant Cell, 2012, 24: 1230-1241.
[217] Furuhashi H, Takasaki T, Rechtsteiner A, et al. Trans-generational epigenetic regulation of C. elegans primordial germ cells. Epigenet. Chromatin, 2010, 3: 15.
[218] Saul N, Pietsch K, Stürzenbaum S R, et al. Hormesis and longevity with tannins: free of charge or cost-intensive?

Chemosphere, 2013, 93: 1005-1008.

[219] Tyne W, Little S, Spurgeon D J, et al. Hormesis depends upon the lifestage and duration of exposure: examples for a pesticide and a nanomaterial. Ecotoxicology and Environmental Safety, 2015, 120: 117-123.

[220] Adler M I, Cassidy E J, Fricke C, et al. The lifespan-reproduction trade-off under dietary restriction is sex-specific and context-dependent. Exp. Gerontol. 2013, 48: 539-548.

[221] Saul N, Pietsch K, Stürzenbaum S R, et al. Diversity of polyphenol action in Caenorhabditis elegans: between toxicity and longevity. Journal of Natural Products, 2011, 74: 1713-1720.

[222] Takahashi J S. Circadian clock genes are ticking. Science, 1992, 258(5080): 238-240.

[223] Benstaali C, Mailloux A, Bogdan A. et al. Circadian rhythms of body temperature and motor activity in rodents their relationships with the light-dark cycle. Life Sciences, 2001, 68(24): 2645-2656.

[224] Takahashi J S, Murakami N, Nikaido S S et al. The avian pineal, a vertebrate model system of the circadian oscillator: Cellular regulation of circadian rhythms by light, second messengers, and macromolecular synthesis. Recent Progress in Hormone Research, 1989, 45: 279-348.

[225] Vatine G, Vallon D, Gothilf Y, et al. It's time to swim! Zebrafish and the circadian clock. Febs Letters, 2011, 585(10): 1485-1494.

[226] Toloza-Villalobos J, Arroyo J I, Opazo J C. The circadian clock of teleost fish: A comparative analysis reveals distinct fates for duplicated genes. Journal of Moleclar Evolution, 2015, 80(1): 57-64.

[227] Lazado C C, Kumaratunga H P, Nagasawa K. et al. Daily rhythmicity of clock gene transcripts in atlantic cod fast skeletal muscle. Plos One, 2014, 9(6): e99172.

[228] Betancor M B, McStay E, Minghetti M. et al. Daily rhythms in expression of genes of hepatic lipid metabolism in atlantic salmon (*salmo salar l.*). Plos One, 2014, 9(9): e106739.

[229] Zhao Y, Fent K. Progestins alter photo-transduction cascade and circadian rhythm network in eyes of zebrafish (danio rerio). Scientific Reports, 2016, 6: 21559.

[230] Tamayo A G, Duong H A, Robles M S, et al. Histone monoubiquitination by clock-bmal1 complex marks per1 and per2 genes for circadian feedback. Nature Structural & Molecular Biology, 2015, 22(10): 759-766.

[231] Zheng X, Zhang K, Zhao Y, Fent K. Environmental chemicals affect circadian rhythms: An underexplored effect influencing health and fitness in animals and humans. Environment International, 2021, 149: 106159.

[232] Sun Y, Liu C, Huang M L, et al. The molecular evolution of circadian clock genes in spotted gar (*lepisosteus oculatus*). Genes, 2019, 10(8): 622.

[233] Kato Y, Kawamoto T, Fujimoto K, et al. Dec1/stra13/sharp2 and dec2/sharp1 coordinate physiological processes, including circadian rhythms in response to environmental stimuli. Bhlh Transcription Factors in Development and Disease, 2014, 110: 339-372.

[234] Sato F, Kohsaka A, Bhawal U K, Muragaki Y. Potential roles of dec and bmal1 genes in interconnecting circadian clock and energy metabolism. International Journal of Molecular Sciences, 2018, 19(3): 781.

[235] Abe T, Ishikawa T, Masuda T, et al. Molecular analysis of dec1 and dec2 in the peripheral circadian clock of zebrafish photosensitive cells. Biochem Biophys Res Commun, 2006, 351(4): 1072-1077.

[236] Dvornyk V, Vinogradova O, Nevo E. Origin and evolution of circadian clock genes in prokaryotes. Proceedings of the National Academy of Sciences of the United States of America, 2003, 100(5): 2495-2500.

[237] Gachon F, Nagoshi E, Brown S A, et al. The mammalian circadian timing system: From gene expression to physiology. Chromosoma, 2004, 113(3): 103-112.

[238] Hatanaka F, Matsubara C, Myung J, et al. Genome-wide profiling of the core clock protein bmal1 targets reveals a strict

relationship with metabolism. Cellular and Molecular Biology, 2010, 30(24): 5636-5648.

[239] Weger M, Weger B D, Diotel N, et al. Real-time in vivo monitoring of circadian e-box enhancer activity: A robust and sensitive zebrafish reporter line for developmental, chemical and neural biology of the circadian clock. Developmental Biology, 2013, 380(2): 259-273.

[240] Hirayama J, Cardone L, Doi M, Sassone-Corsi P. Common pathways in circadian and cell cycle clocks: Light-dependent activation of fos/ap-1 in zebrafish controls cry-1a and wee-1. Proceedings of the National Academy of Sciences of the United States of America, 2005, 102(29): 10194-10199.

[241] Dekens M P, Santoriello C, Vallone D, et al. Light regulates the cell cycle in zebrafish. Current Biology, 2003, 13(23): 2051-2057.

[242] Idda M L, Kage E, Lopez-Olmeda J F, et al. Circadian timing of injury-induced cell proliferation in zebrafish. PLoS One, 2012, 7(3): e34203.

[243] Papp S J, Huber A L, Jordan S D, et al. DNA damage shifts circadian clock time via hausp-dependent cry1 stabilization. Elife, 2015, 4: e04883 .

[244] Gery S, Komatsu N, Baldjyan L, et al. The circadian gene per1 plays an important role in cell growth and DNA damage control in human cancer cells. Molecular Cell, 2006, 22(3): 375-382.

[245] Fu L, Pelicano H, Liu J, et al. The circadian gene period2 plays an important role in tumor suppression and DNA damage response in vivo. Cell, 2002, 111(1): 41-50.

[246] Uchida Y, Hirayama J, Nishina H. A common origin: Signaling similarities in the regulation of the circadian clock and DNA damage responses. Biological and Pharmaceutical Bulletin, 2010, 33(4): 535-544.

[247] Yufera M, Perera E, Mata-Sotres J A, et al. The circadian transcriptome of marine fish (sparus aurata) larvae reveals highly synchronized biological processes at the whole organism level. Scientific Reports, 2017, 7(1): 12943.

[248] Ma D, Li S M, Molusky M M, et al. Circadian autophagy rhythm: A link between clock and metabolism? Trends in Endocrinology and Metabolism, 2012, 23(7): 319-325.

[249] Ryzhikov M, Ehlers A, Steinberg D, et al. Diurnal rhythms spatially and temporally organize autophagy. Cell reports, 2019, 26(7): 1880-1892.

[250] Grimaldi B. Lysosomotropic rev-erb antagonism: A metabolic connection between circadian rhythm and autophagy may tell cancer cells "it's time to die". Molecular & Cellular Oncology, 2015, 2(2): e965626.

[251] Huang G D, Zhang F M, Ye Q, et al. The circadian clock regulates autophagy directly through the nuclear hormone receptor nr1d1/rev-erb and indirectly via cebpb/(c/ebp) in zebrafish. Autophagy, 2016, 12(8): 1292-1309.

[252] Wu P, Cheng J, Chen L, et al. Nr1d1 affects autophagy in the skeletal muscles of juvenile nile tilapia by regulating the rhythmic expression of autophagy-related genes. Fish Physiology and Biochemistry, 2020, 46(3): 891-907.

[253] Buxton O M, Cain S W, O'Connor S P, et al. Adverse metabolic consequences in humans of prolonged sleep restriction combined with circadian disruption. Science Translational Medicine, 2012, 4(129): 129-143.

[254] De Bacquer D, Van Risseghem M, Clays E, et al. Rotating shift work and the metabolic syndrome: A prospective study. International Journal of Epidemiology, 2009, 38(3): 848-854.

[255] Sadacca L A. Lamia K A, deLemos A S, et al. An intrinsic circadian clock of the pancreas is required for normal insulin release and glucose homeostasis in mice. Diabetologia, 2011, 54(1): 120-124.

[256] Panda S, Antoch M P, Miller B H, et al. Coordinated transcription of key pathways in the mouse by the circadian clock. Cell, 2002, 109(3): 307-320.

[257] Paredes J F, Vera L M, Martinez-Lopez F J, et al. Circadian rhythms of gene expression of lipid metabolism in gilthead sea bream liver: Synchronisation to light and feeding time. Chronobiology International, 2014, 31(5): 613-626.

[258] Li Y, Li G, Wang H, et al. Analysis of a gene regulatory cascade mediating circadian rhythm in zebrafish. PLoS Computational Biology, 2013, 9(2): e1002940.

[259] Huang G, Zhang F, Ye Q, et al. The circadian clock regulates autophagy directly through the nuclear hormone receptor nr1d1/rev-erbalpha and indirectly via cebpb/(c/ebpbeta) in zebrafish. Autophagy, 2016, 12(8): 1292-1309.

[260] Vera L M, Migaud H. Hydrogen peroxide treatment in atlantic salmon induces stress and detoxification response in a daily manner. Chronobiol International, 2016, 33(5): 530-542.

[261] Hernandez-Perez J, Miguez J M, Naderi F, et al. Influence of light and food on the circadian clock in liver of rainbow trout, oncorhynchus mykiss. Chronobiology International, 2017, 34(9): 1259-1272.

[262] Lazado C C, Voldvik V. Temporal control of responses to chemically induced oxidative stress in the gill mucosa of atlantic salmon (salmo salar). Journal of Photochemistry and Photobiology B, 2020, 205: 111851.

[263] Lamba V J, Goswami S V, Sundararaj B I. Circannual and circadian variations in plasma levels of steroids (cortisol, estradiol-17 beta, estrone, and testosterone) correlated with the annual gonadal cycle in the catfish, heteropneustes fossilis (bloch). General and comparative endocrinology, 1983, 50(2): 205-225.

[264] Ando H, Shahjahan M, Kitahashi T. Periodic regulation of expression of genes for kisspeptin, gonadotropin-inhibitory hormone and their receptors in the grass puffer: Implications in seasonal, daily and lunar rhythms of reproduction. General and Comparative Endocrinology, 2018, 265: 149-153.

[265] Di Rosa V, Lopez-Olmeda J F, Burguillo A, et al. Daily rhythms of the expression of key genes involved in steroidogenesis and gonadal function in zebrafish. PLoS One, 2016, 11(6): e0157716.

[266] Falcon J, Besseau L, Sauzet S, et al. Melatonin effects on the hypothalamo-pituitary axis in fish. Trends Endocrinol Metab, 2007, 18(2): 81-88

[267] Hurd M W, Cahill G M. Entraining signals initiate behavioral circadian rhythmicity in larval zebrafish. Journal of Biological Rhythms, 2002, 17(4): 307-314.

[268] Cahill G M, Hasegawa M. Circadian oscillators in vertebrate retinal photoreceptor cells. Biological Signals and Receptors, 1997, 6(4-6): 191-200.

[269] Li L, Dowling J E. Zebrafish visual sensitivity is regulated by a circadian clock. Visual Neuroscience, 1998, 15(5): 851-857.

[270] Li L, Dowling J E. Effects of dopamine depletion on visual sensitivity of zebrafish. Journal Neuroscience, 2000, 20(5): 1893-1903.

[271] Guido M E, Garbarino-Pico E, Contin M A, et al. Inner retinal circadian clocks and non-visual photoreceptors: Novel players in the circadian system. Progress Neurobiology, 2010, 92(4): 484-504.

[272] Kulczykowska E, Vazquez F J S. Neurohormonal regulation of feed intake and response to nutrients in fish: Aspects of feeding rhythm and stress. Aquaculture Research, 2010, 41(5): 654-667.

[273] Bell-Pedersen D, Cassone V M, Earnest D J, et al. Circadian rhythms from multiple oscillators: Lessons from diverse organisms. Nature Reviews Genetics, 2005, 6(7): 544-556.

[274] Juhren M, Noble W, Went F W. The standardization of poa annua as an indicator of smog concentrations. I. Effects of temperature, photoperiod, and light intensity during growth of the test-plants. Plant Physiol, 1957, 32(6): 576-586.

[275] 祝斐, 张志勇, 涂献明, 等. 光周期对松江鲈鱼生长和性腺发育影响的初步研究. 海洋科学, 2016, (3): 32-38.

[276] Ridha M T, Cruz E M. Effect of light intensity and photoperiod on nile tilapia oreochromis niloticus l. Seed production. Aquaculture Research, 2000, 31(7): 609-617.

[277] Wang H, Yang Z, Li X, et al. Single-cell in vivo imaging of cellular circadian oscillators in zebrafish. PLoS Biology, 2020, 18(3): e3000435.

[278] Lahiri K, Vallone D, Gondi S B, et al. Temperature regulates transcription in the zebrafish circadian clock. PLoS Biology,

2005, 3(11): e351.

[279] Rensing L, Ruoff P. Temperature effect on entrainment, phase shifting, and amplitude of circadian clocks and its molecular bases. Chronobiology International, 2002, 19(5): 807-864.

[280] 宋艳, 朱晓, 苏徐丽, 徐世清. 光照和温度影响昆虫昼夜节律生物钟的分子机制. 蚕业科学, 2009: 451-456.

[281] Boothroyd C E, Wijnen H, Naef F, et al. Integration of light and temperature in the regulation of circadian gene expression in drosophila. PLoS Genetics, 2007, 3(4): e54.

[282] Kaneko M, Cahill G M. Light-dependent development of circadian gene expression in transgenic zebrafish. PLoS Biology, 2005, 3(2): e34.

[283] Lahiri K, Froehlich N, Heyd A. et al. Developmental stage-specific regulation of the circadian clock by temperature in zebrafish. Biomed Research International, 2014, 2014: 930308.

[284] Wu P, Cheng J, Chen L, et al. Nr1d1 affects autophagy in the skeletal muscles of juvenile nile tilapia by regulating the rhythmic expression of autophagy-related genes. Fish Physiology and Biochemistry, 2020, 46(3): 891-907.

[285] Adamovich Y, Ladeuix B, Golik M, et al. Rhythmic oxygen levels reset circadian clocks through hif1 alpha. Cell Metabolism, 2017, 25(1): 93-101.

[286] Sandbichler A M, Jansen B, Peer B A, et al. Metabolic plasticity enables circadian adaptation to acute hypoxia in zebrafish cells. Cellular Physiology and Biochemistry, 2018, 46(3): 1159-1174.

[287] Egg M, Koblitz L, Hirayama J, et al. Linking oxygen to time: The bidirectional interaction between the hypoxic signaling pathway and the circadian clock. Chronobiology International, 2013, 30(4): 510-529.

[288] Pelster B, Egg M. Multiplicity of hypoxia-inducible transcription factors and their connection to the circadian clock in the zebrafish. Physiological and Biochemical Zoology, 2015, 88(2): 146-157.

[289] Chilov D, Hofer T, Bauer C, et al. Hypoxia affects expression of circadian genes per1 and clock in mouse brain. Faseb Journal, 2001, 15(14): 2613-2622.

[290] Rytkonen K T, Akbarzadeh A, Miandare H K, et al. Subfunctionalization of cyprinid hypoxia-inducible factors for roles in development and oxygen sensing. Evolution, 2013, 67(3): 873-882.

[291] Haus E. Chronobiology in the endocrine system. Advanced Drug Delivery Reviews, 2007, 59(9-10): 985-1014.

[292] Lightman S L, Wiles C C, Atkinson H C, et al. The significance of glucocorticoid pulsatility. European Journal of Pharmacology, 2008, 583(2-3): 255-262.

[293] Liska K, Sladek M, Cecmanova V, Sumova A. Glucocorticoids reset circadian clock in choroid plexus via period genes. Journal Endocrinology, 2021, 248(2): 155-166.

[294] Dickmeis T. Glucocorticoids and the circadian clock. Journal of Endocrinol, 2009, 200(1): 3-22.

[295] Dickmeis T, Foulkes N S. Glucocorticoids and circadian clock control of cell proliferation: At the interface between three dynamic systems. Molecular Cell Endocrinol, 2011, 331(1): 11-22.

[296] Ohmori K, Nishikawa S, Oku K, et al. Circadian rhythms and the effect of glucocorticoids on expression of the clock gene period1 in canine peripheral blood mononuclear cells. Veterinary Jouranl, 2013, 196(3): 402-407.

[297] Balsalobre A, Brown S A, Marcacci L, et al. Resetting of circadian time in peripheral tissues by glucocorticoid signaling. Science, 2000, 289(5488): 2344-2347.

[298] Sanchez-Bretano A, Callejo M, Montero M, et al. Performing a hepatic timing signal: Glucocorticoids induce gper1a and gper1b expression and repress gclock1a and gbmal1a in the liver of goldfish. Journal of Comparative Physiology B-Biochemical Systems and Environmental Physiology, 2016, 186(1): 73-82.

[299] Zhao Y, Zhang K, Fent K. Regulation of zebrafish (danio rerio) locomotor behavior and circadian rhythm network by environmental steroid hormones. Environmental Pollution, 2018, 232: 422-429.

[300] Han D H, Lee Y J, Kim K, et al. Modulation of glucocorticoid receptor induction properties by core circadian clock proteins. Molecular and Cellular Endocrinology, 2014, 383(1-2): 170-180.

[301] Zhao Y, Castiglioni S, Fent K. Environmental progestins progesterone and drospirenone alter the circadian rhythm network in zebrafish (danio rerio). Environmental Science & Technology, 2015, 49(16): 10155-10164.

[302] Zucchi S, Castiglioni S, Fent K. Progesterone alters global transcription profiles at environmental concentrations in brain and ovary of female zebrafish (danio rerio). Environmental Science & Technology, 2013, 47(21): 12548-12556.

[303] Shi W J, Jiang Y X, Ma D D, et al. Dydrogesterone affects the transcription of genes in visual cycle and circadian rhythm network in the eye of zebrafish. Ecotoxicology and Environmental Safety, 2019, 183: 109556.

[304] Zhao Y, Zhang K, Fent K. Regulation of zebrafish (danio rerio) locomotor behavior and circadian rhythm network by environmental steroid hormones. Environmental Pollution, 2018, 232: 422-429.

[305] Liang Y Q, Huang G Y, Zhao J L. et al. Transcriptional alterations induced by binary mixtures of ethinylestradiol and norgestrel during the early development of zebrafish (*danio rerio*). Comp Biochem Physiol C Toxicol Pharmacol, 2017, 195: 60-67.

[306] Tackenberg M C, Giannoni-Guzman M A., Sanchez-Perez E. et al. Neonicotinoids disrupt circadian rhythms and sleep in honey bees. Scientific Reports, 2020, 10(1): 17929.

[307] Yang Y, Dong F, Liu X. et al. Dysregulation of circadian rhythm in zebrafish (danio rerio) by thifluzamide: Involvement of positive and negative regulators. Chemosphere, 2019, 235: 280-287.

[308] Zarn J A., Brüschweiler B J, Schlatter J R. Azole fungicides affect mammalian steroidogenesis by inhibiting sterol 14 alpha-demethylase and aromatase. Environmental Health Perspectives, 2003, 111(3): 255-261.

[309] Zhao R, Hu Y, Li B, et al. Potential effects of internal physio-ecological changes on the online biomonitoring of water quality: The behavior responses with circadian rhythms of zebrafish (*danio rerio*) to different chemicals. Chemosphere, 2020, 239: 124752.

[310] Chaudhuri A, Johnson R, Rakshit K, et al. Exposure to spectracide(r) causes behavioral deficits in drosophila melanogaster: Insights from locomotor analysis and molecular modeling. Chemosphere, 2020, 248: 126037.

[311] Urbanski H F. Role of circadian neuroendocrine rhythms in the control of behavior and physiology. Neuroendocrinology, 2011, 93(4): 211-222.

[312] Bunney B G, Bunney W E. Mechanisms of rapid antidepressant effects of sleep deprivation therapy: Clock genes and circadian rhythms. Biological Psychiatry, 2013, 73(12): 1164-1171.

[313] Sumpter J P, Donnachie R L, Johnson A C. The apparently very variable potency of the anti-depressant fluoxetine. Aquatic Toxicology, 2014, 151: 57-60.

[314] Huerta B, Jakimska A, Gros M, et al. Analysis of multi-class pharmaceuticals in fish tissues by ultra-high-performance liquid chromatography tandem mass spectrometry. J Chromatogr A, 2013, 1288: 63-72.

[315] Liang Z W, Fang W W, Luo Y K, et al. Mechanistic insights into organic carbon-driven water blackening and odorization of urban rivers. Journal of Hazardous Materials, 2021, 405(5): 124663.

[316] Oggier D M, Weisbrod C I, Stoller A M, et al. Effects of diazepam on gene expression and link to physiological effects in different life stages in zebrafish danio rerio. Environmental Science & Technology, 2010, 44(19): 7685-7691.

[317] Brodin T, Fick J, Jonsson M, et al. Dilute concentrations of a psychiatric drug alter behavior of fish from natural populations. Science, 2013, 339(6121): 814-815.

[318] Melvin S D. Effect of antidepressants on circadian rhythms in fish: Insights and implications regarding the design of behavioural toxicity tests. Aquatic Toxicology, 2017, 182: 20-30.

[319] Melnyk-Lamont, N, Best C, Gesto M, et al. The antidepressant venlafaxine disrupts brain monoamine levels and

neuroendocrine responses to stress in rainbow trout. Environmental Science & Technology, 2014, 48(22): 13434-13442.

[320] Wu M, Liu S, Hu L, et al. Global transcriptomic analysis of zebrafish in response to embryonic exposure to three antidepressants, amitriptyline, fluoxetine and mianserin. Aquatic Toxicology, 2017, 192: 274-283.

[321] Fuertes I, Pina B, Barata C. Changes in lipid profiles in daphnia magna individuals exposed to low environmental levels of neuroactive pharmaceuticals. Science of the Total Environment, 2020, 733: 139029.

[322] Sigurgeirsson B, Thorsteinsson H, Arnardottir, H. et al. Effects of modafinil on sleep-wake cycles in larval zebrafish. Zebrafish, 2011, 8(3): 133-140.

[323] Parmalee N L, Aschner M. Metals and circadian rhythms. Advances in neurotoxicology, 2017, 1: 119-130.

[324] Styrishave B, Rasmussen A D, Depledge M. The influence of bulk and trace metals on the circadian rhythm of heart rates in freshwater crayfish, astacus astacus. Marine Pollution Bulletin, 1995, 31(1-3): 87-92.

[325] Yokoyama K, Araki S, Sato H, AONO H. Circadian rhythms of seven heavy metals in plasma, erythrocytes and urine in men: Observation in metal workers. Industrial Health, 2000, 38(2): 205-212.

[326] Videnovic A, Lazar A S, Barker R A, Overeem S. 'The clocks that time us'--circadian rhythms in neurodegenerative disorders. Nature Reviews Neurology, 2014, 10(12): 683-693.

[327] Li H, Fan X, Luo Y, et al. Repeated manganese administration produced abnormal expression of circadian clock genes in the hypothalamus and liver of rats. Neurotoxicology, 2017, 62: 39-45.

[328] 施文祥，欧超玲，陆芳兰，等. 锰暴露对雄性大鼠肝功能酶谱影响的时间毒性. 现代预防医学, 2017, 11: 2027-2030.

[329] Spieler R E, Russo A C, Weber D N. Waterborne lead affects circadian variations of brain neurotransmitters in fathead minnows. Bulletin of Environmental Contamination and Toxicology, 1995, 55(3): 412-418.

[330] Liao G, Wang P, Zhu J, et al. Joint toxicity of lead and cadmium on the behavior of zebrafish larvae: An antagonism. Aquatic Toxicology, 2021, 238: 105912.

[331] Kim T H, Choi J Y, Park I S, et al. Waterborne copper disrupts circadian rhythm in red seabream (pagrus major). Biological Rhythm Research, 2017, 48(6): 837-843.

[332] Kavaliers M. Period lengthening and disruption of socially facilitated circadian activity rhythms of goldfish by lithium. Physiology & Behavior, 1981, 27(4): 625-628.

[333] Xiao B, Cui L Q, Ding C, et al. Effects of lithium and 2, 4-dichlorophenol on zebrafish: Circadian rhythm disorder and molecular effects. Zebrafish, 2017, 14(3): 209-215.

[334] Choi J Y, Choe J R, Lee T H, et al. Effects of bisphenol a and light conditions on the circadian rhythm of the goldfish carassius auratus. Biological Rhythm Research, 2018, 49(4): 502-514.

[335] Rhee J S, Kim B M, Lee B Y, et al. Cloning of circadian rhythmic pathway genes and perturbation of oscillation patterns in endocrine disrupting chemicals (edcs)-exposed mangrove killifish kryptolebias rnarrnoratus. Comparative Biochemistry and Physiology C-Toxicology & Pharmacology, 2014, 164: 11-20.

[336] Poopal R K, Zhang J X, Zhao R B, et al. Biochemical and behavior effects induced by diheptyl phthalate (dhpp) and diisodecyl phthalate (didp) exposed to zebrafish. Chemosphere, 2020, 252: 126498.

[337] Ren Z M, Ren B X, Pan H W, et al. Is circadian rhythm a good indicator in the environmental assessment? The toxic effects of contaminants in trace level on the behavior responses of goldfish (*carassius auratus*). Ecological Indicators, 2019, 105: 700-708.

[338] Qiao Q, Le Manach S, Huet H, et al. An integrated omic analysis of hepatic alteration in medaka fish chronically exposed to cyanotoxins with possible mechanisms of reproductive toxicity. Environmental Pollution, 2016, 219: 119-131.

[339] Faltermann S, Zucchi S, Kohler E, et al. Molecular effects of the cyanobacterial toxin cyanopeptolin (cpi 020) occurring in algal blooms: Global transcriptome analysis in zebrafish embryos. Aquatic Toxicology, 2014, 149: 33-39.

[340] Aluru N, Krick K S, McDonald A M, Karchner S I. Developmental exposure to pcb153 (2, 2 ', 4, 4 ', 5, 5 '-hexachlorobiphenyl) alters circadian rhythms and the expression of clock and metabolic genes. Toxicological Sciences, 2020, 173(1): 41-52.

[341] Shen X M, ChenY J, Zhang J, et al. Low-dose pcb126 compromises circadian rhythms associated with disordered glucose and lipid metabolism in mice. Environment International, 2019, 128: 146-157.

[342] Faltermann S, Zucchi S, Kohler E, et al. Molecular effects of the cyanobacterial toxin cyanopeptolin (cp1020) occurring in algal blooms: Global transcriptome analysis in zebrafish embryos. Aquatic Toxicology, 2014, 149: 33-39.

[343] Xiao B, Chen T M, Zhong Y. Possible molecular mechanism underlying cadmium-induced circadian rhythms disruption in zebrafish. Biochemical and Biophysical Research Communications, 2016, 481(3-4): 201-205.

[344] Yang M, Ren B, Qiao L, et al. Behavior responses of zebrafish (*danio rerio*) to aquatic environmental stresses in the characteristic of circadian rhythms. Chemosphere, 2018, 210: 129-138.

[345] Willi R A, Salgueiro-Gonzalez N, Carcaiso G, et al. Glucocorticoid mixtures of fluticasone propionate, triamcinolone acetonide and clobetasol propionate induce additive effects in zebrafish embryos. Journal of Hazardous Materials, 2019, 374: 101-109.

[346] Hu Y Y, Zhao R B, Poopal R K, et al. Simultaneous eco-toxicity assessment technique using an online monitoring system: Effects of different environmental factors on swimming behavior of zebrafish (*danio rerio*). Chemosphere, 2020, 255: 126934.

[347] Delventhal R, O'Connor R M, Pantalia M M et al. Dissection of central clock function in drosophila through cell-specific crispr-mediated clock gene disruption. Elife, 2019, 8: 126498.

[348] Foulkes N S, Whitmorex D, Vallon D, Bertolucci C. Studying the evolution of the vertebrate circadian clock: The power of fish as comparative models. Genetics, Genomics and Phenomics of Fish, 2016, 95: 1-30.

[349]Cavallari N, Frigato E, Vallone D, et al. A blind circadian clock in cavefish reveals that opsins mediate peripheral clock photoreception. PLoS Biology, 2011, 9(9): e1001142.

[350] Jimenez-Ortega V, Barquilla P C, Fernandez-Mateos P, et al. Cadmium as an endocrine disruptor: Correlation with anterior pituitary redox and circadian clock mechanisms and prevention by melatonin. Free Radical Biology and Medicine, 2012, 53(12): 2287-2297.

作者：于振洋[1]，王环[1]，尹大强[1]，杨荣艳[2]，祝凌燕[2]，杨建华[3]，韩建[3]，周炳升[3]，赵砚彬[4]，戴家银[4]

[1]同济大学，[2]南开大学，[3]中国科学院水生生物研究所，[4]上海交通大学

第 20 章　H_2S 酸性气资源回收及转化利用反应过程的研究进展

本章导读

H_2S 酸性气是原油、煤和天然气等燃料加工过程中产生的副产品，是大气的主要污染物之一，不仅危害人体健康，还会严重腐蚀设备等。对 H_2S 酸性气进行处理并加以利用，既是资源利用的需要，也是环境保护的要求。目前我国处理 H_2S 酸性气主要采用克劳斯（Claus）工艺进行硫磺回收。酸性气中其他杂质，如 COS、CS_2 等，以及 Claus 工艺含硫尾气的处理都值得关注。同时，在新能源开发及“碳减排”的背景下，协同回收 H_2S 酸性气中 H_2、单质硫和对 H_2S 酸性气中 CO_2 和 CH_4 的资源化具有重要意义。本章将对 H_2S 酸性气资源回收及转化利用现状进行简要介绍。

关键词

酸性气，硫磺回收，多组分转化，资源利用

20.1 引　言

能源需求的增加导致了世界范围内化石原料的快速消耗和高含硫燃料的开发。碳氢燃料中的硫通常以 H_2S 的形式存在于天然气和化工过程中，原油、煤和天然气须经过有效的脱硫工艺才能被进一步加工使用，其中酸性气是主要的副产品，组成主要包括 H_2S 和 CO_2，还有其他杂质，如 NH_3、烃类、COS 和 CS_2 等[1]。

H_2S 酸性气来源较复杂，组成成分也比较丰富。目前常见的进口原油硫含量在 0.05%～4%，也有极个别硫含量高达 10%以上[2]；我国含硫天然气分布比较广泛，国内部分开发的天然气田中 H_2S 和 CO_2 含量偏高，如中国石化普光天然气田 H_2S 含量高达 12.63%，CO_2 含量为 8.71%[3]。原油和天然气中的硫经脱除富集以后，进入酸性气中的 H_2S 含量最高可接近 100%；煤化工行业排出的酸性气中 H_2S 浓度较低，在 2%～30%之间，其余主要是 CO_2（浓度通常在 65%～90%左右）[1]。与炼厂的 H_2S 酸性气相比，煤化工行业显著的特点是 H_2S 浓度低、CO_2 浓度高。

含 H_2S 酸性气对环境保护和人类健康带来了影响与挑战。从环境角度看，含 H_2S 酸性气的燃烧和排放被认为是酸雨的重要来源，并且会产生硫酸盐气溶胶，破坏臭氧层[4]。酸性气对人体健康的危害取决于暴露的浓度和水平。低浓度的 H_2S 会引起灼烧、瘙痒和眼流泪、头痛、头晕、呼吸困难以及皮肤和喉咙刺激；接触高水平 H_2S 会导致窒息、失去意识甚至死亡[5]。

为了在使用含硫燃料生产过程中排放更清洁的尾气，各个国家和地方对燃料中的硫含量进行了严格地限制。此外，世界各地的环境管理机构还颁布了更严格污染物排放的规定。美国环保署要求石油和天然气精炼厂在 2017 年前将汽油中的硫含量从目前的 30ppm 降至 10ppm。在我国，最新的《车用汽油标准》（GB17930-2016）规定汽油中硫含量不大于 10ppm。《石油化学工业污染物排放标准》（GB31571-2015）规定：一般地区硫磺回收装置尾气 SO_2 排放浓度应小于 $100mg/m^3$，特别限制地区排放浓度小于 $50mg/m^3$。其中，SO_2 排放浓度小于 $100mg/m^3$，相当于总硫回收效率大于 99.99%。

越来越严格的排放限值意味着，面对劣质原料、产品质控和污染减排的多重压力，油气企业在满足新的燃料硫排放限值方面面临重大挑战，进而带来发展深度脱硫工艺、更环保技术和资源回收利用等多方面的动力。

20.2　酸性气硫磺回收过程进展

硫是重要的不可再生非金属矿资源，是工农业中生产硫磺、硫酸以及其他含硫产品不可或缺的基础原料。我国硫资源有近 70%来自于化石燃料（煤炭、石油、天然气）回收[6]。从化石燃料中硫磺回收主要是经过化工工艺，如加氢精制等，脱除燃料中对环境有害的硫，产生富含 H_2S 的酸性气等副产品，进而从酸性气中再经过硫回收工艺回收得到硫磺。

20.2.1　克劳斯（Claus）反应

1）Claus 工艺简介

克劳斯（Claus）工艺是石油化工行业处理含 H_2S 酸性气硫磺回收的主流技术，由英国化学家 Claus 在 19 世纪 80 年代开发，在 20 世纪 30 年代经德国法本公司改进后，分为高温热反应阶段和多段催化阶段[7]。在高温（980～1370℃）热反应阶段，1/3 的 H_2S 首先在反应炉内与空气经热反应氧化生成 SO_2（式 20-1）。然后，余下 2/3 的 H_2S 在 Claus 催化剂上与热反应阶段生成的 SO_2 反应生成硫（式 20-2），硫以液态或固态捕获。

$$H_2S + 1.5O_2 \longrightarrow SO_2 + H_2O \tag{20-1}$$

$$2H_2S + SO_2 \longleftrightarrow 1.5S_2 + 2H_2O \tag{20-2}$$

Claus 工艺参数设计的核心在于提升 Claus 反应（式 20-2）中硫的收率。Claus 反应受热力学平衡限制且反应放热，从化学平衡角度来看，反应温度越低则转化率越高。但是，反应温度低至一定限度后，因受到硫露点影响，会有大量硫沉积在催化剂表面，使之失去活性[7]。因此，工业上一般采用逐级降温的多级 Claus 反应器来回收硫，多级催化转化温度一般控制在 170～350℃之间。

由于热力学平衡限制，Claus 尾气中仍含有少量的含硫气体。为了满足日趋严格的大气环保要求，Claus 工艺通常须有配套的尾气处理技术。其中，常规 Claus 工艺耦合还原-吸收回用技术（SCOT[8]、SSR[9]等）因其高总硫磺回收率应用最为广泛。图 20-1 为典型的两级 Claus 耦合加氢还原技术的硫磺回收工艺流程示意图。

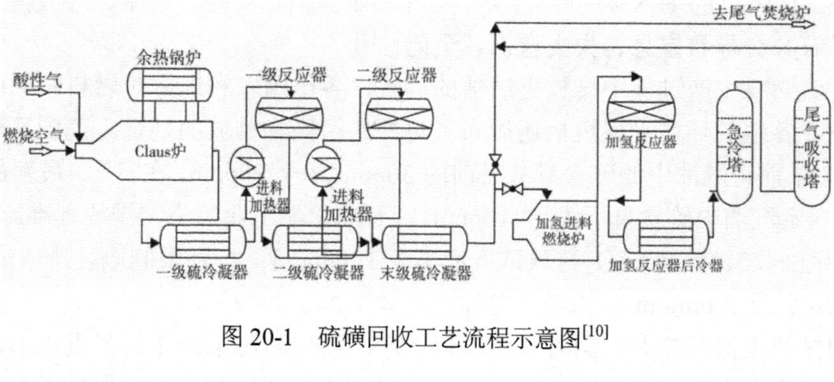

图 20-1　硫磺回收工艺流程示意图[10]

2）Claus 反应催化剂体系

（1）天然铝矾土

最初 Claus 工艺采用天然铝矾土作为催化剂，该类催化剂制备简单、成本低，具有一定的催化反应活性，但其存在强度低、易磨损等缺点，且无法催化转化过程气中的有机硫。

（2）氧化铝

20 世纪 60 年代，人工合成的高纯度活性氧化铝逐渐取代天然铝矾土成为应用广泛的 Claus 催化剂。氧化铝材料催化活性好、强度高、耐磨损，对有机硫有一定的催化活性。这类催化剂主要有法国 Axens 公司的 DR、CR 系列，德国 BASF 公司的 DD 系列，日本 CCIC 公司的 CSR 系列，UOP 公司的 S 系列，美国 CC&T 公司的 Criterion 系列，中国石化齐鲁分公司研究院的 LS 系列以及中国石油西南油气田公司天然气研究院的 CT6 系列催化剂等。但是，氧化铝材料也存在着抗硫能力较差，易硫酸盐化而中毒失活等限制[11]。

在氧化铝材料中添加 Fe 作为助剂，可以增强材料的抗硫酸盐化性能。由于反应气中 O_2 与吸附在催化剂上的 SO_2 反应导致材料因硫酸盐化而中毒失活，助剂 Fe 的引入可促进多余 O_2 的脱除，保护下游催化剂，同时助剂 Fe 也具有一定的 Claus 反应性能[12,13]。目前已经工业化的该类催化剂包括法国 Axens 公司的 AM、AMS，日本 CCIC 公司的 CSR-7，中国石化齐鲁分公司研究院的 LS-971、LS-981 以及中国石油西南油气田公司天然气研究院的 CT6-4B 催化剂等。

在氧化铝材料中添加 Co 和 Mo 等元素，可将 Claus 尾气中剩余的少量硫化合物加氢转化为 H_2S，随后 H_2S 再通过溶剂吸收、解吸循环回 Claus 单元或者直接进入尾气焚烧单元[12,13]。该类催化剂主要有法国 Axens 公司的 TG-103、TG-107，美国 CC&T 公司的 Criterion-234、Criterion-534，中国石化齐鲁分公司研究院的 LS-951、LSH-02 以及中国石油西南油气田公司天然气研究院的 CT6-5、CT6-10、CT6-11 催化剂等。

（3）氧化钛

氧化钛基催化剂主要成分是 TiO_2，同时添加了各种助剂。由于原料气中烃类的存在，硫磺回收工艺过程中存在难以去除的有机硫化物，严重影响了硫磺回收工艺的总硫收率及尾气排放。相比于氧化铝基催化剂，氧化钛基催化剂最大的优点在于有机硫水解性能的显著提高[12,13]。代表性的氧化钛基催化剂有法国 Axens 公司的 CRS-31，德国 BASF 公司的 SRC99 Ti，美国 UOP 公司的 S-701，中国石化齐鲁分公司研究院的 LS-901 以及中国石油西南油气田公司天然气研究院的 CT6-8 催化剂。

3）反应机理

对于 Claus 反应机理，早期的研究者们[7]认为 H_2S 首先吸附在材料表面并解离为-SH 以及-OH 基团，-OH 基团再与 SO_2 发生反应生成中间物种亚硫酸氢盐，随后经过一系列转化生成最终产物 S 及 H_2O（图 20-2），催化剂的碱性被认为是影响 Claus 反应活性的主要因素。近年来，Park[14,15]等研究了铈锆复合氧化物上的 Claus 反应，提出 H_2S 的氧化是与铈基催化剂中的晶格氧反应进行的，而 SO_2 的还原是在还原后催化剂中晶格氧空位上进行的，催化剂的活性与其氧迁移能力紧密相关。

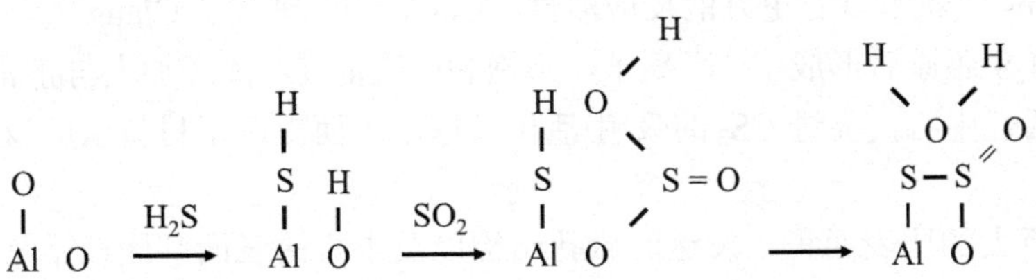

图 20-2　氧化铝基催化剂表面 Claus 反应机理示意图[7]

4）催化剂失活与再生

Claus 工艺长期运行后，催化剂活性通常会逐渐降低，原因包括硫酸盐化、积碳、硫冷凝沉积、表面损失、机械强度下降材料粉化等[16-18]，其中硫酸盐化是最常见的失活因素。通常认为硫酸盐的形成有 3 种途径[19]：①SO_3 吸附在催化剂表面；②SO_2 与 O_2 在材料表面发生反应；③SO_2 化学吸附在催化剂表面形成类似硫酸盐的结构。基于失活原因，工艺上有对应的再生手段，加热可以除去冷凝沉积的硫，加热氧化以除去积碳，加热还原以除去硫酸盐。

有关 Claus 反应的研究多针对于工艺的开发耦合，缺乏对微观过程机理的揭示，缺乏对活性相/活性位深入探究。微观过程、活性相/活性位的相关研究对于多功能催化剂甚至于工艺的开发，都具有重要的指导意义。

20.2.2　有机硫（COS 和 CS_2）水解

羰基硫（COS）与二硫化碳（CS_2）广泛存在于煤、石油、天然气化工等行业的工业气体中，是有机硫的主要赋存形式。工业上常用的脱硫工艺主要是以处理无机的 H_2S 和 SO_2 为主，缺乏对有机硫 COS 与 CS_2 的有效处理。有机硫的残留已成为制约含硫气体利用、达标排放的主要因素之一，其高效脱除是实现工业气体脱硫的关键。COS 与 CS_2 的脱除技术主要包括吸收、吸附、氧化、加氢还原以及催化水解，其中催化水解法（式 20-3、式 20-4）具有反应条件温和、能耗低、效率高等优点，研究的最为广泛。

$$COS + H_2O \longrightarrow H_2S + CO_2 \tag{20-3}$$

$$CS_2 + 2H_2O \longrightarrow 2H_2S + CO_2 \tag{20-4}$$

1）有机硫水解催化剂体系

有机硫水解催化剂可分为负载型与非负载型两大类。负载型催化剂包括氧化铝基催化剂、氧化钛基催化剂以及活性炭基催化剂，非负载型催化剂主要包括类水滑石催化剂。

（1）氧化铝

氧化铝基催化剂是最早应用、研究最为广泛的一类有机硫水解催化剂，其水解性能优异但易积硫失活，更适用于低温低含硫低氧工况下的有机硫水解。王泽鑫等[20]制备了添加碱性助剂 K_2CO_3、ZnO 的氧化铝催化剂用于 COS 催化水解，表明调控材料的孔隙结构以及碱性，有助于提高水解反应活性。刘艳霞等[21]研究了不同 TiO_2 改性对氧化铝水解活性的影响，锐钛矿型 TiO_2 的添加显著提升了材料的抗氧中毒能力。He 等[22]采用模板法制备了具有三维有序大孔（3DOM）结构的 Al_2O_3 与 TiO_2 催化剂，3DOM 结构有效抑制了硫在催化剂表面的沉积进而显著提高了水解反应活性。

（2）氧化钛

氧化钛基催化剂具有显著优异的抗硫中毒能力，在高温高含硫高氧工况下催化水解有机硫表现更好。Lavalley 等[23]对比研究了 Al_2O_3 与 TiO_2 催化剂上的 CS_2 水解反应，TiO_2 催化剂表面所积累的硫酸盐可被 H_2S 还原，因而在 Claus 气氛下具有更好的反应活性。Clark 等[24]研究了 Claus 气氛下 TiO_2 基催化剂上的 CS_2 水解，催化剂经 H_2S 还原后形成了 Ti^{3+}离子，不饱和的表面 Ti^{3+}离子加上与正常 Ti^{4+}离子相连的表面氧构成了 Lewis 酸碱活性中心，促进 CS_2 的吸附/活化过程，因而提高了材料水解反应活性。

（3）活性炭

活性炭材料具有巨大的比表面积、发达的微孔结构以及丰富的表面基团，常常作为载体应用于多相催化领域。Song 等[25]研究了过渡金属 Fe、Cu 以及碱性化合物 KOH 的负载对核桃壳生物炭（WSB）催化剂上 COS 与 CS_2 水解反应活性的影响，研究结果表明 Fe 和 Cu 的加入提供了大量的-OH 以及含氧官能团（C-O 和-COO），而这些含氧官能团促进了 COS 与 CS_2 的脱除。

（4）类水滑石

类水滑石催化剂因其组成灵活可调、元素分布均匀以及碱性位点丰富等优点，逐渐成为催化有机硫水解研究的热点。Zhao 等[26-29]制备了 ZnAl、NiAl 等类水滑石衍生复合氧化物用于 COS 低温催化水解，发现 H_2O 与 COS 存在竞争吸附，H_2O 过多过少均不利于反应进行；反应气中有 O_2 存在的情况下容易生成硫及硫酸盐阻塞孔道，覆盖活性位而致活性降低。Wei 等[30]通过氮掺杂对 MgAl 水滑石进行改性，氮原子的引入增强了材料的碱性，促进了 H_2O 吸附解离为表面-OH，进而显著提高了材料的水解反应活性。

2）反应机理

（1）COS 水解机理

对于 COS 水解机理目前存在着两种观点：一种是 Langmuir-Hinshelwood 理论，另一种是 Eley-Rideal 理论。Williams 等[31]对 γ-Al_2O_3 上的 COS 水解数据进行了动力学分析，认为反应遵循 Langmuir-Hinshelwood 动力学。低温下（30℃）COS 的吸附以及吸附 COS 与吸附 H_2O 的反应是速率决定步骤，而在更高的温度下(250℃)，反应中间物种硫代碳酸酯的分解是速率决定步骤。Fiedorow 等[32]借助红外光谱技术对 Al_2O_3 催化剂上 COS 水解动力学及反应机理进行了研究，结果表明 H_2O 分子吸附在表面碱性位点上形成活性中间体，COS 随后与之反应，水解过程符合 Eley-Rideal 理论。图 20-3 给出了 MgAl 水滑石催化剂上的 COS 水解反应过程示意图。

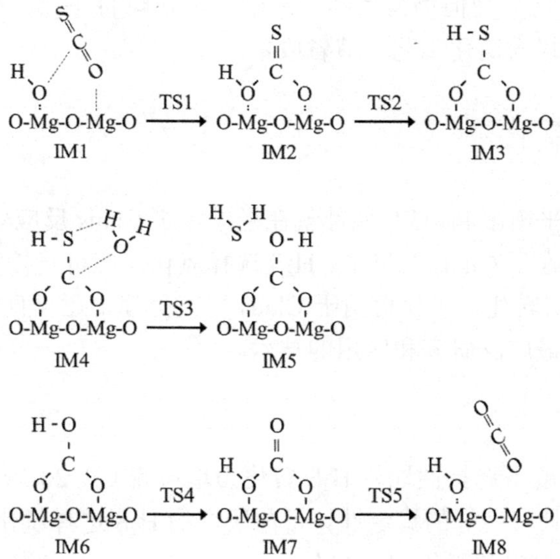

图 20-3　COS 水解反应过程示意图[30]

（2）CS_2 水解机理

对于 CS_2 的水解机理，目前的主流看法是分步水解，即 CS_2 首先水解为 COS，而后 COS 再进一步水解为 H_2S，第一步水解为 COS 是反应的速控步骤。CS_2 中 C-S 的活化断裂是影响水解反应发生的关键因素，因为同等条件下 CS_2 要比 COS 更难水解。Sui 等[33]研究了 La 掺杂的 TiO_2 催化剂上的 CS_2 水解反应过程，CS_2 化学吸附在-OH 位点上，H_2O 进攻活化的 CS_2，而后经过一系列中间物种的转化生成 COS，随后 COS 经历相同的过程最终转化为 H_2S（图 20-4）。

3）失活与再生

Li 等[29]对活性炭材料上的有机硫水解失活机理进行了研究，发现水解产物 H_2S 进一步与催化剂表面的含氧基团或气氛中的 O_2 反应，生成的硫及硫酸盐物种占据了催化剂表面的活性位点，进而导致了催化剂的失活。在此过程中，C-OH、-COO 以及 O_2 发挥了重要的作用。Song 等[34]对活性炭材料的

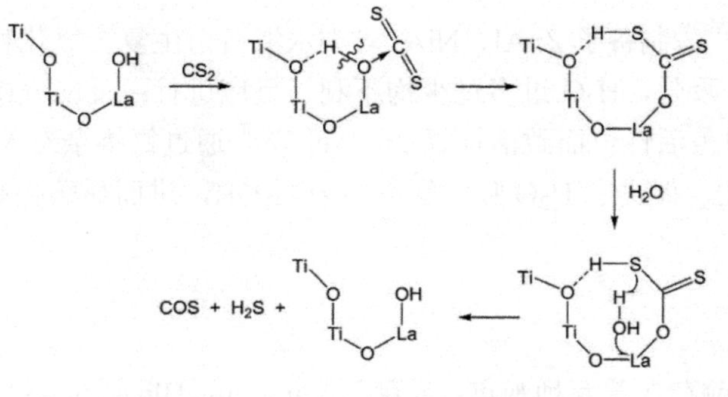

图 20-4　CS_2 水解反应过程示意图[33]

再生条件及再生机理进行了研究，WNAR 法（水洗+扫氮+碱浸再生）具有最好的再生效果。水洗及氮吹扫去除了失活催化剂表面的硫物种，而碱浸渍补充了活性物种-OH 基团，再生后的材料活性得到了较好的恢复。

目前研究的材料对单一的有机硫水解具有良好的效果，但实际的工况往往十分复杂，未来的工作要注重于实际应用气氛（CO、CO_2、H_2S、SO_2 等）的影响以及水解反应温度的进一步降低。此外，有机硫水解技术仅将有机硫转化为较易处理但仍需后续工艺进一步处理的 H_2S，如能开发出同时实现有机硫与 H_2S 高效去除的催化剂，则能极大简化工艺，节省成本。

20.2.3　H_2S 选择催化氧化

由于 Claus 反应受热力学平衡限制，H_2S 酸性气在经过多级 Claus 反应器后，转化率只达到 97%左右，因此，仍有少量的含硫气体存在于 Claus 尾气中。H_2S 选择氧化反应可直接将 H_2S 氧化为单质硫，不受热力学限制，理论上可实现 100%转化，不仅可用于 Claus 尾气处理，还可直接应用于贫酸性气体（H_2S 含量＜15%）的治理，是目前被最广泛研究和应用的技术。

1）催化剂体系

合适的催化剂可在低氧浓度下选择性地将 H_2S 转化为单质硫（式 20-5），而不形成 SO_2 或其他副产物（式 20-1、20-6、20-7），同时具有良好的稳定性。目前研究的 H_2S 选择氧化催化剂主要包括沸石分子筛、柱撑黏土、碳化硅（SiC）、碳材料和氧化物等体系。

$$H_2S + 0.5\ O_2 \longrightarrow 1/n\ S_n + H_2O \tag{20-5}$$

$$H_2S + 1.5\ O_2 \longrightarrow SO_2 + H_2O \tag{20-1}$$

$$1/n\ S_n + O_2 \longleftrightarrow SO_2 \tag{20-6}$$

$$3/n\ S_n + 2\ H_2O \longleftrightarrow 2\ H_2S + SO_2 \tag{20-7}$$

（1）沸石分子筛

沸石分子筛由于具有可调变表面酸碱性、丰富的孔结构和离子交换能力等特点，早期也被用于 H_2S 选择催化氧化过程[35]。沸石分子筛的催化活性与孔尺寸、材料碱性等表面性质有很大关系。然而，由于产物硫的沉积及 H_2O 的吸附，沸石分子筛催化剂容易失活。即使是负载 V_2O_5 或 WO_3 等氧化物改性，沸石分子筛催化剂性能改善也不是很明显[36]，所以近年来关于沸石分子筛材料在 H_2S 选择催化氧化过程中的应用也越来越少。

（2）柱撑黏土

通过调节柱撑物种可得到不同柱撑黏土材料，再负载不同的活性组分，可使柱撑物种与负载的活性组分之间产生协同作用，改善催化剂表面酸碱性及氧移动能力，得到催化性能提升的催化材料。Bineesh

等[37]以 TiO_2、ZrO_2、Fe_2O_3 或 Al_2O_3 柱撑的蒙脱土为载体，负载不同质量分数的 V，研究其对 H_2S 的选择氧化催化性能，得到 V/Ti-PILC 体系在 220～300℃范围内 H_2S 转化率均大于 95%，只有少量 SO_2 生成。Zhang 等人[38]制备的 5%V/Ce-Lap 催化剂在 180℃时硫磺收率高达 99%，这主要归因于高度分散的 V^{5+}物种及 Ce-V 的协同作用。

（3）SiC

SiC 材料热稳定性好，有优异的导热性能，同时抗氧化性强，展现出良好的化学稳定性。尤其值得关注的是，SiC 材料表面可以快速均匀散热，避免催化剂在 H_2S 选择性催化氧化过程中表面形成局部热点，从而有效抑制 SO_2 的生成。因此，在常温和中高温区域，即使是处理浓度相对较高的 H_2S 时也能保持优异的性能，在 H_2S 选择性催化氧化工艺中具有潜在的应用价值。Nguyen 等[39,40]研究了 Fe_2O_3/β-SiC 催化剂上 H_2S 的选择性催化氧化性能，相比负载于 Al_2O_3、SiO_2 载体上，β-SiC 作为载体表现出非常优异的高温活性。Xu 等[41]制备了 10%CeO_2/β-SiC 催化剂，在 300℃时能够获得 93%的 H_2S 转化率和 94%的硫选择性，即使在 550℃下也能保持 82%以上的 H_2S 转化率和 87%以上的硫选择性（图 20-5），并且催化剂在 550℃高温条件下能够连续反应 30 h 不失活。

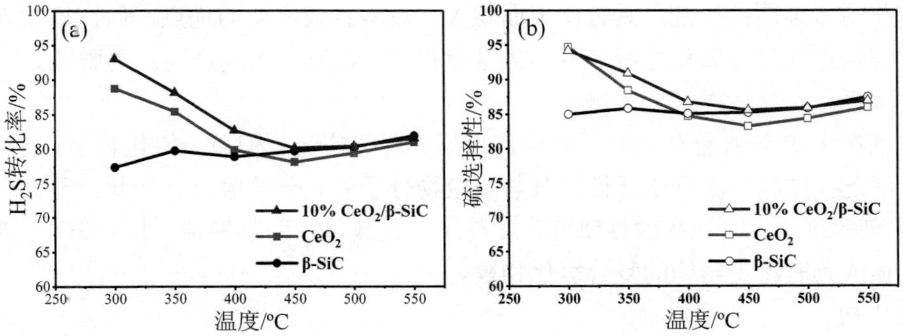

图 20-5　10% CeO_2/β-SiC、CeO_2 和 β-SiC 催化剂上 H_2S 选择性催化氧化反应活性[41]

（4）碳材料

碳材料作为非金属催化剂被广泛用于 H_2S 的处理，其表面缺陷可作为反应活性中心。气相酸处理可使碳材料表面缺陷增多，Duong-Viet 等[42]报道了气态 HNO_3 处理的碳纳米管用于 H_2S 选择催化氧化，表明气相酸处理使碳纳米管管壁含氧官能团显著增加，管壁缺陷增多，这些缺陷作为氧的解离吸附中心，而氧官能团则具有活性位点的作用。

另外，杂原子掺杂碳材料可诱导掺杂位点与相邻碳之间的电荷转移和重新分配，形成碳骨架的结构缺陷，从而调节催化活性，是活化惰性碳的有效手段[43]。研究者们通过微结构设计、氮含量和氮物种调控、碱修饰及整体结构制造等，开发了一系列用于 H_2S 选择氧化的氮掺杂碳纳米材料。表 20-1 列举了部分碳材料的催化性能，表明杂原子掺杂和结构的调控都对反应活性有明显的提升。

表 20-1　不同碳材料用于 H_2S 选择氧化制单质硫

序号	原料气	反应条件		温度（℃）	H_2S 转化率（%）	硫选择性	参考文献
		催化剂	WHSV/GHSV				
1	H_2S/O_2=1/2.5，30%H_2O	N-$CNT_{2.6N}$	0.32 h^{-1}	190	91	75	[45]
2	H_2S/O_2=1/2.5，30%H_2O	N-CNT/SiC-750	0.6 h^{-1}	190	97	75	[46]
3	$H_2S/O_2/N_2$=0.5/0.25/99.25	CNM-600	3000 mL/(g·h)	180	96	96	[47]
4	H_2S/O_2=1/2.5，30%H_2O	N-CNTs	2400 h^{-1}	210	100	83	[48]
5	H_2S/O_2=1/2.5，30%H_2O	O-CNT-250-24	0.6 h^{-1}	230	95	75	[42]

续表

序号	原料气	反应条件		温度（℃）	H_2S 转化率（%）	硫选择性	参考文献
		催化剂	WHSV/GHSV				
6	$H_2S/O_2/N_2$=0.5/0.25/99.25	N-OMCS-700	12000 mL/(g·h)	180	100	92	[44]
7	$H_2S/O_2/N_2$=0.5/0.25/99.25	PCNUC5	3000 mL/(g·h)	210	100	97	[49]
8	$H_2S/O_2/N_2$=0.5/0.25/99.25	CNU-p600	3000 mL/(g·h)	180	74.5	100	[50]
9	H_2S/O_2=1/2.5，30%H_2O	N-C/$CNT^{450}{}_{800}$	0.6 h^{-1}	190	98.6	81.6	[51]
10	$H_2S/O_2/N_2$=0.5/0.25/99.25	NrC-450	6000 mL/(g·h)	180	99.6	94	[52]

掺杂到碳材料中的碱性氮位点常作为反应活性位点，Kan 等[44]合成了氮修饰的有序介孔碳球（N-OMCS-T）用于 H_2S 选择性催化氧化，DFT 计算结果表明 H_2S 与吡啶和吡咯氮位点相互作用较强，反应机理为表面碱性氮位点吸附解离 H_2S 为 HS^-和 H^+，进而引发 H_2S 选择氧化生成单质硫。Li 等[43]合成了富缺陷的氮掺杂纳米片，在 H_2S 选择氧化反应中表现优异的稳定性（＞110 h），并对 CO_2（0～50%）和水蒸气（0～30%）等杂质气体耐受能力强，DFT 计算表明催化剂表面吡啶氮物种和缺陷位点是活性位点。

碳基催化剂作为非金属催化剂，具有比表面积大、高效且成本低的优点，但在连续高温（＞180℃）操作时，反应过程仍存在过度氧化生成 SO_2 和羰基硫化物（COS）等副产物的局限性。

（5）氧化物体系

氧化物催化剂在 H_2S 选择催化氧化过程中应用研究最为广泛。但单一氧化物催化剂存在固有缺陷，如比表面积小、缺乏孔结构，不利于活性组分与反应物分子的充分接触等。为此，研究者们针对 Ti 基、Fe 基、V 基催化剂等进行了一系列改性研究，如使用多孔载体、助剂掺杂、特定形貌控制、多活性组分复合、形成固溶体或具有特定结构的复合氧化物等。

I. 负载型催化剂

负载型催化剂中，SiO_2、Al_2O_3 及 TiO_2 是应用最广泛的催化剂载体。Cecilia 等[53]合成了中空微孔/介孔氧化硅作为载体负载 Fe_2O_3，在 170～180℃展现出优异的活性，但反应产物硫的沉积会覆盖活性位点，导致催化剂活性下降。Phatyenchuen 等[54]引入 Nb、La、Zr 和 Y 等修饰 P-25 TiO_2 载体，发现低价态 Y^{3+} 取代高价态的 Ti^{4+}可以促进氧空位的生成而得到优异的催化性能。Basina 等[55]将活性组分 γ-Fe_2O_3 限域到介孔 SiO_2 中，在 166640 h^{-1} 高空速下实现 100%转化 H_2S 并达到 97%的硫选择性。

II. 形貌调控

特定形貌控制有利于提高氧化物催化剂的传质能力或增加催化剂活性位点的暴露。Zhan 等[56]利用醋酸调控 MIL-53（Fe）金属有机骨架的形貌，形成纺锤体或短柱状，进一步热解形成相应形貌的多孔 Fe_2O_3，在 120℃时硫磺收率可达 97%。Zheng 等[57]合成了形状特异的多孔 CeO_2 纳米晶体（棒状、立方体、球形和纳米颗粒）用于 H_2S 选择性催化氧化反应研究，结果表明具有{110}和{100}晶面的 CeO_2 纳米棒由于表面氧空位浓度高，有利于晶格氧转化为活性氧从而催化性能最佳。此外，CeO_2 纳米棒的分级多孔结构阻碍了 SO_2 和硫酸盐的形成，从而使催化剂具有良好的硫选择性和稳定性。

III. 添加活性组分或助剂

为进一步提高氧化物催化剂性能，第二活性组分或助剂被引入。Tasdemir 等[58]制备了等摩尔的 Ti-Fe、Ti-Cr 和 Ti-Zr 催化剂，其中 Ti-Fe 催化剂和 Ti-Cr 催化剂在 250℃可实现 H_2S 完全转化，硫选择性几乎为 100%。Soriano 等[59]制备了碱金属（Li、Na、K、Cs）修饰的 V_2O_5 催化剂，研究发现 Na 的修饰对提升 H_2S 选择氧化活性最明显。Zheng 等[60,61]分别研究了 Cu 掺杂 CeO_2 纳米棒及 Fe 掺杂 CeO_2 三维花状多孔结构催化剂，发现 Cu 的掺杂有利于提高催化剂选择性，阻碍 SO_2 和硫酸盐的形成；Fe 的掺杂不仅提高了催化剂氧空位的密度，而且提高了催化剂的氧化还原能力和氧活性。

IV. 复合氧化物

复合氧化物催化剂如类水滑石、钙钛矿和六铝酸盐材料，热稳定性强、具有酸碱双功能性、元素组成可调、金属元素分布均匀且协同性强的特点，在 H_2S 选择氧化反应中备受青睐。Zhang 等[62,63]合成了衍生 MgAl 复合氧化物，在空速（24000 h^{-1}）和低温（100～200℃）表现出优异的活性；此外制备的 Ce 掺杂的 $La_xCe_{1-x}FeO_3$ 钙钛矿材料，在较宽的温度窗口都有好的硫选择性，稳定性能维持 72h。

V. 新型材料

近年来，一些新型材料如金属有机框架（MOF）材料、碳包覆金属纳米颗粒等材料也被应用到 H_2S 选择氧化过程中。Zheng 等[65]制备了一系列铁基金属有机框架材料，其中 MIL-100（Fe）催化剂具有最佳的催化性能，表征结果及 DFT 理论计算表明 Lewis 酸中心含量的差异是催化性能差异的主要原因。Liu 等[66]合成了氮掺杂的石墨碳包覆钴纳米颗粒 Co@NC，其中 Co@NC-4 可在 190℃，18000 mL/(g·h)条件下实现 H_2S 几乎 100%转化并稳定运行 28 h，研究结果表明氮掺杂的石墨碳有利于调节 Co 纳米颗粒周围的电子密度，有利于 H_2S 的吸附。

2）反应过程机理

对 H_2S 选择氧化反应机理的研究最早是在活性炭材料上进行的，研究者们基于各自的实验数据提出了不同的机理，大体上可分为两类：Mar-van Krevelen 机理（氧化还原机理）和 Langmiur-Hinshelwood 机理（L-H 机理）。

Mars-van Krevelen 机理过程包含氧化（式 20-8）和还原（式 20-9）两个步骤，表示如下：

$$O_2\ (g) + 2\ X \longrightarrow 2\ O \cdot X \tag{20-8}$$

$$O \cdot X + H_2S\ (g) \longrightarrow S \cdot X + H_2O\ (g) \tag{20-9}$$

Langmiur-Hinshelwood 机理过程包含反应物吸附（式 20-10）、活性吸附态组分表面反应（式 20-11）和产物脱附（式 20-12）三个串联步骤，表示如下：

$$0.5\ O_2\ (g) + X \longleftrightarrow O \cdot X \tag{20-10}$$

$$H_2S\ (g) + X \longleftrightarrow H_2S \cdot X \tag{20-11}$$

$$H_2S \cdot X + O \cdot X \longrightarrow S \cdot X + H_2O + X \tag{20-12}$$

Mars-van Krevelen 机理被广泛应用于金属氧化物催化剂上 H_2S 选择氧化过程中，包含两个步骤：①氧化态的催化剂催化氧化 H_2S 生成单质硫，自身被还原的过程；②还原态的催化剂被气相中的氧再氧化的过程。Boreskov 等[67]进一步提出氧化物催化剂上的 H_2S 催化氧化反应存在两种反应机理：一种是反应物交替氧化还原催化剂表面的分步反应机理，另一种是氧与催化剂的相互作用和反应物的形成仅在两种反应物都同时存在下才会发生的协同机理。按照这种理论，如果无论使用含有反应物混合物的脉冲还是使用含有每种反应物的脉冲，其反应速率一致，则代表反应机理为分步反应机理；反之，则是协同机理。

当前 H_2S 选择性催化氧化反应温度区间通常在 180～300℃，高温条件下（＞300℃），会有大量非选择氧化产物 SO_2 生成，而且催化剂易被 H_2S 硫化而导致失活。另外，H_2S 选择氧化反应是一个强放热反应，据估算，每 1%的 H_2S 反应，反应床层会有 60～70℃的温升。因此，现有的 H_2S 选择氧化催化剂存在活性温度窗口窄、高温稳定性差及硫选择性低等问题，在工业应用中具有一定的局限性，迫切需要开发出适用范围更广的 H_2S 中高温选择氧化催化剂与技术方法。

对于 H_2S 选择性催化氧化反应，在深入研究催化剂表面性质对 H_2S 选择性催化氧化反应影响的同时，有必要进一步研究 H_2S 选择性催化氧化反应动力学，明晰反应速控步骤，为进一步改善催化剂性能提供理论指导。另外，目前对于 H_2S 选择性催化氧化，更多的研究关注于催化体系的改变，较少文献关注复杂背景下（如烃类等存在情况下）的 H_2S 选择性催化氧化性能及机理。

20.3　酸性气资源利用进展

在新能源开发及“碳减排”的背景下，酸性气不仅仅是能够硫磺回收的资源。在合成氨和甲醇、炼油厂脱硫和加氢裂化以及重油和煤等各种碳氢资源的升级改造中，都需要大量的氢作为化学原料。因此，同时回收酸性气 H_2S 中 H_2 和单质硫具有重要意义。另外，酸性气中除 H_2S 外，还有含量较高的 CO_2 和 CH_4 等，在回收硫资源过程中存在着大量的碳排放。为应对气候变化危机，实现碳达峰和碳中和，研究酸性气中 CO_2 和 CH_4 的资源化利用也具有重要的意义。

20.3.1　H_2S 分解回收 H_2 和单质硫

近年来人们对利用 H_2S 回收 H_2 和单质硫的兴趣增强来源于：①氢能和废物最小化的全球前景；②天然气厂、炼油厂和冶金工艺不可避免地产生 H_2S；③H_2S 的分解可以成为水分解循环的一部分；④如果环境法规更加严格，Claus 工厂的尾气净化投入可能会超过硫磺回收的价值。目前利用 H_2S 回收 H_2 和单质硫的研究主要集中在不同过程的研究，如热催化、光催化、电催化、微波及等离子体催化等。

1）热催化分解

从 H_2S 中回收 H_2 和单质硫的最直接过程是催化或非催化的热分解（式 20-13）。然而，H_2S 分解是强吸热反应，受热力学平衡限制，转化效率普遍不高。在纯热条件下，温度达到 900℃时，H_2S 分解转化率最高只能达到 13%[68]。

$$H_2S \leftrightarrow H_2 + 0.5S_2 \qquad (20\text{-}13)$$

目前热催化分解研究常用催化剂体系集中在含有 Co、Cr、Cu、Fe、Mo、Ni、V、W 等不同元素的简单金属氧化物或金属硫化物以及钙钛矿等催化材料上。

（1）简单金属氧化物

Bishara 等在 Co(Ni)-Mo/Al_2O_3 催化剂上得到 H_2S 在 800℃时分解转化率为 12%[69,70]。Reshetenko 等在 γ-Al_2O_3、α-Fe_2O_3 和 V_2O_5 催化材料上进行 H_2S 分解测试研究得到，H_2S 在 800℃时转化率接近 20%[71]。

（2）金属硫化物

Chivers 等研究了 Cr_2S_3、MoS_2、WS_2、FeS_2、CoS_2 和 NiS_2 等材料对于 H_2S 催化分解活性，发现活性差异不大，在 800℃时 H_2 产率 5%左右[72]。

（3）复合金属氧化物

Jiang 等在合成 Fe 取代六铝酸盐 $LaFe_6Al_6O_{19}$ 催化剂上测试低浓度 H_2S 分解，得到 H_2 产率在 800℃时接近 50%[73]。Guldal 等研究了系列过渡金属 M（Sr、Cr、Co、Mo、V）取代的钙钛矿 $LaMO_3$ 用于 H_2S 分解，其中活性较高的 $LaCoO_3$ 催化剂在 800℃时催化分解 H_2S 转化率为 20%[74-76]。

2）催化氧化分解

鉴于 H_2S 催化分解转化率不高，有研究者考虑利用催化氧化分解方法来促进 H_2S 转化。在原料气中加入少量 O_2，利用氧化反应放热，使系统自热，克服热力学限制，促进催化分解。引入少量氧气的优势在于较低温度下实现更高的 H_2S 转化率并且回收氢气和单质硫。Palma 等[77,78]在 Al_2O_3 催化剂上，利用 H_2S 氧化反应放热，促进 H_2S 分解，得到 H_2S 转化率和 H_2 产率在研究温度范围内都非常接近热力学平衡，

并且几乎没有 SO_2 生成（SO_2 选择性小于 0.8%）。通过构建反应模型（式 20-1、20-2、20-13～20-15），Palma 等人[77,78]利用动力学研究说明催化剂的主要作用在于降低 Claus 反应的活化能。

$$H_2S \leftrightarrow H_2 + 0.5\ S_2 \tag{20-13}$$

$$H_2S + 1.5\ O_2 \longrightarrow SO_2 + H_2O \tag{20-1}$$

$$2\ H_2S + SO_2 \leftrightarrow 1.5S_2 + 2\ H_2O \tag{20-2}$$

$$H_2S + O_2 \longrightarrow SO_2 + H_2 \tag{20-14}$$

$$H_2S + 0.5O_2 \longrightarrow 0.5\ S_2 + H_2O \tag{20-15}$$

虽然相关的研究报道不多，但是在第十四届硫磺回收协作组年会上，江苏中圣高科技产业有限公司介绍了部分氧化法硫化氢裂解工艺，在催化反应炉中氧气（O_2）与酸性气中 H_2S 在催化剂和高温条件下反应生成单质硫和 H_2。该工艺硫回收率可达到 99.9%以上，与常规硫磺回收工艺相比，工程投资降低约 30%，运行成本降低约 40%。

3）膜催化

催化剂可以降低反应的活化能，但不能改变化学平衡。引入催化膜反应器可以在提高 H_2S 转化率的同时将产物氢分离，进而提高反应转化率。Ricado 等[79]将 MoS_2 催化剂沉积在管状陶瓷多孔膜元件上，不仅能催化分解 H_2S，而且可以将产物氢选择性分离，促进分解反应的进行。在 400～700℃、50.5～101kPa（0.5～1atm）条件下，处理含 H_2S 为 4%的混合气体，H_2S 的转化率可达 56%，而在同样条件下仅用催化剂所获得的转化率只有 40%。将催化剂与膜反应器或者其他促进分解反应平衡移动的装置相结合是今后研究的方向，然而该方法的难点在于更高效的催化剂制备和耐高温、低成本膜材料的研究开发。

4）微波催化

除利用外部热源提供能量外，Mingos 等[80]最早提出微波催化高效直接分解 H_2S 新方法，在 γ-Al_2O_3 负载 MoS_2 催化剂上得到超过平衡收率的反应活性，并且认为 H_2S 分解反应速率和平衡常数的变化是由于催化剂表面产生的热点效应；热点在活性相和载体上都会形成，尺寸在 90～1000μm；催化剂表面热点温度比探测到温度高 100～200℃。而 Zhou 等[81]认为微波的加入，降低了反应的活化能，而不是仅仅产生热点效应。微波的作用是产生偶极子极化和界面极化，使界面分子的内能能级发生变化，达到活化状态，直接降低活化能，与传统加热不同，颠覆了传统微波热辐射理论和微波非热效应。Zhou 等[82]还研制了一系列能实现微波催化高效直接分解 H_2S 的高活性高稳定性的新型微波催化剂，其中 Mo_2C@BN 催化剂可以使得 H_2S 的转化分解在 650℃时接近 100%。

5）电催化

直接电解 H_2S 碱性溶液，生成的硫磺会沉积在阳极表面，导致电极钝化，因此后来的研究主要集中在使用碘酸钾或者 Fe^{3+}/Fe^{2+}中间循环剂的间接电解法上[83,84]。间接电解法可处理高浓度的 H_2S 气体，并且硫磺回收率高、制氢单位电耗较低，但该方法存在传质效率低、电极材料的使用寿命短等缺点。因此研发长寿命、高性能、低价格的电极材料和电解装置，开发高效中间循环氧化剂是该工艺应用的关键。

6）光催化

目前光催化分解硫化氢的研究，主要集中于液相催化，这可能是由于气相 H_2S 光催化分解研究中，催化剂的表面产生的自由基容易氧化表面 H_2S 生成 SO_2 或者硫酸盐，导致催化剂失活[85]。在光催化分解 H_2S 碱性溶液研究中，目前报道的光催化剂主要有 ZnS、CdS 及 Ag_2S 等金属硫化物[86,87]。但这些光催化分解存在光子利用效率低、可见光响应催化剂制备成本高、回收困难，催化剂容易光腐蚀、中毒等缺点。

因此，开发具有可见光响应、较高光子利用效率、较低光生空穴与电子复合几率的廉价光催化剂，以及设计合理的工艺路线是光催化分解 H_2S 研究的关键。

7）等离子体催化

关于等离子体催化分解 H_2S 的相关报道有很多，主要集中在等离子体反应器的设计及放电参数的优化等，对反应机理的认识较少，且目前大多处于实验室研究阶段[88,89]。等离子体法要实现工业化，还需解决能量效率高的大功率电源的研制、耐压耐腐蚀装置的开发等工程问题。另外，将催化剂引入低温等离子体反应体系，可显著提高 H_2S 转化率，降低制氢能耗，但等离子体与催化剂协同转化 H_2S 尚处于探索阶段、反应机理尚不清晰，两者的协同作用机制尚待深入研究。

综上所述，H_2S 分解通常受热力学平衡限制，直接热催化分解转化率不高。因此目前研究应该集中于能够促使平衡移动的方法开发，如部分氧化分解、膜催化等，它们是最有应用前景的方法。然而相关研究较少，未来应该集中于新型材料的开发，制备高 H_2S 转化率及产物 H_2 和单质硫产率的新材料并研究反应过程机理。微波和等离子体催化法具有良好的 H_2S 分解转化效率，但混合组分酸性气存在情况下的 H_2S 分解性能及反应过程机理，以及应用过程中的高能量输入问题应该得到重视。光电催化方法目前集中于 H_2S 在液相中的反应，未来研究重点应关注转化效率的提升。

20.3.2　H_2S 与 CO_2 制合成气（CO 和 H_2）

大多数酸性气中 CO_2 含量很高，煤化工过程产生的酸性气中 CO_2 含量甚至高达 30%以上，通常需采用耗能较高的胺吸收法将 CO_2 进行选择性去除。由于其热力学稳定性和低的化学价值，CO_2 的工业用途较少，通常被直接排放到大气中。据估算，炼油厂、天然气加工行业每年约释放 1200 Mt CO_2。

考虑到“碳减排”目标，酸性气中 CO_2 如果能够得到利用，将会给化工行业带来技术上的革新。基于此，酸性气体中同时存在 H_2S 与 CO_2，可分别作为还原剂与氧化剂，通过热解或氧化还原反应（式 20-16）转化为单质硫和有工业价值的合成气（CO 和 H_2）：

$$CO_2 + 2H_2S \longrightarrow CO + H_2 + S_2 + H_2O \tag{20-16}$$

1）纯热反应

温度对于 H_2S 和 CO_2 纯热反应的产物组成具有显著的影响。Groisil 等[90,91]模拟结果显示，在 1000～2000℃范围内，产物 H_2/CO 比值随温度升高而降低；在 1550℃以上才有可能得到 H_2/CO 比值在 0.33～1.26 的理想合成气；在 1600℃以上热解过程中 CO_2 分解释放出的氧会氧化 S_2 形成 COS、SO_2 等含硫化合物。

酸性气体组成及反应停留时间对 H_2S 和 CO_2 纯热反应也有影响。Ibrahim 等[92]模拟了合成气及 COS、SO_2 等含硫化合物随停留时间（0～2 s）及温度（1373～1800 K）的演变情况。研究结果表明 H_2S 与 CO_2 的热解存在协同效应，升高温度和延长停留时间有助于促进合成气的生成，但同时也促进了含硫化合物的生成，而温度高于 1600 K，COS 生成会减少。

2）催化反应

（1）热催化

Su 等[93]采用热催化的方法来研究 H_2S 与 CO_2 的协同转化，研究发现 CaO、NiO/MgO、NiO/γ-Al_2O_3 等催化剂在 400～800℃时可有效地促进 H_2S 与 CO_2 的转化，提高 CO 和硫的选择性，但温度高于 600℃才会有少量 H_2 的生成；催化剂的化学组成对催化性能影响不大。

（2）电催化

Ma 等[94]利用电化学方法，在中性条件下使用石墨烯包覆的 ZnO 催化还原 CO_2 及石墨烯催化氧化 H_2S，

使 CO_2 和 H_2S 同时转化为高活性的 CO 及高稳定性的硫，但该过程中 H_2S 中的“H”并未得到回收利用。

（3）等离子催化

Zhao 等[95]利用 MoS_2/Al_2O_3 催化剂结合低温等离子体辅助，在低温常压条件下实现了 H_2S 和 CO_2 高选择性地转化为合成气，CO_2 转化率高达 60%以上，并实现 H_2S 接近完全转化（98%～100%），且反应过程不会有 COS 及 SO_x 等硫化物的生成。其研究结果显示可通过改变比能量输入（SEI）、进料气体组成等反应条件对合成气 H_2/CO 的比值进行调控以满足不同应用需求。该过程为酸性气体的资源化利用提供了新策略，对 H_2S 污染控制及 CO_2 减排具有一定的意义，但其能量成本较高。

H_2S 与 CO_2 反应制合成气在绿色利用煤炭及减少二氧化碳排放方面开辟了新前景，尤其是针对一些含硫量高的原料的利用，不经分离直接转化获得更有价值的工业产品，如 H_2、CO 和硫磺，可大大减少复杂的分离工序产生的能耗和费用，具有非常大的经济价值和环境效益，但该技术目前尚未得到实际应用。未来的研究应该着眼于新材料和新方法的开发，提升 H_2S 和 CO_2 转化效率。

20.3.3　H_2S 与 CH_4 重整制 H_2 及 CS_2

H_2S 与 CH_4 可以发生类似于甲烷水蒸气重整（式 20-17）的反应，产生 H_2 和易于液化存贮的 CS_2（式 20-18）。CS_2 的商业价格约为硫磺的 4 倍，是一种重要的化工原料，在人造纤维、玻璃纸、橡胶、化工、农药、医药、冶金及炼油等行业广泛应用，也是一种目前且长时间内无法替代的良好的溶剂，近年来被广泛用于原油的提采（EOR）。

$$2H_2O + CH_4 \longrightarrow 4H_2 + CO_2 \tag{20-17}$$

$$2H_2S + CH_4 \longrightarrow 4H_2 + CS_2 \tag{20-18}$$

1）纯热反应

H_2S 与 CH_4 重整反应为强吸热反应，且受热力学平衡限制，当温度高于 930℃时反应才能自发进行，高于 1000℃以上才可达到较高的 CS_2 收率。研究者们普遍认为 H_2S 与 CH_4 重整反应包含两个步骤，即先通过 H_2S 热分解形成 S_2（式 20-13），然后 S_2 再与 CH_4 反应生成 CS_2 和 H_2（式 20-19）。整个过程中的副反应还有 CH_4 的裂解（式 20-20），是催化剂出现积碳的主要原因。

$$H_2S \longrightarrow H_2 + 0.5S_2 \tag{20-13}$$

$$CH_4 + S_2 \longrightarrow CS_2 + 2H_2 \tag{20-19}$$

$$CH_4 \longrightarrow C + 2H_2 \tag{20-20}$$

H_2S 与 CH_4 重整受限于 H_2S 的热分解。大量的热力学和模拟分析研究[96-98]结果表明在任何温度下，H_2S 的转化率均低于 CH_4 的转化率。CH_4 在 577℃以上即能达到一定的转化率，800℃以上转化率可达 100%；而温度低于 1000℃，H_2S 的转化率不超过 20%。Karan 等[99]的实验研究结果也表明 CH_4 与 S_2 反应生成 CS_2 很快，H_2S 的分解是 CH_4 与 H_2S 反应生成 CS_2 的速控步骤。针对上述反应过程，目前尚缺乏更深入的微观反应过程及反应动力学的研究。

不同因素对 H_2S 与 CH_4 重整反应过程的影响在于，温度升高会促进 H_2S 和 CH_4 的转化，但是也会有炭沉积出现；提高 H_2S 和 CH_4 的比例，可以有效防止积碳产生，但是 H_2S 转化率会降低；反应温度越高的情况下，CH_4 和 H_2S 转化渐近稳态值所需停留时间越短。

2）催化剂体系

（1）负载型金属及金属氧化物

Martínez-Salazar 等[100]研究了 800～950℃、H_2S/CH_4=12 条件下 Mo、Cr/ZrO_2-La_2O_3、Mo、Cr/ZrO_2-

SBA15 催化剂的催化性能，表明 Cr 的添加可提高催化剂的 CS_2 选择性，Mo 则有利于产 H_2。Galindo-Hernández 等[101]报道的 $Fe_2O_3/\gamma\text{-}Al_2O_3$ 催化剂在 950℃、H_2S/CH_4=12 条件下运行了 14 h，其 CH_4 转化率为 100%，H_2S 转化率为 60%；催化剂对 CS_2 的选择性与八面体配位的 Fe^{3+}有关，而四面体配位的 Fe^{3+}则与产 H_2 有关。

（2）金属硫化物

Erekson 等[102]研究了一系列硫化物催化剂的 H_2S 与 CH_4 重整反应性能，结果显示 Cr_2S_3、Ce_2S_3 催化剂能够抑制 CH_4 裂解，且催化剂积炭后用 H_2S 再生也能产生 CS_2。在 1100℃、H_2S/CH_4=4 条件下可实现 CS_2 收率为 100%，H_2 收率为 60%。

3）反应机理

针对反应机理方面，Li 等[103]建立了包括 515 个反应和 85 种反应物的 H_2S 与 CH_4 反应机理模型，模拟研究结果表明 SH 自由基是 H_2S 和 CH_4 转化最重要的中间产物，其来源于 H_2S 的分解和 CH_4 与 S 自由基的相互作用，并进一步参与 H_2、S_2 和 CS_2 的生成。该模拟结果尚无实验数据证实。

目前文献报道的 H_2S 与 CH_4 重整催化剂大多都是基于单纯制氢目的设计的，且对反应过程催化剂积炭情况几乎没有研究，相关反应机理的探索也比较缺乏，今后催化剂的设计方面应更注重催化剂的抗积碳性能，提高催化剂的选择性，更深入地研究反应机理及反应动力学，实现多资源协同回收利用。

20.3.4 酸性气制备甲硫醇（CH_3SH）

作为精细化工生产的重要原料以及工业合成有机中间体，CH_3SH 以用途最广、经济效益最高、发展前景最好而受到广泛关注，可用于合成农药、医药、食品、合成材料和饲料添加剂等。目前国内外 CH_3SH 的制备主要采用甲醇-硫化氢法，考虑到甲醇是由合成气制得，直接以合成气和 H_2S 为原料一步法合成 CH_3SH 可使资源得到最大化利用。这对酸性气体的转化与综合利用，向高附加值有机硫化工产品方向发展提供了新的思路。

1）催化反应

最早由合成气法制甲硫醇的方法是 Olin 在 1962 年提出[104]，利用 CO（或 CO_2）、H_2 和 H_2S 在以 Fe、Co、Ni、Mo 等金属硫化物催化剂表面反应制甲硫醇（式 20-21）：

$$CO + H_2S + 2H_2 \longrightarrow CH_3SH + H_2O \qquad (20\text{-}21)$$

此后国内外研究集中于催化剂组成及助剂、反应条件及反应过程机理方面，取得了一系列的研究成果。

（1）催化剂及助剂

在催化剂组成及助剂方面，目前研究最为广泛的为负载型的 Mo 基、W 基与过渡金属硫化物催化剂，并以碱金属和过渡金属等分别为第一和第二助剂。Liu 等[105]比较了碱金属（Na、K、Cs）对 Mo/SBA-15 催化剂性能的影响，Cs 修饰的催化剂上 CH_3SH 选择性最高（可达 66%）。Yang 等[106]研究了 K_2MoS_4/SiO_2 催化剂上合成气和 H_2S 反应制 CH_3SH，XRD 和 XPS 结果表明 Mo-S-K 物种为合成 CH_3SH 的活性相。该课题组进一步研究了过渡金属（Fe、Co、Ni、Mn）及稀土元素（La 和 Ce）作为助剂对 K_2MoS_4/SiO_2 催化剂性能的影响，研究结果表明过渡金属和稀土元素助剂的加入有利于 Mo-S-K 活性相的形成，从而提高 CH_3SH 的收率[107,108]。碱金属助剂在合成 CH_3SH 的反应中起着重要作用，但其作用本质尚需进一步深入研究。

（2）载体

载体的性质对催化剂性能也有很大影响。Zhang 等[109]研究了 $\alpha\text{-}Al_2O_3$、$\gamma\text{-}Al_2O_3$、Cr_2O_3、H-ZSM-5、SiO_2 等载体的活性，发现未修饰的 $\alpha\text{-}Al_2O_3$ 具有最佳的催化性能，CH_3SH 选择性高达 98%；载体的酸性

位会促进 CH_3SH 加氢生成烃类。黄缌等[110]比较了 SBA-15 和 SiO_2 两种载体负载 K-Mo-Co 基催化剂的性能，发现与无定型 SiO_2 相比，SBA-15 由于具有更大的比表面积和均一的孔径分布，有利于活性组分分散及反应物和产物的扩散，从而表现出更佳的催化活性和甲硫醇选择性。

2）反应机理

H_2S 与合成气制 CH_3SH 反应在反应过程机理方面目前有三种说法：COS 中间产物机理、改性 Fischer-Tropsch 机理和合成醇机理。

（1）COS 中间产物机理

Barrault 等[111]认为 COS 是合成 CH_3SH 的中间产物，CO 首先和 H_2S 反应生成 COS，COS 再与 H_2 加氢生成 CH_3SH，其中 COS 加氢为合成 CH_3SH 的速控步骤。Mul 等[112]与 Barrault 等结论一致，并认为 CS_2、CH_4、CH_3SCH_3 等副产物来源于 COS 的歧化反应和 CH_3SH 的加氢反应。

Lercher 等[113,114]利用 COS 和 CS_2 为原料和 H_2S、H_2 反应合成 CH_3SH，发现以 COS 为原料合成 CH_3SH 时，COS 并不是直接与 H_2 反应一步生成甲硫醇的，而是一个复杂的反应过程，主要包括 COS 氢解反应（式 20-22）和歧化反应（式 20-23）以及 CS_2 加氢反应（式 20-24）。

$$COS + H_2 \longrightarrow CO + H_2S \tag{20-22}$$

$$2\ COS \longrightarrow CO_2 + CS_2 \tag{20-23}$$

$$CS_2 + 4H_2 \longrightarrow 2CH_3SH \tag{20-24}$$

（2）改性 Fischer-Tropsch 机理

Zhang 等[109]提出当合成气中引入 H_2S 时，α-Al_2O_3 表面会形成比-OH 基团更具亲核性的-SH 基团，该-SH 基团会抢先与 CO 加氢形成的表面 C1 中间物种形成 $CH_3S^-_{ads}$ 中间物种或吸附态的 CH_3SH。而-SH 基团中高亲核性的 S 可阻止链增长，从而只形成 C1 产物，即 CH_3SH（图 20-6）。

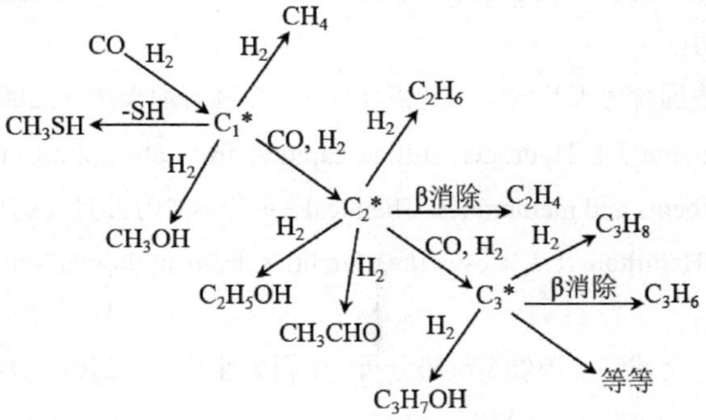

图 20-6　α-Al_2O_3 催化剂上 CH_3SH 合成的改性 Fischer-Tropsch 机理[109]

（3）合成醇机理

Yang 等[108]提出在 K-Mo 催化剂的 Mo-S-K 活性位点上，断裂邻位上的 K-SH 键实现-SH 基团向-CH_3 基团转移形成 CH_3SH 则容易很多，因而主要产物为 CH_3SH（图 20-7）。

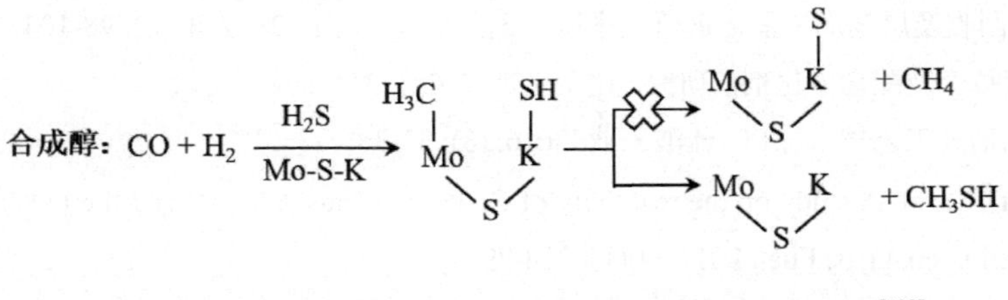

图 20-7　Mo 基催化剂上 CH_3SH 合成的合成醇机理[108]

针对酸性气制备 CH_3SH 催化反应中活性相及反应机理的验证，今后的研究可以结合前人的研究基础与现在先进的表征分析技术（原位反应、原位表征技术及理论计算等），从更深入的原子分子水平上去解析催化剂的活性相与反应过程机理。

20.4 小　结

化工行业，尤其是石油化工、煤化工和天然气化工等生产过程中会产生大量的含 H_2S 酸性气体。酸性气体的利用一定要从长远发展着想，既要符合环境效益，也要符合社会经济效益。结合当前酸性气体污染控制面临的问题和挑战，针对不同行业、工况下酸性气体的特点开发多资源协同回收利用技术，实现酸性气体污染减排及资源利用最大化具有重要意义。

酸性气体的转化与综合利用，除了普遍采用的硫磺回收，更应该考虑结合酸性气体制 H_2、合成气（CO 和 H_2）、CS_2 及 CH_3SH 等反应，向高附加值方向发展。针对特定的受平衡限制的反应过程，未来研究应该多借助辅助手段，如光电催化、膜催化或微波等离子体等方法，向能实现工业化应用的反应性能方向迈进。在特定的催化处理方法中，对于催化剂的筛选、催化剂性能改善、反应机理及反应条件优化，未来应当结合先进的表征技术及理论计算等，从更深入的原子分子水平去分析和理解。

参 考 文 献

[1] Gupta A K, Ibrahim S, Al Shoaibi A. Advances in sulfur chemistry for treatment of acid gases. Progress in Energy and Combustion Science, 2016, 54: 65-92.

[2] Demirbas A, Alidrisi H, Balubaid M A. API gravity, sulfur content, and desulfurization of crude oil. Petroleum Science and Technology, 2015, 33(1): 93-101.

[3] 岑芳，李治平，赖枫鹏，等. 中国含硫天然气资源特点及前景. 新疆石油天然气, 2006, 2(4): 1-3, 11, 99.

[4] Shah M S, Tsapatsis M, Siepmann J I. Hydrogen sulfide capture: from absorption in polar liquids to oxide, zeolite, and metal-organic framework adsorbents and membranes. Chemical Reviews, 2017, 117: 9755-9803.

[5] Hendrickson R G, Chang A, Hamilton R J. Co-worker fatalities from hydrogen sulfide. American Journal of Industrial Medicine, 2004, 45: 346-350.

[6] 赵奎涛，张艳松，丛殿阁，等. 全球硫资源供需形势分析. 中国矿业, 2018, 27(9): 11-15.

[7] Pieplu A, Saur O, Lavalley J, et al. Claus catalysis and H_2S selective oxidation. Catalysis reviews. Science and engineering, 1998, 40(4): 409-450.

[8] 李法璋，胡鸿，李洋. 节能降耗的低温 SCOT 工艺. 天然气工业, 2009, 29(3): 98-100.

[9] 张黎，肖鸿亮. SSR 硫磺回收尾气处理工艺及其应用. 石油与天然气化工, 2014, 43(5): 478-482.

[10] 张立胜，裴爱霞，彭传波，等. 20×10～4t/a 硫磺回收装置国产催化剂应用评价. 石油与天然气化工, 2020, 49(01): 30-36.

[11] 殷树青，徐兴忠. 硫磺回收及尾气加氢催化剂研究进展. 石油炼制与化工, 2012, 43(8): 98-104.

[12] 范丽施. 硫磺回收处理技术及配套催化剂的研究. 化工管理, 2015, (31): 194.

[13] 殷树青. 硫磺回收催化剂及工艺技术综述. 硫酸工业, 2016, (3): 33-38.

[14] Park N, Han D C, Lee T J, et al. A study on the reactivity of Ce-based Claus catalysts and the mechanism of its catalysis for removal of H_2S contained in coal gas. Fuel, 2011, 90(1): 288-293.

[15] Park N, Han D C, Han G B, et al. Development and reactivity tests of Ce-Zr-based Claus catalysts for coal gas clean up. Fuel,

2007, 86(14): 2232-2240.

[16] 徐翠翠, 刘爱华, 刘剑利, 等. 氧化铝基硫回收催化剂反应动力学研究. 硫酸工业, 2019, (06): 29-34.

[17] Liu X, Zhang Q, Ye G, et al. Deactivation and regeneration of Claus catalyst particles unraveled by pore network model. Chemical Engineering Science, 2020, 211: 115305.

[18] Kalinkin P N, Kovalenko O N, Platonov O I. Analysis of the deactivation of Claus alumina catalyst during its industrial exploitation. Catalysis in industry, 2011, 3(2): 183-188.

[19] 李秉毅. 克劳斯硫回收催化剂研究进展. 工业催化, 2016, 24(1): 30-33.

[20] 王泽鑫, 上官炬, 刘艳霞, 等. 转化吸收型氧化锌基脱硫剂脱除 H_2S 和 COS 性能. 精细化工, 2018: 1-11.

[21] 刘艳霞, 上官炬, 王泽鑫, 等. TiO_2 改性 γ-Al_2O_3 基催化剂的中温水解羰基硫活性. 化工进展, 2018, (10): 3885-3894.

[22] He E, Huang G, Fan H, et al. Macroporous alumina- and titania-based catalyst for carbonyl sulfide hydrolysis at ambient temperature. Fuel, 2019, 246: 277-284.

[23] Laperdrix E, Justin I, Costentin G, et al. Comparative study of CS_2 hydrolysis catalyzed by alumina and titania. Applied Catalysis B: Environmental, 1998, 17(1-2): 167-173.

[24] Clark P D, Dowling N I, Huang M. Role of Ti^{3+} in CS_2 conversion over TiO_2 Claus catalyst. Applied Catalysis A: General, 2015, 489: 111-116.

[25] Song X, Ning P, Wang C, et al. Research on the low temperature catalytic hydrolysis of COS and CS_2 over walnut shell biochar modified by Fe-Cu mixed metal oxides and basic functional groups. Chemical Engineering Journal, 2017, 314: 418-433.

[26] Zhao S, Yi H, Tang X, et al. Low temperature hydrolysis of carbonyl sulfide using Zn-Al hydrotalcite-derived catalysts. Chemical Engineering Journal, 2013, 226: 161-165.

[27] Zhao S, Yi H, Tang X, et al. Mechanism of activity enhancement of the Ni based hydrotalcite-derived materials in carbonyl sulfide removal. Materials Chemistry and Physics, 2018, 205: 35-43.

[28] Zhao S, Tang X, He M, et al. The potential mechanism of potassium promoting effect in the removal of COS over K/NiAlO mixed oxides. Separation and Purification Technology, 2018, 194: 33-39.

[29] Li K, Song X, Wang C, et al. Deactivation mechanism of the simultaneous removal of carbonyl sulphide and carbon disulphide over Fe-Cu-Ni/MCSAC catalysts. Journal of Chemical Sciences, 2017, 129(12): 1893-1903.

[30] Wei Z, Zhang X, Zhang F, et al. Boosting carbonyl sulfide catalytic hydrolysis performance over N-doped Mg-Al oxide derived from MgAl-layered double hydroxide. Journal of Hazardous Materials, 2021, 407: 124546.

[31] Peter W B, Young N C, West J, et al. Carbonyl sulphide hydrolysis using alumina catalysts. Catalysis Today, 1999, 49(1): 99-104.

[32] Fiedorow R, Leaute R, Lana I G D. A study of the kinetics and mechanism of COS hydrolysis over alumina. Journal of Catalysis, 1984, 85(2): 339-348.

[33] Sui R, Lavery C B, Li D, et al. Improving low-temperature CS_2 conversion for the Claus process by using La(III)-doped nanofibrous TiO_2 xerogel. Applied Catalysis B: Environmental, 2019, 241: 217-226.

[34] Song X, Li K, Wang C, et al. Regeneration performance and mechanism of modified walnut shell biochar catalyst for low temperature catalytic hydrolysis of organic sulfur. Chemical Engineering Journal, 2017, 330: 727-735.

[35] Dudzik Z, Ziólek M. The specific catalytic activity of sodium faujasites in H_2S oxidation. Journal of Catalysis, 1978, 51: 345-354.

[36] Pi J H, Lee D H, Lee J D, et al. The study on the selective oxidation of H_2S over the mixture zeolite NaX-WO_3 catalysts. Korean Journal of Chemical Engineering, 2004, 21: 126-131.

[37] Bineesh K V, Kim M I, Lee GH, et al. Catalytic performance of vanadia-doped alumina-pillared clay for selective oxidation

of H_2S. Applied Clay Science, 2013, 74: 127-134.

[38] Zhang X, Dou G, Wang Z, et al. Selective oxidation of H_2S over V_2O_5 supported on CeO_2-intercalated Laponite clay catalysts. Catalysis Science & Technology, 2013, 3: 2778-2785.

[39] Nguyen P, Edouard D, Nhut J M, et al. High thermal conductive β-SiC for selective oxidation of H_2S: a new support for exothermal reactions. Applied Catalysis B: Environmental, 2007, 76 (3): 300-310.

[40] Nguyen P, Nhut J M, Edouard D, et al. Fe_2O_3/β-SiC: a new high efficient catalyst for the selective oxidation of H_2S into elemental sulfur. Catalysis Today, 2009, 141 (3): 397-402.

[41] Xu X, Li G, Wei Z, et al. High temperature selective oxidation of H_2S to elemental sulfur on a β-SiC-supported cerium catalyst. Industrial & Engineering Chemistry Research, 2021, 60(35), 12798-12810.

[42] Duong Viet C, Liu Y, Ba H, et al. Carbon nanotubes containing oxygenated decorating defects as metal-free catalyst for selective oxidation of H_2S. Applied Catalysis B: Environmental, 2016, 191: 29-41.

[43] Li S, Gu Q, Cao N, et al. Defect enriched N-doped carbon nanoflakes as robust carbocatalysts for H_2S selective oxidation. Journal of Materials Chemistry A, 2020, 8: 8892-8902.

[44] Kan X, Chen X, Chen W, et al. Nitrogen-decorated, ordered mesoporous carbon spheres as high-efficient catalysts for selective capture and oxidation of H_2S. ACS Sustainable Chemistry & Engineering, 2019, 7: 7609-7618.

[45] Chizari K, Deneuve A, Ersen O, et al. Nitrogen-doped carbon nanotubes as a highly active metal-free catalyst for selective oxidation. ChemSusChem, 2012, 5: 102-108.

[46] Cuong-Viet D V, Truong-Phuoc L, Tran-Thanh T, et al. Nitrogen-doped carbon nanotubes decorated silicon carbide as a metal-free catalyst for partial oxidation of H_2S. Applied Catalysis A: General, 2014, 482: 397-406.

[47] Shen L, Lei G, Fang Y, et al. Polymeric carbon nitride nanomesh as an efficient and durable metal-free catalyst for oxidative desulfurization. Chemical Communications, 2018, 54: 2475-2478.

[48] Ba H, Duong-Viet C, Liu Y, et al. Nitrogen-doped carbon nanotube spheres as metal-free catalysts for the partial oxidation of H_2S. Comptes Rendus Chimie, 2016, 19: 1303-1309.

[49] Lei G, Dai Z, Fan Z, et al. Porous nanosheets of carbon-conjugated graphitic carbon nitride for the oxidation of H_2S to elemental sulfu. Carbon, 2019, 155: 204-214.

[50] Lei G, Cao Y, Zhao W, et al. Exfoliation of graphitic carbon nitride for enhanced oxidative desulfurization: A facile and general strategy. ACS Sustainable Chemistry & Engineering, 2019, 7: 4941-4950.

[51] Li S, Liu Y, Gong H, et al. N-doped 3D mesoporous carbon/carbon nanotubes monolithic catalyst for H_2S selective oxidation. ACS Applied Nano Materials, 2019, 2: 3780-3792.

[52] Yang C, Ye H, Byun J, et al. N-rich carbon catalysts with economic feasibility for the selective oxidation of hydrogen sulfide to sulfur. Environmental Science & Technology, 2020, 54: 12621-12630.

[53] Cecilia J A, Soriano M D, Marques Correia L, et al. Fe_2O_3 supported on hollow micro/mesospheres silica for the catalytic partial oxidation of H_2S to sulfur. Microporous and Mesoporous Materials, 2020, 294: 109875.

[54] Phatyenchuen S, Pongthawornsakun B, Panpranot J, et al. Effect of transition metal dopants (M = Nb, La, Zr, and Y) on the M-TiO_2 supported V_2O_5 catalysts in the selective oxidation of H_2S to elemental sulfur. Journal of Environmental Chemical Engineering, 2018, 6: 5655-5661.

[55] Basina G, Elmutasim O, Gaber D A, et al. On the selective oxidation of H_2S by heavy loaded nanoparticles embedded in mesoporous matrix (NEMMs). Applied Catalysis B: Environmental, 2020, 278: 119338.

[56] Zhan Y, Shen L, Xu C, et al. MOF-derived porous Fe_2O_3 with controllable shapes and improved catalytic activities in H_2S selective oxidation. CrystEngComm, 2018, 20: 3449-3454.

[57] Zheng X, Li Y, Zhang L, et al. Insight into the effect of morphology on catalytic performance of porous CeO_2 nanocrystals

for H_2S selective oxidation. Applied Catalysis B: Environmental, 2019, 252: 98-110.

[58] Tasdemir H M, Yasyerli S, Yasyerli N. Selective catalytic oxidation of H_2S to elemental sulfur over titanium based Ti-Fe, Ti-Cr and Ti-Zr catalysts. International Journal of Hydrogen Energy, 2015, 40: 9989-10001.

[59] Soriano M D, Vidal-Moya A, Rodríguez-Castellón E, et al. Partial oxidation of hydrogen sulfide to sulfur over vanadium oxides bronzes. Catalysis Today, 2016, 259: 237-244.

[60] Zheng X, Li Y, Liang S, et al. Promoting effect of Cu-doping on catalytic activity and SO_2 resistance of porous CeO_2 nanorods for H_2S selective oxidation. Journal of Catalysis, 2020, 389: 382-399.

[61] Zheng X, Li Y, Zheng Y, et al. Highly efficient porous $Fe_xCe_{1-x}O_{2-\delta}$ with three-dimensional hierarchical nanoflower morphology for H_2S-selective oxidation. ACS Catalysis, 2020, 10: 3968-3983.

[62] Zhang X, Wang Z, Qiao N, et al. Selective catalytic oxidation of H_2S over well-mixed oxides derived from $Mg_2Al_xV_{1-x}$ layered double hydroxides. ACS Catalysis, 2014, 4: 1500-1510.

[63] Zhang X, Tang Y, Qiao N, et al. Comprehensive study of H_2S selective catalytic oxidation on combined oxides derived from Mg/Al-$V_{10}O_{28}$ layered double hydroxides. Applied Catalysis B: Environmental, 2015, 176: 130-138.

[64] Zhang F, Zhang X, Jiang G, et al. H_2S selective catalytic oxidation over Ce substituted $La_{1-x}Ce_xFeO_3$ perovskite oxides catalyst. Chemical Engineering Journal, 2018, 348: 831-839.

[65] Zheng X X, Fang Z P, Dai Z J, et al. Iron-based metal-organic frameworks as platform for H_2S selective conversion: structure-dependent desulfurization activity. Inorganic Chemistry, 2020, 59: 4483-4492.

[66] Liu Y, Song C, Wang Y, et al. Rational designed Co@N-doped carbon catalyst for high-efficient H_2S selective oxidation by regulating electronic structures. Chemical Engineering Journal, 2020, 401: 126038.

[67] Davydov A A, Marshneva V I, Shepotko M L. Metal oxides in hydrogen sulfide oxidation by oxygen and sulfur dioxide: I. The comparison study of the catalytic activity. Mechanism of the interactions between H_2S and SO_2 on some oxides. Applied Catalysis A: General, 2003, 244: 93-100.

[68] Farhad F, Imre S, Otto P S, et al. The direct conversion of hydrogen sulfide to hydrogen and sulfur. International Journal of Hydrogen Energy, 1998, 23, 451-456.

[69] Bishara A, Salman O A, Khraishi N, et al. Thermochemical decomposition of hydrogen sulfide by solar energy. International Journal of Hydrogen Energy, 1987, 12(10): 679-685.

[70] Salman O A, Bishara A, Marafi A. An alternative to the claus process for treating hydrogen sulfide. Energy, 1987, 12(12): 1227-1232.

[71] Kaloidas V E, Papayannakos N G. Hydrogen production from the decomposition of hydrogen sulphide. Equilibrium studies on the system $H_2S/H_2/S_i$ (i = 1. . .8) in the gas phase. International Journal of Hydrogen Energy, 1987, 12(6): 403-409.

[72] Chivers T, Hyne J B, Lau C. The thermal decomposition of hydrogen sulfide over transition metal sulfides. International Journal of Hydrogen Energy, 1980, 5(5): 499-506.

[73] Jiang G X, Zhang X, Zhang F L, et al. Efficient recovery of hydrogen and sulfur resources over non-sulfide based $LaFe_xAl_{12-x}O_{19}$ hexaaluminate catalysts by H_2S catalytic decomposition. Applied Catalysis B: Environmental, 2020, 263: 118354.

[74] Guldal N O, Figen H E, Baykara S Z. New catalysts for hydrogen production from H_2S: Preliminary results. International Journal of Hydrogen Energy, 2015, 40(24): 7452-7458.

[75] Guldal N O, Figen H E, Baykara S Z. Production of hydrogen from hydrogen sulfide with perovskite type catalysts: $LaMO_3$. Chemical Engineering Journal, 2017, 313: 1354-1363.

[76] Guldal N O, Figen H E, Baykara S Z. Perovskite catalysts for hydrogen production from hydrogen sulfide. International Journal of Hydrogen Energy, 2018, 43(2): 1038-1046.

[77] Palma V, Vaiano V, Barba D, et al. H_2 production by thermal decomposition of H_2S in the presence of oxygen. International Journal of Hydrogen Energy, 2015, 40(1): 106-113.

[78] Palma V, Vaiano V, Barba D, et al. Oxidative decomposition of H_2S over alumina-based catalyst. Industrial & Engineering Chemistry Research, 2017, 56(32): 9072-9078.

[79] Ricado B V. Catalytic membrane reactor that is used for the decomposition of hydrogen sulphide into hydrogen and sulphur and the separation of the products of said decomposition: EP 1411029. 2004-04-21.

[80] Zhang X L, Hayward D O, Mingos D M P. Apparent equilibrium shifts and hot-spot formation for catalytic reactions induced by microwave dielectric heating. Chemical Communications, 1999(11): 975-976.

[81] Zhou J C, Xu W T, You Z M, et al. A new type of power energy for accelerating chemical reactions: the nature of a microwave-driving force for accelerating chemical reactions. Scientific Reports, 2016, 6.

[82] Zhu J, Xu W T, Chen J N, et al. Development of core-shell structured Mo_2C@BN as novel microwave catalysts for highly effective direct decomposition of H_2S into H_2 and S at low temperature. Catalysis Science & Technology, 2020, 10(20): 6769-6779.

[83] Mizuta S, Kondo W, Fujii K, et al. Hydrogen production from hydrogen sulfide by the iron-chlorine hybrid process. Industrial & Engineering Chemistry Research, 1991, 30(7): 1601-1608.

[84] Kalina D, Maas J R E T. Indirect hydrogen sulfide conversion-I. An acidic electrochemical process. International Journal of Hydrogen Energy, 1985, 10(3): 157-162.

[85] Nehaoua N, Belkada R, Tala-Ighil R Z, et al. Adsorption and dissociation of H_2S on the anatase TiO_2(100) surface: DFT plus U study. Materials Research Express, 2018, 6(2).

[86] Khan M T, Bhardwa J R, Bhardwa J C. Photodecomposition of H_2S by silver doped cadmium sulfide and mixed sulfides with ZnS. International Journal of Hydrogen Energy, 1988, 13(1): 7-10.

[87] De G C, Roy A M, Bhattacharya S S. Photocatalytic production of hydrogen and concomitant cleavage of industrial waste hydrogen sulphide. International Journal of Hydrogen Energy, 1995, 20(2): 127-131.

[88] 董永治，王涵慧，俞稼镛. 微波等离子体方法分解 H_2S 制氢. 太阳能学报, 1997, 18(2): 142-145.

[89] 汪建华，徐尧，高建保，等. 常压微波等离子体微波功率对硫化氢分解效率的影响. 武汉工程大学学报，2013，35(3): 34-37.

[90] Groisil M, Ibrahim S, Alshoaibi A S, et al. Acid gas simulation for recovering syngas and sulfur//Proceedings of ASME 2015 Power Conference Collocated With the ASME 2015 9th International Conference on Energy Sustainability, the ASME 2015 13th International Conference on Fuel Cell Science, Engineering and Technology, and the ASME 2015 Nuclear Forum, June 28-July 2, 2015, San Diego, California, USA. 2015.

[91] Groisil M, Ibrahim S, Gupta A K, et al. Numerical examination of acid gas for syngas and sulfur recovery. Energy Procedia, 2015, 75: 3066-3070.

[92] Ibrahim S, Raj A. Kinetic simulation of acid gas (H_2S and CO_2) destruction for simultaneous syngas and sulfur recovery. Industrial & Engineering Chemistry Research, 2016, 55(24): 6743-6752.

[93] Su H, Li Y Y, Li P, et al. Simultaneous recovery of carbon and sulfur resources from reduction of CO_2 with H_2S using catalysts. Journal of Energy Chemistry, 2016, 25(1): 110-116.

[94] Ma W G, Wang H, Yu W, et al. Achieving simultaneous CO_2 and H_2S conversion via a coupled solar-driven electrochemical approach on non-precious-metal catalysts. Angewandte Chemie (International Ed. in English), 2018, 57(13): 3473-3477.

[95] Zhao L, Liu X Z, Mu X L, et al. Highly selective conversion of H_2S-CO_2 to syngas by combination of non-thermal plasma and MoS_2/Al_2O_3. Journal of CO_2 Utilization, 2020, 37: 45-54.

[96] Javadi M, Moghiman M. Hydrogen and carbon black production from thermal decomposition of sub-quality natural gas.

International Journal of Spray and Combustion Dynamics, 2010, 2(1): 85-101.

[97] Tazimi M, Javadi S M, Nabavi S S. The effect of H_2S on hydrogen and carbon black production from sour natural gas. Applied Mechanics and Materials, 2011, 110-/116: 2131-2138.

[98] Martinez A L, Melo-Banda J A, Coronel M A, et al. Technoeconomic analysis of hydrogen production via hydrogen sulfide methane reformation. International Journal of Hydrogen Energy, 2019, 44(24): 12296-12302.

[99] Karan K, Behie L A. CS_2 formation in the Claus reaction furnace: A kinetic study of methane-sulfur and methane-hydrogen sulfide reactions. Industrial & Engineering Chemistry Research, 2004, 43(13): 3304-3313.

[100] Martinez-Salazar A L, Melo-Banda J A, Reyes T A I, et al. Hydrogen production by methane reforming with H_2S using Mo, Cr/ZrO_2-SBA15 and Mo, Cr/ZrO_2-La_2O_3 catalysts. International Journal of Hydrogen Energy, 2015, 40(48): 17272-17283.

[101] Galindo-Hernandez F, Dominguez J M, Portales B. Structural and textural properties of Fe_2O_3/γ-Al_2O_3 catalysts and their importance in the catalytic reforming of CH_4 with H_2S for hydrogen production. Journal of Power Sources, 2015, 287: 13-24.

[102] Erekson E J, Miao F Q. Gasoline from natural gas by sulfur processing. Quarterly progress report, January 1994-March 1994, final version. Office of Scientific and Technical Information (OSTI), 1994.

[103] Li Y, Yu X L, Li H J, et al. Detailed kinetic modeling of homogeneous H_2S-CH_4 oxidation under ultra-rich condition for H_2 production. Applied Energy, 2017, 208: 905-919.

[104] Olin J F, Dayton O, Buchholz B, et al. Progress for perparation of methyl mercaptan: US3070632A. 1962-12-25.

[105] Liu P, Lu J C, Xu Z Z, et al. The effect of alkali metals on the synthesis of methanethiol from CO/H_2/H_2S mixtures on the SBA-15 supported Mo-based catalysts. Molecular Catalysis, 2017, 442: 39-48.

[106] Yang Y Q, Yuan Y Z, Dai S J, et al. The catalytic properties of supported K_2MoS_4/SiO_2 catalyst for methanethiol synthesis from high H_2S-content syngas. Catalysis Letters, 1998, 54(1/2): 65-68.

[107] Dai S J, Yang Y Q, Yuan Y Z, et al. On methanethiol synthesis from H_2S containing syngas over K_2MoS_4/SiO_2 catalysts promoted with transition metal oxides. Catalysis Letters, 1999, 61(3): 157-160.

[108] Yang Y Q, Dai S J, Yuan Y Z, et al. The promoting effects of La_2O_3 and CeO_2 on K_2MoS_4/SiO_2 catalyst for methanthiol synthesis from syngas blending with H_2S. Applied Catalysis A: General, 2000, 192(2): 175-180.

[109] Zhang B J, Taylor S H, Hutchings G J. Catalytic synthesis of methanethiol from CO/H_2/H_2S mixtures using α-Al_2O_3. New J Chem, 2004, 28(4): 471-476.

[110] 黄缌, 邓莲, 王晶, 等. 负载型钼基催化剂的制备及其合成甲硫醇的性能研究. 昆明理工大学学报(自然科学版), 2014, 39(6): 19-24.

[111] Barrault J, Bouling G M, Forquy C, et al. Synthesis of methyl mercaptan from carbon oxides and H_2S with tungsten-alumina catalysts. Applied Catalysis, 1987, 33(2): 309-330.

[112] Mul G, Wachs I E, Hirschon A S. Catalytic synthesis of methanethiol from hydrogen sulfide and carbon monoxide over vanadium-based catalysts. Catalysis Today, 2003, 78(1/2/3/4): 327-337.

[113] Gutierrez O Y, Kaufmann C, Lercher J A. Synthesis of methanethiol from carbonyl sulfide and carbon disulfide on (co)K-promoted sulfide Mo/SiO_2 catalysts. ACS Catalysis, 2011, 1(11): 1595-1603.

[114] Gutierrez O Y, Kaufmann C, Lercher J A. Influence of potassium on the synthesis of methanethiol from carbonyl sulfide on sulfided Mo/Al_2C_3 catalyst. ChemCatChem, 2011, 3(9): 1480-1490.

作者：蒋国霞[1]，张凤莲[1]，郝郑平[1]

[1] 中国科学院大学 环境材料与污染控制技术研究中心

第 21 章　挥发性有机污染物（VOCs）催化反应过程的研究进展

本章导读

VOCs 是 $PM_{2.5}$ 和 O_3 的重要前体物，其减排与控制是实现 $PM_{2.5}$ 和 O_3 协同控制的关键。VOCs 污染与大气光化学烟雾、臭氧、二次有机气溶胶密切相关，VOCs 污染的综合控制问题已经引起了政府与公众的极大关注。工业过程中排放 VOCs 的生成机制与综合控制，对科学研究、关键技术与净化设备有很大的需求，要达到美、欧、日等发达国家目前的管控水平，还有一段很长而艰辛的路要走。VOCs 控制技术包括以原料替代、改进工艺、更换设备、防止泄露为主的减排措施和以末端治理为主的控制措施。由于目前生产技术和管理水平的限制，不可避免向环境排放不同浓度和种类的 VOCs，因此，目前 VOCs 控制常采用以回收技术和销毁技术为代表的末端治理技术。VOCs 回收技术包括吸附、膜分离、吸收、冷凝等；VOCs 销毁技术包括催化净化、热力燃烧、生物法、等离子体技术、光催化降解等。其中，VOCs 催化净化技术具有起燃温度低、净化效率高、二次污染少、设备简单、运行费用低、操作管理方便等优势，是目前工业有机废气治理的主流工艺技术。

关键词

挥发性有机物，催化剂开发，催化净化，反应过程

21.1 碳氢类 VOCs 催化反应过程

21.1.1 烷烃催化反应过程

烷烃（乙烷、丙烷、丁烷等）广泛存在于油品炼制等工业过程，由于含有 C-C 和 C-Hσ 键，因此在催化反应过程中较难活化。一般认为，C-H 键的活化和断裂是烷烃催化氧化的速控步骤，随着碳数减少，C-H 键能逐渐增大，烷烃分子催化活化温度逐渐升高[1-4]。目前用于烷烃氧化的催化剂主要包括负载贵金属（Pd、Pt、Ru 等）催化剂和过渡金属氧化物催化剂（Co、Mn、Fe 等氧化物）[5-10]。贵金属催化剂具有高活性，但成本高，且高温稳定性和抗中毒能力相对较弱。

贵金属催化剂通常以 Al_2O_3、TiO_2、CeO_2 等为载体，其催化活性主要受贵金属和载体种类、表面酸碱性、助剂、活性相状态等因素的影响[3,4,11]。研究发现，乙烷在贵金属催化剂上的氧化遵循 L-H 机理，Pt-O 和 Pd-O 的键能低于 Rh-O 和 Ir-O 键。Pd 对碳氢化合物普遍具有较高的氧化活性，其丙烷燃烧活性通常与 Pd 活性位存在状态密切相关[12]。Pd 催化剂的活性主要依赖于活性相中 Pd-O 键的强弱[13]。Schmal 等[14]的研究结果表明，Pd/γ-Al_2O_3 催化剂上丙烷的氧化过程中 Pd^0/Pd^{2+}的相对含量相比其他反应影响因素更加重要。Ihm 等[15]发现还原态 Pd^0 在碳氢化合物氧化中起着更重要的作用，尤其是在低温段（＜180℃）。

W 添加可显著提高 Pd/TiO_2 催化剂上 Pd^{2+}活性物种浓度，从而提升 Pd-WO_x/TiO_2 催化剂的丙烷燃烧活性（图 21-1）[11]。Pt^0 和 PtO_x 之间的协同作用是提升烷烃氧化反应活性的关键。载体性质对 Pt 催化剂活性也存在显著影响，提高催化剂表面酸性可促进烷烃分子吸附和 C-H 键活化。此外，金属与载体之间的界面效应能促进烷烃分子吸附或界面活性中心的提供，提升催化剂活性[16,17]。贵金属的氧化态也会影响催化剂活性，例如经氧化处理的 Ru/Al_2O_3 催化剂的丁烷氧化活性低于还原后的 Ru/Al_2O_3 催化剂，原因是 Ru 物种氧化程度越高，Ru-O 键能越强，反应中能够提供的活性氧物种浓度降低[18]。

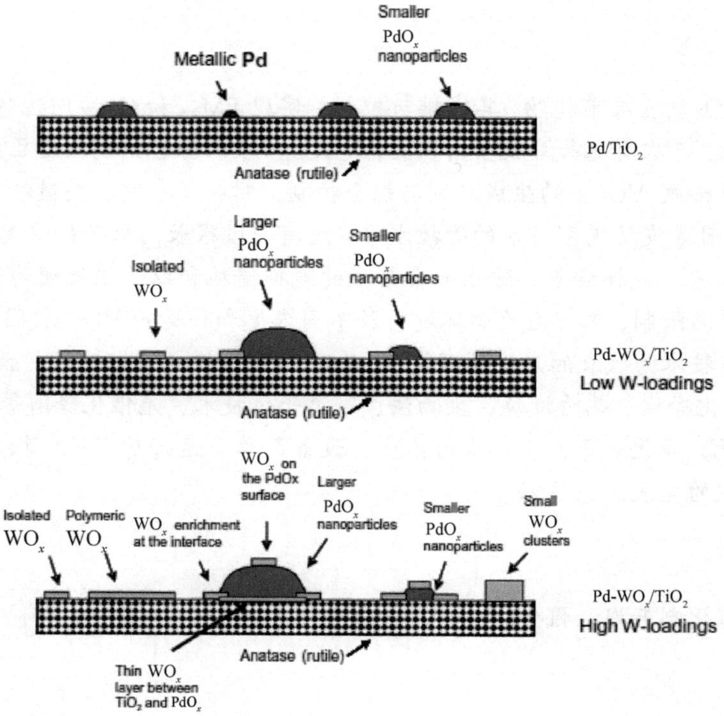

图 21-1　不同 W 含量 Pd-WO_x/TiO_2 催化剂的结构模型[11]

相比贵金属催化剂，过渡金属氧化物的烷烃低温氧化活性较差，过渡金属氧化物主要通过其阳离子 d 轨道与 C-H 键 σ/σ*轨道相互作用/电子耦合，实现 C-H 键的活化断裂[19]。研究表明，通过组分掺杂、酸刻蚀、形貌/结构优化以增加金属氧化物表面缺陷位/氧空位浓度，提升表面活性氧数量和传输速率，是提高过渡金属氧化物催化活性的有效途径。烷烃在过渡金属氧化物表面一般遵循 MVK 反应机理，提升催化剂表面活性氧数量、迁移速率和氧空位浓度等对促进烷烃催化氧化具有显著作用。

研究发现，α-Fe_2O_3 纳米球（110）面具有最低的氧空位形成能，其表面存在大量的氧空位和晶格缺陷，提高了活性氧浓度和迁移速率；同时，（110）晶面对乙烷具有较强的吸附作用，加速了乙烷的催化氧化[10]。相较于 Fe_2O_3，NiO、Co_3O_4 和 CuO 也具有较好的乙烷低温催化氧化性能，但其热稳定性普遍较差，高温下催化剂易失活[20,21]。

负载型过渡金属氧化物在烷烃催化氧化中更受关注。载体不仅可以提高过渡金属活性相的分散度，同时还可通过金属和载体间的相互作用提高活性相的稳定度。钙钛矿型氧化物具有高的结构稳定性，且可通过引入不同 A 位和 B 位离子调节钙钛矿的催化性质，在高温反应中具有稳定性方面的优势，但传统钙钛矿氧化物的制备通常需要较高的合成温度，导致其比表面积较小，不利于催化氧化反应。相对而言，高比表面积钙钛矿具有更多的活性氧物种和较高的晶格氧流动性，表现出较好的烷烃氧化活性和稳定性[22]。

21.1.2　烯烃催化反应过程

烯烃（乙烯、丙烯等）广泛存在于化学工业的排放过程，具有典型的光化学污染效应。烯烃的催化氧化降解需要 C=C 双键和 C-H 键的活化氧化，已报道的复合金属氧化物[23,24]和负载型贵金属催化剂[25-30]可以实现烯烃的低温氧化降解。然而，稳定性是制约其应用的关键[23,26-30]。目前普遍认为导致催化剂失活的原因主要是积碳[26]、活性位点上 H_2O 吸附[27]、贵金属活性位团聚[31]等。

低浓度乙烯的降解主要针对是果蔬的存储运输[32]。光催化氧化降解乙烯法已有报道[33-36]，但在乙烯降解的实际应用中稳定的光照环境较难实现。热催化氧化降解乙烯受到了广泛关注。Li 等[26]研究发现 4wt%Au/Co_3O_4 催化剂在 20°C 下可实现 54%乙烯的催化转化，降解低浓度乙烯（5ppm）时催化剂具有较好的稳定性，但升高乙烯浓度（50ppm）后催化剂活性随反应时间进行逐步降低。Ma 等[25]研究了介孔 Au/Co_3O_4 催化剂的乙烯降解性能，发现当 Au 负载量为 2.5wt%时催化剂可在 0°C 下完成 76%乙烯转化，实现了乙烯的低温催化氧化降解。

Jiang 等[28]报道了 Pt/MCM-41 催化剂，其在 25°C 实现乙烯 100%催化转化，且稳定运行 12h 不失活，但在 0°C 下乙烯 100%转化率仅能维持 1.5h。Satter 等[27]发现疏水中孔硅负载 Pt 纳米粒子催化剂 0°C 下乙烯的转化率可达 100%，反应 1h 后乙烯氧化活性快速下降。Yang 等[37,38]重点研究了环境 H_2O 对 Ag/ZSM-5 催化剂乙烯氧化稳定性的影响，在 25°C 和相对湿度 50%的反应条件下，Ag/ZSM-5 上乙烯 100%转化率能维持 1.5h，但当乙烯转化率降低到 65%时，催化剂能够稳定运行 24h，研究认为 Ag/ZSM-5 的 Brønsted 酸中心是乙烯氧化的活性中心，H_2O 吸附会导致 B 酸位数量减少，进而导致催化活性下降与失活（图 21-2）。

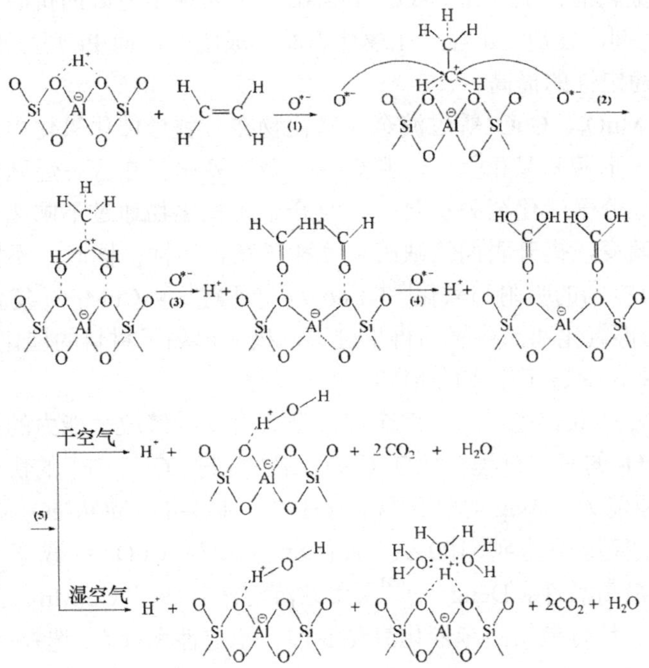

图 21-2　环境 H_2O 影响下 Ag/ZSM-5 催化剂的乙烯完全氧化机理[37]

研究发现，负载型贵金属催化剂的丙烯氧化性能[39]与过渡金属氧化物[24,40]相比并没有显著提升。Fang 等[24]研究了 $CuTiO_x$ 催化剂的丙烯完全氧化性能，其在 212°C 实现 90%丙烯氧化，高于 CuO/TiO_2 的 235°C，催化剂在运行 24h 后活性略有下降，原因是 Cu-O-Ti 诱导了亲核氧的生成，促进丙烯 C-H 键活化与氧化。

21.1.3　芳香烃催化反应过程

芳香烃（苯、甲苯、乙苯、二甲苯等）是一类重要的化工原料，广泛用于合成树脂、合成纤维、合成橡胶、增塑剂、医药、农药等工业过程。负载贵金属（Pd、Pt、Au 等）催化剂拥有 d 电子轨道，表面易吸附芳香烃分子且强度适中，易产生中间活性物种，展现出较高的催化活性。载体（分子筛、黏土、Co_3O_4、γ-Al_2O_3、CeO_2 等）的结构和性质差异会影响催化剂表面酸性、氧化还原性能和金属-载体间的作用强度，影响贵金属活性位在催化剂表面的分散度、化学价态和稳定性，对催化剂的性能产生重要影响[41-46]。Pt 催化剂具有优异的氧化性能，对芳香烃的降解能力一般高于 Pd 催化剂，但 Pd 催化剂一般具有优异的水热稳定性[47]。

设计构筑多孔金属氧化物可以有效提升活性位点的数量，从而提高催化剂活性。研究人员通过 KIT-6 模板法制备了有序介孔 Co_3O_4 载体，发现 Au/介孔 Co_3O_4 催化剂在 223℃可实现 90%苯的催化转化[27]。通过添加其他金属，可产生促进作用。研究表明，Pd 和 Mo 在苯催化燃烧中具有良好的协同作用，添加 Mo 可有效提高 Pd 活性相的分散度，调变 Pd 氧化态、增加催化剂表面氧浓度，有效提高 Pd/Al_2O_3 催化剂的活性和稳定性[48]。

预处理条件会对贵金属催化剂结构和催化活性产生重要影响。H_2、N_2 和 He 预处理对 Pd/Al_2O_3 催化剂的初始活性具有积极影响。H_2 预处理可降低 Pd 物种的化学状态，提升催化剂初始活性；N_2 和/或 He 预处理会致使 Pd 物种晶体结构发生改变，提高催化剂的初始活性[49,50]。双贵金属可以进一步提高单一贵金属催化剂的性能，Pt 基双金属催化剂（如 Pt-Pd、Pd-Au 等）表现出更好的抗硫和抗水性能。Kim 等[51]制备了 Pt-Au/ZnO/Al_2O_3 催化剂，发现 Au 容易在载体表面形成团聚，而 Pt 则呈现高分散状态，少量 Au 的引入有利于催化剂活性和稳定性的提高。

Cr_2O_3、Co_3O_4、Fe_2O_3、MnO_x、CuO 等过渡金属氧化物在芳香烃催化氧化中也被广泛报道，其催化活性主要依赖于金属的类型、形貌和晶相[52-58]。常规单一金属氧化物在芳香烃催化降解中的低温活性不甚理想，表面活性氧对芳香烃分子活化至关重要[59]，复合金属氧化物通过不同离子半径金属元素的相互掺杂，可以引起氧化物晶格畸变，提升表面氧缺陷浓度和氧物种活性；同时，不同金属之间的相互作用可形成高活性 O^-，有效促进有机物的吸附与氧化[60]。Luo 等[61]研究发现 $CuMnO_x$ 复合氧化物中 Cu^{2+}+Mn^{3+}、Cu^++Mn^{4+}过程加速了 Mn^{3+}的再氧化和晶格氧的再生过程，极大提高了材料的催化性能；表面 Cu 离子加速了催化剂晶格氧的迁移速率，促进了甲苯的 MVK 氧化过程。

过渡金属 d 电子层容易失去/获得电子，过渡金属掺杂具有优异储放氧能力的稀土氧化物可增强催化活性，例如金属氧化物与 CeO_2 的复合过程会促使 CeO_2 晶格畸变，Ce^{3+}/Ce^{4+}的快速转化加速晶相中氧的流动，增强催化剂的氧化还原能力。Jung 等[62]发现在 pH=7 下制备的 CuO/CeO_2 催化剂上 CuO 具有最高的活性，210℃时苯的转化率几乎达到 100%。催化活性随着 CuO 负载量的增加而增加，其中 10wt%CuO/CeO_2 催化剂具有最高活性。Deng 等[63]采用共沉淀法合成了 $Co_xMn_{1-x}CeO_y$ 复合氧化物，发现 $Co_{0.25}Mn_{0.75}CeO_y$（CMC-0.25）具有最高的苯催化氧化活性、稳定性和 CO_2 选择性；Mn-Ce 固溶体由于 Co 掺杂诱导了更多活性氧，Co-Mn-Ce-O 之间强烈的相互作用有效提高了复合氧化物的催化性能。

21.2　含氧 VOCs 催化反应过程

21.2.1　醛酮类催化反应过程

甲醛、乙醛、丙酮、甲乙酮等在大气环境中具有较高的反应活性[64]。目前醛酮类氧化催化剂主要集中在负载贵金属（Pd、Pt、Ru、Au 等）催化剂、负载型过渡金属（Mn、Ce、Cu、Co 等）氧化物、复合金属（Ce-Ti、Mn-Cu、Co-Mn、Fe-Mn 等）氧化物、钙钛矿型（ABO_3）和尖晶石型（AB_2O_4）复合氧化物。催化剂活性相与载体的相互作用对反应活性有显著影响，醛酮类污染物催化氧化主要遵从 MVK 机理（部分催化材料上 MVK 和 L-H 机理并存），其催化活化过程与污染物分子 C-H 键或/和 C-C 键活化及催化材料表界面活性位的氧化还原循环有关。

负载型贵金属催化剂的氧化性能与贵金属活性相的状态（氧化态、分散度等）及其与载体的匹配度有关。Au-CeO_2 的活性界面是促进甲醛氧化的关键，Au 与 CeO_2 的强相互作用促进界面氧空位和 Au^{3+} 的生成，是甲醛氧化性能提升的关键[65]。Yue 等[66]采用共浸渍法制备了 Pd-Ce/ZSM-5 催化剂用于甲乙酮催化氧化，发现催化剂强酸位和 PdO-Pd 氧化还原循环能促进反应进行，$PdCe_{9.6}$/ZSM-5 表现出最高的甲乙酮催化活性。

研究表明，碱金属的掺杂能进一步提升负载型贵金属催化剂的低温氧化性能。Na 改性能有效提升 Pt/CeO_2 催化剂表面 OH^- 浓度，促进甲醛低温氧化[67]。Jiang 等[68]发现 Pt/K-Al-SiO_2 催化剂具有优异的甲乙酮低温氧化活性、CO_2 选择性和稳定性，主要因为 K 原子平衡了载体的负电荷、增强了氧移动性。复合贵金属催化作用过程也是改良催化活性的有效策略。Brayner 等[69]研究了 Pd//Nb_2O_5、Pd-Cu/Nb_2O_5 和 Pd-Au/Nb_2O_5 催化剂的乙醛氧化性能。结果表明，Au 或 Cu 的引入抑制了催化剂失活，Au→Pd 电子转移能有效抑制 Pd 颗粒氧化，提升催化活性。

H_2O 分子的存在能促进甲醛催化氧化。Huang 等[70]认为羟基自由基促进 Pd/TiO_2 催化剂吸附和传递氧，进而促进甲醛氧化。Wang 等[71]发现水钠锰矿表面脱附 H_2O 分为物理吸附 H_2O、层间 H_2O 和羟基，甲醛可与 H_2O 发生氢键作用，H_2O 的存在促进甲醛吸附并向中间物种转化。Ma 等[72]研究了环境 H_2O 对 MCo_2O_4（M=Mn、Ce、Cu）催化剂甲醛室温催化氧化性能的影响，发现催化剂表面非解离吸附 H_2O 促进了甲醛氧化，且反应中间物种的生成、吸附和转化也是影响甲醛氧化性能的主要因素。

过渡金属氧化物在醛酮类污染物氧化中也受到了广泛关注。通过调控过渡金属配位结构、缺陷结构及晶面优化，能够有效改善过渡金属氧化物的醛酮类污染物活化性能。Jian 等[73]提出高度暴露{101}面的 Mn_3O_4 比 MnO_x 纳米棒具有更优异的甲乙酮催化氧化性能，甲乙酮分子对 MnO_x{101}晶面的高亲和力极大地促进了氧化过程。乙醛在 CeO_2{100}表面能够完全反应和分解，催化反应路径类似于 CeO_{2-x}{100}表面的还原过程，意味着 O 原子参与了反应过程；但在{111}晶面参与反应的过程中，元素氢以氢气形式脱附，元素碳积累至催化剂表面，说明晶面在催化反应过程中的特异性影响至关重要[74]。Lin 等[75]研究了 Cu-、Co-、Ni-、Mn-、Fe-CeO_2/Al-MSPs（含 Al 介孔 SiO_2）的丙酮催化氧化性能，发现 Ce 是主要的催化活性物种，Mn 提升了 Ce/Al-MSPs 的催化性能，$MnCeO_x$ 复合氧化物的协同提升了 Ce^{3+}和 Mn^{4+}比例，改善了催化剂的可还原性能和丙酮吸附能力。

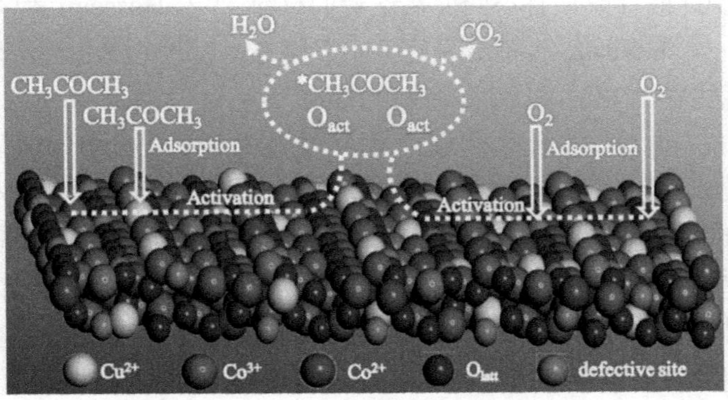

图 21-3　$CuCo_2O_4$ 催化剂上丙酮的氧化机理[76]

具有特定结构的复合氧化物（钙钛矿、尖晶石、类水滑石等）也被应用于醛酮类的催化氧化。Zhang 等[76]采用溶剂热醇解法合成了系列尖晶石 MCo_2O_4（M=Co、Ni、Cu）空心介孔球催化剂，发现 $CuCo_2O_4$

具有最高的催化活性，原因是阳离子取代效应导致催化剂具有不同数量的表面 Co^{3+}阳离子、活性氧种、缺陷位点和可还原能力（$CuCo_2O_4$的丙酮氧化机理如图 21-3）。研究发现，K 掺杂促进了 $LnMnO_3$ 钙钛矿的甲乙酮催化活性，主要原因是催化剂表面积和 Mn^{4+}比例的提高。甲乙酮氧化成 CO_2 产物经历了形成乙醛、少量甲基乙烯基酮和二乙酰中间体的过程[77]。

21.2.2　醇酯类催化反应过程

醇酯类污染物（甲醇、乙醇、异丙醇、乙酸乙酯、乙酸丁酯等）是重要的化工原料和溶剂，广泛应用于印刷、涂料、医药等工业领域，催化氧化技术作为醇酯类污染物的高效控制手段受到了广泛关注[78]。醇酯类催化氧化贵金属催化剂主要集中在 Au、Pd、Pt、Ag 等负载型体系。较高的 Au 表面浓度和较小的 Au 粒径都有利于提高催化活性。研究发现，采用沉积-沉淀法得到的 Au/CeO_2 催化剂相比共沉淀法得到的催化剂具有更高的表面 Au 含量和更小的 Au 粒子，因而具有更高的甲醇和异丙醇氧化活性。Au 纳米粒子能够明显降低 CeO_2 还原温度，削弱 Ce-O 键的强度，增强 CeO_2 的可还原性，提升催化剂表面晶格氧迁移性[79]。Jiang 等[80]发现 Pt_1-Co_3O_4 单原子催化剂具有优异的甲醇低温氧化活性，96°C 时甲醇转化率可以达到 90%。Pt 原子位具有较高的电子占据态，对邻近 Co 原子的 3d 轨道表现出很强的亲和力，增强了 Pt_1-Co_3O_4 单原子催化剂中金属和载体间的相互作用，加速电子从 Pt 原子向 Co 原子转移，进而提高催化剂表面氧空位浓度，降低甲醇吸附能和氧化活化能垒。

双贵金属催化剂具有更高的催化氧化性能。Au-Ru/TiO_2 对甲醇的低温完全氧化反应具有较单一贵金属催化剂更高的活性，原因是在较低的温度下，甲氧基在 Au-Ru 双金属催化剂上更容易被氧化形成甲酸盐中间体[81]。Pt 引入形成了更多的吸附氧和 Ti^{4+}物种，改善了 PdPt/TiO_x 上吸附氧物种和反应中间物种的活动性，从而加快了甲醇氧化反应速率[82]。载体酸性对醇酯类氧化起着非常重要的作用，酸性位能够吸附污染物分子，促使某些污染物分解为小分子产物。研究发现，Pd 在具有不同酸碱性载体（MgO、Al_2O_3、SiO_2、SnO_2、Nb_2O_5、WO_3）上捕获氧的能力不同[83]。W^{6+}掺杂的 TiO_2 载体较纯载体拥有更多的酸性位，有利于乙酸乙酯水解生成乙酸和乙醇，提高乙酸乙酯的氧化速率[84]。

为了降低催化剂成本，研究者发现通过调变过渡金属类型、组成和结构可以有效优化催化剂性能和污染物催化反应关键步骤（分子吸附能力、活化状态、产物解吸速率等）。Nair 等以介孔硅基 KIT-6 为硬模板合成了比表面积在 110～155m^2/g 的 $LaBO_3$（B=Mn、Co、Fe）3D 介孔钙钛矿，发现所有催化剂均能在 200℃内实现甲醇的完全氧化[85]。调变尖晶石的合成条件和合成方法或对氧化物的 A 位和 B 位金属阳离子进行取代（或部分取代）能合成具有不同催化性能的材料[86,87]。Hosseini 等[88]合成了 AMn_2O_4（A=Co、Ni、Cu）尖晶石氧化物，发现 $NiMn_2O_4$ 能分别在 250℃和 350℃下完成 2-甲醇和甲苯的氧化，催化剂高活性主要归因于水锰矿氧化物上 Mn^{3+}和 Ni^{2+}的协同效应。

碱金属或碱土金属能调控催化剂性质进而优化醇酯类活化的反应进程。Ba 的加入能够提升 Pd/Al_2O_3-$Ce_{0.3}Zr_{0.7}O_2$ 催化剂上甲醇完全氧化所需的碱性位，促进甲氧基中间物种的形成（甲醇完全氧化的决速步），提升催化剂的甲醇氧化活性[89]。K 和 Na 对 Pt/Al_2O_3 催化氧化乙醇有促进作用，Al_2O_3 载体中加入 K 或 Na 等碱性物质可以中和其酸性位点，抑制乙醚、乙烯、乙酸等副产物的形成。当 K/Al 为 0.1 时，Pt/Al_2O_3 催化剂活性相对较好，在 220°C 时即可实现乙醇的完全转化[90]。碱金属改性能够对水滑石衍生复合氧化物表面性质和活性相存在状态产生影响。研究表明，少量 K 的引入能改变 CoMnAl 氧化物的表面酸碱性，而较高量 K（约 3.0wt%）则能使催化剂表面发生 Mn 团聚，K 的引入能够提高催化剂的氧化活性；乙醇的转化率随着 K 含量的增加而增加，但当 K 含量超过 1.0wt%时反应副产物的含量亦随之增加[91]。

21.3　含杂原子 VOCs 催化反应过程

21.3.1　Cl-VOCs 催化反应过程

含氯挥发性有机物（Cl-VOCs）主要包括氯代烷烃、氯代烯烃和氯代芳烃，Cl-VOCs 具有高毒性、高稳定性、难（生物）降解、强臭氧层破坏能力等特点和危害，催化降解被认为是处理低浓度 Cl-VOCs 的有效途径，高效催化剂开发是 Cl-VOCs 降解的关键。Cl-VOCs 污染物降解的第一步通常是发生在催化剂 Brønsted 酸位上的 C—Cl 键亲核取代，与碳氢类 VOCs 氧化不同的是，Cl-VOCs 降解中间产物（醛类、酮类、酸类等）易与游离 Cl 发生氯化反应生成多氯副产物。此外，Cl 物种在反应过程中也能够和金属催化剂发生氯化和氯氧化反应，破坏催化剂表面活性物种和酸中心，导致催化剂中毒失活[78]。因此，Cl-VOCs 污染物降解的关键是提高催化剂低温氧化/矿化性能的同时有效抑制 Cl_2 和有毒氯副产物的生成。合理调控催化剂的氧化还原性能实现中间产物的低温深度氧化，可一定程度上抑制 Cl_2 和氯副产物的形成。

贵金属催化剂（Pt、Ru 等）具有较好的氧化还原活性，能促进 Cl-VOCs 的低温活化。相比 Pd/Al_2O_3 催化剂，Pt/Al_2O_3 催化剂具有更好的反应活性，Al_2O_3 载体可使二氯甲烷转化为 CO、CH_3Cl 和 HCl，在催化降解中发挥重要作用[92]。V_2O_5 的加入可以提高 Pt/Al_2O_3 的催化性能，促进 HCl 生成。进一步研究发现，二氯甲烷在 Pt/HFAU 催化剂上的转化与 Pt 粒径和含量无相关性，氯甲烷主要在载体 Brønsted 酸位上水解为 HCl 和甲醛，然后在 Pt 位点上进行深度矿化[93]。Li 等[94]发现 Pt/P-MCM-41 催化剂中的 P 与 Pt 位点之间存在相互作用，导致 Pt 的氧化态和 Brønsted 酸性强度发生变化，有效抑制了全氯乙烯副产物，提高催化剂对三氯乙烯的催化降解性能。Ru 基催化剂具有较强的抗氯中毒性能（RuO_2 促进吸附氯通过 Deacon 反应去除）。相比 Co_3O_4 和 Ru/SiO_2，Ru/Co_3O_4 催化剂具有更高的氯乙烯降解活性和 HCl 选择性，且 Ru/Co_3O_4 比 Ru-Co_3O_4 催化剂表现出更高的活性[95]。CrO_x/Al_2O_3 催化剂中加入少量 Ru 形成高度分散 Ru 氧化物，可将低活性 Cr^{3+} 转化为高活性 Cr^{6+}，进而提高 CrO_x/Al_2O_3 的三氯乙烯催化降解活性、CO_2 选择性和反应稳定性[96]。

过渡金属（V、Cr、Mn 等）氧化物和稀土氧化物拥有丰富的可变价态和氧缺位，在 Cl-VOCs 催化降解中也被广泛报道。V/Cr 基催化剂在 Cl-VOCs 降解中有较好的稳定性。VO_x/CeO_2 催化剂具有优异的氯苯降解活性，VO_x 能有效阻滞 Cl 与 CeO_2 表面晶格氧的交换，提高 VO_x/CeO_2 催化剂的稳定性[97]。TiO_2 具有良好的机械/热稳定性能及抗腐蚀能力，是 VO_x 的理想载体。TiO_2 中引入 SO_4^{2-} 可以增强催化剂的酸度，尤其是显著增加 Brønsted 酸性位的数量，促进载体对芳烃的吸附，从而提高氯苯的氧化活性[98]。此外，NiO 引入能提升 VO_x/TiO_2 的氧化脱氢性能、活性氧还原性及 Lewis 酸性强度，改善 VO_x/TiO_2 催化剂的活性、选择性和稳定性[99]。Li 等[100]发现 Sn 可以显著提高 $MnTiO_x$ 的氯苯催化降解稳定性，原因是 Sn 能降低脱氯所需的能量，减少反应中活性位点向 MnO_xCl_y 的转化[101]。

负载型 CeO_2 催化剂和 CeO_2 基氧化物具有良好的氧化还原性能、热稳定性和抗氯中毒性能，在 Cl-VOCs 降解中得到了大量研究。Cao 等[102]发现 Cl 物种易在纯 TiO_2 载体表面强烈吸附导致其失活，CeO_2 负载相的存在可快速去除表面 Cl 物种，增强催化剂的活性和稳定性。CeO_2 基氧化物（Ce-Cr、Ce-Zr、Ce-W 等）催化剂在 Cl-VOCs 催化降解中亦有报道。Gu 等[103]将 WO_x 引入到 CeO_2 中，显著提升了催化剂的氧空位数量和酸强度，促进了氯苯降解。Yang 等[104]制备了$(Ce, Cr)_xO_2$/HZSM-5 催化剂并用于二氯乙烷催化降解，发现 Cr^{6+} 的引入能极大提升催化剂的氧化还原能力，但却降低其酸性；随着$(Ce, Cr)_xO_2$ 掺杂量的提升，催化剂对 1,2-DCE 的降解效率先下降后升高。

低浓度 H_2O 对 Cl-VOCs 的催化降解有一定的促进作用。López-Fonseca 等[105]发现 H_2O（1.5vol%）能够促进 Pt/H-BETA 催化剂对氯苯的催化降解，同时降低 Cl_2 和含氯副产物的产生量，提高完全氧化产物（HCl 和 CO_2）选择性。Bertinchamps 等[106]研究了 H_2O 在 V 基催化剂（VO_x/TiO_2、VO_x-WO_x/TiO_2 和 VO_x-MoO_x/TiO_2）氧化氯苯过程中的作用，发现 H_2O 的存在有助于消除催化剂表面 Cl 物种，提升催化活性。H_2O 对不同贵金属（Pt、Pd、Rh、Ru）催化剂在 Cl-VOCs 降解中的影响也不尽相同。研究表明，H_2O 对 Pt 基催化剂有促进作用，而对其他三种贵金属催化剂的作用不明显[107]。H_2O 在贵金属表面能够解离成 H^+和 OH^-，而 H^+能够与金属表面 Cl 结合生产 HCl，同时 H_2O 还能增强 Cl 的移动性，通过水煤气变换反应（$CO+H_2O \rightarrow CO_2+H_2$）促使 CO 向 CO_2 转变，提高 CO_2 选择性[108]。

21.3.2　Br-VOCs 催化反应过程

含溴挥发性有机物（Br-VOCs）主要包括溴甲烷、二溴甲烷、一溴二氯甲烷、一氯二溴甲烷等，具有极强的臭氧层破坏能力。Br-VOCs 催化降解存在的主要问题是反应中生成的大量 Br_2 易导致催化剂快速失活。Br-VOCs 催化降解催化剂主要集中在负载型贵金属（Pt、Pd、Ru）催化剂和过渡金属（Co、Mn）氧化物两类上，催化剂活性与载体类型、活性相组成、表面酸碱性、氧化还原能力等有关。

Chen 等[109]制备了不同载体（CeO_2-Al_2O_3、Al_2O_3、TiO_2）负载的 Pt/Pd 催化剂，发现 Pt/30%CeO_2-Al_2O_3 表现出最高的溴甲烷降解活性，且催化活性与 CeO_2 特性密切相关；Br_2 主要是通过类 Deacon 反应（$2HBr+1/2O_2 \rightarrow Br_2+H_2O$）产生而非溴甲烷的直接氧化。Liu 等[110]研究了 Ru/TiO_2、Ru/SiO_2、Ru/Al_2O_3 和 Ru/ZrO_2 催化剂上溴甲烷的催化降解，发现相比于 Pt、Pd 贵金属催化剂，Ru 基催化剂对 Br-VOCs 的催化降解具有极高的活性，其中 Ru/TiO_2 催化剂对溴甲烷（100ppm）表现出最高活性（T_{90} 仅为 212℃）。载体性质很大程度上决定了 Ru 基催化剂的活性（Ru 倾向于锚定在金红石相 TiO_2 表面）。研究发现，Ru/TiO_2 催化剂上 C-Br 键解离主要发生在 Ru 物种上，基于软硬酸碱理论，CH_3Br 中的 Br 作为交界碱（介于硬碱和软碱之间的路易斯碱）更倾向于 Ru^{2+}/Ru 软酸络合（图 21-4）[111]。进一步引入过渡金属（Ce、Co、Mn、Nb、Ni 等）可调变催化剂的中强 Lewis 酸浓度，尤其是 Nb 可以显著增加中强 Lewis 酸量从而大幅提高 Ru/TiO_2 的初活性[112]。

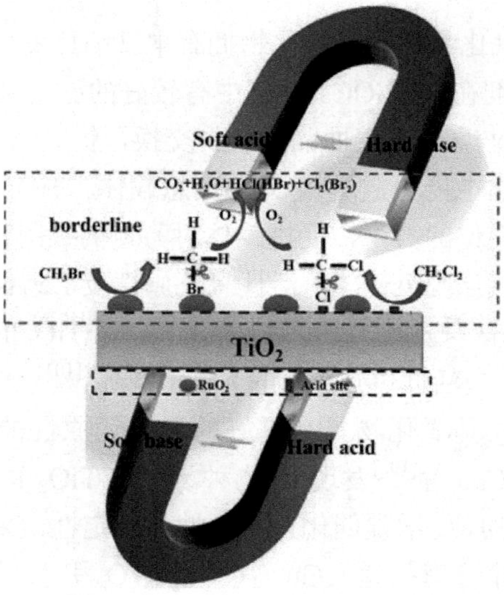

图 21-4　溴甲烷和二氯甲烷在 Ru/TiO_2 催化剂上的催化降解机理[111]

相比贵金属催化剂，过渡金属氧化物催化剂通常具有更高的抗 Br 中毒能力。尖晶石型钴基氧化物具有较好的溴甲烷催化降解性能，但存在活性相易团聚、CO_2 选择性低、抗 Br 中毒能力差等问题。通过 Co_3O_4 的负载/掺杂改性可提高其分散性、抑制团聚[113,114]；Mn 的进一步添加（Mn-Co/TiO_2）在显著提高催化剂活性的同时也明显提高了抗 Br 中毒能力，主要原因是 $Co^{2+}+Mn^{4+}\leftrightarrow Co^{3+}+Mn^{3+}$氧化还原循环降低了 Mn 与 Co 活性位间的电子转移能量，促进二溴甲烷分子的吸附活化[115]。Mn 或 Ti 掺杂制备的二元或三元 Co_3O_4 基复合氧化物催化剂，由于固溶体的形成以及缺陷位、表面酸性、氧化还原能力、比表面积的增加，表现出比负载型 Co_3O_4 催化剂更好的活性、CO_2 选择性及抗 Br 中毒能力[116]。

21.3.3　S-VOCs 催化反应过程

含硫挥发性有机物（S-VOCs；主要为硫醇、硫醚等）来源于有机化工、皮革制造、纺织、橡胶等众多行业，催化氧化法对 S-VOCs 有良好的去除效果，且反应可在低温下进行。当前催化氧化控制 S-VOCs 的技术难点在于反应中硫酸盐易在催化剂表面累积，导致催化剂中毒失活；此外，催化剂的有效再生途径及再生后催化剂的活性与稳定性仍需解决。通过优化调控催化剂孔结构、引入氧循环载体等手段可在一定程度上缓解催化剂的硫累积和硫中毒。

Ag 基贵金属催化剂对甲硫醇中 S-H 官能团有很高的亲和力，有利于含 S-VOCs 的吸附。Xia 等[117]制备了 Ag/3DMnO_2 催化剂，发现高分散 Ag 活性位点能有效吸附甲硫醇使其转化为 CH_3SAg/CH_3S-SCH_3，其被催化剂表面活性氧物种氧化为 $CH_3SO_3^-$，最终被氧空位深度氧化为 SO_4^{2-}和 CO_2。Hwang 等[118]将 Ag 和 Mn 改性催化剂（Ag/ZSM-5、Mn/ZSM-5 和 Ag-Mn/ZSM-5）用于二甲基硫醚的催化降解，发现 Ag^+有助于二甲基硫醚的吸附，促进了深度氧化；Ag 和 Mn 金属活性相在 SO_2 氧化过程中具有协同作用（Mn^{2+}吸附 SO_2、Ag^+吸附 H_2O 分子），促进 Ag-Mn/ZSM-5 催化剂在室温下吸附 SO_2 并将其氧化为 H_2SO_4，但 Ag/ZSM-5 和 Mn/ZSM-5 催化剂不能进行上述反应。

过渡金属（Cu、Mn 等）具有多价态，有利于电子转移，且 CuO 对 S-VOCs 的硫醇基团具有强亲和力，有利于硫醇吸附。Yang 等[119]通过构筑 CuO/MnO_2 复合催化剂，在 CuO/MnO_2 界面上建立循环的电子转移，提升了甲硫醇催化氧化效率和反应稳定性能（图 21-5）。He 等[120]研究了不同晶面（{100}、{110}、{310}）α-MnO_2 的甲巯醇催化去除性能，发现 MnO_2{310}性能优于 MnO_2{100}和 MnO_2{110}，原因是{310}晶面具有较高的表面能和氧空位，有利于氧吸附活化为中间过氧化物（O_2^{2-}）和活性氧（$^1O_2$）。

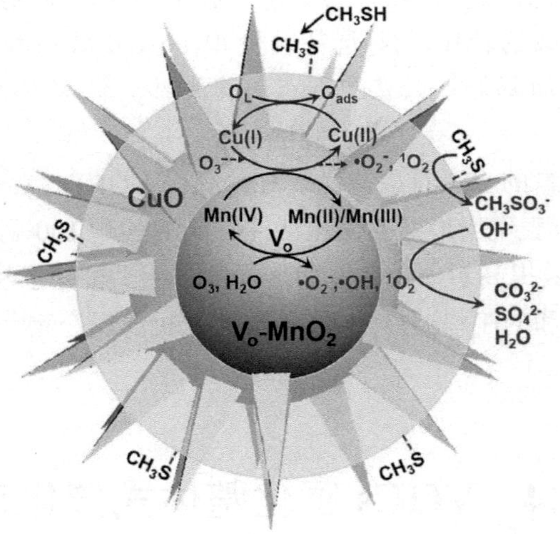

图 21-5　CuO/MnO_2 上甲硫醇的催化氧化机理[119]

类水滑石作为一类特殊的金属层状复合氧化物，具有层板元素分散性高、碱性可调节等特性。Gao 等[121]将 CuZnAl 水滑石用于甲硫醇的催化氧化。实验结果表明，催化剂在 150℃下可实现超过 94%的甲硫醇去除率，且反应在 140h 内未见活性下降。此外，反应过程中的水蒸气能生成表面碱基（OH^-、M-O 键和 O^{2-}），促进碳基硫和甲硫醇的催化转化（羰基硫被水解为 CO_2 和 H_2S；甲硫醇被表面碱基氧化成硫酸盐）。

21.3.4　N-VOCs 催化反应过程

含氮挥发性有机物（N-VOCs）主要包括腈类、脂肪胺类、醇胺类、酰胺类、芳香胺类、硝基类等，常见于石油化工、涂装、医药等行业有机废气排放。由于分子中 N 元素的存在，N-VOCs 氧化过程中可能生成 NO_x 或其他更具毒性的副产物（如 HCN），因此 N-VOCs 催化去除的关键是将分子中 C 和 H 氧化为 CO_2 和 H_2O、将 N 选择转化为 N_2，同时抑制 NO_x、HCN 等二次污染物的生成。

研究表明，Pt/Pd 基催化剂具有较高的 N-VOCs 氧化活性，Cu/Ag 基催化剂具有较好的 N_2 选择性。Nanba 等[122]发现 Ag/TiO_2 和 Ag/SiO_2 催化剂在丙烯腈催化降解中具有优异的 N_2 选择性，金属 Ag 与 NO_x 的形成相关，Ag^+、Ag_n、$Ag_n^{\delta+}$物种在 C=C、C-C 键断裂并对 HCN、HNCO、CH_3CN 等中间产物的形成起催化作用，Ag_2O 物种对 NH_3 的形成起促进作用。进一步研究表明，Ag/锐钛矿型 TiO_2 催化剂表面有较多的氧化态 Ag 物种，而 Ag/金红石型 TiO_2 表面多为金属态 Ag 物种[123]。

介孔分子筛具有较高的比表面积、有序的孔结构且孔径可调，是一种优良的催化剂载体。Ma 等[124,125]研究了短棒状微介孔复合 Pd/SBA-15-r 催化剂上正丁胺的氧化，发现 Pd/SBA-15-r 可在 280℃实现正丁胺的完全转化，同时 NO_x 生成量较低，归属于该催化剂有较大的比表面积和孔隙率，有利于 Pd 活性物种的分散，加快了氧化过程及产物扩散，抑制了副产物的生成。

与纯硅 SBA-15 分子筛载体相比，微孔分子筛骨架 Al 的存在有利于腈类的催化氧化。Liu 等[126]对比了 Cu/ZSM-5、Cu/Beta、Cu/MCM-49、Cu/MCM-22 和 Cu/Y 对丙烯腈的催化氧化，发现 Cu-ZSM-5 拥有较多的高活性 Cu^{2+}物种，具有最佳的催化性能；H_2O 能促进丙烯腈的水解生成 NH_3 物种，进而提升 N_2 选择性。Xing 等[127]考察了 Cu/ZSM-5、Cu/MOR、Cu/MCM-22、Cu/Hβ 和 Cu/SAPO-34 的正丁胺选择氧化性能。Cu/ZSM-5 具有最好的催化活性和 N_2 选择性，相比其他载体，ZSM-5 具有最丰富的弱酸位点和最好的 Cu 物种分散性，更有利于正丁胺的吸附和氧化。研究发现，催化剂的氧化还原性和化学吸附氧能影响正丁胺的转化，N_2 选择性受 Brønsted 酸量和 Cu^{2+}分散性的影响，Cu 物种分散性随 Brønsted 酸量的下降而降低，孤立的 Cu^{2+}逐渐减少，低聚 Cu^{2+}-O^{2-}-Cu^{2+}物种增加，N_2 选择性下降。

研究者报道了不同 Cu 取代量的水滑石型催化剂 $Cu_xMg_{3-x}AlOHDL$（x=0.1、0.2、0.3、0.4、0.5）对正丁胺的降解，发现 $Cu_{0.4}Mg_{2.6}Al_2O$ 表现出最好的催化活性（350°C 实现 100%正丁胺转化；N_2 选择性为 83%），Cu 取代改善了催化剂酸性，有效提高了催化活性和选择性。正丁胺分子易于吸附于酸性位点，随后 C-C 键断裂形成 CH_3-CH_2-CH_2-CH_2*和 NH_2*物种，最终转化为无机含氮产物[128]。

21.4　VOCs 氧化整体式催化剂

颗粒催化剂在 VOC 催化燃烧实际工程应用中存在背压大、易局部过热等局限，相对而言，整体式催化剂具有压力损失小、返混效应低、传热传质效率高、工业放大容易等优势。蜂窝整体式催化剂在 VOCs 氧化中被广泛研究和应用，蜂窝整体式催化剂一般由蜂窝陶瓷载体（堇青石、陶瓷膜、陶瓷泡沫/陶瓷纤维）、活性载体涂层（金属氧化物、碳基材料、分子筛等）和催化剂活性组分三部分构成，活性组分是最关键的部分，活性涂层作为催化剂活性组分的载体，直接影响活性相状态及其催化性能，并对催化剂寿命起着重要作用[129-133]。目前常用的整体式催化剂制备方法包括涂覆法、水热法、气相沉积法、沉淀法等。

单组分金属氧化物（γ-Al_2O_3、CeO_2、TiO_2、Mn_2O_3、Co_3O_4、ZnO 等）涂覆的堇青石整体式催化剂在 VOCs 催化降解中的应用近年来得到研究者的关注[134-136]。γ-Al_2O_3 的高黏附性使其可以在不添加额外黏合剂的情况下均匀地涂覆于堇青石基体。Wu 等[137]采用溶胶凝胶法、涂覆法、溶胶浸渍法和一步溶液浸渍法制备了 Cu-Mn/γ-Al_2O_3/堇青石整体式催化剂，发现溶胶凝胶法制备的催化剂具有最高的活性和机械稳定性，且该方法极具实用性。Chen 等[135]研究了制备方法对 Pt/TiO_2/堇青石整体式催化剂催化性能的影响，发现相比于传统浆料涂覆法，分散液喷涂法具有简单高效、环境友好、活性组分利用率高等优点，更适合于整体催化剂的大规模生产。

碳纳米纤维、石墨烯和复合碳材料因具有高的比表面积、优良的热稳定性和可控的孔结构而得到广泛研究[130-132,138,139]。此外，实际工业废气中通常含有一定量的水分，H_2O 分子的存在阻碍了污染物分子与活性位点的接触，碳材料因其疏水性在潮湿条件下催化分解 VOCs 具有较大的应用前景。Pérez-Cadenas 等[138]发现 Pt/碳/堇青石整体式催化剂在 155℃时实现了苯的全转化[空速=2000m^3_{gas}/(h·$m^3_{monolith}$)]，与 Pt/γ-Al_2O_3/堇青石相比，碳基涂层涂覆催化剂表现出更高的苯氧化性能，与碳基材料的疏水性和反应中促进 H_2O 分子释放有关。

分子筛具有比表面积大、孔隙结构发达等优势，在 VOCs 催化氧化反应中被广泛应用，通常通过离子交换或浸渍吸附将活性金属引入分子筛。Varela-Gandia[133]研究了 Pd/M/堇青石催化剂（M=BETA、ZSM-5、SAPO-5、γ-Al_2O_3）的萘氧化性能，发现萘在 Pd/SAPO-5/堇青石和 Pd/γ-Al_2O_3/堇青石上的完全氧化温度约为 165℃，活性高于 Pd/BETA/堇青石和 Pd/ZSM-5/堇青石催化剂，但 Pd/BETA/堇青石和 Pd/ZSM-5/堇青石具有更高的催化稳定性。

复合金属氧化物涂层（$CeZrO_x$、$AlZrO_x$、$CeYO_x$、$CuMnO_x$、$CeMnO_x$、$CuCeMnO_x$ 等）与单组分金属氧化物涂层间最大的不同是复合氧化物金属之间能够形成氧负离子，使得有机物分子更容易接近进而提高催化活性[140-145]。常见的研究策略是通过改性/掺杂其他稀土或过渡金属氧化物、调节金属比例和含量以及优化制备方法来改善涂层性能。多组分氧化物涂层的主要作用为提供大的比表面积分散活性组分以阻碍大的晶体形成，同时涂层的某些组分与活性相之间存在协同作用，提升催化剂性能。

相较于陶瓷基体，金属基载体（金属丝网、金属纤维、金属泡沫等）机械强度和热导率高、压降低，且具有良好的开孔密度[146-148]，但存在与涂层结合度不够、受热冲击或机械振动时涂层易脱落等不足。金属载体使用前一般采用酸碱腐蚀法、高温氧化法或阳极氧化法进行预处理以提高其与涂层的结合牢固度[149-152]。水热法可对金属丝网涂层结构进行有效调控，制备出具有特定形貌的涂层，提高涂层的热稳定性。与金属丝网/纤维相比，3D 网状结构金属泡沫（镍泡沫、铝泡沫、钛泡沫等）具有稳定性好、孔隙率高、抗热震性好、体积密度小等优点，是整体式催化剂的良好载体。Mo 等[153]以叶状 Co-ZIF-L 为模板，采用水热法制备了 L-12（Co_2AlO_4@Co-Co LDHs 的焙烧产物）镍泡沫催化剂（图 21-6），结果表明 L-12 镍泡沫催化剂具有优异的循环性和稳定性，归因于其高比表面积、丰富表面氧空位和高浓度 Co^{3+}物种。

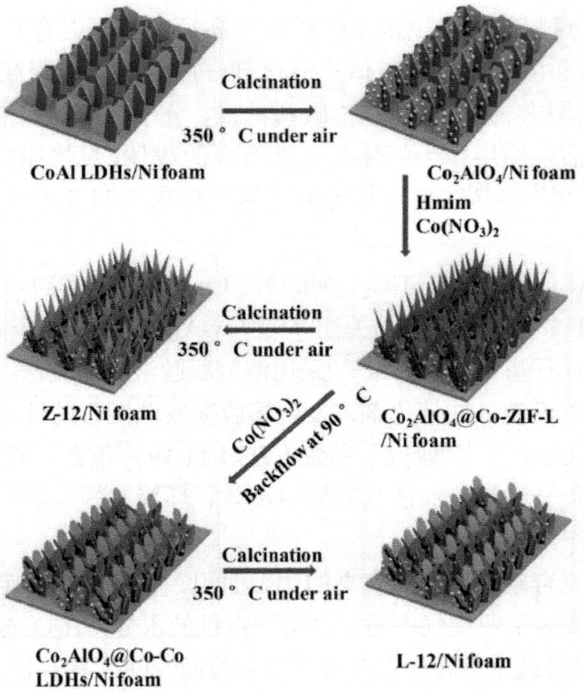

图 21-6　镍泡沫催化剂的制备策略[96]

21.5　小结与展望

我国城市空气污染问题日趋严峻，工业挥发性有机污染物减排与控制是实现 $PM_{2.5}$ 和 O_3 协同控制的关键，对改善和提升我国空气质量具有重要意义。现阶段我国 VOCs 的排放量尚处于高位，末端治理技术[主要包括催化氧化、吸附-浓缩-（催化）燃烧、活性炭/碳纤维吸附、等离子体分解、生物净化、热力燃烧等]是工业有机废气达标排放的关键。催化净化作为一种节能环保的 VOCs 净化技术无论从高效催化剂的开发，还是从反应工艺技术（直接催化氧化技术、蓄热式催化氧化技术、吸附浓缩-催化氧化技术、选择催化氧化-还原技术等）上讲都得到了长足的发展。催化净化是目前工业有机废气治理的主流技术，适用于中高浓度有机废气的治理。

VOCs 催化净化催化剂一般分为贵金属催化剂和金属氧化物催化剂，针对不同排放工况和不同种类有机污染物[烷烃、烯烃、芳香烃、醇类、酯类、醛类、含杂原子（卤素/氮/硫）烃类等]的催化反应，催化剂的起燃温度、净化效率等存在差异。催化净化技术涉及化工、环境、催化等多个领域，尽管研究者在 VOCs 催化净化上已做了大量的研究，取得了丰富的研究成果，但由于工业 VOCs 有机废气成分及性质的复杂性，仍有许多科学问题需要进一步深入，今后的研究可围绕以下几个方面开展。

（1）依据 VOCs 分子结构特征与催化反应特点，开发新型催化材料，实现 VOCs 的高效净化、协同控制。针对碳氢类 VOCs 催化氧化发展具有高比表面积、发达孔隙结构、丰富缺陷位和表面酸中心、强界面相互作用和优异氧化还原能力的催化剂体系（如复合孔材料、核壳结构材料、单原子催化材料、单原子-原子簇耦合材料），提高催化剂上污染物分子的低温活化氧化效率；针对含卤素 VOCs 催化降解发展具有丰富 Brønsted 酸中心、3D 孔道结构、优异氧化还原性和氧迁移速率的催化剂体系，提高污染物的低温活化速率、抑制反应副产物；针对 S-VOCs 催化降解发展具有团簇化活性中心、富 Lewis 酸位点的催化剂体系，增强催化剂的耐硫性和抗积碳性能；针对 N-VOCs 催化降解构建具有丰富孔隙结构和弱酸中心、氧化-还原双功能耦合的催化剂体系，提升催化剂的低温活性与选择性。

（2）发展对中间物种、（副）产物快响应的在线检测手段和流场/热场模拟技术，深入探究整体式催化剂上 VOCs 降解的动力学规律、反应机制、催化剂失活机制，为催化剂和反应器开发和创新提供理论指导。采用先进表征手段（原位 Raman、原位 XPS/近常压 XPS、近常压 STM、球差校正 STEM、同位素示踪、同步辐射等）和 DFT 量化计算，深入揭示活性位点动态演变规律和催化反应发生的基元过程，揭示其影响污染物活化与催化反应过程的本质。

（3）聚焦“真实环境”，揭示环境介质（H_2O、NO_x、SO_2 等）对 VOCs 催化反应过程、催化剂活性及选择性的影响机制。研究多组分 VOCs 的相互影响机制、混合效应及其影响因素，阐明多组分 VOCs 的催化反应行为与降解动力学规律，为高性能催化剂开发和工业催化装置优化提供理论依据。

（4）研究适宜于工业实际应用的高性能整体式催化剂，尤其是高传质效率、高热稳定性、高机械稳定性基体和高性能涂层的开发及涂覆技术的革新，实现催化剂成本和性能优化，提升反应器床层运行稳定性；在此基础上，结合流场优化增强传热传质效率，提升催化剂活性。研究催化剂失活机制（碳沉积、活性位点中毒、烧结、变性、迁移/流失等）和再生/资源回收技术，实现工业 VOCs 废气的经济高效稳定降解。

（5）研发 VOCs 组合处理新工艺，着重围绕催化氧化技术与现有其他净化手段的耦合和优化（吸附浓缩-催化氧化、等离子体-催化氧化、光热/光解协同催化氧化、选择氧化-还原、水解-氧化、臭氧协同催化氧化、液相吸收协同催化氧化等），满足复杂工况下多污染物、多介质协同脱除，降低净化设备的运行费用，减少或控制次生污染物的生成。

（6）发展太阳光驱动的光催化降解低浓度 VOCs 控制技术，减少 VOCs 催化消除过程中的能源消耗；开发能在温和条件下实现 VOCs 高值化利用的催化转化技术，实现高浓度有机废气的资源化利用，为实现精准治污、降污减碳的目标做出贡献。

参 考 文 献

[1] Garetto T F, Rincón E, Apesteguía C R. Deep oxidation of propane on Pt-supported catalysts: drastic turnover rate enhancement using zeolite supports. Appl Catal B: Environ, 2004, 48: 167-174.

[2] Liao W, Fang X, Cen B, et al. Deep oxidation of propane over WO_3-promoted Pt/BN catalysts: The critical role of Pt-WO_3 interface. Appl Catal B: Environ, 2020, 272: 118858.

[3] Hu Z, Wang Z, Guo Y, et al. Total Oxidation of Propane over a Ru/CeO_2 Catalyst at Low Temperature. Environ Sci Technol, 2018, 52: 9531-9541.

[4] Wang Z, Huang Z, Brosnahan J T, et al. Ru/CeO_2 Catalyst with Optimized CeO_2 Support Morphology and Surface Facets for Propane Combustion. Environ Sci Technol, 2019, 53: 5349-5358.

[5] Hu Z, Liu X F, Meng DM, et al. Effect of Ceria Crystal Plane on the Physicochemical and Catalytic Properties of Pd/Ceria for CO and Propane Oxidation. ACS Catal, 2016, 6: 2265-2279.

[6] Wang H L, Liu MH, Ma Y, et al. Simple Strategy Generating Hydrothermally Stable Core-Shell Platinum Catalysts with Tunable Distribution of Acid Sites. ACS Catal, 2018, 8: 2796-2804.

[7] OkalJ, Zawadzki M, Tylus W. Microstructure characterization and propane oxidation over supported Ru nanoparticles synthesized by the microwave-polyol method. Appl Catal B: Environ, 2011, 101: 548-559.

[8] Chen K, Li W, Zhou Z, et al. Hydroxyl groups attached to Co^{2+} on the surface of Co_3O_4: a promising structure for propane catalytic oxidation. Catal Sci Technol, 2020, 30: 2573-2582.

[9] Morales M R, Yeste M P, Vidal H, et al. Insights on the combustion mechanism of ethanol and *n*-hexane in honeycomb

monolithic type catalysts: Influence of the amount and nature of Mn-Cu mixed oxide. Fuel, 2017, 208(15): 637-646.

[10] JianY F, Yu T T, Yu Y K, et al. In-Depth Understanding of the Morphology Effect of α-Fe_2O_3 on Catalytic Ethane Destruction. ACS Appl Mater Inter, 2019, 11(12): 11369-11383.

[11] Taylor M N, Zhou W, Garcia T, et al. Synergy between tungsten and palladium supported on titania for the catalytic total oxidation of propane. J Catal, 2012, 285: 103-114.

[12] Ziauddin M, Veser G, Schmidt LD. Ignition-extinction of ethane-air mixtures over noble metals. Catal Lett, 1997, 46: 159-167.

[13] Baldwin T R, Burch R. Catalytic combustion of methane over supported palladium catalysts Ⅱ. Support and possible morphological effects. Appl Catal, 1990, 66(1): 359-381.

[14] Schmal M, Aranda D A G, Noronha F B, et al. Oxidation and reduction effects of propane-oxygen on Pd-chlorine/alumina catalysts. Catal Lett, 2000, 64(2-4): 163-169.

[15] Ihm S K, Jun Y D, Kim D C, et al. Low-temperature deactivation and oxidation state of Pd/γ-Al_2O_3 catalysts for total oxidation of *n*-hexane. Catal Today, 2004, 93-95: 149-154.

[16] David E, Gawthrope A F L, Karen W.Physicochemical properties of Pt-SO_4/Al_2O_3 alkane oxidation catalysts. Phys Chem Chem Phys, 2004, 6(14): 3907.

[17] Gawthrope D E, Lee A F, Wilson K. Support-mediated alkane activation over Pt-SO_4/Al_2O_3 catalysts. Catal Lett, 2004, 94: 1-2.

[18] Okal J, Zawadzki M. Catalytic combustion of butane on Ru/γ-Al_2O_3 catalysts. Appl Catal B: Environ, 2009, 89(1): 22-32.

[19] Liotta L F, Wu H, Pantaleo G, et al. Co_3O_4 nanocrystals and Co_3O_4-MO_x binary oxides for CO, CH_4 and VOC oxidation at low temperatures: a review. Catal Sci Technol, 2013, 3: 3085-3102.

[20] Tahir S F, KohC A. Catalytic oxidation for air pollution control.Environ. Sci Pollut Res, 1996, 3: 20-23.

[21] Pidko E, Kazansky V. Sigma-type ethane adsorption complexes with Cu^+ ions in Cu(I)-ZSM-5 zeolite: Combined DRIFTS and DFT study. Phys Chem Chem Phys, 2005, 7: 1939-1944.

[22] Alifanti M, Bueno G, Parvulescu V, et al. Oxidation of ethane on high specific surface $SmCoO_3$ and $PrCoO_3$ perovskites. Catal Today, 2009, 143(3-4): 309-314.

[23] Li W, Zhang Z, Wang J, et al. Low temperature catalytic combustion of ethylene over cobalt oxide supported mesoporous carbon spheres. Chem Eng J, 2016, 293: 243-251.

[24] Fang Y, Li L, Yang J, et al. Engineering the nucleophilic active oxygen species in $CuTiO_x$ for efficient low-temperature propene combustion. Environ Sci Technol, 2020, 54(23): 15476-15488.

[25] Ma C Y, Mu Z, Li JJ, et al. Mesoporous Co_3O_4 and Au-Co_3O_4 catalysts for low-temperature oxidation of trace ethylene. J Am Chem Soc, 2010, 132: 2608-2613.

[26] Li J, Ma C Y, Xu X Y, et al. Efficient elimination of trace ethylene over nano-gold catalystunder ambient conditions. Environ Sci Technol, 2008, 42(23): 8947-8951.

[27] Satter SS, Hirayama J, Nakajima K, et al. Low temperature oxidation of trace ethylene over Pt nanoparticles supported on hydrophobic mesoporous silica. Chem Lett, 2018, 47(8): 1000-1002.

[28] Jiang C, Hara K, Fukuoka A. Low-temperature oxidation of ethylene over platinum nanoparticles supported on mesoporous silica. Angew. Chem Int Ed, 2013, 52(24): 6265-6268.

[29] Satter SS, Yokoya T, Hirayama J, et al. Oxidation of trace ethylene at 0 ℃ over platinum nanoparticles supported on silica. ACS Sustain. Chem Eng, 2018, 6(9): 11480-11486.

[30] Satter SS, Hirayama J, Kobayashi H, et al. Water-resistant Pt sites in hydrophobic mesopores effective for low-temperature ethylene oxidation. ACS Catal, 2020, 10(22): 13257-13268.

[31] Kou Y, Sun L B. Size regulation of platinum nanoparticles by using confined spaces for the low-temperature oxidation of ethylene. Inorg Chem, 2018, 57(3): 1645-1650.

[32] Keller N, Ducamp M N, Robert D, et al. Ethylene removal and fresh product storage: a challenge at the frontiers of chemistry. Toward an approach by photocatalytic oxidation. Chem Rev, 2013, 113(7): 5029-5070.

[33] Zhu X, Liang X, Wang P, et al. Porous Ag-ZnO microspheres as efficient photocatalyst for methane and ethylene oxidation: Insight into the role of Ag particles. Appl Surf Sci, 2018, 456: 493-500.

[34] Einaga H, Tokura J, Teraoka Y, et al. Kinetic analysis of TiO_2-catalyzed heterogeneous photocatalytic oxidation of ethylene using computational fluid dynamics. Chem Eng J, 2015, 263: 325-335.

[35] Long P, Zhang Y, Chen X, et al. Fabrication of $Y_xBi_{1-x}VO_4$ solid solutions for efficient C_2H_4 photodegradation. J Mater Chem A, 2015, 3(8): 4163-4169.

[36] Pan X, Chen X, Yi Z. Defective, Porous TiO_2nanosheets with Pt decoration as an efficient photocatalyst for ethylene oxidation synthesized by a C_3N_4templating method. ACS Appl Mater Interf, 2016, 8(16): 10104-10108.

[37] Yang H, Ma C, Zhang X, et al. Understanding the active sites of Ag/Zeolites and deactivation mechanism of ethylene catalytic oxidation at room temperature. ACS Catal, 2018, 8(2): 1248-1258.

[38] Yang H, Ma C, Li Y, et al. Synthesis, characterization and evaluations of the Ag/ZSM-5 for ethylene oxidation at room temperature: Investigating the effect of water and deactivation. Chem Eng J, 2018, 347: 808-818.

[39] Lang W, Laing P, Cheng Y, et al. Co-oxidation of CO and propylene on Pd/CeO_2-ZrO_2 and Pd/Al_2O_3 monolith catalysts: A light-off, kinetics, and mechanistic study. Appl. Catal. B: Environ, 2017, 218: 430-442.

[40] Tian Z Y, Bahlawane N, Vannier V, et al. Structure sensitivity of propene oxidation over Co-Mn spinels. Proceed. Combust. Inst, 2013, 34(2): 2261-2268.

[41] Deng H, Kang S Y, Wang C Y, et al. Palladium supported on low surface-area fiber-based materials for catalytic oxidation of volatile organic compounds. Chem Eng J, 2018, 348: 361-369.

[42] Zuo S F, Huang Q Q, Li J, et al. Promoting effect of Ce added to metal oxide supported on Al pillared clays for deep benzene oxidation. Appl Catal B: Environ, 2009, 91(1-2): 204-209.

[43] He C, Li J J, Li P, et al. Comprehensive investigation of Pd/ZSM-5/MCM-48 composite catalysts with enhanced activity and stability for benzene oxidation. Appl Catal B: Environ, 2010, 96(3-4): 466-475.

[44] Chen Z Y, Mao J X, Zhou R X. Preparation of size-controlled Pt supported on Al_2O_3nanocatalysts for deep catalytic oxidation of benzene at lower temperature. Appl Surf Sci, 2019, 465: 15-22.

[45] Liu Y X, Dai H X, Deng J G, et al. Mesoporous Co_3O_4-supported gold nanocatalysts: Highly active for the oxidation of carbon monoxide, benzene, toluene, and *o*-xylene. J Catal, 2014, 309: 408-418.

[46] Peng R, Sun X, Li S, et al. Shape effect of Pt/CeO_2 catalysts on the catalytic oxidation of toluene. Chem Eng J, 2016, 306: 1234-1246.

[47] Li J Q, Tang W X, Liu G, et al. Reduced graphene oxide modified platinum catalysts for the oxidation of volatile organic compounds. Catal Today, 2016, 278: 203-208.

[48] He Z F, He Z R, Wang D, et al. Mo-modified Pd/Al_2O_3 catalysts for benzene catalytic combustion. J Environ Sci, 2014, 26(7): 1481-1487

[49] Liu J, Wang H M, Chen Y, et al. Effects of pretreatment atmospheres on the catalytic performance of Pd/γ-Al_2O_3 catalyst in benzene degradation. Catal. Commun, 2014, 46(10): 11-16.

[50] Liu J, Chen Y, Wang H M, et al. Effects of atmosphere pretreatment on the catalytic performance of Pd/γ-Al_2O_3 catalyst in benzene degradation II: Crystal structure transformation of Pd active species. Catal Today, 2017, 297: 211-218.

[51] Kim K J, Boo S I, Ahn H G. Preparation and characterization of the bimetallic Pt-Au/ZnO/Al_2O_3 catalysts: Influence of

Pt-Au molar ratio on the catalytic activity for toluene oxidation. J Ind Eng Chem, 2009, 15(1): 92-97.

[52] Tang W X, Wu X F, Li D Y, et al. Oxalate Route for Promoting Activity of Manganese Oxide Catalysts in Total VOCs Oxidation: Effect of Calcination Temperature and Preparation Method. J Mater Chem A, 2014, 2(8): 2544-2554.

[53] Kim S C, Shim W G. Catalytic Combustion of VOCs over a Series of Manganese Oxide Catalysts. Appl Catal B: Environ, 2010, 98: 180-185.

[54] Tang W X, Deng Y Z, Li W H, et al. Restrictive nanoreactor for growth of transition metal oxides (MnO_2, Co_3O_4, NiO) nanocrystal with enhanced catalytic oxidation activity. Catal Commun, 2015, 72: 165-169.

[55] Wang X Y, Liu Y, Zhang T H, et al. Geometrical-Site-Dependent Catalytic Activity of Ordered Mesoporous Co-Based Spinel for Benzene Oxidation: In Situ DRIFTS Study Coupled with Raman and XAFS Spectroscopy. ACS Catal, 2017, 7: 1626-1636.

[56] Fei Z Y, Lu P, Feng X Z, et al. Geometrical effect of CuO nanostructures on catalytic benzene combustion. Catal. Sci Technol, 2012, 2(8): 1705-1710.

[57] Xing T, Wan H Q, Shao Y, et al. Catalytic combustion of benzene over γ-alumina supported chromium oxide catalysts. Appl Catal A: Gen, 2013, 468: 269-275.

[58] Solsona B, García T, Sanchis R, et al. M. Total oxidation of VOCs on mesoporous iron oxide catalysts: Soft chemistry route versus hard template method. Chem Eng J, 2016, 290: 273-281.

[59] Cheng Z, Feng B B, Chen Z, et al. La_2O_3 modified silica-pillared clays supported PtO_x nanocrystalline catalyst for catalytic combustion of benzene. Appl Catal B: Environ, 2020, 392: 123747.

[60] Cao H Y, Li X S, Chen Y Q. Effect of loading content of copper oxides on performance of Mn-Cu mixed oxide catalysts for catalytic combustion of benzene. J Rare Earths, 2012, 30(9): 871-877.

[61] Luo M, Cheng Y, Peng X, et al. Copper modified manganese oxide with tunnel structure as efficient catalyst for low-temperature catalytic combustion of toluene. Chem Eng J, 2019, 369: 758-765.

[62] Jung W Y, Lim K T, Lee G D, et al. Catalytic combustion of benzene over CuO/CeO_2 catalysts prepared using the precipitation-deposition method. Res. Chem ntermediat, 2011, 37: 1345-1354.

[63] Deng L, Ding Y P, Duan B Q, et al. Catalytic deep combustion characteristics of benzene over cobalt doped Mn-Ce solid solution catalysts at lower temperatures. Mol Catal, 2018, 446: 72-80.

[64] Patel M, Kumar R, Kishor K, et al. Pharmaceuticals of emerging concern in aquatic systems: chemistry, occurrence, effects, and removal methods. Chem Rev, 2019, 119(6): 3510-3673.

[65] Bu Y, Chen Y, Jiang G, et al. Understanding of Au-CeO_2 interface and its role in catalytic oxidation of formaldehyde. Appl Catal B: Environ, 2020, 260: 118138.

[66] Yue L, He C, Zhang X. Catalytic behavior and reaction routes of MEK oxidation over Pd/ZSM-5 and Pd-Ce/ZSM-5 catalysts. J Hazard Mater, 2013, 244: 613-620.

[67] Ma L, Seo C Y, Chen X, et al. Sodium-promoted Ag/CeO_2 nanospheres for catalytic oxidation of formaldehyde. Chem Eng J, 2018, 350: 419-428.

[68] Jiang, Z, He C, Dummer N F. Insight into the efficient oxidation of methyl-ethyl-ketone over hierarchically micro-mesostructured Pt/K-(Al)SiO_2 nanorod catalysts: Structure-activity relationships and mechanism. Appl Catal B: Environ, 2018, 226: 220-233.

[69] Brayner R, Cunha D S, Bozon-Verduraz F. Abatement of volatile organic compounds: oxidation of ethanal over niobium oxide-supported palladium-based catalysts. Catal Today, 2003, 78: 419-432.

[70] Huang H, Ye X, Huang H, et al. Mechanistic study on formaldehyde removal over Pd/TiO_2 catalysts: Oxygen transfer and role of water vapor. Chem Eng J, 2013, 230: 73-79.

[71] Wang J, Zhang P, Li J, et al. Room-temperature oxidation of formaldehyde by layered manganese oxide: Effect of water. Environ Sci Technol, 2015, 49(20): 12372-9.

[72] Ma C, Yang C, Wang B, et al. Effects of H_2O on HCHO and CO oxidation at room-temperature catalyzed by MCo_2O_4 (M=Mn, Ce and Cu) materials. Appl Catal B: Environ, 2019, 254: 76-85.

[73] Jian Y F, Ma M D, Chen C W. Tuning the micromorphology and exposed facets of MnO_x promotes methyl ethyl ketone low-temperature abatement: boosting oxygen activation and electron transmission. Catal Sci Technol, 2018, 8: 3863-3875.

[74] Mullins D R, Albrecht P M. Acetaldehyde adsorption and reaction on CeO_2(100) thin films. J Colloid Interface Sci, 2013, 117(28): 14692-14700.

[75] Lin L Y, Bai H. Promotional Effects of manganese on the structure and activity of Ce-Al-Si based catalysts for low temperature oxidation of acetone. Chem Eng J, 2016, 291: 94-105.

[76] Zhang C, Wang J. Boosting total oxidation of acetone over spinel MCo_2O_4 (M = Co, Ni, Cu) hollow mesoporous spheres by cation-substituting effect. J Colloid Interface Sci, 2019, 539: 65-75.

[77] Álvarez-Galvan M C, de la Penã O'Shea V. A, Arzamendi G, et al. Methyl ethyl ketone combustion over La-transition metal (Cr, Co, Ni, Mn) perovskites. Appl Catal B: Environ, 2009, 92: 445-453.

[78] He C, Cheng J, Zhang X, et al. Recent Advances in the Catalytic Oxidation of Volatile Organic Compounds: A Review Based on Pollutant Sorts and Sources. Chem Rev, 2019, 119: 4471-4568.

[79] Scirè S, Minicò S, Crisafulli C, et al. Catalytic combustion of volatile organic compounds on gold/cerium oxide catalysts. Appl Catal B: Environ, 2003, 40(1): 43-49.

[80] Jiang Z Y, Feng X B, Deng J L, et al. Atomic-Scale Insights into the Low-Temperature Oxidation of Methanol over a Single-Atom Pt_1-Co_3O_4 Catalyst. Adv Funct Mater, 2019, 29: 1902041.

[81] Calzada L A, Collins S E, Han C W, et al. Synergetic Effect of Bimetallic Au-Ru/TiO_2 Catalysts for Complete Oxidation of Methanol. Appl Catal B: Environ, 2017, 207: 79-92.

[82] Guo Y Y, Zhang S, Zhu J, et al. Effects of Pt on Physicochemical Properties over Pd Based Catalysts for Methanol Total Oxidation. Appl Surf Sci, 2017, 416: 358-364.

[83] Okumura K, Kobayashi T, Tanaka H, et al. Toluene combustion over palladium supported on various metal oxide supports. Appl Catal B: Environ, 2003, 44(4): 325-331.

[84] Papaefthimiou P, Ioannides T, Verykios X E. Performance of doped Pt/TiO_2 (W^{6+}) catalysts for combustion of volatile organic compounds (VOCs). Appl Catal B: Environ, 1998, 15(1-2): 75-92.

[85] Nair M M, Kleitz F, Kaliaguine S. Kinetics of Methanol Oxidation over Mesoporous Perovskite Catalysts. ChemCatChem, 2012, 4(3): 387-394.

[86] Zavyalova U, Nigrovshi B, Pollok K, et al. Gel-combustion synthesis of nanocrystalline spinel catalysts for VOCs elimination. Appl Catal B: Environ, 2008, 83(3-4): 221-228.

[87] Hosseini S A, Niaei A, Salari D, et al. Optimization and statistical modeling of catalytic oxidation of 2-propanol over $CuMn_mCo_{2-m}O_4$ nano spinels by unreplicated split design methodology. J Ind Eng Chem, 2013, 19(1): 166-171.

[88] Hosseini S A, Niaei A, Salari D. Nanocrystalline AMn_2O_4 (A = Co, Ni, Cu) spinels for remediation of volatile organic compounds-synthesis, characterization and catalytic performance. Ceram Int, 2012, 38(2): 1655-1661.

[89] Luo Y J, Xiao Y H, Cai G H, et al. A Study of Barium Doped Pd/Al_2O_3-$Ce_{0.3}Zr_{0.7}O_2$ Catalyst for Complete Methanol Oxidation. Catal Commun, 2012, 27: 134-137.

[90] Avgouropoulos G, Oikonomopoulos E, Kanistras D, et al. Complete Oxidation of Ethanol over Alkali-Promoted Pt/Al_2O_3 Catalysts. Appl Catal B: Environ, 2006, 65(1-2): 62-69.

[91] Jirátová K, Mikulová J, Klempa J, et al. Modification of Co-Mn-Al mixed oxide with potassium and its effect on deep

oxidation of VOC. Appl Catal A: Gen, 2009, 361(1-2): 106-116.

[92] Pitkaaho S, Ojala S, Maunula T, et al. Oxidation of dichloromethane and perchloroethylene as single compounds and in mixtures. Appl Catal B: Environ, 2011, 102: 395-403.

[93] Pinard L, Mijoin J, Ayrault P, et al. On the mechanism of the catalytic destruction of dichloromethane over Pt zeolite catalysts. Appl Catal B: Environ, 2004, 51: 1-8.

[94] Li D, Zheng Y, Wang X Y. Effect of phosphoric acid on catalytic combustion of trichloroethylene over Pt/P-MCM-41. Appl Catal A: Gen, 2008, 340: 33-41.

[95] Wang C, Zhang C H, Hua W C, et al. Low-temperature catalytic oxidation of vinyl chloride over Ru modified Co_3O_4 catalysts. RSC Adv, 2016, 6: 99577-99585.

[96] Lee D K, Yoon W L. Ru-promoted CrO_x/Al_2O_3 catalyst for the low-temperature oxidative decomposition of trichloroethylene in air. Catal Lett, 2002, 81: 247-252.

[97] Huang H, Gu Y F, Zhao J, et al. Catalytic combustion of chlorobenzene over VO_x/CeO_2 catalysts. J Catal, 2015, 326: 54-68.

[98] Bertinchamps F, Gregoire C, Gaigneaux E M. Systematic investigation of supported transition metal oxide based formulations for the catalytic oxidative elimination of (chloro)-aromatics - Part II: Influence of the nature and addition protocol of secondary phases to VO_x/TiO_2. Appl Catal B: Environ, 2006, 66: 10-22.

[99] Zhang X H, Pei Z Y, Ning X J, et al. Catalytic low-temperature combustion of dichloromethane over V-Ni/TiO_2 catalyst. RSC Adv, 2015, 5: 79192-79199.

[100] Li J W, Zhao P, Liu S T. SnO_x-MnO_x-TiO_2 catalysts with high resistance to chlorine poisoning for low-temperature chlorobenzene oxidation. Appl Catal A: Gen, 2014, 482: 363-369.

[101] Mao D, He F, Zhao P, et al. Enhancement of resistance to chlorine poisoning of Sn-modified MnCeLa catalysts for chlorobenzene oxidation at low temperature. RSC. Adv, 2015, 5: 10040-10047.

[102] Cao S, Wang H Q, Yu F X, et al. Catalyst performance and mechanism of catalytic combustion of dichloromethane (CH_2Cl_2) over Ce doped TiO_2. J Colloid Interf Sci, 2016, 463: 233-241.

[103] Gu Y, Cai T, Gao X, et al. Catalytic combustion of chlorinated aromatics over WO_x/CeO_2 catalysts at low temperature. Appl Catal B: Environ, 2019, 248: 264-276.

[104] Yang P, Zuo S, Zhou R. Synergistic catalytic effect of $(Ce, Cr)_xO_2$ and HZSM-5 for elimination of chlorinated organic pollutants. Chem Eng J, 2017, 323: 160-170.

[105] López-Fonseca R, Gutiérrez-Ortiz J I, Gutiérrez-Ortiz M A, et al. Catalytic oxidation of aliphatic chlorinated volatile organic compounds over Pt/H-BETA zeolite catalyst under dry and humid conditions. Catal Today, 2005, 107-108: 200-207.

[106] Bertinchamps F, Attianese A, Mestdagh M M, et al. Catalysts for chlorinated VOCs abatement: Multiple effects of water on the activity of VO_x based catalysts for the combustion of chlorobenzene. Catal Today, 2006, 112(1-4): 165-168.

[107] Miranda B, Díaz E, Ordóñez S, et al. Performance of alumina-supported noble metal catalysts for the combustion of trichloroethene at dry and wet conditions. Appl Catal B: Environ, 2006, 64(3-4): 262-271.

[108] González-Velasco J R, Aranzabal A, López-Fonseca R, et al. Enhancement of the catalytic oxidation of hydrogen-lean chlorinated VOCs in the presence of hydrogen-supplying compounds. Appl Catal B: Environ, 2000, 24(1): 33-43.

[109] Chen C Y, Pignatello J J. Catalytic oxidation for elimination of methyl bromide fumigation emissions using ceria-based catalysts. Appl Catal B: Environ, 2013, 142-143: 785-794.

[110] Liu X L, Zeng J L, Wang J, et al. Catalytic oxidation of methyl bromide using ruthenium-based catalysts. Catal Sci Technol, 2016, 6: 4337-4345.

[111] Lv L R, Wang S, Ding Y, et al. Reaction Mechanism Dominated by the Hard-Soft Acid-Base Theory for the Oxidation of CH_2Cl_2 and CH_3Br over a Titanium Oxide-Supported Ru Catalyst. Ind Eng Chem Res, 2020, 59(16): 7383-7388.

[112] Lv L R, Wang S, Ding Y, et al. Mechanistic insights into the contribution of Lewis acidity to brominated VOCs combustion over titanium oxide supported Ru catalyst. Chemosphere, 2021, 263: 128112.

[113] Mei J, Huang W J, Qu Z, Hu X F, et al. Catalytic oxidation of dibromomethane over Ti-modified Co_3O_4 catalysts: Structure, activity and mechanism. J. Colloid Interf Sci, 2017, 505: 870-883.

[114] Mei J, Ke Y, Yu Z J, et al. Morphology-dependent properties of Co_3O_4/CeO_2 catalysts for low temperature dibromomethane (CH_2Br_2) oxidation. Chem Eng J, 2017, 320: 124-134.

[115] Mei J, Zhao S J, Huang W J, et al. Mn-Promoted Co_3O_4/TiO_2 as an efficient catalyst for catalytic oxidation of dibromomethane (CH_2Br_2). J Hazard Mater, 2016, 318: 1-8.

[116] Mei J, Qu Z, Zhao S. J, et al. Promoting effect of Mn and Ti on the structure and performance of Co_3O_4 catalysts for oxidation of dibromomethane. Ind Eng Chem Res, 2018, 57: 208-215.

[117] Xia D, Xu W, Wang Y, et al. Enhanced Performance and Conversion Pathway for Catalytic Ozonation of Methyl Mercaptan on Single-Atom Ag Deposited Three-Dimensional Ordered Mesoporous MnO_2. Environ Sci Technol, 2018, 52(22): 13399-13409.

[118] Hwang C L, Tai N H. Vapor phase oxidation of dimethyl sulfide with ozone over ion-exchanged zeolites. Appl Catal A: Gen, 2011, 393(1-2): 251-256.

[119] Yang J L, Huang Y J, Chen Y W, et al. Active site-directed tandem catalysis on CuO/VO-MnO_2 for efficient and stable catalytic ozonation of S-VOCs under mild condition. Nano Today, 2020, 35: 100944.

[120] He C, Wang Y C, Li Z Y, et al. Facet Engineered α-MnO_2 for Efficient Catalytic Ozonation of Odor CH_3SH: Oxygen Vacancy-Induced Active Centers and Catalytic Mechanism. Environ Sci Technol, 2020, 54: 12771-12783.

[121] Gao L D, Xue Q S, Liu Y, et al. Base-Free Catalytic Aerobic Oxidation of Mercaptans for Gasoline Sweetening over HTLcs-Derived CuZnAl Catalyst. AIChE J, 2009, 55: 3214-3220.

[122] Nanba T, Masukawa S, Uchisawa J, et al. Effect of support materials on Ag catalysts used for acrylonitrile decomposition. J Catal, 2008, 259(2): 250-259.

[123] Nanba T, Masukawa S, Uchisawa J, et al. Influence of TiO_2 crystal structure on acrylonitrile decomposition over Ag/TiO_2. Appl Catal A: Gen, 2012, 419-420: 49-52.

[124] Ma M, Huang H, Chen C, et al. Highly active SBA-15-confined Pd catalyst with short rod-like micro-mesoporous hybrid nanostructure for *n*-butylamine low-temperature destruction. Mol Catal, 2018, 455: 192-203.

[125] Ma M, Jian Y, Chen C, et al. Spherical-like Pd/SiO_2 catalysts for *n*-butylamine efficient combustion: Effect of support property and preparation method. Catal Today, 2020, 339: 181-191.

[126] Liu N, Shi D, Zhang R, et al. Highly selective catalytic combustion of acrylonitrile towards nitrogen over Cu-modified zeolites. Catal Today, 2019, 332: 201-213.

[127] Xing X, Li N, Sun Y, et al. Selective catalytic oxidation of *n*-butylamine over Cu-zeolite catalysts. Catal Today, 2020, 339: 192-199.

[128] Xing X, Li N, Cheng J, et al. Hydrotalcite-Derived $Cu_xMg_{3-x}AlO$ Oxides for Catalytic Degradation of *n*-Butylamine with Low Concentration NO and Pollutant-Destruction Mechanism. Ind Eng Chem Res, 2019, 58(22): 9362-9371.

[129] ZhaoF, Zhang G, Zeng P, et al. Preparation of Cu_xCo_{1-x}/Al_2O_3/Cordierite Monolithic Catalysts and the Catalytic Combustion of Toluene. Chin J Catal, 2011, 32(5): 821-826.

[130] Morales-Torres S, Pérez-Cadenas A F, Kapteijn F, et al. Palladium and platinum catalysts supported on carbon nanofiber coated monoliths for low-temperature combustion of BTX. Appl Catal B: Environ, 2009, 89(3-4): 411-419.

[131] Zhu Y, Yu L, Wang X, et al. A novel monolithic Pd catalyst supported on cordierite with graphene coating Catal Commun, 2013, 40: 98-102.

[132] Pérez-Cadenas A. F, Morales-Torres S, Kapteijn F, et al. Carbon-based monolithic supports for palladium catalysts: The role of the porosity in the gas-phase total combustion of *m*-xylene. Appl Catal B: Environ, 2008, 77(3-4): 272-277.

[133] Varela-Gandía F J, Berenguer-Murcia Á, Lozano-Castelló D, et al. Total oxidation of naphthalene at low temperatures using palladium nanoparticles supported on inorganic oxide-coated cordierite honeycomb monoliths. Catal Sci Technol, 2013, 3(10): 2708.

[134] Li B, Huang Q, Yan X K, et al. Low-temperature catalytic combustion of benzene over Ni-Mn/CeO_2/cordierite catalysts. J Ind Eng Chem, 2014, 20(4): 2359-2363.

[135] Chen X, Zhao Z, Zhou Y, et al. A facile route for spraying preparation of Pt/TiO_2 monolithic catalysts toward VOCs combustion. Appl Catal A: Gen, 2018, 566: 190-199.

[136] Sun X, Wu D. Monolithic $LaBO_3$(B=Mn, Co or Ni)/Co_3O_4/cordierite Catalysts for *o* - Xylene Combustion. Chemistry Select, 2019, 4(19): 5503-5511.

[137] Wu D, Li W, Gao R. Comparison of the methods for preparing a cordierite monolith-supported Cu-Mn mixed-oxide catalyst. J Chem Technol Biotechnol, 2014, 89(10): 1559-1564.

[138] Pérez-Cadenas A F, Morales-Torres S, Maldonado-Hódar F J, et al. Carbon-based monoliths for the catalytic elimination of benzene, toluene and *m*-xylene. Appl Catal A: Gen, 2009, 366(2): 282-287.

[139] Li W, Ye H, Liu G, et al. The role of graphene coating on cordierite-supported Pd monolithic catalysts for low-temperature combustion of toluene. Chin J Catal, 2018, 39(5): 946-954.

[140] Deng L, Huang C, Kan J, et al. Effect of coating modification of cordierite carrier on catalytic performance of supported $NiMnO_3$ catalysts for VOCs combustion. J Rare Earths, 2018, 36(3): 265-272.

[141] Zhu A, Zhou Y, Wang Y, et al. Catalytic combustion of VOCs on Pt/CuMnCe and Pt/CeY honeycomb monolithic catalysts. J Rare Earths, 2018, 36(12): 1272-1277.

[142] Hou Z, Feng J, Lin T, et al. The performance of manganese-based catalysts with $Ce_{0.65}Zr_{0.35}O_2$ as support for catalytic oxidation of toluene. Appl Surf Sci, 2018, 434: 82-90.

[143] Jin L.Y, He M, Lu J. Q, et al. Palladium catalysts supported on novel $Ce_xY_{(1-x)}O$ washcoats for toluene catalytic combustion. J Rare Earths, 2008, 26(4): 164-168.

[144] Topka P, Klementova M. Total oxidation of ethanol over Au/$Ce_{0.5}Zr_{0.5}O_2$ cordierite monolithic catalysts. Appl Catal A: Gen, 2016, 522: 130-137.

[145] Zhou T, Li L, Cheng J, et al. Preparation of binary washcoat deposited on cordierite substrate for catalytic applications. Ceram Int, 2010, 36(2): 529-534.

[146] Avila P, Montes M, Miró E E. Monolithic Reactors for Environmental Applications A Review on Preparation Technologies. Chem Eng J, 2005, 109(1-3): 11-36.

[147] Banús E D, Sanz O, Milt V G, et al. Development of a stacked wire-mesh structure for diesel soot combustion. Chem Eng J, 2014, 246: 353-365.

[148] Erik R, Marc P H, Matthias J, et al. Fiber based structured materials for catalytic applications. Appl Catal A: Gen, 2014, 476: 78-90.

[149] Zhang T, Chen M, Gao Y Y, Zheng X M. Preparation process and characterization of new Pt/stainless steel wire mesh catalyst designed for volatile organic compounds elimination. J Cent South Univ, 2012, 19(02): 25-29.

[150] Song C, Chen M, Ma C A, et al. Pd-Mn/Stainless Steel Wire Mesh Catalyst for Catalytic Oxidation of Toluene, Acetone and Ethyl Acetate. Chin J Catal, 2009, 27: 1903-1906.

[151] Zhang T, Chen M, Gao Y Y, et al. Preparation process and characterization of new Pt/stainless steel wire mesh catalyst designed for volatile organic compounds elimination. J Cent South Univ, 2012, 19(2): 319-323.

[152] Li Y F, Li Y, Yu Q, et al. Preparation and Application of Pd-Based Stainless Steel Wire Mesh Monolith Catalyst. Adv Mat Res, 2012, 557-559: 1543-1546.

[153] Mo S, Zhang Q, Ren Q, et al. Leaf-like Co-ZIF-L derivatives embedded on Co_2AlO_4/Ni foam from hydrotalcites as monolithic catalysts for toluene abatement. J Hazard Mater, 2019, 364: 571-580.

作者：何炽[1]，张中申[2]，程杰[2]，邓积光[3]，郝郑平[2]

[1]西安交通大学能源与动力工程学院环境科学与工程系，

[2]中国科学院大学挥发性有机物污染控制材料与技术国家工程实验室，[3]北京工业大学环境与生命学部

第 22 章　化学氧化环境修复技术进展

本章导读

近年来，随着我国工业化和城市化进程的加快以及化学物质种类、数量的增加，我国土壤和地下水污染问题日益暴露出来，这些场地污染程度严重，由此造成的环境生态问题以及对周边群众人体健康的影响引起广泛关注。受制于污染地块深度深、开挖异味大，化学氧化技术在污染场地修复技术的应用上呈现增多趋势。尤其原位化学氧化技术的优势在于修复过程中开挖少，对原土扰动小；同时化学氧化处理效果快、可处理土壤深层污染源、兼顾水土共治等优点，其应用逐渐增多。近年，化学氧化技术现已发展成较为成熟和成功的受污染土壤和地下水的修复技术，在国内外已有大量成功的工程应用案例。本章系统阐述了基于双氧水、过硫酸盐、高锰酸钾和臭氧等不同氧化剂的化学氧化修复技术的基本原理、自由基形成、污染物降解及简单案例，分析了不同方法的优缺点，并对未来化学氧化技术的发展提出了展望。

关键词

化学氧化修复，有机污染场地，技术原理，催化机制，影响因素

22.1 引　言

化学氧化修复技术是利用氧化剂的氧化性能，使大分子难降解有机物氧化成低毒或无毒的小分子物质，从而消除土壤和水体环境中的污染。该技术能使有机污染物转化或分解成毒性、迁移性或环境有效性较低的形态。常用于修复的化学氧化剂包括过硫酸盐（PS）、过氧化氢（H_2O_2）、高锰酸钾（$KMnO_4$）和臭氧（O_3）等（表 22-1），它们已在修复工程中被广泛应用。

表 22-1　几种常用氧化剂的氧化还原电位

氧化剂	氧化还原电位（氢标）/V	相对氯气氧化能力
羟基自由基	2.80	2.05
硫酸根自由基	2.50	1.84
单线态氧	1.88	1.38
超氧阴离子自由基	–0.20	–0.15
原子氧	2.42	1.78
过硫酸盐	2.01	1.48
高锰酸钾	1.51	1.11
臭氧	2.07	1.52
双氧水	0.87	0.64
氧气	0.40	0.29

以上化学氧化修复技术的反应机理不尽相同，有的是氧化剂直接氧化有机污染物（如 $KMnO_4$ 氧化法），而有的是在反应过程中产生具有强氧化性的物质（如 Fenton 试剂氧化），其中优势更明显、更显示出良好应用前景的是高级氧化技术（advanced oxidation process，AOPs）。所谓 AOPs，是相对于常规氧化技术而言的，指在本系中能产生具有高度反应活性的自由基（如·OH、SO_4^-·），充分利用自由基的活性，快速彻底地氧化有机污染物的处理技术。传统的 AOPs 是基于·OH 的技术，随着技术的发展，将以 SO_4^-·为主的活性分子氧化降解有机污染物的技术也归为 AOPs。·OH 是一种氧化性很强的氧化剂，其氧化还原电

位为 2.80 V，在已知的氧化剂中仅次于氟。理论上，·OH 可以彻底氧化（矿化）所有的有机污染物，反应彻底，不产生副产物。而 SO_4^-·具有与·OH 相近的氧化还原电位（2.50 V），而且 PS 可产生大量的 SO_4^-·。·OH 是一种亲电子试剂，具有很高的化学反应活性，SO_4^-·与·OH 一样可以氧化难降解的有机化合物，但是两者在氧化速率和氧化机理上有所不同。如 SO_4^-·有更长的半衰期（30～40 μs，·OH= 20 ns），可以长距离转移到目标污染物并更彻底地氧化结合态污染物。另外，基于 SO_4^-·的 AOPs 可以在较宽的 pH 范围（2～10）的水相体系中有效地进行，大大提高其应用范围。总而言之，无论是基于·OH 还是基于 SO_4^-·的 AOPs 均为解决以前传统化学和生物氧化法难以处理的有机污染问题开辟了一条新途径。近年来，原位化学氧化技术（*in situ* chemical oxidation，ISCO）受到青睐。ISCO 是指在处理污染场地时不需开挖、运输受污染的土壤和地下水，在原来场地的位置就地进行的氧化处理操作技术。它是一种简单易行的污染处理方式，由于不需要挖掘污染的土壤和地下水，操作相对比较简单，对周边环境污染少；但通常需要由不同深度的垂直灌注井和加压平流的喷射点构成氧化剂的传输系统，把氧化剂迅速地运送到地下，均匀分散，成为现阶段 AOPs 技术的研究热点。

22.2　Fenton 高级氧化修复技术

22.2.1　Fenton 技术原理

1894 年，法国科学家 Fenton 发现在酸性条件下混合 Fe^{2+}与 H_2O_2 可迅速氧化酒石酸[1]，后人将这种组合命名为 Fenton 试剂。1964 年加拿大籍科学家 H. R. Eisenhauer 首次使用 Fenton 试剂处理苯酚及烷基苯废水，开创了 Fenton 反应用于水处理的先河[2]。此后，将 Fenton 反应技术应用于处理有机物污染的废水和土壤的研究也越来越多[3]。Fenton 氧化技术原理主要是 H_2O_2 被 Fenton 试剂活化分解产生具有强氧化性的·OH，随后·OH 进攻有机污染物分子来实现有机污染物的降解甚至矿化。按照 Fenton 反应试剂的存在物相，通常将 Fenton 反应分为均相 Fenton 反应和异相 Fenton 反应两种类型。

1）均相 Fenton 技术

经典均相 Fenton 反应主要由二价铁盐与 H_2O_2 组成。在水溶液中，溶解态的 Fe^{2+}在常温常压下就能快速地与 H_2O_2 反应产生·OH 实现有机污染物的降解。此外，由于三价铁离子（Fe^{3+}）也可通过一系列的自由基反应活化 H_2O_2 产生·OH，通常被称为均相类 Fenton 反应。正是由于铁物种、H_2O_2 以及污染物都处于液相状态，均相 Fenton 氧化技术具有反应速率快（反应活化能仅为 34.9 kJ/mol），有机污染物去除效率高等突出优点[4]。因此，均相 Fenton 反应仍被广泛地应用于地下水和土壤中有机污染物的去除。但均相 Fenton 氧化技术存在适用 pH 范围较窄（2.5～3.5），铁泥量大等缺点。

目前普遍接受的均相 Fenton 反应机理主要有两种。一种是由 Bray 和 Gorin 提出的高价铁主导的氧化机制[5, 6]，另一种是由 Haber 和 Weiss 提出的以·OH 为主要氧化中间体的自由基机制。虽然对这两种反应机制都有相应的文献报道，但是至今仍然无法从实验上确定到底是哪种反应机制占据主导地位。

目前，文献报道最多的还是 Haber 和 Weiss 的自由基反应机制。该反应机制认为均相 Fenton 反应属于复杂的链式反应机理（式 22-1～式 22-8）[3]。Fe^{3+}被 H_2O_2 还原成 Fe^{2+}的速率[k = 0.02 L/(mol·s)]远小于·OH 的生成速率[k = 76 L/(mol·s)]，所以一般认为 Fe^{3+}被 H_2O_2 还原再次产生 Fe^{2+}的过程是 Fenton 反应的限速步骤（式 22-5）[7]。此外，在自由基反应机制中，虽然有·OH 和·HO_2 两种自由基生成，但是·HO_2 的氧化还原电位较低（1.65 V），氧化能力较弱，一般不能参与有机污染物的氧化过程，在自由基理论中一般认为 Fenton 体系中起氧化降解污染物作用的主要是具有强氧化性的·OH[8, 9]。

（1）链引发反应

$$Fe^{2+} + H_2O_2 \longrightarrow Fe^{3+} + OH^- + \cdot OH \tag{22-1}$$

（2）链传递反应

$$Fe^{3+} + H_2O_2 \longrightarrow Fe^{2+} + H^+ + \cdot HO_2 \tag{22-2}$$

$$Fe^{2+} + \cdot OH \longrightarrow Fe^{3+} + OH \tag{22-3}$$

$$H_2O_2 + \cdot OH \longrightarrow \cdot HO_2 + H_2O_2 \tag{22-4}$$

$$Fe^{3+} + \cdot HO_2 \longrightarrow Fe^{2+} + H^+ + O_2 \tag{22-5}$$

（3）链终止反应

$$\cdot OH + \cdot OH \longrightarrow H_2O_2 \tag{22-6}$$

$$\cdot HO_2 + \cdot HO_2 \longrightarrow H_2O_2 + O_2 \tag{22-7}$$

$$\cdot HO_2 + \cdot OH \longrightarrow H_2O + O_2 \tag{22-8}$$

而对于 Fe^{3+}/H_2O_2 均相类 Fenton 体系，Barb 等人认为主要遵从上述经典均相 Fenton 的自由基链反应，只不过链的引发由 Fe^{3+} 与 H_2O_2 的反应完成（式 22-2），由该反应产生的 Fe^{2+} 继续与 H_2O_2 反应产生·OH（式 22-1）[10, 11]。

Bray 和 Gorin 认为在均相 Fenton 反应过程中产生强氧化性的活性物种是高价铁（例如 FeO^{2+}），这些高价铁物种能实现有机污染物的氧化降解。还原性的 Fe^{2+} 能被 H_2O_2 氧化生成高价铁物种 FeO^{2+}（式 22-9）。当 H_2O_2 的量足够多时，FeO^{2+} 又会被 H_2O_2 还原生成 Fe^{2+}，同时生成 O_2（式 22-10）。而当 Fe^{2+} 过量时，体系中的 Fe^{2+} 和 H_2O_2 发生反应生成 Fe^{3+}（式 22-11）。Cahill 和 Taube 等人则认为 Fe^{2+} 可以与生成的高价铁物种 FeO^{2+} 继续发生反应，即中间物种 FeO^{2+} 的生成促进了 Fe^{2+} 与 H_2O_2 的反应（式 22-12）[12, 13]。

$$Fe^{2+} + H_2O_2 \longrightarrow FeO^{2+} + H_2O \tag{22-9}$$

$$FeO^{2+} + H_2O_2 \longrightarrow Fe^{2+} + H_2O + O_2 \tag{22-10}$$

$$2Fe^{2+} + H_2O_2 + 2H^+ \longrightarrow 2Fe^{3+} + 2H_2O \tag{22-11}$$

$$FeO^{2+} + Fe^{2+} + 2H^+ \longrightarrow 2Fe^{3+} + H_2O \tag{22-12}$$

有学者通过 FeO^{2+} 的一级分解反应速率常数（2 s^{-1}）计算得到了 FeO^{2+} 在水溶液中的半衰期为 0.35s（pH 3～7），因此，一般很难通过实验监测到 FeO^{2+} 的存在，更多的是通过理论计算，自由基捕获实验，或者利用高价铁与自由基对底物反应特征的区别等方式来间接进行确认[14]。目前学术界公认、研究较多的均相 Fenton 反应的机理是自由基机理[12, 13, 15]，主要有以下原因：第一，通过电子顺磁共振（ESR）技术很容易观察到自由基的存在，尤其是·OH[12, 13]；第二，Fenton 反应过程中的动力学特征可以通过自由基理论来解释。例如，Gallard 等人在基于自由基链式反应的基础上，从理论上建立了 Fe^{2+}/H_2O_2 均相 Fenton 体系降解阿特拉津的模型[14]，该模型能够很好地解释 pH 和 Fe^{2+} 与 H_2O_2 反应速率之间的关系，并能和实验结果很好的吻合。随后，同样是在自由基反应的基础之上，作者也建立了 Fe^{3+}/H_2O_2 均相类 Fenton 体系降解阿特拉津的动力学模型，同样与实验结果较为吻合[15]。

2）异相 Fenton 技术

异相 Fenton 反应主要是指活化 H_2O_2 的铁物种与 H_2O_2 处在不同物相的 Fenton 反应，也常被称为多相反应。一般异相 Fenton 反应的铁基材料为固体的铁氧化物或铁氢氧化物[16]、含铁的硫化物[17, 18]，以及其他的铁基矿物[19–21]。相对于均相 Fenton 反应，异相 Fenton 反应可选用的铁基材料种类繁多，且具有 pH 适用范围宽，产生铁泥较少，材料可回收利用等优点[22]。

相对于均相 Fenton 反应，专门针对异相 Fenton 反应机理的报道较少[23]。在基于铁基材料的异相 Fenton 反应过程中，也有学者认为会产生高价铁物种[24]。与均相 Fenton 反应产生 FeO^{2+}的过程类似，主要是由铁基矿物表面 Fe^{2+}被 H_2O_2 氧化形成 FeO^{2+}中间产物（式 22-13）[24]，进一步由 FeO^{2+}中间物种氧化降解有机污染物[25]。同样，迄今为止，对于在异相 Fenton 过程中产生 FeO^{2+}的过程仍然缺乏直观的实验证据。

$$\equiv Fe^{2+} + H_2O_2 \longrightarrow \equiv FeO^{2+} + H_2O \quad (22\text{-}13)$$

大多数研究者认为异相 Fenton 反应仍然遵循类似于均相 Fenton 反应的 Haber-Weiss 自由基链式反应机理[23, 26]。概括来说，自由基理论是指在异相 Fenton 反应过程中，固体铁基材料表面与 H_2O_2 之间通过相互作用诱发电子转移，从而使 H_2O_2 分解转化生成·OH 等活性氧物种（ROS），最终由具有强氧化性的·OH 实现对有机污染物的氧化降解。一般来说，富含 Fe^{2+}的铁基材料，例如磁铁矿（Fe_3O_4）、黄铁矿（FeS_2）及马基诺矿（FeS）等具有较好的 H_2O_2 活化效果，可以实现较为高效的有机污染物降解[27]。这是因为 Fe^{2+}活性中心可以直接还原 H_2O_2 分子生成·OH 去氧化有机污染物。同时，铁基材料表面的 Fe^{2+}被氧化生成 Fe^{3+}（式 22-14）。进一步，生成的 Fe^{3+}又可以被 H_2O_2 还原，继续生成 Fe^{2+}参与 Fenton 反应（式 22-15），但是该反应的速率非常慢[0.001～0.01 L/(mol·s)][28]，同样被认为是 Fenton 反应过程中的决速步骤。此外，有研究表明该过程中产生的$\cdot HO_2/\cdot O_2^-$可以参与 Fe^{3+}的还原过程，进一步促进 Fenton 反应过程中的铁循环，使 Fenton 反应继续发生（式 22-16 和式 22-17）。在该反应中，$\cdot HO_2/\cdot O_2^-$则会被进一步转化为 O_2。此外，由于$\cdot HO_2/\cdot O_2^-$等自由基之间的复合反应（反应 22-18），导致了自由基反应的终结[23]。

$$\equiv Fe^{2+} + H_2O_2 \longrightarrow \equiv Fe^{3+} + OH^- + \cdot OH \quad (22\text{-}14)$$

$$\equiv Fe^{3+} + H_2O_2 \longrightarrow \equiv Fe^{2+} + H^+ + \cdot HO_2/\cdot O_2^- \quad (22\text{-}15)$$

$$\cdot HO_2 + \equiv Fe^{3+} \longrightarrow \equiv Fe^{2+} + H^+ + O_2 \quad (22\text{-}16)$$

$$\cdot O_2^- + \equiv Fe^{3+} \longrightarrow \equiv Fe^{2+} + O_2 \quad (22\text{-}17)$$

$$\cdot HO_2 + \cdot HO_2 \longrightarrow H_2O_2 + O_2 \quad (22\text{-}18)$$

对于以 Fe^{3+}主导的铁基材料，例如赤铁矿（Fe_2O_3）、针铁矿（α-FeOOH）及水铁矿等，根据 Gurol 等人的理论，其表面的 Fe^{3+}需要首先被 H_2O_2 还原生成 Fe^{2+}（式 22-15），才能进一步活化 H_2O_2 产生·OH（式 22-14）[23]。同样，在该反应过程中也伴随着$\cdot HO_2/\cdot O_2^-$向 O_2 的转化等反应（式 22-16～22-18）。Lin 和 Gurol 等人在经典的 Haber-Weiss 自由基理论基础上更加详细地描述了基于三价铁氧化物的异相 Fenton 反应自由基理论。除了上述一系列反应途径外，作者认为，H_2O_2 首先与铁氧化物表面的金属中心（$\equiv Fe^{3+}$-OH）形成内球配位物（式 22-19），该配合物通过金属-配体之间的可逆电子转移形成了（$\equiv Fe^{2+}\cdot O_2H$）络合物（式 22-20），进一步裂解形成$\equiv Fe^{2+}$和$\cdot HO_2$（式 22-21）。生成的$\equiv Fe^{2+}$按照上述自由基理论继续与 H_2O_2 发生氧化还原反应产生·OH，$\cdot HO_2$ 则进一步转化为 O_2[23]。由于在异相 Fenton 反应中存在着 Fe^{3+}和 Fe^{2+}的循环过程，因此也经常将用于异相 Fenton 反应的材料称为 Fenton 催化剂[24]。

$$\equiv Fe^{3+}\text{-}OH + H_2O_2 \longleftrightarrow (H_2O_2)_S \quad (22\text{-}19)$$

$$(H_2O_2)_S \longleftrightarrow (\equiv Fe^{2+}\cdot O_2H) + H_2O \quad (22\text{-}20)$$

$$(\equiv Fe^{2+}\cdot O_2H) \longrightarrow \equiv Fe^{2+} + \cdot HO_2 \quad (22\text{-}21)$$

22.2.2　增强 Fenton 氧化的原理及策略

1）铁循环调控

在利用铁基材料活化 H_2O_2 的 Fenton 反应过程中，Fe^{3+}被 H_2O_2 还原生成 Fe^{2+}的化学反应速率常数为 0.02 L/(mol·s)，远低于 Fe^{2+}被 H_2O_2 消耗的速率[k = 76 L/(mol·s)][29, 30]，Fenton 的速率控制步骤在于 Fe^{3+}的

还原过程，即要增强 Fenton 反应氧化降解有机污染物的效率，就必须打破 Fe^{3+}还原这一速率控制步骤的限制，实现高效的 Fe^{3-}/Fe^{2+}循环。

（1）利用外加光、电等方式进行铁循环调控

通过外加光调控 Fenton 反应过程中的铁循环调控主要分为三种类型。首先，引入紫外光或者可见光后可以促进铁基半导体材料电子和空穴对的分离效率，产生的光电子可以还原铁基材料中的 Fe^{3+}至 Fe^{2+}，即加速体系中的 Fe^{3+}/Fe^{2+}循环。例如，Shi 等人报道当引入可见光后，利用半导体材料 Fe_3S_4 活化 H_2O_2 降解有机污染物阿特拉津的反应速率提升了 4.9 倍，可见光的引入显著促进了 Fe_3S_4 表面和溶液中的 Fe^{3+}/Fe^{2+}循环[31]。其次，在 Fenton 反应体系中引入光可以直接诱导溶液中 Fe^{3+}物种的还原[32]。第三种类型，利用光诱导有机物染料分子激发产生光电子进行铁循环调控。例如，赵进才课题组研究发现可见光辐射可以大幅度提升 Fenton 体系中染料去除效率，体系中的 Fe^{2+}、Fe^{3+}和 H_2O_2 均没有可见光响应性能，但是在可见光条件下，染料分子容易被激发产生光电子，反应体系中的 Fe^{3+}接收该电子后被还原至 Fe^{2+}，从而达到铁循环调控的目的[33]。

在外加电流的条件下，作为 Fenton 试剂的 Fe^{2+}和 H_2O_2 反应生成 Fe^{3+}和·OH，·OH 可以继续参与有机污染物的降解，而 Fe^{3+}则在阴极被还原至 Fe^{2+}，继续参与 H_2O_2 的活化产生·OH。很显然，在这种类型的电 Fenton 反应过程中，通过阴极的还原作用可以快速实现 Fe^{3+}/Fe^{2+}循环，从而达到增强 Fenton 氧化降解有机污染物的效率[34]。此外，还有报道利用微波、超声等物理辅助手段也可以加速 Fenton 反应过程中的 Fe^{3+}/Fe^{2+}循环，从而提高有机污染物的去除效率[34, 35]。

（2）外加铁循环调节剂调控铁循环

通过向 Fenton 反应体系加入合适的还原性小分子，可以将体系中自身存在的 Fe^{3+}以及在 Fenton 反应过程中产生的 Fe^{3+}还原至 Fe^{2+}，即促进反应体系中的 Fe^{3+}/Fe^{2+}循环，进而提升 H_2O_2 被 Fe^{2+}活化分解产生·OH 的效率，实现 Fenton 反应体系中有机污染物的高效氧化去除。

I. 利用无机小分子还原剂进行铁循环调控

目前，常见的作为无机小分子铁循环调节剂的主要包括羟胺和亚硫酸氢盐等。例如，2011 年，Chen 等人的研究发现羟胺可以快速还原均相 Fenton 反应体系中的 Fe^{3+}至 Fe^{2+}，使 H_2O_2 能够在较宽的 pH 值范围内被不断生成的 Fe^{2+}活化分解持续产生·OH 用于苯甲酸的高效氧化[36]。研究表明，引入亚硫酸氢盐后生成的 $FeSO_3^+$抑制了 Fe^{3+}离子形成沉淀，此外，具有还原性的亚硫酸氢盐可以将 Fe^{3+}快速还原为 Fe^{2+}，从而保证体系中有足够的 Fe^{2+}活化 H_2O_2 产生·OH 以实现双酚 A 的高效降解[37]。

Xing 等人的报道表明，MoS_2、Cr_2S_3、CoS_2、PbS 和 ZnS 等金属硫化物可以促进 Fe^{2+}/H_2O_2 均相 Fenton 体系中 H_2O_2 的活化分解，从而增强对有机污染物的氧化去除[38]。当向 Fe^{2+}/H_2O_2 体系添加 MoS_2 后，罗丹明 B 的去除效率在 30 分钟时就达到了 90%，是利用传统均相 Fe^{2+}/H_2O_2 Fenton 反应去除效率的 6 倍。往溶液中加入 MoS_2 后，硫化物表面非配位饱和的 S 原子容易获得质子形成 H_2S，同时暴露出活性位点 Mo^{4+}，具有还原性的 Mo^{4+}可以还原 Fe^{3+}至 Fe^{2+}，同时生成的 Mo^{6+}又可以被 H_2O_2 还原生成 Mo^{4+}，继续参与反应过程的 Fe^{3+}/Fe^{2+}循环（图 22-1a）。该研究组还报道利用 WS_2 作为铁循环调剂，通过 Mo^{4+}加速 Fe^{2+}/H_2O_2 体系中 Fe^{3+}/Fe^{2+}循环，从而提高有机污染物苯酚的氧化去除效率（图 22-1b）[39]。

在外加无机小分子还原剂作为 Fenton 反应铁循环调节的研究中，目前大多数针对的是均相 Fenton 反应或者均相类 Fenton 反应体系，而对异相 Fenton 反应的铁循环调控研究相对较少。2017 年，华中师范大学张礼知课题组通过向针铁矿/H_2O_2 异相 Fenton 体系中加入羟胺有效地促进了 H_2O_2 的分解并实现了有机污染物的高效降解（图 22-2）。原位傅里叶变换衰减全反射红外光谱法（ATR-FTIR）表征以及密度泛函理论计算等结果显示，羟胺上的 O 原子首先与针铁矿表面 Fe^{3+}进行内球配位。由于在 pH 为 5.0 的条件下在溶液中并未检测到溶出的铁物种，以及通过 X-射线光电子能谱（XPS）等手段观察到针铁矿表面 Fe^{3+}向 Fe^{2+}转化的现象，说明配位后的羟胺能够进一步通过与 Fe^{3+}之间的电子传递有效促进针铁矿表面

Fe^{3+}/Fe^{2+}循环。进一步实验探究表明羟胺调控的该表面 Fenton 反应对于一系列典型的有机污染物，包括有机染料类污染物、农药类污染物以及抗生素类污染物均表现出优异的降解与矿化效果。该研究深入揭示了异相 Fenton 反应过程中的铁循环调控机制，也为发展高效的表面 Fenton 氧化技术提供了基础[40]。

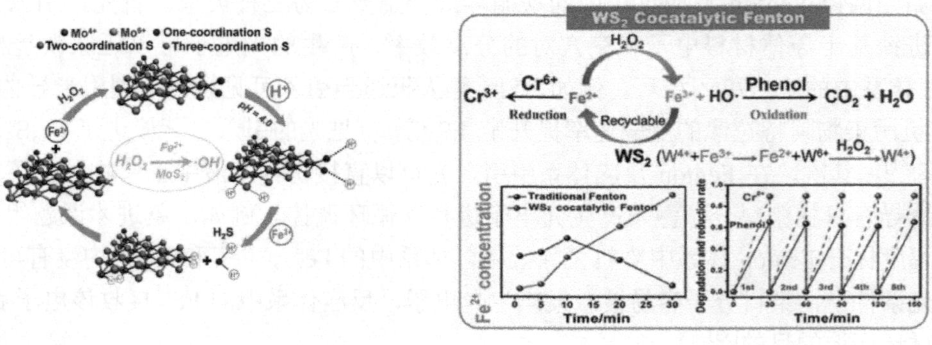

（a）　　　　　　　　　　　　　　　　　　（b）

图 22-1　（a）MoS_2参与均相 Fenton 反应中的铁循环[38]；（b）WS_2参与均相 Fenton 反应中的铁循环[39]

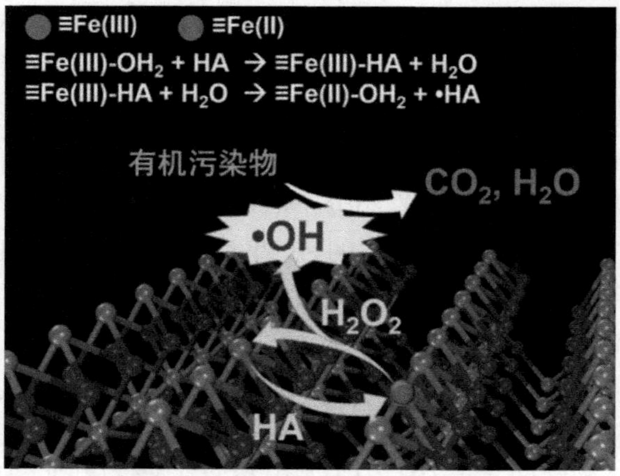

图 22-2　羟胺调节针铁矿表面铁循环促进表面 Fenton 反应降解有机污染物示意图[40]

在材料设计层面通过将含铁化合物与其他无机组分复合等方式合成出新颖的铁基材料也可以实现材料内部的铁循环。例如，Zubir 等人采用共沉淀法制备得到氧化石墨烯（GO）负载的纳米 Fe_3O_4 复合材料，该复合材料相对于单独的 GO 和纳米 Fe_3O_4 活化 H_2O_2 后对酸性橙 7 呈现出更加高效的降解效率[41]，GO 结构中大量的未成对 π 电子可以将 Fe^{3+}还原为 Fe^{2+}，即通过 π 电子的转移加速了铁循环，从而促进 Fenton 反应过程中·OH 的产生，最终实现有机污染物的高效去除。

II. 利用有机小分子酸调控铁循环

在 Fenton 反应体系中引入有机小分子酸，一方面通过选择合适的有机小分子酸配体可以有效降低 Fe^{3+}/Fe^{2+}的氧化还原电位，使 Fe^{3+}被 H_2O_2 还原为 Fe^{2+}，以及被$\cdot HO_2/\cdot O_2^-$还原至 Fe^{2+}的途径更容易实现，即通过有机配体的配位作用加速 Fenton 反应过程中的 Fe^{3+}/Fe^{2+}循环。例如，Huang 等人通过向 Fe^{3+}/H_2O_2 体系中加入乙二胺二琥珀酸（EDDS）配体降低铁物种的氧化还原电位，使 Fe^{3+}更易于被$\cdot HO_2/\cdot O_2^-$还原至 Fe^{2+}，从而加速 Fenton 反应过程中的 Fe^{3+}/Fe^{2+}循环，促进 H_2O_2 分解产生·OH，最终实现双酚 A 的高效降解（图 22-3）[42]。类似地，Matta 等人向 Fe_3O_4/H_2O_2 异相 Fenton 体系中引入羧甲基-β-环糊精配体（CMCD）后，发现 CMCD 的加入可以促进体系中铁物种的溶出，并有效降低 Fe_3O_4 表面 Fe^{3+}/Fe^{2+}电对的氧化还原电势，使得 Fe^{3+}更容易被还原成 Fe^{2+}，从而有效提高有机污染物 2,4,6-三硝基苯酚的降解效率[27]。

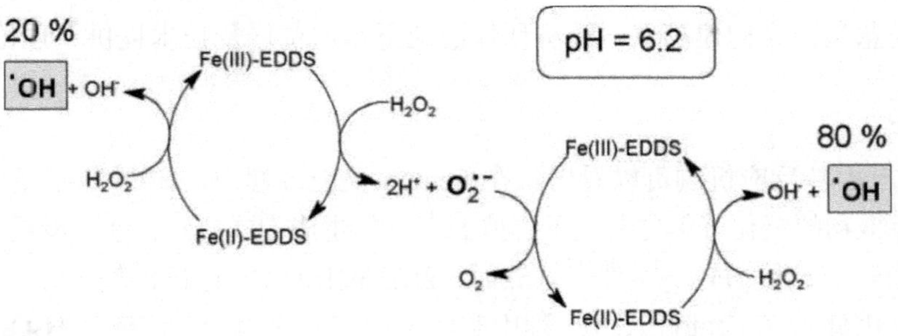

图 22-3　EDDS 配体促进 Fe^{3+}/H_2O_2 均相类 Fenton 体系降解有机污染物[42]

用于 Fenton 反应过程铁循环调控的另一策略是外加有机小分子酸还原剂，具有还原性的有机小分子酸与铁基材料配位后，通过配体-金属间的直接电子传递实现 Fe^{3+}/Fe^{2+}循环。例如，张礼知课题组将具有还原性的原儿茶酸引入到 Fe^{3+}/H_2O_2 类 Fenton 体系中，大幅度提升了甲草胺的降解和矿化效率（图 22-4a）[43]。原儿茶酸首先与 Fe^{3+}形成配合物，然后通过原儿茶酸向 Fe^{3+}的电子传递实现 Fe^{3+}到 Fe^{2+}的还原，打破了传统 Fe^{3+}/H_2O_2 类 Fenton 体系中 H_2O_2 还原 Fe^{3+}到 Fe^{2+}速率控制步骤的限制。在该体系中，加入的原儿茶酸最终随污染物一起被降解甚至矿化，不会带来二次污染。此外，该课题组还发现向赤铁矿/H_2O_2 异相 Fenton 体系引入典型的还原性有机小分子——抗坏血酸后可以诱导赤铁矿表面 Fe^{2+}的形成，打破 Fe^{3+}在 Fenton 反应中难以被还原决速步骤的限制，通过加速 Fe^{3+}/Fe^{2+}循环促进 H_2O_2 的分解，最终达到增强甲草胺去除效率的目的（图 22-4b）[44]。

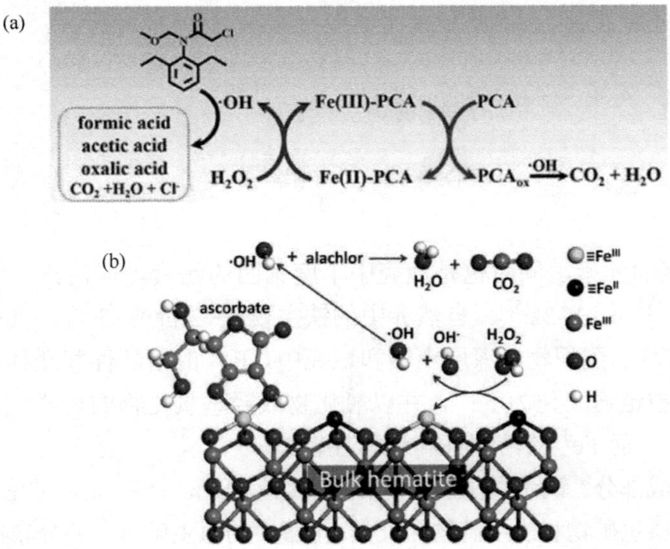

图 22-4　（ε）原儿茶酸调节铁循环促进均相类 Fenton 反应降解有机污染物示意图[43]；（b）抗坏血酸调节促进 Fenton 反应降解有机污染物的机理图[44]

考虑到铁基矿物，例如赤铁矿、针铁矿等广泛存在于土壤、沉积物以及地下水中，如果可以通过有机小分子酸铁循环调控策略加速这些天然铁基矿物表面的 Fe^{3+}/Fe^{2+}循环，则有可能实现利用天然铁基矿物原位修复有机物污染地下水的目的。基于这一思路，张礼知课题组通过向含水层沉积物中引入抗坏血酸加速铁基矿物表面的 Fe^{3+}/Fe^{2+}循环，促进 H_2O_2 分解产生·OH 的效率，从而实现了对氯硝基苯、甲草胺、氯霉素以及罗丹明 B 等一系列有机污染物的高效降解[45]。研究者通过柱实验验证了向含水层沉积物中注入抗坏血酸作为铁循环调节剂原位活化 H_2O_2 修复有机物污染地下水的可行性，结果显示，反应 60h 后，柱系统中的对氯硝基苯完全降解，抗坏血酸也随之降解完成，无二次污染。该研究揭示了铁循环调控在环境修复领域的重要意义，为构建高效、经济环保的地下水原位修复技术提供了理论支撑。

2）H_2O_2 定向转化

从 Haber-weiss 自由基反应机制可以看出，在 Fenton 反应过程中，H_2O_2 除了通过被 Fe^{2+}活化分解产生·OH 以实现有机污染物的氧化降解之外，还会被 Fe^{3+}氧化生成·HO_2/·O_2^-，进一步通过·HO_2/·O_2^-自身的复合反应，以及被 Fe^{3+}淬灭转化生成 O_2[34, 46, 47]。然而，自旋禁阻的 O_2 由于自旋限制并不能直接参与有机污染物的氧化降解[48]。因此，在 Fenton 反应过程中实际上只有转化为·OH 这部分 H_2O_2 才得到了有效利用，而转化为 O_2 的这部分 H_2O_2 则是被无效地分解消耗。显然，提高 Fenton 反应过程中 H_2O_2 分解转化为·OH 的有效分解效率，对于发展高效的 Fenton 氧化技术具有重要意义。

Ji 等人利用密度泛函理论计算研究了 H_2O_2 在 FeOCl 不同晶面的转化行为[49]。结果表明，在没有 H 原子覆盖的 FeOCl{001}晶面，H_2O_2 更易于发生脱氢反应，产生的·HO_2 经过一系列副反应转变成 O_2；而对于 H 原子覆盖的 FeOCl{110}晶面，H_2O_2 则倾向于分解生成 OH^-以及·OH。最近，张礼知课题组通过定量研究发现，在以针铁矿/H_2O_2 构建的异相 Fenton 体系中，当加入抗坏血酸根作为铁循环调节剂时，可以将 H_2O_2 在针铁矿表面有效分解产生·OH 的效率在 3 小时内从 11%提升至 82%，同时将 H_2O_2 无效分解产生 O_2 的效率从 71%降低到 11%。抗坏血酸根加速了异相 Fenton 反应过程中针铁矿表面 Fe^{3+}/Fe^{2+}循环，使得原本富含 Fe^{3+}的针铁矿表面不断产生 Fe^{2+}，从而促进 H_2O_2 被 Fe^{2+}的活化分解过程并产生·OH。同时，由于针铁矿表面 Fe^{3+}含量的降低，Fe^{3+}与·O_2^-反应生成 O_2 的途径受到抑制，导致 H_2O_2 向 O_2 的无效分解效率降低[50]。该研究阐明了有机小分酸根调控的 Fenton 反应过程中 H_2O_2 的转化行为，为发展高效 H_2O_2 利用率的 Fenton 氧化技术提供了理论基础[51]。

22.2.3　Fenton 氧化修复有机污染场地

1）土壤铁矿物

铁是地球上丰度最高的元素，同时也是地壳中丰度第四的元素。据估计，地壳中铁元素的质量占比约为 5.09%，对应原子占比为 1.87%[52]。自然界中的铁主要是+2 价或+3 价，其中 Fe^{2+}主要存在于还原或酸性环境中，例如原生矿物、沉积物、深层土壤和地壳中，Fe^{2+}的溶解性和迁移性较高；在有氧环境及中性、碱性条件下，Fe^{2+}会被迅速氧化为 Fe^{3+}，并以氧化物或羟基氧化物的形式沉积成矿，故有氧环境如表层土壤中主要以 Fe^{3+}为主，而 Fe^{3+}的溶解性和迁移性较差。

土壤是地壳的重要组成部分，铁元素在土壤中的质量比为 0.7%～55%，最常见的质量比约为 3.8%[53]。土壤中的含铁矿物主要包括原生矿物和次生矿物两大类。土壤中的原生矿物主要分布在土壤的砂粒和粉砂粒中，常见的土壤原生矿物包括石英、云母、长石、辉石等[54]。其中含铁矿物主要有橄榄石、角闪石、辉石、黑云母、钛铁矿、磁铁矿等，其化学组成和铁组分含量列于表 22-2 中。原生矿物中的铁主要是+2 价，八配位时其离子半径约为 0.078 nm，与 Mg^{2+}的八配位离子半径为 0.071 nm，故二者经常在原生矿物中形成固溶体共存[4]。

土壤中的次生矿物指原生矿物经化学风化作用后发生了化学组成以及晶体结构变化而形成的新矿物相[51]。土壤中常见的次生矿物主要包括层状硅酸盐、氧化物类、其他难溶盐类（碳酸盐、硫化物等）以及可溶盐类。层状硅酸盐的结构特点是由硅氧四面体片和水铝八面体片层叠构成，由于 Fe^{3+}的离子半径（0.065 nm，八配位）与 Al^{3+}的离子半径比较接近，故 Fe^{3+}经常同晶取代水铝八面体中的 Al^{3+}形成固溶体[54]。典型如绿脱石、蛭石、绿泥石等。土壤中的含铁氧化物主要有水铁矿、赤铁矿、针铁矿、褐铁矿等，还有部分非晶的无定形铁（氢）氧化物。层状硅酸盐和氧化物是构成土壤黏粒的主要成分，又称为黏粒矿物或黏土矿物。

表 22-2　土壤中主要的含铁原生矿物

中文名	英文名	化学组成	稳定性[54]	铁质量分数% 典型值（范围）[52]
橄榄石	Olivine	(Mg，Fe)$_2$SiO$_4$	易风化	10～30（0～55）
角闪石	Amphibole	Ca$_2$Na(Mg，Fe)$_2$(Al，Fe^{3+})(Si，Al)$_4$O$_{11}$(OH)$_2$	易风化	15（0～39）
辉石	Pyroxene	Ca(Mg，Fe，Al)(Si，Al)$_2$O$_6$	易风化	12（0～42）
黑云母	Biotite	K(Mg，Fe)(Al，Si$_3$O$_{10}$)(OH)$_2$	易风化	15（12～33）
石榴子石	Garnet	(Mg，Fe，Mn)$_3$Al$_2$(SiO$_4$)$_3$ 或 Ca$_3$(Cr，Al，Fe)$_2$(SiO$_4$)$_3$	较稳定	
钛铁矿	Ilmenite	FeTiO$_3$	较稳定	37
磁铁矿	Magnetite	Fe$_3$O$_4$	较稳定	72
电气石	Tourmaline	(Ca，K，Na)(Al，Fe，Li，Mg，Mn)$_3$(Al，Cr，Fe，V)$_6$(BO$_3$)$_3$Si$_6$O$_{18}$(OH，F)$_4$	较稳定	

2）铁矿物活化

土壤中丰富的含铁矿物是潜在的 Fenton 反应催化剂，有望利用其催化 H_2O_2 等氧化剂的分解转化生成 ROS，实现污染场地土壤的氧化修复。但土壤特别是表层土壤中本征含铁矿物的 Fe^{2+}/Fe^{3+}比例较低，不能有效催化 Fenton 反应；此外，较多 Fe^{3+}的存在导致 H_2O_2 无效分解为 O_2 的比例较高，一方面导致氧化剂的利用率低下，另一方面造成药剂注入时大量产气而冒浆，增大了土壤修复的工程难度。近期，张礼知课题组开发了场地土壤铁循环调控氧化修复技术：筛选得到高活性的天然小分子配体作为调理剂活化土壤铁矿物，促进矿物表面 Fe^{3+}向 Fe^{2+}的转化，从而驱动土壤铁矿物在 Fenton 反应中的铁循环，在加速 Fenton 反应的同时减少 H_2O_2 向 O_2 的无效分解，实现 H_2O_2 定向转化为·OH。目前已筛选出一批天然小分子铁循环调理剂，如原儿茶酸、抗坏血酸、盐酸羟胺、草酸等，这些物质兼具配位能力和还原能力，均能促进赤铁矿、磁铁矿、针铁矿等土壤矿物质表面的铁还原，显著加速铁矿物催化的多相 Fenton 反应[43, 50, 55, 56]。以抗坏血酸为例（图 22-5a）：地下含水层沉积物含有较多铁矿物，但其催化 Fenton 反应的活性较差。当加入抗坏血酸调理剂后，得益于快速的铁循环步骤，Fenton 反应和污染物降解明显加速（图 22-5b），据此提出了污染场地地下水原位化学氧化修复的新策（图 22-5c）[45]。

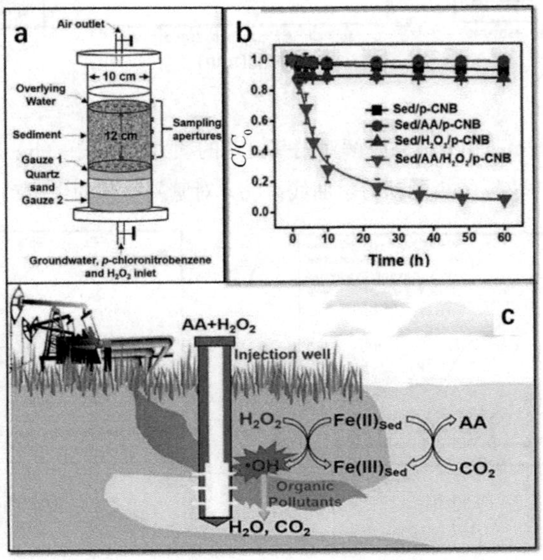

图 22-5　（a）抗坏血酸调理地下含水层沉积物 Fenton 氧化去除污染物的实验装置示意图；（b）不同反应条件下对硝基氯苯（p-CNB）的降解动力学曲线；（c）基于抗坏血酸调理铁循环的污染场地地下水原位化学氧化修复技术示意图[45]

此外，传统污染场地的氧化修复技术需要注入氧化剂和活化剂，而无论将两种试剂分别注入还是同时注入，药剂在抵达污染位点前都不可避免发生快速反应，导致药剂浪费，即无法解决精准注入和稳定传输的难题。而铁循环调控技术中不需注入活化剂，调理剂本身不与氧化剂发生快速反应，从而巧妙规避了上述难题。

3）还原氧化耦合

实际场地的污染情况可能非常复杂，不仅有石油烃、氯代烃、重金属等污染物，一些典型的农药、煤化工、石油化工等行业污染场地中可能还广泛存在难降解有机污染物如氯代芳香烃、硝基取代芳香烃、有机氯农药等，这些污染物中的卤素、硝基等拉电子基团会降低芳香环或不饱和键的电子云密度，同时导致空间位阻效应，使得这些化合物与 ROS 发生直接亲电降解的反应性较差，速率较慢。若先通过还原活性物种脱去芳香环上取代的卤素原子或硝基等强吸电子基团，生成的中间产物将能够和 ROS 快速反应，开环甚至矿化；不仅可加速母体化合物的降解，且有利于中间产物的进一步矿化脱毒。据此，张礼知课题组开发了污染场地的还原氧化耦合修复技术。以对硝基氯苯的去除为例，采用零价铁（ZVI）和 H_2O_2 组合的反应体系较单纯氧化体系（Fe^{2+}/H_2O_2）不仅能更快去除对硝基氯苯母体化合物（图 22-6a），更重要的是能够实现对硝基氯苯的有效矿化（图 22-6b）。ZVI/H_2O_2 组合中在反应前半段测到了还原产物对氨基氯苯的大量生成，且其浓度在反应后半段持续下降（图 22-6c）；同时，ZVI/H_2O_2 组合体系中还检测到了亚硝基氯苯、羟胺氯苯等硝基氯苯的还原产物，以及对氯苯酚、三氯苯二酚、环己二醇、己酮、己酸、草酸等氧化和开环产物，证明 ZVI/H_2O_2 组合体系降解硝基氯苯是还原-氧化耦合机制。进一步优化 ZVI 与 H_2O_2 的投加次序，发现先 ZVI 还原 1 h 后再投加 H_2O_2 可以实现硝基氯苯降解率以及矿化率的最大化（图 22-7）。

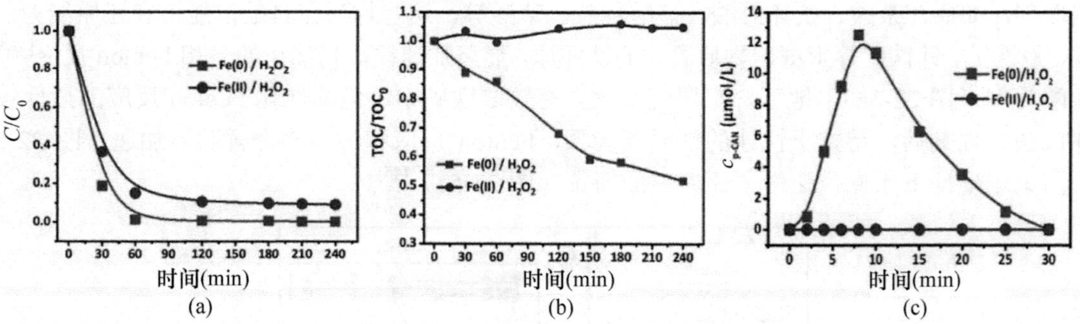

图 22-6　（a）ZVI/H_2O_2 和 Fe^{2+}/H_2O_2 体系降解对硝基氯苯的动力学曲线；（b）ZVI/ H_2O_2 和 Fe^{2+}/ H_2O_2 体系去除总有机碳 TOC 的动力学曲线；（c）对氨基氯苯的生成动力学曲线

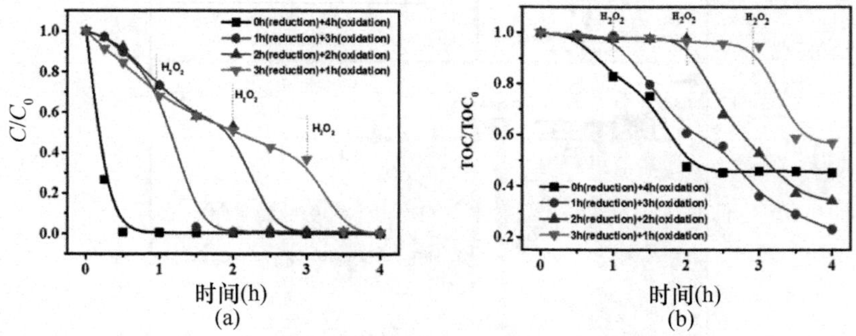

图 22-7　ZVI/ H_2O_2 还原氧化耦合体系中不同 H_2O_2 投加时机下（a）对硝基氯苯的降解动力学曲线；（b）总有机碳 TOC 的去除动力学曲线

22.2.4　修复案例

案例 1：场地位于南京市栖霞区长江沿岸，特征污染物为石油烃。采用铁循环调控氧化技术进行修复。用高压旋喷技术原位注入药剂（每立方米 4%的 H_2O_2 和 0.4%的小分子酸调理剂，图 22-8a）。小分子酸可以显著增强地下水中石油烃的去除效果，修复后的地下水样品表面无明显的油花。相较于传统 Fenton 技术，铁循环技术将污染区域的总石油烃修复效率从 33%提高到 90%，且氯乙烯、C6～C9、C10～C14 石油烃均达到了修复目标（图 22-8b 和 22-8c）。

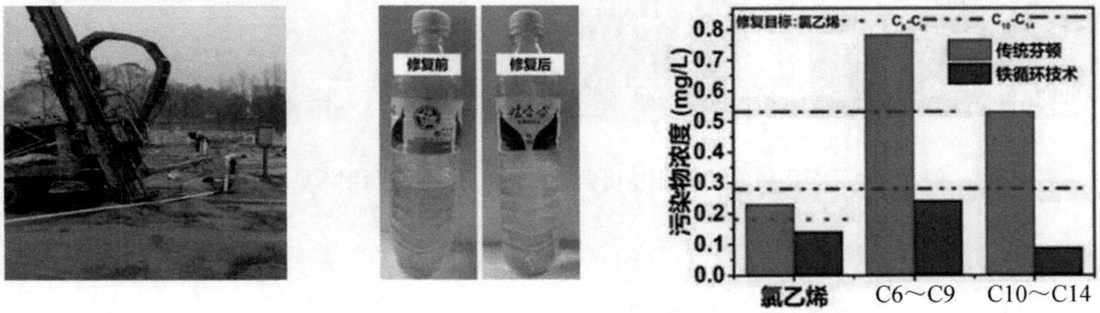

(a)　　(b)　　(c)

图 22-8　（a）污染场地和高压旋喷药剂注入设备照片；（b）小分子酸调理原位 Fenton 技术修复石油烃污染地下水的直观效果；（c）地下水样品中石油烃浓度数据

案例 2：污染场地为某化工厂原址，前厂区内主要生产对（邻）硝基氯苯、对硝基苯酚（钠）、邻苯二胺以及大苏打。场地主要污染物为硝基氯苯。首先采用实验室小试对比了铁循环调控修复技术和还原氧化耦合技术对该场地土壤的修复效果。铁循环调控修复技术方案：300 g 污染土壤 + 0.6 %（1.8 g）调理剂 + 3%（9 mL）H_2O_2 氧化（每三天补加一次，一共投加 9%的 H_2O_2）。结果显示，修复后所有污染物浓度明显降低，且修复效果要优于传统的碱活化过硫酸盐技术（表 22-3），但是未能实现达标修复。还原氧化耦合技术小试方案为：300 g 污染土壤 + 0.5% 铁基材料（1.5 g）还原 3 天 + 6%（18 mL）H_2O_2 氧化 3 天。结果显示，修复后所有污染物均可达标（表 22-3）。这表明还原氧化耦合技术相较于单一氧化技术更适用于硝基氯苯类污染土壤的修复。

表 22-3　铁循环调控技术修复硝基氯苯污染土壤的实验室结果　　（单位：mg/kg）

组别	邻硝基氯苯	对硝基氯苯	间硝基氯苯	氯苯	1，4-二氯苯	4-硝基苯酚	4-氯苯胺
原始土样	5590	2145	17.45	33.3	1.055	2.94	0.79
铁循环调控技术	2125	932.5	7.81	0.827	0.435	ND	ND
过硫酸钠技术	4120	1795	8.34	20.7	1.38	ND	ND
还原氧化耦合技术	ND	ND	ND	1.53	0.18	ND	21.6
修复目标值	1.98	32.35	1.98	132.41	7.04	35.81	132.69

案例 3：地块为华东地区某生产企业遗留地块，经调查，超标污染物主要为地下水中的石油烃，超标 20 倍。根据地质勘察，场地污染深度范围内，地下水以松散岩类孔隙水为主，可划分为潜水和承压水二种。采用原位低温热强化-化学氧化修复技术，低温加热工艺选用加热稳定性好、均质性强的原位电流加热技术工艺，原位注入工艺选用井注的方式。采用原位电流加热技术装备系统，控制电力输出升温速率 1～2℃/d（图 22-9）。修复药剂选用双氧水，调理剂选用小分子有机酸。调理剂和 H_2O_2 质量比为 3∶100，

H_2O_2 浓度为 8%，在移动式集成自动化原位注入装备的配药单元中完成药剂均质化配置。采用移动式集成自动化原位注入装备，控制单井注入压力 0.2～0.4 MPa，注入流量 0～3 m³/h。修复结果表明：相对传统热修复技术可降低能耗 50%以上，相对传统化学氧化修复技术可降低氧化剂的消耗量 30%以上，污染物去除率达到 90%以上。

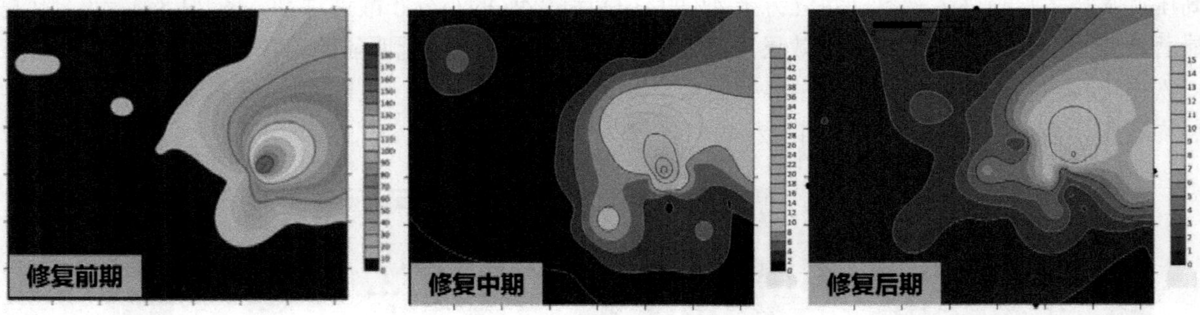

图 22-9　示范区域低温热强化-化学氧化前期、中期、后期污染物浓度分布

22.3　基于过硫酸盐的高级氧化修复技术

1878 年，法国科学家 Berthelot 首次在电解硫酸盐过程中发现过二硫酸。随后，Marshall 进行了更为细致的研究，获得过二硫酸及其相关的盐，即硫氧阴离子，其组成结构比普通的硫酸盐多了一个氧原子[57]。但是，直到近年来，关于 PS 用于环境污染修复的研究呈现指数性增长。与传统的 Fenton、类 Fenton 氧化技术相比，基于过硫酸盐的高级氧化修复技术（PS-AOPs）具有诸多优势，如易存储、价格低廉、适用范围广、活性物种半衰期长等。因此，PS-AOPs 被认为是 AOPs 中最有前途的技术，已迅速成为现阶段的研究热点。

22.3.1　基本原理

PS-AOPs 中常用的 PS 主要包括过一硫酸盐（peroxymonosulphate，PMS）和过二硫酸盐（peroxydisulfate，PDS），两者的理化性质如表 22-4 所示。PDS 主要以钠盐、钾盐和铵盐的形式存在，其中，过硫酸钠（$Na_2S_2O_8$）溶解度较高，应用更为广泛。PMS 通常以钾的三重盐（$2KHSO_5 \cdot KHSO_4 \cdot K_2SO_4$）混合形态存在，其商业名为过氧硫酸氢钾。与 PDS 相比，PMS 存在两个无法发挥氧化作用的硫酸盐，即 $KHSO_4$ 和 K_2SO_4，且远不如过硫酸钠具有高稳定性和高水溶性，再加上生产成本高的问题，都极大限制了 PMS 的大规模商业应用[58]。在研究和实际应用中，PS 通常指 PDS，本章后续内容不再区分 PS 和 PDS。

PS 在常温下呈固体，较稳定，易溶于水，在纯水中可稳定数月，水溶液呈酸性。与其他常用的化学氧化试剂（H_2O_2 或 O_3）相比，PS 稳定性更高，易于运输。PS 的分子具有对称结构（图 22-10），与其他过氧化剂类似，具有 O-O 键特征，可以将 PS 看成是 H_2O_2 的衍生物，可以视为 H_2O_2 中的两个 H 原子被 $-SO_3$ 基团取代而生成。PS 自身具有一定氧化性能，然而未经活化的 PS 直接与有机污染物发生反应的活性较低[59]。因此，需要一定的活化手段来活化 PS 产生强氧化性的 ROS。PS 经活化后，O-O 键会发生断裂，在反应体系中可产生高氧化电位的 $SO_4^{-}\cdot$ 和 $\cdot OH$，氧化分解绝大多数有机污染物[60]。

表 22-4　过硫酸盐的基本性质

中文化学名	磺化环氧硫酸二钠（disodium sulfonatooxy sulphate）	过氧化单硫酸钾盐（monopotassium peroxymonosulfurate）
中文别称	过硫酸钠、过二硫酸钠、高硫酸钠	过一硫酸盐，单过硫酸氢钾
CAS 号	7775-27-1	10058-23-8
分子式	$Na_2S_2O_8$	$H_3K_5O_{18}S_4$
分子量	238.105	614.738
外观	白色晶体或粉末	白色晶体或粉末
水中溶解度（25℃）	730 g/L	>250 g/L
密度（g/cm^3）	1.12	1.10～1.30
氧化还原电位（V）	2.01	1.82

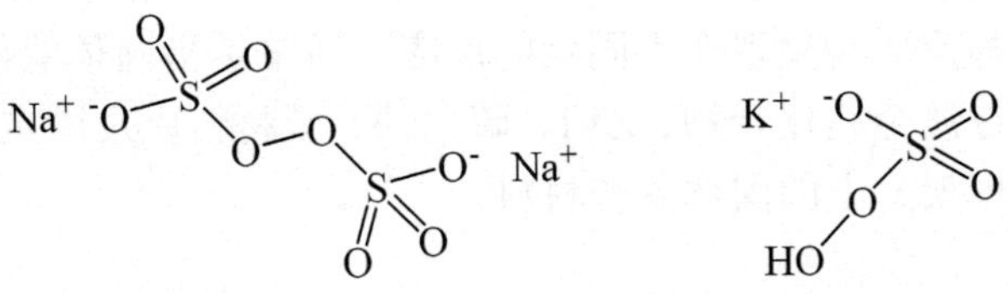

图 22-10　过硫酸钠和过氧单硫酸钾（PMS 的有效成分）的分子结构图

22.3.2　过硫酸盐的活化方式

PS 氧化技术的核心是对 PS 的活化，主要包括热活化、电活化、微波活化等物理活化；碱活化、过渡金属离子等化学活化及 ZVI、硫化铁、碳材料等异相催化活化。

1）均相活化

过渡金属离子活化是一种常见的均相活化 PS 方式，具有活化效率高、操作简单和成本低等特点。过渡金属离子主要包括 Fe^{2+}、Co^{2+}、Mn^{2+}、Cu^{2+}、Ni^{2+}、Ag^{+}等，这些离子在常温常压下可快速活化 PS 产生大量的 $SO_4^{-}\cdot$等 ROS，无需额外的能量。但考虑到上述金属的毒性和价格问题，除 Fe^{2+}以外的金属离子实际应用较少。Fe^{2+}具有来源广、廉价易得、环境友好和催化活性高等特点，已成为 PS 活化中研究最多、应用最为广泛的一种活化方式。

过渡金属离子活化 PS 的机理反应方程式如式 22-22（以 Fe^{2+}活化 PS 为例）。PS 的 O-O 键断裂是产生活性自由基的关键，Fe^{2+}可以将电子转移至过硫酸根上，然后被氧化成 Fe^{3+}，而过硫酸根则通过电子的转移发生一系列的连锁反应从而快速产生大量的 $SO_4^{-}\cdot$。但是，Fe^{2+}同时也会对 $SO_4^{-}\cdot$产生一定的猝灭效果（式 22-23），当过量的 Fe^{2+}存在时反而会消耗体系中生成的自由基，进而降低污染物的去除速率。为了克服以上不利的副反应，通常会采用如下方式对 Fe^{2+}/PS 体系进行调控：①适当调节 Fe^{2+}和 PS 之间的摩尔比例；②更改 Fe^{2+}的添加策略，由一次添加转变为少量多次；③添加适量螯合剂，如乙二胺四乙酸、柠檬酸、草酸和硫代硫酸钠等化合物，降低溶液中一次性释放 Fe^{2+}或 Fe^{3+}的量，从而降低 Fe^{3+}的析出，提高 Fe^{2+}的利用率；④添加适量还原剂，如羟胺、抗坏血酸、硫代硫酸钠、亚硫酸钠等还原性物质，可促进体系中的 Fe^{3+}快速转化为 Fe^{2+}，实现铁物种循环从而提高 PS 的活化效率。笔者研究团队通过比较柠檬酸钠、草酸钠、焦磷酸钠以及乙二胺四乙酸二钠四种有机酸对 Fe^{2+}络合作用发现，柠檬酸钠络合 Fe^{2+}活化 PS 技术在 12h 内对水中 100 μg/L 的芘降解率达 94.4%。针对有机污染场地土壤，柠檬酸钠络合 Fe^{2+}

活化的 PS 技术在反应 7 天内对土壤中的多环芳烃（ΣPAHs=282 mg/kg）去除率可达 67.1%，其中对 4～6 环的高环 PAHs 去除率高达 71.7%。在 14 天内两次投加相同剂量的材料，PAHs 去除率可达 73.6%，柠檬酸钠络合 Fe^{2+}活化 PS 技术可有效去除土壤中难降解的 PAHs。

尽管添加额外的螯合剂或还原剂可以提高对污染物的整体降解效率，但是反应体系中额外添加的化学试剂可能会与目标污染物竞争活性自由基，反而降低药剂的利用率，且部分试剂具有较高毒性，因此限制了螯合剂或还原剂在实际环境修复中的应用。此外，许多研究人员发现，过量的添加试剂会导致可溶性 Fe^{2+}失活[61, 62]。因此，在选择铁离子的螯合剂或还原剂时应慎重。

$$Fe^{2+} + S_2O_8{}^{2-} \longrightarrow Fe^{3+} + SO_4^{-}\cdot + SO_4{}^{2-} \quad k=3\times10^1\ L/(mol\cdot s) \tag{22-22}$$

$$Fe^{2+} + SO_4^{-}\cdot \longrightarrow Fe^{3+}\ SO_4{}^{2-} \quad k=4.6\times10^9\ L/(mol\cdot s) \tag{22-23}$$

2）非均相活化

非均相活化是指催化剂与反应物呈现在不同相的反应，通常是指固体催化剂活化液相中的 PS。常见的非均相催化剂包括难溶的过渡金属化合物、ZVI、硫化铁、碳材料以及固定在各种载体（如氧化物、分子筛、碳质材料和金属有机框架）上的固体复合材料。

（1）ZVI

在众多固相催化剂中，ZVI 是现阶段普遍认为最具潜力的 PS 活化剂。自从 1990 年首次被报道用于修复污染地下水以来，ZVI 因高还原性（E_0 = –0.44 V）、易接近性和环境友好性得到了广泛关注。当与 PS 结合使用时，ZVI 会因酸性环境被腐蚀并产生溶解性的 Fe^{2+}（式 22-24 至式 22-26），电子直接从 ZVI 表面转移给 PS 生成 $SO_4^{-}\cdot$（式 22-27）[63]。此外，Fe^{2+}可以通过 ZVI 和 Fe^{3+}反应再生（式 22-28）[64, 65]，进而提高对 PS 的活化性能。

$$2Fe + O_2 + 2H_2O \longrightarrow 2Fe^{2+} + 4OH^- \tag{22-24}$$

$$Fe + 2H_2O \longrightarrow 2Fe^{2+} + 2OH^- + H_2\uparrow \tag{22-25}$$

$$Fe + 2H^+ \longrightarrow Fe^{2+} + H_2\uparrow \tag{22-26}$$

$$Fe + 2S_2O_8{}^{2-} \longrightarrow \equiv Fe^{2+} + 2SO_4^{-}\cdot + 2SO_4{}^{2-} \tag{22-27}$$

$$Fe + 2Fe^{3+} \longrightarrow 3Fe^{2+} \tag{22-28}$$

与均相活化过程类似，经上述非均相反应从固相释放到反应界面及溶液中的 Fe^{2+}可以有效活化 PS 并产生 $SO_4^{-}\cdot$和$\cdot OH$[66, 67]。但因 ZVI 固相颗粒与 PS 的反应速率远小于均相活化过程，ZVI 可以缓慢并控制 Fe^{2+}的释放，减轻 Fe^{2+}对自由基的猝灭。此外，通过 ZVI 可以还原所产生的 Fe^{3+}，从而减少由于 Fe^{3+}的积累而引起的水解和沉淀。而且，将普通 ZVI 的粒径由微米降至纳米级后可更快、更高效地活化 PS。与 ZVI 相比，一方面，纳米零价铁（nZVI）具有尺寸小、比表面积大、表面势能高，能显著增加其与 PS 的接触，提高 PS 的活化效率；另一方面，nZVI 具有更小的尺寸，增强了其在环境介质中的传质性，使得 PS 活化和污染物降解等反应更为彻底。

相对于均相活化剂，nZVI 对 PS 活化展现出一定优势，但仍然存在一些不足，如：因高表面能和固有磁性而易于聚集、易被空气中的 O_2氧化、浸出铁离子等。针对上述不足，研究者认为对 nZVI 进行表面改性或负载是解决上述问题的有效途径。当前常用的改善策略主要有四种[68, 69]：①加入大豆油、玉米油等乳化剂制备乳化 nZVI；②加入羧甲基纤维素（CMC）、黄原胶（XG）等制备稳定化 nZVI；③以活性炭、黏土矿物为载体制备负载型 nZVI；④加入硫化钠、连二亚硫酸钠等含硫化合物或单质硫制备含 FeS 壳层的硫化 nZVI。

（2）硫化铁

自然界存在的硫化铁主要包括无定形 FeS、马基诺矿（$Fe_{0.93-0.96}S$）、菱铁矿（FeS）、灰铁矿（Fe_3S_4）、黄铁矿（FeS_2）、磁黄铁矿（$Fe_{1-x}S$）和水镁石（FeS_2），这些硫化铁矿物对 PS 的活化效果已被大量研究所证明。这些矿物普遍存在于土壤环境中，可活化 PS 降解土壤环境中的污染物。除天然硫化铁外，人工制备的硫改性零价铁（S-ZVI）也引起了人们的极大关注，其硫化层能够对 ZVI 颗粒表面去钝化，促进电子从铁核转移到表面，持续产生表面结合的 Fe^{2+}，从而活化 PS[70]。Rayaroth 等[71]通过对比 S-nZVI 和 nZVI 活化 PS 降解污染物的性能发现，nZVI/PS 体系的有效 pH 范围仅限于 3～5，而 S-nZVI/PS 体系对 pH 的依赖性较小，在 pH=3～9 范围内均表现出很好的催化活性。然而，S/Fe 摩尔比是影响 S-nZVI 催化活性的一个重要因素，过低的 Fe/S 比会导致 FeS 在 S-nZVI 表面上的冗余积累，从而降低 S-nZVI 的反应性。

（3）过渡金属化合物

过渡金属化合物是指含 Co、Fe、Cu、Mn 等一种或多种金属元素的化合物。当前研究表明，这些过渡金属化合物均能有效催化 PS 并产生活性自由基降解环境中污染物。Yao 等[72]通过比较 50 nm 与 5 μm 粒径的 Co_3O_4 对 PS 的活化效率，发现前者对橙色 G 的降解率为 90.7%，而后者仅为 38.7%，证明了钴氧化物对 PS 的催化活性在一定程度上依赖其比表面积和形态结构。Wang 等[73]通过研究纳米级棒状、管状和纤维状 MnO_2 对 PS 的活化性能时发现，MnO_2 的比表面积、暴露的活性晶面及·OH 的生成均在 PS 活化过程中起着重要作用。而 CuO 遵从非自由基催化机制，避免了 PS 活化过程中氯离子及碳酸氢根离子对 SO_4^-·的消耗，具有优异的抗环境因子干扰能力和环境适用性[74]。尽管已有大量关于 Co、Cu、Mn 和 Ag 等过渡金属及其氧化物活化 PS 的研究，但目前的研究趋势仍是铁基催化材料。

（4）碳质材料

由于金属基催化剂在活化 PS 催化降解污染物过程中存在金属离子溶出的风险，碳质材料作为无金属催化剂引起了研究者广泛关注。碳质材料主要包括活性碳、生物炭、纳米金刚石、石墨烯（GP）和碳纳米管（CNT）等。碳质材料的催化活性取决于碳原子排布、电荷密度及分布、石墨化程度、表面化学特性等因素[75]。Duan 等[75]研究单壁碳纳米管、还原氧化石墨烯（rGO）、介孔碳、富勒烯、纳米金刚石、石墨碳氮化物和活性碳等不同同素异形体和碳形式对 PS 的活化性能时发现，前三种碳质材料在活化 PS 降解苯酚方面表现出更好的多相催化效果。其中 rGO 的活化效果显著优于 Fe_3O_4、CuO、Co_3O_4、MnO_2 等金属基催化剂，甚至能够达到 ZVI 的催化性能。值得注意的是，许多碳质材料具有较好的吸附能力，在考察其活化 PS 降解环境中有机污染物的性能时应着重鉴别和区分其吸附性能和降解性能对污染物去除的贡献。

（5）碳基金属/金属氧化物复合材料

除了自身对 PS 的催化活化性能外，碳质材料具有出色的生物相容性、高比表面积、耐酸碱能力以及可控的电子和物理化学反应特征，可用作载体来提升金属基催化剂对 PS 活化性能，表现出巨大的应用潜力。常见的碳基载体包括 GP、CNT、生物炭、碳气凝胶和活性炭等。据报道，ZVI/rGO/PS 体系对水体中阿特拉津的去除效率至少是 ZVI/PS 体系的 1.5 倍。但是，在反应过程中，rGO 上负载的 ZVI 被氧化为鳞片藻矿和磁铁矿/磁铁矿，导致 ZVI/rGO 的重复利用性较差[76]。近年来，由于成本低廉、孔结构发达、生物相容性好和含氧官能团丰富等特点，生物炭及其改性材料备受关注。研究者通过浸渍法、共沉淀法、液相还原法和水热法等将铁物种负载到生物炭上制备高催化性能的碳铁催化剂。例如，Yu 等[77]采用一锅法合成了磁性氮掺杂生物炭催化剂，该催化剂对 PS 活化效率高，对有机污染物的降解更彻底，远好于其他碳基材料（GP、GO 等），作者将其归因于碳-氮-铁的协同催化以及电子传递能力的提高。

尽管碳质材料在提升金属基催化剂活化 PS 性能方面展现出令人振奋的结果，但应考虑碳基载体在 PS 活化过程中同样受到强氧化性 SO_4^-·和·OH 的攻击，导致催化剂结构的破坏。为此，Oh 等[69]提出理想碳基载体应具有以下特性：①抗同类氧化反应，②为催化剂提供足够的分散点位（如高比表面积、良好孔隙结构），③协同吸附和催化氧化性能，④与金属催化剂具有强的键连接能力，增强催化剂稳定性和性能。

（6）其他异相催化剂

除了上述的非均相催化剂外，将过渡金属及其化合物固定在金属氧化物类、分子筛和金属有机框架等载体上也表现出较好的活化 PS 性能。许多金属氧化物，如 CuO、ZrO、CeO 和 ZnO，可以单独作为 PS 的活化剂，也可用作铁物种的载体，形成不同的双金属或多金属催化剂，发挥协同催化作用。但这些复合材料的制备过程过于繁琐，成本较高，距离实际应用还有很长的路要走。

3）其他能量活化

（1）热活化

PS 中的 O-O 键能在较高的热辐射（>50 ℃）下会发生裂变产生 $SO_4^{-}\cdot$，该反应过程如式 22-29 所示。

$$S_2O_8^{2-} + heat \longrightarrow 2SO_4^{-}\cdot \tag{22-29}$$

在一定温度范围内，PS 活化体系中的有机污染物反应速率随温度的升高而增大[78]。施工现场一般采用 55～70℃作为 PS 的活化温度，以避免能耗过高，但适当提高活化温度可以降低 PS 的用量。除温度之外，土壤 pH 以及含有的 Cl^-、HCO_3^-、NO_3^-和 DOM 等都会影响热活化 PS 降解有机污染物的效果[78]。

（2）碱活化

PS 也可在高 pH 环境（>11）下被活化，生成强氧化性自由基[79]，其反应过程如下式所示。

$$2S_2O_8^{2-} + 2H_2O\,(OH^-) \longrightarrow 3SO_4^{2-} + SO_4^{-}\cdot + \cdot O_2^- + 4H^+ \tag{22-30}$$

$$S_2O_8^{2-} + H_2O\,(OH^-) \longrightarrow 2SO_4^{2-} + \cdot HO_2 + H^+ \tag{22-31}$$

$$SO_4^{-}\cdot + OH^- \longrightarrow SO_4^{2-} + \cdot OH \tag{22-32}$$

碱活化过程中产生 $SO_4^{-}\cdot$、$\cdot OH$ 和微量还原剂（$\cdot O_2^-$和$\cdot HO_2$ 等），当 pH 大于 12 时，$\cdot OH$ 是主要的 ROS[59]。碱活化体系加入的碱性物质一般为 KOH 或 NaOH，KOH 容易与 PS 反应形成水溶性较低的 $K_2S_2O_8$，会减弱活性物种在反应介质中的传递效率，故常选用 NaOH 作为碱活化试剂。一般来讲，随着碱液浓度增大，有机污染物的降解速率也会随之提高。但考虑到碱活化需要在强碱性水土环境中进行，该技术的应用对现场操作条件、设备耐腐蚀性以及水土环境提出了更高的要求。

（3）光活化

除热能外，光也能给予 PS 能量，激发其产生高活性自由基。反应过程如下：

$$S_2O_8^{2-} + UV \longrightarrow 2SO_4^{-}\cdot \tag{22-33}$$

太阳光中紫外线（UV）约占 5%，足以用来活化 PS 产生系列活性自由基。基于太阳能催化 PS 处理饮用水与微污染水体的 AOPs 已日趋成熟，具有经济、安全、无二次污染的特点，特别适用于安装有紫外消毒系统的水处理厂。光活化技术中自由基的产生速率除了与光照强度有关外，水体 pH 也有所影响[68]。该方法比较适合处理色度低、透光率高的受污染水体，但不适用于受污染土壤和地下水的处理。

（4）电活化

电活化是一种新型的 PS 活化技术，因其具有可循环利用性、环境友好性、运行成本较低等优点，近年来引起了广泛关注。在电活化体系中，一方面通过牺牲铁阳极生成 Fe^{2+}，参与 PS 的活化；另一方面，还可以直接将能量或电子转移至 PS 上，实现其高效活化。该体系的特点是体系中污染物的电化学降解和自由基氧化降解同时共存，且 PS 可以在阳极再生，使 PS 和活性自由基源源不断地产生，从而快速高效地降解污染物[80]。通常电极材料、电流密度、pH 和 PS 浓度是影响 PS 活化效率的主要因素。相较于其他活化方式，电场的引入可以提高 PS 在不同 pH 下的活化效率，特别是促进近中性 pH 条件下 PS 的活化反应。

（5）超声波活化

近年来，应用超声波（US）活化 PS 受到了一定程度的关注。该活化是通过 US 环境下水溶液中空化气泡坍塌产生较高的局部温度和压力来对 PS 进行有效活化。Wei 等人[81]发现在 US 活化 PS 的过程中，生成的·OH 的数量比 SO_4^-·的数量大 1 个数量级。值得注意的是，在 US 活化 PS 过程中是否存在热活化过程仍存在争议，但 US 活化 PS 已被用于催化降解卡马西平、双酚 A、三氯乙烷和二恶烷等污染物。此外，PS 的 US 活化还可与其他活化技术（如 Fe^{2+}和 UV 照射）相结合，以增强污染物降解。US 活化技术对电的依赖性较高，但与热活化 PS 相比，US 活化 PS 被认为是一种成本较低且可持续的技术，尤其是避免了在热活化过程中废热不可利用的情况。

（6）微波活化

微波（MW）辐射技术是一种通过热效应和非热效应实现加热的特殊方法，具有反应速度快、穿透性强、无二次污染等优点。通过 MW 的双重效应可实现 PS 的高效活化。具体来说，MW 辐射能被水、土壤等环境介质吸收并转化成热能，从而实现环境介质温度的上升，并活化 PS；而 MW 的非热效应则通过促进电子转移和反应物碰撞的方式活化 PS。Liu 等人[82]的研究指出 MW 辐射活化 PS 降解氧氟沙星的效率是热活化 PS 方式的两倍。除直接活化 PS，MW 还可与其他 AOPs 耦合快速去环境污染物。例如，在 MW/PS/Fe_3O_4 氧化降解对硝基苯酚（PNP）的体系中，单一微波或 PS 处理以及 MW+Fe_3O_4 或 PS+Fe_3O_4 组合处理都无法对 PNP 进行有效降解，而当三者结合时，在 30 min 内对 PNP 的去除率高达 90%以上，这说明微波对 Fe_3O_4/PS 体系确实有强化作用[83]。虽然将 MW 应用于 PS 活化中存在诸多优点，但不可否认的是，MW 活化 PS 存在能耗高、传输距离有限等缺陷，在一定程度上限制了其实际应用。因此，如何提高微波传输距离和对 PS 活化效率是实现微波活化 PS 工业化应用的关键。

22.3.3　催化降解机制

PS 自身具有一定的氧化性，可直接氧化部分污染物，但通常效率不高，需要通过活化来产生强氧化性 ROS，提高对污染物的催化降解效果[84]。不同的活化手段会产生不同的 ROS，进而影响污染物的降解机制。通常，将 PS-AOPs 催化机理分为直接氧化、自由基路径、非自由基路径和电子转移路径[85]。

1）直接氧化

PS 能通过自身的氧化性直接降解污染物。PS 不但可以选择性的攻击苯环上 N、S 原子，进而直接氧化降解磺胺类药物和有机磷农药等有机污染物[86]，还可通过羟化和开环等反应直接氧化降解含有酚类基团的物质[87]。然而，由于自身氧化性能较低，PS 与大部分较稳定的污染物无法直接发生反应，同时对某些易反应的污染物也难以实现彻底矿化，甚至可能会产生毒性更高的中间产物。因此，实际应用中很少采用 PS 对污染物进行直接氧化降解。

2）自由基路径

自由基路径实质上是指反应体系中 PS 经活化产生活性自由基，进而氧化降解污染物的过程。自由基路径一直被默认是基于 SO_4^-·的氧化路径，但实际反应体系中产生的活性自由基并非只有 SO_4^-·，最常见的活性自由基还包括·OH、·O_2^-等，这与具体的活化方式及反应体系 pH 等有关。在碱性条件下，SO_4^-·与 OH^-反应生成·OH（式 22-34）[87]，同时，一些催化剂的特殊位点（如：碳质材料的氮缺陷位点）均能活化 PS 产生·O_2^-（式 22-35）。反应体系中产生的·OH、·O_2^-均具有较高的氧化性能，能够直接氧化降解污染物。

$$SO_4^-\cdot + OH^- \longrightarrow SO_4^{2-} + \cdot OH \tag{22-34}$$

$$3S_2O_8^{2-} + 4OH^- \longrightarrow 6SO_4^{2-} + 2\cdot O_2^- + 4H^+ \tag{22-35}$$

自由基路径最突出的优点在于产生的活性自由基氧化能力强，能够将有机污染物彻底矿化为水分子（H_2O）和二氧化碳（CO_2），对有机污染物的处理效果好。但同时也存在一定劣势，如自由基的寿命一般较短，大部分自由基在与污染物接触之前就会湮灭消失，无法有效或高效地参与污染物的降解过程。这一现象在有机污染土壤修复中更为显著。

3）非自由基路径

非自由基路径是指反应过程中 PS 被活化，而体系中并未产生自由基，而是依靠自由基以外的其他活性物质来降解污染物的过程。PS 降解污染物的非自由路径一般指单线态氧（$^1O_2$）路径。许多催化材料可以通过活化 PS 生成 $^1O_2$ 从而实现污染物的降解，这一催化过程主要依靠材料上的醌类基团[88]。醌类属于芳香族化合物，结构中含有苯环和 C=O。PS 与醌类基团反应首先生成二氧六环中间体，随后进一步分解生成 $^1O_2$[89]。反应产生的 $^1O_2$ 具有一定氧化活性，能够直接氧化降解污染物。

除了通过醌类基团活化 PS 产生 $^1O_2$ 外，PS 活化过程中生成的$\cdot O_2^-$与自身或其他自由基反应也能够生成 $^1O_2$（式 22-36～22-38）。而且，随着溶液初始 pH 的升高，$\cdot O_2^-$更容易反应生成 $^1O_2$，促进 PS 通过非自由基路径降解污染物。

$$2\cdot O_2^- + 2H^+ \longrightarrow {}^1O_2 + H_2O_2 \tag{22-36}$$

$$2\cdot O_2^- + SO_4^-\cdot \longrightarrow {}^1O_2 + SO_4^{2-} \tag{22-37}$$

$$\cdot O_2^- + \cdot OH \longrightarrow {}^1O_2 + OH^- \tag{22-38}$$

在非自由基路径中，产生的 $^1O_2$ 氧化活性通常弱于自由基路径中产生的活性自由基。因此，非自由基路径对污染物的降解通常不如自由基路径迅速和彻底。但体系中 $^1O_2$ 生成速率较缓，延长氧化剂与污染物的接触时间，进而一定程度上可提高氧化剂的利用率。

4）电子转移路径

近期研究表明，碳纳米管能够同时吸附 PS 和污染物，PS 中的过氧键会出现“拉长”（即 PS 的活化过程），污染物作为电子供体，借助碳纳米管的高导电性将电子传递给 PS，最终促使 PS 直接分解为 SO_4^{2-}、污染物被氧化，然而该过程中没有中间自由基的介入，这一反应过程被称为电子转移路径[90]。电子转移路径主要分为两步，第一步为 PS 与催化剂结合形成活性中间复合体，第二步借助复合体高的氧化还原电位促进电子由污染物向复合体的转移，最终促使污染物的降解[91]。目前已知的可介导电子转移路径的催化材料主要有碳质材料，如碳纳米管、石墨烯、生物炭。

电子转移路径主要存在于具有富电子结构（如苯环、碳碳双键等）污染物的高级氧化降解过程。相较于其他反应路径，电子转移路径能够显著提高氧化剂的利用率，当反应体系中没有污染物输入时，PS 能够稳定存在，当反应体系中输入污染物时，污染物与 PS 之间才会出现电子转移，造成 PS 的分解和污染物的氧化降解。因此，在理论上，电子转移路径可以将 PS 完全用于氧化降解污染物。此外，电子转移路径引发条件较温和，常温常压下加入合适的催化剂即可，且反应体系受 pH 和其他环境因素的影响较小，反应稳定性更高。

通过比较可知，PS 降解污染物的各反应路径都存在自身的优势和缺陷，针对不同类型污染物可以选择适宜的催化剂来诱导特定的反应路径。但在实际的工程案例中，一般有多种污染物共存，可能需要多种反应路径共同作用。

22.3.4　影响因素

1）水环境因子

PS-AOPs 在水体中较为稳定，但仍存在一些因素影响反应过程，如无机阴离子和 pH。

（1）无机阴离子

PS-AOPs 中生成的 ROS 具有很强的氧化性，很容易与水环境中的 Cl^-、Br^-、CO_3^{2-}等无机阴离子发生反应（式 22-39～式 22-41），进而出现阴离子与污染物竞争自由基的现象。这类竞争性反应通常会显著影响目标污染物的降解效率，造成药剂的浪费[92, 93]。不同阴离子对 PS-AOPs 的影响效果不同。当溶液中存在高浓度的卤素离子时，能够直接与·OH 或 SO_4^-·生成反应活性较低的卤素自由基，这类自由基倾向于进攻具有高活性位点的污染物，如，烯烃和芳香结构。在 pH 为 7 条件下，Cl^-倾向于与 SO_4^-·直接反应生成卤素自由基，因而中性环境下 PS-AOPs 更易受 Cl^-影响[94]。尽管在废水中 Br^-浓度通常远低于 Cl^-，Br^-是生成卤素自由基的关键因素。相较于 Cl^-和 CO_3^{2-}，Br^-更容易与·OH 或 SO_4^-·反应，且生成的卤素自由基稳态浓度高于·OH 或 SO_4^-·[95]。反应体系中 Br^-和 Cl^-共同存在时，对卤素自由基的产生有协同的作用，Br^-捕获·OH 生成 $BrOH^-$，$BrOH^-$或其他含溴自由基，随后与 Cl^-进一步反应促进了 Cl 自由基的生成。

$$SO_4^-\cdot + Cl^- \longrightarrow \cdot Cl/Cl_2^- + SO_4^{2-} \tag{22-39}$$

$$SO_4^-\cdot + Br^- \longrightarrow \cdot Br/Br_2^- + SO_4^{2-} \tag{22-40}$$

$$SO_4^-\cdot + CO_3^{2-} \longrightarrow CO_3^- + SO_4^{2-} \tag{22-41}$$

（2）pH

pH 通过影响催化剂表面基团的活性、氧化剂的稳定性以及污染物的存在形态来影响污染物的降解效果。以往研究表明，Fe^{2+}激活 PS 时，pH 在 2.0～4.2 下活化效果较好，而 pH 值低于 4.2 时能够形成 $[Fe(H_2O)]^{2+}$复合物，导致游离 Fe^{2+}缺乏，从而不能有效激活溶液中的 PS，当 pH 高于 4.2 时，Fe^{2+}容易和水形成 $FeOH^+$，同样无法有效激活 PS[96]。ZVI 在 3.0～7.0 下均能保持高活性，当体系 pH 过低时，ZVI 腐蚀较快，更多的 Fe^{2+}产生，消耗体系产生的自由基，pH 过高时，表面形成钝化层，抑制其催化作用。铁基催化剂的最佳 pH 值在 3.0～7.0 之间，在 Fe^{2+}和 Fe^{3+}直接催化时弱酸性更为有利，而 ZVI 可以适用于更广的 pH 范围，这也体现了 ZVI 的优势[97]。PS 活化产生的 ROS 受 pH 的影响很大，如 SO_4^-·在酸性条件下活性相对较高，而·O_2^-在碱性环境中具有更长的寿命[96]。此外，pH 的变化会引起污染物存在形态（离子态或分子态）的改变，进而影响污染物的氧化降解效果。

2）土壤环境

相较于水体环境，土壤环境更加复杂，多重因素共同制约 PS-AOPs 对土壤污染物的修复效果。总体来说，影响因素主要包括土壤含水率、有机质和矿物等。

（1）含水率

水作为土壤污染修复的介质，提供了污染物与药剂反应的场所，能够溶解氧化剂且有利于活性物种与目标污染物进行接触，从而提高污染物的降解率。因此，在 PS-AOPs 处理受污染土壤的过程中，补水是很常见的措施，水的添加量对污染物的降解具有显著影响。PS 在土壤中的半衰期随土壤含水量的增加而增加，且数据呈线性相关[98]。一个可能的原因是，水含量的提高会导致土壤中物质交换加快，提高氧化效率[99]。PS-AOPs 修复土壤时，水的添加量需要严格控制，过高、过低均不利于污染物的氧化降解。水土比过低，土壤呈干泥浆状甚至板结，不利于 ROS 与污染物之间的反应，水土比过大，则会稀释 PS 的浓度，降低了活性物种与污染物的碰撞概率[100]。

（2）有机质和矿物

土壤有机质是指土壤中所有的有机物质，包括凋落物、微生物及其残体、稳定有机质和水溶性有机物。有机质对土壤的化学、生物和物理性质具有调节作用。修复初期，被土壤有机质有效吸附的有机污染物表现出稳定的特性，很难被氧化[101]。土壤有机质甚至能够锁定污染物，抑制污染物的相间转移，不利于污染物与氧化剂的接触，减缓或抑制氧化进程[102]。

土壤矿物是土壤中不可或缺的组成成分，可以与有机化合物相互作用，稳定土壤中的有机质。矿物中的过渡金属可以与 PS 反应，促进活化或降低氧化剂的持久性，进而影响污染物的去除效率。矿物有活化 PS 的潜力，但如果 PS 的活化仅依赖于土壤中存在的矿物质，土壤中低含量的矿物不利于氧化剂的活化和污染物的去除[103]。因此，添加矿物类催化剂是一种有效提高 AOPs 修复有机污染土壤的方法[104]。

土壤中部分腐殖质和矿物具有催化活性，能够直接活化 PS 降解污染物[105]。然而，土壤中仍存在部分小分子有机质和矿物离子，会与污染物竞争消耗 ROS，造成污染物降解率的下降[106]。因此，土壤有机质和矿物对 PS 活化具有双重作用，在 PS-AOPs 修复有机污染土壤过程中需要加以考察[107]。

22.3.5　有机污染场地修复案例

案例 1：地块原为煤制气厂，特征污染物为多环芳烃和苯系物，其中苯并（a）芘浓度为 0.713～8.85 mg/kg、苯并（b）荧蒽浓度为 0.712～14.0 mg/kg、苯并（a）蒽浓度为 0.958～7.72 mg/kg、苯浓度为 0.91～4.45 mg/kg。分别采用原位浅层搅拌和高压旋喷化学氧化修复技术（图 22-11）。修复时分别现配浓度 15%～20%的 $Na_2S_2O_8$ 溶液和 NaOH 溶液，一起注入受污染土壤中，并进行充分混合，确保土壤 pH 维持在 11～12。$Na_2S_2O_8$ 总添加量约为污染土壤质量的 1%～3%。施工完成后养护 2～3 周，其间保持土壤含水率呈过饱和状态。受污染土壤经化学氧化修复，最终全部达到修复要求。

图 22-11　原位浅层搅拌施工（左）和高压旋喷施工（右）

案例 2：地块为华东地区某生产企业遗留地块，经调查，超标污染物主要为地下水中总石油烃、异丙苯，其中总石油烃最大超标倍数 3750 倍，异丙苯最大超标倍数 15 倍。根据水文地质勘察，场地污染范围内地下水位较浅，主要赋存在杂填土层，主要传导方式为平流，平均水力传导系数较高。为增强修复效果，缩短修复工期，采用原位注入化学氧化结合抽出-处理技术（图 22-12）。首先利用水泥搅拌桩和高压旋喷桩设备在污染场地四周建设止水帷幕，止水帷幕深度嵌入黏土层 1.5 m。其次利用建井设备在污染场地内建设注入井、抽水井、监测井，注入井根据污染程度不同设置 4～9 m 间距，在污染深度开筛。采

图 22-12　止水帷幕施工（左）和药剂注入管路（右）

用原位井注的注入系统将氧化剂注入污染地层；氧化剂采用碱活化过硫酸钠（过硫酸钠与氢氧化钠质量比为 2.4∶1，根据现场地下水修复过程进行调整），在原位注入系统的配药单元分别完成过硫酸钠（质量浓度 15%）和氢氧化钠（质量浓度 12.5%）的均质化配制，注入前混合配置浓度为 0.25%～3.0%的活化过硫酸钠溶液；采用气动隔膜泵将混合活化后的过硫酸钠溶液分注至注入井中，控制注入流量 0.05～0.12 L/h，每口注入井单次连续注入时间不低于 1 h，每天进行 2～6 次氧化药剂注入工作。经过 140d 的修复，经修复效果评估单位采样测试，最终修复效果达到了国家和地方法律法规及标准的相关要求。

22.4　其他高级氧化修复技术

除基于 PS 和 H_2O_2 的高级氧化技术以外，$KMnO_4$、O_3、过碳酸盐（SPC）和过氧化钙（CaO_2）等氧化剂也受到广泛关注，被应用于污染土壤和地下水修复工程。其中，$KMnO_4$ 和 O_3 的氧化还原电位分别可达到 1.51 V 和 2.07 V，其自身的氧化性可以直接降解苯酚、敌敌畏和 PAHs 等有机污染物[108-111]。SPC 和 CaO_2 是新型氧化剂，与水反应可原位产生大量的 H_2O_2，因其易于存储运输且稳定性强，常被充当新型的 H_2O_2 来源，可以通过多种活化方式产生·OH，用于污染物的降解[112, 113]。

22.4.1　氧化机理

$KMnO_4$、O_3、SPC 和 CaO_2 等氧化剂氧化降解污染物主要通过两种途径：直接氧化和间接氧化。前者主要通过攻击污染物的不饱和双键，不饱和双键断裂后会形成一些小分子副产物（如草酸等），最终污染物被进一步矿化为 CO_2 和 H_2O[108]。后者是在催化剂作用下，氧化剂通过催化活化反应产生·OH 等活性自由基，间接氧化降解污染物。该反应有利于提高氧化剂的利用率，强化了氧化剂的氧化能力。目前，主要的催化活化方式包括：均相/非均相催化法和一些其他活化方式。

1）直接氧化法

在所有作用方式中，直接氧化法是应用成本最低、操作最简单的降解污染物方法。有研究表明[110]，当土壤中的 PAHs 总量为 2816 mg/kg 时，$KMnO_4$ 对 PAHs 的最终去除率可达 90%以上。此外，$KMnO_4$ 也可以直接氧化敌敌畏、马拉硫磷和西维因等常见农药[109, 114]。张晖等人[115]研究表明，O_3 对土壤中蒽的去除率可达 80.4%，且土壤经处理后，其生物可降解性增强。SPC 和 CaO_2 可以与水反应原位生成 H_2O_2[116]，其可被土壤中的铁矿物催化生成·OH 或·O_2^-，进而高效氧化降解污染物[117]。

2）均相催化

均相催化是以溶液中的某些过渡金属离子（如 Fe^{2+}、Co^{2+}、Mn^{2+}、Cu^{2+}、Ni^{2+}、Ag^{+}等）为催化剂，与氧化剂反应产生自由基，进而降解污染物的方法。催化剂在水中分布均匀，传质系数高，有利于反应的快速进行。Ru^{3+}可以与 Mn^{7+}反应产生具有氧化活性的中间态锰[Mn（Int）]，同时 Ru^{3+}转变为 Ru^{6+}（式 22-42），而生成的 Ru^{6+}也可以与 Mn^{7+}反应生成 Mn（Int）（式 22-43），从而实现磺胺甲噁唑的高效降解[118]。另外，投加 Fe^{2+}和 Fe^{3+}也可以提高 $KMnO_4$ 的氧化能力，可将双酚 A 的去除率从 34.1%提高到 45%以上[119]。此外，Sun 等人发现，亚硫酸氢盐可以活化 $KMnO_4$ 产生氧化活性极强的活性中间物质 Mn^{3+}，有机污染物可以通过非自由基路径得到有效降解[120]。

$$Ru^{3+} + Mn^{7+} \longrightarrow Ru^{6+} + \text{Mn（Int）} \qquad (22\text{-}42)$$

$$Ru^{6+} + Mn^{7+} \longrightarrow Ru^{7+} + Mn\text{（Int）} \quad (22\text{-}43)$$

Oputu 等人[121]研究了 β-羟基氧化铁（β-FeOOH）纳米棒催化 O_3 氧化 4-氯酚，结果表明在 β-FeOOH 存在下，O_3 对 4-氯酚的去除率为 99%，远高于单独 O_3 对 4-氯酚降解率（67%）。Fe^{2+}催化 SPC 是一种改良的 Fenton 法，已经被应用于四氯乙烯、三氯乙烯、苯以及磺胺甲噁唑等污染物的氧化降解[116]。在酸性 pH 下，Fe^{2+}/SPC 体系可引发 Fenton 反应产生大量具有强氧化性的·OH。但是，随着 Fenton 反应的进行，Fe^{2+}不断被氧化为 Fe^{3+}，·OH 产量减少，整个反应体系活性降低，且在一定 pH 条件下会伴随 $Fe(OH)_3$ 的析出。添加螯合剂，如柠檬酸、乙二胺四乙酸、草酸和谷氨酸等可以通过络合作用达到 Fe^{2+}的缓释效果，降低 Fe^{2+}向 Fe^{3+}的转化效率，提高 Fe^{2+}的利用效率，且呈酸性的螯合剂可以维持体系的低 pH，利于 Fenton 反应的进行[122]。刘玉仙等人[123]采用柠檬酸钠强化 Fe^{2+}催化 CaO_2 氧化降解三氯乙烯，当柠檬酸钠与 Fe^{2+}的物质的量比为 1∶1 时，其对三氯乙烯的降解率最高（98%）。这是由于柠檬酸钠作为螯合剂，可以控制 Fe^{2+}的形态，从而影响·OH 的生成，进而影响三氯乙烯的降解率。

3）非均相催化

非均相催化氧化，即利用固相催化剂或在固相载体上负载过渡金属离子或者过渡金属氧化物作为催化剂，相比较于均相催化，具有作用时间长、稳定、易回收且可循环利用等优势。例如，Mohammadi 等人[124]采用响应面法优化纳米氧化镁催化 O_3 去除苯，结果显示，相对于单一 O_3 处理（61.8%），非均相催化剂纳米氧化镁在最佳条件下其对苯的去除率为 99.3%。Danish 等人制备了沸石负载纳米铁铜双金属（Z-nZVI-Cu）和沸石负载的纳米铁镍双金属（Z-nZVI-Ni）降解三氯乙烯，发现新型含铁催化剂具有更大的比表面积和更好的催化效果[125]。此外，Hung 等人发现，红藻制备的生物炭（RSB）可以催化 SPC 降解邻苯二甲酸酯，且 RSB 在 900℃下制备的生物炭催化活性最高。这是因为在高温下制备的生物炭芳香化程度高，完整的 sp^2 共轭的 π 结构作为 Lewis 碱的位点可以提供电子并促进电子转移，之后与 SPC 反应生成高活性的·OH（式 22-44），从而实现污染物的高效去除[126]。

$$RSB\text{-}\pi^{+} + H_2O_2 \longrightarrow RSB\text{-}\pi + \cdot OH + OH^{-} \quad (22\text{-}44)$$

4）其他活化方式

（1）US 催化

大频率的声波（大于 20 kHz）通过介质时会产生 US。US 的产生过程会发生一系列的物理和化学变化，可以破坏污染物原有结构，从而达到降解污染物的目的。但是，单一的 US 技术能量利用率低，需要与其他氧化剂联用才能提高污染物的去除率。US 可增强 O_3 的传质性、分散性及溶解性。He 等人[127]研究发现，随着 US 输出功率增加，US/O_3 体系的氧化能力增强，对氨基苯酚的降解速率升高。这表明 US-O_3 联合技术可以缩短处理时间并提高污染物的降解率。

（2）UV 催化

UV 催化是一种操作简便、催化速度快、污染物降解效率高的催化方式。O_3 可以在 UV 的作用下分解产生·OH，同时 US 可以改变污染物自身结构，从而促进难降解污染物的去除。应用 UV-SPC 联用技术，可以高效降解双酚 A[k=2.28×10^8 L/(mol·s)]，其降解速率与 UV-H_2O_2 联用技术[k=1.02×10^{10} L/(mol·s)]相当[128]。说明，UV 可以有效催化 SPC 产生活性自由基（CO_3^{-}·和·OH），用于污染物的降解。并且，SPC 可以代替 H_2O_2 作为氧化剂应用在有机污染修复领域中，是一种有良好应用前景的氧化剂。

22.4.2 影响因素

氧化剂经活化后均可高效降解污染物。但在实际应用过程中，氧化效果常受多种因素制约，如反应条件（氧化剂和催化剂的投加量）和环境因素（如污染物类型、环境 pH、共存离子和腐殖酸等）。

氧化剂的投加量是污染物降解的关键因素。随着 O_3 浓度的增加，三氯乙烯的去除速率明显提高，O_3 饱和条件下比无 O_3 条件下修复时间减少了 68%[129]。然而，氧化剂的投加量并不一定与污染物的去除率成正比。Lyu 等人发现，当 SPC 浓度增加到一定值时，体系内的·OH 发生了湮灭反应，污染物的去除率反而下降[130]。催化剂的投加可以为氧化剂提供更多活性位点，促进活性自由基的产生，从而提高污染物的去除率。Moreno 等人研究发现，投加 α-FOOH 后，O_3 体系降解邻苯二甲酸酯的速率常数提高了 4.4～5.4 倍[131]。但是，随着氧化剂的投加量的增加，氧化体系内会在短时产生大量自由基，伴随着自由基的湮灭反应，不利于污染物的高效去除[132]。

污染物的种类也显著影响氧化剂对污染物的降解效果。例如，$KMnO_4$ 对污染物的氧化具有选择性，可以高效降解酚类和烯烃类等污染物，但其对有机氯类和乙酰胺类等污染物没有明显的降解效果[114]。而·OH 等强氧化性自由基对污染物的种类没有选择性，但其体系内的其他物质会与目标污染物竞争，降低目标污染物的去除率[133]。pH 对上述氧化体系都产生重要影响。在不同 pH 下，锰离子的存在形态各异。在酸性 pH 下，$KMnO_4$ 自催化产生 Mn^{2+}，氧化还原电位为 1.51 V，具有较强的氧化能力，但在中性 pH 和碱性 pH 下，高锰酸钾的反应产物分别为 MnO_2 和 MnO_4^{2-}，氧化还原电位分别为 0.588 V 和 0.564 V，所具有的氧化能力减弱[134]。然而，在碱性条件下，O_3 可与 OH^- 产生活性物质·OH，促进难降解污染物的降解。Luster-Teassley 等人发现，在 O_3 体系中，随着 pH 的增加，芘的去除率增加[135]。此外，SPC 和 CaO_2 氧化体系也受 pH 影响，当反应体系的初始 pH 较低时，污染物的去除率较高。只不过，在碱性 pH 条件下，SPC 氧化体系依然能够维持较高的污染物去除[136]。环境中常见的共存物质也会影响污染物的降解。例如，在酸性 pH 下，Ca^{2+} 和 Mg^{2+} 的存在会影响 $KMnO_4$ 的自催化过程，降低了污染物的最终去除率[137]。环境中常见的无机阴离子，如 NO_3^-、SO_4^{2-}、Cl^- 和 HCO_3^- 都会影响 SPC 体系内污染物的氧化效果[138]。而土壤环境中常见的有机质则可以与 $KMnO_4$ 结合形成稳定的络合物，通过与 O_2 和 H_2O 发生一系列链式反应，最终生成强氧化性的·OH，提高了污染物的去除率[139]。

22.5 展 望

相较于气相抽提、微生物等修复方法，AOPs 具有修复周期短、操作简便、普适性强、建设经费投入少等特点，适合对有机污染物进行原位修复。但 AOPs 中仍存在如下问题有待解决：一是碳基或金属基催化材料在氧化剂活化过程中都存在一定的缺陷，金属基催化材料在催化过程中存在着离子溶出的问题，而碳基催化材料也面临着催化剂失活的问题，如何合成稳定性好、催化性能高、价格低廉的高效催化材料是未来研究重要的方向；二是药剂的精准注入和稳定传输，避免氧化剂在到达污染点位前发生分解；三是在工程化应用中氧化剂的有效活化，进一步减少其无效分解和冒浆现象；四是一些固体粉体催化材料（如 nZVI）的高效注入和传质扩散问题。此外，除了实现目标污染物的达标修复，还应关注污染物氧化过程中形成的中间产物的毒性变化，根据修复后地块用途合理评估 AOPs 修复对土壤理化性质、肥力等参数的影响。

参 考 文 献

[1] Fenton H J. Oxidation of tartaric acid in presence of iron. Journal of the Chemical Society, Transactions, 1894, 65: 899-910.

[2] Eisenhauer H R. Oxidation of phenolic wastes. Water Pollution Control Federation, 1964, 36: 1116-1128.

[3] Neyens E, Baeyens J. A review of classic Fenton's peroxidation as an advanced oxidation technique. Journal of Hazardous

Materials, 2003, 98(1): 33-50.

[4] Wang L, Yan Q S, Lu J B, et al. Comparison of Fe catalyst species in chemical mechanical polishing based on Fenton reaction for SiC wafer. Advanced Materials Research, 2014, 1027: 171-176.

[5] Bray W C, Gorin M H. Ferryl ion, a compound of tetravalen iron. Journal of the American Chemical Society, 1932, 54(5): 2124-2125.

[6] Walling C, Goosen A. Mechanism of the ferric ion catalyzed decomposition of hydrogen peroxide: Effect of organic substrates. Journal of the American Chemical Society, 1973, 95(9): 2987-2991.

[7] Cahill A E, Taube H. The use of heavy oxygen in the study of reactions of hydrogen peroxide. Journal of the American Chemical Society, 1952, 74(9): 2312-2318.

[8] Pereira M C, Oliveira L C A, Murad E. Iron oxide catalysts: Fenton and Fentonlike reactions - a review. Clay Minerals, 2018, 47(3): 285-302.

[9] Bossmann S H, Oliveros E, Göb S, et al. New evidence against hydroxyl radicals as reactive intermediates in the thermal and photochemically enhanced Fenton reactions. The Journal of Physical Chemistry A, 1998, 102(28): 5542-5550.

[10] Barb W G, Baxendale J H, George P, et al. Reactions of ferrous and ferric ions with hydrogen peroxide. Part I.-The ferrous ion reaction. Transactions of the Faraday Society, 1951, 47: 462-500.

[11] Barb W G, Baxendale J H, George P, et al. Reactions of ferrous and ferric ions with hydrogen peroxide. Part II.-The ferric ion reaction. Transactions of the Faraday Society, 1951, 47: 591-616.

[12] Yamazaki I, Piette L H. EPR spin-trapping study on the oxidizing species formed in the reaction of the ferrous ion with hydrogen peroxide. Journal of the American Chemical Society, 1991, 113(20): 7588-7593.

[13] Jiang J, Bank J F, Scholes C P. Subsecond time-resolved spin trapping followed by stopped-flow EPR of Fenton reaction products. Journal of the American Chemical Society, 1993, 115(11): 4742-4746.

[14] Gallard H, de Laat J, Legube B. Effect of pH on the oxidation rate of organic compounds by Fe^{II}/H_2O_2. Mechanisms and simulation. New Journal of Chemistry, 1998, 22(3): 263-268.

[15] Gallard H, De Laat J. Kinetic modelling of Fe(III)/H_2O_2 oxidation reactions in dilute aqueous solution using atrazine as a model organic compound. Water Research, 2000, 34(12): 3107-3116.

[16] Matta R, Hanna K, Chiron S. Fenton-like oxidation of 2, 4, 6-trinitrotoluene using different iron minerals. Science of The Total Environment, 2007, 385(1): 242-251.

[17] Wei L, Yueyao W, Zhihui A, et al. Hydrothermal synthesis of FeS_2 as a high-efficiency Fenton reagent to degrade alachlor via superoxide-mediated Fe(II)/Fe(III) cycle. Acs Applied Materials & Interfaces, 2015, 7(51): 28534-28544.

[18] Chen H, Zhang Z, Yang Z, et al. Heterogeneous Fenton-like catalytic degradation of 2, 4-dichlorophenoxyacetic acid in water with FeS. Chemical Engineering Journal, 2015, 162: 481-489.

[19] Guo S, Zhang G, Yu J C. Enhanced photo-Fenton degradation of rhodamine B using graphene oxide–amorphous $FePO_4$ as effective and stable heterogeneous catalyst. Journal of Colloid and Interface Science, 2015, 448: 460-466.

[20] Dixit T, Bilgaiyan A, Palani I A, et al. Influence of potassium permanganate on the anisotropic growth and enhanced UV emission of ZnO nanostructures using hydrothermal process for optoelectronic applications. Journal of Sol-Gel Science and Technology, 2015, 75(3): 693-702.

[21] Liu R, Xiao D, Guo Y, et al. A novel photosensitized Fenton reaction catalyzed by sandwiched iron in synthetic nontronite. RSC Advances, 2014, 4(25): 12958-12963.

[22] Xu T, Zhu R, Zhu G, et al. Mechanisms for the enhanced photo-Fenton activity of ferrihydrite modified with $BiVO_4$ at neutral pH. Applied Catalysis B: Environmental, 2017, 212: 50-58.

[23] Lin S S, Gurol M D. Catalytic decomposition of hydrogen peroxide on iron oxide: Kinetics, mechanism, and implications.

Environmental Science & Technology, 1998, 32(10): 1417-1423.

[24] He J, Yang X, Men B, et al. Interfacial mechanisms of heterogeneous Fenton reactions catalyzed by iron-based materials: A review. Journal of Environmental Sciences, 2016, 39: 97-109.

[25] He J, Yang X, Men B, et al. EDTA enhanced heterogeneous Fenton oxidation of dimethyl phthalate catalyzed by Fe_3O_4: Kinetics and interface mechanism. Journal of Molecular Catalysis A: Chemical, 2015, 408: 179-188.

[26] Kitajima N, Fukuzumi S, Ono Y. Formation of superoxide ion during the decomposition of hydrogen peroxide on supported metal oxides. The Journal of Physical Chemistry, 1978, 82(13): 1505-1509.

[27] Matta R, Hanna K, Kone T, et al. Oxidation of 2, 4, 6-trinitrotoluene in the presence of different iron-bearing minerals at neutral pH. Chemical Engineering Journal, 2008, 144(3): 453-458.

[28] Wan Z, Wang J. Degradation of sulfamethazine antibiotics using Fe_3O_4-Mn_3O_4 nanocomposite as a Fenton-like catalyst. Journal of Chemical Technology & Biotechnology, 2017, 92(4): 874-883.

[29] Ma J H, Ma W H, Song W J, et al. Fenton degradation of organic pollutants in the presence of low-molecular-weight organic acids: Cooperative effect of quinone and visible light. Environmental Science & Technology, 2006, 40(2): 618-624.

[30] Fischbacher A, von Sonntag C, Schmidt T C. Hydroxyl radical yields in the Fenton process under various pH, ligand concentrations and hydrogen peroxide/Fe(II) ratios. Chemosphere, 2017, 182: 738-744.

[31] Shi Y B, Wang X B, Liu X F, et al. Visible light promoted Fe_3S_4 Fenton oxidation of atrazine. Applied Catalysis B: Environmental, 2020, 277: 119229.

[32] Chen N, Wang X B, Wan Y C, et al. Simulated solar light driven Fe(III)/Fe(II) redox cycle for roxarsone degradation and simultaneous arsenate immobilization. Journal of Hazardous Materials, 2020, 394: 121635.

[33] Chen F, Xie Y D, He J J, et al. Photo-Fenton degradation of dye in methanolic solution under both UV and visible irradiation. Journal of Photochemistry and Photobiology A: Chemistry, 2001, 138(2): 139-146.

[34] Zhu Y P, Zhu R L, Xi Y F, et al. Strategies for enhancing the heterogeneous Fenton catalytic reactivity: A review. Applied Catalysis B: Environmental, 2019, 255: 117739.

[35] Khataee A, Gholami P, Vahid B, et al. Heterogeneous sono-Fenton process using pyrite nanorods prepared by non-thermal plasma for degradation of an anthraquinone dye. Ultrasonics Sonochemistry, 2016, 32: 357-370.

[36] Chen L W, Ma J, Li X C, et al. Strong enhancement on Fenton oxidation by addition of hydroxylamine to accelerate the ferric and ferrous iron cycles. Environmental Science & Technology, 2011, 45(9): 3925-3930.

[37] Chen M T, Zhang Z M, Zhu L H, et al. Bisulfite-induced drastic enhancement of bisphenol A degradation in Fe^{3+}-H_2O_2 Fenton system. Chemical Engineering Journal, 2019, 361: 1190-1197.

[38] Xing M Y, Xu W J, Dong C C, et al. Metal sulfides as excellent co-catalysts for H_2O_2 decomposition in advanced oxidation processes. Chem, 2018, 4(6): 1359-1372.

[39] Dong C C, Ji J H, Shen B, et al. Enhancement of H_2O_2 decomposition by the co-catalytic effect of WS_2 on the Fenton reaction for the synchronous reduction of Cr(VI) and remediation of phenol. Environmental Science & Technology, 2018, 52(19): 11297-11308.

[40] Hou X J, Huang X P, Jia F L, et al. Hydroxylamine promoted goethite surface Fenton degradation of organic pollutants. Environmental Science & Technology, 2017, 51(9): 5118-5126.

[41] Zubir N A, Yacou C, Motuzas J, et al. The sacrificial role of graphene oxide in stabilising a Fenton-like catalyst GO-Fe_3O_4. Chemical Communications, 2015, 51(45): 9291-9293.

[42] Huang W Y, Brigante M, Wu F, et al. Assessment of the Fe(III)-EDDS complex in Fenton-like processes: From the radical formation to the degradation of Bisphenol A. Environmental Science & Technology, 2013, 47(4): 1952-1959.

[43] Qin Y X, Song F H, Ai Z H, et al. Protocatechuic acid promoted alachlor degradation in Fe(III)/H_2O_2 Fenton system.

Environmental Science & Technology, 2015, 49(13): 7948-7956.

[44] Huang X P, Hou X J, Jia F L, et al. Ascorbate-promoted surface iron cycle for efficient heterogeneous Fenton alachlor degradation with hematite nanocrystals. Acs Applied Materials & Interfaces, 2017, 9(10): 8751-8758.

[45] Hou X J, Huang X P, Li M L, et al. Fenton oxidation of organic contaminants with aquifer sediment activated by ascorbic acid. Chemical Engineering Journal, 2018, 348: 255-262.

[46] 吕来，胡春. 多相芬顿催化水处理技术与原理. 化学进展, 2017, 29(9): 981-999.

[47] Walling C G, A. Mechanism of the ferric ion catalyzed decomposition of hydrogen peroxide. Effect of organic substrates. Journal of the American Chemical Society, 1973, 95(9): 2987-2991.

[48] Zhao K, Zhang L Z, Wang J J, et al. Surface structure-dependent molecular oxygen activation of BiOCl single-crystalline nanosheets. Journal of the American Chemical Society, 2013, 135(42): 15750-15753.

[49] Ji X X, Wang H F, Hu P J. First principles study of Fenton reaction catalyzed by FeOCl: Reaction mechanism and location of active site. Rare Metals, 2019, 38(8): 783-792.

[50] Wang X B, Chen N, Liu X F, et al. Ascorbate guided conversion of hydrogen peroxide to hydroxyl radical on goethite. Applied Catalysis B: Environmental, 2021, 282: 118383.

[51] 黄昌永，徐建明. 土壤学(第三版). 北京：中国农业出版社, 2010.

[52] Lindsay W L. Chemical Equilibria in Soils. New York: Wiley-Interscience, 1979.

[53] 陈怀满. 环境土壤学(第三版). 北京：科学出版社, 2018.

[54] R S D. Revised effective ionic radii and systematic studies of interatomic distances in halides and chalcogenides Acta Crystallographica Section A, 1976, 32: 751-767.

[55] Sun H W, Xie G H, He D, et al. Ascorbic acid promoted magnetite Fenton degradation of alachlor: Mechanistic insights and kinetic modeling. Applied Catalysis B-Environmental, 2020, 267: 118383.

[56] Xu T Y, Fang Y M, Tong T Y, et al. Environmental photochemistry in hematite-oxalate system: Fe(III)-oxalate complex photolysis and ROS generation. Applied Catalysis B: Environmental, 2021, 283: 119645.

[57] Marshall H. Contributions from the Chemical Laboratory of the University of Edinburgh. Journal of the Chemical Society, Transactions, 1891, 59: 771-786.

[58] Zhang B T, Zhang Y, Teng Y, et al. Sulfate radical and its application in decontamination technologies. Critical Reviews in Environmental Science and Technology, 2015, 45(16): 1756-1800.

[59] Ike I A, Linden K G, Orbell J D, et al. Critical review of the science and sustainability of persulphate advanced oxidation processes. Chemical Engineering Journal, 2018, 338: 651-669.

[60] Liang C J, Bruell C J, Marley M C, et al. Thermally activated persulfate oxidation of trichloroethylene (TCE) and 1, 1, 1-trichloroethane (TCA) in aqueous systems and soil slurries. Soil & Sediment Contamination, 2003, 12(2): 207-228.

[61] Liang C, Huang C F, Chen Y J. Potential for activated persulfate degradation of BTEX contamination. Water Research, 2008, 42(15): 4091-4100.

[62] Gao F, Li Y, Xiang B. Degradation of bisphenol A through transition metals activating persulfate process. Ecotoxicology and Environmental Safety, 2018, 158: 239-247.

[63] Zhong H, Brusseau M L, Wang Y, et al. In-situ activation of persulfate by iron filings and degradation of 1, 4-dioxane. Water Research, 2015, 83: 104-111.

[64] Kim C, Ahn J Y, Kim T Y, et al. Activation of persulfate by nanosized Zero-Valent Iron (nZVI): mechanisms and transformation products of nZVI. Environmental Science & Technology, 2018, 52(6): 3625-3633.

[65] Pan Y, Zhou M, Li X, et al. Highly efficient persulfate oxidation process activated with pre-magnetization Fe(0). Chemical Engineering Journal, 2017, 318: 50-56.

[66] Ghanbari F, Moradi M. Application of peroxymonosulfate and its activation methods for degradation of environmental organic pollutants: Review. Chemical Engineering Journal, 2017, 310: 41-62.

[67] Oh S Y, Kim H W, Park J M, et al. Oxidation of polyvinyl alcohol by persulfate activated with heat, Fe^{2+}, and zero-valent iron. Journal of Hazardous Materials, 2009, 168(1): 346-351.

[68] Xiao S, Cheng M, Zhong H, et al. Iron-mediated activation of persulfate and peroxymonosulfate in both homogeneous and heterogeneous ways: A review. Chemical Engineering Journal, 2020, 384: 123265.

[69] Oh W D, Lim T T. Design and application of heterogeneous catalysts as peroxydisulfate activator for organics removal: An overview. Chemical Engineering Journal, 2019, 358: 110-133.

[70] Turcio-Ortega D, Fan D, Tratnyek P G, et al. Reactivity of Fe/FeS nanoparticles: Electrolyte composition effects on corrosion electrochemistry. Environmental Science & Technology, 2012, 46(22): 12484-12492.

[71] Rayaroth M P, Lee C S, Aravind U K, et al. Oxidative degradation of benzoic acid using Fe(0)- and sulfidized Fe(0)-activated persulfate: A comparative study. Chemical Engineering Journal, 2017, 315: 426-436.

[72] Yao Y J, Xu C, Qin J C, et al. Synthesis of magnetic cobalt nanoparticles anchored on graphene nanosheets and catalytic decomposition of Orange II. Industrial & Engineering Chemistry Research, 2013, 52(49): 17341-17350.

[73] Wang Y, Indrawirawan S, Duan X, et al. New insights into heterogeneous generation and evolution processes of sulfate radicals for phenol degradation over one-dimensional α-MnO_2 nanostructures. Chemical Engineering Journal, 2015, 266: 12-20.

[74] Du X, Zhang Y, Hussain I, et al. Insight into reactive oxygen species in persulfate activation with copper oxide: Activated persulfate and trace radicals. Chemical Engineering Journal, 2017, 313: 1023-1032.

[75] Duan X, Sun H, Kang J, et al. Insights into heterogeneous catalysis of persulfate activation on dimensional-structured nanocarbons. ACS Catalysis, 2015, 5(8): 4629-4636.

[76] Wu S H, He H J, Li X, et al. Insights into atrazine degradation by persulfate activation using composite of nanoscale zero-valent iron and graphene: Performances and mechanisms. Chemical Engineering Journal, 2018, 341: 126-136.

[77] Yu J, Tang L, Pang Y, et al. Magnetic nitrogen-doped sludge-derived biochar catalysts for persulfate activation: Internal electron transfer mechanism. Chemical Engineering Journal, 2019, 364: 146-159.

[78] Zhou Z, Liu X, Sun K, et al. Persulfate-based advanced oxidation processes (AOPs) for organic-contaminated soil remediation: A review. Chemical Engineering Journal, 2019, 372: 836-851.

[79] Furman O S, Teel A L, Watts R J. Mechanism of base activation of persulfate. Environmental Science & Technology, 2010, 44(16): 6423-6428.

[80] Dan Z, Yinghui L, Li J, et al. Remediation of persistent organic pollutants in aqueous systems by electrochemical activation of persulfates: A review. Journal of Environmental Management, 2020, 260: 110125.

[81] Wei Z, Villamena F A, Weavers L K, et al. Kinetics and mechanism of ultrasonic activation of persulfate: An in situ EPR spin trapping study. Environmental Science & Technology, 2017, 51(6): 3410-3417.

[82] Liu X, Huang F, Yu Y, et al. Ofloxacin degradation over Cu–Ce tyre carbon catalysts by the microwave assisted persulfate process. Applied Catalysis B: Environmental, 2019, 253: 149-159.

[83] Hu L, Wang P, Zhang G, et al. Enhanced persulfate oxidation of organic pollutants and removal of total organic carbons with natural magnetite under microwave irradiation. Chemical Engineering Journal, 2019, 383: 123140.

[84] Li Y, Dong H, Li L, et al. Recent advances in waste water treatment through transition metal sulfides-based advanced oxidation processes. Water Research, 2021, 192: 116850.

[85] Ruan X, Sun Y, Du W, et al. Formation, characteristics, and applications of environmentally persistent free radicals in biochars: A review. Bioresource Technology, 2019, 281: 457-468.

[86] Yin R, Guo W, Wang H, et al. Selective degradation of sulfonamide antibiotics by peroxymonosulfate alone: Direct oxidation and nonradical mechanisms. Chemical Engineering Journal, 2018, 334: 2539-2546.

[87] Zhou Y, Jiang J, Gao Y, et al. Oxidation of steroid estrogens by peroxymonosulfate (PMS) and effect of bromide and chloride ions: Kinetics, products, and modeling. Water Research, 2018, 138: 56-66.

[88] Fang G, Gao J, Dionysiou D D, et al. Activation of persulfate by quinones: free radical reactions and implication for the degradation of PCBs. Environmental Science & Technology, 2013, 47(9): 4605-4611.

[89] Cheng X, Guo H, Zhang Y, et al. Non-photochemical production of singlet oxygen via activation of persulfate by carbon nanotubes. Water Research, 2017, 113: 80-88.

[90] Ren W, Xiong L, Nie G, et al. Insights into the electron-transfer regime of peroxydisulfate activation on carbon nanotubes: The role of oxygen functional groups. Environmental Science & Technology, 2020, 54(2): 1267-1275.

[91] Li X, Wang J, Duan X, et al. Fine-tuning radical/nonradical pathways on graphene by porous engineering and doping strategies. ACS Catalysis, 2021, 11(8): 4848-4861.

[92] Xie W, Dong W, Kong D, et al. Formation of halogenated disinfection by-products in cobalt-catalyzed peroxymonosulfate oxidation processes in the presence of halides. Chemosphere, 2016, 154: 613-619.

[93] Hou S, Ling L, Dionysiou D D, et al. Chlorate formation mechanism in thepresence of sulfate radical, chloride, bromide and natural organic matter. Environmental Science & Technology, 2018, 52(11): 6317-6325.

[94] Grebel J E, Pignatello J J, Mitch W A. Effect of halide ions and carbonates on organic contaminant degradation by hydroxyl radical-based advanced oxidation processes in saline waters. Environmental Science & Technology, 2010, 44(17): 6822-6828.

[95] Zhang R C, Sun P Z, Boyer T H, et al. Degradation of pharmaceuticals and metabolite in synthetic human urine by UV, UV/H_2O_2, and UV/PDS. Environmental Science & Technology, 2015, 49(5): 3056-3066.

[96] Yang X, Cai H, Bao M, et al. Insight into the highly efficient degradation of PAHs in water over graphene oxide/Ag_3PO_4 composites under visible light irradiation. Chemical Engineering Journal, 2018, 334: 355-376.

[97] Zhou X, Zhu Y, Niu Q, et al. New notion of biochar: A review on the mechanism of biochar applications in advannced oxidation processes. Chemical Engineering Journal, 2021, 416: 129027.

[98] Sharma A, Verma M, Haritash A K. Degradation of toxic azo dye (AO7) using Fenton's process. Advances in Energy and Environment Research, 2016, 5(3): 189-200.

[99] Burke D S, Smidt C R, Vuong L T. Momordica cochinchinensis, rosa roxburghii, wolfberry, and sea buckthorn - Highly nutritional fruits supported by tradition and science. Current Topics in Nutraceutical Research, 2005, 3(4): 259-266.

[100] 李永涛, 罗进, 岳东. 热活化过硫酸盐氧化修复柴油污染土壤. 环境污染与防治, 2017, 10(39): 1143-1146.

[101] Saba B, Rafique U, Hashmi I. Adsorption kinetics of anthracene and phenanthrene in different soils of Attock Refinery Limited (ARL) Rawalpindi, Pakistan. Desalination and Water Treatment, 2011, 30(1-3): 333-338.

[102] Dong X, Yang X, Hua S, et al. Unraveling the mechanisms for persulfate-based remediation of triphenyl phosphate-contaminated soils: Complicated soil constituent effects on the formation and propagation of reactive oxygen species. Chemical Engineering Journal, 2021, 426: 130662.

[103] Deepti S, Suresh J. Impact of intervention of biomass cookstove technologies and kitchen characteristics on indoor air quality and human exposure in rural settings of India. Environment International, 2019, 123: 240-255.

[104] Ugwu K, Ukoha P. Analysis and sources of polycyclic aromatic hydrocarbons in soil and plant samples of a coal mining area in Nigeria. Chemical Engineering Journal, 2016, 215: 1235-1278.

[105] Usman M, Tascone O, Faure P, et al. Chemical oxidation of hexachlorocyclohexanes (HCHs) in contaminated soils. Science of the Total Environment, 2014, 476-477: 434-439.

[106] Zhang J, Wu S, Xu J, et al. Comparison of ashing and pyrolysis treatment on cadmium/zinc hyperaccumulator plant: Effects on bioavailability and metal speciation in solid residues and risk assessment. Environmental Pollution, 2021, 272: 116039.

[107] Ross J A, Nelson G B, Rabinowitz J R, et al. Time-integrated DNA adduct levels and relative tumorigenic potencies of six polycyclic aromatic hydrocarbons in strain A/J mouse lung. Polycyclic Aromatic Compounds, 1996, 10(1-4): 267-274.

[108] Zhang J, Sun B, Guan X H. Oxidative removal of bisphenol A by permanganate: Kinetics, pathways and influences of co-existing chemicals. Separation and Purification Technology, 2013, 107: 48-53.

[109] 刘昆, 段晋明, 刘玉灿. 不同氧化方式对 4 种常见农药的降解效果. 环境工程学报, 2017, 11(1): 78-84.

[110] Ferrarese E, Andreottola G, Oprea I A. Remediation of PAH-contaminated sediments by chemical oxidation. Journal of Hazardous Materials, 2008, 152(1): 128-139.

[111] Tamadoni A, Qaderi F. Optimization of soil remediation by ozonation for PAHs contaminated soils. Ozone: Science & Engineering, 2019, 41(5): 454-472.

[112] Huang J Y, Zhou Z Y, Ali M, et al. Degradation of trichloroethene by citric acid chelated Fe(II) catalyzing sodium percarbonate in the environment of sodium dodecyl sulfate aqueous solution. Chemosphere, 2021, 281: 130798.

[113] Zhang A, Wang J, Li Y M. Performance of calcium peroxide for removal of endocrine-disrupting compounds in waste activated sludge and promotion of sludge solubilization. Water Research, 2015, 71: 125-139.

[114] 刘超, 强志民, 田芳. 多类农药与紫外光、臭氧和高锰酸钾的反应活性研究. 环境科学, 2009, 30(1): 127-133.

[115] 张晖, 纪录, 吴峰. 蒽污染土壤的原位臭氧氧化法修复. 农业环境科学学报, 2003, 22(5): 624-626.

[116] Li Y F, Zhu Y Q, Wang D B, et al. Fe(II) catalyzing sodium percarbonate facilitates the dewaterability of waste activated sludge: Performance, mechanism, and implication. Water Research, 2020, 174: 115626.

[117] Zhou Y, Zhang M J, Liu H. Total antioxidant capacity of serum determined using the potassium permanganate agar method based on serum diffusion in Agar. Bioinorganic Chemistry and Applications, 2015, 2015: 406071.

[118] Zhang J, Sun B, Huang Y Y, et al. Catalyzing the oxidation of sulfamethoxazole by permanganate using molecular sieves supported ruthenium nanoparticles. Chemosphere, 2015, 141: 154-161.

[119] Aleboyeh A, Olya M E, Aleboyeh H. Oxidative treatment of azo dyes in aqueous solution by potassium permanganate. Journal of Hazardous Materials, 2009, 162(2-3): 1530-1535.

[120] Sun B, Dong H Y, He D, et al. Modeling the kinetics of contaminants oxidation and the generation of manganese(III) in the permanganate/bisulfite process. Environmental Science & Technology, 2016, 50(3): 1473-1482.

[121] Oputu O, Chowdhury M, Nyamayaro K, et al. Catalytic activities of ultra-small β-FeOOH nanorods in ozonation of 4-chlorophenol. Journal of Environmental Sciences, 2015, 35(9): 83-90.

[122] Zang X K, Gu X G, Lu S G, et al. Enhanced degradation of trichloroethene by sodium percarbonate activated with Fe(II) in the presence of citric acid. Water Science and Technology: Water Supply, 2017, 17(3): 665-673.

[123] 刘玉仙, 张克刚, 丁冠涛. 柠檬酸钠-Fe^{2+}催化纳米过氧化钙修复污染地下水. 济南大学学报(自然科学版), 2020, 34(5): 510-515.

[124] Mohammadi L, Rahdar A, Bazrafshan E, et al. Benzene removal from aqueous solutions by heterogeneous catalytic ozonation process with magnesium oxide nanoparticles. Ozone: Science & Engineering, 2020, 43(2): 147-162.

[125] Danish M, Gu X G, Lu S G, et al. An efficient catalytic degradation of trichloroethene in a percarbonate system catalyzed by ultra-fine heterogeneous zeolite supported zero valent iron-nickel bimetallic composite. Applied Catalysis A: General, 2017, 531: 177-186.

[126] Hung C M, Huang C P, Chen C W, et al. The degradation of di-(2-ethylhexyl) phthalate, DEHP, in sediments using percarbonate activated by seaweed biochars and its effects on the benthic microbial community. Journal of Cleaner Production, 2021, 292: 126108.

[127] He Z Q, Song S, Ying H P, et al. p-aminophenol degradation by ozonation combined with sonolysis: Operating conditions influence and mechanism. Ultrasonics Sonochemistry, 2007, 14(5): 568-574.

[128] Gao J, Duan X D, O'Shea K, et al. Degradation and transformation of bisphenol A in UV/Sodium percarbonate: Dual role of carbonate radical anion. Water Research, 2020, 171: 115394.

[129] Alcantara-Garduno M E, Okuda T, Tsai T Y, et al. Experimental and mathematical evaluation of trichloroethylene removal from saturated soil using acetic acid with saturated ozone. Separation and Purification Technology, 2008, 60(3): 299-307.

[130] Lyu Y C, Lyu S G, Tang P, et al. Degradation of trichloroethylene in aqueous solution by sodium percarbonate activated with Fe(II)-citric acid complex in the presence of surfactant Tween-80. Chemosphere, 2020, 257: 127223.

[131] Moreno J D, Julia L, Poznyak T, et al. Effect of the type of soil on dimethyl phthalate degradation by ozone. Journal of Environmental Management, 2020, 270: 110863.

[132] Zhang X, Gu X G, Lu S G, et al. Degradation of trichloroethylene in aqueous solution by calcium peroxide activated with ferrous ion. Journal of Hazardous Materials, 2015, 284: 253-260.

[133] Wu C W, Chen W M, Gu Z P, et al. A review of the characteristics of Fenton and ozonation systems in landfill leachate treatment. Science of the Total Environment, 2021, 762: 143131.

[134] Asghar B H, Fawzy A. Kinetic, mechanistic, and spectroscopic studies of permanganate oxidation of azinylformamidines in acidic medium, with autocatalytic behavior of manganese(II). Journal of Saudi Chemical Society, 2016, 20(5): 561-569.

[135] Luster-Teasley S, Ubaka-Blackmoore N, Masten S.J. Evaluation of soil pH and moisture content on in-situ ozonation of pyrene in soils. Journal of Hazardous Materials, 2009, 167(1-3): 701-706.

[136] Hung C M, Huang C P, Chen C W, et al. Activation of percarbonate by water treatment sludge-derived biochar for the remediation of PAH-contaminated sediments. Environmental Pollution, 2020, 265: 114914.

[137] Cheng H J, Ma J, Jiang J, et al. Aggregation kinetics of manganese oxides formed from permanganate activated by (Bi)sulfite: dual role of Ca^{2+} and Mn-II/III. Water Research, 2019, 159: 454-463.

[138] Cui H, Gu X G, Lu S G, et al. Degradation of ethylbenzene in aqueous solution by sodium percarbonate activated with EDDS-Fe(III) complex. Chemical Engineering Journal, 2017, 309: 80-88.

[139] Xu K, Ben W W, Ling W C, et al. Impact of humic acid on the degradation of levofloxacin by aqueous permanganate: Kinetics and mechanism. Water Research, 2017, 123: 67-74.

作者：张鹏[1]，艾智慧[2]，倪鑫鑫[3]，曾跃春[4]，王翠苹[1]，冯国杰[3]，刘志阳[4]，龚静鸣[2]，张礼知[2]，孙红文[1]

[1]南开大学，[2]华中师范大学，[3]北京高能时代环境技术股份有限公司，[4]江苏大地益源环境修复有限公司

第 23 章　海洋（微）塑料污染及其对碳中和的意义

本章导读

海洋环境中微塑料污染被广泛报道，包括海水、沙滩沉积物、海底沉积物和海洋生物等。海洋环境中的微塑料约 20%来自海上活动产生的塑料垃圾，80%源于陆地丢弃的塑料垃圾。河流被认为是陆地向海洋输送塑料垃圾的主要通道，因此，越来越多的微塑料污染研究转向陆地河流。目前全世界已有较多河流微塑料污染的相关报道，通过测定河口的微塑料浓度，可估算河流向海洋输送微塑料的通量。由于目前河流微塑料入海通量的实测数据有限，通常的做法是建立模型并经实测值验证后，将验证后的模型用于预测更多河流的微塑料入海通量。由于塑料含碳量高，累积量巨大，在其整个生命周期中可能会对全球碳循环产生重要的影响。长期以来，鲜有量化分析评估塑料在全球碳循环中的作用。经多年生产后，大量塑料已累积在自然环境中；对环境塑料中的碳进行溯源和归趋分析，是理解塑料在碳中和过程中作用的关键。本章针对海洋和河流微塑料的污染现状，明晰河流对海洋微塑料污染的贡献，并结合塑料在自然界中的累积与归趋，进一步讨论塑料在碳中和中所起的作用。

关键词

微塑料，环境迁移，入海通量，碳汇，碳中和

23.1 引　　言

自 20 世纪初塑料首次合成以来，人们发现了塑料的无限潜力，用塑料制作成各类塑料用品；人们的日常生活中几乎离不开塑料。近年来，塑料的年产量逐年增加，2019 年全球塑料制品产量高达 3.68 亿吨[1]。塑料制品的大量使用和废弃塑料的处理方法不当导致塑料垃圾在环境中大量积累。由于塑料一般有难降解特征，其在环境中易长期停留，并在自然力的作用下渐渐形成粒径更小的微塑料颗粒。微塑料也被人工制造用于生产一些消费品。微塑料在全球环境生态系统中被广泛检出，主要分布在水体[2]、沉积物[3]以及生物体中[4]。由于微塑料粒径小且具有漂浮性，极易被水生生物所摄食；且通过环境过程在各个环境介质间迁移并聚集，其产生的毒性效应成为威胁水生生态系统甚至人类健康的隐患。

海洋塑料污染于 1972 年首次被报道，水环境中的塑料污染问题引起了科学家和公众越来越多的关注。特别是在 2004 年，一类粒径较小的塑料颗粒被定义为“微塑料”[5]，逐渐成为环境领域的研究热点。尽管目前还没有形成一致认可的微塑料的定义，但人们普遍把粒径小于 5 mm 的塑料颗粒称为微塑料。微塑料的来源主要分为初生塑料和次生塑料。初生微塑料主要存在于含有塑料微珠的商业日用品中，例如洗面奶中的微塑料[6]。次生微塑料主要是由大塑料通过物理、化学或者生物过程等碎裂而形成的微小塑料颗粒。微塑料具有易漂浮、难降解的特性，易在各个环境介质中发生迁移转化行为。

微塑料广泛分布于各类环境介质中，从海洋环境[7]到陆地环境[8]。Jambeck 等人[9]指出海洋塑料污染主要来自陆源输入，微塑料污染的研究方向也逐渐指向陆地环境[10]。每年有大量来自陆地或沿海地带的废弃塑料制品，通过河流输运至近海区，并通过海流漂移至深海区域。河流不停地接收来自流域范围内陆地人为活动产生的塑料垃圾。进入河流的密度较小的微塑料颗粒主要漂浮在水体表面，密度较大的颗粒会渐渐沉入河底，在河床上沉积；部分塑料颗粒在漂浮过程中可能随潮汐涌动滞留在河岸。如果水流量由于一些突发事件（如暴雨）而骤然增大，河岸滞留和河底沉积的微塑料可能会有一部分重新回到水体并随着径流进入海洋；陆地的河网成为陆源微塑料向海洋输送的重要纽带。Ostle 等人[11]发现过去六十年海洋塑料垃圾持续增加，对海洋生物和人类生活环境造成不利影响。

在关注海洋塑料污染的同时，我们也注意到，塑料具有极高的含碳量，累积生产数量巨大，且超过99%的塑料来源于化石燃料。因此，塑料生产和废弃处置过程中不可避免地排放大量含碳物质，从而进一步加剧全球碳排放压力。与此同时，现存的塑料与微塑料已经在自然环境中形成了一个分散但质量庞大的人工碳库；这其中，处于使用中的塑料及微塑料制品仅占现存塑料的 36%，其余主要包括填埋和遗弃在环境中的塑料与微塑料废弃物。在碳中和背景下对塑料及微塑料污染问题进行研究，需要寻找新的思路和方法。为了应对全球气候变化，实现碳中和的战略目标，通过引入生命周期评价的方法，量化讨论未来 40 年塑料的生产、使用、废弃处理策略及技术改进对全球碳中和的影响，可能是未来综合评估塑料和微塑料污染对人类社会发展影响的一种有效手段。

本章将从海洋塑料污染现状出发，估算河流塑料输送至海洋的年通量，系统阐述河流对海洋塑料污染的贡献，并结合碳中和的战略目标，探索海洋塑料污染之谜。

23.2　全球海洋塑料污染现状

23.2.1　海洋塑料垃圾的来源

海洋塑料垃圾的来源主要包括海源和陆源。海上来源的塑料垃圾主要来自海事活动中产生的塑料废弃物，包括船舶运输、渔业和海上养殖业等；海上设施的老化也是塑料垃圾的海上来源之一。陆地来源的塑料垃圾大多来自地面残留，主要通过地表径流被冲刷进入江河，进一步经由河流、风力等途径进入海洋；另外，沿海岸线的居民生产生活及沙滩旅游景点游客产生的塑料垃圾在潮汐的作用下，也不断涌入海洋。

1）海源塑料垃圾

海源塑料垃圾约占海洋塑料垃圾总量的五分之一，其中最为常见的两类海源塑料垃圾分别是废弃的塑料渔具和海上养殖所用泡沫箱（图 23-1）[12]。废弃渔具主要包括渔网、渔线、尼龙绳索等，主要材质为聚乙烯、聚丙烯、尼龙。渔具在使用过程中会逐渐自然老化脱落，破损的废弃渔具往往被渔民随意丢弃，这些塑料渔具进入海洋水体，成为海源塑料垃圾的主要来源之一，约占总海洋垃圾的 10%[13]。

图 23-1　渤海水体表面漂浮的塑料鱼线和塑料泡沫颗粒

由于野生鱼类资源有限，人类对蛋白质日益增长的需求导致海水养殖业迅速发展。随着海水养殖的快速发展，塑料制品的使用量也不断增加，其中包括塑料泡沫箱和塑料浮漂，其重要成分为聚苯乙烯[14]。塑料泡沫箱和塑料浮漂在环境中极易老化破碎成细小的碎片，漂浮在海水表面，成为海洋塑料垃圾的重要来源之一。

此外，各类海事活动中产生的生活垃圾以及海上作业过程中产生的废弃物，其中包括大量的塑料制品，也都是海洋塑料垃圾重要的海上来源。

2）陆源塑料垃圾

海洋塑料垃圾的陆源输入途径主要包括通过河流输运、非法倾倒以及游客在海岸沙滩或河口的丢弃。如在墨西哥湾一处以旅游为主的河口发现了大量的塑料垃圾[15]；在南中国海一处同样是以旅游为主的沙滩景点发现大量微小的塑料颗粒[16]。这些随意丢弃的塑料垃圾可通过潮汐过程进入海洋环境中。除此以外，河流被认为是海洋塑料垃圾陆源输入最主要的途径，约占总陆源输入量的 80%。而河流中的塑料垃圾来源非常复杂，包括地表径流冲刷地面散落的塑料垃圾、污水处理厂废水的排放[17]、不规范处理的填埋场中塑料垃圾的释放等。例如，部分化妆品和个人护理用品中添加的塑料微珠[6]，使用后可通过下水道进入污水处理系统，若未能完全去除，则会排入河流进入海洋。大量合成纺织纤维类衣物的洗涤过程中，纤维极易脱落，并经过污水处理厂处理后进入河流水体，最终汇入海洋[18]。此外，道路上汽车轮胎的磨损可产生大量的橡胶碎屑，路面上的橡胶碎屑一部分经再悬浮作用进入大气，另一部分则可能进入自然水体或海洋。可见，陆源塑料垃圾是海洋塑料垃圾污染最重要的来源。

23.2.2　海洋微塑料污染分布

在海洋塑料垃圾中，微塑料由于其粒径小，相比大塑料而言，微塑料的环境危害更大，因此海洋微塑料的污染备受关注。目前，海洋水体表面微塑料污染现状已广为报道；已有研究主要采用拖网采样的方式采集样品，采用光谱技术进行鉴定、显微镜下肉眼计数进行定量。作为世界最大最深的大洋，位于亚洲、大洋洲、美洲以及南极洲包围圈内的太平洋，其平均微塑料数浓度高于印度洋和大西洋（图 23-2）。相对于广阔的公海，内海的微塑料污染水平似乎更高一点。尤其是黑海，作为被几个工业国家包围的半内陆海，许多著名的大河流（如多瑙河、库班河、布格河等）携带大量污染物流入其中。有研究估计，仅多瑙河每日向黑海输送的塑料垃圾就达 4.2 吨，每年输送量可高达 1530 吨[19]。同样承受了高强度工业与人口压力的地中海，其塑料污染问题也相当严峻；塑料浓度可达 240000 颗/km^2，其中微塑料占了 82%；地中海被称为海洋垃圾的第六大堆积区[20-23]。由此可见，除了四大洋，我们同样也需要重视内海的塑料污染状况。

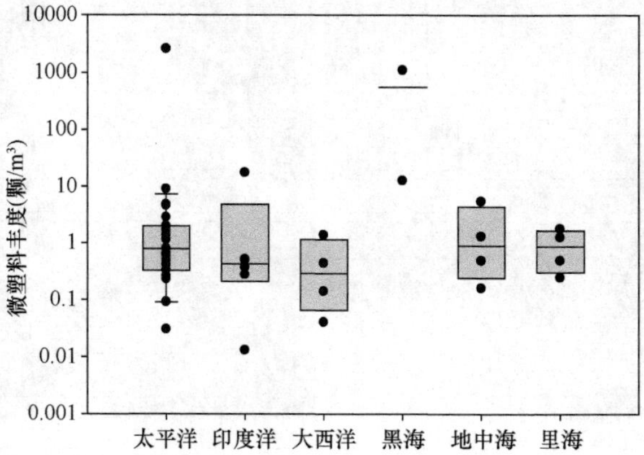

图 23-2　通过拖网采样方式获得的海洋微塑料颗粒浓度分布情况

此外，不同海洋中塑料浓度的差异较大，这与水表面漂浮塑料的空间分布息息相关。野外勘察显示，河流水表面的塑料往往呈“带状”漂浮，这种现象通常在废水排入口附近最为明显。而海洋表面漂浮塑料的运动更为复杂，受洋流、风等自然因素的高度影响，洋流推动水层间的物质交换作用或许比人们想像的要大。众所周知，塑料碎片倾向聚集于世界亚热带辐合带[24]，但是描述海洋漂浮塑料时空分布的数据有限，人们不能直接得知海洋表面塑料的时空分布规律。尽管如此，通过目视观察或是卫星追踪等手段，人们还是可以得知海面上的塑料垃圾并非完全呈分散状态的，宽阔的海面上可明显观察到塑料聚集带，曾轰动世人的大太平洋垃圾聚集区就是个典型的例子[25]。Law 等人[26]在北太平洋巡航时也在海水表面观察到了明显呈“河流”条状的漂浮塑料碎片。那这种聚集式的水表面塑料分布特征是否具有普遍性？人们选择在水表面进行采样是否能获得真实代表整个水域的塑料污染情况？如何避免海洋水表面塑料分布的空间异质性带来的误差，正确选择参数因子进行有效评估海洋塑料污染状况，仍有待深入探究。

23.3　河流塑料污染现状

23.3.1　全球河流塑料垃圾的分布

目前已有大量河流微塑料/塑料污染的报道，其中亚洲河流是微塑料研究的热点区域，其他区域的研究相对较少。由于采样方式的不一致，本章分别统计了采用 Manta 拖网采样和大体积水采样两种方式所获得的河流水体表面微塑料丰度（表 23-1、表 23-2）。中国是河流微塑料数据报道最多的国家，目前关于中国河流的微塑料研究主要集中在东部和南部，包括长江[27]、黄河[28]、珠江[2]等河流。其中，珠江河网复杂，由东江、西江、北江三条主干流汇聚在珠江三角洲上游，与珠江三角洲其他相对较小的河流一起从八个主要入海口汇入南中国海，故有“三江汇流，八口入海”之称。对珠三角上游、城市干流、入海口的研究显示，入海口微塑料的丰度[2]远低于城市干流和汇集之前的三条江[29]。微塑料进入河流后，部分微塑料会慢慢沉入河底，部分微塑料则可能被生物吞食，还有一部分微塑料在环境因素的影响下，逐渐成为极微小以致无法采集到的颗粒[22]，这些因素都可能是导致河口微塑料丰度往往低于河道内微塑料丰度的原因。

在相同采样方式下，河流微塑料的丰度具有一定的区域分布规律，体现在亚洲＞欧洲＞美洲（表 23-1、表 23-2）。欧洲和美洲大部分国家都是已发展国家，而亚洲主要为发展中国家，正处于经济快速增长阶段，其工业生产带来的塑料垃圾远高于欧美国家。另外，亚洲多数国家人口稠密，人口密度与河流微塑料的丰度密切相关；城市发展水平和人口密度对河流微塑料的影响已被多次证实[2,30,31]。在本章所统计的河流微塑料丰度数据中，用大体积水样采集方式所获得的黄河微塑料丰度值远高于其他河流，每立方水检出接近百万颗微塑料[28]。一方面，黄河水量小，泥沙多，微塑料颗粒容易聚集在河道里，无法迅速排出。另一方面，该研究采集的水样体积仅 5 L，过膜孔径为 0.45 μm，所有大于膜孔径的微塑料颗粒均计算在内，水体微塑料的丰度往往随着颗粒尺寸的减少而增大[22]，从而导致该研究所得到的水体微塑料丰度大于国内其他河流的浓度水平。

由于目前水体微塑料的采样方式千差万别，暂无统一的标准，无法有效对比不同地区不同河流的微塑料丰度。即便是同样采用拖网采样方式，拖网孔径也是各不相同，目前国际上最普遍最通用的拖网孔径是 330 μm（表 23-1）。在大体积水样品采集中，每项研究所采集的水体积大小各异，过滤水样所用的筛网或滤膜孔径差异较大（表 23-2）。为了更好地对比不同采样方式所获得的微塑料丰度，建议未来的研究中可探究一种不同采样方式之间可进行有效转换的方法。

表 23-1　采用 Manta 拖网采样所获得的部分河流水体表面微塑料丰度

国家/地区	河流	拖网孔径	采样时间	数量丰度（颗/m^3）	参考文献
中国	海河	333 μm	2018	14.2 ± 14.6	[32]
中国	珠江干流	160 μm	2016～2017	春季：370 ± 50 夏季：350 ± 80 冬季：1960 ± 900	[29]
中国	北江	160 μm	2016～2017	春季：140 ± 10 夏季：140 ± 10 冬季：360 ± 10	[29]
中国	东江	160 μm	2016～2017	春季：250 ± 50 夏季：240 ± 80 冬季：640 ± 330	[29]
中国	西江	160 μm	2016～2017	春季：220 ± 20 夏季：270 ± 110 冬季：430 ± 120	[29]
中国	珠江虎门入海口 珠江蕉门入海口 珠江洪奇沥门入海口 珠江横门入海口 珠江磨刀门入海口 珠江鸡啼门入海口 珠江虎跳门入海口 珠江崖门入海口	333 μm	2018	0.043～0.711 0.063～0.148 0.019～0.122 0.131～0.361 0.041～0.556 0.027～0.083 0.005～0.133 0.040～0.129	[2]
中国	长江中下游	330 μm	2017	211	[33]
泰国	Chao Phraya River	300 μm	–	80 ± 65	[34]
马来西亚	Cherating River	100 μm	2017～2018	0.0042 ± 0.0033	[35]
印度尼西亚	Citarum River	300 μm	–	0.0574 ± 0.025	[36]
印度尼西亚	Surabaya River	333 μm	2019	1.47～43.1	[37]
印度	Lower Ganga River	300 μm	2019	0.466	[38]
英国	Thames River	250 μm	2017	14.2～24.8	[39]
德国	Elbe River	150 μm	2015	5.57 ± 4.33	[40]
法国	Rhône River	330 μm	2015～2016	12 ± 18	[41]
法国	Rhône River	330 μm	2016～2017	19 ± 28	[41]
法国	Têt River	330 μm	2015～2016	42 ± 18	[41]
法国	Gave de Pau River	330 μm	2018	3.34 ± 0.2	[42]
西班牙	Ebro River	5 μm	2017	3.5 ± 1.4	[43]
美国	Menomonee River	333 μm	2016	1.58～2.71	[44]
美国	Kinnickinnic River	333 μm	2016	1～5.67	[44]
美国	29 Great Lakes Tributaries	333 μm	2014～2015	0.3～12.2	[45]
加拿大	North Saskatchewan River	53 μm	2017	26.2 ± 18.4	[46]

表 23-2　采用大体积水采样方式所获得的部分河流水体表面微塑料丰度

国家/地区	河流	水体积	滤膜/网筛孔径	采样时间	数量丰度（颗/m^3）	参考文献
中国	海河	20 L	1.2 μm	2018	9300 ± 4700	[32]
中国	钱塘江	20 L	45 μm	2018	1180 ± 269	[47]
中国	闽江	50 L	300 μm	2018	700 ± 700	[48]
中国	黄河	5 L	0.45 μm	2018～2019	497000～930000	[28]
中国	邕江	10 L	50 μm	2018	2350 ± 1860	[49]
中国	黄浦江	5 L	10 μm	2018	38900 ± 14100	[50]
中国	长江	100 L	60 μm	2017	157 ± 75.8	[27]
中国	长江 汉江	20 L	50 μm	2016	2520 ± 912 2930 ± 306	[51]
中国	珠江入海口	5 L	50 μm	2017	7850～10950	[52]
韩国	Nakdong River upstream Nakdong River downstream	100 L	20 μm	2017	293 ± 83 4760 ± 5240	[53]
印度	River Alaknanda	50 L	100 μm	2019	2220	[54]
巴基斯坦	Ravi River	100 L	150 μm	–	2070 ± 3650	[55]
荷兰	Dommel River Meuse River	1.3～8 m^3	20 μm	2017～2018	654 867	[56]
美国	Hudson River	3 L	0.45 μm	2016	980	[57]
美国	Gallatin River	1.3 L	0.45 μm	2015～2017	1200	[58]
墨西哥	Tecolutla Estuary	5 L	1.2 μm	2016～2017	151000	[15]
南非共和国	Orange–Vaal River	30～60 L	25 μm	2018	210 ± 270	[59]

23.3.2　河流微塑料对邻近海洋环境的贡献

大量微塑料从陆地排入河流后，在水流的作用下汇入邻近海洋环境中。本章通过统计各个海洋所接收的河流微塑料丰度，探究河流微塑料对海洋环境微塑料污染的贡献。与海洋微塑料污染分布趋势一致，流向太平洋的河流带来的平均微塑料浓度最高，其浓度范围差异巨大，跨越了 7 个数量级。流向印度洋、地中海和大西洋的径流中的平均微塑料浓度分别依序位列其后（图 23-2）。由此可见，海洋的塑料污染与河流的塑料丰度息息相关，河流是海洋塑料污染的重要来源[60]。

海洋往往被认为是陆源塑料的汇。然而，统计发现漂浮的海洋塑料丰度明显低于其接收的河流的塑料丰度（图 23-3）。有学者将这种情况称为海洋塑料的“丢失”[22]。那么真的是因为塑料垃圾在传输过程中发生了丢失而形成了海洋与河流的漂浮塑料丰度的差异吗？这部分缺失的塑料何去何从？我们认为，一部分的塑料在传输过程中发生了沉降。每年估计有数以亿计的管理不善的塑料废物沿着径流进入海洋。河流水表层漂浮的塑料经过光照等物理化学的作用或附着生物污垢后，其尺寸或密度发生改变而下沉进入沉积物。Tien 等人[4]在台湾凤山河的水表面检测到 334～1060 颗/m^3 的微塑料，而沉积物中的微塑料浓度高达 508～3990 颗/m^3。还有一个例子是埃布罗河沉积物中的微塑料浓度并不亚于其漂浮的微塑料浓度（分别为 2050±746 颗/kg 干重，3.5 ± 1.4 颗/m^3）[43]。在海洋方面，许多沿海地区的调查表明，大量的微塑料搁浅在海滩[61]和海岸线[62]的沉积物中，平均每平方公里的深海沉积物中同样散落着数十亿微小的塑料碎片。此外，浮游生物的消耗和海洋生物的摄入是海洋漂浮微塑料去除的重要途径[63]。由此可见，海洋的塑料污染状况并非如人们肉眼看到的那样，深海海底或许不仅仅是丰富的生物栖息地，更是承载人类管理不善的塑料垃圾的“软床”。但遗憾的是，目前还没有合理的方法估算这种潜在的塑料“丢失”量。

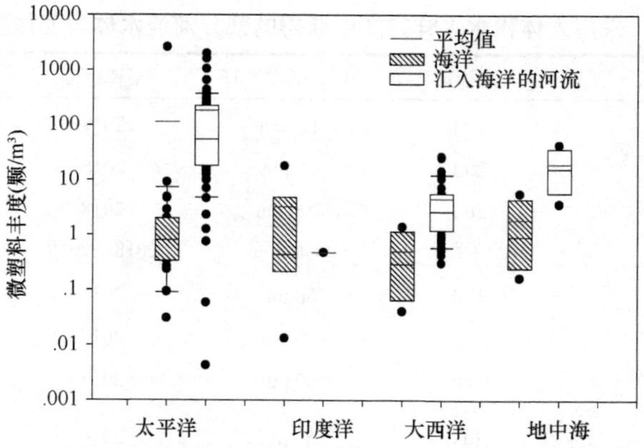

图 23-3　通过拖网采样方式下的海洋及其接受的河流的微塑料数浓度分布情况

流向印度洋的河流微塑料拖网采样数据十分稀缺，大多数相关的文献都是通过大体积水量过滤的方法对河流进行采样或是对沙滩/海岸线的塑料污染水平的研究

海洋塑料的“丢失”现象，也许是野外采样方式的差异造成的假象。不统一的采样方式造成各地区所检测到的漂浮微塑料丰度差异大，不利于不同区域之间的数据统计与比较。本文仅讨论水体表层微塑料的浓度情况。迄今为止，采集水表面漂浮微塑料的方法主要有两种，使用拖网拦截和采集大体积水样过滤。无论是在河流还是海洋，通过大体积水样过滤的方法会检测到更高数浓度的微塑料，采集的水体积越小，微塑料数浓度越高。孔径大小为 333 μm 的 Manta 拖网是最为常见的采样工具，但也有许多研究人员使用更小孔径（甚至低于 80 μm）的拖网进行采样。拖网孔径越小，采集到的微塑料数浓度越高，更微小尺寸的微塑料占比也越大（图 23-4）。故此，现在有一种观点认为，“丢失”的塑料可能是尺寸范围更小的微塑料或纳米塑料。

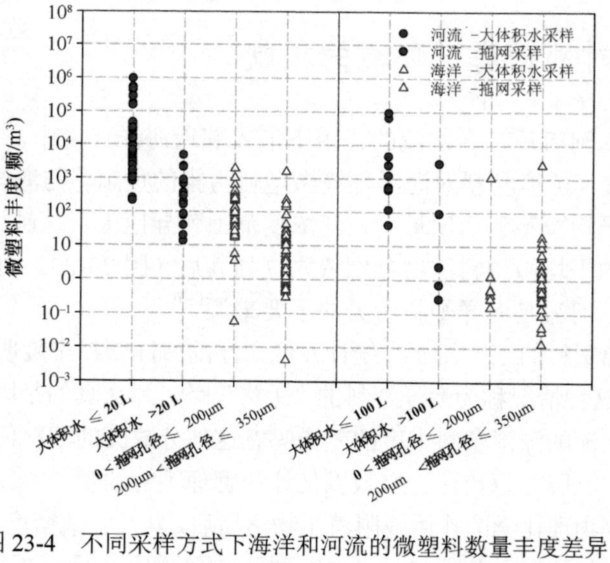

图 23-4　不同采样方式下海洋和河流的微塑料数量丰度差异

从数据收集的角度来看，用数浓度来表示一个区域的微塑料污染水平明显受限于采样设备的规格，使用质量浓度更有利于准确评估塑料污染分布状况。但是，目前仅有极少数的文章对塑料质量浓度进行了探讨。为了充分利用已有文献的信息，Weiss[64]等人收集了 29 个样本数据，得出可以将塑料数浓度转换为质量浓度的转换因子 Wf(Weiss conversion factor)，即非纤维状的塑料颗粒平均质量为 0.23 mg(Wf1)，纤维状的塑料颗粒平均质量为 0.75 μg（Wf 2）。相对于前人提出的转换因子 Lf（每颗塑料颗粒 3.0 mg）[60] 和 Sf（每颗塑料颗粒 0.96 mg）[65]，使用 Wf 转换因子估算的塑料颗粒物重量较低。

23.4　河流塑料入海通量

23.4.1　实测河流微塑料入海通量

河流是塑料垃圾进入海洋的重要途径。早在 2011 年，美国研究者 Moore 等[66]通过采集加利福尼亚州两条河流的塑料垃圾，估算出这两条河流三天内流入邻近海域的塑料垃圾量约为 30 吨。陆地产生的塑料垃圾大量进入海洋，对海洋环境造成严重污染，因此，准确估算塑料的全球河流入海通量，有助于明晰河流输入对海洋塑料污染的贡献。

目前仅有少量河流通过多次采样估算测量了河流的微塑料入海通量，主要包括珠江[2]、长江[27]、洛东江[53]等。珠江河网复杂，微塑料由八个主要河口排放至海洋。在估算珠江的微塑料年入海通量时，先计算各入海口每个季节的入海通量，某个入海口四个季节入海通量的总和构成了该入海口的年入海通量；而八个入海口微塑料年入海通量的总和则构成了珠江微塑料的年入海通量，测量值约为 390 亿颗或 66 吨[2]。珠江的微塑料入海通量季节性变化较大，体现在夏季最高冬季最低（图 23-5）。这主要归诸于夏季与冬季径流量的差别，它们分别占年径流量的 37%和 14.2%。各入海口的微塑料年入海通量差距较大，其中虎门的微塑料通量无论是数量还是质量都是最高的（图 23-5），这可能是因为虎门不仅接收流经高度城市化的广州和东莞地区的径流，而且其径流量也相对较大。总体来看，东四门（虎门、蕉门、洪奇门、横门）比西三门（鸡啼门、虎跳门、崖门）对微塑料的输运贡献更大，径流量最大的磨刀门除外。由于磨刀门的月径流量最大，远高于其他入海口门，因而磨刀门的微塑料入海通量在八个入海口中仅次于虎门。而鸡啼门、虎跳门和崖门接收的径流流经人口密度低的小城镇，且月径流量小，因此这几个入海口的微塑料入海通量较小。这些研究结果与我们前期获得的持久性有机污染物河流入海通量结果是一致的[67]。珠江口微塑料入海通量的实测值远低于 Lebreton 等[60]和 Schmidt 等[65]的模型估算值。由于用于建立模型的实测值较少，导致模型估算结果偏差较大，因此，有必要进行长期的野外监测来对模型进行校正和模型参数的优化。

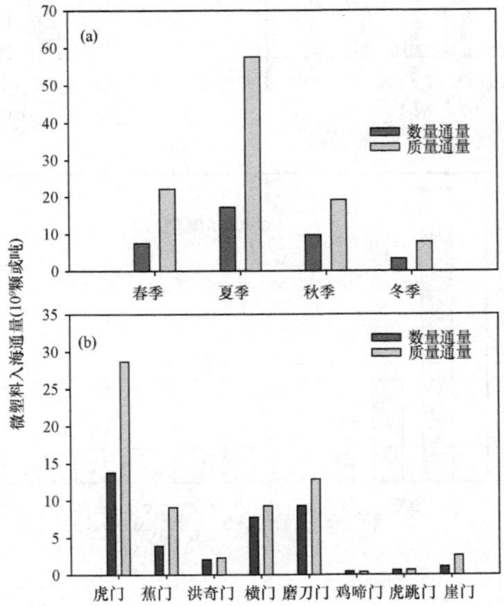

图 23-5　微塑料从珠江汇入南海入海通量的（a）季节变化和（b）空间变化[2]

23.4.2　河流塑料入海通量与模型估算对比

前期 Lebreton 等[60]的模型中使用管理不当塑料垃圾（mismanaged plastic Waste，MPW）作为主要预测因子，但该因子的赋值存在明显不合理的地方。如亚洲和非洲的低收入的国家 MPW 高达 89%，而欧洲和北美的发达国家的 MPW 均约为 2%。这应该是导致基于 MPW 的模型估算值与河流塑料入海通量实测值匹配度低的主要原因。在最新的研究中，我们采用联合国开发计划署发布的人类发展指数（human development index，HDI）作为主要预测因子估算全球河流塑料入海通量，该模型的估算值与河流实测值较为接近[69]。

本章对比分析三项模型研究获得的河流入海通量预测值。Schmidt 等基于 MPW 建立了两个模型，标记为模型 1 和模型 2，这两个模型预测的全球河流塑料年入海通量中值分别为 47 万吨和 275 万吨[65]；而 Lebreton 模型预测中值处于二者之间，约为 142 万吨[60]。但这些预测值都远远高于 HDI 模型的预测中值 13.4 万吨。我们的研究发现，HDI 比 MPW 能更好地预测全球河流塑料入海通量[69]。基于 HDI 的全球河流塑料入海通量估值比 MPW 估值大幅度下降，大大缓解了公众对海洋塑料污染的担忧，并在一定程度上能缓解塑料污染治理带来的财政压力。

在塑料入海通量排名前 10 的河流中，有 8 条是来自亚洲的河流，虽然这一结论在所讨论的模型中都是一致的，但不同模型中前 10 名的河流是不一样的（图 23-6）。亚洲河流具有相对较大的径流量、高人口密度、较低的 HDI 值，这些因素的共同作用导致亚洲河流比其他地区的河流具有更高的塑料入海通量。这些结果也表明，在评估各个国家对全球海洋塑料污染贡献时，人均贡献应该是一个较为合理的指标。

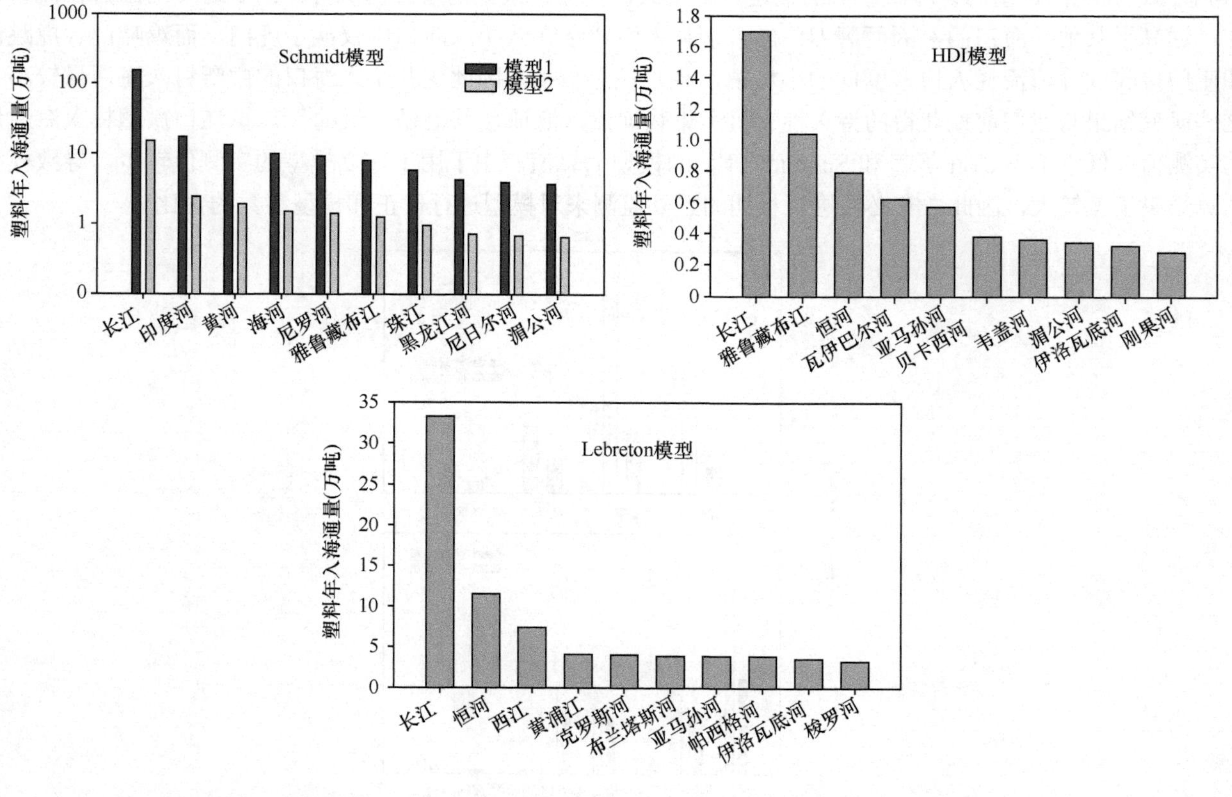

图 23-6　不同模型预测所得全球排名前十的河流塑料入海年通量（中值）对比[69]

23.5　塑料污染治理与碳中和

23.5.1　碳中和的背景及现状

联合国政府间气候变化专门委员会（Intergovernmental Panel on Climate Change，IPCC）第六次全球气候评估报告确认了“人类活动”是造成当前全球变暖的主要原因，并证实了全球变暖的这一客观事实。科学界普遍认为，1950～2010 年地球上所观测到的全球气温上升现象，有 95%的可能性是由人类活动排放的大量温室气体（greenhouse gas，GHG）所造成的。为了防止当前全球气候进一步的恶化，需将全球整体平均气温上升幅度控制在 1.5℃以内。

碳中和是以控制和减少大气中温室气体含量为主要目标所提出的一种概念[70-74]。在实现碳中和的情景下，由人类活动直接或间接产生的温室气体排放会通过各种途径被转化、固定及吸收，从而抵消其向大气中排放的碳量，实现温室气体的“零排放”。增加碳汇和减少化石燃料消耗是两个主要的实现途径[75,76]。其中，经植被的光合作用对大气中的二氧化碳进行吸收和捕集是一种自然固碳机制，也是目前地球上最主要的碳汇途径。目前，全球范围内由植被光合作用直接或间接固定、以生物有机碳的形式存在的碳汇总储量估计约为 450 亿～650 亿吨碳[77]。

然而，植被的碳汇增量主要表现在生物碳的增量上，其存量对二氧化碳的吸收并没有更多贡献。受制于地理因素以及气候条件，以植被为代表的生物碳固存稳定性尚不得而知。近期多项研究表明，由于连年烧荒与砍伐，亚马孙（Amazon）雨林的植被整体呈现从碳汇转变为碳源的趋势[78-82]。另外，植被的呼吸作用随气温上升将持续增强，而光合作用，特别是碳四植物的光合作用，其效率并不会随着气温上升而提高。此消彼长，使全球植被固碳能力显著下滑。为扩大碳容量并减少其不稳定性，各国研究人员持续不断地寻找和发掘新的人工碳库[83]。这些工作力求寻找一种比生物碳更稳定、储碳密度更高的形式，能更好地固定生物碳，或直接从大气中吸收二氧化碳并固定成稳定的有机碳聚合物或无机碳酸盐，形成更好的碳汇[84-87]。

本章通过使用三种生物基塑料替代传统塑料的速率以及两个塑料回收利用率终点，估算未来 40 年塑料工业碳排放的五种典型场景（表 23-3），在此基础上探讨生物基塑料和塑料回收如何影响塑料工业碳中和进程。这五种模拟场景包括：低回收率且无生物基塑料替代（场景 1）；低回收率，生物基塑料的年增长率为 15%（场景 2）；高回收率但无生物基塑料替代（场景 3）；高回收率，生物基塑料的年增长率为 15%（场景 4）；高回收率，生物基塑料的年增长率为 25%（场景 5）。根据先前收集的资料以及塑料回收技术的最新发展，确定低回收率为 22%、高回收率为 50%[88,89]。除此之外，还通过生物基塑料替代模拟验证该方法是否可以在规定时间内实现塑料工业的碳中和，并评估在塑料生命周期中实现碳中和的关键过程和参数。

表 23-3　模拟场景条件

编号	塑料回收比例		生物基塑料替代的年增长率		
	22%	50%	0%	15%	25%
场景 1	√		√		
场景 2	√			√	
场景 3		√	√		
场景 4		√		√	
场景 5		√			√

23.5.2 研究特定对象的碳循环方法——生命周期评价模型

生命周期评估（life cycle assessment，LCA）或生命周期分析，主要用于评估一种原材料从提取（摇篮）到最终废弃处理（坟墓）的整个生命周期中对自然环境的影响。根据美国环保局（Environmental Protection Agency，EPA）国家风险管理研究实验室的定义，生命周期评价是一种通过以下方式评估与产品、过程或服务相关的环境因素和潜在影响的技术：

（1）搜集和验证指定研究对象的能源和原材料投入及环境排放清单；

（2）评估与确定上述研究对象在材料及能量输入和释放过程中对环境的潜在影响；

（3）根据评估结果制订改善研究对象对环境的负面影响。

因此，LCA 是一种评估从原材料提取到材料加工、制造、分配、使用、维修和维护以及废弃处置或回收的产品全寿命所有阶段相关环境影响的方法。其评估结果主要用于帮助决策者和科研工作者厘清潜在决策和实现路径的选择对环境的影响并达到最大化的效果。LCA 考虑整个产品系统，避免使用单个过程时可能出现的次优化。因此，LCA 的目标是通过量化物质流和能量流的所有输入和输出，并评估这些物质流和能量流如何影响环境，来比较可分配给产品和服务的所有环境影响。

尽管之前有很多学者尝试将 LCA 标准化，但任何希望 LCA 产生统一、客观的结果是不现实的。因此，不应将 LCA 视为一种单一的方法，而应将其视为一系列试图从不同角度评估量化特定研究对象全生命周期中对环境的影响的方法。LCA 主要包含两种方法：归因导向 LCA 和结果导向 LCA。归因导向 LCA 寻求在确定的时间段内，将与产品的生产和使用或特定服务或过程相关因素进行归属；而结果导向 LCA 则关注所研究对象中特定决策对环境的影响。换句话说，归因导向 LCA 试图回答“情况如何（即污染物、资源和过程之间的交换）以及在所选的时间窗口内如何流动？”，而结果导向 LCA 试图回答“超出即时系统的流动将如何响应决策？”。

在研究塑料生产、使用和废弃过程的污染问题，以及对塑料生命周期中的各个阶段对碳循环影响的评价时，LCA 是非常合适的研究工具。通过构建合适的塑料周期的 LCA 模型，可以厘清不同材质、不同用途的塑料制品在生产、使用及废弃的各个阶段中，其物质流和能量流所产生的碳排放。进而帮助我们更好地理解塑料工业与碳中和的关系。

塑料 LCA 模型主要用于估算全球塑料生产和使用后处理过程中的碳通量和温室气体排放。在使用不同的原材料和废弃物处理策略下，包括（但不限于）回收、焚烧和填埋，根据全球现有塑料生产状况和使用情况，我们选取了七种塑料类型和七个主要应用方向的碳通量进行了模拟和分析。由于塑料具有很强的抗分解能力，因此塑料的自然降解在短时间内不足以在整体上影响塑料的碳通量和温室气体排放。在此基础上，我们综合评价了塑料产业对全球碳循环的影响。模型设计中的参数包括原材料替代、生产规模、能源和废物处理方案。模型一般不考虑以下因素：自然降解、磨损损失、制造差异、新兴技术、新合成塑料和加工损失。

现阶段的塑料 LCA 模型主要关注七种塑料，包括高密度聚乙烯（PE）、低密度和线性低密度聚乙烯（LDPE 和 LLDPE）、聚丙烯（PP）、聚氯乙烯（PVC）、聚氨酯（PU）、聚对苯二甲酸乙二醇酯（PET）和聚苯乙烯（PS）。在当前塑料消费构成中，这七大类塑料的产量占所有生产塑料的95%以上。此外，塑料的七个主要应用方向为运输、包装、建筑和施工、电气/电子、消费品和机械工业产品、工业机械及其他行业。不同应用场景下的塑料的使用寿命平均值和标准偏差均存在很大的差异，但其平均使用年限基本遵循对数正态分布。

除使用阶段外，所有塑料在生产、废弃后处理和运输过程中均会排放额外的温室气体。生产和回收阶段的温室气体排放主要与工艺水平、能源结构、运输过程以及非能源过程相关[40]。而对于塑料焚烧，温室气体主要来自塑料本身的碳燃烧。此外，生物质塑料的生产过程会使用额外的碳循环通路来连接大气和生物质，用以代表植被吸收二氧化碳的过程。在模型模拟过程中，仅计算净转化为塑料的碳含量。生产过程中的其他生物质消耗被认为最终会分解回二氧化碳，与从大气中吸收的二氧化碳部分相抵消。

23.5.3 塑料——难以降解的环境污染物，亦是最大的人工碳库

自 20 世纪 50 年代以来，全球范围内的塑料产量一直处于快速增长阶段。由化石原料（石油、天然气）制成的传统塑料占全部塑料的 99%，消耗的石油和天然气约为当年总产量的 8%[89]。在传统塑料合成工艺中，约 50%的化石燃料会被作为塑料合成的主要能量来源，剩余的 50%化石碳则构成了塑料的基本成分。在塑料生产过程中，这部分化石碳被转化为并固定在塑料材料中。正因如此，越来越多的塑料制品以及被遗弃后填埋的塑料废弃物，形成了迄今为止最大的人工碳库之一，其内部的碳来自地底的古代动植物残骸所形成的中短链有机碳。从此，在地球的地层中，第一次出现了成规模的非生命大分子有机碳成分。

虽然塑料等聚合物物化性质稳定，机械性能优秀，但当包含塑料的产品由于各种原因，使用寿命到达要求后，就会被作为固体废弃物遗弃到环境中，或被收集成为垃圾。根据不同的使用目的，塑料材料拥有完全不同的生命周期。据不完全统计，约 45%的塑料被用于生产包装材料，这些包装材料的平均使用寿命不超过一年；而另外一些塑料材料被用于制造汽车或作为建筑材料使用，其寿命往往会超过 20 年。目前人类所产生的大量塑料废弃物，主要源自使用寿命短的塑料包装材料。迄今为止，所有生产的塑料中有 76%已转化为固体废物[88]。由于塑料通常不易分解，由于处理不当所导致的塑料废弃物造成严重的生态困境及环境污染问题[90-92]。

为了处理塑料废弃物，人们在过去几十年提出了多种应对措施，主要包括使用可降解塑料、回收再利用、焚烧以及填埋[93-97]。然而，部分塑料废弃物处理方法会使塑料有机碳矿化分解，并成为潜在的温室气体排放源。在这个过程中，大部分的温室气体来自合成过程中构成塑料碳骨架主体的化石碳。因此，在塑料废物处置和碳排放控制之间形成了复杂的矛盾统一体[98-100]。

1）塑料——人工碳库

截至 2020 年，全球初级塑料的累计产量达到 100 亿吨。其中，32.6 亿吨塑料处在使用阶段，包括 30 亿吨的初级塑料和 2.6 亿吨二次回收塑料（图 23-7）。其余的塑料已经转变为固体废弃物，进入后处理阶段或被丢弃在自然环境中。目前，塑料废弃物的处置方法包括但不限于回收、焚烧和填埋[101,102]。塑料废弃物的回收再利用始于 20 世纪 80 年代，至今已回收塑料 8.3 亿吨[103]。塑料垃圾焚烧处理最早始于 20 世纪 70 年代。由于塑料含有大量有机碳，本身就是优质的燃料，只要经过适当的预处理，就可以成为发电的理想燃料之一。因此，利用塑料垃圾焚烧发电，在相当长的一段时间里被认为是塑料废弃物处理的最佳方案。但在碳中和的大背景下，这个方案则略显不足。一方面，由于塑料废弃物中不光包括塑料本身，还包括各种阻燃剂、增塑剂和添加剂；这些化学品在焚烧过程中会被释放到环境中，造成二次环境污染。另一方面，由于塑料废弃物中的碳主要源于化石燃料，故塑料焚烧与直接化石燃料燃烧所带来的碳排放本质上是相同的，其后果与碳中和的理念相悖。即便如此，约有 13 亿吨初级塑料和 1 亿回收塑料被焚烧处理[104]。填埋是目前绝大多数塑料垃圾的最终归宿[105,106]。我们的评估结果表明，自 1950 年以来，56 亿吨的塑料废物被掩埋在垃圾填埋场或释放到环境中，这与之前的估算吻合[88]。

由于塑料高分子聚合物在结构上的致密性与稳定性，被填埋的塑料很难被现存的微生物降解。若不进行进一步处置，塑料废弃物将会长期存在于环境中。从全球碳循环的角度来看，塑料是一类非常特殊的有机碳化合物，一般难以像生物有机碳那样被生物所利用，进而转化成其他化合物。自然界中虽然存

在降解大分子有机碳的微生物，可以降解木质素、纤维素等自然形成的大分子有机物，但此类消化降解酶的出现经历了漫长的自然演化历程，最早可以追溯到植物化石产生 1.25 亿年以后才在自然界中进化出来。

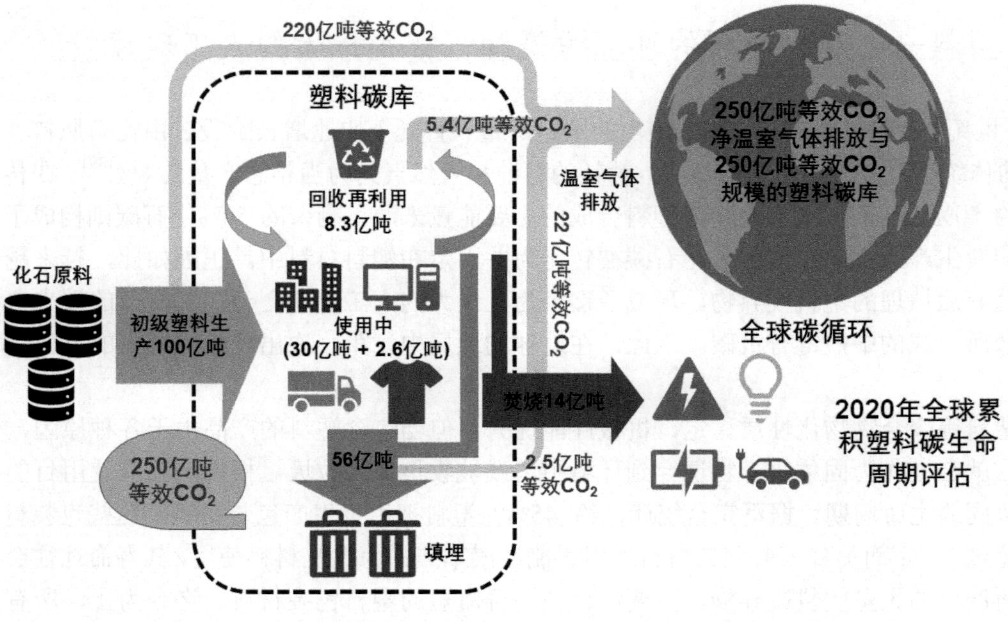

图 23-7　截至 2020 年全球塑料累积生产量及全生命周期评估

因此，正在使用的塑料制品和被填埋的塑料废弃物一起，形成了迄今为止最大的人工碳库之一。到 2020 年，该碳库已累积 68.2 亿吨碳，相当于 250 亿吨 CO_2。尽管塑料碳库目前的规模相比天然碳库（例如：土壤 1500 亿～2400 亿吨碳；生物圈 450 亿～650 亿吨碳；海洋 38000 亿吨无机碳与 700 亿吨有机碳等）小得多，但它更容易受人类活动影响，如果处理不当，可能成为潜在的碳源[77]。最新研究结果显示，由塑料构成的人工碳库的累积速率远超一些自然系统的有机碳累积，如内陆水体、深海沉积物、森利生态系统和海岸生态系统等[88]。

2）全球塑料的生产趋势以及塑料回收的影响

1950～2019 年间，全球初级塑料产量的增长趋势基本遵循三次多项式函数（R^2=0.997；图 23-8），且几乎不受外部事件的影响。在塑料产量增长过程中，只有两个值得一提的事件。第一个事件是发生在 20 世纪 70 年代的全球石油危机，受国际政治局势以及经济因素影响，塑料的原材料价格出现了大幅上涨，在短期内影响了全球塑料的生产。第二个事件是 2008 年全球金融危机，金融市场震荡破坏了全球供需平衡，导致全球工业品供应过剩，进而影响塑料的产量。而 2019 年以来因新型冠状病毒所引发的全球性疫情，使个人防护用品以及医疗产品的需求量猛增，抵消了由疫情引起的消费水平下降，从整体上并未影响全球塑料的产量[107-109]。除非出现某些不可预知的事件对世界政治和经济体系造成重大影响，塑料生产的增长预计将在未来几十年内继续按照现有的趋势增长[110]。

从对塑料废弃物的一系列研究及全周期生命评价结果来看，塑料的回收利用将有效降低初级塑料的生产量，同时能满足人类的日常需求。例如，如果将现阶段全球塑料废弃物的回收比例从不到 20%提高到 50%左右，假设处于使用阶段的塑料量保持不变，为了在 2060 年前一直满足全球对塑料的需求，到 2060 年，全球累积生产的初级塑料产量将从原先估计的 460 亿吨下降到 390 亿吨。在该场景下，再生塑料的产量每增加 24 亿吨，可降低约 70 亿吨的初级塑料生产量。

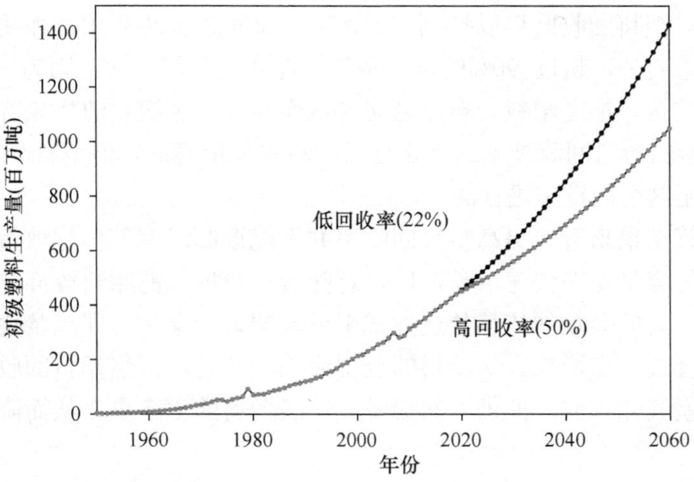

图 23-8　全球初级塑料年产量及未来趋势预测

除了对初级塑料生产产量的直接影响外，塑料废弃物的回收利用率还会间接影响塑料碳库容量和温室气体净排放量（图 23-9）。在维持现阶段塑料种类和生产方式不变的情况下，到 2060 年，在低塑料回收率和高塑料回收率两种场景下，塑料碳库的容量分别为 274 亿吨和 230 亿吨。与此同时，温室气体积累净排放量将分别接近 1270 亿吨和 1120 亿吨等效 CO_2。在不同回收率场景下，碳库容量及温室气体排放量产生差异的主要驱动因素是初级塑料生产量。在高回收率场景下，初级塑料的累积产量较低，因而通过填埋产生的塑料废物累积量较少，形成的塑料碳库规模也相对较小。在温室气体排放方面，虽然高回收率场景下经塑料回收产生的温室气体排放量增加了 16 亿吨等效 CO_2，但初级塑料生产的累积温室气体排放量减少了 140 亿吨等效 CO_2。塑料的回收再利用过程产生的温室气体排放量仅为塑料生产的 10%～28%（取决于塑料的种类和生产工艺）。

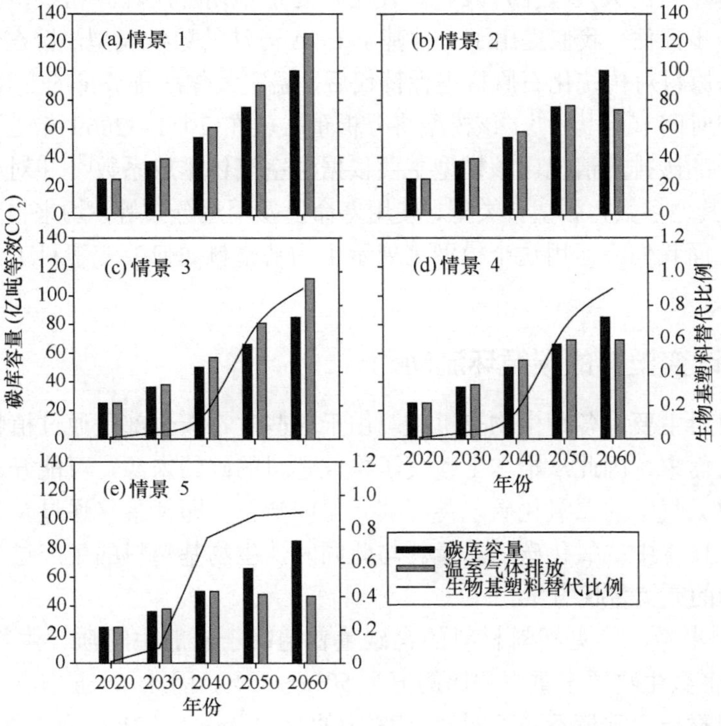

图 23-9　全球塑料碳库容量及温室气体累积排放量的年际变化

与填埋和焚烧相比，塑料回收既可以控制塑料污染，又可以促进碳中和作用，是更为理想的塑料废弃物处置方法。值得注意的是，超过 90%的再生塑料只能回收利用一次，因为再生过程中的一系列加工步骤会破坏塑料的碳链结构，加之塑料会自然老化，从而导致再生塑料的质量普遍低于初次塑料[88]。从碳中和的角度来看，目前的塑料回收技术只是在延长塑料的使用寿命，但塑料废物最终会被焚烧和填埋。因此，上述估算也是遵循这个假设来进行的。

从我们的模拟和估算结果来看，提高塑料回收率并不能遏制温室气体排放量的快速增长。随着生产规模的增大，塑料碳库的容量也在快速增长，同时意味着环境堆放的塑料废弃物越来越多。随着可用的塑料填埋场地日渐稀缺，人们会愈加依赖焚烧方式来处理塑料废弃物，即经焚烧处理的塑料废弃物所产生的温室气体排放总量会进一步增加。从塑料的全生命周期来看，虽然塑料回收不能遏制塑料生产量快速增加所带来的巨量温室气体排放，但仍可间接降低初级塑料的生产量，从而降低塑料工业整体温室气体排放量的增长速率。

23.5.4 实现塑料工业碳中和的一种可能的途径——生物基塑料

生物基塑料是使用预处理过的生物质作为原材料合成的，生物质原料主要为甲烷、生物柴油、生物乙醇等通过动植物原料而得到。动植物原材料包括木质素、纤维素、生活垃圾以及制糖废料等。与传统化石塑料相比，生物基塑料的发展曾经一度停滞，主要原因包括高昂的成本、与食品供应争夺原料和农业用地，还有就是在大规模生产时遇到的各种技术瓶颈和障碍。由于人们因应对全球气候变化而日益增长的碳排放压力、全球碳交易机制的建立、新型生物基塑料的开发、传统聚合物的新合成技术等，这些不利因素逐渐被排除[111]。从理论上讲，HDPE、LDPE\LLDPE、PP、PVC、PU 和 PET 可以完全被其生物基塑料所取代。唯一的例外是 PS，它只有 48%的生物可替代潜力。综合上述信息，生物基塑料替代传统塑料的潜力估计为 90%[112]。

尽管如此，生物基塑料的大规模生产及推广使用仍处于早期阶段。生物基塑料在塑料工业中实现碳中和的前景仍有待进一步评估。我们提出了一种基于 LCA 方法的数学模型，旨在估算生物基塑料的碳中和能力，并计算生物基原料对传统化石原料进行替代后，温室气体净排放量的变化。由于 2060 年为我国承诺实现碳中性的关键时间节点[113,114]，该模型将分析重心放在 2021～2060 年这段时间内，全球塑料生产、使用及废弃过程中的碳排放情况。该模型主要依据温室气体排放系数[21]和对未来四十年塑料产量的预测数据[1]进行模拟。其他参数，如塑料类型、使用寿命以及用途分布等，均来自于相关研究文献和美国环境保护署数据库。下面我们将运用这个模型来展示生物基塑料如何改变塑料工业的碳循环结构，并最终达到碳中和。

1）生物基塑料如何改变塑料的碳循环流动

生物基塑料的原材料主要为各种生物有机碳。由于这些生物碳全部是通过植物光合作用对大气中二氧化碳的吸收以及转化而来，因此从根本上改变了构成塑料的碳的来源，可能开辟了一种全新的碳循环路径，即通过植物吸收大气中的二氧化碳，再将其转化成塑料。即使最终通过焚烧将这部分碳重新释放到大气中，也不会增加环境中二氧化碳的总量。与此同时，生物基塑料的生产过程中几乎不消耗任何化石燃料，是达到碳中和的完美替代方案。

从塑料本身的结构来看，常见塑料材料的含碳量普遍高于一般生物质。生物质由于水分占比超过 70%，且生物碳在绝大多数生物质干重中的比例恒为 50%～55%，因此，一般认为，生物质中的碳含量仅为 15%左右。不同塑料材质含碳量不同，例如，PS 中的含碳量约为 92%，而 PVC 的含碳量约为 38%。但无论哪种塑料，其含碳量均远远大于生物质。另外，任意一种生物质在自然环境中的总量均存在上限，因此，通过将一部分不再生长的生物质从环境中移除，让出空间和资源给正在生长的其他生物，并将移除的部分转化成含碳化合物，使之在短期内脱离环境中的碳循环，就成为碳中和的一个主要思路。

生物基塑料正是符合这一思路的理想含碳化合物。由于塑料本身在自然条件下极其稳定，可以通过生物质进行大规模转化，其产物不仅含碳量高，而且其本身就是对人类社会非常有用的工业材料；只要能够进行妥善的后处理，就能在相当长的一段时间里脱离环境碳循环。这将形成一条额外的碳固定路径，使大气中的二氧化碳能通过植被光合作用和塑料合成过程被固定成塑料制品，进而成规模地实现碳吸收和温室气体的大规模减排。

2）生物基塑料如何实现碳中和

目前生物基塑料的产量仅占到全部塑料产量的 1%，从工业生产的一般规律来看，即使工艺成熟且不存在任何相关技术问题，替代传统塑料生产也需要一个循序渐进的过程。综合各种要素。假设当前塑料生产的主要品类和产量比例保持不变，原材料供应充足，且生物基塑料的产量以固定速率逐年增加。若生物基塑料的年增长率设定为 15%，则其积累产量将从 2020 年的 456 万吨增加到 2060 年的 12.8 亿吨（低回收率）和 9.42 亿吨（高回收率）。在两种不同回收率的场景下，塑料碳库的容量保持不变。值得注意的是，生物基塑料的生产也会产生温室气体排放，主要来自额外的化石燃料消耗。综合考虑当前的制造技术和能源结构，通过生物质塑料替代的方法可使初始塑料生产过程中温室气体排放量减少 8.03%～28.1%[115]。

模拟结果还表明，在生物基塑料替代场景下，塑料全生命周期中温室气体净排放量降至 990 亿吨（低回收率）和 840 亿吨等效 CO_2（高回收率）。温室气体净排放量的下降主要得益于使用生物质原材料，即通过光合作用将大气中的二氧化碳转化回生物质。如果生物基塑料的替代率提高到 25%，则大气中 CO_2 的吸收量从 210 亿吨等效 CO_2 增加到 450 亿吨等效 CO_2；而初级塑料生产带来的温室气体排放量进一步从 790 亿吨等效 CO_2 下降到 720 亿吨等效 CO_2。在这种情况下，全生命周期内塑料的净温室气体排放量为 520 亿吨等效 CO_2。此外，生物基塑料的累积生产量仍远小于传统塑料，因为初始生物质替代率较低（2020 年为 1%）。因此，2060 年的累积净温室气体排放量仍然高于 2020 年。

尽管在不同的替代场景下，塑料碳库中储存的碳量基本保持不变，但生物碳和化石碳的相对比例不同（图 23-10）。在无生物基塑料替代的场景中，塑料碳库中几乎所有碳都来自化石燃料，其潜在碳容量分别为 274 亿吨和 230 亿吨。随着生物基塑料替代比例的增加，生物碳的比例逐渐超过化石碳。进一步的分析表明，塑料碳库中生物碳的增长主要是由于塑料生产量逐年增长，而不是通过替代碳库中现有化石碳储量（图 23-11）。此外，累积产量中生物基塑料的比例（图 23-11）高于储备碳中的比例（图 23-10），表明大多数生物基塑料仍处于使用阶段。

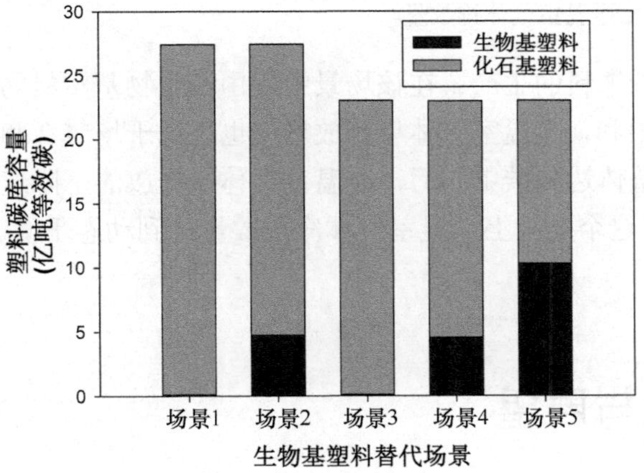

图 23-10　2060 年全球塑料碳库累积容量及来源

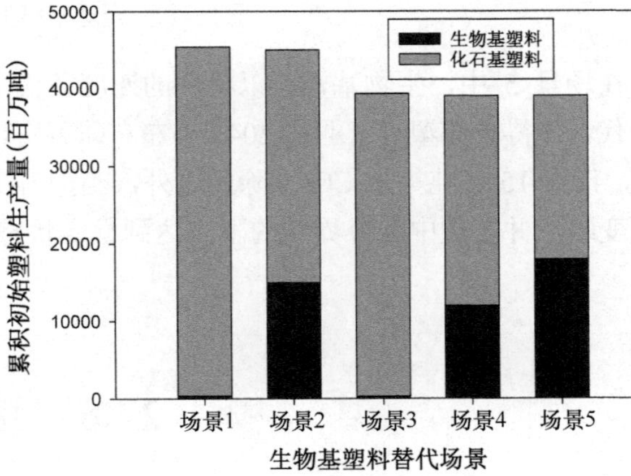

图 23-11　2060 年全球塑料累积产量及种类

23.5.5　生物基塑料替代和塑料回收实现塑料工业碳中和

年度温室气体净排放趋势进一步显示了生物质替代和塑料回收的效果（图 23-12）。场景 1 和场景 3 中的年度温室气体净排放量与生产规模呈正相关。由于初级塑料的产量减少，场景 3 中较高的回收率产生的温室气体排放量比场景 1 的少。在这两种情况下，传统塑料只能作为化石碳的缓冲器。一旦这部分塑料被废弃并焚烧，其内部的化石碳最终将转化为二氧化碳并释放到环境中。因此，仅仅依靠塑料回收的传统塑料工业不可能在不借助任何外部辅助的情况下实现碳中和。

场景 2、4 和 5 中的净温室气体排放趋势与场景 1 和 3 很大区别。随着生物基塑料的替代比例增加，年净温室气体排放量仍呈上升趋势，峰值出现在 2030～2050 年之间，随后迅速下降，并最终趋于碳中和。到 2060 年，场景 2 中的净温室气体年排放量预计将达到 5 亿吨等效 CO_2，接近 2000 年的净温室气体排放水平；其峰值出现在 2047 年，温室气体年排放量为 24 亿吨等效 CO_2。在场景 4 中，净 GHG 年排放峰值在 18 亿吨等效 CO_2（2045 年），此后逐年下降，并于 2060 年前后达到碳中和。场景 2 和 4 的模拟结果表明，使用生物基塑料全面替代传统塑料可以在不借助外部力量的情况下，在塑料工业内部实现碳中和。与此同时，增加塑料回收率可以减少温室气体净排放的峰值，并极大削弱温室气体净排放量的理论峰值。

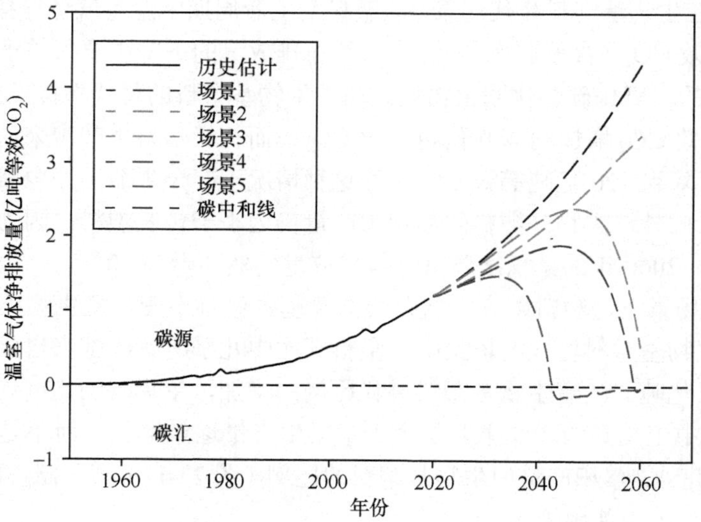

图 23-12　全球塑料工业年度净温室气体排放量

在场景 5 中，生物基塑料以极快的速度替代了传统塑料的生产。在该场景中，由于生物基塑料的快速替代，使得全球塑料工业在 2043 年左右即可实现碳中和，其温室气体年排放峰值也远低于场景 2 和场景 4，仅为 15 亿吨等效 CO_2。除此之外，当塑料工业整体达到碳中和后，净温室气体净排放的下降速率急剧变缓，并在碳中和分界线的下方达到稳定状态。在这个水平上，温室气体净排放量达到动态平衡。

23.6　结论与展望

目前全球海洋和河流微塑料污染研究较多，野外调查研究逐步从水体环境转移到陆地环境，从源头上探究微塑料的来源。海洋塑料污染主要集中在北太平洋和北大西洋海域，这主要是因为北半球陆地河流众多，人口密集，特别是亚洲河流排放的塑料垃圾占比较大。通过对河流入海通量的估算和模型预测对比，以 HDI 为主要预测因子的模型相对于 MPW 模型能更加准确地预测全球河流的入海通量，未来研究中可进一步优化模型参数，用更多的实测值来对模型进行校正，以期获得更加准确的河流塑料入海通量预测值。另外，从塑料的 LCA 模型模拟结果来看，目前全球现存的塑料已经形成了一个不可忽视的人工碳库。对该碳库的处置将会在一定程度上影响全球碳中和的进程。为了实现碳中和，需要尽快加强塑料的回收利用和生物质替代塑料的研发，并使用更加科学合理的方法对塑料废弃物进行处置。这样不仅可以缓解塑料带来的环境问题，也可以为实现碳中和提供新的思路。

参 考 文 献

[1] PlasticsEurope. Plastics - the Facts 2020. Analysis of European plastics production, demand and waste data. https: //www.plasticseurope.org/download_file/force/4829/181. (Accessed: 2021.10.25)

[2] Mai L, You SN, He H, et al. Riverine microplastic pollution in the Pearl River Delta, China: Are modeled estimates accurate?. Environmental Science & Technology, 2019, 53: 11810-11817.

[3] Dou PC, Mai L, Bao LJ, et al. Microplastics on beaches and mangrove sediments along the coast of South China. Marine Pollution Bulletin, 2021, 172: 112806.

[4] Tien C J, Wang Z X, Chen C S. Microplastics in water, sediment and fish from the Fengshan River system: Relationship to aquatic factors and accumulation of polycyclic aromatic hydrocarbons by fish. Environmental Pollution, 2020, 265: 11.

[5] Thompson R C, Olsen Y, Mitchell R P, et al. Lost at sea: Where is all the plastic?. Science, 2004, 304(5672): 838.

[6] Fendall L S, Sewell M A. Contributing to marine pollution by washing your face: Microplastics in facial cleansers. Marine Pollution Bulletin, 2009, 58(8): 1225-1228.

[7] Ivar Do Sul J A, Costa M F. The present and future of microplastic pollution in the marine environment. Environmental Pollution, 2014, 185: 352-364.

[8] Mai L, Bao LJ, Wong CS, et al. Chapter 12 - Microplastics in the Terrestrial Environment. In: Microplastic Contamination in Aquatic Environments, Zeng E Y, Ed. Amsterdam: Elsevier, 2018, 365-378.

[9] Jambeck J R, Geyer R, Wilcox C, et al. Plastic waste inputs from land into the ocean. Science, 2015, 347(6223): 768-771.

[10] Rochman C M. Microplastics research—from sink to source. Science, 2018, 360(6384): 28-29.

[11] Ostle C, Thompson R C, Broughton D, et al. The rise in ocean plastics evidenced from a 60-year time series. Nature Communications, 2019, 10(1): 1622.

[12] Mai L, Bao LJ, Shi L, et al. Polycyclic aromatic hydrocarbons affiliated with microplastics in surface waters of Bohai and Huanghai Seas, China. Environmental Pollution, 2018, 241: 834-840.

[13] Good T P, June J A, Etnier M A, et al. Derelict fishing nets in Puget Sound and the Northwest Straits: Patterns and threats to marine fauna. Marine Pollution Bulletin, 2010, 60(1): 39-50.

[14] Xue B M, Zhang L L, Li R L, et al. Underestimated microplastic pollution derived from fishery activities and “hidden” in deep sediment. Environmental Science & Technology, 2020, 54(4): 2210-2217.

[15] Sánchez-Hernández L J, Ramírez-Romero P, Rodríguez-González F, et al. Seasonal evidences of microplastics in environmental matrices of a tourist dominated urban estuary in Gulf of Mexico, Mexico. Chemosphere, 2021, 277: 130261.

[16] Zhao S, Zhu L, Li D. Characterization of small plastic debris on tourism beaches around the South China Sea. Regional Studies in Marine Science, 2015, 62: 55-62.

[17] Li X, Chen L, Mei Q, et al. Microplastics in sewage sludge from the wastewater treatment plants in China. Water Research, 2018, 142: 75-85.

[18] Yang L, Qiao F, Lei K, et al. Microfiber release from different fabrics during washing. Environmental Pollution, 2019, 249: 136-143.

[19] Lechner A, Keckeis H, Lumesberger-Loisl F, et al. The Danube so colourful: A potpourri of plastic litter outnumbers fish larvae in Europe's second largest river. Environmental Pollution, 2014, 188: 177-181.

[20] Alomar C, Estarellas F, Deudero S. Microplastics in the Mediterranean Sea: Deposition in coastal shallow sediments, spatial variation and preferential grain size. Marine Environmental Research, 2016, 115: 1-10.

[21] Constant M, Ludwig W, Kerherve P, et al. Microplastic fluxes in a large and a small Mediterranean river catchments: The Tet and the Rhone, Northwestern Mediterranean Sea. Science of the Total Environment, 2020, 716: 13.

[22] Cózar A, Echevarría F, González-Gordillo J I, et al. Plastic debris in the open ocean. Proceedings of the National Academy of Sciences of the United States of America, 2014, 111(28): 10239-10244.

[23] De Lucia G A, Caliani I, Marra S, et al. Amount and distribution of neustonic micro-plastic off the western Sardinian coast (Central-Western Mediterranean Sea). Marine Environmental Research, 2014, 100: 10-16.

[24] Law K L, Morét-Ferguson S, Maximenko N A, et al. Plastic accumulation in the North Atlantic Subtropical Gyre. Science, 2010, 329(5996): 1185-1188.

[25] Moore C. Trashed: across the Pacific Ocean, plastics, plastics. Everywhere Natural History, 2003, 112: 46-51.

[26] Law K L, Morét-Ferguson S E, Goodwin D S, et al. Distribution of surface plastic debris in the eastern Pacific Ocean from an 11-year data set. Environmental Science & Technology, 2014, 48(9): 4732-4738.

[27] Zhao S, Wang T, Zhu L, et al. Analysis of suspended microplastics in the Changjiang Estuary: Implications for riverine plastic load to the ocean. Water Research, 2019, 161: 560-569.

[28] Han M, Niu X, Tang M, et al. Distribution of microplastics in surface water of the lower Yellow River near estuary. Science of The Total Environment, 2020, 707: 135601.

[29] Fan Y, Zheng K, Zhu Z, et al. Distribution, sedimentary record, and persistence of microplastics in the Pearl River catchment, China. Environmental Pollution, 2019, 251: 862-870.

[30] Yonkos L T, Friedel E A, Perez-Reyes A C, et al. Microplastics in four estuarine rivers in the Chesapeake Bay, U.S.A. Environmental Science & Technology, 2014, 48(24): 14195-14202.

[31] Di M, Wang J. Microplastics in surface waters and sediments of the Three Gorges Reservoir, China. Science of The Total Environment, 2018, 616-617: 1620-1627.

[32] Liu Y, Zhang J, Cai C, et al. Occurrence and characteristics of microplastics in the Haihe River: An investigation of a seagoing river flowing through a megacity in northern China. Environmental Pollution, 2020, 262: 114261.

[33] Xiong X, Wu C, Elser J J, et al. Occurrence and fate of microplastic debris in middle and lower reaches of the Yangtze River – From inland to the sea. Science of The Total Environment, 2019, 659: 66-73.

[34] Ta A T, Babel S. Microplastic contamination on the lower Chao Phraya: Abundance, characteristic and interaction with heavy metals. Chemosphere, 2020, 257: 127234.

[35] Pariatamby A, Hamid F S, Bhatti M S, et al. Status of Microplastic Pollution in Aquatic Ecosystem with a Case Study on Cherating River, Malaysia. Journal of Engineering & Technological Sciences, 2020, 52(2): 222-241.

[36] Sembiring E, Fareza A A, Suendo V, et al. The Presence of Microplastics in Water, Sediment, and Milkfish (Chanos chanos) at the Downstream Area of Citarum River, Indonesia. Water, Air, & Soil Pollution, 2020, 231(7): 355.

[37] Lestari P, Trihadiningrum Y, Wijaya B A, et al. Distribution of microplastics in Surabaya River, Indonesia. Science of The Total Environment, 2020, 726: 138560.

[38] Singh N, Mondal A, Bagri A, et al. Characteristics and spatial distribution of microplastics in the lower Ganga River water and sediment. Marine Pollution Bulletin, 2021, 163: 111960.

[39] Rowley K H, Cucknell A C, Smith B D, et al. London's river of plastic: High levels of microplastics in the Thames water column. Science of The Total Environment, 2020, 740: 140018.

[40] Scherer C, Weber A, Stock F, et al. Comparative assessment of microplastics in water and sediment of a large European river. Science of The Total Environment, 2020, 738: 139866.

[41] Constant M, Ludwig W, Kerhervé P, et al. Microplastic fluxes in a large and a small Mediterranean river catchments: The Têt and the Rhône, Northwestern Mediterranean Sea. Science of The Total Environment, 2020, 716: 136984.

[42] Bruge A, Dhamelincourt M, Lanceleur L, et al. A first estimation of uncertainties related to microplastic sampling in rivers. Science of The Total Environment, 2020, 718: 137319.

[43] Simon-Sanchez L, Grelaud M, Garcia-Orellana J, et al. River Deltas as hotspots of microplastic accumulation: The case study of the Ebro River (NW Mediterranean). Science of the Total Environment, 2019, 687: 1186-1196.

[44] Lenaker P L, Baldwin A K, Corsi S R, et al. Vertical Distribution of Microplastics in the Water Column and Surficial Sediment from the Milwaukee River Basin to Lake Michigan. Environmental Science & Technology, 2019, 53(21): 12227-12237.

[45] Baldwin A K, Corsi S R, Mason S A. Plastic debris in 29 Great Lakes tributaries: Relations to watershed attributes and hydrology. Environmental Science & Technology, 2016, 50(19): 10377-10385.

[46] Bujaczek T, Kolter S, Locky D, et al. Characterization of microplastics and anthropogenic fibers in surface waters of the North Saskatchewan River, Alberta, Canada. FACETS, 2021, 6: 26-43.

[47] Zhao W, Huang W, Yin M, et al. Tributary inflows enhance the microplastic load in the estuary: A case from the Qiantang River. Marine Pollution Bulletin, 2020, 156: 111152.

[48] Huang Y, Tian M, Jin F, et al. Coupled effects of urbanization level and dam on microplastics in surface waters in a coastal watershed of Southeast China. Marine Pollution Bulletin, 2020, 154: 111089.

[49] Zhang X, Leng Y, Liu X, et al. Microplastics' Pollution and Risk Assessment in an Urban River: A Case Study in the Yongjiang River, Nanning City, South China. Exposure and Health, 2020, 12(2): 141-151.

[50] Zhang J, Zhang C, Deng Y, et al. Microplastics in the surface water of small-scale estuaries in Shanghai. Marine Pollution Bulletin, 2019, 149: 110569.

[51] Wang W, Ndungu A W, Li Z, et al. Microplastics pollution in inland freshwaters of China: A case study in urban surface waters of Wuhan, China. Science of The Total Environment, 2017, 575: 1369-1374.

[52] Yan M, Nie H, Xu K, et al. Microplastic abundance, distribution and composition in the Pearl River along Guangzhou city and Pearl River estuary, China. Chemosphere, 2019, 217: 879-886.

[53] Eo S, Hong S H, Song Y K, et al. Spatiotemporal distribution and annual load of microplastics in the Nakdong River, South Korea. Water Research, 2019, 160: 228-237.

[54] Chauhan J S, Semwal D, Nainwal M, et al. Investigation of microplastic pollution in river Alaknanda stretch of Uttarakhand. Environment, Development and Sustainability, 2021, 23: 16819-16833.

[55] Irfan M, Qadir A, Mumtaz M, et al. An unintended challenge of microplastic pollution in the urban surface water system of Lahore, Pakistan. Environmental Science and Pollution Research, 2020, 27(14): 16718-16730.

[56] Mintenig S M, Kooi M, Erich M W, et al. A systems approach to understand microplastic occurrence and variability in Dutch riverine surface waters. Water Research, 2020, 176: 115723.

[57] Miller R Z, Watts A J R, Winslow B O, et al. Mountains to the sea: River study of plastic and non-plastic microfiber pollution in the northeast USA. Marine Pollution Bulletin, 2017, 124(1): 245-251.

[58] Barrows A P W, Christiansen K S, Bode E T, et al. A watershed-scale, citizen science approach to quantifying microplastic concentration in a mixed land-use river. Water Research, 2018, 147: 382-392.

[59] Weideman E A, Perold V, Ryan P G. Little evidence that dams in the Orange–Vaal River system trap floating microplastics or microfibres. Marine Pollution Bulletin, 2019, 149: 110664.

[60] Lebreton L C M, Van Der Zwet J, Damsteeg JW, et al. River plastic emissions to the world's oceans. Nature Communications, 2017, 8: 15611.

[61] Lots F a E, Behrens P, Vijver M G, et al. A large-scale investigation of microplastic contamination: Abundance and characteristics of microplastics in European beach sediment. Marine Pollution Bulletin, 2017, 123(1): 219-226.

[62] Browne M A, Galloway T S, Thompson R C. Spatial Patterns of Plastic Debris along Estuarine Shorelines. Environmental Science & Technology, 2010, 44(9): 3404-3409.

[63] Cole M, Lindeque P, Fileman E, et al. Microplastic Ingestion by Zooplankton. Environmental Science & Technology, 2013, 47(12): 6646-6655.

[64] Weiss L, Ludwig W, Heussner S, et al. The missing ocean plastic sink: Gone with the rivers. Science, 2021, 373(6550): 107.

[65] Schmidt C, Krauth T, Wagner S. Export of plastic debris by rivers into the sea. Environmental Science & Technology, 2017, 51(21): 12246-12253.

[66] Moore C, Lattin G L, Zellers A F. Quantity and type of plastic debris flowing from two urban rivers to coastal waters and beaches of Southern California. Journal of Integrated Coastal Zone Management, 2011, 11(1): 65-73.

[67] Wang J Z, Guan Y F, Ni H G, et al. Polycyclic aromatic hydrocarbons in riverine runoff of the Pearl River Delta (China): Concentrations, fluxes, and fate. Environmental Science & Technology, 2007, 41(16): 5614-5619.

[68] Zhao S Y, Zhu L, Wang T, et al. Suspended microplastics in the surface water of the Yangtze Estuary System, China: First observations on occurrence, distribution. Marine Pollution Bulletin, 2014, 86(1–2): 562-568.

[69] Mai L, Sun X F, Xia L L, et al. Global riverine plastic outflows. Environmental Science & Technology, 2020, 54(16): 10049-10056.

[70] Hansen J, Sato M, Ruedy R, et al. Global warming in the twenty-first century: An alternative scenario. Proceedings of the National Academy of Sciences of the United States of America, 2000, 97(18): 9875.

[71] Keeling C D. Is carbon dioxide from fossil fuel changing man's environment?. Proc. Am. Philos. Soc, 1970, 114(1): 10-17.

[72] Keeling C D. Industrial production of carbon dioxide from fossil fuels and limestone. Tellus, 1973, 25(2): 174-198.

[73] Raupach M R, Marland G, Ciais P, et al. Global and regional drivers of accelerating CO_2 emissions. Proceedings of the National Academy of Sciences of the United States of America, 2007, 104(24): 10288.

[74] Zhang X, Caldeira K. Time scales and ratios of climate forcing due to thermal versus carbon dioxide emissions from fossil fuels. Geophysical Research Letters, 2015, 42(11): 4548-4555.

[75] Tong D, Zhang Q, Zheng Y, et al. Committed emissions from existing energy infrastructure jeopardize 1.5 ℃ climate target. Nature, 2019, 572(7769): 373-377.

[76] Marieni C, Henstock T J, Teagle D a H. Geological storage of CO_2 within the oceanic crust by gravitational trapping. Geophysical Research Letters, 2013, 40(23): 6219-6224.

[77] Friedlingstein P, O'sullivan M, Jones M W, et al. Global carbon budget 2020. Earth System Science Data, 2020, 12(4): 3269-3340.

[78] Qin Y, Xiao X, Wigneron JP, et al. Carbon loss from forest degradation exceeds that from deforestation in the Brazilian Amazon. Nature Climate Change, 2021, 11(5): 442-448.

[79] Mitchard E T A. The tropical forest carbon cycle and climate change. Nature, 2018, 559(7715): 527-534.

[80] Helin T, Sokka L, Soimakallio S, et al. Approaches for inclusion of forest carbon cycle in life cycle assessment – a review. Global Change Biology: Bioenergy, 2013, 5(5): 475-486.

[81] Campeau A, Bishop K, Amvrosiadi N, et al. Current forest carbon fixation fuels stream CO_2 emissions. Nature Communications, 2019, 10(1): 1876.

[82] Baccini A, Walker W, Carvalho L, et al. Tropical forests are a net carbon source based on aboveground measurements of gain and loss. Science, 2017, 358(6360): 230.

[83] Soimakallio S, Kalliokoski T, Lehtonen A, et al. On the trade-offs and synergies between forest carbon sequestration and substitution. Mitigation and Adaption Strategies for Global Changes, 2021, 26(1): 4.

[84] Laird D A. The charcoal vision: a win–win–win scenario for simultaneously producing bioenergy, permanently sequestering carbon, while improving soil and water quality. Agronomy Journal, 2008, 100(1): 178-181.

[85] Chidambarampadmavathy K, Karthikeyan O P, Heimann K. Sustainable bio-plastic production through landfill methane recycling. Renewable and Sustainable Energy Reviews, 2017, 71: 555-562.

[86] Foster G. Low-carbon futures for bioethylene in the United States. Energies, 2019, 12(10): 1958.

[87] Johnston C M T, Cornelis Van Kooten G. Back to the past: Burning wood to save the globe. Ecological Economics, 2015, 120: 185-193.

[88] Geyer R, Jambeck J R, Law K L. Production, use, and fate of all plastics ever made. Science Advances, 2017, 3(7): 1-5.

[89] Hopewell J, Dvorak R, Kosior E. Plastics recycling: challenges and opportunities. Philosophical Transactions of the Royal Society B: Biological Sciences, 2009, 364(1526): 2115-2126.

[90] Wilcox C, Van Sebille E, Hardesty B D. Threat of plastic pollution to seabirds is global, pervasive, and increasing. Proceedings of the National Academy of Sciences, 2015, 112(38): 11899.

[91] Windsor F M, Durance I, Horton A A, et al. A catchment-scale perspective of plastic pollution. Global Change Biology, 2019, 25(4): 1207-1221.

[92] Chamas A, Moon H, Zheng J, et al. Degradation Rates of Plastics in the Environment. ACS Sustainable Chemistry & Engineering, 2020, 8(9): 3494-3511.

[93] Huang JC, Shetty AS, Wang MS. Biodegradable plastics: A review. Advances in Polymer Technology, 1990, 10(1): 23-30.

[94] Yang Z, Lü F, Zhang H, et al. Is incineration the terminator of plastics and microplastics?. Journal of Hazardous Materials, 2021, 401: 123429.

[95] Liptow C, Tillman AM, Janssen M. Life cycle assessment of biomass-based ethylene production in Sweden—is gasification or fermentation the environmentally preferable route?. The International Journal of Life Cycle Assessment, 2015, 20(5): 632-644.

[96] Shen L, Worrell E. Chapter 13 - Plastic Recycling. In: Handbook of Recycling, Worrell E, Reuter M A, Eds. Boston: Elsevier, 2014, 179-190.

[97] Al-Salem S M, Lettieri P, Baeyens J. Recycling and recovery routes of plastic solid waste (PSW): A review. Waste Management, 2009, 29(10): 2625-2643.

[98] Verma R, Vinoda K S, Papireddy M, et al. Toxic Pollutants from Plastic Waste- A Review. Procedia Environmental Science, 2016, 35: 701-708.

[99] Gradus R H J M, Nillesen P H L, Dijkgraaf E, et al. A Cost-effectiveness Analysis for Incineration or Recycling of Dutch Household Plastic Waste. Ecological Economics , 2017, 135: 22-28.

[100] Demetrious A, Crossin E. Life cycle assessment of paper and plastic packaging waste in landfill, incineration, and gasification-pyrolysis. Journal of Material Cycles and Waste Management, 2019, 21(4): 850-860.

[101] Lazarevic D, Aoustin E, Buclet N, et al. Plastic waste management in the context of a European recycling society: Comparing results and uncertainties in a life cycle perspective. Resources, Conservation and Recycling, 2010, 55(2): 246-259.

[102] Millican J M, Agarwal S. Plastic Pollution: A Material Problem?. Macromolecules, 2021, 54(10): 4455-4469.

[103] Eriksen M K, Christiansen J D, Daugaard A E, et al. Closing the loop for PET, PE and PP waste from households: Influence of material properties and product design for plastic recycling. Waste Management, 2019, 96: 75-85.

[104] Al-Salem S M. Energy Production From Plastic Solid Waste (PSW). In Plastics to Energy, Al-Salem S M, Ed. William Andrew Publishing, 2019, 45-64.

[105] He P, Chen L, Shao L, et al. Municipal solid waste (MSW) landfill: A source of microplastics? -Evidence of microplastics in landfill leachate. Water Research, 2019, 159: 38-45.

[106] Rhodes C J. Plastic Pollution and Potential Solutions. Science progress, 2018, 101(3): 207-260.

[107] Patrício Silva A L, Prata J C, Walker T R, et al. Increased plastic pollution due to COVID-19 pandemic: Challenges and recommendations. Chemical Engineering Journal, 2021, 405: 126683.

[108] Patrício Silva A L, Prata J C, Walker T R, et al. Rethinking and optimising plastic waste management under COVID-19 pandemic: Policy solutions based on redesign and reduction of single-use plastics and personal protective equipment. Science of the Total Environment, 2020, 742: 140565.

[109] Vanapalli K R, Sharma H B, Ranjan V P, et al. Challenges and strategies for effective plastic waste management during and post COVID-19 pandemic. Science of the Total Environment, 2021, 750: 141514.

[110] Council A C. Shale gas is driving new chemical investment in the U.S.. American Chemistry Council. 2021.

[111] Siracusa V, Blanco I. Bio-Polyethylene (Bio-PE), Bio-Polypropylene (Bio-PP) and Bio-Poly(ethylene terephthalate) (Bio-PET): Recent Developments in Bio-Based Polymers Analogous to Petroleum-Derived Ones for Packaging and Engineering Applications. Polymers, 2020, 12(8): 1641.

[112] Shen L, Worrell E, Fatel M. Present and future development in plastics from biomass. Biofuels Bioproducts & Biorefining, 2010, 4(1): 25-40.

[113] Guterres A. Carbon Neutrality by 2050: theWorld's Most Urgent Mission. United Nations Secretary-General. 2020.

[114] Mcgrath M. Climate change: China aims for 'carbon neutrality by 2060'. BBC News, 2020.

[115] Posen I D, Jaramillo P, Griffin W M. Uncertainty in the Life Cycle Greenhouse Gas Emissions from U.S. Production of Three Biobased Polymer Families. Environmental Science & Technology, 2016, 50(6): 2846-2858.

作者：麦磊[1]，孙翔飞[1,2]，何慧[1]，曾永平[1,2]

[1]暨南大学环境学院，[2]暨南大学低碳与可持续发展研究院

本章受国家自然科学基金重点项目（编号：21936004）、青年基金项目（编号：21806053 和 42007313）和

南方海洋科学与工程广东省实验室（珠海）自主科研项目重点项目（编号：SML2021SP208）资助

第 24 章　环境中微纳塑料的检测、老化及效应研究进展

本章导读

微纳塑料是环境中广泛存在、难以降解的一类新污染物。近年来，微纳塑料污染对生态环境和人类健康的潜在危害引起了各国政府和社会各界的广泛关注。微纳塑料的环境行为及效应研究是当前环境与生态科学领域的国际前沿课题。本章简要介绍了环境中微纳塑料的来源解析、分析方法、老化过程及机制、老化作用对微纳塑料环境行为及生物毒性的影响等方面的国内外研究进展，并提出了未来需重点关注的研究方向。

关键词

微纳塑料，分析方法，老化，环境行为，生物毒性

24.1 引 言

过去一百年间塑料工业的发展极大地便利了人类的生产和生活。随着塑料制品用量的持续增长，废弃塑料带来的环境污染问题日益严重。其中，粒径＜5 mm 的细微塑料颗粒或碎片（通常定义为微塑料，包含＜1 μm 的纳米塑料）广泛分布在环境介质中且难以降解。这类新污染物或是源于商品中细小塑料颗粒的直接释放（原生微塑料），或是由塑料制品或废弃物在环境中风化而成（次生微塑料）。聚合物类型的多样性和形成过程的复杂性使得微米和纳米级别的塑料（统称为微纳塑料）具有高度多样化的污染特征。释放到环境中的微纳塑料不可避免地会在物理、化学和生物作用下发生老化，进而破碎或降解，形成粒径更小、数量更多、表面活性更高、迁移性更强的老化塑料颗粒，后者将产生更难预估的健康与环境风险。近年来，随着现代仪器分析技术的进步，陆续有文献报道了环境中微纳塑料的检测方法、老化及溶解性物质释放、老化作用对微纳塑料环境行为和生物毒性的影响。本文对这些领域最新学术成果的梳理总结，为深入研究微塑料污染的环境问题提供参考。

24.2 环境中微纳塑料的来源及分析技术

24.2.1 环境中微纳塑料来源及机制

环境中的微纳塑料按来源一般可分为原生和次生微纳塑料两大类。其中，原生微纳塑料指为工业或家庭应用而制造的具有微观尺寸的塑料[1]，包括尺寸＜1 mm 的微米塑料[2]和尺寸＜1 μm 纳米塑料[3]；次生微纳塑料指大的塑料碎片经海浪、紫外线等物理化学作用或生物作用转化形成的微纳塑料[4]。

1）微纳塑料的原生来源

原生微纳塑料常来自个人护理产品、药物或工业原材料[5]。为了增加摩擦力，提高清洁效果，洗面奶、牙膏等日常护理品中都添加了塑料微珠，这些塑料微珠粒径主要集中在 20～800 μm[6]。当它们被冲入下水道时，微纳塑料将进入河流、湖泊和海洋。此外，微纳塑料也常用作医药载体，可能的形式包括纳米

颗粒、纳米球体和纳米胶囊。工业研磨剂也是原生微纳塑料的来源之一，包含微塑料的研磨介质常用于去除钢铁表面的锈迹、颜色和其他污染物，并直接排放到海水中[7]。

合成纺织品洗涤被认为是微纳塑料的重要来源，其所生产的微纳塑料通常为纤维状[8]。在水生环境中，污水排放是微纳塑料的重要来源之一[9]。家庭排放到下水道系统的微塑料包括来自个人护理品的微珠和衣物经洗涤脱落的微纤维[5]。研究表明，全国每年通过污水厂排放到水环境中的聚酯（涤纶的化学成分）微纳塑料总量可高达 5500 吨，其中，来自洗衣废水的聚对苯二甲酸乙二醇酯（PET）微纤维可贡献污水处理厂中的 50%[10]。Kelly 等[11]研究表明水与织物的体积比是洗涤过程中影响微纳塑料纤维释放的最主要因素，而搅拌速度、水温和洗涤时间是次要的影响因素。

近年，微塑料概念被拓宽到包括合成橡胶在内的所有人造大分子材料[12]。在不同类型的微塑料中，源自合成橡胶轮胎的轮胎微塑料（TMPs）被认为是环境中微塑料的主要来源[13]。汽车轮胎磨损会产生 TMPs，并随着降雨或路面清洗工作通过下水道系统排放。除轮胎磨损颗粒外，轮胎修复、抛光及回收过程产生的碎屑也是 TMPs 的潜在来源[14]。据报道，2018 年瑞士约有 1.29 ± 0.45 kg/人的橡胶颗粒（97%的轮胎磨损颗粒和 3%的轮胎回收碎屑）释放，约 0.96 ± 0.35 kg/人的 TMPs 最终进入到自然环境，相当于有 8100 ± 3000 吨 TMPs 分布在路边、土壤和地表水中[13]。

2）微纳塑料的次生来源

次生微纳塑料主要是大块塑料产品或废弃物在物理破碎或化学、生物降解作用下生成[15]。太阳中紫外线会氧化聚合物基质，从而导致键断裂[16]。地表水中的塑料废弃物暴露在太阳辐射和波浪作用下会发生光降解、脆化和碎裂，这些塑料碎片在风化过程中可能会进一步产生纳米级颗粒[17]，但塑料碎片被认为非常稳定，可能会保持数百至数千年。暴露在自然环境中的微塑料产品和废弃物，例如遗弃或丢失的渔具、渔船产生的厨房废物[18]、废弃地膜[19,20]、土壤改良剂[16]等，同样会在环境和生物共同作用下，破碎并逐渐形成微纳塑料。此外，有研究表明 3D 打印废弃物也可能会产生小的塑料颗粒，并在紫外线辐射下进一步形成纳米塑料[21]。

释放到环境中的原生和次生微纳塑料往往会与胞外聚合物和天然有机物（NOM）相互作用，形成一个生态电晕层包裹住微纳塑料，从而改变微纳塑料的理化特性、生物反应性和生态影响[22]。

24.2.2　微纳塑料的定性和定量分析技术

1）微塑料的采样技术

微塑料在环境中的分布极为广泛，从人口密集的城市到人迹罕至的青藏高原都有微塑料检出[23]。但环境介质的差异和后续分析方法的不同对微塑料的采样技术提出了不同的要求。目前，针对水体、土壤及沉积物以及大气样品的采样手段虽然日益丰富，但仍存在一定的缺陷，需要进一步的发展和完善。

（1）水体中微塑料的采集

由于自然水环境中微塑料的浓度较低，为确保所采集的样品具有代表性，往往需要较大的采样体积，常见的方法有浓缩样本法和大体积采样法两种方法（表 24-1）[24]。

表 24-1　水环境中微塑料采样方式优缺点对比

采样方法	采样装置	样品前处理	优点	缺点
拖网采样法	拖网	漂洗后过滤、消解、密度浮选	适用于表层采样；采样体积大；操作简单	需要船只，采样成本较高；拖网孔径较大不适用于小尺寸塑料样品的采集[30]

续表

采样方法	采样装置	样品前处理	优点	缺点
水泵-筛网法	水泵、筛网（滤膜）	漂洗后过滤、消解、密度浮选	适用于深层采样；采样体积大；便于控制样品尺寸	水泵需要供能
大体积采样法	采样器	消解、筛分、过滤	操作简单；不需要供能；采样范围广	采样体积偏小，样品代表性差；样品运输不便

I. 浓缩样本法

浓缩样本法是指在采样完成后减小样品体积的方法，主要包括：拖网法和水泵-筛网法。拖网法适用于水体表层塑料样品的采集[25]。根据所采集样品的尺寸特征，在船体的一侧悬挂不同孔径的拖网，由船体拖动一段距离，收集水体表层的浮游生物和微塑料。根据船体行进的速度、水体流速和拖网的截面大小估算采样体积；之后，对拖网上的浮游生物和微塑料进行洗涤和浓缩，再进行下一步的测试和分析。常用的拖网主要包括：蝠鲼网、漂浮生物网和浮游生物网（图 24-1）。常用的蝠鲼网孔径为 333～335 μm，采样时容易损失小粒径样品；浮游生物网的孔径较小，多为 100 μm；因其孔径较小，采样过程中容易堵塞筛眼，因此其采样体积偏小，样品代表性较差[26]。Rachid 等人[27]用浮游生物网采样，设定采样体积不超过 8 m^3，以防止筛网堵塞。水泵-筛网法适用于水体深层塑料样品的采集。根据不同的深度要求，将水泵悬挂在指定深度，采集一定体积水，并利用指定孔径的筛网进行过滤。采集完成后将残留在筛网上的颗粒物质冲洗下来，收集保存用于下一步的监测分析。污水处理厂出水中微塑料常用此方法收集[28]。

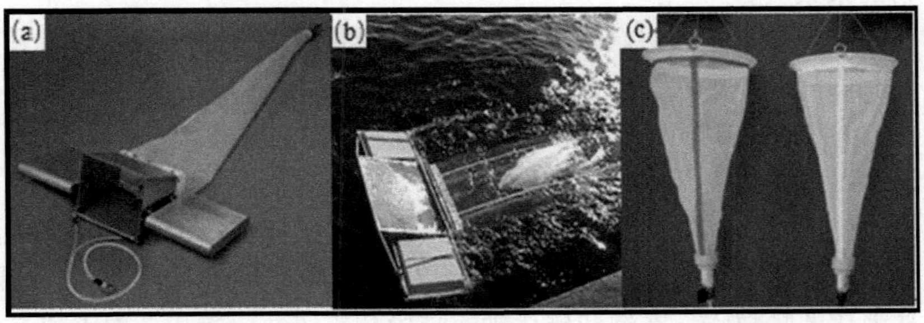

图 24-1　常用的拖网示意图：（a）蝠鲼网；（b）漂浮生物网；（c）浮游生物网

II. 大体积采样法

大体积采样法是指在采样过程中不减少水体积的采样方法。多在采样点利用水桶或尼斯金采样瓶等采样装置进行采样。采样后带回实验室，经过滤、密度浮选等处理后进行下一步分析。Dubaish 和 Liebezeit[29]用 100 mL 的玻璃瓶在北海南部用环境水体润洗两次后，重复取样两次，带回实验室进行下一步测样。大体积采样法虽然操作简单、采样体积准确，适用于各种尺寸微塑料的采样，但由于其采样的体积较小，重复采样费时费力，样品运输不便。

（2）土壤及沉积物中微塑料的采集

土壤及沉积物中微塑料的分布极不均匀，根据采样位置的深度，其采集方法主要包括表层、深层和剖面采样。

I. 表层采样

表层采样是指根据不同采样地区的地貌、污染概况以及研究目的设置好取样点后，利用镊子、笤帚或者铁锹直接采集一定量表层的样品，并将其保存在密封袋内，带回实验室经过密度浮选和消解后进一步分析[25]。Li 等[30]借此方法分析了中国六个农田土壤中微塑料，发现微塑料丰度为 420～1290 个/kg 土壤，主要为聚乙烯（PE）和聚丙烯（PP）塑料。

II. 深层采样

深层采样主要借助于岩心取样器、采泥器、取土钻等装置对水体沉积物以及不同深度的土壤进行取样，收集保存。彭谷雨[31]用采泥器在长江入海口采样，研究了长江沉积物中微塑料的时空分布特征。

III. 剖面土壤采样

剖面土壤通过垂直切面采集，在采样点处挖出一定尺寸的正方形土坑，根据土壤的分层标准自下而上逐层采样，用铁锹挖取一定质量的样品并密封保存起来。时馨竹等人[32]对沈阳市周边农田土壤进行了剖面分析，发现微塑料在表层土壤（0～5 cm）中丰度最高，随着深度增加，丰度降低。

（3）大气中微塑料的采集

目前有关大气中微塑料的研究还比较少，大气中微塑料根据其采样方式主要分为主动和被动采样。

I. 主动采样

在采样点架设空气采样器，设置好流量后根据所采集样品的尺寸连接不同孔径的滤膜，定期更换滤膜并将其保存在密封良好的玻璃器皿中。Ding 等人[33]对中国南海西北部海域大气中的微塑料用此方法进行采样分析，评估其干沉降速度。

II. 被动采样

空气被动采样常常选用广口玻璃瓶、铝制雨量器等作为采样容器，放置在距离地面一定距离的平台上，静止采样一段时间后用去离子水冲洗容器，收集所采集的样品。Wright 等人[34]利用被动采样的方法，对伦敦市区大气沉积物样品进行采样分析，发现所有样品中都含有微塑料。

（4）其他环境介质中微塑料的采集

I. 积雪中微塑料的采集

积雪中的采样与土壤采样方法类似，多借助铁锹、不锈钢桶、岩心采样器等工具直接采集。采集的样品先去除表层 1 cm 的积雪，再在室温下融化用于下一步的检测。Materic 等人[35]测定了阿尔卑斯山积雪中微纳塑料的含量，并在样品中发现了 PET、聚碳酸亚丙酯、聚氯乙烯（PVC）。

II. 生物体内微塑料的采集

目前对生物体的研究比较少，主要包括浮游类和大型生物采样法[36]。浮游类采样法直接利用拖网或采样器进行采样；大型生物采样法对鱼类、鸟类消化系统进行解剖、切片，然后进行碱消化，用 20μm 尼龙滤膜过滤收集未被消化的颗粒物，在饱和碘化钠溶液中超声清洗，静止后取上清液抽滤，保留滤饼进行分析。赵世烨[37]用此法在上海野生动物保护站所提供的河口野生鸟类样本体内发现了微塑料的存在。

2）微纳塑料的定性与定量分析技术

（1）光谱定性分析技术

I. 光学显微镜

显微镜检是微塑料检测中最简单常用的方法[38]，可以快速识别微塑料，并对其尺寸、形状、颜色等物理特性以及丰度进行观察测定（表 24-2）[39]。许多研究通过荧光标记对微塑料定性及定位。尽管显微镜检操作简便，成本低，但其误差较大，不能确定微塑料的化学组成。

II. 显微红外光谱

傅里叶变换显微红外（μFTIR）光谱是微塑料检测中应用最广泛的技术，当样品被红外光照射时，微塑料的分子结构通过红外辐射产生特定的谱图，并与已知的光谱图进行对比，从而准确识别微塑料的聚合物类型。该技术能够检测 20～500 μm 范围内的微塑料[40]，具有无损检测、不受荧光干扰、检测效率高等优点（表 24-2）[41]。但该技术所耗成本高，需要对样品进行预处理，防止样品中的污染物对检测造成干扰。样品中聚合物的重叠会使红外光谱产生折射误差。例如，采用 μFTIR 技术对水生沉积物中聚合物的类型进行鉴定，检测到 PP、PE、PET、聚苯乙烯（PS）等 8 种微塑料[42]。

表 24-2　微纳塑料光谱学检测方法的原理和特点

方法	原理	粒径尺寸	优点	局限性	可检出聚合物类型
光学显微镜	直接鉴定	1～5 mm	成本低、操作简单、可快速识别微塑料、识别物理特性和丰度	误差大；不能确定微塑料的化学组成[44]	-
显微红外（全反射、透射、反射）	红外辐射，与已知光谱对比；全反射≥300 μm，精度高；透射：高分辨率光谱；反射：不透明较厚样品	20～500 μm（全反射≥300 μm）	无损，检测限 5～10 μm；不受荧光干扰；FPA-FTIR 效率高，自动扫描样本；快速识别颗粒类型，获取光谱信息	仪器昂贵；样品需要预处理；污染物干扰；聚合物重叠会产生折射误差；ATR-FTIR 探针可能损坏微塑料[45]；很难检测深色、不透明颗粒	PET，PA，PP 等 [0～5412 个/(m^2d)][46]
显微拉曼	激光照射　识别分子结构和化学组分	＞1 μm	样品无需干燥；对非极性官能团更敏感	耗时（成像时间长）、荧光干扰、有损	PET，PE 等 [275 个/(m^2d)] [47]

激光红外（LDIR）成像采用量子级联激光器（QCL）结合快速扫描光学元件，也可用于微塑料颗粒的识别，且能对＞5 μm 的微塑料进行检测。张颖等[43]采用 LDIR 在垃圾填埋场矿化垃圾中检出 PE、PP、PET、PS 等共 12 种微塑料（图 24-2），总浓度达 4925～60400 个/g。

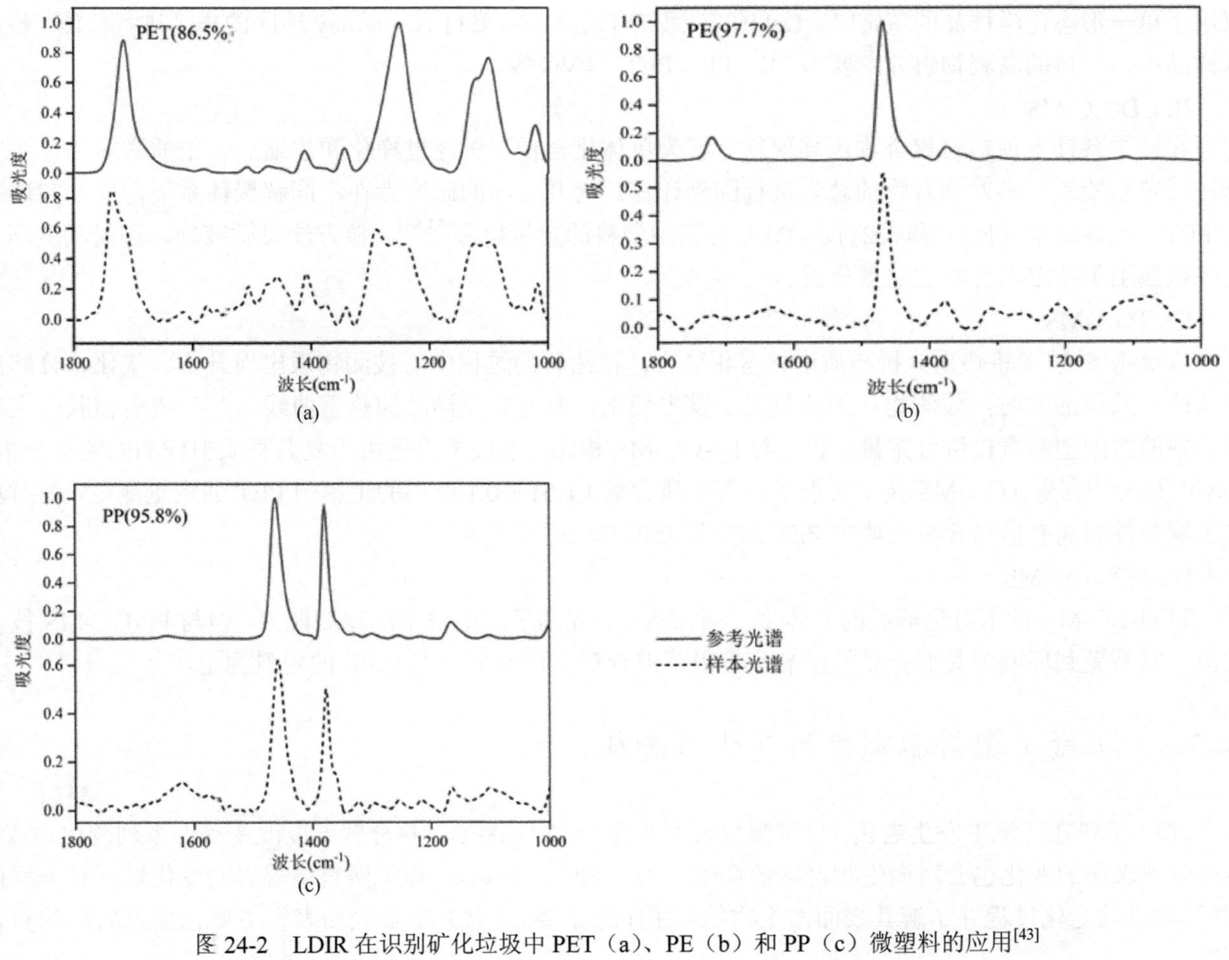

图 24-2　LDIR 在识别矿化垃圾中 PET（a）、PE（b）和 PP（c）微塑料的应用[43]

III. 显微拉曼光谱

拉曼光谱常用于微塑料的定性分析，通过激光照射，以振动光谱的形式识别微塑料颗粒的分子结构和化学组分[48]。该技术具有如下优点：样品无需进行干燥预处理，能够检测 1～20 μm 的颗粒。对微小样品具有更好的空间分辨率，且能够快速感知非极性官能团（表 24-2）。然而，拉曼光谱成像时间长，微塑料中的有机物质会对光谱产生荧光干扰，需要从拉曼光谱中去除荧光背景[49]。例如，采用显微拉曼光谱法对白葡萄酒中微塑料颗粒进行鉴定，使用氧化铝阳极盘滤波器产生更少的背景荧光，使用蓝色激光（442 nm）作为激发波长产生更强的拉曼信号，检测到的微塑料颗粒中，中位数最大尺寸为 122 μm，最小尺寸为 26 μm[50]。

（2）质谱定量分析技术

质谱分析是目前环境介质中微塑料的一种主要定量分析手段，并常与一些热分析手段联用，这些方法不受样品粒径的限制，但属于破坏性分析方法，定量分析后无法再对其他性质进行分析。常见的方法包括：热裂解-气相色谱-质谱（Py-GC-MS）、化学解聚-液相色谱-质谱（CD-LC-MS）、热重分析-质谱（TGA-MS）和热萃取解吸-气相色谱-质谱（TED-GC-MS）[29]。

I. Py-GC-MS

聚合物样品经过热裂解后释放短链小分子单体，经过气相色谱分离后进入质谱进行测试，与内标之间的比对分析后，即可实现样品的定量分析。该方法虽然可以进行定量分析，但存在一定的误判风险，环境中塑料样品种类繁多，不同塑料裂解后可能生成相同的单体从而影响测量的准确性，故该方法一般仅用于单一形态化学样品的鉴定[51]。Dekiff 等[52]采用该技术对采自 Norderney 地区的样品进行检测，该地区样品中微塑料的高聚物组分主要为 PE、PP、PET、PVC 等。

II. CD-LC-MS

在特定条件下使塑料聚合物由高聚物分解为单体化合物，再经过净化和浓缩后，以质谱对单体化合物进行定量检测，再对聚合物的总量进行回溯计算。南开大学的研究者在不同解聚体系下，成功实现了对 PET、聚碳酸酯（PC）和聚酰胺（PA）等微纳塑料的定量检测[53,54]。该方法灵敏准确、测量精度高，但仅能适用于特定聚合物的定量分析。

III. TGA-MS

TGA-MS 技术将热重分析与质谱技术相联合，在热解的过程中，被测物质出现升华、气化、分解出气体或释放结晶水时，被测物质的质量就会发生变化，通过监控样品的热重曲线，并与质谱相联合来对样品中的微纳塑料直接进行定量分析。与 Py-GC-MS 相比，该技术更适用于复杂基质中样品的测量分析。David 等人[51]利用 TGA-MS 技术实现了对有机质含量（1.61 ± 0.15）%的土壤中 PET 的定量测定，但对真实土壤条件和高有机质含量土壤中 PET 的定量分析方法还不完善。

IV. TED-GC-MS

TED-GC-MS 技术对热解后的单体进行固相萃取，提高了质谱技术的检测能力，但与 Py-GC-MS 技术相似，容易受到环境中其他介质的影响，应用范围较窄，目前多应用于 PE 的定量测定。

24.2.3　（微）塑料微观表面变化等表征技术

（微）塑料在环境中发生老化，导致塑料表面变化、添加剂释放、热分解温度改变等一系列变化。（微）塑料微观表面的变化也会对微生物群落的繁殖产生影响[55]。因此，（微）塑料微观表面变化表征对于解析（微）塑料的老化过程并了解其表面微生物的作用十分重要。（微）塑料表面表征主要包括表面形貌和表面组分。

1）表面形貌

（1）扫描电子显微镜（SEM）

SEM 是通过聚焦的高能电子束激发塑料表面产生的电子信息成像，形成微米或纳米尺度塑料颗粒的清晰图像。该技术可以将样品放大到 50 万倍，直观地看到颗粒的表面结构[56]，因此广泛应用于（微）塑料表面形貌的表征。但 SEM 要求样品必须干燥，且均匀黏贴或涂抹在导电胶上，样品制备过程也要避开铁、钴、镍等磁性成分。虽然环境扫描电镜（ESEM）可以对液体样品进行测量，制备工作量小，但是分辨率较低[56]。Zhang 等人[57]通过使用 SEM 观察从新疆棉田分离出的微塑料，结合二代测序技术，发现在微塑料上定殖的细菌群落与周围土壤、植物凋落物和大塑料中的细菌群落在结构上存在显著差异。

（2）原子力显微镜（AFM）

AFM 是通过检测样品表面和一个微型力敏感元件之间的极微弱的原子间相互作用力来研究物质的表面结构及性质。将一对微弱力极端敏感的微悬臂一端固定，另一端的微小针尖接近样品，微悬臂与样品间相互作用，使得微悬臂发生形变或运动状态发生变化。利用微悬臂对应于扫描各点的位置变化，从而可以获得样品表面形貌的信息。

AFM 与其他显微镜相比可以得到样品表面 3D 图像，可在气体或液体环境中对纳米尺度的样品进行检测，但成像速度慢、成像范围小。Ranjan 等人[58]通过使用 AFM 表征塑料薄膜的表面形貌，评估了暴露于热水时塑料薄膜的降解情况。由于其独特的成像优点，一些研究还应用该技术度量微塑料表面粗糙度和电势[59]、结合 SEM 观察塑料薄膜表面的生物降解情况[60]。

2）表面组分表征

（1）能量色散 X 射线光谱（EDS）

EDS 作为 X 射线荧光光谱仪的一种，被广泛应用于微纳塑料的检测。该技术通过分析电子显微镜阴极产生的主电子束撞击样品表面产生的 X 射线散射，提供样品中元素及其空间分布的定性信息。SEM 与 EDS（SEM-EDS）结合使用可提供微塑料的表面元素组成信息，以及它们所包含的无机添加剂的附加信息（表 24-3）。由于同时收集图像和元素映射，SEM-EDS 已用于识别海洋中的微塑料[61]。Mortula 等人[62]利用 SEM-EDS 技术探究了 7 种微塑料的表面变化和元素组成，评价了微塑料的来源和浸出过程，并证明了微塑料可以在一定条件下从原始塑料材料中分解出来。

（2）X 射线光电子能谱（XPS）

XPS 不同于 EDS，该技术直接采用 X 射线照射微塑料，使其内层电子或价电子发射出来，根据激发出来的光电子能量来获得待测物组成信息，表征元素组成和元素价态（表 24-3）。当与 FTIR 技术联用时，能进一步增加定性的可靠性[63]。Fu 等人[63]使用 XPS 结合 FTIR 技术对比分析了自然老化的微塑料和原始微塑料，发现自然老化的微塑料对 Pb 的吸附效率更高，并推断该捕获效果主要取决于有机膜上含氧官能团。

（3）原子力显微镜-红外光谱联用（AFM-IR）

AFM-IR 综合了电子能级、振动能级等与化学结构密切相关的参数作为分析数据，可在大气或液体环境中对纳米尺度的样品进行检测（表 24-3），主要应用于聚合物、生命科学、制药等领域。Nguyen-Tri 等[64]应用该技术分析了塑料表面的化学成分、官能团分布等，并提出 PET 纳米塑料薄膜老化过程机理。

（4）X 射线衍射技术（XRD）

XRD 是研究物质的物相和晶体结构的主要方法。塑料被 X 射线照射产生不同程度的衍射现象，通过与 MDI Jade 软件内标准物质的 X 射线衍射谱图对照，可以定性分析样品的物相组成。XRD 可以与 FTIR 联合使用，增加定性的可靠性（表 24-3）[65]。

表 24-3　常见微塑料表面变化表征技术优点和局限性

技术	表征	优点	局限性	参考文献
SEM	纳米形貌	可以形成纳米尺度塑料的高倍清晰图像	塑料颗粒需要镀导电层	[66]
AFM	纳米形貌	形成三维表面图像，样品无需特殊处理	成像慢；成像范围小	[67]
SEM-EDS	纳米形貌定性定量	SEM 成像并得到表面元素组成信息	EDS 测量时较高电子束能量导致多数非导电性塑料颗粒表面存在电荷，干扰定量结果	[61]
XPS	纳米尺度塑料表面元素组成和价态信息	无需与其他技术联用	典型数据采集较慢	[68]
AFM-IR	纳米形貌定性	AFM 成像并得到表面化学成分、官能团信息	耗时长	[64]

24.3　微纳塑料的老化及溶解性物质释放

24.3.1　微纳塑料的老化作用及机制

1）物理破碎

海洋和土壤是微塑料释放到环境后重要的汇，在水、风等多种外力作用下，微塑料势必会发生形变（拉伸、收缩、开裂），逐步破碎，从而粒径变小、数量增加[69,70]。由于环境差异，微塑料在土壤和海洋中的物理破碎过程及机制也随之不同。在土壤表层，微塑料破碎主要受风力作用；在土壤深层，微塑料是在土粒、地下水流的挤压、摩擦下发生破碎[71]。海水运动会使海洋中的微塑料与海滩岩石、沙砾相互碰撞、摩擦，生成更多、更细小的塑料磨损颗粒[72-74]。此外，微塑料被海洋生物（如南极磷虾[75]）摄食后，在其胃中会被磨为纳米塑料。这些机械作用会引起微纳塑料崩解，但不会改变其分子结构。通常，自然环境中微塑料的物理破碎过程十分缓慢，例如，与海砂作用两个月，PE 微塑料的表面几乎没有发生变化[73]。

2）光、热、O_3 等化学降解

在环境中，微纳塑料长期暴露在日光、热或 O_3 下会发生风化降解，从原本柔韧、疏水和透明的塑料颗粒转为脆性、亲水和不透明的老化塑料颗粒[76]。塑料的自然老化十分缓慢，观察风化塑料中明显的物理化学变化所需的时间可能从几周到几年不等[77]。因此，目前研究人员普遍采用非标准化的加速风化法以获得具有环境特征的微纳塑料[78,79]。例如，在不同功率的氙灯或不同波长的紫外灯下连续照射微纳塑料，或是利用强氧化剂（如芬顿和热活化的 $K_2S_2O_8$）对微纳塑料进行处理[80]。在此基础上，通过对比分

析老化前后的样品，以探究老化作用对微纳塑料理化性质的影响程度及机制。

太阳光中紫外线辐射被认为是海面或地表微纳塑料老化的首要诱因[81]。目前，已有大量文献报道了多种类型（PE、PS、PP、PVC、PC）微塑料的光老化行为[82-86]。在微塑料的光老化机制方面，许多研究者认为塑料光老化主要是其表层50～100 μm内聚合物发生光分解和氧化反应所致[87,88]。塑料光氧化反应一般分为链引发、链传递和链终止三个阶段[89]，简单概括为：塑料主体结构和/或杂质（如过渡金属和氢过氧化物）发色团吸收紫外辐射能，分子中共价键断裂，产生自由基；自由基与O_2反应生成过氧自由基，后者提取邻链上的氢原子形成过氧化氢基团和新的自由基；自由基相互结合形成惰性和稳定基团，反应终止[89]。在上述过程中，微塑料聚合物分子发生断链、交联、枝化，并有含氧基团（羰基、羧基和羟基）引入。羰基指数（CI，即塑料红外吸收光谱中羰基峰与特定吸收带的强度比值[73]）常被用于定量评估塑料的老化程度，当指数值介于0.13～0.74时，表明塑料老化处于后期[88]。随着聚合物分子量减小，微米塑料会变脆，裂解为更细小的塑料颗粒，甚至纳米塑料[90,91]。由于检测技术的限制，目前与纳米塑料光降解相关的研究甚少，仅有一篇文献定量研究了基于^{14}C放射性同位素示踪技术的纳米塑料光转化和矿化：Tian等[92]利用^{14}C-苯酚合成了^{14}C标记的PS纳米塑料（230 nm），后者可在紫外光照（254 nm；48 h）下降解和矿化（水中矿化率17%；空气中矿化率6%），并向水中释放出11%的小分子氧化产物。

微塑料的光老化程度受到其自身理化性质（如聚合物类型、密度、粒径和添加剂等）、环境因素（O_2、水、天然有机质、离子强度等）、光照强度和时间的影响。对于聚合物类型相同的微塑料，当粒径小于某个阈值时，光降解速率迅速提高。例如，粒径＞300 μm的PP微塑料光降解速率很慢，而当粒径＜300 μm时光降解明显加快[93]；PVC微塑料的粒径从150 μm减小至2 μm后，光诱导脱氯明显增强（释放出更多的Cl^-）[84]。Wu等[85]采用PP材质的食品盒和茶杯制备了微塑料（400～500 μm），考察了紫外光照（波长365 nm）不同时间PP微塑料在人工海水中的老化过程及抗氧化剂Irgafos 168的影响及机制，发现微塑料表面CI和O/C比与光老化时间呈正相关关系，证实微塑料的老化程度与光照时长有关；他们还发现光照12 d后，纯PP微塑料颜色仍保持透明，粒径明显变小（10～20 μm颗粒占80%），但含Irgafos168的PP微塑料颜色发黄，粒径以200～300 μm为主，说明抗氧化剂可阻碍微塑料的老化和碎裂。作者认为在微塑料的光氧化过程中，Irgafos168与光生活性氧（ROS）（·OH和ROOH）作用切断了聚合物的自由基链反应，同时Irgafos168的光降解产物保留在微塑料表面使其变黄，产生光屏蔽效应继而抑制了微塑料的老化。此外，环境中的小分子有机酸也会促进微塑料的光老化。Wang等[84]发现在氙灯（40 mW/cm^2）照射下，小分子有机酸（草酸和柠檬酸）及其与Fe^{3+}的络合物会发生降解，产生CO_2^-·，后者与O_2反应生成·OH和·O_2^-，这些ROS促进了PVC微塑料（2～150 μm）的脱氯和氧化。

微纳塑料在热作用下也会发生老化。在污水处理厂中，90%～99%的微塑料会进入污泥[94]，随其经历不同温度的热处理，例如：30～57 ℃下的厌氧消化、50～70 ℃下的堆肥和650～820 ℃下的焚烧[95]。Ding等[96]报道了PS微球（1 μm）在75 ℃的空气、超纯水和海水中的老化，发现随着热老化时间（1～3个月）的延长，PS微球逐渐缩小，表面出现裂缝和凹坑，产生O−C−O基团，这些变化对于热空气老化的PS微球更为明显；与热海水老化相比，热空气和热超纯水老化的PS微球出现了较强的羰基吸收峰；不同介质中PS微球热老化程度的差异很可能与PS苯环C=C键的降解及碳基的生成路径有关。此外，微塑料也会污染饮用水[97]，很可能在热水（50～95 ℃）输送和烹饪过程中发生热老化。Hernandez等[98]发现热水浸泡（95 ℃）会使尼龙和PET茶包表面产生凹痕、裂缝及含氧基团，并释放出数百亿个微纳塑料。Xu等[99]同样在尼龙茶包的沸水淋溶物中发现了微塑料，还发现微波加热进一步增加了微塑料的释放。塑料热氧化和光氧化的机理相似，虽然链引发方式不同（前者是热能，而后者是由紫外辐射能引起的[100]），但对塑料的老化结果类似，包括物理损伤、聚合链断裂和含氧官能团的产生。Gardette等[101]发现PE膜分别经光（波长300 nm）和热（100 ℃）处理后，表面生成的氧化产物种类相同，但相对浓度不同，这是因为不饱和基团对 PE 膜的光、热氧化速率的影响不同。

臭氧具有强氧化性可加速微纳塑料的老化。大气中的 O_3 可与塑料聚合物中的不饱和键迅速反应生成臭氧化物，臭氧化物随后分解使分子链断裂、重组，加速聚合物的龟裂[102]。对于饱和的聚合物，O_3 会缓慢攻击其分子链中不稳定的氢原子，O_2 的存在会加速反应[103]。此外，在饮用水的深度处理过程中，微纳塑料很可能与 O_3 接触，继而发生氧化降解。Wang 等[104]报道了饮用水 O_3-活性炭处理工艺中 O_3 段出水微塑料的丰度增加了 2.8%～16%，他们推测一方面可能是水流剪切力导致微塑料分解，另一方面可能是 O_3 氧化去除了微塑料表面残留的有机物使得微塑料更易被识别，但也存在大尺寸微塑料被 O_3 降解为更细小塑料颗粒的可能性。Liu 等[105]研究发现 O_3 处理后 PS 纳米塑料（487 nm）的粒径和平均分子量均明显减小，表面羧基含量增加，亲水性增强。

除 O_3 以外，微塑料与强氧化剂接触也会发生老化。在废水的高级氧化处理中，Fenton 和过硫酸盐等试剂生成的 ROS（·OH 和 SO_4^-·）可使微纳塑料降解。Liu 等[80]研究了 Fenton 和热活化的 $K_2S_2O_8$（70 ℃）加速老化对 PS 和 PE 微球（～50 μm；不含添加剂）的影响及作用机制，发现两类氧化剂对微球表面形貌的影响与文献报道的微塑料紫外老化结果相似，但微球在热活化 $K_2S_2O_8$ 中的老化程度高于 Fenton 试剂，表现为碎裂成粒径更小的颗粒（20 μm 颗粒占 80%以上），CI 和 O/C 比增大了 2～3 倍。作者认为可能是 Fenton 试剂中氢氧化铁沉积或吸附在塑料颗粒表面阻碍了·OH 对聚合物的攻击。Ding 等[96]的研究结果也表明，热活化 $K_2S_2O_8$ 体系中·OH 和 SO_4^-·与热协同作用也可能增强了微塑料的老化。Liu 等[80]的研究还发现微塑料表面 O/C 比和 CI 随老化时间的变化具有一致性，提出 O/C 比可作为 CI 之外定量评估微塑料老化程度的指标。

3）微生物降解和酶降解

微塑料能为多种微生物（包括细菌、真菌、病毒和小型原生动物）提供独特的生态位，促进微生物的定殖和生物膜的形成[106]。据报道，微塑料上附着的微生物群落明显不同于周围环境的微生物群落。这可能是因为微塑料与微生物群落构成了食物网：塑料中的聚合物和有机添加剂为异养菌提供碳源，而异养菌又是原生动物的食物。微塑料与生物膜形成微塑料圈，一方面微塑料为微生物提供了稳定的生长环境，另一方面微生物很可能使微塑料降解老化（图 24-3）。

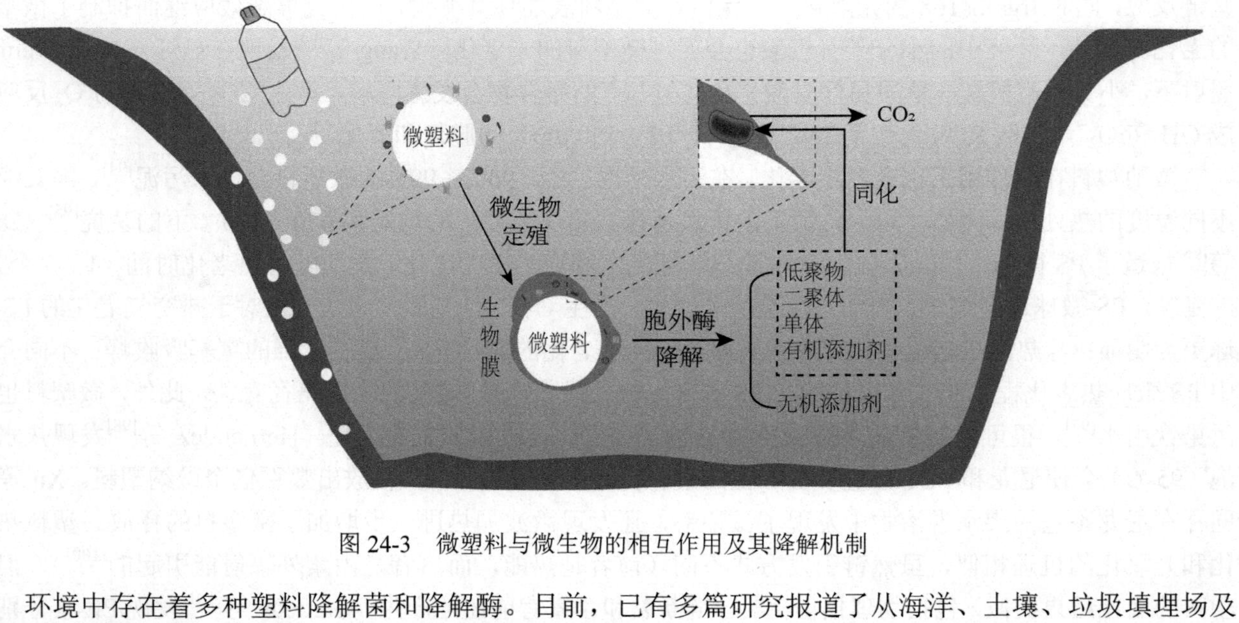

图 24-3　微塑料与微生物的相互作用及其降解机制

环境中存在着多种塑料降解菌和降解酶。目前，已有多篇研究报道了从海洋、土壤、垃圾填埋场及昆虫肠道等生境中分离筛选出的具有塑料降解能力的菌株或菌群。例如：*Bacillus gottheilii*、*Bacillus* sp.

strain 27 和 *Rhodococcus* sp. strain 36[107,108]及 *Enterobacter asburiae* YT1 和 *Bacillus* sp. YP1 可降解 PE 塑料[109]；*Citrobacter freundii*、*Serratia marcescens* 和 *Klebsiella aerogenes* 可降解 PS 塑料[110]；*Ideonella sakaiensis* 201-F6 及 *Xiguobacterium* sp.、*Halomonas* sp. 和 *Ochrobactrum* sp.可降解 PET 塑料[111,112]；*Pseudomonas* sp. strain NyZ600 可降解 PC 塑料[113]。此外，许多研究还发现水解酶、单加氧酶、过氧化物酶和漆酶等对塑料有氧化降解能力[114,115]。根据塑料的微生物或酶降解研究结果，生物膜很可能通过微生物附着、降解增塑剂、攻击聚合物主链，以及生物体（如真菌菌丝）渗透使微塑料崩解。在上述过程中，微生物分泌的胞外酶可将微塑料中的聚合物分解为低聚物、二聚体和单体，这些短链分子进入细胞成为碳源，继而被矿化成 CO_2、H_2O 或 CH_4[116,117]。此外，非生物作用预处理（如光或 O_3 预氧化）很可能促进微塑料的微生物降解[118-120]。

目前，关于酶参与微塑料老化的研究尚未见报道，仅有三篇文献报道了微生物作用下微塑料的老化[121-123]。Paço 等[122]报道了在寡营养培养基中海洋真菌 *Zalerion maritimum* 与 PE 微塑料的相互作用，结果表明 *Z. maritimum* 能够利用 PE 微塑料，使得塑料颗粒的质量和尺寸均减少。Auta 等[123]研究了红树林中分离出的 *Bacillus* sp.和 *Rhodococcus* sp.对 PP 微塑料的降解，发现两种菌群均能利用 PP 微塑料生长，且与微塑料共培养 40 天后微塑料的表面粗糙度增加，出现凹坑，质量损失了 6.4%和 4.0%。Park 和 Kim[121]从垃圾填埋场沉积物中筛选出了 PE 微塑料（40～600 μm）存在时可生长的混合菌群（*Bacillus* sp.和 *Paenibacillus* sp.为优势菌），发现 PE 微塑料在菌悬液中孵育 60 d 后，干重和平均粒径分别减少了 14.7%和 22.8%。作者认为该混合菌群可降解 PE 微塑料并以 PE 为唯一碳源生长，但从 FTIR 谱图中并不能看出菌群孵育前后 PE 微塑料表面的化学变化。此外，作者用 SDS 洗去 PE 微塑料表面的生物膜，再用有机溶剂提取，并通过 GC–MS 分析了提取液中的有机物，发现菌群孵育后 PE 微塑料中可提取有机物的含量和组成明显减少。这表明混合菌群很可能是利用 PE 微塑料中的溶解性有机物（如未聚合单体和添加剂）生长。

24.3.2 老化微纳塑料中溶解性物质的释放

塑料是由聚合物、未聚合单体及各种有机或无机添加剂组成的化学混合物。添加剂不总是与聚合物共价结合，当塑料遇水后，它们会在聚合物分子链间的自由空间内扩散，最终从塑料表面或内部迁移到水中。与原始塑料相比，老化塑料的聚合物分子链变小，自由空间增大而利于添加剂的溶出[124]。据估计，全球海面上漂浮的塑料垃圾每年可释放出高达 2.36 万吨溶解性有机碳（DOC），且阳光照射促进了塑料中 DOC 的释放[125]。随着塑料颗粒粒径的减小，其比表面积增大，光化学反应性增强[84]，最终导致光老化微塑料释放出更多的 DOC[126]。

一方面，老化微塑料释放的 DOC 来源于其内含的有机添加剂。Luo 等[82]发现氙灯老化（1200 W/m^2）的 PE 薄膜碎片（＜500 μm）较原始微塑料褪色明显，偶氮颜料在动物模拟消化液中的释放量随着光老化时间（0～6 周）的延长而增加，且颜料溶出后可与消化酶发生相互作用而使其荧光强度减弱（猝灭）。Lu 等[127]研究了紫外光（波长 254 nm）照射 28 d 对轮胎橡胶颗粒（1～3 mm）内多环芳烃（PAHs）溶出的影响，发现与黑暗条件相比，光老化轮胎橡胶颗粒在人工淡水中 PAHs 的释放率明显增加。

另一方面，老化微纳塑料释放的 DOC 来源于聚合物或添加剂的降解、转化产物。Shi 等[86]分析了 PC 微塑料（12.6 μm）经紫外光老化（365 nm；11 mW/m^2）后的淋溶物，发现了大量 PC 的低聚物及降解产物，有的物质具有雌激素活性，例如：4, 4'-二羟基二苯甲酮、4-羟基苯甲酸、苯甲酸甲酯和双酚 A（BPA）；其中，BPA 仅占 DOC 的 2.7%。Tian 等[128]在轮胎磨损颗粒（TWP）淋溶物中分离出了一种高毒性物质，鉴定并证实该物质是轮胎中抗氧化剂 *N*-(1，3-二甲基丁基)-*N*'-苯基对苯二胺（6PPD）在 O_3 作用下形成的醌转化产物（$C_{18}H_{22}N_2O_2$）。

除了释放 DOC，老化也会促进微纳塑料中重金属添加剂的释放。重金属因其化学稳定常用作塑料颜料，如镉红、铬黄等。Liu 等[93]通过氙灯（640 mW/cm^2）连续照射 PP 颗粒悬浮液，研究了光老化对 PP 颗粒中 CdSeS 释放的影响及机制，发现无论光照与否大尺寸微塑料（2～3.5 mm）悬浮液中都没有 Cd 溶出，但小尺寸微塑料（＜150 μm）经光照 12 h 后释放出了更多的 Cd^{2+}（占总量 1.1%），并证实光老化微米塑料中 Cd^{2+}释放量的增加一方面是因为光诱导塑料表面 Cd 纳米颗粒溶解，另一方面是因为塑料内部的 Cd 纳米颗粒随聚合物的降解而溶出。Luo 等[272]采用氙灯（1200 W/m^2）对 PE 微塑料（500 μm）连续照射 1～4 周进行加速老化，发现光老化引起 PE 微塑料碎裂，表面 Cr 和 Pb 的含量和分布发生变化；与未老化微塑料相比，光老化 PE 微塑料中 Cr(Ⅵ)和 Pb^{2+}的释放速率更快，释放量更高，且释放增加量与老化程度和溶液酸碱度有关。

24.4　老化作用对微纳塑料环境行为的影响

在微纳塑料的老化进程中，伴随聚合物的氧化降解，一方面羰基化合物形成后在塑料颗粒表面不断积累，使其 O/C 比增加、电负性增大、亲水性增强；另一方面微塑料表面粗糙度增加，或被分裂为更细小的塑料颗粒，比表面积增大，吸附或反应位点增多。这些结构性质的变化很可能会影响微纳塑料颗粒之间、微纳塑料与其他颗粒物或污染物之间的相互作用，继而改变微纳塑料自身及其吸附污染物的环境行为和归宿。

24.4.1　团聚和迁移规律

老化的小尺寸微米塑料（＜10 μm）和纳米塑料由于粒径小、表面带负电会表现出类似胶体的性质[129]。根据经典 DLVO 胶体稳定性理论，颗粒物之间相互吸引或排斥是它们之间的范德华引力与双电层斥力的净结果。颗粒表面电荷多或 Zeta 电位高，它们之间会相互排斥，则颗粒的分散体系稳定；反之，颗粒相互吸引、发生团聚后体系脱稳。那么，老化作用对塑料表面化学性质的改变势必会影响微纳塑料颗粒在水环境中的分散、团聚行为。对于未被官能团化的原始微纳塑料，老化作用会提高它们在低离子强度水中的分散稳定性。这是因为老化微塑料表面含氧官能团增多、电负性增大，使得塑料颗粒之间的静电斥力增强。例如：老化 PS 微塑料可分散在 5 mmol/L NaCl 溶液中[83]。然而，随着溶液离子强度的增加，阳离子压缩双电层或产生的电荷屏蔽效应会减弱塑料颗粒之间的静电斥力，而促进微纳塑料的团聚。例如：老化 PS 纳米塑料在 100 mmol/L NaCl 溶液中发生团聚[130]。这表明在水处理过程中老化微纳塑料较原始微纳塑料更易在无机絮凝剂的作用下聚集沉淀而被去除。对于表面官能团化的微纳塑料，老化引起官能团的降解或是水中二价阳离子的桥连作用将促进塑料颗粒的团聚[130]。与原始微塑料相比，老化微塑料因其较高的表面粗糙度和比表面积而更利于微生物的定殖及外源物质的吸附（详述见 24.4.3 节）。生物膜的形成及与外源极性物质的互作会改变微塑料的整体密度，降低老化微塑料的疏水性和表面张力，促进塑料颗粒下沉。考虑到生物膜的动态变化，老化微塑料在自然水体中最终可能不会沉积而是反复下沉和上浮[131,132]。

老化除了影响塑料颗粒之间的相互作用，还会影响微纳塑料与天然微纳颗粒（如土壤颗粒）的相互作用，继而迁移和归宿受到影响。Liu 等[105]报道了紫外或 O_3 老化对 PS 纳米塑料（487 nm）在砂壤土中迁移的影响及机制，发现老化增加了 PS 纳米塑料表面的氧化性，并将纳米塑料的迁移率提高了 1.7～3 倍，提高程度与老化方式有关。更重要的是，他们发现不同老化方式对纳米塑料迁移的影响符合 XDLVO

理论而非 DLVO 理论，这是因为不同老化方式对纳米塑料表面电负性及其与土壤颗粒之间双电层斥力的影响无明显区别，由 DLVO 理论计算出的颗粒间能阻差异不大；但 XDLVO 理论除范德华引力与双电层斥力外还考虑了疏水作用的贡献，而不同老化纳米塑料的疏水程度（十二烷-水分配系数和水接触角）存在显著差异。因此，作者认为老化后纳米塑料迁移性更强的主要原因是颗粒表面疏水性减弱，而非电负性增强。Ren 等[133]利用紫外光照（340 nm；1～3 个月）、紫外活化或未活化过硫酸盐氧化（2～8 d）的方式制备了三种老化 PS 微塑料，发现老化微塑料（800～900 nm）较未老化微塑料（1 μm）粒径减小、表面粗糙度和含氧量均明显增加，且在饱和土壤颗粒（600～710 μm）中的迁移率提高了 1.1～2.9 倍，增幅与微塑料的老化程度和土壤性质有关。在三种老化方式中，紫外活化过硫酸盐氧化处理对 PS 微塑料理化性质的影响最明显，由此获得的老化微塑料表面电负性最大，与土壤颗粒之间的静电斥力最强，故被土壤截留量最少。黏壤土中铁氧化物可通过静电吸引增加老化微塑料的截留，导致老化微塑料在黏壤土中的迁移率高于沙土。值得注意的是，Alimi 等[134]发现羧基化 PS 纳米塑料（28 nm）经过低温（−10 ℃）或是反复冻融（−10 ℃和 10 ℃交替）处理会形成难以解聚的聚集体，且在饱和石英砂柱中的迁移性降低，但其中的机理尚不清楚。

24.4.2　化学反应活性

含有共轭苯环结构的微纳塑料在光氧化降解过程中可产生持久性自由基（EPFR），例如：PS 中次甲基 C−H 键断裂后形成叔烷基自由基（RC·）、过氧自由基（RCOO·）、叔烷氧基自由基（RCO·）和·OH；酚醛树脂中苯环相连 O−H 键断裂后形成苯氧自由基[135]（图 24-4）。在太阳光或紫外光照射下，EPFR 转移电子给 H_2O 和 O_2，可进一步诱导产生·O_2^-和·OH；同时，老化 PS 微塑料表面羰基吸收光能被激发至三重态 PS（$^3PS^*$），后者转移电子给 O_2 形成 $^1O_2$[83]（图 24-4）。这些 ROS 一方面会加速微塑料的氧化降解，另一方面会引起微塑料内含添加剂或吸附的污染物发生化学转化。Zhang 等[136]通过自然光照 4 个月制备了老化 PS 纳米塑料（100 nm），并研究了不同波长（200～800、340 和 314 nm）光照下老化 PS 纳米塑料表面吸附 Ag^+的化学转化过程，发现 PS 微塑料表面的光生·O_2^-可快速还原 Ag^+，形成的 Ag^0 颗粒会在光生 $^1O_2$ 和·OH 的作用下氧化溶解。Wang 等[137]对比研究了不同老化程度的老化 PS 微塑料（33 μm）对阿托伐他汀（ATV）光转化的影响，同样发现老化 PS 微塑料在紫外光激发下产生的 $^1O_2$ 促进了 ATV 的光降解，且 ATV 的光降解速率与微塑料的 CI 呈线性关系，说明微塑料老化程度越高对 ATV 光降解的促进作用越大。此外，在 PS 微塑料表面观察到的十氯联苯光降解[138]也可能与 PS 微塑料生成的 ROS 有关。这些研究表明环境中老化微纳塑料具有化学反应活性，很可能影响其他环境污染物的归宿。

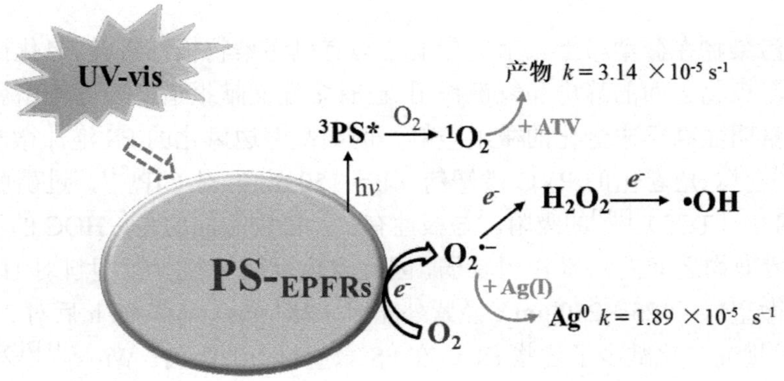

图 24-4　微纳塑料在光老化过程中的自由基反应及其对污染物作用机制

24.4.3 吸附行为和载体效应

环境微塑料样品中可分离检测出多种外源性物质，包括重金属、有机污染物和潜在致病菌[139]，表明微塑料很可能是多种有害环境污染物的汇，也预示着微塑料作为载体可能影响污染物的环境归宿[140,141]。

1）吸附行为

大量文献报道了老化微塑料对有机物和重金属的吸附特性[142,143]，大多数研究表明老化作用促进了微塑料对极性有机物和重金属的吸附。老化微塑料对可离子化有机物的吸附以静电和氢键作用为主，而疏水作用是老化微塑料吸附疏水性有机物（HOC）的重要机制。重金属主要通过表面络合被老化微塑料吸附。老化作用对微塑料吸附污染物的影响主要与微塑料和污染物的化学结构、微塑料老化程度、微塑料上生物膜形成、水化学条件等因素有关。

老化作用对微塑料吸附污染物的影响与塑料固有特性有关。玻璃化转变温度（T_g）是高分子材料的特征温度之一，决定着环境温度下微塑料中聚合物分子链/链段的运动性和自由体积，继而影响污染物向塑料颗粒内部的扩散。以 PS 和 PP 为例，紫外光老化（340 nm；26 W/m^2）后，两种微塑料表面结构均发生明显的变化；光老化 PS 微塑料（3.5 mm × 2.2 mm）对苯、甲苯、乙苯、二甲苯（BTEX）的吸附量减少，而 PP 微塑料（3～5 mm）吸附 BTEX 未受光老化的影响[142]。这是因为 PP 是结晶型高聚物，T_g（等规 PP）约为 0℃，室温下为柔性材料，对 BTEX 以内部吸收为主，老化 PP 的表面变化不会影响其内部吸附 BTEX；而 PS 为非晶态无规聚合物，T_g约为 100 ℃，室温下为硬性材料，对 BTEX 以表面吸附为主，老化 PS 表面亲水性增强后减弱了与 BTEX 的疏水作用[142]。此外，塑料成分差异也影响着老化微塑料对污染物的吸附。TWP 主要由橡胶（40%～60%）和碳黑纳米颗粒（20%～35%）组成，二者在过硫酸盐作用下均会发生氧化降解，且产生的含氧基团均能吸附金霉素和阿莫西林，因此老化对 TWP 吸附能力的增强作用明显大于 PE 微塑料[144]。

老化作用对微塑料吸附污染物的影响与塑料老化程度有关。已有研究表明老化不同阶段微塑料的理化性质决定其对污染物的吸附能力。例如：Liu 等[80]通过 Fenton 或热活化 $K_2S_2O_8$ 制备出老化的 PS 和 PE 微球（～50 μm），对比研究了老化和未老化微球对环丙沙星（CIP）吸附能力的差异，发现两种老化方式均明显增强了 CIP 在微球表面的吸附，且吸附能力与微球粒径和 O/C 比变化程度线性相关，推测很可能是老化微球的亲水性或极性增强，比表面积增大而促进其与 CIP 分子之间的相互作用。Ding 等[96]同样发现与热的超纯水和海水（75 ℃）中老化的 PS 微球（1 μm）相比，相同温度下在空气中老化的 PS 微球老化程度较高（表面含氧量较高、疏水性较弱），对抗生素（泰乐霉素、红霉素和磺胺二甲嘧啶）的吸附能力更强。

老化作用对有机污染物在微塑料上吸附的影响还与有机污染物极性有关。老化微塑料表面增加的含氧官能团会增强其与污染物之间的静电和氢键作用。已有多篇文献报道了不同类型微塑料经老化后对可离子化有机物的吸附量明显高于未老化的微纳塑料，例如：海边风化的 PS 泡沫微塑料（0.45～1 mm）对氧四环素（OTC）[145]、光老化的 PVC 微塑料（2～150 μm）对 CIP[84]、过硫酸盐老化的 PP 微塑料（11.2 μm）对三氯生（TCS）[143]的吸附。与极性有机污染物不同的是，HOC 的吸附因为老化微塑料表面亲水性增强，与污染物之间的疏水作用减弱，因此老化反而会减少微塑料对 HOC 的吸附。Hüeffer 等[146]系统研究了 PS 微塑料（125～250 μm）经紫外光照（254 nm）前和 96 h 后对 21 种脂肪族和芳香族化合物的吸附特性，发现光老化减少了这些 HOC 在 PS 微塑料上的吸附。Wu 等[147]采用三种方法加速 PS 微塑料（4 mm）老化，即天然海水浸泡、紫外光照（254 nm；44 μW/cm^2）或海水浸泡+紫外光照 90 d，同样发现老化 PS 微塑料对 2,2',4,4'-四溴联苯醚（BDE-47）的吸附明显低于未老化微塑料。

生物膜的形成也会影响老化微塑料对污染物的吸附。随着微塑料的老化、破碎、降解，塑料颗粒的比表面积和表面粗糙度增加，更利于微生物定殖形成生物膜[148]。附着在微塑料表面的生物膜既可与污染物直接作用（如降解、络合），又可通过改变微塑料的表面性质而间接影响其对污染物的吸附[149]。通常认为，生物膜的形成会降低微塑料表面的疏水性，减少微塑料对 HOC 的吸附，而增加其对极性有机物和重金属的吸附[150]。

水化学条件也会影响老化微塑料对污染物的吸附。水的酸碱度一方面影响着微纳塑料的表面电荷属性，另一方面影响着污染物的溶解性和赋存形态。以有机污染物为例，大多数药物都含有可离子化基团，受离子化影响，其分子态和离子态的相对浓度会随 pH 不同而发生变化。在中性溶液中，老化 PP 微塑料对分子态 TCS（$pK_a = 7.9$）的吸附更强[143]。当溶液 pH 为 5 时，老化 PS 微塑料表面电荷接近 0，而 OTC 以两性离子形态存在，此时塑料颗粒与 OTC 之间的静电斥力最弱，因而吸附最强[145]。阳离子和天然有机质的架桥作用会增强老化微塑料对污染物的吸附。例如：老化 PS 微塑料表面含氧基团与 Ca^{2+}和 OTC 阴离子形成三元配合物，而增大对 OTC 的吸附；老化 PS 微塑料中苯环可与腐殖酸（HA）分子中的芳香结构 π-π 共轭，其含氧基团也可通过氢键作用与 HA 分子中的含氧基团结合，由此形成的共聚物对阳离子态和两性离子态 OTC 的静电吸附强于单独的老化 PS 微塑料[145]。同样地，酸碱度也会影响重金属的赋存形态及其在老化微塑料上的吸附。例如：在弱酸性（pH 6.5）溶液中，Co(Ⅱ)呈阳离子态（Co^{2+}），Cr(Ⅵ)以阴离子（$Cr_2O_7^{2-}$和/或 $HCrO_4^-$）为主，二者与老化 PS 微塑料之间的静电吸引或排斥，导致 Co(Ⅱ)吸附量增加，而 Cr(Ⅵ)吸附量减少[151]。此外，阳离子竞争吸附会减少老化微塑料对 Pb^{2+}的吸附，而富里酸（FA）具有金属强络合性，可促进 Pb^{2+}在老化微塑料上的吸附[152]。

2）载体效应

老化作用对微纳塑料上吸附污染物的迁移有重要影响。如上所述，老化作用改变了微纳塑料的表面化学和物理结构，既可增强微纳塑料自身的迁移，又可提高微纳塑料对外源性污染物的吸附。老化纳米塑料的吸附作用很可能促进外源性污染物的迁移。Liu 等[105]研究了 PS 纳米塑料（487 nm）经紫外或 O_3 老化后对芘和 4-壬基酚在砂壤土中迁移的影响及机制，发现未老化纳米塑料的吸附作用促进了芘的迁移（穿透率提高了 11%），但对 4-壬基酚的迁移没有明显影响；老化 PS 纳米塑料却能增强两种污染物的迁移，使芘和 4-壬基酚的穿透率分别提高了 24.2%～65.6%和 8.1%～44.4%。同时，他们还研究了老化前后纳米塑料自身的迁移及其对污染物的吸附-解吸特性，并采用表观污染物结合能力指数定量分析了纳米塑料的迁移和吸附对污染物迁移的贡献，认为老化通过增强纳米塑料自身的迁移及其对污染物吸附的不可逆性（不是亲和性）而促进污染物的迁移。

老化作用很可能影响微纳塑料吸附污染物的生物富集和生物可利用性。大量研究证实了微纳塑料载带污染物被生物摄食后可增加或减少吸附态污染物的生物富集[153-156]，且发现微纳塑料会产生“木马”效应，即塑料颗粒吸附的污染物在生物体内或模拟胃肠液中释放出[157-160]。这些研究表明，吸附态污染物的生物富集与微纳塑料自身的生物富集及其对污染物的吸附-解吸特性密切相关。目前，老化微纳塑料对污染物生物富集的影响未见报道，老化前后微纳塑料的生物富集是否有别尚不清楚。Liu 等[161]发现光-Fenton 老化作用抑制了 PS 微塑料（50 μm）吸附的 ATV 和氨氯地平（AML）在模拟胃肠消化液中的释放。因为未老化 PS 微塑料与两种药物之间以 π-π 和疏水作用为主，消化液中大分子的竞争吸附可使药物解吸；而老化微塑料与两种药物之间以静电作用为主，对大分子的 π-π 和疏水作用减弱，故大分子对药物解吸的影响减小。由此推测，老化作用对污染物在微纳塑料上的吸附-解吸的改变很可能影响吸附态污染物的生物富集和生物可利用性。

24.5　老化作用对微纳塑料生物毒性的影响

环境中的微纳塑料因尺寸较小而易被生物摄入，并在组织器官内蓄积转运，继而造成对生物体的毒性效应。有关微纳塑料生物毒性的研究已有大量报道，特别在近五年内，相关论文的数量呈现指数增长趋势（图 24-5）。前期研究结果表明，微纳塑料能在植物、微生物、无脊椎动物、鱼类、鸟类、哺乳动物和人类等各种营养级生物体内造成毒性效应（表 24-4），其中，水生生物（如鱼类等）是被研究最多的物种。微纳塑料对水生生物的毒性效应包括氧化应激、组织损伤、运动行为抑制、生长发育延迟和肠道菌群紊乱等。此外，微纳塑料还能抑制植物种子发芽和幼苗生长，造成细菌 DNA 损伤并增加细菌的耐药性突变频率。尤其值得关注的是，在以人体细胞作为生物模型的毒性测试中，微纳塑料能够造成氧化应激、细胞膜损伤和细胞死亡等毒性效应。鉴于微纳塑料特别是纳米塑料能够通过呼吸、摄食和皮肤接触等途径进入人体并在各个器官中转运，其对人体健康的影响不容忽视。

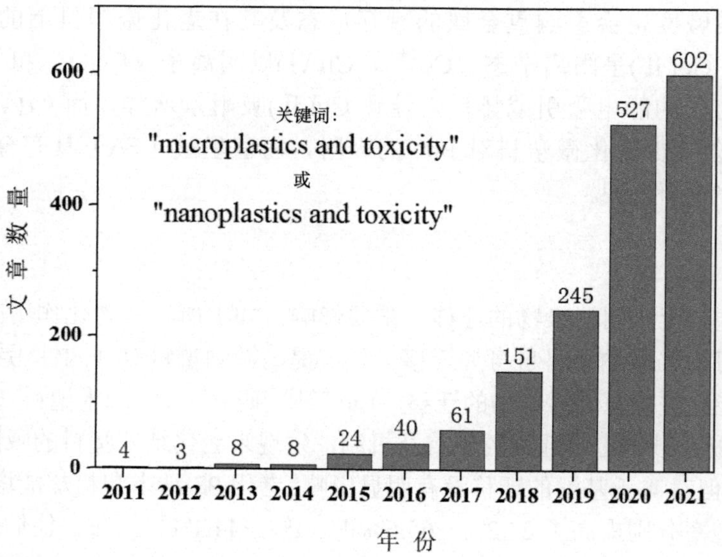

图 24-5　Web of Science 中以“microplastics and toxicity”或“nanoplastics and toxicity”为关键词进行文献检索的结果（截至 2021 年 9 月 26 日）

尽管对微纳塑料的生物毒性研究颇多，大部分的研究结果仍存在环境相关性不足和致毒机制不明的问题。一方面，毒性试验中采用的微纳塑料多为未经老化的塑料颗粒，其化学组成、表面形貌和吸附污染物等特征与真实环境中的微纳塑料相差较大，导致毒性表征结果不能真实反映环境微纳塑料的生态毒理效应[162]。另一方面，在已报道的微纳塑料毒性效应中，最常见的氧化应激、组织损伤和炎症反应等可解释为微纳塑料因自身的小尺寸效应而导致的毒性作用，但是微纳塑料引起的其他毒性效应如生殖毒性和神经毒性等，是否缘于微纳塑料本身的特异性作用，抑或缘于微纳塑料释出的衍生物、添加剂和吸附污染物的毒性，仍有待回答。因此，针对环境微纳塑料的生物毒性仍需进一步探索，其中老化微纳塑料的生物毒性和微纳塑料的致毒机制是未来研究的重点方向。

表 24-4　微纳塑料对各种生物的毒性效应

生物类型	毒性效应（部分案例）
植物	抑制水芹种子发芽和根生长[163]；抑制绿豆幼苗的生长和水分吸收[164]；诱导蚕豆产生氧化应激与遗传毒性[165]；抑制莱茵衣藻的生长，降低其光合活性[166]；抑制绿球藻的光合作用，并诱导氧化应激[167]等
微生物	抑制大肠杆菌细菌生长、引起氧化应激并造成 DNA 损伤、诱导耐药性突变[168]；影响海洋细菌的生长、化学成分和氨转化过程[169]；抑制铜绿微囊藻的生长，诱导氧化应激[170]等
无脊椎动物	抑制摇蚊的生长发育[171]；降低蚯蚓的生长速率[172]，并造成生殖毒性[173]；诱导贻贝、蜗牛产生氧化应激[174,175]；抑制土壤跳虫的繁殖能力，降低其肠道菌群多样性[176]等
鱼	抑制斑马鱼的运动行为[177]；诱导斑马鱼产生氧化应激、引发肠道炎症、肠道菌群失调[178,179]；破坏斑马鱼的代谢特征[180]；损害斑马鱼的免疫能力[181]；损害斑马鱼的性腺器官，影响繁殖能力[182]；抑制黑石斑鱼的生长与行为[183]；引起鲈鱼和鲫鱼的肝肠组织损伤，并诱导氧化应激[184,185]；造成罗非鱼的生殖损伤[186]；导致孔雀鱼的肠道菌群结构紊乱[187]等
鸟类	增加雄性日本鹌鹑的生殖囊肿发生率[188]；降低海鸥的体重、翼展和头喙长度[189]等
哺乳动物	造成小鼠肠道损伤，引起肠道菌群失调[190]；导致小鼠代谢功能紊乱[191]；诱导雄性小鼠产生生殖毒性[192]等
人体细胞	诱导大脑细胞、上皮细胞和肺细胞产生氧化应激[193,194]；降低人肝癌细胞的活力[195]；对淋巴细胞造成基因毒性[196]；破坏人体干细胞的细胞膜，导致细胞死亡[197]等

24.5.1　老化微纳塑料衍生物的毒性

Potthoff 等[198]和 Alimi 等[162]归纳了微纳塑料在环境中可能发生的老化过程，以及这些过程对微纳塑料性质的影响。如表 24-5 所示，各种环境因素，如生物膜定殖、微生物降解、紫外光照等，均能使微纳塑料发生老化，并改变微纳塑料的密度、粒径分布、表面电荷以及吸附和溶解有机物等性质。微纳塑料的这些性质与其环境归趋、生物摄入量和毒性等密切相关[199]，因此，老化过程将不可避免地影响微纳塑料的生态和健康风险。例如，Cheng 等[200]发现老化后的 PE 微塑料（野外采集）在蚯蚓体内引起更明显的氧化应激和基因表达异常，可能是老化后的微塑料出现更多的表面氧化基团和局部裂纹所致。Shi 等[201]发现老化作用（紫外光照）改变了 PS 微塑料的尺寸和表面官能团，同时促进了 PS 微塑料对人肺上皮细胞的毒性作用，并且毒性作用随着老化时间的延长而增加。此外，老化后（紫外光照）的 PVC 和 PS 微塑料对淡水藻类的毒性也比未老化的塑料颗粒更大[202]，原因是老化后的微塑料表面生成了羰基等氧化基团，改变了微塑料的表面电位并影响了微塑料与藻细胞的相互作用[203]。

表 24-5　老化作用对微纳塑料性质的影响

类型	老化作用	受影响的微纳塑料性质
生物作用	生物膜定殖、微生物降解、与溶解或颗粒态的生物质相互作用、与生物的粪便颗粒结合等	密度、表面性质（如电荷和比表面积）
物理化学作用	紫外线辐射、盐度、温度变化、与溶解性有机物（如腐殖酸）相互作用、吸附等	结晶度、颜色、表面性质（如粗糙度和电荷）、脆度、粒径分布、溶出物质的浓度、分子量、官能团和强度等
机械作用	磨损、波浪作用、水流、与其他颗粒（如黏土）相互作用	粒径分布、颗粒形状分布、粗糙度、比表面积、表面电荷等

尽管上述研究表明老化过程能够增加微纳塑料的生物毒性，但是在其他一些研究中，微纳塑料的老化过程并不影响甚至会减小其生物毒性。例如，Kokalj 等[204]将 PE 微塑料在不同的水介质中（泉水、河水、城市污水处理厂出水和垃圾填埋场渗滤液）进行光照老化 21 天后，发现微塑料的老化过程并未改变

其对大型溞和斑马鱼胚胎的毒性；顾馨悦等[3]发现经阳光照射后的 PVC 塑料表面亲水性增加，但是对小麦根和叶的生长抑制作用与原始的 PVC 塑料相比并无显著的差异。此外，Huang 等[205]发现老化后（紫外光照）的 PS 微塑料与普萘洛尔药物共同作用于罗非鱼时，引起的毒性效应（神经毒性和脂质过氧化损伤）相比于未老化的微塑料有明显的降低。老化微纳塑料的生物毒性研究出现出不一致甚至相反的结果，可能是由于在毒性试验中选用了不同的生物模型、暴露方式和测试指标等原因。因此，老化过程究竟如何影响微纳塑料的生物毒性，仍需更多的研究加以验证。

在研究老化过程对微纳塑料的毒性影响时，紫外光照是被采用最多的老化方式，这是因为紫外光照是微纳塑料在环境中发生化学转化的主要途径。研究表明，环境中的微纳塑料在紫外光照射下能够形成新的非低聚物结构并生成各种小分子量的氧化产物。例如，Romera-Castillo 等[206]、Zhu 等[207]和 Lee 等[208]分别证实了微塑料颗粒在紫外光照下能够生成并释放大量的 DOC。Romera-Castillo 等[206]发现，微塑料释放的有机物能被海洋微生物利用，从而促进微生物的生长；而 Zhu 等[207]的研究结果则表明，PE 微塑料的溶出物能够抑制细菌的生长。更重要的是，Ateia 等[209]和 Lee 等[208]发现微纳塑料在老化过程中能释放消毒副产物的前体物，在氯化消毒过程中生成有毒有害的三卤代甲烷（$CHCl_3$、$CHCl_2Br$、$CHClBr_2$ 和 $CHBr_3$），带来潜在的水生态和人体健康风险。因此，老化过程除了影响微纳塑料本身的物理化学性质并改变其生物毒性外，还能够加速溶解性有机物的释放，而且这些有机物在环境因素影响下能够生成一系列具有毒性的衍生物。在微纳塑料的生物毒性研究以及生态风险评估过程中，微纳塑料的衍生物应该引起足够的重视。

24.5.2　塑料添加剂转化产物的毒性

为了提高塑料的性能，在塑料的生产过程中通常会掺入各种添加剂，如增塑剂、染色剂、稳定剂、紫外稳定剂、抗氧化剂、杀生剂和阻燃剂等（表 24-6）。大多数添加剂与聚合物并没有形成化学键，因此在塑料的老化过程中容易被释放到环境中，造成生态和健康风险。例如，多溴联苯醚（PBDEs）、短链氯化石蜡、邻苯二甲酸酯（PAEs）、BPA、TCS 以及重金属镉和铅等添加剂的生态毒理和健康效应已被大量研究和报道。其中，被用作增塑剂的短链氯化石蜡以及被用作阻燃剂的 PBDEs 具有持久性、生物累积性

表 24-6　常见塑料添加剂类型和化合物代表

类型	化合物
增塑剂	氯化石蜡；PAEs 类
阻燃剂	氯化石蜡、硼酸、溴代阻燃剂（例如，PBDEs；十溴二苯乙烷；四溴双酚 A）、磷系阻燃剂[例如，磷酸三(2-氯乙基)酯、磷酸三(1-氯-2-丙基)酯]
稳定剂，抗氧化剂和紫外稳定剂	BPA、Cd 和 Pb 化合物、壬基酚化合物、辛基酚、异氰尿酸三缩水甘油酯、β 型异氰尿酸三缩水甘油酯、二丁基羟基甲苯、丁基羟基茴香醚、四[3-(3,5-二叔丁基-4-羟基苯基)丙酸]季戊四醇酯、2,2'-亚甲基双-(4-甲基-6-叔丁基苯酚)、三（壬苯基）亚磷酸酯、三（2,4-二叔丁基苯基）亚磷酸酯
热稳定剂	Cd 和 Pb 化合物、壬基酚（钡盐、钙盐）
润滑剂	脂肪酸酰胺（初级高纯芥酸酰胺和油酰胺）、脂肪酸酯、硬脂酸金属盐（硬脂酸锌）、蜡类
固化剂	4,4'-二氨基二苯基甲烷、2,2'-二氯-4,4'-二氨基二苯甲烷、甲醛与苯胺的反应产物、联氨，异氰尿酸三缩水甘油酯、β 型异氰尿酸三缩水甘油酯
杀生剂	As 化合物、有机锡化合物、TCS
有机颜料	乙酸钴
无机颜料	Cd、Cr、Pb 化合物

和长距离迁移性，并表现出三致效应和内分泌干扰效应，因此被列入持久性有机污染物清单；同样被用作增塑剂的 PAEs 是一类典型的环境激素类物质，除了具有内分泌干扰效应外，还能对生物体造成生殖影响、免疫损伤和致癌效应等毒性作用。由此可见，微纳塑料除了因小尺寸效应而造成的生物毒性外，其在老化过程中释放的添加剂也是生物毒性的重要来源。

添加剂对微纳塑料生物毒性的贡献已经引起了广泛的关注。Gandara 等[210]发现从海滩采集的塑料的浸出液会对贻贝胚胎产生发育毒性。Xu 等[211]利用大鼠和人体细胞模型发现，与含有添加剂（十二醇硫酸钠和直链烷基苯磺酸钠）的 PVC 塑料颗粒相比，不含添加剂的 PVC 塑料引起的细胞毒性和炎症反应显著降低甚至完全消除，这表明 PVC 塑料颗粒的细胞毒性主要是由添加剂造成的。Boyle 等[212]发现 PVC 微塑料能够引起斑马鱼幼鱼金属硫蛋白表达的增加，并证实该效应主要是由 PVC 微塑料释放的重金属 Pb 引起的。Oliviero 等[213]也发现从 PVC 微塑料释放的重金属（Zn、Mn 和 V 等）会影响海胆胚胎的正常发育，造成幼虫体长下降，而 PVC 微塑料本身却不会对海胆胚胎造成任何毒性作用。Li 等[214]探究 7 种可回收塑料 PVC、PE、PS、PET、高密度 PE（HDPE）、低密度 PE（LDPE）、PP 和 PC 的渗沥液对藤壶幼虫生存和附着能力的影响，结果发现，这 7 种塑料的渗沥液（PAEs、二月桂酸二丁基锡、Pb、Cd）均能导致藤壶幼虫死亡率上升，附着能力下降。Lithner 等[215]考察了 26 种塑料产品（主要成分含 PP、PE、PVC、丙烯腈-丁二烯-苯乙烯共聚物和环氧树脂）的渗沥液对大型溞的急性毒性，结果发现 PVC 和环氧树脂的塑料产品在水中短期浸泡就会有大量添加剂（BPA、环氧氯丙烷）溶出，且浸出液会导致大型溞运动能力急剧下降。Walpitagama 等[216]发现小分子添加剂，如光聚合引发剂 1-羟环己基苯酮以及稳定剂三甲基苯甲酸三甲基硅基酯，能迅速从 3D 打印塑料的固相迁移到水相中，并对早期发育阶段的斑马鱼造成发育和神经毒性。Luo 等[217]在各种模拟水环境中老化聚氨酯海绵塑料，结果发现，荧光添加剂 3，3'-二氨基联苯胺的释放量随着 pH 和老化时间的增加而增加，且浸出后的 3，3'-二氨基联苯胺可显著抑制小球藻的正常生长和光合作用。Hamlin 等[218]发现表面活性剂壬基酚能从食品安全级的 PE 塑料袋中浸出并迁移至弗氏拟雀鲷体内，导致鱼体死亡。Song 等[219]前后对比了有无添加剂（二苯酮-3）的 PE 对大型溞的毒性影响，结果发现，含有二苯酮-3 的 PE 会明显抑制大型溞胚胎的发育以及子代的正常生长。

微纳塑料释放的添加剂在环境中还会生成一系列的转化产物，这些转化产物也可能具有一定的生物毒性。例如，1,2-双（2,4,6-三溴苯氧基）乙烷可从丙烯腈-丁二烯-苯乙烯共聚物中释出，并随着温度的升高降解为溴苯酚等产物[220]。有研究表明，小鼠注射溴苯酚 14 d 后，个别小鼠出现死亡的现象[221]。Rani 等[222]在海水和紫外光照条件下检测到了六溴环十二烷从泡沫 PS 中释放，且在海洋沉积物中富集。此外，沉积物中某些微生物又可将六溴环十二烷完全脱溴为环十二烷[223]，该烷烃可对小鼠造成一系列生长发育毒性[224,225]。Sait 等[226]在紫外光条件下照射 PET、PA 和聚丙烯腈后发现有 BPA 从其中释出。BPA 又在紫外光的继续照射下进一步降解为苯酚等产物[227]，导致鱼类代谢紊乱、生长发育缓慢、繁殖能力下降甚至死亡[228]。以上研究结果表明，在评估微纳塑料的生态风险时，塑料添加剂以及转化产物的生物毒性不容忽视。

24.5.3　吸附污染物的毒性

环境中的微纳塑料通常具有较大的比表面积和较强的疏水性，因此可以吸附环境中的各种污染物（如重金属和疏水性有机污染物等），并影响后者的环境行为和生物效应。一般认为，微纳塑料能够作为载体将其他污染物转运至生物体内，进而造成联合毒性效应。微纳塑料影响 HOC 生物积累的几种可能途径，包括微纳塑料将 HOC 转运至生物体内、微纳塑料将 HOC 从生物体内清除，以及微纳塑料作为 HOC 的源或汇向环境中释放 HOC 或从环境和生物体富集 HOC 等[140,229]。其中，微纳塑料直接影响污染物生物积累的过程如图 24-6 所示。一方面，微纳塑料从环境中吸附污染物后被生物摄入并在生物体内释放污染物，从而实现将污染物从外部环境转运至生物体内；另一方面，微纳塑料被摄入后能够吸附生物体内的污染物，并在随后的排泄过程中将污染物从生物体内清除。

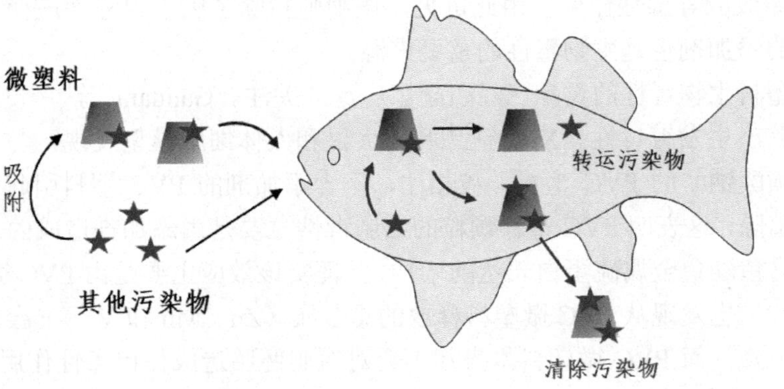

图 24-6　微纳塑料对其他污染物在生物体内的转运和清除作用

微纳塑料将污染物“转运”至生物体内的载体效应已被多个研究所证实。例如，Barboza 等[230]发现微塑料颗粒（1～5 μm）能够吸附重金属 Hg，并影响 Hg 在石斑鱼的脑和肌肉组织中的生物富集。Bradley O. Clarke 团队[231,232]先后采用端足类动物（*Allorchestes compressa*）和彩虹鱼（*Melanotaenia fluviatilis*）证实了个人护理品中的 PE 微球能够将 PBDEs 转运至生物体内，并且微塑料对低溴代的 BDEs（BDE-28、47、100、153 和 154）的转运能力显著大于高溴代 PBDEs（BDE-183 和 209）；其中一个可能的原因是聚乙烯微球对高溴代的 PBDEs 吸附太强，导致后者在生物体内不能被有效吸收。又如，在 Xia 等[170]的研究中，PS 微塑料能显著增加扇贝对 BDE-209 的吸收，作者认为 PS 微塑料起到了“特洛伊木马”的作用，将 BDE-209 携带进入扇贝体内并释放；而在消除实验中，作者发现 PS 和 BDE-209 联合暴露组中的扇贝对 BDE-209 的消除速率显著高于 BDE-209 单独暴露组，这也证实了微纳塑料对生物体内的污染物具有“清除”作用。此外，PVC 微塑料能将预吸附的壬基酚和菲转运至沙蚕体内，但 PVC 对这两种污染物的转运能力尚不及普通沙粒，尽管 PVC 对污染物的吸附能力大于沙粒[171]。以上研究表明，微纳塑料对污染物的“转运”和“清除”能力取决于污染物在水相-塑料相-生物相之间的分配。Koelmans 等[140]通过归纳和计算文献中的实验结果发现，与海洋中其他介质（如 DOC、胶体、浮游生物和细菌等）相比，微纳塑料对 HOC 的吸附相对较小，并且微纳塑料对 HOC 的转运作用远不及生物体通过其他自然途径对 HOC 的摄入。尽管如此，微纳塑料对污染物的转运作用是确实存在的，二者对生物体联合暴露的风险仍不容忽视。值得关注的是，微纳塑料对污染物的吸附同样也会影响生物体对微纳塑料本身的富集和食物链传递。例如，Koelmans 等[140]利用铃虫和银河鱼构建的食物链模型证实了 PE 微塑料的食物链传递现象。有趣的是，当铃虫和银河鱼各自直接暴露于 PE 微塑料时，PE 是否载带有机氯农药 DDT 并不影响生物对其摄入，但是在食物链传递实验中，吸附 DDT 的 PE 暴露组中，银河鱼摄入的 PE 显著高于未吸附 DDT 的 PE 暴露组，即 PE 对 DDT 的吸附显著增加了 PE 在食物链中的传递和银河鱼体内的富集。一种可能的解释是，DDT 干扰了银河鱼的猎食行为（如游泳速度或模式），因此在 PE-DDT 联合处理组中银河鱼对铃虫的捕食率更高，从而促进了 PE 的食物链传递。

在微纳塑料的毒性效应研究中，微纳塑料与其他污染物（包括重金属和有机污染物等）的联合生物效应已受到越来越多的关注（表 24-7）。研究表明，微纳塑料与其他污染物共同作用于生物体时，能够引起更大的毒性作用，即产生协同效应。例如，顾馨悦等[3]发现老化后的 PVC 能够增加 Cd 在小麦体内的生物富集量，从而促进低浓度 Cd（1.0、2.5、5.0 μmol/L）对小麦根的生长抑制作用；Pittura 等[233]发现 PE 微塑料能够携带苯并[a]芘进入紫贻贝体内，比 PE 微塑料单独作用下的毒性更大。类似地，Chen 等[234]

发现 PS 微塑料能促进海洋扇贝对 PBDEs 的摄入，进而增加其毒性。

表 24-7　微纳塑料与其他污染物的联合毒性作用的研究案例

生物模型	微塑料	其他污染物	毒性效应	文献
大肠杆菌	PE	Ag^+	低浓度 PS 微塑料影响银离子对大肠杆菌细胞毒性的机制	[239]
小球藻	PE/PA/PS	壬基酚	较小尺寸的微塑料对藻类生长的拮抗作用随着暴露时间的延长而加剧	[240]
海洋微藻	PE/PS/PVC	TCS	各种单一微塑料和 TCS 对微藻的生长有显著拮抗作用	[240]
水藻	N.A.*	Zn	微塑料作为水环境中金属（Zn^{2+}）的载体，降低 Zn 的生物浓度，导致更大的毒性	[241]
小麦幼苗	PE	菲	PE 微塑料和菲的共污染加剧破坏小麦叶片的光合系统	[242]
水蚤、浮萍	N.A.	Ag	吸附了 Ag 的环境浓度的微塑料显著影响水生生物	[243]
生菜	PE	Cd	PE 改变土壤微环境增加生菜中镉的吸收	[244]
大型溞	PS	罗红霉素	PS 和罗红霉素对大型溞的氧化应激具有协同作用	[245]
纺锤水蚤	PE	毒死蜱	PE 微塑料增加毒死蜱对海洋桡足动物纺锤水蚤的毒性	[246]
绿藻/蜗牛	PE	甲基苯丙胺	在微塑料存在的情况下，甲基苯丙胺对绿藻和蜗牛的急性毒性显著增加	[247]
泥蚶	PS	苯并[a]芘，雌二醇	纳米塑料（500 nm）会加剧有机污染物的毒性，而微塑料（30 μm）会减轻其毒性	[248]
蓝贻贝	PE/PHB	荧蒽	微塑料和荧蒽对蓝贻贝的氧化应激反应并没有产生联合效应	[249]
蓝贻贝	PS	荧蒽	微塑料和荧蒽联合作用导致蓝贻贝毒性和生物蓄积性增强	[250]
栉孔扇贝	PS	溴十二苯醚	PS 微塑料会增加海洋扇贝对十溴二苯醚的吸收、消除和细胞毒性	[251]
紫贻贝	PS	卡马西平	纳米塑料对卡马西平联合暴露后诱导了贻贝基因表达显著下调	[252]
紫贻贝	PE	苯并[a]芘	微塑料携带苯并[a]芘进入生物体内，与微塑料单独作用相比造成更大的风险	[233]
紫壳菜蛤	PE	荧蒽	在紫壳菜蛤鳃和消化腺中，共同暴露未显著影响荧蒽的吸收，无叠加或协同效应	[253]
蚯蚓	N.A.	毒氟磷/阿特拉津	微塑料会加重有机污染物对蚯蚓的氧化损伤和干扰代谢	[254]
蚯蚓	PE	Cd	微塑料通过改变镉的生物可利用性加剧了对蚯蚓的联合毒性	[255]
虎虾鱼	PE	芘	微塑料与芘结合显著降低乙酰胆碱酯酶活性并降低异柠檬酸脱氢酶活性	[256]
日本青鳉	PS	菲	低浓度（2 μg/L）PS 微塑料降低菲对海洋青鳉的早期发育毒性	[257]
尖齿胡鲶	PE	苯丙氨酸	微塑料与苯丙氨酸对尖齿胡鲶生物标志物反应的影响相互作用	[258]
欧洲鲈鱼	N.A.	Hg	微塑料和 Hg 的联合作用减少欧洲鲈鱼游泳速度和阻力时间	[259]
虹鳟鱼	PE	毒死蜱	PS 微塑料和毒死蜱的联合作用降低虹鳟鱼肌肉中的营养参数水平	[260]
罗非鱼	PS	罗红霉素	PS 微塑料减轻罗红霉素对淡水鱼红罗非鱼肝脏的氧化损伤	[261]
红罗非鱼	N.A.	普萘洛尔、磺胺甲噁唑	同时暴露于老化微塑料和普萘洛尔的红罗非鱼神经氧化损伤减轻；微塑料和磺胺甲噁唑引起的 CYP 酶紊乱加剧	[262]
斑马鱼	PE	四溴双酚 A	四溴双酚 A 作用下微塑料的吸附毒性和斑马鱼抗氧化应激反应显著增强	[263]
斑马鱼	PS	BPA	纳米塑料存在的情况下，BPA 导致的成年斑马鱼的神经毒性作用增强	[264]
斑马鱼	PS	Cd	n-PS 显著地增加了 Cd 在胚胎绒毛膜上的蓄积、降低了 Cd 在胚胎中的含量；mu-PS 降低了 Cd 的胚胎发育毒性	[265]
斑马鱼	PS	NOM	微塑料和 NOM 可加重肝脏和肠道中 Cu 的毒性	[266]
胭脂鱼	PS	三苯基锡	PS 调节三苯基锡对胭脂鱼的毒性效应具有延缓作用	[267]
小鼠	N.A.	PAEs	DEHP 污染的微塑料造成小鼠肠道炎症和代谢紊乱的加重	[268]
小鼠	PS	ZnO	微塑料和 ZnO 的二元组合对评估毒性生物标志物没有叠加或协同作用	[269]
人体细胞	PS	多氯联苯	微塑料和多氯联苯联合作用产生比解吸先前吸附的有毒污染物毒性危害更大	[270]
人体细胞	N.A.	羟基苯甲酸酯	在微塑料的作用下羟基苯甲酸酯增加了乳腺癌细胞的增殖	[271]

*文中未提及微塑料的化学组成

但在另外一些研究中，微纳塑料能够降低其他污染物的毒性，即表现出拮抗作用。例如，Schür 等[235]发现将 PS 微塑料在废水中吸附污染物后，对大型溞的毒性不但没有增加反而有所降低，可能的原因是 PS 吸附污染物后，并没有将其解吸附或者解吸附的量并不足以对大型溞造成毒性效应。类似地，Natarajan

等[236]发现吸附胞外聚合物后的 PS 纳米塑料对小球藻造成的氧化应激和毒性效应都有减小的趋势；Wang 等[237]发现老化后的 PS 和 PVC 微塑料显著降低了重金属 Cd 和 Cu 对小球藻的毒性，可能是由于老化后的微塑料降低了金属离子的生物有效性所致。以上研究表明，微纳塑料与吸附污染物是否产生更大或更小的生物毒性，主要取决于微纳塑料是否能够增加或降低其他污染物的生物有效性。微纳塑料与吸附污染物的联合生物效应以及毒性机制仍有待进一步地探索。

值得关注的是，微塑料除了能够吸附重金属和有机污染物外，其表面还为环境中的微生物定殖和生物膜形成提供了良好的场所。病原菌被微塑料吸附后，会伴随生物对微塑料的摄入而进入生物体内，并导致生物宿主发生一系列的疾病。例如，Viršek 等[238]从北亚得里亚海采集的微塑料表面鉴别出 28 种细菌，其中包括鱼类病原菌杀鲑气单胞菌（*Aeromonas salmonicida*）。更重要的是，环境微塑料能够富集耐药细菌和耐药基因。例如，Yang 等[273]指出，微塑料是抗生素耐药菌（ARBs）和抗生素抗性基因（ARGs）的富集场所和扩散媒介，能够增加海洋环境中 ARGs 的丰度与多样性。Keswani 等[274]发现微塑料作为载体可吸附海洋水体中的耐药细菌，富集 ARGs 并携带 AGRs 在细菌和藻类中迁移传播。类似地，Zhao 等[275]发现 PVC 微塑料表面可富集生活污水中的各种微生物菌群，其中病原菌分枝杆菌（*Mycobacterium*）、水杆菌（*Aquabacterium*）、短波毛单胞菌（*Brevundimonas*）和军团菌（*Legionella*）的丰度最高，且这些致病菌被证实是携带多种 ARGs 的潜在宿主。此外，Lu 等[276] 发现环境微塑料表面的微生物群落多样性明显高于周围海水环境，微塑料和海水中的微生物菌群功能与 *tet*G，*qnr*S，*sul*1，*sul*2 和 *erm*F 等 ARGs 也密切相关。以上研究表明，环境微纳塑料能够改变 ARGs 的分布格局，加速 ARGs 在环境中的传播和扩散。因此，微纳塑料吸附的微生物，特别是一些病原微生物以及耐药菌，对水生生物和人体健康的影响应引起足够的重视。

24.6 展　望

有关微纳塑料的大多数研究都是采用原始塑料颗粒，然而，真实环境中的微纳塑料本身就是塑料在整个生命周期内的老化产物，微纳塑料在环境中也会发生不同程度的老化，因此环境微纳塑料大都具有老化特征。老化改变了微纳塑料的理化性质，使其表现出不同的环境行为，并可能产生不同的环境效应。因此，充分认识微纳塑料的生成、老化和效应对评估与微塑料污染健康及生态风险至关重要。

文献中报道的老化微纳塑料尚主要集中于球形或颗粒状 PS、PE、PP 和 PVC，但这些热塑性塑料并不能代表环境中存在的真实微纳塑料类型。许多研究采用单一手段制备老化微纳塑料，但方法局限于化学氧化方式，而微生物或酶参与的微纳塑料老化甚少，且对物理、化学和生物联合作用下微纳塑料的老化缺乏关注。此外，对于老化纳米塑料的研究明显少于毫米级或微米级的老化微塑料，尽管老化纳米塑料理应具有更高的活性。

老化微纳塑料的环境行为与效应已受到越来越多的关注，但相关研究尚处起步阶段，许多科学问题仍未被关注或阐明。未来研究需重点关注以下三个方面：①构建不同类型塑料的老化表征及微纳塑料的分离、分析标准方法，加强研究塑料使用过程中微纳塑料的释放，充分认识微纳塑料的来源，获得环境中微纳塑料的真实丰度和分布信息；②建立标准的实验室老化方法，准确模拟老化过程，加强研究微生物或酶的老化作用，阐明多种作用下微纳塑料的老化机理，并揭示不同类型老化微纳塑料的环境赋存特征；③加强研究老化纳米塑料自身及与有毒物质复合污染的环境过程和生物毒性，在微塑料的健康与生态风险评估中关注塑料颗粒的尺寸效应。

参 考 文 献

[1] Auta H S, Emenike C U, Fauziah S H. Distribution and importance of microplastics in the marine environment: A review of the sources, fate, effects, and potential solutions. Environment International, 2017, 102: 165-176.

[2] Wang R, Liu X. Environmental processes and ecological effects of microplastics in the ocean. IOP Conference Series: Earth and Environmental Science, 2019, 227: 52047.

[3] Hartmann N B, Huffer T, Thompson R C, et al. Are we speaking the same language? Recommendations for a definition and categorization framework for plastic debris. Environmental Science & Technology, 2019, 53: 1039-1047.

[4] Mattsson K, Johnson E V, Malmendal A, et al. Brain damage and behavioral disorders in fish induced by plastic nanoparticles delivered through the food chain. Scientific Reports, 2017, 7: 1-7.

[5] Wijnen J V, Ragas A M J, Kroeze C. Modelling global river export of microplastics to the marine environment: Sources and future trends. Science of The Total Environment, 2019, 673: 392-401.

[6] Ustabasi G S, Baysal A. Occurrence and risk assessment of microplastics from various toothpastes. Environmental Monitoring and Assessment, 2019, 191: 1-8.

[7] Waldschlager K, Lechthaler S, Stauch G, et al. The way of microplastic through the environment - Application of the source-pathway-receptor model (review). Science of The Total Environment, 2020, 713: 136584.

[8] Browne M A, Crump P, Niven S J, et al. Accumulation of microplastic on shorelines worldwide: Sources and sinks. Environmental Science & Technology, 2011, 45: 9175-9179.

[9] Lambert S, Sinclair C, Boxall A. Occurrence, degradation, and effect of polymer-based materials in the environment. Reviews of Environmental Contamination and Toxicology, 2014, 227: 1-53.

[10] Tian Y, Chen Z, Zhang J, et al. An innovative evaluation method based on polymer mass detection to evaluate the contribution of microfibers from laundry process to municipal wastewater. Journal of Hazardous Materials, 2021, 407: 124861.

[11] Kelly M R, Lant N J, Kurr M, et al. Importance of water-volume on the release of microplastic fibers from laundry. Environmental Science & Technology, 2019, 53: 11735-11744.

[12] Gossmann I, Halbach M, Scholz-Bottcher B M. Car and truck tire wear particles in complex environmental samples - A quantitative comparison with “traditional” microplastic polymer mass loads. Science of the Total Environment, 2021, 773: 145667.

[13] Sieber R, Kawecki D, Nowack B. Dynamic probabilistic material flow analysis of rubber release from tires into the environment. Environmental Pollution, 2020, 258: 113573.

[14] Luo Z, Zhou X, Su Y, et al. Environmental occurrence, fate, impact, and potential solution of tire microplastics: Similarities and differences with tire wear particles. Science of the Total Environment, 2021, 795: 148902.

[15] Kurniawan S B, Said N S M, Imron M F, et al. Microplastic pollution in the environment: Insights into emerging sources and potential threats. Environmental Technology & Innovation, 2021, 23: 101790.

[16] Wagner M, Scherer C, Alvarez-Muñoz D, et al. Microplastics in freshwater ecosystems: What we know and what we need to know. Environmental Sciences Europe, 2014, 26: 1-9.

[17] Cozar A, Echevarria F, Gonzalez-Gordillo J I, et al. Plastic debris in the open ocean. Proceedings of the National Academy of Sciences, 2014, 111: 10239-10244.

[18] Dowarah K, Devipriya S P. Microplastic prevalence in the beaches of Puducherry, India and its correlation with fishing and tourism/recreational activities. Marine Pollution Bulletin, 2019, 148: 123-133.

[19] Qadeer A, Ajmal Z, Usman M, et al. Agricultural plastic mulching as a potential key source of microplastic pollution in the

terrestrial ecosystem and consequences. Resources, Conservation and Recycling, 2021, 175: 105855.

[20] Huang Y, Liu Q, Jia W, et al. Agricultural plastic mulching as a source of microplastics in the terrestrial environment. Environmental Pollution, 2020, 260: 114096.

[21] Rodriguez-Hernandez A G, Chiodoni A, Bocchini S, et al. 3D printer waste, a new source of nanoplastic pollutants. Environmental Pollution, 2020, 267: 115609.

[22] Junaid M, Wang J. Interaction of nanoplastics with extracellular polymeric substances (EPS) in the aquatic environment: A special reference to eco-corona formation and associated impacts. Water Research, 2021, 201: 117319.

[23] 刘沙沙, 付建平, 郭楚玲, 等. 微塑料的环境行为及其生态毒性研究进展. 农学环境科学学报, 2019, 38: 957-969.

[24] 李丹文, 林莉, 潘雄, 等. 淡水环境中微塑料采样及预处理方法研究进展. 长江科学院院报, 2021, 38: 14-23.

[25] Prata J C, Da Costa J P, Duarte A C, et al. Methods for sampling and detection of microplastics in water and sediment: A critical review. TrAC Trends in Analytical Chemistry, 2019, 110: 150-159.

[26] Faure F, Saini C, Potter G, et al. An evaluation of surface micro- and mesoplastic pollution in pelagic ecosystems of the Western Mediterranean Sea. Environmental Science and Pollution Research, 2015, 22: 12190-12197.

[27] Dris R, Gasperi J, Rocher V, et al. Synthetic and non-synthetic anthropogenic fibers in a river under the impact of Paris Megacity: Sampling methodological aspects and flux estimations. Science of The Total Environment, 2018, 618: 157-164.

[28] 徐建康, 张占鳌, 闫泽华, 等. 污水处理厂中微塑料的分析方法研究进展. 生态毒理学报, 2021, 16: 106-118.

[29] Dubaish F, Liebezeit G. Suspended microplastics and black carbon particles in the Jade System, Southern North Sea. Water, Air, & Soil Pollution, 2013, 224: 1-8.

[30] Li Q, Wu J, Zhao X, et al. Separation and identification of microplastics from soil and sewage sludge. Environmental Pollution, 2019, 254(B): 113076.

[31] 彭谷雨. 沉积环境中的微塑料. 上海: 华东师范大学, 2020.

[32] 时馨竹, 孙丽娜, 李珍等. 沈阳周边农田土壤中微塑料组成与分布. 农业环境科学学报, 2021, 40: 1498-1508.

[33] Ding Y, Zou X, Wang C, et al. The abundance and characteristics of atmospheric microplastic deposition in the northwestern South China Sea in the fall. Atmospheric Environment, 2021, 253: 118389.

[34] Wright S L, Ulke J, Font A, et al. Atmospheric microplastic deposition in an urban environment and an evaluation of transport. Environment International, 2019, 136: 105411.

[35] Materic D, Kasper-Giebl A, Kau D, et al. Micro- and nanoplastics in Alpine snow: A new method for chemical identification and (semi)quantification in the nanogram range. Environmental Science & Technology, 2020, 54: 2353-2359.

[36] 王昆, 林坤德, 袁东星. 环境样品中微塑料的分析方法研究进展. 环境化学, 2017, 36: 27-36.

[37] 赵世烨. 中国部分河口微塑料的赋存特征及海洋雪中微塑料分析方法研究. 上海: 华东师范大学, 2017.

[38] Nguyen B, Claveau-Mallet D, Hernandez L M, et al. Separation and analysis of microplastics and nanoplastics in complex environmental samples. Accounts of Chemical Research, 2019, 52: 858-866.

[39] Crawford C B, Quinn B. Microplastic collection techniques. Microplastic Pollutants, 2017: 179-202.

[40] Yang L, Zhang Y, Kang S, et al. Microplastics in soil: A review on methods, occurrence, sources, and potential risk. Science of The Total Environment, 2021, 780: 146546.

[41] Araujo C F, Nolasco M M, Ribeiro A M P, et al. Identification of microplastics using Raman spectroscopy: Latest developments and future prospects. Water Research, 2018, 142: 426-440.

[42] Morgado V, Gomes L, Bettencourt Da Silva R J N, et al. Validated spreadsheet for the identification of PE, PET, PP and PS microplastics by micro-ATR-FTIR spectra with known uncertainty. Talanta, 2021, 234: 122624.

[43] Zhang Y, Peng Y, Peng C, et al. Comparison of detection methods of microplastics in landfill mineralized refuse and selection of degradation degree indexes. Environmental Science & Technology, 2021. DOI: 10.1021/acs.est.1c02772.

[44] Shim W J, Hong S H, Eo S E. Identification methods in microplastic analysis: A review. Analytical Methods, 2017, 9: 1384-1391.

[45] Akanyange S N, Lyu X, Zhao X, et al. Does microplastic really represent a threat? A review of the atmospheric contamination sources and potential impacts. Science of The Total Environment, 2021, 777: 146020.

[46] Jenner L C, Sadofsky L R, Danopoulos E, et al. Household indoor microplastics within the Humber region (United Kingdom): Quantification and chemical characterization of particles present. Atmospheric Environment, 2021, 259: 118512.

[47] Klein M, Fischer E K. Microplastic abundance in atmospheric deposition within the Metropolitan area of Hamburg, Germany. Science of The Total Environment, 2019, 685: 96-103.

[48] Käppler A, Fischer M, Scholz-Böttcher B M, et al. Comparison of μ-ATR-FTIR spectroscopy and py-GCMS as identification tools for microplastic particles and fibers isolated from river sediments. Analytical and Bioanalytical Chemistry, 2018, 410: 5313-5327.

[49] Zhang Y, Kang S, Allen S, et al. Atmospheric microplastics: A review on current status and perspectives. Earth-Science Reviews, 2020, 203: 103118.

[50] Prata J C, Paco A, Reis V, et al. Identification of microplastics in white wines capped with polyethylene stoppers using micro-Raman spectroscopy. Food Chemistry, 2020, 331: 127323.

[51] David, Jan, Steinmetz, et al. Quantitative analysis of poly(ethylene terephthalate) microplastics in soil via thermogravimetry-mass spectrometry. Analytical Chemistry, 2018, 90: 8793-8799.

[52] Dekiff J H, Remy D, Klasmeier J, et al. Occurrence and spatial distribution of microplastics in sediments from Norderney. Environmental Pollution, 2014, 186: 248-256.

[53] Zhang J, Wang L, Halden R U, et al. Polyethylene terephthalate and polycarbonate microplastics in sewage sludge collected from the United States. Environmental Science & Technology Letters, 2019, 6: 650-655.

[54] Peng C, Tang X, Gong X, et al. Development and application of a mass spectrometry method for quantifying nylon microplastics in environment. Analytical Chemistry, 2020, 92: 13930-13935.

[55] Yang Y, Liu W, Zhang Z, et al. Microplastics provide new microbial niches in aquatic environments. Applied Microbiology and Biotechnology, 2020, 104: 6501-6511.

[56] Zarfl C. Promising techniques and open challenges for microplastic identification and quantification in environmental matrices. Analytical and Bioanalytical Chemistry, 2019, 411: 3743-3756.

[57] Zhang M, Zhao Y, Qin X, et al. Microplastics from mulching film is a distinct habitat for bacteria in farmland soil. Science of The Total Environment, 2019, 688: 470-478.

[58] Ranjan V P, Joseph A, Goel S. Microplastics and other harmful substances released from disposable paper cups into hot water. Journal of Hazardous Materials, 2021, 404: 124118.

[59] Burrows S D, Frustaci S, Thomas K V, et al. Expanding exploration of dynamic microplastic surface characteristics and interactions. TrAC Trends in Analytical Chemistry, 2020, 130: 115993.

[60] Taghavi N, Singhal N, Zhuang W Q, et al. Degradation of plastic waste using stimulated and naturally occurring microbial strains. Chemosphere, 2021, 263: 127975.

[61] Gniadek M, Dabrowska A. The marine nano- and microplastics characterization by SEM-EDX: The potential of the method in comparison with various physical and chemical approaches. Marine Pollution Bulletin, 2019, 148: 210-216.

[62] Mortula M M, Atabay S, Fattah K P, et al. Leachability of microplastic from different plastic materials. Journal of Environmental Management, 2021, 294: 112995.

[63] Hernandez L M, Xu E, Larsson H C E, et al. Plastic teabags release billions of microparticles and nanoparticles into tea. Environmental Science & Technology, 2019, 53: 12300-12310.

[64] Nguyen-Tri P, Prud'homme R E. Nanoscale analysis of the photodegradation of polyester fibers by AFM-IR. Journal of Photochemistry and Photobiology A: Chemistry, 2019, 371: 196-204.

[65] Fu Q, Tan X, Ye S, et al. Mechanism analysis of heavy metal lead captured by natural-aged microplastics. Chemosphere, 2021, 270: 128624.

[66] Tunali M, Uzoefuna E N, Tunali M M, et al. Effect of microplastics and microplastic-metal combinations on growth and chlorophyll a concentration of *Chlorella vulgaris*. Science of The Total Environment, 2020, 743: 140479.

[67] Dabrowska A, Gniadek M, Machowski P. The proposal and necessity of the numerical description of nano- and microplastics' surfaces (plastisphere). Polymers (Basel), 2021, 13: 2255.

[68] Mao Y, Li H, Gu W, et al. Distribution and characteristics of microplastics in the Yulin River, China: Role of environmental and spatial factors. Environmental Pollution, 2020, 265(A): 115033.

[69] Duan J, Bolan N, Li Y, et al. Weathering of microplastics and interaction with other coexisting constituents in terrestrial and aquatic environments. Water Research, 2021, 196: 117011.

[70] Sun Y, Yuan J, Tao Z, et al. Laboratory simulation of microplastics weathering and its adsorption behaviors in an aqueous environment: A systematic review. Environmental Pollution, 2020, 265(B): 114864.

[71] Ren Z, Gui X, Xu X, et al. Microplastics in the soil-groundwater environment: Aging, migration, and co-transport of contaminants – a critical review. Journal of Hazardous Materials, 2021, 419: 126455.

[72] Enfrin M, Dumee L F, Lee J. Nano/microplastics in water and wastewater treatment processes – Origin, impact and potential solutions. Water Research, 2019, 161: 621-638.

[73] Song Y K, Hong S H, Jang M, et al. Combined effects of UV exposure duration and mechanical abrasion on microplastic fragmentation by polymer type. Environmental Science & Technology, 2017, 51: 4368-4376.

[74] Andrady A L. Microplastics in the marine environment. Marine Pollution Bulletin, 2011, 62: 1596-1605.

[75] Dawson A L, Kawaguchi S, King C K, et al. Turning microplastics into nanoplastics through digestive fragmentation by Antarctic krill. Nature Communications, 2018, 9: 1-8.

[76] Waldman W R, Rillig M C. Microplastic research should embrace the complexity of secondary particles. Environmental Science & Technology, 2020, 54: 7751-7753.

[77] Chamas A, Moon H, Zheng J, et al. Degradation rates of plastics in the environment. ACS Sustainable Chemistry & Engineering, 2020, 8: 3494-3511.

[78] Wang T, Ma Y, Ji R. Aging processes of polyethylene mulch films and preparation of microplastics with environmental characteristics. Bulletin of Environmental Contamination and Toxicology, 2020. DOI: 10.1007/s00128-020-02975-x.

[79] Liu P, Shi Y, Wu X, et al. Review of the artificially-accelerated aging technology and ecological risk of microplastics. Science of The Total Environment, 2021, 768: 144969.

[80] Liu P, Qian L, Wang H, et al. New Insights into the aging behavior of microplastics accelerated by advanced oxidation processes. Environmental science & technology, 2019, 53: 3579-3588.

[81] Gewert B, Plassmann M M, Macleod M. Pathways for degradation of plastic polymers floating in the marine environment. Environmental Science: Processes Impacts, 2015, 17: 1513-1521.

[82] Luo H, Zhao Y, Li Y. Aging of microplastics affects their surface properties, thermal decomposition, additives leaching and interactions in simulated fluids. Science of The Total Environment, 2020, 714: 136862.

[83] Zhu K, Jia H, Sun Y, et al. Long-term phototransformation of microplastics under simulated sunlight irradiation in aquatic environments. Roles of reactive oxygen species. Water Research, 173: 115564.

[84] Wang C, Xian Z, Jin X, et al. Photo-aging of polyvinyl chloride microplastic in the presence of natural organic acids. Water Research, 2020, 183: 116082.

[85] Wu X, Liu P, Shi H, et al. Photo aging and fragmentation of polypropylene food packaging materials in artificial seawater. Water Research, 2021, 188: 116456.

[86] Shi Y, Liu P, Wu X, et al. Insight into chain scission and release profiles from photodegradation of polycarbonate microplastics. Water Research, 2021, 195: 116980.

[87] 吴茂英. 塑料降解与稳定化(Ⅳ): 光降解与光稳定(上): 塑料助剂, 2010, (06): 55-59.

[88] Halle A T, Ladirat L, Gendre X, et al. Understanding the fragmentation pattern of marine plastic debris. Environmental Science & Technology, 2016, 50: 5668-5675.

[89] Singh B, Sharma N. Mechanistic implications of plastic degradation. Polymer Degradation & Stability, 2008, 93: 561-584.

[90] Gigault J, Pedrono B, Maxit B, et al. Marine plastic litter: The unanalyzed nano-fraction. Environmental Science Nano, 2016, 3: 346-350.

[91] Lambert S, Wagner M. Characterization of nanoplastics during the degradation of polystyrene. Chemosphere, 2016, 145: 265-268.

[92] Tian L, Chen Q, Jiang W, et al. A carbon-14 radiotracer-based study on the photo-transformation of polystyrene nanoplastics in water versus in air. Environmental Science: Nano, 2019, 6: 2907-2917.

[93] Liu H, Liu K, Fu H, et al. Sunlight mediated cadmium release from colored microplastics containing cadmium pigment in aqueous phase. Environmental Pollution, 2020, 263: 114484.

[94] Nguyen B, Claveau-Mallet D, Hernandez L M, et al. Separation and analysis of microplastics and nanoplastics in complex environmental samples. Accounts of Chemical Research, 2019, 52: 858-866.

[95] Alimia O S, Claveau-Malletac D, Kurusua R S, et al. Weathering pathways and protocols for environmentally relevant microplastics and nanoplastics: What are we missing? Journal of Hazardous Materials, 2021, 423: 126955.

[96] Ding L, Mao R, Ma S, et al. High temperature depended on the ageing mechanism of microplastics under different environmental conditions and its effect on the distribution of organic pollutants. Water Research, 2020, 174: 115634.

[97] Pivokonsky M, Cermakova L, Novotna K, et al. Occurrence of microplastics in raw and treated drinking water. Science of The Total Environment, 2018, 643: 1644-1651.

[98] Hernandez L M, Xu E G, Larsson H, et al. Plastic teabags release billions of microparticles and nanoparticles into tea. Environmental Science & Technology, 2019, 53: 12300-12310.

[99] Xu J, Lin X, Siewert H, et al. Spectral imaging for characterization and detection of plastic substances in branded teabags. Journal of Hazardous Materials, 2021, 418: 126328.

[100] Tyler D R. Mechanistic aspects of the effects of stress on the rates of photochemical degradation reactions in polymers. Journal of Macromolecular Science Part C Polymer Reviews, 2004, 44: 351-388.

[101] Gardette M, Perthue A, Gardette J L, et al. Photo- and thermal-oxidation of polyethylene: Comparison of mechanisms and influence of unsaturation content. Polymer Degradation & Stability, 2013, 98: 2383-2390.

[102] Razumovsky S D, Podmasteriyev V V, Zaikov G. Kinetics of the growth of cracks on polyisoprene vulcanizates in ozone. Polymer Degradation & Stability, 1986, 16: 317-324.

[103] Zhang K, Hamidian A H, Tubi A, et al. Understanding plastic degradation and microplastic formation in the environment: A review. Environmental Pollution, 2021, 274: 116554.

[104] Wang Z, Lin T, Chen W. Occurrence and removal of microplastics in an advanced drinking water treatment plant (ADWTP). Science of The Total Environment, 2019, 700: 134520.

[105] Liu J, Zhang T, Tian L, et al. Aging significantly affects mobility and contaminant-mobilizing ability of nanoplastics in saturated loamy sand. Environmental Science & Technology, 2019, 53: 5805-5815.

[106] Cooksey K E, Wigglesworth-Cooksey B. Adhesion of bacteria and diatoms to surfaces in the sea: a review. Inter-Research,

1995, 9: 87-96.

[107] Darby R T, Kaplan A M. Fungal susceptibility of polyurethanes. Applied Microbiology, 1968, 16: 900-905.

[108] Crabbe J R, Campbell J R, Thompson L, et al. Biodegradation of a colloidal ester-based polyurethane by soil fungi. International Biodeterioration Biodegradation, 1994, 33: 103-113.

[109] Yang J, Yang Y, Wu W, et al. Evidence of polyethylene biodegradation by bacterial strains from the guts of plastic-eating waxworms. Environmental Science & Technology, 2014, 48: 13776-13784.

[110] Brandon A M, Garcia A M, Khlystov N A, et al. Enhanced bioavailability and microbial biodegradation of polystyrene in an enrichment derived from the gut microbiome of *Tenebrio molitor* (Mealworm Larvae). Environmental Science & Technology, 2021, 55: 2027-2036.

[111] Yoshida S, Hiraga K, Takehana T, et al. A bacterium that degrades and assimilates poly(ethylene terephthalate). Science, 2016, 351: 1196-1199.

[112] Gao R R, Sun C M. A marine bacterial community capable of degrading poly(ethylene terephthalate) and polyethylene. Journal of Hazardous Materials, 2021, 416: 125928.

[113] Yue W L, Yin C F, Sun L M, et al. Biodegradation of bisphenol-A polycarbonate plastic by *Pseudoxanthomonas* sp. strain NyZ600. Journal of Hazardous Materials, 2021, 416: 125775.

[114] 许楹，殷超凡，岳纹龙，等. 石油基塑料的微生物降解. 生物工程学报, 2019, 35: 2092-2103.

[115] Santo M, Weitsman R, Sivan A. The role of the copper-binding enzyme – laccase – in the biodegradation of polyethylene by the actinomycete *Rhodococcus ruber*. International Biodeterioration Biodegradation, 2013, 84: 204-210.

[116] Flemming H C. Relevance of biofilms for the biodeterioration of surfaces of polymeric materials Polymer. Degradation & Stability, 1998, 59: 309-315.

[117] Shah A A, Hasan F, Hameed A, et al. Biological degradation of plastics: A comprehensive review. Biotechnology Advances, 2008, 26: 246-265.

[118] Tribedi P, Dey S. Pre-oxidation of low-density polyethylene (LDPE) by ultraviolet light (UV) promotes enhanced degradation of LDPE in soil. Environmental Monitoring Assessment, 2017, 189: 1-8.

[119] Xu J, Yang W, Zhang C, et al. Photo-oxidation and biodegradation of polyethylene films containing polyethylene glycol modified TiO_2 as pro-oxidant additives. Polymer Composites, 2017, 39: 531-539.

[120] Tian L, Kolvenbach B, Corvini N, et al. Mineralisation of ^{14}C-labelled polystyrene plastics by *Penicillium variabile* after ozonation pre-treatment. New Biotechnology, 2016, 38: 101-105.

[121] Park S Y, Kim C G. Biodegradation of micro-polyethylene particles by bacterial colonization of a mixed microbial consortium isolated from a landfill site. Chemosphere, 2019, 222: 527-533.

[122] Paço A, Duarte K, Costa J P D, et al. Biodegradation of polyethylene microplastics by the marine fungus *Zalerion maritimum*. Science of The Total Environment, 2017, 586: 10-15.

[123] Auta H S, Emenike C U, Jayanthi B, et al. Growth kinetics and biodeterioration of polypropylene microplastics by *Bacillus sp.* and *Rhodococcus sp.* isolated from mangrove sediment. Marine Pollution Bulletin, 2018, 127: 15-21.

[124] Hahladakis J N, Velis C A, Weber R, et al. An overview of chemical additives present in plastics: Migration, release, fate and environmental impact during their use, disposal and recycling. Journal of Hazardous Materials, 2018, 344: 179-199.

[125] Romera-Castillo C, Pinto M, Langer T M, et al. Dissolved organic carbon leaching from plastics stimulates microbial activity in the ocean. Nature Communications, 2018, 9: 1430.

[126] 李婉逸，刘智临，苗令占，等. 淡水系统中 4 种塑料颗粒的老化过程及 DOC 产物分析. 环境科学, 2021, 42: 3829-3836.

[127] Lu F, Su Y, Ji Y, et al. Release of zinc and polycyclic aromatic hydrocarbons from tire crumb rubber and toxicity of leachate to *Daphnia magna*: Effects of tire source and photoaging. Bulletin of Environmental Contamination Toxicology, 2021. DOI:

10.1007/s00128-021-03123-9.

[128] Tian Z, Zhao H, Peter K T, et al. A ubiquitous tire rubber–derived chemical induces acute mortality in coho salmon. Science, 2021, 371: 185-189.

[129] Filella M. Questions of size and numbers in environmental research on microplastics: methodological and conceptual aspects. Environmental Chemistry, 2015, 12: 527.

[130] Wang X, Li Y, Zhao J, et al. UV-induced aggregation of polystyrene nanoplastics: Effects of radicals, surface functional groups and electrolyte. Environmental Science: Nano, 2020, 7: 3914-3926.

[131] Claire D, Cindy H, Matthieu G, et al. Colonization of non-biodegradable and biodegradable plastics by marine microorganisms. Frontiers in Microbiology, 2018, 9: 1571.

[132] Arp H, Kühnel D, Rummel C, et al. Weathering plastics as a planetary boundary threat: Exposure, fate, and hazards. Environmental Science & Technology, 2021, 55: 7246-7255.

[133] Ren Z, Gui X, Wei Y, et al. Chemical and photo-initiated aging enhances transport risk of microplastics in saturated soils: Key factors, mechanisms, and modeling. Water Research, 2021, 202: 117407.

[134] Alimi O S, Farner J M, Tufenkji N. Exposure of nanoplastics to freeze-thaw leads to aggregation and reduced transport in model groundwater environments. Water Research, 2021, 189: 116533.

[135] Zhu K, Jia H, Zhao S, et al. Formation of environmentally persistent free radicals on microplastics under light irradiation. Environmental Science & Technology, 2019, 53: 8177-8186.

[136] Zhang W, Song K, Ding R, et al. Role of polystyrene microplastics in sunlight-mediated transformation of silver in aquatic environments: Mechanisms, kinetics and toxicity. Journal of Hazardous Materials, 2021, 419: 126429.

[137] Wang H, Liu P, Wang M, et al. Enhanced phototransformation of atorvastatin by polystyrene microplastics: Critical role of aging. Journal of Hazardous Materials, 2020, 408: 124756.

[138] Wu N, Cao W, Qu R, et al. Photochemical transformation of decachlorobiphenyl (PCB-209) on the surface of microplastics in aqueous solution. Chemical Engineering Journal, 2021, 420: 129813.

[139] Geetika B, Maddison C, Kim A T T, et al. Fingerprinting plastic-associated inorganic and organic matter on plastic aged in the marine environment for a decade. Environmental Science & Technology, 2021, 55: 7407-7417.

[140] Koelmans A A, Bakir A, Burton G A, et al. Microplastic as a vector for chemicals in the aquatic environment: Critical review and model-supported reinterpretation of empirical studies. Environmental Science & Technology, 2016, 50: 3315-3326.

[141] Alimi O S, Budarz J F, Hernandez L M, et al. Microplastics and nanoplastics in aquatic environments: Aggregation, deposition, and enhanced contaminant transport. Environmental Science & Technology, 2018, 52: 1704-1724.

[142] Axel M, Becker R, Dorgerloh U, et al. The effect of polymer aging on the uptake of fuel aromatics and ethers by microplastics Environmental Pollution, 2018, 240: 639-646.

[143] Wu X, Liu P, Huang H, et al. Adsorption of triclosan onto different aged polypropylene microplastics: Critical effect of cations. Science of The Total Environment, 2020, 717: 137033.

[144] Fan X, Gan R, Liu J, et al. Adsorption and desorption behaviors of antibiotics by tire wear particles and polyethylene microplastics with or without aging processes. Science of The Total Environment, 2021, 771: 145451.

[145] Zhang H, Wang J, Zhou B, et al. Enhanced adsorption of oxytetracycline to weathered microplastic polystyrene: Kinetics, isotherms and influencing factors. Environmental Pollution, 2018, 243: 1550-1557.

[146] Hueffer, Thorsten, Weniger, et al. Sorption of organic compounds by aged polystyrene microplastic particles. Environmental Pollution, 2018, 236: 218-225.

[147] Wu J, Xu P, Chen Q, et al. Effects of polymer aging on sorption of 2, 2', 4, 4'-tetrabromodiphenyl ether by polystyrene microplastics. Chemosphere, 2020, 253: 126706.

[148] 陈涛. 近海微塑料表面生物膜的形成及其对微塑料理化性质的影响. 烟台：中国科学院大学(中国科学院烟台海岸带研究所), 2018.

[149] Liu P, Zhan X, Wu X, et al. Effect of weathering on environmental behavior of microplastics: Properties, sorption and potential risks. Chemosphere, 2020, 242: 125193.

[150] Wang Y, Wang X, Li Y, et al. Biofilm alters tetracycline and copper adsorption behaviors onto polyethylene microplastics. Chemical Engineering Journal, 2020, 392: 123808.

[151] Liu P, Wu X, Huang H, et al. Simulation of natural aging property of microplastics in Yangtze River water samples via a rooftop exposure protocol. Science of The Total Environment, 2021, 785: 147265.

[152] Tang S, Lin L, Wang X, et al. Pb(II) uptake onto nylon microplastics: Interaction mechanism and adsorption performance. Journal of Hazardous Materials, 2020, 386: 121960.

[153] Besseling E, Wegner A, Foekema E M, et al. Effects of microplastic on fitness and PCB bioaccumulation by the lugworm *Arenicola marina* (L.). Environmental Science & Technology, 2013, 47: 593-600.

[154] Koelmans A A, Besseling E, Wegner A, et al. Plastic as a carrier of POPs to aquatic organisms: A model analysis. Environmental Science & Technology, 2013, 47: 7812-7820.

[155] Diepens N J, Koelmans A A. Accumulation of plastic debris and associated contaminants in aquatic food webs. Environmental Science & Technology, 2018, 52: 8510-8520.

[156] Wang J, Li J, Wang Q, et al. Microplastics as a vector for HOC bioaccumulation in earthworm *Eisenia fetida* in soil: Importance of chemical diffusion and particle size. Environmental Science & Technology, 2020, 54: 12154-12163.

[157] Bakir A, Rowland S J, Thompson R C. Enhanced desorption of persistent organic pollutants from microplastics under simulated physiological conditions. Environmental Pollution, 2014, 185: 16-23.

[158] Grigorakis S, Drouillard K G. Effect of microplastic amendment to food on diet assimilation efficiencies of PCBs by fish. Environmental Science & Technology, 2018, 52: 10796-10782.

[159] Nor N, Koelmans A A. Transfer of PCBs from microplastics under simulated gut fluid conditions is biphasic and reversible. Environmental Science & Technology, 2019, 53: 1874-1883.

[160] Hwang, Lee, Hyun-Jeoung, et al. Estimating microplastic-bound intake of hydrophobic organic chemicals by fish using measured desorption rates to artificial gut fluid. The Science of The Total Environment, 2018, 651: 162-170.

[161] Liu P, Wu X, Liu H, et al. Desorption of pharmaceuticals from pristine and aged polystyrene microplastics under simulated gastrointestinal conditions. Journal of Hazardous Materials, 2020, 392: 122346.

[162] Alimi O S, Claveau-Mallet D, Kurusu R S, et al. Weathering pathways and protocols for environmentally relevant microplastics and nanoplastics: What are we missing? Journal of Hazardous Materials, 2022, 423: 126955.

[163] Bosker T, Bouwman L J, Brun N R, et al. Microplastics accumulate on pores in seed capsule and delay germination and root growth of the terrestrial vascular plant *Lepidium sativum*. Chemosphere, 2019, 226: 774-781.

[164] 刘蓥蓥, 张旗, 崔文智, 等. 聚乙烯微塑料对绿豆发芽的毒性研究. 环境与发展, 2019, 31: 123-125.

[165] Jiang X, Chen H, Liao Y, et al. Ecotoxicity and genotoxicity of polystyrene microplastics on higher plant *Vicia faba*. Environmental Pollution, 2019, 250: 831-838.

[166] Li S, Wang P, Zhang C, et al. Influence of polystyrene microplastics on the growth, photosynthetic efficiency and aggregation of freshwater microalgae *Chlamydomonas reinhardtii*. Science of The Total Environment, 2020, 714: 136767.

[167] Mao Y, Ai H, Chen Y, et al. Phytoplankton response to polystyrene microplastics: Perspective from an entire growth period. Chemosphere, 2018, 208: 59-68.

[168] Ning Q, Wang D, An J, et al. Combined effects of nanosized polystyrene and erythromycin on bacterial growth and resistance mutations in Escherichia coli. Journal of Hazardous Materials, 2022, 422: 126858.

[169] Sun X, Chen B, Li Q, et al. Toxicities of polystyrene nano- and microplastics toward marine bacterium *Halomonas alkaliphila*. Science of The Total Environment, 2018, 642: 1378-1385.

[170] Wu D, Wang T, Wang J, et al. Size-dependent toxic effects of polystyrene microplastic exposure on *Microcystis aeruginosa* growth and microcystin production. Science of The Total Environment, 2021, 761: 143265.

[171] Ziajahromi S, Kumar A, Neale P A, et al. Environmentally relevant concentrations of polyethylene microplastics negatively impact the survival, growth and emergence of sediment-dwelling invertebrates. Environmental Pollution, 2018, 236: 425-431.

[172] Zhou Y, Liu X, Wang J. Ecotoxicological effects of microplastics and cadmium on the earthworm *Eisenia foetida*. Journal of Hazardous Materials, 2020, 392: 122273.

[173] Kwak J I, An Y J. Microplastic digestion generates fragmented nanoplastics in soils and damages earthworm spermatogenesis and coelomocyte viability. Journal of Hazardous Materials, 2021, 402: 124034.

[174] Cole M, Liddle C, Consolandi G, et al. Microplastics, microfibres and nanoplastics cause variable sub-lethal responses in mussels (*Mytilus spp.*). Marine Pollution Bulletin, 2020, 160: 111552.

[175] Colpaert R, Petit Dit Grézériat L, Louzon M, et al. Polyethylene microplastic toxicity to the terrestrial snail *Cantareus aspersus*: size matters. Environmental Science and Pollution Research, 2021. DOI: 10.1007/s11356-021-15824-z.

[176] Ju H, Zhu D, Qiao M. Effects of polyethylene microplastics on the gut microbial community, reproduction and avoidance behaviors of the soil springtail, *Folsomia candida*. Environmental Pollution, 2019, 247: 890-897.

[177] Qiang L, Cheng J. Exposure to microplastics decreases swimming competence in larval zebrafish (*Danio rerio*). Ecotoxicology and Environmental Safety, 2019, 176: 226-233.

[178] Qiao R, Deng Y, Zhang S, et al. Accumulation of different shapes of microplastics initiates intestinal injury and gut microbiota dysbiosis in the gut of zebrafish. Chemosphere, 2019, 236: 124334.

[179] Qiao R, Sheng C, Lu Y, et al. Microplastics induce intestinal inflammation, oxidative stress, and disorders of metabolome and microbiome in zebrafish. Science of The Total Environment, 2019, 662: 246-253.

[180] Zhao Y, Qin Z, Huang Z, et al. Effects of polyethylene microplastics on the microbiome and metabolism in larval zebrafish. Environmental Pollution, 2021, 282: 117039.

[181] Limonta G, Mancia A, Benkhalqui A, et al. Microplastics induce transcriptional changes, immune response and behavioral alterations in adult zebrafish. Scientific Reports, 2019, 9: 15775.

[182] Qiang L, Cheng J. Exposure to polystyrene microplastics impairs gonads of zebrafish (*Danio rerio*). Chemosphere, 2021, 263: 128161.

[183] Yin L, Liu H, Cui H, et al. Impacts of polystyrene microplastics on the behavior and metabolism in a marine demersal teleost, black rockfish (*Sebastes schlegelii*). Journal of Hazardous Materials, 2019, 380: 120861.

[184] Yang H, Xiong H, Mi K, et al. Toxicity comparison of nano-sized and micron-sized microplastics to Goldfish *Carassius auratus* Larvae. Journal of Hazardous Materials, 2020, 388: 122058.

[185] Espinosa C, Esteban M Á, Cuesta A. Dietary administration of PVC and PE microplastics produces histological damage, oxidative stress and immunoregulation in European sea bass (*Dicentrarchus labrax* L.). Fish & Shellfish Immunology, 2019, 95: 574-583.

[186] Ismail R F, Saleh N E, Sayed A E-D H. Impacts of microplastics on reproductive performance of male tilapia (*Oreochromis niloticus*) pre-fed on Amphora coffeaeformis. Environmental Science and Pollution Research, 2021. DOI: 10.1007/S11356-021-14984-2.

[187] Huang J N, Wen B, Zhu J G, et al. Exposure to microplastics impairs digestive performance, stimulates immune response and induces microbiota dysbiosis in the gut of juvenile guppy (*Poecilia reticulata*). Science of The Total Environment, 2020,

733: 138929.

[188] Roman L, Lowenstine L, Parsley L M, et al. Is plastic ingestion in birds as toxic as we think? Insights from a plastic feeding experiment. Science of The Total Environment, 2019, 665: 660-667.

[189] Lavers J L, Bond A L, Hutton I. Plastic ingestion by Flesh-footed Shearwaters (*Puffinus carneipes*): Implications for fledgling body condition and the accumulation of plastic-derived chemicals. Environmental Pollution, 2014, 187: 124-129.

[190] Jin Y, Lu L, Tu W, et al. Impacts of polystyrene microplastic on the gut barrier, microbiota and metabolism of mice. Science of The Total Environment, 2019, 649: 308-317.

[191] Sun R, Xu K, Yu L, et al. Preliminary study on impacts of polystyrene microplastics on the hematological system and gene expression in bone marrow cells of mice. Ecotoxicology and Environmental Safety, 2021, 218: 112296.

[192] Jin H, Ma T, Sha X, et al. Polystyrene microplastics induced male reproductive toxicity in mice. Journal of Hazardous Materials, 2021, 401: 123430.

[193] Schirinzi G F, Perez-Pomeda I, Sanchis J, et al. Cytotoxic effects of commonly used nanomaterials and microplastics on cerebral and epithelial human cells. Environmental Research, 2017, 159: 579-587.

[194] Dong C D, Chen C W, Chen Y C, et al. Polystyrene microplastic particles: In vitro pulmonary toxicity assessment. Journal of Hazardous Materials, 2020, 385: 121575.

[195] Guo H, Zheng X, Luo X, et al. Leaching of brominated flame retardants (BFRs) from BFRs-incorporated plastics in digestive fluids and the influence of bird diets. Journal of Hazardous Materials, 2020, 393: 122397.

[196] Rubio L, Barguilla I, Domenech J, et al. Biological effects, including oxidative stress and genotoxic damage of polystyrene nanoparticles in different human hematopoietic cell lines. Journal of Hazardous Materials, 2020, 398: 122900.

[197] Choi D, Bang J, Kim T, et al. In vitro chemical and physical toxicities of polystyrene microfragments in human-derived cells. Journal of Hazardous Materials, 2020, 400: 123308.

[198] Potthoff A, Oelschlägel K, Schmitt-Jansen M, et al. From the sea to the laboratory: Characterization of microplastic as prerequisite for the assessment of ecotoxicological impact. Integrated Environmental Assessment and Management, 2017, 13: 500-504.

[199] Bråte I L N, Blázquez M, Brooks S J, et al. Weathering impacts the uptake of polyethylene microparticles from toothpaste in Mediterranean mussels (*M. galloprovincialis*). Science of The Total Environment, 2018, 626: 1310-1318.

[200] Cheng Y, Zhu L, Song W, et al. Combined effects of mulch film-derived microplastics and atrazine on oxidative stress and gene expression in earthworm (*Eisenia fetida*). Science of The Total Environment, 2020, 746: 141280.

[201] Shi Q, Tang J, Liu X, et al. Ultraviolet-induced photodegradation elevated the toxicity of polystyrene nanoplastics on human lung epithelial A549 cells. Environmental Science: Nano, 2021, 8: 2660-2675.

[202] Wang Z, Fu D, Gao L, et al. Aged microplastics decrease the bioavailability of coexisting heavy metals to microalga *Chlorella vulgaris*. Ecotoxicology and Environmental Safety, 2021, 217: 112199.

[203] Wang Q, Wang J X, Zhang Y, et al. The toxicity of virgin and UV-aged PVC microplastics on the growth of freshwater algae *Chlamydomonas reinhardtii*. Science of The Total Environment, 2020, 749: 141603.

[204] Kokalj A J, Kuehnel D, Puntar B, et al. An exploratory ecotoxicity study of primary microplastics versus aged in natural waters and wastewaters. Environmental Pollution, 2019, 254: 112980.

[205] Huang Y, Ding J, Zhang G, et al. Interactive effects of microplastics and selected pharmaceuticals on red tilapia: Role of microplastic aging. Science of The Total Environment, 2021, 752: 142256.

[206] Romera-Castillo C, Pinto M, Langer T M, et al. Dissolved organic carbon leaching from plastics stimulates microbial activity in the ocean. Nature Communications, 2018, 9: 1-7.

[207] Zhu L, Zhao S, Bittar T B, et al. Photochemical dissolution of buoyant microplastics to dissolved organic carbon: Rates and

microbial impacts. Journal of Hazardous Materials, 2020, 383: 121065.

[208] Lee Y K, Romera-Castillo C, Hong S, et al. Characteristics of microplastic polymer-derived dissolved organic matter and its potential as a disinfection byproduct precursor. Water Research, 2020, 175: 115678.

[209] Ateia M, Kanan A, Karanfil T. Microplastics release precursors of chlorinated and brominated disinfection byproducts in water. Chemosphere, 2020, 251: 126452.

[210] Gandara E Silva P P, Nobre C R, Resaffe P, et al. Leachate from microplastics impairs larval development in brown mussels. Water Research, 2016, 106: 364-370.

[211] Xu H, Dinsdale D, Nemery B, et al. Role of residual additives in the cytotoxicity and cytokine release caused by polyvinyl chloride particles in pulmonary cell cultures. Toxicological Sciences, 2003, 72: 92-102.

[212] Boyle D, Catarino A I, Clark N J, et al. Polyvinyl chloride (PVC) plastic fragments release Pb additives that are bioavailable in zebrafish. Environmental Pollution, 2020, 263: 114422.

[213] Oliviero M, Tato T, Schiavo S, et al. Leachates of micronized plastic toys provoke embryotoxic effects upon sea urchin *Paracentrotus lividus*. Environmental Pollution, 2019, 247: 706-715.

[214] Li H-X, Getzinger G J, Ferguson P L, et al. Effects of toxic leachate from commercial plastics on larval survival and settlement of the barnacle *Amphibalanus amphitrite*. Environmental Science & Technology, 2016, 50: 924-931.

[215] Lithner D, Nordensvan I, Dave G. Comparative acute toxicity of leachates from plastic products made of polypropylene, polyethylene, PVC, acrylonitrile–butadiene–styrene, and epoxy to *Daphnia magna*. Environmental Science and Pollution Research, 2012, 19: 1763-1772.

[216] Walpitagama M, Carve M, Douek A M, et al. Additives migrating from 3D-printed plastic induce developmental toxicity and neuro-behavioural alterations in early life zebrafish (*Danio rerio*). Aquatic Toxicology, 2019, 213: 105227.

[217] Luo H, Xiang Y, He D, et al. Leaching behavior of fluorescent additives from microplastics and the toxicity of leachate to *Chlorella vulgaris*. Science of The Total Environment, 2019, 678: 1-9.

[218] Hamlin H J, Marciano K, Downs C A. Migration of nonylphenol from food-grade plastic is toxic to the coral reef fish species *Pseudochromis fridmani*. Chemosphere, 2015, 139: 223-228.

[219] Song J, Na J, An D, et al. Role of benzophenone-3 additive in chronic toxicity of polyethylene microplastic fragments to *Daphnia magna*. Science of The Total Environment, 2021, 800: 149638.

[220] Zhan F, Zhang H, Cao R, et al. Release and transformation of BTBPE during the thermal treatment of flame retardant ABS plastics. Environmental Science & Technology, 2019, 53: 185-193.

[221] Yoshioka H, Tominaga S, Nishikawa M, et al. different renal chronotoxicity of bromobenzene and its intermediate metabolites in mice. Biological and Pharmaceutical Bulletin, 2021, 44: 150-153.

[222] Rani M, Shim W J, Jang M, et al. Releasing of hexabromocyclododecanes from expanded polystyrenes in seawater − field and laboratory experiments. Chemosphere, 2017, 185: 798-805.

[223] Davis J W, Gonsior S J, Markham D A, et al. Biodegradation and product identification of [^{14}C]Hexabromocyclododecane in wastewater sludge and freshwater aquatic sediment. Environmental Science & Technology, 2006, 40: 5395-5401.

[224] Munley S M, Kelly D P, Kennedy G L. Evaluation of the potential developmental toxicity of cyclododecatriene (CDDT). Drug and Chemical Toxicology, 2003, 26: 199-212.

[225] Malley L A, Everds N E, Tracy Makovec G, et al. Reproductive and repeated dose toxicity of cyclododecatriene (CDDT) in rats following oral (gavage) treatment. Drug and Chemical Toxicology, 2002, 25: 149-170.

[226] Sait S T L, Sørensen L, Kubowicz S, et al. Microplastic fibres from synthetic textiles: Environmental degradation and additive chemical content. Environmental Pollution, 2021, 268: 115745.

[227] Lu N, Lu Y, Liu F, et al. $H_3PW_{12}O_{40}/TiO_2$ catalyst-induced photodegradation of bisphenol A (BPA): Kinetics, toxicity and

degradation pathways. Chemosphere, 2013, 91: 1266-1272.

[228] Saha N C, Bhunia F, Kaviraj A. Toxicity of phenol to fish and aquatic ecosystems. Bulletin of Environmental Contamination and Toxicology, 1999, 63: 195-202.

[229] Wang T, Wang L, Chen Q, Kalogerakis N, et al. Interactions between microplastics and organic pollutants: Effects on toxicity, bioaccumulation, degradation, and transport. Science of The Total Environment 2020, 748: 142427.

[230] Barboza L G A, Vieira L R, Branco V, et al. Microplastics cause neurotoxicity, oxidative damage and energy-related changes and interact with the bioaccumulation of mercury in the European seabass, *Dicentrarchus labrax* (Linnaeus, 1758). Aquatic Toxicology, 2018, 195: 49-57.

[231] Chua E M, Shimeta J, Nugegoda D, et al. Assimilation of polybrominated diphenyl ethers from microplastics by the marine amphipod, *Allorchestes compressa*. Environmental Science & Technology, 2014, 48: 8127-8134.

[232] Wardrop P, Shimeta J, Nugegoda D, et al. Chemical pollutants sorbed to ingested microbeads from personal care products accumulate in fish. Environmental Science & Technology, 2016, 50: 4037-4044.

[233] Pittura L, Avio C G, Giuliani M E, et al. Microplastics as vehicles of environmental PAHs to marine organisms: Combined chemical and physical hazards to the Mediterranean mussels, *Mytilus galloprovincialis*. Frontiers in Marine Science, 2018, 5: 1-15.

[234] Chen G, Feng Q, Wang J. Mini-review of microplastics in the atmosphere and their risks to humans. Science of The Total Environment, 2020, 703: 135504.

[235] Schür C, Weil C, Baum M, et al. Incubation in wastewater reduces the multigenerational effects of microplastics in *Daphnia magna*. Environmental Science & Technology, 2021, 55: 2491-2499.

[236] Natarajan L, Omer S, Jetly N, et al. Eco-corona formation lessens the toxic effects of polystyrene nanoplastics towards marine microalgae *Chlorella sp*. Environmental Research, 2020, 188: 109842.

[237] Wang Z, Dong H, Wang Y, et al. Effects of microplastics and their adsorption of cadmium as vectors on the cladoceran *Moina monogolica* Daday: Implications for plastic-ingesting organisms. Journal of Hazardous Materials, 2020, 400: 123239.

[238] Viršek M K, Lovšin M N, Koren Š, et al. Microplastics as a vector for the transport of the bacterial fish pathogen species *Aeromonas salmonicida*. Marine Pollution Bulletin, 2017, 125: 301-309.

[239] Sun C, Zhang W, Ding R, et al. Mechanism of low concentrations of polystyrene microplastics influence the cytotoxicity of Ag ions to *Escherichia coli*. Chemosphere, 2020, 253: 126705.

[240] Zhu Z, Wang S, Zhao F, et al. Joint toxicity of microplastics with triclosan to marine microalgae *Skeletonema costatum*. Environmental Pollution, 2019, 246: 509-517.

[241] Lee Y, Yoon D-S, Lee Y H, et al. Combined exposure to microplastics and zinc produces sex-specific responses in the water flea *Daphnia magna*. Journal of Hazardous Materials, 2021, 420: 126652.

[242]Liu S, Wang J, Zhu J, et al. The joint toxicity of polyethylene microplastic and phenanthrene to wheat seedlings. Chemosphere, 2021, 282: 130967.

[243] Kalčíková G, Skalar T, Marolt G, et al. An environmental concentration of aged microplastics with adsorbed silver significantly affects aquatic organisms. Water Research, 2020, 175: 115644.

[244] Wang F, Wang X, Song N. Polyethylene microplastics increase cadmium uptake in lettuce (*Lactuca sativa* L.) by altering the soil microenvironment. Science of The Total Environment, 2021, 784: 147133.

[245] Zhang P, Yan Z, Lu G, et al. Single and combined effects of microplastics and roxithromycin on *Daphnia magna*. Environmental Science and Pollution Research, 2019, 26: 17010-17020.

[246] Bellas J, Gil I. Polyethylene microplastics increase the toxicity of chlorpyrifos to the marine copepod *Acartia tonsa*. Environmental Pollution, 2020, 260: 114059.

[247] Qu H, Ma R, Barrett H, et al. How microplastics affect chiral illicit drug methamphetamine in aquatic food chain? From green alga (*Chlorella pyrenoidosa*) to freshwater snail (*Cipangopaludian cathayensis*). Environment International, 2020, 136: 105480.

[248] Tang Y, Rong J, Guan X, et al. Immunotoxicity of microplastics and two persistent organic pollutants alone or in combination to a bivalve species. Environmental Pollution, 2020, 258: 113845.

[249] Magara G, Khan F R, Pinti M, et al. Effects of combined exposures of fluoranthene and polyethylene or polyhydroxybutyrate microplastics on oxidative stress biomarkers in the blue mussel (*Mytilus edulis*). Journal of Toxicology and Environmental Health, 2019, 82(A): 616-625.

[250] Paul-Pont I, Lacroix C, González Fernández C, et al. Exposure of marine mussels *Mytilus* spp. to polystyrene microplastics: Toxicity and influence on fluoranthene bioaccumulation. Environmental Pollution, 2016, 216: 724-737.

[251] Chen R, Hong X, Yan S, et al. Three organophosphate flame retardants (OPFRs) reduce sperm quality in Chinese rare minnows (*Gobiocypris rarus*). Environmental Pollution, 2020, 263: 114525.

[252] Brandts I, Teles M, Gonçalves A P, et al. Effects of nanoplastics on *Mytilus galloprovincialis* after individual and combined exposure with carbamazepine. Science of The Total Environment, 2018, 643: 775-784.

[253] Gabriele M, Concetta E A, Kristian S, et al. Single contaminant and combined exposures of polyethylene microplastics and fluoranthene: Accumulation and oxidative stress response in the blue mussel, *Mytilus edulis*. Journal of Toxicology and Environmental Health, 2018, 81: 1-13.

[254] Sun W, Meng Z, Li R, et al. Joint effects of microplastic and dufulin on bioaccumulation, oxidative stress and metabolic profile of the earthworm (*Eisenia fetida*). Chemosphere, 2021, 263: 128171.

[255] Huang C, Ge Y, Yue S, et al. Microplastics aggravate the joint toxicity to earthworm *Eisenia fetida* with cadmium by altering its availability. Science of The Total Environment, 2021, 753: 142042.

[256] Oliveira M, Ribeiro A, Hylland K, et al. Single and combined effects of microplastics and pyrene on juveniles (0+ group) of the common goby *Pomatoschistus microps* (Teleostei, Gobiidae). Ecological Indicators, 2013, 34: 641-647.

[257] Li Y, Wang J, Yang G, et al. Low level of polystyrene microplastics decreases early developmental toxicity of phenanthrene on marine medaka (*Oryzias melastigma*). Journal of Hazardous Materials, 2020, 385: 121586.

[258] Karami A, Romano N, Galloway T, et al. Virgin microplastics cause toxicity and modulate the impacts of phenanthrene on biomarker responses in African catfish (*Clarias gariepinus*). Environmental Research, 2016, 151: 58-70.

[259] Barboza L G A, Vieira L R, Guilhermino L. Single and combined effects of microplastics and mercury on juveniles of the European seabass (*Dicentrarchus labrax*): Changes in behavioural responses and reduction of swimming velocity and resistance time. Environmental Pollution, 2018, 236: 1014-1019.

[260] Hanachi P, Karbalaei S, Yu S. Combined polystyrene microplastics and chlorpyrifos decrease levels of nutritional parameters in muscle of rainbow trout (*Oncorhynchus mykiss*). Environmental Science and Pollution Research, 2021. DOI: 10.1007/S11356-021-15536-4.

[261] Zhang S, Ding J, Razanajatovo R M, et al. Interactive effects of polystyrene microplastics and roxithromycin on bioaccumulation and biochemical status in the freshwater fish red tilapia (*Oreochromis niloticus*). Science of The Total Environment, 2019, 648: 1431-1439.

[262] Huang Y, Ding J, Zhang G, et al. Interactive effects of microplastics and selected pharmaceuticals on red tilapia: Role of microplastic aging. Science of The Total Environment, 2021, 752: 142256.

[263] Yu Y, Ma R, Qu H, et al. Enhanced adsorption of tetrabromobisphenol a (TBBPA) on cosmetic-derived plastic microbeads and combined effects on zebrafish. Chemosphere, 2020, 248: 126067.

[264] Chen Q, Yin D, Jia Y, et al. Enhanced uptake of BPA in the presence of nanoplastics can lead to neurotoxic effects in adult

zebrafish. Science of The Total Environment, 2017, 609: 1312-1321.

[265] 段鑫越, 关文玲, 程昊东, 等. 胚胎绒毛膜对微塑料颗粒与镉联合作用的影响. 中国环境科学, 2021, 41: 1422-1428.

[266] Qiao R, Lu K, Deng Y, et al. Combined effects of polystyrene microplastics and natural organic matter on the accumulation and toxicity of copper in zebrafish. Science of The Total Environment, 2019, 682: 128-137.

[267] Zhang P, Yan Z, Lu G, et al. Single and combined effects of microplastics and roxithromycin on *Daphnia magna*. Environmental Science and Pollution Research, 2019, 26: 17010-17020.

[268] Deng Y, Yan Z, Shen R, et al. Microplastics release phthalate esters and cause aggravated adverse effects in the mouse gut. Environment International, 2020, 143: 105916.

[269] Estrela F N, Guimarães A T B, Araújo A P d C, et al. Toxicity of polystyrene nanoplastics and zinc oxide to mice. Chemosphere, 2021, 271: 129476.

[270] Menéndez-Pedriza A, Jaumot J, Bedia C. Lipidomic analysis of single and combined effects of polyethylene microplastics and polychlorinated biphenyls on human hepatoma cells. Journal of Hazardous Materials, 2022, 421: 126777.

[271] Roje Ž, Ilić K, Galić E, et al. Synergistic effects of parabens and plastic nanoparticles on proliferation of human breast cancer cells. Archives of Industrial Hygiene and Toxicology, 2019, 70: 310-314.

[272] Luo H, Li Y, Zhao Y, et al. Effects of accelerated aging on characteristics, leaching, and toxicity of commercial lead chromate pigmented microplastics. Environmental Pollution, 2020, 257: 113475.

[273] Yang Y, Liu G, Song W, et al. Plastics in the marine environment are reservoirs for antibiotic and metal resistance genes. Environment International, 2019, 123: 79-86.

[274] Keswani A, Oliver D M, Gutierrez T, et al. Microbial hitchhikers on marine plastic debris: human exposure risks at bathing waters and beach environments. Marine Environmental Research, 2016, 118: 10-19.

[275] Zhao Y, Gao J, Wang Z, et al. Responses of bacterial communities and resistance genes on microplastics to antibiotics and heavy metals in sewage environment. Journal of Hazardous Materials, 2021, 402: 123550.

[276] Lu J, Zhang Y, Wu J, et al. Effects of microplastics on distribution of antibiotic resistance genes in recirculating aquaculture system. Ecotoxicology and Environmental Safety, 2019, 184: 109631.

作者：苏宇[1]，王大力[2]，汪磊[3]，李慧敏[1]，刘春光[3]，孙红文[3]，贾汉忠[4]，季荣[1,*]，曾永平[2]

[1]南京大学，[2]暨南大学，[3]南开大学，[4]西北农林科技大学

*通讯联系人：ji@nju.edu.cn

本章受广东省重点研发项目（编号：2020B1111380003）和

国家自然科学基金项目（编号：21936004，41722304，42077351）资助

第 25 章　碳中和目标下的环境污染防治

本章导读

碳中和目标下，"降碳"和"减污"成为我国经济社会全面转型的关键推手。发展绿色低碳技术，实施"精准治污、科学治污"是改善我国环境质量的重要举措。通过协同控制温室气体与污染物排放，我国有望实现环境污染防治与应对气候变化的双赢。本章综述了面向碳中和的绿色低碳技术主要包括煤化能源的清洁利用、二氧化碳的捕集、利用与储存技术，以及我国在大气、水体和土壤污染协同治理方面的环境科学问题及应用研究前沿进展。

关键词

碳排放，碳中和，绿色替代，协同减排，低碳技术，CCUS

25.1 引　言

气候变化是当今人类面临的重大全球性挑战。应对气候变化是人类共同的事业，世界各国以全球协约的方式减排温室气体。绿色低碳已成为不可逆转的发展潮流，是应对人类共同危机的根本途径。《巴黎协定》就控制全球升温不超过 2℃并努力控制在 1.5℃以下的应对气候变化目标达成共识，实现这一目标需要世界各国加大控制和减排温室气体的力度，到 2050 年全球要实现二氧化碳的近零排放，甚至要实现净零排放。

我国从基本国情和发展阶段特征出发，实施积极的应对气候变化国家战略，把应对气候变化有机融入国家经济社会发展中长期规划，加快推进绿色低碳发展，主动控制温室气体排放。2020 年 9 月 22 日，我国向国际社会郑重承诺将提高国家自主贡献力度，采取更加有力的政策和措施，二氧化碳排放力争于 2030 年前达到峰值，努力争取 2060 年前实现碳中和。2021 年 3 月 15 日，中央财经委员会第九次会议提出，"实现碳达峰、碳中和是一场广泛而深刻的经济社会系统性变革，要把碳达峰、碳中和纳入生态文明建设整体布局"。这是我国实现可持续发展的内在要求，是生态文明建设的重要抓手。

"十四五"标志着我国进入新发展阶段，"减污"和"降碳"成为经济社会全面转型的关键推手，发展绿色低碳技术，实施"精准治污、科学治污"是改善我国环境质量的重要举措。通过协同控制温室气体与污染物排放，我国有望环境污染防治与应对气候变化的双赢。

25.2 碳中和与绿色替代

25.2.1 我国碳中和目标的实现路径

1）我国实现碳中和目标面临的挑战

我国实现碳中和目标面临严峻挑战。主要表现在以下几个方面：①我国未来实现碳中和所面临的时间紧、任务重。欧盟各国作为整体早在 1990 年就实现了碳排放达峰，美国于 2007 年已实现碳达峰，我国从碳达峰到碳中和目标之间只有大约 30 年时间。2019 年我国碳排放量达 98 亿吨，占全球排放量近 30%，是全球碳排放量最大的国家。但需要注意的是我国的人均碳排放和历史累计碳排放远低于发达国家和世界平均水平[1]。我国单位 GDP 能耗和发达国家有明显差距，是世界平均水平的 1.4～1.5 倍[1]。②我国能源消费结构以煤炭为主导（占 56.6%）的化石能源，非化石能源仅占 15%（图 25-1），面临着用 30 年左右的时间将 85%化石能源系统变成零碳能源系统的巨大挑战[2]。③保持经济快速增长，能源需求难以很快达峰，是我国在碳中和路径中面临的重要挑战。根据国际货币基金组织（IMF）的研究，发达国家目前平均经济增速约为 1%～2%，而中国更高的经济增速（5%以上）还将维持较长时间，经济的增长也将带来能源需求总量的增长。根据国家统计局数据，2019 年中国一次能源消费总量达 48.7 亿吨标煤，同比增速 3.3%。同时，中国人均能源消费仍有较大的提升空间。2019 年中国人均一次能源消费量约为 OECD 国家的一半，人均用电量是 OECD 国家的 60%。④我国钢铁、有色金属、化工以及建材等等高耗能产业为主导地位的产业结构导致单位 GDP 的能源强度居高不下，我国经济转型升级压力大[3]。⑤当前我国实现碳中和的多种技术成本仍然很高，脱碳技术仍待突破；碳捕获与封存技术和地球工程技术尚不成熟，融资难，难以推广[4]。⑥我国区域辽阔，能源结构存在明显地区差异，碳达峰碳中和实现时间和压力也有显著差异；地区与行业发展不平衡，公平性问题凸显[5]。⑦我国的碳交易市场机制有待完善，碳交易市场的专业人才缺乏，碳交易立法保障水平较低；碳减排和发展低碳经济的政策法规有待完善。

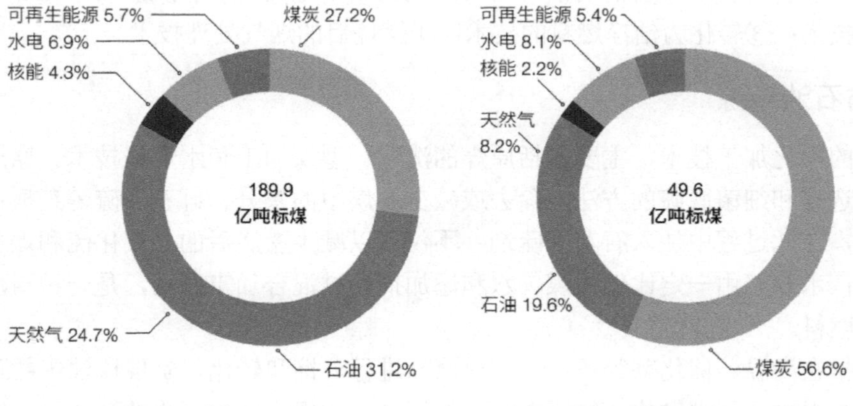

图 25-1 2020 年全球能源消费结构（a）和中国能源消费结构（b）[2]

2）我国碳中和目标的实现路径

碳排放是人类经济社会的综合反映，与人口、经济、产业、能源、技术等多重因素相关，我国碳中和目标的实现必将经历经济社会的系统性变革。面对新目标、新任务，相关部门需要加强顶层设计与系统谋划，把实现碳中和目标作为推动我国经济转型增效、引领全球绿色低碳技术和产业革命的重大战略机遇，有效促进我国经济高质量发展和高水平保护生态环境。目前，全球每年排放的二氧化碳大约是 400 亿吨，其中 86%来自化石燃料利用，14%来自土地利用[1]。碳中和等于二氧化碳排放量同自然过程吸收、生态碳汇、工程吸收转化与封存等措施吸收的量相抵消。

实现碳中和目标主要从二氧化碳等温室气体的减排和增汇两个方面入手。全球大约 86%的能源都是通过燃烧化石燃料获得，每年由此产生的二氧化碳达 350 亿吨。预计到 2030 年，能源需求将进一步增加 53%，而煤炭仍将提供全球约 28%的能源供应，占二氧化碳排放量增量的 57%[6,7]。根据我国国情，我国化石能源占总使用能源的 80%，而我国超过 40%的碳排放来自发电和供热行业。因此，我国减排潜力最大的方向是能源结构的清洁化、减少和控制使用化石能源，大力发展太阳能、风电等清洁的可再生能源，构建新型电力系统和能源供应系统。推进重点行业脱碳化，推行绿色建筑、减少交通运输排放[8]、发展可持续城市[9]、发展循环经济[10]。

在增汇方面，陆地生态系统和海洋生态系统是主要的碳储库。可通过森林固碳、发展海洋负排等技术以及改善土地利用以促进碳汇。森林植被的碳汇作用在国家碳达峰和碳中和战略中也起到举足轻重的作用。研究表明，2010～2016 年我国陆地生态系统年均吸收约 11.1 亿吨碳，吸收了同时期人为碳排放量的 45%[11]。海洋是地球上最大的碳汇体，具有碳循环周期长，固碳效果持久等特点，然而有关海洋碳汇的发展在各国环境政策中重视不够。我国是世界上少数几个同时拥有红树林、盐沼和海草床的国家，海洋负排潜力巨大，大力发展相关负排技术和建立政策保障体系，可为全球碳减排提供重要途径和思路借鉴[12]。此外，也要发展其他技术如碳捕获、利用和封存技术（CCUS）等。有研究表明，CCUS 可以减少 85%～90%由大型点源排放源（如火力发电厂）和能源密集型排放源（如水泥厂和炼油厂等）所排放的二氧化碳[13]。

25.2.2　煤等化石燃料的清洁利用

2020 年我国煤炭消费占能源消费总量的 56.8%，因而煤炭的清洁利用对降低碳排放量、实现碳中和意义巨大。目前，煤炭等化石燃料的清洁利用主要包括四个方面：①燃烧前的净化加工技术；②燃烧过程中的先进燃烧技术；③转化为洁净燃料的技术；④燃烧后的烟气处理技术。

1）煤的净化与石油精炼

燃烧前煤炭的净化加工技术，主要包括原煤的洗选、型煤加工和水煤浆技术。原煤洗选是指通过筛分、物理、化学选煤和细菌脱硫的方法，除去或减少原煤中的灰分、矸石、硫等杂质；型煤加工是指把散煤加工成型煤，在此过程中加入石灰固硫剂，不仅可以减少燃烧后的二氧化硫和烟尘的排放，还可以达到节煤的目的；水煤浆由一定比例的煤、水和添加剂通过混合加工制成，是一种清洁、高效、可代替石油的煤基流体燃料。

石油精炼是指在高温、催化剂等条件下，对原油进行分馏和转化，实现原油中数百种不同碳氢化合物的分离。分馏是根据不同碳氢化合物蒸馏沸点的不同，实现不同化合物的分离。而转化是通过化学加工将较重的长链碳氢化合物变成短链化合物的过程。在精炼的过程中，不仅可以实现石油中不同化合物的充分利用，而且可以去除杂质，实现清洁利用。

2）煤和石油的先进燃烧技术

工业锅炉是工业生产中重要的热能动力设备，节能技术包括蒸汽蓄热器、富氧燃烧、煤粉复合燃烧、燃煤锅炉气煤混烧、激波吹灰、热管回收锅炉烟气余热、高能裂变燃煤锅炉等[14,15]。富氧燃烧技术在煤粉炉中的研究已趋于成熟，但在应用时功耗较大，因而目前的研究重点放在循环流化床上[16-19]。循环流化床富氧燃烧（CFB-OFC）不仅燃料适应性广、负荷调节能力强，并且可同时实现污染物的脱除和 CO_2 的捕集[20]。由于 CFB-OFC 在污染物脱除上的优势，使其更适合低品质燃料，因而近年来的研究已将燃料拓展到生物质[21]、污泥[22]、页岩油[23]及一些混合燃料[24]等上。其中，煤与生物质的混合富氧燃烧，因生物质生长过程中对 CO_2 的吸收和燃烧过程中对 CO_2 的捕集，使其更易实现“全生命周期 CO_2 负排放”的目标。目前为降低 CFB-OFC 的能耗，还发展出加压流化床富氧燃烧[25]和 MILD 流化床富氧燃烧[26]等新型技术。

在煤电领域，又发展出一些先进的洁净煤发电技术，其中包括循环流化床燃煤发电（CFB）、亚临界燃煤发电、超临界燃煤发电（Super-C）、超超临界燃煤发电（USPG）、增压流化床燃烧联合循环发电（PFBC）

等。其中 CFB 因中温燃烧稳定、燃料停留时间长、可加入石灰石实现燃烧中脱硫、低氮排放等优点，是一种对劣质煤较为友好的燃烧技术。而超超临界技术被认为是我国近期最为经济可行、清洁高效性较好的燃煤发电技术，采用先进的蒸汽循环，实现更高的热效率和更少的热排放。此外，我国较为先进的煤电技术还有煤气化联合循环发电（IGCC）和燃煤磁流体发电（MHD）技术等。目前，大容量、高参数的燃煤机组还未成为我国煤电的主力，因此我国煤电领域还存在巨大的节能减排潜力。

3）煤的气化和液化技术

煤的气化是最成熟、应用最广泛的洁净煤技术，其整体煤炭利用率高于其他洁净煤技术。煤气化技术是 IGCC、煤基液体燃料和化学品合成、多联产技术等的关键技术，是煤炭清洁高效利用的核心技术[15]。根据煤在气化过程中选择的气化炉类型，可将气化技术分为：固定床、流化床和气流床[27]，其中气流床技术因其容量大、能耗低、煤种兼容性强等优点成为煤气化的主要研究方向[28,29]。由德国开发的 GSP 煤粉气化技术结合了 Texaco 和 Shell 两种气流床气化技术的优点，因而应用较为广泛。但 GSP 技术合成气中灰渣含量高，因而需要进一步去除。尽管如此，GSP 技术依然是煤气化技术中重要的发展方向[30]。

现阶段煤液化技术按照生产工艺可划分为煤直接液化和煤间接液化。直接液化技术有氢煤法、供氢溶剂法、联合加工法、NEDOL 液化工艺等[31]；间接液化技术主要是通过煤制备合成气再合成油的过程，有费托合成、SMDS 技术、低温煤间接液化、MTG 合成技术等。目前间接液化技术因其产率高、使用条件低等原因获得了较大的发展。除以上煤液化方式外，煤油共炼技术是在煤液化技术上发展的技术，通常是煤化程度较低的烟煤与重油的共同转化技术[32]。由于煤直接液化和重油渣油加氢裂变的反应条件较为相似，因而共同转化不仅可以改善工艺，且可使资源得到充分利用。

4）烟气污染控制技术

一次能源在燃烧过程中会释放大量的硫氧化物、氮氧化物、粉尘、重金属等污染物和二氧化碳，对生态环境及人体健康造成危害，因而发展烟气污染控制技术显得尤为重要。烟气污染控制主要指消烟除尘、脱硫、脱硝及脱除重金属的技术，近年来，又加入了对二氧化碳的控制技术。

电除尘技术应用最为广泛，约占全国燃煤机组的 70%。其中，湿式电除尘技术因其在去除颗粒物的同时还能脱除 SO_2、汞及其化合物等优势而备受青睐。湿式电除尘和旋风除尘技术相结合发展而来的旋风湿式电除尘技术也是一种新型、高效的除尘技术。常见的烟气脱硝技术包括低氮燃烧技术、选择性非催化还原（SNCR）脱硝技术、选择性催化还原（SCR）脱硝技术、活性炭技术和臭氧氧化吸收技术等。目前，新型的脱硝技术有臭氧自由基乙醇氧化法和微波激活过氧化氢/过硫酸盐双氧化剂系统，这两种方法的根本原理都是利用自由基的强氧化性从而实现脱硝。钙法脱硫的工业化应用较为普遍，其中石灰石石膏湿法脱硫和循环流化床半干法脱硫工艺因其脱硫效率高、技术成熟、造价低廉等优势，是我国应用最为广泛的脱硫技术，但同时也存在着一些劣势。例如，石灰石石膏法面临水耗高、烟囱腐蚀、“石膏雨”和脱硫废水的处理成本高等问题，而循环流化床法则存在烟气系统阻力高、低负荷时能耗大、副产物利用性差和吸收剂消耗量大等问题。通过技术改进减缓这些问题依然是一个重要的发展方向。在脱硫、脱硝和除尘的过程中，可以同时脱除部分重金属及汞，对汞的深度脱除多采用活性炭注入法（ACI）[33,34]。

经过一系列的研究开发，我国的烟气排放已基本实现超低排放，但面临着占地面积大、运行成本高、操作复杂等问题，因而目前烟气污染控制主要朝着更经济高效的多种污染物一体化脱除的方向发展。目前主要的一体化技术从机理上可分为：液相氧化、液相吸收、气固相脱除和气相氧化等[35-38]。采用自由基氧化法协同去除烟气中多种空气污染物，具有去除效率高、成本低、环境影响小等优点，被认为是最有前途的方法之一，但目前还没有成熟、成本低、效果满意的方法采用自由基诱导氧化法实现污染物的协同去除，因此，今后仍应更多地关注如何产生更有选择性和高反应性的自由基，以低成本、高效益和环境友好的方式去除烟气中的多种空气污染物[38]。

25.2.3　二氧化碳的捕集、储存与转化

自然界自身产生的二氧化碳（CO_2）是植物生长和其他生物过程发挥作用的必要资源[39]。然而，由于人类生产生活过度消耗化石燃料，大气和海洋中 CO_2 的浓度急剧增加。根据美国国家海洋和大气管理局（NOAA）的数据，大气中的 CO_2 浓度从 19 世纪初的约 280 ppm 增加到现在的 415 ppm，预计到 2100 年将达到近 600 ppm[40,41]。作为臭名昭著的温室气体，CO_2 可以捕获太阳的热量，是气候变化现象的主要贡献者之一[42-44]。因此，减少 CO_2 的过度排放，将 CO_2 转化为有价值的物质，实现碳资源的循环再利用是人类社会可持续发展的迫切需要。为了实现这一目标，CO_2 的捕集、储存以及转化为高附加值产品等已成为应对大气中高浓度 CO_2 所开发的各项技术中使用的主要方法[45-47]。

1）二氧化碳的捕集和储存

排放的 CO_2 主要来源于发电厂、制造工厂以及运输车辆的燃油燃烧[48]，因此，高效捕集燃料气及烟气中的 CO_2 至关重要。主要的 CO_2 捕集方式有膜分离[49]、低温冷凝法[50]、固体吸附[51]等。除了传统的 CO_2 捕集方法，离子液体（ILs）作为溶剂在吸收剂/汽提塔分离方面的潜在性能超过了现有的胺技术，引起了广泛的关注[52-54]。

研究表明离子液体可以选择性吸附烟道气中的 CO_2 气体，除了其固有的对 CO_2 的亲和力外，还具有很多独特的性质。离子液体的蒸汽压可忽略不计，这减少了有害的大气排放和溶剂更换或回收过程的成本[55]；离子液体通常有较高的热稳定性，因此可以减少操作环境的温度限制[56,57]；离子液体最吸引人的特性是可以通过调节不同配对的阴阳离子来调整其物理化学性质[58,59]。所有这些特征表明离子液体在 CO_2 捕集领域极具潜力。

将 CO_2 捕集起来只是有利于 CO_2 的分离，富集和运输，而将排放的 CO_2 通过捕集、释放、液化等工艺最终储存起来，实现其与大气的隔绝，阻止其再次进入大气环境，才是减少 CO_2 排放的一种有效途径[60]。目前，CO_2 的存储技术主要分为地质储存，生物储存，海洋储存以及矿物储存等。地质储存作为最有效的储存 CO_2 的技术，可以实现 CO_2 的永久储存[61,62]。其优点在于深层的地质结构较封闭，并且岩石层有许多孔隙结构有利于 CO_2 的分散和渗透[63]。

2）二氧化碳的转化

相比于 CO_2 的储存技术，CO_2 的转化技术不仅具备降低大气中 CO_2 浓度的潜力，而且可以通过转化成燃料分子或化学品实现碳资源的循环再利用，可谓一举两得。CO_2 是具有线性和中心对称结构的分子，有两个等价的碳氧键（约 116.3 pm），CO_2 分子中较短的化学键意味着这些化学键具有与三重键相似的性质[39,41]。由于独特的化学结构，CO_2 分子很稳定，只能在高温、高压或高过电压等较苛刻的条件下才能转化。到目前为止，已经发展了几种将 CO_2 转化为其他碳化合物的方法，包括化学重整法[64,65]、光化学法[66,67]、生物法[68]、矿化法[69,70]和电化学法[39,71-74]等。其中，电化学法催化还原二氧化碳是一种重要的转化方法，因为其环境兼容性强，应用前景广阔[41]。

电化学还原 CO_2 可以产生多种多样的产物，从一氧化碳或甲酸等简单产物到正丙醇等更复杂的分子。到目前为止，已经确定了超过 16 种产物[75]，它们可以根据碳原子的数量或生产它们所需的电子转移的数量进行分类[76]。对于一碳化合物（C1）的研究最为深入，因为 C1 产物的生成以及对反应过程机理的认识相对简单。而形成碳-碳键的困难阻碍了生成其他高阶产物的进展，并且促进多个电子转移（超过两个）

也存在很大的困难，因为需要优化大量中间产物之间的相互作用[77]。目前，一些形成多碳产物（C2～C3），如乙烯，乙醇等的 CO_2 还原过程已经得到了研究报道[78-80]，仍需要大量研究工作来深入探索并阐明生成这些产物的途径机理（图 25-2）。

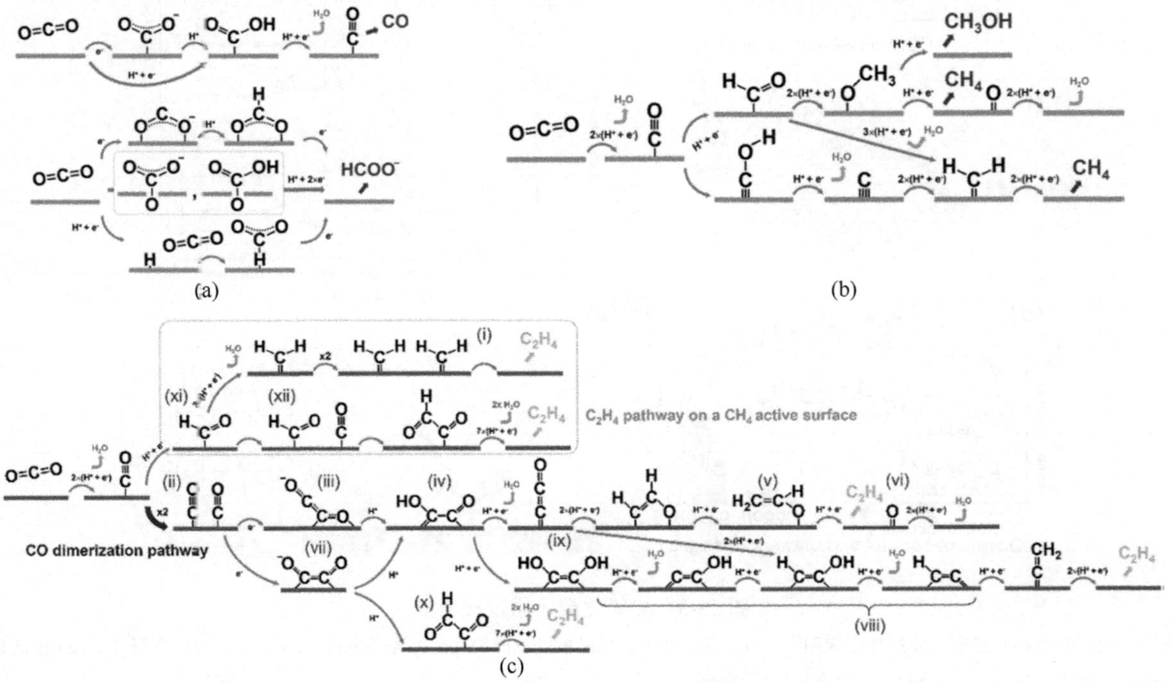

图 25-2　二氧化碳还原生成

（a）初期产物一氧化碳和甲酸；（b）进一步还原产物甲醇和甲烷；（c）碳碳耦合产物乙烯的反应路径机理图[76]

常用的 CO_2 电化学转化催化剂是基于金属，如 Au[81,82]、Ag[83,84]、Pd[85]、Co[86,87]、Cu[88-90]、Sn[91]；纳米碳、如石墨烯、碳纳米管[92,93]；或碳-金属纳米复合材料[94,95]。纳米金属催化剂由于其独特的性能，在电化学 CO_2 还原方面受到了广泛的关注。它们具有高的催化活性面积，含有大量的边缘或低配位位点，与块体材料表面全配位的位点相比，纳米金属催化剂具有不同的催化行为，证明纳米结构的催化剂改进了催化性能，在提高催化活性方面具备更大优势[42]。自 1985 年 Hori 等人首次报道以来[96]，金属铜一直被认为是一种独特的金属催化剂，因为它能够通过电化学还原 CO_2 产生大量碳氢燃料。利用高灵敏度电化学电池结合气相色谱和核磁共振氢谱技术，在铜箔上共观察到了 16 种不同的 CO_2 还原产物[75]。其中，生成碳氢化合物甲烷和乙烯的电流效率最大，其余 14 种产品为含氧化合物，其中 C2 和 C3 产物有 11 种。除了上述催化剂的固有属性会影响 CO_2 的还原活性外，电解池、电解液、反应温度、反应压强等都会对 CO_2 的电催化还原产生一定的影响。

高效地电催化还原 CO_2 离不开催化剂结构的设计，电解液种类的筛选以及反应装置的选择，而想要解决这些问题，需要深入地了解固液界面 CO_2 还原的过程机理，这突显出了机理层面的研究在提高 CO_2 还原活性领域的重要价值，因此亟须发展优良的检测分析技术通过捕获反应过程的中间产物信息来协助阐明 CO_2 还原的机理。近年来，光谱学的应用得到了很大的发展，原位光谱技术因可以在操作条件下探测催化体系，从而有助于阐明反应机理，可视化催化动力学和表面结合的中间体，并捕捉催化剂-电解质界面的行为[97,98]。尤其是振动光谱，提供了丰富的有关催化剂，反应物及中间产物的信息（图 25-3）[98]。这种多功能可探测分子振动相互作用的方法所使用的激发光通常在紫外线和可见光（拉曼）或红外（IR）频率范围内[99]。

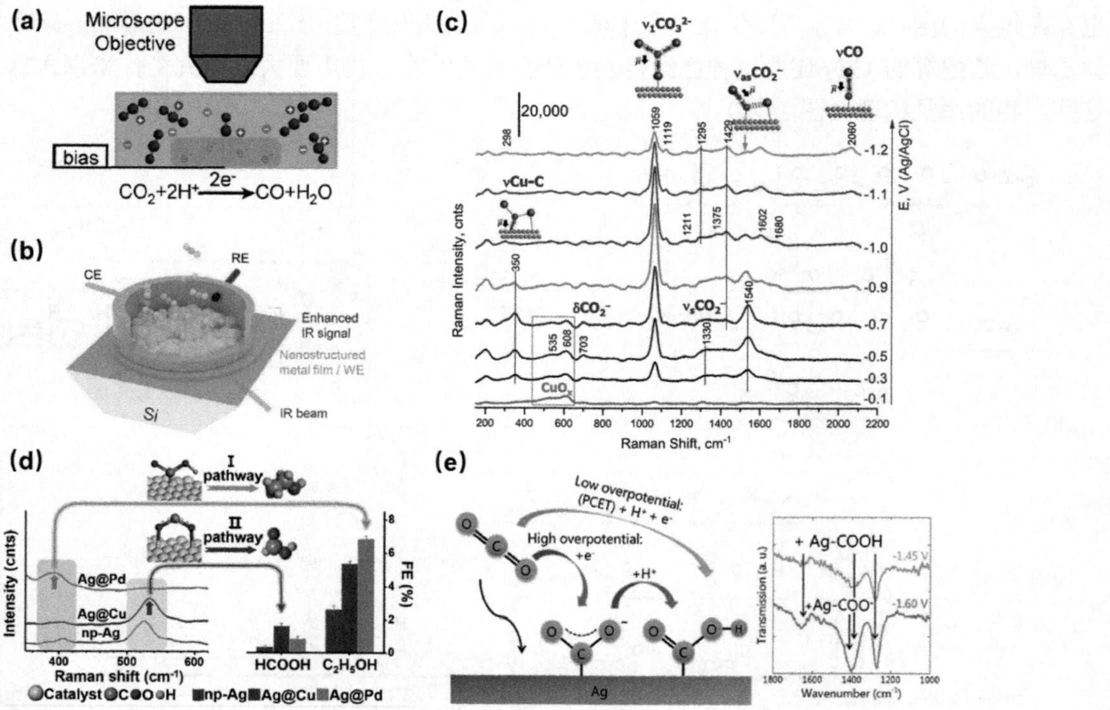

图 25-3　二氧化碳还原过程表征

（a）原位 SERS 检测 CO_2 还原中间产物示意图[71]；（b）原位衰减全反射模式表面增强红外光谱监测 CO_2 还原过程示意图[99]；（c）在饱和 CO_2 的 0.1 mol/L $NaHCO_3$（pH 6.8）电解液中，随着电压变化粗糙 Cu 表面的原位 SERS[100]；（d）原位 SERS 光谱低波数指纹区识别 CO_2 还原中间产物[101]；（e）原位红外光谱分析 CO_2 还原电子质子转移过程[102]

拉曼光谱与电化学耦合是研究 CO_2 催化还原的有力工具[99]。与原位红外光谱相比，具有可排除界面水分子干扰，可获取低波数段指纹图谱等优势。该技术通常利用可见光激光器进行激发，并测量来自样品的非弹性散射光子[103]。表面增强拉曼光谱（SERS）具备更高的灵敏度和空间分辨率，因为在等离子体界面激发光激发等离激元共振增强了局部电磁场使得拉曼信号增大了几个数量级。将金属 Ag、Au 和 Cu 表面粗糙化制备成纳米级结构，当入射激光波长与其表面等离子体吸收波长相匹配（Ag～500 nm，Au 和 Cu＞600 nm）时，Ag、Au 和 Cu 可以产生强烈的表面增强效应，并且这些金属也是高活性的 CO_2 电还原催化剂，因此非常适用于结合 SERS 研究 CO_2 电催化还原过程机理的领域[99]。Ichinohe 等人率先证明了 SERS 光谱在研究贵金属表面 CO_2 还原方面的适用性。利用与 Ag 表面等离子体共振的 514 nm 激光，记录了 CO_2 饱和 0.1 mol/L 碳酸氢钾电解液中随着电势变化的 SERS 谱图，SERS 光谱显示了不同电势下的一系列表面吸附物种[104]。随着激光技术和光谱仪系统的不断发展，以及预期光谱和反应路径理论计算的不断进步，SERS 光谱技术正成为一种日益强大的分析 CO_2 转化过程机理的技术[101,105-110]。

25.3　碳中和与协同减排

25.3.1　碳中和与大气污染物协同减排

2020年，我国提出碳中和承诺，主要关注的是具有温室效应的气体（简称温室气体，GHGs），如

CO_2、CH_4、N_2O、HFCs、SF_6等[111]。大气污染物则主要指由人为活动或自然过程排放到大气中并对人和环境产生一定危害的物质。两者都是就效应而定义，前者强调环境气候效应，后者强调环境污染与健康效应。两者在成分组成、赋存稳定性、环境传输、来源归趋、环境与健康效应等方面的异同如表25-1所示。

表 25-1　温室气体和大气污染物的特点对比

特点	温室气体	大气污染物
组分	CO_2，CH_4，N_2O，HFCs，PFCs，SF_6等	$PM_{2.5}$，PM_{10}，O_3，SO_2，NO_2，CO，VOCs 等
稳定性	CO_2和CH_4相对稳定，可在空气中累积；HFCs 在平流层破坏臭氧层，造成臭氧层空洞	大部分不稳定，是大气化学反应的产物或者参与大气化学反应
物质流动	参与物质和元素循环	沉降，稀释，转化
区域传输性	相对较大区域内传输，受干湿沉降影响相对较小	相对较小区域内传输，受干湿沉降影响较大
主要来源	化石燃料和生物质燃烧，养殖业，化工合成制冷剂	工业，移动源，农业，家庭油烟及散煤燃烧，扬尘，植物，海洋
主要危害	全球变暖，极端天气（热浪，洪涝，干旱，热带气旋等）增多，海平面上升，冰川覆盖面积减少[112]，森林火灾	危害健康，酸雨
典型事件	气候变化	洛杉矶烟雾，伦敦烟雾，北京灰霾等

虽然，温室气体和大气污染物在组成等方面有所差异，然而两者在来源方面呈现较高的重合度，属于同根同源[112,113]。比如，电力与取暖、工业、交通、建筑等作为我国最主要的能源消费领域（图 25-4）[114,115]，既是温室气体也是大气污染物的主要排放源（图 25-5）。

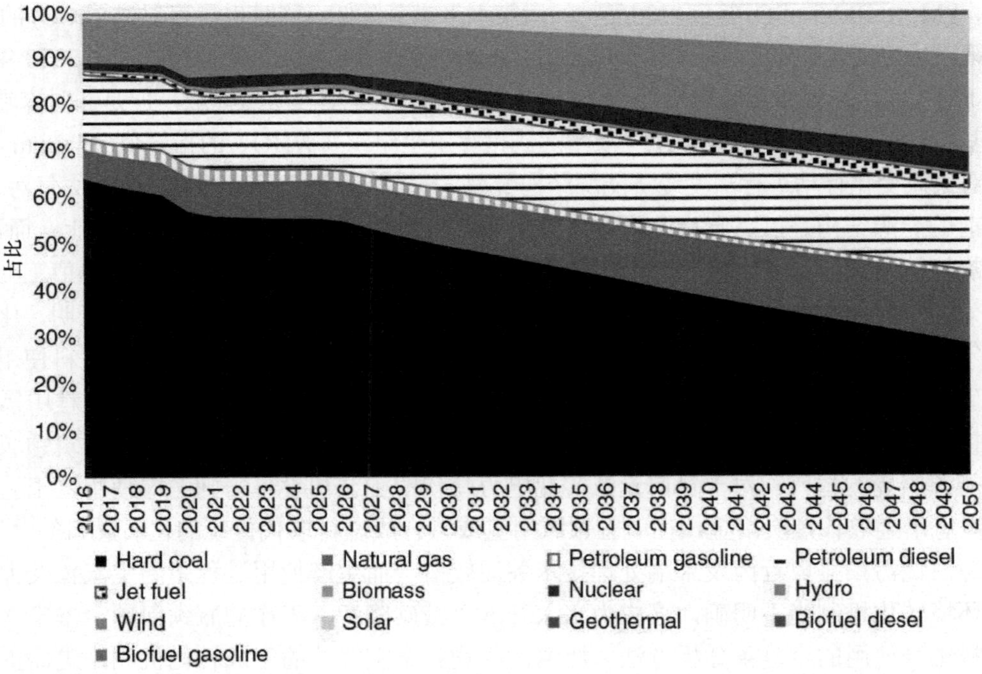

图 25-4　为实现《巴黎协定》目标的政策情景下中国一次能源的类型变化模拟[114]

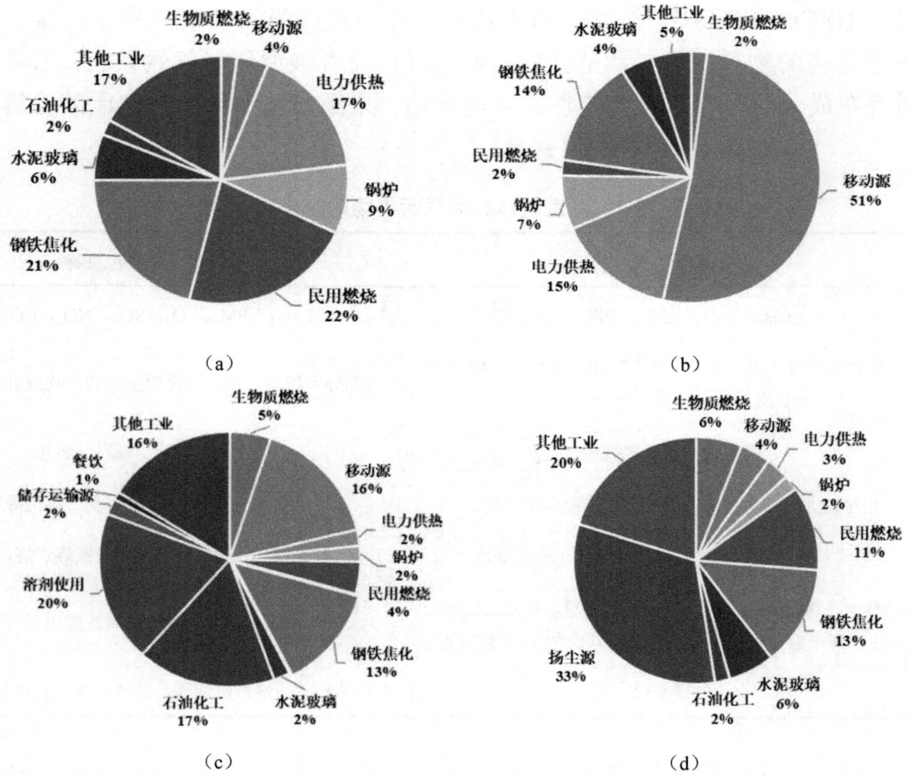

图 25-5　2018 年主要大气污染物排放的行业贡献[113]

（a）SO_2；（b）NOx；（c）VOCs；（d）$PM_{2.5}$

近年来，我国通过实施大气污染防治行动计划、蓝天保卫战等政策措施，在改善空气质量方面取得了阶段性效果，$PM_{2.5}$、PM_{10}、SO_2 等大气污染物的污染水平显著降低，同时也显著促进了 CO_2 的减排[116]。然而，这些政策措施主要是通过末端治理的方式来实现大气污染物的减排。根据预测，到 2030 年前后全国绝大部分地区 $PM_{2.5}$ 的年均浓度可能可以达到 35 μg/m^3 的现行环境空气质量标准，但是届时末端治理措施的减排潜力将基本耗尽[117]。为实现我国空气质量达到世界卫生组织（WHO）的指导值（5 μg/m^3），未来需要通过强化应对气候变化行动进行深度经济能源结构转型，努力从源头上降低温室气体和大气污染物的排放。

我国当前的能源结构是以高碳高污染排放的化石燃料为主，占比可以达到 80%以上；而风能，水力，潮汐能，地热能等清洁能源占比约 10%[114]。化石燃料的大量使用导致民用散煤、高热值工业排放、交通源排放等成为温室气体和典型大气污染物（$PM_{2.5}$、SO_2、NO_x）的主要排放源。研究表明，化石燃料燃烧产生的温室气体占比约 70%[118]，对 $PM_{2.5}$ 的直接和间接贡献约 60%[119]。因此，化石燃料使用的升级转型是未来实现碳中和与空气污染协同防治的关键。首先，未来在能源使用的宏观调控过程中需要逐步降低高碳高污染排放的化石能源的比例，大力发展可替代的清洁能源；在工业、交通和建筑领域尽可能实现电力对化石能源燃烧的替代；对于目前无法实现电力替代的工艺和设备，则考虑使用氢工艺技术进行替代，比如发展氢冶金取代焦炭冶金，在航空领域用氢或氢合成燃料取代传统的化石燃料等[120]。其次，当前对化石能源燃烧污染排放行为及末端处理技术关注较多，而生产使用过程中温室气体及大气污染物的化学生成和环境转化机制尚不明确，这成为深入开展“减碳降污”工作的瓶颈问题。未来需借助新技术开发化石燃料生产使用的全链条分析方法，厘清污染物和温室气体的生成转化机制，进而提出针对性的控制或削减措施。此外，可进一步提高精细化监管水平，实现化石燃料使用过程中温室气体与大气污染物排放的精准管控。

我国农业活动是重要的温室气体（比如 CH_4、NH_3）和大气气溶胶前体物的排放源[121]。比如施用氮肥，养殖等排放的 NH_3 和挥发性有机物（VOCs）在静稳的大气环境中会生成二次气溶胶，导致空气质量变化。因此，农业领域的降碳与大气污染物的协同减排也是实现碳中和目标的关键组成部分。可以通过开发新的技术减少农业活动中温室气体及污染前体物的排放。比如研发缓释肥，提倡深施肥，合理用肥，改良土壤等减少氮肥的逸散，提高肥效；加强对露天焚烧的管理，促进生物质能源的循环利用；加强对养殖业排放的 CH_4、NH_3 的收集与处理等。

此外，一些自然过程也能排放温室气体和大气污染物及其前体物。植物可以排放的大量的生物源挥发性有机物（BVOCs），如异戊二烯、萜类、烃类、醇类、醛类、酮类等。该类物质是区域 O_3 和有机气溶胶的重要前体物[122]。植物排放的 BVOCs 的种类和强度与植物种类、季节、气候有很大关系。沙尘是大气中 PM_{10} 的主要成分，对一些干旱地区的 PM_{10} 有重要贡献。海洋飞沫颗粒中 Na^+、Cl^- 等海盐及其他由海洋生物释放的一次有机气溶胶（POA），以及二次气溶胶（SOA）的前体物，如二甲基硫（DMS）等。开放领域的生物质燃烧（包括森林、草地、泥炭火灾、农业废弃物焚烧）对全球一氧化碳、氮氧化物、黑炭和有机碳分别贡献了 30%、10%、15%和 40%[123]。研究表明，野火也对大气化学-气候的反馈机制以及对人口密集地区的空气污染有重要的影响。值得注意的是，人类活动排放的 CO_2 等 GHGs 会作用于自然过程，导致一些波动和不确定性。比如，闪电和土壤都能释放 NO_x，人类活动导致的气候变化和全球变暖则会引发闪电发生的不确定性，增加土壤 NO 和 N_2O 的排放。因此，对自然过程和人为活动耦合作用下的降碳与大气污染物协同减排进行系统评估具有重要意义[123]。

实施温室气体与大气污染物的协同减排将是未来大气污染防治攻坚的主要抓手。近期，清华大学贺克斌课题组基于大数据平台预测了我国在碳中和目标驱动下，在 2060 年工业领域的煤炭使用比例将低于 15%，民用能源将实现全面清洁化，全国碳排放量将降低 90%，全国 $PM_{2.5}$ 年均暴露水平可达到 8 $\mu g/m^3$ 左右[117]。因此，碳中和所带来的是一场广泛而深刻的“经济-社会-能源-环境”系统性改革，是服务国家生态文明建设与健康中国战略的重要环节。需要指出的是，碳中和目标下的大气污染物协同减排需要跨领域、多学科、多技术的共同推动。

25.3.2　水处理过程中的碳中和技术

水处理本质上是一种消耗能源的碳排放过程，其碳排放约占总碳排放的 3%～4%[124]。近年来碳中和已成为污水处理行业的发展目标之一，荷兰提出了基于营养物+能源+再生水（NEWs）的未来污水可持续处理概念。美国则计划 2030 年污水处理厂达到碳中和的运行目标，我国于 2014 年提出了概念污水处理厂并在江苏宜兴进行了实施。在碳中和发展目标的背景下，污水处理（包括工业废水）已不能局限于传统的出水达标排放，还应考虑温室气体的直接排放和能源消耗、药剂投加等所导致的间接排放，并对处理过程中的资源和能源加以充分利用[125]，这对处理技术的选择和水厂工艺运行提出了新的挑战。

1）水处理过程中的碳排放及评估

水处理过程中污染物主要通过物理、化学以及生物处理等技术手段，实现分离、降解和转化，这实际上是一种消耗能源的碳排放过程。碳排放的解析和核算是实现污水处理碳中和目标的基础，以对不同水处理工艺中的碳排放进行综合评估。

（1）水处理过程中的碳排放解析与核算

水处理碳排放是指在水处理过程中的温室气体排放，排放的温室气体不仅包括 CO_2，还有升温潜势较高的甲烷（CH_4）和氧化亚氮（N_2O）等[126]。如图 25-6 所示，水处理过程的碳排放构成相对复杂，既包含直接排放也有间接排放。直接碳排放包括有机物生物降解及脱氮过程中产生的 CH_4、CO_2、N_2O 等，根据《2006 年 IPCC 国家温室气体清单指南》[127]，微生物代谢有机物（COD）产生的 CO_2（生源性 CO_2）可不计入，但需要对污水处理产生的 CH_4 和 N_2O 进行严格核算[128]。间接碳排放指污水处理过程中的能耗（化石能源、电能）及外加药剂（除磷剂、碳源等）造成的碳排放[125]。此外，部分工业废水处理过程中产生的危险废弃物，如高盐废水处理过程中反渗透浓缩液中的混合盐，其后续处理的碳排放也需要考虑[129]。

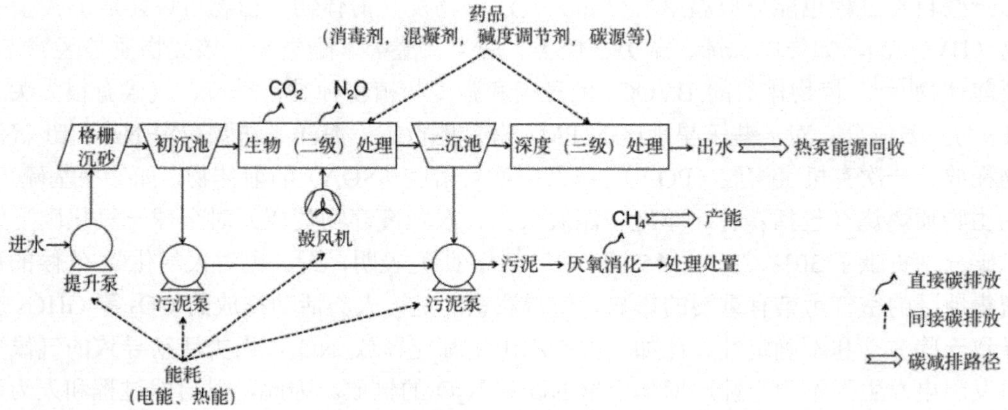

图 25-6　污水处理过程中主要碳排放来源及减排路径[125]

对于水处理过程中总体碳排放的核算，可采用排放系数法、质量平衡法、生命周期评价法以及碳排放量估算模型等方法，通常将所有温室气体的排放结合增温潜势折算为 CO_2 当量[130]。对于电能消耗导致间接排放的计算，需根据不同地区电能来源能源结构的不同，折算电力温室气体排放强度系数，如德国的电力温室气体排放强度为 0.46 kg CO_2/kW；对于厌氧消化池等因保温产热所产生碳排放的计算，需要根据所用能源及其排放强度系数折算，例如，燃煤机组的产热需要按标准煤的碳排放系数（2.77 kg CO_2/kg）进行计算[131]。就不同水处理过程的碳排放模式来说，给水处理及工业废水处理是电能消耗为主的间接排放模式，而城市污水处理过程中 CH_4 和 N_2O 的产生量较高，对于直接排放和间接排放均有较大贡献。综合污水生物处理与污泥处理的整体流程来看，实现剩余污泥热电联用的能源/资源回收利用，并加强出水热泵热源的利用，将是实现污水处理碳减排的重要切入点。

（2）碳中和目标下的水处理工艺评估

传统水处理主要关注处理效能、出水水质及其对受纳水体的环境影响，但往往忽视污水中可回收的能源及资源物质。污水中资源和能源的回收是荷兰等国家提出的可持续污水处理概念的基础[132]，亦是实现碳中和目标的重要部分，但应进一步考虑额外增加处理工艺和能耗、药耗等所带来的环境影响。

近年来王旭等[133]综合考察了水处理过程中的环境负担（温室气体排放、能源消耗、化学药剂消耗）和收益（磷回收、污泥资源化利用及生物气产能）因素，提出了基于环境综合效应的污水处理多目标管理评价体系。通过计算不同因素的权重，进而评价资源/能源回收在不同水处理目标下的环境综合效应（图 25-7）。结果表明，污水中资源能源物质的回收利用可以有效降低水处理工艺的环境影响。有意思的是，即便执行更严格的污水排放标准，污水资源化所带来的环境效益并不会降低。因此，在碳中和目标的导向下，即便排放标准日趋严格，强化能源资源物质回收有利于提升污水处理的可持续性。

因此，多目标管理的理念应深入贯彻在水处理技术的开发和应用过程中。在保障出水水质满足一定排放标准的前提下，应尽可能减少处理过程中所需要的能耗和物耗，减少温室气体排放，并推动能源/资源回收技术的开发和应用[133]，以进一步削减污水厂的碳排放。

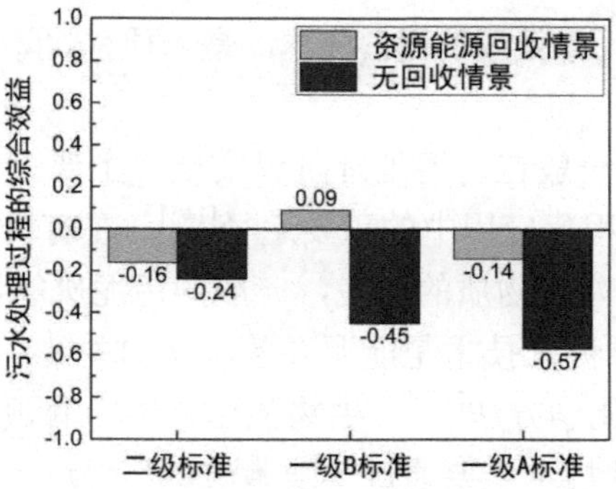

图 25-7　城市污水不同排放标准下资源能源回收的综合效益评估结果[133]

2）水处理过程中的资源/能源回收利用技术

资源/能源回收是水处理技术的可持续发展方向之一。碳中和目标下，更应重视水中污染物的回收而非单纯处理。污水中的有机碳资源非常可观，城市污水中约含有机物（COD）0.5 kg/m^3，每年随其排放流失的碳资源达 2000 万吨，其能量潜势约为其处理过程耗能的 9.3 倍，理想情况下回收污水中 20%的碳源就有望实现污水处理的碳中和[125]。另外，污水中有机物的代谢热约为 1.4×10^7 J/kg COD，氮磷等也可作为资源回收利用，这些都可为水处理过程中碳中和的实现提供了可能途径[134]。

（1）氮磷等营养元素的回收

磷回收是目前污水中的资源回收的主要关注点。作为地球上一种非常有限的元素，磷的稀缺性会在未来不断凸显[135]。污水中磷的回收方法，主要包括化学沉淀法、生物强化法、吸附法等，其中化学沉淀法最为常用[134,136]。近年来围绕磷的高效回收技术已开展了进一步的研究，如磁性吸附回收[137]，Mg 阳极的微生物燃料电池[136]，菌藻共生的光生物反应器[138]等；同时，市政污泥焚烧灰分中磷元素占到 4.9%～11.9%，发展相应的磷回收技术同样具有可行性，多集中于酸处理、热处理、液相萃取、离子交换等方法，削减重金属杂质的含量并提高磷的生物可利用性[139]；另外，尿液中的氮磷含量分别约占污水中总量的 80%和 50%，污水源分离技术的应用，可有效提升营养物质的回收率[140]，降低污水处理中的耗能（如硝化等）、碳源消耗（如反硝化等）和药耗等。

尽管污水中氮比磷的含量更高，但因自然界中氮循环的存在及其可工业合成的特点，对氮回收的关注相对较少。然而，近年联合国环境规划署提出关于可持续氮管理的宣言，指出应促进"人为氮使用和循环利用方面的创新"，推动污水中氮回收利用的发展。目前主流的氮回收方式主要是在污泥消化上清液中回收硫酸铵[141]。在尿源分离理念的结合下，氮的利用在能源方面已有所突破，如电渗析处理尿液产出的氨气可以用于固体燃料电池发电，实现仅排放氮气和水的无害排放[142]。

（2）碳源等的回收利用

污水中的有机物近年来被视作一种资源与能源的载体[125]。从污水处理中的剩余污泥对碳源进行资源化回收，并制成相应的生物材料或工业产品，已成为研究热点之一。污泥中材料的资源化回收主要与胞外聚合物（EPS）有关，EPS 提取后可制成多种物质如海藻酸盐、硫酸多糖、氨基葡聚糖等，进一步可用于各种涂层材料、混凝剂以及吸附材料等的制备。已发展的相关提取技术包括酶辅助提取、超声/微波辅助提取、液相加压提取等[143]。从碳减排的角度来看，如何将这种资源回收的效益纳入到碳中和的核算中有待于进一步研究。

工业废水处理的发展趋向于零排放，为减少处理过程中导致的额外环境影响，有价物质回收、盐浓缩与资源化等技术的开发和应用得到了广泛关注[144]。另外，我国城市污水生化处理过程中往往需要额外补充碳源，而一些工业废水如啤酒废水中的碳源较为丰富且可生化性好，二者联合处理时，既减少了啤酒废水处理过程中的碳排放，也降低了污水厂额外购买碳源的成本[145]。同时，以废治废或废弃物再利用的方式可以降低对废渣/废气治理的投资，也能显著降低污水处理的运营成本，是一种有效降低水处理碳排放的途径。

（3）能源回收与利用

污水中有机物的能源转化过程一般在污泥处理阶段实现，主要存在直接焚烧、厌氧消化和生物制氢三种途径，其中污泥厌氧消化是工程化应用中的重要途径[145]，在有机物转化为甲烷等能源物质后可进一步发电利用。由于污泥中较难消化降解物质的存在，一般的污泥厌氧消化产能过程中只有约 40%～70%的甲烷转化效率[125]，厌氧消化的预处理技术是能源高效转化的关键，并已有较多研究，如超声、热解和冻/融等物理方法[146]，碱、臭氧等化学方法[147]，生物强化和生物酶预处理方法[148]，微波/双氧水、微波/碱联合处理方法等[149]。这些预处理技术主要通过“细胞破壁”促进难降解基质的高效利用，提升产气效率[150]。另外，将剩余污泥与餐厨垃圾等废弃物共同消化，也是一种提升消化速率和产气量的方式[151]。

热能是化学能外污水中的重要能源，污水中的热能回收可减少水处理厂对煤炭、电能等的消耗，有利于水厂的低碳运行。热能直接回用于处理工艺是一种主要的方式，如利用污泥消化液余温的 SHARON 和 BABE 技术[152]。另外，采用热交换器和热泵等技术回收低位物理热能等用于供暖也是一种可行的利用方式[153]，已在瑞典、挪威、日本等国家获得较多应用。为了更好实现水处理厂的碳中和运行目标，美国、欧洲等国家和地区已经开始关注太阳能、风能的应用[153]。在给水工程中，饮用水输配管网中的冷能也可以进行回收[154]。这些都将成为实现水处理低碳运行的重要技术手段。

3）面向碳中和的低碳处理工艺与运行技术

除充分利用水处理过程中产生的能源外，开发应用具有低碳潜能的水处理工艺，减少温室气体的直接排放，并结合工艺优化运行、设备能效提升等措施，降低能耗、药耗等导致的间接排放，同样对于实现水处理过程中的碳中和具有关键作用和意义。

（1）低碳处理技术与工艺

从低碳削减层面来说，水处理过程应以降低碳源和氧的需求为目标，从机理上探究不同污染物去除与有机碳源消耗的关系，考虑直接排放和间接排放，针对性开展低碳处理工艺的研究[125]。随着排放标准的提高，污水处理的目标从有机物去除为主转变为氮、磷等的协同去除。对于低碳处理技术的研究，主要集中在 N_2O 等的控制、新型脱氮除磷技术、新型厌氧处理/消化技术以及污水/污泥产氢技术等方面，表 25-2 对其进行了总结。其中，厌氧氨氧化、短程硝化-反硝化以及反硝化除磷等技术原理的发现和处理工艺的发展[155,156]，在降低碳源/能源消耗以及温室气体减排等方面可做出重要贡献。

表 25-2　面向碳中和的低碳水处理技术研究和应用

	N_2O 的生成控制			脱氮除磷			厌氧消化产甲烷			污水/污泥产氢	
传统技术瓶颈	硝化过程会生成副产物 N_2O，反硝化过程会生成中间产物 N_2O			消耗大量碳源			受限于厌氧菌对有机物的水解反应，沼气产量低			细胞破壁困难，产氢效率低	
低碳削减技术与策略	微生物群落结构调控	碳源种类及比例调控	强化 N_2O 还原反应	厌氧氨氧化	短程硝化-反硝化	反硝化除磷	污泥预处理	协同消化	碳源浓缩	污泥预处理	微生物电解电池
技术特点	尽可能富集能够还原 N_2O 的菌群	提供充足的、更适合异养反硝化利用的底物，调节合适的 C/N	通过加入 Cu^{2+}，提高 N_2O 还原酶的活性，促进 N_2O 还原为 N_2 的反应	仅需 CO_2 作为唯一碳源	将氮的氧化态控制在 NO_2^- 阶段	反硝化和吸收磷同时进行，实现“一碳两用”	提高污泥的分解性能	引入外源有机固废，增加可用有机负荷	可高效捕获废水中的 COD，使更多碳源进入剩余污泥	破坏细胞壁，溶出胞内有机物质	阳极表面微生物氧化有机物产生的 e^- 通过电路在阴极结合 H^+ 生成 H_2

续表

	N_2O 的生成控制			脱氮除磷			厌氧消化产甲烷			污水/污泥产氢	
应用举例	接种功能菌、投加甘露醇等新型碳源、采用铜添加剂等			Sharon-Anammox 工艺、UCT 工艺			超声预处理、高负荷活性污泥法等			酸碱预处理、双室 MEC 等	
直接减排	减少 N_2O 排放			减少 N_2O 排放			—			—	
间接减排	—			①节约外加碳源；②减少曝气量；③降低污泥产量			CH_4 产量增加，通入热电联产系统发电，可抵消掉一部分碳排放			H_2 作为清洁能源回收，可抵消掉一部分碳排放	
技术缺点	受微生物技术发展水平的限制，难以有效推广应用	可能会降低总氮去除率	①Cu^{2+}具有生物毒性；②偏酸性 pH 条件下游离 Cu^{2+}可能抑制硝化作用	①启动慢；②相关菌群对环境的适应性差；③难以稳定运行	①对反应条件要求较为严格；②NO_2^-难以稳定累积	对温度、DO、NO_3^-等条件敏感	①物理和化学预处理成本高；②生物预处理较缓慢	①外源固废可能干扰厌氧消化反应；②污泥产量变多；③消化出水氮增加	被捕获碳源后的污水呈现低 C/N 比，后续需要搭配对碳源要求低的脱氮工艺	与产 CH_4 的污泥预处理缺点类似	①不适用于低碳废水；②阴极催化剂昂贵；③需要电能
参考文献	[157]	[158,159]	[160]	[156]	[161]	[155]	[162]	[163]	[164,165]	[166]	[167]

（2）低碳目标下的工艺优化运行

节能降耗是水处理工艺低碳运行的主要目标。在工艺优化的过程中，应结合水处理过程的主要耗能环节，从运行调控方面加以分析，充分考虑水量、水质动态变化下的运行能耗问题。污水处理中的生物处理和污泥处理是主要的耗能单元（约占水厂直接能耗的 60%～90%）[125]，应重点考虑对其进行运行优化。可通过在线检测、数学模拟和自动控制技术的结合，对水处理工艺中的曝气量、回流量等技术参数进行精准调控，使其与水量和水质的变化进行实时匹配，最大限度地降低水处理过程中的能耗水平[168]；而交流变频调速技术等的发展应用，可保证泵、鼓风机等动力设备的高效运行和精准控制，避免运行过程中不必要的能量浪费；另外，一些新型动力设备（如曝气设备）的研发应用及化学药剂用量的优化，也有助于水厂的低碳运行。

25.3.3　土壤固碳与污染协同治理

地球是一个巨大的碳库，主要包括大气碳库、海洋碳库、岩石圈碳库、陆地生态系统碳库（包括植被碳库和土壤碳库）。从地球化学角度分析，陆地表层存在着 CO_2-有机碳-$CaCO_3$ 三相不平衡系统[169]；从生态系统角度分析，存在着大气 CO_2-植物光合作用固碳-土壤有机碳的不平衡系统。碳元素在地球表层系统各库之间的交换与循环受控于土壤的碳转移过程。土壤碳库是地球表层系统中最大的碳储库，全球土壤总碳库中，土壤有机碳库达 1500～2000 Pg，是大气碳库的 3 倍，约是陆地生物量的 2.5 倍，土壤无机碳库达 700～1000 Pg[170]。土壤有机碳 SOC 通过呼吸作用排放 CO_2 是维持陆地生态系统碳平衡的主要影响因素[171]，也是土壤碳与大气 CO_2 快速交换的主要形式[172]。土壤与大气之间的碳交换通量高达 600～800 亿吨/年，是每年石油和煤等化石燃料燃烧释放碳量的 12～16 倍。如果全球 SOC 在目前的水平上增加 1%，土壤固定的有机碳将增加 150 亿吨左右。由此可见，SOC 是土壤储碳的核心要素，其细微变化会直接影响土壤碳库收支，进而影响到大气二氧化碳的浓度。探究土壤有机碳的转化和稳定性机制对土壤固碳增汇和污染协同治理意义重大。

1）土壤储碳机制

陆地生态系统中土壤和植物共同调节大气中 CO_2 的含量。植物通过光合作用吸收空气中的 CO_2，植物凋落物及其枯死后的残体回归土壤。这些植物源的 SOC 一部分可以通过植物根系、微生物、土壤动物的呼吸作用等方式产生 CO_2，又被释放进入大气，另一部分有机碳则被固定在土壤中。可见，在陆地生态的碳循环过程中，土壤微生物既可以作为分解者调控非微生物来源碳的周转，也可以作为贡献者调控微生物来源碳的形成[173]。基于此，Liang 等[174]从土壤微生物的体内合成、代谢过程出发，提出了以土壤微生物碳泵概念，将微生物对土壤植物源碳的转化以及微生物源碳的生成过程相结合，阐释土壤有机碳质和量变化的微生物调控机理，为土壤碳汇调控技术的研发提供科学依据。

梁超等[175]系统的阐述了土壤微生物碳泵的概念，指出微生物通过体内周转和体外修饰双重调控土壤中植物源碳的转化。一方面，土壤中大量存在的微生物为了获取自身生长繁殖所需的能源和养分，通常会分泌多种胞外酶，如氧化还原酶和水解酶，如酚氧化酶、β-葡萄糖苷酶和 β-N-乙酰氨基葡萄糖苷酶等，以催化分解土壤中的有机物[176]。土壤中一部分植物源的大分子有机物可以被胞外酶有效分解生成可以被细胞直接吸收利用的小分子[177]，而对于无法被胞外酶分解的植物源大分子有机物，与胞外酶结合后可以稳定地积累在土壤中，增加了土壤碳汇[178]。需要指出的是，微生物分泌的胞外酶在催化分解 SOC 的过程中还同时会释放大量 CO_2 到空气中，一定程度上削弱了土壤碳库的积累。另一方面，土壤中原本存在的，以及那些经过微生物胞外酶催化分解所得的易被微生物利用的有机物小分子，经过微生物的同化作用将其转化为微生物的生物量，积累在土壤中增加了碳汇。土壤中的微生物群落通过同化作用不断生长繁殖，其间可以将土壤里易被生物利用的有机物质转化为微生物的生物量以及自身代谢产物，待微生物死亡后，微生物的残体以及部分代谢产物仍留存在土壤中，以微生物源有机碳的形式增加了土壤碳汇。随着微生物群落的世代更迭，源源不断的产生稳定的微生物源有机碳并逐渐在土壤中积累，土壤微生物及残留物通过续埋效应实现土壤微生物源有机碳的稳定化，正向贡献土壤碳汇[174]。

此外，土壤团聚体及土壤矿物还能将 SOC 包裹起来，通过物理隔离避免 SOC 被微生物分解利用[179]。不同粒级团聚体保护 SOC 的效果各异，其中大团聚体对 SOC 的保护作用较弱，微团聚体对 SOC 的保护相对较强。同时，土壤矿物可以吸附、结合 SOC 形成较难被微生物分解利用的有机-无机复合体从而实现了 SOC 的稳定[180,181]。土壤团聚体的形成和大小，土壤矿物的种类、组成、比表面积以及带电荷量都会影响其对微生物源 SOC 的吸附能力[182,183]。

2）发展富碳农业

农田是受人为管理措施影响最为强烈的土壤利用方式，其有机碳 SOC 库最为活跃，也是唯一可能在短时间内通过合理利用而适度调节的碳库。农田土壤中 SOC 含量的多少、品质的优劣直接影响土壤的肥力属性（如有效持水量、保肥能力、养分利用效率、土壤微生物数量和活性）。农田 SOC 变化的影响因素主要有气候、土壤理化性质等自然因子，以及农业管理措施等人为因子。相对于自然因子，少耕种、秸秆还田、种植覆盖作物、轮作、施肥、更多地结合种植固氮豆科作物等农业措施能有效增加土壤碳输入、减少输出，是促进农田土壤固碳的现实途径[184]。

就我国农田土壤的 SOC 而言，20 世纪 80 年代我国农田土壤的初始 SOC 库（20 cm 深度）为 26.6～32.5tC/ha^2[185,186]，较低的初始 SOC 含量为实施农业措施提高土壤碳输入、促进农田土壤固碳提供了先决条件。一项全国范围的试验结果表明，氮、磷、钾配施有机肥的固碳年速率可达（0.37±0.04）g/kg，传统耕作+秸秆还田、免耕以及免耕+秸秆还田也均能显著提高农田 SOC 含量，固碳年速率分别可达 0.22 g/kg、0.35 g/kg 和 0.52 g/kg[187-189]。中科院先导专项课题调查了全国农田 11470 个点位的作物秸秆还田比例，2000

年之前我国水稻、小麦和玉米三大作物的秸秆还田比例均不足 25%；但截至 2010 年，还田比例则分别达到了 36.4%、39.7% 和 23.5%，秸秆还田的大规模推广促进了作物地上生物量回归土壤，在我国农田土壤碳汇形成中发挥了巨大作用。

腐植酸类物质约占全球土壤碳库的 80%，是地球碳循环的重要一员。腐植酸可通过多种途径提升土壤碳汇：①腐植酸在土壤形成过程中与矿物质等形成有机无机复合体，为团聚体的形成提供了可能；腐植酸含有大量微生物繁殖必需的营养元素，使得微生物大量繁殖，微生物菌丝缠绕形成更大的团聚体；此外，腐植酸分子结构中含有大量醇羟基、酚羟基、羧基和羰基等亲水性基团，既可提高土壤含水率，也可通过絮凝作用聚集松散的土壤颗粒形成稳定的团粒。②腐植酸对于退化草场、盐碱地、粉煤灰和废弃矿区等的修复与改良具有较好效果；低碳退化土壤具有更大的固碳潜力，通过施用腐殖酸肥可以大幅增加土壤有机碳固定量，减少 CO_2 排放，当退化的土壤和生态系统得到恢复，转化为恢复性土地利用或重新种植多年生植被，大大提高土壤碳汇能力。③施用腐植酸肥可调节土壤微生物的活动与植物的光合作用，从而提高植物的固碳能力，每施用 1 kg 腐植酸肥，植物吸收 CO_2 的量可增加 240 kg。④腐植酸可提高化肥质量、增强化肥效果，进而降低化肥使用量和施肥次数，保证作物产量提高的同时减少 CO_2 等温室气体的排放。有研究表明，施用 500 万吨腐植酸尿素，可减少尿素 125 万吨，减少 CO_2 排放 340 万吨。

3）矿区土地生态修复

长期采矿造成植被损毁、土地破坏和生物多样性减少等严重生态问题，导致生态系统碳汇功能急剧退化甚至完全丧失。统计数据显示，截至 2018 年，我国采矿损毁土地面积达 361.02 万公顷。保护和稳定矿区土壤碳库，减少区域碳排放，成为当前亟需解决的问题。“十三五”期间，国家开展了长江流域、京津冀和汾渭平原等重点区域历史遗留矿区生态修复，治理修复矿点近 9000 个，面积约 2.5 万公顷[190]。矿区土地的生态修复一般遵循“前期人工诱导，后期自然恢复” 的模式，加强对损毁土地的形态恢复和功能恢复，提升矿区生态系统的固碳能力。矿区生态修复影响土地利用或土地覆被变化，生态系统固碳能力可提高约 20%[191]。

郭冬艳等[192]结合我国矿山生态修复发展现状，分析了矿区生态修复减排增汇的路径及效果，指出矿区生态修复是一个系统工程，包括矿区的“边采边复”、矿区地质环境治理、地形重塑、土壤重构、植被重建等，促进矿山生态系统由“碳源”向“碳汇”转变。在此基础上提出了矿区生态修复的路径：①通过“边采边复”减少了开采过程中的碳排放；②固废再利用提供了固碳空间和新途径；③土地利用类型变化促进“碳源”向“碳汇”转变；④土壤重构和植被重建进一步提高生态系统“碳汇”能力。研究发现矿区土地修复工程实施可以较好恢复矿区开采造成的碳损失，复垦后土地的固碳能力更强[193]。

4）整治低碳土地

荒漠草地和草原土壤中固碳微生物的数量远低于草甸土壤，但其固碳潜力却比草甸土壤高 61%。土壤固碳微生物数量随年均降水量、地上植被生物量和土壤铵态氮浓度增加而显著升高，但随干旱度指数增加而降低。因此，探索低碳型全域土地综合整治技术，保护土壤有机碳库，培育土壤固碳的细菌群落和微生物群落，研究土地整治工程的减排固碳效果。此外，施用有机肥可改善土壤结构，使用多种管理方法（如少耕种、秸秆还田、种植覆盖作物、轮作、施肥、更多地结合种植固氮豆科作物），促进增加土壤中的有机质含量，使更多的碳返回土壤，不仅有助于提高土壤碳储存，还可提高生产率。因此发展有机农业，固碳贡献率非常可观。

此外，我国土壤的 pH 从南向北递增，长江以北的广大土壤多呈中性或碱性，西北地区土壤碱性最强。碱性土壤中有机碳含量低，土壤肥力低，自然生产力低。然而碱性土壤中碳酸盐含量大大超过有机碳含量，碱性土壤中富含的钙离子，在 CO_2 分压高的土壤中，钙离子溶解于土壤水，向下迁移到分压低的下部时，形成 $CaCO_3$ 沉淀，从而达到固碳的目的。碱性土壤吸收 CO_2 是一个无机的、非生物的过程。我国西北五省区土地总面积约 310 万平方千米，占全国国土面积的近 1/3，土壤大多为碱性土。碱性土壤不仅固碳增汇潜力巨大，还有钝化重金属活性的特点。

25.4　展　望

我国碳中和目标的实现面临巨大挑战，但更是我国实现绿色低碳发展，经济结构调整升级的重大战略机遇。环境污染和气候变化同为我国长期面临的两大严峻环境问题，实现碳中和与环境保护共赢的战略目标，需要建立气候友好的污染防治政策措施体系，加强环境污染防治与应对气候变化协同能力的建设，大力发展绿色低碳技术，协同削减污染物和温室气体排放，同时增强生态系统的适应能力。

我国实现碳中和的重要途径是改变能源结构和电力结构，持续发展清洁的可再生能源，控制化石燃料的使用量。在能源、工业、建筑和交通领域大力发展绿色低碳技术，实现最大程度的减排。我国煤电领域还存在巨大的节能减排潜力，从燃烧前的净化加工技术；燃烧过程中的先进燃烧技术；转化为洁净燃料的技术和燃烧后的烟气处理技术等几个方面发展绿色低碳技术来实现节能减排。CCUS 技术受到世界各国高度重视，是化石能源低碳利用的重要技术选择，也是钢铁水泥等密集排放行业的可行技术方案，未来将更加拓展二氧化碳资源化利用技术的研发和应用。其中电化学法催化还原二氧化碳是一种重要的转化方法，其环境兼容性强，应用前景广阔。CCUS 技术成本是影响其大规模应用的重要因素，随着技术的发展，未来成本有较大下降空间。

在“降碳减污”协同治理方面，当前对化石能源燃烧污染排放行为及末端处理技术关注较多，未来需借助新技术手段开发化石燃料生产使用的全链条分析，提出针对性的控制或削减措施。碳中和背景下，水处理厂将从单一水质目标导向的高碳排企业逐渐转变为环境友好的水源工厂、能源工厂及资源工厂。发展低碳处理工艺的同时，结合数学模拟技术和自动控制技术的应用，提高工艺运行效率和节能水平。另外，土壤碳库是地球表层系统中最大的碳储库，其收支变化会直接影响大气二氧化碳的浓度，甚至引起全球气候变化。未来需加强研究土壤有机碳质和量变化的微生物调控机理，可为土壤碳汇调控技术的研发提供科学依据。

参 考 文 献

[1] 丁仲礼. 中国碳中和框架路线图研究. 中国工业和信息化, 2021, (08): 54-61.

[2] 黄震, 谢晓敏. 碳中和愿景下的能源变革. 中国科学院院刊, 2021, 36(09): 1010-1018.

[3] 何建坤. 碳达峰碳中和目标导向下能源和经济的低碳转型. 环境经济研究, 2021, 6(01): 1-9.

[4] 张九天, 张璐. 面向碳中和目标的碳捕集、利用与封存发展初步探讨. 热力发电, 2021, 50(01): 1-6.

[5] Wang H, Lu X, Deng Y, et al. China's CO_2 peak before 2030 implied from characteristics and growth of cities. Nature Sustainability, 2019, 2(8): 748-754.

[6] Haszeldine R S. Carbon capture and storage: how green can black be? Science, 2009, 325(5948): 1647-1652.

[7] Wang Q, Luo J, Zhong Z, et al. CO_2 capture by solid adsorbents and their applications: current status and new trends. Energy Environ Sci, 2011, 4(1): 42-55.

[8] Pauliuk S, Heeren N, Berrill P, et al. Global scenarios of resource and emission savings from material efficiency in residential buildings and cars. Nat Commun, 2021, 12(1): 5097.

[9] 曹世杰, 席畅. 可持续城市智能化设计的思考. 中外建筑, 2021, (08): 30-33.

[10] 魏文栋, 陈竹君, 耿涌, 等. 循环经济助推碳中和的路径和对策建议. 中国科学院院刊, 2021, 36(09): 1030-1038.

[11] Wang J, Feng L, Palmer P I, et al. Large Chinese land carbon sink estimated from atmospheric carbon dioxide data. Nature, 2020, 586(7831): 720-723.

[12] 焦念志. 研发海洋“负排放”技术支撑国家“碳中和”需求. 中国科学院院刊, 2021, 36(02): 179-187.

[13] Leung D Y C, Caramanna G, Maroto-Valer M M. An overview of current status of carbon dioxide capture and storage technologies. Renewable and Sustainable Energy Reviews, 2014, 39: 426-443.

[14] 王逸飞. 工业锅炉节能技术研究综述. 应用能源技术, 2016, (07): 25-28.

[15] Chen L, Yong S Z, Ghoniem A F. Oxy-fuel combustion of pulverized coal: characterization, fundamentals, stabilization and CFD modeling. Progress in Energy and Combustion Science, 2012, 38(2): 156-214.

[16] Li W, Xu M, Li S. Calcium sulfation characteristics at high oxygen concentration in a 1MWth pilot scale oxy-fuel circulating fluidized bed. Fuel Processing Technology, 2018, 171: 192-197.

[17] 刘沁雯, 钟文琪, 邵应娟, 等. 固体燃料流化床富氧燃烧的研究动态与进展. 化工学报, 2019, 70(10): 3791-3807.

[18] Amoo L M. Computational fluid dynamics simulation of Lafia–Obi bituminous coal in a fluidized-bed chamber for air-and oxy-fuel combustion technologies. Fuel, 2015, 140: 178-191.

[19] Singh R I, Kumar R. Current status and experimental investigation of oxy-fired fluidized bed. Renewable and Sustainable Energy Reviews, 2016, 61: 398-420.

[20] 刘建华. 国内燃煤锅炉富氧燃烧技术进展. 热力发电, 2020, 49(07): 48-54.

[21] Nguyen H K, Moon J H, Jo S H, et al. Ash characteristics of oxy-biomass combustion in a circulating fluidized bed with kaolin addition. Energy, 2021, 230: 120871.

[22] Liu T, Lang Q, Xia Y, et al. Combination of hydrothermal carbonization and oxy-fuel combustion process for sewage sludge treatment: Combustion characteristics and kinetics analysis. Fuel, 2019, 242: 265-276.

[23] Loo L, Konist A, Neshumayev D, et al. Ash and flue gas from oil shale oxy-fuel circulating fluidized bed combustion. Energies, 2018, 11(5): 1218.

[24] Varol M, Symonds R, Anthony E J, et al. Emissions from co-firing lignite and biomass in an oxy-fired CFBC. Fuel Processing Technology, 2018, 173: 126-133.

[25] Chen S, Yu R, Soomro A, et al. Thermodynamic assessment and optimization of a pressurized fluidized bed oxy-fuel combustion power plant with CO_2 capture. Energy, 2019, 175: 445-455.

[26] Bagheri G, Ranzi E, Pelucchi M, et al. Comprehensive kinetic study of combustion technologies for low environmental impact: MILD and OXY-fuel combustion of methane. Combustion and Flame, 2020, 212: 142-155.

[27] 吴彦丽, 李文英, 易群, 等. 中美洁净煤转化技术现状及发展趋势. 中国工程科学, 2015, 17(09): 133-139.

[28] Yang Q, Zhu S, Yu P, et al. Thermodynamic and techno-economic analysis of coal to ethylene glycol process (CtEG) with different coal gasifiers. Energy Conversion and Management, 2019, 191: 80-92.

[29] Xu J, Yang Y, Li Y W. Recent development in converting coal to clean fuels in China. Fuel, 2015, 152: 122-130.

[30] 张云, 杨倩鹏. 煤气化技术发展现状及趋势. 洁净煤技术, 2019, 25(S2), 7-13.

[31] 张明, 付景文. 煤炭清洁利用技术综述. 安徽化工, 2020, 46(1): 16-18.

[32] 韩雅文, 刘固望, 蒋立, 等. 煤炭清洁利用技术进展与评价综述. 中国矿业, 2017, 26(07): 81-87.

[33] Farr S, Heidel B, Hilber M, et al. Influence of flue-gas components on mercury removal and retention in dual-loop flue-gas desulfurization. Energy & Fuels, 2015, 29(7): 4418-4427.

[34] Sjostrom S, Durham M, Bustard C J, et al. Activated carbon injection for mercury control: overview. Fuel, 2010, 89(6): 1320-1322.

[35] Huang H, Hu H, Annanurov S, et al. Interaction among the simultaneous removal of SO_2, NO and Hg^0 by electrochemical

catalysis in $K_2S_2O_8$. Fuel, 2020, 260: 116323.

[36] Sun L, Ning P, Zhao X, et al. Competitive adsorption and reaction mechanism on simultaneous catalytic removal of SO_2, NO and Hg^0 over CuO: Experimental and theoretical studies. Chemical Engineering Journal, 2021, 412: 128752.

[37] Liu Y, Wang Y, Wang Q, et al. Simultaneous removal of NO and SO_2 using vacuum ultraviolet light (VUV)/heat/peroxymonosulfate (PMS). Chemosphere, 2018, 190: 431-441.

[38] Yuan B, Mao X, Wang Z, et al. Radical-induced oxidation removal of multi-air-pollutant: a critical review. Journal of Hazardous Materials, 2020, 383: 121162.

[39] Xie H, Wang T, Liang J, et al. Cu-based nanocatalysts for electrochemical reduction of CO_2. Nano Today, 2018, 21: 41-54.

[40] Yang H Q, Xu Z H, Fan M H, et al. Progress in carbon dioxide separation and capture: A review. J Environ Sci, 2008, 20(1): 14-27.

[41] Zhang L, Zhao Z, Gong J. Nanostructured materials for heterogeneous electrocatalytic CO_2 reduction and their related reaction mechanisms. Angewandte Chemie International Edition, 2017, 56(38): 11326-11353.

[42] Wang Z L, Li C, Yamauchi Y. Nanostructured nonprecious metal catalysts for electrochemical reduction of carbon dioxide. Nano Today, 2016, 11(3): 373-391.

[43] Ozin G A. Throwing New Light on the Reduction of CO_2. Advanced Materials, 2015, 27(11): 1957-1963.

[44] Wang W H, Himeda Y, Muckerman J T, et al. CO_2 hydrogenation to formate and methanol as an alternative to photo- and electrochemical CO_2 reduction. Chemical Reviews, 2015, 115(23): 12936-12973.

[45] Qiao J, Liu Y, Hong F, et al. A review of catalysts for the electroreduction of carbon dioxide to produce low-carbon fuels. Chem Soc Rev, 2014, 43(2): 631-75.

[46] Schrag D P. Preparing to capture carbon. Science, 2007, 315(5813): 812-813.

[47] Agarwal A S, Zhai Y, Hill D, et al. The electrochemical reduction of carbon dioxide to formate/formic acid: engineering and economic feasibility. ChemSusChem, 2011, 4(9): 1301-1310.

[48] Xie W, Chen J. Research progress on the application of metal-organic frameworks for photocatalytic reduction of CO_2. Fine Chemicals, 2020, 37(12): 2386-2397.

[49] Chew T L, Ahmad A L, Bhatia S. Ordered mesoporous silica (OMS) as an adsorbent and membrane for separation of carbon dioxide (CO_2). Advances in Colloid and Interface Science, 2010, 153(1-2): 43-57.

[50] Ooi Z L, Tan P Y, Tan L S, et al. Amine-based solvent for CO_2 absorption and its impact on carbon steel corrosion: A perspective review. Chinese Journal of Chemical Engineering, 2020, 28(5): 1357-1367.

[51] Ghadirian E, Abbasian J, Arastoopour H. Three-dimensional CFD simulation of an MgO-based sorbent regeneration reactor in a carbon capture process. Powder Technology, 2017, 318: 314-320.

[52] Sheridan Q R, Schneider W F, Maginn E J. Role of molecular modeling in the development of CO_2-reactive ionic liquids. Chem Rev, 2018, 118(10): 5242-5260.

[53] Zeng S, Zhang X, Bai L, et al. Ionic-liquid-based CO_2 capture systems: structure, interaction and process. Chem Rev, 2017, 117(14): 9625-9673.

[54] Chen Y, Ji G, Guo S, et al. Visible-light-driven conversion of CO_2 from air to CO using an ionic liquid and a conjugated polymer. Green Chemistry, 2017, 19(24): 5777-5781.

[55] Blanchard L A, Hancu D, Beckman E J, et al. Green processing using ionic liquids and CO_2. Nature, 1999, 399(6731): 28-29.

[56] Perissi I, Bardi U, Caporali S, et al. High temperature corrosion properties of ionic liquids. Corrosion Science, 2006, 48(9): 2349-2362.

[57] Pisarova L, Gabler C, Dörr N, et al. Thermo-oxidative stability and corrosion properties of ammonium based ionic liquids. Tribology International, 2012, 46(1): 73-83.

[58] Sarmad S, Mikkola J P, Ji X. Carbon dioxide capture with ionic liquids and deep eutectic solvents: a new generation of sorbents. Chem Sus Chem, 2017, 10(2): 324-352.

[59] Tian Z, Dai S, Jiang D E. What can molecular simulation do for global warming? WIREs Computational Molecular Science, 2016, 6(2): 173-197.

[60] Freund P, Ormerod W G. Progress toward storage of carbon dioxide. Energy Conversion and Management, 1997, 38: S199-S204.

[61] Liu H, Gallagher K S. Catalyzing strategic transformation to a low-carbon economy: A CCS roadmap for China. Energy Policy, 2010, 38(1): 59-74.

[62] Beerling D J, Kantzas E P, Lomas M R, et al. Potential for large-scale CO_2 removal via enhanced rock weathering with croplands. Nature, 2020, 583(7815): 242-248.

[63] 刘志坚, 史建公, 张毅. 二氧化碳储存技术研究进展. 中外能源, 2017, 22(03): 1-9.

[64] Graciani J, Mudiyanselage K, Xu F, et al. Highly active copper-ceria and copper-ceria-titania catalysts for methanol synthesis from CO_2. Science, 2014, 345(6196): 546-550.

[65] Liu C, Gallagher J J, Sakimoto K K, et al. Nanowire–bacteria hybrids for unassisted solar carbon dioxide fixation to value-added chemicals. Nano Letters, 2015, 15(5): 3634-3639.

[66] Schreier M, Luo J, Gao P, et al. Covalent immobilization of a molecular catalyst on Cu_2O photocathodes for CO_2 reduction. Journal of the American Chemical Society, 2016, 138(6): 1938-1946.

[67] Gottschalk J, Skinner L C, Lippold J, et al. biological and physical controls in the southern ocean on past millennial-scale atmospheric CO_2 changes. Nature Communications, 2016, 7(1): 11539.

[68] Skjånes K, Lindblad P, Muller J. BioCO_2 – A multidisciplinary, biological approach using solar energy to capture CO_2 while producing H_2 and high value products. Biomolecular Engineering, 2007, 24(4): 405-413.

[69] Ko J W, Kim S W, Hong J, et al. Synthesis of graphene-wrapped CuO hybrid materials by CO_2 mineralization. Green Chemistry, 2012, 14(9): 2391-2394.

[70] Bao W, Li H, Zhang Y. Selective Leaching of Steelmaking Slag for indirect CO_2 mineral sequestration. Industrial & Engineering Chemistry Research, 2010, 49(5): 2055-2063.

[71] Ross M B, Dinh C T, Li Y, et al. Tunable Cu enrichment enables designer syngas electrosynthesis from CO_2. J Am Chem Soc, 2017, 139(27): 9359-9363.

[72] Suen N T, Kong Z R, Hsu C S, et al. Morphology manipulation of copper nanocrystals and product selectivity in the electrocatalytic reduction of carbon dioxide. ACS Catal, 2019, 9(6): 5217-5222.

[73] Jung H, Lee S Y, Lee C W, et al. Electrochemical fragmentation of Cu_2O nanoparticles enhancing selective C–C coupling from CO_2 reduction reaction. J Am Chem Soc, 2019, 141(11): 4624-4633.

[74] Lee S Y, Jung H, Kim N K, et al. Mixed copper states in anodized Cu electrocatalyst for stable and selective ethylene production from CO_2 reduction. J Am Chem Soc, 2018, 140(28): 8681-8689.

[75] Kuhl K P, Cave E R, Abram D N, et al. New insights into the electrochemical reduction of carbon dioxide on metallic copper surfaces. Energy & Environmental Science, 2012, 5(5): 7050-7059.

[76] Xie C, Niu Z, Kim D, et al. Surface and interface control in nanoparticle catalysis. Chem Rev, 2020, 120(2): 1184-1249.

[77] Koper M T M. Thermodynamic theory of multi-electron transfer reactions: Implications for electrocatalysis. Journal of Electroanalytical Chemistry, 2011, 660(2): 254-260.

[78] Schouten K J P, Calle-Vallejo F, Koper M T M. A step closer to the electrochemical production of liquid fuels. Angewandte Chemie International Edition, 2014, 53(41): 10858-10860.

[79] Kortlever R, Shen J, Schouten K J P, et al. Catalysts and reaction pathways for the electrochemical reduction of carbon

dioxide. The Journal of Physical Chemistry Letters, 2015, 6(20): 4073-4082.

[80] Mistry H, Varela A S, Kühl S, et al. Nanostructured electrocatalysts with tunable activity and selectivity. Nature Reviews Materials, 2016, 1(4): 16009.

[81] Liu M, Pang Y, Zhang B, et al. Enhanced electrocatalytic CO_2 reduction via field-induced reagent concentration. Nature, 2016, 537(7620): 382-386.

[82] Feng X, Jiang K, Fan S, et al. Grain-boundary-dependent CO_2 electroreduction activity. Journal of the American Chemical Society, 2015, 137(14): 4606-4609.

[83] Luc W, Collins C, Wang S, et al. Ag–Sn bimetallic catalyst with a core–shell structure for CO_2 reduction. Journal of the American Chemical Society, 2017, 139(5): 1885-1893.

[84] Yoon Y, Hall A S, Surendranath Y. Tuning of silver catalyst mesostructure promotes selective carbon dioxide conversion into fuels. Angewandte Chemie International Edition, 2016, 55(49): 15282-15286.

[85] Klinkova A, De Luna P, Dinh C T, et al. Rational design of efficient palladium catalysts for electroreduction of carbon dioxide to formate. ACS Catalysis, 2016, 6(12): 8115-8120.

[86] Gao S, Sun Z, Liu W, et al. Atomic layer confined vacancies for atomic-level insights into carbon dioxide electroreduction. Nature Communications, 2017, 8: 101.

[87] Gao S, Lin Y, Jiao X, et al. Partially oxidized atomic cobalt layers for carbon dioxide electroreduction to liquid fuel. Nature, 2016, 529(7584): 68-71.

[88] Verdaguer-Casadevall A, Li C W, Johansson T P, et al. Probing the active surface sites for CO reduction on oxide-derived copper electrocatalysts. Journal of the American Chemical Society, 2015, 137(31): 9808-9811.

[89] Ma S, Sadakiyo M, Heima M, et al. Electroreduction of carbon dioxide to hydrocarbons using bimetallic Cu–Pd catalysts with different mixing patterns. Journal of the American Chemical Society, 2017, 139(1): 47-50.

[90] Huang M, Gong S, Wang C, et al. Lewis-basic EDTA as a highly active molecular electrocatalyst for CO_2 reduction to CH_4. Angew Chem Int Ed Engl, 2021, 60(42): 23002-23009.

[91] Lei F, Liu W, Sun Y, et al. Metallic tin quantum sheets confined in graphene toward high-efficiency carbon dioxide electroreduction. Nature Communications, 2016, 7: 12697.

[92] Wu J, Ma S, Sun J, et al. A metal-free electrocatalyst for carbon dioxide reduction to multi-carbon hydrocarbons and oxygenates. Nature Communications, 2016, 7: 13869.

[93] Li Q, Fu J, Zhu W, et al. Tuning Sn-catalysis for electrochemical reduction of CO_2 to CO via the core/shell Cu/SnO_2 structure. Journal of the American Chemical Society, 2017, 139(12): 4290-4293.

[94] Varela A S, Ranjbar Sahraie N, Steinberg J, et al. Metal-doped nitrogenated carbon as an efficient catalyst for direct CO_2 electroreduction to CO and hydrocarbons. Angewandte Chemie International Edition, 2015, 54(37): 10758-10762.

[95] Lum Y, Kwon Y, Lobaccaro P, et al. Trace levels of copper in carbon materials show significant electrochemical CO_2 reduction activity. ACS Catalysis, 2016, 6(1): 202-209.

[96] Hori Y, Kikuchi K, Suzuki S. Production of co and CH_4 in electrochemical reduction of CO_2 at metal electrodes in aqueous hydrogencarbonate solution. Chemistry Letters, 1985, 14(11): 1695-1698.

[97] Deng Y, Yeo B S. Characterization of electrocatalytic water splitting and CO_2 reduction reactions using in situ/operando raman spectroscopy. ACS Catalysis, 2017, 7(11): 7873-7889.

[98] Handoko A D, Wei F, Jenndy, et al. Understanding heterogeneous electrocatalytic carbon dioxide reduction through operando techniques. Nature Catalysis, 2018, 1(12): 922-934.

[99] Heidary N, Ly K H, Kornienko N. Probing CO_2 conversion chemistry on nanostructured surfaces with operando vibrational spectroscopy. Nano Lett, 2019, 19(8): 4817-4826.

[100] Chernyshova I V, Somasundaran P, Ponnurangam S. On the origin of the elusive first intermediate of CO_2 electroreduction. Proc Natl Acad Sci USA, 2018, 115(40): E9261-E9270.

[101] Shan W, Liu R, Zhao H, et al. In situ surface-enhanced raman spectroscopic evidence on the origin of selectivity in CO_2 electrocatalytic reduction. ACS Nano, 2020.

[102] Firet N J, Smith W A. Probing the reaction mechanism of CO_2 electroreduction over ag films via operando infrared spectroscopy. ACS Catal, 2016, 7(1): 606-612.

[103] Stiles P L, Dieringer J A, Shah N C, et al. Surface-enhanced raman spectroscopy. Annual Review of Analytical Chemistry, 2008, 1(1): 601-626.

[104] Ichinohe Y, Wadayama T, Hatta A. Electrochemical reduction of CO_2 on silver as probed by surface-enhanced Raman scattering. Journal of Raman Spectroscopy, 1995, 26(5): 335-340.

[105] Handoko A D, Wei F, Jenndy, et al. Understanding heterogeneous electrocatalytic carbon dioxide reduction through operando techniques. Nat Catal, 2018, 1(12): 922-934.

[106] Bohra D, Ledezma Yanez I, Li G, et al. Lateral adsorbate interactions inhibit HCOO- while promoting CO selectivity for CO_2 electrocatalysis on silver. Angew Chem Int Ed, 2019, 58(5): 1345-1349.

[107] Yang Y, Ohnoutek L, Ajmal S, et al. "Hot edges" in an inverse opal structure enable efficient CO_2 electrochemical reduction and sensitive in situ raman characterization. Journal of Materials Chemistry A, 2019, 7(19): 11836-11846.

[108] Kumari G, Zhang X, Devasia D, et al. Watching visible light-driven CO_2 reduction on a plasmonic nanoparticle catalyst. ACS Nano, 2018, 12(8): 8330-8340.

[109] Zhan C, Dattila F, Rettenmaier C, et al. Revealing the CO coverage-driven C–C coupling mechanism for electrochemical CO_2 reduction on Cu_2O nanocubes via operando raman spectroscopy. ACS Catalysis, 2021, 11(13): 7694-7701.

[110] An H, Wu L, Mandemaker L D B, et al. Sub-second time-resolved surface-enhanced raman spectroscopy reveals dynamic CO intermediates during electrochemical CO_2 reduction on copper. Angew Chem Int Ed Engl, 2021, 60(30): 16576–16584.

[111] 联合国. 《联合国气候变化框架公约》京都议定书. 1998

[112] IPCC. Climate Change 2021: The Physical Science Basis. Cambridge: Cambridge University Press, 2021.

[113] 国家大气污染防治攻关联合中心. 大气重污染成因与治理攻关项目研究报告. 北京: 科学出版社, 2021.

[114] Gallagher K S, Zhang F, Orvis R, et al. Assessing the Policy gaps for achieving China's climate targets in the Paris Agreement. Nat Commun, 2019, 10(1): 1256.

[115] Tang H, Zhang S, Chen W. Assessing Representative CCUS Layouts for China's Power Sector toward Carbon Neutrality. Environ Sci Technol, 2021, 55(16): 11225–11235.

[116] Guan D, Meng J, Reiner D M, et al. Structural decline in China's CO_2 emissions through transitions in industry and energy systems. Nature Geoscience, 2018, 11(8): 551-555.

[117] Cheng J, Tong D, Zhang Q, et al. Pathways of China's $PM_{2.5}$ air quality 2015–2060 in the context of carbon neutrality. National Science Review, 2021, 12: 78.

[118] EPA U. Global Greenhouse Gas Emissions Data. Global Emissions by Gas. Greenhouse Gas Emissions.

[119] Zhu Y, Huang L, Li J, et al. Sources of particulate matter in China: Insights from source apportionment studies published in 1987-2017. Environ Int, 2018, 115: 343-357.

[120] 李俊峰. 做好碳达峰, 碳中和工作, 迎接低排放发展的新时代. 世界环境, 2021, (1): 16-19.

[121] Jia G. Special report on climate change, desertification, land degradation, sustainable land management, food security, and greenhouse gas fluxes in terrestrial ecosystems. IPCC, 2019.

[122] Heald C L, Spracklen D V. Land use change impacts on air quality and climate. Chem Rev, 2015, 115(10): 4476-4496.

[123] Hoesly R M, Smith S J, Feng L, et al. Historical (1750–2014) anthropogenic emissions of reactive gases and aerosols from

the Community Emissions Data System (CEDS). Geoscientific Model Development, 2018, 11(1): 369-408.

[124] 许俊仪, 顾佰和. 水务行业如何应对碳中和带来的机遇与挑战？中国环境报, 2021-05-2, 003.

[125] 郝晓地. 污水处理碳中和运行技术. 北京: 科学出版社, 2014.

[126] Feral J P. IPCC, 2014 - Climate Change 2014: Synthesis Report. 2015, https: //www.ipcc.ch/report/ar5/syr/.

[127] Eggleston H S, Buendia L, Miwa K, et al. 2006 IPCC Guidelines for National Greenhouse Gas Inventories. 2006, https: //www.ipcc-nggip.iges.or.jp/public/2006gl/.

[128] Larsen T A. CO_2-neutral wastewater treatment plants or robust, climate-friendly wastewater management? A systems perspective. Water Research, 2015, 87: 513-521.

[129] 李强, 戴世金, 郑怡琳, 等. 工业废盐中有机物脱除和资源化技术进展. 环境工程, 2019, 37(12): 200-206.

[130] 石春力, 田永英, 黄海伟, 等. 我国城镇污水处理碳排放核算方法研究综述. 建设科技, 2021, (11): 39-43.

[131] 郝晓地, 张益宁, 李季, 等. 污水处理能源中和与碳中和案例分析. 中国给水排水, 2021: 1-13.

[132] Pahunang R R, Buonerba A, Senatore V, et al. Advances in technological control of greenhouse gas emissions from wastewater in the context of circular economy. Sci Total Environ, 2021, 792.

[133] 王旭. 基于节能减排的污水处理过程评价方法与调控模式研究. 北京: 中国科学院大学, 2013.

[134] 黄霞. 论污水处理技术的未来发展——从处理到资源回收. 给水排水, 2013, 39(009): 1-3.

[135] Mayer B K, Baker L A, Boyer T H, et al. Total Value of Phosphorus Recovery. Environ Sci Technol, 2016, 50(13): 6606-6620.

[136] Carrillo V, Fuentes B, Gómez G, et al. Characterization and recovery of phosphorus from wastewater by combined technologies. Reviews in Environmental Science and Bio/Technology, 2020, 19(2): 389-418.

[137] Drenkova-Tuhtan A, Schneider M, Franzreb M, et al. Pilot-scale removal and recovery of dissolved phosphate from secondary wastewater effluents with reusable ZnFeZr adsorbent @ Fe_3O_4/SiO_2 particles with magnetic harvesting. Water Research, 2017, 109: 77-87.

[138] Sukačová K, Trtílek M, Rataj T. Phosphorus removal using a microalgal biofilm in a new biofilm photobioreactor for tertiary wastewater treatment. Water Research, 2015, 71: 55-63.

[139] 郝晓地, 于晶伦, 刘然彬, 等. 剩余污泥焚烧灰分磷回收及其技术进展. 环境科学学报, 2020, 40(4): 1149-1159.

[140] Larsen T A, Gruendl H, Binz C. The potential contribution of urine source separation to the SDG agenda – a review of the progress so far and future development options. Environmental Science: Water Research & Technology, 2021, 7(7): 1161-1176.

[141] Kehrein P, van Loosdrecht M, Osseweijer P, et al. A critical review of resource recovery from municipal wastewater treatment plants – market supply potentials, technologies and bottlenecks. Environmental Science: Water Research & Technology, 2020, 6(4): 877-910.

[142] Van Linden N, Bandinu G, Vermaas D, et al. Bipolar membrane electrodialysis for energetically competitive ammonium removal and dissolved ammonia production. Journal of Cleaner Production, 2020, 259: 120788.

[143] Tan X, Xie G J, Nie W-B, et al. High value-added biomaterials recovery from granular sludge based wastewater treatment process. Resources, Conservation and Recycling, 2021, 169: 105481.

[144] 杨敏, 张昱, 高迎新. 工业废水处理与资源化技术原理及应用. 北京: 化学工业出版社, 2019.

[145] Sancho I, Lopez-Palau S, Arespacochaga N, et al. New concepts on carbon redirection in wastewater treatment plants: A review. Sci Total Environ, 2019, 647: 1373-1384.

[146] 肖本益, 阎鸿, 魏源送. 污泥热处理及其强化污泥厌氧消化的研究进展. 环境科学学报, 2009, 29(04): 673-682.

[147] 蒋轶锋, 刘志豪. 污泥碱解与臭氧化预处理效能研究. 水处理技术, 2020, 46(11): 41-45.

[148] Davidsson Å, Wawrzynczyk J, Norrlöw O, et al. Strategies for enzyme dosing to enhance anaerobic digestion of sewage

sludge. Journal of Residuals Science & Technology, 2007, 4(1): 1-7.

[149] Toteci I, Kennedy K J, Droste R L. Evaluation of continuous mesophilic anaerobic sludge digestion after high temperature microwave pretreatment. Water Research, 2009, 43(5): 1273-1284.

[150] Romio C, Kofoed M V W, Møller H B. Digestate Post-Treatment Strategies for Additional Biogas Recovery: A Review. Sustainability, 2021, 13(16): 9295.

[151] Yang Q, Wu B, Yao F, et al. Biogas production from anaerobic co-digestion of waste activated sludge: co-substrates and influencing parameters. Reviews in Environmental Science and Bio/Technology, 2019, 18(4): 771-793.

[152] 仇付国, 曹亚莉, 郝晓地. 欧洲可持续污水生物处理技术. 建设科技, 2006, (021): 30.

[153] Nagpal H, Spriet J, Murali M, et al. Heat recovery from wastewater—a review of available resource. Water, 2021, 13(9): 1274.

[154] Ahmad J I, Giorgi S, Zlatanovic L, et al. Maximizing thermal energy recovery from drinking water for cooling purpose. Energies, 2021, 14(9): 2413.

[155] Kuba T, Loosdrecht M C M V, Brandse F A, et al. Occurrence of denitrifying phosphorus removing bacteria in modified uct-type wastewater treatment plants. Water Research, 1997, 31(4): 777-786.

[156] Ma B, Wang S, Cao S, et al. Biological nitrogen removal from sewage via anammox: Recent advances. Bioresource Technology, 2016, 200: 981-990.

[157] Vieira A, Galinha C F, Oehmen A, et al. The link between nitrous oxide emissions, microbial community profile and function from three full-scale WWTPs. Sci Total Environ, 2019, 651: 2460-2472.

[158] Adouani N, Lendormi T, Limousy L, et al. Effect of the carbon source on N_2O emissions during biological denitrification. Resources Conservation and Recycling, 2010, 54(5): 299-302.

[159] Zhang X, Wang X, Zhang J, et al. Reduction of nitrous oxide emissions from partial nitrification process by using innovative carbon source (mannitol). Bioresource Technology, 2016, 218: 789-795.

[160] Zhu X, Chen Y. Reduction of N_2O and NO generation in anaerobic−aerobic (low dissolved oxygen) biological wastewater treatment process by using sludge alkaline fermentation liquid. Environ Sci Technol, 2011, 45(6): 2137-2143.

[161] She Z, Zhao L, Zhang X, et al. Partial nitrification and denitrification in a sequencing batch reactor treating high-salinity wastewater. Chemical engineering journal, 2016, 288: 207-215.

[162] Junior I V, Almeida R d, Cammarota M C. A review of sludge pretreatment methods and co-digestion to boost biogas production and energy self-sufficiency in wastewater treatment plants. Journal of Water Process Engineering, 2021, 40: 101857.

[163] Aichinger P, Wadhawan T, Kuprian M, et al. Synergistic co-digestion of solid-organic-waste and municipal-sewage-sludge: 1 plus 1 equals more than 2 in terms of biogas production and solids reduction. Water Research, 2015, 87: 416-423.

[164] Jimenez J, Miller M, Bott C, et al. High-rate activated sludge system for carbon management – Evaluation of crucial process mechanisms and design parameters. Water Research, 2015, 87: 476-482.

[165] Meerburg F A, Boon N, Winckel T V, et al. Toward energy-neutral wastewater treatment: A high-rate contact stabilization process to maximally recover sewage organics. Bioresource Technology, 2015, 179: 373-381.

[166] Sharmila V G, Banu J R, Kim S H, et al. A review on evaluation of applied pretreatment methods of wastewater towards sustainable H2 generation: Energy efficiency analysis. International Journal of Hydrogen Energy, 2020, 45(15): 8329-8345.

[167] Bakonyi P, Kumar G, Koók L, et al. Microbial electrohydrogenesis linked to dark fermentation as integrated application for enhanced biohydrogen production: A review on process characteristics, experiences and lessons. Bioresource Technology, 2017, 251: 381-389.

[168] Caraman S, Sbarciog M, Barbu M. Predictive control of a wastewater treatment process. International Journal of Computers

Communications & Control, 2007, 2(2): 132-142.
[169] 袁道先. 现代岩溶学和全球变化研究. 地学前缘, 1997, (Z1): 21-29.
[170] Schimel D S. Terrestrial ecosystems and the carbon cycle. Global change biology, 1995, 1(1): 77-91.
[171] Lal R, Kimble J M, Stewart B A, et al. Global climate change and pedogenic carbonates. New York: CRC Press, 1999.
[172] Trumbore S E, Chadwick O A, Amundson R. Rapid exchange between soil carbon and atmospheric carbon dioxide driven by temperature change. Science, 1996, 272(5260): 393-396.
[173] Schimel J, Schaeffer S M. Microbial control over carbon cycling in soil. Frontiers in microbiology, 2012, 3: 348.
[174] Liang C, Schimel J P, Jastrow J D. The importance of anabolism in microbial control over soil carbon storage. Nature microbiology, 2017, 2(8): 1-6.
[175] 梁超, 朱雪峰. 土壤微生物碳泵储碳机制概论. 中国科学: 地球科学, 2021, 51(05): 680-695.
[176] Luo L, Meng H, Gu J-D. Microbial extracellular enzymes in biogeochemical cycling of ecosystems. Journal of Environmental Management, 2017, 197: 539-549.
[177] Sinsabaugh R L, Hill B H, Shah J J F. Ecoenzymatic stoichiometry of microbial organic nutrient acquisition in soil and sediment. Nature, 2009, 462(7274): 795-798.
[178] Angst G, Mueller K E, Kögel-Knabner I, et al. Aggregation controls the stability of lignin and lipids in clay-sized particulate and mineral associated organic matter. Biogeochemistry, 2017, 132(3): 307-324.
[179] Lützow M v, Kögel‐Knabner I, Ekschmitt K, et al. Stabilization of organic matter in temperate soils: mechanisms and their relevance under different soil conditions–a review. European journal of soil science, 2006, 57(4): 426-445.
[180] Kögel‐Knabner I, Guggenberger G, Kleber M, et al. Organo‐mineral associations in temperate soils: Integrating biology, mineralogy, and organic matter chemistry. Journal of Plant Nutrition and Soil Science, 2008, 171(1): 61-82.
[181] McCarthy J F, Ilavsky J, Jastrow J D, et al. Protection of organic carbon in soil microaggregates via restructuring of aggregate porosity and filling of pores with accumulating organic matter. Geochimica et Cosmochimica Acta, 2008, 72(19): 4725-4744.
[182] Dontsova K M, Bigham J M. Anionic polysaccharide sorption by clay minerals. Soil Science Society of America Journal, 2005, 69(4): 1026-1035.
[183] 汪景宽, 徐英德, 丁凡, 等. 植物残体向土壤有机质转化过程及其稳定机制的研究进展. 土壤学报, 2019, 56(03): 528-540.
[184] 赵永存, 徐胜祥, 王美艳, 等. 中国农田土壤固碳潜力与速率: 认识、挑战与研究建议. 中国科学院院刊, 2018, 33(02): 191-197.
[185] Song G, Li L, Pan G, et al. Topsoil organic carbon storage of China and its loss by cultivation. Biogeochemistry, 2005, 74(1): 47-62.
[186] Qin Z, Huang Y, Zhuang Q. Soil organic carbon sequestration potential of cropland in China. Global Biogeochemical Cycles, 2013, 27(3): 711-722.
[187] Tian K, Zhao Y, Xu X, et al. Effects of long-term fertilization and residue management on soil organic carbon changes in paddy soils of China: A meta-analysis. Agriculture, Ecosystems & Environment, 2015, 204: 40-50.
[188] 田康, 赵永存, 邢喆, 等. 中国保护性耕作农田土壤有机碳变化速率研究——基于长期试验点的Meta分析. 土壤学报, 2013, 50(03): 433-440.
[189] 田康, 赵永存, 徐向华, 等. 不同施肥下中国旱地土壤有机碳变化特征——基于定位试验数据的Meta分析. 生态学报, 2014, 34(13): 3735-3743.
[190] Lu F, Hu H, Sun W, et al. Effects of national ecological restoration projects on carbon sequestration in China from 2001 to 2010. Proceedings of the National Academy of Sciences, 2018, 115(16): 4039-4044.

[191] 强海洋, 高兵, 郭冬艳, 等. 碳中和背景下矿业可持续发展路径选择. 中国国土资源经济, 2021, 34(04): 4-11.
[192] 郭冬艳, 杨繁, 高兵, 等. 矿山生态修复助力碳中和的政策建议. 中国国土资源经济, 2019, 7: 1-7.
[193] 张黎明, 张绍良, 侯湖平, 等. 矿区土地复垦碳减排效果测度模型与实证分析. 中国矿业, 2015, 24(11): 65-70.

作者：杨瑞强[1]，于建伟[1]，魏东斌[1]，刘睿[1]，解娇娇[2]，苑春刚[2]，陆达伟[1]，左培杰[1]，咸昊[1]，江桂斌[1]
[1]中国科学院生态环境研究中心，[2]华北电力大学

第26章　生物质废物的“碳中和”潜力及其资源化利用原理与技术

本章导读

生物质能作为典型的"碳中性"可再生能源，具有来源广泛、总量丰富等优点，是继煤炭、石油、天然气三大化石能源后可供人类利用的第四大初级能源。生物质资源化利用有助于缓解我国的能源危机并促进我国实现"碳达峰"和"碳中和"战略目标。生物质热解/气化技术是当前生物质能利用的主导模式之一，通过该技术可将生物质能转化为可供人类利用的富氢合成气、生物油和生物炭等能源产品。然而，该过程通常伴有二次污染物的产生与排放，如焦油、CO_2 和重金属等，不仅会导致生物质中碳利用率的降低，而且导致所制得的能源产品无法被直接利用。因此，如何实现二次污染物的有效控制和脱除是生物质热解/气化技术应用推广过程亟须解决的关键问题。本章将对生物质废物资源化利用原理与技术及其二次污染物（焦油、CO_2、重金属）控制技术的研究现状进行简要介绍。

关键词

生物质，碳中和，资源化，热化学转化，污染控制

26.1 引　　言

随着化石能源的日益枯竭以及化石燃料利用过程中产生的一系列环境污染问题，对可再生生物质能的利用受到越来越多的关注[1]。生物质是指来源于生活或生物体的有机物质，通常指不用于食物和饲料用途的植物或者植物性物质，也被称为木质纤维素类生物质[2]。我国生物质资源十分丰富，可供开发和利用的生物质资源年产量约为 8 亿吨，其中可作为能源加以利用的生物质资源总量约合 1.27 亿吨标煤。生物质能作为一种重要的可再生能源，是仅次于煤、石油和天然气的世界第四大能源，具有储藏量大、来源广泛和环境影响低等特点[3]。我国在 2006 年开始实施的《可再生能源法》中将生物质能定义为利用自然界的植物、粪便以及城乡有机废物转化成的能源。生物质可以通过直接燃烧产生热能，也可以通过非直接转化技术获取不同形式的生物质能源。

热化学转化、生物转化和物理转化是当前生物质清洁、高效资源化转化的主要技术。通过不同的技术生物质可以被转化成不同的固态、液态和气态燃料，以及热能、电能等能源产品。热化学转化技术能够产生木炭、焦油（生物油）、可燃气体以及其他优质能源产物[4,5]。生物化学转化技术则可以利用微生物在水解、发酵、酶催化合成以及光合作用等方面的活性，将生物质转化成乙醇、甲烷、生物柴油、氢能以及其他产物[6]。同时，热化学转化和生物化学转化过程中产生的高浓度还原性气体（H_2 和 CO）、木炭和生物油（含焦油）也能够直接用作高炉的燃料或还原剂[7,8]。目前应用较广泛的为热化学转化技术，包括直接燃烧、热解、液化和气化等。其中热解/气化技术是生物质能源化利用的主导模式，也是获得可再生氢能源的主要途径[9]。然而该过程不可避免地会产生二次污染物，如产生的焦油能够通过冷凝或者聚合生成更复杂的结构，造成下游设备的堵塞以及设备维护成本的增加。并且焦油能够在催化剂表面冷凝，造成催化剂的中毒失活，导致生物质气化效率的降低[10]；CO_2 的产生不仅导致生物质碳利用率的降低，同时，温室气体的排放会导致温室效应和海洋酸化等环境问题的加剧；重金属富集型生物质的利用过程中重金属会被转移至气相、液相以及固相产品中，导致生物质能源产品的利用存在重金属暴露的风险。因此，如何实现上述二次污染物的有效去除是生物质热解/气化技术应用推广过程中亟须解决的关键问题[11]。

26.2　生物质废物的来源、分布及特征

生物质废物依据其来源与特征可以分为三个类别，即农林废物、禽畜粪便废物和城市废物。

（1）农林废物

主要是指农林业生产加工过程中的副产品或产生的废弃物，常见的有玉米秸、稻秸、枯叶和草木等。目前，我国农林生物质废物资源储量约为 18.63 亿吨[12,13]。然而，其中大部分仅仅通过简单地燃烧来用于生产蒸汽和电力，不仅造成资源浪费（能量转化效率低），还形成了大量的 CO、CO_2、NO_x、SO_2 和烟尘等污染物，严重污染了大气与人居环境。

（2）禽畜粪便废物

随着我国畜禽养殖业的蓬勃发展，畜禽粪便的产量也急剧增长。当下，我国的禽畜粪便的年产总量约为 39.26 亿吨，但综合利用率不足 60%[14,15]。畜禽粪便中含有大量的病原体和寄生虫不仅会污染土壤与水体，同时会形成恶臭气体并造成疾病传播，此外，其富含氮、磷等元素的特点，也会进一步加速地表水质富营养化。

（3）城市废物

城市废物主要包括厨余垃圾、餐饮垃圾、市政污泥和工业固体废物等，其年产量大致为 15.53 亿吨[16]。资料表明，近年来我国城市废物中有机成分含量持续增加，加速重金属迁移转化和多环芳烃等有害污染物的形成，从而对环境造成巨大危害。

我国目前主要生物质废物资源总储量约为 73.42 亿吨[16]，见表 26-1。值得强调的是生物质废物具有环境污染源和可再生资源化利用的双重特征。因此，加速生物质废物资源化既可以充分利用可再生生物质能源，也对实现“负碳减排”具有重大的现实意义。

表 26-1　中国主要生物质资源分布及占比[12-16]

生物质	物种	储量（$\times10^8$t）
农林废物	稻草	2.17
	小麦	1.49
	大豆	5.14
	玉米	0.27
	林地生长残留物	4.60
	林业生产残留物	4.24
	其他	0.72
	汇总	18.63
禽畜粪便废物	牛粪	9.01
	猪粪	22.67
	鸡粪	4.16
	其他	3.42
	汇总	39.26
城市废物	生活垃圾	2.02
	一般工业废物	13.1
	其他	0.41
	汇总	15.53

26.3 生物质资源化利用研究进展

26.3.1 生物质气化制备生物氢能

氢能被认为是 21 世纪最有前途的一种绿色能源。首先 H_2 的燃烧能够产生高达 142.3 MJ/kg 的燃烧热值；其次，燃烧产物（水）真正意义实现了“零排放”。因此，清洁的可再生氢能源的开发和利用能够有效缓解化石能源消耗引起的温室效应及能源危机问题。如今，生物质制备氢能是一种非常具有前景的技术路径，涉及的主要策略是热解/气化技术。

生物质热解/气化制备生物氢能是指通过热化学方式将生物质转化为富含氢气的混合气，然后通过分离等方式得到纯氢燃料。热解是一种无氧环境下的热化学反应。根据热解温度的不同，生物质热解的产物的状态也有所差异，主要分为固体、液体和气体[17]。首先，在≤500℃低温区时，热解产物往往趋向于固体焦炭的形成；其次，在 500～650℃中温区时，则有利于液态生物油的生成，目前，不可避免焦油形成是制约氢气产量的关键因素[17,18]；最后，在≥ 800℃高温区时，生物质中 C-C 和 C-H 键广泛断裂，使得产物主要是以 H_2CO、CO_2 和 CH_4 为主的合成气体。

气化也是热化学反应中的一种类型，主要指的是在前期热解步骤中引入气体剂（如空气、水蒸气或混合气等）并继续与热解产物发生复杂的氧化反应的过程。气化剂的存在是气化区别于热解技术的重要标志。目前，气化制氢技术多采取协同催化来加速气化反应并抑制焦油的产生，从而提高设备的转化效率和氢气的质量。此外，生物质热解/气化制备氢气的反应器为固定床、流化床和气流床气化器[19]。

近年来，国内外学者围绕着生物质热解/气化制备生物氢能开展了大量的研究工作。在热解制氢方面，Tran 等人[20]选取水葫芦为原料，探究了三价铁含量对热解产气和产氢的影响规律。研究表明，在 540℃下，催化剂中铁含量的增加有效促进了生物质的转化，产气量和氢气体积分数分别为 277.8 mL/g 和 42%；Williams 小组[21]选取城市生活垃圾为原料，研究了煅烧温度对 Ni/SiO_2 催化剂性能和产氢量的影响。研究表明，煅烧温度升高会使得催化剂的表面积和产氢量大幅降低。对于气化制氢方面，Jin 等人[22]设计并开发了新型 Ca 添加的镍基催化剂，证实了 Ca 的引入能够有效提升产氢量。Yan 小组[23]分别以稻壳和 $NiO/\gamma\text{-}Al_2O_3$ 为原料和催化介质进行空气-水蒸气催化气化实验，详细探究了催化反应器温度和蒸汽与生物质比（S/B）等实验参数对合成气产率和组成的影响。结果表明，$NiO/\gamma\text{-}Al_2O_3$ 在 800℃下可实现 99%的焦油催化去除率和 H_2 产率提高的目标。

26.3.2 生物质液化制备液体燃料

生物质液体燃料又称生物油，是一种以禽畜粪便、工业有机废水、农林废弃、城市生活垃圾等生物质废物为原料，通过热化学液化技术处理而得到的具有可再生、CO_2 中性和高能量密度等特点的新型绿色液态燃料。生物油的化学成分非常复杂，主要以含氧化合物如酸、醇、醛、碳水化合物、酯、醚、呋喃、酮和酚等为主[24]。此外，生物油不仅成功用作锅炉、柴油发动机和燃气轮机的液态燃料，也是众多高附加值化学品的制备前体[25]。生物油制备技术包含快速热解液化技术和高压液化技术。

快速热解液化技术是指在适温（400～500℃），快速热解时间（≤ 2s）及无氧条件下进行的快速热化学转化过程。该技术原理主要涉及热解产生的气相小分子之间的均相反应[26]。随后，热解产物经历冷却浓缩和分离等系列步骤处理得到生物油。值得强调的是快速热解液化较传统热解液化技术（慢速或低温条件）有着更高的产率，这也使得该技术具备更好的经济效益与潜力。

高压液化技术通常指的是在低温（300～400℃）、长反应时间（0.2～1.0 h）、高压（5～20 MPa）和催化剂的条件下进行的化学反应过程。与快速热解原理不同，高压液化反应发生在水系介质中，通常涉及到官能团的氢化、分解、脱水、脱羧、加氢等复杂反应[27]。此外，该技术制备的生物油具有高热值，低水分含量等优势，但是也面临着产量低及成本高的不足。

自1970年代后期快速热解液化技术诞生以来，国内外学者围绕该技术开展生物质液体燃料制备研究。截止到 1995 年左右，美国和芬兰等国[28]已成功开发了快速热解液化中试装置并投产使用。近年来，Venderbosch 等人[27]全面回顾了快速热解技术在液态燃料中应用，并总结了未来利用该技术制备生物燃料的挑战，主要涉及到热解反应器稳定可靠性及生物油提质技术的开发。

与热解液化技术不同，作为生物质废物液化转化生物油的新技术，高压液化技术前期研究主要集中于技术原理的探索和实验参数（温度、压力及反应时间等对产物的影响）的优化。例如，Akhtar 等人[29]系统概述了实验参数对液体油的产量和组成的影响。2005 年，伊利诺伊大学[30]成功设计了一种水热工艺反应器系统并成功将猪粪转化为生物油，日处理量达 48kg/d。随后，Worldwide Bioenergy 公司在美国建造了一座产能为 40 桶/天的试验工厂，成功实现了高压液化技术的商业化。

26.3.3　生物质炭的制备及应用

生物质炭又称生物炭、生物黑炭，指的是生物质在缺氧条件下通过高温热化学转化而获得的高芳香的、富碳的黑色固相产物，该概念于 2006 年由著名生物炭专家 Lehmann 在 *Nature* 杂志提出[31,32]。近年来，生物质炭作为一种新型功能性材料，凭借着其大比表面、丰富的表面活性基团和高导电性等特性在环境、农业和新能源等领域大放异彩。同时，利用生物质废物作为原料制备生物质炭不仅降低环境污染，还实现了可再生新能源的资源化利用。因此，积极开展生物质炭的研究、开发和应用具有重大的现实意义。

1）生物质炭的制备方法

生物质炭的制备方法通常可分为炭化技术、水热液化技术和气化技术等。

炭化技术是制备生物质炭经典技术之一，指在无氧条件下，将生物质原料投入炭化炉中进行燃烧从而获得生物炭。值得注意的是裂解工艺（升温速率、煅烧温度和时间等）对生物质炭产率有很大影响。具体而言，通过慢速热裂解（5～7℃/min，400～650℃，1～2 d）、中速热裂解（300℃/min，400～550℃，10～20 s）、快速热裂解（1000℃/min，400～650℃，1～2 s）、闪速热裂解（1000℃/min，1050～1300℃，＜1 s＝等工艺制备的生物质炭产率分别约为 35%、20%、12%和 10%[32-35]。

水热液化技术指的是在水介质及高温、高压等条件下进行慢速裂解的一种技术。原理是通过脱水、脱羧反应降低 H/O 含量，从而生成生物质炭[36]。该液化过程主要包括水解、脱水、脱羧、缩聚、芳构化等步骤[37]。

气化技术是一种传统的热化学处理技术，主要是指在高温条件下引入气态介质将生物质废物转化成合成气的过程。该过程经历干燥、热解、燃烧及还原等步骤。在这里，生物质炭是作为气化过程中次级固态副产物生成的，产率一般约为 10%[38]。

2）生物质炭的应用

（1）生物质炭在农业领域的应用

研究表明，生物质炭因具有高的 pH、阳离子交换能力及丰富的 N、P 等营养元素而被用作土壤改良剂，可以有效地改善土壤环境，提高土壤肥力，从而实现农作物的增产增收。例如，Ahmad 等人[39]开发了大豆秸秆衍生生物质炭用于研究材料 pH 对土壤中重金属离子转化的影响。结果表明大豆秸秆生物质炭有效提升了土壤 pH，并将 Pb 转化为更稳定的有机残留和碳酸盐形式。Zhou 等人[40]制备了蜂蜜混合玉米秸秆（1%、3%、5%和 10%，*w/w*）生物质炭并证实了该生物质炭改良剂增加了土壤 pH、土壤总有机碳（TOC）和养分含量（TN、TP）。此外，Liu 小组[41]研究了生物质炭改良茄子苗床固定 Cd 的效果，结果表明，与传统的育苗方法（不添加生物炭）相比，生物炭改良苗床不仅对植物生长产生积极影响，而且根、芽和果实中的 Cr 浓度分别降低了 12.2%、12.5%和 18.5%。该结果得益于生物质炭表面丰富的阳离子交换位点。因此，生物质炭施用量越高，土壤微量元素 TEs 在土壤中的溶解度、浓度和浸出性能够显著降低。

（2）生物质炭在环境领域的应用

正如前面所言，生物质炭具有大的比表面积和丰富的表面基团，经常作为吸附剂用于环境领域，如水环境处理、烟气净化等。例如，Liu[42]选用松木和稻壳为原料制备了两种不同的生物质炭来研究其对水中 Pb^{2+}吸附能力。结果证实生物质炭表面丰富的含氧基团对 Pb^{2+}有强的吸附作用。Hu 等人[43]评估了三种果皮生物炭（橙子、菠萝和火龙果）对铵（NH_4^+）的捕获。研究发现温度较低时可实现更高的 NH_4^+吸附能力，这主要归因于生物质炭表面络合、阳离子交换和静电吸引的协同吸附机制。此外，Azargohar 等人[44]证实了白木生物质炭对 H_2S 等恶臭气体的吸附-脱除效应，脱除效果远胜于纯活性炭材料。

（3）生物质炭在新能源领域的应用

生物质炭优异的导电性和多维结构使其在电化学能源领域有着巨大的应用潜力，如超级电容器、二次电池、电催化等应用。Gao 等人[45]以纤维素为碳源开发了三明治结构生物质碳-氧化铁-石墨烯（CP@Fe_3O_4@RGO）复合碳纸。将其作为锂离子电池负极，CP@Fe_3O_4@RGO 电极表现出稳定的循环寿命（1160 mAh/g＞2000 圈）和出色的倍率性能（486 mAh/g 在 20 A/g）。Peng 小组[46]以蟹壳和稻壳的可再生混合生物质废物为原料，通过水热碳化和 KOH 活化相结合的策略实现了分层多孔碳（HPC）的成功制备。受益于 HPCs 发达的分层孔隙率和大的比表面积，所制备的 HPC 在超级电容器中实现了 474 F/g 的高电容和显著的循环稳定性。Wu 等人[47]利用生物质废物合成 N 掺杂分级多孔碳负载的单原子 Fe（SA-Fe/NHPC）电催化剂。在氧还原反应（ORR）应用中，该催化剂实现了优异的催化活性，显著的稳定性以及出色的甲醇耐受性。

26.4　生物质利用过程污染控制研究进展

生物质热解气化过程除产生 CH_4、H_2、CO 等可燃性小分子气体外，同时伴随有焦油、水汽、CO_2、无机杂质以及颗粒物的产生，不仅导致生物质中碳利用率的降低，还会造成二次污染问题。本文从焦油、CO_2 和重金属三个角度着手讨论生物质利用过程二次污染控制研究现状。

26.4.1　生物质焦油重整

焦油通常指一系列可冷凝为碳氢化合物的复杂混合物，它包括单环到五环的芳香族化合物、部分含氧碳氢化合物，以及复杂的多环芳烃（PAHs）[48]。焦油的主要成分为含氧碳氢化合物，是在生物质热解过程中由于木质纤维素生物质的分解而产生的。随着反应温度的增加，含氧的碳氢化合物被转化为轻质的碳氢化合物、芳香族化合物以及链烯烃，随后，继续转化为更大的碳氢化合物和大分子多环芳烃。焦油在不同温度下生成的原理如图 26-1 所示[49]。可以看出，随着温度的升高，焦油中的有机组分变得越来越稳定。因此，温度被认为是影响焦油分布的最主要因素。焦油的产生不仅会引发下游设备的堵塞和污染，从而导致发动机和涡轮的维护费用过高；而且低温时焦油与燃气的物理状态不同，难以与燃气一起被利用，所以焦油的产生导致生物质气化效率大大降低[50]。因此，焦油的去除成为生物质气化过程亟待解决的关键问题。

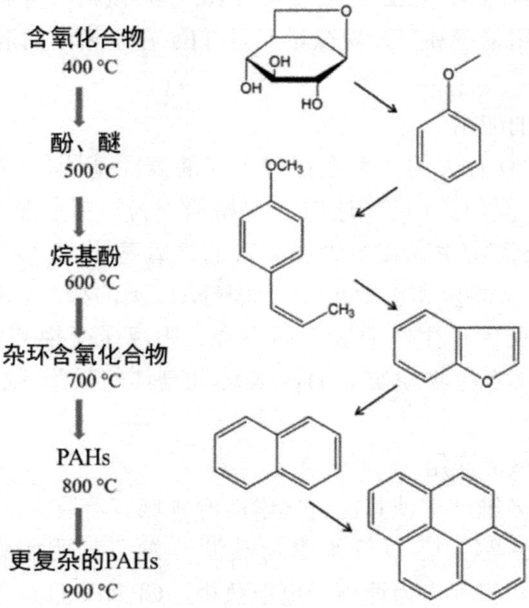

图 26-1　焦油生成原理图[49]

目前用于生物质热解焦油去除的技术很多，按焦油去除的位置可分为两种，一种是在气化设备中去除焦油(初级方法)，另一种是在气化设备后去除焦油(二次方法)，其处理过程分别如图 26-2 和图 26-3[51,52]所示。虽然在气化设备中去除焦油的方法能够有效地降低焦油产量，但该方法对原料种类和规模的适用性较差、冷气体效率较低、气化炉结构复杂，加上废液的产生以及有限的操作条件等因素，限制了该方法的发展和商业化应用[53]。因此，近年来针对气化设备后去除焦油的方法研究较多。

根据处理方法的不同可将焦油去除方法分为物理处理法（又称机械法）和化学转化法。物理处理法包括过滤、湿式除尘、旋风除尘和电除尘等，是通过捕捉气体中的焦油颗粒物，或利用水洗的方法将焦油从气体中洗入水中，或通过过滤的方法吸附焦油以达到去除焦油的目的[54]。但是，物理处理法仅能从气态产物中物理去除焦油，不仅会造成二次污染，而且会导致焦油中化学能的损失，致使总能量效率降低。化学处理法包括部分氧化法、高温裂解法、催化裂解法和等离子体法[55]。化学转化技术能够将焦油转化为有用的气态产物，进而提高气化过程的总效率[56]。焦油高温裂解是在无催化剂添加的情况下，将复杂的有机大分子降解为不可冷凝的小分子气体产物。该反应通常需要 1000 ℃以上的温度，所以过程能耗较高[10,57]。催化裂解能够有效地降低反应温度，同时将焦油转化为有用的裂解产物[58]，但是生物质中含有的 S 和 Cl 极易造成催化剂的中毒失活，产生的焦炭也会附着在催化剂表面使其失活[59]。低温等离子体技术凭借其低温（室温）、高反应速率、结构紧凑、快速启动-停止等优点被广泛应用于环境污染物去除、废水处理以及焦油重整等领域[60,61]，然而多种副产物的生成及目标产物较低的选择性是该技术当前面临的主要挑战。

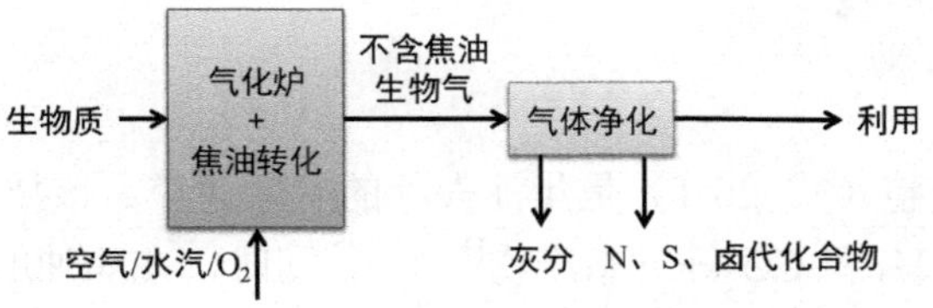

图 26-2　气化设备内去除焦油示意图[51,52]

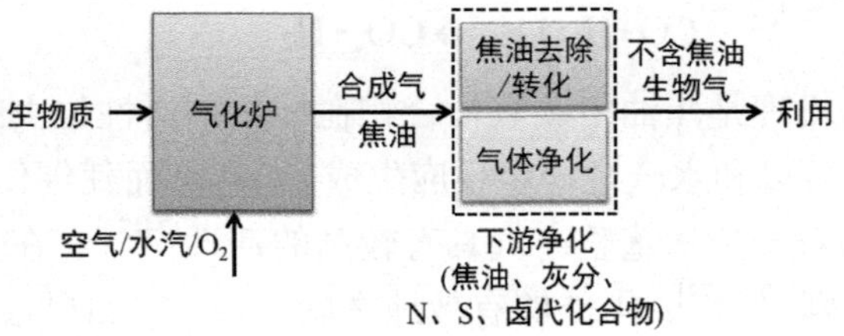

图 26-3　气化设备后去除焦油示意图[51,52]

1）机械/物理方法

在生物质气化产气过程中，去除颗粒物和焦油的机械/物理气体净化系统可分为干气净化和湿气净化。干气净化通常用于气体冷却之前，此时的气体温度通常高于 500 ℃；部分也被用于空气冷却之后，此时的气体温度通常低于 200 ℃。湿气净化通常用于气体冷却之后，气体温度约为 20～60 ℃。

生物质焦油的物理去除设备主要包括洗涤器、过滤器、旋风除尘器和电除尘器等。物理方法能够有效地捕获固体颗粒，并能有效地去除焦油。许多生物质气化厂利用水性洗涤器对焦油和其他污染物进行去除，然而，利用该方法重焦油在水中的溶解度较低，仅为 31.8%[62]。研究表明，文丘里洗涤器对逆流稻草气化炉产气中的焦油的去除率在 51%～91%之间[63]。除文丘里洗涤器外，水洗器和湿式洗涤器同样是颗粒物、焦油和其他污染物去除的有效技术。然而在实际焦油中，疏水性焦油的比例要远远高于可冷凝的焦油和亲水性焦油，因此考虑到焦油的极性，焦油在油性洗涤器中的溶解度要远远高于水性洗涤器[64]。尽管机械方法能够有效地去除焦油，但是，机械方法费用高，且仅能将焦油从产气中分离，造成焦油能量的损失，此外还会产生大量的污染废水，造成二次污染。

2）焦油热裂解法

焦油热裂解是在一定温度和时间下对焦油进行加热，使其转化或者裂解为小分子气体的过程。高温虽然能够降低焦油的产率，使气态产物产率升高，但生物质焦油很难通过单独热处理技术发生裂解。因此为了降解焦油，通常需要提高加热温度、增加停留时间、或通过添加氧气或空气来实现焦油的部分氧化[65]。

前期的研究结果表明，焦油热裂解温度一般在 700～1250 ℃范围内[66,67]。提高热裂解温度和停留时间均能够提高焦油的裂解效率、气体产率和焦炭质量[68]。El-Rub 等[69]发现，苯酚在 700 ℃的热转化效率仅为 6.3 wt%；随着温度的升高，苯酚的热稳定性降低；在 800 ℃时，苯酚的转化率达到 97 wt%；当温度达到 900 ℃时，其转化率高于 98 wt%。Han 等人[3]指出，当温度和停留时间分别为 1250 ℃和 0.5 s 时，可以达到较高的焦油裂解效率。由上述研究可知，热裂解法虽然能够有效地去除焦油，但该方法所需温度较高，导致总过程能源效率降低。同时，该方法对仪器设备要求较高，设备维护和过程处理费用昂贵，以上缺点限制了该技术的工业化应用。

3）焦油催化裂解法

目前，焦油的催化水汽重整（式 26-1）是焦油去除的有效途径。该技术不仅能够去除焦油，而且可以将焦油转化为有用的 H_2、CH_4 和 CO 等气态产物[1,70,71]。同时，在焦油的水汽重整过程中，产生的 CO（式 26-1）能够进一步和过量的水汽反应（WGS，式 26-2），产生更多的 H_2 等能源气体[72]。

$$C_xH_yO_z+(x-z)H_2O \longrightarrow xCO+(x+y/2-z)H_2 \tag{26-1}$$

$$CO+H_2O \longleftrightarrow CO_2+H_2 \tag{26-2}$$

焦油催化水汽重整的基本机理是焦油中碳氢化合物在催化剂活性位上的脱氢作用。碳会在催化剂的表面活性位上生成，但沉积碳可以和水汽进一步反应生成 CO，从而使催化剂保持活性[73]。

前期的研究表明，催化剂对于焦油重整产气具有较高的活性[74-77]。在焦油催化重整过程中，催化剂的选取应遵循以下几个基本原则[49,68,78]：①能够有效地去除焦油；②如果预期的重整产物是气体，催化剂必须能够重整甲烷；③能够生成适当比例的合成气，以满足预期应用过程的需要；④能够抵抗因碳沉积和烧结导致的催化剂失活问题；⑤易于再生；⑥要有足够的机械强度；⑦廉价。催化剂催化焦油裂解的能力取决于催化剂的种类和组成。Achouri 等人[79]研究了催化剂组成对焦油重整产气活性的影响，认为催化剂主要包含以下三类主要成分：①活性催化相或金属；②能够提高催化剂活性或稳定性的促进剂；③能够提高活性相分散度的高比表面积的载体。目前常用的生物质焦油重整催化剂主要包括天然矿石催化剂、镍基催化剂、非镍基金属催化剂、碱金属催化剂、活性炭催化剂等。

4）低温等离子体重整法

低温等离子体反应器中会产生化学活性极高的粒子，能够与多种难降解物质发生反应，使其得到分解或转化。该技术已被证实能够有效去除气态产物中的 CH_4、SO_2、NO_x 以及挥发性有机污染物（VOCs），从而被广泛应用于污染控制领域[80-82]。除此之外，等离子体技术还可以用于生物质气化过程中焦油的去除[83-88]。虽然低温等离子体技术能促进生物质焦油的高效转化，但很难控制产物的定向生成。前期的研究表明，通过在等离子体反应器中放置催化剂能够促使等离子体-催化剂协同效应的产生，从而实现产物的定向调控[89]。

目前可用于焦油重整的低温等离子体放电形式主要包括脉冲电晕放电、介质阻挡放电（DBD）、直流电晕放电、射频等离子体和微波等离子体等[84]。脉冲电晕放电等离子体和滑动电弧等离子体降解碳氢化合物的效率高于 DBD 等离子体，但是在这两个系统中很难引入催化剂；即使引入催化剂，也会因为有大量积碳的生成造成催化剂的快速失活。与之不同的是，DBD 等离子体产生的积碳较少，并且容易与其他技术相结合形成新的系统，例如，DBD 等离子体与非均相催化结合为混合等离子体-催化系统[90]。

26.4.2　CO_2 捕集与利用

1）CO_2 捕集

CO_2 是生物质气化过程中的另一重要副产物。同时，CO_2 作为导致全球变暖的主要温室气体一直受到人们的关注。随着经济快速发展和城市化工业化的推进，CO_2 加速排放占到温室气体排放总量的 70%以上，对生态环境造成灾难性的影响[91]。因此，实现生物质气化过程 CO_2 的有效去除和利用具有重要的研究价值和现实意义。CO_2 捕集是减少 CO_2 排放的有效途径之一[92]。

目前主要的 CO_2 捕获方法可分为三种：燃烧前捕集、燃烧后捕集和富氧燃料燃烧[93-95]。燃烧前捕集是让化石燃料通过气化、催化重整生成包含 CO_2 和 H_2 的水煤气，再将 CO_2 分离出来，H_2 作为高纯度燃料使用[96]。富氧燃料燃烧技术是指用纯氧来代替空气作为主要氧化剂燃烧的过程，商业化难度较大[97]。相比之下，燃烧后捕集技术受到更多关注[98]，具体操作是处理燃烧后的烟气，分离出 CO_2 气流[99]，针对生物质气化过程 CO_2 捕集也多采用后捕集方式。常用的后捕集技术包括膜分离、溶剂吸收、低温蒸馏法、吸附技术[94,100,101]等。膜分离法分离 CO_2 是利用聚合材料制成的薄膜来分离气体，装置简单，操作难度小，发展较快，缺点是难以得到纯度较高的 CO_2。溶剂吸收法分为物理吸收法和化学吸收法。物理吸收是利用有机溶剂在一定压力下对酸性气体进行吸收达到分离脱除 CO_2 的目的。化学吸收利用化学溶剂与气体的化学反应达到回收 CO_2 的目的。低温蒸馏利用不同气体在低温条件下气液点不同的特性进行分离，适用于 CO_2 分压高的情况；但实际应用时基建费用高、能耗高，经济效益差。吸附法利用吸附剂对混合气体中的 CO_2 的选择性吸附能力来进行分离，常用的吸附剂有天然沸石、分子筛、金属氧化物、生物炭[102]等，吸附法工艺操作简单，能耗低，设备费用低，但吸附解吸过程频繁，对吸附设备要求高。

2）CO_2 利用

捕集后的 CO_2 利用技术是减少 CO_2 排放的重要途径。CO_2 作为三个原子呈双键对称排列的一种特殊结构气体，其 C 原子处于最高氧化态[103]，因此大多数 CO_2 的转化过程都伴随着还原反应。

目前将 CO_2 转化为有价值产品的主要途径可分为三种：矿物碳化、化学转化和生物转化[104]。矿物碳化是通过某种手段，使 CO_2 与矿石发生反应生成碳酸盐（如 $CaCO_3$），用于生产混凝土等建筑行业产品。而化学转化和生物转化都可将 CO_2 转化为高附加值化学品（如甲醇、甲酸、乙烯等）和燃料（如甲烷）[105]。虽然化学催化转化可以通过选择合适的催化剂来控制还原程度，进而可以选择性地形成某一种产物，但难点在于化学催化转化要求催化剂具有更高的选择性、稳定性以及较高的活性[106]。生物转化又可以分为光合生物转化和非光合生物转化。光合生物转化是利用绿藻、蓝藻细菌等固定 CO_2 中的碳，进而将其转化为具有较高价值的化学品；而对于非光合生物转化来说，关键在于寻找具有 CO_2 转化功能的生物体，提高生物体的生产效率和稳定程度[104]。针对以上自然生物转化的弊端，人工生物转化技术受到广泛关注。例如，微生物电合成（MES）技术选取特定的细菌和酶，在电能的帮助下，通过生物反应将 CO_2 还原为多碳化合物，实现了对于目标产物的绝对可控性[107]。

26.4.3　生物炭重金属固定/稳定化

共热解生物炭在重金属固定化的应用方面有巨大的潜力。除了可以被作为土壤改良剂进行应用以外，共热解生物炭还可以用于固定自身的重金属以降低其对环境的潜在威胁。该应用方法一般适用于重金属含量较高的城市污水污泥或动物粪便的固定化。未经预处理制备的单一污泥或畜禽粪便的生物炭由于重金属含量过高不能直接利用，所以一般在热解过程中加入另一种植物类生物质来稀释和固定污泥和动物粪便中的重金属[108]。共热解不仅可以通过本身的稀释作用降低生物炭中重金属的含量，还可以降低生物炭中重金属的生物有效性和迁移率。有学者通过研究城市污泥/畜禽粪便与植物类（如榛子壳、竹锯末、稻草等）共热解产生的生物炭发现共热解过程促进了一部分可移动金属组分（F1 和 F2）转化成为稳定金属组分（F3 和 F4），从而降低了重金属对生物炭潜在的生态风险，使得共热解生物炭具有更高的安全性和环境友好性[109-111]。所以，在污泥或动物粪便的热解前添加植物类生物质可以获得重金属毒性和环境风险较低的共热解生物炭，有利于降低生物炭潜在的生态风险进而有利于后续应用。一般来说，重金属在共热解生物炭中的固定化作用受热解温度、热解时间和原料配比等条件的影响。

1）热解温度的影响

热解温度是影响共热解生物炭对重金属固定化能力的关键因素。生物质无组织相挥发性和可凝性化合物的释放等热化学变化均依赖于热解温度[112-114]。生物炭热解温度的升高会显著影响生物炭中重金属的流动性、生物有效性、浸出能力和环境风险[115,116]。共热解过程可以增强生物炭的抗氧化性和降低重金属的释放潜势[111]。由于高温下高浓度的矿物组分和类石墨固定碳会阻碍内部重金属的释放，因此热解温度越高，重金属释放的浓度越低[117]。同时，热解温度的升高有助于重金属从不稳定组分向稳定组分的转化，降低生物炭的生物有效性[115]。此外，在热解过程中，铅、锌、镉等低沸点的重金属在较高的热解温度下更容易被挥发到气相和液相中而被去除[118,119]。

2）热解时间的影响

重金属在共热解生物炭中的浸出风险也与热解时间有关。植物原料热解过程中，热解温度越低，热解时间对重金属浸出风险的影响越强，反之越弱[120]。Pearson 相关分析显示，热解时间与锌、镉、镍的固定率密切相关[121]。Wang 等人通过计算 RAC 值，评估了不同热解时间（30～150 min）下污泥与棉秆共热解生物炭中重金属的潜在环境风险[122]，发现镉、镍、铬、锌、铜和铅等重金属的 F4 组分浓度随热解时间的增加而显著增加，代表风险等级的下降。因此，延长生物炭的热解时间有利于重金属不稳定组分向稳定组分转化，降低其潜在的环境风险。

3）原料配比的影响

合适的木质生物质与富含重金属的生物质配比有利于改善由于稀释效应导致的生物炭中重金属总量/可浸出/生物有效含量过高的问题。Meng 等人发现当粪便与稻草的混合比例为 1∶3 时，CH_3COONH_4 可萃取态、可交换态和碳酸盐形式的铜和锌物种的含量达到最低[111]。Shi 等人也报道了稻壳与污泥在 1∶1.75 的优化配比下共热解合成的生物炭没有重金属浸出毒性[123]，可浸出的铬、镍、铜和镉组分浓度较原始污泥生物炭分别降低了 17%、89%、95%和 93%。

综上所述，共热解过程在通过稀释重金属总含量和将不稳定金属组分转化为稳定金属组分来降低重金属生物有效性和潜在生态风险方面具有发展潜力。这为利用富含重金属的原料合成生物炭提供了一种潜在的解决方案。

26.5 展　　望

综上所述，目前针对生物质热解/气化制备生物氢能、生物油和生物炭及其二次污染物（焦油、CO_2 和重金属）控制已开展了广泛的研究。然而，目前该技术仍存在一定的问题和技术壁垒，限制了其工业化应用。其面临的主要问题和有效的解决策略如下：

（1）目前针对二次污染物控制技术多采用较为纯净的模拟物进行研究，其在实际工业过程中应用的效果未知。因此未来应更多地关注实际工业过程复杂工况条件下二次污染物有效控制技术的开发，并阐明不同二次污染物在去除过程中的交互作用机制；

（2）目前生物质热解/气化以及焦油和 CO_2 等二次污染物控制多采用热（催化）处理方法，该方法的有效性大大受到催化剂催化活性以及反应热力学平衡的限制。在未来的研究中，一方面，应重点关注具有低成本、高活性、高抗中毒和抗积碳性能等功能型催化剂的开发；另一方面，应考察其他技术，如微波技术、等离子体技术等，在生物质能利用过程中的应用效果，寻求能够打破其热力学平衡，促使生物质能的高效转化的新体系和新技术。

参 考 文 献

[1] Guan G, Kaewpanha M, Hao X, et al. Steam reforming of tar derived from lignin over pompom-like potassium-promoted iron-based catalysts formed on calcined scallop shell. Bioresource Technology, 2013, 139: 280-284.

[2] Zhang L, Duan F, Huang Y. Thermogravimetric investigation on characteristic of biomass combustion under the effect of organic calcium compounds. Bioresource Technology, 2015, 175: 174-181.

[3] Han J, Kim H. The reduction and control technology of tar during biomass gasification/pyrolysis: An overview. Renewable and Sustainable Energy Reviews, 2008, 12 (2): 397-416.

[4] Bhaskar T, Steele P H. Thermo-chemical conversion of biomass. Bioresource Technology, 2015, 178: 1.

[5] Panwar N L, Kothari R, Tyagi V V. Thermo chemical conversion of biomass – Eco friendly energy routes. Renewable and Sustainable Energy Reviews, 2012, 16 (4): 1801-1816.

[6] Zhang L, Xu C, Champagne P. Overview of recent advances in thermo-chemical conversion of biomass. Energy Conversion and Management, 2010, 51 (5): 969-982.

[7] Rozhan A N, Cahyono R B, Yasuda N, et al. Carbon deposition from biotar by fast pyrolysis using the chemical vapor infiltration process within porous low-grade iron ore for iron-making. Energy & Fuels, 2012, 26 (12): 7340-7346.

[8] Rozhan A N, Cahyono R B, Yasuda N, et al. Carbon deposition of biotar from pine sawdust by chemical vapor infiltration on steelmaking slag as a supplementary fuel in steelworks. Energy & Fuels, 2012, 26 (6): 3196-3200.

[9] Dulger Irdem S, Parparita E, Vasile C, et al. Steam reforming of tar derived from walnut shell and almond shell gasification on red mud and iron–ceria catalysts. Energy & Fuels, 2014, 28 (6): 3808-3813.

[10] Zhu F, Li X, Zhang H, et al. Destruction of toluene by rotating gliding arc discharge. Fuel, 2016, 176: 78-85.

[11] Liu L, Wang Q, Song J, et al. Plasma-assisted catalytic reforming of toluene to hydrogen rich syngas. Catalysis Science & Technology, 2017, 7 (18): 4216-4231.

[12] Zhang W D, Zhang L, Zhang C H, et al. Assessment of the potential of forest biomass energy in China. Journal of Beijing Forestry University, 2015, 336 (3): 873–878.

[13] Zhi H, Yu U, Shi-Wei S U. Development trends and prospects of biomass energy industry. China Forestry Economics, 2019, (26): 5-12.

[14] Li F Y, Wu X, Li J S , et al. Assessment of carbon sequestration and nutrient resources by turning animal manure into biochar and its potential environmental risk for field application. Journal of Agro-Environment Science, 2019, 38 (9): 2202-2209.

[15] 吴佳佳, 耿利敏. 中国农村生物质能源利用分析研究. 中国林业经济, 2019, (5): 70-72.

[16] Feng D, Wang S, Zhang Y, et al. Review of carbon fixation evaluation and emission reduction effectiveness for biochar in China. Energy & Fuels, 2020, 34 (9): 10583-10606.

[17] Saxena R C, Seal D, Kumar S, et al. Thermo-chemical routes for hydrogen rich gas from biomass: A review. Renewable and Sustainable Energy Reviews, 2008, 12 (7): 1909-1927.

[18] Li J, Tao J, Yan B, et al. Review of microwave-based treatments of biomass gasification tar. Renewable and Sustainable Energy Reviews, 2021, 150: 111510.

[19] Shahabuddin M, Krishna B B, Bhaskar T, et al. Advances in the thermo-chemical production of hydrogen from biomass and residual wastes: Summary of recent techno-economic analyses. Bioresource Technology, 2020, 299: 122557.

[20] Tran T K, Kim N, Leu H J, et al. The production of hydrogen gas from modified water hyacinth (Eichhornia Crassipes) biomass through pyrolysis process. International Journal of Hydrogen Energy, 2021, 46 (27): 13976-13984.

[21] Blanco P H, Wu C, Williams P T. Influence of Ni/SiO_2 catalyst preparation methods on hydrogen production from the pyrolysis/reforming of refuse derived fuel. International Journal of Hydrogen Energy, 2014, 39 (11): 5723-5732.

[22] Jin F, Sun H, Wu C, et al. Effect of calcium addition on Mg-AlO_x supported Ni catalysts for hydrogen production from pyrolysis-gasification of biomass. Catalysis Today, 2018, 309: 2-10.

[23] Li J, Liu J, Liao S, et al. Hydrogen-rich gas production by air–steam gasification of rice husk using supported nano-NiO/γ-Al_2O_3 catalyst. International Journal of Hydrogen Energy, 2010, 35 (14): 7399-7404.

[24] Cai J, Rahman M M, Zhang S, et al. Review on aging of bio-oil from biomass pyrolysis and strategy to slowing aging. Energy & Fuels, 2021, 35 (15): 11665-11692.

[25] Czernik S, Bridgwater A V. Overview of applications of biomass fast pyrolysis oil. Energy & Fuels, 2004, 18 (2): 590-598.

[26] Demirbaş A. Mechanisms of liquefaction and pyrolysis reactions of biomass. Energy Conversion and Management, 2000, 41 (6): 633-646.

[27] Xiu S, Shahbazi A. Bio-oil production and upgrading research: A review. Renewable and Sustainable Energy Reviews, 2012, 16 (7): 4406-4414.

[28] 李军, 魏海国, 杨维军, 等. 生物质热解液化制油技术进展. 化工进展, 2010, 29 (z1): 43-47.

[29] Akhtar J, Amin N A S. A review on process conditions for optimum bio-oil yield in hydrothermal liquefaction of biomass. Renewable and Sustainable Energy Reviews, 2011, 15 (3): 1615-1624.

[30] Ocfemia K S, Zhang Y, Funk T. L. Hydrothermal processing of swine manure into oil using a continuous reactor system: Development and testing. 2006, 49(2): 533−541.

[31] Marris E. Black is the new green. Nature, 2006, 442 (7103): 624-626.

[32] Lehmann J. A handful of carbon. Nature, 2007, 447 (7141): 143-144.

[33] Haris M, Hamid Y, Usman M, et al. Crop-residues derived biochar: Synthesis, properties, characterization and application for the removal of trace elements in soils. Journal of Hazardous Materials, 2021, 416: 126212.

[34] Raja S A, Kennedy Z R, Pillai B C, et al. Flash pyrolysis of jatropha oil cake in electrically heated fluidized bed reactor. Energy, 2010, 35 (7): 2819-2823.

[35] Meyer S, Glaser B, Quicker P. Technical, Economical, and climate-related aspects of biochar production technologies: A Literature Review. Environmental Science & Technology, 2011, 45 (22): 9473-9483.

[36] Kaur N, Bhardwaj P, Singh G, et al. Applicative insights on nascent role of biochar production, tailoring and immobilization in enzyme industry -A Review. Process Biochemistry, 2021, 107: 153-163.

[37] 王定美, 王跃强, 袁浩然, 等. 水热炭化制备污泥生物炭的碳固定. 化工学报, 2013, 64 (7): 8.

[38] 王建楠, 胡志超, 彭宝良, 等. 我国生物质气化技术概况与发展. 农机化研究, 2010, 32 (1): 198-201.

[39] Ahmad M, Lee S S, Lee S E, et al. Biochar-induced changes in soil properties affected immobilization/mobilization of metals/metalloids in contaminated soils. Journal of Soils and Sediments, 2017, 17 (3): 717-730.

[40] Zhou Y, Liu Y, Feng L, et al. Biochar prepared from maize straw and molasses fermentation wastewater: application for soil improvement. RSC Advances, 2020, 10 (25): 14510-14519.

[41] Li Z, Qi X, Fan X, et al. Amending the seedling bed of eggplant with biochar can further immobilize Cd in contaminated soils. Science of The Total Environment, 2016, 572: 626-633.

[42] Liu Z, Zhang F S. Removal of lead from water using biochars prepared from hydrothermal liquefaction of biomass. Journal of Hazardous Materials, 2009, 167 (1): 933-939.

[43] Hu X, Zhang X, Ngo H H, et al. Comparison study on the ammonium adsorption of the biochars derived from different kinds

of fruit peel. Science of The Total Environment, 2020, 707: 135544.

[44] Azargohar R, Dalai A K. The direct oxidation of hydrogen sulphide over activated carbons prepared from lignite coal and biochar. The Canadian Journal of Chemical Engineering, 2011, 89(4): 844-853.

[45] Gao T, Xu C, Li R, et al. Biomass-derived carbon paper to sandwich magnetite anode for long-life li-ion battery. ACS Nano, 2019, 13 (10): 11901-11911.

[46] Peng L, Liang Y, Huang J, et al. Mixed-biomass wastes derived hierarchically porous carbons for high-performance electrochemical energy storage. ACS Sustainable Chemistry & Engineering, 2019, 7 (12): 10393-10402.

[47] Zhang Z, Gao X, Dou M, et al. Biomass derived N-doped porous carbon supported single Fe atoms as superior electrocatalysts for oxygen reduction. Small, 2017, 13 (22): 1604290.

[48] Li C, Suzuki K. Tar property, analysis, reforming mechanism and model for biomass gasification—An overview. Renewable and Sustainable Energy Reviews, 2009, 13 (3): 594-604.

[49] Guan G, Kaewpanha M, Hao X, et al. Catalytic steam reforming of biomass tar: Prospects and challenges. Renewable and Sustainable Energy Reviews, 2016, 58: 450-461.

[50] 吴娟, 陈海军, 朱跃钊, 等. 基于回收理念的生物质燃气焦油脱除研究进展. 化工进展, 2013, 32 (9): 8.

[51] Devi L, Ptasinski K J, Janssen F J J G. A review of the primary measures for tar elimination in biomass gasification processes. Biomass and Bioenergy, 2003, 24 (2): 125-140.

[52] Shen Y, Wang J, Ge X, et al. By-products recycling for syngas cleanup in biomass pyrolysis – An overview. Renewable and Sustainable Energy Reviews, 2016, 59: 1246-1268.

[53] Buragohain B, Mahanta P, Moholkar V S. Biomass gasification for decentralized power generation: The Indian perspective. Renewable and Sustainable Energy Reviews, 2010, 14 (1): 73-92.

[54] Min Z, Asadullah M, Yimsiri P, et al. Catalytic reforming of tar during gasification. Part I. Steam reforming of biomass tar using ilmenite as a catalyst. Fuel, 2011, 90 (5): 1847-1854.

[55] 杨玉琼, 梁杰, 宣竣. 生物质焦油处理方法的国内研究现状及发展. 化工进展, 2011(S1): 411-413.

[56] Noichi H, Uddin A, Sasaoka E. Steam reforming of naphthalene as model biomass tar over iron–aluminum and iron–zirconium oxide catalyst catalysts. Fuel Processing Technology, 2010, 91 (11): 1609-1616.

[57] Gai C, Dong Y, Yang S, et al. Thermal decomposition kinetics of light polycyclic aromatic hydrocarbons as surrogate biomass tar. RSC Advances, 2016, 6 (86): 83154-83162.

[58] Chen G Y, Liu C, Ma W C, et al. Catalytic cracking of tar from biomass gasification over a HZSM-5-supported Ni–MgO catalyst. Energy & Fuels, 2015, 29 (12): 7969-7974.

[59] Lim M S, Chun Y N. Light Tar Decomposition of product pyrolysis gas from sewage sludge in a gliding arc plasma reformer. Environmental Engineering Research, 2012, 17 (2): 89-94.

[60] Zhu F, Zhang H, Yang H, et al. Plasma reforming of tar model compound in a rotating gliding arc reactor: Understanding the effects of CO_2 and H_2O addition. Fuel, 2020, 259: 116271.

[61] Saleem F, Zhang K, Harvey A. Role of CO_2 in the conversion of toluene as a tar surrogate in a nonthermal plasma dielectric barrier discharge reactor. Energy & Fuels, 2018, 32 (4): 5164-5170.

[62] Phuphuakrat T, Namioka T, Yoshikawa K. Absorptive removal of biomass tar using water and oily materials. Bioresource Technology, 2011, 102 (2): 543-549.

[63] Chen Y, Wang Y, Pezzola L, et al. A novel low-cost tar removal technology for small-scale biomass gasification to power. Biomass and Bioenergy, 2021, 149: 106085.

[64] Unyaphan S, Tarnpradab T, Takahashi F, et al. Improvement of tar removal performance of oil scrubber by producing syngas microbubbles. Applied Energy, 2017, 205: 802-812.

[65] Upadhyay T P, Shahi C, Leitch M, et al. Economic feasibility of biomass gasification for power generation in three selected communities of northwestern ontario, Canada. Energy Policy, 2012, 44: 235-244.

[66] Phuphuakrat T, Namioka T, Yoshikawa K. Tar removal from biomass pyrolysis gas in two-step function of decomposition and adsorption. Applied Energy, 2010, 87 (7): 2203-2211.

[67] Phuphuakrat T, Nipattummakul N, Namioka T, et al. Characterization of tar content in the syngas produced in a downdraft type fixed bed gasification system from dried sewage sludge. Fuel, 2010, 89 (9): 2278-2284.

[68] Anis S, Zainal Z A. Tar reduction in biomass producer gas via mechanical, catalytic and thermal methods: A review. Renewable and Sustainable Energy Reviews, 2011, 15 (5): 2355-2377.

[69] Abu ElRub Z, Bramer E A, Brem G. Experimental comparison of biomass chars with other catalysts for tar reduction. Fuel, 2008, 87 (10): 2243-2252.

[70] Li C, Hirabayashi D, Suzuki K. Steam reforming of biomass tar producing H_2-rich gases over Ni/MgO_x/CaO_{1-x} catalyst. Bioresource Technology, 2010, 101 (1): S97-S100.

[71] Cao J P, Shi P, Zhao X Y, et al. Catalytic reforming of volatiles and nitrogen compounds from sewage sludge pyrolysis to clean hydrogen and synthetic gas over a nickel catalyst. Fuel Processing Technology, 2014, 123: 34-40.

[72] Guan G, Chen G, Kasai Y, et al. Catalytic steam reforming of biomass tar over iron- or nickel-based catalyst supported on calcined scallop shell. Applied Catalysis B: Environmental, 2012, 115-116: 159-168.

[73] Huang X, Wang X, Fan M, et al. A cost-effective approach to reducing carbon deposition and resulting deactivation of oxygen carriers for improvement of energy efficiency and CO_2 capture during methane chemical-looping combustion. Applied Energy, 2017, 193: 381-392.

[74] Shen Y, Chen M, Sun T, et al. Catalytic reforming of pyrolysis tar over metallic nickel nanoparticles embedded in pyrochar. Fuel, 2015, 159: 570-579.

[75] Qian K, Kumar A. Catalytic reforming of toluene and naphthalene (model tar) by char supported nickel catalyst. Fuel, 2017, 187: 128-136.

[76] Feng D, Zhao Y, Zhang Y, et al. Effects of K and Ca on reforming of model tar compounds with pyrolysis biochars under H_2O or CO_2. Chemical Engineering Journal, 2016, 306: 422-432.

[77] Li D, Tamura M, Nakagawa Y, et al. Metal catalysts for steam reforming of tar derived from the gasification of lignocellulosic biomass. Bioresource Technology, 2015, 178: 53-64.

[78] Michel R, Rapagnà S, Di Marcello M, et al. Catalytic steam gasification of Miscanthus X giganteus in fluidised bed reactor on olivine based catalysts. Fuel Processing Technology, 2011, 92 (6): 1169-1177.

[79] Achouri I E, Abatzoglou N, Fauteux-Lefebvre C, et al. Diesel steam reforming: Comparison of two nickel aluminate catalysts prepared by wet-impregnation and co-precipitation. Catalysis Today, 2013, 207: 13-20.

[80] Karatum O, Deshusses M A. A comparative study of dilute VOCs treatment in a non-thermal plasma reactor. Chemical Engineering Journal, 2016, 294: 308-315.

[81] Tao W, Liu H, Zhang X, et al. NO and SO_2 removal using dielectric barrier discharge plasma at different temperatures. Journal of Chemical Engineering of Japan, 2017, 50 (9): 702-709.

[82] Tu X, Whitehead J C. Plasma dry reforming of methane in an atmospheric pressure AC gliding arc discharge: Co-generation of syngas and carbon nanomaterials. International Journal of Hydrogen Energy, 2014, 39 (18): 9658-9669.

[83] Tao K, Ohta N, Liu G, et al. Plasma enhanced catalytic reforming of biomass tar model compound to syngas. Fuel, 2013, 104: 53-57.

[84] Jamróz P, Kordylewski W, Wnukowski M. Microwave plasma application in decomposition and steam reforming of model tar compounds. Fuel Processing Technology, 2018, 169: 1-14.

[85] Materazzi M, Lettieri P, Mazzei L, et al. Reforming of tars and organic sulphur compounds in a plasma-assisted process for waste gasification. Fuel Processing Technology, 2015, 137: 259-268.

[86] Eliott R M, Nogueira M F M, Silva Sobrinho A S, et al. Tar reforming under a microwave plasma torch. Energy & Fuels, 2013, 27 (2): 1174-1181.

[87] Liu S, Mei D, Wang L, et al. Steam reforming of toluene as biomass tar model compound in a gliding arc discharge reactor. Chemical Engineering Journal, 2017, 307: 793-802.

[88] Liu S Y, Mei D H, Nahil M A, et al. Hybrid plasma-catalytic steam reforming of toluene as a biomass tar model compound over Ni/Al_2O_3 catalysts. Fuel Processing Technology, 2017, 166: 269-275.

[89] Liu L, Das S, Chen T, et al. Low temperature catalytic reverse water-gas shift reaction over perovskite catalysts in DBD plasma. Applied Catalysis B: Environmental, 2020, 265: 118573.

[90] Zeng Y, Zhu X, Mei D, et al. Plasma-catalytic dry reforming of methane over γ-Al_2O_3 supported metal catalysts. Catalysis Today, 2015, 256: 80-87.

[91] Rashidi N A, Yusup S. A review on recent technological advancement in the activated carbon production from oil palm wastes. Chemical Engineering Journal, 2017, 314: 277-290.

[92] Yu K M K, Curcic I, Gabriel J, et al. Recent advances in CO_2 capture and utilization. ChemSusChem, 2008, 1 (11): 893-899.

[93] Chen S, Yu R, Soomro A, et al. Thermodynamic assessment and optimization of a pressurized fluidized bed oxy-fuel combustion power plant with CO_2 capture. Energy, 2019, 175: 445-455.

[94] Jung S, Park Y K, Kwon E E. Strategic use of biochar for CO_2 capture and sequestration. Journal of CO_2 Utilization, 2019, 32: 128-139.

[95] Jansen D, Gazzani M, Manzolini G, et al. Pre-combustion CO_2 capture. International Journal of Greenhouse Gas Control, 2015, 40: 167-187.

[96] Osman A I, Hefny M, Maksoud M A D, et al. Recent advances in carbon capture storage and utilisation technologies: a review. Environmental Chemistry Letters, 2021, 19(2): 797-849.

[97] Anheden M, Yan J, De Smedt G. Denitrogenation (or oxyfuel concepts). Oil & Gas Science and Technology - Rev. IFP, 2005, 60 (3): 485-495.

[98] Rahman F A, Aziz M M A, Saidur R, et al. Pollution to solution: Capture and sequestration of carbon dioxide (CO_2) and its utilization as a renewable energy source for a sustainable future. Renewable and Sustainable Energy Reviews, 2017, 71: 112-126.

[99] Shewchuk S R, Mukherjee A, Dalai A K. Selective carbon-based adsorbents for carbon dioxide capture from mixed gas streams and catalytic hydrogenation of CO_2 into renewable energy source: A review. Chemical Engineering Science, 2021, 243: 116735.

[100] He X, Hägg M B. Membranes for environmentally friendly energy processes. Membranes, 2012, 2 (4): 706-726.

[101] Wang M, Zhou S, Cao S, et al. Stimulus-responsive adsorbent materials for CO_2 capture and separation. Journal of Materials Chemistry A, 2020, 8 (21): 10519-10533.

[102] He Z, Li G, Zhang K, et al. Advances of metal-organic frameworks in adsorption and separation applications. Acta Chimica

Sinica, 2017, 75 (2): 841-859.

[103] Christodoulou X, Okoroafor T, Parry S, et al. The use of carbon dioxide in microbial electrosynthesis: Advancements, sustainability and economic feasibility. Journal of CO_2 Utilization, 2017, 18: 390-399.

[104] Burkart M D, Hazari N, Tway C L, et al. Opportunities and challenges for catalysis in carbon dioxide utilization. ACS Catalysis, 2019, 9 (9): 7937-7956.

[105] Wickramasinghe S, Wang J, Morsi B, et al. Carbon dioxide conversion to nanomaterials: Methods, applications, and challenges. Energy & Fuels, 2021, 35 (15): 11820-11834.

[106] Roh K, Frauzem R, Gani R, et al. Process systems engineering issues and applications towards reducing carbon dioxide emissions through conversion technologies. Chemical Engineering Research and Design, 2016, 116: 27-47.

[107] Zhang S, Jiang J, Wang H, et al. A review of microbial electrosynthesis applied to carbon dioxide capture and conversion: The basic principles, electrode materials, and bioproducts. Journal of CO_2 Utilization, 2021, 51: 101640.

[108] Wang Z, Tian Q, Guo J, et al. Co-pyrolysis of sewage sludge/cotton stalks with K_2CO_3 for biochar production: Improved biochar porosity and reduced heavy metal leaching. Waste Management, 2021, 135: 199-207.

[109] Zhao B, Xu X, Xu S, et al. Surface characteristics and potential ecological risk evaluation of heavy metals in the bio-char produced by co-pyrolysis from municipal sewage sludge and hazelnut shell with zinc chloride. Bioresource Technology, 2017, 243: 375-383.

[110] Jin J, Wang M, Cao Y, et al. Cumulative effects of bamboo sawdust addition on pyrolysis of sewage sludge: Biochar properties and environmental risk from metals. Bioresource Technology, 2017, 228: 218-226.

[111] Fang F, Feng N, Wang L, et al. Fabrication of perovskite-type macro/mesoporous $La_{1-x}KxFeO_{3-\delta}$ nanotubes as an efficient catalyst for soot combustion. Applied Catalysis B: Environmental, 2018, 236: 184-194.

[112] Downie A, Crosky A, Munroe P. Physical properties of biochar. In: Lehmann, J, Joseph, S. (eds) Biochar for Environmental Management. Earthscan, London, 2009: 13-32.

[113] Zhang Z, Wang J, Liu L, et al. Preparation and characterization of glass-ceramics via co-sintering of coal fly ash and oil shale ash-derived amorphous slag. Ceramics International, 2019, 45 (16): 20058-20065.

[114] Zhang Z, Wang J, Liu L, et al. Preparation of additive-free glass-ceramics from MSW incineration bottom ash and coal fly ash. Construction and Building Materials, 2020, 254: 119345.

[115] Zhang P, Zhang X, Li Y, et al. Influence of pyrolysis temperature on chemical speciation, leaching ability, and environmental risk of heavy metals in biochar derived from cow manure. Bioresource Technology, 2020, 302: 122850.

[116] Udayanga W D C U, Veksha A, Giannis A, et al. Insights into the speciation of heavy metals during pyrolysis of industrial sludge. Science of The Total Environment, 2019, 691: 232-242.

[117] Guo J, Chen B. Insights on the Molecular Mechanism for the recalcitrance of biochars: Interactive effects of carbon and silicon components. Environmental Science & Technology, 2014, 48 (16): 9103-9112.

[118] Meng J, Wang L, Liu X, et al. Physicochemical properties of biochar produced from aerobically composted swine manure and its potential use as an environmental amendment. Bioresource Technology, 2013, 142: 641-646.

[119] Wang K, Peng N, Lu G, et al. Effects of pyrolysis temperature and holding time on physicochemical properties of swine-manure-derived biochar. Waste and Biomass Valorization, 2020, 11 (2): 613-624.

[120] Yuan H, Lu T, Wang Y, et al. Influence of pyrolysis temperature and holding time on properties of biochar derived from medicinal herb (radix isatidis) residue and its effect on soil CO_2 emission. Journal of Analytical and Applied Pyrolysis, 2014, 110: 277-284.

[121] Chen T, Yan B. Fixation and partitioning of heavy metals in slag after incineration of sewage sludge. Waste Management, 2012, 32 (5): 957-964.

[122] Wang G, Ning X, Lu X, et al. Effect of sintering temperature on mineral composition and heavy metals mobility in tailings bricks. Waste Management, 2019, 93: 112-121.

[123] Shi W, Liu C, Shu Y, et al. Synergistic effect of rice husk addition on hydrothermal treatment of sewage sludge: Fate and environmental risk of heavy metals. Bioresource Technology, 2013, 149: 496-502.

作者：刘丽娜[1]，朱灵锋[2]，孙轶斐[2]

[1]南开大学，[2]北京航空航天大学

第 27 章　机器学习在环境科学研究中的应用

本章导读

基于机器学习的数据驱动建模技术能够处理海量增长的环境与健康数据，具有高效的分类处理能力与预测性能，被广泛应用于环境数据分析，已展示出广阔的应用前景。本章节将回顾总结以机器学习为代表的人工智能方法在环境科学领域中的最新应用进展，结合案例阐述污染物高通量筛选、毒性评价与健康风险识别以及纳米毒理学相关研究成果，展望机器学习在环境科学研究领域的发展趋势。

关键词

机器学习，人工智能，风险评估，预测模型，人体健康，环境科学

27.1 引　　言

人工智能（artificial intelligence，AI）由麦卡锡、明斯基等科学家于1956年夏在美国达特茅斯学院研讨提出，并逐步发展为一门学科。人工智能主要用于模拟、延伸和扩展人的智能的理论技术及应用系统相关研究，其核心包括机器学习和深度学习（图27-1）。机器学习通过经验和数据自动改进计算机算法，深度学习能够直接从原始数据提取特征信息，这为解决科研瓶颈提供了新的研究思路。在20世纪90年代中至2010年，互联网技术的快速发展助推了人工智能技术的进一步发展和应用。在这一时期，机器学习也开始被应用于环境科学领域，促进了环境科学研究的快速发展。2021年Jumper等人[1]开发的AlphaFold2以及Baek等人[2]开发的RoseTTAFold准确预测了蛋白质三维结构，破解了五十年之久的蛋白质分子折叠难题，进一步显示了人工智能对于基础科学研究的重大影响。

当前，环境科学领域数据呈指数型增长，数据来源渠道众多，数据多样、复杂，对传统的数据分析带来前所未有的挑战。这亟需更先进、更强大的计算和数据分析方法，如机器学习方法，它已经成为揭示隐藏关系或推断相关性的不可或缺的工具[3]。机器学习凭借其高效处理多维数据的独特优势，在人体暴露数据库构建、污染物高通量筛选、污染物毒性评价与健康风险识别、纳米毒理学研究等领域逐步应用，成为揭示化学品环境命运、生物体富集、健康危害等潜在联系的有效工具。

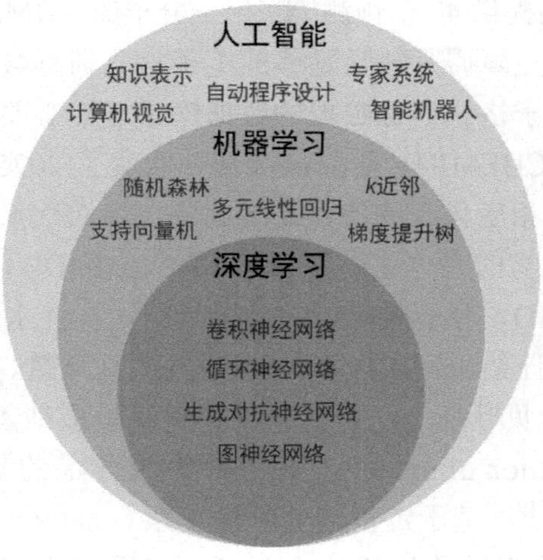

图27-1　人工智能、机器学习和深度学习关系示意图

27.2　机器学习在污染物高通量筛选中的应用

传统的化学品风险评价主要借助活体动物（*in vivo*）进行毒性测试，但这种动物实验费用高周期长，且存在物种、剂量间外推不确定性，难以精准预测化学品对人体和生态健康的毒性效应。因此发展更加快速、高效的替代测试方法是未来毒性评价的发展趋势。机器学习可对大量化合物的海量、多维毒性数据进行分析，预测化合物的毒性，识别毒性警示子结构（structural alerts），阐明毒性作用机制，极大促进了化学品的风险评估与管理。

27.2.1　数据库建设

随着毒理学数据的持续增加、数据的多样化及复杂化，迫切需要建立规范化、标准化的毒性数据库，从而实现对数据的存储、组织和处理。目前许多化学品毒性数据库涵盖了污染物-目标相互作用数据、体外生物活性以及体内多种动物模型的毒理学结果等信息。美国国家健康研究院（National Institutes of Health，NIH）开发的 PubChem 数据库，是目前最大的化学信息资源库，囊括了约 2.47 亿个化学物质信息、9650 万个化学结构以及基于 125 万个生物测试的 2.37 亿个分析结果[4]。欧洲 ChEMBL 数据库囊括了查询靶点或化合物的生物活性数据。日本 KEGG 数据库整合了基因、酶、化合物及代谢网络信息。由世界经济合作与发展组织（Organization for Economic Co-operation and Development，OECD）开发的 eChemPortal 化学品信息平台可查询化学品的生态毒性、环境归趋及毒性等物理化学属性。Tox21 毒性检测数据库已收集约 10000 种化合物的 70 个毒性终点的高通量数据[5]。其他相关化学物信息、暴露和通路数据库如 ADME、HExpoChem 等，也为定量评估化学品的毒性效应提供了重要数据来源。

针对不同的应用领域，可进一步整合现有数据库及文献数据，建立组合数据库。唐赟课题组针对化学品 ADMET 性质，建立了 admetSAR 开源数据库[6]。目前该数据库已升级到 admetSAR 2.0，收录了近 10 万个化合物 ADMET 相关数据。用户可通过输入 CAS 注册号、通用名称或结构相似性进行特定化学产品信息查询。admetSAR 数据库还提供 47 个预测模型用于分子的 ADMET 性质预测。

在计算毒理学领域，一个常见障碍是缺乏足够的电子格式训练数据，以描述化合物的活性和化合物的结构，因此构建一个具有电子格式训练数据的数据库是非常必要的。方明亮课题组通过搜集文献数据，以及整合 Tox21、HPV、CHEMINV 等暴露数据，收集了 20756 种化合物信息，并利用生物转化预测工具 BioTransformer 收集相应化合物的预测代谢物，将 95976 种预测代谢物纳入数据库，建立了一个包含母体化合物和代谢产物的人体暴露数据库（HExpMetDB）[7]。该数据库每个化合物匹配相应的元数据如 InChIKey、DTXSID、分子式等，并采用暴露和毒性水平两个指标对化学物进行风险评估和优先排序。其中，暴露量的评估采用了美国 EPA 研发的高通量、快速化的 ExpoCast 预测方法[8]。ExpoCast 使用机器学习方法基于贝叶斯方法将多个暴露途径模型纳入共识预测模型，用系统实证评估模型（systematic empirical evaluation of models，SEEM）对化学品的暴露量进行预测。针对毒性评估，运用美国 EPA 开发的 TEST 软件[9]，基于定量构效活性关系（quantitative structure activity relationship，QSAR）的方法，预测了大鼠口服半数致死剂量（LD_{50}），并采用蒙特卡洛方法对暴露和毒性的预测不确定进行了评估。HExpMetDB 数据库的建立，可为人体暴露研究提供更加广泛的信息，从而协助进行化学品的管理和风险优先排序。

27.2.2　机器学习常用方法

污染物的毒性可通过污染物分子结构与其理化性质之间的 QSAR 来预测。完善的 QSAR 模型能够确定关键影响因素并预测研究对象的理化性质，通过已知污染物的环境行为的参考，可以对结构相似的未知污染物的环境行为做出合理的预测。大多数机器学习方法都属于一个非常广泛的监督方法类别，它们常常可以用来构建定量结构活性模型，即由分子描述符表示的化合物结构（*X* 值）和有关其物理化学性质或生物活性的信息（*Y* 值）作为训练集来建立机器学习模型。

预测模型主要可以分为经典的线性模型、复杂的非线性方法和深度结构的神经网络。最常见的线性模型是多元线性回归（multiple linear regression，MLR）模型和线性判别分析模型（linear discriminant analysis，LDA），MLR 模型可以预测连续毒性指标，其回归系数可以解释为相应的描述符对毒性的贡献；对于二分类毒性指标（活性或非活性，1 或 0），例如诱变性、致癌性、胚胎毒性、致畸性和生物降解性，它们可以采用 LDA 的方法来进行分类预测。最小风险贝叶斯分类器是一种监督线性机器学习方法，也是计算毒理学中最重要的方法之一，它假定分子描述符之间的条件独立性，对于每个具有分子描述符 *x*1，*x*2，……的测试化合物，通过取分子描述符的线性组合来计算一个判别函数，判别函数值是正的，则预测它是活性的，如果它的判别函数值是负的，则预测它是非活性的。QSAR 模型构建过程中由于可能的子结构数量巨大，不可能生成所有可能类型的片段描述符，因此一些不属于所选家族的重要片段描述符将不可避免地丢失，而图挖掘方法可以解决这一问题，它可以基于任意复杂的子结构，从给定任务片段描述符的分子图中提取重要的信息。

常见的非线性机器学习方法主要有 *k*-最近邻（*k*-nearest neighbor，*k*NN）分类器，支持向量机（support vector machine，SVM），决策树（decision tree，DT），人工神经网络（artificial neural networks，ANNs）等，其中最简单的监督非线性机器学习方法是 *k*NN 分类器，它通过寻找与测试化合物距离最短的训练化合物来对测试化合物进行分类。SVM 利用核函数将描述向量映射到高维特征空间，在高维特征空间中构建最大边缘超平面，实现活性化合物与非活性化合物的分离。决策树是一种非常流行的非线性机器学习方法，其中每个模型都是一组以树的形式组织起来的规则。决策树的根和每个内部节点代表对某个描述符的测试（例如，它的值是否超过某个阈值），输出分支代表测试的可选结果，而每个叶子代表一个类标签（例如，被测试化合物的生物活性类型），从根到叶子的路径表示一个分类规则序列，预测任何"落"到叶子中的化合物的类别标签（活性/毒性）。ANNs 是一种广泛的机器学习方法，其常常也被用于结构-属性/活性建模中，输入神经元对应分子描述符，而输出神经元对应预测的属性/活性，通过调整神经间连接的权值进行训练后，ANNs 能够预测由分子描述符所代表的化合物的属性/活性值。

ANNs 的新算法和体系结构的使用以及计算机的快速发展和大数据集的可用性，使得深度学习在很多领域都取得巨大的成就。深度学习是结构-属性/活性研究和药物发现领域的有力工具，在化学分析中，低水平的原子描述符可以组合成简单的官能团，而这些官能团又可以组合成复杂的结构特征、药效团或毒性团，深度学习可以自动构建化学特征层次结构，这使得深度学习非常适合于污染物毒性的预测。在许多情况下，特别是在数据量较小的情况下，使用其他机器学习的方法可能更可取。深入理解和正确应用机器学习方法，才能保证计算毒理学进一步发展的成功。

27.2.3　预测模型构建

预测模型构建所采用的数据类型及数据库、模型构建的方式、选择、参数调节不尽相同，决定了最终预测结果的准确性。唐赟课题组采用分子指纹和/或分子描述符来表达分子结构[10]，应用机器学习算法构建了多个毒性预测模型，用于预测 Ames 致突变性[11]、致癌性[12]、基因毒性[13]、口服急性毒性[14]、hERG 心脏毒性[15]、肝脏毒性[16]、化合物内分泌干扰性[17]、皮肤敏感性[18]、生殖毒性[19]、神经毒性[20]、线粒体毒性[21]，以及水生毒性[22]和蜜蜂毒性[23]等。

1）内分泌干扰效应预测模型[17]

唐赟课题组从 Tox21 数据库收集了雄激素受体（androgen receptor，AR）、雌激素受体（estrogen receptor，ER）、甲状腺素受体（thyroxine receptor，TR）、糖皮质激素受体（glucocorticoid receptor，GR）、过氧化物酶增殖激活受体 γ（peroxisome proliferator-activated receptor γ，PPARγ）以及芳香化酶（aromatase）六个靶标相关数据，借助机器学习算法，构建了多靶标单标签和多标签预测模型，用于预测化合物的内分泌干扰性。各个靶标的单标签模型 AUC 值在 0.801～0.888 且具有较好的预测准确度，而多标签模型能够同时对这六个靶标进行预测，弥补单标签模型易将具有“多标签”特性的阴性样本预测为假阳性的缺陷。

赵春燕课题组应用 MLR、径向基函数网络（radial basis function，RBF）和 SVM 等机器学习算法分别建立了 146 个内分泌干扰物与 AR 受体结合亲合力的定量预测模型[24]。通过启发式回归方法选择了 5 个结构描述符用于建立 QSAR 模型并结合三种预测模型之间的比较，证明了基于非线性 SVM 算法的机器学习是预测 AR 受体结合亲和力的有力工具（图 27-2）。此外，赵元慧课题组建立了可以对活性和非活性 ER 化学物质进行分类（总体预测准确率为 73%）的二项式模型，根据该二项式模型描述符显示，化学雌激素活性主要由辛醇/水分配系数（$\log K_{\mathrm{ow}}$）和过量摩尔折射（E）决定，表明雌激素与受体之间通过疏水和 π-n 电子相互作用[25]。

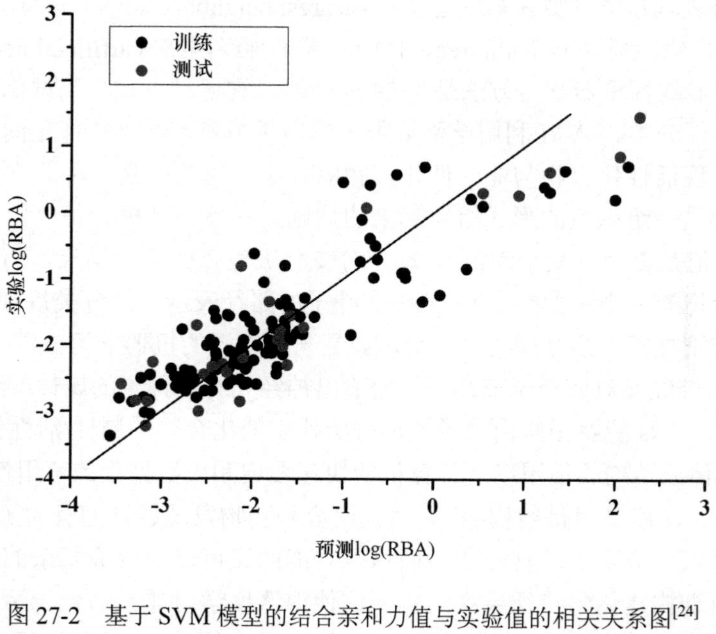

图 27-2　基于 SVM 模型的结合亲和力值与实验值的相关关系图[24]

2）生殖毒性预测模型[19]

唐赟课题组从 ECHA-C&L 数据库和 OECD-eChemPortal 数据库中收集化合物生殖毒性数据，然后采用 9 种分子指纹结合 6 种机器学习方法构建化合物生殖毒性的二分类预测模型，其中采用 MACCS 指纹及 SVM 算法得到的模型最佳；此外还获得了 8 个 SA。

3）神经毒性预测模型[20]

唐赟课题组从 ChemIDplus 数据库收集了 495 个小鼠腹腔内给药引起的神经毒性数据；使用 PyBioMed 分子描述符结合 8 种机器学习方法构建化合物神经毒性回归模型，通过评价分析得到最佳回归模型是 extra-trees regressor 模型，Q^2 为 0.784。

4）水生毒性预测模型[22]

唐赟课题组从 ECOTOX 数据库中收集了环境化学品对不同的咸水甲壳类物种的水生毒性数据，然后使用糠虾科数据构建了局部二分类毒性预测模型，同时使用糠虾科、长臂虾科和对虾科的数据构建了全局二分类毒性预测模型。具体采用六种机器学习方法来构建预测模型，化合物结构采用分子指纹或分子描述符表示。针对测试集的预测结果，最佳局部模型和全局模型的 AUC 值分别达到 0.860 和 0.900。

27.2.4　毒性作用机制解析

唐赟课题组从复杂网络原理出发，发展了基于网络推理的靶标预测系列算法（NBI、SDTNBI 和 bSDTNBI）[26]，可以从分子层面来阐明化合物的毒性作用机制，此即计算系统毒理学。

1）化合物诱导肝损伤机制研究

唐赟课题组通过收集和整合肝损伤化合物、靶标、基因、基因表达量、肝损伤表型数据，构建了化合物-靶标-肝损伤网络，使用基于网络推理的 bSDTNBI 算法预测肝损伤化合物的潜在靶标，提出采用 DILI-Score 打分函数预测化合物导致肝损伤的可能性[27]。通过 DILI-Score 打分函数可快速识别化合物是否会导致肝损伤，当 DILI-Score 大于 3.92 时，化合物极有可能具有严重肝损伤毒性。他们分析了 10 种酪氨酸激酶抑制剂（tyrosine kinase inhibitors，TKIs）药物和临床研发失败的 TAK-875 导致肝损伤的靶标机制，发现 CYP2E1、GSTA1、EPHX1、ADH1B、ADH1C、ALDH2、F7 和 IL2 靶标可能是导致 TKIs 药物和 TAK-875 导致肝硬化、急性肝衰竭和肝内胆汁淤积等肝损伤疾病表型的靶标机制。

张永红课题组利用大数据分析方法，在人类基因组数据库中提取肝毒性相关基因，建立了肝毒性风险模块（图 27-3）[28]。从化合物分子结构出发进行分子靶标预测，建立污染物分子靶标网络，进而对风险模块和靶标网络进行重叠分析，最终构建了一种依赖于网络拓扑参数进行二元预测的毒理学网络分析方法。利用该方法成功预测了 α-HBCD（α-hexabromocyclododecanes）、β-HBCD 和 γ-HBCD 的肝毒性，并对 HBCD 三种非对映异构体的分子靶标进行基因富集，探讨三者引起肝毒性的共同机制和潜在的差异。研究发现 HBCDs 引起肝毒性的主要因素集中分布于肝毒性风险模块的核心基因中，涉及多种生物进程和

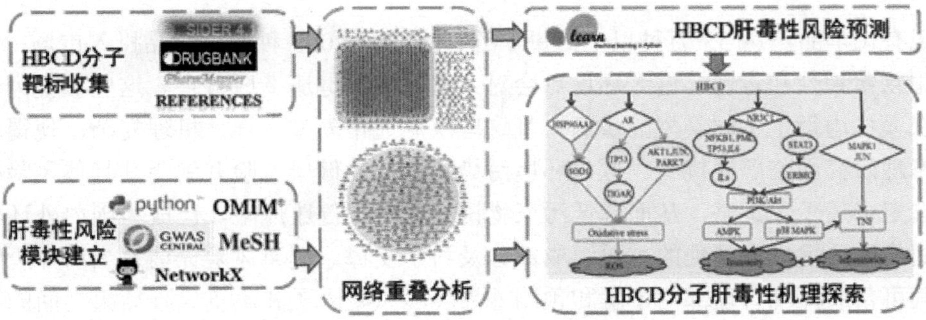

图 27-3　HBCD 肝毒性网络毒理分析流程图[28]

多通路，如常见的氧化应激、炎症和细胞增殖等。HBCDs 三种非对映异构体通过调控不同分子靶标不同程度干扰功能调控网络，从而导致关键基因表达水平的差异。

2）化合物致敏研究[29]

唐赟课题组构建了“化学反应-子结构-化合物-靶标-通路”网络系统，用于预测化合物的皮肤致敏性。一方面，通过识别半抗原的关键子结构，并根据化学反应机理将关键子结构与蛋白结合反应联系起来，由此构建了“化合物-子结构-化学反应”子网络；另一方面，通过收集已知靶标和预测未知靶标，并与皮肤蛋白进行匹配，获得皮肤靶标，富集皮炎通路，由此构建了“化合物-靶标-通路”子网络。他们还探究了蛋白结合反应与皮肤靶标之间的关系，用以进一步研究毒性作用机理。最终，根据 154 个化合物，找到了 6 种蛋白结合反应、12 个关键子结构、33 个皮炎靶标、12 条皮炎通路，构建了网络系统。该网络系统可用于预测半抗原的蛋白结合反应、关键子结构、皮炎靶标、皮炎通路，为机理研究和化学筛选提供了新的思路，有助于理解皮肤免疫以及抵抗过敏性接触性皮炎。

27.2.5　警示子结构识别

警示子结构也叫子结构预警，是指对化合物毒性起关键作用的子结构或子结构组合。识别警示子结构有助于理解化合物的毒性机制，也可以用于直观判断一个新化合物是否具有某种潜在毒性。可进一步通过化合物子结构的替换来降低化合物毒性。唐赟课题组对警示子结构进行了深入的研究，发现某些警示子结构与另一些子结构以某种方式共同存在时，能够变成无毒子结构，为逆转化合物毒性提供了一种新的策略[30]。唐赟课题组在美国化学会 *Chemical Research in Toxicology* 期刊发表综述论文，系统介绍了警示子结构识别方法及其在环境毒理及药物发现中的多种应用，阐述了频率分析和机器学习模型两种方法[31]。这两种方法在预测能力方面均优于专家系统，不仅能够提高警示子结构模型的预测性能，还能确保预测的可信度。警示子结构应用到环境科学领域可以用来识别和预测环境中潜在的有毒化合物，因此常常用于环境危害评估。有毒化合物通常包含一个或多个警示子结构，可通过非定靶筛选法“粗略”识别潜在有毒化合物[32]。目前警示子结构仍有一些挑战有待解决，包括如何解决一个分子中多个警示子结构的共存、如何直接比较计算得出的警示子结构与专家系统，以及如何探索新的毒性机制。

27.3　机器学习在污染物健康风险识别中的应用

全球市场现有化学品已达 35 万种以上，每年约有 1000～2000 种新化学品投入市场。一些化学品因具有持久性、生物蓄积性和毒性，进入环境后会对人体和生态健康造成危害。这些被视为环境污染物的化学品可能会在人体内衍生不同类型的疾病，且这些疾病通常表型多样、机理复杂，使得环境污染物的毒性评价以及毒理研究面临严峻挑战。探讨环境污染物诱导的健康风险并阐明其具体风险机制，制定早期环境筛查和选定合适干预策略，从而降低污染物诱导的各类健康风险，已成为国内外环境科学研究重点关注问题。而作为环境风险管理的重要组成部分及科学支撑，健康风险评估是当前环境管理领域中的重点和难点，其可帮助环境管理部门了解和预测外界环境风险因子和不良风险后果之间的关系，最终为风险管理提供决策支持。

27.3.1　环境化合物生物富集因子预测

生物富集因子（bioconcentration factor，BCF）可定义为水生生物中存在的化学物质浓度与环境中的化学物质浓度之比，代表着化学物质在生物体（主要是水生生物）中的积累，是描述化学物质在生物体内累积趋势的重要指标。BCF 的测定主要有两种方法，实验测定方法和模型预测估算方法。实验测定方法是在保持水相中所测量的化学物质浓度不变的情况下，测定达到平衡时水相和生物体的富集浓度，通过两者之比求出 BCF。模型预测估算方法则是通过测量水中化学物质的浓度，建立化学物质富集和释放模型来估算 BCF。现在测定主要采用第一种方法，第二种方法虽然较第一种方法简便快速，但是影响因素较多，该方法的误差主要来自富集和释放模型的假设和水相化学物质浓度的测定精度。在实际工作中，由于人力物力和其他客观条件的限制，测定每一种有机污染物不具有现实意义，因此建立预测模型来研究 BCF 具有重要的理论价值和实际意义。

BCF 估算方法主要包括理化参数估算、线性溶解能关系、分子连接性指数、片段常数法、量子化学描述符和不同类的理论分子描述符。其中采用量子化学描述符即建立 QSAR 来估算 BCF 是一种比较常用的估算方法。赵春燕课题组利用基于 MLR、RBFNN 及 SVM 等算法的机器学习模型预测了 473 种化学品的 BCF（logBCF 数值：–1.00～4.85；logK_{ow} 数值–4.3～12.66），显示了较强的预测能力[33]。为进一步提升预测效率，他们又通过整合多个模型建立了全新的具有更强预测能力的混合模型（图 27-4）。Valsecchi 等提出了一种基于结构警报的新方法，可用作识别生物积累的有毒物质[34]。在预警框架中，警报可以与其他信息来源（例如实验和计算机数据）集成，以减少评估的不确定性。此外，识别出的警报与相关结构特征有直接联系，从而促进了该方法的适用性和可解释性。

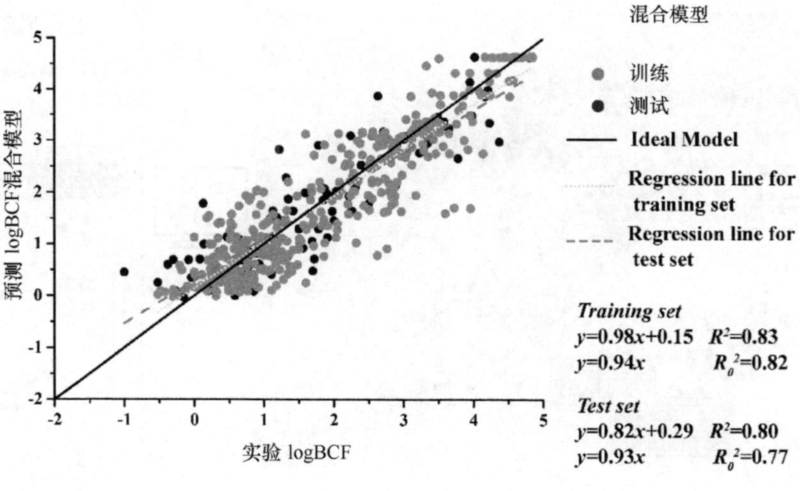

图 27-4　基于混合模型预测的 logBCF 值与实验值的相关关系图[33]

27.3.2　全国农村地下水有机微污染物和金属的健康风险评价

我国农村地下水中有机微污染物和金属的存在水平及其健康风险尚不清楚，并且环境污染物联合毒性机制复杂，难于定量评价累积健康风险。李雪花课题组提出了基于计算毒理学的健康风险评价策略，甄别了中国农村饮用地下水中高风险物质以及饮用地下水的人群高风险地区[35]。针对 2016～2017 年我国 28 个省、自治区及直辖市农村居民饮用地下水 166 个样品，筛查了 1300 种有机微污染物和 25 种金属，基于风险商策略（risk quotient，RQ）评价了居民的非致癌和致癌风险。为全面评价地下水中污染物对人体健康的累积风险，研究组发展了计算毒理学模型和蒙特卡罗模拟相结合的方法，填补风险评估中毒性数据的缺失，并评价了结果不确定性。在 23%的采样点中，中国农村地下水中的金属具有较高的非致癌风险。检出的 42 种致癌物（包括 38 种有机微污染物）在 34%的采样点中累积致癌风险超过万分之一（一万人中有一个增加的癌症病例）。致癌风险主要与金属暴露有关，金属对累积致癌风险的贡献为 79%（样点间的变化范围为 0～100%）。该研究提出的基于计算毒理学模型和蒙特卡罗模拟的联合方法，为环境污染物及化学品的健康风险评价提供了方法借鉴。

27.3.3　长江口水体有机微污染物筛查及生态风险甄别

长江口作为上游排放的各种污染物汇集地，其水中有机微污染物的生态风险尚不明确。李雪花课题组基于计算毒理学的健康风险评价策略评价长江口水中有机微污染物的生态风险，揭示了长江口水中高风险物质以及有机微污染物导致的联合概率生态风险[36]。在长江口的 9 个地点采集了 36 个水样，采用目标分析和筛选分析相结合的方法，在 2012 年 8 月（雨季）和 2013 年 3 月（旱季）长江口 36 个水样中调查了 1300 多种有机化合物（包括 948 种半挥发性有机化合物，311 种极性有机化合物、59 种多氯联苯、20 种有机氯农药和 16 种全氟烷酸）。共检测到 131 个有机微污染物，总浓度在 1.8×10^3～9.7×10^3 ng/L。他们提出的基于计算毒理学的层级生态风险评价新策略，提高了生态风险评价效率，用于长江口水中有机微污染物的风险预测（图 27-5）。长江口水中检出的 77%污染物的 RQ 小于 0.1。对于 RQ≥0.1 的 20 个有机微污染物，建立物种敏感性分布模型评价了它们的累积概率生态风险。尽管大多数单一物质的生态风险可以接受，但有机微污染物的复合暴露导致的累积生态风险不可忽略（＞5%）。

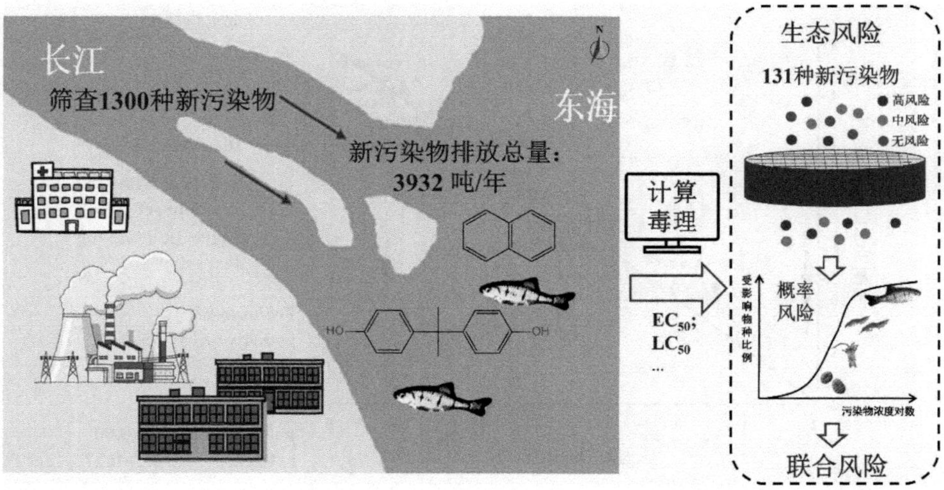

图 27-5　长江口新污染物层级生态风险评价策略[36]

27.3.4　细颗粒污染物的溯源与污染预测

追踪环境中细颗粒物（fine particulate matter，$PM_{2.5}$）的来源与成因进而对其实现精准防控是当前环境科学研究的前沿和热点问题之一。环境中 $PM_{2.5}$ 成分非常复杂，既包括黑碳、微塑料、金属纳米颗粒物等直接排放的颗粒态污染物，又包括在复杂环境介质中转化生成的二次颗粒物[37,38]。环境中 $PM_{2.5}$ 污染的成因是涉及多过程、跨尺度、多因素交叉作用的非线性耦合过程，因此对其来源与成因的解析一直面临着严峻的方法学挑战。机器学习在复杂环境介质与环境过程对 $PM_{2.5}$ 的来源解析与污染特征预测方面具有较好的应用潜力，计算成本低、通用性强、可根据不同污染场景实现针对性预测。

近年来，机器学习技术被广泛用于环境 $PM_{2.5}$ 时间序列预测等方面。例如，王书肖课题组基于优化的卷积神经网络（convolutional neural networks，CNNs）技术建立了响应面（DeepRSM）模型，可实时地对我国不同区域和时间段的大气 $PM_{2.5}$ 浓度变化进行预测[39]。该研究通过保留污染物的化学特征，显著提高了 $PM_{2.5}$ 浓度的预测水平，解决了以往统计回归模型在分析中的共线性问题。时宗波课题组则通过随机森林（random forest，RF）模型解耦了不同气象条件对北京地区空气质量的影响，量化了我国自 2013 年实施空气清洁计划以来取得的显著成效[40]。张养梅团队也利用 RF 模型评估了 2007 年、2016 年和 2017 年冬季北京地区大气中超细颗粒物（ultrafine particles，PM_1）化学组成的变化情况[41]。虽然传统的统计分析、源清单和化学传输模式等方法可实现大气 $PM_{2.5}$ 的污染水平预测，但方法本身存在较大不确定度，这限制了预测结果的进一步分析与应用。基于机器学习的 RF 方法减少了高维数据中方差/偏差和错误过度集中的现象，显著提高了预测精度。该类方法可操作性强，可用于解决不同场景下的 $PM_{2.5}$ 污染预测问题。江桂斌课题组将机器学习技术与传统空气质量模式相结合，揭示了新冠肺炎疫情期间我国不同区域 $PM_{2.5}$ 污染水平与新冠肺炎确诊病例之间的响应关系，量化了我国东部 174 座城市在新冠肺炎疫情管控期间 $PM_{2.5}$ 的短期减排效果，预测了未来各城市的减排潜力与管控重点[42]。时宗波课题组则基于机器学习技术解耦了季节因素变化对大气 $PM_{2.5}$ 浓度的影响，并评估了全球 11 座特大城市在实施社交隔离管控期间的 $PM_{2.5}$ 污染变化情况[43]。

27.4　机器学习在纳米毒理学研究中的应用

随着纳米材料环境和健康安全方面相关研究的蓬勃开展[44,45]，纳米毒理数据急剧增加，机器学习在纳米毒理学研究领域得到了越来越广泛的应用。2009 年 Leszczynski 课题组首次提出 Nano-QSAR 的概念[46]。2010 年，Tropsha 课题组采用 SVM、*k*NN 方法基于实验描述符和表面配体描述符构建定量纳米构效关系（quantitative nano-structure activity relationship，QNAR）模型[47]。2011 年，Leszczynski 课题组采用 MLR 方法和量子化学描述符构建机器学习模型，预测金属氧化物纳米颗粒的大肠杆菌毒性[48]。经过近十几年的发展，以机器学习和深度学习为代表的人工智能方法为纳米毒理学研究提供了新的研究思路，其重要性逐渐得到体现[49,50]。

闫兵课题组采用纳米组合化学和高通量筛选生成高质量的纳米生物效应大数据，通过机器学习构建 QSAR 模型预测不同理化性质纳米材料的生物学效应[51]。他们采用多种机器学习方法和纳米材料表面配体描述符构建模型，对碳纳米管所引起的细胞毒性进行了准确预测，并筛选设计出了 20 个具有特定生物活性的碳纳米管。

Chan 等利用质谱分析所得描述符合人工智能神经网络，首次对纳米材料体内“命运”（如纳米材料半衰期、肝脏累积等）进行了预测[52]。胡献刚课题组利用实验描述符合可解释 RF 模型，对纳米材料所引起的体内肺部炎症进行了预测[53]。李雪花课题组构建了机器学习模型对纳米材料肺部炎症效应进行预测，揭示了纳米金属氧化物（metal oxide nanomaterials，MeONPs）的毒性作用机理（图 27-6）[54]。该研究首先构建了包含 30 种 MeONPs 的数据库，共计产生 240 个毒性数据点，涵盖 68 种理化性质和结构参数。通过动物实验证实了 IL-1β 是炎性响应的重要生物学标志物，构建了目前最全面的纳米结构参数及炎症数据库，为纳米材料炎症风险评估提供了重要的基础数据。其次，基于构建的数据库和量子化学计算，首次发展了预测 MeONPs 炎症效应的机器学习模型，模型的预测准确率达 90%（OECD 导则规定的分类模型准确率为 60%）。进一步将模型开发为预测软件工具包，并应用于元素周期表中 66 种金属基纳米颗粒的炎症效应虚拟筛选。通过实验验证，证实该模型软件工具包的外部预测准确率达 86%，为纳米材料健康风险预测提供了重要工具。最后，采用密度泛函理论（density functional theory，DFT）计算和实验结果证明了细胞摄取，溶酶体损伤及组蛋白酶 Cathepsin B 释放是金属氧化物造成炎症的关键事件，拓展了对纳米材料炎症效应机理的理解。

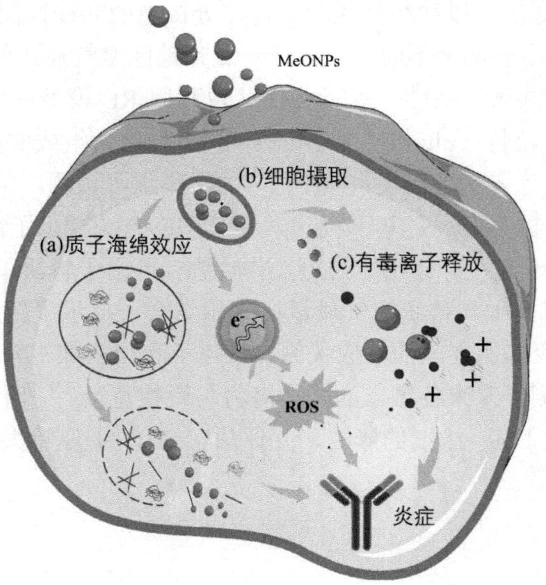

图 27-6　MeONPs 诱导炎症效应机理示意图[54]

a. 质子海绵效应：金属原子电负性≤1.55 的 MeONPs 易引发质子海绵效应，继而引起溶酶体损伤、溶酶体内容物流出和 IL-1β 分泌过量；b. 内吞作用：Zeta 电位为正的 MeONPs 被细胞和溶酶体内化；c. 有毒金属离子的释放

27.4.1　新型纳米描述符及端到端深度学习在纳米毒理学研究中的应用

构建纳米生物效应数据库与可表征纳米材料整体结构的通用纳米描述符是计算纳米毒理学研究的一大挑战[55]。早期纳米计算毒理学研究通常使用三类传统纳米描述符：实验描述符，如纳米材料尺寸、形貌、亲疏水性、带电性等实验性质，但测定耗时费力、重复性差，对于尚未合成的纳米材料，无法获得其实验描述符。经验描述符，如量化计算所得最高占据分子轨道（highest occupied molecular orbital，HOMO）、最低未占分子轨道（lowest unoccupied molecular orbital，LUMO）等，往往涉及量化计算，难以对大粒径纳米材料进行计算。结构描述符，如由纳米材料表面配体计算所得分子量、表面电荷等性质（图 27-7）。表面配体描述符则无法代表纳米材料整体性质，如粒径、材料类型、配体数目等。

基于机器学习的纳米毒理学研究旨在利用数学模型解码导致纳米材料毒性效应的因素，即构建纳米材料结构或理化性质与其生物效应间的定量关系[56,57]。构建可靠的可用于纳米材料体内毒性预测的机器学习模型，是计算纳米毒理学未来发展的重要方向。闫兵课题组基于实验测定的纳米材料理化性质[58]，利用朱浩课题组开发的虚拟纳米颗粒模拟（virtual nanostructure simulation，VINAS）软件[59]，从原子尺度精准解析纳米材料三维结构，采用德劳内剖分得到相应四面体描述符的具体数值，开发了一种基于德劳内剖分和原子电负性的新型四面体纳米描述符。基于新型四面体描述符和多种机器学习方法构建 QSAR 模型，对纳米材料的多种理化性质和生物效应进行准确预测。预测模型的高准确率证明了新型四面体描

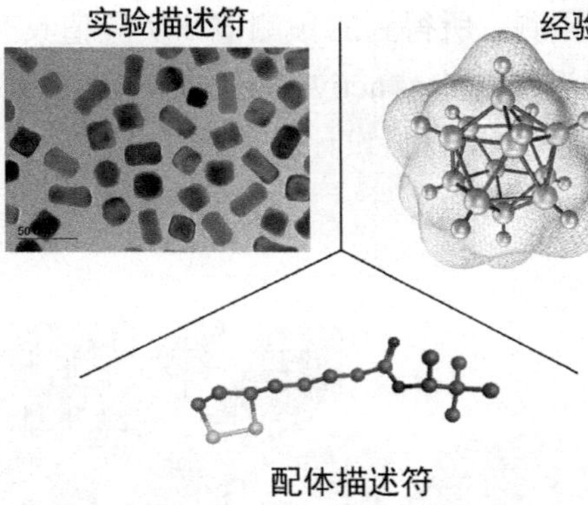

图 27-7 常用纳米描述符分类

先前研究所使用的纳米描述符主要有三类：一是实验描述符，如纳米材料尺寸、形貌等实验性质；二是经验描述符，如量化计算所得 HUMO、LUMO 等；三是结构描述符，如由纳米材料表面配体计算所得分子量、表面电荷等性质

述符在纳米毒理学研究中的有效性和实用性。新型四面体描述符不仅能够表征纳米材料整体三维结构，而且可进行快速高通量计算（图 27-8），在数秒内在个人台式计算机上完成上万个原子计算，并同时计算上千个纳米结构，显著缩短计算时间。所开发的新型四面体描述符具有明确的物理意义，可辅助实验进行机理解释。例如，研究发现由四个碳原子所组成的四面体描述符对纳米材料亲疏水性预测影响最大，表明碳骨架结构是影响纳米材料亲疏水性的主要因素。

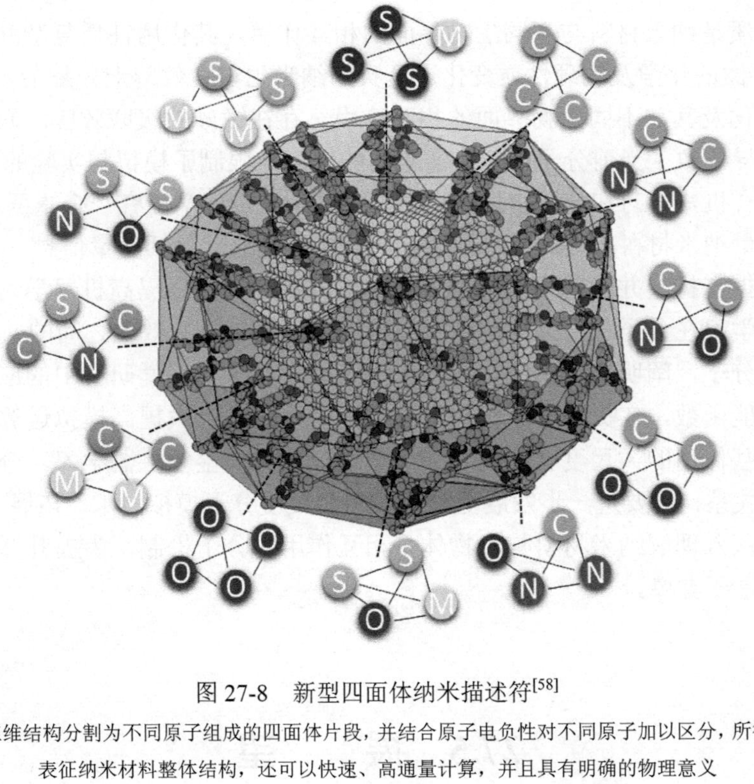

图 27-8 新型四面体纳米描述符[58]

利用德劳内剖分将纳米材料三维结构分割为不同原子组成的四面体片段，并结合原子电负性对不同原子加以区分，所得新型四面体描述符不仅可以表征纳米材料整体结构，还可以快速、高通量计算，并且具有明确的物理意义

受人脸识别技术启发，闫兵课题组构建了一个由多个卷积层和池化层组成的 CNNs 模型，所构建的模型可直接从纳米结构图像中提取特征，而无需纳米描述符计算（图 27-9）[60]。通过将纳米材料三维结构转换为统一图像，采用 VDW（van der Waals）方式对原子信息进行渲染，基于 LeNet 的 CNNs 框架构建端到深度学习模型，最后通过所构建模型对纳米材料的多种理化性质（如 log$P$、zeta 电位等）和生物

效应（如细胞摄入、氧化应激等）进行预测。所得到的预测值和实验值具有很好的相关性（$R^2>0.7$），证明了该方法的有效性。此外，利用类激活图（class activation map，CAM）可视化 CNNs 模型，可识别影响纳米-生物效应的关键结构特征，为新型纳米材料设计提供理论指导。

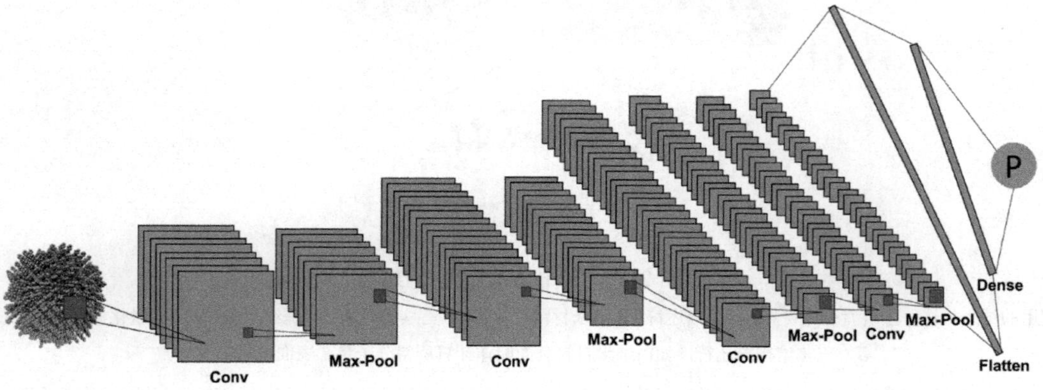

图 27-9　基于纳米结构图像的端到端深度学习模型[60]

利用由多个卷积层和池化层组成的 CNNs，可直接从纳米结构图像中提取特征，而无需复杂的纳米描述符计算

27.4.2　机器学习与分子模拟的联用

纳米毒理学的本质是纳米材料与不同生物界面的相互作用，其作用性质复杂并且作用过程伴随着不同分子在纳米-生物界面的化学及物理性质变化。真实的纳米生物学效应十分复杂，包含纳米材料在生物体内的物理、化学转化及其与不同生物界面的相互作用，存在微妙的级联效应。研究体系的复杂程度以及模拟时空尺度的差异导致了当前分子模拟与实验间的缺口，限制了模拟与实验的有效融合。

如何更有效的结合机器学习和分子模拟，将会是未来纳米毒理学研究一个重要的发展方向。一方面，分子模拟可以获得大量纳米材料与不同生物界面的相互作用信息（包括能量信息、构象信息等），可为机器学习提供重要的数据支持，并将其作为机器学习的输入描述符，以提高机器学习模型的预测能力和可解释性，有助于机器学习在分子尺度上构建纳米材料理化性质与毒性效应之间的 QSAR，筛选影响纳米材料生物毒性的关键分子，阐明分子机制，拓展人工智能在纳米毒理学研究中的应用；另一方面，通过深度神经网络拟合势能函数，在提升分子模拟精度的同时，可以极大提高模拟运算效率，有助于开展纳米材料与生物界面相互作用的大尺度、高精度的分子模拟研究。鉴于机器学习、分子模拟技术与纳米毒理学实验的优势互补关系，需要进一步发展更为高效的多尺度分子模拟技术、拓展多生物分子界面模型，多种技术联合作用以深入理解纳米材料与生物体系相互作用的分子机制，为提升并拓展分子模拟在纳米毒理学中的应用提供重要支撑。

27.5　展　　望

以机器学习为代表的人工智能技术已在环境科学研究中得到广泛应用，为研究污染物环境归趋、化学品风险评估、人体健康风险评价等方面提供了新的视角，成为环境科学创新研究的催化剂。需要指出的是，机器学习在环境科学中的应用仍面临诸多瓶颈与挑战[61]。建模所采用的描述符瓶颈以及部分算法作为“黑盒”导致模型机理尚处于静态不可解释阶段[3]。如何结合机器学习和分子模拟提升模型的动态可解释性成为研究热点。此外，目前还存在数据共享差异化、阴性数据收集不足等问题，导致获取高质量数据的成本较高。这需进一步促进学术界、政府部门以及企业界间的数据共享，从顶层设计构建数据库，进一步规范数据的收集、注释和存档，平衡阴性与阳性数据数量，为机器学习准备高质量数据，提升模型预测效率。同时，我们需要理性客观地看待机器学习，继续稳步地推进以机器学习、深度学习为主体的人工智能在环境科学研究领域中的应用。正如宾夕法尼亚大学 Jason Moore 教授介绍人工智能在环境健康领域应用时提到[62]："在科学家们寻求解决每个问题正确方法时，我们需要保持热情的同时降低期望。"

参 考 文 献

[1] Jumper J, Evans R, Pritzel A, et al. Highly accurate protein structure prediction with AlphaFold. Nature, 2021, 596(7873): 583-589.

[2] Baek M, DiMaio F, Anishchenko I, et al. Accurate prediction of protein structures and interactions using a three-track neural network. Science, 2021, 373(6557): 871-876.

[3] Zhong S, Zhang K, Bagheri M, et al. Machine learning: new ideas and tools in environmental science and engineering. Environmental Science & Technology, 2021, 55(19): 12741-12754.

[4] Kim S, Chen J, Cheng T J, et al. PubChem 2019 update: improved access to chemical data. Nucleic Acids Research, 2019, 47(D1): D1102-D1109.

[5] Attene-Ramos M S, Miller N, Huang R L, et al. The Tox21 robotic platform for the assessment of environmental chemicals - from vision to reality. Drug Discovery Today, 2013, 18(15-16): 716-723.

[6] Yang H B, Lou C F, Sun L X, et al. admetSAR 2.0: web-service for prediction and optimization of chemical ADMET properties. Bioinformatics, 2019, 35(6): 1067-1069.

[7] Zhao F R, Li L, Chen Y, et al. Risk-based chemical ranking and generating a prioritized human exposome database. Environmental Health Perspectives, 2021, 129(4): 047014.

[8] Ring C L, Arnot J A, Bennett D H, et al. Consensus modeling of median chemical intake for the U.S. population based on predictions of exposure pathways. Environmental Science & Technology, 2019, 53(2): 719-732.

[9] EPA, U. S. User's guide for T.E.S.T. (version 4.2) (toxicity estimation software tool): a program to estimate toxicity from molecular structure. https://www.epa.gov/chemical-research/users-guide-test-version-42-toxicity-estimation-software-tool-program-estimate.

[10] Yang H B, Sun L X, Li W H, et al. In silico prediction of chemical toxicity for drug design using machine learning methods and structural alerts. Frontiers in Chemistry, 2018, 6: 30.

[11] Xu C Y, Cheng F X, Chen L, et al. In silico prediction of chemical Ames mutagenicity. Journal of Chemical Information and Modeling, 2012, 52(11): 2840-2847.

[12] Li X, Du Z, Wang J, et al. In silico estimation of chemical carcinogenicity with binary and ternary classification methods. Molecular Informatics, 2015, 34(4): 228-235.

[13] Fan D F, Yang H B, Li F X, et al. In silico prediction of chemical genotoxicity using machine learning methods and structural alerts. Toxicology Research, 2018, 7(2): 211-220.

[14] Li X, Chen L, Cheng F X, et al. In silico prediction of chemical acute oral toxicity using multiclassification methods. Journal of Chemical Information and Modeling, 2014, 54(4): 1061-1069.

[15] Zhang C, Zhou Y, Gu S K, et al. In silico prediction of hERG potassium channel blockage by chemical category approaches. Toxicology Research, 2016, 5(2): 570-582.

[16] Zhang C, Cheng F X, Li W H, et al. In silico prediction of drug induced liver toxicity using substructure pattern recognition method. Molecular Informatics, 2016, 35(3-4): 136-144.

[17] Sun L X, Yang H B, Cai Y C, et al. In silico prediction of endocrine disrupting chemicals using single-label and multilabel models. Journal of Chemical Information and Modeling, 2019, 59(3): 973-982.

[18] Di P W, Yin Y M, Jiang C S, et al. Prediction of the skin sensitising potential and potency of compounds via mechanism-based binary and ternary classification models. Toxicology in Vitro, 2019, 59: 204-214.

[19] Jiang C S, Yang H B, Di P W, et al. In silico prediction of chemical reproductive toxicity using machine learning. Journal of Applied Toxicology, 2019, 39(6): 844-854.

[20] Jiang C S, Zhao P P, Li W H, et al. In silico prediction of chemical neurotoxicity using machine learning. Toxicology Research, 2020, 9(3): 164-172.

[21] Zhao P P, Peng Y Y, Xu X, et al. In silico prediction of mitochondrial toxicity of chemicals using machine learning methods. Journal of Applied Toxicology, 2021, 41(10): 1518-1526.

[22] Liu L, Yang H B, Cai Y C, et al. In silico prediction of chemical aquatic toxicity for marine crustaceans via machine learning. Toxicology Research, 2019, 8(3): 341-352.

[23] Xu X, Zhao P P, Wang Z Y, et al. In silico prediction of chemical acute contact toxicity on honey bees via machine learning methods. Toxicology in Vitro, 2021, 72: 105089.

[24] Zhao C Y, Zhang R S, Zhang H X, et al. QSAR study of natural, synthetic and environmental endocrine disrupting compounds for binding to the androgen receptor. SAR and QSAR in Environmental Research, 2005, 16(4): 349-367.

[25] Wang J, Huang Y, Wang S, et al. Identification of active and inactive agonists/antagonists of estrogen receptor based on Tox21 10K compound library: binomial analysis and structure alert. Ecotoxicology and Environmental Safety, 2021, 214: 112114.

[26] Wu Z R, Li W H, Liu G X, et al. Network-based methods for prediction of drug-target interactions. Frontiers in Pharmacology, 2018, 9: 1134.

[27] Peng Y Y, Wu Z R, Yang H B, et al. Insights into mechanisms and severity of drug-induced liver injury via computational systems toxicology approach. Toxicology Letters, 2019, 312: 22-33.

[28] Dai W N, Tang T T, Dai Z H, et al. Probing the mechanism of hepatotoxicity of hexabromocyclododecanes through toxicological network analysis. Environmental Science & Technology, 2020, 54(23): 15235-15245.

[29] Di P W, Wu Z R, Yang H B, et al. Prediction of the allergic mechanism of haptens via a reaction-substructure-compound-target-pathway network system. Toxicology Letters, 2019, 317: 68-81.

[30] Yang H B, Sun L X, Li W H, et al. Identification of nontoxic substructures: a new strategy to avoid potential toxicity risk. Toxicological Sciences, 2018, 165(2): 396-407.

[31] Yang H B, Lou C F, Li W H, et al. Computational approaches to identify structural alerts and their applications in environmental toxicology and drug discovery. Chemical Research in Toxicology, 2020, 33(6): 1312-1322.

[32] Meekel N, Vughs D, Béen F, et al. Online prioritization of toxic compounds in water samples through intelligent hrms data acquisition. Analytical Chemistry, 2021, 93(12): 5071-5080.

[33] Zhao C Y, Boriani E, Chana A, et al. A new hybrid system of QSAR models for predicting bioconcentration factors (BCF). Chemosphere, 2008, 73(11): 1701-1707.

[34] Valsecchi C, Grisoni F, Consonni V, et al. Structural alerts for the identification of bioaccumulative compounds. Integrated Environmental Assessment and Management, 2019, 15(1): 19-28.

[35] Li X H, Tian T, Shang X C, et al. Occurrence and health risks of organic micro-pollutants and metals in groundwater of chinese rural areas. Environmental Health Perspectives, 2020, 128(10): 107010.

[36] Li X H, Zhang R H, Tian T, et al. Screening and ecological risk of 1200 organic micropollutants in Yangtze Estuary water. Water Research, 2021, 201: 117341.

[37] Huang R J, Zhang Y L, Bozzetti C, et al. High secondary aerosol contribution to particulate pollution during haze events in China. Nature, 2014, 514(7521): 218-222.

[38] Lu D W, Liu Q, Yu M, et al. Natural silicon isotopic signatures reveal the sources of airborne fine particulate matter. Environmental Science & Technology, 2018, 52(3): 1088-1095.

[39] Xing J, Zheng S X, Ding D, et al. Deep learning for prediction of the air quality response to emission changes. Environmental Science & Technology, 2020, 54(14): 8589-8600.

[40] Vu T V, Shi Z B, Cheng J, et al. Assessing the impact of clean air action on air quality trends in Beijing using a machine learning technique. Atmospheric Chemistry and Physics, 2019, 19(17): 11303-11314.

[41] Zhang Y M, Vu T V, Sun J Y, et al. Significant changes in chemistry of fine particles in wintertime Beijing from 2007 to 2017: impact of clean air actions. Environmental Science & Technology, 2020, 54(3): 1344-1352.

[42] Lu D W, Zhang J W, Xue C Y, et al. COVID-19-induced lockdowns indicate the short-term control effect of air pollutant emission in 174 cities in China. Environmental Science & Technology, 2021, 55(7): 4094-4102.

[43] Shi Z B, Song C B, Liu B W, et al. Abrupt but smaller than expected changes in surface air quality attributable to COVID-19 lockdowns. Science of Advanced Materials, 2021, 7(3): eabd6696.

[44] Colvin V L. The potential environmental impact of engineered nanomaterials. Nature Biotechnology, 2003, 21(10): 1166-1170.

[45] Petersen E J, Goss G G, von der Kammer F, et al. New guidance brings clarity to environmental hazard and behaviour testing of nanomaterials. Nature Nanotechnology, 2021, 16(5): 482-483.

[46] Puzyn T, Leszczynska D, Leszczynski J. Toward the development of "Nano-QSARs": advances and challenges. Small, 2009, 5(22): 2494-2509.

[47] Fourches D, Pu D Q Y, Tassa C, et al. Quantitative nanostructure-activity relationship modeling. ACS Nano, 2010, 4(10): 5703-5712.

[48] Puzyn T, Rasulev B, Gajewicz A, et al. Using nano-QSAR to predict the cytotoxicity of metal oxide nanoparticles. Nature Nanotechnology, 2011, 6(3): 175-178.

[49] Fadeel B, Farcal L, Hardy B, et al. Advanced tools for the safety assessment of nanomaterials. Nature Nanotechnology, 2018, 13(7): 537-543.

[50] Shatkin J A. The future in nanosafety. Nano Letters, 2020, 20(3): 1479-1480.

[51] Fourches D, Pu D Q Y, Li L W, et al. Computer-aided design of carbon nanotubes with the desired bioactivity and safety profiles. Nanotoxicology, 2016, 10(3): 374-383.

[52] Lazarovits J, Sindhwani S, Tavares A J, et al. Supervised learning and mass spectrometry predicts the in vivo fate of nanomaterials. ACS Nano, 2019, 13(7): 8023-8034.

[53] Yu F B, Wei C H, Deng P, et al. Deep exploration of random forest model boosts the interpretability of machine learning studies of complicated immune responses and lung burden of nanoparticles. Science of Advanced Materials, 2021, 7(22): eabf4130.

[54] Huang Y, Li X H, Xu S J, et al. Quantitative structure-activity relationship models for predicting inflammatory potential of metal oxide nanoparticles. Environmental Health Perspectives, 2020, 128(6): 067010.

[55] Winkler D A. Role of artificial intelligence and machine learning in nanosafety. Small, 2020, 16(36): 2001883.

[56] Chau Y T, Yap C W. Quantitative nanostructure-activity relationship modelling of nanoparticles. RSC Advances, 2012, 2(22): 8489-8496.

[57] Tantra R, Oksel C, Puzyn T, et al. Nano(Q)SAR: challenges, pitfalls and perspectives. Nanotoxicology, 2015, 9(5): 636-642.

[58] Yan X L, Sedykh A, Wang W Y, et al. In silico profiling nanoparticles: predictive nanomodeling using universal

nanodescriptors and various machine learning approaches. Nanoscale, 2019, 11(17): 8352-8362.

[59] Wang W Y, Sedykh A, Sun H N, et al. Predicting nano-bio interactions by integrating nanoparticle libraries and quantitative nanostructure activity relationship modeling. ACS Nano, 2017, 11(12): 12641-12649.

[60] Yan X L, Zhang J, Russo D P, et al. Prediction of nano-bio interactions through convolutional neural network analysis of nanostructure images. ACS Sustainable Chemistry & Engineering, 2020, 8(51): 19096-19104.

[61] Zhu H. Big data and artificial intelligence modeling for drug discovery. Annual Review of Pharmacology and Toxicology, 2020, 60: 573-589.

[62] Schmidt C W. Into the black box: what can machine learning offer environmental health research? Environmental Health Perspectives, 2020, 128(2): 022001.

作者：方明亮[1]、李超[2]、李雪花[3]、陆达伟[4]、唐赟[5]、闫兵[6]、闫希亮[6]、杨珊珊[7]、岳同涛[8]、张永红[9]、赵春燕[10]、朱浩[11]、庄树林[12]

[1]新加坡南洋理工大学，[2]东北师范大学，[3]大连理工大学，[4]中国科学院生态环境研究中心，[5]华东理工大学，[6]广州大学，[7]哈尔滨工业大学，[8]中国海洋大学，[9]重庆医科大学，[10]兰州大学，[11]美国罗格斯大学，[12]浙江大学

第 28 章　我国新污染物研究进展

本章导读

新污染物是指任何人工合成或自然存在的化学品或微生物，其环境赋存可引起显著的已知或可疑的毒性作用与健康危害。新污染物具有来源复杂、效应隐蔽、赋存分散、管控动态等特点，其研究方向涵盖了监测技术、赋存行为、毒理效应、风险评估、污染防治等综合性工作范围。新污染物的研究是目前世界范围内环境化学研究的热点领域。随着“十四五”新征程的开启，新污染物治理被正式提上议程，我国的新污染物研究工作已成为其中一个重要部分。同时，由于我国复杂的国情及环境，新污染物研究的内容及重点也在不断调整当中，未来的研究及治理工作需立足我国国情和发展阶段，充分结合国外治理新污染物的宝贵经验，以有效防范新污染物环境与健康风险为核心，统筹推进新污染物和传统污染物环境管理，开辟出具有中国特色的新路线，深入打好污染防治攻坚战，促进经济社会发展全面绿色转型，建设美丽中国。

关键词

新污染物，研究进展，国内外管控情况，问题与挑战，管控建议

28.1 引　言

近年来，环境污染作为一个全球性问题，成为各国政府、各工业领域、学术界以及公众共同关注的焦点。2001 年联合国环境规划署主导的《关于持久性有机污染物的斯德哥尔摩公约》，目前已有 179 个国家和地区加入。这标志着在世界范围内，对于环境污染的控制和管理已逐渐从被动应对转变为主动防御。国际社会不断需要新的监测和实施战略，以最佳的方式保护环境质量。然而，随着工业化发展进程加快，各类化学品不断地被大批量生产、使用。截至 2020 年，美国化学文摘（CAS）登记的化学品数量已达到 1.55 亿种[1]，近年来以每年数百万至千余万种的速度在不断增加，并通过各种途径进入环境。随着分析技术的进步，环境中部分新化学品不断被发现。一些新的污染物对人类和生态环境的危害正逐步显现并日趋严重。

28.2 新污染物的环境来源及主要特征

28.2.1 新污染物的环境来源

对于“新污染物”，至今我们对其认知依旧很零碎。“新”意味着新兴的产业以及较短的发现时间，即：在这些污染物的生产规模、理化性质、对生态环境的影响，以及如何最好地控制其带来的未知风险等方面，我们对这些污染物知之甚少[2,3]。从源头方面而言，新污染物通常是外源性化合物、人工合成或天然的化合物。此外，经由不受监测或管制的微生物群落也有可能将新污染物引入周围环境，因而对生态环境和人类健康造成不利影响。通常来说，新污染物的出现与工业生产、交通运输、食品加工、城市化等现代社会发展所必需的人类活动密切相关[2]。在某些情况下，向环境中排放新污染物可能已经持续了很长一段时间，但检测、识别和量化该物质，可能要等到特定的分析方法出现后才能进行。除此之外，

新污染物也被用作传统污染物的替代品而生产及应用。同时，也有一部分新污染物是在处理传统污染物的过程中而产生的新污染物源，其可以从点污染源或分散污染源释放，例如：从城市或工业区经由大气传输沉积或农作物、动物活动所产生的废水流动[2,4]。尽管关于环境中新污染物输入情况、发生频率、最终命运和环境影响的相关文献发表率很高，但是对于新污染物实际影响的认识仍未形成完整体系。

28.2.2　新污染物的定义及特征

关于“新污染物”一词，目前尚未达成国际共识。联合国教育、科学及文化组织（UNESCO）定义这些污染物主要包括“药品和个人护理品（PPCPs）、杀虫剂、工业和家用产品、金属、表面活性剂、工业添加剂和溶剂中发现的化学物质。其中很多甚至以极低的数量被持续使用和释放到环境中，有些可能会造成慢性毒性，扰乱人类和水生野生动物的内分泌，并产生细菌病原体耐药性”[5]。美国环境保护署（US EPA）指出，新污染物是“一种化学或材料，其特征是对人类健康或环境的感知，潜在或实际威胁，或缺乏已发布的健康标准”[6]。根据近年来文献中的描述，“新污染物”是指任何人工合成或自然存在的化学品或微生物，其环境赋存可引起显著的已知或可疑的毒性作用与健康危害。现阶段国际上主要关注的新污染物包括：持久性有机污染物（POPs）、环境内分泌干扰物（EDCs）、抗生素抗性基因（ARGs）、微塑料等四大类。而随着分析检测技术的进步以及对化学物质环境和健康危害认识的不断深化，可被识别并监测的新污染物还会不断增加。在上述传统定义类型之外，新污染物还应包括药品和个人护理品（PPCPs）（如，抗生素、人工合成麝香、止痛药、降压药、避孕药、催眠药、减肥药、发胶、染发剂和杀菌剂等）、消毒水副产物（DBPs）、肥胖物质、新型农药、微塑料、纳米颗粒物等[3,7,8]。其中，在传统 POPs［艾试剂、氯丹、DDT、多氯联苯、二噁英等“肮脏的一打（dirty dozen）”］之外，还应密切关注近年来被新增列入《斯德哥尔摩公约》的 POPs，包括：多溴二苯醚（PBDEs）、全氟辛基磺酸及其盐类（PFOSs）、全氟辛基磺酰氟（POSF）、六溴环十二烷（HBCDs）、多氯萘（PCNs）、五氯苯酚（PCP）、六氯丁二烯（HCBDs）、短链氯化石蜡（SCCPs）、三氯杀螨醇等，以及候补 POPs：得克隆（DPs）、甲氧基 DDT、UV328 等。此外，新发现的污染物也需要密切关注，如：UV 稳定剂、抗氧化剂、四溴双酚 A（TBBPAs）及衍生物、全氟碘烷、重点废物流（如，纳米废物、塑料废物、含 POPs 废物、含汞废物）等。

总体来说，新污染物（除非故意产生外）具有以下共性特征：①绝大多数为目前大量生产和应用的化工产品，在各国生产量大，并尚未有效对其生产和环境排放加以控制；②污染正在发生，环境介质中的存量较高，对污染的源和汇及迁移特征仍缺乏认知；③有关生态风险、健康风险和毒理的基础数据尚在收集和补充之中，对其环境风险还缺乏全面的科学评估。

28.3　世界范围内关于新污染物的研究及管控

28.3.1　各国针对新污染物的研究历史

最早关于新污染物的文献可以追溯到 2000 年[9]。在欧盟颁布的《水框架指令》（WFD）中，从国家监控计划中详细列举了出现频率高、对人类健康和/或水生生物存在预期风险以及因缺乏分析技术而需要进一步关注的新兴物质。WFD（2000）将其中 33 种物质或化合物类别指定为欧盟的优先污染物。2002 年，美国地质调查局（USGS）首次对全美 139 条河流中“有机废水污染物”的调查，揭示了新污染物在地表和地下水、床层沉积物、微生物体和饮用水中的含量及分布[10,11]。此外，在中东和北非地区，其地表水、海水、地下水和废水处理厂中均已检测到 PPCPs。在已发表的文献中对地表水中新污染物的研究表明该地区偏向于全球趋势[12]，而对海水中新污染物的研究在全球范围内占有非常重要的比重。

2003 年 11 月，Jerald L. Schnoor 在 ES&T 上针对该现象发表名为“新污染物”的评论文章，并最早提出新污染物这一概念“the newly emerging chemicals”[13]。2003 年 Susan D. Richardson 首次发表了针对新污染物的水处理分析方法综述[14]。2005 年，新污染物相关研究工作开始被 *Environmental Science & Technology* 报道[15]。2006 年 Jennifer A. Field 等人发表评论性文章，首次详细解释了新污染物的定义及相关问题[3]。同年 5 月，周启星等人发表关于土壤中新污染物环境行为的相关研究文章[16]；11 月，江桂斌等人发表关于持久性有机污染物环境健康效应的文章[17]，开启了我国研究新污染物的征程。自 2007 年起，Martha J. M. Wells 等人在 *Water Environment Research* 上每年发布相关文献综述 “*emerging pollutants*”，关注当年新污染物相关的水质研究和管理报告[18-28]；Daniel D. Snow 等人自 2007 年至今，一直关注农业系统中的新污染物，特别是 EDCs、抗生素和与废水有关的其他药物、细菌和朊病毒中的抗生素耐药基因等的环境行为及影响[29-40]。2012 年，Bergman 从环境健康的角度阐述了目前化学品状况的层次结构，对于传统、潜在以及新污染物进行了区分[41]。近年来，有关新污染物的报道及相关研究不断涌现[7,42,43]。其中，Sonia Soloneski 等 2018 年编写的相关书籍（*Emerging Pollutants - Some Strategies for the Quality Preservation of Our Environment*）从新污染物归类、毒性效应、环境影响、分析手段，谈到去除污染物的新方法新材料应用，并提供相应的策略来保护我们的环境质量[14]。

28.3.2　新污染物控制的难点与问题

与传统污染物相比，新污染物因其本身具有的来源广、种类多、差异大等特性，在其治理方面存在诸多挑战。首先，新污染物涉及行业广泛、产业链长，但单位产品使用量小，在环境中含量低、分布分散，其生产使用和环境污染底数不易摸清。部分新污染物是人类新合成的物质，具有优良的产品特性，其替代品和替代技术不易研发。由于大部分新污染物可以进行远距离迁移，其管理往往需要大尺度区域间协同防控。一旦某一类新污染物被正式管控，相应的生产、使用行业会受到一定影响，各区域间经济发展同样会受到不同程度的波及。

此外，虽经过近年来的数据积累，关于新污染物已经获得了一定量关于其污染现状及环境行为等方面的数据，但整体上而言，针对其迁移转化机制、生态毒理效应、人体暴露途径及潜在的健康风险等相应的生物监测数据仍比较匮乏。相应的科学数据缺乏在一定程度上阻碍了新污染物管控的工作进程。除了新污染物本身，其前体物或在环境中的转化产物由于相似的结构、理化性质等，也可能具有类似的危险特征。在不同环境过程中（如：产品生产加工、污水深度处理、微生物降解等），新污染物的母体化合物及类似物很有可能进行分子转化过程。因此，新污染物类似物及相关化合物的环境过程、毒性效应及复合效应也应受到关注。

28.3.3　各国关于新污染物的相关管理和政策

目前，由于没有掌握足够的毒性信息、环境行为和生态毒理效应以建立阈值，仍有许多新污染物未纳入国际法规。国际社会关于环境中新污染物的相关监管框架包括一套复杂的法规，这些法规涵盖了生产、商品化、使用、排放以及环境和饮用水中污染物赋存的质量/监控标准。以欧盟为例，REACH 法规对几乎所有制造或进口到欧盟的化学物质进行注册、评估、授权和限制使用（http：//www.reach-compliance.eu/irish/legislation/docs/launchers/launch-2006-1907-EC.html ）[44]。在新污染物的使用和排放方面，农业活动是欧洲面源污染的最重要因素之一，预计新污染物排放量在未来会增加，这使得农业及其相关产业成为新污染物使用和环境排放的关键领域。针对该领域制定的可持续利用指令（SUD）涉及农业植物保护相关的内容[45]。而关于欧洲的点源污染，也有一些相关的条例和法规，例如：工业排放指令（IED）[46]，欧洲污染物排放和转移登记簿（E-PRTR）（ http：//eur-lex.europa.eu/oj/direct-access.html ）[46]，植物保护产品投放市场条例[47]。为规范环境中的存在，WFD[9]针对新污染物提供了一个安全网络，包括识别和监测，以及在《环境质量标准》中定义了其浓度限值的优先物质清单指令（EQSD）[48]。此外，日本在 WFD 及《化学物质审查管理法》（CSCL）的框架下，建立了详细调查的监测计划，包括对可能存在环境风险的化学品的初期环境调查，以及对优先评估化学物质的全国暴露信息[49]。而美国目前尚未有针对新污染物的系统监测计划，只开展区域尺度的环境水平调查和局部尺度的特征排放源专项调查[50] 。由此可见，法规和管理措施相结合是实现有效新污染物管理的基础。

28.4　我国新污染物研究进展及管控建议

28.4.1　我国新污染物风险防范的相关背景

21 世纪初，我国的新污染物风险防范工作正式起步，迄今虽已逐步取得了一定的成效，但距离有效防范新污染物风险的目标要求仍有较大差距，存在一系列突出问题有待解决。首先，我国经济发展目前进入新常态，工业化、城镇化进程加快，但资源环境问题仍是制约我国经济社会发展的瓶颈之一。作为经济迅速增长的发展中国家，受发展方式和发展阶段的影响，我国面临着比发达国家更为复杂的环境问题。在传统污染物（如：二噁英、DDT 等）尚未完全得到有效控制的同时，不断被发现的新污染物（如：HCBDs、PFASs、SCCPs、DPs 等）在我国均有一定规模的生产和使用。此外，由于我国特有的工业产业结构、使用及排放差异等因素，也可能存在国外不受关注而在我国环境介质中广泛存在的新污染物。因此，多种污染物共存、污染效应叠加所引发的生态环境及健康风险问题也更为错综复杂。此外，与传统污染物相比，新兴污染物的环境赋存更为分散、危害效应更为隐蔽、来源更加复杂，所需要的分析监测技术也更为精尖，完善的高通量筛查及痕量分析技术是新兴污染物研究的瓶颈问题之一[51]。

随着新污染物引发的一系列生态环境及健康问题逐渐显现，目前我国在体系建设、协调机制、评估监测、科学研究等方面开展了相关实践探索[52]。为了防范新污染物带来的风险，我国开始逐步建立新污染物风险防范体系：包括初步建立了新 POPs、EDCs 等新污染物的管理办法、发布相关标准指南、完善立法工作、设立专项研究课题、履行国际公约、组织国际合作项目等。围绕“十三五”提出的“强化环境质量目标管理、推进我国环境管理由总量控制向环境质量目标管理转型”的总体思路，我国制定了一系列规划，在一定程度上实现了对于传统有机污染的治理，但是对于痕量的新污染物，其风险防控机制并不完善。2018 年 5 月，习近平总书记在全国生态环境保护大会上要求对新的污染物治理开展专项研究和前瞻研究，新污染物风险防范得到了前所未有的重视。在中国共产党成立一百年全面建成小康社会、打好打赢污染防治攻坚战的基础上，“十四五”是向 2035 年美丽中国目标迈进的第一个五年，具有不同以往的新形势和新要求。2020 年 9 月，习近平总书记在主持召开科学家座谈会时指出，希望广大科学家和科技工作者肩负起历史责任，不断向科学技术广度和深度进军。这不仅为我国加快新时代科技创新步伐指明了方向，同时也推动了我国新污染物筛选及防控的相关研究进程。2020 年 11 月，《中共中央关于制定国民经济和社会发展第十四个五年规划和二〇三五年远景目标的建议》对“重视新污染物治理”

提出了有关要求，新污染物治理被正式提上议程。目前，“新污染物”的环境行为及健康效应逐渐成为国内环境科学研究的热点之一。

28.4.2 我国新污染物的相关研究历程及取得成果

20 世纪 90 年代，我国环境科学研究中涉及的新污染物是由国外专家率先提出的。研究主要是围绕新污染物在中国环境下的环境行为、健康效应和消减控制技术等方面展开。如：1979 年，中国科学院生态环境研究中心针对二噁英类污染物进行一系列研究，并在 1987 年发表我国二噁英研究的第一篇论文，1990 年率先提出二噁英的合成标准，1995 年建成我国第一个符合国际标准的高水平二噁英实验室（pilot laboratory）。

近年来，我国科学家多次应邀在国际高水平会议中作大会报告，其创新性的研究工作产生了重要的学术影响。一批中青年科学家在国际学术界崭露头角，作为中国代表团技术顾问专家，多次应邀参加 UNEP 履约工作会议，为履约成效评估、新 POPs 审议等做出了贡献。在一代代科学工作者的努力下，我国在新污染物研究的领域正逐渐由“被动式”跟踪借鉴，向着结合国情的“主动式”发现、引领新污染物研究的方向转变。随着 2004 年 5 月《斯德哥尔摩公约》在我国正式生效，我国由生态文明“小时代”迈向生态文明“大时代”的步伐也随之加速，在国家层面上启动对于新污染物的监测和控制措施研究。中国环境科学及相关领域的科研工作者自 2002 年至今持续关注着新污染物及其相关物质的研究，并连续发表相关研究工作的年度报告，大量累积了有关 PBDEs、PFASs、SCCPs 等新污染物的迁移转化、生物富集、环境风险、人体赋存、母婴传递等方面的重要数据。在新污染物局地扩散、长距离迁移及源解析方面，中国科学院广州地球化学研究所（下文简称地化所）张干研究员团队开展的低纬度带新污染物的区域地球化学过程[53]、新污染物的大气干湿沉降与大气—地表交换研究[54]、东亚地区大气 PBDEs、PCNs、SCCPs 的分布与含量水平的现状分析[55]等工作取得突破性进展。而地化所麦碧娴研究员团队自 2005 年起，以珠三角为研究区域，开展新型卤代有机污染物的区域污染、环境行为、生物富集和人体暴露风险研究。该系列成果先后从新型污染物的污染特征与来源入手，揭示了卤代阻燃剂污染与产业发展和化学品管控的协变关系[56]；更新了以往认为高分子量亲脂性有机污染物不具有生物可富集性的认识，阐明了卤代阻燃剂生物差异性富集机理[57]；同时率先开展了室内暴露对人体健康风险的研究[58]。2006 年起，戴家银研究员团队关于 PFASs 在动物及人体内的健康效应、毒性机制及科学替代等方面的研究取得卓越成果[59,60]。而有关全氟烷酸的环境来源、环境行为和人体暴露方面，南开大学祝凌燕教授课题组一直致力于典型新型全氟/多氟化合物的环境界面行为与转化机制、生物富集积累代谢等方面研究[61-63]，并发表一系列成果。微塑料作为一个新型环境问题，近年来受到国际社会的关注。暨南大学曾永平教授课题组围绕重点海域和海洋生物体内的微塑料污染开展了相关研究，取得多项原创性成果[64,65]。研究在新污染物发现方面，2005 年环境化学与生态毒理学国家重点实验室发表第一篇 PBDEs 结构活性关系的研究[66]；2006 年合作发表第一篇中国人体血液 PFOSs 含量的研究[67]；2008 年合作发表第一篇和第二篇 PFOSs 影响学习与记忆过程的论文[68,69]；2009 年发表国内第一篇 SCCPs 相关研究论文[70]，同年关于三(2，3-二溴丙基)异氰尿酸酯（TBC）的研究有了新的进展[71]；在机理研究方面，率先在地球三极地区建立起长期观测及采样系统。通过长达 20 年的实验数据累积，系统开展全球性环境污染物长距离迁移机制的相关研究[72-75]，证明了新污染物的冷捕集效应[76]；同时在全球变暖背景下，偏远地区污染物的源汇关系方面也有了新的发现[74]。目前我国新污染物研究在国际 SCI 收录期刊中发表论文的数量、质量及引用率均达到国际前沿水平，部分工作（PFASs、SCCPs 等）在开辟新研究方向以及引领国际研究方面发挥了重要作用。以上有关新污染物的相关研究，标志着我国在新污染物的分析方法学、环境行为、生态毒理与健康风险等方面取得了显著成果。

2001 年，我国新污染物研究领域的第一个“863”项目“环境内分泌干扰物的筛选与监控技术”立项启动，标志着我国新污染物风险防范的相关工作正式起步。在之后的 10 年 4 期“863”项目连续资助下，结合我国国情的环境内分泌干扰物的筛选与研究规范体系日趋完善。2003 年，我国新污染物领域第一个“973”项目“持久性有机污染物的环境安全、演变趋势与控制原理”启动实施，这 15 年间通过 3 期“973”项目的立项和圆满完成，实现了持久性有机污染物研究从传统到新型的过渡发展，推动了新污染物纳入全国环境监测体系，扩大了我国新污染物研究的国际影响力。

“十三五”国家重点出版物出版规划项目《持久性有机污染物（POPs）研究系列专著》，对新污染物的判别原则、筛选方法、痕量分析技术和归趋行为进行较为系统的总结和综述；《环境暴露与健康效应》《大气细颗粒物的毒理与健康效应》则基于组分风险评价提出环境污染与健康研究的创新思路，反映了该领域近几年的新成果、新观点及研究方向。

在全球范围内的新污染物治理方面，过去我们总是在强调共同但有区别的责任，发达国家责任要多一些；现在我们重视共同的责任和义务，转变了传统的思想观念，由共同责任到积极地参与而不是一味寻找理由、逃避责任。在全球治理中我国积极提供援助，倡导相互帮助，协力推进。这些理念在气候变化谈判里、汞公约形成谈判里、蒙特利尔议定书的谈判里，充分地体现了我们在全球治理当中的作用。

28.4.3　现阶段国家控制新污染物的难点

现阶段，已经对于新污染物的归趋、来源、迁移转化及其对人体的危害等问题有了一定的科学认识，然而对于其污染特征与生态毒理、人体暴露与健康风险、生态毒性效应及致病机制等的研究仍然处于起步阶段；与美、日、欧等发达国家和地区相比，我国的化学物质管理起步较晚，仍处在发展阶段，很多问题亟待解决，无法完全满足生态文明建设的总体需求。

目前我国在新污染物环境治理方面存在顶层设计不完善、评估监测不系统、科学研究弱等问题，主要表现在：

“新污染物风险管控”管理理念不到位，自源头管控起始的全生命周期理念、按物质和区域分级优先管理理念、风险预防和监控的化学物质管理理念缺位，企业主体、政府监管、公众参与的社会共治理念体现不足。

国家层面的“新污染物风险管控”单行上位法尚未建立，配套办法和规章制度不健全，环境质量标准中缺乏新污染物指标。目前，我国现行化学品环境管理主要依托两项部门规章分散管理，包括《化学品首次进口及有毒化学品进出口环境管理法规》（环管 1994[140]号）、《新化学物质环境管理办法》（环境保护部第 7 号令），以及三项技术导则：《化学物质环境与健康危害评估技术导则（试行）》《化学物质环境与健康暴露评估技术导则（试行）》《化学物质环境与健康风险表征技术导则（试行）》（2020 年第 69 号）。上述有关新污染物管理的法规层级低，约束力较弱。特别是相关企业生产或进口新污染物存在该报不报的现象，使得新污染物管理效果受限。我国环境污染防治行动计划（“大气十条”“水十条”和“土十条”）重点关注的是传统污染物，没有将新污染物作为风险防范重点。《危害化学品安全管理条例》和《新化学物质环境管理登记办法》所包含的化学品和污染物种类中，缺乏一些被国际社会普遍关注的新污染物，尚不能满足对新污染物环境管理的现实需求。此外，针对新污染物的标准和技术规范也相对缺乏，很多具有巨大潜在影响的新污染物没有被纳入管控名单进行优先控制。

“新污染物风险管控”技术支撑体系不足，缺乏国家财政投入，制约精细化管理实施。监管部门管理能力不足，工作流程和职责分工不够明确，存在职责交叉或空缺、管理对象和范围不明，造成底数不清、信息不准、应对不力等问题。缺乏财政资金支持，没有建立较为稳定的专职专家技术团队，无法满足经常性和即时性的技术评审需求，专家评审环节一直存在评审周期长、尺度不一，一次性通过率低，补正资料后续工作繁重等问题。缺少部门内和跨部门的监督执法技术培训，基层生态环境部门基本没有新污染物管理能力。公众知情与监督等方面存在制度欠缺。此外，我国在新污染物危害识别和风险管理方面，尚未实施发达国家采取的数据提交商谈制和逐步判定式管理方式，“一刀切式”管理模式导致申报企业负担较重、意见较大。

科研技术支撑相对薄弱，新污染物的研究基础与欧美等发达国家存在差距，研究积累与学术引领不够。关于新污染物的基础研究和监测技术研发相对滞后，替代、减排、治理技术研究不足。与国际前沿存在的差距，例如：对比于发达国家成熟的评估化学品危害和风险的计算模型（QSAR）和稳定的专职专家技术团队支持，我国尚无自主研发的化学品危害和风险计算模型，相关专业人才匮乏，新化学物质申报登记只能要求优先提供测试数据，与国际计算毒理和替代测试发展方向不符。这些差距使得我国在国际谈判和国内工业行业发展较为被动，易被国外牵鼻子、卡脖子。此外，在环境监管方面，包括新污染物在内的化学物质环境风险管控技术标准体系仍不够完善，支持化学物质环境风险评估与管理、危害和暴露数据库等基础数据匮乏，缺少跨部门管控的技术指导文件。

28.4.4　我国新污染物管理思路和建议

“十四五”时期是我国全面建成小康社会、实现第一个百年奋斗目标之后，乘势而上开启全面建设社会主义现代化国家新征程、向第二个百年奋斗目标进军的第一个五年。在实现第二个百年奋斗目标新的赶考之路上，习近平总书记高度重视新污染物治理，在多个重要场合反复强调、提出明确要求，党中央、国务院做出了系列重大决策部署。

2020 年 10 月 29 日，党的十九届五中全会通过《中共中央关于制定国民经济和社会发展第十四个五年规划和二〇三五年远景目标的建议》，提出“重视新污染物治理”；2021 年 3 月 11 日，十三届全国人大四次会议通过了《关于国民经济和社会发展第十四个五年规划和 2035 年远景目标纲要》，提出“重视新污染物治理”，明确“健全有毒有害化学物质环境风险管理体制”；2021 年 4 月 30 日，习近平总书记在中央政治局第二十九次集体学习时强调“重视新污染物治理”；2021 年 8 月 30 日，习近平总书记主持召开中央全面深化改革委员会第二十一次会议，审议通过《关于深入打好污染防治攻坚战的意见》，会议强调“加强固体废物和新污染物治理”。

深入打好新污染物治理攻坚战，持续改善环境质量，加快推动绿色发展，事关社会主义现代化国家建设的全局；完善生态文明领域统筹协调机制，构建生态文明体系，促进经济社会发展全面绿色转型，建设人与自然和谐共生的现代化，将在“十四五”及中长期有力地支撑我国实现第二个百年奋斗目标。

因此，我国的新污染物治理及管控工作需要立足新发展阶段，贯彻新发展理念，坚持系统观念，着眼经济社会发展全局，以有效防范新污染物环境与健康风险为核心，统筹推进新化学物质和现有化学物质环境管理，实施调查评估、分类治理、全过程环境风险管控，加强制度和科技支撑保障，形成党委领导、政府主导、企业主体、社会组织和公众共同参与的新污染物治理体系，支撑我国新污染物管控体系的高效运行。

近期来看，建议将探索性和示范性工作纳入“十四五”规划。制订行动计划，在重点区域、流域开展调查监测、风险识别、风险评估，基于评估结果，聚焦重点地区、行业开展精准管控示范。长期来看，建议在示范基础上，建基础、补短板、强弱项，从顶层设计、法规制度、管理机制、调查评估、精准管控、科技研究、能力建设、国际合作等方面入手，全面推动化学物质环境管理体系和能力建设。

1）开展新污染物风险调查评估，加强相关环境管理立法体系建设

建议从国家层面上制定和完善基于风险管理的新污染物法律法规，填补法制空白；完善新污染物持

续筛查、调查监测、优先评估、重点管控工作机制，动态发布《重点管控新污染物清单》；将新污染物的风险防范纳入国民经济和社会发展规划、“十四五”生态环境保护规划等相关规划，逐步提升风险防范的基础能力。此外，还需加强新污染物风险评估基础研究及体系建设，积极推进我国有关环境污染物的分析实验室及环境领域“优良实验室规范”（good laboratory practice，GLP）实验室的建设和认证工作；建立风险管控协调机制，加强部门之间的沟通合作；促进企业的主动参与及自主管理，建立化学品污染责任保险制度；加强新污染物管理及环境风险评估的信息公开，提高公众环境管理意识，实现全民参与的新污染物管理体系建设，以最终降低新污染物带来的环境损害和人群健康风险。

2）全面落实新化学物质环境管理登记制度，严格源头管控

建议政府在新污染物管理过程中更多承担指导和监管职责，严格执行《新化学物质环境管理登记办法》，落实企业新污染物环境风险防控的主体责任。同时，积极探索申报鼓励机制，促进更多企业主动申报；探索建立新化学物质危害与风险评估审查基金，要求生产或进口新化学物质的相关申报企业，按照申报类型、数量等不同情形缴纳相关费用，以强化企业主体责任。建立国家和地方联动的监督执法机制，将新化学物质环境管理事项按照“双随机一公开”的原则纳入环境执法年度工作计划。做好新化学物质和现有化学物质环境管理衔接，动态完善《中国现有化学物质名录》。

对纳入《产业结构调整指导目录》淘汰类或限制类的工业化学品、农药、药品、兽药、化妆品等，严格实施淘汰或限用措施。加强进出口管控；将严格限制用途的化学品纳入《中国严格限制的有毒化学品名录》，强化进出口环境许可管理；采取激励政策，引导企业事业单位持续开发推广无毒无害、低毒低害的原料和产品。同时，加强产品中有毒有害化学物质含量控制。对拟采取含量控制的化学物质，将有关要求纳入相关强制性国家标准，并严格监督落实，减少产品在消费过程中新污染物的环境排放。

3）强化过程控制，深化末端治理，持续降低环境风险

建议企业强化产品全生命周期绿色管理，加强清洁生产和绿色制造。推动将有毒有害化学物质的替代和排放控制要求纳入绿色制造评价指标体系（如：绿色产品、绿色园区、绿色工厂和绿色供应链等）。规范抗生素类药品（如：兽用抗菌药物等）使用管理，研究建立抗菌药物环境危害性评估制度。强化农药施用管理，鼓励发展高效低风险农药，稳步推进高毒农药淘汰和替代计划。

加强新污染物多环境介质协同治理，强化含特定新污染物废物的收集利用处置。选取石化化工、橡胶、树脂、涂料、印染、原料药、污水处理厂等重点行业领域，在重点流域及区域开展新污染物治理工程试点示范。开展调查监测、风险识别、风险评估，基于评估结果，聚焦重点地区、行业开展精准管控示范。

4）深化相关领域的科学研究、增强多学科交叉创新

新兴污染物种类繁多，优先性筛选涉及新污染物理化性质、毒性和环境暴露状况。建议在清单调查和实验研究数据基础上，建立基于名录的靶向库，实现对不同环境介质新污染物的高通量、可回溯性调查；同时，开发可靠的特性、毒性估算方法和暴露估算模型，借助计算机辅助工具软件，建立可靠的方法来筛选优先研究、控制和管理的新兴污染物。

新污染物在环境介质中多以痕量甚至超痕量水平存在，因此，灵敏度更高的新仪器和新方法开发势在必行。在面对我国多样的地理、气候及人文因素所产生的复杂变量，建议针对新污染物的分析技术规程，实现对确认新污染物的精确定量分析。在传统的目标分析方法之外，应更注重疑似靶向/非靶向分析方法的设计开发，强调在大数据获取及与其他学科（如基因组学、代谢组学、表观遗传学等）领域的关联扩展。实现环境化学与健康科学研究的交叉创新，发展具有 POPs 特性新污染物识别的早期预警研究

体系，充分发挥先进分析技术在优先控制污染物筛选和管理、污染源排查、重大环境污染事件评估和应急处理方面的关键作用。

5）基于人工智能的绿色替代品的研发

随着工业化进程加快，替代化学品测试挑战日趋严峻。高通量的体外毒性测试技术和预测及转化毒理学方法变得尤为重要。未来，在新污染物的评估及管控方面，很大程度上需要体外测试结果向活体毒性终点的转化、联合多组学技术的系统毒理学评价、组学复合污染评价等关键技术的解决。因此，结合人工智能和自动化技术，开发大规模新污染物的毒性测试和优先化筛选体系，有助于进一步推动新污染物管理和风险防控。此外，领域云、区块链，以及深度学习等人工智能技术的使用，也为新污染物的防控与风险预警提供技术发展和理论升级。基于人工智能的深度学习系统可从一个化合物的结构设计开始，提出绿色化学合成的方案；同时，理论评估得到的替代产品所具有的环境持久性、毒性靶点与毒性效应及其健康危害风险。实现从源头减少对生态环境具有潜在危害的替代品的生产排放，为环境友好型替代品的安全设计提供虚拟筛查。

28.5　结　　语

新污染物来源广、种类多、差异大，所产生的影响不容忽视，不分国别。面对于更为繁复的国情及环境问题，我国的新污染物研究工作既要有国际视野，同时也不宜照搬国外研究模式与结论，应走出有自己特色的路线。现阶段，我国新污染物的研究已逐渐兴起，有关新污染物来源、归因分析和环境行为与效应研究不断开展，解决目前常规污染物的环境管理与防治技术日趋成熟。随着社会经济的不断发展，国际上履约工作的目标不断增加更新，我国新污染物研究及治理的工作仍有许多方面有待提升。长期来看，仍需要立足于新污染物的科学外延与管理需求，加强风险控制和管理技术研究，建立完善的化学品环境风险评价技术，超前布局科学研究，评估新污染物的潜在环境风险；加强基于人体健康、生态环境安全的新污染物环境基准研究；加强学科交叉，基于大数据手段，区分地域差异和介质差异，整合多学科研究力量为新污染物环境安全提供保障，全面推动化学物质环境管理体系和能力建设，为国家履约提供决策支持。实现“十四五”良好开局，为在第二个百年新征程中谱写新篇章。

参 考 文 献

[1] CAS REGISTRY-the gold standard for chemical substance information. 2020, https: //www.cas.org/zh-hans/support/documentation/chemical-substances.

[2] Soloneski S, Larramendy M. Emerging Pollutants - some strategies for the quality preservation of our environment. London: IntechOpen, 2018.

[3] Jennifer A, Field C A J, Joan B. Rose. What is “emerging”? Environmental Science & Technology, 2006, 40: 7105.

[4] Tafurianari F. Emerging contaminants identification, concerns, actions. 2010 International Workshop on a Sustainable Water Environment, 2010, Taipei.

[5] Bohlin-Nizzetto P, Aas W, Warner N. Monitoring of environmental contaminants in air and precipitation, In: Oslo, Norway Norwegian Institute for Air Research (NILU), 2017.http: //en.unesco.org/emergingpollutants.

[6] EPA. Emerging contaminants and federal facility contaminants of concern. https: //www.epa.gov/fedfac/emerging-contaminants-and-federal-facility-contaminants-concern.

[7] Liu J, Zhang X. Comparative toxicity of new halophenolic DBPs in chlorinated saline wastewater effluents against a Marine Alga: Halophenolic DBPs are generally more toxic than haloaliphatic ones. Water Research, 2014, 65: 64-72.

[8] European Community. Decision No 2455/2001/EC of the European Parliament and of the Council of 20 November 2001 Establishing the list of priority substances in the field of water policy and amending Directive 2000/60/EC. Off J Eur Commun, 2001, L331: 1-5.

[9] Glüge J, Wang Z, Bogdal C, et al. Global production, use, and emission volumes of short-chain chlorinated paraffins – A minimum scenario. Science of the Total Environment, 2016, 573: 1132-1146.

[10] Showstack R. Survey of “emerging contaminants” in U.S. streams indicates need for further research. Eos, Transactions American Geophysical Union, 2002, 83: 146.

[11] Kolpin D W, Furlong E T, Meyer M T, et al. Pharmaceuticals, hormones, and other organic wastewater contaminants in U.S. streams, 1999−2000: A National Reconnaissance. Environmental Science & Technology, 2002, 36: 1202-1211.

[12] Ouda M, Kadadou D, Swaidan B, et al. Emerging contaminants in the water bodies of the Middle East and North Africa (MENA): A critical review. Science of The Total Environment, 2021, 754: 142177.

[13] Schnoor J L. Emerging chemical contaminants. Environmental Science & Technology, 2003, 37: 375A.

[14] Richardson S D. Water Analysis: Emerging contaminants and current issues. Analytical Chemistry, 2003, 75: 4943.

[15] Kellyn S, Betts P D T, Janet P, Rebecca R. Removing emerging contaminants. Environmental Science & Technology, 2005, 39: 354A-360A.

[16] 徐志强, 周启星. 土壤新型有机污染物的生态毒理研究与展望. 见: 中国高等科学技术中心有机污染环境化学前沿与环境可持续发展战略论文集, 工程科技 I 辑, 环境科学与资源利用, 2006, X53: 3.

[17] 江桂斌. 新型持久性有机污染物的环境健康效应. 中国中医药报, 2008, 1(10): 5.

[18] Bell K Y, Bandy J, Beck S, et al. Emerging pollutants – Part II: Treatment. Water Environment Research, 2012, 84: 1909-1940.

[19] Bell K Y, Bandy J, Finnegan B J, et al. Emerging pollutants – Part II: Treatment. Water Environment Research, 2013, 85: 2022-2071.

[20] Bell K Y, Wells M J M, Traexler K A, et al. Emerging pollutants. Water Environment Research, 2011, 83: 1906-1984.

[21] Li H, Dong Z, Weng Q, et al. Emerging pollutants – Part I: Occurrence, Fate and Transport. Water Environment Research, 2015, 87: 1849-1872.

[22] Qiu L, Dong Z, Sun H, et al. Emerging pollutants – Part I: Occurrence, Fate and Transport. Water Environment Research, 2016, 88: 1855-1875.

[23] Tang Y, Peng X, Yang W, et al. Emerging pollutants – Part I: Occurrence, Fate and Transport. Water Environment Research, 2017, 89: 1810-1828.

[24] Wells M J M, Bell K Y, Traexler K A, et al. Emerging pollutants. Water Environment Research, 2010, 82: 2095-2170.

[25] Wells M J M, Fono L J, Pellegrin M L, et al. Emerging pollutants. Water Environment Research, 2007, 79: 2192-2209.

[26] Wells M J M, Morse A, Bell K Y, et al. Emerging pollutants. Water Environment Research, 2009, 81: 2211-2254.

[27] Wells M J M, Pellegrin M L, Morse A, et al. Emerging pollutants. Water Environment Research, 2008, 80: 2026-2057.

[28] Zhao Y, Ye L, Zhang X X. Emerging pollutants–Part I: occurrence, fate and transport. Water Environment Research, 2018, 90: 1301-1322.

[29] Snow D D, Bartelt–Hunt S L, Brown D L, et al. Detection, occurrence and fate of pharmaceuticals and steroid hormones in agricultural environments. Water Environment Research, 2010, 82: 869-882.

[30] Snow D D, Bartelt-Hunt S L, Devivo S, et al. Detection, occurrence, and fate of emerging contaminants in agricultural environments. Water Environment Research, 2009, 81: 941-958.

[31] Snow D D, Bartelt-Hunt S L, Saunders S E, et al. Detection, occurrence, and fate of emerging contaminants in agricultural environments. Water Environment Research, 2007, 79: 1061-1084.

[32] Snow D D, Bartelt-Hunt S L, Saunders S E, et al. Detection, occurrence and fate of emerging contaminants in agricultural environments. Water Environment Research, 2008, 80: 1868-2092.

[33] Snow D D, Cassada D A, Bartelt –Hunt S L, et al. Detection, occurrence and fate of emerging contaminants in agricultural environments. Water Environment Research, 2016, 88: 913-929.

[34] Snow D D, Cassada D A, Bartelt-Hune S L, et al. Detection. occurrence and fate of emerging contaminants in agricultural environments. Water Environment Research, 2014, 86: 865-881.

[35] Snow D D, Cassada D A, Bartelt–Hunt S L, et al. Detection, occurrence and fate of emerging contaminants in agricultural environments. Water Environment Research, 2015, 87: 1868-1937.

[36] Snow D D, Cassada D A, Bartelt–hunt S L, et al. Detection, occurrence and fate of emerging contaminants in agricultural environments. Water Environment Research, 2012, 84: 764-785.

[37] Snow D D, Cassada D A, Biswas S, et al. Detection, occurrence, and fate of emerging contaminants in agricultural environments (2019). Water Environment Research, 2019, 91: 1103-1113.

[38] Snow D D, Cassada D A, Biswas S, et al. Detection, occurrence, and fate of emerging contaminants in agricultural environments (2020). Water Environment Research, 2020, 92: 1741-1750.

[39] Snow D D, Cassada D A, Biswas S, et al. Detection, occurrence and fate of emerging contaminants in agricultural environments. Water Environment Research, 2018, 90: 1348-1370.

[40] Snow D D, Cassada D A, Larsen M L, et al. Detection, occurrence and fate of emerging contaminants in agricultural environments. Water Environment Research, 2017, 89: 897-920.

[41] Bergman Å, Rydén A, Law R J, et al. A novel abbreviation standard for organobromine, organochlorine and organophosphorus flame retardants and some characteristics of the chemicals. Environment International, 2012, 49: 57-82.

[42] Arp H P H. Emerging Decontaminants. Environmental Science & Technology, 2012, 46: 4259-4260.

[43] Schnoor J L. Re-Emergence of Emerging Contaminants. Environmental Science & Technology, 2014, 48: 11019-11020.

[44] EC. Regulation No 1907/2006 of the European Parliament and of the Council of 18 December 2006 concerning the Registration, Evaluation, Authorisation and Restriction of Chemicals (REACH), establishing a European Chemicals Agency, amending Directive 1999/45/EC and repealing Council Regulation (EEC) No 793/93. Official Journal of the European Union, 2006, L 39611. https: //www.legislation.gov.uk/eur/2006/1907/contents#.

[45] Braune B, Muir D, DeMarch B, et al. Spatial and temporal trends of contaminants in Canadian Arctic freshwater and terrestrial ecosystems: A review. Science of the Total Environment, 1999, 230: 145-207.

[46] Fromberg A, Cleemann M, Carlsen L. Review on persistent organic pollutants in the environment of Greenland and Faroe Islands. Chemosphere, 1999, 38: 3075-3093.

[47] Melymuk L, Bohlin-Nizzetto P, Prokeš R, et al. Sampling artifacts in active air sampling of semivolatile organic contaminants: Comparing theoretical and measured artifacts and evaluating implications for monitoring networks. Environmental Pollution, 2016, 217: 97-106.

[48] Lao Q, Jiao L, Chen F, et al. Review on researches of legacy POPs and emerging POPs in the arctic regions. Adv Earth Sci, 2017, 32: 128-138.

[49] 祝融. 日本《化学物质审查规制法》的新启示. 环境经济, 2008, 1: 55-58.

[50] 张丽君. 美国《区域和全国尺度地下水系统调查》.国土资源, 2002, 1: 52-53.

[51] 董亮, 张烃, 黄业茹. 持久性有机污染物——21 世纪中国面对的新型环境问题. 环境保护与循环经济, 2012, 32: 27-29.

[52] 张丛林, 郑诗豪, 邹秀萍, 等. 新型污染物风险防范国际实践及其对中国的启示. 中国环境管理, 2020, 12: 71-78.

[53] Zhang G, Chakraborty P, Li J, et al. Passive Atmospheric Sampling of Organochlorine Pesticides, Polychlorinated Biphenyls, and Polybrominated Diphenyl Ethers in Urban, Rural, and Wetland Sites along the Coastal Length of India. Environmental Science & Technology, 2008, 42: 8218-8223.

[54] Zhang G, Li J, Cheng H, et al. Distribution of organochlorine pesticides in the northern South China Sea: Implications for land outflow and air-sea exchange. Environmental Science & Technology, 2007, 41: 3884-3890.

[55] Jaward T M, Zhang G, Nam J J, et al. Passive air sampling of polychlorinated biphenyls, organochlorine compounds, and polybrominated diphenyl ethers across Asia. Environmental Science & Technology, 2005, 39: 8638-8645.

[56] Mai B X, Chen S J, Luo X J, et al. Distribution of polybrominated diphenyl ethers in sediments of the Pearl River Delta and adjacent South China Sea. Environmental Science & Technology, 2005, 39: 3521-3527.

[57] Yu M, Luo XJ, Wu JP, et al. Bioaccumulation and trophic transfer of polybrominated diphenyl ethers (PBDEs) in biota from the Pearl River Estuary. South China. Environment International, 2009, 35: 1090-1095.

[58] Meng XZ, Zeng E Y, Yu LP, et al. Assessment of human exposure to polybrominated diphenyl ethers in China via fish consumption and inhalation. Environmental Science & Technology, 2007, 41: 4882-4887.

[59] Dai J Y, Li M, Jin Y H, et al. Perfluorooctanesulfonate and perfluorooctanoate in red panda and giant panda from China. Environmental Science & Technology, 2006, 40: 5647-5652.

[60] Liu Y, Wang J S, Wei Y H, et al. Induction of time-dependent oxidative stress and related transcriptional effects of perfluorododecanoic acid in zebrafish liver. Aquatic Toxicology, 2008, 89: 242-250.

[61] Feng X M, Ye M Q, Li Y, et al. Potential sources and sediment-pore water partitioning behaviors of emerging per/polyfluoroalkyl substances in the South Yellow Sea. Journal of Hazardous Materials, 2020, 389: 12.

[62] Chen M, Wang Q, Shan G Q, et al. Occurrence, partitioning and bioaccumulation of emerging and legacy per- and polyfluoroalkyl substances in Taihu Lake, China. Science of the Total Environment, 2018, 634: 251-259.

[63] Jin H B, Zhang Y F, Zhu L Y, et al. Isomer profiles of perfluoroalkyl substances in water and soil surrounding a Chinese fluorochemical manufacturing park. Environmental Science & Technology, 2015, 49: 4946-4954.

[64] Mai L, Sun X F, Xia L L, et al. Global riverine plastic outflows. Environmental Science & Technology, 2020, 54: 10049-10056.

[65] Mai L, You S N, He H, et al. Riverine Microplastic Pollution in the pearl river delta, China: Are Modeled Estimates Accurate? Environmental Science & Technology, 2019, 53: 11810-11817.

[66] Wang Y W, Liu H X, Zhao C Y, et al. Quantitative structure-activity relationship models for prediction of the toxicity of polybrominated diphenyl ether congeners. Environmental Science & Technology, 2005, 39: 4961-4966.

[67] Yeung L W Y, So M K, Jiang G B, et al. Perfluorooctanesulfonate and related fluorochemicals in human blood samples from China. Environmental Science & Technology, 2006, 40: 715-720.

[68] Liao C Y, Li X Y, Wu B, et al. Acute enhancement of synaptic transmission and chronic inhibition of synaptogenesis induced by perfluorooctane sulfonate through mediation of voltage-dependent calcium channel. Environmental Science & Technology, 2008, 42: 5335-5341.

[69] Liao C Y, Wang T, Cui L, et al. Changes in synaptic transmission, calcium current, and neurite growth by perfluorinated compounds are dependent on the chain length and functional group. Environmental Science & Technology, 2009, 43: 2099-2104.

[70] Yawei W, Jianjie F U, Guibin J. The Research of environmental pollutions and toxic effect of short chain chlorinated paraffins. Environmental Chemistry, 2009, 28: 1-9.

[71] Ruan T, Wang Y W, Wang C, et al. Identification and evaluation of a novel heterocyclic brominated flame retardant tris(2, 3-dibromopropyl) isocyanurate in environmental matrices near a manufacturing plant in southern China. Environmental

Science & Technology, 2009, 43: 3080-3086.

[72] Hao Y, Li Y, Han X, et al. Air monitoring of polychlorinated biphenyls, polybrominated diphenyl ethers and organochlorine pesticides in West Antarctica during 2011–2017: Concentrations, temporal trends and potential sources. Environmental Pollution, 2019, 249: 381-389.

[73] Jiang L, Gao W, Ma X, et al. Long-Term Investigation of the temporal trends and gas/particle partitioning of short- and medium-chain chlorinated paraffins in ambient air of King George island, Antarctica. Environmental Science & Technology, 2021, 55, (1): 230-239.

[74] Wang P, Zhang QH, Wang T, et al. PCBs and PBDEs in environmental samples from King George Island and Ardley Island, Antarctica. RSC Advances, 2012, 2: 1350-1355.

[75] Zhao J P, Wang P, Wang C, et al. Novel brominated flame retardants in West Antarctic atmosphere (2011-2018): Temporal trends, sources and chiral signature. Science of the Total Environment, 2020, 720: 9.

[76] Wu J, Gao W, Liang Y, et al. Short-and medium-chain chlorinated paraffins in multi-environmental matrices in the Tibetan Plateau environment of China: A regional scale study. Environment International, 2020, 140: 105767.

作者：姜璐[1,2]，王亚韡[1,2]，郑明辉[1,2,3]，江桂斌[1,2,3]

[1]中国科学院生态环境研究中心，[2]中国科学院大学，[3]中国科学院杭州高等研究

第29章 人工智能时代下的环境计算毒理学进展及前瞻

本章导读

化学品是人类和生态系统健康的重要风险源。应用人工智能、机器学习等技术预测化学品的环境暴露及危害性具有重要意义。本章介绍基于机器学习的量子化学新技术及其应用、化学品暴露和危害行为参数的预测、工程纳米材料毒性及纳米材料-生物界面相互作用预测等方面的研究进展与展望。

关键词

人工智能，机器学习，分子模拟，量子化学计算，化学品，计算毒理学

29.1 引　　言

合成化学品作为新污染物的主要来源，已经成为人体和生态系统健康的突出风险源。国家“十四五”规划和 2035 年远景目标纲要指出，“重视新污染物治理”、“深入实施健康中国行动”、“提升生态系统质量和稳定性”、“推进精准、科学、依法、系统治污”。进行化学品风险防控，是从源头治理新污染物的有效手段，其关键在于识别和预测化学品的环境危害特性/毒性。然而，人工合成化学品种数甚巨，美国化学文摘社登记注册数量就已超 1.8 亿种，人类日常使用化学品及其混合物也达到 35 万种[1]。以动物实验和高通量离体测试为代表的毒性测试方法，面临化学标准品缺乏，离体-活体和高低剂量、跨物种外推困难，耗费巨大等瓶颈，难以全面解析化学品的复杂毒性机制。发展化学品环境风险的预测技术势在必行。计算毒理学基于理论化学、系统生物学等原理构建数学或计算机模型，可实现化学品环境暴露、危害性和风险的高通量预测。一方面可筛查高风险和优先控制化学品，服务于化学品管理；另一方面有助于化学品的环境友好设计，从源头规避毒害化学品的生产，有利于可持续发展。

环境计算毒理学模型的构建，需要应用机器学习等建模技术。得益于大数据的累积、计算机性能提升及以深度学习为核心的机器学习新算法的涌现，人工智能（AI）技术近十年来蓬勃发展，日渐革新人们认识和解决复杂科学和工程问题的方式[2-4]，大有成为第四次工业革命排头兵的架势。AI 技术已成为世界各国的发展战略。美国政府提出一项 3000 亿美元的新投资，用于研发包括 AI 在内的突破性技术[5]。德国政府制定的《人工智能战略》计划到 2025 年，把对 AI 方向的资助增加到 50 亿欧元[6]。我国“十四五”规划和 2035 年远景目标纲要强调：“强化国家战略科技力量，瞄准人工智能等前沿领域”、“推动互联网、大数据、人工智能等同各产业深度融合[7]”。如此种种，预示着人类社会开始迈入 AI 时代。

当前，AI 在信息科学、生命科学、化工与材料等领域显示出无可比拟的应用前景。谷歌旗下的 Deepmind 公司基于深度学习神经网络开发的蛋白质 3D 结构预测软件 Alpha Fold 2[8]，预测准确度已经能够与电镜测试结果媲美。相比之下，AI 及机器学习在环境领域的应用方兴未艾。2011～2021 年间，收录在 Web of Science 关于机器学习和 AI 的文献中，有约 3%属于环境科学与工程领域。AI 技术的发展，也为计算毒理学建模带来了新的理论和方法。通过融合环境大数据，AI 技术还有望在化学品环境暴露解析、化学品毒性预测、环境健康风险评估等方面取得突破。

基于环境大数据的机器学习建模与预测，已经在化学品的环境暴露分析方面展现良好应用前景。Burns 和 Sigmund 研究表明[9,10]，随机森林、深度神经网络等机器学习算法可以有效预测并分类金属有机框架和碳基材料对污染物的吸附性能。机器学习方法也被证明能够有效预测微污染物的 O_3 处理以及溶解性有机质的光化学/微生物转化过程[11,12]。基于环境或卫星监测数据的机器学习建模，在预测水质参数[13]、水体浮游植物分布[14]、区域交通噪声[15]、污水处理厂 N_2O 气体排放[16]方面取得了理想的效果。

在环境质量演变预测方面，基于环境监测数据的机器学习建模，实现大气、水体质量的高精度预测。Xing 等人[17]采用深度学习算法，预测了污染物排放浓度和气象条件变化对空气质量的影响；Lu 等人[18]基于反向传播神经网络算法，构建了亚洲 10 km 分辨率水平上，陆源硫酸盐和硝酸盐湿沉降量的预测模型；Zhao 等人[19]采用无参深度学习算法，开发了一种递归神经网络模型，实现了北极高纬度地区大气多环芳烃浓度的预测；Tan 等人[20]采用加速回归树和随机森林算法，阐明了地下水中砷的空间差异分布的影响因素。Xiao 等人[21]基于气象卫星监测得到的气溶胶光学厚度等数据，采用一系列机器学习模型，准确预测了我国大气 $PM_{2.5}$ 的历史浓度和空间分布差异。

大数据的机器学习建模，也被用于环境化学污染的识别和溯源。Yang 等人[22]采用一种有监督机器学习算法——线性判别分析，实现了复杂环境样品中 SiO_2 纳米材料的分类和溯源，准确率达 93.3%。Ban 等人[23]采用随机森林算法，预测出不同种类纳米材料和生物蛋白结合形成“蛋白冠”的组成和细胞识别机制（准确率＞75%）。

在化学品引发的多终点毒性预测方面，基于机器学习的 AI 技术的研究发展迅速。基于已有的离体高通量测试大数据，采用机器学习的预测或分类算法，已成功实现成千上万种化学品的雄激素受体[24]、雌激素受体[25]、芳构化酶活性[26]及其他生物活性[27]的可靠预测。美国环保局发起的化学品内分泌干扰“联合建模计划”，采用决策树、决策森林等机器学习方法，对 5 万多种化学分子结构给出了雄激素活性的准确预测结果[28]。Wang 等人[29]基于机器学习算法，发展了预测化学品过氧化物酶体增殖物激活受体（PPARγ）活性的计算毒理学模型，用于筛查《中国现有化学物质名录》中 4 万多种化学品的 PPARγ 活性。Yang 等人[30]基于体外测试数据，构建了饮用水消毒酚类副产物与人运甲状腺素蛋白结合效力的预测模型（准确率达 90%）。Sun 等人[31]基于二维分子描述符，构建了一种深度卷积神经网络模型，实现了 1 万多种具有 PBT 特性化学品的准确筛查（准确率＞95%）。Huang 等人[32]开发了预测纳米金属氧化物肺部炎症效应的机器学习模型，模型预测准确率达 90%以上。

基于化学品环境毒理和流行病学大数据的计算毒理学建模，有望挖掘环境污染致病机制及规律，为化学品健康风险评估和人群健康保障提供有力技术支撑。Dai 等人[33]通过挖掘污染物作用靶标与肝毒性疾病基因数据的关联，发展了一种毒性网络分析方法，可用于有机污染物肝毒性的预测。Li 等人[34]基于我国地下水中 1300 余种有机微污染物和重金属的高通量监测数据，采用计算毒理学模型和蒙特卡罗模拟相结合的方法，系统评价和预测了饮用地下水人群健康的致癌和非致癌风险。机器学习建模可预测新冠病毒在国家尺度上的人群易感性指数[35]，在母亲吸烟导致的胎儿基因毒性（DNA 甲基化）预测方面也取得了突出进展[36]。

值得指出的是，基于环境大数据和机器学习算法的计算毒理学建模，具有方法学的挑战性。高通量毒性测试产生的化学品毒理学大数据，多样和结构复杂，难以使用传统计算方法进行存储、分析和可视化。Zhao 等人[37]归纳环境毒理学和健康学科的大数据具有“10V”特征，即：体量大（volume）、产生速度快（velocity）、多样性高（variety）、质量不均衡（veracity）、真实性存疑（validity）、术语不统一（vocabulary）、平台丰富（venue）、可视化需求高（visualization）、更新速度快（volatility）和有价值（value）。这“10V”特征导致传统的计算方法难以处理大数据。需要研究基于环境大数据和机器学习算法的计算毒理学建模方法学。

综上，环境大数据和 AI 技术的革新，使计算毒理学迎来了广阔的发展机遇与前景。环境大数据与机器学习交叉融合，已逐渐成为国际环境与健康领域的研究热点和优先战略布局。发展环境大数据和机器学习的计算毒理学建模理论和技术，是促进我国化学品健全管理和新污染物治理、防治化学品污染损害群众健康问题的重要举措。我国在该领域尚处于探索阶段，亟需加强我国环境大数据平台建设和资源整合，拓展基于环境大数据和机器学习的环境计算毒理学方向、加快面向化学品风险预测的 AI 技术研发及其在环境健康领域的应用。

AI 技术、机器学习在环境计算毒理学交叉领域的应用前景广阔，相关探索与日俱增，涉及的环境场景愈发丰富。本章重点介绍基于机器学习的量子化学新技术及其在大气新粒子生成、污染物非均相转化和光化学转化方面的潜在应用，基于机器学习的化学品暴露和危害行为参数的预测；机器学习在预测工程纳米材料毒性及纳米材料-生物界面相互作用等方面的研究进展与展望。

29.2　基于机器学习的量子化学新技术及其潜在应用

量子化学计算能够直接用于预测化学品和新污染物的环境行为参数，也可为环境大数据建模提供基础数据，被广泛地应用于环境计算毒理学领域的研究中。自 20 世纪三十年代以来，量子化学家致力于使用尽可能少的计算资源，同时尽可能精准地求解多体薛定谔方程[38]。无论密度泛函理论（DFT）的建立，还是量子力学/分子力学耦合技术（QM/MM）的提出，都源于这一目标[39,40]。近十年来，机器学习逐渐被应用于求解复杂多体薛定谔方程。从最初辅助泛函拟合，到后来参数化波函数，机器学习已经渗入到量子化学的各个方面。有科学家预言[41]：“基于机器学习的量子化学方法，将是 DFT 和 QM/MM 方法之后，量子化学领域的又一次重大突破。”

量子化学方法学上的创新，为解决复杂、多样的化学品及新污染物的暴露、危害性及风险预测问题，提供了新思想、新理论和新手段。在环境领域的相关研究中，这些新方法的使用仍不多见。本节重点介绍基于机器学习的量子化学方法的原理，以及它们在环境领域的潜在应用。

29.2.1　基于机器学习量子化学方法的原理

如图 29-1 所示，构建基于机器学习的量子化学模型，通常有两种思路（Ⅰ类和Ⅱ类方法）。Ⅰ类方法，使用有监督的学习算法，基于给定的输入结构和预测终点，对模型进行训练。现有的Ⅰ类模型也可以根据其构架大致分为两类：基于描述符的模型和“端到端”的模型。

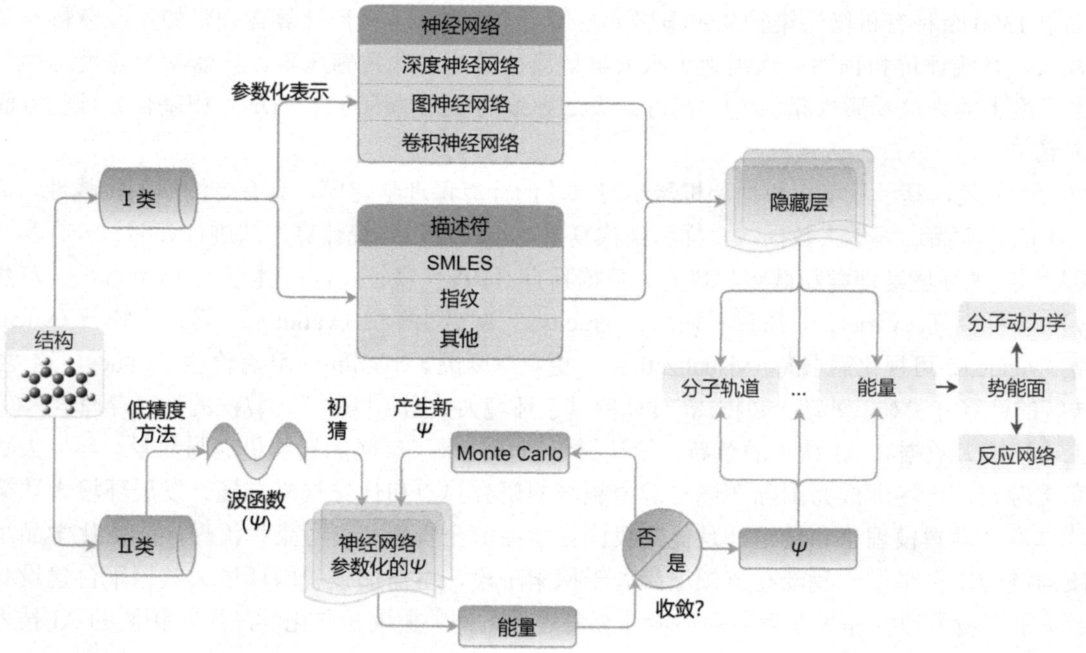

图 29-1　两类基于机器学习的量子化学方法

基于描述符的Ⅰ类方法，类似于定量构效关系（QSAR）方法。两者区别在于，Ⅰ类方法的预测终点通常是分子的基本信息（例如，电子能量、电子密度和分子轨道等）[42]，而 QSAR 模型的终点通常更复杂（如各种分配系数、蛋白质结合常数、反应速率常数和毒性等）[43,44]。基于描述符的模型最突出的优点是计算复杂度较低，通常正比于训练集的数据量。

“端到端”的Ⅰ类模型直接以分子结构作为输入，采用各种神经网络方法[如图神经网络（GNN）、卷积神经网络（CNN）、深度神经网络（DNN）或它们的组合[45-47]]，将输入结构向量化或矩阵化。因此，该方法不用依赖系统的预处理（如提取描述符、筛选描述符等）。相比于基于描述符的Ⅰ类方法，“端到端”方法的计算复杂度更高，其计算量处于 N^2 的水平（N 表示训练集的数据数）。因此，“端到端”的Ⅰ类模型的训练时间比基于描述符的Ⅰ类方法要长。Ⅰ类方法避免了求解薛定谔方程，但是依赖于实验或计算数据集。多数基于机器学习的量子化学模型，都以这种方法构建。

相比之下，Ⅱ类方法基于深度神经网络直接对波函数进行参数化，结合变分量子蒙特卡罗（QMC）方法，对模型进行无监督训练[48-54]。Ⅱ类方法一般使用低级方法（如 Hartree-Fork 方法）计算的波函数作为初猜。由于用于训练的所有数据都是由 QMC 模拟自动生成的，这种方法不需要实验数据作为支持。其另一个优点是，模型可以提供所模拟系统的电子密度或波函数。基于波函数或电子密度，可以求解其他需要的物理化学参数（如能量）[55]。因此，Ⅱ类方法可为解决环境化学问题提供更多基础信息，也可根据得到的波函数或电子密度预测其他相关性质。

基于两类方法获得的能量，可以构造反应的势能面，进而预测反应网络。例如，Zeng 等人[56]建立了的甲烷燃烧反应网络。基于机器学习的量子化学方法所预测的势能面、反应网络、化学性质和波函数分析等，都与化学物质的环境化学行为密切相关，下面对此进行讨论。

29.2.2　基于机器学习量子化学方法的潜在应用

机器学习方法在化学领域的小分子体系中获得了非常成功的应用。这些方法大多数可以扩展到更大的环境体系中，因为它们的算法复杂度远低于传统的量子化学方法[57]。下面介绍基于机器学习的量子化学方法在环境化学中的潜在应用。

1）污染物与自由基的反应模拟

污染物与自由基（如·OH，NO_3 和卤素自由基[58,59]等）的反应，是自然环境污染物的重要去除途径。传统的量子化学方法被广泛用于研究这些反应[60-64]。为获得精确的动力学和热力学参数，传统量子化学方法通常需要采用一些高级方法[如 CCSD（T）方法[57]]来构建反应势能面。这些高级方法的计算时间和内存需求过高，因此大多数情况下必须采用精度较低的方法（如 DFT 方法[65]）。

相比于传统量子化学方法，基于机器学习的量子化学方法可以快速、精确地获得能量，也可以基于计算的能量更合理地构造势能面（图 29-2）。如图 29-2a 和 29-2b 所示，在相同的计算需求下，基于机器学习的量子化学方法能够得到污染物的完全降解反应网络，而传统方法只能计算自由基的引发反应和一些关键的后续反应（如 H 转移和 O_2 加成等）。Stocker 等人[66]根据机器学习拟合的势能面，快速构建了 CH_4 燃烧的复杂反应网络，这是传统量子化学方法短时间内难以实现的。因此，借助基于机器学习的量子化学方法，可以发现污染物降解过程中一些被忽视的有害副产物。

2）大气新粒子生成

大气新粒子生成（NPF），包括成核和随后的增长，是大气颗粒物的重要来源[67]。传统量子化学计算可用于研究颗粒物“从无到有”的过程，即从气相前体（如 H_2SO_4、有机胺和 NH_3）到 1.5～2.0 nm“临界”团簇形成的过程[68]。在该领域，量子化学计算面临两个主要困难：其一，如何找到构型的全局极小值点？仍较为困难；其二，目前的计算能力不足以精确计算较大团簇的热力学信息。

如图 29-2d 所示，基于机器学习的量子化学方法可以克服这些限制。首先，机器学习算法可学习“具有相同成分团簇的能量”和“不同构象”之间的映射关系，进而找到团簇的全局最小值点。此外，正如 Elm[69]所讨论的，那些已经学习了数千种小团簇的 I 类模型，可以用来预测更大团簇的热力学信息。因此，基于机器学习的量子化学方法，有助于阐明大气 NPF 机制。

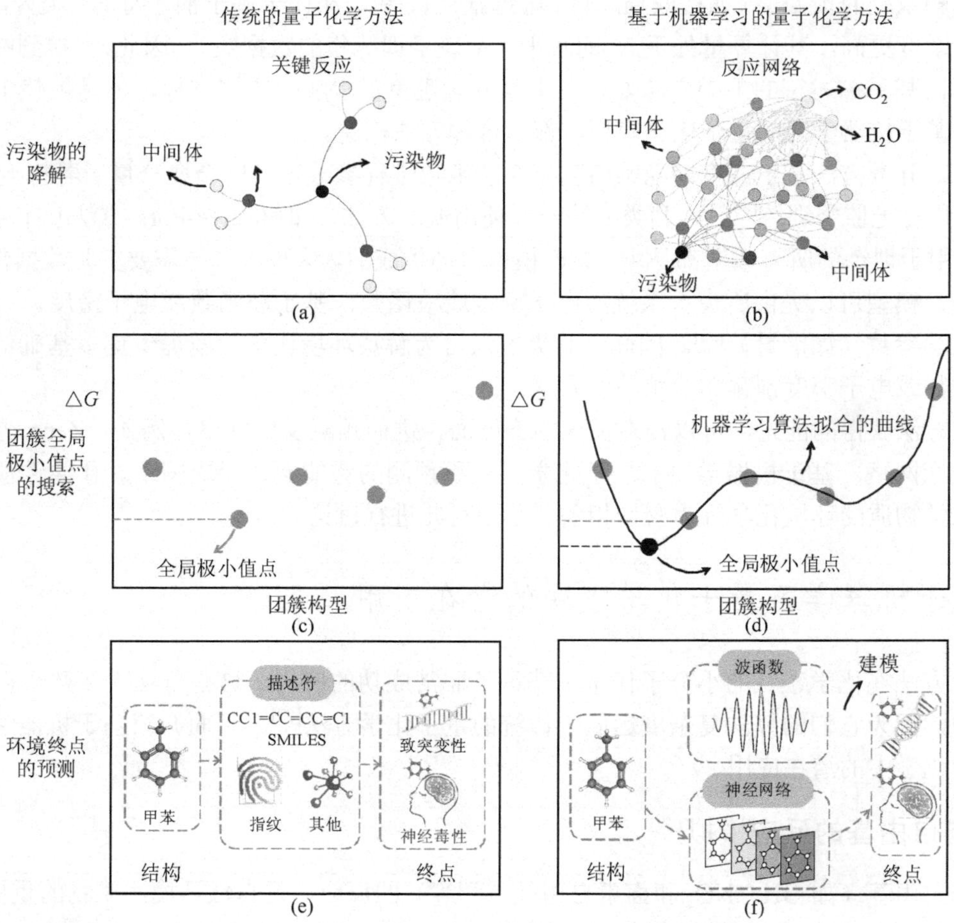

图 29-2　传统量子化学方法和基于机器学习的量子化学方法用于研究污染物的降解（a，b）；搜索团簇的全局极小值点（c，d）；预测相关污染物/化学品的环境终点（e，f）

3）污染物的非均相化学转化

污染物的非均相转化，通常可采用从头算分子动力学（AIMD）和量子力学耦合分子力学动力学（QM/MM-MD）模拟[70,71]。然而，这些方法擅于处理低能垒（通常＜2 kcal/mol）的反应。较高能垒的反应，需要极长的模拟时间，才能达到相应的过渡态。即使采用一些增强采样技术（如伞形采样[72]、亚稳态动力学[73]和热力学积分[74]等），仍需较长的模拟时间。

机器学习可以用于探寻“给定系统的力和能量”与“模拟系统中原子的位置”之间的关系，进而使 AIMD 模拟跳过求解薛定谔方程的过程。Galib 和 Limmer[75]基于这种思路，研究了空气-水界面上 N_2O_5 的非均相水解。他们建立了一个深度学习模型，基于 N_2O_5 和空气-水界面的结构，预测整个体系的力和能量。由于采用了深度学习模型，来取代传统 AIMD 的 DFT 计算部分（最耗时的部分），AIMD 的模拟速度显著提升。同时，其模拟精度几乎与传统 AIMD 一致。基于此技术，他们发现 N_2O_5 在界面处的水解速率快于溶解速率。类似的手段还可以用于探索各种污染物在界面处的其他非均相反应。

4）污染物的光化学转化

光化学转化，尤其光解反应（直接光解和间接光解）是污染物在环境中的重要消减途径[76]。量子化学方法可用于计算电子吸收光谱、激发态能量和光物理过程（如辐射荧光、磷光辐射和系间窜跃等）以及污染物光降解机制[77]。Wei 等人[78]曾通过 DFT 计算，揭示环丙沙星不同解离形态的光降解行为。相比于机器学习在基态分子反应领域的广泛应用，机器学习模型在涉及激发态领域的应用较少[78]。

即使如此，可以预见基于机器学习的量子化学方法在环境光化学领域的应用潜力。激发态污染物的势能面可以用机器学习方法平滑拟合[55]。表 29-1 列出了基于机器学习的量子化学方法计算酪氨酸激发态能量所需的时间，仅为传统方法的十万分之一到千分之一量级[55]。基于机器学习拟合势能面、分子光动力学模拟的时间，也可以被显著降低。近期，借助机器学习技术，Li 等人[79]实现了 10ns 反式六氟-2-丁烯顺-反异构化反应的分子光动力学模拟。该模拟仅耗时 2 天，而使用传统方法进行相同时长的光动力学模拟，需要约 58 年。因此，基于机器学习的分子光动力学模拟，可以用来模拟环境小分子（如 NO_2 和苯酚）的光化学和光物理过程。目前的计算能力可能仍不足以模拟较大分子（如多环芳烃、多氯联苯和磷系阻燃剂等）参与的光化学反应，仍需开发更快的方法。

表 29-1　不同方法计算酪氨酸激发态能量所需的时间（改自文献[55]）

理论方法	类型	硬件	时间（s）
ADC（2）	传统	CPU	2160
TDDFT	传统	CPU	724
CASSCF	传统	CPU	5719
CASPT2	传统	CPU	7972
SchNarc	机器学习	CPU	1.5
SchNarc	机器学习	GPU	0.03

5）健全的化学品管理

QSAR 方法，可作为填补化学品环境暴露和危害性（如 K_{ow}、致癌性和致突变性）数据空白的工具，进而支持化学品管理[80]。如图 30-2e 和 30-2f 所示，基于机器学习的量子化学方法可为传统 QSAR 建模方法学带来突破：

（1）完整描述化学品的性质。如前所述，Ⅱ类方法可以预测分子的波函数。传统描述符只能描述分子的部分特征，而波函数则包含了某一电子态（如基态和第一激发态）分子的所有信息。因此，波函数可以作为 QSAR 中的“万能描述符”，用于预测化学品及新污染物的暴露和危害性参数。

（2）直接映射“结构”和“活性”。QSAR 追求“结构”和“活性”之间的关系，但通常不直接使用分子的 3D 结构作为输入，取而代之的是分子描述符（图 30-2e）。Ⅰ类和Ⅱ类方法可以直接采用分子三维结构作为输入，通过图神经网络、卷积神经网络或者深度神经网络等方法，预测分子的性质。类似的方法或许也可用于预测化学品及新污染物的各种毒理学效应参数。Wang 等人[47]采用类似的思路，开发了一个名为 SepPNet 的新框架用于表示 3D 分子结构，采用该框架预测了分子的雌激素受体活性。基于机器学习的量子化学方法和传统 QSAR 的交叉与融合，具有广阔的创新空间。

29.3　化学品暴露和危害行为参数的 QSAR 模型

化学品的风险由暴露和危害性两方面决定。这里重点介绍机器学习技术在化学品环境暴露和危害性（主要是毒性）参数模拟预测中的应用。

29.3.1　机器学习技术在化学品暴露研究中的应用

暴露是化学品导致风险的前提，其模拟预测需要解决的关键科学问题是：揭示化学品在非生物环境和生物体内迁移和降解转化的行为机制（环境暴露和生物体的内暴露机制），进而发展模拟方法、构建预测模型。化学品的环境暴露（外暴露）浓度由化学品的源释放速率及其环境暴露行为（多介质分配所决定的迁移行为、降解转化行为）所决定[81]。化学品内暴露行为涉及化学品在生物体内的吸收、分布、代谢和排泄过程。这里主要介绍机器学习算法在环境暴露及生物体内暴露行为参数模拟预测方面的研究进展。

1）化学品环境暴露行为参数的预测

决定化学品环境暴露行为的参数可分为两类，一类是决定化学品在多介质环境中赋存和分布行为的各种分配系数，如辛醇/水分配系数（K_{ow}）、过冷液体蒸气压（P_{L}）、水溶解度（S_{w}）等；另一类是化学品在各个环境介质中的降解或转化速率系数，如与·OH、卤素自由基等发生反应的二级反应速率常数、水解速率常数、生物降解速率常数等[82]。这里重点介绍近两年的相关研究，主要是基于机器学习预测化学品分配行为参数[83-85]、生物降解动力学参数[86-88]、水解反应动力学参数[89,90]、自由基氧化动力学参数[91-96]。

（1）化学品分配行为参数的模拟预测

传统 QSAR 多使用分子碎片法[97]和经验参数[98]构建模型，如美国环保局开发的工具软件 EPI Suite™ [87]中的相关模型。近年来，机器学习也被应用于环境分配行为参数的预测，可分为单任务模型和多任务模型。单任务模型指的是仅针对单一预测终点建模得到的模型。Zang 等人[83]基于 EPI Suite™ 数据库，建立了 $\log K_{\mathrm{ow}}$、$\log S_{\mathrm{w}}$、沸点、熔点、蒸气压等参数的单任务模型。除 $\log S_{\mathrm{w}}$ 外，其余参数的单任务模型效果均好于 EPI Suite™ 中的模型。Wang 等人[84]发展了基于深度学习的 $\log K_{\mathrm{ow}}$ 预测模型，该模型覆盖化学品种类比 EPI Suite™ 模型更广，模型决定系数（$R^2 = 0.961$）也更高，且该模型可以区分同分异构体。相比于传统 QSAR 模型，基于机器学习的单任务模型在预测效果、应用域等方面，总体上有一定提升。

多任务机器学习模型，可通过特征共享和参数共享等方法，将具有内在关联的预测终点联系起来，实现多终点的同时预测，并提升预测准确性。Wu 等人[85]用代数拓扑的方法来描述分子特征，建立了可以同时预测化学品 $\log K_{\mathrm{ow}}$ 和 $\log S_{\mathrm{w}}$ 的多任务模型。所构建的多任务学习模型在多个验证集上表现良好，优于经典算法和单任务机器学习模型。环境化学领域的多任务模型仍较少，多任务机器学习模型展现出了比单任务模型更好的预测准确性和应用前景。

（2）生物降解速率等级预测模型

微生物降解是化学品在环境中的主要转化途径之一，但相关预测模型较为缺乏。Zhang 等人[86]基于分子指纹与朴素贝叶斯算法建立了生物降解性的判别模型。然而，定性研究远不能满足化学品环境风险管理的需求。Acharya 等人[87]基于 EPI Suite™ 数据库中终极生物降解速率数据，构建了基于量子化学与

DRAGON 描述符[99]的线性回归模型（R^2 = 0.89）。机器学习算法可提升相关模型的预测准确性。Tang 等人[88]使用 EPI Suite™ 中化学品初级生物降解速率数据和终极生物降解速率，依据碳原子数对化学品进行分类，构建了支持向量机模型。相比于前人的模型，该模型采用更少的描述符，使用更加方便，且具有相当的预测性能（初级生物降解速率，R^2 = 0.91；终极生物降解速率，R^2 = 0.93）。

（3）化学品水解动力学参数的模拟预测

化学品的水解速率常数（k_h）也是评价其环境持久性和暴露行为的重要参数。如表 29-2 所示，含水解官能团的化学品种类众多。k_h 通常涉及酸催化水解、中性水解和碱催化水解的贡献。对于多数化学品，在天然水体中，碱催化水解是其主要水解途径。然而，绝大多数化学品的 k_h 值缺乏。实验测定 k_h 值耗时长、成本高，依赖化学标准品，难以满足化学品持久性评价和管理的需求，有必要发展 k_h 值的预测方法。现有的 QSAR 模型，或由于分子结构描述符的难以获取，或应用域的限制，难以预测大多数化学品的水解速率常数。EPI Suite™ 的相关模型亦是如此，它预测化学品水解速率常数依赖取代基子结构的立体效应常数、Taft 常数和 Hammett 常数[97]的值，且模型包含化学品的数量有限。

表 29-2　含水解官能团化学品的数量

数据清单	化学品数量	含水解官能团化学品数量的占比	含羧酸酯键化学品数量的占比
《中国现有化学物质清单》含明确 SMILES 码的化学品[100]	21677	约 52.8%	约 19%
FIFRA 数据库（U.S. EPA's Federal Insecticide，Fungicide，and Rodenticide Act）[101]	636	约 46%	约 13%
CERRAP 数据库（Collaborative Estrogen Receptor Activity Prediction Project）[102]	约 32000	约 40%	约 13%

k_h 可以采用两种方法预测，一是量子化学方法，该方法准确性较高但耗时长；另一种是 QSAR 模型预测，计算速度快，但需要基础数据的支持。邻苯二甲酸酯（PAEs）和对羟基苯甲酸酯（PBs）均是高产量化学品。Xu 等人[89]以 PAEs 为模型化合物，筛选了可预测 PAEs 及其主要水解产物（MPEs）的碱催化水解反应路径、二级速率常数（k_B）值的 DFT 方法；基于实验和 DFT 计算值，采用多元线性回归方法，结合量子化学和 DRAGON（6.0）[99]计算的分子描述符，构建了可预测 PAEs 的 k_B 值的 QSAR 模型。发现侧链结构显著影响 PAEs 的水解动力学；离去醇基团的 pK_a 和 MPEs 的电负性是影响 MPEs 水解动力学的主要因素。所建立的 QSAR 模型，为预测 PAEs 水解的动力学参数提供了基础工具，克服了以往因 PAEs 水解动力学参数缺乏而难以评价其持久性的难题。

Xu 等人[90]测定了 PBs 的 pK_a 值、中性和解离形态 PBs 的 k_B 值；基于实测数据和量子化学计算的势能面（图 29-3），筛选了可预测酚类 pK_a 值、中性和解离形态 PBs 的 k_B 值的量子化学计算方法；基于实测值和计算值，采用多元线性回归方法，结合量子化学和 Dragon 分子描述符，构建了可预测酚类 pK_a 值、中性和解离形态 PBs 的 k_B 值的 QSAR 模型。发现 PBs 水中形态分布和侧链结构显著影响其水解动力学。所构建的 QSAR 模型，可弥补 PBs 水中溶解态分布和水解动力学方面的数据空缺，有助于 PBs 的环境持久性评价。

这样的方法，实现了 QSAR 和量子化学计算的优势互补。一方面量子化学计算为 QSAR 提供建模的元数据，解决了 QSAR 建模数据匮乏的问题；另一方面所建的 QSAR 模型可以用于 k_B 的高通量预测。

（4）化学品与自由基反应动力学参数的模拟预测

·OH 不仅对自然环境中有机污染物的转化降解具有重要作用，还作为氧化剂被广泛用于高级氧化过程等水处理工程中。如表 29-3 所列，近年机器学习算法被广泛用于预测化学品与·OH 反应的速率常数（k_{OH}）。Luo 等人[91]通过竞争动力学实验，测定了 9 种氟喹诺酮类和 11 种磺胺类抗生素在 3 个 pH 条件和 3 种不同解离形态下的水相 k_{OH}，构建了可预测不同解离形态抗生素水相 k_{OH} 的 QSAR 模型。研究发现，20 种抗生素在不同 pH 条件和解离形态下的 k_{OH} 值，表现出明显的差异。所构建的模型具有良好的拟合能力（$R^2 = 0.805$）、稳健性（$Q^2_{CV} = 0.778$，$Q^2_{BOOT} = 0.770$）和预测能力（$R^2_{ext} = 0.820$，$Q^2_{ext} = 0.816$）。通过对模型的分析，发现抗生素水相 k_{OH} 主要受其·OH 反应位点（氟喹诺酮类抗生素的哌嗪环、喹啉环和磺胺类抗生素的苯环）数目、电荷分布及分子极性的影响。

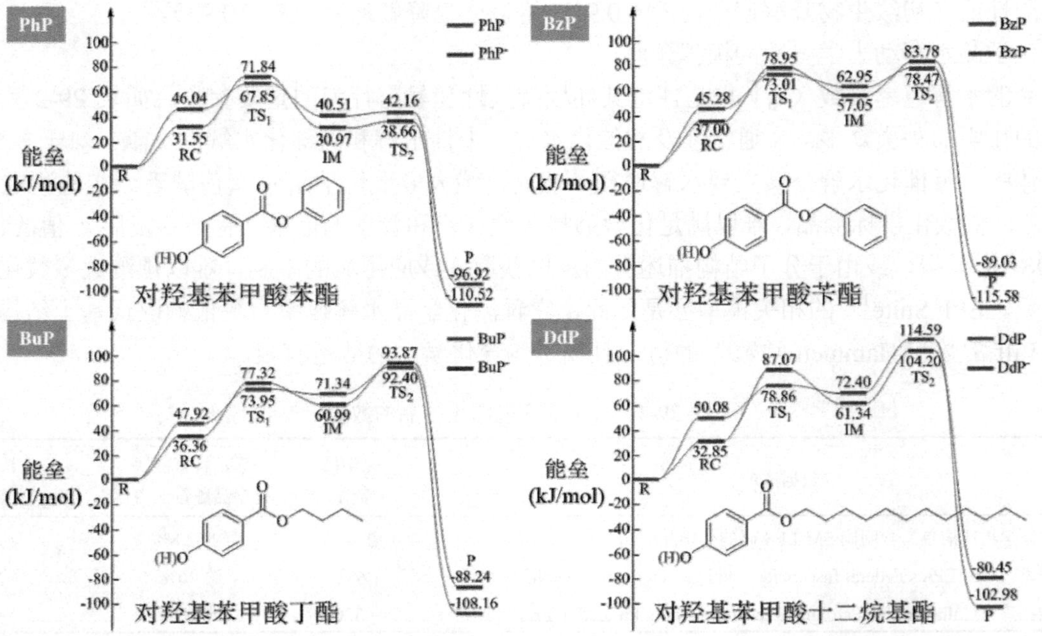

图 29-3　对羟基苯甲酸酯（中性和解离形态）的碱催化水解反应势能面[90]

反应物和 OH^-总能量为 0（参考态）；R，RC，TS，IM 和 P 分别表示反应物、反应前络合物、过渡态、反应中间体和产物

表 29-3　化学品与自由基反应动力学参数的预测模型

自由基	化学品和新污染物	介质	算法	评价指标			文献
				R^2	Q^2	RMSE	
·OH	抗生素	水相	多元线性回归	0.805	0.816	–0.228	[91]
·OH	有机污染物	水相	支持向量机	0.930	N/A	0.182	[92]
·OH	有机污染物	水相	决策树	0.887	N/A	0.216	[92]
·OH	有机污染物	水相	推理系统	0.823	N/A	0.268	[92]
·OH	烷烃	气相	神经网络	N/A	N/A	0.020	[94]
·OH	有机微污染物	水相	神经网络	0.678	N/A	0.387	[95]
·OH	有机污染物	水相	神经网络	0.992	0.719	0.011	[96]
·OH	有机污染物	水相	极限梯度提升	0.937	0.707	0.101	[96]
·OH	有机污染物	水相	随机森林	0.931	0.639	0.099	[96]
$·Cl_2$	苯酚	水相	经验公式	0.924	N/A	N/A	[93]
$·Cl_2^-$	烷氧基苯	水相	经验公式	0.951	N/A	N/A	[93]
$·Cl_2^-$	苯胺	水相	经验公式	0.881	N/A	N/A	[93]
$SO_4^-·$	有机污染物	水相	神经网络	0.988	0.745	0.017	[96]
$SO_4^-·$	有机污染物	水相	极限梯度提升	0.992	0.824	0.125	[96]
$SO_4^-·$	有机污染物	水相	随机森林	0.921	0.767	0.121	[96]

注：R^2 表示训练集的决定系数；Q^2 表示验证集决定系数；RMSE 表示训练集的均方根误差；N/A 表示无相关数据

化学品与卤素自由基的反应，也是其在环境中转化的重要途径之一。Lei 等人[93]采用激光闪光光解法测定了·Cl 和$·Cl_2^-$与 88 种痕量有机污染物（TrOCs）的反应速率常数，基于量子化学描述符，建立了 3 个

QSAR 模型分别可用于预测含有苯酚、烷氧基苯和苯胺基团的 TrOCs 与$\cdot Cl_2^-$的反应速率常数。该研究有助于更好地理解卤素自由基参与的 TrOCs 在环境中的降解转化行为，填补数据缺失。然而，化学品的自由基反应动力学参数预测模型仍较缺乏，已有模型大多应用域较小，只针对特定类别化合物和自由基。

综合来看，现有环境暴露行为参数的 QSAR 模型，大多针对中性分子形态。自然环境中，许多化学品以解离形态存在，对有机离子分配行为参数的预测模型仍很少。需要进一步基于机器学习方法，构建可以预测离子形态化学品的分配和转化行为参数的 QSAR 模型。此外，化学品的环境暴露行为参数间具有明显的相关性，这样的特点适合采用多任务建模。考虑到环境暴露行为参数的复杂性与多样性，未来应该发展环境暴露行为参数的多任务模型，实现环境暴露行为参数的“一揽子”预测。

2）化学品内暴露行为参数的预测

化学品内暴露行为是评价其毒性效应和风险的基础，涉及化学品在生物体内的吸收、分布、代谢和排泄（ADME）过程。获取化学品的内暴露行为参数值，是开展化学品管理和新污染物治理的需求。化学品的内暴露行为参数，一般可分为两类。一类是表征化学品生物蓄积性的参数，如生物富集因子（BCF）、生物放大因子（BMF）、生物积累因子（BAF）等。另一类是毒代动力学（TK）或生理毒代动力学（PBTK）模型的关键参数，如内在清除率（Cl_{int}）、血液中游离化学品分数（f_u）和组织/血液分配系数（P_{tb}）等。

BCF 是评价化学品生物蓄积能力的重要参数。丁蕊等人[103]建立了一个鱼类 *BCF* 数据库，涵盖 1300 多种有机化学品的 *BCF* 实测值。基于所建数据库，采用最小二乘、支持向量机、随机森林、梯度提升决策树和极端梯度提升算法，建立了预测鱼类 *BCF* 的 5 种单一模型和 11 种集成模型。与单一模型相比，集成模型具有更好的拟合能力、稳健性、预测准确性以及更广泛的应用域。进一步使用最优集成模型，预测了《中国现有化学物质清单》中化学品的 BCF 值，结果表明该清单中有 1066 种化学品具有生物积累性，86 种化学品具有强生物积累性。这些模型有助于填补鱼类 BCF 数据的缺失。

前人构建了 TK 或 PBTK 模型的关键参数的 QSAR 模型。Kirman 等人[104]根据化学品的 K_{ow} 和水/气分配系数，采用线性回归分析方法，构建了化学品 Cl_{int} 的预测模型，超过 90%化学品的 Cl_{int} 预测值与实测值的差异在 10 倍以内，超过 60%的预测值与实测值差异在 3 倍以内。基于理化性质预测 TK 或 PBTK 关键参数的线性模型仍存在模型简单、难以实现大量化学品 TK 或 PBTK 模型的关键参数的准确预测的问题。

基于机器学习算法的非线性模型为解决上述问题提供了机遇。Ingle 等人[105]采用 k 近邻、支持向量机和随机森林三种机器学习算法，分别构建了 f_u 的单一算法预测模型和包含三种算法的一致性模型。模型训练集包含 1045 种药物，测试集包含 200 种药物和 406 种 ToxCast 环境化学品。单一及一致性模型均呈现出较好的预测能力，f_u 的预测值与实测值的平均绝对误差范围为 0.103～0.177。Dawson 等人[106]采用随机森林算法，构建了应用域更广的 Cl_{int} 和 f_u 预测模型，涉及到的化合物包括药物、农药和工业化学品。这些模型有助于填补化学品 TK 和 PBTK 模型关键参数的缺失。

P_{tb} 受化学品的性质（如 $\log K_{ow}$、pK_a 等）和生物组织的组成成分（如血液和组织中的脂质、磷脂和水含量等）共同影响。目前，P_{tb} 的 QSAR 模型主要基于多参数线性自由能关系（pp-LFER）构建，可分为两类：一类是将各个生物组织看作一个整体，并以 P_{tb} 为活性终点的模型[107]；另一类将生物组织细分为脂质、磷脂、人血白蛋白、肌肉蛋白和水，分别构建相应的模型，再结合各组分在组织中的含量，求相应的 P_{tb}[108]。相比于第一类模型，第二类模型不受物种限制，在已知组织组分含量和组织组分/水分配系数值的情况下，即可求得 P_{tb}。

早期 P_{tb} 的预测模型主要针对疏水性有机化学品，主要基于 K_{ow} 值[109]。对于一些可电离化合物，其在组织和血液之间的分配受存在形态的影响，仅根据 K_{ow} 值并不能准确描述化学品在组织和血液之间的分配行为。Rodgers 等人[110,111] 考虑了可电离化合物在水中的电离，以及化合物与磷脂、血浆蛋白之间的相互作用，所建模型能更精准地预测可电离化学品在组织和血液中的浓度。

综上，化学品内暴露行为参数的预测模型中，一部分是基于物理化学参数所构建的线性模型，但模型往往存在应用域有限的问题，难以实现高通量预测。结合机器学习算法构建的非线性模型，预测准确性高，覆盖化学品范围广，可用于预测大量化学品的内暴露行为参数。

29.3.2 机器学习技术在化学品危害性评价中的应用

合成化学品的危害主要包括物理危害、健康危害和环境危害三类。这里介绍机器学习技术用于构建化学品健康危害特性参数的预测模型，主要涉及化学品毒性的预测模型。

1）过氧化物酶体增殖物激活受体γ活性的预测模型

过氧化物酶体增殖物激活受体γ（PPARγ）是人体多项生理功能的重要调控因子[112]。合成化学品与PPARγ 的相互作用，可能扰乱生理功能，引起肥胖、脂肪肝、骨质疏松、心血管疾病等有害健康效应[113-116]。因此，化学品的 PPARγ活性是相关有害健康效应的早期预警指标。Wang 等人[29,117]发展了预测化学品PPARγ 激动剂活性的 QSAR 分类模型及应用域表征方法（图 29-4）。从 ChEMBL 数据库析出了包含 1767 种化合物 PPARγ 激动剂活性的训练集。采取 Mordred 程序计算的分子描述符集（Mordred 描述符）、拓展连接性指纹（ECFP）以及分子获取结构（MACCS）指纹，利用随机森林（RF）算法构建了多个 QSAR 分类模型。其中，基于 Mordred 描述符的 RF 模型交叉验证的受试者工作特性曲线下面积（AUC）大于

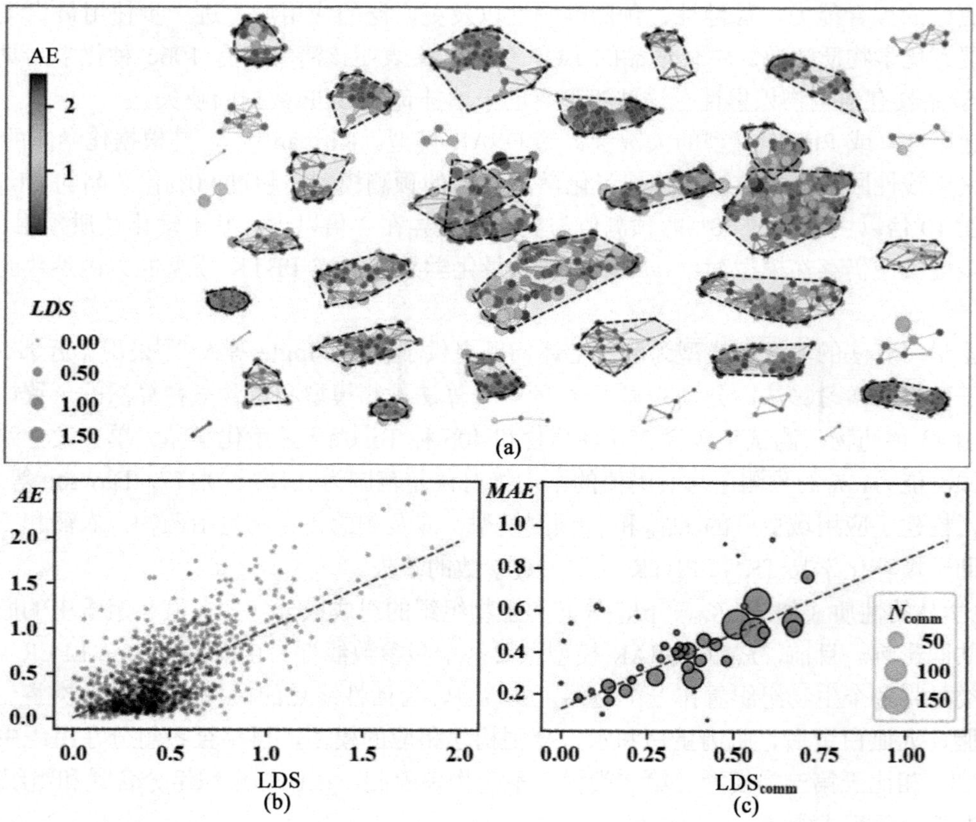

图 29-4 局部非连续性分值（LDS）与支持向量回归模型的交叉验证预测绝对误差（AE）之间的关系[29]

（a）结构-预测误差地貌的结构相似性网络图；（b）化合物 *LDS* 与交叉验证 AE 的相关关系；（c）社群化合物平均 LDS（LDS_{comm}）与社群化合物平均绝对误差（MAE）之间的相关关系

0.95，外部验证集上的 AUC 达到 0.69～0.79，展现出较好的预测能力。发展了基于分子结构相似性的 $AD_{FP}\{N_{min}, S_{cutoff}\}$ 型应用域表征方法，并与传统应用域表征方法做了比较。在更严格标准下，$AD_{FP}\{N_{min}, S_{cutoff}\}$ 应用域内的化合物，能够被 RF 模型更好地预测。

Wang 等人[29,117]还发展了预测化学品 PPARγ 结合能力的 QSAR 回归模型，检验了 $AD_{FP}\{N_{min}, S_{cutoff}\}$ 型应用域对回归模型的有效性。从 ChEMBL 数据库析出两个训练集，分别包含 419 种化合物 PPARγ 抑制常数（解离常数）和 1316 种化合物的半数抑制浓度的以 10 为底的负对数值。采取 Mordred 描述符、ECFP 和 MACCS 指纹，基于岭回归、最小绝对收缩和选择算符（Lasso）回归、偏最小二乘回归、RF 和支持向量机（SVM）五种算法，分别构建了预测化学品 PPARγ 结合能力的多组 QSAR 模型。其中，基于 ECFP 和 SVM 组合的回归模型的交叉验证决定系数（R^2_{CV}）达到 0.57～0.69，外部验证集决定系数（R^2_{ext}）为 0.23～0.66，展现出预测能力。引入了表征训练集结构-活性地貌（SAL）的类网络相似性图（NSG）以及局域非连续性分值（LDS），解释了特定描述符和机器学习算法在不同训练集上交叉验证效果的差异，揭示出交叉验证中回归模型对单个化合物的预测绝对误差与其 *LDS* 之间显著的线性关系。随着 $AD_{FP}\{N_{min}, S_{cutoff}\}$ 型应用域变得严格，所有模型的外部验证效果均有所提升。

综上，Wang 等人[29,117]构建了化学品 PPARγ 激动剂活性和结合能力的训练集，采用机器学习算法，发展了具有良好预测性能的 QSAR 分类和回归模型。发展了 $AD_{FP}\{N_{min}, S_{cutoff}\}$ 型应用域，并基于所建 QSAR 模型及外部验证集，展现了其相比于若干传统应用域表征方法的优势，且兼容不同描述符和机器学习算法。所建 QSAR 模型及应用域表征方法，为快速而可靠地预测化学品 PPARγ 活性提供了工具。

2）线粒体毒性筛查模型

线粒体被认为是细胞的“动力源”[118]，具有维持细胞稳态、参与细胞凋亡等重要的生理学功能[119,120]。一些化学品具有线粒体毒性，可导致线粒体功能紊乱[121,122]。因此，有必要筛查引起线粒体功能紊乱的化学品。Tang 等人[123,124]针对模型训练集数据不平衡、黑箱模型难以对毒性机制进行解释、已有线粒体毒性 QSAR 分类模型仅能预测线粒体膜电位扰动等问题，引入多种机器学习算法和不平衡数据处理方法，构建了线粒体毒性（包括线粒体膜电位扰动、线粒体分裂和融合抑制、线粒体电子传递链抑制）的 QSAR 分类模型，并识别了线粒体毒性的警示子结构。

（1）采用 5 种机器学习算法（随机森林、支持向量机、朴素贝叶斯、逻辑回归和分类回归树）和 12 种分子结构指纹，构建了线粒体膜电位扰动剂的单个和一致性 QSAR 分类模型。研究了不平衡数据处理对模型性能的影响。识别了线粒体膜电位扰动化学品的警示子结构。结果表明，对于单个分类模型，随机森林算法构建的模型性能最佳。基于随机森林算法构建的最佳的一致性分类模型的十折交叉验证的平均平衡准确率、AUC、灵敏度和特异性分别为 81.8%、89.9%、82.9%和 80.7%，外部验证的平衡准确率、AUC、灵敏度和特异性分别为 88.3%、94.1%、92.2%和 84.4%，表明该模型呈现良好的稳健性和泛化能力，可用于筛查线粒体膜电位的扰动剂（图 29-5）。调节阈值的不平衡数据处理方式提高了模型的分类效果。子结构分析的结果表明芳香环、苯酚基团、羧酸基团、硝基、芳基氯基团等是线粒体膜电位扰动剂的警示子结构。

（2）采用随机森林、深度神经网络、逻辑回归和伯努利朴素贝叶斯 4 种机器学习算法和 12 种分子结构指纹，构建了线粒体融合和分裂抑制剂 QSAR 分类模型。识别了线粒体融合和分裂抑制剂的警示子结构。对于线粒体融合抑制剂，随机森林构建的模型效果最优，其 100 次 5 折交叉验证平均 AUC、平衡准确率、灵敏度和特异性分别为 82.2%、74.4%、78.4%和 70.5%；外部验证的 AUC、平衡准确率、灵敏度和特异性分别为 70.8%、65.9%、53.5%和 78.3%。对于线粒体分裂抑制剂，逻辑回归构建的模型效果最优，其平均 AUC、平衡准确率、灵敏度和特异性分别为 81.5%、73.6%、72.6%和 74.7%；外部验证的 AUC、

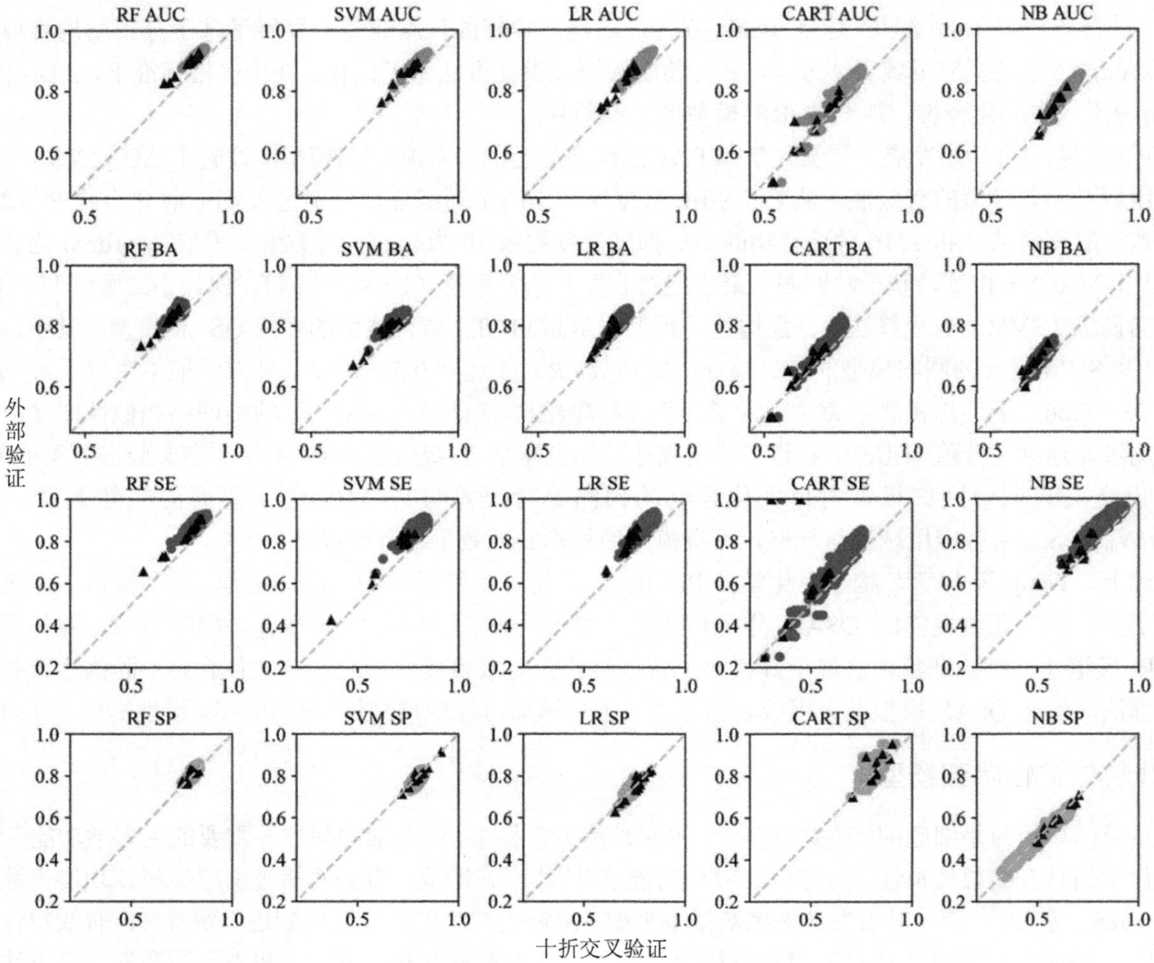

图 29-5　线粒体膜电位扰动剂单个分类模型和一致性分类模型的十折交叉验证和外部验证性能[123,124]

RF：随机森林；SVM：支持向量机；LR：逻辑回归；CART：分类回归树；NB：朴素贝叶斯；AUC：受试者操作特征曲线下面积；BA：平衡准确率；SE：灵敏度；SP：特异性

平衡准确率、灵敏度和特异性分别为 92.5%、72.5%、45.0%和 100%。研究结果表明所建模型具有较好的筛查能力，可用于筛查线粒体融合和分裂抑制剂。基于构建的模型，筛查了中国现有化学物质名录中的化学品，结果显示，770 个化学物质可能是线粒体融合抑制剂；3709 个化学物质可能是线粒体分裂抑制剂。另外，识别了 45 个线粒体融合抑制剂警示子结构，包括氨基、嘧啶基团、三嗪基团等；56 个线粒体分裂抑制剂的警示子结构，包括苯酚基团、氯代苯基基团等，这些警示子结构可以辅助构建的模型，增加对线粒体融合和分裂抑制的毒性机理理解。

（3）采用随机森林、极端梯度提升树和支持向量机算法，以分子结构指纹作为描述符，构建了线粒体电子传递链抑制剂的 QSAR 分类模型。研究了不同一致性建模策略（包括均值法、最大值法和堆叠法）对模型性能的影响。结果表明，单个分类模型中，随机森林算法构建的模型性能最优，其十折交叉验证平均 AUC、平衡准确率、灵敏度和特异性分别为 85.2%、77.8%、79.8%和 75.8%；外部验证的平均 AUC、平衡准确率、灵敏度和特异性分别为 86.1%、78.2%、79.8%和 76.7%。

综上，该研究针对多种线粒体毒性终点发展了 QSAR 分类模型，并识别了线粒体毒性的警示子结构。所建模型和识别的警示子结构可用来筛查化学品的线粒体毒性，为化学品管理决策提供参考数据。

29.4　计算纳米毒理学

与分子或离子形态的传统化学品不同，工程纳米材料（ENMs）是一类以聚集体形态存在的特殊化学品。由于结构差异性，ENMs 的环境行为、毒性与统化学品也有区别。人工智能和机器学习已经成功地应用于模拟 ENMs 的环境行为以及 ENMs-生物相互作用（nano-bio interaction），并已被证明有助于深入理解影响纳米毒性的机制，为 ENMs 安全设计提供指导。这里总结近年来用于预测 ENMs 物理化学性质、环境行为和毒性效应的计算毒理学模型。

29.4.1　预测纳米材料环境行为的机器学习模型

类似于传统化学品，ENMs 在环境中的迁移转化行为，也决定它们在不同环境介质中的暴露水平。因此，了解 ENMs 的环境行为对 ENMs 的风险评价及安全应用具有重要意义。

ENMs 容易吸附环境中的有机污染物，进而影响两者的环境行为和毒性效应。吸附平衡常数（K）、吸附自由能（ΔG）和吸附能（ΔE）是表征 ENMs 对有机污染物吸附能力的重要参数。量子化学计算和分子动力学模拟（MD）能够计算 ENMs 对于有机污染物的吸附参数[125-129]。Zou 等人[128]采用 DFT 方法，模拟了单壁碳纳米管对环己烷、苯系物和多环芳烃的吸附行为，发现计算的 ΔG 值与实验值之间具有较好的线性相关性（$R = 0.97$）。

基于DFT和MD计算的吸附参数构建QSAR模型，有助于快速填补ENMs吸附参数的数值缺失（图29-6）。常用的建模思路包括 pp-LFER 和机器学习。Wang 等人[129-131]基于 DFT 和 MD 计算的 $\log K$ 或 ΔE，构建了预测碳纳米管、石墨烯、氧化石墨烯及氮化硼吸附参数（$\log K$ 和 ΔE）的 pp-LFER 模型，并基于 pp-LFER 模型估算了各种相互作用（范德华作用、静电作用、疏水作用和氢键作用）对吸附的贡献。

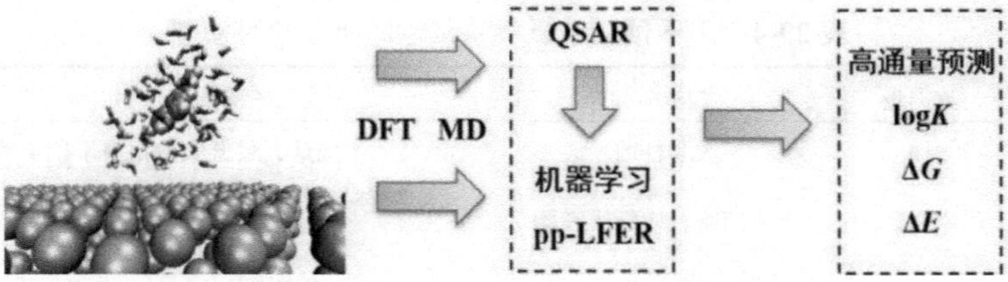

图 29-6　DFT 或 MD 方法与 QSAR 结合可高通量地预测纳米材料的吸附行为参数（$\log K$，ΔG 和 ΔE）

相比于 pp-LFER 模型中的多元线性回归（MLR）算法，机器学习算法对于数据的学习能力更强，构建的机器学习 QSAR 模型通常具有更好的预测效果。Wang 等人[132]基于文献收集的 61 种有机化合物在水中单壁碳纳米管上的 $\log K$，采用 MLR 和支持向量机（SVM）分别构建了 $\log K$ 的预测模型，发现 SVM 模型较 MLR 模型具有更好的拟合优度、稳健性和预测能力。

此外，机器学习算法构建的 QSAR 模型还能对吸附行为进行特征识别，实现 pp-LFER 模型所达不到的效果。Zhang 等人[133]收集了 165 种有机化合物在 50 种生物炭、34 种碳纳米管、35 种活性炭和 30 种聚合物树脂上的 4102 个吸附数据，通过人工神经网络（ANN）算法，预测具有非线性关系的吸附等温线，获得不同平衡浓度下的 $\log K$（L/g）。ANN 模型除了共享 pp-LFER 模型中描述分子性质的 5 个描述符外，还识别出表面积和总孔隙体积对 $\log K$ 的影响，提高了 ANN 模型的预测性能。

目前关于 ENMs 吸附参数的预测模型，大多是基于多元线性回归算法的 pp-LFER 模型[129,131,134]。未来可以搜集实验测试和分子模拟计算的数据，构建 ENMs 吸附参数的数据库，结合机器学习算法，构建 QSAR 模型，实现 ENMs 吸附参数的高效预测。

29.4.2　预测纳米生物效应的机器学习模型

ENMs 在各行业的广泛应用，使其不可避免地被排放到环境中，导致健康风险。ENMs 独特的性质，决定了其与生物之间相互作用的特殊性。这里介绍 ENMs 毒性效应的机器学习预测模型。

1）纳米材料毒性的预测模型

呼吸是人体暴露于 ENMs 的最主要途径，肺部是 ENMs 产生毒性作用的最直接靶器官[17]。由于 ENMs 特有的纳米尺度特性，肺组织对其识别、防御能力较差。因此，纳米颗粒容易被肺泡上皮细胞摄取，或沉积在支气管上皮和肺泡壁，诱发一系列毒性效应。

尽管 ENMs 对人体健康的具体影响尚不确定，但有证据表明，暴露于环境和职业来源的 ENMs 会增加肺部的感染几率[135,136]。研究发现肺部炎症和纤维化在接触纳米材料气溶胶的焊工、采矿工人等职业人群中发病频率很高。暴露在富含金属氧化物纳米颗粒（MeONPs）烟雾中的焊工患肺炎的风险显著增加[137-139]。接触纳米稀土金属氧化物也被发现会导致矿工患肺部纤维化等疾病[140]。此外，在患有肺部纤维化的焊工的肺泡巨噬细胞和肺泡纤维区已明确检测到由焊接操作产生的铁、锰和铬氧化物组成的纳米颗粒沉积（颗粒直径 20～25 nm）[139]。在体外[141]和体内[135]毒性研究中，已经发现一些 MeONPs 通过炎症小体和 Toll 样受体激活诱导强烈的免疫反应，使促炎细胞因子（IL-1β）大量释放。然而由于动物实验存在伦理问题、效率低下等局限性，大规模采用活体动物实验评估纳米材料的肺毒性并不现实。

为了发展用于纳米安全评估的实验替代方法，研究者们已经开发了 ENMs 毒性（如肺毒性）的预测模型（表 29-4）。大多数已发表的模型都是针对传统的毒理学终点[如半数致死浓度（LC_{50}）、半数效应浓度]开发的。近年来，除了细胞致死作用，ENMs 对免疫系统、生殖系统的影响也逐渐被关注。部分研究也构建了用于预测 ENMs 的毒理模型。

表 29-4　用于预测纳米材料毒性的机器学习模型

纳米材料	数据量	生物/细胞	关键描述符	终点	文献
金属氧化物纳米颗粒	16	大肠杆菌	阳离子生成焓、最低未占据分子轨道能量	$-\log EC_{50}$	[142]
量子点	16	上皮细胞、成纤维细胞	壳、配体、表面性质、直径、测试手段和暴露时间	LC_{50}	[143]
金属氧化物纳米颗粒	16	大肠杆菌	气态阳离子的生成焓、极化力	EC_{50}	[144]
金属氧化物纳米颗粒	18	大肠杆菌、人永生化表皮细胞	气态阳离子的生成焓、氧百分比	EC_{50}	[145]
金属氧化物纳米颗粒	17	大肠杆菌、人永生化表皮细胞	简化分子线性输入规范	$-\log EC_{50}$	[146]
金属氧化物纳米颗粒	21	人肺腺癌细胞	粒径、Zeta 电位	LC_{50}	[151]
金纳米颗粒	34	人肺腺癌和胚肾细胞	疏水性	细胞摄取量	[147]
多壁碳纳米管	20	人类肺细胞	直径、长度、表面积、剂量	细胞存活率	[148]
金属氧化物纳米颗粒	30	类肺部巨噬细胞	电负性、Zeta 电位、阳离子电荷	炎症效应	[32]
碳纳米管、石墨烯、Ag、TiO_2	250	大鼠、小鼠	配体、粒径、类型、暴露途径	生殖毒性	[152]

注：LC_{50} 表示半数致死浓度；EC_{50} 表示半数效应浓度

一些研究试图开发智能策略，将实验测试方法与非测试预测模型相结合，以揭示纳米材料的结构与肺毒性之间的关系[149,150]。Cao 等人[151]开发了结合实验和计算方法以评估 MeONPs 急性肺毒性的预测模型。该模型考虑了 ENM 的粒径和 Zeta 电位对细胞毒性的影响，建立了用于预测 MeONPs 对人肺腺癌

（A549）细胞 LC_{50} 的计算毒理学模型。模型显示，MeONPs 对 A549 细胞的毒性与活性氧释放有关。

由于纳米颗粒在非致死浓度下也能表现出其他的不良影响，研究者也构建了可以用于预测 ENMs 的毒性。例如，Ban 等人[152]从动物实验研究中提取了纳米材料的生殖毒性数据进行 Meta 分析，构建了具有良好分类精度的分类模型（错误率＜4%）。Huang 等人[32]建立了用于预测 MeONPs 诱导肺部炎症的机器学习模型。该研究构建了涵盖 30 种 MeONPs 物理化学性质的数据库，测试了其在类巨噬细胞 THP-1 中的促炎细胞因子（IL-1β）释放情况，并在小鼠肺部实验中得到了验证。所建立的模型预测准确率超过 90%。电负性、Zeta 电位和阳离子电荷被确定为影响 MeONPs 炎症效应的三个关键特性。Yu 等人[153]提出了随机森林特征重要度和特征交互网络分析框架（TBRFA），对 ENMs 的肺免疫反应和肺器官负荷进行了准确预测（训练集 R^2＞0.9，验证集 R^2＞0.75）。TBRFA 解释了模型的毒性机理，揭示了描述符（如各种 ENMs 性质和暴露条件）间隐藏的相互联系。

尽管机器学习模型可用于预测纳米毒性，但由于缺乏能够诠释纳米材料结构特征的描述符，这种预测受到一定阻碍。针对该问题，Yan 等人[154]受人脸识别技术的启发，通过对纳米结构图像进行图卷积神经网络分析，预测了 ENMs 的毒性作用机制。该方法直接从纳米颗粒图像中学习纳米结构特征，而无需复杂的纳米描述符计算。构建的卷积神经网络模型成功地用于预测 147 种纳米颗粒（123 种为金纳米颗粒，12 种为铂纳米颗粒，12 种为钯纳米颗粒）的物理化学性质（如辛醇/水分配系数、Zeta 电位以及生物活性）。这种有效的端到端深度学习模式，可用于指导下一代纳米材料的安全设计。

目前，大多数纳米计算毒理学的模型研究都是基于体外数据，未来需要发展更多预测纳米体内毒性的机器学习模型。此外，通过一些自然语言处理方面的机器学习算法替代手动文献数据收集，构建纳米毒性综合数据库，也有助于发展相关模型。

2）纳米材料与生物大分子相互作用的预测

ENMs 可以通过无目的（呼吸、摄入、皮肤接触、食物链积累）以及有目的（医疗和诊断）的方式进入人体或生物系统。因此，ENMs 与生物系统之间的相互作用是不可避免的[155]。除了 ENMs 外，生物系统中还存在天然“纳米材料”，如蛋白质、DNA 分子和脂质，这些生物分子构成了生命的基本单位——细胞[155]。ENMs 和生物系统间的相互作用都基于其与生物分子之间的相互作用。ENMs 与生物流体（如血液、淋巴液、肺泡液）接触时，无数生物分子被吸附到其表面，形成“生物冠（biocorona）”[156]。在许多情况下，是包含 ENMs 的生物冠与生物系统相互作用，而不是 ENMs 本身。因此，ENMs 与生物分子之间的相互作用研究对理解 ENMs 的生物效应至关重要。

生物冠可采用组学技术对生物分子进行定性和定量分析[157]，但无法获得生物分子在生物冠内的排列和分布信息，也无法了解它们与 ENMs 表面的相互作用。这一问题可以借助冷冻电子显微镜、高分辨率透射电子显微镜和原子力显微镜等表征技术解决[158]。由于 ENMs 的种类十分丰富，上述尖端的实验手段无法满足实际需求，因此研究者们开发了一系列 ENMs 与生物分子之间的相互作用的预测模型[159]。

MD 模拟技术，包括粗粒度分子动力学模拟（CGMD）、第一性原理分子动力学模拟（AIMD）等，可以预测 ENMs 与生物分子之间的相互作用。CGMD 模型通常需要较少的计算量，但会失去全原子模型的分辨率。AIMD 精度高、普适性强、能够描述化学反应，但是模拟速度较慢[19]。目前上述 MD 模拟在不同材料（如石墨烯片[160]、碳纳米管[161]、金纳米颗粒[162,163]、银纳米颗粒[164]、羟基磷灰石[165]、富勒烯[166]、TiO_2[167]和 MoS_2[168]）的生物冠预测上已经得到了广泛的应用。

基于 QSAR 理念，采用机器学习算法可以建立 ENMs 生物冠的形成与 ENMs 结构之间的函数关系。基于机器学习的 QSAR 模型能够很好地弥补 MD 模拟耗时费力的问题，揭示影响 ENMs 与生物分子之间相互作用的关键因素。Ban 等人[23]挖掘和分析了 56 篇文献中 652 条与各种纳米材料上的蛋白冠相关数据，并通过 RF 模型确定了决定蛋白冠形成的最重要因素，即纳米颗粒表面是否经过修饰。Findlay 等人[169]

采用集成机器学习算法，建立了蛋白质的物理化学特性、ENMs 特性以及反应条件与蛋白冠之间的数学关联，揭示了影响蛋白冠形成的关键因素是蛋白质和 ENMs 的表面电荷。

生物冠预测模拟研究中，除了蛋白质，也需阐明其他生物大分子与 ENMs 之间相互作用。例如，吸入的 ENMs 会沉积在肺部深处，并与肺部表面活性物质相互接触，脂质作为肺部表面活性物质的主要成分，也会吸附在 ENMs 表面形成脂质冠，并影响 ENMs 的生物特性[170]。此外，生物冠定性和定量分析的实验方法以及实验条件对结果具有很大影响，因此数据具有明显的异质性，这对预测模型的建立提出了挑战。随着计算能力的迅速提高，未来基于机器学习和分子模拟的纳米生物冠研究将取得巨大突破（如揭示 ENMs 与蛋白质的相互作用机制），为 ENMs 的安全有效应用提供更多可能。

29.5　展　　望

第四次工业革命的浪潮和人工智能的发展，为环境计算毒理学的建模带来了机器学习技术，为揭示复杂非线性关系带来了契机。然而，环境计算毒理学的大数据建模仍充满挑战。为复杂环境体系量体裁衣构建出的模型，仍寥寥无几。随着机器学习神秘面纱的揭开，应用各种机器学习技术，生搬硬套建模的日子，可能一去不复返了。环境大数据建模，正从满足好奇心的野蛮生长阶段，向严谨、有序的实用建模阶段转变。在新的阶段，一些瓶颈问题日益凸显：

（1）机器学习算法存在的共性问题，如过拟合、欠拟合、应用域表征困难和覆盖化学空间较小等；

（2）化学品环境数据匮乏的问题，具体表现为：①化学品及新污染物种类多，但是已知的基础信息少，可用于建模的元数据少，数据存在较大的不确定性。②化学品及新污染物涉及的环境过程多，但是已知的过程参数（如降解速率系数）数值少。③化学品及新污染物存在的环境介质多，存在的形态多，复杂环境介质对其行为影响的机制仍不清楚。④化学品及新污染物的毒性效应及终点多，但是高质量的毒性终点数据不多，对内在作用机制的认识仍不够深入。

机器学习算法存在的共性问题，需要发展和应用数学、计算机等多学科交叉的方法来解决。数据匮乏和不确定性大的问题，一方面要充分发掘化学品环境数据的潜力，用“小数据”满足“大需求”；另一方面要开展标准统一的、变量控制严格的高通量筛查，让数据丰富、严谨起来，从根本上解决数据不足和不确定性较大的问题。采用高性能的分子模拟计算，也是获取一些环境行为参数的重要手段。还需考虑整合数据驱动和机理驱动建模的优势，使二者相得益彰。既要满足模型的实用性，也要重视模型的内在科学性。

参 考 文 献

[1] Wang Z Y, Walker G W, Muir D C G, et al. Toward a global understanding of chemical pollution: A first comprehensive analysis of national and regional chemical inventories. Environmental Science & Technology, 2020, 54(5): 2575-2584.

[2] Horvitz E. AI, people, and society. Science, 2017, 357(6346): 7.

[3] Calvano E, Calzolari G, Denicolò V, et al. Protecting consumers from collusive prices due to AI. Science, 2020, 370(6520): 1040-1042.

[4] Zhao M M, Hoti K, Wang H, et al. Assessment of medication self-administration using artificial intelligence. Nature Medicine, 2021, 27(4): 727-735.

[5] Information technology and innovation foundation. President-Elect Biden’s Agenda on Technology and Innovation Policy. 2020. Website: https: //itif.org/publications/2020/11/ 07/president-elect-bidens-agenda-technology- and-innovation-policy.

[6] German Federal Government. Strategie Künstliche Intelligenz der Bundesregierung. 2020. Website: https: //www.bmbf.de/files /Nationale_KI-Strategie.pdf.

[7] 中华人民共和国中央人民政府. 中共中央关于制定国民经济和社会发展第十四个五年规划和二〇三五年远景目标的建议. 网址: http: //www.gov.cn/zhengce/2020-11/03/content_5556991.htm.

[8] Baek M, DiMaio F, Anishchenko I, et al. Accurate prediction of protein structures and interactions using a three-track neural network. Science, 2021, 373(6557): 871-876.

[9] Burns T D, Pai K N, Subraveti S G, et al. Prediction of MOF performance in vacuum swing adsorption systems for postcombustion CO_2 capture based on integrated molecular simulations, process optimizations, and machine learning models. Environmental Science & Technology, 2020, 54(7): 4536-4544.

[10] Sigmund G, Gharasoo M, Huffer T, et al. Deep learning neural network approach for predicting the sorption of ionizable and polar organic pollutants to a wide range of carbonaceous materials. Environmental Science & Technology, 2020, 54 (7): 4583-4591.

[11] Herzsprung P, Wentzky V, Kamjunke N, et al. Improved understanding of dissolved organic matter processing in freshwater using complementary experimental and machine learning approaches. Environmental Science & Technology, 2020, 54(21): 4583-4591.

[12] Cha D, Park S, Kim M S, et al. Prediction of oxidant exposures and micropollutant abatement during ozonation using a machine learning method. Environmental Science & Technology, 2021, 55(1): 709-718.

[13] Zhi W, Feng D P, Tsai W P, et al. From hydrometeorology to river water quality: can a deep learning model predict dissolved oxygen at the continental scale? Environmental Science & Technology, 2021, 55(4): 2357-2368.

[14] Pyo J C, Duan H T, Baek S, et al. A convolutional neural network regression for quantifying cyanobacteria using hyperspectral imagery. Remote Sensing of Environment, 2019, 233: 111350.

[15] Yin X Z, Fallah-Shorshani M, McConnell R, et al. Predicting fine spatial scale traffic noise using mobile measurements and machine learning. Environmental Science & Technology, 2020, 54(20): 12860-12869.

[16] Hwangbo S, Al R, Chen X M, et al. Integrated model for understanding N_2O emissions from wastewater treatment plants: a deep learning approach. Environmental Science & Technology, 2021, 55(3): 2143-2151.

[17] Xing J, Zheng S X, Ding D, et al. Deep learning for prediction of the air quality response to emission changes. Environmental Science & Technology, 2020, 54(14): 8589-8600.

[18] Lu X C, Yuan D H, Chen Y A, et al. Estimations of long-term nss-SO_4^{2-} and NO_3^- wet depositions over east Asia by use of ensemble machine-learning method. Environmental Science & Technology, 2020, 54(18): 11118-11126.

[19] Zhao Y, Wang L, Luo J M, et al. Deep learning prediction of polycyclic aromatic hydrocarbons in the high arctic. Environmental Science & Technology, 2019, 53(22): 13238-13245.

[20] Tan Z, Yan Q, Zheng Y. Machine learning models of groundwater arsenic spatial distribution in bangladesh: influence of holocene sediment depositional history. Environmental Science & Technology, 2020, 54(15): 9454-9463.

[21] Xiao Q, Chang H H, Geng G, et al. An ensemble machine-learning model to predict historical $PM_{2.5}$ concentrations in China from satellite data. Environmental Science & Technology, 2018, 52(22): 13260-13269.

[22] Yang X Z, Liu X, Zhang A Q, et al. Distinguishing the sources of silica nanoparticles by dual isotopic fingerprinting and machine learning. Nature Communications, 2019, 10(1): 1620.

[23] Ban Z, Yuan P, Yu F B, et al. Machine learning predicts the functional composition of the protein corona and the cellular recognition of nanoparticles. Proceedings of the National Academy of Sciences of the United States of America, 2020, 117(19): 10492-10499.

[24] Zorn K M, Foil D H, Lane T R, et al. Comparison of machine learning models for the androgen receptor. Environmental

Science & Technology, 2020, 54(21): 13690-13700.

[25] Zorn K M, Foil D H, Lane T R, et al. Machine learning models for estrogen receptor bioactivity and endocrine disruption prediction. Environmental Science & Technology, 2020, 54(19): 12202-12213.

[26] Zorn K M, Foil D H, Lane T R, et al. Comparing machine learning models for aromatase (P450 19A1). Environmental Science & Technology, 2020, 54(23): 15546-15555.

[27] Cheng W X, Ng C A. Using machine learning to classify bioactivity for 3486 per- and polyfluoroalkyl substances (pfass) from the OECD list. Environmental Science & Technology, 2020, 53(23): 13970-13980.

[28] Mansouri K, Kleinstreuer N, Abdelaziz Ahmed M, et al. CoMPARA: collaborative modeling project for androgen receptor activity. Environmental Health Perspectives, 2020, 128: 027002.

[29] Wang Z Y, Chen J W, Hong H X. Developing qsar models with defined applicability domains on PPARγ binding affinity using large data sets and machine learning algorithms. Environmental Science & Technology, 2021, 55(10): 6857-6866.

[30] Yang X H, Ou W, Xi Y, et al. Emerging polar phenolic disinfection byproducts are high-affinity human transthyretin disruptors: an in vitro and in silico study. Environmental Science & Technology, 2019, 53(12): 7019-7028.

[31] Sun X F, Zhang X M, Muir D C G, et al. Identification of potential PBT/POP-like chemicals by a deep learning approach based on 2d structural features. Environmental Science & Technology, 2020, 54(13): 8221-8231.

[32] Huang Y, Li X H, Xu S J, et al. Quantitative structure-activity relationship models for predicting inflammatory potential of metal oxide nanoparticles. Environmental Health Perspectives, 2020, 128(6): 67010.

[33] Dai W N, Tang T T, Dai Z H, et al. Probing the mechanism of hepatotoxicity of hexabromocyclododecanes through toxicological network analysis. Environmental Science & Technology, 2020, 54(23): 15235-15245.

[34] Li X H, Tian T, Shang X C , et al. Occurrence and health risks of organic micro-pollutants and metals in groundwater of Chinese rural areas. Environmental Health Perspectives, 2020, 128(10): 107010.

[35] Marvel S W, House J S, Wheeler M, et al. The COVID-19 pandemic vulnerability index (PVI) dashboard: monitoring county-level vulnerability using visualization, statistical modeling, and machine learning. Environmental Health Perspective, 2021, 129(1): 017701.

[36] Rauschert S, Melton P E, Heiskala A, et al. Machine learning-based DNA methylation score for fetal exposure to maternal smoking: development and validation in samples collected from adolescents and adults. Environmental Health Perspective, 2020, 128(9): 097003.

[37] Zhao L L, Ciallella H L, Aleksunes L M, et al. Advancing computer-aided drug discovery (CADD) by big data and data-driven machine learning modeling. Drug Discovery Today, 2020, 25(9): 1624-1638.

[38] Dirac P A M. Quantum mechanics of many-electron systems. Proceedings of the Royal Society of London, A 1929, 123: 714-733.

[39] Hohenberg P, Kohn W. Inhomogeneous electron gas. Physical Review, 1964, 136: B864.

[40] Kohn W, Sham L J. Self-consistent equations including exchange and correlation effects. Physical Review, 1965, 140: A1133.

[41] Dral P O. Quantum chemistry in the age of machine learning. The Journal of Physical Chemistry Letters, 2020, 11(6): 2336-2347.

[42] Zhang J, Lei Y-K, Zhang Z, et al. A perspective on deep learning for molecular modeling and simulations. The Journal of Physical Chemistry A, 2020, 124(34): 6745-6763.

[43] Senior A W, Evans R, Jumper, J, et al. Improved protein structure prediction using potentials from deep learning. Nature, 2020, 577: 706-710.

[44] Liu H H, Wei M B, Yang X H, et al. Development of TLSER model and QSAR model for predicting partition coefficients of

hydrophobic organic chemicals between low density polyethylene film and water. Science of the Total Environment, 2017, 574: 1371-1378.

[45] Schütt K T, Kessel P, Gastegger M, et al. SchNetPack: a deep learning toolbox for atomistic systems. Journal of Chemical Theory and Computation, 2019, 15(1): 448-455.

[46] Ye S Q, Liang J C, Liu R L, et al. Symmetrical graph neural network for quantum chemistry with dual real and momenta space. The Journal of Physical Chemistry A, 2021, 124 (34): 6945-6953.

[47] Wang L G, Zhao L, Liu X, et al. SepPCNET: Deeping learning on a 3D surface electrostatic potential point cloud for enhanced toxicity classification and its application to suspected environmental estrogens. Environmental Science & Technology, 2021, 55(14): 9958-9967.

[48] Carleo G, Troyer M. Solving the quantum many-body problem with artificial neural networks. Science, 2017, 355(6325): 602-605.

[49] Hermann J, Schätzle Z, Noé F. Deep-neural-network solution of the electronic Schrödinger equation. Nature Chemistry, 2020, 12(10): 891-897.

[50] Graziano G. Deep learning chemistry ab initio. Nature Reviews Chemistry, 2020, 4(11): 564.

[51] Nagy A, Savona V. Variational quantum Monte Carlo method with a neural-network ansatz for open quantum systems. Physical Review Letters, 2019, 122 (25): 250501.

[52] Hartmann M J, Carleo G. Neural-network approach to dissipative quantum many-body dynamics. Physical Review Letters, 2019, 122(25): 250502.

[53] Vicentini F, Biella A, Regnault N, et al. Variational neural-network ansatz for steady states in open quantum systems. Physical Review Letters, 2019, 122(25): 250503.

[54] Yoshioka N, Hamazaki R. Constructing neural stationary states for open quantum many-body systems. Physical Review B, 2019, 99(21): 214306.

[55] Westermayr J, Marquetand P. Machine learning for electronically excited states of molecules. Chemical Reviews, 2021, 121(16): 9873-9926.

[56] Zeng J, Cao L, Xu M, et al. Complex reaction processes in combustion unraveled by neural network-based molecular dynamics simulation. Nature Communications, 2020, 11(1): 5713.

[57] Bartlett R J, Musiał M. Coupled-cluster theory in quantum chemistry. Reviews of Modern Physics, 2007, 79: 291-352.

[58] Xie H B, Ma F F, Wang Y F, et al. Quantum chemical study on ·Cl-initiated atmospheric degradation of monoethanolamine. Environmental Science & Technology, 2015, 49(22): 13246.

[59] Guo X R, Ma F F, Liu C, et al. Atmospheric oxidation mechanism and kinetics of isoprene initiated by chlorine radicals: a computational study. Science of the Total Environment, 2020, 712: 136330.

[60] Ma F F, Guo X R, Xia D M, et al. Atmospheric chemistry of allylic radicals from isoprene: a successive cyclization-driven autoxidation mechanism. Environmental Science & Technology, 2021, 55(8): 4399-4409.

[61] Yu Q, Xie H B, Li T C, et al. Atmospheric chemical reaction mechanism and kinetics of 1, 2-bis(2, 4, 6-tribromophenoxy)ethane initiated by OH radical: a computational study. RSC Advances, 2017, 7(16): 9484-9494.

[62] Li C, Chen J W, Xie H B, et al. Effects of atmospheric water on center dot oh-initiated oxidation of organophosphate flame retardants: a DFT investigation on TCPP. Environmental Science & Technology, 2017, 51(9): 5043-5051.

[63] Ji Y M, Zheng J, Qin D, et al. OH-initiated oxidation of acetylacetone: implications for ozone and secondary organic aerosol formation. Environmental Science & Technology, 2018, 52(19): 11169-11177.

[64] Sun C H, Xu B E, and Zhang S W. Atmospheric reaction of Cl^+ methacrolein: a theoretical study on the mechanism, and pressure- and temperature-dependent rate constants. The Journal of Physical Chemistry A, 2014, 118(20): 3541-3551.

[65] Sousa S F, Fernandes P A, Ramos M J. General performance of density functionals. The Journal of Physical Chemistry A, 2007, 111(42): 10439-10452.

[66] Stocker S, Csanyi G, Reuter, K, et al. Machine learning in chemical reaction space. Nature Communications, 2020, 11(1): 5505.

[67] Lee S H, Gordon H, Yu H, et al. New particle formation in the atmosphere: from molecular clusters to global climate. Journal of Geophysical Research: Atmospheres, 2019, 124(13): 7098-7146.

[68] Xia D M, Chen J W, Yu H, et al. Formation mechanisms of iodine-ammonia clusters in polluted coastal areas unveiled by thermodynamics and kinetic simulations. Environmental Science & Technology, 2020, 54(15): 9235-9242.

[69] Elm J. Toward a Holistic Understanding of the formation and growth of atmospheric molecular clusters: a quantum machine learning perspective. The Journal of Physical Chemistry A, 2021, 125(4): 895-902.

[70] Zhang W N, Zhong J, Shi Q J, et al. Mechanism for rapid conversion of amines to ammonium salts at the air-particle interface. Journal of the American Chemical Society, 2021, 143(2): 1171-1178.

[71] Zhao X W, Shi X L, Ma X H, et al. Simulation verification of barrierless HONO formation from the oxidation reaction system of NO, Cl, and water in the atmosphere. Environmental Science & Technology, 2021, 55(12): 7850-7857.

[72] Chipot C, Pohorille A. Free energy calculations – theory and applications in chemistry and biology. Springer Berlin, 2007.

[73] Laio A, Parrinello M. Escaping free-energy minima. Proceedings of the National Academy of Sciences of the United States of America, 2002, 99: 12562-12566.

[74] Kirkwood J G. Statistical mechanics of fluid mixtures. The Journal of Chemical Physics, 1935, 3: 300-313.

[75] Galib M, Limmer D T. Reactive uptake of N_2O_5 by atmospheric aerosol is dominated by interfacial processes. Science, 2021, 371(6532): 921-925.

[76] Rene P, Schwarzenbach P M G, Dieter M I. Environmental Organic Chemistry. New York: John Wiley & Sons, Inc, 2002.

[77] Dral P O, Barbatti M. Molecular excited states through a machine learning lens. Nature Reviews Chemistry, 2021, 5(6): 388-405.

[78] Wei X X, Chen J W, Xie Q, et al. Distinct photolytic mechanisms and products for different dissociation species of ciprofloxacin. Environmental Science & Technology, 2013, 47(9): 4284-4290.

[79] Li J, Reiser P, Boswell B R, et al. Automatic discovery of photoisomerization mechanisms with nanosecond machine learning photodynamics simulations. Chemical Science, 2021, 12(14): 5302-5314.

[80] Rusyn I, Daston G P. Computational toxicology: realizing the promise of the toxicity testing in the 21st century. Environmental Health Perspectives, 2010, 118(8): 1047-1050.

[81] Mackay D, Celsie A, Parnis J M. The evolution and future of environmental partition coefficients, Environmental Reviews, 2016, 24(1): 101-113.

[82] Mamy L, Patureau D, Barriuso E, et al. Prediction of the fate of organic compounds in the environment from their molecular properties: a review. Critical Reviews in Environmental Science & Technology, 2015, 45(12): 1277-1377.

[83] Zang Q, Mansouri K, Williams A J, et al. In silico prediction of physicochemical properties of environmental chemicals using molecular fingerprints and machine learning. Journal of Chemical Information and Modeling, 2017, 57(1): 36-49.

[84] Wang Z H, Su Y, Shen W F, et al. Predictive deep learning models for environmental properties: the direct calculation of octanol-water partition coefficients from molecular graphs. Green Chemistry, 2019, 21(16): 4555-4565.

[85] Wu K D, Zhao Z X, Wang R X, et al. TopP-S: Persistent homology-based multi-task deep neural networks for simultaneous predictions of partition coefficient and aqueous solubility. Journal of Computational Chemistry, 2018, 39(20): 1444-1454.

[86] Zhang Z X, Li L L, Tian S, et al. Prediction of chemical biodegradability using computational methods. Molecular Simulation, 2017, 43(13-16): 1277-1290.

[87] Acharya K, Werner D, Dolfing J, et al. A quantitative structure-biodegradation relationship (QSBR) approach to predict biodegradation rates of aromatic chemicals. Water Research, 2019, 157: 181-190.

[88] Tang W, Li Y, Yu Y, et al. Development of models predicting biodegradation rate rating with multiple linear regression and support vector machine algorithms. Chemosphere, 2020, 253: 126666.

[89] Xu T, Chen J, Wang Z, et al. Development of prediction models on base-catalyzed hydrolysis kinetics of phthalate esters with density functional theory calculation, Environmental Science & Technology, 2019, 53(10): 5828-5837.

[90] Xu T, Chen J, Chen X, et al. Prediction models on pK_a and base-catalyzed hydrolysis kinetics of parabens: experimental and quantum chemical studies. Environmental Science & Technology, 2021, 55(9): 6022-6031.

[91] Luo X, Wei X X, Chen J W, et al. Rate constants of hydroxyl radicals reaction with different dissociation species of fluoroquinolones and sulfonamides: combined experimental and QSAR studies. Water Research, 2019, 166: 115083.

[92] Tangestani E, Keivanimehr F, Ghadiri M. Insights into the estimation of hydroxyl radical rate constant of water contaminants in AOP using new smart QSPR models. Water and Environment Journal, 2021, 35(1): 312-321.

[93] Lei Y, Cheng S S, Luo N, et al. Rate constants and mechanisms of the reactions of ·Cl and $\cdot Cl_2^-$ with trace organic contaminants. Environmental Science & Technology, 2019, 53 (19): 11170-11182.

[94] Lu J, Zhang H, Yu J, et al. Predicting rate constants of hydroxyl radical reactions with alkanes using machine learning. Journal of Chemical Information and Modeling, 2021, 61(9): 4259-4262.

[95] Zhong S, Hu J, Fan X, et al. A deep neural network combined with molecular fingerprints (DNN-MF) to develop predictive models for hydroxyl radical rate constants of water contaminants. Journal of Hazardous Materials, 2020, 383: 121141.

[96] Sanches-Neto F O, Dias-Silva J R, Keng Queiroz Junior L H, et al. “pySiRC”: Machine learning combined with molecular fingerprints to predict the reaction rate constant of the radical-based oxidation processes of aqueous organic contaminants. Environmental Science & Technology, 2021, 55(18): 12437-12448.

[97] Card M L, Gomez-Alvarez V, Lee W, et al. History of EPI Suite™ and future perspectives on chemical property estimation in US Toxic Substances Control Act new chemical risk assessments. Environmental Science: Processes & Impacts, 2017, 19(3): 203-212.

[98] Hansch C, Quinlan J E, Lawrence G L. Linear free-energy relationship between partition coefficients and the aqueous solubility of organic liquids. The Journal of Organic Chemistry, 2002, 33: 347-350.

[99] Srl T. DRAGON (software for molecular descriptor calculation) version 6.0. http: //www.talete.mi.it/.

[100] 中华人民共和国生态环境部. 中国现有化学物质名录. http: //www.mee.gov.cn/gkml/hbb/bgg/201301/W020130131548538924943.rar.

[101] Scorecard. List of registered pesticides (federal insecticide, fungicide, and rodenticide act). http: //scorecard.goodguide.com/chemical-groups/one-list.tcl?short_list_name=pest.

[102] US EPA. ARTICLE: Collaborative estrogen receptor activity prediction project (CERAPP). Website: https: //comptox.epa.gov/dashboard/chemical_lists/cerapp.

[103] 丁蕊, 陈景文, 于洋, 等. 基于集成学习算法构建有机化学品鱼体生物富集因子的 QSAR 预测模型. 环境化学, 2021, 40(5): 1-10.

[104] Kirman C R, Aylward L L, Wetmore B A, et al. Quantitative property–property relationship for screening-level prediction of intrinsic clearance: a tool for exposure modeling for high-throughput toxicity screening data. Applied In Vitro Toxicology 2015, 1(2): 140-146.

[105] Ingle B L, Veber B C, Nichols J W, et al. Informing the human plasma protein binding of environmental chemicals by machine learning in the pharmaceutical space: applicability domain and limits of predictability. Journal of Chemical Information and Modeling, 2016, 56(11): 2243-2252.

[106] Dawson D E, Ingle B L, Phillips K A, et al. Designing QSARs for parameters of high-throughput toxicokinetic models using open-source descriptors. Environmental Science & Technology, 2021, 55(9): 6505-6517.

[107] Abraham M H, Gola J M R, Ibrahim A, et al. The prediction of blood-tissue partitions, water-skin partitions and skin permeation for agrochemicals. Pest Management Science, 2014, 70(7): 1130-1137.

[108] Endo S, Brown T N, Goss K. General model for estimating partition coefficients to organisms and their tissues using the biological compositions and polyparameter linear free energy relationships. Environmental Science & Technology, 2013, 47(12): 6630-6639.

[109] Poulin P, Schoenlein K, Theil F P. Prediction of adipose tissue: Plasma partition coefficients for structurally unrelated drugs. Journal of Pharmaceutical Sciences, 2001, 90(4): 436-447.

[110] Rodgers T, Leahy D, Rowland M. Physiologically based pharmacokinetic modeling 1: Predicting the tissue distribution of moderate-to-strong bases. Journal of Pharmaceutical Sciences, 2005, 94(6): 1259-1276.

[111] Rodgers T, Rowland M. Physiologically based pharmacokinetic modelling 2: Predicting the tissue distribution of acids, very weak bases, neutrals and zwitterions. Journal of Pharmaceutical Sciences, 2006, 95(6): 1238-1257.

[112] UNEP/WHO. State of the science of endocrine disrupting chemicals – 2012; United Nations Environment Programme/ World Health Organization (UNEP/WHO), Geneva, 2013.

[113] Ahmadian M, Suh J M, Hah N, et al. PPARγ signaling and metabolism: the good, the bad and the future. Nature Medicine, 2013, 19(5): 557-566.

[114] Pillai H K, Fang M, Beglov D, et al. Ligand binding and activation of PPARγ by Firemaster® 550: effects on adipogenesis and osteogenesis in vitro. Environmental Health Perspectives, 2014, 122(11): 1225-1232.

[115] Al Sharif M, Alov P, Vitcheva V, et al. Modes-of-Action related to repeated dose toxicity: tissue-specific biological roles of PPARγ ligand-dependent dysregulation in nonalcoholic fatty liver disease. PPAR Research, 2014, 1: 432647.

[116] Holtcamp W. Obesogens: an environmental link to obesity. Environmental Health Perspectives, 2012, 120(2): a62-a68.

[117] Wang Z Y, Chen J W, Hong H X. Applicability domains enhance application of PPARγ agonist classifiers trained by drug-like compounds to environmental chemicals. Chemical Research in Toxicology, 2020, 33(6): 1382-1388.

[118] Wallace K B, Starkov A A. Mitochondrial targets of drug toxicity. Annual Review of Pharmacology, 2000, 40(1): 353-388.

[119] Lim W, Yang C, Jeong M, et al. Coumestrol induces mitochondrial dysfunction by stimulating ROS production and calcium ion influx into mitochondria in human placental choriocarcinoma cells. Molecular Human Reproduction, 2017, 23(11): 786-802.

[120] Meyer J N, Leuthner T C, Luz A L. Mitochondrial fusion, fission, and mitochondrial toxicity. Toxicology, 2017, 391: 42-53.

[121] Meyer J N, Leung M C K, Rooney J P, et al. Mitochondria as a target of environmental toxicants. Toxicological Sciences, 2013, 134(1): 1-17.

[122] Thomas R S, Paules R S, Simeonov A, et al. The US Federal Tox21 Program: A strategic and operational plan for continued leadership. ALTEX, 2018, 35(2): 163-168.

[123] Tang W H, Chen J W, Hong H X. Discriminant models on mitochondrial toxicity improved by consensus modeling and resolving imbalance in training. Chemosphere, 2020, 253: 126768.

[124] Tang W H. Chen J W, Hong H X. Development of classification models for predicting inhibition of mitochondrial fusion and fission using machine learning methods. Chemosphere, 2021, 273: 128567.

[125] Singam E R A, Zhang Y T, Magnin G, et al. Thermodynamics of adsorption on graphenic surfaces from aqueous solution. Journal of Chemical Theory and Computation, 2019, 15(2): 1302-1316.

[126] Lazar P, Karlicky F, Jurecka P, et al. Adsorption of small organic molecules on graphene. Journal of the American Chemical Society, 2013, 135(16): 6372-6377.

[127] Comer J, Chen R, Poblete H, et al. Predicting adsorption affinities of small molecules on carbon nanotubes using molecular dynamics simulation. ACS Nano, 2015, 9(12): 11761-11774.

[128] Zou M Y, Zhang J D, Chen J W, et al. Simulating adsorption of organic pollutants on finite (8, 0) single-walled carbon nanotubes in water. Environmental Science & Technology, 2012, 46(16): 8887-8894.

[129] Wang Y, Comer J, Chen Z F, et al. Exploring adsorption of neutral aromatic pollutants onto graphene nanomaterials via molecular dynamics simulations and theoretical linear solvation energy relationships. Environmental Science-Nano, 2018, 5(9): 2117-2128.

[130] Wang Y, Tang W H, Peng Y, et al. Predicting the adsorption of organic pollutants on boron nitride nanosheets via in silico techniques: DFT computations and QSAR modeling. Environmental Science-Nano, 2021, 8(3): 795-805.

[131] Wang Y, Chen J W, Wei X X, et al. Unveiling adsorption mechanisms of organic pollutants onto carbon nanomaterials by density functional theory computations and linear free energy relationship modeling. Environmental Science & Technology, 2017, 51(20): 11820-11828.

[132] Wang Y, Chen J W, Tang W H, et al. Modeling adsorption of organic pollutants onto single-walled carbon nanotubes with theoretical molecular descriptors using MLR and SVM algorithms. Chemosphere, 2019, 214: 79-84.

[133] Zhang K, Zhong S F, Zhang H C. Predicting aqueous adsorption of organic compounds onto biochars, carbon nanotubes, granular activated carbons, and resins with machine learning. Environmental Science & Technology, 2020, 54(11): 7008-7018.

[134] Apul O G, Perreault F, Ersan G, et al. Linear solvation energy relationship development for adsorption of synthetic organic compounds by carbon nanomaterials: an overview of the last decade. Environmental Science-Water Research & Technology, 2020, 6(11): 2949-2957.

[135] Cho W S, Duffin R, Poland C A, et al. Metal oxide nanoparticles induce unique inflammatory footprints in the lung: important implications for nanoparticle testing. Environmental Health Perspectives, 2010, 118(12): 1699-1706.

[136] Li J J, Muralikrishnan S, Ng C T, et al. Nanoparticle-induced pulmonary toxicity. Experimental Biology and Medicine, 2010, 235(9): 1025-1033.

[137] Palmer K T, Poole J, Ayres J G, et al. Exposure to metal fume and infectious pneumonia. American Journal of Epidemiology, 2003, 157(3): 227-233.

[138] Coggon D, Inskip H, Winter P, et al. Lobar pneumonia: an occupational disease in welders. Lancet, 1994, 344(8914): 41-43.

[139] Andujar P, Simon-Deckers A, Galateau-Salle F, et al. Role of metal oxide nanoparticles in histopathological changes observed in the lung of welders. Particle and Fibre Toxicology, 2014, 11: 23.

[140] Yoon H K, Moon H S, Park S H, et al. Dendriform pulmonary ossification in patient with rare earth pneumoconiosis. Thorax, 2005, 60(8): 701-703.

[141] Li R B, Ji Z X, Chang C H, et al. Surface interactions with compartmentalized cellular phosphates explain rare earth oxide nanoparticle hazard and provide opportunities for safer design. ACS Nano, 2014, 8(2): 1771-1783.

[142] Puzyn T, Rasulev B, Gajewicz A, et al. Using nano-QSAR to predict the cytotoxicity of metal oxide nanoparticles. Nature Nanotechnology, 2011, 6(3): 175-178.

[143] Oh E, Liu R, Nel A, et al. Meta-analysis of cellular toxicity for cadmium-containing quantum dots. Nature Nanotechnology, 2016, 11(5): 479-486.

[144] Mu Y S, Wu F C, Zhao Q, et al. Predicting toxic potencies of metal oxide nanoparticles by means of nano-QSARs. Nanotoxicology, 2016, 10(9): 1207-1214.

[145] Basant N, Gupta S. Multi-target QSTR modeling for simultaneous prediction of multiple toxicity endpoints of nano-metal oxides. Nanotoxicology, 2017, 11(3): 339-350.

[146] Toropova A P, Toropov A A. Nano-QSAR in cell biology: Model of cell viability as a mathematical function of available eclectic data. Journal of Theoretical Biology, 2017, 416: 113-118.

[147] Wang W Y, Sedykh A, Sun H N, et al. Predicting nano-bio interactions by integrating nanoparticle libraries and quantitative nanostructure activity relationship modeling. ACS Nano, 2017, 11(12): 12641-12649.

[148] Trinh T X, Choi J S, Jeon H, et al. Quasi-SMILES-based nano-quantitative structure-activity relationship model to predict the cytotoxicity of multiwalled carbon nanotubes to human lung cells. Chemical Research in Toxicology, 2018, 31(3): 183-190.

[149] Cui L, Wang X, Sun B B, et al. Predictive metabolomic signatures for safety assessment of metal oxide nanoparticles. ACS Nano, 2019, 13(11): 13065-13082.

[150] Gernand J M, Casman E A. A meta-analysis of carbon nanotube pulmonary toxicity studies-how physical dimensions and impurities affect the toxicity of carbon nanotubes. Risk Analysis, 2014, 34(3): 583-597.

[151] Cao J K, Pan Y, Jiang Y T, et al. Computer-aided nanotoxicology: risk assessment of metal oxide nanoparticles via nano-QSAR. Green Chemistry, 2020, 22(11): 3512-3521.

[152] Ban Z, Zhou Q X, Sun A Q, et al. Screening priority factors determining and predicting the reproductive toxicity of various nanoparticles. Environmental Science & Technology, 2018, 52(17): 9666-9676.

[153] Yu F B, Wei C H, Deng P, et al. Deep exploration of random forest model boosts the interpretability of machine learning studies of complicated immune responses and lung burden of nanoparticles. Science Advances, 2021, 7(22): eabf4130.

[154] Yan X L, Zhang J, Russo D P, et al. Prediction of nano–bio interactions through convolutional neural network analysis of nanostructure images. ACS Sustainable Chemistry & Engineering, 2020, 8(51): 19096-19104.

[155] Mu Q X, Jiang G B, Chen L X, et al. Chemical basis of interactions between engineered nanoparticles and biological systems. Chemical Reviews, 2014, 114(15): 7740-7781.

[156] Monopoli M P, Aberg C, Salvati A, et al. Biomolecular coronas provide the biological identity of nanosized materials. Nature Nanotechnology, 2012, 7(12): 779-786.

[157] Hadjidemetriou M, Kostarelos K. Nanomedicine: evolution of the nanoparticle corona. Nature Nanotechnology, 2017, 12(4): 288-290.

[158] Sheibani S, Basu K, Farnudi A, et al. Nanoscale characterization of the biomolecular corona by cryo-electron microscopy, cryo-electron tomography, and image simulation. Nature Communications, 2021, 12(1): 573.

[159] Ke P C, Lin S J, Parak W J, et al. A decade of the protein corona. ACS Nano, 2017, 11(12): 11773-11776.

[160] Chong Y, Ge C C, Yang Z X, et al. Reduced cytotoxicity of graphene nanosheets mediated by blood-protein coating. ACS Nano, 2015, 9(6): 5713-5724.

[161] Ge C C, Du J F, Zhao L N, et al. Binding of blood proteins to carbon nanotubes reduces cytotoxicity. Proceedings of the National Academy of Sciences of the United States of America, 2011, 108(41): 16968-16973.

[162] Wang L M, Li J Y, Pan J, et al. Revealing the binding structure of the protein corona on gold nanorods using synchrotron radiation-based techniques: understanding the reduced damage in cell membranes. Journal of the American Chemical Society, 2013, 135(46): 17359-17368.

[163] Ma W W, Saccardo A, Roccatano D, et al. Modular assembly of proteins on nanoparticles. Nature Communications, 2018, 9(1): 1489.

[164] Hu Q L, Bai X, Hu G Q, et al. Unveiling the molecular structure of pulmonary surfactant corona on nanoparticles. ACS Nano, 2017, 11(7): 6832-6842.

[165] Huang B L, Lou Y, Li T, et al. Molecular dynamics simulations of adsorption and desorption of bone morphogenetic protein-2 on textured hydroxyapatite surfaces. Acta Biomaterialia, 2018, 80: 121-130.

[166] Leonis G, Avramopoulos A, Papavasileiou K D, et al. A comprehensive computational study of the interaction between

human serum albumin and fullerenes. The Journal of Physical Chemistry B, 2015, 119(48): 14971-14985.

[167] Mudunkotuwa I A, Grassian V H. Histidine adsorption on TiO_2 nanoparticles: an integrated spectroscopic, thermodynamic, and molecular-based approach toward understanding nano-bio interactions. Langmuir, 2014, 30(29): 8751-8760.

[168] Gu Z L, Plant L D, Meng X Y, et al. Exploring the nanotoxicology of MoS_2: a study on the interaction of MoS_2 nanoflakes and K^+ channels. ACS Nano, 2018, 12(1): 705-717.

[169] Findlay M R, Freitas D N, Mobed-Miremadi M, et al. Machine learning provides predictive analysis into silver nanoparticle protein corona formation from physicochemical properties. Environmental Science-Nano, 2018, 5(1): 64-71.

[170] Xu L N, Xu M, Wang R X, et al. The crucial role of environmental coronas in determining the biological effects of engineered nanomaterials. Small, 2020, 16(36): e2003691.

作者：夏德铭[1]，傅志强[1]，苏利浩[1]，朱明华[1]，黄杨[1]，肖子君[1]，李雪花[1]，谢宏彬[1]，陈景文[1]

[1]大连理工大学

第30章 微生物电化学技术前沿进展

本章导读

微生物电化学作用是指微生物在和胞外的电子受体或供体进行电子传递过程中所表现出的电化学作用。微生物的胞外电子传递过程作为将细胞内氧化还原代谢的电子传递与细胞外的电子受体或供体联系起来的过程，是微生物电化学作用的核心。生命能量以氧化还原代谢为基础，其本质是电子的转移。而微生物电化学作用也在自然界普遍存在，并与众多微生物生态、驯化与环境过程具有密切联系。基于微生物电化学原理，可利用微生物代谢过程催化系统的物质与能量转化，或将微生物代谢过程表现为可观测的电化学信号，或通过电化学参数的调控反馈影响胞内代谢过程，从而开发出种类繁多的微生物电化学技术。截至目前，微生物电化学技术在胞外电子传递机制、微生物种间协同机制和微生物/材料界面电子传递强化机制等领域快速发展，并在微生物催化的电化学合成技术、微生物电化学水处理技术、微生物电化学水体修复技术、微生物电化学传感器等方面有所应用。本章将对微生物电化学技术在电子传递机制、微生物电合成及水污染治理应用的现状进行简要介绍。

关键词

微生物电化学，胞外电子传递机制，微生物电合成，水污染治理及应用

30.1　引　　言

微生物电化学现象的发现最早可追溯至20世纪初。早在1911年，英国科学家Potter首先发现并证明微生物能够产生电压与电流[1]。20世纪30年代，Cohen等[2]进一步利用电池组堆栈将电压提升至35 V并获得了约0.2 mA的电流。然而，生物电化学现象的发现在当时并没有引起广泛关注。此后的数十年该领域进展缓慢，到1962年，Davis和Yarbrough[3]在*Science*上发文，首次提出了微生物燃料电池（microbial fuel cell，MFC）的概念，并测试了数种不同底物的产电性能。Cohen将电流微弱的原因归结于电化学活性物质的缺失，并曾提出使用电子中介体（mediator）辅助细菌胞外电子传递的方式[4]。此后，基于电子中介体的研究一直持续到2000年前后，电子中介体的辅助在一定程度上提高了电流密度，但其不稳定、易流失、甚至生物毒性等严重制约了进一步研究。

突破性的进展产生于2002年，韩国科学与技术研究所（Korea Institute of Science and Technology）的Kim Byung Hong（金炳弘）教授等在循环伏安法中发现，厌氧的Fe（III）还原细菌*Shewanella putrefaciens* IR-1在循环伏安法扫描中表现出约0.15V的表观还原电位（相对饱和甘汞电极），并提出参与天然水不溶性胞外电子受体Fe（III）还原的细胞表面电子载体也参与了细菌与电极间的直接电子传递。自此，无介质微生物燃料电池（mediator–less microbial fuel cell）进入了研究者的视野，从此打开了这项技术的研究新阶段[5]。随后，Derek L教授等[6,7]报道了硫还原地杆菌*Geobacter sulfurreducens*在金属还原过程中良好的胞外电子传递活性及其作为阳极菌株的潜力。2004年，Logan B E和Liu Hong [8]借鉴质子交换膜燃料电池的结构，首次开发单室式空气阴极（air cathode）MFC反应器，并提出了污水处理与同步电能回收的概念。2006年，Largus T A和Zhen H总结并明确使用了生物阴极（biocathode）的概念[9]。自此，微生物燃料电池相关研究逐渐形成了空气阴极与生物阴极两类系统“平分天下”的局面。

另一个变化特征体现在微生物燃料电池及其功能扩展的报道呈爆发式增长，微生物电化学技术迎来了快速发展期。2008年，Logan B E教授[10]开发了高效产氢的单室微生物电解池（microbial electrolysis cell，MEC）；2009年，Logan B E与黄霞教授等[11]设计并构建了具备电能脱盐功能的微生物脱盐电池（microbial desalination cell，MDC）。2010 年，冯玉杰、王鑫、刘佳等[12]设计并验证了面向 CO_2 捕获的微生物碳捕获电池（microbial carbon capture cell，MCC）。2011 年，Logan B E 教授[13]开发了耦合反向电渗析技术的微生物反向电渗析电池（microbial reverse electrodialysis cell，MRC），利用浓差能强化 MFC 能量输出，并陆续开发出微生物反向电渗析电解池（microbial reverse electrodialysis cell，MREC）等衍生系统。此后，大量微生物电化学相关技术得以开发并应用于各类场景中（图 30-1）。

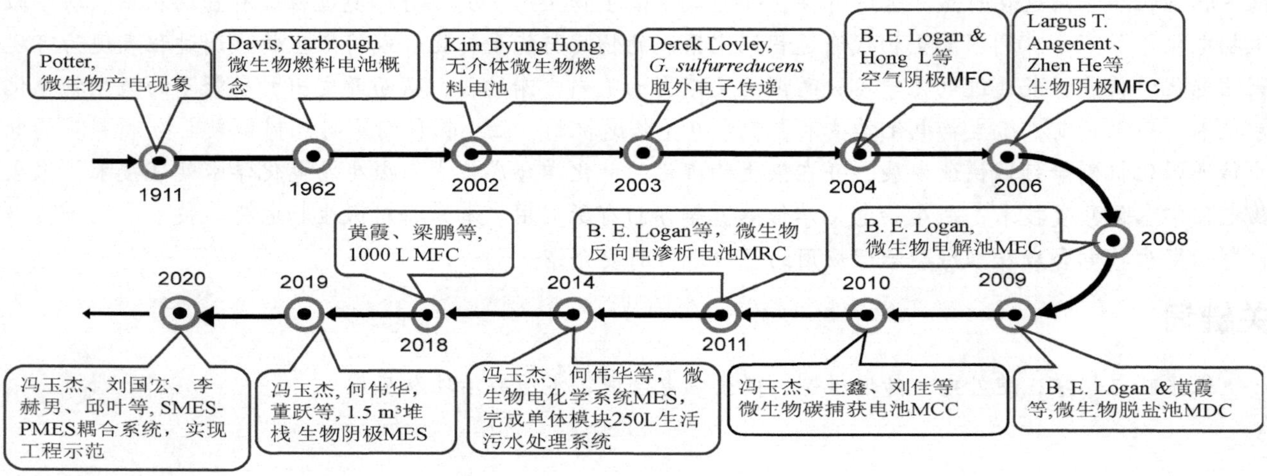

图 30-1　微生物电化学技术的发展历程

2009 年在 Bruce E L 教授倡导下，冯玉杰、黄霞等教授等共同发起人的推动下，国际微生物电化学技术学会（International Society of Microbial Electrochemical Technology，ISMET）成立。2012 年在哈尔滨工业大学举办了首届 AP-ISMET 国际论坛，冯玉杰教授任首届会议主席。此后，推动微生物电化学技术（microbial electrochemical technology，MET）从概念走向应用成为该领域研究者的共同目标之一。各国科学家报道了各类用于污/废水处理的小试反应器，并逐渐出现了微生物燃料电池的中试应用案例。2014 年，冯玉杰课题组报道了当时国际上最大的处理生活污水可堆栈的 250L 单体模块，并首次提出使用 MES（microbial electrochemical system）描述这一新型污水处理装备。2018 年，梁鹏等人[14]报道了总容积为 1000 L 的多模块生物阴极微生物燃料电池，应用于污水处理。2019 年，冯玉杰、何伟华等提出微生物隔膜概念[15,16]，并基于此构建了电极分置的模块堆栈生物阴极微生物燃料电池（总容积 1.5 m^3），表现出高度可放大性，并显著降低构筑成本。2020 年，冯玉杰课题组将沉积物-植物耦合的 MES 系统成功用于地表水体修复中，实现国际上首例实际工程应用案例。

除水环境治理领域的应用推进外，微生物电化学作用与微生物生态及环境过程也有密切联系。微生物的胞外电子传递（extracellular electron transfer，EET）现象的出现已有超十亿年进化史。在环境中微生物胞外电子传递过程广泛存在，电化学活性菌与环境中其他菌、矿物或其他胞外溶解性电子供体或受体也不断发生频繁相互作用。微生物胞外电子传递过程与多种元素价态转化紧密相关，是地球碳、氮、硫元素循环以及环境系统能量交换重要驱动力。在地球化学碳循环过程中涉及多种电化学活性微生物参与的代谢过程，如产甲烷过程[17-22]、厌氧甲烷氧化过程[23-26]、二氧化碳还原合成酸/醇等有机质[7,27,28]以及多环芳烃的降解过程[29-32]等。电缆细菌的发现进一步拓宽了研究者对于微生物胞外电子传递在环境中的影响范围的认识，电缆细菌通过多细胞的首尾相连实现了达毫米级甚至厘米级的电子传递[33-35]，电子来源于厌氧沉积物中的硫化物，并传递至好氧区实现氧气的还原[36,37]，在地球化学硫循环过程中发挥重要功能。电活性菌还可能参与了地球化学氮循环过程，一些菌（例如厌氧氨氧化菌）可氧化氨氮获得电子并进行胞外电子传递[38]；越来越多的反硝化菌也被证实具有胞外电子传递能力[39-47]；近些年研究表明电化学活性菌在厌氧铁氨氧化（Feammox）过程中发挥重要功能[48]。微生物还可利用胞外不溶性铁锰氧化物为电子受体进行厌氧呼吸[49]，或者将电子传递给多种金属阳离子如铀（U^{6+}）、砷（As^{5+}）、铬（Cr^{6+}）、镉（Cd^{2+}）、铜（Cu^{2+}）等。土壤环境中电活性菌可以具有共轭芳环结构和多种氧化还原活性基团的大分子腐殖质作为电子穿梭的桥梁参与物质循环及能量代谢[50]，异化铁还原菌、发酵型铁还原菌、硫酸盐还原菌以及产甲烷菌等[51]都可利用腐殖质作为电子受体。近年来，动物肠道微生物也发现了电活性微生物[52-55]，进一步探究肠道中电化学活性菌 EET 对宿主功能以及健康的影响可能发展为未来一个重要研究领域。

30.2　微生物胞外电子及界面电子传递机制

30.2.1　微生物胞外电子传递机制研究进展

在微生物电化学系统及微生物电化学相关的环境过程中，微生物的胞外电子传递是基础和核心。目前对微生物阳极氧化过程的胞外电子传递机制研究较广泛也较为明确，主要围绕两种模式菌 *Geobacter* 和 *Shewanella* 展开。微生物胞外电子传递主要分为直接电子传递（direct electron transfer，DET）和间接电子传递（mediated electron transfer，MET）。得益于脂多糖及蛋白构成的外膜结构，细胞色素更易与胞外电子受体接触，多数电化学活性菌为革兰氏阴性菌[56]，随着研究的不断深入，具有肽聚糖细胞壁的革兰氏阳性菌或某些古菌也具有胞外电子传递能力[57-60]。

1）直接电子传递

直接电子传递（direct electron transfer，DET）是指微生物与电极、胞外金属氧化物或其他微生物等通过直接电子介导进行电子传递。直接电子传递一般认为需要外膜细胞色素 c 或膜外导电纳米线与电子受体直接接触，从而实现电子从细菌到其他胞外受体的传递[56]。

在胞外电子传递中，富含多血红素的 c 型细胞色素构成的电子传递通路较为常见[61-63]。革兰氏阴性菌中，基于细胞色素 c 的电子传递通路通常由跨外膜的孔蛋白-细胞色素复合体以及周质空间细胞色素和胞外细胞色素 c 共同组成（图 30-2 a）。以 *Geobacter sulfurreducens* 以及 *Shewanella oneidensis* 为例，在 *Geobacter sulfurreducens* PCA 介导的胞外 Fe(III)还原的电子传递路径中，位于周质空间的 PpcA[64]以及 PpcD[65]与细胞外膜上的 OmaBC 和 OmcBC 以及外膜孔蛋白 OmbBC 共同构成 Pcc 跨膜电子传递通路[66]。膜外细胞色素 OmcS、OmcZ 在直接电子传递过程中也发挥重要作用。除地杆菌属（*Geobacter* sp.）外，已知多种其他的革兰氏阴性菌同样具有 Pcc 型的电子传递通路[63]。在 *Shewanella oneidensis* MR-1 中，周质细胞色素 CymA、STA、FccA 和外膜细胞色素 MtrAB 以及 MtrC 共同构成了 Mtr 电子传递通路，在胞外金属还原中起到重要作用[66,67]。

在革兰氏阳性菌中，目前认为并不存在革兰氏阴性菌中发现的孔蛋白-细胞色素复合体介导的电子传递路径。然而，据报道一些革兰氏阳性菌可能存在由多个含有血红素的 c 型细胞色素组成的电子传递通路（图 30-2b）。它可以通过较厚的细胞壁完成胞外电子传递[56]。具有该结构的典型革兰氏阳性菌为 *Thermincola potens*。它能够通过上述直接电子传递的方式还原胞外不溶性 Fe(III)氧化物[68]。在该模型中，电子传递链由多 c 型细胞色素组成，位于胞外的细胞色素 OcwA 可能作为最终胞外还原酶接受电子传递链的电子。然而该电子传递链细胞色素 c 具体功能仍需要通过分子生物学等手段进行证实。目前已发现 40 株具有胞外电子传递能力的革兰氏阳性菌[69-76]。

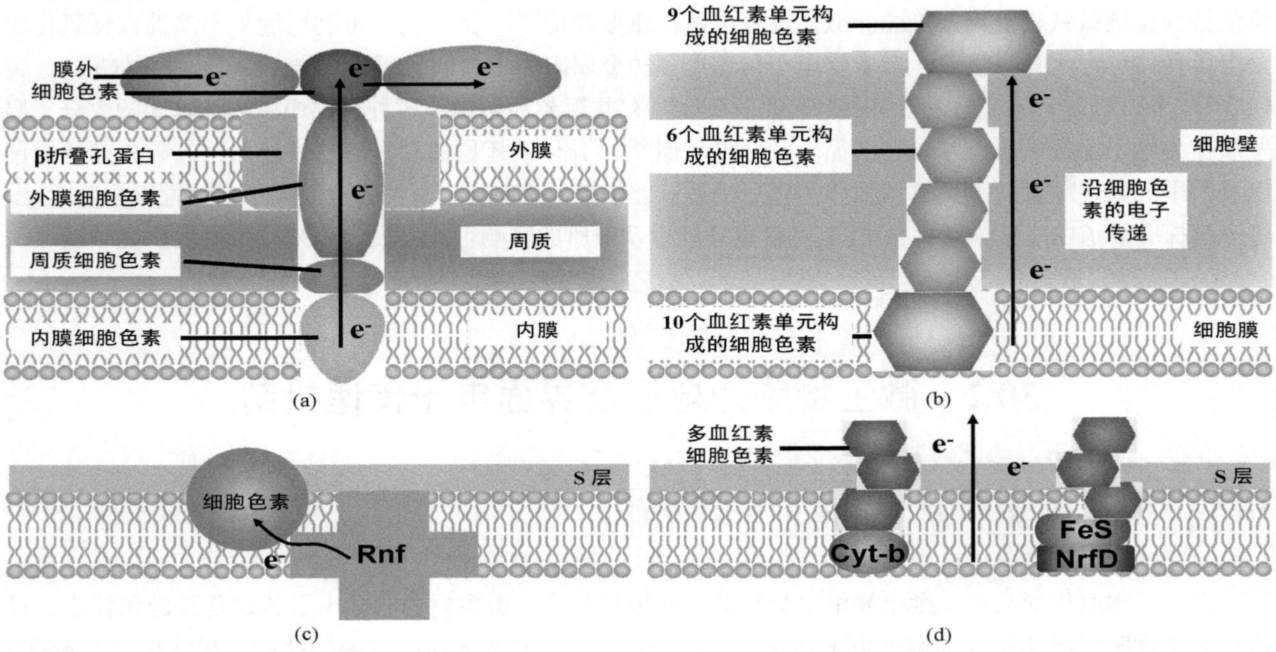

图 30-2 基于细胞色素的直接电子传递模型

（a）革兰氏阴性菌；（b）革兰氏阳性菌[56]；（c）厌氧产甲烷古菌[77]；（d）甲烷氧化古菌[80,81]

古菌中也被报道具有基于细胞色素 c 的胞外电子传递路径。分子生物学分析证明多血红素 c 型细胞色素 MmcA 在 *Methoanosarcina acetivorans* 的胞外电子传递中发挥重要作用（图 30-2c）[77]。在许多其他具有胞外电子传递能力的古菌中也含有多血红素的 c 型细胞色素，如超嗜热菌[78,79]，说明该基于细胞色素 c 的胞外电子传递路径在古菌中也较为普遍。在许多厌氧甲烷氧化古菌的直接电子传递机制的假说中，多血红素的 c 型细胞色素是电子传递通路必要组成（图 30-2d）[80,81]。然而，一些缺乏多血红素细胞色素 c 的古菌也具有直接电子传递的能力，如 *Methanothrix* 和一些 *Methanosarcina* sp.。古菌直接电子传递的路径和机制，仍需未来更深入的研究探索。

除依赖细胞色素的直接电子传递外，还存在纳米线介导的直接电子传递过程。这一过程目前在革兰氏阴性菌、阳性菌及古菌中均有所报道。在导电纳米线领域研究较为深入的是革兰氏阴性菌，典型菌株为 *Geobacter sulfurreducens* 和 *Shewanella oneidensis*[82]。研究认为 *S. oneidensis* 可表达多种纳米线，其直径在 3～5 nm[83]，能够以 10^9 个/s（200 mV 偏压下）的速率传输电子，在微米长度尺度下完成电子的长距离传输[84]。通过冷冻电镜、实时荧光测量、免疫标记和定量基因表达分析，已证明 *Shewanella oneidensis* MR-1 纳米线是由细胞色素 c 组成的外膜延伸物（图 30-3a）[85-88]。然而 *G. sulfurreducens* 纳米导线的组成现仍存在争议。自 2005 年 Lovley 等首次在 *Nature* 报道 *Geobacter* 的附属丝状物具有导电性以来，微生物通过这种被称为"纳米导线"的途径进行胞外电子传递/细胞间电子通信的机制和意义引发了广泛关注。早期的研究认为纳米导线与细菌和古细菌中常见的 IV 型菌毛同源[89-93]。为强调纳米导线在微生物胞外呼吸中的重要作用，纳米导线被称为导电菌毛（e-pili）[94]。导电菌毛能够实现微生物的长程电子传递。在后续研究中，研究者利用原子力显微镜（atomic force microscope，AFM）完成了多种微生物的导电菌毛的形貌及电导率的测定[95,96]。以典型的野生型 *G. sulfurreducens* 为例，其 e-pili 的直径在 3 nm 左右[97]，电导率在 51 mS/cm（pH 7）[98,99]，其电子传递过程可能依赖于芳香族氨基酸的结构。同时，e-pili 凭借着依靠微生物生产的独特特性[100]，也在电子存储器[101]、传感器[102,103]以及为电子设备可持续供电[104]方面表现出巨大的应用潜力。然而，随着分子生物学技术的不断发展，冷冻电镜技术的开发与应用，Malvankar 等人的研究结果表明 *G. sulfurreducens* 的胞外纳米导线可能不是 IV 型 pili，而是由胞外细胞色素 OmcS

或 OmcZ 构成的[105-107]，OmcS 构成的纳米线的直径为 4 nm，电导率 35 mS/cm，构成单元单体由六血红素 c 型细胞色素堆叠而成，血红素彼此之间的距离约为 3.5～6 Å[105]，保证了电子在血红素之间的传输。而 pili 本身并未起到认为的纳米导线的作用[108]（图 30-3b）。基于细胞色素建立的导电纳米线的结构，*Geobacter* 由 OmcS 构成的纳米线支持的电子流比 *Shewanella* 的细胞色素 c（主要是 MtrCAB）延伸形成的纳米线高一个数量级。然而 *G. sulfurreducens* 导电纳米线结构的争议仍在继续，更多的研究学者认为纳米线的种类并不唯一，微生物导出电子同时可选择多种途径，但仍需更深入的研究来揭开“纳米线”的神秘面纱。

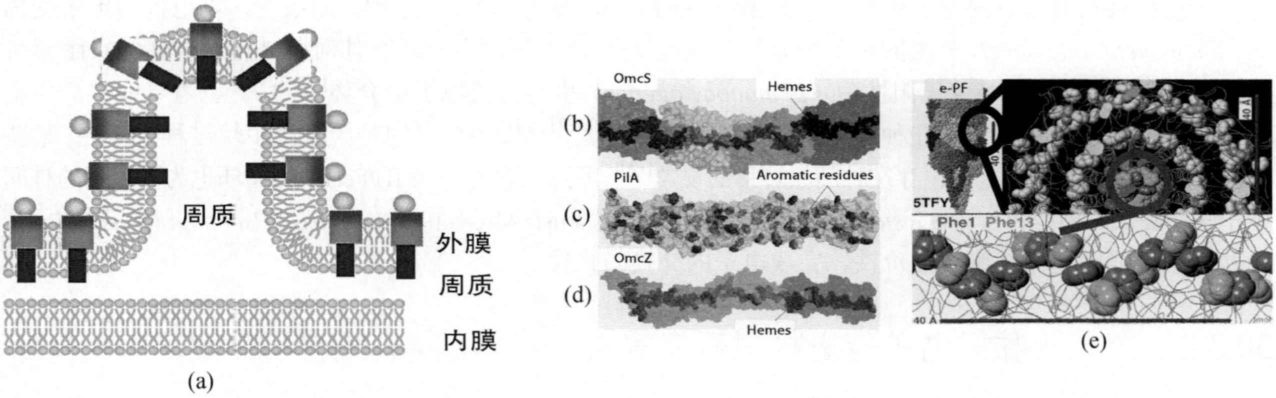

图 30-3　纳米线介导的电子传递

革兰氏阴性菌纳米线：(a) *S. oneidensis* 膜外纳米线结构特征[86]、(b) *G. sulfurreducens* 的纳米线结构解析[109]；革兰氏阳性菌纳米线：(c) *L. varians* GY32 的纳米线形貌；古菌：(d) *M. Hungatei* 的导电蛋白丝的结构模型[60]；电缆细菌：(e) 电缆细菌的显微照片[110]及结构模型[111]

革兰氏阳性菌由于存在较厚的细胞壁，早期通常认为其直接电子传递很困难。但最近报道在 *Lysinibacillus varians* GY32 中发现了直径为 4～6 nm 的导电菌毛（图 30-3c）。该菌毛结构含有高密度的芳香族氨基酸，推测是 IV 型菌毛蛋白，可能具备类似于 *Geobacter* 的“e-pili”的电子传递机制。此外，*L. varians* GY32 能够进行双向胞外电子传递，1.08 mm 的菌体能形成厘米级的导电细胞网络，实现长距离的电子传递，这也是目前细菌最长导电距离的报道[112]。目前对革兰氏阳性菌纳米导线的研究和报道较少，还需要更多深入研究和讨论以丰富革兰氏阳性菌的胞外电子传递的理论。

此外，在古菌中也已被证实有导电蛋白丝（e-PF）的存在。*Methanospirillum Hungatei* 是第一个被报道能够产生导电菌毛的古菌(图 30-3d)，其 e-PF 是由古菌素亚基组织成的一个弯曲的螺旋，直径为 10 nm，平均长度为 10000 nm[113]，电导为 0.004 ± 0.002 nS（偏压+0.6V）[60]。冷冻电镜表征结果证明了 e-PF 是由紧密堆积的芳香环构成，位于核心的苯丙氨酸可能直接影响了 *M. Hungatei* 电子传递的方式[60]。古菌在自然界的分布广泛，势必会有更多的具有 e-PF 的古菌会被发现，e-PF 在古菌的进化历程中，扮演的角色和意义仍需要更深入的研究与探讨。

微生物实现长程电子传递的方式除了依靠导电纳米线外，还有一种多细胞协同的模式。“电缆细菌”（cable bacteria）是一种丝状细菌，形成的周质纤维网络的电导率高达 79 S/cm（图 30-3e）[114]。电缆细菌通过平行串联具有标准尺寸的脊隔室来构建它们的细胞包膜[111]。每个脊隔室在周质空间中包含直径 50 nm 的纤维，这些纤维在细胞与细胞的连接处是连续的，纤维的存在保证了细菌的机械强度。电缆细菌的多细胞可首尾相连形成达厘米级长度的电子传输。其形成电缆的一端在富含氧气的水体中，另一端则在电位较低的底泥环境内。此外，有研究证明了在电缆细菌中有细胞色素的存在，推测其扮演着承担长距离电子传递的结构基础。但有关电缆细菌的长距离电子传递的机制，目前尚未形成定论，仍需要更加直接和深入的证据进行证明。

2）间接电子传递

除直接电子传递外，微生物还可通过间接电子传递（mediated electron transfer，MET）的方式完成胞外呼吸。间接电子传递可按照电子中介体的不同分为以下三种：①以溶解性的分子态物质作为电子中介体进行电子传递，如核黄素、蒽醌（AQDS）、吩嗪等物质[56,115-117]；同时，一些天然有机物如腐殖酸、富里酸等也可作为电子中介体[118,119]；②以氢气、甲酸等小分子物质作为电子中介体进行电子传递[120]；③以铁离子在细菌与电子受体或供体之间的价态循环的方式进行间接电子传递[121,122]。

一些细菌自身可分泌电子中介体，如 *Shewanella* sp. 和 *Geothrix*[119,123]。据报道，以电极为电子受体时，*Shewanella oneidensis* 分泌的电子中介体通过还原孔蛋白-细胞色素复合体对胞外电子传递的贡献率可达到 75%[124,125]。一些革兰氏阳性菌（*L. monocytogenes*）也能分泌电子中介体[126-129]。以氢气或甲酸为电子中介体的电子转移常发生在种间电子传递过程中[120,130,131]，较为典型的是厌氧产甲烷过程[131-133]；某些发酵菌与电化学活性菌之间也存在种间氢转移的现象[120]。厌氧环境中，Fe(II)/Fe(III)的循环也为微生物的种间电子转移提供可能[122,134]，如 *G. sulfurreducens* PCA、*S. oneidensis* MR-1 和 *R. palustris*、*Pseudogulbenkiania*[135]的共生系统能够还原细胞外三价铁，完成电子的交换与传输。

30.2.2　微生物种间电子传递机制研究进展

微生物种间电子传递（interspecies electron transfer，IET）是指电子供体微生物与电子受体微生物通过直接（DIET）或间接（MIET）的电子传递方式完成互营生长，从而实现其中单一微生物无法完成的代谢过程。该过程广泛存在于海洋、河流沉积物、稻田土、湿地、污水处理、厌氧反应器等自然或人工环境中，涉及厌氧产甲烷、甲烷厌氧氧化、脱氯、金属还原、硫循环以及氮循环等多种反应过程，在地球碳氮硫循环、金属循环、温室气体排放、生物电化学系统等关键地球化学过程中扮演重要角色。

微生物种间氢转移于 1967 年首次报道，Bryant 等人[136]从 *M. omelianskii* 中分离出基于氢气互营生长的乙醇氧化菌及产甲烷菌。除氢介导外，随后 Thiele 等人[137]发现在厌氧产甲烷系统中，甲酸也可作为中介体作用于种间互营过程，并且认为在以 *Desulfovibrio vulgaris* 和 *Methanobacterium formicicum* 为优势菌的互营体系中，甲酸为电子中介体的互营过程贡献量高于 90%，显著高于以氢气作为电子中介体的贡献。此后在很长一段时间，微生物种间电子传递被认为主要是由氢气及甲酸介导的。直至 2010 年，Lovley 团队[138]在人工构建的 *G. sulfurreducens* 和 *G. metallireducens* 的共培体系中首次发现 c 型细胞色素以及导电菌毛介导的种间直接电子传递过程，掀起微生物种间电子传递研究的热潮。

在厌氧产甲烷过程中，IET 普遍存在。营种间电子传递方式生长的菌被不断分离纯化，产甲烷菌可以乙酸、H_2/CO_2 或甲基类化合物等为底物进行生物合成。一些产甲烷菌（如 *Methanospirillum hungatei* 或 *Methanobacterium formicicum*）能够以种间氢转移或甲酸转移的方式，与作为电子供体的菌（*Syntrophus*、*Syntrophomonas*、*Sporomusa*、*Pelotomaculum* 或 *Desulfovibrio* 菌属中某些种）形成互营生长体系[139-144]。而一些产甲烷菌并不能利用甲酸或氢气做电子供体，如 *Methanosarcina acetivorans*、*Methanosarcina horonobensis*、*Methanosarcina siciliae*、*Methanothrix thermoacetophila*、*Methanothrix harundinacea* 等[18,145]。厌氧产甲烷种间直接电子传递的假设首次由 Morita 在 UASB 系统中提出[19]。随后，Rotaru 等[20]证实了 *Geobacter metallireducens* 与 *Methanosarcina harundinacea* 之间的种间直接电子传递互营过程；同年，*Geobacter metallireducens* 与 *Methanosarcina barkeri* 之间的种间直接电子传递模式也被证实[21]，并表明 e-pili 以及 OMCs 可能在互营体系的 DIET 中发挥重要作用。Holmes 等[18]也提出了 *Geobacter* sp. 与 *Methanothrix* sp. 之间 e-pili 介导的 DIET 代谢机制。据报道，当产甲烷菌严格依赖氢气/甲酸生长时，*G. metallireducens* 无法与其形成互营体系[146]。最近研究发现，可利用甲酸为底物的产甲烷菌

Methanobacterium sp. strain YSL 也可与 *Geobacter metallireducens* 建立直接电子传递互营模式[147]，说明种间直接电子传递能力在产甲烷菌中的分布可能远比想象中广泛。

厌氧嗜甲烷古菌与硫酸盐还原菌的互营过程在全球微生物碳循环中发挥重要作用[23]。研究表明，该互营过程可能是种间直接电子传递介导的，其中，甲烷氧化菌含有的多血红素细胞色素（MHC）为直接电子传递过程提供可能[24]。Wegener 等[148]提出嗜热甲烷氧化古菌 ANME-1 与 HotSeep-1 细菌之间存在由纳米导线及外膜多血红素细胞色素介导的直接种间电子传递过程。然而硫酸盐还原菌接受厌氧甲烷氧化古菌导出电子的具体机制仍不清晰，Skennerton 等人[149]认为硫酸盐还原菌含有的多血红素细胞色素（MHC）可能发挥了重要作用。Nie 等人[150]发现厌氧甲烷氧化反应器中硫酸盐还原菌 *Desulfococcus* 中的 *pilA* 基因过表达，也可能为种间直接电子传递贡献。甲烷氧化菌还可能与电化学活性菌 *Geobacter* 形成互营，氧化甲烷的同时以电极为电子受体[25,26]。

种间电子传递现象还广泛存在于其他生物催化过程，如电化学活性菌与反硝化菌构建的互营系统，基于种间氢转移的 *G. sulfurreducens* 与 *Wolinella succinogenes* 的间接种间电子传递[151]，通过磁铁矿导通的 *G. sulfurreducens* 与 *Thiobacillus denitrifican* 的种间电子传递[152]，以及 *G. metallireducens* 与 *Rhodopseudomonas palustris* 之间细胞色素或导电菌毛介导的直接或以核黄素为电子中介体的间接种间电子传递过程[47]。电化学活性菌 *G. sulfurreducens* 与绿硫菌可实现依赖种间直接电子传递的互营生长[153]。*Dehalococcoides mccartyi* 195 与 *Syntrophomonas wolfei* 的互营生长实现了三氯乙烯(TCE)的脱氯过程[154]。Walker 等的研究表明一般认为营氢气或甲酸中介的菌 *Syntrophus* 也具有实现种间之间电子传递的能力，进一步拓展了 DIET 存在的范围[155]。依赖种间氢转移的种间电子传递也在人类肠道中的 *Christensenella* 及 *Methanobrevibacter* 的互营体系中发现[156]。近些年，革兰氏阳性菌的胞外电子传递过程被发现，革兰氏阳性菌参与的种间电子传递过程也有报道，如 *Clostridium* sp. 与 *Methanosarcina barkeri* 之间潜在的种间直接电子传递过程[157]，*Clostridium* sp.可能与 *G. metallireducens* 一样可直接将电子传递给产甲烷菌。革兰氏阳性菌 *Desulfotomaculum reducens* MI-1 与电化学活性菌 *G. sulfurreducens* 互营生长实现 Fe(III)的还原，蛋白组学结果显示共培体系中 *G. sulfurreducens* 的 c 型细胞色素以及 e-pili 表达丰度都明显增加。

30.2.3　微生物与材料间界面电子传递机制研究进展

胞外电子传递（EET）将电活性微生物的胞内电子传递与外部电子供体/受体联系起来，是开发各种微生物电化学技术的基础。随着对电活性微生物和固体导电表面之间双向电子交换的探索，建立高效的电子传递生物/非生物界面具有重要的意义[158]。然而，细胞和材料之间缓慢的生物/非生物界面电子交换速率很大程度上限制了生物电化学系统的性能和实际应用。因此，研究者通过调节生物/非生物交互界面的特性，以实现热力学和动力学过程加速，从而达到提高界面电子交换效率的目的，其中包括通过物理和化学处理进行传统的表面改性[159,160]，以及利用各种氧化还原分子[161,162]、导电聚合物[163]、金属和金属化合物[164]等进行界面功能化。

1）碳基纳米材料

利用碳基纳米材料进行界面修饰可以改善微生物在界面生长的黏附性，增强电极与微生物外膜蛋白的结合，从而提高界面电子传递效率。石墨烯、氧化石墨烯、碳纳米管或者碳纳米复合材料常用来增加阳极的比表面积，极大改善了阳极的生物相容性，为微生物的附着提供了更多空间，增加电子传递的活性位点。石墨烯和碳纳米管上由 sp^2 杂化的碳原子组成，具有类似蜂窝状的紧密排列的晶格结构，表现出良好的机械强度、柔韧性和优异的导电性[165,166]。将石墨烯修饰到碳毡表面，能够显著提高微生物燃料电池的电化学性能[167,168]，同时实现对 *Geobacter* sp.的富集[169,170]。碳纳米管修饰阳极的 MFC 的微生物生物量的富集显著提升[171]，系统的最大功率密度达到了 69.8～164.9 W/m^3，是石墨刷为阳极的 MFC 的 7～21 倍，能量回收率在 0.15～0.60 kWh/kg COD[172]。同时，CNT 修饰的碳毡阳极增加了 *Deltaproteobacteria*、*Alphaproteobacteria* 和 *Geobacter* sp.的丰度[173]。通过表面改性、控制还原条件、掺杂等方式完成复合碳纳米材料的界面修饰，不仅可以显著提升阳极的生物相容性，还可以进一步提高碳纳米材料促进界面电子传递的效率。刘绍琴、赵峰等[174]通过在石墨烯上修饰铂纳米粒子作为微生物燃料电池的高效独立阳极，连续的三维大孔结构有利于微生物的固定和有效的电解质传输。冯玉杰等发现通过控制氧化石墨烯前体溶液的组成，制备了三维石墨烯[175]，同时可以快速富集微生物并形成阳极电活性生物膜[175]。

2）金属及其氧/硫化物

金属、金属氧化物和金属硫化物也是常用的阳极电极材料。因为核外自由电子更容易流动，金属通常比碳基材料更导电。贵金属阳极有助于降低 MFC 的内阻，但其成本较高且细菌黏附性差，无法广泛使用[176,177]。非贵金属氧化物纳米颗粒的催化活性与贵金属相当，可以显著降低电子传递阻力，促进细菌在电极表面的附着。铁还原菌如 *Geobacter* sp.和 *Shewanella* sp.是 MFC 中重要的产电菌[178,179]，在 pH 为 7～8 的范围内由于铁化合物不溶，可以通过其外膜细胞色素或导电菌毛直接接触还原金属，进行电子传递[180]。在 Fe_2O_3 和氧化石墨烯共同修饰的碳毡阳极构建的底物为乙酸钠的 MFC 中，最大稳定电压达到 590 ± 5 mV[167]，并且铁的存在刺激了产电菌 *Desulfovibrio* sp.的增长。FeS_2 纳米粒子修饰的石墨烯阳极不仅利于细菌黏附和产电菌 *Geobacter* sp.的富集，而且有效促进了胞外电子传递。在乙酸盐混菌体系 MFC 中，表现出快速的启动时间（2 天）和极高的功率密度（3220 mW/m^2）和电流密度（3.06 A/m^2）[181]。将金属或金属化合物如 MnO_2、Pd、Fe_3O_4 纳米颗粒与炭黑（CB）混合，用于碳布（CC）阳极的改性，与未加修饰阳极的 MFC 相比，Pd、MnO_2 和 Fe_3O_4 改性的 MFC 的最大功率密度分别提高了 21%、15%和 10%，促进了 *Geobacter* sp.的富集[182]。

3）导电聚合物

导电聚合物如聚苯胺（PANI）、聚吡咯（PPy）、聚多巴胺（PDA）等具有丰富的官能团结构，表现出较好的导电性和生物相容性及稳定性，可以作为阳极修饰材料[183,184]。同时导电聚合物也可通过直接包覆细菌细胞，在细胞表面形成导电涂层来增强电子传递效率。使用 PANI 作为改性剂可以提高阳极的电化学活性和粗糙度，降低阳极电位，比未改性阳极具有更高的产电性能和重现性[185]。聚苯胺与纳米材料相结合，如 Au 纳米颗粒，可进一步提高电极的比表面积、电导率和生物相容性，表现出更高的电化学活性。Au/PANI/CC 阳极产生的功率密度分别是碳布（CC）阳极、PANI/CC 阳极和 Au/CC 阳极的 2.42、1.45 和 3.72 倍[186]。采用 PDA 修饰的阳极，可以提高阳极表面亲水性和 MFC 功率密度[187]。PDA 的存在增加了阳极表面的亲水性和对细菌细胞的黏附性，而还原氧化石墨烯在阳极表面提供了更多的电化学活性位点，从而协同促进了阳极的胞外电子传递和 MFC 性能提升，比单独 PDA 改性和还原氧化石墨烯改性阳极的功率密度分别提高了 2.2 和 1.9 倍[188]。此外，采用原位聚合方法将 PPy[189]或 PDA[158]包覆在 *Shewanella oneidensis* MR-1 细菌细胞的表面，增强了细胞色素 c 与电极界面的亲和接触，包覆生物膜与电极之间形成了多条导电通路，远离电极的细菌产生的电子也可以通过导电 PPy 或 PDA 有效地传递到电极表面，在生物膜中形成双介质电子传递通道，大大增强电子传递效率[190]，包裹了聚苯胺@FeS 细胞的 MFC 达到了 3.21W/m^2 的最大输出功率。因此，这种单细胞电子收集器为在单细胞水平上将活细胞与非生物表面连接起来提供了一个卓越的工具，并为非生物/生物界面工程增加了新的层面。

4）官能团修饰

除了功能材料的修饰外，含 O、N、S 等官能团也能够显著降低界面电子传递阻力，如含氧官能团[191-194]、含氮官能团[195,196]、含硫官能团[197]，促进微生物的附着和生物膜的形成及界面电子传递。用于界面修饰的官能团普遍具有杂原子、共轭结构、芳香结构等富电子的结构，说明具有富电子结构的官能团有利于界面电子传递，与纳米导线上的电子传递模型相类似[198]。成少安等发现利用氨气处理的碳布阳极可以极大的提高系统的输出功率，同时缩短了 50%的系统启动时间[195]。

5）电子中介体修饰

考虑到电子传递是通过微生物膜上的细胞色素和/或纳米导线的直接电子传递（即 DET）以及通过作为电子中介体的氧化还原活性小分子介导的间接电子传递（即 MET）来实现的，采用适当的氧化还原中介体对电极进行功能化可能是改善微生物电催化的界面电化学活性的有力方法。各种人工电子中介体如中性红（NR）[199]、蒽醌-2-磺酸盐[200]和蒽醌-2,6-二磺酸盐[201]已通过化学共价连接或电化学聚合来修饰微生物电化学系统的电极。在这些电子中介体中，中性红被认为是阳极微生物的理想电子中介体之一，因为它的氧化还原电位为–0.325 V（相对 NHE），这与 NAD^+/NADH 的–0.32V（相对于 NHE）相当接近[202]。由于 NAD^+/NADH 位于微生物呼吸过程中电子传递链的低电位端，固定有中性红的电极具有收集微生物氧化有机物所释放的大部分能量的潜力。将碳电极浸入 NR-$NaNO_2$-HCl 溶液中，通过芳基重氮盐的还原途径将 NR 共价结合到碳表面。这种方式使附着的 NR 保持高电化学活性和良好的稳定性。由 NR 改性电极，电流输出比未改性电极高 3.63～70.36 倍，表明共价结合的 NR 可以作为电子中介体，促进电子从细菌转移到电极[199]。氧化还原介质蒽醌-2-磺酸盐（AQS）共价结合在阳极表面的氧化还原电位约为–0.239 V（相对 NHE）[202]。通过原位生成的 AQS 重氮盐，将 AQS 共价结合到导电的聚吡咯水凝胶（CPH）中，这种 CPH/AQS 阳极的多孔结构和亲水表面增强了生物膜的形成，将电荷转移内阻从 28.3 Ω 降低到 4.1 Ω，同时最大功率密度从（762 ± 37）mW/m^2 提高到（1919 ± 69）mW/m^2[200]。另外，研究比较了两种固定化蒽醌-2,6-二磺酸盐（AQDS）的策略，实现了同时还原活性红 2（RR2）染料和生物发电。通过电聚合固定化的 AQDS 显示出更高的功率密度［(816 ± 2) mW/m^2］和 RR2 的脱色程度（89% ± 0.6%），这一功率密度也是在存在难降解污染物的情况下获得的最高值之一[201]。

此外，黄素单核苷酸（FMN）能够由微生物自分泌产生，由于其较高的电子传递能力和固有的生物相容性，引起了极大的关注。并且黄素可以作为外膜细胞色素的结合辅助因子来实现快速的电子传输，具有灵活的 EET 方式。FMN 已被用作双电子/质子氧化还原介质，如 $FMN + 2e + 2H^+ \longrightarrow FMNH_2$[203]，黄素介导的电子转移是通过其醌和氢醌物种之间的双电子反应在 1,5-硝基根处执行的[204]。尽管几乎所有被发现的 *Shewanella* 菌株都能自分泌黄素类物质作为其 EET 过程的电子中介体，但毫无疑问，其自身产生的黄素浓度不足以实现强大的界面电子转移[125]。因此，通过一种简单的、可定制的方法，开发一种有效的、持久的、具有较强电化学活性的基于黄素的界面，对于促进 MFC 的发展是非常有益的。邹龙等人[162]研究了电化学聚合核黄素界面对 *Shewanella putrefaciens* CN32 的双向 EET 的增强作用，以提高生物电催化能力。与对照组相比，聚合核黄素功能化碳布电极在 MFC 中实现了约 4.3 倍的输出功率密度（～707 mW/m^2），在三电极电池中实现了 3.7 倍的富马酸盐还原阴极电流密度（～0.78 A/m^2），表明其向外和向内的 EET 效率都有很大的提高。

30.3　微生物电合成技术

化石能源驱动的社会发展导致大气环境中 CO_2 浓度的不断增加。2021 年，全球大气中 CO_2 浓度突破了 420 ppm [205]，达到历史最高值。作为典型的温室气体，CO_2 被认为是导致全球变暖的主要原因，其温室效应对地球上的生命活动构成了严重威胁。在全球气候变暖的现实背景下，我国承诺“力争于 2030 年前实现碳达峰，2060 年前实现碳中和”的目标。在“双碳”目标指导下，想要实现大规模碳减排，除了推行清洁生产、扩大可再生清洁能源利用外，对于生产生活过程中不可避免排放的 CO_2，发展碳补集与资源化利用技术、通过开发高效合成方法和调控转化途径，将其转化为新型、绿色的高附加值燃料或精细化工产品实现 CO_2 资源化转化并加以回收利用技术逐渐成为国际社会关注的焦点。

30.3.1　电辅助微生物还原 CO_2 合成增值化学品

微生物电化学合成（microbial electro-synthesis，MES）是一种在外加电场作用下通过微生物催化剂将 CO_2 转化为有价化学品和燃料的技术[206]。与传统的基于金属催化剂的电化学 CO_2 转化技术相比，生物合成的催化剂—微生物的成本更低，且稳定性更高。更重要的是，传统的金属催化剂仅能合成 C1～C3 产物，而微生物催化剂在外界施加较低能量的条件下便可以将 CO_2 转化为 C1～C6 有机化合物（挥发酸、醇类等），从而增加了产物的能量密度及市场价值[207]。该技术具有操作简便、构筑便宜及产物丰富等优点，通过使用不同功能的微生物、调节反应器的运行参数便可有效调节产物的选择性、合成浓度及速率等[208]。

在微生物电合成系统 中，CO_2 的转化可通过单一功能微生物或混合微生物来实现，特别是围绕产乙酸菌的研究最为广泛（图 30-4）。Wood-Ljungdahl 代谢是 CO_2 固定过程中能量损耗最低、固碳效率最高的途径，而乙酸是该代谢途径中的产物。经过近十年的研究，已经发现并证明了一系列以 CO_2 为最终电子受体产乙酸的微生物，如 *Sporomusa*、*Clostridium*、*Acetobacterium*、*Desulfovibrio*、*Sulfurospirillum* 及 *Moorella thermoacetica* 等[209,210]。不同种属间的功能微生物合成效能差别明显，而相同种属内不同菌株间的效能也不尽相同。例如，在六种同属 *Sporomusa* 的不同菌株间，*S. ovata* DSM-2663 的产乙酸速率高于 *S. ovata* DSM-2662 及 *S. ovata* DSM-3300，而 *Sporomusa aerivorans* 没有合成能力[211]。与单一微生物相比，混合微生物催化剂无论在催化效能、运行条件、环境适应性还是面向放大过程，都具有无可比拟的优势。通常而言，混合微生物可以通过污水处理厂活性污泥、厌氧颗粒污泥、厌氧发酵液及河底沉积物经定向驯化而富集[212-214]。例如，以活性污泥驯化得到的以梭菌属和乙酰杆菌属为主的生物膜可将 CO_2 还原为挥发酸及醇类[214,215]。脱硫弧菌因其具有产氢活性也常在微生物电合成生物膜中广泛存在，这表明 CO_2 是通过 H_2 介导的间接电子传递方式得以还原[216,217]。在最新的研究中，以污水处理厂活性污泥作为接种菌源的微生物电合成系统在–1.0 V（*vs.* Ag/AgCl）恒电位条件下表现出对 CO_2 高效的还原特性，其乙酸产量达到（106.9±10.5）mmol/L [214]。在该电极生物膜中，乙酰杆菌成为主要的优势菌（丰度超过 50%），且生物膜的电荷转移电阻随着运行时间的延长而显著降低。此外，虽然溶液 pH 由于乙酸的积累而逐渐降低，但该生物膜在长期运行过程中保持了优异的稳定性。后续研究表明，连续流运转条件下可进一步促进乙酸的合成[218]。2021 年，Roy 等人以低杂质的工业 CO_2 作为 MES 的原料进行乙酸合成的研究[213]。研究结果表明混合微生物在面向固定实际工业产生的 CO_2 时具有较强的适应性和稳定性，并表现出良好的运行特性。

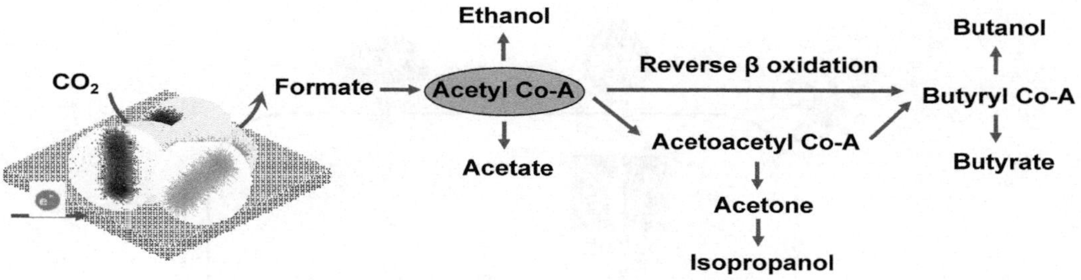

图 30-4　微生物电合成中长链有价物质机制图

近年来，围绕微生物电合成系统还原 CO_2 合成中长链有价化合物的研究逐渐成为研究热点[219-221]。与乙酸相比，中长链的挥发酸及醇类具有更高能量密度及市场价值。乙醇是一种重要的生物燃料，丁醇是一种重要的工业原料，也是一种很有前途的汽车燃料。2016 年，丁醇的全球市场约为 39 亿美元，预计到 2022 年将达到约 56 亿美元[222]。传统的丁醇生产工艺主要原料为石油，同时需要注入 CO 和 H_2 并在 Co、Rh 或 Ru 等金属催化剂的作用下进行转化[223]。相比之下，通过控制微生物电合成系统的运行条件（如控制合理的 pH、水力停留时间及构建不同功能的混合功能菌等）可实现产物由乙酸盐向丁酸盐、乙醇或丁醇等高价物质的合成（图 30-4）。相关研究表明，具有 C4～C8 中等链长甚至更长链的脂肪酸和醇类可在微生物电合成系统中合成[224-226]。例如，在电极电流 50 mA 连续运行的微生物电合成系统中，通过控制水力停留时间及溶液 pH 便可控制产物的选择性。当水力停留时间为 3.3 天时，产物主要为乙酸盐。而当水力停留时间延长至 5 天后，随着溶液 pH 降至 5 时，丁酸盐及异丙醇的产量逐渐增加，最大浓度分别达到 0.67 g/L 和 0.82 g/L[217]。在另一个半间歇式运行的反应器中，当控制溶液 pH 为 5 时，微生物电合成系统中乙酸含量的不断积累（达到 4.9 g/L）导致了乙醇的形成，且浓度达到 1.3 g/L。此外，己酸的合成也进一步拓展了微生物电合成系统的合成范围[221]。基于前期的研究结果推测，如需合成浓度较高的中长链有价物质，除了向微生物电合成系统提供稳定的电能外，还需加入易被微生物利用的其他电子供体。例如，向产乙酸盐为主的微生物电合成系统中添加甲酸盐后，产物中丁酸盐及丁醇的产量显著增加[227]。

微生物电合成系统技术经过近十年的发展已经获得了一定的研究成果，为了进一步提升该技术的综合效能，仍需在微生物催化剂定向构建、关键电极材料开发、反应器构型设计及系统参数调节等方面开展系统性研究[228-230]。具体而言，通过深入研究微生物电子传递路径、开发基因工程手段强化微生物固碳效率、解析电极特异性结构对功能微生物富集的影响以及建立微生物电还原 CO_2 过程的动力学、传质学模型等途径综合提高微生物电合成技术对 CO_2 的固定及转化效率。

30.3.2　光辅助微生物还原 CO_2 合成增值化学品

太阳能是最具吸引力的可再生能源之一。将储量丰富的太阳能通过某种方式转化为其他形式的能量是利用太阳能的有效方式。受自然界光合作用的启发，利用太阳能在温和的条件下生产一氧化碳、甲烷、甲酸、甲醇和乙酸等多种多样化学品的人工光合作用在半导体催化剂光吸收和催化活性提高方面受到了广泛关注并取得了重大突破。

近年来，由具有吸光性能的非生物材料（光伏电池、光电极、光催化剂纳米粒子）和微生物催化剂耦合构建的太阳能驱动的微生物/非生物材料混合人工光合作用系统在太阳能燃料和化学品合成领域备受瞩目（图 30-5）。在该系统中，非生物材料吸收光能产生电子或还原当量，微生物利用这些电子或还原当量通过自身的新陈代谢作用将 CO_2 还原为增值化学品。该系统结合了自然光合作用高选择性、高自我再生性和人工光合作用广泛的光吸收、高太阳能转换效率的优势，通过光吸收材料和微生物协同作用将太阳能转化为增值化学品。

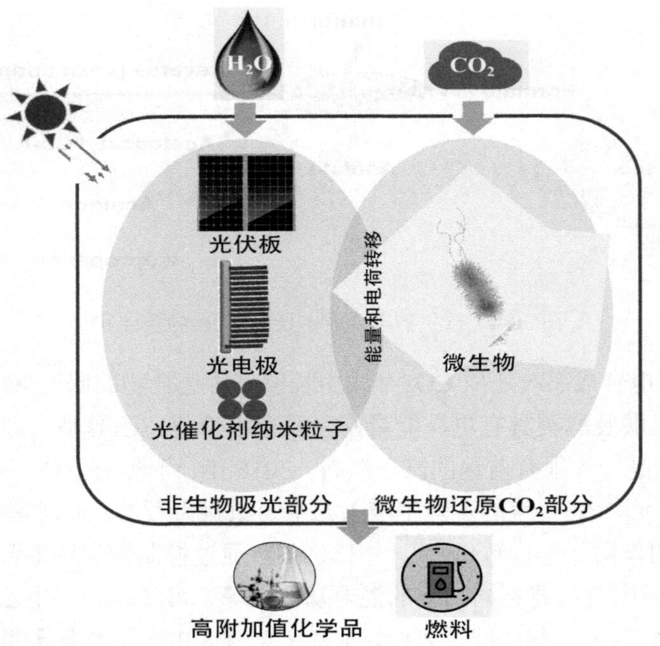

图 30-5 太阳能驱动的微生物/非生物材料混合人工光合作用系统还原 CO_2 生产增值化学品和燃料示意图

1）太阳能光伏驱动的微生物/非生物材料混合系统实现增值化学品合成

太阳能光伏驱动的微生物/非生物材料混合系统由光伏电池与微生物/非生物材料混合系统构成。在光照下，光伏电池提供的电压将阳极附近的 H_2O 分解为 O_2 和质子，同时在阴极产生 H_2。阴极微生物利用产生的 H_2 将 CO_2 还原为增值化学品。由于微生物新陈代谢的多样性，该系统利用不同的微生物可以产生不同的化学物质，如乙酸、异丙醇、异丁醇和羟基丁酸等。研究表明以 Co-Pi 作为阳极，NiMoZn 合金作为阴极，*R. eutropha* 为生物催化剂构建的系统产生物质和异丙醇的 SCE 分别为 3.2%和 0.7%，显著高于自然光合作用。通过调整电解液的 pH，该体系连续 7 天产乙酸的 SCE 高达 3.6%[231]。目前，这类太阳能光伏驱动的微生物/非生物材料混合系统的太阳能转换效率（solar-to-chemicals conversion efficiency，SCE）已经高达 9.7%，是自然光合作用的 50 多倍（～0.2%）[232]。此类系统 SCE 的提高主要受限于光伏电池的输出电压和 H_2O 分解电压的不匹配，提高光伏电池的输出电压，降低阴极和阳极之间的溶液电阻可有效改善上述问题。此外，微生物作为系统的核心组成部分，其种类决定了最终合成的化学产品的种类。除了 *R. eutropha* 和 *S. ovata*，其他微生物，如 *Methanococcus vannielii* 和 *Methanobacterium alustre* 也能用于该混合系统中还原 CO_2。

2）微生物光电化学系统实现增值化学品合成

将微生物和光电极复合构建微生物光电化学电池是另一种利用太阳能合成增值化学品的有效方法。在光照下，光电极吸收能量产生电子和空穴对，光阳极的空穴会被阳极中的牺牲剂（如水和有机物）消耗，光阴极产生的空穴则会与阳极经由外电路传递到光阴极的电子复合。同时，附着在阴极表面或分散在溶液中的微生物利用电子或电子介体（H_2）将 CO_2 还原为增值化学品。与光伏驱动的微生物/非生物材料混合系统相比，微生物光电化学电池结构更简单，不需要利用光伏电池分解 H_2O。此外，光电极具有吸收太阳光和催化电化学反应双重功能，而在光伏驱动的微生物/非生物材料混合系统中，这两种功能是通过两个分离的组件获得的。研究表明，以 n^+/p-Si 上沉积 Ni–Mo 合金作为光阴极，*Ethanosarcina barkeri* 作为生物催化剂构建的微生物光电化学电池产 CH_4 的法拉第效率高达 82%±10%[233]。由于 H_2 作为电子介体存在着溶解度低和产 H_2 过电位高的弊端，从而影响微生物对 CO_2 的还原，基于此，研究者开发了新型微生物光电化学电池，以 TiO_2 作为光阳极，在微生物阴极直接将 CO_2 还原为 CH_4，而无需 H_2 电子介体的参与，在 90h 的还原过程中，法拉第效率高达 96%[234]。当以 TiO_2/CdS 作为光阳极时，在光强为 25 mW/cm^2 的光照下，该系统的最大 SCE 高达 1.28%，是自然光合成的 5 倍多[235]。为了充分吸收太阳光，研究者构建了双光电极的微生物光电化学电池，以 TiO_2 纳米线阵列作为阳极，Si 纳米线阵列作为阴极，同时在 Si 纳米线阵列上包覆 *S. ovata* 生物催化剂。在 20 h 的还原过程中，系统产乙酸的法拉第效率高达 90%[236]。

在微生物光电化学体系中，阴极 CO_2 还原反应的关键是电子在电极和微生物之间的转移，提高电子转移效率是目前面临的关键科学问题之一。此外，微生物自我复制能力较差、在阴极表面附着缓慢是另一个挑战。加速阴极和微生物之间的电子转移，提高微生物和阴极材料表面的相互作用，加速微生物增殖是未来研究中重点关注的科学问题。

3）光敏化的微生物/非生物材料混合体系实现增值化学品合成

太阳能光伏驱动的微生物/非生物材料混合系统和微生物光电化学系统利用太阳能实现了 CO_2 到增值化学产品的高效转化。将微生物与光催化剂纳米颗粒直接结合开发了光敏化微生物/非生物材料混合体系。首次报道的光敏化微生物/非生物材料混合体系采用的是 CdS 半导体光催化剂与产乙酸菌 *M. thermoacetica* 结合用于 CO_2 还原。在光照下，CdS 纳米粒子产生的光生电子转移到微生物将 CO_2 还原为乙酸，该体系在 4 天内产乙酸的量子效率高达 2.44%±0.62%[237]。而将 CdS 纳米粒子与不同的微生物结合构建光敏化微生物/非生物材料混合体系，除了能合成甲烷和乙酸外，还得到了 C2+化学品，如丙酸、丁酸和类胡萝卜素等。但由于金属硫化物氧化 H_2O 产 O_2 的稳定性较差，因此需要昂贵的半胱氨酸牺牲剂来捕获空穴维持系统的运行。将 CdS-*M. thermoacetica* 与负载酞菁锰助催化剂的 TiO_2 串联构成的 Z 机制光敏化微生物/非生物材料混合体系很好解决了上述问题。该体系利用 CdS-*M. thermoacetica* 部分进行 CO_2 还原和半胱氨酸氧化，负载酞菁锰助催化剂的 TiO_2 部分进行半胱氨酸还原和 H_2O 氧化，从而半胱氨酸牺牲剂得到了循环和可持续利用。相比于单独的 CdS-*M. thermoacetica* 体系，该体系乙酸产量得到了明显提高[238]。但在 CdS-*M. thermoacetica* 部分发生的 CO_2 还原反应是在微生物的细胞质中进行的，电子必须通过细胞膜从外部转移到细胞质，这会消耗额外的能量并降低 SCE。此外，CdS 的光腐蚀会产生对微生物和环境具有毒性的 Cd^{2+}和 S^{2-}。为此，引入了金纳米团簇（AuNCs）作为 *M. thermoacetica* 细胞内光敏剂[239]，AuNCs 可通过细胞膜进入到微生物内部，并具有良好的生物兼容性。微生物细胞内的 AuNCs 产生的光生电子不需要经过细胞膜，而是可通过 Wood-Ljungdhal 途径直接转移到细胞质中。该 AuNCs-*M. thermoacetica* 体系实现了连续 6 天还原 CO_2 产乙酸反应，且乙酸产率和量子效率明显高于 CdS-*M. thermoacetica* 体系。

微生物与半导体光催化剂纳米粒子的直接结合，不仅为利用太阳能还原 CO_2 合成新化学品的发展提供了新视角，同时也深化了对微生物与纳米材料间电荷转移的理解。目前，对该体系的研究仍处于初步阶段，最大限度地提高能量和电荷转换效率是该体系面临的关键挑战。未来的研究将聚焦在发展无毒和生物兼容性良好的光催化剂，探索微生物-纳米材料之间的相互作用，提高微生物的代谢效率方面。

太阳能驱动的生物/非生物材料混合人工光合作用系统结合了人工光合作用（较宽的光吸收和较高的太阳能转换效率）和自然光合作用（较高的选择性和再生性）两者的优势，在高附加值化学品生产领域优势突出，具有广阔的发展前景。除了固定 CO_2，将该系统应用于固氮、固磷等领域将会引起越来越广泛的关注。

30.3.3　微生物还原 CO_2 耦合技术合成增值化学品

1）微生物耦合光燃料电池实现增值化学品合成

在太阳能驱动的微生物光电化学系统中，除了以微生物作为催化剂还原 CO_2，以非生物半导体光催化材料做催化剂还原 CO_2 的微生物光电化学系统的研究也引起广泛关注。与以生物催化剂还原 CO_2 的光电化学系统不同的是，这种类型的光电化学电池中，催化还原 CO_2 的催化剂和微生物分别位于阴极室和阳极室两个不同的腔室。该系统中，阳极微生物氧化污水中的有机物产生的电子通过外电路传递到光阴极，能够有效促进光阴极光生载流子的分离，进而提高光催化阴极还原 CO_2 性能。研究表明利用泡沫镍上原位生长的可见光响应的 P 型 Co_3O_4 纳米棒阵列作为光阴极，以富集了产电菌的碳刷作为阳极构建的光催化阴极型微生物电化学系统在可见光照射下反应 10 h 后，甲酸的产量为（239 ± 10）μmol，是单独 Co_3O_4 纳米棒阵列作为光阴极甲酸产量的 1.8 倍[240]。以富集产电菌的碳刷作为阳极，负载有镍单原子催化剂的Si纳米线阵列作为光阴极构建的微生物光电化学系统还原 CO_2 为CO的法拉第效率可达80%以上，同时废水中有机物的去除率可达 90%以上[241]。这种用于还原 CO_2 的光催化阴极型微生物电化学系统能够同时从污水和太阳光中获取能量，实现自发还原温室气体 CO_2 的同时净化污水，是同时解决能源和环境问题的一举两得的新方法。

2）微生物反向电渗析还原 CO_2 实现增值化学品合成

微生物反向电渗析还原 CO_2 技术是一种将废水中的化学能以及不同浓度盐溶液之间存在的盐差能共同驱动阴极 CO_2 还原生产有价物质的技术。该技术弥补了单一微生物燃料电池输出率低，反向电渗析系统中阳极电极反应电势高的问题，通过强化系统内部产能的同时减少了能量的损失。与单独的微生物燃料电池以及反向电渗析驱动的 CO_2 还原反应相比，其可以在较少的膜对数量以及单个的微生物燃料电池条件下，实现 CO_2 还原反应。Li 等人[242]以 *Sporomusa ovata* 纯菌作为 CO_2 还原生物催化剂，首次验证了以微生物反向电渗析作为能量提取装置，以热敏性碳酸氢铵作为盐溶液，进行 CO_2 还原生产乙酸和乙醇的过程。其中乙酸和乙醇的生产速率最高可达到（165.79 ± 11.52）和（25.11 ± 4.46）mmol /(m^2·d)，阴极电子利用率为 94.4% ± 3.9%。Tian 等人[243]以 Bi 电极作为阴极进一步验证了微生物反向电渗析驱动电催化还原 CO_2 还原产甲酸的过程。其产甲酸浓度最大为（185.4 ± 6.1）mg/L，产甲酸法拉第效率为 88.9% ± 3.2%，并同时实现了阳极 87.0% ± 4.3%的 COD 去除率。目前报道的影响微生物反向电渗析合成系统的主要影响因素有：阴极缓冲溶液浓度、CO_2 曝气速率、阳极有机物浓度、膜堆栈参数等。其他影响因素如膜堆系统内隔网的材料和几何形状[244,245]、离子交换膜类型[246,247]和盐溶液类型[248]等虽未在微生物反向电渗析还原 CO_2 系统中被报道，但是鉴于其对单独反向电渗析系统的产电具有重要的影响，故也可能是潜在的影响该系统合成性能的关键因素。

不难看出，基于光、电耦合的微生物还原 CO_2 用以增值化学品合成技术具有鲜明的优点。该技术可以实现能量自驱动下 CO_2 定向生产有价物质的合成，并同时实现污水的高效处理。虽然耦合系统用于强化微生物还原 CO_2 合成有价物质的研究还相对较少，但随着科技的不断进步，基于微生物耦合系统的高效电合成技术将迎来新的机遇。

30.4　微生物电化学水污染治理应用进展

30.4.1　微生物电化学在污水处理的应用

自2004年美国宾夕法尼亚州立大学的 Logan B E 教授提出将微生物燃料电池用于处理废水的策略以后[249]，微生物燃料电池及微生物电化学相关技术得到了空前的发展。在世界范围内，各国的科学家报道了大量与微生物电化学技术相关的污染治理工作[250-253]，这项技术正处于从机理性研究迈向实际应用的关键阶段。

根据阴极的性质不同，多数面向水处理应用的微生物燃料电池可以归为空气阴极（air-cathode）系统与生物阴极（bio-cathode）系统。关于空气阴极 MFC 相关的污水处理研究发展的较早，例如，Logan B E 教授提出的首个基于废水处理的反应器即以空气阴极为基础[249]，此外，出现了许多以空气阴极为基础的小试或中试系统用以检测该系统的可实用潜力。2007 年，昆士兰大学的科学家构建了世界上首个中试级别的生物阴极微生物燃料电池，该设备由 12 个柱形的模块单元组合而成，单个模块容积约 76 L，以离子交换膜作为(CEM)区分阴阳极室的隔膜材料，实现了 8.5 W/ m^3 的功率密度输出及约 0.2 kg/(m^3·d)的 COD 负荷。然而，阴阳极电解液（污水）极差的缓冲性能限制了该系统的进一步应用[254]。2014 年，冯玉杰和何伟华等人[255]构建了 250 L 的平推流可扩展式空气阴极微生物燃料电池用以处理生活污水，尽管该系统实现了约 79% ± 7%的 COD 去除率及约 71% ± 8%的总氮（TN）去除率。但该系统极长的水力停留时间使污水处理的时间成本增加。虽然该构型实际应用价值不大，但是作者基于该体系总结出了影响 MFC 大型化过程中电流产生与功率密度输出的非理想内阻“f 因子”，为后续的大型化设备构建提供了重要理论支撑。2015 年，董跃等人[256]基于电容式能量收集与再分配模块，构建了 90 L 的折流板式空气阴极微生物燃料电池，用于啤酒废水（brewery wastewater）处理，并将 MFC 产生的能量用于系统水泵能耗，实现了设备的自持运行。在长达 6 个月的运行期间，该系统可实现高达 87.6%的 COD 去除率，并产生约 0.034 kWh/m^3 净能量输出，实现了较高的水处理效能与能量输出。2016 年，弗吉尼亚理工大学的贺震教授等人[257]开发了一种基于 96 模块阵列的空气阴极微生物燃料电池，该系统总容积 200 L，采用碳刷（carbon brush）阳极及负载活性炭粉的碳布（carbon cloth）阴极，并以阳离子交换膜（CEM）分隔极室。在约 300 天的运行过程中，该系统实现了约 75%的 COD 去除、90%的悬浮物（suspended solids）去除以及 68%的氨氮（ammonia nitrogen）去除。然而，基于离子交换膜的系统设计使该系统成本高达 6064 美元，其中，离子交换膜的费用占比高达 60%。2019 年，Bruce E. Logan 等人[258]采用“类窗式”设计构建了空气阴极微生物燃料电池用以克服阴极承压的关键问题，在深度约 0.85 m 的水压下，该系统运行良好，并实现了（0.083 ± 0.006）W/m^2 的最大功率密度输出。然而，以空气阴极为基础的构筑模式中，高达 10 余天的水力停留时间仍难满足实际应用的需求，同时这种类“窗式”结构仍难以完全避免在更深水深时的承压问题。

相较之空气阴极，生物阴极具有良好的低成本与高可持续性的优势。2006 年贺震教授与 Largus T. Angenent 使用“生物阴极”描述生物催化的阴极反应[9]。关于生物阴极微生物电化学系统的研究以及大型化案例较多，且规模相较空气阴极系统大。2013 年，黄霞教授等人[259]研发了容积为 50 L 的好氧-缺氧双段式生物阴极微生物燃料电池，实现了高效的 COD 去除效率与氮去除效率。2017 年，Puig S 等人[260]开发了由 6 个模块堆栈的总容积约 115 L 的生物阴极微生物燃料电池，并在该系统中测试了颗粒石墨

(granular graphite)与不锈钢网(stainless steel mesh)两种电极材料构建的系统的 COD 与氮去除效能，结果表明，两种电极模式具有相似的 COD 与氮效能，然而，颗粒石墨在长期运行中可能造成腔室堵塞并影响系统的整体效能。2018 年，清华大学梁鹏教授等人[14]设计并构建了另一例基于 50 个“堆栈”模块组合的工作容积约 1000 L 的生物阴极微生物燃料电池中试设备，该设备可以实现高效的污水净化过程，COD 去除率达到 70%～90%，出水 COD 低于 50 mg/ L，可以满足相关排放标准(GB18918-2002)。然而，以离子交换膜为隔膜的双室结构设计使设备单位立方米的造价高达 3.6 万美元，且需外部的绕流设备实现其水力学的连续性，巨大的成本造价及较复杂的操作可能仍是限制其应用的瓶颈。

2019 年，哈尔滨工业大学的冯玉杰课题组[16]报道了当前世界上规模化程度最高，并包含一级初沉池($0.2\ m^3$)、微生物电化学池($1.2\ m^3$)及二沉池($0.1\ m^3$)的一体化微生物燃料电池设备。在这一设备中，课题组何伟华提出了从电极组(electrode unit)到模块(module)再到系统(system)的多级堆栈设计，使用更小的单元堆栈形成大系统，从而最大限度降低了放大过程的尺寸效应。同时在该设备中，廉价的渗透型微生物隔膜代替昂贵的离子交换膜，在实现设备内部水力学连续的条件下极大的降低设备单位体积造价(图 30-6)。该设备实现了碳、氮同步去除的同时产生了约(406 ± 30) mW/m^3 的输出功率密度，而渗透性微生物隔膜的装配避免了外部绕流系统的建造所带来的能耗与操作复杂度的增加。此后，课题组董跃等人[261]就气水比优化、操作调控及提升功率密度等进行了进一步研究。良好的污水处理效能与投资成本使该设备具有了相当突出的应用价值。并忽视了污泥收集系统的设计，随后李超和刘淑娟等继续在此系统构型基础上优化，利用 U 形绕流实现了阴阳极室底部水利连接，可进行集中污泥收集[262,263]。

图 30-6　部分微生物电化学系统在水污染治理方面的应用进展

2021 年，瑞士生命科技协会（Institute of Life Technologies）的 Fabian Fischer 等人[264]设计并构建了由 4 个子堆栈共计 64 个 MFC 单元构成中试设备，该设备采用 VANAD 离子膜（ion power）作为隔膜介质，电极由玻碳制备而成，有效容积 1000 L。总体上，该系统实现了约 5.8%～12.1%的能量效率并获得了约 0.015～0.060 kWh/ m^3 能量产出密度，及约 80%～95%的 COD 去除率、约 48%的氨氮（NH_4^+-N）去除率及约 65%的有机微污染物去除率。然而，该设备中阴、阳极室采用不同水源造成了设备适用场景的限制，同时昂贵的电极与隔膜材料等问题仍是限制应用的关键资本瓶颈。

在微生物电解池（microbial electrolysis cell，MEC）方面，数个中试系统被开发进行实际污废水的测试与运行。2011 年，Bruce E. Logan 教授等[265]开发了中试规模的 1000 L 连续流微生物电解池，该系统由 24 个电极模块（modules）144 个电极对（electrode pairs）构成，在以酿酒废水（winery wastewater）为底物且水力停留时间（HRT）为 1 天时，可实现约 62%±20%的 SCOD 去除率并获得约 0.19±0.04 L/(L·d) 的产气量（甲烷约占 86%±6%），实现了较好的污水处理效能。

迄今为止，真正意义上的 MES 实际应用仅有一例，是由哈尔滨工业大学冯玉杰课题组于 2020 年完成的沉积物 MES 和生物阴极植物 MES 耦合的生态强化系统净化地表水体。工程设计建设期共计 1 年，于 2020 年底完成，已经累积运行 1 年，出水稳定达标在地表 III 类。

30.4.2　微生物电化学水环境修复的应用

水环境修复近年来的研究表明，微生物电化学技术是一种具有潜力的原位强化生物修复水环境的新方法。通过外加电路可将远距离电子受体（如氧气、硝氮）与污染物连通，定向富集功能微生物，实现水环境中水和底泥的同步高效治理。目前微生物电化学技术用于水环境修复主要有两种构型：一种是沉积物燃料电池，另一种是与植物耦合的微生物电化学系统（plant-microbial electrochemical system，P-MES）。

1）沉积物燃料电池用于水环境修复

沉积物燃料电池的阳极置于沉积物中，电子供体是沉积物中的有机污染物，产生的电子通过外电路传递到阴极，阴极通常置于水面，电子受体是氧气，整个过程中去除沉积物和水中的污染物[266]（图 30-7）。研究者们在阴阳极间距、外阻、污染物种类、电极材料、有机物浓度和传质等方面进行了研究探讨，为沉积物燃料电池在水环境修复方向的应用提供了坚实的理论基础。中国科学技术大学江和龙课题组[267]从 10 Ω～1000 Ω 选了 5 个梯度，得出 100 Ω 外阻下运行 2 个月，距离阳极 0～1 cm 处的沉积物中有机物的去除效果最好可以达到 28.3% ± 1.9%。Ainara[268]等人研究表明运行两周后，沉积物燃料电池对沉积物中的阿特拉律去除率大于 98%，是自然系统去除率的近 2 倍，且明显降低了阿特拉律对藻类的毒性和遗传毒性。Sajana[269]等人构建沉积物燃料电池原位处理养殖池塘废水，研究中使用石墨板和不锈钢网两种电极，结果表明石墨板电极 COD、TKN 和 TN 的去除率可达到 79% ± 1%、94% ± 3%和 62% ±4%，远高于不锈钢网电极的去除率。天津大学季民课题组[270]研究得出沉积物中有机物含量过高及过低均影响反应器的产电性能，过高的有机物含量会由于沼气的积聚导致系统崩溃，过低的有机物含量限制了反应器的启动。江和龙课题组[271]也得出相似结论，研究表明初始沉积物内有机物浓度越大，启动时间越短。宋天顺等发现在沉积物中添加纤维素可以提高水体和沉积物中的污染物去除率[272]。冯玉杰课题组通过一系列研究发现 MES 可使沉积物中总有机碳去除效率较其他修复方法提高 30%～220%，其中简单有机物的加入还可使去除效率高达 70%以上，同时对于多环芳烃类（PAHs）污染物去除率达到 50%～74%[273,274]。

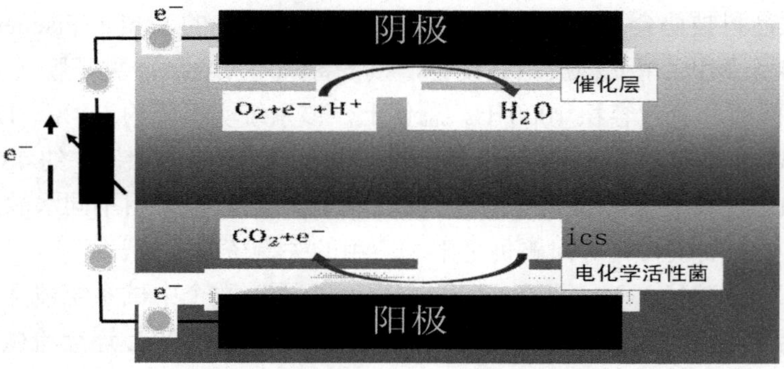

图 30-7　沉积物微生物燃料电池的原理图

2）植物-微生物电化学耦合系统用于水环境修复

水生植物因根系可以分泌有机物，包括糖类、氨基酸及有机酸等，可为阳极区提供持续的电子供体。Hamelers 等人[275]在阳极区种植芦苇首次构建了植物-微生物电化学耦合系统，实现植物与微生物协同作用，将太阳能转化为清洁电能，获得的最大功率为 67 mW/m^2。近年来有学者提出根系分泌物作为电子供体的同时，根部产生的氧气与微生物电化学系统中的阳极竞争电子，且会破坏沉积物附近的厌氧环境，影响附近厌氧菌的活性，对产电有不利影响[276]。故提出将水生植物置于阴极区附近，利用植物产生的氧气作为电子受体，如中国科学技术大学肖恩荣课题组[277]将沉水植物和微生物电化学系统耦合还原地表水中的硝酸盐，其研究结果表明沉水植物和微生物电化学系统的共同作用使得水体中硝氮的去除率提高了 23.1%。冯玉杰课题组[278]构建了 P-MES，结果表明在挺水植物和生物阴极协同作用下，系统稳定性和运行效能均有较大提高，TOC 和 TN 去除率分别达到了 97%和 85%，并获得了 0.83 W/m^3 的最大功率密度，高于对照 45%以上。且利用沉水植物较强的释氧能力构建了一种新型管状 P-MES，研究表明沉水植物轮叶黑藻和氧化还原生物阴极为异养硝化和好氧反硝化提供了适宜的 DO 浓度［(4.9±1.4) mg/L］。阴极上的假单胞菌（*Pseudomonas*）、芽孢杆菌（*Bacillus*）、不动杆菌（*Acinetobacter*）和阳极上的柠檬酸杆菌（*Citrobacter*）、梭状芽孢杆菌（*Clostridium sensustricto*）等功能菌在耦合系统中对碳氮的去除起着重要作用[279]。

植物置于阴极附近另一种比较典型的构型是人工湿地耦合的微生物电化学系统（constructed wetland-microbial electrochemical system，CW-MES），其结合了人工湿地和微生物电化学系统结构上和功能上相辅相成的特点，成为一种集水体处理和能源回收于一体的新型水体修复技术，近年来备受关注[280,281]。早期研究中 CW-MES 主要是处理生活污水和工业废水，在构型、电极材料筛选改性、植物的种类、产电效率、运行条件优化等方面均有涉猎，如印度 CSIR-矿物与材料技术研究所 Yadav 等人[282]首次开展了 CW-MFC 的研究，在垂直流人工湿地的基础上耦合了 MFC 用于降解合成偶氮染料废水，实验发现当初始染料浓度为 1000 mg/L 时，系统最大功率密度可达 15.73 mW/m^2，COD 去除率可以达 69.29%。西班牙阿尔卡拉大学 AmandaPrado 等人[283]2019 年研究了不同碳材料对耦合系统性能的影响，研究表明导电生物炭是最有效的生物过滤材料，系统阳极电位可达 0.6 V，COD 最大去除效率可达 92%。近年来研究者发现 CW-MES 也可用于自然水体修复方面，通过湿地植物释放氧气为阴极提供电子受体，生物阴极也可利用阳极区有机物释放的电子还原水体中的硝氮，实现高效脱氮的效果。山东大学胡振课题组[284]构建了表流人工湿地-微生物电化学耦合系统，相比于无沉水植物的系统，耦合系统获得了更高的电压（558.50 mV）和氨氮去除率（88.92%）。丹麦奥胡斯大学 Ramírez-Vargas 等[285]建立了中尺度电活性生物膜人工湿地（EABB-CW），系统中 BOD_5、COD、NH_4^+-N 和 PO_4^{3-}-P 的总去除率分别可达到 88%、90%、46%和 86%。除研究污染物的去除效率外，该研究还介绍了有机物和营养物的去除率动力学，对 CW-MES

系统的技术参数设置和规模扩大具有指导意义。

哈工大冯玉杰课题组经过前期一系列的研究，分别构建了不同尺度的沉水型及浮动型 CW-MES 修复自然水体。在小试系统中，得出沉水型 CW-MES 增强了功能菌的多样性，附着在阳极上的微生物可以同时氧化有机物和氨氮并提供电子，然后通过外部电路传递电子，增强生物阴极上硝酸盐的还原；浮动型 CW-MES 中优化了阴极与挺水植物的耦合方式。在中试系统中，沉水型 CW-MES 除雨天外，TN 和 TP 的平均去除率分别为 51.2%±20.8%和 62.5%±22.6%，出水满足地表 IV 类标准，系统最大功率密度可达（0.73±0.24）mW/m^2；浮动型 CW-MES 在曝气量为 2 L/min 时，TOC、TN 和 TP 的去除率最大，分别为 75.65%、71.89%和 74.44%。冯玉杰课题组总结经验，在广西壮族自治区烈士陵园构建了浮动型 CW-MES 的示范系统，处理水面面积近 10000 m^2，经近 1 年的稳定运行，出水达到地表 IV 类标准。该示范工程的运行验证了 CW-MES 对自然水体修复应用的可行性，为地表水原位修复新技术的应用提供充足的理论基础和可复制可推广的工程经验，具有重要的辐射推广应用价值（图 30-8）。

图 30-8　纳米-生物-生态修复一体化示范系统现场图

30.4.3　微生物电化学传感器的研究进展

随着现代工业的迅速发展，严重的水污染，水安全问题日益突出。因此，迫切需要开发灵敏性高，反应迅速的传感器以提供预警[286]。与传统的物理化学方法相比[287,288]，生物传感器能够通过生物学响应将信号直接关联到已知或未知化学物质的浓度[289] 而成为了更实用的选择。近年来，研究者们开发了各种利用生物测定来检测特定污染物的传感系统[290]。但是，这些测试通常耗时较长，势必会导致对目标分析物响应时间的延迟。在过去的十年中，微生物电化学系统成为一种新型且极具吸引力的在线生物传感器，对污染物显示了快速且广谱的响应[291,292]。

相比传统生物预警系统，微生物电化学传感器具有显著优势[293,294]：①通常被监测水样可用作微生物接种源及维持活性的培养基；②敏感元件具有自我更新及修复能力，设备维护简单且使用寿命长[295,296]；③传感器可直接输出电信号，无需信号转换装置；④监测过程中无需额外微生物及化学物质投入，操作简单运行成本较低[297]。目前韩国 KORBI（https://www.korbit.co.kr/）和加拿大 Island Water Technologies（https://www. islandwatertech. com/）等公司已经有了商用微生物电化学传感器。微生物电化学传感器通常以电活性生物膜为传感元件[298]，其在很大程度上影响了微生物电化学传感器的响应时间、灵敏度和特异性[299]。根据传感元件的不同（图 30-9），可以划分为阳极型和阴极型传感器[300]。

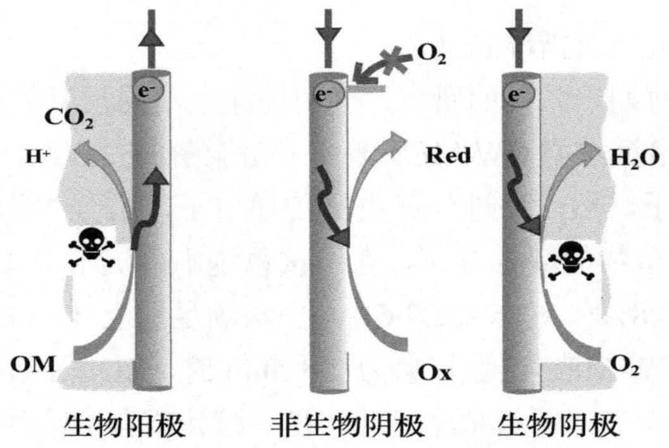

图 30-9　微生物电化学传感器传感元件类型[300]

1）阳极型微生物电化学传感器

近两年来，作为微生物电化学领域研究最为广泛的一种传感器，阳极型微生物电化学传感器在性能优化、实际应用等方面都取得了重要进展。阳极型微生物电化学传感器主要依靠富集在阳极的电活性微生物对周围环境的变化进行响应，再通过电子传递过程转化成电信号，实现预警。基于微生物电化学原理主要形成了两种类型传感器（MXC-biosensor）模式，即微生物燃料电池型传感器（MFC-biosensor）和微生物电解池型传感器（MEC-biosensor）。监测物质主要包括生化需氧量（BOD）和有毒物质两类（原理如图 30-10）。

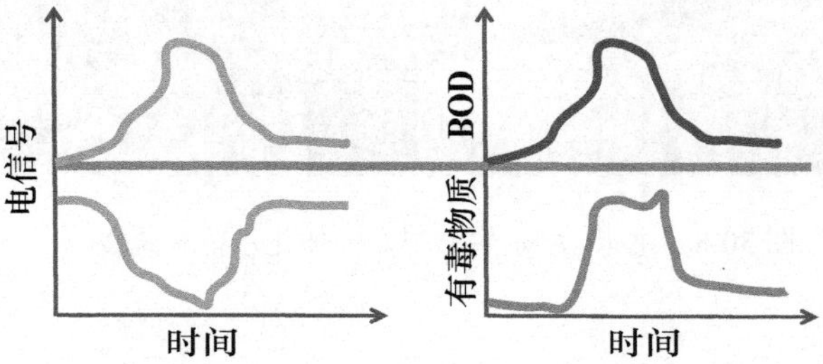

图 30-10　BOD 监测信号与电信号变化成正相关，有毒物质监测信号与电信号变化成负相关[297]

性能优化，主要指对 MXC-biosensor 中敏感元件的灵敏度、响应时间等进行优化。Ngo Huu Hao 团队近期论述了 MXC-biosensor 整体局限性主要体现在灵敏度低、不可重现性、稳定性差等，可通过改进电极材料、优化生物膜结构、设计反应器构型等进一步优化[301]。在电极以及反应器结构优化方面，黄津辉团队设计了微型化 MFC-biosensor，通过结构的优化，提高了对 BOD 的响应速率，缩短了响应时间[302]。在优化生物膜结构方面，近两年取得了大量进展，袁勇团队在 MEC-biosensor 中通过调控阳极电势调节 EPS 含量优化了电活性微生物膜的灵敏度，实现对 Ag^{+}的高灵敏响应[303]。王鑫团队通过调控碳源浓度优化了 MEC-biosensor 中电活性微生物膜的结构，改善了电化学响应效率，实现了 1～50ppm 甲醛的超灵敏响应，并优化了 MEC-biosensor 对甲醛响应的灵敏度计算方式，提出了瞬时电流衰减率用于表征灵敏度[304,305]。与此同时，王鑫团队在之前聚多巴胺包裹电活性微生物膜抵抗极酸冲击研究的基础上[306]，基于该电活性微生物膜原位合成纳米银颗粒并实现了对 1g/L Ag^{+}冲击的抵抗[307]。王捷团队基于 MFC-biosensor 原理实现对 COD 和 TVFA 的在线监测，并通过调整电位分布加速了电活性微生物的附着，将传感器恢复时间缩短至原来的 55%[308]。侯慧杰团队通过应用微生物群感效应自诱导物（AHLs）优化 MFC-biosensor 中电活性微生物膜的生长，实现对 Pb^{2+}的高灵敏响应并发现对高毒性 Cu^{2+}的冲击有更优的恢复能力[309]。梁鹏团队将 MFC-biosensor 的电活性生物膜进行形态改造，将对 Cu^{2+}的灵敏度提高 34%[310]，并通过低浓度电活性菌和海藻酸钠复合形成人工电活性生物膜进一步提高了生物传感器的敏感性，展现了良好的重现性[311]。在此基础上，也发现聚吡咯的添加可以进一步对人工电化学活性生物膜起到优化作用[312]。刘鸿团队则通过优化 MFC-Biosensor 对 BOD 的响应的计算方法，提出部分库伦产率法快速监测污水中可生物降解有机物，实现了污水有机物在 37.5～375 mg/L 的高线性响应（R^2=0.999）[313]。

国家“十四五”规划对提升水环境监测预警能力有了更高的要求，通过打通产学研壁垒，可以推动水生态环境监测技术创新发展。微生物电化学传感器在对污水处理厂的生物处理单元、城市地下水管网等的风险监控管理方面展现了巨大的应用潜力。近两年来，蒋永团队[314]研发出一种潜水式探针型 MFC-biosensor，实现了对挥发性脂肪酸的线性响应（0～200 mmol/L），李祥锴团队采用大肠杆菌开发了基于安卓系统的 MFC-biosensor 实现了对 Zn^{2+}的特异性响应，检出限达到安全饮用水标准[315]。王爱杰团队将 MEC-biosensor 与模型结合开发出一种可以监测水体硝酸盐浓度的传感器，并应用于北京市海淀区地下水管网监测[316]。刘红团队基于双向电子传递原理设计了可以同时监测水中 BOD 和硝酸盐的 MEC-biosensor，分析时间小于 1 h[317]。江和龙团队将 MFC-biosensor 与 MRBR 结合用于监测渗滤液中溶解性有机碳浓度并取得良好效果[318]。Agostino 团队和 Korneel 团队将微生物电化学传感器安装在排水管道入口，用于预警工业废水泄露可能造成的污染[319,320]。重庆中科德馨环保科技有限公司依靠 MFC-biosensor 研发出 BOD-Q 水质测定仪并投入市场，得到武汉大学、四川大学、陕西科技大学、南京奥博环境科技有限公司等高校和企业的青睐。该产品适用于受污染地表水、生活污水以及各种工业废水的 BOD 测定，可满足污水处理厂质量控制、水环境管理和环境科学与工程科学研究与教学需求[321]。这极大推动了微生物电化学传感器的应用，相信不久的将来，能够用于有毒物质、BOD 等的多功能 MXC-biosensor 也将面世[322]。

2）阴极型微生物电化学传感器

由于阳极向外的胞外电子转移（extracellular electron transfer，EET）机制已被研究的较为透彻，传统的微生物电化学传感器多是以生物阳极作为传感元件。生物阳极传感元件的广谱性和多功能性，已经成功地应用于实验室，监测各种有机物质或毒性物质[323]。但在实际应用方面，很大程度上受到其低灵敏度和综合冲击下假阴性的限制。而阴极传感器主要发生基于目标分析物的电化学还原或其对氧还原反应（oxygen reduction reaction，ORR）的抑制，能成功地解决低灵敏度和假阴性的问题。

（1）自供电非生物阴极传感元件

自供电非生物阴极传感元件的工作原理主要是利用 MFC 的自供电性能，在阴极抑制 ORR 或电化学还原目标分析物，由于缺乏最终的电子受体，从而抑制电子消耗而发生电信号变化。近年来，通过抑制阴极的 ORR 发展出一批非生物阴极传感元件的微生物电化学传感器。例如俞汉青团队[324]通过监测活性污泥反应器中溶氧（dissolved oxygen，DO）的消耗识别有机物和氨气的冲击。江和龙课题组[325]构建了一个具有多阴极的沉积物 MFC 传感器，并成功在湖水中实现了对不同深度的溶解氧（DO）的监测。李柏坤等人[326]构建了一个向上开放通道原位监测油存的 MFC 传感器，其中阳极被浸没在电解液中，而阴极直接暴露在空气中。在这种情况下，油的存在会阻止空气向水面的扩散，导致电信号变化。

作为自供电传感器，利用有机物氧化的生物阳极驱动各种目标分析物在阴极还原引发电反应是监测目标污染物的主要原理[327]。利用这种原理，近三年开发的自供电微生物电化学传感器已被用于检测六价铬[328]、铜[329]、过氧化氢[330]和氨[331]等。但特定目标分析物的检测需要配备特定的电化学方法，这是目前该研究的难点，也是使用这种非生物阴极传感元件从复杂的环境样品中检测目标分析物的重大挑战[332]。此外，提高传感器的电子传递效率，以提升反应速度也是该类型传感器的研究热点[333]。有望通过先进材料（如纳米结构的金属或半导体材料）的制造来改良化学传感层[334-336]，以及开发特定的电化学方法来提高这种自供电传感器的选择性和灵敏度[337,338]。

（2）生物阴极传感元件

自 2017 年梁鹏团队[339]首次将生物阴极作为传感元件应用于微生物电化学传感器监测水质毒性，生物阴极传感元件已经受到了关注，并进行了深入的研究。由于其原理是基于自养的 ORR 电活性微生物，生物阴极不需要有机物作电子供体，可以直接应用于较清洁的水源水质的监测，而无需补充有机物以保持稳定的基线。因此，生物阴极传感元件可以大大减少由有机物和毒物联合冲击引起的预警故障。最重要的是，作为毒性传感元件，生物阴极比生物阳极具有更高的灵敏度和更低的检出限，具有更广阔的发展前景。如用于监测甲醛的生物阴极传感元件的灵敏度是生物阳极传感元件的 15 倍。另外，有机物和毒性物质都抑制了自养阴性生物膜的内向 EET 过程。因此，生物阴极传感元件作为传统生物阳极传感元件的替代品，可以成功地解决低灵敏度和假阴性的问题。

生物阴极传感元件可以应用于有氧水、厌氧水和空气监测，其气体扩散生物阴极传感元件可实现被动供氧[339]。生物阴极传感器多用于对毒性物质的预警，如 Antonin Prévoteau[340]等人用三电极系统中的生物阴极传感元件检测自来水中的重金属和抗生素等毒性物质，成功地保持了 8 个多月的稳定活性。利用海藻制造的生物阴极传感元件，用于检测专门破坏光合细胞活性的阿特拉津[341]。为了提升生物阴极传感器的灵敏度和稳定性，王鑫[342]团队优化了生物阴极传感器测定甲醛最佳电位为−0.2 V（Ag/AgCl），如图 30-11 所示。近期则有报道利用 *Shewanella loihica* 双向电子转移功能构建的电极-生物膜，能够实现阳极监测 BOD 和阴极监测硝酸盐[317]。

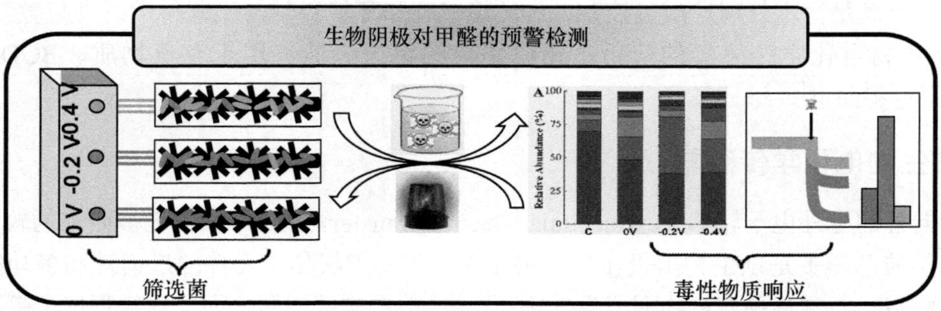

图 30-11　优化生物阴极传感器检测甲醛的阴极电位

尽管这些结果表明，生物阴极传感元件可以为生物毒性监测提供新的机会，但也有一些限制阻碍了其实际应用。例如，制备和操作参数不是很清楚；阴极生物膜在毒性压力下的生理和生化反应尚不明晰；调节有毒物质的生物利用率的方法亟待解决；现场监测性能没有得到评估；阴极生物膜和毒物之间的相互作用需要澄清等[300]。因此开发实际有效的传感系统需要科研工作者们的不懈努力。针对近年来传感器的发展，我们提出了解决传感器核心关键技术的思路①基于连续传代、二元培养、人工造膜等技术，实现传感元件的标准化，使设备维护更加简单便捷。②基于流体仿真模拟，优化接触传感元件的内部流态，保障传感器长期稳定运行。③基于多通道自供电数据采集系统，开发低成本、多监测通道、参数可调、可无线传输的小型数据采集设备，提升传感系统的实用性，实现人工智能分析和监测数据库的建立。

30.5　总结与展望

与局限于细胞内部的氧化还原代谢过程不同，微生物可借助胞外电子传递过程使其电子传递过程与周围其他不溶性电子受体/供体或其他生物体发生联系，并进行物质与能量交换，从而参与到诸多微生物生态与环境过程中。地球上微生物种类和代谢途径极其繁多，而且具有极强的变异能力和适应性，因此仍有众多的胞外电子传递机制，及与其耦合的微生物代谢过程和种间协同作用尚待发掘，从而拓宽人类对微生物电化学作用的认知。同时，微生物电化学作用使得微生物部分氧化还原代谢过程能够被电化学系统所监测，并可由此对微生物氧化还原代谢进行多样的调控或强化以实现不同功能。基于上述原理，研究者致力于将其应用于微生物电合成、环境传感器、水环境修复和水污染治理等诸多环境领域。经过研究者近二十年的深入探索和不懈努力，微生物电化学技术有望在多领域实现最终应用。

30.6　致　　谢

本文在撰写过程中，得到了哈尔滨工业大学、天津大学、南开大学相关课题组在读研究生的大力支持和协助，在此一并表示感谢。他们是：哈尔滨工业大学李健楠、李增、梁丹丹、邱叶、李超等；南开大学廖承美，李田等；天津大学李云飞、杨品品等。本文涉及的研究内容在多年的研究中得到了国家自然科学基金项目（NO.21972036、NO.51908403 等）、国家重点研发计划项目（2016YFC0401100、2017YFA0207200、2018YFA0901300）、中加/中欧/中美（2011DFG93360、2014DFE90110、2016YFE0106500）等国际合作项目的支持，研究还得到了科技部重点领域创新团队、黑龙江省头雁团队的支持，在此一并表示感谢。本课题组在多年的研究中，与国际著名机构和科学家建立了长期稳定的合作交流，包括：Bruce Logan、Derek Lovely、BH Kim、Eileen H Yu、HS Lee、Zhiyong Ren、Hong Liu 等，在此也对合作者表示深深的感谢。最后感谢曾经在此领域一起从事研究、目前已经毕业、在各个领域从事环境保护教学与科研工作的所有学生和教师。

参 考 文 献

[1] Potter M C. Electrical effects accompanying the decomposition of organic compounds. Containing Papers of a Biological Character, 1911, 84(571): 17.

[2] Cohen B. The bacterial culture as an electrical half-cell. Journal of Bacteriology, 1931, 21(1): 2.

[3] Davis J B, Yarbrough H F, Jr. Preliminary experiments on a microbial fuel cell. Science, 1962, 137(3530): 615-616.

[4] Delaney G, Bennetto H, Mason J, et al. Electron-transfer coupling in microbial fuel cells. 2. performance of fuel cells containing selected microorganism-mediator-substrate combinations. Journal of Chemical Technology & Biotechnology Biotechnology, 1984, 34(1): 15.

[5] Kim H J, Park H S, Hyun M S, et al. A mediator-less microbial fuel cell using a metal reducing bacterium, *Shewanella putrefaciense*. Enzyme and Microbial Technology, 2002, 30(2): 145-152.

[6] Bond D R, Lovley D R. Electricity production by Geobacter sulfurreducens attached to electrodes. Appl Environ Microbiol, 2003, 69(3): 1455-1548.

[7] Lovley D R. Bug juice: harvesting electricity with microorganisms. Nature Reviews Microbiology, 2006, 4(7): 497-508.

[8] Liu H, Logan B E. Electricity generation using an air-cathode single chamber microbial fuel cell in the presence and absence of a proton exchange membrane. Environmental Science & Technology, 2004, 38(14): 4040-4046.

[9] He Z, Angenent L T. Application of bacterial biocathodes in microbial fuel cells. Electroanalysis, 2006, 18(19-20): 2009-2015.

[10] Call D, Logan B E. Hydrogen production in a single chamber microbial electrolysis cell lacking a membrane. Environmental

Science & Technology, 2008, 42(9): 3401-3406.

[11] Cao X, Huang X, Liang P, et al. A new method for water desalination using microbial desalination cells. Environmental Science & Technology, 2009, 43(18): 7148-7152.

[12] Wang X, Feng Y, Liu J, et al. Sequestration of CO_2 discharged from anode by algal cathode in microbial carbon capture cells (MCCs). Biosensors & Bioelectronics, 2010, 25(12): 2639-2643.

[13] Kim Y, Logan B E. Microbial reverse electrodialysis cells for synergistically enhanced power production. Environmental Science & Technology, 2011, 45(13): 5834-5839.

[14] Liang P, Duan R, Jiang Y, et al. One-year operation of 1000-L modularized microbial fuel cell for municipal wastewater treatment. Water Research, 2018, 141: 1-8.

[15] Li C, He W, Liang D, et al. Power density of microbial electrochemical system responds to mass transfer characters of non–ion–selective microbial separator. Bioresource Technology, 2020, 311: 123478.

[16] He W, Dong Y, Li C, et al. Field tests of cubic-meter scale microbial electrochemical system in a municipal wastewater treatment plant. Water Research, 2019, 155: 372-380.

[17] Zhou J, Holmes D E, Tang H Y, et al. Correlation of Key Physiological Properties of Methanosarcina Isolates with Environment of Origin. Appl Environ Microbiol, 2021, 87(13): e0073121.

[18] Holmes D E, Shrestha P M, Walker D J F, et al. Metatranscriptomic evidence for direct interspecies electron transfer between *Geobacte*r and *Methanothrix* species in methanogenic rice paddy soils. Appl Environ Microbiol, 2017, 83(9): 1756.

[19] Morita M, Malvankar N S, Franks A E, et al. Potential for direct interspecies electron transfer in methanogenic wastewater digester aggregates. mBio, 2011, 2(4): e00159-11.

[20] Rotaru A-E, Shrestha P M, Liu F, et al. A new model for electron flow during anaerobic digestion: direct interspecies electron transfer to *Methanosaeta* for the reduction of carbon dioxide to methane. Energy & Environmental Science, 2014, 7(1): 408-415.

[21] Rotaru A E, Shrestha P M, Liu F, et al. Direct interspecies electron transfer between *Geobacter metallireducens* and *Methanosarcina barkeri*. Applied and Environmental Microbiology, 2014, 80(15): 4599-4605.

[22] Zheng S, Liu F, Wang B, et al. Methanobacterium Capable of Direct Interspecies Electron Transfer. Environmental Science & Technology, 2020, 54(23): 15347-15354.

[23] Scheller S, Yu H, Chadwick G L, et al. Artificial electron acceptors decouple archaeal methane oxidation from sulfate reduction. Science, 2016, 351(6274): 703-707.

[24] Mcglynn S E, Chadwick G L, Kempes C P, et al. Single cell activity reveals direct electron transfer in methanotrophic consortia. Nature, 2015, 526(7574): 531-535.

[25] Gao Y, Lee J, Neufeld J D, et al. Anaerobic oxidation of methane coupled with extracellular electron transfer to electrodes. Scientific Reports, 2017, 7(1): 5099.

[26] Yu L P, Yang Z J, He Q X, et al. Novel gas diffusion cloth bioanodes for high-performance methane-powered microbial fuel cells. Environmental Science & Technology, 2019, 53(1): 530-538.

[27] Pan Q, Tian X C, Li J P, et al. Interfacial electron transfer for carbon dioxide valorization in hybrid inorganic-microbial systems. Applied Energy, 2021, 3: 292.

[28] Nevin K P, Hensley S A, Franks A E, et al. Electrosynthesis of organic compounds from carbon dioxide is catalyzed by a diversity of acetogenic microorganisms. Applied and Environmental Microbiology, 2011, 77(9): 2882-2886.

[29] Coates J D, Bhupathiraju V K, Achenbach L A, et al.*Geobacter hydrogenophilus*, *Geobacter chapellei* and *Geobacter grbiciae*, three new, strictly anaerobic, dissimilatory Fe(III)-reducers. International Journal of Systematic and Evolutionary Microbiology, 2001, 51: 581-588.

[30] Kunapuli U, Jahn M K, Lueders T, et al. *Desulfitobacterium aromaticivorans* sp nov and *Geobacter toluenoxydans* sp nov., iron-reducing bacteria capable of anaerobic degradation of monoaromatic hydrocarbons. International Journal of Systematic and Evolutionary Microbiology, 2010, 60: 686-695.

[31] Farkas M, Szoboszlay S, Benedek T, et al. Enrichment of dissimilatory Fe(III)-reducing bacteria from groundwater of the Sikls BTEX-contaminated site (Hungary). Folia Microbiologica, 2017, 62(1): 63-71.

[32] Lovley D R, Ueki T, Zhang T, et al. *Geobacter*: The microbe electric's physiology, ecology, and practical applications //POOLE R K. Advances in Microbial Physiology, 2011, 59: 1-100.

[33] Pfeffer C, Larsen S, Song J, et al. Filamentous bacteria transport electrons over centimetre distances. Nature, 2012, 491(7423): 218-221.

[34] Bjerg J T, Boschker H T S, Larsen S, et al. Long-distance electron transport in individual, living cable bacteria. Proceedings of the National Academy of Sciences of the United States of America, 2018, 115(22): 5786-5791.

[35] Meysman F J R. Cable bacteria take a new breath using long-distance electricity. Trends in Microbiology, 2018, 26(5): 411-422.

[36] Rao A M F, Malkin S Y, Hidalgo-Martinez S, et al. The impact of electrogenic sulfide oxidation on elemental cycling and solute fluxes in coastal sediment. Geochimica Et Cosmochimica Acta, 2016, 172: 265-286.

[37] Van De Velde S, Callebaut I, Gao Y, et al. Impact of electrogenic sulfur oxidation on trace metal cycling in a coastal sediment. Chemical Geology, 2017, 452: 9-23.

[38] Shaw D R, Ali M, Katuri K P, et al. Extracellular electron transfer-dependent anaerobic oxidation of ammonium by anammox bacteria. Nature Communications, 2020, 11(1): 63-68.

[39] Yu L P, Yuan Y, Chen S S, et al. Direct uptake of electrode electrons for autotrophic denitrification by *Thiobacillus denitrificans*. Electrochemistry Communications, 2015, 60: 126-130.

[40] Choi K O, Song S H, Kim Y H, et al. Bioelectrochemical denitrification using permeabilized *Ochrobactrum anthropi* SY509. Journal of Microbiology and Biotechnology, 2006, 16(5): 678-682.

[41] Xiao Z X, Awata T, Zhang D D, et al. Enhanced denitrification of *Pseudomonas* stutzeri by a bioelectrochemical system assisted with solid-phase humin. Journal of Bioscience and Bioengineering, 2016, 122(1): 85-91.

[42] Li W Y, Liu Y X, Wu L J, et al. Enhanced nitrogen removal of low C/N wastewater using a novel microbial fuel cell (MFC) with *Cupriavidus* sp. S1 as a biocathode catalyst (BCS1). Journal of Chemical Technology and Biotechnology, 2020, 95(4): 1203-1215.

[43] Jin X J, Guo F, Liu Z M, et al. Enhancing the electricity generation and nitrate removal of microbial fuel cells with a novel denitrifying exoelectrogenic strain EB-1. Frontiers in Microbiology, 2018, 9: 1-23.

[44] Zhou S F, Huang S B, He J X, et al. Electron transfer of *Pseudomonas* aeruginosa CP1 in electrochemical reduction of nitric oxide. Bioresource Technology, 2016, 218: 1271-1274.

[45] Zhang W J, Zhang Y, Su W T, et al. Effects of cathode potentials and nitrate concentrations on dissimilatory nitrate reductions by *Pseudomonas alcaliphila* in bioelectrochemical systems. Journal of Environmental Sciences, 2014, 26(4): 885-891.

[46] Gregory K B, Bond D R, Lovley D R. Graphite electrodes as electron donors for anaerobic respiration. Environmental Microbiology, 2004, 6(6): 596-604.

[47] Liu X, Huang L Y, Rensing C, et al. Syntrophic interspecies electron transfer drives carbon fixation and growth by Rhodopseudomonas palustris under dark, anoxic conditions. Science Advances, 2021, 7(27): 60-71.

[48] Li H, Su J Q, Yang X R, et al. RNA stable isotope probing of potential feammox population in paddy soil. Environmental Science & Technology, 2019, 53(9): 4841-4849.

[49] Lovley D R, Stolz J F, Nord G L, et al. Anaerobic production of magnetite by a dissimilatory iron-reducing microorganism. Nature, 1987, 330(6145): 252-254.

[50] Lovley D R, Fraga J L, Blunt-Harris E L, et al. Humic substances as a mediator for microbially catalyzed metal reduction. Acta Hydrochimica Et Hydrobiologica, 1998, 26(3): 152-157.

[51] Benz M, Schink B, Brune A. Humic acid reduction by *Propionibacterium freudenreichii* and other fermenting bacteria. Applied and Environmental Microbiology, 1998, 64(11): 4507-4512.

[52] Kappler A, Brune A. Dynamics of redox potential and changes in redox state of iron and humic acids during gut passage in soil-feeding termites (*Cubiterme*s spp.). Soil Biology & Biochemistry, 2002, 34(2): 221-227.

[53] Vu A T, Nguyen N C, Leadbetter J R. Iron reduction in the metal-rich guts of wood-feeding termites. Geobiology, 2004, 2(4): 239-247.

[54] Hobbie S N, Li X Z, Basen M, et al. Humic substance-mediated Fe(III) reduction by a fermenting *Bacillus* strain from the alkaline gut of a humus-feeding scarab beetle larva. Systematic and Applied Microbiology, 2012, 35(4): 226-232.

[55] Zhou G W, Yang X R, Sun A Q, et al. Mobile incubator for iron(III) reduction in the gut of the soil-feeding earthworm pheretima guillelmi and interaction with denitrification. Environmental Science & Technology, 2019, 53(8): 4215-4223.

[56] Lovley D R, Holmes D E. Electromicrobiology: the ecophysiology of phylogenetically diverse electroactive microorganisms. Nature Reviews Microbiology, 2021, in press.

[57] 陈立香, 李祎頔, 田晓春, 等. 革兰氏阳性电活性菌的电子传递及其应用. 化学进展, 2020, 32(10): 1557-1563.

[58] Pankratova G, Hederstedt L, Gorton L. Extracellular electron transfer features of Gram-positive bacteria. Analytica Chimica Acta, 2019, 1076: 32-47.

[59] Cournet A, Delia M L, Bergel A, et al. Electrochemical reduction of oxygen catalyzed by a wide range of bacteria including Gram-positive. Electrochemistry Communications, 2010, 12(4): 505-508.

[60] Walker D J F, Martz E, Holmes D E, et al. The archaellum of *Methanospirillum hungatei* is electrically conductive. bioRxiv, 2018: 458356.

[61] Arbour T J, Gilbert B, Banfield J F. Diverse microorganisms in sediment and groundwater are implicated in extracellular redox processes based on genomic analysis of bioanode communities. Frontiers in Microbiology, 2020, 11: 1-11.

[62] Liu Y M, Wang Z M, Liu J, et al. A trans-outer membrane porin-cytochrome protein complex for extracellular electron transfer by *Geobacter sulfurreducens PCA*. Environmental Microbiology Reports, 2014, 6(6): 776-785.

[63] Shi L, Fredrickson J K, Zachara J M. Genomic analyses of bacterial porin-cytochrome gene clusters. Frontiers in Microbiology, 2014, 5: 20-28.

[64] Lloyd J R, Leang C, Myerson A L H, et al. Biochemical and genetic characterization of PpcA, a periplasmic c-type cytochrome in *Geobacter sulfurreducens*. Biochemical Journal, 2003, 369: 153-161.

[65] Morgado L, Bruix M, Pessanha M, et al. Thermodynamic characterization of a triheme cytochrome family from *Geobacter sulfurreducens* reveals mechanistic and functional diversity. Biophysical Journal, 2010, 99(1): 293-301.

[66] Shi L, Dong H L, Reguera G, et al. Extracellular electron transfer mechanisms between microorganisms and minerals. Nature Reviews Microbiology, 2016, 14(10): 651-662.

[67] Shi L, Rosso K M, Zachara J M, et al. Mtr extracellular electron-transfer pathways in Fe(III)-reducing or Fe(II)-oxidizing bacteria: a genomic perspective. Biochemical Society Transactions, 2012, 40: 1261-1267.

[68] Carlson H K, Iavarone A T, Gorur A, et al. Surface multiheme c-type cytochromes from Thermincola potens and implications for respiratory metal reduction by Gram- positive bacteria. Proceedings of the National Academy of Sciences of America, 2012, 109(5): 1702-1707.

[69] Modestra J A, Mohan S V. Bio-electrocatalyzed electron efflux in Gram positive and Gram negative bacteria: an insight into

disparity in electron transfer kinetics. RSC Advances, 2014, 4(64): 34045-34055.

[70] Light S H, Su L, Rivera-Lugo R, et al. A flavin-based extracellular electron transfer mechanism in diverse Gram-positive bacteria. Nature, 2018, 562(7725): 140-144.

[71] Junier P, Junier T, Podell S, et al. The genome of the Gram-positive metal- and sulfate-reducing bacterium *Desulfotomaculum* reducens strain MI-1. Environ Microbiol, 2010, 12(10): 2738-2754.

[72] Park H S, Kim B H, Kim H S, et al. A novel electrochemically active and Fe(III)-reducing bacterium phylogenetically related to *Clostridium butyricum* isolated from a microbial fuel cell. Anaerobe, 2001, 7(6): 297-306.

[73] Gavrilov S N, Lloyd J R, Kostrikina N A, et al. Fe(III) oxide reduction by a gram-positive thermophile: Physiological mechanisms for dissimilatory reduction of poorly crystalline Fe(III) oxide by a thermophilic gram-positive bacterium *Carboxydothermus ferrireducens*. Geomicrobiology Journal, 2012, 29(9): 804-819.

[74] Bott M, Niebisch A. The respiratory chain of Corynebacterium glutamicum. Journal of Biotechnology, 2003, 104(1-3): 129-153.

[75] Khawdas W, Watanabe K, Karatani H, et al. Direct electron transfer of Cellulomonas fimi and microbial fuel cells fueled by cellulose. Journal of Bioscience and Bioengineering, 2019, 128(5): 593-598.

[76] Kawaichi S, Yamada T, Umezawa A, et al. Anodic and cathodic extracellular electron transfer by the filamentous bacterium *Ardenticatena maritima* 110S. Frontiers in Microbiology, 2018, 9: 513-518.

[77] Holmes D E, Ueki T, Tang H Y, et al. A membrane-bound cytochrome enables methanosarcina acetivorans to conserve energy from extracellular electron transfer. mBio, 2019, 10(4): 458-463.

[78] Smith J A, Aklujkar M, Risso C, et al. Mechanisms involved in Fe(III) respiration by the hyperthermophilic archaeon Ferroglobus placidus. Applied and Environmental Microbiology, 2015, 81(8): 2735-2744.

[79] Manzella M P, Reguera G, Kashefi K. Extracellular electron transfer to Fe(III) oxides by the hyperthermophilic archaeon *Geoglobus ahangari* via a direct contact mechanism. Applied and Environmental Microbiology, 2013, 79(15): 4694-4700.

[80] Leu A O, Cai C, Mcilroy S J, et al. Anaerobic methane oxidation coupled to manganese reduction by members of the *Methanoperedenaceae*. ISME Journal, 2020, 14(4): 1030-1041.

[81] Cai C, Leu A O, Xie G J, et al. A methanotrophic archaeon couples anaerobic oxidation of methane to Fe(III) reduction. The ISME Journal, 2018, 12(8): 1929-1939.

[82] 刘星, 周顺桂. 微生物纳米导线的导电机制及功能. 微生物学报, 2020, 60(9): 2039-2061.

[83] Gorby Y A, Yanina S, Mclean J S, et al. Electrically conductive bacterial nanowires produced by *Shewanella oneidensis* strain MR-1 and other microorganisms. Proceedings of the National Academy of Sciences, 2006, 103(30): 11358.

[84] El-Naggar M Y, Wanger G, Leung K M, et al. Electrical transport along bacterial nanowires from *Shewanella oneidensis* MR-1. Proceedings of the National Academy of Sciences, 2010, 107(42): 18127.

[85] Subramanian P, Pirbadian S, El-Naggar M Y, et al. Ultrastructure of *Shewanella oneidensis* MR-1 nanowires revealed by electron cryotomography. Proceedings of the National Academy of Sciences, 2018, 115(14): E3246-E55.

[86] Pirbadian S, Barchinger S E, Leung K M, et al. Shewanella oneidensis MR-1 nanowires are outer membrane and periplasmic extensions of the extracellular electron transport components. Proceedings of the National Academy of Sciences of the United States of America, 2014, 111(35): 12883-12888.

[87] Pirbadian S, Barchinger S E, Leung K M, et al. *Shewanella oneidensis* MR-1 nanowires are outer membrane and periplasmic extensions of the extracellular electron transport components. Proceedings of the National Academy of Sciences, 2014, 111(35): 12883.

[88] Van Wonderen J H, Adamczyk K, Wu X, et al. Nanosecond heme-to-heme electron transfer rates in a multiheme cytochrome nanowire reported by a spectrally unique His/Met-ligated heme. Proceedings of the National Academy of Sciences, 2021,

118(39): e2107939118.

[89] Walker D J F, Nevin K P, Holmes D E, et al. Syntrophus conductive pili demonstrate that common hydrogen-donating syntrophs can have a direct electron transfer option. Isme Journal, 2020, 14(3): 837-846.

[90] Holmes D E, Dang Y, Walker D J F, et al. The electrically conductive pili of *Geobacter* species are a recently evolved feature for extracellular electron transfer. Microbial Genomics, 2016, 2(8): 747-751.

[91] Walker D J F, Adhikari R Y, Holmes D E, et al. Electrically conductive pili from pilin genes of phylogenetically diverse microorganisms. ISME Journal, 2018, 12(1): 48-58.

[92] Adhikari R Y, Malvankar N S, Tuominen M T, et al. Conductivity of individual Geobacter pili. Rsc Advances, 2016, 6(10): 8363-8366.

[93] Tan Y, Adhikari R Y, Malvankar N S, et al. Expressing the *Geobacter metallireducens* PilA in *Geobacter sulfurreducens* yields Pili with exceptional conductivity. Mbio, 2017, 8(1): 334-341.

[94] Lovley D R. Electrically conductive pili: Biological function and potential applications in electronics. Current Opinion in Electrochemistry, 2017, 4(1): 190-198.

[95] Liu X, Wang S, Xu A, et al. Biological synthesis of high-conductive pili in aerobic bacterium *Pseudomonas aeruginosa*. Applied Microbiology and Biotechnology, 2019, 103(3): 1535-1544.

[96] Tan Y, Adhikari R Y, Malvankar N S, et al. Synthetic biological protein nanowires with high conductivity. Small, 2016, 12(33): 4481-4485.

[97] Liu X, Walker D J F, Nonnenmann S S, et al. Direct observation of electrically conductive pili emanating from *Geobacter sulfurreducens*. mBio, 2021, 12(4): e02209-e02221.

[98] Ramesh Y, Adhikari N S M, Mark T. Tuominena and Derek R. Lovley. Conductivity of individual Geobacter pili. RSC Advances, 2016, (10): 8354-8357.

[99] Adhikari R Y, Malvankar N S, Tuominen M T, et al. Conductivity of individual *Geobacter* pili. RSC Advances, 2016, 6(10): 8354-8357.

[100] Lovley D R, Sperandio V. e-Biologics: Fabrication of sustainable electronics with green biological materials. mBio, 2017, 8(3): e00695-e00617.

[101] Fu T, Liu X, Gao H, et al. Bioinspired bio-voltage memristors. Nature Communications, 2020, 11(1): 1861.

[102] Liu X, Fu T, Ward J, et al. Multifunctional protein nanowire humidity sensors for green wearable electronics. Advanced Electronic Materials, 2020, 6(9): 2000721.

[103] Alexander F. Smith X. Bioelectronic protein nanowire sensors for ammonia detection. Nano Research, 2020, 1: 1-8.

[104] Liu X, Gao H, Ward J E, et al. Power generation from ambient humidity using protein nanowires. Nature, 2020, 578(7796): 550-554.

[105] Wang F B, Gu Y Q, O'brien J P, et al. Structure of microbial nanowires reveals stacked hemes that transport electrons over micrometers. Cell, 2019, 177(2): 361.

[106] Yalcin S E, O'brien J P, Gu Y Q, et al. Electric field stimulates production of highly conductive microbial OmcZ nanowires. Nature Chemical Biology, 2020, 16(10): 1136.

[107] Yalcin S E, Malvankar N S. The blind men and the filament: Understanding structures and functions of microbial nanowires. Current Opinion in Chemical Biology, 2020, 59: 193-201.

[108] Gu Y Q, Srikanth V, Salazar-Morales A I, et al. Structure of *Geobacter* pili reveals secretory rather than nanowire behaviour. Nature, 2021, 597(7876): 430.

[109] Clarke T A, Edwards M J. Uncovering nature's electronics. Nature Chemical Biology, 2020, 16(10): 1041-1042.

[110] Jiang Z, Zhang S, Klausen L H, et al. In vitro single-cell dissection revealing the interior structure of cable bacteria.

Proceedings of the National Academy of Sciences, 2018, 115(34): 8517.

[111] Cornelissen R, Bøggild A, Thiruvallur Eachambadi R, et al. The cell envelope structure of cable bacteria. Frontiers in Microbiology, 2018, 9: 3044.

[112] Yang Y, Wang Z, Gan C, et al. Long-distance electron transfer in a filamentous Gram-positive bacterium. Nature Communications, 2021, 12(1): 1709.

[113] Poweleit N, Ge P, Nguyen H H, et al. CryoEM structure of the*Methanospirillum hungatei* archaellum reveals structural features distinct from the bacterial flagellum and type IV pilus. Nature Microbiology, 2016, 2(3): 16222.

[114] Meysman F J R, Cornelissen R, Trashin S, et al. A highly conductive fibre network enables centimetre-scale electron transport in multicellular cable bacteria. Nature Communications, 2019, 10(1): 4120.

[115] Von Canstein H, Ogawa J, Shimizu S, et al. Secretion of flavins by Shewanella species and their role in extracellular electron transfer. Applied and Environmental Microbiology, 2008, 74(3): 615-623.

[116] Mehta-Kolte M G, Bond D R. Geothrix fermentans secretes two different redox-active compounds to utilize electron acceptors across a wide range of redox potentials. Applied and Environmental Microbiology, 2012, 78(19): 6987-6995.

[117] Glasser N R, Saunders S H, Newman D K. The colorful world of extracellular electron shuttles//GOTTESMAN S. Annual Review of Microbiology, 2017: 731-751.

[118] Kang S H, Choi W. Oxidative degradation of organic compounds using zero-valent iron in the presence of natural organic matter serving as an electron shuttle. Environmental Science & Technology, 2009, 43(3): 878-883.

[119] Nevin K P, Lovley D R. Mechanisms for Fe(III) oxide reduction in sedimentary environments. Geomicrobiology Journal, 2002, 19(2): 141-159.

[120] Rotaru A E, Shrestha P M, Liu F H, et al. Interspecies electron transfer via hydrogen and formate rather than direct electrical connections in cocultures of *Pelobacter carbinolicus* and *Geobacter sulfurreducens*. Applied and Environmental Microbiology, 2012, 78(21): 7645-7651.

[121] Yu S S, Chen J J, Cheng R F, et al. Iron cycle tuned by outer-membrane cytochromes of dissimilatory metal-reducing bacteria: Interfacial dynamics and mechanisms in vitro. Environmental Science & Technology, 2021, 55(16): 11424-11433.

[122] Byrne J M, Klueglein N, Pearce C, et al. Redox cycling of Fe(II) and Fe(III) in magnetite by Fe-metabolizing bacteria. Science, 2015, 347(6229): 1473-1476.

[123] Nevin K P, Lovley D R. Mechanisms for accessing insoluble Fe(III) oxide during dissimilatory Fe(III) reduction by Geothrix fermentans. Applied and Environmental Microbiology, 2002, 68(5): 2294-2299.

[124] Kotloski N J, Gralnick J A. Flavin Electron Shuttles Dominate Extracellular Electron Transfer by Shewanella oneidensis. Mbio, 2013, 4(1): 1-21.

[125] Yang Y, Ding Y, Hu Y, et al. Enhancing bidirectional electron transfer of *Shewanella oneidensis* by a synthetic flavin pathway. ACS Synthetic Biology, 2015, 4(7): 815-823.

[126] Gurumurthy D M, Bharagava R N, Kumar A, et al. EPS bound flavins driven mediated electron transfer in thermophilic *Geobacillus* sp. Microbiological Research, 2019, 8: 229.

[127] Tian T, Fan X Y, Feng M, et al. Flavin-mediated extracellular electron transfer in Gram-positive bacteria *Bacillus cereus* DIF1 and *Rhodococcus ruber* DIF2. RSC Advances, 2019, 9(70): 40903-40909.

[128] Pankratova G, Leech D, Gorton L, et al. Extracellular electron transfer by the gram-positive bacterium *Enterococcus faecalis*. Biochemistry, 2018, 57(30): 4597-4603.

[129] Li X, Zeng X, Qiu D H, et al. Extracellular electron transfer in fermentative bacterium *Anoxybacter fermentans* DY22613(T) isolated from deep-sea hydrothermal sulfides. Science of the Total Environment, 2020, 1: 722.

[130] Batstone D J, Picioreanu C, Van Loosdrecht M C M. Multidimensional modelling to investigate interspecies hydrogen

transfer in anaerobic biofilms. Water Research, 2006, 40(16): 3099-3108.

[131] Treu L, Kougias P G, De Diego-Diaz B, et al. Two-year microbial adaptation during hydrogen-mediated biogas upgrading process in a serial reactor configuration. Bioresource Technology, 2018, 264: 140-147.

[132]Zavarzina D G, Gavrilov S N, Chistyakova N I, et al. Syntrophic growth of alkaliphilic anaerobes controlled by ferric and ferrous minerals transformation coupled to acetogenesis. ISME Journal, 2020, 14(2): 425-436.

[133] Aryal N, Kvist T, Ammam F, et al. An overview of microbial biogas enrichment. Bioresource Technology, 2018, 264: 359-369.

[134] Roden E E. Microbial iron-redox cycling in subsurface environments. Biochemical Society Transactions, 2012, 40: 1249-1256.

[135] Zhao L D, Dong H L, Kukkadapu R, et al. Biological oxidation of Fe(II) in reduced nontronite coupled with nitrate reduction by *Pseudogulbenkiania* sp Strain 2002. Geochimica Et Cosmochimica Acta, 2013, 119: 231-247.

[136] Bryant M P, Wolin E A, Wolin M J, et al. *Methanobacillus omelianskii*, a symbiotic association of two species of bacteria. Archiv fur Mikrobiologie, 1967, 59(1): 20-31.

[137] Thiele J H, Zeikus J G. Control of interspecies electron flow during anaerobic-digestion-significance of formate transfer versus hydrogen transfer during syntrophic methanogenesis in flocs. Applied and Environmental Microbiology, 1988, 54(1): 20-29.

[138] Summers Z M, Fogarty H E, Leang C, et al. Direct exchange of electrons within aggregates of an evolved syntrophic coculture of anaerobic bacteria. Science, 2010, 330(6009): 1413-1415.

[139] Bryant M P, Campbell L L, Reddy C A, et al. Growth of desulfovibrio in lactate or ethanol media low in sulfate in association with H_2-utilizing methanogenic bacteria. Applied and environmental microbiology, 1977, 33(5): 1162-1169.

[140] Jackson B E, Bhupathiraju V K, Tanner R S, et al. *Syntrophus aciditrophicus* sp. nov., a new anaerobic bacterium that degrades fatty acids and benzoate in syntrophic association with hydrogen-using microorganisms. Archives of Microbiology, 1999, 171(2): 107-114.

[141] Mcinerney M J, Bryant M P. Anaerobic degradation of lactate by syntrophic associations of *Methanosarcina barkeri* and *Desulfovibrio* species and effect of H(2) on acetate degradation. Applied and Environmental Microbiology, 1981, 41(2): 346-354.

[142] Mountfort D O, Brulla W J, Krumholz L R, et al. *Syntrophus buswellii* gen. nov., sp. nov.: a benzoate catabolizer from methanogenic ecosystems. International Journal of Systematic and Evolutionary Microbiology, 1984, 34(2): 216-217.

[143] Dong X, Stams A J M. Evidence for H_2 and formate formation during syntrophic butyrate and propionate degradation. Anaerobe, 1995, 1(1): 35-39.

[144]Shen L, Zhao Q C, Wu X E, et al. Interspecies electron transfer in syntrophic methanogenic consortia: From cultures to bioreactors. Renewable & Sustainable Energy Reviews, 2016, 54: 1358-1367.

[145]Zhou J, Holmes D E, Tang H Y, et al. Correlation of key physiological properties of methanosarcina isolates with environment of origin. Applied and Environmental Microbiology, 2021, 87(13): e0073121.

[146] Rotaru A-E, Yee M O, Musat F. Microbes trading electricity in consortia of environmental and biotechnological significance. Current Opinion in Biotechnology, 2021, 67: 119-129.

[147] Zheng S, Liu F, Wang B, et al. *Methanobacterium* capable of direct interspecies electron transfer. Environmental Science & Technology, 2020, 54(23): 15347-15354.

[148] Wegener G, Krukenberg V, Riedel D, et al. Intercellular wiring enables electron transfer between methanotrophic archaea and bacteria. Nature, 2015, 526(7574): 587.

[149] Skennerton C T, Chourey K, Iyer R, et al. Methane-fueled syntrophy through extracellular electron transfer: Uncovering the

genomic traits conserved within diverse bacterial partners of anaerobic *Methanotrophic* archaea. mBio, 2017, 8(4): 1-8.

[150] Nie W-B, Ding J, Xie G-J, et al. Simultaneous nitrate and sulfate dependent anaerobic oxidation of methane linking carbon, nitrogen and sulfur cycles. Water Research, 2021, 194: 116928.

[151] Cord-Ruwisch R, Lovley D R, Schink B. Growth of *Geobacter sulfurreducens* with acetate in syntrophic cooperation with hydrogen-oxidizing anaerobic partners. Applied and environmental microbiology, 1998, 64(6): 2232-2236.

[152] Kato S, Hashimoto K, Watanabe K. Microbial interspecies electron transfer via electric currents through conductive minerals. Proceedings of the National Academy of Sciences of the United States of America, 2012, 109(25): 10042-10046.

[153] Ha P T, Lindemann S R, Shi L, et al. Syntrophic anaerobic photosynthesis via direct interspecies electron transfer. Nature Communications, 2017, 8: 1-8.

[154] Mao X, Stenuit B, Polasko A, et al. Efficient metabolic exchange and electron transfer within a syntrophic trichloroethene-degrading coculture of *Dehalococcoides mccartyi* 195 and *Syntrophomonas wolfei*. Applied and Environmental Microbiology 2015, 81(6): 2015-2024.

[155] Walker D J F, Nevin K P, Holmes D E, et al. Syntrophus conductive pili demonstrate that common hydrogen-donating syntrophs can have a direct electron transfer option. ISME Journal, 2020, 14(3): 837-846.

[156] Ruaud A, Esquivel-Elizondo S, De La Cuesta-Zuluaga J, et al. Syntrophy via interspecies H(2) transfer between *Christensenella* and *Methanobrevibacter* underlies their global cooccurrence in the human gut. mBio, 2020, 11(1): 23-31.

[157] 李莹, 郑世玲, 张洪霞, 等. 产甲烷分离物中 *Clostridium* spp.与 *Methanosarcina barkeri* 潜在的种间直接电子传递. 微生物学通报, 2017, 44(3): 591-600.

[158]Yu Y Y, Wang Y Z, Fang Z, et al. Single cell electron collectors for highly efficient wiring-up electronic abiotic/biotic interfaces. Nature Communications, 2020, 11(1): 4087.

[159] Kumar G G, Sarathi V G S, Nahm K S. Recent advances and challenges in the anode architecture and their modifications for the applications of microbial fuel cells. Biosensors & Bioelectronics, 2013, 43: 461-475.

[160] Li C, Cheng S. Functional group surface modifications for enhancing the formation and performance of exoelectrogenic biofilms on the anode of a bioelectrochemical system. Crit Rev Biotechnol, 2019, 39(8): 1015-1030.

[161] Wu X S, Qiao Y, Guo C X, et al. Nitrogen doping to atomically match reaction sites in microbial fuel cells. Commun Chem, 2020, 3(1): 242-451.

[162] Zou L, Wu X, Huang Y, et al. Promoting *Shewanella* bidirectional extracellular electron transfer for bioelectrocatalysis by electropolymerized riboflavin interface on carbon electrode. Frontiers in Microbiology, 2019, 9: 33-41.

[163] Liao Z H, Sun J Z, Sun D Z, et al. Enhancement of power production with tartaric acid doped polyaniline nanowire network modified anode in microbial fuel cells. Bioresource Technology, 2015, 192: 831-834.

[164]Zou L, Huang Y, Wu X, et al. Synergistically promoting microbial biofilm growth and interfacial bioelectrocatalysis by molybdenum carbide nanoparticles functionalized graphene anode for bioelectricity production. Journal of Power Sources, 2019, 413: 174-181.

[165] Kim H, Abdala A A, Macosko C W. Graphene/polymer nanocomposites. Macromolecules, 2010, 43(16): 6515-6530.

[166] Lekawa-Raus A, Patmore J, Kurzepa L, et al. Electrical properties of carbon nanotube based fibers and their future use in electrical wiring. Adv Funct Mater, 2014, 24(24): 3661-3682.

[167] Fu L, Wang H Q, Huang Q, et al. Modification of carbon felt anode with graphene/Fe_2O_3 composite for enhancing the performance of microbial fuel cell. Bioproc Biosyst Eng, 2020, 43(3): 373-381.

[168] Paul D, Noori M T, Rajesh P P, et al. Modification of carbon felt anode with graphene oxide-zeolite composite for enhancing the performance of microbial fuel cell. Sustainable Energy Technologies and Assessments, 2018, 26: 77-82.

[169] Wu Y N, Wang L, Jin M, et al. Reduced graphene oxide and biofilms as cathode catalysts to enhance energy and metal

recovery in microbial fuel cell. Bioresource Technology, 2019, 283: 129-137.

[170] Liang Y X, Zhai H Y, Liu B Y, et al. Carbon nanomaterial-modified graphite felt as an anode enhanced the power production and polycyclic aromatic hydrocarbon removal in sediment microbial fuel cells. Science of the Total Environment, 2020, 1: 713.

[171] Thepsuparungsikul N, Ng T C, Lefebvre O, et al. Different types of carbon nanotube-based anodes to improve microbial fuel cell performance. Water Sci Technol, 2014, 69(9): 1900-1910.

[172] Kim H, Kim B, Yu J. Effect of HRT and external resistances on power generation of sidestream microbial fuel cell with CNT-coated SSM anode treating actual fermentation filtrate of municipal sludge. Science of the Total Environment, 2019, 675: 390-396.

[173] Zhang Y P, Chen X, Yuan Y, et al. Long-term effect of carbon nanotubes on electrochemical properties and microbial community of electrochemically active biofilms in microbial fuel cells. Int J Hydrogen Energ, 2018, 43(33): 16240-16247.

[174] Zhao S L, Li Y C, Yin H J, et al. Three-dimensional graphene/Pt nanoparticle composites as freestanding anode for enhancing performance of microbial fuel cells. Science Advances, 2015, 1(10): 343-348.

[175] Li J N, Yu Y L, Chen D H, et al. Hydrophilic graphene aerogel anodes enhance the performance of microbial electrochemical systems. Bioresource Technology, 2020, 304: 22-38.

[176] Torabiyan A, Bidhendi G R N, Mehrdadi N, et al. Application of nano-electrode platinum (Pt) and nano-wire titanium (Ti) for increasing electrical energy generation in microbial fuel cells of synthetic wastewater with carbon source (acetate). Int J Environ Res, 2014, 8(2): 453-460.

[177] Yaqoob A A, Umar K, Ibrahim M N M. Silver nanoparticles: various methods of synthesis, size affecting factors and their potential applications-a review. Appl Nanosci, 2020, 10(5): 1369-1378.

[178] Engel C, Schattenberg F, Dohnt K, et al. Long-term behavior of defined mixed cultures of *Geobacter sulfurreducens* and *Shewanella oneidensis* in bioelectrochemical systems. Front Bioeng Biotech, 2019, 7: 1-8.

[179] Lovley D R. Electromicrobiology. Annu Rev Microbiol, 2012, 66: 391-409.

[180] Ahmed M, Lin O, Saup C M, et al. Effects of Fe/S ratio on the kinetics and microbial ecology of an Fe(III)-dosed anaerobic wastewater treatment system. Journal of Hazardous Materials, 2019, 369: 593-600.

[181] Wang R, Yan M, Li H, et al. FeS_2 nanoparticles decorated graphene as microbial-fuel-cell anode achieving high power density. Advance Material, 2018, 30(22): e1800618.

[182]Xu H D, Quan X C, Xiao Z T, et al. Effect of anodes decoration with metal and metal oxides nanoparticles on pharmaceutically active compounds removal and power generation in microbial fuel cells. Chemical Engineering Journal, 2018, 335: 539-547.

[183] Kaur G, Adhikari R, Cass P, et al. Electrically conductive polymers and composites for biomedical applications. Rsc Advances, 2015, 5(47): 37553-37567.

[184] Shi Y, Ma C B, Peng L L, et al. Conductive "smart" hybrid hydrogels with PNIPAM and nanostructured conductive polymers. Adv Funct Mater, 2015, 25(8): 1219-1225.

[185] Lai B, Tang X H, Li H R, et al. Power production enhancement with a polyaniline modified anode in microbial fuel cells. Biosensors & Bioelectronics, 2011, 28(1): 373-377.

[186] Kirubaharan C J, Kumar G G, Sha C, et al. Facile fabrication of Au@polyaniline core-shell nanocomposite as efficient anodic catalyst for microbial fuel cells. Electrochim Acta, 2019, 328: 1-8.

[187] Du Q, An J, Li J, et al. Polydopamine as a new modification material to accelerate startup and promote anode performance in microbial fuel cells. Journal of Power Sources, 2017, 343: 477-482.

[188] Li Y, Liu J, Chen X, et al. Enhanced electricity generation and extracellular electron transfer by polydopamine–reduced

graphene oxide (PDA–rGO) modification for high-performance anode in microbial fuel cell. Chemical Engineering Journal, 2019: 123408.

[189] Song R B, Wu Y C, Lin Z Q, et al. Living and conducting: Coating individual bacterial cells with In situ formed polypyrrole. Angew Chem Int Edit, 2017, 56(35): 10516-10520.

[190] Liu S R, Cai L F, Wang L Y, et al. Polydopamine coating on individual cells for enhanced extracellular electron transfer. Chem Commun, 2019, 55(71): 10535-10538.

[191] Tang X, Guo K, Li H, et al. Electrochemical treatment of graphite to enhance electron transfer from bacteria to electrodes. Bioresource Technology, 2011, 102(3): 3558-3560.

[192] Ding C M, Lv M L, Zhu Y, et al. Wettability-Regulated extracellular electron transfer from the living organism of *Shewanella loihica* PV-4. Angewandte Chemie International Edition, 2015, 54(5): 1446-1451.

[193] Zhang J, Li J, Ye D, et al. Tubular bamboo charcoal for anode in microbial fuel cells. Journal of Power Sources, 2014, 272: 277-282.

[194] Lowy D A, Tender L M, Zeikus J G, et al. Harvesting energy from the marine sediment–water interface II: Kinetic activity of anode materials. Biosensors and Bioelectronics, 2006, 21(11): 2058-2063.

[195] Cheng S, Logan B E. Ammonia treatment of carbon cloth anodes to enhance power generation of microbial fuel cells. Electrochemistry Communications, 2007, 9(3): 492-496.

[196]Guo K, Freguia S, Dennis P G, et al. Effects of surface charge and hydrophobicity on anodic biofilm formation, community composition, and current generation in bioelectrochemical systems. Environmental Science & Technology, 2013, 47(13): 7563-7570.

[197] Liu X-W, Huang Y-X, Sun X-F, et al. Conductive carbon nanotube hydrogel as a bioanode for enhanced microbial electrocatalysis. ACS Applied Materials & Interfaces, 2014, 6(11): 8158-8164.

[198] Blumberger J. Recent advances in the theory and molecular simulation of biological electron transfer reactions. Chem Rev, 2015, 115(20): 11191-11238.

[199] Guo K, Chen X, Freguia S, et al. Spontaneous modification of carbon surface with neutral red from its diazonium salts for bioelectrochemical systems. Biosensors & Bioelectronics, 2013, 47: 184-189.

[200] Tang X H, Ng H Y. Anthraquinone-2-sulfonate immobilized to conductive polypyrrole hydrogel as a bioanode to enhance power production in microbial fuel cell. Bioresource Technology, 2017, 244: 452-455.

[201] Martinez C M, Zhu X P, Logan B E. AQDS immobilized solid-phase redox mediators and their role during bioelectricity generation and RR2 decolorization in air-cathode single-chamber microbial fuel cells. Bioelectrochemistry, 2017, 118: 123-130.

[202] Park D H, Zeikus J G. Utilization of electrically reduced neutral red by *Actinobacillus succinogenes*: Physiological function of neutral red in membrane-driven fumarate reduction and energy conservation. Journal of Bacteriology, 1999, 181(8): 2403-2410.

[203] Marsili E, Baron D B, Shikhare I D, et al. Shewanella Secretes flavins that mediate extracellular electron transfer. P Natl Acad Sci USA, 2008, 105(10): 3968-3973.

[204] Zou L, Qiao Y, Wu Z Y, et al. Tailoring unique mesopores of hierarchically porous structures for fast direct electrochemistry in microbial fuel cells. Adv Energy Mater, 2016, 6(4): 1-8.

[205] Delaria E R, Kim J, Fitzmaurice H L, et al. The Berkeley Environmental Air-quality and CO_2 Network: field calibrations of sensor temperature dependence and assessment of network scale CO_2 accuracy. Atmospheric Measurement Techniques, 2021, 14(8): 5487-5500.

[206] Nevin K P, Woodard T L, Franks A E, et al. Microbial electrosynthesis: Feeding microbes electricity to convert carbon

dioxide and water to multicarbon extracellular organic compounds. mBio, 2010, 1(2): 103-110.

[207] Tremblay P-L, Zhang T. Electrifying microbes for the production of chemicals. Frontiers in Microbiology, 2015, 6(201): 232-240.

[208] Fontmorin J-M, Izadi P, Li D, et al. Gas diffusion electrodes modified with binary doped polyaniline for enhanced CO_2 conversion during microbial electrosynthesis. Electrochim Acta, 2021, 372: 137853.

[209] Fast A G, Papoutsakis E T. Stoichiometric and energetic analyses of non-photosynthetic CO_2-fixation pathways to support synthetic biology strategies for production of fuels and chemicals. Current Opinion in Chemical Engineering, 2012, 1(4): 380-395.

[210] Bajracharya S, Srikanth S, Mohanakrishna G, et al. Biotransformation of carbon dioxide in bioelectrochemical systems: State of the art and future prospects. Journal of Power Sources, 2017, 356: 256-273.

[211] Aryal N, Tremblay P-L, Lizak D M, et al. Performance of different *Sporomusa* species for the microbial electrosynthesis of acetate from carbon dioxide. Bioresource Technology, 2017, 233: 184-190.

[212] Bian B, Bajracharya S, Xu J, et al. Microbial electrosynthesis from CO_2: Challenges, opportunities and perspectives in the context of circular bioeconomy. Bioresource Technology, 2020, 302: 122863.

[213] Roy M, Yadav R, Chiranjeevi P, et al. Direct utilization of industrial carbon dioxide with low impurities for acetate production via microbial electrosynthesis. Bioresource Technology, 2021, 320: 124289.

[214] Izadi P, Fontmorin J-M, Godain A, et al. Parameters influencing the development of highly conductive and efficient biofilm during microbial electrosynthesis: the importance of applied potential and inorganic carbon source. npj Biofilms and Microbiomes, 2020, 6(1): 40.

[215] Philips J. Extracellular electron uptake by *Acetogenic* Bacteria: Does H_2 consumption favor the H_2 evolution reaction on a cathode or metallic iron?. Frontiers in Microbiology, 2020, 10: 2997.

[216] May H D, Evans P J, Labelle E V. The bioelectrosynthesis of acetate. Current Opinion in Biotechnology, 2016, 42: 225-233.

[217] Arends J B A, Patil S A, Roume H, et al. Continuous long-term electricity-driven bioproduction of carboxylates and isopropanol from CO_2 with a mixed microbial community. Journal of CO_2 Utilization, 2017, 20: 141-149.

[218] Izadi P, Fontmorin J-M, Lim S S, et al. Enhanced bio-production from CO_2 by microbial electrosynthesis (MES) with continuous operational mode. Faraday Discussions, 2021, 230(8): 344-359.

[219] Chu N, Liang Q, Zhang W, et al. Waste C1 gases as alternatives to pure CO_2 improved the microbial electrosynthesis of C4 and C6 carboxylates. ACS Sustainable Chemistry & Engineering, 2020, 8(23): 8773-8782.

[220] Vassilev I, Kracke F, Freguia S, et al. Microbial electrosynthesis system with dual biocathode arrangement for simultaneous acetogenesis, solventogenesis and carbon chain elongation. Chem Commun, 2019, 55(30): 4351-4354.

[221] Vassilev I, Hernandez P A, Batlle-Vilanova P, et al. Microbial electrosynthesis of isobutyric, butyric, caproic acids, and corresponding alcohols from carbon dioxide. ACS Sustainable Chemistry & Engineering, 2018, 6(7): 8485-8493.

[222] Benali M, Ajao O, El Mehdi N, et al. Acetone–Butanol–Ethanol Production from Eastern Canadian Yellow Birch and Screening of Isopropanol–Butanol–Ethanol-Producing Strains. Industrial Biotechnology, 2019, 15(3): 188-201.

[223] Lee S Y, Park J H, Jang S H, et al. Fermentative butanol production by clostridia. Biotechnology and Bioengineering, 2008, 101(2): 209-228.

[224] Batlle-Vilanova P, Ganigué R, Ramió-Pujol S, et al. Microbial electrosynthesis of butyrate from carbon dioxide: Production and extraction. Bioelectrochemistry, 2017, 117: 57-64.

[225] Gavilanes J, Noori M T, Min B. Enhancing bio-alcohol production from volatile fatty acids by suppressing methanogenic activity in single chamber microbial electrosynthesis cells (SCMECs). Bioresource Technology Reports, 2019, 7: 100292.

[226] Jourdin L, Freguia S, Donose B C, et al. A novel carbon nanotube modified scaffold as an efficient biocathode material for

improved microbial electrosynthesis. Journal of Materials Chemistry A, 2014, 2(32): 13093-13102.

[227] Izadi P, Fontmorin J-M, Virdis B, et al. The effect of the polarised cathode, formate and ethanol on chain elongation of acetate in microbial electrosynthesis. Applied Energy, 2021, 283: 116310.

[228] Prévoteau A, Carvajal-Arroyo J M, Ganigué R, et al. Microbial electrosynthesis from CO_2: forever a promise?. Current Opinion in Biotechnology, 2020, 62: 48-57.

[229] Jourdin L, Burdyny T. Microbial electrosynthesis: Where do we go from here?. Trends in Biotechnology, 2021, 39(4): 359-369.

[230] Dessì P, Rovira-Alsina L, Sánchez C, et al. Microbial electrosynthesis: Towards sustainable biorefineries for production of green chemicals from CO_2 emissions. Biotechnology Advances, 2021, 46: 107675.

[231] Torella J P, Gagliardi C J, Chen J S, et al. Efficient solar-to-fuels production from a hybrid microbial–water-splitting catalyst system. Proceedings of the National Academy of Sciences, 2015, 112(8): 2337.

[232] Xiao S, Fu Q, Li Z, et al. Solar-driven biological inorganic hybrid systems for the production of solar fuels and chemicals from carbon dioxide. Renewable and Sustainable Energy Reviews, 2021, 150: 111375.

[233] Nichols E M, Gallagher J J, Liu C, et al. Hybrid bioinorganic approach to solar-to-chemical conversion. Proceedings of the National Academy of Sciences of the United States of America, 2015, 112(37): 11461-11466.

[234] Fu Q, Xiao S, Li Z, et al. Hybrid solar-to-methane conversion system with a Faradaic efficiency of up to 96%. Nano Energy, 2018, 53: 232-239.

[235] Xiao S, Li Z, Fu Q, et al. Hybrid microbial photoelectrochemical system reduces CO_2 to CH_4 with 1.28% solar energy conversion efficiency. Chemical Engineering Journal, 2020, 390: 124530.

[236] Liu C, Gallagher J J, Sakimoto K K, et al. Nanowire-bacteria hybrids for unassisted solar carbon dioxide fixation to value-added chemicals. Nano letters, 2015, 15(5): 3634-3639.

[237] Sakimoto Kelsey K, Wong Andrew B, Yang P. Self-photosensitization of nonphotosynthetic bacteria for solar-to-chemical production. Science, 2016, 351(6268): 74-77.

[238] Sakimoto K K, Zhang S J, Yang P. Cysteine-cystine photoregeneration for oxygenic photosynthesis of acetic acid from CO_2 by a tandem inorganic-biological hybrid system. Nano letters, 2016, 16(9): 5883-5887.

[239] Zhang H, Liu H, Tian Z, et al. Bacteria photosensitized by intracellular gold nanoclusters for solar fuel production. Nature Nanotechnology, 2018, 13(10): 900-905.

[240] Wu J, Han X, Li D, et al. Efficient CO_2 conversion to formic acid in a novel microbial photoelectrochemical cell using a visible-light responsive Co_3O_4 nanorod-arrayed photocathode. Applied Catalysis B: Environmental, 2020, 276: 119102.

[241] Lu L, Li Z, Chen X, et al. Spontaneous solar syngas production from CO_2 driven by energetically favorable wastewater microbial anodes. Joule, 2020, 4(10): 2149-2161.

[242] Li X H, Angelidaki I, Zhang Y F. Salinity-gradient energy driven microbial electrosynthesis of value-added chemicals from CO_2 reduction. Water Research, 2018, 142: 396-404.

[243] Tian Y, Li D, Li C, et al. Self-driving CO_2-to-formate electro-conversion on Bi film electrode in novel microbial reverse-electrodialysis CO_2 reduction cell. Chemical Engineering Journal, 2021, 414: 419.

[244] Vermaas D A, Saakes M, Nijmeijer K. Doubled power density from salinity gradients at reduced intermembrane distance. Environmental Science & Technology, 2011, 45(16): 7089-7095.

[245] Dlugolecki P, Dabrowska J, Nijmeijer K, et al. Ion conductive spacers for increased power generation in reverse electrodialysis. Journal of Membrane Science, 2010, 347(1-2): 101-107.

[246] Guler E, Elizen R, Vermaas D A, et al. Performance-determining membrane properties in reverse electrodialysis. Journal of Membrane Science, 2013, 446: 266-276.

[247] Kim H K, Lee M S, Lee S Y, et al. High power density of reverse electrodialysis with pore-filling ion exchange membranes and a high-open-area spacer. Journal of Materials Chemistry A, 2015, 3(31): 16302-16306.
[248] Cusick R D, Hatzell M, Zhang F, et al. Minimal RED cell pairs markedly improve electrode kinetics and power production in microbial reverse electrodialysis cells. Environmental Science & Technology, 2013, 47(24): 14518-14524.
[249] Liu H, Ramnarayanan R, Logan B E. Production of electricity during wastewater treatment using a single chamber microbial fuel cell. Environmental Science & Technology, 2004, 38(7): 2281-2285.
[250] Alsayed A, Soliman M, Eldyasti A. Microbial fuel cells for municipal wastewater treatment: From technology fundamentals to full-scale development. Renewable & Sustainable Energy Reviews, 2020, 134: 1-8.
[251] Li W W, Yu H Q, He Z. Towards sustainable wastewater treatment by using microbial fuel cells-centered technologies. Energy & Environmental Science, 2014, 7(3): 911-924.
[252] Santoro C, Arbizzani C, Erable B, et al. Microbial fuel cells: From fundamentals to applications. A review. Journal of Power Sources, 2017, 356: 225-244.
[253] Logan B E, Rabaey K. Conversion of wastes into bioelectricity and chemicals by using microbial electrochemical technologies. Science, 2012, 337(6095): 686-690.
[254] Ledezma P, Kuntke P, Buisman C J N, et al. Source-separated urine opens golden opportunities for microbial electrochemical technologies. Trends in Biotechnology, 2015, 33(4): 214-220.
[255] Feng Y, He W, Liu J, et al. A horizontal plug flow and stackable pilot microbial fuel cell for municipal wastewater treatment. Bioresource Technology, 2014, 156: 132-138.
[256] Dong Y, Qu Y, He W, et al. A 90-liter stackable baffled microbial fuel cell for brewery wastewater treatment based on energy self-sufficient mode. Bioresource Technology, 2015, 195: 66-72.
[257] Ge Z, He Z. Long-term performance of a 200 liter modularized microbial fuel cell system treating municipal wastewater: treatment, energy, and cost. Environmental Science-Water Research & Technology, 2016, 2(2): 274-281.
[258] Rossi R, Jones D, Myung J, et al. Evaluating a multi-panel air cathode through electrochemical and biotic tests. Water Research, 2019, 148: 51-59.
[259] Liang P, Wei J, Li M, et al. Scaling up a novel denitrifying microbial fuel cell with an oxic-anoxic two stage biocathode. Frontiers of Environmental Science & Engineering, 2013, 7(6): 913-919.
[260] Vilajeliu-Pons A, Puig S, Salcedo-Davila I, et al. Long-term assessment of six-stacked scaled-up MFCs treating swine manure with different electrode materials. Environmental Science-Water Research & Technology, 2017, 3(5): 947-959.
[261] Dong Y, He W, Liang D, et al. Operation strategy of cubic-meter scale microbial electrochemistry system in a municipal wastewater treatment plant. Journal of Power Sources, 2019, 441: 699-703.
[262] Liu S J, Feng Y J, Niu J J, et al. A novel single chamber vertical baffle flow biocathode microbial electrochemical system with microbial separator. Bioresource Technology, 2019, 8: 294.
[263]Li C, He W, Liang D, et al. The operation characters of biocathode microbial electrochemical system with microbial separator for domestic wastewater treatment: Power generation, long-term stability, and organic removal. Journal of Power Sources, 2021, 495: 229785.
[264] Blatter M, Delabays L, Furrer C, et al. Stretched 1000-L microbial fuel cell. Journal of Power Sources, 2021, 483: 229130.
[265] Cusick R D, Bryan B, Parker D S, et al. Performance of a pilot-scale continuous flow microbial electrolysis cell fed winery wastewater. Applied Microbiology and Biotechnology, 2011, 89(6): 2053-2063.
[266] Reimers C E, Tender L M, Fertig S, et al. Harvesting energy from the marine sediment-water interface. Environmental Science & Technology, 2001, 35(1): 192-195.
[267] Song T S, Yan Z S, Zhao Z W, et al. Removal of organic matter in freshwater sediment by microbial fuel cells at various

external resistances Journal Of Chemical Technology And Biotechnology, 2010, 85(11): 1489-1493.

[268] Dominguez-Garay A, Esteve-Nunez A. Designing strategies for operating Microbial Electrochemical Systems to clean up polluted soils under non-flooded conditions. Bioelectrochemistry, 2018, 124: 142-148.

[269] Sajana T K, Ghangrekar M M, Mitra A. Influence of electrode material on performance of sediment microbial fuel cell remediating aquaculture water. Environ Eng Manag J, 2017, 16(2): 421-429.

[270] Zhao Q, Li R Y, Ji M, et al. Organic content influences sediment microbial fuel cell performance and community structure. Bioresource Technology, 2016, 220: 549-556.

[271] Song N, Jiang H L. Effects of initial sediment properties on start-up times for sediment microbial fuel cells. Int J Hydrogen Energ, 2018, 43(21): 10082-10093.

[272] Sajana T K, Ghangrekar M M, Mitra A. Effect of presence of cellulose in the freshwater sediment on the performance of sediment microbial fuel cell. Bioresource Technology, 2014, 155: 84-90.

[273] Li H, Tian Y, Qu Y, et al. A pilot-scale benthic microbial electrochemical system (BMES) for enhanced organic removal in sediment restoration. Scientific Reports, 2017, 7: 747-751.

[274] Li H, He W, Qu Y, et al. Pilot-scale benthic microbial electrochemical system (BMES) for the bioremediation of polluted river sediment. Journal of Power Sources, 2017, 356: 430-437.

[275] Strik D P B T B, Hamelers H V M, Snel J F H, et al. Green electricity production with living plants and bacteria in a fuel cell. International Journal of Energy Research, 2008, 32(9): 870-876.

[276] Wu S, Kuschk P, Brix H, et al. Development of constructed wetlands in performance intensifications for wastewater treatment: a nitrogen and organic matter targeted review. Water Research, 2014, 57: 40-55.

[277] Xu P, Xiao E, Wu J, et al. Enhanced nitrate reduction in water by a combined bio-electrochemical system of microbial fuel cells and submerged aquatic plant Ceratophyllum demersum. Huanjing Kexue, 2019, 78: 338-351.

[278] Li H, Qu Y, Tian Y, et al. The plant-enhanced bio-cathode: Root exudates and microbial community for nitrogen removal. Journal of Environmental Sciences, 2019, 77: 97-103.

[279] Qiu Y, Yu Y, Li H, et al. Enhancing carbon and nitrogen removals by a novel tubular bio-electrochemical system with functional biocathode coupling with oxygen-producing submerged plants. Chem Eng J, 2020, 1: 402.

[280] Stottmeister U, Wiessner A, Kuschk P, et al. Effects of plants and microorganisms in constructed wetlands for wastewater treatment. Biotechnology Advances, 2003, 22(1-2): 93-117.

[281] Bja B, Yza B, Jv C, et al. Mapping the field of constructed wetland-microbial fuel cell: A review and bibliometric analysis. Chemosphere, 2021, 1: 262.

[282] Yadav A K, Dash P, Mohanty A, et al. Performance assessment of innovative constructed wetland-microbial fuel cell for electricity production and dye removal. Ecological Engineering, 2012, 47: 126-131.

[283] Prado A, Berenguer R, Esteve-Núñez A. Electroactive biochar outperforms highly conductive carbon materials for biodegrading pollutants by enhancing microbial extracellular electron transfer. Carbon, 2019, 146: 597-609.

[284] Shen X, Zhang J, Liu D, et al. Enhance performance of microbial fuel cell coupled surface flow constructed wetland by using submerged plants and enclosed anodes. Chemical Engineering Journal, 2018, 351: 312-318.

[285] Ramírez-Vargas C A, Arias C A, Carvalho P, et al. Electroactive biofilm-based constructed wetland (EABB-CW): A mesocosm-scale test of an innovative setup for wastewater treatment. Science of The Total Environment, 2019, 659: 796-806.

[286] Shen Y J, Lefebvre O, Tan Z, et al. Microbial fuel-cell-based toxicity sensor for fast monitoring of acidic toxicity. Water Science and Technology, 2012, 65(7): 1223-1228.

[287] Negreira N, Regueiro J, López D A M, et al. Reactivity of vinca alkaloids during water chlorination processes: Identification

of their disinfection by-products by high-resolution quadrupole-Orbitrap mass spectrometry. Science of the Total Environment, 2016, 544: 635-644.

[288] Postigo C, Cojocariu C I, Richardson S D, et al. Characterization of iodinated disinfection by-products in chlorinated and chloraminated waters using Orbitrap based gas chromatography-mass spectrometry. Analytical & Bioanalytical Chemistry, 2016, 408(13): 3401-3411.

[289] Su L, Jia W, Hou C, et al. Microbial biosensors: a review. Biosensors and Bioelectronics, 2011, 26(5): 1788-1799.

[290] Gu M B, Choi S H. Monitoring and classification of toxicity using recombinant bioluminescent bacteria. Water Science and Technology, 2001, 43(2): 147-154.

[291] Mia K, Moonsik H, Gadd G M, et al. A novel biomonitoring system using microbial fuel cells. Journal of Environmental Monitoring, 2007, 9(12): 1323-1328.

[292] Shen Y J, Wang M, Chang I S, et al. Effect of shear rate on the response of microbial fuel cell toxicity sensor to Cu(II). Bioresource Technology, 2013, 136(5): 707-710.

[293] Elmekawy A, Hegab H M, Pant D, et al. Bio-analytical applications of microbial fuel cell based-biosensors for onsite water quality monitoring. J Appl Microbiol, 2017, 124302-124313.

[294] Prévoteau A, Rabaey K. Electroactive biofilms for sensing: Reflections and perspectives. ACS Sensors, 2017, 2(8): 1072-1085.

[295] Do M H, Ngo H H, Guo W, et al. Microbial fuel cell-based biosensor for online monitoring wastewater quality: A critical review. Science of the Total Environment, 2019, 712(4): 135612.

[296] Hao S, Sun X, Zhang H, et al. Recent development of biofuel cell based self-powered biosensors. Journal of Materials Chemistry B, 2020, 8: 3393-3407.

[297] Qi X, Wang S, Li T, et al. An electroactive biofilm-based biosensor for water safety: Pollutants detection and early-warning. Biosensors and Bioelectronics, 2020, 173: 112822.

[298] Chen Y, Ji W, Yan K, et al. Fuel cell-based self-powered electrochemical sensors for biochemical detection. Nano Energy, 2019, 61: 173-193.

[299] Hill A, Tait S, Baillie C, et al. Microbial electrochemical sensors for volatile fatty acid measurement in high strength wastewaters: A review. Biosensors and Bioelectronics, 2020, 165: 112409.

[300] Chu N, Liang Q, Hao W, et al. Microbial electrochemical sensor for water biotoxicity monitoring. Chemical Engineering Journal, 2020, 404: 12705.

[301] Do M, Ngo H, Guo W, et al. Microbial fuel cell-based biosensor for online monitoring wastewater quality: A critical review. Sci Total Environ, 2020, 712: 135612.

[302] Xiao N, Wu R, Huang J J, et al. Development of a xurographically fabricated miniaturized low-cost, high-performance microbial fuel cell and its application for sensing biological oxygen demand. Sensors and Actuators B: Chemical, 2020, 304: 127432.

[303] Rui H A, Cheng L A, Sz A, et al. Anode potential-dependent protection of electroactive biofilms against metal ion shock via regulating extracellular polymeric substances. Water Research, 2020, 178: 115845.

[304] Li T, Zhou Q, Zhou L, et al. Acetate limitation selects *Geobacter* from mixed inoculum and reduces polysaccharide in electroactive biofilm. Water Research, 2020, 177(8): 115776.

[305]Li T, Liao C, An J, et al. A highly sensitive bioelectrochemical toxicity sensor and its evaluation using immediate current attenuation. Science of the Total Environment, 2020, 766: 142646.

[306] Du Q, Li T, Li N, et al. Protection of electroactive biofilm from extreme acid shock by polydopamine encapsulation. Environment Science & Technology Letter, 2017, 4: 345-349.

[307] Liu Y, Zhu X, Zhao Q, et al. Synthesis of silver nanoparticles using living electroactive biofilm protected by polydopamine. iScience, 2021, 24: 102933.

[308] Wla B, Gy C, Hui J, et al. A novel UASB-MFC dual sensors system for wastewater treatment: On-line sensor recovery and electrode cleaning in the long-term operation. Chemosphere, 2020, 246: 125751.

[309] Pan J, Hu J, Liu B, et al. Enhanced quorum sensing of anode biofilm for better sensing linearity and recovery capability of microbial fuel cell toxicity sensor. Environmental Research, 2019, 181: 108906.

[310] Qi X, Liu P, Liang P, et al. Biofilm's morphology design for high sensitivity of bioelectrochemical sensor: An experimental and modeling study. Science of the Total Environment, 2020, 729: 138908.

[311] Xiang Q A, Sw A, Yong J B, et al. Artificial electrochemically active biofilm for improved sensing performance and quickly devising of water quality early warning biosensors. Water Research, 2021, 198: 117164.

[312]Qi X, Wang S, Jiang Y, et al. Additional polypyrrole as conductive medium in artificial electrochemically active biofilm (EAB) to increase the sensitivity of EAB based biosensor in water quality early-warning. Biosensors and Bioelectronics, 2021, 190(3): 113453.

[313] Gao Y, Yin F, Ma W, et al. Rapid detection of biodegradable organic matter in polluted water with microbial fuel cell sensor: Method of partial coulombic yield. Bioelectrochemistry, 2020, 133: 107488.

[314] Jiang Y, Chu N, Zeng R J. Submersible probe type microbial electrochemical sensor for volatile fatty acids monitoring in the anaerobic digestion process. J Clean Prod, 2019, 232: 1371-1378.

[315] Ak A, Essb C, Zc D, et al. A novel biosensor for zinc detection based on microbial fuel cell system. Biosensors and Bioelectrnics, 2020, 147: 111763.

[316] Su S G, Cheng H Y, Zhu T T, et al. A novel bioelectrochemical method for real-time nitrate monitoring. Bioelectrochemistry, 2019, 125: 33-37.

[317] Yi Y, Zhao T, Xie B, et al. Dual detection of biochemical oxygen demand and nitrate in water based on bidirectional *Shewanella loihica* electron transfer. Bioresource Technology, 2020, 309(7–8): 123402.

[318] Wang C, Yao Z, Bai L, et al. Application of a microbial fuel cell-based biosensor for the energy-saving operation of macrophyte residues bioreactor with low concentration of dissolved organic carbon in effluents. Chemosphere, 2019, 220: 1075-1082.

[319] Prévoteau A, Clauwaert P, Kerckhof F M, et al. Oxygen-reducing microbial cathodes monitoring toxic shocks in tap water. Biosensors and Bioelectronics, 2019, 132: 115-121.

[320] Vaa B, Gma B, Mga B, et al. Environmental electroactive consortia as reusable biosensing element for freshwater toxicity monitoring. New Biotechnology, 2020, 55: 36-45.

[321] Li Y, Lu D, Liu X, et al. Coupling of cathodic aluminum dissolution and anodic oxidation process for simultaneous removal of phosphate and ammonia in wastewaters. Chemical Engineering Journal, 2021, 427(4): 130944.

[322] Chu N, Liang Q, Hao W, et al. Microbial electrochemical sensor for water biotoxicity monitoring. Chem Eng J, 2020, 404: 127053.

[323] Catal T, Kul A, Atalay V E, et al. Efficacy of microbial fuel cells for sensing of cocaine metabolites in urine-based wastewater. J Power Sources, 2019, 414: 1-7.

[324] Xu G H, Wang Y K, Sheng G P, et al. An MFC-based online monitoring and alert system for activated sludge process. Scientific Reports, 2014, 4: 6779.

[325] Song N, Yan Z, Xu H, et al. Development of a sediment microbial fuel cell-based biosensor for simultaneous online monitoring of dissolved oxygen concentrations along various depths in lake water. Science of the Total Environment, 2019, 673: 272-280.

[326] Zdab D, Zx B, Tw B, et al. In-situ oil presence sensor using simple-structured upward open-channel microbial fuel cell

(UOC-MFC). Biosensors and Bioelectronics, 2019, 1: 100014.

[327] Marks S, Makinia J, Fernandez-Morales F J. Performance of microbial fuel cells operated under anoxic conditions. Applied Energy, 2019, 250(1): 1-6.

[328] Zhao S, Liu P, Niu Y, et al. A novel early warning system based on a sediment microbial fuel cell for in situ and real time hexavalent chromium detection in industrial wastewater. Sensors, 2018, 18(5): 1-8.

[329] Wu S, Deng H, Han C, et al. A novel sediment microbial fuel cell based sensor for on-line and in situ monitoring copper shock in water. Electroanalysis, 2018, 30: 2668-2675.

[330] Liu W, Yin L, Jin Q, et al. Sensing performance of a self-powered electrochemical sensor for H_2O_2 detection based on microbial fuel cell. Journal of Electroanalytical Chemistry, 2019, 832: 97-104.

[331] Zhao N, Irini A, Zhang Y. Current as an indicator of ammonia concentration during wastewater treatment in an integrated microbial electrolysis cell - Nitrification system. Electrochim Acta, 2018, 281: 266-273.

[332] Karimi-Maleh H, Kumar B G, Rajendran S, et al. Tuning of metal oxides photocatalytic performance using Ag nanoparticles integration. Journal of Molecular Liquids, 2020, 314: 113588.

[333] Kmab C, Kc D, Ka D, et al. Palladium–Nickel nanoparticles decorated on Functionalized-MWCNT for high precision non-enzymatic glucose sensing. Materials Chemistry and Physics, 2020, 250: 233-240.

[334] Nodehi M, Baghayeri M, Ansari R, et al. Electrochemical quantification of 17α – Ethinylestradiol in biological samples using a Au/Fe_3O_4@TA/MWNT/GCE sensor. Materials Chemistry and Physics, 2020, 244: 122687.

[335] Kmab C, Oaac D. Simultaneous determination of cholesterol, ascorbic acid and uric acid as three essential biological compounds at a carbon paste electrode modified with copper oxide decorated reduced graphene oxide nanocomposite and ionic liquid. Journal of Colloid and Interface Science, 2020, 560: 208-212.

[336] Karimi-Maleh H, Karimi F, Orooji Y, et al. A new nickel-based co-crystal complex electrocatalyst amplified by NiO dope Pt nanostructure hybrid; a highly sensitive approach for determination of cysteamine in the presence of serotonin. Scientific Reports, 2020, 10: 11699.

[337] Ghanei-Motlagh M, Baghayeri M. Determination of trace Tl(I) by differential pulse anodic stripping voltammetry using a novel modified carbon paste electrode. Journal of the Electrochemical Society, 2020, 167(6): 066508.

[338] Baghayeri M, Ghanei-Motlagh M, Tayebee R, et al. Application of graphene/zinc-based metal-organic framework nanocomposite for electrochemical sensing of As(III) in water resources. Analytica Chimica Acta, 2019, 1099: 60-67.

[339] Jiang Y, Liang P, Huang X, et al. A novel microbial fuel cell sensor with a gas diffusion biocathode sensing element for water and air quality monitoring. Chemosphere, 2018, 203: 21-25.

[340] Prévoteau A, Clauwaert P, Kerckhof F M, et al. Oxygen-reducing microbial cathodes monitoring toxic shocks in tap water. Biosens Bioelectron, 2019, 132: 115-121.

[341] Olias L G, Cameron P J, Lorenzo M D. Effect of electrode properties on the performance of a photosynthetic microbial fuel cell for atrazine detection. Frontiers in Energy Research, 2019, 7: 105.

[342] Liao C, Wu J, Zhou L, et al. Optimal set of electrode potential enhances the toxicity response of biocathode to formaldehyde. Science of the Total Environment, 2018, 644: 1485-1492.

作者：冯玉杰[1]，何伟华[1]，刘国宏[1]，王鑫[2]，李达[1]，吴晶[1]，陈大宏[1]

[1]哈尔滨工业大学环境学院，[2]南开大学环境科学与工程学院

第 31 章　废水污染控制技术研究进展

本章导读

本章在对国内外废水处理研究工作的深入分析基础上，结合编写者自身的科研工作，从四个研究方向总结了废水污染控制的研究现状：①废水物化处理方法与技术；②废水处理功能材料与技术；③废水生化处理方法与技术；④废水处理新工艺与应用。重点介绍了废水处理领域近年来的新技术研发和实际应用进展。

关键词

废水处理，物化技术，功能材料，生物处理，工艺与应用

31.1 引　　言

工业废水和生活污水的大量排放是造成水环境污染的主要原因，随着废水污染防治措施的不断完善和对低碳排放需求的日益增强，强化难降解污染物和氮磷污染物的处理，成为废水污水控制研究的前沿领域。在对国内外废水处理研究工作的深入分析基础上，本章介绍了废水处理新技术研发和实际工程应用的重要成果和最新进展，分析了废水处理理论和技术的发展趋势。

基于污染物定向转化的高级氧化技术和基于节能降耗为目的的生物转化技术成为近年来废水处理领域的研究热点。废水处理减污降碳技术主要依据物理、化学和生物学为基础并结合相关领域知识而形成：①物化处理方法，主要借助物理过程和化学反应过程对水中污染物进行分离、转化及去除。结合国内外研究热点，本章主要介绍了物化处理方法中的自由基氧化、电催化氧化、类芬顿氧化和单原子催化氧化等过程，污染物在物化处理过程中实现从有害物质到无害或少害物质的转变，从而达到废水处理目的。②生化处理方法，主要借助微生物的作用，将有机物和营养盐类物质进行降解、去除和资源化的过程。生化处理成本低廉，效果明显，因此广泛用于生活污水和大部分工业废水的处理。在“双碳”目标导引下，生化处理方法的碳核算过程将成为水处理研究的热点之一。本章围绕减污降碳生物法新技术，重点介绍了厌氧氨氧化、新型厌氧消化、生物电化学、厌氧膜生物反应器、硫协同生物处理以及高级氧化-生物耦合等技术。

与此同时，随着人们对环境质量要求的不断提高以及新型污染物的出现，围绕物理化学方法进行的废水处理功能材料开发近年来成为废水处理研究的前沿领域，本章针对近期电催化材料、电催化膜、臭氧催化材料、纳米材料和吸附材料研究领域的最新进展做了详细的介绍和阐述。在废水的实际处理过程中，融合物化和生化等方法的理念、手段及技术并将其应用到实际污染控制过程中是废水处理技术发展的重要步骤。因此，本章重点介绍了好氧颗粒污泥、生物强化、废水辐射、电催化以及高级氧化等技术在实际工程中的应用情况。实际运行中，节能降耗、实现碳中和是未来废水处理技术追求的目标。

31.2 废水物化处理方法与技术

31.2.1 自由基氧化

自由基含有非成对电子，通常具有较高的化学活性。多种废水深度处理工艺（如光催化、电催化、

芬顿、臭氧催化等高级氧化体系）利用自由基分解有机污染物（图 31-1）。近年来，羟基自由基（·OH）和硫酸根自由基（SO_4^-·）的水化学研究热度不减，而一些新型自由基如卤素自由基（RHS）、含氮活性基团（RNS）、碳酸根自由基（CO_3^-·）等也逐渐受到了关注。本节将主要概述自由基的化学反应特性，产生自由基的驱动机制将在后续章节的具体工艺中介绍。

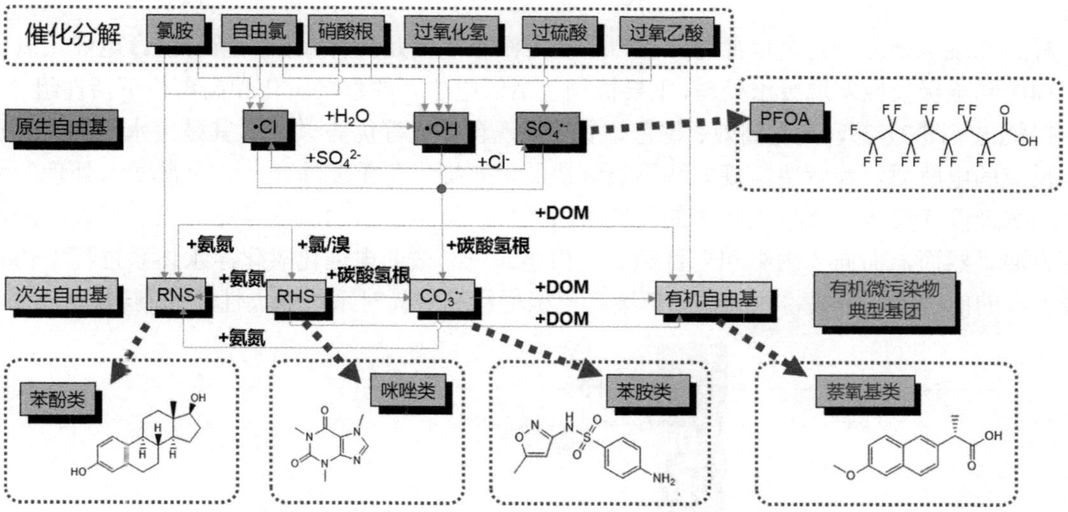

图 31-1　废水中自由基生成转化路径及与有机微污染物典型基团的反应特征

·OH 和 SO_4^-· 一般在各类高级氧化工艺中通过分解水或过氧化物直接生成。此外，超氧自由基（O_2^-·）也是产生 SO_4^-·和·OH 的二次驱动力[1]。SO_4^-·和·OH 的优先反应位点和反应动力学不同，例如 SO_4^-·对于具有不同官能团的烷基有机物脱氢速率存在一个或两个数量级的变化，供电子基团如烷基、烯丙基和羟基中的 α 氢更为敏感，而·OH 则几乎没有变化[2]。

RHS 包括·Cl、·Br、·Cl_2^-、·Br_2^-、·ClO 等。其生成途径主要有两种[3]，一是在催化氧化体系（如紫外/自由氯或紫外/氯胺）中直接生成，如·Cl；一是由高活性的自由基（如·OH、·Cl 等）与水中背景离子（Cl^-、Br^-）反应生成，如·ClO、·$ClBr^-$等次生自由基。·Cl 优先与含有高电子密度基团的有机化合物反应，二级反应速率常数值在＞10^9 L/（mol·s），与·OH 相当[4]。·Cl_2^-活性较低，但选择性较高，对烯烃化合物和含有苯酚、烷氧基苯和苯胺基团的分子具有较高的反应活性，反应速率常数＜10^6～10^9 L/（mol·s）[4]。·ClO 在降解特定的药品及个人护理用品（PPCPs）（如甲氧苄啶、卡马西平和咖啡因）中起主导作用，其速率常数为 10^8～10^{10} L/（mol·s）[5]。此外，·ClO 是多氯-1,3-丁二烯（CBDS）降解的主要 RHS，二级反应速率常数约为 10^7 L/（mol·s），反应速率常数（$k_{\cdot ClO,\ CBDS}$）一般随氯原子数的增加而减小，并受氯原子在 CBDS 中位置的影响[6]。

RNS 是水环境介质中普遍存在的活性物质，废水中的（亚）硝氮在光照、加氯消毒等过程中均可产生 RNS[3]。废水中的 RNS 一般包括·NH_2、HNO、·NO、·NO_2、HOONO，其氧化能力由弱到强。RNS 除与含苯酚结构的物质反应活性较强，还可以与含羰基化合物、一些维生素以及一些含高电子密度基团的物质反应，其二级反应速率常数为 10^5～10^9 L/（mol·s）[7]。通常加成到污染物的 RNS 可显著增强其毒性效应，生成的含氨基、硝基和亚硝基基团的产物表现出更强的毒性[8]。

废水中的水质组分可影响自由基的存在形态和浓度。一方面，水质组分诱导生成次生自由基，如溶解性有机质（DOM）可在光照下转化成三重激发态（^{3}DOM*），后者可与溶解氧发生反应产生单线态氧（$^1O_2$）和·OH 等高活性物种[9]；废水中 HCO_3^-/CO_3^{2-}可转化·OH 和 SO_4^-·生成 CO_3^-·，对于含苯胺、苯酚等结构的污染物有较强的反应活性，反应速率可达 10^8 L/（mol·s）[10]。另一方面，废水中的抗氧化性物质（比如 DOM、亚硝氮等）可直接与自由基反应，从而降低水体中自由基的浓度和氧化效率，甚至生成具有潜在毒性的产物。

31.2.2　电催化氧化

难降解工业废水处理一直是世界性难题，传统方法难以满足提标减排的新要求。电催化氧化技术以“电子”定向驱动电极反应实现废水处理，主要机制包括低电位下的直接氧化和高电位下活性组分（如·OH）介导的间接氧化（图 31-2），具有高效、绿色、易于实现自动化等优势[11]。尤其是废水中的盐离子能够作为电化学反应的电解质，为解决常规方法不能解决的问题提供了重要途径，在分散式水处理领域（如游泳池水、污水及医疗废水）展现出巨大的发展潜力[12,13]，可用于水的深度净化、原位消毒、废水处理与资源化等方面。然而，面向“碳中和”目标，在构建绿色高效的电催化氧化净水体系过程中仍有很多原理性和技术性的问题尚未解决，尤其是如何突破电极材料和能耗对系统放大性能的制约。

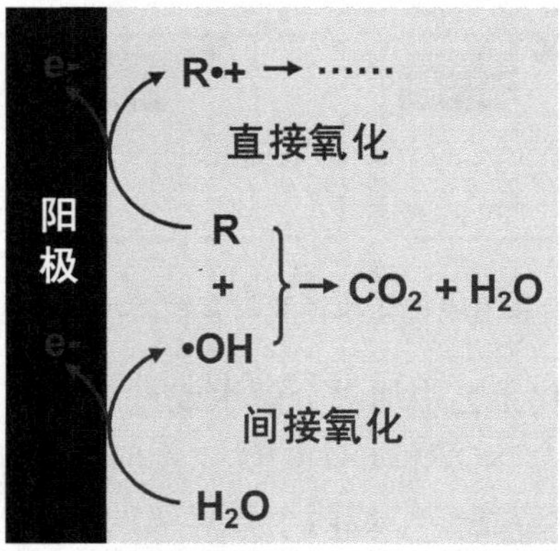

图 31-2　电催化氧化技术原理

电极材料的性质不仅决定污染物界面反应机制、水处理效能和成本，而且对系统放大和工程应用也至关重要。理想的电极材料应具备良好的导电性、稳定性、反应活性和选择性以及绿色环保。目前，报道最多的电极有金属氧化物涂层电极（形稳电极）[14]、掺硼金刚石[15]和亚氧化钛[16]。人们尚未开发出满足所有上述标准的电极材料，尤其是电极的活性和稳定性本身就存在矛盾，这为电极材料和反应机理的研究提出了挑战。

高效间接氧化涉及活性自由基反应，然而活性边界层（1 μm）比扩散层薄 1～2 个数量级，导致界面传质成为电催化氧化反应的限速步骤，导致单位去除率的能耗居高不下。研究表明穿透式膜电极能够结合电催化氧化和膜分离技术的优势，使溶液强制穿透电极膜，仅在微观层流下实现扩散层的强制压缩（图 31-3）[12]。这从根本上解决了传统旁流式电解体系中的传质限制，提高了活性组分的利用率，降低了能量消耗，已广泛用于污染物去除、原位消毒和膜污染控制[17-20]。

尽管如此，目前研究主要集中在电极材料、反应机理与污染物降解过程等方面，较少关注电极形状及反应器构型。然而它们会直接影响界面传质、传热、反应动力学和电场分布[11,21]，在系统放大后极有可能对综合处理效能产生重要的影响，成为实际工程化应用的挑战，因此相关研究亟待进一步开展。

综上，强化边界层内的传质-反应是电催化氧化技术的核心，界面调控和构型优化有望突破电极材料限制和高能耗瓶颈，推进工程应用。同时，开发绿色高效净水工艺，实现污染物降解与同步产能，将成为助力“碳中和”的重要途径，相关的研究成果也必将在理论和应用上迎来新的机遇。

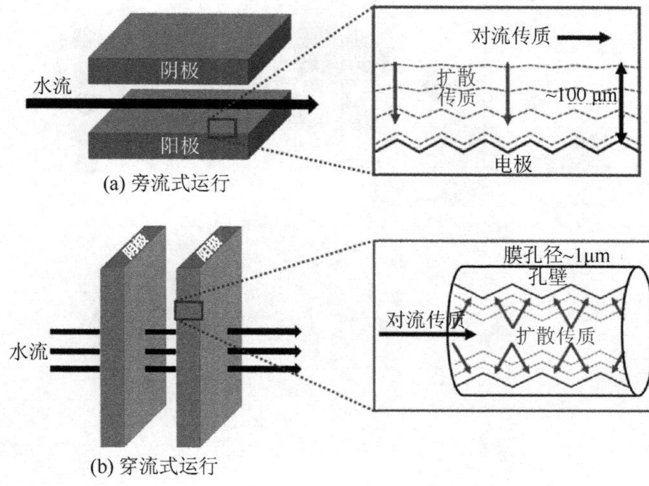

图 31-3　电催化氧化中（a）旁流式和（b）穿流式运行模式

31.2.3　类芬顿氧化

经典芬顿试剂（Fe^{2+}/H_2O_2）反应可在强酸性条件下快速产生高浓度·OH 无选择性破坏有机污染物结构，通常作为预氧化处理和生物后深度处理单元技术应用于废水净化，目前已成为应用最广泛的高级氧化技术[22]。尽管如此，该技术仍然存在显著的应用瓶颈：反应受限于 pH 2～3；反应过程中存在 Fe^{3+}难以循环回到 Fe^{2+}这一速率限制步骤［速率常数 0.001～0.02 L/（mol·s)］，导致大量铁泥固/危废的产生；要实现此循环，必须消耗过量双氧水（H_2O_2），甚至加光加电，增加能耗[23]。据此，多相类芬顿催化剂的发展受到重视。目前较为成熟的多相类芬顿催化剂主要包括三种类型：①零价铁；②天然金属矿物和过渡金属氧化物，其中天然铁矿对 H_2O_2 的催化作用明显；③金属组分负载型多相类芬顿催化剂，载体主要包括介孔氧化铝、氧化硅、沸石分子筛、黏土、石墨烯、氮化碳、生物炭、金属有机框架等[22]。相比均相芬顿反应，这些催化剂的适用范围可扩至 pH 4～6，且不产生铁泥。但在中性和碱性条件下，金属氧化还原循环仍受到抑制，活性很差。归根结底是因为其依靠金属离子与 H_2O_2 直接氧化还原反应的基本原理并没改变，应用瓶颈仍显著存在，反应过程中 H_2O_2 等资源能源消耗必然严重[23]。创新催化剂表面设计与调控，使反应不依赖于 H_2O_2 与金属离子直接氧化还原，是解决上述瓶颈的关键。

基于催化剂表面调控，胡春团队在构建的铜晶格掺杂固相类芬顿体系中首先发现芳烃污染物及其酚类产物可与催化剂表面铜离子形成 σ-型络合[24]，引发“阳离子-π”相互作用，阻断 H_2O_2 与铜离子接触，而直接进攻污染物，并实现 Cu^{2+}的快速还原，抑制 O_2^-·和 O_2 的产生，而促进·OH 生成。这一过程利用污染物与催化剂表面络合，避免了 H_2O_2 无效分解，显著提升了其利用率。在此基础上，为从根本上实现污染物无选择性降解，该团队首次开发出具有表面贫富电子微区的“双反应中心（dual reaction centers，DRCs)”类芬顿催化体系[25-27]。利用稳定有机聚合体表面酚羟基与材料表面金属离子形成稳定化学键联，引发“阳离子-π”作用，使表面电子发生定向重排，形成双反应中心。芬顿反应时，H_2O_2 主要在富电子中心得到电子被快速还原；而在缺电子中心，污染物与催化剂通过“π-π”相互作用，将电子离域到催化剂表面，污染物自身被氧化降解（图 31-4）。该体系还实现 O_2 作为电子受体以及 H_2O 作为电子供体被活化为活性氧物种，大幅度降低废水处理中的资源能源消耗[28]。国内外同行普遍认为[29,30]，通过表面电子限域调控构建双反应中心的工作为增强芬顿/类芬顿反应活性开辟了一条新道路，表明定向调控限域反应中心是未来芬顿催化剂的发展方向。

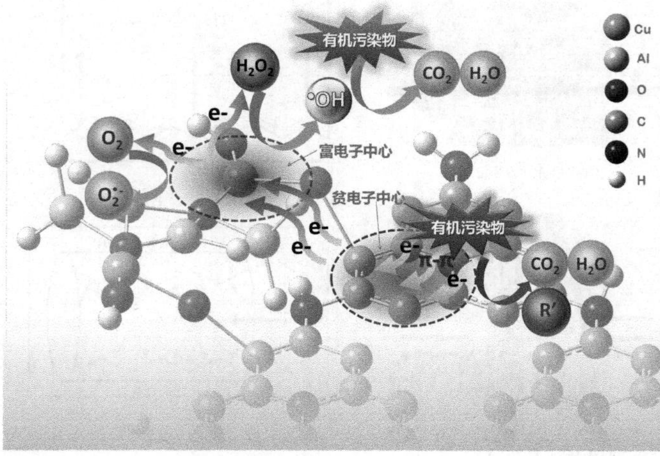

图 31-4 双反应中心类芬顿水处理技术反应原理

31.2.4 单原子催化氧化

单原子催化剂作为一类仅含有相互孤立的单个原子作为催化活性中心的负载型催化剂，因为具备理论上 100%的金属原子利用率，较高的催化选择性，较强的金属-载体间相互作用及可调控性，因此在环境领域具备广阔的应用前景，近年来受到广泛关注。

1）催化过氧化氢氧化

2019 年，孙佩哲课题组首次发现具备 $Fe\text{-}O_4$ 配位结构的介孔分子筛 SBA-15 负载 Fe 单原子催化剂能够在 pH=3 条件下催化 H_2O_2 产生·OH 氧化降解污染物[31]，催化氧化活性显著优于负载纳米颗粒催化剂。但酸性反应条件限制了非均相芬顿体系的进一步应用，并且加速了金属离子的溶出导致催化剂失活与二次污染。Cui 等也设计了一个石墨相氮化碳（$g\text{-}C_3N_4$）负载 Cu 单原子材料，并在 pH=7 的条件下生成·OH 降解苯酚[32]。Wu 等合成氮掺杂石墨烯负载 Cu 单原子催化剂通过降低生成*OH 的过渡态能垒，实现在中性条件下高效去除抑菌剂和个人护理品[33]。Quan 等通过设计具有独特 C_3FeCl_2 配位结构，有效调节多电子氧还原过程，实现原位产 H_2O_2 并直接利用产·OH [34]。

2）催化过硫酸盐氧化

2018 年，Li 等首次报道氮掺杂石墨烯负载钴单原子催化剂活化过硫酸盐（PMS），实现对污染物双酚 A 的快速去除。良好的氧化降解活性主要来源于 $Co\text{-}N_4$ 单原子位点对 PMS 适中的吸附能以及配位的吡咯氮对污染物的强吸附[35]。基于过硫酸盐的单原子催化氧化体系除了自由基氧化途径外，还能通过多样的氧化降解途径降解污染物（图 31-5），如活性氧[36,37]、高价金属[38]、吸附态 PMS（PMS*）[39]、介导的电子转移[40]等。Zhan 等通过设计新型的 $Co\text{-}N_{2+2}$ 构型，改变了 PMS 活化途径，使得消耗的 PMS 中 98.89%被用于生成 $^1O_2$[37]。Long 等发现吸附态 PMS（PMS*）具备一定氧化降解能力，并且氧化能力及电子转移速率均与 M-N 位点自旋态相关的新机制[40]。

单原子催化剂的总活性仍然受到金属负载量的限制，高活性、高负载单原子催化剂的大规模简易合成策略亟待开发。另外活性位点几何/电子结构与催化降解活性及氧化机制的关系尚不清楚，关于活性中心配位环境的精确调控方法尚未建立。单原子催化材料固定化和单原子在废水处理中的应用仍待进一步研究。

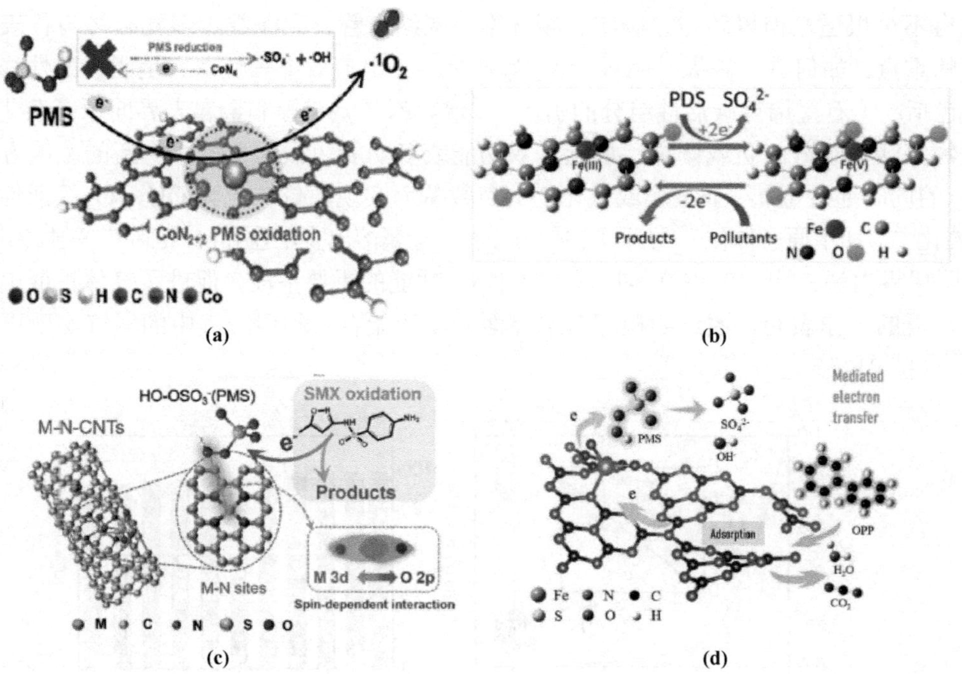

图 31-5　单原子催化过硫酸盐氧化机制

（a）活性氧机制[37]；（b）高价金属途径[38]；（c）吸附态过硫酸盐机制[39]；（d）介导的电子转移机制[40]

31.3　废水处理功能材料与技术

31.3.1　电催化材料

电化学高级氧化技术（EAOPs）因其简单高效、环境友好等特点而在难降解废水处理方面展现了巨大的潜力和独特的优势，衍生了电催化氧化、电芬顿、光电芬顿等技术，为废水处理技术提供了新方法。而其中，电催化材料，包括阳极、阴极、粒子催化剂等，往往决定了电催化反应的吸附/传质性能、反应活性、稳定性和电流效率，成为 EAOPs 研究的热点和核心[41,42]。为克服应用效能不高、适用 pH 范围较窄和存在二次污染等关键技术瓶颈，围绕高性能电催化材料的制备和表征、性能优化和调控机制探索、新工艺和污染物降解机理的研究层出不穷，但大多电催化材料研究目前仍停留在实验室研究阶段，规模化应用的报道并不多见。

在阳极研究方面，除了常规 Pt、形稳阳极和碳阳极等活性电极外，具有高析氧电位的阳极，如硼掺杂金刚石阳极（BDD）、二氧化铅、二氧化锡、Ti_4O_7 金属氧化物电极等非活性电极的探索成为研究的主流。纳米技术引入以构筑比表面积更大、活性更强、析氧电位更高的电极成为重要的研究方向，而通过纳米基体构筑、纳米改性以及制备工艺改进等途径，比如，三维结构 BDD 电极、基于钛纳米管的蓝色二氧化钛电极等，极大地提升了处理效能。另一方面，尽管碳纳米管等碳电极因其析氧电位较低而非优良的电催化阳极，但其具有的比表面积大、导电性好和稳定性强等优点发展成电活性碳纳米管膜技术，在污染物的去除和杀菌等领域显示了良好的应用前景[43]。

在阴极研究方面，高效原位产 H_2O_2 的阴极探索成为提升阳极氧化和电芬顿工艺的核心关键。虽然金属基阴极也有不少报道，但以碳毡、碳布、碳纤维、碳纳米管、碳海绵、多孔碳等为代表的碳材料仍是该领域研究的重点，如何进一步提升阴极产 H_2O_2 选择性、电流效率等性能，是阴极改性修饰的重点发展方向，主要包括：①石墨烯等碳活性组分的引入；②N、F、O、S 等非金属表界面原子杂化修饰；③金属及金属氧化物等活性组分的负载修饰。最近，双功能或多功能阴极的探索成为新的发展方向，即在阴极高效产 H_2O_2 的同时通过金属、非金属或氧化物的负载从而实现原位转化为·OH、$^1O_2$ 等活性物种而降解有机物。限域催化[44,45]和单原子催化[46]显示了催化效率高、金属溶出少、适用 pH 范围广等独特优势（图 31-6）。另一方面，阴极界面调控成为促进氧传质提升产 H_2O_2 性能的重要手段，促进了气体扩散电极在该领域的蓬勃发展。最近的工作表明，通过阴极超疏水界面的设计能有效利用空气中的氧气实现更高效低耗的产 H_2O_2 性能[47]（图 31-7）。

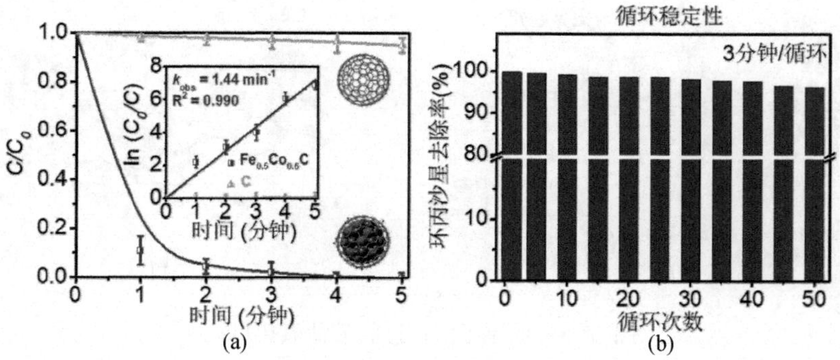

图 31-6　限域 $Fe_{0.5}Co_{0.5}C$ 阴极的高催化活性和稳定性[44]

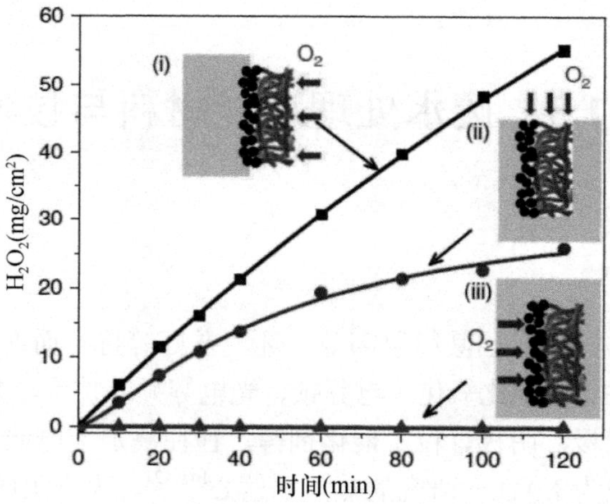

图 31-7　空气主动扩散阴极高效产 H_2O_2 性能[47]

在粒子催化剂方面，非均相芬顿催化剂的研究成为该领域的重要研究方向。目前文献报道的催化剂涉及常规过渡金属、纳米过渡金属、金属氧化物，以及树脂、碳等材料负载的金属或金属氧化物，如黄铁矿因其能调节 pH 而被认为是优良的非均相电芬顿催化剂[48]。为降低催化剂金属溶出，提高催化剂的稳定性，基于金属有机框架衍生的催化剂显示了很高的催化活性和低金属溶出特性[49]，展现了较好的非均相芬顿氧化应用前景。

尽管电催化材料近年来取得了不少的进展，但仍需在以下方面努力：①在电催化材料放大制备应用方面仍很有限，目前的主流思路是材料制备-实验论证-机制推测，如何利用化学计算模拟等手段在分子或原子尺度进行材料的理论设计和可控制备，并通过实验论证仍需方法上的突破；②多功能的具有吸附、催化乃至选择性氧化的电极材料，如能和膜过滤等工艺或与光、磁等外场强化耦合，将能更好地提升污染物处理时空效率；③在电催化材料的作用机制和污染物降解机理研究方面，主要停留在自由基捕获、污染物降解产物及机理分析等方面，在原位、在线检测方法开拓以揭示活性物质产生、利用和转化方面仍需深入探索。

31.3.2　电催化膜

电催化膜是一种同时具有膜分离性能和电化学催化活性的新型功能膜材料。区别于传统膜材料，电催化膜的分离层直接由电活性物质组成或由电活性物质和传统膜材料复合而成。电催化膜根据膜材料组成、结构、使用场景和操作条件的不同，能够实现膜过滤性能（选择性、渗透性、抗污染性能等）的提升，或赋予膜新的功能，如在膜过滤的同时实现同步污染物氧化/还原或水消毒等（如图 31-8a 所示）。近年来，世界各地研究机构在新型电催化膜材料与制备方法开发、关键电催化膜机理解析与过程调控、电催化膜系统工艺构建等方面取得了一系列研究成果。根据 Web of Science 数据库检索结果，全球范围内近 10 年发表电催化膜相关论文 894 篇（截至 2021 年 9 月），如图 31-8b 所示，呈现快速发展的趋势。

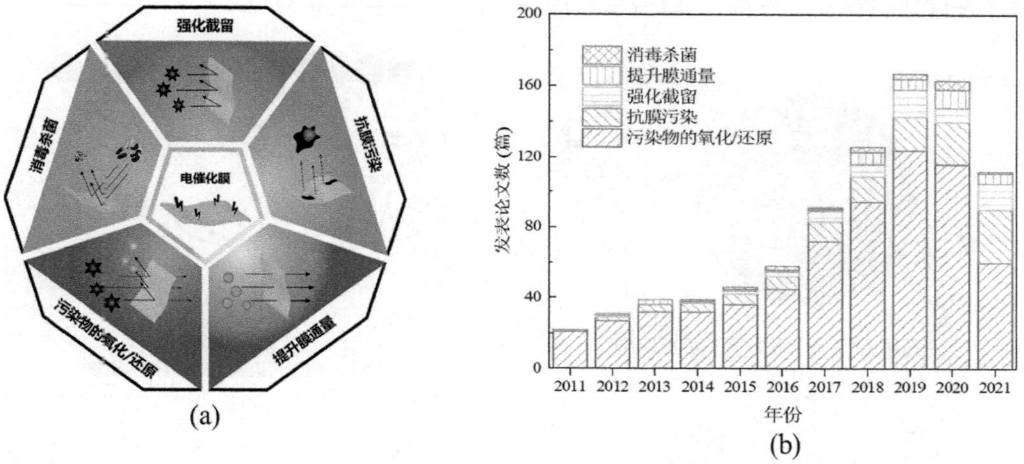

图 31-8　（a）电催化膜应用示意图；（b）近 10 年电催化膜发表量统计图

新型电催化膜的研发是突破传统膜材料选择性与渗透性间 Trade-off 效应制约的重要途径之一。通过施加外部电场，可以实现电催化膜的表面电荷密度调控，并使物质在膜表面发生电泳、电渗等非法拉第过程，进而影响膜的选择性和渗透性[50]。电催化膜表面发生的化学反应也会影响特定物质的膜通量。例如，美国奥尔巴尼大学研究团队利用阴极疏水膜析氢反应提高膜界面微环境 pH，促使铵发生去质子化，进而加速废水中氨氮向疏水膜内扩散，从而实现氨氮的气提回收[51]。此外，电催化膜也为控制膜污染提供了可能。当膜作为阴极时，膜可以通过静电排斥、气泡析出、原位产生 H_2O_2（源自氧气的电还原）等作用缓解有机物和生物污染问题[52]；如果采用具有芬顿活性的阴极膜（如钢丝网复合膜），在曝气作用下，阴极可以原位生成·OH 等氧化性物种，从而对膜有机物污染进行氧化清洗；而膜作为阳极时，虽然会加速荷负电污染物的吸附，但通过控制氧化性物种的产生，可以调控膜污染的发展[53]。

电催化膜的研究促使膜分离过程与其他功能相结合，如在膜过滤的同时实现污染物的强化氧化/还原以及污水的同步消毒。电催化膜在电场作用下产生的氧化性物种可以实现难降解有机物[54]和锑等重金属[55]的氧化与去除。如采用基于钛丝网的 PVDF 复合膜作为阴极、石墨板作为阳极，实现了工业废水中铜络合物自催化破络和同步铜还原回收[56]。电催化膜材料作为阴极可以实现氧化态污染物（如硝酸盐）的选择性还原脱除[57]。耶鲁大学的研究团队近年还发现膜孔限域效应对电催化膜体系的电化学反应产生影响，

例如促进 $^1O_2$ 的产生[58]。此外，电催化膜还可以通过产生氧化性物种或其他协同作用实现同步消毒。大连理工大学研究团队采用负载纳米银的碳纳米管修饰陶瓷膜作为阴极，在膜界面实现银离子和纳米银的循环，进而实现可持续杀菌[59]。与此同时，膜的过滤作用加强了污染物的对流传质，从而强化了污染物的催化氧化（还原）效率，充分发挥电催化、膜分离的结合优势。在膜与电极材料复合电催化膜情境下，膜分离作用还可以起到保护催化电极材料免受污染的作用，从而保证复合电催化膜的稳定高效运行。

在废水处理的多目标需求导向下，新型电催化膜技术将持续快速发展和应用。未来电催化膜重点研究和应用方向包括：①新型电催化膜材料研发；②电催化-膜分离耦合过程的关键机制和影响因子解析；③基于膜孔限域效应的电催化氧化（还原）技术；④以电催化膜技术为核心的工艺创新等。

31.3.3 臭氧催化材料

非均相臭氧催化氧化可通过产生活性氧类物质实现污水中难降解有机物的高效去除，得到了广泛的应用。设计与制备高效、稳定的催化材料是非均相臭氧催化氧化发展的关键。增强催化活性位点、提升对臭氧的吸附与分解性能、提高催化剂的稳定性，是近年来臭氧催化材料发展的重要方向，并在碳基催化材料、金属基催化材料及二者耦合催化材料方面取得显著进展（图 31-9）。

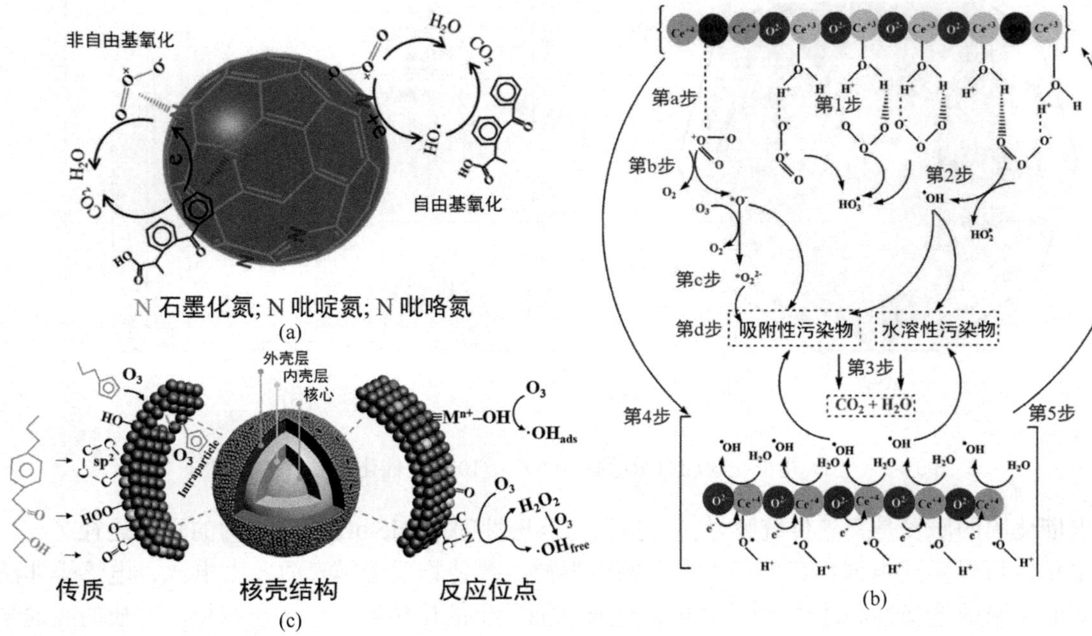

图 31-9 不同类型的臭氧催化材料及催化原理示意图

（a）碳基材料中氮对臭氧反应途径的影响[60]；（b）金属（以 Ce 为例）氧化物催化臭氧产生活性氧类物质的反应途径[63]；（c）碳-金属氧化物复合材料催化臭氧氧化反应过程原理示意图[64]

碳基催化材料是一类环境友好的催化剂，近年来研究者通过杂原子掺杂调控活性位点，增强其臭氧催化性能。马军课题组通过氮掺杂碳，使得臭氧去除酮洛芬的速率常数相较单独臭氧氧化提升了 11 倍，并解析了氮掺杂的强化机制，吡咯氮和吡啶氮可有效促进自由基途径，石墨氮可增强电子转移从而提升非自由基途径降解有机物[60]。除了氮掺杂外，齐飞课题组引入杂原子硼、磷，也可提升碳催化材料的性能，这些杂原子作为活性位点可增强活性氧类物质的产生[61]。富电子的含氧官能团（C═O/C—O）作为活性位点对臭氧具有较强的吸附能力，潘丙才课题组将其引入提升碳材料催化活性[62]。

金属基材料具有较强的机械稳定结构和高效的催化活性，可通过丰富的表面羟基、金属价态的变化、

Lewis 酸性基团等催化臭氧产生活性氧物质来降解有机污染物。近年来多个课题组通过增强对臭氧和污染物的吸附能力、提高活性位点的暴露等方法，提升金属材料的催化性能。王少彬等课题组利用钙钛矿型复合催化材料中的氧空位增强臭氧吸附能力，使臭氧与金属的电子转移过程更容易发生，从而强化对草酸和苯并三唑的去除效果[62]。Waite 课题组采用 Cu-Al 层状双金属氢氧化物作为催化材料，含有丰富的表面羟基，可同步提升对臭氧和有机物的吸附，从而提升臭氧催化氧化对草酸及甲酸盐的去除能力[65]。同类金属氧化物具有不同的暴露晶面，全燮课题组研究发现氧空位数、表面碱度和表面原子配位数较高的晶面，更容易促进臭氧的分解与活性氧类物质的生成，从而取得更好的催化活性[63]。另外，原子级分散金属可使得金属位点最大程度地暴露，曹宏斌等课题组采用 $Mn\text{-}N_4$ 提升臭氧-过氧化氢在酸性条件下反应活性，40 分钟内可完全去除草酸[66]。

将碳基和金属基进行结合，使其具备碳基催化材料和金属基催化材料的双重优点，提升电子传递能力和催化活性，也可提升催化剂的机械强度。陈忠林等课题组将 $g\text{-}C_3N_4$ 和 $LaCoO_3$ 结合，通过金属-碳基材料中富电子中心 C-O-金属键和贫电子中心芳环之间的快速电子转移，强化了·OH 的生成[67]。张潇源课题组设计并制备了碳-氧化铝双载体催化剂，可同步提升催化剂的活性和稳定性，30 分钟内草酸 TOC 去除率达到 86.7%，中试实验对煤化工废水也有良好的催化处理性能[64]。

未来，臭氧催化材料可通过模型与模拟计算更好地指导设计催化反应位点、优化反应条件。张潇源课题组通过分子动力学结合密度泛函理论计算研究催化反应过程并优化设计活性位点[68]。Waite 课题组利用反应动力学模拟软件预测污染物、催化剂、氧化剂的浓度剂量效应关系，为后续催化氧化的应用优化工艺条件[65]（图 31-10）。

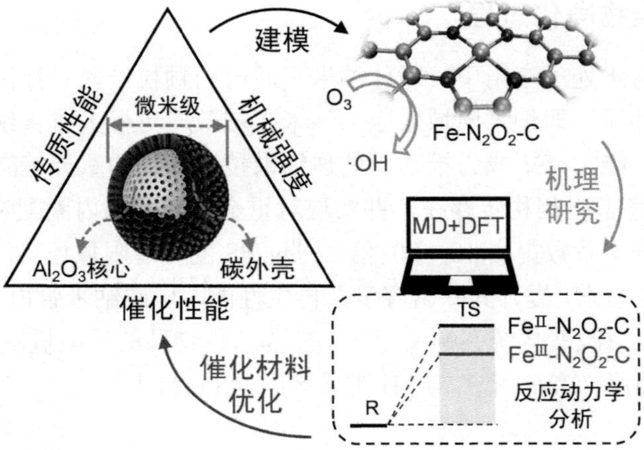

图 31-10　理论计算解析反应机理并指导催化材料的设计与优化[68]

31.3.4　纳米材料及限域效应

纳米材料（NMs）因其极高的表面积、反应活性及独特的纳米效应，在污染物吸附、膜分离、催化降解等方向展现出巨大潜力，为废水处理技术创新提供了重要基础。目前，相关研究总体仍处在实验室阶段，NMs 水处理的规模化应用仍面临诸多挑战，如 NMs 易团聚失活、操作困难、潜在环境与健康风险等。克服上述挑战可行的思路是利用大尺寸多孔载体负载固定 NMs，制得可匹配现有水处理工艺的大尺寸（微米/毫米级）复合纳米材料[69]。其中，以高分子树脂为载体的部分复合纳米材料已进入吨级量产与规模化应用阶段。

1）复合纳米材料的结构调控

现有商品化树脂基复合纳米材料多以大孔聚苯乙烯球（PS）为载体，所载 NMs 尺寸较大（＞10 nm），且由于成核过程难以调控，导致颗粒分布较宽（常见 10～100 nm）。制备亚 10 nm 且尺寸均一 NMs 的复合材料有望大幅提升其净污性能，但受限于 PS 载体的致孔机制与宽孔分布，技术挑战很大。采取与传统悬浮共聚法迥异的闪速冷冻法，可通过溶剂分子的微纳结晶致孔形成有序的亚 10 nm 孔 PS 载体，进而制得的亚 10 nm 氧化铁@PS 复合材料对 As（V）的标化处理容量较棒状纳米氧化铁（18 nm）提高 10 多倍，展现出显著的尺寸效应与表面效应[70]。另外，近期的研究表明，亚 10 nm 复合材料的载体可扩展至不具有永久性孔结构的凝胶型 PS。利用凝胶结构在水中溶胀过程中溶质的快速扩散和均匀的过饱和度实现爆发成核，可制得载有大量均一粒径的亚 10 nm NMs 的系列复合材料，展现出比大孔复合纳米材料更高的净污性能，目前相关材料已实现百公斤级生产[71]。

2）复合纳米材料的功能耦合

在真实的废水处理场景中，传统纳米复合材料往往易受污染物形态与共存基质的干扰，多功能耦合是应对这一问题的有效策略。如在地下水除砷氟过程中，纳米氧化锆@PS 复合材料由于受到腐殖质等大分子干扰，净污性能显著下降；通过构建材料内部微孔（＜2 nm）结构，通过尺寸排阻-吸附功能的耦合可提升其除氟性能 3 倍以上[72]；而对于 As(III)，通过在载体上键联活性氯基团制得的氧化铁@PS 复合材料，则可耦合化学氧化-吸附作用，大幅提升其对 As(III)的去除能力[73]。

3）限域效应介导的污染物净化过程

复合纳米材料在制备与水处理应用中，载体纳米空间内的颗粒结晶、净污过程与水化学性质等往往展现出与体相系统迥异的性质，即纳米限域效应。纳米限域效应可极大丰富纳米材料去除目标污染物的基本过程，显著提升净污性能，有望成为推动水处理纳米技术升级的重要策略[74,75]。如 PS 均匀纳米孔（7.9 nm）可使磷酸锆的亚稳态 γ-相稳定存在，并实现对重金属离子的内圈配位吸附，从而展现出比常规稳态 α-相更高的选择性（分配系数提高 10～90 倍）[76]；PS 的孔道限域还可改变氢氧化镧晶体在吸、脱附磷酸根过程的热力学及动力学，提升其除磷容量及再生性能[77]。碳纳米管内（7 nm）负载氧化铁（2 nm）的限域体系被用作催化剂，可改变传统芬顿反应中·OH 为活性物种的反应机制，仅产生 $^1O_2$ 为活性物种，并提升目标污染物的降解速度（22.5 倍）与 pH 工作区间（5～9）[78]。

31.3.5　吸附材料

在废水处理领域，围绕吸附材料的吸附容量提升、低成本制备和吸附选择性能改善，聚焦于水中新兴污染物、重金属和氮磷等优控污染物的去除/回收，吸附材料研究热点集中于新型生物质吸附材料、矿物吸附材料、合成树脂吸附材料和新型纳米材料。研究多种有机物和无机物共存条件下的竞争吸附，解析吸附剂-吸附质的关键作用力，阐明异质化学过程的微观吸附途径是研究难点[79]。

吸附法目前仍是去除环境中典型污染物的有效方法。在新兴污染物吸附去除方面，吸附剂的孔径大小直接决定不同分子大小的微量新兴污染物的吸附效果，不同微量新兴污染物的基团和吸附剂表面的基团也会发生相互作用产生不同的吸附机理。如磁性或大孔阴离子交换树脂被用于新兴污染物的去除。在重金属吸附去除方面，金属有机框架材料（MOFs）显示出了巨大的应用潜力，金属节点、有机配体以及附着在 MOFs 表面的官能团均能与重金属离子螯合形成稳定的配合物[80]。对于水中痕量氮磷物质，根据氮磷污染物与共存干扰离子在酸碱性质、几何形状和金属络合能力的差别，氮磷的选择性吸附可以通过氢键结合、形状互补和内层络合机制实现，与此对应的典型吸附剂为有机官能团修饰材料、分子印迹聚合物和金属基材料。

近年来，各类新型纳米吸附材料在水环境修复中得到了广泛的研究和应用，主要包括碳基吸附材料（如生物炭、介孔碳、石墨烯、碳纳米管）、新型多孔材料（共价有机框架材料、多孔有机聚合物材料）、新型二维层状材料（如层状双金属氢氧化物材料、二维过渡金属碳化物、氮化物或碳氮化物材料）[81-84]。如分层结构多孔生物炭对水体中多种有机污染物都具备高效的吸附去除性能[82]。三维铁基 MOFs 材料对多种水体中的抗生素污染物都能实现快速稳定吸附去除[83]。磁性 Mg/Fe-LDHs 材料对水体中的 Pb（II）和 Cu（II）都具备高效的吸附去除能力且易于回收再利用[85]。各类污染物通过氢键作用、静电作用、孔隙填充、分配作用、络合作用、疏水作用以及 π-π 相互作用等与纳米材料相互作用（图 31-11）。

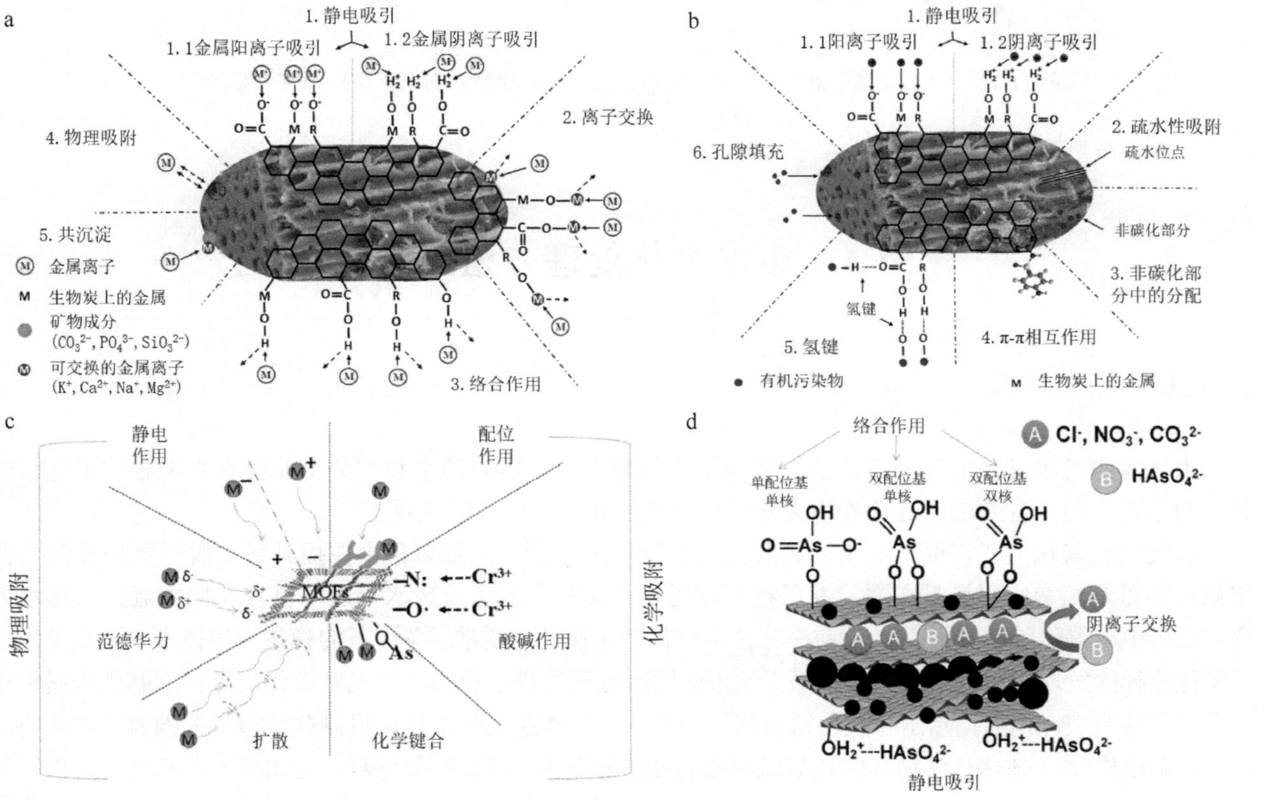

图 31-11　生物炭材料吸附去除重金属污染物（a）、有机污染物的机理（b）[81]；MOFs 材料（c）[83]、LDHs 材料（d）[84]吸附去除重金属污染物的机理

在实际的处理过程中，吸附材料常与生物降解、催化氧化或膜工艺联用，实现废水中污染物的高效去除，其去除效率主要受污染物的物理化学性质、水质参数、吸附剂/膜性质和操作条件的影响[86]。生物活性炭可以吸附水中有机污染物，同时在活性炭表面上生长的微生物可以降解吸附的污染物。原位吸附催化降解在的研究热点在于选择性吸附水中的微量污染物。吸附-膜联用工艺主要通过吸附剂投加提高污染物去除率和减少膜污染来改善膜性能和出水水质。在环境吸附控制技术领域，计算化学相关方法如密度泛函等理论可以作为研究吸附剂在吸附-催化体系中作用的工具（图 31-12）。许多人工智能模型已经成功地预测了不同吸附剂去除水中染料、金属、有机化合物、药物、农药等物质的性能，是今后重要的研究方向[87]。

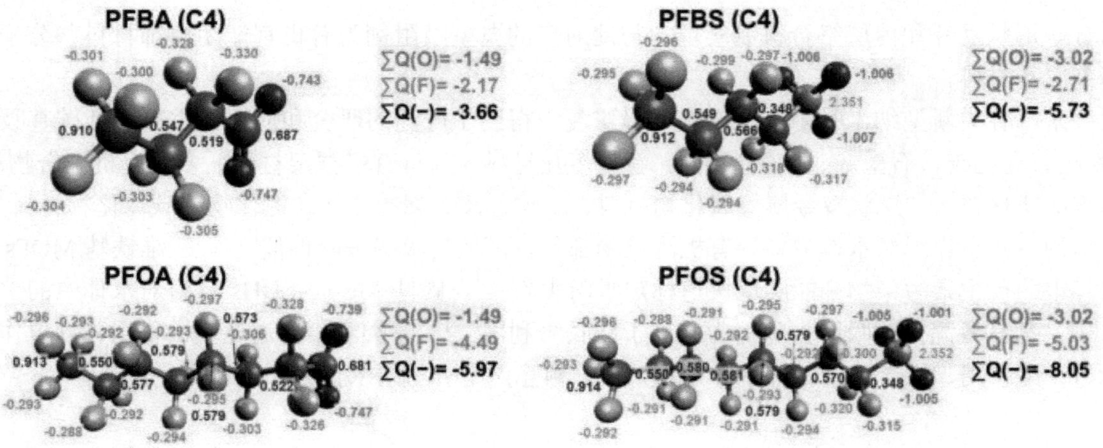

图 31-12　DFT 计算全氟烷烃元素电荷以评估其对树脂吸附的离子交换程度的影响[87]

31.4　废水生化处理方法与技术

31.4.1　脱氮除磷

水体氮磷污染是当前最受关注的水环境污染问题之一。市政污水和部分工业废水作为导致水体富营养化的重要点源，有效实现其营养物去除一直是废水处理领域的研究重点[88]。

以厌氧氨氧化为代表的低碳型生物脱氮技术近年来的研究热点多集中在提升新型脱氮处理设施负荷和稳定性以及拓宽应用场景方面，并已在市政污水和多种含氮工业废水处理，以及面向主流市政污水处理的应用中取得阶段性成果[89]，其前序工艺—短程硝化在低基质常温条件下的稳态调控技术攻关以及短程反硝化途径的发现为厌氧氨氧化应用于主流市政污水处理提供了保障。厌氧氨氧化功能菌细胞生理研究也获得阶段性突破，例如揭示了一氧化氮依赖型和胞外电子传递依赖型代谢机制并获得了关键氮素转化酶的高分辨率结构[90]。地球化学循环中新型氮转化途径的发掘也为研发高效低耗的污水脱氮革新技术提供了思路。如在污水处理厂活性污泥系统中发现了高丰度完全氨氧化（comammox）菌并呈现较高氨氧化活性[91]；厌氧铁氨氧化（feammox）、硫酸盐型厌氧氨氧化（sulfammox）、亚硝酸盐/硝酸盐型厌氧甲烷氧化（*n*-DAMO）（图 31-13）、硝酸盐异化还原为铵（DNRA）在特定场景下具有氮素去除潜能，近两年围绕功能微生物生理特性、群落结构和功能取得了阶段性成果[92]。另外，在开发和应用新型生物脱氮反应器（如固定生物膜-活性污泥技术、厌氧膜生物反应器等）以提升脱氮效率和稳定性方面也获得进展。

学界对污水处理过程磷元素转化去除规律以及相关功能微生物的认识也逐步深入。其中 *Tetrasphaera* 菌属（T 菌）的发现改变了过去以 *Accumulibacter* 菌属（A 菌）为主的强化生物除磷（EBPR）模式[93]。T 菌以葡萄糖和氨基酸作为碳源，其发酵产挥发性脂肪酸（VFAs）功能可实现与 A 菌的协同代谢。基于 T 菌开发的侧流 EBPR 技术因其高效稳定的除磷优势，为碳源匮乏污水的生物除磷提供了崭新、可持续的工艺解决方案。硫细菌（如硫酸盐还原菌和硫氧化菌）也被发现在含硫废水生物除磷过程发挥重要作用，通过 C-N-S-P 耦合的电子转移与物质转化模式，可实现碳源不足条件下的强化生物除磷效能（图 31-13）[94]。另外，生物除磷代谢模型、除磷污泥颗粒化、EPS 强化除磷功能、除磷工艺优化等研究仍在延续，并在近几年取得重要进展[95]。

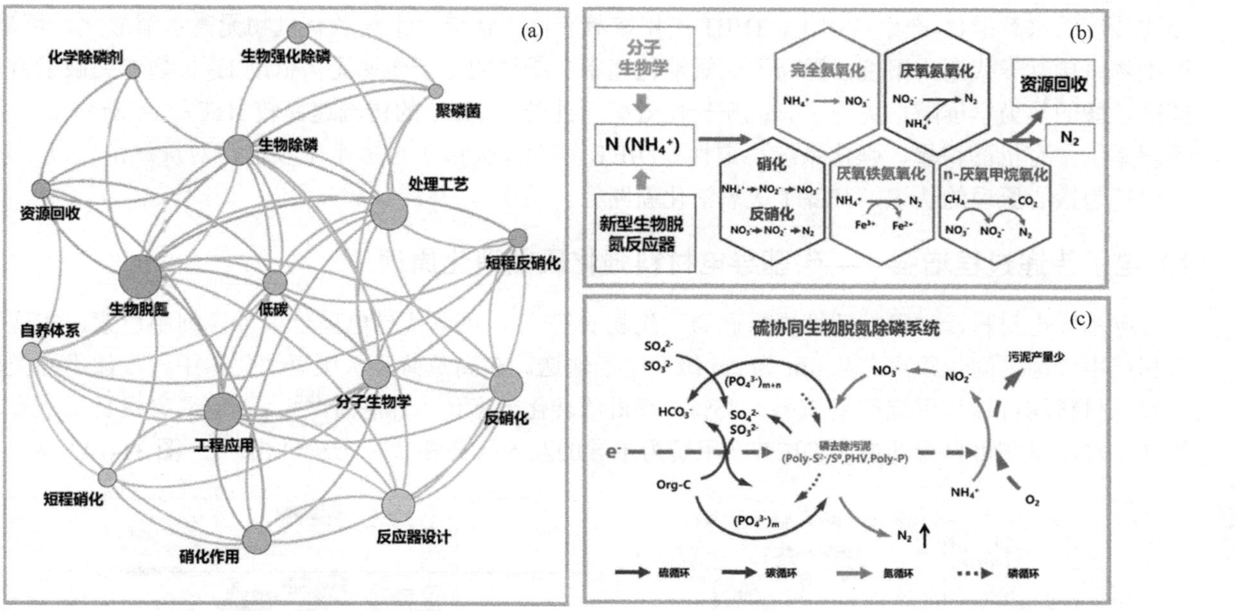

图 31-13　近两年生物脱氮除磷研究热点（a）、生物脱氮主要研究进展（b）以及硫协同生物脱氮除磷工艺机理图（c）

未来一段时间内，进一步阐释脱氮除磷生物处理过程的物质和能量流向，明确氮磷元素转化路径和能源及基质配给关系具有重要研究前景，特别是不同复杂水质条件下微生物群落结构和功能的适应性分子机制及细胞分子和（近）原子分辨率的生理代谢研究，将随着多种生物技术的逐渐成熟而被注入强大活力。为实现中国水环境清洁恢复目标，需要将全国营养物回收率从目前 36%提高至 87%左右[96]，因此营养物去除协同资源化利用仍是污水脱氮除磷的研究导向和热点，生物过程和物化过程的耦合回收方法可能是未来的发展方向。最后，在“减碳”政策导向下，现有和待建污水处理设施的碳核算也将必不可少，随着新技术、新投资管理方式的不断涌现，准确评估和预测经济和环境效益是污水脱氮除磷研究的重要一环。

31.4.2　新型厌氧消化

厌氧消化中产酸菌与产甲烷菌之间电子和能量的交换方式在过去半个多世纪以来一直被认为是种间 H_2 传递（interspecies hydrogen transfer，IHT）。分子扩散是实现 IHT 的唯一方式。然而，没有任何工程策略可加速 H_2 在两类微生物之间的扩散，进而提高厌氧消化效率和稳定性。2014 年，美国马萨诸塞州大学微生物学家 Lovley 等发现厌氧消化系统中还存在一种新型的电子传递方式——直接种间电子传递（direct interspecies electron transfer，DIET）。值得注意的是，DIET 可分别从电子传递过程、电子供体端和电子受体端得到增强，进而提高厌氧消化性能。以下将对目前 DIET 产甲烷的强化原理及其在有机废物（水）厌氧消化的应用进行简要介绍。

现有的厌氧消化工程的核心原理是水解酸化-产甲烷理论，即复杂有机物产甲烷需经水解、酸化、产氢产乙酸和产甲烷等过程。该理论引导下的复杂有机物微生物水解缓慢，限制厌氧消化速率。此外，有机物分解产乙酸受限于 H_2 分压——H^+作为产乙酸段的电子受体氧化有机物在热力学上不能自发进行（$2H^+ + 2e^- = H_2$，$\Delta G^{o'} = +79.1$ kJ/mol，pH=7），需耗氢产甲烷菌持续消耗 H_2，以维持系统中较低的 H_2 分压（$<10^{-4} \sim 10^{-5}$ atm），才能保证有机物分解产乙酸顺利进行。耗氢产甲烷菌对环境变化敏感，易代谢受阻，导致 H_2 分压升高，无法完成 IHT，阻止 H^+氧化有机物，最终导致厌氧消化停滞乃至失败。DIET 产甲烷的发现为以上问题的解决提供了可能。该原理下铁还原菌（或称电活性菌）可直接代谢复杂有机物，并将产生的电子通过导电菌丝或外膜细胞色素传递给产甲烷菌，产甲烷菌接受电子并还原 CO_2 为甲烷。

相比传统的水解酸化-产甲烷理论，DIET 产甲烷具有以下优势：①复杂有机物无需水解酸化，可被 DIET 微生物直接互养代谢为甲烷，提高了厌氧消化速率；②种间电子传递无需借助 H_2 扩散，突破了有机物分解产乙酸的热力学屏障，提高了有机质转化效率。此外，DIET 的传输速率较 IHT 提高 8～9 倍，可有效缓解系统中有机酸积累，强化系统稳定性。DIET 产甲烷突破了过去半个多世纪对厌氧消化以水解酸化-产甲烷为核心原理的认识，开辟了厌氧消化新路径。

1）电子传递过程增强——碳基导电材料强化厌氧消化原理

碳基导电材料，如颗粒活性炭、碳布、生物炭等[97]，可取代导电菌丝或外膜细胞色素，实现铁还原菌和产甲烷菌之间长距离（从 μm 到 cm 级）电子输送。在高负荷废水厌氧消化器中，投加不同类型的碳基导电材料均可提高甲烷产率 30%～45%，有机质转化效率达 85%以上[98]。当遭受有机负荷上升、酸性等冲击时，系统可自行切换以 DIET 产甲烷为主导的互养代谢模式，抵御冲击[99]（图 31-14）。

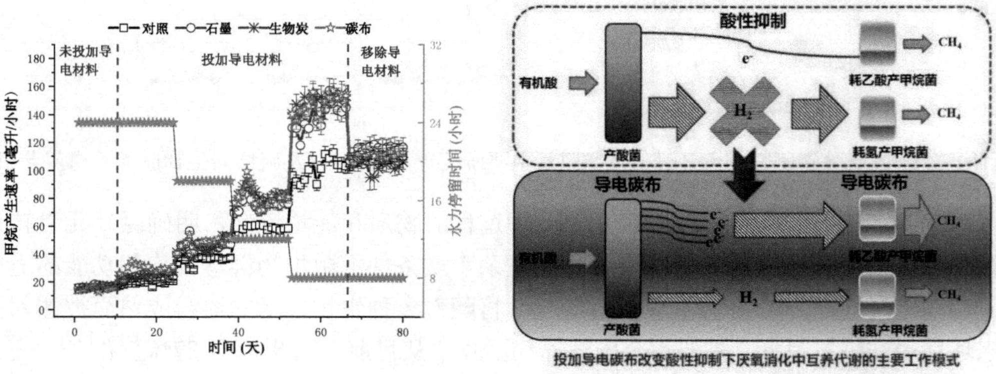

图 31-14　碳基导电材料促进 DIET 产甲烷强化厌氧消化示意图

2）电子受体端增强——异化铁还原偶联厌氧消化中 DIET 产甲烷

建立 DIET 产甲烷需借助铁还原菌及其胞外电子传递作用。但在常规厌氧消化系统中，铁还原菌丰度不高，导致 DIET 产甲烷不明显。异化铁还原过程可为铁还原菌生长和代谢提供能量。在投加不同类型 Fe（III）氧化物（如磁铁矿、赤铁矿、水铁矿等）的厌氧消化系统内，铁还原菌丰度提高 4.6 倍，有机质减量化提高 40%以上[100]（图 31-15）。

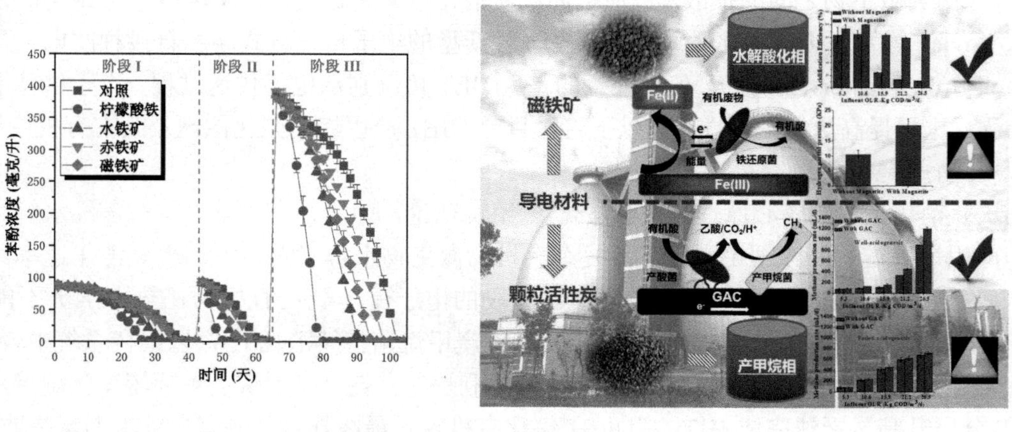

图 31-15　异化铁还原偶联厌氧消化中 DIET 产甲烷示意图

3）电子供体端增强——乙醇预发酵构建厌氧消化中 DIET 产甲烷

直接接受电子并还原 CO_2 为甲烷需克服热力学限制（$8H^+ + 8e^- + CO_2 = CH_4 + 2H_2O$，$\Delta G^{o'} = +185.3$ kJ/mol，pH=7）。在铁还原菌可氧化的常见底物中，乙醇氧化释放的热量最高，可满足后续直接接受电子并还原 CO_2 为甲烷的能量需求。向启动初期的厌氧消化系统的进料中添加少量乙醇，甲烷产量提高 60%以上，DIET 互养菌丰度从<1%提高至 10%以上，污泥电导率提高 5～76 倍，且系统可有效抵御有机负荷上升、酸化和 H_2 分压的影响[101]。为维持乙醇刺激效果持久，尝试进料自身产乙醇。在两相厌氧消化系统的水解酸化段，通过控制发酵 pH 为 4.0～4.5，实现部分进料乙醇型发酵，使水解酸化段出料中乙醇含量占全部有机质的 10%～20%；该出料进入产甲烷段，实现性能大幅度改善，在 79.5 kgCOD/(m^3·d)负荷下，产甲烷段 COD 去除率达到 80%以上，有机质转化效率接近 90%[102]（图 31-16）。

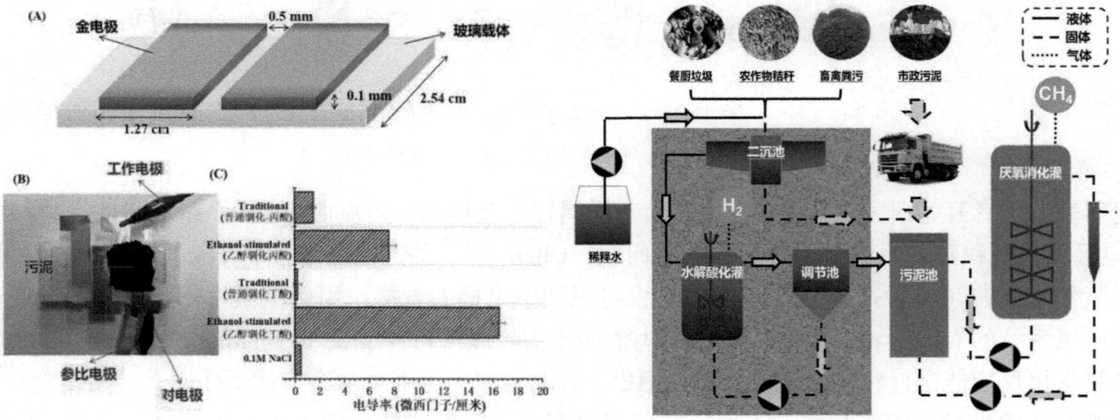

图 31-16　乙醇预发酵构建厌氧消化中 DIET 产甲烷示意图

31.4.3　生物电化学

生化系统内污染物的生物转化本质上都是基于物质之间电子传递的一系列反应。生物电化学系统（bioelectrochemical systems，BESs）作为一种新型的废水处理技术，是一类将微生物的胞外电子传递过程（extracellular electron transfer，EET）进行放大的体系，其中的电化学活性的微生物（electrochemically active bacteria，EAB）具有以电极作为电子受体或者电子供体进行呼吸的特点[103]。

BESs 的基本工作原理是利用 EAB 将电子供体释放的电子传递至电极，然后通过外电路将电子传递至电子受体，最终实现系统产能或污染物转化。EAB 电子传递机制是理解 BESs 工作原理的关键（图 31-17），微生物将电子传递给电极是通过其细胞质膜上的电子传递链到达外膜氧化还原蛋白，然后释放到胞外，再通过胞外自身的纳米导线或者分泌的中介体来完成的。此外，EAB 与 BESs 内其他微生物之间的共养相互作用，在微生物电子传递过程也发挥了重要作用，该过程主要依赖种间电子转移过程（interspecies electron transfer，IET）[104]。

最初 BESs 主要以微生物燃料电池的概念和形式出现，然而由于 BESs 较低的功率密度以及规模放大系统稳定性差等原因限制了该技术在能量回收领域的推广应用。在后续研究中，学者将 BESs 研究的重心从能量回收转移至污染修复和电化学合成等方面。经过近二十年的发展，各类以微生物电催化原理为基础，为实现不同目标的 BESs 新技术陆续出现，BESs 这个概念成为了囊括这类技术的统称。目前，根据 BESs 的不同功能可将其划分为以下三个研究方向：①产电，②高附加值产品合成（如产氢、产甲烷及碳水化合物合成等）[105]和③污水处理（如脱氮、偶氮染料脱色、硝基还原、脱氯等）[106]。

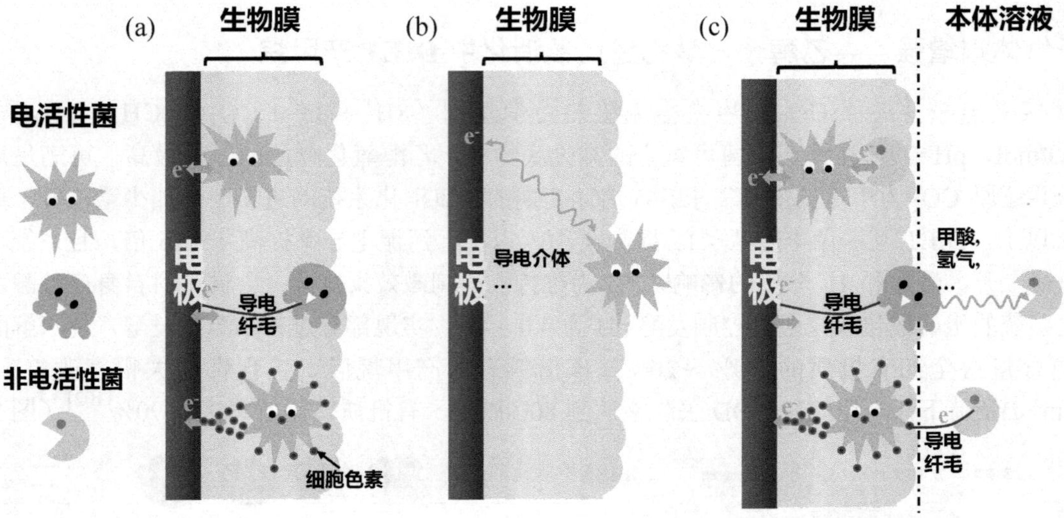

图 31-17　胞外电子传递过程机理图

（a）直接电子传递；（b）间接电子传递；（c）种间电子传递

近年来，学者开始研发基于 BESs 技术的新型耦合工艺技术。为克服 BESs 系统有限的生物持留以及生物-电极接触面积致使系统处理效率偏低的问题，Chen 等[107]将 BESs 技术耦合厌氧生物技术，构建电刺激厌氧生物系统（ESAS）（图 31-18），不仅可以利用电极的直接作用刺激微生物代谢，还能通过电化学调控厌氧系统的 ORP、pH、溶解氧等微环境间接促进污染物的转化。为提高胞外电子传递效率以及突破污染物生化反应能垒，将光催化反应引入 BESs 的微生物光电耦合体系应运而生[108]。Chen 等[109]设计了可见光响应的半导体阳极材料，光生空穴可强化有机污染物降解，而光生电子可进一步驱动胞外电子传递，提高 BESs 电化学性能。此外，还有学者将 BESs 技术与 Fenton 技术[110]、人工湿地技术[111]以及微藻体系[112]相结合，形成各类耦合生物电化学技术，实现污染物降解或能源回收。BESs 其他方面的应用潜力还有待挖掘，但无疑 BES 能作为一种平台技术在未来的环境保护和物质能源转化领域占有一席之地。

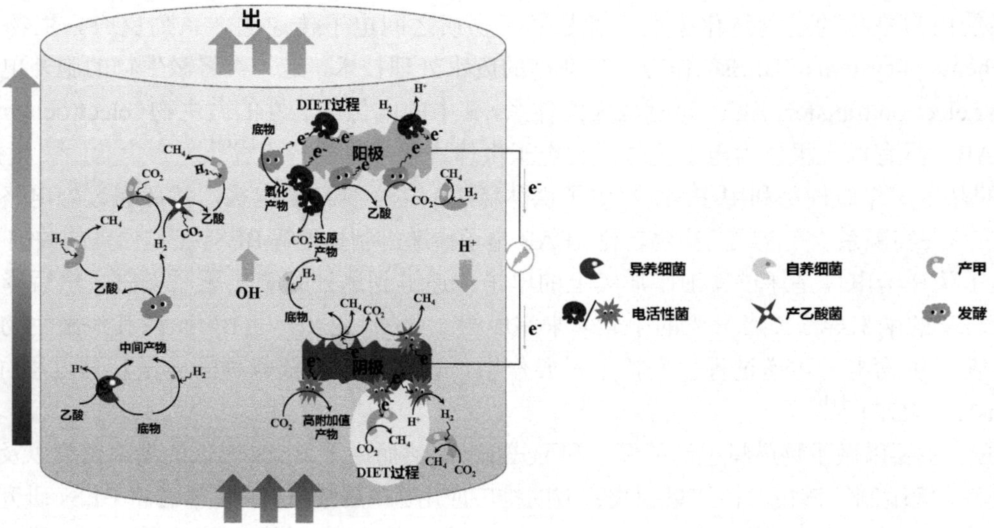

图 31-18　电刺激厌氧生物系统（ESAS）处理有机污染物机理图

31.4.4　厌氧膜生物反应器

厌氧膜生物反应器（AnMBR）是将膜分离技术与厌氧生物处理单元结合的新型高效废水资源化处理技术。AnMBR 将水力停留时间（HRT）与污泥停留时间（SRT）分离，具有甲烷产率高，运行能耗低、出水水质好、占地面积小等优势[113]。该技术的研究与应用对实现“双碳”目标具有重要意义。

1978 年，美国学者 Grethlein[114]首次提出将厌氧发酵与膜分离技术相结合的概念，AnMBR 开始受到环境工程领域研究者们的关注。1978～2010 年，AnMBR 的研究主要以厨余及工业废水为主，大量中试与全规模应用接踵建立。2011～2021 年，AnMBR 处理市政污水的研究热度逐渐增加，目前全球处理市政污水的中试 AnMBR 已有 10 座以上（图 31-19）。通过 Web of science 数据库检索，近五年包含 AnMBR 主题的论文共有 473 篇，通过分析相关文章的关键词发现，近年来围绕 AnMBR 的研究热点主要集中在“处理性能”、“污水处理”、“膜污染”等方面（图 31-20）。

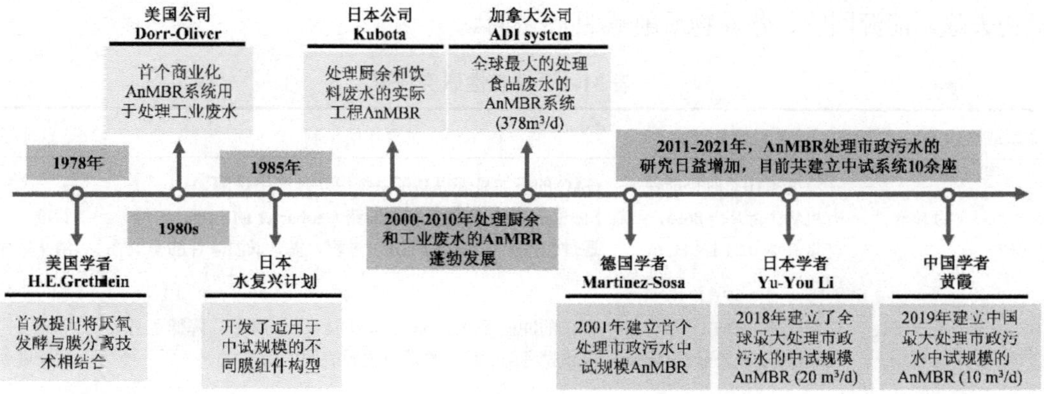

图 31-19　AnMBR 发展进程

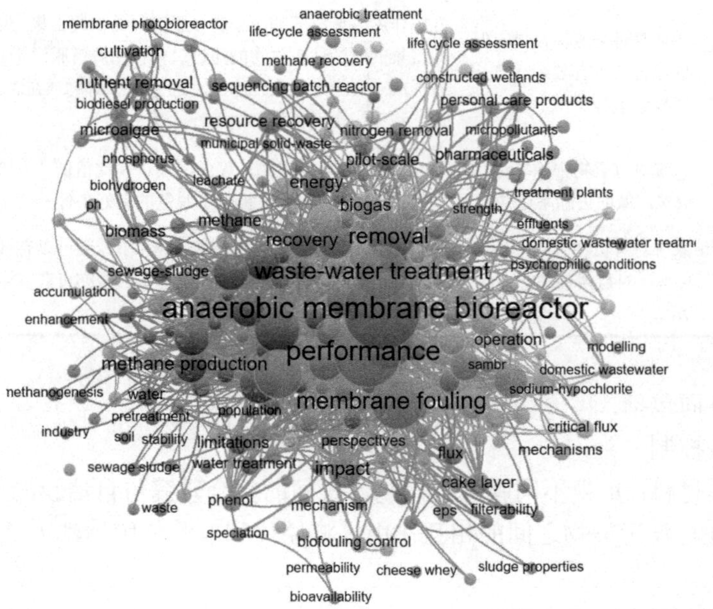

图 31-20　Web of science 收录包含“AnMBR”主题的文章主要关键词（2017～2021）

AnMBR在近五年中取得以下重要进展，代表性成果见表31-1。主要包括：

（1）功能载体提升AnMBR效能

向AnMBR中投加功能载体，如活性炭、生物炭、金属材料等，通过载体冲刷膜表面、吸附污染物、激发互营微生物种间直接电子传递（DIET）等作用机制缓解膜污染、强化产甲烷，以此提高AnMBR处理效能。

（2）膜材料改性缓解膜污染

利用纳米材料（碳纳米管、石墨烯等）或亲水聚合物对膜材料进行改性，增强膜材料的亲水性、渗透率与抗污染性能。

（3）电化学耦合AnMBR系统

将AnMBR与（微生物）电化学技术相结合，开发了基于电驱动的膜污染原位调控技术、基于CO_2微生物还原的沼气原位纯化技术，以及基于电化学共沉淀的营养盐回收技术。

（4）“AnMBR+”新系统

构建了“AnMBR+Anammox”、“AnMBR+微藻膜反应器”、“AnMBR+营养盐浓缩回收”等组合工艺，实现有机物去除、能源回收、营养物质削减/回收协同。

表31-1　代表性研究成果

工艺类型或操作条件	处理效能	主要作用机制	研究团队
中试AnMBR中投加颗粒活性炭（GAC）[115]	在温度＜10℃时仍能保证有机物去除率＞86%，甲烷产量高达0.21 L CH_4 /g COD	GAC的投加显著提高了系统中互营产甲烷菌Methanosaeta及典型产电细菌Geobacter的丰度，可能通过激发微生物间的DIET过程，提升低温条件的系统效能	黄霞 清华大学
小试AnMBR中投加粉末活性炭（PAC）[116]	跨膜压差（TMP）增长率由3 kPa/d降低至0.9 kPa/d	PAC的冲刷缓解了biosolid在膜表面的累积，降低了易导致膜污染的微生物群落在膜表面的聚集	陈荣 西安建筑科技大学
PDVF膜表面包裹一层新型蛭石纳米材料[117]	膜过滤通量提升2倍，并表现出优异的除污效率和防污性能	改性后的膜表面致密多孔，亲水性增强。由于蛭石纳米材料的同构取代和表面羟基化形成“水层”，有效缓解膜孔堵塞和饼层形成	王志伟 同济大学
AnMBR的电化学调控[118]	初期膜污染速率较快，但后期膜污染有效缓解且长期稳定运行	静电作用力造成初期污染物在膜表面的快速富集，但膜面富集的电活性微生物能通过氧化作用降解膜污染物，并形成一层稳定的生物滤层，避免EPS等物质在膜面过度积累，实现长效稳定运行	张耀斌 大连理工大学
AnMBR+Anammox[119]	系统对有机物去除率达96%，氮的去除率达76%	AnMBR的出水有机物浓度低，且C/N比值低，为厌氧氨氧化菌Ca. Brocadia提供了脱氮的良好条件	李玉友 日本东北大学
AnMBR+微藻膜反应器[120]	系统对有机物去除率达97%，对氮磷的去除率达76%	AnMBR的出水富含氮磷，通过培养小球藻可以有效去除氮磷，向藻液中投加阳离子聚丙烯酰胺亦可获得生物质	Huu Hao Ngo 悉尼科技大学

该领域未来发展方向包括：

（1）膜污染的长效控制

开发新型抗污染膜材料；重视不同膜污染控制方式间的耦合研究与自洁膜的开发[121]；开发绿色膜清洗剂，全面研究清洗剂与膜污染物之间的相互作用，将原位和非原位膜清洗方法进行集成与优化，提高膜清洗效率。

（2）市政污水处理中不利因素的应对

攻克低温、低有机物浓度等市政污水的不利条件对产甲烷菌代谢活性的抑制及甲烷溶解引起的能源回收效率低等难题，推动 AnMBR 处理市政污水由中试向生产规模应用[120]。

（3）出水水质安全风险控制

深入研究 AnMBR 技术对污水中病毒、致病菌、微塑料、抗生素等新兴污染物的去除能力，为水质安全提供有力保障。

（4）推动“AnMBR+”技术的发展

面向不同需求，构建适配的“AnMBR+”系统，在验证系统适用性的基础上，对“AnMBR+”系统进行生命周期评价，为实现生产规模应用提供有力依据。

31.4.5　高级氧化-生物降解近场耦合技术

高级氧化与生物降解近场耦合技术，是指利用材料的多孔结构巧妙实现高级氧化与生物降解反应在发生时间与宏观空间上同步、在微观区域上有效分隔的污/废水处理工艺[122]。其中，高级氧化反应发生在多孔材料表面，而生物降解行为发生于材料孔隙内部。具体地，在多孔载体表面实现光催化氧化、臭氧氧化或电芬顿反应，产生·OH 等活性物种，攻击难生物降解有机物生成可生物降解中间产物；在载体内部的孔隙中培养成熟的生物膜，微生物避开了活性物种的攻击而维持了代谢活性与生物量稳定，能够迅速利用并深度矿化高级氧化反应的产物，使得出水毒性大幅削减[123]。

高级氧化与生物降解近场耦合技术（ICPB）能解决上述传统耦合模式的弊端，其核心组成部分包括多孔载体、催化剂或氧化剂以及生物膜。多孔载体为高级氧化反应与生物降解作用提供了独特的空间区域，不仅为微生物生长和生物膜的形成提供支撑和保护作用，还满足微生物瞬时利用高级氧化反应产生的可生物降解产物的空间需求。目前，已用于 ICPB 技术的多孔材料有多孔纤维素、陶瓷载体、泡沫碳和聚氨酯海绵等。高级氧化是生物降解对有机物毒性削减与矿化的前提条件，其目的是将有机物转化为可生物降解的中间产物。以光催化氧化-生物降解近场耦合技术为例，在光激发作用下半导体纳米材料产生多种强氧化自由基，如空穴 H^+、·OH、$·O_2^-$、H_2O_2 等[124]。强氧化自由基半衰期短，不会进入到载体内部伤害生物膜，但是能够在载体表面原位将水中难降解污染物分解生成中间产物。生物膜承担着代谢高级氧化中间产物并终极矿化的作用，也对高级氧化活性物种专一性攻击目标污染物起到了关键作用。近年来，为了提高微生物的活性，共代谢的策略被应用到 ICPB 技术中，并发现其对污染物矿化与毒性削减起到了积极作用[125]。

依据高级氧化反应类别与生物种差异，目前已报道的 ICPB 反应器可划分为 4 种类型：光解-生物降解反应器、光催化-生物降解反应器、ICPB-阳极电解池和电芬顿-希瓦氏菌电解池（图 31-21）[126]。合理

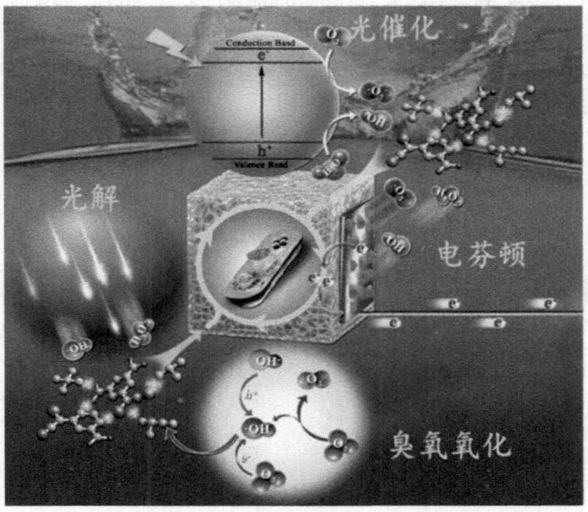

图 31-21　ICPB 反应的 4 种类型与反应原理

地选择载体种类、生物膜接种与培养，以及供给适当的能量或药剂是成功构建 ICPB 体系的关键。反应器的结构设计既要满足高级氧化技术运行条件，如光照、外加偏压等，又要满足微生物的生存条件，如对溶解氧的需求、适宜生长的温度和 pH 等。

31.4.6 硫协同污水生物处理

硫元素不仅普遍存在于生物地球化学循环中，具有多种氧化还原形态的硫素物质（如 SO_4^{2-}、SO_3^{2-}、$S_2O_3^{2-}$、S^0、$H_2S/HS^-/S^{2-}$、PolyS 等）也广泛存在于市政污水和工业废水中，并借助复杂的生物化学反应和生物代谢过程进行迁移和转化。与硫的生物代谢和转化密切相关的两类功能微生物主要是硫酸盐还原菌（SRB）和硫氧化菌（SOB），在过去的三十年里，基于 SRB/SOB 的生物过程和生物技术一直在快速发展，硫协同的污水生物处理理论与技术更是受到了业界的广泛关注[127]。

传统活性污泥法中异养微生物代谢机制（碳代谢）使得 2/3 的有机碳电子（COD）流向了剩余污泥，造成低效的电子流和能量流，令好氧活性污泥工艺能耗物耗高、剩余污泥产量大，并常因反硝化碳源不足而限制其脱氮效率。针对传统污水生物处理的瓶颈问题，研究人员通过微生物调控污水中硫素物质代谢，充分利用硫素物质的电子载体功能，构建了电子流、能量流高效利用途径。例如，针对因淡水资源严重匮乏而大规模采用海水冲厕的香港，研究人员开发的硫协同生物处理工艺（SANI®）[128]，已在香港沙田污水处理厂开展工程示范。此外，围绕着硫素物质的微生物调控机理、硫自养反硝化电子传递与竞争机制、硫素代谢厌氧微生物对于难降解污染物的强化去除等一系列关键科学问题，研究人员进一步构建了以硫素物质的微生物代谢为核心、复合污染物协同去除的硫协同污染物生物降解与转化新理论与技术体系。

硫代谢微生物是一类代谢谱较宽的微生物，可降解醇类、烃类等多种新型难降解有机污染物。基于 SRB 降解多环芳烃的显著效能，已成功应用于石油废水的处理[129]。同时，研究表明，在 SRB 生物反应器中，SRB 污泥通过表面络合、氢键作用和 π-π 共轭作用可实现抗生素的高效吸附[130]；而抗生素诱导 SRB 分泌水解酶、细胞色素 P450 酶系和亚硫酸盐还原酶等功能酶强化了抗生素生物转化[131]，实现了多种难降解药物类污染物的高效去除。这些研究成果为硫协同生物处理技术应用于废水中药物类污染物的强化去除，提供了重要的理论依据和技术支撑。

相比传统异养反硝化，硫自养反硝化（SdAD）是一种更为低碳的生物脱氮过程。目前，SdAD 技术已经应用于生活污水深度脱氮、地表水和地下水中氮污染修复等[132,133]。此外，SdAD-MBBR 和 SdAD 颗粒污泥反应器等技术的出现，显著提高了反应器抗冲击负荷能力、处理负荷及脱氮效率，使得 SdAD 技术成功应用于高氨氮废水（如垃圾渗滤液、养殖废水等）的自养深度脱氮[134,135]。

硫协同污水处理技术仍在快速发展，尤其是在外源媒介（如外源电场、外源介体等）耦合硫介导强化高浓度难降解工业废水处理、高价值硫素物质（如多糖硫酸酯和生物单质硫等）资源回收、重金属废水处理等方面具有广阔的理论研究价值和应用前景。

31.5 废水处理新工艺与应用

31.5.1 好氧颗粒污泥

好氧颗粒污泥法是在活性污泥法基础上发展而来的一种新型废水生物处理技术，具有高泥水分离效率，可以集成在生物反应器内部，大大降低了土地成本。此外颗粒内部存在不同的氧化还原条件，不仅能够同步实现脱氮除磷，还有助于难降解污染物的去除，因此在废水生物处理领域具有广阔的应用潜力[136]。

早期好氧颗粒污泥的研究主要集中在序批式反应器（SBR）中，这主要是因为 SBR 具有独特的操作模式有助于微生物聚集形成颗粒态，但这与大多数污水处理厂使用的连续流工艺不匹配。如何在连续流工艺中实现好氧污泥颗粒化并稳定运行是当前面临的重大挑战。实现连续流好氧颗粒污泥的形成及稳定化运行需要解决三大技术难题：①如何在连续流反应器中实现对颗粒沉淀速度的物理选择；②如何提供理想的盉宴期与饥饿期交替条件；③如何实现颗粒污泥在现有污水处理厂中的回流而不破坏其稳定性[137]。

市政污水处理经常遇到碳源不足的问题，碳氮比和碳磷比偏低不利于活性污泥法脱氮除磷。微藻是自养型微生物，既能利用光合作用产生氧气、合成有机碳增加碳源，又能吸收氮磷。因此，在好氧颗粒污泥反应器中建立菌藻共生系统，有望节约曝气能耗，同步实现污水中碳、氮、磷的高效削减[138]。然而，如何构建稳定的菌藻共生系统是亟待解决的难题[139]。一方面，可构建合适的反应装置，优化和调控工艺参数，提高菌藻共生颗粒污泥的稳定性和污水处理效能；另一方面，当前对菌藻间的互作机制缺乏细胞/分子水平上深入解析，也需利用新技术、新方法探究清楚，进而推动菌藻共生颗粒污泥在水处理领域中的应用。

微生物耐药性是现阶段水处理技术面临的重要挑战，市政污水处理厂已成为抗生素耐药菌和抗性基因传播和扩散的热点场所[140]。好氧颗粒污泥对抗生素等微污染物具有很好的去除能力[141]，然而在抗生素选择压力下，微生物抗性基因丰度呈现上升趋势[142]。目前，有关抗生素耐药菌和抗性基因在好氧颗粒污泥中的空间分布特征和传播机制尚不清楚，如何控制其在好氧颗粒污泥中的增殖也是亟待解决的一个重要问题。

节能降耗、实现碳中和运行是当今污水处理的主题。好氧颗粒污泥法解决了传统活性污泥法占地大、投资高、能耗高的问题，具有很好的应用前景，荷兰 DHV 公司以 Nereda 作为技术品牌在全球开展了多个好氧颗粒污泥法应用工程，为了加速其实际应用的进程，未来需要解决好氧颗粒污泥的连续流培养和稳定化运行，进一步降低能耗，有效处理低碳氮比的生活污水。

31.5.2　化工园区废水处理

我国化工产业总产值约占世界四成，是国民经济重要组成部分。目前，全国化工园区数量逾 800 个，主要分布于长三角、华北、东北以及环渤海地区。化工废水排放量大，盐分含量较高，其中有机污染物种类多、难降解、具有毒性，是目前水环境中毒害污染物的主要来源。长期以来，化工废水的治理是世界性难题，发达国家主要通过化工产业的转移减少对环境的危害。对我国这个化工大国而言，该问题尤为突出。总的来说，化工废水处理的研究主要围绕预处理、生化处理和深度处理三个方面展开（图 31-22）。

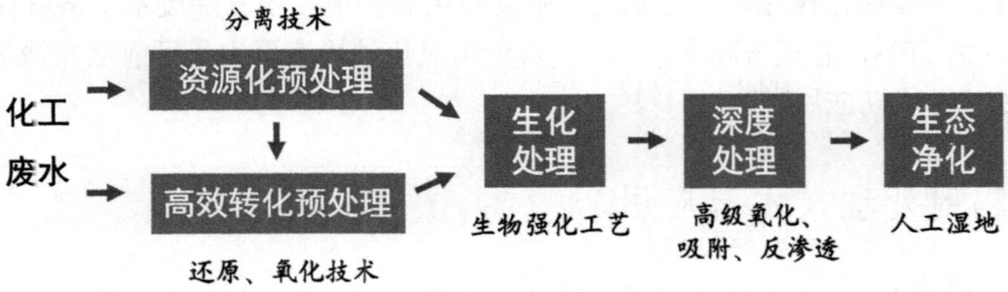

图 31-22　化工废水处理流程与主要工艺

1）预处理技术

对化工废水中的污染物进行分离和回收，在降低污染负荷的同时，可提高废水的可生化性。这些技术包括旋流离心分离、气浮、蒸馏、树脂吸附等分离技术。陈前等人调研了某化工园区内的 60 家企业，发现绝大多数企业通常会设置 3 道以上的物化预处理工序，包括隔油池、混凝池、蒸发器、铁碳微电解装置、芬顿氧化塔等[143]。张全兴团队开发的树脂吸附技术，从废水中回收化工原料或副产品，在显著减少污染物排放的同时，为企业创造了显著的经济效益[144]。对于回收价值较小的污染物，零价铁还原和铁碳微电解是有效的预处理方法，但一些还原产物仍具有较高毒性。针对具体水质采用适当的"还原-氧化"是化工园区废水治理的一种重要预处理方法。王爱杰教授团队开发的生物电化学系统，使毒害污染物转化为生物可利用碳源，降低了后续生化的处理成本[145]。

2）生物强化工艺

化工废水中有机物难以降解，盐分含量高，常见的水解酸化、缺氧、好氧、厌氧等处理工艺在各种化工废水中都有广泛应用。而且，其水力停留时间较长，精细化工废水处理的停留时间甚至长达 40 h 以上[143]。膜生物反应器（MBR）由于具有较高污泥浓度和污泥停留时间，近年来在工业废水处理中应用急剧增多。2015 年处理规模超过 5000 t/d 的 MBR 工程有 182 座，其中 70%的处理水量为工业园区废水[146]。

3）深度处理技术

化工废水深度处理中较多应用的是反渗透、臭氧氧化和芬顿氧化技术。反渗透工艺出水水质往往最佳，目前已被广泛应用于废水处理与回用中，但其投资和处理成本较高；臭氧氧化工艺应用较多，目前基于活性炭或活性氧化铝的臭氧催化剂在工程中获得应用，一般可使臭氧对 COD 去除率由 30%～40%提高至 60%以上。然而，在微孔曝气的情况下，臭氧对 COD 去除率一般在 65%以上。催化剂对这类臭氧氧化提升作用有限，且会增加投资成本，故在规模化园区污水治理中推广难度较大。

传统的芬顿氧化法仅在酸性条件下才具有最佳的处理效果，但会产生大量化学污泥，难以进一步处置。光-芬顿/电-芬顿能够在中性条件下去除污染物，目前已初步用于工业废水处理中[147]。流化床（FBR）芬顿是继光-芬顿和电-芬顿之后受到关注的一种芬顿氧化技术，目前在国内有一些工程应用，处理规模大都在 2500 t/d 以下，对 COD 去除率一般在 60%以上。该技术使用的载体如砂粒、活性炭，可供铁盐或铁絮体结晶、沉积，从而显著减少污泥产生量。一些铁矿物载体，在使用中经过铁盐结晶或沉积后，具有催化作用，减少了芬顿药剂的用量[148]。

此外，在吸附技术方面，常见吸附剂——活性炭在使用后产生大量固废难以处置。威立雅水务公司推广的大孔聚合物萃取（MPPE）技术可对水中疏水性有机物和酚类污染物具有较好的去除效果，该技术使用蒸汽进行再生，装备化和自动化程度较高，已用于采油废水处理和受污染地下水修复中。张全兴团队研发的吸附树脂和新型磁性树脂，可分别通过吸附作用和静电作用去除废水中溶解性有机质和硝酸盐氮，COD 去除率约为 50%，总氮去除率＞70%，可使用氯化钠快速再生，目前已在精细化工、煤化工以及园区废水深度处理中成功应用[144]。

31.5.3　废水辐射处理技术与应用

电离辐照水处理是利用 γ 射线或电子束对污染物进行处理，涉及核技术应用、辐射化学及环境工程等多学科。γ 射线主要用于实验室研究，电子加速器则应用于实际工程。电子加速器不使用放射性核素，断电后不产生任何辐射，安全可靠。辐照处理废水的机制包括直接作用和间接作用两种[149,150]，如图 31-23 所示。

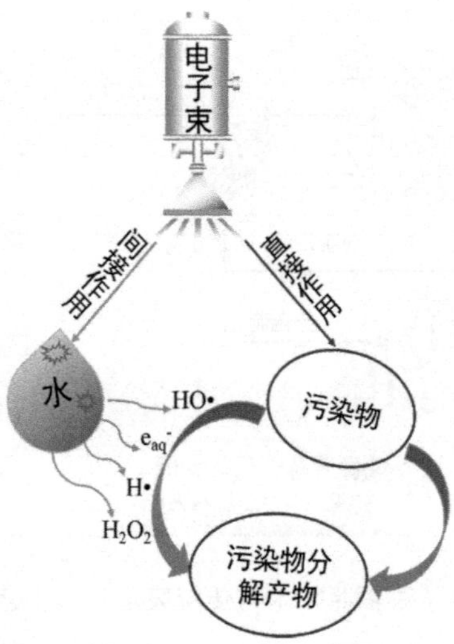

图 31-23 辐照处理废水中污染物的作用机制

直接作用是指辐照产生的高能量直接作用于污染物，使污染物结构破坏，甚至矿化；间接作用是指在辐照作用下，水分子发生辐射分解产生活性粒子，如·OH、水合电子（e_{aq}^-）和氢原子（H·）等（式 31-1），这些活性粒子与污染物发生反应，达到去除污染物的目的。

$$H_2O \rightsquigarrow (2.8)\cdot OH + (2.7)\ e_{aq}^- + (0.55)\cdot H + (0.45)\ H_2 + (0.7)\ H_2O_2 + (2.7)\ H^+ \quad (31\text{-}1)$$

反应式（1）中括号内的数值表示每吸收 100 eV 能量产生的每种活性粒子数。

电离辐照产生的氧化性物种（·OH）及还原性物种（e_{aq}^-和·H）的数量相近，有机污染物可通过氧化和还原两种路径降解[149]。水辐照后产生的活性粒子能够破坏微生物的 DNA、RNA 及细胞组织，因此电离辐照也是一种高效的消毒技术[151]。

电离辐照作为新兴的水处理技术，近年来受到较多关注[152-157]。研究表明，辐照技术可以去除水中难降解有机污染物（如氯代有机污染物、染料、抗生素、全氟辛酸等）、重金属离子（如 Cr^{6+}、Hg^{2+}、Pb^{2+} 等）、病原微生物和抗性基因[154]。

不同污染物分解所需的剂量随污染物的性质及水质的不同而变化。由于工业废水复杂，辐照技术处理工业废水需要的剂量较高，导致成本较高。因此在处理工业废水时，辐射技术通常与传统废水处理工艺结合，如辐照和生物处理、辐照和臭氧等，以降低辐照剂量，提高污染物的去除效率。

电离辐照技术与传统的废水处理工艺结合，既可作为预处理技术，降低废水毒性、提高可生化性；又可作为深度处理技术，进一步去除有机污染物并同时实现消毒（图 31-24）。此外，电离辐照还可用于污泥的无害化处置。

电子束辐照技术已应用于染料、化工、制药等工业废水以及垃圾渗滤液处理领域。清华大学与中广核合作，致力于电子束辐照技术的实际工程应用，2017 年 7 月，在浙江恒昌建成了辐照技术处理印染废水的示范工程。2020 年 6 月，全球最大的电子束处理印染工业废水工程项目在广东江门建成并投运[158]，处理规模为 30000 m^3/d，采用 7 台电子加速器（图 31-25），用于印染废水深度处理，出水 COD 低于 50 mg/L，标志着我国电子束处理工业废水技术迈进大规模商业化应用阶段。

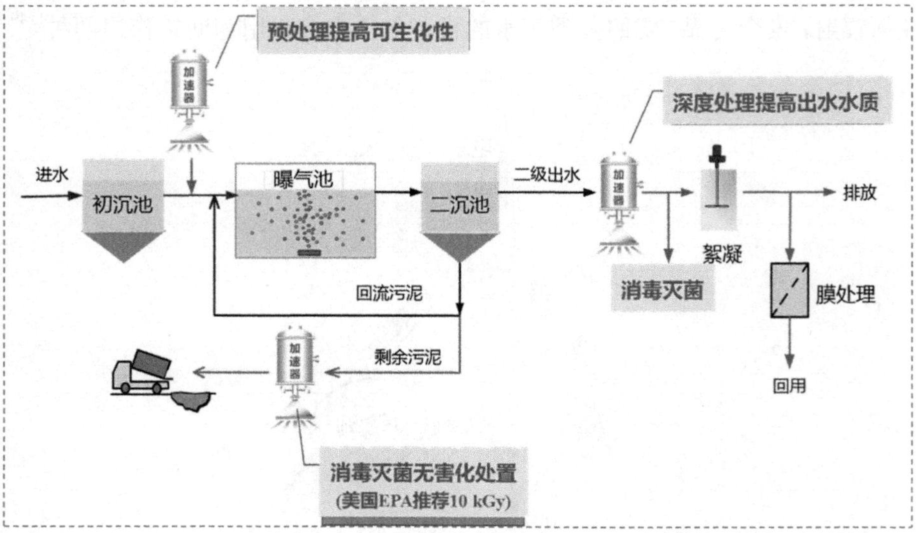

图 31-24　电子束辐照技术与传统废水处理工艺的结合方式

图 31-25　广东江门辐照处理印染废水工程采用的电子加速器照片

2021 年 5 月，电子束处理医疗废水示范工程在湖北十堰建成，运行结果表明，废水中的粪大肠菌数可由 2.4×10^5 个/mL 显著减小至 700 个/mL 以下。

目前，电子束辐照处理焦化废水、化工废水、油气田废水以及垃圾渗滤液示范工程正在建设中。电离辐照技术在难降解工业废水处理领域应用前景广阔。

未来有关废水辐照技术的研究应着眼于：①调控辐照过程中活性粒子的种类及利用效率；②辐照技术与常规废水处理技术有机结合，充分发挥各自的优势[149]。

31.5.4　工业废水物化催化处理

工业废水种类繁多，主要包括煤化工废水、皮革废水、反渗透（RO）浓水、制药废水和印染废水等，工业废水成分复杂，常含有苯系物、氰化物、无机盐和重金属离子等有毒有害污染物。随着废水排放标准的提高，工业废水经过传统的物化和生化处理后难以达标排放，特别是生化出水中仍含有微量/痕量的有毒有机污染物，亟需深度处理。近年来，以产生具有强氧化性自由基为代表的高级氧化技术被广泛应用于工业废水的深度处理，例如臭氧、Fenton、超声和电催化氧化技术等。随着材料学科的发展，研究者发展出了具有高效性能的不同催化材料并促进了工业废水处理技术的革新[159]。

电催化氧化技术是一种高效绿色的高级氧化技术，具有反应条件温和、操作简单、无需添加氧化剂和易实现自动化等优点，在工业废水处理中受到了广泛的关注。电极材料是电催化氧化的前提和核心，通过优化电极制备条件，可显著提升有机污染物的催化降解性能和电极的使用寿命[160]。针对难降解有机污染物在降解过程中传质受限的问题，研究者开发了反应性电化学膜，在 Flow-through 运行模式下可显著提升污染物在电极表面的传质效率，并提高其与氧化物种的反应机率，在水中低浓度有机污染物的高效去除中表现出较强的适用性（图 31-26）[161-163]。此外，相比于其他高级氧化技术，电催化氧化技术表现出更强的矿化效率和更高脱毒性能[164]，已在焦化废水、石油炼化废水、压裂返排液、皮革废水、高含盐农药废水、含氰废水、RO 浓水等多种工业废水深度处理中得到了工程化应用，并表现出较高的催化效率和安全性。

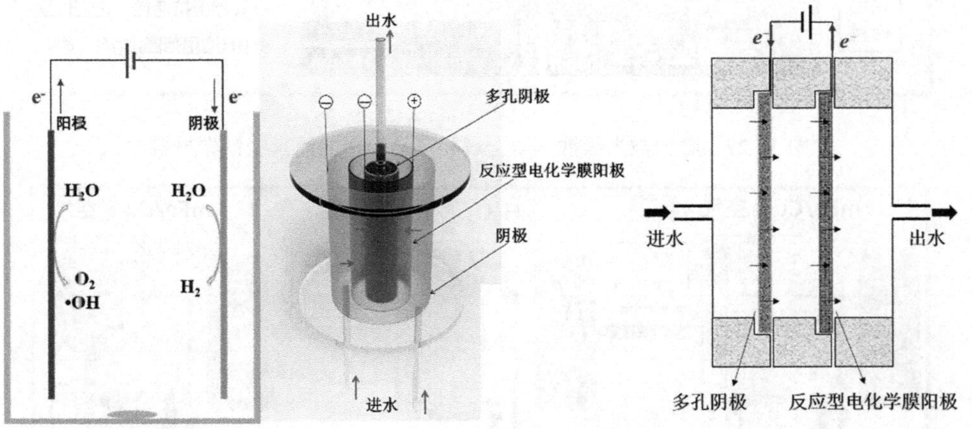

图 31-26　传统平板电极反应器（左）、圆筒（中）和平板（右）过滤式电化学反应器[161,162,164]

为了促进电催化氧化技术在工业废水深度处理方面的大规模应用，尚需在以下几方面开展深入研究工作：①揭示复杂废水中低浓度有机污染物的选择性去除机制、废水中多种污染物的同步去除机制、有毒污染物与电极表面相互作用机制等；②进一步降低投资成本和系统能耗，如电极材料价格、大型设备成本和运行费用等[165]；③降低工业废水毒性，如反应中间产物毒性、有机污染物与重金属离子络合毒性等。此外，如何将电催化氧化与其他高级氧化技术进行有效结合，发挥多种技术的优势，优化不同氧化物种攻击有机污染物的选择性，是未来工业水处理发展的一个重要方向。

31.5.5　特种废水高级氧化技术装备及应用

特种废水主要包括民用起爆药、军用火药和炸药、制药中间体、染料中间体、高毒性农药、石油化工中间体、精细化工品等特殊化学品生产过程中产生的有毒难降解工业废水，具有高毒性、高色度、高浓度、水质水量波动大、可生化性极差等特点，污染严重，极难处理。一般采用湿式氧化、多效蒸发、活性炭吸附、焚烧等方法处理，但存在设备投资和运行成本过高的问题。

零价铁具有价廉易得和环境友好的特征，基于零价铁的高级氧化已广泛应用于工业废水的处理[166]，但是零价铁腐蚀反应是一个多电子、多步骤的电子释放过程，铁电子利用率极低，导致实际工程中酸消耗量大、填料易钝化、铁泥产量高、氧化还原能力弱等问题[167]。因此，需要通过材料、工艺、装备的集成创新，提升铁电子利用率，强化氧化还原性能，降低铁泥产量。

如图 31-27 所示，在微米级零价铁（100～200 μm）表面负载尺寸可控的纳米铜，形成微米级铁铜双金属（mFe/Cu），其反应活性显著高于市场上销售的厘米级铁碳材料，并且制备成本远低于纳米铁[168,169]。为了进一步提高铁电子利用率，构建三级梯度氧化工艺（图 31-28）：第一级类芬顿反应预氧化高浓度污

图 31-27　新型微米级铁铜双金属和市场销售的厘米级铁碳材料

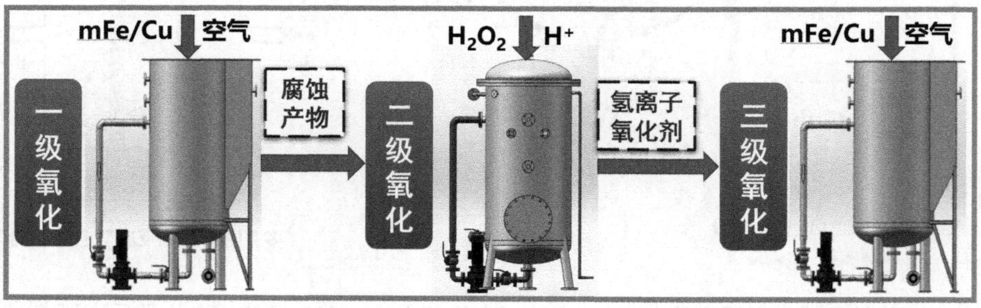

图 31-28　三级梯度氧化工艺

染物；第二级利用第一级新生成的铁腐蚀产物催化 H_2O_2 分解，进一步利用铁电子；第三级利用第二级残留酸和氧化剂强化类芬顿反应。从而实现酸、氧化剂、铁腐蚀产物等共存物质逐级利用，提高铁电子利用率，确保复杂污染物组分的高效梯度降解[170-173]。

针对传统微电解固定床传质效率低且填料易钝化的问题，提出多流道协同式水力旋流思路，设计出倒锥和多喷水口旋流器，实现高密度 mFe/Cu 的均质流化（图 31-29）[174, 175]。mFe/Cu 在旋流碰撞腐蚀的过程中逐渐纳米化，即原位生成大量纳米铁，显著提高系统的除污效率。高传质效率提高了铁电子利用率，减少酸消耗量和铁泥产量，降低综合运行成本。

图 31-29　循环水高速旋流装备

图 31-30 为民用起爆药生产废水处理示范工程，处理出水 COD<80 mg/L、色度<50 倍、硝基酚和 S^{2-}未检出，完全达到《GB 14470.2-2002 兵器工业水污染物排放标准 火工药剂》要求。相对于传统铁炭微电解法，新技术酸消耗量减少约 90%，铁泥产量减少约 70%，综合运行成本降低约 75%。

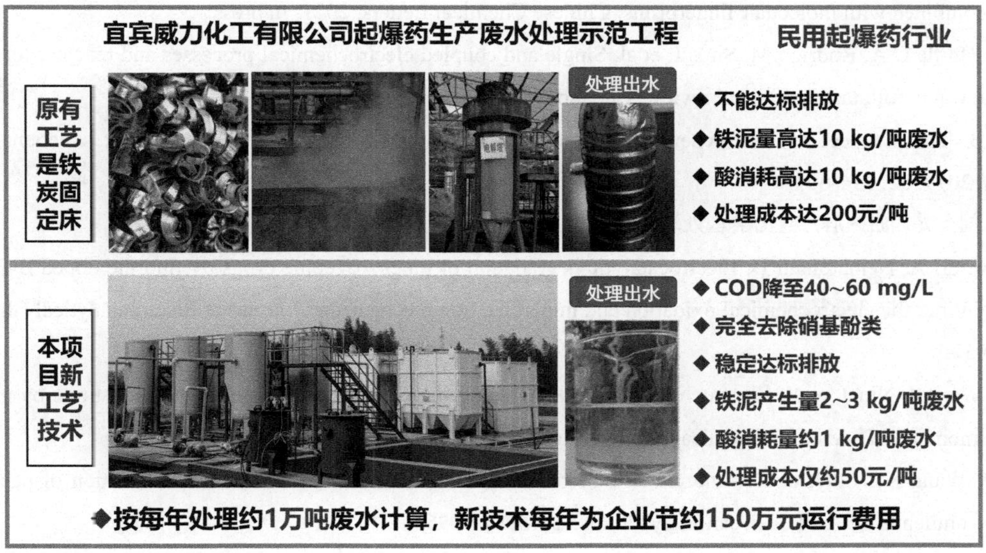

图 31-30　四川省宜宾威力化工有限公司民用起爆药生产废水处理示范工程

未来的研究重点是铁基材料和装备两个方面的创新：①改性 mFe^0，降低成本，提高活性；②探明旋流场中 mFe^0 固-液界面的变化机制，为开发经济高效的旋流装备提供理论支撑，实现节能降耗和铁泥的减量化。为特种废水的有效处理提供更为经济高效的铁基材料和技术装备。

参 考 文 献

[1] Yang J, Lin Y, Peng H, et al. Novel magnetic rod-like Mn-Fe oxycarbide toward peroxymonosulfate activation for efficient oxidation of butyl Paraben: radical oxidation versus Singlet oxygenation. Applied Catalysis B: Environmental, 2020, 268: 118549.

[2] Jaesang L, von Gunten U, Jae-Hong K. Persulfate-Based advanced oxidation: critical assessment of opportunities and roadblocks. Environmental Science & Technology, 2020, 54: 3064-3081.

[3] Zhang R, Meng T, Huang C, et al. PPCP degradation by chlorine–UV processes in ammoniacal water: new reaction insights, kinetic modeling, and DBP formation. Environmental Science & Technology, 2018, 52(14): 7833-7841.

[4] Yu L, Shuang C, Na L, et al. Rate constants and mechanisms of the reactions of Cl· and Cl_2^-· with trace organic contaminants. Environmental Science & Technology, 2019, 53(19): 11170-11182.

[5] Kai G, Zi W, Shu Y, et al. Comparison of the UV/chlorine and UV/H_2O_2 processes in the degradation of PPCPs in simulated drinking water and wastewater: kinetics, radical mechanism and energy requirements. Water Research, 2018, 147: 184-194.

[6] Kong Q, Lei X, Zhang X, et al. The role of chlorine oxide radical (ClO·) in the degradation of polychoro-1, 3-Butadienes in UV/Chlorine treatment: kinetics and mechanisms. Water Research, 2020, 183116056: 1-43.

[7] Sun P, Meng T, Wang Z, et al. Degradation of mrganic micropollutants in UV/NH_2Cl advanced oxidation process. Environmental Science & Technology, 2019, 5353, 15: 9024-9033.

[8] Chun C, Du Ye, Yu Z, et al. Formation of Nitro(So) and chlorinated products and toxicity alteration during the UV/monochloramine treatment of phenol. Water Research, 2021, 194: 116914.

[9] Garrett M, Wen H, Cristina R, et al. Predicting reactive intermediate quantum yields from dissolved organic natter photolysis using optical properties and antioxidant capacity. Environmental Science & Technology, 2017, 51(10): 5404-5413.

[10] Sun P, Ma H, Li S, et al. Prediction of second-order rate constants between carbonate radical and organics by deep neural network combined with molecular fingerprints. Chinese Chemical Letters, 2021, In press

[11] Martinez-Huitle C A, Rodrigo M, Sirés I, et al. Single and coupled electrochemical processes and reactors for the abatement of organic water pollutants: a critical review. Chemical Reviews, 2015, 115: 13362-13407.

[12] Chaplin B. The prospect of electrochemical technologies advancing worldwide water treatment. Accounts of Chemical Research, 2019, 52: 596-604.

[13] 胡承志, 刘会娟, 曲久辉. 电化学水处理技术研究进展. 环境工程学报, 2018, 12(03): 677-696.

[14] Souri Z, Ansari A, Nematollahi D. Electrocatalytic degradation of dibenzoazepine drugs by fluorine doped B-Pbo_2 electrode: new insight into the electrochemical oxidation and mineralization mechanisms. Journal of Electroanalytical Chemistry, 2020, 862: 114037.

[15] Zhuo Q, Wang J, Niu J, et al. Electrochemical oxidation of perfluorooctane sulfonate (PFOS) substitute by modified boron doped diamond (BDD) anodes. Chemical Engineering Journal, 2019, 379: 122280.

[16] Huang D, Wang K, Niu J, et al. Amorphous Pd-loaded Ti_4O_7 electrode for direct anodic destruction of perfluorooctanoic acid. Environmental Science & Technology, 2020, 54: 10954-10963.

[17] Sun M, Wang X, Winter L, et al. Electrified membranes for water treatment applications. ACS ES&T Engineering, 2021, 1: 725-752.

[18] Geng P, Chen G. Magnéli Ti_4O_7 modified ceramic membrane for electrically-assisted filtration with antifouling property. Journal of Membrane Science, 2015, 498: 302-314.

[19] Liu H, Ni X, Huo Z, et al. Carbon Fiber-based flow-through electrode system (FES) for water disinfection via direct oxidation mechanism with a sequential reduction-oxidation process. Environmental Science & Technology, 2019, 53: 3238-3249.

[20] Zhou Y, Ji Q, Liu H, et al. Pore structure-dependent mass transport in flow-through electrodes for water remediation. Environmental Science & Technology, 2018, 52: 7477-7485.

[21] Walsh F, Ponce De León C. Progress in electrochemical flow reactors for laboratory and pilot scale processing. Electrochimica Acta, 2018, 280: 121-148.

[22] Lyu L, Hu C. Heterogeneous fenton catalytic water treatment technology and mechanism. Progress in Chemistry, 2017, 29: 981-999.

[23] Lu C, Deng K, Hu C, et al. Dual-reaction-center catalytic process continues fenton's story. Frontiers of Environmental Science & Engineering, 2020, 14(5): 82.

[24] Lyu L, Zhang L, Wang Q, et al. E enhanced fenton catalytic efficiency of γ-Cu-Al_2O_3 by σ-Cu^{2+}-ligand complexes from aromatic pollutant degradation. Environmental Science & Technology, 2015, 49(14): 8639-8647.

[25] Lyu L, Zhang L, He G, et al. Selective H_2O_2 conversion to hydroxyl radicals in electron-rich area of hydroxylated C-g-C_3N_4/CuCo-Al_2O_3. Journal of Materials Chemistry A, 2017, 5(15): 7153-7164.

[26] Lyu L, Yan D, Yu G, et al. Efficient destruction of pollutants in water by a dual-reaction-center fenton-like process over carbon nitride compounds-complexed Cu(II)-$CuAlO_2$. Environmental Science & Technology, 2018, 52(7): 4294-4304.

[27] Lyu L, Yu G, Zhang L, et al. 4-Phenoxyphenol-Functionalized reduced graphene oxide nanosheets: a metal-free fenton-like catalyst for pollutant destruction. Environmental Science & Technology, 2018, 52(2): 747-756.

[28] Han M, Lyu L, Huang Y, et al. In situ generation and efficient activation of H_2O_2 for pollutant degradation over $CoMoS_2$ nanosphere-embedded rGO nanosheets and its interfacial reaction mechanism. Journal of Colloid and Interface Science,

2019, 543: 214-224.

[29] Tang Z, Zhao P, Wang H, et al. Biomedicine meets fenton chemistry. Chemical Reviews, 2021, 121(4): 1981-2019.

[30] Zhu Y, Zhu R, Xi Y, et al. Strategies for enhancing the heterogeneous fenton catalytic reactivity: a review. Applied Catalysis B: Environmental. 2019, 255: 117739.

[31] Yin Y, Shi L, Li W, et al. Boosting fenton-like reactions via single atom Fe catalysis. Environmental Science & Technology, 2019, 53 (19): 11391-11400.

[32] Xu J, Zheng X, Feng Z, et al. Organic wastewater treatment by a single-atom catalyst and electrolytically produced H_2O_2. Nature Sustainability, 2021, 4: 1-9.

[33] Wu Q, Wang J, Wang Z, et al. High-loaded single Cu atoms decorated on n-doped graphene for boosting fenton-like catalysis under neutral pH. Journal of Materials Chemistry A, 2020, 8 (27): 13685-13693.

[34] Cao P, Quan X, Zhao K, et al. High-efficiency electrocatalysis of molecular oxygen toward hydroxyl radicals enabled by an atomically dispersed iron catalyst. Environmental Science & Technology, 2020, 54(19): 12662-12672.

[35] Xu L, Huang X, Xi S, et al. Single cobalt atoms anchored on porous n-doped graphene with dual reaction sites for efficient fenton-like catalysis. Journal of the American Chemical Society, 2018, 140 (39): 12469-12475.

[36] Zhang L, Jiang X, Zhong Z, et al. Carbon nitride supported high - loading Fe single - atom catalyst for activating of peroxymonosulfate to generate $^1O_2$ with 100% selectivity. Angewandte Chemie International Edition, 2021, 60(40): 21751-21755.

[37] Mi X, Peng W, Xu S, et al. Almost 100 % Peroxymonosulfate conversion to singlet oxygen on single - atom CoN_{2+2} Sites. Angewandte Chemie, 2020, 133(9): 4638-4643.

[38] Jiang N, Xu H, Wang L, et al. Nonradical oxidation of pollutants with single-atom-Fe(III)-activated persulfate: Fe(V) being the possible intermediate oxidant. Environmental Science & Technology, 2020, 54(21): 14057-14065.

[39] Miao J, Zhu Y, Lang J, et al. Spin-state-dependent peroxymonosulfate activation of single-atom m–n moieties via a radical-free pathway. ACS Catalysis, 2021, 11: 9569-9577.

[40] Duan P, Pan J, Du W, et al. Activation of peroxymonosulfate via mediated electron transfer mechanism on single–atom Fe catalyst for effective organic pollutants removal. Applied Catalysis B: Environmental, 2021, 299: 120714.

[41] Du X, Oturan M, Zhou M, et al. Nanostructured electrodes for electrocatalytic advanced oxidation processes: from materials preparation to mechanisms understanding and wastewater treatment applications. Applied Catalysis B: Environmental, 2021, 296: 120332.

[42] Salazar-Banda G, Santos G, Duarte Gonzaga I, et al. Developments in electrode materials for wastewater treatment. Current Opinion in Electrochemistry, 2021, 26: 100663.

[43] Liu Y, Gao G, Vecitis C. Prospects of an electroactive carbon nanotube membrane toward environmental applications. Accounts of Chemical Research, 2020, 53: 2892-2902.

[44] Xiao F, Wang Z, Fan J, et al. Selective electrocatalytic reduction of oxygen to hydroxyl radicals via 3 - electron pathway with FeCo alloy encapsulated carbon aerogel for fast and complete removing pollutants. Angewandte Chemie, 2021, 60: 10375-10383.

[45] Su P, Zhou M, Ren G, et al. A carbon nanotube-confined iron modified cathode with prominent stability and activity for heterogeneous electro-fenton reactions. Journal of Materials Chemistry A, 2019, 7(42): 24408-24419.

[46] Song X, Zhang H, Bian Z, et al. In situ electrogeneration and activation of H_2O_2 by atomic Fe catalysts for the efficient removal of chloramphenicol. Journal of Hazardous Materials, 2021, 412: 125162.

[47] Zhang Q, Zhou M, Ren G, et al. Highly efficient electrosynthesis of hydrogen peroxide on a superhydrophobic three-phase interface by natural air diffusion. Nature Communications, 2020, 11: 1731.

[48] Sirés I, Brillas E. Upgrading and expanding the electro-fenton and related processes. Current Opinion in Electrochemistry, 2021, 27: 100686.

[49] Du X, Fu W, Su P, et al. Trace FeCu@PC derived from mofs for ultraefficient heterogeneous electro-fenton process: enhanced electron transfer and bimetallic synergy. ACS ES&T Engineering, 2021, 1: 1311-1322.

[50] Zhang H, Quan X, Fan X, et al. Improving ion rejection of conductive nanofiltration membrane through electrically enhanced surface charge density. Environmental Science & Technology, 2018, 53(2): 868-877.

[51] Kim K, Moreno-Jimenez D, Efstathiadis H. Electrochemical ammonia recovery from anaerobic centrate using a nickel-functionalized activated carbon membrane electrode. Environmental Science & Technology, 2021, 55(11): 7674-7680.

[52] Si Y, Sun C, Li D, et al. Flexible superhydrophobic metal-based carbon nanotube membrane for electrochemically enhanced water treatment. Environmental Science & Technology, 2020, 54(14): 9074-9082.

[53] Yu Q, Zhang Y. Fouling-resistant biofilter of an anaerobic electrochemical membrane reactor. Nature Communications, 2019, 10: 4860.

[54] Zheng J, Wang Z, Ma J, et al. Development of an electrochemical ceramic membrane filtration system for efficient contaminant removal from waters. Environmental Science & Technology, 2018, 52(7): 4117-4126.

[55] Liu Y, Wu P, Liu F, et al. An Electroactive modified carbon nanotube filter for simultaneous detoxification and sequestration of Sb(III). Environmental Science & Technology, 2019, 53(3): 1527-1535.

[56] Li J, Ma J, Dai R, et al. Self-enhanced decomplexation of Cu-organic complexes and Cu recovery from wastewaters using an electrochemical membrane filtration system. Environmental Science & Technology, 2020, 55(1): 655-664.

[57] Li Y, Ma J, Waite T, et al. Development of a mechanically flexible 2D-MXene membrane cathode for selective electrochemical reduction of nitrate to N_2: mechanisms and implications. Environmental Science & Technology, 2021, 55(15): 10695-10703.

[58] Zhao Y, Sun M, Wang X, et al. Janus Electrocatalytic flow-through membrane enables highly selective singlet oxygen production. Nature Communications, 2020, 11(1): 6228.

[59] Fan X, Liu Y, Wang X, et al. Improvement of antifouling and antimicrobial abilities on silver-carbon nanotube based membranes under electrochemical assistance. Environmental Science & Technology, 2019, 53(9): 5292-5300.

[60] Sun Z, Zhao L, Liu C, et al. Catalytic ozonation of ketoprofen with in-situ n-doped carbon: novel synergetic mechanism of hydroxyl radical oxidation and intra-electron-transfer non-radical reaction. Environmental Science & Technology, 2019, 53(17): 10342-10351.

[61] Song Z, Wang M, Wang Z, et al. Insights into heteroatom-doped graphene for catalytic ozonation: active centers, reactive oxygen species evolution, and catalytic mechanism. Environmental Science & Technology, 2019, 53(9): 5337-5348.

[62] Zhang J, Xin B, Shan C, et al. Roles of oxygen-containing functional groups of o-doped g-C_3N_4 in catalytic ozonation: quantitative relationship and first-principles investigation. Applied Catalysis B: Environmental, 2021, 292: 120155.

[63] Afzal S, Quan X, Lu S. Catalytic performance and an insight into the mechanism of CeO_2 nanocrystals with different exposed facets in catalytic ozonation of p-nitrophenol. Applied Catalysis B: Environmental, 2019, 248: 526-537.

[64] Wei K, Cao X, Gu W, et al. Ni-Induced C-Al_2O_3-Framework (NiCAF) supported core-multishell catalysts for efficient catalytic ozonation: a structure-to-performance study. Environmental Science & Technology, 2019, 53(12): 6917-6926.

[65] Yuan Y, Garg S, Ma J, et al. Kinetic modeling-assisted mechanistic understanding of the catalytic ozonation process using Cu–Al layered double hydroxides and copper oxide catalysts. Environmental Science & Technology, 2021, 55(19): 74-85.

[66] Zhuang G, Xie Y, Zhao Z, et al. Single-atom Mn-N_4 sites catalyzed peroxone reaction for efficient production of hydroxyl radicals under acidic solution. Journal of the American Chemical Society, 2019, 141(30): 12005-12010.

[67] Zhang Y, Li Q, Long Y, et al. Catalytic ozonation benefit from the enhancement of electron transfer by the coupling of

$g\text{-}C_3N_4$ and $LaCoO_3$: discussion on catalyst fabrication and electron transfer pathway. Applied Catalysis B: Environmental, 2019, 254: 569-579.

[68] Ouyang C, Wei K, El-Din M, et al. Bifunctional Fe for induced graphitization and catalytic ozonation based on a Fe/N-Doped Carbon–Al_2O_3framework: theoretical calculations guided catalyst design and optimization. Environmental Science & Technology, 2021, 55(16): 11236-11244.

[69] Alvarez P, Chan C, Elimelech M, et al. Emerging opportunities for nanotechnology to enhance water security. Nature Nanotechnology, 2018, 13: 634-641.

[70] Zhang X, Cheng C, Qian J, et al. Highly efficient water decontamination by using sub-10 nm FeOOH confined within millimeter-sized mesoporous polystyrene beads. Environmental Science & Technology, 2017, 51(16): 9210-9218.

[71] Cheng S Q J Z X. Commercial Gel-type Ion exchange resin enabling large-scale production of ultrasmall nanoparticles for highly efficient water decontamination. Engineering, 2021(just accepted).

[72] Zhang X, Zhang L, Li Z, et al. Rational design of antifouling polymeric nanocomposite for sustainable fluoride removal from nom-rich water. Environmental Science & Technology, 2017, 51: 1011-1019.

[73] Zhang X, Wu M, Dong H, et al. Simultaneous oxidation and sequestration of As(III) from water by using redox polymer-based Fe(III) oxide nanocomposite. Environmental Science & Technology, 2017, 51(11): 6326-6334.

[74] Qian J, Gao X, Pan B. Nanoconfinement-mediated water treatment: from fundamental to application. Environmental Science & Technology, 2020, 54(14): 8509-8526.

[75] Zhang S, Hedtke T, Zhou X, et al. Environmental applications of engineered materials with nanoconfinement. ACS ES&T Engineering, 2021, 1(4): 706-724.

[76] Zhang X, Shen J, Pan S, et al. Metastable zirconium phosphate under nanoconfinement with superior adsorption capability for water treatment. Advanced Functional Materials, 2020, 30: 1909014.

[77] Zhang Y, Wang M, Gao X, et al. Structural evolution of lanthanum hydroxides during long-term phosphate mitigation: effect of nanoconfinement. Environmental Science & Technology, 2020, 55(1): 665-676.

[78] Zhichao Y, Qian J, Yu A, et al. Singlet oxygen mediated iron-based fenton-like catalysis under nanoconfinement. Proceedings of the National Academy of Sciences, 2019, 116: 6659-6664.

[79] Dmitriy B, Igor R, Pranav S, et al. Following the microscopic pathway to adsorption through chemisorption and physisorption wells. Science, 2020, 369(6510): 28-35.

[80] Rong X G, Han A Z, Ke X, et al. Metal organic framework (MOF)-based micro/nanoscaled materials for heavy metal ions removal: the cutting-edge study on designs, synthesis, and applications. Coordination Chemistry Reviews, 2021, 427: 213554.

[81] Zhang C, Zeng G, Huang D, et al. Biochar for environmental management: mitigating greenhouse gas emissions, contaminant treatment, and potential negative impacts. Chemical Engineering Journal, 2019, 373: 902-922.

[82] Yu J, Feng H, Tang L, et al. Insight into the key factors in fast adsorption of organic pollutants by hierarchical porous biochar. Journal of Hazardous Materials, 2021, 403: 123610.

[83] Li W, Cao J, Xiong W, et al. In-situ growing of metal-organic frameworks on three-dimensional iron network as an efficient adsorbent for antibiotics removal. Chemical Engineering Journal, 2020, 392: 124844.

[84] Fang Q, Ye S, Yang H, et al. Application of layered double hydroxide-biochar composites in wastewater treatment: recent trends, modification strategies, and outlook. Journal of Hazardous Materials, 2021, 420: 126569.

[85] Xie Y, Yuan X, Wu Z, et al. Adsorption behavior and mechanism of Mg/Fe layered double hydroxide with Fe_3O_4-carbon spheres on the removal of Pb(II) and Cu(II). Journal of Colloid And Interface Science, 2019, 536: 440-455.

[86] Kim S, Nam S, Jang A, et al. Review of adsorption–membrane hybrid systems for water and wastewater treatment.

Chemosphere. 2022, 286: 131916.

[87] Minkyu P, D D K, Shimin W, et al. Magnetic ion-exchange (MIEX) resin for perfluorinated alkylsubstance (PFAS) removal in groundwater: roles of atomic charges for adsorption. Water research, 2020, 181: 115897.

[88] Mccarty P. What is the best biological process for nitrogen removal - when and why? Environmental Science & Technology, 2018, 52(7): 3835-3841.

[89] Rahimi S, Modin O, Mijakovic I. Technologies for biological removal and recovery of nitrogen from wastewater. Biotechnology Advances, 2020, 43: 107570.

[90] Shaw D, Ali M, Katuri K, et al. Extracellular electron transfer-dependent anaerobic oxidation of ammonium by anammox bacteria. Nature Communications, 2020, 11(1): 2058.

[91] Sato Y, Tanaka E, Hori T, et al. Efficient conversion of organic nitrogenous wastewater to nitrate solution driven by comammox nitrospira. Water Research, 2021, 197: 117088.

[92] Chen G, Bai R, Zhang Y, et al. Application of metagenomics to biological wastewater treatment. Science of the Total Environment, 2021: 150737.

[93] Akbari A, Wang Z, He P, et al. Unrevealed roles of polyphosphate-accumulating microorganisms. Microbial Biotechnology, 2021, 14(1): 82-87.

[94] Guo G, Ekama G, Wang Y, et al. Advances in sulfur conversion-associated enhanced biological phosphorus removal in sulfate-rich wastewater treatment: a review. Bioresource Technology, 2019, 285: 121303.

[95] De Graaff D, Van Loosdrecht M, Pronk M. Biological phosphorus removal in seawater-adapted aerobic granular sludge. Water Research. 2020, 172: 115531.

[96] Yu C, Huang X, Chen H, et al. Managing nitrogen to restore water quality in China. Nature, 2019, 567: 1.

[97] Zhao Z, Li Y, Zhang Y, et al. Sparking anaerobic digestion: promoting direct interspecies electron transfer to enhance methane production. IScience, 2020, 23(12): 101794.

[98] Zaho Z, Zhang Y, L Woodard T, et al. Enhancing syntrophic metabolism in up-flow anaerobic sludge blanket reactors with conductive carbon materials. Bioresource Technology, 2015, 191: 140-145.

[99] Zhao Z, Zhang Y, Li Y, et al. Potentially shifting from interspecies hydrogen transfer to direct interspecies electron transfer for syntrophic metabolism to resist acidic impact with conductive carbon cloth. Chemical Engineering Journal, 2017, 313: 10-18.

[100] Zhao Z, Li Y, Quan X, et al. Towards engineering application: potential mechanism for enhancing anaerobic digestion of complex organic waste with different types of conductive materials. Water Research, 2017, 115: 266-277.

[101] Zhao Z, Zhang Y, Yu Q, et al. Communities stimulated with ethanol to perform direct interspecies electron transfer for syntrophic metabolism of propionate and butyrate. Water Research, 2016, 102: 333-341.

[102] Zhao Z, Li Y, Quan X, et al. New application of ethanol-type fermentation: stimulating methanogenic communities with ethanol to perform direct interspecies electron transfer. ACS Sustainable Chemistry & Engineering, 2017, 5(10): 9441-9453.

[103] Park J, Jiang D, Lee B, et al. Towards the practical application of bioelectrochemical anaerobic digestion (BEAD): insights into electrode materials, reactor configurations, and process designs. Water Research, 2020, 184: 116214.

[104] Jiang X, Chen D, Mu Y, et al. Electricity-stimulated anaerobic system (ESAS) for enhanced energy recovery and pollutant removal: a critical review. Chemical Engineering Journal, 2021, 411: 128548.

[105] Vrieze J, Arends J, Verbeeck K, et al. Interfacing anaerobic digestion with (bio)electrochemical systems: potentials and challenges. Water Research. 2018, 146: 244-255.

[106] Cui M, Liu W, Tang Z, et al. Recent advancements in azo dye decolorization in bio-electrochemical systems (BESs): insights into decolorization mechanism and practical application. Water Research, 2021, 203: 117512.

[107] Chen D, Shen J, Jiang X, et al. Simultaneous debromination and mineralization of bromophenol in an up-flow electricity-stimulated anaerobic system. Water Research, 2019, 157: 8-18.

[108] Cheng H, Tian X, Li C, et al. Microbial Photoelectrotrophic denitrification as a sustainable and efficient way for reducing nitrate to nitrogen. Environmental Science & Technology, 2017, 51(21): 12948-12955.

[109] Chen D, Zhang X, Chen H, et al. Simultaneous removal of pyridine and denitrification in an integrated bioelectro-photocatalytic system utilizing n-doped graphene/α-Fe_2O_3 Modified Photoanode. Electrochimica Acta, 2021, 366: 137425.

[110] Sathe S, Chakraborty I, Cheela V, et al. A novel bio-electro-fenton process for eliminating sodium dodecyl sulphate from wastewater using dual chamber microbial fuel cell. Bioresource Technology, 2021, 341: 125850.

[111] Yan J, Hu X, He Q, et al. Simultaneous enhancement of treatment performance and energy recovery using pyrite as anodic filling material in constructed wetland coupled with microbial fuel cells. Water Research, 2021, 201: 117333.

[112] Yang Z, Zhang L, Nie C, et al. Multiple anodic chambers sharing an algal raceway pond to establish a photosynthetic microbial fuel cell stack: voltage boosting accompany wastewater treatment. Water Research, 2019, 164: 114955.

[113] Zhen G, Pan Y, Lu X, et al. Anaerobic membrane bioreactor towards biowaste biorefinery and chemical energy harvest: recent progress, membrane fouling and future perspectives. Renewable and Sustainable Energy Reviews, 2019, 115: 109392.

[114] Grethlein H E. Anaerobic digestion and membrane separation of domestic wastewater. Journal of the Water Pollution Control Federation, 1978, 50: 754-763.

[115] Zhang X. Robustness of granular activated carbon-synergized anaerobic membrane bioreactor for pilot-scale application over a wide seasonal temperature change. Water Research, 2020, 189.

[116] Lei Z, Yang S, Li X, et al. Revisiting the effects of powdered activated carbon on membrane fouling mitigation in an anaerobic membrane bioreactor by evaluating long-term impacts on the surface layer. Water Research, 2019, 167: 115137.

[117] Zhang T, Zhang J, Wang Q, et al. Evaluating of the performance of natural mineral vermiculite modified PVDF membrane for oil/water separation by membrane fouling model and XDLVO theory. Journal of Membrane Science, 2022, 641: 119886.

[118] Yu Q, Zhang Y. Fouling-resistant biofilter of an anaerobic electrochemical membrane reactor. Nature Communications, 2019, 10: 4860.

[119] Lei Z, Yang S, Wang L, et al. Achieving successive methanation and low-carbon denitrogenation by a novel three-stage process for energy-efficient wastewater treatment. Journal of Cleaner Production, 2020, 276: 124245.

[120] Hu Y, Cheng H, Ji J, et al. A Review of Anaerobic membrane bioreactors for municipal wastewater treatment with a focus on multicomponent biogas and membrane fouling control. Environmental Science Water Research & Technology, 2020, 6: 2641-2663.

[121] Shahid M K, Kashif A, Rout P, et al. A brief review of anaerobic membrane bioreactors emphasizing recent advancements, fouling issues and future perspectives. Journal of Environmental Management, 2020, 270: 110909.

[122] Zhou D, Xu Z, Dong S, et al. Intimate coupling of photocatalysis and biodegradation for degrading phenol using different light types: visible light vs UV light. Environmental Science & Technology, 2015, 49: 7776-7783.

[123] Xiong H, Dong S, Zhang J, et al. Roles of an easily biodegradable co-substrate in enhancing tetracycline treatment in an intimately coupled photocatalytic-biological reactor. Water Research, 2018, 136: 75-83.

[124] Su Y, Wang X, Dong S, et al. Towards a simultaneous combination of ozonation and biodegradation for enhancing tetracycline decomposition and toxicity elimination. Bioresource Technology, 2020, 304: 123009.

[125] Zhao M, Shi J, Zhao Z, et al. Enhancing chlorophenol biodegradation: using a co-substrate strategy to resist photo-H_2O_2 stress in a photocatalytic-biological reactor. Chemical Engineering Journal, 2018, 352: 255-261.

[126] Zhao M, Cui Z, Fu L, et al. Shewanella drive Fe(III) reduction to promote electro-fenton reactions and enhance fe

inner-cycle. ACS ES&T Water, 2020, 1: 613-620.
[127] Lu H, Wu D, Hao T, et al. Innovative sulphur-based wastewater treatment in biological wastewater treatment: principles, modelling and design (2nd edition). London, UK: IWA Publishing, 2020: 327-380.
[128] Lu H, Ekama G, Wu D, et al. SANI (R) process realizes sustainable saline sewage treatment: steady state model-based evaluation of the pilot-scale trial of the process. Water Research, 2011, 46: 475-490.
[129] Wang B, Kuang S, Shao H, et al. Anaerobic-petroleum degrading bacteria: diversity and biotechnological applications for improving coastal soil. Ecotoxicology and Environmental Safety, 2021, 224: 112646.
[130] Zhang H, Jia Y, Kumar S, et al. Understanding the role of extracellular polymeric substances on ciprofloxacin adsorption in aerobic sludge, anaerobic sludge, and sulfate-reducing bacteria sludge systems. Environmental Science & Technology, 2018, 52(11): 1-8.
[131] Jia Y, Khanal S K, Shu H, et al. Ciprofloxacin degradation in anaerobic sulfate-reducing bacteria (SRB) sludge system: mechanism and pathways. Water Research, 2018, 136: 64-74.
[132] Zhang R, Xu X, Chen C, et al. Interactions of functional bacteria and their contributions to the performance in integrated autotrophic and heterotrophic denitrification. Water Research, 2018(1): 355-366.
[133] Peng L, Liu Y, Gao S, et al. Evaluating simultaneous chromate and nitrate reduction during microbial denitrification processes. Water Research, 2016, 89: 1-8.
[134] Yang W, Lu H, Khanal S, et al. Granulation of sulfur-oxidizing bacteria for autotrophic denitrification. Water research, 2016, 104: 507-519.
[135] Zeng C, Su Q , Peng L, et al. Elemental sulfur-driven autotrophic denitrification for advanced nitrogen removal from mature landfill leachate after pn/a pretreatment. Chemical Engineering Journal, 2021, 410: 128256.
[136] van Loosdrecht M, Brdjanovic D. Anticipating the next century of wastewater treatment. Science, 2014, 344: 6191.
[137] Kent T, Bott C, Wang Z. State of the art of aerobic granulation in continuous flow bioreactors. Biotechnology Advances, 2018, 36(4): 1139-1166.
[138] Bin J, Meng Z, Jun G, et al. A self-sustaining synergetic microalgal-bacterial granular sludge process towards energy-efficient and environmentally sustainable municipal wastewater treatment. Water Research, 2020, 179: 115884.
[139] Quijano G, Arcila J S, Buitrón G. Microalgal-bacterial aggregates: applications and perspectives for wastewater treatment. Biotechnology Advances, 2017, 35(6) : 772-781.
[140] Guo J, Li J, Chen H, et al. Metagenomic analysis reveals wastewater treatment plants as hotspots of antibiotic resistance genes and mobile genetic elements. Water Research, 2017, 123: 468-478.
[141] Wang X, Shen J, Kang J, et al. Mechanism of oxytetracycline removal by aerobic granular sludge in SBR. Water Research, 2019, 161: 308-318.
[142] Zhang M, Yuan L, Li Z, et al. Tetracycline exposure shifted microbial communities and enriched antibiotic resistance genes in the aerobic granular sludge. Environment International, 2019, 130: 104902.
[143] 陈前, 杨春和, 薛琳斋. 化工企业废水处理现状分析及治理建议. 环境科技, 2016, 29(02): 69-73.
[144] 张全兴, 李爱民, 潘丙才. 离子交换与吸附树脂的发展及在工业废水处理与资源化中的应用. 高分子通报, 2015(09): 21-43.
[145] Liang B, Cheng H, Van Nostrand J, et al. Microbial community structure and function of nitrobenzene reduction biocathode in response to carbon source switchover. Water Research, 2014, 54: 137-148.
[146] Zhang J, Xiao K, Ziwei L, et al. Large-scale membrane bioreactors for industrial wastewater treatment in China: technical and economic features, driving forces, and perspectives. Engineering, 2020, 7: 868-880.
[147] Varindani A, Anantha Singh T S, Menon P, et al. Chelate modified electro-fenton process for mixed industrial wastewater

treatment. Environmental Technology, 2021, 8: 1-21.

[148] Cai Q, Lee B, Ong S, et al. Fluidized-bed fenton technologies for recalcitrant industrial wastewater treatment - recent advances, challenges, and perspective. Water Research, 2021, 190: 116692.

[149] 王建龙, 初里冰. 电离辐照技术在废水处理中的研究进展. 环境工程学报, 2017, 11(02): 653-672.

[150] Ponomarev A, Ershov B. The Green method in water management: electron beam treatment. Environmental Science & Technology, 2020, 54: 5331-5344.

[151] Capodaglio A. Critical perspective on advanced treatment processes for water and wastewater: AOPs, ARPs, and AORPs. Applied Sciences, 2020, 10: 4549.

[152] Wang J, Run Z, Chu L. The occurrence, distribution and degradation of antibiotics by ionizing radiation: an overview. Science of The Total Environment, 2018, 646.

[153] Wang J, Chu L. Irradiation treatment of pharmaceutical and personal care products (PPCPs) in water and wastewater: an overview. Radiation Physics and Chemistry. 2016, 125: 56-64.

[154] Chu L, Wang J, He S, et al. Treatment of pharmaceutical wastewater by ionizing radiation: removal of antibiotics, antimicrobial resistance genes and antimicrobial activity. Journal of Hazardous Materials, 2021, 415: 125724.

[155] Wang S, Wang J. Radiation-induced degradation of sulfamethoxazole in the presence of various inorganic anions. Chemical Engineering Journal, 2018, 351: 688-696.

[156] Wang J, Zhuan R. Degradation of antibiotics by advanced oxidation processes: an overview. Science of The Total Environment, 2019, 701: 135023.

[157] Chen H, Wang J. Degradation of sulfamethoxazole by ozonation combined with ionizing radiation. Journal of Hazardous Materials, 2020, 407: 124377.

[158] C W. Started with IAEA Support, China's electron beam industry opens world's largest wastewater treatment facility. IAEA Office of Public Information and Communication, 2020.

[159] Garcia-Segura S, Qu X, Alvarez P, et al. Opportunities for nanotechnology to enhance electrochemical treatment of pollutants in potable water and industrial wastewater -a perspective. Environmental Science: Nano, 2020, 7: 2178.

[160] Qian X, Peng K, Xu L, et al. Electrochemical decomposition of PPCPs on hydrophobic Ti/SnO_2-Sb/La-PbO_2 anodes: relationship between surface hydrophobicity and decomposition performance. Chemical Engineering Journal, 2021, 429: 132309.

[161] Xu L, Ma X, Niu J, et al. Removal of trace naproxen from aqueous solution using a laboratory-scale reactive flow-through membrane electrode. Journal of Hazardous Materials, 2019, 379: 120692.

[162] Xu L, Niu J, Xie H, et al. Effective degradation of aqueous carbamazepine on a novel blue-colored TiO_2 nanotube arrays membrane filter anode. Journal of Hazardous Materials, 2020, 402: 123530.

[163] Sun M, Wang X, Winter L, et al. Electrified membranes for water treatment applications. ACS ES&T Engineering, 2021, 1: 725-752.

[164] Tang S, Xu L, Yu X, et al. Degradation of anticancer drug capecitabine in aquatic media by three advanced oxidation processes: mechanisms, toxicity changes and energy cost evaluation. Chemical Engineering Journal, 2020, 413: 127489.

[165] Stirling R, Walker S, Westerhoff P, et al. Techno-economic analysis to identify key innovations required for electrochemical oxidation as point-of-use treatment systems. Electrochimica Acta, 2020, 338: 135872.

[166] Luo H, Zeng Y, He D, et al. Application of iron-based materials in heterogeneous advanced oxidation processes for wastewater treatment: a review. Chemical Engineering Journal, 2020, 407: 127191.

[167] Guan X, Sun Y, Qin H, et al. The limitations of applying zero-valent iron technology in contaminants sequestration and the corresponding countermeasures: the development in zero-valent iron technology in the last two decades (1994–2014). Water

Research, 2015, 75: 224-248.

[168] Zhang Y, Chen Z, Yang P, et al. Removal of p-nitrophenol (PNP) in aqueous solution by the micron-scale iron-copper (Fe/Cu) bimetallic particles. Applied Catalysis B: Environmental, 2014, 144: 816-830.

[169] Zhang H, Ji Q, Lai L, et al. Degradation of p-nitrophenol (PNP) in aqueous solution by mFe/Cu-air-PS System. Chinese Chemical Letters, 2019, 30(5): 1129-32.

[170] Xiong Z, Zhang H, Zhang W, et al. Removal of nitrophenols and their derivatives by chemical redox: a review. Chemical Engineering Journal, 2019, 359: 13-31.

[171] Yuan Y, Tang Y. Combined Fe0/air and fenton process for the treatment of dinitrodiazophenol (DDNP) industry wastewater. Chemical Engineering Journal, 2016, 283: 1514-1521.

[172] Li J, Liu Q, Ji Q. Degradation of p-nitrophenol (PNP) in aqueous solution by Fe0-PM-PS system through response surface methodology (RSM). Applied Catalysis B: Environmental, 2017, 200: 633-646.

[173] 赖波，袁月. 类芬顿反应器和有毒难降解废水处理装置及处理方法: 中国，CN201510257227.9 [P]. 2015 年 9 月 2 日. https://kns.cnki.net/kcms/detail/detail.aspx?dbcode=SCPD&dbname=SCPD2015&filename=CN104876319A&uniplatform=NZKPT&v=IfcKMu3KmvT61I7_IKbVsik7M6NLirB3Tv3rRpe4JvetMpDWzPg5eWjfnc9TIKDc

[174] 赖波，袁月. 高级氧化反应器和有毒难降解废水处理装置及处理方法: 中国，CN201610573560.5. 2016 年 11 月 9 日. https://kns.cnki.net/kcms/detail/detail.aspx?dbcode=SCPD&dbname=SCPD2016&filename=CN106082422A&uniplatform=NZKPT&v=n9AaOwBRTsvSWly0g8o95bXGi86TQv6Kw1fsviNG5rRHVKD13v7OGasRPd5qLVKD.

[175] 赖波，张恒. 一种高级氧化反应器: 中国，CN201920330326.9.2020 年 3 月 6 日. https://kns.cnki.net/kcms/detail/detail.aspx?dbcode=SCPD&dbname=SCPD2020&filename=CN210127117U&uniplatform=NZKPT&v=tyiS8u6UAX4HdowtIxeSFZHhvP37x_xhGEgkh4kFW4j0WD-jzEwrcHTO8IsFLyo.

作者：孙佩哲[1]，尤世界[2]，胡春[3]，吕来[3]，吴乾元[4]，周明华[5]，王志伟[6]，张潇源[7]，潘丙才[8]，陈志强[2]，汤琳[9]，王亚宜[6]，张耀斌[10]，赵智强[10]，沈锦优[11]，冯春华[12]，陈荣[13]，杨媛[13]，周丹丹[14]，吕慧[15]，盛国平[16]，袁丽[16]，李爱民[8]，双陈东[8]，王建龙[17]，牛军峰[18]，赖波[19]，黄霞[7]，俞汉青[16]，韦朝海[12]，陈志强[2]，周明华[5]，丁晶[2]

[1]天津大学环境与工程学院，[2]哈尔滨工业大学环境学院，[3]广州大学环境科学与工程学院，[4]清华大学深圳研究生院，[5]南开大学环境科学与工程学院，[6]同济大学环境科学与工程学院，[7]清华大学环境学院，[8]南京大学环境学院，[9]湖南大学环境科学与工程学院，[10]大连理工大学环境学院，[11]南京理工大学环境与生物工程学院，[12]华南理工大学环境与能源学院，[13]西安建筑科技大学环境与市政工程学院，[14]东北师范大学环境学院，[15]中山大学环境科学与工程学院，[16]中国科学技术大学环境科学与工程系，[17]清华大学核能与新能源技术研究院，[18]华北电力大学环境科学与工程学院，[19]四川大学环境与建筑学院

第 32 章　环境中抗生素耐药性的形成、传播及健康风险

本章导读

抗生素耐药性已成为全球公共卫生与健康面临的重大挑战之一。环境中存在抗生素、重金属等多种化学类物质，持续影响着细菌耐药性的形成与发展。耐药菌/耐药基因在环境水、土壤、大气中的扩散介导了耐药性在人-动物-环境之间传播，对抗生素治疗的有效性、人与动物的健康形成威胁。本章结合国内外研究进展，探讨抗生素耐药的驱动机制、环境过程与传播机制、健康效应与风险评估，并对未来研究进行了展望。

关键词

抗生素，耐药性，驱动机制，传播规律，扩散机制，环境暴露，健康风险

32.1 引 言

抗生素耐药性被视为 21 世纪威胁人类健康的公共卫生问题之一[1]，被联合国环境署列为六大新兴环境问题之首[2]。据统计，全球每年因细菌耐药性而死亡的人数约 70 万，若不加以控制，到 2050 年死亡人数将超过 1000 万[3]。在“同一健康（one health）”理念的推动下，耐药基因（或抗性基因）（antibiotic resistance gene，ARGs）的传播更关注在跨介质、跨物种、跨地域之间的传播，即“环境-动物-人”之间的全球传播[4]。

近年来，有关抗生素耐药性的产生与形成机制备受关注，其中化学驱动机制是环境领域研究的热点之一。细菌除了受到抗生素的直接选择压力，也受到其他物质如重金属和杀生剂的共同影响。研究发现，细菌可以通过外排泵系统、细胞膜通透性改变、作用靶标点的改变、酶修饰或降解作用、应激反应改变生理特性及金属螯合与生物转化等抗性机制对这些选择压力产生抗性，或者通过协同抗性、交叉抗性、共调控抗性的机制产生多重抗性。

环境中耐药基因的传播与扩散主要体现在水环境、土壤-植物系统和大气环境。其中，水环境是 ARGs 的重要环境传播介质，具有较大的流动性和较高的生物量，因而受到广泛的关注。同时，水环境被认为是 ARGs 的重要储存库，是 ARGs 产生、传播和扩散的主要场所。土壤是地球上微生物最丰富的栖息地，同时也是最大的抗生素抗性基因储存库。研究土壤-植物系统的耐药基因及其扩散和传播机制对人类健康具有重要意义。然而，目前对土壤-植物系统的研究仍有待加强。大气环境也是耐药基因在全球范围内大规模传播扩散的重要环境介质[5,6]，耐药基因能够通过呼吸吸入从空气进入到人体中，严重威胁人体健康。

基于“同一健康”的理念，耐药基因在“环境-动物-人”之间的传播与人体健康息息相关。环境中耐药基因的人体暴露主要通过饮水/饮食摄入、呼吸吸入和接触暴露三种方式进入到人体中[5,7,8]。耐药细菌定殖在人体的主要途径包括：呼吸，饮食和皮肤接触。环境中的耐药细菌可以通过直接接触或间接传播的方式定殖在人体。

本章首先综述了抗生素耐药的化学驱动机制及其研究进展，重点探讨了水环境中耐药基因的赋存特征、产生机制及其转移机制；并分析了水环境中耐药基因的细菌宿主与风险评估。本章还探讨了土壤-植物体系中耐药基因的分布特征、吸收转移机制，探讨了大气环境中耐药基因的环境来源、分布特征、大气传输及其影响因素，以及抗生素与耐药基因的人体暴露途径与健康风险。最后总结了当前研究的不足，提出了相应的研究展望。

32.2　环境中抗生素耐药的化学驱动机制

了解细菌抗性的形成机制及其选择压力是遏制细菌耐药的关键之一，也是近年来的研究热点。研究发现，环境中抗生素残留和细菌抗性之间存在着较强的相关性[9]；从各种途径排入到水环境中的抗生素改变了细菌群落结构，提高了总体的抗性水平，抗生素成为导致细菌产生耐药性的重要选择压力。细菌产生抗生素耐药性主要机制有外排泵系统、膜通透性改变、改变靶标点、酶修饰及降解作用以及产生应激反应改变生理特性作用，其中关于外排泵系统的研究较为丰富。值得注意的是，抗生素耐药性的选择压力不止来源于抗生素本身，其他化学物质如金属和杀生剂也参与了抗生素耐药性的共同选择[10-13]。杀生剂是一类无机或合成有机分子，用于对物体和表面进行消毒或灭菌，并保护材料或工艺不受微生物降解，如抗真菌剂、驱虫剂、尼泊金酯类防腐剂和消毒剂等。一般认为，杀生剂的作用机制主要为氧化作用、亲电体作用和溶解细胞膜[14]。研究发现，细菌对抗生素和杀生剂具有相似的抗性机制，其中外排泵机制最为重要[15-23]。此外，重金属在环境中可以长期稳定存在，对细菌群落的耐药性产生持续选择压力[12]。细菌对重金属抗性机制主要包括外排泵系统、金属螯合与生物转化作用[24-26]。农田环境中养殖粪污的投入被认为是耐药菌和耐药基因的重要来源[27-29]。越来越多的研究证明，细菌不但可以单独对某一种药物产生抗性，也可以通过协同抗性、交叉抗性和共调控抗性等多种机制产生多重抗性[30-32]。由此可见，细菌耐药性的研究不仅要关注抗生素的使用和抗生素的直接选择压力，也要考虑多种物质共同作用机制。

32.2.1　环境中的选择压力及其抗性机制

我国是抗生素生产和使用大国，环境中抗生素含量较高，2013 年我国抗生素总使用量约为 16.2 万吨，其中人用抗生素占到总量的 48%，其余为兽用抗生素，其中 36 种常见抗生素总使用量达到 9.27 万吨，其中 84.3%为兽用抗生素用量，经过人和动物体内代谢作用后，由粪便和尿液排泄的抗生素总量为 5.4 万吨，进一步通过各种污水处理后，共有 5.38 万吨进入受纳环境中[33]。不止抗生素，环境中同样存在着大量重金属和杀生剂残留。对珠江三角洲地区沉积物和河水中重金属的检测表明，大部分沉积物均受到严重的镉、铅和锌污染；珠江水体的重金属含量普遍在高于 I 类水标准的 ppb 级[15,18,20]。三氯生和三氯卡班是常见的杀生剂，被用于牙膏和洗手液等多种产品中，在水环境中被广泛检出。对我国辽河、海河、黄河、珠江、东江五大河流的监测发现，几乎每条河流的地表水和沉积物中三氯生和三氯卡班的检出率均为 100%或接近 100%，三氯生和三氯卡班在地表水中的浓度分别为 478 ng/g 和 338 ng/g，在沉积物中的浓度分别为 1329 ng/g 和 2723 ng/g [23]。环境中普遍存在的这些抗生素、杀生剂和重金属成为诱导环境中细菌抗性的重要因素，导致细菌通过各种不同的机制对这些选择压力产生抗性。

1）外排泵功能

细菌抗性机制中研究较为丰富的是外排泵功能。细菌通过在细胞膜上产生特定的转运蛋白，使药物等进入细菌内部后还未发挥作用就被排放到细菌体外，从而产生抗性（图 32-1）。通过核苷酸序列分析，预测 *qacA* 基因编码一个包含 514 个氨基酸的 M_r 55017 蛋白，该蛋白具有典型的细胞膜蛋白的性质，分析表明，这些蛋白质的 N-和 C-端区分别参与能量耦合（质子转移）和底物运输，并且被证明属于运输蛋白家族，通过转运蛋白对四环素和亚甲基霉素产生抗性[22]。与抗生素外排相似，金属外排泵也使细菌拥有了金属抗性，利用单分子超分辨成像和基因工程技术研究大肠杆菌发现，细胞中的三联复合外排泵CusCBA配合物是一种动态结构，周质衔接蛋白CusB是一种金属传感元件，它在*cus*操纵子的转录激活之前驱动外排复合物的形成，以产生金属抗性[25]。同样，在杀生剂抗性中外排泵机制也被证明具有重要作用，有研究发现，根据RNA测序数据分析，戊二醛暴露诱导外排泵产生和膦酸盐降解，同时影响脂质和多胺的生物合成代谢，此外，对外排泵进行化学抑制发现戊二醛活性增强，表明外排泵有助于戊二醛抗性[26]。这些研究说明，外排泵功能是细菌产生抗性的重要机制。

2）细胞膜通透性改变

另一种重要的抗性机制是改变细胞膜通透性。细菌通过调节控制细胞膜的结构，选择性减少或禁止某些化学物质进入细菌细胞内，从而产生对该化学物质的抗性（图32-1）。细菌可以通过突变而改变外膜中外膜孔蛋白和脂多糖的渗透性，从而产生四环素抗性[24]。对于杀生剂抗性的研究也表明膜通透性改变可以提高细菌的杀生剂抗性，Bisbiroulas 等[30]将单核细胞增生李斯特氏菌在苯扎氯铵作用下生长的极性和中性脂类成分进行分析，并将其与最佳生长细胞进行比较发现，细菌通过调整脂质变化导致膜流动性降低，并且还导致细胞表面的物理化学性质的改变，从而改变细菌对非生物物质表面的黏附，产生了对杀生剂的抗性 。而另一种通过蛋白质组学方法分析杀生剂抗性的实验也发现，受苯酚压力选择的大肠杆菌的外膜蛋白OmpA、FadL、LamB和OmpT，细胞质相关蛋白AceA和EF-Tu等也随之改变，从而使细菌产生了对苯酚的抗性[31]。

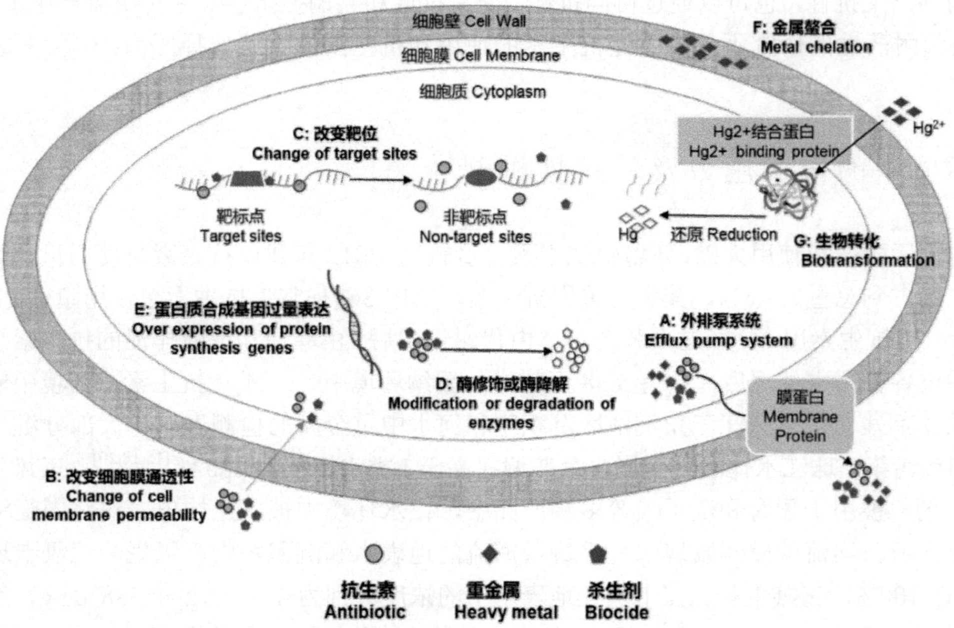

图 32-1　细菌对抗生素、重金属和杀生剂的抗性机制[44]

3）改变作用靶标点

细菌还可以通过干扰或限制抗生素等化学物质的靶标位点，使其杀菌作用降低或受到抑制，从而产生抗性（图32-1）。例如大环内酯类、林可酰胺和链霉素抗生素在化学结构上是不同的，但有相似的作用模式，细菌通过修饰它们在核糖体上的靶标点，特别是23S rRNA的结构域中腺嘌呤残基的甲基化，使抗生素药物无法作用到正确靶标点，从而产生抗性[32,34,35]。改变靶标点同样是杀生剂抗性的一种重要机制。在大肠杆菌中，FabI突变转化为FabI[G93V]，而FabI可以与蛋白质和三氯生形成稳定的三元结构，突变后的 FabI[G93V]则影响了三氯生在细胞中的稳定结构，使三氯生更容易被去除，从而产生对三氯生的抗性[36]。

4）酶修饰和降解作用

细菌可以产生针对某些种类抗生素或杀生剂的修饰酶或降解酶，当这些化学物质进入细菌细胞后，首先被相应的酶作用水解或者修饰，或者被一些生化作用降解，从而无法起到杀菌作用，导致细菌产生抗性（图 32-1）。Cedric 等[37]使用红霉素和泰乐菌素在体外选择空肠弯曲杆菌和弯曲杆菌的大环内酯抗性突变体，发现这些突变体通过在核糖体蛋白 L4（G74D）和 L22（插入位置 86 或 98）中表现出修饰作用而产生抗生素抗性。细菌对杀生剂的这一抗性机制主要是通过生化降解作用，Meade 等[38]从堆肥、水和土壤样品中分离到对三氯生具有高度抗性的恶臭假单胞菌和木糖氧化无色杆菌反硝化亚种，利用含有三氯生的培养基进行细菌培养实验，通过高效液相色谱法结合生物测定证明，三氯生在液体培养物中被灭活或失去效用。Nishihara 等[39]也发现从城市污水处理厂的活性污泥中分离到的一种假单胞菌可以通过 *N*-脱烷基化降解作用对季铵类化合物产生高度抗性。

5）应激反应及改变生理特性

与四种常见抗性机制不同的是，最近的一些研究发现细菌还可以通过生理代谢变化降低细胞对杀生剂的敏感性，比较常见的现象为营养限制、降低生长速率和防止杀生剂进入下层细胞[19,40]。María 等[41]对比了益生菌戊糖乳杆菌 MP-10 暴露于亚致死浓度的抗生素（阿莫西林、氯霉素和四环素）和杀生剂（苯扎氯铵和三氯生）两种环境的抗性表现，并利用蛋白组学分析发现，戊糖乳杆菌 MP-10 对抗生素产生的适应性表现为蛋白质合成相关基因的表达增加、碳水化合物代谢及能量生产的相关基因的表达下降，对杀生剂的适应性表现为磷酸化载体蛋白 HPr 和氧化还原酶相关编码基因表达的下调，但他们的共同点在于蛋白质合成基因的过量表达，这些生理代谢共同的适应性使细菌对抗生素和杀生剂产生了抗性。

6）金属螯合与生物转化

金属螯合与生物转化作用是细菌针对重金属产生的抗性机制，而近些年的研究发现，重金属抗性与抗生素抗性密切相关[17]。关于细菌对重金属的抗性，研究发现，由 *mer* 操纵子编码的细菌抗汞机制中，进入细胞膜的 Hg^{2+}先与 Hg^{2+}结合蛋白结合，将结合的汞传递给位于细胞质膜中的汞运输系统，该系统允许汞向细胞内的易化扩散，随后非细胞汞（Hg^{2+}）被细胞质汞还原酶还原为无毒的 0 价汞从细胞中挥发，防止了 Hg^{2+}对细胞的损伤（图 32-1）[42]。在另一项研究中，由于细胞壁上存在旋涡酸的磷酸二酯基、肽聚糖的羧基、壁聚合物的糖羟基和肽链的酰胺基等许多阴离子位点，使枯草芽孢杆菌细胞壁与多种金属（Hg^{2+}、Pb^{2+}、Mg^{2+}、Fe^{2+}、Cu^{2+}、Na^{+}、K^{+}）结合，结合后的金属失去了生物毒性[43]，所以使细菌产生重金属抗性。

32.2.2　细菌对多种选择压力的抗性机制

重金属、杀生剂与抗生素都是具有抗菌作用的物质，具有相似的抑菌/杀菌手段，所以，细菌可以同时对它们产生抗性，且可能具有相似的选择和共存机制。与单一化学物质抗性相比，细菌的多重抗性机制更为复杂，研究较多的则是协同抗性（共抗性）、交叉抗性和共调控抗性。

1）协同抗性（共抗性）

当不同抗性表型的基因位于同一遗传元件（如质粒，转座子或整合子）上时，就会发生共同抗性[45]。Buffet-Bataillon 等[46]通过调查发现，*dfrA*、*sul1* 和 *qacEΔ1* 基因盒的存在与对复方新诺明的抗性和季胺类杀生剂的高最小抑菌浓度（MIC）值相关。Zhang 等[47]对金黄色葡萄球菌 LZ-01 的研究发现，经铬酸盐或氨苄青霉素处理后的细菌，基因组和转录组 *emrA* 和 *emrB* 基因水平都会相应上调，使细菌对铬和氨苄青霉素的抗性增加，在将 *emrA* 和 *emrB* 基因扣除后，这种诱导现象消失，表明 EmrAB 操纵子赋予了细菌在生存环境中对铬酸盐或氨苄青霉素的共抗性。另外，对于携带多种抗性基因的质粒的研究已有许多文献报道，Fang 等[48]研究发现，pco 和 sil 操纵子、oqxAB/$bla_{CTX\text{-}M}$共存于 IncHI2 质粒上，含有这一质粒的细菌表现出对重金属和抗生素的共抗性（图 32-2）。另一项研究表明，质粒 pUUH239.2 编码对 *β*-内酰胺类抗性（$bla_{CTX\text{-}M\text{-}15}$、$bla_{TEM\text{-}1}$ 和 $bla_{OXA\text{-}1}$），氨基糖苷类抗性[*aac-*（*6′*）*-1b-cr* 和 *aadA2*]，四环素类抗性[*tet*（A）和 *tetR*]，甲氧苄氨嘧啶类抗性（*dhfrXII*），磺胺类抗性（*sul1*），季铵化合物类抗性（*qacEΔ1*），大环内酯类抗性[*mph*（A）*-mxr-mphR*（A）]和重金属离子（银、铜和砷）抗性，这种同时编码对抗生素、杀生剂、重金属抗性的质粒的存在对细菌多重抗性有重要作用[49]。

2）交叉抗性

交叉抗性是指细菌通过同一种抗性机制可以同时对抗生素、杀生剂、重金属等产生抗性[50]。已有研究证明由于应激反应增强导致喹诺酮类药物与其他抗菌药物（包括三氯生）之间的交叉抗性[51,52]。外排泵功能作为一个重要的抗性机制，在交叉抗性机制中也占据主导地位。由三个基因操纵子（cmeABC）编码的外排泵与已知的三重多药外排泵具有显著结构同源性，它由周质融合蛋白（CmeA）、内膜外排转运蛋白（CmeB）和外膜蛋白（CmeC）组成，有助于空肠弯曲杆菌野生型 81-176 菌株中的多重抗性[53]。且后续实验发现 cmeDEF 编码的外排系统对包括氨苄青霉素、溴化乙锭、吖啶、十二烷基硫酸钠（SDS）、脱氧胆酸盐、三氯生和西曲酰亚胺等具有多重抗性[54]。关于在外排泵功能中常见的 RND 型多蛋白外排机制，Conroy 等[55]研究发现，ge*s* 编码系统与 RND 型蛋白外排系统密切相关，且 ges 系统具有较为广泛的底物特性，可以同时将重金属和抗生素类药物排出细胞外。而对于另一具有外排功能的 MexAB-OprM 系统，Schweizer[56]采用一种基于酵母 FLP 重组酶的新技术，验证了 MexAB-OprM 系统是铜绿假单胞菌对蓝藻素和硫代乳霉素的内源性耐药系统，且该系统同时可以排出具有广谱杀菌作用的三氯生。另外有研究证明，在鼠伤寒沙门氏菌中 BaeSR 系统通过诱导 AcrD 和 MdtABC 药物外排系统增加沙门氏菌的多重抗性和金属抗性（图 33-2）[57]。Shahcheraghi 等[58]通过基因克隆，将含有编码多药外排功能 *smfY* 基因的质粒转移到宿主细菌，观察细菌抗性发现，宿主菌对诺氟沙星、苯扎氯铵、吖啶黄和溴化乙锭的 MIC 显著增加。另一诱导实验发现大肠杆菌产生应激反应或对苯扎氯铵和抗生素适应性增强，导致大肠杆菌表征出对苯扎氯铵和抗生素的获得性交叉抗性，其中外排功能的增强在具有抗性的细胞中明显增加[59]。

3）共调控抗性

细菌的生命活动依靠各种胞内组织的共同调节，当细菌暴露于选择压力之下时，会将转录翻译过程联系起来，通过应激协调反应产生抗性[60]。Navarre[61]等发现调节基因 *slyA* 和 *phoP*/*phoQ* 在沙门氏菌对药物产生的抗性中起关键作用，*slyA* 的主要作用是改变细胞表面以保护细胞免受宿主产生的有毒化合物的影响（图 32-2）。Perron 等[62] 通过亚抑制浓度或致死浓度诱导实验，证明了双组分调节基因 *czcR-czcS* 与铜绿假单胞菌的重金属抗性和碳青霉烯抗生素抗性有关。Balasubramanian 等[63]研究证明 *ampR* 的丢失导致了药物对细菌作用的增强，这表明在 β-内酰胺抗性、藻酸盐生产、群体感应基因和毒性因子产生之间存在着一个共同调节网络，其中 *ampR* 起着核心作用。与此相似，*acrD* 和 *mdtABC* 基因的共同缺失抑制了 BaeSR 介导的多重抗性，而单个基因的缺失并不能抑制 BaeSR 介导的多重抗性，证明 BaeSR 调节系统通过诱导 AcrD 和 MdtABC 外排系统增加了沙门氏菌的多重抗性[57]。最近的一项实验发现三氯生可诱导野生型大肠埃希菌通过共调控作用产生多重抗性，三氯生诱导的氧化应激导致 *fabI*、*frdD*、*marR*、*acrR* 和 *soxR* 等基因的突变，引起编码 β-内酰胺酶和多药外排泵基因转录的上调，以及膜通透性相关基因的下调[64]。

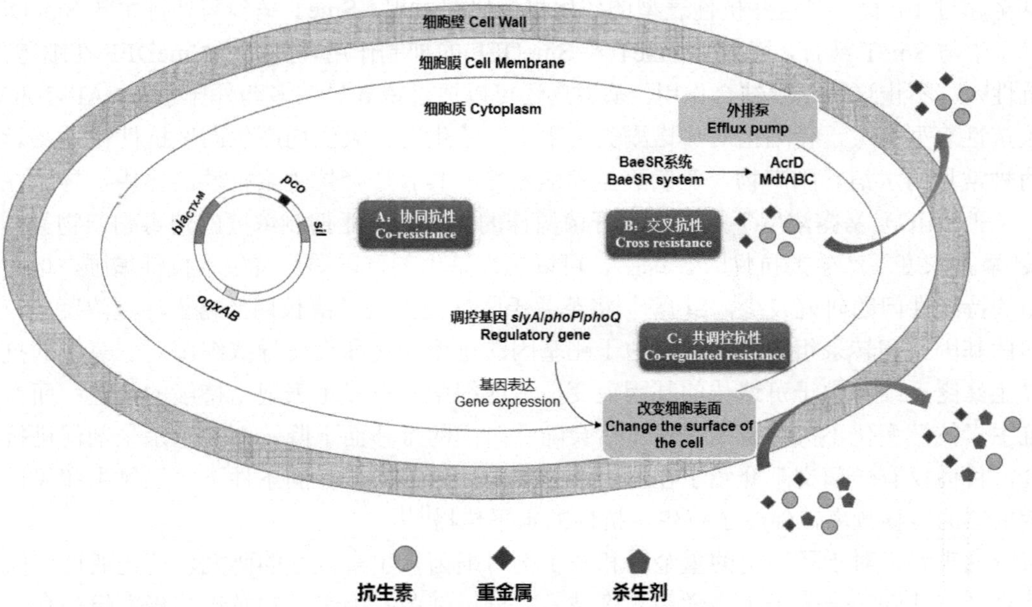

图 32-2　抗生素、重金属和杀生剂的共选择机制[44]

32.2.3　化学驱动机制研究现状

重金属对细菌亢生素抗性影响的研究，过去主要采用诱导实验的方法观察细菌抗生素抗性的变化，并且发现受重金属刺激的细菌更容易在抗生素环境中存活；后期的研究专注于与表型相关的基因及其表达的情况，证明高浓度的重金属暴露可以提高细菌的抗生素抗性[65-67]。与在重金属污染浓度下细菌抗生素抗性的变化相比，现在的研究更关注于环境浓度及亚抑制浓度下细菌抗生素抗性的变化，并且抗性的持续性问题成为研究热点。一些实验证明低浓度的重金属共选择作用提高了环境中抗生素抗性基因（ARGs）的丰度，改变了细菌群落结构，使细菌整体抗性水平增强，且在去除重金属后，这种抗性水平会维持较长时间，在土壤环境中这种抗性甚至会持续几十天[67-69]。最近研究发现，在亚抑制浓度 Cu^{2+} 暴露下，细菌细胞内产生过量的活性氧（ROS），提高了细菌的接合频率，从而增强了抗生素抗性基因的水平转移[70]。此外，环境浓度 Cu、Ag、Cr 和 Zn 的暴露，不仅促进了细菌内 ROS 的形成，使得细胞产生应激反应，也对膜完整性造成损害，从而增加了脂质相关 *rfaZ*、*rfaq*、*pmrD*、*htrL* 和 *plsX* 等的表达，从而促进抗生素抗性基因的水平转移[71]。由此可见，亚抑制浓度重金属促进了细菌的抗生素抗性具有促进作用，其中 ROS 的产生被认为是重金属促进抗性基因水平转移的原因之一[70,71]。

重金属对细菌抗生素抗性的促进作用已被广泛认可，但目前对于杀生剂与抗生素抗性的相关性存在一些争议。已经有多个研究表明，杀生剂抗性与抗生素抗性之间并无直接关联性，对从环境样品中分离的抗性细菌的调查分析显示，来自动物粪便、含氯自来水、临床菌株等多种途径的细菌可以同时对多种抗生素和杀生剂产生抗性，但两种抗性之间仅存在弱相关性[72-74]。这种两种抗性之间相关性分析很明显不能成为杀生剂与抗生素抗性间作用的有效证据，更多的诱导实验及基因层面的机理研究准确地说明了杀生剂对抗生素抗性的促进作用。一些调查分析表明杀生剂与细菌抗生素抗性密切相关。在空气和水体环境中的调查发现，杀生剂的存在往往提高了环境中 ARGs 的丰度，且抗生素抗性呈现随杀生剂浓度升高而增强的现象[75,76]。Liu 等[76]对暴露于消毒副产物中的铜绿假单胞菌的抗生素抗性研究表明，杀生剂暴露使细菌对 10 种单独抗生素和多种抗生素的抗性均以不同程度提高，与对照相比，诺氟沙星和多霉素 B 抗性增强甚至超过 10 倍。对这些抗性表型的作用机制研究发现，SmeT 是多药外排系统 SmeDEF 的一种阻遏物，三氯生与 SmeT 结合，降低了 SmeT 对 SmeDEF 的抑制作用，提高了 SmeDEF 在细胞内的表达，从而提高抗性[77]。不止这种化学结合作用，杀生剂还可以通过诱导导致多药外排泵 AcrAB-TolC 突变，该突变与多重抗性表型有关，使细菌对喹诺酮类抗生素和杀生剂三氯生均产生高度抗性[78]。最近的一项实验发现，两种常见的水消毒副产物（亚氯酸盐和碘乙酸）具有选择抗生素抗性的作用，导致在高（接近 MIC）和低（亚 MIC）暴露浓度下抗性大肠杆菌菌株的突变，且亚抑制浓度的消毒副产物暴露产生的抗性高于 MIC 暴露浓度下产生的抗性[79]。综上，可以看出杀生剂可以诱导抗生素抗性增强，但对于这种抗性在环境中的持续性问题研究较少，Li 等[80]将革兰氏阴性菌大肠杆菌长期暴露于环境浓度的三氯生中，检测分析细菌基因组和转录组信息发现，由于靶基因的过度表达和突变导致细菌对三氯生的抗性明显增强，且在停止暴露后细菌由于可遗传的基因突变，适应细胞对三氯生表现出持续的抗性；而在暴露过程中细菌的抗生素抗性变化不大，且暴露停止后会随着时间的推移而下降。而关于杀生剂促进抗生素抗性传播的研究，目前仅有一篇文献介绍了在对供体菌和受体菌共同培养的条件下，三氯生和氯己定显著增加了抗生素抗性的转移频率，促进了抗生素抗性的水平传播[81]。

从目前研究来看，对于环境中的重金属和杀生剂对细菌抗生素抗性的研究，首先通过细菌诱导实验观察其抗性表型，其次结合分子生物学和测序技术，分析细菌基因组、转录组和蛋白组信息，深入研究细菌产生抗生素抗性的基因型和抗性表型[65-67,73,75,76,82,83]。一般认为高浓度暴露更容易产生细菌抗生素抗性[65-67]，但近些年来发现，亚抑制浓度暴露也是促进细菌抗生素抗性及多重抗性的关键因素[84,85]，并在此基础上进一步分析了细菌抗生素抗性的持久性[67-69]，以更好评估重金属和杀生剂带来的抗生素抗性环境影响。其中，抗性基因的水平转是目前重金属和杀生剂对细菌抗生素抗性影响研究的重点[80,81,86]。

32.3　环境中抗生素耐药的传播与扩散

32.3.1　水环境

作为ARGs的重要环境传播介质，水环境因具有较大的流动性和较高的生物量而受到广泛的关注(图32-3)。水环境被认为是 ARGs 的重要储存库，是 ARGs 产生、传播和扩散的主要场所[87]。水环境主要包括污水处理系统和自然水体（如海洋、湖泊和河流等）等。污水处理系统作为医院废水、居民生活污水、制药废水和畜禽养殖废水的最终汇入场所，是耐药菌群和耐药基因的重要点源污染源。多项研究表明，污水处理系统中进水、活性污泥及出水中都含有相当高丰度的 ARGs。研究人员已分别在河水、底泥，甚至饮用水中发现了多样的耐药基因和耐药细菌[88-90]。ARGs 随着污水处理系统的出水排放至自然水体，连同部分农业生产活动产生的 ARGs 面源污染汇入，使自然水体成为了耐药菌群和耐药基因的重要汇集场所[91]。

图 32-3　水环境中耐药基因的来源与扩散

1）水环境中 ARGs 的赋存特征

（1）污水处理系统

污水处理系统的污水来源包括居民生活污水、医院废水、制药废水和畜禽养殖废水等。其中市政污水处理厂（WWTPs）主要位于城市生活区附近，污水主要来自于城市生活污水以及包含医院在内的公共基础设施的污水，而分布在抗生素制药厂和畜禽养殖场内部的污水处理厂（站），污水来源主要为制药废水和养殖废水等，此类污水含有大量抗生素，更易造成耐药细菌和 ARGs 的污染问题[88]。影响 ARGs 在污水处理系统中的发生、传播的因素有很多：一方面，由于污水处理系统的进水往往不是单一来源，因而组成复杂、种类繁多，污水处理系统进水中的细菌通常接触过人用或兽用抗生素及其他类抗菌剂（如三氯生、季铵盐化合物等），其中有相当一部分已经成为抗生素耐药细菌。另一方面，污水中残留的抗生素和其他类抗菌剂构成筛选耐药细菌的环境选择压力，促进环境中耐药基因的产生和传播。传统污水处理厂的常用工艺，如活性污泥工艺，其细菌密度大、含氧量高、营养物质丰富，使得非耐药细菌不停地受到抗生素的选择压力影响，并且与耐药细菌一直保持着密切接触的状态，这为 ARGs 在细菌群落中进行水平基因转移提供了有利的条件，使得 ARGs 在污水处理系统中大量富集[88,90]。携带有大量 ARGs 的污水处理系统出水由于没有经过针对性的削减，直接排放到自然环境当中，成为自然水体中 ARGs 的重要源头。在美国德卢斯港口中，排入其中的市政污水出水是三种四环素耐药基因和 *int*I1 基因的重要污染点源[92]；对上海河网中 ARGs 的调查研究发现，城市污水处理厂的尾水排放对下游河流（如苏州河、黄埔河）中 ARGs 的丰度和分布特征具有显著影响[93]。

（2）自然水体

自然水体的污染源主要有两方面：一是污水处理系统出水；二是部分养殖废水或者农业径流的直接汇入。因此，自然水体中的 ARGs 赋存特征也受到了广泛关注。河流、湖泊、近海等与人类聚集地邻近的自然水体中，ARGs 的污染水平都要远高于未受到人类活动影响的水体（如远海）。Pruden 等人[94]采用实时定量 PCR 的方法在美国科罗拉多州北部河流、灌溉渠等地表水中发现了 5 种编码四环素的耐药基因 *tet*（BP）、*tet*（O）、*tet*（S）、*tet*（T）、*tet*（W）与 4 种编码磺胺类抗生素的耐药基因 *sul*（Ⅰ）、*sul*（Ⅱ）、*sul*（Ⅲ）与 *sul*（A）。Zhang 等人[95]联合采用“流域实地检测+药企市场调查+三级逸度模型模拟”多维度方式，以六大类 36 种抗生素作为调研目标，对中国抗生素使用量和全国 58 个流域抗生素的排放量进行了系统化的研究，成功得到了包括长江、黄河、珠江等各大流域的抗生素排放量和排放密度，准确预测了抗生素在全国 58 个流域的环境浓度，揭示了流域范围内医院及水环境样品中细菌耐药率与该流域范围内抗生素使用量和预测环境浓度值具有相关性。这些研究表明，受到人类活动影响的自然水体中，普遍存在着 ARGs 污染的问题。Li 等人[96]对 10 类典型环境样品开展了耐药基因的广谱解析研究，揭示了底泥/土壤/地表水/饮用水-城市污水处理厂系统-畜禽粪便及养殖场废水处理系统这一全链条水环境体系中耐药基因丰度分布规律以及耐药基因的源汇特征。在这 10 类典型水环境样品中共检测到属于 18 种 ARGs 类型的 260 种 ARGs 亚型，单个亚型的丰度范围为 5.4×10^{-6}～2.2×10^{-1}ARGs 拷贝/16S rRNA 基因拷贝。不同环境中 ARGs 总丰度与这些环境的人为影响程度十分相关，从受影响较小的自然环境到受严重影响的畜禽养殖环境，ARGs 总丰度增加了 3 个数量级，即从 3.2×10^{-3} 升至 3.1 个 ARGs 拷贝/16S rRNA 基因拷贝。丰度较高的 ARGs 主要为氨基糖苷类、杆菌肽、*β*-内酰胺类、氯霉素类、大环内酯-林可霉素-链阳霉素类、喹诺酮类、磺胺类和四环素类耐药基因，与广泛用于人类医疗或动物医疗及生长促进剂的抗生素类型高度一致。Zhu 等人[97]采用高通量 qPCR 技术开展了大尺度调研，分析了全国 18 个主要河流河口沉积物中 ARGs 的多样性及其影响因子，揭示了 ARGs 的组成与典型抗生素残留浓度和流域社会经济参数（包括人口和生活污水量等）显著相关，表明人类活动（包括养殖业和生活污水排放）是影响河口 ARGs 的主要因子。上述结果充分证实了人类生产活动和抗生素使用是影响耐药基因在环境中分布和扩散的主要驱动因子。

2）水环境中 ARGs 产生及转移

需要指出的是：除了抗生素之外，非抗生素类污染物均可能产生足够的选择性压力，导致 ARGs 的产生、维持与水平基因转移。Stepanauskas 等人[98]通过纯菌分离试验发现：河水中微生物分别暴露重金属 Cd 和 Ni（浓度 0.01～1 mmol/L）一周之后，相比于空白对照样品，所分离菌株中四环素和氨苄西林的耐药菌株比例均显著提高，表明重金属对于抗生素耐药性具有选择性；Wang 等人[99]利用模式菌株构建质粒接合转移实验，发现抗癫痫药物卡马西平可以促进携带多重耐药的质粒在属内和属间的水平转移。在污水处理系统中，常用的消毒工艺，如氯消毒，产生的多种消毒副产物同样会导致 ARGs 的产生。Lv 等人[100]研究了 *Pseudomonas aeruginosa* 经四种典型消毒副产物（二氯乙酸、二氯甲烷、溴酸盐、卤代呋喃酮）暴露处理后细菌抗生素耐药性的变化情况，结果表明 *Pseudomonas aeruginosa* 对 10 种抗生素的单一抗性和多重抗性均显著升高，相比于其他三种消毒副产物，卤代呋喃酮对耐药性产生的选择压力最大，这与其致突变能力显著正相关，通过对抗性相关基因的序列比对，证实基因突变导致了抗生素耐药性的提高，此外，暴露试验中加入羟基自由基猝灭剂硫脲，证明消毒副产物诱导抗生素耐药性提高与活性氧物质的产生有关。Li 等人[79]研究了 *E. coli* K12（MG1655）经三种典型消毒副产物（三氯乙酰、亚氯酸盐、碘乙酸）暴露处理后细菌抗生素耐药性的变化情况，结果发现亚氯酸盐和碘乙酸可显著提升模式菌株对阿莫西林和环丙沙星的耐药性，最低抑菌浓度提高 4～8 倍。Lu 等人[101-103]系统研究了抗菌剂三氯生对耐药基因产生和传播的促进作用：①三氯生在环境相关浓度下会通过施加氧化应激压力，损伤细菌基因导致突变，致使突变株通过降解和排出抗生素的方式来产生抗药性；②在环境相关浓度下三氯生也可以通过提高细菌之间的基因接合转移来促进细胞内耐药性基因的水平转移；③三氯生还可增进细胞外游离耐药性基因的转化频率。三氯生在环境相关浓度下也可以通过提高耐药性基因的转化频率来促进耐药性的传播。

抗生素耐药基因水平转移是指耐药基因由可移动遗传元件（质粒、转座子、整合子等）通过接合、转化、转导等方式把耐药基因从一种菌株转移到另一菌株中，从而使后者获得该抗生素耐药性的过程。抗生素耐药基因的水平转移是细菌在抗生素药物的选择压力下长期进化的结果，也是细菌适应抗生素的主要分子机制之一。深入理解 ARGs 如何通过可移动遗传元件进行水平传播是环境工程与科学领域的重要研究热点。通过研究可移动遗传元件上的 ARGs，可以知道 ARGs 是否存在水平基因转移的潜能，这也是深入研究 ARGs 在不同细胞间转移机制的前提。质粒被认为是携带耐药基因并引起其传播扩散的主要遗传元件，Schlüter 等人[104]在活性污泥和 WWTPs 的最终出水中发现，质粒 IncP-1 可以在不同微生物之间轻易传播。Eikmeyer 等人[105]通过从城市污水处理厂排水口检测和比较 4 个新的多重耐药性质粒：pRSB201、pRSB203、pRSB205 和 pRSB206，并且发现质粒在大肠杆菌之间有着很高的转化速率。最为常见的整合子，I 型整合子，广泛存在于微生物的质粒和染色体中，且常常携带可以抵抗多种抗生素的耐药基因盒。目前已发现属于 8 类耐药基因类型的 59 种耐药基因亚型，均被 I 型整合子所携带，这些耐药基因类型包括氨基糖苷类、β-内酰胺类、氯霉素类、大环内酯-林可霉素-链阳霉素类、喹诺酮类、利福平类、磺胺类和甲氧苄啶类[106]。微生物通过质粒或其他可移动遗传元件将 ARGs 不断增殖并传播到敏感菌株体内，使得 ARGs 在污水处理系统中大量传播。细菌培养结合高通量测序和生物信息学分析的研究方法正在逐步形成并发展完善，以此为基础的基因组大数据深度挖掘和机器学习有助于更全面深入地认识 ARGs 污染特征和水平转移机制。目前，已有一些探索性的研究，例如，利用随机森林算法预测污水处理厂中 ARGs 的丰度特征，借助机器学习算法对 ARGs 进行溯源分析[107,108]。随着 DNA 测序数据的不断积累，基于大数据预测和分析 ARGs 及其相关可移动遗传元件的分布规律，结合分子生物学试验验证的综合性研究方法已经成功建立并应用。Che 等人对 12059 个完整细菌基因组和 14029 个完整细菌质粒序列信息进行了比对鉴定[109]，表征了主要 ARGs 和可移动遗传元件（包括接合转移质粒、插入序列和整合子）的分布类型与丰度信息。通过进一步分析与可移动遗传元件显著相关的 ARGs，Che 等人评估了 ARGs 在质粒之间和基因组之间可能发生的潜在移动事件[109]，推测出接合转移质粒和插入序列共同作用促进了 ARGs 在细菌群落之间传播。随后，通过分子克隆手段构建了可进行水平基因转移的耐药工程菌株，并在微生物单细胞层面和活性污泥群落层面成功验证了上述推论，最终揭示了插入序列借助接合转移质粒在细菌群落中进行 ARGs 水平基因转移的分子机理。

3）ARGs 细菌宿主鉴定

耐药基因宿主鉴定是研究环境中耐药基因不可或缺的重要环节。目前用于筛查耐药基因宿主的方法主要有如下六种（图 32-4），其中方法（1）基于纯菌培养，方法（2）～（6）不依赖于纯菌培养。此六种方法在鉴定 ARGs 宿主的准确性和检测通量方面各有优劣。

（1）细菌纯培养：该方法检测通量低，劳动强度大。此外，由于自然界中 85.0%～99.9%的细菌是不可培养的，因此，欲通过基于细菌纯培养的方式来实现复杂环境样品中 ARGs 宿主的高通量检测具有明显劣势。

（2）ARGs 与微生物的共现网络分析：该方法利用 ARGs 和微生物相对丰度数据进行相关性分析（如 Pearson 相关、Spearman 相关等）推测 ARGs 的宿主，所得预测结果提供的是间接证据，而非微生物宿主的直接证据，其准确性需要进一步证实以排除假阳性结果与假阴性结果。

（3）epicPCR（emulsion，paired isolation and concatenation PCR）技术：目前该技术在 ARGs 微生物宿主的筛查领域鲜有报道：Hultman 等[110]应用 epicPCR 技术检测了生活污水厂进水和出水中四种抗生素抗性相关基因（*tetM*、*int1*、*qacEΔ1* 和 $bla_{\text{OXA-58}}$）的携带宿主，取得了初步成功，但该方法对 ARGs 检测通量低，难以实现多种 ARGs 携带宿主的全谱高通量筛查。

（4）荧光激活细胞分选技术（fluorescence activated cell sorting，FACS）：该技术应用流式细胞仪分选+16S rRNA 基因扩增+扩增子高通量测序，主要用于判断供体菌中目标 ARGs 在环境介质中发生接合转移能力的强弱以及发生水平基因转移后 ARGs 受体细菌的分选鉴定，不适用于复杂环境介质中本来已存在的 ARGs 宿主的全谱解析。

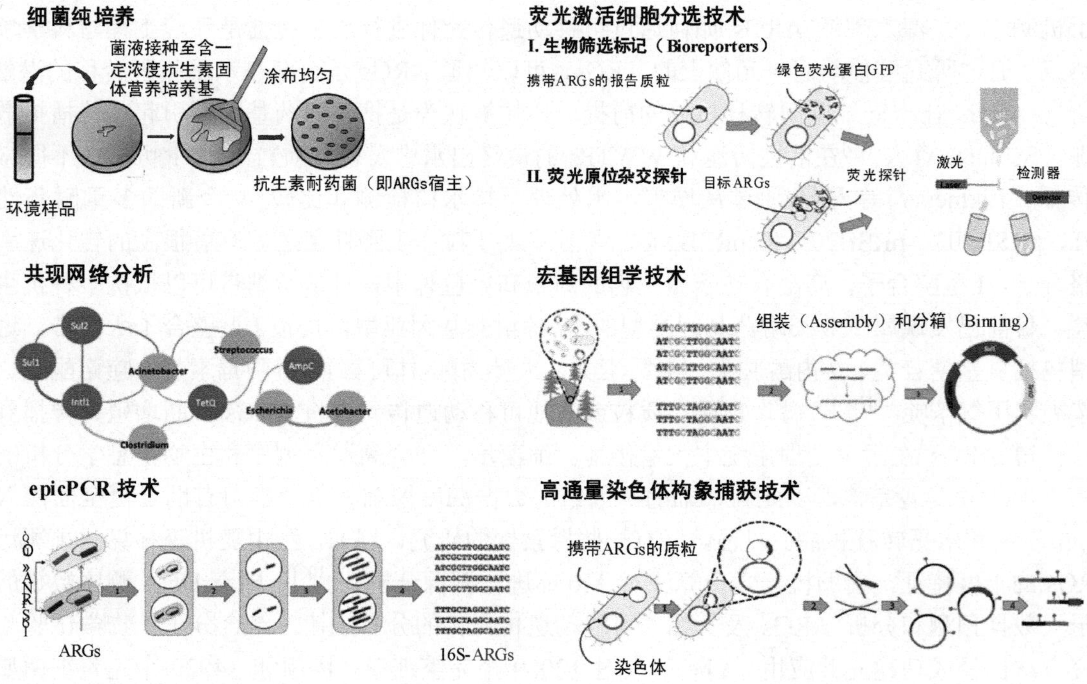

图 32-4　复杂环境介质中 ARGs 宿主鉴定方法汇总（改自文献[116]）

（5）宏基因组学技术，组装（assembly）和分箱（binning）：该方法主要通过高通量 DNA 序列组装和宏基因组分箱获得携带有 ARGs 的微生物基因组草图来鉴定 ARGs 宿主，适用于拥有较高 ARGs 丰度、同时微生物组成又相对简单的环境样品（如高度富集体系）。

（6）高通量染色体构象捕获技术（high-throughput chromosome conformation capture，Hi-C）：Hi-C 技术首先通过“甲醛交联-酶切-末端标记-连接”等样品预处理过程把同一个细胞内空间上接近的染色体-染色体 DNA 片段或者染色体-质粒 DNA 片段进行重连，然后进行 Hi-C 文库构建和高通量测序，最终利用生物信息学分析 DNA 大数据鉴定位于质粒上的 ARGs 的宿主。

需要指出的是，基于长测序读长的三代测序技术（包括 PacBio SMRT 测序技术和纳米孔测序技术）可更好地克服二代测序短读长导致的基因组拼接碎片化、宿主鉴定准确率低等一系列问题。近年来，国际上已有研究人员开始利用纳米孔测序技术开展 ARGs 相关研究，Xia 等人利用纳米孔测序技术对污水厂进水中分离得到的大肠杆菌菌群所携带的 ARGs 进行了广谱表征[111]；Hornsey 等人通过纳米孔全基因组测序，鉴定出多黏菌素耐药基因 *mcr-1* 在 *E. coli* 基因组上的具体位置是可移动性高的 IncHI2/ST4 型质粒[112]。需要指出的是，上述研究均针对纯菌开展。2019 年起，对于复杂环境体系中 ARGs 宿主的高通量筛查研究开始有报道，Che 等人应用纳米孔测序技术对污水处理厂进水、活性污泥以及出水中多种 ARGs 所在的遗传元件（质粒或染色体）以及 ARGs 宿主进行了鉴定[113]；Kent 等人通过利用该技术识别出多种 ARGs 的宿主，从而对人体肠道中所发生的 ARGs 水平转移实现了广谱解析[114]。但是，三代测序也存在着错误率较高的缺点，因此，研究人员通常采用二代和三代测序技术联用的方法，在保证正确率的情况下尽可能地增加读长。此外，为了实现位于质粒上 ARGs 宿主的精准鉴定，Stalder 等人应用 Hi-C 技术和二代高通量测序技术（Illumina HiSeq4000 平台）鉴定出了污水厂进水中多种质粒携带 ARGs 的宿主[115]。

4）耐药基因的风险评估

目前针对耐药基因和耐药菌的环境风险评价尚缺乏定量模型，故无法评估复杂环境样品体系中耐药基因的风险，但普遍的共识是：除了耐药基因的种类和丰度水平，还需要了解这些耐药基因的宿主是否为致病菌，以及是否与一些可移动遗传元件关联共存[87]。Zhang 等人对耐药基因风险评估做了开创性的探索工作，将耐药基因风险的相关参数确定为三个：人类相关环境富集程度、是否位于可移动遗传元件、宿主是否为致病菌。借助耐药组大数据分析，构建了耐药基因风险等级体系，对结构化耐药基因数据库中的耐药基因进行风险等级量化，确定了高风险耐药基因清单[117]。将在人类活动密切相关环境中耐药基因富集倍数高于 100，位于可移动遗传元件上，且宿主为致病菌的耐药基因定义为高风险耐药基因（rank I）；在人类活动密切相关环境中耐药基因富集倍数高于 100，且位于可移动遗传元件上，但宿主为非致病菌的耐药基因定义为潜在高风险基因（rank Ⅱ）；在人类活动密切相关环境中耐药基因富集倍数高于 100，但不位于可移动遗传元件上且宿主为非致病菌的耐药基因定义为中风险基因（rank Ⅲ）；在人类活动密切相关环境中耐药基因富集倍数低于 100 的耐药基因定义为低风险基因（rank Ⅳ）。通过该风险体系评估，确定出 73 个高风险等级的耐药基因，其中，35 个耐药基因位于世界卫生组织评价体系中高风险耐药基因清单。最后，运用该评估体系评价 1921 份人体肠道样品宏基因组数据发现 8.9%基因组含有高风险耐药基因。

32.3.2　土壤-植物系统

近年来，土壤-植物系统中耐药基因的研究日益受到广泛关注。首先，土壤是地球上微生物最丰富的栖息地，同时也是最大的抗生素抗性基因储存库。随着人类活动的加剧，粪肥、污泥农用及再生水灌溉等因素都可以导致土壤抗性基因水平的显著升高[118-120]。其次，植物微生物组受到土壤的影响，进而改变植物所携带耐药基因的组成。最后，食物链是土壤-植物系统中的耐药细菌和耐药基因进入人体最直接、最主要的途径。当人们摄入未经加工的蔬菜、水果等时，蔬果携带的抗生素耐药细菌及耐药基因直接进入人体，从而对人类健康造成潜在威胁[121-123]。随着全球经济的快速发展，农产品中抗性基因随着食物的加工、保存和全球运输，可以迅速在全球范围内传播和扩散，对全球范围内的公共安全造成威胁[124]。因此，研究土壤-植物系统的耐药基因及其扩散和传播机制对人类健康具有重要意义，也对人类健康、动物健康和环境健康的“同一健康”目标实现具有重要推动作用。

1）土壤-植物系统中抗生素耐药基因的分布和传播

耐药基因的污染在不同环境介质（如空气、水、土壤、食物和动植物等）已有较为系统的研究，对各类已知耐药基因的分子机制已有较为清晰的认知，但是环境耐药基因的传播扩散以及对人体健康影响的研究仍然十分匮乏。环境介质所负载的抗性基因可以通过不同的途径进入人体，主要的暴露途径包括呼吸途径、经口摄入和皮肤接触等[125,126]。土壤-植物系统是联系环境抗生素耐药性与人类健康的重要生态系统，是人体直接暴露环境耐药基因的主要途径。污泥农用、再生水灌溉或粪肥施用等在提高土壤生态系统中农作物产量的同时，也会向土壤环境输入大量的耐药基因，造成土壤耐药基因的富集，如：Chen 等报道了污泥和鸡粪的施加可以导致土壤中的耐药基因显著富集[127]，其丰度和多样性也显著增加。近期少数研究表明土壤中的耐药基因有可能扩散到地上植物部分，Rahube 等报道了污泥不经过预处理直接施用到土壤中[128]，可以显著增加蔬菜中耐药基因的丰度。研究发现超市售卖的有机蔬菜（施用有机肥料）表面的抗性基因丰度是传统种植蔬菜（施用化学肥料，杀虫剂和生长调节剂等）的 8 倍[122]。此外，采用养殖废水来源的鸟粪石作为有机肥添加到种植上海青的土壤中，发现土壤、根际和蔬菜叶际的耐药基因都发生显著富集，并且叶际和根际存在共有的耐药基因和耐药微生物，且两者之间存在显著相关性，暗示了鸟粪石中的耐药基因可能以微生物为媒介，通过土壤-植物体系进行扩散，最终转移到植株的表面[129]。上述工作表明了土壤-植物系统是耐药基因传播的潜在重要途径[130]。

2）土壤-植物系统中的水平基因转移及对耐药性传播的影响

移动元件介导的水平基因转移是环境抗生素抗性获得的主要方式，也是耐药基因传播扩散的重要分子机制。质粒和整合子是环境中耐药基因发生水平基因转移最重要的移动元件[131,132]。质粒可通过接合、转化等方式在不同的细菌种属间转移，并且是多种耐药基因的载体，携带几乎所有与临床相关的耐药基因，如头孢菌素类、氟喹诺酮类、大环内酯类、四环素类、氨基糖苷类和β-内酰胺类[133,134]。例如，Liang等报道了引起人体腹泻的志贺氏菌（*Shigella*）中携带的多黏菌素耐药基因 *mcr*-1[135]，可通过质粒接合转移的方式水平转移至其他肠道菌。整合子是一个位点特异性的重组体系，可以整合和表达模块结构的基因盒（gene cassettes）中的开放阅读框（open reading frames）[136]。整合子本身不能移动，但是它位于可移动的遗传元件如质粒和转座子上，从而可以在不同的菌株间转移扩散。基于整合酶氨基酸序列的不同，主要有三种整合子类别：一类整合子、二类整合子和三类整合子，它们皆与抗生素抗性相关。其中，一类整合子最为广泛存在，尤其存在于多重耐药性的革兰氏阴性病原菌中，可以作为人为污染的一个特征标记[137,138]。目前在整合子中，已发现大约有 130 种携带不同抗生素抗性的基因盒，包括抗β-内酰胺类、氨基糖苷类、甲氧氨苄嘧啶、氯霉素类、磷霉素类、大环内酯类、林可酰胺类、利福平和喹诺酮类抗性基因等[131,139]。

植物的根际和叶际都已检测到质粒和整合子的分布。植物的根际和叶际环境具有丰富的营养成分，免受 UV 射线辐射，并含有利于微生物扩散和聚集形成生物膜的湿润水膜，为细菌发生高频率的水平基因转移提供了良好条件。与非根际土壤相比，根际环境由于根际分泌物以及根的生长增强了根际细菌活动，发生水平基因转移的频率更高[140,141]。农产品如混合沙拉、芝麻菜和香菜等叶际也检测到了大量携带四环素抗性的大肠杆菌、抗性质粒及一类整合子，有些抗性质粒携带了多种耐药基因，并且可以在菌株间进行水平转移[142]。我们前期的研究结果也表明，以养殖污水来源的鸟粪石作为有机肥，显著增加了根际和叶际一类整合子所携带的抗性基因盒的多样性，一类整合子携带的抗性基因盒主要是编码与氨基糖苷类，β-内酰胺类和氯霉素抗性相关的耐药基因[143]。

32.3.3　大气环境

近年来，大气环境中耐药基因的研究受到国内外的广泛关注[144-148]。大气气溶胶被定义为固体、半固体或液体微粒稳定地悬浮于气体介质中形成的分散体系，而其中含有微生物或生物大分子等生物物质（如细菌、真菌、花粉和病毒等）的部分称为生物气溶胶[149,150]。最近由于新型冠状病毒肺炎（COVID-19）的大流行，气溶胶传播途径引起广泛的讨论，因此有不少学者根据空气动力学，将传统区分气溶胶的小于 5 μm 颗粒物粒径范围更新为了小于 100 μm [151,152]。气溶胶足够小，可以稳定悬浮在空气中，也能跨越地理障碍和长距离扩散，并且随着呼吸活动可以被人类吸入体内[153]。流行病学调查已表明，可吸入颗粒物（PM_{10}）与各种呼吸系统和心脏疾病发病率增加密切相关[154,155]。一直以来，大气颗粒物结合细菌对健康的影响也受到极大关注，许多细菌感染性疾病（如肺结核、军团病、炭疽等）都是长期甚至短暂接触生物气溶胶所致[156]。而日益增加的细菌耐药性问题为临床治疗带来了另一个巨大的挑战。在强调人、动物和环境健康相互依存的“同一健康”理念推动下，迫切需要建立环境中气溶胶耐药性传播途径的综合认知。

1）大气环境中抗生素耐药的产生

生物气溶胶的常见来源包括土壤和水，从生物地球化学角度来看，地表细菌也可以通过再悬浮或水循环进入大气[157]。具体来说，空气-地表界面的气泡破裂可以去除聚集在表面微层中的细菌，并将细菌喷射到大气中[158]，并且一些细小的灰尘等颗粒物也会再悬浮间接进入大气环境。另外，人类和动物通过一些正常活动如咳嗽、打喷嚏以及细菌定殖的表皮细胞自然脱落也是气溶胶细菌的重要来源，特别是室内气溶胶[159]。另外，大气环境中也存在 ARGs 水平转移的情况[160,161]。研究已表明，一般而言污染区域的近地表空气中存在高浓度的耐药菌（ARB）和 ARGs[162-164]。但令人担忧的是，由于耐药菌附着在颗粒物（PM）上的远距离迁移，全球空气都受到了不同程度的耐药性污染[165-167]。

大气环境中微生物的来源主要包括原始的自然环境（如自然水体、土壤、植被等）和受人类活动影响的环境（如医院、污水处理厂、养殖场、堆肥厂、垃圾处理系统等）。微生物通过风的作用、水的蒸发和沙尘的运输作用从地球表面进入到大气环境中，这些微生物通常也是大气环境中耐药基因的来源[6,168-170]。自然水体是耐药基因的重要“贮存库”，经过风的作用和水分的蒸发生成生物气溶胶进入到大气环境中，耐药基因也随之进入到大气环境中[171]。Liang 等研究发现，海岸口作为海洋和陆地的过渡地带，生物气溶胶中含有大量耐药基因，可能来源于海洋微生物和陆源微生物[8]。土壤中含有大量的微生物，同时也含有耐药基因，通过风的作用土壤中的耐药基因随颗粒物进入到大气环境中[172-174]。Zhou 等[173]研究发现，沙尘中含有丰富的耐药基因和耐药细菌，随着风的作用进入大气环境中并流入下风向区域中。Mazar 等[169]研究发现，沙尘天气时大气颗粒物中有多种耐药基因检出，大气中的微生物大部分来自于当地的沙子，还有少量来自于沙漠土壤。植被中含有多种微生物，植被表面的微生物可以进入到大气中，耐药基因也随之进入到大气中[175]。Xie 等[5]研究发现，来源于部分植物的蓝藻门在室外大气颗粒物微生物中检出，春季时蓝藻门占大气总细菌群落的 24%，绝对含量达 8.5×10^4 copies/m^3。

受人类活动影响的环境，包括医院、污水处理厂、畜禽养殖场、堆肥厂、垃圾处理系统、农贸市场等场所也是大气环境中耐药基因的重要来源（图 32-5）。由于抗生素的广泛使用，医院环境中含有大量的耐药基因和耐药细菌，是大气环境中耐药基因的重要来源[176,177]。He 等[178]研究发现，在城市医院、附近的城市社区和最近的郊区社区空气中普遍存在耐药基因的污染，与附近社区相比，医院空气环境中的耐药基因多样性更高，且与临床重要病原体密切相关。Li 等[177]研究发现，医院降尘中含有丰富的耐药基因，平均浓度水平高于其他环境（如饮用水、废水和海洋），另外医院空调会积累耐药细菌，说明医院室内空气可能是耐药性传播的途径之一。研究表明，污水处理厂作为耐药基因的重要“储存库”，也是大气

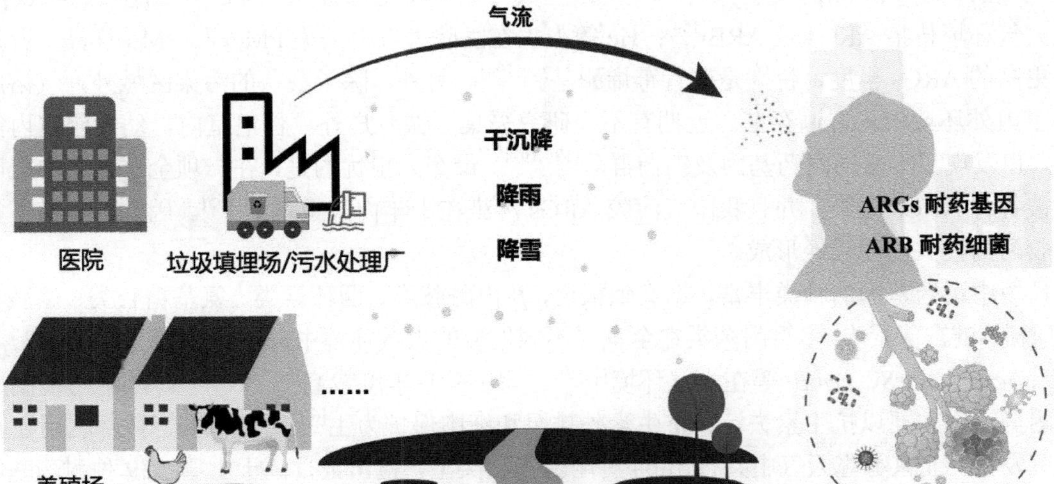

图 32-5　大气环境中耐药基因的来源

环境中耐药基因的重要来源[179-181]。Li 等[181]研究发现，污水处理厂大气颗粒物中含有大量耐药基因，污水和污泥是大气环境中耐药基因的来源。畜禽养殖场中的粪便和废水中含有大量的耐药基因和耐药细菌的，这些耐药基因进入到养殖场的室内和室外空气中，成为大气环境中耐药基因的重要来源[182-185]。McEachran 等[185]研究发现，养殖场下风向空气中四环素类耐药基因显著高于上风向，表明耐药基因通过颗粒物从养殖场向周边大气环境中扩散。研究表明，堆肥厂和垃圾处理系统是大气环境中耐药基因的来源[186,187]。Gao 等对堆肥厂研究发现，在上风向空气中只有 5 种耐药基因检出，而下风向空气中共检出 24 种耐药基因，共增加了 19 种耐药基因，这些耐药基因主要来自于堆肥厂的堆肥区和装卸区，表明堆肥厂是周边大气环境中耐药基因的重要来源[186]。Li 等[187]采集了垃圾处理系统内部和周边的空气颗粒物样本进行研究，结果发现与上风向相比，下风向空气中耐药基因丰度增加了 1～2 个数量级，渗滤液和垃圾是空气中耐药基因的来源，表明垃圾填埋系统是周边大气环境中耐药基因的重要来源。另外，Gao 等[188]研究发现，农贸市场空气气溶胶中检出多种耐药基因，并通过气溶胶的扩散向周边大气环境中传播。

2）大气环境中耐药基因/耐药细菌的分布特征

迄今为止，公认对人类健康影响最大的颗粒是直径小于 10 μm 的颗粒，美国环境保护署（EPA）根据颗粒物的肺部渗透能力将其分为两类：粗颗粒物（PM_{10}）可通过上呼吸道吸入并诱发细胞毒性和炎症，细颗粒物（$PM_{2.5}$）很容易渗透到肺部和血流组织引起呼吸系统和心血管疾病[189-191]。另外，将大气中所有≤100 μm 的颗粒物统称为总悬浮颗粒物（TSP）。细菌主要与＞0.7 μm 的气溶胶有关，PM_{10} 和 $PM_{2.5}$ 中均有丰富的细菌群落[157]。Chen 等人在北京严重雾霾期间采集了 $PM_{2.5}$ 和 PM_{10} 样品，发现 $PM_{2.5}$ 样本中包含 86.1%细菌，PM_{10} 样本中包含 80.8%细菌[192]。目前针对气溶胶 ARGs 和 ARB 的采样也主要围绕 TSP、PM_{10} 和 $PM_{2.5}$ 进行，在研究中对气溶胶颗粒物进行空气粒径分类，对探索气溶胶耐药性在人体健康的影响尤为重要。

气溶胶耐药菌和耐药基因已在全球室内、室外环境中被报道，当然上述污染源仍然是气溶胶耐药性的重点检出场所。例如，Song 等人对猪场 TSP 进行采样，证实了生物气溶胶是猪场耐药基因的重要传播途径，高丰度的 *tetM*（$10^{6.3 \pm 1.2}$ copies/m^3）在猪场空气中被检出[193]；Li 等人对市政固体废物处理系统及周边环境空气的 $PM_{2.5}$ 和 PM_{10} 进行采样，发现这些大气颗粒物均含有高丰度的 $bla_{\text{TEM-1}}$（10^5 copies/m^3），并向周边大气环境传播 ARGs 及 ARB[164]；He 等人也在医院大气中采集 $PM_{2.5}$ 和 PM_{10} 样品，并发现了比附近社区更高的 ARGs 丰度，特别是碳青霉烯酶基因[194]。另外，除了公认的污染区域外，气溶胶耐药性污染在各室内外环境中均普遍存在。近期有不少研究采集了城乡户外，住宅室内，幼儿园室内等场所的大气样品，也发现了丰富的耐药基因及细菌群落[195-197]。最令人担忧的是，在一项全球调查中表明全球城市空气已被各种 ARGs 污染，并且我国气溶胶 ARGs 污染在十年内大幅增加[165]。因此，我们不得不承认全球气溶胶耐药性大循环已经形成。

大气环境中耐药基因的种类丰富，据文献报道，*β*-内酰胺类、四环素类、氨基糖苷类、磺胺类、大环内酯-林可酰胺-链霉菌素类、多重耐药类在全世界不同地域的大气环境中普遍存在，耐药基因 bla_{TEM}、*sul1*、*sul2*、*tetQ*、*tetW*、*qnrS*、*ermB* 等在大气环境中广泛检出并且丰度较高[6,147,198-200]。从耐药机制来看，大气环境中耐药基因主要以抗生素失活、抗生素外排泵和细胞保护为主[6,178,201]。Pal 等[145]利用宏基因组测序技术研究发现，北京雾霾天气中共检出 64 种耐药基因类型，检出数目高于土壤（39 种耐药基因）和污水厂（19 种耐药基因）中的耐药基因，相对丰度与人体肠道、污水、污泥的水平相当（0.3 copies/16S rRNA）。Li 等[200]对全球 19 个城市空气中耐药基因进行调查研究，结果发现 *β*-内酰胺类耐药基因 bla_{TEM} 在所有样本中均有检出并且相对丰度最高，为 10^{-1} copies/16S rRNA。Zhu 等[6]采集全球雪水样品对大气环境中耐药基因污染特征进行研究，结果发现大气中检出 205 种耐药基因亚型，绝对含量为 1.5×10^4～3.83×10^7 copies/L。

细菌是携带耐药基因的主要宿主，大气环境中的耐药基因的组成会受到细菌群落结构的影响。Ding 等[202]研究发现，室内空气中耐药基因的变化主要受到细菌群落结构的影响，解释度为 17.3%。Zhao 等[201]对室内和室外空气环境中的耐药基因进行研究，普式分析表明室内和室外空气环境中的耐药基因的变化和细菌群落结构显著相关（r=0.3051，P=0.012）。Gao 等[186]对堆肥厂空气中耐药基因进行研究，结果也发现耐药基因和细菌群落结构显著相关（$P<0.05$）。Xie 等[5]研究发现，不同区域的室外空气中耐药基因的分布和细菌群落的分布显著相关，表明耐药基因与细菌群落之间存在共生关系。

3）大气环境耐药性的传输与扩散

大气环境中的耐药基因从不同来源进入到大气环境中，并随着空气的流动进行远距离的传播扩散。Zhu 等[6]采集了国内外跨度 13000 km 共 48 个新鲜雪样品进行研究，在海拔 500 m 以下和 500 m 以上的采样点中耐药基因的丰度和多样性相似（单因素方差分析，$P>0.05$），在整个跨 13000 km 的样品带中，降雪中的耐药基因没有发现距离衰减模式（$P>0.05$），以上结果表明，大气中的耐药基因通过气流垂直方向和水平方向的运动均匀混合；另外，由于不同采样点的风向会随着气候的变化而变化，因此耐药基因会在不同气候下在区域范围内进行扩散，在空气质量良好时，耐药基因会随着气流的垂直运动而逐渐衰减，而在污染天气时，由于大气压较低，耐药基因会随着气流向下运动而积累。Wang 等[203]研究发现，邯郸，位于中国河北省南部空气污染严重的城市，不同季节的大气环境中检出多种耐药基因，邯郸大气环境中耐药基因丰度的升高与其他地区（包括北京、天津、山西、河北南部等地区）随大气流动而到来的气团有关，这些气团携带耐药基因一起流动进入到了邯郸地区大气环境中。Liang 等[8]对珠江口地区大气环境中耐药基因进行研究，结果发现春季时中游地区耐药基因丰度高于下游地区，夏季则正好相反，这可能是风向不同导致的，春季的风向为向岸风（东南或南风），而夏季的风向主要为北风（西北风）；另外气流轨迹分析表明，在春季受亚热带季风气候影响珠江口生物气溶胶主要受海洋的影响，而在夏季由于受人类活动的影响，它们主要来自大陆，表明珠江口大气环境中耐药基因随气流的运动而变化。

水平转移是耐药基因进行传播扩散的重要分子机制，即指在同种或不同种细菌之间通过可移动遗传元件（mobile genetic elements，MGEs，包括质粒、整合子、转座子和噬菌体等）完成 DNA 序列片段的交流而进行耐药基因的传播扩散，包括接合转移、转化和转导三种方式[204]。研究发现，大气环境中有多种 MGEs 的检出[145,198,200]。Li 等[200]在全球 18 个城市大气环境中检出 2 种 MGEs，包括一类整合子基因 *intI1* 和转座酶基因 *tnpA*，相对含量分别为 9.52×10^{-5}～1.25×10^{-2} 和 5.54×10^{-5}～1.26×10^{-3}。Ding 等[202]研究发现，室内降尘中共检出 11 种 MGEs（包括 8 种转座酶基因和 3 种整合酶基因），多样性香农指数为 3.38×10^{-3}～1.46（平均值为 0.75）。Leung 等[198]研究发现，在公共交通空气环境中，17.1%的耐药基因位于质粒上，其中也包括整合子基因，除了硝基咪唑类耐药基因，其他种类耐药基因均在质粒上有所检出。He 等[7]研究发现，大气环境中除了细菌携带的胞内耐药基因，还含有部分胞外耐药基因（包括游离态的耐药基因和噬菌体携带的耐药基因），两类耐药基因的绝对含量差异小于 2 个数量级，并且这些胞内和胞外耐药基因的分布均存在地域差异，表明大气环境中耐药基因具有水平转移的能力。另外，Zhou 等[173]在城市降尘中分离出多种耐药细菌，耐药致病菌 *Neisseria cinerea* 携带的耐药质粒（包含 *tetA* 和 *sul1* 耐药基因）具有接合转移能力能够转移至 *E. coli* J53 中，耐药致病菌 *Acinetobacter* sp.中携带的耐药质粒（包含 $bla_{\text{TEM-1}}$、*tetA* 和 *sul1* 耐药基因）能够转移至 *Enterobacter cloacae* 中，表明在城市降尘中耐药基因能够通过水平转移进行传播扩散。Zhang 等[205]对城市大气环境中分离出多种细菌，*Bacillus halotolerans*、*B. marisflavi*、*B. safensis*、*B. methylotrophicus* 均携带质粒介导的耐药基因 $bla_{\text{NDM-1}}$，*B. halotolerans* 和 *B. marisflavi* 分别携带 *tnpA* 和 *intI1* 两种 MGEs，表明这些大气环境中的细菌携带的耐药基因存在水平转移的能力。

大气环境耐药性扩散：携带 ARB 及 ARGs 的气溶胶传输受气流、环境特性以及气溶胶本身的物理特性的影响，由于惯性、布朗运动和外力（包括重力、热泳力等）气溶胶也可能在传输过程中偏离线路[152]。空气动力学尺寸较小的生物气溶胶可以在大气中停留的时间更长，并且不易被雨水清除[206]。在基于周围空气静止的情况下，5 μm 的气溶胶从 1.5 m 的高度沉降到地面需要 33 min，而 1 μm 的气溶胶可以在空气中悬浮超过 12 h[207]。在现实环境中，气溶胶传播还需考虑气流速度，这也决定了气溶胶扩散的最终方向和距离。总的来说，携带 ARB 及 ARGs 的气溶胶传播的距离取决于气溶胶大小、携带它们的气流的初始速度以及其他环境条件。近年来，国内外学者对耐药性的气溶胶传播途径越来越关注。McEachran 等人通过对牛饲料场逆风和顺风风方向上空气样本的采集发现，顺风空气样本中含有的细菌及四环素类耐药基因的浓度更高[208]。有研究表明，养殖场空气中的 AMR 基因可以扩散到附近 3 km 以外[209]。另外通过对 Q 型流感流行病调查表明，空气中的贝氏考克斯菌（*Coxiella burnetii*）可以传播到周围 5 km 以外的地方[210]。除了对周边环境样品的采集来确认气溶胶的扩散趋势外，大气扩散模型也同样用来预测评估气溶胶耐药性的传播潜力。

最基本的大气空气污染物扩散模型是高斯扩散模型，该模型假定气体以理性状态分散在大气为基础[211-213]。基于高斯扩散公式，美国国家环境保护局也建立了稳定状态烟羽模型 AERMOD（AMS/EPA regulatory model），这也是目前应用较多的扩散模型[214]。另外一个广泛的大气传输和扩散模型是拉格朗日混合单粒子轨道模型（HYSPLIT），也可以模拟气团的后向轨迹分析识别颗粒物的来源[215,216]。另外，也有不少学者针对生物气溶胶中细菌的排放、传输建立了全球和区域模型[217-221]。就目前来说，这些扩散模型仍没有解决微生物在气溶胶扩散过程中存在的生存、代谢活动等问题。微生物在生态系统中与一般化学污染物不同，不仅具有季节性、生命周期性、气候依赖性，并且微生物种群也存在变化和物种竞争[149]。因此，在未来的气溶胶耐药性扩散评估中，需要综合大气中传输过程微生物在生态系统中的特殊性，从而制定更恰当的扩散评估模型。

影响大气环境耐药性传播的环境因素：大气传输过程中，生物气溶胶在与紫外线辐射、和各种环境因素相互作用后会经历化学和物理转变、压力和生物老化，对生物气溶胶的发生、迁移和沉积起着重要作用[149,222,223]。在自然环境中，影响空气中微生物活动和寿命的环境因素主要是紫外线辐射[224]。波长为 240～280 nm 的紫外线（UV）可以破坏细菌 DNA 的分子结构，从而使其细胞停止生长和分裂[225]。研究表明，紫外线可以有效减少空气中的活菌数量，在 70 μW/cm^2 的紫外线暴露 8 h 后，空气活细菌浓度从 5495 CFU/m^3 迅速降低到 2906 CFU/m^3[226]。紫外线也被发现可以去除 ARGs（红霉素、四环素类耐药基因）[227]。此外，空气温度下降时不利于细菌的增殖和传播[228]，并且温度与空气中 ARGs 的浓度呈现显著正相关[193]。一般来说，低温会降低细胞膜流动性，减缓微生物酶活性，而超过临界点的高温会导致蛋白质变性和失活[229]。相对湿度（RH）也会对气溶胶耐药性产生影响，RH 的升高会降低空气中 ARGs 的浓度[193]，超过 80%的 RH 可以降低空气总需氧菌的浓度[230]。但过低的 RH 也会抑制生物气溶胶中微生物的活性，干燥的环境会抑制微生物的代谢和生理活动[231]。气流也是影响气溶胶传播距离及方向的重要因素[232,233]。超过阈值的风速可以加速微生物从土壤、植物表面气溶胶化。有研究表明，气流可以促进含有来自动物粪便 ARGs 的生物气溶胶产生，从而增加大气中空气中 ARGs 的浓度[193]。室外更大的气流有助于气溶胶更大地分散，而室内的气流受到周围墙壁和天花板的限制[234,235]。

大气环境中的颗粒物浓度也对耐药基因有影响。研究表明，大气环境中的耐药基因和颗粒物浓度显著相关[6,199]。Hu 等[146]对雾霾天气时空气中的耐药基因研究发现，空气中的颗粒物浓度能够显著影响耐药基因的分布。Wang 等[236]研究发现，室外空气环境中耐药基因的丰度和细颗粒物 $PM_{2.5}$ 的浓度显著相关，进而影响耐药基因的丰度。Li 等[187]研究发现，垃圾处理系统空气环境中耐药基因 *sul1*、*tetQ*、bla_{TEM-1}、*ermB* 的绝对含量和 $PM_{2.5}$ 的浓度显著正相关（r=0.87、0.79、0.80、0.76、0.90、0.83，P＜0.01）。大气颗粒物中除了附着微生物外，还含有大量的化学因子，如 Mg^{2+}、Na^+、K^+、Ca^{2+}、NO_3^-、NH_4^+、Mn、Cr 等，这些化学因子通过干扰细菌的生长和代谢，进而影响大气环境中耐药基因的丰度和多样性[146,236,237]。

Ouyang 等[238]对室外空气中耐药基因研究发现，$PM_{2.5}$ 中耐药基因和化学离子 Na^+、K^+、Ca^{2+}、Cl^-、Mn、Pb 显著相关。Hu 等[146]研究发现，空气 PM_{10} 中化学因子 Mg^{2+}、Cr、F^-会影响耐药基因的丰度和多样性。

另外，气象因素如温度、相对湿度、风速等也会对大气环境中耐药基因的分布产生影响。温度和相对湿度是重要的气象因素，地球上不同地区差异较大，它们通过直接影响微生物自身或者影响其他气象因素而间接影响微生物，造成了微生物分布的差异，进而影响耐药基因的组成[168]。He 等[7]研究发现，温度和相对湿度是影响大气环境中耐药基因的丰度重要气象因素。Zhao 等[201]也研究发现室内空气环境中的细菌群落与温度和相对湿度显著正相关，进而影响了耐药基因的组成。风可以将地表的微生物带入到近地表大气中，有利于微生物的悬浮，从而增加大气中的微生物，风速作为重要的气象因素之一，在影响大气环境微生物分布特征方面起着不可或缺的作用，同时影响耐药基因的分布特征[168]。Hu 等[146]研究发现，风速对空气 $PM_{2.5}$ 中的耐药基因分布有重要作用（$P<0.05$）。He 等[7]也研究发现，在杭州室外空气中与细菌相关的 16S rRNA 基因和耐药基因均与风速相关。

32.4　抗生素耐药的环境暴露与健康风险

32.4.1　抗生素的人体暴露与健康风险

1）抗生素的人群暴露水平

全球抗生素使用量巨大，如果仍不加以控制，到 2030 年全球抗生素使用总量较 2015 年的 420 亿限定日剂量（defined daily dose）将增加 200%[239]。而这一上涨趋势主要是由中低收入国家推动[240]。据统计，我国是世界上抗生素生产和使用最多的国家之一，每年生产约 21 万吨抗生素，其中约 48%用于人体，52%用于畜禽养殖业[95]。其中，住院患者的抗生素使用量高达 80%，人均抗生素使用 8 瓶，远高于国际上 2.5～3.3 瓶[241]。大量的抗生素使用甚至滥用导致其在动物和人体的广泛残留。目前已经在各类人群如老人、儿童和成年人尿液、粪便、血液中检测到抗生素，并且维持较高水平[242,243]。一项关于华东地区 1000 多名儿童尿液样本中 18 种抗生素检测结果显示，58.3%的尿液样本中检出抗生素[242]。这样严重的儿童抗生素暴露在上海尤为明显，Wang 等人对上海儿童抗生素残留检测发现其体内检出抗生素多达 20 余种，总检出频率达 79.6%[243]。香港等地儿童抗生素残留同样严重，报道证实 77.4%的香港小学生尿液中发现 9 种兽用抗生素[244]。相较于儿童，成年人由于更频繁的抗生素使用和食物饮水等途径的抗生素暴露导致其体内维持较高浓度的残留抗生素。Liu 报道了 107 名健康成人血清样本中检出 28 种抗生素，3.7%的参与者检出 5 种抗生素高于 1000 ng/mL[245]。Wang 等人对中国 180 人体内抗生素残留的分析中发现，健康成年人磺胺、四环素、喹诺酮类抗生素检出率极高，检出浓度 12.84～16.10 μg/kg 粪便干重[246]。广泛使用的抗生素已影响到了各年龄段的人群，由此产生的健康风险值得广泛关注与警惕[247,248]。此外，由于抗生素的在畜禽养殖行业的频繁和广泛使用以及不间断的排放，抗生素已经成为新的污染物分布于空气、土壤、水体等各种环境介质和食品中[249]。这些抗生素最终通过食物和饮水还是会进入人体，从未使用抗生素的儿童体内抗生素残留以及健康人群广泛的兽用抗生素检出足以说明这一问题。随着对环境抗生素残留基础数据积累，进一步评估环境中抗生素残留的人体暴露情况，特别是通过食品消费，明确暴露特征和主要暴露途径，对于抗生素的环境管控和人体健康风险评价至关重要。

2）抗生素的健康风险

无论是疾病预防和治疗目的的抗生素不当使用和滥用，还是通过环境进入人体的抗生素，抗生素正在逐渐破坏人体健康[250]。一方面抗生素进入人体造成肠道菌群失调，因而诱发哮喘、腹泻、肥胖、糖尿病、炎性肠病等[251-253]。Livanos 等[254]人发现生命早期抗生素的使用会导致 I 型糖尿病患病概率显著增加。Cox 等[255]人发现青霉素类抗生素的使用会造成小鼠代谢异常、炎性因子高表达，在高脂饮食的诱导下其更容易肥胖。而且这种破坏可以遗传给下一代，这与其他科学家发现抗生素使用后小鼠在高脂饮食的作用下储存更多的脂肪，导致严重的胰岛素耐受性引起肥胖的结论是一致的[256]。与抗生素引起肥胖而言，抗生素导致腹泻早已司空见惯。四环素是最早发现能引起腹泻的抗生素之一，其可能与其不易消化吸收而刺激肠道、破坏肠道菌群有关[257]。Schubert 等[258]人发现氨苄西林、甲硝唑、链霉素、万古霉素等都会造成肠道菌群改变，因而造成宿主艰难梭菌易感，腹泻发病率明显上升。此外，抗生素破坏免疫平衡导致疾病无疑是更可怕的，需要引起更多的重视。Martin 等[259]人发现抗生素使用后小鼠肠道屏障受到破坏，结肠等功能受到干扰，最终影响小鼠正常的 T、B 细胞免疫通路。广泛使用的抗生素鸡尾酒（Antibiotic cocktail）模型被证实会破坏小鼠肠道机械和免疫屏障，引起小鼠 RegIIIγ 和潘氏淋巴结（Peyer's patchs）减少，促进外源病原菌入侵[260]。尚伟龙等[261]发现 *β*-内酰胺类抗生素可以激活菌群表达更多的 IL-6 和 TNF-α，触发 TLR2 依赖的免疫作用。

抗生素除直接引起机体损伤外，还存在另一面。在抗生素治疗过程中，抗生素会诱导耐药基因产生、丰富体内耐药基因，而且会加速体内耐药基因的传播，同时这些耐药基因一旦进入病原菌，将会造成宿主感染几率增加而治疗困难。Alert 等[262]发现 4 d 美罗培南、庆大霉素和万古霉素的服用，肠道耐药基因丰度明显增加，即使停止使用 180 d 后仍能检测到种类丰富的耐药基因，其中氨基糖苷类和多种耐药基因重新定殖，表明抗生素对肠道耐药基因的深远影响。Jakobsson 等[263]发现克拉霉素和甲硝唑使用会显著富集体内 *ermB* 基因，显著高于对照 3～5 个数量级，在很长时间内 *ermB* 都稳定存在。Lin 等[264]发现短期阿莫西林的使用会增加耐药基因总量和种类，即使停止使用抗生素后耐药基因种类仍维持一个较高的水平。更重要的是，抗生素诱导体内耐药基因产生和传播。如 Johan 等[265]发现氟苯尼考使用肠道可移动遗传元件显著增加，提示其可能造成耐药基因的水平转移。喹诺酮类抗生素如环丙沙星等可以引起体内 *parC*、*acrR*、*acrB* 等突变，产生新的耐药基因变体而可能具有更高的耐药性[266]。越来越多的研究揭示抗生素无论是低剂量还是高水平暴露都会对人体造成潜在的危害，因此，抗生素的合理正确使用和管理应受到足够的重视和关注。

32.4.2　细菌耐药性与人体健康

1）环境中耐药基因的人体暴露途径

环境中耐药基因的人体暴露主要通过饮水/饮食摄入、呼吸吸入和接触暴露三种方式进入到人体中（图 32-6）[267]。水环境是耐药细菌传播良好的媒介，水体中耐药基因在细菌群落中频繁地交换和重组推动细菌耐药性的传播，人群经水环境感染耐药细菌的途径主要包括饮水、日常用水和参加水上娱乐活动等途径。此外，当耐药细菌富集在水生生物体（水产品）内，将增加水产贸易人员和消费者的暴露风险。研究表明，饮用水和食物中均有耐药细菌和耐药基因的检出，这些耐药基因随着饮水/饮食摄入从口腔进入到人体胃肠道中[268-271]。Ma 等[268]研究发现，在家庭饮用水中检出 265 种属于 17 种大类的耐药基因，总丰度为 4.0×10^{-2}～1.0×10^{2} copies/cell，另外检出携带耐药基因的 3 种人体致病菌 *Pseudomonas alcaligenes*、*P. aeruginosa* 和 *Mycobacterium gordonae*。Chen 等[272]研究发现，在饮用水滤芯中共检出 84

种耐药基因，分离鉴定出 83 种耐药细菌，包括多种耐药致病菌，其中发现携带 $bla_{\text{NDM-1}}$ 的耐药致病菌 *E. coli* 具有接合转移的能力，表明了饮用水中耐药基因的潜在健康风险。另外，Zhou 等[270]在即食的沙拉中检出 156 种耐药基因，绝对含量为 1.34×10^7～4.87×10^8 copies/g，表明耐药基因能够通过食物进入到人体中。Zhu 等[271]也研究发现，在食用的生菜中检出 134 种耐药基因，绝对含量为 1.76×10^8～1.59×10^9 copies/g，由于生菜可以被直接食用，生菜中耐药基因的检出对人体健康造成潜在的威胁。接触暴露是耐药基因人体暴露的途径之一，公共场所、人体/动物、娱乐区域（水/沙子）、卫生保健等通过接触能将耐药基因带入到人体皮肤上，另外通过胃肠道的接触也能将耐药基因带入到泌尿生殖系统中[267]。Fresia 等[273]研究发现，沙滩中共检出 108 种耐药基因并且大部分位于质粒上，沙滩中耐药基因的广泛检出增加了耐药基因的人体暴露风险。

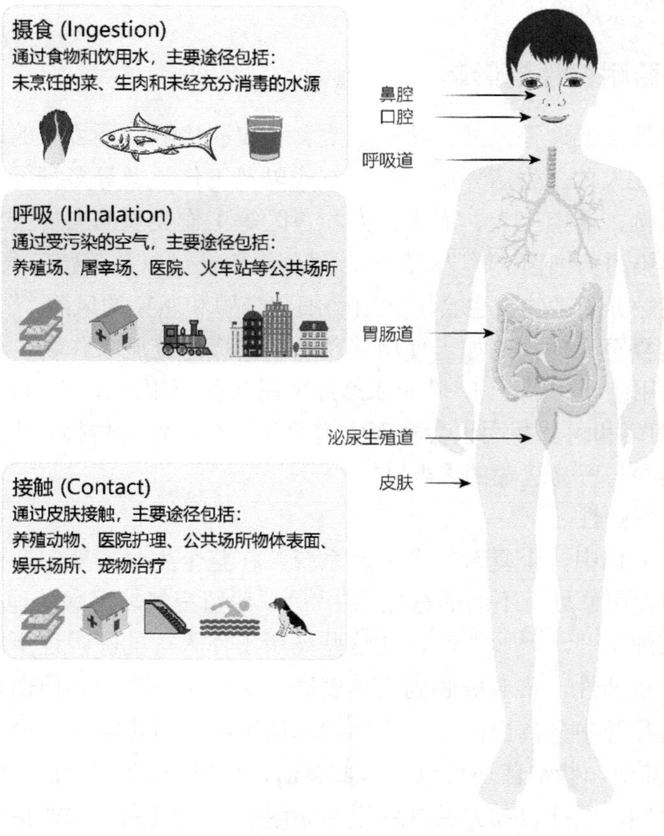

图 32-6　环境中耐药基因的人体暴露途径

与饮水/饮食摄入和接触暴露方式不同，大气中耐药基因的呼吸吸入是一种被动的方式，大气中的耐药基因未经任何预处理直接通过呼吸吸入进入到人体呼吸道中，增加人体健康风险。成年人每日吸入约 20 m^3 的空气，在此过程中大气环境中的耐药基因和耐药细菌也随之进入到人体中，可能引起呼吸道疾病、过敏等人体疾病，同时也可能造成抗生素治疗的失败，对人体健康造成潜在威胁[274-276]。大气环境中耐药基因的广泛检出增加了人体对耐药基因的呼吸暴露风险。Xie 等研究发现，通过呼吸摄入的室外空气耐药基因暴露量达 10^2～10^4 copies/d，低于饮水/饮食方式摄入的 ARGs 暴露量[5,277]。Li 等[187]研究发现，经呼吸摄入的耐药基因暴露量（10^2～10^7 copies/d）与饮水摄入的耐药基因暴露量相当（10^3～10^7 copies/d），但低于通过蔬菜摄入的耐药基因暴露量（10^4～10^{11} copies/d），值得注意的是，经呼吸吸入的 β-内酰胺类耐药基因 $bla_{\text{TEM-1}}$ 的暴露量（10^6～10^7 copies/d）高于经饮水摄入的暴露量（10^4～10^5 copies/d），由于 β-内酰胺类抗生素是人类抗生素的最后一道防线，因此可能会增加人类健康风险。Liang 等[8]研究发现，夏季时珠江口地区大气中耐药基因的暴露量高于春季，其中耐药基因 *bla*$_{CTX}$ 和 *tetB* 的暴露量高达 10^8 copies/d。Zhao 等[201]研究发现，室内空气环境中耐药基因的暴露量（10^5～10^{12} copies/d）显著高于室外空气中耐药基因的暴露量（10^4～10^{10} copies/d）。He 等[7]研究发现，室外大气细颗粒物中耐药基因的暴露量为 10^3～10^6 copies/d，其中进入胸腔外部、支气管、肺泡的耐药基因暴露量分别为 10^3～10^6 copies/d、10^2～10^4 copies/d、10^2～10^5 copies/d，胞外耐药基因的暴露量占耐药基因总暴露量的 50%以上，在支气管、肺泡区域胞外耐药基因的暴露量比例达到 70%，表明大气环境中胞外耐药基因的人体暴露也是呼吸吸入的重要部分。目前，大气环境中耐药基因的人体健康风险仍处于初步研究中，大气中耐药基因的分布特征和人体暴露量的评估为后续大气中耐药基因的人体健康风险研究提供了重要的理论基础和数据基础。此外，不同耐药基因的宿主、风险等级、进入人体后的归趋和对机体产生的影响仍需进一步研究，进而完善大气中耐药基因的人体健康风险评估。

2）环境暴露对人体细菌耐药性的影响

耐药细菌定殖在人体的主要途径包括：呼吸，饮食和皮肤接触。环境中的耐药细菌可以通过直接接触或间接传播的方式定殖在人体。生活环境、生活方式以及工作类型等多种因素影响耐药细菌感染人群的几率。以畜牧养殖业为例，养殖工人、屠宰工人和兽医等工作类型的人群会频繁接触养殖动物或动物废污，这些人群更容易感染耐药细菌[278,279]。此外，耐药细菌还可以从养殖工人传播至家属和周围人群，致使这些人群即使没有接触养殖动物，也会增加耐药细菌定殖和感染的风险[280]。除了直接接触，耐药细菌还可以通过环境介质传播至人体，例如当使用养殖动物的废污施肥农作物，一些耐药细菌和耐药基因可能会定殖在作物的可食用组织中[281,282]，随着农产品贸易传播至更远距离，增加耐药细菌感染消费者的风险[283]。类似地，耐药细菌和耐药基因也会随着生肉贸易进行远距离传播，生肉中的耐药细菌不仅可能感染消费者，还可能感染参与贸易运输的人群[284]。

（1）人体呼吸道细菌耐药性

呼吸道微生物组成了人体中一个复杂的微生态系统，在整个生命周期中，微生物群落随着环境的扰动（例如疾病和抗生素的使用）处于不断的进化当中[285]。养殖空气、污水处理厂空气、医院空气和城市大气中常携带大量的耐药细菌[162,180,277,286,287]，在这些场所工作人群的呼吸道更容易定殖耐药细菌，当引起呼吸道疾病的细菌产生耐药性，将会威胁到人体健康。空气中的耐药病原菌可以定殖在鼻腔，例如，在医院工作人员和病人的鼻腔中分离出的金黄色葡萄球菌可耐受万古霉素、甲氧西林等抗生素，具有普遍的多重耐药性[288-291]，其中一些细菌还可以在肺部存活，引发炎症[292]。由于呼吸道微生物样品取样相对困难，且生物量受到限制，因此目前有关呼吸道细菌耐药性的研究还主要集中在医院环境，虽然近期已有研究关注养殖环境暴露对养殖人员的潜在影响[293-296]，但是这些研究主要通过鼻拭子采样的方式调查分析人鼻腔中微生物组成和抗性组成，较少涉及耐药病原菌对人体健康的影响。

通过呼吸过程，人类可以将空气中传播的耐药菌和耐药基因吸入到体内。根据气溶胶的大小可以沉积到呼吸道的不同区域[297]。大于 5μm 的气溶胶主要通过惯性撞击和重力沉降沉积在鼻咽区域（87%～95%）；小于 5μm 的气溶胶更可能深入到肺部并沉积在肺泡腔中[298,299]。众所周知，生物气溶胶在呼吸系统各个区域的吸入和沉积会引起人类和动物的过敏或毒性反应，甚至会引起包括肺炎在内的下呼吸道感染的发展和恶化[300]。与敏感微生物引起的感染相比，耐药菌引起的感染与更高的死亡率有关[301]。到 2050 年，与耐药菌相关的人类感染预计将导致全球约 1000 万人的死亡[302]。由于耐药菌引起的感染难以治疗，因此评估大气环境耐药性对人体的暴露风险非常重要。

吸入和皮肤接触是空气传播细菌暴露的两条主要途径[303]。已经建立了多种方法来估计暴露于空气传播的微生物所带来的健康风险。定量微生物风险评估（QMRA）是微生物预测领域常用的模型，QMRA 的结果通常基于一种或多种目标病原体[163]。另外，基于美国环境保护署（USEPA）建议根据吸入引起的平均日剂量率（ADD）估算与健康相关的风险，Li 等人提出一种评估生物气溶胶的风险评估方法[304]。具体而言，首先评估吸入的平均日剂量率[ADD，CFU /(kg·d)]，然后通过将 ADD 除以参考剂量 500 CFU/m^3（RfD）来评估非癌症暴露风险。但是，上述方法仍存在严重局限性。QMRA 是使用危害识别、暴露评估、剂量反应评估和风险表征的过程进行的，需要提供大量的相关数据包括：吸入有效剂量、感染概率、暴露途径等，然而大多数耐药菌和耐药基因仍缺乏这些数据[305]。根据 RfD 来估算人类暴露风险，也并不是很合适，由于 RfD 是基于化学品的最低或未观察到的不良反应浓度（LOAEL 或 NOAEL）数据的人类每日暴露估计值，而不是病原微生物[306]，这可能低估某些环境中的病原微生物对人类的健康风险。

基于 ARGs 的暴露风险，可以根据通过吸入空气中 ARGs 计算每日摄入量。Xie 等人通过计算 $PM_{2.5}$ 中 ARGs 每日摄入量与当地居民蔬菜、饮用水的比较来讨论空气 ARGs 的暴露风险[166]。另外，根据上述 ADD 的计算方法，也有学者将计算公式中的细菌浓度换成 ARGs 的浓度进行计算，最终结果也是与饮食、饮水的暴露剂量进行比较[205]。很显然，我们可以看出对于空气中 ARGs 的摄入量并没有一个具体的阈值可以进行判断。在接下来的研究中，对于空气 ARGs 的认识应该更加深入，对人类暴露风险应该了解更加透彻。

（2）人体肠道细菌耐药性

肠道是人体重要的耐药基因储存库，肠道菌群抗性组受到广泛关注。婴儿体内含有种类丰富的耐药基因包括氨基糖苷类、*β*-内酰胺类、外排泵、磺胺类、四环类等 12 大类，而此时他们体内主要定殖大肠杆菌（*E. coli*）和双歧杆菌（*Bifidobacterium*），进一步证实这些细菌和耐药基因主要来自于母亲[307]。到 2 个月时，婴儿的肠道便出现了与母体肠道中不同的多种抗性基因[308]。而随着年龄增长，饮食及生物方式、经济收入和环境等因素都会对体内耐药基因显著影响。饮食及生物方式等环境塑造对耐药基因的影响也是显而易见的。Feng 等[309]发现，相同地域的人群趋向于拥有相似的耐药基因谱，但不同的地域具有不同的代表性基因。研究证实四环素类是人体肠道中含量最多的耐药基因，其次是 MLs 和 *β*-内酰胺类[310]。此外，大环内脂类、氨基糖苷类、万古霉素类、杆菌肽类等耐药基因在全世界不同国家和地区人群肠道中都有广泛的分布，*tetQ*、*tetW*、*VanRA*、*Ant6ia* 等基因在人群中丰度均较高[101,311]。ermF 和 *tetQ* 是中国人群特征性耐药基因，*VanB* 等被证实可以作为德国人的代表性耐药基因[312]。相较于影响肠道菌群而影响体内的耐药基因，工业化程度可能还会影响肠道耐药基因的水平传播而影响人群耐药基因谱[313,314]。这可能与工业加工、生产和消费过程中所带来的污染物如环境污染物重金属、食品添加剂、消毒产品等可通过促进耐药基因传播有关[81,315,316]。在过去几十年中工业化已经不可逆地增加了肠道内基因的水平转移，相反过着原始生活的人群，虽然拥有丰富的肠道菌群却拥有较少的耐药基因[314,317]。随着研究技术的进步如测序技术、高通量定量技术、基因芯片、培养组学、微流控等技术的发展，人体暴露耐药基因的组成和来源、传播和进化机理等将逐渐被揭示，对人体耐药基因的影响因素将逐渐被识别，这些对于人体健康的预防和保持具有重要意义。肠道作为耐药基因的储库，一方面其提供了耐药基因向病原菌传播的场所，在人体免疫低下等特定条件下感染宿主，耐药基因还可以通过粪便等排放进入环境导致环境耐药；另一方面，肠道也可以作为耐药基因的受体，接收外源的耐药基因，对人体健康造成潜在的危险。肠道有限的生存区域和极高的菌密度，提供了耐药基因接合转移的场所和机会，肠道耐药基因甚至可以跨种属传播。研究发现无论是肠道内的革兰氏阳性菌还是阴性菌内都存在大量高度一致的耐药基因序列，而这些序列都是新近产生的，具有显著的进化痕迹，证明耐药基因的跨种属转移[318]。Tuohy 等人[319]发现 pAMβ1 可以由乳酸菌（*Lactobacillus lactis*）向粪肠球菌（*Enterococcus faecalis*）转移。Gili 等人发现携带 *tetA*、*merA*、*sul I* 和 *qacE* 等耐药基因的婴儿肠道沙门氏菌（Samonella enterica serovar infantis）可以将其质粒 pESI 转移至肠道大肠杆菌（*E.coli*）和乳酸菌（*L. reuteri*）中。目前已发现多种肠道耐药基因存在于 MGEs 中，主要包括氨基糖苷类、*β*-内酰胺类、氯霉素类、大环内酯-林可霉素-链阳霉素类、喹诺酮类、磺胺类和甲氧苄啶类等[320]，这些耐药基因可以在环境、动物、人之间广泛传播，大大增加其耐药病原菌感染的风险[321,322]。更重要的，许多因素如宿主的健康状况、药物和污染物等暴露均会影响耐药基因在体内的定殖和水平转移。Stecher 等[323]人发现肠道炎症会促进致病性沙门氏菌和大肠杆菌的毒性和耐药传递。治疗剂量的四环素暴露体内四环素耐药基因会发生明显的水平转移[324]。三氯生、乙醇等可以通过提高突变频率增加耐药基因水平转移的频率而加速其传播[325]。因此，耐药基因人群暴露造成人体潜在的感染风险和治疗难度，应该得到足够的重视。

随着移动元件介导的耐药基因在土壤-植物系统中的扩散和增殖，抗生素抗性转移至人类致病菌中的几率增加，对人类健康造成的潜在风险也随之升高。大多数植物根际都可检测到潜在人类病原菌，如引起皮肤与伤口感染的铜绿假单胞菌（*P. aeruginosa*）、蜡样芽孢杆菌（*B. cereus*）、普通变性杆菌（*Proteus vulgaris*）、引起呕吐腹泻的枯草芽孢杆菌（*B. cereus*）、引起泌尿系统感染的洋葱伯克霍尔德菌（*Burholderia cepacia*），以及携带多种抗生素抗性的引起人类呼吸系统感染的嗜麦芽窄食单胞菌（*Stenotrophomonas maltophilia*）等[326,327]。这些病原菌（尤其抗性病原菌）通过生物或非生物因素在植物地下部分与地上部分相互作用，可能迁移到叶际、花及果实等部位，进一步通过食物链等方式进入人体并在人群中扩散传播，严重威胁人类健康。2011 年德国爆发了“毒黄瓜”事件，引发本次疫情的 O104：H4 血清型肠出血性大肠杆菌是一种新型高传染性致病菌株，该菌株携带氨基糖苷类、大环内酯类和磺胺类等多种耐药基因，导致抗生素治疗无效。疫情在欧洲至少 9 个国家蔓延，造成 33 人死亡，超过 3000 人感染，至少 470 人出现肾功能衰竭并发症。最近的一项研究也表明，芝麻菜的土著微生物群落主要是肠杆菌科，并且与根际相比，叶际积累了高达 3 倍丰度的肠杆菌，其中很多是潜在人类致病菌，它们携带了各种耐药基因，土壤是这些肠杆菌科细菌的主要来源[328]。芝麻菜作为一种日常沙拉蔬菜，这些携带抗性基因的潜在致病菌可能随食物摄入直接进入人体，危害人类健康。

（3）人体皮肤细菌耐药性

皮肤长期暴露在周边环境中，因此皮肤微生物群落处于不断波动中。由于皮肤是保护人体的重要屏障，因此探究皮肤细菌群落耐药性具有重要意义。人群在公共场所通过皮肤接触获得的细菌群落的耐药性已经受到全世界范围的关注。例如，有研究采集了全球 60 个城市的 4728 个公共交通拭子样品，通过宏基因组测序分析发现，耐药基因广泛分布在这些环境中[147]，由于这些公共场所人口流动大，因此耐药细菌很容易通过皮肤接触的方式传播至人体。另外，如前文所述，一些专业的工人，如动物饲养员、兽医等，也存在皮肤接触感染耐药细菌的风险。皮肤病患者使用抗生素药物消毒的同时，也会诱导皮肤细菌群落产生耐药细菌。综上，人们应该更多地关注耐药细菌定殖在人体皮肤的机制。

32.5　展　　望

32.5.1　土壤-植物系统中耐药基因的研究展望

目前已经在土壤-植物系统抗性基因的组成和丰度、来源和影响因子等方面取得了进展，但仍然存在着许多科学问题亟待解决，今后在土壤-植物系统抗性基因方面可从以下几个方向来开展研究：

（1）对土壤-植物系统抗性基因组成和丰度的整体认知还不足。目前土壤-植物系统抗性基因的研究主要集中在农业生态系统，并且主要针对少数几种作物，这些数据的缺失不利于整体评估植物抗性组的丰度和组成。

（2）对土壤-植物系统中水平基因转移的研究还不够深入。目前仅有少量研究涉及到土壤-植物系统，特别是植物微生物组移动遗传元件所携带的抗性基因，对这些高移动潜力的抗性基因组成和水平基因转移在抗性基因的传播中的作用的认识还不够全面。

（3）对植物内生菌的研究较少。目前较多的研究关注植物表面如根际、叶际微生物所携带的耐药基因，而对于植物内生菌抗性基因的研究较少，特别是植物内生菌宏基因组测序的数据非常缺乏，这主要是由于植物 DNA 对宏基因组测序和分析带来的困难。

（4）对耐药基因从土壤扩散到植物特别是植物叶片的机制不明。耐药基因可通过几种途径从土壤扩散到植物，比如通过土壤扬尘沉降到植物叶片，并在其上定殖；或通过根际土壤-根进入植物内部，最终运动到植物叶片；或通过根际微生物水平基因转移至植物内生菌中，最终定殖到植物内部[329]；或通过土壤动物扩散到植物[130]。关于耐药基因在土壤-植物系统的机制和过程值得深入研究。

（5）尚未能定量地评估土壤-植物系统耐药基因的健康风险。由于目前多数研究关注植物表面微生物所携带的耐药基因，但实际生活中，植物表面耐药基因可通过洗涤等方式去除，从而降低其通过食物链进入人体。因此今后的研究应更关注植物内生菌所携带的耐药基因，研究其进入人或动物体后在体内的定殖和转移。

32.5.2　大气环境中耐药基因的研究展望

细菌耐药性问题是人类面对的巨大挑战，抗生素的误用和滥用加速了耐药基因的传播，甚至出现了对多种抗生素耐药的“超级细菌”。大气作为环境介质之一，为耐药基因的全球扩散起着重要的作用。大气环境中耐药基因的检测方法、来源、传播扩散及人体健康风险的认识已有初步研究，但仍有许多问题亟需解决，未来的研究重点应集中在以下几个方面：

（1）大气样本的采集和大气环境中耐药基因的检测方法需要进一步规范化、统一化、标准化，开发智能化快速检测大气环境中耐药基因的方法，建立大气环境中耐药基因的监测网络。

（2）不同地域、不同场所、不同环境条件下室内和室外大气环境中耐药基因的分布特征和影响因素的研究仍需完善。大气环境中除微生物之外，还含有多种化学因子，这些因素的联合对耐药基因的影响和作用机制仍需进一步探究。

（3）应用“同一健康”的理念探究大气环境中耐药基因是未来研究的重点，全面了解大气环境中耐药基因的来源，从源头出发，控制从不同环境中向大气环境中传播耐药基因，进而控制耐药基因的全球传播。

（4）大气环境中的耐药基因和耐药细菌通过呼吸进入到人体呼吸道，是否会发生定殖、影响呼吸道菌群、将耐药基因传播至呼吸道菌群中及其作用机制，如何影响人体健康等问题仍需大量研究，进而为大气环境中耐药基因的人体健康风险评估提供理论基础和数据。

32.5.3　环境中耐药基因风险评估研究展望

目前环境中耐药基因的风险评估主要涉及几个方面：耐药基因在环境中传播和转移的风险、抗生素与耐药基因环境暴露引起的人体健康风险等。未来耐药基因的风险评估的研究重点应集中在以下两个方面：

（1）“同一健康”背景下复杂环境中耐药基因的风险评估。耐药基因的风险评估需要关注耐药菌/耐药基因在跨介质、跨物种、跨地域之间的传播，即“环境-动物-人”之间的全球传播。尽管目前基于人类相关环境富集程度、是否位于可移动遗传元件、宿主是否为致病菌三个参数构建了耐药基因风险等级体系，然而，在复杂环境中，如何将耐药基因健康风险与不同的环境背景联系起来，还需要进一步的研究。不同环境背景下，耐药基因的转移与扩散也会因环境因子等因素而发生改变。一些环境污染控制工程单元和再生水/固废处置环节，如制药废水生物处理反应器、城市污水生物处理反应器、污泥作为土壤改良剂和肥料、再生水回灌等，都会在某种程度上增加耐药基因在环境中传播和转移的风险。除此之外，一些非抗生素类污染物如重金属和抗菌剂如三氯生可形成对耐药基因的选择压力而促进了耐药基因的富集、转移和扩散。因此，在评估耐药基因环境健康风险时，除了考虑耐药基因的种类、丰度水平、可移动性、耐药基因宿主种类及致毒因子，还需要综合考量该环境体系中共存的重金属污染物和其他抗菌剂等可形成耐药基因选择压力的因素影响。此外，各因素所占权重如何合理确定亦是构建环境健康风险评估定量模型的难点。总之，目前我们还缺乏有效方法和模型评价环境耐药基因的健康风险，亟需加强相关领域的研究。

（2）抗生素与耐药基因的人体健康风险、健康负担。抗生素的使用管理有利于合理管控抗生素在各个领域中的应用，从而在一定程度上有利于遏制细菌耐药性的蔓延[330]，尽管如此，环境中抗生素残留的人群暴露带来的健康风险不容忽视。目前有关抗生素的人群暴露水平研究集中于人体中抗生素的残留，但残留水平的抗生素引起的人体机体损伤尚未有足够的证据。环境中抗生素与耐药基因的人体暴露途径主要通过饮水/饮食摄入、呼吸吸入和接触暴露，然而，这三种途径中人群的真实暴露量、暴露风险及其带来的健康风险（暴露-反应关系）值得深入研究。更值得关注的是，耐药菌/耐药基因通过饮食摄入、呼吸、接触等途径进入人体并在呼吸道、肠道、皮肤等部位的定殖能力仍不清楚，由此带来的健康风险尚未明晰。环境中的抗生素、耐药菌/耐药基因的人群暴露范围、针对一般人群且具有代表性的高质量队列研究证据仍十分缺乏，致使人群抗生素耐药健康负担评估仍存在巨大不确定性。

参 考 文 献

[1] World Health Organization. Antimicrobial resistance: global report on surveillance. Geneva: World Health Organization, xxii, 232 p. Summary report published as technical document with reference number: WHO/HSE/PED/AIP/2014.2.

[2] ONU. Frontiers 2017: Emerging Issues of Environmental Concern. 2017.

[3] O'Neill J. The review on antimicrobial resistance, tackling drug-resistant infections globally: Final report and recommendations. Review on Antimicrobial Resistance, 2016.

[4] Hernando Amado S, Coque T M, Baquero F, et al. Defining and combating antibiotic resistance from one health and global health perspectives. Nature Microbiology, 2019, 4(9): 1432-1442.

[5] Xie J W, Jin L, He T T, et al. Bacteria and antibiotic resistance genes (ARGs) in PM2.5 from China: Implications for human exposure. Environmental Science & Technology, 2018, 39(5): 1-8.

[6] Zhu G, Wang X, Yang T, et al. Air pollution could drive global dissemination of antibiotic resistance genes. The ISME Journal, 2021, 15(1): 270-281.

[7] He T, Jin L, Xie J, et al. Intracellular and extracellular antibiotic resistance genes in airborne PM2. 5 for respiratory exposure in urban areas. Environmental Science & Technology Letters, 2021, 8(2): 128-134.

[8] Liang Z, Yu Y, Ye Z, et al. Pollution profiles of antibiotic resistance genes associated with airborne opportunistic pathogens from typical area, Pearl River Estuary and their exposure risk to human. Environment International, 2020, 143: 105934.

[9] 何良英. 典型畜禽养殖环境中抗生素耐药基因的污染特征与扩散机理研究. 广州: 中国科学院研究生院(广州地球化学研究所), 2016,

[10] Chapman J S. Disinfectant resistance mechanisms, cross-resistance, and co-resistance. International Biodeterioration & Biodegradation, 2003, 51(4): 271-276.

[11] Sidhu M S, Heir E, Sørum H, et al. Genetic linkage between resistance to quaternary ammonium compounds and β-lactam

antibiotics in food-related *Staphylococcus* spp. Microbial Drug Resistance, 2001, 7(4): 363-371.

[12] Stepanauskas R, Glenn T C, Jagoe C H, et al. Elevated microbial tolerance to metals and antibiotics in metal-contaminated industrial environments. Environmental Science & Technology, 2005, 39(10): 3671-3678.

[13] Zou H Y, He L Y, Gao F Z, et al. Antibiotic resistance genes in surface water and groundwater from mining affected environments. Science of the Total Environment, 2021, 772: 145516.

[14] Chapman J S. Biocide resistance mechanisms. International Biodeterioration & Biodegradation, 2003, 51(2): 133-138.

[15] 吴兴让，尹平河，赵玲，等. 珠江广州段微表层和次表层水中重金属分布与风险的初步评价. 暨南大学学报(自然科学与医学版), 2010, 31(1): 84-88.

[16] 张芊芊. 中国流域典型新型有机污染物排放量估算、多介质归趋模拟及生态风险评估. 广州：中国科学院研究生院(广州地球化学研究所) , 2015.

[17] Baker-Austin C, Wright M S, Stepanauskas R, et al. Co-selection of antibiotic and metal resistance. Trends in Microbiology, 2006, 14(4): 176-182.

[18] Cheung K C, Poon B H T, Lan C Y, et al. Assessment of metal and nutrient concentrations in river water and sediment collected from the cities in the Pearl River Delta, South China. Chemosphere, 2003, 52(9): 1431-1440.

[19] Gnanadhas D P, Marathe S A, Chakravortty D. Biocides–resistance, cross-resistance mechanisms and assessment. Expert Opinion on Investigational Drugs, 2013, 22(2): 191-206.

[20] Liu W X, Li X D, Shen Z G, et al. Multivariate statistical study of heavy metal enrichment in sediments of the Pearl River Estuary. Environmental Pollution, 2003, 121(3): 377-388.

[21] Pal C, Asiani K, Arya S, et al. Metal resistance and its association with antibiotic resistance. Advances in Microbial Physiology, 2017, 70: 261-313.

[22] Rouch D A, Cram D S, Di Berardino D, et al. Efflux - mediated antiseptic resistance gene *qacA* from *Staphylococcus aureus*: common ancestry with tetracycline - and sugar - transport proteins. Molecular Microbiology, 1990, 4(12): 2051-2062.

[23] Zhao J L, Zhang Q Q, Chen F, et al. Evaluation of triclosan and triclocarban at river basin scale using monitoring and modeling tools: Implications for controlling of urban domestic sewage discharge. Water Research, 2013, 47(1): 395-405.

[24] Chopra I, Roberts M. Tetracycline antibiotics: mode of action, applications, molecular biology, and epidemiology of bacterial resistance. Microbiology and Molecular Biology Reviews, 2001, 65(2): 232-260.

[25] Santiago A G, Chen T Y, Genova L A, et al. Adaptor protein mediates dynamic pump assembly for bacterial metal efflux. Proceedings of the National Academy of Sciences, 2017, 114(26): 6694-6699.

[26] Vikram A, Bomberger J M, Bibby K J. Efflux as a glutaraldehyde resistance mechanism in *Pseudomonas fluorescens* and *Pseudomonas aeruginosa* biofilms. Antimicrobial Agents and Chemotherapy, 2015, 59(6): 3433-3440.

[27] He L Y, Liu Y S, Su H C, et al. Dissemination of antibiotic resistance genes in representative broiler feedlots environments: Identification of indicator ARGs and correlations with environmental variables. Environmental Science & Technology, 2014, 48(22): 13120-13129.

[28] He L Y, Ying G G, Liu Y S, et al. Discharge of swine wastes risks water quality and food safety: antibiotics and antibiotic resistance genes from swine sources to the receiving environments. Environment International, 2016, 92: 210-219.

[29] Zhu Y G, Johnson T A, Su J Q, et al. Diverse and abundant antibiotic resistance genes in Chinese swine farms. Proceedings of the National Academy of Sciences, 2013, 110(9): 3435-3440.

[30] Bisbiroulas P, Psylou M, Iliopoulou I, et al. Adaptational changes in cellular phospholipids and fatty acid composition of the food pathogen *Listeria monocytogenes* as a stress response to disinfectant sanitizer benzalkonium chloride. Letters in Applied Microbiology, 2011, 52(3): 275-280.

[31] Zoletti G O, Pereira, E M, Schuenck, R P, et al. Characterization of virulence factors and clonal diversity of *Enterococcus*

faecalis isolates from treated dental root canals. Res Microbiol, 2011, 162(2): 151-158.

[32] Schmitz F J, Sadurski R, Kray A, et al. Prevalence of macrolide-resistance genes in *Staphylococcus aureus* and *Enterococcus faecium* isolates from 24 European university hospitals. Journal of Antimicrobial Chemotherapy, 2000, 45(6): 891-894.

[33] Zhang Q Q, Ying G G, Pan C G, et al. Comprehensive evaluation of antibiotics emission and fate in the river basins of China: Source analysis, multimedia modeling, and linkage to bacterial resistance. Environmental Science & Technology, 2015, 49(11): 6772-6782.

[34] Leclercq R, Courvalin P. Bacterial resistance to macrolide, lincosamide, and streptogramin antibiotics by target modification. Antimicrobial Agents and Chemotherapy, 1991, 35(7): 1267-1272.

[35] Weisblum B. Erythromycin resistance by ribosome modification. Antimicrobial Agents and Chemotherapy, 1995, 39(3): 577-585.

[36] Heath R J, Rubin J R, Holland D R, et al. Mechanism of triclosan inhibition of bacterial fatty acid synthesis. Journal of Biological Chemistry, 1999, 274(16): 11110-11114.

[37] Cagliero C, Mouline C, Cloeckaert A, et al. Synergy between efflux pump CmeABC and modifications in ribosomal proteins L4 and L22 in conferring macrolide resistance in *Campylobacter jejuni* and *Campylobacter coli*. Antimicrobial Agents and Chemotherapy, 2006, 50(11): 3893-3896.

[38] Meade M J, Waddell R L, Callahan T M. Soil bacteria *Pseudomonas putida* and *Alcaligenes xylosoxidans subsp. denitrificans* inactivate triclosan in liquid and solid substrates. FEMS Microbiology Letters, 2001, 204(1): 45-48.

[39] Nishihara T, Okamoto T, Nishiyama N. Biodegradation of didecyldimethylammonium chloride by *Pseudomonas fluorescens* TN4 isolated from activated sludge. Journal of Applied Microbiology, 2000, 88(4): 641-647.

[40] Morente E O, Fernández-Fuentes M A, Burgos M J G, et al. Biocide tolerance in bacteria. International Journal of Food Microbiology, 2013, 162(1): 13-25.

[41] Muñoz M C C, Benomar N, Ennahar S, et al. Comparative proteomic analysis of a potentially probiotic *Lactobacillus pentosus* MP-10 for the identification of key proteins involved in antibiotic resistance and biocide tolerance. International Journal of Food Microbiology, 2016, 222: 8-15.

[42] Morby A P, Parkhill J, Lee B T O, et al. Bacterial resistances to mercury and copper. Journal of Cellular Biochemistry, 1991, 46(2): 106-114.

[43] Han X and Gu J D. Sorption and transformation of toxic metals by microorganisms. Environmental Microbiology, 2010: 153-176.

[44] 陈帅, 邹海燕, 高方舟, 等. 抗生素、重金属和杀生剂抗性共选择机制. 生态毒理学报, 2020, 15(02): 1-10.

[45] Chapman J S. Disinfectant resistance mechanisms, cross-resistance, and co-resistance. International Biodeterioration & Biodegradation, 2003, 51(4): 271-276.

[46] Buffet-Bataillon S, Le Jeune A, Le Gall-David S, et al. Molecular mechanisms of higher MICs of antibiotics and quaternary ammonium compounds for *Escherichia coli* isolated from bacteraemia. Journal of Antimicrobial Chemotherapy, 2012, 67(12): 2837-2842.

[47] Zhang H, Ma Y, Liu P, et al. Multidrug resistance operon *emrAB* contributes for chromate and ampicillin co-resistance in a *Staphylococcus* strain isolated from refinery polluted river bank. SpringerPlus, 2016, 5(1): 1-12.

[48] Fang L, Li X, Li L, et al. Co-spread of metal and antibiotic resistance within ST3-IncHI2 plasmids from *E. coli* isolates of food-producing animals. Scientific Reports, 2016, 6(1): 1-8.

[49] Sandegren L, Linkevicius M, Lytsy B, et al. Transfer of an *Escherichia coli ST131* multiresistance cassette has created a *Klebsiella pneumoniae*-specific plasmid associated with a major nosocomial outbreak. Journal of Antimicrobial Chemotherapy, 2012, 67(1): 74-83.

[50] Karin S, Harms K S, Meike B, et al. Insusceptibility to disinfectants in bacteria from animals, food and humans-is there a link to antimicrobial resistance? Frontiers in Microbiology, 2014, 5: 88.

[51] Chuanchuen R, Beinlich K, Hoang T T, et al. Cross-resistance between triclosan and antibiotics in *Pseudomonas aeruginosa* is mediated by multidrug efflux pumps: Exposure of a susceptible mutant strain to triclosan selects *nfxB* mutants overexpressing MexCD-OprJ. Antimicrobial Agents Chemother, 2001, 45(2): 428-432.

[52] Webber M A, Mmc B, Redgrave L S, et al. Quinolone-resistant gyrase mutants demonstrate decreased susceptibility to triclosan. Journal of Antimicrobial Chemotherapy, 2017, 72(10): 2755.

[53] Jun L, Linda Overbye M, Qijing Z. CmeABC functions as a multidrug efflux system in *Campylobacter jejuni*. Antimicrobial Agents & Chemotherapy, 2002, 46(7): 2124-2131.

[54] Lilian P, Randall L P, Woodward M J, et al. Evidence for multiple-antibiotic resistance in *Campylobacter jejuni* not mediated by CmeB or CmeF. Antimicrobial Agents & Chemotherapy, 2005, 49(4): 1289-1293.

[55] Conroy O, Kim E H, McEvoy M M, et al. Differing ability to transport nonmetal substrates by two RND-type metal exporters. FEMS Microbiology Letters, 2010, 308(2): 115-122.

[56] Schweizer H P. Intrinsic resistance to inhibitors of fatty acid biosynthesis in *Pseudomonas aeruginosa* is due to efflux: application of a novel technique for generation of unmarked chromosomal mutations for the study of efflux systems. Antimicrobial Agents & Chemotherapy, 1998, 42(2): 394-398.

[57] Nishino K, Nikaido E, Yamaguchi A. Regulation of multidrug efflux systems involved in multidrug and metal resistance of *Salmonella enterica serovar Typhimurium*. Journal of Bacteriology, 2007, 189(24): 9066-9075.

[58] Shahcheraghi F, Minato Y, Chen J, et al. Molecular cloning and characterization of a multidrug efflux pump, SmfY, from Serratia marcescens. Biological and Pharmaceutical Bulletin, 2007, 30(4): 798-800.

[59] Langsrud S, Sundheim G, Holck A L. Cross-resistance to antibiotics of *Escherichia coli* adapted to benzalkonium chloride or exposed to stress-inducers. Journal of Applied Microbiology, 2004, 96(1): 201-208.

[60] Baker-Austin C, Wright M S, Stepanauskas R, et al. Co-selection of antibiotic and metal resistance. Trends in Microbiology, 2006, 14(4): 176-182.

[61] Navarre W W, Halsey T A, Walthers D, et al. Co-regulation of *Salmonella enterica* genes required for virulence and resistance to antimicrobial peptides by SlyA and PhoP/PhoQ. Molecular Microbiology, 2005, 56(2): 492-508.

[62] Perron K, Caille O, Rossier C, et al. CzcR-CzcS, a two-component system involved in heavy metal and carbapenem resistance in *Pseudomonas* aeruginosa. The Journal of Biological Chemistry, 2004, 279(10): 8761-8768.

[63] Balasubramanian D, Kong K F, Jayawardena S R, et al. Co-regulation of {beta}-lactam resistance, alginate production and quorum sensing in *Pseudomonas* aeruginosa. Journal of Medical Microbiology, 2011, 60(Pt 2): 147-156.

[64] Lu J, Jin M, Son Hoang N, et al. Non-antibiotic antimicrobial triclosan induces multiple antibiotic resistance through genetic mutation. Environment International, 2018, 118: 257-265.

[65] Chen S, Li X, Sun G, et al. Heavy metal induced antibiotic resistance in bacterium LSJC7. International Journal of Molecular Sciences, 2015, 16(10): 23390-23404.

[66] Flach C F, Pal C, Svensson C J, et al. Does antifouling paint select for antibiotic resistance? Science of the Total Environment, 2017, 590-591: 461-468.

[67] Zhang M, Chen L, Ye C, et al. Co-selection of antibiotic resistance via copper shock loading on bacteria from a drinking water bio-filter. Environmental Pollution, 2018, 233: 132-141.

[68] Kang W, Zhang Y J, Shi X, et al. Short-term copper exposure as a selection pressure for antibiotic resistance and metal resistance in an agricultural soil. Environmental Science and Pollution Research International, 2018, 25(29): 29314-29324.

[69] Xu Y, Xu J, Mao D, et al. Effect of the selective pressure of sub-lethal level of heavy metals on the fate and distribution of

ARGs in the catchment scale. Environmental Pollution, 2017, 220(Pt B): 900-908.

[70] Zhang S, Wang Y, Song H, et al. Copper nanoparticles and copper ions promote horizontal transfer of plasmid-mediated multi-antibiotic resistance genes across bacterial genera. Environment International, 2019, 129: 478-487.

[71] Zhang Y, Gu A Z, Cen T, et al. Sub-inhibitory concentrations of heavy metals facilitate the horizontal transfer of plasmid-mediated antibiotic resistance genes in water environment. Environmental Pollution, 2018, 237: 74-82.

[72] Khan S, Beattie T K, Knapp C W. Relationship between antibiotic- and disinfectant-resistance profiles in bacteria harvested from tap water. Chemosphere, 2016, 152: 132-141.

[73] Oggioni M R, Coelho J R, Furi L, et al. Significant differences characterise the correlation coefficients between biocide and antibiotic susceptibility profiles in *Staphylococcus aureus*. Current Pharmaceutical Design, 2015, 21(16): 2054-2057.

[74] Rizzotti L, Rossi F, Torriani S. Biocide and antibiotic resistance of *Enterococcus faecalis* and *Enterococcus faecium* isolated from the swine meat chain. Food Microbiology, 2016, 60: 160-164.

[75] Fahimipour A K, Ben Mamaar S, McFarland A G, et al. Antimicrobial chemicals associate with microbial function and antibiotic resistance indoors. mSystems, 2018, 3(6).

[76] Liu S S, Qu H M, Yang D, et al. Chlorine disinfection increases both intracellular and extracellular antibiotic resistance genes in a full-scale wastewater treatment plant. Water Research, 2018, 136: 131-136.

[77] Hernandez A, Ruiz F M, Romero A, et al. The binding of triclosan to SmeT, the repressor of the multidrug efflux pump SmeDEF, induces antibiotic resistance in *Stenotrophomonas maltophilia*. PLoS Pathogens, 2011, 7(6): e1002103.

[78] Webber M A, Whitehead R N, Mount M, et al. Parallel evolutionary pathways to antibiotic resistance selected by biocide exposure. Journal of Antimicrobial Chemotherapy, 2015, 70(8): 2241-2248.

[79] Li D, Zeng S, He M, et al. Water disinfection byproducts induce antibiotic resistance-role of environmental pollutants in resistance phenomena. Environmental Science & Technology, 2016, 50(6): 3193-3201.

[80] Li M, He Y, Sun J, et al. Chronic exposure to an environmentally relevant triclosan concentration induces persistent triclosan resistance but reversible antibiotic tolerance in *Escherichia coli*. Environmental Science & Technology, 2019, 53(6): 3277-3286.

[81] Jutkina J, Marathe N P, Flach C F, et al. Antibiotics and common antibacterial biocides stimulate horizontal transfer of resistance at low concentrations. Science of the Total Environment, 2018, 616: 172-178.

[82] Hernandez A, Ruiz F M, Romero A, et al. The binding of triclosan to SmeT, the repressor of the multidrug efflux pump SmeDEF, induces antibiotic resistance in Stenotrophomonas maltophilia. PLoS Pathogens, 2011, 7(6): e1002103.

[83] Rizzotti L, Rossi F, Torriani S. Biocide and antibiotic resistance of *Enterococcus faecalis* and *Enterococcus faecium* isolated from the swine meat chain. Food Microbiology, 2016, 60: 160-164.

[84] Li D, Zeng S, He M, et al. Water disinfection byproducts induce antibiotic resistance-role of environmental pollutants in resistance phenomena. Environmental Science & Technology, 2016, 50(6): 3193-3201.

[85] Li M, He Y, Sun J, et al. Chronic exposure to an environmentally relevant triclosan concentration induces persistent triclosan resistance but reversible antibiotic tolerance in *Escherichia coli*. Environmental Science & Technology, 2019, 53(6): 3277-3286.

[86] Zhang Y, Gu A Z, Cen T, et al. Sub-inhibitory concentrations of heavy metals facilitate the horizontal transfer of plasmid-mediated antibiotic resistance genes in water environment. Environmental Pollution, 2018, 237: 74-82.

[87] 张彤, 李炳. 水环境中抗生素耐药性的科学研究前沿、环境健康风险评估和控制阻断策略. 科学通报, 2020, 65(24): 2543-2554.

[88] 于帅, 李锦, 毛大庆等. 抗生素抗性基因在废(污)水处理系统的来源、传播扩散、归趋以及污染控制研究进展. 环境化学, 2013, 32(11): 2059-2071.

[89] Jia S, Zhang X X, Miao Y, et al. Fate of antibiotic resistance genes and their associations with bacterial community in livestock breeding wastewater and its receiving river water. Water Research, 2017, 124: 259-268.

[90] Karkman A, Thi Thuy D, Walsh F, et al. Antibiotic-resistance genes in waste water. Trends Microbiol, 2018, 26(3): 220-228.

[91] Marti E, Variatza E, Balcazar J L. The role of aquatic ecosystems as reservoirs of antibiotic resistance. Trends in Microbiology, 2014, 22(1): 36-41.

[92] LaPara T M, Burch T R, McNamara P J, et al. Tertiary-treated municipal wastewater is a significant point source of antibiotic resistance genes into Duluth-Superior harbor. Environmental Science & Technology, 2011, 45(22): 9543-9549.

[93] Wu D, Su Y, Xi H, et al. Urban and agriculturally influenced water contribute differently to the spread of antibiotic resistance genes in a mega-city river network. Water Research, 2019, 158: 11-21.

[94] Pruden A, Pei R, Storteboom H, et al. Antibiotic resistance genes as emerging contaminants: studies in Northern Colorado. Environmental Science & Technology, 2006, 40(23): 7445-7450.

[95] Zhang Q Q, Ying G G, Pan C G, et al. Comprehensive evaluation of antibiotics emission and fate in the river basins of China: Source analysis, multimedia modeling, and linkage to bacterial resistance. Environmental Science & Technology, 2015, 49(11): 6772-6782.

[96] Li B, Yang Y, Ma L, et al. Metagenomic and network analysis reveal wide distribution and co-occurrence of environmental antibiotic resistance genes. The ISME Journal, 2015, 9(11): 2490-2502.

[97] Zhu Y G, Zhao Y, Li B, et al. Continental-scale pollution of estuaries with antibiotic resistance genes. Nature Microbiology, 2017, 2(4): 1-7.

[98] Stepanauskas R, Glenn T C, Jagoe C H, et al. Coselection for microbial resistance to metals and antibiotics in freshwater microcosms. Environmental Microbiology, 2006, 8(9): 1510-1514.

[99] Wang Y, Lu J, Mao L, et al. Antiepileptic drug carbamazepine promotes horizontal transfer of plasmid-borne multi-antibiotic resistance genes within and across bacterial genera. The ISME Journal, 2019, 13(2): 509-522.

[100] Lv L, Jiang T, Zhang S, et al. Exposure to mutagenic disinfection byproducts leads to increase of antibiotic resistance in *pseudomonas aeruginosa*. Environmental Science & Technology, 2014, 48(14): 8188-8195.

[101] Lu J, Jin M, Son Hoang N, et al. Non-antibiotic antimicrobial triclosan induces multiple antibiotic resistance through genetic mutation. Environment International, 2018, 118: 257-265.

[102] Davis M F, Pisanic, N, Rhodes, S M, et al. Occurrence of *Staphylococcus aureus* in swine and swine workplace environments on industrial and antibiotic-free hog operations in North Carolina, USA: A One Health pilot study. Environmental Research, 2018, 163: 88-96.

[103] Lu J, Wang Y, Zhang S, et al. Triclosan at environmental concentrations can enhance the spread of extracellular antibiotic resistance genes through transformation. Science of the Total Environment, 2020, 713: 136621.

[104] Schlüter A, Szczepanowski R, Pühler A, et al. Genomics of IncP-1 antibiotic resistance plasmids isolated from wastewater treatment plants provides evidence for a widely accessible drug resistance gene pool. FEMS Microbiology Reviews, 2007, 31(4): 449-477.

[105] Eikmeyer F, Hadiati A, Szczepanowski R, et al. The complete genome sequences of four new IncN plasmids from wastewater treatment plant effluent provide new insights into IncN plasmid diversity and evolution. Plasmid, 2012, 68(1): 13-24.

[106] Zhang A N, Li L G, Ma L, et al. Conserved phylogenetic distribution and limited antibiotic resistance of class 1 integrons revealed by assessing the bacterial genome and plasmid collection. Microbiome, 2018, 6(1): 1-14.

[107] Sun Y, Clarke B, Clarke J, et al. Predicting antibiotic resistance gene abundance in activated sludge using shotgun metagenomics and machine learning. Water Research, 2021, 202: 117384.

[108] Li L G, Yin X, and Zhang T. Tracking antibiotic resistance gene pollution from different sources using machine-learning classification. Microbiome, 2018, 6(1): 1-12.

[109] Che Y, Yang Y, Xu X, et al. Conjugative plasmids interact with insertion sequences to shape the horizontal transfer of antimicrobial resistance genes. Proceedings of the National Academy of Sciences, 2021, 118(6).

[110] Hultman J, Tamminen M, Pärnänen K, et al. Host range of antibiotic resistance genes in wastewater treatment plant influent and effluent. FEMS Microbiology Ecology, 2018, 94(4): 38.

[111] Xia Y, Li A D, Deng Y, et al. MinION nanopore sequencing enables correlation between resistome phenotype and genotype of coliform bacteria in municipal sewage. Frontiers in Microbiology, 2017, 8: 2105.

[112] Hornsey M, Betts J W, Mehat J W, et al. Characterization of a colistin-resistant avian pathogenic *Escherichia coli* ST69 isolate recovered from a broiler chicken in Germany. Journal of Medical Microbiology, 2019, 68(1): 111-114.

[113] Che Y, Xia Y, Liu L, et al. Mobile antibiotic resistome in wastewater treatment plants revealed by nanopore metagenomic sequencing. Microbiome, 2019, 7(1): 1-13.

[114] Kent A G, Vill A C, Shi Q, et al. Widespread transfer of mobile antibiotic resistance genes within individual gut microbiomes revealed through bacterial Hi-C. Nature Communications, 2020, 11(1): 1-9.

[115] Stalder T, Press M O, Sullivan S, et al. Linking the resistome and plasmidome to the microbiome. The ISME Journal, 2019, 13(10): 2437-2446.

[116] Rice E W, Wang, P, Smith, A L, et al. Determining hosts of antibiotic resistance genes: A review of methodological advances. Environmental Science & Technology Letters, 2020, 7(5): 282-291.

[117] Zhang A N, Gaston J M, Dai C L, et al. An omics-based framework for assessing the health risk of antimicrobial resistance genes. Nature Communications, 2021, 12(1): 1-11.

[118] 张宁，李淼，刘翔．土壤中抗生素抗性基因的分布及迁移转化．中国环境科学, 2018, 38(7): 2609-2617.

[119] He L Y, He, L K, Gao, F Z, et al. Dissipation of antibiotic resistance genes in manure-amended agricultural soil. Science of the Total Environment, 2021, 787: 147582.

[120] He L Y, He, L K, Liu, Y S, et al. Microbial diversity and antibiotic resistome in swine farm environments. Science of the Total Environment, 2019, 685: 197-207.

[121] Chen Q L, Cui H L, Su J Q, et al. Antibiotic resistomes in plant microbiomes. Trends in Plant Science, 2019, 24(6): 530-541.

[122] Zhu B, Chen Q, Chen S, et al. Does organically produced lettuce harbor higher abundance of antibiotic resistance genes than conventionally produced? Environment International, 2017, 98: 152-159.

[123] Wang F H, Qiao M, Chen Z, et al. Antibiotic resistance genes in manure-amended soil and vegetables at harvest. Journal of Hazardous Materials, 2015, 299: 215-221.

[124] Zhu Y G, Gillings M, Simonet P, et al. Microbial mass movements. Science, 2017, 357(6356): 1099-1100.

[125] EPA U. Exposure Factors Handbook 2011 Edition (Final). Washington D. C., 2011.

[126] 杜艳君，莫杨，李湉湉．环境健康风险评估方法．环境与健康, 2015, 32(6): 556-559.

[127] Chen Q, An X, Li H, et al. Long-term field application of sewage sludge increases the abundance of antibiotic resistance genes in soil. Environment International, 2016, 92: 1-10.

[128] Rahube T O, Marti R, Scott A, et al. Impact of fertilizing with raw or anaerobically digested sewage sludge on the abundance of antibiotic-resistant coliforms, antibiotic resistance genes, and pathogenic bacteria in soil and on vegetables at harvest. Applied and Environmental Microbiology, 2014, 80(22): 6898-6907.

[129] Chen Q L, An X L, Zhu Y G, et al. Application of struvite alters the antibiotic resistome in soil, rhizosphere, and phyllosphere. Environmental Science & Technology, 2017, 51(14): 8149-8157.

[130] 朱冬，陈青林，丁晶等．土壤生态系统中抗生素抗性基因与星球健康：进展与展望．中国科学：生命科学，2019,

49(12): 1652-1663.

[131] Partridge S R, Tsafnat G, Coiera E, et al. Gene cassettes and cassette arrays in mobile resistance integrons. FEMS Microbiology Reviews, 2009, 33(4): 757-784.

[132] Sentchilo V, Mayer A P, Guy L, et al. Community-wide plasmid gene mobilization and selection. The ISME Journal, 2013, 7(6): 1173-1186

[133] Smalla K, Jechalke S, and Top E M. Plasmid detection, characterization, and ecology. Microbiology Spectrum, 2015, 3(1): 17.

[134] Klümper U, Dechesne A, Riber L, et al. Metal stressors consistently modulate bacterial conjugal plasmid uptake potential in a phylogenetically conserved manner. The ISME Journal, 2017, 11(1): 152-165.

[135] Liang B, Roberts A P, Xu X, et al. Transferable plasmid-borne mcr-1 in a colistin-resistant *Shigella flexneri* isolate. Applied and Environmental Microbiology, 2018, 84(8): e02655-e02717.

[136] Andam C P, Fournier G P, and Gogarten J P. Multilevel populations and the evolution of antibiotic resistance through horizontal gene transfer. FEMS Microbiology Reviews, 2011, 35(5): 756-767.

[137] Cambray G, Guerout A M, and Mazel D. Integrons. Annual Review of Genetics, 2010, 44: 141-166.

[138] Gillings M R, Gaze W H, Pruden A, et al. Using the class 1 integron-integrase gene as a proxy for anthropogenic pollution. The ISME Journal, 2015, 9(6): 1269-1279.

[139] Stalder T, Barraud O, Casellas M, et al. Integron involvement in environmental spread of antibiotic resistance. Frontiers in Microbiology, 2012, 3: 119.

[140] Van Elsas J D and Bailey M J. The ecology of transfer of mobile genetic elements. FEMS Microbiology Ecology, 2002, 42(2): 187-197.

[141] Mølbak L and Kroer N. Root growth and exudate production define the frequency of horizontal plasmid transfer in the rhizosphere. FEMS Microbiology Ecology, 2007, 59(1): 167-176.

[142] Blau K, Bettermann A, Jechalke S, et al. The transferable resistome of produce. mBio, 2018, 9(6): e01300-e01318.

[143] An X L, Chen Q L, Zhu D, et al. Distinct effects of struvite and biochar amendment on the class 1 integron antibiotic resistance gene cassettes in phyllosphere and rhizosphere. Science of the Total Environment, 2018, 631: 668-676.

[144] Ling A L, Pace N R, Hernandez M T, et al. Tetracycline resistance and Class 1 integron genes associated with indoor and outdoor aerosols. Environmental Science & Technology, 2013, 47(9): 4046-4052.

[145] Pal C, Bengtsson Palme J, Kristiansson E, et al. The structure and diversity of human, animal and environmental resistomes. Microbiome, 2016, 4(1): 1-15.

[146] Zhang M, Zuo, J, Yu, X, et al. Quantification of multi-antibiotic resistant opportunistic pathogenic bacteria in bioaerosols in and around a pharmaceutical wastewater treatment plant. Journal of Environmental Sciences, 2018, 72: 53-63.

[147] Danko D, Bezdan D, Afshin E E, et al. A global metagenomic map of urban microbiomes and antimicrobial resistance. Cell, 2021, 184(13): 3376-3393.e17.

[148] Mahnert A, Moissl-Eichinger C, Zojer M, et al. Man-made microbial resistances in built environments. Nature Communications, 2019, 10(1): 968.

[149] Fröhlich Nowoisky J, Kampf C J, Weber B, et al. Bioaerosols in the earth system: climate, health, and ecosystem interactions. Atmospheric Research, 2016, 182: 346-376.

[150] Tringe S G, Zhang T, Liu X G, et al. The airborne metagenome in an indoor urban environment. PLOS ONE, 2008, 3(4): e1862.

[151] Prather K A, Marr L C, Schooley R T, et al. Airborne transmission of SARS-CoV-2. Science, 2020, 370(6514): 303-304.

[152] Wang C C, Prather K A, Sznitman J, et al. Airborne transmission of respiratory viruses. Science, 2021, 373(6558): eabd9149.

[153] Jahne M A, Rogers S W, Holsen T M, et al. Emission and dispersion of bioaerosols from dairy manure application sites: human health risk assessment. Environmental Science & Technology, 2015, 49(16): 9842-9849.

[154] Englert N. Fine particles and human health—a review of epidemiological studies. Toxicology Letters, 2004, 149(1): 235-242.

[155] Lowman A, McDonald M A, Wing S, et al. Land application of treated sewage sludge: community health and environmental justice. Environmental Health Perspectives, 2013, 121(5): 537-542.

[156] Chen C H, Liou M L, Lee C Y, et al. Diversity of nasal microbiota and its interaction with surface microbiota among residents in healthcare institutes. Scientific Reports, 2019, 9(1): 6175.

[157] Reche I, D'Orta G, Mladenov N, et al. Deposition rates of viruses and bacteria above the atmospheric boundary layer. The ISME Journal, 2018, 12(4): 1154-1162.

[158] Blanchard Duncan C and Syzdek L. Mechanism for the water-to-air transfer and concentration of bacteria. Science, 1970, 170(3958): 626-628.

[159] Miletto M and Lindow S E. Relative and contextual contribution of different sources to the composition and abundance of indoor air bacteria in residences. Microbiome, 2015, 3(1): 61.

[160] He Y, Yuan Q, Mathieu J, et al. Antibiotic resistance genes from livestock waste: occurrence, dissemination, and treatment. npj Clean Water, 2020, 3(1): 4.

[161] Sancheza H M, Echeverria C, Thulsiraj V, et al. Antibiotic resistance in airborne bacteria near conventional and organic beef cattle farms in California, USA. Water, Air & Soil Pollution, 2016, 227(8): 280.

[162] Gao X L, Shao M F, Wang Q, et al. Airborne microbial communities in the atmospheric environment of urban hospitals in China. Journal of Hazardous Materials, 2018, 349: 10-17.

[163] Yang K X, Li L, Wang Y J, et al. Airborne bacteria in a wastewater treatment plant: Emission characterization, source analysis and health risk assessment. Water Research, 2019, 149: 596-606.

[164] Gao F Z, He, L Y, He, L X, et al. Untreated swine wastes changed antibiotic resistance and microbial community in the soils and impacted abundances of antibiotic resistance genes in the vegetables. Science of the Total Environment, 2020, 741: 140482.

[165] Li J, Cao J J, Zhu Y G, et al. Global survey of antibiotic resistance genes in air. Environmental Science & Technology, 2018, 52(19): 10975-10984.

[166] Xie J W, Jin L, He T T, et al. Bacteria and antibiotic resistance genes (ARGs) in PM2.5 from China: implications for human exposure. Environmental Science & Technology, 2019, 53(2): 963-972.

[167] Leung M H Y, Tong X, Bøifot K O, et al. Characterization of the public transit air microbiome and resistome reveals geographical specificity. Microbiome, 2021, 9(1): 112.

[168] Zhai Y, Li X, Wang T, et al. A review on airborne microorganisms in particulate matters: Composition, characteristics and influence factors. Environment International, 2018, 113: 74-90.

[169] Mazar Y, Cytryn E, Erel Y, et al. Effect of dust storms on the atmospheric microbiome in the Eastern Mediterranean. Environmental Science & Technology, 2016, 50(8): 4194-4202.

[170] Gat D, Mazar Y, Cytryn E, et al. Origin-Dependent variations in the atmospheric microbiome Community in Eastern Mediterranean dust storms. Environmental Science & Technology, 2017, 51(12): 6709-6718.

[171] Tomasi C, Fuzzi S, and Kokhanovsky A. Atmospheric aerosols: Life cycles and effects on air quality and climate. New York: John Wiley & Sons, 2017.

[172] Itani G N and Smith C A. Dust rains deliver diverse assemblages of microorganisms to the Eastern Mediterranean. Scientific Reports, 2016, 6(1): 1-11.

[173] Shen Y B, Zhou, H W, Xu, J, et al. Anthropogenic and environmental factors associated with high incidence of *mcr-1*

carriage in humans across China. Nature Microbiology, 2018, 3(9): 1054-1062.

[174] Fu X, Ou Z, Zhang M, et al. Indoor bacterial, fungal and viral species and functional genes in urban and rural schools in Shanxi Province, China-association with asthma, rhinitis and rhinoconjunctivitis in high school students. Microbiome, 2021, 9(1): 138.

[175] Ambika M B, Corinna M, Stefan R, et al. Diversity, specificity, co-occurrence and hub taxa of the bacterial–fungal pollen microbiome. FEMS Microbiology Ecology, 2018, 94(8): 112.

[176] Gao X L, Shao M F, Wang Q, et al. Airborne microbial communities in the atmospheric environment of urban hospitals in China. Journal of Hazardous Materials, 2018, 349: 10-17.

[177] Li X, Wu Z, Dang C, et al. A metagenomic-based method to study hospital air dust resistome. Chemical Engineering Journal, 2021, 406: 126854.

[178] Sun J, Liao X P, D'Souza A W, et al. Environmental remodeling of human gut microbiota and antibiotic resistome in livestock farms. Nature Communications, 2020, 11(1): 1-11.

[179] Teixeira J V, Cecilio P, Goncalves D, et al. Multidrug-resistant Enterobacteriaceae from indoor air of an urban wastewater treatment plant. Environmental Monitoring and Assessment, 2016, 188(7): 388.

[180] Yang K, Li L, Wang Y, et al. Airborne bacteria in a wastewater treatment plant: Emission characterization, source analysis and health risk assessment. Water Research, 2018, 149: 596-606.

[181] Yang Y, Zhou R, Chen B, et al. Characterization of airborne antibiotic resistance genes from typical bioaerosol emission sources in the urban environment using metagenomic approach. Chemosphere, 2018, 213: 463-471.

[182] Luiken R E C, Van Gompel L, Bossers A, et al. Farm dust resistomes and bacterial microbiomes in European poultry and pig farms. Environment International, 2020, 143: 105971.

[183] Li Y, Liao H, and Yao H. Prevalence of antibiotic resistance genes in air-conditioning systems in hospitals, farms, and residences. International Journal of Environmental Research and Public Health, 2019, 16(5): 683.

[184] Cheng W, Chen H, Su C, et al. Abundance and persistence of antibiotic resistance genes in livestock farms: a comprehensive investigation in eastern China. Environment International, 2013, 61: 1-7.

[185] McEachran A D, Blackwell B R, Hanson J D, et al. Antibiotics, bacteria, and antibiotic resistance genes: Aerial transport from cattle feed yards via particulate matter. Environmental Health Perspectives, 2015, 123(4): 337-343.

[186] Gao M, Qiu T, Sun Y, et al. The abundance and diversity of antibiotic resistance genes in the atmospheric environment of composting plants. Environment International, 2018, 116: 229-238.

[187] Li L, Wang Q, Bi W, et al. Municipal solid waste treatment system increases ambient airborne bacteria and antibiotic resistance genes Environmental Science & Technology, 2020, 54(7): 3900-3908.

[188] Gao X L, Shao M F, Luo Y, et al. Airborne bacterial contaminations in typical Chinese wet market with live poultry trade. The Science of the Total Environment, 2016, 572: 681-687.

[189] Esworthy R. Air quality: EPA's 2013 changes to the particulate matter (PM) standard. Library of Congress, Congressional Research Service, 2013.

[190] Lelieveld J, Evans J S, Fnais M, et al. The contribution of outdoor air pollution sources to premature mortality on a global scale. Nature, 2015, 525(7569): 367-371.

[191] Happo M S, Sippula O, Jalava P I, et al. Role of microbial and chemical composition in toxicological properties of indoor and outdoor air particulate matter. Particle and Fibre Toxicology, 2014, 11(1): 1-18.

[192] Cao C, Jiang W J, Wang B Y, et al. Inhalable microorganisms in Beijing's $PM_{2.5}$ and PM_{10} pollutants during a severe smog event. Environmental Science & Technology, 2014, 48(3): 1499-1507.

[193] Song L, Wang C, Jiang G Y, et al. Bioaerosol is an important transmission route of antibiotic resistance genes in pig farms.

Environment International, 2021, 154: 106559.

[194] He P, Wu Y, Huang W Z, et al. Characteristics of and variation in airborne ARGs among urban hospitals and adjacent urban and suburban communities: A metagenomic approach. Environment International, 2020, 139: 105625.

[195] Zhao Y H, Wang Q, Chen Z Y, et al. Significant higher airborne antibiotic resistance genes and the associated inhalation risk in the indoor than the outdoor. Environmental Pollution, 2021, 268: 115620.

[196] Li N, Chai Y M, Ying G G, et al. Airborne antibiotic resistance genes in Hong Kong kindergartens. Environmental Pollution, 2020, 260: 114009.

[197] Xie J W, Jin L, Luo X S, et al. Seasonal disparities in airborne bacteria and associated antibiotic resistance genes in PM2.5 between urban and rural sites. Environmental Science & Technology Letters, 2018, 5(2): 74-79.

[198] Leung M H Y, Tong X, Boifot K O, et al. Characterization of the public transit air microbiome and resistome reveals geographical specificity. Microbiome, 2021, 9(1): 112.

[199] Qin N, Liang P, Wu C, et al. Longitudinal survey of microbiome associated with particulate matter in a megacity. Genome Biology, 2020, 21(1): 55.

[200] Li J, Cao J, Zhu Y G, et al. Global survey of antibiotic resistance genes in air. Environmental Science & Technology, 2018, 52(19): 10975-10984

[201] Zhao Y, Wang Q, Chen Z, et al. Significant higher airborne antibiotic resistance genes and the associated inhalation risk in the indoor than the outdoor. Environmental Pollution, 2021, 268: 115620.

[202] Ding L J, Zhou X Y, and Zhu Y G. Microbiome and antibiotic resistome in household dust from Beijing, China. Environment International, 2020, 139: 105702.

[203] Wang Q, Hou Z, Li L, et al. Seasonal disparities and source tracking of airborne antibiotic resistance genes in Handan, China. Journal of Hazardous Materials, 2022, 422: 126844.

[204] Dantas, Gautam, Sommer, et al. How to fight back against antibiotic resistance. American Scientist, 2014, 102(1): 42-51.

[205] Zhang T, Li X, Wang M, et al. Time-resolved spread of antibiotic resistance genes in highly polluted air. Environment International, 2019, 127: 333-339.

[206] Huffman J A, Treutlein B, and Pöschl U. Fluorescent biological aerosol particle concentrations and size distributions measured with an Ultraviolet Aerodynamic Particle Sizer (UV-APS) in Central Europe. Atmospheric Chemistry and Physics, 2010, 10(7): 3215-3233.

[207] Hinds W C. Aerosol technology: properties, behavior, and measurement of airborne particles. John Wiley & Sons, 1999.

[208] McEachran A D, Blackwell B R, Hanson J D, et al. Antibiotics, bacteria, and antibiotic resistance genes: aerial transport from cattle feed yards via particulate matter. Environmental Health Perspectives, 2015, 123(4): 337-343.

[209] De Rooij M M T, Hoek G, Schmitt H, et al. Insights into livestock-related microbial concentrations in air at residential level in a livestock dense area. Environmental Science & Technology, 2019, 53(13): 7746-7758.

[210] De Rooij M M T, Van Leuken J P G, Swart A, et al. A systematic knowledge synthesis on the spatial dimensions of Q fever epidemics. Zoonoses and Public Health, 2019, 66(1): 14-25.

[211] Sutton O G. The theoretical distribution of airborne pollution from factory chimneys. Quarterly Journal of the Royal Meteorological Society, 1947, 73(317-318): 426-436.

[212] Sutton O G. The problem of diffusion in the lower atmosphere. Quarterly Journal of the Royal Meteorological Society, 1947, 73(317-318): 257-281.

[213] Chen H X and Yao, M S. A high-flow portable biological aerosol trap (HighBioTrap) for rapid microbial detection. Journal of Aerosol Science, 2018, 117: 212-223.

[214] EPA U. User's guide for the industrial source complex (ISC3) dispersion models volume ii-description of model algorithms.

Research Triangle Park, North Carolina, 1995.

[215] Draxler R R and Hess G D. An overview of the HYSPLIT_4 modelling system for trajectories. Australian Meteorological Magazine, 1998, 47(4): 295-308.

[216] Stohl A. Trajectory statistics-a new method to establish source-receptor relationships of air pollutants and its application to the transport of particulate sulfate in Europe. Atmospheric Environment, 1996, 30(4): 579-587.

[217] Spracklen D V and Heald C L. The contribution of fungal spores and bacteria to regional and global aerosol number and ice nucleation immersion freezing rates. Atmospheric Chemistry and Physics, 2014, 14(17): 9051-9059.

[218] Sesartic A, Lohmann U, and Storelvmo T. Bacteria in the ECHAM5-HAM global climate model. Atmospheric Chemistry and Physics, 2012, 12(18): 8645-8661.

[219] Burrows S M, Rayner P J, Butler T, et al. Estimating bacteria emissions from inversion of atmospheric transport: sensitivity to modelled particle characteristics. Atmospheric Chemistry and Physics, 2013, 13(11): 5473-5488.

[220] Burrows S M, Elbert W, Lawrence M G, et al. Bacteria in the global atmosphere – Part 1: Review and synthesis of literature data for different ecosystems. Atmospheric Chemistry and Physics, 2009, 9(23): 9263-9280.

[221] Burrows S M, Butler T, Jöckel P, et al. Bacteria in the global atmosphere – Part 2: Modeling of emissions and transport between different ecosystems. Atmospheric Chemistry and Physics, 2009, 9(23): 9281-9297.

[222] Smets W, Moretti S, Denys S, et al. Airborne bacteria in the atmosphere: Presence, purpose, and potential. Atmospheric Environment, 2016, 139: 214-221.

[223] Ouyang W, Xu Y, Cao J Q, et al. Rainwater characteristics and interaction with atmospheric particle matter transportation analyzed by remote sensing around Beijing. Science of the Total Environment, 2019, 651: 532-540.

[224] Joly M, Amato P, Sancelme M, et al. Survival of microbial isolates from clouds toward simulated atmospheric stress factors. Atmospheric Environment, 2015, 117: 92-98.

[225] Cavaluzzi M J and Borer P N. Revised UV extinction coefficients for nucleoside－5′－monophosphates and unpaired DNA and RNA. Nucleic Acids Research, 2004, 32(1): e13.

[226] Li P Y, Li L, Wang Y J, et al. Characterization, factors, and UV reduction of airborne bacteria in a rural wastewater treatment station. Science of the Total Environment, 2021, 751: 141811.

[227] Guo M T, Yuan Q B, and Yang J. Ultraviolet reduction of erythromycin and tetracycline resistant heterotrophic bacteria and their resistance genes in municipal wastewater. Chemosphere, 2013, 93(11): 2864-2868.

[228] Zhong X, Qi J H, Li H T, et al. Seasonal distribution of microbial activity in bioaerosols in the outdoor environment of the Qingdao coastal region. Atmospheric Environment, 2016, 140: 506-513.

[229] Slonczewski J L and Foster J W. Microbiology: an Evolving Science: Third International Student Edition. WW Norton & Company, 2013.

[230] Islam M A, Ikeguchi A, and Naide T. Concentrations of aerosol numbers and airborne bacteria, and temperature and relative humidity, and their interrelationships in a tie-stall dairy barn. Animals, 2019, 9(12): 1023.

[231] Zhou Q Y and Gao T Y. Microbiology of Environmental Engineering. Beijing: Higher Education Press, 2000.

[232] Kurkela T. The number of Cladosporium conidia in the air in different weather conditions. Grana, 1997, 36(1): 54-61.

[233] Maki T, Puspitasari F, Hara K, et al. Variations in the structure of airborne bacterial communities in a downwind area during an Asian dust (Kosa) event. Science of the Total Environment, 2014, 488-489: 75-84.

[234] Li Y, Leung G M, Tang J W, et al. Role of ventilation in airborne transmission of infectious agents in the built environment - a multidisciplinary systematic review. Indoor Air, 2007, 17(1): 2-18.

[235] Tang J W, Li Y, Eames I, et al. Factors involved in the aerosol transmission of infection and control of ventilation in healthcare premises. Journal of Hospital Infection, 2006, 64(2): 100-114.

[236] Wang Q, Guo S, Hou Z, et al. Rainfall facilitates the transmission and proliferation of antibiotic resistance genes from ambient air to soil. Science of the Total Environment, 2021, 799: 149260.

[237] Gandolfi I, Bertolini V, Bestetti G, et al. Spatio-temporal variability of airborne bacterial communities and their correlation with particulate matter chemical composition across two urban areas. Applied Microbiology and Biotechnology, 2015, 99(11): 4867-4877.

[238] Ouyang W, Gao B, Cheng H, et al. Airborne bacterial communities and antibiotic resistance gene dynamics in PM2.5 during rainfall. Environment International, 2020, 134: 105318.

[239] Klein E Y, Van Boeckel T P, Martinez E M, et al. Global increase and geographic convergence in antibiotic consumption between 2000 and 2015. Proceedings of the National Academy of Sciences, 2018, 115(15): E3463-E3470.

[240] Ocan M, Obuku E A, Bwanga F, et al. Household antimicrobial self-medication: A systematic review and meta-analysis of the burden, risk factors and outcomes in developing countries. BMC Public Health, 2015, 15(1): 1-11.

[241] 龙露. 我国成为第一抗生素使用大国每年 8 万人死于此. 当代护士(上旬刊), 2013(06): 32.

[242] Wang H, Wang B, Zhao Q, et al. Antibiotic body burden of Chinese school children: A multisite biomonitoring-based study. Environmental Science & Technology, 2015, 49(8): 5070-5079.

[243] Wang H, Wang N, Wang B, et al. Antibiotics in drinking water in shanghai and their contribution to antibiotic exposure of school children. Environmental Science & Technology, 2016, 50(5): 2692-2699.

[244] Li N, Ho K W K, Ying G G, et al. Veterinary antibiotics in food, drinking water, and the urine of preschool children in Hong Kong. Environment International, 2017, 108: 246-252.

[245] Liu S, Zhao G, Zhao H, et al. Antibiotics in a general population: Relations with gender, body mass index (BMI) and age and their human health risks. Science of the Total Environment, 2017, 599-600: 298-304.

[246] Wang Q, Duan Y J, Wang S P, et al. Occurrence and distribution of clinical and veterinary antibiotics in the faeces of a Chinese population. Journal of Hazardous Materials, 2020, 383: 121129.

[247] Qiao M, Ying G-G, Singer A C, et al. Review of antibiotic resistance in China and its environment. Environment International, 2018, 110: 160-172.

[248] Medicine N, Studies D, Toxicology B, et al. Environmental Chemicals, the Human Microbiome, and Health Risk: A Research Strategy. Washington: National Academies Press, 2017.

[249] Hamscher G, Sczesny S, Höper H, et al. Determination of persistent tetracycline residues in soil fertilized with liquid manure by high-performance liquid chromatography with electrospray ionization tandem mass spectrometry. Analytical Chemistry, 2002, 74(7): 1509-1518.

[250] 段宇婧, 吴新颜, 陈则友, 等. 人体肠道耐药基因组的研究进展. 生态毒理学报, 2020, 15(04): 4-13.

[251] Lewis B B, Pamer E G. Microbiota-based therapies for clostridium difficile and antibiotic-resistant enteric infections. Annual Review of Microbiology, 2017, 71(1): 157-178.

[252] Mccoy K D, Aline I, and Geuking M B. Microbiota and type 2 immune responses. Current Opinion in Immunology, 2018, 54: 20-27.

[253] Ni J, Wu G D, Albenberg L, et al. Gut microbiota and IBD: causation or correlation? Nature Reviews Gastroenterology & Hepatology, 2017, 14(10): 573-584.

[254] Livanos A E, Greiner T U, Vangay P, et al. Antibiotic-mediated gut microbiome perturbation accelerates development of type 1 diabetes in mice. Nature Microbiology, 2016, 1(11): 1-13.

[255] Cox L, Yamanishi S, Sohn J, et al. Altering the intestinal microbiota during a critical developmental window has lasting metabolic consequences. Cell, 2014, 158(4): 705-721.

[256] Mahana D, Trent C M, Kurtz Z D, et al. Antibiotic perturbation of the murine gut microbiome enhances the adiposity, insulin

resistance, and liver disease associated with high-fat diet. Genome Medicine, 2016, 8(1): 1-20.

[257] 陈高英, 胡军, 杨青林, 等. 四环素的不良反应及过敏反应. 北方牧业, 2006(21): 27.

[258] Schubert A M, Sinani H, and Schloss P D. Antibiotic-induced alterations of the murine gut microbiota and subsequent effects on colonization resistance against clostridium difficile. mBio, 2015, 6(4): e00974- e01015.

[259] Nobel Y R, Cox L M, Kirigin F F, et al. Metabolic and metagenomic outcomes from early-life pulsed antibiotic treatment. Nature Communications, 2015, 6(1): 1-15.

[260] Reikvam D H, Erofeev A, Sandvik A, et al. Depletion of murine intestinal microbiota: effects on gut mucosa and epithelial gene expression. PLOS ONE, 2011, 6(3): e17996.

[261] 尚伟龙. β-内酰胺类抗生素通过 SarA 促进串联脂蛋白表达的分子机制及对 MRSA 致病性的影响. 中国人民解放军陆军军医大学, 2019.

[262] Palleja A, Mikkelsen K H, Forslund S K, et al. Recovery of gut microbiota of healthy adults following antibiotic exposure. Nature Microbiology, 2018, 3(11): 1255-1265.

[263] Jakobsson H E, Jernberg C, Andersson A F, et al. Short-term antibiotic treatment has differing long-term impacts on the human throat and gut microbiome. PLOS ONE, 2010, 5(3): e9836.

[264] Lin H, Wang Q, Yuan M, et al. The prolonged disruption of a single-course amoxicillin on mice gut microbiota and resistome, and recovery by inulin, Bifidobacterium longum and fecal microbiota transplantation. Environmental Pollution, 2020, 265(Pt A): 114651.

[265] Saenz J S, Marques T V, Coelho Barone R S, et al. Oral administration of antibiotics increased the potential mobility of bacterial resistance genes in the gut of the fish *Piaractus mesopotamicus*. Microbiome, 2019, 7(1): 1-14.

[266] Willmann M, Vehreschild M J G T, Biehl L M, et al. Distinct impact of antibiotics on the gut microbiome and resistome: a longitudinal multicenter cohort study. BMC Biology, 2019, 17(1): 1-18.

[267] Manaia C M. Assessing the risk of antibiotic resistance transmission from the environment to humans: non-direct proportionality between abundance and risk. Trends in Microbiology, 2017, 25(3): 173-181.

[268] Ma L, Li B, and Zhang T. New insights into antibiotic resistome in drinking water and management perspectives: A metagenomic based study of small-sized microbes. Water Research, 2019, 152: 191-201.

[269] Dang C, Xia Y, Zheng M, et al. Metagenomic insights into the profile of antibiotic resistomes in a large drinking water reservoir. Environment International, 2020, 136: 105449.

[270] Zhou S Y, Wei M Y, Giles M, et al. Prevalence of antibiotic resistome in ready-to-eat salad. Frontiers in Public Health, 2020, 8: 92.

[271] Zhu B, Chen Q, Chen S, et al. Does organically produced lettuce harbor higher abundance of antibiotic resistance genes than conventionally produced? Environment International, 2017, 98: 152-159.

[272] Chen Z, Zhu S, Zhao L, et al. Occurrence of high-risk *mcr-1* gene and $bla_{\mathrm{NDM-1}}$ positive superbug in the reverse osmosis filter cartridges of the household water purifiers. Journal of Hazardous Materials Letters, 2021, 2: 100011.

[273] Fresia P, Antelo V, Salazar C, et al. Urban metagenomics uncover antibiotic resistance reservoirs in coastal beach and sewage waters. Microbiome, 2019, 7(1): 35.

[274] Brook R D, Franklin B, Cascio W, et al. Air pollution and cardiovascular disease: a statement for healthcare professionals from the expert panel on population and prevention science of the American heart association. Circulation, 2004, 109(21): 2655-2671.

[275] Liu H Y, Bartonova A, Schindler M, et al. Respiratory disease in relation to outdoor air pollution in Kanpur, India. Archives of Environmental & Occupational Health, 2013, 68(4): 204-217.

[276] Burnett R T, Pope C A, 3rd, Ezzati M, et al. An integrated risk function for estimating the global burden of disease

attributable to ambient fine particulate matter exposure. Environmental Health Perspectives, 2014, 122(4): 397-403.
[277] Xie J, Jin L, Luo X, et al. Seasonal disparities in airborne bacteria and associated antibiotic resistance genes in PM2.5 between urban and rural sites. Environmental Science & Technology Letters, 2018, 5(2): 74-79.
[278] Marshall B M and Levy S B. Food animals and antimicrobials: impacts on human health. Clinical Microbiology Reviews, 2011, 24(4): 718-733.
[279] Van den Bogaard A, Willems R, London N, et al. Antibiotic resistance of faecal Enterococci in poultry, poultry farmers and poultry slaughterers. Journal of Antimicrobial Chemotherapy, 2002, 49(3): 497-505.
[280] Larsen J, Petersen A, Sørum M, et al. Meticillin-resistant *Staphylococcus aureus* CC398 is an increasing cause of disease in people with no livestock contact in Denmark, 1999 to 2011. Eurosurveillance, 2015, 20(37): 30021.
[281] Zhang J, Lu T, Chai Y, et al. Which animal type contributes the most to the emission of antibiotic resistance genes in large-scale swine farms in China? Science of the Total Environment, 2019, 658: 152-159.
[282] Karkman A, Pärnänen K, and Larsson D J. Fecal pollution can explain antibiotic resistance gene abundances in anthropogenically impacted environments. Nature Communications, 2019, 10(1): 1-8.
[283] Founou L L, Founou R C, and Essack S Y. Antibiotic resistance in the food chain: a developing country-perspective. Frontiers in Microbiology, 2016, 7: 1881.
[284] Boonyasiri A, Tangkoskul T, Seenama C, et al. Prevalence of antibiotic resistant bacteria in healthy adults, foods, food animals, and the environment in selected areas in Thailand. Pathogens and Global Health, 2014, 108(5): 235-245.
[285] Allemann A, Kraemer J G, Korten I, et al. Nasal resistome development in infants with cystic fibrosis in the first year of life. Frontiers in Microbiology, 2019, 10: 212.
[286] McEachran A D, Blackwell B R, Hanson J D, et al. Antibiotics, bacteria, and antibiotic resistance genes: aerial transport from cattle feed yards via particulate matter. Environmental Health Perspectives, 2015, 123(4): 337-343.
[287] Li J, Zhou L, Zhang X, et al. Bioaerosol emissions and detection of airborne antibiotic resistance genes from a wastewater treatment plant. Atmospheric Environment, 2016, 124: 404-412.
[288] Legese H, Kahsay A G, Kahsay A, et al. Nasal carriage, risk factors and antimicrobial susceptibility pattern of methicillin resistant *Staphylococcus aureus* among healthcare workers in Adigrat and Wukro hospitals, Tigray, Northern Ethiopia. BMC Research Notes, 2018, 11(1): 1-6.
[289] Parente D M, Cunha C B, Mylonakis E, et al. The clinical utility of methicillin-resistant *Staphylococcus aureus* (MRSA) nasal screening to rule out MRSA pneumonia: a diagnostic meta-analysis with antimicrobial stewardship implications. Clinical Infectious Diseases, 2018, 67(1): 1-7.
[290] Al-Tamimi M, Abu-Raideh J, Himsawi N, et al. Methicillin and vancomycin resistance in coagulase-negative Staphylococci isolated from the nostrils of hospitalized patients. The Journal of Infection in Developing Countries, 2020, 14(01): 28-35.
[291] Appiah V A, Pesewu G A, Kotey F C, et al. *Staphylococcus aureus* nasal colonization among children with sickle cell disease at the children’s hospital, Accra: prevalence, risk factors, and antibiotic resistance. Pathogens, 2020, 9(5): 329.
[292] Verma A K, Bauer C, Yajjala V K, et al. Linezolid attenuates lethal lung damage during postinfluenza methicillin-resistant *Staphylococcus aureus* pneumonia. Infection and Immunity, 2019, 87(10): e00538-19.
[293] Nadimpalli M L, Stewart J R, Pierce E, et al. Face mask use and persistence of livestock-associated *Staphylococcus aureus* nasal carriage among industrial hog operation workers and household contacts, USA. Environmental Health Perspectives, 2018, 126(12): 127005.
[294] You, Y, L Song, B A Nonyane, et al. Genomic differences between nasal *Staphylococcus aureus* from hog slaughterhouse workers and their communities. PLOS ONE, 2018, 13(3): e0193820.
[295] Mourabit N, Arakrak A, Bakkali M, et al. Nasal carriage of *Staphylococcus aureus* in farm animals and breeders in north of

Morocco. BMC infectious diseases, 2020, 20(1): 1-6.

[296] Hatcher S M, Rhodes S M, Stewart J R, et al. The prevalence of antibiotic-resistant *Staphylococcus aureus* nasal carriage among industrial hog operation workers, community residents, and children living in their households: North Carolina, USA. Environmental Health Perspectives, 2017, 125(4): 560-569.

[297] Darquenne C. Aerosol deposition in health and disease. Journal of Aerosol Medicine and Pulmonary Drug Delivery, 2012, 25(3): 140-147.

[298] Milton D K. A Rosetta Stone for understanding infectious drops and aerosols. Journal of the Pediatric Infectious Diseases Society, 2020, 413-415.

[299] Narayanan S R and Yang S. Airborne transmission of virus-laden aerosols inside a music classroom: effects of portable purifiers and aerosol injection rates. Physics of Fluids, 2021, 33(3): 033307.

[300] Abelenda Alonso G, Rombauts A, Burguillos N, et al. One air, one health: air pollution in the era of antimicrobial resistance. Clinical Microbiology and Infection, 2021.

[301] Asaduzzaman M, Hossain M L, Saha S R, et al. Quantification of airborne resistant organisms with temporal and spatial diversity in Bangladesh: protocol for a cross-sectional study. JMIR research protocols, 2019, 8(12): e14574.

[302] O'Neill J. Review on antimicrobial resistance: tackling drug-resistant infections globally: final report and recommendations. 2016.

[303] Liu H, Zhang Z W, Wen N J, et al. Determination and risk assessment of airborne endotoxin concentrations in a university campus. Journal of Aerosol Science, 2018, 115: 146-157.

[304] Li Y P, Zhang H F, Qiu X H, et al. Dispersion and risk assessment of bacterial aerosols emitted from rotating-brush aerator during summer in a wastewater treatment plant of Xi'an, China. Aerosol and Air Quality Research, 2013, 13(6): 1807-1814.

[305] Gwenzi W, Shamsizadeh Z, Gholipour S, et al. The air-borne antibiotic resistome: Occurrence, health risks, and future directions. Science of the Total Environment, 2022, 804: 150-154.

[306] enHealth C. Environmental Health Risk Assessment. Guidelines for assessing human health risks from environmental hazards. Canberra, Department of Health and Ageing and enHealth Council, 2002.

[307] Parnanen K, Karkman A, Hultman J, et al. Maternal gut and breast milk microbiota affect infant gut antibiotic resistome and mobile genetic elements. Nature Communications, 2018, 9.

[308] Moore A M, Ahmadi S, Patel S, et al. Gut resistome development in healthy twin pairs in the first year of life. Microbiome, 2015, 3(1): 1-10.

[309] Feng J, Li B, Jiang X, et al. Antibiotic resistome in a large-scale healthy human gut microbiota deciphered by metagenomic and network analyses. Environmental Microbiology, 2018, 20(1): 355-368.

[310] Hu Y, Yang X, Qin J, et al. Metagenome-wide analysis of antibiotic resistance genes in a large cohort of human gut microbiota. Nature Communications, 2013, 4.

[311] Duan Y, Chen Z, Tan L, et al. Gut resistomes, microbiota and antibiotic residues in Chinese patients undergoing antibiotic administration and healthy individuals. Science of the Total Environment, 2020, 705.

[312] Haesler R, Kautz C, Rehman A, et al. The antibiotic resistome and microbiota landscape of refugees from Syria, Iraq and Afghanistan in Germany. Microbiome, 2018, 6.

[313] Schjorring S and Krogfelt K A. Assessment of bacterial antibiotic resistance transfer in the gut. International Journal of Microbiology, 2011.

[314] Groussin M, Poyet M, Sistiaga A, et al. Elevated rates of horizontal gene transfer in the industrialized human microbiome. Cell, 2021, 184(8): 2053-2067.

[315] Brewster R, Tamburini F B, Asiimwe E, et al. Surveying gut microbiome research in Africans: toward improved diversity

and representation. Trends Microbiol, 2019, 27(10): 824-835.
[316] Chassaing B, Van de Wiele T, De Bodt J, et al. Dietary emulsifiers directly alter human microbiota composition and gene expression ex vivo potentiating intestinal inflammation. Gut, 2017, 66(8): 1414-1427.
[317] Smits S A, Leach J, Sonnenburg E D, et al. Seasonal cycling in the gut microbiome of the Hadza hunter-gatherers of Tanzania. Science, 2017, 357(6353): 802-806.
[318] Courvalin, P. Predictable and unpredictable evolution of antibiotic resistance. Journal of Internal Medicine, 2010, 264(1): 4-16.
[319] Tuohy K, Davies M, Rumsby P, et al. Monitoring transfer of recombinant and nonrecombinant plasmids between *Lactococcus lactis* strains and members of the human gastrointestinal microbiota in vivo–impact of donor cell number and diet. Journal of Applied Microbiology, 2002, 93(6): 954-964.
[320] Ni Z A, Li L G, Ma L, et al. Conserved phylogenetic distribution and limited antibiotic resistance of class 1 integrons revealed by assessing the bacterial genome and plasmid collection. Microbiome, 2018, 6(1): 130.
[321] Kumarasamy K K, Toleman M, Walsh T R, et al. Emergence of a new antibiotic resistance mechanism in India, Pakistan, and the UK: a molecular, biological, and epidemiological study. The Lancet infectious diseases, 2010, 10(9): 597-602.
[322] 刘向君，吕媛. 质粒介导的多黏菌素耐药基因 *mcr-1* 研究进展. 中华微生物学和免疫学杂志, 2018, 38(04): 305-312.
[323] Stecher B, Denzler R, Maier L, et al. Gut inflammation can boost horizontal gene transfer between pathogenic and commensal Enterobacteriaceae. Proceedings of the National Academy of Sciences, 2012, 109(4): 1269-1274.
[324] Bahl M I, Sørensen S J, Hansen L H, et al. Effect of tetracycline on transfer and establishment of the tetracycline-inducible conjugative transposon *Tn916* in the guts of gnotobiotic rats. Applied and Environmental Microbiology, 2004, 70(2): 758-764.
[325] Lu J and Guo J. Disinfection spreads antimicrobial resistance. Science, 2021, 371(6528): 474.
[326] Berg G, Eberl L, and Hartmann A. The rhizosphere as a reservoir for opportunistic human pathogenic bacteria. Environmental Microbiology, 2005, 7(11): 1673-1685.
[327] Mendes R, Garbeva P, and Raaijmakers J M. The rhizosphere microbiome: significance of plant beneficial, plant pathogenic, and human pathogenic microorganisms. FEMS Microbiology Reviews, 2013, 37(5): 634-663.
[328] Cernava T, Erlacher A, Soh J, et al. Enterobacteriaceae dominate the core microbiome and contribute to the resistome of arugula (Eruca sativa Mill.). Microbiome, 2019, 7(1): 1-12.
[329] Xu H, Chen Z, Huang R, et al. Antibiotic resistance gene-carrying plasmid spreads into the plant endophytic bacteria using soil bacteria as carriers. Environmental Science & Technology, 2021, 2: 544-550.
[330] Ying G G, He L Y, Ying A J, et al. China must reduce its antibiotic use. Environmental Science & Technology, 2017, 51(3): 1072-1073.

作者：应光国[1]，何良英[1]，高方舟[1]，罗义[2]，苏建强[3]，李炳[4]，白红[1]
[1]华南师范大学环境学院/环境研究院，[2]南京大学环境学院，[3]中国科学院城市环境研究所，[4]清华大学深圳研究生院